DEUXIÈME SUPPLÉMENT

AU

DICTIONNAIRE DE CHIMIE

PURE ET APPLIQUÉE

19685. — PARIS, IMPRIMERIE LAHURE
9, rue de Fleurus, 9

DEUXIÈME SUPPLÉMENT

AU

DICTIONNAIRE DE CHIMIE

PURE ET APPLIQUÉE

DE AD. WURTZ

PUBLIÉ SOUS LA DIRECTION

DE CH. FRIEDEL

Membre de l'Institut (Académie des Sciences)
Professeur à la Faculté des Sciences de Paris

AVEC LA COLLABORATION DE MM.

P. Adam — A. Arnaud — A. Béhal — G. de Bechi — A. Bigot — L. Bourgeois — L. Bouveault
E. Bureker — C. Chabrié — P.-T. Cleve — Ch. Cloëz — A. Combes — C. Combes
A. Étard — Ad. Fauconnier — H. Gall — A. Gautier — H. Gautier — E. Grimaux — G. Griner
Ph.-A. Guye — A. Haller — M. Hanriot — L. Hugounenq
E. Lambling — L. Lindet — L. Maquenne — J. Meunier — P. Miquel
H. Moissan — E. Nœlting — F. Reverdin — Richard et Dépierre — L. Roux — O. Saint-Pierre
G. Salet — P. Schützenberger — C. Vincent — G. Vogt — E. Willm

---

PREMIÈRE PARTIE

C

PARIS

LIBRAIRIE HACHETTE ET CIE

79, BOULEVARD SAINT-GERMAIN, 79

1894

DICTIONNAIRE
DE CHIMIE
PURE ET APPLIQUÉE

DEUXIÈME SUPPLÉMENT

C

CABRERITE.

CABRERITE (Min.) (Ferber). — Variété d'annabergite, renfermant de la magnésie et du cobalt $(AsO^4)^2[Ni, Mg, Co]^3$, $8H^2O$, de la Sierra Cabrera (Espagne) et des mines du Laurium.

CACHOU. — Le cachou renferme une matière tannante et une matière colorante, que l'on peut séparer et utiliser de la façon suivante : On épuise 1 partie de cachou par 3 ou 4 parties d'eau froide, puis on concentre le liquide dans le vide jusqu'à consistance sirupeuse, en l'additionnant d'une petite quantité d'acide azotique qui le décolore. Le résidu de cette évaporation peut être employé comme matière tannante.

La partie du cachou insoluble dans l'eau froide est principalement formée d'une matière colorante ; on la dissout dans l'eau chaude, on ajoute à la solution un peu d'alun, de sel marin et de carbonate ou de tartrate de sodium, puis on évapore à sec ; l'extrait ainsi obtenu peut être employé en teinture [E. Ziegler, Brevet allemand, n° 36472, du 5 juillet 1885 ; *D. chem. G.*, **19**, *Ref.*, 804].

M. Hanriot.

CADAVÉRINE [Syn. *Pentaméthylène-diamine*]. — Le nom de *cadavérine* a été donné par M. Brieger à une ptomaïne extraite d'organes humains (poumons, cœur, foie, rate, intestins, etc.), et qui n'apparaît que vers le troisième jour de la putréfaction à l'air, en même temps que la névridine et la putrescine, et au moment où la choline commence déjà à se détruire. On la trouve aussi parmi les produits de la putréfaction de la viande de cheval, des harengs, du brochet, de la morue, des moules ; parmi les produits de culture du *Vibrio proteus* de MM. Finkler et Prior (microbe du choléra nostras) végétant sur la viande de bœuf hachée. Le bacille du choléra en produit de notables quantités déjà au bout de 24 heures de culture sur les milieux nutritifs les plus variés (bouillon de viande de bœuf, sérum sanguin, lait, blanc d'œuf, substance cérébrale, contenu intestinal humain, etc.) [L. Brieger, *Weitere Untersu-*

CADAVÉRINE.

chungen über Ptomaïne, 2ᵉ mémoire, Berlin, 1885, et *Untersuchungen über Ptomaïne*, 3ᵉ mémoire, Berlin, 1886 ; *Maly's Jahresb.*, **17**, 490. — O. Bocklisch, *ibid.*, **15**, 99 ; *D. chem. G.*, **20**, 1441].

Plus tard, M. Ladenburg démontra l'identité de la cadavérine avec une base de synthèse, la pentaméthylène-diamine,

$$AzH^2 . CH^2 . CH^2 . CH^2 . CH^2 . CH^2 . AzH^2.$$

La cadavérine présente en effet le même point d'ébullition, la même solubilité, la même odeur que la pentaméthylène-diamine. Comme cette dernière, elle a pu être transformée en pipéridine et donne les mêmes sels doubles [Ladenburg, *D. chem. G.*, **19**, 2585 et **20**, 2216 ; *Bull. Soc. Chim.*, (2), **47**, 654 et **48**, 603].

Récemment MM. von Udranszki et Baumann ont constaté la présence constante de diamines, et notamment de pentaméthylène-diamine et de tétraméthylène-diamine ou putrescine, dans l'urine et les fèces des cystinuriques. Les excréments des 24 heures contenaient jusqu'à 0^{gr},50 des deux bases, qui à l'état normal font complètement défaut dans le tube digestif et dans les urines [*Zeit. physiol. Chem.*, **13**, 562 ; *Bull. Soc. Chim.*, (3), **3**, 469]. MM. Stadthagen et Brieger ont pu également isoler de la cadavérine, à l'état de picrate, de l'urine d'une femme cystinurique [*Maly's Jahresb.*, **19**, 453].

Préparation. — 1° M. Brieger isole la cadavérine des produits de putréfaction de la viande, d'après un procédé général de séparation des ptomaïnes qui sera décrit à l'article PTOMAÏNES.

2° MM. von Udransky et Baumann mettent à profit pour la séparation des diamines, et notamment de la cadavérine, l'insolubilité presque complète dans l'eau des dérivés benzoylés. Voici comment on opère pour l'extraction de la cadavérine de l'urine :

L'urine des 24 heures est additionnée du huitième environ de son volume d'une solution de soude à 10 0/0, puis agitée avec 20 ou 25 centimètres cubes de chlorure de benzoyle, jusqu'à ce que l'odeur du chlorure ait disparu. Le précipité, qui est assez volumineux et qui se compose de phosphates insolubles et des combinaisons benzoylées des diamines et des hydrates de carbone de l'urine, est mis à digérer avec de l'alcool. Le liquide filtré, assez coloré, est concentré à petit volume, puis versé dans 30 fois son poids d'eau froide. Le liquide, devenu laiteux, laisse déposer au bout de quelque temps les benzoyldiamines sous la forme de cristaux aciculaires. La solution alcoolique de ces cristaux, versée dans 20 fois son volume d'éther, donne un précipité de benzoylté-traméthylène-diamine, tandis que la combinaison benzoylée de la pentaméthylène-diamine reste en dissolution.

3° On obtient la cadavérine de synthèse en traitant par le zinc et l'acide chlorhydrique une solution éthérée de cyanure de triméthylène :

$$C\,Az . (C\,H^2)^3 . C\,Az + 4\,H^2 = C^5\,H^{14}\,Az^2\,;$$

ou encore en introduisant très rapidement du sodium dans une solution bouillante du cyanure dans de l'alcool absolu. Lorsque la réaction est achevée, on chasse l'alcool et on distille le résidu dans un courant de vapeur d'eau surchauffée. Le produit distillé est neutralisé par l'acide chlorhydrique et évaporé. On purifie le résidu par cristallisation, puis on décompose le chlorhydrate en le traitant par la potasse très concentrée, et on agite le produit avec de l'éther. L'évaporation de l'éther fournit la base libre [Ladenburg, *D. chem. G.*, **16**, 1511 ; **18**, 2957].

Propriétés. — La cadavérine est un liquide sirupeux, à odeur de pipéridine et de sperme, qui fume à l'air humide. Elle absorbe avec énergie l'acide carbonique de l'air, et se transforme en une masse blanche qui est le *carbonate* de la base. Elle bout à 175-178°. Sa densité à 0° est 0,9174.

Elle est facilement soluble dans l'eau et dans l'alcool, plus difficilement dans l'éther.

Le *chlorhydrate* cristallise en aiguilles solubles dans l'eau, l'alcool et l'éther, et se décompose par la distillation sèche en ammoniaque, acide chlorhydrique et pipéridine, $C^5\,H^{11}\,Az$.

Le *chloroplatinate*, $(C^5\,H^{14}\,Az^2 . H\,Cl)^2 . Pt\,Cl^4$, cristallise de sa solution aqueuse en prismes épais, jaune-orangé, peu solubles dans l'eau froide [Ladenburg, *D. chem. G.*, **18**, 3100].

Le *chloraurate* forme, d'après M. Brieger, de longues aiguilles facilement solubles, qui s'effleurissent à l'air sec.

Le *chloromercurate*, $C^5\,H^{14}\,Az^2 . 2\,H\,Cl . 3\,Hg\,Cl^2$, se produit lorsqu'on emploie 1 molécule de chlorhydrate de la base pour 4 molécules de sublimé. En présence d'un excès de sel mercurique, il se produit le sel $C^5\,H^{14}\,Az^2 . 2\,H\,Cl . 4\,Hg\,Cl^2$, fusible à 216° [Ladenburg, *D. chem. G.*, **20**, 2216 ; *Bull. Soc. Chim.*, (2), **48**, 603].

Le *picrate*, $C^5\,H^{14}\,Az^2 (C^6\,H^3\,Az^3\,O^7)^2$, presque insoluble dans l'eau froide, est très caractéristique. Il cristallise en fines aiguilles ou en tablettes allongées, qui fondent à 221° en se décomposant (Brieger).

Le *dérivé diacétylé*, $C^5\,H^{12}\,Az^2 (C^2\,H^3\,O)^2$, s'obtient par l'action de l'anhydride acétique sur la base ; l'alcool l'abandonne en fines aiguilles qui distillent presque sans décomposition.

Le *dérivé dibenzoylé*, $C^5\,H^{12}\,Az^2 (C^7\,H^5\,O)^2$, est en aiguilles soyeuses ou en paillettes allongées fondant à 129°,5. Il est pour ainsi dire insoluble dans l'eau, mais se dissout sensiblement dans les liquides salés. Il est presque insoluble dans l'éther, mais en présence de substances facilement solubles dans ce véhicule la benzoyldiamine passe également dans l'éther.

Ce dérivé offre une résistance remarquable à l'action des acides et des alcalis. L'acide sulfurique le dissout facilement et l'abandonne sans altération en présence d'un excès d'eau. La séparation totale de l'acide benzoïque ne peut être obtenue qu'en chauffant le composé pendant deux jours au bain-marie, en présence d'un mélange à parties égales d'alcool et d'acide chlorhydrique concentré [L. von Udranszky et Baumann, *loc. cit.*].

Action physiologique. — La cadavérine est toxique ; mais la dose mortelle, même pour des lapins, des cobayes ou des souris, est assez élevée [Behring, *D. med. Wochenschr.*, **14**, n° 24, 1888].

Ces résultats ont été confirmés par les recherches de MM. von Udranszky et Baumann, qui ont pu faire ingérer à un chien de 6 kilogrammes jusqu'à 10 grammes de cadavérine à l'état d'acétate sans produire d'accidents notables [*Zeit. physiol. Chem.*, **15**, 77].

Injectée sous la peau, la cadavérine provoque des phénomènes inflammatoires très violents, des nécroses étendues. Si l'on opère avec les précautions convenables, le pus formé est tout à fait stérile. La cadavérine rentre donc dans la catégorie encore très restreinte des substances capables de produire du pus en dehors de toute intervention microbienne. D'ailleurs les dissolutions de cadavérine à 2,5 0/0 détruisent les coccus pyogènes déjà au bout d'une heure de contact [Scheuerlein, Fehleisen, *Maly's Jahresb.*, **17**, 491. — P. Gravitz, *Virchow's Arch.*, **110**, 1].

Bien que la cadavérine n'ait pas été isolée directement des selles de cholériques, mais seulement des produits de culture du bacille de Koch, M. Brieger n'hésite pas à rapporter aux propriétés nécrotiques de cette base la destruction de l'épithélium intestinal et l'élimination des couches superficielles de la muqueuse qui s'observe dans les cas graves. D'ailleurs les selles fraîches, dites à *eau de riz*, des cholériques ont une odeur spermatique qui a été souvent signalée et qui se manifeste même par l'haleine des malades [L. Brieger, *Maly's Jahresb.*, **17**, 490. — Behring, *D. med. Wochenschr.*, 1888, n° 24].

Pour les relations qui existent entre la production des diamines et la cystinurie, voyez à l'article CYSTINE.   E. Lambling.

CADMIUM. — Voyez Dict., **1**, 689, et Suppl., **1**, 386.

Poids atomique. — Stromeyer a déduit la valeur du poids atomique du cadmium de la composition de l'oxyde et du chlorure anhydres. Le chlorure donna 112,88 et l'oxyde 111,50.

Von Hauer a utilisé la transformation du sulfate anhydre en sulfure par l'hydrogène sulfuré. La moyenne de 3 déterminations fut 111,998.

Dumas, par le dosage du chlore contenu dans le chlorure fondu, a trouvé, comme moyenne de 6 expériences, 112,24. Lennssen, au moyen de l'oxalate anhydre, obtint 112,052. Enfin Cooke a trouvé, à partir du bromure, que le poids atomique est 112,310.

On admet aujourd'hui pour équivalent 56,1 et pour poids atomique, 112,2.

Spectre du cadmium. — Quelques remarques fort curieuses ont été faites par M. Grünwald sur les raies du spectre du cadmium. En considérant les longueurs d'onde correspondant à ces raies, il les a réunies en 6 groupes.

En multipliant dans chaque groupe le nombre correspondant à chacune des raies par des facteurs très simples, on retombe sur un nombre correspondant à une raie du spectre de la vapeur d'eau et quelquefois à une raie des spectres de la vapeur d'eau et de l'oxygène.

Prenons comme exemple le premier groupe :

Une des raies est caractérisée en longueur d'onde par le nombre 6742; en multipliant ce nombre par le facteur 2/3, on trouve un nouveau nombre $\lambda' = 4494,7$, qui, multiplié par 3/5, 5/8 ou 2/3, reproduit les longueurs d'onde correspondant à 3 raies de la vapeur d'eau [Grünwald, *Mon. f. Chem.*, **9**, 956].

Volatilité du cadmium. — D'après M. E. Demarçay, le cadmium émet des vapeurs à l'état solide; sa vaporisation peut être constatée dans le vide à 166° : il se forme sur une paroi froide un sublimé métallique. Au-dessus du point de fusion, la volatilisation est nette. Elle se produit à 440° dans un courant d'hydrogène.

Propriétés chimiques. — Le cadmium, chauffé dans un courant de gaz sulfureux, se convertit en un mélange de sulfate et de sulfure :

$$2Cd + 2SO^2 = SO^4Cd + CdS$$

[Uhl, *D. chem. G.*, **23**, 2153].

Sous-oxyde de cadmium, Cd^2O. — En traitant par l'eau les sous-chlorure, sous-bromure ou sous-iodure de cadmium (voyez plus loin), on obtient un sous-oxyde hydraté qui aurait pour formule $CdOH$. Cet hydrate est un réducteur énergique. Séché dans un courant d'azote, à une température peu élevée, il donne le sous-oxyde anhydre, Cd^2O, poudre jaune et dense. Chauffé fortement, ce sous-oxyde se dédouble en oxyde de cadmium CdO et cadmium métallique [Morse et Jones, *Am. chem. Journ.*, **12**, 488; *Bull. Soc. Chim.*, (3), **6**, 176].

Peroxyde de cadmium. — En dissolvant les oxydes de zinc, de magnésium et de cadmium dans l'eau oxygénée, M. Haas a formé des peroxydes de ces métaux. Pour ce qui concerne le cadmium, le composé obtenu correspond à peu près à la formule Cd^4O^7. Il ressemble beaucoup au composé correspondant du zinc.

Tandis que l'oxyde de cadmium CdO précipite les dissolutions ammoniacales par l'addition d'une petite quantité d'eau, le peroxyde est stable en présence d'un excès d'eau, même lorsque la température s'élève [Haas, *D. chem. G.*, **17**, 2252].

D'après M. Kouriloff [*Ann. Chim. Phys.*, (6), **23**, 429], le peroxyde de cadmium préparé suivant les indications de M. Haas aurait pour composition $CdO^2 \cdot Cd(OH)^2$; il forme des cristaux microscopiques, jaunes, insolubles dans l'ammoniaque. Les acides le décomposent avec formation de peroxyde d'hydrogène.

Il se détruit complètement un peu au-dessus de 180°.

Oxychlorhydrate de cadmium. — En chauffant des bâtons de marbre avec une solution concentrée de chlorure de cadmium en vase clos, à 200°, pendant 24 heures, M. de Schulten a obtenu de petits cristaux répondant à la formule

$$Cd(OH)^2 \cdot CdCl^2.$$

L'action du carbonate de calcium sur le chlorure peut donc être exprimée par l'équation

$$2\,CdCl^2 + CO^3Ca + H^2O$$
$$= [Cd(OH)^2 \cdot CdCl^2] + CaCl^2 + CO^2.$$

Si l'on chauffe à 280° le corps résultant de cette réaction, la perte ne s'élève qu'à quelques dixièmes 0/0. Au rouge sombre, il perd toute la quantité d'eau qu'il renferme et se transforme en oxyde de cadmium noir et en chlorure de cadmium qui se volatilise. Pour éliminer l'eau sans perte de chlorure, il suffit de chauffer le corps dans un tube de verre étroit.

En tenant compte de ce fait que le corps ne perd son eau qu'à une haute température, M. de Schulten est amené à l'envisager comme une combinaison de l'hydrate de cadmium avec le chlorure du même métal $Cd(OH)^2 \cdot CdCl^2$, ou bien comme un oxychlorhydrate ou une chlorhydrine de cadmium,

$$Cd\begin{cases} OH \\ Cl \end{cases}$$

La densité des cristaux est 4,56 à 15°. Ce sont des prismes hexagonaux, pyramidés, striés, biréfringents; ils présentent en lumière polarisée convergente la croix noire des minéraux à un axe. Ce cristal est négatif.

Si l'on chauffe l'hydrate de cadmium avec une solution de chlorure de cadmium en tube scellé à 200°, il se produit des cristaux petits, mais irréguliers. L'hydrate de cadmium est d'ailleurs attaqué par les solutions de chlorure, bromure, iodure de cadmium, même à froid.

D'après M. Habermann, on obtient un corps ayant la même composition que les cristaux ci-dessus en précipitant par l'ammoniaque étendue une solution concentrée de chlorure de cadmium à l'ébullition. Ce précipité est amorphe.

Sous-chlorure de cadmium, Cd^4Cl^7 [Morse et Jones, *Am. chem. Journ.*, **12**, 488; *Bull. Soc. Chim.*, (3), **6**, 176]. — En fondant un mélange de cadmium et de chlorure de cadmium dans le vide ou dans une atmosphère d'azote, on obtient une masse rouge-grenat, ayant la composition ci-dessus. Ce corps est fortement réducteur. Il se décompose par l'eau en chlorure de cadmium et en sous-oxyde $CdOH$.

Sous-bromure de cadmium, Cd^4Br^7 [Morse et Jones, *loc. cit.*]. — On le prépare comme le sous-chlorure, auquel il ressemble par sa couleur et ses propriétés.

Oxybromhydrate de cadmium. — En faisant réagir le carbonate de calcium sur une solution de bromure de cadmium, en vase clos, à 200°, on obtient des cristaux ayant pour formule

$$Cd\begin{cases} OH \\ Br \end{cases}$$

La densité de ces cristaux est 4,89 à 15°. Si l'on chauffe le carbonate de calcium avec une solution d'iodure de cadmium à 200°, il ne se produit pas de précipité [Schulten, *C. R.*, **106**, 1674].

Bromocyanures de cadmium et de mercure [R. Varet, *Bull. Soc. Chim.*, (3), **5**, 10]. — En projetant du bromure de cadmium dans une solution saturée et bouillante de cyanure mercurique, filtrant et évaporant au bain-marie, on obtient de fines aiguilles renfermant

$$2\,HgCy^2 \cdot CdBr^2, 4,5\,H^2O.$$

Quand on évapore doucement, au bain-marie, une solution contenant 25 grammes de cyanure de mercure pour 30 grammes de bromure de cadmium, on obtient de petits cristaux grenus, très durs, répondant à la formule

$$HgCy^2 \cdot CdBr^2, 3\,H^2O.$$

Ces deux corps sont peu altérables à l'air; ils sont solubles dans l'eau et dans l'ammoniaque; ils se déshydratent complètement à 100°.

Chlorure double de cadmium et d'ammonium. — Si l'on fait dissoudre du chlorure de cadmium dans une dissolution ammoniacale constamment traversée par un courant de gaz ammoniac, on obtient, par un refroidissement énergique de la liqueur, de petits cristaux répondant à la formule $CdCl^2 \cdot 5\,AzH^3$.

Une autre préparation a fourni le composé hydraté $CdCl^2 \cdot 3\,AzH^3, 0,5\,H^2O$, très altérable à l'air, perdant du gaz ammoniac par l'élévation de la température.

Si l'on fait dissoudre dans l'eau ammoniacale le précipité obtenu précédemment, on voit se former par refroidissement de gros cristaux octaédriques brillants, perdant leur éclat dès qu'ils sont séparés de leur eau de cristallisation et répondant à la formule

$$CdCl^2 \cdot 3\,AzH^3, 0,25\,H^2O.$$

Ils se décomposent à l'air, avec production d'un abondant précipité blanc. Par calcination de ce chlorure, on obtient le composé

$$CdCl^2 \cdot 2\,AzH^3, 0,5\,H^2O.$$

En général, un courant de gaz ammoniac détermine dans ces chlorures un précipité d'autant plus volumineux qu'il est moins soluble dans la dissolution ammoniacale.

La décomposition de ces chlorures en tube scellé ne donne pas d'oxychlorures composés, mais un peu d'oxychlorure de cadmium et de gaz ammoniac.

On peut rappprocher de ces sels le composé $CdCl^2 \cdot 4\,AzH^4Cl$, obtenu par Hauer en faisant bouillir un mélange d'oxyde de cadmium et de sel ammoniac [André, *C. R.*, **104**, 908].

CHLOROCYANURE DE CADMIUM ET DE MERCURE [R. Varet, *Bull. Soc. Chim.*, (3), **5**, 11]. — En versant goutte à goutte une solution concentrée de chlorure de cadmium dans une solution saturée de cyanure de mercure maintenue à 80°, on voit se former un précipité blanc; si l'on redissout ce précipité par addition d'eau chaude et qu'on évapore ensuite le tout au bain-marie, on voit se former de petits cristaux grenus, renfermant

$$HgCy^3 \cdot CdCl^2, 2H^2O.$$

Ce corps est soluble dans l'eau et dans l'ammoniaque; les acides faibles le décomposent. Il se déshydrate complètement à 110°.

IODURE DE CADMIUM. — Clarke a remarqué que ce corps s'obtient facilement en mélangeant des dissolutions de 30 parties d'iodure de potassium et de 15 parties de sulfate de cadmium. On évapore la liqueur à siccité; on reprend le résidu par l'alcool chaud en on obtient par refroidissement des cristaux d'iodure pur.

D'après Clarke, il existerait plusieurs variétés d'iodure de cadmium, distinctes surtout par leurs densités.

L'iodure obtenu par voie sèche ou humide à partir de l'iode et du métal a pour densité 5,54 à 5,56.

Le sel préparé par la dissolution du métal dans l'acide iodhydrique n'a que 4,6 pour poids spécifique. Séché à 50°, il change de couleur et sa densité devient 5,141. Si l'on continue la dessiccation, sa densité atteint le chiffre 5,65.

Il y a donc deux variétés de sels : le sel brun, qui commence à perdre de l'iode, dès 40° et le sel blanc, indécomposable à 200° [Clarke, *Am. Journ.*. **5**, 325].

D'après M. Timofejeff [*C. R.*, **112**, 1223], 1 molécule d'iodure de cadmium se dissout à 20° dans 5^{mol},2 d'alcool méthylique, dans 7 molécules d'alcool éthylique, dans 9^{mol},8 d'alcool propylique. Le même auteur a déterminé les quantités de chaleur mises en jeu au moment où l'on effectue ces dissolutions.

SOUS-IODURE DE CADMIUM, $Cd^{12}I^{20}$ [Morse et Jones, *loc. cit.*]. — Ce composé, d'un rouge foncé, se produit quand on fond dans une atmosphère d'azote un mélange de cadmium métallique et d'iodure de cadmium. Il se comporte avec les réactifs comme le sous-chlorure et le sous-bromure.

IODOCYANURES DE CADMIUM ET DE MERCURE. — M. Raoul Varet [*Bull. Soc. Chim.*, (3), **5**, 10] a décrit deux iodocyanures de cadmium et de mercure, ayant pour formules :

$$HgCy^2 \cdot CdCy^2 \cdot HgI^2, 8H^2O$$

et

$$HgCy^2 \cdot CdCy^2 \cdot HgI^2, 7H^2O.$$

On obtient le premier en projetant du cyanure de mercure dans une solution concentrée et bouillante d'iodure de cadmium, filtrant et abandonnant sur l'acide sulfurique; il forme de fines lamelles transparentes.

Le second sel se produit par l'évaporation d'une solution renfermant 25 grammes de cyanure mercurique pour 30 grammes d'iodure de cadmium; il cristallise en lamelles.

Ces deux corps sont très solubles dans l'eau, et très altérables à l'air, surtout le second. Ils se décomposent à 100° avec perte d'eau et d'iodure mercurique.

SULFURE DE CADMIUM. — D'après M. Buchner, il existerait deux modifications du sulfure de cadmium, se distinguant par leur couleur, l'une d'un beau jaune clair, l'autre d'un jaune rougeâtre un peu plus foncé.

Le sulfure de cadmium jaune-rougeâtre ne se produit guère que par la calcination au rouge d'un mélange de fleur de soufre et de cadmium ou d'oxyde de cadmium.

Le précipité jaune, provenant de l'action de l'hydrogène sulfuré sur les sels de cadmium, ne serait qu'un mélange hydraté de sulfure jaune clair et de sulfure jaune-rougeâtre [Buchner, *D. chem. G.*, **20**, 681].

En soumettant à la pression exercée par une presse hydraulique puissante un mélange de soufre et de cadmium, on obtient une masse homogène, jaune, mais cependant de couleur plus foncée que le sulfure de cadmium obtenu par précipitation. M. Spring considère ce composé comme du sulfure de cadmium pur [*D. chem. G.*, **16**, 324].

ARSÉNIURE DE CADMIUM. — En soumettant à l'action de la presse hydraulique un mélange d'arsenic et de cadmium, M. Spring a obtenu une masse grisâtre, d'autant plus brillante que l'arsenic est en plus petites proportions.

Si la composition primitive du mélange est faite suivant la formule Cd^3As^2, on obtient une masse noire par transparence, à reflets métalliques. Cette combinaison, que M. Spring regarde comme de l'arséniure de cadmium pur, se fait aussi bien à chaud qu'à froid [Spring, *D. chem. G.*, **16**, 324].

SULFATE DE CADMIUM. — Quand on fait agir l'acide sulfurique sur une dissolution de sulfate de cadmium, il ne se forme pas de sulfates acides, mais la solubilité du sel diminue exactement dans les mêmes conditions que si chaque molécule d'acide sulfurique fixait 12 molécules d'eau en les empêchant d'agir comme dissolvant. Cependant l'hydrate $SO^4H^2, 12H^2O$ n'est pas connu et rien ne fait supposer son existence [Engel, *C. R.*, **104**, 506].

SULFATES BASIQUES DE CADMIUM. —

1° $SO^4Cd \cdot CdO$. — Il se produit quand on calcine au rouge le sulfate neutre anhydre de cadmium ou un de ses hydrates.

C'est une poussière blanche, peu soluble dans l'eau et indécomposable par elle, qui se détruit au rouge en donnant de l'acide sulfureux, de l'oxygène et de l'oxyde de cadmium.

2° $SO^4Cd \cdot CdO, 2H^2O$. — Le sel anhydre, traité par l'eau bouillante, se dissout. La dissolution cristallise en donnant de fines aiguilles incolores, du système asymétrique.

M. Kuhn prépare cet hydrate en précipitant par un alcali un certain volume du sel neutre et en faisant bouillir ensuite avec un volume double de la solution primitive [Athanasesco, Kuhn et Stromeyer, *C. R.*, **103**, 271].

Sulfate double de cadmium et d'ammonium. — Si l'on fait passer à froid un courant de gaz ammoniac dans une dissolution de sulfate de cadmium, on obtient un précipité en nodules dont la composition répond à la formule

$$SO^4Cd \cdot 4\,AzH^3, 2\,H^2O.$$

Ce même composé se précipite en larges tablettes par l'addition d'alcool à une dissolution ammoniacale de sulfate de cadmium.

Si l'on fait bouillir pendant plusieurs heures une dissolution de sulfate d'ammonium avec de l'oxyde de cadmium, on obtient le sulfate

$$SO^4Cd \cdot SO^4(AzH^4)^2, 7\,H^2O.$$

En ajoutant de l'oxyde de zinc à une dissolution de sulfate d'ammonium, on préparerait le sulfate double de zinc et d'ammonium analogue,

$$SO^4Zn \cdot SO^4(AzH^4)^2, 7\,H^2O.$$

Sulfites doubles de cadmium et d'amines. — M. Denigès [*Thèse Faculté des Sciences, Paris*, 1891, 22] a obtenu une série de sels doubles répondant à la formule générale $SO^3Cd \cdot SO^3(AzH^3.R)^2$, en traitant par le bisulfite de sodium un mélange de sulfate de cadmium et de chlorhydrate d'aniline, d'o-toluidine, de p-toluidine et d'α-m-xylidine. Ces sels se présentent en lamelles microscopiques hexagonales. Ils sont très peu solubles et peuvent être utilisés pour la recherche qualitative de l'acide sulfureux. Ils se décomposent par la chaleur en laissant un résidu de sulfite de cadmium, accompagné d'un peu de sulfate et de sulfure.

Nitrate de cadmium. — D'après M. André, si l'on fait passer un courant prolongé de gaz ammoniac dans une dissolution ammoniacale de nitrate de cadmium, on obtient un composé bien cristallisé, dont la composition répond à la formule $(AzO^3)^2Cd \cdot 6\,AzH^3$.

La simple addition d'ammoniaque à une dissolution de nitrate de cadmium précipite l'*azotate ammoniacal*,

$$(AzO^3)^2Cd \cdot 6\,AzH^3, H^2O$$

[André, *C. R.*, **104**, 987].

Nitrate basique de cadmium. — En faisant agir soit l'oxyde de plomb sur le nitrate de cadmium, soit le nitrate de cadmium sur l'oxyde de plomb, on obtient un nitrate double de plomb et de cadmium. Dans ces deux expériences, on obtient encore un azotate basique de plomb,

$$Pb\!\!\begin{array}{l}\diagup OH \\ \diagdown AzO^3\end{array}$$

La dissolution de ce sel donne, après une longue ébullition, des nodules répondant à la formule

$$PbO, H^2O.$$

On dissout cet hydrate dans une solution bouillante de nitrate de cadmium, on filtre et on fait cristalliser. Après la cristallisation du sel basique de plomb, un deuxième sel, l'azotate basique de cadmium, cristallise en tablettes rhombiques, irisées, solubles dans l'alcool, répondant à la formule

$$Cd\!\!\begin{array}{l}\diagup AzO^3 \\ \diagdown OH\end{array}, H^2O$$

[Klinger, *D. chem. G.*, **16**, 997].

Nitrates doubles d'ammonium et de cadmium. — D'après M. Marin, une solution d'azotate d'ammonium, au contact d'une baguette de cadmium, donnerait en peu de temps de l'azotate de cad-

mium et d'ammonium. Ce sel double cristallise en prismes rhomboïdaux, inaltérables à l'air. Il est décomposé par l'eau avec formation d'oxyde de cadmium, mais il cristallise de nouveau après dissolution dans une eau ammoniacale.

Soumis à la température du rouge sombre, il dégage de l'ammoniaque, puis déflagre en donnant des vapeurs rutilantes [Marin, *C. R.*, **100**, 1497].

M. André [*C. R.*, **104**, 987] a décrit les deux sels doubles

$$(AzO^3)^3Cd \cdot 6\,AzH^3, H^2O \quad et \quad (AzO^3)^2Cd \cdot 6\,AzH^3,$$

qu'il a obtenus, le premier en dissolvant du nitrate de cadmium dans de l'ammoniaque à 20 0/0, le second en faisant passer un courant de gaz ammoniac dans une solution du même sel.

Phosphates de cadmium [A. de Schulten, *Bull. Soc. Chim.*, (3), **1**, 472]. — En traitant un sel de cadmium par le phosphate trisodique, on obtient un précipité volumineux et amorphe, qui, après avoir été chauffé au rouge, présente sensiblement la composition d'un *orthophosphate neutre*

$$(PO^4)^2Cd^3.$$

En versant une solution de phosphate disodique dans une solution chaude de chlorure ou de sulfate de cadmium, on voit se produire un précipité amorphe, qui se transforme très vite en prismes microscopiques hexagonaux ayant la composition $(PO^4)^4Cd^5H^2, 4\,H^2O$. Ce sel est plus soluble à froid qu'à chaud dans l'acide phosphorique (d = 1,1) et se précipite à l'état cristallin lorsqu'on chauffe sa solution saturée à froid.

Si l'on abandonne à l'évaporation spontanée une solution de ce sel dans l'acide phosphorique étendu, on voit se produire de grands cristaux clinorhombiques de *phosphate monocadmique*, $(PO^4)^2CdH^4, 2\,H^2O$. Ce dernier se décompose par un excès d'eau et paraît régénérer le phosphate pentacadmique qui lui avait donné naissance.

L'*apatite chlorée de cadmium*,

$$[(PO^4)^2Cd^3]^3 \cdot CdCl^2 \quad ou \quad (PO^4)^3Cd\text{-} \cdot CdCl,$$

s'obtient en fondant un excès de chlorure de cadmium avec le phosphate neutre de cadmium, ou avec le phosphate pentacadmique, ou même avec du phosphate d'ammonium. Elle se présente en longs prismes hexagonaux, terminés par des pointements et offrant des extinctions longitudinales.

L'*apatite bromée de cadmium*,

$$[(PO^4)^2Cd^3]^3 \cdot CdBr^2 \quad ou \quad (PO^4)^3Cd^4 \cdot CdBr,$$

s'obtient, mélangée avec du pyrophosphate de cadmium, en substituant le bromure de cadmium au chlorure dans la préparation précédente. Son aspect et ses propriétés optiques sont les mêmes que celles de l'apatite chlorée.

Le *pyrophosphate de cadmium*, $P^2O^7Cd^2$, se produit en même temps que l'apatite bromée ci-dessus et peut en être séparé à l'aide de l'acide nitrique très étendu qui ne dissout que cette apatite. Il se présente en lamelles allongées à pointement oblique [A. de Schulten, *loc. cit.*].

Phosphates doubles de cadmium. — M. Ouvrard a étudié les composés formés par la dissolution de l'oxyde, du carbonate ou du chlorure de cadmium dans les phosphates alcalins en fusion. Il faisait dissoudre à refus de l'oxyde de cadmium dans un des phosphates alcalins, porté à la température de sa fusion dans un creuset de platine ; la masse était ensuite reprise par l'eau pour isoler les produits insolubles formés.

L'oxyde de cadmium dissous dans le métaphosphate de potassium fournit le *pyrophosphate* $P^2O^7K^2Cd$ en cristaux très développés et maclés.

L'emploi d'un excès d'oxyde de cadmium permet de préparer l'*orthophosphate* PO^4KCd, que l'on obtient également avec les pyro- et orthophosphates de potassium. Ce composé se présente sous la forme de prismes anorthiques très solubles dans les acides étendus.

En dissolution dans le métaphosphate de sodium fondu, l'oxyde de cadmium donne le sel

$$P^2O^7Na^2Cd,$$

analogue à celui qu'on obtient avec le zinc.

L'oxyde de cadmium, dissous en quantité ménagée dans le pyrophosphate de sodium, donne le sel $P^2O^7Na^2Cd . Na^2O$ en dendrites cubiques, identiques comme forme au sel de zinc correspondant. Si la quantité d'oxyde dissous dépasse 20 0/0, on obtient le sel PO^4NaCd.

Le phosphate trisodique donne les deux produits précédents [Ouvrard, *C. R.*, **106**, 1729].

ARSÉNIATES DE CADMIUM. — L'*arséniate acide*, AsO^4CdH, H^2O, a été obtenu par M. de Schulten [*Bull. Soc. Chim.*, (3), **1**, 476] en faisant cristalliser dans une solution tiède d'acide arsénique le sel $(AsO^4)^4Cd^5H^2, 4H^2O$, décrit autrefois par M. Salkowski.

L'*arséniate monocadmique*,

$$(AsO^4)^2CdH^4, 2H^2O,$$

se produit par l'évaporation spontanée, à la température ordinaire, d'une solution saturée du sel

$$(AsO^4)^4Cd^5H^2, 4H^2O$$

dans l'acide arsénique étendu ($d = 1,3$).

Il forme de grands cristaux clinorhombiques, isomorphes avec le phosphate correspondant, qui se décomposent avec perte d'eau à 70-80°; un excès d'eau le détruit également, en donnant des flocons amorphes du sel pentacadmique

$$(AsO^4)^4Cd^6H^2, 4H^2O$$

(A. de Schulten).

Le *pyro-arséniate*, $As^2O^7Cd^2$, se produit, en même temps que l'arsénio-apatite bromée de cadmium (voyez plus loin), par la fusion d'un mélange de bromure de cadmium et d'arséniate neutre d'ammonium ou du sel

$$(AsO^4)^4Cd^5H^2, 5H^2O,$$

surtout si l'on n'emploie pas un excès suffisant de bromure de cadmium [A. de Schulten, *loc. cit.*]. Il se produit aussi lorsqu'on fond un mélange d'oxyde ou de carbonate de cadmium et de métaarséniate de potassium, en évitant un excès de cadmium qui donnerait naissance à un orthoarséniate [C. Lefèvre, *C. R.*, **110**, 406]. Ce sel se présente en lamelles allongées, ayant les mêmes propriétés cristallographiques et optiques que le pyrophosphate correspondant.

En substituant dans cette préparation l'arséniate de sodium à celui de potassium, M. Lefèvre [*loc. cit.*] a obtenu successivement un *pyroarséniate double*, $As^2O^7CdNa^2$, en petits cristaux incolores, puis un *orthoarséniate double*, AsO^4CdNa, en cristaux transparents. L'addition de chlorures alcalins ne lui a jamais fourni de composés chlorés analogues aux apatites.

L'*arsénio-apatite chlorée de cadmium*,

$$[(AsO^4)^2Cd^3]^3 . CdCl^2 \text{ ou } (AsO^4)^3Cd^4 . CdCl,$$

a au contraire été obtenue par M. de Schulten [*loc. cit.*] par la fusion de l'arséniate neutre d'ammonium ou de l'arséniate pentacadmique $(AsO^4)^4Cd^5H^2, 5H^2O$ avec un excès de chlorure de cadmium. Son aspect et ses propriétés optiques sont les mêmes que ceux du produit phosphoré correspondant.

L'*arsénio-apatite bromée de cadmium*,

$$[(AsO^4)^2Cd^3]^3 . CdBr^2 \text{ ou } (AsO^4)^3Cd^4 . CdBr,$$

s'obtient en substituant le bromure de cadmium au chlorure dans la préparation précédente; pour éviter la formation simultanée de pyroarséniate, on doit employer un grand excès de bromure de cadmium. Ce composé offre les mêmes propriétés que les apatites de cadmium précédemment décrites (A. de Schulten).

DOSAGE DU CADMIUM. — *Dosage par l'oxalate d'ammonium.* — L'oxalate de cadmium se forme dans les mêmes conditions que l'oxalate de zinc.

L'oxalate d'ammonium donne dans les solutions neutres de cadmium un précipité soluble dans un excès, mais que l'acide acétique précipite de sa solution.

Si la solution primitive contient du chlorure d'ammonium, ce dernier reste inattaqué tant que le cadmium n'est pas parfaitement précipité [Von Reiss, *D. chem. G.*, **14**, 1175].

Dosage par le zinc. — On peut doser le cadmium contenu dans une liqueur en le précipitant par le zinc.

Dans la liqueur (de préférence sulfate), précédemment bouillie pour en chasser l'air, on plonge une lame de zinc. Quand le dépôt est terminé, on décante le liquide, on recueille l'éponge métallique qui s'est formée, on sèche et on pèse [Kupfferschläger, *Bull. Soc. Chim.*, (2), **35**, 594].

Dosage électrolytique. — On peut doser le cadmium par l'électrolyse, dans une solution contenant ce métal à l'état d'oxalate double de cadmium et d'ammonium.

Cette méthode a donné les résultats ci-dessous :

Dans une solution contenant :

0,0377	on a trouvé	0,0383
0,0604	—	0,0598
0,0755	—	0,0756
0,0906	—	0,090

Il est bon d'employer deux éléments Bunsen réunis en quantité; le métal se sépare alors sous une forme assez compacte [Classen, *D. chem. G.*, **14**, 1627; **17**, 2469].

Lorsque l'on doit opérer sur une solution de sulfates de cuivre et de cadmium, M. Smith propose la méthode suivante : La liqueur est soumise à l'électrolyse; on précipite le cuivre électrolytiquement en présence d'acide azotique en excès, et le cadmium qui reste dans la liqueur est transformé en sulfate ou en cyanure [*D. chem. G.*, **14**, 1122].

Dosage à l'état d'amalgame. — M. Vortmann [*D. chem. G.*, **24**, 2755] recommande de soumettre à l'électrolyse une solution renfermant le cadmium à l'état d'oxalate double ammoniocadmique et un grand excès de chlorure mercurique : on voit dans ces conditions se déposer un amalgame cristallin, dur, inaltérable à l'air (pourvu qu'on ait employé de 4 à 6 parties de mercure pour 1 partie de cadmium).

Dans le cas où on n'aurait à doser que des traces de cadmium, il serait préférable de substituer le tartrate double à l'oxalate double.

SÉPARATION DU CUIVRE ET DU CADMIUM. — 1° Les solutions des sels de ces métaux sont légèrement additionnées d'acide sulfureux, puis traitées à l'ébullition par l'hyposulfite de sodium jusqu'à complète décoloration.

Le cuivre se sépare à l'état de sulfure; le cadmium reste dans la liqueur [Vortmann, *D. chem. G.*, **14**. 546].

2° La dissolution de ces métaux est traitée par l'eau de chlore ou l'acide sulfureux. On ajoute ensuite un excès de benzoate d'ammonium, qui forme du benzoate de cuivre ; on filtre, et dans la dissolution on précipite le cadmium par l'ammoniaque ou par le carbonate d'ammonium [Gucci, *D. chem. G.*. **17**, 2659].

3° Les dissolutions bleues des sels de cuivre et de cadmium sont traitées par le bichlorure d'étain jusqu'à complète décoloration. On fait ensuite bouillir la dissolution avec de la fleur de soufre : tout le cuivre se précipite à l'état de sulfure.

Le cadmium reste dans la liqueur, on le précipite à l'état de sulfure par addition de sulfhydrate d'ammoniaque [Orlowski, *D. chem. G.*, **14**, 2844].

4° On traite la solution par le tartrate de sodium, on alcalinise par la soude et on porte à l'ébullition ; la liqueur doit demeurer limpide. On ajoute alors peu à peu une solution de glucose, tout en faisant bouillir : l'oxydule de cuivre est recueilli, grillé avec addition d'un peu d'acide nitrique et pesé à l'état d'oxyde ; la liqueur filtrée, traitée par l'hydrogène sulfuré, laisse déposer le cadmium à l'état de sulfure [Warren, *Chem. News*, **63**, 193 ; *D. chem. G.*, **24**, Ref., 536].

Séparation du cadmium d'avec le bismuth. — On ajoute à la liqueur du carbonate de sodium en excès, puis du cyanure de potassium et on chauffe pendant quelques instants ; le bismuth est précipité à l'état de carbonate et le cadmium reste en dissolution. Après filtration, le cadmium est précipité par l'hydrogène sulfuré [Classen, *D. chem. G.*, **14**, 2782].

H. Moissan.

CAFÉIDINE, $C^7 H^{12} Az^4 O$. — La caféidine s'obtient en faisant bouillir la caféine avec 10 fois son poids d'hydrate de baryte. On enlève l'excès de baryte par l'acide sulfurique et on obtient par concentration le sulfate de caféidine [Schmidt, *D. chem. G.*, **14**, 813].

D'après MM. Schmidt et Wernecke [*Arch. Pharm.*, (3), **28**, 516], le meilleur rendement s'obtient en traitant à l'ébullition 10 grammes de caféine par 25 grammes d'hydrate de baryte dissous dans 120 grammes d'eau. Il est nécessaire d'employer un ballon spacieux, à cause de la mousse qui se produit au début de l'opération. Au bout d'une demi-heure d'ébullition, on filtre, on précipite l'excès de baryte et l'on isole le sulfate de caféidine, que l'on purifie par cristallisation dans l'alcool étendu.

La caféidine n'avait été obtenue jusqu'ici que sous la forme d'une huile lourde, peu soluble dans l'éther. MM. Schmidt et Wernecke ont préparé la caféidine cristallisée en épuisant par le chloroforme un mélange de sulfate de caféidine et d'hydrate de baryte. Le chloroforme abandonne par l'évaporation spontanée une masse blanche, fusible vers 94°, mais très altérable et qui constitue la caféidine pure.

Le *sulfate*. $C^7 H^{12} Az^4 O . S O^4 H^2$, cristallise en aiguilles épaisses, très solubles dans l'eau, peu solubles dans l'alcool.

Le *chlorhydrate*, $C^7 H^{12} Az^4 O . HCl$, forme de longs prismes incolores et très solubles.

Le *chloroplatinate*, $(C^7 H^{12} Az^4 O . HCl)^2 PtCl^4$, forme de grosses aiguilles rouges, qui renferment 2 ou 4 molécules d'eau de cristallisation.

La caféidine libre s'unit à froid à l'iodure d'éthyle et donne de l'*iodhydrate d'éthylcaféidine*,

$$C^7 H^{11} (C^2 H^5) Az^4 O . HI,$$

qui cristallise en fines aiguilles blanches.

L'éthylcaféidine peut s'unir à une nouvelle molécule d'iodure d'éthyle.

L'*iodhydrate* forme des aiguilles blanches, très solubles dans l'eau chaude, peu solubles dans l'alcool même bouillant et totalement insolubles dans le chloroforme.

Le *nitrate*, $C^7 H^{12} Az^4 O . Az O^3 H$, cristallise en grandes aiguilles blanches, très solubles dans l'eau.

En abandonnant à l'air libre un mélange de caféidine, d'iodure de méthyle et de chloroforme, on obtient l'*iodhydrate de méthylcaféidine*. La base libre, $C^7 H^{11} (C H^3) Az^4 O$, est très soluble dans l'eau, l'alcool et le chloroforme ; elle fond à 86-88°. On peut obtenir la *diméthylcaféidine*, $C^7 H^{10} (C H^3)^2 Az^4 O$, en abandonnant pendant plusieurs jours à la température ordinaire un mélange de méthylcaféidine et d'iodure de méthyle en solution chloroformique.

La caféidine, traitée par un mélange de dichromate de potassium et d'acide sulfurique, s'oxyde lentement à froid, rapidement à chaud, en donnant de la diméthyloxamide :

$$C^7 H^{12} Az^4 O + 2 H^2 O + O^3$$
$$= C^4 H^8 Az^2 O^2 + 2 C O^2 + C H^3 . Az H^2 + Az H^3$$

[Maly et Andreasch, *Mon. f. Chem.*, **4**, 369].

L'eau de brome, ou le chlore à l'état naissant dégagé par un mélange de chlorate de potassium et d'acide chlorhydrique, décomposent la caféidine en cholestrophane, ammoniaque et méthylamine.

En présence d'acide nitrique, on obtient encore les mêmes produits :

$$C^7 H^{12} Az^4 O + O^3 + H^2 O$$
$$= C O^2 + Az H^3 + Az H^2 . C H^3 + C^5 H^6 Az^2 O^3.$$

Ces réactions permettent d'établir la constitution de la caféidine, en se rappelant d'abord que cette base se forme aux dépens de la caféine de la façon suivante : La caféine fixe 1 molécule d'eau et se convertit en acide caféidine-carbonique, qui perd ensuite 1 molécule d'acide carbonique en donnant naissance à la caféidine. Si l'on se reporte à la formule de constitution de la caféine (voyez ce mot), on verra aisément que l'acide caféidine-carbonique doit se représenter par le schéma

$$\begin{array}{l} C H^3 . Az \!-\!-\! C H \\ \quad | \qquad\quad \| \\ \quad CO \quad\ C - Az H . C H^3 \\ \quad | \qquad\quad | \\ C H^3 . Az \!-\!\!-\! C = Az . C O^2 H \end{array}$$

et par suite la caféidine aura pour formule

$$\begin{array}{l} C H^3 . Az \!-\!-\! C H \\ \quad | \qquad\quad \| \\ \quad CO \quad\ C - Az H . C H^3 \\ \quad | \qquad\quad | \\ C H^3 . Az \!-\!\!-\! C = Az H \end{array}$$

Acide caféidine-carbonique. $C^8 H^{12} Az^4 O^3$. — Si l'on abandonne à la température ordinaire une bouillie de caféine pulvérisée et d'une lessive faible de potasse, on voit la caféine se dissoudre peu à peu ; au bout de 15 ou 20 jours, elle s'est totalement transformée en acide caféidine-carbonique :

$$C^8 H^{10} Az^4 O^2 + H^2 O = C^8 H^{12} Az^4 O^3.$$

Pour isoler cet acide, on neutralise la liqueur par l'acide acétique, on ajoute de l'acétate de cuivre, et l'on obtient ainsi le sel

$$(C^8 H^{11} Az^4 O^3)^2 Cu,$$

qui forme de petits cristaux bleu de ciel.

En traitant ce sel par l'hydrogène sulfuré, on obtient l'acide en belles aiguilles blanches, solubles dans l'eau, le chloroforme et l'alcool, insolubles dans le benzène.

Cet acide, bouilli avec de l'eau, se dédouble en acide carbonique et caféidine :

$$C^8 H^{12} Az^4 O^3 = C O^2 + C^7 H^{12} Az^4 O.$$

Les *sels de calcium, de manganèse, de cadmium* et *de plomb* sont bien cristallisés et assez solubles dans l'eau.

Le *sel de zinc* forme des aiguilles blanches à peine solubles.   Ch. Cloëz.

CAFÉINE (voyez Dict., **1**, 693; Suppl., **1**, 388 et 1538. — *État naturel.* — La caféine peut s'extraire avantageusement de la noix de kola (*Cola acuminata*, R. Brown) : 100 grammes de cette graine renferment 2^{gr},348 de caféine libre et non combinée à un acide organique et 0^{gr},023 de théobromine [Heckel et Schlagdenhauffen, *C. R.*, **94**, 802].

Sels. — Le *chlorhydrate,*

$$C^8 H^{10} Az^4 O^2 . HCl , 2 H^2 O,$$

cristallise en prismes incolores qui se décomposent lentement à l'air, en perdant de l'eau et de l'acide chlorhydrique.

Il existe peut-être un sel très instable, contenant 2 molécules d'acide chlorhydrique.

Le *bromhydrate* et l'*iodhydrate* sont analogues au sel précédent [Schmidt, *D. chem. G.*, **14**, 813].

Le *chloraurate*, $C^8 H^{10} Az^4 O^2 . HCl . AuCl^3 , 2 H^2 O$, cristallise en lamelles brillantes d'un jaune d'or [Biedermann, *Arch. Pharm.*, (2), **21**, 175]. L'eau tiède altère ce sel; l'eau bouillante le détruit (OEchsner de Coninck).

L'*azotate*, $C^8 H^{10} Az^4 O^2 . Az O^3 H , H^2 O$, forme des aiguilles épaisses et jaunâtres, qui perdent tout leur acide à 100°.

Le *sulfate*, $C^8 H^{10} Az^4 O^2 . SO^4 H^2$, cristallise en aiguilles brillantes, et prend naissance lorsque l'on ajoute de l'acide sulfurique à une solution alcoolique chaude de caféine. Dans certaines conditions il peut cristalliser avec 1 molécule d'eau.

Le *valérate* est très instable. L'eau, l'alcool et l'éther le décomposent même à froid (Biedermann).

L'*oxalate* est au contraire très stable; on peut le purifier par plusieurs cristallisations dans l'eau [Leipen, *Mon. f. Chem.*, **10**, 184].

Action du chlore. — On peut obtenir la *chlorocaféine* en faisant passer un courant de chlore dans une solution chloroformique de caféine. Il est indispensable que tous les corps réagissants soient dans un état absolu de siccité [Fischer et L. Reese, *Ann. Chem.*, **221**, 336].

Le chlore à l'état naissant, dégagé par un mélange d'acide chlorhydrique et de chlorate de potassium, scinde la caféine en *diméthylalloxane* et *monométhylurée* [Fischer, *D. chem. G.*, **14**, 1905]. On chauffe à 50° un mélange de 100 parties de caféine et de 38^{gr},5 de chlorate de potassium avec un excès d'acide chlorhydrique $(d = 1,06)$, en ayant soin de n'opérer que sur de petites quantités à la fois. Quand la réaction est terminée, on fait traverser le liquide par un courant d'air et l'on ajoute de l'hydrosulfite de potassium [Maly et Andreasch, *Mon. f. Chem.*, **3**, 92]. Il se forme des tables nacrées de *diméthylalloxane-hydrosulfite de potassium,*

$$CO \begin{array}{l} \diagup Az(CH^3) CO \diagdown \\ \diagdown Az(CH^3) CO \diagup \end{array} C \begin{array}{l} \diagup OH \\ \diagdown SO^3 K \end{array}$$

Du reste, le produit brut de l'action du chlorate peut être épuisé par l'éther; on évapore celui-ci, et le résidu repris par l'eau donne des cristaux de *diméthylalloxane monohydratée.*

La partie insoluble dans l'eau est formée en majeure partie par de l'*apocaféine* (voyez plus bas).

Action du brome. — Une solution chloroformique de caféine, additionnée de brome à froid, donne un précipité orangé, amorphe et soluble dans l'eau, dont la composition se représente exactement par la formule $C^8 H^{10} Az^4 O^2 Br^2$.

Si l'on fait réagir sur la caféine en tubes scellés un mélange d'eau et de brome, les résultats sont différents suivant les proportions de caféine et de brome mises en présence :

Avec 2 atomes de brome pour 1 molécule de caféine, on obtient de la *monobromocaféine*, cristallisée en fines aiguilles blanches, peu solubles dans l'eau froide, plus solubles dans l'eau chaude. L'éther, le chloroforme et les acides forts la dissolvent aisément. L'oxyde d'argent ne l'altère pas. Le zinc en poudre régénère la caféine.

Avec 3 atomes de brome pour 1 molécule de caféine, il se produit en plus de l'acide amalique et de la cholestrophane.

Avec 4 atomes de brome, on observe la production d'une petite quantité de méthylamine.

Enfin, si l'on emploie 6 atomes de brome, on n'a plus trace de bromocaféine, mais il se fait de grandes quantités de méthylamine [Maly et Hinteregger, *Mon. f. Chem.*, **3**, 85].

Le meilleur procédé de préparation de la *bromocaféine* consiste à introduire peu à peu 10 grammes de caféine dans 50 grammes de brome sec et bien refroidi. Après 12 heures de contact, on chasse l'excès de brome, et l'on chauffe à 150° jusqu'à ce qu'il ne se dégage plus d'acide bromhydrique, puis on décolore par l'acide sulfureux. On obtient ainsi une masse blanche, fusible à 206°, soluble dans l'acide chlorhydrique concentré et que l'eau précipite de cette solution.

La bromocaféine, traitée par l'ammoniaque alcoolique à 130°, se transforme en *amidocaféine*, $C^8 H^9 Az^4 O^2 . Az H^2$, corps fusible et même distillable sans décomposition.

Si l'on chauffe 3 parties de bromocaféine avec 2 parties de potasse et 10 parties d'alcool, on obtient de l'*éthoxycaféine*, $C^8 H^9 Az^4 O^2 (OC^2 H^5)$, fusible à 140°, soluble dans l'alcool bouillant et dans les acides étendus, peu soluble dans l'alcool froid et dans l'éther, insoluble dans les alcalis.

Si l'on chauffe une solution chlorhydrique de ce corps, on le décompose en chlorure d'éthyle et *hydroxycaféine*, fusible vers 350°, soluble dans les alcalis et inattaquable par les acides minéraux concentrés [Fischer, *D. chem. G.*, **14**, 637].

Action des acides. — L'acide sulfurique et l'acide chlorhydrique concentrés sont sans action sur la caféine à 200° [Maly et Hinteregger, *D. chem. G.*, **14**, 723 et 893]; à 250° l'acide chlorhydrique décompose la caféine en gaz carbonique et chlorhydrates d'ammoniaque, de sarcosine et de méthylamine. Il se fait aussi des traces d'acide formique [Schmidt, *D. chem. G.*, **14**, 813; *Ann. Chem.*, **217**, 270 et 308].

L'acide iodhydrique concentré, chauffé à 175° pendant 6 heures avec de la caféine, la décompose totalement. Les produits peuvent être différents suivant que l'on opère ou non en présence de phosphore rouge [Wernecke, *Arch. Pharm.*, (3), **26**, 233].

L'acide chromique transforme la caféine en *cholestrophane* ou acide diméthylparabanique :

$$C^8 H^{10} Az^4 O^3 + O^2 + 2 H^2 O$$
$$= C^5 H^6 Az^2 O^3 + 2 CO^2 + Az H^3 + C H^3 . Az H^2$$

(Maly et Hinteregger).

L'acide azotique et même l'ozone donnent naissance aux mêmes produits (Leipen).

Action des alcalis. — Voyez CAFÉIDINE et ACIDE CAFÉIDINE-CARBONIQUE.

Action de divers réactifs. — Le bromure d'éthylène et la phénylhydrazine sont sans action sur la caféine. L'iodure d'éthyle ne réagit que très difficilement, même à 175-180°.

Si à une solution chlorhydrique de caféine on ajoute une solution concentrée de nitrite de sodium, puis, pendant le dégagement gazeux, quelques cristaux d'iodure de potassium. on observe bientôt la formation d'aiguilles jaunes d'un corps $C^8H^{10}Az^4O^2.1Cl.HCl$, fusible à 182-183°, que l'ammoniaque et l'eau bouillante décomposent en régénérant la caféine. Ce corps, chauffé à 180-190°, se détruit avec dégagement d'iode. Le résidu cristallise en aiguilles fusibles à 185°, solubles dans le chloroforme, et constitue une chlorocaféine.

APOCAFÉINE, $C^7H^7Az^3O^5$. — Voyez Suppl., **1**, 1539.

HYPOCAFÉINE, $C^6H^7Az^3O^3$. — Voyez Suppl., **1**, 1539.

CAFOLINE. — Voyez Suppl., **1**. 1539.

ACIDE CAFURIQUE, $C^8H^9Az^3O^4$. — Voy. Suppl., **1**, 1539.

ALLOCAFÉINE. — En traitant l'iodométhylate de caféine par l'hydrate d'argent, on le transforme en *hydroxyméthylate* $C^8H^{10}Az^4O^2.CH^3OH, H^2O$, fusible à 90-91°; ce corps perd 1 molécule d'eau à 100° et ne fond plus alors qu'à 137° [E. Schmidt, *D. chem. G.*, **16**, 2587; *Ann. Chem.*, **228**, 141]. Si on le dissout dans l'acide chlorhydrique et qu'on abandonne la solution à l'évaporation spontanée, on obtient au bout de 15 jours environ de l'acide amalique, de la méthylamine et de l'acide formique.

L'acide amalique provient de la transformation d'un produit intermédiaire, qui n'est autre que l'*acide diméthyldialurique* :

$$2\,C^9H^{14}Az^4O^3 + 6H^2O$$
$$= 2\,C^6H^6Az^2O^4 + 4\,AzH^3.CH^3 + 2\,CH^2O^2$$
Acide
diméthyldialurique.

L'hydroxyméthylate de caféine, distillé dans un courant d'hydrogène, régénère la caféine.

En solution chloroformique froide, il fixe le brome; le produit d'addition est très instable : au contact de l'eau, il se décompose en acide bromhydrique, méthylamine, cholestrophane et *allocaféine*. Ce dernier composé fond à 196°, et doit être considéré comme la *méthylapocaféine*, car l'ébullition avec l'eau le dédouble en acide carbonique et *acide méthylcafurique*.

L'hydroxyméthylate de caféine est facilement attaqué par un mélange d'acide chlorhydrique et de chlorate de potassium : il se forme alors de la diméthylalloxane, de l'allocaféine, de l'acide amalique, de la cholestrophane et de la méthylamine. Un mélange de dichromate de potassium et d'acide sulfurique le décompose en acide carbonique, acide formique, cholestrophane et méthylamine. Enfin, avec l'acide azotique $(d=1,4)$, on obtient de la méthylamine, de la cholestrophane et de l'acide carbonique.

ACIDE MÉTHYLCAFURIQUE. — Ce corps est un acide faible, soluble dans l'eau, l'alcool et le chloroforme; il cristallise en aiguilles fusibles à 167°.

L'acétate basique de plomb le dédouble en acide mésoxalique, méthylamine et diméthylurée.

CONSTITUTION DE LA CAFÉINE (voyez Suppl., **1**, 1539). — Cette base est une diuréide de l'acide mésoxalique, et si l'on se rappelle l'action du chlore qui la scinde en monométhylurée et diméthylalloxane, on est amené à lui attribuer la formule de constitution suivante :

$$\begin{array}{lll} CH^3.Az & - & CH \\ \quad| & & \parallel \\ CO & C & - Az.CH^3 \\ \quad| & \quad| & \searrow CO \\ CH^3.Az & - & C = Az \end{array}$$

Ch. Cloëz.

CAFÉIQUE (ACIDE). — Si, dans la fabrication de la conicine, on sature les solutions alcalines par un acide et que l'on épuise par l'éther, on obtient un corps qui fond à 213° et qui présente toutes les propriétés de l'acide caféique $C^6H^3(OH)^2CH=CH.CO^2H$ [A. W. Hofmann, *D. chem. G.*, **17**, 1905].

CALAÏNITE (Min.). — Variété de turquoise non cuprifère.

CALAMINE. — Cette base, que l'on avait extraite de la racine d'acore (*Acorus calamus*), ne serait autre que la méthylamine (voyez à ce sujet Suppl., I, **2**, 97, ACORINE).

CALCIOFERRITE (Min.) (Blum). — Phosphate ferrique, jaune, feuilleté, voisin de la delvauxite, de Battenberg (Bavière Rhénane).

CALCIOSTRONTIANITE (Min.) [Syn. *Emmonite*]. — Variété calcifère de strontianite,

$$CO^3[Sr.Ca].$$

CALCIOTHORITE (Min.) (Brögger). — Produit d'altération de la thorite,

$$5\,SiO^4Th.2\,SiO^4Ca^2, 10\,H^2O,$$

en masses jaunâtres, ressemblant à du grenat almandin, trouvé avec éléolite aux îles Läven et Arö (Norvège). Dureté $=4,5$; densité $=4,114$.

CALCIUM. — Voyez Dict., **1**, 701, et Suppl., **1**, 389.

CHLORURE DE CALCIUM. — D'après M. Roozeboom, le chlorure de calcium aurait à une même température deux coefficients de solubilité distincts.

M. Le Chatelier admet que le point anguleux de la courbe de solubilité tient à ce que l'on a affaire véritablement à deux courbes distinctes, se coupant au point correspondant à la température de fusion du corps : l'une de ces courbes correspondrait à la solubilité dans l'eau du chlorure $CaCl^2.6H^2O$; l'autre à la solubilité du même hydrate dans le sel anhydre ou dans des hydrates inférieurs. D'après M. Le Chatelier, il y aurait eu confusion de la part de M. Roozeboom entre ce point anguleux et un point dont la tangente serait verticale [*C. R.*, **108**. 565].

M. Engel a établi que la solubilité du chlorure de calcium en présence de l'acide chlorhydrique diminue d'une quantité correspondant sensiblement à une molécule de chlorure pour chaque molécule d'acide.

On ne pourrait attribuer la précipitation du chlorure à une simple fixation d'eau par l'acide, car la solubilité des divers chlorures ne diminue pas également par addition d'acide [Engel, *C. R.*, **104**, 433].

OXYCHLORURES DE CALCIUM. — Quand on fond au rouge vif du chlorure de calcium dans un courant d'air humide, on obtient un oxychlorure, cristallisé en fines aiguilles, répondant à la formule $CaCl^2.CaO$.

Ce composé ne peut être obtenu à l'état de pureté : il est en effet facilement décomposable par l'eau et par l'alcool.

Après deux jours de séjour dans l'eau sucrée, il donne un nouvel oxychlorure contenant $\frac{1}{4}$ de molécule de chlore pour 1 molécule de chaux (Gorgeu).

Cet oxychlorure a été reproduit par M. André dans l'action du chlorure de calcium sur la chaux éteinte; sa chaleur de formation est 36,52 calories.

M. André a reproduit, par les mêmes réactions, les composés $CaCl^2.2CaO$ et $CaCl^2.3CaO$, dont il a calculé les chaleurs de formation 49.37 calories et 41,03 calories.

Il existe deux hydrates de ce dernier oxychlorure : l'un correspondant à la formule

$$CaCl^2.3CaO, 16\,H^2O;$$

l'autre à la formule $CaCl^2 . 3CaO . 3H^2O$ (André).

IODURE DE CALCIUM. — Pour la préparation de l'iodure de calcium, M. Rother a recours à l'iodure de fer, qu'il traite par la chaux éteinte.

Pour préparer l'iodure de fer, il se sert de fils de fer et non de limaille; il les fait chauffer au bain-marie en présence d'un excès d'iode, jusqu'à l'apparition d'une belle couleur jaune [Rother, *D. chem. G.*, **16**, 2281].

IODATE DE CALCIUM. — M. Dietze vient de signaler [*Zeit. Krist.*, **19**, 447] l'existence de l'iodate de calcium anhydre, $(IO^3)^2Ca$, à l'état natif, sous la forme de gros cristaux transparents, dans certains gisements de nitrate de sodium du Chili (voyez LAUTARITE, Suppl., **2**). Il est à remarquer que l'iodate de calcium artificiel n'est connu cristallisé qu'avec $6H^2O$. M. Dietze a observé dans les mêmes gisements des combinaisons moléculaires cristallisées d'iodate de calcium avec le chromate neutre du même métal; ces sels doubles sont décomposables par l'eau en iodate et chromate. L'un d'eux a été analysé et a pour formule

$$7(IO^3)^2Ca, 8CrO^4Ca.$$

PROTOXYDE DE CALCIUM. — En chauffant au rouge en tube scellé un mélange d'oxyde de calcium (1 molécule) et de magnésium métallique (1 atome), on obtient une substance noirâtre qui renferme des globules de calcium métallique disséminés dans la masse [C. Winkler, *D. chem. G.*, **23**, 122].

Si l'on chauffe le mélange précédent dans une atmosphère d'hydrogène, en opérant dans un tube de fer, on obtient une poudre gris clair, qui paraît renfermer un *hydrure de calcium* : ce corps est combustible; il décompose l'eau à froid avec un vif dégagement d'hydrogène [C. Winkler, *D. chem. G.*, **24**, 1874].

Hydrate. — Lorsque dans un certain volume d'eau on fait dissoudre de la chaux vive, en quantité telle que 1 litre contienne $1^{gr},344$ de chaux, on s'aperçoit par la pesée d'un volume déterminé que 1 litre pèse $1002^{gr},32$. Il y a donc une diminution de volume [Wanklyn, *Chem. News*, **55**, 217].

L'hydrate de chaux est un des hydrates les plus stables que l'on connaisse : quand on le chauffe rapidement, sa température stationnaire de décomposition se fixe entre 530 et 540°; sa tension de dissociation n'atteint 760 millimètres que vers 450°. A 360° elle n'est encore que de 100 millimètres. Aussi l'hydrate de chaux peut-il être conservé indéfiniment dans l'air sec à la température ordinaire et même au-dessus de 100° sans s'effleurir [Le Chatelier, *Recherches sur la constitution des mortiers hydrauliques*, 50].

PEROXYDE DE CALCIUM. — M. Mond [*D. chem. G.*, **16**, 980] prépare le bioxyde de calcium par l'action de l'eau oxygénée sur un lait de chaux ou sur l'eau de chaux. Ce composé, très peu soluble, peut être conservé à l'état humide; il pourrait servir à remplacer dans plusieurs de ses usages le chlorure de chaux.

SULFURE DE CALCIUM. — Il existe dans le commerce un sulfure de calcium remarquable par l'éclat et la durée de sa phosphorescence violette. M. Verneuil a reconnu que ce phénomène ne dépend que de quelques traces de bismuth contenues dans ce composé. Pour préparer ce sulfure impur, il a fait un mélange de 100 parties de coquilles d'*Hypopus vulgaris*, 30 parties de soufre, $0^{gr}.2$ de sous-nitrate de bismuth et 100 centimètres cubes d'alcool. On évapore l'alcool, puis on chauffe le mélange au rouge cerise pendant 20 minutes. La matière ainsi préparée est susceptible de produire la plus belle phosphorescence connue. L'addition d'oxydes ou de sulfures métalliques à ce mélange n'augmente pas l'intensité du phénomène, mais en modifie légèrement la couleur.

La quantité du sel métallique ajouté exerce sur la phosphorescence une influence considérable.

Le sulfure de calcium produit par la réduction du sulfate de calcium par l'hydrogène au rouge n'est pas phosphorescent; il acquiert cette propriété quand on le chauffe pendant quelques instants sur une lame de platine, par suite de la formation de sulfate.

Le sulfure de calcium n'est donc pas lui-même phosphorescent [Verneuil, *C. R.*, **104**, 501].

Pentasulfure de calcium. CaS^5. — Le pentasulfure de calcium se produit quand on soumet à une ébullition prolongée un mélange de soufre et de chaux éteinte.

M. Divers l'a obtenu dans l'action du soufre sur l'hydrosulfure de calcium. Ce composé absorbe rapidement l'oxygène. Il peut servir, comme le bisulfure de calcium, à la préparation du bisulfure d'hydrogène. On se souvient que Scheele a employé un corps similaire pour l'analyse de l'air.

HYDROSULFURE DE CALCIUM. — D'après M. Divers, en faisant passer un courant prolongé d'acide sulfhydrique sur de la chaux éteinte, en présence d'une petite quantité d'eau, on obtient une liqueur qui, par refroidissement, laisse déposer des cristaux d'hydrosulfure de calcium. Cette préparation est très délicate, par suite de l'instabilité de ces cristaux et de leur grande solubilité dans un excès d'eau. La chaux employée doit être préalablement débarrassée de toute trace de carbonate ou de sulfate.

Ce corps se présente sous la forme de cristaux prismatiques, fondant à basse température dans leur eau de cristallisation, mais subissant une décomposition partielle, avec émission d'hydrogène sulfuré, quand on élève la température. Leur composition correspond à la formule

$$Ca(SH)^2 , 6H^2O.$$

Ils sont très solubles dans l'eau et dans l'alcool, qui les décomposent. L'addition de 5 ou 6 gouttes d'eau à leur solution concentrée empêche la cristallisation.

Lorsqu'on concentre par la chaleur une dissolution d'hydrosulfure de calcium, on obtient de l'*hydroxysulfure de calcium* :

$$Ca(SH)^2 + H^2O = Ca(SH)(OH) + H^2S.$$

En chauffant une solution concentrée d'hydrosulfure de calcium avec de la fleur de soufre, on voit se produire un dégagement tumultueux d'hydrogène sulfuré, avec formation d'un corps qui paraît être un pentasulfure de calcium. Cette réaction est limitée par la réaction inverse; l'hydrogène sulfuré réagit sur le pentasulfure de calcium en donnant l'hydrosulfure :

$$Ca(SH)^2 + 8S = CaS^5 + H^2S^5 ;$$
$$CaS^5 + 2H^2S = Ca(SH)^2 + H^2S^5.$$

Dans cette réaction, on voit se produire le composé transitoire H^2S^5, pentasulfure d'hydrogène.

Hydroxysulfure de calcium,

$$Ca(SH)(OH) , 3H^2O.$$

— En chauffant une solution d'hydrosulfure de calcium, on transforme l'hydrosulfure en hydroxysulfure :

$$Ca(SH)^2 + H^2O = Ca(SH)(OH) + H^2S.$$

On peut encore préparer ce corps par l'action de la chaux sur l'hydrosulfure de calcium :

$$Ca(SH)^2 + Ca(OH)^2 = 2Ca(SH)(OH).$$

L'hydroxysulfure de calcium forme des cristaux

prismatiques incolores, ordinairement maclés. Ils présentent un grand éclat, mais deviennent opaques au contact de l'air, par suite de leur décomposition. Dans ce cas, ils émettent de l'oxygène et de l'hydrogène sulfuré.

Chauffés à 250°, les cristaux d'hydroxysulfure fondent dans leur eau de cristallisation ; si l'on élève la température, ils subissent la fusion ignée en se décomposant partiellement. Ils se dissolvent dans l'eau et dans l'alcool en se décomposant : ils donnent alors de la chaux et de l'hydrogène sulfuré [*Chem. Soc.*, 1884, 270].

SÉLÉNIURE DE CALCIUM. — Lorsqu'on fait passer dans un tube de porcelaine chauffé au rouge un courant d'hydrogène sur du séléniate de calcium, on obtient le séléniure.

Ce corps se présente sous la forme de lamelles blanches, très altérables à l'air et peu solubles dans l'eau.

Dans ce composé, on peut doser le sélénium à l'aide d'eau de brome qui oxyde le sel et le transforme en séléniate de calcium. Le calcium se dose à l'état de carbonate.

La chaleur de formation de ce composé est 39 calories à partir des éléments et $27^{cal},68$ à partir de la base anhydre et de l'acide gazeux [C. Fabre, *C. R.*, **102**, 1469].

CYANURE DE CALCIUM. — Ce corps a été obtenu en solution concentrée par l'action de l'acide cyanhydrique sur la chaux éteinte. On a trouvé à la température de 7° les résultats suivants pour sa chaleur de formation :

$$\text{CaO diss.} + 2\,\text{CAzH diss.} = \text{CaCy}^2 \text{ diss.} + \quad 3^{cal},22$$

$$\text{Ca} + (\text{CAz})^2 = \text{CaCy}^2 \text{ diss} \ldots\ldots\ldots + 57^{cal},67$$

La dissolution de ce corps s'altère à l'air, en donnant un dépôt brun insoluble, contenant de la chaux et de l'acide cyanhydrique.

OXYCYANURE DE CALCIUM. — Lorsque la dissolution précédente est évaporée en présence d'acide sulfurique et de soude, elle donne naissance à un oxycyanure blanc, cristallisé en petites aiguilles renfermant

$$3\,\text{CaO} . \text{CaCy}^2 \ 15\,\text{H}^2\text{O}$$

(Joannis).

Cet oxycyanure a pour chaleur de formation : en partant de la chaux et du cyanure, $5^{cal},78$; en partant de ces composés hydratés, $11^{cal},93$ à 15°.

L'alcool en précipite l'oxyde hydraté [Joannis, *C. R.*, **92**, 1417].

HYPOCHLORITE DE CALCIUM (*chlorure de chaux*). — M. Dreyfus a cherché à établir de la façon suivante la constitution de l'hypochlorite de calcium :

Le chlorure de chaux est formé de 4 éléments, calcium, oxygène, hydrogène et chlore, et l'on a fait déjà de nombreuses hypothèses pour établir la constitution de ce composé.

Ces hypothèses reposent sur deux principes différents : la première est basée sur l'existence dans le chlorure de chaux d'un oxychlorure CaOCl^2 ; la seconde suppose que le principe actif du chlorure de chaux est l'hypochlorite de calcium.

Ces deux hypothèses ne donnent pas d'explication sur l'excès d'hydrate de chaux toujours précipité par la dissolution dans l'eau du chlorure de chaux (Dict.. **1**, 870).

M. Stahlschmidt [*D. chem. G.*, **8**, 867] est le seul qui ait tenu compte de cette réaction. D'après lui, le principe actif du chlorure de chaux serait l'hydrate de chaux dans lequel l'hydrogène d'un radical hydroxyle serait remplacé par du chlore,

$$\text{Ca} {\scriptstyle\begin{array}{l} \diagup \text{OH} \\ \diagdown \text{OCl} \end{array}}$$

La formation du chlorure de chaux serait donc exprimée par l'équation

$$3\,[\text{Ca(OH)}^2] + 2\,\text{Cl}^2$$
$$= 2\,(\text{CaHClO}^2) + \text{CaCl}^2 + 2\,\text{H}^2\text{O}.$$

Traité par l'eau, le composé actif se dédoublerait d'après l'équation

$$2\,(\text{CaHClO}^2) = \text{Ca(OH)}^2 + \text{Ca(OCl)}^2.$$

De toutes les hypothèses, celle-ci est la première qui donne une explication rationnelle de la présence de l'excès de chaux dans le chlorure. Cependant elle fut contestée par MM. Lunge et Schäppi, qui remarquèrent que l'acide carbonique à 100° dégage tout le chlore du chlorure de chaux. Comme l'acide carbonique est sans action sur le chlorure de calcium, on devrait repousser toute hypothèse faisant du chlorure de calcium un élément constitutif du chlorure de chaux. Il est bien vrai en effet que l'acide carbonique ne décompose pas le chlorure de calcium ; mais, dans le traitement du chlorure de chaux, il n'y a pas à se préoccuper de l'acide carbonique seulement : d'autres éléments sont mis en jeu.

Le chlorure de chaux type, indiqué par l'hypothèse de M. Stahlschmidt, étant

$$2\,\text{CaHClO}^2 + \text{CaCl}^2 + 2\,\text{H}^2\text{O},$$

l'acide carbonique réagissant sur le premier élément donne

$$2\,\text{CaHClO}^2 + 2\,\text{CO}^2 = 2\,\text{CO}^3\text{Ca} + \text{H}^2\text{O} + \text{Cl}^2\text{O}.$$

Il y a par conséquent mise en liberté du gaz hypochloreux Cl^2O, qui, en présence du gaz carbonique, peut agir sur le chlorure de calcium suivant l'équation

$$\text{CaCl}^2 + \text{CO}^2 + \text{Cl}^2\text{O} = \text{CO}^3\text{Ca} + \text{Cl}^4,$$

ce qui fait que l'on obtient finalement la décomposition totale du chlorure de chaux avec dégagement de tout le chlore actif. Telle est bien en effet la réaction qui se produit.

Un dernier élément manquait encore : on n'avait pas jusqu'à présent prouvé que l'hydrate de chaux précipité par la dissolution du chlorure de chaux dans l'eau en fût réellement un principe constitutif. D'après M. Richters, cet hydrate de chaux ne se trouverait qu'accidentellement et serait un produit accessoire.

M. Dreyfus est arrivé à une conclusion tout à fait différente en examinant la saturation du chlorure de chaux par l'ammoniaque : le résultat n'est pas influencé par la proportion de l'hydrate de chaux précipité de la dissolution du chlorure dans l'eau. La quantité de chaux transformée en chlorure de calcium correspond toujours à la moitié de la chaux utile. Cette observation est une preuve en faveur de la théorie qui admet l'excès de chaux comme un élément constitutif du chlorure de chaux.

Le composé CaHClO^2 étant admis comme principe actif du chlorure de chaux, l'interprétation des phénomènes devient facile et la formule de constitution peut s'écrire :

$$2\,\text{CaHClO}^2 + \text{CaCl}^2 + 2\,\text{H}^2\text{O}$$

[Dreyfus, *Bull. Soc. Chim.*, (2), **41**, 600].

SULFATE DE CALCIUM (*plâtre*). — Les premières recherches qui aient été faites sur la composition et la prise du plâtre sont dues à Lavoisier. Cet illustre chimiste, après avoir déterminé par l'analyse, puis par la synthèse, la composition du plâtre, en a étudié les diverses phases de la prise. Ce phénomène serait dû à un enchevêtrement de cristaux de sulfate de calcium hydraté, se reconstituant au sein du liquide par l'union du sulfate de calcium anhydre et de l'eau.

Nous rappellerons aussi que M. de Marignac et Graham ont publié sur ce sujet d'intéressantes expériences.

De nos jours, cette étude a été reprise plus complètement par M. Landrin, qui a établi les meilleures conditions de la fabrication du plâtre, et qui, par l'étude des phénomènes qui accompagnent la prise du plâtre, a pu donner une théorie rationnelle de sa solidification.

Les résultats qu'il a obtenus sont les suivants :

Entre 100 et 150° les plâtres se déshydratent lentement et donnent dans l'espace de 24 heures une substance dont la prise est relativement assez lente.

Entre 150 et 250° les plâtres se déshydratent plus vivement et les produits ainsi obtenus ont une tendance à prendre plus vite.

Les plâtres préparés entre 300 et 400° se prennent encore, contrairement à l'opinion émise par quelques chimistes; avec l'eau, la prise est même instantanée et le mortier est très dur.

Si l'on pousse la cuisson jusqu'à 400°, les plâtres se prennent vivement, en donnant des mortiers de moins en moins durs.

Plus récemment, M. Le Chatelier a étudié de son côté les phénomènes de la cuisson du plâtre, en se bornant aux températures peu élevées.

En chauffant progressivement du gypse dans un bain de paraffine, M. Le Chatelier a confirmé d'anciennes expériences de Graham, qui avait constaté deux temps d'arrêt dans la loi d'échauffement : d'après M. Le Chatelier ces points seraient fixés l'un à 128°, l'autre vers 163°. La déshydratation est complète à 194°, et la quantité d'eau abandonnée dans la première phase correspond exactement à 1,5 H^2O.

Le produit obtenu peut être représenté par la formule $SO^4Ca, 0,5 H^2O$, et renferme 6,2 0/0 d'eau. C'est là le terme ordinaire de la cuisson du plâtre, qui renferme généralement de 6 à 7 0/0 d'eau. M. Le Chatelier a réussi à préparer à l'état cristallisé le composé $SO^4Ca, 0,5 H^2O$ en chauffant à 150°, en tube scellé, une solution saturée de sulfate de calcium. C'est ce corps qui constitue pour la plus grande partie les incrustations des chaudières alimentées avec de l'eau de mer. De plus, il a constaté que la température de cuisson du gypse est toujours supérieure à sa température de dissociation et varie entre 120 et 130°.

Prise du plâtre. — Suivant M. Landrin, la prise du plâtre peut être divisée en 4 temps :

1° Le plâtre anhydre, mis au contact de l'eau, se combine avec cette dernière.

2° Le plâtre se dissout partiellement dans l'eau, qui se sature ainsi de ce sel.

3° Une partie du liquide s'évapore par le fait de la chaleur dégagée dans la réaction : la solution se sursature ; un cristal se forme et détermine la prise de toute la masse.

4° Le maximum de dureté est atteint quand le plâtre a perdu assez d'eau pour correspondre à la formule $SO^4Ca, 2 H^2O$.

Cette explication n'est pas particulière au plâtre : elle peut être étendue à tous les corps pouvant s'unir à l'eau en proportions définies.

Cette théorie est aussi applicable à la prise des stucs. On sait en effet que, dans la solidification des plâtres, on se trouve en face du dilemme suivant : En ajoutant le minimum d'eau, on obtient une prise trop rapide et par conséquent un travail difficile : en ajoutant trop d'eau, les plâtres sont trop poreux et ne durcissent jamais complètement.

Depuis longtemps ce dilemme a été résolu par l'emploi des stucs ou plâtres alunés, qui ne font prise que très lentement, et par l'addition aux plâtres de matières solubles qui, par leur interposition, retardent la cristallisation. Les plâtres alunés subissent une cuisson très énergique qui diminue sensiblement l'action du gypse sur l'eau ; l'action chimique étant très lente, il en est de même de la dessiccation, et la prise est ainsi retardée. On peut du reste activer la prise d'un plâtre aluné en le chauffant légèrement.

La cristallisation et la prise du plâtre sont expliquées par M. Le Chatelier en admettant que le sulfate de calcium anhydre (plâtre cuit) est plus soluble dans l'eau que le sulfate de calcium hydraté, ainsi qu'une expérience de M. de Marignac semble bien le démontrer. Par suite, la solution saturée de sel anhydre laisse déposer du sel hydraté et devient apte à dissoudre de nouvelles quantités de sel anhydre. Les cristaux qui se forment sont des prismes déliés, soudés par une de leurs extrémités autour de points centraux, de façon à constituer de petits groupements sphériques. L'adhérence sera d'autant plus grande que le volume des espaces vides provenant de l'excès d'eau sera moindre, que chaque cristal aura un plus grand développement en surface, que les cristaux se grouperont de façon à augmenter le volume des espaces vides en en diminuant le nombre et en les isolant les uns des autres [Le Chatelier, *Thèse Faculté des Sciences, Paris,* 1887].

Il nous semble cependant que l'on pourrait objecter à M. Le Chatelier que le sulfate de calcium naturel anhydre est soluble dans l'eau, qu'il fournit des solutions sursaturées, comme l'a constaté M. de Marignac, et que cependant il ne fait jamais prise.

Plâtres alunés. — M. Landrin a aussi étudié l'action de l'alun sur le plâtre. Après un grand nombre d'analyses minutieuses, il n'a pas pu déceler la présence du sulfate double de calcium et de potassium : la dureté des plâtres alunés ne provient donc pas de la formation de ce composé. Le phénomène est dû à la transformation complète du carbonate de calcium mélangé au plâtre en sulfate ; l'alunage du plâtre se réduit donc à cette seule action chimique.

M. Landrin, en faisant agir directement l'acide sulfurique sur le plâtre, a reproduit un composé analogue aux plâtres alunés, plus blanc et plus pur cependant, par suite de l'action de l'acide sur les matières organiques toujours contenues dans le plâtre. La prise se fait lentement et la matière devient très dure.

M. Landrin recommande d'autre part l'addition d'un excès de chaux. La chaux dégage au contact de l'air une quantité de chaleur considérable ; cette élévation de température sert dans ce cas à évaporer la quantité d'eau qui n'est pas nécessaire à la reconstitution du sulfate de calcium et produit ainsi une dessiccation rapide.

De plus, l'acide carbonique de l'air, en carbonatant la chaux, ne peut qu'augmenter la dureté de ces ciments [Ed. Landrin, *Ann. Chim. Phys.*, (5), 3, 446; *C. R.*, 79, 235].

Sulfate de calcium. — D'après M. Scheurer-Kestner, quand on calcine au rouge blanc un mélange d'oxyde ferrique et de sulfate de calcium, tout le soufre du mélange est expulsé.

Il reste dans le creuset une masse fondue, soluble dans les acides faibles, même dans l'acide acétique, qui enlève peu à peu tout le calcium, en laissant de l'oxyde ferrique insoluble. Toutefois la dissolution calcique renferme une petite quantité de fer.

Les gaz qui se dégagent pendant la calcination sont formés d'anhydrides sulfurique et sulfureux et d'oxygène.

Il est probable que le mélange entre en fusion, que la fusion provoque une double décomposition avec formation de sulfate ferrique et d'oxyde de calcium, et que c'est la décomposition du sulfate ferrique par la chaleur qui donne lieu au dégagement d'acide sulfureux.

M. Scheurer-Kestner a essayé d'abaisser la température de fusion pour n'obtenir que de l'anhydride sulfurique, mais les creusets n'ont pas résisté à l'action corrosive du mélange qu'il a employé.

On observe la même réaction avec d'autres sulfates des métaux diatomiques [*C. R.*, **99**, 876].

La chaux ou la magnésie ont surtout pour objet de rendre la masse très poreuse et de faciliter ainsi la dissolution.

Le sulfate de baryum peut se préparer dans les mêmes conditions [Vogt et Figge, *D. chem. G.*, **19**, *Ref.*, 189].

PYROSULFATE DE CALCIUM. — Les sulfates normaux de baryum, de strontium et de calcium peuvent se combiner avec l'acide sulfurique anhydre pour former de nouveaux composés.

Pour réaliser cette préparation, on place le sulfate de calcium dans un tube de porcelaine chauffé au rouge et l'on fait arriver dans l'appareil des vapeurs d'acide sulfurique anhydre.

On obtient, après quelques heures de chauffe, le pyrosulfate absolument pur et ne contenant plus de sulfate [H. Schulze, *D. chem. G.*, **17**, 2705].

THIOSULFATE DE CALCIUM. S^2O^3Ca, H^2O. — D'après MM. Divers et Veley, lorsqu'on laisse s'oxyder à l'air une dissolution d'hydrosulfure de calcium, on obtient un thiosulfate,

$$Ca(SH)^2 + 2O^2 = S^2O^3Ca + H^2O.$$

Ce sulfate a été découvert dans la réaction complexe produite par l'action du soufre sur l'hydrosulfure de calcium. Il se forme d'abord de l'hydroxysulfure ; l'hydrogène sulfuré produit réagit sur ce corps en présence de l'oxygène en produisant le thiosulfate :

$$Ca\genfrac{<}{>}{0pt}{}{S\,H}{O\,H} + 2O^2 + H^2S = Ca\genfrac{<}{>}{0pt}{}{S}{O}SO^2 + 2H^2O.$$

On peut encore expliquer la production du thiosulfate par l'action de l'eau sur le pentasulfure de calcium produit dans la même réaction :

$$CaS^5 + H^2O = Ca\genfrac{<}{>}{0pt}{}{S\,H}{O\,H} + 4\,S.$$

M. Veley a encore préparé le *thiosulfate* en portant au rouge des poids égaux de chaux éteinte et de soufre [*Chem. Soc.*, 1885, 458].

SULFITE DE CALCIUM. — En Allemagne, pour retirer le soufre des résidus de fabrication des carbonates de soude et de potasse, on emploie souvent la méthode suivante :

Les résidus de fabrication sont chauffés avec une dissolution de chlorure de magnésium jusqu'à ce que la température atteigne 150°. Cette opération donne lieu à la réaction suivante :

$$CaS + MgCl^2 + 2H^2O = H^2S + CaCl^2 + Mg(OH)^2$$

On filtre et on traite la liqueur tiède par un courant prolongé d'acide sulfureux :

$$CaCl^2 + Mg(OH)^2 + SO^2$$
$$= SO^3Ca + MgCl^2 + H^2O.$$

Le sulfite de calcium ainsi formé, au contact d'un peu d'acide chlorhydrique, réagira sur l'hydrogène sulfuré en produisant du soufre et du chlorure de calcium [Kynaston, *D. chem. G.*, **19**, *Ref.*, 324].

BISULFITE DE CALCIUM. — L'addition d'acide sulfureux à un lait de chaux transforme à peu

près toute la chaux en sulfite neutre de calcium. Ce dernier corps, traité ensuite par l'acide sulfureux, donne naissance au sulfite acide de calcium [Kynaston, *D. chem. G.*, **19**, *Ref.*, 124].

PHOSPHATES DE CALCIUM. — Le *phosphate monocalcique*, préparé en saturant par le phosphate dicalcique une solution d'acide phosphorique, doit être purifié par quelques cristallisations, suivies de lavages à l'alcool absolu et à l'éther : on lui enlève ainsi l'acide phosphorique libre qu'il renfermerait encore sans cette précaution. À l'état pur, ce sel n'est pas hygroscopique. Il se dissout dans 200 parties d'eau sans se dédoubler en acide phosphorique et phosphate dicalcique ; en présence d'une trace d'acide phosphorique, il est beaucoup plus soluble. Enfin, traité par une quantité d'eau insuffisante pour le dissoudre, il se dissocie partiellement en phosphate dicalcique et acide phosphorique [J. Stocklasa, *Landwirth. Versuchsstationen*, **28**, 197 ; *D. chem. G.*, **23**, *Ref.*, 626].

Dans un travail étendu sur les phosphates doubles, M. Ouvrard a étudié les composés obtenus par l'action de l'oxyde de calcium sur les phosphates alcalins, c'est-à-dire sur les méta- pyro- et orthophosphates de potassium et de sodium.

On dissout à saturation l'oxyde dans le phosphate alcalin fondu dans un creuset de platine, puis on laisse refroidir très lentement. La masse reprise par l'eau abandonne le produit cristallisé, non sans qu'une partie de la chaux passe dans la partie soluble.

Dans ces conditions, le méta- et le pyrophosphate de potassium donnent de belles lamelles transparentes du *pyrophosphate double*, $P^2O^7K^2Ca$.

Ces lamelles dérivent de l'octaèdre régulier et peuvent atteindre 1 centimètre cube. Leur densité est 2,7 ; elles sont très solubles dans les acides étendus.

Le phosphate tripotassique donne de fines aiguilles du sel PO^4KCa.

Le métaphosphate de sodium donne : 1° le pyrophosphate $9P^2O^5.10CaO.8Na^2O$, déjà obtenu par M. Wallroth, et qui se présente en lamelles clinorhombiques, avec clivages g^1 et h^1 ; 2° en opérant à saturation, avec le même phosphate de sodium, à température élevée, on obtient le sel PO^4NaCa en rosaces hexagonales, dépolarisant la lumière.

Le pyro- et l'orthophosphate sodiques donnent, de leur côté, des aiguilles clinorhombiques du sel $(PO^4)^4Ca^3Na^6$, fusible et très soluble dans les acides étendus. Un excès de chaux donne, comme précédemment, le phosphate PO^4NaCa.

M. Ouvrard a également étudié l'action des phosphates alcalins sur quelques sels de calcium, tels que carbonate, phosphate, sulfate, chlorure et fluorure, soit seuls, soit en présence des chlorures alcalins.

Il a constaté que le sulfate de calcium est totalement décomposé par les phosphates alcalins fondus, tandis que le sulfate de baryum est simplement dissous.

L'influence des proportions employées varie avec chaque sel. Ainsi, dans le cas particulier de l'emploi du phosphate de calcium en présence de chlorure de potassium, si la quantité de phosphate de potassium qui existe dans le mélange est inférieure à 6 0/0, il commence à se former des cristaux d'apatite [Ouvrard, *Ann. Chim. Phys.*, (6), **16**, 289].

FLUOPHOSPHATES DE CALCIUM. — On place dans un creuset de platine du phosphate de calcium, un poids triple de fluorure neutre de potassium et un grand excès de chlorure de potassium ; on chauffe pendant 5 ou 6 heures, on traite le contenu du creuset par l'eau froide, puis on laisse cristalliser et on obtient par refroidissement de belles aiguilles correspondant à la formule

$$(PO^4)^3 Ca^5 Fl.$$

Le poids du fluorure de potassium ne doit pas dépasser les 5 centièmes du poids du chlorure.

On peut encore placer dans un creuset un mélange de chlorure de potassium en excès, de fluorure de calcium et d'acide phosphorique, chauffer pendant quelques heures, et traiter par l'eau après refroidissement.

L'apatite fluorée obtenue par ces deux méthodes se présente en cristaux transparents prismatiques, terminés par 2 pyramides hexaèdres, solubles à froid et surtout à chaud dans les acides étendus [Ditte, *C. R.*, **99**, 792].

CHLOROPHOSPHATES DE CALCIUM. — La formation des chlorophosphates de calcium est un cas particulier de la décomposition des sels par les liquides. Le dissolvant est ici une matière fondue, réagissant sur le phosphate de calcium suivant des lois déterminées.

Quand, après avoir chauffé du phosphate de calcium avec du sel marin pendant une heure ou deux, on traite la masse par l'eau, on trouve le phosphate cristallisé. Il est changé en belles aiguilles d'apatite $3(PO^4)^3 Ca^3 . CaCl^2$. Le sel fondu a réagi sur le phosphate calcaire; il s'est d'abord formé du chlorure de calcium qui, en se combinant au phosphate, l'a transformé en apatite, puis du phosphate de sodium qui reste en dissolution. Mais ce phosphate de sodium est lui-même capable de réagir, pour produire du sel marin et du phosphate de calcium.

Il pourra donc y avoir au sein de la masse fondue deux réactions inverses, susceptibles de se limiter l'une l'autre. C'est précisément ce qui a toujours lieu.

Quand on opère sur une petite quantité de phosphate de calcium et sur un poids plus considérable de sel marin, tout le phosphate devient apatite. Avec beaucoup de phosphate calcaire la réaction est moins nette : on obtient, au lieu de belles aiguilles d'apatite, des paillettes minces et nacrées renfermant $PO^4 CaNa$. Si l'on remplace le phosphate calcaire par de l'apatite, celle-ci est détruite dès que l'on arrive à la proportion de 11 0/0 de phosphate alcalin, et l'on retrouve à sa place le phosphate $PO^4 CaNa$.

Quand on ajoute à un poids déterminé de pyrophosphate de sodium fondu des quantités progressivement croissantes de chlorure de calcium, on obtient successivement la série des composés suivants :

$$PO^4 CaNa, \quad (PO^4)^3 Ca^5 Cl, \quad PO^4 Ca^2 Cl ;$$

car on sait que la wagnérite de chaux peut être obtenue en présence d'un grand excès de chlorure de calcium.

Ainsi que M. Ditte l'a fait voir, il s'établit donc bien au sein des mélanges fondus des équilibres comparables à ceux des dissolutions salines, comme le prouvent les faits qui précèdent [Ouvrard, *Ann. Chim. Phys.*, (6), **16**, 289; *C. R.*, **106**, 1599].

On n'observe jamais dans ces conditions la production de wagnérite, $(PO^4)Ca . CaCl$, car le sel marin la décompose. On s'en assure en chauffant la wagnérite avec du sel marin : après fusion et lavage, on la trouve transformée en apatite. La décomposition cesse d'ailleurs dès que le liquide en fusion renferme une quantité déterminée de chlorure de calcium.

Le chlorure de potassium agit sur le phosphate de calcium comme celui de sodium, avec formation d'apatite et de phosphate de potassium.

Sainte-Claire Deville et Caron ont montré qu'en traitant le phosphate de calcium par un excès de chlorure de calcium, on n'obtient pas en général de l'apatite pure. En effet, le résultat dépend absolument du poids de phosphate calcaire employé : s'il est faible, on a la wagnérite pure ; s'il est plus considérable, on n'a que de l'apatite. On se rend compte de ces résultats en considérant que la wagnérite dissoute dans le chlorure de calcium fondu y est en partie dissociée avec séparation d'apatite et qu'il s'établit un état particulier d'équilibre à chaque température entre le chlorure de calcium et l'apatite.

Puis la décomposition du phosphate de calcium par les matières en fusion s'explique comme le dédoublement des sels par l'eau ou par les autres liquides à la température ordinaire : elle donne lieu à des équilibres tout à fait du même ordre [Ditte, *C. R.*, **94**, 1593].

BORATE DE CALCIUM. — En fondant un mélange de chaux et d'anhydride borique en excès, M. B. Blount [*Chem. News*, **54**, 208; *D. chem. G.*, **20**, *Ref.*, 43] aurait obtenu un borate renfermant $Bo^4 O^7 Ca$.

CHLOROBORATE DE CALCIUM. — Quand on projette un mélange d'acide borique et de chaux éteinte dans un creuset contenant du chlorure de calcium chauffé au rouge, la masse devient incandescente. Si on la laisse refroidir, on obtient, en la traitant par l'eau, une liqueur qui se trouble rapidement et qui donne un précipité de chloroborate de calcium. Ce composé se détruit par une addition d'eau ou d'alcool. Il correspond à la formule $Bo^3 O^3 . 3CaO . CaCl^2$ ou $BoO^3 Ca^2 Cl$. Il se présente en cristaux tricliniques [Le Chatelier, *C. R.*, **99** 276].

FERRITES DE CALCIUM. — Quand on cherche à fondre un mélange en proportions moléculaires de chaux et d'oxyde ferrique, la température très élevée nécessaire pour opérer cette fusion amène la réduction partielle du sesquioxyde de fer à l'état d'oxyde magnétique, même si l'on a soin de rendre la flamme aussi oxydante que possible. En ajoutant un excès de chaux, on voit le mélange fondre facilement sans réduction de l'oxyde ferrique. Le culot est tellement foncé en couleur, que, taillé en lames minces, il ne présente pas assez de transparence pour pouvoir être étudié au microscope.

Tous ces ferrites de calcium, traités par l'eau, gonflent et s'éteignent plus ou moins rapidement; aucun d'eux ne fait prise (Le Chatelier).

CHLOROFERRITE DE CALCIUM. — On l'obtient comme le chloroborate ; il cristallise en prismes brillants, ordinairement divisés en lamelles ayant pour formule $Fe^2 O^3 . 3CaO . CaCl^2$ [Le Chatelier, *C. R.*, **99**, 276].

ARSÉNIATES DE CALCIUM. — M. C. Lefèvre a démontré que la chaux se dissout facilement dans le métarséniate de potasse en fusion, et que l'on obtient ensuite par une lévigation rapide des prismes orthorhombiques qui répondent à la formule $As^2 O^7 Ca^2$.

L'addition de chlorure donne les mêmes résultats, tant que la proportion d'arséniate ne devient pas inférieure à 85 0/0.

Le pyro- et l'orthophosphate fournissent dans les mêmes conditions un composé ayant pour formule $AsO^4 CaK$.

Le métarséniate de sodium produit de larges lamelles clinorhombiques, analogues au phosphate correspondant $(AsO^4)^4 Na^6 Ca^3$.

Avec le pyro- ou l'orthoarséniate additionné de chlorure de sodium, on obtient le produit

$$AsO^4 CaNa.$$

La chaux a plus de tendance à former des chloro-arséniates que la baryte ou la strontiane [*C. R.*, **108**, 1053].

CARBONATE DE CALCIUM. — M. Le Chatelier, reprenant la question de la dissociation du carbonate de calcium, découverte et étudiée précédemment par H. Debray, a donné les chiffres suivants comme tensions de dissociation correspondant aux différentes températures :

A 547°	27^{mm}	de mercure.
610°	46	—
740°	255	—
745°	289	—
810°	678	—
812°	763	—
865°	1333	—

Ces températures ont été déterminées au moyen d'un couple thermo-électrique platine-platine rhodié, relié à un galvanomètre apériodique Deprez et d'Arsonval [Le Chatelier, *Bull. Soc. Phys.*, juillet 1886].

M. Le Chatelier a cherché a établir d'une façon précise la loi de variation de la pression avec la température. Il a de nouveau conclu de ses recherches que sous ses divers états le carbonate de calcium possède à la même température la même tension de dissociation, mais que l'équilibre est d'autant plus prompt à s'établir que le carbonate est plus divisé.

Il résulte des chiffres cités plus haut que la tension de dissociation du carbonate de calcium devient égale à la pression atmosphérique à la température de 812°. On serait tenté de conclure de là que la température de cuisson de la chaux est 812°. Il n'en est rien : la température de décomposition du carbonate de calcium se fixe à 925°. Ce phénomène provient de ce que l'équilibre des tensions ne s'établit que fort lentement dans ces phénomènes de dissociation [Le Chatelier, *C. R.*, **102**, 1244].

Le carbonate de calcium (1 molécule) chauffé au rouge dans un courant d'hydrogène avec du magnésium métallique (3 atomes) se réduit à l'état métallique avec incandescence, suivant l'équation

$$CO^3Ca + 3Mg = C + Ca + 3MgO$$

[C. Winkler, *D. chem. G.*, **23**, 2645].

Phosphorescence de certaines variétés de carbonate de calcium. — D'après M. Ed. Becquerel, les cristaux de spath les plus lumineux paraissant orangés au phosphoroscope présentent une assez forte proportion de manganèse, probablement à l'état de carbonate (2,70 0/0 de protoxyde correspondant à 4.37 0/0 de carbonate), mais renferment à peine quelques traces de fer. La synthèse conduit à la même conclusion que l'analyse des échantillons de cristaux naturels. M. E. Becquerel tend à admettre que la présence du manganèse donne au composé calcaire un arrangement moléculaire particulier, d'où résulterait un pouvoir de phosphorescence plus ou moins énergique et une émission lumineuse d'une couleur déterminée : cette substance ne ferait alors qu'exalter l'intensité de la lumière émise par le spath [Ed. Becquerel, *C. R.*, **103**, 1098].

Purification du carbonate de calcium. — D'après M. Heyer, pour séparer l'ammoniaque que retiennent les carbonates alcalino-terreux préparés à l'aide du carbonate d'ammonium, il suffirait de chauffer la masse au rouge jusqu'à ramollissement. On n'a plus qu'à laver le produit à l'eau bouillante pour obtenir les carbonates alcalino-terreux complètement purs [*D. chem. G.*, **19**, *Ref.*, 887].

CARBONATE BIBASIQUE DE CALCIUM. — Si l'on chauffe jusqu'à ramollissement un petit ballon de verre renfermant de la chaux vive en fragments de 1 centimètre cube environ et provenant de la décomposition du marbre blanc à une température peu supérieure à 900°, et qu'après avoir pres-

que éteint le feu on dirige rapidement dans le ballon un courant d'acide carbonique sec, on voit la chaux devenir incandescente : on obtient ainsi un carbonate bibasique de calcium, $CO^3.2CaO$.

Ce composé ne se délite pas à l'air humide ; il ne s'hydrate pas dans un courant de vapeur d'eau à 200° ; il fait prise avec l'eau et durcit même dans une atmosphère privée d'acide carbonique. Le produit hydraté correspond à la formule

$$CO^3(CaOH)^2.$$

Chauffé au rouge pendant une demi-heure, ce corps perd son eau et se change en un mélange de chaux et de carbonate neutre. Cette transformation n'est accompagnée d'aucun effet thermique. L'hydratation de ce carbonate ou d'un mélange de carbonate neutre et de chaux dégage les mêmes quantités de chaleur.

En chauffant pendant 4 jours, dans une atmosphère d'acide carbonique, de la chaux provenant de la calcination du spath, on obtient un carbonate renfermant à très peu près 3 molécules de chaux pour 2 molécules d'anhydride carbonique et ayant sensiblement pour formule

$$CO^3Ca . (CaOH)^2.$$

Ce corps durcit à l'air, et aussi dans une atmosphère privée d'acide carbonique [Raoult, *C. R.*, **92**, 189 et 1457].

CHROMATE DE CALCIUM. — En fondant au rouge vif un mélange de chlorure de calcium, de chromate de potassium et de chromate de sodium, laissant refroidir, puis lavant rapidement la masse à l'eau froide, M. L. Bourgeois [*Bull. Soc. Min.*, 1879, **2**, 123] a obtenu le chromate neutre anhydre CrO^4Ca, sous la forme de petites aiguilles d'un jaune d'or, dérivant d'un prisme droit rectangulaire, isomorphes avec l'anhydrite SO^4Ca, un peu solubles dans l'eau.

SILICATES DE CALCIUM. — Lorsqu'on fait agir 1 partie de chlorure de calcium fondu sur la quantité correspondante de silice dans un courant de vapeur d'eau, on obtient le silicate $SiO^2.CaO$, la wollastonite.

Deux molécules de chlorure de calcium agissant sur la même quantité de silice produisent le composé $SiO^2.2CaO$.

En présence de 7 molécules de chlorure, on n'obtient que des silicates chlorurés.

Enfin, en présence de 20 0/0 de chlorures alcalins, on n'a que de la wollastonite.

Le premier silicate chloruré a été étudié par M. Le Chatelier. Il l'a préparé en chauffant de la silice et de la chaux en présence de chlorure de calcium : cristaux décomposables par l'eau et inaltérables dans l'alcool, appartenant au système orthorhombique (Mallard), et répondant à la formule $SiO^2.2CaO.CaCl^2$.

On peut aussi obtenir le composé

$$SiO^3 . CaO . CaCl^2.$$

Le premier exige pour sa formation une fusion prolongée au rouge-cerise ; le second n'exige qu'une courte fusion. Ces deux silicates perdent leur chlore au rouge vif.

M. Gorgeu a réussi à préparer la wollastonite en maintenant en fusion, pendant une demi-heure, au rouge vif, dans un courant d'air humide, 1 gramme de silice, 15 grammes de chlorure calcique et 3 grammes de chlorure de sodium ; il se produit un mélange de chlorures, de silicates chlorurés et de tridymite. Quand on traite par l'eau, on obtient un mélange insoluble de wollastonite et de tridymite.

La densité de ce composé est 2,88 ; celle du produit naturel, 2,8 à 2,9 ; sa dureté est plus faible que celle de la wollastonite artificielle [Gorgeu, *C. R.*, **99**, 256].

M. Landrin a montré qu'en fondant de la silice et de la chaux dans des proportions déterminées, procédé indiqué précédemment par Berthier, on peut obtenir un bisilicate, qui souvent s'effrite à l'air comme les ciments limites, et qui a la propriété particulière de ne pas faire prise au contact de l'eau pure. La prise est au contraire immédiate lorsque l'on fait intervenir l'acide carbonique. Ce fait donne l'explication de ce qui se passe pour les chaux du Theil, qui ne contiennent pas d'alumine et qui cependant font prise sous l'eau et donnent les meilleurs ciments connus.

M. Landrin a également démontré que certaines variétés de silice ont des propriétés hydrauliques en durcissant au contact de la chaux et de l'acide carbonique. D'après lui, les pouzzolanes naturelles ou artificielles doivent justement leurs propriétés hydrauliques à la présence de cette silice. Il a même basé sur ces expériences un procédé d'essai des pouzzolanes.

Borosilicates de calcium. — On connaît dans la nature quelques borosilicates de calcium, notamment la *danburite* $CaO \cdot Bo^2O^3 \cdot 2SiO^2$ et la *datholite* $2CaO \cdot Bo^2O^3 \cdot 2SiO^2 \cdot H^2O$. Si l'on admet que dans ces composés l'anhydride borique fonctionne comme une base faible, on voit tout de suite que la danburite peut être comparée au feldspath anorthite $CaO \cdot Al^2O^3 \cdot 2SiO^2$, le bore remplaçant l'aluminium, et l'on se trouve conduit aux formules de constitution suivantes, qui font de ces minéraux des orthosilicates :

Danburite............ $(SiO^4)^2 Bo^2 Ca$

Datholite............ $SiO^4 \lessgtr \begin{matrix} BoOH \\ Ca \end{matrix}$

La danburite n'a pas été jusqu'à présent reproduite artificiellement; mais, au contraire, M. A. de Gramont [*C. R.*, **113**, 83] a réussi à préparer des cristaux de datholite. Il introduit dans le grand tube d'acier doublé de platine de M. Friedel 25 grammes de borax et 5 grammes de silicate de calcium précipité, remplit le tube d'eau aux deux tiers, et, après l'avoir fermé, le chauffe pendant 36 heures vers 400°. Il obtient ainsi une matière blanche, amorphe, de fines aiguilles constituées sans doute par de la wollastonite, enfin 1^{gr},5 d'une poudre cristalline grise, formée de petits prismes clinorhombiques, possédant la densité 3,05 et la composition de la datholite.

Le même produit s'obtient encore lorsqu'on maintient à 400°, dans le tube d'acier, pendant 18 heures, de la chaux, de la silice et de l'acide borique avec une lessive de soude étendue, ou même lorsqu'on chauffe à 300° du borate de calcium avec une solution de silicate de sodium. Il faut seulement, dans toutes ces expériences, que la liqueur renferme finalement un excès de borax en dissolution, si l'on veut que la datholite prenne naissance. En effet, MM. Friedel et Roux [*Bull. Soc. Min.*, 9, 193], ayant chauffé vers 500°, dans leur grand tube d'acier, de la datholite avec de l'eau pure, ont constaté que ce minéral se détruit en donnant naissance à de très fines aiguilles qui offrent l'ensemble des caractères de la wollastonite SiO^3Ca.

Aluminates de calcium. — La solubilité des aluminates de calcium a une grande importance dans la théorie de la solidification des mortiers et ciments. Elle a été étudiée par M. Landrin et par M. Le Chatelier.

M. Landrin a reconnu que les aluminates de calcium sont solubles dans l'eau. Il a opéré :

1° Sur le composé $Al^2O^3 \cdot 2CaO$;

2° Sur le composé $Al^2O^3 \cdot CaO$ (fusion incomplète);

3° Sur le même composé parfaitement fondu.

En faisant dissoudre 1 gramme d'aluminate dans 500 centimètres cubes d'eau, il a obtenu les poids suivants de matières solubles :

Al^2O^3......	0,216	0,206	0,440
CaO.......	0,256	0,248	0,243

D'après M. Le Chatelier, les aluminates de calcium fondus dissolvent de l'alumine et de la chaux en proportions variables. Les aluminates hydratés ne laissent jamais dissoudre d'alumine.

M. Le Chatelier admet l'existence des aluminates anhydres

$$Al^2O^3 \cdot CaO, \quad 2Al^2O^3 \cdot 3CaO, \quad Al^2O^3 \cdot 3CaO,$$

et du composé $Al^2O^3 \cdot 4CaO \cdot 6H^2O$, qu'il a obtenu cristallisé en ajoutant un égal volume d'eau de chaux à une solution filtrée d'aluminate anhydre.

Séparation et dosage de la chaux *en présence d'un grand excès d'alumine, de magnésie, d'oxyde de fer et d'acide phosphorique.* — On sait que la chaux, l'alumine, l'oxyde de fer et les phosphates de ces trois bases sont solubles dans le citrate d'ammonium. Si l'on n'emploie que la quantité de citrate nécessaire à leur dissolution, la chaux se précipite très bien par l'oxalate d'ammonium.

Cependant, quand le mélange renferme un peu de silice, celle-ci se précipite en entraînant un peu de fer et d'alumine; il est nécessaire de purifier le précipité avant de procéder au dosage.

En opérant à 80°, la présence de la magnésie ne gêne pas le dosage, le phosphate ammoniaco-magnésien étant soluble à cette température. Après la séparation de la chaux, rien ne s'oppose au dosage de la magnésie par l'acide phosphorique, ou de l'acide phosphorique par la magnésie [A. Guyard, *Bull. Soc. Chim.*, (2). **41**. 389].

Précipitation à l'état de carbonate. — On traite environ 40 centimètres cubes d'une dissolution de chlorure de calcium par une dissolution de carbonate de sodium, de potassium ou de lithium, de manière à amener le volume à 70 centimètres cubes. On agite pendant 40 minutes, puis on étend de 100 centimètres cubes d'eau; on filtre le précipité au bout de 24 heures et on le dissout dans une solution titrée d'acide azotique, dont on détermine ensuite l'excès par une lessive de soude. On reconnaît ainsi que la plus grande partie du carbonate de calcium est précipitée immédiatement, et le reste de plus en plus lentement à mesure qu'on approche de la limite de précipitation. La précipitation n'est pas complète pour molécules égales de chlorure de calcium et de carbonate alcalin : avec le carbonate de lithium, elle ne l'est pas même avec 2 molécules de ce sel pour 1 molécule de chlorure. Elle est d'autant plus complète que la solution du réactif est plus concentrée; elle est également plus complète avec le carbonate de potassium qu'avec le carbonate de sodium, et plus avec ce dernier qu'avec le carbonate de lithium [Bewad, *D. chem. G.*, **18**, *Ref.*, 208].

Reconnaissance du calcium au microscope. — Pour reconnaître le calcium dans une dissolution contenant 2 0/0 de chlorure de calcium, on en prend une goutte que l'on mélange avec une goutte contenant 1 0/0 de bicarbonate de sodium; la liqueur se trouble et donne par évaporation des cristaux étoilés dont la forme est caractéristique. On peut encore reconnaître le calcium à l'état de gypse, en ajoutant du sulfate de sodium à la liqueur contenant la chaux [Reinsch, *D. chem. G.*, **14**, 2329]. H. Moissan.

CALLILITHE (Min.) (Laspeyres). — Variété d'ulmannite dans laquelle l'antimoine est partiellement remplacé par du bismuth (12 0/0 environ), soit Ni[Sb, Bi]S. Masses cristallines, à clivages cubiques, de la mine Frédéric, près Schönstein-sur-Sieg, et sans doute d'autres localités des environs de Siegen. Densité = 7,011.

CALLOSE. — M. L. Mangin [*C. R.*, **110**, 644] a donné ce nom à un principe immédiat particulier, qui serait contenu dans les membranes de certaines cellules végétales, notamment des graines de certaines Conifères, Cypéracées et Joncées, et des filaments mycéliens de quelques lichens.

Cette substance, qui n'a pas été isolée à l'état de pureté, est incolore, amorphe, insoluble dans l'eau, l'alcool, le réactif de Schweitzer, très soluble dans les alcalis caustiques à 1 0,0 et dans l'acide sulfurique. Les carbonates alcalins et l'ammoniaque la gonflent sans la dissoudre et lui donnent une consistance gélatineuse.

La callose se colore par le bleu d'aniline et par l'acide rosolique. L'iode la colore en jaune.

CALLUTANNIQUE (ACIDE), $C^{14}H^{14}O^9$. — Matière de composition peu certaine, retirée de la bruyère (*Calluna vulgaris, Erica vulgaris*, L.) par M. Rochleder [*Ann. Chem.*, **63**, 202 ; *J. Pharm.*, (3), **23**, 476]. On épuise la plante par l'alcool, on distille, on reprend le résidu par l'eau et on précipite par l'acétate de plomb. On redissout dans l'acide azotique très étendu, on filtre et on précipite à l'ébullition par l'acétate de plomb; on décompose finalement le précipité plombique par l'acide sulfhydrique.

C'est une masse ambrée. Le chlorure d'étain donne un précipité jaune foncé, soluble dans un excès de réactif. Le chlorure de fer donne une coloration verte.

Ce corps réduit l'azotate d'argent, et s'oxyde rapidement en présence des alcalis.

Chauffé avec les acides minéraux étendus, l'acide callutannique donne la *calluxanthine*, $C^{14}H^{10}O^7$, substance jaune, amorphe, insoluble dans l'eau froide, soluble dans l'eau chaude.

CALYCINE, $C^{18}H^{12}O^5$. — M. Hesse [*D. chem. G.*, **13**, 1816] a extrait cette matière du *Calycium chrysocephalum*, lichen qui pousse sur le bouleau, le chêne, le pin, etc., par épuisement de cette substance avec de la ligroïne bouillante. Elle forme des prismes orangés, fusibles à 240°, sublimables sans altération, très peu solubles à froid dans la ligroïne, l'éther, l'alcool, l'acide acétique, un peu plus solubles dans le chloroforme et dans l'acide acétique bouillant.

Chauffée pendant longtemps avec de l'eau et un carbonate alcalin, ou même avec du carbonate de baryum, elle fixe les éléments de l'eau et se convertit en *acide calycique*, matière d'un jaune d'or, assez soluble dans l'eau et très soluble dans l'éther, qui régénère la calycine lorsqu'on fait bouillir sa solution.

Chauffée avec de la potasse concentrée, la calycine se dédouble en acides oxalique et phénylacétique

$$C^{18}H^{12}O^6 + 3H^2O = C^2H^2O^4 + 2C^8H^8O^2.$$

L'anhydride acétique est sans action sur elle.

CAMPHANIQUE (ACIDE), $C^{10}H^{14}O^4$. — Ce corps, décrit Suppl., **1**, 395 sous le nom d'*anhydride oxycamphorique*, a été découvert en 1872 par Wreden [*Ann. Chem.*, **163**, 335], qui l'obtint en faisant bouillir l'anhydride bromocamphorique avec de l'eau. Il en prépara quelques sels et l'éther éthylique, et constata que les sels de baryum et d'argent se décomposent par l'action de l'eau bouillante, en donnant une huile volatile et de l'argent métallique ou du carbonate de baryum. Le sel de calcium, soumis à la distillation sèche, lui fournit un carbure C^8H^{14} bouillant à 119°, lequel a aussi été obtenu en chauffant

l'acide à 180° avec de l'eau ou avec de l'acide iodhydrique à 150°.

M. Schrötter, [*Mon. f. Chem.*, **3**, 230] l'obtient en oxydant l'oxy-isocamphre, $C^{10}H^{16}O^2$, au moyen de l'acide azotique. M. Kachler [*Ann. Chem.*, **162**, 264] a préparé l'acide camphanique en faisant agir en tubes scellés le brome humide sur l'acide campholique :

$$C^{10}H^{16}O^2 + 2H^2O + 4Br^2 = C^{10}H^{14}O^4 + 8HBr.$$

Deux ans plus tard, M. Fittig fit remarquer que les propriétés de cet acide ne concordaient guère avec la constitution qu'on lui attribuait, puisqu'il fonctionne comme un acide monobasique bien caractérisé, propriété qui est due non à un groupe hydroxyle, mais à un groupe carboxyle. Il le considéra comme une lactone renfermant un groupe carboxylique et expliqua sa formation de la façon suivante : L'anhydride bromocamphorique, bouilli avec de l'eau, fournit d'abord de l'acide bromocamphorique $C^8H^{13}Br(CO^2H)^2$, lequel échange ensuite son brome contre un oxhydryle pour donner de l'acide oxycamphorique,

$$C^8H^{13}(OH)(CO^2H)^2,$$

qui, par perte d'eau, fournit un acide lactonique

$$C^8H^{13}\begin{cases} O \\ | \\ CO \\ \diagdown CO^2H \end{cases}$$

Ce dernier n'est autre que l'acide camphanique [*Ann. Chem.*, **172**, 151].

M. Rudzinski-Rudno [*Dissert. inaug.*, Wurzbourg, 1879] confirma la manière de voir de M. Fittig en préparant un sel de baryum

$$C^{10}H^{14}O^5Ba, 3H^2O,$$

qu'il obtint en faisant bouillir pendant longtemps l'acide camphanique avec de l'eau de baryte. Ce sel de baryum, traité par l'acide acétique, lui fournit le sel acide $(C^{10}H^{15}O^5)^2Ba$.

Enfin l'acide $C^{10}H^{16}O^5$ abandonné dans un dessiccateur perd de l'eau et régénère l'acide camphanique.

L'acide camphanique fut encore trouvé par M. W. Roser [*D. chem. G.*, **18**, 3112] dans les résidus de la préparation de l'acide camphoronique.

En 1883, M. Woringer [*Dissert. inaug.*, Strasbourg; *Ann. Chem.*, **227**, 1] reprit l'étude de cet acide et en prépara un certain nombre de dérivés.

Préparation. — Le rendement en acide camphanique d'après la méthode de Wreden (Suppl., **1**, 395) étant très faible, M. L. Woringer conseille d'opérer de la façon suivante : Au lieu de partir de l'anhydrique camphorique, il chauffe à 120°, en tube scellé, 10 grammes d'acide camphorique avec 12 grammes de brome jusqu'à ce que toutes les vapeurs de brome aient disparu. A l'ouverture des tubes, il se dégage des torrents d'acide bromhydrique et il reste une masse brune, visqueuse, qu'on épuise par l'éther. On chasse l'éther, et on soumet le résidu brun à la distillation dans un courant de vapeur d'eau. Il passe de petites quantités d'une huile acide renfermant, à côté de produits indifférents non étudiés, de l'acide lauronolique $C^9H^{14}O^2$ et son isomère la campholactone. Ce qui reste dans la cornue est constitué par de l'acide camphanique et de l'acide camphorique non attaqué. On sépare ces deux acides par des cristallisations successives ou par transformation en sels de plomb. Le camphorate de plomb est insoluble, tandis que le camphanate est un peu soluble dans l'eau bouillante.

La succession des réactions qui donnent naissance aux produits indiqués est la suivante :

$$C^9H^{14}(CO^2H)^2 + Br^2 = C^8H^{13}Br(CO^2H)^2 + HBr;$$

$$C^8H^{13}Br(CO^2H)^2 = C^8H^{13} \underset{\searrow CO^2H}{\overset{\diagup CO}{-}} + HBr,$$

$$C^8H^{13}Br(CO^2H)^2 = C^8H^{14} \underset{\searrow CO}{\overset{\diagup O}{\big|}} + HBr + CO^2;$$

$$C^8H^{13}Br(CO^2H)^2 = C^8H^{13} . CO^2H + HBr + CO^2.$$

Propriétés. — L'acide camphanique se présente en prismes groupés en barbes de plume.

Il fond à 198° (Woringer ; Rudzinski-Rudno), à 201° (Wreden), à 206° (Kachler ; Schrötter). La présence de petites quantités d'acide camphorique abaisse son point de fusion. Il cristallise dans le système clinorhombique : $a : b : c = 1,2723 : 1 : 1,522$; $\beta = 66°,34$. Formes observées : m, p, h^1, a^3, a^1.

Oxydé au moyen du mélange chromique, l'acide camphanique ne fournit point d'acide adipique comme l'avait annoncé M. Rudzinski-Rudno, mais de l'acide camphoronique [*D. chem. G.*, **18**, 2989].

Chauffé avec de l'acide sulfurique étendu, l'acide camphanique ne subit aucune décomposition.

Soumis à la distillation sèche par portions de 10 à 12 grammes, il perd de l'acide carbonique et se transforme partiellement en acide laurolonique et campholactone :

$$C^8H^{13} \underset{\searrow CO^2H}{\overset{\diagup O}{-CO}} = C^8H^{14} \underset{\searrow CO}{\overset{\diagup O}{\big|}} + CO^2;$$

$$C^8H^{13} \underset{\searrow CO^2H}{\overset{\diagup O}{-CO}} = C^8H^{13} . CO^2H + CO^2.$$

Dans cette circonstance, l'acide camphanique paraît se comporter comme l'acide térébique, qui, soumis à la distillation sèche, fournit de l'acide pyrotérébique, de l'isocaprolactone et de l'acide carbonique.

Le *camphanate de baryum*, $(C^{10}H^{13}O^4)^2Ba$, $3,5H^2O$ (Woringer), $4H^2O$ (W. Roser), forme de gros cristaux incolores. Chauffé à 200° avec une quantité d'eau insuffisante pour le dissoudre, il se décompose en campholactone, acide laurolonique et acide carbonique.

M. Woringer n'est pas arrivé à isoler le carbure C^8H^{14} signalé par M. Wreden [*Ann. Chem.*, **163**, 330] dans les produits de la distillation sèche du camphanate de calcium, ni dans les produits de décomposition de l'acide camphanique par l'eau.

CAMPHOLACTONE,

$$C^8H^{14} \underset{\searrow CO}{\overset{\diagup O}{\big|}}$$

— Trouvée et étudiée par M. L. Woringer [*Ann. Chem.*, **227**, 1], cette lactone se forme en même temps que son isomère l'acide laurolonique :

1° Dans la distillation sèche de l'acide camphanique ;

2° Dans la préparation de ce même acide au moyen du brome et de l'acide camphorique ;

3° Comme produit secondaire de la préparation de l'acide camphanique au moyen de l'anhydride bromocamphorique et de l'eau bouillante.

On l'obtient aussi en soumettant l'acide laurolonique soit à la distillation sèche, soit à l'action des acides sulfurique ou chlorhydrique étendus,

soit enfin à l'action de l'acide bromhydrique concentré.

On la sépare de son isomère en traitant le mélange par un alcali et en agitant avec de l'éther. Le résidu laissé par évaporation de l'éther est bouilli avec une solution de baryte pure ; le liquide est ensuite débarrassé de l'excès de baryte au moyen de l'acide carbonique, puis filtré et épuisé par l'éther pour enlever des corps indifférents. La solution bouillante est enfin traitée par l'acide chlorhydrique étendu. Il se sépare une huile qu'on enlève à l'éther. Par évaporation de ce dissolvant, on obtient un liquide légèrement coloré en jaune qui, abandonné dans un endroit frais, se prend au bout de quelque temps en une masse de gros cristaux prismatiques et incolores.

Dans le cours de cette préparation, la campholactone s'hydrate et passe à l'état d'oxyacide, lequel, mis en liberté, perd de nouveau de l'eau pour redevenir campholactone.

La campholactone est soluble dans tous les dissolvants ; ses cristaux fondent à 50° en un liquide incolore qui paraît distiller sans décomposition à 230-235°.

Elle possède une odeur caractéristique, pénétrante, qui rappelle beaucoup celle du camphre. La solution aqueuse se trouble quand on la chauffe légèrement, et laisse déposer des gouttelettes huileuses ; chauffe-t-on à une température plus élevée, la solution s'éclaircit, pour redevenir trouble par un refroidissement lent et s'éclaircir de nouveau à froid.

La solution, additionnée de carbonate de potassium, la laisse déposer complètement.

M. Erdmann [*Ann. Chem.*, **228**, 183] a essayé de préparer la campholactone d'après la méthode de M. Woringer. Il n'y a pas réussi, mais il attribue son insuccès à la trop faible quantité de matière sur laquelle il a opéré.

OXYACIDE, $C^8H^{14}(OH)(CO^2H)$. — On le prépare en traitant par l'acide chlorhydrique étendu une solution du sel barytique, refroidie au préalable au moyen de la glace. Il se dépose ainsi une huile incolore, qui peu à peu se prend en une masse d'aiguilles. On peut hâter la cristallisation en frottant l'huile contre les parois du vase. Ces aiguilles desséchées fondent à 129-130°.

En solution chlorhydrique, ce corps se transforme en lactone, lentement à la température ordinaire, et rapidement à chaud.

Le *sel de baryum*, $(C^9H^{15}O^3)^2Ba$, se prépare comme on l'a indiqué plus haut à propos de la préparation de la campholactone. Sa solution l'abandonne sous la forme d'une masse gommeuse, incolore. Il est facilement soluble dans l'eau, mais la solution se décompose quand on la chauffe en abandonnant du carbonate de baryum.

Le *sel d'argent*, $C^9H^{15}O^3Ag$, obtenu par double décomposition entre le sel barytique et l'azotate d'argent, cristallise en petites aiguilles solubles dans l'eau et assez stables à la lumière.

ACIDE LAUROLONIQUE, $C^9H^{13} . CO^2H$. — Cet acide a été trouvé par M. Woringer [*Ann. Chem.*, **227**, 1], parmi les produits de l'action du brome sur l'acide camphorique. Il se forme aussi quand on soumet l'acide camphanique à la distillation sèche ou lorsqu'on chauffe le camphanate de baryum à 200° avec une quantité d'eau insuffisante pour le dissoudre.

Pour le préparer, on fait bouillir le produit de la distillation sèche de l'acide camphanique avec du carbonate de calcium, on filtre pour séparer la campholactone, et on évapore au bain-marie. Il se forme à la surface du liquide de petites aiguilles incolores, dendritiques, qu'on traite par l'acide chlorhydrique étendu. L'acide se dépose en gouttelettes huileuses, lourdes, qui tombent au fond du vase. On dissout dans l'éther et on abandonne à l'évaporation : il reste une huile d'un jaune clair qui ne se solidifie pas, même aux plus basses températures.

Cet acide est très soluble dans l'éther et dans l'eau bouillante, assez soluble dans l'eau froide. Abandonné en solution chlorhydrique ou bromhydrique, il subit une transformation isomérique partielle et donne de la campholactone, insoluble dans les alcalis. Cette même transformation a lieu quand on fait bouillir l'acide laurolonique avec de l'acide sulfurique étendu. Dans ces conditions, la moitié environ de l'acide subit la modification isomérique.

Soumis à la distillation, l'acide laurolonique passe de 233 à 235° en se transformant partiellement en campholactone.

L'origine de cet acide, ses propriétés générales, le rapprochent beaucoup de l'acide pyrotérébique. Comme ce dernier, l'acide laurolonique dérive d'un acide lactonique qui peut abandonner de l'acide carbonique de deux manières différentes, en fournissant une lactone ou un acide monobasique.

Le *laurolonate de calcium*,

$$(C^8 H^{13} . CO^2)^2 Ca, 3 H^2 O,$$

se prépare en faisant bouillir le produit de la distillation de l'acide camphanique avec du carbonate de calcium. Petites aiguilles accouplées, incolores, dendritiques et d'un éclat soyeux, plus solubles dans l'eau froide que dans l'eau chaude.

Le *sel de baryum*, obtenu dans les mêmes conditions que le sel calcique, lui ressemble et est plus soluble dans l'eau que ce dernier.

Le *laurolonate d'argent*, $C^8 H^{13} . CO^2 Ag$, est un corps blanc, amorphe, insoluble dans l'eau et noircissant à la lumière. Il subit la même décomposition quand on le chauffe à 100°.

A. Halle

CAMPHÈNE. — Voyez Terpènes.

CAMPHÉNOL. — Voyez Camphol.

CAMPHOCARBONIQUE (ACIDE),

$$C^8 H^{14} \diagup \begin{matrix} CH . CO^2 H \\ | \\ CO \end{matrix}$$

ACIDE CAMPHOCARBONIQUE DROIT (voyez Suppl., **1**, 393). — Le camphre cyané, le formylcamphre et l'acide camphocarbonique présentent entre eux les mêmes relations que l'acétonitrile, l'aldéhyde éthylique et l'acide acétique :

$$C^8 H^{14} \diagup \begin{matrix} CH . CAz \\ | \\ CO \end{matrix} \qquad CH^3 . CAz$$

Camphre cyané. Acétonitrile.

$$C^8 H^{14} \diagup \begin{matrix} CH . CHO \\ | \\ CO \end{matrix} \qquad CH^3 . CHO$$

Formylcamphre. Aldéhyde.

$$C^8 H^{14} \diagup \begin{matrix} CH . CO^2 H \\ | \\ CO \end{matrix} \qquad CH^3 . CO^2 H$$

Acide camphocarbonique. Acide acétique.

L'acide camphocarbonique a, en effet, été obtenu sous forme d'éther, en faisant agir une solution alcoolique d'acide chlorhydrique sur le camphre cyané [A. Haller, *C. R.*, **102**, 1477].

Il se produit aussi quand on chauffe le camphre cyané dans un appareil à reflux, avec une solution concentrée d'acide chlorhydrique [A. Haller, *Expér. inédites*].

L'acide camphocarbonique se forme encore quand on traite le camphre α-dibromé par le

sodium et l'acide carbonique [Kachler et Spitzer *Mon. f. Chem.*, **3**, 212].

D'après les mêmes auteurs, on peut purifier l'acide camphocarbonique en le faisant cristalliser dans l'eau chaude, mais non dans l'eau bouillante [*ibid.*, **2**, 233].

M. Brühl [*D. chem. G.*, **24**, 3384] prépare l'acide camphocarbonique en dissolvant du camphre dans de l'éther anhydre, ajoutant du sodium en fil, et faisant passer dans la masse un courant d'acide carbonique. Il traite ensuite le produit par l'eau glacée et achève la préparation par les méthodes habituelles. Cet auteur représente la réaction par les équations suivantes :

$$C^8 H^{14} \diagup \begin{matrix} CH^2 \\ | \\ CO \end{matrix} + Na^2 + 2 CO^2$$

$$= H^2 + C^8 H^{14} \diagup \begin{matrix} C - CO^2 Na \\ \| \\ C - O - CO^2 Na \end{matrix}$$

$$C^8 H^{14} \diagup \begin{matrix} C - CO^2 Na \\ \| \\ C - O - CO^2 Na \end{matrix} + H^2 O$$

$$= CO^3 NaH + C^8 H^{14} \diagup \begin{matrix} C - CO^2 Na \\ \| \\ C . OH \end{matrix}$$

$$C^8 H^{14} \diagup \begin{matrix} C - CO^2 Na \\ \| \\ C . OH \end{matrix} = C^8 H^{14} \diagup \begin{matrix} CH - CO^2 Na \\ \| \\ CO \end{matrix}$$

Propriétés. — L'acide camphocarbonique se présente sous la forme de cristaux clinorhombiques [Zepharovich, *Jahresb. f. Chem.*, 1879, 565], fondant à 123-124° (K. et Sp.), 128°,7 (Haller), 118° (Baubigny).

Il est dextrogyre : $[\alpha]_D = + 66°,7$ (dans l'alcool) (A. Haller, *C. R.*, **105**, 227].

L'alcool, l'éther, le chloroforme et l'acide sulfurique le dissolvent assez facilement. L'acide azotique le convertit en acide camphorique (K. et Sp.).

La solution alcoolique donne, avec le perchlorure de fer, une coloration bleu foncé intense [Claisen, *Bull. Soc. Chim.*, (3), **7**, 505].

Traité par le chlorure d'acétyle, l'acide camphocarbonique se convertit en un anhydride $C^{22} H^{28} O^4$. Au sein d'une solution chloroformique, l'anhydride phosphorique le transforme à froid en un anhydride $C^{22} H^{30} O^5$ (K. et Sp.).

Le perchlorure de phosphore l'attaque en donnant le chlorure $C^{22} H^{28} Cl^8$.

Avec la soude, il forme un sel répondant à la formule $C^{22} H^{31} O^6 Na$ (K. et Sp.).

Toutes ces réactions ont conduit MM. Kachler et Spitzer à admettre pour cet acide le poids moléculaire correspondant à la formule $C^{22} H^{32} O^6$, double de celle donnée plus haut.

Ni l'acide camphocarbonique ni son éther n'ont pu être transformés en dérivés bornéocarboniques par l'action du sodium sur leur solution alcoolique.

Le camphocarbonate de sodium, additionné d'acétate de sodium et de chlorhydrate de phénylhydrazine, fournit une *hydrazone* qui cristallise en belles aiguilles se résinifiant et se colorant à l'air [W. Roser, *D. chem. G.*, **18**, 3113].

L'acide camphocarbonique se combine également avec l'hydroxylamine, pour donner naissance à une *oxime* [Herzberg et Beckmann, *D. chem. G.*, **22**, 915].

Sel de potassium. — Poudre cristalline, très soluble dans l'eau et dans l'alcool (Brühl).

Sel neutre de sodium, $C^{22} H^{30} O^6 Na^2$. — On l'obtient en neutralisant l'acide camphocarbonique par la soude, évaporant à sec et faisant cristalliser dans l'alcool. Prismes très solubles dans l'eau, l'alcool, le chloroforme, l'esprit de bois, insolubles dans l'acétone, l'éther, le sulfure de carbone (Brühl).

Sel acide de sodium, $C^{22}H^{31}O^6Na$. — Cette combinaison se dépose sous la forme d'aiguilles microscopiques quand on traite par le sodium une solution d'acide camphocarbonique dans l'éther absolu. Ce sel se dissout facilement dans l'eau (Kachler et Spitzer).

Sel d'ammonium. — Poudre très soluble dans l'alcool et dans l'eau.

Sel de lithium. — Poudre cristalline, très soluble dans l'eau et dans l'alcool.

Sel de calcium, $(C^{11}H^{15}O^3)^2Ca$. — Belles aiguilles, peu solubles dans l'eau et dans l'alcool.

Sel de baryum, $C^{22}H^{30}O^6Ba$. — On dissout l'acide dans l'eau de baryte, on précipite l'excès de baryte par l'acide carbonique, et on abandonne à cristallisation. Aiguilles plates (K. et Sp.).

Le *sel de plomb*, $C^{22}H^{30}O^6Pb$, est insoluble dans l'eau et dans l'acide acétique (Baubigny).

Camphocarbonate de méthyle,

$$C^8H^{14} \left\langle \begin{array}{l} CH\,.\,CO^2CH^3 \\ | \\ CO \end{array} \right.$$

— Cet éther a été préparé par M. Minguin, en faisant passer un courant d'acide chlorhydrique dans une solution méthylique d'acide camphocarbonique.

Huile incolore, bouillant à 155-160° sous la pression de 15 millimètres. Son pouvoir rotatoire moléculaire pris dans l'alcool $[\alpha]_D = +61°,90$.

Traité par du méthylate de sodium et de l'iodure de méthyle, il donne naissance à l'éther méthylcamphocarbonique [*C. R.*, **112**, 1369].

Camphocarbonate d'éthyle,

$$C^8H^{14} \left\langle \begin{array}{l} CH\,.\,CO^2C^2H^5 \\ | \\ CO \end{array} \right.$$

— On l'a préparé en faisant passer un courant d'acide chlorhydrique sec dans une solution alcoolique d'acide camphocarbonique, chassant l'alcool par évaporation, et traitant par l'eau ; il se sépare une huile qu'on lave avec du carbonate de sodium et qu'on dessèche sur du chlorure de calcium [W. Roser, *loc. cit.*].

On l'obtient encore en abandonnant à elle-même une solution de camphre cyané dans de l'alcool saturé d'acide chlorhydrique [A. Haller, *C. R.*, **102**, 1477].

L'éther camphocarbonique constitue un liquide incolore, à odeur agréable et à saveur fraîche et brûlante. Il bout à 276° à la pression ordinaire et à 166,8-167°,8 sous 21 millimètres (Brühl) ; sa densité $= 1,052$ à 15° (Roser). La potasse le saponifie.

Il se combine à l'alcool quand on le chauffe à 150-200° avec de l'éthylate de sodium, pour donner naissance à l'*éther hydroxycamphocarbonique*.

La réaction est la suivante :

$$C^9H^{14} \left\langle \begin{array}{l} CH\,.\,CO^2C^2H^5 \\ | \\ CO \end{array} \right. + C^2H^6O$$

$$C^8H^{14} \left\langle \begin{array}{l} CH^2\,.\,CO^2C^2H^5 \\ CO^3C^2H^5 \end{array} \right.$$

[A. Haller et Minguin, *C. R.*, **110**, 410].

Chauffé pendant 24 heures à 200° avec du phénate de sodium, l'éther camphocarbonique donne de l'acide salicylique, du camphre et un composé

$$C^8H^{14} \left\langle \begin{array}{l} CH(C^6H^5)-CO^2C^6H^5 \\ CO^2C^6H^5 \end{array} \right.$$

[Minguin, *Expér. inédites*].

Sa solution éthérée, traitée par le sodium en fil, fournit un *dérivé sodé*, avec dégagement d'hydrogène ; ce dérivé sodé se transforme par le chlorocarbonate d'éthyle en *camphodicarbonate d'éthyle*,

$$C^8H^{14} \left\langle \begin{array}{l} C-CO^2C^2H^5 \\ \| \\ C-O-CO^2C^2H^5 \end{array} \right.$$

huile jaunâtre, à odeur d'ananas, bouillant à 179,5-181°,5 sous 20 millimètres ; la potasse décompose cet éther en acide camphocarbonique, alcool et acide carbonique [Brühl, *loc. cit.*].

ANHYDRIDE, $C^{22}H^{30}O^5$. — On abandonne pendant plusieurs semaines à elle-même une solution chloroformique d'acide camphocarbonique additionnée d'un excès d'anhydride phosphorique. On distille ensuite le dissolvant et on reprend le résidu par une lessive étendue et chaude de potasse caustique. La liqueur filtrée est acidulée, puis agitée avec de l'éther. Après évaporation de l'éther, on lave le produit avec de l'eau chaude et on le fait cristalliser dans l'alcool [Kachler et Spitzer, *Mon. f. Chem.*, **2**, 243].

Ce composé se présente sous la forme d'aiguilles soyeuses, fondant à 265° en brunissant légèrement. Il est insoluble dans l'eau, assez soluble dans l'alcool et dans l'éther. Il se dissout dans les alcalis : les solutions, chauffées à 170°, fournissent le corps avec ses propriétés primitives quand on les traite par un acide.

Chauffé avec de l'eau de baryte, il entre en dissolution. La liqueur, après avoir été saturée d'acide carbonique, fournit par évaporation des croûtes cristallines blanches du *sel de baryum* $(C^{22}H^{29}O^5)^2Ba$.

Lorsqu'on chauffe cet anhydride dans un appareil à reflux avec du chlorure d'acétyle, on voit se dégager de l'acide chlorhydrique et on obtient l'anhydride $C^{22}H^{28}O^4$.

ANHYDRIDE, $C^{22}H^{28}O^4$. — Il prend naissance dans l'action du chlorure d'acétyle sur l'acide camphocarbonique ou sur l'anhydride précédent. Quand il ne se dégage plus d'acide chlorhydrique, on distille l'excès de chlorure et on verse le résidu dans l'eau. Il se forme une masse butyreuse, qui ne tarde pas à se prendre en un gâteau blanc, cristallin et dur, qu'on fait cristalliser dans l'alcool absolu.

Aiguilles blanches et fines, fondant à 195-198°, insolubles dans l'eau, solubles dans l'alcool et dans l'éther. Ce corps ne se dissout complètement dans la potasse qu'en tube scellé à 100-120° ; les acides le précipitent inaltéré de cette dissolution.

L'acide azotique l'oxyde en donnant de l'acide camphorique, de l'acide camphoronique et une huile jaunâtre.

Le perchlorure de phosphore est sans action sur lui [Kachler et Spitzer, *Mon. f. Chem.*, **2**, 243].

OXIME

$$C^8H^{14} \left\langle \begin{array}{l} CH\,.\,CO^2H \\ | \\ C=AzOH \end{array} \right.$$

— Ce corps cristallise dans un mélange d'éther et d'éther de pétrole en cristaux fondant à 160° [Herzberg et Beckmann, *D. chem. G.*, **22**, 915].

HYDRAZONE. — Ce composé se présente en aiguilles très instables qui n'ont pas été analysées ; on l'obtient en traitant par l'acétate de sodium un mélange de chlorhydrate de phénylhydrazine et de camphocarbonate de sodium.

Si l'on fait réagir la phénylhydrazine sur l'éther camphocarbonique à 105-115°, on obtient un composé $C^{17}H^{20}Az^2O$, H^2O, qui cristallise dans l'alcool étendu en aiguilles jaunâtres, fusibles à 132°.

Chauffé à 100°, ce corps perd 1 molécule d'eau et se convertit en *camphopyrazolone*,

$$C^8H^{14} \begin{array}{c} \diagup CH-CO \diagdown \\ | \\ \diagdown C = Az \diagup \end{array} Az . C^6H^5 .$$

Ce dernier composé donne avec le chlorure ferrique une coloration rouge; il paraît former avec l'acide azoteux un dérivé nitrosé [Brühl, *D. chem. G.*, **24**. 3395].

CHLORURE, $C^{11}H^{14}Cl^4$ ou $C^{22}H^{28}Cl^8$. — Il prend naissance quand on abandonne à lui-même un mélange de 21gr,5 de perchlorure de phosphore et de 10 grammes d'acide camphocarbonique. Au bout de 2 jours, on verse le produit dans de l'eau glacée. Il se dépose une huile qui se solidifie partiellement; on essore les cristaux et on les fait cristalliser dans l'éther [Kachler et Spitzer, *loc. cit.*].

Cristallisé dans un mélange d'éther et d'alcool absolu, ce chlorure forme des prismes tricliniques, transparents et incolores (Zepharovich). Il fond à 45-45°,5, est insoluble dans l'eau, soluble dans l'alcool, l'éther, le chloroforme et le sulfure de carbone. Le perchlorure de carbone le dissout moins facilement.

Ce chlorure est très stable à la température ordinaire. Mais il n'est pas distillable, car il perd déjà de l'acide chlorhydrique au-dessous de 100°.

Chauffé en tube scellé à 100° avec de l'acide chlorhydrique fumant, il n'est pas attaqué.

L'eau le décompose à 100-110°, en donnant de l'acide chlorhydrique. L'huile qui s'est formée, mise à digérer avec de l'éther saturé de gaz chlorhydrique sec, régénère le chlorure avec ses propriétés primitives.

La potasse bouillante est sans action sur lui. Il en est de même de l'amalgame de sodium et de l'acide chlorhydrique.

Le sodium l'attaque à chaud et le convertit en une huile à odeur de térébenthine et en un produit résineux (Kachler et Spitzer).

ACIDE CHLOROCAMPHOCARBONIQUE,

$$C^8H^{14} \begin{array}{c} \diagup CCl . CO^2H \\ | \\ \diagdown CO \end{array}$$

— Cet acide prend naissance par l'action d'un courant de chlore sur une solution neutre de camphocarbonate de potassium [R. Schiff et Puliti, *D. chem. G.*, **16**, 887].

Flocons cristallins qui se dédoublent, en fondant, en acide carbonique et camphre chloré.

MÉTHYLCAMPHOCARBONATE DE MÉTHYLE,

$$C^8H^{14} \begin{array}{c} \diagup C \diagup CH^3 \\ | \diagdown CO^2CH^3 \\ \diagdown CO \end{array}$$

— On prépare ce composé en chauffant dans un appareil à reflux un mélange de camphocarbonate de méthyle, d'iodure de méthyle et de méthylate de sodium en solution méthylique. On précipite par l'eau et on reprend par l'éther. La solution éthérée, soumise à l'évaporation, abandonne le produit sous la forme de prismes incolores, solubles dans l'alcool, plus solubles dans l'éther.

Le méthylcamphocarbonate de méthyle fond à 85°. En solution alcoolique (1 demi-molécule = 1 litre), $[\alpha]_D = +17°,25$.

La potasse alcoolique ne l'attaque qu'à 130-140° en tubes scellés. Il se décompose dans ces conditions en acide carbonique, alcool méthylique et

camphre méthylé :

$$C^8H^{14} \begin{array}{c} \diagup C \diagup CH^3 \\ | \diagdown CO^2CH^3 \\ \diagdown CO \end{array} + 2KOH$$

$$= CO^3K^2 + CH^3OH + C^8H^{14} \begin{array}{c} \diagup CH-CH^3 \\ | \\ \diagdown CO \end{array}$$

MÉTHYLCAMPHOCARBONATE D'ÉTHYLE,

$$C^8H^{14} \begin{array}{c} \diagup C \diagup CH^3 \\ | \diagdown CO^2C^2H^5 \\ \diagdown CO \end{array}$$

— Cet éther se prépare comme son homologue inférieur.

Il se présente sous la forme de cristaux blancs, fondant à 60-61°, solubles dans l'alcool, plus solubles dans l'éther. En solution alcoolique (1 demi-molécule = 1 litre), $[\alpha]_D = +13°,8$ [J. Minguin, *C. R.*, **112**, 1369].

ACIDE CAMPHOCARBONIQUE GAUCHE. — Cet acide a été préparé en partant du camphre gauche. Il possède les mêmes propriétés que son isomère droit. Il fond à 128°,7; $[\alpha]_D = -66°,8$ [A. Haller, *C. R.*, **105**, 227].

ACIDE CAMPHOCARBONIQUE RACÉMIQUE. — On l'a obtenu en mélangeant des solutions alcooliques d'acides droit et gauche. Cristaux fondant à 134°,66 (A. Haller).

FONCTION ET CONSTITUTION DE L'ACIDE CAMPHOCARBONIQUE. — Le mode de formation de cet acide, ses relations avec le camphre cyané dont il dérive, ne laissent aucun doute sur la présence d'un groupement carboxylique dans la molécule. D'autre part, l'aptitude qu'il possède de se combiner à l'hydroxylamine et à la phénylhydrazine permet d'admettre que la fonction acétonique primitive du camphre y persiste. Les deux formules suivantes peuvent traduire l'ensemble des réactions invoquées :

$$C^8H^{14} \begin{array}{c} \diagup CH . CO^2H \\ | \\ \diagdown CO \end{array} \qquad C^8H^{14} \begin{array}{c} \diagup CH \\ || \\ \diagdown CO.CO^2H \end{array}$$

Elles sont subordonnées à celle du camphre sodé lui-même. Admet-on que dans l'action du sodium sur le camphre [Roser, *D. chem. G.*, **18**, 3112] le métal se soude à l'oxygène

$$C^8H^{14} \begin{array}{c} \diagup CI \\ || \\ \diagdown CONa \end{array}$$

comme dans l'action du sodium sur la benzophénone, on est obligé d'attribuer à l'acide camphocarbonique la seconde formule.

Mais les mesures de conductibilité électrique effectuées avec cet acide [Ostwald, *Zeit. physikal. Chem.*, **3**, 405], et la manière dont il se comporte vis-à-vis de l'éthylate de sodium et des iodures alcooliques (Minguin), militent en faveur de la formule qui en fait un acide β-acétonique. Cette dernière réaction est en effet analogue à celle qui se passe quand on traite les éthers acétylacétiques par l'éthylate de sodium et les iodures alcooliques :

$$CH^3 . CO . CHNa . CO^2C^2H^5 + C^nH^{2n+1}I$$

$$= CH^3 . CO . CH \begin{array}{c} \diagup C^nH^{2n+1} \\ \diagdown CO^2C^2H^5 \end{array} + NaI ;$$

$$C^8H^{14} \begin{array}{c} \diagup CNa . CO^2CH^3 \\ | \\ \diagdown CO \end{array} + C^nH^{2n+1}I$$

$$= C^8H^{14} \begin{array}{c} \diagup C \diagup C^nH^{2n+1} \\ | \diagdown CO^2CH^3 \\ \diagdown CO \end{array} + NaI .$$

Il existe d'ailleurs une autre analogie entre l'éther camphocarbonique et les éthers acétyl-acétiques. Quand on chauffe certains dérivés alcoylés de l'éther acétylacétique avec de l'éthylate de sodium, ils se scindent en éthers acétique et alcoylacétique [Zeidler, *Ann. Chem.*, **187**, 39, 44] :

$$CH^3 . CO . CH \begin{cases} CH^3 \\ CO^2 C^2 H^5 \end{cases} + C^2 H^5 OH$$

$$= CH^3 . CO^2 C^2 H^5 + CH^3 . CH^2 . CO^2 C^2 H^5.$$

L'éther camphocarbonique, chauffé à 150-200° avec de l'éthylate de sodium, se combine à l'alcool pour donner naissance à de l'éther hydroxycamphocarbonique :

$$C^8 H^{14} \begin{cases} CH . CO^2 C^2 H^5 \\ | \\ CO \end{cases} + C^2 H^5 OH$$

$$= C^8 H^{14} \begin{cases} CH^2 . CO^2 C^2 H^5 \\ CO^2 C^2 H^5 \end{cases}$$

Comme pour les éthers acétylacétiques, la rupture se fait entre le carbonyle acétonique et le groupe CH; mais comme ces deux groupements sont unis d'autre part au noyau, la molécule ne peut se scinder en deux, et il se forme un acide bibasique, tandis qu'avec les dérivés acétylacétiques il se produit deux acides monobasiques.

A. Haller.

CAMPHOÏQUE (ACIDE),

$$C^8 H^{10} \begin{cases} C (CO^2 H)^2 \\ | \\ CH . CO^2 H \end{cases}$$

— MM. J.-F. Marsh et J.-A. Gardner ont obtenu cet acide en chauffant au bain-marie 20 grammes de camphène avec 133 centimètres cubes d'acide azotique (d = 1,42) et 133 grammes d'eau. Quand la première réaction s'est apaisée, on ajoute encore 133 centimètres cubes d'acide et on chauffe de nouveau. Le produit est ensuite évaporé à cristallisation. Les cristaux sont purifiés par dissolution dans l'éther. Ils fondent à 184-185° en se décomposant.

Chauffé, ce corps perd de l'acide carbonique et de l'eau, puis distille vers 300° en fournissant de l'*anhydride camphopyrique*, $C^9 H^{14} O^3$.

L'acide camphoïque forme avec la baryte un *sel bibasique*, $C^{10} H^{12} O^6 Ba$, bien cristallisé, mais dont les solutions aqueuses sont encore acides au tournesol. Les auteurs en concluent que l'acide camphoïque est tribasique [*Chem. Soc.*, 1891, 648].

A. Haller.

CAMPHOL [Syn. *Bornéol, alcool campholique, camphénol*], $C^{10} H^{18} O$ (voy. Dict., **1**, 658 et Suppl., **1**, 369). — On désigne sous ces différents noms un alcool se rattachant à la série terpénique et pouvant affecter divers états isomériques. Soumis à une oxydation ménagée, ces divers isomères physiques fournissent soit du camphre droit, soit du camphre gauche, soit enfin du camphre racémique.

Comme nous le verrons à la fin de cet article, l'isomérie physique des camphols est de deux ordres : isoméric comparable à celle des acides tartriques et isomérie stéréochimique, analogue à celle des acides maléique et fumarique.

Le camphol existe tout formé dans un certain nombre d'huiles essentielles. Dans les unes, il se trouve à l'état libre (dryobalanops, camphre, ngai, garance); dans d'autres, on le rencontre à l'état de combinaison avec les acides (valériane). Il existe encore dans plusieurs essences, mélangé avec du camphre (romarin, lavande, aspic, marjolaine, tanaisie).

MM. Berthelot et Buignet l'ont aussi retiré du succin.

M. Spica l'a trouvé dans la racine d'*Aristolochia serpentaria* [*Gazz. chim. ital.*, **17**, 314].

Il existerait également en petites quantités dans le camphre ordinaire (Berthelot).

Enfin, M. Berthelot en a trouvé un isomère cristallisé dans l'essence de wintergreen [*Bull. Soc. Chim.*, (2), **45**, 71].

Le bornéol peut aussi être obtenu artificiellement, soit par hydrogénation du camphre, soit par hydratation de certains carbures terpéniques.

Il existe plusieurs méthodes d'hydrogénation du camphre. La première en date est celle de M. Berthelot : elle consiste à traiter le camphre par une solution alcoolique de potasse, à 180° environ (Dict., **1**, 658). Dans cette opération, une grande partie du camphre n'est pas transformée; sa séparation d'avec le bornéol est plus facile par la méthode qui sera décrite à propos de la préparation du camphol de romarin (A. Haller).

En chauffant le camphre à 200-210° avec de l'éthylate de sodium pendant 24 heures, on obtient également du bornéol. En ouvrant les tubes, on constate une forte pression, due à de l'hydrogène. Souvent il se forme un petit dépôt de bornéol sodé, surtout si l'on a employé un excès de sodium. Le produit de la réaction, traité par l'eau, fournit une masse visqueuse qu'on reprend par l'éther. La solution, soumise à l'évaporation spontanée, laisse déposer des cristaux de bornéol, qu'on purifie par de nouvelles cristallisations dans un mélange d'éther et d'éther de pétrole; 15 grammes de camphre ont fourni de 8 à 10 grammes de bornéol pur fondant à 208-210°, et dont le pouvoir rotatoire était d'environ + 13°. Les eaux de lavage renfermaient du carbonate de sodium, ainsi que de petites quantités de camphate et d'acétate de sodium [A. Haller, *C. R.*, **112**, 1492].

Un autre procédé de transformation du camphre en bornéol est dû à M. Baubigny. Ce savant traite une solution de camphre dans le toluène par du sodium, puis par un courant d'acide carbonique (Suppl., **1**, 369).

M. Brühl [*D. chem. G.*, **24**, 3384] dissout le camphre dans l'éther anhydre, ajoute le sodium en fil et fait passer dans la masse un courant d'acide carbonique. Il traite ensuite le produit par de l'eau glacée et termine la préparation par par les procédés habituels.

Enfin, MM. C.-L. Jackson et A.-L. Mencke [*Am. chem. Journ.*, **5**, 250] conseillent de traiter une solution alcoolique de camphre par le sodium. Bien que MM. Kachler et Spitzer [*Mon. f. Chem.*, **5**, 20] aient prétendu que ce procédé ne donne pas de résultats satisfaisants, il a été démontré par M. L. Jackson [*D. chem. G.*, **18**, 335], par M. Immendorff [*ibid.*, **17**, 1036], par M. Wallach [*Ann. Chem.*, **230**, 225] et enfin par M. Haller qu'on peut arriver à transformer la presque totalité du camphre en camphol lorsqu'on opère d'après les indications de M. Wallach : Dans un ballon muni d'un réfrigérant ascendant on dissout 50 grammes de camphre dans 500 centimètres cubes d'alcool à 96° et on ajoute peu à peu 60 grammes de sodium coupé en petits morceaux. Quand, à un moment donné, la température s'élève trop, on peut ajouter 50 grammes d'eau, tout en agitant le mélange, et introduire le restant du sodium. On verse ensuite le produit dans 3 ou 4 litres d'eau; le précipité est lavé jusqu'à ce qu'il ne présente plus de réaction alcaline, puis séché et cristallisé dans l'éther de pétrole. On obtient ainsi un produit qui fond à 206-207° (Wallach), 208-209° (Haller).

M. E. Beckmann a constaté qu'en traitant le camphre en solution éthérée par le sodium on obtient également du bornéol [*D. chem. G.*, **22**, 912].

MM. Kachler et Spitzer ont été les premiers à préparer le bornéol au moyen du camphène. Après avoir démontré que les camphènes dérivés du camphre et du bornéol sont identiques, que d'autre part les chlorhydrates de ces camphènes sont également identiques entre eux et avec le chlorure de bornyle, ces auteurs ont préparé le camphol : 1° en chauffant le chlorhydrate de camphène avec de l'acétate d'argent et de l'acide acétique et en saponifiant l'acétate ainsi obtenu; 2° en chauffant un mélange de camphène et d'acide sulfurique étendu. Ils ont de plus constaté la formation du camphol dans l'action de l'eau seule sur le chlorhydrate de camphène [*Ann. Chem.*, **200**, 351].

MM. E. Marsh et R. Stockdale [*Chem. Soc.*, 1890, 961] ont répété cette synthèse du bornéol en substituant l'acétate de potassium à l'acétate d'argent. Ils ont, d'autre part, obtenu de l'acétate de bornyle sans passer par le camphène, en chauffant pendant 3 ou 4 heures à 250° du chlorhydrate d'australène ([α]$_D$ = + 4°,8) avec de l'acétate de potassium et de l'acide acétique cristallisable. Le produit, distillé dans un courant de vapeur d'eau, puis rectifié, fournit une partie passant de 154 à 156° et se solidifiant à froid, et un liquide distillant à 190°. Ce dernier, saponifié par la potasse alcoolique, a donné du bornéol qui, oxydé au moyen de l'acide azotique, a engendré un acide camphorique inactif.

MM. Bouchardat et Lafont [*Bull. Soc. Chim.*, (2), **45**, 164, 291 et 295; *Ann. Chim. Phys.*, (6), **9**, 519 et **16**, 236], ont préparé des camphols droit, gauche et inactif en combinant directement les camphènes actifs et inactif, ainsi que l'essence de térébenthine française, avec de l'acide acétique cristallisable, lavant, fractionnant les produits, et décomposant finalement les acétates au moyen de la potasse.

M. Bouchardat a rencontré des bornéols dextrogyre et lévogyre dans les résidus de la fabrication de la terpine [*Bull. Soc. Chim.*, (3), **1**, 275].

M. Lafont [*Thèse Faculté des Sciences, Paris*, 1888; *Ann. Chim. Phys.*, (6), **15**, 145] a également obtenu des camphols actif et inactif en faisant agir l'acide acétique cristallisable sur l'essence de térébenthine américaine, et l'acide formique anhydre sur les camphènes inactif et actif. M. Lafont [*loc. cit.*, 167] opère de la façon suivante : A du camphène actif ou inactif il ajoute peu à peu et en agitant fréquemment, de façon que le liquide reste toujours homogène, de l'acide formique cristallisable; 12 jours sont nécessaires pour cette opération. Le produit est abandonné à l'abri de l'air dans un vase fermé, pendant 1 ou 2 mois, à la température ordinaire, ou plus simplement chauffé à 100° pendant 18 heures [*loc. cit.*, 171]. On traite ensuite par l'eau et on fractionne la couche huileuse surnageante, en recueillant ce qui passe vers 220°. Il vaut mieux distiller dans le vide, car à 220° une partie du produit se décompose. On recueille alors ce qui passe vers 125° sous une pression de 4 millimètres. Le produit recueilli constitue le formiate de bornyle, qu'il suffit de saponifier à 100° par la potasse alcoolique pour obtenir le camphol.

MM. Armstrong et Tilden [*D. chem. G.*, **12**, 1755] ont trouvé, parmi les produits de l'action de l'acide sulfurique sur l'essence de térébenthine, du bornéol inactif fondant à 198-199° et qui, par oxydation, leur a fourni du camphre également inactif. MM. Bouchardat et Lafont, en reprenant cette étude, ont trouvé des bornéols droit et gauche ([α]$_D$ = + 8°32' à + 10°24' et [α]$_D$ = — 24°32'), qu'ils considèrent comme provenant du dédoublement d'un composé sulfonique $C^{10}H^{16}$. SO^4H^2 [*C. R.*, **105**, 1178].

En chauffant pendant 3 jours à 150-160°

l'essence de térébenthine française avec son poids d'acide benzoïque, MM. Bouchardat et Lafont [*Expér. inédites*] ont constaté que la totalité de l'essence était transformée; par lavage du produit au carbonate de sodium et rectification, ils ont isolé : du camphène presque inactif ([α]$_D$ = — 2° à 3°30'), du terpilène presque inactif, lévogyre, et des benzoates de bornyle gauche et d'isobornyle droit.

Le bornéol gauche ([α]$_D$ = — 32°20') fournit par oxydation un camphre gauche ([α]$_D$ = — 38°) et un acide camphorique identique avec l'acide camphorique provenant du camphre de matricaire. Ce bornéol renferme sans doute de petites quantités de son isomère droit.

Tous les procédés de synthèse que nous venons d'énumérer permettent d'obtenir des bornéols fournissant tous par oxydation le même camphre au point de vue chimique. Seul le pouvoir rotatoire de ce camphre varie suivant la nature du camphol oxydé.

On verra plus loin que les camphols naturels purs ont un pouvoir rotatoire [α]$_D$ = ± 37° environ, et que le sens de cette déviation se conserve dans la plupart de leurs dérivés.

Il n'en est pas de même des bornéols artificiels. M. Riban a le premier constaté que le bornéol préparé d'après la méthode de M. Baubigny possède un pouvoir rotatoire [α]$_D$ = + 2°,36 inférieur à celui du camphol naturel. M. Riban attribua cette différence à une perte du pouvoir rotatoire produite dans l'action du sodium, le camphre qui lui avait servi de point de départ ayant le pouvoir rotatoire normal [*Ann. Chim. Phys.*, (5), **6**, 379].

M. de Montgolfier [*Thèse Faculté des Sciences, Paris*, 1878; *Ann. Chim. Phys.*, (5), **14**, 13] a démontré que le même fait se produit quand on prépare le camphol d'après le procédé de M. Berthelot. Il a obtenu ainsi des bornéols dont le pouvoir rotatoire variait de + 1°41' à + 19°45', et a fait voir que l'emploi d'une très forte proportion de potasse ou d'alcool aqueux donne des bornéols à pouvoir rotatoire plus élevé.

De semblables écarts ont été observés avec des camphols obtenus d'après la méthode de M. Baubigny. Ce procédé a même permis à M. de Montgolfier d'isoler, en fractionnant les précipitations d'une même préparation, des bornéols dont le pouvoir rotatoire variait de + 22°,24 à — 24°. Il est même arrivé à obtenir un camphol ayant un pouvoir rotatoire de — 34°, en partant du camphre droit.

Ce savant a, en outre, démontré que *tous les camphols obtenus par hydrogénation du camphre droit, qu'ils soient droits ou gauches, fournissent par oxydation le même camphre avec son pouvoir rotatoire primitif et de même sens* [α]$_D$ = + 41° à 42°.

M. de Montgolfier a de plus fait voir que, si l'on opère sur du camphre gauche de matricaire pour obtenir du bornéol, les mêmes phénomènes se produisent, mais dans un sens inverse [*C. R.*, **89**, 101]. Il en conclut que, dans l'action de la potasse alcoolique ou du sodium sur le camphre, il se forme un mélange à parties égales d'un camphol stable et déviant la lumière polarisée dans le même sens que le camphre employé, et d'un camphol instable de pouvoir rotatoire inverse, mélange qui, par oxydation, régénère le camphre avec ses propriétés primitives.

Ainsi que l'a démontré M. Haller, en opérant avec certaines précautions, on peut directement obtenir ce composé inactif [*C. R.*, **105**, 227].

Il résulte des expériences de M. A. Haller [*loc. cit.*] que le camphol obtenu par le procédé de MM. Jackson et Mencke est également un mélange de camphols stable et instable. Des essais de réduction faits avec un camphre $[\alpha]_D = +42°$ ont fourni des bornéols dont le pouvoir rotatoire variait de $+28°$ à $+30°$ et dont l'oxydation a donné le camphre avec son pouvoir rotatoire primitif. Le bornéol $[\alpha]_D = +13°$, obtenu en chauffant le camphre à 200° avec de l'éthylate de sodium, est un mélange du même genre, car oxydé il fournit du camphre $[\alpha]_D = +42°$ (A. Haller).

De semblables mélanges se produisent aussi à l'état d'éthers formiques ou acétiques, quand on combine directement le camphène droit ou gauche, ou l'essence de térébenthine, avec les acides formique ou acétique [Bouchardat et Lafont, *Ann. Chim. Phys.*, (6), **16**, 246. — Lafont, *ibid.*, **15**, 172]. Pour ne donner qu'un exemple, citons une expérience de M. Lafont. En partant d'un camphène gauche qu'on a traité par l'acide formique, on a obtenu les résultats suivants :

Pouvoir rotatoire du camphène primitif. $[\alpha]_D = -80°,37$
  —   —   formiate produit. . $[\alpha]_D = +10°,3$
  —   —   camphol retiré.... $[\alpha]_D = +6°,54$
  —   —   camphre corresp'.. $[\alpha]_D = -9°,3$

Les pouvoirs rotatoires du camphol et du camphre montrent clairement que le premier est un mélange de camphol stable et de camphol droit instable, puisque par oxydation il fournit du camphre gauche. Comme le pouvoir rotatoire de ce dernier est inférieur à 42°, pouvoir rotatoire moyen du camphre ordinaire, on peut même dire que, dans l'action de l'acide formique sur le camphène gauche, il se forme un mélange de camphols

droit et gauche stables et de camphol droit instable.

Dans ce qui précède, on a donné l'origine naturelle et les principales méthodes de formation des bornéols. Il nous reste à établir une classification des différents isomères signalés.

De l'ensemble de ses recherches sur les bornéols, M. de Montgolfier a tiré les conclusions suivantes :

Il existe deux classes de bornéols doués du pouvoir rotatoire : celle des corps à pouvoir rotatoire stable et celle des corps à pouvoir rotatoire instable. Ces prémisses posées, il admet ensuite l'existence de 9 bornéols [*Ann. Chim. Phys.*, (5), **14**, 59] :

1° Droit stable............	) Type droit. Ils donnent
2° Gauche instable........	⟩ tous trois par oxydation
3° Leur combinaison......	) du camphre droit.
4° Gauche stable..........	) Type gauche. Ils donnent
5° Droit instable..........	⟩ tous trois par oxydation
6° Leur combinaison......	) du camphre gauche.
7° Combinaison du droit et du gauche stables....	)
8° Combinaison du droit et du gauche instables..	⟩ Racémiques fournissant par oxydation du camphre racémique.
9° Inactif véritable........	)

Pour abréger, M. A. Haller a proposé de désigner les camphols stables sous le nom de *α-camphols*, et d'appeler les camphols instables *β-camphols* ou *isocamphols*.

En adoptant ces dénominations, on aura donc la série suivante :

I. *α-Camphols* (stables de M. de Montgolfier)................	{ Droit. ⟩ Gauche. }	) Ils fournissent par oxydation des camphres dont le pouvoir rotatoire est $[\alpha]_D = \pm 42°$ environ et *de même sens* que celui du camphol.
II. *β-Camphols* ou *isocamphols* (instables de M. de Montgolfier)............	{ Droit. ⟩ Gauche. }	) Le camphre qui en dérive possède le pouvoir rotatoire moléculaire $[\alpha]_D = \mp 42°$ environ, *de signe contraire* à celui du camphol.
III. *Camphols inactifs* obtenus en mélangeant parties égales de..........	{ Camphols α droit et gauche.. Camphols β droit et gauche... Camphols α droit et β gauche. Camphols β droit et α gauche.	) Ces deux racémiques fournissent par oxydation du camphre inactif par compensation. Le camphre correspondant est droit. Le camphre correspondant est gauche.

IV.   *Camphol inactif véritable??*

Enfin il convient d'ajouter à cette liste l'*isocamphénol* obtenu par MM. Bouchardat et Lafont [*loc. cit.*], dont le pouvoir rotatoire, le point de fusion, etc., paraissent s'écarter de ceux des bornéols ci-dessus.

Propriétés générales des α-camphols. — Quelle que soit leur origine, les α-camphols, lorsqu'ils sont purs, se présentent sous la forme de corps blancs, friables, et possédant, lorsqu'on les écrase sous les doigts, une odeur rappelant à la fois celle du camphre des Laurinées et celle du poivre. Leur saveur est chaude et brûlante. Ils sont insolubles dans l'eau, mais se dissolvent facilement dans l'alcool, l'éther, le chloroforme, l'éther de pétrole, l'acide acétique, et en général dans tous les dissolvants usuels. Ils cristallisent en belles tables hexagonales ou en cristaux appartenant au système cubique (Des Cloizeaux).

Ils sont volatils à la température ordinaire et se subliment facilement au-dessus de 100°.

Leur densité est égale à 1,02 (ngai) ou 1,011 (dryobalanops) [Plowmann, *Pharm. Journ. Trans.*, 1874].

A la température d'ébullition du bornéol, sa densité $= 0,8083$ et son volume spécifique est par suite $\frac{154}{0,8083} = 190,5$ [Kuhara, *Am. Journ.*, **11**, 244].

Le meilleur moyen de purifier les camphols et de les débarrasser de l'essence qu'ils contiennent est de les faire cristalliser à plusieurs reprises dans l'éther de pétrole jusqu'à ce qu'ils possèdent franchement l'odeur de camphre mêlée à celle du poivre.

Les α-bornéols, lorsqu'ils sont purs, ne diffèrent entre eux que par leur action sur la lumière polarisée. Leur pouvoir rotatoire varie avec la dilution des liqueurs.

Ils fournissent, au sens de la rotation près, le même camphre, le même acide camphorique et le même camphre monobromé. A la suite d'anomalies observées dans la préparation et les propriétés de certains dérivés de ces bornéols, M. Haller a repris leur étude et a comparé les dérivés indiqués ci-dessus entre eux et avec leurs analogues préparés avec le camphre ordinaire et avec le camphre de matricaire. Dans le tableau suivant se trouvent consignées les constantes physiques observées.

	CAMPHOLS.		CAMPHRES.		CAMPHRES MONOBROMÉS.		ACIDES CAMPHORIQUES.	
	Points de fusion.	Pouvoirs rotatoires molécul^{res} $[\alpha]_D$.	Points de fusion.	Pouvoirs rotatoires molécul^{res} $[\alpha]_D$.	Points de fusion.	Pouvoirs rotatoires molécul^{res} $[\alpha]_D$.	Points de fusion.	Pouvoirs rotatoires molécul^{res} $[\alpha]_D$.
du dryobanalops..........	208°,4	+ 37°,3	177°,8	+ 42°,3	76°,3	+ 127°,5	186°,5	+ 46°,0
droit artificiel pur........	210°,0	+ 37°,0	178°,4	+ 42°,2	76°,3	+ 127°,7	187°,9	+ 46°,0
de valériane..............	208°,8	— 37°,7	178°,2	— 42°,9	75°,2	— 127°,5	186°,2	— 46°,1
de ngai.................	209°,0	— 37°,7	177°,5	— 42°,1	75°,1	— 127°,6	185°,0	— 46°,2
de Bang-Phièn..........	208°,9	— 38°,2	178°,6	— 42°,7	76°,1	— 127°,7	186°,2	— 46°,3
de garance.............	208°,1	— 37°,8	176°,9	»	75°,7	»	186°,5	»
de matricaire............	»	»	175°,0	— 41°,6	75°,1	— 127°,7	186°,1	— 46°,3

Le pouvoir rotatoire des camphols et des camphres monobromés a été déterminé avec des solutions dans le toluène; celui des camphres et des acides camphoriques a été pris avec des liqueurs alcooliques. On a toujours opéré sur des solutions renfermant 1 molécule du corps par litre à une température de 16 à 18°. Les pouvoirs rotatoires du camphre, du camphre monobromé et de l'acide camphorique dérivés du camphol de garance n'ont pu être pris dans les mêmes conditions que les autres; mais, d'après les points de fusion observés, il ne saurait y avoir de doute sur l'identité de ce corps avec les autres camphols gauches [A. Haller, *C. R.*, **103**, 64, 151; **104**, 68].

Le pouvoir réfringent moléculaire du bornéol a été déterminé par M. Kanonnikof. Il est égal à 76,56 (théorie = 76,2) [*J. prakt. Chem.*, (2), **31**, 348].

Le bornéol bout à 212° (Pelouze), à 212-218° (Baubigny), à 209°,7 [Kuhara, *loc. cit.*].

La chaleur de combustion = 1464^{cal},7 (dryobalanops), 1472^{cal},5 (valériane), 1470^{cal},8 (camphol dérivé du camphène), 1473^{cal},8 (camphol racémique $\alpha\alpha$) [Louguinine, *C. R.*, **107**, 1005 et 1165].

Projetés sur l'eau, les bornéols tournent aussi rapidement que le camphre ordinaire.

Mélangés avec du chloral hydraté en gros cristaux, ils se liquéfient [Flückiger, *Pharm. Journ. Transact.*, 1874, 829]. Mélange-t-on molécules égales de bornéol et de chloral anhydre, on obtient des cristaux de bornylate de chloral (A. Haller).

Les bornéols ne se combinent point à l'hydroxylamine [Nägeli, *D. chem. G.*, **16**, 499].

Ils s'unissent aux acides pour former des éthers. La vitesse d'éthérification du système camphol-acide acétique est égale à 25,12. M. Menchoutkine en conclut que les bornéols sont des alcools primaires [*Beilstein's Handbuch*, **3**, 263].

Traité par le brome, le bornéol se transformerait, d'après M. Kachler, en camphre monobromé et bromure de bornyle [*Ann. Chem.*, **164**, 75].

D'après M. Wallach, quand on ajoute 5 grammes de brome à une dissolution froide de 5 grammes de bornéol dans 60 centimètres cubes d'éther de pétrole, on voit se déposer, au bout de peu de temps, des aiguilles d'un jaune rougeâtre qui ont une composition se rapprochant de $C^{10}H^{16}Br^2O$, mais qui sont probablement mélangées d'un autre corps ayant pour formule $[C^{10}H^{18}O]^2Br^2$. Ces cristaux sont très instables. Mélangés avec de l'alcool ou de la potasse, ils se décomposent en bornéol et en camphre.

Lorsqu'on abandonne cette combinaison au sein de l'éther de pétrole, elle se décolore peu à peu et se transforme en une poudre blanche, cristalline et lourde, qui répond à la formule $[C^{10}H^{18}O]^2HBr$. La même réaction se produit quand on intro-

duit les cristaux rouges dans un tube scellé et qu'on les maintient à la température ordinaire pendant un temps plus ou moins long. Enfin le même bromhydrate se forme quand on fait passer un courant d'acide bromhydrique dans une solution de bornéol dans l'éther de pétrole.

Le *bromhydrate de bornéol* est très instable; l'eau et l'alcool le dissocient en ses composants.

Une solution de bornéol dans l'éther de pétrole, soumise à l'action d'un courant d'acide iodhydrique, laisse déposer une poudre cristalline d'un *iodhydrate* $[C^{10}H^{18}O]^2HI$. Ce composé jaunit à la lumière et se comporte à tous égards comme le bromhydrate.

L'acide chlorhydrique ne fournit pas de composé solide avec le bornéol [Wallach, *Ann. Chem.*, **230**, 226].

L'acide hypochloreux convertit le bornéol en camphre [Kachler, *Ann. Chem.*, **164**, 75] :

$$C^{10}H^{18}O + ClOH = HCl + C^{10}H^{16}O + H^2O.$$

Le perchlorure de phosphore transforme le bornéol en *chlorure de bornyle*; celui-ci est identique à celui qu'on obtient en faisant agir l'acide chlorhydrique sur ce corps [Kachler, *Ann. Chem.*, **164**, 75].

Sous l'influence de l'acide bromhydrique, le bornéol fournit du *bromure de bornyle*.

L'anhydride phosphorique déshydrate le bornéol pour donner deux *bornéènes*, bouillant l'un à 176-180° et l'autre à 250-280° [Kachler, *loc. cit.*].

D'après M. Wallach, les produits qu'on obtient dans ces conditions ressemblent à ceux qui se forment quand on emploie comme déshydratants le chlorure de zinc ou l'acide sulfurique. L'auteur n'a pu en retirer de corps bien définis et il admet que les liquides (bornéènes) qui prennent naissance sont des produits de décomposition du camphène. En employant comme déshydratant le bisulfate de potassium, sel qui est sans action notable sur le camphène, on obtient ce carbure en quantité appréciable [*Ann. Chem.*, **230**, 237].

Lorsqu'on traite par le sodium une solution de bornéol dans le toluène ou le benzène, on obtient par refroidissement des cristaux hexagonaux de *camphol sodé*, $C^{10}H^{17}NaO$. Il est cependant à remarquer que, dans ces conditions, le bornéol ne se combine pas à la quantité théorique de sodium. Quand on opère avec le xylène, il faut chauffer à 170-180° pendant 16 heures environ pour que 50 grammes de bornéol dissolvent 7^{gr},5 de sodium. MM. J. W. Brühl et H. Biltz pensent qu'il se forme d'abord une combinaison moléculaire du camphol sodé avec le bornéol restant, combinaison qui se dissocie ultérieurement en bornylate de sodium et camphol, ce dernier subissant ensuite l'action du sodium [*D. chem. G.*, **24**, 649].

Si l'on fait passer un courant d'acide carbonique dans la solution de bornéol sodé, il se forme du bornéol-carbonate de sodium [Kachler et Spitzer, *Mon. f. Chem..* **2**, 235].

Si l'on substitue du cyanogène ou du chlorure de cyanogène à l'acide carbonique, on obtient un mélange de camphyl-uréthane et de carbonate de bornyle [A. Haller, *Thèse Faculté des Sciences, Paris*, 1879; *Bull. Soc. Chim.*, (2), **37**, 418; **41**, 428].

Ingéré dans l'économie, le bornéol apparaît dans les urines sous la forme d'*acide bornéol-glycuronique* [Pellaconi, *Jahresb.*, 1883, 1487.]

PROPRIÉTÉS GÉNÉRALES DES β-CAMPHOLS. — On ne connaît encore à l'état de pureté que l'iso-camphol gauche. Son isomère droit n'a pas encore été isolé et n'est connu qu'à l'état de mélange. Mais des propriétés générales de l'un on peut déduire celles de l'autre.

Ces composés paraissent plus solubles dans les dissolvants, alcool, benzène, toluène, éther de pétrole, que leurs isomères α. Malgré cette différence de solubilité, on ne réussit pas à les séparer de ces derniers par cristallisation fractionnée.

L'isocamphol gauche cristallise dans l'éther de pétrole en feuilles de fougère et non en tables hexagonales comme les α-camphols.

On n'a pu déterminer son point de fusion dans les conditions ordinaires, car il se volatilise dans les tubes capillaires avant de fondre. En tube fermé, il fond à 212° (A. Haller).

Le pouvoir rotatoire moléculaire des isocamphols paraît approcher de 37°. On n'a cependant pas encore réussi à obtenir un produit ayant ce pouvoir rotatoire.

En se plaçant dans des conditions spéciales pour la réduction du camphre d'après le procédé de M. Baubigny, on obtient un camphol *presque inactif*, ce qui semble prouver que le β-camphol gauche possède le même pouvoir rotatoire que l'α-camphol droit qui prend naissance en même temps. Remarquons cependant que cette identité de pouvoir rotatoire des camphols α et β n'est pas absolument nécessaire, ces composés n'étant que stéréo-isomériques sans être énantiomorphes.

Tandis que le pouvoir rotatoire des α-camphols ne change pas avec la nature du dissolvant, celui des β-camphols varie [A. Haller, *C. R.*, **109**, 187].

Les dérivés qu'on a préparés avec ces β-camphols ont un pouvoir rotatoire supérieur à celui que possèdent les dérivés correspondants des α-camphols (voir plus loin BORNYLATES DE CHLORAL et BORNYLPHÉNYLURÉTHANES).

D'après M. de Montgolfier [*loc. cit.*], le β-camphol gauche serait hygrométrique. Chauffé à 200-215° avec de l'acide acétique cristallisable, il subirait en partie une déshydratation et fournirait du camphène; une autre partie serait convertie en camphol inactif véritable.

M. Haller a constaté les mêmes faits, mais il croit devoir leur donner une autre interprétation. Le camphène provenant de la déshydratation de l'isocamphol, étant à peu près inactif, se recombine à l'acide acétique pour fournir un mélange d'acétates droit et gauche et non d'acétate de camphyle inactif. L'existence de ce dernier corps n'a pas encore été démontrée.

Chauffé pendant longtemps avec de la potasse, le β-camphol serait partiellement décomposé en produits liquides.

Le sodium lui fait subir à chaud, par suite d'une transformation partielle en α-camphol de signe contraire, une diminution dans son pouvoir rotatoire.

Ces deux réactions de la potasse et du sodium expliquent pourquoi, dans la préparation de ces composés par les procédés de MM. Berthelot et Baubigny, on obtient un mélange en proportions variables de camphols α et β, alors qu'on devrait obtenir un camphol inactif.

Les acides anhydres et les acides faibles (stéarique) leur font subir à chaud ces mêmes transformations. La chaleur seule suffit même pour les convertir en α-camphols.

Enfin nous avons déjà signalé cette particularité remarquable que le camphre qui en dérive par oxydation a un pouvoir rotatoire moléculaire de signe contraire à celui de ces isocamphols [Montgolfier, *loc. cit.*].

Les réactions que nous venons d'énumérer montrent les difficultés qui s'opposent à la préparation de dérivés dans lesquels ces β-camphols gardent leur individualité. Pour peu que dans la préparation la température s'élève, on obtient un mélange du dérivé du β-camphol avec celui de l'α-camphol de signe contraire, mélange dont la séparation paraît très laborieuse.

On n'a réussi jusqu'à présent à produire que de l'isobornylate de chloral et de la β-bornylphényluréthane gauche, la combinaison des camphols avec l'isocyanate de phényle s'effectuant sans l'intervention de la chaleur (A. Haller).

α-CAMPHOL DROIT. — Trouvé dans le *Dryobalanops camphora*, ce camphol a été étudié par Pelouze (*Dict.*, **1**, 658). On lui donne encore les noms de *camphre de Bornéo*, *de Baros*, *camphre malais*, *de Ping-peèn*.

M. D. Hanbury [*Science papers*, 271] confirme ce que nous savons sur l'origine de ce bornéol. Il ajoute qu' « il est principalement exporté en Chine, mais une grande quantité est consommée dans l'île même pour l'embaumement des corps de certains chefs de tribus. La meilleure qualité de ce camphre se présente en cristaux plats et incolores, dont les plus gros dépassent rarement un diamètre de 12 millimètres. Une qualité inférieure se rencontre en poudre grossière et d'une couleur grise. Le camphre du dryobalanops possède l'odeur du camphre ordinaire, mélangée à une autre qu'on a comparée à celle du patchouli. Il est moins volatil que le camphre de laurier et a un poids spécifique plus grand, de sorte qu'il tombe au fond de l'eau ».

M. Kachler [*Ann. Chem.*, **197**, 86] a également eu à sa disposition de ce bornéol qui lui est venu de Singapour. Il a pris son pouvoir rotatoire $[\alpha]_D = + 32°,7$, et a préparé le camphre et l'acide correspondants, qu'il a trouvés identiques au camphre et à l'acide camphorique ordinaires.

M. de Montgolfier a trouvé pour le pouvoir rotatoire de ce bornéol la valeur $[\alpha]_D = + 37°$ [*Ann. Chim. Phys.*, (5), **14**, 55].

Enfin M. Haller a eu à sa disposition trois échantillons d'origine différente et tous trois avaient un pouvoir rotatoire $[\alpha]_D = + 37°$ environ.

L'α-camphol droit peut être obtenu artificiellement par hydrogénation du camphre. Nous avons vu plus haut qu'on obtient toujours, quelle que soit la méthode employée, un mélange d'α-camphol droit et de β-camphol gauche.

Pour transformer ce mélange en camphol droit pur, il suffit de le chauffer à plusieurs reprises avec de l'acide stéarique à la température de 255°. En partant d'un camphol ayant un pouvoir rotatoire de + 20-36°, M. de Montgolfier est arrivé ainsi à obtenir un corps de pouvoir rotatoire $[\alpha]_D = + 36°,52$ [*Thèse*, 38].

On peut aussi préparer ce camphol droit pur en recueillant les premières portions du bornéol qui se précipitent dans la préparation d'après le procédé de M. Baubigny. M. Kachler [*loc. cit.*] a isolé ainsi un camphol $[\alpha]_D = + 37°$ environ.

Dans le procédé de M. Berthelot, en prolongeant l'action de la potasse, on détruit l'isocamphol avec formation de produits liquides, et l'α-bornéol reste avec son pouvoir rotatoire normal $[\alpha]_D = + 37°$ environ.

Enfin M. A. Haller, en reprenant l'étude des

acétates de bornyle, a trouvé que si l'on soumet à un fort refroidissement un mélange d'acétates α et β, le premier ne tarde pas à cristalliser. En séparant les cristaux, en les exprimant et en les faisant recristalliser dans l'éther de pétrole, on obtient un acétate pur qui, par saponification, fournit l'α-bornéol de pouvoir rotatoire $= + 37°,63$ [*C. R.*, **109**, 29].

Le *camphol de succin* trouvé par MM. Berthelot et Buignet dans le succin (Dict., **1**, 183) possède également le pouvoir rotatoire droit. Il résulte de nouvelles recherches de M. A. Haller que ce bornéol est constitué par un mélange d'α-bornéols droit et gauche, dans lequel le premier domine. Ce produit ($[\alpha]_0 = + 4°,3$) fournit par oxydation un camphre dextrogyre ($[\alpha]_D = + 6°,5$), qui donne par l'action du brome un camphre monobromé droit fondant à 75°,3, identique au camphre monobromé ordinaire, et un dérivé monobromé fondant à 52°,7, comme le camphre monobromé racémique. Enfin l'acide camphorique provenant de l'oxydation de ce camphre fond à 202°, point de fusion voisin de celui de l'acide racémocamphorique [*C. R.*, **104**, 68].

Le *camphol d'Aristolochia serpentaria* a été trouvé dans l'extrait éthéré des racines de cette plante. D'après M. Spica [*Gazz. chim. ital.*, **17**, 313], il fond à 196-198° et est faiblement dextrogyre. Il est probable que ce bornéol est également constitué par un mélange de dérivés α droit et gauche.

α-CAMPHOL GAUCHE. — *Bornéol de garance.* — Il a été découvert et étudié par M. Jeanjean. 1 hectolitre d'alcool de garance brut, distillé avec une colonne Henninger-Le Bel à 16 boules, a fourni à M. Haller environ 2 grammes de ce camphol.

Bornéol de valériane. — M. Rochleder fut le premier qui démontra qu'en oxydant l'essence de valériane par le dichromate de potassium et l'acide sulfurique, on obtient un produit ressemblant au camphre des Laurinées; mais il attribua la formation de ce corps à l'oxydation du terpène $C^{10}H^{16}$ contenu dans l'essence [*Ann. Chem.*, **40**, 1].

C'est à Gerhardt que nous devons de savoir que cette essence contient un camphol, que cet auteur considéra comme identique au bornéol de dryobalanops [*Ann. Chim. Phys.*, (3), **7**, 286].

M. Pierlot, en chauffant l'essence de valériane avec de la potasse, obtint aussi une substance camphrée à laquelle il attribua la formule $C^{13}H^{20}O$ [*Ann. Chim. Phys.*, (3), **56**, 291].

M. Bruylants, dans ses recherches sur les essences, a démontré que le camphol de valériane existe dans l'essence de ce nom, à l'état d'éthers formique, acétique et valérique [*Bull. Acad. roy. Belg.*, (3), **11**].

Enfin M. Haller a démontré que ce bornéol est gauche et qu'il est identique à celui de garance. Pour le préparer, il emploie le procédé de M. Bruylants, qu'il modifie légèrement : Il saponifie par la potasse alcoolique les parties d'essence de valériane passant entre 220 et 250° et qui sont constituées par le mélange des éthers mentionnés plus haut, et verse la solution dans un excès d'eau froide. Le camphol qui se précipite est lavé à l'eau, séché et sublimé avec de la chaux, puis soumis à des cristallisations dans l'éther de pétrole jusqu'à ce qu'il ne possède plus l'odeur de valériane. Après ce traitement, ce bornéol répond aux propriétés générales indiquées plus haut [*C. R.*, **103**, 151].

Bornéol appelé Ngai par les Chinois. — M. Rondot [*Étude du commerce de la Chine*, Paris, 1848, 34-38] est le premier qui ait fait mention de ce camphre. Après avoir décrit les autres camphres, il dit : « Il existe aussi une autre espèce de camphre, très blanc, extrait des feuilles d'une plante connue en Chine sous le nom de Ngai, une

variété d'*artemisia*. Il se présente en cristaux très purs, fragiles, à cassure brillante. Il est très recherché en Chine. »

M. D. Hanbury [*Science papers*, 393] put se procurer des échantillons de ce camphre et de la plante qui le fournit, grâce à M. Ewer, attaché aux douanes maritimes et impériales de Canton. Il démontra que la plante d'où l'on extrait ce bornéol est le *Blumea balsamifera* (DC.), plante herbacée de l'Asie orientale, élevée, d'un aspect grossier, très abondante dans Assam. Burnah et dans tout l'Archipel Indien. Il est probable que le Blumea n'est pas la seule source du camphre ngai; car, d'après M. Ewer, le caractère chinois || (ngai) est employé pour désigner plusieurs plantes des Labiées et Composées.

Ce camphre est employé non seulement en médecine, mais encore pour la fabrication des encres de Chine parfumées.

La nature chimique de ce camphre fut établie par M. Sydney-Plowmann [*Pharm. Journ.*, 1874, 170]. Il en fit l'analyse et prit son point de fusion (204°) et sa densité (1,02) (la densité du camphol de Bornéo est 1,011 et celle du camphre 0,995). Il conclut de ses recherches que ce camphol est isomérique avec le bornéol du dryobalanops.

M. Flückiger [*Pharm. Journ.*, 1874, 829] démontra que ce camphol a la même forme cristalline que celui de Bornéo, c'est-à-dire qu'il cristallise dans le système cubique. Il remarqua en outre qu'abandonné dans un flacon avec des cristaux d'hydrate de chloral, il ne tarde pas à se liquéfier au bout de quelques heures, phénomène qui se produit aussi avec le camphol de Bornéo et le camphre ordinaire. Enfin M. Flückiger montra que le ngai est lévogyre comme le bornéol de garance.

M. A. Haller [*loc. cit.*] a repris et confirmé les recherches de ces savants. Le camphol ngai étudié par lui venait de Shangaï; l'un des échantillons se présentait sous la forme de grains blancs, de la grosseur d'une fève et à odeur très agréable; un autre était en grains plus petits et souillés, tandis qu'un troisième constituait une masse cristalline fortement imprégnée d'essence. Le premier avait un pouvoir rotatoire moléculaire $[\alpha]_D = - 32°,30$, tandis que les deux autres échantillons, après purification et cristallisation, possédaient un pouvoir rotatoire $[\alpha]_D = - 37°,77$. Les données ci-dessus démontrent nettement que ce camphol est identique avec ceux de garance et de valériane. Il en est de même du suivant.

Camphol de Bang-Phiên. — Ce camphol, étudié par M. Haller, a été préparé à Hanoï en soumettant à la distillation avec de l'eau une plante herbacée des environs, plante qui a été reconnue par M. Heckel être le *Blumea balsamifera* (DC.). Il constitue une masse cristalline, imprégnée d'une essence verdâtre à odeur très agréable. Après purification et cristallisation dans l'éther de pétrole, il possède les mêmes propriétés que les camphols ci-dessus [*C. R.*, **103**, 64].

Camphol de romarin. — Ce composé est également lévogyre. M. Bruylants [*Bull. Acad. roy. Belg.*, (3), **13**] a été le premier à constater la présence du bornéol dans l'essence de romarin; mais, d'après l'auteur, l'éther acétique de ce bornéol fournit par saponification avec la potasse alcoolique un terpène $C^{10}H^{16}$ et de l'acétate de potassium.

M. E. Weber [*Ann. Chem.*, **238**, 92] admit également l'existence du camphol dans l'essence de romarin, sans toutefois avoir isolé ce corps.

Dans cette essence, le bornéol est mélangé à une très forte proportion de camphre. Pour séparer ces deux corps, M. A. Haller conseille d'opérer de la façon suivante : On triture 200 grammes de camphre de romarin avec environ 120 grammes d'acide succinique pulvérisé et on chauffe le mélange pendant 48 heures à 140° dans des matras résistants. Après refroidissement, on épuise le produit par de l'éther qui dissout le succinate acide de bornyle formé, ainsi que le camphre non entré en réaction, et laisse de l'acide succinique insoluble. La solution éthérée est lavée à plusieurs reprises avec une liqueur alcaline, qui dissout le succinate acide et laisse le camphre. On réunit les solutions aqueuses, on les lave une dernière fois avec de l'éther et on les fait bouillir avec un excès d'alcali. L'éther succinique est décomposé suivant l'équation

$$C^3H^4 \begin{cases} CO^2Na \\ CO^2 \end{cases} . C^{10}H^{17} + NaOH$$

$$= C^2H^4(CO^2Na)^2 + C^{10}H^{18}O.$$

Le bornéol est recueilli et purifié par les méthodes ordinaires.

Ce camphol lévogyre ($[\alpha]_D = -23°,59$) a été soumis au même traitement que le camphol de succin. Les dérivés qu'il a fournis ont démontré qu'il est constitué par un mélange de camphols gauche et droit, dans lequel le premier se trouve en excès [C. R., **108**, 1308].

β-CAMPHOL DROIT. — Ce corps n'a pas encore été préparé à l'état pur : on ne le connaît jusqu'à présent qu'à l'état de mélange.

β-CAMPHOL GAUCHE. — Pour préparer ce corps, on réduit le camphre droit d'après la méthode de M. Baubigny et on recueille de 24 heures en 24 heures le précipité de bornéol. Les dernières portions obtenues sont lavées et sublimées avec de la chaux [Montgolfier, *Thèse*, 23].

Le β-camphol gauche est plus soluble dans la plupart des dissolvants que les α-camphols. Il cristallise en feuilles de fougère ou en cristaux plumeux, et non en tables hexagonales comme ses isomères α. Il fond en tube fermé à 212° et fournit par oxydation du camphre droit. Chauffé à 215° avec de l'acide acétique cristallisable, il se transforme en camphène et donne un peu d'acétate de bornyle. Le camphène ainsi obtenu est inactif. Oxydé au moyen de l'acide azotique, ce camphol donne du camphre droit.

Le pouvoir rotatoire de ce composé varie avec la nature des dissolvants, tandis que l'α-camphol gauche possède le même pouvoir rotatoire quel que soit le liquide dans lequel on le dissout (ne fait exception que l'alcool méthylique). Le tableau suivant montre ces variations :

Dissolvant.	Pouvoir rotatoire moléc^{re}	
—	de l'α-camphol gauche.	du β-camphol gauche.
Alcool méthylique pur..	— 35°,93	— 33°,00
— éthylique absolu.	— 37°,33	— 32°,90
— isopropylique....	— 37°,23	— 33°,33
— isobutylique.....	— 37°,23	— 33°,54
Acétone.............	— 37°,87	— 22°,94
Ligroïne (bouillant de 110 à 120°)..........	— 37°,12	— 22°,72
Éther acétique.........	— 37°,55	— 22°,78
Benzène..............	— 37°,66	— 19°,18
Toluène..............	— 37°,87	— 18°,93
Xylène...............	— 37°,66	— 18°,95
p-Méthylpropylbenzène..	— 37°,66	— 18°,95

Ces déterminations ont été faites avec des solutions renfermant 1 demi-molécule de camphol par litre, à une température moyenne de 14° [A. Haller, *C. R.*, **112**, 142].

Le β-camphol gauche fournit avec le chloral anhydre une combinaison sirupeuse incristallisable (voir les *Propriétés générales des isocamphols*).

CAMPHOL RACÉMIQUE α̅ α̲ (combinaison des α-camphols droit et gauche). — Ce camphol prend naissance dans l'action de l'acide sulfu-

rique sur l'essence de térébenthine. MM. Armstrong et Tilden lui assignent comme point de fusion 198-199° [*D. chem. G.*, **12**, 1755].

MM. Bouchardat et Lafont l'ont obtenu sous la forme d'acétate en combinant le camphène inactif avec l'acide acétique cristallisable. D'après ces auteurs, il fond de 185,5 à 190° et bout à 208-211°. Il a fourni un chlorure de bornyle bouillant à 207° [*Bull. Soc. Chim.*, (2), **45**, 165].

M. A. Haller l'a préparé en mélangeant parties égales d'α-camphols droit et gauche et faisant cristalliser dans l'éther de pétrole. Les cristaux ressemblent à ceux des α-camphols dextrogyre ou lévogyre. Ils fondent à 210°,3 et fournissent par oxydation du camphre racémique, puis de l'acide racémocamphorique fondant à 204°,8 [*C. R.*, **105**,66].

CAMPHOL INACTIF α̅ β̲ (combinaison d'α-camphol droit et de β-camphol gauche). — M. de Montgolfier l'a obtenu en chauffant à 200° avec de l'eau un mélange de camphol droit et d'un excès de β-camphol gauche. En partant de deux mélanges, $[\alpha]_D = -1°,36$ et $[\alpha]_D = -21°,44$, il est arrivé à un corps inactif [*Thèse*, 27]. L'acide stéarique peut être substitué à l'eau.

M. A. Haller [*C. R.*, **105**, 227] prépare directement ce camphol inactif. Il démontre ainsi que le procédé de M. Baubigny fournit réellement un mélange à parties égales de camphols α-droit et β-gauche, et que le pouvoir rotatoire dont jouit ordinairement le camphol préparé d'après cette méthode est dû à l'action ultérieure du sodium sur le β-camphol.

Pour éviter cette action du sodium, M. Haller conseille d'opérer de la façon suivante : On dissout 100 grammes de camphre, débarrassé de bornéol par un traitement préalable à l'acide azotique, dans 250 grammes de toluène et on y ajoute 5 grammes de sodium (1/3 de la quantité théorique). On chauffe le mélange : au moment où le métal réagit sur le camphre, on retire le ballon du feu et on laisse la réaction se terminer d'elle-même. On fait ensuite passer un courant d'acide carbonique sec jusqu'à saturation. Le magma obtenu est agité avec son volume d'eau froide, et la solution aqueuse est séparée avec soin et aussi rapidement que possible du liquide surnageant. Après l'avoir filtrée, on l'abandonne à elle-même pendant 8 jours. Au bout de ce temps, le bornéol est recueilli et purifié par le procédé ordinaire.

On peut aussi préparer ce camphol inactif en mélangeant des solutions alcooliques d'α-camphol droit et de β-camphol gauche, en proportions telles que le produit n'ait aucune action sur la lumière polarisée.

Ce bornéol présente les mêmes propriétés générales que ses isomères. Il fond à 210°,4 et fournit par oxydation du camphre droit avec son pouvoir rotatoire primitif.

Le produit obtenu par hydrogénation directe du camphre droit est presque inactif en solution alcoolique; il dévie à droite : en solution dans le pétrole $[\alpha]_D = +3°,82$, et dans le toluène $[\alpha]_D = +7°,01$ [A. Haller, *C. R.*, **109**, 187].

Il se combine avec l'isocyanate de phényle pour fournir une bornylphényluréthane lévogyre $[\alpha]_D = -7°,32$ [Haller, *ibid.*]. Il se combine également au chloral anhydre pour fournir un liquide sirupeux dont le pouvoir rotatoire $[\alpha]_D = -22°,12'$.

CAMPHOL INACTIF α̲ β̅ (combinaison d'α-camphol gauche et de β-camphol droit). — Ce camphol inactif se prépare comme le précédent; seulement, au lieu de partir du camphre droit, on se sert du camphre gauche. Il possède les mêmes propriétés que le précédent et fond à 210°,6. Oxydé, il fournit du camphre gauche avec son pouvoir rotatoire primitif.

Il est inactif en solution alcoolique et *lévogyre* dans le pétrole ou dans le toluène.

La bornylphényluréthane qui en dérive est *dextrogyre* : $[\alpha]_D = + 7°,50$ [A. Haller, *C. R.*, **105**, 227 ; **109**, 187].

CAMPHOL RACÉMIQUE $\overset{+}{\beta}\ \overset{-}{\beta}$ (combinaison des deux β-camphols droit et gauche). — Ce camphol inactif n'a pas encore été préparé.

CAMPHOL INACTIF VÉRITABLE. — Ce camphol, qui correspondrait à l'acide tartrique inactif, se formerait, d'après M. de Montgolfier, par l'action d'une température de 200-210° sur un mélange d'α-camphol et de β-camphol avec de l'acide acétique cristallisable. Lorsque, après avoir chauffé, on régénère le bornéol et qu'on le convertit en camphre, on constate en effet que le pouvoir rotatoire de ce camphre est inférieur à 42° [*Ann. Chim. Phys.*, (5), **14**, 57].

M. Haller a également constaté que le camphre ainsi obtenu a un pouvoir rotatoire inférieur à 42°, mais il admet que dans cette réaction il s'est formé un mélange des deux α—camphols droit et gauche par la combinaison directe de l'acide acétique avec le camphène inactif.

En résumé, ce camphol n'a pas été isolé et il ne semble pas, d'après les théories actuellement en vigueur, qu'il puisse exister.

ISOCAMPHÉNOLS. — Dans le tableau où l'on a donné les pouvoirs rotatoires et les points de fusion des camphols purs, on voit que la valeur maxima de ces pouvoirs rotatoires est de + 38°. La valeur maxima des pouvoirs rotatoires des camphres est d'autre part + 43°. Dans les conditions, toujours les mêmes, dans lesquelles on a opéré, on n'a jamais obtenu de nombres plus élevés.

MM. Bouchardat et Lafont [*Bull. Soc. Chim.*, (2), **45**, 298], en traitant l'essence de térébenthine française par l'acide acétique cristallisable, obtinrent deux acétates qui, par saponification, leur fournirent deux isomères des camphols auxquels ils donnèrent le nom d'*isocamphénols* [1]. Le premier est dextrogyre : $[\alpha]_D = + 13°,9$; il fond à 196° et donne par oxydation un camphre lévogyre dont le pouvoir rotatoire $[\alpha]_D = - 67°,2$ et $[\alpha]_D = - 71°,4$. Le second est lévogyre : $[\alpha]_D = - 43°,6$; il fournit par oxydation un camphre lévogyre de pouvoir rotatoire $[\alpha]_D = - 51$ à $53°,5$.

MM. Bouchardat et Lafont [*Communication particulière*] viennent d'isoler un représentant de cette classe d'isomères des bornéols dans les produits de l'action de l'acide benzoïque sur l'essence de térébenthine française. Ils l'ont retiré des portions qui bouillent au-dessus de 200°. Ces portions, saponifiées par la potasse alcoolique, fournissent une masse semi-fluide qui donne par rectification des traces de camphène, du terpilène, d'autres produits huileux, puis, entre 205 et 215°, du camphol gauche ordinaire, qu'on purifie par des cristallisations dans l'éther de pétrole.

Les produits huileux, rectifiés avec soin, passent de 195 à 202°,5. Refroidis à — 4°, ils se solidifient en une masse cristalline qu'on purifie par cristallisation dans l'éther de pétrole.

Propriétés. — L'isocamphénol fond à 47° et distille à 198-199° en se décomposant très peu. Son pouvoir rotatoire est inverse de celui de l'essence ($[\alpha]_D = + 10°$ à $10°,30$). Mais il est

1. Nous avons conservé cette dénomination en attendant que l'étude des corps soit plus avancée et permette de connaître leurs rapports avec les camphols proprement dits. Des recherches faites, il semble résulter que les isocamphénols sont des isomères chimiques des bornéols et non des stéréo-isomères de ces corps.

probable que ce corps est constitué par un mélange de corps droit et gauche, comme le camphol gauche qui prend naissance en même temps que lui. Soumis à l'oxydation, il fournit un camphre liquide, bouillant de 190 à 191° et se solidifiant à — 40° en paillettes cristallines, même alors qu'il a été additionné de son volume d'alcool. Le pouvoir rotatoire de ce produit d'oxydation est très considérable et lévogyre.

Il se combine à l'hydroxylamine, en donnant un corps cristallisant bien dans l'éther

Chauffé à 150-200° avec les acides organiques (acétique, benzoïque), l'isocamphénol forme des éthers qui, saponifiés, régénèrent cet alcool avec son pouvoir rotatoire primitif. Une portion seulement se transforme en camphène ou en un carbure très voisin.

L'isocamphénol, traité par le perchlorure de phosphore, se convertit en un *dérivé chloré*, en même temps qu'il se dégage de l'acide chlorhydrique. L'ensemble des propriétés de ce corps fait voir qu'il est identique avec ceux obtenus par MM. Bouchardat et Lafont dans le traitement des essences de térébenthine par l'acide acétique.

Les auteurs sont portés à croire que le produit d'oxydation a quelque parenté avec la *fénolone* (Fenchöl) trouvée dans l'essence de fenouil par M. Wallach.

THÉORIE DE L'ISOMÉRIE DES CAMPHOLS.

Si l'on admet pour le camphre l'une ou l'autre des formules de constitution

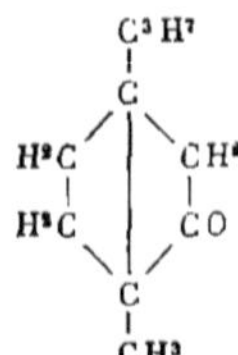

Formule de M. Kekulé.

Formule de M. Kekulé modifiée par M. Haller.

Formule de M. Bredt.

dans lesquelles se trouve au moins 1 atome de carbone asymétrique, on peut représenter les deux camphres droit et gauche par deux schémas, dont l'un est l'image de l'autre :

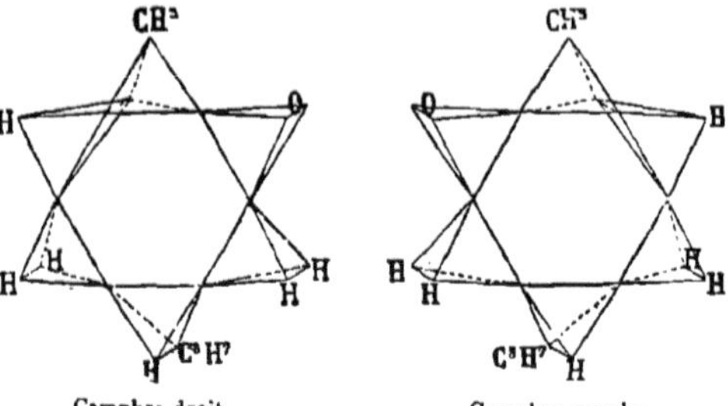

Camphre droit.

Camphre gauche.

En transformant le camphre en bornéol, on rend asymétrique un nouvel atome de carbone, la fonction alcool secondaire du camphol étant établie de la façon la plus nette. Or l'expérience a jusqu'à présent toujours confirmé le théorème suivant de M. Le Bel : « Lorsqu'il se forme un corps asymétrique dans une réaction où l'on a mis en présence les uns des autres des corps symétriques [1], il y a formation, dans la même proportion, des deux isomères de symétrie inverse ».

Nous avons en effet démontré qu'en opérant avec certaines précautions spéciales dans la préparation du camphol d'après le procédé de M. Baubigny, on peut obtenir des camphols inactifs formés de parties égales de camphols α et β. Avec le camphre droit, on a ainsi l'inactif $\overset{+}{\alpha}\overset{-}{\beta}$, tandis que le camphre gauche fournit l'inactif $\overset{-}{\alpha}\overset{+}{\beta}$.

L'existence des 4 bornéols actifs est donc conforme à la théorie de MM. Le Bel et Van 't Hoff, d'après laquelle 2 atomes de carbone asymétrique dans 1 molécule conduisent à 4 isomères.

En s'appuyant sur cette théorie, on peut représenter le noyau du camphre par 6 tétraèdres, dont 4 sont réunis par leurs sommets et 2 par une arête.

Les formules planes qui suivent permettent également de rendre compte des isoméries, sans avoir recours aux schémas tétraédriques :

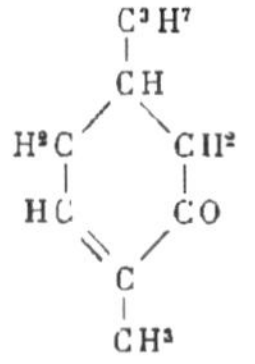

Camphre droit. 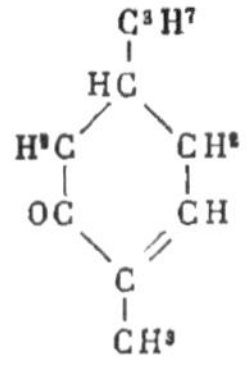   Camphre gauche.

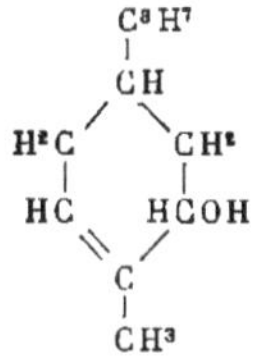

α–Camphol droit. α–Camphol gauche

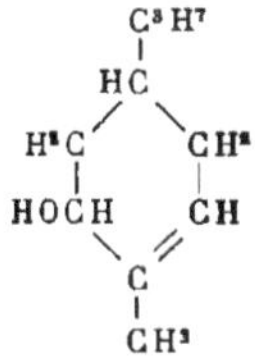

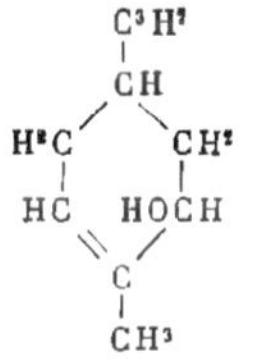

β–Camphol gauche. β–Camphol droit.

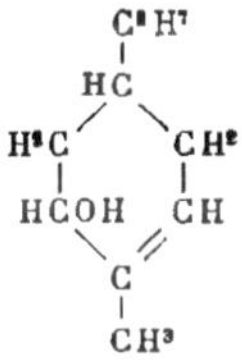

1. Dans le cas qui nous occupe, nous n'avons à considérer que le groupe CO symétrique, qui par réduction devient asymétrique, et non le groupe

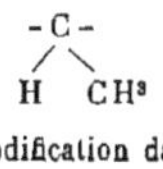

$$\overset{-\,\text{C}\,-}{\diagup\ \diagdown}\ \ \text{H}\ \ \text{CH}^3$$

qui ne subit aucune modification dans le cours de l'hydrogénation.

Il est facile de voir que les schémas des bornéols dérivés du camphre gauche représentent les images de ceux des camphols obtenus au moyen du camphre droit.

Cette manière de représenter les différents bornéols permet de nous rendre compte aisément de l'existence de 4 isomères. Il n'en est pas de même du camphol inactif véritable. Ce corps n'a d'ailleurs pas encore été isolé et, d'après la nouvelle théorie de structure, il est probable qu'il n'existe pas.

Enfin il convient d'ajouter que les 4 bornéols sont des composés énantiomorphes seulement 2 par 2.

D'une part il y a les α–camphols et d'autre part les β–camphols. Ces derniers, énantiomorphes l'un par rapport à l'autre, sont en même temps stéréo-isomériques avec les α–camphols sans être énantiomorphes avec eux.

DÉRIVÉS DES CAMPHOLS

PRODUITS D'ADDITION. — En énumérant les propriétés générales des camphols, nous avons fait voir que ces corps se combinent au brome et aux acides bromhydrique et iodhydrique. M. Wallach [*Ann. Chem.*, **230**, 231] a proposé de réserver à ces composés d'addition les noms de *bromure*, *bromhydrate* et *iodhydrate de bornéol*, et, pour éviter les confusions, d'appeler les éthers

$$C^{10}H^{17}Cl, \qquad C^{10}H^{17}Br,$$

chlorure et *bromure de bornyle*.

BORNYLATES DE CHLORAL. — Indépendamment de ces produits d'addition, les bornéols sont susceptibles d'en former d'autres. En raison de leur fonction alcoolique, ils se combinent en effet au chloral anhydre pour donner naissance à des composés analogues à l'alcoolate de chloral :

$$C^{10}H^{18}O + CCl^3.CHO = CCl^3.CH\!\!<^{O\,C^{10}H^{17}}_{OH}$$

Ces composés ont été préparés par M. A. Haller pour étudier l'influence qu'exerce l'addition du chloral sur le pouvoir rotatoire des différents camphols isomériques.

Ces dérivés étant préparés sans l'intervention de la chaleur, on pouvait s'attendre à ce que les bornéols y conservassent leur individualité, c'est-à-dire à ce qu'ils ne subissent pas de transformation isomérique

On les prépare en mélangeant poids égaux de camphol et de chloral anhydre. La masse s'échauffe et se liquéfie en donnant un produit sirupeux qui souvent cristallise par le refroidissement. On reprend le tout par l'eau pour enlever l'excès de chloral et on dissout la partie insoluble dans l'éther de pétrole. La solution filtrée fournit par évaporation un produit épais qui cristallise au bout de quelque temps.

Les α–camphols fournissent en général des produits solides, indistinctement cristallins, à odeur rappelant à la fois celle du chloral et celle du bornéol. Les β–camphols donnent au contraire des combinaisons incristallisables.

Les bornylates de chloral sont solubles dans l'alcool, l'éther, le benzène, le toluène. Les dérivés α cristallisent dans ces deux derniers dissolvants en prismes durs et très nets.

L'eau ne les dissout pas, mais les décompose à chaud en chloral hydraté et bornéol.

Nous donnons, dans le tableau ci-dessous, les points de fusion et les pouvoirs rotatoires (1/2 molécule = 1 litre) des bornylates préparés :

	Points de fusion.	Pouvoirs rotatoires moléculaires.
α-Bornylate de chloral droit. Cristallin..............	55–56°	$[\alpha]_D = + 30°,13$
α-Bornylate de chloral gauche. Cristallin..........	55–56°	$[\alpha]_D = - 30°,13$
Bornylate de chloral racémique $\overset{+-}{\alpha\alpha}$. Cristallin....	55–56°	$[\alpha]_D = 0°$
β-Bornylate de chloral gauche. Liquide visqueux incristallisable..........	—	$[\alpha]_D = - 56°,40$
Bornylate de chloral $\overset{+-}{\alpha\beta}$ obtenu avec un camphol inactif $\overset{+-}{\alpha\beta}$. Sirop incristallisable..............	—	$[\alpha]_D = - 22°,12$

Le pouvoir rotatoire des α-camphols gauche et droit employés était de 37° environ. Celui du β-camphol gauche était $[\alpha]_D = - 31°36'$.

Les propriétés observées montrent que l'orientation des éléments qui constituent le groupement alcoolique

$$H.C.OH$$

par rapport aux autres éléments de la molécule camphol, groupement qui seul, dans ces bornylates, est affecté par le chloral, exerce une influence très notable non seulement sur le pouvoir rotatoire moléculaire de ces produits d'addition, mais encore sur leur état physique.

Des observations du même ordre ont été faites avec d'autres dérivés, les bornylphényluréthanes, qui seront décrites plus loin.

Cette différence des pouvoirs rotatoires des α- et des β-bornylates permet de se rendre très facilement compte si un bornéol de pouvoir rotatoire inférieur à ± 37° est un mélange de camphols α et β.

M. Haller, en partant d'un camphol artificiel droit, $[\alpha]_D = + 4°32'$, obtenu en hydrogénant du camphre droit, a préparé un bornylate fondant à 46° et dont le pouvoir rotatoire $[\alpha]_D = - 14°13'$. Comme il est facile de le voir, ces données montrent que le camphol en question était constitué par un mélange d'α-camphol droit et de β-camphol gauche.

BORNYLATES DE BROMAL. — On les prépare comme les bornylates de chloral et on les purifie par cristallisation dans le toluène. Ils sont solubles dans l'éther, le toluène, le benzène, moins solubles dans l'éther de pétrole :

	Points de fusion.	Pouvoirs rotatoires moléculaires.
α-Bornylate de bromal droit.	105–109°	$[\alpha]_D = + 54°,4$
α-Bornylate de bromal gauche	105–109°	$[\alpha]_D = - 52°,8$
Bornylate racémique $\overset{+-}{\alpha\alpha}$....	79– 82°	$[\alpha]_D = 0°$

[Minguin, *Expér. inédites*].

ÉTHERS. — BORNYLATE DE MÉTHYLE,

$$C^{10}H^{17}.OCH^3.$$

— Ce composé prend naissance quand on traite un mélange de camphre sodé et de bornéol sodé par l'iodure de méthyle. Il se produit aussi par l'action de l'iodure de méthylène sur le bornéol sodé (Brühl). Liquide bouillant à 194°.5 sous une pression de 733 millimètres. Il se dissout dans l'acide azotique froid et fournit du camphre $([\alpha]_D = + 10°.7)$ [Baubigny, *Thèse Faculté des Sciences*, Paris, 1868, 27].

BORNYLATE D'ÉTHYLE, $C^{10}H^{17}.OC^2H^5$. — M. Baubigny l'a obtenu par le même procédé, en substituant l'iodure d'éthyle à l'iodure de méthyle (Suppl., 1, 370). M. Brühl l'a préparé en chauffant un mélange de bornéol sodé et d'iodure d'éthyle [*D. chem. G.*, 24, 3378]

MM. Bouchardat et Lafont [*Bull. Soc. Chim.*, (2), 47, 490], en chauffant à 150° un mélange de monochlorhydrate d'essence de térébenthine française et d'acétate de potassium avec de l'alcool concentré, ont obtenu du camphène et du bornylate d'éthyle ou éthylate de camphyle.

Il bout à 204-204°,5 sous 750 millimètres, à 120° sous 48 millimètres et à 97° sous 20 millimètres (Brühl). Il est liquide et ne se solidifie pas à — 50°; $[\alpha]_D = + 26-30°$.

La potasse alcoolique est sans action sur lui. Traité à froid, et rapidement, par une solution saturée d'acide chlorhydrique, il se transforme en une masse butyreuse, d'où l'on extrait par expression des cristaux ayant la composition d'un mélange de chlorhydrate de camphène et de bornéol.

Chauffé à 100° avec 15 fois son poids d'acide chlorhydrique saturé à 0°, il se transforme intégralement en chlorure d'éthyle et en chlorhydrate de camphène complètement inactif.

Enfin l'éthylate de camphyle est très vivement oxydé par l'acide nitrique ordinaire, avec production de camphre.

MM. Bourchardat et Lafont considèrent ce produit comme isomérique avec l'éthylbornéol de M. Baubigny. En comparant les propriétés, il semble au contraire que ces deux corps sont identiques. Une différence de 4 ou 6° dans les points d'ébullition ne paraît en effet pas suffisante pour permettre de conclure à une isomérie.

BORNYLATE DE BENZYLE, $C^{10}H^{17}.OC^7H^7$. — On a préparé un dérivé droit en partant du camphol ordinaire, provenant de la réduction du camphre, qu'on a traité en solution toluique par du sodium, puis chauffé avec du chlorure de benzyle jusqu'à ce qu'une portion du liquide, reprise par l'eau, ne manifestât plus de réaction alcaline.

Liquide épais et huileux, distillant à 215-216° sous une pression de 8 centimètres.

En opérant avec du camphol gauche pur $([\alpha]_D = - 37°)$, on a obtenu un produit semblable, bouillant à la même température et dont le pouvoir rotatoire moléculaire $[\alpha]_D = - 63°,55$ [A. Haller, *Expér. inédites*].

BORNYLATE DE MÉTHYLÈNE, $(C^{10}H^{17}O)^2CH^2$. — Ce composé se forme quand on chauffe une solution xylénique de bornéol sodé avec de l'iodure de méthylène; on lave le produit et on le rectifie dans le vide : la fraction passant à 150-160° sous 30 millimètres est mise à cristalliser dans l'éther de pétrole.

Prismes rhombiques, transparents, fondant à 167-168° et possédant à l'état liquide une belle fluorescence bleu-jaunâtre.

On constate la formation simultanée d'une certaine quantité de bornylate de méthyle [Brühl, *D. chem G.*, 24, 3378].

OXYDE DE BORNYLE, $C^{10}H^{17}.O.C^{10}H^{17}$. — Un corps de cette composition a été trouvé par M. Bruylants dans les parties de l'essence de valériane qui distillent entre 285 et 295°. C'est un produit de consistance huileuse, présentant une odeur faible, éthérée, et une couleur verdâtre. Soumis à la distillation dans la vapeur d'eau surchauffée, il passe incolore, bien que difficilement. Il reste dans le ballon une masse résineuse verte.

Il est inattaquable par la potasse. Distillé sur de la potasse en fusion, il acquiert une belle coloration bleu-indigo. Traité par de l'acide azotique de moyenne concentration, il donne les acides acétique et formique et une résine jaune.

L'acide chlorhydrique gazeux colore sa solution alcoolique en rouge pourpre.

Le pentachlorure de phosphore lui communique une couleur rouge, qui vire au bleu vert lorsqu'on chauffe légèrement.

Chauffé avec un peu d'acide azotique, il prend

une couleur rouge-pourpre qui passe au violet, puis au bleu [*Bull. Acad. royale de Méd. de Bruxelles*, (3), **11**].

Il n'est guère probable que ce corps soit le véritable éther du bornéol. S'il en était ainsi, il devrait fournir par oxydation du camphre et de l'acide camphorique.

M. Brühl [*loc. cit.*] a cherché à préparer le véritable oxyde de bornyle par l'action du bornylate de sodium sur les chlorure, bromure et iodure de bornyle : il n'a obtenu que du camphène ou du bornéol régénéré. Le chlorure de bornyle, traité en solution éthérée par l'oxyde d'argent, n'a fourni que de l'eau et du camphène.

CHLORURE DE BORNYLE, $C^{10}H^{17}Cl$ (voyez Dict., **1**, 659). — Ce chlorure, considéré par M. Kachler comme identique avec le chlorhydrate de camphène, prend naissance quand on traite le bornéol par le perchlorure de phosphore [*Ann. Chem.*, **197**, 93 ; **200**, 361]. M. Wallach le prépare en traitant le bornéol par le perchlorure de phosphore en présence de ligroïne, lavant le produit à l'eau, et abandonnant à l'évaporation spontanée [*Ann. Chem.*, **230**, 231].

Masse camphrée, très volatile, possédant une odeur pénétrante d'essence de térébenthine et de camphre, fusible à 157°, soluble dans l'alcool et surtout dans l'éther et dans la ligroïne.

Il se dissocie facilement en acide chlorhydrique et camphène ; la décomposition est totale quand on le chauffe en tube scellé à 90-95° avec 40 parties d'eau. Il se forme en même temps un peu de bornéol [Riban, *Ann. Chim. Phys.*, (5), **6**, 382. — Kachler et Spitzer, *Ann. Chem.*, **200**, 342]. On peut aussi déterminer cette décomposition en le chauffant avec de la potasse étendue, de la magnésie (Kachler), de l'éthylate de sodium, ou enfin, ce qui vaut mieux, avec de l'aniline [Wallach, *loc. cit.*].

Distillé sur de la chaux, ce chlorure fournit peu de camphène. Traité par l'amalgame de sodium en solution alcoolique, il fournit encore du camphène. Mais si l'on fait agir le sodium sur une solution benzénique de ce chlorure, on obtient un mélange de camphène et d'hydrocamphène [Kachler et Spitzer, *Mon. f. Chem.*, **1**, 588].

Traité par le chlore, il donne un *dichlorure* $C^{10}H^{16}Cl^2$, identique avec celui qui prend naissance dans l'action du perchlorure de phosphore sur le camphre.

BROMURE DE BORNYLE, $C^{10}H^{17}Br$. — Ce corps se produit quand on chauffe le bornéol avec une solution concentrée d'acide bromhydrique. Il ressemble au chlorure par l'ensemble de ses propriétés et fond à 74-75° [Kachler, *Ann. Chem.*, **197**, 98].

FORMIATE DE BORNYLE DROIT, $C^{10}H^{17}O.COH$ [Syn. *Formiate de camphène*]. — En combinant l'acide formique cristallisable avec le camphène gauche $[\alpha]_D = -80°37'$, M. Lafont a obtenu à la température ordinaire et à 100° un mélange de formiates d'α-camphols droit et gauche et d'isocamphols. Le tableau suivant résume une de ces opérations :

Pouvoir rotatoire :	Action de l'acide formique sur le camphène lévogyre	
	à froid.	à 100°.
du camphène primitif. . . .	$[\alpha]_D = -80°,37$	$= -80°,37$
du camphène non combiné	$[\alpha]_D = +17°,33$	$0°$
des formiates formés.	$[\alpha]_D = +10°,3$	$= +3°,3$
des camphols obtenus par saponification.	$[\alpha]_D = +6°,54$	$= +4°,3$
des camphres dérivés de ces camphols.	$[\alpha]_D = -9°,3$	$= -3°,30$

Ces formiates bouillent à 125° sous une pression de $0^m,04$ et ont pour densité à 0°. 1,0276 et 1,0262 [*Thèse Faculté des Sciences, Paris*, 1889, 26].

FORMIATE D'α-BORNYLE GAUCHE. — Cet éther se trouve dans l'essence de valériane. C'est un liquide qui bout à 225-230° [Bruylants, *loc. cit.*].

FORMIATE DE BORNYLE RACÉMIQUE $\overset{+\ -}{\alpha\ \alpha}$. — Préparé par M. Lafont en faisant agir à la température ordinaire l'acide formique sur le camphène inactif, cet éther constitue un liquide mobile, à odeur agréable, quoique un peu piquante, et se volatilise assez facilement à l'air. Il bout à 220° en se décomposant légèrement et en donnant naissance à de l'acide formique. Sa densité à $0° = 1,0206$. A —50° il devient visqueux, mais ne cristallise pas. L'acide azotique l'attaque assez énergiquement en donnant du camphre inactif [*loc. cit.*, 24].

ACÉTATE D'α-BORNYLE DROIT. $C^{10}H^{17}O.C^2H^3O$. — Cet éther a été préparé pour la première fois par M. Baubigny, en faisant agir l'anhydride acétique sur un mélange de camphre sodé et de bornéol sodé [*loc. cit.*].

M. de Montgolfier l'a obtenu en traitant à 150° le bornéol par l'anhydride acétique [*Ann. Chim. Phys.*, **14**, 50].

M. Schrötter [*Mon. f. Chem.*, **2**, 225] l'a produit au moyen du bornéol et du chlorure d'acétyle, et a constaté qu'il se forme en même temps du camphène.

MM. Kachler et Spitzer l'ont obtenu par double décomposition entre le chlorure de bornyle et l'acétate d'argent [*Ann. Chem.*, **200**, 352].

M. Lafont a également obtenu un acétate droit en combinant l'acide acétique cristallisable avec l'essence de térébenthine américaine [*Thèse*, 20].

Mais, à part l'acétate obtenu par M. de Montgolfier, tous les autres éthers acétiques sont constitués par des mélanges d'acétates α-droit et β-gauche. L'acétate obtenu par M. Lafont paraît être un mélange de gauche et de droit α.

M. Haller, en partant du bornéol de dryobalanops pur, a réussi à préparer de l'acétate α-droit exempt d'isomère [*C. R.*, **109**, 29].

En soumettant un mélange d'acétates α-droit et β-gauche à un fort refroidissement, il a pu également isoler du droit α pur.

Liquide incolore, à odeur rappelant à la fois celles de l'acide acétique et du bornéol. Il bout à 221° (Kachler et Spitzer), 227° (Montgolfier), 225-226° (Haller). Abandonné à lui-même dans un endroit frais, il ne tarde pas à cristalliser. Ses cristaux fondent à 24°. Par cristallisation dans l'éther de pétrole, il fournit de belles tables transparentes, pouvant atteindre 3 ou 4 centimètres de long, ou bien des prismes à 6 pans, très réfringents, fusibles à 29-30° ; $[\alpha]_D = +44°,38$ (A. Haller).

Oxydé au moyen de l'acide chromique, il fournit du camphre, de l'acétate d'oxy-isocamphre,

$$C^{10}H^{10}O^2,$$

et un mélange d'acides gras (Schrötter).

Le sodium l'attaque également, en fournissant une masse brune et pâteuse, de laquelle M. de Montgolfier a retiré du bornéol [*Ann. Chim. Phys.*, (5), **14**, 52]. La potasse alcoolique le saponifie.

ACÉTATE D'α-BORNYLE GAUCHE. — M. Bruylants l'a trouvé dans l'essence de valériane [*loc. cit.*].

M. A. Haller l'a préparé en faisant agir l'acide acétique cristallisable ou son anhydride sur l'α-camphol gauche pur $[\alpha]_D = -37°,77$ [*C. R.*, **109**, 29].

Liquide bouillant à 225-226° et possédant les mêmes propriétés que son isomère droit ; $[\alpha]_D = -44°,45$.

Soumis à l'action de la potasse alcoolique, il régénère le bornéol avec son pouvoir rotatoire primitif (A. Haller).

ACÉTATE RACÉMIQUE $\overset{+\ -}{\alpha\ \alpha}$. — Il se produit quand on combine directement le camphène inactif avec l'acide acétique cristallisable [Bouchardat et Lafont, *Bull. Soc. Chim.*, (2), **45**, 164].

On l'a préparé en mélangeant parties égales de droit α et de gauche α [A. Haller, *loc. cit.*].

D'après MM. Bouchardat et Lafont, cet éther se présente sous la forme d'un liquide assez mobile, d'une odeur rappelant celle de l'essence de thym, bouillant à 215°. Sa densité à 0° est égale à 0,977.

Saponifié par la potasse alcoolique, il fournit du bornéol inactif.

L'éther préparé par mélange possède une odeur analogue à celle des composants. Soumis à un refroidissement de — 17°, il ne cristallise pas.

Isovalérate d'α-camphyle gauche,

$$C^{10}H^{17} \cdot OC^5H^9O.$$

— Cet éther a été rencontré dans les portions d'essence de valériane bouillant de 240 à 245° [Bruylants, *loc. cit.*].

Acide bornéol–carbonique, $C^{10}H^{17}O \cdot CO^2H$. — Le sel de sodium de cet acide prend naissance, en même temps que du camphocarbonate de sodium, quand on fait passer un courant d'acide carbonique dans un mélange de camphre sodé et de bornéol sodé [Baubigny, *loc. cit.*]. Pour obtenir un produit pur, il est bon d'opérer sur une solution de bornylate de sodium dans le xylène, à 130° : par refroidissement, le sel de sodium $C^{10}H^{17}O \cdot CO^2Na$ se dépose en lamelles hexagonales que l'eau dissout très facilement : la solution ne tarde cependant pas à se décomposer en bicarbonate de sodium et camphol ; cette décomposition est activée quand on chauffe le liquide ou qu'on le traite par un acide [Kachler et Spitzer, *Mon. f. Chem.*, **2**, 235].

Carbonate d'α-bornyle droit, $CO^3(C^{10}H^{17})^2$. — C'est un produit secondaire de la préparation du camphre cyané. On peut aussi le préparer en traitant une solution de camphol sodé par un courant de cyanogène ou de chlorure de cyanogène jusqu'à saturation. On lave à l'eau et, après avoir desséché le liquide sur du chlorure de calcium, on distille l'hydrocarbure : il reste un résidu qu'on sublime pour éliminer le bornéol non entré en réaction. On obtient ainsi un produit jaunâtre, visqueux, qu'on épuise par l'eau bouillante. Celle-ci enlève la camphyl-uréthane et laisse le carbonate à l'état insoluble, sous la forme d'une masse brunâtre, dure et cassante. Des cristallisations répétées dans l'alcool permettent d'obtenir ce composé à l'état pur.

Dans la réaction du chlorure de cyanogène sur le bornéol sodé, il se produit sans doute d'abord un cyanate :

$$C^{10}H^{17}ONa + CAzCl = NaCl + C^{10}H^{17} \cdot OCAz.$$

Celui-ci, sous l'influence de l'eau, fournit la camphyl-uréthane :

$$C^{10}H^{17} \cdot OCAz + H^2O = CO \underset{OC^{10}H^{17}}{\overset{AzH^2}{<}}$$

Une autre portion du cyanate réagirait sur l'excédent de bornéol pour donner naissance à l'éther carbonique et à de l'ammoniaque :

$$C^{10}H^{17} \cdot OCAz + C^{10}H^{17} \cdot OH + H^2O$$
$$= CO \underset{OC^{10}H^{17}}{\overset{OC^{10}H^{17}}{<}} + AzH^3.$$

Paillettes blanches, très légères, insolubles dans l'eau et dans les alcalis, peu solubles dans l'alcool bouillant, l'éther, le chloroforme, le benzène, l'acide acétique cristallisable, etc. Il fond à 220°,6 lorsqu'il est pur ; $[\alpha]_D = +46°,02$ (dans le toluène).

La potasse alcoolique le saponifie.

L'acide azotique ne l'attaque pas froid ; à 100° il s'y combine pour former une huile qui surnage. Si l'on chauffe davantage, il se dégage des vapeurs nitreuses, avec production de camphre [A. Haller, *C. R.*, **94**, 86].

Carbonate d'α-camphyle gauche,

$$CO(OC^{10}H^{17})^2$$

— Ce composé prend naissance dans les mêmes conditions que son isomère droit, en partant du camphol gauche. Il fond à 219°,9 (corr.) et possède le pouvoir rotatoire moléculaire $[\alpha]_D = -44°,5$ [*C. R.*, **105**, 230].

Carbonates d'isocamphyles. — Ces composés se forment en même temps que leurs isomères α quand on opère sur un mélange d'isocamphols et d'α–camphols. Il n'a pas encore été possible de les obtenir à l'état pur.

En partant d'un mélange de camphols α-droit et β-gauche, on a obtenu un carbonate ayant un pouvoir rotatoire $[\alpha]_D = +14°,37$, ce qui démontre suffisamment la nature du mélange.

Bornyluréthane droite (*camphyluréthane*),

$$CO \underset{OC^{10}H^{17}}{\overset{AzH^2}{<}}$$

[A. Haller, *Thèse Faculté des Sciences, Paris*, 1879 ; *C. R.*, **92**, 1511]. — Ce dérivé, décrit d'abord sous le nom de *cyanate de bornéol* (Suppl. ; **1**, 370) ou de *bornéol cyané hydraté*, a été obtenu comme produit secondaire de la préparation du camphre cyané.

On peut aussi le préparer en faisant passer un courant de cyanogène ou de chlorure de cyanogène sec dans une solution de bornéol sodé dans le toluène jusqu'à saturation complète. On lave le liquide avec de l'eau, et on le distille. Le résidu est constitué en majeure partie par du bornéol mélangé d'une substance visqueuse, de carbonate et quelquefois de cyanurate de bornyle. On sublime ce résidu à une température inférieure à 100°. Le camphol se sublime et il reste au fond du vase un produit jaunâtre, résineux, qui cède à l'eau bouillante de fines aiguilles de camphyluréthane.

Ce composé se forme sans doute grâce à la série de réactions indiquées plus haut (voyez Carbonate d'α-bornyle droit).

La bornyluréthane droite, extraite des résidus du camphre cyané ou préparée avec du camphol droit artificiel, a un point de fusion (115-120°) et un pouvoir rotatoire qui varient avec la préparation et la nature du camphol employé. Elle est en effet constituée par un mélange d'α-bornyluréthane droite et d'isobornyluréthane gauche [*C. R.*, **105**, 230].

La camphyluréthane préparée avec du camphol de dryobalanops pur fond à 130° (corr.).

Chauffée, elle se scinde en acide cyanurique et bornéol. Fondue avec de la potasse solide, elle se décompose en acide carbonique, ammoniaque et camphol. Une solution alcoolique de potasse la dédouble en cyanate de potassium et bornéol. Chauffée dans un courant d'acide chlorhydrique, elle fournit du chlorure d'ammonium, de l'acide carbonique, du chlorure de bornyle et du bornéol. L'anhydride acétique la convertit à 140° en acétamide, acétate de bornyle et acide carbonique :

$$CO \underset{OC^{10}H^{17}}{\overset{AzH^2}{<}} + (C^2H^3O)^2O$$
$$= C^2H^3O \cdot AzH^2 + C^2H^3O \cdot OC^{10}H^{17} + CO^2$$

[A. Haller, *C. R.*, **94**, 869].

α-Bornyluréthane gauche [A. Haller, *Bull. Soc. Chim.*, (2), **41**, 327]. — Cette uréthane a été préparée comme son isomère droit. Mais, comme le bornéol gauche dont on est parti était exempt d'isocamphol droit, le produit obtenu était pur. Elle fond à 130°; $[\alpha]_D = -29°,9$. Ses cristaux ressemblent aux cristaux droits, mais l'hémiédrie est inverse.

β-BORNYLURÉTHANE GAUCHE. — Cet isomère a été obtenu en opérant, comme ci-dessus, sur un isocamphol gauche ($[\alpha]_D = -22°$).

Cristaux confus, chagrinés à la surface, solubles dans l'alcool, l'éther et l'eau bouillante: $[\alpha]_D = -16°,5$.

Ce composé est un mélange d'α-camphyluréthane droite avec un excès d'isobornyluréthane gauche [A. Haller, *Bull. Soc. sc. Nancy*, 1882, 73].

Trichloréthylidène-bornyluréthane. — On broie dans un mortier 2 grammes de camphyluréthane ordinaire avec 2 grammes d'hydrate ou d'alcoolate de chloral. Le produit, pulvérulent au début, se liquéfie peu à peu et finit par prendre la consistance d'un sirop épais. On ajoute 3 ou 4 centimètres cubes d'acide chlorhydrique et on chauffe au bain-marie. Au bout de quelques minutes, le liquide se trouble et se prend peu à peu en une bouillie blanche et épaisse. On fait cristalliser dans l'alcool.

Cristaux blancs, grenus, peu solubles dans l'alcool froid, solubles dans l'alcool bouillant, insolubles dans l'eau, fusibles à 166-170° [A. Haller, *Expér. inédites*].

α-BENZYLIDÈNE-BORNYLURÉTHANE DROITE,

$$C^6H^5 . CH \underset{\diagdown AzH . CO . OC^{10}H^{17}}{\overset{\diagup AzH . CO . OC^{10}H^{17}}{}}$$

— On dissout dans l'éther 1 molécule d'α-bornyluréthane droite et 2 molécules d'aldéhyde benzylique; on sature ensuite le liquide d'acide chlorhydrique sec, on l'abandonne à l'évaporation spontanée et on fait cristalliser le résidu dans l'alcool.

Petites aiguilles soyeuses et brillantes, peu solubles dans l'alcool et dans l'éther froids, solubles dans l'alcool bouillant, le chloroforme, le benzène, le sulfure de carbone et l'acide acétique cristallisable. Ce corps fond à 185-187°. Bouilli avec de l'eau ou mieux avec de l'acide chlorhydrique étendu, il se décompose avec formation d'aldéhyde benzylique. Cette décomposition est plus rapide quand on le chauffe [A. Haller, *C. R.*, **94**, 869].

BORNYLPHÉNYLURÉTHANES,

$$CO \underset{\diagdown OC^{10}H^{17}}{\overset{\diagup AzH . C^6H^5}{}}$$

— Comme tous les alcools, le bornéol se combine à l'isocyanate de phényle pour donner naissance à une phényluréthane substituée :

$$C^{10}H^{17} . OH + COAz . C^6H^5 = CO \underset{\diagdown OC^{10}H^{17}}{\overset{\diagup AzHC^6 . H^5}{}}$$

M. Leuckart [*D. chem. G.*, **20**, 114] a été le premier à préparer ce composé.

Les combinaisons des bornéols avec l'isocyanate de phényle se faisant sans le concours de la chaleur, cette réaction se prête fort bien à la préparation de dérivés des isocamphols, dans lesquels ces alcools gardent leur individualité chimique et physique. Pour pouvoir comparer ces dérivés à ceux des α camphols, on a également préparé les α-bornylphényluréthanes droite, gauche et racémique.

On mélange molécules égales de bornéol bien pulvérisé et de carbanile, et on abandonne le tout jusqu'au lendemain. La masse dure et cassante qui s'est formée est broyée et lavée avec de l'éther de pétrole, puis cristallisée dans l'al-

cool éthéré. Quel que soit le bornéol employé, on obtient toujours des aiguilles fines et soyeuses, ou quelquefois des houppes, peu solubles dans l'alcool froid et dans l'éther de pétrole, solubles dans l'éther, l'alcool bouillant, le benzène et le toluène.

Bornylphényl-uréthanes.	Points de fusion.	Pouvoirs rotatoires moléculaires.	
droite α	137°,75	$[\alpha]_D = + 34°,22$	
gauche α	137°,25	$[\alpha]_D = - 34°,79$	1
droite β	130°,05	$[\alpha]_D = - 56°,77$	
gauche β	»	$[\alpha]_D = - 56°,77$	
racémique $\overset{+-}{\alpha\alpha}$	140°,0	0°	2
provenant d'un inactif $\overset{+-}{\alpha\beta}$	133°,0	$[\alpha]_D = - 7°,50$	
provenant d'un inactif $\overset{-+}{\alpha\beta}$	132°,6	$[\alpha]_D = + 7°,32$	3

1. Dans le toluène; 1/5 de molécule par litre.
2. Dans l'alcool.
3. Dans le toluène.

Ces chiffres montrent : 1° que les points de fusion et les pouvoirs rotatoires de chaque paire de dérivés analogues sont, à peu de chose près, les mêmes; 2° que le pouvoir rotatoire de la β-camphyluréthane gauche est supérieur à celui des isomères α; 3° que les uréthanes dérivées des inactifs $\overset{+-}{\alpha\beta}$ et $\overset{-+}{\alpha\beta}$, au lieu d'être actives, sont inactives, ce qui corrobore l'activité plus grande des β-bornylphényluréthancs; 4° que le pouvoir rotatoire de la β-bornylphényluréthane gauche ne change pas quand on fait varier le dissolvant [A. Haller, *C. R.*, **110**, 149].

CYANURATE D'α-CAMPHYLE GAUCHE,

$$(C^{10}H^{17}O)^3 C^3 Az^3 O^3.$$

— Ce corps s'est formé à plusieurs reprises, en même temps que le carbonate, dans le traitement du camphol sodé gauche par le chlorure de cyanogène. Il est très peu soluble dans l'alcool et dans l'éther et cristallise en fines aiguilles, fondant à 245-246°; $[\alpha]_D = -95-96°$. La formation de ce corps n'a jamais été observée dans le traitement du mélange de camphols sodés α et β par le chlorure de cyanogène [A. Haller, *Expér. inédites*].

ACIDE BORNÉOXANTHIQUE [Syn. *Bornylxanthogénique*],

$$CS \underset{\diagdown SH}{\overset{\diagup OC^{10}H^{17}}{}}$$

— Ce composé a été obtenu pour la première fois par M. A. Haller [*Thèse Faculté des Sciences, Paris*, 1879, 37-41], en partant du produit de l'action du sulfure de carbone sur une solution fraîche de camphre sodé dans le xylène. Ce produit est agité avec de l'eau : la liqueur aqueuse, décantée et abandonnée à elle-même, laisse déposer un précipité jaune qu'on enlève par filtration. La liqueur est additionnée d'acétate de plomb. Le précipité est décomposé par l'hydrogène sulfuré; on filtre et on épuise le précipité de sulfure par le benzène bouillant. Par évaporation de la solution, on obtient des croûtes cristallines qui, à la suite d'une cristallisation, fournissent un corps d'un blanc jaunâtre extrêmement léger, et qui est le sel de plomb de l'acide bornéoxanthique.

MM. E. Bamberger et W. Lodter [*D. chem. G.*, **23**, 214] ont de nouveau préparé ce corps en traitant une solution éthérée de bornéol sodé par le sulfure de carbone. La liqueur est ensuite agitée avec de l'eau, et la solution aqueuse additionnée de sulfate de cuivre : il se précipite une poudre lourde, d'un brun rouge, qu'on purifie par dissolution dans le sulfure de carbone. Après évaporation de la majeure partie de ce dissolvant, on broie le produit avec de la ligroïne ; on obtient ainsi une poudre cristalline d'un jaune d'œuf, qui répond à la formule $(C^{11}H^{17}OS^2)^2Cu$.

Succinate d'α-bornyle droit,

$$C^2H^4 \begin{cases} CO^2C^{10}H^{17} \\ CO^2C^{10}H^{17} \end{cases}$$

[A. Haller, *C. R.*, **108**, 410]. — On chauffe pendant 3 jours à 130-140° un mélange de 2 molécules d'α-bornéol droit et de 1 molécule d'acide succinique. On reprend le produit par l'éther, qui laisse insoluble une petite quantité d'acide succinique. La liqueur éthérée, qui tient en dissolution du succinate neutre avec un peu de succinate acide de bornyle, est agitée à plusieurs reprises avec une solution de carbonate de sodium, dans le but d'enlever l'éther acide. Après séparation des liqueurs, on évapore l'éther et on soumet le résidu à la sublimation pour enlever le bornéol non entré en réaction. La masse visqueuse restante est mise à cristalliser dans l'alcool. Quant à la liqueur alcaline de lavage, on la traite par un acide pour décomposer le camphylsuccinate de sodium, et on l'agite avec de l'éther qui dissout le succinate acide de bornyle.

L'éther neutre cristallise dans l'alcool éthylique en feuilles de fougère ou en prismes, tandis que dans l'esprit de bois il se dépose sous la forme de tables hexagonales, présentant beaucoup d'analogie avec celles du bornéol ordinaire.

Il est soluble dans le benzène, l'éther de pétrole, l'éther acétique, l'éther, moins soluble dans l'alcool et dans l'esprit de bois.

Il fond à 83°,7 ; $[\alpha]_D = +42°,05$.

Succinate d'α-bornyle gauche. — On substitue dans la préparation précédente le camphol gauche au droit.

Cet éther fond à 83°,7 ; $[\alpha]_D = -42°,39$.

Succinate de β-camphyle gauche. — En opérant comme il est indiqué ci-dessus sur un camphol $[\alpha]_D = +10°,7$, c'est-à-dire sur un mélange d'α-camphol droit et de β-camphol gauche, on a obtenu un produit qui, par une série de cristallisations, a fourni des éthers dont nous donnons les points de fusion et le pouvoir rotatoire dans le tableau suivant :

Mélanges de succinates neutres d'α-camphyle droit et de β-camphyle gauche :

	Point de fusion.	Pouvoir rotat^{re} moléculaire.
1ᵉ Cristallisation.........	73°,47	$[\alpha]_D = +13°,50$
2ᵉ —	67°,37	$[\alpha]_D = +6°,84$
3ᵉ —	67°,37	$[\alpha]_D = +3°,93$
4ᵉ —	60°,32	$[\alpha]_D = -8°,30$

Ces chiffres font voir que le mélange indiqué ci-dessus existe réellement.

Succinate racémique α̇ α̇. — Obtenu en mélangeant parties égales du corps droit α et de son isomère α gauche; cet éther présente le même aspect et se dissout dans les mêmes dissolvants que les succinates actifs. Son point de fusion est situé à 82°,28.

Succinate acide d'α-bornyle droit,

$$C^2H^4 \begin{cases} CO^2C^{10}H^{17} \\ CO^2H \end{cases}$$

— Il se forme en petites quantités dans la préparation du succinate neutre, et s'obtient plus facilement en chauffant à 130-140° le bornéol droit avec un excès d'acide succinique. On l'isole en opérant comme il a été indiqué plus haut à propos du succinate neutre.

Masse blanche à cristallisation radiée, onctueuse au toucher, se dissolvant dans l'alcool, l'éther, l'esprit de bois, le benzène et les carbonates alcalins. Les solutions alcalines se décomposent à l'ébullition en bornéol et succinate alcalin. Point de fusion $= 58°$; $[\alpha]_D = +35°,59$.

Succinate acide gauche α. — Préparé comme son isomère, il fond à la même température; $[\alpha]_D = -35°,94$.

Succinate acide racémique α α. — Obtenu par mélange, ce composé présente le même aspect que les dérivés actifs et se dissout dans les mêmes dissolvants. Point de fusion $= 56°,50$.

Benzoate d'α-benzyle droit. — Il a été obtenu par M. Berthelot (Dict., **1**, 659), qui le considère comme une huile, et par M. de Montgolfier, qui, lui aussi, a eu entre les mains un mélange [*loc. cit.*, 44].

M. Haller [*C. R.*, **109**, 29] l'a préparé en chauffant le bornéol droit pur avec du chlorure de benzoyle. Après purification, on obtient une huile incolore, à odeur agréable, qui, abandonnée pendant plusieurs mois de l'hiver dans un dessiccateur, finit par se prendre en une masse cristalline et compacte. Point de fusion $= 25°,50$; $[\alpha]_D = +43°,92$.

Benzoate d'α-bornyle gauche. — Il fond à 25°,50 ; $[\alpha]_D = -41°,18$ (dans l'alcool). Saponifié par la potasse, il fournit le camphol gauche avec son pouvoir rotatoire primitif $[\alpha]_D = -37°,77$.

MM. Bouchardat et Lafont ont montré qu'il se produit du benzoate de bornyle gauche quand on chauffe à 150-160° un mélange d'acide benzoïque et d'essence de térébenthine française.

Benzoate de bornyle racémique α̇ α̇. — Obtenu en mélangeant parties égales des mêmes dérivés droit et gauche, ce benzoate se présente sous la forme d'une masse cristalline fondant à 20°.

Phtalate neutre d'α-bornyle droit,

$$C^6H^4(CO^2C^{10}H^{17})^2$$

[A. Haller, *C. R.*, **108**, 456]. — On chauffe en tubes scellés pendant 3 jours, à 130°, un mélange de camphol (2 molécules) et d'anhydride phtalique (1 molécule). La masse visqueuse qui se produit par le refroidissement est traitée par l'éther de pétrole. On obtient ainsi une espèce d'émulsion blanche, qu'on lave à plusieurs reprises avec une solution de carbonate de sodium. La couche éthérée fournit par évaporation un résidu qu'on chauffe au bain-marie pour chasser le bornéol non entré en réaction. La masse résineuse et cassante ainsi obtenue est dissoute dans l'alcool bouillant : par refroidissement, on obtient de fines aiguilles, très solubles dans l'éther, le benzène et l'acide acétique, moins solubles dans l'alcool, l'esprit de bois et l'éther de pétrole. Ce corps cristallise dans un mélange d'éther acétique et d'esprit de bois en aiguilles qui ont un aspect nacré. Il fond à 101°,12 ; $[\alpha]_D = +79°,54$.

Phtalate gauche α. — Il fond à 101°,12 ; $[\alpha]_D = -79°,14$. Saponifié, il régénère le bornéol avec son pouvoir rotatoire primitif

Phtalate racémique α̇ α̇. — Préparé en mélangeant les deux isomères droit et gauche, ce phtalate cristallise en petits prismes rayonnant autour d'un centre commun. Il est soluble dans l'alcool, l'esprit de bois, l'éther et le benzène.

Son point de fusion (118°) est supérieur à celui de ses isomères actifs.

Phtalate acide d'α-bornyle droit. — On le retire des eaux de lavage alcalines provenant de la préparation du phtalate neutre. On les sursature par l'acide sulfurique et on dissout le précipité dans l'éther. Par évaporation de la solution éthérée, on obtient une masse confusément cristalline, quelquefois visqueuse, qui, après cristallisation dans le benzène bouillant, se présente en tables quadrangulaires tronquées aux quatre angles. Les solutions alcooliques l'abandonnent au contraire en houppes cristallines ou en prismes brillants. Il est soluble dans l'alcool, l'esprit de bois, l'éther, le benzène et les alcalis. Sa dissolution dans la soude se décompose en phtalate de sodium et bornéol quand on la soumet à l'ébullition.

Le phtalate acide d'α-bornyle droit fond à 164°,48 ; $[\alpha]_D = + 58°,38$.

PHTALATE GAUCHE α. — On le prépare comme le droit, en partant du camphol gauche α. Il fond à 164°,48 ; $[\alpha]_D = - 58°,37$.

PHTALATE RACÉMIQUE α α. — Cet inactif se dépose d'une solution benzénique d'un mélange à parties égales de phtalates acides droit et gauche. Il cristallise en fines aiguilles groupées en étoiles, très légères et ne ressemblant en rien aux dérivés droit et gauche. L'alcool, l'esprit de bois, l'éther et le benzène le dissolvent facilement. Il fond à 158°,34 (A. Haller).

CAMPHORATE D'α-BORNYLE DROIT,

$$C^8 H^{14} (C O^2 C^{10} H^{17})^2.$$

— On chauffe à 210-220° un mélange de 1 molécule d'anhydride camphorique droit et de 2 molécules d'α-bornéol droit. Au bout de 48 heures, on ouvre les tubes, et on chauffe le produit dans un ballon pour éliminer le bornéol non éthérifié. Le résidu est repris par de l'éther de pétrole, qu'on agite ensuite à plusieurs reprises avec une solution de carbonate de sodium. On évapore la solution éthérée, on chauffe le résidu au bain-marie jusqu'à ce qu'il ne dégage plus de bornéol, puis on le fait cristalliser dans l'alcool absolu.

Mamelons blancs, confusément cristallins, solubles dans l'alcool et dans l'éther.

CAMPHORATE NEUTRE D'α-BORNYLE GAUCHE. — Il se produit dans les mêmes circonstances que le dérivé droit et cristallise en aiguilles réunies en houppes, solubles dans l'éther, l'alcool et l'éther de pétrole.

CAMPHORATE ACIDE D'α-BORNYLE DROIT. — Produit secondaire de la préparation du camphorate neutre. On le précipite des eaux de lavage alcalines.

Il prend également naissance quand on chauffe à 140° un mélange de 1 molécule de bornéol et de 1 molécule d'acide ou d'anhydride camphorique droit. On dissout la masse dans l'éther de pétrole, on lave la solution avec du carbonate de sodium, on précipite par un acide la liqueur alcaline et on fait cristalliser dans l'éther de pétrole.

Petits mamelons blancs et durs, solubles dans l'alcool et dans l'éther. Les solutions alcooliques l'abandonnent en cristaux grenus, fondant à 177-178°. Il est un peu soluble à froid dans les alcalis et dans les carbonates alcalins, mais il se dissout beaucoup plus facilement à chaud. Par le refroidissement, ces solutions donnent une masse blanche de cristaux ou de filaments enchevêtrés analogues à ceux du coton.

Le camphorate acide de bornyle ne précipite point les sels ferriques, mais semble donner avec eux une coloration jaune foncé.

Bouilli pendant longtemps avec un excès de potasse, il se décompose en acide camphorique et bornéol.

Le *sel de sodium*,

$$C^8 H^{14} < {C O^2 C^{10} H^{17} \atop C O^2 Na}$$

obtenu comme il vient d'être dit plus haut, cristallise dans l'alcool en lames ou en paillettes transparentes, solubles dans l'eau. La solution possède une réaction alcaline ; traitée par un courant d'acide carbonique, elle donne un précipité de camphorate acide de bornyle.

CAMPHORATE ACIDE D'α-BORNYLE GAUCHE. — Cet éther se prépare comme son isomère droit. Il cristallise dans l'éther de pétrole en croûtes mamelonnées, solubles dans l'alcool, l'éther, les alcalis et les carbonates alcalins.

Ce camphorate acide fond à 168-170°. Il est lévogyre.

Comme son isomère droit, il résiste assez longtemps à l'action des alcalis : ce n'est que par une ébullition prolongée qu'on arrive à le saponifier.

Par dissolution dans la soude à chaud, il donne un sel de sodium en paillettes blanches et nacrées.

Le *sel de sodium*,

$$C^8 H^{14} < {C O^2 C^{10} H^{17} \atop C O^2 Na}$$

cristallise dans l'alcool en paillettes nacrées, onctueuses au toucher, et paraissant plus solubles dans l'eau que l'isomère droit. Les solutions aqueuses, alcalines au tournesol, sont également décomposées par un courant d'acide carbonique.

Remarque. — Tous ces composés, ayant été préparés avec le même acide ou anhydride camphorique dérivé du camphre droit, ne sauraient avoir exactement les mêmes propriétés physiques et chimiques. Dans les camphorates de bornyle droit, on a en effet deux corps droits, et, dans les analogues du bornéol gauche, entrent en combinaison un acide droit et un alcool gauche. Pour que l'analogie fût complète, c'est-à-dire pour que les composés fussent comparables, il faudrait faire entrer en réaction les systèmes suivants :

Acide camphorique droit   + α-camphol droit.
Acide camphorique gauche + α-camphol gauche.

Acide camphorique droit   + α-camphol gauche.
Acide camphorique gauche + α-camphol droit.

[A. Haller, *C. R.*, **110**, 580].

BORNYLAMINE,

$$C^8 H^{14} < {CH^2 \atop | \atop CH . AzH^2}$$

[Leuckart et Bach, *D. chem G.*, **19**, 2131 ; **20**, 104]. — On prépare ce composé en chauffant à 220-240°, pendant plusieurs heures, en tube scellé, un mélange de 4 grammes de camphre avec 6 ou 8 grammes de formiate d'ammonium. A l'ouverture des tubes, il se dégage de l'acide carbonique et de l'oxyde de carbone ; on constate également la formation d'une certaine quantité de carbonate d'ammonium et celle d'une masse visqueuse qui, par addition d'eau, devient solide. On traite celle-ci par un courant de vapeur d'eau pour éliminer le camphre, ou bien on la soumet à la distillation fractionnée. On recueille ce qui passe à 290-300°. Ce produit cristallise dans l'eau bouillante en lamelles brillantes, fondant à 60-61°. Il est constitué par la *formylbornylamine*, $C^{11} H^{19} Az O$, formée en vertu de la réaction

$$C^{10} H^{16} O + 3 (H C O^2 Az H^4)$$
$$= C O^2 (Az H^4)^2 + C O + 2 H^2 O + C^{11} H^{19} Az O.$$

Pour obtenir la base, on fait bouillir ce dérivé avec de l'acide chlorhydrique et on précipite le produit de la saponification par la potasse. On n'a plus qu'à reprendre par l'éther et à soumettre à la distillation.

Au lieu d'isoler la formylbornylamine, on peut faire bouillir avec de l'acide chlorhydrique le produit brut de la réaction et terminer comme précédemment.

Cette base se forme encore quand on traite

une solution alcoolique de camphoroxime par le sodium :

$$C^9H^{15} \cdot C = AzOH + 5H$$
$$= C^9H^{15} \cdot CH^2AzH^2 + H^2O$$

[Leuckart et Bach, *loc. cit.*, **20**, 110].

La bornylamine constitue une masse cristalline, ressemblant au camphre par ses propriétés physiques. Elle se sublime déjà à la température ordinaire et est facilement entraînée par la vapeur d'eau. Son odeur rappelle celles du camphre et de la pipéridine. Elle fond à 158-160° et distille à 199-200°.

Cette base est presque insoluble dans l'eau, mais elle se dissout facilement dans l'alcool, l'éther et les dissolvants analogues. Elle se combine aux acides pour former des sels et absorbe facilement l'acide carbonique de l'air. Ses solutions bleuissent le papier de tournesol rouge, et sont lévogyres : pour une liqueur à 12,5 0/0, $[\alpha]_D = 18°35'41''$.

La bornylamine est une base primaire, comme le montrent les dérivés auxquels elle donne naissance. Sa fonction d'amine primaire est encore confirmée par la propriété qu'elle possède de fournir la réaction des carbylamines quand on la traite par la potasse alcoolique et le chloroforme.

Elle diffère cependant des amines primaires en ce qu'elle est susceptible de se combiner à l'acide nitreux pour former un azotite stable [*D. chem. G.*, **24**, 1126].

Cet azotite, obtenu en traitant le chlorhydrate de bornylamine par l'azotite de sodium, se décompose toutefois quand on chauffe sa solution à la température de l'ébullition. Il se dégage de l'azote et il se forme un corps solide et blanc, imprégné d'une huile jaunâtre.

Ce produit solide, débarrassé de l'huile et purifié, fond à 158-160° et distille à 200-205°. Il se présente sous la forme d'une masse cireuse, volatile à la température ordinaire et possédant une odeur de camphre. Il se sublime en aiguilles réunies en agrégats plumeux. Projeté sur l'eau, il possède le mouvement giratoire. Il est très soluble dans l'alcool, l'éther, la ligroïne, le benzène, le chloroforme et le sulfure de carbone. Sa densité de vapeur $= 5,20$-$5,33$.

Ce corps, formé en vertu de la réaction

$$C^{10}H^{17}AzH^2 \cdot AzO^2H = C^{10}H^{17}OH + Az^2 + H^2O,$$

est un isomère du bornéol. Il ne se combine ni avec l'isocyanate de phényle, ni avec les chlorures d'acétyle ou de benzoyle, ni avec l'hydroxylamine ou la phénylhydrazine. Il ne possède donc pas de fonction alcoolique, ni de fonction acétonique.

Quant à l'huile qui accompagne le produit solide, elle distille de 170 à 190° et paraît être constituée par un terpène. Quand on traite sa solution éthéro-alcoolique par le brome, on obtient, après évaporation du dissolvant, une huile qui ne tarde pas à cristalliser. Dissous dans l'alcool, ce dérivé bromé, $C^{10}H^{16}Br^2$, se dépose sous la forme d'aiguilles fondant à 90° [Lampe, *Diss. inaug.*, Göttingen, 1889].

L'acide azotique fumant la dissout avec dégagement de chaleur sans l'attaquer notablement, même après quelques heures d'ébullition.

Le permanganate de potassium, en solution acide ou neutre, est également sans action. Le mélange chromique oxyde partiellement la formylbornylamine, en donnant de la bornylamine et un corps à odeur camphrée, fusible à 159°, très volatil et ayant pour formule $C^{10}H^{18}O$. Ce composé paraît être identique avec le produit obtenu par M. Lampe dans l'action de l'acide nitreux sur la benzylamine [Griepenkerl, *Dissert. inaug.*, Göttingen, 1891].

Oxydée seule, ou en présence de p-toluidine, la bornylamine ne donne aucune des réactions colorées que fournissent les bases aromatiques.

Quand on chauffe à 200-210° la bornylamine ou la formylbornylamine avec 1 ou 2 fois son poids d'anhydride acétique, on n'obtient que du camphène et de l'ammoniaque [Griepenkerl, *loc. cit.*].

La bornylamine a la même composition que la camphylamine, qui, elle aussi, est une base primaire, mais elle se distingue de son isomère en ce qu'elle est solide, tandis que la camphylamine est liquide.

Chlorhydrate de bornylamine, $C^{10}H^{19}Az \cdot HCl$. — Ce sel se produit quand on fait passer un courant d'acide chlorhydrique sec dans une solution éthérée de bornylamine. Il se dépose sous la forme de petites aiguilles blanches, qui fondent vers 280° en se décomposant. Une décomposition partielle a même lieu, avec dépôt de gouttelettes huileuses, quand on fait bouillir la solution aqueuse du chlorhydrate.

Dans cette réaction, il se forme sans doute du camphène et du chlorure d'ammonium :

$$C^{10}H^{19}Az \cdot HCl = AzH^4Cl + C^{10}H^{16}.$$

Le chlorhydrate de bornylamine est très soluble dans l'eau et dans l'alcool.

Bromhydrate, $C^{10}H^{19}Az \cdot HBr$. — Précipité cristallin, obtenu en ajoutant du brome à une solution éthérée de bornylamine.

Chloroplatinate, $(C^{10}H^{19}Az \cdot HCl)^2 PtCl^4$. — Lamelles d'un jaune d'or, très solubles dans l'eau bouillante et dans l'alcool.

Chloromercurate, $(C^{10}H^{19}Az \cdot HCl)^2 HgCl^2$. — Ce sel est soluble dans l'eau bouillante.

Azotite, $C^{10}H^{19}Az \cdot AzO^2H$. — Cet azotite se dépose sous la forme d'une bouillie cristalline quand on fait passer un courant d'acide azoteux dans une solution éthérée de bornylamine.

Il cristallise en fines aiguilles blanches et flexibles, facilement solubles dans l'eau et dans l'alcool, insolubles dans l'eau. Bouilli avec de l'eau, ce sel se décompose partiellement en donnant un corps blanc, à odeur camphrée, qui fond à 169-170°. Sous l'influence de la vapeur d'eau, il se forme de l'*azotate de bornylamine*, qui cristallise en fines aiguilles, solubles dans l'eau et dans l'alcool [Lampe, *Dissert inaug.*, Göttingen, 1889].

Sulfate acide, $C^{10}H^{19}Az \cdot SO^4H^2$. — Ce sel se produit quand on mélange dans les proportions voulues des solutions titrées de base et d'acide. On évapore dans le vide et on obtient des tables rhombiques très solubles dans l'eau. Sa solution se décompose comme celle du chlorhydrate quand on la chauffe.

Oxalate, $(C^{10}H^{19}Az)^2 C^2H^2O^4$. — Aiguilles solubles dans l'alcool.

Tartrate acide, $C^{10}H^{19}Az \cdot C^4H^6O^6, H^2O$. — Longues aiguilles transparentes, très solubles dans l'eau et dans l'alcool bouillant, peu solubles dans l'alcool froid [Griepenkerl, *loc. cit.*].

Picrate, $C^{10}H^{19}Az \cdot C^6H^3Az^3O^7$. — Aiguilles d'un jaune d'or, solubles dans l'alcool, peu solubles dans l'éther (Griepenkerl).

Benzylbornylamine, $C^{10}H^{17} \cdot AzH \cdot C^7H^7$. — On chauffe à 140-150° un mélange de bornylamine et de chlorure de benzyle. La masse est reprise par l'éther, et la solution traitée par de l'acide chlorhydrique sec. On met la base en liberté et on rectifie. On recueille ce qui passe à 183-185° sous 14 millimètres.

Huile incolore, passablement épaisse et ne se solidifiant pas à froid. Elle est moins dense que l'eau, bleuit le tournesol, se dissout facilement dans les acides et possède une odeur de poisson.

Chlorhydrate, $C^{17}H^{25}Az \cdot HCl$. — Cristaux pointus et durs.

Chloroplatinate, $(C^{17}H^{25}Az \cdot HCl)^2 PtCl^4$. — Prismes rouge-brique, transparents, qui généralement sont réunis en houppes [Griepenkerl, *loc. cit.*].

MÉTHYLBENZYLBORNYLAMINE,

$$C^{10}H^{17}Az(CH^3)(C^7H^7).$$

— Obtenue en partant de son iodhydrate, cette base constitue une huile très réfringente, à odeur de poisson. Elle se dissout difficilement dans les acides et se comporte comme une base faible.

Chauffée avec de l'iodure de méthyle, elle ne s'y combine pas.

Iodhydrate, $C^{16}H^{27}Az \cdot HI$. — Longues aiguilles minces, peu solubles dans l'alcool même chaud, difficilement solubles dans l'eau bouillante.

Chloroplatinate. — Précipité floconneux, d'un jaune d'or, se décomposant très facilement à froid en une huile jaunâtre, visqueuse et incristallisable.

BENZYLIDÈNE-BORNYLAMINE, $C^{10}H^{17}Az=CH.C^6H^5$. — Huile incolore, obtenue par combinaison directe de la bornylamine avec l'aldéhyde benzylique. Ce corps ne cristallise pas à — 18° et se dissocie très facilement quand on le chauffe avec de l'eau ou avec des acides.

Chlorhydrate. — Il se forme quand on fait passer un courant d'acide chlorhydrique sec dans une solution éthérée de la base. Aiguilles très avides d'eau, et se décomposant facilement en aldéhyde benzylique et chlorhydrate de bornylamine.

Chloroplatinate, $(C^{17}H^{23}Az \cdot HCl)^2 PtCl^4$. — Précipité cristallin, peu soluble dans l'eau. Il se décompose par l'ébullition avec l'alcool en aldéhyde benzylique et chloroplatinate de benzylamine [Griepenkerl, *loc. cit.*].

FORMYLBORNYLAMINE, $C^{10}H^{17}.AzH.COH$. — Indépendamment du mode de formation indiqué plus haut, ce corps se produit quand on mélange la bornylamine avec de l'acide formique anhydre, ou qu'on chauffe rapidement un mélange de formiate de sodium et de chlorhydrate de la base.

Il cristallise dans l'eau en lamelles incolores et brillantes qui fondent à 61°.

ACÉTYLBORNYLAMINE, $C^{10}H^{17}.AzH.C^2H^3O$. — Ce dérivé prend naissance quand on mélange une solution éthérée de bornylamine (2 molécules) avec une solution de chlorure d'acétyle (1 molécule) dans le même dissolvant. Il se dépose du chlorhydrate de bornylamine, tandis que l'éther fournit par évaporation le composé acétylé.

L'acétylbornylamine cristallise dans l'alcool étendu en lamelles incolores, qui fondent à 141° et qui sont presque insolubles dans la ligroïne.

BENZOYLBORNYLAMINE, $C^{10}H^{17}.AzH.C^7H^5O$. — Elle se prépare de la même manière et constitue de belles lamelles incolores dont le point de fusion est situé à 130°. Ce composé est soluble dans l'alcool bouillant, peu soluble dans l'alcool étendu, insoluble dans l'eau et dans la ligroïne.

BORNYLURÉE,

$$CO \begin{cases} AzH^2 \\ AzH.C^{10}H^{17} \end{cases}$$

— Elle se produit quand on chauffe un mélange de chlorhydrate de bornylamine et d'isocyanate de potassium. Par refroidissement de la solution aqueuse, elle se dépose en aiguilles incolores qui fondent à 164° et qui se dissolvent facilement dans l'eau chaude et dans l'alcool.

Bornylméthylurée,

$$CO \begin{cases} AzH.CH^3 \\ AzH.C^{10}H^{17} \end{cases}$$

— Cette urée prend naissance quand on mélange la bornylamine avec de l'isocyanate de méthyle. Elle cristallise en lamelles fondant à 200° et qui se dissolvent aisément dans l'eau, l'alcool étendu et chaud, ainsi que dans l'éther.

Bornylphénylurée,

$$CO \begin{cases} AzH.C^6H^5 \\ AzH.C^{10}H^{17} \end{cases}$$

— Cette urée a été préparée comme la précédente. Elle cristallise dans l'alcool étendu et bouillant en fines aiguilles insolubles dans l'eau, très solubles dans l'alcool bouillant, peu solubles dans l'alcool froid et dans l'éther. Ce corps fond à 248° en se décomposant.

Bornylphénylsulfo-urée,

$$CS \begin{cases} AzH.C^6H^5 \\ AzH.C^{10}H^{17} \end{cases}$$

— On l'obtient comme l'urée précédente, en substituant l'isosulfocyanate à l'isocyanate de phényle. Elle se présente sous la forme d'aiguilles lancéolées qui fondent à 170°. Elle est soluble dans les dissolvants usuels, mais insoluble dans la ligroïne [L. et B., *loc. cit.*].

Bornylthiosulfocarbamate de bornylamine,

$$CS \begin{cases} AzH.C^{10}H^{17} \\ SH.AzH^2.C^{10}H^{17} \end{cases}$$

— Précipité cristallin obtenu par l'action du sulfure de carbone sec sur une solution éthérée de bornylamine. Ce corps cristallise dans l'éther acétique bouillant en petites aiguilles qui, chauffées avec 10 ou 15 fois leur poids d'alcool à 96 0/0, se convertissent en dibornylsulfo-urée symétrique (Griepenkerl).

Dibornylsulfo-urée, $CS(AzH.C^{10}H^{17})^2$. — Beaux cristaux fusibles à 223-224°, obtenus en faisant bouillir le bornylthiosulfocarbamate de bornylamine avec 10 ou 15 parties d'alcool à 96 0/0 (Griepenkerl).

DIBORNYLAMINE, $(C^{10}H^{17})^2 AzH$. — Produit secondaire de la préparation de la bornylamine, cette base se trouve surtout dans les parties qui distillent au-dessus de 300°. On l'isole par une série de distillations fractionnées, en recueillant ce qui passe à 334-336°, ou mieux en distillant le produit dans le vide pour éviter une décomposition partielle, et en recueillant alors ce qui passe à 180-181° sous 12 millimètres (Griepenkerl).

La dibornylamine cristallise dans l'alcool en lamelles fondant à 59-61°, 43°,5 (Griepenkerl). Elle possède une odeur qui tient à la fois du camphre et de la pipéridine, mais qui n'est pas aussi prononcée que celle de la base primaire; d'après M. Griepenkerl, elle serait inodore. Insoluble dans l'eau, elle se dissout facilement dans l'alcool, l'éther, la ligroïne, le benzène, le chloroforme et le sulfure de carbone. Ses solutions bleuissent le tournesol rouge. Elle se combine aux acides pour former des sels moins solubles que ceux de la base primaire.

La bornylamine ne se combine pas à froid avec les iodures de méthyle et d'éthyle, ni avec le chlorure de benzyle. Elle ne se combine qu'avec peine et dans des proportions extrêmement minimes avec ces composés, lorsqu'on opère à 100° : l'iodure de méthyle fournit l'iodhydrate de bornylamine, et l'iodure d'éthyle le di-iodhydrate de bornylamine. Avec le chlorure de benzyle, on obtient le chlorhydrate $C^{20}H^{35}Az \cdot HCl$.

Lorsqu'on traite la dibornylamine en dissolution dans l'éther par le chlorure de benzoyle, il ne se produit de réaction qu'en présence de traces d'humidité. On obtient ainsi un mélange de chlorhydrate et de benzoate de dibornylamine. Au sein de l'éther anhydre, il n'y a aucune réaction, même à 100°. Si l'on chauffe à 180-190°, on obtient des aiguilles très fragiles d'un corps fondant à 53°, et dégageant une odeur de benzoate d'éthyle quand on les chauffe avec un mélange d'acide sulfurique et d'alcool.

La dibornylamine, chauffée pendant longtemps à 100-130° avec de l'anhydride acétique, fournit de beaux prismes à éclat vitreux, très solubles dans l'alcool et fondant à 59°. Ce composé est une modification isomérique de la base primitive. Chauffé à 200-210° avec de l'anhydride acétique, il donne naissance à du camphène.

Une solution de dibornylamine dans la ligroïne fournit, par addition de brome, un précipité cristallin d'un jaune d'or, $C^{20}H^{35}Az . HBr . Br^2$, que l'eau ne décompose pas à l'ébullition.

Il est presque insoluble dans l'éther et dans l'acétate d'éthyle, peu soluble dans l'alcool, d'où il cristallise en lamelles ou en houppes jaunes et brillantes, qui fondent à 184°.

Dans cette molécule, le brome n'est pas combiné au carbone, car l'action de l'acide sulfureux régénère la dibornylamine fondant à 43°,5.

Les eaux mères alcooliques de ce produit d'addition contiennent du bromhydrate de dibornylamine, qui cristallise en aiguilles. Quand on ajoute du brome à ce bromhydrate tenu en suspension dans l'éther ou dans la ligroïne, le liquide s'échauffe et fournit un produit d'addition $C^{20}H^{35}Az . HBr . Br^2$, isomérique avec celui décrit plus haut, et qui s'en distingue non seulement par sa forme cristalline, mais encore par sa plus grande solubilité dans l'alcool. Le premier bromure exige pour se dissoudre 300 ou 350 parties d'alcool bouillant, tandis que le second se dissout dans 10 parties d'alcool.

Ce dernier composé cristallise en aiguilles jaunes, qui commencent à noircir à 150° et fondent à 179°.

Enfin la dibornylamine ne se combine ni au sulfure de carbone, ni à l'isosulfocyanate de phényle [Griepenkerl, *loc. cit.*].

Chlorhydrate, $C^{20}H^{35}Az . HCl$. — Ce sel se dépose sous la forme d'une masse cristalline blanche quand on fait passer un courant d'acide chlorhydrique sec dans une solution éthérée de dibornylamine. Il se dissout facilement dans l'alcool, difficilement dans l'eau, et fond à 250° en se décomposant.

Chloroplatinate, $(C^{20}H^{35}Az . HCl)^2PtCl^4$. — Ce sel cristallise dans l'eau en longues aiguilles jaunes, peu solubles dans l'eau froide, très solubles dans l'alcool. On peut le chauffer à 110° sans qu'il se décompose.

Chloromercurate, $C^{20}H^{35}Az . HCl . HgCl^2$. — Ce sel cristallise dans l'eau alcoolisée bouillante en aiguilles blanches, peu solubles dans l'eau, solubles dans l'alcool et fondant à 192-195°.

Chloraurate. — Précipité cristallin d'un jaune clair, cristallisant dans l'alcool en lamelles brillantes d'un jaune d'or.

Azotite, $C^{20}H^{35}Az . AzO^2H$. — Petites aiguilles incolores, solubles dans l'alcool, peu solubles dans l'eau, insolubles dans l'éther. Traité par une base, ce sel régénère la dibornylamine (Griepenkerl).

Azotate, $C^{20}H^{35}Az . AzO^3H$. — Lamelles argentines, peu solubles dans l'eau, très solubles dans l'alcool.

Les auteurs n'ont pu réussir à préparer un dérivé nitrosé de cette base, les produits qui se forment dans l'action de l'acide azoteux étant insaisissables [Leuckart et H. Lampe, *D. chem. G.*, **22**, 1851].
A. Haller.

CAMPHOLÈNE, C^9H^{16} (voyez Dict., **1**, 714). — M. de Lalande a donné ce nom au carbure qui prend naissance quand on distille l'acide campholique avec de l'anhydride phosphorique.

M. Gille [*Dissert. inaug.*, Göttingen; *Gmelin's Handbuch*, 7, 41], en distillant l'acide camphorique avec de l'acide phosphorique sirupeux,

obtint un carbure auquel il attribua la formule C^9H^{18}.

MM. Berthelot, Wreden [*Ann. Chem.*, **187**, 172], Ballo [*ibid.*, **197**, 324] considèrent le carbure de M. Gille comme identique au composé C^8H^{14}, qui d'après M. Wreden serait un tétrahydro-isoxylène. M. Ballo, tout en admettant l'identité du carbure de M. Gille avec celui qu'il a obtenu dans la déshydratation du camphoramate d'ammonium, conserve à ce dernier le nom de *campholène*. Il admet, en outre, que le carbure C^9H^{16}, obtenu par M. Weyl dans l'action de l'acide iodhydrique sur l'acide camphorique, carbure que M. Wreden a démontré être de l'hexahydro-isoxylène, n'est autre chose que du méthylcampholène, $C^8H^{13} . CH^3$.

Le vrai campholène, C^9H^{16}, a encore été obtenu par M. Kachler, dans la distillation du campholate de potassium avec de la chaux sodée [*Ann. Chem.*, **162**, 266] :

$$C^9H^{17} . CO^2H = C^9H^{16} + CO^2 + H^2.$$

Enfin M. Zürrer, en soumettant le campholénate de calcium à la distillation sèche, a obtenu un mélange de carbures parmi lesquels domine le campholène [*D. chem. G.*, **20**, 484] :

$$C^9H^{15} . CO^2H = CO^2 + C^9H^{16}.$$

Le campholène bout à 135-137°.

CAMPHOLIQUE (ACIDE), $C^{10}H^{18}O^2$. — M. de Montgolfier a modifié de la façon suivante le procédé de préparation dû à M. de Lalande : Le mélange de camphre et de chaux sodée est chauffé en tube scellé pendant 24 heures, à 350°, dans la vapeur de mercure. La masse est traitée à plusieurs reprises par l'eau bouillante. On filtre et l'on précipite par l'acide chlorhydrique; on distille le produit, puis on le fait cristalliser dans l'alcool étendu [*Ann. Chim. Phys.*, (5), **14**, 101].

M. Malin prépare cet acide en faisant agir le potassium sur une solution de camphre dans du pétrole bouillant à 130° [*Ann. Chem.*, **145**, 201].

M. Baubigny, en répétant les expériences de M. Malin, n'a pas pu les confirmer [*Bull. Soc. Chim.*, (3), **10**, 110].

M. Kachler a obtenu cet acide en chauffant du camphre pendant 280 heures avec une solution alcoolique de potasse, dans un vase en fer muni d'un réfrigérant ascendant [*Ann. Chem.*, **162**, 267].

Il le prépare en suivant le procédé de M. Malin : On dissout 50 grammes de camphre dans 100 ou 120 grammes de pétrole bouillant à 130°, on chauffe la solution dans un appareil à reflux et on y ajoute du potassium jusqu'à refus. La masse qui se dépose est exprimée, puis traitée par l'eau. On filtre, on acidule par l'acide sulfurique et on recueille le précipité. La liqueur est agitée avec de l'éther. Le résidu obtenu par évaporation de l'éther est ajouté à l'acide recueilli et le tout est distillé dans une cornue. Le produit qui passe est exprimé, puis dissous dans de la soude étendue et, finalement, précipité par une lessive concentrée de soude [*loc. cit.*].

Enfin, M. de Montgolfier conseille d'opérer de la façon suivante : On chauffe en tube scellé, au bain-marie, 20 grammes de camphre, 1er,5 de sodium et du benzène en quantité suffisante jusqu'à dissolution complète du sodium. On chasse le benzène par distillation dans le vide; le tube est de nouveau scellé et chauffé à 280°. Au bout de 24 heures, on ouvre les tubes et on broie le contenu avec de l'eau. On filtre pour séparer le mélange de camphre et de bornéol inaltérés, et dans la solution alcaline on ajoute un acide. Le précipité ainsi obtenu est purifié par distillation et par plusieurs cristallisations dans l'alcool étendu.

L'auteur attribue la formation de l'acide campholique à la réaction du camphre sur le camphol sodé :

$$C^{10}H^{16}O + C^{10}H^{17}NaO$$
$$= C^{10}H^{17}NaO^2 + C^{10}H^{16}, \text{ ou un polymère.}$$

Dans cette préparation, il se forme en effet une certaine quantité d'un carbure bouillant au-dessus de 250°, et qui possède l'odeur particulière des carbures colophéniques [*Ann. Chim. Phys.*, (5), **14**, 100].

L'acide campholique cristallise dans l'alcool étendu en prismes clinorhombiques, généralement très allongés normalement au plan de symétrie, striés suivant leur longueur et présentant les faces m, p, h^1 et a^1; cette dernière face est très peu développée.

Il fond à 80° (de Lalande), 95° (Kachler), 105–106° (Montgolfier) et ne se solidifie qu'à 103°. Il bout sans altération à 253-255° (Montgolfier); $[\alpha]_D = + 49°,8$ (alcool).

Peu soluble dans l'eau, l'acide campholique est volatil avec la vapeur d'eau.

Chauffé avec du brome humide (8 atomes), il fournit de l'anhydride oxycamphorique de M. Wreden (acide camphanique) :

$$C^{10}H^{18}O^2 + 4Br^2 + 2H^2O = 8HBr + C^{10}H^{14}O^4.$$

Quand on emploie la quantité de brome indiquée par l'équation, on obtient en outre de l'anhydride camphorique. La formation d'acide camphanique est, sans aucun doute, précédée de celle d'anhydride camphorique, lequel subit l'action ultérieure du brome (Kachler).

Le perchlorure de phosphore le convertit en un chlorure décomposable par l'eau (Kachler) :

$$C^{10}H^{18}O^3 + PCl^5 = POCl^3 + C^{10}H^{17}OCl + HCl.$$

Soumis à la distillation sèche avec de la chaux sodée, il fournirait non la campholone $C^{19}H^{34}O$ de M. de Lalande, mais de l'acide carbonique et du campholène C^9H^{16}, identique avec celui qui prend naissance quand on traite l'acide campholique par l'anhydride phosphorique (K.).

L'acide campholique n'est pas éthérifiable au moyen de l'alcool et de l'acide chlorhydrique (K.)

Ses sels alcalins sont précipités de leur dissolution aqueuse par une lessive concentrée de soude.

Le *sel de baryum* est un peu plus soluble dans l'eau que le sel de calcium (K.).

Le *sel de potassium*. $C^{10}H^{17}O^2K$, $2H^2O$, constitue des tables très solubles dans l'eau (Malin).

Chlorure de campholyle, $C^{10}H^{17}OCl$. — Liquide décomposable par l'eau et bouillant à 222-226° (K.).

CONSTITUTION DE L'ACIDE CAMPHOLIQUE. — Le mode de formation de cet acide au moyen de la potasse alcoolique et du camphre (Kachler) a quelque analogie avec la production de l'acide o-phénylbenzoïque par l'action des alcalis en fusion sur la biphénylène-cétone :

$$\begin{matrix} C^6H^4 \\ | \\ C^6H^4 \end{matrix} \Big\rangle CO + H^2O = \begin{matrix} C^6H^4 - CO^2H \\ | \\ C^6H^5 \end{matrix}$$

$$C^8H^{14} \Big\langle \begin{matrix} CH^2 \\ | \\ CO \end{matrix} + H^2O = C^8H^{14} \Big\langle \begin{matrix} CH^3 \\ CO^2H \end{matrix}$$

Mais, pour que l'analogie fût complète, il faudrait que le campholate de calcium, chauffé avec de la chaux, régénérât le camphre au lieu du campholène C^9H^{16}, l'acide o-phénylbenzoïque calciné avec de la chaux reproduisant la biphénylène-cétone.

Les mesures de conductibilité électrique de M. Ostwald ne viennent pas à l'appui de l'hypo-

thèse qui consiste à attribuer à l'acide campholique une fonction carboxylique. Elles conduisent plutôt à admettre l'existence d'un atome de carbone uni d'une part au groupement acétonique CO et d'autre part à un oxhydryle [*Zeit. physik. Chem.*, **3**].

M. Friedel [*Communication particulière*] envisage également cet acide comme un corps à fonction acétonique et lui attribue la formule

$$\begin{array}{c} CH^3 \\ | \\ C.OH \\ \diagup \qquad \diagdown \\ H^2C \qquad \qquad CO \\ | \qquad \qquad | \\ H^2C \qquad \qquad CH^2 \\ \diagdown \qquad \diagup \\ CH \\ | \\ C^3H^7 \end{array}$$

ACIDE CAMPHOLIQUE-CARBONIQUE [Syn. *Acide hydroxycamphocarbonique, acide homocamphorique*),

$$C^8H^{14} \Big\langle \begin{matrix} CH^2.CO^2H \\ CO^2H \end{matrix}$$

Cet acide a été préparé par M. A. Haller, en faisant bouillir le camphre cyané avec de la potasse caustique jusqu'à ce que le dégagement d'ammoniaque s'arrête [*Thèse*, Paris, 1879; Suppl., **1**, 393] :

$$C^8H^{14} \Big\langle \begin{matrix} CH.CAz \\ | \\ CO \end{matrix} + 2KOH + H^2O$$
$$= C^8H^{14} \Big\langle \begin{matrix} CH^2.CO^2K \\ CO^2K \end{matrix} + AzH^3.$$

Il prend encore naissance quand on saponifie par la potasse alcoolique les éthers du mononitrile de l'acide hydroxycamphocarbonique [A. Haller, *C. R.*, **109**, 68, 112] :

$$C^8H^{14} \Big\langle \begin{matrix} CH^2.CAz \\ CO^2R \end{matrix} + 2KOH + H^2O$$
$$= C^8H^{14} \Big\langle \begin{matrix} CH^2.CO^2K \\ CO^2K \end{matrix} + AzH^3 + ROH.$$

Enfin, on l'obtient sous la forme d'éther neutre en chauffant en tube scellé, entre 150 et 200°, pendant 24 heures, 5 grammes d'éther camphocarbonique avec $0^{gr},5$ de sodium dissous dans 30 centimètres cubes d'alcool absolu [A. Haller et Minguin, *C. R.*, **140**, 410].

Si, dans cette réaction, on substitue le benzylate de sodium à l'éthylate, on obtient de l'hydroxycamphocarbonate de benzyle [Minguin, *C. R.*, **112**, 1454].

L'acide campholique-carbonique fond à 234° (corr.). Chauffé au delà, il se sublime. L'acide azotique, même bouillant, ne l'attaque pas.

Quand on calcine son sel de plomb, il dégage de l'acide carbonique et fournit du camphre :

$$C^8H^{14} \Big\langle \begin{matrix} CH^2.CO^2 \\ CO^2 \end{matrix} \underline{\qquad} \Big\rangle Pb$$
$$= C^9H^{14} \Big\langle \begin{matrix} CH^2 \\ | \\ CO \end{matrix} + PbO + CO^2$$

Cet acide forme des éthers neutres et des éthers acides. Ces derniers existent sous deux modifications isomériques

$$C^8H^{14} \Big\langle \begin{matrix} CH^2.CO^2R \\ CO^2H \end{matrix} \qquad C^8H^{14} \Big\langle \begin{matrix} CH^2.CO^2H \\ CO^2R \end{matrix}$$

Éther méthylique acide,

$$C^8H^{14} \Big\langle \begin{matrix} CH^2.CO^2CH^3 \\ CO^2H \end{matrix}$$

— On chauffe en tube scellé, à 100°, de l'acide hydroxycamphocarbonique avec de l'alcool méthylique saturé d'acide chlorhydrique. Au bout de 24 heures, on chasse l'alcool et on reprend l'huile par du carbonate de sodium qui dissout l'éther acide, ainsi que de l'acide hydroxycamphocarbonique non éthérifié. Il reste une huile insoluble qui est l'éther neutre. La solution alcaline est traitée par un acide et le précipité est soumis une seconde fois au traitement primitif. La solution dans le carbonate de sodium est acidulée et le précipité est repris par l'éther. On évapore et on traite le résidu par de l'éther de pétrole qui ne dissout que l'éther acide, tandis que l'acide hydroxycamphocarbonique reste insoluble.

Aiguilles blanches, fondant à 75°; $[\alpha]_D = +59°,7$.

Éther méthylique acide,

$$C^9H^{14} < {}^{CH^2 . CO^2H}_{CO^2CH^3}$$

— Cet éther prend naissance quand on saponifie l'éther neutre par une solution méthylique de potasse (1 molécule).

On peut encore le préparer en saponifiant le nitrile

$$C^8H^{14} < {}^{CH^2 . CAz}_{CO^2CH^3}$$

au moyen d'une solution de potasse.

Cristallisé dans l'éther de pétrole, ce corps se présente sous la forme de cristaux indistincts fondant à 84°; $[\alpha]_D = +50°\text{-}51°$.

Éther neutre,

$$C^8H^{14} < {}^{CH^3 . CO^2CH^3}_{CO^2CH^3}$$

— On l'obtient en chauffant en tube scellé à 100° l'acide hydroxycamphocarbonique ou l'éther-nitrile

$$C^8H^{14} < {}^{CH^2 . CAz}_{CO^2CH^3}$$

avec une solution concentrée d'acide chlorhydrique dans l'alcool méthylique.

Huile incolore, à saveur franche et amère, qui bout à 185° sous 30 millimètres; $[\alpha]_D = +49°,5$ à $+50°,1$.

Chauffé avec 1 molécule de potasse, ce corps fournit l'éther acide

$$C^3H^{14} < {}^{CH^3 . CO^2H}_{CO^2CH^3}$$

Avec un excès de potasse, il donne l'acide hydroxycamphocarbonique [A. Haller, *Expér. inédites*].

Éther éthylique acide,

$$C^8H^{14} < {}^{CH^3 . CO^2C^2H^5}_{CO^2H}$$

— Il se forme quand on éthérifie l'acide hydroxycamphocarbonique par une solution alcoolique d'acide chlorhydrique. Il se produit en même temps de petites quantités d'éther neutre.

Masse d'apparence demi-cristalline, fondant à 44-45°, soluble dans les alcalis et dans les carbonates alcalins.

Éther éthylique acide,

$$C^9H^{14} < {}^{CH^3 . CO^2H}_{CO^2C^2H^5}$$

— On l'obtient en saponifiant par la potasse alcoolique l'éther neutre ou l'éther-nitrile

$$C^8H^{14} < {}^{CH^2 . CAz}_{CO^2C^2H^5}$$

Cristaux fondant à 77-78° [A. Haller, *C. R.*, **109**, 112].

Éther neutre,

$$C^8H^{14} < {}^{CH^2 . CO^2C^2H^5}_{CO^2C^2H^5}$$

— On le prépare comme son homologue inférieur, en chauffant en tube scellé l'acide hydroxycamphocarbonique ou mieux l'éther-nitrile

$$C^8H^{14} < {}^{CH^2 . CAz}_{CO^2C^2H^5}$$

avec de l'alcool saturé d'acide chlorhydrique [A. Haller, *loc. cit.*].

Il se produit aussi quand on chauffe à 150-200° l'éther camphocarbonique avec de l'alcool absolu, tenant en dissolution du sodium. Dans cette dernière réaction, il se forme en même temps du camphre et de l'acide carbonique [A. Haller et Minguin, *C. R.*, **110**, 410] :

$$C^8H^{14} < {}^{CH . CO^2C^2H^5}_{\substack{| \\ CO}} \quad + C^2H^5OH$$

$$= C^8H^{14} < {}^{CH^2 . CO^2C^2H^5}_{CO^2C^2H^5}$$

Huile incolore, bouillant à 205-210° sous 20 millimètres, à 220-230° sous 160 millimètres; $[\alpha]_D = +45°$ environ.

Chauffé avec 1 molécule de potasse alcoolique, il fournit l'éther acide

$$C^8H^{14} < {}^{CH^2 . CO^2H}_{CO^2C^2H^5}$$

Avec un excès de potasse, on obtient l'acide hydroxycamphocarbonique.

Hydroxycamphocarbonate acide de benzyle,

$$C^8H^{14} < {}^{CH^2 . CO^2C^7H^7}_{CO^2H}$$

[J. Minguin, *C. R.*, **112**, 1454]. — On le retire des eaux de lavage alcalines de l'éther neutre, obtenu en chauffant à 150° le benzylate de sodium avec de l'éther camphocarbonique. On traite ces eaux par un acide, on agite avec de l'éther et on distille. Entre 250 et 275°, sous une pression de 10 millimètres de mercure, il passe un produit visqueux qui est l'homocamphorate acide de benzyle.

Ce corps possède le pouvoir rotatoire moléculaire $[\alpha]_D = +52°,02$.

Hydroxycamphocarbonate neutre de benzyle.

$$C^8H^{14} < {}^{CH^2 . CO^2C^7H^7}_{CO^2C^7H^7}$$

— On chauffe en tube scellé, à 150-200°, 10 grammes d'éther camphocarbonique et 20 ou 30 centimètres cubes d'alcool benzylique tenant en dissolution $0^{gr},5$ de sodium. Au bout de 24 heures, on traite la masse par l'eau. Il se sépare une huile qu'on enlève avec de l'éther et qu'on rectifie dans le vide, en recueillant ce qui passe à 260-290° sous une pression de 10 millimètres de mercure.

Huile épaisse, soluble dans l'alcool et dans l'éther. Saponifié par la potasse alcoolique en tube scellé, ce corps fournit l'acide homocamphorique et de l'alcool benzylique.

Son pouvoir rotatoire $[\alpha]_D = +35°,5$.

Acide méthylhydroxycamphocarbonique,

$$C^8H^{14} < {}^{CH(CH^3) - CO^2H}_{CO^2H}$$

— Cristaux fusibles à 178-180°, solubles à froid dans l'alcool et dans l'éther, obtenus en chauffant à 140-150° le camphre cyanométhylé avec de la potasse alcoolique :

$$C^8H^{14} \begin{cases} C(CH^2)-CAz \\ | \\ CO \end{cases} + 2KOH + H^2O$$

$$= AzH^3 + C^8H^{14} \begin{cases} CH(CH^3)-CO^2K \\ CO^2K \end{cases}$$

$[\alpha]_D + 26°.31$ [Minguin, *Expér. inédites*].
Acide phénylhydroxycamphocarbonique,

$$C^8H^{14} \begin{cases} CH(C^6H^5)-CO^2H \\ CO^2H \end{cases}$$

— On chauffe en tubes scellés, à 200°, pendant 24 heures, un mélange d'éther camphocarbonique, de phénol et de sodium ; on reprend le produit par l'eau et par l'éther : ce dernier fournit par évaporation des cristaux fusibles à 186-187°, très peu solubles dans les dissolvants ordinaires et ayant pour formule

$$C^8H^{14} \begin{cases} CH(C^6H^5)-CO^2C^6H^5 \\ CO^2.C^6H^5 \end{cases}$$

La saponification de cet éther neutre fournit l'éther acide

$$C^8H^{14} \begin{cases} CH(C^6H^5)-CO^2H \\ CO^2C^6H^5 \end{cases}$$

en cristaux fusibles à 148°, très solubles dans l'éther et dans l'alcool.

Dans la réaction du phénol sur l'éther camphocarbonique en présence du sodium, il se forme en outre du camphre et de l'acide salicylique :

$$2\,C^8H^{14} \begin{cases} CH.CO^2C^2H^5 \\ | \\ CO \end{cases} + C^6H^5ONa + 3C^6H^5.OH$$

$$= C^{10}H^{16}O + 2\,C^2H^6O + C^6H^4(OH)CO^2Na$$

$$+ C^8H^{14} \begin{cases} CH(C^6H^5)-CO^2C^6H^5 \\ CO^2C^6H^5 \end{cases}$$

[Minguin, *Expér. inédites*].
Acide cyanocampholique (mononitrile de l'acide hydroxycamphocarbonique),

$$C^8H^{14} \begin{cases} CH^2.CAz \\ CO^2H \end{cases}$$

[A. Haller, *C. R.*, **109**, 68, 112]. — Le camphre cyané, traité par les alcoolates de sodium, à 100° environ, se combine à 1 molécule d'alcool pour donner naissance aux éthers cyanocampholiques :

$$C^8H^{14} \begin{cases} CH.CAz \\ | \\ CO \end{cases} + ROH = C^8H^{14} \begin{cases} CH^2.CAz \\ CO^2R \end{cases}$$

Ces composés, chauffés avec de r acide chlorhydrique concentré ou avec un excès de potasse caustique, donnent de l'acide hydroxycamphocarbonique, de l'ammoniaque et l'alcool correspondant :

$$C^8H^{14} \begin{cases} CH^2.CAz \\ CO^2R \end{cases} + HCl + 3H^2O$$

$$= C^8H^{14} \begin{cases} CH^2.CO^2H \\ CO^2H \end{cases} + ROH + AzH^4Cl ;$$

$$C^8H^{14} \begin{cases} CH^2.CAz \\ CO^2R \end{cases} + 2KOH + H^2O$$

$$C^8H^{14} \begin{cases} CH^2.CO^2K \\ CO^2K \end{cases} + ROH + AzH^3.$$

Quand on fait agir sur ces corps une solution alcoolique saturée d'acide chlorhydrique, à 100°, en tubes scellés, on obtient des éthers neutres

de l'acide hydroxycamphocarbonique :

$$C^8H^{14} \begin{cases} CH^2.CAz \\ CO^2C^2H^5 \end{cases} + C^2H^5.OH + HCl + H^2O$$

$$= C^8H^{14} \begin{cases} CH^2.CO^2C^2H^5 \\ CO^2C^2H^5 \end{cases} + AzH^4Cl.$$

Enfin, quand on fait bouillir ces composés avec 1 molécule de potasse alcoolique, au lieu d'en employer un excès, la fonction nitrile seule se trouve saponifiée et il se forme un éther acide de l'acide hydroxycamphocarbonique et de l'ammoniaque :

$$C^8H^{14} \begin{cases} CH^2.CAz \\ CO^2R \end{cases} + KOH + H^2O$$

$$= C^8H^{14} \begin{cases} CO^2.CO^2K \\ CO^2R \end{cases} + AzH^3.$$

Les mêmes éthers acides peuvent être obtenus en saponifiant partiellement les éthers neutres :

$$C^8H^{14} \begin{cases} CH^2.CO^2R \\ CO^2R \end{cases} + KOH$$

$$= ROH + C^8H^{14} \begin{cases} CH^2.CO^2K \\ CO^2R \end{cases}$$

Ces éthers ont des isomères, qui prennent naissance, en même temps que de petites quantités d'éthers neutres, quand on traite l'acide hydroxycamphocarbonique par un mélange d'alcool et d'acide chlorhydrique :

$$C^8H^{14} \begin{cases} CH^2.CO^2H \\ CO^2H \end{cases} + C^2H^5.OH$$

$$= C^8H^{14} \begin{cases} CH^2.CO^2C^2H^5 \\ CO^2H \end{cases} + H^2O.$$

L'acide cyanocampholique a été obtenu par M. Minguin en chauffant en tube scellé à 200° un mélange de camphre cyané et de benzylate de sodium dissous dans l'alcool benzylique. Le produit de la réaction est traité par l'eau, puis par l'éther qui dissout le corps

$$C^8H^{14} \begin{cases} CH^2.CAz \\ CO^2C^7H^7 \end{cases}$$

On décante la solution aqueuse, on la précipite par un acide et on dissout le précipité dans l'éther. Par évaporation, on obtient des cristaux blancs d'acide cyanocampholique. Lorsqu'on substitue dans cette réaction le phénate ou le naphtolate de sodium au benzylate, on obtient également cet acide cyané. Enfin, M. Minguin l'a aussi trouvé dans les eaux de lavage du produit de l'action de l'éthylate de sodium sur le camphre cyané.

Ce corps se présente sous la forme de cristaux d'une grande netteté, pouvant atteindre jusqu'à 1 centimètre de longueur. Il fond à 164° et est assez soluble dans l'éther et dans l'alcool ; $[\alpha]_D + 64°,61$.

Saponifié par la potasse, il donne naissance à l'acide hydroxycamphocarbonique.

Le *sel de sodium*,

$$C^8H^{14} \begin{cases} CH^2.CAz \\ CO^2Na \end{cases}$$

constitue une masse gommeuse, blanche, difficile à dessécher.

Le *sel de cuivre*, $(C^{11}H^{16}AzO^2)^2Cu.H^2O$, se présente sous la forme d'une poudre d'un beau vert, devenant bleue quand on la chauffe à 100°.

Le *sel de baryum*, $(C^{11}H^{16}AzO^2)^2Ba.6H^2O$, cristallise en aiguilles non transparentes.

Les sels *de plomb* et *d'argent* sont blancs ; ce dernier noircit rapidement à la lumière [*C. R.*, **112**, 51].

L'*éther méthylique*,

$$C^8H^{14} < {}^{CH^2 . CAz}_{CO^2 CH^3}$$

a été préparé en chauffant en tube scellé, à 100°, du camphre cyané avec de l'alcool méthylique tenant en dissolution un peu de sodium. On opère la séparation du produit comme avec le dérivé éthylé.

Cristaux fondant à 76-77° et possédant une saveur fraîche avec arrière-goût amer.

Ce corps est insoluble dans l'eau et dans les alcalis, peu soluble dans l'éther de pétrole, soluble dans l'alcool et dans l'éther (A. Haller).

Éther éthylique,

$$C^8H^{14} < {}^{CH^2 . CAz}_{CO^2 C^2 H^5}$$

— On chauffe au bain-marie et en tube scellé 4gr,5 de camphre cyané, dissous dans environ 20 grammes d'alcool absolu renfermant 0gr,10 à 0gr,20 de sodium. Au bout de 24 heures, on laisse refroidir. A l'ouverture des tubes, on ne perçoit pas l'odeur d'ammoniaque. Le liquide jaunâtre est évaporé au bain-marie, et la masse cristalline ainsi obtenue est lavée avec de la potasse, pour enlever des traces de camphre cyané non transformé, puis cristallisée à plusieurs reprises dans l'éther.

Ce composé se forme également quand on chauffe le mélange ci-dessus dans un appareil à reflux. Sa purification est toujours plus difficile.

Enfin, M. Haller a constaté la formation de cet éther parmi les produits de l'action de l'amalgame de sodium sur une solution alcoolique de camphre cyané.

Il se présente sous la forme de cristaux rhombiques fondant à 57-58°; $[\alpha]_D = + 57\text{-}70°$ (1 molécule = 1 litre d'alcool).

Il est insoluble dans l'eau et dans les alcalis, soluble dans l'alcool et dans l'éther, peu soluble dans l'éther de pétrole. Il possède la même saveur que son homologue inférieur. Il est sans action sur le perchlorure de fer, ne réduit pas la liqueur de Barreswil, ni l'azotate d'argent ammoniacal (A. Haller).

Éther propylique,

$$C^8H^{14} < {}^{CH^2 . CAz}_{CO^2 C^3 H^7}$$

— Préparé comme les dérivés méthylé et éthylé, ce corps se présente sous la forme d'une huile non solidifiable, même à —20°. Sa saveur est également fraîche, avec un arrière-goût amer. Il est soluble dans la plupart des dissolvants, sauf dans l'eau et dans les alcalis [A. Haller, *loc. cit.*].

Éther benzylique,

$$C^8H^{14} < {}^{CH^2 . CAz}_{CO^2 C^7 H^7}$$

— Il prend naissance quand on chauffe pendant 24 heures à 150° le camphre cyané avec de l'alcool benzylique sodé. On opère comme pour les éthers précédents.

Belles lames transparentes, fondant à 70–71°; $[\alpha]_D = + 42°,8$.

Ce corps n'est pas très soluble dans l'éther ni dans les alcools méthylique, éthylique, propylique; il est très soluble dans le benzène, le toluène et le xylène.

Chauffé pendant 4 jours avec de la potasse alcoolique, il donne de l'acide hydroxycamphocarbonique [Minguin, *C. R.*, **112**, 51].

Éther phénylique,

$$C^8H^{14} < {}^{CH^2 . CAz}_{CO^2 C^6 H^5}$$

— On le prépare comme les éthers précédents

en chauffant en tubes scellés à 200-220°, pendant 24 heures, du camphre cyané avec du phénol et du sodium. On le purifie comme les composés précédents. Entre 255 et 270°, sous 40 millimètres, passe une huile très visqueuse qui, saponifiée par la potasse, donne du phénol et de l'acide hydroxycamphocarbonique; $[\alpha]_D = + 26°,66$.

Les eaux de lavage contiennent le sel de sodium

$$C^8H^{14} < {}^{CH^2 . CAz}_{CO^2 Na}$$

Éther β-naphtolique,

$$C^8H^{14} < {}^{CH^2 . CAz}_{CO^2 C^{10} H^7}$$

— On le prépare comme l'éther phénylique. Après une série de cristallisations dans le benzène ou dans le toluène, il forme des cristaux incolores, fusibles à 117°; l'éther et l'alcool le dissolvent difficilement. Il est plus soluble dans le benzène et dans le toluène; $[\alpha]_D = + 17°,1$. Chauffé avec de la potasse, il donne naissance à du β-naphtol et à de l'acide hydroxycamphocarbonique [J. Minguin, *C. R.*, **112**, 101].

FONCTION ET CONSTITUTION DE L'ACIDE HYDROXY-CAMPHOCARBONIQUE. — Le camphre cyané peut être comparé, dans une certaine mesure, à des molécules renfermant les deux groupements CO et CAz unis au même atome de carbone, comme le cyanacétylbenzène ou ses congénères. Or il a été démontré que ces molécules se scindent facilement, sous l'influence de la potasse ou de l'acide chlorhydrique, en deux autres molécules, la rupture se faisant suivant l'équation :

$$C^6H^5 . CO . CH^2 . CAz + 2KOH + H^2O$$
$$= C^6H^5 . CO^2K + CH^3 . CO^2K + AzH^3.$$

Le camphre cyané, renfermant le groupement acétonique dans une chaîne fermée, ne peut donner naissance à deux acides ; mais on peut admettre que la chaîne se rompt pour former un acide bibasique :

$$C^8H^{14} < {}^{CH . CAz}_{\qquad | \atop CO} + 2KOH + H^2O$$
$$= C^8H^{14} < {}^{CH^2 . CO^2K}_{CO^2K} + AzH^3.$$

La production de l'acide hydroxycamphocarbonique aux dépens de l'acide camphocarbonique peut de son côté être comparée au dédoublement que subissent les éthers β-acétoniques (benzoylacétique, acétylacétique) sous l'influence des alcalis, ou mieux encore à la formation de l'acide biphénique aux dépens de l'acide biphénylènecétone-carbonique sous l'influence de la potasse en fusion :

$$C^8H^{14} < {}^{CH . CO^2H}_{\qquad | \atop CO} + H^2O = C^8H^{14} < {}^{CH^2 . CO^2H}_{CO^2H}$$

Acide camphocarbonique.   Acide hydroxy-camphocarbonique.

$$C^6H^3 - CO^2H \atop | \;\; > CO \atop C^6H^4} + H^2O = {C^6H^4 - CO^2H \atop | \atop C^6H^4 - CO^2H}$$

Acide biphénylène-cétone-carbonique.   Acide biphénique.

Ces différents modes de formation de l'acide hydroxycamphocarbonique, la propriété qu'il possède de fournir des sels bibasiques, des éthers neutres et acides, la réaction en vertu de laquelle il reproduit le camphre (calcination du sel de plomb), [réaction comparable en tous points à celle que possède le biphénate de calcium qui, calciné, reproduit la biphénylène-cétone, rendent probable la présence de deux groupements carboxyliques dans cette molécule.

La constitution du noyau de cet acide étant subordonnée à celle qu'on adopte pour le camphre, il en résulte qu'il aura l'une ou l'autre des formules :

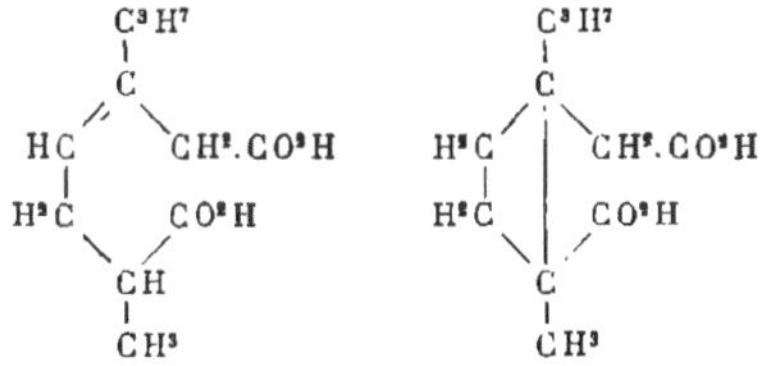

$$\begin{array}{cc}
C^3H^7 & C^3H^7 \\
| & | \\
C & C \\
HC \diagup \ \diagdown CH^2.CO^2H & H^2C \diagup | \diagdown CH^2.CO^2H \\
H^2C \quad CO^2H & H^2C \quad CO^2H \\
CH & C \\
| & | \\
CH^3 & CH^3
\end{array}$$

Le nom d'*acide campholique-o-carbonique* que nous avons donné à cet acide montre que l'on peut aussi le rattacher à l'acide campholique. Sa production aux dépens du camphre cyané a en effet quelque analogie avec celle de l'acide campholique au moyen du camphre.

Vis-à-vis du groupement CAz la potasse agit comme saponifiant, tandis que vis-à-vis du noyau camphre elle opère comme dans le cas de l'acide campholique. La rupture de ce noyau est d'ailleurs facilitée par la présence des groupes négatifs CO et CAz unis au groupement CH. Si l'on admet la formule de M. Kekulé pour l'acide campholique, on retombe, pour l'acide hydroxycamphocarbonique, sur celle que nous avons donnée plus haut.

Il n'en est pas de même si l'on considère l'acide campholique comme possédant la double fonction acétone et alcool tertiaire. D'après M. Friedel [*Communication particulière*], l'acide hydroxycamphocarbonique posséderait les fonctions acide, acétone et alcool tertiaire, cette dernière devenant acide grâce au voisinage du carbonyle acétonique :

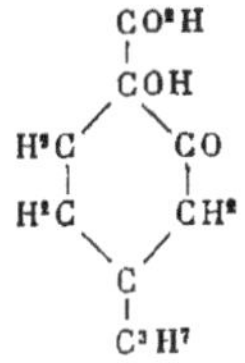

$$\begin{array}{cc}
CO^2H & CH^3 \\
| & | \\
COH & COH \\
H^2C \diagup \ \diagdown CO & H^2C \diagup \ \diagdown CO \\
H^2C \quad CH^2 & H^2C \quad CH.CO^2H \\
C & CH \\
| & | \\
C^3H^7 & C^3H^7
\end{array}$$

Acide camphorique. 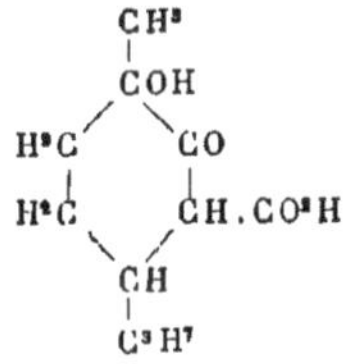 — Acide hydroxycamphocarbonique.

A. Haller.

CAMPHOPYRIQUE (ACIDE),

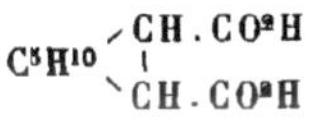

$$C^5H^{10} \begin{cases} CH.CO^2H \\ | \\ CH.CO^2H \end{cases}$$

— Cet acide prend naissance quand on dissout l'anhydride camphopyrique dans la soude caustique et qu'on précipite la solution par l'acide chlorhydrique.

Cristallisé dans l'eau, il fond à 209°. Il est bibasique.

L'acide camphopyrique est susceptible de fournir une fluorescéine.

Le *sel de baryum*, $C^9H^{12}O^4Ba$, H^2O, cristallise en houppes soyeuses, très solubles dans l'eau.

L'*anhydride camphopyrique*, $C^9H^{12}O^3$, s'obtient en distillant l'acide camphorique :

$$C^{10}H^{14}O^6 = CO^2 + H^2O + C^9H^{12}O^3.$$

Cristallisé dans l'alcool, cet anhydride fond à 178-179°.

ACIDE ISOCAMPHOPYRIQUE, $C^9H^{14}O^4$. — Cet acide se forme en même temps que l'anhydride camphopyrique, quand on soumet l'acide camphorique à la distillation sèche. Le produit de la réaction est traité par l'alcool, qui dissout beaucoup plus facilement cet acide que l'anhydride. On peut aussi traiter par du carbonate de sodium en léger excès et à basse température; dans ces conditions, l'anhydride reste insoluble. La solution sodique, additionnée d'acide chlorhydrique, abandonne l'acide isocamphopyrique, qu'il suffit de faire cristalliser dans l'eau bouillante. Par refroidissement, on obtient des gouttelettes huileuses qui ne tardent pas à se solidifier.

Cristaux grenus, durs, fondant à 160°.

Soumis à la distillation, cet acide se transforme partiellement en anhydride camphopyrique; mais la majeure partie distille sans altération.

Les rapports entre ces deux acides camphopyriques rappellent ceux qui existent entre l'acide de M. Friedel et l'acide mésocamphorique, désignés par M. Marsh sous les noms d'acides cis- et transcamphoriques, avec cette différence que le passage de l'un à l'autre est beaucoup moins facile dans ce cas que dans celui des acides camphoriques. Les auteurs n'ont en effet pas réussi à transformer l'acide camphopyrique en acide isocamphopyrique au moyen des chlorures d'acides, ainsi que cela a été fait pour l'acide ciscamphorique [J.-E. Marsh et J.-A. Gardner, *Chem. Soc.*, 1891, 648]. A. Haller.

CAMPHORIQUES (ACIDES), $C^{10}H^{16}O^4$. — On connaît actuellement 8 acides dérivés des deux camphres droit et gauche et répondant à la formule $C^{10}H^{16}O^4$. Ce sont :

1° L'acide camphorique droit dérivé du camphre droit, ou acide dextro-ciscamphorique;

2° L'acide camphorique gauche dérivé du camphre gauche, ou acide lévo-ciscamphorique;
Nous appellerons ces acides acides *α-camphoriques*.

3° L'acide racémocamphorique $\overset{+}{α}\,\overset{-}{α}$ (combinaisons de droit α et de gauche α);

4° L'acide isocamphorique gauche (Friedel), acide gauche de transformation, acide lévo-transcamphorique;

5° L'acide isocamphorique droit, acide droit de transformation, acide dextro-transcamphorique;
Nous appellerons ces acides acides *β-camphoriques*.

6° L'acide mésocamphorique $\overset{+}{α}\,\overset{-}{β}$ (combinaison d'acide camphorique droit α et d'acide isocamphorique gauche);

7° L'acide mésocamphorique $\overset{-}{α}\,\overset{+}{β}$ (combinaison d'acide camphorique gauche α et d'acide isocamphorique droit);

8° L'acide racémo-isocamphorique $\overset{+}{β}\,\overset{-}{β}$ (combinaison d'acide iso droit et d'acide iso gauche).

Le nombre des acides camphoriques est donc égal à celui des camphols. Il y a du reste analogie complète entre ces deux séries de corps. C'est pour cette raison que nous avons adopté dans les deux séries une nomenclature analogue.

Les isocamphols, modifications instables des vrais bornéols, peuvent être transformés en ces derniers, soit par les acides, soit par les métaux alcalins. Cette transformation est accompagnée d'un changement du sens de la rotation. Ainsi que l'a montré M. Friedel, les acides isocamphoriques constituent également une variété instable des vrais acides camphoriques, car ils peuvent être convertis en ces derniers en passant par les anhydrides. Ceux-ci, chauffés avec les alcalis, régénèrent non l'acide isocamphorique, mais l'acide camphorique de pouvoir rotatoire inverse-

Les mêmes considérations que celles développées à propos des camphols trouvent donc leur application aux acides camphoriques. On peut diviser ces acides en deux groupes comprenant : 1° les acides α, qui ont mêmes propriétés physiques et chimiques et qui ne diffèrent entre eux que par le sens de la déviation qu'ils exercent sur la lumière polarisée ; ils sont stéréo-isomériques et énantiomorphes ; 2° les acides isocamphoriques ou acides β, qui présentent l'un vis-à-vis de l'autre les mêmes rapports que les acides α, mais qui diffèrent de ceux-ci par un certain nombre de propriétés. Ils sont également stéréo-isomériques et énantiomorphes entre eux, et seulement stéréo-isomériques avec les acides α.

On verra plus loin comment on peut se rendre compte de cette isomérie.

ACIDE α-CAMPHORIQUE DROIT, $C^{10}H^{16}O^4$. — Cet acide est un produit d'oxydation du camphre droit et de ses dérivés chloré, bromé, cyané, cyanobromé.

Il se forme aussi quand on oxyde l'acide campholique et le chlorure dérivé du camphre $C^{10}H^{16}Cl^2$ (Ballo) au moyen de l'acide azotique, ou l'acide camphique par le permanganate de potassium.

M. de Montgolfier l'a trouvé parmi les produits d'oxydation du camphre sodé au moyen d'un courant d'air.

M. Kingzett a démontré qu'il se forme, en même temps que de l'eau oxygénée, quand on abandonne au contact de l'air de l'essence de térébenthine aqueuse [*Jahresb. f. Chem.*, 1877, 1178].

M. Schmiedeberg a fait voir que cet acide prend encore naissance dans l'oxydation du camphérol ou de l'acide camphoglycuronique [*ibid.*, 1879, 987].

M. Ballo essaya d'en faire la synthèse en faisant agir sur l'éther succinique 4 molécules d'éthylate de sodium, puis 1 molécule de bromure d'éthylène, 1 molécule d'iodure de méthyle et 1 molécule d'iodure de propyle. Le corps résultant de ce traitement devait avoir pour formule

$$\begin{matrix} CH^3-C & \big\langle \begin{matrix} CH^3 \\ CO^2H \end{matrix} \\ | \qquad | \\ CH^2-C & \big\langle \begin{matrix} CO^2H \\ C^3H^7 \end{matrix} \end{matrix}$$

L'auteur a en effet réussi à isoler de petites quantités d'un corps fondant à 176° [*D. chem. G.*, **14**, 335].

Préparation. — On chauffe au bain-marie, dans une cornue lutée avec du plâtre à un réfrigérant ascendant, 150 grammes de camphre et 2 litres d'acide azotique (d = 1,27). Quand les vapeurs qui se condensent dans le réfrigérant ne sont plus que légèrement colorées, ce qui arrive au bout de 50 heures environ, on verse dans une capsule de porcelaine et on concentre. L'acide qui cristallise par le refroidissement est recueilli et dissous dans le carbonate de sodium ; on filtre pour séparer une petite quantité de camphre inattaqué et on décompose le sel sodique par l'acide chlorhydrique. On termine par une cristallisation dans l'eau [Wreden, *Ann. Chem.*, **163**, 323].

D'après M. Kachler, on peut encore retirer de notables quantités d'acide des eaux mères. Il suffit de les abandonner à elles-mêmes pendant 6 mois, de séparer la masse solide formée et de la délayer dans l'eau. La majeure partie de l'acide camphorique reste insoluble [*Ann. Chem.*, **191**, 143].

Pour la préparation de cet acide, M. Maissen conseille d'utiliser les résidus de la préparation du camphol. Après avoir isolé celui-ci, il évapore le carbure tenant en dissolution l'excès de camphre, et chauffe pendant quelque temps dans un appareil à reflux 200 grammes de ces résidus avec 800 grammes d'acide azotique étendu de 200 grammes d'eau. D'après cet auteur, on obtient ainsi 230 grammes d'acide camphorique [*Gazz. chim. ital.*, **10**, 280 ; *Jahresb. f. Chem.*, 1880, 881].

M. E. Täuber le prépare en oxydant le camphre au moyen d'une solution alcaline de permanganate de potassium [*Dissert. inaug.*, Breslau, 1882].

Propriétés. — Cristaux clinorhombiques [Zepharovich, *Zeit. physik. Chem.*, **1**, 640], fusibles 187° (Riban), 180° (Kachler), 186°,5 (A. Haller). Sa densité est égale à 1,193 [Schröder, *D. chem. G.*, **13**, 1072].

En solution alcoolique (1 molécule = 1 litre), $[\alpha]_D = +46°$ à la température de 18° [A. Haller, *C. R.*, **104**, 68]. D'après M. de Montgolfier, $[\alpha]_D = +48°,20$ [*Ann. Chim. Phys.*, (5), **14**, 5]. Enfin M. Landolt d'abord [*Opt. Drehungsvermögen organ. Subst.*, 1879, 225], puis M. W. Hartmann [*Dissert. inaug.*, Berlin, 1887, 10 ; *D. chem. G.*, **24**, 221], ont déterminé le pouvoir rotatoire moléculaire de l'acide camphorique dans l'eau, l'alcool, l'acide acétique cristallisable et l'acétone :

Dans l'eau à 20°.............. $[\alpha]_D = +46°,2$ pour une solution à 0,64 0/0 (Landolt).

Dans l'alcool à 20°.............. $[\alpha]_D = +47°,401$ à 47°,755 suivant la concentration.

Dans l'acide acétique cristallisable à 28°.............. $[\alpha]_D = +46°,201$ à 46°,710 suivant la concentration.

Dans l'acétone à 20°.............. $[\alpha]_D = +50°,75$ à 50°,821 suivant la concentration.

Les formules suivantes, obtenues par interpolation et dans lesquelles q exprime le poids de liquide inactif ayant servi à dissoudre le corps actif, permettent de calculer le pouvoir rotatoire de l'acide quelle que soit la concentration de la dissolution :

Solution dans l'alcool..... $[\alpha]_D = +48°,352 - 0,011743\,q$
— dans l'acétone.... $[\alpha]_D = +51°,524 - 0,00835\,q$
— dans l'acide acétique cristallisable...... $[\alpha]_D = +50°,825 - 0,04904\,q$

Le pouvoir réfringent moléculaire de l'acide $= 85,30$. M. Kanonnikof conclut de là que cette molécule renferme une liaison double [*J. prakt. Chem.*, (2). **31**, 349].

D'après M. Gladstone [*Chem. Soc.*, 1891, 590], la réfraction moléculaire serait, pour des solutions alcooliques de 39,81 0/0 et pour les différentes raies du spectre :

R_A	R_D	R_H
82,84	83,74	86,66

D'où l'on aurait pour la dispersion moléculaire :

$$R_H - R_A = 3,82.$$

La chaleur de combustion est égale à 1 240 580 calories [Louguinine, *C. R.*, **107**, 624].

La chaleur dégagée dans la neutralisation par la soude a été déterminée par M. Berthelot [*Bull. Soc. Chim.*, (2), **45**, 70], qui a trouvé, en opérant à 17°,7 : $+13^{cal},57$ pour la première molécule d'alcali, $+12^{cal},70$ pour la seconde, et $0^{cal},47$ pour la troisième, soit $26^{cal},74$ pour la neutralisation totale.

MM. Gal et Werner trouvèrent à peu près dans les mêmes conditions : $13^{cal},828$ pour le premier équivalent et $13^{cal},253$ pour le second. Total : $27^{cal},081$. Température $= 10°$ [*Bull. Soc. Chim.*, (2), **47**, 165].

M. Berthelot conclut que l'acide camphorique est bibasique, sans fonction phénolique.

La solubilité de l'acide camphorique droit dans l'eau augmente avec la température. 100 parties de dissolution renferment : 6p,07 d'acide à 10°, 6p,96 à 20°, 8p,05 à 30°, 9p,64 à 40°, 12p,40 à 50°, 16p,42 à 60°, 21p,94 à 70°, 31p,30 à 80° [Jungfleisch, *C. R.*, **110**, 791].

La conductibilité de l'acide camphorique est très faible, comparée à celle de l'acide malonique par exemple. Elle se rapproche de celle de l'acide sébacique. Pour l'acide camphorique, $K = 0,00225$; pour l'acide sébacique, $K = 0,00234$; pour l'acide malonique, $K = 0,158$.

M. Ostwald en conclut que les deux carboxyles doivent être très éloignés les uns des autres [*Zeit. physik. Chem.*, **3**, 404].

Quand on soumet le camphorate de potassium à l'électrolyse, il se dégage au pôle positif de l'oxyde de carbone avec un peu d'acide carbonique et d'oxygène, tandis qu'au pôle négatif on constate la présence de l'hydrogène [Bourgoin, *J. Pharm. Chim.*, (4), **8**, 169].

Chauffé avec du chlorure d'acétyle, du chlorure de benzoyle ou de l'anhydride acétique, l'acide camphorique se transforme en anhydride (Anschütz, Maissen).

Action de la chaleur sur l'acide camphorique ou sur ses sels. — Chauffé, l'acide camphorique se scinde en eau et anhydride.

Fondu avec de la potasse, il se décompose en donnant les acides butyrique, pimélique $C^7H^{12}O^4$ et un acide $C^{10}H^{16}O^5$ [Hlaziwetz et Grabowsky, *Ann. Chem.*, **145**, 205].

Distillé avec de la chaux sodée, il se déshydrate d'abord et fournit l'anhydride; puis, lorsque la température s'élève, il passe de la phorone [V. Meyer, *D. chem. G.*, **3**, 117] :

$$C^{10}H^{14}O^3 = C^9H^{14}O + CO^2.$$

Cette réaction est identique à celle qui se produit quand on calcine le camphorate de calcium.

Le camphorate de cuivre se décompose à 200° suivant M. Moitessier, et au delà de 200° seulement d'après M. V. Meyer, en donnant un carbure C^8H^{14}, de l'acide carbonique et de l'anhydride camphorique :

$$C^{10}H^{14}O^4Cu = C^8H^{14} + 2CO^2 + Cu.$$

Ce carbure bout à 105-107° (Wreden) et est isomérique avec le tétrahydro-isoxylène.

Le camphorate de plomb, soumis à la distillation sèche, se scinde en phorone et anhydride camphorique [Boursein, *Jahresb. f. Chem.*, 1855, 470].

Action des déshydratants sur l'acide ou sur ses sels. — En distillant l'acide camphorique avec de l'acide phosphorique sirupeux, M. Gille observa la formation d'acide carbonique, d'oxyde de carbone et d'un carbure auquel il attribua la formule C^9H^{16} [*Dissert. inaug.*, Göttingen, 1872; *Gmelin's Handbuch*, **7**, 41].

D'après M. Berthelot [*Bull. Soc. Chim.*, (2), **11**, 106], ce carbure aurait pour formule C^8H^{14}.

M. Ballo trouve également qu'il est identique avec celui qu'on obtient en chauffant avec du chlorure de zinc le produit de l'action de l'ammoniaque sèche sur une solution alcoolique d'anhydride camphorique. Ce carbure répond à la formule C^8H^{14} et bout à 122-126°.

Le même composé C^8H^{14} prend naissance quand on chauffe le camphoramate d'ammonium avec de l'anhydride phosphorique. Il se forme en même temps des traces de nitrile camphorique et de camphoterpène, $C^{10}H^{32}$ [Ballo, *Ann. Chem.*, **197**, 323].

Wreden considère le carbure de M. Gille comme identique avec le tétrahydro-isoxylène bouillant à 119° [*Ann. Chem.*, **187**, 172].

L'acide sulfurique transforme l'acide camphorique en acide sulfocamphorique.

Action des oxydants. — Chauffé pendant longtemps avec de l'acide azotique, l'acide camphorique se convertirait, d'après M. Kachler [*Ann. Chem.*, **159**, 296], en acide camphoronique.

Oxydé au moyen du permanganate de potassium, il se décompose en acides gras $C^nH^{2n}O^2$ et $C^nH^{2n-2}O^2$ renfermant de 6 à 10 atomes de carbone, et en acides carbonique, acétique, butyrique et camphoronique [E. Tauber, *Dissert. inaug.*, Breslau, 1882, 32].

D'après M. Bamberger, l'acide camphorique résiste à une oxydation de 2 jours par le permanganate de potassium en solution bouillante [*D. chem. G.*, **23**, 218].

Suivant M. Brühl [*D. chem. G.*, **24**, 3406], l'acide camphorique réduit à la longue le nitrate d'argent ammoniacal, en donnant des produits qu'il a été impossible d'isoler. Chauffé à 280° avec du sulfate de cuivre anhydre, il se transforme en anhydride camphorique.

Action des réducteurs. — Une solution d'acide camphorique, abandonnée pendant plusieurs semaines avec de l'amalgame de sodium, ne subit aucune réduction [V. Meyer, *D. chem. G.*, **3**, 117].

Un mélange de zinc et d'acide sulfurique est également sans action sur cet acide [Wreden, *Ann. Chem.*, **163**, 323].

Action du brome. — Voyez ACIDE CAMPHANIQUE ou ANHYDRIDE OXYCAMPHORIQUE, Suppl., **1**, 395 et Suppl., **2**, I, 849.

Action des hydracides. — En chauffant en tube scellé, à 200°, pendant 6 heures, 8 grammes d'acide camphorique avec une solution concentrée d'acide iodhydrique bouillant à 127°, M. Weyl a obtenu 4 centimètres cubes d'un carbure C^9H^{18}, bouillant à 115-118°. Il s'est dégagé en même temps de l'acide carbonique.

Ce carbure se comporte comme un corps saturé; il ne se combine pas au brome et n'est attaqué que lentement par les agents oxydants. Oxydé au moyen du mélange chromique, il fournit un acide cristallisé en aiguilles blanches, insolubles dans l'eau, et paraissant appartenir à la série aromatique. L'auteur conclut de ses recherches et des propriétés générales de l'acide camphorique que cet acide a pour formule

$$C^9H^{14}O(OH)(CO^2H)$$

[*D. chem. G.*, **2**, 95].

MM. Berthelot et Wreden considèrent le carbure de M. Weyl comme ayant pour formule C^8H^{16} et Wreden le croit identique avec l'hexahydro-isoxylène. M. Ballo le regarde au contraire comme du méthylcampholène, C^9H^{13} . CH^3 [*loc. cit.*].

M. Berthelot, en faisant réagir à 270° 60 parties d'acide iodhydrique $(d = 2)$ sur 1 partie d'acide camphorique, a obtenu un carbure bouillant à 118-120°, qu'il considère comme de l'hydrure d'octyle, C^8H^{18}. La formation de ce carbure est accompagnée de celle d'acide carbonique, d'oxyde de carbone et d'hydrogène :

$$C^{10}H^{16}O^4 + 2H^2 = C^8H^{18} + CO^2 + CO + H^2O.$$

Cet hydrure d'octyle résiste à l'action de l'acide azotique fumant et froid, à l'acide sulfurique fumant et tiède, au brome froid [*Bull. Soc. Chim.*, (2), **11**, 106].

Quand on chauffe à 200° 4 grammes d'acide camphorique avec 8 centimètres cubes d'acide iodhydrique $(d = 1,7)$, on obtient un carbure C^8H^{16} auquel Wreden donne le nom d'*hexahydroxylène*. Ce carbure bout à 117-120° [*Ann. Chem.*, **163**, 336; **187**, 157].

En chauffant pendant 12 heures à 200° un

mélange de 8 grammes d'acide camphorique et de 12 centimètres cubes d'acide iodhydrique distillé, on obtient deux carbures, dont l'un est constitué par le tétrahydro-isoxylène C^8H^{14} et l'autre par l'hexahydroxylène C^8H^{16} [*Ann. Chem.*, **187**, 171].

D'après Wreden, l'hydrure d'octyle de M. Berthelot serait de l'hexahydroxylène [*ibid.*, 160].

M. Berthelot [*Bull. Soc. Chim.*, (2), **26**, 146] maintient la formation du carbure C^8H^{16} dans les conditions où il a opéré.

En faisant agir l'acide iodhydrique sur l'acide camphorique, M. Friedel a observé, à côté d'un iodure qu'il n'a encore pu isoler à l'état de pureté, à raison de son peu de stabilité, un mélange d'hydrocarbures parmi lesquels se trouve comme produit principal l'hexahydroxylène de Wreden. Dans cette réaction, il se dégage en même temps de l'acide carbonique et de l'oxyde de carbone [*Bull. Soc. Chim.*, (3), **2**, 787].

Chauffé pendant plusieurs heures, à 100-120°, avec de l'acide acétique saturé d'acide bromhydrique, l'acide camphorique ne fournit point de produit d'addition. M. E. Bamberger en conclut que la molécule $C^{10}H^{16}O^4$ ne renferme point de double liaison [*D. chem. G.*, **23**, 218].

L'acide camphorique (7 grammes) chauffé à 200° pendant 10 ou 12 heures, avec 16 centimètres cubes d'acide chlorhydrique saturé à 0°, fournit un mélange de tétrahydro- et d'hexahydro-isoxylène [Wreden, *Ann. Chem.*, **187**, 170] :

$$C^{10}H^{16}O^4 = C^8H^{14} + CO + CO^2 + H^2O;$$
$$C^{10}H^{16}O^4 = C^8H^{16} + 2CO^2.$$

Quand on chauffe l'acide camphorique à 140° avec de l'acide chlorhydrique saturé à 0°, ou bien à 150-160° avec de l'acide iodhydrique ($d = 1,6$), on le convertit partiellement en acide mésocamphorique [Wreden, *Ann. Chem.*, **163**, 328].

L'acide camphorique se combine très lentement avec les alcools. La vitesse initiale d'éthérification du système alcool isobutylique–acide camphorique est égale à 9,56 et la limite d'éthérification n'est atteinte qu'après une chauffe de 500 heures. M. Menchoutkine en conclut que dans cette molécule les deux carboxyles sont unis à 2 atomes de carbone tertiaire, tels que les représente la formule de MM. V. Meyer et Ballo [*Beilstein's Handbuch*, **1**, 630].

Le camphorate acide d'aniline ne se convertit pas en camphoranilide quand on le fait bouillir avec l'eau. MM. Michael et Palmer concluent de là que l'acide camphorique appartient à la série fumarique, les sels acides d'aniline de la série maléique se transformant dans ces conditions en anilides [*Am. chem. Journ.*, **9**, 203].

ACIDE α-CAMPHORIQUE GAUCHE, $C^{10}H^{16}O^4$. — Cet acide constitue un produit d'oxydation des camphres de matricaire (Chautard), de valériane, de ngai, de Bang-Phién et de garance [A. Haller, *C. R.*, **103**, 64, 151; **104**, 68].

M. Jungfleisch l'a préparé en dédoublant l'acide racémocamphorique, obtenu en chauffant à 150-350° l'acide droit α avec un peu d'eau [*Bull. Soc. Chim.*, (2), **19**, 530 et **41**, 226].

Il possède les mêmes propriétés générales que l'acide droit. Il fond à 186°,2; son pouvoir rotatoire moléculaire en solution alcoolique (1 molécule = 1 litre) est égal à −46°,16-46°,33 (A. Haller).

Sa chaleur de combustion a été déterminée par M. Louguinine. Deux échantillons différents lui ont donné les valeurs 1 245 540 calories et 1 242 260 calories, qui ne diffèrent pas sensiblement de celle obtenue avec l'acide droit α [*C. R.*, **107**, 624].

100 parties de sa dissolution aqueuse renferment $6^g,95$ à 20°, et $7^g,98$ à 30° [Jungfleisch, *C. R.*, **110**, 791].

ACIDE α α-RACÉMOCAMPHORIQUE [Syn. *Acide paracamphorique*], $C^{10}H^{16}O^4$ ou $C^{20}H^{32}O^8$. — Cet acide a été obtenu pour la première fois par M. Chautard, en oxydant du camphre racémique ou en mélangeant poids égaux d'acide camphorique droit et d'acide camphorique gauche. Cet auteur a constaté que lorsqu'on mélange des solutions alcooliques saturées, la température s'élève de 30°, puis l'acide racémocamphorique se dépose sous la forme d'un précipité blanc [*C. R.*, **56**, 698; *Institut*, 1863, 134]. M. Chautard l'a encore obtenu en oxydant le camphre de lavande [*loc. cit.*].

M. Jungfleisch a montré que le même acide se forme quand on chauffe l'acide droit entre 150 et 350° avec un peu d'eau [*Bull. Soc. Chim.*, (2), **19**, 290, 350].

MM. Armstrong et Tilden, en oxydant le camphène préparé par l'action de l'acide sulfurique sur l'essence de térébenthine, ont obtenu un camphre inactif. Ce camphre oxydé à son tour fournit un acide camphorique, qui n'est autre que l'acide camphorique inactif par compensation [*Chem. Soc.*, **35**, 733].

M. A. Haller a constaté sa formation en oxydant le camphre de succin [*loc. cit.*].

Propriétés. — Cet acide se dépose de ses solutions en cristaux indistincts, qui, d'après M. Chautard, appartiennent au système du prisme clinorhombique et ne présentent pas traces d'hémiédrie.

Il fond à 204°,8-205°,5 [A. Haller, *C. R.*, **105**, 66], 201° (Armstrong et Tilden). Il est moins soluble que les acides droit et gauche. 100 parties d'eau ne dissolvent que 1 partie d'acide ; 100 parties d'alcool en dissolvent 33 parties, et 100 parties d'éther 28 parties. Il est encore moins soluble dans le chloroforme (Chautard).

La chaleur de combustion est égale à 2 504 560 calories pour la molécule $C^{20}H^{32}O^8$. Ce nombre est supérieur de 18 440 calories à la somme des chaleurs de combustion des molécules d'acide camphorique droit et gauche, dont la réunion l'a produit. Il suit de là que, dans la formation de 1 molécule d'acide racémocamphorique par la combinaison de 1 molécule d'acide droit et de 1 molécule d'acide gauche, il y a une absorption de chaleur égale à 18 440 calories [Louguinine, *C. R.*, **107**, 624].

Le *sel de baryum* cristallise sous la forme d'aiguilles prismatiques, exigeant environ 10 parties d'eau pour se dissoudre (Ch.).

ACIDE ISOCAMPHORIQUE GAUCHE (*acide β-camphorique gauche, acide gauche de transformation, acide lévo-transcamphorique*). — En soumettant l'acide mésocamphorique de Wreden à des cristallisations répétées dans l'eau, M. Friedel a constaté qu'il se sépare en petits cristaux durs et brillants, qui ont été obtenus purs à la suite d'une ou de deux cristallisations. Ce corps est un isomère de l'acide camphorique. Les eaux mères renferment de l'acide camphorique et une certaine quantité d'acide mésocamphorique, qui peut à son tour être dédoublé par cristallisation dans l'eau [*C. R.*, **108**, 978]. La séparation peut se faire plus rapidement en chauffant l'acide mésocamphorique au bain d'huile à 210° pendant quelques heures. L'acide camphorique se transforme à cette température en anhydride; mais il n'en est pas ainsi de l'acide isocamphorique, qui ne subirait cette transformation qu'à 230-240°. Lorsque toute l'eau s'est dégagée, on broie la matière et on la fait digérer avec une solution de carbonate de sodium : l'acide isocamphorique se dissout, tandis que l'anhydride camphorique reste inaltéré. Il suffit de filtrer la solution, de précipiter par un acide et de faire cristalliser [Friedel, *Communication particulière*].

M. Marsh [*Chem. News*, **60**, 307] l'a préparé plus tard en ajoutant peu à peu le chlorure de camphoryle dérivé de l'acide camphorique droit à 10 fois son poids d'eau chaude. Dans ces conditions, il se forme à peu près parties égales d'anhydride camphorique et d'acide isocamphorique gauche. Il se produit en même temps de petites quantités d'acide mésocamphorique plus soluble dans l'eau. Le mélange d'anhydride et d'acide isocamphorique est traité à froid par une solution de carbonate de sodium qui dissout immédiatement l'acide et laisse l'anhydride. La liqueur acidulée fournit l'acide iso.

On peut aussi retirer cet isomère de l'acide mésocamphorique. Il suffit de soumettre ce dernier à l'action du chlorure d'acétyle qui convertit l'acide camphorique droit en anhydride, tandis que l'acide gauche iso reste inattaqué [Marsh, *loc. cit.*].

Enfin, M. Jungfleisch [*C. R.*, **110**, 792] fait évaporer lentement une solution éthérée d'acide mésocamphorique. Il obtient ainsi deux sortes de cristaux : en premier lieu, de l'acide droit ordinaire ; un peu plus tard, des cristaux volumineux nets et limpides ; ces derniers, qui sont une combinaison d'acide gauche iso et d'éther, deviennent très rapidement opaques à l'air en perdant de l'éther, et sont ainsi faciles à distinguer et à isoler mécaniquement. On peut aussi traiter l'acide mésocamphorique par un mélange d'éther et de chloroforme, qui dissout plus facilement l'acide gauche iso que l'acide droit.

Propriétés. — Les cristaux d'acide isocamphorique gauche fondent très nettement à 172°,5 (Friedel), 170° (Marsh). Leur forme, assez variable d'aspect général suivant les conditions de la cristallisation, est celle de petits octaèdres à base carrée, modifiés par les faces du prisme sur les angles et quelquefois de l'octaèdre tangent sur le premier, ou de longs prismes paraissant formés de chapelets d'octaèdres et toujours terminés par les faces de l'octaèdre.

On l'obtient aussi parfois, par cristallisation dans des liqueurs chaudes, en lames rectangulaires appartenant au type orthorhombique et dans lesquelles, en lumière convergente, on voit les lemniscates et les hyperboles des substances orthorhombiques. Ces lames sont peu stables et se transforment, au bout d'un certain temps de contact avec leur eau mère, en octaèdres groupés. Sorties de l'eau, elles deviennent rapidement opaques. Dissoutes à chaud, elles fournissent par refroidissement les octaèdres ou les aiguilles quadratiques. Cet acide est donc dimorphe.

Il est moins soluble que l'acide droit. 100 grammes d'eau à 15°,5 en dissolvent 0ᵍʳ,38 (Friedel). D'après M. Jungfleisch, 100 parties de la dissolution renferment : à 10°, 2ᵖ,30 ; à 20°, 2ᵖ,65 ; à 30°, 3ᵖ,20 ; à 40°, 4ᵖ,23 ; à 50°, 6ᵖ,35 ; à 60°, 9ᵖ,25 ; à 70°, 13ᵖ,22 ; à 80°, 18ᵖ,96 [*C. R.*, **110**, 791].

L'acide isocamphorique est lévogyre ; son pouvoir rotatoire est égal à celui de l'acide droit : $[\alpha]_D = - 46°$ en solution alcoolique (Friedel) ; $[\alpha]_D = - 48°,09$ (Marsh)

Chauffé à 180-190° pendant 48 heures, avec un dixième de son poids d'eau, il se convertit en acide mésocamphorique. Il se produit donc un équilibre entre l'acide camphorique droit et l'acide isocamphorique gauche, et cet équilibre semble être déterminé par la neutralité de l'acide.

L'acide isocamphorique, comme l'acide droit α, fournit un *anhydride* ; lorsqu'on le chauffe, il fond d'abord et reste quelque temps sans perdre de l'eau ; puis, si l'on élève la température jusqu'à

230-240°, il se met à bouillonner en dégageant de l'eau et finit par distiller sans autre décomposition vers 305° (Friedel), 294° (Marsh). La préparation de cet anhydride par la méthode de M. Anschütz, au moyen du chlorure d'acétyle, ne réussit pas (Marsh) ou ne réussit qu'après une réaction très prolongée (Friedel).

L'anhydride fond à 221°, c'est-à-dire à une température voisine de celle indiquée pour l'anhydride de l'acide droit α. Chauffé avec de la potasse, il se transforme en un acide ayant le pouvoir rotatoire droit et dont les cristaux ressemblent non à ceux de l'acide isocamphorique, mais à ceux de l'acide camphorique droit, et fondent, après trois cristallisations, à 181°. Leur pouvoir rotatoire se rapproche de celui de l'acide droit (Friedel). Les anhydrides des deux acides sont donc identiques.

Le *sel de baryum* de l'acide isocamphorique gauche est très soluble, mais amorphe, tandis que le camphorate de baryum droit cristallise (Marsh).

ACIDE ISOCAMPHORIQUE DROIT (*acide β-camphorique droit, acide dextro-transcamphorique*). — M. Jungfleisch l'a obtenu en chauffant l'acide camphorique gauche de matricaire avec de l'eau. L'acide optiquement neutre ainsi préparé ressemble beaucoup à l'acide mésocamphorique. On l'a soumis au même dédoublement que l'acide méso dérivé de l'acide camphorique droit, et on a isolé un acide isocamphorique à propriétés identiques à celles de l'acide iso gauche, à l'exception du pouvoir rotatoire qui est de signe contraire [*C. R.*, **110**, 792].

ACIDE MÉSOCAMPHORIQUE (*Acide camphoracémique* ou *racémocamphorique* $\overset{+}{\alpha}\overset{-}{\beta}$). — Wreden a constaté la formation de cet acide quand on chauffe 5 grammes d'acide camphorique droit avec 30 centimètres cubes d'acide iodhydrique (d = 1,6) à 150-160°. Il se produit encore quand on chauffe pendant 30 heures, à 140°, 5 grammes d'acide camphorique droit avec 20 centimètres cubes d'une solution d'acide chlorhydrique saturé à froid [*Ann. Chem.*, **163**, 327].

M. Kachler l'a trouvé parmi les produits de l'action de l'acide sulfurique sur l'anhydride camphorique [*Ann. Chem.*, **169**, 179], et dans les eaux mères provenant de la préparation de l'acide camphorique au moyen du camphre et de l'acide azotique [*ibid.*, **191**, 146].

M. Jungfleisch [*loc. cit.*] a montré que cet acide prend naissance, en même temps que l'acide paracamphorique ou racémocamphorique $\overset{+}{\alpha}\overset{-}{\alpha}$, quand on chauffe l'acide camphorique droit, additionné d'un dixième de son poids d'eau, à 150-350°. De même que Wreden, M. Jungfleisch considère l'acide mésocamphorique comme de l'acide camphorique inactif véritable. M. Friedel, en reprenant l'étude de cet acide, a fait voir qu'il est constitué par un mélange à poids égaux d'acide isocamphorique gauche et d'acide α-camphorique droit.

M. Friedel prépare cet acide en chauffant à 180-190° l'acide camphorique droit, additionné d'un peu d'eau acidulée par l'acide chlorhydrique ou d'eau seulement. Lorsqu'on reprend par l'eau chaude le mélange des acides ainsi obtenus, on voit le plus souvent se déposer par le refroidissement un excès d'acide droit, puis se produire très lentement des mamelons formés de fines aiguilles, qui peuvent être séparés mécaniquement, ou qu'on obtient seuls si l'on décante la liqueur à temps avant le dépôt.

En mélangeant poids égaux d'acide isocamphorique gauche et d'acide α-camphorique droit, M. Friedel est arrivé à reproduire l'acide mésocamphorique [*C. R.*, **108**, 978. — Jungfleisch, *Bull. Soc. Chim.*, (3), **1**, 593].

M. Marsh a constaté la formation de cet acide en traitant par l'eau le chlorure de camphoryle dérivé de l'acide camphorique droit. Il l'a également obtenu en mélangeant parties égales d'acide droit α et d'acide gauche β [*loc. cit.*].

Propriétés. — Fines aiguilles groupées en mamelons. Cet acide fond sous l'eau, et lorsqu'on l'a simplement séché à l'air sec, il fond à des températures qui se rapprochent de celle indiquée par Wreden (113°), mais qui ne sont pas fixes. Lorsqu'on le sèche à l'étuve, son point de fusion s'élève tout en restant variable, et la fusion complète n'a lieu qu'assez haut au-dessus du ramollissement de la matière. C'est ainsi qu'on a observé des points de fusion variant de 130 à 140°, 150° et même au-dessus. En le soumettant à des cristallisations répétées, on arrive à le dédoubler en acides isocamphorique gauche et α-camphorique droit (Friedel).

L'acide mésocamphorique est plus soluble dans l'eau que l'acide droit α.

Il se dissout dans l'acide sulfurique sans se transformer en anhydride. Sous l'influence de la chaleur, le mélange donne de l'acide sulfocamphorique.

Chauffé, l'acide mésocamphorique se convertit en anhydride camphorique ordinaire. On peut, comme il a été dit plus haut, en le chauffant à 210°, transformer en anhydride l'acide camphorique qu'il renferme. sans toucher à l'acide isocamphorique (Friedel). Lorsqu'on le chauffe pendant plusieurs semaines avec de l'eau et un peu d'acide chlorhydrique, il reprend la forme cristalline, la solubilité et le point de fusion de l'acide droit α, mais reste inactif (?) (Wreden).

Traité par le chlorure d'acétyle, l'acide mésocamphorique se dédouble en anhydride camphorique, insoluble dans le carbonate de sodium, et acide isocamphorique gauche [Marsh, *loc. cit.*]

Le *mésocamphorate de calcium* cristallise en petites lamelles renfermant de l'eau de cristallisation.

ACIDE MÉSOCAMPHORIQUE $\overset{-}{\alpha}\overset{+}{\beta}$. — Cet acide a été obtenu par M. Jungfleisch en chauffant l'acide camphorique gauche de matricaire avec de l'eau. Il possède les mêmes propriétés que l'acide méso $\overset{+}{\alpha}\overset{-}{\beta}$ et se dédouble en acide α-camphorique gauche et acide β-isocamphorique droit.

ACIDE RACÉMO-ISOCAMPHORIQUE $\overset{+}{\beta}\overset{-}{\beta}$. — Cet acide, qui présente vis-à-vis des acides isocamphoriques droit et gauche les mêmes rapports que l'acide $\overset{+}{\alpha}\overset{-}{\alpha}$-racémocamphorique présente vis-à-vis des acides α-camphoriques droit et gauche, a été préparé par M. Jungfleisch, en mélangeant parties égales d'acides isocamphoriques droit et gauche [*C. R.*, **110**, 793].

L'aspect de cet acide rappelle celui des deux acides mésocamphoriques.

ACIDE CAMPHORIQUE INACTIF PAR CONSTITUTION (??). — En saponifiant par la potasse bouillante l'éther paracamphorique, M. Chautard a obtenu un acide pulvérulent. incristallisable. d'une insolubilité à peu près complète dans les dissolvants usuels. Il forme avec les bases alcalines des combinaisons non cristallines : celle qui se forme avec l'ammoniaque est très soluble et se décompose lorsqu'on concentre la solution. Cet acide est fusible et se sublime en perdant de l'eau. tandis qu'une autre partie se décompose. Son pouvoir rotatoire est nul [*C. R.*, **56**, 698].

FONCTION ET CONSTITUTION DE L'ACIDE CAMPHORIQUE. — SES ISOMÈRES PHYSIQUES ET STÉRÉOCHIMIQUES.

FONCTION. — Deux théories sont en présence concernant la fonction de cette molécule.

L'une consiste à envisager l'acide camphorique comme un acide dicarboxylique, $C^8H^1 (CO^2H)^2$, et elle est admise par la plupart des auteurs qui se sont occupés de l'étude de cet acide. Les divergences ne portent que sur la constitution du noyau C^8H^{14}.

Les circonstances dans lesquelles il se produit, sa bibasicité, la propriété qu'il possède de donner naissance à un anhydride, à un chlorure, à une diamide, à une imide, régénérant tous l'acide camphorique sous l'influence des alcalis, son dédoublement en acide carbonique et en un carbure C^8H^{14} quand on calcine son sel de cuivre, la résistance qu'il oppose aux agents réducteurs, l'analogie qu'il présente avec les acides subérique et biphénique, sont autant de faits qui militent en faveur de cette hypothèse.

D'après l'autre théorie, l'acide camphorique posséderait la triple fonction acide, acétone et alcool et pourrait être représenté par la formule

$$C^9H^{14}O(OH)(CO^2H)$$

[Weyl, *D. chem. G.*, **1**, 95. — Friedel, *Bull. Soc. Chim.*, (3), **60**, 133].

La propriété qu'il possède de donner un dérivé iodé sous l'influence de l'acide iodhydrique, l'existence de 2 éthers monoéthyliques différents (Friedel), la faible acidité des camphorates acides de bornyle dont les sels alcalins sont décomposés par l'acide carbonique (A. Haller), la réaction suivant laquelle il donne naissance à de l'acide sulfocamphorique, réaction analogue à celle qui se passe quand on traite les acides lactique et citrique par l'acide sulfurique, etc., semblent venir à l'appui de cette seconde hypothèse.

CONSTITUTION. — On a proposé de nombreuses formules de constitution de l'acide camphorique. Chacune d'elles est basée sur un nombre plus ou moins restreint de réactions étudiées par leurs auteurs, et se déduit d'une formule du camphre.

De toutes les formules qui en font un acide dicarboxylé, nous ne citerons que les plus usitées.

M. V. Meyer [*D. chem. G.*, **3**, 118], ayant constaté que l'acide camphorique n'est pas réduit par l'amalgame de sodium et que son éther n'est pas attaqué par le chlorure d'acétyle, représente l'acide camphorique par la formule

$$\begin{array}{c}
C^3H^7 \\
| \\
CH^2-C-CO^2H \\
| \qquad | \\
CH^3-C-CO^2H \\
| \\
CH^3
\end{array}$$

Cette formule a été adoptée par MM. Ballo [*D. chem. G.*, **14**, 337], J. Bredt [*Ann. Chem.*, **226**, 249], Wallach [*ibid.*, **230**, 249].

M. Kekulé déduit la formule de l'acide camphorique de celle du camphre lui-même et le considère comme un corps à chaîne ouverte [*D. chem. G.*, **6**, 932] :

$$\begin{array}{c}
C^3H^7 \\
| \\
CH \\
\diagup \qquad \diagdown \\
H^3C \qquad\quad CO^2H \\
| \\
HC \qquad\quad CO^2H \\
\diagdown\!\!\diagdown \quad \diagup \\
C \\
| \\
CH^3
\end{array}$$

L'inaptitude de l'acide camphorique à s'unir à l'acide bromhydrique, la résistance qu'il oppose au permanganate de potassium, semblent prouver qu'il ne renferme pas de double liaison [Bamberger, *D. chem. G.*, **23**, 218].

La formule de M. Kekulé permet d'interpréter la réaction de MM. Hlasiwetz et Grabowsky (formation d'acide pimélique sous l'action de la potasse fondante).

Wreden émet l'hypothèse que le carbure C^8H^{14} de M. Moitessier est de l'éthyltétrahydrobenzène ; il en conclut que l'acide camphorique droit peut être envisagé comme de l'acide tétrahydroéthylbenzène-dicarbonique.

Quant aux acides inactifs, il admet qu'ils ont pour noyau le tétrahydro-isoxylène qui en dérive par réduction au moyen de l'acide iodhydrique, et il les appelle *acides tétrahydro-isoxylène-dicarboniques* :

$$C^6H^9 <^{C^2H^5}_{(CO^2H)^2} \qquad C^6H^8 <^{(CH^3)^2}_{(CO^2H)^2}$$

[*D. chem. G.*, **10**, 714 ; *Ann. Chem.*, **187**, 177].

M. Friedel, pour les raisons que nous avons signalées plus haut, envisage l'acide camphorique comme un acide-acétone-alcool et lui attribue la formule de constitution

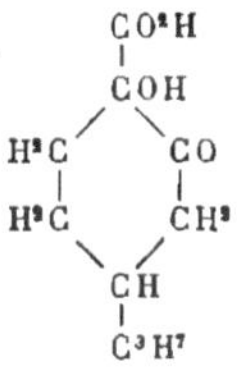

$$\begin{array}{c} CO^2H \\ | \\ COH \\ /\quad\backslash \\ H^2C\qquad CO \\ |\qquad\quad| \\ H^2C\qquad CH^3 \\ \backslash\quad/ \\ CH \\ | \\ C^3H^7 \end{array}$$

Citons enfin pour mémoire les formules proposées par M. Kachler [*Ann. Chem.*, **169**, 192], par M. Hlasiwetz [*D. chem. G.*, **3**, 544], par M. Armstrong [*ibid.*, **11**, 1698], par M. Marsh [*Chem. News*, **60**, 307-309].

Toutes ces formules, sauf celle de M. Kekulé, supposent à l'acide camphorique un noyau formé de 4 ou de 6 atomes de carbone. Or, d'après M. H. Schiff, l'acide amidocamphorique n'est pas susceptible de donner avec le furfurol la coloration rouge caractéristique que donnent les acides aromatiques amidés [*Beilstein's Handbuch*, **1**, 631]. Cette observation n'a pas une grande importance, car les noyaux polyméthyléniques se comportent à bien des égards comme des chaînes grasses saturées.

ISOMÉRIES PHYSIQUES ET STÉRÉOCHIMIQUES. — Dans ce qui suit, nous allons nous servir de la formule de M. V. Meyer d'une part, et de celle de M. Friedel d'autre part, car elles semblent concilier le plus grand nombre des faits. Elles ont en outre l'avantage d'admettre l'existence de 2 atomes de carbone asymétriques, ce qui nous permet d'expliquer l'isomérie des différents acides.

Ainsi que nous l'avons exposé au commencement de cet article, on peut diviser les acides camphoriques actifs en 2 groupes bien distincts : 1° les acides α-camphoriques droit et gauche, dont les anhydrides sont susceptibles de régénérer l'acide avec ses propriétés physiques et chimiques primitives ; ils sont stéréo-isomériques et énantiomorphes entre eux et correspondent aux α-camphols stables ; 2° les acides isocamphoriques ou β-camphoriques, dont les anhydrides régénèrent l'acide α-camphorique de pouvoir rotatoire contraire. Ces acides, stéréo-isomériques et énantiomorphes entre eux, sont seulement stéréo-isomériques avec les acides α ; ils ont comme analogues les camphols instables ou β-camphols.

Les acides α peuvent être représentés par des formules dont l'une est l'image de l'autre :

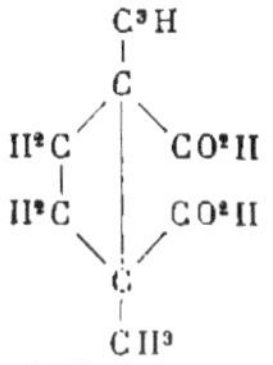

$$\begin{array}{cc} \begin{array}{c} C^3H \\ | \\ C \\ /\quad\backslash \\ H^2C\qquad CO^2H \\ |\qquad\quad| \\ H^2C\qquad CO^2H \\ \backslash\quad/ \\ C \\ | \\ CH^3 \end{array} & \begin{array}{c} H^7C^3 \\ | \\ C \\ /\quad\backslash \\ HO^2C\qquad CH^3 \\ |\qquad\quad| \\ HO^2C\qquad CH^2 \\ \backslash\quad/ \\ C \\ | \\ H^3C \end{array} \\ \text{Acide droit α.} & \text{Acide gauche α.} \end{array}$$

ou

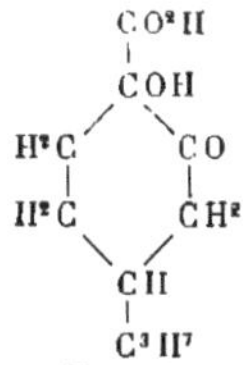

$$\begin{array}{cc} \begin{array}{c} CO^2H \\ | \\ COH \\ /\quad\backslash \\ H^3C\qquad CO \\ |\qquad\quad| \\ H^2C\qquad CH^2 \\ \backslash\quad/ \\ CH \\ | \\ C^3H^7 \end{array} & \begin{array}{c} HO^2C \\ | \\ HOC \\ /\quad\backslash \\ OC\qquad CH^2 \\ |\qquad\quad| \\ H^3C\qquad CH^2 \\ \backslash\quad/ \\ HC \\ | \\ H^7C^3 \end{array} \\ \text{Acide droit α.} & \text{Acide gauche α.} \end{array}$$

Les acides β présentent l'un vis-à-vis de l'autre les mêmes rapports que les acides α ; mais ils diffèrent de ces derniers par une autre orientation d'un groupement carboxylique uni à un des atomes de carbone asymétrique :

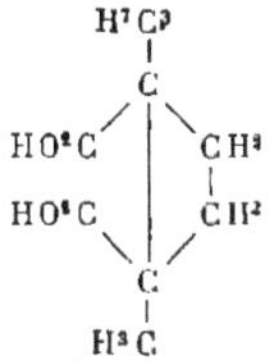

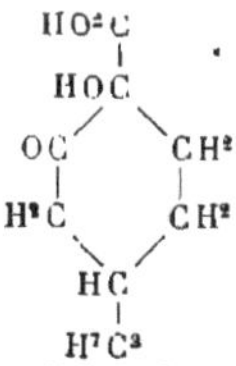

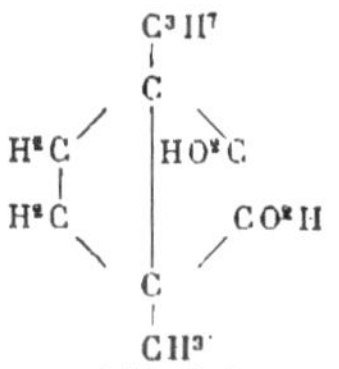

$$\begin{array}{cc} \begin{array}{c} C^3H^7 \\ | \\ C \\ /\quad\backslash \\ H^2C\qquad HO^2C \\ |\qquad\quad| \\ H^2C\qquad CO^2H \\ \backslash\quad/ \\ C \\ | \\ CH^3 \end{array} & \begin{array}{c} H^7C^3 \\ | \\ C \\ /\quad\backslash \\ CO^2H\qquad CH^2 \\ |\qquad\quad| \\ HO^2C\qquad CH^2 \\ \backslash\quad/ \\ C \\ | \\ H^3C \end{array} \\ \text{Acide droit β.} & \text{Acide gauche β.} \end{array}$$

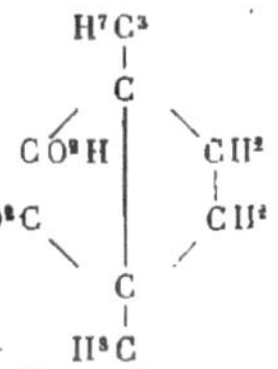

ou

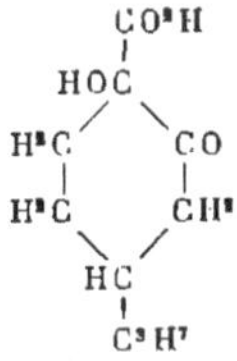

$$\begin{array}{cc} \begin{array}{c} CO^2H \\ | \\ HOC \\ /\quad\backslash \\ H^2C\qquad CO \\ |\qquad\quad| \\ H^2C\qquad CH^2 \\ \backslash\quad/ \\ HC \\ | \\ C^3H^7 \end{array} & \begin{array}{c} HO^2C \\ | \\ COH \\ /\quad\backslash \\ OC\qquad CH^2 \\ |\qquad\quad| \\ H^2C\qquad CH^2 \\ \backslash\quad/ \\ CH \\ | \\ H^7C^3 \end{array} \\ \text{Acide droit β.} & \text{Acide gauche β.} \end{array}$$

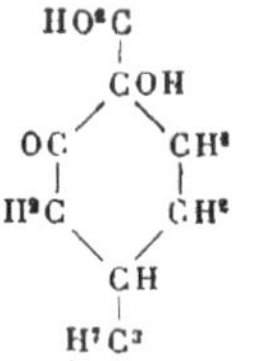

En adoptant la nomenclature proposée par M. Baeyer pour distinguer les acides hydrotéréphtaliques et en comparant les acides camphoriques et isocamphoriques aux acides maléique et fumarique, on peut, comme l'a proposé M. Marsh [*loc. cit.*], appeler les premiers des acides *cis*-camphoriques droit et gauche et les seconds des acides *trans*-camphoriques droit et gauche.

Il est facile de comprendre qu'au lieu de ces formules planes qui n'ont pas pour but d'exprimer la configuration de la molécule dans l'espace, on peut en imaginer d'autres où chaque atome de carbone est représenté par un tétraèdre et dans lesquelles l'orientation des éléments peut être figurée.

CAMPHORATES.

La plupart des camphorates métalliques ont été décrits Dict., **1**. 716. Un certain nombre de ces sels ont fait l'objet de nouvelles études [Kemper, *Arch. Pharm.*, (2), **17**, 23. — Fittig, *Ann. Chem.*, **112**, 309 ; *Jahresb. f. Chem.*, 1866, 440].

M. W. Hartmann en a préparé également un

certain nombre dans le but d'en déterminer le pouvoir rotatoire moléculaire [*Dissert. inaug.*, Berlin, 1887; *D. chem. G.*, **21**, 221].

Camphorate d'ammonium, $C^{10}H^{14}O^4(AzH^4)^2$. — Le pouvoir rotatoire de ce sel en dissolution dans l'eau varie suivant le degré de concentration. La formule $[\alpha]_D = + 30°,689 - 0,14242\,q$, dans laquelle q représente la quantité de dissolvant pour 100, permet de calculer le pouvoir rotatoire du sel, quelle que soit la concentration. Pour le sel anhydre, on a $[\alpha]_D = + 30°,69$, et pour $q = 100$, $[\alpha]_D = 16°,45$.

Camphorate de potassium. — $[\alpha]_D = + 27°,075 - 0,13994\,q$ à 20°; pour le sel anhydre, $[\alpha]_D = 27°,07$. Pour $q = 100$, $[\alpha]_D = 13°,08$.

Camphorate de sodium, $C^{10}H^{14}O^4Na^2$. — $[\alpha]_D = 36°,066 - 0,21288\,q$ à 20°. Pour le sel anhydre, $[\alpha]_D = + 36°,07$. Pour $q = 100$, $[\alpha]_D = 14°,78$.

Camphorate de lithium, $C^{10}H^{14}O^4Li^2$, $5H^2O$. — Poudre soluble dans 1 partie d'eau (Kemper, W. Hartmann); $[\alpha]_D = + 41°,007 + 0,23257\,q$ à 20°. D'où pour le sel anhydre, $[\alpha]_D = 41°,01$, et pour $q = 100$, $[\alpha]_D = 17°,75$.

Camphorate de baryum, $C^{10}H^{14}O^4Ba$, H^2O. $[\alpha]_D = + 23°,888 - 0,129809\,q$ à 20°. D'où l'on tire pour le sel anhydre $[\alpha]_D = 23°,89$, et pour $q = 100$, $[\alpha]_D = 10°,9$.

Il existe un sel $(C^{10}H^{14}O^4)^2Ba$, $2H^2O$ qui se présente sous la forme de prismes solubles dans 120 parties d'eau froide et dans 50 parties d'eau bouillante (Kemper) et un autre sel neutre $C^{10}H^{14}O^4Ba$, $4,5H^2O$ qui cristallise en aiguilles solubles dans 1 partie d'eau.

Camphorates de calcium. — 1° $C^{10}H^{14}O^4Ca$, $4,5H^2O$. Sel soluble dans 12 ou 15 parties d'eau.

2° $C^{10}H^{14}O^4Ca$, $7H^2O$. Croûtes cristallines. $[\alpha]_D = + 28°,733 - 0,12276\,q$ à 20°. D'où pour le sel anhydre, $[\alpha]_D = 28°,73$, et pour $q = 100$, $[\alpha]_D = 16°,48$.

3° Il existe encore un camphorate répondant à la formule $(C^{10}H^{14}O^4)^3Ca$, $2C^{10}H^{14}O^4Ca$, $8H^2O$ (Kemper).

Camphorate de magnésium,

$$C^{10}H^{14}O^4Mg, 7,5H^2O.$$

— Tables minces, solubles dans 2°,5 d'eau à 20°. Ce sel cristallise aussi avec $12H^2O$ et $13,5H^2O$ (Kemper).

$[\alpha]_D = 36°,653 - 0,18779\,q$ à 20°: d'où pour le sel sec, $[\alpha]_D = 36°,65$, et pour $q = 100$, $[\alpha]_D = 17°,87$.

Camphorate de zinc, $C^{10}H^{14}O^4Zn$. — Poudre difficilement soluble (Kemper).

Camphorate de strontium,

$$C^{10}H^{14}O^4Sr, 6H^2O,$$

— Ce sel est soluble dans l'eau et cristallise par évaporation.

Les *camphorates de manganèse, de fer, de mercure* et *de nickel* ne sont pas cristallisables [J. H. Manning et W. Edwards, *Am. Journ.*, **10**, 233; *D. chem. G.*, **21**, *Ref.*, 613].

Camphorate d'éthyle droit (Dict., **1**. 717). — En chauffant pendant plusieurs jours à 100°, en tube scellé, du camphorate d'éthyle neutre avec du chlorure d'acétyle, M. V. Meyer a constaté qu'aucune réaction n'avait eu lieu. L'eau précipite l'éther camphorique intact [*D. chem. G.*, **3**, 118].

M. Friedel a obtenu cet éther par double décomposition entre le camphorate d'argent et l'iodure d'éthyle, et constaté qu'il fournit par saponification un camphorate acide d'éthyle différent de celui qui se forme par l'action de l'acide chlorhydrique sur une solution alcoolique d'acide camphorique [*Bull. Soc. Chim.*, (2), **50**, 133].

M. Brühl [*D. chem. G.*, **24**, 3409] le prépare en saturant de gaz chlorhydrique une solution d'acide camphorique dans l'alcool absolu; on étend ensuite d'eau : l'huile qui se sépare est recueillie et chauffée avec un mélange d'éthylate de sodium et de bromure d'éthyle.

On obtient ainsi une huile à peine jaunâtre, douée d'une faible odeur aromatique et bouillant à 285-286° sous 750 millimètres.

Le brome est sans action sur l'éther camphorique à la température ordinaire. Il le décompose à 120°, suivant l'équation

$$C^8H^{14}(CO^2C^2H^5)^2 + Br^2$$
$$= 2\,C^2H^5Br + C^8H^{14} < \genfrac{}{}{0pt}{}{CO}{CO} > O + O.$$

Camphorate acide d'éthyle [Brühl, *loc. cit.*]. — C'est le produit qui prend naissance par l'action du gaz chlorhydrique sur une solution alcoolique d'acide camphorique : on le précipite par l'eau et on le purifie par dissolution dans la soude et précipitation par un acide.

Sirop jaunâtre, inodore, que le chlorure d'acétyle décompose à 100° avec formation de chlorure d'éthyle, d'acide acétique et d'anhydride camphorique.

Paracamphorate d'éthyle. — On fait bouillir un mélange de 10 parties d'acide paracamphorique, 20 parties d'alcool absolu et 5 parties d'acide sulfurique, et on étend d'eau. Il se sépare une huile qui n'est autre chose que de l'acide paracamphovinique.

Ce liquide, très visqueux, d'une odeur particulière, plus dense que l'eau, se décompose par la chaleur avec formation d'éther paracamphorique et d'acide paracamphorique anhydre. Ces deux corps sont séparés à l'aide de l'alcool bouillant qui, en se refroidissant, laisse déposer l'acide anhydre, tandis que l'éther retenu en dissolution peut, après filtration, être précipité par l'eau.

L'éther paracamphorique est une huile incolore, très odorante; il entre en ébullition à 270-275° et a pour densité 1,03 à 15° [Chautard, *C. R.*, **56**, 698].

Camphorates de bornyles. — Voyez CAMPHOLS.

ANHYDRIDES CAMPHORIQUES.

ANHYDRIDE CAMPHORIQUE DÉRIVÉ DE L'ACIDE DROIT α,

$$C^8H^{14} < \genfrac{}{}{0pt}{}{CO}{CO} > O$$

(voyez Dict., **1**, 717). — Cet anhydride s'obtient en chauffant l'acide camphorique avec du chlorure d'acétyle ou du chlorure de benzoyle jusqu'à ce qu'il ne se dégage plus d'acide chlorhydrique. On distille ensuite l'excès de chlorure, on précipite par l'eau et on fait cristalliser dans l'alcool bouillant ou dans le benzène [Anschütz, *D. chem. G.*, **10**, 1881; *Ann. Chem.*, **226**, 9].

M. Maisson le prépare en chauffant à l'ébullition de l'acide camphorique avec 1 molécule d'anhydride acétique et de l'acétate de sodium fondu. On précipite par l'eau et on fait cristalliser dans l'alcool [*D. chem. G.*, **13**, 1873; *Gazz. chim. ital.*, **10**, 280].

L'anhydride camphorique prend encore naissance quand on chauffe l'acide isocamphorique gauche [Friedel, *C. R.*, **108**, 978].

Il se forme également quand on chauffe l'acide mésocamphorique avec du chlorure d'acétyle [Marsh, *loc. cit.*].

MM. Kachler et Spitzer l'ont obtenu en reprenant par un acide la masse saline qui constitue le produit de l'action du sodium sur une dissolution de camphre dans des carbures secs et exempts d'oxygène.

Propriétés. — L'anhydride camphorique cristallise dans l'alcool bouillant en longues aiguilles indéterminables. En abandonnant les solutions à l'évaporation spontanée, on obtient des cristaux assez épais et courts appartenant au système orthorhombique. Ce sont des prismes de 120°25′, avec les faces *m* généralement très développées et les modifications g^1, h^1, $h\frac{5}{2}$, e^1 et a^2 [Montgolfier, *Ann. Chim. Phys.*, (5), **14**, 86]. Ce corps fond à 216-217° et bout au delà de 270°. Sa densité $= 1,194$ à 20°,5. Sa chaleur de combustion est égale à 1 241 994 calories [Louguinine, *C. R.*, **107**, 633]. Il est insoluble dans l'eau froide, un peu soluble dans l'eau bouillante, d'où il cristallise inaltéré [Friedel, *Communication particulière*], soluble dans 123 parties d'alcool à 95°, dans 48 parties d'éther à 14°. Le chloroforme et le benzène le dissolvent plus facilement (1 partie exige 17 parties de benzène à 14°).

En solution benzénique à 2,7 0/0, l'anhydride camphorique possède le pouvoir rotatoire $[\alpha]_D = -7°7'$ [Montgolfier, *loc. cit.*]. D'après de nouvelles recherches, en solution chloroformique ou benzénique à 2 et 4 0/0, il serait au contraire complètement inactif [W. Hartmann, *Dissert. inaug.*, Berlin, 1887, 17; *D. chem. G.*, **21**, 221]. M. Marsh a repris depuis le pouvoir rotatoire de l'anhydride, et a trouvé $[\alpha]_D = -3°,7$ en solution benzénique [*loc. cit.*].

L'anhydride camphorique, chauffé avec de la potasse, régénère l'acide camphorique droit avec ses propriétés primitives.

Avec l'hydroxylamine, il donne un produit résineux renfermant de l'azote et qui, au bout de quelques jours, se prend en cristaux [B. Lach, *D. chem. G.*, **16**, 1781].

Il se combine également à l'aniline et à la phénylhydrazine pour donner naissance aux acides camphoranilique et camphorophénylhydrazinique [Anschütz, *D. chem. G.*, **21**, 89].

Le zinc et l'acide acétique cristallisable ne le réduisent pas [Hasselhalle et Winzer, *Ann. Chem.*, **243**, 251].

En broyant 1 molécule d'anhydride camphorique avec 1 molécule de bioxyde de baryum et de l'eau, M. Brodie a obtenu une solution qu'il considéra comme renfermant le sel de baryum de l'acide peroxycamphorique et non le camphorate de peroxyde de baryum :

$$C^{10}H^{14}O^3 + BaO^2 = C^{10}H^{14}O^5Ba.$$

Cette solution décolore l'indigo, dégage du chlore quand on la traite par l'acide chlorhydrique, mais ne décolore point le permanganate de potassium. Sous l'influence de la chaleur, elle se dédouble en oxygène et camphorate de baryum [*Bull. Soc. Chim.*, (2), **1**, 44].

D'après M. Kingzett [*Chem. Soc.*, **45**, 93], il se formerait dans cette réaction du camphorate de baryum et de l'eau oxygénée et non du peroxyde de camphoryle.

En faisant agir l'anhydride camphorique sur le benzène en présence du chlorure d'aluminium, M. Burcker a obtenu un corps doué de propriétés acides et acétoniques, qui répond à la formule $C^{16}H^{20}O^3$. Séparé de la combinaison sodique à l'aide de l'acide chlorhydrique, il se présente sous la forme de lamelles cristallines très légères, solubles dans l'alcool absolu, l'éther, le chloroforme, l'acide acétique, assez difficilement solubles dans le benzène et à peu près complètement insolubles dans l'eau. Ce corps entre en fusion à 125-126° et ne reprend plus l'état cristallin quand on dépasse à peine la température de fusion. Il se dissout dans les lessives alcalines et donne des sels cristallisés de cobalt, nickel, cuivre, argent. C'est un acide monobasique.

Il se combine à la phénylhydrazine en donnant naissance à une combinaison jaune cristallisée.

L'auteur lui attribue l'une ou l'autre des deux formules

$$C<^{CO^2H}_{C^6H^5} \qquad\qquad C<^{COC^6H^5}_{OH}$$

L'insensibilité de cet acide vis-à-vis de l'orangé Poirrier n° 3 lui fait adopter de préférence la seconde formule [*Bull. Soc. Chim.*, (3), **4**, 113].

ANHYDRIDE DÉRIVÉ DE L'ACIDE RACÉMOCAMPHORIQUE. — M. Chautard, en soumettant à la distillation l'acide paracamphovinique, a obtenu du paracamphorate d'éthyle neutre et de l'anhydride paracamphorique. Ces deux corps sont séparés à l'aide de l'alcool bouillant, qui, en refroidissant, laisse déposer l'acide anhydre, tandis que l'éther retenu en dissolution peut, après filtration, être précipité par l'eau.

L'acide anhydre cristallise en petites aiguilles dans le chloroforme, qui en dissout environ 25 0/0. L'éther en retient 4 0/0 et l'alcool seulement 1,5 0/0. Sa composition et sa forme cristalline sont les mêmes que celles des acides anhydres droit et gauche [*C. R.*, **56**, 698].

MM. Armstrong et Tilden, en chauffant leur acide camphorique inactif fondant à 202°, et qui n'est autre que l'acide camphoracémique, ont obtenu un anhydride fondant à 223° [*D. chem. G.*, **12**, 1756].

CHLORURE DE CAMPHORYLE DÉRIVÉ DE L'ACIDE CAMPHORIQUE DROIT,

$$C^9H^{14}<^{CCl^2}_{CO}>O$$

(Winzer). — On chauffe pendant 8 ou 10 heures à 100° un mélange de 1 molécule d'acide camphorique et de 2 molécules de perchlorure de phosphore. L'action, très vive au début, est accompagnée d'un dégagement d'acide chlorhydrique. Quand le liquide ne laisse plus déposer par le refroidissement de cristaux d'acide camphorique anhydre, il suffit d'élever la température à 150° afin de chasser l'oxychlorure de phosphore; le chlorure de camphoryle reste dans la cornue [Moitessier, *Répert. Chim. pure*, **3**, 330].

M. Marsh a obtenu le chlorure de camphoryle pur en suivant le même procédé. Il rectifie le produit sous une pression de 15 millimètres [*Chem. News*, **60**, 307].

En chauffant 1 molécule d'anhydride camphorique avec 1 molécule de perchlorure de phosphore, M. Winzer a également obtenu du chlorure de camphoryle [Winzer, *Dissert. inaug.*, Leipzig, 1887, 7; *Ann. Chem.*, **257**, 299]. Après avoir chauffé le mélange pendant 2 jours, on distille dans le vide au bain-marie pour éliminer l'oxychlorure de phosphore, puis dans un courant d'air.

Propriétés. — Liquide incolore, distillant à 140° sous une pression de 15 millimètres. Il est plus lourd que l'eau et s'y décompose lentement à froid. La décomposition est plus rapide à chaud et donne naissance à l'anhydride camphorique, à l'acide isocamphorique gauche et à l'acide mésocamphorique [Marsh, *loc. cit.*].

D'après M. Friedel, cette décomposition ne serait pas complète à froid, même en présence de l'alcool. Les produits renfermeraient du chlore [*Bull. Soc. Chim.*, (2), **50**, 133].

La chaleur l'altère déjà à 106° (Moitessier). Vers 200°, il se décompose complètement en dégageant de l'acide chlorhydrique et en fournissant de l'anhydride et une huile épaisse à odeur de citron.

Le chlorure de camphoryle est lévogyre ; $[\alpha]_D =$ — 3° à — 3°,6. En solution dans le benzène, $[\alpha]_D =$ — 7°,1 à — 8°,3 [Marsh, *loc. cit.*].

Le gaz ammoniac sec et le carbonate d'ammonium le convertissent en camphoramide.

L'aniline l'attaque vivement et donne un composé solide qui paraît être la camphoranilide (Moitessier).

Chlorure de chlorocamphoryle,

$$C^{10} H^{13} Cl O^3 Cl^2.$$

— Ce chlorure prend naissance quand on chauffe l'acide camphorique avec un grand excès de perchlorure de phosphore, au bain de sable, dans un appareil à reflux [Marsh, *loc. cit.*].

DÉRIVÉS AMIDÉS.

CAMPHORAMATE D'AMMONIUM,

$$C^8 H^{14} {<}^{CO\,AzH^2}_{CO^2\,AzH^4}$$

(Dict., **1**, 718). — M. Ballo l'a préparé en faisant passer de l'ammoniaque sèche dans une solution refroidie d'anhydride camphorique dans l'alcool absolu. Au bout de quelque temps, il se dépose un corps cristallin, et si l'on abandonne le mélange à lui-même, il se prend au bout de 1 jour en une bouillie cristalline de camphoramate d'ammonium [*Ann. Chem.*, **197**, 330].

Ce corps, chauffé à 297-300°, dégage de l'ammoniaque et donne de la camphorimide.

Distillé avec du chlorure de zinc, il fournit un carbure $C^8 H^{14}$ auquel M. Ballo a donné improprement le nom de *campholène* et qui est un mélange de tétrahydroxylène et de camphoterpène $C^{20} H^{32}$, en même temps qu'il se dégage de l'acide carbonique et de l'oxyde de carbone.

Chauffé avec de l'anhydride phosphorique, il fournit des produits liquides et une petite quantité d'un corps cristallisé, à odeur d'acétonitrile, et que l'auteur considère comme du nitrile camphorique [*loc. cit.*, 335].

CAMPHORAMIDE (*camphoryldiamide*),

$$C^8 H^{14} (CO\,.\,AzH^2)^2$$

ou

$$C^8 H^{14} {<}^{C\,(AzH^2)^2}_{\diagdown}{>}_{CO}\,O$$

(Winzer). — Berzelius a préparé cette amide en distillant de l'anhydride camphorique dans un courant d'ammoniaque gazeuse. Laurent l'obtint en traitant par l'ammoniaque une solution d'anhydride dans l'alcool absolu (Dict., **1**, 719).

M. Moitessier l'a préparée en faisant agir le gaz ammoniac ou le carbonate d'ammonium sur le chlorure de camphoryle [*Répert. Chim. pure*, **3**, 330; *C. R.*, **52**. 871].

D'après M. Ballo, il ne se formerait point de camphoramide dans ces conditions [*Ann. Chem.*, **197**, 329].

L'amide obtenue par tous les auteurs qui précèdent se présente sous la forme d'une matière visqueuse, qui se concrète au bout de quelques semaines en une masse à cassure cristalline.

M. H. Winzer [*Dissert. inaug.*, Leipzig, 1887, 19], en faisant passer un courant d'ammoniaque sèche à travers une solution de camphorylmalonate d'éthyle dans de l'éther anhydre, a obtenu un précipité blanc qui, visqueux au début, s'attache aux parois du vase, puis se prend en une masse d'agrégats cristallins demi-sphériques. Le liquide

éthéré renferme de l'éther malonique :

$$C^8 H^{14} {<}^{C\,=\,C\,(C\,O^2 C^2 H^5)^2}_{\diagdown}{>}_{CO}\,O \quad +\ 2\,AzH^3$$

$$=\ C^8 H^{14} {<}^{C\,(AzH^2)^2}_{\diagdown}{>}_{CO}\,O \quad +\ CH^2\,(C\,O^2 C^3 H^5)^2.$$

La camphoramide de M. Winzer fond à 197-198° sans se décomposer; elle est insoluble dans l'éther, le chloroforme, le benzène et la ligroïne, très soluble dans l'eau. Les solutions dans l'alcool absolu, étendues de ligroïne, puis abandonnées dans le vide, fournissent de beaux prismes brillants et transparents.

Bouillie avec des lessives alcalines, la camphoramide dégage de l'ammoniaque et fournit de la camphorimide sans trace d'acide camphorique.

CAMPHORIMIDE [Syn. *Camphorylimide*]

$$C^8 H^{14} {<}^{CO}_{CO}{>}\,AzH \quad \text{(Ballo)}$$

ou

$$C^8 H^{14} {<}^{C\,=\,AzH}_{\diagdown}{>}_{CO}\,O \quad \text{(Winzer).}$$

— Obtenu d'abord par Laurent (Dict., **1**, 719), ce corps fut préparé de nouveau par M. Ballo [*Ann. Chem.*, **197**, 333] en soumettant le camphoramate d'ammonium à la distillation sèche.

M. J. Guareschi [*Bull. Soc. Chim.*, (2), **49**, 299] a constaté qu'elle prend naissance :

1° Lorsqu'on chauffe graduellement jusque vers 125°, pendant 6 ou 8 heures, un mélange de 10 grammes d'acide camphorique et de 3 grammes d'urée ;

2° Quand on chauffe à 170-175° un mélange d'anhydride camphorique et d'urée, ou d'acide camphorique et de sulfo-urée ou d'allylsulfourée : dans cette dernière réaction, il se forme en même temps de l'allylcamphorimide ;

3° Lorsqu'on porte à une température de 200° 1 partie de sulfocyanate d'ammonium ou de potassium avec 2 parties d'acide camphorique. Avec le sel de potassium, il se dégage un courant régulier d'oxysulfure de carbone.

M. Winzer [*Dissert. inaug.*, Leipzig, 1887, 21], en chauffant la camphoramide avec de la soude caustique, a également constaté la formation de l'imide. D'après cet auteur, le meilleur mode de préparation consiste à chauffer l'anhydride camphorique à 150-160° avec de l'ammoniaque alcoolique.

Cette imide cristallise dans l'alcool en lamelles ou en tables à 6 pans. Chauffée à l'air libre, elle émet des vapeurs vers 120°. Elle fond à 248-249° (Winzer), à 246-247° (Guareschi), à 180° en vase clos (Ballo). Chauffée rapidement, elle fond en un liquide incolore, qui se prend par le refroidissement en une masse cristalline.

L'alcool bouillant et les alcalis la dissolvent facilement. Elle est soluble dans le chloroforme et dans l'éther. Une solution aqueuse ou alcoolique de potasse bouillante ne l'attaque pas. Fondue avec les alcalis à 230°, elle dégage de l'ammoniaque et fournit de l'acide camphorique. Les différents réducteurs (étain et acide chlorhydrique, sodium et alcool) sont sans action sur cette imide (Damsky).

La camphorimide est lévogyre : $[\alpha]_D = — 10°,6$. Elle est très soluble dans l'éther et dans le chloroforme, et se dissout dans environ 150 parties d'eau à 15°.

Traitée par l'éthylate de sodium, elle donne naissance à un dérivé sodé, $C^{10}H^{14}Az O^3 Na$, qui, chauffé avec de l'éther monochloracétique, fournit de l'éther camphorimido-acétique [Haller et Arth, *C. R.*, **105**, 280].

L'acide azoteux est sans action sur une solution éthérée ou acétique de camphorimide.

Le *composé argentique*,

$$C^8 H^{14} < {}^{CO}_{CO} > Az Ag,$$

est un précipité blanc, cristallin, soluble dans l'acide nitrique, peu altérable à la lumière. Il est peu soluble dans l'eau bouillante.

Camphorochlorimide,

$$C^8 H^{14} < {}^{CO}_{CO} > Az Cl.$$

— On dissout 1 partie de camphorimide dans 100 ou 110 parties d'eau, on ajoute 1 centimètre cube d'acide acétique et 10 ou 11 centimètres cubes d'une solution concentrée d'hypochlorite de calcium; on filtre, on lave et on purifie par cristallisation dans l'eau bouillante.

On obtient de petits prismes incolores, fusibles à 115°,5. Ce corps réagit sur les amides aromatiques en donnant lieu à des réactions colorées [Guareschi, *loc. cit.*].

Camphoréthylimide,

$$C^8 H^{14} < {}^{CO}_{CO} > Az C^2 H^5$$

ou

$$C^8 H^{14} \diamond{\substack{C = Az C^2 H^5 \\ \\ CO}} O$$

— Cette imide se produit dans la distillation sèche du camphorate acide d'éthylamine. Le liquide qui distille à 274-575° se prend en masse par le refroidissement.

Elle prend encore naissance dans l'action du perchlorure de phosphore sur le camphorate d'éthylamine. Enfin, elle se forme quand on chauffe en tube scellé l'éthylimidocamphoréthylimide avec une solution concentrée d'acide chlorhydrique :

$$C^8 H^{14} < {}^{CO \underline{\quad}}_{C (Az C^2 H^5)} > Az C^2 H^5 + H^2 O$$
$$= C^{12} H^{19} Az O^3 + C^2 H^5 . Az H^2.$$

Cette imide cristallise dans l'alcool en beaux cristaux fondant à 49-50°. Le produit obtenu au moyen du camphorate acide d'éthylamine ne fond qu'à 43-44°. Elle est insoluble dans l'eau, soluble dans l'alcool, l'éther, le chloroforme et l'acide chlorhydrique concentré. L'eau la précipite inaltérée de la solution acide. Elle bout à 274-275° [Wallach et Kamenski, *Ann. Chem.*, **214**, 248].

CAMPHORIMIDOACÉTATE D'ÉTHYLE,

$$C^8 H^{14} < {}^{CO}_{CO} > Az . C H^2 . C O^2 C^2 H^5.$$

— On prépare ce composé en ajoutant à 1 molécule de camphorimide dissoute dans l'alcool 1 molécule d'éthylate de sodium, et en chauffant le tout avec de l'éther monochloracétique. Quand le mélange ne présente plus de réaction alcaline, on évapore et on reprend par l'éther. Cristaux durs, fondant à 86°, solubles dans l'éther et dans l'alcool [A. Haller et G. Arth, *C. R.*, **105**, 280].

ÉTHYLIMIDOCAMPHORÉTHYLIMIDE,

$$C^8 H^{14} < {}^{CO \underline{\quad}}_{C (Az C^2 H^5)} > Az C^2 H^5$$

[Wallach et Kamenski, *loc. cit.*]. — Ce corps prend naissance, en même temps que l'éthylcamphorimide, quand on fait agir à 200° le perchlorure de phosphore (3 mol.) sur 1 molécule de camphorate neutre d'éthylamine.

Le produit de la réaction est lavé à la potasse et dissous dans le chloroforme. Par évaporation de ce dissolvant, on obtient une huile qui distille de 280 à 286° et qui est constituée par un mélange de l'imidine et de l'éthylimide. On reprend par l'éther et on fait passer un courant d'acide chlorhydrique sec dans la dissolution. Le chlorhydrate d'imidine se dépose. On le lave avec de l'éther et on met la base en liberté au moyen d'un alcali :

$$C^8 H^{14} (C O^2 Az H^3 . C^2 H^5)^2 + 2 P Cl^5$$
$$= C^8 H^{14} (CO . Az H . C^2 H^5)^2 + 4 H Cl + 2 P O Cl^3;$$

$$C^8 H^{14} (CO . Az H . C^2 H^5)^2 + P Cl^5$$
$$= C^8 H^{14} < {}^{C Cl^2 . Az H . C^2 H^5}_{CO . Az H . C^2 H^5} + P O Cl^3;$$

$$C^8 H^{14} < {}^{C Cl^2 . Az H . C^2 H^5}_{CO . Az H . C^2 H^5}$$
$$= 2 H Cl + C^8 H^{14} < {}^{C (Az C^2 H^5)}_{CO \underline{\quad}} > Az C^2 H^5.$$

Pour justifier la formule de constitution qu'ils donnent à cette imidine, MM. Wallach et Kamensky l'ont préparée en faisant agir le perchlorure de phosphore sur l'éthylcamphorimide, distillant dans le vide pour éliminer l'oxychlorure formé, et faisant passer un courant d'éthylamine sur l'éthylcamphorimide chlorée ainsi produite. On reprend par l'eau, on ajoute de la potasse, puis de l'éther. La solution éthérée abandonne par évaporation une huile qui constitue la base cherchée :

$$C^8 H^{14} < {}^{CO}_{CO} > Az . C^2 H^5 + P Cl^5.$$
$$= C^8 H^{14} < {}^{C Cl^2}_{CO} > Az . C^2 H^5 + P O Cl^3;$$
$$C^8 H^{14} < {}^{C Cl^2}_{CO} > Az . C^2 H^5 + Az H^2 . C^2 H^5$$
$$= C^8 H^{14} \diamond{\substack{C (Az C^2 H^5) \\ \\ CO}} Az C^2 H^5 + 2 H Cl.$$

Huile distillant à 285-286°; $d = 1,0177$ à 15°. Elle possède, surtout en solution étendue, une odeur narcotique et une saveur amère. Elle est un peu toxique. Presque insoluble dans l'eau, elle en dissout une petite quantité qui ne peut être éliminée qu'en distillant la base sur du sodium.

Les sels de cuivre et de fer sont précipités par cette base. Elle précipite de même les sels d'argent en formant une combinaison instable.

Chauffée à 200°, en tube scellé, avec une solution concentrée d'acide chlorhydrique, elle se scinde en éthylamine et éthylcamphorimide. L'acide iodhydrique concentré ne l'attaque pas à chaud.

Le *chlorhydrate*, $C^{14}H^{24}Az^2 O . HCl$, constitue une masse blanche, cristalline et déliquescente.

L'*iodhydrate*, $C^{14}H^{24}Az^2 O . HI$, se présente sous la forme d'aiguilles jaunes, peu solubles dans l'eau froide.

Le *chloroplatinate*, $(C^{14}H^{24}Az^2 O . HCl)^2 Pt Cl^4,$

cristallise dans l'alcool étendu en tables ou en longs prismes à 4 pans, de couleur orangée.

L'*iodéthylate*, $C^{14}H^{24}Az^2O \cdot C^2H^5I$, cristallise en prismes minces et incolores, peu solubles dans l'éther et fusibles à 244-245° avec décomposition.

NITRILE CAMPHORIQUE, $C^8H^{14}(CAz)^2$. — M. Ballo, en distillant le camphoramate d'ammonium avec de l'anhydride phosphorique, obtint, en même temps que les carbures C^8H^{14} et $C^{20}H^{32}$, une petite quantité d'un corps à odeur de nitrile. Ce composé ressemble par ses propriétés cristallines à la camphorimide. Il est insoluble dans l'eau, mais il se dissout facilement dans l'alcool et dans l'éther. Chauffé, il se sublime sans fondre entre 125 et 130° [*Ann. Chem.*, **197**, 334].

DÉRIVÉS DIVERS.

Éther camphorylmalonique,

$$C^8H^{14} \underset{CO}{\overset{C=C}{\diamondsuit}} O \quad \substack{CO^2C^2H^5 \\ CO^2C^2H^5}$$

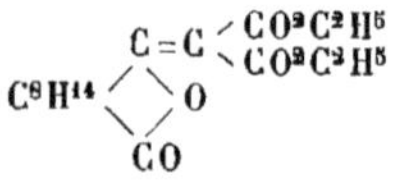

[H. Winzer, *Dissert. inaug.*, Leipzig, 1887; *Ann. Chem.*, **257**, 299]. — On prépare ce composé en chauffant dans un ballon muni d'un réfrigérant ascendant, jusqu'à neutralisation complète, un mélange de chlorure de camphoryle (1 molécule) et de sodomalonate d'éthyle (2 molécules) en suspension dans l'éther anhydre :

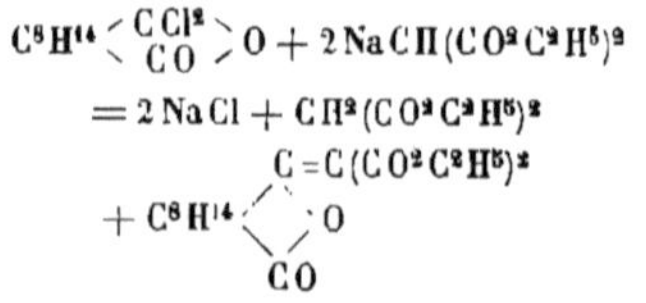

$$C^8H^{14} \substack{CCl^2 \\ CO} O + 2\,NaCH(CO^2C^2H^5)^2$$
$$= 2\,NaCl + CH^2(CO^2C^2H^5)^2$$
$$+ C^8H^{14} \underset{CO}{\diamondsuit} O \quad C=C(CO^2C^2H^5)^2$$

Si l'on emploie un chlorure de camphoryle brut, il est impossible d'atteindre une neutralisation complète; de plus, le mélange reste coloré en jaune pendant toute la durée de la réaction.

Le liquide refroidi est ensuite lavé à l'eau, séché sur du carbonate de potassium ou sur du sulfate de sodium et évaporé : il reste une huile d'un brun jaune, qu'on chauffe au bain-marie pour la débarrasser de l'éther malonique restant. On obtient finalement un liquide épais, qui laisse peu à peu déposer des cristaux d'éther camphorylmalonique mélangé avec de l'anhydride camphorique. Pour séparer ces deux produits, on traite par l'éther, qui dissout le premier, tandis que l'anhydride reste insoluble.

Un procédé plus avantageux consiste à dissoudre l'anhydride camphorique (1 molécule) dans le benzène bouillant, et à y introduire peu à peu la bouillie de sodomalonate d'éthyle (2 molécules). On chauffe, et, quand le liquide est neutre, on y ajoute sous forme de petits fragments une quantité de sodium équivalente à la moitié de celle employée primitivement, puis 1 demi-molécule d'anhydride camphorique, et on chauffe de nouveau jusqu'à neutralisation :

$$2\,C^8H^{14} \substack{CO \\ CO} O + 2\,NaCH(CO^2C^2H^5)^2$$
$$= C^8H^{14}(CO^2Na)^2 + CH^2(CO^2C^2H^5)^2$$
$$+ C^8H^{14} \underset{CO}{\diamondsuit} O \quad C=C(CO^2C^2H^5)^2$$

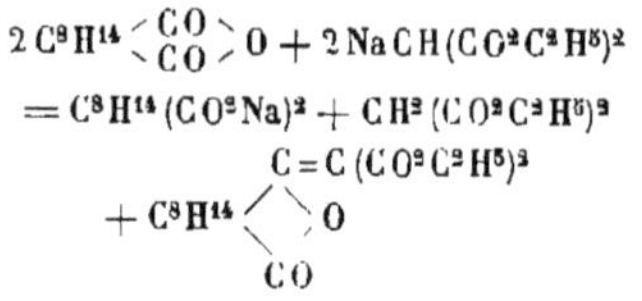

Enfin, on obtient aussi ce composé en chauffant un mélange de 2 molécules d'anhydride

camphorique, 2 atomes de sodium et 1 molécule d'éther malonique avec du benzène.

Le produit cristallisé dans l'éther n'a pas un point de fusion constant. Pour l'obtenir exempt d'anhydride camphorique, on le pulvérise et on le laisse en contact avec une solution de carbonate de sodium. Dans ces conditions, l'anhydride camphorique se transforme en camphorate de sodium soluble dans l'eau. Cette opération demande à être répétée plusieurs fois avant qu'on réussisse à obtenir un corps absolument dépourvu d'anhydride camphorique.

Propriétés. — L'éther camphorylmalonique forme des cristaux limpides, brillants et durs, qui appartiennent au système rhombique. Il fond à 84° et distille sans décomposition à 284° sous 40 millimètres. A la pression ordinaire, il bout à 360° sans se décomposer notablement. Il est très soluble dans l'éther, l'alcool, le chloroforme, l'acétone, le sulfure de carbone; la ligroïne ne le dissout qu'à chaud; il est insoluble dans l'eau. On n'a pas réussi à le saponifier.

La baryte, les alcalis, l'éthylate de sodium lui font subir deux sortes de dédoublements, suivant les conditions de l'expérience; il se décompose en acides camphorique et malonique

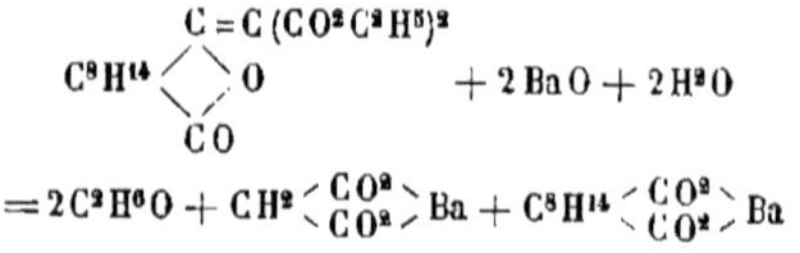

$$C^8H^{14} \underset{CO}{\diamondsuit} O \quad C=C(CO^2C^2H^5)^2 \quad + 2\,BaO + 2\,H^2O$$
$$= 2\,C^2H^6O + CH^2 \substack{CO^2 \\ CO^2} Ba + C^8H^{14} \substack{CO^2 \\ CO^2} Ba$$

ou en acides camphorique et acétylcamphylène-carbonique. M. Winzer traduit ce dernier dédoublement par la série d'équations suivantes :

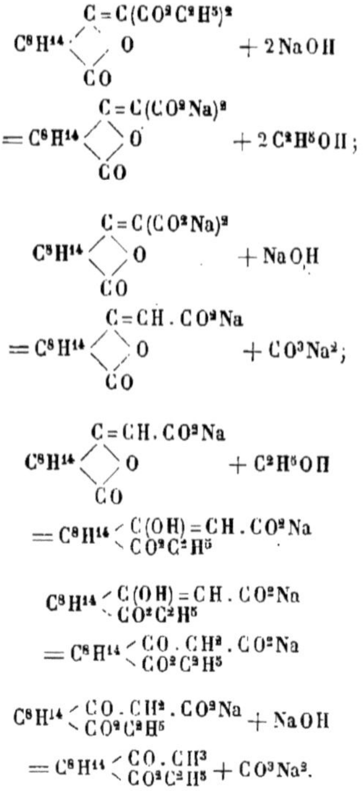

$$C^8H^{14} \underset{CO}{\diamondsuit} O \quad C=C(CO^2C^2H^5)^2 \quad + 2\,NaOH$$
$$= C^8H^{14} \underset{CO}{\diamondsuit} O \quad C=C(CO^2Na)^2 \quad + 2\,C^2H^5OH;$$

$$C^8H^{14} \underset{CO}{\diamondsuit} O \quad C=C(CO^2Na)^2 \quad + NaOH$$
$$= C^8H^{14} \underset{CO}{\diamondsuit} O \quad C=CH \cdot CO^2Na \quad + CO^3Na^2;$$

$$C^8H^{14} \underset{CO}{\diamondsuit} O \quad C=CH \cdot CO^2Na \quad + C^2H^5OH$$
$$= C^8H^{14} \substack{C(OH)=CH \cdot CO^2Na \\ CO^2C^2H^5}$$

$$C^8H^{14} \substack{C(OH)=CH \cdot CO^2Na \\ CO^2C^2H^5}$$
$$= C^8H^{14} \substack{CO \cdot CH^2 \cdot CO^2Na \\ CO^2C^2H^5}$$

$$C^8H^{14} \substack{CO \cdot CH^2 \cdot CO^2Na \\ CO^2C^2H^5} + NaOH$$
$$= C^8H^{14} \substack{CO \cdot CH^3 \\ CO^2C^2H^5} + CO^3Na^2.$$

Sous l'influence de l'ammoniaque sèche, une

solution éthérée de camphorylmalonate d'éthyle se dédouble en diamide camphorique et éther malonique :

$$C^8 H^{14} \diamond{CO}{C = C(CO^2 C^2 H^5)^2} O \quad + 2\,Az H^3$$

$$= C^8 H^{14} \diamond{CO}{C (Az H^2)^2} O \quad + CH^2 (CO^2 C^2 H^5)^2.$$

Réduit en solution hydro-alcoolique par l'amalgame de sodium et l'acide sulfurique, ce composé se convertit en divers produits, parmi lesquels se trouve l'acide hydrocamphomalonique :

$$C^8 H^{14} \diamond{C = C(CO^2 C^2 H^5)^2}{CO} O \quad + 2H^2 + 2H^2O$$

$$= C^8 H^{14} < \begin{matrix} CH^2.\,CH\,(CO^2H)^2 \\ CO^2H \end{matrix} + 2C^2H^5OH.$$

La formation de cet acide vient à l'appui de la formule non symétrique de l'acide camphorylmalonique.

Quand la réduction s'opère en solution alcaline, il se forme en outre de l'éther acétylcamphylène-carbonique. L'éther camphorylmalonique n'est pas décomposé par les acides en solution aqueuse. L'acide sulfurique concentré l'attaque énergiquement à chaud et le décompose en acide carbonique et en un corps à point de fusion très élevé (231°), que l'auteur considère comme l'acide benzéne-tricamphylène-carbonique,

$$C^6 H^3 (C^8 H^{14} . CO^2 H)^3.$$

Ce même corps se forme aussi quand on fait bouillir pendant quelques heures l'éther acétyl-camphylène-carbonique et non l'acide, avec une solution alcoolique et saturée d'éthylate de sodium [Winzer, *loc. cit.*, 39].

Acide hydrocamphorylmalonique,

$$C^8 H^{14} < \begin{matrix} CH^2 . CH (CO^2H)^2 \\ CO^2H \end{matrix}$$

[H. Winzer, *Dissert. inaug.*, Leipzig, 1887) ; *Ann. Chem.*, **257**, 299].

On dissout de l'éther camphorylmalonique dans de l'alcool aqueux et on étend cette solution d'eau, en évitant toutefois de la troubler. La liqueur, refroidie avec de la glace, est additionnée peu à peu d'amalgame de sodium à 4 0/0, puis d'acide sulfurique étendu, de façon que la soude soit neutralisée à mesure qu'elle se forme. Après addition de 300 ou 350 grammes d'amalgame pour 10 grammes d'éther, ce qui dure plusieurs jours, on peut considérer la réaction comme terminée. On filtre le liquide et on lave le sulfate de sodium avec de l'alcool. Par évaporation de la majeure partie du dissolvant, il se sépare une huile d'un jaune brun. On sature le liquide par la soude caustique et on précipite par le sulfate de cuivre. La liqueur filtrée, qui contient un sel de cuivre soluble, est acidulée et épuisée par l'éther. On chasse l'éther et on obtient comme résidu un acide qui est d'abord huileux, mais qui devient bientôt cristallin. On le purifie en le faisant bouillir avec de l'eau, qui laisse à l'état insoluble la majeure partie des substances huileuses qui le souillent. Enfin, on le dissout dans l'alcool bouillant et on ajoute à la solution du benzène chaud. en ayant soin qu'il ne se produise point de trouble. Par refroidissement, l'acide cristallise en croûtes blanches et dures, fondant à 182° avec perte d'acide carbonique.

Propriétés. — L'acide hydrocamphorylmalonique est soluble dans l'éther, l'alcool et l'eau chaude, peu soluble dans l'eau froide et dans le benzène. C'est un acide tribasique dont le sel de sodium précipite les sels de plomb, d'argent, de fer au maximum et de mercure au minimum ; il ne fournit point de précipité avec les solutions des sels ferreux et mercuriques, ni avec les sels de baryum et de cuivre. Chauffé à 180-190°, il perd de l'acide carbonique et fournit de l'acide hydrocamphorylacétique,

$$C^8 H^{14} < \begin{matrix} CH^2 . CH^2 . CO^2H \\ CO^2H \end{matrix}$$

La solution aqueuse de son sel de sodium neutre subit le même dédoublement avec formation de carbonate de sodium.

Éther hydrocamphorylmalonique. — Cet éther a été préparé en chauffant le sel d'argent avec de l'iodure d'éthyle.

C'est un liquide incolore et épais, qui distille à 262-264° sous une pression de 80 millimètres. Si l'on traite la solution alcoolique par l'éthylate de sodium, on obtient de l'*éthylhydrocamphorylmalonate de sodium* qui se précipite. L'acide

$$C^8 H^{14} < \begin{matrix} CH^2 . CH (CO^2H)^2 \\ CO^2 C^2 H^5 \end{matrix}$$

isolé de ce sel cristallise dans l'eau bouillante en aiguilles blanches, et dans l'éther étendu de ligroïne en lamelles groupées en rosaces. Il fond à 138-140° en perdant de l'acide carbonique. Il est soluble dans l'éther, l'alcool et l'eau bouillante, insoluble dans la ligroïne. La solution de son sel de sodium précipite les sels mercureux, ferriques, ceux d'argent, de cuivre et de plomb, mais ne donne rien avec les sels ferreux et mercuriques, ni avec les sels de baryum.

La dernière fonction éther que renferme ce corps est difficile à lui enlever. Quand on essaye de le saponifier, on n'obtient que des produits huileux.

Acide hydrocamphorylacétique,

$$C^8 H^{14} < \begin{matrix} CH^2 . CH^2 . CO^2H \\ CO^2H \end{matrix}$$

[H. Winzer, *loc. cit.*]. — On le prépare en chauffant à 180-190° de l'acide hydrocamphorylmalonique, ou en faisant une dissolution du sel de sodium neutre du même acide. Dans ce dernier cas, la décomposition est spontanée :

$$C^8 H^{14} < \begin{matrix} CH^2 . CH (CO^2Na)^2 \\ CO^2Na \end{matrix} + H^2O$$

$$= CO^3NaH + C^8 H^{14} < \begin{matrix} CH^2 . CH^2 . CO^2Na \\ CO^2Na \end{matrix}$$

Cet acide cristallise dans l'eau bouillante en lamelles fondant à 143-144°, solubles dans l'alcool, l'éther, le benzène et l'eau bouillante.

Acide acétylcamphylène-carbonique,

$$C^8 H^{14} < \begin{matrix} CO . CH^3 \\ CO^2H \end{matrix}$$

[H. Winzer, *Dissert. inaug.*, Lepizig, 1887, 25 ; *Ann. Chem.*, **257**, 299]. — Cet acide, ou son éther, constitue un produit de dédoublement de l'éther camphorylmalonique sous l'influence des alcalis ou des terres alcalines. On l'obtient aussi en réduisant cet éther au moyen de l'amalgame de sodium en solution alcaline ou acide [*loc. cit.*, 18].

Le meilleur procédé de préparation consiste à abandonner pendant 8 jours à elle-même une solution alcoolique saturée d'éther camphorylmalonique avec un excès d'éthylate de sodium concentré. Il se forme bientôt un précipité qui consiste principalement en carbonate de sodium. On étend d'eau, on neutralise par l'acide chlorhydrique et on évapore au bain-marie, pour éliminer la majeure partie de l'alcool. Le résidu, qui retient de l'acide malonique et de l'acide camphorique, ce dernier probablement à l'état d'éther acide, laisse déposer une huile neutre d'un jaune brun, qu'on enlève au moyen de l'éther. La solution éthérée est desséchée sur du sulfate de sodium, débarrassée d'éther, puis distillée dans le vide et enfin rectifiée à la pression ordinaire. On obtient ainsi une huile passant à 271-276° qui n'est pas encore pure. Pour la purifier, on la met en suspension dans une lessive étendue de soude caustique et on la distille dans un courant de vapeur d'eau. On reprend par l'éther, on sèche et on distille. L'éther acétylcamphylène-carbonique bout à 280-281°.

Pour isoler l'acide, on chauffe l'éther pendant 5 heures avec une solution concentrée d'acide iodhydrique qu'on additionne d'un peu d'iode et de phosphore. On neutralise ensuite le liquide par la soude, on filtre, on acidule de nouveau et on épuise par l'éther. La solution éthérée, débarrassée de l'iode au moyen d'un peu d'argent pulvérisé, est évaporée, et le résidu huileux, repris par l'eau, fournit l'acide sous la forme de cristaux; ceux-ci, purifiés par dissolution dans le benzène et précipitation par la ligroïne, fondent à 95°. Ils sont rhombiques et incolores.

L'acide acétylcamphylène-carbonique est soluble dans l'éther, l'alcool, le benzène et l'eau bouillante, insoluble dans l'eau froide et dans la ligroïne. Ses solutions dans les alcalis précipitent les sels de cuivre, d'argent, de plomb et de fer, mais ne donnent rien avec les sels de mercure et de baryum [Winzer, *loc. cit.*, 24].

Il fournit avec l'hydroxylamine une *oxime*, tandis que son éther paraît être indifférent vis-à-vis de cette base.

Éther acétylcamphylène-carbonique,

$$C^8H^{14} \Big\langle {CO.CH^3 \atop CO^2C^2H^5}$$

— Sa préparation a été donnée plus haut. On peut aussi l'obtenir en chauffant un mélange du sel d'argent avec de l'iodure d'éthyle.

Cet éther constitue une huile d'une faible odeur camphrée très agréable, bouillant à 280-281°. Il est insoluble dans l'eau, soluble dans l'éther et dans l'alcool. Il distille avec la vapeur d'eau.

Les alcalis sont sans action sur lui, même à 100°. La saponification n'a lieu qu'à 150°.

Il ne se combine point avec l'hydroxylamine, mais forme avec la phénylhydrazine un composé résineux, brunâtre, qui, sous l'influence de l'acide chlorhydrique concentré, se scinde en ses composants.

Acide isonitrosoacétyl-camphylène-carbonique,

$$C^8H^{14} \Big\langle {C(AzOH).CH^3 \atop CO^2H}$$

— Obtenue par la méthode ordinaire, cette oxime se présente sous la forme d'aiguilles blanches fondant à 169° (corr.), solubles dans l'éther, l'alcool, les alcalis et l'eau bouillante, très peu solubles dans l'eau froide. Sa solution éthérée, traitée par un courant d'acide chlorhydrique sec, fournit un *chlorhydrate* qui a l'aspect d'un précipité blanc.

ACIDE SULFOCAMPHORIQUE[1], $C^9H^{16}SO^6$, $2H^2O$

1. Nous conservons le nom d'*acide sulfocamphorique*, bien qu'au point de vue strict d'une nomenclature rationnelle, il soit impropre; la structure de ce composé n'est pas établie avec une certitude suffisante pour nous permettre de lui attribuer un nom nouveau, en rapport avec sa constitution.

(Dict., **1**, 720). — Cet acide, découvert par Walter, a été l'objet de nouvelles études de la part de M. Kachler [*Ann. Chem.*, **169**, 178] et de M. Damsky [*D. chem. G.*, **20**, 2959; *Dissert. inaug.*, Göttingen, 1887].

M. Kachler le prépare en dissolvant l'acide camphorique anhydre dans un excès d'acide sulfurique concentré, chauffant à 65° et versant dans l'eau dès que le dégagement d'oxyde de carbone cesse :

$$C^{10}H^{16}O^4 + SO^4H^2 = C^9H^{16}SO^6 + H^2O + CO.$$

On filtre et on agite avec de l'éther pour enlever l'excès d'anhydride, l'acide camphorique et l'acide mésocamphorique.

La liqueur est ensuite neutralisée par du carbonate de plomb, et le sel de plomb qui reste en dissolution est décomposé par l'hydrogène sulfuré. On filtre et on évapore.

M. Kachler compare l'action de l'acide sulfurique sur l'acide camphorique à celle qu'exerce le même acide sur les acides lactique et citrique.

Prismes tricliniques à 6 pans [Zepharovich, *Jahresb. f. Chem.*, 1877, 642], fusibles à 160-165°, très solubles dans l'eau, l'alcool et l'éther.

Oxydé au moyen de l'acide azotique (d = 1,25), il fournit un acide $C^7H^{12}SO^7$, que M. Kachler considère comme l'acide *pimélique-sulfonique* :

$$C^9H^{16}SO^6 + O^6 = C^7H^{12}SO^7 + C^2H^2O^4 + H^2O.$$

L'acide sulfocamphorique n'est pas réduit par l'amalgame de sodium, ni par le zinc et l'acide sulfurique (Kachler).

Le perchlorure de phosphore ne fournit point de produits bien définis (K.). Il en est de même quand on fond l'acide avec du cyanure de potassium.

Lorsqu'on soumet à la distillation sèche un mélange de sulfocamphorate et de chlorure d'ammonium, on obtient un carbure C^8H^{14} et un produit oxygéné liquide, qui répond à la formule $C^{10}H^{14}O$ ou $C^9H^{14}O$ (Damsky).

Carbure, C^8H^{14}. — Ce composé se présente sous la forme d'un liquide incolore, mobile, bouillant à 108-110°. Il possède une odeur de camphre et d'essence de térébenthine. L'acide azotique l'oxyde en produits résineux. Le mélange chromique ou le permanganate de potassium en solution alcaline ne fournissent pas d'acide en notable quantité. Cette propriété le différencie nettement du carbure de Wreden, qui bout à 119° et qui, dans ces conditions, donne naissance aux acides iso- et téréphtaliques.

Traité par l'amidochlorure de carbonyle

$$CO \Big\langle {Cl \atop AzH^2}$$

en présence du chlorure d'aluminium, il ne donne point d'amide aromatique.

Il se combine au brome pour donner naissance à un *dérivé bromé* cristallin, $C^8H^{12}Br^2$.

Il se combine également à l'acide chlorhydrique et fournit des cristaux d'un blanc de neige, $C^8H^{14}.HCl$.

L'acide bromhydrique forme une combinaison du même genre, $C^8H^{14}.HBr$.

Toutes ces propriétés le distinguent du carbure C^8H^{14} de Wreden, que cet auteur considère comme le tétrahydro-isoxylène, du carbure de M. Moitessier (point d'ébullition 105°), ainsi que de celui de M. Ballo (point d'ébullition 122-126°).

Corps $C^{10}H^{14}O$ ou $C^9H^{14}O$. — Ce produit distille de 195 à 196° et possède à peu près la même odeur que le carbure. Fraîchement préparé, il est incolore, mais il ne tarde pas à jaunir au contact de l'air. Il se comporte comme une acétone et se combine à l'hydroxylamine et à la phényl-hydrazine.

L'*oxime* constitue une huile jaunâtre et lourde.

Les chiffres obtenus par l'analyse de l'acétone concordent plus exactement avec la formule $C^{10}H^{14}O$. Il est toutefois difficile de faire dériver une molécule en C^{10} d'un corps en C^9, et il est probable que c'est le corps $C^9H^{14}O$ qui prend naissance, en vertu de la réaction

$$C^8H^{14} \begin{cases} CO^2H \\ SO^3H \end{cases} = SO^3 + H^2O + C^9H^{14}O.$$

Ce corps $C^9H^{14}O$ est isomérique avec la phorone dérivée du camphre.

Action de la potasse fondante sur le sulfo-camphorate de potassium. — En fondant 1 partie de sulfocamphorate de potassium avec 2 parties de potasse et reprenant par l'eau acidulée, puis par l'éther, M. Kachler a obtenu un très beau corps, répondant à la formule $C^9H^{12}O^2$. Ce dérivé, dont la fonction n'a pas été établie, cristallise dans l'alcool en prismes tricliniques fondant à 148°. Il est insoluble dans l'eau froide, un peu soluble dans l'eau chaude, soluble dans les alcalis. Il réduit les solutions alcalines de cuivre et d'argent. Le chlorure d'acétyle est sans action sur lui. Il se combine directement au brome [*Ann. Chem.*, **169**, 183].

M. Damsky a également étudié cette réaction : En fondant le sulfocamphorate de potassium avec le double de son poids de potasse caustique jusqu'à ce que la masse commence à mousser, il a observé, en acidulant le produit de la réaction, un dégagement d'acide sulfureux, et isolé à l'aide de l'éther un produit qui, distillé dans le vide, fournit une huile incolore ne tardant pas à cristalliser. Les cristaux sont broyés, exprimés, dissous dans l'ammoniaque, et la liqueur est précipitée par l'acide chlorhydrique. Il se dépose un corps blanc, cristallisé, presque insoluble dans l'eau froide, peu soluble dans l'eau bouillante, soluble dans l'alcool et dans l'éther. Son point de fusion est situé à 99°. Il possède un caractère nettement acide et donne naissance à des sels bien caractérisés.

Le *sel d'argent*, $C^9H^{11}O^2Ag$, a été obtenu par double décomposition. Il est soluble dans l'eau chaude.

Le *sel de calcium*, $(C^9H^{11}O^2)^2Ca$, $2H^2O$, constitue des cristaux légèrement jaunâtres, très solubles dans l'eau chaude.

Le *sel de baryum*, $(C^9H^{11}O^2)^2Ba$, $2H^2O$, se présente sous la forme de cristaux semblables au sel précédent.

Lorsqu'on calcine le sel de calcium avec 10 fois son poids de chaux sodée, on obtient une huile bouillant de 133 à 135° et répondant à la formule C^8H^{12}. Ce carbure absorbe facilement l'oxygène de l'air, s'épaissit et se polymérise. Le brome et l'acide chlorhydrique le résinifient (Damsky).

L'*éther méthylique*, $C^9H^{11}O^2.CH^3$, est une huile à odeur agréable qui se prend en une masse cristalline au bout de quelques jours.

Le corps $C^9H^{12}O^2$ se combine au brome en présence d'éther pour donner un composé cristallin. Il n'est pas réduit par l'amalgame de sodium.

Il semble donc que la potasse fondante soit susceptible de fournir avec l'acide sulfocamphorique deux composés $C^9H^{12}O^2$ dont l'un serait un acide et l'autre un composé neutre.

Sulfocamphorate de calcium,

$$C^9H^{14}SO^6Ca.$$

Sulfocamphorate de plomb,

$$[C^9H^{15}SO^6]^2Pb, 4H^2O.$$

— Prismes rhombiques, solubles dans l'eau (Kachler). A. Haller.

CAMPHOROGÉNOL, $C^{10}H^{16}O^2$. — M. Hiko-rokuro Yoshida donne ce nom à un produit retiré de l'essence de camphre par distillation fractionnée. Il passe de 212 à 213°.

C'est une huile incolore, douée d'une odeur camphrée, dont la densité $= 0,7994$ à 20°. Son pouvoir rotatoire $[\alpha]_j = 29°,6$. Maintenu pendant quelques heures en ébullition, il se polymérise en partie, en même temps qu'il se produit du camphre. Au bout de 6 heures de chauffe, on obtient environ 11,3 0,0 de ce dernier. Celui-ci se produit encore abondamment lorsqu'on chauffe le camphorogénol avec de l'acide azotique étendu ou qu'on le traite par l'acide chromique.

L'acide azotique concentré fournit à chaud les mêmes produits d'oxydation que le camphre.

Traité par les anhydrides acétique ou benzoïque à 210°, le camphorogénol ne donne que de petites quantités de camphre, mais pas de dérivés éthérés. Chauffé avec de l'alcool et du sodium, il fournit du bornéol.

Le chlorure de zinc le transforme en cymène, et il se forme sans doute du camphre comme produit intermédiaire [*Chem. Soc.*, **47**, 779; *Bull. Soc. Chim.*, (2), **46**, 489]. A. Haller.

CAMPHORONIQUE (ACIDE), $C^9H^{12}O^5$, H^2O. — Cet acide se trouve parmi les produits d'oxydation du camphre au moyen de l'acide azotique (Kachler). Le mélange chromique [Kachler, *D. chem. G.*, **13**, 487] et le permanganate de potassium en solution alcaline [E. Täuber, *Dissert. inaug.*, Breslau, 1882] transforment aussi partiellement le camphre en acide camphoronique.

Il se produit encore quand on oxyde l'acide camphorique par le permanganate (Täuber), ou l'acide campholique par l'acide azotique [Kachler, *Ann. Chem.*, **162**, 259]. M. Bredt l'a obtenu en soumettant l'acide camphorique à l'action oxydante du mélange chromique [*D. chem. G.*, **18**, 2989].

L'anhydride camphocarbonique. $(C^{12}H^{16}O^4$, chauffé avec de l'acide azotique, fournit de l'acide camphorique et de l'acide camphoronique [Kachler et Spitzer, *Mon. f. Chem.*, **2**, 243].

Les mêmes auteurs l'ont trouvé parmi les produits d'oxydation du camphre α-dibromé [*ibid.*, **4**, 556].

Préparation. — On extrait l'acide camphoronique des eaux mères de la préparation de l'acide camphorique d'après la méthode de M. Kachler [Suppl., **1**, 325]. Le sel de baryum fortement coloré qu'on obtient en faisant bouillir l'acide camphoronique brut avec un excès de baryte, est décomposé par l'acide chlorhydrique; la solution est évaporée à siccité et le résidu repris par l'éther. On chasse l'éther, on reprend le résidu par l'eau, puis on neutralise la solution par un lait de chaux. En chauffant au bain-marie, on voit se former un précipité de camphoronate de calcium pur, tandis que les impuretés restent dans les eaux mères.

Le sel de baryum brut peut aussi être décomposé par l'acide sulfurique étendu et bouillant [Kachler et Spitzer, *Mon. f. Chem.*, **6**, 175. — Bredt, *Ann. Chem.*, **226**, 249].

Propriétés. — Une solution concentrée d'acide camphoronique dans l'eau bouillante se prend en un gâteau de fines aiguilles soyeuses qui, essorées et séchées, sont blanches et ressemblent à l'amiante. Cristallisé en solution acide, ce composé se présente sous la forme d'agrégats ronds, formés d'aiguilles microscopiques (Kachler).

L'acide camphoronique est soluble dans l'alcool et dans l'éther ordinaire, peu soluble dans l'éther anhydre. Il est lévogyre : $[\alpha]_D = -18°42'$ [Montgolfier, *Ann. Chim. Phys.*, (5), **14**, 85].

Il fond à 135-158° en perdant de l'eau. Le produit desséché au préalable à 100-102° fond à 135-136° et a pour composition $C^9H^{12}O^5$ (Kachler). Selon M. Bredt, lorsqu'on le distille lentement, cet acide dégage de l'acide carbonique [*D. chem. G.*, **18**, 2989]. Il se formerait dans ce cas de l'acide isobutyrique et un nouvel acide $C^7H^{12}O^4$, fournissant un sel de calcium $C^7H^{10}O^4Ca,2,5H^2O$ et un sel d'argent $C^7H^{10}O^4Ag^2$ [Bredt, *loc. cit.*].

D'après MM. Kachler et Spitzer, la distillation de l'acide camphoronique ne fournirait que de l'eau, de l'acide entraîné et de l'acide anhydrocamphoronique. $C^9H^{12}O^5$ [*loc. cit.*].

Chauffé avec du chlorure d'acétyle, l'acide camphoronique donne naissance à de l'acide anhydrocamphoronique et à un anhydride $C^{18}H^{28}O^9$ (K. et Sp.) :

$$2\,C^9H^{14}O^6 = 3\,H^2O + C^{18}H^{22}O^9.$$

Le perchlorure de phosphore agit d'abord comme déshydratant; puis, par une action ultérieure sur l'acide $C^9H^{12}O^4$, il fournit un composé chloré $C^9H^{11}O^4Cl$.

L'amalgame de sodium est sans action sur l'acide camphoronique (Kissling).

L'eau régale le transforme en un composé chloré volatil $C^6H^9ClO^4$ (?) et en deux acides oxycamphoroniques isomériques $C^9H^{12}O^6$.

Le permanganate en solution sulfurique le transforme en acide carbonique, en acide acétique et en un nouvel acide bien cristallisé, $C^8H^{12}O^4$. Cet acide fond à 222° en perdant de l'acide carbonique et fournit les sels

$$C^8H^{11}O^4Ag,\quad (C^9H^{11}O^4)^2Ba,2H^2O$$
$$\text{et}\qquad C^8H^{10}O^4Ba,5H^2O$$

[Kachler et Spitzer, *Mon. f. Chem.*, **5**, 415].

L'acide camphoronique est tribasique. L'étude de ses sels et de ses éthers a été reprise par M. Bredt [*Ann. Chem.*, **226**, 249] et par MM. Kachler et Spitzer [*Mon. f. Chem.*, **6**, 177].

SELS MONOBASIQUES et ÉTHER MONALCOOLIQUE. — *Sel ammoniacal*, $C^9H^{13}O^6(AzH^4)$. — On le prépare en faisant passer un courant d'ammoniaque sèche dans une solution éthérée de l'acide. Poudre cristalline blanche, fondant à 127-128° et se dissolvant facilement dans l'eau (K. et S.).

Sel de baryum, $(C^9H^{13}O^6)^2Ba$. — Il prend naissance quand on chauffe une solution aqueuse de camphoronate de baryum neutre :

$$4\,C^9H^{12}O^6Ba = (C^9H^{11}O^6)^2Ba^3 + (C^9H^{13}O^6)^2Ba.$$

Masse jaunâtre et gommeuse qui, desséchée, devient solide. Ce sel, chauffé à 90°, perd 1 molécule d'eau et se transforme en un sel de baryum de l'acide anhydrocamphoronique (K. et Sp.).

L'*éther éthylique*, $C^9H^{13}O^6.C^2H^5$, a été décrit Suppl., **1**, 396.

SELS BIBASIQUES et ÉTHER DIALCOOLIQUE. — *Sel ammoniacal*, $C^9H^{12}O^6(AzH^4)^2$. — Obtenu en neutralisant une solution aqueuse d'acide camphoronique par l'ammoniaque et abandonnant à cristallisation, il forme des agrégats cristallins solubles dans l'eau et fondant à 148° en moussant (K. et Sp.).

Sel de potassium, $C^9H^{12}O^6K^2,H^2O$. — Obtenu en saturant l'acide par le carbonate de potassium, ce sel constitue une masse vitreuse, presque insoluble dans l'alcool, qui perd son eau de cristallisation à 150° (Kissling; K. et Sp.).

Sel de baryum, $C^9H^{12}O^6Ba,H^2O$. — On sature une solution aqueuse d'acide par le carbonate de baryum et on évapore le liquide dans le vide. Masse cristalline, assez soluble dans l'eau froide et se décomposant dans l'eau bouillante en sels mono- et tribasique (K. et Sp.).

Sel de zinc, $C^9H^{12}O^6Zn$. — Aiguilles groupées en étoiles, obtenues en saturant l'acide par le carbonate de zinc et évaporant (K. et Sp.).

Sel de cadmium, $C^9H^{12}O^6Cd,6H^2O$. — Croûtes cristallines composées de fines aiguilles très solubles dans l'eau chaude, et qui ne perdent que 4 molécules d'eau à 140°.

Éther diéthylique, $C^9H^{12}O^6(C^2H^5)^2$. — Obtenu par M. Kissling en faisant agir l'iodure d'éthyle sur le sel dipotassique, il prend aussi naissance lorsqu'on sature une solution alcoolique de l'acide par l'acide chlorhydrique (Kachler). Chauffé pendant longtemps au bain d'huile à 200-220°, il perd de l'alcool et donne l'éther anhydrocamphoronique (K. et Sp.).

SELS TRIBASIQUES et ÉTHER TRIALCOOLIQUE. — *Sel de calcium*, $(C^9H^{11}O^6)^2Ca^3,xH^2O$. — L'acide camphoronique, dissous dans 10 ou 15 fois son poids d'eau bouillante et neutralisé par un excès de carbonate de calcium, fournit, après filtration et refroidissement, un précipité blanc d'un sel cristallisant avec 5 ou 6 molécules d'eau (K. et Sp.). D'après M. Bredt, ce sel renfermerait 6 molécules d'eau. Les eaux mères évaporées dans le vide abandonnent un second sel renfermant $3H^2O$, sous la forme d'aiguilles courtes et microscopiques (K. et Sp.).

Sel de baryum, $(C^9H^{11}O^6)^2Ba^3$. — Ce sel se produit quand on fait bouillir une solution d'acide camphoronique avec de la baryte, du carbonate ou du chlorure de baryum et de l'ammoniaque. Poudre blanche, sablonneuse et lourde, peu soluble dans l'eau, plus soluble dans de l'eau contenant des sels ammoniacaux (Bredt; K. et Sp.).

Sel de cuivre, $(C^9H^{11}O^6)^2Cu^3,2H^2O$. — Quand on ajoute de l'acétate de cuivre à une solution d'acide camphoronique, le liquide reste clair; si l'on chauffe, il se trouble et laisse déposer une masse poisseuse, qu'une ébullition prolongée transforme en une poudre d'un vert clair, soluble dans l'eau froide. Les eaux mères évaporées abandonnent un sel anhydre $(C^9H^{11}O^6)^2Cu^3$, qui est d'un vert foncé (K. et Sp.).

Sel de plomb, $(C^9H^{11}O^6)^2Pb^3,4H^2O$. — Précipité blanc, obtenu en ajoutant une solution d'acétate neutre de plomb à une solution d'acide camphoronique (K. et Sp.). Avec le sous-acétate de plomb, on obtient un mélange de sels tribasique et bibasique.

Sel d'argent, $C^9H^{11}O^6Ag^3,H^2O$. — Obtenu par double décomposition entre le sel neutre de calcium et l'azotate d'argent, ce sel est un précipité floconneux qui se déshydrate à 100° (Bredt; K. et Sp.).

Éther triéthylique, $C^9H^{11}O^6(C^2H^5)^3$. — Il a été préparé par M. Bredt en faisant agir l'iodure d'éthyle sur le sel d'argent. Liquide inodore, insoluble dans le carbonate de sodium et distillant sans décomposition vers 301°.

ACIDE ANHYDROCAMPHORONIQUE, $C^9H^{12}O^5$. — MM. Kachler et Spitzer donnent ce nom au produit de déshydratation de l'acide camphoronique. Ils le préparent en distillant ce dernier. Il passe d'abord de la vapeur d'eau, qui entraîne un peu d'acide camphoronique, puis vers 400° distille le nouvel acide. On reprend le produit distillé par de l'éther anhydre, qui laisse l'acide camphoronique à l'état insoluble et qui abandonne par évaporation de beaux cristaux presque incolores du système rhombique (Zepharovich). Exposés à l'air, ces cristaux se troublent et ne tardent pas à se recouvrir d'une croûte blanche par suite d'une hydratation. Ils sont solubles dans l'eau, l'alcool, l'éther, le chloroforme, peu solubles dans l'éther de pétrole. La solution aqueuse reproduit l'acide camphoronique.

L'acide anhydrocamphoronique fond à 135-136°

et se sublime sans décomposition en aiguilles feutrées.

Le sodium est sans action sur une solution éthérée de cet acide.

Chauffé avec du chlorure d'acétyle, il fournit un *anhydride*, $C^{18}H^{22}O^9$.

Avec le perchlorure de phosphore, il donne à chaud le *chlorure* $C^9H^{11}O^4Cl$ [Kachler et Spitzer, *loc. cit.*].

Le *sel ammoniacal*, $C^9H^{11}O^5.AzH^4$, prend naissance quand on fait passer un courant d'ammoniaque sèche dans une solution éthérée de l'acide. Il se forme encore quand on abandonne dans le vide sur l'acide sulfurique le camphoronate monoammonique.

Poudre cristalline blanche, fondant à 125-128°, soluble dans l'eau en donnant une solution acide (K. et Sp.). Chauffée, cette solution perd de l'ammoniaque et fournit un corps cristallisé en aiguilles fusibles à 214-220°.

L'*éther*, $C^9H^{11}O^5(C^2H^5)$, se forme par la distillation sèche du camphoronate diéthylique [Bredt, *loc. cit.*] :

$$C^9H^{12}O^6(C^2H^5)^2 = C^9H^{11}O^5.C^2H^5 + C^2H^5.OH.$$

Huile bouillant à 302°.

Anhydride, $C^{18}H^{20}O^9$. — On prépare ce corps en chauffant l'acide camphoronique ou l'acide anhydrocamphoronique avec du chlorure d'acétyle. Quand il ne se dégage plus d'acide chlorhydrique, on évapore et on reprend la masse visqueuse par l'éther absolu. Il reste finalement un précipité blanc et cristallin qui, desséché dans le vide, se présente sous la forme de petits cristaux fondant à 172-176°.

Cet anhydride est presque insoluble dans l'éther, l'alcool et l'éther de pétrole froids.

Il résiste longtemps à l'action de l'eau bouillante. Les alcalis le dissolvent et la solution présente les caractères de l'acide camphoronique (K. et Sp.).

Chlorure, $C^9H^{11}O^4Cl$. — On l'obtient en chauffant l'acide camphoronique, ou mieux l'acide anhydrocamphoronique, avec le double de leur poids de perchlorure de phosphore. Après refroidissement, le liquide se remplit d'aiguilles, qu'on lave avec de l'éther et qu'on sèche dans le vide sur de la chaux et de l'acide sulfurique.

Ce corps fond à 130-131°; il se dissout à peine dans l'eau bouillante, plus facilement dans l'alcool et dans l'éther bouillant. L'eau le transforme peu à peu à chaud en acide camphoronique (K. et Sp.).

ACIDE HYDROXYCAMPHORONIQUE, $C^9H^{14}O^6$ (Suppl., **1**, 932). — Cet isomère de l'acide camphoronique prend naissance quand on oxyde le camphre dibromé α, et non le β, au moyen de l'acide azotique [Kachler et Spitzer, *Mon. f. Chem.*, **4**, 556].

Il se trouve aussi en petite quantité parmi les produits d'oxydation de l'oxycamphre au moyen de l'acide chromique, et en grande quantité quand on oxyde ce corps par l'acide azotique [Kachler et Spitzer, *loc. cit.*, 645 et 649].

CONSTITUTION DE L'ACIDE CAMPHORONIQUE (Suppl., **1**, 396). — La propriété que possède cet acide de former des sels tribasiques et un éther triéthylique, celle que présente son sel tricalcique de ne pas être décomposé par l'acide carbonique, conduisent M. Bredt à admettre l'existence de 3 groupes carboxyle dans la molécule.

D'autre part, le dédoublement du composé en acide isobutyrique quand on le fond avec la potasse fait conclure à la présence d'un groupe isopropyle. Enfin, la propriété que montre l'acide camphoronique de distiller sans perdre d'acide carbonique (Kachler) exclut la présence de deux carboxyles unis au même atome de carbone.

Toutes ces considérations conduisent M. Bredt à admettre l'une ou l'autre des deux formules de constitution suivantes pour l'acide camphoronique :

$$
\begin{array}{ll}
CH^2.CO^2H & \qquad CH^2.CO^2H \\
\ |\qquad\qquad\qquad & \qquad\quad | \\
C\underset{\displaystyle CO^2H}{\overset{\displaystyle CH(CH^3)^2}{<}} & \qquad CH.CO^2H \\
\ |\qquad\qquad\qquad & \qquad\quad | \\
CH^2.CO^2H & \qquad CH\underset{\displaystyle CO^2H}{\overset{\displaystyle CH(CH^3)^2}{<}}
\end{array}
$$

Rappelons que, l'acide camphoronique jouissant du pouvoir rotatoire, la première de ces formules doit être rejetée, parce qu'elle ne renferme pas de carbone asymétrique.

MM. Kachler et Spitzer font remarquer que l'aptitude que montre l'acide camphoronique à former des sels tribasiques et des éthers trialcooliques n'est pas une raison suffisante pour admettre 3 groupements carboxyliques, d'autant plus que ces sels ne s'obtiennent point par neutralisation de l'acide au moyen des carbonates.

ACIDES OXYCAMPHORONIQUES α ET β, $C^9H^{14}O^7$ (Suppl., **1**, 396). — Ces deux acides se forment en même temps, quand on chauffe en tube scellé l'acide camphoronique avec du brome, et qu'on lave ensuite le produit avec de l'eau bouillante.

Ils se produisent aussi quand on fait bouillir l'acide camphoronique avec de l'eau régale [Kachler et Spitzer, *Ann. Chem.*, **159**, 281; *Mon. f. Chem.*, **5**, 415, 9, 708. — Zepharovich, *Sitzungsber., Acad. Wissensch. Wien*, **78**, nᵒ de janvier].

Préparation. — On chauffe en tube scellé, à 160-165°, 25 grammes d'acide camphoronique sec avec 20 grammes de brome. On reprend le produit par l'eau et on évapore au bain-marie jusqu'à disparition complète d'acide bromhydrique. Au bout de quelque temps, la matière se prend en une masse cristalline d'un jaune rouge, qu'on broie et qu'on essore : 100 grammes d'acide camphoronique fournissent environ 70 grammes du mélange cristallin des deux acides.

On fait cristalliser ce produit dans l'eau pour le débarrasser des dernières traces d'acide bromhydrique.

Pour séparer les deux acides, on les dissout dans une petite quantité d'eau chaude, on ajoute de l'eau de baryte jusqu'à neutralisation presque complète, puis un léger excès d'ammoniaque. La solution reste d'abord claire et laisse peu à peu déposer, surtout si on l'agite, un précipité blanc d'α-oxycamphoronate de baryum, tandis que le sel β reste en dissolution. On filtre, on lave le précipité avec de l'eau froide, puis on le fait digérer à chaud avec de l'acide sulfurique étendu.

La solution d'où on a séparé l'α-oxycamphoronate de baryum renferme le sel de l'acide β. On la fait bouillir pour éliminer l'ammoniaque. Une partie de l'acide β-oxycamphoronique se précipite sous la forme de sel tribasique. On chauffe le liquide et le précipité avec une quantité suffisante d'acide sulfurique étendu, puis on concentre : par refroidissement, on obtient des cristaux d'acide β-oxycamphoronique, qu'on purifie en les reprenant plusieurs fois par l'eau.

Des essais directs ont montré que, dans cette action du brome sur l'acide camphoronique, il ne se forme point de produit bromé. Les acides α- et β-oxycamphoroniques se produisent donc directement.

ACIDE α-OXYCAMPHORONIQUE. — Cristaux clinorhombiques, qui à 100° se prennent en masse en perdant de l'eau, puis fondent à 209-210° (216°,5 corr.) en un liquide clair.

Au bout d'un temps très long, ces cristaux deviennent mats. Abandonnés dans le vide, ou chauffés à 100°, ils perdent de l'eau, se troublent et deviennent opaques en se transformant en *acide anhydro-α-oxycamphoronique*, $C^9H^{12}O^6$.

Chauffé dans une cornue, ce premier anhydride distille vers 300° en perdant de l'eau et en donnant un liquide huileux, jaune, qui se prend en masse. Ce produit est broyé avec de l'éther qui enlève une matière résineuse et qui laisse une poudre cristalline très soluble dans l'eau et dans l'alcool, peu soluble dans l'éther. Ce corps fond à 135-137° et a pour formule $C^9H^{10}O^5$. Il diffère de l'acide oxycamphoronique par 2 molécules d'eau en moins.

On obtient ce corps plus facilement en chauffant l'acide α-oxycamphoronique avec un excès de chlorure d'acétyle dans un appareil à reflux.

Ces deux anhydrides, $C^9H^{12}O^6$ et $C^9H^{10}O^5$, bouillis avec de l'eau, régénèrent l'acide α-oxycamphoronique.

L'acide α-oxycamphoronique est déjà volatil à quelques degrés au-dessus de 100°.

Il se comporte vis-à-vis des bases comme un acide bibasique. La plupart de ses sels sont solubles dans l'eau. Tous perdent de l'eau à une température élevée.

Sel acide de potassium, $C^9H^{13}O^7K$. — On traite l'acide par la quantité calculée de carbonate de potassium et on évapore à froid. Aiguilles épaisses.

On obtient par le même procédé les *sels acides d'ammonium* et *de calcium*, qui sont déliquescents.

Sel neutre de potassium,

$$C^9H^{12}O^7K^2, 1,5\,H^2O.$$

— Lamelles cristallines, perdant leur eau de cristallisation dans le vide ou à 100°.

Sel ammoniacal. — Cristaux feuilletés, semblables à ceux du chlorure ammonique, très déliquescents.

Sel de calcium, $C^9H^{12}O^7Ca, 4\,H^2O$. — Obtenu par neutralisation à chaud de l'acide par du carbonate de calcium, il forme des cristaux aciculaires, réunis en houppes, très solubles dans l'eau, qui perdent leur eau de cristallisation dans le vide sec. Chauffé, il perd une dernière molécule d'eau en donnant le sel $C^9H^{10}O^6Ca$.

Sel de baryum, $C^9H^{13}O^7Ba$. — On le prépare aussi en chauffant une solution d'acide α-oxycamphoronique avec de l'ammoniaque et du chlorure de baryum.

Sel de cuivre, $C^9H^{12}O^7Cu$. — On fait digérer une solution d'acide α-oxycamphoronique avec du carbonate de cuivre pâteux jusqu'à ce qu'il ne se dégage plus d'acide carbonique. On filtre et on évapore dans le vide. Masse cristalline d'un bleu de ciel.

Sel d'argent, $C^9H^{12}O^7Ag^2, H^2O$. — En agitant une solution d'acide avec du carbonate d'argent et évaporant, on obtient des cristaux grumeleux réunis en croûtes, qui perdent leur eau à 100° et qui sont peu solubles dans l'eau.

Sel d'argent, $C^9H^{10}O^6Ag^2$. — Ce sel prend naissance en même temps que le précédent quand on opère la neutralisation de l'acide à chaud. Il reste dans les eaux mères. On l'obtient par évaporation sous la forme de lamelles cristallines très solubles dans l'eau.

Sel de plomb, $C^9H^{12}O^7Pb$. — La solution aqueuse d'acide α-oxycamphoronique n'est précipitée par l'acétate neutre de plomb qu'au bout de quelque temps ou bien quand on chauffe; l'acétate tribasique précipite immédiatement. Le précipité blanc est soluble dans un excès d'acétate, ainsi que dans l'acide acétique et dans l'eau bouillante.

Aiguilles fines ou flocons cristallins qui, chauffés pendant longtemps, perdent de l'eau en fournissant le sel $C^9H^{10}O^6Pb$.

Anhydro-α-oxycamphoronate d'éthyle,

$$C^9H^{11}O^5 . C^2H^5.$$

— Obtenu en saturant de gaz chlorhydrique une solution éthéro-alcoolique d'acide α-oxycamphoronique et abandonnant le mélange pendant 3 jours, il cristallise en tables carrées fondant à 155-156° (158° corr.). Cet éther est insoluble dans l'eau. Sature-t-on sa solution éthérée avec de l'ammoniaque gazeuse et sèche, on obtient une combinaison cristalline et blanche qui, lavée avec de l'éther et séchée, répond à la formule $C^{11}H^{19}AzO^6$. C'est un sel ammoniacal de l'éther anhydro-α-oxycamphoronique,

$$C^9H^{10}O^6(AzH^4)(C^2H^5).$$

Ce corps fond à 160-170° en moussant. Traité par un acide, il reproduit l'éther.

L'éther anhydro-α-oxycamphoronique chauffé avec de l'eau se dédouble en alcool et acide α-oxycamphoronique.

ACIDE β-OXYCAMPHORONIQUE, $C^9H^{14}O^7$. — On obtient cet acide sous la forme de tables épaisses et rectangulaires appartenant au système clinorhombique. Il est moins soluble dans l'eau froide que son isomère, mais est soluble dans l'eau chaude. Cet acide ne perd d'eau ni dans le vide ni dans une atmosphère sèche. Il faut le chauffer à 100° pour le convertir en acide anhydro-α-oxycamphoronique, $C^9H^{12}O^6$. Il fond à 247-249° (250°,9 corr.). Le chlorure d'acétyle le déshydrate et le transforme en acide anhydro-oxycamphoronique.

L'acide β-oxycamphoronique se distingue encore de son isomère en ce qu'il est susceptible de former des sels monobasiques, bibasiques et tribasiques. La plupart de ces sels sont plus ou moins solubles dans l'eau ; ceux de baryum et de plomb tribasiques sont insolubles.

Le *sel de potassium monobasique* constitue une masse gommeuse très soluble dans l'eau.

Le *sel bibasique*, $C^9H^{12}O^7K^2$, se présente sous la forme d'une masse blanche hygroscopique.

Le *sel bibasique de baryum*, $C^9H^{12}O^7Ba, 4\,H^2O$, se prépare en neutralisant une solution d'acide par le carbonate de baryum ou par la baryte caustique. Aiguilles perdant leur eau de cristallisation dans le vide ou à 100°.

Le *sel de baryum tribasique*, $(C^9H^{11}O^7)^2Ba^3$, prend naissance quand on fait bouillir une solution de l'acide avec un excès de baryte caustique. Précipité blanc, lourd et pulvérulent, peu soluble dans l'eau, soluble à chaud dans une dissolution de chlorure ammonique.

Le *sel de plomb tribasique*, $(C^9H^{11}O^7)^2Pb^3$, se forme quand on ajoute à une solution du sel de baryum bibasique de l'acétate basique de plomb jusqu'à ce qu'il ne se forme plus de précipité. Après dessiccation, ce sel constitue une poudre blanche, crayeuse, insoluble dans l'eau.

Le *sel d'argent bibasique*, $C^9H^{12}O^7Ag^2$, constitue une substance cristalline qui, desséchée, se transforme en une masse jaunâtre et cassante.

Anhydro-β-oxycamphoronate d'éthyle,

$$C^9H^{11}O^6 . C^2H^5.$$

— Cet éther prend naissance quand on sature de gaz chlorhydrique une solution éthéro-alcoolique d'acide β-oxycamphoronique. Aiguilles pointues, insolubles dans l'eau froide, solubles dans l'alcool et dans l'éther, fusibles à 159°,5 (corr.).

La solution éthérée de ce corps, soumise à l'action de l'ammoniaque, fournit une substance cristalline répondant à la formule

$$C^9H^{10}O^6(AzH^4)(C^2H^5).$$

Ce corps fond à 166°; il est soluble dans l'eau,

insoluble dans l'alcool et dans l'éther. Traité par un acide étendu, il régénère l'éther anhydro-β-oxycamphoronique.

ACIDE ISO-OXYCAMPHORONIQUE, $C^9H^{12}O^6$. — M. Kachler, en faisant réagir le brome sur l'acide hydroxycamphoronique, en tube scellé, à 120-125°, a obtenu un acide bien cristallisé, fondant à 226°, et qui paraît être un isomère des acides décrits plus haut [*Ann. Chem.*, **191**, 152]. Cet acide se présente sous la forme de tables tricliniques [Zepharovich, *Jahresb.*, 1877, 642].

A. Haller.

CAMPHOROXALIQUE (ACIDE),

$$C^8H^{14} \begin{cases} CH.CO.CO^2H \\ CO \end{cases}$$

— Cet acide prend naissance en même temps que son éther quand on traite par l'oxalate d'éthyle le camphre sodé dissous dans le toluène [B. Tingle, *Dissert. inaug.*, Munich, 1889; *Chem. Soc.*, **57**, 652].

Il se forme plus facilement lorsqu'on traite une solution éthérée de camphre par du fil de sodium et de l'oxalate d'éthyle. Dans ces conditions, il se produit encore un mélange d'éther et d'acide :

$$\begin{cases} CO^2C^2H^5 \\ CO^2C^2H^5 \end{cases} + C^8H^{14} \begin{cases} CH^2 \\ CO \end{cases}$$

$$= C^2H^5.OH + C^8H^{14} \begin{cases} CH.CO.CO^2C^2H^5 \\ CO \end{cases}$$

Pour retirer l'acide de son éther, on fait digérer ce dernier à froid, pendant 2 ou 3 jours, avec un excès de potasse. On acidule ensuite et on épuise par l'éther qui abandonne par évaporation l'acide cristallisé. On purifie par cristallisation dans l'éther de pétrole [*Chem. Soc.*, **57**, 653].

Propriétés. — L'acide camphoroxalique cristallise en grandes tables rhombiques, fondant à 88°, peu solubles dans l'eau et dans l'alcool, très solubles dans le carbonate de sodium, d'où l'acide chlorhydrique le précipite intact.

Réduit au moyen de l'amalgame de sodium à 3 0/0, il se transforme en un liquide huileux, qu'on purifie en le dissolvant dans une solution chaude d'hydrate de baryte, acidulant et épuisant par l'éther. On obtient ainsi un résidu solide, amorphe, incolore, fusible à 75-76°, quelque peu gras au toucher et très soluble dans le benzène.

L'analyse, le mode de formation et les propriétés de ce composé le font considérer comme une lactone formée en vertu de l'équation

$$C^8H^{14} \begin{cases} CH.CO.CO^2H \\ CO \end{cases} + 2H^2$$

$$= C^8H^{14} \begin{cases} CH - CHOH \\ CH.O.CO \end{cases} + H^2O.$$

Les *sels de calcium, de baryum et de zinc* de cet acide s'obtiennent par double décomposition avec son sel ammoniacal. Le sel de zinc est le moins soluble, celui de baryum le plus soluble dans l'eau. Les *sels de cuivre et d'argent* sont aussi amorphes et peu solubles dans l'eau. Le premier est vert, le second un peu jaunâtre et très altérable à la lumière.

Camphoroxalate d'éthyle, $C^{12}H^{18}O^4.C^2H^5$. — Préparé comme il a été dit plus haut, cet éther constitue un liquide épais, huileux, donnant une coloration d'un rouge foncé avec le perchlorure de fer. Par distillation, même sous pression réduite, il se décompose.

Cet éther se combine à la soude pour fournir un dérivé jaune qui se décompose rapidement à l'air.

En chauffant le camphoroxalate d'éthyle au bain-marie pendant environ 6 heures avec un grand excès d'hydroxylamine, on obtient une grande quantité d'une substance blanche, cristallisant en aiguilles soyeuses, fusibles à 193° en se décomposant. Ce composé est insoluble dans l'eau, soluble dans le benzène, qui par refroidissement l'abandonne sous forme gélatineuse. On peut le faire cristalliser dans l'alcool étendu.

Lorsqu'on traite une solution éthérée de camphoroxalate d'éthyle par un excès de phénylhydrazine et qu'on fait bouillir pendant 3 heures, on obtient par refroidissement des cristaux qui, après lavage à l'éther et cristallisation dans le toluène, se présentent en fines aiguilles blanches, fusibles à 177-188° en se décomposant. Soluble dans l'alcool et dans le benzène, ce composé est insoluble dans la potasse. L'acide azotique le colore en bleu foncé.

Si l'on fait agir l'aniline sur le camphoroxalate d'éthyle, à froid, on observe une combinaison, mais partielle seulement. En chauffant pendant quelque temps à 165°, on obtient une quantité considérable de cristaux fusibles à 241°, qui ne sont autre chose que de l'oxanilide [B. Tingle, *loc. cit.*].

A. Haller.

CAMPHRE, $C^{10}H^{16}O$. — Le camphre existe dans beaucoup d'essences naturelles (voyez Dict., **1**, 720, et Suppl., **1**, 396). Faltin et Wœhler l'ont aussi obtenu en faisant passer un courant de chlore dans de l'essence de sassafras et chauffant avec de la chaux la masse visqueuse ainsi obtenue [*Jahresb. f. Chem.*, 1853, 517].

Il se trouve encore dans les essences de lavande, d'aspic, de romarin, de marjolaine, de sauge, etc. On le retire généralement du *Laurus camphora* : plus l'arbre est âgé, plus il renferme de camphre. On n'emploie que des arbres ayant plus de 200 ans. Ils fournissent alors 3 0/0 de produit brut [Hikorokuro Yoshida, *Chem. Soc.*, **47**, 779].

Depuis quelques années, le camphre est devenu l'objet d'une importante culture à Palatka (Floride). Le camphre de cette provenance présente une odeur qui diffère de celle du camphre de Chine et qui se rapproche de celle du safrol. Lorsqu'on est parvenu à éliminer une huile qui l'imprègne, ce camphre présente exactement les mêmes propriétés que le camphre de Chine [*Journ. Pharm. Chim.*, (5), **63**, 313].

Le camphre brut renferme une huile qu'on sépare par expression. Cette huile, employée comme huile à brûler sous le nom de *shono abura* [Roretz, *Jahresb. f. Chem.*, 1875, 1158], a été étudiée par M. Yoshida [*loc. cit.*; *Bull. Soc. Chim.*, (2), **46**, 488]. Cet auteur y a trouvé par distillation fractionnée :

7 0/0 d'une térébenthine, passant à 156° et identique avec la térébenthine ordinaire;

20 0/0 d'un carbure distillant à 172-173° et ayant beaucoup de ressemblance avec le citrène, dont il diffère cependant par le pouvoir rotatoire (— 68°,3) et en ce qu'il ne donne pas de terpine par l'action de l'acide azotique;

22,8 0/0 de camphre;

50 0/0 de camphorogénol.

Le camphre se présente sous 3 états isomériques, mais cette isomérie est de nature purement physique :

Camphre droit, tel qu'on le trouve dans le *Laurus camphora* : $[\alpha]_D = +42°$ environ.

Camphre gauche, qui existe dans l'essence de matricaire : $[\alpha]_D = -42°$ environ.

Camphre inactif par compensation, trouvé dans les essences de lavande, de sauge (Lallemand, Chautard, Pattison Muir) et obtenu par mélange

[Jeanjean, *C. R.*, **43**, 103. — A. Haller, *C. R.*, **105**, 66].

M. Jungfleisch admet en outre l'existence d'un camphre inactif véritable, qu'il obtient en chauffant le camphre à 300-350° en tubes scellés. Toutefois l'individualité chimique de cet isomère n'a pas été établie, le produit obtenu par ce savant pouvant être un mélange à parties égales de camphres droit et gauche, en un mot de l'inactif par compensation.

Les camphres qui font partie constituante des huiles essentielles et dont le pouvoir rotatoire moléculaire est inférieur à 42° sont des mélanges en proportions variables des isomères droit et gauche, auxquels s'ajoutent en outre souvent des bornéols droit et gauche.

Il en est ainsi du camphre de romarin [A. Haller, *C. R.*, **108**, 1308] (voyez CAMPHOLS).

Les camphres actifs ont encore été obtenus par oxydation des camphènes [Berthelot, Riban, Suppl., **1**, 396. — Kachler et Spitzer, *Ann. Chem.*, **200**, 340].

MM. Armstrong et Tilden ont préparé un camphre inactif en oxydant par l'acide chromique le camphène inactif provenant de l'action de l'acide sulfurique sur l'essence de térébenthine. Ce camphre oxydé à son tour a fourni un acide camphorique fondant à 202°, point de fusion qui se rapproche de celui de l'acide camphorique inactif par compensation (204-205°) [*D. chem. G.*, **12**, 1755].

Enfin on peut encore obtenir les camphres en oxydant les camphols et les isocamphols.

L'α-bornéol droit (comme le bornéol de dryobalanops), l'isocamphol gauche et le camphol inactif $\overset{+}{\alpha}\overset{-}{\beta}$ (mélange à parties égales d'α-camphol droit et de β-camphol gauche) fournissent par oxydation du camphre droit.

L'α-bornéol gauche (ngai, garance, valériane), le β-camphol droit et l'inactif $\overset{-}{\alpha}\overset{+}{\beta}$ (mélange à parties égales d'α-bornéol gauche et de β-camphol droit) donneraient naissance à du camphre gauche.

Les bornéols racémiques $\overset{+}{\alpha}\overset{-}{\alpha}$ et $\overset{+}{\beta}\overset{-}{\beta}$ sont convertis sous l'influence des oxydants en camphre inactif par compensation (voyez CAMPHOLS).

Les bornéols naturels de romarin et de succin, étant des mélanges de droit et de gauche, fournissent par oxydation des camphres qui sont eux-mêmes des mélanges en proportions variables de droit et de gauche [A. Haller, *C. R.*, **104**, 68; **108**, 1308].

Ajoutons qu'il y a également lieu de considérer le bornéol traité à 200-215° par l'acide acétique comme un mélange de droit et de gauche, fournissant par oxydation un camphre constitué par du droit et du gauche, et non par du droit et de l'inactif véritable comme le pense M. de Montgolfier [*Ann. Chim. Phys.*, (5), **14**, 57].

Indépendamment de ces camphres, dont le pouvoir rotatoire maximum, dans les conditions où l'on a opéré, ne dépasse pas ± 43° pour les produits purs, il en existe d'autres, découverts par MM. Bouchardat et Lafont. Ces savants, en traitant l'essence de térébenthine française par l'acide acétique, obtinrent un mélange d'acétates de terpilène et de camphols. Mais ces camphols fournissent par oxydation des camphres dont le pouvoir rotatoire s'écarte notablement de 43°. L'un d'eux, dont le pouvoir rotatoire est $[\alpha]_D = +13°,9$, donne naissance par oxydation à un camphre gauche dont le pouvoir rotatoire est compris entre — 67°,2 et — 71°,4. L'autre ($[\alpha]_D = -43°,6$), donne par oxydation un camphre dont le pouvoir rotatoire est compris entre —51°,1 et — 53°,5.

Ces écarts dans les pouvoirs rotatoires semblent montrer que ces camphres sont des isomères des produits naturels [*Bull. Soc. Chim.*, (2), **45**, 298].

Les mêmes auteurs ont récemment montré, en étudiant l'action de l'acide benzoïque sur l'essence de térébenthine, qu'il se produit dans cette réaction, outre un benzoate de bornyle gauche, un éther benzoïque d'un isomère du bornéol, qui, par oxydation, fournit un camphre $C^{10}H^{16}O$. Ce dernier corps serait, d'après MM. Bouchardat et Lafont, identique avec la *fenolone* (*fenchöl*) de M. Wallach [*C. R.*, **113**, 551. — Voyez aussi ISO-CAMPHÉNOLS, Suppl., **2**, I, 861].

Propriétés. — Le camphre pur fond à 177-178° (A. Haller), 177°,7 [M. Kuhara, *Ann. Chem.*, **11**, 244], 178°,7 [Förster, *D. chem. G.*, **23**, 2981]. Il bout à 205°,3 (K.), 209°,1 sous 759 millimètres (Förster). Son poids spécifique à cette température de 205°,3 est 0,8110, d'où l'on déduit le volume spécifique $\dfrac{152}{0,811} = 187,42$ (Kuhara).

En prenant la densité de vapeur du camphre dans un bain de plomb, suivant la méthode de M. V. Meyer, M. Ehrhardt a constaté que 70 0/0 du produit étaient dissociés (?) dans les conditions de l'expérience.

Prise de la même manière, la densité de l'essence de térébenthine répondait à la formule C^6H^8 [*Chem. News*, **54**, 239; *D. chem. G.*, **20**, *Ref.*, 109].

La chaleur de combustion du camphre droit ordinaire est égale à 1402^{cal},2, celle du camphre de matricaire à 1414^{cal},0 et celle du camphre racémique, 1413^{cal},4 [Louguinine, *C. R.*, **107**, 1005].

Le pouvoir réfringent moléculaire du camphre est égal à 74,43 d'après M. Kanonnikof; suivant M. Gladstone [*Chem. Soc.*, **59**, 590], ce pouvoir serait, pour une solution alcoolique à 45,18 0/0 et pour les différentes raies du spectre :

R_A	R_D	R_B
73,51	74,32	76,98

On conclut de là que le camphre ne renferme pas de liaison double [*J. prakt. Chem.*, (2), **34**, 348].

La dispersion moléculaire $R_B — R_A = 3.47$ [Gladstone, *loc. cit.*].

Le pouvoir rotatoire est, d'après M. Tuschmid, indépendant de la température.

Il augmente généralement avec la concentration des solutions.

L'étude d'un grand nombre de camphres droits et gauches, d'origine différente, a conduit M. A. Haller à admettre que le pouvoir rotatoire moléculaire de produits purs, exempts de bornéol et d'isomères de rotation inverse, est compris entre $[\alpha]_D = \pm 42$ et $[\alpha]_D = \pm 43°$ pour des solutions alcooliques renfermant 1 molécule par litre et à une température de 16 à 18° (voyez CAMPHOLS).

La rotation ρ d'une solution alcoolique de camphre pour la raie D est fournie par la formule

$$\rho = 46°,62\, q — 0,1765 \pm 0,04,$$

dans laquelle q représente le camphre contenu dans 1 partie de dissolution [Tuschmid, *Jahresb.*, 1870, 185].

D'après M. de Montgolfier, le pouvoir rotatoire du camphre ordinaire dans le benzène et dans l'alcool est donné par les formules

Benzène	$[\alpha]_D = 52°,1 — 12,6\ e$
Alcool à 95°	$[\alpha]_D = 51° — 11,75\ e$

où e exprime la proportion relative de dissolvant pour 1 partie de solution [*Ann. Chim. Phys.*, (5), **14**, 66; *Bull. Soc. Chim.*, (2), **22**, 487].

M. Landolt a, de son côté, démontré que le pouvoir rotatoire du camphre augmente avec la concentration, mais d'une quantité qui varie avec la nature du dissolvant.

Les expressions suivantes, dans lesquelles q représente la teneur centésimale en substance inactive (dissolvant), permettent de calculer le pouvoir rotatoire moléculaire du camphre dans diverses solutions et dans différents états de concentration. Les mesures ont été faites à 20° :

$$
\begin{aligned}
\text{Acide acétique} &\ldots\ldots\ldots & [\alpha]_D &= 55°,49 - 0,1372\ q \\
\text{Éther acétique} &\ldots\ldots\ldots & [\alpha]_D &= 55°,15 - 0,04383\ q \\
\text{— monochloracétique} && [\alpha]_D &= 55°,70 - 0,06685\ q \\
\text{Benzène} &\ldots\ldots\ldots & [\alpha]_D &= 55°,21 - 0,1630\ q \\
\text{Diméthylaniline} &\ldots\ldots & [\alpha]_D &= 55°,78 - 0,1491\ q \\
\text{Alcool méthylique} &\ldots\ldots & [\alpha]_D &= 56°,15 - 0,1749\ q \\
&&& \quad + 0,0006617\ q^2 \\
\text{— éthylique} &\ldots\ldots & [\alpha]_D &= 54°,30 - 0,1614\ q \\
&&& \quad + 0,0003690\ q^2
\end{aligned}
$$

D'où, en faisant $q = 0$, on a pour le pouvoir rotatoire moyen du camphre à 20° la valeur $[\alpha]_D = 55°,4$ avec un écart moyen de $\pm\ 0°,4$ [*Ann. Chem.*, **189**, 333].

La formule $[\alpha]_D^{20} = 41°,982 + 0,11824\ c$, dans laquelle c exprime la concentration, c'est-à-dire le nombre de grammes de substance active dans 100 centimètres cubes de liqueur, exprime également l'accroissement du pouvoir rotatoire du camphre en solution alcoolique avec la concentration [Landolt, *D. chem. G.*, **21**, 204].

Lorsqu'on emploie comme dissolvant le benzène, la formule devient

$$[\alpha]_D^{20} = 39°,185 + 0,17084\ c$$

[Landolt, *Optisches Drehungsvermögen organ. Subst.*, 80].

M. Förster a de son côté donné une formule très approchée de celle de M. Landolt :

$$[\alpha]_D^{20} = 39°,755 + 0,17254\ c$$

[*D. chem. G.*, **23**, 2981].

M. P. Chabot a déterminé le pouvoir rotatoire moléculaire du camphre dans des dissolutions d'huiles d'olives, d'amandes douces et de graines. Les rotations produites par ces solutions se sont montrées très sensiblement proportionnelles à leur richesse. Aussi, si l'on désigne par p la proportion pondérale (en centièmes) du camphre renfermé dans l'huile camphrée, on a pour la rotation α imprimée par cette dernière au plan de polarisation de la lumière jaune, sous une épaisseur de 20 centimètres :

$$
\begin{aligned}
\text{Dans le cas de l'huile d'olives} &\ldots\ldots & \alpha &= 10' + p\ 1°,1' \\
\text{— — d'amandes douces.} & & \alpha &= p \\
\text{— — de graines.} &\ldots\ldots & \alpha &= 36' + p
\end{aligned}
$$

Ces formules ont permis de calculer les proportions de camphre contenues dans les solutions saturées des trois huiles examinées. On a trouvé qu'à 19° l'huile d'olives camphrée à saturation renferme 26,983 0/0 de camphre, l'huile d'amandes 20,5 0/0 et l'huile de graines 28,80 0/0. Le pouvoir rotatoire du camphre dans chacune de ces huiles à divers degrés de concentration est le suivant :

Huile d'olives :

$$
\begin{aligned}
\text{Dissolution à 3 0/0} &\ldots\ldots & [\alpha]_D &= 55°,42 \\
\text{— 20 0/0} &\ldots\ldots & [\alpha]_D &= 55°,12
\end{aligned}
$$

Huile d'amandes douces :

$$
\begin{aligned}
\text{Dissolution à 3 0/0} &\ldots\ldots & [\alpha]_D &= 56°,47 \\
\text{— 20 0/0} &\ldots\ldots & [\alpha]_D &= 54°,19
\end{aligned}
$$

Huile de graines :

$$
\begin{aligned}
\text{Dissolution à 3 0/0} &\ldots\ldots & [\alpha]_D &= 54°,24 \\
\text{— 20 0/0} &\ldots\ldots & [\alpha]_D &= 54°,7
\end{aligned}
$$

Il résulte de ces nombres que, contrairement à ce que l'on avait observé dans les autres solutions de cette substance, le pouvoir rotatoire du camphre augmente à mesure que la dilution devient plus grande [*C. R.*, **101**, 233].

D'après M. Clautriau [*D. chem. G.*, 24, 2612], le camphre est hygroscopique et peut absorber en 8 jours, à la température ordinaire, 0.07 0/0 d'humidité.

Le camphre forme avec l'alcool de 36 à 65° une combinaison liquide instable [Ballo, *D. chem. G.*, **14**, 334]. M. de Montgolfier avait observé le même fait [*Ann. Chim. Phys.*, (5), **14**, 68].

Il se combine au dichlorhydrate de térébenthène en se liquéfiant [Montgolfier. *C. R.*, **89**, 102].

Mélangé à du naphtalène dans la proportion de 5 0/0, il en abaisse le point de fusion (80°) à 77°. Un naphtalène contenant 2/3 à 3/4 de camphre fond à 32° [*Pharm. Rundschau*, **8**, 189].

M. J. Girard [*Journ. Pharm. Chim.*, (5), **24**, 105], en fondant au bain-marie 10 molécules de camphre avec 7 molécules de naphtalène, a obtenu une combinaison qui fond à 32°,6 et qui se solidifie seulement à 23°; ce composé est soluble dans les dissolvants du camphre et du naphtalène; il dissout l'iode et le coton-poudre.

Action de la chaleur sur le camphre. — Quand on chauffe du camphre en tube scellé à 350°, son pouvoir rotatoire diminue peu à peu et se rapproche de 0° d'après M. Jungfleisch.

M. de Montgolfier a de son côté chauffé le camphre à cette température pendant 20 ou 22 heures sans réussir à diminuer le pouvoir rotatoire moléculaire de plus de 3°. Il a constaté que le camphre résiste mal à cette température et qu'il se décompose peu à peu, avec formation d'un gaz qui brûle avec une flamme bleue [*Ann. Chim. Phys.*, (5), **14**, 64].

M. A. Haller, en opérant à la même température, mais pendant des intervalles de 1 à 8 jours, a constaté qu'à la température d'ébullition du mercure le camphre se décompose tantôt en partie seulement, tantôt en totalité, en donnant un liquide brun-noirâtre et des torrents de gaz brûlant avec une flamme bleue. Le pouvoir rotatoire du camphre non décomposé ne diffère que de 3 à 4° de celui du produit primitif [*Expér. inédites*].

ACTION DES RÉACTIFS. — *Acide sulfurique* (voyez Dict., **1**, 722 et article CAMPHRÈNE). — M. Cazeneuve a constaté qu'outre le camphrène (camphorone) il se forme dans l'action de l'acide sulfurique sur le camphre de petites quantités d'acides sulfoconjugués à réaction phénolique [*Bull. Soc. Chim.*, (3), **3**, 678].

Si l'on mélange la solution rouge de camphre dans l'acide sulfurique avec du sirop de sucre, on obtient une pâte de couleur rose. L'addition d'eau détermine la décoloration et la formation d'un précipité soluble dans l'éther, qui se colore de nouveau par l'acide sulfurique, bien que ne renfermant plus de sucre [Kingzett et Hake, *Jahresb.*, 1877, 63].

Anhydride phosphorique. — Distillé sur cet anhydride, le camphre donne du cymène (Dict., **1**, 100). MM. Armstrong et Miller ont constaté qu'il se produit presque exclusivement du cymène dans cette réaction [*D. chem. G.*, **16**. 2260].

Pentasulfure de phosphore. — En distillant le camphre avec du pentasulfure de phosphore, M. R. Pott a obtenu du cymène presque pur [*D. chem. G.*, **2**, 121].

D'après MM. Armstrong et Miller [*loc. cit.*], il se produit, indépendamment du cymène ordinaire, du m-isopropylméthylbenzène, un peu de tétraméthylbenzène et quelques centièmes d'un carbure $C^{10}H^{20}$.

M. P. Spica, en chauffant le camphre avec un mélange de soufre et de phosphore, avait d'ailleurs également observé la formation de m- et de p-cymène [*Bull. Soc. Chim.*, (2), **40**, 319].

Enfin rappelons que M. Flesch, en chauffant le camphre avec du pentasulfure de phosphore, avait obtenu, outre le cymène, du thiocarvacrol [*D. chem. G.*, **6**, 478].

Chlorure de zinc. — Distillé sur du chlorure de zinc, le camphre fournit du benzène, du toluène, du xylène, du pseudocumène, du cymène et une notable quantité de carbures qui passent de 180 à 200°. MM. Fittig, Köbrich et Jilke ont isolé un hydrocarbure $C^{11}H^{16}$ qu'ils considèrent comme un propylxylène, auquel ils donnent le nom de *laurène* [*Ann. Chem.*, **145**, 129, 151].

Plus tard M. Reuter reprit cette étude et trouva parmi les produits de la distillation : du toluène, du pseudo-cumène, du cymène, de l'o-crésol, de l'α- et du β-laurène et des carbures insolubles dans l'acide sulfurique. Il n'y trouva point de xylène ni de benzène [*D. chem. G.*, **16**, 624].

Avant M. Reuter, Rommier avait signalé la présence du crésol et du phénol [*C. R.*, **68**, 930].

M. de Montgolfier étudia à son tour cette réaction en modifiant les conditions. Il confirma les recherches de ses prédécesseurs et trouva en outre : du gaz des marais, du benzène, du bicymène $C^{20}H^{28}$ et un carbure isomérique avec le cymène ordinaire (correspondant au laurène de Fittig) qu'il considéra comme identique avec le tétraméthylbenzène 1.2.3.5. de M. Jannasch [*D. chem. G.*, **8**, 355].

D'après ce savant, le chlorure de zinc peut décomposer le camphre de trois manières principales : 1° régulièrement, en donnant du cymène et les produits de sa modification, bicymène et tétraméthylbenzène ; 2° en détruisant le noyau et en donnant alors, par une action parallèle à la précédente, les homologues inférieurs du cymène et probablement des carbures éthyléniques ; 3° en détruisant le noyau d'une façon toute différente, ce qui donne des phénols et des carbures forméniques [*Ann. Chim. Phys.*, (5), **14**, 98].

MM. Armstrong et Miller chauffent doucement 1 partie de camphre avec 2 parties de chlorure de zinc ; quand la masse est devenue homogène, ils élèvent la température et distillent. Ils obtiennent ainsi de la *camphorone* $C^9H^{14}O$, du carvacrol $C^{10}H^{14}O$, un carbure $C^{10}H^{20}$, du m-cymène (et non du p-cymène), de l'o-diméthyl-p-éthylbenzène correspondant au laurène de M. Fittig, etc., et du tétraméthylbenzène (isodurène) [*D. chem. G.*, **16**, 2258].

Enfin M. Uhlhorn, pour élucider la nature des produits passant de 180 à 195°, soumit également le camphre à l'action du chlorure de zinc. Après avoir lavé les produits de la distillation avec un alcali, il les fractionne au thermomètre, traite les principales fractions par l'acide sulfurique, et identifie les acides sulfoniques obtenus ou leurs dérivés avec les différents acides de même composition préparés synthétiquement. De l'ensemble de ses recherches il conclut que la portion 180-195° renferme dans tous les cas et indépendamment d'autres carbures les éthylxylènes suivants :

$$C^6H^3(CH^3)^2{}_{(1.3)}(C^2H^5){}_{(4)},$$
$$C^6H^3(CH^3)^2{}_{(1.4)}(C^2H^5){}_{(2)},$$
$$C^6H^3(CH^3)^2{}_{(1.2)}(C^2H^5){}_{(4)}.$$

Ce dernier carbure est identique avec celui trouvé par MM. Armstrong et Miller [*D. chem. G.*, **23**, 2346].

En résumé, il semblerait résulter des derniers travaux sur la question que le laurène $C^{11}H^{16}$ de MM. Fittig, Köbrich et Jilke n'existe pas parmi les produits de l'action du chlorure de zinc sur le camphre.

Acide azotique. — Si l'on fait bouillir au réfrigérant ascendant du camphre avec de l'acide azotique concentré, on obtient principalement de l'acide camphorique ; les eaux mères renferment en outre les acides camphoronique, hydroxycamphoronique, dinitrocaproïque, deux acides ayant pour formules $C^7H^{12}O^5$ et $C^9H^{12}O^7$, ainsi que des traces d'acide mésocamphorique [Kachler, *Ann. Chem.*, **193**, 143].

Acide chromique. — Le camphre n'est pas attaqué à la température du bain-marie par le mélange chromique [Fittig et Tollens, *Ann. Chem.*, **129**, 371].

À l'ébullition, il se forme, suivant M. Ballo, les acides carbonique, acétique et adipique, ainsi qu'un produit sirupeux non étudié [*D. chem. G.*, **2**, 1597 ; **14**, 332].

D'après M. Kachler, il ne se formerait pas d'acide adipique dans ces conditions, mais les acides camphoronique et hydroxycamphoronique [*D. chem., G.*, **13**, 487].

Permanganate de potassium. — A froid le permanganate de potassium n'attaque point le camphre. Il ne l'oxyde guère plus à chaud. Mais dans un milieu alcalin et bouillant l'oxydation s'effectue facilement [Grosser, *D. chem. G.*, **14**, 2507].

M. E. Täuber a repris cette étude et trouvé que le permanganate en solution potassique à 20 0/0 oxyde le camphre en donnant :

1° Les acides volatils suivants :

> Acide carbonique,
> — acétique,
> — butyrique,
> Mélange d'acides gras de C^6 à C^{10}.

2° Les acides fixes :

> Acide oxalique en très grande quantité,
> — camphorique en notable quantité,
> — camphoronique (traces),
> — isomère de l'acide adipique,
> — tétratomique, tribasique, de la formule $C^{11}H^{20}O^7$

[*Dissert. inaug.*, Breslau, 1882, 32].

Réducteurs. — L'amalgame de sodium est sans action notable sur une solution alcoolique de camphre [Jackson, *Ann. Chem.*, **6**, 407]. Mais si l'on emploie le sodium métallique, on peut effectuer intégralement la transformation du camphre en camphol [Jackson et Mencke, *Am. chem. Journ.*, **5**, 250 ; *D. chem. G.*, **18**, 335. — Immendorff, *D. chem. G.*, **17**, 1036. — Wallach, *Ann. Chem.*, **230**, 225].

On peut aussi effectuer cette réduction du camphre en bornéol en le chauffant en tube scellé, à 200-220°, avec de l'éthylate de sodium [A. Haller, *C. R.*, **112**, 1490].

Halogènes. — Le chlore est sans action sur le camphre [Ruoff, *D. chem. G.*, **9**, 1499. — Schultze, *J. prakt. Chem.*, (2), **24**, 171]. Lorsqu'on fait agir le chlore en présence de l'acide sulfureux, le camphre reste encore intact, mais il favorise la combinaison des deux gaz pour donner du chlorure de sulfuryle (Schultze).

En présence de l'alcool, le chlore attaque le camphre et le transforme en dérivé monochloré (Cazeneuve).

Le brome, ajouté à une solution de camphre dans l'alcool, donne deux produits de substitution, les camphres α- et β-bromés [Marsh, *Chem. Soc.*, 1890, 828].

En présence du protochlorure de phosphore, le brome convertit le camphre en *dibromure de dibromocamphylidène*, $C^{10}H^{14}Br^4$ [De la Royère, *Bull. Soc. Chim.*, (2), **38**, 579].

L'iode, dans la proportion de 1/5 de son poids, transforme à chaud le camphre en carvacrol :

$$C^{10}H^{16}O + I^2 = C^{10}H^{14}O + 2HI.$$

Il se forme en même temps un produit d'addition du camphre avec l'acide iodhydrique [Fleischer et Kekulé, *D. chem. G.*, **6**, 935].

MM. Armstrong et Miller ont trouvé parmi les produits de l'action de l'iode sur le camphre : le carvacrol, un carbure $C^{10}H^{20}$, de l'o-diméthyl-p-éthylbenzène et du tétraméthylbenzène (1.2.3.5) [*D. chem. G.*, **16**, 2259. — Armstrong et Easkell, **11**, 151].

Chauffé pendant 12 heures à 250° avec de l'iode. le camphre donne naissance aux carbures aromatiques $C^{8}H^{10}$, $C^{9}H^{12}$, $C^{10}H^{14}$, $C^{11}H^{16}$, qui sont considérés par les auteurs comme des produits de transformation du cymène formé dans les premiers moments de la réaction [Rayman et Preis, *D. chem. G.*, **13**, 346].

Le camphre, traité par l'iode en présence de l'oxyde mercurique ou de l'acide iodique, ne fournit pas de dérivé iodé (A. Haller).

Hydracides. — Quand on chauffe le camphre pendant 20 heures à 170° avec de l'acide chlorhydrique fumant, on le dédouble en cymène et en eau [W. Alexéjeff, *Bull. Soc. Chim.*, (2), **35**, 107].

A 200°, l'acide iodhydrique (bouillant à 127°) convertit le camphre en une série de carbures, dont l'un, $C^{9}H^{16}$, bout à 135–140°, un second, $C^{10}H^{18}$, à 163°, et un troisième, $C^{10}H^{20}$, à 155° [Weyl, *D. chem. G.*, **1**, 96].

M. Berthelot a constaté dans des conditions semblables la formation de l'hydrure de terpilène $C^{10}H^{20}$, de l'hydrure de décyle $C^{10}H^{22}$ et de l'hydrure d'amyle $C^{5}H^{12}$ [*Bull. Soc. Chim.*, (2), **12**, 98].

Acides hypochloreux et hypobromeux. — En agitant le camphre avec des solutions concentrées de ces acides, on obtient les camphres chlorés et bromés β [Wheeler. — Cazeneuve, *Bull. Soc. Chim.*, (3), **2**, 715].

Quand on agite une solution chloroformique de camphre avec de l'acide hypochloreux étendu, et qu'on traite le produit de la réaction d'abord par l'acétate de potassium en solution alcoolique, puis par la potasse, on obtient un acide $C^{10}H^{18}O^{3}$. Ce corps est huileux, peu soluble dans l'eau, soluble dans l'alcool et dans l'éther. Il forme avec les alcalis des sels bien cristallisés. Il se décompose par la distillation, même dans le vide, en perdant 1 molécule d'eau et en donnant naissance à l'oxycamphre de MM. Kachler et Spitzer [Guerbet, *Bull. Soc. Chim.*, (3), **6**, 130].

Perchlorure, perbromure et chlorobromure de phosphore. — Le perchlorure de phosphore convertit le camphre en un chlorure $C^{10}H^{16}Cl^{2}$, qui, traité par le sodium, fournit du camphène [Gerhardt. — De Montgolfier, *Ann. Chim. Phys.*, (5), **14**, 108. — Spitzer, *D. chem. G.*, **11**, 363].

Le perbromure de phosphore agit sur le camphre en donnant le dérivé α-dibromé [Swarts et de la Royère, *Bull. Acad. roy. Belg.*, (3), **4**, 215].

Le chlorobromure de phosphore réagit énergiquement sur le camphre à la température ordinaire et fournit, entre autres produits, un corps cristallisé, fondant à 164°, ayant pour formule $C^{10}H^{14}Br^{4}$, qui paraît identique au dibromure de dibromocamphylidène de M. de la Royère [*Bull. Soc. Chim.*, (2), **38**, 580].

Fluorure de bore. — Le camphre forme avec le fluorure de bore un produit d'addition (voyez plus loin).

En chauffant le camphre avec du fluoboréthylène, $C^{2}H^{3}.BoFl^{2}$, molécule à molécule, à 200–220°, pendant 12 ou 18 heures, M. Landolph a obtenu de l'acide borique, de l'acide fluorhydrique et une huile passant de 185 à 190°, qu'il a considérée comme de l'éthylcymène ou de l'éthylène-cymène [*Bull. Soc. Chim.*, (2), **32**, 301].

Action des métaux. — Quand on ajoute du potassium métallique à une solution bouillante de camphre dans le pétrole, on obtient un mélange de campholate de sodium et de bornéol [Malin, *Bull. Soc. Chim.*, (2), **10**, 149. — Kachler, *D. chem. G.*, **5**, 165].

D'après M. Brühl [*D. chem. G.*, **24**, 3384], l'action du sodium sur le camphre ne s'arrête pas au dérivé monosodique, mais fournit le composé disubstitué :

$$3\,C^{10}H^{16}O + 2\,Na^{2} = C^{10}H^{14}O\,Na^{2} + 2\,C^{10}H^{17}O\,Na.$$

En traitant par le sodium, à l'abri de l'air, une solution de camphre dans un liquide exempt d'oxygène (éther de pétrole), on obtient une masse saline qui, acidulée, fournit de l'anhydride camphorique et un corps blanc, cristallisé en lamelles fondant à 141° et répondant à la formule $C^{20}H^{30}O^{3}$ [Kachler et Spitzer, *Mon. f. Chem.*, **4**, 494].

Alcalis caustiques. — Chauffé à 180° avec de la potasse alcoolique, le camphre fournit du bornéol et du camphate de potassium (Berthelot). D'après M. de Montgolfier [*loc. cit.*], il se forme en outre un liquide bouillant de 238 à 240° et répondant à la formule $C^{30}H^{24}O^{2}$.

Lorsque, dans cette réaction, on emploie de l'alcool étendu, le liquide qui prend naissance est principalement constitué par un carbure bouillant vers 160° et qui, d'après M. de Montgolfier, est un térébène ou un isomère.

En faisant bouillir pendant 280 heures du camphre avec de la potasse alcoolique, M. Kachler a constaté la formation d'acide campholique [*Ann. Chem.*, **162**, 267].

Quand on chauffe du camphre à 200° avec l'éthylate de sodium, il se transforme presque intégralement en bornéol. Les eaux de lavage ne renferment que des traces d'acide camphique et de l'acide acétique. La même réaction se produit quand on emploie le méthylate de sodium. Avec le propylate, le butylate ou l'amylate de sodium, on obtient, indépendamment du bornéol, des produits huileux dont la composition se rapproche des camphres alcoylés ou des alcoylbornéols correspondants. La quantité de ces produits huileux augmente avec le poids moléculaire de l'alcool employé. Les eaux de lavage contiennent les acides propionique, butyrique et valérique sous la forme de sels de sodium.

Le camphre, chauffé à 220-250° avec du benzylate de sodium, se transforme en une huile qui, par un fort refroidissement, laisse déposer des cristaux de benzylcamphre [A. Haller, *C. R.*, **112**, 1490].

Le camphre, chauffé à 220° avec du formiate d'ammonium, donne naissance à de la bornylamine (voy. ce mot,).

Le camphre ne se combine pas aux bisulfites alcalins, ni au carbanile.

Le chlorure d'acétyle est sans action sur lui.

Il se combine à l'hydroxylamine en donnant la *camphoroxime* $C^{10}H^{16}=AzOH$, et à la phénylhydrazine en fournissant l'*hydrazone*

$$C^{10}H^{16}=Az^{2}H.C^{6}H^{5}.$$

Lorsqu'on chauffe avec de la poudre de zinc un mélange de camphre et de chlorure de benzyle, on obtient du toluène et les carbures $C^{10}H^{14}$, $C^{10}H^{16}$, ainsi que les corps oxygénés $C^{7}H^{10}O$, $C^{10}H^{14}O$, $C^{16}H^{24}O$ [D. Tommasi, *Bull. Soc. Chim.*, (2), **21**, 400 et 551].

L'action du camphre sur la végétation est variable suivant la plante. Il active le développement de la graine et réveille sa faculté germinative quand elle est partiellement éteinte [Vogel et L. Raab, *Jahresb. f. Chem.*, 1874, 896].

Le camphre ne tue pas les bactéries, mais il contrarie leur développement [A.-W. Hamlet,

Jahresb. f. Chem., 1881, 1143]. Il a cependant été préconisé comme antiseptique par M. Pavesi [*ibid.*, 1882, 769].

Ingéré, il apparaît dans l'urine à l'état d'acide camphoglycuronique.

Le camphre ajouté à de la dynamite-gélatine la rend moins sensible au choc [Trauzl, *ibid.*, 1883, 1703].

CAMPHRE SODÉ. — Ce corps, qui a pour formule

$$C^8H^{14} \begin{cases} CHNa \\ | \\ CO \end{cases} \quad ou \quad C^8H^{14} \begin{cases} CH \\ \| \\ CONa \end{cases}$$

[Beckmann, *Bull. Soc. Chim.*, (3), **2**, 415], se prête facilement aux doubles décompositions.

Traité par l'iode ou par l'iodure de cyanogène, il fournit du camphre iodé. Avec le cyanogène ou le chlorure de cyanogène, on obtient du camphre cyané, de la camphyluréthane, du carbonate de camphyle et du cyanurate de camphyle (A. Haller).

Une solution de camphre sodé, additionnée de sulfure de carbone, fournit un dérivé sulfuré, $C^{31}H^{96}S^3O^3$, et du bornéoxanthate de sodium, $C^{10}H^{17}OCS^2Na$ (A. Haller).

Le chloroforme ajouté au mélange de camphre et de camphol sodés donne lieu à un dégagement d'acétylène :

$$3\,C^{10}H^{15}ONa + 3\,C^{10}H^{17}ONa + 2\,CHCl^3$$
$$= 6\,NaCl + C^2H^2 + 6\,C^{10}H^{16}O$$

[A. Haller, *Thèse Faculté des Sciences, Paris*, 1879, 41].

Un courant d'oxygène ou d'air transforme une solution de camphre sodé dans le toluène en un mélange d'acides camphique et camphorique et d'une résine [Montgolfier, *Ann. Chim. Phys.*, (5), **14**, 76].

Traité par les éthers formique ou oxalique, le camphre sodé fournit le formylcamphre ou l'éther camphoroxalique (Bishop et Claisen, Tingle) :

$$C^8H^{14} \begin{cases} CHNa \\ | \\ CO \end{cases} + C^2H^5.OCO.H$$

$$= C^2H^5.OH + C^8H^{14} \begin{cases} CNa.CO.H \\ | \\ CO \end{cases}$$

$$C^8H^{14} \begin{cases} CHNa \\ | \\ CO \end{cases} + C^2H^5O.CO.CO^2C^2H^5$$

$$= C^2H^5.OH + C^8H^{14} \begin{cases} CNa.CO.CO^2C^2H^5 \\ | \\ CO \end{cases}$$

L'aldéhyde benzylique transforme le camphre sodé en benzylidène-camphre

$$C^8H^{14} \begin{cases} CHNa \\ | \\ CO \end{cases} + C^6H^5.CHO$$

$$= C^8H^{14} \begin{cases} C=CH.C^6H^5 \\ | \\ CO \end{cases} + NaOH$$

[A. Haller, *C. R.*, **113**, 22]. Toutes les aldéhydes donnent lieu à des réactions analogues.

Le camphre sodé brut, chauffé en tube scellé à 280°, se transforme en acide campholique :

$$C^{10}H^{16}O + C^{10}H^{17}ONa$$
$$= C^{10}H^{17}O^2Na + C^{10}H^{16}.$$

La même réaction a lieu quand on chauffe le camphre à 350° avec de la chaux sodée [Montgolfier, *loc. cit.*].

DOSAGE DU CAMPHRE. — M. Förster [*D. chem. G.*, **23**, 2981] propose de doser le camphre con-tenu dans un mélange en l'isolant par distillation ; on le recueille dans un récipient de forme spéciale renfermant du benzène et on examine ensuite la solution benzénique au polarimètre.

Le poids du camphre contenu dans le liquide est donné à la température de 20° par la relation

$$C = 2{,}51536\,\frac{\alpha}{l} - 0{,}02746 \left(\frac{\alpha}{l}\right)^2,$$

dans laquelle α est la déviation observée et l la longueur du tube en décimètres.

Pour isoler le camphre par distillation, on opère dans un courant de vapeur d'eau, après addition de soude caustique au produit pour retenir les acides qu'il pourrait renfermer. Cette méthode est applicable au celluloïd, aussi bien qu'aux huiles et aux pommades.

PRODUITS D'ADDITION DU CAMPHRE.

On sait que le camphre se combine directement au [brome (Laurent, Swarts, Perkin), au chlore (Deville), à l'iode (Perkin), aux acides sulfureux, hypoazotique, chlorhydrique (Bineau), azotique (Kachler), pour former des composés moléculaires, dont les uns, comme le dibromure $C^{10}H^{16}OBr^2$, sont solides et ont une apparence cristalline, mais dont la plupart sont liquides et ne possèdent point de composition définie. Tous ces corps se dissocient plus ou moins facilement à la température ordinaire, ou quand on les chauffe. L'eau et les alcalis les scindent également en leurs composants (voyez Dict., **1**, 720).

La combinaison du camphre et de l'acide sulfureux a été préconisée récemment comme antiseptique sous le nom de *thiocamphre*.

L'*iodhydrate de camphre*, $C^{10}H^{16}O.HI$, a été trouvé par MM. Kekulé et Fleischer dans les produits de l'action de l'iode sur le camphre. Il forme des cristaux très déliquescents qui fument au contact de l'air [*D. chem. G.*, **6**, 936].

La *combinaison cyanhydrique* prend naissance quand on agite du camphre avec une solution aqueuse d'acide cyanhydrique. Liquide mobile, se dissociant au contact de l'air en camphre et acide cyanhydrique [A. Haller, *Thèse Faculté des Sciences, Paris*, 1879, 43].

Le *camphre fluoboré*, $C^{10}H^{16}O.BoFl^3$, se produit par l'union directe des deux composants. Il se présente sous la forme de fines aiguilles fondant vers 70° et très instables. Lorsqu'on le chauffe, il se décompose avec formation d'oxyde de carbone, d'éthylène, de propylène, d'un carbure C^8H^{10} bouillant à 80–90°, d'un autre distillant à 120-130°, de cymène $C^{10}H^{14}$ et d'un polymère de ce dernier passant de 310 à 320° [Landolph, *C. R.*, **86**, 539].

La *combinaison avec l'aldéhyde* se produit quand on agite le camphre avec une solution d'aldéhyde. C'est un liquide mobile, qui se dissocie à la température ordinaire. L'eau pure la décompose également.

Le camphre ne donne point de combinaison de ce genre avec l'acétone [Cazeneuve, *Bull. Soc. Chim.*, (2), **34**, 651].

Combinaison avec l'hydrate de chloral,

$$C^{10}H^{16}O.C^2HCl^3O.H^2O.$$

— M. Saunders fut le premier qui signala la propriété que possède le camphre de se liquéfier au contact de l'hydrate de chloral cristallisé [*Jahresb. f. Chem.*, 1876, 504]. M. Zeidler reproduisit la même réaction et attribua au corps formé la formule indiquée plus haut [*ibid.*, 1878, 655]. Enfin, MM. Cazeneuve et Imbert constatèrent que la combinaison a lieu avec abaissement de température.

Ce liquide est incolore, visqueux comme la glycérine, tache le papier comme une essence, a une saveur piquante et une odeur qui rappelle à la fois l'hydrate de chloral et le camphre. Il est soluble dans l'alcool, le chloroforme, l'éther, les essences. Il ne se solidifie point à — 20°. Sa densité = 1,2512 à + 44° ; $[\alpha]_D = + 33°,45$ (Zeidler) [Cazeneuve et Imbert, *loc. cit.*]. L'eau ou la distillation le décomposent en camphre et hydrate de chloral.

La *combinaison avec l'alcoolate de chloral*, $C^2HCl^3O \cdot C^2H^6O, C^{10}H^{16}O$, se forme dans des conditions analogues. Elle a pour densité 1,1777 et pour pouvoir rotatoire $[\alpha]_D = 36°,9$ [Zeidler, *loc. cit.*].

Le chlorhydrate d'essence de térébenthine se liquéfie également quand on le mélange avec du camphre [Montgolfier, *C. R.*, **89**, 102].

Combinaison avec la glucose et le sucre de canne. — Quand on mélange des solutions concentrées dans l'acide acétique de camphre et de glucose ou de saccharose, on voit se précipiter une masse pâteuse qui ne tarde pas à se solidifier et qui a pour composition

$$C^{10}H^{16}O \cdot C^6H^{12}O^6 \quad \text{ou} \quad C^{10}H^{16}O \cdot C^{12}H^{22}O^{11}.$$

Ces composés ne possèdent plus aucune odeur de camphre [H. Schiff, *Ann. Chem.*, **244**, 28].

Combinaisons avec les phénols et avec les acides-phénols. — Divers chimistes se sont occupés de l'action du camphre sur les phénols. Pour les uns, comme M. Buffalini, qui n'a opéré que sur le phénol ordinaire, il se formerait une combinaison [*Gazz. med. ital.*, novembre 1873]; pour d'autres, il s'agirait de mélanges et de dissolution [Desesquelles, *Arch. Pharm.*, septembre 1888, janvier et mai 1889. — Paskris et Obermayer, *Phar. Post*, novembre 1888].

M. Léger a repris l'étude de cette action du camphre sur un certain nombre de corps phénoliques : il résulte de ses recherches qu'il se forme de véritables combinaisons, que leur grande instabilité, leur facile dédoublement par la chaleur, par les dissolvants ou par les alcalis, ont fait prendre pour de simples mélanges [*C. R.*, **111**, 109]. L'auteur a réussi à isoler quelques-unes de ces combinaisons à l'état cristallin, tandis que d'autres sont liquides. On prépare ces composés en fondant dans des ballons bouchés les quantités théoriques des deux corps à combiner.

Phénol monocamphré, $C^6H^6O \cdot C^{10}H^{16}O$. — Liquide incolore qui ne cristallise que vers — 23° ; $d_0 = 1,0205$; $[\alpha]_D = + 20°$. Une faible quantité d'eau le décompose partiellement ; un grand excès en sépare le camphre.

Phénol hémicamphré, $2C^6H^6O \cdot C^{10}H^{16}O$. — Liquide incolore ne se solidifiant pas à — 50° ; $d_0 = 1,040$; $[\alpha]_D = + 10°,5$. Il se combine à 1 molécule de camphre pour donner le phénol monocamphré; mais, si on lui ajoute 1 molécule de phénol, ce dernier ne fait que s'y dissoudre, et le liquide refroidi à — 25° se sépare nettement en phénol hémicamphré et phénol. Ces faits nous prouvent, en outre, l'existence du phénol hémicamphré comme combinaison définie.

Résorcine monocamphrée, $C^6H^6O^2 \cdot C^{10}H^{16}O$. — Lamelles rectangulaires, larges et minces. Ce corps est hygroscopique. Une petite quantité d'eau le change en un liquide sirupeux, incolore; un grand excès le décompose avec précipitation de camphre. Il fond vers + 29°, mais peut rester longtemps en surfusion à 15°. Son pouvoir rotatoire dans l'alcool à 95° (1 litre = 1,5 mol.) est $[\alpha]_D = + 22°,5$.

Résorcine dicamphrée, $C^6H^6O^2 \cdot 2C^{10}H^{16}O$. — Liquide sirupeux, incolore, donnant vers 0° de gros cristaux hexagonaux; $d_{15} = 1,0366$; $[\alpha]_D = + 25°,9$.

α-*Naphtol camphré*, $C^{10}H^8O \cdot C^{10}H^{16}O$. — Liquide sirupeux, légèrement coloré, non solidifiable à — 16°. Il n'est pas décomposé sensiblement par l'eau; $d_0 = 1,0327$; $[\alpha]_D = + 10°,5$.

β-*Naphtol camphré*, $3C^{10}H^8O \cdot 5C^{10}H^{16}O$. — Bien que présentant une composition différente, ce corps ressemble beaucoup au précédent. Il est liquide; $d_0 = 1,0396$; $[\alpha]_D = + 22°,5$. Il peut dissoudre du β-naphtol, lequel se dépose sous la forme de tables d'assez grande dimension.

Acide salicylique camphré,

$$C^7H^6O^3 \cdot 2C^{10}H^{16}O.$$

— Masse blanche, ayant l'aspect et le toucher du savon. Au microscope, cette masse, parfaitement homogène, est composée d'aiguilles longues et minces, souvent recourbées en boucles, fusibles à 60°. L'eau, même bouillante, ne le décompose que partiellement. Son pouvoir rotatoire dans l'alcool à 95° (1 litre = 0,25 mol.) $[\alpha]_D = + 27°,3$.

Salol camphré. — Liquide incolore ne se solidifiant que vers + 7°.

DÉRIVÉS DE SUBSTITUTION DU CAMPHRE.

CAMPHRES ALCOYLÉS.

Les camphres alcoylés ont été préparés pour la première fois par M. Baubigny, qui les obtint en faisant agir les iodures alcooliques sur le camphre sodé. Mais, comme le camphre sodé est mélangé de bornéol sodé, il se produit toujours dans ces préparations des bornéols alcoylés, dont la séparation d'avec les camphres alcoylés présente certaines difficultés.

On a trouvé récemment plusieurs procédés qui permettent d'obtenir ces dérivés exempts de bornéols alcoylés.

1° M. A. Haller, en chauffant du benzylate de sodium avec du camphre, à une température de 220-250°, a obtenu entre autres produits du benzylcamphre.

Quand on chauffe à 200° du propylate, du butylate ou de l'amylate de sodium avec du camphre, on obtient, à côté du bornéol, des huiles dont la composition semble se rapprocher de celle des camphres alcoylés.

2° M. A. Haller a préparé quelques représentants de ces dérivés alcoylés du camphre, en réduisant, au moyen de l'amalgame de sodium, les produits résultant de l'action des aldéhydes sur le camphre sodé. Ainsi le benzylidène-camphre et le cuminidène-camphre fournissent dans ces conditions le benzyl- et le cuminylcamphre :

$$C^8H^{14} \diagup \begin{matrix} C = CH \cdot C^6H^5 \\ | \\ CO \end{matrix} \diagdown \qquad + H^2$$

$$= C^8H^{14} \diagup \begin{matrix} CH \cdot CH^2 \cdot C^6H^5 \\ | \\ CO \end{matrix} \diagdown$$

3° M. Minguin a également trouvé une méthode de préparation des camphres alcoylés. Il traite les éthers camphocarboniques par l'éthylate de sodium et les iodures alcooliques, et obtient ainsi les alcoylcamphocarbonates de méthyle ou d'éthyle. Ces éthers, saponifiés par la potasse alcoolique, perdent de l'acide carbonique et fournissent les camphres alcoylés correspondants :

$$(1) \quad C^8H^{14} \diagup \begin{matrix} CH \cdot CO^2CH^3 \\ | \\ CO \end{matrix} \diagdown \qquad + CH^3ONa$$

$$= C^8H^{14} \diagup \begin{matrix} CNa \cdot CO^2CH^3 \\ | \\ CO \end{matrix} \diagdown \qquad + CH^3OH;$$

$$(\text{II}) \quad C^8H^{14} \diagup^{CNa.CO^2CH^3}_{\diagdown CO} + CH^3I$$

$$= C^8H^{14} \diagup^{C\diagup^{CH^3}_{\diagdown CO^2CH^3}}_{\diagdown CO} + NaI ;$$

$$(\text{III}) \quad C^8H^{14} \diagup^{C\diagup^{CH^3}_{\diagdown CO^2CH^3}}_{\diagdown CO} + 2KOH$$

$$= C^8H^{14} \diagup^{CH.CH^3}_{\diagdown CO} + CO^3K^2 + CH^4O$$

[*C. R.*, **112**, 1369].

Cette réaction, qui paraissait susceptible de généralisation, n'a bien réussi jusqu'à présent qu'avec l'iodure de méthyle (Minguin).

MÉTHYLCAMPHRE,

$$C^8H^{14} \diagup^{CH.CH^3}_{\diagdown CO}$$

[J. Minguin, *C. R.*, **112**, 1369]. — Ce composé ou peut-être un isomère

$$C^8H^{14} \diagup^{CH}_{\diagdown C.O.CH^3}$$

prend naissance par l'action de l'iodure de méthyle sur un mélange de camphocarbonate de méthyle ou d'éthyle, d'alcool méthylique et de méthylate de sodium à l'ébullition. Il faut avoir soin de verser le méthylate de sodium dans le mélange. Purifié par lavage à l'eau et dissolution dans l'éther, il forme des cristaux fusibles à 37-38°, présentant une odeur de camphre, solubles dans la plupart des dissolvants, insolubles dans l'eau. Son pouvoir rotatoire moléculaire (1 molécule = 1 litre) $[\alpha]_D = +27°,65$.

ÉTHYLCAMPHRE. $C^{10}H^{15}O.C^2H^5$ (Dict., **1**, 724). — D'après M. Kanonnikof, ce dérivé possède le pouvoir réfringent moléculaire $\frac{n-1}{d}\,p = 89,4$. Il en conclut que cette molécule ne renferme point de double liaison [*J. prakt. Chem.*, (2), **31**, 252].

L'éthylcamphre préparé par la méthode de M. Baubigny bout à 131-136° sous une pression de 42 millimètres. Chauffé avec du sodium, il donne un *dérivé sodé*, que l'iodure d'éthyle convertit en un liquide huileux, bouillant à 156-168° sous 10 millimètres, et qui serait le *diéthylcamphre* : ce dérivé possède une odeur de cannelle [Brühl, *D. chem. G.*, **24**, 3382].

BENZYLCAMPHRE DROIT,

$$C^8H^{14} \diagup^{CH.CH^2.C^6H^5}_{\diagdown CO}$$

— Ce composé a été préparé par M. A. Haller [*C. R.*, **112**, 1490; **113**, 22] :

1° Par l'action du chlorure de benzyle sur le camphre droit. Il se produit en même temps du benzylbornéol, dû à ce que le camphre sodé est toujours accompagné d'une certaine quantité de bornéol sodé.

2° En chauffant à 220-250°, pendant 24 heures, 1 molécule de camphre avec une solution de benzylate de sodium (1 molécule) dans l'alcool benzylique :

$$C^7H^7ONa + C^7H^8O + C^{10}H^{16}O$$

$$= C^8H^{14} \diagup^{CH.CH^2\ C^6H^5}_{\diagdown CO} + C^7H^8O^2Na + 2H^2.$$

3° En réduisant une solution alcoolique de benzylidène-camphre droit par l'amalgame de sodium à 5 0/0; il faut avoir soin de neutraliser de temps à autre la solution au moyen de l'acide sulfurique :

$$C^8H^{14} \diagup^{C=CH.C^6H^5}_{\diagdown CO} + H^2$$

$$= C^8H^{14} \diagup^{CH.CH^2.C^6H^5}_{\diagdown CO}$$

Propriétés. — Le benzylcamphre cristallise dans l'alcool en beaux cristaux plus ou moins volumineux, solubles dans l'alcool méthylique, l'éther, le benzène, etc. Il fond à 51-52°.

L'acide azotique ne l'attaque pas à froid. Il le dissout à chaud et donne par refroidissement une huile qui surnage.

La potasse alcoolique et l'acide acétique sont sans action sur ce corps, même quand on opère à chaud.

Le benzylcamphre dévie la lumière polarisée à droite. Son pouvoir rotatoire varie avec son origine, avec la concentration des liqueurs et avec la nature du dissolvant, ainsi qu'il ressort du tableau suivant :

Benzylcamphre obtenu avec le camphre sodé et le chlorure de benzyle :	Pouvoir rotatoire moléculaire. —
Dissolvant (toluène). { 1 mol. = 1 litre..	$[\alpha]_D = +115°,70$
1/2 mol. = 1 litre..	$[\alpha]_D = +112°,53$
1/4 mol. = 1 litre..	$[\alpha]_D = +111°,70$
Dissolvant (alcool). { 1/2 mol. = 1 litre..	$[\alpha]_D = +132°,23$
Benzylcamphre obtenu avec le benzylate de sodium et le camphre :	
Dissolvant (alcool). { 1/4 mol. = 1 litre..	$[\alpha]_D = +130°,30$
Benzylcamphre par réduction du benzylidène-camphre :	
Dissolvant (toluène). { 1/2 mol. = 1 litre..	$[\alpha]_D = +99°,37$
1/4 mol. = 1 litre..	$[\alpha]_D = +98°,06$

Cette différence de pouvoir rotatoire des benzylcamphres d'origine différente ne peut s'expliquer que par la présence d'isomères physiques. L'introduction du benzyle dans le camphre rend asymétrique un nouvel atome de carbone, et il est alors facile de concevoir l'existence de nouveaux isomères.

Le pouvoir réfringent moléculaire du benzylcamphre a été déterminé par M. Gladstone [*Chem. Soc.*, 1891, 590]; le dissolvant employé était le toluène :

Poids 0/0 de substance.	R_A	R_D	R_F	R_H
6,6	122,83	125,69	128,81	132,62
9,3	123,34	126,36	127,69	133,05

Le calcul indique pour $C^8H^{14} \diagup^{CH.C^7H^7}_{\diagdown CO}$ $R_A = 123,6$.

La dispersion moléculaire $R_H - R_A = 9,75$ (théorie = 7,88).

BENZYLCAMPHRE GAUCHE. — Ce composé a été préparé par M. A. Haller :

1° En chauffant du camphre gauche avec du benzylate de sodium.

2° En réduisant le benzylidène-camphre gauche au moyen de l'amalgame de sodium.

Propriétés. — Le benzylcamphre gauche a le même aspect extérieur et possède les mêmes propriétés que son isomère droit. Il fond à 51-52° et dévie la lumière polarisée à gauche.

Pouvoir rotatoire
moléculaire.

Benzylcamphre de réduction, dans le toluène.. 1/2 mol. = 1 litre. $[\alpha]_D = -104°,91$

Benzylcamphre obtenu avec le benzylate, dans le toluène :
1/2 mol. = 1 litre. $[\alpha]_D = -120°,37$

BENZYLCAMPHRE RACÉMIQUE. — Huile incristallisable, obtenue en réduisant au moyen de l'amalgame de sodium une solution alcoolique de benzylidène-camphre racémique.

Benzylcamphoroxime (dérivée du benzylcamphre droit).

$$C^8 H^{14} \left\{ \begin{array}{l} CH . CH^2 . C^6 H^5 \\ | \\ C = AzOH \end{array} \right.$$

— On chauffe à l'ébullition 6 grammes de benzylcamphre, 10 grammes d'alcool absolu et 5 grammes de chlorure double de zinc et d'hydroxylamine (méthode de Crismer). Au bout de 2 jours, on évapore le liquide, on reprend le résidu par l'éther, on évapore de nouveau et on fait cristalliser dans l'alcool. On obtient ainsi des prismes allongés et aplatis, solubles dans l'alcool, l'éther, le benzène, l'acétone, insolubles dans l'eau et dans les alcalis. Ce corps fond à 127-128° ; ses solutions dans le toluène sont lévogyres, $[\alpha]_D = -32°,14$, alors que le benzylcamphre est dextrogyre.

Les eaux mères sont sirupeuses et se prennent au bout d'un temps très long en une masse compacte, difficile à purifier (A. Haller).

CUMINYLCAMPHRE,

$$C^8 H^{14} \left\{ \begin{array}{l} CH . CH^2 . C^6 H^4 . C^3 H^7 \\ | \\ CO \end{array} \right.$$

— Ce corps prend naissance quand on réduit le cuminidène-camphre au moyen de l'amalgame de sodium à 5 0/0. On opère comme pour le benzylidène-camphre.

Huile légèrement jaunâtre, passant de 225 à 230° sous une pression de 50 millimètres ; $[\alpha]_D = +90°,27$ pour une solution toluique renfermant 1/4 de molécule de substance par litre.

MÉTHOSALIGÉNYLCAMPHRE,

$$C^8 H^{14} \left\{ \begin{array}{l} CH . CH^2 . C^6 H^4 . OCH^3 \\ | \\ CO \end{array} \right.$$

— Préparé par la réduction au moyen de l'amalgame de sodium d'une solution alcoolique de méthylsalicylidène-camphre, ce composé cristallise en tables rhomboïdales, blanches, solubles dans l'alcool, l'éther, le benzène et le toluène. Il fond à 49° ; $[\alpha]_D = +145°,29$ pour une solution de 1/4 de molécule dans 1 litre de toluène.

ÉTHOSALIGÉNYLCAMPHRE,

$$C^8 H^{14} \left\{ \begin{array}{l} CH . CH^2 . C^6 H^4 . OC^2 H^5 \\ | \\ CO \end{array} \right.$$

— On le prépare comme son homologue inférieur en partant de l'éthylsalicylidène-camphre. Il cristallise en prismes fondant à 65°, solubles dans l'alcool, l'éther et le benzène. $[\alpha]_D = +102°,30$ pour une solution de 1/4 de molécule dans 1 litre de toluène.

COMBINAISONS DU CAMPHRE
LES ALDÉHYDES.

Quand on broie du camphre avec de l'éthylate de sodium sec et qu'on traite le mélange par de l'aldéhyde benzylique, on constate une faible élévation de température et, après lavage à l'eau et rectification, on obtient une huile qui finit par se remplir de cristaux de benzylidène-camphre. Les eaux de lavage renferment du benzoate de sodium.

Ce même benzylidène-camphre et ses homologues supérieurs s'obtiennent plus facilement en traitant le camphre sodé, cristallisé et préalablement lavé à l'éther sec ou au toluène, par l'aldéhyde qu'on veut faire entrer en combinaison :

$$C^8 H^{14} \left\{ \begin{array}{l} CHNa \\ | \\ CO \end{array} \right. + C^6 H^5 . CHO$$

$$= C^8 H^{14} \left\{ \begin{array}{l} C = CH . C^6 H^5 \\ | \\ CO \end{array} \right. + NaOH.$$

Le benzylidène-camphre et ses homologues sont toujours accompagnés d'une certaine quantité d'éthers de bornéol à acides correspondants à l'aldéhyde employée et dont la présence est due à ce que le camphre sodé contient toujours du bornéol sodé.

Or on sait, d'après les travaux de M. Claisen, que l'action de l'aldéhyde benzylique sur l'éthylate de sodium fournit de l'alcool benzylique, du benzoate de méthyle et du benzoate d'éthyle : on peut admettre que cette aldéhyde réagit d'une façon analogue sur le bornéol sodé ; on explique ainsi la formation du benzoate de sodium ou de ses homologues, signalée plus haut.

Ces dérivés ne se forment pas quand on traite le mélange d'aldéhyde et de camphre par l'acide chlorhydrique.

Les combinaisons du camphre avec les aldéhydes aromatiques sont en général cristallisées, solubles dans le benzène et dans le toluène, moins solubles dans l'alcool froid et dans la ligroïne. Elles sont fortement réfringentes et possèdent un pouvoir rotatoire moléculaire considérable. Réduites au moyen de l'amalgame de sodium, elles donnent naissance aux alcoylcamphres [A. Haller, *C. R.*, **113**, 22] :

$$C^8 H^{14} \left\{ \begin{array}{l} C = CH . C^6 H^5 \\ | \\ CO \end{array} \right. + H^2$$

$$= C^8 H^{14} \left\{ \begin{array}{l} CH . CH^2 . C^6 H^5 \\ | \\ CO \end{array} \right.$$

BENZYLIDÈNE-CAMPHRE DROIT,

$$C^8 H^{14} \left\{ \begin{array}{l} C = CH . C^6 H^5 \\ | \\ CO \end{array} \right.$$

— On mélange du camphre sodé, fraîchement préparé et lavé au toluène, avec 2 molécules d'aldéhyde benzylique : la masse s'échauffe et s'épaissit. On a soin de la maintenir homogène. Quand la réaction est terminée, on traite par l'eau et on agite le tout avec de l'éther. La solution éthérée est lavée au bisulfite de sodium pour enlever l'excès d'aldéhyde, puis à l'eau, desséchée et évaporée. Il reste une huile qui renferme encore du camphre. On la chauffe au bain-marie jusqu'à ce qu'elle ne dégage plus l'odeur du camphre. Le résidu jaunâtre, broyé avec une baguette ou additionné d'un peu d'alcool, se prend en une masse cristalline, qu'on purifie par cristallisation dans l'alcool ou dans le toluène.

Propriétés. — Le benzylidène-camphre se dépose de ses solutions alcooliques ou toluiques en beaux cristaux blancs très réfringents, affectant la forme de losanges ou de tétraèdres, peu solubles dans l'alcool froid et dans la ligroïne, solubles dans l'alcool bouillant, le benzène, le toluène et l'éther. Il fond à 95-96°.

$[\alpha]_D = + 423°,60$ pour une solution dans le toluène renfermant 1/4 mol. par litre.
$[\alpha]_D = + 435°,41$ pour une solution dans le toluène renfermant 1/2 mol. par litre.
$[\alpha]_D = + 438°,88$ pour une solution dans l'alcool renfermant 1/8 mol. par litre.

Le pouvoir réfringent moléculaire du benzylidène-camphre a été déterminé par M. Gladstone, en opérant sur des solutions dans le toluène de concentrations diverses [*Chem. Soc.*, 1891, 590] :

Poids 0/0 de substance.	R_A	R_D	R_F	R_G
9,00	128,27	—	136,67	145,71
19,94	130,42	134,55	139,26	—
20,70	130,09	133,69	138,19	—

Le calcul pour $C^3H^{14} \diagdown^{C=CH.C^6H^5}_{\ CO}$ indique $R_A = 123,20$. L'écart entre l'expérience et la théorie est donc considérable. Il en est de même pour la dispersion moléculaire. On a trouvé $R_G - R_A = 17,44$ (calculé 8,60).

Réduit au moyen de l'amalgame de sodium, ce corps fournit du benzylcamphre. La potasse alcoolique est sans action sur lui. Il ne se combine pas au brome.

BENZYLIDÈNE-CAMPHRE GAUCHE. — Ce corps a été préparé comme son isomère droit. Il possède les mêmes propriétés et fond à 95-96° :

$[\alpha]_D = — 430°,54$ pour une solution dans le toluène renfermant 1/2 mol. par litre.
$[\alpha]_D = — 418°,08$ pour une solution dans le toluène renfermant 1/4 mol. par litre.

BENZYLIDÈNE-CAMPHRE RACÉMIQUE. — On l'a obtenu en mélangeant parties égales de benzylidène-camphres droit et gauche.

Cristaux ressemblant aux dérivés droit et gauche, et fondant à 78°. Réduit par l'amalgame de sodium, ce composé fournit un benzylcamphre inactif, huile incristallisable bouillant à 199° sous 27 millimètres.

Benzylidène-camphoroxime. $C^{17}H^{21}AzO$. — On la prépare par la méthode ordinaire. On l'obtient, par évaporation de sa solution éthérée, sous la forme d'un sirop jaunâtre qui, par les grands froids, cristallise en paillettes imprégnées d'un produit visqueux. Après plusieurs cristallisations, on l'obtient en lamelles blanches, cristallines, flexibles, solubles dans l'alcool, l'éther, le benzène, insolubles dans l'eau et peu solubles dans les alcalis. Ce corps fond à 52°.

CUMINIDÈNE-CAMPHRE,

$$C^9H^{14} \diagdown^{C=CH.C^6H^4.C^3H^7}_{\ CO}$$

— On le prépare comme le benzylidène-camphre. L'huile qu'on obtient après avoir chassé le camphre en excès est distillée dans le vide. La majeure partie passe de 230 à 237° sous 30 millimètres et possède la composition du cuminidène-camphre.

Abandonné à lui-même pendant les grands froids de l'hiver, ce produit, qui est jaune, finit par se prendre en une masse blanche, cristalline, qui, après cristallisation dans l'alcool, se présente en beaux prismes blancs, allongés, durs et cassants, solubles dans l'alcool, l'éther, le benzène, insolubles dans l'eau et dans les alcalis. Ce corps fond à 62°. Son pouvoir rotatoire est $+ 401°,41$ pour une solution dans le toluène contenant 1/4 de molécule par litre, $+ 402°,22$ pour une solution à 1/2 molécule par litre, et $+ 424°,02$ pour une solution à 1/8 de molécule par litre. Réduit par l'amalgame de sodium, ce corps se transforme en cuminylcamphre.

CINNAMIDÈNE-CAMPHRE,

$$C^8H^{14} \diagdown^{C=CH.CH=CH.C^6H^5}_{\ CO}$$

— Liquide visqueux, jaunâtre, passant à 280-290° sous 50 millimètres. Ce corps, soumis à un froid de — 20°, n'a pas cristallisé.

$[\alpha]_D = + 185°,46$ pour une solution dans le toluène contenant 1/2 mol. par litre.
$[\alpha]_D = + 186°,46$ pour une solution dans le toluène contenant 1/4 mol. par litre.

Ce pouvoir rotatoire est inférieur à celui des corps analogues. Il faut en conclure que ce cinnamidène-camphre n'est pas pur.

MÉTHYLSALICYLIDÈNE-CAMPHRE,

$$C^8H^{14} \diagdown^{C=CH.C^6H^4.OCH^3}_{\ CO}$$

— L'aldéhyde salicylique, en raison de sa fonction phénolique, réagit sur le camphre sodé pour donner naissance, non pas au salicylidène-camphre, mais à du salicylure de sodium et à du camphre :

$$C^{10}H^{15}ONa + C^6H^4 \diagdown^{CHO}_{OH}$$
$$= C^{10}H^{16}O + C^6H^4 \diagdown^{CHO}_{ONa}$$

Si l'on fait agir directement le salicylure de sodium sur le camphre sodé, il ne se produit aucune réaction et on retrouve après l'opération l'aldéhyde intacte. Il n'en est pas de même quand on opère avec les aldéhydes salicyliques alcoylées.

Le méthylsalicylidène-camphre a été préparé comme ses analogues, les benzylidène- et cuminidène-camphres.

Il forme de gros cristaux blancs, fusibles à 92-94°; $[\alpha]_D = + 424°,81$ pour 1/4 de molécule par litre de toluène.

Réduit au moyen de l'amalgame de sodium, il donne naissance au méthosaligénylcamphre.

ÉTHYLSALICYLIDÈNE-CAMPHRE,

$$C^6H^{14} \diagdown^{C=CH.C^6H^4.OC^2H^5}_{\ CO}$$

— On le prépare de la même manière; on obtient une huile qui ne cristallise qu'à la longue et pendant les grands froids.

Purifié par cristallisation dans l'alcool, ce corps se présente sous la forme de belles tables rhomboïdales, solubles dans l'alcool, l'éther, le benzène, insolubles dans l'eau et dans les alcalis, fusibles à 65°; $[\alpha]_D = + 433°,94$ pour 1/8 de molécule dans 1 litre de toluène. Réduit au moyen de l'amalgame de sodium, ce corps donne de l'éthosaligénylcamphre.

COMBINAISONS DU CAMPHRE AVEC L'HYDROXYL-AMINE ET AVEC LA PHÉNYLHYDRAZINE.

CAMPHOROXIME *dérivée du camphre droit,*

$$C^8H^{14} \diagdown^{CH^2}_{C=AzOH}$$

[Nägeli, *D. chem.*, *G.*, **16**, 497 et 2981]. — On prépare ce composé en ajoutant à du camphre dissous dans l'alcool une solution aqueuse et concentrée de chlorhydrate d'hydroxylamine en léger excès, puis du carbonate de sodium jusqu'à réaction alcaline, et enfin de l'alcool en quantité suffisante pour obtenir une liqueur claire. Au bout de 8 jours de repos, on évapore l'alcool et l'on reprend le résidu par l'éther. La solution éthérée fournit par l'évaporation spontanée de beaux cristaux blancs, en forme d'aiguilles, qui ont une odeur camphrée très prononcée :

$$C^{10}H^{16}O + AzH^2 . OH = C^{10}H^{16}(AzOH) + H^2O.$$

Au lieu d'évaporer la solution, on peut aussi précipiter l'oxime en ajoutant un excès d'eau à la liqueur.

M. K. Auwers [*D. chem. G.*, **22**, 605] a obtenu ce composé en remplaçant dans la préparation précédente le carbonate de sodium par la soude caustique et en chauffant le mélange au bain-marie jusqu'à ce qu'une prise d'essai ne précipite plus par l'eau. On étend de beaucoup d'eau, on filtre, on acidule et on fait cristalliser le précipité.

M. Crismer chauffe au bain-marie pendant 2 heures un mélange de camphre, de chlorure double de zinc et d'hydroxylamine $ZnCl^2 . 2AzH^3OH$ et d'alcool. Quand tout est dissous, on précipite par l'eau, on essore et on dessèche. Le rendement est de 92 0/0 [*Bull. Soc. Chim.*, (3), **3**, 120].

Propriétés. — Cristallisée lentement dans l'alcool étendu, la camphoroxime peut être obtenue en aiguilles longues de plusieurs centimètres. Ses solutions dans l'éther de pétrole, dans la ligroïne ou dans un mélange de ligroïne et d'éther l'abandonnent sous la forme de beaux prismes appartenant au système monosymétrique. Ces cristaux sont hémièdres à gauche, tandis que ceux de la camphoroxime dérivée du camphre gauche sont hémièdres à droite [E. Beckmann, *Ann. Chem.*, **250**, 354].

La camphoroxime fond à 150° (Nägeli), à 118° [Wallach, *Ann. Chem.*, **259**, 331]. Elle distille à 249-254° en se décomposant légèrement.

L'alcool, l'éther et les acides la dissolvent facilement ; les alcalis, ajoutés avec précaution dans ses dissolutions acides, la précipitent inaltérée.

Sa solubilité dans l'alcool augmente avec la température ; 100 grammes d'alcool à 95 0/0 dissolvent :

à 0°,00	17gr,34	à 38°,75	61gr,71
14°,25	28gr,03	50°,25	107gr,59
26°,50	40gr,64	60°,50	171gr,30

[A. Haller et P. Müller, *Expér. inédites*].

Projetée sur l'eau, elle se met à tournoyer comme le camphre.

La camphoroxime, bien que dérivant d'un corps droit, est lévogyre : $[\alpha]_D = -42°,40$ pour une solution alcoolique au cinquième ; $[\alpha]_D = -41°,38$ pour une solution au douzième [É. Beckmann, *loc. cit.*].

Traitée par les chlorures d'acétyle ou de butyryle, elle perd 1 molécule d'eau et se transforme en anhydride camphoroximique ou nitrile campholénique (voyez ce mot).

Cette propriété de la camphoroxime de fournir un nitrile sous l'influence du chlorure d'acétyle la rapproche des aldoximes : par suite la camphre serait une aldéhyde. Mais, d'après les recherches de MM. Meyer et Warrington [*D. chem. G.*, **19**, 1613], certaines acétoximes, comme celle dérivée de l'isobutyrone, traitées par les chlorures acides, ne fournissent pas d'éther composé, mais perdent de l'eau et se transforment en des anhydrides de constitution encore inconnue.

Les réducteurs acides (étain, zinc et acides chlorhydrique, sulfurique ou acétique) ne la réduisent pas. Les réducteurs alcalins, comme l'amalgame de sodium ou la poudre de zinc en présence de la soude caustique, sont également sans action sur elle. Mais elle est réduite en bornylamine quand on la traite en solution alcoolique par du sodium [Leuckart et Bach, *D. chem. G.*, **20**, 110].

Chauffée avec les acides étendus, elle fournit de l'anhydride camphoroximique (L. et B.).

L'acide chlorhydrique concentré ne l'attaque pas à 120°. A 150°, il y a commencement de carbonisation (Nägeli).

Quand on fait passer un courant d'acide chlorhydrique sec sur de la camphoroxime fondue, elle perd 1 molécule d'eau et se transforme quantitativement en anhydride camphoroximique [Schulhof, *D. chem. G.*, **20**, 485].

Chlorhydrate de camphoroxime,

$$C^{10}H^{17}AzO . HCl.$$

— Ce sel prend naissance quand on fait passer un courant d'acide chlorhydrique sec dans une solution de camphoroxime dans l'éther anhydre.

Poudre blanche, volumineuse, peu soluble dans l'eau, mais se dissolvant facilement dans l'alcool et dans les acides. Point de fusion = 162° [Beckmann, *Ann. Chem.*, **153**, 154. — Wallach, *loc. cit.*]. Pouvoir rotatoire en solution alcoolique au treizième $[\alpha]_D = -43,98°$ [Beckmann, *loc. cit.*].

Camphoroximate de sodium,

$$C^{10}H^{16}(AzONa).$$

— Poudre blanche, peu soluble à froid dans l'eau et dans l'alcool, soluble à chaud dans ces dissolvants.

Camphoroximate d'éthyle, $C^{10}H^{16}(AzOC^2H^5)$. — On chauffe pendant une demi-journée, au bain-marie, un mélange de camphoroxime, d'éthylate de sodium et d'iodure d'éthyle, le tout dissous dans l'alcool. Ce corps est doué d'une odeur très agréable et bout à 208-210° [Nägeli, *D. chem. G.*, **16**, 2981].

Carbanilidocamphoroxime,

$$C^8H^{14} \Big\langle \begin{matrix} CH^2 \\ C = AzO . CO . AzH . C^6H^5 \end{matrix}$$

— Cristaux fusibles à 94°, obtenus par l'action du cyanate de phényle sur la camphoroxime ; ce corps se décompose à 120-130° en acide carbonique, diphénylurée et nitrile campholénique $C^9H^{15}.CAz$ [H. Goldschmidt, *D. chem. G.*, **22**, 3101].

CAMPHOROXIME *dérivée du camphre gauche*, $C^{10}H^{16}(AzOH)$ [Beckmann, *Ann. Chem.*, **250**, 355]. — Cette oxime se prépare comme son isomère dérivée du camphre droit. Comme elle, elle fond à 115°.

Ses solutions dévient la lumière polarisée à *droite* : $[\alpha]_D = +42°,51$ pour une solution alcoolique au cinquième et $[\alpha]_D = +41,38°$ pour une solution au treizième. Les cristaux montrent une hémiédrie inverse de celle des cristaux gauches.

Chlorhydrate, $C^{10}H^{16}(AzOH).HCl.$ — Il possède les mêmes propriétés que son isomère. En solution alcoolique au treizième, $[\alpha]_D = +42°,52$.

CAMPHOROXIME RACÉMIQUE. — Cristaux indistincts, fusibles à 117-118°, obtenus en mélangeant parties égales de dérivés droit et gauche.

100 grammes d'alcool à 95° dissolvent :

à 0°	13gr,16	à 40°	57gr,92
14°	20gr,05	50°	94gr,27
27°	33gr,18	60°	165gr,30

[A. Haller et P. Müller, *Expér. inédites*].

CAMPHOPHÉNYLHYDRAZONE,

$$C^{10}H^{16} = Az . AzH . C^6H^5$$

[Balbiano, *Gazz. chim. ital.*, **15**, 246 ; *Bull. Soc. Chim.*, (2), **47**, 71]. — On prépare ce composé d'après la méthode habituelle, en chauffant à l'ébullition un mélange de camphre, de chlorhydrate de phénylhydrazine, d'acétate de sodium et d'alcool. C'est un liquide qui bout à 235-245° sous une pression de 17 centimètres, et qui ne se solidifie pas à — 15°.

Sa solution éthérée, traitée par l'acide chlorhydrique gazeux, fournit du chlorhydrate d'aniline, du nitrile campholénique et des substances résineuses :

$$C^{10}H^{16} = Az . AzH . C^6H^5 + HCl$$
$$= C^6H^5 . AzH^2 . HCl + C^9H^{15} . CAz.$$

En présence de l'eau, l'acide chlorhydrique décompose la camphophénylhydrazone en camphre et phénylhydrazine; mais il se forme en même temps du nitrile campholénique et de l'aniline :

$$2 C^{10}H^{16} = Az . AzH . C^6H^5 + 2 HCl + H^2O$$
$$= C^{10}H^{16}O + C^9H^{15} . CAz + C^6H^5 . Az^2H^3 . HCl$$
$$+ C^6H^5 . AzH^2 . HCl$$

[Balbiano, *D. chem. G.*, **19**, *Ref.*, 553].

M. Cazeneuve [*Bull. Soc. Chim.*, (3). **1**, 241], en traitant le nitrocamphre sodé par le chlorhydrate de phénylhydrazine et l'acétate de sodium, a obtenu une hydrazone non fusible, insoluble dans l'alcool froid et qui se présente sous la forme d'aiguilles jaunes.

Camphodiphénylosazone, $C^{23}H^{28}Az^4$ [Balbiano, *D. chem. G.*, **19**, *Ref.*, 554; **20**, *Ref.*, 215]. — Quand on chauffe un mélange de camphre monobromé (1 molécule) et de phénylhydrazine (3 molécules), le dérivé bromé fond et se dissout dans l'hydrazine. Au bout d'une heure, on traite par l'éther qui laisse du bromhydrate de phénylhydrazine. La solution éthérée est lavée avec de l'eau acidulée par l'acide chlorhydrique, puis évaporée. Le résidu solide, d'un rouge jaunâtre, est distillé dans un courant de vapeur d'eau. Il passe du camphre monobromé et un corps amorphe, dur, d'un jaune rougeâtre, qui fond à 55° et dont la formation est représentée par l'équation

$$C^{10}H^{15}BrO + 3 C^6H^5 . Az^2H^3$$
$$= C^{10}H^{15} \begin{array}{c} Az^2H . C^6H^5 \\ Az^2H^2 . C^6H^3 \end{array} + C^6H^5 . Az^2H^3 . HBr$$
$$+ H^2O.$$

Le même corps se produit encore, dans des conditions identiques, lorsqu'on substitue au camphre monobromé les deux camphres monochlorés (Cazeneuve), ou le camphre monochloré de MM. Schiff et Puliti (fusible à 93-94°), lequel est d'ailleurs identique au dérivé chloré (fusible à 83-84°) de M. Cazeneuve. M. Balbiano fait remarquer cependant que le produit fondant à 100° donne un rendement très faible (voyez CAMPHRES MONOCHLORÉS).

Quand on traite la camphodiphénylosazone par l'acide chlorhydrique fumant, on obtient de l'aniline, de l'ammoniaque, un peu de phénylhydrazine et une substance qui, bouillie avec de la potasse, dégage de l'ammoniaque et fournit un acide. De plus, cette même substance donne par réduction une base répondant à la formule $C^{16}H^{25}Az^3$.

Le produit qu'on obtient ainsi par traitement de la camphodiphénylosazone par l'acide chlorhydrique serait un nitrile campholénique dans lequel un atome d'hydrogène serait remplacé par le radical phénylhydrazique. Ce composé aurait pour formule

$$C^9H^{14} \begin{array}{c} CAz \\ Az^2H^2 . C^6H^5 \end{array}$$

Bouilli avec de la potasse, il fournirait le dérivé

$$C^9H^{14} \begin{array}{c} CO^2H \\ Az^2H^2 . C^6H^5 \end{array}$$

enfin, par réduction, il se transformerait en phénylhydrazocamphylamine.

$$C^9H^{14} \begin{array}{c} CH^2 . AzH^2 \\ Az^2H^2 . C^6H^5 \end{array}$$

DÉRIVÉS HALOGÉNÉS.

CHLORURE DE CAMPHYLIDÈNE [Syn. *Chlorure de camphre*], $C^{10}H^{16}Cl^2$. — On abandonne à la température ordinaire, pendant 12 ou 15 jours, en agitant de temps à autre et en évitant toute élévation de température, un mélange fait avec précaution de 1,3 molécule de perchlorure de phosphore et de 1 molécule de camphre.

On obtient ainsi un liquide clair, légèrement coloré en jaune, et qui renferme encore un peu de perchlorure de phosphore. On traite par l'eau; il se forme une masse pâteuse qu'on lave à l'eau jusqu'à ce qu'elle ne cède plus d'acide chlorhydrique. On sèche et on fait cristalliser dans l'éther :

$$C^{10}H^{16}O + PCl^5 = POCl^3 + C^{10}H^{16}Cl^2$$

[Spitzer, *Ann. Chem.*, **196**, 262].

Dans cette préparation, il faut éviter de chauffer, car il se dégagerait de l'acide chlorhydrique et on obtiendrait des corps plus riches en chlore, mais jamais le composé $C^{10}H^{15}Cl$. Ce cas se présente en particulier quand on emploie un excès de perchlorure [Spitzer, *D. chem. G.*, **13**, 1047. — Pfaundler, *Ann. Chem.*, **115**, 29].

Emploie-t-on molécules égales de camphre et de perchlorure, une partie du camphre n'est pas attaquée [Spitzer, *loc. cit.*].

Enfin si l'on soumet à la distillation le mélange des corps réagissants, on constate la formation de cymène [Louguinine. — Lippmann, *Ann. Chem.*, *Suppl.*, **5**, 260].

Le même chlorure $C^{10}H^{16}Cl^2$ prend naissance quand on chlore l'éther chlorhydrique du bornéol [Kachler et Spitzer, *Ann. Chem.*, **200**, 361].

Propriétés. — Ce chlorure cristallise dans l'éther anhydre ou dans l'oxychlorure de phosphore en gros cristaux rhombiques incolores. Dans l'alcool, il se dépose en fines aiguilles. Il fond à 155-155°,5. Il se dissout facilement dans l'alcool, l'éther et l'éther acétique. Une solution dans ce dernier éther renfermant 0gr,2234 de chlorure par gramme dévie la lumière polarisée de 7°.4 à gauche pour une longueur de 200mm,7 [Spitzer, *loc. cit.*].

Lorsqu'il est humide, il perd de l'acide chlorhydrique. Chauffé avec de l'eau, en tube scellé, il dégage encore de l'acide chlorhydrique et se transforme en un corps oxygéné [Spitzer, *loc. cit.* — Montgolfier, *Ann. Chim. Phys.*, (5), **14**, 108].

Fondu avec du sodium, il fournit du camphène $C^{10}H^{16}$ et un carbure $C^{10}H^{18}$ avec un peu de cymène (Spitzer; Montgolfier).

Traité par le sodium et les iodures alcooliques, il donne naissance aux homologues supérieurs du camphène. Ainsi, avec l'iodure d'éthyle, on obtient l'éthylcamphène.

L'acide azotique l'oxyde en acide camphorique et en une huile volatile, $C^{24}H^{35}ClO^3$ [Ballo. *Ann. Chem.*, **197**, 336].

DIBROMURE DE DIBROMOCAMPHYLIDÈNE.

$$C^{10}H^{14}Br^4.$$

— On dissout 1 molécule de camphre dans 1 molécule de trichlorure de phosphore et on ajoute par petites portions 1 molécule de brome. La réaction est très vive et il faut refroidir le ballon. Il se dégage de l'acide bromhydrique. Le composé $C^{10}H^{14}Br^4$ se présente en lames rhomboïdales d'un aspect gras, douées d'une légère odeur rappelant vaguement celle de la térébenthine, peu solubles dans l'alcool, même bouillant, solubles dans le benzène, l'éther, l'acétate d'éthyle, très solubles dans le chloroforme. Il fond à 160-164°. A une température plus élevée, il perd de l'acide bromhydrique [W. de la Royère, *Bull. Soc. Chim.*, (2), **38**, 579].

CAMPHRES MONOBROMÉS DROITS, $C^{10}H^{15}BrO$. — Il existe 3 composés répondant à cette formule : le camphre monobromé découvert par M. Swarts et que, par analogie avec le camphre α-monochloré, nous appellerons *dérivé α–bromé*, son isomère stéréochimique, auquel nous donnerons le nom de *dérivé β*, et le camphre γ-monobromé obtenu par M. Cazeneuve. Ce dernier est l'analogue du camphre γ-monochloré.

Camphre α-monobromé (Dict., **1**, 723; Suppl., **1**, 397). — M. Gault, en chauffant à 200-220° les eaux mères provenant de la préparation du camphre monobromé par l'action directe du brome sur le camphre à 100°, a pu en retirer une nouvelle quantité de ce dérivé [*Union pharmac.*, **15**, 266].

M. Maisch [*Vierteljahrschr. f. Pharm.*, **22**, 457] le prépare en ajoutant 12 parties de brome à 13 parties de camphre, chauffant le mélange à 130° et dissolvant le produit de la réaction dans la ligroïne (12 parties). On purifie par cristallisation dans la ligroïne ou dans l'alcool.

On peut aussi préparer ce corps en dissolvant 30 parties de camphre et 32 parties de brome dans 18 parties de chloroforme et distillant pour éliminer le chloroforme. Dans le cours de cette opération, le composé $C^{10}H^{16}OBr^2$ se scinde en acide bromhydrique et camphre monobromé. On lave avec de l'alcool et on fait cristalliser dans de l'éther [Keller, *Chemik. Zeitung*, 1880, 156].

Cristallisé dans l'alcool, ce corps se présente sous la forme de prismes clinorhombiques [Friedel, *Ann. Chim. Phys.*, (5), **14**, 110. — Bodewig, *Jahresb. f. Chem.*, 1881, 626]. Il fond à 76° et bout à 274° (Perkin).

Sa densité $= 1,437$-$1,449$ [Schröder, *D. chem. G.*, **13**, 1073]. D'après son pouvoir réfringent moléculaire $= 90,71$ (calc. $= 88,2$), il faudrait, d'après M. Kanonnikof, y admettre l'existence d'une double liaison, tandis qu'elle n'existerait pas dans le camphre [*J. prakt. Chem.*, (2), **31**, 348].

M. Gladstone [*Chem. Soc.*, 1891, 590] est arrivé à une conclusion opposée; les valeurs qu'il a obtenues se rapprochent en effet des nombres théoriques. En opérant sur des solutions alcooliques à 10,62 0/0, il a trouvé

R_A	R_D	R_H
87,87	87,99	92,88

d'où l'on déduit pour la dispersion moléculaire :

$$R_A - R_H = 5,01 \text{ (calculé} = 4,60).$$

Son pouvoir rotatoire moléculaire en solution alcoolique $[\alpha]_D = +139°$ [Montgolfier, *loc. cit.*]. En solution dans le toluène (1 molécule $= 1$ litre), $[\alpha]_D = +127°$ [A. Haller, *C. R.*, **105**, 66].

Il se dissout dans le benzène, la ligroïne, le toluène, le chloroforme et le chlorure de carbone.

La solubilité dans l'alcool augmente considérablement avec la température. 100 grammes d'alcool à 95 °/° dissolvent :

à 15°,25	12gr,06
25°,5	19gr,66
40°,5	50gr,75

[A. Haller et P. Müller, *Expér. inédites*].

Traité par l'acide azotique, il fournit de l'acide camphorique et du camphre bromonitré.

Une solution alcaline de permanganate de potassium le transforme en acide camphorique [Balbiano, *Gazz. chim. ital.*, **17**, 242].

Chauffé avec du brome à 120-125°, il fournit du camphre α-dibromé; avec un excès de brome et à une température de 125-130°, il donne du camphre β-dibromé [Armstrong et Matthews, *D. chem. G.*, **11**, 150. — Kachler et Spitzer, *Mon. f. Chem.*, (3), **7**, 205].

Il se combine à l'acide bromhydrique pour donner un *bromhydrate* huileux,

$$6\,C^{10}H^{15}BrO . HBr,$$

qui, au bout d'un certain temps, se prend en houppes cristallines [Swarts, *Bull. Soc. Chim.*, **7**, 498].

Il se combine également au brome pour fournir un *bromure* $C^{10}H^{15}BrOBr^2$, qui, d'après M. Perkin, serait cristallisé [*Chem. Soc.*, (2), **3**, 92], tandis que, d'après M. Swarts, il serait liquide et facilement décomposable.

Une solution de camphre monobromé dans le toluène fournit avec le sodium un précipité constitué par un mélange de camphre sodé et de bromure de sodium [R. Schiff, *D. chem. G.*, **13**, (2), 1407].

Quand on chauffe au bain d'huile, à 150-160°, un mélange de chlorure de zinc et de camphre monobromé, on voit se dégager des torrents d'acide bromhydrique et on obtient par distillation un hexahydroxylène, C^8H^{16}, et du carvacrol.

Cet hexahydroxylène diffère de celui obtenu par Wreden en partant de l'acide camphorique. Ce dernier carbure distille à 115-120°, possède une densité de 0,784 à 0°, et fournit avec un mélange d'acides azotique et sulfurique du trinitro-m-xylène fondant à 176°. C'est donc l'hexahydro-m-xylène. Le carbure dérivé du camphre monobromé bout à 137°,6 (corr.), a une densité égale à 0,7956 à 4° et donne naissance à un trinitro-p-xylène fondant à 127° quand on le traite par le mélange sulfuriconitrique. On peut donc le considérer comme de l'hexahydro-p-xylène [R. Schiff, *ibid.*, 1408].

Chauffé avec de la potasse alcoolique, le camphre monobromé régénère le camphre.

Le perchlorure de phosphore est sans action sur lui à 100° [R. Schiff, *D. chem. G.*, **14**, 1378. — Kachler et Spitzer, *Mon. f. Chem.*, **3**, 205].

Chauffé avec du perbromure de phosphore, il fournit du camphre α-dibromé [Swarts et de la Royère, *Bull. Acad. roy. Belgique*, (3), **4**, 215].

Chauffé avec de l'ammoniaque à 180°, il fournit une base et du bromure d'ammonium [Perkin, *Chem. Soc.*, (2), **3**, 92]. M. Cazeneuve, qui a repris cette réaction, a isolé cette base; il lui assigne la formule $C^{10}H^{15}O(AzH^2)$ et lui donne le nom de *camphamine*.

Le camphre monobromé se combine à l'hydroxylamine libre pour donner naissance à de la camphoxime; mais il ne réagit point sur le chlorhydrate d'hydroxylamine [Goldschmidt et Koreff, *D. chem. G.*, **18**, 1635].

Traité par la phénylhydrazine, le camphre monobromé fournit de la camphodiphénylosazone, $C^{29}H^{29}Az^4$ [Balbiano, *loc. cit.*].

Chauffé avec de l'acide sulfurique, le camphre monobromé donne naissance aux mêmes produits sulfonés que le camphre monochloré (Cazeneuve).

En traitant une solution chloroformique de camphre α-monobromé par l'acide chlorosulfurique, on obtient un *acide bromosulfonique* $C^{10}H^{14}BrO.SO^3H$.

Camphre β-monobromé. — Cet isomère stéréochimique du camphre monobromé ordinaire se forme en même temps que ce dernier quand on traite une solution alcoolique de camphre par le brome. On sépare les deux produits par des cristallisations fractionnées dans l'éther de pétrole.

Après distillation dans le vide, le camphre β–

monobromé constitue une masse translucide qui se brise facilement en donnant une poudre molle, granuleuse, très différente des cristaux de son isomère α. Il fond vers 61°. Cristallisé dans l'alcool, il se présente sous la forme de cristaux feutrés qui adhèrent bientôt ensemble, en donnant une masse d'apparence camphrée, très soluble dans l'alcool, le chloroforme, le sulfure de carbone, l'essence de pétrole, l'acide acétique cristallisable.

Le camphre β-monobromé est volatil avec la vapeur d'eau.

Son pouvoir rotatoire moléculaire en solution alcoolique $[\alpha]_D = + 34°,9$ à 40°; $+ 29°,4$ [Marsh, *Chem. Soc.*, 1891, 969].

Soumis à la distillation à la pression ordinaire, le corps β commence à bouillir à 250° et passe à la température constante de 265°. Le produit de la distillation, repris par l'alcool, reproduit le camphre α-bromé ordinaire. Il se dégage pendant la distillation un peu d'acide bromhydrique et il reste un résidu charbonneux. Cette transformation paraît n'être pas complète. Dans le vide, il passe à 130° sous 10 millimètres et à 140° sous 20 millimètres sans paraître subir de modification [Marsh, *Chem. Soc.*, 1890, 828].

Traité en solution chloroformique par la chlorhydrine sulfurique, il fournit un *acide bromocamphosulfonique*, $C^{10}H^{14}BrO.SO^3H$ [Marsh, *Chem. Soc.*, 1891, 972].

Camphre γ- ou *paramonobromé* [Cazeneuve, *C. R.*, **109**, 439]. — Du camphre en poudre, agité avec une solution concentrée d'acide hypobromeux, se liquéfie rapidement en prenant une teinte jaune-rouge. On lave à l'eau froide, on dissout dans l'alcool à 93° et l'on ajoute une solution de potasse en léger excès. On précipite par l'eau, on comprime et on fait sécher à la lumière, qui décolore le précipité. On fait cristalliser dans l'alcool à 85°, puis dans le chloroforme.

On obtient ainsi de petits cristaux mal définis, d'une grande blancheur, qui fondent à 144-145°. Son pouvoir rotatoire moléculaire pour une solution alcoolique à 5,5 0/0 $[\alpha]_D = + 40°$.

L'eau bouillante le décompose faiblement. A 200°, en tube scellé, l'action de l'eau est plus profonde : il se forme du camphre et des produits acides. Le nitrate d'argent alcoolique le décompose lentement à l'ébullition. La potasse alcoolique donne du camphre et des acides. L'acide azotique fumant fournit un *dérivé bromonitré*. L'ammoniaque aqueuse à 150° engendre une base.

Distillé sur de la poudre de zinc, il donne une forte proportion de cymène.

Traité par l'acide sulfurique, il fournit des acides sulfonés colorant les sels ferriques en vert (Cazeneuve).

Dans toutes ses réactions, ce corps se comporte donc comme le camphre γ-monochloré.

CAMPHRE α-MONOBROMÉ GAUCHE, $C^{10}H^{16}AzO$ [A. Haller, *C. R.*, **103**, 64, 151 et **104**, 68]. — Ce composé a été obtenu en partant du camphre gauche de matricaire et des camphres retirés par oxydation des camphols gauches de valériane, de ngai, de bang-phién et de garance.

Il possède les mêmes propriétés physiques et chimiques que son isomère droit. Il n'en diffère que par le sens de la déviation qu'il exerce sur la lumière polarisée. Il fond à 75-76°; $[\alpha]_D = - 127°.7$ (1 molécule dans 1 litre de toluène).

CAMPHRE α-MONOBROMÉ RACÉMIQUE [A. Haller, *C. R.*, **105**, 66]. — Cet inactif par compensation peut s'obtenir soit en mélangeant molécules égales de droit et de gauche en solution alcoolique, soit en bromant directement le camphre racémique. On opère comme avec le camphre monobromé droit. Ce dernier procédé n'est pas

recommandable, parce qu'il se forme des produits secondaires en notable quantité; la purification du dérivé monobromé devient par suite très difficile et le rendement très faible.

Les résultats sont les mêmes si l'on brome le camphre racémique au sein du chloroforme.

Le camphre monobromé racémique a un point de fusion inférieur à celui que possèdent les camphres bromés droit et gauche. Il fond à 51°,1 (corr.). Il est aussi plus soluble dans l'alcool que ses isomères.

L'alcool en dissout :

à 15°,25	42,24 0/0
26°	160-180 0/0
30°	507-580 0/0

La grande volatilité du camphre monobromé racémique empêche des déterminations plus rigoureuses [A. Haller et P. Müller, *Exp. inédites*].

CAMPHRES DIBROMÉS, $C^{10}H^{14}Br^2O$ (Dict., **1**, 723; Suppl., **1**, 397). — Sous ce nom, M. Perkin [*Chem. Soc.*, (2), **3**, 92], M. Swarts [*Bull. Soc. Chim.*, (2), **7**, 498], M. de Montgolfier [*ibid.*, (2), **23**, 253], M. R. Schiff [*D. chem. G.*, **15**, 1343] et MM. Armstrong et Matthews [*ibid.*, **11**, 150] ont décrit un composé auquel M. Swarts donnait comme point de fusion 114°,5, tandis que les autres auteurs indiquaient 57°. L'écart qui existe entre ces données a fait supposer à M. Schiff [*loc. cit.*] que le nombre 114°,5 publié par M. Swarts était dû à une faute d'impression.

MM. Kachler et Spitzer ont repris l'étude de ce corps et ont démontré qu'il existe deux camphres dibromés isomériques α et β, et ont déterminé les conditions dans lesquelles ces composés se produisent [*Mon. f. Chem.*, **3**, 205; **4**, 480 et 554].

M. Swarts [*D. chem. G.*, **15**, 1621, 1625 et 2135] arriva à la même époque à des résultats analogues; il montra que le dérivé α se forme lorsque l'acide bromhydrique provenant de la réaction est éliminé au fur et à mesure de sa production; si cette élimination ne se fait pas, c'est l'isomère β qui prend naissance.

Camphre α-dibromé. — On le prépare en chauffant en tubes scellés, à 100-120°, 11 grammes de camphre monobromé et 8 grammes de brome; il faut éviter d'employer une plus grande quantité de matière, car il se produirait du camphre β-dibromé. Au bout de 6 ou 8 heures, on ouvre les tubes et on abandonne la masse à l'air libre. Il se forme des cristaux qu'on purifie par cristallisation dans l'alcool. Rendement 30 0/0 (Kachler et Spitzer).

Cette réaction, qui donne naissance au dérivé α, se fait aussi à froid, en présence de la lumière solaire, à la condition d'ouvrir les tubes de temps à autre pour permettre à l'acide bromhydrique de se dégager (Swarts).

Le camphre α-dibromé se forme encore quand on traite le camphre monobromé par le perbromure de phosphore [Swarts et de la Royère, *Bull. Acad. roy. Belgique*, (3), **4**, 215].

Le meilleur procédé consiste à chauffer à l'ébullition une solution chloroformique de 1 molécule de camphre monobromé et de 2 atomes de brome, et à terminer la préparation quand il ne se dégage plus d'acide bromhydrique (Kachler, Swartz).

Le camphre α-dibromé cristallise dans l'éther de pétrole en gros cristaux transparents appartenant au système rhombique [Zepharovich, *Mon. f. Chem.*, **3**, 211]. Il fond à 61° et commence à se sublimer à une température un peu plus élevée. Chauffé pendant 24 heures à 140°, il n'est pas modifié (Swarts); mais si l'on essaye de le distiller, il subit une décomposition partielle avec dégagement d'acide bromhydrique (K. et Sp.).

L'alcool, l'éther, l'éther acétique et l'éther de

pétrole le dissolvent facilement; il est insoluble dans l'eau : 100 parties d'alcool en dissolvent 22 parties à 20° (Swarts).

Avec l'hydrate de chloral, il forme une combinaison semi-fluide (Swarts).

Quand on chauffe le camphre α-dibromé à 120-125° avec du brome (Kachler et Spitzer), ou dans une atmosphère d'acide bromhydrique (Swarts), il se convertit en son isomère β.

Le pentabromure et le pentachlorure de phosphore, ou une solution d'acide bromhydrique fumant sont sans action sur lui.

Chauffé avec une solution alcoolique de potasse, il se transforme en camphre monobromé, puis en camphre (R. Schiff; Kachler et Spitzer).

Une solution alcoolique de camphre α-dibromé, traitée par l'amalgame de sodium, fournit également le dérivé monobromé et du camphre. Mais en solution éthérée et acide, l'amalgame de sodium le convertit totalement en camphre (Montgolfier; Kachler et Spitzer).

En faisant passer un courant d'acide carbonique dans une dissolution toluénique de camphre α-dibromé additionnée préalablement de sodium, on voit se déposer une masse cristalline contenant, à côté du sodium non entré en réaction, du camphocarbonate de sodium (Kachler et Spitzer).

Le camphre dibromé donne avec 4 fois son poids d'un mélange à parties égales d'acide azotique fumant et d'acide ordinaire une dissolution d'un brun foncé qui, chauffée au bain-marie, devient le siège d'une réaction très violente : il se dégage des vapeurs nitreuses, du brome, du bromure de nitrosyle, de l'acide bromhydrique et de l'acide carbonique. Quand la réaction est terminée, on recueille, en distillant au bain de sable, du bromodinitrométhane $CHBr(AzO^2)^2$, et il reste dans la cornue un mélange d'acide camphoronique . d'acide hydroxycamphoronique et d'un corps répondant à la formule

$$C^{24}H^{33}BrAz^4O^{12}.$$

Chauffé à 180° avec du chlorhydrate d'hydroxylamine, le camphre α-dibromé ne fournit aucun dérivé acétoximique [Goldschmidt et Koreff, *D. chem. G.*, **18**, 1635].

Camphre β-dibromé. — Ce dérivé a été préparé pour la première fois par M. Swarts.

MM. Kachler et Spitzer [*loc. cit.*] conseillent de chauffer à 110-120°, en tubes scellés, pendant 6 heures, un mélange de camphre monobromé et d'un excès de brome (1/3 en plus de la quantité théorique). Le produit de la réaction est ensuite traité par l'alcool, qui précipite une poudre lourde qu'on fait cristalliser dans l'alcool bouillant (rendement 36 0/0).

L'excès de brome est favorable non seulement par suite de la grande pression qu'il détermine, mais aussi par sa présence même, comme l'ont démontré une série d'essais faits par ces savants.

Le camphre β-dibromé se produit encore quand on chauffe à 120-125°, en tube scellé, le camphre α-dibromé avec du brome (Kachler et Spitzer) ou avec de l'acide bromhydrique gazeux (Swarts).

Le camphre β-dibromé se dissout difficilement dans l'alcool. l'éther acétique et l'éther de pétrole; il est peu soluble dans l'eau chaude. 100 parties d'alcool en dissolvent 3ᵖ,75 à 22°. Il est plus soluble dans l'éther et dans l'alcool bouillant.

Cristallisé dans l'éther, il constitue des cristaux tabulaires appartenant au système rhombique [Zepharovich, *Mon. f. Chem.*, **3**, 215]. Ces cristaux fondent à 115° et se subliment difficilement.

Il ne se combine pas avec l'hydrate de chloral.

Le camphre β-dibromé distille sans décomposition dans le vide (Swarts). Chauffé à 130° avec de l'eau pendant 20 heures, il reste inaltéré.

Le perchlorure de phosphore est sans action sur lui, même à chaud (K. et Sp.).

Le perbromure de phosphore le convertit en camphre tribromé (Swarts et de la Royère).

Traité par le sodium et l'acide carbonique, il ne fournit que des produits résineux et non de l'acide camphocarbonique, comme son isomère.

Chauffé avec de la potasse alcoolique, il ne se transforme pas en camphre, mais il donne des produits huileux parmi lesquels se trouve sans aucun doute l'oxycamphre.

Lorsqu'on traite sa solution alcoolique par de l'amalgame de sodium à 2 0,0, il se décompose suivant l'équation

$$C^{10}H^{14}Br^2O + 3NaOH + H^2$$
$$= C^{10}H^{15}O^2Na + 2NaBr + 2H^2O.$$

Le corps $C^{10}H^{16}O^2$, appelé *oxycamphre* par MM. Kachler et Spitzer, n'est autre chose que l'*acide campholénique* de MM. Goldschmidt et Zürrer.

Si la réduction se fait au sein de l'éther et en présence d'un peu d'acide chlorhydrique, tout le camphre dibromé se convertit en camphre.

Le camphre β-dibromé se dissout dans l'acide azotique fumant sans être attaqué : mais si l'on chauffe, il se convertit, avec dégagement de brome et d'acide bromhydrique, en camphre dibromonitré $C^{10}H^{13}Br^3O(AzO^2)$ fondant à 126° (K. et Sp.).

Quand on traite le camphre β-dibromé par l'acétate d'argent, on obtient une combinaison acétique cristallisée (Swarts et de la Royère). Un seul atome de brome paraît prendre part à la réaction.

Le camphre β-dibromé ne se combine pas avec l'hydroxylamine.

Camphre tribromé, $C^{10}H^{13}Br^3O$. — Ce dérivé se produit quand on chauffe à 100° en vase ouvert le camphre β-dibromé avec du perbromure de phosphore [W. de la Royère, *Bull. Soc. Chim.*, (2), **38**, 579].

On l'obtient encore en chauffant dans un appareil à reflux, pendant 24 heures, un mélange de camphre β-dibromé et de brome [Swarts, *D. chem. G.*, **15**, 1625].

Il forme des cristaux prismatiques ayant beaucoup d'analogie avec ceux du camphre monobromé, solubles dans le benzène, l'éther, l'acétate d'éthyle et le chloroforme. Sa solution alcoolique jaunit à la lumière. Il fond à 63-64° (W. de la Royère).

Réduit en solution alcaline par l'hydrogène naissant, il fournit une huile à odeur de térébenthine, qui distille de 256 à 260°-et qui paraît identique à l'oxycamphre de MM. Kachler et Spitzer. Cette huile, traitée par l'acide azotique, fournit un dérivé nitré fondant à 175° (Swarts).

Camphres monochlorés, $C^{10}H^{15}ClO$. — Trois composés bien définis répondent à cette formule : l'un, obtenu par Wheeler (*Dict.*, **1**, 723) et dont l'étude a été reprise par M. Cazeneuve, est le camphre γ-monochloré; le second, préparé également par M. Cazeneuve en faisant passer un courant de chlore dans une solution alcoolique de camphre, est le camphre α-monochloré, analogue au camphre α-monobromé. Le troisième isomère a été trouvé par M. Cazeneuve dans les eaux mères provenant de la préparation du dérivé α. Nous croyons qu'on est en droit de considérer ce troisième isomère comme l'analogue du camphre β-monobromé de M. Marsh, c'est-à-dire comme le stéréo-isomère du dérivé α-chloré.

MM. R. Schiff et Puliti ont préparé par une autre voie un camphre monochloré auquel ils attribuent comme point de fusion 93-94° et qui, d'après M. Balbiano, est identique au dérivé α de M. Cazeneuve [D. chem. G., **20**, 21].

Enfin M. Dubois [Bull. Acad. roy. Belgique, (3), **3**, 776], en chauffant en tube scellé à 60-100° un mélange de camphre et de chlorure de sulfuryle, a également isolé un camphre monochloré fondant à 92-93°. Un isomère de celui-ci, mais dont l'auteur ne donne pas le point de fusion, se formerait quand on chauffe le même mélange à 52-62°.

Camphre α-monochloré ou *normal* [Bull. Soc. Chim., (2). **38**, 9]. — M. Cazeneuve prépare ce composé en faisant passer un courant de chlore sec dans une solution alcoolique de camphre : la température s'élève jusqu'à 60° environ, et par refroidissement à 20° le liquide se prend presque complètement en une masse cristalline. On chauffe le produit à 100° pour chasser la majeure partie de l'acide chlorhydrique, puis on le lave à l'eau froide pour enlever toute acidité et on le fait bouillir pendant un quart d'heure avec 2 parties d'alcool à 93° saturé de soude caustique. On laisse refroidir à 0°; le camphre monochloré, peu soluble à froid dans ce liquide, y cristallise en masse. On l'essore, on le lave à l'eau pour le débarrasser de l'excès d'alcali, et on le fait cristalliser deux fois dans l'alcool. On obtient ainsi de magnifiques aiguilles, parfaitement blanches, qui peuvent atteindre plusieurs centimètres.

M. Marsh [Chem. Soc., 1891, 977] conseille de purifier le camphre chloré en distillant dans le vide le produit brut (135-140° sous 5 millimètres). Il sépare ensuite les deux isomères α et β par le traitement ordinaire

MM. R. Schiff et Puliti [D. chem. G., **16**, 887] obtiennent ce composé en chauffant au bain-marie l'acide camphocarbonique monochloré : ce corps fond en perdant de l'acide carbonique et en laissant pour résidu du camphre monochloré. Il suffit de faire cristalliser ce dernier dans l'alcool bouillant.

Le camphre α-monochloré se présente sous la forme de prismes appartenant au système clinorhombique [Cazeneuve et Morel, C. R., **101**, 438], qui commencent à se ramollir à 75° et entrent en fusion à 93-94°. Il bout à 224° et distille presque sans décomposition de 240 à 247°.

Ce composé a une odeur qui rappelle le camphre, une saveur amère et aromatique. Il se dissout un peu dans l'eau bouillante et est volatil avec la vapeur d'eau. Projeté à la surface de l'eau, il prend le mouvement giratoire. Il se dissout dans l'alcool froid, et plus facilement dans l'alcool bouillant, l'éther, le chloroforme, le sulfure de carbone, le benzène.

En solution alcoolique, il présente un pouvoir rotatoire moléculaire $[\alpha]_0 = 90°$.

Il n'est pas décomposé à l'ébullition par une solution alcoolique d'azotate d'argent, ni par une solution alcoolique de potasse ou d'ammoniaque (Cazeneuve ; R. Schiff et Puliti). La résistance qu'il oppose à tous ces réactifs le distingue nettement du camphre monochloré de Wheeler, qui dans ces conditions subit une double décomposition. Cette stabilité du camphre monochloré le rapproche essentiellement du camphre monobromé.

Si, au lieu de chauffer à 80°, on porte le mélange de camphre monochloré et de potasse alcoolique à la température de 180°, dans des tubes scellés, on obtient, suivant la durée de l'opération, du camphre et du bornéol, ou seulement du bornéol et un acide résineux qui, d'après M. Cazeneuve, est sans doute constitué par un

mélange d'acides camphique et oxycamphique :

$$2\,C^{10}H^{15}ClO + 3\,KOH$$
$$= 2\,KCl + C^{10}H^{16}O + C^{10}H^{15}O^3K + H^2O;$$

Camphre. Oxycamphate de potassium.

$$2\,C^{10}H^{16}O + KOH = C^{10}H^{18}O + C^{10}H^{15}O^2K.$$

Bornéol. Camphate de potassium.

Réduit au moyen de l'amalgame de sodium ou du couple zinc-cuivre à chaud, le camphre monochloré régénère le camphre.

Chauffé avec de la chaux sodée, il fournit également du camphre. Quand on dirige ses vapeurs sur de la chaux portée au rouge, on obtient un mélange complexe de carbures avec du phénol.

L'acide sulfurique dissout le camphre monochloré à froid, et l'eau le sépare inaltéré de cette solution. Avec le temps cependant, même à froid, il se forme des camphres sulfonés, à réaction phénolique, que nous signalons plus loin (Cazeneuve).

Traité en solution chloroformique par la chlorhydrine sulfurique, le camphre α-chloré fournit l'*acide chlorocamphosulfonique*, $C^{10}H^{14}ClO.SO^3H$ [Marsh, loc. cit.].

Chauffé avec de l'acide azotique fumant, le camphre monochloré fournit deux camphres chloronitrés isomériques et de l'acide camphorique [Cazeneuve ; R. Schiff et Puliti, loc. cit.].

Camphre β-monochloré [Cazeneuve, Bull. Soc. Chim., (2), **39**, 117]. — L'eau mère alcoolique d'où on a séparé le camphre α-monochloré est chauffée pour chasser l'acide chlorhydrique : on obtient par refroidissement une masse indistinctement cristallisée, qu'on purifie par des lavages à l'alcool à 30°, puis par quelques cristallisations dans l'alcool. La purification complète s'obtient en faisant bouillir ce corps avec une solution alcoolique d'azotate d'argent : on précipite ensuite par l'eau et on fait cristalliser dans l'alcool. Vu la grande solubilité du corps dans l'alcool, il faut le dissoudre dans la plus petite quantité possible de véhicule et soumettre au froid.

Le camphre β-monochloré est mou comme le camphre et se masse sous le pilon. Il possède une odeur camphrée et une saveur aromatique et amère. Il est beaucoup plus soluble dans l'alcool froid que son isomère α. A chaud, il paraît se dissoudre en toutes proportions. Il est très soluble dans l'éther, le chloroforme, le sulfure de carbone.

Le camphre monochloré se liquéfie au contact de l'hydrate de chloral solide. Il fond à 100°, mais commence à se ramollir à 95°. Il distille de 230 à 237° environ, en se décomposant partiellement. Son pouvoir rotatoire est $[\alpha]_j = + 57°$.

Sous l'influence de la potasse alcoolique, cet isomère se transforme au bout de quelque temps en camphre monochloré normal. Un acide chloré, d'aspect résinoïde, reste en même temps combiné à la potasse; il se forme aussi du chlorure de potassium.

Camphre γ- ou paramonochloré [Cazeneuve, C. R., **109**, 229]. — M. Cazeneuve donne ce nom au produit de Wheeler. Il a repris l'étude de ce corps et le prépare en agitant du camphre en poudre avec une solution concentrée d'acide hypochloreux. Le mélange se solidifie, puis se liquéfie et gagne la partie inférieure du vase, brusquement, avec élévation de température. On lave à l'eau froide, on dissout dans l'alcool à 93°, on ajoute une solution de potasse en léger excès et l'on précipite par l'eau. On termine par quelques cristallisations dans l'alcool à 85°, puis dans le chloroforme.

La liqueur potassique de lavage fournit, par évaporation et traitement par un acide, un liquide à odeur camphrée, renfermant du chlore, se colorant légèrement en rouge avec le perchlorure de fer alcoolique, comme le fait le phénol chloré, volatil sans décomposition et attaquable par le chlorure d'acétyle.

Le camphre γ-monochloré est mou comme le chlorhydrate de térébenthène, dont il a l'aspect cristallin. Il fond à 124-125° et non à 95° comme l'a indiqué Wheeler. Il bout à 220° en se décomposant légèrement; $[\alpha]_D = + 40°$.

Bouilli avec de l'eau, il abandonne un peu d'acide chlorhydrique, comme le fait le chlorhydrate de térébenthène; mais cette réaction est lente et semble limitée. Chauffé avec de l'eau pendant 24 heures à 180°, il fournit du camphre ordinaire et des produits d'altération.

La potasse alcoolique l'attaque très lentement à l'ébullition, en donnant du camphre ordinaire et des corps acides altérables. L'oxycamphre de Wheeler n'existerait pas et serait une combinaison moléculaire de camphre et de monochloro-camphre.

L'acide azotique fumant, après une demi-heure d'ébullition, fournit un camphre chloronitré qui, par réduction au moyen de la poudre de fer ou de zinc, est transformé en nitrocamphre. Il se fait, en même temps, de l'acide camphorique.

Chauffé à 150° avec l'ammoniaque aqueuse, il donne, après 24 heures, une base très oxydable, à odeur vireuse, précipitable par tous les réactifs des alcaloïdes.

L'acide sulfurique concentré dégage, à froid, de l'acide chlorhydrique. Il se produit en même temps des dérivés sulfonés phénoliques, colorant en vert le perchlorure de fer. Le camphre γ-monochloré est plus facilement attaquable par l'acide sulfurique que son isomère α.

Distillé sur de la poudre de zinc, il donne une forte proportion de cymène.

Traité par la phénylhydrazine, le camphre monochloré donne de la camphodiphénylosazone identique à celle que l'on obtient avec le camphre monobromé. Le même dérivé se forme d'ailleurs aussi quand on soumet le camphre β-monochloré à l'action de la phénylhydrazine. Cette réaction corrobore l'observation faite ultérieurement par M. Cazeneuve de l'identité de ces deux composés chlorés [Balbiano, *Gazz. chim. ital.*, **17**, 243].

Oxydé au moyen d'une solution alcaline de permanganate de potassium, le camphre monochloré fournit de l'acide camphorique [Balbiano, *loc. cit.*].

Chauffé à 180° avec une solution aqueuse d'ammoniaque, il se transforme en une masse noirâtre qui renferme de la camphamine $C^{10}H^{15}O(AzH^2)$ (Cazeneuve).

Ingéré dans l'organisme, le camphre monochloré excite le cerveau, détermine des convulsions et élève la température [A. Curci, *D. chem. G.*, **20**, *Ref.*, 291].

CAMPHRES DICHLORÉS, $C^{10}H^{14}Cl^2O$. — Il existe deux composés répondant à cette formule : tous deux ont été obtenus par M. Cazeneuve en chlorant le camphre dissous dans l'alcool absolu [*Bull. Soc. Chim.*, (2), **37**, 454; **38**, 8].

Camphre α-dichloré ou *normal.* — On fait passer un courant de chlore sec dans une dissolution de camphre dans l'alcool absolu; le liquide s'échauffe : on maintient la température à 80-90°. Il se dégage des torrents d'acide chlorhydrique avec formation de chloral, et le camphre passe à l'état de composé dichloré.

Le liquide visqueux est chauffé au bain-marie à plusieurs reprises avec de l'eau, jusqu'à ce que cette dernière ne présente plus de réaction acide : par refroidissement le liquide cristallise en masse.

Ce produit est un mélange. Pour obtenir pur le camphre α-dichloré, on dissout cette masse dans son volume d'alcool à 93°. La solution, soumise au froid (glace et sel), laisse déposer un précipité pâteux dont on achève la purification par une cristallisation dans l'alcool chaud. On obtient ainsi des prismes volumineux d'une blancheur éclatante, biréfringents, orthorhombiques, de 100°40′ terminés par un dôme de 122°,5 parallèle à la petite diagonale de la base.

Le camphre dichloré fond à 96°, se solidifie à 95° et reste mou et même pâteux au-dessous de 70°. De 96 à 200°, il se sublime sans décomposition. Au-dessus de 200°, il se décompose avec dégagement d'acide chlorhydrique et dépôt de charbon.

Il est dextrogyre : $[\alpha]_j = + 57°,3$. Le pouvoir rotatoire a été trouvé identique en opérant soit dans l'alcool, soit dans le chloroforme, quelles que soient les conditions de la dissolution.

Le camphre dichloré est insoluble dans l'eau. Projeté à la surface de ce liquide, il prend le mouvement giratoire. Il est peu soluble dans l'alcool froid. A chaud, il paraît se dissoudre en toutes proportions. Il est soluble dans l'éther; il se liquéfie dans sa vapeur et cristallise ensuite difficilement. Il est très soluble dans le chloroforme, le sulfure de carbone, soluble à chaud dans l'acide acétique, mais non à froid.

Il ne se liquéfie pas au contact de l'hydrate de chloral; mais, agité avec une solution aqueuse d'aldéhyde, il se liquéfie et forme une sorte de combinaison moléculaire, plus dense que l'eau.

Camphre β-dichloré [Cazeneuve, *Bull. Soc. Chim.*, (2), **38**, 8]. — Ce composé se trouve dans l'eau mère alcoolique d'où l'on a séparé par le froid le camphre α-dichloré. On l'en précipite par l'eau, puis on le fait cristalliser dans la moindre quantité possible d'alcool à 40 0/0.

Le camphre β-dichloré est beaucoup plus soluble dans l'alcool froid que le dérivé α et s'en sépare difficilement par cristallisation. Il est insoluble dans l'eau, très soluble dans l'éther, le chloroforme, le sulfure de carbone, le benzène.

Il cristallise mal, en arborisations distinctes au microscope. Il est mou comme le camphre et se masse sous le pilon. Il se ramollit à 70° et entre en fusion à 77°.

Le camphre β-dichloré se liquéfie au contact de l'hydrate de chloral. Il paraît moins stable que son isomère : il se décompose en effet très lentement avec dégagement de vapeurs acides.

Il semble être le résultat de la transformation du camphre α-dichloré au sein du chloral sous l'influence du chlore. En effet, si on prolonge longtemps l'action du chlore, on n'obtient plus que le dérivé β.

Le pouvoir rotatoire du camphre β-dichloré est dans l'alcool $[\alpha]_j = + 57°,4$ et dans le chloroforme $[\alpha]_j = + 60°,6$.

CAMPHRE TRICHLORÉ, $C^{10}H^{13}Cl^3O$ [Cazeneuve, *C. R.*, **99**, 609]. — Ce dérivé se produit quand on fait passer un courant de chlore dans du camphre monochloré maintenu en fusion sur le bain-marie.

Il constitue de petits cristaux blancs, insolubles dans l'eau, mais solubles dans la plupart des autres dissolvants. Il fond à 54° et possède le pouvoir rotatoire $[\alpha]_D = + 64°$.

CAMPHRES CHLOROBROMÉS, $C^{10}H^{14}ClBrO$ [Cazeneuve, *C. R.*, **100**, 802 et 859; *Bull. Soc. Chim.*, (2), **44**, 115]. — Il existe deux composés répondant à cette formule, un composé α et un dérivé β.

Camphre α-chlorobromé. — M. Cazeneuve prépare ce dérivé en chauffant pendant 5 heures à 100°, en tube scellé, 1 molécule de camphre monochloré avec 2 atomes de brome. Le produit de la réaction est lavé à l'eau tiède, puis à l'eau tiède additionnée d'une quantité d'alcali juste suffisante pour faire disparaître la teinte du brome, c'est-à-dire jusqu'à destruction d'un bromure instable formé simultanément. La masse pâteuse un peu brunâtre est traitée à froid par l'alcool à 80°, qui laisse un précipité granuleux grisâtre. Ce précipité est séché, puis exposé à la lumière solaire pendant quelques heures : une matière colorante étrangère s'insolubilise dans ces conditions. Plusieurs cristallisations dans l'alcool donnent de magnifiques aiguilles d'une grande blancheur.

Très lentement cristallisé dans l'alcool, ce corps se présente sous la forme de petits cristaux lamellaires, rectangulaires, s'irradiant souvent d'un centre. Il fond à 98° et possède, en solution chloroformique, le pouvoir rotatoire $[\alpha]_j = +78°$.

Il est insoluble dans l'eau, peu soluble dans l'alcool froid, très soluble dans l'alcool chaud et dans l'éther. Il ne distille pas sans décomposition. Ses solutions dans l'alcool et dans l'éther sont stables. Il ne se décompose pas par l'ébullition avec l'azotate d'argent alcoolique. Chauffé pendant 1 heure à 120° avec une solution alcoolique d'acétate d'argent, il n'est pas altéré. L'alcool ammoniacal à l'ébullition reste sans action.

Chauffé avec une solution alcoolique de potasse ou de soude, il se dédouble en acides chlorhydrique, bromhydrique, camphrique (camphique de M. Berthelot) et en une matière résineuse provenant sans doute d'une oxydation :

$$C^{10}H^{14}ClBrO + 3KOH$$
$$= C^{10}H^{15}O^2K + H^2O + KBr + KCl + O.$$

Camphre β-chlorobromé. — On le prépare en chauffant pendant 1 heure à 100°, en tube scellé, 1 molécule de camphre monochloré et 2 atomes de brome. Le liquide rougeâtre est lavé à l'eau tiède, puis à l'eau tiède d'une alcalinité juste suffisante pour enlever le brome. Il reste un liquide de couleur jaune-verdâtre qui se solidifie par des lavages à l'eau froide. On exprime fortement ce corps pour enlever une matière semi-fluide dont une trace empêche toute cristallisation ultérieure.

Cristallisé dans l'alcool, il se présente en cristaux durs et brillants, qui perdent facilement leur éclat et deviennent opaques avec les changements de température.

Ces cristaux appartiennent au système orthorhombique et affectent le plus souvent la forme d'un octaèdre basé, représenté par le symbole $mg^1e^1a^1$, dans lequel la facette a^1 diffère très peu d'un carré (J. Morel).

Les solutions éthérées et alcooliques de camphre β-chlorobromé s'altèrent au bout de quelque temps en se colorant et en fournissant de l'acide bromhydrique et un corps jaunâtre, liquide, visqueux, incristallisable, insoluble dans l'eau alcaline, soluble dans l'alcool et dans l'éther.

Le camphre β-chlorobromé fond à 51°,5.

Son pouvoir rotatoire au sein de l'alcool est $[\alpha]_j = +51°$.

Il est insoluble dans l'eau, plus soluble dans l'alcool froid que la variété α, très soluble dans l'éther. Le chloroforme, le sulfure de carbone, le benzène le dissolvent facilement. Il ne distille pas sans décomposition.

Bouilli avec une solution alcoolique d'azotate d'argent, il se décompose avec formation de bromure d'argent. Avec les acétates d'argent et de potassium, il se décompose également à l'aide d'une ébullition prolongée.

La potasse alcoolique détermine une décomposition profonde, avec formation de produits noirâtres incristallisables.

CAMPHRE MONO-IODÉ, $C^{10}H^{15}IO$ [Suppl., 1, 398].

— Le camphre mono-iodé, chauffé avec une solution alcoolique de potasse, se comporte comme les camphres monochlorés et monobromés, en fournissant du camphre.

Exposé à la lumière, il jaunit, puis devient brun. Chauffé à 150°, il dégage de l'iode (A. Haller).

CAMPHRE CYANÉ,

$$C^8H^{14} \begin{array}{l} \diagup CH - CAz \\ | \\ \diagdown CO \end{array}$$

[Suppl., 1, 398]. — M. Haller prépare ce corps de la façon suivante : Dans une solution de camphre sodé dans le toluène, il fait passer un courant de chlorure de cyanogène en quantité telle, que pour 2 atomes de sodium employé il y ait 1 molécule de chlorure :

$$C^{10}H^{15}ONa + C^{10}H^{17}ONa + CAzCl$$
$$= C^{10}H^{14}ONa . CAz + C^{10}H^{18}O + NaCl.$$

Il faut éviter d'employer un excès de chlorure, car il se formerait un produit visqueux non étudié. Lorsque la réaction est terminée, on agite avec de l'eau, on décante et on lave à plusieurs reprises la liqueur avec de la soude caustique. Il arrive souvent que les liqueurs alcalines se prennent en masse par suite de la formation de camphre cyanosodé ; dans ce cas, on ajoute de l'eau chaude pour favoriser la dissolution. Les premières eaux de lavage sont jaunes : on les traite à part. Les solutions alcalines suivantes sont incolores et fournissent un produit blanc et pur quand on les traite par un acide.

Le camphre cyané est insoluble dans les carbonates alcalins, mais il se dissout dans la soude et dans la potasse caustique. Quand la solution est concentrée et chaude, elle se prend en masse par le refroidissement, en fournissant les dérivés $C^{11}H^{14}AzONa$ et $C^{11}H^{14}AzOK$ [C. R., 102, 1477].

Ces dérivés métalliques font la double décomposition avec les iodures alcooliques et avec les chlorures acides. On a obtenu ainsi des camphres cyanométhylé, cyanoéthylé, cyanobenzylé, cyanobenzoylé, cyanotoluylé, etc.

Bouilli avec une solution concentrée de potasse caustique, le camphre cyané se décompose en ammoniaque et acide homocamphorique (acide hydroxycamphocarbonique) :

$$C^8H^{14} \begin{array}{l} \diagup CH - CAz \\ | \\ \diagdown CO \end{array} + 2KOH + H^2O$$
$$= AzH^3 + C^8H^{14} \begin{array}{l} \diagup CH^2 . CO^2K \\ \diagdown CO^2K \end{array}$$

Chauffé avec les alcoolates de sodium, le camphre cyané se convertit en un corps à fonction double, éther et nitrile :

$$C^8H^{14} \begin{array}{l} \diagup CH - CAz \\ | \\ \diagdown CO \end{array} + C^nH^{2n+1}.OH$$
$$= C^8H^{14} \begin{array}{l} \diagup CH^2 . CAz \\ \diagdown CO^2C^nH^{2n+1} \end{array}$$

Ces corps, saponifiés par la potasse, donnent naissance à de l'acide homocamphorique, identique avec celui qu'on obtient en partant directement du camphre cyané [A. Haller, C. R., 109, 68, 112].

La même réaction se produit quand on substitue aux alcoolates de sodium les phénate et naphtolates de sodium [Minguin, C. R., 112, 101].

Cette combinaison du camphre cyané avec les alcools ne s'effectue que par l'intermédiaire du sodium, car lorsqu'on chauffe ce dérivé à 100° avec de l'alcool absolu, il reste inaltéré.

Chauffé en tube scellé avec une solution concentrée d'acide chlorhydrique, le camphre cyané se dédouble en camphre et acide carbonique [A. Haller, *C. R.*, **93**, 72].

Lorsqu'on le fait bouillir dans un appareil à reflux avec le même acide, il se convertit en acide camphocarbonique :

$$C^{10}H^{15}(CAz)O + HCl + 2H^2O$$
$$= C^8H^{14} \genfrac{}{}{0pt}{}{\diagup CH.CO^2H}{\diagdown CO}\ | \quad + AzH^4Cl.$$

Enfin, abandonné avec une solution saturée d'acide chlorhydrique dans l'alcool, il fournit de l'éther camphocarbonique [*C. R.*, **102**, 1477].

Les propriétés que nous venons d'énumérer prouvent que le camphre cyané est le nitrile de l'acide camphocarbonique.

Le camphre cyané est très stable lorsqu'il est pur et sec. Il n'en est pas de même quand il est en solution alcoolique. Celle-ci se décompose à la longue, en donnant de l'acide cyanhydrique et un acide visqueux qui présente tous les caractères de l'acide camphique [*C. R.*, **93**, 72] :

$$C^{10}H^{15}O.CAz + H^2O = CAzH + C^{10}H^{16}O^2.$$

L'alcool lui-même semble avoir subi une oxydation, car il dégage une odeur d'aldéhyde.

Le camphre cyané, dissous dans l'acide acétique cristallisable, n'est pas réduit par le zinc ou l'étain.

L'acide azotique l'oxyde en acides cyanhydrique, formique et camphorique [*C. R.*, **93**, 72].

Une solution alcoolique de camphre cyané donne avec le perchlorure de fer une coloration jaune foncé.

Camphocyanate de potassium,

$$C^8H^{14} \genfrac{}{}{0pt}{}{\diagup CK-CAz}{\diagdown CO}\ |$$

— Ce composé se dépose en paillettes nacrées par le refroidissement d'une solution concentrée de camphre cyané dans la potasse caustique. Il est onctueux au toucher, soluble dans l'alcool, mais décomposable par l'eau en camphre cyané insoluble et potasse caustique. Abandonné à l'air, il en absorbe l'humidité et l'acide carbonique, et devient en partie insoluble dans l'alcool froid.

Camphocyanate de sodium,

$$C^8H^{14} \genfrac{}{}{0pt}{}{\diagup CNa-CAz}{\diagdown CO}\ |$$

— Préparé comme le précédent, ce composé se présente en fines aiguilles.

Dans ces dérivés, le métal alcalin se trouve dans les mêmes conditions que dans les éthers malonique, acétylacétique, benzoylacétique sodés ou potassés.

Dérivés de substitution du camphre cyané. — Les camphocyanates de sodium et de potassium, traités par les iodures alcooliques ou par les chlorures acides, fournissent des camphres cyanoalcoylés ou cyanoacidylés, $C^{10}H^{14}(CAz)OR$. Les premiers, soumis à l'action de l'acide chlorhydrique, perdent leur radical alcoolique et régénèrent le camphre cyané :

$$C^{10}H^{14}(CAz)OR + HCl$$
$$= RCl + C^{10}H^{14}(CAz)OH.$$

Traités par la potasse caustique à l'ébullition, ils perdent encore ce même radical et se transforment en acide hydroxycamphocarbonique :

$$C^{10}H^{14}(CAz)OR + 2KOH + 2H^2O$$
$$= C^{10}H^{16}O^2K.CO^2K + AzH^3 + ROH.$$

Le camphre cyanométhylé seul se convertit dans ces conditions en acide méthylhydroxycamphocarbonique.

Ces réactions sembleraient prouver que, dans ces dérivés, le camphre cyané prend la forme tautomère

$$C^8H^{14} \genfrac{}{}{0pt}{}{\diagup C.CAz}{\diagdown COH}\ \|$$

et que ces composés ont par suite pour formule

$$C^8H^{14} \genfrac{}{}{0pt}{}{\diagup C.CAz}{\diagdown COR}\ \|$$

De nouvelles recherches sont encore nécessaires pour élucider la constitution de ces corps et celle du camphre cyané lui-même, qui, à l'état libre, pourrait bien aussi affecter la forme

$$C^8H^{14} \genfrac{}{}{0pt}{}{\diagup C.CAz}{\diagdown COH}\ \|$$

Camphre cyanométhylé,

$$C^8H^{14} \genfrac{}{}{0pt}{}{\diagup C \genfrac{}{}{0pt}{}{\diagup CH^3}{\diagdown CAz}}{\diagdown CO}\ |$$

[A. Haller, *C. R.*, **113**, 55]. — On chauffe dans un appareil à reflux un mélange de camphre cyané et d'iodure de méthyle, en y ajoutant peu à peu assez de potasse pour que la masse présente une faible réaction alcaline. On distille l'excès d'iodure. On agite avec une solution de potasse pour enlever le camphre cyané non entré en réaction et on décante l'huile qui se dépose. On la dissout dans l'éther, on sèche et on distille dans le vide.

Le camphre cyanométhylé se présente sous la forme d'une huile incolore, distillant à 170-180° sous une pression de 36 millimètres. Il possède une odeur rappelant celle du vétyver. Il est soluble dans l'alcool et dans l'éther, insoluble dans l'eau et dans les alcalis. Il ne se solidifie pas à — 20°; $[\alpha]_D = + 107°,69$ (0,5 molécule dans 1 litre de toluène).

D'après les recherches de M. Minguin [*Expér. inédites*], le camphre cyanométhylé se décompose sous l'influence de l'acide chlorhydrique en camphre cyané et chlorure de méthyle. Si l'on opère en présence d'alcool et qu'on chauffe, on obtient de l'éther camphocarbonique. Chauffé en tube scellé, avec de la potasse alcoolique, à 140-150°, le camphre cyanométhylé se transforme au bout de 24 heures en acide méthylhydroxycamphocarbonique et ammoniaque :

$$C^{10}H^{14}(CH^3)(CAz)O + 2KOH + H^2O$$
$$= C^8H^{14} \genfrac{}{}{0pt}{}{\diagup CH(CH^3).CO^2K}{\diagdown CO^2K} + AzH^3.$$

Camphre cyanoéthylé,

$$C^8H^{14} \genfrac{}{}{0pt}{}{\diagup C \genfrac{}{}{0pt}{}{\diagup C^2H^5}{\diagdown CAz}}{\diagdown CO}\ |$$

— Ce composé se prépare comme son homologue inférieur. Il se présente sous la forme d'une huile incolore, qui bout à 165° sous une pression de 21 millimètres, et qui possède une odeur rappelant à la fois celles des carbylamines et du vétyver. $[\alpha]_D = + 120°,71$ à $+ 126°,40$ pour 0,5 molécule dans 1 litre de toluène.

Le camphre cyanoéthylé n'a pu être solidifié à — 20°.

Traité par les acides chlorhydrique ou sulfurique, le camphre cyanoéthylé se dédouble en chlorure d'éthyle et camphre cyané.

Chauffé avec de la potasse alcoolique, il donne de l'acide hydroxycamphocarbonique et non de l'acide éthylhydroxycamphocarbonique [Minguin, *Expér. inédites*].

Camphre cyanopropylé,

$$C^8H^{14} \diagup\begin{matrix}C\diagup C^3H^7\\|\diagdown CAz\\\diagdown CO\end{matrix}$$

— Préparé comme ses homologues inférieurs, ce composé cristallise en belles aiguilles blanches, pouvant atteindre plusieurs centimètres de longueur et fondant à 46°. Il possède une odeur très agréable de vétyver; il est soluble dans l'alcool, l'éther, le benzène, le toluène, insoluble dans l'eau et dans les alcalis. $[\alpha]_D = +126°,72$ pour 0,5 molécule dans 1 litre de toluène.

Camphre cyanobenzylé,

$$C^8H^{14} \diagup\begin{matrix}C\diagup CAz\\|\diagdown C^7H^7\\\diagdown CO\end{matrix}$$

— Beaux cristaux blancs, fondant à 58-59°, solubles dans l'alcool, l'éther, le benzène, le toluène, insolubles dans l'eau et dans les alcalis. Chauffé avec de l'acide chlorhydrique, ce corps fournit du camphre.

Son pouvoir rotatoire moléculaire est :

$[\alpha]_D = +92°,69$ pour 1/4 mol. dans 1 litre de toluène.
$[\alpha]_D = +93°,62$ pour 1/2 mol.   —   —

Camphre cyano-o-nitrobenzylé,

$$C^8H^{14} \diagup\begin{matrix}C\diagup CAz\\|\diagdown CH^2.C^6H^4.AzO^2\\\diagdown CO\end{matrix}$$

— Le chlorure d'o-nitrobenzyle étant solide et cristallisé, il est nécessaire de le mélanger et de le pulvériser intimement avec le camphre cyané. On baigne la masse dans de l'alcool à 90° et on opère comme précédemment. Quand la réaction est terminée, on agite avec un excès de potasse, on décante, on reprend par l'éther et on fait cristalliser. Les cristaux qui se déposent sont en général colorés; on les reprend par l'alcool, on décolore au charbon animal et on fait de nouveau cristalliser. On obtient finalement de fines aiguilles blanches et soyeuses, fondant à 104-105°, solubles dans l'alcool, l'éther, le benzène, le toluène, insolubles dans l'eau et dans les alcalis.

Exposé à la lumière, ce corps jaunit, puis brunit. $[\alpha]_D = +68°,37$ (pour 0,5 mol. = 1 litre de toluène).

Ce corps détermine sur la peau une sensation de démangeaison analogue à celle que produit le chlorure d'o-nitrobenzyle, mais moins intense.

Camphre cyanobenzoylé,

$$C^8H^{14} \diagup\begin{matrix}C\diagup CAz\\|\diagdown CO.C^6H^5\\\diagdown CO\end{matrix}$$

— On traite 1 molécule de camphre cyané par 1 molécule d'éthylate de sodium dissoute dans l'alcool absolu. Au mélange froid on ajoute peu à peu 1 molécule de chlorure de benzoyle étendu de 2 fois son volume d'éther absolu. Quand la réaction est terminée, on ajoute de l'eau pour dissoudre le chlorure de sodium, on décante la liqueur éthérée et on la sèche sur du chlorure de calcium. La solution évaporée fournit le cam-

phre cyanobenzoylé sous la forme de petites aiguilles blanches ou de paillettes fusibles à 105°, solubles dans l'alcool, l'éther, le benzène, insolubles dans l'eau et dans les alcalis à froid. La potasse bouillante dissout peu à peu ce composé, avec formation de camphocyanate et de benzoate de potassium qui cristallisent par refroidissement :

$$C^8H^{14} \diagup\begin{matrix}C\diagup CAz\\|\diagdown CO.C^6H^5\\\diagdown CO\end{matrix} + 2\,KOH$$

$$= H^2O + C^6H^5.CO^2K + C^8H^{14} \diagup\begin{matrix}CK.CAz\\|\\\diagdown CO\end{matrix}$$

Camphre cyano-o-toluylé,

$$C^8H^{14} \diagup\begin{matrix}C\diagup CAz\\|\diagdown CO.C^6H^4.CH^3\\\diagdown CO\end{matrix}$$

— Ce dérivé a été préparé comme son homologue inférieur. Il forme des cristaux blancs, solubles dans l'éther et dans l'alcool, insolubles dans l'eau et dans les alcalis. $[\alpha]_D = +62°,14$ pour 0,5 molécule par litre de toluène.

Camphre cyanobromé,

$$C^8H^{14} \diagup\begin{matrix}CBr-CAz\\|\\\diagdown CO\end{matrix}$$

[Suppl., **1**, 398]. — Ce dérivé est insoluble dans les alcalis, la place de l'hydrogène acide étant occupée par du brome.

Stable à l'état cristallisé, il se décompose facilement en solution alcoolique, pour donner naissance à un acide visqueux renfermant encore du brome et de l'azote.

Chauffé en tube scellé avec de l'acide chlorhydrique, il se convertit en acide carbonique, camphre et camphre monobromé :

$$C^{10}H^{14}BrO.CAz + HCl + 2H^2O$$

$$= C^8H^{14} \diagup\begin{matrix}CHBr\\|\\\diagdown CO\end{matrix} + AzH^4Cl + CO^2.$$

Oxydé au moyen d'une solution de permanganate de potassium, il donne un dégagement de bromure de cyanogène avec formation d'acide camphorique.

La potasse alcoolique le décompose en un produit huileux et en bromure et cyanate de potassium [A. Haller, *Expér. inédites*].

FORMYLCAMPHRE,

$$C^8H^{14} \diagup\begin{matrix}CH.CHO\\|\\\diagdown CO\end{matrix} \quad \text{ou} \quad C^8H^{14} \diagup\begin{matrix}C=CH.OH\\|\\\diagdown CO\end{matrix} .$$

— Ce corps a été obtenu en faisant agir le formiate d'éthyle sur le camphre sodé en présence du toluène [Bishop et Claisen, *Bull. Soc. Chim.*, (3), **1**, 503].

Il vaut mieux opérer au sein de l'éther absolu. M. A. W. Bishop recommande le procédé suivant : Dans un ballon spacieux on introduit 100 grammes de camphre avec 400 centimètres cubes d'éther absolu; on y ajoute ensuite 15ᵍʳ,2 de sodium en fil. Il faut avoir soin de refroidir le vase pendant toute la durée de la réaction du métal, pour éviter une ébullition trop vive de l'éther. Un appareil à reflux est adapté au ballon, et, au moyen d'un entonnoir à robinet, on fait tomber peu à peu dans le liquide 77ᵍʳ,2 de formiate d'éthyle ou mieux de formiate d'amyle. Pendant cette opération, il est nécessaire de maintenir le ballon à une température très basse, car chaque addition d'éther formique détermine une réaction très vive. Au bout d'une demi-heure tout l'éther est introduit et le sodium est entré en dissolution. On obtient une bouillie épaisse, qu'on abandonne à elle-même pendant la durée d'une nuit.

La masse, additionnée de 500 centimètres cubes d'eau et agitée, se sépare en deux couches ; on lave la solution aqueuse à l'éther, pour enlever les dernières traces de bornéol formé dans la réaction, on la refroidit au moyen de la glace et on l'acidule par l'acide acétique. Le formylcamphre se dépose sous la forme d'une poudre cristalline, qu'on recueille et qu'on lave avec de l'eau. Pour l'obtenir pur, on le redissout dans une solution normale de soude, on lave la solution à l'éther et on la décompose par l'acide carbonique, qui précipite le formylcamphre [A. W. Bishop, *Dissert. inaug.*, Munich, 1890].

Ce composé se forme en vertu de la réaction

$$2\,C^8H^{14}\!\!\begin{array}{l}\diagup CH^2\\ \ \ |\\ \diagdown CO\end{array}\!\!+Na^2+HCO^2.C^2H^5$$

$$=C^8H^{14}\!\!\begin{array}{l}\diagup C=CH.ONa\\ \ \ |\\ \diagdown CO\end{array}\!\!+C^8H^{14}\!\!\begin{array}{l}\diagup CH^2\\ \ \ |\\ \diagdown CH.ONa\end{array}$$

$$+\,C^2H^5OH.$$

Propriétés. — Corps cristallin, d'un blanc de neige, possédant une odeur agréable, qui rappelle celles du miel et du camphre. Il fond à 76-78° en se ramollissant vers 72°, et bout presque sans décomposition à 240-243° à la pression ordinaire, et à 135° sous une pression de 28 millimètres. Exposé à l'air, il devient pâteux.

L'éther, l'alcool, le chloroforme, l'acide acétique cristallisable, le benzène, le sulfure de carbone le dissolvent facilement. Il est moins soluble dans la ligroïne froide, mais s'y dissout à chaud. Il est insoluble dans l'eau froide, mais soluble dans l'eau bouillante.

Les solutions dans la soude caustique sont incolores quand le produit est pur. Elles résistent à l'action de la chaleur et ne subissent une légère décomposition que lorsqu'on les chauffe en tube scellé à 150°. Quand on les soumet à l'action d'un courant d'acide carbonique, la moitié du formylcamphre est précipitée.

L'ammoniaque en solution aqueuse dissout également le formylcamphre. Si l'on fait passer un courant de gaz ammoniac dans une solution éthérée de ce composé, on voit se déposer un précipité blanc, cristallin, qui se liquéfie rapidement au contact de l'air.

Agité avec une solution concentrée de bisulfite de sodium, le formylcamphre se dissout notablement, surtout à chaud ; ni l'eau, ni l'acide sulfurique ne le précipitent de cette dissolution. Les solutions saturées à chaud abandonnent par refroidissement une masse blanche soluble dans l'alcool et dans le benzène.

Une solution de formylcamphre dans la soude caustique donne, avec le brome, un précipité fusible à 42°. Ce corps perd facilement du brome à la température ordinaire.

Le formylcamphre réduit à chaud la liqueur de Fehling, ainsi qu'une solution ammoniacale d'argent. Il ne colore pas en rouge les solutions de fuchsine préalablement décolorées par l'acide sulfureux.

En chauffant une trace de cette substance avec une solution de fuchsine additionnée de 2 gouttes d'acide chlorhydrique, on voit se former une coloration d'un bleu foncé qui peut servir à caractériser des traces de formylcamphre.

Dérivé sodique. — Il prend naissance quand on additionne 1 molécule de formylcamphre d'une molécule d'éthylate de sodium. Le produit solide qui se forme fond rapidement au contact de l'air.

Sel de cuivre, $(C^{11}H^{15}O^2)^2Cu, 2C^{11}H^{16}O^2$. — Quand on ajoute de l'acétate de cuivre à du formylcamphre sodé, en quantités équivalentes, on obtient un précipité volumineux d'un composé cuprique qui est très instable au contact de l'air.

Ce sel se dissout facilement dans la ligroïne froide. Si à une solution concentrée de ce sel on ajoute une solution de 2 molécules de formylcamphre dans la ligroïne, on obtient immédiatement un précipité du sel acide, qui, après cristallisation dans le carbure bouillant, fond à 126° et se présente sous la forme de lamelles vertes, insolubles dans l'eau, facilement solubles dans les dissolvants organiques.

Réactions avec les sels ferriques et ferreux. — Une solution alcoolique de formylcamphre donne avec le perchlorure de fer une coloration d'un rouge foncé, qui ressemble à celle des solutions de permanganate de potassium. Avec un excès de perchlorure, la couleur devient d'un bleu violet. En ajoutant à la solution de formylcamphre de l'acétate de sodium, puis du perchlorure, on obtient une coloration rouge-violet foncé et un précipité cristallin du sel ferrique. Après dessiccation, ce sel se présente sous la forme d'une poudre d'un violet noir foncé, insoluble dans l'eau, soluble dans la plupart des dissolvants organiques. Les solutions alcooliques sont d'un rouge cerise foncé, et deviennent d'un violet bleu par addition de quelques gouttes d'acide chlorhydrique.

Les sels ferreux ne produisent dans une solution alcoolique de formylcamphre aucune coloration ; au bout de quelque temps seulement, la liqueur se colore en rose. En présence d'acétate de sodium, on obtient un précipité d'un rouge brique, qui s'oxyde facilement au contact de l'air en fonçant en couleur.

Une solution alcoolique de formylcamphre additionnée d'acétate de sodium donne :

avec le chlorure de cobalt		un précipité fleur de pêcher.
—	— de nickel	— blanc-verdâtre.
—	— de zinc	— blanc.
—	— de manganèse	— blanc-jaunâtre.
—	sous-acétate de plomb	— blanc.
—	chlorure mercurique	— blanc.
—	azotate mercureux	— noir de mercure métallique.

[A. W. Bishop, *loc. cit.*].

Éthylformylcamphre,

$$C^8H^{14}\!\!\begin{array}{l}\diagup C=CH.OC^2H^5\\ \ \ |\\ \diagdown CO\end{array}$$

— On prépare ce composé en chauffant dans un appareil à reflux un mélange d'alcool, d'éthylate de sodium, de formylcamphre et d'iodure d'éthyle jusqu'à neutralité complète de la liqueur. On chasse l'alcool par distillation, on traite par l'eau et on épuise par l'éther. La solution éthérée est lavée à plusieurs reprises avec de la soude caustique, puis desséchée sur du chlorure de calcium et distillée. Par la rectification, on obtient une huile qui passe de 262 à 266°.

L'éthylformylcamphre constitue un liquide épais, incolore, d'une densité de 1,006 à 15° ; il ne se solidifie pas dans un mélange de glace et de sel et distille sans décomposition à 266-267°,5.

La solution alcoolique donne avec les sels ferriques une faible coloration violette. Si l'on ajoute au préalable de l'acétate de sodium à la liqueur, cette coloration ne se produit pas.

Traité à froid par l'acide bromhydrique, l'éthylformylcamphre se décompose en régénérant le formylcamphre.

Quand on chauffe le dérivé éthylé pendant 4 heures et demie avec de l'aniline dans un appareil à reflux, dans une atmosphère d'acide carbonique, on obtient l'anilide du formylcamphre. Ce corps est identique avec celui qui se forme par l'action directe de l'aniline sur le formylcamphre.

Benzylformylcamphre,

$$C^8H^{14} \underset{\diagdown CO}{\overset{\diagup C = CH . O C^7 H^7}{\big|}}$$

— Ce composé se prépare comme le dérivé éthylé, en substituant le chlorure de benzyle à l'iodure d'éthyle. C'est une huile qui distille à 222-224° sous une pression de 16 millimètres. Ce corps finit par se prendre en une masse de cristaux qui fondent à 45-46° et qui se dissolvent dans la plupart des dissolvants organiques. Ils sont insolubles dans les alcalis ; leur dissolution dans l'alcool ne donne la coloration violette avec les sels ferriques qu'au bout de quelque temps.

Chauffé avec de l'acide chlorhydrique, ce corps se décompose en chlorure de benzyle et en formylcamphre dont on peut reconnaître la présence au moyen du perchlorure de fer.

Acétylformylcamphre,

$$C^{10}H^{14}O(CHO)C^2H^3O.$$

— On chauffe en tube scellé, à 150°, 2 grammes de formylcamphre avec 1gr,1 d'anhydride acétique. On recueille ce qui passe à 280-300°.

Ce produit distille dans le vide (26 millimètres) à 175-177° et se prend par le refroidissement en une masse cristalline, d'un blanc de neige, qui fond à 59-61°,5.

Il est insoluble dans l'eau, mais soluble dans la plupart des dissolvants organiques.

Sa solution alcoolique donne avec le perchlorure de fer une faible coloration qui augmente avec le temps.

L'eau bouillante le décompose rapidement avec formation d'acide acétique et de formylcamphre [A. W. Bishop, *loc. cit.*].

Anilide du formylcamphre.

$$C^8H^{14} \underset{\diagdown CO}{\overset{\diagup C = CH . Az H . C^6 H^5}{\big|}}$$

— Ce composé se produit à froid, avec dégagement de chaleur, quand on mélange une solution méthylique de formylcamphre avec une solution acétique d'aniline. Il prend encore naissance quand on fait bouillir pendant quelques heures un mélange d'éthylformylcamphre et d'aniline, en ayant soin de faire passer un courant d'acide carbonique dans le ballon. On reprend le produit par l'eau : il se sépare une huile qu'on dissout dans l'éther ; on lave la solution éthérée avec de l'acide sulfurique pour enlever l'aniline en excès, on évapore, on reprend le résidu par le chloroforme et on précipite enfin par la ligroïne.

Cristallisé dans l'alcool, ce composé fond à 156-159°. Il est insoluble dans l'eau et dans les alcalis, soluble dans la plupart des dissolvants organiques, sauf dans la ligroïne.

Sa solution alcoolique étendue n'est pas colorée par les persels de fer. Lorsqu'elle est très concentrée, elle prend une coloration verte.

Méthylanilide, $C^{10}H^{14}O = CH . Az . CH^3 . C^6H^5.$
— Préparé comme l'anilide, ce corps cristallise en tables brillantes qui ont l'éclat du diamant. Les cristaux appartiennent au système rhombique ; ils fondent à 124° ; ils sont insolubles dans l'eau, les alcalis et la ligroïne, solubles dans l'éther et dans le chloroforme, moins solubles dans l'alcool que l'anilide.

La solution alcoolique ne donne la coloration bleu-vert, avec le perchlorure de fer, que lorsqu'elle est concentrée [A. W. Bishop, *loc. cit.*].

NITROSOCAMPHRES, $C^{10}H^{15}O(AzO).$ — On a préparé deux composés répondant à cette formule. L'un d'eux a été découvert par MM. Claisen et Manasse [*D. chem. G.*, **22**, 530] et paraît être un dérivé isonitrosé ; l'autre a été obtenu par M. Cazeneuve [*Bull. Soc. Chim.*, (3), **1**, 558]. Ce second isomère se comporte comme un véritable composé nitrosé.

NITROSOCAMPHRE,

$$C^8H^{14} \underset{\diagdown CO}{\overset{\diagup CH - Az O}{\big|}}$$

[Cazeneuve, *loc. cit.*]. — On fait bouillir pendant une demi-heure 300 grammes de camphre chloronitré avec 1500 grammes d'alcool à 93° en présence du couple zinc-cuivre. On filtre et on distille à siccité. Il se forme par le refroidissement un dépôt verdâtre, qu'on recueille et qu'on lave à l'alcool froid. On a ainsi un mélange de nitrosocamphre et d'oxychlorure de cuivre. On met la matière en suspension dans l'eau acidifiée par l'acide chlorhydrique, et on chauffe. Tout le cuivre passe à l'état de chlorure de cuivre soluble. Il reste une matière d'une grande blancheur, qu'on fait cristalliser dans l'alcool à 93° bouillant

Le camphre nitrosé se formerait d'après l'équation suivante :

$$2\left(C^8H^{14} \underset{\diagdown CO}{\overset{\diagup CCl(AzO^2)}{\big|}} \right) + 5\,Cu + H^2O$$
$$= \left(C^8H^{14} \underset{\diagdown CO}{\overset{\diagup C(AzO^2)}{\big|}} \right)^2 Cu + Cu^2O + Cu^2Cl^2 + H^2$$

L'eau est nécessaire : la réaction n'a pas lieu au sein de l'alcool absolu. Le protochlorure de cuivre réagit à son tour sur le nitrocamphre cuprique avec le concours de l'eau et de l'hydrogène, pour donner de l'oxychlorure de cuivre et du nitrosocamphre :

$$2\,(C^{10}H^{14}AzO^3)^2Cu + 3\,Cu^2Cl^2 + H^2O + H^2$$
$$= CuCl^2 . 5\,Cu^2O + 2\,CuCl^2 + 4\left(C^8H^{14} \underset{\diagdown CO}{\overset{\diagup CHAzO}{\big|}} \right)$$

Ce nitrosocamphre est insoluble dans l'eau, peu soluble dans l'alcool froid, plus soluble dans l'alcool bouillant et dans le benzène. Il s'altère à la lumière et devient verdâtre en dégageant des vapeurs nitreuses. Il ne rougit pas le tournesol ni l'orangé III. Il est cependant plus acide que la phtaléine du phénol. Les solutions alcooliques, neutres d'abord au tournesol, deviennent acides à la lumière solaire, en même temps qu'elles dégagent une odeur marquée d'aldéhyde. La décomposition du nitrosocamphre par la lumière s'accompagne d'un phénomène d'oxydation de l'alcool avec dégagement d'azote.

Ses solutions aqueuses, exposées à la lumière, se décomposent également avec dégagement d'azote pur. En même temps le corps a pris une teinte verdâtre et est devenu très soluble dans l'alcool froid. La solution alcoolique abandonne une matière d'aspect résinoïde et térébenthiné, qui paraît être un mélange. Ce produit ne donne plus la réaction de Liebermann, ce qui indique la disparition du groupe AzO.

Le nitrosocamphre en solution aqueuse oxyde la mannite, qui est convertie en mannitose et en un acide qui paraît être l'acide mannitique.

Il oxyde dans les mêmes conditions la glycérine, l'acide oxalique et l'acide formique.

Le nitrosocamphre se comporte donc à l'égard de toutes ces substances comme le noir de platine ou le permanganate de potassium [Cazeneuve, *Bull. Soc. Chim.*, (3), **2**, 199].

Le nitrosocamphre est dextrogyre : $[\alpha]_D = +195°$ pour une solution benzénique à 0,81 0/0.

Il ne fond pas sans décomposition. Vers 180°, il verdit tout à coup, se boursoufle et dégage de l'hypoazotide.

Il brûle avec vivacité sur une lame de platine. Le perchlorure de fer ne le colore pas.

La potasse alcoolique concentrée le décompose à l'ébullition, en donnant de l'ammoniaque et de l'azotite de potassium.

La potasse en fusion le décompose vers 150° en donnant du nitrite et du carbonate de potassium, en même temps qu'un acide résinoïde.

La solution alcoolique de nitrosocamphre, chauffée avec un excès d'acide sulfurique, dégage de l'aldéhyde.

L'acide azotique fumant le convertit à chaud en acide camphorique :

$$C^{10}H^{15}O(AzO) + 3\,AzO^3H$$
$$= 2\,AzO + 2\,AzO^2 + C^{10}H^{16}O^4 + H^2O.$$

Avec le mélange nitrosulfurique, on obtient en outre de l'anhydride camphorique.

Sous l'influence de l'étain et de l'acide chlorhydrique, il donne un dérivé amidé absolument identique à celui fourni par le nitrocamphre et correspondant sans doute à la formule

$$C^8H^{14} \begin{cases} CH\text{-}AzH^2 \\ | \\ CO \end{cases}$$

ISONITROSOCAMPHRE,

$$C^8H^{14} \begin{cases} C = AzOH \\ | \\ CO \end{cases}$$

[L. Claisen et Manasse, *loc. cit.* et *Bull. Soc. Chim.*, (3), 1, 505]. — 152 grammes de camphre sont dissous dans 117 grammes d'azotite d'amyle et 50 centimètres cubes d'éther. On verse cette solution préalablement refroidie dans un mélange de 70 grammes d'éthylate de sodium pulvérisé et de 75 centimètres cubes d'éther. On a soin d'agiter la liqueur, tout en la maintenant à une température aussi basse que possible.

Au bout d'une demi-heure, la masse a pris une coloration d'un brun rougeâtre. On l'abandonne encore à elle-même pendant un certain temps. Il se forme un produit gélatineux qu'on traite par l'eau froide, puis qu'on agite avec de l'éther. La solution aqueuse débarrassée des impuretés est constituée par le sel sodique de l'isonitrosocamphre. On le précipite par l'acide acétique et on le fait cristalliser dans le benzène ou dans l'alcool :

$$C^8H^{14} \begin{cases} CH^2 \\ | \\ CO \end{cases} + AzO\,.\,OC^5H^{11} + C^2H^5\,.\,ONa$$

$$= C^8H^{14} \begin{cases} C\,.\,AzONa \\ | \\ CO \end{cases} + C^5H^{11}OH + C^2H^5OH.$$

Pour débarrasser le produit brut de l'odeur rappelant la térébenthine, on le dissout dans l'acide acétique et on précipite par l'eau.

On peut aussi préparer ce composé par l'action de l'azotate d'amyle sur le camphre sodé brut [A. Haller, *Expér. inédites*].

Le camphre isonitrosé se dissout facilement dans les alcools méthylique et éthylique, l'éther et le chloroforme; il est moins soluble dans le benzène et à peu près insoluble dans la ligroïne.

Il cristallise bien dans tous les dissolvants et même dans beaucoup d'eau. Il fond à 153-154°. $[\alpha]_D = +196°,68$ pour 0,5 molécule = 1 litre d'alcool (Haller).

Quand on traite sa solution acétique par une liqueur concentrée d'azotite de sodium, il se transforme en campho-o-quinone et protoxyde d'azote. Le bisulfite de sodium opère à chaud la même transformation.

CAMPHRES NITRÉS, $C^{10}H^{15}O(AzO^2)$. — M. R. Schiff [Suppl., 1, 397] a obtenu un composé répondant à cette formule en traitant le camphre bromonitré par la potasse alcoolique.

M. Cazeneuve, en partant des camphres chloronitrés α et β a réussi à préparer deux camphres mononitrés α et β qui sont isomériques; le dérivé β serait identique avec le corps décrit par M. Schiff. Toutefois les points de fusion ne sont pas les mêmes; M. Cazeneuve attribue cette discordance à des impuretés qui souilleraient le produit de M. Schiff.

M. Cazeneuve [*Bull. Soc. Chim.*, (2), 47, 920] prépare ces deux corps en faisant bouillir une solution alcoolique de camphre chloronitré avec du zinc cuivré. On verse la solution alcoolique dans 4 fois son poids d'eau acidifiée par de l'acide chlorhydrique. Le précipité est lavé, puis dissous au bain-marie dans la soude. On filtre pour séparer le camphre chloronitré non attaqué, puis on précipite la solution par l'acide chlorhydrique. Le précipité, lavé à l'alcool à 80° froid, est cristallisé dans l'alcool à 93° bouillant, puis dans le benzène [*Bull. Soc. Chim.*, (3). 1, 242].

L'eau mère alcoolique de la première cristallisation renferme le camphre β-nitré.

α-NITROCAMPHRE (*acide α-nitrocamphrique*),

$$C^8H^{14} \begin{cases} CH\text{-}AzO^2 \\ | \\ CO \end{cases}$$

—L'α-nitrocamphre cristallise dans le benzène en magnifiques prismes incolores, appartenant au système orthorhombique [Morel, *Bull. Soc. Chim.*, (2), 47, 922]. Il est insoluble dans l'eau, soluble dans l'alcool, l'éther, le chloroforme. Il se dissout dans le benzène avec abaissement de température. Il fond à 100-101° en un liquide parfaitement incolore, qui jaunit peu à peu et qui se décompose quand on porte la température à 160°.

Il est lévogyre. Pour des solutions de plus en plus concentrées, on a obtenu successivement dans le benzène : pour une concentration de 0,676 0/0, $[\alpha]_j = -140°$; pour 1,30 0/0, $[\alpha]_j = -134°$; pour 5,206 0/0, $[\alpha]_j = -102°$; pour 19.978 0/0, $[\alpha]_j = -98°$. En solution alcoolique à 3,33 0/0, $[\alpha]_j = -7°,5$.

L'abaissement de température qui accompagne la dissolution dans le benzène fait penser à une combinaison possible. Le pouvoir rotatoire semble donner un appui à cette idée.

Le nitrocamphre ne se combine pas au naphtalène, comme le fait l'acide picrique.

La chaleur de combustion = $1370^{cal},5$ à volume constant et $1371^{cal},4$ à pression constante.

La chaleur de formation :

$$C^{10}\ (\text{diamant}) + H^{15} + Az + O^3$$
$$= C^{10}H^{15}O(AzO^2) \ldots + 89^{cal},1;$$

$$C^{10}H^{16}O\ (\text{solide}) + AzO^3H\ (\text{liquide})$$
$$= C^{10}H^{15}O(AzO^2)\ (\text{sol.}) + H^2O\ (\text{liq.}) + 7^{cal},3.$$

Ce nombre est de l'ordre de grandeur de la chaleur de formation des éthers nitriques. Il fait prévoir l'aptitude explosive dans le composé. En fait, projeté en gouttelettes fines dans le fond d'un tube de verre chauffé au rouge, le camphre α-nitré détone aussitôt. Sa vapeur surchauffée détone également [Berthelot et P. Petit, *C. R.*, 109, 93].

Le camphre nitré est un véritable acide qui rougit le tournesol et décompose les carbonates. Ses sels, généralement bien cristallisés, font la double décomposition. Avec les alcools, il forme des éthers. Tous ces dérivés sont fortement dextrogyres.

Chauffés, les nitrocamphrates se décomposent avec vivacité sans déflagrer, mais en émettant une odeur de myrrhe caractéristique.

Les solutions alcooliques d'α-nitrocamphre donnent avec le perchlorure de fer une coloration rouge de sang. Au sein de l'eau, il se forme un précipité, la combinaison ferrique étant insoluble.

Le nitrocamphre ne donne point la réaction de Liebermann.

Le dérivé sodé, traité par le chlorhydrate de phénylhydrazine et l'acétate de sodium, fournit une *hydrazone* non fusible, $C^{16}H^{22}Az^3$ [Cazeneuve, *Bull. Soc. Chim.*, (3), **1**, 241].

Chauffé en tube scellé avec de l'eau à 100°, le camphre α-nitré donne au bout de 1 heure une trace d'ammoniaque et d'acide nitrique. A 200° la décomposition est plus profonde et produit une masse noirâtre.

Une solution de camphre nitré dans l'alcool absolu donne par l'ébullition avec l'acide chlorhydrique un *chlorhydrate* $C^{10}H^{15}O(AzO^2).HCl$.

Au sein de l'alcool à 60° légèrement acidulé, il se forme du *tricamphonitrophénol*,

$$[C^{10}H^{15}(AzO^2).O]^3, 3H^2O.$$

Enfin, bouilli avec 10 fois son poids d'acide chlorhydrique concentré, il fournit du *camphonitrophénol*.

Le nitrocamphre se dissout avec élévation de température dans le mélange nitrosulfurique. Si l'on précipite par l'eau, il y a production de bioxyde d'azote avec formation d'anhydride et d'acide camphoriques.

Chauffé pendant plusieurs heures avec du zinc en grenaille et de l'alcool, il fournit encore de l'acide camphorique et de l'ammoniaque.

Nitrocamphrates, $C^{10}H^{14}(AzO^2)OM$. — Ces sels ont été préparés et étudiés par M. Cazeneuve [*Bull. Soc. Chim.*, (2), **49**, 92].

Nitrocamphrate de sodium,

$$C^{10}H^{14}(AzO^2)ONa.$$

— Ce sel se prépare par double décomposition, en dissolvant le nitrocamphrate de zinc dans l'alcool à 60° et en le décomposant par un léger excès de carbonate de sodium pur. On filtre, on évapore à siccité au bain-marie, et on reprend par l'alcool absolu bouillant.

Magnifiques houppes cristallines, qui rappellent comme aspect et comme légèreté le chlorhydrate de morphine. Ce sel est très soluble dans l'eau et dans l'alcool, surtout à chaud; il est insoluble dans l'éther. $[\alpha]_j = +289°$.

Nitrocamphrate de potassium,

$$C^{10}H^{14}(AzO^2)OK.$$

— On le prépare comme le sel de sodium. Cristallisé lentement dans l'eau, il constitue des croûtes cristallines dures, en forme de choux-fleurs hérissés çà et là d'aiguilles brillantes et nacrées. Ce composé est très soluble dans l'eau, soluble dans l'alcool surtout à chaud, insoluble dans l'éther. Il est fortement dextrogyre comme le composé sodique.

Nitrocamphrate d'ammonium — Le camphre nitré se dissout dans l'ammoniaque en formant une combinaison soluble dans l'eau et dans l'alcool. Par évaporation de la solution aqueuse ou alcoolique, on obtient des croûtes légèrement jaunâtres qui dégagent de l'ammoniaque avec la potasse à froid.

Nitrocamphrate de calcium,

$$[C^{10}H^{14}(AzO^2)O]^2Ca.$$

— Ce sel s'obtient par double décomposition entre le nitrocamphrate de sodium et le chlorure de calcium. La réaction est favorisée par la chaleur. Il se dépose, au cours de l'ébullition, de petits cristaux prismatiques enchevêtrés, peu solubles dans l'eau, plus solubles dans l'eau bouillante, insolubles dans l'alcool et dans l'éther.

Nitrocamphrate de baryum,

$$[C^{10}H^{14}(AzO^2)O]^2Ba.$$

— Il se forme par double décomposition entre le chlorure de baryum et le sel de sodium : c'est un précipité gélatineux, peu soluble dans l'eau froide, assez soluble dans l'eau bouillante, soluble dans l'alcool bouillant. Si on concentre sa solution chaude, le sel se dépose peu à peu à la surface comme le fait la terre foliée du tartre. Il est incristallisable et anhydre.

Nitrocamphrate de zinc,

$$[C^{10}H^{14}(AzO^2)O]^2Zn, H^2O.$$

— Ce sel s'obtient directement par l'ébullition d'une solution de camphre chloronitré dans l'alcool à 85°, avec du zinc en grenaille recouvert de cuivre précipité. Au bout d'un quart d'heure d'ébullition environ, on filtre. On agite la solution alcoolique à froid avec un peu de poudre de zinc pour précipiter le cuivre de la combinaison cuprique. On évapore ensuite à siccité au bain-marie. On lave le résidu avec de l'éther à 65° qui dissout de la résine avec un peu de nitrocamphrate de zinc entraîné. Il reste une matière blanche, souvent cristalline, qu'on dissout dans l'alcool à 93° bouillant et qu'on fait cristalliser par évaporation spontanée. On obtient de magnifiques cristaux d'une grande blancheur, sous la forme de tables hexagonales appartenant au système orthorhombique. Ces cristaux sont rayés par l'ongle, s'effleurissent à l'air et renferment 1 molécule d'eau de cristallisation. Ils sont très peu solubles dans l'eau et dans l'éther; ils se dissolvent dans l'alcool, surtout à chaud.

Ce sel est dextrogyre : $[\alpha]_j = +275°$.

Nitrocamphrate ferreux,

$$[C^{10}H^{14}(AzO^2)O]^2Fe, H^2O.$$

— Ce sel se forme, comme le sel de zinc, par l'action directe du métal sur le camphre chloronitré au sein de l'alcool aqueux. Tables hexagonales, qui sont sans doute isomorphes avec le nitrocamphrate de zinc.

Ce sel est insoluble dans l'eau, soluble dans l'alcool, l'éther et le benzène. Agitée à l'air, la solution alcoolique change de couleur. De rouge-grenat, elle devient rouge de sang, le sel étant passé au maximum.

Traitée par la potasse, la solution alcoolique fraîche donne un précipité vert.

Par double décomposition entre le nitrocamphrate de sodium et le perchlorure de fer, on obtient le *sel ferrique*, incristallisable, insoluble dans l'eau, soluble dans l'alcool et dans l'éther avec la teinte rouge de sang du méconate de fer.

Nitrocamphrate d'argent, $C^{10}H^{14}(AzO^2)OAg$.
— Ce sel a été obtenu en traitant une solution alcoolique chaude de nitrocamphrate de zinc par l'azotate d'argent.

Aiguilles blanches, très légères, altérables à la lumière, insolubles dans l'eau, solubles dans l'alcool bouillant avec décomposition; sous l'influence de la chaleur, il se décompose brusquement au delà de 150° sans fondre.

Nitrocamphrate de cuivre,

$$[C^{10}H^{14}(AzO^2)O]^2Cu, H^2O.$$

— On le prépare en traitant par le sulfate de cuivre en léger excès une solution de nitrocamphrate de sodium. Il cristallise par l'évaporation spontanée de sa solution alcoolique en petits cristaux de couleur vert-pré, insolubles dans l'eau, solubles dans l'alcool et dans l'éther avec une coloration marron.

Nitrocamphrate de plomb,

$$[C^{10}H^{14}(AzO^3)O]^2Pb, H^2O.$$

— Obtenu par double décomposition entre le nitrocamphrate de zinc et l'acétate de plomb, ce sel cristallise dans l'alcool à 93° en petites aiguilles blanches et soyeuses. Chauffé à 100°, il prend une couleur saumon ; au delà de 150°, il se décompose avec vivacité en laissant de l'oxyde de plomb.

Nitrocamphrates alcaloïdiques. — Le nitrocamphre contracte des combinaisons avec les alcaloïdes. Quelques-unes sont insolubles dans l'eau, comme le sel de strychnine et celui de cinchonine. Le sel de morphine est plus soluble.

Nitrocamphrate de quinine,

$$[C^{10}H^{14}(AzO^3)O]^2. C^{20}H^{24}AzO^2, H^2O.$$

— Ce sel se prépare par double décomposition entre le chlorhydrate de quinine et le nitrocamphrate de sodium au sein de l'eau chaude. Par refroidissement, on obtient une belle cristallisation en aiguilles. Ce composé est peu soluble dans l'eau froide, assez soluble dans l'eau bouillante, l'alcool et l'éther. Il jaunit vers 127°, puis entre en fusion complète vers 131°, en se colorant en jaune rougeâtre et en se décomposant. Pour une solution alcoolique à 2,72 0/0, $[\alpha]_j = + 45°,9$.

Il est à remarquer que l'acide nitrocamphrique et la quinine sont tous deux lévogyres. La combinaison des deux corps suit cependant la loi commune à tous les nitrocamphrates, qui sont tous dextrogyres (Cazeneuve).

Chlorhydrate d'α-nitrocamphre,

$$C^{10}H^{15}(AzO^3)O . HCl = C^8H^{14} \Big\langle \begin{matrix} CH.AzO^3 \\ | \\ C \big\langle \begin{smallmatrix} Cl \\ OH \end{smallmatrix} \end{matrix}$$

— On fait bouillir pendant 2 ou 3 minutes, ou on abandonne à froid pendant 24 heures un mélange de camphre α-nitré, d'alcool et d'acide chlorhydrique. On précipite par l'eau, et on fait cristalliser dans le benzène, car l'alcool le décompose partiellement.

Ce chlorhydrate se présente sous la forme de cristaux d'une grande blancheur, durs sous le pilon. Il fond à 127-128° en dégageant de l'acide chlorhydrique. Insoluble dans l'eau froide, il s'altère par l'eau bouillante sans s'hydrater régulièrement.

Il fait la double décomposition avec l'azotate d'argent.

Lorsqu'on chauffe à 60° sa solution alcoolique acidulée, en présence d'une trace de perchlorure de fer, on voit se développer une magnifique couleur violacée, de la teinte du vin nouveau. Sous l'influence des acides et de l'alcool aqueux, le chlorhydrate s'est décomposé et hydraté ; en même temps la molécule perd son eau en se polymérisant avec apparition de la fonction phénolique.

β-Nitrocamphre,

$$C^8H^{14} \Big\langle \begin{matrix} C \big\langle \begin{smallmatrix} OH \\ AzO \end{smallmatrix} \\ | \\ CO \end{matrix} \quad \text{(Cazeneuve),}$$

ou

$$C^8H^{14} \Big\langle \begin{matrix} C - AzO^2 \\ \| \\ C . OH \end{matrix} \quad \text{(R. Schiff)}$$

— Ce dérivé, que M. Cazeneuve considère comme identique avec le camphre nitré de M. Schiff

(Suppl., **1**, 307), se trouve dans l'eau mère alcoolique provenant de la préparation du camphre α-nitré. On évapore le liquide, on comprime le résidu pour le dépouiller d'une matière huileuse qui l'imprègne et on le fait ensuite cristalliser à plusieurs reprises dans l'alcool à 93° [*Bull. Soc. Chim.*, (2), **47**, 925].

M. Cazeneuve est parvenu à le préparer pur en traitant le camphre α-chloronitré par le sodium au sein du toluène à l'ébullition. L'attaque est assez lente. Le liquide se trouble peu à peu par le dépôt de chlorure de sodium et du nitrocamphre sodique formé. On filtre et on sèche. En reprenant par l'alcool fort et en soumettant à l'évaporation spontanée, on obtient le sel sodique sous la forme de petites aiguilles soyeuses. Ce sel est décomposé par l'acide chlorhydrique, et le précipité cristallisé dans l'éther de pétrole, qui donne des cristaux mal définis, mais assez blancs. Ce corps fond à 83-84°, point de fusion identique à celui signalé pour le nitrocamphre de M. Schiff [*Bull. Soc. Chim.*, (3), **2**, 706].

En solution dans l'alcool, ce corps est dextrogyre : $[\alpha]_j = + 7°,5$ pour une solution alcoolique à 3,33 0/0.

En dissolution dans le benzène, il est lévogyre : $[\alpha]_j = — 75°$ pour une solution à 3,33 0/0.

Le β-nitrocamphre donne la réaction de Liebermann. La teinte bleue est un peu verdâtre.

L'α-nitrocamphre ne donne pas cette réaction.

Le β-nitrocamphre, sous l'influence de la potasse concentrée, donne du nitrite de potassium : il se comporte donc comme un dérivé nitrosé plutôt que comme un dérivé nitré.

D'autre part, il paraît se comporter comme un phénol. L'attaque par le chlorure d'acétyle, la coloration rouge de sang avec le perchlorure de fer viennent à l'appui de cette manière de voir.

Le β-nitrocamphre est très altérable ; sous l'influence de la chaleur, il jaunit, puis devient rouge.

Quand on traite une solution aqueuse et froide de nitrocamphrate de potassium par 1 molécule de brome, on obtient un précipité blanc, insoluble dans les acides, et dont la formation peut se représenter par l'équation suivante :

$$2[C^{10}H^{14}BrO(AzO^2)] + C^{10}H^{15}(AzO^3)O + 5O$$
$$= C^{30}H^{43}Br^2Az^3O^{14}.$$

Ce corps cristallise dans l'alcool en aiguilles brillantes, fondant à 94-95°. La potasse alcoolique le convertit de nouveau en nitrocamphre. Sa solution dans le toluène, bouillie avec du sodium, donne naissance à du camphre nitrosodé qui se dépose, et à du bromonitrocamphre qui reste en solution.

Le chlore agit de la même manière sur une solution alcaline de nitrocamphre ; il se forme le composé $C^{30}H^{43}Cl^2Az^3O^{14}$. Cristallisé dans l'alcool, ce corps fond à 110°. Il est insoluble dans les acides et dans les alcalis [R. Schiff, *D. chem. G.*, **14**, *Ref.*, 538].

La propriété que possède ce composé de donner la réaction de Liebermann, son dédoublement sous l'influence de la potasse et le caractère phénolique qu'il présente vis-à-vis du perchlorure de fer le font considérer par M. Cazeneuve comme un camphre oxynitrosé de la formule

$$C^8H^{14} \Big\langle \begin{matrix} C \big\langle \begin{smallmatrix} AzO \\ OH \end{smallmatrix} \\ | \\ CO \end{matrix}$$

SELS. — On peut obtenir des sels qui sont beaucoup plus solubles dans les dissolvants que ceux du dérivé α.

Sel de sodium. — Aiguilles soyeuses, plus solubles dans l'alcool que l'α-nitrocamphrate de sodium. Sa solution alcoolique précipite par le perchlorure de fer en donnant un sel ferrique d'un rouge ocreux. Les chlorures de radicaux acides attaquent énergiquement ce sel sodique, tout comme le phénate sodique.

Le *sel zincique* est assez soluble dans l'eau, tandis que son isomère α y est insoluble.

CAMPHRE TÉTRANITRÉ, $C^{10}H^{12}(AzO^2)^4O$. — M. Schlebusch a isolé des eaux mères provenant de la préparation de l'acide camphorique un corps répondant à cette formule. Il se dépose en petits grains cristallins qui, purifiés par l'eau bouillante, se présentent sous le microscope en agrégats de cristaux rhombiques, minces et transparents, insolubles dans l'eau froide, solubles dans l'eau bouillante, l'alcool et l'éther. La solution ammoniacale donne avec l'azotate d'argent et l'acétate de plomb des composés métalliques [*D. chem. G.*, 3, 592].

CAMPHRE BROMONITRÉ, $C^{10}H^{14}BrO(AzO^2)$ (Suppl., 1, 397). — Ce composé, découvert par M. R. Schiff, se prépare, d'après M. Cazeneuve [*Bull. Soc. Chim.*, (2), 42, 69], en chauffant à l'ébullition pendant une demi-heure, 100 grammes de camphre monobromé avec 400 grammes d'acide azotique fumant. On précipite ensuite par l'eau et on lave la masse pâteuse avec de l'eau ammoniacale. Le produit est ensuite traité par de l'alcool froid à 85° qui met en liberté le camphre bromonitré, sous la forme de granulations blanchâtres. Un nouveau lavage à l'alcool à 60° froid, puis une cristallisation dans l'alcool à 83° bouillant, donnent de magnifiques prismes orthorhombiques d'une grande blancheur, possédant les propriétés indiquées par M. R. Schiff.

Les solutions alcooliques et éthérées jaunissent à la lumière.

Le camphre bromonitré est lévogyre comme le camphre α-chloronitré : $[\alpha]_j = -27°$ pour une solution alcoolique à 1 0/0.

CAMPHRE DIBROMONITRÉ, $C^{10}H^{13}Br^2O(AzO^2)$. — On chauffe le camphre β-dibromé avec de l'acide azotique fumant. Au bout de quelque temps le liquide se sépare en deux couches : on décante et on abandonne la couche inférieure avec de l'eau qui détermine sa solidification. Le produit solide est ensuite purifié par cristallisation dans l'alcool [Kachler et Spitzer, *Mon. f. Chem.*, 3, 219].

Cristallisé dans un mélange d'alcool et d'éther, le camphre dibromonitré constitue des aiguilles incolores, appartenant au système rhombique, fondant à 130°, insolubles dans l'eau, solubles dans l'alcool et dans l'éther.

Réduit au moyen de l'étain et de l'acide acétique cristallisable, il se transforme en un *amido-camphre* identique avec celui obtenu par M. Schiff [*D. chem. G.*, 13, 1404].

CAMPHRES CHLORONITRÉS, $C^{10}H^{14}ClO(AzO^2)$. — Il existe deux composés répondant à cette formule; leur isomérie est du même ordre que celle des dérivés chlorés. Ils ont été obtenus d'abord par M. Cazeneuve [*Bull. Soc. Chim.*, (2), 39, 503, 41, 285], puis par MM. Schiff et Puliti [*D. chem. G.*, 16, 888].

Camphre α-chloronitré. — M. Cazeneuve prépare ce corps en chauffant à feu nu, pendant 1 heure, 200 grammes de camphre α-monochloré avec 800 grammes d'acide azotique fumant. Il ajoute ensuite un excès d'eau froide. La masse pâteuse jaunâtre qui se précipite est recueillie et lavée dans un mortier avec un grand excès d'ammoniaque concentrée. Celle-ci se colore aussitôt en rouge et abandonne à l'état insoluble et pulvérulent 150 grammes d'un corps à peine jaunâtre. Ce produit est dissous à chaud dans 200 grammes d'alcool à 93°, d'où il se dépose

par refroidissement en aiguilles prismatiques enchevêtrées. Une deuxième cristallisation donne un produit d'une grande blancheur.

L'eau mère alcoolique de la première cristallisation renferme un isomère.

Le camphre α-chloronitré cristallise en prismes orthorhombiques [Cazeneuve et Morel, *Bull. Soc. Chim.*, (2), 44, 164] fondant à 95° (Cazeneuve), 93-94° (R. Schiff et Puliti). Chauffé au-dessus de 100°, il se décompose complètement, avec dégagement de vapeurs acides et dépôt charbonneux.

Il est insoluble dans l'eau, médiocrement soluble dans l'alcool froid, très soluble dans l'alcool chaud, soluble dans le chloroforme, le sulfure de carbone et l'éther.

Le camphre chloronitré a une odeur plus faible que le camphre monochloré, et une saveur un peu piquante, appréciable au bout d'un certain temps. Il est lévogyre : $[\alpha]_j = -6°,2$, tandis que le camphre monochloré qui a servi de point de départ est dextrogyre : $[\alpha]_D = +90°$.

Par son mode de formation et par ses propriétés, le camphre chloronitré se rapproche du camphre monobromé-mononitré de M. Schiff. Traité par la potasse alcoolique, il se transforme, comme son analogue, en camphre mononitré [R. Schiff et Puliti, *loc. cit.*].

D'après M. Cazeneuve [*Bull. Soc. Chim.*, (3), 2, 708], la potasse le dédouble en donnant de l'azotite de potassium.

Chauffé en solution alcoolique avec du zinc, du cuivre ou du fer, il subit une transformation analogue [Cazeneuve. *Bull. Soc. Chim.*, (2), 47, 920]. Le meilleur réducteur est le couple zinc-cuivre. Dans ce cas, il se produit une combinaison zincique du nitrocamphre α.

Ce camphre chloronitré donne la réaction de M. Liebermann.

Traité par le sodium au sein du toluène, il donne du β-nitrocamphre.

M. Cazeneuve le considère comme un camphre chloroxynitrosé de la formule

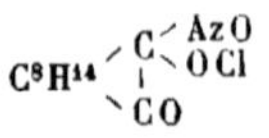

$$C^8H^{14} \diagup \begin{array}{l} C \diagup^{AzO}_{\diagdown OCl} \\ | \\ \diagdown CO \end{array}$$

dans lequel la position du chlore serait comparable à celle d'un atome du même métalloïde dans le phénol hexachloré C^6Cl^5OCl [*Bull. Soc. Chim.*, (3), 2, 708].

Camphre β-chloronitre. — Cet isomère se trouve dans l'eau mère alcoolique du camphre α-chloronitré. Il suffit d'abandonner la liqueur à l'évaporation spontanée pour qu'elle le laisse déposer sous la forme de cristaux microscopiques. Une série de cristallisations dans l'alcool à 93° le donne pur [Cazeneuve, *Bull. Soc. Chim.*, (2). 41, 285, 47, 926].

MM. R. Schiff et Puliti [*loc. cit.*] le purifient en le dissolvant dans l'acide acétique bouillant et fractionnant la précipitation au moyen de l'eau.

Le camphre β-chloronitré est d'une grande blancheur. Il possède une odeur camphrée et une saveur amère aromatique qui rappelle les caractères de son congénère. Il est mou comme le camphre et cristallise en arborescences microscopiques terminées en massue. Il se ramollit à 91° et fond à 98° (Cazeneuve), vers 110° (R. Schiff et Puliti).

Il est dextrogyre : en solution alcoolique, $[\alpha]_j = +10°,5$, tandis que son isomère est lévogyre.

Le camphre β-chloronitré est insoluble dans l'eau, très soluble dans l'alcool froid et dans l'éther. La solution éthérée donne par évaporation une solution sirupeuse, qui finit par abandonner une masse cristalloïde mal définie.

Chauffé au-dessus de 200°, il se décompose en dégageant des vapeurs acides et en laissant un résidu charbonneux.

Les solutions alcooliques ne sont pas décomposées par l'azotate d'argent, même à l'ébullition ; mais, traitées à froid par l'ammoniaque, la soude ou la potasse, elles subissent une décomposition avec formation de camphres nitrés et de chlorures. En même temps, le liquide jaunit et s'altère.

L'éthylate de sodium donne une double décomposition immédiate avec dégagement de chaleur et dépôt de chlorure. Il paraît se former l'éther éthylique d'un nitrocamphre. Le couple zinc-cuivre convertit également le camphre β-chloronitré en camphres nitrés.

Ce dérivé ne donne pas la réaction de Liebermann.

Camphonitrophénol,

$$C^8H^{14} \diagup \begin{matrix} CH.AzO^2 \\ | \\ C(OH)^3 \end{matrix}$$

[Cazeneuve, *Bull. Soc. Chim.*, (3), **1**. 417]. — Ce corps prend naissance quand on fait bouillir avec de l'acide chlorhydrique concentré soit l'α-nitrocamphre, soit le chlorhydrate de nitrocamphre, soit enfin le tricamphonitrophénol.

On le purifie par cristallisation dans l'eau bouillante en présence du noir animal :

$$C^9H^{14} \diagup \begin{matrix} CH.AzO^2 \\ | \\ CO \end{matrix} + HCl = C^9H^{14} \diagup \begin{matrix} CH.AzO^3 \\ | \\ C \diagdown \begin{matrix} Cl \\ OH \end{matrix} \end{matrix}$$

$$C^9H^{14} \diagup \begin{matrix} CH.AzO^3 \\ | \\ C \diagdown \begin{matrix} Cl \\ OH \end{matrix} \end{matrix} = HCl + C^8H^{14} \diagup \begin{matrix} C.AzO^2 \\ || \\ C.OH \end{matrix}$$

Cristallisé dans l'eau, ce composé a pour formule $C^{10}H^{15}O(AzO^2), H^2O$. Les cristaux perdent dans le vide sur l'acide sulfurique leur molécule d'eau de cristallisation. Ce sont des prismes orthorhombiques dont la forme dominante est $m\ p\ e^1\ g^1$.

Il est plus soluble dans l'eau que l'acide camphorique. 100 parties d'eau en dissolvent 5^{gr},10 à 0°, 6^{gr},45 à 15°,5 et 10^{gr},41 à 31°. Il est soluble en toutes proportions dans l'eau bouillante. L'alcool, l'éther, le chloroforme et le benzène le dissolvent également. Hydraté, il commence à se ramollir vers 60° en perdant une partie de son eau de cristallisation ; il n'est réellement fondu qu'à 70°. Déshydraté préalablement, il fond à 220° en se colorant ; puis il se décompose en se sublimant partiellement. Il est dextrogyre : $[α]_D = +10°$ pour une solution alcoolique à 1,8 0/0. Dans le benzène le pouvoir rotatoire est semblable.

Chaleur de combustion de l'hydrate :

1332^{cal},8 à volume constant,
1335^{cal},3 à pression constante.

Chaleur de combustion du corps anhydre :

1333^{cal},8 à volume constant ;
1335^{cal},3 à pression constante.

Chaleurs de formation :

C^{10} (diamant) $+ H^{15} + Az + O^3$
$= C^{10}H^{15}AzO^3 + 125^{cal}, 2$;

$C^{10}H^{15}O$ (solide) $+ AzO^3H$ (liquide)
$= C^{10}H^{15}AzO^3$ (sol.) $+ H^2O$ (liq.) $+ 43^{cal}, 4$.

Ce nombre est fort supérieur à la chaleur de formation de l'α-nitrocamphre, et se rapproche au contraire de la chaleur de formation des dé-

rivés nitrés aromatiques, laquelle est voisine de 36 à 38 calories.

Si à une solution de camphonitrophénol on ajoute une solution alcaline (soude) étendue, à dose exactement équivalente, il se dégage par molécule $+ 12^{cal},7$, chiffre comparable à la chaleur de formation des acétates, benzoates, etc. En outre, l'addition d'un excès d'alcali ne donne pas lieu à un nouveau dégagement de chaleur [Berthelot et P. Petit, *C. R.*, **109**, 94].

Le camphonitrophénol rougit le tournesol et décompose les carbonates. Il donne des sels bien cristallisés. Il colore en rouge le perchlorure de fer sans donner de précipité. Les acides minéraux font disparaître cette coloration.

La phénylhydrazine n'a pas d'action, ce qui indique la disparition du groupe CO du nitrocamphre.

Inversement, le chlorure d'acétyle, qui n'a pas d'action sur le nitrocamphre, décompose instantanément son isomère en donnant un dérivé acétylé.

Bouilli avec la potasse concentrée, il subit un phénomène d'hydratation :

$$C^8H^{14} \diagup \begin{matrix} C.AzO^2 \\ || \\ C.OH \end{matrix} + H^2O = C^8H^{14} \diagup \begin{matrix} CH.AzO^2 \\ | \\ C \diagdown \begin{matrix} OH \\ OH \end{matrix} \end{matrix}$$

Ce corps, au contact d'un excès de base, se convertit en son polymère (tricamphronitrophénol) décrit plus loin.

L'amalgame de sodium opère plus facilement cette transformation, qui a lieu sans ébullition à la chaleur du bain-marie. La soude à l'état naissant agit plus immédiatement. L'hydrogène ne paraît pas avoir d'action.

Le camphonitrophénol donne avec le perchlorure de phosphore un phosphate,

$$[C^{10}H^{14}(AzO^2)O]^3PO.$$

Ce phénol possède un pouvoir antiseptique assez faible. Il n'est toxique qu'à des doses élevées.

Camphonitrophénates [Cazeneuve, *Bull. Soc. Chim.*, (3), **1**, 423]. — Ces sels, comparables aux nitrophénates, sont isomériques avec les nitrocamphrates.

Les sels de potassium, de sodium, d'ammonium, de cuivre, de plomb, de zinc, de fer, de baryum sont solubles dans l'eau. Les sels d'argent, de mercure, sont peu solubles. Le sel de calcium est insoluble.

Les camphonitrophénates sont faiblement dextrogyres.

Sel de sodium, $C^{10}H^{14}(AzO^2)ONa, 2H^2O$. — Obtenu en faisant bouillir le camphonitrophénol avec un excès de bicarbonate de sodium, il cristallise dans l'alcool en aiguilles blanches, très solubles dans l'eau, assez peu solubles dans l'alcool froid, très solubles dans l'alcool bouillant. Ses solutions donnent avec le perchlorure de fer une belle coloration rouge.

Sel d'ammonium, $C^{10}H^{14}(AzO^2)OAzH^4$. — On ajoute un excès d'ammoniaque pure à une solution aqueuse de camphonitrophénol, on évapore et on fait cristalliser dans l'eau. Longues aiguilles blanches, infusibles, qui commencent à se sublimer au delà de 150°. Traité par l'anhydride phosphorique, il se transforme en une matière résineuse très aromatique.

Sel de calcium, $[C^{10}H^{14}(AzO^2)O]^2Ca$. — On le prépare en ajoutant de l'eau de chaux à une solution aqueuse de camphonitrophénol. Précipité très peu soluble dans l'eau. Ce sel se dissout à la faveur de l'acide carbonique, puis se précipite à l'état cristallin par l'ébullition. Il est insoluble dans l'alcool et dans les autres dissolvants.

Éther éthylique,

$$C^8H^{14} \diagup \genfrac{}{}{0pt}{}{C - Az O^2}{\parallel} \diagdown C.OC^2H^5$$

[Cazeneuve, *Bull. Soc. Chim.*, (3), **1**, 469]. — Ce dérivé s'obtient en chauffant, en tubes scellés, pendant 3 heures, à 120°, le camphonitrophénate de sodium sec avec un excès d'iodure d'éthyle. On filtre, on distille et on fait cristalliser le résidu dans le benzène. Les cristaux sont purifiés par une nouvelle cristallisation dans l'alcool à 63° bouillant, après décoloration par le noir. On obtient de larges prismes aplatis, incolores, insolubles dans l'eau, solubles dans l'alcool, le chloroforme, le benzène et l'éther.

Ce corps, séché dans le vide, fond à 54°. Il ne distille pas sans décomposition. Il est faiblement dextrogyre. La potasse alcoolique le saponifie à 120° en tubes scellés. Il n'a aucune action sur le perchlorure de fer.

Éther phosphorique, $[C^{10}H^{14}AzO^2]^3PO^4$. — En faisant bouillir pendant plusieurs heures le camphonitrophénol avec du chlorure de phosphore et en évaporant au bain-marie à siccité, on obtient un corps qui, lavé à l'eau pour enlever toute trace d'acide, présente la composition de l'éther phosphorique neutre du camphonitrophénol. Ce corps est insoluble dans l'eau, l'alcool, le benzène et la plupart des dissolvants. Il est amorphe et présente une teinte jaunâtre qui s'accentue par la chaleur.

Il est infusible; il se décompose par la chaleur et brûle avec flamme sur la lame de platine. L'acide azotique ordinaire l'attaque vivement, avec dégagement de vapeurs rutilantes.

Éther acétique,

$$C^8H^{14} \diagup \genfrac{}{}{0pt}{}{C . Az O^2}{\parallel} \diagdown C.OC^2H^3O$$

[Cazeneuve, *loc. cit.*]. — On verse du chlorure d'acétyle en excès sur le camphonitrophénol. Quand la réaction est terminée, on chasse l'excès de chlorure et on fait cristalliser deux fois dans l'alcool à 93°.

Cristaux blancs, durs sous le pilon, fusibles à 115° sans décomposition; $[\alpha]_D = +4°{,}25$. Ce corps bout vers 150° en dégageant de l'acide acétique et en se colorant peu à peu.

Il est insoluble dans l'alcool, l'éther, le chloroforme et le benzène. Il est neutre au tournesol et ne réagit pas sur le perchlorure de fer. La potasse alcoolique le saponifie.

Éther benzoïque, $C^{10}H^{14}(AzO^2)OC^7H^5O$. — On l'obtient en chauffant au bain-marie 5 grammes de camphonitrophénol avec 5 grammes de chlorure de benzoyle. On lave à l'eau bouillante et on fait cristalliser à deux reprises dans l'alcool à 93° bouillant.

Petits cristaux blancs, insolubles dans l'eau, peu solubles dans l'alcool froid, assez solubles dans l'alcool bouillant, l'éther et le benzène.

Ces cristaux fondent à 131° en un liquide incolore qui, par refroidissement, reste longtemps en surfusion. Au delà de 150°, ce corps se volatilise partiellement sans décomposition avec une odeur aromatique agréable. La potasse alcoolique le saponifie.

Éther phtalique, $[C^{10}H^{14}(AzO^2)O]^2C^8H^4O^2$ [Cazeneuve, *loc. cit.*]. — On chauffe au bain-marie 5 grammes de camphonitrophénol avec 3 grammes de chlorure de phtalyle. On lave à l'eau chaude, puis à l'alcool froid, et on fait cristalliser dans le benzène bouillant.

Cristaux blancs, insolubles dans l'eau, très peu solubles dans l'alcool, même bouillant, insolubles dans l'éther, plus solubles dans le chloroforme et

dans le benzène. Ces cristaux fondent à 275° en se colorant et en se décomposant légèrement. Ils n'ont aucune action sur le perchlorure de fer. La potasse alcoolique les saponifie.

TRICAMPHONITROPHÉNOL, $[C^{10}H^{15}(AzO^2)O]^3$, $3H^2O$ [Cazeneuve, *Bull. Soc. Chim.*, (3), **1**, 243]. — On fait bouillir le chlorhydrate de l'α-nitrocamphre avec 5 fois son poids d'alcool à 60°, additionné de 1 centimètre cube d'acide chlorhydrique, jusqu'à ce que le perchlorure de fer donne une coloration rouge-violet. Le liquide, étendu de 3 fois son volume d'eau, est filtré, puis agité avec une petite quantité d'oxyde d'argent humide, qui enlève l'acide chlorhydrique. On évapore dans le vide sur l'acide sulfurique et on purifie par une cristallisation dans l'alcool dilué et bouillant. Il se dépose des aiguilles de plusieurs centimètres de long.

On peut encore préparer ce polymère en faisant bouillir pendant un quart d'heure un mélange de 10 grammes de nitrocamphre, 10 centimètres cubes d'acide chlorhydrique pur, et 100 centimètres cubes d'alcool à 93°. On sature par le carbonate de baryum à la chaleur du bain-marie. On filtre après refroidissement et on ajoute 4 volumes d'eau distillée. Après avoir filtré une seconde fois, on évapore dans le vide sur l'acide sulfurique et on fait recristalliser comme il est dit précédemment.

Le camphre nitré subirait, d'après M. Cazeneuve, dans le cours de ces manipulations, la série de transformations suivantes :

$$C^8H^{14} \diagup \genfrac{}{}{0pt}{}{CH - Az O^2}{\mid}{CO} + HCl = C^8H^{14} \diagup \genfrac{}{}{0pt}{}{CH - Az O^2}{\mid}{C \diagup \genfrac{}{}{0pt}{}{Cl}{OH}}$$

$$C^8H^{14} \diagup \genfrac{}{}{0pt}{}{CH - Az O^2}{\mid}{C \diagup \genfrac{}{}{0pt}{}{Cl}{OH}} + H^2O$$

$$= C^8H^{14} \diagup \genfrac{}{}{0pt}{}{CH - Az O^2}{\mid}{C(OH)^2} + HCl.$$

Ce dernier corps serait le produit qui colore en rouge violet le perchlorure de fer; il se modifie au contact des bases à l'ébullition, et n'est stable qu'en solution aqueuse à froid, et en présence des acides minéraux étendus. Ce corps hypothétique aurait une grande tendance à devenir

$$\left(C^8H^{14} \diagup \genfrac{}{}{0pt}{}{C.Az O^2}{\parallel}{C.OH} + H^2O \right).$$

Les trois molécules se soudent par les atomicités devenues libres; en même temps le composé devient alcool ou plutôt phénol, et le corps ainsi formé colore en rouge de sang le perchlorure de fer pour reprendre en présence des acides étendus la constitution

$$C^8H^{14} \diagup \genfrac{}{}{0pt}{}{CH - Az O^2}{\mid}{C(OH)^2}$$

Mais, en présence d'acide chlorhydrique concentré, on obtient finalement le corps

$$C^8H^{14} \diagup \genfrac{}{}{0pt}{}{C.Az O^2}{\parallel}{C.OH}$$

corps stable décrit plus haut sous le nom de *camphonitrophénol.*

Ce corps cristallise en aiguilles fondant à 75°. Desséché dans le vide sur l'acide sulfurique, il perd 3 molécules d'eau et fond à 98°. Il possède les caractères d'un phénol légèrement acide. Il ne rougit pas le tournesol et ne décompose pas les carbonates à l'ébullition. Il n'est pas réduit par la phénylhydrazine et donne avec le chlorure d'acétyle de l'acétate de camphonitrophényle.

Le tricamphonitrophénol colore en rouge de sang le perchlorure de fer, lorsqu'il est en solution hydro-alcoolique neutre ; mais en solution acide il le colore en un rouge violacé très éclatant, que l'ébullition altère.

Il est peu soluble dans l'eau, mais assez soluble dans l'alcool. En solution aqueuse, il donne avec l'eau de baryte un précipité qui augmente par l'agitation. Si l'on évite un excès de réactif, ce précipité, après dessiccation à 110°, répond à la formule

$$[C^{10}H^{14}(AzO^2)O]^3 BaH, 3H^2O.$$

La composition de ce sel ne laisse aucun doute sur la nature de ce polymère (Cazeneuve).

DÉRIVÉS AMIDÉS.

CAMPHYLAMINE, $C^9H^{15}.CH^2.AzH^2$. — Cette base prend naissance quand on réduit le nitrile campholénique au moyen du zinc et de l'acide sulfurique ou chlorhydrique [H. Goldschmidt et R. Koreff, *D. chem. G.*, **18**, 1634], ou du sodium et de l'alcool [H. Goldschmidt et L. Schulhoff, *ibid.*, 3297].

Préparation. — On dissout de 3 à 5 grammes de nitrile campholénique dans plusieurs volumes d'alcool, et on ajoute du sodium tant que l'introduction du métal détermine une réaction un peu vive. Quand le sodium ne se dissout plus qu'avec peine, même à chaud, on verse la masse dans l'eau, on neutralise par l'acide chlorhydrique et on épuise par l'éther qui ne dissout que le nitrile non entré en réaction. La solution aqueuse est concentrée au bain-marie, puis traitée par un excès de soude et distillée dans un courant de vapeur d'eau. On recueille une huile soluble dans l'éther, qui, après rectification, passe à 194-196° [H. Goldschmidt et Schulhof, *ibid.*, **19**, 708].

Propriétés. — La camphylamine constitue un liquide incolore, à odeur basique, qui, exposé à l'air, en attire rapidement l'acide carbonique. Quand on fait passer un courant du même acide sur la base, elle se convertit en une masse cireuse, probablement constituée par du camphylcarbamate de camphylamine.

La camphylamine est une base primaire, comme le montrent la propriété qu'elle possède de fournir, avec la potasse alcoolique et le chloroforme, la réaction des carbylamines, et celle de donner de l'alcool camphylique sous l'influence de l'acide azoteux [*D. chem. G.*, **20**, 485].

Chlorhydrate, $C^{10}H^{19}Az.HCl$. — Lamelles minces, orthorhombiques (Goldschmidt et Koreff), très solubles dans l'eau.

Chloroplatinate, $(C^{10}H^{19}Az.HCl)^2PtCl^4$. — Lamelles d'un jaune d'or, qui se décomposent sans fondre au-dessus de 200°. Ce sel est à peu près insoluble dans l'eau froide ou bouillante et se dissout très difficilement dans l'alcool chargé d'acide chlorhydrique et bouillant [Goldschmidt et Koreff, *loc. cit.*].

Chloromercurate, $C^{10}H^{19}Az.HCl.HgCl^2$. — Lamelles incolores et brillantes, appartenant au système orthorhombique (Michael).

Le *chloraurate* constitue des lamelles jaunes très instables.

Oxalate acide, $C^{10}H^{19}Az.C^2H^2O^4, 0,5H^2O$. — Ce composé cristallise dans l'alcool en cristaux brillants et incolores, appartenant au système orthorhombique (Michael). Il se dissout difficilement dans l'eau froide et fond à 194° en se décomposant.

Picrate. — Fines aiguilles d'un jaune clair, qui fondent à 194° en se décomposant.

Sulfate, $(C^{10}H^{19}Az)^2SO^4H^2, H^2O$. — On sature une dissolution de camphylamine par l'acide sulfurique étendu et on évapore dans le vide. Il faut éviter d'opérer l'évaporation à chaud, surtout quand le liquide est acide, car dans ce cas la solution se décompose avec dépôt d'une huile brune. Longs prismes rhombiques (Michael).

Dichromate, $(C^{10}H^{19}Az)^2.Cr^2O^7H^2$. — Ce sel cristallise dans l'eau et se décompose en noircissant quand on le chauffe vers 70°.

Le *sulfocyanate* ressemble à l'oxalate. Il se dissout facilement dans l'eau chaude et peu dans l'eau froide [Schulhof, *Dissert. inaug.*, Bâle, 1887, 17].

Benzoylcamphylamine,

$$C^{10}H^{17}.AzH.COC^6H^5.$$

— A une dissolution éthérée de 2 molécules de camphylamine on ajoute 1 molécule de chlorure de benzoyle dissous également dans l'éther ; il se dépose instantanément une masse cristalline d'un blanc de neige de chlorhydrate de camphylamine. On filtre et on évapore. Le résidu est lavé avec une solution étendue de carbonate de sodium et cristallisé dans la ligroïne bouillante. La benzoylcamphylamine se présente sous la forme de longs prismes incolores qui fondent vers 75-77° (G. et Sch.).

Camphylphénylsulfo-urée,

$$CS\diagdown \begin{matrix} AzH.C^6H^5 \\ AzH.C^{10}H^{17} \end{matrix}$$

— Quand on mélange équivalents égaux de camphylamine et d'isosulfocyanate de phényle dissous dans l'éther, il se produit une réaction très énergique :

$$C^{10}H^{17}.AzH^2 + C^6H^5.AzCS = CS\diagdown \begin{matrix} AzH.C^6H^5 \\ AzH.C^{10}H^{17} \end{matrix}$$

MM. Goldschmidt et Schulhof l'ont obtenue aussi en traitant une solution éthérée d'isosulfocyanate de camphyle par l'aniline :

$$C^{10}H^{17}.AzCS + C^6H^5.AzH^2 = CS\diagdown \begin{matrix} AzH.C^6H^5 \\ AzH.C^{10}H^{17} \end{matrix}$$

La camphylphénylsulfo-urée cristallise en prismes incolores, durs et brillants. Elle fond à 118° et se dissout facilement dans l'alcool et dans le benzène, plus difficilement dans l'éther et dans la ligroïne.

Camphylthiosulfocarbamate de camphylamine,

$$CS\diagdown \begin{matrix} SH.AzH^2.C^{10}H^{17} \\ AzH.C^{10}H^{17} \end{matrix}$$

— On distille avec de la soude le produit de la réduction de l'anhydride camphoroximique ; le liquide qui passe contient de la camphylamine. On l'agite avec du sulfure de carbone : il se dépose des flocons qu'on recueille et qu'on dissout dans le benzène bouillant. Cette solution est ensuite additionnée de ligroïne, ce qui détermine la formation d'un précipité volumineux qui, séché, fond à 116°.

Quand on traite ce composé par la soude caustique, il donne de la camphylamine et du camphylthiosulfocarbamate de sodium.

Camphylthiosulfocarbamate de sodium,

$$C^{11}H^{18}AzS^3Na, 3H^2O.$$

— On prépare ce corps en traitant le produit de la réduction de l'anhydride camphoroximique par un excès de soude, puis par le sulfure de carbone. Après agitation, il se dépose un précipité blanc qui est purifié par des cristallisations répétées dans une lessive chaude étendue de soude caustique. Ce sel se décompose déjà à 100°; il se dissout dans l'eau froide; l'eau bouillante le décompose.

Isosulfocyanate de camphyle, $C^{10}H^{17}.AzCS$. — Le produit de la réaction du sulfure de carbone sur la camphylamine, soumis à l'ébullition avec une solution aqueuse de chlorure mercurique, puis distillé, donne une huile à odeur pénétrante, que l'aniline transforme en camphylphénylsulfo-urée (voir plus haut).

Cet isosulfocyanate paraît encore se former quand on traite par l'iode le produit sulfuré en solution alcoolique [Goldschmidt et Schulhof, *D. chem. G.*, **19**, 708].

CAMPHAMINES, $C^{10}H^{15}O.AzH^2$ [Cazeneuve, *Bull. Soc. Chim.*, (3), **2**, 715]. — Deux bases répondant à cette formule ont été préparées par M. Cazeneuve, qui les obtint en chauffant les camphres monobromés et monochlorés avec une solution aqueuse d'ammoniaque. Ces bases sont isomériques avec l'amidocamphre de M. H. Schiff (Suppl., **1**, 397) et de MM. Kachler et Spitzer (voir plus loin).

CAMPHAMINE DÉRIVÉE DU CAMPHRE α-MONO-CHLORÉ. — On chauffe en tube scellé à 180°, pendant 24 heures, un mélange de camphre α-monochloré ou monobromé et d'ammoniaque aqueuse. On obtient une masse noirâtre qu'on lave avec un peu d'eau et qu'on dissout ensuite dans 10 fois son poids d'acide acétique du commerce; on étend la solution de 4 volumes d'eau pour précipiter le camphre monochloré non attaqué, on filtre, on ajoute du carbonate de potassium en excès, et on épuise par l'éther. On évapore ce dernier dans le vide et on fait cristalliser le résidu dans la ligroïne.

Cette base fond vers 180° en se colorant légèrement. Elle a une saveur légèrement amère, et une odeur vireuse rappelant le vieux tabac. Elle est insoluble dans l'eau, soluble dans l'alcool, l'éther, le chloroforme, la ligroïne. Le chlorure d'acétyle est sans action sur elle. Elle ne réduit point la liqueur de Fehling, ce qui la distingue essentiellement de l'amidocamphre de M. R. Schiff.

Le *chlorhydrate* cristallise dans l'eau en longues aiguilles incolores.

Les solutions précipitent par tous les réactifs des alcaloïdes.

D'après l'auteur, cette base se formerait suivant la réaction

$$C^8H^{14} <{\tiny\begin{array}{c} CHCl \\ | \\ CO \end{array}} + 2AzH^3$$

$$= C^9H^{14} <{\tiny\begin{array}{c} CH.AzH^2 \\ | \\ CO \end{array}} + AzH^4Cl.$$

CAMPHAMINE DÉRIVÉE DU CAMPHRE β-MONO-CHLORÉ. — En chauffant le camphre β-monochloré avec de l'ammoniaque aqueuse, dans les mêmes conditions que précédemment, on obtient une base très altérable, dont les sels sont incristallisables et dont les solutions précipitent par tous les réactifs des alcaloïdes [P. Cazeneuve, *Bull. Soc. Chim.*, (3), **2**, 716].

AMIDOCAMPHRE, $C^{10}H^{15}O(AzH^2)$ (Suppl., **1**, 397). — Ce dérivé amidé prend naissance quand on chauffe au réfrigérant ascendant un mélange de camphre dibromonitré, d'étain et d'acide acétique cristallisable. On étend d'eau, on précipite l'étain par l'acide sulfhydrique, on ajoute de l'acide chlorhydrique, on évapore au bain-marie et on reprend le résidu par l'eau. On filtre pour séparer une partie insoluble et on concentre. La solution fournit des cristaux très solubles qui, traités par le chlorure de platine, donnent naissance à deux *chloroplatinates*, dont l'un se présente en cristaux grumeleux d'un rouge jaunâtre, et l'autre en aiguilles groupées en étoiles d'un jaune clair. Ce dernier, qui a pour formule

$$[C^{10}H^{15}O(AzH^2).HCl]^2PtCl^4,$$

est identique avec celui de M. R. Schiff [Kachler et Spitzer, *Mon. f. Chem.*, **4**, 567].

Quand on distille une solution acide d'amidocamphre dans un courant de vapeur d'eau, il se produit d'ordinaire de la *camphorylimide*,

$$C^{20}H^{31}AzO^2,$$

et de la *camphimide*, $C^{10}H^{13}Az$. Mais la réaction ne se passe pas toujours ainsi. On obtient parfois au lieu de la camphimide un composé $C^{10}H^{17}AzO$ qui serait isomérique avec l'amidocamphre [R. Schiff, *D. chem. G.*, **14**, 1375].

DIAZOCAMPHRE

$$C^8H^{14} <{\tiny\begin{array}{c} C-O \\ \| \\ C-Az \end{array}}> Az$$

[R. Schiff, *ibid.*, 1376]. — On distille une solution chlorhydrique d'amidocamphre dans un courant de vapeur d'eau, aussi longtemps qu'il passe un produit incolore. Le résidu de cette opération est traité par une solution froide d'azotite de sodium : par addition d'acide acétique, il se sépare un corps jaune qu'on fait cristalliser dans l'éther.

Grosses tables jaunes, fondant à 73-74°.

La poudre de zinc et l'acide acétique cristallisable le convertissent en amidocamphre.

Chauffé à 140°, le diazocamphre dégage subitement de l'azote pour donner naissance à du déhydrocamphre.

DÉHYDROCAMPHRE,

$$C^8H^{14} <{\tiny\begin{array}{c} C \\ \| \\ C \end{array}}> O$$

(R. Schiff). — On chauffe à 140° du diazocamphre jusqu'à ce qu'il ne se dégage plus d'azote et on distille le résidu dans un courant de vapeur d'eau :

$$C^8H^{14} <{\tiny\begin{array}{c} C-O \\ \| \\ C-Az \end{array}}> Az = Az^2 + C^8H^{14} <{\tiny\begin{array}{c} C \\ \| \\ C \end{array}}> O.$$

Corps blanc et cristallin, fondant à 160° et possédant une odeur qui se rapproche de celle du camphre. Il est isomérique avec le carvol et ne possède pas de fonction phénolique.

Le déhydrocamphre est insoluble dans l'eau et soluble dans la plupart des dissolvants usuels.

L'hydrogène naissant est sans action sur lui.

Chauffé avec du pentachlorure de phosphore, il fournit un chlorure, d'aspect cireux, volatil dans la vapeur d'eau.

CAMPHOQUINONE,

$$C^8H^{14} <{\tiny\begin{array}{c} CO \\ | \\ CO \end{array}}$$

[L. Claisen et Manasse, *D. chem. G.*, **22**, 531; *Bull. Soc. Chim.*, (3), **1**, 506. — On prépare ce corps par l'action de l'azotite de sodium sur une solution acétique de camphre isonitrosé :

$$C^8H^{14} <{\tiny\begin{array}{c} C=AzOH \\ | \\ CO \end{array}} + AzO^2H$$

$$= C^8H^{14} <{\tiny\begin{array}{c} CO \\ | \\ CO \end{array}} + Az^2O + H^2O.$$

On précipite par l'eau et on fait cristalliser dans l'alcool.

On peut encore transformer le camphre isonitrosé en quinone en le dissolvant dans du bisulfite de sodium, filtrant et faisant bouillir la
solution avec un excès d'acide sulfurique étendu :

$$C^8H^{14} \begin{cases} C=AzOH \\ | \\ CO \end{cases} + SO^3NaH$$

$$= C^8H^{14} \begin{cases} C=AzSO^3Na \\ | \\ CO \end{cases} + H^2O;$$

$$C^8H^{14} \begin{cases} C=AzSO^3Na \\ | \\ CO \end{cases} + 2H^2O$$

$$= C^8H^{14} \begin{cases} CO \\ | \\ CO \end{cases} + SO^4 \begin{cases} Na \\ AzH^4 \end{cases}$$

La camphoquinone se rapproche, par son aspect et sa volatilité (elle se sublime déjà avant
100°), de la quinone du benzène ; mais ses propriétés chimiques la rapprochent davantage des
α-diacétones. Sa solution dans l'eau chaude
possède une saveur sucrée. Elle est volatile avec
la vapeur d'eau et fond à 198°. Elle est très soluble dans l'éther, peu soluble dans l'alcool
froid, très peu soluble dans l'eau froide ; elle se
dissout assez bien dans l'alcool bouillant et dans
beaucoup d'eau bouillante.

Hydrazone,

$$C^8H^{14} \begin{cases} C=Az.AzH.C^6H^5 \\ | \\ CO \end{cases}$$

Elle prend naissance quand on traite la camphoquinone par la phénylhydrazine.

Elle se forme encore quand on ajoute du chlorure de diazobenzène à 1 molécule de formylcamphre dissous dans de la soude normale. Il se
produit un précipité jaune, qui se rassemble
sous la forme d'une huile rougeâtre. On dissout
ce corps dans l'éther, on lave la solution avec un
peu d'eau, on la dessèche et on l'évapore. Le
résidu est repris par l'alcool bouillant et la solution est additionnée d'eau :

$$C^8H^{14} \begin{cases} CH.CHO \\ | \\ CO \end{cases} + OH.Az=Az.C^6H^5$$

$$= C^8H^{14} \begin{cases} C=Az-AzH.C^6H^5 \\ | \\ CO \end{cases} + CH^2O^2.$$

Cristallisé dans l'alcool étendu, ce corps se
présente sous la forme de petits prismes orangés, fondant à 169-170°. Il est insoluble dans
l'eau et dans les alcalis, facilement soluble dans
l'éther, l'alcool et le chloroforme. Les solutions
ne sont pas colorées par le perchlorure de fer
[Bishop, *Dissert. inaug.*, Munich, 1890].

DÉRIVÉS SULFONÉS DU CAMPHRE.

On sait que, lorsqu'on traite le camphre par
l'acide sulfurique à 100°, on obtient une huile à
laquelle on a donné le nom de *camphrène*. On
n'est pas encore bien fixé sur la constitution de
ce corps, auquel on attribue la formule $C^9H^{14}O$.
Indépendamment de cette huile, il se formerait,
d'après M. Cazeneuve, de petites quantités d'un
acide sulfonique à réaction phénolique, qu'il est
très difficile d'isoler à l'état de pureté.

En faisant agir à 30° 500 grammes d'acide
sulfurique concentré sur 100 grammes de camphre
monochloré, on voit se dégager lentement un
mélange de gaz chlorhydrique et sulfureux et

de chlorure de méthyle. A la température ordinaire, la réaction a lieu, mais plus lentement ; à
la température de 50°, on obtient au bout de
36 heures le même résultat, mais l'acide camphophénoltrisulfurique signalé plus loin n'apparaît
pas constamment, et la production de l'acide
camphophénolsulfurique D augmente. Le liquide
sulfurique jaune-rougeâtre est débarrassé du gaz
par un courant d'air, puis versé dans 10 fois son
volume d'eau. On filtre après repos, et l'on sature à l'ébullition par le carbonate de baryum.
Le liquide filtré renferme 4 composés qu'on peut
séparer de la façon suivante :

On évapore à 500 centimètres cubes au bain-
marie, on ajoute un peu de noir lavé, on filtre,
on concentre encore, et l'on met au froid à cristalliser. On essore les cristaux, constitués par
deux composés qu'on peut isoler l'un de l'autre,
par plusieurs cristallisations dans l'alcool à 70° ;
on obtient finalement à l'état de pureté un corps
que M. Cazeneuve appelle *améthylcamphophénolsulfone*. L'eau mère alcoolique renferme un
second corps, qu'on obtient en évaporant à siccité et en faisant plusieurs fois cristalliser dans
l'eau chaude. Ce corps est un sel barytique dont
la solution se colore en bleu par le perchlorure
de fer. L'acide correspondant est désigné par
M. Cazeneuve sous le nom d'*acide améthylcamphophénolsulfurique* D.

L'eau mère, d'où les deux composés précédents
ont été séparés, est évaporée à siccité au bain-
marie, et le résidu repris par l'alcool à 70° bouillant, qui laisse insoluble un sel barytique se colorant en violet par le perchlorure de fer. L'acide
correspondant à ce deuxième sel est appelé par
M. Cazeneuve *acide camphophénoltrisulfurique*.
L'eau mère alcoolique de ce dernier composé
fournit par concentration un sirop incristallisable
renfermant un quatrième composé, qu'on isole
par précipitation à l'aide de l'alcool absolu, et
dessiccation rapide dans le vide. Ce corps, qui
se distingue par son extrême solubilité dans
l'eau, est encore un sel barytique, dont la solution se colore également en un bleu intense par
le perchlorure de fer. L'acide correspondant est
appelé par M. Cazeneuve *acide camphophénolsulfurique* D.

Les quatre composés dont on vient de donner
les noms sont tous solubles dans l'eau et dé-
nués du pouvoir rotatoire. Ils présentent tous la
fonction phénolique, prouvée par la réaction
avec les persels de fer et par l'éthérification à
l'aide de l'anhydride acétique. Les trois derniers
sont incristallisables.

Indépendamment de ces acides, M. Cazeneuve
en a décrit un cinquième, l'*acide camphophénolsulfurique* E, qu'il obtient en chauffant au bain-
marie, pendant une demi-heure seulement, le
camphre monochloré avec 6 fois son poids
d'acide sulfurique [Cazeneuve, *Bull. Soc. Chim.*,
(3), **3**, 678, **4**, 715 et **5**, 651].

En soumettant à la distillation sèche le mélange des sels de baryum obtenu en neutralisant
par le carbonate de baryum le produit brut de
l'action de l'acide sulfurique sur le camphre monochloré, on voit se dégager des gaz, parmi lesquels on a caractérisé l'hydrogène sulfuré, l'acide
sulfureux, l'acide carbonique, le méthane, le propylène, de l'eau, du soufre, des hydrocarbures
(p-cymène) et une forte proportion d'homologues
du phénol ordinaire (o- et p-crésols, propylphé-
nols, cymophénols). Il reste dans la cornue un
coke dense chargé de sulfate de baryum.

AMÉTHYLCAMPHOPHÉNOLSULFONE,

$$C^9H^{12}(SO^2)(OH)^2O.$$

— Ce corps, dont on a indiqué plus haut la préparation, se formerait, suivant M. Cazeneuve, en vertu de la réaction

$$C^{10}H^{15}ClO + SO^4H^2$$
$$= C^9H^{12} . O(SO^2)(OH)^2 + CH^3Cl.$$

L'améthylcamphophénolsulfone se présente sous la forme de magnifiques paillettes blanches, grasses au toucher, rappelant la cholestérine, solubles dans l'eau, moins solubles dans l'alcool, insolubles dans le benzène, l'éther, le chloroforme, le sulfure de carbone. Elle ne fond pas et n'a pas de pouvoir rotatoire. Elle est neutre au tournesol et à l'orangé III; elle ne décompose pas les carbonates.

Elle colore en bleu le perchlorure de fer; les acides et les alcalis détruisent la coloration. Elle ne donne rien avec les sels ferreux. Elle dégage 7 calories environ en se combinant avec 1 molécule de potasse. Elle ne donne pas de dégagement de chaleur avec une deuxième molécule, bien qu'elle renferme un second oxhydryle alcoolique ou phénolique.

Avec l'eau de baryte, elle fournit un précipité

$$C^9H^{12}(SO^2)\left(\begin{matrix}O\\O\end{matrix}\!>Ba\right) O.$$

Elle ne précipite pas par l'eau de chaux, par les sels de mercure, de zinc ou de cuivre, ni par l'eau amidonnée, les solutions de gélatine, d'albumine ou d'émétique. Elle précipite les sels de plomb et beaucoup d'alcaloïdes : la quinine, la cinchonine, l'aconitine, la strychnine, la brucine. Elle ne précipite pas la morphine et la caféine.

Elle réduit le chlorure d'or à l'ébullition, en donnant un dépôt d'or adhérent au ballon. Elle réduit lentement à l'ébullition le nitrate d'argent ammoniacal, mais elle ne réduit pas le chlorure de platine. Elle ne perd son soufre qu'à 300° avec la potasse fondante, et donne un corps phénolique colorant en rouge violacé le perchlorure de fer.

L'anhydride acétique à l'ébullition donne rapidement un *éther monoacétique,*

$$C^9H^{12}O(SO^2)(OH)(OC^2H^3O), 2H^2O.$$

Ce corps est très soluble dans l'eau et dans l'alcool. Il ne fond pas sans décomposition. Il ne colore plus le perchlorure de fer; il ne précipite pas l'eau de baryte et est facilement saponifié par les alcalis.

En faisant bouillir pendant 1 heure l'améthylcamphophénolsulfone avec de l'anhydride acétique et de l'acétate de sodium, on obtient un *éther diacétique,*

$$C^9H^{12}O(SO^2)(OC^2H^3O)^2,$$

présentant les mêmes propriétés générales que l'éther monacétique.

La phénylhydrazine en excès réagit à la longue au bain-marie, en donnant un composé difficile à purifier, ce qui prouve que le carbonyle acétonique du camphre a persisté.

L'améthylcamphophénolsulfone, ajoutée peu à peu à 5 parties d'acide nitrique fumant refroidi entre 0° et 10°, se dissout sans dégagement gazeux; après dissolution, on précipite par l'eau glacée et on fait cristalliser dans l'alcool : on obtient de belles aiguilles jaunes qui sont un *dérivé tétranitré,*

$$C^9H^9O(AzO^2)^3(SO^2)(OH)(OAzO^2).$$

Ce corps est peu soluble dans l'eau, plus soluble dans l'alcool. Il fond à 87° et se solidifie à 80°. Il distille au delà de 200° en se décomposant partiellement. Il détone au rouge. Il a une saveur

légèrement piquante, sans amertume. C'est un acide bibasique qui donne des sels cristallisés de couleur jaune-orangé.

Tous les sels sont solubles, même ceux d'alcaloïdes.

Le *sel de baryum,* $C^9H^8Az^4SO^{12}Ba$, cristallise avec 2 molécules d'eau qu'il perd dans le vide ou à 100°. Anhydre, il devient rouge comme l'acide chromique. Si on l'abandonne pendant quelques jours à l'air, il s'hydrate et reprend sa couleur jaune-orangé. Ce corps ou ses sels teignent magnifiquement en jaune ou en jaune orangé la laine et la soie sans mordant [Cazeneuve, *C. R.,* **110**, 964; *Bull. Soc. Chim.,* (3), **4**, 718].

D'après les expériences de MM. Cazeneuve et Rodet sur l'action microbicide de l'améthylcamphophénolsulfone, ce corps n'est pas un antiseptique. D'autre part, l'expérimentation chez les animaux a démontré que cette substance n'était absolument pas toxique [*Bull. Soc. Chim.,* (3), **5**, 649].

Acide améthylcamphophénolsulfurique,

$$C^9H^{12}O(OH)SO^3H.$$

— Ce corps se forme toujours en même temps que l'améthylcamphophénolsulfone. Il semble apparaître de préférence si on chauffe une partie de camphre monochloré avec 5 parties d'acide sulfurique, pendant 30 heures, vers 65°. On a indiqué plus haut comment on peut l'isoler à l'état de sel barytique.

L'acide libre est un liquide sirupeux incristallisable; il ne distille pas sans décomposition. Il a une odeur qui rappelle celle des solutions de tannin et possède une saveur acide, amère et astringente. Il est très soluble dans l'eau, l'alcool et l'éther. Il est inactif sur la lumière polarisée. Sa solution colore en bleu le perchlorure de fer : les acides et surtout les alcalis détruisent la coloration. Les sels ferreux sont sans action.

L'acide améthylcamphophénolsulfurique précipite la quinine, la cinchonine, la brucine et la strychnine, mais non la morphine. Il réduit à l'ébullition le chlorure d'or, le chlorure de platine et le nitrate d'argent ammoniacal, ce dernier plus lentement.

Il précipite la gélatine comme le tannin, mais ne précipite pas l'eau amidonnée. Il ne trouble pas l'eau de chaux; mais avec l'eau de baryte il donne un précipité répondant à la formule

$$C^9H^{12}O\genfrac{}{}{0pt}{}{SO^3}{O}\!>Ba.$$

Le *sel monobarytique,*

$$[C^9H^{12}O(OH)(SO^3)]^2Ba,$$

s'obtient en neutralisant l'acide par le carbonate de baryum. Il a été décrit plus haut. Il colore en bleu le perchlorure de fer. Quand on le traite par l'anhydride acétique, on obtient l'*éther acétique*

$$[C^9H^{12}O(OC^2H^3O)(SO^3)]^2Ba.$$

Ce corps cristallise dans l'alcool à 70 0/0. Il ne colore plus en bleu le perchlorure de fer comme le sel barytique primitif. La potasse le saponifie facilement au bain-marie [Cazeneuve, *loc. cit.*].

Acide camphophénoltrisulfurique,

$$C^{10}H^{12}O(SO^3H)^3(OH)^5.$$

— Dans la réaction de l'acide sulfurique sur le camphre monochloré, la quantité de ce corps paraît augmentée si on opère à 70°, en ayant soin de faire passer un vif courant d'air sec dans le liquide; toutefois M. Cazeneuve n'a pu obtenir plus de 5 0/0 du camphre monochloré attaqué.

On isole cet acide en opérant comme il a été indiqué plus haut : c'est un liquide sirupeux, incristallisable, présentant la plupart des propriétés de l'acide améthylcamphophénolsulfurique. Il s'en distingue toutefois par deux caractères importants : 1° il colore en un beau violet et non en bleu le perchlorure de fer; 2° son sel barytique ne donne pas de précipité avec l'eau de baryte.

ACIDE CAMPHOPHÉNOLSULFURIQUE D,

$$\left[\begin{matrix} C^9H^{16} \\ C^9H^{16} \end{matrix} \left(\begin{matrix} SO^3H \\ SO^3H \end{matrix}\right) \begin{matrix} O^7 \\ O^7 \end{matrix}\right]^2 SO^2.$$

— On a indiqué plus haut le procédé de préparation de cet acide. Son *sel barytique*, absolument incristallisable, a pour formule

$$\left[\begin{matrix} C^9H^{16} \\ C^9H^{16} \end{matrix} \left(\begin{matrix} SO^3 \\ SO^3 \end{matrix} \!> Ba\right) \begin{matrix} O^7 \\ O^7 \end{matrix}\right]^2 SO^2,$$

L'acide est sirupeux et également incristallisable. Le sel et l'acide colorent fortement en bleu le perchlorure de fer.

L'acide est attaqué violemment par l'anhydride acétique.

Cet acide se produit en quantité d'autant plus grande que la chauffe du camphre monochloré avec l'acide sulfurique a été plus prolongée. 50 heures de chauffe à 80° en donnent une forte proportion. Il se dégage beaucoup d'acide sulfureux, en même temps que de l'acide chlorhydrique et du chlorure de méthyle.

ACIDE CAMPHOPHÉNOLSULFURIQUE E,

$$C^{10}H^{14}O(OH)(SO^3H).$$

— Cet acide s'obtient en chauffant au bainmarie, pendant une demi-heure seulement, le camphre monochloré avec 6 fois son poids d'acide sulfurique. On étend d'eau, on laisse déposer, on sature à chaud par le carbonate de baryum et on évapore. Le liquide sirupeux donne à la longue des cristaux qu'on reprend à plusieurs reprises par l'alcool à 85° bouillant.

On obtient ainsi un sel barytique qui bleuit fortement avec le perchlorure de fer. Ce sel ne précipite pas l'eau de baryte. L'analyse lui assigne la formule $[C^{10}H^{14}O(OH)(SO^3)]^2Ba$ [Cazeneuve, *Bull. Soc. Chim.*, (3), **4**, 715].

ACIDE α-BROMOCAMPHOSULFONIQUE,

$$C^{10}H^{14}BrO(SO^3H).$$

— On traite au bain-marie une solution chloroformique de camphre α-bromé (1 molécule) par 2 molécules de monochlorhydrine sulfurique :

$$C^{10}H^{15}BrO + 2SO^2Cl(OH)$$
$$C^{10}H^{14}BrO.SO^2Cl + SO^4H^2 + HCl.$$

Au bout de 12 heures, le liquide s'est séparé en deux couches ; on verse le tout dans l'eau froide et on décante le chloroforme qui retient un peu de chlorure sulfonique et de camphre monobromé non attaqué. La solution aqueuse est saturée par le carbonate de baryum, filtrée et concentrée à consistance sirupeuse. On reprend par l'alcool méthylique, on évapore, on décompose le résidu par la quantité théorique d'acide sulfurique et on concentre la liqueur. En reprenant par l'alcool et en évaporant, on obtient une masse noire, goudronneuse, se solidifiant à la longue dans le vide sec.

Ce corps est très soluble dans ɩ eau, et sa solution dégage de l'hydrogène quand on la traite par le zinc ou le magnésium.

Le *sel de baryum*, $(C^{10}H^{14}BrO.SO^3)^2Ba$, est très soluble dans l'eau et dans l'alcool; ses solutions sont dextrogyres.

Le *sel de potassium*, $C^{10}H^{14}BrO.SO^3K$, est très déliquescent ; sa solution concentrée dans l'alcool absolu laisse déposer par un refroidissement énergique des cristaux microscopiques, qui se liquéfient aussitôt qu'ils arrivent au contact de l'air.

Le *sel de sodium*, $C^{10}H^{14}BrO.SO^3Na$, se présente en cristaux soyeux, à peu près incolores, fusibles à 52°; $[\alpha]_D = +76°,4$ pour une solution renfermant $1^{gr},0762$ de sel anhydre par 25 centimètres cubes d'eau à 15°.

Le *sel d'ammonium*, $C^{10}H^{14}BrO.SO^3AzH^4$, constitue des aiguilles soyeuses, blanches, qui, chauffées à 270°, fondent et se décomposent avec une légère explosion; $[\alpha]_D = +87°$ pour une solution renfermant $1^{gr},1426$ de sel par 25 centimètres cubes d'eau.

Le *sel de magnésium*, $(C^{10}H^{14}BrO.SO^3)^2Mg$, est cristallin; séché sur l'acide sulfurique, il se transforme en une poudre friable et blanche; $[\alpha]_D = +27°,9$ pour une solution contenant $1^{gr},1896$ de sel par 25 centimètres cubes d'eau.

Le *sel de zinc* est plus déliquescent et cristallise moins facilement que le sel de magnésium.

Chlorure, $C^{10}H^{14}BrO.SO^2Cl$. — On le prépare en traitant le sel de potassium sec par le perchlorure de phosphore.

Masse noire, solide, semi-cristalline, que l'eau ne décompose partiellement qu'à l'ébullition.

L'ammoniaque le transforme en *amide* et en sel ammoniacal.

L'aniline donne dans les mêmes conditions une *anilide* [Marsh et H.-H. Cousins, *Chem. Soc.*, 1891, 970].

ACIDE β-BROMOCAMPHOSULFONIQUE,

$$C^{10}H^{14}Br.SO^3H.$$

— Cet acide se prépare comme son isomère α. La réaction commence déjà à froid.

Le *sel de baryum*, $(C^{10}H^{14}BrO.SO^3)^2Ba$, constitue un liquide sirupeux, brun, perdant toute son eau à 125°. Il est très hygroscopique.

Le *sel de sodium* est incristallisable. Desséché dans le vide, il se solidifie en un enduit transparent qui, chauffé à 120°, perd de l'eau et devient anhydre; $[\alpha]_D = +12°,2$ pour une solution aqueuse renfermant $0^{gr},8555$ de sel anhydre par 25 centimètres cubes.

Le *sel d'ammonium* cristallise en aiguilles soyeuses, blanches, et ayant le même pouvoir rotatoire $[\alpha]_D = +82°$ que son isomère α.

Le *sel de potassium* est très déliquescent.

ACIDES α- ET β-CHLOROCAMPHOSULFONIQUES. — Ces acides se préparent comme leurs analogues bromés, auxquels ils ressemblent entièrement par leurs propriétés physiques.

Le *sel d'ammonium* α, $C^{10}H^{14}ClO.SO^3AzH^4$, cristallise sous une forme agglomérée analogue à la mousse. Chauffé à 200°, il noircit et se décompose.

Chlorure α-chlorocamphosulfonique,

$$C^{10}H^{14}ClO.SO^2Cl.$$

— Obtenu comme son analogue bromé, ce corps constitue un liquide visqueux, noir, se solidifiant à la longue dans le vide sec. Il se comporte vis-à-vis de l'ammoniaque et de l'aniline comme le chlorure de l'acide α-bromé [Marsh et Cousins, *Chem. Soc.*, 1891, 977].

THIOCAMPHRE, $C^{10}H^{16}S$ (?). — Lorsqu'on chauffe à 130°, en tube scellé, du camphre avec une solution alcoolique de sulfhydrate d'ammoniaque, on obtient au bout de 8 ou 10 heures un liquide jaunâtre qui laisse déposer des cristaux blancs et plumeux. Ce corps distille partiellement vers 220° sans se décomposer. Toutefois il se dégage en même temps un peu d'acide sulfhydrique et il reste un résidu brun et résineux. Le produit distillé possède une odeur spéciale, mais nou désagréable, et cristallise comme il a été dit plus haut [Schlebusch, *D. chem. G.*, **3**, 591].

COMPOSÉ $C^{21}H^{36}S^3O^2$. — On prépare ce composé en ajoutant du sulfure de carbone à une solution de camphre sodé dans le toluène; on traite par l'eau, et on évapore la solution aqueuse au bain-marie ou dans le vide. Pendant cette évaporation, il se forme un précipité jaune, qu'on lave avec de l'alcool froid pour enlever une matière résineuse jaune. La partie insoluble dans l'alcool est dissoute dans le benzène bouillant, qui l'abandonne en aiguilles soyeuses. Le liquide aqueux renferme du bornéoxanthate de sodium.

Le corps $C^{21}H^{36}S^3O^2$ forme des aiguilles ou des prismes d'un jaune doré, solubles dans le benzène, le toluène et le sulfure de carbone, un peu solubles dans l'alcool bouillant, insolubles dans l'alcool froid. Chauffé sur une lame de platine, il fond en un liquide jaunâtre, en se décomposant partiellement. Les alcalis, même en solution alcoolique, sont sans action sur lui. L'acide azotique l'attaque à chaud en le colorant en vert, puis le dissout en dégageant des vapeurs nitreuses [A. Haller, *Thèse Faculté des Sciences*, Paris, 1879. 41].

OXYCAMPHRES.

Il existe plusieurs dérivés du camphre répondant à la formule $C^{10}H^{16}O^2$. Les uns sont considérés comme de vrais acides et décrits comme tels; d'autres paraissent avoir une fonction alcoolique.

Ces dérivés sont au nombre de six; tous les six ont été obtenus en partant du camphre. Ce sont :

1° L'acide camphique, découvert par M. Berthelot ;

2° L'acide campholénique de MM. Swarts, Goldschmidt et Zürrer (oxycamphre de MM. Kachler et Spitzer) ;

3° L'oxycamphre de M. R. Schiff ;

4° Un oxycamphre obtenu par MM. Kachler et Spitzer en partant du camphène dérivé du chlorure $C^{10}H^{16}Cl^2$;

5° L'oxycamphre de M. Schrötter ;

6° Le camphérol dérivé de l'acide camphoglycuronique.

Quant à l'oxycamphre de M. Wheeler, M. Cazeneuve a démontré qu'en chauffant le camphre monochloré du même auteur avec de la potasse alcoolique, on obtient du camphre. Il a en outre émis l'hypothèse que le corps de M. Wheeler n'était autre chose qu'un mélange de camphre et de dérivé monochloré, fournissant à l'analyse des nombres concordant avec ceux qu'exige la formule $C^{10}H^{16}O^2$ [*C. R.*, **109**, 229].

ACIDE CAMPHIQUE, $C^{10}H^{16}O^2$ (Dict., **1**, 713; Suppl., **1**, 393). — M. Wheeler a reproduit les expériences de M. Berthelot et a confirmé l'existence de cet acide, en faisant son analyse et celle de son dérivé plombique [*Ann. Chem.*, **146**, 84].

M. Kachler au contraire nie l'existence de ce composé, bien qu'il n'ait pas opéré dans les mêmes conditions que les auteurs précédents. Il a chauffé à l'ébullition pendant 250 heures du camphre avec de la potasse alcoolique; après avoir séparé le camphol et l'excès de camphre, il acidule et obtient de l'acide campholique et une résine qui manifeste une réaction nettement acide [*Ann. Chem.*, **162**, 267].

M. Berthelot maintient les résultats obtenus et ajoute que M. Kachler a obtenu cet acide, bien qu'il ait employé un mode opératoire différent. Ce produit se trouve en effet dans la résine acide qui accompagne l'acide campholique [*Bull. Soc. Chim.*, (2), **17**, 390].

M. de Montgolfier confirme à son tour les expériences de M. Berthelot, et ajoute que, lorsqu'on opère en tube scellé à la température de 180°, on n'obtient pas trace d'acide campholique, mais seulement de l'acide camphique. Cet auteur ajoute que l'acide camphique, traité par l'acide azotique, donne une résine nitrée acide et pas d'acide camphorique, tandis qu'oxydé dans les mêmes conditions, l'acide campholique se transforme en acide camphorique [*Bull. Soc. Chim.*, (2), **18**, 114].

M. de Montgolfier a démontré plus tard que si l'on emploie comme oxydant le permanganate de potassium au lieu de l'acide azotique, l'acide camphique fournit également de l'acide camphorique [*Ann. Chim. Phys.*, (5), **14**, 72]. Suivant les proportions de permanganate employées, on obtient cet acide seul ou mélangé d'acide oxycamphorique.

Cet acide prend encore naissance quand on abandonne à la lumière une solution alcoolique de camphre cyané. Au bout de quelque temps, le liquide possède une odeur d'aldéhyde et d'acide cyanhydrique, et laisse par évaporation un produit visqueux. Pour séparer l'acide camphique du camphre cyané non transformé, on traite ce produit par le carbonate de sodium qui ne dissout point le dérivé cyané. On filtre la liqueur, on l'agite à plusieurs reprises avec de l'éther et on évapore à siccité. La masse est reprise par l'alcool, qui dissout le camphate de sodium. On évapore la solution et on reprend le résidu par l'eau. La liqueur, traitée par un acide, fournit un précipité poisseux qu'on enlève à l'éther. Par évaporation de l'éther, on obtient un produit visqueux qui, desséché au bain-marie, prend un aspect résineux et cassant [A. Haller, *C. R.*, **93**, 72].

M. Cazeneuve a décrit, sous le nom d'*acide camphique*, un acide qu'il considère provisoirement comme identique avec celui de MM. Berthelot et de Montgolfier, et qu'il a obtenu en faisant agir la potasse alcoolique sur le camphre α-chlorobromé [*Bull. Soc. Chim.*, (2), **44**, 117]. On chauffe pendant plusieurs jours au réfrigérant ascendant le camphre chlorobromé avec de la potasse alcoolique, jusqu'à ce que le liquide ne se trouble plus sensiblement par addition d'eau distillée. On sature le liquide par l'acide carbonique, on évapore et on reprend le résidu par l'alcool. On évapore la solution alcoolique et on traite le résidu par l'acide sulfurique étendu, qui précipite l'acide camphique et une résine. On dissout dans l'éther le mélange de ces deux corps, et on lave la liqueur éthérée avec de l'eau de baryte qui ne dissout que l'acide camphique. La solution barytique, additionnée d'un acide, donne un précipité huileux qu'on dissout dans l'alcool. Par évaporation de l'alcool, on obtient un vernis incolore qui cristallise bientôt en arborescences, ou encore en petites lamelles écailleuses. Ces cristaux sont mous, insolubles dans l'eau, solubles dans l'alcool, l'éther, le chloroforme. Ils ont une réaction franchement acide et décomposent les carbonates.

Le *sel de baryum* est une masse incristallisable, d'aspect résinoïde.

Le *sel de cuivre* est d'un bleu tendre. Celui de M. de Montgolfier est au contraire d'un vert bleuâtre.

Le *sel d'argent*, $C^{10}H^{15}O^2Ag$, est blanc et s'altère rapidement à la lumière.

ACIDE CAMPHOLÉNIQUE (*oxycamphre*),

$$C^9H^{15}.CO^2H$$

(Goldschmidt et Zürrer),

ou
$$C^8H^{14} \begin{matrix} {\diagup}COH{\diagdown} \\ | \qquad\;\; O \\ {\diagdown}CH{-}{\diagup} \end{matrix}$$

(Kachler et Spitzer). — Cet acide a été obtenu par la saponification de l'anhydride camphoroximique, ou nitrile campholénique, au moyen de la potasse alcoolique [Golschmidt et Zürrer, *D. chem. G.*, **17**, 2061]. MM. Kachler et Spitzer l'ont préparé en traitant le camphre β-dibromé en solution alcoolique par l'amalgame de sodium [*Mon. f. Chem.*, **3**, 216], et l'ont appelé *oxycamphre* :

$$C^{10}H^{14}Br^2O + 2\,NaOH + H^2$$
$$= C^{10}H^{16}O^2 + 2\,NaBr + H^2O.$$

M. Swarts l'a obtenu dans des circonstances semblables en partant du camphre tribromé [*D. chem. G.*, **15**, 2135].

L'étude comparative de ces produits d'origine différente a prouvé qu'ils sont identiques.

L'acide campholénique constitue une huile épaisse, incolore ou légèrement jaunâtre (K. et Sp.), à odeur de térébenthine et à saveur brûlante. Il bout à 254-255° (G. et Z.), à 265° sous 753 millimètres (K. et Sp.).

Il se dissout facilement dans l'alcool et dans l'éther, mais il est insoluble dans l'eau. Les alcalis le dissolvent également en fournissant les sels correspondants.

Traité par le chlorure d'acétyle, il fournit une combinaison cristalline qu'il n'a pas été possible de séparer de l'eau mère.

L'acide bromhydrique fumant le transforme à 100° en une huile brune et visqueuse.

Le perchlorure de phosphore réagit énergiquement sur l'acide campholénique ; le protochlorure de phosphore fournit un produit jaunâtre répondant à la formule $C^{10}H^{15}ClO$.

Le mélange chromique l'oxyde en tube scellé, en acides carbonique, acétique et hydroxycamphoronique. Quand l'oxydation a lieu dans un ballon muni d'un réfrigérant ascendant, il ne se forme que de l'acide carbonique et de l'acide acétique.

Chauffé pendant longtemps avec de l'acide azotique concentré, l'oxycamphre fournit du nitro-oxycamphre, de l'acide oxalique et de l'acide carbonique. Quand l'action de l'acide azotique est de peu de durée, il se forme, indépendamment du nitro-oxycamphre, de l'acide hydro-oxycamphoronique [Kachler et Spitzer, *Mon. f. Chem.*, **4**, 643].

Campholénate de sodium, $C^{10}H^{15}O^2Na$. — Ce sel a été préparé en évaporant la solution d'acide campholénique dans la soude caustique, ou en traitant une solution éthérée du même acide par le sodium. Masse cristalline ou flocons blancs, qui attirent l'humidité de l'air et se dissolvent facilement dans l'eau [K. et Sp., *loc. cit.*].

Campholénate d'ammonium, $C^{10}H^{15}O^2.AzH^4$. — MM. Goldschmidt et Zürrer l'ont obtenu en faisant passer un courant d'ammoniaque sèche dans une solution éthérée d'acide campholénique, obtenu au moyen de l'anhydride camphoroximique [*D. chem. G.*, **17**, 2071].

MM. Kachler et Spitzer l'ont produit dans les mêmes conditions, en partant de l'oxycamphre préparé avec le camphre β-bromé [*D. chem. G.*, **17**, 2400].

Masse blanche qui, chauffée à 250° en tube scellé, se transforme en amide campholénique :

$$C^9H^{15}.CO^2AzH^4 = H^2O + C^9H^{15}.COAzH^2.$$

Campholénate de baryum,

$$(C^{10}H^{15}O^2)^2Ba\,,\,4\,H^2O.$$

— MM. Kachler et Spitzer [*loc. cit.*] ont obtenu ce sel en faisant bouillir l'oxycamphre avec un excès de baryte caustique, saturant d'acide carbonique

et filtrant. La solution est évaporée dans le vide et le résidu mis à cristalliser dans de l'alcool étendu. Petits cristaux groupés en étoiles.

Campholénate de calcium, $(C^{10}H^{15}O^2)^2Ca$ — M. Zürrer [*D. chem. G.*, **18**, 2229] a préparé ce sel en faisant agir molécules égales d'acide campholénique et de chaux, recueillant le précipité et le faisant cristalliser dans l'alcool étendu.

Longues aiguilles brillantes, qui se dissolvent à peine dans l'eau et qui sont décomposées quand on les fait bouillir avec ce dissolvant.

Ce sel, calciné seul ou avec du formiate de calcium, n'a fourni ni aldéhyde, ni acétone, mais un mélange de carbures, dont l'un distille à 130-140° et répond à la formule C^9H^{16} (campholène) [*ibid.*, **20**, 484].

ACIDE NITROCAMPHOLÉNIQUE [*nitro-oxycamphre*] $C^{10}H^{15}(AzO^2)O^2$. — Ce dérivé a été obtenu par MM. Kachler et Spitzer [*Mon. f. Chem.*, **4**, 648], en traitant l'oxycamphre par l'acide azotique ; par M. Swarts en nitrant le produit $C^{10}H^{16}O^3$ résultant de l'action de l'amalgame de sodium sur le camphre tribromé [*D. chem. G.*, **15**, 2135] ; par M. Zürrer en faisant subir le même traitement à l'acide campholénique provenant du nitrile campholénique [*D. chem. G.*, **17**, 2228].

MM. Kachler et Spitzer le préparent en ajoutant à 5 grammes d'oxycamphre 10 grammes d'acide azotique concentré et 5 grammes d'eau, et chauffant doucement au bain-marie. Il se produit une réaction très énergique, qu'on modère en refroidissant. On chauffe ensuite de nouveau au bain-marie pendant environ 1 demi-heure. On laisse refroidir et on ajoute de l'eau. Le précipité cristallin qui se forme est lavé et dissous dans l'alcool. Rendement 5 grammes.

Le nitro-oxycamphre cristallise dans l'alcool étendu en aiguilles blanches rhombiques, ou en prismes fondant à 170° (K. et Sp.), 175° (Swarts), 163-164° (R. Zürrer). Il est insoluble dans l'eau, très soluble dans l'alcool bouillant et dans l'éther. Les alcalis le dissolvent également, mais il se forme des nitrites, ce qui a empêché la préparation de sels.

ACIDE AMIDOCAMPHOLÉNIQUE [*oxyamidocamphre*], $C^{10}H^{15}(AzH^2)O^2$. — Cet acide a été préparé en réduisant à chaud l'oxynitrocamphre par l'étain et l'acide acétique cristallisable. Quand la réduction est terminée, on étend d'eau et on fait passer un courant d'acide sulfhydrique. Le liquide filtré est évaporé et le résidu est repris par de l'eau acidulée avec de l'acide chlorhydrique, puis de nouveau évaporé au bain-marie.

Après plusieurs cristallisations dans l'eau, on obtient des lamelles très solubles dans l'eau, qui fondent vers 250° en se décomposant, et qui constituent le *chlorhydrate d'amido-oxycamphre*, $C^{10}H^{15}O^2(AzH^2).HCl$.

Le *chloroplatinate*,

$$[C^{10}H^{15}O^2(AzH^2).HCl]^2.PtCl^4,$$

cristallise en lamelles qui se dissolvent peu dans l'eau [Kachler et Spitzer, *Mon. f. Chem.*, **4**, 651].

CAMPHOLÉNAMIDE [Syn. *Isocamphoroxime*], $C^9H^{15}.COAzH^2$. — Ce composé, qui est isomérique avec la camphoroxime, a été obtenu pour la première fois par M. Nägeli, en chauffant l'anhydride camphoroximique avec une solution alcoolique de potasse :

$$C^9H^{15}.CAz + H^2O = C^9H^{15}.COAzH^2.$$

Sa composition et les conditions dans lesquelles il se produit l'ont fait considérer comme une isocamphoroxime [*D. chem. G.*, **17**, 806].

MM. Goldschmidt et Zürrer [*ibid.*, **15**, 2070] l'ont préparée en chauffant pendant plusieurs heures du campholénate d'ammonium en tube scellé, à 250°.

MM. Kachler et Spitzer [*ibid.*, **17**, 2400] l'ont produite dans des conditions semblables, en partant de l'oxycamphate d'ammonium, et ont prouvé par là que l'acide campholénique est identique avec l'oxycamphre :

$$C^9 H^{15} . CO^2 Az H^4 = H^2 O + C^9 H^{15} . CO Az H^2.$$

L'isocamphoroxime cristallise dans l'alcool en lamelles brillantes et incolores, qui fondent à 125° (Nägeli), 124° (G. et Z.), 126-127° (K. et Sp.). Elle se dissout dans les acides concentrés, mais les alcalis la précipitent intacte de ces dissolutions. Elle est facilement soluble dans l'alcool et dans l'éther, mais se dissout à peine dans l'eau bouillante. Elle est sans odeur.

Elle distille sans décomposition lorsqu'on opère sur de petites quantités.

Traitée par l'éthylate de sodium et l'iodure de méthyle, elle ne fournit point de dérivé de substitution.

Chauffée avec du pentasulfure de phosphore, elle se convertit en anhydride de la camphoroxime ou nitrile campholénique :

$$C^9 H^{15} . CO Az H^2 = H^2 O + C^9 H^{15} . C Az.$$

Traitée par le brome, la campholénamide ne donne naissance qu'à des produits d'une consistance résineuse et poisseuse [R. Zürrer, *Dissert. inaug.*, Bâle, 1886, 23].

Nitrile campholénique (*anhydride de la camphoroxime*),

$$C^8 H^{13} {\textstyle <} {C H^2 \atop C Az}$$

— Ce composé a été obtenu pour la première fois par M. Nägeli en chauffant la camphoroxime avec du chlorure d'acétyle ou de butyryle [*D. chem. G.*, **16**, 2982; **17**, 806].

Il se forme aussi quand on fait bouillir cette oxime avec les acides étendus, et on le rencontre comme produit secondaire dans la préparation de la camphoroxime [Leuckart, *ibid.*, **20**, 110].

MM. Goldschmidt et Zürrer l'ont encore préparé en chauffant l'isocamphoroxime avec du pentasulfure de phosphore [*ibid.*, **17**, 2072] :

$$C^9 H^{15} . CO Az H^2 = H^2 O + C^9 H^{15} . C Az.$$

M. Schulhof a constaté que cet anhydride se forme très nettement quand on fait passer un courant d'acide chlorhydrique sec sur de la camphoroxime fondue. M. Goldschmidt admet que, dans cette réaction, l'acide chlorhydrique détermine la rupture du noyau camphre et qu'il se forme d'abord un dérivé chloré qui, par perte d'eau et d'acide chlorhydrique, fournit l'anhydride [*ibid.*, **20**, 485] :

$$C^8 H^{14} {\textstyle <} {C H^2 \atop C = Az O H} + HCl = C^8 H^{14} {\textstyle <} {C H^2 Cl \atop CH = Az O H}$$

$$C^8 H^{14} {\textstyle <} {C H^2 Cl \atop CH = Az O H}$$

$$= HCl + H^2 O + C^8 H^{13} {\textstyle <} {C H^2 \atop C Az}$$

M. Balbiano [*Gazz. chim. ital.*, **16**, 132] l'a aussi obtenu en traitant une solution éthérée de camphophénylhydrazone par l'acide chlorhydrique sec :

$$C^{10} H^{16} = Az^2 H . C^6 H^5 + HCl$$
$$= C^9 H^{15} . C Az + C^9 H^3 . Az H^2 . HCl.$$

Enfin, il prend encore naissance quand on

chauffe la carbanilidocamphoroxime à 120-130°; il se produit en même temps de l'acide carbonique et de la diphénylurée :

$$2 C^{10} H^{16} = Az O . CO . Az H . C^6 H^5$$
$$= H^2 O + C O^2 + C O (Az H . C^6 H^5)^2 + 2 C^{10} H^{15} Az$$

[H. Goldschmidt, *D. chem. G.*, **22**, 3105].

Préparation. — On traite la camphoroxime par un excès de chlorure d'acétyle. La réaction est très énergique et il se dégage des torrents d'acide chlorhydrique. On chauffe ensuite au bain-marie jusqu'à ce qu'il ne se dégage plus d'acide chlorhydrique; à ce moment, on chasse l'excès de chlorure d'acétyle, on étend d'eau et on agite avec de l'éther. La solution éthérée est lavée avec de la potasse caustique et évaporée, et le résidu liquide est desséché sur du chlorure de calcium (Nägeli).

Liquide à odeur faible, bouillant à 216-218°. Il est insoluble dans les acides. L'acide chlorhydrique est sans action sur lui, même à 170°. Il en est de même de la potasse aqueuse. Bouilli avec une solution de potasse alcoolique, il fournit de l'isocamphoroxime (amide campholénique) [Nägeli, *D. chem. G.*, **17**, 806], puis de l'acide campholénique [H. Goldschmidt et Zürrer, *ibid.*, **17**, 2071] :

$$C^9 H^{15} . C Az + H^2 O = C^9 H^{15} . CO Az H^2;$$
$$C^9 H^{15} . CO . Az H^2 + H^2 O = Az H^3 + C^9 H^{15} . CO^2 H.$$

Quand on traite ce nitrile en solution alcoolique par le sodium ou par le zinc et l'acide chlorhydrique, il se convertit en camphylamine :

$$C^9 H^{15} . C Az + H^4 = C^9 H^{15} . C H^2 . Az H^2.$$

Il se combine à l'hydroxylamine pour fournir une *amidoxime*, $C^{10} H^{18} Az^2 O$, et aux chlorhydrates d'aniline et de p-toluidine pour donner les bases $C^{16} H^{22} Az^2$ et $C^{17} H^{24} Az^2$ [H. Goldschmidt et R. Zürrer, *ibid.*, **17**, 2070. — H. Goldschmidt et R. Koreff, *ibid.*, **18**, 1633].

Toutes ces réactions prouvent que l'anhydride de la camphoroxime est un véritable nitrile.

Campholénamidoxime,

$$C^9 H^{15} - C {\textstyle <} {Az H^2 \atop Az O H}$$

[H. Goldschmidt et R. Zürrer, *D. chem. G.*, **17**, 2071]. — Ce dérivé se produit quand on chauffe pendant plusieurs jours une solution alcoolique de nitrile campholénique avec de l'hydroxylamine. Il cristallise en lamelles blanches, qui fondent à 101°. Ce composé est soluble dans les acides et dans les alcalis.

Phénylimidocampholénamide,

$$C^9 H^{15} . C {\textstyle <} {Az H^2 \atop Az C^6 H^5}$$

[Goldschmidt et Koreff, *ibid.*, **18**, 1633]. — On chauffe pendant 6 heures à 220-230° un mélange de nitrile campholénique et de chlorhydrate d'aniline. Le produit de la réaction est maintenu pendant longtemps à l'ébullition avec de l'eau, et la solution filtrée est sursaturée par l'ammoniaque. On agite ensuite avec de l'éther, on décolore ce liquide au charbon animal et on l'évapore. On obtient une huile épaisse et foncée qui ne se solidifie pas. Elle se dissout dans les acides étendus, et les alcalis la précipitent inaltérée de ces dissolutions :

$$C^9 H^{15} . C Az + Az H^2 . C^6 H^5 = C^9 H^{15} . C {\textstyle <} {Az C^6 H^5 \atop Az H^2}$$

p-Crésylimidocampholénamide,

$$C^9H^{15} . C \underset{Az C^7 H^7}{\overset{Az H^3}{<}}$$

[Goldschmidt et Koreff, *loc. cit.*]. — On chauffe dans les mêmes conditions que ci-dessus, à 250°, un mélange de nitrile campholénique et de chlorhydrate de p-toluidine. Cristallisée dans la ligroïne, cette amidine forme de fines aiguilles blanches fondant à 114-115°.

OXYCAMPHRE *de M. Schiff* [*D. chem. G.*, 13, 1404]. — Ce composé prend naissance, en même temps que de l'acide camphorique, quand on fait passer un courant d'acide azoteux dans une solution aqueuse d'amidocamphre.

Il est cristallisé et fond à 154-155°. Il est volatil avec la vapeur d'eau.

OXYCAMPHRE *dérivé du camphène.* — MM. Kachler et Spitzer, en oxydant le camphène (dérivé du dichlorure de camphylidène $C^{10}H^{14}Cl^2$) au moyen du mélange chromique, obtinrent, indépendamment du camphre, un composé répondant à la formule $C^{10}H^{16}O^2$, qui reste comme résidu de la sublimation du camphre. Ce résidu, qui renferme ce corps à l'état de combinaison avec l'oxyde de chrome, est chauffé avec de l'eau de baryte; on filtre bouillant et on ajoute de l'acide chlorhydrique. Par refroidissement, on obtient de très belles aiguilles cristallines. Ce corps fond à 59-61°; il se dissout difficilement dans l'eau, même bouillante, facilement dans l'alcool. L'eau de baryte le dissout à chaud.

Le camphène dérivé du bornéol, soumis à la même oxydation, n'a fourni que très peu d'oxycamphre [*Ann. Chem.*, 200, 358].

CAMPHÉROL. — Voyez Suppl., 4, 393.

OXY-ISOCAMPHRE, $C^{10}H^{16}O^2$ [Schrötter. *Mon. f. Chem.*, 2. 224]. — On obtient l'acétate de ce composé en oxydant par l'acide chromique, dans un appareil à reflux, l'acétate de bornyle dissous dans 4 fois son poids d'acide acétique cristallisable. La réaction commence à 120-140° et donne lieu à un abondant dégagement d'acide carbonique. On traite ensuite par l'eau et on agite le liquide avec de l'éther. La solution éthérée est lavée à plusieurs reprises avec du carbonate de sodium, puis séchée et soumise à la distillation fractionnée. Vers 200-215°, il passe du camphre; à 218-225°, de l'acétate non oxydé; et de 260 à 275° on obtient un produit qui se prend en masse dans le récipient. Ce corps, soumis à des rectifications répétées, puis à des cristallisations successives, a pour formule $C^{12}H^{18}O^3$. Saponifié par la potasse, il fournit l'oxy-isocamphre.

L'oxy-isocamphre cristallise dans l'éther sous la forme d'une masse cristalline jaunâtre, d'une faible odeur de vanille. Il se sublime facilement, et devient blanc quand on le soumet à une série de sublimations. Il fond à 248-249° en se décomposant partiellement. L'eau le dissout difficilement, mais il est facilement soluble dans l'alcool et dans l'éther. L'amalgame de sodium en solution acide ou alcaline est sans action sur lui.

Traité par le perchlorure de phosphore, il fournit un dichlorure $C^{10}H^{14}Cl^2$ épais et d'une couleur brunâtre. Oxydé au moyen de l'acide azotique, l'oxyisocamphre se transforme en *acide camphanique,* $C^{10}H^{14}O^4$.

Acétate d'oxy-isocamphre. $C^{10}H^{15}O . C^3H^3O^2,$ — Cet éther, obtenu comme il vient d'être dit, cristallise dans l'éther en cristaux prismatiques fondant à 69° et bouillant à 273° (corr.) en se décomposant partiellement. Il est insoluble dans l'eau; l'alcool et l'éther le dissolvent aisément. Chauffé à 150° avec de l'anhydride acétique, il n'est pas altéré. Il paraît donc ne pas renfermer d'hydroxyle (Schrötter). A. Haller.

CAMPHRE D'ANIS [Syn. *Camphre anisique*]. — Voyez ANÉTHOL, Suppl., 1, 149.

CAMPHRE D'AUNÉE. — Voyez ALANTOL, Suppl., 1, 53.

CAMPHRE DE BERGAMOTE [Syn. *Bergaptène*] (voyez Dict., 1, 584), $C^{12}H^8O^4$. — La première mention de ce corps est due à Kalbruner [*Baumgärtner's Jahresb.*, 3, 367]. Mulder l'étudia à son tour et lui attribua la formule C^3H^2O [*Ann. Chem.*, 34, 70].

Ohme arriva aux mêmes conclusions que Mulder, mais préféra la formule $6 (C^{10}H^6O^3) . 2H^2O$ [*ibid.*, 132].

M. Franke reprit l'étude de ce corps en 1880 [*Dissert. inaug.*, Erlangen], et le considéra comme ayant pour composition $C^{17}H^{10}O^5$.

Enfin, M. C. Pomeranz chercha à établir la constitution de ce corps par l'étude d'un certain nombre de ses dérivés [*Mon. f. Chem.*, 12, 379].

Le camphre de bergamote, purifié par cristallisation dans l'alcool ou par sublimation, se présente sous la forme d'aiguilles d'un blanc soyeux, sans odeur à la température ordinaire, mais dégageant des vapeurs aromatiques quand on le chauffe. Il fond à 188°. Son poids moléculaire, déterminé par la méthode de M. Raoult, correspond à la formule $C^{12}H^8O^4$. Il est peu soluble dans l'alcool froid, soluble dans l'alcool bouillant, l'acide acétique cristallisable, le chloroforme, le benzène et le phénol chaud, insoluble dans l'eau froide; l'eau bouillante en dissout des traces.

Insoluble dans les carbonates alcalins, il se dissout dans la potasse bouillante ou dans la potasse alcoolique. Les acides et même l'acide carbonique le précipitent intact de ces dissolutions. Fondu avec de la potasse, il fournit une résine jaune, de laquelle on a pu isoler de la phloroglucine.

L'acide chlorhydrique n'attaque point le bergaptène à l'ébullition; mais à 170° il donne du chlorure de méthyle et un produit résineux. L'acide iodhydrique $(d = 1,7)$ agit de même. Si l'on chauffe le bergaptène avec un mélange d'acide iodhydrique et d'anhydride acétique, la quantité d'iodure de méthyle éliminée correspond à 1 molécule par molécule de bergaptène.

L'anhydride acétique est sans action sur ce corps, même à 160°.

Il ne se combine pas avec la phénylhydrazine.

Quand on chauffe au bain-marie un mélange de bergaptène, de potasse, d'alcool méthylique et d'iodure de méthyle, une partie du bergaptène se transforme en *acide méthylbergapténique* $C^{13}H^{12}O^5$, soluble dans la potasse, et en méthylbergapténate de méthyle $C^{14}H^{14}O^5$, insoluble dans l'alcali.

Si, au lieu d'iodure de méthyle, on emploie l'iodure d'éthyle, on obtient l'*acide éthylbergapténique,* $C^{14}H^{14}O^5$.

La formation de ces deux acides peut se traduire par les équations

$$C^{12}H^8O^4 + CH^3 . OH = C^{13}H^{12}O^5,$$

Bergaptène? Acide méthyl-bergapténique.

$$C^{12}H^8O^4 + C^2H^5 . OH = C^{14}H^{14}O^5$$

Bergaptène. Acide éthyl-bergapténique.

Le bergaptène peut donc être considéré comme un anhydride interne d'un acide-alcool, l'*acide bergapténique,*

$$C^{11}H^8O^2 \underset{C O^2 H}{\overset{O H}{<}}$$

Cet acide n'existe qu'à l'état de sel; quand on le

met en liberté, il perd 1 molécule d'eau et se convertit en bergaptène. Il se comporte donc comme les corps de la classe des coumarines ou des oxycoumarines.

Quand on traite par le brome une solution chloroformique de bergaptène, on obtient un corps $C^{12}H^7O^4Br^3$, *dibromure de bergaptène monobromé*. Ce dérivé cristallise en prismes qui, au bout de quelques jours, perdent du brome en se colorant en jaune.

ACIDE MÉTHYLBERGAPTÉNIQUE, $C^{13}H^{12}O^5$. — Cristallisé dans l'alcool étendu, il se présente en petites tables rhombiques, fondant à 138°, très solubles dans l'alcool, les alcalis et les carbonates alcalins.

L'amalgame de sodium le transforme en *acide méthylhydrobergapténique*, $C^{13}H^{14}O^5$.

Son *éther méthylique*, $C^{14}H^{14}O^5$, cristallise dans l'alcool en prismes microscopiques fondant à 52°, solubles dans l'alcool, l'éther, le chloroforme, insolubles dans les alcalis.

Chauffé avec de la potasse alcoolique, il fournit de l'acide méthylbergapténique.

ACIDE MÉTHYLHYDROBERGAPTÉNIQUE, $C^{13}H^4$ — Cet acide prend naissance quand on réduit une solution alcaline d'acide méthylbergapténique par l'amalgame de sodium à 2 0/0.

Aiguilles blanches, fondant à 122°.

ACIDE ÉTHYLBERGAPTÉNIQUE, $C^{14}H^{14}O^5$. Prismes tronqués ou aiguilles réunies en houppes fondant à 142°. Ce corps possède les mêmes propriétés que son homologue inférieur.

De l'ensemble de ses recherches sur ce bergaptène, M. Pomeranz conclut que ce composé possède l'une des trois formules de constitution :

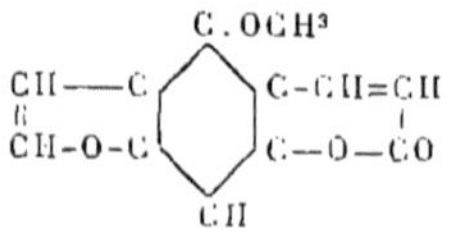

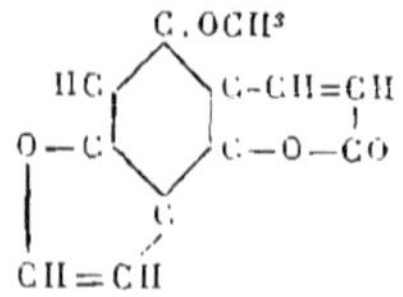

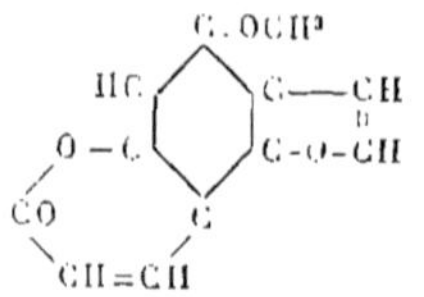

$$
\begin{array}{c}
C.OCH^3 \\
CH\!-\!\!C\quad\quad C\!-\!CH\!=\!CH \\
CH\!-\!O\!-\!C\quad\quad C\!-\!O\!-\!CO \\
CH
\end{array}
$$

$$
\begin{array}{c}
C.OCH^3 \\
HC\quad\quad C\!-\!CH\!=\!CH \\
O\!-\!C\quad\quad C\!-\!O\!-\!CO \\
C \\
CH\!=\!CH
\end{array}
$$

$$
\begin{array}{c}
C.OCH^3 \\
HC\quad\quad C\!-\!\!-\!CH \\
O\!-\!C\quad\quad C\!-\!O\!-\!CH \\
CO\quad\quad C \\
CH\!=\!CH
\end{array}
$$

A. Haller.

CAMPHRE DE CUBÈBE. — Ce corps, qui a pour formule $C^{15}H^{26}O$, se trouve dans l'essence que l'on obtient en distillant de vieilles cubèbes. D'après M. Schmidt, les cubèbes fraîches ne renferment point de camphre. Cristallisé dans un mélange d'alcool et d'éther, ce corps se présente en cristaux rhombiques fondant à 65° (Schmidt), à 67° [Schær et Wyss, *Arch. Pharm.*, **206**, 316].

Il bout à 148°, se dissout facilement dans l'alcool, l'éther, le sulfure de carbone, le chloroforme et la ligroïne. Il dévie à gauche la lumière polarisée. Chauffé pendant quelque temps en tube scellé à 200-250°, il se dissocie en eau et *cubébène*, $C^{15}H^{24}$. Cette dissociation se produit partiel-

lement quand on le distille (Schær et Wyss), ou quand on l'abandonne dans un dessiccateur [Schmidt, *D. chem. G.*, **10**, 189].

CAMPHRE DE LEDUM PALUSTRE, $C^{15}H^{26}O$. — On distille la plante avec de l'eau avant ou au moment de sa floraison, et on obtient ainsi un liquide trouble, qui renferme des cristaux et une huile qu'on recueille et qu'on soumet à l'action du froid. On essore les cristaux et on les fait cristalliser dans l'alcool. Pour avoir un bon rendement, il convient de prendre la plante qui pousse dans les terrains humides et marécageux, et non celle qui croit sur un terrain sec [Hjelt et U. Collan, *D. chem. G.*, **15**, 2500. — Rizza, *D. chem. G.*, **16**, 2311; **20** *Ref.*, 562].

Longues aiguilles, qui se subliment facilement et qui fondent à 101° (H. et C.), 104-105° (R.). Ce corps bout à 292°. Sa densité de vapeur, d'après M. Rizza, est 8,10 (la formule $C^{15}H^{26}O$ exige 7,69), et d'après MM. Hjelt et Collan, 12,33, ce qui conduirait à la formule $C^{25}H^{44}O^4$.

Chauffé avec de l'acide acétique anhydre, ce corps perd de l'eau et fournit un sesquiterpène, $C^{15}H^{24}$ (R.).

Le camphre de ledum se dissout facilement dans l'alcool, l'éther, le chloroforme et le benzène [*Beilstein's Handbuch*, **3**, 279].

CAMPHRE DE MATICO, $C^{12}H^{20}O$. — Les feuilles de matico (*Piper angustifolium*, Ruiz et Parou) fournissent environ 2,7 0/0 d'une huile éthérée, faiblement dextrogyre, dont la majeure partie passe vers 200°. Si l'on chasse par distillation le produit passant à cette température, il laisse comme résidu des cristaux de camphre de matico que M. Flückiger a signalés le premier [*Pharmacographia*, Londres, 1874, 531; *Pharmacognosie*, 2° édit., 1883, 707].

Le camphre de matico se présente sous la forme de cristaux appartenant au système hexagonal; ces cristaux sont faiblement biréfringents et lévogyres. M. Hintze attribue ce pouvoir rotatoire à une impureté [*Tsch. min. Mitt.*, 1874, 227].

Après plusieurs cristallisations qui ont pour but de séparer une résine jaunâtre et amorphe, il fond à 94°. Il se dissout facilement dans l'alcool, l'éther, le chloroforme, le benzène et la ligroïne. Il ne possède plus l'odeur de matico quand il est pur.

Projeté sur l'eau, le camphre de matico y exécute des mouvements giratoires. Il est inattaquable par la potasse aqueuse. Traité par l'acide chlorhydrique sec ou par une solution concentrée du même acide, il se colore en violet, puis en bleu et finalement en vert. Lorsqu'on traite cette combinaison par l'éther, elle fournit des cristaux bruns qui présentent une fluorescence verte et une odeur éthérée spéciale.

L'acide sulfurique colore le camphre de matico en jaune, puis en rouge et en violet.

Avec le mélange nitrosulfurique, on obtient une coloration jaune, puis violette et enfin bleue.

Chauffé dans un tube à essais, il se sublime en donnant des aiguilles blanches, en même temps que des gouttelettes huileuses et jaunes qui dénotent une décomposition partielle de la substance.

Ce corps $C^{12}H^{20}O$ constitue peut-être un dérivé éthylé du camphre $C^{10}H^{15}.OC^2H^5$ [Ch. Kugler, *D. chem. G.*, **16**, 2841].   A. Haller.

CAMPHRE DE PATCHOULI. — Voyez Suppl., **1**, 1143.

CAMPHRE ET DÉRIVÉS (CONSTITUTION). — En raison de la grande complication de la série des dérivés du camphre, complication encore augmentée par les interprétations extrêmement variées qu'a reçues la constitution de ces composés, il a semblé utile de les grouper en un court résumé, en montrant les relations qu'ils ont entre eux, autant que c'est possible dans l'état actuel de la question.

Beaucoup de points restent encore obscurs ou douteux. La constitution même du camphre et celle de l'acide camphorique, telles qu'elles ont été adoptées ici et bien que fondées sur un grand nombre de faits, ne sont pas encore acceptées par tous les chimistes. Nous pensons que l'on arrivera néanmoins à la conclusion que cet ensemble de formules peut servir à représenter les faits connus d'une manière logique et commode, et être employé, tout au moins jusqu'à ce qu'on en trouve un autre qui s'y adapte mieux.

Nous prendrons comme point de départ la formule donnée pour le camphre par M. Kekulé, formule fondée sur les relations qui existent entre le camphre et le carvacrol ou cymophénol, et avec le cymène.

Cet hydrocarbure répond à la formule

$$C^6 H^4 (C H^3)_{(1)} (C^3 H^7)_{(4)}.$$

Le carvacrol, qui peut être obtenu par l'action de la potasse sur l'acide cymène-sulfoné, est

$$C^6 H^3 (C H^3)_{(1)} (O H)_{(2)} (C^3 H^7)_{(4)},$$

et le camphre, d'où le même carvacrol est dérivé par l'action de l'iode, c'est-à-dire par perte de 2 H et formation d'un groupe oxhydryle aux dépens de l'oxygène acétonique que renferme le camphre, c'est-à-dire passage du type benzène tétrahydrogéné au type benzène, sera

$$
\begin{array}{c}
C H^3 \\
| \\
C \\
H C \diagup \quad \diagdown C O \\
H^2 C \diagdown \quad \diagup C H^2 \\
H C \\
| \\
C^3 H^7
\end{array}
$$

On ne peut guère hésiter que sur la place qui sera attribuée à la double liaison[1].

Cette formule s'accorde fort bien avec ce que l'on sait des propriétés du camphre, qui se comporte comme une acétone à chaîne fermée, susceptible de fixer 2 atomes d'hydrogène pour fournir le bornéol. Celui-ci est lui-même un alcool à chaîne fermée, et non un phénol, comme on l'a dit quelquefois à tort, ce nom devant être réservé aux dérivés oxhydrylés du benzène dans lesquels le groupe oxhydryle est rattaché à un atome de carbone lui-même lié à un carbone voisin par une double liaison. C'est un fait bien démontré maintenant, et qui pouvait d'ailleurs être prévu, que les dérivés de l'hexaméthylène

1. De fait, M. Haller, le savant auteur des articles qui précèdent, préfère la formule

$$
\begin{array}{c}
C H^3 \\
| \\
C H \\
H^2 C \diagup \quad \diagdown C O \\
H C \diagdown \quad \diagup C H^2 \\
C \\
| \\
C^3 H^7
\end{array}
$$

qui cadre moins bien avec celle que l'on a admise pour l'acide camphorique.

se rapprochent tout à fait des dérivés des hydrocarbures saturés à chaîne ouverte et que le caractère propre des composés aromatiques n'apparaît qu'avec les doubles liaisons formées sur l'anneau benzénique.

Il importe de ne pas oublier que les doubles liaisons de cet anneau se différencient de celles des chaînes ouvertes, ainsi que le prouvent, d'une part, la fixation plus difficile du chlore et du brome sur les atomes de carbone réunis par une double liaison, et, d'autre part, la stabilité du groupe $- C H = C O H -$ dans la chaîne benzénique, c'est-à-dire l'existence des phénols, alors que dans la série grasse un pareil groupement se transforme immédiatement en $- C H^2 - C O -$. La formation du carvacrol aux dépens du camphre fournit un exemple d'une réaction précisément inverse, montrant une fois de plus la grande stabilité du groupement benzénique.

M. Brühl [*D. chem. G.*, **24**, 370], dans un travail important sur les terpènes et leurs dérivés considérés au point de vue des relations pouvant exister entre les indices de réfraction et le pouvoir dispersif de ces corps et leur constitution, conclut de la valeur trouvée pour le pouvoir réfringent moléculaire

$$\frac{(n^2 - 1)\, P}{(n^2 + 2)\, d}$$

du camphre éthylé[1], que ce composé ne renferme pas de liaison éthylénique et que sa constitution doit, par suite, être exprimée par la formule

$$
\begin{array}{c}
C H^3 \\
| \\
C \\
H^2 C \diagup \quad \diagdown C O \\
H^2 C \diagdown \quad \diagup C H - C^2 H^5 \\
H C \\
| \\
C^3 H^7
\end{array}
$$

Il ne semble pas qu'une preuve de cet ordre soit suffisante pour faire accepter la formule proposée pour le camphre par M. Bredt. Si l'on se place au point de vue géométrique, ou, comme on dit, stéréochimique, qui a trouvé déjà des applications et des confirmations si importantes, il est assez difficile d'admettre ces liaisons en *para* qui uniraient 2 atomes de carbone opposés de l'anneau benzénique. Pour qu'une telle liaison pût s'établir, il faudrait qu'il y eût une singulière déformation de l'anneau, et de plus, si elle se faisait, elle devrait donner lieu à des isoméries provenant de ce que la liaison pourrait s'effectuer soit par les sommets correspondants, soit par les sommets opposés, ce qui fournirait 2 isomères, et 4 en comptant les énantiomorphes, qui résulteraient de la structure du reste de la molécule de camphre. Il faut encore remarquer qu'avec la formule de M. Bredt il y aurait, dans la molécule de camphre, 2 atomes de carbone asymétriques, ce qui ne paraît pas vraisemblable, étant données les propriétés de ce corps et sa résistance à la transformation par la chaleur, alors que l'acide camphorique, dans lequel on est conduit à admettre 2 carbones asymétriques, se transforme facilement en un acide de pouvoir rotatoire opposé et offre, en un mot, les propriétés qui correspondent à une pareille structure.

Nous admettrons donc pour le camphre la for-

1. $n =$ indice de réfraction ; $P =$ poids moléculaire ; $d =$ densité.

mule de M. Kekulé, qui se traduit en symboles stéréochimiques de la manière suivante :

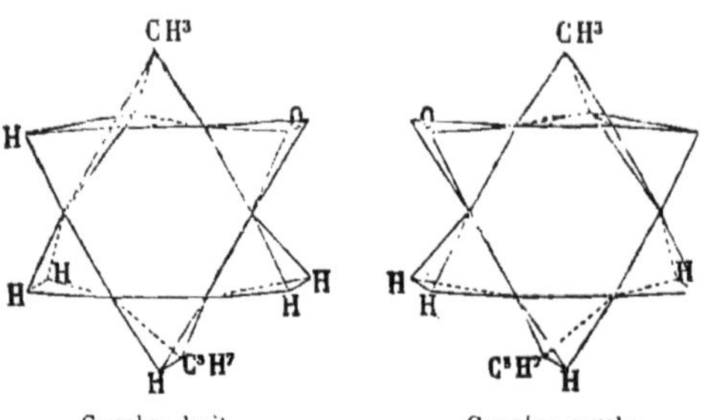

Camphre droit.   Camphre gauche.

l'une des deux figures représentant le camphre droit et l'autre le camphre gauche.

L'une des causes qui ont jeté le plus d'obscurité sur la constitution des dérivés du camphre, c'est la difficulté de dériver d'une manière simple, de la formule admise pour le camphre, celle de l'acide camphorique. L'acide camphorique est en effet un acide bibasique, et l'on a admis naturellement qu'il renfermait deux groupements CO_2H, comme les acides succinique, phtalique, etc. Le groupe CO contenu dans le camphre étant compris dans l'anneau benzénique, il fallait nécessairement admettre aussi que l'anneau était rompu et qu'il s'en formait un nouveau, ou bien qu'il subsistait une liaison éthylénique dans la molécule d'acide camphorique; cette dernière supposition est contraire aux faits connus.

La formule de M. Bredt rend, il est vrai, compte d'une manière simple du passage du camphre à un acide camphorique bibasique dans le sens ordinaire du mot :

I   II

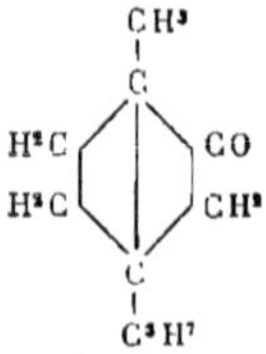

CH³   CH³
 | |
 C   C
H²C   CO   H²C   CO²H
H²C   CH²   H²C   CO²H
 C   C
 | |
C³H⁷   C³H⁷
Camphre.   Acide camphorique.

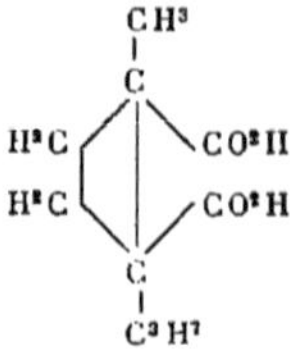

Mais, outre les objections faites plus haut au symbole I, on peut en opposer de bien fortes aussi au symbole II; ce serait en réalité un acide succinique substitué; or la substitution à 2 atomes d'hydrogène des groupes méthyle d'une part, propyle de l'autre, ne semble pas suffisante pour établir entre les deux OH de l'acide une différence pouvant rendre compte de celles que l'on observe (voyez ACIDE CAMPHORIQUE).

Il est difficile aussi de se représenter d'une manière simple la formation de la phorone aux dépens de l'acide camphorique avec la formule de M. Bredt.

Toutes ces difficultés disparaissent, ou au moins presque toutes, pour ne pas exagérer, si l'on considère l'acide camphorique comme étant non un acide bibasique proprement dit, mais un acide renfermant un groupe carboxyle CO_2H seulement, et un second oxhydryle ayant pris le caractère acide par le voisinage d'un groupe CO placé à côté de l'atome de carbone auquel l'oxhydryle est lié, cet oxhydryle étant d'ailleurs lui-même tertiaire.

Une pareille hypothèse rend parfaitement compte et de la formation de l'acide camphorique aux dépens du camphre, et des propriétés de l'acide camphorique. Ce dernier dérive en effet du camphre à la fois par oxydation et par hydratation ; les formules brutes $C^{10}H^{16}O$ et $C^{10}H^{16}O^4$ indiquent bien qu'il y a simple addition de $3O$ à la molécule du camphre; mais il n'est guère possible de comprendre cette addition autrement que par l'oxydation d'un groupe CH^3, qui perd H^2 en gagnant O^2, et par l'addition d'une molécule d'eau H^2O, qui apporte le troisième O en réparant la perte faite en hydrogène.

Cette transformation opérée sur le camphre, en admettant la formule

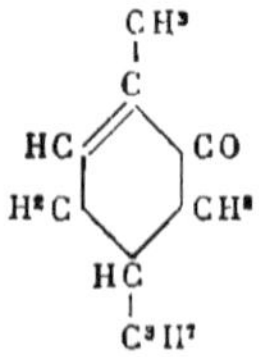

CH³
 |
 C
HC   CO
H²C   CH²
 HC
 |
C³H⁷

de M. Kekulé, et en supposant que le groupe hydrocarboné qui subit l'oxydation est le méthyle, et que la fixation d'eau à la place de la double liaison amène l'oxhydryle à côté du CO primitif, donne la formule suivante pour l'acide camphorique :

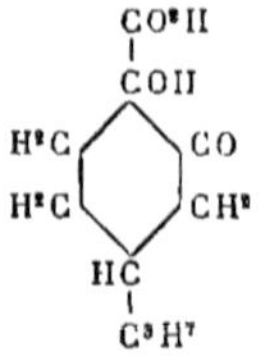

CO²H
 |
 COH
H²C   CO
H²C   CH²
 HC
 |
C³H⁷

Celui-ci apparaît alors comme un acide-alcool-acétone, renfermant le groupement $CO_2H-COH=$ des α-oxyacides tels que l'acide glycolique et l'acide lactique, mais avec cette différence que l'oxhydryle alcoolique est tertiaire, et de plus placé entre un groupe CO et un groupe CO_2H, ce qui, d'après ce que nous savons maintenant par des exemples tels que celui de l'acétylacétone de M. A. Combes, doit suffire pour lui imprimer un caractère acide.

L'acide camphorique possède en effet certaines des propriétés caractéristiques des acides-alcools dans lesquels le groupe OH est rattaché au carbone voisin du COH; ceux-ci donnent, par l'action de l'acide sulfurique, de l'oxyde de carbone avec formation d'une aldéhyde ou d'un dérivé sulfurique. C'est ce que fait aussi l'acide camphorique, qui, ainsi que l'a fait voir Walter, traité par l'acide sulfurique concentré, fournit de l'oxyde de carbone et un acide sulfocamphorique qui n'est autre chose que l'acide camphorique dans lequel le groupe CO_2H est remplacé par un groupe SO_3H.

L'acide camphorique, qui est nettement bibasique à la phtaléine et au tournesol, ne l'est plus à l'orangé III de Poirrier; il se comporte avec celui-ci comme les acides glycolique, lactique, etc. Enfin il fournit deux éthers acides différents (voyez plus haut, Suppl., 2, I, 883), suivant qu'on l'éthérifie directement par l'alcool et l'acide chlorhydrique, ou qu'après avoir préparé l'éther neutre, on le saponifie partiellement par la potasse alcoolique. Dans le premier cas, en restant dans notre hypothèse, on a l'éther renfermant un groupe $-CO^2C^2H^5$; dans le second, l'éther

$$CO^2H$$
$$|$$
$$-C.OC^2H^5$$
$$|$$
$$CO$$
$$|$$

Ce dernier est beaucoup plus difficilement saponifiable par la potasse que le premier.

La formule admise, renfermant 2 atomes de carbone asymétriques, se prête fort bien aussi à la représentation de l'isomérie qui existe entre les acides camphoriques et isocamphoriques.

On sait [Friedel, *C. R.*, **108**, 978. — Jungfleisch, *ibid.*, **110**, 790] que l'acide camphorique étant chauffé en présence de l'eau vers 180° se transforme en un acide que Wreden avait appelé *acide mésocamphorique*, et que celui-ci n'est autre chose qu'un racémique, formé par la combinaison d'acide camphorique ordinaire et d'un acide isomérique de pouvoir rotatoire opposé et de propriétés différentes, ce qui permet de le séparer assez facilement de l'autre. L'acide isocamphorique gauche est d'ailleurs facilement transformé en acide camphorique droit lorsqu'on le chauffe jusque vers 240°; à cette température, il donne un anhydride, qui régénère l'acide camphorique ordinaire par l'action de la potasse.

Les symboles suivants représentent clairement les relations existant entre les acides camphoriques droit et gauche et les acides isocamphoriques gauche et droit, qui se montrent comme dérivés deux à deux d'un même camphre.

On n'a appliqué, dans ces symboles, le schéma tétraédrique qu'aux atomes de carbone asymétriques, pour plus de simplicité.

II

CO²H OH   CO²H OH

H²C — CO   OC — CH³
H²C — CH³   H²C — CH³

H C³H⁷   H C³H⁷

III 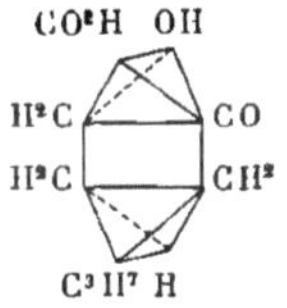   IV

CO²H OH   CO²H OH

H²C — CO   OC — CH³
H²C — CH²   H²C — CH³

C³H⁷ H   C³H⁷ H

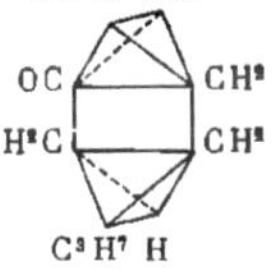

Les figures I et II d'une part, III et IV d'autre part, se correspondent comme énantiomorphes, I et IV, II et III comme dérivées d'un même camphre, sans qu'on puisse naturellement assigner une formule plutôt que l'autre à un acide camphorique ou à un acide isocamphorique.

La formule de M. Ballo renfermant 2 carbones asymétriques peut également représenter ces mêmes relations; mais nous avons fait voir plus haut qu'elle exprime moins bien l'ensemble des propriétés de l'acide camphorique. Il faut ajouter d'ailleurs que la formule donnée au camphre par M. Bredt permet d'arriver pour l'acide camphorique à une constitution identique à celle que nous admettons par la suppression de la liaison *para*.

Nous allons maintenant passer en revue successivement les divers dérivés du camphre, dans l'ordre où ils ont été décrits dans les articles de M. Haller, et voir si les formules que l'on est conduit à leur attribuer par les hypothèses qui viennent d'être énoncées s'accordent avec leurs propriétés et leurs transformations.

Acide camphanique. — L'acide camphanique ou anhydride oxycamphorique (Suppl., **2**, I, 849) s'obtient par l'action du brome sur l'anhydride camphorique et par celle de l'eau sur le produit. On peut admettre que, par l'ébullition avec l'eau, il y a formation d'un acide oxycamphorique, et que celui-ci perd en même temps de l'eau en donnant un anhydride. M. Fittig a déjà admis un mode de formation analogue avec production d'une lactone [*Ann. Chem.*, **172**, 151]. On aurait :

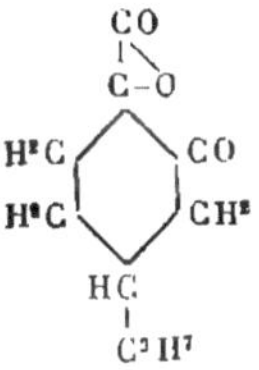

CO — C–O   CO — C–O
H³C — CO   HBrC — CO
H²C — CH²   H²C — CH²
HC   HC
C³H⁷   C³H⁷

Anhydride   Anhydride
camphorique.   bromocamphorique.

CO²H   CO²H
COH   O — C
HO.HC — CO HC — CO
H²C — CH²   H²C — CH²
HC   HC
C³H⁷   C³H⁷

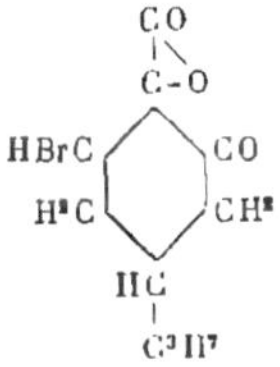

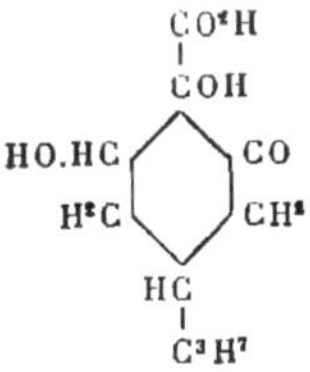

Produit intermédiaire. 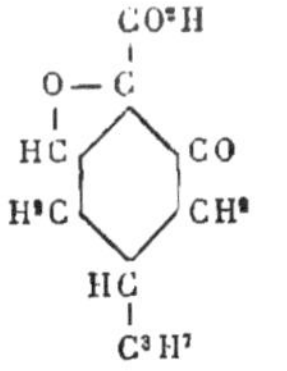   Acide camphanique.

L'acide camphanique fournit par distillation sèche *l'acide lauronolique* et la *campholactone*, dont on peut comprendre la formation et l'isomérie à l'aide des formules :

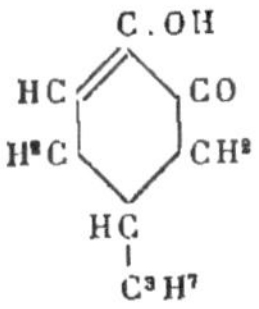

C.OH   O — CH
HC — CO   HC — CO
H²C — CH²   H²C — CH²
HC   HC
C³H⁷   C³H⁷

Acide lauronolique. 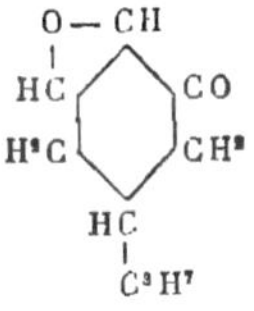   Campholactone.

On voit aisément que l'hydratation et la déshydratation successives de l'acide lauronolique peuvent conduire à la campholactone.

Acide camphocarbonique. — Cet acide a été obtenu par M. Haller en faisant réagir l'acide chlorhydrique sur le camphre cyané, et ce dernier en attaquant le camphre sodé par le chlorure de cyanogène :

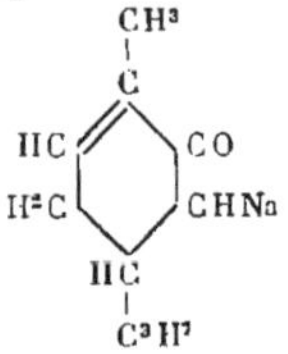

CH³
|
C
HC‖‖CO
H²C‖‖CHNa
HC
|
C³H⁷

Camphre sodé.

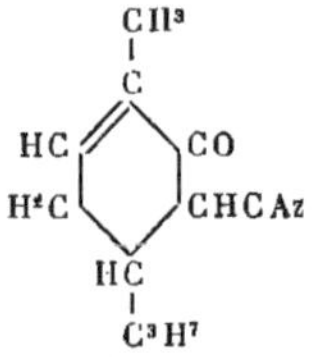

CH³
|
C
HC‖‖CO
H²C‖‖CHCAz
HC
|
C³H⁷

Camphre cyané.

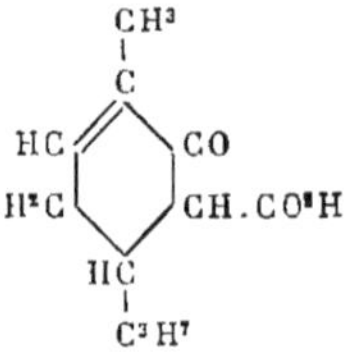

CH³
|
C
HC‖‖CO
H²C‖‖CH.CO²H
HC
|
C³H⁷

Acide camphocarbonique.

L'éther hydroxycamphocarbonique se produit par l'action de l'éthylate de sodium sur l'éther camphocarbonique [Haller et Minguin, Suppl., **2, I, 852**] :

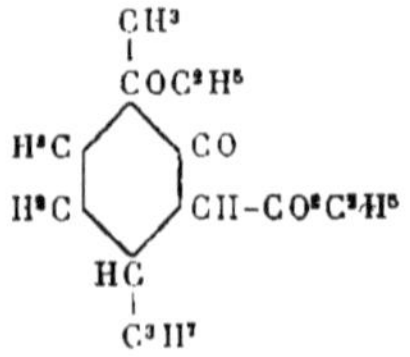

CH³
|
COC²H⁵
H²C‖‖CO
H²C‖‖CH—CO²C²H⁵
HC
|
C³H⁷

Éther hydroxycamphocarbonique.

L'action du sodium sur l'éther camphocarbonique, suivie de celle de l'éther chlorocarbonique, donne le camphodicarbonate d'éthyle [Brühl, *ibid.*, **20**] :

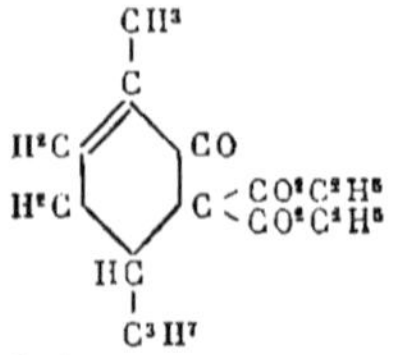

CH³
|
C
H²C‖‖CO
H²C‖‖C⟨CO²C²H⁵ / CO²C²H⁵
HC
|
C³H⁷

Camphodicarbonate d'éthyle.

Il est inutile d'écrire les formules de l'oxime, de l'hydrazone, des éthers méthylcamphocarboniques, etc., qui se dérivent naturellement des précédentes.

Camphol. — Le camphol, que l'on obtient par hydrogénation du camphre, est

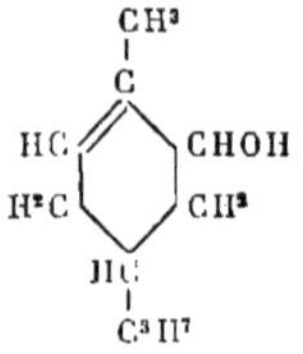

CH³
|
C
HC‖‖CHOH
H²C‖‖CH²
HC
|
C³H⁷

Camphol.

La molécule renferme donc 2 atomes de carbone asymétriques, ce qui correspond à l'existence de camphols de pouvoirs rotatoires différents et particulièrement de camphols stable et instable de pouvoirs rotatoires opposés dérivés d'un même camphre, qu'ils sont susceptibles de régénérer par oxydation.

Nous avons en effet les figures suivantes, dans lesquelles nous mettons en regard les énantiomorphes I et II, III et IV; les composés dérivés d'un même camphre sont I et IV, II et III :

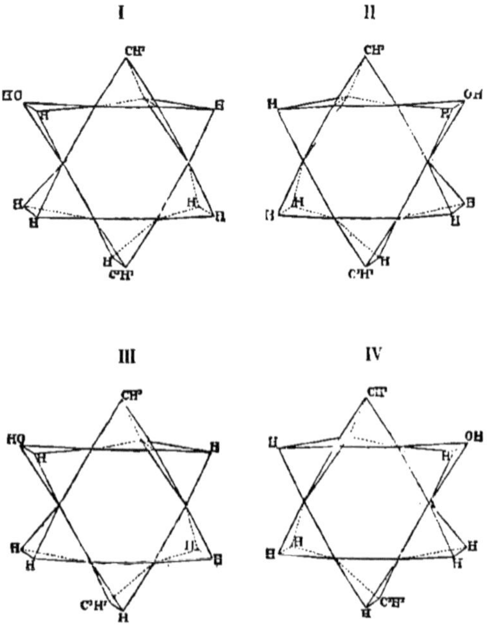

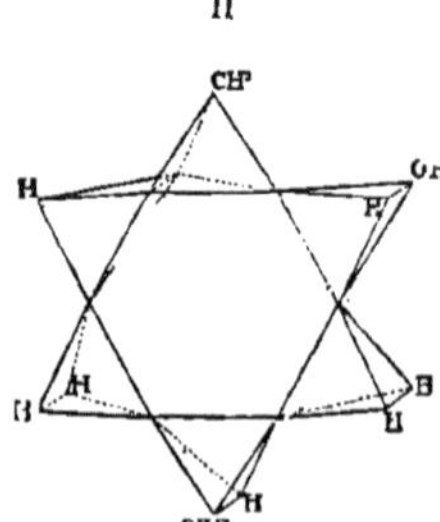

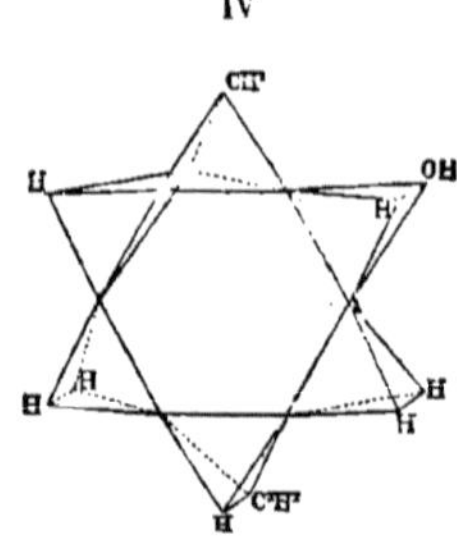

Acide campholique. — L'acide campholique est un produit d'hydratation du camphre :

$$C^{10}H^{16}O + H^2O = C^{10}H^{18}O^2.$$

Il a le caractère d'un acide faible : il ne s'éthérifie pas directement par l'alcool et l'acide chlorhydrique. La formule suivante exprime fort bien cette origine et ces propriétés, de même que sa transformation en acide camphorique par les oxydants :

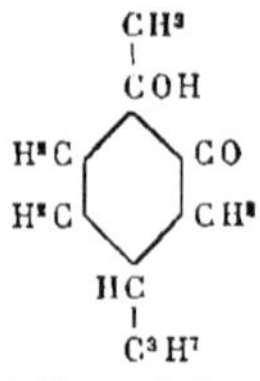

CH³
|
COH
H²C‖‖CO
H²C‖‖CH²
HC
|
C³H⁷

Acide campholique.

Acide campholique-carbonique. — M. Haller

l'a obtenu en faisant bouillir le camphre cyané avec de la potasse caustique :

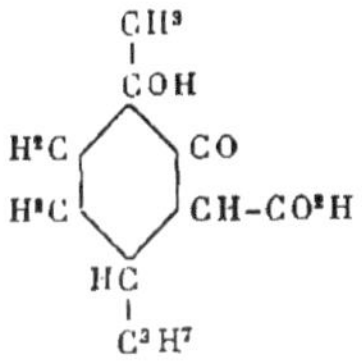

$$
\begin{array}{cc}
\text{CH}^3 & \text{CH}^3 \\
| & | \\
\text{COH} & \text{COH} \\
\text{H}^2\text{C} \diagup\ \diagdown \text{CO} & \text{H}^2\text{C} \diagup\ \diagdown \text{CO} \\
\text{H}^2\text{C} \diagdown\ \diagup \text{CH-CO}^2\text{H} & \text{H}^2\text{C} \diagdown\ \diagup \text{C} <{\text{CH}^3 \atop \text{CO}^2\text{H}} \\
\text{HC} & \text{HC} \\
| & | \\
\text{C}^3\text{H}^7 & \text{C}^3\text{H}^7
\end{array}
$$

Acide campholique-carbonique. 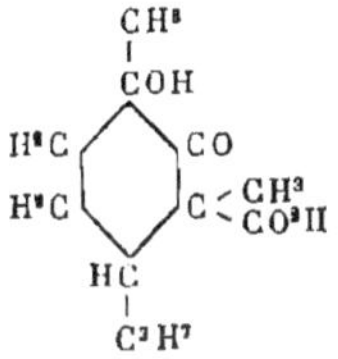   Acide méthylhydroxy-camphocarbonique.

Ce dernier a été préparé par M. Minguin en faisant réagir la potasse alcoolique sur le camphre cyanométhylé.

Le camphre cyané, traité par les alcoolates de sodium à 100°, se combine avec 1 molécule d'alcool pour donner naissance aux éthers cyano-campholiques, que l'acide chlorhydrique concentré ou la potasse caustique en excès transforment en acide hydroxycamphocarbonique,

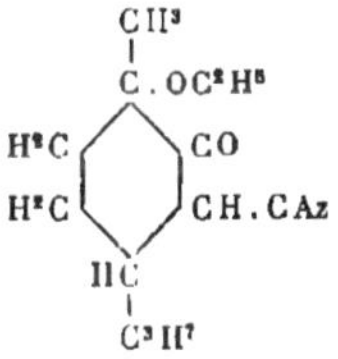

$$
\begin{array}{c}
\text{CH}^3 \\
| \\
\text{C . OC}^2\text{H}^5 \\
\text{H}^2\text{C} \diagup\ \diagdown \text{CO} \\
\text{H}^2\text{C} \diagdown\ \diagup \text{CH . CAz} \\
\text{HC} \\
| \\
\text{C}^3\text{H}^7
\end{array}
$$

Éther cyanocampholique.

Chlorure de camphoryle,

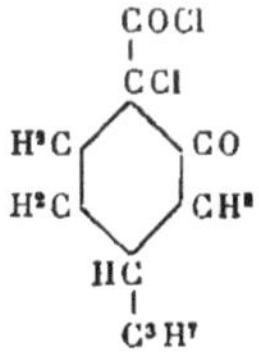

$$
\begin{array}{ccc}
\text{COCl} & & \text{CCl}^2 \\
| & & | \\
\text{CCl} & & \text{CO} \\
\text{H}^3\text{C} \diagup\ \diagdown \text{CO} & \text{ou} & \text{H}^3\text{C} \diagup\ \diagdown \text{CO} \\
\text{H}^2\text{C} \diagdown\ \diagup \text{CH}^2 & & \text{H}^3\text{C} \diagdown\ \diagup \text{CH}^2 \\
\text{HC} & & \text{HC} \\
| & & | \\
\text{C}^3\text{H}^7 & & \text{C}^3\text{H}^7
\end{array}
$$

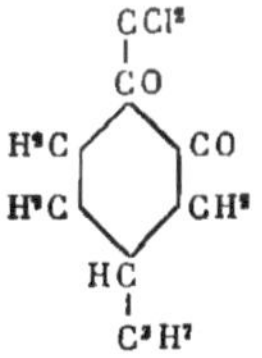

L'acide camphorylmalonique peut recevoir deux formules correspondant à celles du chlorure dont il est dérivé.

Camphoramate d'ammonium,

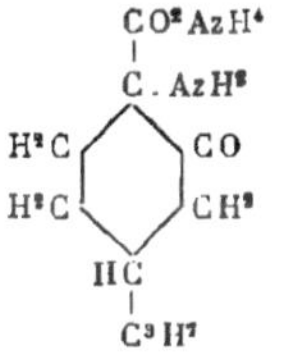

$$
\begin{array}{cc}
\text{CO}^2\text{AzH}^4 & \text{COAzH}^2 \\
| & | \\
\text{C . AzH}^2 & \text{C . AzH}^2 \\
\text{H}^2\text{C} \diagup\ \diagdown \text{CO} & \text{H}^2\text{C} \diagup\ \diagdown \text{CO} \\
\text{H}^2\text{C} \diagdown\ \diagup \text{CH}^2 & \text{H}^2\text{C} \diagdown\ \diagup \text{CH}^2 \\
\text{HC} & \text{HC} \\
| & | \\
\text{C}^3\text{H}^7 & \text{C}^3\text{H}^7
\end{array}
$$

Camphoramate d'ammonium. 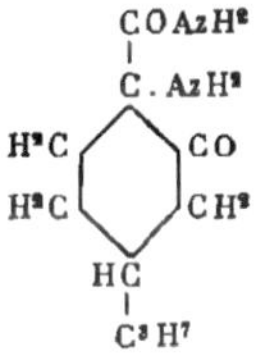   Camphoramide.

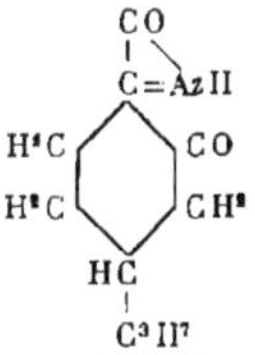

$$
\begin{array}{c}
\text{CO} \\
| \\
\text{C=AzH} \\
\text{H}^2\text{C} \diagup\ \diagdown \text{CO} \\
\text{H}^2\text{C} \diagdown\ \diagup \text{CH}^2 \\
\text{HC} \\
| \\
\text{C}^3\text{H}^7
\end{array}
$$

Camphorimide.

Acide sulfocamphorique. — Il paraît avoir une constitution exprimée par la formule

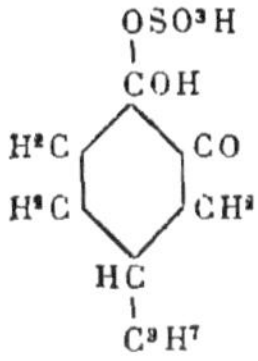

$$
\begin{array}{c}
\text{OSO}^3\text{H} \\
| \\
\text{COH} \\
\text{H}^2\text{C} \diagup\ \diagdown \text{CO} \\
\text{H}^3\text{C} \diagdown\ \diagup \text{CH}^2 \\
\text{HC} \\
| \\
\text{C}^3\text{H}^7
\end{array}
$$

Toutefois, en le regardant, ainsi que l'indique cette formule, comme un éther de l'acide sulfurique, on comprend difficilement sa grande stabilité.

Le corps $\text{C}^9\text{H}^{14}\text{O}^2$, obtenu par M. Kachler en fondant le sulfocamphorate de potassium avec de la potasse, serait peut-être

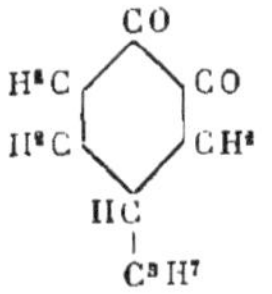

$$
\begin{array}{c}
\text{CO} \\
\text{H}^2\text{C} \diagup\ \diagdown \text{CO} \\
\text{H}^2\text{C} \diagdown\ \diagup \text{CH}^2 \\
\text{HC} \\
| \\
\text{C}^3\text{H}^7
\end{array}
$$

Acide camphoronique, $\text{C}^{10}\text{H}^{14}\text{O}^6$. — Ce corps, qui se trouve dans les produits d'oxydation du camphre par l'acide azotique, par le mélange chromique, par le permanganate de potassium, et qui se forme aussi par l'oxydation des acides camphorique et campholique, est tribasique. On peut lui attribuer une formule telle que les suivantes :

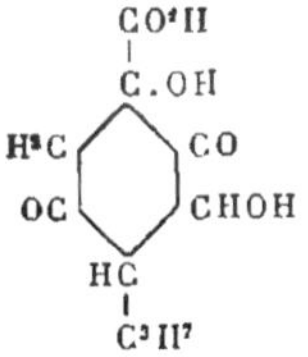

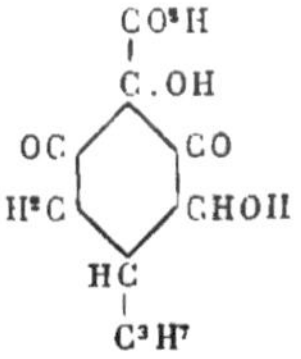

$$
\begin{array}{cc}
\text{CO}^2\text{H} & \text{CO}^2\text{H} \\
| & | \\
\text{C . OH} & \text{C . OH} \\
\text{H}^2\text{C} \diagup\ \diagdown \text{CO} & \text{OC} \diagup\ \diagdown \text{CO} \\
\text{OC} \diagdown\ \diagup \text{CHOH} & \text{H}^2\text{C} \diagdown\ \diagup \text{CHOH} \\
\text{HC} & \text{HC} \\
| & | \\
\text{C}^3\text{H}^7 & \text{C}^3\text{H}^7
\end{array}
$$

ou

$$
\begin{array}{c}
\text{CO}^2\text{H} \\
| \\
\text{COH} \\
\text{HO . HC} \diagup\ \diagdown \text{CO} \\
\text{OC} \diagdown\ \diagup \text{CH}^2 \\
\text{HC} \\
| \\
\text{C}^3\text{H}^7
\end{array}
$$

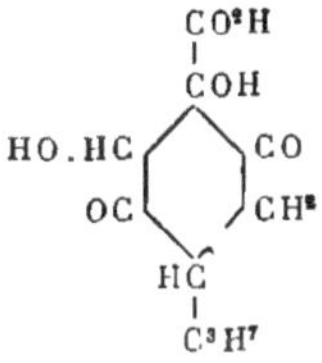

L'acide anhydrocamphoronique $\text{C}^{10}\text{H}^{12}\text{O}^5$ se dérive facilement de l'une ou l'autre de ces formules par perte d'une molécule d'eau. Il est monobasique.

Il est facile aussi d'imaginer pour les acides oxycamphoroniques des constitutions correspondant à celles que l'on pourrait être conduit à choisir pour l'acide camphoronique.

Acide camphoroxalique,

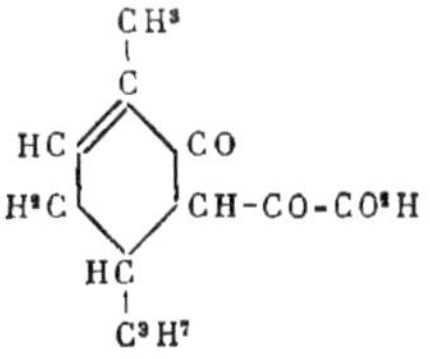

$$
\begin{array}{c}
\text{CH}^3 \\
| \\
\text{C} \\
\text{HC} \diagup\!\!\diagdown \text{CO} \\
\text{H}^2\text{C} \diagdown\ \diagup \text{CH-CO-CO}^2\text{H} \\
\text{HC} \\
| \\
\text{C}^3\text{H}^7
\end{array}
$$

Formylcamphre. — On l'obtient par l'action de l'éther formique sur le camphre sodé :

$$
\begin{array}{c}
CH^3 \\
| \\
C \\
HC \diagup \quad \diagdown CO \\
H^4C \diagdown \quad \diagup CH\text{-}CHO \\
HC \\
| \\
C^3H^7
\end{array}
$$

Camphres alcoylés. — On les prépare par l'action des iodures alcooliques sur le camphre sodé (Baubigny) ; ou par l'action des alcoolates de sodium sur le camphre à 220-250° (Haller) ; ou enfin par la décomposition des éthers camphocarboniques alcoylés (Minguin) :

$$
\begin{array}{c}
CH^3 \\
| \\
C \\
HC \diagup \quad \diagdown CO \\
H^4C \diagdown \quad \diagup CH . R \\
HC \\
| \\
C^3H^7
\end{array}
$$

Camphres bromés et chlorés. — Les données suffisantes manquent pour permettre de conclure avec quelque vraisemblance aux formules qu'il y a lieu d'attribuer aux divers camphres bromés et chlorés.

Par l'action du brome sur le camphre cyané, M. Haller a obtenu un camphre cyanobromé qui est insoluble dans les alcalis et qui répond sans doute à la formule

$$
\begin{array}{c}
CH^3 \\
| \\
C \\
HC \diagup \quad \diagdown CO \\
H^2C \diagdown \quad \diagup CBr\text{-}CAz \\
HC \\
| \\
C^3H^7
\end{array}
$$

Camphres nitrés. — Il paraît assez probable, d'après leurs propriétés acides, que les camphres α- et β-nitrés de M. Cazeneuve sont des isomères stéréochimiques répondant à la formule

$$
\begin{array}{c}
CH^3 \\
| \\
C \\
HC \diagup \quad \diagdown CO \\
H^2C \diagdown \quad \diagup CH . AzO^2 \\
HC \\
| \\
C^3H^7
\end{array}
$$

Le *camphonitrophénol* du même savant, isomérique avec les précédents, serait

$$
\begin{array}{c}
CH^3 \\
| \\
C \\
HC \diagup \quad \diagdown C . OH \\
H^2C \diagdown \quad \diagup C . AzO^2 \\
HC \\
| \\
C^3H^7
\end{array}
$$

Camphoquinone. — Ce composé, qu'on obtient par l'action de l'azotite de sodium sur une solution acétique de camphre isonitrosé, a sans doute pour formule

$$
\begin{array}{cc}
CH^3 & CH^3 \\
| & | \\
C & C \\
HC \diagup \quad \diagdown CO \qquad & HC \diagup \quad \diagdown CO \\
H^2C \diagdown \quad \diagup C\!=\!AzOH \qquad & H^2C \diagdown \quad \diagup CO \\
HC & HC \\
| & | \\
C^3H^7 & C^3H^7
\end{array}
$$

Camphre isonitrosé.   Camphoquinone.

OXYCAMPHRES. — *Acide camphique.* — Cet acide, qui a été découvert par M. Berthelot et qui se produit d'après Montgolfier par l'action de l'air sur le camphre sodé, doit être

$$
\begin{array}{c}
CH^3 \\
| \\
C \\
HC \diagup \quad \diagdown CO \\
H^2C \diagdown \quad \diagup CHOH \\
HC \\
| \\
C^3H^7
\end{array}
$$

L'*acide campholénique*, ou oxycamphre de MM. Kachler et Spitzer, qui se dérive de l'anhydride camphoroximique par l'action de la potasse, pourrait bien être identique avec l'acide camphique :

$$
\begin{array}{c}
CH^3 \\
| \\
C \\
HC \diagup \quad \diagdown C\!=\!Az \\
H^2C \diagdown \quad \diagup CH \\
HC \\
| \\
C^3H^7
\end{array}
$$

Anhydride camphoroximique.

Les caractères donnés pour l'un et l'autre composé ne sont pas assez nets pour permettre d'affirmer ou de nier cette identité.

Phorone $C^9H^{14}O$ ou *camphorone*, nom qu'il vaudrait mieux adopter pour distinguer ce corps de son isomère qui se forme par déshydratation de l'acétone : c'est le corps qui se produit dans la distillation sèche du camphorate de calcium ; sa formule est, en conséquence,

$$
\begin{array}{c}
HC \\
HC \diagup \quad \diagdown CO \\
H^2C \diagdown \quad \diagup CH^2 \\
HC \\
| \\
C^3H^7
\end{array}
$$

Nous avons laissé de côté dans cet article beaucoup de composés se rapportant d'une manière simple à ceux pour lesquels on a proposé des formules rationnelles, et d'autres importants et intéressants, comme la plupart des dérivés obtenus par M. Cazeneuve, mais pour lesquels les réactions connues, tout en s'accordant d'une manière générale avec l'hypothèse dont on est parti, ne suffisent pas pour indiquer complètement la formule de constitution. Il reste beaucoup à faire dans ce sens. Nous ne considérons même pas les formules qui ont été attribuées par nous à tel ou tel composé comme démontrées d'une manière aussi solide que nombre de celles qui ont cours pour les corps complètement étudiés. Il nous semble néanmoins que, dans leur ensemble, elles jettent beaucoup de jour sur la série camphorique, dans laquelle, malgré le nombre considérable de travaux dont elle a été l'objet, il a régné jusqu'ici une obscurité fâcheuse.

C. Friedel.

CAMPHYLIQUE (ALCOOL),

$$C^8H^{13} \lessgtr \begin{matrix} CH^2 \\ CH^2OH \end{matrix}$$

— Cet alcool, qui n'a pas encore été isolé à l'état de pureté, prend naissance quand on fait agir une solution d'azotite de sodium sur une solution de chlorhydrate de camphylamine : on doit avoir soin d'entraîner l'alcool au fur et à mesure de sa formation, à l'aide d'un courant de vapeur d'eau, pour le soustraire à l'action oxydante de l'acide azoteux.

Liquide huileux, presque incolore, qui, soumis à la rectification, se décompose partiellement en donnant un résidu brun et poisseux. Il possède une odeur de bornéol.

La densité de vapeur répond à celle d'un corps de la formule $C^{10}H^{18}O$ (théorie 5,28 ; trouvé 5,3) [Schulhof, *Dissert. inaug.*, Bâle, 1887,27].

CANADINE. — Cet alcaloïde accompagne la berbérine et l'hydrastine dans les racines d'*Hydrastis canadensis* [Hale, *Jahresb.*, 1873, 819. — Burt, *ibid.*, 1875, 784].

Pour l'obtenir, on part des eaux mères de la préparation de la berbérine, qui, neutralisées par l'ammoniaque, donnent un dépôt d'hydrastine, puis, par l'addition d'un excès d'ammoniaque, un précipité de canadine.

La canadine présente une réaction neutre. Elle est plus soluble que la berbérine dans l'eau à 60° et dans la potasse froide.

Le *chlorhydrate* forme des cristaux très solubles dans l'eau.

Le *sulfate* se présente en aiguilles prismatiques.

CANARINE. — Matière colorante jaune, que l'on prépare en traitant le sulfocyanate de potassium par le chlorate de potassium et l'acide chlorhydrique. Cette matière forme avec les alcalis des sels solubles dans l'eau et insolubles dans l'alcool, qui teignent le coton, sans mordant, en jaune ou en orangé [H.-O. Miller, brevet allemand 32356, mai 1884 ; *D. chem. G.*, **18**, *Ref.*, 676].

CANNABINE. — Voyez Dict., **1**, 725.

CANTHARÈNE (*dihydrure d'o-xylène*),

$$H^2 . C^6H^4 \lessgtr \begin{matrix} CH^3_{(1)} \\ CH^3_{(2)} \end{matrix}$$

(voyez Suppl., **1**, 399). — Le cantharène peut être obtenu à l'état de pureté absolue en chauffant avec de la potasse le composé iodé $C^{10}H^{12}I^2O^3$ qui prend lui-même naissance par l'action de l'acide iodhydrique sur la cantharidine (voyez ce mot) :

$$C^{10}H^{12}I^2O^3 + 6KOH$$
$$= C^8H^{12} + 2CO^3K^2 + 2KI + 3H^2O.$$

L'action des alcalis caustiques sur l'acide cantharique à la température d'ébullition du soufre (voyez Suppl., **1**, 400) le fournit un peu moins pur. Il vaut mieux effectuer le dédoublement de l'acide cantharique en cantharène et acide carbonique en le chauffant simplement avec de l'eau, à 300°, en tube scellé : si l'on opère par cette

dernière méthode, on peut partir directement de la cantharidine, qui fournit les mêmes produits dans ces conditions [J. Piccard, *D. chem. G.*, **19**, 1406].

CANTHARIDINE (voyez Dict., **1**, 726 ; Suppl., **1**, 398). — La cantharidine du commerce, dégraissée à l'éther et chauffée à 85° pendant 4 heures, en tube scellé, avec 4 fois son poids d'acide iodhydrique concentré (d = 1.96), fournit un mélange d'acide cantharique et d'un *dérivé iodé*

$$C^{10}H^{12}I^2O^3.$$

Pour isoler ce dernier, on évapore rapidement le produit de la réaction et on reprend le résidu par un peu d'alcool froid, qui laisse insoluble la cantharidine non attaquée et qui dissout l'acide cantharique et le dérivé iodé. On évapore cette solution alcoolique et on abandonne le résidu dans un lieu frais pendant 2 ou 3 semaines : la masse cristalline ainsi obtenue cède à l'alcool froid l'acide cantharique et quelques impuretés, tandis que le dérivé iodé reste insoluble. On le purifie en utilisant sa solubilité dans le toluène, le benzène, le chloroforme, sa faible solubilité dans l'alcool, et son insolubilité absolue dans l'eau et dans la potasse froide.

Chauffé avec de la potasse concentrée, ce dérivé iodé fournit le cantharène à l'état pur (voyez ce mot) [Piccard, *D. chem. G.*, **19**, 1405].

La cantharidine se dissout très bien dans l'acide formique ; ce dernier se trouve du reste en notable quantité dans les cantharides.

La cantharidine se combine avec perte d'eau à 1 molécule d'hydroxylamine pour donner naissance à la *cantharidoxime*, $C^{10}H^{13}AzO^4$. On la prépare soit par l'action du chlorhydrate d'hydroxylamine sur une solution alcoolique de cantharidine en tube scellé à 160-180°, soit en additionnant une solution de cantharidate de sodium d'un excès de chlorhydrate d'hydroxylamine et de carbonate de sodium et laissant digérer le mélange pendant 24 heures à 30-40°. Le corps ainsi obtenu se présente en grands prismes, fusibles à 166°, très solubles dans l'éther, l'alcool et l'eau bouillante, très peu solubles dans l'eau froide. L'acide chlorhydrique le dédouble à 150° en cantharidine et hydroxylamine.

La cantharidoxime est l'anhydride d'un *acide cantharidoximique* qui n'a pas encore été isolé.

Lorsqu'on la dissout dans la quantité strictement nécessaire de soude et qu'on ajoute à la solution de l'azotate d'argent, on voit se former, au bout de quelques instants, un précipité cristallin formé de prismes à 4 pans, qui n'est autre chose que la *combinaison argentique* de la cantharidoxime, $C^{10}H^{12}AzO^4Ag$.

Cette combinaison, chauffée en tube scellé, à 100°, avec de l'iodure de méthyle, se convertit en *éther méthylique*, $C^{10}H^{12}O^4Az . CH^3$, grands prismes incolores, fusibles à 134°, très solubles dans l'éther, l'alcool et l'eau bouillante [Homolka, *D. chem. G.*, **19**, 1084].

Chauffée à 135-140° avec 2 parties de phénylhydrazine et 2 parties d'acide acétique à 50 0/0 pendant 2 heures, la cantharidine fournit une masse cristalline, que le benzène bouillant scinde en deux composés.

Le moins soluble constitue l'*hydrazone*,

$$C^{10}H^{12}O^3 . Az^2H . C^6H^5.$$

Cristallisé dans l'alcool, ce dérivé se présente en grands cristaux rhombiques, fusibles à 237-238°, insolubles dans l'eau, peu solubles dans l'alcool et dans le benzène, très solubles dans l'acétone.

L'autre dérivé répond à la formule

$$C^{16}H^{21}Az^4O^3.$$

Il forme des cristaux incolores, fusibles à 130-131°, très solubles dans l'eau bouillante et dans l'alcool [Anderlini, *D. chem. G.*, **23**, 485].

Chauffée à 180° avec une solution alcoolique saturée d'ammoniaque, la cantharidine se convertit en *cantharidine-imide*, $C^{10}H^{12}O^3(AzH)$. Ce dérivé cristallise dans l'alcool en petits prismes incolores, fusibles à 200-201°, très solubles à chaud dans l'eau et dans l'alcool, solubles dans les acides concentrés; il n'est pas altéré par une longue ébullition avec les alcalis caustiques ou avec la baryte [Anderlini, *D. chem. G.*, **23**, 486; **24**, 1993].

En remplaçant dans cette préparation l'ammoniaque par les amines, on obtient toute une série de cantharidine-imides alcoylées.

La *cantharidine-méthylimide*,

$$C^{10}H^{12}O^3(Az \cdot CH^3),$$

cristallise dans l'eau en longues aiguilles incolores, du système orthorhombique, fusibles à 125°. On peut la préparer, soit au moyen de la cantharidine et de la méthylamine dans les conditions indiquées plus haut, soit par l'action de l'iodure de méthyle sur la cantharidine-imide en présence d'alcool méthylique et de la quantité théorique de carbonate de sodium, à 100°.

La *cantharidine-éthylimide*,

$$C^{10}H^{12}O^3(Az \cdot C^2H^5),$$

forme de beaux cristaux incolores, orthorhombiques, fusibles à 105°, solubles dans la plupart des dissolvants usuels.

La *cantharidine-amylamide*,

$$C^{10}H^{19}O^3(Az \cdot C^5H^{11}),$$

est soluble dans l'alcool, l'éther et le benzène, insoluble dans l'eau; elle cristallise difficilement et fond à 46°.

La *cantharidine-allylamide*,

$$C^{10}H^{12}O^3(Az \cdot C^3H^5),$$

fond à 80°; elle cristallise dans le système clinorhombique.

La *cantharidine-phénylimide*,

$$C^{10}H^{13}O^3(Az \cdot C^6H^5),$$

forme de grands cristaux, fusibles à 129°, solubles dans l'alcool, l'éther et le benzène, insolubles dans l'eau et appartenant au système clinorhombique.

La *cantharidine-α-naphtylimide*,

$$C^{10}H^{12}O^3(Az \cdot C^{10}H^7),$$

est soluble dans la plupart des dissolvants usuels, l'eau exceptée; elle fond à 230-232° et cristallise dans le système clinorhombique.

La *cantharidine-acétylimide*,

$$C^{10}H^{12}O^3(Az \cdot C^2H^3O),$$

obtenue par l'action de l'anhydride acétique sur la cantharidine-imide à 230°, forme des cristaux solubles dans l'éther, l'alcool et le benzène.

L'ébullition avec l'eau ou avec alcool faible suffit pour la saponifier.

ISOCANTHARIDINE, $C^{10}H^{12}O^4$. — On obtient cet isomère de la cantharidine en chauffant l'acide cantharique avec 4 ou 5 parties de chlorure d'acétyle, à 135°, pendant 3 heures : on évapore le produit de la réaction et on le fait cristalliser dans l'alcool.

Cristaux clinorhombiques, fusibles à 75-76°, très solubles dans l'alcool, l'éther et le benzène, peu solubles dans l'eau bouillante.

Soumis à l'ébullition avec l'eau, ce corps se convertit en acide isocantharidique [Anderlini, *D. chem. G.*, **24**, 1998].   E. Burcker.

CANTHARIDIQUE (ACIDE). — Lorsqu'on traite une solution chaude d'un cantharidate alcalin par un acide minéral, on n'obtient que son anhydride, la cantharidine. Si on opère avec des solutions étendues et froides, la cantharidine ne se forme pas; mais elle prend naissance dès que l'on élève la température à 60-70°; on peut donc supposer que l'acide cantharidique existe dans la solution froide; mais on n'est jamais parvenu à l'isoler.

Pour obtenir les sels alcalins de cet acide à l'état pur, on décompose son sel d'argent par le bromure de potassium ou de sodium : le sel d'argent est lui-même préparé en traitant par l'azotate d'argent une solution de cantharidine dans la soude.

Cantharidate diméthylique,

$$C^{10}H^{12}O^3(OCH^3)^2,$$

— Il prend naissance lorsqu'on chauffe pendant plusieurs heures, à 100°, le cantharidate d'argent avec de l'iodure de méthyle. Grands prismes brillants, fusibles à 91°, facilement solubles dans l'alcool, l'esprit de bois et l'éther bouillant [Homolka, *loc. cit.*].

ACIDE ISOCANTHARIDIQUE, $C^{10}H^{14}O^5$, H^2O [Anderlini, *D. chem. G.*, **24**, 1998]. — On prépare ce composé en faisant bouillir l'isocantharidine avec de l'eau pendant 3 heures. En évaporant la solution ainsi obtenue, on voit se former des cristaux répondant à la formule ci-dessus et fondant à 153°.

L'acide isocantharidique perd à 100° sa molécule d'eau de cristallisation; chauffé après dessiccation, il fond à 163° en perdant une nouvelle molécule d'eau et en se transformant en un *anhydride*, fusible à 75-76°, qui régénère l'acide isocantharidique par ébullition avec l'eau.

L'acide isocantharidique est soluble dans l'eau, l'alcool et l'éther.

C'est un acide bibasique, qui décompose les carbonates alcalins.

Le *sel d'argent*, $C^{10}H^{12}O^5Ag^2$, $3H^2O$, est un précipité blanc, floconneux, léger et amorphe.

Le *sel de baryum*, $C^{10}H^{12}O^5Ba$, $5H^2O$, forme des cristaux incolores qui perdent à 120° 2 molécules d'eau, puis à 140° une demi-molécule d'eau.

L'*éther méthylique*, $C^{10}H^{12}O^5(CH^3)^2$, obtenu par l'action de l'iodure de méthyle en solution méthylique sur le sel d'argent, fond à 81-82°; il se présente en cristaux incolores, solubles dans l'eau et dans l'éther, et volatils sans décomposition.   E. Burcker.

CANTHARIQUE (ACIDE) (voyez Suppl., **1**, 399). — Le mode de préparation de cet acide indiqué par M. Piccard a été modifié par M. Homolka de façon à donner rapidement un produit pur : On traite 1 partie de cantharidine pure finement pulvérisée (obtenue en précipitant un cantharidate alcalin par l'acide sulfurique) par 4 parties d'acide iodhydrique (d = 1,96) dans un tube scellé, à 100°; le produit de la réaction est étendu d'eau, additionné d'un léger excès d'ammoniaque, puis filtré et traité par l'acide chlorhydrique étendu, pour séparer une matière huileuse contenant de l'iode. Après une nouvelle filtration, on ajoute de l'acétate de plomb, on sépare l'iodure de plomb formé, et, dans la liqueur, on précipite l'excès de plomb par l'hydrogène sulfuré. La solution est ensuite chauffée au bain-marie jusqu'à réduction à un petit volume, et abandonnée à elle-même : l'acide cantharique ne tarde pas à se déposer sous la forme de gros prismes incolores, qu'on purifie en les lavant au benzène, et en les faisant recristalliser dans l'eau.

Dans un mémoire postérieur à celui de M. Homolka, M. Piccard [*D. chem. G.*, **19**, 1405] est revenu sur les conditions expérimentales qui conviennent le mieux à la préparation de l'acide cantharique. Il conseille de chauffer à 85° pendant 4 heures, en tube scellé, la cantharidine du commerce, préalablement dégraissée par un traitement à l'éther. Le produit de la réaction, repris par l'alcool froid, lui cède un mélange d'acide cantharique et d'un composé iodé $C^{10}H^{12}I^2O^3$ (voyez CANTHARIDINE) qui cristallisent ensemble au bout de 2 ou 3 semaines, lorsqu'on abandonne dans un lieu frais leur solution alcoolique préalablement concentrée. Pour isoler de ce mélange l'acide cantharique à l'état pur, on le reprend par l'alcool froid, puis on porte la solution alcoolique à l'ébullition en y ajoutant peu à peu du toluène ; lorsque l'alcool a été chassé, on laisse refroidir : l'acide cantharique se dépose à l'état cristallisé, tandis que l'eau mère toluénique retient les impuretés iodées. On peut aussi effectuer la purification en passant par les sels d'argent, de plomb, de baryum ou de cuivre.

M. Anderlini [*D. chem. G.*, **24**, 1996] prépare l'acide cantharique en dissolvant la cantharidine dans 5 fois son poids d'acide chlorosulfurique, abandonnant la solution pendant 4 heures, et versant ensuite sur de la glace : on porte la liqueur à l'ébullition, on sature par le carbonate de baryum, on filtre chaud, on précipite exactement la baryte en dissolution au moyen de l'acide sulfurique dilué, et on évapore à cristallisation.

D'après MM. Anderlini et Negri [*D. chem. G.*, **24**, 1997], l'acide cantharique fond à 275° et cristallise dans le système orthorhombique.

Chauffé avec de l'ammoniaque alcoolique, à 180°, il fournit un composé fusible à 187°, soluble dans la plupart des dissolvants et isomérique avec la cantharidine-imide, $C^{10}H^{13}AzO^3$.

Cantharate d'argent, $C^{10}H^{11}O^4Ag$. — Obtenu en traitant la solution neutre du sel ammoniacal par l'azotate d'argent, ce sel est un précipité blanc qui, chauffé pendant 2 heures à 100° avec de l'iodure de méthyle, donne le *cantharate de méthyle*, liquide bouillant à 210-220°.

Acide cantharoximique, $C^{10}H^{13}AzO^4$. — Il prend naissance par l'action du chlorhydrate d'hydroxylamine sur le cantharate de sodium en solution aqueuse à 80° ; lamelles incolores, fusibles en se décomposant à 175-180°. A 150°, en présence de l'acide chlorhydrique, il régénère l'acide cantharique avec formation simultanée d'un produit huileux de nature aldéhydique. L'acide cantharoximique est isomérique avec la cantharidoxime.

Lorsqu'on chauffe à 140-150° un mélange d'acide cantharique, de diméthylaniline et de chlorure de zinc, on voit se dégager de l'acide carbonique et se former un produit de condensation, $C^{26}H^{29}Az^3O$, qui est une leucobase susceptible de produire des matières colorantes par l'action des corps oxydants. D'après cette réaction, il est probable que l'acide cantharique est un acide α-acétonique, c'est-à-dire qu'il renfermerait le groupement $CO.CO^2H$, qui par perte d'acide carbonique se convertirait en groupe aldéhydique CHO ; le groupe aldéhydique ainsi formé se combinerait, avec élimination d'eau, à 2 molécules de diméthylaniline pour donner naissance à un composé basique.

En résumé, en s'appuyant sur les résultats obtenus par l'action de l'hydroxylamine et de la diméthylaniline, on peut considérer les deux acides cantharique et cantharidique comme des acides acétoniques et les représenter par les formules :

$$C^8H^{13}O^2.CO.CO^2H \qquad C^8H^{11}O.CO.CO^2H$$

Acide cantharidique.   Acide cantharique.

[Homolka, *loc. cit.*].   E. Burcker.

CAOUTCHOUC. — Depuis la publication du Dictionnaire, peu de recherches proprement chimiques ont été faites au sujet du caoutchouc. Les seules études entreprises par des industriels ont porté sur la vulcanisation et sur les divers mélanges que l'on peut, sans trop d'inconvénients, introduire dans la matière pure.

La vulcanisation, c'est-à-dire le plus ou moins de soufre à introduire dans chaque mélange, et le plus ou moins de temps et de chaleur à donner à la cuisson, n'a été systématiquement et scientifiquement étudiée nulle part. Du moins ces études, si elles ont été faites, sont restées secrètes, et nulle publication n'a permis aux concurrents de connaître les résultats des recherches entreprises.

Quant aux matières inertes, plus lourdes et moins chères que la gomme, que l'on peut introduire dans la gomme naturelle, elles sont extrêmement nombreuses.

Ces matières peuvent être divisées en deux groupes, les matières organiques et les corps minéraux.

Les matières organiques, en dehors du cuir et du liège, dont les emplois sont restreints, sont surtout constituées par ce que l'on désigne sous le nom de *factices*. Ce sont des huiles diverses, oxydées, épaissies par une cuisson prolongée, souvent par l'introduction de matières oxydantes, telles que la litharge, les dichromates, etc. Ces factices donnent au caoutchouc une onctuosité et une légèreté souvent utiles : elles coûtent au plus 2ᶠ,50 le kilogramme, tandis que le caoutchouc pur vaut au moins 3ᶠ,50. On conçoit si les fraudeurs ont eu beau jeu et si la lutte pour le bon marché s'est donné carrière. On peut aujourd'hui trouver dans le commerce des pièces en caoutchouc où il n'y a pas *trace* de gomme naturelle. Mais il n'existe, on le comprend sans peine, aucune publication sur ces mélanges, et nulle étude scientifique à nous connue n'a été faite sur ce sujet.

D'autres matières sont introduites dans les caoutchoucs à titre de matières colorantes. L'étude très complète en a été commencée en 1890 et se continue dans le *India-Rubber and gutta-percha*. Nous ne pouvons qu'y renvoyer nos lecteurs.

Ces mélanges, ces fraudes pour les appeler par leur nom, ont nécessité des essais que tous les grands acheteurs de caoutchouc fabriqué sont obligés d'opposer aux fabricants peu consciencieux. Nous croyons utile d'indiquer sommairement les épreuves qui sont indispensables pour reconnaître les qualités des caoutchoucs bruts (car les sauvages, producteurs de la matière, pratiquent la falsification aussi bien que les industriels les moins consciencieux). Nous compléterons ensuite par un aperçu succinct des essais à faire subir aux objets en caoutchouc sortis de fabrique.

ESSAI DU CAOUTCHOUC. — CAOUTCHOUC BRUT. — *Homogénéité et identifications.* — Prendre plusieurs échantillons *moyens*. Doser les cendres : leur taux permettra de se rendre compte de l'homogénéité de la livraison, et leur moyenne, comparée à celle de l'échantillon type, donnera un premier aperçu de la nature identique de la livraison avec l'échantillon.

Gomme lavée. — Le lavage de la gomme au déchiqueteur, pratiqué de la même façon que le dosage des cendres, fournira de nouvelles données sur la livraison. On aura ainsi la perte pour 100 et la teneur en *pur*.

Densité. — Prendre cette densité sur chaque échantillon.

Essai des qualités nerveuses et collantes. — Le lavage à chaud donnera des indications utiles.

Vulcanisation. — On mélange la gomme

avec des quantités égales de soufre et on étudie la vulcanisation comparative avec un type de Para pur.

Essais mécaniques. — On procédera, sur des cordes ou sur des lanières découpées dans des plaques faites dans des conditions identiques, à des essais de traction et de compression, en notant les états de dilatation et d'écrasement passagers et permanents.

CAOUTCHOUC VULCANISÉ. — Densité, dosage des cendres, dosage du soufre libre, dosage du soufre combiné, revulcanisation pour juger si la vulcanisation est complète. Action des corps gras : faire bouillir plus ou moins longtemps les objets avec des huiles plus ou moins actives.

Voici un résumé des exigences des grandes administrations (chemins de fer, marine, etc.) :

La composition doit renfermer 96 0/0 de Para sans aucun mélange d'autres gommes ou de caoutchouc factice, 3 0/0 de soufre et 1 0/0 au plus d'impuretés. La combinaison du soufre et de la gomme doit être intégrale ; pas de traces de soufre libre. La densité doit être comprise entre 0,919 et 0,956.

Les essais de pression sont faits à la presse hydraulique, 8000 kilogrammes pour les pièces (rondelles) travaillant à la compression et 5500 kilogrammes pour celles travaillant à la traction. L'épaisseur doit être réduite à 1/3, ni moins ni plus, et les plaques doivent reprendre leur épaisseur première au bout de quelque temps et ne présenter ni criques, ni fentes, ni altération de forme.

Les tuyaux pour freins doivent résister à 50 kilogrammes par centimètre carré. L'essai se fait en injectant de la glycérine sous une pression indiquée par un manomètre.

Les pièces sont essayées aussi à diverses températures, ainsi qu'à l'action de la vapeur.

SOURCES DU CAOUTCHOUC. — Les multiples emplois du caoutchouc ont nécessité des importations chaque année croissantes. Jusqu'à présent c'est le bassin de l'Amazone qui a fourni le tonnage le plus important. Mais chaque jour s'étend en Afrique le territoire accessible des bois à gomme, et les nouvelles sortes qui apparaissent sur le marché indiquent que des régions nouvelles sont chaque année ajoutées au domaine exploité. Après ces deux grands bassins équatoriaux viennent les sortes de la mer des Indes : Madagascar, Indes, Malaisie.

La totalité du caoutchouc consommé en 1890 peut être évaluée à 30 millions de kilogrammes, représentant une valeur totale de 150 millions de francs. Sur ces 30 millions de kilogrammes, 15 millions proviennent du bassin de l'Amazone, qui est aujourd'hui presque entièrement reconnu par les 80000 explorateurs qui se livrent à cette récolte.

Les caoutchoucs de l'Amazone se divisent en trois sortes : *Para fin, entrefin* et *sernamby.* Ces trois sortes ne diffèrent que par le soin pris pour la récolte du latex de l'hévéa.

Dans le Para fin, le latex est séché à la chaleur d'un feu de bois vert et se présente sous la forme de couches successives sentant le goudron. Perte au lavage, de 10 à 16 0/0.

Dans l'entrefin, le latex est composé de fragments coagulés spontanément et réunis en un bloc qui seul est fumé : il est moins résistant aux causes de fermentation et moins pur. Comme sa forme extérieure en blocs pourrait le faire confondre avec le Para, on coupe ces blocs en morceaux qui laissent voir la constitution intérieure. Perte au lavage, de 15 à 25 0/0.

Enfin le sernamby ou tête de nègre est le résidu, le déchet de la préparation des deux autres sortes ; les morceaux n'ont pas de forme définie ;

le sable et la terre sont mêlés à la gomme; le rendement après lavage est sensiblement inférieur. Perte au lavage, de 15 à 35 0/0.

L'Amérique produit d'autres sortes de gomme : au Brésil, chaque province équatoriale présente une sorte bien spéciale, soit par sa structure, soit par ses qualités, soit par la forme extérieure de sa préparation. Pernambuco, Ceara, Maranham, Bahia, Matto-Grosso sont la désignation de gommes différentes.

Pernambuco, Maranham, Bahia. — Plaques de 5 millimètres à 5 centimètres d'épaisseur, à enveloppe brune et à intérieur blanc rosé. Souvent cristaux d'alun que les indigènes introduisent pour coaguler le latex. Perte au lavage, de 30 à 40 0/0.

Ceara. — Connue sous le nom de *ceara scraps*, cette sorte se présente en larmes ou en lanières ambrées, agglomérées en blocs pesant parfois 50 et 100 kilogrammes. Cette gomme n'est plus le produit de l'hévéa, qui aime les plaines humides, mais du manitoba (manihot glaziowi), euphorbiacée qui croît dans les rochers stériles. Perte, 20 0/0.

Matto-Grosso. — Sorte nouvelle, excellente, arrivant sous la forme de blocs parallélépipédiques de 0^m,60 sur 0^m,30 et 0^m,15. Cette gomme, provenant de l'hévéa, doit être coagulée par du sel marin et comprimée pendant la coagulation dans des moules fortement pressés. Perte, 10 0/0.

En dehors du Brésil, l'Amérique du Sud produit des sortes de caoutchouc qui ne nous parviennent en France que par petites quantités ou exceptionnellement. La Bolivie, le Pérou, la république de l'Équateur, les États de Colombie, par les affluents de l'Amazone, envoient en France des gommes qui ressemblent aux gommes de l'Amazone et se confondent avec elles.

De Guayaquil, de Savanilla, arrivent des gommes noires et humides, et des gommes semblables du Guatemala, Costa-Rica, San-Salvador, Nicaragua et Mexique. Perte, 30 à 40 0/0.

Les gommes de la côte ouest et du centre de l'Afrique représentent une partie importante de la consommation du monde. D'après les récits des voyageurs, et particulièrement de Stanley, l'Afrique équatoriale représente une réserve immense pour l'avenir, et des forêts entières sont composées d'arbres gommifères non exploités. Une ère nouvelle et féconde s'ouvrira avec les progrès des moyens de transport pour le commerce des gommes africaines. Déjà nous recevons du Congo belge de la gomme kassaï, qui provient de la rivière de ce nom, à plus de 1000 kilomètres de la côte.

Pour le moment, les seules gommes usuelles proviennent des localités suivantes :

Sénégal. — Boules brunes, de grosseur variable, de qualité inférieure, intérieur rosé. Gomme très impure. Perte, de 35 à 40 0/0.

Casamance ou *boulam.* — Grand déchet.

Sierra-Leone. — Même qualité, tournant au gras, c'est-à-dire devenant collante.

Gabon. — Même qualité, plus impure encore (*longues*).

Possessions portugaises (Loanda). — Petits cubes (thimbles) de 3 centimètres de côté, bonne qualité.

Loanda. — Gomme fort bonne, arrivant en boules de 3 à 5 centimètres, formées de filaments enroulés comme des pelotons de laine. Ces loanda niggers sont très recherchés. Perte, de 10 à 20 0/0.

Si l'on passe à la côte de l'Afrique orientale, on trouve au Mozambique une sorte composée de filaments en boule (mozambique prima) ou enroulés sur des bouts de branches (fuseaux) de 7 à 15 centimètres de long.

L'île de Madagascar fournit aussi quelques sortes d'assez bonne qualité quand elles ne sont pas fraudées.

L'Asie fournissait autrefois beaucoup de gommes. La destruction des forêts a singulièrement réduit cette exploitation, de 25 à 35 0/0. On retire de Birmanie la gomme dite rangoon, et d'Assam le caoutchouc qui porte le même nom.

Ce sont presque toujours des gommes de qualité inférieure et qui se décomposent facilement. Perte, de 20 à 50 0/0.

L'Indo-Chine, comme Java, donne une gomme autrefois excellente quand elle était recueillie avec soin, aujourd'hui mêlée de sable et de terre : ce sont les sortes Java. Perte, 20 0/0.

L'île de Bornéo et les îles Malaises produisent une sorte, dite Bornéo, qui donne un grand déchet, mais qui est très recherchée pour ses qualités au moulage. Perte, de 25 à 45 0/0.

Comme nous l'avons déjà dit, la consommation totale du caoutchouc est d'environ 30 millions de kilogrammes, dont moitié provenant du bassin de l'Amazone. Le tableau suivant renferme les chiffres de l'exportation de la vallée de l'Amazone depuis 1865 :

1865.....	3 695	tonnes	1878.....	7 880 tonnes
1866.....	4 160	—	1879.....	7 870 —
1867.....	4 300	—	1880.....	8 450 —
1868.....	4 785	—	1881.....	8 850 —
1869.....	5 210	—	1882.....	9 900 —
1870.....	4 725	—	1883.....	10 130 —
1871.....	5 650	—	1884.....	10 900 —
1872.....	5 050	—	1885.....	13 200 —
1873.....	6 380	—	1886.....	13 000 —
1874.....	6 500	—	1887.....	14 000 —
1875.....	6 800	—	1888.....	15 000 —
1876.....	6 540	—	1889.....	15 500 —
1877.....	7 670	—		

Les prix des marchés sont fort variables entre certaines limites. Des écarts singuliers, indiquant les efforts de certains spéculateurs ou la crise

Les autres gommes suivent les mouvements du para. Ainsi aujourd'hui (1891), le para valant 2^{fr},50 le kilogramme, les gommes de la côte ouest de l'Afrique valent : Sénégal 4^{fr},50, Loanda 5 à 6 francs, Gabon 3 à 4 francs; celles de la côte orientale d'Afrique : Mozambique 4 francs à 5^{fr},50, Madagascar 6 francs.

Celles d'Asie : Assam 4 francs, Rangoon 4^{fr},25, Java 6^{fr},25, Bornéo 5 francs.

On peut évaluer la quantité de caoutchoucs divers introduite en France à l'état brut à 3 millions de kilogrammes.

Le caoutchouc introduit à l'état manufacturé sous diverses formes s'élève, d'après les chiffres des statistiques de la douane, à la somme de 14 millions de francs.

L'importance de la fabrication en France est de 70 millions de francs, produits par 160 fabriques.

L'industrie française a exporté environ 12 millions d'articles divers.

FABRICATION DU CAOUTCHOUC. — En dehors des usages généraux du caoutchouc énumérés dans le Dictionnaire, on a depuis quelques années multiplié les emplois de cette substance. Pour ne pas laisser de lacunes, nous rappellerons dans une rapide énumération tous les emplois principaux, n'insistant que sur les fabrications perfectionnées depuis la publication du premier article.

Caoutchouc moulé : anneaux, joints, clapets, chaînes, tapis, feuilles laminées, tuyaux, feuilles élastiques, imperméables, courroies, feuilles levées, câbles pour lumière électrique.

Le traitement du caoutchouc brut n'a pas beaucoup changé depuis 1800. Nous reprendrons l'ordre suivi précédemment dans le Dictionnaire.

Écrasage. — Le caoutchouc sorti de cette opération se trouve imprégné de 12 à 15 0/0 d'eau, ce qui nécessite de 8 à 15 jours de ressuyage. La *feuille ridée*, obtenue après ce lavage, est étendue sur des cordes métalliques dans un séchoir à air libre. Si l'on emmagasinait les feuilles mouillées, il y aurait fermentation. On ne saurait faire passer ces feuilles ridées au diable ou au cylindre mélangeur avant plusieurs semaines et même plusieurs mois de repos dans un endroit sec et obscur.

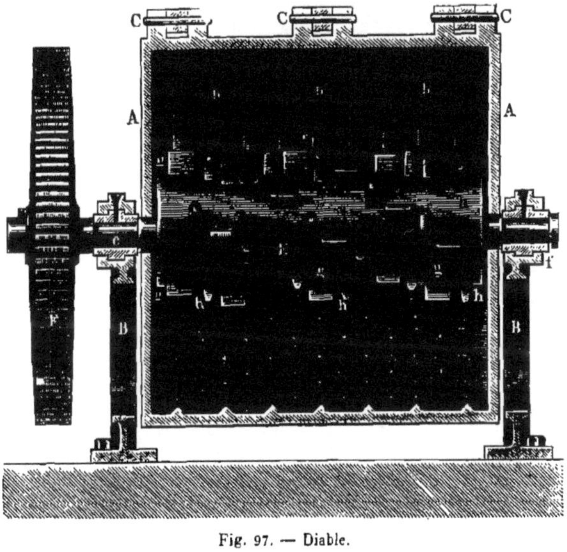

Pétrissage. — On trouvera ci-contre une coupe de l'outil appelé *diable*. Le tambour fixe AA (fig. 97), porté par les supports BB et fermé par le couvercle à charnière CCC, renferme un arbre horizontal E. Cet arbre, mis en mouvement par l'engrenage F, repose sur des paliers *e* et *f*, et est armé de dents *h* et *g*, qui viennent se croiser avec les dents *bb* fixes plantées dans le corps du tambour. Le tambour est parfois chauffé à la vapeur; le plus souvent le caoutchouc s'échauffe rien que par le malaxage énergique auquel il est soumis.

Cylindrage. — Le caoutchouc, sorti du diable et abandonné au repos pendant quelques jours, est soumis à

Fig. 97. — Diable.

qui suivait leur insuccès, sont à signaler. Ainsi, en 1878, le para valait 5 francs le kilogramme; en 1879, 11 francs; en 1882, 13^{fr},50. De 1884 à 1890 les prix ont oscillé entre 7 francs et 8^{fr},50.

l'action de deux cylindres de diamètre légèrement inégal et chauffés par une circulation intérieure de vapeur.

Le traitement est plus ou moins prolongé,

suivant la nature de la gomme et celle des mélanges divers qu'on y introduit. Le Para pur et additionné de ses 8 0/0 de soufre peut rester 2 à 3 heures. Au contraire, un mélange de gomme d'Afrique avec son soufre, ses oxydes de zinc, son huile oxydée (factice) peut n'exiger que 2 heures au plus de mastication.

La feuille, plus ou moins épaisse, sortant de ces cylindres (ne dépassant jamais 5 ou 6 centimètres) est talquée (pour ne pas coller) et mise en magasin. C'est la matière première d'où sortira toute la fabrication. Elle servira au moulage en feuille épaisse où l'on découpera la quantité nécessaire pour remplir les moules, aux tuyaux faits à la filière en longs morceaux de grosseur suffisante pour être mis dans le corps de la presse ; enfin, après l'avoir passée à la calandre pour la ramener à l'état de feuille mince, on en tirera divers articles, tels que fils, toiles à tuyaux, toiles à câbles, feuilles durcies, etc.

Ces pâtes peuvent se conserver indéfiniment ; si on ne les talquait pas, elles colleraient entre elles ; l'ongle y enfonce et laisse une marque persistante. C'est la matière qui contient le soufre à la dose voulue (8 à 10 0/0 pour le souple,

25 à 30 0/0 pour le durci), mais qui ne deviendra utile qu'après vulcanisation.

Moulage. — Cette opération se fait aujourd'hui dans des moules en fonte. La gomme, chargée ou non de matières diverses et toujours mélangée au soufre nécessaire, est cuite dans son moule de trois façons différentes : *a* dans un bain de soufre (1 à 2 heures) ; *b* dans la vapeur : on met les moules les uns sur les autres dans une chaudière peu profonde (50 à 80 centimètres), et après fermeture on laisse entrer la vapeur à 3 ou 5 atmosphères ; durée variant de 1 à 3 heures ; *c* dans l'eau : on laisse cuire les objets dans un autoclave rempli d'eau, et celui-ci est chauffé à feu nu jusqu'à la pression qui convient et pour une durée de 1 à 4 heures qui est fixée par l'expérience.

Les moules sont talqués, les gommes sont fortement comprimées ; elles se dilatent d'ailleurs par la vulcanisation, ce qui fait que les moindres détails sont admirablement épousés.

Pour les objets durcis, la vulcanisation est faite à une température plus élevée et a une durée plus longue. On sait que la proportion de soufre est de 30 à 33 0/0.

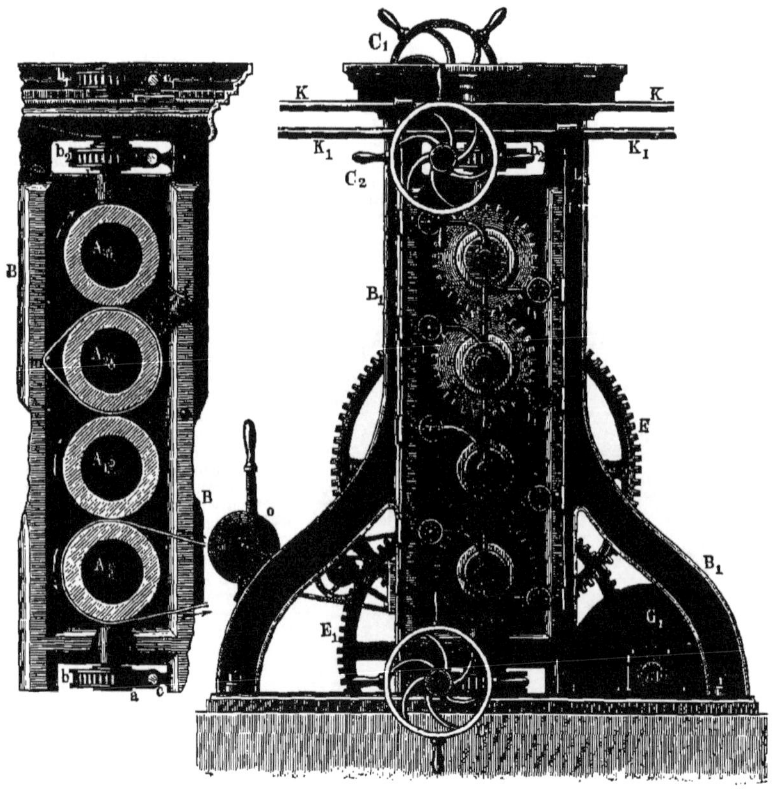

Fig. 98. — Calandre.

Calandrage. — La pâte sortant des cylindres, et après repos (il semble qu'il y ait avantage après chaque opération énergique à laisser le caoutchouc revenir à une sorte d'équilibre moléculaire, après lequel la fabrication est plus sûre) est passée à la calandre pour faire une mince toile de caoutchouc. Pour qu'elle ne colle pas à elle-même, cette toile, de 0ᵐ,75 de largeur et d'une épaisseur qui varie de 1/10 de millimètre à 2 centimètres, est enroulée sur un rouleau simultanément avec une toile en calicot qui l'empêche de coller.

La calandre, instrument très puissant qui absorbe de 7 à 10 chevaux-vapeur, est un outil de précision et coûte de 30 000 à 70 000 francs.

La figure 98 en donne une coupe et une vue latérale. Les quatre cylindres $AA_1A_2A_3$ qui composent la calandre et qui sont chauffés à la vapeur ou au besoin refroidis par un courant d'eau tiède ou froide, doivent être tournés à des diamètres rigoureusement égaux. Leur vitesse, fort lente, doit être absolument égale et les engrenages ne présenter aucun jeu.

Suivant l'épaisseur que l'on veut donner à la feuille de caoutchouc, les cylindres peuvent tous ensemble être rapprochés à l'aide de la roue C_2 agissant sur la vis hélicoïdale b_2, ou écartés par le moyen de la roue C_1 et de la vis b_1. Le bâti BB_1 doit être très résistant. Les tuyaux KK_1 amènent l'eau froide ou la vapeur, que l'on règle et distribue à chaque cylindre au moyen de robinets i.

La feuille est enroulée sur le cylindre o.

Les feuilles ainsi produites sont dites *feuilles laminées*, et servent aux fabrications suivantes.

Tuyaux. — Les tuyaux sont fabriqués de deux façons. Si le diamètre est petit et qu'il s'agisse de tuyaux à composition homogène, on met dans une presse à filière de la pâte de gomme convenable et on tire le tuyau, qui se produit comme du macaroni sur un plateau tournant où on le love en spirale. Il est vulcanisé sur ce plateau sous une couche de talc qui empêche sa déformation.

Si le diamètre extérieur dépasse 5 millimètres, le tuyau doit être fait sur une âme intérieure, une tringle en fer creux ou plein suivant le diamètre. La tringle est talquée, puis recouverte en spirale ou en longueur d'une bande de feuille laminée dont les bords se collent, se soudent à eux-mêmes. Cette bande, cette première enveloppe peut être suivie de plusieurs autres, de nature ou de couleur différente : des spirales de toile, de fil de fer galvanisé, de corde, peuvent alterner avec les bandes de caoutchouc, selon la force, l'épaisseur et l'emploi désirés.

La dernière couche est fortement serrée par un bandage en calicot. Les tubes ainsi préparés sont placés, de préférence verticalement, dans une chaudière que l'on ferme hermétiquement et que l'on remplit de vapeur. La profondeur de la chaudière, généralement 12 mètres, limite la longueur des tubes du commerce. Mais on peut pratiquer des soudures entre deux tuyaux, et, en vulcanisant ces soudures, on peut obtenir telle longueur que l'on désire.

Les tuyaux de chimie sont fabriqués, non pas avec de la feuille laminée, mais avec de la feuille sciée, dite généralement *feuille anglaise*. Cette feuille est du Para pur.

Feuille sciée. — Quand on veut obtenir une feuille bien homogène, très compacte, très feutrée, on n'a plus recours à la calandre, dont la pression est limitée. On comprime le bloc de caoutchouc, tel qu'il sort des cylindres, dans des moules ronds ou cubiques. La pression atteint et dépasse 300 kilogrammes par centimètre carré : on se sert à cet effet de puissantes presses hydrauliques. Une fois le bloc carré ou le cylindre obtenu, on le laisse reposer le plus longtemps possible, et même, si on peut, on le fait refroidir à quelques degrés au-dessous de 0°. Pour transformer un cylindre en feuilles, on se sert d'un couteau à va-et-vient, constamment arrosé d'eau, pendant que le cylindre tourne sur son axe en avançant parallèlement à cet axe.

Pour obtenir une feuille d'un bloc rectangulaire, le couteau scie comme précédemment, mais le bloc s'élève lentement jusqu'à ce que toute la face soit coupée. Les rayures que l'on constate sur la feuille sciée indiquent ce mode de fabrication. Ces machines à couper les blocs et à scier les feuilles doivent être très solides et résister sans trépidations aux énormes vitesses des organes en mouvement.

Fils élastiques. — La méthode actuelle pour faire les fils élastiques réalise un grand progrès sur l'ancienne fabrication. La feuille, laminée à la calandre à l'épaisseur voulue, est roulée sur un cylindre en bois, et, pour prendre une certaine consistance, elle passe, avant de s'enrouler, dans une dissolution concentrée de gomme laque dans l'alcool. Quand cette dissolution est sèche, on place le cylindre sur un tour spécial où un couteau vertical, à progression automatique, découpe des rondelles.

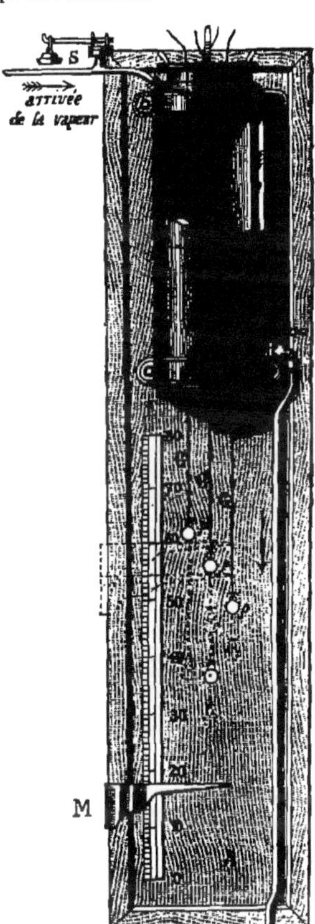

Fig. 99. — Appareil à essayer les fils élastiques.

Dans ces rondelles, la largeur est réglée automatiquement suivant le numéro du fil : l'épaisseur est celle de la feuille enroulée, et la longueur du fil est la longueur de la feuille laminée (d'ordinaire 60 mètres). On n'a comme déchet que les bords extrêmes, et la section du fil est bien rectangulaire.

Il importe de s'assurer par des moyens de grande précision de la qualité de la vulcanisation des fils.

Une trop grande vulcanisation rend les fils

cassants, et cela plusieurs semaines après l'emploi. On conçoit combien un fil qui casse dans une chaîne sur le métier peut produire de dommage chez un fabricant de bretelles ou de jarretières en soie. Pour ne pas courir ce risque, les maisons sérieuses ont toujours un laboratoire d'essai, où de très ingénieux systèmes sont appliqués à l'examen des fils de gomme. Nous citerons tout spécialement les usines de MM. Rivière et Cⁱᵉ à Rouen, où M. Alfred Lailler, ingénieur chargé de la direction du tissage, a installé un appareil fort pratique.

La figure 99 rend compte de la disposition. B est un cylindre en cuivre, à circulation de vapeur, ouvert à la partie inférieure, fermé à la partie supérieure par une plaque où se trouvent à l'extrémité de 2 diamètres rectangulaires 4 ouvertures pour y attacher les fils et une ouverture au centre pour y passer un thermomètre. Une échelle graduée E donnera les longueurs de tension sous l'action de poids égaux p. Le curseur M permettra de lire les degrés de l'échelle. Le tout est fixé sur une planchette A. Voici comment on opère : On coupe 4 fils de gomme d'égale longueur et on les attache aux ressorts du couvercle supérieur. C'est un point délicat que les attaches de ces fils. On fait supporter à chaque fil de même section un même poids qui varie avec la section du fil (70 grammes pour le n° 75). On note les hauteurs sur l'échelle au moyen du

pied à coulisse. Si la gomme est régulièrement élastique, cette hauteur doit être la même. On introduit alors la vapeur le plus rapidement possible dans l'enveloppe du manchon, de façon à ne pas amollir la gomme par une chaleur de trop longue durée. Lorsque le thermomètre de la chambre chaude indique 90°, on mesure sur l'échelle E avec la même équerre M le retrait de chacune des 4 gommes essayées. On ferme l'introduction de vapeur. Quand l'appareil est complètement refroidi, on mesure de nouveau l'allongement des fils de gomme.

Si le retrait a été le même pour tous les fils et si après le refroidissement l'allongement est égal à l'allongement primitif, on peut conclure que les gommes ont le même degré d'extensibilité ; et comme on a un type connu pour bon parmi les quatre gommes essayées, on en déduit par comparaison la valeur des trois échantillons nouveaux.

Imperméables. — Quand on veut imprégner une toile ou une étoffe d'une mince couche de gomme, on fait dérouler cette toile entre un cylindre et un couteau métallique qui peut s'approcher du cylindre aussi près que l'on veut. On garnit le couteau d'une dissolution de caoutchouc dans du benzène rectifié. Au passage de la toile sous le couteau, la dissolution s'imprègne dans la toile et la couche est réglée par le jour laissé entre le cylindre et le couteau-règle.

Fig. 100. — Machine à vulcaniser au sulfure de carbone.

Au sortir du couteau, l'étoffe passe sur une table chauffée à la vapeur, où le benzène s'évapore après un passage de 3 à 4 mètres, ce qui permet d'enrouler l'étoffe presque immédiatement. Comme la gomme gonfle de plus de 20 fois son volume en absorbant le benzène, une couche de 1 millimètre d'épaisseur se réduit après évaporation du benzène à 1/20 de millimètre. Cela permet de faire des vêtements imperméables à 10 et 12 couches n'ayant pas plus de 2/10 de millimètre. Les imperméables doubles, c'est-à-dire où la gomme est placée entre une étoffe et une doublure, sont faits en appliquant sous la pression de deux rouleaux les deux étoffes, chacune déjà chargée de plusieurs couches de gomme non encore vulcanisée.

Cette vulcanisation s'effectue parfois par une cuisson dans une chaudière chauffée à la va-

peur ; mais plus souvent on emploie la vulcanisation par le procédé de M. Parkes (sulfure de carbone et chlorure de soufre), qui, vu le peu d'épaisseur de la couche de caoutchouc, vulcanise parfaitement.

Nous donnons ci-dessus (fig. 100) le dessin de cette machine à vulcaniser les tissus, qui est peu connue. Le tissu est enroulé sur le rouleau B, couche caoutchoutée en dehors. La toile (calicot) qui empêche les couches de coller entre elles s'enroule sur le cylindre A. L'étoffe à vulcaniser glisse sur le rouleau métallique E, en lui présentant sa face caoutchoutée. Le rouleau lui-même baigne ses génératrices inférieures dans le mélange de sulfure et de chlorure de soufre contenu dans l'auge D et imprègne la couche de caoutchouc.

Si l'on veut vulcaniser l'étoffe sur les deux faces,

comme pour certains tissus à ballon, la vulcanisation se fait sur l'autre face par le second rouleau et la seconde auge D. Enfin le cylindre entraîneur C et la grande cage F enroulent l'étoffe, qui a eu le temps, dans son voyage aérien, de laisser évaporer le petit excès de sulfure de carbone nécessaire à la dissolution du chlorure de soufre.

Courroies. — Dans les fabriques de produits chimiques, dans les papeteries, l'eau, l'humidité, les acides, la vapeur abîment rapidement les courroies en cuir. On fait, depuis quelque temps, des courroies en plusieurs doubles de toile de coton très robuste imprégnés d'une dissolution de caoutchouc. Ces doubles sont cousus entre eux par plusieurs rangs d'une couture solide et sont recouverts d'une enveloppe générale en feuille de caoutchouc laminé. Le tout est mis dans un moule bien rectangulaire et cuit sous une presse à vapeur par longueurs successives représentant la longueur de la presse (1 à 2 mètres). Ces courroies font un excellent usage, et, à partir de $0^m,10$ de largeur, sont plus économiques que les courroies en cuir. Dans les papeteries et dans l'industrie des produits chimiques, elles sont indispensables. Quand elles sont bien faites, elles ne s'allongent pas.

Feuille levée. — Quand on veut obtenir des pellicules extrêmement minces de gomme que ne peuvent donner ni la feuille sciée, ni la calandre, on applique, sur une toile légèrement talquée, une couche de dissolution au moyen de la table chaude. On laisse évaporer le benzène et l'on *enlève* la couche de gomme qui se détache de la toile. C'est ce procédé qui permet la fabrication des dessous de bras pour femmes, dont l'usage se répand chaque année davantage.

Câbles pour usages électriques. — Depuis quelques années, l'emploi des conducteurs isolés à la gomme se répand de plus en plus. Pour les hautes tensions, des épaisseurs de 1 à 2 centimètres, en une ou plusieurs couches, exigent des quantités considérables de caoutchouc. En 1890, pour la seule usine de Bezons (Société générale des Téléphones), le service des câbles a absorbé pour 1 million et demi de caoutchouc mélangé ou pur.

Le caoutchouc en feuilles provenant des calandres est découpé sur le cylindre en bandes minces. Ces bandes sont appliquées soit en spirale, soit en longueur, et par le moyen de galets à gorge, sur les torons de câbles. On place ainsi une ou plusieurs couches, dont les joints sont croisés ; ces bandes sont maintenues par des spirales de toile enroulée en sens inverse. Le tout est enroulé sur des cylindres et porté à l'étuve où s'opère la vulcanisation du caoutchouc, ce qui prévient le décentrage de l'âme métallique.

Ces câbles coûtent cher, mais ils offrent le seul moyen d'envoyer avec sécurité les courants à haute tension que nécessitent les machines nouvelles à courants alternatifs ou polyphasés.

Ernest Vlasto.

CAPILLARITÉ. — Tout le monde sait qu'on nomme phénomènes *capillaires* les dérogations aux lois habituelles de l'hydrostatique qu'on voit se manifester au contact entre deux milieux différents dont l'un au moins est fluide. Ainsi, un liquide subit des ascensions ou des dépressions anomales le long d'une paroi ou à l'intérieur d'un tube ; il adhère à un solide en formant des gouttes. Les théories classiques dans lesquelles on admet que les liquides sont des fluides parfaits sont impuissantes à rendre compte de ces faits singuliers.

Nous ne voulons pas, bien entendu, donner dans ce Dictionnaire un traité relatif à la capillarité ; nous indiquerons seulement ce qui est indispensable pour bien comprendre les phénomènes capillaires en face desquels le chimiste peut se trouver, et nous résumerons aussi le peu qu'on sait jusqu'à ce jour des relations entre les forces capillaires et la constitution chimique des corps. Dans cette étude, nous prendrons surtout pour guide le petit traité que M. A. Terquem a inséré dans l'*Encyclopédie chimique* de M. Fremy [1, fasc. 2, 527-607], et nous nous permettrons d'y faire de larges emprunts.

Citons encore une conférence sur ce sujet par M. C. Chabrié [*Relations existant entre la composition chimique et les tensions superficielles des corps ;* conférences faites au laboratoire de M. Friedel, 1888-1889, 2e fasc., 1-29 ; Paris, Carré, 1891].

Tension superficielle. — Pour établir les lois fondamentales de l'hydrostatique, on suppose qu'on a affaire à des fluides parfaits ; autrement dit, on néglige le travail des forces intérieures, ainsi que celui des forces qui s'exercent entre le liquide et les corps qui le touchent ; or ces suppositions ne sont pas rigoureusement exactes et ne conduisent qu'à une première approximation. On sait qu'entre les molécules de tous les corps se fait sentir une force particulière, l'*attraction moléculaire*, absolument distincte de l'attraction universelle. Les effets en sont très variés et bien connus : on leur donne, suivant les cas, les noms de *cohésion, adhésion, frottement, capillarité, viscosité*, etc. Nous les observons surtout dans les solides, à un moindre degré dans les liquides, au contact entre ces deux classes de corps, et même au contact entre les liquides et les gaz, comme le prouve le fonctionnement des trompes à mercure ou à eau. Dans les gaz seuls, l'attraction moléculaire est pour ainsi dire négligeable.

Par le jeu de l'attraction moléculaire, nous pouvons dire que deux molécules quelconques s'attirent proportionnellement à leurs masses et aussi à une fonction $f(r)$ de leur distance mutuelle r, fonction spécifique de la nature des molécules et dont la loi nous est absolument inconnue. Tout ce que nous pouvons affirmer, c'est que cette fonction décroît très rapidement avec la distance et que, lorsque celle-ci dépasse une certaine valeur R, très petite, la fonction $f(r)$ devient nulle. Ainsi, dans un corps A, soit une molécule M ; toutes les molécules de A pouvant agir sur M sont comprises à l'intérieur d'une sphère décrite autour de M comme centre, avec un rayon très petit R ; on donne à celle-ci le nom de *sphère d'activité.*

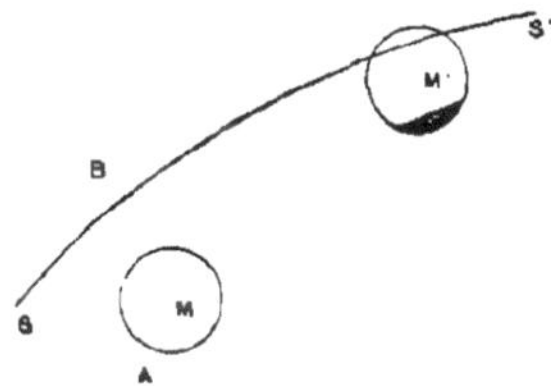

Fig. 101. — Cause de la tension superficielle.

Ceci posé, soit un liquide immobile A (fig. 101), que nous supposerons au contact d'un espace vide B et soit SS' la surface de séparation. Soit une molécule M de ce fluide à une distance de la surface plus grande que le rayon de la sphère d'activité ; cette molécule est évidemment en équilibre par raison de symétrie sous l'action de toutes les parties du liquide contenues dans la sphère. Mais il n'en est plus de même d'une molécule M' dont la sphère d'activité coupe la surface libre ; cette seconde molécule n'est manifestement plus en équilibre sous l'action des attractions moléculaires, à cause de la prépondérance du segment que nous avons représenté ombré, segment symétrique, par rapport au centre, de celui que la surface de séparation découpe dans la sphère. Il s'exerce donc sur chacune des molécules très voisines de la surface une force normale à celle-ci et dirigée vers l'intérieur du liquide ; cette force est maxima pour les molécules situées sur la surface SS' elle-même. Ainsi les forces moléculaires doivent tendre à faire rentrer dans l'intérieur de la masse liquide le plus grand nombre possible de molécules, c'est-à-dire que *la surface libre doit prendre l'aire minima* compatible avec le volume du liquide et les liaisons qui peuvent exister, telles que l'adhérence à des parois solides.

Autrement dit, il existe sous la surface libre de notre liquide une couche extrêmement mince, dans laquelle l'isotropie n'existe plus, et, comme une attraction ne peut se développer entre des molécules qu'autant que celles-ci s'écartent les unes des autres, il faut admettre que : *Dans la couche superficielle, la densité doit être moindre qu'à l'intérieur du liquide, et dans cette couche doit exister une certaine tension.*

Dans le sens normal, cette tension est équilibrée par l'attraction des couches profondes qui est la cause déterminante de cette tension ; mais il n'en est plus de même tangentiellement, car la constitution du liquide est la même dans toutes les directions tangentielles.

Ainsi, *les molécules qui constituent la couche superficielle d'un liquide sont soumises à une certaine traction ou tension réciproque dirigée parallèlement à la surface;* comme ce phénomène décroît très rapidement avec la profondeur et disparaît à une très faible distance de la surface, il est commode d'admettre (et on peut le faire sans erreur sensible) que celle-ci en est le siège exclusif; on lui donne le nom de *tension superficielle* du liquide.

En considérant les conditions d'équilibre d'une petite portion de la surface (par exemple, rectangle ou triangle) et calquant son raisonnement sur celui qu'on emploie en hydrostatique pour démontrer le principe de Pascal, on prouverait de même que la tension superficielle F agissant sur un petit élément linéaire AB (fig. 102), couché sur la surface d'un liquide, est proportionnelle à sa longueur AB et s'exerce normalement à sa direction, sans que sa grandeur dépende le moins du monde de celle-ci. Si

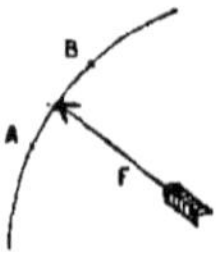

Fig. 102.
Représentation de la tension superficielle.

AB est pris quelque part à l'intérieur du contour de la surface libre, il est en équilibre sous l'action de deux forces F égales et directement opposées.

On prend pour mesure de la *tension super,-cielle* la force $f = \dfrac{F}{AB}$ qui s'exerce sur l'unité de longueur ; par exemple, on mesure F en milligrammes, AB en millimètres, ou bien encore, pour employer le système d'unités C. G. S , on exprime f en dynes (multiplier le nombre trouvé en millimètres-milligrammes par le facteur 9,8096).

Tout se passe donc, suivant une comparaison due à Th. Young, comme si la surface d'un liquide était sans cesse recouverte d'une mince pellicule de caoutchouc, toujours tendue et toujours prête à se contracter de manière à avoir une aire minima. Il faut, de plus, supposer que cette membrane est entièrement adhérente au liquide et que sa tension reste constante d'un point à l'autre de la surface. Les liquides possèdent donc une énergie superficielle toute particulière, susceptible de se traduire à l'occasion par des manifestations calorifiques ou électriques. On démontrerait aisément que, lorsque la surface libre d'un liquide varie, le travail total de la tension superficielle (variation d'énergie potentielle) est égal au produit de la tension superficielle par la variation de l'aire de la surface libre.

Nous avons supposé, pour plus de simplicité, que le vide régnait dans la région B; les considérations qui viennent d'être développées s'appliqueraient encore si l'on supposait que celle-ci est occupée par un gaz ou par une vapeur, ou par un second liquide non miscible avec A. Il suffit pour cela de remarquer que l'attraction entre deux molécules de A est évidemment supérieure à celle qui, à distance égale, s'exerce entre une molécule de A et une molécule de B; autrement ces fluides se mélangeraient, ce qui est contraire à l'hypothèse. On arrive à cette conclusion que *la surface de séparation des deux fluides est le siège d'une commune tension superficielle, dépendant de la nature de ces deux fluides.*

En général, cette tension est moindre que la somme des tensions absolues des deux fluides. Si le second fluide B est un gaz ou une vapeur, la tension ne diffère pas sensiblement de la tension absolue de A.

Il en résulte que si deux liquides se touchent presque, en laissant entre eux une très mince couche de gaz ou de vapeur, la tension commune est la somme des tensions séparées. Enfin, si les deux liquides sont miscibles, la tension commune est nulle.

Un corps solide au contact du vide possède aussi une tension superficielle; seulement les effets en sont masqués par la cohésion; il en est de même au contact d'un solide et d'un liquide. Dans ce cas, la tension commune est encore, quant au solide, masquée par sa cohésion; mais elle produit à l'égard du liquide des effets que nous décrirons dans la suite.

Les phénomènes capillaires procèdent en somme de deux causes distinctes : 1° tension superficielle des liquides; 2° action des solides sur les liquides.

La tension superficielle des liquides peut, à la rigueur, être mesurée directement, comme l'a fait M. Van der Mensbrugghe, en appréciant l'effort transversal nécessaire pour séparer un fil de coton et une baguette de verre de même longueur placés côte à côte, et qu'on fait adhérer au moyen d'un peu de liquide interposé et retenu par la capillarité. Ce procédé a l'inconvénient de donner des nombres trop forts, à cause de l'influence perturbatrice de la viscosité. Mais il existe d'autres méthodes indirectes beaucoup plus commodes pour mesurer les tensions superficielles : nous en parlerons prochainement. Contentons-nous ici de donner une table des tensions de quelques liquides usuels, exprimées en millimètres-milligrammes :

Éther	1,89	Huile d'olives	3,05
Alcool	2,49	Sulf^re de carbone	3,3
Benzène	2,78	Glycérine	4
Térébenthène	2,78	Eau	7,5
Eau de savon	2,8	Mercure	49

Ces chiffres, donnés par M. Ludge, sont relatifs à l'air. Voici quelques tensions superficielles au contact de deux liquides, d'après M. Quincke :

Térébenthène-eau	1,17	Alcool-mercure	40,0
Eau-sulf^re de carbone	4,25	Eau-mercure	42,6

Démonstration expérimentale de l'existence de la tension superficielle. — On trouvera décrites dans les Traités de Physique de fort jolies expériences à l'appui des considérations précédentes : bornons-nous ici à en rappeler un petit nombre.

Au moyen d'une pipette, on dépose au sein d'un mélange d'eau et d'alcool une certaine masse d'huile ayant exactement la même densité que le liquide ambiant. Si la tension superficielle n'existait pas, d'après le principe d'Archimède, la forme de la surface de séparation des deux liquides resterait indéterminée. Mais on voit, sous l'influence de la tension superficielle seule agissante, la goutte prendre une forme rigoureusement sphérique. Or on sait que, de toutes les surfaces fermées de même volume, la sphère est celle qui possède l'aire minima.

Dans une petite cuvette rectangulaire très plate, faite au moyen d'une feuille de papier mouillé, et disposée horizontalement, on verse de l'eau jusqu'à une hauteur de 1 centimètre. On voit aussitôt les bords de la boîte se courber vers l'intérieur, malgré la poussée du liquide qui tend à les dévier en sens inverse.

Dans les laboratoires, on remarque souvent qu'un filtre dépassant de quelques centimètres les bords de l'entonnoir peut être rempli de liquide jusqu'aux bords mêmes du papier sans que celui-ci se déverse à l'extérieur. C'est alors la tension superficielle du liquide qui concourt, au moins partiellement, à soutenir le papier.

Un moyen commode de mettre en évidence les tensions superficielles consiste à considérer les lames minces (vulgairement bulles de savon) formées par l'eau de savon (les expériences réussissent beaucoup mieux lorsque celle-ci est additionnée d'une certaine quantité de glycérine ou de sucre, comme l'a observé Plateau). Les deux surfaces parallèles de ces lames sont si voisines qu'on peut les regarder comme coïncidentes, et la tension superficielle est doublée.

Or on peut, comme on le verra plus loin, après avoir soufflé une bulle au bout d'un chalumeau, faire communiquer celui-ci avec un petit manomètre et calculer la tension, connaissant la pression transmise à ce dernier.

On peut encore remarquer que les lames d'eau de savon (simples) retenues sur un cadre plan sont planes, et que si le cadre a quelques-uns de ses côtés formés d'un fil flexible, ceux-ci prennent sous l'influence de la tension la forme d'arcs de cercle convexes vers l'intérieur. Or on sait que le cercle est de toutes les lignes isopérimètres celle qui possède l'aire maxima.

La tension superficielle s'observe aussi avec les corps pâteux : c'est grâce à elle qu'un tube de verre, chauffé à la lampe en un de ses points jusqu'au ramollissement, s'étrangle de lui-même.

Pression capillaire normale exercée par les surfaces courbes. Formule de Laplace. — Nous avons vu que la surface libre d'un liquide est assimilable à une membrane de caoutchouc uniformément tendue et parfaitement adhérente au liquide. Si donc la surface est plane, la tension superficielle ne changera rien à la pression hydrostatique qui s'exerce normalement à ce plan. Si au contraire la surface est courbe (on lui donne alors souvent le nom de *ménisque*), le liquide supportera un excès de pression, si elle est convexe vers l'extérieur du liquide ; il sera au contraire déchargé d'une partie de la pression si elle est concave. Calculons l'effet élémentaire de cette *pression capillaire* : nous arriverons aisément par le raisonnement suivant, dû à A. Dupré (de Rennes), à une formule remarquable donnée par Laplace en 1806.

Soit M un point de la surface (fig. 103) ; décrivons autour de M comme centre, avec un rayon ρ infiniment petit (mais très grand par rapport à celui de la sphère d'activité moléculaire), une

sphère qui coupe la surface suivant une courbe ABA'B' ; cette courbe diffère infiniment peu d'un cercle dont la circonférence est $2\pi\rho$ et la surface $\pi\rho^2$. Divisons cette circonférence en 4 quadrants,

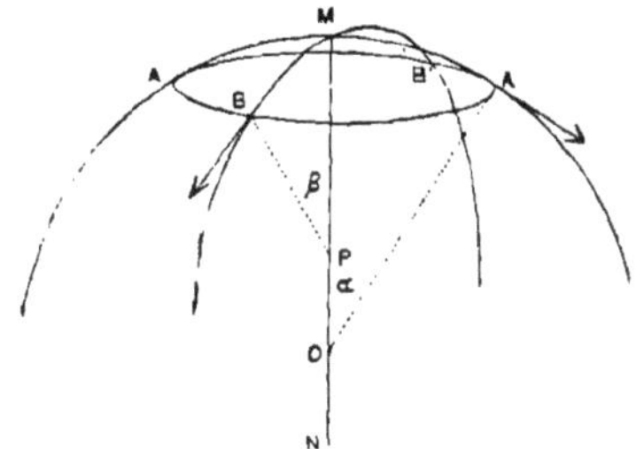

Fig. 103. — Démonstration de la formule de Laplace.

puis chacun de ceux-ci en un très grand nombre n de parties égales ; si la tension superficielle du liquide est f, chaque petit arc valant $\dfrac{\pi\rho}{2n}$, la force capillaire qui s'exerce sur chacun d'eux, normalement à sa direction, mais tangentiellement à la surface, est $f\,\dfrac{\pi\rho}{2n}$. Nous allons projeter toutes ces forces sur la normale MN à la surface au point M ; et pour avoir la pression totale sur l'élément de surface $\pi\rho^2$, il suffira d'ajouter algébriquement à la pression hydrostatique $P\pi\rho^2$, dirigée suivant MN, la somme des projections de toutes ces forces élémentaires. Pour évaluer commodément cette somme, nous userons d'un artifice consistant à grouper les forces quatre à quatre, en composant chaque groupe de quatre arcs élémentaires disposés en croix autour du point M.

Considérons l'arc élémentaire de la courbe ABA'B' ayant pour milieu le point A, et menons par ce point une normale à la surface ; elle coupe la normale MN sous un angle α, en un point O, qui est le centre de courbure de la section plane AMA' [1] ; la normale A'O étant perpendiculaire à

1. On ne nous saura peut-être pas mauvais gré de rappeler ici quelques définitions de géométrie relativement à la courbure des courbes et des surfaces.

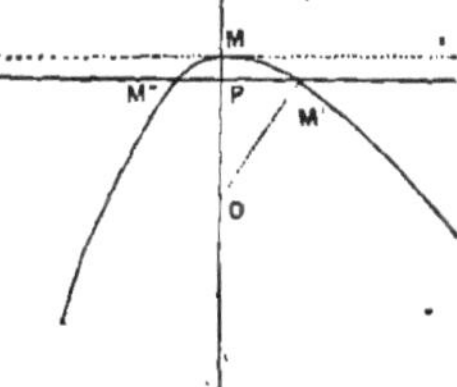

Fig. 104. — Courbure d'une courbe

Soit une courbe (fig. 104) : de même que nous avons la tangente au point M en menant une droite par celui-ci et par un point infiniment voisin M', nous allons trouver au moyen d'un procédé analogue une courbe simple qui, au voisinage du point M, s'approche encore bien plus de la proposée que ne le fait la tangente MT. Pour cela, par le point M et par deux points voisins M' et M'', pris de chaque côté de M sur la courbe, faisons passer un cercle ; à mesure que M' et M'' tendront vers M, le cercle M'MM'' tendra vers un certain cercle ayant en M une tangente commune avec la courbe proposée ; son centre est donc quelque part en O, sur la normale en M à la courbe. On lui donne le nom de *cercle osculateur* ou de *cercle de courbure* en M ; le centre O est dit *centre de courbure* en M, et le rayon OM *rayon de courbure*. La *courbure* la tension superficielle qui est tangente, le produit $f\dfrac{\pi\rho}{2n}\sin\alpha$ est l'expression de la projection

est évidemment en raison inverse du rayon de courbure ; on la définit précisément comme l'inverse de celui-ci. Cherchons à évaluer le rayon de courbure : pour cela menons M'M'', parallèle à la tangente MT, à une distance h de celle-ci supposée *infiniment petite*, du côté de la courbe. On a, par le triangle OM'P, en négligeant les infiniment petits du second ordre et posant

$$\mathrm{OM'} = \mathrm{OM} = r \quad , \quad \mathrm{M'P} = \varrho,$$

la relation

$$\varrho^2 = r^2 - (r - h)^2 = 2rh \quad \text{ou} \quad r = \frac{\varrho^2}{2h},$$

ou enfin, pour la courbure,

$$\frac{1}{r} = \frac{2h}{\varrho^2}.$$

Si la courbe n'était pas plane, le raisonnement précédent serait encore de tout point applicable ; seulement le plan de la figure, au lieu d'être celui de la courbe, serait celui mené par le point M et deux points infiniment voisins M' et M'', c'est-à-dire celui du cercle de courbure ; on lui donne le nom de *plan osculateur* en M.

Étudions maintenant la courbure d'une surface quelconque en un de ses points M. On est trop souvent porté à croire *a priori* qu'il existe en chaque point d'une surface un rayon de courbure et une courbure uniques. Il n'en est absolument rien, en général, comme vont le prouver les considérations suivantes : Tandis qu'un petit élément de courbe plane ou gauche est, ainsi qu'on vient de le voir, assimilable à un petit arc de cercle, un petit élément de surface est généralement assimilable, non à un petit élément de sphère, mais à un élément d'ellipsoïde, hyperboloïde ou paraboloïde. En effet, menons (fig. 105) au point

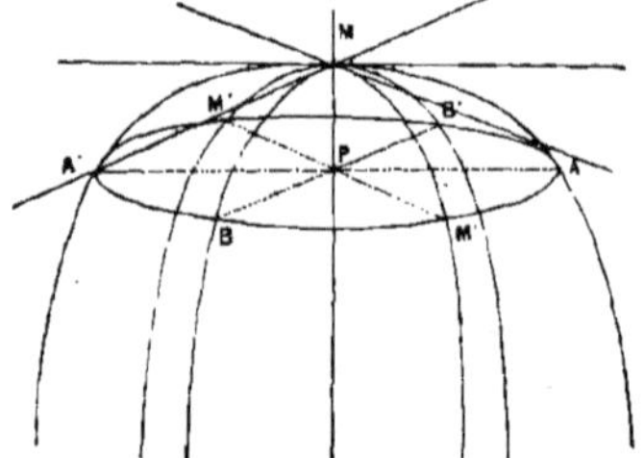

Fig. 105. — Courbures d'une surface

M le plan tangent et la normale MN à la surface, puis coupons celle-ci par un plan parallèle au plan tangent, mené à une distance h de celui-ci, que nous supposerons *infiniment petite*. Il serait facile de démontrer analytiquement, en s'appuyant sur le développement en série de Mac-Laurin, que la section faite par ce plan est forcément une conique (ellipse ou hyperbole), ayant pour centre le point P où la normale rencontre le plan de section. Dans certains cas exceptionnels, cette conique peut être un cercle ; dans d'autres, elle peut se réduire à deux droites confondues en une seule. On donne à cette conique le nom d'*indicatrice*, parce qu'elle peint aux yeux la configuration de la surface aux environs du point M.

Ceci posé, menons par la normale MN un plan quelconque ; il coupe la surface et son plan tangent suivant une courbe MM' et suivant une droite MT tangente à celle-ci en M ; il coupe de plus le plan de l'indicatrice suivant la droite M'PM'' (fig. 104 et 105). M'P = ϱ étant un rayon de l'indicatrice, on a, comme on vient de le voir, en appelant r le rayon de courbure de la courbe MM', pour sa courbure l'expression

$$\frac{1}{r} = \frac{2h}{\varrho^2}.$$

Si donc on coupe une surface par divers plans normaux à celle-ci au point M, les centres de courbure seront tous situés sur la normale MN, droite commune à tous ces plans, et chaque courbure sera respectivement proportionnelle à l'inverse du carré du rayon correspondant de l'indicatrice. Il y a donc, en général, dans deux plans

cherchée. Mais si l'on néglige les infiniment petits d'ordre supérieur, et qu'on prenne l'arc pour le sinus, on a

$$\sin\alpha = \alpha = \frac{\varrho}{r},$$

r désignant le rayon de courbure MO. La projection de la tension élémentaire cherchée est donc

$$f\,\frac{\pi\rho^2}{2n}\,\frac{1}{r}.$$

Sur l'arc élémentaire A', diamétralement opposé au précédent, s'exerce une tension dont la projection sur MN est précisément égale à la précédente, à cause de l'égalité du rayon de courbure. On a donc pour l'ensemble des projections des tensions en A et en A', l'expression

$$f\,\frac{\pi\rho^2}{n}\,\frac{1}{r}.$$

Considérons maintenant la somme des projections sur la normale des tensions appliquées aux deux arcs élémentaires situés en B et B', à 90° de A et A' sur la circonférence ABA'B'. Cette somme est, en appelant r' le rayon de courbure relatif à la section plane BMB' :

$$f\,\frac{\pi\rho^2}{n}\,\frac{1}{r'}.$$

La somme des projections sur MN des tensions

rectangulaires, deux courbures qui sont respectivement maxima et minima (*courbures principales*) ; ces plans contiennent les axes de l'indicatrice.

On sait que, dans toute conique à centre, la somme des carrés des inverses de deux rayons rectangulaires ρ et ρ' est constante, et par conséquent égale à la somme des carrés des inverses des demi-axes a et b de celle-ci :

$$\frac{1}{\rho^2} + \frac{1}{\rho'^2} = \frac{1}{a^2} + \frac{1}{b^2}.$$

Remplaçant ρ^2 et ρ'^2, a^2 et b^2 par les quantités respectivement proportionnelles r et r', R et R', en appelant R et R' les rayons de courbure principaux, il vient

$$\frac{1}{r} + \frac{1}{r'} = \frac{1}{R} + \frac{1}{R'},$$

c'est-à-dire que la somme des courbures de deux sections rectangulaires menées par le point M est constante et égale à la somme des deux courbures principales en un même point ; on donne à cette somme le nom de *courbure moyenne* de la surface au point M. Ce théorème joue un rôle important dans l'étude des phénomènes capillaires.

Divers cas peuvent se présenter au sujet de la grandeur relative des courbures principales et de la forme de l'indicatrice en un point d'une surface :

1° L'indicatrice est une ellipse ; R et R' sont de même signe. La surface est dite *convexe* (ou *concave*, suivant les conditions matérielles dans lesquelles elle se trouve réalisée). Exemple, le ménisque que produit la capillarité dans un tube circulaire. En particulier, si R = R', l'indicatrice est un cercle, la surface est sphérique au point M et possède en ce point une courbure unique $\dfrac{1}{R}$.

2° L'indicatrice est une hyperbole ; R et R' sont de signe contraire. Il y a autour du point M deux directions de courbure nulle : ce sont celles suivant lesquelles le plan tangent en M coupe la surface. Celle-ci est dite à *courbures opposées*. Exemples : la gorge d'une poulie, le ménisque produit autour d'un tube circulaire.

3° Enfin, comme cas limite entre les deux précédents, l'indicatrice se compose de deux droites confondues ; une des courbures principales est nulle, R' = ∞. Aux environs du point M (*point parabolique*), la surface est assimilable à un cône ou à un cylindre. Exemple : chacun des points du cercle suivant lequel un tore touche un plan horizontal sur lequel il repose ; ce cercle sépare sur la surface la région convexe de la région à courbures opposées. Si tous les points de la surface étaient paraboliques, celle-ci serait dite *développable*.

élémentaires s'exerçant sur les quatre arcs A, B, A', B', est donc

$$f\,\frac{\pi\rho^3}{n}\left(\frac{1}{r}+\frac{1}{r'}\right).$$

Mais, d'après un théorème connu (voyez la note), l'expression $\frac{1}{r}+\frac{1}{r'}$ est constante autour d'un même point M de la surface et égale à la somme des deux courbures principales $\frac{1}{R}+\frac{1}{R'}$ (*courbure moyenne*). La quantité précédemment écrite devient donc

$$f\,\frac{\pi\rho^3}{n}\left(\frac{1}{R}+\frac{1}{R'}\right).$$

Elle est indépendante de la position de A, A', B, B' sur la circonférence. Or il y a en tout n groupes de quatre composantes ; la somme des projections de toutes les tensions s'exerçant sur la circonférence est donc n fois plus grande, soit

$$f\,\pi\rho^3\left(\frac{1}{R}+\frac{1}{R'}\right).$$

Cette force est répartie sur la surface $\pi\rho^3$; suivant la forme de la surface, elle s'ajoute à la pression hydrostatique $P\,\pi\rho^3$ ou s'en retranche. Si on la rapporte à l'unité de surface, on a pour l'expression définitive de la *pression capillaire* :

$$f\left(\frac{1}{R}+\frac{1}{R'}\right).$$

Telle est la formule de Laplace.

On peut exprimer cette loi en disant que : *l'augmentation de force élastique en passant du côté convexe au côté concave de la surface de séparation d'un liquide et d'un autre fluide est égale au produit de la valeur de la tension superficielle par la courbure moyenne de la surface au point considéré.*

Ainsi, suivant que la surface est convexe ou concave vers le liquide, la pression capillaire se dirige vers le liquide ou vers l'extérieur. Si la surface est à courbures opposées, le sens de la pression dépend de la grandeur relative de R et de R' ; en particulier elle est nulle si $R = -R'$.

Expériences de Plateau. — Pour vérifier la formule de Laplace dans les cas les plus simples, il convient d'éliminer l'effet de la pression hydrostatique. On peut y arriver de deux façons :

1° On annule l'influence de la pesanteur en appliquant le principe d'Archimède : on prend deux liquides non miscibles d'égale densité (par exemple huile et eau alcoolisée). Une certaine masse d'un des deux liquides étant immergée au milieu de l'autre, son poids est annihilé par la poussée du liquide ambiant, et la tension superficielle agit seule. Il faut donc que la pression capillaire soit constante, et par conséquent constante aussi la courbure moyenne $\frac{1}{R}+\frac{1}{R'}$ de la surface. Si la masse immergée est libre, on a vu qu'elle prend une forme sphérique. Mais dans le cas où elle adhère à des corps solides, tels que des charpentes en fils métalliques de différentes formes, elle se limite sous un certain nombre de surfaces de formes très variées, mais ayant toutes une même courbure moyenne constante. Plateau a décrit [*Mém. Acad. Sc. Bruxelles*, **16**, **23**, **29**, **31**, **33** ; *Ann. Chim. Phys.*, (3), **30**, 203 ; **50**, 97 ; **53**, 26 ; **62**, 210 ; **64**, 473], dans une série de très curieuses expériences, les divers aspects que prennent ces surfaces dans un grand nombre de cas, particulièrement celui où elles sont de révolution autour d'un axe vertical, et il a constaté l'accord

du calcul avec l'expérience. On peut alors avoir le plan horizontal, la sphère, le cylindre, et diverses autres surfaces plus compliquées. Nous renverrons pour leur énumération aux traités de physique et nous nous bornerons à dire que, lorsque la masse immergée a une de ses faces planes, comme pour le plan, on a

$$\frac{1}{R}=\frac{1}{R'}=0.$$

Les autres faces doivent être des surfaces à courbure moyenne nulle, pour lesquelles

$$\frac{1}{R}+\frac{1}{R'}=0\quad\text{ou}\quad R=-R'.$$

2° On peut, par un autre artifice, réaliser les mêmes surfaces : il suffit d'employer, comme on l'a dit, des bulles de savon. Le poids de la lame liquide est négligeable ; les deux surfaces qui la limitent peuvent être regardées comme coïncidantes, et on est ramené au cas précédent, la tension étant le double de celle de l'eau de savon au contact de l'air, puisqu'il y a deux surfaces superposées. Une bulle libre prend, comme on sait, la forme d'une sphère : les systèmes de lames adhérents à des carcasses de fils métalliques de configuration convenablement choisie se disposent suivant les mêmes figures que précédemment, lorsque le système limite une enceinte fermée, et, dans le cas contraire, suivant d'autres surfaces, que Plateau a minutieusement étudiées.

Contentons-nous de rapporter l'expérience suivante : Une bulle de savon est soufflée au bout d'un chalumeau. Soit R son rayon, f la tension superficielle (eau de savon-air) ; la pression capillaire sur l'unité de surface est

$$2f\left(\frac{1}{R}+\frac{1}{R}\right)=\frac{4f}{R}.$$

Si l'on fait communiquer *librement* la cavité de la bulle avec un petit manomètre, par l'intermédiaire du canal du chalumeau, il suffira de mesurer le rayon de la bulle et la pression pour pouvoir calculer la tension f.

Équilibre de trois fluides au contact. — Supposons qu'une goutte d'un liquide soit déposée à la surface d'un autre liquide non miscible avec le premier (huile sur eau, eau sur mercure) ; il peut se produire deux phénomènes, suivant le cas : 1° la goutte s'étend rapidement à la surface du liquide sous-jacent, en formant une couche très mince, jusqu'à ce que celle-ci ait atteint les bords du vase, ou bien que son épaisseur soit descendue au-dessous de la grandeur de la sphère d'activité moléculaire, auquel cas les théories précédentes ne s'appliqueraient plus ; on pourrait dire alors que les deux liquides *se mouillent* réciproquement ; 2° la goutte se ramasse en une masse lenticulaire dont la forme dépend de son volume, de la densité et des tensions superficielles des deux liquides. Au bord de la goutte, les surfaces se coupent sous des angles dièdres dont nous allons déterminer la valeur.

Soit donc (fig. 106) une goutte d'un liquide B déposée à la surface d'un liquide A, le tout plongé dans un autre fluide quelconque C (liquide, gaz ou vide). Considérons un petit élément linéaire du contour de la goutte et voyons comment les choses se passent dans la section normale à cet élément (plan de la figure). Celui-ci doit être en équilibre sous l'action des trois tensions superficielles a, b et c, relatives les deux premières aux fluides B et A au contact de C, la troisième au contact mutuel de A et B. Il y aura donc lieu d'appliquer la règle du parallélogramme des forces, et, pour qu'il y ait équilibre, il est nécessaire qu'on puisse construire un triangle ayant pour côtés a, b, c. Appelons α, β, γ les trois

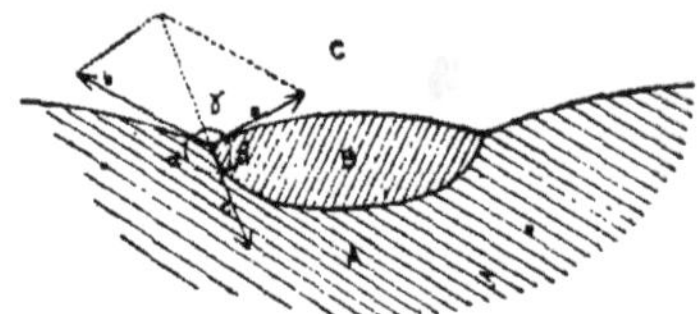

Fig. 106. — Équilibre de trois fluides au contact.

angles sous lesquels se coupent les tensions superficielles, c'est-à-dire les suppléments des angles dièdres formés par les trois surfaces; nous avons

$$\frac{a}{\sin \alpha} = \frac{b}{\sin \beta} = \frac{c}{\sin \gamma}.$$

Il faut pour que le triangle soit possible que $c < a + b$, condition généralement remplie par la nature; de plus, il est nécessaire qu'en valeur absolue, c soit supérieure à la différence entre les deux autres forces $c^2 > (a - b)^2$. Lorsque $c > a + b$, l'équilibre est impossible et les deux fluides se mouillent réciproquement.

Telles sont les conditions théoriques de l'équilibre; mais dans la pratique les moindres causes font varier grandement les trois tensions, surtout c, en sorte que les indications de la théorie sont souvent en défaut. Ainsi l'huile s'étend à la surface de l'eau bien propre, ce qui n'empêche pas qu'on observe souvent des gouttes d'huile à la surface de l'eau. De même l'eau devrait, d'après les valeurs mesurées pour a, b, c, s'étendre à la surface du mercure en le mouillant; or on voit toujours l'eau se ramasser en gouttes à la surface du mercure.

Contact d'un solide et de deux fluides. Angle de raccordement. — Soit (fig. 107) une paroi

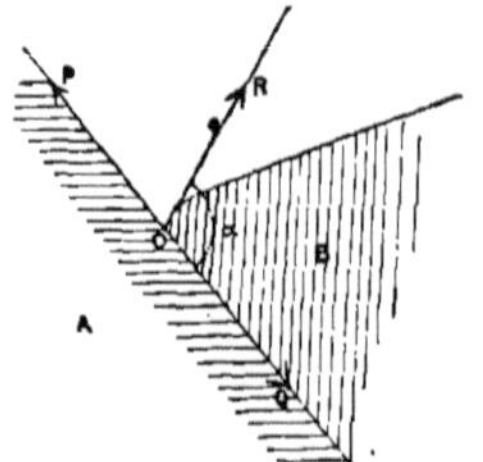

Fig. 107. — Contact d'un solide et de deux fluides.
Angle de raccordement.

solide A baignée par un liquide B, ce dernier surmonté d'un fluide quelconque C (vide, gaz ou liquide). Il pourra, comme tout à l'heure, se produire deux phénomènes distincts : 1° le liquide B mouille le solide A, c'est-à-dire qu'il s'étend rapidement et de lui-même en couche mince sur toute la surface de celui-ci; 2° le liquide B prend au contact de A une certaine forme, et la ligne d'affleurement est le siège d'actions analogues à celles que nous avons étudiées dans le paragraphe précédent. Les deux surfaces se coupent alors suivant un angle dièdre α, qu'on nomme *angle de raccordement* et dont nous allons déterminer la valeur. (Un certain nombre d'auteurs appellent angle de raccordement le supplément de l'angle α.)
Pour cela, nous raisonnerons comme plus haut :

Un petit élément O de la ligne d'affleurement, normal au plan de la figure, est soumis à 3 forces, la tension superficielle b du liquide B, celle a du solide A (au contact de C), enfin celle c qui s'exerce au contact du solide et du liquide. Pour qu'il puisse y avoir une forme d'équilibre du liquide, il n'est plus nécessaire, comme précédemment, que les trois forces se fassent équilibre; il suffit que leur résultante soit normale à la paroi, car elle sera alors détruite par la résistance de celle-ci et le liquide ne pourra glisser. Écrivons donc que la somme des projections sur la direction PQ de la paroi est nulle. On a

$$a = b \cos \alpha + c \qquad \text{ou} \qquad \cos \alpha = \frac{a - c}{b}.$$

Pour que l'équilibre soit possible, il faut que l'angle α soit réel, c'est-à-dire que le cosinus ne dépasse pas 1 en valeur absolue. Il faut donc que la valeur absolue de $a - b$ ne dépasse pas c. Autrement, le liquide de B mouille la paroi et nous verrons qu'alors les choses se passent comme si l'on avait $\alpha = 0$.
Ni a ni c ne sont accessibles aux mesures, mais si l'on a mesuré b et α, on peut calculer la différence $a - c$.
Théoriquement, C étant de l'air, par exemple α doit être constant pour un liquide B au contac d'un solide A. Mais, dans la pratique, on voit varier α sous les plus légères influences, les plus imperceptibles altérations de la surface des corps. Ainsi, pour le mercure pur, au contact du verre, tous deux bien propres, l'angle de raccordement varie sans cause apparente de 135 à 142° (moyenne 140°). Mais le mercure légèrement impur mouille le verre, vulgairement *fait la queue* (α voisin de 0°).
Lorsqu'un liquide mouille un solide, il s'étend indéfiniment à la surface de celui-ci, en formant une couche adhérente très mince (eau et verre très propres). Alors, et ceci est très important à retenir, *le solide mouillé se comporte capillairement comme une portion du liquide luimême qu'on supposerait*, par abstraction, *solidifiée*. Ainsi, pour calculer son action vis-à-vis du liquide B, il faut poser $c = 0$ et $a = b$, d'où $\cos \alpha = 1$ et $\alpha = 0$. *L'angle de raccordement est nul pour tout liquide au contact de toute paroi mouillée par lui.* Si le verre est un peu gras à la surface, l'eau ne mouille plus et on a $\alpha > 0$.
Pour étudier l'angle de raccordement, on peut se servir de parois soit verticales, soit horizontales : dans ce dernier cas, le liquide est déposé en gouttes et on observe la forme de celles-ci. On déduit le plus souvent l'angle de raccordement des ascensions ou des dépressions capillaires, comme il sera dit plus loin.
Équilibre d'un liquide pesant au contact d'une paroi. — Les phénomènes capillaires les plus frappants et les plus usuels sont les suivants :
1° La formation de surfaces courbes (*ménisques*) dans le voisinage des corps solides en contact avec la surface libre des liquides;
2° L'existence de ménisques complètement courbes quand les liquides sont renfermés dans des espaces très étroits (capillaires);
3° L'ascension ou la dépression du liquide.
La forme du ménisque peut varier suivant le cas pour un même liquide, mais on peut établir les lois suivantes :
1° Le ménisque coupe toujours la surface du solide sous l'angle de raccordement relatif au système de ces deux corps;
2° A tout ménisque concave correspond une ascension; à tout ménisque convexe, une dépression.

Il est facile, par les considérations suivantes, de déterminer la forme d'un ménisque au contact d'une paroi. Supposons (fig. 108), pour fixer les

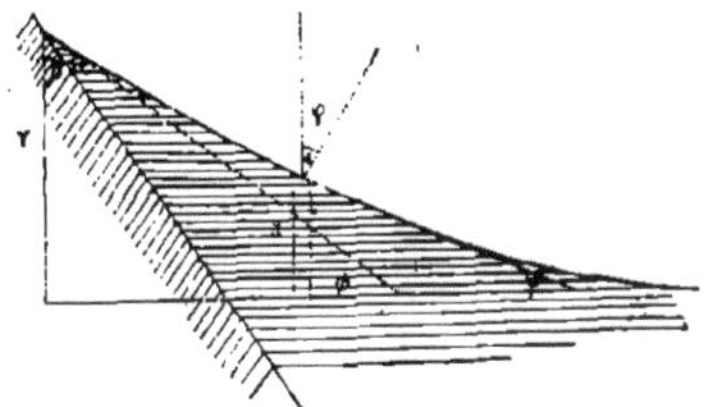

Fig. 108. — Équilibre d'un liquide pesant au contact d'un solide.

idées, que le liquide soit soulevé et, de plus, qu'à une certaine distance de la paroi l'effet de la capillarité soit insensible, de telle sorte que le liquide ait une portion de surface horizontale; soit H la pression hydrostatique sur ce plan. Considérons un petit filet vertical de liquide, ayant pour section droite s et pour hauteur y au-dessus du niveau. La base supérieure de ce tronc de cylindre étant S, la pression capillaire s'y exerce avec une valeur $f\left(\dfrac{1}{R}+\dfrac{1}{R'}\right)$ suivant la normale à S qui fait avec la verticale un angle φ. Soit d la densité du liquide, son poids est $y\,d$. Écrivons que le filet est en équilibre sous l'action des forces qui le sollicitent; on a

$$HS \cos\varphi + y\,ds = f\left(\frac{1}{R}+\frac{1}{R'}\right) S \cos\varphi + Hs.$$

Mais $S \cos\varphi = s$; les termes en H s'éliminent, comme cela devait être, et il reste, en divisant par $s\,d$,

$$y = \frac{f}{d}\left(\frac{1}{R}+\frac{1}{R'}\right).$$

Telle est l'équation fondamentale de la dénivellation capillaire d'un élément de surface d'un liquide pesant. (Si R et R' étaient négatifs, y le serait aussi : il y aurait dépression).

Nous allons en faire quelques applications.

Forme de la surface d'un liquide pesant au contact d'une paroi plane. — En ce cas, la formule se simplifie, le ménisque est un cylindre horizontal, et l'on a

$$\frac{1}{R'} = 0, \qquad \text{d'où} \qquad y = \frac{f}{d}\frac{1}{R}.$$

On pourrait en déduire l'équation du ménisque[1]; ce calcul conduit à l'équation

$$y = \sqrt{\frac{2f}{d}(1-\cos\varphi)},$$

1. On démontre, en géométrie analytique, la formule suivante, dans laquelle y' et y'' sont les dérivées première et seconde de y par rapport à l'abscisse x :

$$R = \frac{\sqrt{(1+y'^2)^3}}{y''}.$$

Nous avons donc, pour la section droite de notre cylindre, l'équation différentielle du second ordre suivante :

$$y = \frac{f}{d}\frac{y''}{\sqrt{(1+y'^2)^3}}.$$

On en obtient assez facilement l'intégrale première, en multipliant les deux termes par $2y'$; il vient

$$2yy' = \frac{f}{d}(1+y'^2)^{-\frac{3}{2}} 2y'y'',$$

où φ est l'inclinaison de l'élément de surface avec l'horizon. On pose souvent, pour abréger,

$$a^2 = \frac{2f}{d};$$

il vient alors

$$y = a\sqrt{1-\cos\varphi} = a\sqrt{2}\sin\frac{\varphi}{2}.$$

Nous en tirons la dénivellation maxima Y au contact même de la paroi; car on a, si β est l'in-

ce qui donne, en remontant aux fonctions primitives :

$$y^2 = -\frac{2f}{d}(1+y'^2)^{-\frac{1}{2}} + C.$$

Or nous avons

$$\tan\varphi = -y', \qquad \cos\varphi = (1+y'^2)^{-\frac{1}{2}};$$

donc

$$y^2 = -\frac{2f}{d}\cos\varphi + C.$$

Pour la portion de surface qui est horizontale, on a $y = 0$ avec $\varphi = 0$; donc

$$0 = -\frac{2f}{d} + C \qquad \text{et} \qquad C = \frac{2f}{d}.$$

La constante ainsi déterminée, l'équation du ménisque devient

$$y^2 = \frac{2f}{d}(1-\cos\varphi) \qquad \text{ou} \qquad y = \sqrt{\frac{2f}{d}(1-\cos\varphi)}.$$

Posons pour abréger

$$a^2 = \frac{2f}{d}, \qquad \text{il vient} \qquad y = a\sqrt{1-\cos\varphi}.$$

Remplaçant $\cos\varphi$ par sa valeur $(1+y'^2)^{-\frac{1}{2}}$, on a, tout calcul fait,

$$y'^2 = \left(\frac{dy}{dx}\right)^2 = \frac{y^2(2a^2-y^2)}{(y^2-a^2)^2},$$

d'où

$$dx = \frac{y^2-a^2}{\sqrt{2a^2-y^2}}\frac{dy}{y}.$$

Nous pouvons intégrer cette équation, ce qui nous fournira celle du profil; il suffit de prendre le radical pour variable auxiliaire t, soit $t^2 = 2a^2-y^2$. Substituant, on trouve, tous calculs faits,

$$x = -\frac{t^2-a^2}{t^2-2a^2}dt$$

$$= -dt - \frac{a\,dt}{2\sqrt{2}}\left(\frac{1}{t-a\sqrt{2}} - \frac{1}{t+a\sqrt{2}}\right),$$

d'où enfin

$$x = -t - \frac{a}{2\sqrt{2}} \log.\text{ nép.}\ \frac{t-a\sqrt{2}}{t+a\sqrt{2}} + C,$$

c'est-à-dire, en remarquant qu'il faut prendre le signe — pour le radical,

$$x = \sqrt{2a^2-y^2}$$

$$+ \frac{a}{2\sqrt{2}} \log.\text{ nép.}\ \frac{a\sqrt{2}-\sqrt{2a^2-y^2}}{a\sqrt{2}+\sqrt{2a^2-y^2}} + C.$$

Telle est l'équation du profil. La constante C se déterminerait suivant l'origine choisie pour les abscisses x.

On pourrait trouver de même, par l'intermédiaire de la variable auxiliaire t, l'expression de l'aire de la courbe :

$$\int y\,dx.$$

clinaison de celle-ci sur la verticale, et α l'angle de raccordement,

$$\Phi = \frac{\pi}{2} - (\alpha + \beta)$$

et

$$Y = \sqrt{\frac{2f}{d}[1 - \sin(\alpha + \beta)]} = a\sqrt{1 - \sin(\alpha + \beta)}.$$

Examinons deux cas particuliers :

1° *Paroi verticale*, $\beta = 0$. Il vient

$$Y = \sqrt{\frac{2f}{d}(1 - \sin\alpha)} = a\sqrt{2}\sin\frac{\alpha}{2}.$$

En particulier, si $\alpha = 0$,

$$Y = \sqrt{\frac{2f}{d}} = a.$$

2° *Paroi horizontale*, $\beta = \frac{\pi}{2}$. Exemple : Une couche de mercure est versée à la surface d'un plan horizontal de verre, de manière à former sur celle-ci un bourrelet cylindrique. Si Y est l'épaisseur de la couche, on a

$$Y = \sqrt{\frac{2f}{d}(1 - \cos\alpha)} = 2\sqrt{\frac{f}{d}}\sin\frac{\alpha}{2}$$
$$= a\sqrt{2}\sin\frac{\alpha}{2}.$$

En réalisant expérimentalement ces deux derniers cas, ou peut calculer f en fonction de Y et de d.

Action de la capillarité sur l'équilibre des corps flottants. — Soit la surface d'un liquide au contact d'une paroi (fig. 108) ; un petit élément de longueur l, pris sur la ligne d'affleurement, est, si on le considère comme appartenant à la surface liquide, repoussé tangentiellement par celle-ci sous l'action d'une force fl, ce qui donne une composante verticale de bas en haut $fl\sin\Phi$. Mais, puisqu'il y a équilibre, d'après le principe de l'égalité de l'action et de la réaction, le même élément, considéré comme appartenant à la paroi, doit être soumis à une force égale et de signe contraire, dont la composante verticale est $-fl\sin\Phi$. Ainsi un corps flottant subit sur tout le périmètre de sa ligne de flottaison (trace du ménisque sur le corps) un effort descendant total égal à

$$\Sigma\, fl\sin\Phi = f\Sigma l\sin\Phi.$$

Lorsqu'il y a ascension du liquide, le corps est surchargé ; lorsqu'il y a dépression, il est allégé ; il est facile de voir que la surcharge ou l'allègement est précisément le poids du liquide soulevé ou déprimé. En particulier, lorsque la paroi flottante est verticale, on a $\Phi = \frac{\pi}{2} - \alpha$ et la surcharge capillaire est $f\Sigma l\cos\alpha$; si de plus le liquide mouille la paroi, $\alpha = 0$, et cette expression est $f\Sigma l = fL$, en appelant L le périmètre de la ligne de flottaison.

Tout le monde connaît l'expérience de l'aiguille légèrement graissée qui flotte sur l'eau, portée par le ménisque qu'elle déprime ; tout le monde a vu les insectes des genres *Hydrometra, Limnobates*, etc., courir à la surface des mares, l'extrémité des pattes étant revêtue naturellement d'un enduit gras.

Un aréomètre ne saurait être, comme l'a montré M. Duclaux, un instrument de précision. D'une part, la présence du ménisque gêne un peu pour la lecture des affleurements ; d'autre part, cause d'erreur plus grave, l'instrument, dont nous supposons la tige mouillée par le liquide, s'alourdit du poids du ménisque et s'enfonce d'autant. Or la tension des liquides n'étant ni constante, ni proportionnelle aux densités (sans compter que tous les liquides ne mouillent pas et que l'angle de raccordement varie aussi), la correction qu'il y aurait à faire est tout à fait incertaine.

Ascension ou dépression d'un liquide entre deux lames à faces parallèles. — Nous traiterons ce problème comme introduction au cas plus usuel des tubes cylindriques. Supposons (fig. 109) que, dans un liquide, soient dressées deux lames de même substance portant deux faces verticales, parallèles, placées en regard l'une de l'autre à une distance $2r$ inférieure à deux fois celle à laquelle la capillarité cesse d'agir sur le niveau du liquide. On observe une ascension ou une dépression du liquide entre les lames, suivant que l'angle de raccordement est aigu ou obtus. Le ménisque, entièrement courbe, est un cylindre horizontal ; on a $\frac{1}{R'} = 0$, et la hauteur y d'un point de celui-ci au-dessus du niveau extérieur du liquide est donnée par la formule

$$y = \frac{f}{d}\,\frac{1}{R},$$

R étant le rayon de courbure de la section droite, positif ou négatif, suivant que le ménisque est concave ou convexe. On pourrait avoir en termes finis l'équation rigoureuse de la section droite, mais les considérations suivantes permettent

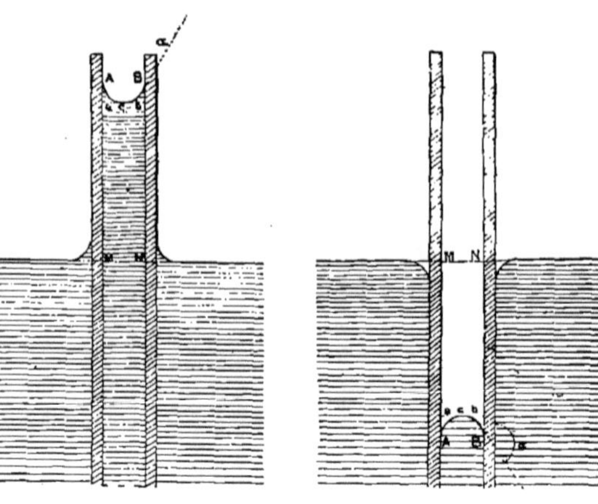

Fig. 109. — Ascension ou dépression d'un liquide entre deux lames à faces parallèles, ou dans un tube cylindrique.

d'arriver à des formules approchées très simples (voyez la note p. 952).

Comme première approximation, remarquons que R est d'autant plus faible que les lames sont plus serrées ; alors, y variant peu, il doit en être de même de R d'un bout à l'autre de la courbe. En réalité R est plus fort au milieu qu'aux extrémités; il ne serait constant que si le liquide était dénué de pesanteur. Admettons donc que R est constant : la courbe est un arc de cercle; le ménisque, un segment de cylindre de révolution, et l'on a $r = R \cos \alpha$, α étant l'angle de raccordement. Soit donc Y la hauteur aM, c'est-à-dire la dénivellation; on a

$$Y = \frac{f}{d}\, \frac{1}{R}, \qquad \text{ou} \qquad Y = \frac{f}{d}\, \frac{\cos \alpha}{r}.$$

On peut substituer à cette formule une expression plus rigoureuse, différant de celle-ci par un terme de correction, sans admettre la constance du rayon de courbure. La colonne A C B N M étant soulevée, je suppose, par la capillarité, son poids est égal à la composante verticale des tensions superficielles du ménisque. Or ces tensions se neutralisent pour tous les points qui ne sont pas sur les bords, et il ne reste d'efficaces que les tensions aboutissant aux horizontales projetées en A et B (à peu près comme le poids d'une corde est équilibré par ses tensions aux extrémités). Prenons sur ces droites une longueur l d'arête perpendiculaire au plan de la figure : les tensions en A et B étant fl, leurs composantes verticales sont chacune $fl \cos \alpha$. Or le poids de la colonne soulevée serait, si on négligeait les petits volumes ACa, BCb, représenté par $2\,r\,l\,Y\,d$, (ce qui conduirait à la formule donnée plus haut). Si on appelle ε chacune des deux petites sections ACa, BCb, le poids du volume négligé (correction de Laplace) est $2\varepsilon l d$, et l'équation d'équilibre est

$$2fl \cos \alpha = 2\,l\,d\,(rY + \varepsilon),$$

d'où l'expression corrigée

$$Y = \frac{f}{d}\, \frac{\cos \alpha}{r} - \frac{\varepsilon}{r}.$$

Ces formules s'étendraient du reste au cas où les lames ne seraient pas verticales.

On voit par l'expression

$$Y = \left(\frac{f}{d} \cos \alpha - \varepsilon \right) \frac{1}{r}$$

que, *pour un même liquide et des lames d'une même substance*, si l'on suppose l'angle de raccordement constant, *les ascensions ou dépressions sont en raison inverse de la distance des lames.*

Pour le cas très important où le liquide mouille les lames, $\alpha = 0$, et l'on a

$$Y = \left(\frac{f}{d} - \varepsilon \right) \frac{1}{r},$$

ou, lorsqu'on néglige le terme correctif, la formule encore plus simple

$$Y = \frac{f}{d}\, \frac{1}{r}.$$

Ascension ou dépression des liquides dans les tubes capillaires cylindriques. — Étudions maintenant d'une manière tout à fait semblable le cas très important des tubes ayant la forme de cylindres de révolution. Soit (fig. 109) r le rayon du tube, que nous supposerons assez petit pour que le ménisque soit entièrement courbe. On observe, comme dans le cas des lames parallèles, une ascension ou une dépression du liquide, suivant que l'angle de raccordement α est aigu ou obtus; et, en chaque point du ménisque, on a la hauteur y de celui-ci au-dessus du niveau extérieur, par l'expression

$$y = \frac{f}{d} \left(\frac{1}{R} + \frac{1}{R'} \right),$$

où R et R' sont tous deux de même signe, positifs ou négatifs, suivant que le ménisque est concave ou convexe. On ne peut avoir en termes finis l'équation rigoureuse de la section méridienne du ménisque, mais il est facile d'arriver à une formule approchée, très simple, analogue à celle trouvée dans le cas des lames.

Comme première approximation, admettons, ainsi que plus haut, que la courbure est uniforme sur toute la surface du ménisque; celui-ci est une calotte sphérique de rayon R tel que $r = R \cos \alpha$; on a donc, en appelant Y la hauteur soulevée aM,

$$Y = \frac{f}{d} \left(\frac{1}{R} + \frac{1}{R} \right) = \frac{2f}{d}\, \frac{1}{R},$$

ou enfin

$$Y = \frac{2f}{d}\, \frac{\cos \alpha}{r}.$$

Nous allons, comme plus haut, sans admettre la constance du rayon de courbure, trouver une formule plus rigoureuse, différant de la précédente par l'introduction d'un terme correctif (correction de Laplace). Nous écrivons que le poids de la colonne A C B N M fait équilibre à la composante verticale des tensions superficielles du ménisque. Or il n'y a d'efficaces que celles qui s'exercent sur la circonférence AB dont la longueur est $2\pi r$; cette tension totale est donc $2\pi r f$ et sa composante verticale est $2\pi r f \cos \alpha$. Le poids de la colonne soulevée se compose d'une partie principale $\pi r^2 Y d$, relative au volume $a b N M$ et d'un poids additionnel relatif au petit volume ayant pour section méridienne A C B b C a (si on le négligeait, on retomberait sur la formule donnée plus haut). En appelant $\pi \varepsilon$ le volume en question, on trouve $\pi \varepsilon d$ pour son poids, et on a l'équation d'équilibre

$$2\pi r f \cos \alpha = \pi r^2 Y d + \pi \varepsilon d,$$

d'où l'expression corrigée

$$Y = \frac{2f}{d}\, \frac{\cos \alpha}{r} - \frac{\varepsilon}{r^2}.$$

Cette formule s'étendrait au cas où le tube ne serait pas vertical [1].

Dans le cas particulier très important où le liquide mouille le tube, $\alpha = 0$ et l'on a

$$Y = \frac{2f}{d}\, \frac{1}{r} - \frac{\varepsilon}{r^2}.$$

Supposons que le terme en ε soit négligeable : la formule $Y = \dfrac{2f}{d}\, \dfrac{\cos \alpha}{r}$ montre que, *pour un même liquide contenu dans des tubes de même nature*, si l'on suppose l'angle de raccordement constant, *les ascensions ou dépressions capillaires sont en raison inverse du diamètre des tubes* (loi de Jurin).

---

1. Il est bon, à ce propos, de faire remarquer que, d'après les lois de l'hydrostatique, les ascensions (ou dépressions) capillaires y ne dépendent que de la forme de l'espace étroit au contact même du ménisque, et nullement à une certaine distance au-dessous (ou au-dessus). Le tube peut être au-dessous (ou au-dessus) incliné, sinueux, dilaté ou étranglé, l'ascension (ou dépression) restera toujours la même.

Remarquons que, dans le cas des lames parallèles, nous avions trouvé

$$Y' = \frac{f}{d}\frac{\cos\alpha}{r}, \qquad \text{d'où} \qquad Y = 2 Y'.$$

Ainsi, *dans un tube capillaire, l'ascension ou dépression d'un liquide est le double de l'ascension ou dépression subie par le même liquide entre deux lames à faces parallèles, distantes d'une longueur égale au diamètre du tube et faites de la même substance* (loi de Laplace).

Ces lois ne sont exactes que si le tube est assez étroit pour qu'on puisse négliger le terme en ε.

Pour le cas où le liquide mouille le tube, on a

$$Y = \frac{2f}{d}\frac{1}{r},$$

en négligeant ε : les choses se passent comme si le liquide était contenu dans un tube de sa propre substance solidifiée par abstraction ; aussi, dans ce cas, *les lois de Jurin et de Laplace s'appliquent quelle que soit la nature des plaques ou lames.*

La quantité $\frac{2f}{d}$ est dite *constante capillaire* de Laplace ; on la désigne souvent par a^2. Les formules générales simplifiées deviennent alors :

$$Y' = \frac{a^2}{2}\frac{\cos\alpha}{r} \quad \text{et} \quad Y = a^2\frac{\cos\alpha}{r}.$$

Vérifications expérimentales. Mesure de la tension superficielle au moyen des ascensions ou dépressions capillaires — Un grand nombre de physiciens éminents, Gay-Lussac, Desains, Quet, etc., ont vérifié expérimentalement les lois des dénivellations capillaires dans les tubes de verre ou dans les systèmes de glaces parallèles ; en général, les mesures n'ont porté que sur les ascensions des liquides qui mouillent leur paroi. Nous serons très brefs sur les dispositions expérimentales adoptées.

On dresse sur une cuvette remplie d'un liquide un tube bien cylindrique dont on a mesuré le diamètre intérieur (par exemple en examinant sa tranche au moyen d'un cathétomètre ou d'un microscope à micromètre) ; on a soin de bien mouiller l'intérieur du tube et l'on mesure l'ascension au cathétomètre, en s'aidant d'une pointe pour viser le niveau dans la cuvette. Quand on veut opérer sur un système de glaces parallèles, on en prend deux, on les rend parfaitement planes et polies, on les applique l'une contre l'autre en les maintenant écartées aux quatre coins par l'interposition de quatre bouts d'un même fil métallique dont on mesure le diamètre au sphéromètre, et l'on serre fortement aux quatre coins. La surface intérieure des tubes et des glaces doit avoir été parfaitement nettoyée. Si les espaces capillaires ne sont pas excessivement fins (quelques dixièmes de millimètre), il est nécessaire de tenir compte de la correction en ε [1].

1. Pour tenir compte de ε, le plus simple est, avec Gay-Lussac, d'après Laplace, de supposer la constance des courbures du ménisque ; nous traiterons le cas simple où $\alpha = 0$. On a alors :

Dans le cas des lames,

$$\varepsilon = 2 r^2 - \frac{1}{2}\pi r^2, \quad \text{d'où} \quad Y = \frac{f}{d}\frac{1}{r} - 2r\left(1 - \frac{\pi}{4}\right)$$

et inversemen

$$\frac{2f}{d} = 2r\left[Y + 2r\left(1 - \frac{\pi}{4}\right)\right].$$

Les observations des dépressions n'ont guère porté que sur le mercure ; on les mesure au moyen d'un siphon renversé dont une des branches est capillaire.

Inversement, l'ascension d'un liquide dans un tube de diamètre connu permet, lorsqu'on connaît la densité d, de calculer la tension superficielle ; il faut seulement supposer que le tube est bien mouillé par le liquide, autrement il serait nécessaire de connaître l'angle de raccordement. Dans ces déterminations, il convient de prendre un tube de $0^{mm},5$ environ. Lorsqu'on ne veut pas connaître f avec une grande précision, on peut employer l'appareil de M. Pfaundler, composé d'un tube dressé le long d'une planchette de verre graduée en millimètres ; une pointe métallique qu'on fixe vis-à-vis d'une des divisions principales, est mise à l'affleurement du liquide. Mais il est préférable de déterminer les tensions superficielles à l'aide du compte-gouttes, ainsi qu'on le verra plus loin.

De la caléfaction ou état sphéroïdal. — Lorsqu'un liquide est versé au contact d'une paroi chauffée sensiblement au-dessus du point d'ébullition du liquide, celui-ci prend l'*état sphéroïdal*, autrement dit, se caléfie. Ce phénomène est décrit dans tous les traités de physique et bien connu ; rappelons seulement que c'est la vapeur qui maintient le liquide à distance de la paroi. La surface libre du liquide obéit à sa tension superficielle, et comme le liquide ne mouille pas du tout la paroi, les choses se passent comme si le contact avait lieu, mais sous un angle de raccordement égal à deux droits. Si donc une très large goutte d'un liquide caléfié est répandue à la surface d'une plaque de métal chauffée et parfaitement horizontale, l'épaisseur Y de cette goutte est donnée par la formule de la page 953, col. 1, dans laquelle on aura fait $\alpha = \pi$, d'où,

$$Y = 2\sqrt{\frac{f}{d}} = a\sqrt{2}.$$

On peut donc par ce moyen, si l'on mesure Y et d, calculer f, ce qu'a fait récemment M. E. Gossart [*Thèse Faculté Sciences*, Paris, 1889, et *Ann. Chim. Phys.*, (6), 19, 173-265].

Dans un second mémoire sur la caléfaction [*C. R.*, 113, 537], M. Gossart fait remarquer d'abord que, si l'on réalise celle-ci sur un plan horizontal parfaitement poli (or ou argent), on

Dans le cas des tubes,

$$\pi\varepsilon = \pi r^3 - \frac{2}{3}\pi r^3 = \frac{1}{3}\pi r^3,$$

d'où

$$\varepsilon = \frac{r^3}{3} \quad \text{et} \quad Y = \frac{2f}{d}\frac{1}{r} - \frac{r^2}{3},$$

ou inversement

$$\frac{2f}{d} = r\left(Y + \frac{r^2}{3}\right).$$

M. Desains admettait, ce qui est plus exact, que la section principale du ménisque est une ellipse, ayant pour demi-axes r et e, e étant la flèche du ménisque. Or on a

$$R = \frac{r^2}{e},$$

où R est le rayon de courbure en C ; on évalue la quantité ε en fonction de r et e. On a deux expressions sous deux formes différentes pour Y, ce qui permet d'éliminer e. Nous laissons au lecteur, comme exercice, le soin d'achever le calcul, soit dans le cas des lames, soit dans celui des tubes. Les expériences de M. Desains ont fourni des résultats dont l'accord avec le calcul est remarquable, même pour des espaces larges de quelques millimètres.

observe : 1° que les explosions par cessation de caléfaction ne se produisent plus, car elles ne sont qu'un accident dû aux aspérités; 2° qu'on peut arriver à une égalité absolue de température entre la goutte et la plaque.

On comprend dès lors pourquoi l'on réussit à obtenir, même à la température ordinaire, de larges gouttes sphéroïdales, parfaitement stables, lorsqu'on fait tomber au sein d'un liquide, sur un support horizontal bien poli (plaque solide ou nappe liquide), une certaine quantité d'un liquide ayant une densité et une tension superficielles supérieures à celle du liquide ambiant, et non miscible à celui-ci. Voici quelques expériences curieuses à ce sujet. Goutte de mercure sur plaque d'or, au sein d'eau, d'alcool ou d'autres liquides; l'or ne s'amalgame pas. Goutte d'eau colorée par de la fuchsine, dans térébenthène, sur nappe de mercure. Goutte d'alliage de Darcet sur une nappe de celui-ci au sein de paraffine, le tout étant porté à 100° environ.

Du roulement des liquides les uns sur les autres. — Ce qui précède nous amène naturellement à parler d'un phénomène intéressant et familier aux chimistes; ceux-ci voient fréquemment, lors des filtrations chaudes, des opérations faites au réfrigérant ascendant, etc., les gouttes d'un liquide qui tombent sur une surface horizontale de celui-ci rouler pendant quelques instants sur cette surface en prenant l'état sphéroïdal, avant de se mélanger à la masse liquide. M. Gossart montre que ce roulement des liquides les uns sur les autres est très général, qu'il peut s'observer même à la température ordinaire. Il est dû à la production d'une mince couche de vapeur qui isole le sphéroïde de la nappe liquide. La viscosité des liquides favorise beaucoup le roulement de ceux-ci.

Tout liquide peut être amené à rouler en gouttes sur *lui-même*, grâce au matelas de vapeur qui sépare la goutte du support. Il convient que le liquide ait été rendu visqueux par de l'acide citrique, de la glycérine, etc.; on opère dans un vase de très petites dimensions, à bords évasés, et on laisse tomber la goutte de 1 millimètre de hauteur sur le ménisque.

Étant donnés deux liquides purs différents, les gouttes de l'un ne roulent jamais sur l'autre, parce que le matelas de vapeur est absorbé instantanément par le support.

De ces faits, M. Gossart déduit une méthode d'analyse des mélanges liquides, particulièrement des liquides alcooliques; en effet, le roulement d'un mélange d'eau et d'alcool par exemple, ne pouvant avoir lieu que sur un mélange identique, on pourra, à l'aide d'une série de liqueurs types, trouver celle qui approche le plus de la proposée, et faire ainsi le dosage de l'alcool.

Ce procédé est, paraît-il, très sensible et expéditif; il permet de déceler et de doser de très faibles quantités d'impuretés (voyez le mémoire original).

De quelques phénomènes capillaires. — Pour ne pas allonger cet article, nous renverrons aux traités de physique pour l'application de ce qui précède aux corrections barométriques ou manométriques, aux attractions ou répulsions entre corps flottants ou au voisinage de la paroi, à la résistance opposée par une série d'index liquides dans un tube capillaire, au mouvement d'un index liquide dans un tube conique, à la condensation des vapeurs, à l'ébullition, aux phénomènes électrocapillaires, etc. Nous avons hâte d'arriver à une application très importante pour nous, celle de la formation des gouttes au sortir d'un tube capillaire.

Écoulement d'un liquide par gouttes à la sortie d'un tube capillaire. Du compte-gouttes ou stalagmomètre; détermination de la tension superficielle au moyen de cet instrument. — Lorsqu'un vase renfermant un liquide est percé d'un orifice capillaire, l'écoulement ne se fait plus à jet continu suivant la loi de Torricelli, à cause de l'intervention de la pression capillaire[1]. Supposons, par exemple, que le liquide mouille la paroi; si la pression hydrostatique est assez faible, le ménisque pourra être d'abord concave à l'orifice, ce qui équivaut à une aspiration par celui-ci : le liquide sera donc d'abord sollicité à s'écouler. Mais si la pression due à la charge du liquide augmente progressivement, le ménisque deviendra d'abord plan (ce qui supprime la pression capillaire), puis de plus en plus convexe. Plus la courbure augmentera, plus il y aura poussée de l'extérieur vers l'intérieur: si donc l'orifice est suffisamment petit, l'écoulement pourra n'avoir pas lieu. Dans le cas où le liquide ne mouillerait pas la paroi, il en serait de même *a fortiori*, sauf que le ménisque serait convexe dès le début.

Supposons que la pression due à la hauteur du niveau au-dessous de l'orifice l'emporte sur la résistance opposée par le ménisque, on voit celui-ci former une goutte qui s'enfle à la façon d'un petit ballon, et comme la goutte ne peut évidemment s'accroître indéfiniment, il arrive un moment où elle finit par se détacher, après quoi la même série de phénomènes se renouvelle périodiquement. On a bien souvent, lors des filtrations, l'occasion d'observer les faits que nous venons de décrire;

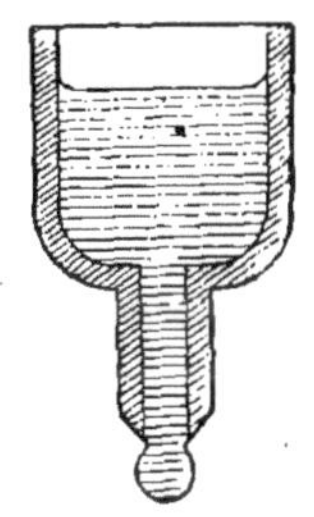

Fig. 110. — Écoulement d'un liquide par gouttes à la sortie d'un tube capillaire.

la chute de la goutte est précédée de la formation d'un étranglement au-dessus d'elle, et c'est en ce point que se produit la rupture. À ce moment, on a, en appelant P le poids de la goutte, f la tension superficielle du liquide et L le périmètre suivant lequel la rupture a lieu[2] :

$$P = fL.$$

Il résulte de cette formule que :

1° Pour un même liquide s'écoulant à travers divers orifices capillaires, le poids des gouttes est proportionnel au périmètre des orifices (en particulier à leur rayon, s'ils sont circulaires) (loi de Tate);

2° Pour divers liquides s'écoulant par un même orifice, le poids des gouttes est proportionnel à la tension superficielle du liquide.

On peut donc, ainsi que l'ont fait divers expérimentateurs, entre autres MM. Hagen et Duclaux, employer le *compte-gouttes* ou *stalagmomètre*

1. Nous laisserons de côté, comme étant hors de notre sujet, l'étude de la loi qui lie la quantité de liquide écoulé par un orifice ou tube capillaire avec le temps employé à l'écoulement (loi de Poiseuille).

2. Si le liquide ne mouille pas le tube, le périmètre L est évidemment celui de la section droite du canal; il en est encore de même dans le cas où le liquide mouille le tube, à la condition que le bout de celui-ci soit effilé extérieurement en cône aigu, de telle sorte que les bords de l'orifice soient très minces; mais si le bord du tube est coupé carrément en P, et que le liquide mouille la tranche, sans cependant remonter le long de la paroi extérieure, le périmètre L est celui de la section droite extérieure du tube (ou pour mieux dire, il est un peu plus petit que celle-ci, tout en lui restant sensiblement proportionnel, à cause de l'étranglement qui précède la chute de la goutte).

pour mesurer la tension superficielle des liquides. Tout le monde connait ce petit appareil, très usité en pharmacie, en photographie, etc.; il est formé le plus souvent d'un tube de verre étiré à une extrémité et fermé à l'autre par un chapeau ou par une poire en caoutchouc. Il convient, lorsqu'on veut avoir toujours des gouttes de même poids pour un même liquide, d'employer un instrument dont le bec soit formé d'un tube un peu large, à parois épaisses, et coupé carrément, de telle sorte que la goutte mouille toute la section du tube et ne remonte pas à l'extérieur de celui-ci. Il faut proscrire les compte-gouttes se terminant par une pointe effilée et à minces parois.

Citons parmi les meilleurs et les plus usités, le compte-gouttes de M. Salleron, formé d'un petit matras portant une tubulure latérale capillaire, dont le périmètre extérieur est tel, que chaque goutte d'eau distillée pèse $0^{gr},05$; ceux de MM. Dupré et Houzeau (*gravivolumètre*), constitués par des siphons capillaires; celui surtout de M. Duclaux, qui n'est autre qu'une pipette de 5 centimètres cubes, munie d'un orifice capillaire tel, que l'eau distillée qui la remplit à 15° s'écoule exactement en 100 gouttes.

Si cette pipette est remplie d'un liquide autre que l'eau et dont les 50 centimètres cubes fournissent n gouttes, on doit avoir, en appelant f et f' les tensions superficielles de l'eau et du liquide, d la densité de celui-ci,

$$\frac{f'}{f} = \frac{100\,d}{n}.$$

D'après M. Duclaux, cette formule n'est exacte que jusqu'à $n = 140$ gouttes; au delà, la valeur trouvée pour n est trop grande et il faut en retrancher un terme de correction n' donné (jusqu'à $n = 300$) par la formule empirique

$$n' = 0,002\,(n - 100) + 0,00036\,(n - 100)^2.$$

L'emploi du compte-gouttes pour la mesure des tensions superficielles est inférieur à l'observation des ascensions dans des tubes capillaires, lorsque celle-ci se fait avec toute la précision désirable. Mais il en est autrement si l'on se place au point de vue de la pratique habituelle du laboratoire. Ainsi que l'a fait voir M. Duclaux, le compte-gouttes est extrêmement commode pour contrôler la pureté d'un liquide recueilli par distillation fractionnée; il convient encore pour apprécier la composition et le litre de solutions aqueuses très étendues (par exemple eau et alcool), ainsi qu'on le verra plus loin.

Résultats des déterminations de la tension superficielle des liquides. — Avant de fournir des tableaux relatifs à ces données, nous ferons remarquer que les observations faites par divers savants sur le même corps offrent souvent des divergences assez considérables. Cela tient à ce que la constante physique qu'il s'agit de déterminer, se rapportant à un phénomène tout superficiel, subit l'influence des moindres causes perturbatrices, bien plus que ne le feraient celles qui intéressent la masse totale du liquide, comme la densité, la chaleur spécifique, etc.

Il y a lieu de dire, en outre, que la température fait varier la tension superficielle des liquides. En général, la tension décroît lorsque la température augmente (car le liquide se rapproche alors de l'état de fluide parfait); comme première approximation, on peut admettre que la diminution de tension est proportionnelle à l'accroissement de température :

$$f = a - b\,t.$$

Si l'on voulait une formule encore plus rigoureuse, on ajouterait un terme en t^2. C'est ainsi que M. Wolf a trouvé [*Ann. Chim. Phys.*, (3), 49, 230] que de 0 à 25° la tension superficielle de l'eau distillée est représentée par la formule parabolique à trois termes :

$$f = 7,758 - 0,01597\,t - 0,00002312\,t^2.$$

Il résulte de ce qui précède que la hauteur d'un liquide soulevé dans un tube capillaire,

$$y = \frac{2f}{r\,d} = \frac{2}{r\,d_0}\,(a - b\,t)\,(1 + \delta\,t)$$

$$= \frac{2}{r\,d_0}\,[a - (b - a\,\delta)\,t],$$

décroît, elle aussi, avec la température, car l'expérience montre qu'on a $b > a\,\delta$. Une autre cause contribue à exagérer ce phénomène : nous avons supposé que l'angle de raccordement restait constamment nul; en réalité, par l'élévation de température, il croît lentement de 0 à 180°. C'est ce qu'ont montré les expériences de MM. Kundt et Wolf; de l'éther, par exemple, étant chauffé en vase clos, offre vers 190° un angle de raccordement égal à un droit, et qui, au-dessus de cette température, devient obtus : en sorte que, si l'on opère sur un tube de verre scellé vertical, à moitié rempli de liquide et renfermant un tube capillaire ouvert aux deux bouts, l'ascension de l'éther dans ce dernier diminue lorsque la température s'élève, s'annule vers 190° et au-dessus de cette limite se change en une dépression.

Tableau des tensions superficielles de divers liquides, prises en général vers 15°.

Eau (à 0°)	7,666 à 7,558
Acide sulfurique concentré	6,333
Acide chlorhydrique (solution saturée).	7,149
Acide azotique fumant	4,275
Chlorure de silicium	1,668
Trichlorure de phosphore	3,042
Oxychlorure de phosphore	3,259
Chlorure stannique	2,712
Chlorure de soufre	4,747
Peroxyde d'azote	2,42
Mercure	46,138 à 55,03
Sulfure de carbone	1,269 à 1,293
Brome	4,747
Ammoniaque à 23°	6,81
Soude caustique à 36°	2,4
Alcool méthylique	2,426
Alcool éthylique	2,365
Alcool amylique	2,445
Éther (oxyde d'éthyle)	1,796
Acétate de méthyle	2,582
Formiate d'éthyle	2,632
Acétate d'éthyle	2,552
Butyrate d'éthyle	2,547
Oxalate d'éthyle	3,336
Benzoate d'éthyle	3,661
Chlorure d'éthyle	4,46
Bromure d'éthyle	2,437
Iodure d'éthyle	2,909
Acétone	2,455
Aldéhyde benzylique	4,164
Acide acétique	2,957
Acide butyrique	2,779
Acide valérique	2,702
Acide lactique	4,191
Acide salicylique	4,479
Salicylate de méthyle	4,112
Anhydride acétique	3,302
Benzène	2,877
Toluène	2,849
Xylène	2,782
Cymène	2,849
Amylène	1,753
Térébenthène	2,785
Pétrole (d = 0,798)	2,566
Chlorure d'éthylène	3,256
Éthylène perchloré	2,974
Chloroforme	2,812
Chlorure de benzoyle	4,067
Sulfocyanate d'allyle	3,19
Glycérine	3,6 à 6,8
Huile d'olives	2,18 à 3,271

Tension superficielle des substances qui fondent au-dessus de la température ordinaire. — Ces matières (métaux, sels, etc.) ont été l'objet de déterminations de la part de MM. Quincke [*Pogg. Ann.*, **105**, 1; **134**, 357; **135**, 621; **138**, 141], Dupré et Lechartier, qui se sont servis de deux méthodes distinctes. Ces déterminations comportent évidemment des causes d'erreur, mais elles suffisent pour donner une idée des grandeurs à mesurer.

On peut d'abord appliquer la méthode du compte-gouttes. Si la substance est assez fusible, on la fait dégoutter d'un compte-gouttes en verre chauffé au-dessus du point de fusion de celle-ci. Si la fusibilité est moindre, on façonne avec la substance un fil ou une tige de diamètre connu et l'on chauffe progressivement jusqu'à fusion le bout de cette masse. Le fil ou la tige fonctionne alors comme un compte-gouttes et le poids de chaque goutte permet de calculer la tension superficielle. Ou bien encore on revêt de la substance (sels) un fil de platine de diamètre connu, et, chauffant celui-ci, on fait dégoutter la matière de son extrémité.

La seconde méthode consiste à fondre la substance et à la couler sur une plaque horizontale en porcelaine ou en platine; la nappe liquide se solidifie bientôt et, si l'on veut bien admettre qu'elle n'a pas changé de forme en changeant d'état, on peut calculer la tension superficielle f en fonction de sa densité d, de son épaisseur Y que donne le sphéromètre, et de l'angle de raccordement α qui se mesure au goniomètre. En particulier, si la goutte est très large, on a (p. 953) la formule

$$Y = 2\sqrt{\frac{f}{d}}\,\sin\frac{\alpha}{2}.$$

Le tableau suivant fait connaître quelques-uns des résultats trouvés : on remarquera que les métaux lourds ont une tension superficielle voisine de celle du mercure. De plus, la tension superficielle semble en général croître avec le poids moléculaire et décroître avec la fusibilité.

Tableau des tensions superficielles de quelques substances fondues.

Brome	6,328
Soufre	4,207
Sélénium	7,18
Phosphore	4,194
Antimoine	24,92
Bismuth	38,93
Potassium	37,09
Sodium	25,75
Zinc	87,68
Fonte	101,7
Cadmium	70,65
Étain	59,85
Plomb	45,66
Cuivre	59,2
Mercure	58,79
Argent	79,75
Palladium	136,4
Platine	169,4
Or	131,5
Anhydride borique	8,631
Chlorure de lithium	6,46
Chlorure de sodium	6,78
Chlorure de potassium	7,06
Chlorure de calcium	10,07
Chlorure de strontium	11,33
Chlorure de baryum	15,34
Chlorure d'argent	21,68
Bromure de sodium	5
Bromure de potassium	4,93
Bromure d'argent	12,4
Iodure de potassium	6,04
Azotate de sodium	8,03
Azotate de potassium	7,11
Carbonate de lithium	15,54
Carbonate de sodium	16,58
Carbonate de potassium	14,82
Sulfate de sodium	18,56
Sulfate de potassium	16,73
Borax	21,60
Paraffine	3,16
Cire	3,40
Blanc de baleine	3,32
Saccharose	6,82
Dextrose	5,85

Relation entre la tension superficielle et la constitution chimique des liquides. — On sait que les constantes physiques des liquides (densité, chaleur spécifique, points de solidification ou d'ébullition, indice de réfraction, etc.) semblent être en relation avec la constitution chimique de ceux-ci. Il doit en être de même pour les tensions superficielles. Mais, vu la difficulté de déterminer exactement cette constante, on conçoit que l'état de la science sur ce sujet soit très peu avancé. Nous allons résumer ici les principaux travaux ayant trait à cette question.

M. Mendéleief [*C. R.*, **50**, 52 et **51**, 97], ayant fait de nombreuses déterminations de constantes capillaires, appelle *cohésion moléculaire* d'une substance le double produit de sa tension superficielle par son poids moléculaire, soit $2fm$; il a été conduit ainsi aux remarques suivantes :

1° La cohésion moléculaire des composés homologues varie en général proportionnellement à la variation du nombre des groupes CH^2;

2° Les corps isomères (même métamères) possèdent la même cohésion moléculaire;

3° La cohésion moléculaire d'un composé n'est pas la somme des cohésions moléculaires des composants; ainsi l'accroissement du carbone seul tantôt augmente et tantôt diminue la cohésion moléculaire;

4° La constante capillaire $a^2 = \dfrac{2f}{d}$ varie en général dans le même sens que la chaleur latente de vaporisation, prise au point d'ébullition, mais sans lui être proportionnelle.

M. Wilhelmy [*Pogg. Ann.*, **119**, 177; **121**, 44; **122**, 1], en partant de ses propres mesures et de celles effectuées par MM. Mendéleief et Bède sur un grand nombre de corps organiques, a formulé les remarques suivantes : la tension superficielle augmente avec le carbone et avec l'oxygène; elle diminue lorsque l'hydrogène augmente. La tension augmente encore lorsqu'il y a substitution des halogènes à l'hydrogène. Les corps homologues ont même tension superficielle. La même constance s'observe à l'égard des isomères vrais (mais la tension varie si la fonction chimique change, la composition centésimale restant constante).

M. Quincke a étudié, comme on l'a vu, la tension superficielle de divers corps un peu au-dessus de leur point de fusion. Il admet : 1° que les substances de même constitution chimique ont une même constante capillaire $a^2 = \dfrac{2f}{d}$ à des températures voisines de leur point de fusion; 2° que les diverses substances ont des constantes capillaires a^2 qui rentrent toutes dans la formule $4,3n$, où n est un nombre entier (1, 2, 3, 4, 6, 12, 20).

M. A. Dupré énonce ce principe que, pour les corps simples, la tension superficielle varie en raison directe du carré de la densité et en raison inverse du poids atomique; autrement dit

$$\frac{fm}{d^2} = \text{constante}.$$

D'après MM. Bartoli et Cantoni [*N. Cimento*, 1879, 6; *Att. R. Acc. d. Linc.*, 1880, 4], si l'on appelle c la chaleur spécifique d'un liquide organique, on trouve que

$$\frac{a^2}{cd} = \frac{2f}{cd^2}$$

est égal à une constante. Cette loi se vérifie pour les corps renfermant carbone, hydrogène, oxygène et soufre ; si le corps renferme en outre du chlore, du brome, ou de l'iode, la valeur de la constante trouvée s'abaisse un peu. On peut formuler cette relation en disant que l'ascension d'un liquide organique dans un tube de 1 millimètre est proportionnelle à sa chaleur spécifique rapportée à l'unité de volume. Il y a lieu de remarquer que la loi donnée par M. A. Dupré n'est qu'un cas particulier de celle-ci, si l'on admet la loi de Dulong et Petit.

M. E. Gossart [*loc. cit.*] a observé que les cinq premiers alcools de la série grasse ont la même tension superficielle ; il en est de même des éthers éthyliques des acides gras. Cette égalité se poursuit à toute température.

M. J. Traube [*D. chem. G.*, **24**, 3074] a étudié les tensions superficielles d'un grand nombre de sels de potassium ou de sodium à acides minéraux ou organiques, prises à leur point de fusion. Il employait la méthode du compte-gouttes. L'appareil se composait d'un petit creuset de platine ou de porcelaine dont le fond était percé en son centre d'un trou, formant l'origine d'un court ajutage cylindrique coupé carrément. Le creuset était chauffé latéralement au moyen d'un bec Bunsen ou d'un chalumeau et l'on avait bien soin de ne pas porter la flamme directement sur la goutte. On s'assurait que celle-ci mouillait bien toute la tranche de l'ajutage, mais sans remonter le long de celui-ci ; on ne commençait à recueillir les gouttes et à les peser, dans chaque expérience, que lorsque l'écoulement s'était établi bien régulier. Les tableaux donnés par l'auteur relativement à un grand nombre de sels potassiques ou sodiques fournissaient le poids moyen M des gouttes de chaque substance pour un des creusets compte-gouttes. Soit N le poids de la goutte d'eau à 0°, issue du même compte-gouttes ; si l'on avait eu un instrument fournissant des gouttes d'eau pesant 100 milligrammes, la goutte de sel issue de ce dernier aurait pesé $T = \dfrac{100\,M}{N}$.

La tension superficielle de l'eau à 0° étant 7,6, celle f du sel est donnée par

$$f = 7,6\,\frac{M}{N} = 7,6\,\frac{T}{100}.$$

Lorsque les deux sels potassique et sodique d'un même acide ont été étudiés, l'auteur a incrit sur ses tableaux la différence $T_{Na} - T_K$. Voici les principaux résultats obtenus.

Les sels à acides organiques possèdent une tension singulièrement faible comparativement aux sels minéraux ; ainsi celle d'un pyrophosphate est 18 fois celle du valérate correspondant.

Abstraction faite des sels organiques, la quantité T et par suite la tension f varie peu avec la nature de l'acide, si sa basicité reste invariable ; mais elle varie beaucoup avec sa basicité, autrement dit avec le nombre d'atomes de métaux alcalins contenus dans le sel. Valeurs de T : sels monopotassiques, 112-157 ; sels di- et polypotassiques, 168-231 ; sels monosodiques, 123-161 ; sels di- et polysodiques 189-325.

La tension des sels de sodium est toujours plus forte que celle des sels de potassium correspondants. La différence $T_{Na} - T_K$ varie de 7 à 20 pour les sels monométalliques, de 18 à 94 pour les sels polymétalliques.

De là résulte un moyen, sinon d'apprécier avec certitude la basicité d'un acide polybasique, du moins de distinguer un acide dibasique d'un acide monobasique. On trouve ainsi que le fluorure de potassium doit être K^2Fl^2 ; de même, les métaphosphates de potassium et de sodium dérivent de l'acide bimétaphosphorique $P^2O^6H^2$; de même, les métarséniates dérivent de l'acide $As^2O^6H^2$. Les valeurs de T trouvées pour les autres sels concordent au contraire avec celles qu'on admet généralement, et qui sont les plus simples : ainsi KCl et non K^2Cl^2, AzO^3Na et non $Az^2O^6Na^2$, etc.

Tensions superficielles des dissolutions et mélanges. — Les dissolutions étendues ont seules conduit à des relations simples entre la composition et la tension superficielle ; voici l'indication des principaux travaux sur ce sujet

M. Buliginski [*Pogg. Ann.*, **134**, 450-454] a trouvé, en mesurant l'ascension dans les tubes capillaires, que si f désigne la tension superficielle de l'eau pure, f_1 celle d'une solution aqueuse d'un sel renfermant pour 1 gramme des poids p et a d'eau et de sel, on a

$$f_1 = f(p + kq),$$

où k est une constante dépendant de la nature du sel et un peu supérieure à l'unité, et comme $p + q = 1$, il vient

$$f_1 = f[1 + (k - 1)q].$$

M. Quincke [*Pogg. Ann.*, **160**, 337, 560] a étudié les solutions aqueuses ou alcooliques de diverses substances : la plupart d'entre elles augmentent la tension superficielle du dissolvant ; quelques-unes la diminuent, comme les acides chlorhydrique ou azotique, l'ammoniaque, etc. ; quant à la constante capillaire $a^2 = \dfrac{2f}{d}$, elle diminue en général par l'addition à l'eau des diverses substances. La diminution est d'autant plus marquée que le poids moléculaire de la substance dissoute est plus élevé.

Pour divers sels, notamment pour les chlorures (mais non pour tous les sels), on a, en appelant f_1 la tension de la solution, f celle du dissolvant pur (eau ou alcool), et y le nombre de molécules ajoutées à 100 molécules d'eau, enfin k une constante spécifique,

$$f_1 = f + ky.$$

M. Valson [*C. R.*, **74**, 103 ; *Ann. Chim. Phys.*, (4), **20**, 362] s'est occupé d'un grand nombre de solutions salines et a été conduit aux lois suivantes :

1° La constante capillaire a^2 des solutions de sels dans l'eau est supérieure à celle de l'eau, sauf pour les chlorures de lithium ou d'ammonium.

2° Si l'on fait varier le poids de sel dissous dans 1 litre d'eau, la quantité a^2 varie proportionnellement à ces poids (cette loi concorde sensiblement avec celle de Buliginski).

3° Si l'on considère les hauteurs h, h', h'', etc., soulevées dans un tube de 1 millimètre de diamètre, pour des solutions renfermant dans 1 litre un équivalent-grammes de divers sels tous formés d'un même élément ou radical électronégatif en combinaison avec divers métaux M, M', M'', etc., les différences $h - h'$, $h - h''$ sont indépendantes de la nature du radical électronégatif (ces différences peuvent être appelées *modules* de MM', MM'', etc.).

4° On arriverait à une loi semblable en considérant une série de sels formés d'un même métal combiné avec divers éléments ou radicaux électronégatifs.

Les solutions salines très étendues offrent donc, quant à leurs tensions superficielles, une véritable *loi des modules*, semblable à celle qui régit les chaleurs de formation de leurs sels constitutifs.

Des lois analogues s'observent pour les densités, les indices de réfraction, les pouvoirs rotatoires et plusieurs autres phénomènes physiques. Tous ces faits viennent à l'appui de l'hypothèse de la dissociation électrolytique des sels dans leurs solutions étendues, hypothèse due à M. S. Arrhenius.

M. Rodenbeck [*Thèse*, Bonn, 1879] a cherché des relations entre la composition de divers mélanges et la quantité

$$a = \sqrt{\frac{2f}{d}}.$$

Ainsi il trouve qu'à 17°,5, dans un mélange d'alcool et d'eau, renfermant x volumes d'alcool pour 100 volumes d'eau, on a

$$a = 2{,}392 + 1{,}001\,x - 2{,}641\,x^2 + 3{,}04\,x^3.$$

Si le mélange des deux liquides se fait sans contraction (mélanges de chloroforme avec pétrole, alcool ou éther, de pétrole et d'éther), la loi est plus simple et exprimée par une relation linéaire. M. Rodenbeck trouve que, si l'on appelle v_1 et v_2 les volumes des composants, d_1 et d_2 leurs densités, d celle du mélange, a_1, a_2 les racines carrées des constantes capillaires correspondantes, on a

$$a = \frac{a_1 v_1 + a_2 v_2}{v_1 + v_2}.$$

Mais, comme on a évidemment la relation

$$d = \frac{d_1 v_1 + d_2 v_2}{v_1 + v_2},$$

on arrive aisément à l'expression suivante, dans laquelle α et β sont des constantes :

$$a = \alpha + \beta\,(d - d_1).$$

M. Rodenbeck a en outre remarqué que, pour la série des acides gras, $C^n H^{2n} O^2$, la constante a décroît environ de $0{,}0312$ pour chaque addition de CH^2 à la molécule.

On doit à M. Duclaux [*C. R.*, **85**, 1068 ; *Ann. Chim. Phys.*, (5), **2**, 256, **13**, 76-104 ; (6), **16**, 1009] une étude approfondie des mélanges d'eau et d'alcool, faite en vue de la détermination rapide du degré alcoolique des vins ; il se servait, comme nous l'avons dit (voyez p. 957), d'un compte-gouttes formé d'une pipette de 5 centimètres cubes, qui, remplie d'eau distillée à 15°, se vide en 100 gouttes exactement. Voici un extrait de la table de M. Duclaux, donnant à 15° le nombre n de gouttes fournies par la pipette lorsqu'elle est remplie d'alcool à x degrés centésimaux

x	n	x	n	x	n
0	100			70	255,5
10	144	40	225,5	80	258.5
20	176	50	243	90	261,5
30	204,5	60	251	100	270

On voit que x ne varie pas proportionnellement à n ; la quantité $\dfrac{dn}{dx}$ décroît à partir de $x = 0$, s'annule vers $x = 85$ et se relève ensuite. Le compte-gouttes ne se prête donc pas au dosage des alcools à fort titre ; au contraire, il convient très bien pour apprécier le titre des mélanges pauvres en alcool ; on sait que, pour ceux-ci, les indications de l'alcoomètre sont peu précises.

Comme les tensions superficielles des solutions salines étendues sont peu différentes de celles de l'eau, on peut sans grande erreur appliquer directement le stalagmomètre à la détermination du degré alcoolique des vins (pourvu qu'ils ne soient pas sucrés) sans qu'il soit besoin de distiller au préalable dans l'appareil Salleron.

Voici un extrait d'une table dressée par M. Duclaux sur les mêmes bases que la précédente :

x	n	x	n	x	n
3	119,5			11	153,5
4	124	8	141	12	157,5
5	128,5	9	145,5	13	161,5
6	132,5	10	149,5	14	165,5
7	137			15	169

On peut, avec M. Duclaux, se servir d'une petite pipette cylindrique graduée ; on la remplit du vin à essayer, on fait chaque fois écouler 20 gouttes de liquide et l'on mesure le volume écoulé. La pipette porte quatre graduations relatives aux températures de 4, 10, 15 et 20°. La table précédente permet aisément de calculer le degré alcoolique.

M. Duclaux a encore fait l'étude stalagmométrique des solutions aqueuses de divers alcools $C^n H^{2n+2} O$ et acides $C^n H^{2n} O^2$ de la série grasse. Tous ces corps abaissent la tension superficielle de l'eau, et la diminution est d'autant plus marquée que le poids moléculaire est plus élevé. Ainsi, si les solutions d'acides renferment toujours 50 molécules d'eau pour 1 molécule d'acide, on trouve que le compte-gouttes qui se vidait en 100 gouttes d'eau distillée fournit 101 gouttes d'acide formique, 105 gouttes d'acide acétique, 152 d'acide butyrique et 263 d'acide caproïque.

De plus, si l'on fait varier pour un même corps le volume x pour 100 de celui-ci contenu dans 100 volumes de mélange, on trouve que la tension superficielle de celui-ci s'exprime sensiblement par la formule

$$y = k\,(e^x - 1),$$

ou

$$y = k\left(\frac{x}{1} + \frac{x^2}{1.2} + \frac{x^3}{1.2.3} + \cdots\right),$$

dans laquelle k est une constante spécifique.

M. Duclaux trouve en outre que, si l'on a des solutions aqueuses de divers alcools ou acides gras ayant toutes une même tension y, les richesses volumétriques x, x', x'', etc., restent sensiblement proportionnelles, quel que soit y.

M. J. Traube vient de publier [*Ann. Chem.*, **265**, 27-55] un mémoire relatif aux constantes capillaires des corps organiques dans leurs solutions aqueuses. Appelons F la tension superficielle de l'eau pure, f celle d'une solution aqueuse d'un corps organique renfermant par unité de volume c molécules de ce corps. La différence $\varepsilon = F - f$ représente par abstraction la tension superficielle propre au corps dissous, et s'il ne se produit pas dans la solution de phénomènes de dissociation ou d'association, on trouve, en raisonnant comme dans la théorie cinétique des solutions, en ce qui concerne la pression osmotique, que le produit $c\varepsilon$ devrait être constant, c'est-à-dire que la tension superficielle propre à la masse de matière dissoute devrait être en raison inverse de la concentration.

De même, si $A^2 = \dfrac{2F}{D}$ est la constante capillaire de l'eau, $a^2 = \dfrac{2f}{d}$ celle de la solution, et

$$e^2 = A^2 - a^2,$$

on devrait avoir $c e^2 = $ constante. M. Traube donne aux expressions $c\varepsilon$ et $c e^2$ respectivement les noms de *cohésion moléculaire réelle* et *cohésion moléculaire spécifique* de la substance dissoute ; il compare ces quantités à la conductibilité électrolytique moléculaire μ des sels dissous dans l'eau. Il trouve qu'en réalité, dans le plus grand nombre des cas, ces quantités $c\varepsilon$ et $c\varepsilon^2$ croissent notablement avec c, ce qui indique des phénomènes d'association moléculaire, dont on pourra ainsi mesurer l'importance. Voici quelques-unes des relations observées par M. Traube.

Si l'on considère une série de corps organiques homologues consécutifs, formant par conséquent une progression arithmétique dont la raison est CH^2, les tensions superficielles ε de ces divers corps, prises en solution très étendue, forment une progression géométrique dont la raison est 3.

Soient deux solutions isocapillaires de deux corps organiques, c'est-à-dire possédant la même tension superficielle : le rapport des concentrations de ces deux solutions reste sensiblement constant, quelles que soient ces concentrations elles-mêmes.

Cette loi, rapprochée de la précédente, fait voir que, dans les solutions isocapillaires de deux homologues différant de $n\,CH^2$, les nombres respectifs de molécules dissoutes dans l'unité de volume sont entre elles dans le rapport $1 : 3^n$.

Dans les solutions isocapillaires de corps homologues, l'association des molécules à l'état de groupes complexes est proportionnelle au nombre des molécules dissoutes.

Lorsque la concentration d'une solution augmente, l'association des molécules augmente proportionnellement au nombre des molécules dissoutes.

Les constantes capillaires des éthers d'acides gras sont sensiblement égales à celles des acides gras $C^n H^{2n} O^2$ isomériques avec ces éthers.

Si l'on compare l'acétate de propyle et celui d'allyle, l'alcool propylique et l'alcool allylique, la propylamine et l'allylamine, on trouve que les nombres de molécules contenues dans l'unité de volume de solutions isocapillaires des composés propyliques et allyliques sont entre eux comme $1 : 2$.   L. Bourgeois.

CAPPELÉNITE (Min.) (Brögger). — Silicoborate d'yttrium, cérium, glucinium, baryum, $SiO^3 R . BoO^3 Y$. Cristaux transparents ou translucides, brun-verdâtre, en petite quantité dans une syénite éléolithique de l'île Arö, Langesundfjord (Norvège). Densité $= 4.404$.

Forme cristalline. — Prisme hexagonal : $a : c = 1 : 0.4301$. Faces, $m\,b^{1/2}\,b^1\,{}^G p$

CAPRINONE. — Voyez DINONYLCÉTONE.

CAPRIQUE (ACIDE) [Syn. *Acide décylique*], $C^{10} H^{20} O^2$ (voyez Dict., **1**, 733 et Suppl., **1**, 400). — On ne connaît qu'un seul acide caprique, qu'on peut très vraisemblablement considérer comme l'acide décylique normal,

$$CH^3 - (CH^2)^8 - CO^2 H.$$

L'acide isocaprique de M. Borodine (Suppl., **1**, 400) paraît être, non pas un acide décylique, mais un acide décylénique, $C^{10} H^{18} O^2$.

ACIDE CAPRIQUE NORMAL. — Indépendamment des modes de formation déjà indiqués, l'acide caprique prend naissance :

1° Par oxydation de la décylméthylcétone, $C^{12} H^{24} O$ [F. Krafft, *D. chem. G.*, **15**, 1708] ;

2° Par oxydation de la caprinone ou dinonylcétone, $C^{19} H^{38} O$ [F. Grimm, *Ann. Chem.*, **157**, 264] ;

3° Par décomposition, à l'aide de la potasse alcoolique, de l'octylacétylacétate d'éthyle,

$$CH^3 . CO . CH(C^8 H^{17}) . CO^2 C^2 H^5,$$

qu'on obtient en faisant réagir l'iodure d'octyle normal primaire sur l'éther acétylacétique sodé.

Les produits de cette décomposition sont la nonylméthylcétone et l'octylacétate (caprate) de potassium [M. Gutzeit, *Ann. Chem.*, **204**, 1 ; *Bull. Soc. Chim.*, (2), **15**, 235].

Enfin, suivant MM. A. et P. Buisine, on peut extraire des quantités notables d'acide caprique des eaux fermentées provenant du désuintage des laines. Après avoir mis en liberté par l'acide sulfurique les acides gras contenus dans ces eaux, on les extrait par l'éther, on filtre, on chasse l'éther et l'on fait bouillir à 5 ou 6 reprises avec de l'eau l'huile brute obtenue. On filtre à chaud, on sature par le carbonate de sodium, on agite avec de l'éther pour se débarrasser des composés non acides entraînés, on décante la couche aqueuse et l'on précipite les acides gras par l'acide sulfurique. On enlève par la vapeur d'eau les acides volatils ; l'acide caprique, qui constitue le résidu de ce traitement, est purifié par transformation en sel de baryum et finalement par cristallisation dans l'eau [A. et P. Buisine, *C. R.*, **105**, 614].

L'acide caprique cristallise en aiguilles blanches, fusibles à 31° (Krafft, Buisine). Il bout à 268-270° sous la pression ordinaire (Grimm) et à 199-200° sous la pression de 100 millimètres (Krafft). Sa densité à l'état liquide est de 0,930 à 37° [Fischer, *Ann. Chem.*, **118**, 312].

Traité par le perchlorure de phosphore, il se transforme en *chlorure*, liquide bouillant avec décomposition, sous la pression normale à 200-220° (Grimm) et sans altération à 114° sous une pression de 15 millimètres [Krafft et König, *D. chem. G.*, **23**, 2385].

Chauffé à 240° avec de l'acide iodhydrique et du phosphore, il se convertit en décane normal.

Transformé en sel de baryum et soumis à la distillation sèche avec du formiate de baryum, il fournit de l'aldéhyde décylique, que l'hydrogénation par la poudre de zinc et l'acide acétique convertit en alcool décylique normal (Krafft).

ACIDES BROMOCAPRIQUES. — On connaît un acide bromocaprique et un acide dibromocaprique. Le premier de ces composés doit vraisemblablement être rapporté à l'acide caprique normal. Le second au contraire paraît dériver d'un autre acide caprique non normal, qui n'a pas encore été préparé.

Acide bromocaprique, $C^{10} H^{19} Br O^2$. — Ce composé se forme par l'action de l'acide bromhydrique saturé à 0° sur l'acide décylénique,

$$C^6 H^{13} . CH = CH . CH^2 . CO^2 H,$$

et se présente sous la forme d'une huile jaunâtre plus lourde que l'eau. Chauffé avec une solution de carbonate de sodium, il fournit l'anhydride de l'acide oxydécylique (hexylbutyrolactone) [A. Schneegans, *Ann. Chem.*, **227**, 79 ; *Bull. Soc. Chim.*, (2), **45**, 378].

En traitant l'acide caprique par un excès de brome, en présence de phosphore amorphe, d'abord à froid, puis à 90-100°, MM. Auwers et Bernhardt [*D. chem. G.*, **24**, 2223] ont obtenu un *bromure de bromocapryle* qu'ils n'ont pas isolé à l'état de pureté, mais qui se convertit au contact de l'alcool absolu en *bromocaprate d'éthyle*, $C^{10} H^{18} Br O^2 . C^2 H^5$, liquide bouillant à 159-161° sous une pression de 26 millimètres.

Acide dibromocaprique, $C^{10} H^{18} Br^2 O^2$. — Ce composé s'obtient en traitant à froid par le brome l'acide décylénique $C^{10} H^{18} O^2$, résultant de l'oxydation de l'aldéhyde $C^{10} H^{18} O$ (Dict., **3**, 615). Il cristallise dans le benzène en prismes clinorhombiques, fusibles à 135° [C. Hell et P. Schoop, *D. chem. G.*, **12**, 193 ; *Bull. Soc. Chim.*, (2), **33**, 265].

CAPRAMIDE, $C^{10} H^{19} O . AzH^2$ (voyez Dict., **1**, 734). — La capramide se forme quand on chauffe à 230° sous pression le caprate d'ammonium :

elle cristallise en lamelles fusibles a 98° [A. W. Hofmann, *D. chem. G.*, **15**, 977; *Bull. Soc. Chim.*, (2), **38**, 399]. Léon Roux.

CAPRIQUE (ALCOOL). — Voyez ALCOOLS DÉCYLIQUES.

CAPRIQUE (ALDÉHYDE). — Voyez ALDÉHYDE DÉCYLIQUE.

CAPROÏQUE (AMIDOXIME) [Syn. *Amyl-carbamidoxime, pentylcarbamidoxime*],

$$C^5H^{11}.C \lessgtr {AzOH \atop AzH^2}$$

— On chauffe à 100° pendant 30 heures un mélange de capronitrile, de chlorhydrate d'hydroxylamine, d'alcool et d'éthylate de sodium. On filtre, on distille à sec dans le vide et on reprend le résidu par l'éther. Celui-ci enlève la capramidoxime, qu'il abandonne par évaporation sous la forme de lamelles argentines, fusibles à 58°.

Ce corps est peu soluble dans l'eau, très soluble dans l'alcool, le benzène, l'éther et le chloroforme; il se dissout également dans la potasse et dans l'acide chlorhydrique.

Il forme un *chlorhydrate*, $C^6H^{14}Az^2O.HCl$, qui se présente en aiguilles blanches, hygroscopiques, fusibles à 116°.

L'anhydride acétique donne un *dérivé acétylé*, $C^5H^{11}.C(AzH^2)(AzOC^2H^3O)$, formé de houppes blanches, soyeuses, fusibles à 87°.

Le *dérivé benzoylé*,

$$C^5H^{11}.C(AzH^2)(AzOC^7H^5O),$$

cristallise en aiguilles blanches, fusibles à 105-106°.

L'*éther éthylique*, $C^5H^{11}.C(AzH^2)(AzOC^2H^5)$, forme de longues aiguilles hygroscopiques, fusibles à 35°.

Caproylcapramidoxime,

$$C^5H^{11}.C(AzH^2)(AzOC^6H^{11}O).$$

— Ce composé prend naissance lorsqu'on chauffe dans un appareil à reflux un mélange moléculaire d'aniline et de capramidoxime. Il se dégage de l'ammoniaque et l'aniline ne prend pas part à la réaction. Le nouveau corps se présente en paillettes brillantes, fusibles à 115°.

Carbonyldicapramidoxime,

$$C^5H^{11}.C \lessgtr {AzO - CO - OAz \atop AzH^2 \qquad H^2Az} \gtrless C.C^5H^{11}.$$

— On obtient ce corps en faisant réagir le chlorure de carbonyle sur la capramidoxime dissoute dans le benzène. Il cristallise en aiguilles soyeuses, fusibles à 114°, solubles dans l'alcool et dans le chloroforme, insolubles dans l'eau et dans le benzène, solubles dans l'acide chlorhydrique, mais insolubles dans la potasse.

La potasse le décompose en donnant du carbonate de potassium et de la capramidoxime.

CAPRAMIDOXIME-CHLORAL,

$$C^5H^{11}.C(AzOH)(AzH^2),CCl^3.CHO.$$

— On chauffe pendant quelque temps dans un appareil à reflux un mélange de capramidoxime et de chloral en excès. On précipite par l'eau et on fait cristalliser le précipité dans le benzène. Lamelles nacrées, fusibles à 130°, très solubles dans l'alcool, l'éther et le chloroforme, insolubles dans l'éther de pétrole [Jacoby, *D. chem. G.*, **19**, 1500; *Bull. Soc. Chim.*, (2), **46**, 666].
A. Béhal.

CAPROÏQUES (ACIDES). — Voy. Dict., **2**, 734 et Suppl., **1**, 400.

ACIDE CAPROÏQUE NORMAL [Syn. *Acide butyl-acétique*].

On peut préparer l'acide caproïque normal au moyen de l'acide gluconique ou de la caprolactone obtenue au moyen de cet acide.

On chauffe pendant 3 heures à 160° l'un ou l'autre de ces deux corps avec de l'acide iodhydrique en présence de phosphore rouge. On distille le produit de la réaction dans un courant de vapeur d'eau, on neutralise par le carbonate de calcium le produit distillé et on l'épuise par l'éther pour enlever la lactone. On évapore encore la solution aqueuse pour faire cristalliser le sel de calcium et on décompose ce dernier par un acide [Kiliani et S. Kleemann, *Bull. Soc. Chim.*, (2), **44**, 542].

MM. Kræmer et Grodzki ont trouvé de l'acide caproïque dans les produits supérieurs de la rectification du vinaigre de bois [*D. chem. G.*, **11**, 1356; *Bull. Soc. Chim.*, (2), **32**, 139].

On obtient de l'acide caproïque normal dans l'oxydation du corps désigné sous le nom d'*aldéhyde caprylique* et aussi dans l'oxydation du méthylhexylcarbinol [A. Béhal, *Bull. Soc. Chim.*, (3), **6**, 131].

La chaleur de combustion de l'acide caproïque normal a été trouvée par M. Louguinine égale à 830^{cal},209. Ce chiffre est supérieur à celui que MM. Favre et Silbermann avaient donné, et qui était 812^{cal},000 [Louguinine, *Bull. Soc. Chim.*, (2), **35**, 565].

La chaleur de neutralisation de l'acide caproïque normal par la soude a été trouvée = 14^{cal},689 vers 11° [Gal et Werner. *Bull. Soc. Chim.*, (2), **46**, 801].

L'acide caproïque normal, neutralisé par le carbonate de magnésium et soumis pendant 24 heures à l'électrolyse au moyen de courants alternatifs à l'aide d'électrodes en platine, a donné lieu à un dégagement d'acide carbonique et d'hydrogène. Il ne s'est pas formé d'oxygène ni d'hydrocarbure. Le liquide renfermait après l'opération les acides valérique, butyrique, oxalique, succinique, adipique, oxycaproïque et glutarique [Drechsel, *J. prakt. Chem.*, (2), **34**, 135].

Caproate d'éthyle. — Ce composé est liquide et bout à 166,9-167°.3 sous 738 millimètres; sa densité à 0° = 0,8898, à 20° = 0,8728, à 40° = 0,8596 [Lieben, *Ann. Chem.*, **170**, 93].

Ces données sont celles qui ont été obtenues avec l'acide caproïque de fermentation; l'acide obtenu avec le cyanure d'amyle normal donne des nombres si voisins, que les écarts observés peuvent rentrer dans les erreurs d'expérience [Lieben et Rossi, *Ann. Chem.*, **165**, 122].

Caproate d'hexyle, voyez Suppl., **1**, 915, ALCOOL HEXYLIQUE.

Caproate d'octyle normal. — Il se trouve dans l'essence d'Heracleum. Il bout de 268 à 271° [Zincke, *Ann. Chem.*, **152**, 18].

Capronitrile,

$$CH^3-CH^2-CH^2-CH^2-CH^2-CAz.$$

— Ce composé se forme dans l'oxydation de l'huile de ricin et peut être isolé des produits de la réaction par une série de distillations fractionnées. On peut aussi le préparer en distillant l'acide caproïque avec du sulfocyanate de plomb.

C'est un liquide incolore, bouillant à 162-163° [Wahlforss, *D. chem. G.*, **23**, Ref., 404].

MM. Hill et Kitrosky [*D. chem. G.*, **24**, 980] ont confirmé la présence de ce nitrile dans les produits de l'oxydation de l'huile de ricin à l'aide de l'acide nitrique.

ACIDE α-DIÉTHYLAMIDOCAPROÏQUE,

$$CH^3-CH^2-CH^2-CH^2-CH[Az(C^2H^5)^2]-CO^2H$$

[Duvillier, *Bull. Soc. Chim.*, (3), **6**, 90]. — On l'obtient, en même temps qu'une petite quantité d'acide α-oxycaproïque, en chauffant à 100° en vase clos l'acide α-bromocaproïque avec 3 molécules de diéthylamine en solution aqueuse. On le purifie en le transformant successivement en sel de baryum, puis en sel de cuivre.

C'est une masse cristalline, insoluble dans l'éther, très soluble dans l'alcool et dans l'eau. Il se décompose par la distillation.

Le *sel de cuivre*, $(C^{10}H^{20}AzO^2)^2Cu$, se présente en cristaux aciculaires, aplatis, de la couleur de l'alun de chrome ; il est peu soluble dans l'eau, très soluble dans l'alcool.

Le *chlorhydrate* est soluble en toutes proportions dans l'eau et dans l'alcool ; il est sirupeux.

Le *chloroplatinate*,

$$(C^{10}H^{21}AzO^2 . HCl)^2 PtCl^4, H^2O,$$

cristallise en prismes clinorhombiques, d'un rouge orangé, très solubles dans l'eau, moins solubles dans l'alcool, insolubles dans l'éther absolu.

Le *chloraurate*, $C^{10}H^{21}AzO^2 . HCl . AuCl^3$. forme de petits cristaux lamelleux, peu solubles dans l'eau, très solubles dans l'alcool, solubles dans l'éther.

ACIDE ω-ACÉTYLCAPROÏQUE,

$$CH^3 . CO . CH^2 . CH^2 . CH^2 . CH^2 . CH^2 . CO^2H.$$

— Cet acide se produit en même temps que le diacétylpentane dans la saponification de l'éther diacétylcaproïque,

$$CH^3 . CO - (CH^2)^4 - CH \Big\langle {CO^2C^2H^5 \atop CO . CH^3}$$

On le sépare en acidifiant la solution et en l'épuisant par l'éther. Il est difficile de l'obtenir à l'état de pureté.

Il fond à 29-30° et est soluble en toutes proportions dans l'eau.

M. Colman a également obtenu cet acide en faisant réagir le bromure acétylbutylique,

$$CH^3 . CO . (CH^2)^3 . CH^2Br,$$

sur l'éther malonique sodé, puis en saponifiant l'éther ainsi obtenu, et en distillant l'acide acétylobutylmalonique, ce qui lui fait perdre 1 molécule d'acide carbonique.

Le *sel d'argent*, $CH^3 . CO . (CH^2)^5 . CO^2Ag$, cristallise dans l'eau bouillante en petites tables incolores [S. Kipping et W. Perkin junior, *Chem. Soc.*, 38, 330 ; *Bull. Soc. Chim.*, (3), 3, 890]

ACIDE ISOBUTYLACÉTIQUE,

$$(CH^3)^2 CH . CH^2 . CH^2 . CO^2H.$$

— Cet acide a été trouvé tantôt à l'état d'éther, tantôt à l'état libre dans les beurres de vache et de coco, dans les fleurs du *Satyrium hircinum*, dans les fruits du *Gingko biloba*.

La plupart des acides de ces diverses provenances ont été confondus sous le nom général d'*acide caproïque*, bien que quelques-uns d'entre eux renferment peut-être de l'acide butylacétique à côté de l'acide isobutylacétique [voyez Dict., 1, 734 et Suppl., 1. 401].

On prépare cet acide en saponifiant le cyanure d'isoamyle (isocapronitrile) par les alcalis, et en décomposant par un acide le sel formé [Frankland et Kolbe, *Ann. Chem.*, 65, 303] (voyez Dict., 1, 736).

L'acide carbonique réagissant sur l'isopentane sodé fournit le sel de sodium de cet acide [Wanklyn et Schenk, *Ann. Chem.*, *Suppl.*, 6, 120].

On l'obtient encore en réduisant par l'acide iodhydrique l'acide γ-oxyisocaproïque [Mielck, *Ann. Chem.*, 180. 157. — Fittig et Rühlman, *Ann. Chem.*, 226, 347].

On peut le préparer à l'état d'éther amylique en faisant réagir l'iodure d'isoamyle sur l'oxalate d'éthyle en présence de zinc : le produit de la

réaction, distillé avec de l'eau, fournit du di-iso-amyloxalate d'amyle

$$C^{12}H^{20}O^2 . C^5H^{11}$$

et de l'isocaproate d'isoamyle [Frankland et Duppa, *Ann. Chem.*, 142, 17].

Enfin, en décomposant par la baryte l'isobutyl-acétate d'éthyle $CH^3 . CO . CH(C^4H^9) . CO^2C^2H^5$, on obtient de l'acétate et du caproate de baryum [Rohn, *Ann. Chem.*, 190. 316].

Il ne cristallise pas à — 18°.

La chaleur de neutralisation par la soude a été trouvée vers 11° de $14^{cal},511$ [Gal et Werner, *Bull. Soc. Chim.*, (2), 46, 801].

Oxydé par le permanganate de potassium, il donne la lactone γ-oxy-isocaproïque. Si on le chauffe longtemps avec de l'acide azotique étendu, il fournit l'anhydride de l'acide α-méthyloxyglutarique, $C^6H^{10}O^5$.

Isobutylacétate de méthyle, $C^6H^{11}O^2 . CH^3$. — Ce composé bout à 150° ; sa densité à 18° $= 0,8977$ [Fehling, *Ann. Chem.*, 53, 410].

L'acide qui a servi à préparer cet éther a été obtenu avec le beurre de coco. Cet acide était considéré à tort comme étant de l'acide caproïque normal.

Isobutylacétate d'isoamyle, $C^6H^{11}O^2 . C^5H^{11}$. — Ce composé bout à 215-220° [Frankland et Duppa, *Ann. Chem.*, 142, 18].

Capronamidine-biuret.

$$C^6H^{11} \Big\langle {AzH \atop AzH} - CO - AzH \quad CO - AzH \Big\rangle {AzH \atop} C^6H^{11}.$$

— La capronamidine (voyez Suppl., 2, 207), agitée avec une solution d'oxychlorure de carbone dans le toluène, fournit une solution qui laisse déposer par évaporation des cristaux répondant à la formule ci-dessus. Purifié par cristallisation dans l'alcool, ce corps se présente en fines aiguilles, fusibles à 236° [Pinner, *D. chem. G.*, 23, 2922].

γ-CHLORO-ISOCAPROATE D'ÉTHYLE,

$$(CH^3)^2 CCl . CH^2 . CH^2 . CO^2C^2H^5.$$

— On obtient cet éther en traitant la lactone diméthyl-γ-oxybutyrique par l'acide chlorhydrique en présence d'alcool absolu. Il se décompose par la distillation sous la pression normale, en donnant de l'acide chlorhydrique et de l'éther pyrotérébique. Il bout à 88° sans décomposition, sous une pression de 12 millimètres.

L'*éther bromé*, obtenu en remplaçant dans la préparation précédente l'acide chlorhydrique par l'acide bromhydrique, se décompose par la distillation sous la pression normale, en donnant du bromure d'éthyle et de l'isocaprolactone.

Ce bromocaproate d'éthyle se produit aussi lorsqu'on traite l'acide caproïque par le brome et le phosphore rouge et qu'on soumet le bromure de bromocaproyle brut ainsi obtenu à l'action de l'alcool absolu. C'est une huile jaunâtre, douée d'une odeur agréable, et bouillant à 99-102° sous 32 millimètres de pression [Auwers et Bernhardt, *D. chem. G.*, 24, 2222].

Ces éthers halogénés sont insolubles dans l'eau et se décomposent au contact du nitrate d'argent en déposant du chlorure ou du bromure d'argent : la réaction est complète en quelques heures à 100° [Bredt, *D. chem. G.*, 19, 513].

ACIDE MÉTHYLÉTHYLPROPIONIQUE,

$${C^2H^5 \atop CH^3} \Big\rangle CH \quad CH^2 . CO^2H.$$

— M. van Romburgh [*Rec. P.-B.*, 5, 219 ; *Bull. Soc. Chim.*, (2), 48, 268] a obtenu, en oxydant l'alcool hexylique provenant de l'essence de camomille romaine, au moyen du dichromate de potassium et de l'acide sulfurique dilué, un acide caproïque bouillant à 196-198°. Ce corps est dextrogyre : $[\alpha]_D = + 8°,92$.

Sa densité est de 0,930; il possède une odeur faible et désagréable, analogue à celle de l'acide caproïque ordinaire.

Le *sel de calcium* renferme $3 H^2 O$ et est soluble dans l'eau.

Le *sel d'argent* est anhydre.

L'oxydation de l'alcool hexylique donne en même temps du *caproate d'hexyle*,

$$C^8 H^{11} O^3 . C^6 H^{11},$$

bouillant à 233-234°. Cet éther est dextrogyre : $[\alpha]_D = + 12°,86$; sa densité $= 0,867$.

Amide.

$$\frac{C^2 H^3}{C H^3} > CH . CH^a . CO Az H^a.$$

— On l'a obtenue en chauffant à 230° pendant 5 heures le caproate d'hexyle avec de l'ammoniaque. Elle fond à 124°.

ACIDE DIÉTHYLACÉTIQUE,

$$\frac{C^2 H^3}{C^2 H^3} > CH . CO^2 H$$

(voyez Suppl., **1**, 401).

1° Lorsque l'on chauffe l'acide diéthylmalonique, celui-ci perd vers 170-180° 1 molécule d'acide carbonique et donne l'acide diéthylacétique,

$$(C^2 H^5)^2 C (CO^2 H)^2 = CO^2 + (C^2 H^5)^2 CH - CO^2 H$$

[Conrad. *Ann. Chem.*, **204**, 141].

2° L'acide α-diéthyl-β-oxybutyrique fournit, lorsqu'on le chauffe, de l'aldéhyde éthylique et de l'acide diéthylacétique,

$$CH^3 - CHOH - C(C^2 H^5)^2 - CO^2 H$$
$$= C^2 H^4 O + (C^2 H^5)^2 CH . CO^2 H$$

[Schnapp, *Ann. Chem.*. **204**, 70].

3° Le chlorure de diéthylo-acétyle se forme quand on traite par le perchlorure de phosphore l'α-diéthyl-β-oxybutyrate de sodium [Burton, *Am. Journ.*. 3, 393].

L'acide bromhydrique ou l'acide iodhydrique transforment l'acide α-diéthyl-β-oxybutyrique en acide diéthylacétique.

4° On l'obtient aussi en hydrogénant l'acide bromhydro-éthylcrotonique au moyen de l'amalgame de sodium [Fittig, *Ann. Chem.*, **200**, 24].

5° En faisant passer un courant d'oxyde de carbone dans un mélange d'acétate et d'éthylate de sodium à 205°, MM. Geuther et Frölich ont observé la formation de diéthylacétate de sodium [*Ann. Chem.*. **202**, 283].

6° Enfin M. Markownikoff a observé que, lorsque l'on traite par l'amalgame de sodium le diéthylacétate d'éthyle chloré. on obtient de l'éther diéthylacétique [*D. chem. G.*, **6**, 1175].

Diéthylacétate d'éthyle,

$$(C^2 H^5)^2 CH . CO^2 C^2 H^5.$$

— On l'obtient, en même temps qu'un peu d'éther butyrique, en faisant réagir 2 atomes de sodium et 2 molécules d'iodure d'éthyle sur l'acétate d'éthyle. Il bout à 151° sous 751mm,4. Sa densité à 0° = 0,8826 [Saytzeff, *Ann. Chem.*, **193**, 352].

ACIDE MÉTHYLPROPYLACÉTIQUE,

$$\frac{C H^3}{C^3 H^5} > CH . CO^2 H.$$

— MM. W. Kolbe et C. Warth [*D. chem. G.*, **15**, 308; *Bull. Soc. Chim.*, (2), **37**, 458] ont trouvé dans l'huile de résine un acide caproïque qu'ils ont identifié avec l'acide méthylpropylacétique.

On obtient encore cet acide en chauffant la saccharine avec de l'acide iodhydrique et du phosphore rouge, dans un ballon muni d'un réfrigérant ascendant, pendant 8 heures. Une fois la réaction terminée, on étend d'eau, on distille, on neutralise par la soude et l'on épuise par l'éther pour éliminer la caprolactone correspondante qui s'est formée dans cette réaction. On acidule ensuite la liqueur et on décante l'acide mis en liberté. On peut, au lieu d'opérer avec la saccharine, se servir d'un des termes de réduction intermédiaires, par exemple de l'acide oxycaproïque correspondant [Liebermann et C. Scheibler, *D. chem. G.*, **16**, 1821; *Bull. Soc. Chim.*, (2), **41**, 589].

On obtient encore cet acide en oxydant au moyen du mélange chromique l'alcool méthylpropyléthylique,

$$\frac{C H^3}{C^3 H^7} > CH . CH^2 OH$$

[Lieben et Zeisel, *Mon. f. Chem.*, **4**, 37].

L'hydrogénation de l'acide méthyléthylacrylique, soit au moyen de l'acide iodhydrique, soit au moyen du zinc et de l'acide bromhydrique. donne encore cet acide [Lieben et Zeisel, *Mon. f. Chem.*, **4**, 63].

En chauffant pendant 4 heures un mélange de 10 parties d'éther méthylpropylacétylacétique, de 20 parties de potasse, de 3 parties d'eau et de 3 parties d'alcool, MM. Liebermann et Kleemann ont obtenu de l'acide méthylpropylacétique [*D. chem. G.*, **17**, 919].

Cet acide se forme encore lorsqu'on soumet à la distillation sèche l'acide α-méthylpropyl-β-oxybutyrique :

$$CH^3 . CHOH . C(CH^3)(C^3 H^7) . CO^2 H$$
$$= C^2 H^4 O + \frac{C H^3}{C^3 H^7} > CH . CO^2 H$$

[Jones, *Ann. Chem.*, **226**, 291].

Méthylpropylacétate d'éthyle, $C^6 H^{11} O^3 . C^2 H^5$.
— Cet éther bout à 153° sous 751mm,4. Sa densité à 0° = 0,8816 [Saytzeff, *Ann. Chem.*, **193**, 352].

Méthylpropylacétate d'hexyle,

$$C^6 H^{11} O^2 . C^6 H^{13}.$$

— On l'a obtenu dans l'oxydation du méthylpropylcarbinol au moyen du mélange chromique; il bout à 223° sous 744mm,5. Il se saponifie difficilement par un lait de chaux [Lieben et Zeisel, *Mon. f. Chem.*. **4**, 35].

ACIDE MÉTHYLPROPYLACÉTIQUE-α-SULFONIQUE,

$$\frac{C^3 H^7}{C H^3} > C < \frac{CO^2 H}{SO^3 H}$$

— La méthyléthylacroléine, laissée pendant quelques jours en contact avec une solution aqueuse d'acide sulfureux, puis neutralisée par le carbonate de baryum, donne un sel de baryum,

$$\frac{CH^3 - CH^2 - CH^2}{C H^3} > C < \left(\frac{CHO}{SO^3}\right)^2 Ba,$$

qui, traité par le brome en présence de l'eau, s'oxyde et donne du caproate-sulfonate de baryum.

On peut encore obtenir cet acide en oxydant de la même façon par le brome le sel de baryum de l'acide oxyhexane-disulfonique,

$$\frac{C^3 H^7}{C H^3} > C < \frac{CHOH . SO^3 H}{SO^3 H}$$

préparé lui-même en saturant par le carbonate de

baryum le produit obtenu en chauffant en vase clos à 80° un mélange d'éthylméthylacroléine et d'eau préalablement saturé de gaz sulfureux.

L'acide caproïque-sulfonique est un sirop incristallisable.

Le *sel de baryum* forme des lamelles hexagonales.

Le *sel de calcium* se présente en houppes cristallines renfermant $C^6H^{10}SO^5Ca.1.5H^2O$.

Le *sel d'argent* forme des lamelles ayant pour formule $C^6H^{10}SO^5Ag^2$ [E. Ludwig, *Mon. f. Chem.*, **9**, 658; *Bull. Soc. Chim.*, (3), **2**, 748].

ACIDE MÉTHYLISOPROPYLACÉTIQUE [Syn. *Acide α-β-diméthylbutyrique*],

$$\left.\begin{array}{l} CH^3 \\ CH^3 \\ CH^3 \end{array}\right\rangle CH \Big\rangle CH-CO^2H.$$

— On peut préparer cet acide en chauffant à 200° l'acide méthylisopropylmalonique, qui perd dans ces conditions 1 molécule d'acide carbonique [P. Van Romburgh, *Rec. P.-B.*, **5**, 228; *Bull. Soc. Chim.*, (2), **48**, 269].

M. Markownikoff [*Zeits. f. Chem.* **2**, 502] l'a obtenu par l'hydratation du nitrile correspondant, préparé lui-même au moyen du cyanure de potassium et de l'iodure méthylisopropylcarbinolique.

M. Köbig l'a préparé en oxydant l'alcool hexylique correspondant [*Ann. Chem.*, **195**, 102].

Cet acide bout à 189-191°.

Le *sel de calcium* cristallise en houppes : 100 parties de solution aqueuse contiennent à 15° 16p,5 de sel supposé anhydre. Sa solubilité diminue à mesure que la température s'élève.

L'*amide*, qui est soluble dans l'eau, l'alcool et l'éther, fond à 129° et se sublime facilement.

ACIDE DIMÉTHYLÉTHYLACÉTIQUE,

$$(CH^3)^2C(C^2H^5).CO^2H$$

(voyez Suppl., **1**, 402). — On l'obtient en oxydant au moyen de l'acide chromique la pinacoline $C^8H^{16}O^2$, préparée elle-même au moyen de la méthyléthylcétone [Lawrinowitsch, *Ann. Chem.*, **185**, 126]. Cet acide est insoluble dans l'eau.

Le *sel d'argent* forme un précipité volumineux, qui cristallise de sa solution aqueuse en fines aiguilles brillantes   A. Béhal.

CAPROÏQUES (ALCOOLS). — Voyez ALCOOLS HEXYLIQUES

CAPROÏQUES (ALDÉHYDES). — Voyez ALDÉHYDES HEXYLIQUES.

CAPROLACTONES. — Le nombre des caprolactones peut être considérable : non seulement chacun des acides caproïques peut donner naissance à une lactone en position relative γ, lorsque l'oxhydryle alcoolique et le carboxyle sont séparés par 2 atomes de carbone, mais encore la plupart d'entre eux peuvent donner une lactone en position δ.

Dans une classification bien faite, il faudrait rattacher les caprolactones aux oxyacides correspondants, car en général le passage de l'oxyacide à la lactone est facile et le retour inverse est possible. Le nombre des caprolactones étant encore restreint, nous décrirons à la suite les uns des autres ceux de ces composés qui nous sont connus.

Nomenclature. — Dans ces dérivés, les isomères sont nombreux et l'emploi des lettres grecques est nécessaire; nous prendrons pour position initiale la fonction acide transformée en anhydride.

Nous emploierons, pour désigner les anhydrides internes faits par élimination de 1 molécule d'eau entre un oxhydryle alcoolique et un carboxyle, le nom de l'acide terminé par le suffixe *olide*, en faisant précéder ce nom de la lettre grecque qui indique la distance relative entre les 2 atomes de carbone qui portent les oxhydryles. Nous dirons donc γ-caprolide ou δ-caprolide, suivant que ces atomes de carbone seront séparés par 2 ou par 3 autres atomes de carbone[1].

LACTONES DÉRIVÉES DES ACIDES OXYCAPROÏQUES NORMAUX.

γ-CAPROLACTONE (γ-*caprolide, 4-éthyl-γ-butyrolactone*),

$$CH^3-CH^2-CH-CH^2-CH^2-CO.$$
$$\underline{\hspace{2em}}O\underline{\hspace{2em}}$$

— On soumet à une ébullition prolongée avec l'eau l'acide bromocaproïque obtenu avec l'acide bromhydrique et l'acide hydrosorbique; on traite ensuite par une solution de carbonate de sodium et on enlève la lactone au moyen de l'éther [Fittig et Hjelt, *Ann. Chem.*, **200**, 52; **208**, 67].

On peut encore traiter l'acide hydrosorbique $C^6H^{10}O^2$ par l'acide sulfurique : on chauffe pendant quelque temps un mélange d'acide hydrosorbique et d'acide sulfurique renfermant son volume d'eau [Fittig, *D. chem. G.*, **16**, 373].

On peut aussi traiter l'acide gluconique $C^6H^{12}O^7$ par l'acide iodhydrique. On chauffe pendant 7 heures dans un appareil à reflux 1 partie d'acide gluconique avec 10 parties d'acide iodhydrique bouillant à 127°, en présence de phosphore. On distille le produit brut de la réaction. On enlève l'iode dans le liquide filtré au moyen de l'acide sulfureux, on neutralise par la potasse et l'on épuise par l'éther. Ce liquide abandonne par évaporation la caprolactone, souillée par des traces de produits iodés que l'on détruit en chauffant pendant 1 heure la lactone brute avec du zinc et de l'acide chlorhydrique dans un appareil à reflux. On distille ensuite, on reprend le résidu de la réaction par l'éther après avoir neutralisé, puis on sèche sur le carbonate de potassium et l'on rectifie.

On peut enfin traiter l'acide métasaccharique par l'acide iodhydrique [Kiliani, *D. chem. G.*, **18**, 642].

Propriétés. — La caprolactone est plus stable que l'oxyacide correspondant.

C'est un liquide mobile, à odeur aromatique, distillant à 215-220° et ne se concrétant pas à —17°; sa densité = 1,0348 à 16°.

Cette lactone se dissout dans 5 ou 6 parties d'eau à 0°. Cette solution se trouble quand on la chauffe, puis redevient limpide à 80°. Le même phénomène se produit par le refroidissement.

La solution aqueuse est neutre; le carbonate de potassium en sépare la lactone.

Ce composé dissout le sodium avec dégagement d'hydrogène.

Chauffée en tube scellé, à 160°, avec de l'acide iodhydrique et du phosphore, elle se transforme en acide caproïque.

Les carbonates alcalins et les alcalis la transforment à l'ébullition en oxycaproates.

Chauffée en solution alcoolique, à 100°, avec de l'ammoniaque, elle se transforme en amide γ-oxycaproïque, $CH^3.CH^2.CHOH.(CH^2)^2.COAzH^2$ [Fittig et Dubois, *Ann. Chem.*, **256**, 147 à 159; *Bull. Soc. Chim.*, (3), **4**, 507].

L'eau ne la transforme que très difficilement en acide oxycaproïque.

L'acide azotique l'oxyde en donnant de l'acide succinique.

1. Ces dénominations ont été proposées par la Commission internationale de nomenclature.

δ-**CAPROLACTONE** (δ-*caprolide*, 5-*méthyl-δ-va-lérolide*),

$$CH^3-CH-CH^2-CH^2-CH^2-CO$$
$$O$$

— Cette δ-lactone s'obtient en partant de l'acide acétylbutyrique,

$$CH^3.CO.CH^2.CH^2.CH^2.CO^2H$$

(voyez Suppl., **2**, 83).

On réduit cet acide acétylbutyrique par l'amalgame de sodium à 30 ou 35°. On neutralise la solution par l'acide sulfurique à l'ébullition. On laisse refroidir et on épuise par l'éther, qui dissout la lactone et un peu d'acide oxycaproïque. On enlève ce dernier en agitant la solution éthérée avec une solution aqueuse de carbonate de potassium. L'éther évaporé abandonne la lactone sous la forme d'une huile qui se concrète à 0°.

On obtient encore la δ-caprolide en conservant en solution aqueuse l'acide oxycaproïque correspondant. Dans ces conditons, l'acide perd de l'eau et donne l'anhydride lactonique.

Propriétés. — La δ-caprolide fond à 17-19°; elle distille sans décomposition à 230-231°.

L'eau la dissout en toutes proportions; la solution, d'abord neutre, devient acide.

Elle est soluble dans l'alcool et dans l'éther [L. Wolff. *Ann. Chem.*, **216**, 127].

La solution aqueuse de la lactone se transforme peu à peu en oxyacide correspondant, mais cette transformation n'est jamais complète.

γ-**ISOCAPROLACTONE** (4-*diméthyl-γ-butyrolide*, 4-*diméthyl-γ-butyrolactone*),

$$(CH^3)^2C.CH^2.CH^2.CO$$
$$O$$

— On distille lentement l'acide térébique et on redistille le produit. On isole la lactone en mélangeant le liquide ainsi obtenu avec plusieurs fois son volume d'eau, neutralisant par le carbonate de sodium et agitant avec de l'éther. La solution éthérée est desséchée sur du carbonate de potassium, puis distillée. L'isocaprolide prend naissance suivant l'équation

$$(CH^3)^2C.CH^2.CH.CO^2H$$
$$O \underline{\qquad} CO$$
$$= CO^2 + (CH^3)^2C.CH^2.CH^2$$
$$O \underline{\qquad} CO$$

[Bredt, *Ann. Chem.*, **208**, 55].

On obtient cette même lactone en oxydant l'acide isocaproïque au moyen du permanganate de potassium. L'oxyacide qui se forme dans ces conditions se déshydrate et donne la lactone correspondante [Bredt, *D. chem. G.*, **13**, 748].

L'acide térébique, $C^7H^{10}O^4$, chauffé à l'ébullition avec de l'acide sulfurique étendu de la moitié de son poids d'eau, se transforme en isocaprolactone [H. Erdmann, *Ann. Chem.*, **228**, 176 et 198].

Propriétés. — C'est une huile limpide et incolore, bouillant à 206-207°, soluble dans 2 volumes d'eau à 0°. La solution se trouble par la chaleur et redevient limpide à 80°.

Le carbonate de potassium la sépare de la solution aqueuse.

L'eau transforme partiellement l'isocaprolactone en acide oxy-isocaproïque. Jamais l'hydratation n'est complète. Ainsi, une ébullition prolongée pendant 44 heures a donné naissance à 9,3 0/0 d'acide oxy-isocaproïque.

Chauffée à 250° avec de l'acide iodhydrique en présence de phosphore, l'isocaprolactone donne de l'acide isocaproïque [Kuhlmann et Fittig, *Ann. Chem.*, **229**, 343].

L'acide iodhydrique et l'acide bromhydrique réagissent sur l'isocaprolactone en présence d'alcool absolu, en donnant l'éther éthylique d'un acide caproïque halogéné en position 4 :

$$(CH^3)^2C.CH^2.CH^2.CO + HBr + C^2H^5.OH$$
$$O$$
$$= (CH^3)^2CBr.CH^2.CH^2.CO^2C^2H^5 + H^2O.$$

[Bredt, *D. chem. G.*, **19**, 513].

Action de l'éthylate de sodium. — L'action de l'éthylate de sodium est complexe; elle donne en effet naissance à un acide non saturé, l'acide *pseudo-pyrotérébique*, et à un produit de doublement de la lactone avec élimination d'eau, qu'on a désigné sous le nom d'*isocaprolactoïde*.

On fait bouillir pendant 10 ou 12 heures 10 grammes d'isocaprolactone avec 22 grammes d'alcool dans lequel on a dissous 2 grammes de sodium. On laisse refroidir le produit de la réaction, on l'additionne d'acide sulfurique dilué et on le porte pendant quelques instants à l'ébullition. On laisse refroidir et on reprend par l'éther. La solution éthérée, agitée avec une solution aqueuse de carbonate de sodium, lui cède un acide huileux, bouillant à 202-203° qui est l'acide pseudo-pyrotérébique, $C^6H^{10}O^2$.

La solution éthérée, séchée sur du carbonate de potassium et distillée, abandonne une masse cristalline qu'on purifie en la dissolvant dans l'acétone. Le corps ainsi obtenu est l'isocaprolactoïde

$$(CH^3)^2C.CH^2.CH^2 \quad CO \underline{\qquad} O$$
$$O \underline{\qquad} C == C.CH^2.C(CH^3)^2$$

Il forme des cristaux adamantins, appartenant au type clinorhombique, fusibles à 106°. Il est entraîné lentement par la vapeur d'eau. Une solution de baryte bouillante le dissout en l'hydratant, c'est-à-dire en ouvrant la chaîne lactonique : il se forme alors un sel qui cristallise en longues aiguilles; ce sel de baryum fait la double décomposition avec l'azotate d'argent et donne un sel blanc répondant à la formule $C^{12}H^{19}O^4Ag$.

L'*oxyacide*, $C^{12}H^{20}O^4$, que l'on peut obtenir au moyen de ce sel, est une poudre cristalline blanche, renfermant 0.5 H^2O. Il fond à 79°, puis perd de l'eau à 100° et régénère l'isocaprolactoïde.

Action de l'acide azotique. — L'acide azotique oxyde l'isocaprolactone, en donnant naissance à un acide lactonique,

$$\begin{matrix} CH^3 \\ CO^2H \end{matrix} \Big\rangle C.CH^2.CH^2.CO$$
$$O$$

[Bredt, *Ann. Chem.*, **208**, 55; *Bull. Soc. Chim.*, (2), **37**, 133].

α-**ÉTHYL-γ-BUTYROLACTONE** (2-*éthyl-γ-butyrolide*),

$$CH-CH^2-CH(C^2H^5)-CO$$
$$O$$

— Cette lactone prend naissance par l'action de la monochlorhydrine du glycol sur l'éthylacétylacétate d'éthyle sodé.

La réaction commence à froid; on l'active en chauffant au bain-marie. On laisse en contact pendant 24 heures, on distille l'alcool, on reprend le résidu par l'éther, on filtre, puis on traite par 1 fois et demie la quantité de baryte nécessaire pour la saponification. On fait bouillir pendant 1 heure, on neutralise par l'acide sulfurique, on épuise par l'éther et on obtient par évaporation de ce véhicule la γ-caprolactone, que l'on purifie par distillation :

$$CH^3 - CO - CNa(C^2H^5) - CO^2C^2H^5$$
$$+ CH^2Cl - CH^3OH$$

$$= \underset{CH^2 - CH^3OH}{\overset{CH^3 - CO - C(C^2H^5) - CO^2C^2H^5}{\mid}} + NaCl;$$

$$2\left[\underset{CH^2 - CH^2OH}{\overset{CH^3 - CO - C(C^2H^5) - CO^2C^2H^5}{\mid}}\right] + 2\,Ba(OH)^2$$

$$= (CH^3 - CO^2)^2Ba + 2\,C^2H^5 . OH$$

$$+ \left[\underset{CH^2 - CH^3OH}{\overset{HC(C^2H^5) - CO^2}{\mid}}\right]^2 Ba.$$

[Chanlaroff, *Ann. Chem.*, **226**, 325 à 343].

Cette lactone constitue un liquide mobile, à odeur aromatique. Elle distille à 215° et ne se concrète pas à — 17°; sa densité à 16° $= 1,0348$. Elle se dissout complètement dans 10 ou 11 parties d'eau à 0°. Cette solution se trouble lorsqu'on la chauffe, puis redevient limpide à 80°. Le même phénomène se produit par le refroidissement.

La solution aqueuse est neutre et le carbonate de potassium la sépare de ce dissolvant.

Les alcalis et les carbonates alcalins la convertissent à l'ébullition en sels de l'acide 2-éthyl-γ-oxybutyrique [Chanlaroff, *Bull. Soc. Chim.*, (2), **45**, 282].

CAPROLACTONE SYMÉTRIQUE (?) (*2-4-diméthyl-γ-butyrolide*, *α-γ-diméthyl-γ-butyrolact ne*, *α-méthylvalérolactone*),

$$\underset{O \text{———} CO}{\overset{CH^3 - CH - CH^2 - CH - CH^3}{\mid \qquad\qquad \mid}}$$

— On obtient cette lactone en partant de l'acide 3-acétylisobutyrique,

$$CH^3 . CO . CH^2 . CH(CH^3) . CO^2H.$$

(voyez Suppl., **2**, 83].

Cet acide est traité par l'amalgame de sodium, qui le transforme en 2-méthyl-4-oxyvalérate de sodium. On décompose ce sel par l'acide sulfurique et on fait bouillir l'oxyacide, qui se transforme ainsi en une lactone correspondante. Pour isoler ce dernier corps, on agite avec de l'éther, on neutralise par le carbonate de potassium et on distille la liqueur éthérée.

On peut encore obtenir cette lactone en réduisant par l'acide iodhydrique la saccharine de Peligot. On chauffe 50 grammes de saccharine avec 250 grammes d'acide iodhydrique (renfermant 4 parties d'acide de densité 1,7 et 1 partie d'acide de densité 1,9) et 25 grammes de phosphore rouge. On étend d'eau, on distille, on sature par la potasse le liquide distillé, et on l'épuise par l'éther [Liebermann et Scheibler, *D. chem. G.*, **16**, 1821].

C'est un liquide qui distille à 206°. Il ne se solidifie pas à — 17°.

La lactone est soluble dans 20 ou 25 volumes d'eau : sa solution se trouble par la chaleur et devient limpide vers 80°. Chauffée à 200° pendant 4 heures avec de l'acide iodhydrique ($d = 1,7$), elle donne l'acide caproïque correspondant. L'ébullition avec les bases fournit les sels de l'oxyacide correspondant [L. Gottstein, *Ann. Chem.*, **216**, 29].

ISOCAPROLACTONE (*3-4-diméthyl-γ-butyrolide*, *β-méthylvalérolactone*, *β-γ-diméthyl-γ-butyrolactone*)

$$\underset{\text{——— } O \text{ ———}}{CH^3 - CH - CH(CH^3) - CH^2 - CO}$$

— Ce corps n'a été obtenu qu'à l'état impur, en traitant l'α-méthylacétylsuccinate d'éthyle par l'amalgame de sodium, et en transformant par la méthode ordinaire l'oxyisocaproate de sodium ainsi formé en lactone.

Il bout vers 209-210° [Gottstein, *Ann. Chem.*, **216**, 29]. A. Béhal.

CAPRONE, $(CH^3 . CH^2 . CH^2 . CH^2 . CH^2)^2CO$ (voyez Dict., **1**, 737). — La caprone est une huile incolore, qui se solidifie par le refroidissement et fond ensuite à 14°,6. Elle bout à 226°. A l'état liquide, elle a pour densité 0,8262 à 20° et 0,8159 à 40°. Elle ne se combine pas avec le bisulfite de sodium.

Oxydée par l'acide sulfurique et le dichromate, ou par le permanganate de potassium, la caprone se transforme en acides caproïque et valérique, en même temps que l'oxydation partielle de ces derniers engendre des acides gras inférieurs [A. Lieben et G. Janecek, *Ann. Chem.*, **187**, 126. — M. Hercz, *Bull. Soc. Chim.*, (2), **28**, 378].

CAPRONITRILE, $C^5H^{11} - CAz$.

DIMÉTHYLBUTYRONITRILE [Syn. *Cyanure d'isoamyle*]. — Voyez Dict., **1**, 1065.

Suivant M. R. Schiff [*D. chem. G.*, **19**, 568], ce corps bout à 154° sous 762^{mm},1; sa densité à 154° par rapport à l'eau à 4° est 0,6861.

Ce nitrile se combine avec quelques chlorures métalliques; il fournit notamment les composés

$$(C^6H^{11}Az)^2TiCl^4, \quad (C^6H^{11}Az)^3SnCl^3$$
$$\text{et} \qquad C^6H^{11}Az . SbCl^5$$

[Henke, *Ann. Chem.*, **106**, 284].

Traité en solution éthérée par le sodium, le capronitrile se polymérise et donne le *capronitrile dimoléculaire* ou *imidocaproylcapronitrile* $C^5H^{11} - C(AzH) - C^5H^{10} - CAz$ [R. Wache, *J. prakt. Chem.*, (2), **39**, 245; *Bull. Soc. Chim.*, (2), **3**, 130]. C'est un sirop jaunâtre, bouillant vers 245° sous une pression de 20 millimètres. Chauffé pendant quelques heures à 150° avec de l'acide chlorhydrique concentré, ce composé se convertit en *di-isoamyl-cétone*; il se produit en même temps du sel ammoniac et de l'acide carbonique.

DIMÉTHYL-ÉTHYL-ACÉTONITRILE,

$$(CH^3)^2(C^2H^5)C - CAz$$

[Wischnegradsky, *Ann. Chem.*, **174**, 56]. — On l'obtient par l'action du cyanure double de mercure et de potassium $Hg(CAz)^2 . 2\,CAzK$ sur l'iodure diméthyléthylcarbinolique. Il bout à 128-130°.

CAPRYLBENZÈNE [Syn. *Isohexylbenzène*), $(CH^3)^2CH - CH^2 - CH^2 - CH^2 - C^6H^5$. — Ce composé prend naissance par l'action du sodium sur un mélange de chlorure de benzyle et de bromure d'isoamyle en présence d'éther [Aronheim, *Ann. Chem.*, **171**, 223]. C'est un liquide bouillant à 214-215° (Aronheim), à 212-213° sous une pression de 733 millimètres [Schramm, *ibid.*, **218**, 391]. Sa densité est 0,8668 à 16° (Schramm).

CAPRYLE. — On désigne sous le nom de *capryle* les résidus monovalents dérivés des octanes. Cependant ce mot sert plus spécialement à nommer le résidu monovalent

$$\overset{C^6H^{13}}{\underset{CH^3 -}{\diagdown}}\, CH -$$

correspondant au méthylhexylcarbinol.

Pour les dérivés capryliques, voyez ALCOOL CA-PRYLIQUE et MÉTHYLHEXYLCARBINOL.

CAPRYLÈNE (voyez OCTYLÈNE, Suppl., **1**, 1090]. — Le caprylène obtenu par l'action du chlorure de zinc sur l'alcool caprylique de l'huile de ricin (méthylhexylcarbinol) est formé essentiellement par le méthylamyléthylène,

$$CH^3 - CH = CH - C^5H^{11}.$$

En effet, le bromure correspondant, traité par la potasse sèche, donne naissance à un carbure acétylénique substitué, $CH^3 - C \equiv C - C^5H^{11}$; cependant il contient un peu d'hexyléthylène normal, car on obtient dans cette réaction un peu de carbure acétylénique vrai, précipitant les réactifs cuivreux et argentiques, et identique à celui qu'on obtient en partant de la méthylhexylcétone [A. Béhal, *Bull. Soc. Chim.*, (2), **49**, 581].

Le *caprylène monochloré*, $C^8H^{13} - CCl = CH^2$, bout à 167-168°. Sa densité a 0° = 0,929.

Le *caprylène monobromé* bout à 186-187°.

Nous n'avons conservé ici ce mot de *caprylène* qu'à cause du mode de formation du carbure au moyen de l'alcool caprylique; pour tout ce qui se rapporte aux carbures en C^8H^{16}, voyez OCTYLÈNES.

CAPRYLIDÈNES, C^8H^{14}. — On a donné le nom de *caprylidènes* aux carbures tétravalents dérivés de l'octane. On doit regretter cette dénomination, car elle pourrait et devrait s'appliquer exclusivement au résidu bivalent dérivé d'une aldéhyde ou d'une acétone caprylique.

Nous ne décrirons ici que les carbures tétravalents obtenus soit en partant du caprylène, soit en partant de l'acétone caprylique; les autres seront renvoyés au mot OCTÈNE.

CAPRYLIDÈNE, $C^5H^{11} - CH^2 - C \equiv CH$ [Syn. *Hexylacétylène*]. — On obtient ce composé en traitant par la potasse alcoolique le produit de l'action du perchlorure de phosphore sur la méthylhexylcétone :

$$C^6H^{13} - CO - CH^3 + PCl^5 = C^6H^{13} - CCl^2 - CH^3.$$

Dans cette réaction, il se forme, par départ d'acide chlorhydrique, du caprylène monochloré.

La potasse alcoolique (1 partie de potasse, 1 partie d'alcool à 95°), chauffée avec ces dérivés à 150°, pendant 12 heures, donne naissance ≡ un mélange de carbures acétyléniques et, en même temps, à des éthers-oxydes dérivés des carbures éthyléniques correspondants.

L'un des carbures, formé par une réaction directe, est *l'hexylacétylène* $C^6H^{13} - C \equiv CH$; l'autre, formé par une migration moléculaire, est le *méthylamylacétylène* $C^5H^{11} - C \equiv C - CH^3$.

La quantité de ce dernier carbure qui se forme est d'autant plus considérable que le contact avec la potasse alcoolique a été plus prolongé et que la température a été plus élevée.

Pour préparer l'hexylacétylène, il vaut mieux se servir de potasse sèche. On fond dans une capsule d'argent la potasse commerciale, de façon à la priver de la majeure partie de l'eau qu'elle renferme; puis on l'introduit encore chaude dans des tubes fermés à un bout; on ajoute le chlorure de caprylidène ou le caprylène monochloré, on scelle à la lampe, et on chauffe à 140-150° pendant 7 ou 8 heures. On traite le produit par l'eau, on décante le carbure surnageant, on le sèche, et on le fractionne au tube Le Bel-Henninger; on recueille le liquide passant de 125 à 140°, on le combine avec le chlorure cuivreux ammoniacal, on exprime dans du papier la combinaison métallique, et on la décompose par l'acide chlorhydrique étendu : on obtient ainsi un carbure bouillant à 134-136° sous la pression normale.

Le caprylidène, hydraté au moyen de l'acide sulfurique, donne naissance à la méthylhexylcétone. Pour effectuer cette hydratation, on dissout peu à peu le caprylidène dans l'acide sulfurique ordinaire à froid. La dissolution terminée, on traite la solution sulfurique par la glace en excès : l'acétone surnage; on la purifie par les procédés ordinaires [A. Béhal, *Bull. Soc. Chim.*, (2), **41**, 33 ; 48, 704].

L'hexylacétylène, chauffé en tubes scellés à 160°, pendant plusieurs heures, avec une solution concentrée de potasse dans l'alcool, se transforme en méthylamylacétylène $CH^3 - C \equiv C - C^5H^{11}$. Inversement, le méthylamylacétylène, chauffé en tube scellé à 100° avec du sodium, se transforme par une réaction inexpliquée en hexylacétylène [A. Béhal, *Bull. Soc. Chim.*, (2), **49**, 581 ; 50, 629].

Le caprylidène se combine avec le nitrate d'argent alcoolique pour donner un composé répondant à la formule $C^8H^{13}Ag . AzO^3Ag$. Il se combine également avec le bichlorure de mercure.

MÉTHYLAMYLACÉTYLÈNE, $C^5H^{11} - C \equiv C - CH^3$. — Le carbure acétylénique substitué peut s'obtenir, comme on vient de le voir, par la transformation isomérique de l'hexylacétylène, effectuée sous l'influence de la potasse alcoolique; mais on le prépare plus simplement en traitant par la potasse sèche le bromure de caprylène, préparé avec le caprylène de l'alcool caprylique.

On opère en tube scellé à une température voisine de 150°. On chauffe pendant 5 ou 6 heures. La réaction terminée, on traite par l'eau; on sépare le carbure surnageant, on le distille en recueillant ce qui passe avant 150°, et on l'agite avec une solution ammoniacale de chlorure cuivreux qui enlève une petite quantité d'hexylacétylène; le carbure, séparé par expression de la combinaison cuprique, est lavé à l'eau, séché et distillé. On recueille ce qui passe à 132-133°. C'est le méthylamylacétylène. Sa densité à 0° = 0,770.

Il ne se combine ni au chlorure cuivreux ammoniacal, ni au nitrate d'argent ammoniacal, ni au nitrate d'argent alcoolique; mais il forme une combinaison avec le bichlorure de mercure.

Il s'hydrate au moyen de l'acide sulfurique et donne naissance à un mélange d'acétones, la méthylhexylcétone $CH^3 - CO - C^6H^{13}$ et l'éthylamylcétone $C^2H^5 - CO - C^5H^{11}$. Le premier de ces deux corps est le plus abondant [A. Béhal, *Bull. Soc. Chim.*, (2), **48**, 705 ; 50, 359 et 629].   A. Béhal.

CAPRYLIQUE (ACIDE) (voyez Dict., **1**, 737 et Suppl., **1**, 402). — MM. Cahours et Demarçay, en distillant dans un courant de vapeur d'eau surchauffée les acides bruts provenant de la saponification des graisses par l'acide sulfurique, ont obtenu un acide caprylique qu'ils considèrent comme identique avec l'acide caprylique normal : il bout à 239-241° et se solidifie à + 7 ou + 8°; sa densité à 17° = 0,923.

L'*éther méthylique* bout à 192-194° et se solidifie entre — 40 et — 41°; il forme une masse de grandes lames transparentes, d'un très bel aspect; sa densité à 18° = 0,887.

L'*éther éthylique* bout à 206-208° et se solidifie entre — 47 et — 48°; sa densité à 17° = 0,878.

Le *sel de calcium*, $(C^8H^{15}O^2)^2Ca, H^2O$, est plus soluble à chaud qu'à froid; il se dépose par un refroidissement lent en lamelles nacrées.

L'*acide amidocaprylique* donne avec l'acide tartrique un sel bien cristallisé [Cahours et Demarçay, *C. R.*, **89**, 331; *Bull. Soc. Chim.*, (2), **34**, 481]

Le *chlorure de capryle*, $C^7H^{15} . COCl$, s'obtient en traitant l'acide par le perchlorure de phosphore à 0°. C'est un liquide bouillant à 83° sous une pression de 15 millimètres [Krafft et Kœnig, *D. chem. G.*, **23**, 2384].

Le *bromocaprylate d'éthyle*, $C^8H^{14}BrO^2.C^2H^5$, s'obtient en traitant par l'alcool absolu le *bromure de bromocapryle*, obtenu lui-même par l'action du brome sur l'acide caprylique en présence du phosphore rouge. C'est une huile incolore, douée d'une odeur agréable, et bouillant à 245-247° [Auwers et Bernhardt, *D. chem. G.*, **24**, 2223].

NITRILE CAPRYLIQUE. — Ce composé a été signalé par M. Wahlforss parmi les produits d'oxydation de l'huile de ricin; il bout à 200-210° [*D. chem. G.*, **23**, Ref., 404]. A. Béhal.

CAPRYLIQUE (ALCOOL). — En chauffant pendant 16 heures à 280° 50 parties d'alcool caprylique avec 17 parties de chlorure de zinc ammoniacal, on obtient de la *dicaprylamine*, base douée d'une odeur aromatique et distillant à 260-270°. Elle donne un *chloraurate* répondant à la formule $(C^8H^{17})^2AzH.HCl.AuCl^3$. Il se forme en même temps de la *tricaprylamine*, base liquide bouillant vers 370° [Merz et Gasiorowski, *D. chem. G.*, **17**, 623; *Bull. Soc. Chim.*, (2), **43**, 474].

Chlorure de capryle. — M. Malbot [*Bull. Soc. Chim.*, (3), **3**, 68] prépare ce composé en chauffant à 120-130°, en matras scellé, un mélange d'alcool caprylique préalablement saturé de gaz chlorhydrique avec la moitié de son volume d'une solution concentrée d'acide chlorhydrique (1^{cc} de cette dernière solution équivaut à 0^{gr},7 d'acide sulfurique). Il importe de ne pas chauffer trop longtemps, si l'on veut éviter la formation de produits secondaires.

Bromure de capryle, $C^8H^{11}Br$. — M. Alekine, en faisant réagir le sodium sur le bromure de capryle dissous dans le xylène, a obtenu un composé $C^{16}H^{34}$, liquide huileux, presque inodore, qu'il considère comme le bi-iso-octyle,

$$C^6H^{13} > CH - CH < \begin{matrix} CH^3 \\ C^8H^{13} \end{matrix}$$

[Alekine, *Bull. Soc. Chim.*, (2), **40**, 186].

L'alcool caprylique s'oxyde sous l'influence de l'acide chromique en présence de l'acide sulfurique pour donner la méthylhexylcétone; une oxydation poussée plus loin donne de l'acide caproïque *normal* et de l'acide acétique [A. Béhal, *Bull. Soc. Chim.*, (3). **3**, 131]. A. Béhal.

CAPRYLIQUE (ALDÉHYDE). — Le corps désigné sous le nom d'*aldéhyde caprylique*, que l'on obtient par la distillation sèche du savon de soude ou de potasse de l'huile de ricin, n'est autre que la méthylhexylcétone normale

$$CH^3.CH^2.CH^2.CH^2.CH^2.CH^2.CO.CH^3$$

[voyez Dict., **1**, 739].

Préparation. — On saponifie 5000 grammes d'huile de ricin par 2000 grammes de lessive des savonniers; au bout de 24 heures, le savon est coupé en tranches minces, desséché et distillé par portions de 250 grammes dans une cornue de 3 litres, chauffée dans un bain formé de parties égales de nitrates de sodium et de potassium. Le savon fond et se boursoufle; il passe un peu d'eau, puis un mélange d'acétone caprylique et d'alcool caprylique [A. Béhal, *Bull. Soc. Chim.*, (2), **47**, 37].

On traite par le bisulfite et on purifie comme il a été dit Dict., **1**, 739.

On obtient un corps identique au précédent en combinant le chlorure d'œnanthoyle avec le zinc-méthyle; en hydratant le caprylidène acétylénique au moyen de l'acide sulfurique; enfin en oxydant une solution aqueuse ou acétique d'alcool caprylique (méthylhexylcarbinol), au moyen de l'acide chromique.

Ce corps bout à 171°; sa densité à 0° = 0,8399.

Cette acétone ne réduit pas le nitrate d'argent en solution alcoolique et ammoniacale.

Traitée par le perchlorure de phosphore, elle donne naissance au chlorure de caprylidène, et, par départ simultané d'acide chlorhydrique, au caprylène chloré.

Elle se combine avec l'hydroxylamine pour donner une *oxime*, liquide qui bout à 221-223°. Cette oxime, traitée par le chlorure d'acétyle, donne un *dérivé acétylé* qui, bouilli avec de l'eau de baryte, régénère l'acétone primitive, et donne en même temps de l'ammoniaque qui se dégage et de l'acétate de baryum.

Oxydée, elle fournit surtout de l'acide caproïque normal et de l'acide acétique [A. Béhal, *loc. cit.*].

Constitution. — Ces différentes réactions permettent d'établir sa constitution. Sa fonction acétonique est démontrée par la formation de l'oxime, qui ne donne pas de nitrile par l'action du chlorure d'acétyle; de plus, sa synthèse au moyen du chlorure d'œnanthoyle montre que c'est une acétone méthylée $C^7H^{13}OCH^3$; or M. Béhal a démontré que l'aldéhyde œnanthylique qui correspond à l'acide employé dans cette réaction est une aldéhyde à chaîne normale.

En effet, elle donne, par l'action successive du perchlorure de phosphore et de la potasse, un carbure acétylénique vrai, $C^8H^{14} - C \equiv CH$, qui, par hydratation au moyen de l'acide sulfurique, fournit une acétone $C^8H^{14} - CO - CH^3$, laquelle se scinde par oxydation en acide valérique normal et en acide acétique [Béhal, *Bull. Soc. Chim.*, (2), **44**, 195]. Il en résulte que l'aldéhyde œnanthylique et l'acide œnanthylique sont à chaîne normale; par conséquent, le produit obtenu par la réaction du chlorure d'œnanthoyle sur le zinc-méthyle étant identique au produit acétonique obtenu dans la distillation du savon de ricin, le corps désigné sous le nom d'*aldéhyde caprylique* est la méthylhexylcétone. La formation d'acide caproïque normal par oxydation en est une nouvelle preuve. A. Béhal.

CARACOLITE (Min.) (Websky). — Matière répondant à la formule $PbCl(OH).SO^4Na^2$. Cristaux limpides ou masses vertes, décomposables par l'eau, avec galène altérée et percylite, à Caracoles et à la mine Béatriz, sierra de Gorda (Chili). Les cristaux simulent des prismes hexagonaux réguliers b^1pm, mais sont en réalité formés par la macle de trois individus orthorhombiques;

$$a:b:c = 0,5843:1:0,4213.$$

CARBACÉTOXYLIQUE (ACIDE) (voyez Dict., **1**, 742). — D'après M. Klimenko, cet acide prendrait naissance dans l'action de l'oxyde d'argent ou de la baryte sur l'éther α-dichloropropionique, $CH^3.CCl^2.CO^2C^2H^5$. Ce mode de formation a été contesté par MM. Beckurts et Otto [*D. chem. G.*, **10**, 2039].

L'acide carbacétoxylique se transforme en acide glycérique sous l'influence de l'amalgame de sodium, et en acide pyruvique par l'action de l'acide iodhydrique concentré. Ces réactions montrent qu'il a la constitution d'un acide oxypyruvique $CH^2OH.CO.CO^2H$ [Klimenko, *D. chem. G.*, **3**, 468; **5**, 477 et **7**, 1406. — Wichelhaus, *Ann. Chem.*, **144**, 351].

CARBACÉTYLACÉTIQUE (ÉTHER). — M. Duisberg [*Ann. Chem.*, **213**. 177] avait décrit sous ce nom un composé liquide bouillant à 290-295°, qui prend naissance lorsqu'on abandonne pendant un mois à la température ordinaire l'éther acétylacétique préalablement saturé de gaz chlorhydrique à la température de — 6°.

Mlle Polonowska [*D. chem. G.*, **19**, 2402] a démontré que l'éther carbacétylacétique de M. Duisberg est identique avec l'*éther iso-déhydracétique*

$$CH^3 - C = C(CO^2C^2H^5) - C(CH^3) = CH$$
$$\qquad\quad | \qquad\qquad\qquad\qquad | $$
$$\qquad\quad O \underline{\qquad\qquad\qquad} O$$

préparé par M. Hantzsch au moyen de l'éther acétylacétique et de l'acide sulfurique concentré (voyez ACIDE DÉHYDRACÉTIQUE).

CARBAMIDOPHÉNOL. — Voyez PHÉNO-β-FURAZOL.

CARBAMIQUE (ACIDE). — Voyez Dict., 1, 743; Suppl., 1, 403.

Carbamate d'ammonium. — On a donné Suppl., 1, 404 un tableau des tensions de dissociation du carbamate d'ammonium aux différentes températures. Voici, d'après Isambert un nouveau tableau de ces valeurs :

Températures.	Tensions.	Températures.	Tensions.
37°,8	252ᵐᵐ	59°,5	871ᵐᵐ
46°,9	435ᵐᵐ	68°,3	918ᵐᵐ
49°,6	500ᵐᵐ	65°,1	1276ᵐᵐ
53°,0	601ᵐᵐ	67°,6	1372ᵐᵐ
55°,6	684ᵐᵐ		

[Isambert, *C. R.*, **93**, 733].

Pour les conclusions relatives à la dissociation du carbamate d'ammonium, nous renvoyons aux mémoires originaux [Engel et Moitessier., *C. R.*, **93**, 595. — Isambert, *C. R.*, **93**, 731. — Erckmann, *D. chem. G.*, **18**, 1157].

Éthers carbamiques. — Voyez URÉTHANES.

Acide phénylcarbamique. — Voyez ACIDE CARBANILIQUE.
H. Gautier.

CARBANILE [Syn. *Phénylcarbimide, isocyanate de phényle*]. — Voyez Dict., **2**, 882.

Modes de formation. — Aux modes de formation mentionnés dans l'article principal, il convient d'ajouter les suivants :

1° Action de l'oxyde de mercure sur le phénylsénevol [Kühn et Liebert, *D. chem. G.*, **23**, 1536].

La réaction s'effectue au bain d'huile en chauffant au réfrigérant à reflux; le rendement n'est que de 20 0/0 du rendement théorique.

2° Action de l'oxychlorure de carbone sur la carbanilide $CO(AzH . C^6H^5)^2$ ou sur le chlorhydrate d'aniline en fusion. L'oxychlorure de carbone liquéfié se trouvant actuellement dans le commerce, on a là un moyen commode de préparation du carbanile [W. Hentschel, *D. chem. G.*, **17**, 1284].

La réaction est la suivante :

$$C^6H^5 . AzH^2 + COCl^2 = C^6H^5AzCO + 2HCl.$$

3° Enfin, on obtient le carbanile par la distillation sèche du chlorure de l'acide oxanilique

$$C^6H^5 . AzH . CO . COCl$$
$$= HCl + CO + C^6H^5AzCO$$

[O. Aschan. *D. chem. G.*, **23**, 1825].

Préparation. — Le meilleur mode de préparation du carbanile est le suivant : On introduit dans une petite cornue 20 grammes d'acide oxanilique et 27 grammes de perchlorure de phosphore, on chauffe le mélange pendant 2 ou 3 minutes au bain-marie et on distille ensuite à feu nu. On purifie le produit par distillation fractionnée pour le séparer de l'oxychlorure de phosphore formé dans la réaction. On obtient ainsi 10-12 grammes de carbanile. Comme le procédé indiqué par M Aschan [*loc. cit.*] permet d'obtenir en acide oxanilique 73 0/0 de l'aniline employée, la préparation du carbanile par cette méthode est très avantageuse comme rendement.

Propriétés. — Le carbanile bout à 166° sous la pression de 769 millimètres. Chauffé à 200° pendant quelques jours, il fournit un liquide épais, incristallisable. Chauffé avec de l'acétate de potassium sec, du formiate de sodium ou du carbonate de sodium, il se polymérise en se transformant en isocyanate de phényle [A. W. Hofmann, *D. chem. G.*, **18**, 764].

Chauffé avec du zinc en poudre, il fournit de l'aniline [Gumpert, *J. prakt. Chem.*, (2), **31**, 121].

L'hydroxylamine s'unit au carbanile pour donner un produit d'addition $(C^6H^5 . AzCO)^2 . AzH^3O$.

Avec un excès d'hydroxylamine, on obtient une *urée.*

$$CO \left\langle \begin{array}{l} AzH^2O \\ AzH . C^6H^5 \end{array} \right.$$

[E. Fischer, *D. chem. G.*, **22**, 1934].

Le carbanile réagit à chaud sur la diphénylurée en donnant du triphénylbiuret [Kühn et Hentschel, *D. chem. G.*, **21**, 504].

En faisant agir le carbanile sur le benzène en présence de chlorure d'aluminium, on obtient de la benzanilide, $C^6H^5 . CO . AzH . C^6H^5$.

Les homologues du benzène se comportent d'une manière analogue : le groupe CO du carbanile se place en para par rapport au groupe déjà substituant dans la molécule benzénique. Ainsi, avec le toluène, on obtient l'anilide de l'acide p-toluique, $CH^3 . C^6H^4 . CO . AzH . C^6H^5$ [Leuckart, *D. chem. G.*, **18**, 875].

Cette réaction n'a pas lieu avec les dérivés bromés, chlorés, nitrés et cyanés du benzène.

Avec les éthers des phénols, on obtient les anilides des acides alcoyloxybenzoïques.

L'anisol, par exemple, donne lieu à la réaction suivante :

$$C^6H^5AzCO + C^6H^5 . OCH^3$$
$$= CH^3O . C^6H^4 . CO . AzH . C^6H^5.$$

Il se forme un mélange des dérivés des acides p- et o-oxybenzoïque [Leuckart et Schmidt, *D. chem. G.*, **18**, 2338].

Chlorure de carbanile, $C^7H^5AzOCl^2$. — On l'obtient en faisant passer du chlore à travers une dissolution de 1 partie de carbanile dans 10-15 parties de chloroforme [Gumpert, *J. prakt. Chem.*, (2), **32**, 294]. Il forme des cristaux très peu stables, se décomposant facilement en chlore et carbanile. L'eau le transforme rapidement en carbanilide.

Le *bromure*, $C^7H^5AzOBr^2$, préparé d'une manière analogue, se décompose à l'air en brome et carbanile.

Chlorhydrate, $C^7H^5AzO . HCl$. — On fait passer un courant de gaz acide chlorhydrique sec dans du carbanile refroidi. On obtient ainsi le chlorhydrate, sous la forme d'une masse cristalline, fusible à 45° [W. Hentschel, *D. chem. G.*, **18**, 1178].

Carbanilidocyaméthine,

$$AzH(C^6H^5) - CO - AzH . C^6H^7Az^2.$$

— Ce composé s'obtient en faisant bouillir 5 parties de cyaméthine avec une dissolution benzénique de 6 parties de carbanile [Keller, *J. prakt. Chem.*, (2), **31**, 375]. Il se présente en aiguilles fusibles à 225°, peu solubles dans le benzène bouillant, le chloroforme et l'alcool. Chauffé à 180-200° avec de l'acide chlorhydrique concentré, il se scinde en anhydride carbonique, aniline et cyaméthine.

Sa solution chlorhydrique, additionnée de brome, fournit un *dérivé dibromé*,

$$C^{13}H^{12}Br^2Az^4O,$$

fusible à 238° en brunissant.

On obtient un *dérivé monobromé*,

$$AzH(C^6H^5) . CO . AzH . C^6H^6BrAz^2,$$

en faisant agir la bromocyaméthine sur le carbanile. Il se présente en aiguilles fusibles à 190°, insolubles dans l'alcool absolu

Bicyanate de phényle,

$$C^6H^5 . Az \underset{CO}{\overset{CO}{<>}} Az . C^6H^5.$$

— Ce corps se forme par l'action de la triéthylphosphine, ou plus avantageusement de la pyridine bouillante sur le carbanile [Snape, *Chem. Soc.*, **49**, 254]. Ses propriétés ont été décrites Dict., **2**, 882.

Acide diphényl-o-isocyanurique,

$$OH - C \underset{Az \ ——— \ CO}{\overset{Az(C^6H^5)CO}{<>}} Az . C^6H^5.$$

— On prépare ce corps en chauffant à 150° de l'α-triphénylmélamine avec de l'acide chlorhydrique concentré [Hofmann, *D. chem. G.*, **18**, 3230] :

$$C^{31}H^{18}Az^6 + 3H^2O$$
$$= C^{15}H^{11}Az^3O^3 + 2 Az H^3 + C^6H^5 . Az H^2.$$

Par le refroidissement, il se dépose des cristaux qu'on dissout dans l'ammoniaque ; on filtre et on précipite la liqueur ammoniacale par l'acide chlorhydrique. Le précipité est filtré, lavé à l'eau, et purifié par cristallisation dans l'alcool. On obtient ainsi des aiguilles ou des lamelles fusibles à 261°, presque insolubles dans l'eau, solubles dans l'alcool, plus solubles dans l'éther. L'acide chlorhydrique le décompose à 280° en acide chlorhydrique, ammoniaque et aniline.

L'acide diphényl-o-isocyanurique forme un *sel d'argent*, $C^{15}H^{10}Az^3O^3Ag$, qu'on prépare en ajoutant une dissolution de nitrate d'argent à une solution aqueuse du sel sodique. C'est un précipité cristallin, insoluble dans l'eau.

Cyanurate de phényle, $(C^6H^5 . OCAz)^3$. — On l'obtient en faisant passer un courant de chlorure cyanurique à travers une solution de phénate de sodium dans l'alcool absolu [Hofmann, *D. chem. G.*, **18**, 765; **19**, 2083]

Isocyanurate de phényle,

$$C^6H^5Az \underset{CO . Az(C^6H^5)}{\overset{CO . Az(C^6H^5)}{<>}} CO.$$

— Un nouveau mode de formation de ce polymère a été indiqué par M. Hofmann. Il consiste à chauffer pendant 3 heures, à 100°, 3 parties de carbanile avec 1 partie d'acétate de potassium sec. Ce corps cristallise en prismes fusibles à 274-275° [Hofmann, *D. chem. G.*, **18**, 765 et 3225].

Carbanile bromé, $C^6H^4Br . AzCO$. — On prépare ce corps en distillant la bromophényluréthane avec de l'anhydride phosphorique [Dennstedt, *D. chem. G.*, **13**, 228]. Le produit est purifié par distillation fractionnée. On obtient ainsi un corps fusible à 39°, bouillant à 226°, très soluble dans l'éther.

Par l'action de la triéthylphosphine, on obtient un *polymère* $(COAz . C^6H^4Br)^2$, qui cristallise dans l'éther en petites lamelles iridescentes, fusibles à 199°. Ce corps est peu soluble dans l'éther absolu bouillant. Une ébullition prolongée avec l'alcool le transforme en éther dibromophénylallophanique. L'ammoniaque alcoolique fournit du dibromophénylbiuret

Le carbanile se *combine* aux aldoximes et aux acétoximes. Ces combinaisons ont été étudiées récemment par MM. Goldschmidt et Schulthess [*D. chem. G.*, **22**, 3101]. Nous les décrivons brièvement ci-dessous.

Carbanilido-benzaldoxime,

$$C^6H^5 = CH . AzO . CO . AzH . C^6H^5$$

— On ajoute 1 molécule de cyanate de phényle à une dissolution benzénique de 1 molécule d'aldoxime benzylique ; on achève la réaction au bain-marie ; on évapore le benzène et on purifie le résidu par cristallisation dans l'alcool. On obtient ainsi des aiguilles soyeuses, fusibles à 135-136°.

Chauffé au-dessus de son point de fusion, ce corps se décompose en donnant du benzonitrile et de la diphénylurée :

$$2 C^6H^5 . CH = AzO . CO . AzH . C^6H^5$$
$$= CO^2 + H^2O + 2 C^6H^5 . CAz + (C^6H^5 . AzH)^2CO.$$

Par ébullition avec de la potasse alcoolique, on obtient de l'aldoxime benzylique et du phénylcarbonate d'éthyle. Les alcalis aqueux à l'ébullition fournissent de l'aniline et de l'aldoxime benzylique.

Carbanilido-anisaldoxime,

$$C^6H^4 \underset{CH=AzO . CO . AzH . C^6H^5_{(1)}}{\overset{OCH^3_{(4)}}{<}}$$

— Obtenu comme le composé précédent, ce corps cristallise dans le benzène en longues aiguilles enchevêtrées, fusibles à 82°.

Dicarbanilido-salicylaldoxime,

$$C^6H^4 \underset{O . CO . AzH . C^6H^5_{(2)}}{\overset{CH=AzO . CO . AzH . C^6H^5_{(1)}}{<}}$$

— Ce composé cristallise dans le benzène en petites lamelles incolores, fusibles à 115°.

Carbanilido-furfuraldoxime,

$$C^4H^5O . CH = AzO . CO . AzH . C^6H^5.$$

— Ce corps cristallise dans le benzène en aiguilles, fusibles à 138°.

Carbanilido-acétoxime,

$$(CH^3)^2C = AzO . CO . AzH . C^6H^5.$$

— Aiguilles soyeuses, fusibles à 108° et se décomposant à une température plus élevée, avec formation de diphénylurée et d'un corps liquide, constitué probablement par une aldine.

Carbanilido-acétophénone-oxime,

$$\underset{CH^3}{\overset{C^6H^5}{>}} C = AzO . CO . AzH . C^6H^5.$$

— Aiguilles blanches, fusibles à 126°.

Carbanilido-benzophénone-oxime,

$$(C^6H^5)^2C = AzO . CO . AzH . C^6H^5.$$

— Ce corps cristallise dans le benzène en aiguilles blanches, fusibles à 176°.

Carbanilido-carvoxime,

$$C^{10}H^{14} = AzO . CO . AzH . C^6H^5.$$

— Ce composé cristallise dans le benzène en beaux prismes brillants, fusibles à 130°.

Carbanilido-isocarvoxime. — Cet isomère du corps précédent cristallise dans le benzène en petites houppes, fusibles à 150°.

Carbanilido-camphoroxime,

$$C^{10}H^{16} = AzO . CO . AzH . C^6H^5.$$

— Houppes fusibles à 94°. Chauffé à 120-130°, ce corps se décompose en dégageant de l'acide carbonique ; il se forme en même temps de la diphénylurée et le nitrile de l'acide campholénique :

$$2 C^{10}H^{16} = AzO . CO . AzH . C^6H^5$$
$$= 2 C^9H^{15} . CAz + CO(AzH . C^6H^5)^2 + CO^2 + H^2O.$$

Les aldoximes propylique et amylique réagissent avec élévation de température sur le carbanile ; le produit de la réaction est constitué dans les deux cas par un liquide épais, dont on n'a pu isoler aucune combinaison à l'état de pureté.

La mésityloxime donne lieu aux mêmes phénomènes.

Le carbanile se combine aisément aux quinone-oximes et aux isonitrosoacétones. Les combinaisons qui se produisent ont été étudiées par MM. Goldschmidt et Strauss [*D. chem. G.*, **22**, 3105].

Carbanilido-quinone-oxime,

$$C^6H^4 \diagup_{\diagdown AzO.CO.AzH.C^6H^5}^{O}$$

— On chauffe légèrement des solutions benzéniques de benzoquinone-oxime et de carbanile; il se dépose des cristaux que l'on purifie par cristallisation dans le benzène en présence de noir animal. On obtient ainsi des prismes jaunes, brunissant à 110° et se décomposant sans fondre à 160°. Ce corps est décomposé par l'alcool bouillant. Les alcalis le dissolvent avec formation de quinone-oxime, d'aniline et d'anhydride carbonique :

$$C^6H^4 \diagup_{\diagdown AzO.CO.AzH.C^6H^5}^{O} + 3NaOH$$

$$= C^6H^4 \diagup_{\diagdown AzONa}^{O} + C^6H^5.AzH^2 + CO^3Na^2 + H^2O.$$

Carbanilido-thymoquinone-oxime,

$$C^{10}H^{12} \diagup_{\diagdown AzO.CO.AzH.C^6H^5}^{O}$$

— Cette substance cristallise dans le benzène en longues aiguilles jaunes, fusibles à 131-132°.

Carbanilido-α-naphtoquinone-oxime,

$$C^{10}H^6 \diagup_{\diagdown AzO.CO.AzH.C^6H^5_{(\alpha)}}^{O(\alpha)}$$

— Prismes jaunes, se colorant en brun à 160° et fondant à 170°.

Carbanilido-β-naphtoquinone-β-oxime,

$$C^{10}H^6 \diagup_{\diagdown AzO.CO.AzH.C^6H^5_{(\beta)}}^{O(\alpha)}$$

— Ce corps cristallise dans le benzène en prismes microscopiques d'un jaune verdâtre, décomposables à 119-120° et renfermant du benzène de cristallisation.

Carbanilido-β-naphtoquinone-α-oxime,

$$C^{10}H^6 \diagup_{\diagdown AzO.CO.AzH.C^6H^5_{(\alpha)}}^{O(\beta)}$$

— Ce corps se prépare au moyen de l'α-nitroso-β-naphtol. Il cristallise en aiguilles enchevêtrées, fusibles à 126-128°.

La naphtoquinone-dioxime,

$$C^{10}H^6(AzOH)^2_{(\alpha.\beta)};$$

réagit sur le carbanile avec formation de diphénylurée, d'anhydride de la naphtoquinone-dioxime et d'anhydride carbonique.

La toludiquinoyl-tétraoxime,

$$CH^3.C^6H(AzOH)^4,$$

réagit sur le carbanile d'une manière analogue.

Carbanilido-isonitrosobutyl-méthyl-cétone,

$$CH^3.CH^2.CH^2 \diagdown_{}^{CH^3.CO} C=AzO.CO.AzH.C^6H^5.$$

— Ce corps cristallise en lamelles blanches, fusibles à 92-93°. La dissolution alcoolique, traitée par le chlorhydrate d'hydroxylamine, fournit un nouveau corps qui cristallise dans le benzène en lamelles, fusibles à 129-131° et constituées par la *carbanilido-isonitrosobutyl-méthylcarboxime* (carbanilidométhylpropylglyoxime),

$$CH^3-C=Az.OH$$
$$C^3H^7-C=AzO.CO.AzH.C^6H^5$$

Dicarbanilido-méthylpropylglyoxime,

$$CH^3.C.AzO.CO.AzH.C^6H^5$$
$$C^3H^7-C.AzO.CO.AzH.C^6H^5$$

— Ce corps cristallise en lamelles nacrées, très peu solubles dans le benzène et fusibles à 164-170° en se décomposant.

Carbanilidobenzyloximes. — Voyez Suppl., **2**, 507 et 514.

Carbanilidobenzaldoximes. — Voyez Suppl., **2**, 648 et 651.   G. de Bechi.

CARBANILIDE. — Voyez DIPHÉNYLURÉE.

CARBANILIDO-ACÉTOPHÉNONE-OXIME,

$$\left.\begin{matrix}CH^3\\C^6H^5\end{matrix}\right\rangle CH=AzO.CO.AzH.C^6H^5$$

[H. Goldschmidt, *D. chem. G.*, **22**, 3103]. — Aiguilles blanches, fusibles à 126°, préparées par la combinaison de l'acétophénone-oxime avec l'isocyanate de phényle en solution benzénique. Chauffé au-dessus de son point de fusion, ce composé se dédouble pour la majeure partie en ses deux générateurs ; une portion se décompose néanmoins avec formation de diphénylurée.

CARBANILIDO-ACÉTOXIME,

$$(CH^3)^2CH=AzO.CO.AzH.C^6H^5$$

[H. Goldschmidt, *D. chem. G.*, **22**, 3103]. — Aiguilles soyeuses, fusibles à 108°, obtenues par l'union directe de l'isocyanate de phényle et de l'acétoxime en présence du benzène. Chauffé au-dessus de son point de fusion, ce corps se décompose avec formation d'acide carbonique et de diphénylurée.

CARBANILIDO-ANISALDOXIME [Syn. *Phénylcarbamate d'anisaldoxime, p-méthoxy-benzylidène-oximo-carbone-phénylamide*],

$$CH^3O.C^6H^4.CH=AzO.CO.AzH.C^6H^5.$$

— Longues et fines aiguilles, fusibles à 82°, obtenues en mélangeant de l'isocyanate de phényle et de l'α-aldoxime anisique en solution dans le benzène [H. Goldschmidt, *D. chem. G.*, **22**, 3102].

CARBANILIDO-ISO-ANISALDOXIME,

$$CH^3O.C^6H^4.CH=AzO.CO.AzH.C^6H^5.$$

— Lamelles jaunâtres, fusibles avec décomposition à 80°, obtenues en mélangeant molécules égales d'isocyanate de phényle et de p-aldoxime anisique en solution dans l'éther. Ce corps est instable et se décompose spontanément en diphénylurée, eau, acide carbonique et nitrile anisique :

$$2CH^3O.C^6H^4.CH=AzO-CO.AzH.C^6H^5$$
$$=CO(AzH.C^6H^5)^2 + CO^2 + H^2O$$
$$+2CH^3O.C^6H^4.CAz.$$

Traité en solution benzénique par un peu d'acide chlorhydrique, ce composé se transforme en son isomère dérivé de l'α-aldoxime anisique [H. Goldschmidt, *D. chem. G.*, **23**, 2165].

Carbanilido-o-anisaldoxime [Syn. *o-Méthoxy-benzylidène-oximo-carbone-phénylamide*],

$$CH^3O . C^6H^4 . CH = AzO . CO . AzH . C^6H^5.$$

— On prépare ce composé en mélangeant des solutions benzéniques d'isocyanate de phényle et d'aldoxime o-méthoxybenzylique. Aiguilles blanches, fusibles sans décomposition à 105°, que l'ébullition avec la potasse transforme en aniline, acide carbonique et aldoxime o-méthoxybenzylique [H. Goldschmidt et H. W. Ernst, *D. chem. G.*, **23**, 2741].

CARBANILIDO-BENZOPHÉNONE-OXIME,

$$(C^6H^5)^2 CH = AzO . CO . AzH . C^6H^5$$

[H. Goldschmidt. *D. chem. G.*, **22**. 3103]. — En chauffant au bain-marie un mélange en proportions moléculaires d'isocyanate de phényle et de benzophénone-oxime, en présence de benzène, on obtient par refroidissement des aiguilles blanches, microscopiques, fusibles à 176° et présentant la composition ci-dessus.

CARBANILIDO-CAMPHOROXIME,

$$C^{10}H^{16} = AzO . CO . AzH . C^6H^5$$

[H. Goldschmidt, *D. chem. G.*, **22**. 3104]. — Ce corps se produit avec dégagement de chaleur par l'union de l'isocyanate de phényle et de la camphoroxime. Il cristallise dans le benzène en aiguilles fusibles à 94°, qui se décomposent à 120-130° avec formation d'acide carbonique, de nitrile campholénique et de diphénylurée :

$$2 C^{10}H^{16} = AzO . CO . AzH . C^6H^5$$
$$= 2 C^9H^{15} . CAz + CO^2 + H^2O + CO (AzH . C^6H^5)^2.$$

CARBANILIDO-CARVOXIME,

$$C^{10}H^{15} = AzO . CO . AzH . C^6H^5$$

[H. Goldschmidt, *D. chem. G.*, **22**, 3104]. — Beaux prismes brillants, fusibles à 130°, obtenus par l'addition de l'isocyanate de phényle avec la carvoxime en présence du benzène.

Carbanilido-isocarvoxime. — Petites aiguilles, fusibles à 150°, préparées comme le composé précédent.

CARBANILIDO-β-NAPHTYLAMINE-AZO-BENZÈNE [Syn. *a (benzène-azo-naphtyl)-b (phényl)-urée*].

$$CO \underset{AzH . C^6H^5}{\overset{AzH . C^{10}H^6 . Az^2 . C^6H^5}{<}}$$

[H. Golschmidt et Y. Rosell, *D. chem. G.*, **23**, 502]. — On chauffe à 125° un mélange de benzène, de cyanate de phényle et de benzène-azo-β-naphtylamine. On obtient ainsi des cristaux orangés, qui, après cristallisation dans l'alcool chaud ou dans le benzène, fondent à 205°.

Chauffé avec du benzène en tube scellé, ce corps se décompose entièrement à 170°, en donnant, entre autres produits, de la diphénylurée.

Réduit en solution alcoolique par le chlorure stanneux et l'acide chlorhydrique, il se dédouble en aniline et amidonaphtyl-phényl-urée,

$$CO \underset{AzH . C^6H^5}{\overset{AzH . C^{10}H^6 . AzH^2}{<}}$$

Si l'on chauffe à 150° un mélange de benzène-azo-β-naphtylamine avec 2 molécules de cyanate de phényle, on obtient, outre le carbanilido-β-naphtylamine-azobenzène, des aiguilles jaunes, fusibles à 252°, ayant pour formule $C^{17}H^{14}Az^3O$, et auxquelles les auteurs donnent le nom de carbonylbenzène-azo-β-naphtylamine et attribuent la structure

$$C^{10}H^6 \overset{Az - CO}{\underset{Az - Az - C^6H^5}{<}}$$

Ce composé présente des propriétés basiques faibles : il se dissout en jaune dans l'acide chlorhydrique concentré et est précipité par l'ammoniaque de cette solution. Chauffé à 160° avec de l'acide chlorhydrique concentré, il est totalement détruit, avec formation de β-naphtylamine, de phénol, d'azote et d'acide carbonique.

CARBANILIDO-O-AMIDO-AZOTOLUÈNE [Syn. *a (toluène-azo-crésyl)-b (phényl)-urée*],

$$CO \underset{AzH . C^7H^6 . Az^2 . C^7H^7}{\overset{AzH . C^6H^5}{<}}$$

[H. Goldschmidt et Y. Rosell, *D. chem. G.*, **23**, 501]. — Ce produit prend naissance par l'action du cyanate de phényle sur l'o-amidoazotoluène en présence de benzène ; la réaction commence à froid ; on l'achève en chauffant pendant quelques instants. Purifié par cristallisation dans l'alcool, ce corps forme des aiguilles pointues, d'un jaune d'or, fusibles à 219°, peu solubles dans l'alcool chaud, presque insolubles dans le benzène.

La réduction par le chlorure stanneux et l'acide chlorhydrique fournit des cristaux blancs, fusibles à 195°, paraissant constituer l'o-amidocrésyl-phénylurée :

$$CO \underset{AzH . C^7H^6 . AzH^2}{\overset{AzH . C^6H^5}{<}}$$

CARBANILIDO-OXYAZOBENZÈNE [Syn. *Phénylcarbamate de benzène-azophényle*],

$$CO \underset{O . C^6H^4 . Az = Az . C^6H^5}{\overset{Az . C^6H^5}{<}}$$

[H. Goldschmidt et Y. Rosell, *D. chem. G.*, **23**, 488]. — Aiguilles orangées, fusibles à 149°, très solubles dans le benzène, l'alcool et l'éther, obtenues en chauffant à 170° molécules égales d'isocyanate de phényle et d'oxy-azobenzène en présence d'un peu de benzène.

Chauffé avec de la potasse alcoolique, ce corps se décompose en aniline, acide carbonique et oxy-azobenzène. Traité par le chlorure stanneux et l'acide chlorhydrique, il donne de l'aniline et du p-amidophénol :

$$CO \underset{O . C^6H^4 . Az = Az . C^6H^5}{\overset{AzH . C^6H^5}{<}} + 2H^2 + H^2O$$
$$= 2 C^6H^5 . AzH^2 + C^6H^4 \overset{AzH^2}{\underset{OH}{<}} + CO^2.$$

Réduit en solution alcoolo-acétique par la poudre de zinc, il se convertit au contraire en *carbanilido-oxy-hydrazobenzène*,

$$CO \underset{O . C^6H^4 . AzH - AzH . C^6H^5}{\overset{AzH . C^6H^5}{<}}$$

Ce dérivé cristallise dans le benzène en aiguilles lancéolées, incolores, fusibles à 155° : il est extrêmement oxydable et régénère aisément le composé qui lui a donné naissance. La potasse alcoolique le décompose en aniline, acide carbonique et oxy-hydrazobenzène,

$$HO . C^6H^4 . AzH . AzH . C^6H^5.$$

L'anhydride acétique donne, avec le carbanilido-oxy-hydrazobenzène un dérivé incristallisable.

Chauffé à 150-160° avec 2 molécules d'isocyanate de phényle, le carbanilido-oxy-hydrazobenzène se convertit en une poudre cristalline blanche, fusible à 215-218°, ayant pour composition

$$C^{33}H^{27}Az^5O^4.$$

Chauffé à 150° avec du benzène ou avec de l'aldéhyde benzylique, le carbanilido-oxy-hydrazobenzène se convertit en aiguilles blanches, fusibles à 218-220°, présentant la même composition que lui, $C^{19}H^{17}Az^3O^2$. Ce composé isomérique n'est pas attaqué par le chlorure stanneux et l'acide chlorhydrique; il est décomposé par l'acide chlorhydrique à 150° avec formation d'aniline et d'acide carbonique.

CARBANILIDO-P-AMIDO-AZOBENZÈNE [Syn. *a(benzène-azophényl)-b(phényl)-urée*],

$$CO\begin{cases} AzH \cdot C^6H^5 \\ AzH \cdot C^6H^5 \cdot Az=Az \cdot C^6H^5 \end{cases}$$

— C'est le produit obtenu par l'addition de l'isocyanate de phényle et de l'amidoazobenzène en solution benzénique. Ce composé cristallise en lamelles dorées, fusibles à 216°, très solubles dans l'alcool bouillant, presque insolubles dans le benzène.

Réduit par le chlorure stanneux et l'acide chlorhydrique, il donne de l'aniline et de la p-amidophényl-phénylurée,

$$CO\begin{cases} AzH \cdot C^6H^4 \cdot AzH^2 \\ AzH \cdot C^6H^5 \end{cases}$$

[H. Goldschmidt et Y. Rosell, *D. chem. G.*, **23**, 499].

CARBANILIDO-PHÉNOL-DISAZOBENZÈNE [Syn. *Phénylcarbamate de phényl-bis-azobenzène*],

$$CO\begin{cases} AzH \cdot C^6H^5 \\ O \cdot C^6H^3(Az^2 \cdot C^6H^5)^2 \end{cases}$$

[H. Goldschmidt et Y. Rosell, *D. chem. G.*, **23**, 497]. — On chauffe à 170° un mélange d'isocyanate de phényle et de phénol-dis-azobenzène (oxybenzène-bis-azobenzène)

$$C^6H^3(OH)_{(1)}(Az^2 \cdot C^6H^5)^2_{(3.4)},$$

en solution benzénique. Purifié par cristallisation dans le benzène, ce corps se présente en petites aiguilles jaunes, fusibles à 133-135°, très solubles dans l'alcool et dans l'éther. Réduit par la poudre de zinc et l'acide acétique, il paraît se transformer en dérivé bis-hydrazoïque.

CARBANILIQUES (ÉTHERS). — L'*acide carbanilique* (phénylcarbamique),

$$C^6H^5 \cdot AzH \cdot CO^2H,$$

n'est pas connu à l'état libre. En revanche, il existe de nombreux éthers de cet acide; on les obtient en faisant agir l'aniline sur les éthers chloroformiques ou le carbanile sur les alcools.

ÉTHERS CARBANILIQUES.

Carbanilate de méthyle, $C^6H^5 \cdot AzH \cdot CO^2CH^3$. — On ajoute un léger excès d'aniline à du chlorocarbonate de méthyle en présence d'eau, puis on lave le produit à l'acide chlorhydrique.

Ce corps cristallise en prismes volumineux, fusibles à 47° [Hentschel, *D. chem. G.*, **18**, 978].

Chauffé à 260° avec de la chaux, le carbanilate de méthyle fournit un mélange d'aniline, de mono- et de diméthylaniline; le résidu renferme de la carbanilide [Nœlting, *D. chem. G.*, **21**, 3154].

Sa solution sulfurique, additionnée d'acide nitrique concentré, fournit de la tétranitrocarbanilide, $CO[AzH \cdot C^6H^3(Az O^2)^2]^2$.

Carbanilate d'éthyle (*phényluréthane*),

$$C^6H^5 \cdot AzH \cdot CO^2C^2H^5.$$

— La phényluréthane, chauffée à 160° avec de l'aniline ou du phénol sodé, fournit de la carbanilide [Hentschel, *J. prakt. Chem.*, (2), **27**, 499].

Avec le phénol sodé, les réactions sont les suivantes :

$$C^6H^5 \cdot AzH \cdot CO^2C^2H^5 + C^6H^5 \cdot ONa$$
$$= C^6H^5 \cdot OC^2H^5 + C^6H^5 \cdot AzH \cdot CO^2Na;$$

$$2 C^6H^5 \cdot AzH \cdot CO^2Na$$
$$= CO(AzH \cdot C^6H^5)^2 + CO^3Na^2.$$

Carbanilate de chloréthyle,

$$C^6H^5 \cdot AzH \cdot CO^2CH^2 \cdot CH^2Cl.$$

— On l'obtient en faisant agir sur l'aniline le chlorocarbonate de chloréthyle,

$$Cl \cdot CO^2CH^2 \cdot CH^2Cl.$$

Il forme des aiguilles fusibles à 51°, insolubles dans l'eau froide, solubles dans l'alcool et dans l'éther. Soumis à la distillation, il se décompose en fournissant un corps qui a probablement pour structure

$$\begin{matrix} CH^2-Az-C^6H^5 \\ | \quad\quad\rangle CO \\ CH^2-O \end{matrix}$$

Cette substance cristallise en tables rhombiques, fusibles à 124°; l'acide chlorhydrique la décompose à 170° en acide carbonique et chloro-éthylaniline $C^6H^5 \cdot AzH \cdot CH^2 \cdot CH^2Cl$ [Nemirowsky, *J. prakt. Chem.*, (2), **31**, 174].

Carbanilates de propyle,

$$C^6H^5 \cdot AzH \cdot CO^2C^3H^7.$$

— L'*éther normal* cristallise en aiguilles fusibles à 57-59° [Rœmer, *D. chem. G.*, **6**, 1103].

L'*éther isopropylique* cristallise dans l'alcool étendu en aiguilles fusibles à 90° [Gumpert, *J. prakt. Chem.*, (2), **32**, 279].

Carbanilate d'isobutyle,

$$C^6H^5 \cdot AzH \cdot CO^2C^4H^9.$$

— Ce corps cristallise en aiguilles fusibles à 80°, bouillant en se décomposant légèrement à 216°. Il est peu soluble dans l'eau, soluble dans l'alcool et dans l'éther [Mylius, *D. chem. G.*, **5**, 973].

Carbanilate d'éthylène,

$$(C^6H^5 \cdot AzH \cdot CO^2)^2C^2H^4.$$

— Ce corps se prépare par l'action du carbanile sur le glycol [Snape, *D. chem. G.*, **18**, 2430]. Il cristallise dans l'alcool en prismes fusibles à 157°,5.

Éther glycérique, $(C^6H^5 \cdot AzH \cdot CO^2)^3C^3H^5$. — On fait bouillir pendant quelques instants 1 molécule de glycérine avec 3 molécules de carbanile; on lave le produit de la réaction au benzène, puis à l'eau, et on fait cristalliser le résidu dans l'alcool. On obtient ainsi de fines aiguilles fusibles à 160-180°, très peu solubles dans l'eau et dans le benzène et résistant assez bien à l'action de la baryte et de l'acide chlorhydrique [Tesmer, *D. chem. G.*, **18**, 969].

Le même auteur a étudié les dérivés des sucres et de l'acide carbanilique [*D. chem. G.*, **18**, 970 et 2606].

Dérivé de l'érythrite, $(C^7H^6AzO^2)^4C^4H^6$. — Ce corps est cristallin et fond à 215° avec dégagement de gaz. Il est peu soluble dans l'alcool, l'éther, le benzène et les dissolvants usuels.

Dérivé de la quercite, $(C^7H^8AzO^2)^5C^5H^7$. — On chauffe à 165° la quercite avec du carbanile. On dissout le produit dans le benzène et on précipite par la ligroïne. On obtient ainsi un corps amorphe, fusible à 120-140°, insoluble dans la ligroïne, très soluble dans les dissolvants usuels.

Dérivé de la mannite, $(C^7H^6AzO^2)^5C^6H^8 . OH$. — Ce corps se ramollit vers 250° et fond en dégageant des gaz à 260°. Il est doué d'une stabilité remarquable.

Dérivé de la dulcite, $(C^7H^6AzO^2)^5C^6H^8 . OH$. — Cette substance fond avec dégagement de gaz à 250-252° et est très peu soluble.

Dérivé de la saccharine,

$$(C^6H^5AzCO)^5C^6H^{10}O^5.$$

— On chauffe pendant 2 heures à 165° de la saccharine $C^6H^{10}O^5$ avec de la phénylcarbimide. On purifie le produit par épuisement à l'eau et à l'alcool bouillants et on fait cristalliser le résidu dans l'acétone.

On obtient ainsi des aiguilles soyeuses, fusibles avec décomposition à 230-240°, peu solubles dans le benzène et dans l'alcool, plus solubles dans l'acétone, très solubles à chaud dans l'aniline. Ce corps, chauffé à 160° avec de la baryte, se décompose en anhydride carbonique, aniline et acide saccharique.

Dérivé de la métasaccharine,

$$(C^6H^5AzCO)^4C^6H^{10}O^5.$$

— On prépare cette substance comme la précédente, en partant de la métasaccharine; c'est une poudre amorphe, soluble, fusible à 210°

Dérivé de l'isosaccharine,

$$(C^6H^5AzCO)^4C^6H^{10}O^5.$$

— Ce corps est amorphe, soluble, et fusible à 181°.

ÉTHERS CARBANILIQUES SUBSTITUÉS DANS LE NOYAU.

p-Bromocarbanilate de méthyle,

$$BrC^6H^4 . AzH . CO^2CH^3.$$

— On obtient ce corps par l'action du chlorocarbonate de méthyle sur la p-bromaniline. Il est aisément soluble dans l'alcool et dans l'éther, et cristallise en aiguilles fusibles à 124° [Dennstedt, *D. chem. G.,* **13**, 229].

Acide carbanilate de méthyle-sulfonique,

$$SO^3H . C^6H^4 . AzH . CO^2CH^3.$$

— On le prépare par l'action de l'acide sulfurique fumant sur le carbanilate de méthyle [Hentschel, *loc. cit.*], ou par l'action du chlorocarbonate de méthyle sur le sulfanilate de sodium,

$$C^6H^4 {{< AzH^2_{(1)}} \atop {< SO^3Na_{(4)}}}$$

[Nœlting, *D. chem. G.,* **21**, 3154]. Cette dernière réaction détermine la formule de structure de l'acide sulfonique.

La solution de carbanilate de méthyle dans l'acide sulfurique fumant, additionnée d'acide nitrique concentré, fournit la carbanilide tétranitrée $[C^6H^3(AzO^2)^2AzH]^2CO$. Avec l'eau de brome, on obtient du carbanilate de méthyle dibromé (Hentschel).

p-Bromocarbanilate d'éthyle,

$$BrC^6H^4 . AzH . CO^2C^2H^5.$$

— On prépare ce corps en faisant agir le chlorocarbonate d'éthyle sur la p-bromaniline (Dennstedt), ou l'eau de brome sur le carbanilate d'éthyle [Behrend, *Ann. Chem.,* **233**, 7]. Il cristallise

dans la ligroïne en longues aiguilles, fusibles à 84-85°, insolubles dans l'eau, solubles dans l'alcool et dans l'éther.

o-p-Dibromocarbanilate de méthyle,

$$C^6H^3Br^2 . AzH . CO^2CH^3.$$

— On chauffe 1 partie de carbanilate de méthyle avec 3 parties d'acide sulfurique fumant, jusqu'à dégagement commençant d'anhydride carbonique; on étend d'eau et on ajoute à la liqueur un excès d'eau de brome. On purifie le produit par cristallisation dans l'alcool [Hentschel, *J. prakt. Chem.,* (2), **34**, 423]. On obtient ainsi des aiguilles fusibles à 96°,5, qui, chauffées avec de l'acide sulfurique, se décomposent en anhydride carbonique et o-p-dibromaniline.

Nitrocarbanilate d'éthyle,

$$AzO^2 . C^6H^4 . AzH . CO^2C^2H^5.$$

— Le *dérivé o-nitré* s'obtient en faisant bouillir une solution chloroformique d'o-nitraniline avec du chlorocarbonate d'éthyle. Par cristallisation dans la ligroïne, on obtient des prismes d'un jaune de soufre, fusibles à 58° [Rudolph, *D. chem. G.,* **12**, 1295].

Le *dérivé p-nitré* se prépare en chauffant à 120-130° parties égales de p-nitraniline et de chlorocarbonate d'éthyle [Hager, *D. chem. G.,* **17**, 2625]. On peut également l'obtenir en faisant passer un courant de gaz nitreux à travers une dissolution éthérée de carbanilate d'éthyle [Behrend, *loc. cit.*]. Par cristallisation dans l'alcool, on obtient de longues aiguilles soyeuses, jaunes, fusibles à 129°, solubles dans l'alcool, peu solubles dans l'eau.

o-p-Dinitrocarbanilate d'éthyle,

$$(AzO^2)^2C^6H^3 . AzH . CO^2C^2H^5.$$

— On verse l'un ou l'autre des deux dérivés mononitrés décrits ci-dessus dans de l'acide nitrique (d = 1,53). Par cristallisation dans l'alcool, on obtient des aiguilles d'un brun clair, fusibles à 110-111°, peu solubles dans l'eau bouillante, plus solubles dans l'alcool.

La potasse alcoolique transforme à chaud ce composé en acide carbonique, ammoniaque et tétranitrodiphénylamine.

Le sulfure d'ammonium fournit la *p-nitro-o-amidophényluréthane,*

$$(AzH^2) (AzO^2)C^6H^3 . AzH . CO^2C^2H^5.$$

Avec l'étain et l'acide chlorhydrique, on obtient le composé

$$AzH^2 . C^6H^3 {{< AzH} \atop {< AzH}} > CO . 2HCl$$

[Hager, *loc. cit.*, 2632].

Un *dérivé dinitré isomérique* avec le précédent a été obtenu par M. Losanitsch [*D. chem. G.,* **10**, 691] par l'action de l'acide nitrique concentré sur le *sulfocarbanilate d'éthyle,*

$$C^6H^5 . AzH . CS . OC^2H^5.$$

— Ce composé cristallise en aiguilles fusibles à 210°, insolubles dans l'eau, solubles dans l'alcool.

o-p-Dibromo-o-nitrocarbanilate de méthyle

$$AzO^2 . C^6H^2Br^2 . AzH . CO^2CH^3.$$

— On dissout l'éther méthylique dibromé dans de l'acide nitrique (d = 1,45) et on purifie le produit par cristallisation dans l'alcool. On obtient des prismes soyeux, fusibles à 152°, qui, chauffés en vase clos avec de l'ammoniaque aqueuse, se transforment en m-dibromonitraniline [Hentschel, *loc. cit.*].

ÉTHERS CARBANILIQUES SUBSTITUÉS DANS LE GROUPE IMIDE.

Méthylcarbanilate d'éthyle (*méthylphényluréthane*), $C^6H^5 . Az(CH^3) . CO^2C^2H^5$. — Ce corps s'obtient en ajoutant goutte à goutte du chlorocarbonate d'éthyle à une dissolution éthérée refroidie de méthylaniline [Gebhardt, *D. chem. G.*, **17**, 3042].

La méthylphényluréthane est liquide, bout à 243-244° et n'est pas attaquée par l'aniline à 200°.

Le *chlorure* de l'acide correspondant,

$$C^6H^5 . Az \begin{matrix} CH^3 \\ COCl \end{matrix}$$

a été obtenu en faisant passer un courant d'oxychlorure de carbone à travers une dissolution benzénique de méthylaniline [Michler et Zimmermann, *D. chem. G.*, **12**, 1165]. Ce chlorure cristallise dans l'alcool en lamelles tétragonales, du système rhombique, fusibles à 88° et bouillant à 280°, insolubles dans l'eau, solubles dans l'alcool et dans l'éther.

Acide acétylcarbanilique,

$$C^6H^5 . Az \begin{matrix} C^2H^3O \\ CO^2H \end{matrix}$$

— On connaît le sel sodique de cet acide, qui se forme lorsqu'on fait passer un courant d'acide carbonique sur le dérivé sodé de l'acétanilide [Seifert, *D. chem. G.*, **18**, 1358]. Ce sel forme une poudre cristalline, peu stable. A l'état sec, il perd de l'acide carbonique au-dessous de 100°; en chauffant à 110°, on obtient une certaine quantité de malonanilate de sodium,

$$C^6H^5 . AzH . CO . CH^2 . CO^2Na.$$

En agitant ce sel avec de l'éther et de l'eau, on le dédouble en acétanilide et bicarbonate de sodium.

Phénylcarbanilate d'éthyle (*diphényluréthane*), $(C^6H^5)^2Az-CO^2C^2H^5$. — On obtient ce corps en faisant agir le chloroformiate d'éthyle sur la diphénylamine [Merz et Weith, *D. chem. G.*, **5**, 284]. Le produit de la réaction est traité par le benzène, et la dissolution soumise à l'évaporation; le résidu est exprimé et purifié par cristallisation dans l'alcool amylique, puis dans la ligroïne. On obtient ainsi des prismes fusibles à 72° et bouillant sans décomposition au-dessus de 360° [Hager, *D. chem. G.*, **18**, 2574].

Une solution acétique de diphényluréthane, additionnée goutte à goutte de brome, fournit un *dérivé hexabromé*, $(C^6H^2Br^3)^2Az . CO^2C^2H^5$, qui cristallise dans l'acide acétique en longues aiguilles d'un brun verdâtre clair, fusibles à 184°, presque insolubles dans l'alcool (Hager).

En ajoutant de la diphényluréthane à de l'acide nitrique ($d = 1,44$) refroidi, on obtient un mélange d'un dérivé *o-dinitré* et d'un *dérivé p-dinitré* $(C^6H^4 . AzO^2)^2Az . CO^2C^2H^5$, que l'on sépare en traitant ce mélange par une petite quantité de benzène bouillant; par le refroidissement, le dérivé para cristallise. Le dérivé o-dinitré reste sous la forme d'un sirop très soluble dans l'alcool et dans le benzène; il se décompose à la distillation en donnant un liquide bouillant à 141-143°; les alcalis le décomposent avec formation d'o-dinitrodiphénylamine.

Le dérivé para, purifié par cristallisation dans l'alcool, forme des aiguilles jaunes, fusibles à 133-134°, peu solubles dans l'alcool, très solubles dans le benzène; les alcalis le décomposent avec formation de p-dinitrophénylamine; l'étain et l'acide chlorhydrique le transforment en un *dérivé diamidé*, $(C^6H^4 . AzH^2)^2Az . CO^2C^2H^5 . H^2O$, qui

cristallise dans l'eau en aiguilles violettes, fusibles à 101° avec dégagement de gaz.

G. de Bechi.

CARBAZIDES. — Les *carbazides* sont des amides de l'acide carbonique dans lesquelles les groupes amidogène sont remplacés par des résidus d'hydrazines. Cette série de corps, déjà assez nombreuse, a été découverte par M. E. Fischer [*D. chem. G.*, **8**, 1005, 1587; **9**, 111, 880; *Ann. Chem.*, **212**, 317; *Bull. Soc. Chim.*, (2), **25**, 216; **26**, 287, 363; **27**, 225; **39**, 78].

L'acide carbonique étant bibasique donne naissance à une diamide, l'urée: si les deux groupements AzH^2 de la carbamide sont remplacés par deux groupements $AzH-AzH^2$, M. Fischer appelle *carbazide* le composé ainsi formé; si un seul groupe AzH^2 est ainsi remplacé, il donne au produit qui en résulte celui de *semicarbazide*.

Nous avons comparé la *carbazide* à l'urée; il existe des produits analogues comparables à la sulfo-urée : c'est ainsi que le corps

$$CS \begin{matrix} AzH . AzH . C^6H^5 \\ AzH . AzH . C^6H^5 \end{matrix}$$

est la *diphénylsulfocarbazide*, et le composé

$$CS \begin{matrix} AzH . AzH . C^6H^5 \\ AzH^2 \end{matrix}$$

la *phénylsulfosemicarbazide*.

La nomenclature imaginée par M. Fischer a l'avantage d'être simple; mais elle a le grand inconvénient de ne pas respecter les règles générales de la nomenclature et de faire de nouvelles conventions qui ne sont pas indispensables.

Le terme régulier qui doit désigner le composé

$$CO \begin{matrix} AzH - AzH^2 \\ AzH - AzH^2 \end{matrix}$$

serait *carbodihydrazide*, de même que l'urée

$$CO \begin{matrix} AzH^2 \\ AzH^2 \end{matrix}$$

est désignée par *carbodiamide*. Le mot de *carbazide* peut être considéré comme une abréviation de *carbodihydrazide*; mais cette abréviation a l'inconvénient de nécessiter les deux vocables nouveaux de *carbazone* et de *carbodiazone* pour désigner les deux produits

$$CO \begin{matrix} Az = AzH \\ AzH - AzH^2 \end{matrix} \quad \text{et} \quad CO \begin{matrix} Az = AzH \\ Az = AzH \end{matrix}$$

Ces deux mots constituent deux conventions nouvelles sans aucun lien avec les conventions habituelles, et par suite une surcharge inutile pour la mémoire. Il eût été bien préférable de considérer le corps

$$CO \begin{matrix} Az = AzH \\ Az = AzH \end{matrix}$$

comme une amide dérivant de l'azine $AzH = AzH$ et de l'appeler *carbodiazide*. Quant au composé

$$CO \begin{matrix} AzH - AzH^2 \\ Az = AzH \end{matrix}$$

c'est une amide mixte, que l'on peut nommer *carbazhydrazide*.

Quant au préfixe *semi*, qui figure dans *semicarbazide*, il constitue une nouvelle convention tout aussi inutile que les autres. On peut, pour désigner ces composés, se passer du préfixe *semi*, et se servir uniquement des conventions déjà existantes.

La *phénylsulfosemicarbazide*,

$$CO \begin{matrix} AzH . AzH . C^6H^5 \\ AzH^2 \end{matrix}$$

n'est autre chose que la phénylhydrazide de l'acide carbamique

$$\mathrm{CO}\,{\Big<}\,\genfrac{}{}{0pt}{}{\mathrm{OH}}{\mathrm{AzH^2}}$$

il est donc très simple de la nommer *carbamophénylhydrazide*, comme on dit *acétanilide*.

Enfin tous les composés que nous allons décrire comportent une grande quantité d'isomères; la nomenclature de M. Fischer ne prévoit aucun moyen de les distinguer; il est facile de combler cette lacune.

Il faut avoir soin de faire précéder *immédiatement* le nom du groupement substitué de celui du groupement substituant. Ainsi le composé

$$\mathrm{CO}\,{\Big<}\,\genfrac{}{}{0pt}{}{\mathrm{AzH-AzH\cdot C^6H^5}}{\mathrm{AzH\cdot C^6H^5}}$$

est la *phénylcarbamophénylhydrazide* et non pas la *diphénylcarbamohydrazide* ou la *carbamodiphénylhydrazide*. Ces deux composés auraient en effet, suivant la convention qui vient d'être faite, pour formule

$$\mathrm{CO}\,{\Big<}\,\genfrac{}{}{0pt}{}{\mathrm{AzH-AzH^2}}{\mathrm{Az(C^6H^5)^2}}\qquad\text{et}\qquad \mathrm{CO}\,{\Big<}\,\genfrac{}{}{0pt}{}{\mathrm{AzH-Az(C^6H^5)^2}}{\mathrm{AzH^2}}$$

ou

$$\mathrm{CO}\,{\Big<}\,\genfrac{}{}{0pt}{}{\mathrm{Az(C^6H^5)-AzH\cdot C^6H^5}}{\mathrm{AzH^2}}$$

Ce dernier exemple montre que l'observation de la règle que nous venons de rappeler ne suffit pas à résoudre la difficulté; il faut en plus représenter par des signes les différents atomes d'azote. Nous emploierons les lettres *a* et *b* pour les *carbamohydrazides* (semicarbazides), *ab, a' b'* pour les *carbodihydrazides* (carbazides) :

$$\mathrm{CO}\,{\Big<}\,\genfrac{}{}{0pt}{}{\underset{a\qquad b}{\mathrm{AzH-AzH^2}}}{\mathrm{AzH^2}}\qquad\qquad \mathrm{CO}\,{\Big<}\,\genfrac{}{}{0pt}{}{\underset{a\qquad b}{\mathrm{AzH-AzH^2}}}{\underset{a'\qquad b'}{\mathrm{AzH-AzH^2}}}$$

Cette simple convention suffit à tous les cas. Ainsi le corps

$$\mathrm{CO}\,{\Big<}\,\genfrac{}{}{0pt}{}{\mathrm{AzH-Az(C^6H^5)^2}}{\mathrm{AzH^2}}$$

sera la *carbamo-b-diphénylhydrazide*, et le composé

$$\mathrm{CO}\,{\Big<}\,\genfrac{}{}{0pt}{}{\mathrm{Az(C^6H^5)-AzH(C^6H^5)}}{\mathrm{AzH^2}}$$

la *carbamo-ab-diphénylhydrazide*.

MODES GÉNÉRAUX DE FORMATION. — RÉACTIONS GÉNÉRALES. — Les *carbodihydrazides* (*carbazides*),

$$\mathrm{CO}\,{\Big<}\,\genfrac{}{}{0pt}{}{\mathrm{AzH-AzHR}}{\mathrm{AzH-AzHR}}$$

prennent naissance quand on fait réagir les hydrazines sur l'urée ou sur l'uréthane :

$$\mathrm{CO(AzH^2)^2} + 2\,\mathrm{AzH^2}\cdot\mathrm{AzH}\cdot\mathrm{C^6H^5}$$
$$= \mathrm{CO}\,{\Big<}\,\genfrac{}{}{0pt}{}{\mathrm{AzH\cdot AzH\cdot C^6H^5}}{\mathrm{AzH\cdot AzH\cdot C^6H^5}} + 2\,\mathrm{AzH^3};$$

$$\mathrm{CO}\,{\Big<}\,\genfrac{}{}{0pt}{}{\mathrm{AzH^2}}{\mathrm{OC^2H^5}} + 2\,\mathrm{AzH^2}\cdot\mathrm{AzH}\cdot\mathrm{C^6H^5}$$
$$= \mathrm{CO}\,{\Big<}\,\genfrac{}{}{0pt}{}{\mathrm{AzH\cdot AzH\cdot C^6H^5}}{\mathrm{AzH\cdot AzH\cdot C^6H^5}} + \mathrm{AzH^3} + \mathrm{C^2H^6O}$$

[S. Skinner et P. Ruhemann. *D. chem. G.*, 20, 3372; *Bull. Soc. Chim.*, (2), 49, 788].

Les *sulfocarbodihydrazides* (*sulfocarbazides*),

$$\mathrm{CS}\,{\Big<}\,\genfrac{}{}{0pt}{}{\mathrm{AzH-AzHR}}{\mathrm{AzH-AzHR}}$$

se forment dans l'action du sulfure de carbone sur les hydrazines. Il se fait d'abord un sel

$$\mathrm{CS^2} + 2\,\mathrm{AzH^2}\cdot\mathrm{AzH}\cdot\mathrm{C^6H^5}$$
$$= \mathrm{CS}\,{\Big<}\,\genfrac{}{}{0pt}{}{\mathrm{AzH\cdot AzH\cdot C^6H^5}}{\mathrm{SH\cdot AzH^2\cdot AzH\cdot C^6H^5}}$$

Ce sel est dans ce cas particulier le *sulfothiocarbophénylhydrazate de phénylhydrazine*.

L'acide sulfothiocarbophénylhydrazique,

$$\mathrm{CS}\,{\Big<}\,\genfrac{}{}{0pt}{}{\mathrm{SH}}{\mathrm{AzH\cdot AzH\cdot C^6H^5}}$$

correspond à l'acide sulfothiophénylcarbamique,

$$\mathrm{CS}\,{\Big<}\,\genfrac{}{}{0pt}{}{\mathrm{SH}}{\mathrm{AzH\cdot C^6H^5}}$$

Quand on chauffe ce sel à 100-110°, ou l'acide libre vers 50°, il se dégage du sulfure de carbone et il se fait une *sulfocarbodihydrazide* :

$$2\,\mathrm{CS}\,{\Big<}\,\genfrac{}{}{0pt}{}{\mathrm{AzH\cdot AzH\cdot C^6H}}{\mathrm{SH}}$$
$$= \mathrm{CS^2} + \mathrm{CS}\,{\Big<}\,\genfrac{}{}{0pt}{}{\mathrm{AzH\cdot AzH\cdot C^6H^5}}{\mathrm{AzH\cdot AzH\cdot C^6H^5}} + \mathrm{H^2S}$$

(E. Fischer).

Les *carbamohydrazides* (*semicarbazides*),

$$\mathrm{CO}\,{\Big<}\,\genfrac{}{}{0pt}{}{\mathrm{AzH\cdot AzHR}}{\mathrm{AzH^2}}$$

prennent naissance par l'action de l'acide cyanique sur les hydrazines; les éthers isocyaniques fournissent des *alcoylcarbamohydrazides*

$$\mathrm{CO\,AzH} + \mathrm{AzH^2}\cdot\mathrm{AzH}\cdot\mathrm{C^6H^5}$$
$$= \mathrm{CO}\,{\Big<}\,\genfrac{}{}{0pt}{}{\mathrm{AzH\cdot AzH\cdot C^6H^5}}{\mathrm{AzH^2}}$$

$$\mathrm{CO\,AzR} + \mathrm{AzH^2}\cdot\mathrm{AzH}\cdot\mathrm{C^6H^5}$$
$$= \mathrm{CO}\,{\Big<}\,\genfrac{}{}{0pt}{}{\mathrm{AzH\cdot AzH\cdot C^6H^5}}{\mathrm{AzHR}}$$

(E. Fischer).

Les carbamohydrazides prennent également naissance dans l'action d'un excès d'urée sur les hydrazines [E. Fischer, *D. chem. G.*, 20, 2358; 21, 1219; *Bull. Soc. Chim.*, (2), 49, 379; 50, 417]

Les *sulfocarbamohydrazides* (*sulfosemicarbazides*),

$$\mathrm{CS}\,{\Big<}\,\genfrac{}{}{0pt}{}{\mathrm{AzH\cdot AzHR}}{\mathrm{AzH^2}}$$

se produisent dans l'action de l'acide sulfocyanique sur les hydrazines; les éthers de la sulfocarbimide fournissent de même des *alcoylsulfocarbamohydrazides* :

$$\mathrm{CS\,AzH} + \mathrm{AzH^2}\cdot\mathrm{AzH}\ \mathrm{C^6H^5}$$
$$= \mathrm{CS}\,{\Big<}\,\genfrac{}{}{0pt}{}{\mathrm{AzH\cdot AzH\cdot C^6H^5}}{\mathrm{AzH^2}}$$

$$\mathrm{CS\,AzR} + \mathrm{AzH^2}\cdot\mathrm{AzH}\cdot\mathrm{C^6H^5}$$
$$= \mathrm{CS}\,{\Big<}\,\genfrac{}{}{0pt}{}{\mathrm{AzH\cdot AzH\cdot C^6H^5}}{\mathrm{AzHR}}$$

(E. Fischer).

On obtient les mêmes composés en traitant les hydrazides par les sulfo-urées disubstituées dissymétriques :

$$\mathrm{CS}\,{\Big<}\,\genfrac{}{}{0pt}{}{\mathrm{AzH^2}}{\mathrm{AzRR'}} + \mathrm{AzH^2}\cdot\mathrm{AzH}\cdot\mathrm{C^6H^5}$$
$$= \mathrm{CS}\,{\Big<}\,\genfrac{}{}{0pt}{}{\mathrm{AzH\cdot AzH\cdot C^6H^5}}{\mathrm{AzRR'}} + \mathrm{AzH^3}$$

[Skinner et Ruhemann, *loc. cit.*].

Propriétés des carbodihydrazides. — L'oxychlorure de carbone réagit sur les carbodihydrazides en donnant des composés de condensation formés suivant le schéma

$$C^6H^5 - AzH - AzH - CO + COCl^2$$
$$| $$
$$AzH - AzH - C^6H^5$$

$$= C^6H^5 - AzH - AzH - C \underset{Az - Az - C^6H^5}{\overset{O}{\big\langle}} CO + 2HCl$$

[M. Freund et F. Kuh, *D. chem. G.*, **23**, 2824].

Le sulfochlorure de carbone donne de même des produits ayant pour constitution

$$R\,AzH - AzH - C \underset{Az}{\overset{O}{\big\langle}} \underset{AzR}{CS}$$

et constituant des dérivés hydrazoïques du corps

$$CH \underset{Az}{\overset{O}{\big\langle}} \underset{AzH}{CS}$$

dérivant lui-même du noyau

$$CH \underset{Az}{\overset{O}{\big\langle}} \underset{Az}{CH}$$

Ce noyau, que MM. Freund et Kuh ont nommé *biazol*, doit avoir, d'après la nomenclature que nous avons adoptée [voyez CHAINES FERMÉES, *Nomenclature*], celui de ββ'-*furodiazol*. Nous décrirons à l'article FURODIAZOLS les produits de condensation dont nous avons plus haut indiqué la formule, ainsi que leurs dérivés.

Propriétés des sulfocarbodihydrazides. — Ces composés sont beaucoup plus faciles à préparer que ceux de la série précédente; aussi ont-ils été beaucoup plus étudiés.

Quand on les traite par la potasse alcoolique, ils perdent 2 atomes d'hydrogène et se transforment en *sulfocarbazhydrazides* (*sulfocarbazones* de M. Fischer),

$$CS \left\langle \begin{matrix} Az = AzR \\ AzH - AzHR \end{matrix} \right.$$

Si à la potasse alcoolique on ajoute du manganate de potassium, l'oxydation va plus loin, et l'on obtient les *sulfocarbodiazides* (*sulfocarbodiazines* de M. Fischer),

$$CS \left\langle \begin{matrix} Az = AzR \\ Az = AzR \end{matrix} \right.$$

Ces deux séries de composés, traitées par les réducteurs, fournissent à nouveau les sulfocarbodihydrazides primitives.

Quand on traite par l'oxychlorure ou par le sulfochlorure de carbone les composés de cette série, ils subissent une condensation analogue à celle que nous venons de décrire; mais il y a départ de 2 atomes d'hydrogène et formation

de dérivés azoïques au lieu d'hydrazoïques :

$$C^6H^5 - AzH - AzH - CS + COCl^2$$
$$|$$
$$AzH - AzH . C^6H^5$$

$$= C^6H^5 - Az = Az - C \underset{Az - Az . C^6H^5}{\overset{O}{\big\langle}} CO + 2HCl + H^2$$

$$C^6H^5 - AzH - AzH - CS + CSCl^2$$
$$|$$
$$AzH - AzH . C^6H^5$$

$$= C^6H^5 - Az = Az - C \underset{Az - Az . C^6H^5}{\overset{S}{\big\langle}} CS + 2HCl + H^2$$

Ces deux séries de composés dérivent d'un noyau

$$CH \underset{Az}{\overset{S}{\big\langle}} \underset{Az}{CH}$$

que MM. Freund et Kuh ont nommé *thiobiazol*, et que nous appellerons ββ'-*thiodiazol*. Nous décrirons les composés qui dérivent de ce noyau à l'article THIODIAZOL.

Les *sulfocarbazhydrazides*, traitées par l'oxychlorure ou par le sulfochlorure de carbone, fournissent les mêmes produits que les sulfocarbodihydrazides. La réduction les transforme les unes et les autres en dérivés hydrazoïques.

Propriétés des carbamohydrazides (semicarbazides). — Quand on chauffe ensemble les carbamohydrazides et l'urée, il se fait avec élimination d'ammoniaque une sorte d'urée plus compliquée :

$$R\,AzH . AzH . CO . AzH^2 + AzH^2 . CO . AzH^3$$
$$= R\,AzH . AzH . CO . AzH . CO . AzH^2 + AzH^3.$$

Ce nouveau corps se condense en fermant sa chaîne par départ de 1 molécule d'ammoniaque

$$\underset{CO \;—\; AzH}{AzH \big\langle} \overset{\overset{R}{|}\;AzH\;AzH^2}{\big\rangle CO} = AzH^3 + \underset{CO \;—\; AzH}{AzH \big\langle} \overset{AzR}{\big\rangle CO}$$

M. Pinner, qui a découvert cette série de composés, leur a donné le nom d'*urazols* [*loc. cit.*]; mais si l'on adopte la nomenclature dont nous avons déjà parlé plus haut, les urazols deviennent des dérivés de l'α-β'-*pyrrodiazol*,

$$\underset{CH \;—\; Az}{Az \big\langle} \overset{AzH}{\big\rangle CH}$$

Nous décrirons donc les différents urazols à l'article α-β'-PYRRODIAZOL

Quand on chauffe les *carbamohydrazides* (*semicarbazides*) au-dessus de leur point de fusion,

2 molécules se condensent avec départ de 2 molécules d'ammoniaque :

$$R - AzH - AzH - CO - AzH^2$$
$$AzH^2 - CO - AzH - AzHR$$

$$= 2 AzH^3 + \begin{array}{c} R - Az\ -AzH - CO \\ | \qquad\qquad | \\ CO - AzH\ -AzR \end{array}$$

M. Pinner, qui a obtenu le premier ces composés, leur a donné le nom d'*urazines*, qui rappelle leur mode de formation [*D. chem. G.*, **20**, 2358 et **21**. 2331 ; *Bull. Soc. Chim.*, (2), **49**, 379 et (3), **1**, 141]. Ces corps dérivent du noyau

$$\begin{array}{c} Az \\ Az \quad\quad CH \\ CH \quad\quad Az \\ Az \end{array}$$

qui est l'α'-β-γ-*tétrazine* ; c'est à cet article que nous les décrirons.

Propriétés des sulfocarbamohydrazides. — Quand on traite ces composés par l'acide chlorhydrique concentré en tube scellé, il y a départ d'ammoniaque et formation de composés que M. Fischer a nommés *sulfocarbizines* :

$$R . AzH . AzH - CS = AzH^3 + R.Az - CS$$
$$\qquad | \qquad\qquad\qquad\qquad\qquad /$$
$$\qquad AzH^2 \qquad\qquad\qquad\quad AzH$$

[E. Fischer et E. Besthorn, *Ann. Chem.*, **212**, 307 ; *Bull. Soc. Chim.*, (2), **39**, 78].

M. Pinner a proposé de doubler leur formule et de leur donner une formule correspondant à celle des *urazines*,

$$R - Az\ -AzH - CS$$
$$| \qquad\qquad |$$
$$CS - AzH - Az - R$$

M. Freund a combattu cette opinion en se fondant sur le poids moléculaire de la phénylsulfocarbizine, qui a été déterminé par M. E. Fischer [Pinner, *D. chem. G.*, **21**, 2331 ; *Bull. Soc. Chim.*, (3), **1**, 141. — Freund et F. Kuh, *D. chem. G.*, **23**, 2821].

Les *allylsulfocarbamohydrazides*,

$$CH^2 = CH - CH^2 - AzH - CS - AzH - AzHR,$$

jouissent de la propriété de se condenser d'une manière particulièrement intéressante quand on les chauffe à 100° en tubes scellés avec de l'acide chlorhydrique fumant. Il se forme des dérivés hydrazoïques du β-thiazol :

$$\begin{array}{c} CH^2 = CH \qquad CS - AzH - AzHR \\ | \qquad\qquad\qquad | \\ CH^2\ -\ AzH \end{array}$$

$$\begin{array}{c} S \\ / \quad \backslash \\ = CH^2 - CH \qquad C - AzH - AzHR \\ | \qquad\qquad\qquad || \\ CH^2 - Az \end{array}$$

[C. Avenarius, *D. chem. G.*, **24**, 268].

Ce qu'on a vu jusqu'ici de l'histoire des *carbodihydrazides* et des *carbamohydrazides* montre que leur étude est intimement liée à celle des hydrazines. Nous décrirons ces composés en suivant l'ordre des hydrazines, chaque hydrazine donnant naissance à un certain nombre de *carbodihydrazides* et de *carbamohydrazides*, sulfurées ou non, substituées ou non.

CARBAMO-B-ÉTHYLHYDRAZIDE (*éthylsemicarbazide*), $C^2H^5.AzH.AzH.CO.AzH^2$. — Ce composé prend naissance quand on fait bouillir le chlorhydrate d'éthylhydrazine avec une solution aqueuse de cyanate de potassium :

$$C^2H^5 . AzH . AzH^2 . HCl + CO AzK$$
$$= KCl + C^2H^5 . AzH . AzH . CO . AzH^2.$$

La carbamo-b-éthylhydrazide forme de fines lamelles, fusibles à 105-106°, très solubles dans l'eau, l'alcool et le chloroforme, insolubles dans l'éther et dans les alcalis concentrés

Elle réduit à chaud l'oxyde de mercure et la liqueur de Fehling ; l'acide azoteux la détruit à froid.

PHÉNYLCARBAMO-B-ÉTHYLHYDRAZIDE (*éthylphénylsemicarbazide*),

$$C^2H^5 . AzH . AzH . CO . AzH . C^6H^5.$$

— Cette substance prend naissance quand on traite l'éthylhydrazine par la phénylcarbimide en solution dans l'éther. La réaction se fait à froid.

La phénylcarbamo-b-éthylhydrazide fond à 111-112° ; elle est très soluble dans l'alcool, peu soluble dans l'eau chaude, qui l'abandonne en belles lamelles brillantes.

PHÉNYLSULFOCARBAMO-B-ÉTHYLHYDRAZIDE (*éthylphénylsulfosemicarbazide*),

$$C^2H^5 . AzH . AzH . CS . AzH . C^6H^5.$$

— Ce corps prend naissance par l'action de la phénylsulfocarbimide sur l'éthylhydrazine en solution alcoolique concentrée. Il forme de fines aiguilles blanches, fondant à 109-110°, très solubles dans l'alcool, moins solubles dans l'éther [E. Fischer, *Ann. Chem.*, **189**, 313].

CARBAMO-D-DIÉTHYLHYDRAZIDE (*diéthylsemicarbazide*), $(C^2H^5)^2Az . AzH . CO . AzH^2$. — Voyez Suppl., **1**, 926.

CARBAMO-B-PHÉNYLHYDRAZIDE (*phénylsemicarbazide*), $C^6H^5 . AzH . AzH . CO . AzH^2$. — Cette substance a été décrite Suppl., **1**, 924.

On peut la préparer en chauffant un mélange d'urée et de phénylhydrazine (voyez Généralités).

Si l'on emploie un excès d'urée, ou, ce qui revient au même, si l'on fait réagir l'urée sur la carbamo-b-phénylhydrazide, il se produit un composé nouveau, la γ-*phényl-α-β'-dicéto-pyrrodiazolidine* (*phénylurazol*),

$$\begin{array}{c} Az . C^6H^5 \\ / \quad\quad \backslash \\ AzH \qquad\quad CO \\ | \qquad\qquad | \\ CO \qquad\quad AzH \end{array}$$

Ce composé se présente en lamelles incolores et brillantes, fusibles à 362°, peu solubles dans l'éther, l'eau froide et l'alcool froid, très solubles dans l'eau et dans l'alcool chauds. Il se dissout dans les alcalis et est précipité de cette solution par les acides. Il ne réduit pas les solutions alcalines d'argent ni de cuivre [A. Pinner, *D. chem. G.*, **20**. 2358 ; *Bull. Soc. Chim.*, (2). **45**, 379].

Le phénylurazol prend également naissance quand on chauffe la phénylhydrazine avec du biuret, ou quand on chauffe au-dessus de son point de fusion la carbamo-b-phénylhydrazide ;

mais il se produit en même temps un nouveau composé, fondant à 264°, la *diphénylurazine* [A. Pinner, *D. chem. G.*, **21**, 1219 et 2341 ; *Bull. Soc. Chim.*, (2), **50**, 417 ; (3), **1**, 141].

Ce nouveau composé a sans doute pour constitution

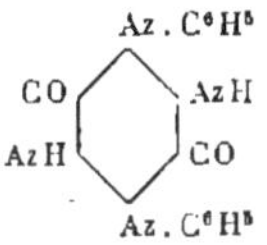

$$CO \underset{Az\,H \diagdown\hspace{2em}\diagup CO}{\overset{Az\,.\,C^6H^5}{\diagup\hspace{2em}\diagdown Az\,H}}\overset{}{Az\,.\,C^6H^5}$$

Ce serait la *v-γ-diphényl-α-β'-dicéto-hexahydro-tétrazine*.

Action du phosgène. — Le phosgène en solution benzénique réagit sur la carbamo-b-phényl-hydrazide en donnant un composé

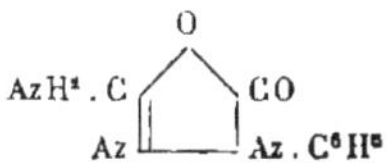

$$AzH^2\,.\,C\overset{O}{\diagup\hspace{-0.3em}\diagdown}CO \atop Az \text{—} Az\,.\,C^6H^5$$

l'*α-amido-β'-phényl-α'-céto-ββ'-furodiazoline* (*phénylamidobiazolone*). Ce composé cristallise dans l'alcool bouillant en belles aiguilles fondant à 166-167° [M. Freund et B. Goldsmith, *D. chem. G.*, **21**, 2456 ; *Bull. Soc. Chim.*, (3), **1**, 262. — M. Freund et F. Kuh, *D. chem. G.*, **23**, 2821].

ÉTHYLCARBAMO-B-PHÉNYLHYDRAZIDE (*éthylphé-nylsemicarbazide*).

$$C^6H^5 - AzH - AzH - CO - AzH - C^2H^5.$$

— Voyez Suppl., **1**, 924.

PHÉNYLCARBAMO-B-PHÉNYLHYDRAZIDE (*diphényl-semicarbazide*).

$$C^6H^5\,.\,AzH\,.\,AzH\,.\,CO\,.\,AzH\,.\,C^6H^5.$$

— Ce composé peut être aisément préparé en traitant la phénylhydrazine par la phénylcarbimide [Freund et B. Goldsmith, *D. chem. G.*, **21**, 2456 ; *Bull. Soc. Chim.*, (3), **1**, 262].

On peut également l'obtenir en traitant la phénylurée par la phénylhydrazine :

$$C^6H^5\,.\,AzH\,.\,AzH^2 + AzH^2\,.\,CO\,.\,AzH\,.\,C^6H^5$$
$$= AzH^3 + C^6H^5\,.\,AzH\,.\,AzH\,.\,CO\,.\,AzH\,.\,C^6H^5$$

[S. Skinner et S. Ruhemann, *Chem. Soc.*, 1888, 552].

Il cristallise en lamelles incolores, fusibles à 173°, solubles dans l'éther, l'alcool et le benzène.

Quand on traite ce composé par le phosgène dissous dans le benzène, à la température ordinaire, il se fait un produit de condensation

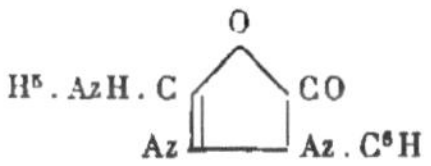

$$H^5\,.\,AzH\,.\,C\overset{O}{\diagup\hspace{-0.3em}\diagdown}CO \atop Az \text{—} Az\,.\,C^6H$$

l'*α-phénylamido-β'-phényl-α'-céto-ββ'-pyrrodia-zoline* (*phénylamido-phénylbiazolone*). — Ce corps fond à 173° ; il est très soluble dans l'alcool, peu soluble dans l'eau [M. Freund et Goldsmith, *loc. cit.*].

ACIDE CARBOPHÉNYLHYDRAZIQUE. — La phényl-hydrazine absorbe l'acide carbonique en se prenant en une masse cristalline blanche.

Cette substance, peu soluble dans l'eau et dans l'éther, assez soluble dans l'alcool, constitue le *carbophénylhydrazate de phénylhydrazine* [E. Fischer, *Ann. Chem.*, **190**, 125] (voyez Suppl., **1**, 924)

SULFOCARBAMO-B-PHÉNYLHYDRAZIDE (*phényl-sulfosemicarbazide*),

$$C^6H^5\,.\,AzH\,.\,AzH\,.\,CS\,.\,AzH^2.$$

— On prépare ce composé en traitant le chlor-hydrate de phénylhydrazine par le sulfocyanate d'ammonium [E. Fischer et E. Besthorn, *Ann. Chem.*, **212**, 24] (voyez Suppl., **1**, 1491).

Cette base prend également naissance :

1° A l'état de sulfocyanate, quand on traite la phénylhydrazine par une solution aqueuse d'acide sulfocyanique [E. Fischer, *ibid.*].

2° Quand on traite la sulfocarbo-bb'-diphényl-hydrazide (diphénylsulfocarbazide) par une solution d'un alcali fixe dans l'alcool. Il se fait en même temps la *sulfocarbo-bb'-diphénylazhydra-zide* (*diphénylsulfocarbazone*) :

$$2\,CS\diagup^{AzH\,.\,AzH\,.\,C^6H^5}_{\diagdown AzH\,.\,AzH\,.\,C^6H^5}$$
$$= CS\diagup^{AzH\,.\,AzH\,.\,C^6H^5}_{\diagdown AzH^2} + C^6H^5\,.\,AzH^3$$
$$+ CS\diagup^{Az = Az\,.\,C^6H^5}_{\diagdown AzH\,.\,AzH\,.\,C^6H^5}$$

[E. Fischer, *ibid.*].

3° Quand on réduit par la poudre de zinc et la potasse la *sulfocarbo-bb'-diphénylazhydrazide* :

$$CS\diagup^{Az = Az\,.\,C^6H^5}_{\diagdown AzH\,.\,AzH\,.\,C^6H^5} + 2\,H^2$$
$$= C^6H^5\,.\,AzH^2 + CS\diagup^{AzH^2}_{\diagdown AzH\,.\,AzH\,.\,C^6H^5}$$

[E. Fischer, *ibid.*].

4° Quand on traite par la phénylhydrazine la phénylsulfo-urée :

$$CS\diagup^{AzH^2}_{\diagdown AzH\,.\,C^6H^5} + AzH^2\,.\,AzH\,.\,C^6H^5$$
$$= CS\diagup^{AzH^2}_{\diagdown AzH\,.\,AzH\,.\,C^6H^5} + C^6H^5\,.\,AzH^2$$

[S. Skinner et S. Ruhemann, *D. chem. G.*, **20**, 3374 ; *Bull. Soc. Chim.*, (2), **49**, 788].

La sulfocarbamo-b-phénylhydrazide forme de beaux prismes fondant à 200-201°, très peu solubles dans l'eau, l'éther, le benzène et le chloro-forme, beaucoup plus solubles dans l'alcool chaud. La solution aqueuse possède un goût extrêmement amer.

Ce composé appartient au système clinorhom-bique : $a : b : c = 2,6028 : 1 : 1,4714$; $\beta = 83° 49'$.

Action de l'acide chlorhydrique concentré. — Quand on chauffe cette substance en tube scellé, à 125-130°, avec de l'acide chlorhydrique fort, on obtient du chlorure d'ammonium et le chlor-hydrate d'une base que M. Fischer appelle la *phé-nylsulfocarbizine* :

$$CS\diagup^{AzH\,.\,AzH\,.\,C^6H^5}_{\diagdown AzH^2} = AzH^3 + \overset{AzH\diagdown}{\underset{CS\diagup}{|}}Az\,.\,C^6H^5.$$

M. Pinner croyait que ce composé devait avoir une formule double, analogue à celle de la diphé-nylurazine, mais la densité de vapeur conduit à la formule simple.

La phénylsulfocarbizine forme de belles la-melles d'un blanc d'argent, fondant à 129° et dis-tillant sans décomposition. Elle est très soluble dans l'alcool, l'éther et le chloroforme, très peu soluble dans l'eau froide. Elle donne avec les acides des sels stables et bien cristallisés.

Le *chlorhydrate*, $C^7H^8Az^3S\,.\,HCl$, est très so-luble dans l'eau et dans l'alcool, insoluble dans l'éther ; il fond à 240° en se décomposant.

Le *chloroplatinate*, $(C^7H^6Az^3S\,.\,HCl)^2PtCl^4$.

forme de beaux prismes jaunes, solubles dans l'eau bouillante.

Le *sulfate* est en aiguilles très solubles.

Le *chromate* est insoluble dans l'eau; le *picrate* forme de belles aiguilles jaunes.

La phénylsulfocarbizine n'est pas attaquée par les alcalis; la solution ammoniacale d'oxyde d'argent fournit un sel, $C^7H^5Az^2SAg$, qui jaunit à la lumière.

La phénylsulfocarbizine donne un *dérivé acétylé*, soluble dans l'alcool bouillant et fondant à 186-187°.

Le *dérivé benzoylé* fond également à 186°.

L'iodure de méthyle se combine à la phénylsulfocarbizine en donnant un sel d'où l'on extrait la *méthylphénylsulfocarbizine*, qui ne peut avoir pour constitution que

$$\begin{array}{c} CH^3 . Az \\ | \\ CS \end{array} \Big\rangle Az . C^6H^5.$$

Ce composé forme de belles tables incolores, fondant à 123°, peu solubles dans l'eau froide, très solubles dans l'alcool, l'éther et le chloroforme; il bout sans décomposition.

La phénylsulfocarbizine donne avec le brome un *dérivé bromé* en cristaux incolores, fusibles à 210°.

MÉTHYLSULFOCARBAMO-B-PHÉNYLHYDRAZIDE (*méthylphénylsemisulfocarbazide*),

$$C^6H^5 . AzH . AzH . CS . AzH . CH^3.$$

— Ce composé prend naissance quand on traite la phénylhydrazine par la méthylsulfocarbimide. Elle fond à 88° [A. Dixon, *Chem. Soc.*, 1890, 257].

ÉTHYLSULFOCARBAMO-B-PHÉNYLHYDRAZIDE (*éthylphénylsemisulfocarbazide*),

$$C^6H^5 . AzH . AzH . CS . AzH . C^2H^5.$$

— Ce corps se forme quand on fait réagir la phénylhydrazine sur l'éthylsulfocarbimide. Il fond à 120° et donne avec le perchlorure de fer une coloration d'un rouge de sang qui passe rapidement au vert foncé [A. Dixon, *Chem. Soc.*, 1889, 300].

ALLYLSULFOCARBAMO-B-PHÉNYLHYDRAZIDE (*allylphénylsemisulfocarbazide*),

$$C^6H^5 . AzH . AzH . CS . AzH . C^3H^5.$$

— Ce composé se prépare à l'aide de la phénylhydrazine et de l'allylsulfocarbimide : il fond à 118°.

Quand on le chauffe en tube scellé, à 100°, avec de l'acide chlorhydrique fumant, il se condense en donnant l'*α-phénylhydrazo-α'-méthyl-β-thiazoline* (*phénylpropylène-pseudosulfosemicarbazide*) :

$$\begin{array}{ccc} CH^2 = CH & & CS . AzH . AzH . C^6H^5 \\ | & & | \\ CH^2 \!\!-\!\! & AzH \end{array}$$

$$\begin{array}{c} S \end{array}$$

$$= \begin{array}{ccc} CH^3 . CH & & C . AzH . AzH . C^6H^5 \\ | & & \| \\ CH^2 \!\!-\!\! & Az \end{array}$$

Cette base fond à 92°; elle forme des lamelles colorées en jaune clair.

Le *chlorhydrate* est en petits cristaux, groupés en étoiles d'un rose clair et fondant à 203° [A. Avenarius, *D. chem. G.*, 24, 258].

PHÉNYLSULFOCARBAMO-B-PHÉNYLHYDRAZIDE (*diphénylsemisulfocarbazide*),

$$C^6H^5 . AzH . AzH . CS . AzH . C^6H^5.$$

— Ce composé prend naissance quand on fait réagir la phénylhydrazine sur la phénylsulfocarbimide. Il est insoluble dans l'eau, très peu soluble dans l'éther, le sulfure de carbone et la ligroïne, plus soluble dans l'acétone, l'alcool chaud et l'acide acétique cristallisable. Il forme des prismes groupés en étoiles et fondant à 177°.

Il se dissout à chaud dans les lessives alcalines étendues, mais il se dépose inaltéré par refroidissement

o-CRÉSYLSULFOCARBAMO-B-PHÉNYLHYDRAZIDE (*o-crésylphénylsemisulfocarbazide*),

$$C^6H^5 . AzH . AzH . CS . AzH . C^6H^4 . CH^3.$$

— Ce composé s'obtient au moyen de l'o-crésylsulfocarbimide et de la phénylhydrazine; il fond à 162°

ACÉTYLSULFOCARBAMO-B-PHÉNYLHYDRAZIDE (*acétylphénylsemisulfocarbazide*),

$$C^6H^5 . AzH . AzH . CS . AzH . CO . CH^3.$$

— Ce composé se forme par l'action de l'acétylsulfocarbimide sur la phénylhydrazine; il fond à 178° [A. Dixon, *Chem. Soc.*, 1889, 300].

BENZOYLSULFOCARBAMO-B-PHÉNYLHYDRAZIDE (*benzoylphénylsemisulfocarbazide*)

$$C^6H^5 . AzH . AzH . CS . AzH . CO . C^6H^5.$$

— Ce produit se prépare au moyen de la phénylhydrazine et de la benzoylsulfocarbimide; il fond à 220° [A. Dixon, *loc. cit.*]

ACIDE THIOSULFOCARBAMOPHÉNYLHYDRAZIQUE (*phénylsulfocarbazique*),

$$C^6H^5 . AzH . AzH . CS . SH.$$

— Voyez Suppl., 1, 924.

Quand on chauffe cet acide à 80-90°, il se dégage de l'hydrogène sulfuré et il se fait de la *sulfocarbo-bb'-diphénylhydrazide* (*diphénylsulfocarbazide*) :

$$2 CS \!\!\begin{array}{c} \diagup SH \\ \diagdown AzH . AzH . C^6H^5 \end{array}$$

$$= CS \!\!\begin{array}{c} \diagup AzH . AzH . C^6H^5 \\ \diagdown AzH . AzH . C^6H^5 \end{array} + CS^2 + H^2S$$

[E. Fischer, *loc. cit.*].

CARBO-BB'-DIPHÉNYLHYDRAZIDE (*diphénylcarbazide*),

$$CO \!\!\begin{array}{c} \diagup AzH . AzH . C^6H^5 \\ \diagdown AzH . AzH . C^6H^5 \end{array}$$

— Ce composé prend naissance quand on chauffe l'uréthane ou l'urée avec la phénylhydrazine (voir Généralités). Il est insoluble dans l'éther, très peu soluble dans l'eau, assez soluble dans l'alcool. Il fond à 151° et se colore en rouge au contact de l'ammoniaque [S. Skinner et S. Ruhemann, *loc. cit.*]

SULFOCARBO-BB'-DIPHÉNYLHYDRAZIDE (*diphénylsulfocarbazide*),

$$CS \!\!\begin{array}{c} \diagup AzH . AzH . C^6H \\ \diagdown AzH . AzH . C^6H^5 \end{array}$$

— Voyez Suppl., 1, 924

Ce composé s'oxyde aisément par la potasse alcoolique : il perd 2 atomes d'hydrogène et se transforme en *sulfocarbo-bb'-diphénylazhydrazide* (*sulfocarbazone*)

$$CS \!\!\begin{array}{c} \diagup AzH . AzH . C^6H^5 \\ \diagdown AzH . AzH . C^6H^5 \end{array}$$

$$= H^2 + CS \!\!\begin{array}{c} \diagup Az = Az . C^6H^5 \\ \diagdown AzH - AzH . C^6H^5 \end{array}$$

DÉRIVÉS DE LA B-MÉTHYLPHÉNYLHYDRAZINE.

CARBAMO-B-MÉTHYLPHÉNYLHYDRAZIDE (*méthylphénylsemicarbazide*),

$$\left.\begin{array}{c}C^6H^5 \\ CH^3\end{array}\right> Az - AzH - CO - AzH^2$$

— Voyez Suppl., **1**, 927.

PHÉNYLSULFOCARBAMO-B-MÉTHYLPHÉNYLHYDRAZIDE (*méthyldiphénylsulfosemicarbazide*),

$$\left.\begin{array}{c}C^6H^5 \\ C.H^3\end{array}\right> Az - AzH - CS - AzH - C^6H^5.$$

— Voyez Suppl., **1**, 927.

DÉRIVÉS D'HYDRAZINES DIVERSES.

CARBAMO-B-O-CRÉSYLHYDRAZIDE (*o-crésylsemicarbazide*), $CH^3 . C^6H^4 . AzH . AzH . CO . AzH^2$.

— Ce composé se forme quand on chauffe l'urée ordinaire à 160° avec du chlorhydrate d'o-crésylhydrazine. Elle forme de belles aiguilles assez solubles dans l'eau, moins solubles dans l'alcool, insolubles dans l'éther et dans le benzène, et fondant à 159-160°.

Chauffée avec un excès d'urée, à 200° environ, elle se transforme en *o-crésyl-αβ'-dicéto-pyrrodiazolidine* (*o-crésylurazol*).

Ce produit forme des lamelles incolores, fusibles à 170°, très solubles dans l'eau chaude, assez solubles dans l'eau froide et dans l'alcool, solubles dans les alcalis fixes et dans l'ammoniaque [A. Pinner, *D. chem. G.*, **21**, 1221; *Bull. Soc. Chim.*, (2), **50**, 417].

ÉTHYLSULFOCARBAMO-B-O-CRÉSYLHYDRAZIDE (*o-crésylphénylsulfosemicarbazide*)

$$CH^3_{(1)} . C^6H^4 . AzH_{(2)} . AzH . CS . AzH . C^2H^5.$$

— On l'obtient au moyen de l'o-crésylhydrazine et de l'éthylsulfocarbimide; elle fond à 129° (A. Dixon).

ALLYLSULFOCARBAMO-B-O-CRÉSYLHYDRAZIDE (*o-crésylallylsulfosemicarbazide*),

$$CH^3_{(1)} . C^6H^4 . AzH_{(2)} . AzH . CS . AzH . C^3H^5$$

— Ce composé prend naissance dans l'action de l'allylsulfocarbimide sur l'o-crésylhydrazine; il forme de fines aiguilles fondant à 105°.

Il se condense aisément par l'acide chlorhydrique fumant, à 100°, en donnant une base poisseuse, dont le *picrate* fond à 167°.

Cette base est l'*α'-o-crésylhydrazo-α-méthyl-α-β-thiazoline* (*o-crésylpropylène-pseudosulfosemicarbazide*),

$$\begin{array}{c} S \\ \diagup \;\; \diagdown \\ CH^3 . CH \quad\;\; C . AzH . AzH_{(1)} . C^6H^5 . CH^3_{(4)} \\ |\qquad\quad || \\ CH^2 - Az \end{array}$$

[C. Avenarius, *loc. cit.*].

PHÉNYLSULFOCARBAMO-B-O-CRÉSYLHYDRAZIDE (*o-crésylphénylsulfosemicarbazide*),

$$CH^3 . C^6H^4 . AzH_{(3)} . AzH . CS . AzH . C^6H^5.$$

— Ce produit prend naissance par l'action de la phénylsulfocarbimide sur l'o-crésylhydrazine; fond à 145° (A. Dixon).

CARBAMO-B-P-CRÉSYLHYDRAZIDE (*p-crésylsemicarbazide*),

$$CH^3_{(1)} . C^6H^4 . AzH_{(4)} . AzH . CO . AzH^2.$$

— Ce corps se forme quand on chauffe à 150-160° un mélange d'urée et de chlorhydrate de p-crésylhydrazine. Il forme de belles lamelles blanches, fondant à 157-158°, solubles dans l'eau chaude, peu solubles dans l'eau froide, réduisant les solutions alcalines de cuivre et d'argent.

Chauffée avec un excès d'urée à 200°, elle se transforme en *p-crésyl-αβ'-dicéto-pyrrodiazolidine* (*p-crésylurazol*), fines aiguilles, fusibles à 274°, peu solubles dans l'eau bouillante.

ALLYLSULFOCARBAMO-B-P-CRÉSYLHYDRAZIDE (*p-crésylallylsulfosemicarbazide*),

$$CH^3_{(1)} . C^6H^4 . AzH_{(4)} . AzH . CS . AzH . C^3H^5.$$

— On l'obtient au moyen de l'allylsulfocarbimide et de la p-crésylhydrazine: elle fond à 128°.

Elle se condense par l'acide chlorhydrique fumant, à 100°, en tube scellé, en une base cristallisée en fines aiguilles, fondant à 133° et formant un *chlorhydrate* soluble dans l'eau, l'*α'-p-crésylhydrazo-α-méthyl-α-β-dihydro-β-thiazol* (*o-crésylpropylène-pseudosulfosemicarbazide*),

$$\begin{array}{c} S \\ \diagup \;\; \diagdown \\ CH^3 - CH \quad\;\; C . AzH . AzH_{(1)} . C^6H^4 . CH^3_{(4)} \\ |\qquad\quad || \\ CH^2 - Az \end{array}$$

(C. Avenarius).

CARBAMO-B-α-NAPHTYLHYDRAZIDE (*α-naphtylsemicarbazide*), $C^{10}H^7 . AzH . AzH . CO . AzH^2$.

— Ce composé prend naissance quand on chauffe le chlorhydrate d'α-naphtylhydrazine avec du cyanate de potassium. Il forme de belles lamelles colorées en brun, solubles dans l'alcool amylique bouillant et fondant à 231°.

CARBAMO-B-β-NAPHTYLHYDRAZIDE (*β-naphtylsemicarbazide*). — Lamelles difficilement solubles, fondant à 225°, obtenues au moyen de chlorhydrate de βnaphtylhydrazine et du cyanate de potassium [A. Pinner, *loc. cit.*].

ALLYLSULFOCARBAMO-B-β-NAPHTYLHYDRAZIDE (*β-naphtylallylsulfosemicarbazide*),

$$C^{10}H^7 . AzH . AzH . CS . AzH . C^3H^5.$$

— Ce produit prend naissance dans la réaction de l'allylsulfocarbimide sur la β-naphtylhydrazine; il fond à 155°. Il se condense aisément par l'acide chlorhydrique fumant, en donnant l'*α'-β-naphtylhydrazo-α-méthyl-α-β-thiazoline* (*β-naphtylpropylène-pseudosulfosemicarbazide*),

$$\begin{array}{c} S \\ \diagup \;\; \diagdown \\ CH^3 . CH \quad\;\; C . AzH . AzH . C^{10}H^7 \\ |\qquad\quad || \qquad\qquad\quad \beta \\ CH^2 - Az \end{array}$$

Cette base fond à 160°.

BIPHÉNYLÈNE-DIHYDRAZOCARBAMIDE (*biphényldisemicarbazide*),

$$AzH^2 . CO . AzH . AzH - C^6H^4 . C^6H^4 - AzH . AzH . CO . AzH^2$$

— On obtient ce composé en traitant le chlorhydrate de biphénylène-dihydrazine par une solution aqueuse de cyanate de potassium. Il forme des cristaux fusibles avec décomposition à 306-308°, peu solubles dans les dissolvants habituels.

Le *sulfate* est en aiguilles incolores; le *chlorhydrate*, en petites lamelles [R. Arheidt, *Ann. Chem.*, **239**, 206; *Bull. Soc. Chim.*, (2), **49**, 785].

CARBAMO-B-P-BENZOYLOPHÉNYLHYDRAZIDE,

$$C^6H^5 . CO_{(1)} . C^6H^4 . AzH_{(4)} . AzH . CO . AzH^2.$$

— Voyez Suppl., **2**, 606.

PHÉNYLSULFOCARBAMO-B-P-BENZOYLOPHÉNYLHYDRAZIDE,

$$C^6H^5 . CO_{(1)} . C^6H^4 . AzH_{(4)} . AzH . CS . AzH . C^6H^5.$$

— Voyez Suppl., **2**, 606.   L. Bouveault.

CARBAZOL [Syn. *Biphénylimide*]. — Voyez Suppl., **1**, 407.

Modes de formation. — Le carbazol se forme lorsqu'on chauffe en vase clos le di-o-amido-biphényle (voyez BENZIDINE, Suppl., **2**, I, 491) avec de l'acide chlorhydrique ou de l'acide sulfurique [Täuber, *D. chem. G.*, **24**, 200]. La réaction est probablement exprimée par les équations suivantes :

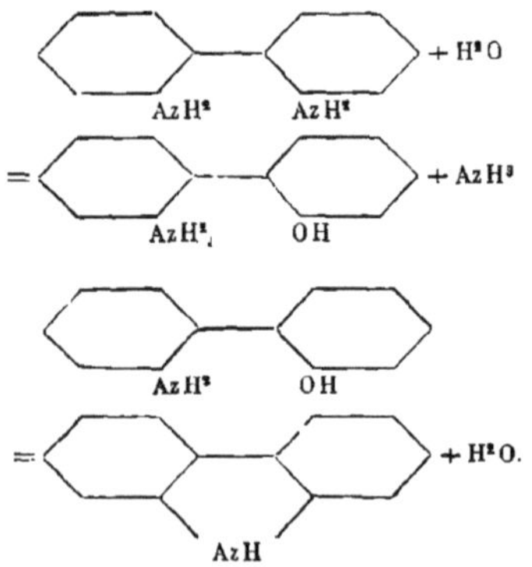

$$\text{[figure]} \quad + H^2O$$

Le carbazol prend naissance, en même temps que de l'aniline, du benzène et de la biphényline, lorsqu'on soumet à la distillation un mélange intime d'induline et de chaux sodée [O. N. Witt, *D. chem. G.*, **20**, 1541].

Il se forme encore lorsqu'on fait passer des vapeurs d'o-amidobiphényle sur de la chaux chauffée au rouge :

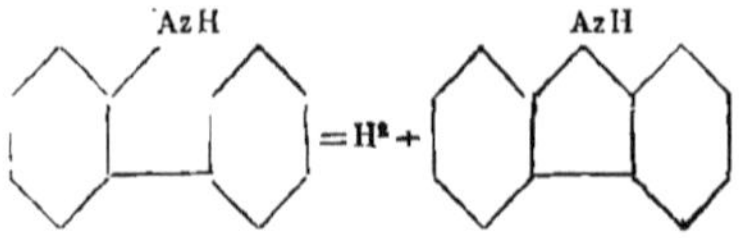

$$\text{[figure]} \quad = H^2 +$$

[Blank, *D. chem. G.*, **24**, 306].

On l'obtient aussi en chauffant la diphéno-γ-thiazine (thiodiphénylamine) avec du cuivre en poudre [Goske, *D. chem. G.*, **20**, 233] :

$$S\left\langle{}^{C^6H^4}_{C^6H^4}\right\rangle Az\,H + Cu = CuS + \left|{}^{C^6H^4}_{C^6H^4}\right\rangle Az\,H.$$

La distillation sèche de la strychnine fournit une petite quantité de carbazol; la réaction est plus nette lorsqu'on chauffe au rouge un mélange de brucine ou de strychnine et de poudre de zinc [Löbisch et Schoop, *Mon. f. Chem.*, **7**, 611]

Préparation. — On peut aisément préparer le carbazol au moyen de l'anthracène brut; il suffit de distiller l'hydrocarbure sur de la potasse caustique; le résidu est constitué par une combinaison potassique du carbazol, qui, traitée par l'eau, régénère la potasse et le carbazol, qu'il est facile de purifier par cristallisation [Graebe, *Ann. Chem.*, **202**, 21].

Propriétés. — 100 parties d'alcool absolu dissolvent à 14° 0ᵖ,92 de carbazol et 3ᵖ,88 à l'ébullition; 100 parties de toluène dissolvent à 16°,5 0ᵖ,55 de carbazol et à 100° 5ᵖ,46 [de Bechi, *D. chem. G.*, **12**, 1978].

Le carbazol, chauffé avec de la potasse en présence d'un courant d'acide carbonique, fournit de l'*acide carbazolique* [Ciamician et Dennstedt, *Gazz. chim. ital.*, **12**, 272].

En chauffant le carbazol avec une grande quan-

tité de perchlorure d'antimoine à 360°, on obtient comme produits ultimes de chloruration du biphényle perchloré et du benzène perchloré [Merz et Weith, *D. chem. G.*, **16**, 2875].

Le carbazol n'est pas attaqué par l'oxychlorure de carbone, même à 200° [Pachkowesky, *D. chem. G.*, **24**, 2925]

En fondant le carbazol avec de l'acide oxalique, on obtient du bleu de carbazol (voyez plus loin).

Le carbazol présente, à beaucoup de points de vue, une grande analogie avec le pyrrol, comme il résulte des réactions suivantes [Hooker, *D. chem. G.*, **21**, 3299]

Un copeau de sapin, imbibé d'une solution alcoolique chaude de carbazol et exposé aux vapeurs chlorhydriques, donne la coloration rouge caractéristique du pyrrol.

Un mélange de carbazol et d'isatine, additionné d'acide sulfurique concentré, donne une coloration d'un bleu intense.

En ajoutant à une solution acétique de carbazol et de quinone une solution acétique d'acide sulfurique, on voit se produire une coloration rouge-carmin très intense

Le carbazol, chauffé avec de l'acide acétique en présence de chlorure de zinc, fournit de la *méthylacridine* :

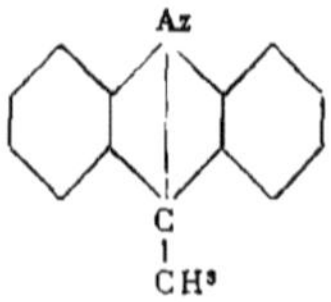

$$\text{[figure]}$$

On obtient une base analogue en remplaçant l'acide acétique par l'acide benzoïque [Bizzarri, *Gazz. chim. ital.*, **20**, 407 ; **21**, 159].

On obtient les mêmes bases en remplaçant les acides par leurs amides et le chlorure de zinc par l'anhydride phosphorique [Bizzarri, *loc. cit.*, **21**, 352]

Benzoylcarbazol,

$$\left.{}^{C^6H^4}_{C^6H^4}\right\rangle Az\,.\,CO\,.\,C^6H^5.$$

— On chauffe au bain d'huile, à 160-170°, 10 grammes de carbazol avec 9 grammes de chlorure de benzoyle; au bout de 2 heures, on reprend par le carbonate de sodium en solution étendue et on fait cristalliser le résidu à plusieurs reprises dans l'alcool bouillant [Mazzara, *D. chem. G.*, **24**, 278]

Le benzoylcarbazol forme des aiguilles soyeuses d'un vert clair, solubles dans l'éther et dans l'acide acétique cristallisable, peu solubles dans le benzène et dans la ligroïne, insolubles dans l'ea

Ce corps est doué d'une certaine stabilité : il n'est saponifié que par ébullition avec la potasse alcoolique. L'hydroxylamine le scinde en carbazol et benzamide. La phénylhydrazine à l'ébullition ne l'altère pas.

BROMOCARBAZOL, $C^{12}H^8BrAz$. — On obtient ce corps en saponifiant l'acétylbromocarbazol par la potasse alcoolique bouillante; on distille l'alcool, on lave le résidu à l'eau jusqu'à réaction neutre et on le fait cristalliser dans l'alcool bouillant [Ciamician et Silber, *Gazz. chim. ital.*, **12**, 276].

Le bromocarbazol forme des lamelles rhombiques volumineuses, douées d'un éclat vitreux, aisément solubles dans l'alcool bouillant.

Acétylbromocarbazol, $C^{12}H^7BrAz(C^2H^3O)$. — On fait bouillir dans un appareil à reflux une solution sulfocarbonique d'acétylcarbazol additionnée de la quantité calculée de brome; on distille ensuite le sulfure de carbone et on fait cristalliser à plusieurs reprises le résidu dans l'alcool. On obtient ainsi des lamelles fusibles à 128°, très solubles dans l'alcool et dans le toluène bouillants, peu solubles dans l'éther (Ciamician et Silber).

NITROCARBAZOL, $C^{12}H^7(AzO^2)AzH$. — On saponifie par la potasse alcoolique à l'ébullition le benzoylnitrocarbazol. On évapore l'alcool, on lave à l'eau et on fait cristalliser le résidu dans l'alcool bouillant.

Le nitrocarbazol cristallise en lamelles rouges, fusibles à 210°, peu solubles dans le chloroforme, le benzène et l'acide acétique bouillants, presque insolubles dans l'éther et dans la ligroïne [Mazzara, *D. chem. G.*, 24, 281]

Benzoylnitrocarbazol,

$$C^{12}H^7(AzO^2)Az \cdot CO \cdot C^6H^5.$$

— A une dissolution de 9 grammes de benzoylcarbazol dans 55 grammes d'acide acétique cristallisable, on ajoute peu à peu 18 grammes d'acide nitrique ($d = 1,48$) et, pour achever la réaction, on chauffe pendant quelques minutes au bain-marie. Après refroidissement, on filtre à la trompe et on purifie par des cristallisations répétées dans l'acide acétique cristallisable.

On obtient ainsi des lamelles brillantes jaunes, fusibles à 181°, très solubles à chaud dans le benzène et dans l'éther, très peu solubles dans l'alcool et dans la ligroïne. Ce corps est très stable : la potasse aqueuse à l'ébullition ne l'altère pas; il n'est saponifié que par la potasse alcoolique (Mazzara).

DINITROCARBAZOL, $C^{12}H^6(AzO^2)^2AzH$. — Le brevet allemand 46438 (23 août 1888) de la Badische Anilin et Soda-Fabrik [*D. chem. G.*, 22, *Ref.*, 177] mentionne la préparation d'un dinitrocarbazol que l'on obtient de la manière suivante : On chauffe à 80° un mélange de 1 partie de carbazol avec 5 parties d'acide acétique cristallisable et on y ajoute peu à peu, en agitant, $1^p,3$ d'acide nitrique ($d = 1,38$); on chauffe pendant une demi-heure à 100° et on abandonne au refroidissement. Par lavage à l'eau, on obtient le dinitrocarbazol sous la forme d'une poudre cristalline jaune.

TÉTRANITROCARBAZOL, $C^{12}H^5(AzO^2)^4Az$. — L'étude de la réaction de l'acide nitrique fumant sur le carbazol a été reprise récemment par MM. Ciamician et Silber [*Gazz. chim. ital.*, 12, 277].

En ajoutant 1 partie de carbazol à 12 parties d'acide nitrique fumant, on obtient 4 tétranitrocarbazols isomériques. On chauffe le liquide au bain-marie jusqu'à cessation du dégagement de vapeurs rouges. Par le refroidissement, il cristallise un mélange des dérivés α, β et γ. On les sépare par des cristallisations répétées dans l'acide acétique. La liqueur mère, précipitée par l'eau, fournit principalement le dérivé δ.

Le *dérivé* α se forme en très petite quantité; c'est le moins soluble de tous; il cristallise en petites aiguilles, fusibles en se décomposant à 308°; la potasse le colore en un jaune intense qui vire au rouge au bout d'un temps assez long.

Le *dérivé* β, plus soluble que le précédent, cristallise en tables hexagonales d'un jaune clair, infusibles à 320°; il est coloré instantanément en rouge par la potasse.

Le *dérivé* γ cristallise en lamelles rhombiques d'un jaune clair, fusibles en se décomposant à 285°; la potasse le colore instantanément en rouge.

Le *dérivé* δ, qui se forme en quantité prédominante, cristallise en prismes jaunes quadratiques et se décompose entièrement avant de fondre. Il

n'est pas coloré à froid par la potasse et prend une coloration rougeâtre seulement à l'ébullition.

AMIDOCARBAZOL, $C^{12}H^7(AzH^2)AzH$. — On obtient l'amidocarbazol en faisant passer des vapeurs de biphényline à travers un tube chauffé au rouge et contenant de la chaux [Blank, *D. chem. G.*, 24, 306].

La réaction est exprimée par l'équation suivante :

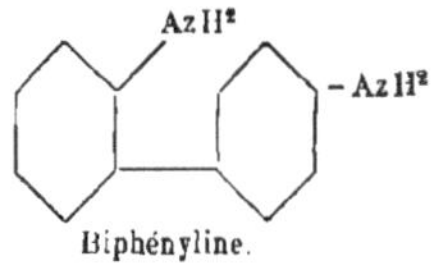

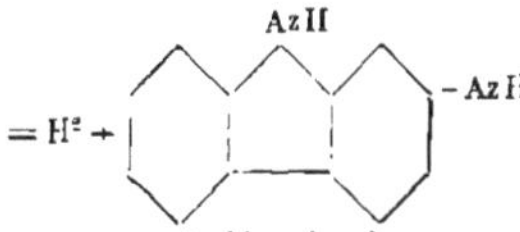

L'amidocarbazol cristallise dans l'eau en fines aiguilles, fusibles à 238°, ressemblant d'une manière frappante à la benzidine; c'est une base faible, dont les sels se dissocient avec facilité.

Amidocarbazol isomérique

$$C^6H^4 {\scriptstyle >} AzH$$
$$C^6H^3 - AzH^2$$

— Un deuxième amidocarbazol a été préparé récemment par MM. Mazzara et Leonardi [*Gazz. chim. ital.*, 21, 380].

On l'obtient en réduisant le nitrocarbazol fusible à 210° par l'étain et l'acide chlorhydrique. Pour 10 grammes de nitrocarbazol finement pulvérisé, on emploie 17 grammes d'étain et 60 grammes d'acide chlorhydrique ($d = 1,17$). Le produit obtenu est dissous dans l'alcool additionné de quelques gouttes d'acide chlorhydrique, et traité par le zinc; on filtre et on évapore au bain-marie; le résidu est traité par l'acide chlorhydrique étendu, qui ne dissout que le chlorure de zinc, et la dissolution aqueuse du résidu insoluble est précipitée par l'ammoniaque. On purifie la base par cristallisation dans l'alcool étendu.

L'amidocarbazol cristallise en paillettes microscopiques roses, se colorant en rouge brun à la lumière. Il est peu soluble dans l'éther, plus soluble dans le chloroforme, très soluble dans l'acide acétique, soluble dans le benzène. Il brunit à 220° et se décompose à 240-245°. Chauffé rapidement, il fond à 246-248° en se décomposant.

Le *chlorostannate*, $(C^{12}H^{10}Az^2 \cdot HCl)^2 SnCl^4$, cristallise dans l'acide chlorhydrique étendu en lamelles brillantes d'un blanc jaunâtre.

Le *chloroplatinate* est une poudre d'un vert brun, facilement décomposable.

Acétamidocarbazol,

$$C^6H^4 {\scriptstyle >} AzH$$
$$C^6H^3 - AzH \cdot CO \cdot CH$$

— On prépare ce corps en abandonnant à la température ordinaire un mélange d'amidocarbazol et d'anhydride acétique en excès : au bout de 24 heures, on traite par l'eau et on purifie par des cristallisations répétées dans l'alcool en présence de noir animal.

L'acétamidocarbazol cristallise en petites lamelles semi-transparentes, légèrement rosées, fusibles à 213-214°, très solubles dans l'acide acétique.

Acétamidonitrosocarbazol,

$$C^6H^4 {>}Az.AzO$$
$$C^6H^3 - AzH.CO.CH^3$$

— On dissout le corps précédent dans 30 fois son poids d'acide acétique à 50 0/0 et on additionne la solution, chauffée à 70-80°, de 1/2 partie environ de nitrite de potassium. Au bout de quelque temps, il se dépose une poudre cristalline jaune, qu'on purifie par cristallisation dans l'alcool.

Ce corps fond en se décomposant à 162-164° ; il est soluble dans l'acide acétique concentré, très peu soluble dans l'acide acétique dilué, le benzène et la ligroïne ; sa dissolution dans l'acide sulfurique concentré est d'un vert magnifique.

Benzamidocarbazol,

$$C^6H^4 {>}AzH$$
$$C^6H^3 - AzH.CO.C^6H^5$$

— On chauffe pendant 1 heure à 160-200° un mélange intime de 5 grammes d'amidocarbazol et de 6gr,5 d'anhydride benzoïque ; on dissout dans l'alcool, et on précipite la dissolution par une solution étendue de potasse caustique ; on filtre, on lave à l'eau et on fait cristalliser dans l'alcool ou dans l'acide acétique concentré.

On obtient ainsi des lamelles grises, douées d'éclat métallique et fusibles à 250-251°. Ce corps, traité par l'aldéhyde benzylique, ne subit aucune altération.

Benzylidène-amidocarbazol,

$$C_6H^4 {>}AzH$$
$$C^6H^3 - Az = CH.C^6H^5$$

— On prépare ce corps en faisant digérer pendant 24 heures l'amidocarbazol avec un grand excès d'aldéhyde benzylique ; on filtre à la trompe, on dissout dans l'alcool, on précipite par l'eau et on purifie le produit par des cristallisations répétées dans l'alcool. On obtient ainsi des lamelles brillantes, d'un jaune verdâtre, fusibles à 209-210°, peu solubles dans la ligroïne, plus solubles dans l'éther et surtout dans le benzène.

DIAMIDOCARBAZOL.

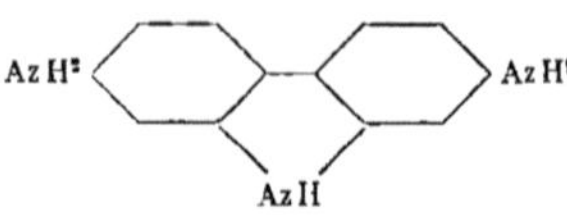

— On chauffe pendant 10 heures, en vase clos, à 180-190°, 1 partie de chlorhydrate de m-diamidobenzidine avec 6 parties d'acide chlorhydrique à 18 0/0. On évapore à siccité le produit de la réaction, on le redissout dans l'eau et on décolore par le noir animal : le liquide filtré est additionné à chaud d'acide sulfurique étendu : le sulfate se dépose immédiatement si la solution est à plus de 2 0/0. Le rendement atteint 87 0/0 du rendement théorique.

La base libre, purifiée par cristallisation dans l'alcool bouillant en présence de noir animal, cristallise en aiguilles incolores, aplaties, douées d'un éclat argentin et se colorant en noir sans fondre à 260°.

Transformée en dérivé diazoïque, elle donne avec les composés aromatiques des couleurs tétrazoïques, qui teignent le coton sans mordant comme les couleurs de benzidine.

Le *chlorhydrate* de diamidocarbazol est soluble dans l'eau ; un excès d'acide chlorhydrique le précipite de ses dissolutions aqueuses.

Le *sulfate*, $C^{12}H^{11}Az^3.SO^4H^2$, cristallise en petites aiguilles presque insolubles dans l'eau bouillante [Täuber, *D. chem. G.*, **23**, 3266].

Diamidocarbazol isomérique,

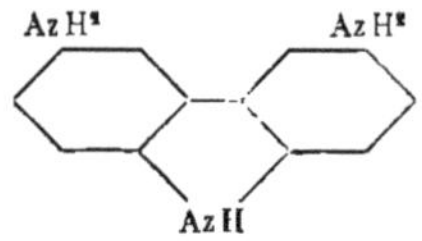

— Ce corps est décrit dans le brevet 46438 (voyez plus haut DINITROCARBAZOL). On l'obtient en réduisant le dérivé dinitré par le zinc en poudre et l'acide chlorhydrique au bain-marie ; on filtre et on redissout dans l'acide chlorhydrique ; il se sépare un chlorozincate peu soluble ; on filtre, on redissout dans l'eau, on décolore par le noir animal et on ajoute du sulfate de sodium ; il se précipite alors du sulfate de diamidocarbazol en fines aiguilles.

M. E. Täuber [*D. chem. G.*, **25**, 128] a établi la constitution de ce composé en en réalisant la synthèse. A cet effet il chauffe pendant 10 heures à 180-190° un mélange de di-o-di-m-amidobiphényle

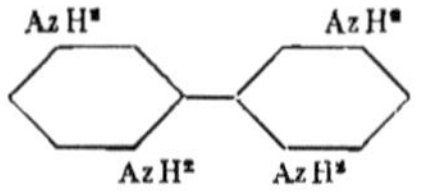

et de 5 parties d'acide chlorhydrique à 15-20 0/0. On obtient par refroidissement un dépôt cristallisé du chlorhydrate de la base.

Le diamidocarbazol est peu soluble dans l'eau ; il cristallise en lamelles argentines qui brunissent à 250° et qui ne fondent pas encore à 290° (Täuber).

Transformé en dérivé diazoïque et associé à l'acide salicylique, il fournit une belle matière colorante jaune (*jaune de carbazol*), teignant le coton non mordancé en nuances douées d'une grande stabilité.

Le *chlorhydrate* de diamidocarbazol cristallise en longues aiguilles déliées, incolores, peu solubles dans un excès d'acide chlorhydrique.

Le *sulfate* est peu soluble dans l'eau pure, plus soluble dans l'eau acidulée.

DÉRIVÉS SULFOCONJUGUÉS DU CARBAZOL. — En chauffant au bain-marie, pendant quelques instants, du carbazol avec de l'acide sulfurique concentré, on obtient un liquide sirupeux qui renferme plusieurs acides disulfonés et monosulfonés. Le produit, traité par le permanganate de potassium, fournit un acide disulfonique bien caractérisé, que l'on isole de la manière suivante [Bechhold, *D. chem. G.*, **23**, 2144] : Le produit de l'action de l'acide sulfurique sur le carbazol est transformé en sel barytique, et ce dernier précipité par l'alcool ; la dissolution du sel de baryum, additionnée d'acide sulfurique, fournit l'acide libre ; ce dernier est dissous dans l'eau et additionné peu à peu jusqu'à coloration persistante d'une solution de permanganate de potassium à 3 0/0 ; on filtre et on évapore le liquide filtré ; par le refroidissement. le sel potassique cristallise ; on le décompose par l'acide hydrofluosilicique, on filtre et on évapore à cristallisation.

L'*acide carbazol-disulfonique,*

$$C^{12}H^6(AzH)(SO^3H)^2,$$

cristallise en aiguilles soyeuses, se charbonnant sans fondre à une température élevée.

Le *sel potassique*, $C^{12}H^6(AzH)(SO^3K)^2$, forme des cristaux cubiques jaunâtres. L'acide chlorhydrique le scinde à 200° en carbazol et acide sulfurique.

BLEU DE CARBAZOL,

$$AzH \underset{C^6H^3-}{\overset{C^6H^4}{\big<}} \bigg)^3 C.OH$$

— Ce corps, qui présente de grandes analogies avec le bleu de diphénylamine (triphényl-p-rosaniline), se prépare par l'action de l'acide oxalique sur le carbazol [Suida, *D. chem. G.*, **12**, 1403. — Bamberger et Müller, *ibid.*, **20**, 1903].

On chauffe rapidement jusque vers 200° 1 partie de carbazol avec 10 parties d'acide oxalique anhydre ; on reprend par l'eau et par le benzène et on dissout le résidu dans l'alcool bouillant ; on filtre, on évapore l'alcool, on reprend le résidu par l'alcool et on répète un certain nombre de fois ces opérations.

Le bleu de carbazol est très probablement incolore à l'état de carbinol ; seuls ses sels sont colorés en un bleu intense. Il est insoluble dans l'eau, le benzène et la ligroïne, soluble dans une lessive de potasse en donnant une liqueur incolore ; par addition d'acide chlorhydrique à cette solution, on précipite des flocons bleus de bleu de carbazol.

Le bleu de carbazol est soluble dans l'alcool et dans l'acide acétique, en donnant une liqueur d'un bleu violet intense ; il se dissout en bleu sans s'altérer dans l'acide sulfurique concentré.

La dissolution du bleu de carbazol, traitée par le zinc en poudre et l'acide chlorhydrique, fournit une *leucobase* qui cristallise dans l'éther en aiguilles microscopiques brillantes, et que les oxydants usuels transforment en bleu de carbazol. La dissolution éthérée de la leucobase présente une magnifique fluorescence d'un violet bleu.

Le bleu de carbazol donne un *sel potassique* peu stable, que l'on obtient en précipitant par l'eau une solution alcoolique de bleu de carbazol additionnée de potasse. C'est une substance jaunâtre et amorphe, qui laisse facilement déposer du bleu par exposition à l'air.

Le bleu de carbazol donne également un *chloroplatinate* à composition variable.

L'acide nitrique dissout à chaud le bleu de carbazol en donnant un liquide rouge-carmin, qui renferme des produits de substitution dinitrés.

Le brome donne également un produit de substitution *tribromé*, de couleur bleue.

Le bleu de carbazol, traité à l'ébullition par l'anhydride acétique, fournit un *dérivé acétylé* de couleur grise, insoluble dans tous les dissolvants.

ACIDE CARBAZOLIQUE (*carbazol-carbonique*).

$$\begin{array}{l} C^6H^3-CO^2H \\ \quad\big| \quad \big> AzH \\ C^6H^4 \end{array}$$

— On chauffe pendant 2 heures, à 270°, le sel potassique du carbazol dans un courant d'anhydride carbonique sec. On dissout le produit de la réaction dans l'eau, on filtre pour séparer le carbazol régénéré et on précipite par l'acide sulfurique étendu. Le précipité est dissous dans le carbonate de potassium et précipité par l'acide sulfurique étendu. On traite alors l'acide par une quantité d'alcool insuffisante pour le dissoudre ; on filtre à la trompe, on reprend le résidu par l'alcool et on répète cette opération 10 ou 15 fois. On obtient ainsi une masse blanche, qu'on dissout dans l'éther ; on filtre et on évapore la solution éthé-

réc. L'acide ainsi obtenu n'est pas encore pur ; on le sublime, en ayant soin de ne pas dépasser la température de 150 à 160°. Le produit sublimé est dissous dans le carbonate de potassium, filtré, précipité par un acide et cristallisé successivement dans l'éther, puis dans l'alcool bouillant [Ciamician et Silber, *Gazz. chim. ital.*, **12**, 272].

Ce corps forme des lamelles nacrées ou des prismes aplatis, incolores, doués d'une légère fluorescence bleue et fusibles à 271-272°. Il est presque insoluble dans l'eau bouillante, moyennement soluble dans l'alcool, soluble dans l'éther. Il ne donne pas la réaction du carbazol avec l'acide nitrique. Chauffé avec précaution, il peut être sublimé sans se décomposer ; chauffé brusquement, il se scinde en acide carbonique et carbazol.

Sel d'argent, $C^{13}H^8AzO^2Ag$. — Poudre blanche peu soluble dans l'eau, obtenue par le sel ammoniacal et le nitrate d'argent.

Sel de baryum, $(C^{13}H^8AzO^2)^2Ba$. — Paillettes blanches nacrées, presque insolubles dans l'eau.

HOMOLOGUES DU CARBAZOL.

On ne connaît actuellement qu'un homologue du carbazol. C'est le *diméthylcarbazol*, obtenu en partant de la tolidine [Täuber et Lœwenherz, *D. chem. G.*, **24**, 1033, 2597].

DIMÉTHYLCARBAZOL,

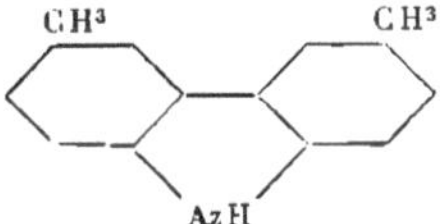

— On obtient ce corps en chauffant à 200° l'o-diamidobicrésyle avec de l'acide chlorhydrique à 20 0/0. Il se forme également par élimination des groupes amidogène du diamidodiméthylcarbazol qui sera décrit plus loin.

Les propriétés physiques du diméthylcarbazol sont à peu de chose près les mêmes que celles du carbazol ; il en diffère par les propriétés suivantes : il fond à 219° ; son *picrate* fond à 192° ; son *dérivé nitrosé* à 106° ; son *dérivé acétylé* à 129°. Sa solution sulfurique est colorée par l'acide nitreux en un jaune brun, virant à chaud au bleu sale, et par l'acide chromique en brun. Chauffé avec de l'acide oxalique, il ne fournit pas de matière colorante. Traité par l'acide sulfurique en présence d'une solution acétique de benzoquinone, il fournit une solution bleu-indigo, d'où l'eau précipite des flocons d'un gris bleuâtre, solubles dans l'éther en bleu violet.

Le carbazol, au contraire, fond à 238° ; son *picrate* fond à 182° ; son *dérivé nitrosé* à 82° ; son *dérivé acétylé* à 69°. Sa solution sulfurique est colorée par l'acide nitreux en bleu verdâtre et par l'acide chromique en bleu foncé ; chauffé avec de l'acide oxalique, il donne du bleu de carbazol. Traité par l'acide sulfurique en présence d'une solution acétique de benzoquinone, il fournit une liqueur rouge de fuchsine, d'où l'eau précipite des flocons bleus, solubles dans l'éther en rouge pelure d'oignon.

Diamidodiméthylcarbazol,

$$\begin{array}{c} CH^3 \qquad\qquad CH^3 \\ AzH^2 \!\!\diagup\!\!\diagdown \qquad \diagup\!\!\diagdown\, AzH^2 \\ AzH \end{array}$$

— Pour préparer ce corps, on part de la m-dinitroo-tolidine [A. Gerber, *Dissert. inaug.*, Bâle, 1889, 28],

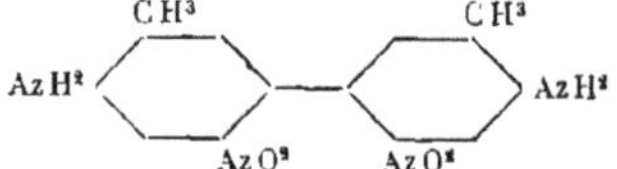

Ce corps est transformé en dérivé tétramidé par l'étain et l'acide chlorhydrique. Le chlorhydrate de la tétramine est chauffé ensuite pendant 15 heures, à 190-200°, avec 3 ou 4 fois son poids d'acide chlorhydrique à 20 0,0. On filtre à la trompe, on dissout dans l'eau additionnée de chlorure stanneux et on élimine l'étain par un courant d'hydrogène sulfuré. On concentre la liqueur filtrée à l'abri de l'air, et on précipite le chlorhydrate par l'acide chlorhydrique concentré. Ce sel est dissous dans l'eau bouillante et la dissolution étendue additionnée d'un alcali : la base se dépose en aiguilles microscopiques, qu'on fait cristalliser dans l'alcool bouillant.

Le diamidodiméthylcarbazol forme de petites aiguilles incolores, noircissant à 260° et fusibles à 271°; il s'oxyde légèrement à l'air en se colorant en vert bleuâtre. Il est presque insoluble dans l'eau, peu soluble à froid dans les dissolvants usuels, plus soluble à chaud.

Le *sulfate* se prépare en ajoutant une solution de sulfate de sodium à une solution chaude et étendue de chlorhydrate. Par un lent refroidissement, il se dépose des aiguilles incolores qui atteignent un demi-centimètre de longueur.

Diacétamidodiméthylcarbazol, $C^{16}H^{19}Az^3O^2$. — On le prépare en faisant bouillir pendant 6 heures la base libre avec 8 fois son poids d'acide acétique cristallisable; on précipite par l'eau et on purifie par cristallisation dans l'acide acétique en présence de noir animal. On obtient ainsi de fines aiguilles incolores, fusibles au-dessus de 300°.　　G. de Bechi.

CARBIZINES. — M. E. Fischer a donné le nom de *carbizine* au composé hypothétique

$$AzH - AzH$$
$$\diagdown \diagup$$
$$CO$$

[E. Fischer et E. Besthorn, *Ann. Chem.*, **212**, 317; *Bull. Soc. Chim.*, (2), **39**, 80] et celui de *sulfocarbizine* au composé

$$AzH - AzH$$
$$\diagdown \diagup$$
$$CS$$

Il a préparé la *phénylsulfocarbizine*,

$$C^6H^5 . Az - AzH$$
$$\diagdown \diagup$$
$$CS$$

en décomposant la phénylsulfosemicarbazide par l'acide chlorhydrique. Nous avons décrit ce composé à l'article CARBAZIDES.

M. Freund, en traitant par l'oxychlorure de carbone les amides de la phénylhydrazine et ses urées (carbazides et semicarbazides), a obtenu des composés qu'il a primitivement envisagés comme des *carbizines* et des *sulfocarbizines* :

$$R . CO . AzH . AzH . C^6H^5 + COCl^2$$
$$= 2 HCl + R . CO . Az - Az . C^6H^5$$
$$\diagdown \diagup$$
$$CO$$

Il a reconnu plus tard que ces composés possèdent une constitution toute différente de celle qu'il leur avait d'abord attribuée. Nous avons exposé ces différents faits à l'article CARBAZIDES et nous y avons annoncé que les composés ainsi obtenus seraient décrits aux articles ββ'-FURODIAZOL et ββ'-THIODIAZOL [M. Freund et B. Goldsmith, *D. chem. G.*, **24**, 1240 et 2456. — M. Freund et F. Kuh, *D. chem. G.*, **23**, 2821].

L. Bouveault.

CARBOBUTYROLACTONIQUE (ACIDE) [Syn. *Acide 2-gammolide-butanoïque*, ou *2-ω-olide-butanoïque*, *α-carboxybutyrolactone*][1],

$$CH^3 - CH^2 - CH - CO^2H$$
$$O \underline{\hspace{3cm}} C = O$$

— Ce corps est un isomère de l'acide paraconique.

L'acide sulfurique étendu transforme, à l'ébullition, l'acide vinaconique en acide carbobutyrolactonique.

On prépare cet acide lactonique au moyen de l'acide éthylmalonique bromé,

$$CH^2Br - CH^2 - CH(CO^2H)^2.$$

Cet acide est facilement soluble dans l'eau, qui le décompose lentement à froid, car la solution, en présence de nitrate d'argent, donne naissance à du bromure d'argent. A l'ébullition, la décomposition est complète; mais cette réaction ne permet pas d'isoler directement l'oxyacide formé. On doit ajouter un excès d'oxyde d'argent, puis enlever l'excès d'argent par l'hydrogène sulfuré et évaporer.

On obtient ainsi un liquide incristallisable, qui n'est autre que l'acide carbobutyrolactonique :

$$CH^2Br - CH^2 - CH(CO^2H)^2$$
$$= HBr + \begin{matrix} CH^3 - CH^2 - CH - CO^2H \\ O \underline{\hspace{2cm}} CO \end{matrix}$$

Cet acide est monobasique.

Le *sel de baryum*, $(C^5H^5O^4)^2Ba$, cristallise et est très soluble dans l'eau.

Soumis à l'ébullition avec les alcalis ou avec la baryte, il donne naissance aux sels correspondants de l'acide oxéthylmalonique.

L'acide carbobutyrolactonique, chauffé à 120°, perd de l'acide carbonique et donne de la butyrolactone, qu'on peut obtenir à l'état de pureté en neutralisant le résidu par le carbonate de sodium et en épuisant au moyen de l'éther; ce véhicule évaporé donne la butyrolactone à l'état de pureté [Fittig., *Ann. Chem.*, **227**, 19].　　A. Béhal.

CARBOCAPROLACTONIQUE (ACIDE) [Syn. *Acide 3-gammolide-hexanoïque*],

$$CH^3 - CH - CH^2 - CH - CH^2 - CO^2H$$
$$O \underline{\hspace{3cm}} C = O$$

— On prépare ce composé au moyen de l'acide allylsuccinique,

$$C^3H^5 - CH - CO^2H$$
$$CH^2 - CO^2H$$

Cet acide se dissout lentement dans une solution concentrée d'acide bromhydrique. Une fois la

1. Nous mettons ici entre parenthèses les noms qui résulteraient de l'adoption des conventions proposées par la Commission internationale de nomenclature. Suivant ces conventions, le mot *lactone* doit être remplacé par le suffixe *olide* précédé d'une lettre grecque indiquant la position relative des deux OH entre lesquels se fait l'élimination d'eau. L'atome suivant immédiatement le groupe CO est désigné par α, etc.

Pour nommer les acides-lactones, ou olides-acides, après avoir nommé l'acide du nom de la chaîne carbonée la plus longue qu'il renferme, nous indiquerons la fonction olide à la fois par la lettre grecque qui correspond à la position relative des deux OH entre lesquels se fait l'élimination d'eau et par le chiffre indiquant le carbone auquel s'attache le groupe CO de l'olide.

solution effectuée, on fait bouillir pendant quelque temps, puis on laisse refroidir et on épuise par l'éther. Ce véhicule abandonne par évaporation un liquide huileux qui ne tarde pas à cristalliser. On le purifie par cristallisation dans l'alcool.

On peut encore, au lieu d'épuiser la liqueur aqueuse par l'éther, l'évaporer dans le vide, soit en présence de potasse, soit en présence d'acide sulfurique. La réaction qui donne naissance à l'acide est la suivante :

$$CH^3 - CHBr - CH^2 - CH - CH^2 - CO^2H$$

$$= HBr + \begin{array}{c} CO^2H \\ | \\ CH^3-CH-CH^2-CH-CH^2-CO^2H \\ |\qquad\qquad\quad| \\ O\text{———}CO \end{array}$$

Cet acide distille à 260° en se décomposant un peu, mais sans perdre sensiblement d'acide carbonique.

Il fond à 68-69° et est peu soluble dans l ether.

Il se comporte comme un acide monobasique ; traité par le carbonate de baryum, il donne un sel de baryum soluble

On n'a pas réussi à préparer l'oxyacide correspondant à cette olide, mais on connaît son sel de baryum, qui est amorphe et soluble dans l'alcool [Hjelt, *D. chem. G.*, **16**, 334 et 1259].

A. Béhal.

CARBO-DI-IMIDES. — On peut représenter ces composés par la formule générale $C(AzR)^2$, dans laquelle figurent deux radicaux monovalents appartenant ordinairement à la série aromatique, mais pouvant être formés eux-mêmes par des radicaux des deux séries comme le phénylobutyle. Le résidu AzR est divalent ; les carbo-di-imides sont par suite des bases saturées.

On les prépare en décomposant par la chaleur les uréides sulfurées, qui perdent de la sorte les éléments de l'oxysulfure de carbone COS, ou en effectuant cette même décomposition au moyen d'oxydants tels que l'oxyde de mercure ou l'oxyde de plomb.

Ce sont des corps solides, ordinairement cristallisés, solubles dans le benzène et dans l'éther.

Elles se combinent avec l'ammoniaque et avec les bases organiques pour donner des guanidines ; sous l'influence de l'alcool pur, ou mieux de l'alcool chlorhydrique, elles se transforment en urées composées. Elles se combinent également avec les o-diamines aromatiques, en donnant des guanidines substituées

$$C(AzR') \begin{smallmatrix} \diagup\; AzH\; \diagdown \\ \diagdown\; AzH\; \diagup \end{smallmatrix} R$$

[A. Keller, *D. chem G.*, **24**, 2498].

CARBODIPHÉNYLIMIDE, $C(Az.C^6H^5)^2$. — On fait bouillir une solution de sulfocarbanilide dans le benzène et on y projette de l'oxyde de mercure ; on peut aussi distiller l'α-triphénylguanidine :

$$C^{19}H^{17}Az^3 = C(Az.C^6H^3)^2 + C^6H^5.AzH^2$$

[Weith, *D. chem. G.*, **7**, 10 et 1306]

La carbonylsulfocarbanilide, chauffée un peu au-dessus de son point de fusion, se décompose en oxysulfure de carbone et carbodiphénylimide [Will, *D. chem. G.*, **14**, 1486] :

$$C^6H^5.Az=C \begin{smallmatrix} Az-C^6H^5 \\ \diagup\;\diagdown \\ \diagdown\;\diagup \end{smallmatrix} C=O = COS + C(Az.C^6H^5)^2.$$

C'est un liquide sirupeux, qui se prend en une masse vitreuse. Il bout à 330-331° (corrigé). Il se transforme par l'ébullition avec l'alcool, ou mieux avec l alcool saturé d'acide chlorhydrique, en carbanilide.

Traitée en solution benzénique par l'hydrogène sulfuré, la carbodiphénylimide se convertit en sulfocarbanilide

Soumise à l'action du même gaz à la température de 170°, elle fournit de la sulfocarbanilide, de l'α-triphénylguanidine, de l'aniline et du sulfure de carbone

Chauffée à 140-150° avec du sulfure de carbone, elle donne du phénylsénevol. Elle s'unit avec l'aniline pour fournir l'α-triphénylguanidine.

La sulfocarbanilide l'attaque à 150° avec formation de phénylsénevol et d'α-triphénylguanidine

$$C(Az.C^6H^5)^2 + CS(AzH.C^6H^5)^2$$
$$= C^6H^5Az.CS + CH^2(C^6H^5)^3Az^3.$$

Cette transformation a lieu plus rapidement et dès la température de 100° quand on ajoute une solution alcoolique d'acide chlorhydrique à la dissolution de carbodiphénylimide et de sulfocarbanilide dans le benzène. En chauffant à 140° le chlorhydrate de carbodiphénylimide avec de la carbanilide, on obtient encore du carbanile et de l'α-triphénylguanidine.

L'acide chlorhydrique concentré dédouble à 250° la carbodiphénylimide en acide carbonique et aniline [Weith, *D. chem. G.*, **7**, 851].

La carbodiphénylimide, abandonnée dans l'air sec ou en solution dans le benzène, se transforme en un polymère ayant l'aspect de la porcelaine, qui devient peu à peu cristallin. Ce polymère fond à 168-170° et est peu soluble dans le benzène et dans les autres dissolvants.

La carbodiphénylimide est susceptible de se combiner en deux proportions différentes avec la phénylhydrazine [R. Wessel, *D. chem. G.*, **21**, 2272].

En chauffant à 120° pendant une demi-heure un mélange de ces deux corps en proportions moléculaires, on obtient une masse rouge vitreuse, que des lavages à l'éther convertissent en cristaux blancs ; après une cristallisation dans l'alcool bouillant, on obtient finalement des aiguilles légèrement rosées, fusibles à 204°, ayant pour formule $C^{19}H^{18}Az^4$.

Ce composé, qui a peut-être pour constitution $C^6H^5.AzH-Az=C(AzH.C^6H^5)^2$, est peu soluble dans l'éther, à peu près insoluble dans l'éther de pétrole, très soluble dans l'alcool bouillant, le benzène, le chloroform

Le *chlorhydrate*, $C^{19}H^{18}Az^4.HCl$, cristallise dans l'alcool bouillant en petites aiguilles blanches, très solubles à chaud dans l'eau et dans l'alcool faible, insolubles dans l'éther et dans l'éther de pétrole.

Le *chloroplatinate*, $(C^{19}H^{18}Az^4.HCl)^2PtCl^6$, cristallise dans l'alcool chaud en aiguilles jaunes, brillantes, presque insolubles dans l'eau

Le *sulfate*, $C^{19}H^{18}Az^4.SO^4H^2$, forme des croûtes cristallines blanches, presque insolubles dans l'éther, solubles dans l'eau et dans l'alcool bouillant.

En chauffant progressivement, d'abord à 120-130° et finalement à 185°, un mélange en proportions moléculaires de la base précédente et de carbodiphénylimide, on obtient une masse vitreuse, d'un rouge foncé, qui, après lavage à l'éther, fournit par cristallisation dans l'alcool bouillant de petites lamelles parfaitement blanches, fusibles à 200° et ayant pour formule $C^{32}H^{28}Az^6$.

Ce composé est peu soluble dans l'alcool bouillant et dans l'éther, insoluble dans l'éther de pétrole, assez soluble dans le benzène bouillant.

Le *chlorhydrate*, $(C^{32}H^{28}Az^6)^3.4HCl$, cristallise en fines lamelles blanches, très solubles dans l'eau, l'acide chlorhydrique faible et l'alcool bouillant

Le *chloroplatinate,*

$$(C^{32}H^{28}Az^6)^3 . 4HCl . 2PtCl^4,$$

forme des flocons jaunes qui se décomposent par l'eau bouillante.

La base $C^{19}H^{18}Az^4$ est susceptible de s'unir également avec la carbo-di-p-crésylimide. On chauffe à 195°, en opérant exactement comme pour le composé précédent. On obtient ainsi de fines aiguilles blanches, fusibles à 128°, et ayant pour formule $C^{34}H^{34}Az^6$.

Le *chlorhydrate,* $(C^{34}H^{32}Az^6)^3 . 4HCl.$ forme de petites lamelles blanches, très solubles à chaud dans l'eau et dans l'alcool.

Le *chloroplatinate,*

$$(C^{34}H^{32}Az^6)^3 . 4HCl . 2PtCl^4,$$

est semblable au sel de la base homologue inférieure

La combinaison à molécules égales de phénylhydrazine et de carbodiphénylimide s'unit vers 190° au phénysénévol, en donnant une masse vitreuse, qui, après lavage à l'éther, prend un aspect cristallin. Par cristallisation dans l'alcool bouillant, on obtient des aiguilles blanches, fusibles à 175° et ayant pour formule $C^{20}H^{23}Az^5S$. Ce composé est peu soluble dans l'alcool et dans l'éther, même à l'ébullition.

La carbodiphénylimide se combine avec les o-diamines aromatiques pour fournir, non des produits d'addition de la formule

$$C(AzH . C^6H^5)^2 \underset{\displaystyle AzH}{\overset{\displaystyle AzH}{<\;\;>}} R'',$$

comme l'avaient admis successivement MM. Damm et Gasiorowski [*D. chem. G.,* **19**, 3057], puis M. Moore [*ibid.,* **22**, 1635, 3186, 3190], mais bien des guanidines substituées

$$C^6H^5 . Az = C \underset{\displaystyle AzH}{\overset{\displaystyle AzH}{<\;\;>}} R''$$

[A. Keller, *D. chem. G.,* **24**, 2498].

Le *chlorhydrate de carbodiphénylimide,*

$$C^{13}H^{10}Az^2 . HCl,$$

est un précipité cristallin, qu'on obtient en faisant passer de l'acide chlorhydrique dans une solution benzénique de la base

Le *cyanhydrate,* $C(AzC^6H^5)^3 . CAzH$, se prépare en faisant passer un excès d'acide cyanhydrique dans une solution benzénique de la base et en abandonnant pendant 2 ou 3 jours à la température ordinaire. On peut aussi faire bouillir pendant longtemps la diphénylsulfo-urée avec de l'alcool et du cyanure de mercure.

Il cristallise dans l'alcool en prismes clinorhombiques et dans le benzène en aiguilles, fusibles à 137°. Il est difficilement volatil avec la vapeur d'eau, insoluble dans l'eau, soluble dans l'alcool, l'éther, le benzène et l'acide sulfurique. La solution sulfurique, étendue d'eau et traitée par la soude, prend une coloration d'un bleu intense qui disparaît peu à peu.

L'ébullition avec l'acide chlorhydrique décompose ce cyanhydrate en ammoniaque, aniline et acide oxalique. Le nitrate d'argent ne fait pas la double décomposition avec lui [Laubenheimer, *D. chem. G.,* **13**, 2155].

CARBO-ÉTHYLIMIDE-PHÉNYLIMIDE,

$$C(Az . C^2H^5)(Az . C^6H^5).$$

— On obtient ce composé en faisant bouillir avec de l'oxyde de plomb une solution benzénique d'éthylphénylsulfo-urée,

$$CS(AzH . C^2H^5)(AzH . C^6H^5).$$

C'est une masse vitreuse, qui finit par cristalliser au bout de plusieurs mois.

Elle fixe l'hydrogène sulfuré pour régénérer l'éthylphénylsulfo-urée, s'unit à l'aniline pour donner l'éthyldiphénylguanidine, et se combine à l'acide chlorhydrique pour fournir un *chlorhydrate* cristallin, $C^{13}H^{10}Az^2 . HCl$ [Weith, *D. chem. G.,* **8**, 1530].

CARBO-ALLYLIMIDE-PHÉNYLIMIDE

$$C(Az . C^3H^5)(Az . C^6H^5).$$

— On fait bouillir une solution alcoolique d'allylphénylsulfo-urée avec de l'hydrate de plomb [Bizio, *Jahresb.,* 1861, 497]. Par cristallisation dans l'alcool étendu, on l'obtient en aiguilles soyeuses, fusibles à 105°, insolubles dans l'eau, très solubles dans l'alcool et dans l'éther, non volatiles sans décomposition.

Le *chloromercurate,* $C^{10}H^{10}Az^2 . HgCl^2$, est amorphe.

Le *chloroplatinate,* $(C^{10}H^{10}Az^2 . HCl)^2 PtCl^4$, forme de petits cristaux orangés.

CARBO-DI-O-CRÉSYLIMIDE, $C(Az . C^7H^7)^2$. — Elle se produit quand on soumet à l'action de la chaleur les crésylimido-crésylamido-thiocarbonates de méthyle ou d'éthyle

$$C^7H^7 . Az = C \underset{\displaystyle SCH^3}{\overset{\displaystyle AzH . C^7H^7}{<\;}}$$
$$= C(Az . C^7H^7)^2 + CH^3 . SH.$$

Substance amorphe, bouillant au-dessus de 300°, très soluble dans le benzène. Elle fournit avec l'acide chlorhydrique étendu de la di-o-crésylurée, et avec le gaz chlorhydrique sec un chlorhydrate cristallisé [Will et Bielschowski, *D. chem. G.,* **15**, 1317].

CARBO-DI-P-CRÉSYLIMIDE, $C^{15}H^{14}Az^2$. — On agite une solution de di-p-crésylsulfo-urée avec de l'oxyde de mercure, ou l'on chauffe au-dessus de son point de fusion la carbonyl-di-p-crésylsulfo-urée

$$C^7H^7 . Az = C \underset{\displaystyle S . C = O}{\overset{\displaystyle Az . C^7H^7}{<\;}}$$

qui se décompose en carbodicrésylimide et oxysulfure de carbone. Elle cristallise dans l'éther en prismes épais, fusibles à 60°, et bout au-dessus de 230° sans décomposition. Elle est très soluble dans le benzène et dans l'éther. Par ébullition avec l'eau, les alcalis ou les acides, elle se convertit en dicrésylurée. En se combinant avec l'aniline, elle donne la phényldicrésylguanidine [Will, *D. chem. G.,* **14**, 1488].

De même que la carbodiphénylimide, la carbo-di-p-crésylimide peut se combiner en deux proportions différentes avec la phénylhydrazine, pour fournir les deux bases $C^{21}H^{22}Az^4$ et $C^{36}H^{26}Az^6$. On opère comme dans le cas de la carbodiphénylimide [Wessel, *D. chem. G.,* **21**, 2274].

La base $C^{21}H^{22}Az^4$ cristallise dans l'alcool chaud en petites aiguilles rosées, fusibles à 138°.

On n'a pas réussi à en préparer de *chlorhydrate* ni de *sulfate* bien nettement défini.

Le *chloroplatinate,* $(C^{21}H^{22}Az^4)^2 . 2HCl . PtCl^4.$ forme des flocons jaunes incristallisables.

Le base $C^{36}H^{30}Az^6$ cristallise dans l'alcool bouillant en lamelles fusibles à 163°, à peu près insolubles dans l'éther, même à l'ébullition

Le *chlorhydrate,* $(C^{36}H^{36}Az^6)^3 . 4HCl$, forme des croûtes cristallines blanches.

Le *chloroplatinate.*

$$(C^{36}H^{36}Az^6)^3 . 4HCl . 2PtCl^4,$$

forme des flocons jaunes, qui se décomposent par l'eau bouillante.

La carbo-di-p-crésylimide se combine à 130-140° avec l'o-crésylène-diamine pour fournir la *carbo-o-crésylène-di-p-crésyltétramine*,

$$C(AzH . C^7H^7)^2 < \begin{matrix} AzH \\ AzH \end{matrix} > C^7H^6$$

[Dahm et Gasiorowski, *D. chem. G.*, **19**, 3059].
D'après M. Keller [*D. chem. G.*, **24**, 2518], le produit de cette réaction est la crésylcrésylèneguanidine,

$$C^7H^7 . Az = C < \begin{matrix} AzH \\ AzH \end{matrix} > C^7H^6.$$

CARBOPHÉNYLIMIDE-O-CRÉSYLIMIDE,

$$C(Az . C^6H^5)(Az . C^7H^7)$$

[A. Huhn, *D. chem. G.*, **19**, 2410]. — On traite à chaud par l'oxyde de mercure une solution de phényl-o-crésylsulfo-urée, et on filtre : la liqueur fournit par concentration un liquide sirupeux, qui distille à 320-325° et qui se prend en une masse vitreuse, fusible à 68-71°. Ce composé est très soluble dans le benzène avant solidification; une fois transformé en matière vitreuse, il ne se dissout plus que difficilement dans ce réactif. L'eau ne le dissout pas, mais l'hydrate cependant peu à peu en donnant la phényl-o-crésylurée.
Soumise à l'ébullition avec de l'alcool faible, cette di-imide se convertit en phényl-o-crésylurée. Traitée en solution benzénique bouillante par l'hydrogène sulfuré, elle se transforme en phénylo-crésylsulfo-urée. Le sulfure de carbone l'attaque à 180-200°, en donnant un mélange de phénylsénevol et d'o-crésylsénevol. L'o-toluidine s'unit à elle au bain-marie pour fournir la phényl-di-o-crésylguanidine,

$$C(Az . C^7H^7)(AzH . C^7H^7)(AzH . C^6H^5)$$

CARBO-PHÉNYLIMIDE-P-CRÉSYLIMIDE,

$$C(Az . C^6H^5)(Az . C^7H^7).$$

— On projette de l'oxyde de mercure dans une solution benzénique bouillante de phényl-p-crésylsulfo-urée. Liquide huileux, qui se solidifie à la longue en prenant un aspect vitreux; ce corps est insoluble dans l'eau, facilement soluble dans le benzène bouillant, assez peu soluble dans l'éther et dans la ligroïne. Par ébullition avec l'eau, cette imide se transforme en phénylcrésylurée. Chauffée à 200° avec du sulfure de carbone, elle se transforme en isosulfocyanates de phényle et de crésyle [Huhn, *D. chem. G.*, **19**, 2407].

CARBO-DI-ISOBUTYLOPHÉNYLIMIDE,

$$C(Az . C^6H^4 . C^4H^9)^2.$$

— On fait bouillir une solution benzénique de di-isobutylophénylurée avec 2^b,5 de litharge. Grains confusément cristallins, fondant à 189°, très solubles dans le benzène, peu solubles dans l'éther chaud; elle se transforme facilement par ébullition avec l'alcool étendu en di-isobutylophénylurée. Chauffée à 150° avec du sulfure de carbone, elle se transforme en isobutylophénylsénevol. Avec l'ammoniaque, elle donne la di-isobutylophénylguanidine [Pahl, *D. chem. G.*, **17**, 1242].

CARBO-DI-α-NAPHTYLIMIDE, $C(Az . C^{10}H^7)^2$. — On projette de l'oxyde de mercure dans un mélange bouillant d'α-dinaphtylsulfo-urée et de benzène. Elle cristallise en grands prismes, fusibles à 93-94°, très solubles dans le benzène, peu solubles dans l'éther et dans la ligroïne; elle se combine avec l'hydrogène sulfuré pour donner la di-α-naphtylsulfo-urée, et avec le sulfure de carbone

pour donner l'isosulfocyanate d'α-naphtyle [Huhn, *D. chem. G.*, **19**, 2405].
CARBO-DI-β-NAPHTYLIMIDE, $C(Az . C^{10}H^7)^2$. — On l'obtient comme son isomère α. Cristaux blancs, grenus, fusibles à 145-146°, très solubles dans le benzène chaud, peu solubles dans l'éther et dans l'éther de pétrole
Chauffée avec de l'alcool étendu, elle se transforme en di-β-naphtylurée; traitée en solution benzénique bouillante par un courant d'hydrogène sulfuré, elle se convertit en di-β-naphtylsulfo-urée. Chauffée à 200° avec du sulfure de carbone, elle donne du β-naphtylsénevol [Huhn, *loc. cit.*].   G. Meunier.

CARBOGALLIQUE (ACIDE). — L'acide carbogallique est un dérivé carboxylique de l'acide gallique, c'est-à-dire un acide *trioxybenzène-dicarbonique*, $C^6H(OH)^3_{(3.4.5)}(CO^2H)^2_{(1.2)}$.
On l'obtient par l'action du carbonate d'ammonium sur le pyrogallol ou sur l'acide gallique [Senhofer et Brunner. *Mon. f. Chem.*, **1**, 468].
On chauffe dans un autoclave, à 130°, l'acide gallique avec du carbonate d'ammonium; à l'ouverture de l'appareil, la pression est à peu près nulle; le produit brut est doué d'une odeur très désagréable. On le décompose par l'acide sulfurique étendu et on épuise par l'éther; la solution éthérée est agitée avec de l'eau et du carbonate de baryum : le pyrogallol reste dans l'éther et les sels de baryum sont séparés par cristallisation fractionnée
Le sel barytique est décomposé par l'acide sulfurique, et l'acide purifié par cristallisation dans l'eau bouillante.
L'acide carbogallique cristallise en fines aiguilles, qui ont pour formule $C^8H^6O^7, 3H^2O$; l'eau de cristallisation se dégage entièrement à 180° et l'acide anhydre fond au-dessus de 270° avec dégagement d'acide carbonique.
L'acide carbogallique se dissout dans 2000 parties d'eau froide; il est plus soluble dans l'eau bouillante, dans l'éther et surtout dans l'alcool.
Une solution étendue de chlorure ferrique le colore en violet; une dissolution concentrée donne une coloration d'un brun verdâtre. L'acide sulfurique concentré est sans action à 140°
L'acide carbogallique, chauffé avec du carbonate de calcium ou de magnésium, donne une coloration violet-rouge; avec le carbonate de baryum, on observe une coloration grise.
Sel de potassium, $C^8H^4O^7K^2, 2H^2O$. — Ce corps cristallise en fines aiguilles.
Sel de calcium, $C^8H^4O^7Ca, 6H^2O$. — Ce sel cristallise en prismes aplatis, rougeâtres, très peu solubles dans l'eau froide.
Sel de baryum, $C^8H^4O^7Ba, H^2O$. — Il cristallise en aiguilles microscopiques, très peu solubles dans l'eau bouillante.
Sel d'argent, $C^8H^4O^7Ag$. — Ce corps s'obtient sous la forme d'un précipité blanc, amorphe, verdissant rapidement à la lumière, en ajoutant du nitrate d'argent à une dissolution d'acide carbogallique dans l'alcool étendu.
Éther éthylique, $C^8H(OH)^3(CO^2C^2H^5)^2$. — On le prépare en traitant le gallate d'éthyle par le chlorocarbonate d'éthyle en présence de soude. Il cristallise en petites aiguilles, fusibles à 116°,5, solubles dans l'eau bouillante et dans l'alcool, moins solubles dans l'éther [Drechsel et Müller, *J. prakt. Chem.*, (2), **17**, 164].   G. de Bechi.

CARBOGLUCOSIQUE (ACIDE), $C^7H^{14}O^9$ [P. Schützenberger, *Bull. Soc. Chim.*, (2), **36**, 144]. — Lorsqu'on chauffe à 100°, pendant quelques heures, en vase clos, une solution de sucre interverti avec de l'acide cyanhydrique, la liqueur brunit par suite de la formation de composés ulmiques. Après décoloration au noir animal, on constate qu'elle a perdu tout pouvoir rotatoire et toute action sur la liqueur cupropotassique. Elle est neutre aux réactifs, de saveur salée, désagréable, et renferme le sel ammoniacal d'un acide carboglucosique, formé d'après la réaction

$$C^6 H^{12} O^6 + C Az H + 2 H^2 O = C^7 H^{13} O^8 . Az H^4.$$

L'acide carboglucosique est incolore et amorphe, très soluble dans l'eau, ainsi que ses sels alcalins. Sa solution ammoniacale précipite en blanc par l'acétate de plomb ammoniacal.

CARBOGLYCOLIQUE (ACIDE). — Ce composé se produit à l'état d'éther diéthylique par l'action du chlorocarbonate d'éthyle sur l'éther glycolique à 100° [Heintz, *Ann. Chem.*, **154**, 264] :

$$Cl . CO^2 C^3 H^5 + CH^2 OH - CO^2 C^3 H^5$$
$$= HCl + CH^2 < {O . CO^2 C^3 H^5 \atop CO^3 C^2 H^5}$$

Il se produit en même temps de la glycolide et de l'éther carbonique.

Cet éther est un liquide plus dense que l'eau, bouillant à 240°. Il est très soluble dans l'alcool et dans l'éther. Chauffé avec les oxydes alcalino-terreux, il se dédouble en alcool, carbonate et glycolate.

CARBODIGLYCOLATE D'ÉTHYLE,

$$CO (O CH^2 . CO^3 C^2 H^5)^2$$

[Heintz, *loc. cit.*, 258]. — Il se produit en même temps que de la glycolide et que du chlorocarbonate d'éthyle lorsqu'on abandonne pendant quelque temps à la température ordinaire du glycolate d'éthyle préalablement saturé d'oxychlorure de carbone :

$$2 CH^2 OH - CO^3 C^3 H^5 + 2 COCl^2$$
$$= 2 Cl . CO^2 C^2 H^5 + 2 HCl + C^4 H^4 O^4$$

$$2 CH^3 OH - CO^2 C^2 H^5 + COCl^2$$
$$= 2 HCl + CO (O CH^2 . CO^2 C^2 H^5)^2.$$

C'est un liquide épais, plus dense que l'eau, bouillant à 280°. Il est très soluble dans l'alcool et dans l'éther. Les oxydes alcalino-terreux le décomposent en donnant d'abord des carboglycolates, puis les produits de destruction de ces derniers, carbonates et glycolates.

CARBOMÉSYLE,

— M. Wispek a donné ce nom au produit de déshydratation de l'acide amidodiméthylophényl-acétique

$$C^6 H^3 (CH^3)^2_{(1.3)} (Az H^2)_{(6)} (CH^2 . CO^2 H)_{(5)}$$

qui est inconnu à l'état de liberté. Lorsque l'on réduit par l'étain et l'acide chlorhydrique l'acide nitrodiméthylophénylacétique et que l'on verse le produit de la réaction dans l'eau froide, on voit le carbomésyle se déposer sous la forme d'un précipité volumineux, qui cristallise dans l'alcool étendu en fines aiguilles blanches, feutrées, qui brunissent à 215° en se sublimant partiellement et qui fondent à 231-232°.

Le carbomésyle se dissout très peu dans l'eau, même à chaud, mais facilement dans l'alcool et dans le benzène à l'ébullition. Insoluble dans l'ammoniaque, il se dissout dans les alcalis à chaud : les acides le précipitent sans altération de ces solutions. Il se dissout dans l'acide chlorhydrique concentré et se précipite par addition d'eau. Il ne s'altère pas à l'air et ne réduit pas une solution ammoniacale d'argent, même à l'ébullition. C'est un corps très stable, analogue à l'hydrocarbostyryle : c'est de là que vient le nom qui lui a été donné pour rappeler en même temps l'analogie de formation de ces deux composés [O. Wispek, *D. chem. G.*, **16**, 1580; *Bull. Soc. Chim.*. (2), **42**, 275]. O. Saint-Pierre.

CARBONAPHTOLIQUE (ACIDE). — Voyez ACIDE OXYNAPHTOÏQUE.

CARBO - NAPHTYLAMIDO - OXYAZO - BENZÈNE [Syn. *Naphtylcarbamate de benzène-azophényle*],

$$CO < {Az H . C^{10} H^7 \atop O . C^6 H^4 . Az = Az . C^6 H^5}$$

[H. Goldschmidt et Y. Rosell, *D. chem. G.*, **23**, 492]. — On obtient ce composé en chauffant à 170° un mélange d'isocyanate d'α-naphtyle et d'oxy-azobenzène en présence de benzène. Cristaux fusibles à 149°.

Réduit par la poudre de zinc et l'acide acétique, il se transforme en aiguilles blanches, fusibles à 155°, qui constituent le *dérivé hydrazoïque*,

$$CO < {Az H . C^{10} H^7 \atop C^6 H^4 - Az H - Az H . C^6 H^5}$$

CARBONE. — Voyez Dict., **1**, 747 et Suppl., **1**, 409.

Charbon filamenteux. — Si l'on dirige un courant de cyanogène à travers un tube de porcelaine chauffé au rouge et contenant une longue nacelle en charbon de cornue saupoudrée d'une petite quantité de cryolithe en poudre, la décomposition du cyanogène en carbone et azote est complète et le tube finit par être obstrué par un volumineux dépôt de charbon. Ce charbon offre l'apparence d'une masse gris-noirâtre, volumineuse et légère, formée par un feutrage assez lâche de longs filaments très fins, dont la consistance est celle de l'ouate. Mélangé à du chlorate de potassium et ajouté peu à peu à de l'acide nitrique fumant, ce charbon fournit, à froid, l'acide graphitique de Brodie, et, si l'on opère le traitement à chaud, une poudre jaune-brun de la formule $C^{11} H^6 O^5$. Ce charbon filamenteux paraît se rapprocher du graphite électrique, sans être identique avec lui [P. et L. Schützenberger, *C. R.*, **111**, 774].

Charbon animal. — Les noirs ont un pouvoir oxydant assez énergique, et cette propriété doit jouer un rôle appréciable dans le phénomène de la décoloration. En fait, un noir possède des propriétés décolorantes moindres, lorsqu'il a été chauffé et refroidi dans un courant d'azote par [P. Cazeneuve, *C. R.*, **110**, 788].

Poids atomique. — En effectuant la combustion de diamants du Cap, M. Roscoe a obtenu comme poids atomique du carbone : pour O = 16, C = 12.002 et pour O = 15,96, C = 11,97 (6^{gr},4406 de diamant ont donné 23^{gr},6114 de CO^2) [H. E. Roscoe, *C. R.*, **94**, 1180].

En opérant la combustion de diamants blancs du Cap, M. Friedel a obtenu comme valeur du poids atomique du carbone le nombre 12,007 (pour O = 16) [C. Friedel, *Bull. Soc. Chim.*, (2), **41**, 100].

En opérant sur différents charbons, purifiés avec le plus grand soin, M. van der Plaats a été conduit aux valeurs suivantes :

Avec le graphite	12,0014
— le charbon de sucre	12,0042
— le charbon de papier	12,0045

(rapportées à O = 16) [Van der Plaats, *C. R.*, **100**, 52].

Chaleur de combustion du carbone sous ses différents états. — I. Carbone amorphe (charbon de bois divisé et traité successivement par l'acide chlorhydrique bouillant, par l'acide fluorhydrique, par le chlore au rouge blanc, puis calciné au four Perrot).

II. Graphite cristallisé de la fonte (purifié par des traitements réitérés à l'acide chlorhydrique, lavé, séché à l'étuve et chauffé un instant au rouge au contact de l'air).

III. Diamant du Cap. III' Diamant noir (bort).

Ces charbons, brûlés dans la bombe calorimétrique, au sein de l'oxygène comprimé à 25 atmosphères, ont donné, pour 1 gramme de substance :

I	II	III	III'
8137,4	7901	7859	7860,9 calories,

ce qui conduit pour la chaleur de formation de l'acide carbonique ($CO^2 = 44$ grammes) aux résultats suivants :

I	II	III
97,65	94,81	94,31 calories.

[Berthelot et Petit, *Bull. Soc. Chim.*, (3), **2**, 90; *C. R.*, **108**, 1144].

Propriétés chimiques. — Le carbone se combine directement avec le fluor en donnant principalement du tétrafluorure de carbone. Seulement les différentes variétés de charbons se comportent vis-à-vis du fluor de façons très différentes.

Avec le noir de fumée, la combinaison s'effectue à froid, la réaction est très énergique et toute la masse est portée au rouge. Le charbon de bois se comporte de même, à moins qu'il ne soit très dense; dans ce cas, il faut le chauffer à 50 ou 100° pour que la combinaison se produise. Le graphite ne se combine qu'au rouge sombre; le charbon de cornue, qu'au rouge. Enfin le diamant chauffé au rouge ne se combine pas avec le fluor [H. Moissan, *C. R.*, **110**, 277].

Si l'on dirige un courant d'acide sulfureux sur du charbon chauffé au rouge dans un tube de porcelaine, on recueille un gaz formé d'oxyde, d'oxysulfure et de sulfure de carbone dans les rapports correspondant à l'équation

$$4\,SO^2 + 9\,C = 6\,CO + 2\,COS + CS^2,$$

ce qui s'explique en admettant que le carbone ait pris tout l'oxygène de l'acide sulfureux,

$$SO^2 + 2\,C = 2\,CO + S,$$

et que le soufre mis en liberté se soit combiné en partie au carbone, en partie à l'oxyde de carbone [Berthelot, *Bull. Soc. Chim.*, (2), **40**, 362].

Suivant M. Baker, le charbon en poudre, purifié par l'action du chlore, brûle très difficilement et incomplètement dans l'oxygène rigoureusement sec. Si l'on fait passer l'étincelle fournie par une bobine de Ruhmkorff entre deux baguettes de charbon placées à l'intérieur d'un ballon rempli d'oxygène rigoureusement sec, l'incandescence ne se produit qu'après une décharge prolongée et cesse aussitôt qu'on arrête le courant. Si l'oxygène au contraire n'est pas absolument sec, il suffit de 4 ou 5 étincelles pour déterminer la combustion, qui continue lorsqu'on interrompt le courant [H. B. Baker, *Philos. transact.*, 1884, 2; *Bull. Soc. Chim.*, (2), **45**, 880].

Sur l'altération du charbon de cornue lorsqu'il sert d'électrode positive dans la décomposition des acides, voyez Debray et Péchard [*C. R.*, **105**, 27].

OXYDES GRAPHITIQUES

— Voyez Dict., **1**, 747, 1640 et Suppl., **1**, 410. — MM. Berthelot et Petit viennent tout dernièrement de reprendre l'étude des oxydes graphitiques et pyrographitiques fournis : (I) par le graphite de la fonte, (II) par le graphite amorphe ou plombagine, (III) par le graphite électrique. Les compositions de ces oxydes, cendres déduites, sont représentées par les nombres suivants :

	Oxydes graphitiques.			Oxydes pyrographitiques.	
	I	II	III	I	II
C...	62,7	56,2	51,95	86,55	83,85
H...	1,3	1,5	1,55	0,70	0,72
O...	36,0	42,1	46,35	12,75	15,43
Az..	»	0,1	0,15	»	»

D'après ces résultats, MM. Berthelot et Petit proposent d'attribuer à ces oxydes les formules empiriques :

Oxydes graphitiques.
I. $C^{28}O^8, 4H^2O$ ou $C^{28}O^8, 4H^2O$
II. $C^{28}O^{10}, 5H^2O$ ou $C^{22}O^8, 4H^2O$
III. $C^{28}O^{14}, 5H^2O$ ou $C^{16}O^8, 3H^2O$

Oxydes pyrographitiques.
I...... $C^{46}H^6O^5$
II...... $C^{44}H^6O^6$

Ces différents corps, brûlés dans la bombe calorimétrique, au sein de l'oxygène comprimé à 25 atmosphères, ont dégagé, pour 1 gramme :

Oxydes graphitiques.			Oxydes pyrographitiques.	
I	II	III	I	II
4720	4431,4	4009,3	7021,4	6598,4 calories.

Ce qui donne, pour les *chaleurs de formation* de ces composés, rapportés à un même poids (12 grammes) de carbone :

Oxydes graphitiques.			Oxydes pyrographitiques.	
I	II	III	I	II
13,9	12,5	13,7	1,4	4,5 calories

[Berthelot et P. Petit, *Bull. Soc. Chim.*, (3), **3**, 336 et 340; *C. R.*, **110**, 101 et 106].

ACIDE CARBONIQUE.

— Voyez Dict., **1**, 749 et Suppl., **1**, 412.

Acide carbonique solide. — M. Cailletet emploie pour recueillir l'acide carbonique solide une boîte cylindrique en ébonite, dont le couvercle est traversé par un ajutage oblique qu'on adapte à la tubulure du récipient renfermant l'acide carbonique liquide. Le jet d'anhydride carbonique vient frapper obliquement la paroi latérale de la boîte, et le gaz provenant de la vaporisation s'échappe par un conduit dirigé suivant l'axe et faisant saillie à l'extérieur de la boîte. Ce conduit, qui se prolonge sous la forme de manche, est garni intérieurement de rondelles de toile métallique destinées à ralentir la vitesse d'écoulement du jet gazeux.

Suivant M. Landolt, la densité de l'acide carbonique solide comprimé serait de 1,195 environ [*D. chem. G.*, **17**, 309; *Bull. Soc. Chim.*, (2), **43**, 187].

Acide carbonique liquide. — L'acide carbonique est aujourd'hui livré par l'industrie à l'état liquide. D'après M. Gall, il est préparé à l'usine de Villers-Saint-Sépulcre (Oise) de la façon suivante : L'acide carbonique est obtenu par la combustion du coke, lavé et transformé en bicarbonate de sodium, que l'on décompose ensuite par la chaleur. Le gaz est comprimé à l'aide de pompes compound, d'abord à 6, puis à 25 et enfin à 50 ou 60 atmosphères. On le sèche sous pression à l'aide de chlorure de calcium [Gall, *Bull. Soc. Chim.*, (3), **1**, 227].

M. Sarrau [*C. R.*, **101**, 1145] a pu calculer, au moyen des tables de Clausius, les volumes spécifiques de l'acide carbonique à l'état liquide et à l'état de vapeur saturée. Les valeurs calculées par M. Sarrau diffèrent peu de celles qui ont été obtenues expérimentalement par MM. Cailletet et Mathias [*C. R.*, **102**, 1202]. D'après ces deux derniers savants, l'acide carbonique a pour densité :

à l'état liquide :

Températures...	— 34°	— 25°	— 11°,5	— 1°,6
Densités........	1,057	1,016	0,966	0,910
Températures...	+ 6°,8	+ 11°	+ 15°,9	+ 22°,2
Densités........	0.868	0,840	0,788	0,726

à l'état de vapeur saturée :

Températures...	— 23°	— 5°	+ 0°,5	+ 10°,1
Densités........	0,057	0,083	0,098	0,141
Températures...	+ 15°,7	+ 19°,7	+ 25°	+ 30°,2
Densités........	0,171	0,201	0,254	0,350

Enfin, au point critique, la densité de l'acide liquide, qui est égale à celle de la vapeur saturée, a pour valeur d = 0,46.

Sur la température et la pression critique de l'acide carbonique, voyez Dewar [*Chem. News*, **51**, 27].

Dans ces dernières années, l'acide carbonique liquide est devenu un produit industriel et a reçu, indépendamment de ses emplois dans les laboratoires, un certain nombre d'applications. On a essayé de l'utiliser comme force motrice (torpilles, pompes à incendie, etc.); on l'a employé pour obtenir la pression nécessaire au débit des pompes à bière; on l'utilise comme agent de réfrigération, etc. A ce dernier point de vue, M. Pictet a proposé d'employer pour les machines frigorifiques des mélanges d'acides carbonique et sulfureux dans le rapport de leurs poids moléculaires [Pictet, *C. R.*, **100**, 329; Brevet du 3 janvier 1885; *D. chem. G.*, **19**, Ref., 44].

Acide carbonique gazeux. — A 21° et jusqu'à 19 atmosphères, l'indice de réfraction n de l'acide carbonique pour la raie D est fourni par la relation

$$n - 1 = 0,000540 \, p \, (1 + 0,0076 \, p + 0,000005 \, p^3),$$

p étant la pression en mètres de mercure. L'indice à 0° et sous la pression 760 est $n = 1,000448$. Cette valeur est notablement plus faible que celle qui a été donnée par M. Mascart (1,000454), et se rapproche de celle qui a été indiquée par Dulong (1,000449) [J. Chappuis et C. Rivière, *C. R.*, **103**, 37].

Sur la chaleur spécifique de l'acide carbonique aux très hautes températures, voyez Mallard et Le Chatelier [*C. R.*, **93**, 1014; *Bull. Soc. Chim.*, (2), **39**, 271]; Berthelot et Vieille [*Bull. Soc. Chim.*, (2), **41**, 566].

Sur la solubilité de l'acide carbonique dans les solutions salines, voyez Setchénof [*Bull. Soc. Chim.*, (2), **46**, 821]. Sur la solubilité de l'acide carbonique dans le chloroforme, voyez Woukoloff [*C. R.*, **109**, 61].

Wroblewski a étudié la solubilité de l'acide carbonique dans l'eau sous de fortes pressions et est arrivé aux résultats suivants : 1° la température restant constante, le coefficient de saturation, c'est-à-dire la quantité de gaz mesurée en centimètres cubes (à 0° et à la pression 760ᵐᵐ) que dissout 1 centimètre cube d'eau, croît beaucoup

moins vite que la pression, tout en tendant vers une certaine limite; 2° la pression restant constante, ce coefficient augmente lorsque la température s'abaisse. Ces énoncés sont justifiés par les nombres suivants :

Pression en atmosphères...		1	5	10	20	30
Coefficient de saturation.	à 0°	1,797	8,65	16,03	26,65	33,74
	à 12°,4	1,086	5,15	9,65	17,11	23,25

[Wroblewski, *C. R.*, **94**, 1355]

Sur la dissociation de l'acide carbonique, voyez Mallard et Le Chatelier [*C. R.*, **93**, 1076]. La dissociation ne devient sensible qu'au-dessus de 1800°.

Hydrate d'acide carbonique. — Lorsqu'on comprime de l'acide carbonique dans un espace maintenu à 0°, en présence d'une petite quantité d'eau, le refroidissement, si l'on vient à opérer la détente, produit une trace de matière solide qui, restant sur les parois de l'appareil, peut servir de germe à une cristallisation. On observe en effet, en comprimant de nouveau, qu'à une certaine pression le tube qui renferme l'acide carbonique se recouvre d'un givre opaque; en décomprimant, le givre disparaît à la même pression. Ce corps solide constitue un hydrate d'acide carbonique, extrêmement dissociable (stable à la température de 0° sous une pression d'environ 16 atmosphères) et répondant, suivant Wroblewski, à la formule $CO^2, 8 H^2O$ [Wroblewski, *C. R.*, **94**, 212 et 954].

Réactions et décompositions. — Suivant MM. Dixon et Lowe, la décomposition par l'étincelle d'induction de l'acide carbonique *rigoureusement* sec peut atteindre un maximum de 45 0/0 (pour une pression de 100 millimètres). La décomposition est d'autant plus forte que l'étincelle est plus courte et la pression plus faible (voyez plus loin : OXYDE DE CARBONE, *Combustion*) [H. Dixon et F. Lowe, *Chem. Soc.*, **47**, 571; *Bull. Soc. Chim.*, (2), **46**, 321].

Sur la formation de l'ozone dans la décomposition de l'acide carbonique par l'effluve, voyez Berthelot [*Essais de Mécanique chim.*, **2**, 377], Chappuis et Hautefeuille [*C. R.*, **91**, 817].

Suivant MM. Naumann et Pistor [*D. chem. G.*, **18**, 2724; *Bull. Soc. Chim.*, (2), **46**, 317], l'acide carbonique, jusqu'à 900°, n'est pas réduit par l'hydrogène. Suivant M. Dixon [*Chem. Soc.*, **49**, 40; *Bull. Soc. Chim.*, (2), **46**, 317], l'hydrogène réduit l'acide carbonique au contact du platine chauffé au rouge; la réaction serait limitée, mais deviendrait complète si l'on a soin d'opérer en présence d'anhydride phosphorique, qui absorbe l'eau au fur et à mesure de sa production.

Le soufre bouillant est sans action sur l'acide carbonique. Mais si l'on dirige à travers un tube de porcelaine chauffé au rouge un mélange d'acide carbonique et de vapeur de soufre, on observe une réaction très faible (100 volumes de gaz renferment 2 volumes d'oxysulfure de carbone, 1 volume d'oxyde de carbone et 0ᵛᵒˡ,5 d'acide sulfureux) [Berthelot, *Bull. Soc. Chim.*, (2), **40**, 362].

Si l'on chauffe dans un petit ballon, jusque vers la température du ramollissement du verre, quelques fragments de chaux vive, puis si, après avoir éteint le feu, on dirige immédiatement sur cette chaux un courant rapide de gaz carbonique sec, la combinaison se produit avec un tel dégagement de chaleur, que les fragments de chaux deviennent incandescents. L'augmentation de poids correspond à la formation d'un *carbonate basique*, $2 CaO. CO^2$. L'expérience, pour réussir, doit être faite avec de la chaux qui n'a pas été recuite à une température trop élevée. L'absorption de l'acide carbonique par la chaux est d'autant plus lente, en effet, que la chaux a été préalablement chauffée à une température plus élevée [Raoult, *C. R.*, **92**, 189, 1110, 1457].

Sur l'absorption de l'acide carbonique par la chaux, voyez aussi Birnbaum et Mahn (Suppl., **1**, 391).

Suivant M. Scheibler, l'acide carbonique sec ne réagit à la température ordinaire ni sur les oxydes alcalino-terreux anhydres, ni sur leurs hydrates $M(OH)^2$, ni sur l'hydrate de baryum $Ba(OH)^2, H^2O$. Pour les degrés d'hydratation supérieurs, quand on opère entre 100 et 150°, l'excès d'eau se dégage seul et est entraîné par le courant de gaz. Une petite partie de cette vapeur d'eau se dilue dans le gaz et amène la formation d'une certaine quantité de carbonate, d'autant plus grande que le degré d'hydratation est plus élevé. La carbonatation totale n'a lieu qu'en présence d'une quantité notable d'eau, par exemple dans le cas de l'hydrate $Sr(OH)^2, 8H^2O$ [C. Scheibler, *D. chem. G.*, **19**, 1973; *Bull. Soc. Chim.*, (2), **46**, 637].

Dosage de l'acide carbonique dans l'eau. — M. Vignon a proposé de doser l'acide carbonique en solution aqueuse, libre ou combiné aux carbonates neutres, au moyen d'une solution titrée d'hydrate de chaux, en employant la phénolphtaléine comme indicateur coloré. On opère sur 50 centimètres cubes d'eau, on les additionne de 10 gouttes d'une solution alcoolique saturée de phénolphtaléine et on ajoute peu à peu de l'eau de chaux titrée (au moyen de l'acide sulfurique décime normal) jusqu'à ce que le liquide prenne et conserve la teinte rose caractéristique de la phénolphtaléine en présence d'un excès de chaux. On opère en même temps sur de l'eau pure, récemment bouillie, et on l'additionne de phénolphtaléine et d'eau de chaux jusqu'à ce qu'on obtienne une coloration identique à celle fournie par l'eau analysée. On a, par différence, la quantité de chaux nécessaire pour saturer l'acide contenu dans la première eau [L. Vignon, *Bull. Soc. Chim.*, (2), **49**, 903; (3), **2**, 596 et **3**, 2].

CARBONATES. — M. Bourgeois a montré que les carbonates alcalino-terreux peuvent cristalliser par fusion, sous la pression ordinaire, au milieu de certains fondants, tels qu'un mélange équimoléculaire de chlorure de potassium et de chlorure de sodium. La fusion a lieu au rouge sombre, et si l'on projette dans le bain quelques décigrammes de carbonates précipités de baryum, de strontium ou de calcium, on obtient, après le refroidissement et le lessivage de la masse, des carbonates nettement cristallisés, identiques avec les espèces naturelles [L. Bourgeois, *C. R.*, **94**, 991].

Lorsqu'on fait bouillir une solution d'un sel ammoniacal tenant en suspension un carbonate, celui-ci se dissout progressivement, en même temps qu'il se dégage du carbonate d'ammonium. Si l'on effectue la réaction en tube scellé, le carbonate d'ammonium se confine dans l'espace libre du tube; si on laisse lentement refroidir, il y a retour à l'état initial et dans certains cas le carbonate insoluble ainsi régénéré est cristallin. On opère à 150-180°, en faisant réagir, en présence de 20 centimètres cubes d'eau, 0^{gr},5 de carbonate amorphe précipité sur 2 grammes d'un sel ammoniacal, ordinairement le chlorhydrate. M. Bourgeois a pu reproduire par ce procédé la calcite, la strontianite, la withérite, la cérusite, etc. [L. Bourgeois, *C. R.*, **103**, 1088].

MM. Friedel et Sarasin ont obtenu de jolis cristaux de calcite en rhomboèdres ou en rhomboèdres basés $p a^1$, en chauffant jusque vers 500° du carbonate de calcium précipité, en présence de chlorure de calcium neutre dissous dans l'eau [*Bull. Soc. Min.*, **8**, 304].

ÉTHERS CARBONIQUES (voyez Dict., **1**, 753 et Suppl., **1**. 413). — Les éthers carboniques appartiennent aux trois types suivants :

1° Carbonates neutres......... $CO \begin{cases} OR' \\ OR' \end{cases}$

2° Carbonates acides.......... $CO \begin{cases} OH \\ OR' \end{cases}$

3° Orthocarbonates .... $C(OR')^4$

Carbonates neutres. — Indépendamment des méthodes générales de préparation déjà indiquées (Dict., **1**, 753), on obtient facilement les carbonates neutres en faisant réagir un chlorocarbonate sur l'alcoolate de sodium correspondant [L. Schreiner, *J. prakt. Chem.*, (2), **22**, 353; *Bull. Soc. Chim.*, (2), **35**, 510. — Rœse, *Ann. Chem.*, **205**, 227; *Bull. Soc. Chim.*, (2), **36**, 320].

La même méthode se prête naturellement à la préparation des éthers carboniques mixtes :

$$Cl.CO^2C^2H^5 + CH^3ONa$$
$$= NaCl + CO^3(CH^3)(C^2H^5).$$

Mais il faut remarquer à ce sujet que, si l'on fait réagir un alcool plus riche en carbone sur l'éther chlorocarbonique d'un alcool plus pauvre en carbone, la réaction doit être réalisée à basse température (on abandonne les produits en contact à 6 ou 8° pendant quelques semaines), parce qu'à chaud les alcools supérieurs déplacent les alcools inférieurs de leurs combinaisons :

$$Cl.CO^2C^2H^5 + 2C^4H^9ONa$$
$$= NaCl + CO^3(C^2H^5)(C^4H^9) + C^4H^9ONa;$$

$$CO^3(C^2H^5)(C^4H^9) + C^4H^9ONa$$
$$= CO^3(C^4H^9)^2 + C^2H^5ONa.$$

On connaît enfin un certain nombre de réactions qui donnent naissance au carbonate d'éthyle : action du chlorure de cyanogène sur l'alcool, ou de l'éthylsulfate sur l'éthylcarbonate de potassium (Dict., **1**, 753); action du brome sur l'orthoformiate d'éthyle

$$2CH(OC^2H^5)^3 + Br^2$$
$$= CO^3(C^2H^5)^2 + HCO^3.C^2H^5 + 2C^2H^5Br$$
$$+ C^2H^5OH$$

[Ladenburg et Wichelhaus, *Ann. Chem.*, **152**, 165]. Ces réactions sont susceptibles d'être généralisées et doivent s'appliquer à l'obtention des autres éthers carboniques.

Les éthers carboniques sont décomposés facilement par les alcalis caustiques, par l'acide bromhydrique et l'acide iodhydrique concentrés. Chauffés avec de l'ammoniaque aqueuse, ils donnent d'abord un éther carbamique, puis une urée.

Le perchlorure de phosphore réagit facilement sur eux et les transforme en chlorocarbonates :

$$CO^3(C^2H^5)^2 + PCl^5$$
$$= C^2H^5Cl + Cl.CO^2C^2H^5 + POCl^3$$

(Geuther). Dans le cas d'un éther mixte, on obtient le chlorocarbonate de l'alcool le plus riche en carbone

$$CO^3(C^2H^5)(C^5H^{11}) + PCl^5$$
$$= C^2H^5Cl + Cl.CO^2C^5H^{11} + POCl^3$$

(Rœse).

Carbonates acides. — On ne connaît que leurs sels métalliques, qui se forment par l'action de l'anhydride carbonique sur les alcoolates (voyez Dict., **1**, 754). Ce sont des corps peu stables, que l'eau décompose facilement.

Orthocarbonates (voyez Dict., **1**, 754). — On les obtient en traitant la chloropicrine par un alcoolate de sodium. Comme l'alcoolate en excès réagit sur l'o-carbonate formé, il convient de n'ajouter que peu à peu l'alcoolate à la solution alcoolique de chloropicrine [Rœse, *loc. cit.*].

CARBONATE DE MÉTHYLE, $CO^3(CH^3)^2$. — On peut le préparer en chauffant pendant longtemps, au réfrigérant ascendant, du chlorocarbonate de méthyle pur et étendu d'eau avec de l'oxyde de plomb [C. Councler. *D. chem. G.*, **13**, 1697 ; *Bull. Soc. Chim.*, (2), **36**, 75]. Mais on l'obtient plus facilement en ajoutant goutte à goutte du chlorocarbonate de méthyle à du méthylate de sodium dans l'alcool méthylique [Schreiner, Rœse, *loc. cit.*].

Le carbonate de méthyle est un liquide insoluble dans l'eau, soluble dans l'alcool et dans l'éther. Il se solidifie par le refroidissement sous la forme d'une masse neigeuse, fusible à $0°,5$. Il bout à $90°,6$. Sa densité est $1,065$ à $17°$, et son indice de réfraction $1,3748$ à $22°$ (Rœse). Chaleur de combustion [Louguinine, *C. R.*, **98**, 94].

Carbonate de méthyle perchloré, $CO^3(CCl^3)^2$. — On l'obtient en faisant réagir pendant plusieurs jours le chlore sur le carbonate de méthyle dans des flacons exposés à la lumière solaire. On recueille les cristaux formés, on les exprime et on les sèche dans le vide.

Le chlorure de méthyle perchloré est en cristaux solubles dans l'éther et fusibles à 78–$79°$. Il possède une odeur suffocante. Soumis à l'action de la chaleur, il se décompose suivant l'équation

$$CO^3(CCl^3)^2 = CCl^4 + CO^2 + COCl^2$$

[Councler, *loc. cit.*].

CARBONATE DE MÉTHYLE ET D'ÉTHYLE,

$$CO^3(CH^3)(C^2H^5)$$

(voyez Dict., **1**, 754). — Il se solidifie à basse température et fond à $-14°,5$; il bout à $109°,2$; $d = 1,002$ à $27°$; $n = 1,377$ à 22-$23°$ (Schreiner, Rœse).

CARBONATES D'ÉTHYLE. — *Carbonate neutre d'éthyle*, $CO^3(C^2H^5)^2$ (voyez Dict., **1**, 753 ; Suppl., **1**, 413). — Le carbonate d'éthyle bout à 126-$126°,4$ (pression $= 748$) ; $d_{20/4} = 0,9762$ [Brühl, *Ann. Chem.*, **203**, 23]. Chaleur de combustion, voyez Louguinine [*C. R.*, **98**, 94].

Le carbonate d'éthyle réagit sur la triméthylène-diamine en donnant de la triméthylène-carbamide. Avec l'éthylène-diamine, on obtient de l'éthylène-carbamide [E. Fischer et H. Koch, *Ann. Chem.*, **232**, 222 ; *Bull. Soc. Chim.*, (2). **47**, 195].

Carbonate acide d'éthyle (acide éthylcarbonique),

$$CO^3\!\!<^{H}_{C^2H^5}$$

Sel de potassium. — Voyez Dict., **1**, 754.

Sel de sodium (voyez Suppl., **1**, 414). — On l'obtient aussi par l'action de l'anhydride carbonique sur l'éthylate de sodium [Beilstein, *Ann. Chem.*, **112**, 124].

Sel de baryum. — C'est un précipité gélatineux, qu'on obtient en dirigeant un courant d'anhydride carbonique dans une solution alcoolique très concentrée d'éthylate de baryum et qui forme, après dessiccation, une masse amorphe et translucide. L'eau le décompose en acide carbonique, alcool et carbonate de baryum [Destrem, *Ann. Chim. Phys.*, (5), **27**, 10].

Orthocarbonate d'éthyle, $C(OC^2H^5)^4$ (voyez Dict., **1**, 754). — Le brome réagit à chaud sur l'orthocarbonate d'éthyle ; on obtient ainsi du carbonate d'éthyle, du bromure d'éthyle et un peu de bromal [Ladenburg et Wichelhaus, *Ann. Chem.*, **152**, 166].

Chauffé avec de l'ammoniaque aqueuse, l'ortho-

carbonate d'éthyle fournit de la guanidine (voyez Dict., **1**, 1643).

CARBONATE DE MÉTHYLE ET DE PROPYLE,

$$CO^3(CH^3)(C^3H^7).$$

— Liquide bouillant à $130°,8$; $d_{27} = 0,978$; $n = 1,387$ à $22°$ (Rœse).

CARBONATE D'ÉTHYLE ET DE PROPYLE,

$$CO^3(C^2H^5)(C^3H^7).$$

— A un mélange de chlorocarbonate d'éthyle et d'alcool propylique on ajoute peu à peu du chlorure d'aluminium. Le chlorure se dissout, la liqueur s'échauffe et finit même par bouillir ; puis on laisse reposer pendant quelques jours. Quand tout s'est pris en masse, on chauffe au bain-marie, ce qui détermine une réaction énergique, accompagnée d'un dégagement d'acide chlorhydrique ; puis on traite par l'eau. On obtient ainsi un liquide huileux, dont la majeure partie, qui passe vers $145°$, est constituée par du carbonate d'éthyle et de propyle.

Le carbonate d'éthyle et de propyle bout à $145°,6$; $d_{20} = 0,9516$ [B. Pawlewsky, *D. chem. G.*, **17**, 1205 ; *Bull. Soc. Chim.*, (2), **44**, 391].

CARBONATES DE PROPYLE. — *Carbonate neutre de propyle*, $CO^3(C^3H^7)^2$ (voyez Suppl., **1**, 414). — Le carbonate de propyle bout à $168°,2$; $d_{17} = 0,949$; $n = 1,398$ à $22°$ (Rœse).

Orthocarbonate de propyle, $C(OC^3H^7)^4$. — On l'obtient en faisant réagir le propylate de sodium sur la chloropicrine. C'est un liquide qui bout à $224°,2$ et qui possède une odeur analogue à celle de l'orthocarbonate d'éthyle ; $d_8 = 0,911$ (Rœse).

CARBONATE DE MÉTHYLE ET D'ISOBUTYLE,

$$CO^3(CH^3)(C^4H^9).$$

— Liquide bouillant à $143°,6$; $d_{27} = 0,951$; $n = 1,392$ à $22°$ (Rœse).

CARBONATE D'ÉTHYLE ET D'ISOBUTYLE,

$$CO^3(C^2H^5)(C^4H^9).$$

— Liquide bouillant à $160°,1$; $d_{27} = 0,931$; $n = 1,397$ à $22°$ (Rœse).

CARBONATES D'ISOBUTYLE. — *Carbonate neutre d'isobutyle*, $CO^3(C^4H^9)^2$ (voyez Dict., **1**, 753). — Le carbonate d'isobutyle bout à $190°,3$; $d_{16} = 0,919$; $n = 1,4048$ à $22°$ (Rœse). *Orthocarbonate d'isobutyle*, $C(OC^4H^9)^4$. — Liquide bouillant à $244°,9$; $d = 0,900$ (Rœse).

CARBONATE D'ÉTHYLE ET D'ISOAMYLE,

$$CO^3(C^2H^5)(C^5H^{11})$$

— Liquide bouillant à $182°,3$; $d_{27} = 0,924$; $n = 1,405$ à $22°$ (Rœse).

CARBONATE D'ISOAMYLE. $CO^2(C^5H^{11})^2$ (voyez Dict., **1**, 753). — Liquide bouillant à $228°,7$; $d_{16} = 0,912$; $n = 1,4153$ à $22°$ (Rœse).

CARBONATES D'ÉTHYLÈNE. — *Carbonate neutre d'éthylène*, $CO^3(C^2H^4)$. — On abandonne à lui-même pendant quelque temps, en tube scellé, un mélange équimoléculaire de glycol et d'oxychlorure de carbone. On ouvre le tube à la lampe après l'avoir fortement refroidi. Lorsque l'acide chlorhydrique s'est dégagé, on soumet le produit à la distillation.

Le carbonate d'éthylène bout à $236°$. Il cristallise par refroidissement en grands prismes fusibles à $38,5$-$39°$, solubles dans l'eau, l'alcool et l'éther chaud [J. Nemirowsky, *J. prakt. Chem.*, (2), **28**, 439 ; *Bull. Soc. Chim.*, (2), **42**, 467].

Éthylène-dicarbonate d'éthyle,

$$C^2H^4\!\!<^{CO^3 \,.\, C^2H^5}_{CO^3 \,.\, C^2H^5}$$

— On l'obtient en traitant l'éther chlorocarbonique en solution dans l'éther par un excès de glycol disodé.

C'est un liquide incolore et mobile, qui bout à 225-227°, mais qu'une ébullition prolongée dédouble en carbonate d'éthyle et carbonate d'éthylène [Wallach, *Ann. Chem.*, **226**, 77 ; *Bull. Soc. Chim.*, (2), **45**, 104].

CARBONATES DE PHÉNYLE. — *Carbonate de phénol.* $8 C^6 H^6 O + C O^2$ (?). — Voyez Dict., **2**, 797 ; Suppl.. **1**. 1167.

Acide phénylcarbonique,

$$CO \big\langle \begin{matrix} OH \\ OC^6H^5 \end{matrix}$$

— Son *sel de sodium*, $C^7 H^5 O^3 Na$, s'obtient par l'action de l'anhydride carbonique sec sur le phénate de sodium sec. L'absorption du gaz est accompagnée d'un fort dégagement de chaleur et le produit augmente de poids d'abord rapidement, puis lentement, jusqu'à ce que 1 molécule de phénate de sodium ait fixé 1 molécule d'acide carbonique.

Le phénylcarbonate de sodium est une poudre blanche, ressemblant au phénate de sodium et facilement décomposable par l'eau. Chauffé lentement dans une cornue, il se décompose en acide carbonique et phénate de sodium ; mais, chauffé en vase clos à 120-130°, il se transforme quantitativement en salicylate de sodium [R. Schmitt, *J. prakt. Chem.*, (2), **31**, 397 ; *Bull. Soc. Chim.*, (2), **45**, 593. — Voyez aussi Hentschel, *J. prakt. Chem.*, (2), **27**, 39 ; *Bull. Soc. Chim.*, (2), **42**, 475].

Carbonate de méthyle et de phényle,

$$C O^3 (C H^3) (C^6 H^5).$$

— On ne connait que son *dérivé nitrosé,*

$$C O^3 (C H^3) (C^6 H^4 . Az O),$$

qu'on obtient en faisant agir] à froid le chlorocarbonate de méthyle (1 molécule) sur le nitrosophénate de sodium (1 molécule) en suspension dans l'éther.

Le carbonate de méthyle et de nitrosophényle cristallise dans le chloroforme en prismes jaunes, fusibles à 137° ; il est très peu soluble dans l'éther [W. F. Walker, *D. chem. G.*, **17**, 399 ; *Bull. Soc. Chim.*, (2), **43**, 99].

Carbonate d'éthyle et de phényle,

$$C O^3 (C^2 H^5) (C^6 H^5).$$

— On obtient ce composé soit au moyen du chlorocarbonate d'éthyle et du phénate de potassium [Fatianow, *Jahresb.*, 1864, 477], soit au moyen du phénol, du chlorocarbonate d'éthyle et du chlorure d'aluminium. A un mélange équimoléculaire de phénol et d'éther chlorocarbonique on ajoute peu à peu du chlorure d'aluminium ; on verse le produit de la réaction dans l'eau acidulée et on reprend par l'éther le liquide huileux qui se sépare ; on sèche et on fractionne [B. Pawleswki, *D. chem. G.*, **17**, 1205 ; *Bull. Soc. Chim.*, (2), **44**, 543].

Le carbonate d'éthyle et de phényle est un liquide huileux. bouillant à 234° (F.); à 200-210° (P.); $d_0 = 1,1134.$

Il se décompose par ébullition avec l'eau de baryte. Chauffé avec du phénate de sodium, il donne du salicylate de sodium et de l'oxyde d'éthyle et de phényle.

Chauffé à 300° pendant 3 ou 4 heures, il se transforme en carbonate de phényle [G. Bender, *D. chem. G.*, **19**, 2265· *Bull. Soc. Chim.*, (2), **47**, 124]

Dérivé nitrosé, $C O^3 (C^2 H^5) (C^6 H^4 . Az O)$. — On l'obtient en faisant réagir à froid le chlorocarbo-

nate d'éthyle sur le nitrosophénate de sodium en suspension dans l'éther ; après avoir chassé l'éther, on lave le résidu à l'eau et au carbonate de sodium et on le fait cristalliser dans l'alcool ou dans le chloroforme.

Le carbonate d'éthyle et de nitrosophényle est en aiguilles jaune d'or, fusibles à 109°. Il est très soluble dans l'alcool chaud et dans le chloroforme, un peu moins soluble dans l'éther [Walker, *loc. cit.*].

Dérivé nitré, $C O^3 (C^2 H^5) (C^6 H^4 . Az O^2)$. — On dissout l'o - nitrophénol dans l'alcool, et on ajoute d'abord la quantité de potasse alcoolique nécessaire pour transformer le nitrophénol en nitrophénate, puis assez d'eau pour dissoudre le nitrophénate formé, et enfin du chlorocarbonate d'éthyle qu'on fait arriver dans le mélange par petites portions. La réaction terminée, on précipite par un excès d'eau le carbonate formé.

Le carbonate d'éthyle et d'o-nitrophényle est une huile insoluble dans l'eau, bouillant à 275-285° en se décomposant.

Dérivé amidé, $C O^3 (C^2 H^5) (C^6 H^4 . Az H^2)$. — On l'obtient en réduisant par l'étain et l'acide chlorhydrique fumant le dérivé nitré précédent dissous dans l'alcool absolu ; on précipite par un excès d'eau le dérivé amidé et on le purifie par cristallisation dans l'eau bouillante.

Le carbonate d'éthyle et d'o-amidophényle est en cristaux fusibles à 95°. Il est très peu soluble dans l'eau froide, très soluble dans l'alcool. Il ne se combine pas avec les acides.

Soumis à la distillation, ou chauffé au bain d'huile à 220 ou 230°, il se décompose en donnant de l'oxycarbanile :

$$CO \big\langle \begin{matrix} OC^2H^5 \\ OC^6H^4 . Az H^3 \end{matrix}$$

$$= C^2 H^5 O H + C^6 H^4 \big\langle \begin{matrix} Az H \\ O \end{matrix} \big\rangle CO.$$

Son *dérivé acétylé,*

$$C O^3 (C^2 H^5) (C^6 H^4 . Az H . C^2 H^3 O),$$

est en cristaux fusibles à 77-78°. Chauffé à 240°, il se décompose en donnant de l'alcool et le dérivé acétylé de l'oxycarbanile [G. Bender, *D. chem. G.*, **19**, 2265 ; *Bull. Soc. Chim.*, (2), **47**, 124]

Carbonate de phényle, $C O^3 (C^6 H^5)^2$. — Voyez Dict., **2**, 905 et Suppl., **1**, 1172.

On l'obtient :

En dirigeant un courant d'oxychlorure de carbone dans du phénol en solution dans la quantité correspondante de soude étendue [W. Hentschel, *J. prakt. Chem.*, (2), **27**, 39 ; *Bull. Soc. Chim.*, (2), **42**, 475];

En faisant réagir l'oxychlorure de carbone sur le phénol en présence du chlorure d'aluminium [Richter, *J. prakt. Chem.*, (2), **27**, 41];

En chauffant à 300° le carbonate d'éthyle et de phényle (voyez plus haut).

Le carbonate de phényle fond à 78° [Hentschel. Eckenroth, *D. chem. G.*, **23**, 693], à 88° (?) (Richter), et bout à 301-302° (H.). Il est insoluble dans l'eau, très soluble dans l'alcool chaud et dans l'éther.

La potasse alcoolique le décompose en donnant du phénol et du carbonate de potassium.

Chauffé avec de la soude caustique à 150°, il se décompose en phénol et salicylate de sodium.

A l'état fondu, il dissout l'éthylate de sodium ; le mélange soumis à la distillation fournit du phénéthol pur en laissant un résidu de salicylate de sodium (H.).

Traité par l'éthylate de sodium à froid en présence d'éther, il donne du phénate de sodium et du carbonate d'éthyle [R. Seifert, *J. prakt. Chem.*,

(2), **31**, 462; *Bull. Soc. Chim.*, (2), **45**, 603].
Chauffé avec du mercaptide de sodium, il fournit du phénate de sodium et du dithiocarbonate d'éthyle, $CO(SC^2H^5)^2$ (Seifert).

Si l'on fait digérer au bain-marie une solution alcoolique concentrée de carbonate de phényle additionnée d'ammoniaque, on voit se déposer par refroidissement un corps cristallisé qui constitue une combinaison moléculaire de phénol et d'urée, $CO(AzH^2)^2.2C^6H^6O$ [H. Eckenroth, *Arch. Pharm.*, (3), **24**, 623; *Bull. Soc. Chim.*, (2), **46**, 672].

Le carbonate de phényle chauffé avec de l'aniline donne de la diphénylurée, et avec la diphénylurée du phénylcarbamate de phényle [H. Eckenroth, *D. chem. G.*, **18**, 516; *Bull. Soc. Chim.*, (2), **45**, 618. — Eckenroth et J. Rückel, *D. chem. G.*, **23**, 693]

Dérivé bromé, $CO^3(C^6H^4Br)^2$. — On fait agir le brome sur le carbonate de phényle, d'abord à froid, puis en chauffant au bain-marie aussi longtemps qu'il se dégage de l'acide bromhydrique. On chasse l'excès de brome et on purifie le produit par cristallisation dans l'alcool chaud.

Le carbonate de bromophényle est en aiguilles blanches, fusibles à 169°, insolubles dans l'eau, solubles, surtout à chaud, dans les dissolvants organiques [Eckenroth et Rückel, *loc. cit.*].

CARBONATES DE CRÉSYLE. — *Carbonates d'éthyle et de crésyle*, $CO^3(C^2H^5)(C^6H^4.CH^3)$. — On les obtient en faisant réagir le chlorocarbonate d'éthyle sur les dérivés sodiques des crésols.

Le *dérivé ortho* est un liquide jaune, d'une odeur aromatique agréable, bouillant à 235-237°.

Le *dérivé méta* est un liquide bouillant à 245-247°.

Le *dérivé para* est un liquide bouillant à 245°. Les alcalis ne l'attaquent pas, même à chaud. Chauffé à 300°, il se transforme en carbonate de crésyle.

Carbonate de p-crésyle, $CO^3(C^6H^4.CH^3)^2$. — On le prépare en chauffant à 300°, en tube scellé, pendant 3 ou 4 heures, le carbonate d'éthyle et de p-crésyle.

Le carbonate de p-crésyle est en cristaux fusibles à 115°, insolubles dans l'eau, assez solubles à chaud, peu solubles à froid dans l'alcool. La potasse alcoolique le décompose à froid en acide carbonique et p-crésol [G. Bender, *D. chem. G.*, **13**, 696; **19**, 2265; *Bull. Soc. Chim.*, (2), **35**, 256; **47**, 124].

CARBONATES DE THYMYLE (voyez Suppl., **1**, 1561). — Le *carbonate d'éthyle et de thymyle*, chauffé en vase clos à 300°, se transforme en *carbonate de thymyle*, fusible à 60° [Bender, *loc. cit.*].

CARBONATES DE NAPHTYLE. — *Carbonate d'éthyle et d'α-naphtyle* (voyez Suppl., **1**, 1056). — Le composé $C^{31}H^{12}O^2$ qui se forme par l'action de la chaleur sur le carbonate d'éthyle et de naphtyle doit être considéré, d'après M. Bender, comme un oxyde d'α-dinaphtylène-cétone :

$$C^{10}H^6 {<}^{CO}_{O}{>} C^{10}H^6$$

[Bender, *D. chem. G.*, **19**, 2265; *Bull. Soc. Chim.*, (2), **47**, 124].

Orthocarbonate d'éthyle et de β-naphtyle

$$C(OC^2H^5)^2(OC^{10}H^7)^2$$

(voyez Suppl., **1**, 1056). — Ce corps se décompose par la chaleur en donnant de l'oxyde de β-dinaphtylène-cétone (Bender).

CARBONATES DE PHÉNYLÈNE. — *Phénylène-dicarbonate d'éthyle*,

$$C^6H^4 {<}^{CO^3.C^2H^5}_{CO^3.C^2H^5}$$

1° *Dérivé de la résorcine*. — Ce corps se prépare en traitant par l'éther chlorocarbonique le dérivé potassique de la résorcine en solution dans l'alcool, et se présente sous la forme d'une huile épaisse, qui bout à 260° sous la pression de 200 millimètres, à 298-302° sous la pression ordinaire et qui se décompose par une ébullition prolongée (Bender, Wallach)

2° *Dérivé de l'hydroquinone*. — Ce corps, qu'on obtient par l'action de l'éther chlorocarbonique sur un mélange d'hydroquinone et de potasse pulvérisée, cristallise dans l'alcool en grandes aiguilles, fusibles à 101°, insolubles dans l'eau, solubles dans l'éther. Il bout à 310°. Les acides et les alcalis ne l'attaquent pas; mais il se décompose par une ébullition prolongée (Wallach)

Carbonates de phénylène, $CO^3(C^6H^4)$.

1° *Dérivé de la pyrocatéchine*. — On l'obtient en traitant par le chlorocarbonate d'éthyle soit un mélange de pyrocatéchine et de potasse pulvérisée (Bender), soit le dérivé sodique de la pyrocatéchine, qu'on prépare par l'action de l'amalgame de sodium sur la pyrocatéchine dissoute dans l'éther (Wallach)

Le carbonate d'o-phénylène est en aiguilles ou en prismes fusibles à 118° et bout à 225-230°.

Chauffé avec de l'o-toluidine, il se décompose en pyrocatéchine et di-o-crésylurée [G. Bender, *D. chem. G.*, **13**, 696; *Bull. Soc. Chim.*, (2), **35**, 256. — M. Wallach, *Ann. Chem.*, **226**, 77; *Bull. Soc. Chim.*, (2), **45**, 104].

2° *Dérivé de la résorcine*. — Voyez Suppl., **1**, 1375.

Orthocarbonate d'orcine. — Voyez Suppl., **1**, 110]

Orcine-dicarbonate d'éthyle,

$$CH^3.C^6H^3 {<}^{CO^3.C^2H^5}_{CO^3.C^2H^5}$$

— Ce corps, qui se forme par l'action de l'éther chlorocarbonique sur l'orcine sodée, est une huile épaisse qui bout à 310-312° et qui se décompose par une ébullition prolongée [Wallach, *loc. cit.*].

Carbonate de pyrogallol. — Voyez Suppl., **1**, 1329.

CARBONATES D'HYDROBENZOÏNE, $CO^3(C^{14}H^{12})$. — *Carbonate d'hydrobenzoïne*. — On traite par l'éther chlorocarbonique le dérivé sodique de l'hydrobenzoïne, qu'on obtient en chauffant avec de l'amalgame de sodium une solution benzénique d'hydrobenzoïne.

Le carbonate d'hydrobenzoïne cristallise dans l'alcool en longues aiguilles fusibles à 126°, très solubles dans l'alcool et dans l'éther, facilement décomposables par la potasse alcoolique.

Carbonate d'isohydrobenzoïne. — On l'obtient soit en traitant par l'éther chlorocarbonique le dérivé sodique de l'isohydrobenzoïne, soit en faisant réagir l'amalgame de sodium sur un mélange d'aldéhyde benzylique et d'éther chlorocarbonique :

$$2C^7H^6O + 2Na + 2Cl.CO^2C^2H^5$$
$$= {}^{C^6H^5.CH.O.CO^2.C^2H^5}_{C^6H^5.CH.O.CO^2.C^2H^5} + 2NaCl,$$

$$\begin{array}{c} C^6H^5.CH.O.CO^2.C^2H^5 \\ | \\ C^6H^5.CH.O.CO^2.C^2H^5 \end{array}$$
$$= CO^2 + (C^2H^5)^2O + CO^3(C^{14}H^{12}).$$

Le carbonate d'isohydrobenzoïne cristallise dans l'alcool en lamelles clinorhombiques, fusibles à 110°, insolubles dans l'eau, solubles à chaud dans l'alcool et dans l'éther, à froid dans le benzène. La potasse alcoolique le décompose en acide carbonique et isohydrobenzoïne. Le perchlorure de phosphore le transforme en chlorure de stilbène [M. Wallach, *Ann. Chem.*, **226**, 80; *Bull. Soc. Chim.*, (2), **45**, 104].

CARBONATES DE BORNÉOL. — Voyez BORNÉOL.

CARBONATE DE MENTHOL. — Voyez MENTHOL.

ACIDE IMIDOCARBONIQUE, $AzH = C(OH)^2$. — L'acide imidocarbonique n'existe pas à l'état libre; on ne connaît que ses éthers, les imidocarbonates $AzH = C(OR')^2$, et leurs dérivés chlorés, les chlorimidocarbonates $AzCl = C(OR')^2$.

IMIDOCARBONATE D'ÉTHYLE, $AzH = C(OC^2H^5)^2$. — On l'obtient par réduction du chlorimidocarbonate d'éthyle. A cet effet, on dissout dans 120 grammes d'eau 30 grammes de potasse et 11 grammes d'acide arsénieux, on ajoute 15 grammes de chlorimidocarbonate et on agite fortement en évitant que la température s'élève au-dessus de 50°. L'imidocarbonate se sépare sous la forme d'une huile, qu'on décante et qu'on sèche sur de la potasse.

L'imidocarbonate d'éthyle est un liquide à réaction alcaline, qui se décompose à la distillation. Son odeur rappelle celle de la triméthylamine. Il est soluble dans l'eau, mais s'en sépare par addition de potasse.

Les acides le décomposent en ammoniaque et carbonate d'éthyle. Cependant, en dirigeant un courant d'acide chlorhydrique sec dans une solution d'imidocarbonate d'éthyle dans l'éther anhydre, on obtient un liquide épais, insoluble dans l'éther et répondant à la formule

$$AzH = C(OC^2H^5)^2 . HCl.$$

Ce corps, très soluble dans l'eau, régénère l'imidocarbonate d'éthyle quand on le traite par la soude; sa solution aqueuse se décompose quand on la chauffe, en donnant du chlorure d'éthyle et de l'uréthane :

$$AzH = C(OC^2H^5)^2 . HCl = C^2H^5Cl + CO \underset{AzH^2}{\overset{OC^2H^5}{\big<}}$$

L'imidocarbonate d'éthyle entre facilement en réaction avec les o-diamines et les o-amidophénols; avec l'o-phénylène-diamine, on obtient l'oxéthylméthénylphénylène-diamine,

$$C^6H^4(AzH^2)^2 . HCl + AzH = C(OC^2H^5)^2$$

$$= C^6H^4 \underset{Az}{\overset{AzH}{\big<}} \Big\rangle COC^2H^5 + AzH^4Cl + C^2H^6OH,$$

avec l'o-crésylène-diamine, l'oxéthylméthénylcrésylène-diamine, avec l'o-amidophénol, l'oxéthylméthénylamidophénol.

Chlorimidocarbonate d'éthyle,

$$AzCl = C(OC^2H^5)^2.$$

— On ajoute 200 grammes d'alcool à une solution de 80 grammes de soude et de 80 grammes de cyanure de potassium dans 600 grammes d'eau, et on dirige dans cette liqueur maintenue froide un courant de chlore, qu'on arrête dès que le mélange cesse de présenter une réaction alcaline. Le chlorimidocarbonate d'éthyle se sépare du liquide soit sous la forme d'une masse cristalline, soit sous la forme d'une huile qui se concrète après lavage à l'eau; on recueille les cristaux, on les exprime, on les dissout dans l'éther, et on abandonne à l'évaporation la solution éthérée après l'avoir séchée sur la potasse.

Dans cette préparation, on peut admettre que l'hypochlorite d'éthyle qui se forme d'abord réagit sur le cyanure de potassium, en donnant du cyanate d'éthyle, que l'alcool transforme en imidocarbonate

$$ClOC^2H^5 + AzKC = CAzOC^2H^5 + KCl,$$

$$CAzOC^2H^5 + C^2H^5OH = AzH = C(OC^2H^5)^2;$$

mais une seconde molécule d'hypochlorite d'éthyle, réagissant sur cet imidocarbonate, le fait passer à l'état de chlorimidocarbonate :

$$AzH = C(OC^2H^5)^2 + C^2H^5OCl$$
$$= AzCl = C(OC^2H^5)^2 + C^2H^5OH.$$

Le chlorimidocarbonate d'éthyle est en grands prismes incolores, très solubles dans l'alcool et dans l'éther, insolubles dans l'eau et possédant une odeur irritante. Il fond à 39°, mais ne peut être distillé. Très stable, même à chaud, en présence des alcalis, il est immédiatement décomposé par les acides étendus. Avec l'acide sulfurique, par exemple, il donne du sulfate d'ammonium, du carbonate d'éthyle et du chlorure d'azote. Avec l'acide sulfhydrique, il se détruit en fournissant du chlorure d'ammonium, du carbonate d'éthyle et du soufre :

$$AzCl = C(OC^2H^5)^2 + H^2O + H^2S$$
$$= AzH^4Cl + CO^3(C^2H^5)^2 + S.$$

IMIDOCARBONATE DE MÉTHYLE, $AzH = C(OCH^3)^2$. — On le prépare comme l'imidocarbonate d'éthyle; on agite et on épuise par l'éther.

L'imidocarbonate de méthyle est un liquide dont les propriétés rappellent celles de l'éther éthylique correspondant. Seulement la potasse ne le sépare pas de ses solutions aqueuses

Chlorimidocarbonate de méthyle,

$$AzCl = C(OCH^3)^2.$$

— Ce corps, qui se prépare comme le dérivé éthylique, se présente sous la forme d'une masse cristalline, fusible à 20° [T. Sandmeyer, *D. chem. G.*, **19**, 862 et 2650].

OXYDE DE CARBONE.

Voyez Dict., **1**, 754 et Suppl., **1**, 414.

M. Noack propose de préparer l'oxyde de carbone par la réduction de l'acide carbonique au moyen de la poudre de zinc chauffée au rouge sombre. Il suffit de laver ensuite le gaz à la potasse [E. Noack, *D. chem. G.*, **16**, 75]. On peut également chauffer dans un tube à combustion un mélange de poudre de zinc et de craie :

$$Zn + CO^3Ca = ZnO + CaO + CO$$

[H. Schwarz, *D. chem. G.*, **19**, 1140].

Sur le spectre de l'oxyde de carbone, voyez Ciamician [*Mon. f. Chem.*, **1**, 636] et Wesendonck [*Pogg. Ann.*, (2), **17**, 436].

Sur l'action de la chaleur sur l'oxyde de carbone, voyez Berthelot [*C. R.*, **112**, 594].

Liquéfaction et solidification. — L'oxyde de carbone, qui avait été amené par M. Cailletet [Suppl., **1**, 414] à l'état de brouillard, a été obtenu sous la forme de liquide statique par MM. Wroblewski et Olzewski. D'après ces savants, lorsqu'on comprime à 150 atmosphères l'oxyde de carbone, refroidi à —136° à l'aide d'éthylène bouillant dans le vide, le gaz ne prend pas l'état liquide; mais si à ce moment on produit dans l'appareil une détente progressive, l'oxyde de carbone se transforme en un liquide transparent et incolore, à ménisque bien distinct et qui s'évapore très rapidement [Wroblewski et Olzewski, *Mon. f. Chem.*, **4**, 415; *C. R.*, **96**, 1140 et 1226].

Suivant Wroblewski [*Wien. Acad. Ber.* **90**, 667], la tension de la vapeur saturée d'oxyde de carbone serait représentée par les nombres suivants

Températures	—141°,3	—150°	—159°,7
Pressions en atmosphères.	34,4	20,8	12,8

Comprimé à 100 atmosphères dans un récipient métallique, puis conduit dans un tube de verre fermé par le haut et plongé dans l'oxygène liquide, l'oxyde de carbone se liquéfie dès qu'on détend l'oxygène. La détente de l'oxygène terminée, si le tube à oxyde de carbone liquide est mis lentement en communication avec l'atmosphère, l'oxyde de carbone se trouve alors sous la pression atmosphérique et bout à la température qui correspond à cette pression [Wroblewski, *C. R.*, **98**, 982]. Cette température est voisine de — 190°. La tension de la vapeur saturée d'oxyde de carbone liquide serait en effet représentée par les nombres suivants :

Températures....	— 190°	— 197°,5	— 198°,5	201°,5
Tensions en centimètres de mercure.	73,5	16,0	12,0	6,0

[Wroblewsky, *C. R.*, **100**, 979].

Lorsqu'on abaisse au-dessous de 10 centimètres de mercure la pression de l'oxyde de carbone bouillant, celui-ci ne tarde pas à se solidifier. La solidification commence à — 207°. A — 211° l'oxyde de carbone est totalement transformé en une masse neigeuse [Olzewski, *C. R.*, **100**, 350].

Combustion de l'oxyde de carbone. — La *température d'inflammation* d'un mélange d'oxyde de carbone et d'oxygène est d'environ 650 degrés :

Mélanges.			
CO.........	85 0/0	70 0/0	30 0/0
O..........	15 0/0	30 0/0	70 0/0
Températ.^{re} d'inflammation.	630-650°	645-650°	650-680°

La température d'inflammation est à peu près la même pour les mélanges d'oxyde de carbone et d'air. Si le mélange renferme de l'acide carbonique, sa température d'inflammation est un peu plus élevée [Mallard et Le Chatelier, *Bull Soc. Chim.*, (2), **39**, 4].

Sur la *température de combustion,* voyez Mallard et Le Chatelier [*Bull. Soc. Chim.*, (2), **39**, 270; *C. R.*, **93**, 1076]

Sur la *vitesse de combustion,* voyez Mallard et Le Chatelier [*Bull. Soc. Chim.*, (2), **39**, 374; *C. R.*, **93**, 145].

Sur l'*onde explosive,* voyez Berthelot et Vieille, *Bull. Soc. Chim.*, (2), **40**, 353]

Le palladium hydrogéné [Baumann, *Zeit. physiol. Chem.*, 5, 244. — Traube, *D. chem.* G., **15**, 2325; *Bull. Soc. Chim.*, (2), **39**, 210], le palladium et le platine [Traube, *D. chem. G.*, **15**, 2854; *Bull. Soc. Chim.*, (2), **39**, 447] en présence de l'oxygène et de l'eau transforment l'oxyde de carbone en acide carbonique. Il se forme en même temps un peu d'eau oxygénée.

La combustion d'un mélange d'oxyde de carbone et d'oxygène ne se produit qu'autant que celui-ci renferme des traces de vapeur d'eau. En effet, si le mélange gazeux a été rigoureusement desséché par l'action prolongée de l'anhydride phosphorique, il ne détone plus sous l'influence de l'étincelle électrique, ainsi que l'a montré M. Dixon [*Chem. News*, 46, 151; *Bull. Soc. Chim.*, (2), **39**, 209]. Le même fait peut être mis en évidence par une expérience élégante, indiquée par M. Traube [*D. chem. G.*, **18**, 1890] : une flamme d'oxyde de carbone brûlant à l'air s'éteint dès qu'on la transporte dans un flacon plein d'air rigoureusement desséché.

Suivant M. Lothar-Meyer, l'inflammabilité d'un mélange d'oxyde de carbone et d'oxygène secs n'est pas absolument nulle, mais seulement fort difficile. Avec les appareils ordinaires d'induction on n'obtient pas l'inflammation du mélange; mais celle-ci se produit sous l'action d'une série de très fortes étincelles [Lothar Meyer, *D. chem.*

G., **19**, 1099; *Bull. Soc. Chim.* (2), **46**, 209].

Suivant M. Traube [*loc. cit.*], l'action de l'humidité sur la combustibilité du mélange s'explique par ce fait que la combustion de l'oxyde de carbone est accompagnée de la formation d'une petite quantité d'eau oxygénée qui sert de pivot à la réaction :

$$CO + 2H^2O + O^2 = CO(OH)^2 + H^2O^2,$$
$$H^2O^2 + CO = CO(OH)^2,$$
$$2CO(OH)^2 = 2CO^2 + 2H^2O.$$

M. Dixon s'élève contre cette interprétation. Suivant lui, la combustion est due à ce fait, que l'oxyde de carbone décompose la vapeur d'eau et que l'hydrogène mis en liberté s'unit à l'oxygène pour régénérer l'eau :

$$CO + H^2O = CO^2 + H^2,$$
$$H^2 + O = H^2O.$$

Ses expériences montrent, en effet, qu'au contact du platine au rouge l'oxyde de carbone peut décomposer l'eau (ainsi que l'avaient établi d'anciennes expériences de Grove), que cette réaction est limitée, mais qu'elle devient complète lorsque l'on opère en présence de potasse, qui absorbe l'acide carbonique au fur et à mesure de sa formation [Dixon, *Chem. Soc.*, **40**, 94; *Bull. Soc. Chim.*, (2), **50**, 253]

M. Armstrong propose une explication légèrement différente et admet que l'eau peut servir de pivot à la réaction, sans qu'il soit nécessaire d'admettre que l'hydrogène devienne libre

$$O + H^2O + CO = OH^2 + CO^2$$

[H. Armstrong, *Chem. Soc.*, **49**, 112; *Bull. Soc. Chim.*, (2), **50**, 255].

Réactions. — L'oxyde de carbone réduit le nitrate d'argent ammoniacal. La réduction, déjà notable à froid, est facilitée par l'action de la chaleur. Cette réaction très sensible, et qui s'effectue même en présence d'une grande quantité d'air, peut servir à déceler de très petites quantités d'oxyde de carbone dans une atmosphère gazeuse, pourvu que celle-ci ne renferme point d'autres substances réductrices [Berthelot, *C. R.*, **112**, 597]

L'oxyde de carbone réduit partiellement l'acide sulfureux à la température du rouge :

$$2CO + SO^2 = 2CO^2 + S$$

[Berthelot, *Bull. Soc. Chim.*, (2), **40**, 365].

L'oxyde de carbone possède la propriété remarquable de se combiner avec le nickel pour donner le nickel-carbonyle $Ni(CO)^4$ [Mond, Lang et Quincke, *Chem. Soc.*, **57**, 749] (voyez Nickel). Il paraît susceptible de donner avec le fer un composé analogue [Mond et Roscoe. — Berthelot, *C. R.*, **112**, 1343].

M. Berthelot a montré que l'oxyde de carbone se combine à température élevée avec la potasse ou la soude en donnant un formiate.

L'oxyde de carbone se combine de même à 160° avec les alcoolates pour donner des homologues de l'acide formique (Geuther)

$$CH^3.ONa + CO = CH^3.CO^2Na.$$

Si l'alcoolate est mélangé au sel de sodium d'un acide organique, la réaction est beaucoup plus complexe et fournit en même temps des acides non saturés, plus riches en carbone, ainsi que des acétones.

Le phénate de sodium ne se combine pas avec l'oxyde de carbone. Celui-ci ne réagit pas non plus sur un mélange de phénate et d'acétate de sodium, mais il réagit sur un mélange d'éthylate et de phénylacétate ou de cinnamate de sodium [A. Geuther, O. Frœlich et A. Loos, *Ann. Chem.*, **202**, 288; *Bull. Soc. Chim.*, (2), **35**, 568. — W. Pœtsch, *Ann. Chem.*, **218**, 56; *Bull. Soc. Chim.*, (2), **40**, 377. — M. Schrœder, *Ann. Chem.*, **221**, 34; *Bull. Soc. Chim.*, (2), **42**, 532].

Recherche dans l'air. — La présence de l'oxyde de carbone dans l'air peut être décelée de la façon suivante : On fait passer l'air à essayer, préalablement filtré au moyen de laine de verre, sur de l'acide iodique pur et sec chauffé à 150°, puis dans de l'empois d'amidon. L'oxyde de carbone passe à l'état d'acide carbonique : une quantité correspondante d'iode est mise en liberté et la solution d'amidon se colore en bleu [C. de la Harpe et F. Reverdin, *Bull. Soc. Chim.*, (3), **1**, 163].

Comme avertisseur d'asphyxie contre l'oxyde de carbone, M. Racine a proposé l'emploi d'une mèche de fulmi-coton, imprégnée de noir de platine, qui s'enflamme dans l'air chargé d'oxyde de carbone. On conçoit qu'une sonnerie électrique puisse être mise en mouvement par suite de la rupture de la mèche [Racine, *Bull. Soc. Chim.*, (3) **1**, 555].

OXYCHLORURE DE CARBONE.

— Voyez Dict., **1**, 755 et Suppl., **1**, 416.
Suivant M. Paterno, on obtient l'oxychlorure de carbone sans le secours de la lumière solaire, en faisant passer sur une longue colonne de noir animal un mélange de chlore et d'oxyde de carbone (voyez Suppl., **1**, 416). M. Lavroff dit n'avoir point réussi à obtenir l'oxychlorure de carbone par cette méthode, quoiqu'il ait eu soin de modifier de bien des manières les conditions de l'expérience [*Bull. Soc. Chim.*, (2), **38**, 305].

La densité de l'oxychlorure de carbone est 1,432 à 0° [Emmerling et Lengyel, *Ann. Chem.*, *Suppl.*, **7**, 10,.].

L'oxychlorure de carbone réagit sur l'aldéhyde en donnant du chlorure d'éthylidène [H. Eckenroth, *D. chem. G.*, **18** 516; *Bull. Soc. Chim.*, (2), **45**, 618].

Avec le glycol, il donne du carbonate d'éthylène; avec la chlorhydrine du glycol, du chlorocarbonate d'éthyle monochloré [J. Nemirowsky, *J. prakt. Chem.*, (2), **28**, 439; **31**, 173; *Bull. Soc. Chim.*, (2), **42**, 467; **45**, 553].

Action sur les chlorhydrates d'amines. — Si l'on fait passer un courant d'oxychlorure de carbone sur du chlorure d'ammonium chauffé à 400°, on obtient du chlorure d'amidocarbonyle :

$$Az\,H^4\,Cl + COCl^2 = 2\,HCl + CO\,{<}^{Cl}_{Az\,H^3}$$

En traitant de même le chlorhydrate d'éthylamine sec, à 250-270°, par un courant rapide d'oxychlorure de carbone, on obtient du chlorure d'éthylamidocarbonyle,

$$CO\,{<}^{Cl}_{Az\,H\,.\,C^2H^5}$$

Le chlorhydrate de méthylamine fournit dans les mêmes conditions le chlorure

$$CO\,{<}^{Cl}_{Az\,H\,.\,CH^3}$$

[L. Gattermann et G. Schmidt, *D. chem. G.*, **20**, 118, 858; *Bull. Soc. Chim.*, (2), **47**, 768; **48**, 176].

Action sur les diamines. — L'oxychlorure de carbone réagit sur les diamines en donnant des urées : action sur l'o-phénylène-diamine sur la m-p-crésylène-diamine [A. Hartmann, *D. chem. G.*, **23**, 1046], sur les crésylène-diamines, sur la benzidine [L. Snape, *Chem. Soc.*, **49**, 254], sur l'éthylène-diphényldiamine et la triméthylène-

diphényldiamine [A. Hanssen, *D. chem. G.*, **20**, 781; *Bull. Soc. Chim.*, (2), **48**, 559], sur l'éthénylphényldiamine [M. Lœb, *D. chem. G.*, **18**, 2427; **19**, 2340; *Bull. Soc. Chim.*, (2), **46**, 40; **47**, 134].

Chaleur de formation. — D'après M. Berthelot [*Ann. Chim. Phys.*, (5), **17**, 129], la chaleur de formation de l'oxychlorure de carbone est de 44cal,6 à partir des éléments (C, O, Cl²) et de 18cal,8 à partir de (CO, Cl²). M. Thomsen [*D. chem. G.*, **16**, 2619] donne pour cette chaleur de formation des nombres différents : 55cal,1 pour (C, O, Cl²) et 26cal,1 pour (CO, Cl²). Pour la discussion de ces résultats, voyez Berthelot [*Bull. Soc. Chim.*, (2), **41**, 7].

ÉTHERS CHLOROCARBONIQUES (*éthers chloroformiques*). — Voyez Dict., **1**, 756 et Suppl., **1**, 417.

Chlorocarbonate de méthyle

$$CO\,{<}^{Cl}_{OCH^3}$$

(voyez Dict., **1**, 756). — M. Klepl recommande, pour préparer le chlorocarbonate de méthyle, de soumettre à l'action de l'oxychlorure de carbone de l'alcool méthylique dilué dans une certaine quantité de chlorocarbonate de méthyle provenant d'une opération précédente, et de refroidir le liquide à 0°. Lorsque le mélange a absorbé une quantité suffisante d'oxychlorure de carbone, on ajoute une nouvelle dose d'alcool méthylique, et ainsi de suite [A. Klepl, *J. prakt. Chem.*, (2), **26**, 447; *Bull. Soc. Chim.*, (2), **39**, 447].

Suivant M. Hentschel, le meilleur procédé de préparation consiste à faire tomber goutte à goutte de l'alcool méthylique dans un ballon contenant de l'oxychlorure de carbone liquide. La réaction étant très énergique, le ballon doit être surmonté d'un appareil à reflux renfermant un mélange réfrigérant. On lave le produit à grande eau, on le sèche et on le rectifie [W. Hentschel, *D. chem. G.*, **18**, 1177; *Bull. Soc. Chim.*, (2), **45**, 760].

Le chlorocarbonate de méthyle bout à 69-71° (H.), à 71°,4 (Rœse). Sa densité est 1,236 à 15°. Il est facilement décomposable par l'eau [B. Rœse, *Ann. Chem.*, **205**, 227; *Bull. Soc. Chim.*, (2), **36**, 320]

Chlorocarbonate d'éthyle,

$$CO\,{<}^{Cl}_{OC^2H^5}$$

(voyez Dict., **1**, 756 et Suppl., **1**, 417). — L'amalgame de sodium en présence de l'eau transforme le chlorocarbonate d'éthyle en acide formique [A. Geuther, *Ann. Chem.*, **205**, 223; *Bull. Soc. Chim.*, (2), **36**, 319].

Suivant M. Rennie [*Chem. Soc.*, **41**, 33], le chlorocarbonate d'éthyle est décomposé par le chlorure d'aluminium en acide carbonique et chlorure d'éthyle, de telle sorte qu'en le faisant réagir sur le benzène en présence du chlorure d'aluminium, on obtient seulement de l'éthylbenzène.

Le chlorocarbonate d'éthyle réagit sur l'éthylène-diamine et sur la triméthylène-diamine en donnant de l'éthylène-diuréthane et de la triméthylène-diuréthane [E. Fischer et H. Koch, *Ann. Chem.*, **232**, 222; *Bull. Soc. Chim.*, (2), **47**, 195].

Avec le cyanate de potassium, il fournit du cyanate de carboxéthyle $CO\,Az - CO^3\,.\,C^2H^5$ [Wurtz et Henninger, *Bull. Soc. Chim.*, (2), **44**, 26].

Le chlorocarbonate d'éthyle réagit sur le benzène-sulfinite de sodium en donnant principalement du benzène-sulfinite d'éthyle

$$Cl\,.\,CO^2\,.\,C^2H^5 + C^6H^5\,.\,SO^2Na$$
$$= NaCl + CO^2 + C^6H^5\,.\,SO^2\,.\,C^2H$$

[R. Otto et A. Rœssing, *D. chem. G.*, **18**, 2493; *Bull. Soc. Chim.*, (2), **46**, 19].

Chlorocarbonate d'éthyle chloré,

$$CO < {{Cl} \atop {OCH^2 . CH^2Cl}}$$

— On abandonne en tube scellé, à la température ordinaire, un mélange équimoléculaire d'oxychlorure de carbone liquide et de glycol monochlorhydrique. On traite le produit de la réaction par le carbonate de sodium et on l'épuise par l'éther.

Le chlorocarbonate d'éthyle monochloré est un liquide limpide, fumant à l'air, provoquant le larmoiement. Il est insoluble dans l'eau, très soluble dans l'alcool et dans l'éther. Il bout entre 150 et 160°.

L'eau bouillante ne l'altère pas. La potasse le saponifie à la longue, en donnant du glycol, du carbonate et du chlorure de potassium. L'ammoniaque le transforme en carbamate d'éthyle monochloré, l'aniline en phénylcarbamate d'éthyle monochloré [J. Nemirowsky, *J. prakt. Chem.*, (2), **31**, 173; *Bull. Soc. Chim.*, (2), **45**, 553].

Chlorocarbonate de propyle,

$$CO < {{Cl} \atop {OC^3H^7}}$$

(voyez Suppl., **1**, 417). — Il bout à 115°,2; $d_{15} = 1,094$ [B. Rœse, *Ann. Chem.*, **205**, 227; *Bull. Soc. Chim.*, (2), **36**, 320].

Chlorocarbonate de propyle dichloré,

$$CO < {{Cl} \atop {OCH^2 . CHCl . CH^2Cl}}$$

— On l'obtient en traitant par l'oxychlorure de carbone la dichlorhydrine dissymétrique de la glycérine. C'est un liquide incolore, bouillant à 185-187°, que l'ammoniaque, l'aniline et les naphtylamines transforment en carbamates, phénylcarbamates et naphtylcarbamates de dichloropropyle.

Chlorocarbonate d'isopropyle dichloré,

$$CO < {{Cl} \atop {OCH(CH^2Cl)^2}}$$

— Même préparation, au moyen de la dichlorhydrine symétrique de la glycérine. Liquide bouillant à 185-187°, que l'ammoniaque, l'aniline et les naphtylamines transforment en carbamate, phényl- et naphtylcarbamates de dichlorisopropyle [P. Otto, *J. prakt. Chem.*, (2), **44**, 15; *Bull. Soc. Chim.*, (3), **6**, 869].

Chlorocarbonate d'isobutyle,

$$CO < {{Cl} \atop {OC^4H^9}}$$

(voyez Suppl., **1**, 417). — Il bout à 128°,8; $d_{15} = 1,053$ (Rœse).

Chlorocarbonate d'isoamyle,

$$CO < {{Cl} \atop {OC^5H^{11}}}$$

(voyez Dict., **1**, 756). — Il bout à 154°,3; $d_{15} = 1,032$ (Rœse).

CHLORURES D'AMIDOCARBONYLES [Syn. *Chlorures d'urées*]. — *Chlorure d'amidocarbonyle,*

$$CO < {{Cl} \atop {AzH^2}}$$

— Ce corps est très vraisemblablement identique avec le composé obtenu autrefois par Wœhler, et considéré comme une combinaison d'acide isocyanique et d'acide chlorhydrique (voyez Dict., **1**, 1071).

Pour préparer le chlorure d'amidocarbonyle,

on introduit du chlorure d'ammonium dans un ballon tubulé qui communique avec un long tube servant de réfrigérant, et on dirige dans le ballon, chauffé vers 400°, à l'aide d'un bain d'air, un courant d'oxychlorure de carbone; le chlorure d'amidocarbonyle formé d'après l'équation

$$AzH^4Cl + COCl^2 = Cl . CO . AzH^2 + 2HCl$$

distille en formant un liquide incolore qui finit au bout d'un certain temps par se prendre en magnifiques aiguilles.

Le chlorure d'amidocarbonyle possède une odeur extrêmement irritante; il fond à 50° environ et distille à 61-62°, lorsqu'on le chauffe avec précaution.

Abandonné pendant longtemps à lui-même, il perd de l'acide chlorhydrique et se transforme en cyamélide. La chaux vive le décompose en donnant de l'acide isocyanique.

Au contact de l'eau ou de l'humidité de l'air, il se détruit en fournissant de l'acide carbonique et du chlorure d'ammonium :

$$Cl . CO . AzH^2 + H^2O = CO^2 + AzH^4Cl.$$

Le chlorure d'amidocarbonyle réagit énergiquement sur les amines en donnant des urées substituées :

$$Cl.CO.AzH^2 + C^6H^5.AzH^2$$
$$= CO < {{AzH(C^6H^5)} \atop {AzH^2}} + HCl.$$

Il réagit facilement sur les carbures aromatiques en présence du chlorure d'aluminium et donne ainsi naissance à des amides; avec le toluène par exemple, on obtient l'amide de l'acide p-toluique :

$$Cl . CO . AzH^2 + C^6H^5 . CH^3$$
$$= C^6H^4 < {{CH^3} \atop {CO . AzH^2}} + HCl.$$

Chlorure de méthylamidocarbonyle,

$$CO < {{Cl} \atop {AzH . CH^3}}$$

— Le chlorure de méthylamidocarbonyle se prépare à l'aide de l'oxychlorure de carbone et du chlorhydrate de méthylamine, de la même manière que le chlorure d'éthylamidocarbonyle. Il est en lamelles fusibles à 90° et bout à 93-94°. Par la distillation sur la chaux vive, il se transforme en isocyanate de méthyle. Il réagit sur le toluène en présence du chlorure d'aluminium pour donner l'amide $CH^3 . C^6H^4 . CO . AzH . CH^3$.

Chlorure d'éthylamidocarbonyle,

$$CO < {{Cl} \atop {AzH . C^2H^5}}$$

— Ce corps est certainement identique avec le composé obtenu autrefois par Habich et Limpricht, et décrit comme une combinaison d'acide chlorhydrique et d'isocyanate d'éthyle (voyez Dict., **1**, 1073).

On l'obtient en dirigeant un courant rapide d'oxychlorure de carbone sur du chlorhydrate d'éthylamine parfaitement sec, placé dans un ballon tubulé, chauffé au bain d'huile à 250-270°.

Le chlorure d'éthylamidocarbonyle est un liquide incolore, possédant une odeur irritante et bouillant à 92°. Il est probable qu'il se dédouble par la distillation en acide chlorhydrique et isocyanate de méthyle, qui se combinent ensuite de nouveau pour régénérer le chlorure d'éthylamidocarbonyle. C'est du reste ce que montre la détermination de la densité de vapeur, dont la valeur est seulement la moitié de celle qui correspondrait à la formule $Cl.CO.AzH.C^2H^5$. Il en doit être vraisemblablement de même pour les autres chlorures d'amidocarbonyles.

Chauffé au bain-marie avec de la chaux vive, le chlorure d'éthylamidocarbonyle fournit de l'éther isocyanique.

Au contact de l'eau, il se détruit en donnant de l'acide carbonique et du chlorhydrate d'éthyl-amine.

Il réagit sur les amines : avec l'aniline, par exemple, il fournit l'éthylphénylurée.

Il réagit en présence du chlorure d'aluminium sur les carbures aromatiques : avec le benzène, par exemple, on obtient le composé

$$C^6H^5.CO.AzH.C^2H^5$$

[L. Gattermann et G. Schmidt, *D. chem. G.*, **20**, 118, 858; *Bull. Soc. Chim.*, (2), **47**, 768; **48**, 176].

CHLORURES, BROMURES, IODURES ET FLUORURES DE CARBONE.

— Voyez pour ces composés les hydrocarbures d'où ils dérivent et dont ils constituent des produits de substitution.

SULFURE DE CARBONE.

— Voyez Dict., **1**, 759; Suppl., **1**, 421.

Sur la préparation industrielle du sulfure de carbone, voyez Singer [*Chem. Ind.*, **8**, 93; *Bull. Soc. Chim.*, (3), **1**, 674].

Purification. — On a proposé de purifier le sulfure de carbone en le distillant sur une graisse végétale, telle que l'huile de palme, le faisant ensuite digérer pendant 24 heures avec de l'acide nitrique fumant, décantant, traitant par l'eau et rectifiant [L. H. Friedburg, *D. chem. G.*, **8**, 1616; *Bull. Soc. Chim.*, (2), **26**, 156].

Pour purifier le sulfure de carbone, on le recouvre d'une couche d'eau, dans laquelle on fait arriver par petites portions une solution concentrée de permanganate de potassium; on agite vivement après chaque addition de permanganate et on s'arrête lorsque la teinte violette persiste après agitation; on lave à l'eau, on décante et on sèche [Allary, *Bull. Soc. Chim.*,(2), **35**, 491].

On distille le sulfure de carbone sur quelques morceaux de chaux vive; on l'agite d'abord avec du permanganate de potassium grossièrement pulvérisé (5 grammes par litre), puis avec un peu de mercure et enfin avec du sulfate mercurique (25 grammes par litre); on le rectifie enfin sur le chlorure de calcium [E. Obach, *J. prakt. Chem.*, (2), **26**, 281; *Bull. Soc. Chim.*, (2), **39**, 30].

Propriétés physiques. — Refroidi à l'aide de l'éthylène bouillant dans le vide, le sulfure de carbone se solidifie à — 116° et fond ensuite à — 110° [S. Wroblewski et K. Olzewski, *Mon. f. Chem.*, **4**, 337; *Bull. Soc. Chim.*, (2), **45**, 880].

Le sulfure de carbone bout à 46°,04 [Thorpe, *Chem. Soc.*, **37**, 364], à 47° sous une pression de 768^{mm},5 [R. Schiff, *D. chem. G.*, **14**, 2767], à 47°,5 sous 764 millimètres [R. Nasini, *D. chem. G.*, **15**, 2883].

$d_0 = 1,29215$ (Thorpe); $d_{20} = 1,2634$ (Nasini); $d_{47} = 1,2233$ (Schiff).

Coefficient de dilatation, voyez Thorpe [*loc. cit.*].

Température critique $= 277°,7$; pression critique $= 78^{atm},1$ [J. Dewar, *Chem. News*, **54**, 27].

Indices de réfraction : $\mu_\alpha = 1,61847$, $\mu_\beta = 1,65268$, $\mu_D = 1.62037$, $\mu_\gamma = 1,67515$ [R. Nasini, *loc. cit.*].

Pouvoir réfringent, voyez Nasini [*loc. cit.*] et Kanonnikof [*J. prakt. Chem.*, (2), **34**, 361].

Solubilité. — Suivant M. Page, 1000 parties d'eau dissolvent 2^p,03 de sulfure de carbone à 12-13° et 1^p,45 à 30-33° [*Jahresb.*, 1880, 279].

D'après MM. Chancel et Parmentier, la solubilité du sulfure de carbone dans l'eau est représentée par les nombres suivants :

Températures	0°	10°	20°
Quantités de CS^2 dissoutes dans 100 grammes d'eau.	2^{gr},04	1^{gr},94	1^{gr},79

Températures	30°	40°	49°
Quantités de CS^2 dissoutes dans 100 grammes d'eau.	1^{gr},55	1^{gr},11	0^{gr},14

[G. Chancel et Parmentier, *C. R.*, **100**, 773; *Bull. Soc. Chim.*, (2), **43**, 610. — Voyez aussi, Ckiandi, *Bull. Soc. Chim.*, (2), **43**, 562. — Peligot, *Bull. Soc. Chim.*, (2), **43**, 563].

Propriétés chimiques. — Suivant M. Klason, la transformation du sulfure de carbone en tétrachlorure de carbone par l'action du chlore, en présence d'une trace d'iode, s'effectue en plusieurs phases, auxquelles correspondent les équations suivantes :

$$CS^2 + Cl^2 = CClS - SCl,$$
$$2CClS - SCl + Cl^2 = 2CSCl^2 + (SCl)^2,$$
$$CSCl^2 + Cl^2 = CCl^3 - SCl,$$
$$2CCl^3 - SCl + Cl^2 = 2CCl^4 + SCl^2$$

[P. Klason, *D. chem. G.*, **20**, 2376; *Bull. Soc. Chim.*, (2), **49**, 255].

Pour l'action du brome, voyez BROMOSULFURE DE CARBONE.

Le sulfure de carbone transforme à haute température le silicium en sulfure de silicium [Colson, *C. R.*, **94**, 1526].

Si l'on dirige un courant d'azote sec, chargé de vapeurs de sulfure de carbone, à travers une colonne de mousse de platine chauffée vers 450°, le sulfure de carbone est complètement absorbé et la mousse de platine se convertit en une poudre noire, renfermant Pt^2S^2C. Ce corps, qui n'est attaqué ni par l'acide chlorhydrique ni par l'acide nitrique bouillant, l'est à peine par l'eau régale. Chauffé au-dessous du rouge dans l'oxygène, il brûle avec incandescence en laissant un résidu de platine pur [P. Schützenberger, *C. R.*, **111**, 391].

Le sulfure de carbone, chauffé à 100° en vase clos avec de l'eau de baryte, se décompose rigoureusement suivant l'équation

$$CS^2 + 2Ba(OH)^2 = CO^3Ba + Ba(SH)^2 + H^2O$$

[G. Chancel et F. Parmentier, *C. R.*, **99**, 892].

Lorsqu'on traite le sulfure de carbone par l'alliage liquide de potassium et de sodium, le métal se recouvre, au bout de quelques heures, d'un enduit brun-jaunâtre éminemment explosif (au moins autant que l'iodure d'azote). L'explosion de ce corps détermine en même temps l'explosion secondaire du sulfure de carbone. L'explosion secondaire du sulfure de carbone peut être déterminée par la détonation du fulminate de mercure; mais les autres explosifs (poudre à tirer, poudre aux chlorates, aux picrates, etc.) sont impuissants à la déterminer [T. E. Thorpe, *Chem. Soc.*, **55**, 220; *Bull. Soc. Chim.*, (3), **2**, 490].

Chaleur de formation. — D'après M. Berthelot [*C. R.*, **94**, 191; *Ann. Chim. Phys.*, (5), **23**, 209], la chaleur de combustion du sulfure de carbone à l'état gazeux est représentée par les nombres suivants :

volume constant	$+ 252^{cal},8$
A pression constante	$+ 253^{cal},3$

On en déduit pour la chaleur de formation du sulfure de carbone :

$$C \text{ (diamant)} + S^2 \text{ (sol.)} = CS^2 \text{ (gaz.)} - 21^{cal},1.$$

M. Thomsen [*D. chem. G.*, **16**, 2616] est arrivé à des résultats un peu différents ; chaleur de combustion $= 265^{\text{cal}},1$; chaleur de formation à l'état gazeux $= -21^{\text{cal}},01$. Pour la discussion de ces derniers résultats, voyez Berthelot [*Bull. Soc. Chim.*, (2), **44**, 9].

SULFOCARBONATES. — MONOSULFOCARBONATES. — Voyez Dict., **1**, 762 ; Suppl., **1**, 425.

Monosulfocarbonate de phényle (*méthane-thione-dioate de phényle*), $CS(OC^6H^5)^2$. — On dissout du phénol dans une solution aqueuse de soude caustique et on ajoute peu à peu du chlorosulfure de carbone. Le monosulfocarbonate de phényle se sépare sous la forme d'une huile qui finit par se solidifier.

Après plusieurs cristallisations dans l'alcool bouillant, ce sulfocarbonate est en cristaux blancs, mamelonnés, fusibles à 97° [H. Bergreen, *D. chem. G.*, **21**, 337 ; *Bull. Soc. Chim.*, (2), **50**, 556].

THIOCARBONATES. — Voyez Suppl., **1**, 425.

Phénylthiocarbonate d'éthyle (*méthanoate d'éthyle-thiolate de phényle*),

$$CO \diagdown \begin{array}{l} SC^6H^5 \\ OC^2H^5 \end{array}$$

— En ajoutant par petites portions de la poudre de zinc à un mélange de phénylmercaptan et d'alcool absolu chauffé au réfrigérant ascendant, et en épuisant le précipité par l'alcool bouillant, on obtient une poudre blanche qui constitue le thiophénate de zinc $(C^6H^5S)^2Zn$. Ce corps, chauffé en présence de benzène avec 2 molécules de chlorocarbonate d'éthyle, fournit du phénylthiocarbonate d'éthyle, en même temps qu'il se forme du thiophénol et du sulfure d'éthyle et de phényle.

Le phénylthiocarbonate d'éthyle est un liquide jaunâtre, insoluble dans l'eau, soluble en toutes proportions dans l'alcool, l'éther et le benzène, bouillant à 259-261°.

Chauffé à 130° avec une solution aqueuse de soude, il se décompose en donnant de l'acide carbonique, du sulfure d'éthyle et de phényle, du thiophénol et de l'alcool. Avec l'ammoniaque alcoolique à 130°, il fournit du thiophénol et de l'uréthane [R. Otto et A. Rössing, *D. chem. G.*, **19**, 1227 ; *Bull. Soc. Chim.*, (2), **46**, 851].

SULFOTHIOCARBONATES (*xanthates*). — Voyez Suppl., **1**, 427.

Acide glycéryl-xanthique,

$$CS \diagdown \begin{array}{l} SH \\ OC^3H^5(OH)^2 \end{array}$$

Le *sel de sodium*,

$$CS \diagdown \begin{array}{l} SNa \\ OC^3H^5(OH)^2 \end{array}$$

s'obtient en chauffant du glycérylate de sodium en vase clos, à 55-60°, avec 10 à 14 fois son poids de sulfure de carbone séché à 180° (voyez Suppl., **1**, 870). Il se présente sous la forme d'une masse résineuse, très dure, de couleur orangée, soluble dans l'eau, presque insoluble dans le sulfure de carbone, insoluble dans l'éther, le chloroforme, le benzène et fusible à 30°. Ses solutions dans les alcalis étendus se conservent pendant quelques jours, mais il est immédiatement décomposé par l'acide acétique et par les acides minéraux. Sa solution aqueuse précipite en rouge par l'acétate de plomb, en brun par le nitrate d'argent, en jaune par le chlorure mercurique, en brun rouge par le sulfate de cuivre.

Lorsqu'on chauffe au réfrigérant ascendant, avec un excès de sulfure de carbone, du glycérylate de sodium renfermant encore de l'alcool, on obtient une matière résineuse répondant à la formule $C^4H^7S^2O^3Na + C^2H^6O$. Ce corps est soluble dans l'eau, mais plus facilement décom-

posable encore que le composé privé d'alcool [W. F. Loebisch et A. Loos, *Mon. f. Chem.*, **2**, 372 ; *Bull. Soc. Chim.*, (2), **36**, 449].

DITHIOCARBONATES. — *Dithiocarbonate d'éthyle* (*méthane-dithiolate d'éthyle*),

$$CO \diagdown \begin{array}{l} SC^2H^5 \\ SC^2H^5 \end{array}$$

(voyez Suppl., **1**, 429). — Le dithiocarbonate d'éthyle prend naissance dans l'action du mercaptide de sodium sur le carbonate de phényle [R. Seifert, *J. prakt. Chem.*, (2), **31**, 462 ; *Bull. Soc. Chim.*, (2), **45**, 603].

Dithiocarbonate de méthyle et d'amyle (*méthane-dithiolate de méthyle et d'amyle*),

$$CO \diagdown \begin{array}{l} SCH^3 \\ SC^5H^{11} \end{array}$$

[Schöne, *J. prakt. Chem.*, (2), **32**, 221 ; *Bull. Soc. Chim.*, (2), **46**, 523]. — Ce composé se produit à la température ordinaire par l'action du chlorosulfocarbonate d'amyle (voyez plus loin) sur le méthylmercaptide de sodium ; il bout à 140°. L'ammoniaque le décompose à chaud avec formation d'urée et de mercaptans méthylique et amylique. La potasse alcoolique le décompose également, en donnant du carbonate de potassium et les mercaptans méthylique et amylique.

Dithiocarbonate d'éthylène (*méthane-dithiolate d'éthylène*),

$$CO \diagdown \begin{array}{l} S-CH^2 \\ | \\ S-CH^2 \end{array}$$

— Ce corps, qui se forme par l'action de l'acide nitrique étendu sur le sulfodithiocarbonate d'éthylène, est en grandes tables orthorhombiques, fusibles à 31°, insolubles dans l'eau, solubles dans l'alcool, l'éther, le chloroforme. Il peut être distillé dans un courant de vapeur d'eau. L'acide nitrique concentré le transforme en acide éthylène-disulfonique $C^2H^4(SO^3H)^2$ [Husemann, *Ann. Chem.*, **126**, 269].

SULFODITHIOCARBONATES (*sulfocarbonates proprement dits, méthane-thione-dithiolates*). — Voyez Dict., **1**, 762 ; Suppl., **1**, 429.

Sulfocarbonate de potassium. — Sur la préparation industrielle du sulfocarbonate de potassium et la densité de ses solutions aqueuses, voyez C. Vincent [*Ann. Chim. Phys.*, (5), **22**, 544].

Sur le dosage du sulfure de carbone dans les sulfocarbonates, voyez A. Müntz [*C. R.*, **96**, 1430] ; E. Fallières [*C. R.*, **96**, 1799] ; Gastine [*C. R.*, **98**, 1588].

Polysulfocarbonates (voyez Suppl., **1**, 430). — Sur la préparation des sels de magnésium et de sodium, voyez Taylor [*Jahresb.*, 1882, 254].

Sulfocarbonate de méthylène. — Voyez Dict., **2**, 417.

Sulfocarbonate de propylène. — Voyez Dict., **2**, 1210.

Sulfocarbonate de butylène. — Voyez Dict., **1**, 678.

Sulfocarbonate d'amylène. — Voyez Dict., **1**, 237.

Sulfocarbonate d'éthylène, $CS^3(C^2H^4)$. — On traite le sulfocarbonate de sodium par le bromure d'éthylène en solution dans l'alcool absolu, on précipite par l'eau, on sèche sur le chlorure de calcium l'huile qui se sépare, on la dissout dans l'alcool et on abandonne la liqueur à l'évaporation. Le sulfocarbonate d'éthylène cristallise en grands prismes rhombiques, peu solubles dans l'alcool, très solubles dans l'éther, extrêmement solubles dans le sulfure de carbone, le chloroforme et le benzène.

Il fond à 39°,5 ; $d = 1,4768$.

L'ammoniaque alcoolique le décompose, en

donnant du sulfocyanate d'ammonium et du mercaptan éthylénique (?). L'acide nitrique étendu le transforme en dithiocarbonate d'éthylène ; l'acide nitrique concentré, en acide éthane-disulfonique [Husemann, *Ann. Chem.*, **123**, 83].

ORTHOSULFOCARBONATES. — *Orthosulfocarbonate d'éthyle* (*méthane-tétrathiolate d'éthyle*), $C(SC^2H^5)^4$. — On obtient l'orthosulfocarbonate d'éthyle en traitant le mercaptide de sodium par une solution alcoolique de tétrachlorure de carbone.

C'est une huile d'une odeur désagréable, qui ne distille pas sans décomposition, mais qui peut être entraînée par la vapeur d'eau. Sa densité est 1,01.

L'acide nitrique le transforme en acide éthane-sulfonique.

En traitant le mercaptide de sodium par l'éthane perchloré, on obtient le *sulfocarbonate* (ortho-thiosulfo-oxalate)

$$C \equiv (SC^2H^5)^3$$
$$|$$
$$C \equiv (SC^2H^5)^3$$

liquide plus lourd que l'eau et d'une odeur désagréable.

Avec le mercaptide de sodium et l'éthylène perchloré, on obtient le *sulfocarbonate*

$$C = (SC^2H^5)^2$$
$$||$$
$$C = (SC^2H^5)^2$$

qui cristallise dans l'éther en rhomboèdres fusibles à 54° [Claesson, *J. prakt. Chem.*, (2), **15**, 212].

OXYSULFURE DE CARBONE.

— Voyez Dict., **1**, 767 et Suppl., **1**, 431.

Aux modes de formation de l'oxysulfure de carbone nous ajouterons les suivants :

Action de l'acide sulfurique concentré sur les isosulfocyanates alcooliques (voyez Dict., **3**, 110) ;

Action de l'acide chlorosulfurique SO^3HCl sur le sulfure de carbone à 100° (voyez Dict., **2**, 1618) ;

Action du cuivre au rouge sur un mélange d'alcool et de sulfure de carbone (voyez Suppl., **1**, 423) ;

Suivant M. A. Gautier [*C. R.* **107**, 911], on obtient un gaz renfermant environ 40 0/0 d'oxysulfure de carbone quand on chauffe du kaolin dans un courant de vapeur de sulfure de carbone. M. Böttinger avait déjà obtenu de l'oxysulfure de carbone dans des conditions analogues, en calcinant un mélange d'outremer et de charbon [*Ann. Chem.*, **182**, 317 ; *D. chem. G.*, **22**, 306].

D'après M. J. Nuricsan, l'action de l'oxychlorure de carbone sur le sulfure de cadmium fournit déjà à la température ordinaire une petite quantité d'oxysulfure de carbone [*D. chem. G.*, **24**, 2967] :

$$COCl^2 + CdS = COS + CdCl^2.$$

Si l'on porte du soufre à l'ébullition dans une cornue et si l'on y fait passer un courant lent d'acide carbonique sec, on n'obtient pas d'oxysulfure de carbone [Berthelot, *Bull. Soc. Chim.*, (2), **40**, 364].

Préparation. — D'après M. Klason, les proportions à employer pour la préparation de l'oxychlorure de carbone sont les suivantes : 520 grammes d'acide sulfurique, 400 grammes d'eau et 50 centimètres cubes d'une solution saturée à la température ordinaire de sulfocyanate de potassium ou d'ammonium. Le mélange se colore en rouge, puis en jaune. A basse température, le dégagement gazeux est très lent ; à 20 ou 25°, il est très régulier ; à 30°, il est excessivement rapide : 75 0/0 de l'acide sulfocyanique se transforment en

oxysulfure de carbone. On purifie le gaz en le faisant passer successivement dans de la potasse (1 partie KHO pour 2 parties H^2O) qui retient l'acide carbonique, puis dans de la triéthylphosphine qui retient le sulfure de carbone, et enfin dans de l'acide sulfurique concentré qui retient la triéthylphosphine entraînée et dessèche le gaz [P. Klason, *J. prakt. Chem.*, (2), **36**, 64 ; *Bull. Soc. Chim.*, (2), **49**, 123].

Suivant M. Ilosway, on peut retenir les vapeurs de sulfure de carbone en faisant passer le gaz à travers une longue colonne de charbon de bois calciné [Ilosway, *Bull. Soc. Chim.*, (2), **37**, 294].

A l'état de pureté, l'oxysulfure de carbone est complètement inodore et sa solution aqueuse est totalement dépourvue de saveur (Klason).

Coefficient de dilatation à l'état gazeux, voyez Ilosway [*loc. cit.*].

Comprimé dans l'appareil Cailletet, l'oxysulfure de carbone prend facilement l'état liquide :

Températures..	0°	17°	41°,2	69°	85°
Pressions en atmosphères...	12,5	21,5	45	65	80

Le point critique est situé vers + 105°.

L'oxysulfure liquide est incolore, très mobile, très réfringent. Détendu brusquement, il se réduit en petits flocons solides qui persistent pendant quelques instants. A l'état liquide, il dissout le soufre et se mêle avec l'alcool et l'éther, mais non avec l'eau ni avec la glycérine (Ilosway).

Une solution aqueuse de potasse absorbe si lentement l'oxysulfure de carbone, qu'on peut utiliser ce réactif pour purifier le gaz. Mais si l'on étend la lessive de potasse de son volume d'alcool, elle absorbe alors l'oxysulfure avec une rapidité extrême (Klason).

Chaleur de formation. — Voyez Berthelot [*Bull. Soc. Chim.*, (2), **31**, 227 ; *Ann. Chim. Phys.*, (5), **17**, 129] ; Thomsen [*D. chem. G.*, **16**, 2616].

CHLOROSULFURES DE CARBONE.

DICHLOROSULFURE DE CARBONE (*thiophosgène, chlorure de thiocarbonyle*), $CSCl^2$. — Voyez Dict., **1**, 767 et Suppl., **1**, 431.

Le meilleur procédé de préparation de ce corps consiste à réduire le tétrachlorosulfure de carbone $CSCl^4$ par l'étain et l'acide chlorhydrique. On introduit dans une cornue spacieuse de l'acide chlorhydrique concentré, on ajoute de l'étain, et lorsque celui-ci est en partie dissous, on fait arriver peu à peu le tétrachlorosulfure de carbone. La réaction est vive et dégage assez de chaleur pour faire distiller un mélange de $CSCl^2$ et de $CSCl^4$, qu'on n'a plus qu'à séparer par distillation. Il convient d'opérer chaque fois sur 200 grammes de tétrachlorosulfure [P. Klason, *D. chem. G.*, **20**, 2376 ; *Bull. Soc. Chim.*, (2), **49**, 255].

Le dichlorosulfure de carbone bout à 73°,5.

Chauffé à 200° pendant plusieurs heures, il ne se décompose que faiblement (Klason) ; mais, chauffé dans les mêmes conditions avec du chlorure d'ammonium, il se dédouble en sulfure de carbone et tétrachlorure de carbone, sans que le chlorure d'ammonium, dont la présence est nécessaire, prenne part à la réaction [H. Bergreen, *D. chem. G.*, **21**, 337 ; *Bull. Soc. Chim.*, (2), **50**, 556].

Le dichlorosulfure de carbone est décomposé lentement par l'eau :

$$CSCl^2 + 2H^2O = CO^2 + H^2S + 2HCl ;$$

mais à froid la décomposition n'est complète qu'au bout de quelques semaines (Bergreen).

Il s'unit directement avec le chlore, qui le transforme en tétrachlorosulfure $CSCl^4$. Chauffé avec du soufre en vase clos, à 130-150°, il se convertit en sulfochlorure de thiocarbonyle, CS^2Cl^2 (Klason).

Il réagit sur l'alcool en donnant du *chlorosulfocarbonate d'éthyle* :

$$2\,CSCl^2 + 2\,C^2H^6O$$
$$= COS + C^2H^5Cl + 2\,HCl + CS\diagdown_{OC^2H^5}^{\;Cl}$$

Le chlorosulfocarbonate d'éthyle est une huile incolore, bouillant à 136°, possédant une odeur pénétrante et provoquant le larmoiement [P. Klason, *D. chem. G.*, **20**, 2384; *Bull. Soc. Chim.*, (2), **49**, 257]. L'ammoniaque aqueuse le transforme en *amidosulfocarbonate d'éthyle*,

$$CS\diagdown_{OC^2H^5}^{\;AzH^2}$$

qui cristallise dans l'éther en lamelles blanches fusibles à 38° (Bergreen).

L'éthylate de sodium réagit énergiquement sur le chlorosulfure de carbone en donnant principalement du chlorosulfocarbonate d'éthyle. Si l'on emploie 2 molécules d'éthylate pour 1 molécule de chlorosulfure et qu'on chauffe pendant quelques instants au bain-marie, on obtient du monosulfocarbonate d'éthyle, $CS(OC^2H^5)^2$.

Avec le phénol sodé, il se produit une réaction énergique qui donne naissance à du sulfocarbonate de phényle, $CS(OC^6H^5)^2$.

Le chlorosulfure de carbone réagit sur le mercaptan éthylique en donnant du *chlorosulfothiocarbonate d'éthyle*,

$$CS\diagdown_{SC^2H^5}^{\;Cl}$$

liquide jaune, d'une densité de 1,1408, bouillant dans le vide vers 100°, mais se décomposant par la distillation à la pression ordinaire. Avec le mercaptide de sodium, on obtient du sulfodithiocarbonate d'éthyle, $CS(SC^2H^5)^2$.

Le chlorosulfure de carbone réagit très facilement sur les bases secondaires, telles que la méthyl- ou l'éthylaniline, pour donner un chlorure sulfocarbamique :

$$C^6H^5 . AzH . C^2H^5 . HCl + CSCl^2$$
$$= 2\,HCl + CS\diagdown_{Az(C^6H^5)\,(C^2H^5)}^{\;Cl}$$

Il suffit d'agiter la solution aqueuse de 1 molécule de chlorhydrate d'amine avec 1 molécule de chlorosulfure de carbone en solution dans le chloroforme, de neutraliser l'acide mis en liberté et d'agiter de nouveau pour terminer la réaction [O. Billeter, *D. chem. G.*, **20**, 1629; *Bull. Soc. Chim.*, (2), **49**, 213. — Billeter et A. Strohl, *D. chem. G.*, **21**, 102; *Bull. Soc. Chim.*, (2), **49**, 874]. Avec la diphénylamine, on obtient la tétraphénylsulfo-urée (Bergreen).

Le chlorosulfure de carbone réagit très énergiquement sur l'éther acétylacétique sodé. Par addition d'eau, on précipite un corps jaunâtre, qu'on purifie par des cristallisations répétées dans l'alcool bouillant et qui constitue l'éther thiocarbonylacétylacétique $CH^3 . CO . C(CS) . CO^2C^2H^5$ (voyez Suppl., **4**, 32).

Avec l'éther malonique sodé, on obtient le thiocarbonylmalonate d'éthyle, $(CS)C(CO^2C^2H^5)^2$; avec la désoxybenzoïne sodique, la thiocarbonyldésoxybenzoïne, $C^6H^5 . CO . C(CS) . C^6H^5$; avec l'éther benzoylacétique sodé, le thiocarbonylbenzoylacétate d'éthyle, $C^6H^5 . CO . C(CS) . CO^2C^2H^5$, ou peut-être des polymères de ces corps.

Le chlorosulfure de carbone réagit sur le benzène en présence du chlorure d'aluminium, et fournit de la sulfobenzophénone.

Avec le zinc-éthyle, la réaction, qui est très énergique, doit être modérée par l'addition d'une grande quantité d'éther anhydre. Le corps ainsi obtenu parait être la diéthylcéthione (pentane-3-thione) $CS(C^2H^5)^2$. Avec le zinc-méthyle, on obtient vraisemblablement le composé $CS(CH^3)^2$ (Bergreen).

Chlorothiocarbonate d'amyle. $Cl.CO.SC^5H^{11}$. — On l'obtient par l'action de l'oxychlorure de carbone sur le mercaptan amylique, à la température ordinaire :

$$COCl^2 + C^5H^{11} . SH = HCl + Cl . CO . SC^5H^{11}.$$

Liquide limpide, très réfringent, bouillant à 193°. Sa densité est 1,078 à 17°,5; son odeur est désagréable et rappelle à la fois celles du mercaptan et de l'alcool amylique [H. Schöne, *J. prakt. Chem.*, (2), **32**, 221; *Bull. Soc. Chim.*, (2), **46**, 523].

Le chlorothiocarbonate d'amyle réagit à la température ordinaire sur le méthylmercaptide de sodium, en donnant le *dithiocarbonate de méthyle et d'amyle* (voyez plus haut). Avec l'éthylate de sodium, il fournit l'*éthylthiocarbonate d'amyle*,

$$CO\diagdown_{SC^5H^{11}}^{\;OC^2H^5}$$

Lorsqu'on fait passer un courant de gaz ammoniac sec dans du chlorothiocarbonate d'amyle bien refroidi, on voit se déposer de belles lamelles blanches, fusibles à 107°, constituant l'*amidothiocarbonate d'amyle*,

$$CO\diagdown_{SC^5H^{11}}^{\;AzH^2}$$

Ce corps est insoluble dans l'eau froide, soluble dans l'alcool et dans l'éther. L'eau bouillante le décompose avec mise en liberté de mercaptan amylique; la potasse donne de l'ammoniaque, du mercaptan et du carbonate de potassium; l'ammoniaque fournit de l'urée et du mercaptan; l'aniline le convertit en diphénylurée et amylmercaptan (pentane-thiol).

Le chlorothiocarbonate d'amyle réagit sur l'aniline avec dégagement de chaleur, pour donner le *phénylamidothiocarbonate d'amyle*,

$$CO\diagdown_{SC^5H^{11}}^{\;AzH . C^6H^5}$$

Ce corps se présente en longues aiguilles, fusibles à 67°, très solubles dans l'alcool et dans l'éther, insolubles dans l'eau froide. Avec la potasse et l'ammoniaque, il se comporte comme l'amidothiocarbonate d'amyle.

L'urée réagit à la température du bain-marie sur le chlorothiocarbonate d'amyle, en donnant de petites aiguilles brillantes, fusibles à 176°, constituant l'*uréothiocarbonate d'amyle*,

$$CO\diagdown_{SC^5H^{11}}^{\;AzH . CO . AzH^2}$$

Ce dérivé se décompose par l'ammoniaque alcoolique avec formation de biuret et de mercaptan amylique; la potasse alcoolique donne du carbonate de potassium, de l'urée et du mercaptan; le chlorure d'acétyle fournit à 100° un *dérivé acétylé*,

$$CO\diagdown_{SC^5H^{11}}^{\;AzH . CO . AzH . C^2H^3O}$$

en aiguilles solubles dans le benzène et fusibles à 85°.

La phénylsulfo-urée donne avec le chlorothiocarbonate d'amyle une vive réaction dont le produit est le *phénylsulfo-uréo-thiocarbonate d'amyle*

$$CO\diagdown_{SC^5H^{11}}^{\;AzH . CS . AzH . C^6H^5}$$

Ce composé cristallise dans l'alcool en aiguilles prismatiques, fusibles à 102°. Chauffé au bain-marie avec du chlorure d'acétyle, il donne un *dérivé acétylé* fusible à 240°.

La diphénylurée ne réagit sur le chlorothiocarbonate d'amyle qu'à une température supérieure à 200°, en donnant de l'acide chlorhydrique, de l'acide carbonique et une masse résineuse ayant l'odeur du phénylsénevol.

La diphénylsulfo-urée réagit au contraire à la température du bain-marie, en donnant des aiguilles prismatiques, fusibles à 87°, constituant le *diphénylsulfo-uréo-thiocarbonate d'amyle*,

$$CO \underset{SC^5H^{11}}{\overset{Az(C^6H^5).CS.AzH.C^6H^5}{<}}$$

Ce composé ne fournit pas de dérivés avec les chlorures d'acétyle ou de benzoyle. Traité au bain-marie par l'oxyde de mercure en présence d'alcool ammoniacal, il se convertit en diphénylguanidine, $C(AzH)(AzH.C^6H^5)^2$, fusible à 147°.

Tétrachlorosulfure de carbone (*perchlorométhylmercaptan, sulfochlorure de trichlorométhyle*), $CSCl^4 = CCl^3 - SCl$. — Voyez Suppl., **1**, 432.

Pour préparer le tétrachlorosulfure de carbone, M. Klason recommande de traiter par un courant de chlore sec le sulfure de carbone additionné d'une trace d'iode et soigneusement refroidi, d'arrêter l'opération lorsque le sulfure de carbone a absorbé environ 5 atomes de chlore, de traiter par l'eau et de distiller le produit à deux ou trois reprises dans un courant de vapeur d'eau, pour détruire tout le chlorure de soufre. En soumettant enfin le produit à la distillation jusqu'à ce que le thermomètre marque 146°, on obtient comme résidu du tétrachlorosulfure de carbone. Pour l'avoir absolument pur, il convient de le rectifier dans le vide [P. Klason, *D. chem. G.*, **20**, 2376 ; *Bull. Soc. Chim.*, (2), **49**, 255].

Le tétrachlorosulfure de carbone bout à 149° ; $d_0 = 1,722$. Il dissout le chlore en s'échauffant, mais sans être attaqué par lui. Si l'on opère en présence d'une trace d'iode, la réaction a lieu et fournit du tétrachlorure de carbone et du chlorure de soufre.

Suivant M. Rathke (Suppl., **1**, 432), la poudre d'argent réagirait très violemment sur le tétrachlorosulfure de carbone en donnant du dichlorosulfure de carbone :

$$CSCl^4 + 2Ag = 2AgCl + CSCl^2.$$

D'après M. Klason, il ne se produirait pas dans cette réaction de dégagement notable de chaleur et l'on obtiendrait seulement du disulfure de trichlorométhyle, qui se décompose par la distillation en donnant du dichlorosulfure de carbone.

Disulfure de trichlorométhyle,

$$(CCl^3S)^2 = \begin{matrix} S-CCl^3 \\ | \\ S-CCl^3 \end{matrix}$$

— On laisse pendant quelque temps le tétrachlorosulfure de carbone en contact avec de la poudre d'argent, et on enlève par un courant de vapeur d'eau l'excès de tétrachlorosulfure.

Le disulfure de trichlorométhyle est une huile jaune, épaisse, possédant une faible odeur de térébenthine, très difficilement entraînable par la vapeur d'eau, mais bouillant sans décomposition dans le vide à 135°. Soumis à la distillation sous la pression ordinaire, il se décompose en grande partie, en donnant entre autres produits du dichloro- et du tétrachlorosulfure de carbone (Klason) :

$$(CCl^3S)^2 = CSCl^2 + CSCl^4.$$

Sulfochlorure de thiocarbonyle,

$$CS^2Cl^2 = CSCl - SCl.$$

— Le sulfochlorure de thiocarbonyle, qu'on obtient en chauffant en vase clos à 130-150° pendant plusieurs heures le dichlorosulfure de carbone avec du soufre et distillant dans le vide le produit de la réaction, est une huile jaune, bouillant dans le vide à 140°.

Le chlore l'attaque immédiatement à la température ordinaire et le transforme en dichloro-, puis en tétrachlorosulfure de carbone.

Chauffé avec du soufre à 160°, il donne du chlorure de soufre et du sulfure de carbone (Klason).

BROMOSULFURE DE CARBONE.

Bromosulfure de carbone,

$$C^2Br^6S^7 = (CBr^3)^2S^3(?).$$

— On abandonne à lui-même pendant 7 ou 8 jours un mélange de sulfure de carbone (1 molécule) et de brome (4 atomes), puis on distille lentement au bain-marie. Il reste dans l'appareil distillatoire une huile rougeâtre, dont la composition paraît être CS^3Br^4, et qui se décompose en présence de l'eau ou de l'alcool en bromure de soufre et bromosulfure de carbone, $C^3Br^6S^3$. On dissout donc dans l'éther l'huile obtenue et on additionne la solution d'alcool. Le bromosulfure de carbone se sépare sous la forme de cristaux, qu'on exprime et qu'on purifie par plusieurs cristallisations dans l'éther.

Ce composé est en prismes courts ou en tables, peu solubles dans l'alcool et dans l'éther, plus solubles dans le benzène et dans le chloroforme, très solubles dans le sulfure de carbone et dans le brome. Il fond à 125° en se colorant en rouge et charbonne à une température plus élevée. Les alcalis concentrés, la baryte caustique, l'oxyde de plomb, etc., le décomposent à chaud.

Soumis à l'action de la chaleur, il se décompose en donnant du brome libre, du bromure de soufre, du tétrabromure de carbone et une petite quantité d'un corps pulvérulent, bleu foncé, insoluble dans l'eau, l'alcool et l'éther, soluble dans l'acide sulfurique concentré en le colorant en bleu. Purifiée par dissolution dans l'acide sulfurique et précipitation par l'eau, cette substance répondrait à la formule $C^9Br^4S^4.2H^2O$ (?) [C. Hell et F. Urech, *D. chem. G.*, **15**, 273 ; **16**, 1144 et 1147].

Léon Roux.

CARBONE (HYDRATES DE). — On a l'habitude de désigner sous ce nom les corps neutres à chaîne ouverte qui renferment l'hydrogène et l'oxygène dans les rapports qui constituent l'eau.

Ces composés, extrêmement nombreux, comprennent la plupart des matières sucrées et les polyglucosides, tels que les saccharoses, les dextrines, l'amidon et la cellulose.

Tous les hydrates de carbone possèdent la fonction de polyalcools, à laquelle vient se joindre fréquemment la fonction d'aldéhyde, d'acétone et sans doute aussi d'acétal.

La plupart d'entre eux se déshydratent au contact des acides forts, à chaud, et se dédoublent en acide formique et acide lévulique ; quelques-uns donnent dans les mêmes conditions du furfurol : c'est le cas de l'arabinose, de la xylose et des gommes, qui fournissent des sucres en C^5 à l'interversion (Kiliani, Tollens).

Les polyglucosides sont intervertis par les acides étendus et bouillants, c'est-à-dire transformés, par fixation d'eau (hydrolyse), en un mélange d'hydrates de carbone en C^6 ou en C^5.

La faculté de subir la fermentation alcoolique paraît réservée, d'après M. Fischer, aux hydrates de carbone solubles dont la formule est un multiple exact de celle de l'aldéhyde glycérique, ainsi qu'aux polyglucosides que la levûre peut dédoubler, par hydratation, en corps directement fermentescibles.

M. Scheibler a proposé, pour éviter toute confusion dans la nomenclature des hydrates de carbone, de donner la terminaison *ose* aux différents isomères de la glucose, $C^6H^{12}O^6$, et d'appeler *bioses* ou *trioses* les sucres en C^{12} ou en C^{18}.

D'après cette nomenclature on devrait donc dire :

Saccharobiose pour *saccharose*,
Tréhabiose pour *tréhalose*,
Maltobiose pour *maltose*,
Lactobiose pour *lactose*,
Mélitriose pour *mélitose*,
Mélézitriose pour *mélézitose*,
Mélézibiose pour désigner le saccharose qui se forme dans l'interversion incomplète du mélézitriose, etc.

Le nom d'*arabinose*, dont la consonnance se rapproche de celle des *bioses* ou diglucoses, devrait enfin, d'après le même auteur, être changé en celui d'*arabose* [*D. chem. G.*, **18**, 646].

D'autre part, M. Ém. Fischer est d'avis d'étendre la terminaison *ose* à tous les hydrates de carbone réducteurs, quel que soit d'ailleurs leur poids moléculaire ; les corps en C^3 seraient nommés *trioses* (aldéhyde glycérique et dioxyacétone) et leurs homologues supérieurs *tétroses*, *pentoses*, *hexoses* (glucoses proprement dits), *heptoses*, etc. Les trioses de M. Scheibler deviendraient des *hexotrioses*. Enfin on réunirait sous le nom d'*aldoses* tous les hydrates de carbone à fonction d'aldéhyde (arabinose, mannose, galactose) et sous le nom de *cétoses* ceux qui renferment la fonction acétone (lévulose ou fructose) [*D. chem. G.*, **23**, 2136].

L. Maquenne.

CARBO - NITRO - TÉTRA - IMIDOBENZÈNES. — Ce nom impropre a été donné par M. Hübner [*D. chem. G.*, **10**, 1718] aux *tétranitrophénylamidométhanes*,

$$C(AzH.C^6H^4.AzO^2)^4.$$

Le *dérivé m-nitré* prend naissance par l'action de l'iodure de cyanogène sur la m-nitraniline à 110-120°. C'est un précipité vert, fusible à 286°, soluble en jaune verdâtre dans l'aniline et dans la soude alcoolique.

Il donne avec la soude un sel brun, insoluble dans l'eau, ayant pour formule $C^{25}H^{18}Az^8O^8Na^2$.

Soumis à l'hydrogénation, il se transforme en *tétra-m-amidophénylamidométhane*,

$$C(AzH.C^6H^4.AzH^2)^4,$$

huile jaunâtre, volatile avec la vapeur d'eau.

Le *chlorhydrate*, $C^{25}H^{28}Az^2.2HCl$, cristallise en aiguilles noirâtres, très solubles dans l'eau.

Traitée par l'acide nitreux, la base se convertit en un dérivé nitrosé et phénolique ayant pour formule $C^{25}H^{18}Az^4O(AzO)^2(OH)^4$.

Le *tétra-p-nitrophénylamidométhane* se produit par l'action de l'iodure de cyanogène sur la p-nitraniline à 110–120°. Il forme de petits cristaux rouges, fusibles au-dessus de 300°, peu solubles dans l'acide acétique et dans l'aniline, plus solubles dans la soude alcoolique en donnant une liqueur rougé.

L'acide nitrique est sans action sur lui.

Chauffé à 100° avec de la soude, il donne un sel jaune insoluble, $C^{25}H^{13}Az^8O^8Na^2$.

Réduit par l'étain et l'acide chlorhydrique à l'ébullition, il se convertit en *tétra-p-amidophénylamidométhane* . $C(AzH.C^6H^4.AzH^2)^4$, la-

melles incolores, fusibles à 138°, très solubles dans l'eau et volatiles sans décomposition.

Le *chlorhydrate*, $C^{25}H^{28}Az^2.2HCl$, forme de petites lamelles rougeâtres, très solubles dans l'eau.

Traitée par l'acide nitreux, cette base se convertit en un dérivé nitrosé et phénolique ayant pour formule $C^{25}H^{18}Az^4O(AzO)^2(OH)^4$.

CARBONYLTRIPHÉNYLGUANIDINE. — Voyez GUANIDINE.

CARBOPÉTROCÈNE. — On désigne sous ce nom un mélange de carbures renfermant 96 0,0 de carbone environ, et qui est la portion la moins fusible obtenue par la cristallisation fractionnée du *pétrocène* [Prunier, *Ann. Chim. Phys.*, (5), **17**, 162] (voyez Suppl., **1**, 1157 et PÉTROCÈNE, Suppl., **2**).

Le carbopétrocène brut commence à fondre à 200° et la fusion est complète à 238°. Son point d'ébullition est extrêmement élevé et c'est à peine s'il se volatilise dans le mercure bouillant. La couleur de ce produit est d'un vert sombre, tirant sur le brun. Sa densité à 10° est 1,235.

Analyse immédiate du carbopétrocène. — Ce corps ne renferme que des traces de paraffine.

A l'alcool bouillant, il cède un peu d'anthracène. Le résidu de l'action de ce dissolvant est cristallin et d'un vert sombre. Il représente les 9/10 du produit primitif. Ce résidu, lavé au pétrole léger, puis à l'alcool, renferme 97 0/0 de carbone.

L'éther lui enlève du pyrène, de l'anthracène, des traces de chrysène. On épuise encore une fois par l'alcool bouillant, et le résidu brun foncé représente alors un peu plus de la moitié de la masse après le premier traitement à l'alcool.

On traite alors à l'ébullition par le chloroforme, qui donne immédiatement une liqueur fluorescente d'un brun rougeâtre. On filtre à chaud, on distille aux trois quarts et on laisse refroidir. La partie qui cristallise fond à 305° et son poids représente le tiers de la masse insoluble dans l'alcool bouillant. La solution chloroformique évaporée cède à l'éther froid du benzérythrène, au pétrole léger ou à l'acide acétique du chrysène, un carbure fondant à 270°, jaune, lamelleux, nacré, colorant en jaune l'alcool et l'éther, et mélangé au corps que Fritzsche a désigné par le nom de *chrysogène*.

Quand le carbopétrocène a été ainsi épuisé par l'éther et le chloroforme à chaud, il peut encore fournir à l'alcool bouillant une nouvelle proportion d'un carbure jaune qui, purifié par plusieurs cristallisations, se présente sous la forme de cristaux blancs ou à peine jaunâtres, d'un vif éclat nacré, fondant à 270-275°.

Régénéré de son picrate, ce carbure fond vers 268°. Il est presque insoluble dans l'alcool et dans l'éther, soluble, à chaud surtout, dans le pétrole et dans le benzène, assez soluble dans le sulfure de carbone et dans l'acide acétique cristallisable, peu soluble dans le chloroforme.

Il est électrisable par le frottement. Il possède une fluorescence bleu-violacé.

Oxydé par le dichromate et l'acide acétique, il donne un corps rouge-brique, insoluble dans l'eau, soluble dans le benzène et susceptible de se volatiliser.

La composition centésimale est représentée par la formule $(C^{12}H^9)^n$; n est probablement égal à 4, comme semblent l'indiquer les combinaisons picriques.

Si on met en présence parties égales du carbure $(C^{12}H^9)^n$ et d'acide picrique en solution dans le chloroforme, on obtient un *picrate*,

$$(C^{12}H^9)^2.C^6H^3Az^3O^7 \text{ ou } (C^{12}H^9)^4.2C^6H^3Az^3O^7,$$

fondant à 135°. Ce picrate, rouge-orangé, en aiguilles trapues, est détruit par l'eau pure et par l'alcool.

Si on introduit à chaud un excès d'acide picrique pulvérisé dans une solution chloroformique du carbure, on obtient un *picrate* orangé, plus clair que le précédent, fondant à 185°, dont la composition est $(C^{19}H^{2})^{4}$. $C^{6}H^{3}Az^{3}O^{7}$.

Enfin on a pu retirer du carbopétrocène un carbure $(C^{17}H^{2})^{n}$ qui renferme plus de 97 0/0 de carbone. C'est le plus difficilement soluble dans le chloroforme; il reste en dernier lieu, après les lavages à l'éther et à l'acide acétique bouillant du composé brun obtenu par l'action du chloroforme à chaud.

Ce corps fond au delà de 310°. Il est en lamelles brillantes et cristallines. Son *picrate* cristallise.

Enfin on épuise le produit par le benzène ou par le toluène bouillant; mais ce procédé est peu convenable, car on a fait remarquer (Suppl., **1**, 1157) que les carbures employés comme dissolvants se combinent à ces produits, et amènent une sorte de rétrogradation dans la teneur en carbone. Il n'en est pas moins vrai qu'après avoir épuisé l'action de tous ces dissolvants, il ne reste plus qu'un résidu très léger, qui a l'aspect du noir de fumée et qui représente moins du centième de la masse du carbopétrocène [Prunier, *Ann. Chim. Phys.*, (5), **17**, 1-62].

Paul Adam.

CARBOPIMÉLIQUE (**ACIDE** α-) [Syn. *Acide 4-méthylpentanoïque-2-3-dicarbonique*],

$$(CH^{3})^{2}CH-CH(CO^{2}H)-CH(CO^{2}H)^{2}.$$

— On prépare l'acide α-carbopimélique en saponifiant par la potasse alcoolique concentrée l'éther triéthylique correspondant.

Cet acide est soluble dans l'eau, l'alcool et l'éther. Il fond à 160° en perdant de l'acide carbonique et en donnant de l'acide pimélique. $C^{7}H^{12}O^{4}$.

Il précipite le chlorure de baryum, ainsi que les sels d'argent, de plomb et les sels ferreux.

Éther triéthylique. — Ce dérivé s'obtient en faisant réagir le malonate d'éthyle sodé en solution alcoolique sur l'α–bromo–isovalérate d'éthyle,

$$(CH^{3})^{2}CH-CHBr-CO^{2}C^{2}H^{5}$$

C'est un liquide d'un goût amer et désagréable. Il bout à 276–278° [W. Roser, *Ann. Chem.*, **220**, 271].

A. Bigot.

CARBOPYROTRITARIQUE (**ACIDE**) [Syn. *Carbuvique, diméthylfurfurane–dicarbonique*],

$$\begin{array}{c} CO^{2}H-C-C-CO^{2}H \\ \| \quad \| \\ CH^{3}-C \quad C-CH^{3} \\ \diagdown \diagup \\ O \end{array}$$

— Le diacétylsuccinate d'éthyle, chauffé pendant quelques instants avec de l'acide sulfurique étendu, donne l'éther monoéthylique de l'acide carbopyrotritarique. Si l'on prolonge l'action de l'acide sulfurique, on obtient de l'acide carbopyrotritarique.

Pour le préparer, on fait bouillir pendant quelques heures un mélange de 20 grammes de diacétylsuccinate d'éthyle et de 150 grammes d'acide sulfurique à 10 0/0. On distille ensuite dans un courant de vapeur d'eau, qui entraîne l'éther carbopyrotritarique : le résidu se prend en une masse cristalline d'acide carbopyrotritarique [Harrow, *Ann. Chem.*, **201**, 152 ; *Bull. Soc. Chim.*, (2), **35**, 309].

L'acide carbopyrotritarique se produit aussi, à l'état d'éther monoéthylique, lorsqu'on chauffe à 200° le diacétylsuccinate d'éthyle, ou lorsqu'on traite à froid cet éther par l'acide chlorhydrique concentré; si l'on emploie les acides sulfurique ou phosphorique concentrés, c'est l'éther diéthylique qui prend naissance [L. Knorr, *D. chem. G.*, **17**, 2863].

L'acide carbopyrotritarique cristallise dans l'eau bouillante en fines aiguilles blanches, fusibles à 230°, presque insolubles dans l'eau froide, très solubles dans l'alcool et dans l'éther.

Fondu avec de la potasse, il se dédouble en acides acétique et succinique. A une température un peu supérieure à son point de fusion, il se décompose peu à peu en acides carbonique et pyrotritarique (Harrow, Knorr).

Lorsqu'on distille rapidement l'acide carbopyrotritarique, on obtient de l'acide pyrotritarique, du diméthylfurfurane et de l'uvinone [Dietrich et Paal, *D. chem G.*, **20**, 1085].

Il ne se combine ni avec l'hydroxylamine, ni avec la phénylhydrazine.

SELS. — Cet acide donne naissance à deux séries de sels, des sels acides et des sels neutres. On obtient les premiers par double décomposition à l'aide du sel acide de potassium, préparé lui-même en saponifiant par la potasse alcoolique l'éther monoéthylique; les sels neutres se préparent en partant du sel d'ammonium, que l'on obtient en évaporant une solution ammoniacale de l'acide.

Le *sel acide de sodium* cristallise avec de l'eau (3 molécules environ) et forme de longues aiguilles, peu solubles dans l'alcool.

Le *sel neutre de potassium* se présente en petites aiguilles blanches.

Le *sel neutre de baryum*, $C^{8}H^{6}O^{5}Ba$, $0,5H^{2}O$, est peu soluble dans l'eau bouillante; il en est de même du *sel de calcium*, qui forme des cristaux anhydres.

Le *sel neutre d'argent*, $C^{8}H^{6}O^{5}Ag^{2}$, est facilement décomposable à la lumière. Il est amorphe quand on le prépare à froid, cristallin si l'on opère à l'ébullition.

Le *sel acide d'argent*, $C^{8}H^{7}O^{5}Ag$, cristallise dans l'eau bouillante en fines aiguilles.

Les *sels de plomb, de cuivre, de nickel, de cobalt* se présentent sous la forme de cristaux incolores, bien définis (Harrow, Knorr).

ÉTHERS. — L'*éther monométhylique* s'obtient en traitant à froid par l'acide chlorhydrique fumant l'éther diméthylique. Il fond à 129° et distille sans altération. Le nitrate d'argent donne avec lui un précipité renfermant $C^{9}H^{9}O^{5}Ag$, qui fournit par la distillation sèche du pyrotritarate de méthyle.

L'*éther diméthylique* se prépare en faisant réagir l'iodure de méthyle sur le carbopyrotritarate d'argent. Il fond à 63° et bout à 258° sans se décomposer.

L'*éther monoéthylique*, $C^{8}H^{7}O^{5}.C^{2}H^{5}$, se produit dans la préparation de l'acide carbopyrotritarique (Harrow), ou encore lorsqu'on chauffe à 200° le diacétylsuccinate diéthylique, ou qu'on traite à froid cet éther par l'acide chlorhydrique concentré. On peut aussi le préparer par l'action de l'iodure d'éthyle sur le carbopyrotritarate acide d'argent.

Il cristallise dans l'éther en lamelles fusibles à 83°, solubles dans l'alcool, l'éther et le benzène, peu solubles dans l'eau froide.

Chauffé avec précaution, il distille sans décomposition. Une solution étendue de soude le dissout; les acides le précipitent de cette solution. Si on le chauffe pendant longtemps avec de l'acide sulfurique étendu, il se dédouble en alcool et acide pyrotritarique.

La potasse alcoolique le saponifie très facilement.

Cet éther fournit un *sel de baryum*,

$$[C^9H^0O^5(C^2H^5)]^2Ba, 4H^2O,$$

qui cristallise en aiguilles. Le *sel de calcium* correspondant renferme 3 H²O [Fittig et Feist, *Ann. Chem.*, **250**, 192; *Bull. Soc. Chim.*, (3), **3**, 100].

L'*éther diéthylique* se produit dans l'action de l'iodure d'éthyle sur le carbopyrotritarate neutre d'argent. On le prépare également en traitant par l'acide sulfurique concentré le diacétylsuccinate diéthylique.

On peut enfin l'obtenir en chauffant doucement le même diacétylsuccinate diéthylique avec de l'acide phosphorique concentré. On traite ensuite par l'eau et on épuise par l'éther.

Il bout à 275°,5 sous 735 millimètres. Il est insoluble dans la soude et ne se combine ni avec l'hydroxylamine ni avec la phénylhydrazine. La potasse alcoolique le saponifie nettement à l'ébullition.

Éther méthyléthylique. — Ce composé s'obtient : 1° en chauffant l'éthylcarbopyrotritarate d'argent avec de l'iodure de méthyle ; 2° en chauffant le méthylcarbopyrotritarate d'argent avec de l'iodure d'éthyle.

C'est une huile incristallisable, bouillant à 268°, que l'acide chlorhydrique concentré transforme à froid en un mélange des deux éthers acides monométhylique et monoéthylique [Knorr et Cavallo, *D. chem. G.*, **22**, 153; *Bull. Soc. Chim.*, (3), **1**, 643].

Constitution de l'acide cardopyrotritarique. — M. Fittig [*D. chem. G.*, **18**, 3410] admet pour l'acide carbopyrotritarique la constitution

$$CH^3 . C - CH . CO^2H$$
$$\| \quad |$$
$$CH \quad CH . CO^2H$$
$$\diagdown \quad /$$
$$CO$$

MM. Paal et Knorr lui ont attribué la formule

$$CO^2H . C - C . CO^2H$$
$$\| \quad |$$
$$CH^3 . C \quad C . CH^3$$
$$\diagdown / $$
$$O$$

Ce dernier chimiste a montré que ni cet acide ni ses dérivés ne se combinent avec l'hydroxylamine ni avec la phénylhydrazine. Si cet acide renfermait un groupement acétonique, on pourrait le transformer par la réduction en un composé présentant la fonction d'alcool secondaire, ce qui n'a pas lieu. De plus, les réactions indiquées à propos du carbopyrotritarate de méthyle et d'éthyle (voyez plus haut) montrent que les deux carboxyles de la molécule sont placés symétriquement, ce qui démontre l'inexactitude de la formule de M. Fittig [Knorr, *D. chem. G.*, **22**, 146, 153].

Acide isocarbopyrotritarique [L. Knorr, *D. chem. G.*, **22**, 158; *Ann. Chem.*, **236**, 298, **238**, 170]. — En chauffant vers 180° le diacétylsuccinate d'éthyle, M. Knorr a obtenu un mélange d'éthers pyrotritariques, carbopyrotritarique et d'un éther formé suivant l'équation

$$C^{12}H^{18}O^6 = C^2H^6O + C^{10}H^{12}O^5$$

et qu'il a appelé *isocarbopyrotritarique*. On sépare ce composé des éthers qui l'accompagnent en dissolvant dans la soude étendue le produit brut de la réaction, lavant à l'éther la solution alcaline et décomposant par l'acide chlorhy-

drique ou par le gaz carbonique. Cristallisé dans l'alcool, l'éther isocarbopyrotritarique fond à 110° et distille vers 280° sous 15 millimètres. Il est presque insoluble dans l'eau et dans les acides étendus, soluble dans les solutions alcalines étendues, avec formation de sels insolubles dans les alcalis concentrés et décomposables par l'acide carbonique.

Il jouit également de propriétés réductrices, décompose à froid les sels d'or et d'argent, et donne avec le chlorure ferrique une coloration bleue.

La phénylhydrazine en solution acétique donne avec lui de la *bisphénylméthylpyrazolone*,

$$\begin{array}{ccc} & Az . C^6H^5 & Az . C^6H^5 \\ Az & CO \quad CO & Az \\ CH^3 . C \quad CH - CH \quad C . CH^3 \end{array}$$

L'hydroxylamine fournit de petites aiguilles qui détonent à 190° et qui ont pour constitution

$$\begin{array}{ccc} & O & O \\ Az & CO \quad CO & Az \\ CH^3 . C \quad CH - CH \quad C . CH^3 \end{array}$$

L'acide s'obtient en saponifiant l'éther par la soude étendue. Lorsqu'on le chauffe avec 5 fois son volume d'eau, en tubes scellés, à 120°, il se décompose suivant l'équation

$$C^9H^8O^5 + H^2O = 2CO^2 + C^6H^{10}O^3,$$

en donnant un dérivé qui paraît identique avec l'acétonylacétone décrite par M. Paal.

Chauffé vers 200°, l'acide isocarbopyrotritarique perd de l'acide carbonique et fournit deux composés acides, fusibles l'un à 175° et l'autre à 60° : le premier de ces dérivés a pour formule $C^7H^8O^3$.

La formule de l'acide isocarbopyrotritarique paraît être

$$CO^2H . CH - CH . CO . CH^3$$
$$| \quad |$$
$$CO \quad CO$$
$$\diagdown /$$
$$CH^2$$

ou peut-être

$$CO^2H . C \quad CH . CO . CH^3$$
$$CH^3 . C \quad CO$$
$$\diagdown /$$
$$O$$

O. Saint-Pierre.

CARBOSTYRILE [Syn. *α-Oxyquinoléine*]. — Voyez Quinoléine.

CARBOTHIALDINE. — Voyez Thialdine.

CARBO-USNIQUE (ACIDE). — Voyez acide Usnique.

CARBOXAMIDOBENZOÏQUE (ACIDE) [Syn. *Carbodibenzamique*]. — Voyez Suppl., **2**, 1, 542.

CARBOXÉTHYLANTHRANILIQUE (ACIDE) [Syn. *o-Amidocarbonate d'éthyle benzoïque*].

$$C^6H^4 \begin{array}{l} < CO^2H \\ \setminus AzH . CO^2C^2H^5 \end{array}$$

[Niementowski et Rozanski, *D. chem. G.*, **22**, 1674]. — Ce composé prend naissance par l'action du chlorocarbonate d'éthyle sur l'acide anthranilique, à froid et en solution éthérée. Il se dépose de fines aiguilles blanches de chlorhydrate d'acide anthranilique, et la liqueur filtrée fournit par évaporation l'acide carboxéthylanthranilique, en aiguilles mamelonnées, fusibles à 125°.

Chauffé avec un excès de chlorocarbonate d'éthyle, l'acide carboxéthylanthranilique se convertit en *acide isatoïque*

$$C^6H^4 {\Large\Langle} \begin{matrix} CO \\ | \\ Az-CO^2H \end{matrix}$$

suivant l'équation

$$C^6H^4 {\Large\langle} \begin{matrix} CO^2H \\ AzH \end{matrix} . CO^2C^2H^5 + Cl . CO^2C^2H^5$$

$$= HCl + CO^3(C^2H^3)^2 + C^8H^5AzO^3.$$

CARBOXIME-PHÉNOXYACÉTIQUES (ACIDES),

$$C^6H^4(CH=AzOH)(OCH^2 . CO^2H)$$

[Th. Elkan, *D. chem. G.*, **19**, 3051].

ACIDE O-CARBOXIME-PHÉNOXYACÉTIQUE. — On le prépare en abandonnant à la température ordinaire un mélange d'eau, de chlorhydrate d'hydroxylamine, de carbonate de sodium et d'o-aldéhydophénoxyacétate de sodium (voyez Suppl., **2. I.** 196). On acidule ensuite par l'acide sulfurique et on épuise par l'éther.

Belles lamelles cristallines, blanches, fusibles à 138°, très solubles dans l'eau chaude, l'alcool et l'éther, moins solubles dans le benzène, le chloroforme et la ligroïne.

La plupart de ses sels sont solubles; le *sel d'argent* est un précipité blanc.

ACIDE M-CARBOXIME-PHÉNOXYACÉTIQUE. — Même préparation que pour le précédent. Grandes aiguilles fusibles à 145°, un peu moins solubles dans l'eau que le dérivé ortho.

Les *sels alcalins* et *alcalino-terreux* sont solubles; le *sel de cuivre* est un précipité bleu-verdâtre; le *sel de plomb*, un précipité blanc; le *sel de fer*, un précipité brun; le *sel d'argent*, un précipité blanc.

ACIDE P-CARBOXIME-PHÉNOXYACÉTIQUE. — Préparé de la même façon que ses deux isomères, ce composé cristallise dans l'eau chaude en fines aiguilles, fusibles à 168°. Il est moins soluble dans l'eau que les deux acides précédents.

Les trois acides carboxime-phénoxyacétiques donnent par la liqueur de Fehling des précipités d'un vert sale.

CARBOXYBENZYLPHTALAMIQUE (ACIDE P-),

$$C^6H^4 {\Large\langle} \begin{matrix} CO.AzH \\ CO^2H \end{matrix} \quad CH^2.C^6H^4.CO^2H$$

[H.-K. Günther, *D. chem. G.*, **23**, 1059]. — Ce composé prend naissance lorsqu'on fait bouillir la p-cyanobenzylphtalimide avec de la soude à 30 0 0 :

$$C^6H^4 {\Large\langle} \begin{matrix} CO \\ CO \end{matrix} {\Large\rangle} Az . CH^2 . C^6H^4 . CAz + 3H^2O$$

$$= AzH^3 + C^6H^4 {\Large\langle} \begin{matrix} CO.AzH.CH^2.C^6H^4.CO^2H \\ CO^2H \end{matrix}$$

Purifié par cristallisation dans l'alcool bouillant, il se présente en fines aiguilles microscopiques, fusibles à 255°, peu solubles dans la plupart des dissolvants usuels.

Le *sel d'argent*, $C^{16}H^{12}AzO^5Ag$, forme des cristaux prismatiques.

Chauffé à 200° avec 4 fois son poids d'acide chlorhydrique concentré, l'acide p-carboxybenzylphtalamique se convertit en acide *benzylamine-p-carbonique*,

$$C^6H^4 {\Large\langle} \begin{matrix} CH^2.AzH^2 \\ CO^2H \end{matrix}$$

(voyez Suppl., I, **2**, 614).

CARBOXYGALACTONIQUE (ACIDE),

$$C^7H^{12}O^9.$$

— Ce corps résulte de l'oxydation de l'acide galactose-carbonique, comme l'acide saccharique résulte de l'oxydation de l'acide gluconique. Pour l'obtenir, on traite l'acide galactose-carbonique, mélangé ou non de sa lactone, par une fois et demie son poids d'acide azotique (d = 1,2), à la température de 50°; il se déclare bientôt une vive réaction, qui dure environ 24 heures. On évapore alors sur le bain-marie, à une douce température et en agitant; on ajoute un peu d'eau au résidu et on évapore de nouveau, de manière à chasser tout l'excès d'acide azotique. On dissout alors la masse dans l'eau, on précipite l'acide oxalique formé par la quantité exactement nécessaire de carbonate de calcium, on neutralise le liquide filtré par la potasse, on évapore jusqu'à consistance sirupeuse et on ajoute un excès d'acide acétique.

Dans l'espace de 24 heures, surtout si l'on agite fréquemment, il se dépose des cristaux du *sel acide* $C^7H^{11}O^9K,1,5H^2O$ (séché à l'air). Pour en isoler l'acide, on transforme ce composé en sel neutre, par addition d'une quantité de potasse égale à celle qu'il contient déjà, puis en sel de cadmium, que l'on décompose par l'hydrogène sulfuré.

L'acide carboxygalactonique cristallise, lorsque l'on évapore ses dissolutions aqueuses dans le vide sec, en petits prismes microscopiques aplatis, peu solubles dans l'eau froide; il se ramollit vers 168° et fond complètement à 171°, en dégageant des gaz : le résidu est incolore et amorphe.

L'acide carboxygalactonique ne réduit pas la la liqueur de Fehling.

Les sels alcalins neutres sont amorphes; au contact de l'acide acétique, ils se transforment en sels acides cristallins; le *sel monopotassique* signalé plus haut se présente en fines aiguilles groupées, à éclat soyeux.

Le *sel neutre de baryum*, $C^7H^{10}O^9Ba,3H^2O$, se dépose lentement, par addition de chlorure de baryum aux sels alcalins neutres, sous la forme de petits prismes brillants ou d'aiguilles groupées en mamelons.

Le *sel de cadmium*, $C^7H^{10}O^9Cd,2H^2O$, cristallise également en très fines aiguilles blanches, devenant anhydres à 100°; on l'obtient en ajoutant du nitrate de cadmium à une solution de carboxygalactonate neutre de potassium : le sel de cadmium se dépose à la suite d'un repos de quelques heures. Le sel de potassium employé doit être pur; autrement le précipité serait floconneux et impossible à laver [Kiliani, *D. chem. G.*, **22**, 521].

D'après son mode de formation, l'acide carboxygalactonique doit être bibasique et penta-alcoolique, en sorte que sa formule peut s'écrire

$$C^5H^5(OH)^5(CO^2H)^2$$

L. Maquenne.

CARBOXYGALACTONIQUE (ALDÉHYDE), $C^7H^{12}O^8$. — Ce corps, qui se forme en même temps que l'acide carboxygalactonique lorsqu'on oxyde l'acide galactose-carbonique, se déshydrate aussitôt qu'il devient libre et se transforme en une lactone $C^7H^{10}O^7$. On l'obtient en laissant évaporer spontanément, sous une cloche, en présence de chaux vive, le produit de l'oxydation de l'acide galactose-carbonique par l'acide azotique. Après quelques jours, on voit se séparer des prismes incolores, assez volumineux, dont le poids représente environ un dixième de celui de l'acide galactose-carbonique employé.

Cette substance, qui n'est autre que la lactone

de l'aldéhyde carboxygalactonique, peut être facilement purifiée par cristallisation dans l'eau. Elle n'exerce aucune action sur les réactifs colorés, devient jaune dès la température de 190° et fond en se décomposant vers 205-206°.

Par suite de sa fonction aldéhydique, ce corps réduit fortement la liqueur de Fehling et donne avec l'acétate de phénylhydrazine une *hydrazone* jaunâtre, très peu soluble dans l'eau, présentant au microscope la forme de petites aiguilles concentriques, et répondant à la formule $C^{13}H^{16}Az^2O^6$. Cette hydrazone se colore vers 150° et entre en fusion vers 166°, en se décomposant.

L'aldéhyde carboxygalactonique est oxydée à froid par le brome, en présence de l'eau, et se transforme ainsi en l'acide correspondant, $C^7H^{12}O^9$, fusible à 171°.

Il résulte des faits précédents que la lactone de l'aldéhyde carboxygalactonique présente la constitution exprimée par la formule

$$CHO-CHOH-CHOH-CH-CHOH-CHOH$$
$$O \underline{\hspace{2cm}} CO$$

sous réserve, bien entendu, de la position géométrique de ses oxhydryles, qui doit être la même dans cette substance que dans la galactose et dans ses dérivés hydroxylés [Kiliani. *D. chem. G.*, **22**, 1385].   L. Maquenne.

CARBOXYGLUTARIQUE (ÉTHER),

$$(CO^2C^2H^5)^3CH - CH^2 - CH^2 - CO^2C^2H^5$$

[W.-O. Emery, *D. chem. G.*, **24**, 282 ; *Bull. Soc. Chim.*, (3), **6**. 670]. — Ce composé prend naissance par l'action du β-bromopropionate d'éthyle sur le sodomalonate d'éthyle à la température du bain-marie. Sa densité à 20°, par rapport à l'eau à 4°, est 1.0808.

Cet éther fournit par la saponification à l'aide de la potasse alcoolique un acide sirupeux, incristallisable, qui, chauffé avec de l'acide chlorhydrique, perd du gaz carbonique et se convertit en acide glutarique.

CARBOXYCORNICULARIQUE (ACIDE). — Voyez ACIDE PULVIQUE.

CARBOXYLIQUES (ACIDES). — M. Lerch a désigné sous ce nom différents corps extraits du carboxyde de potassium ou des produits qu'il donne en s'oxydant à l'air (voyez Dict., **2**, 1358).

L'acide carboxylique lui-même, auquel M. Lerch attribuait la formule $C^{10}H^4O^{10}$, n'avait pu être isolé de ses sels à cause de son instabilité; mais, d'après l'auteur, il constituait une sorte de noyau autour duquel venaient se grouper, par dérivation simple, toutes les substances signalées dans la préparation des rhodizonates ou des croconates.

MM. Nietzki et Benckiser ont démontré récemment que les acides carboxyliques de M. Lerch appartiennent à la série aromatique et constituent des oxybenzènes ou des oxyquinones.

L'acide *trihydrocarboxylique* devient ainsi l'*hexa-oxybenzène* $C^6(OH)^6$; l'acide *dihydrocarboxylique* présente tous les caractères de la *tétra-oxyquinone* $C^6O^2(OH)^4$; l'acide *carboxylique* paraît être identique à l'acide *rhodizonique* ou *dioxydiquinone* $C^6O^4(OH)^2$; enfin l'acide *oxycarboxylique* n'est autre chose que la *perquinone* ou *triquinoyle* C^6O^6. $8H^2O$ (voyez ces mots).

CARBOXYLPHÉNYLCRÉSYLTRICHLORÉTHANE. — M. O. Fischer a désigné sous ce nom l'acide

$$CCl^3-CH \begin{cases} C^6H^4-CO^2H \\ C^6H^4-CH^3 \end{cases}$$

qui se forme par l'oxydation, à l'aide du mélange chromique, du dicrésyltrichloréthane,

$$CCl^3-CH(C^6H^4-CH^3)^2.$$

Cet acide, qu'il vaudrait mieux appeler *crésylotrichloréthylbenzoïque*, cristallise dans l'alcool en lamelles fusibles à 173-174° [O. Fischer, *D. chem. G.*, **7**, 1192].

CARBOXYPHÉNYLGLYOXYLIQUE (ACIDE O-) [Syn. *Phénylglyoxylique-o-carbonique*],

$$C^6H^4 \begin{cases} CO.CO^2H_{(1)} \\ CO^2H_{(2)} \end{cases}$$

— Cet acide a été obtenu pour la première fois par MM. Th. Zincke et A. Breuer dans les conditions suivantes : le glycol styrolénique,

$$C^6H^5.CHOH.CH^2OH,$$

traité par l'acide sulfurique concentré, se transforme en un hydrocarbure

$$C^9H^5.C = CH$$
$$CH = C.C^6H^5$$

que l'acide chromique en solution acétique convertit en une quinone

$$C^6H^5.C — CO$$
$$CO-C.C^6H^5$$

Celle-ci se dissout à chaud dans la potasse alcoolique en s'oxydant, et donne une oxyquinone $C^{16}H^9O^2(OH)$, qui, traitée par une solution alcaline de permanganate de potassium, fournit l'acide en question. Bien que ce mode de formation soit peu en rapport avec la formule de constitution donnée plus haut, on doit néanmoins en admettre l'exactitude, car sous l'action de la chaleur cet acide se décompose en donnant de l'anhydride phtalique, de l'eau et de l'oxyde de carbone [Th. Zincke et A. Breuer, *Ann. Chem.*, **226**, 54; *Bull. Soc. Chim.*, (2), **45**. 154].

L'acide carboxyphénylglyoxylique se produit encore quand on oxyde par le permanganate en solution alcaline l'acide hydrindonaphtène-carbonique,

$$C^6H^4 \begin{cases} CH^2 \\ CH^2 \end{cases} CH-CO^2H$$

[E. Scherks, *D. chem. G.*, **18**, 378; *Bull. Soc. Chim.*, (2), **45**, 619].

M. R. Henriques l'a également obtenu [*D. chem. G.*, **21**, 1607; *Bull. Soc. Chim.*, (2), **50**, 306] en oxydant par le permanganate une solution d'α-naphtol dans la soude.

Cet acide fond à 138-140° et se dissout facilement dans l'eau et dans les autres dissolvants usuels, sauf dans le chloroforme; mais il se dépose souvent à l'état huileux de ces dissolutions. Il réduit le nitrate d'argent ammoniacal, et est oxydé très rapidement par le permanganate de potassium en solution acide, tandis qu'il n'est que peu attaqué par le même réactif en solution alcaline.

Réduit par l'amalgame de sodium, il se convertit en acide phtalide-carbonique,

$$C^6H^4 \begin{cases} CH-CO^2H \\ CO \end{cases} O$$

Le *sel de baryum*, $C^9H^4O^5Ba.2H^2O$, cristallise en tables hexagonales. Le *sel de potassium* est anhydre et très soluble dans l'eau; le *sel d'argent*, $C^9H^4O^5Ag^2$, est peu soluble et se décompose par l'ébullition avec l'eau; le *sel de cuivre*, très soluble, renferme 6 molécules d'eau.

L'acide carboxyphénylglyoxylique s'unit à la phénylhydrazine avec perte de 2 molécules d'eau et fournit le composé

$$C^6H^4 \diamondsuit \begin{matrix} C-CO^2H \\ \\ CO \end{matrix} Az^2 \cdot C^n H^x$$

Purifiée par cristallisation dans l'alcool chaud, cette *hydrazone* fond à 214-215°; elle est très stable. L'acide sulfurique concentré ne l'attaque pas à la température du bain-marie. Elle ne réduit pas le nitrate d'argent ammoniacal. Elle se dissout dans les alcalis en donnant des sels monobasiques. L'*éther méthylique* correspondant fond à 114°. Chauffée au delà de son point de fusion, vers 250°, elle perd 1 molécule d'acide carbonique et donne le composé

$$C^6H^4 \diamondsuit \begin{matrix} CH \\ CO \end{matrix} Az^2 \cdot C^6 H^5$$

fusible à 106-107°.   O. Saint-Pierre.

CARBOXYTARTRONIQUE [ACIDE] [Syn. *Dioxytartrique*]. — Voyez ACIDE TARTRIQUE.

CARMIN (voyez Dict., 1, 768 et Suppl., 1, 433). — En traitant par un excès de brome une solution bouillante de rouge de carmin dans 10 fois son poids d'acide acétique à 50 0/0, MM. Will et Leymann [*D. chem. G.*, **18**, 3181] ont obtenu deux dérivés bromés, l'α-bromocarmin et le β-bromocarmin : le premier de ces dérivés cristallise par le refroidissement de la liqueur; le second peut en être précipité par addition d'eau.

α-BROMOCARMIN, $C^{10}H^4Br^4O^3$. — Purifié par cristallisation dans l'alcool, ce composé se présente en aiguilles incolores, fusibles avec décomposition à 247-248°, insolubles dans l'eau, peu solubles dans le bicarbonate de sodium, très solubles dans les alcalis caustiques, l'alcool bouillant, le benzène et l'acide acétique cristallisable. Soumis à l'ébullition avec la potasse, il se convertit en α-bromo-oxycarmin.

α-*Bromo-oxycarmin*, $C^{10}H^6Br^3O^5$, H^2O. — On l'isole en acidulant par l'acide chlorhydrique le produit de l'action de la potasse concentrée et bouillante sur l'α-bromocarmin, et on le purifie par cristallisation dans l'alcool faible. Cristaux qui se déshydratent à 100° et qui fondent en se décomposant à 207-208°.

Traité en solution méthylique par le gaz chlorhydrique, ce composé fournit un *éther méthylique*, $C^9H^4Br^2O^2(OH)(CO^2CH^3)$, qui, après cristallisation dans l'alcool bouillant, fond à 192°. Cet éther est insoluble dans l'eau, peu soluble dans l'alcool froid, soluble dans la potasse caustique, insoluble dans le bicarbonate de sodium. Si l'on chauffe cet éther, dans un appareil à reflux, avec une solution méthylique de potasse et de l'iodure de méthyle, on obtient un mélange de l'*éther diméthylique*

$$C^9H^4Br^2O^2(OCH^3)(CO^2CH^3)$$

et de l'*éther monométhylique acide*

$$C^9H^4Br^2O^2(OCH^3)(CO^2H),$$

que l'on peut séparer l'un de l'autre par les alcalis.

Le premier est très peu soluble dans l'alcool, soluble dans l'éther, et forme des cristaux fusibles à 185°.

Le second, également fusible à 185°, se présente en volumineux flocons cristallins, extrêmement solubles dans l'alcool; on peut aussi le préparer en faisant bouillir avec de la potasse l'éther diméthylique.

En même temps que ces deux éthers, on obtient un autre *éther neutre*, fusible à 150°, et dont la saponification par la potasse fournit un acide cristallisé, fusible à 171°. L'étude de ces deux derniers corps n'a pas été terminée.

L'oxydation de l'α-bromo-oxycarmin par une solution alcaline de permanganate de potassium, à la température du bain-marie, fournit un acide fusible à 243-244°, ayant pour formule $C^9H^6Br^2O^4$ et dont la constitution serait

$$C^7H^5Br^2O-CO-CO^2H$$

$$C^7H^4Br^2O(CHO)(CO^2H),$$

et un autre composé fusible à 195°, ayant pour formule $C^9H^4Br^2O^4$. L'étude de ces produits d'oxydation n'a pas été achevée.

β-BROMOCARMIN, $C^{11}H^5Br^3O^4$. — On le purifie par transformation en sel de potassium, et décomposition de ce dernier à l'aide de l'acide chlorhydrique. Il cristallise en aiguilles brillantes, fusibles à 242°.

Le *sel de potassium*, $C^{11}H^3Br^3O^4K^2$, est une poudre rouge, insoluble dans un excès de potasse. Le *sel de baryum* est brun-rouge; le *sel de plomb*, brun foncé; le *sel de fer*, noir.

On n'a pas réussi à préparer d'éthers méthyliques du β-bromocarmin.

Oxydé par le permanganate de potassium en solution alcaline, au bain-marie, le β-bromocarmin fournit un acide $C^{10}H^6Br^2O^6$, dont la formule serait celle d'un *acide méthyloxydibromobenzoyldicarbonique*,

$$C^6HBr^2O(CH^3)(CO^2H)(CO \cdot CO^2H),$$

et un acide $C^9H^4Br^2O^4$, identique avec celui qu'on obtient par l'oxydation de l'α-bromocarmin.

CARMINSPATH (Min.) (Sandberger). — Voyez CARMINITE, Dict., 1, 771.

CARNAUBA (CIRE DE). — Voyez CIRES, Suppl., 2.

CARNINE (voy. Suppl., 1, 435). — MM. Krukenberg et Wagner ont extrait la carnine de la chair de quelques poissons d'eau douce (*Barbus fluviatilis*, *Abramis brama*, *Leuciscus dobula*).

Dans la préparation de la carnine d'après le procédé de M. Weidel, on peut se dispenser de la précipitation à l'état de composé argentique. Il suffit de faire bouillir avec de l'eau le précipité formé par le sous-acétate de plomb, de filtrer et de concentrer. La carnine qui se dépose est purifiée par plusieurs cristallisations dans l'eau chaude. Le produit ainsi obtenu est pur; il brunit à 230° et se détruit à 239°.

L'acétate de cuivre donne à chaud, avec la carnine, un précipité vert-bleu; le sublimé et le nitrate mercurique la précipitent en blanc.

L'acide picrique est sans action. Contrairement aux premières indications de M. Weidel, la carnine, évaporée avec de l'eau de chlore et de l'acide nitrique, ne donnerait aucune réaction colorée avec l'ammoniaque [W. Krukenberg et H. Wagner, *Maly's Jahresb.*, 13, 69].   E. Lambling.

CAROTTINE, $C^{26}H^{38}$ (voyez Dic., 1, 771). — La carottine a été signalée dans la racine de la carotte cultivée (*Daucus carota*) et isolée à l'état cristallisé par Zeise.

Il est à remarquer qu'elle n'existe pas dans la carotte sauvage : ce sont la culture et la sélection qui provoquent sa formation ou sa localisation dans la racine.

On retrouve la carottine dans les feuilles des végétaux sans exception (Arnaud); cette présence constante indique évidemment un rôle physiologique en relation plus ou moins. directe avec celui que remplit la chlorophylle dans la feuille.

PRÉPARATION. — 1° *Au moyen de la carotte.* — Les carottes dites de conserve, c'est-à-dire celles ayant passé l'hiver dans des silos, paraissent préférables aux carottes nouvelles, qui, quoique très colorées, ne fournissent que peu de carottine cristallisable.

On râpe les racines de manière à obtenir une pulpe que l'on soumet à une forte pression pour en extraire le suc. Le liquide qui s'écoule est relativement peu coloré ; il contient cependant en suspension presque toute la carottine, en même temps qu'une matière nacrée, brillante, qui n'est autre que la phytostérine ou cholestérine végétale, comme nous le verrons plus loin. On additionne ce suc d'une quantité suffisante d'acétate neutre de plomb ; ce réactif a l'avantage de coaguler, dans ces conditions, les matières albuminoïdes qui rendent toute filtration impossible ; il se forme ainsi une sorte de laque colorée qui contient la totalité de la carottine : on filtre sur une toile pour recueillir le précipité plombique, coloré en rouge de sang, assez volumineux, formé pour la plus grande partie de combinaisons plombiques des acides végétaux contenus dans le suc.

On comprime ce précipité aussi fortement que possible, puis on le dessèche dans le vide sec, et on l'épuise par le sulfure de carbone. Ce dissolvant se colore en un rouge intense ; on distille rapidement jusqu'à un petit volume, on laisse s'achever l'évaporation à l'air libre et on reprend le résidu cireux, parsemé de cristaux, par de petites quantités d'éther de pétrole qui enlève beaucoup plus facilement les matières grasses et la cholestérine que la carottine, qui reste alors à l'état cristallin.

Pour purifier cette substance, on la redissout dans très peu de sulfure de carbone, on filtre et on ajoute peu à peu 5 ou 6 volumes d'alcool absolu ; la carottine se précipite alors en paillettes brillantes rouge-orangé, que l'on obtient tout à fait pures en répétant ce traitement.

La pulpe pressée de laquelle on a séparé le jus ne contient qu'une faible proportion de carottine, qu'on peut extraire en traitant la pulpe par le sulfure de carbone après l'avoir complètement desséchée.

Le rendement total en carottine est faible, environ 5 grammes pour 100 kilogrammes de racines.

2° *Au moyen des feuilles.* — Toutes les feuilles des végétaux peuvent servir à préparer la carottine, particulièrement celles du marronnier, de l'ortie, de l'épinard, qui donnent un bon rendement, grâce à la quantité de cires relativement faible qu'elles contiennent.

Les feuilles sont séchées dans le vide sec ; c'est une condition essentielle, qui permet d'éviter l'oxydation de la carottine au contact de l'air. On les pulvérise ensuite grossièrement et on les épuise par le pétrole léger (ligroïne), distillant au-dessous de 100° et absolument exempt de benzine. On doit effectuer l'épuisement par diffusion et à froid, en ayant soin de remplir complètement les flacons.

Après 8 jours de macération, le liquide s'est fortement coloré en jaune foncé, sans qu'il soit entré en solution une quantité appréciable de chlorophylle. On filtre et on laisse évaporer spontanément le pétrole dans de larges cuvettes, l'épaisseur du liquide ne dépassant pas quelques centimètres : il est en effet indispensable d'éviter une action trop prolongée de l'air, qui oxyderait inévitablement la carottine.

L'évaporation terminée, il reste un résidu cireux, coloré en jaune orangé et rempli de brillants cristaux de carottine ; les cires jouent ici un rôle utile, en préservant de l'oxydation au fur et à mesure de l'évaporation.

On reprend la masse par une petite quantité de pétrole, qui dissout de préférence et en premier lieu les matières grasses et les cires ; on verse le mélange dans un vase très conique : les cristaux viennent alors se rassembler au fond ; on décante le pétrole, et on lave une ou deux fois de la même façon. On dissout les cristaux dans la moindre quantité possible de sulfure de carbone, on filtre et on précipite la carottine par l'alcool absolu, comme il a été indiqué précédemment.

PROPRIÉTÉS. — La carottine est un carbure d'hydrogène qui répond à la formule $C^{26}H^{38}$; c'est le seul carbure vraiment coloré que nous connaissions : en cristaux un peu épais, obtenus par évaporation spontanée de la solution benzénique dans une atmosphère non oxydante, il est bleu d'acier par réflexion et rouge-orangé par transparence. Très oxydable, il absorbe 24 0/0 de son poids d'oxygène, ce qui correspond à peu près à 200 fois son volume ; on ne peut le préparer qu'en évitant avec grand soin l'action de l'air. L'absorption de l'oxygène se fait rapidement à chaud, même par les cristaux secs ; à froid, l'oxydation est plus lente, surtout au début.

Le produit d'oxydation est blanc-jaunâtre, incristallisable, et n'a pas encore été étudié ; ses solubilités sont tout à fait différentes de celles de la carottine.

Conservé en tube scellé dans une atmosphère d'acide carbonique, en cristaux ou bien en solution, le carbure reste inaltérable à la lumière, même exposé au soleil pendant plusieurs mois.

Les solubilités de la carottine ont été données précédemment ; elles se rapportent très bien à celles d'un carbure d'hydrogène, ainsi du reste que le toucher gras particulier que ce corps possède.

Les propriétés les plus caractéristiques sont la coloration rouge de sang que présente la solution sulfocarbonique même étendue, et la coloration bleu-indigo intense produite par la dissolution d'un cristal de carottine dans l'acide sulfurique concentré et froid, coloration qui disparaît complètement si l'on vient à étendre d'eau en évitant tout échauffement.

Au spectroscope, la carottine en dissolution donne une absorption totale du spectre à partir des rayons verts, sans bandes obscures distinctes, contrairement à ce qui se passe pour la chlorophylle.

DI-IODURE DE CAROTTINE. — On prépare ce dérivé à l'état cristallisé en dissolvant la carottine dans du benzène et en ajoutant peu à peu des cristaux d'iode, sans jamais en mettre un excès par rapport à la carottine ; en agitant, on voit se précipiter de brillantes paillettes vertes à reflet de cantharides, au fur et à mesure que l'iode entre en solution. On recueille les cristaux et on les lave à l'éther anhydre ; ils correspondent à la formule $C^{26}H^{38}I^2$. Dans cette préparation, il faut éviter surtout d'ajouter un excès d'iode, qui donnerait naissance à des produits vert foncé, résineux, incristallisables. C'est pour cela qu'il est nécessaire d'employer l'iode en cristaux et non en dissolution.

DOSAGE DE LA CAROTTINE DANS LES FEUILLES. — On épuise, par diffusion dans un volume connu de pétrole léger, un poids déterminé de feuilles séchées dans le vide. Comme dans la préparation, on laisse le pétrole s'évaporer spontanément ; on reprend le résidu par un égal volume de sulfure de carbone et on titre au colorimètre, en comparant la liqueur avec une solution sulfocarbonique contenant un poids connu de carottine cristallisée.

L'évaluation obtenue au moyen du colorimètre de Duboscq est très sensible ; on peut apprécier la carottine au dixième de milligramme. Il est essentiel de se servir de la dissolution sulfocarbonique, la carottine donnant alors une solution d'un rouge orangé très franc et intense, tandis que sa solution dans le pétrole est jaune pâle. Cette différence de coloration est comparable aux teintes diverses communiquées aux différents dissolvants par l'iode.

Les feuilles contiennent des quantités de carottine variables entre 100 et 300 milligrammes pour 100 grammes de feuilles sèches. Cette quantité n'est pas négligeable par rapport à celle de la chlorophylle : le rapport est de 1 à 10 environ.

HYDROCAROTTINE. — Le corps décrit sous ce nom par M. Husemann est une substance blanche, cristallisée, qui se rencontre simultanément avec la carottine dans le jus de carotte. Son étude ne peut être faite ici, puisqu'il est nettement établi que ce corps n'a aucun rapport connu avec la carottine et qu'il appartient au contraire à la classe des cholestérines végétales ou phytostérines (voyez ce mot) [Arnaud, *C. R.*, **100**, 751 ; **102**, 1119, 1319 ; **104**, 1293 ; **109**, 911 ; *Bull. Soc. Chim.*, (2), **48**, 64. — Reinitzer, *Mon. f. Chem.*, **7**, 597-609. — G. Ville, *C. R.*, **109**, 397 et 628].

A. Arnaud.

CARPAÏNE. — M. Greshoff [*D. chem. G.*, **23**, 3537] a donné ce nom à un alcaloïde contenu dans les feuilles du *Papaya carica*.

Ce composé, dont la composition ne paraît pas avoir été établie, se présente en cristaux fusibles à 115°, solubles dans l'alcool, le chloroforme et l'éther. Il est complètement précipité de ses solutions salines par le carbonate de sodium. Il est insoluble dans la potasse et ne donne aucune réaction colorée par les acides minéraux.

Le *chlorhydrate* forme des aiguilles brillantes, très solubles dans l'eau.

La carpaïne paraît être un poison cardiaque.

CARVACROL [Syn. *Cymophénol, camphothymol*],

$$(CH^3)^2 C H_{(4)} - C^6 H^3 (OH)_{(2)} (C H^3)_{(1)}$$

[voyez Dict., **1**, 773, **3**. 413 ; Suppl., **1**, 426]. — Le carvacrol existe tout formé dans un certain nombre d'essences naturelles. M. Jahns [*Arch. Pharm.*, **215**, 1] l'a rencontré dans l'essence d'*Origanum hirsutum* qui en renferme jusqu'à 50 ou 60 0/0, dans l'essence d'*Origanum creticum* dont la teneur en cymophénol varie de 30 à 70 0/0, dans l'essence de *Thymus serpyllum* où il se trouve à côté du thymol.

M. Haller [*C. R.*, **94**. 132] l'a retiré de l'essence de sarriette (*Satureia montana*), et M. Jahns l'a également trouvé peu de temps après dans l'essence de sarriette des jardins (*Satureia hortensis*) [*D. chem. G.*, **15**, 816].

M. R. Schiff a constaté qu'il prend naissance quand on chauffe le camphre monobromé avec du chlorure de zinc [*D. chem. G.*, **13**, 1408].

Il se produit aussi quand on fait bouillir l'iso-carvoxime ou la carvoxime avec de l'acide sulfurique étendu. Il se forme en même temps du carvol. On peut donc, grâce à cette réaction, préparer ce phénol en partant des carbures térébéniques du groupe citrène. Il suffit de traiter ces carbures par le chlorure de nitrosyle, de chauffer le nitrosochloroterpène obtenu pour le transformer en nitrosoterpène ou carvoxime, et de chauffer ensuite ce produit avec de l'acide sulfurique étendu (voyez CARVOXIME).

Quand on fait fondre avec de la potasse caustique le cymène-sulfonate de potassium provenant du cymène retiré de l'alcool cuminique, on obtient également du carvacrol bouillant à 233°

[Paterno et Spica, *D. chem. G.*, **12**, 384]. Cette synthèse du carvacrol conduit à considérer le groupe C^3H^7 comme de l'isopropyle. M. H. Widman a en effet démontré que le cymène dérivé du camphre est identique avec le p-méthylisopropylbenzène [*D. chem. G.*, **24**. 455].

Préparation. — On prépare le carvacrol à l'aide des essences citées plus haut : on agite ces huiles essentielles avec 1 fois et demie leur poids de soude à 15-20 0/0, puis on ajoute au mélange 4 ou 5 fois son poids d'eau chaude pour faciliter la séparation des liquides. On décante et on agite la liqueur alcaline avec de l'éther pour enlever la dernière portion de terpène entraîné. La solution est ensuite acidulée par l'acide chlorhydrique et agitée de nouveau avec de l'éther qui dissout le carvacrol. On décante, on dessèche la liqueur éthérée sur du chlorure de calcium et on distille (Jahns, A. Haller).

Le carvacrol peut être préparé encore en partant du carvol, qu'on chauffe avec de l'oxychlorure de phosphore [Kreysler, *D. chem. G.*, **18**, 1704].

On peut aussi faire bouillir pendant 3 ou 4 heures un mélange de 50 grammes de carvol, 50 grammes d'essence de carvi et 12 grammes d'acide phosphorique vitreux : le liquide, jaunâtre et clair au début de l'opération, se colore de plus en plus par suite d'une résinification partielle, pour devenir d'un brun rougeâtre. On décante le liquide encore chaud et on le soumet à la distillation fractionnée [Lustig, *D. chem. G.*, **19**, 12]. Dans cette préparation, on peut remplacer l'acide phosphorique par l'acide sulfurique et ajouter peu à peu le carvol à l'acide. Il se forme, indépendamment du carvacrol, de l'acide carvacrol-p-sulfonique [Claus et Fahrion, *J. prakt. Chem.*, (2), **39**, 356].

Enfin, M. Reychler [*Communication particulière*] prépare le carvacrol en chauffant dans une cornue un mélange de chlorhydrate de carvol avec un cinquantième de son poids de chlorure de zinc fondu et un tiers d'acide acétique cristallisable. La réaction commence à 95-97° par un dégagement d'acide chlorhydrique ; on l'achève en chauffant à 120° : l'acide acétique une fois chassé, on lave le produit pour éliminer le chlorure de zinc, puis on le rectifie ; on purifie enfin le carvacrol par dissolution dans la soude étendue, précipitation et rectification.

On peut, dans cette préparation, remplacer le chlorure de zinc par l'acide phosphorique, l'acide sulfurique ou le chlorure stanneux.

Propriétés. — Huile bouillant à 236,5-237° et se solidifiant à 20°. Sa densité = 0,9856 à 15°. Sa chaleur de combustion = 1354^{cal},82 [Stohmann, Rodatz et Herzberg, *J. prakt. Chem.*, (2), **34**, 319]. Sa solution alcoolique est colorée en vert par le perchlorure de fer (Jahns).

Ses solutions aqueuses, légèrement chauffées et additionnées d'un sel ferrique, fournissent du bicarvacrol (voyez Suppl., **2**, I, 691).

Fondu avec de la potasse, le carvacrol fournit de l'iso-oxycuminate de potassium [Jacobsen, *D. chem. G.*, **12**, 432] :

$$C^{10}H^{14}O + 2 KOH$$
$$= C^3 H^7_{(4)} - C^6 H^3 (OK)_{(2)} (CO^2K)_{(1)} + 3 H^2.$$

Traité par le perchlorure de phosphore (1/4 molécule), il donne naissance à de l'α-chlorocymène qui distille à 214° et à du phosphate tricarvacrylique [Kekulé et Fleischer, *loc. cit.* — Fahrion, *Dissert. inaug.*, Fribourg. 1887, 35-37].

Chauffé à 225-235° avec de l'acide iodhydrique et du phosphore amorphe, le carvacrol fournit du toluène, un carbure $C^{10}H^{18}$ isométrique avec le menthène, et d'autres produits voisins des terpènes.

Le sodium est sans action sur une solution de carvacrol dans l'alcool amylique. Le phénol n'est pas non plus attaqué par un mélange de poudre de zinc et de potasse en fusion [E. Bamberger et B. Berlé, *D. chem. G.*, **24**, 3208].

Carvacrolate de sodium, $C^{10}H^{13}.ONa$. — On l'obtient en traitant par le sodium une solution de carvacrol dans l'éther de pétrole. Poudre blanche, cristalline, très avide d'eau et d'acide carbonique [Lustig, *D. chem. G.*, **19**, 12].

Éthylcarvacrol, $C^{10}H^{13}.OC^2H^5$. — Cet éther a été obtenu en chauffant le carvacrolate de sodium avec de l'iodure d'éthyle. Liquide huileux, à odeur de carottes, bouillant à 235° [Lustig, *loc. cit.*].

Acétylcarvacrol, $C^{10}H^{13}.OC^2H^3O$. — Il a été préparé par M. Lustig, puis par MM. Claus et Fahrion [*J. prakt. Chem.*, (2), **39**, 361] en chauffant le carvacrol avec de l'anhydride acétique et de l'acétate de sodium. Huile épaisse, jaunâtre, à odeur agréable, bouillant à 244-245°. Il n'est pas attaqué par le permanganate de potassium, ni par le mélange chromique. L'acide azotique l'oxyde en donnant une résine et de l'acide oxalique [Fahrion, *loc. cit.*].

Benzoylcarvacrol, $C^{10}H^{13}.OC^7H^5O$. — Cet éther prend naissance quand on chauffe en tube scellé molécules égales de chlorure de benzoyle et de carvacrol. A la température ordinaire, c'est une huile semi-fluide d'un jaune vert, plus dense que l'eau et sans odeur quand il est récemment préparé. Il bout au-dessus de 260° en se décomposant [Lustig, *loc. cit.*].

Phosphate de carvacryle,

$$PO(OC^{10}H^{13})^3.$$

— On l'a préparé en chauffant un excès de carvacrol avec de l'oxychlorure de phosphore [Kreysler, *D. chem. G.*, **18**, 1704]. Il cristallise en beaux prismes ou en tables clinorhombiques, fondant à 75° (Kreysler), à 71,5-72° [Jahns, *D. chem. G.*, **15**, 818; *Arch. Pharm.*, **215**, 6]. Il bout à 410-415° [Fahrion, *loc. cit.*]. Quand on broie ces cristaux dans l'obscurité, ils deviennent phosphorescents. Ce composé n'est pas distillable sans décomposition à la pression ordinaire, mais on peut le distiller dans le vide. Il est facilement soluble dans l'éther, l'alcool et le benzène.

Acide carvacrylphosphorique,

$$PO(OC^{10}H^{13})(OH)^2.$$

— On chauffe 1 molécule de carvacrol avec un léger excès d'oxychlorure de phosphore jusqu'à ce qu'il ne se dégage presque plus d'acide chlorhydrique. Quand la masse est refroidie, on l'étend d'eau, en ayant soin de la maintenir à une basse température, et on agite le tout avec de l'éther. La liqueur éthérée renferme le *chlorure*

$$PO(OC^{10}H^{13})Cl^2;$$

on la lave avec un peu d'eau et on l'agite ensuite avec une solution de carbonate de potassium, jusqu'à décomposition complète du chlorure, c'est-à-dire jusqu'à ce qu'il ne se dégage plus d'acide carbonique. Le liquide aqueux fournit alors par concentration le *sel de potassium*

$$PO(OC^{10}H^{13})(OK)^2,5H^2O,$$

qui cristallise dans l'alcool en grandes lamelles d'un éclat argentin, solubles dans l'eau et dans l'alcool.

Quand on dissout ce sel dans la potasse et qu'on l'oxyde à froid par le permanganate de po-

tassium à 5 0/0, on obtient de l'acide p-oxy-isopropylsalicylique :

$$C^6H^3 - \begin{array}{l} {}^{\diagup}CH^3_{(1)} \\ OPO(OK)^2_{(3)} \\ {}^{\diagdown}CH(CH^3)^2_{(4)} \end{array} + KOH + O^4$$

$$= C^6H^3 - \begin{array}{l} {}^{\diagup}CO^2H_{(1)} \\ OH_{(2)} \\ {}^{\diagdown}C(OH)(CH^3)^2_{(4)} \end{array} + PO(OK)^3 + H^2O$$

[B. Heymann et W. Kœnigs, *D. chem. G.*, **19**, 3310].

Acide carvacrylsulfurique,

$$C^6H^3 - \begin{array}{l} {}^{\diagup}CH^3 \\ OSO^3H \\ {}^{\diagdown}C^3H^7 \end{array}$$

— Le sel de potassium de cet acide se prépare en chauffant à 50-60° quantités équivalentes de carvacrol et de potasse caustique délayés dans un peu d'eau, avec du pyrosulfate de potassium. On étend ensuite d'eau et on fait passer un courant d'acide carbonique pour décomposer le carvacrolate de potassium non entré en réaction en carbonate de potassium et carvacrol qu'on enlève avec de l'éther. La solution aqueuse est concentrée au bain-marie, puis dans le vide. Le résidu est repris par l'alcool absolu, et la solution, après avoir été réduite, est additionnée d'éther. On obtient ainsi au bout de peu de temps des lamelles à éclat argentin du sel $C^{10}H^{13}SO^4K$; ce produit se décompose à la longue à la température ordinaire et plus rapidement à 100°. Il est soluble dans l'eau et dans l'alcool. Oxydé au moyen du permanganate de potassium, il fournit comme l'acide carvacrylphosphorique, de l'acide oxy-isopropylsalicylique [B. Heymann et W. Kœnigs, *loc. cit.*].

Silicate de carvacryle, $Si(OC^{10}H^{13})^4$. — Cet éther s'obtient en faisant agir le chlorure de silicium sur un excès de carvacrol. Liquide dichroïque, d'un jaune rouge par transparence et vert par réflexion. Il distille à 380-390° sous une pression de 180 millimètres et n'est pas solidifiable dans un mélange de sel et de neige. Il est soluble dans le chloroforme, le sulfure de carbone, l'éther et le benzène. L'eau le décompose, surtout à chaud [J. Hertkorn, *D. chem. G.*, **18**, 1694].

Acide carvacroxyacétique (*carvacrylglycolique*), $C^{10}H^{13}.OCH^2.CO^3H$. — Ce composé a été préparé en chauffant un mélange de carvacrol, d'acide monochloracétique et de potasse. Il se forme en même temps un acide $C^{11}H^{14}O^3$, fondant à 126-127° :

$$C^{10}H^{13}OK + CH^2Cl.CO^2K$$
$$= C^{10}H^{13}.OCH^2.CO^2K + KCl.$$

Il cristallise en aiguilles plates, fondant à 149°. Il est peu soluble dans l'eau froide, assez soluble dans l'alcool et dans l'éther.

Le *sel de baryum*, $(C^{12}H^{15}O^3)^2Ba,4H^2O$, constitue des prismes plats.

Le *sel de plomb*, $(C^{12}H^{15}O^3)^2Pb$, cristallise dans l'eau en prismes agglomérés; il est insoluble dans l'alcool.

Le *sel d'argent*, $C^{12}H^{15}O^3Ag$, est en prismes microscopiques, ressemblant au thymylglycolate d'argent.

L'*éther éthylique*, $C^{10}H^{13}O.CH^2.CO^2C^2H^5$, bout à 289° et peut être obtenu à l'état solide quand on le refroidit fortement. Il fond alors 100°.

La *carvacrylglycolamide*,

$$C^{10}H^{13}.OCH^2.COAzH^2,$$

fond à 67-68° [Spica, *Gazz. chim. ital.*, **10**, 340].

Acide carvacryl-lactique (*carvacroxypropionique*,

$$C^{10}H^{13}-OCH\begin{cases}CH^3\\CO^2H\end{cases}$$

— Cet acide se prépare comme son homologue inférieur, en chauffant un mélange de carvacrol, d'acide α-chloropropionique et de lessive de potasse à 50 0,0. Prismes fondant à 74°, très solubles dans l'alcool, l'éther et le chloroforme.

Bromocarvacrol,

$$C^6H^3Br_{(3\ ou\ 5)}(CH^3)_{(1)}(C^3H^7)_{(4)}(OH)_{(2)}.$$

— M. Mazzara a préparé ce corps en traitant la bromocymidine, $C^6H^2Br(CH^3)(C^3H^7)(AzH^3)$, par l'acide azoteux. C'est un liquide non distillable sans décomposition [*Gazz chim. ital.*, **16**, 194].

Dibromocarvacrol,

$$C^6HBr^2_{(3.5)}(CH^3)_{(1)}(C^3H^7)_{(4)}(OH)_{(2)}.$$

— On le prépare en mélangeant des solutions acétiques de brome et de carvacrol à la température de 0°; on précipite ensuite par l'eau et on distille dans un courant de vapeur.

Oxydé par l'acide nitrique, il se transforme en dinitrocarvacrol fusible à 107°; il a donc la même constitution que le dérivé dinitré [Mazzara et Plancher, *Gazz. chim. ital.*, **21**, 470; *D. chem. G.*, **24**, *Ref.*, 627].

Traité par le chlorure de benzoyle, le dibromocarvacrol fournit un *éther benzoïque*, qui cristallise dans l'alcool en cristaux transparents, fusibles à 97-98° (Mazzara et Plancher).

Nitrosocarvacrol,

$$C^6H^2(AzO)(CH^3)(C^3H^7)(OH).$$

— MM. Paterno et Canzoneri [*Gazz. chim. ital.*, **8**, 501] l'ont obtenu en traitant le carvacrol par l'azotite de potassium et un acide. MM. Mazzara et Plancher [*ibid.*, **21**, 155] le préparent en faisant agir l'azotite d'amyle sur une solution de carvacrol dans la soude alcoolique.

Prismes jaunes, fondant à 153°, insolubles dans l'eau, très solubles dans l'alcool, l'éther, le benzène et le chloroforme. Le ferricyanure de potassium l'oxyde en solution alcaline pour donner du nitrocarvacrol.

Bromonitrosocarvacrol,

$$C^6HBr_{(3)}(AzO)_{(5)}(CH^3)_{(1)}(C^3H^7)_{(4)}(OH)_{(2)}$$

[Mazzara, *Gazz. chim. ital.*, **19**, 337]. — On le prépare en mélangeant des solutions acétiques de nitrosocarvacrol et de brome. Après avoir abandonné le mélange à lui-même pendant quelque temps, on le verse dans l'eau. Le précipité qui se forme est purifié par dissolution dans l'ammoniaque et précipitation par un acide; on le fait enfin cristalliser dans de l'alcool dilué.

M. Kehrmann [*D. chem. G.*, **22**, 3269] a obtenu une *m-bromothymoquinone-oxime*,

$$C^6HBr_{(3)}(AzOH)_{(5)}(O)_{(2)}(CH^3)_{(1)}(C^3H^7)_{(4)}.$$

qui lui paraît identique au bromonitrosocarvacrol de M. Mazzara. Ce composé se prépare en chauffant pendant longtemps au réfrigérant ascendant une solution alcoolique de bromothymoquinone avec un excès de chlorhydrate d'hydroxylamine. Il cristallise en gros rhomboèdres d'un jaune citron, et fond à 148° en se décomposant. Le bromonitrosocarvacrol de M. Mazzara se présente sous la forme de tables rhombiques transparentes, insolubles dans l'éther et dans le benzène et fondant à 166-168°. Réduit au moyen de l'étain et de l'acide chlorhydrique, il fournit le bromoamidocarvacrol.

Nitrocarvacrol, $C^6H^2(CH^3)(C^3H^7)(OH)(AzO^2)$.

— MM. Paterno et Canzoneri [*loc. cit.*] ont obtenu ce dérivé en oxydant le dérivé nitrosé à l'aide d'une solution alcaline de cyanure rouge. Il constitue des prismes jaunâtres, fondant à 77-78°, à peine solubles dans l'eau.

Méthylnitrocarvacrol,

$$C^6H^2(CH^3)(C^3H^7)(OCH^3)(AzO^2)$$

[Paterno et Canzoneri, *Gazz. chim. ital.*, **10**, 233].

— Chauffé pendant 5 jours, au réfrigérant ascendant, avec 5 fois son volume d'acide azotique, il se convertit en acide nitrométhoxypropylbenzoïque, $C^6H^2(AzO^2)(C^3H^7)(OCH^3)(CO^2H)$, fondant à 145-146°.

Dinitrocarvacrol

$$C^6H(AzO^2)^2_{(3.5)}(CH^3)_{(1)}(C^3H^7)_{(4)}(OH)_{(2)}.$$

— Ce composé, déjà signalé par Carstanjen [*J. prakt. Chem.*, **15**, 412], se prépare en chauffant pendant quelques heures un mélange de 50 grammes de carvacrol et de 70 grammes d'acide sulfurique à 65° B.; après refroidissement, on étend d'eau et on chauffe le liquide à 90° avec 70 grammes d'acide azotique (d = 1,47) étendu de son volume d'eau. Il se sépare une huile qui se prend en masse par refroidissement. On purifie par cristallisation dans l'éther de pétrole [Mazzara, *Gazz. chim. ital.*, **20**, 183; *D. chem. G.*, **23**, *Ref.*, 332].

On peut encore le préparer par l'action de l'acide nitrique sur le dibromocarvacrol (voyez plus haut) [Mazzara et Plancher, *loc. cit.*].

Aiguilles jaunâtres, qui deviennent rouges à la lumière. Ce corps fond à 117°; il est soluble dans l'alcool. Réduit, il se transforme en diamidocarvacrol.

Acétyldinitrocarvacrol. — Obtenu dans l'action du chlorure d'acétyle sur le dinitrocarvacrol, ce corps cristallise dans l'éther de pétrole en rhomboèdres presque incolores, fusibles à 72-73° [Mazzara et Plancher, *Gazz. chim. ital.*, **21**, 155].

Benzoyldinitrocarvacrol,

$$C^{10}H^{11}Az^2O^5(C^7H^5O).$$

— Ce composé cristallise dans l'alcool en prismes aplatis et jaunes, qui brunissent à la lumière. Il fond à 98-100°. Chauffé pendant 1 heure, dans un appareil à reflux, avec de l'étain et de l'acide chlorhydrique, il se transforme en benzoylnitroamidocarvacrol.

Benzoylnitroamidocarvacrol,

$$C^6H(CH^3)_{(1)}(OC^7H^5O)_{(2)}(AzO^2)_{(3)}(C^3H^7)_{(4)}(AzH^2)_{(5)}.$$

— Cristallisé dans l'alcool, ce dérivé se présente en lamelles rouges à faible éclat métallique, qui se subliment en blanc vers 200°, se ramollissent vers 230° et fondent à 280-283°. Il est peu soluble dans l'éther de pétrole.

Le *chlorhydrate* est peu soluble dans l'alcool et dans l'eau.

Le *chloroplatinate* cristallise dans l'alcool en aiguilles qui perdent de l'acide chlorhydrique à 30-35°.

Amidocarvacrol, $C^6H^2(CH^3)(OH)(C^3H^7)(AzH^2)$.

— Ce composé a été préparé en réduisant le nitrosocarvacrol au moyen d'une solution de protochlorure d'étain (Paterno et Canzoneri). Il fond à 30°4.

Le *chlorhydrate*, $C^{10}H^{15}AzO.HCl$, constitue des aiguilles rougeâtres, très solubles dans l'eau et se décomposant vers 250° sans fondre.

Bromoamidocarvacrol,

$$C^6HBr_{(3)}(AzH^2)_{(5)}(CH^3)_{(1)}(C^3H^7)_{(4)}(OH)_{(2)}.$$

— On prépare ce dérivé en réduisant le bromonitrosocarvacrol au moyen de l'étain et de l'acide chlorhydrique. Il fond à 60-61°. Distillé dans un courant de vapeur d'eau, en présence de chlorure ferrique, il fournit de la bromothymoquinone [Mazzara, *Gazz. chim. ital.*, **19**, 337].

DIAMIDOCARVACROL,

$$C^6H(AzH^2)^2_{(3.5)}(CH^3)_{(1)}(C^3H^7)_{(4)}(OH)_{(2)}.$$

— On l'a obtenu par réduction du dérivé dinitré. Substance amorphe se ramollissant vers 190°.

Le *chlorhydrate* cristallise en lamelles blanches se colorant en violet à la lumière [Mazzara, *loc. cit.*]. Oxydé au moyen du perchlorure de fer, il fournit la β-oxythymoquinone [G. Mazzara, *D. chem. G.*, **23**, 1392].

Acétamido-éthénylamidocarvacrol,

$$CH^3 . C \underset{O}{\overset{Az}{\lessgtr}} C^6H(CH^3)(C^3H^7)(AzH . C^2H^3O).$$

— Cristaux fusibles à 190-192°, obtenus dans la réduction de l'acétate de dinitrocarvacryle.

Diacétamido-éthénylamidocarvacrol,

$$CH^3 . C \underset{O}{\overset{Az}{\lessgtr}} C^6H(CH^3)(C^3H^7)[Az(C^2H^3O)^2].$$

— Obtenu par l'action de l'anhydride acétique sur le composé précédent à 180-190°, ce corps cristallise dans l'alcool bouillant en lamelles transparentes, fusibles à 123-125°, qui, exposées à la lumière, perdent leur transparence tout en conservant le même point de fusion [Mazzara et Plancher, *Gazz. chim. ital.*, **21**, 157].

Amidobenzénylamidocarvacrol,

$$C^6H^5 . C \underset{O}{\overset{Az}{\lessgtr}} C^6H(CH^3)(C^3H^7)(AzH^2).$$

— Il prend naissance quand on réduit pendant 5 heures au moyen de l'étain et de l'acide chlorhydrique le benzoyldinitrocarvacrol. Il cristallise dans l'alcool en prismes violets, qui se ramollissent vers 125° et fondent à 130-132°.

La formation de ce corps prouve que, dans le dinitrocarvacrol, l'un des groupes AzO^2, le dernier réduit, se trouve en position ortho par rapport à l'hydroxyle. Il en résulte que le premier des groupes AzO^2 est lui-même en position para par rapport à l'hydroxyle [G. Mazzara, *Gazz. chim. ital.*, **20**, 183; *D. chem. G.*, **23**, Réf., 333].

PHÉNYL-BIS-CARVACROLAZOPHÉNYL-MÉTHANE,

$$C^6H^5 . CH \begin{cases} C^6H^3 - Az^2 - C^6H^2 \underset{(5)}{} \begin{cases} OH_{(3)} \\ CH^3_{(1)} \\ C^3H^7_{(4)} \end{cases} \\ C^6H^4 - Az^2 - C^6H^2 \underset{(5)}{} \begin{cases} C^3H^7_{(4)} \\ CH^3_{(1)} \\ OH_{(2)} \end{cases} \end{cases}$$

[G. Mazzara, *Gazz. chim. ital.*, **15**, 305; *D. chem. G.*, **18**, 666]. — Ce dérivé se prépare en traitant une solution alcaline de 2 molécules de carvacrol par du chlorure de bisdiazophénylphénylméthane. Le précipité est dissous dans l'éther ou dans le chloroforme, et la solution précipitée par l'éther de pétrole. Après plusieurs traitements analogues, on obtient un produit fondant à 130°.

Réduit par l'étain et l'acide chlorhydrique, ce corps fournit un composé que l'oxydation transforme en thymoquinone. Avec le perchlorure de phosphore, il donne un dérivé chloré.

Traité en solution alcaline par le chlorure de diazobenzène, il fournit le *carvacrolazophényl-*

benzène-*azocarvacrolazophényl-phénylméthane*

$$C^6H^5 . CH \begin{cases} C^6H^4 - Az^2 - C^6H^2 \underset{(5)}{} \begin{cases} CH^3_{(1)} \\ OH_{(2)} \\ C^3H^7_{(4)} \end{cases} \\ C^6H^4 - Az^2 - C^6H(OH) \underset{(4)}{} \begin{cases} C^3H^7_{(4)} \\ Az^2 . C^6H^5_{(3)} \\ CH^3_{(1)} \end{cases} \end{cases}$$

Ce composé perd de l'eau à 70-90°. Réduit par l'étain et l'acide chlorhydrique et oxydé ensuite, il fournit un mélange de thymoquinone et d'oxythymoquinone.

Benzène-azocarvacrol,

$$C^6H^5 . Az^2_{(5)} . C^6H^2(OH)_{(2)}(CH^3)_{(1)}(C^3H^7)_{(4)}.$$

— Ce dérivé a été obtenu par M. G. Mazzara [*Gazz. chim. ital.*, **15**, 214] en traitant une solution étendue et froide de carvacrol dans la soude par le chlorure de diazobenzène. Le précipité, d'un jaune rougeâtre, est constitué par deux corps, le benzène-azocarvacrol et le carvacrol-bis-azobenzène; on le traite par de la potasse caustique, qui dissout le premier de ces dérivés et laisse le second insoluble. La solution alcaline est additionnée d'acide chlorhydrique et le nouveau précipité est mis à cristalliser dans l'alcool étendu d'abord, puis dans le benzène. On obtient ainsi de beaux cristaux d'un jaune rougeâtre, qui fondent à 80-85°. Ce corps est soluble dans l'éther et dans le chloroforme. Son produit de réduction, oxydé au moyen du perchlorure de fer, fournit de la thymoquinone.

Carvacrol-bis-azobenzène.

$$C^6H(OH)_{(4)}CH^3_{(1)}(C^3H^7)_{(4)}(Az^2 . C^6H^5)^2_{(3.5)}.$$

— Ce dérivé constitue la partie insoluble dans les alcalis du produit obtenu en traitant le carvacrol par le chlorure de diazobenzène. On le dissout dans le chloroforme et, après addition d'alcool aqueux, on obtient des cristaux d'un brun rouge, à éclat soyeux et fondant à 126°. Son produit de réduction, oxydé au moyen du perchlorure de fer, paraît fournir de l'oxythymoquinone (Mazzara).

ACIDE CARVACROL-P-SULFONIQUE,

$$C^{10}H^{12}(OH)(SO^3H) , H^2O$$

— Quand on traite le carvacrol par l'acide sulfurique concentré, on obtient un mélange de deux acides, car, en saturant le produit de la réaction par la baryte, on peut isoler deux sels, l'un anhydre et l'autre renfermant 5 molécules d'eau [Paterno et Pisati, *D. chem. G.*, **8**, 441].

D'après M. Jahns, au contraire, il ne se produirait qu'un acide lorsqu'on soumet le carvacrol naturel (de l'*Origanum hirsutum*) à l'action de l'acide sulfurique [*Arch. Pharm.*, (2), **17**, 6].

MM. Claus et Fahrion ont également préparé un acide carvacrol-sulfonique en partant du carvol et du carvacrol. Les produits obtenus se sont montrés identiques [*J. prakt. Chem.*, (2), **39**, 356].

Cet acide prend naissance quand on chauffe à 100°, pendant quelques instants, volumes égaux d'acide sulfurique (d = 1,84) et de carvol ou de carvacrol. On obtient une masse épaisse et rouge, qu'on étend d'eau et qu'on filtre sur du papier mouillé, pour séparer le carvacrol non entré en réaction. La solution, décolorée au charbon animal, ne tarde pas à laisser déposer l'acide sous la forme d'aiguilles.

Lorsqu'on opère à une température plus élevée, il se forme en même temps de l'acide disulfonique.

Cristaux clinorhombiques, très solubles dans

l'eau, l'alcool et l'éther, fondant à 65-69° dans leur eau de cristallisation. Abandonnés dans un dessiccateur, ils perdent leur eau en brunissant et fondent alors à 119-124°.

Quand on chauffe à 130° un mélange du sel de potassium et de perchlorure de phosphore, on obtient une huile rouge et épaisse, non distillable sans décomposition, qui est le *chlorure*

$$C^{10}H^{12}(OH)(SO^2Cl).$$

La solution éthérée de ce chlorure, traitée par l'ammoniaque, fournit une masse brune, insoluble dans l'éther et dans le benzène et à peine soluble dans le chloroforme.

Traité par l'iode et l'acide iodique en présence d'acide chlorhydrique, le carvacrol-p-sulfonate de potassium se transforme en *acide iodocarvacrolsulfonique* [Kehrmann, *J. prakt. Chem.*, (2), **40**, 188].

Oxydé au moyen du permanganate de potassium (Claus et Fahrion), ou du bioxyde de manganèse et de l'acide sulfurique, l'acide carvacrolsulfonique donne naissance à de la thymoquinone.

D'autres oxydants, comme le dichromate de potassium et l'acide sulfurique, l'acide azotique, ont fourni à M. Fahrion les mêmes résultats [*Dissert. inaug.*, Fribourg, 1887].

Ces résultats conduisent à admettre pour l'acide carvacrol-sulfonique la formule de constitution

$$C^6H^2(CH^3)_{(1)}(C^3H^7)_{(4)}(OH)_{(2)}(SO^3H)_{(5)}.$$

Sel de potassium, $C^{10}H^{13}SO^4K$, $5H^2O$. — Prismes ou aiguilles très solubles dans l'eau (Claus et Fahrion, Jahns).

Sel de sodium, $C^{10}H^{13}SO^4Na$, H^2O. — Aiguilles blanches et fines, très solubles dans l'eau (Cl. et F.).

Sel de calcium, $(C^{10}H^{13}SO^4)^2Ca$, $5H^2O$. — Aiguilles fines et brillantes, se décomposant à 100° (Cl. et F.).

Sel de baryum, $(C^{10}H^{13}SO^4)^2Ba$, $5H^2O$. — Aiguilles (Cl. et F.) ou prismes à 4 pans (Jahns, Paterno et Pisati) solubles dans 7 ou 8 parties d'eau froide. Ce sel perd $4H^2O$ à 80-90° et se décompose au-dessus de 90°.

Sel de magnésium, $(C^{10}H^{13}SO^4)^2Mg$, $12H^2O$. — Prismes plats à 4 pans, solubles dans l'eau et perdant $6H^2O$ à 70°; vers 90°, il commence à se décomposer (Jahns).

Sel de plomb, $(C^{10}H^{13}SO^4)^2Pb$, $5H^2O$. — Aiguilles jaunâtres, moins solubles dans l'eau que les sels de baryum et de calcium (Cl. et F.)

Sel d'argent, $C^{10}H^{13}SO^4Ag$, $2H^2O$. — Aiguilles qui perdent de l'eau à 60-70° et qui se décomposent à 70-80° (Jahns).

ACIDE CARVACROL-DISULFONIQUE,

$$C^{10}H^{12}O(SO^3H)^2.$$

— Cet acide se forme en même temps que l'acide monosulfonique quand la sulfonation est accompagnée d'un dégagement de chaleur trop vif.

On l'a isolé sous la forme de son *sel de baryum*, $(C^{10}H^{12}S^2O^7)^2Ba$, $5H^2O$, qui est peu soluble dans l'eau froide et qui se dépose en croûtes cristallines [Cl. et F., *loc. cit.*].

A. Haller.

CARVACRONITRILE,

$$C^6H^3 \begin{cases} CH^3_{(1)} \\ -CAz_{(2)} \\ C^3H^7_{(4)} \end{cases}$$

— On prépare ce nitrile en distillant du phosphate tricarvacrylique avec un excès de cyanure de potassium dans un courant d'hydrogène. Le produit est lavé avec une solution de soude caustique et redistillé dans un courant de vapeur d'eau. On répète ce traitement à plusieurs reprises et on obtient une huile incolore, aromatique et passant de 244 à 246°

Ce composé, chauffé à 220° avec un excès de potasse alcoolique, fournit l'acide p-propyl-o-toluique,

$$C^6H^3 \begin{cases} CH^3 \\ -CAz \\ C^3H^7 \end{cases} + KHO + H^2O$$

$$= AzH^3 + C^6H^3 \begin{cases} CH^3 \\ -CO^2K \\ C^3H^7 \end{cases}$$

[Kreysler, *D. chem. G.*, **18**, 1706].   A. Haller.

CARVACROTIQUE (ACIDE),

$$C^6H^2(OH)_{(6)}(CH^3)_{(5)}(C^3H^7)_{(2)}(CO^2H)_{(1)}$$

[Kekulé et Fleischer, *D. chem. G.*, **6**, 1089]. — On le prépare en faisant passer un courant d'acide carbonique dans une dissolution de sodium dans le carvacrol. Il cristallise dans l'alcool en longues aiguilles fondant à 133-134° (K. et Fl.), à 136° [Lustig, *D. chem. G.*, **19**, 18]. Il est difficilement soluble dans l'eau froide et ses solutions donnent avec le perchlorure de fer une coloration bleue (K. et F.), violette d'après M. Lustig.

M. Haller [*C. R.*, **94**, 132], en soumettant au même traitement du carvacrol tiré de l'essence de sarriette, a obtenu deux acides dont l'un fond à 118-120° et est plus soluble que l'autre qui fond à 134-135°. Tous deux donnent avec le perchlorure de fer une coloration bleue.

MM. Paterno et Spica [*D. chem. G.*, **12**, 384], en opérant dans des conditions identiques sur du carvacrol obtenu avec le camphre, ont isolé un acide fondant à 149-150°, à côté de petites quantités d'un autre qui fondait au-dessous de 100°.

ACIDE P-CARVACROTIQUE,

$$C^6H^2(OH)_{(4)}(CH^3)_{(5)}(C^3H^7)_{(2)}(CO^2H)_{(1)}.$$

— En abandonnant à l'air l'aldéhyde p-carvacrotique, on voit se déposer peu à peu de longs cristaux déliés d'acide carvacrotique. Cette oxydation est plus facile à l'aide d'une solution froide et saturée de permanganate de potassium [Lustig, *D. chem. G.*, **19**, 18]. La potasse alcoolique convertit également l'aldéhyde en acide.

Longues aiguilles fines, à éclat soyeux, fondant à 80°. Cet acide est pour ainsi dire insoluble dans l'eau froide, facilement soluble dans l'alcool et dans l'éther. La solution alcoolique est colorée en vert par le perchlorure de fer. Il se sublime et est entraîné par la vapeur d'eau.

Ces deux acides présentent vis-à-vis du carvacrol les mêmes rapports que les acides salicylique et p-oxybenzoïque vis-à-vis du phénol.

A. Haller.

CARVACROTIQUE (ALDÉHYDE P-),

$$C^6H^2(OH)_{(4)}(CH^3)_{(3)}(C^3H^7)_{(6)}(CHO)_{(1)}.$$

— On dissout 20 grammes de carvacrol et 60 grammes de soude caustique dans 100 grammes d'eau et on chauffe le mélange à 50-60° au réfrigérant ascendant. On introduit alors goutte à goutte 16 grammes de chloroforme, en ayant soin d'agiter fréquemment. Au bout d'une demi-heure, on distille le chloroforme qui n'a pas pris part à la réaction. La solution est ensuite acidulée et distillée dans un courant de vapeur d'eau : il passe un liquide huileux surnageant qui est du carvacrol, et un autre plus dense qui tombe au fond et qui est constitué par l'aldéhyde.

Huile d'un jaune clair, dont les solutions alcooliques réduisent l'azotate d'argent ammoniacal et donnent avec le perchlorure de fer une coloration d'un vert foncé. Elle ne donne pas avec le bisulfite de sodium de produit cristallin. Elle ne distille pas sans décomposition. Exposée à l'air, elle s'oxyde peu à peu en fournissant de l'acide carvacrotique [Lustig, *D. chem. G.*, 19, 14].

Quand on traite cette aldéhyde par un mélange de chlorhydrate d'hydroxylamine et de carbonate de sodium, on obtient une *aldoxime* qui cristallise dans l'éther.

M. Nordmann [*D. chem. G.*, 17, 2632], en opérant dans des conditions à peu près semblables (carvacrol 50 grammes, soude caustique 40 grammes, eau 3 litres et chloroforme 120 grammes), mais en chauffant plus longtemps, a obtenu, comme résidu de la distillation, un produit qui cristallise dans l'éther en lamelles blanches, à éclat soyeux et fondant vers 96°. Ce corps, qui a la même composition que l'aldéhyde p-carvacrotique $C^{11}H^{14}O^2$, et qui en est peut-être un polymère, est insoluble dans l'eau froide, facilement soluble dans l'alcool, l'éther, le benzène et le chloroforme. L'acide sulfurique étendu le dissout en donnant une solution d'un jaune vert. Le perchlorure de fer ne le colore pas. Il ne se combine pas avec les bisulfites. A. Haller.

CARVACRYLAMINE (*p-isocymidine*),

$$C^6H^3(CH^3)_{(1)}(C^3H^7)_{(4)}(AzH^2)_{(2)}$$

[R. Lloyd, *D. chem. G.*, 20, 1261]. — Ce dérivé prend naissance quand on chauffe pendant 40 heures, à 350-360°, du carvacrol avec un mélange de bromure de zinc ammoniacal et de bromure d'ammonium.

On reprend le produit de la réaction simultanément par l'acide sulfurique étendu et par l'éther : ce dernier dissout le phénol non entré en réaction et la base secondaire (dicarvacrylamine). La solution acide est additionnée d'un excès d'ammoniaque; il se dépose une huile qu'on dissout dans l'éther et qu'on soumet à des distillations répétées. La carvacrylamine passe à 241-242°. C'est un liquide huileux, à odeur peu agréable, qui jaunit, puis brunit à la longue. Refroidie à — 16°, elle se prend en une masse cristalline.

Quand on emploie, au lieu du bromure de zinc ammoniacal, du chlorure de zinc ammoniacal, on obtient le même résultat, mais les rendements sont un peu inférieurs.

Le *chloroplatinate*, $(C^{10}H^{15}Az \cdot HCl)^2PtCl^4$, cristallise en prismes réunis en houppes, peu solubles dans l'eau bouillante, très solubles dans l'alcool et dans le benzène bouillant.

Acétylcarvacrylamine, $C^{10}H^{13} \cdot AzH \cdot C^2H^3O$. — Ce composé cristallise dans l'alcool étendu en tables blanches, brillantes, fondant à 115°, peu solubles dans l'eau bouillante, plus solubles dans l'éther, et surtout dans le benzène et dans l'alcool chaud.

Benzoylcarvacrylamine, $C^{10}H^{13} \cdot AzH \cdot C^7H^5O$. — Elle cristallise dans le benzène en prismes rhombiques très plats, fondant à 102°, assez solubles dans l'éther et dans le benzène, facilement solubles dans l'alcool bouillant, mais peu dans l'alcool froid, insolubles dans l'eau.

DICARVACRYLAMINE, $(C^{10}H^{13})^2AzH$. — Cette amine prend naissance en même temps que l'amine primaire. La solution éthérée, provenant du traitement de la liqueur acide brute, renferme le carvacrol qui n'a pas pris part à la réaction et la dicarvacrylamine. On lave cette solution avec une lessive alcaline pour enlever le carvacrol et on évapore la liqueur éthérée. L'huile brune qui reste est distillée dans un courant de vapeur d'eau, puis recueillie et rectifiée. Elle distille à 344-348°.

Huile presque incolore, à odeur très agréable, qui ne se solidifie pas à —18°. Elle est soluble dans l'alcool, l'éther et le benzène. Sa solution dans l'acide sulfurique concentré est d'un jaune d'or; quand on y ajoute un azotite ou un azotate, elle devient d'un vert bleuâtre, puis bleue.

Le *chlorhydrate*, $C^{20}H^{27}Az \cdot HCl$, est un précipité cristallin et grenu qui se dissocie en acide chlorhydrique et dicarvacrylamine quand on le traite par un excès d'eau.

Le *chloroplatinate*

$$(C^{20}H^{27}Az \cdot HCl)^2 Pt Cl^4,$$

cristallise confusément; il est d'un jaune d'or et se dissout à peine dans l'eau froide.

Acétyldicarvacrylamine, $(C^{10}H^{13})^2Az \cdot C^2H^3O$. — Ce dérivé cristallise dans le benzène bouillant en houppes blanches et brillantes, fondant à 78°. Il se dissout difficilement dans l'alcool froid et dans la ligroïne, facilement dans ces dissolvants chauds. A. Haller.

CARVÈNE, $C^{10}H^{16}$ (Dict., 1, 773). — Le carvène, qui est une partie constituante de l'essence de carvi, a aussi été trouvé dans l'huile essentielle de jaborandi (*Pilocarpus officinalis*) [Pöhl, *Jahresb. f. Chem.*, 1880, 1074].

Cet hydrocarbure a été isolé par M. R. Schiff en traitant l'essence de carvi par le sulfhydrate d'ammoniaque, afin de précipiter le carvol sous la forme d'un composé sulfuré, facile à séparer : le liquide filtré est ensuite acidulé par l'acide sulfurique, puis lavé avec une solution de carbonate de sodium, et enfin distillé à plusieurs reprises sur le sodium.

Le carvène ainsi préparé bout à 166°,5 (Schiff), 174° (Flückiger). Sa densité = 0,853 à 9°,8 (R. Schiff), 0,849 à 20° (Flückiger) et 0,7132 à 176°,5 ; son volume moléculaire = 190,4 (R. Schiff). Son pouvoir réfringent moléculaire 71,9 a été déterminé par M. Kannonikoff, qui en conclut que cet hydrocarbure ne renferme qu'une double liaison, comme l'essence de térébenthine française et le thymène [*Jahresb. f. Chem.*, 1881, 114 et 314].

Le carvène dévie à droite de 53° la lumière polarisée. Par suite d'une polymérisation, il perd cette propriété quand on le traite par l'acide sulfurique (d = 1,55) [*Jahresb. f. Chem.*, 1884, 1468].

Oxydé au moyen du mélange chromique, le carvène fournit les acides acétique, téréphtalique, terpénylique et térébénique [Fittig, *Ann. Chem.*, 208, 75].

M. Wallach fait rentrer le carvène dans le groupe des terpènes auxquels il donne le nom de *limonènes* et le considère comme identique avec le citrène, l'hespéridène et les terpènes contenus dans les essences d'aneth, d'*Erigeron canadense*, de bergamotte, d'aiguilles de pin.

Tous ces terpènes donnent en effet avec le brome un *tétrabromure*, qui a le même point de fusion et la même forme cristalline que le tétrabromure d'hespéridène. Il en est de même des *chlorhydrates*, qui sont également identiques [*Ann. Chem.*, 227, 291] (voyez aussi TERPÈNES). A. Haller.

CARVÉOL, $C^{10}H^{15} \cdot OH$ [Leuckardt, *D. chem. G.*, 20, 114]. — Ce composé prend naissance quand on traite une solution de carvol par le sodium. Il paraît encore se former quand on ajoute de l'azotite de sodium à une solution de chlorhydrate de carvylamine [Goldschmidt et Kisser, *ibid.*, 20, 487].

Liquide à odeur spéciale, différente de celle du carvol. A la température ordinaire, ce corps est légèrement visqueux. Il distille sans décomposition à 218-220°, et fournit des éthers composés liquides quand on le traite par les chlorures d'acétyle ou de benzoyle. Il se combine également à froid au cyanate de phényle, pour donner une phényluréthane :

$$C^{10}H^{15}.OH + COAz.C^6H^5 = CO \underset{OC^{10}H^{15}}{\overset{AzH.C^6H^5}{<}}$$

Cette *phénylcarvyluréthane* cristallise dans l'alcool en fines aiguilles, fondant à 84°, solubles dans l'alcool bouillant, peu solubles dans l'éther et dans la ligroïne.

Toutes ces propriétés du carvéol permettent de le considérer comme un alcool. A. Haller.

CARVOL, $C^{10}H^{14}O$ (voyez Dict., **1**, 773). — Indépendamment des sources déjà signalées, on trouve encore ce composé dans l'essence d'aneth, extraite des semences de l'*Anethum graveolens* [Nietzki, *Jahresb. f. Chem.*, 1874, 919. — Wallach, *Ann. Chem.*, **227**, 292].

M. Gladstone l'a également trouvé dans l'essence de *Mentha viridis* [*Jahresb. f. Chem.*, 1863, 548].

Enfin, on peut l'obtenir en partant des terpènes du groupe limonène. Il suffit de les convertir en isonitrosoterpènes ou carvoximes, qu'on fait ensuite bouillir avec une solution étendue d'acide sulfurique [Goldschmidt et Zürrer, *D. chem. G.*, **18**, 1731].

Huile bouillant à 224,5-225° [Kekulé et Fleischer, *D. chem. G.*, **16**, 1088], à 227-228° sous une pression de 753^{mm},2 (R. Schiff). Sa densité $= 0,96$ à 17°,7 (Flückiger), 0,953 à 15° (Völckel), 0,7866 à 228°,4 [R. Schiff, *D. chem. G.*, **19**, 562]. Sa chaleur de combustion est égale à 1474^{cal},75 [Stohmann, Rodatz et Hertzberg, *J. prakt. Chem.*, (2), **34**, 322]. Son pouvoir réfringent spécifique $= 0.5126$ pour le carvol de l'essence de carvi et 0,5115 pour celui retiré de l'essence d'aneth [Gladstone, *Chem. Soc.*, **49**, 623].

Son pouvoir réfringent moléculaire $= 74,8$ [Kannonikoff, *Jahresb. f. Chem.*, 1881, 114 et 314].

Traité par le trisulfure de phosphore, le carvol se convertit en cymène; avec le pentasulfure de phosphore, il fournit du thiocarvacrol.

Quand on le distille sur de la potasse caustique solide ou sur de l'acide phosphorique vitreux, il subit une transformation isomérique et fournit du carvacrol [Kekulé et Fleischer, *loc. cit.* — Völckel, *Ann. Chem.*, **86**, 246]. Quand cette opération se fait avec de l'acide phosphorique, il est nécessaire, pour éviter une explosion, d'employer l'essence de cumin brute (K. et Fl.).

Lorsqu'on ajoute peu à peu du carvol à de l'acide sulfurique concentré, on observe une vive réaction qui a lieu avec dégagement de chaleur, et la formation de carvacrol et d'acide carvacrol-p-sulfonique [Claus et Fahrion, *J. prakt. Chem.*, (2), **39**, 356].

L'oxychlorure de phosphore (4 0/0 de la matière employée) possède également la propriété de convertir le carvol en carvacrol [Kreysler, *D. chem. G.*, **18**, 1704].

Lorsqu'on fait passer le carvol sur de la poudre de zinc chauffée, on obtient du cymène $C^{10}H^{14}$ et un carbure $C^{10}H^{16}$ bouillant à 130° et différent du carvène [Arndt, *D. chem. G.*, **1**, 204].

Réduit par l'amalgame de sodium, le carvol donne naissance au carvéol $C^{10}H^{16}O$.

Quand on fait passer un courant d'acide chlorhydrique dans un mélange refroidi de carvol et d'éther acétylacétique, on obtient une combinaison $C^{14}H^{20}ClO^4.C^2H^5$, qu'on isole en ajoutant de l'eau au liquide acide et épuisant ensuite par l'éther. Après purification et cristallisation dans le benzène, ce dérivé se présente sous la forme de prismes durs, blancs et brillants qui fondent à 146° [Goldschmidt et Kisser, *D. chem. G.*, **20**, 489].

Le carvol ne se combine pas directement à la phénylcarbimide.

Il réagit sur l'acétone en présence d'acide chlorhydrique; quand on ajoute de l'eau au mélange, l'acétone entre en dissolution, tandis qu'il reste de l'*hydrochlorocarvol* (G. et K.).

Il se combine également à l'acide bromhydrique pour fournir l'*hydrobromocarvol*, $C^{10}H^{15}BrO$.

Avec l'hydroxylamine il donne un dérivé $C^{10}H^{15}AzO$, et avec la phénylhydrazine il fournit l'*hydrazone* $C^{16}H^{20}Az^2$ [H. Goldschmidt et Kisser, *loc. cit.*, **20**, 114 et 2071].

Quelle que soit l'origine du carvol, il possède toujours les propriétés que nous venons d'énumérer; mais, considérés au point de vue de leur action sur la lumière polarisée, les carvols peuvent exister sous deux modifications isomériques, analogues à celles qu'affectent les acides tartriques.

Le *carvol droit* existe dans l'essence d'aneth et dans celle de carvi. Son pouvoir rotatoire moléculaire $[\alpha]_D = +62°,07$.

Le *carvol gauche* se trouve dans l'essence de menthe verte et possède un pouvoir rotatoire moléculaire $[\alpha]_D = -62°,46$.

Un certain nombre de dérivés de ces carvols jouissent également du pouvoir rotatoire.

Il en est ainsi des carvoximes, des sulfhydrates de carvol, etc. [A. Baeyer, *Jahresb. f. Chem.*, 1883, 938].

Hydrochlorocarvol, $C^{10}H^{14}O.HCl$. — Ce composé prend naissance quand on fait passer un courant d'acide chlorhydrique sec dans du carvol (Warrentrapp). On traite ensuite par l'eau et on agite la solution avec de l'éther. Le liquide éthéré est lavé avec de l'eau jusqu'à ce qu'il ne présente plus de réaction acide, puis desséché sur du chlorure de calcium et finalement évaporé dans le vide.

Huile légèrement colorée en brun, que des distillations répétées scindent en acide chlorhydrique et carvacrol. Cette transformation se fait plus facilement quand on opère en présence du chlorure de zinc, du chlorure stanneux, de l'acide sulfurique ou de l'acide phosphorique [Reychler, *Communication particulière*].

L'hydrochlorocarvol n'est pas une simple combinaison moléculaire du carvol avec l'acide chlorhydrique, car, lorsqu'on le traite par le chlorhydrate d'hydroxylamine et la soude caustique, il donne naissance à l'*hydrochlorocarvoxime*, $C^{10}H^{15}Cl = AzOH$.

Il se combine de même avec la phénylhydrazine pour fournir l'*hydrochlorocarvolphénylhydrazone* [Goldschmidt et Kisser, *D. chem. G.*, **20**, 288].

Hydrobromocarvol, $C^{10}H^{14}O.HBr$. — Ce dérivé se produit quand on sature le carvol par l'acide bromhydrique et qu'on lave le mélange épais et foncé avec de l'eau. On dissout ensuite le liquide dans l'éther et on lave de nouveau avec de l'eau. On dessèche sur du chlorure de calcium et on évapore dans le vide. On obtient ainsi un liquide huileux, de couleur foncée, et possédant une odeur spéciale, différente de celle du carvol.

L'hydrobromocarvol n'est pas à beaucoup près aussi stable que l'hydrochlorocarvol. Exposé à l'air humide, il se décompose lentement en se résinifiant et en perdant de l'acide bromhydrique. Distillé à plusieurs reprises, il se décompose en acide bromhydrique, carvol et carvacrol. Ce même dédoublement a lieu quand on le chauffe avec de l'acétate de sodium et de l'acide acétique, ou avec une solution alcoolique de potasse.

Il se combine à l'hydroxylamine et à la phénylhydrazine sans qu'un excès de ces derniers soit susceptible de lui soustraire le brome [Goldschmidt et Kisser, *ibid.*, **20**, 2072].

Sulfhydrate de carvol, $(C^{10}H^{14}O)^2H^2S$ (voyez Dict., **1**, 773). — M. W. Fahrion conseille de le préparer de la façon suivante : A une dissolution de carvol dans son volume d'alcool, on ajoute un peu d'ammoniaque concentrée, et on fait passer un courant d'acide sulfhydrique. Au bout de peu de temps, le tout se prend en une bouillie cristalline, qu'on recueille et qu'on fait cristalliser dans l'alcool.

Aiguilles blanches et brillantes, à odeur spéciale, peu solubles dans l'alcool froid, plus solubles dans l'alcool bouillant, fusibles à 210-211°. Distillé avec de la soude, dans un courant de vapeur d'eau, ce corps fournit du carvol [Fahrion, *Dissert. inaug.*, Fribourg-en-Brisgau, 1887, 44].

Le sulfhydrate de carvol est oxydé par l'acide azotique chaud, en fournissant un acide répondant à la formule $C^8 H^6 O^6$, que l'auteur considère comme l'acide dioxytéréphtalique [*loc. cit.*].

Le sulfhydrate de carvol droit possède un pouvoir rotatoire moléculaire $[\alpha]_D = + 5°,53$ à $5°,44$.

Le sulfhydrate de carvol gauche possède un pouvoir rotatoire moléculaire $[\alpha]_D = — 5°,65$ [A. Baeyer, *Jahresb. f. Chem.*, 1883, 938].

CARVOXIME (*nitrosohespéridène, isonitrosoterpène*), $C^{10} H^{15} AzO$. — Ce corps, découvert par MM. Goldschmidt et Zürrer [*D. chem. G.*, **17**, 1578], s'obtient en faisant digérer pendant plusieurs heures au bain-marie une solution alcoolique d'hydroxylamine et de carvol. On verse ensuite le liquide dans l'eau ; il se dépose une huile qui ne tarde pas à se prendre en une masse blanche et solide, qu'on purifie par dissolution dans l'acide chlorhydrique étendu, précipitation par le carbonate d'ammonium et cristallisation dans l'alcool :

$$C^{10} H^{14} O + AzH^2 . OH = H^2 O + C^{10} H^{15} AzO.$$

La carvoxime ainsi obtenue est identique avec le nitrosohespéridène de M. Tilden [*Jahresb. f. Chem.*, 1875, 301] et avec les dérivés nitrosés des terpènes du groupe limonène, c'est-à-dire le citrène, le carvène, les terpènes contenus dans les essences de bergamotte, d'*Erigeron canadense*, d'aiguilles de pin [Wallach, *Ann. Chem.*, **227**, 301].

On peut donc encore le préparer en partant de ces carbures. MM. Goldschmidt et Zürrer [*D. chem. G.*, **18**, 1732] l'ont obtenu en suivant la méthode de M. Tilden : ils ont fait passer un courant de chlorure de nitrosyle dans une solution méthylique bien refroidie de carvène. Il se forme un dépôt cristallin, qu'on recueille et qu'on lave avec de l'alcool, qu'on sèche et qu'on chauffe avec précaution jusqu'à son point de fusion dans un bain d'acide sulfurique. La masse fondue est reprise par l'alcool, qui fournit par évaporation la carvoxime.

Au lieu de faire fondre cette masse pour en retirer la carvoxime, il suffit de la faire bouillir pendant peu de temps avec de l'alcool. La solution alcoolique étendue d'eau laisse déposer une huile qui, abandonnée à elle-même ou additionnée d'un cristal de carvoxime, se prend en masse [Goldschmidt et Zürrer, *ibid.*, 2222].

La préparation du nitrosochlorure d'hespéridène d'après la méthode de M. Tilden présentant quelques difficultés, M. Wallach [*Ann. Chem.*, **245**, 245 et 255] propose d'opérer de la manière suivante : On agite molécules égales de limonène et d'azotite d'amyle avec 1 molécule d'acide chlorhydrique fumant, en ayant soin d'éviter toute élévation de température. On ajoute de l'alcool éthylique ou méthylique, ou encore de l'acide acétique cristallisable, et on voit se déposer une huile lourde qui ne tarde pas à se prendre en masse. Ce produit présente les mêmes propriétés que celui de M. Tilden, et il suffit, pour le transformer en carvoxime, de le faire bouillir avec de la potasse alcoolique.

Le produit de la réaction du chlorure de nitrosyle sur les terpènes du groupe limonène est, d'a-

près MM. Tilden et Shenstone, un produit d'addition, $C^{10} H^{16} AzOCl$, le *nitrosochlorure d'hespéridène*.

D'après MM. Goldschmidt et Zürrer, ce produit serait une sorte de chlorimide, $C^{10} H^{16} O = AzCl$.

Cette chlorimide peut ensuite donner de la carvoxime à l'aide des deux procédés cités plus haut, au moyen de l'alcool bouillant, par élimination d'acide chlorhydrique. Il s'opère dans cette réaction une transposition moléculaire qui donne naissance à un chlorhydrate de carvoxime,

$$C^{10} H^{14} (AzOH) . HCl,$$

isomérique avec l'hydrochlorocarvoxime et avec le nitrosochlorure d'hespéridène, qui se décompose quand on reprend la masse par l'alcool. Ce chlorhydrate existe réellement dans la masse, car il est expressément recommandé par MM. Tilden et Shenstone de ne pas chauffer le nitrosochlorure d'hespéridène jusqu'à ce qu'il se dégage de l'acide chlorhydrique.

Propriétés. — La carvoxime, quelle que soit son origine, cristallise dans l'alcool en grosses lames incolores et transparentes qui fondent à 71°. Elle distille partiellement à 240°, mais la majeure partie se décompose en noircissant et en émettant des vapeurs d'ammoniaque.

Quand on fait passer un courant d'acide chlorhydrique dans une solution éthérée de carvoxime, on voit se déposer au bout de peu de temps le *chlorhydrate*, $C^{10} H^{14} (AzOH) HCl$, qui se redissout si l'on prolonge l'action de l'acide.

Si, au lieu d'éther, on emploie comme dissolvant l'alcool méthylique, la solution reste claire, mais fournit par addition d'eau un précipité d'hydrochlorocarvoxime.

Enfin, lorsqu'on abandonne pendant quelques jours à elle-même cette solution chlorhydrique de carvoxime, on obtient du carvol. Cette même transformation s'opère d'ailleurs plus facilement quand on fait bouillir l'oxime avec une solution étendue d'acide sulfurique [Goldschmidt et Zürrer, *loc. cit.*, **18**, 1738].

La carvoxime donne avec le brome un *bromure*, $C^{10} H^{15} AzOBr^2$ [Tilden et Shenstone, *loc. cit.*].

Traitée par l'acide sulfurique concentré, elle fournit un produit basique qui se décompose très facilement [Goldschmidt et Kisser, *ibid.*, **20**, 486].

Réduite par l'amalgame de sodium, la carvoxime se transforme en carvylamine [*loc. cit.*, 486].

Comme le carvol, la carvoxime peut exister sous deux modifications isomériques au point de vue physique.

La carvoxime dérivée du carvol *droit* et des limonènes *droits* est *gauche* et possède un pouvoir rotatoire moléculaire $[\alpha]_D = — 39°,34$. Son point de fusion est situé à 72°.

La carvoxime obtenue avec le limonène *gauche* retiré de l'essence d'aiguilles de pin est *droite* et a un pouvoir rotatoire $[\alpha]_D = + 39°,71$. Elle fond à 72°.

La carvoxime racémique, préparée en mélangeant poids égaux de dérivés droit et gauche, fond à 93°. Cette carvoxime peut s'obtenir directement en partant du bipentène (limonène inactif) qu'on transforme en dérivé chloronitrosé, etc., et auquel M. Wallach a d'abord donné le nom d'*isonitrosodipentène*.

Enfin, le produit qui se forme quand on fait bouillir l'isocarvoxime avec de l'acide sulfurique étendu, et qui fond à 94°, n'est peut-être autre chose que la carvoxime inactive [Kisser, *Dissert. inaug.*, Bâle, 1887, 33 ; *Ann. Chem.*, **245**, 268 ; **246**, 227 ; **257**, 148].

Méthylcarvoxime, $C^{10} H^{14} = AzOCH^3$. — On chauffe une solution alcoolique de carvoxime additionnée de la quantité calculée d'éthylate de sodium et d'iodure de méthyle. La liqueur versée dans l'eau fournit une huile incolore à odeur de carottes et qui n'est pas distillable sans décomposition [Goldschmidt et Zürrer, *D. chem. G.*, **18**, 1730].

Acétylcarvoxime, $C^{10}H^{14} = AzOC^2H^3O$. — Huile jaunâtre, qui se décompose quand on la distille [G. et Z., *ibid.*, **17**, 2073].

Benzoylcarvoxime, $C^{10}H^{14} = AzOC^7H^5O$ [H. Goldschmidt et Zürrer, *D. chem. G.*, **18**, 1730]. — Aiguilles blanches, brillantes, fusibles à 96°, très solubles dans l'alcool et dans le benzène, peu solubles dans la ligroïne froide. Le pouvoir rotatoire des dérivés droit et gauche est $[\alpha]_D = +4°,44$ et $-4°,45$ [*Ann. Chem.*, **252**, 149].

HYDROCHLOROCARVOXIME, $C^{10}H^{16}ClAzO$ [H. Goldschmidt et R. Zürrer, *D. chem. G.*, **18**, 1731; **20**, 488]. — Ce composé prend naissance quand on fait passer un courant d'acide chlorhydrique dans une solution méthylique de carvoxime. Le liquide acide est ensuite versé dans l'eau; il se dépose une masse blanche et cristalline qu'on dissout dans la ligroïne.

Il se produit encore quand on traite une solution alcoolique d'hydrochlorocarvol par le chlorhydrate d'hydroxylamine et la soude caustique; en ajoutant de l'eau au mélange, on voit se former un précipité qu'on fait cristalliser d'abord dans l'alcool, puis dans la ligroïne bouillante. On obtient ainsi de beaux prismes blancs et brillants, ou bien des tables empilées les unes sur les autres. Ce corps fond à 132°,5 et se dissout facilement dans l'alcool, l'éther et le benzène, difficilement dans la ligroïne froide.

L'hydrochlorocarvoxime se dissout à froid dans les alcalis; l'acide carbonique la précipite de ces dissolutions. Elle se combine au brome pour former un produit d'addition cristallisé, mais peu stable [G. et Z., *ibid.*, **18**, 2223].

La potasse alcoolique ne la décompose pas [G. et Z., *ibid.*, 1731].

Elle fournit avec le chlorure de benzoyle un dérivé $C^{10}H^{15}Cl \cdot AzOC^7H^5O$.

L'hydrochlorocarvoxime diffère nettement du *chlorhydrate de carvoxime*, qu'on obtient en faisant passer un courant d'acide chlorhydrique dans une solution éthérée de carvoxime (voyez CARVOL). Ce composé n'est pas stable vis-à-vis de l'eau; de plus, quand on le chauffe, il commence déjà à se décomposer à 100°, tandis que l'hydrochlorocarvoxime peut être portée à 30° au-dessus de son point de fusion sans s'altérer.

Benzoylhydrochlorocarvoxime,

$$C^{10}H^{15}Cl = AzOC^7H^5O$$

[G. et Z., *ibid.*, **18**, 2222]. — Ce dérivé prend naissance quand on traite une solution éthérée d'hydrochlorocarvoxime par la quantité équivalente de chlorure de benzoyle et qu'on chauffe légèrement.

Cristallisé dans la ligroïne, il forme de longues aiguilles incolores et brillantes, qui fondent à 114-115°.

HYDROBROMOCARVOXIME, $C^{10}H^{16}BrAzO$ [Goldschmidt et E. Kisser, *D. chem. G.*, **20**, 2071]. — Cristallisée dans la ligroïne, elle constitue des prismes incolores et brillants. Dans l'alcool, elle cristallise en aiguilles réunies en houppes.

L'hydrobromocarvoxime fond à 116°. Elle est soluble dans les alcalis, d'où les acides la précipitent. Elle n'est pas stable; au bout de quelque temps, elle se colore et ne tarde pas à se transformer en une masse visqueuse.

Lorsqu'on abandonne à la température ordinaire une solution alcoolique d'hydrobromocarvoxime avec un excès d'hydroxylamine, il se

dépose au bout de peu de temps de l'*isocarvoxime* $C^{10}H^{14} = AzOH$. La même décomposition s'opère quand on substitue la potasse à l'hydroxylamine. Dans ces conditions il se forme en même temps un peu de carvoxime.

CARVOPHÉNYLHYDRAZONE, $C^{10}H^{14}Az \cdot AzHC^6H^5$ [*D. chem. G.*, **17**, 1578]. — On dissout le carvol dans l'alcool et on ajoute une solution d'acétate de phénylhydrazine. Au bout de quelques minutes, il se dépose de fines aiguilles blanches, qu'on essore et qu'on fait cristalliser dans l'alcool bouillant. Ces cristaux commencent à se ramollir à 100° et fondent à 106°.

Hydrochlorocarvophénylhydrazone,

$$C^9H^{15}ClAz \cdot AzHC^6H^5$$

[Kisser, *Dissert. inaug.*, Bâle, 1887, 20]. — Ce corps se prépare en dissolvant dans l'alcool molécules égales d'hydrochlorocarvol et de phénylhydrazine. Au bout de quelques heures, il se forme un dépôt cristallin de petits prismes blancs fondant à 137°. A l'air ce produit se décompose en brunissant.

Hydrobromocarvophénylhydrazone,

$$C^9H^{15}BrAz \cdot AzHC^6H^5$$

[Kisser, *loc. cit.*, 24]. — Ce dérivé se prépare comme le composé chloré. Aiguilles jaunes et transparentes, fondant à 119° et se décomposant à l'air.

Ce composé, mis en présence d'un excès de phénylhydrazine ou d'hydroxylamine, n'est pas transformé en isocarvoxime.

La formation d'hydrazones aux dépens des hydrochloro- et hydrobromocarvol prouve que dans ces combinaisons il existe encore un carbonyle acétonique.

ISOCARVOXIME, $C^{10}H^{14} = AzOH$. — Cet isomère de la carvoxime prend naissance quand on traite l'hydrobromocarvol par un excès d'hydroxylamine. Dans cette réaction, il se forme d'abord de l'hydrobromocarvoxime, qui, en présence d'un excès d'hydroxylamine, fournit de l'isocarvoxime. Une expérience directe a en effet prouvé qu'en traitant de l'hydrobromocarvoxime par de l'hydroxylamine on obtient de l'isocarvoxime.

Ce composé se produit encore quand on traite l'hydrobromocarvoxime par la potasse alcoolique. Il se forme en même temps de la carvoxime.

Aiguilles fondant à 142-143°, peu solubles dans l'alcool froid, solubles dans les acides et dans les alcalis.

Quand on ajoute à une solution alcoolique d'isocarvoxime un peu moins de la quantité théorique d'éthylate de sodium, puis de l'éther, on voit se déposer un précipité blanc qui est constitué par le *dérivé sodé* $C^{10}H^{14} = AzONa$.

L'isocarvoxime ne se combine pas à l'acide chlorhydrique ni à l'acide bromhydrique, comme le fait la carvoxime.

Quand on traite l'isocarvoxime par l'acide sulfurique étendu et qu'on distille le mélange dans un courant de vapeur d'eau, il passe du carvacrol. Le liquide acide qui reste dans la cornue contient du sulfate d'hydroxylamine et un *nouvel isomère* de la carvoxime. Pour isoler ce composé, on alcalinise la solution acide : il se dépose un précipité floconneux, qu'on fait cristalliser dans l'éther et qu'on lave ensuite avec un mélange de ligroïne et de benzène. On obtient ainsi des lamelles incolores, à éclat vitreux, fusibles à 94° et possédant une odeur rappelant celle de l'indol. Ce corps est insoluble dans l'eau froide, soluble dans l'eau bouillante, d'où il cristallise en prismes brillants et transparents. Il possède un caractère éminemment basique et fournit un *chlorhydrate* et un *chloroplatinate*. Cette oxime n'est peut-être autre chose que la carvoxime racémique qui fond à 93° (voyez plus haut).

Ce nouvel isomère de la carvoxime ne donne pas la réaction des carbylamines et ne paraît pas réagir avec l'acide azoteux [H. Goldschmidt et E. Kisser, *D. chem. G.*, **20**, 2071].

Benzoylisocarvoxime, $C^{10}H^{14} = Az O C^7H^5O$. — Cristallisé dans le benzène, ce dérivé se présente en petites lamelles blanches, brillantes et réunies en étoiles. Il fond à 112° et est soluble dans l'alcool, l'éther et le benzène (G. et K.).

CARVYLAMINE, $C^{10}H^{15} . Az H^2$ [H. Goldschmidt et E. Kisser, *D. chem. G.*, **20**, 486]. — Ce corps se produit en petite quantité en même temps que de l'aniline, quand on réduit la solution alcoolique de la phénylhydrazone du carvol au moyen de l'amalgame de sodium et de l'acide acétique.

On l'obtient plus facilement en réduisant la carvoxime en solution alcoolique au moyen de l'amalgame de sodium et de l'acide acétique cristallisable.

La réduction terminée, on étend d'eau, on filtre et on agite avec de l'éther. La solution aqueuse est ensuite alcalinisée par la soude caustique et épuisée de nouveau par l'éther, qui dissout la carvylamine.

En chauffant le carvol avec du formiate d'ammonium et distillant ensuite le produit avec de la potasse, MM. Leuckart et Bach [*D. chem. G.*, **20**, 113] ont obtenu une base distillant au-dessus de 200°, et se combinant énergiquement avec l'acide carbonique de l'air. Ils présument que cette base est identique avec la carvylamine.

La carvylamine constitue un liquide limpide, à odeur basique et aromatique. Chauffée avec de la potasse alcoolique et du chloroforme, elle fournit la réaction des carbylamines, ce qui prouve qu'elle est une amine primaire. Quand on traite la solution aqueuse de son chlorhydrate par l'azotite de sodium et qu'on chauffe, on obtient une huile d'une odeur spéciale et qui, d'après les auteurs, est probablement identique avec le carvéol $C^{10}H^{16}O$, que M. Leuckardt a préparé par réduction du carvol [*D. chem. G.*, **20**, 114].

Chlorhydrate, $C^{10}H^{15} . Az H^2 . HCl$. — On prépare ce sel en faisant passer un courant d'acide chlorhydrique gazeux dans une solution éthérée de carvylamine, en évitant un excès d'acide chlorhydrique qui redissoudrait le chlorhydrate avec formation de produits résineux.

Poudre blanche, cristalline, fondant vers 180° en se décomposant, facilement soluble dans l'eau et dans l'alcool absolu. Cette dernière solution l'abandonne en fines aiguilles à éclat soyeux.

Benzoylcarvylamine, $C^{10}H^{15} . Az H . C^7H^5O$. — Cristallisé dans le benzène, ce corps constitue de fines aiguilles fondant à 169°.

CONSTITUTION DES CORPS DU GROUPE CARVOL. — M. Kekulé a donné deux formules de constitution du carvol [*D. chem. G.*, **6**, 933]. L'une d'elles se rapproche de celle du camphre et fait du carvol un composé acétonique. L'autre représente le carvol comme un anhydride analogue à l'oxyde d'éthylène :

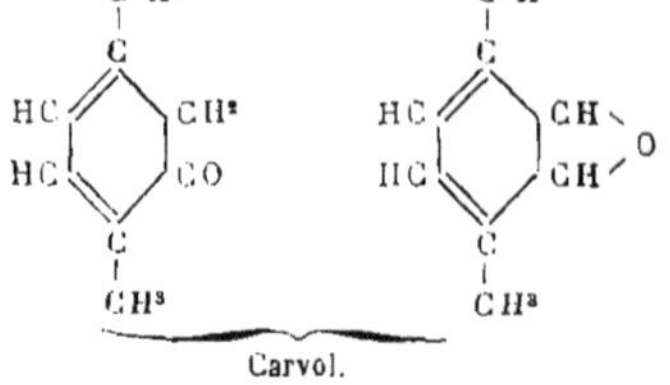

Carvol.

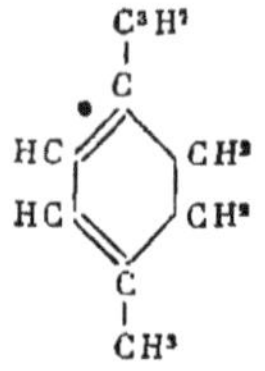

La propriété que possède le carvol de se combiner à l'hydroxylamine et à la phénylhydrazine conduit à adopter la formule qui rend compte de sa fonction acétonique. Si l'on considère la facilité avec laquelle les carbures du groupe limonène peuvent être transformés en carvoxime, puis en carvol, il semble qu'on peut attribuer à ces terpènes une formule dérivant de celle du carvol par substitution de H^2 à l'oxygène de ce dernier.

Mais toutes ces formules ne renferment point de carbone asymétrique, qui explique le pouvoir rotatoire que possèdent le carvène et le carvol.

M. Goldschmidt, en se basant sur les rapports étroits qui existent entre le carvol et le carvacrol, admet d'abord que les deux corps renferment un groupe méthyle et un groupe propyle normal.

Nous ferons remarquer que la propriété que possèdent les acides carvacrylsulfurique et carvacrylphosphorique de fournir, sous l'influence du permanganate de potassium, l'acide oxyisopropylsalicylique semble plutôt prouver que le carvacrol renferme un groupe isopropyle, à moins qu'il ne faille admettre une transposition moléculaire dans le cours des réactions.

Les relations du carvacrol avec le cymène du camphre qui, d'après des recherches récentes de M. O. Widman [*D. chem. G.*, **24**, 455], est identique au méthylisopropylbenzène, viennent encore à l'appui de cette manière de voir.

M. Goldschmidt assigne en outre aux chaînes latérales les positions respectives

$$C^6H^4 . CH^3_{(1)} . OH_{(2)} . C^3H^7_{(4)}$$
Carvacrol.

et

$$C^6H^3 . CH^3_{(1)} . O_{(2)} . C^3H^7_{(4)}$$
Carvol.

qui sont les mêmes que celles attribuées par M. Kekulé.

Pour rendre compte des propriétés optiques du carvol, il propose ensuite de le représenter par la formule

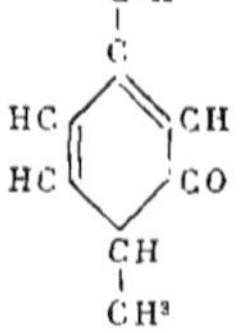

qui renferme 1 atome de carbone asymétrique et qui fait du carvol un cétodihydrocymène.

La propriété que possède la carvoxime de se combiner d'abord à 1 molécule d'hydracide, puis à 2 atomes de brome, correspond aux deux doubles liaisons contenues dans cette molécule.

La facilité avec laquelle le carvol passe à l'état de carvacrol conduit M. Goldschmidt à considérer ce corps comme la forme secondaire du carvacrol. Il présenterait alors vis-à-vis de ce dernier les mêmes relations que celles qui existent entre les formes secondaire et tertiaire de la phloroglucine, et entre le pseudo-indoxyle et l'indoxyle.

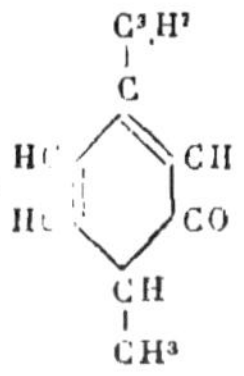

Carvol.

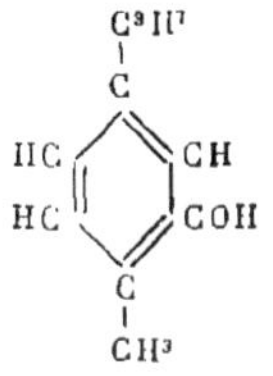

Carvacrol.

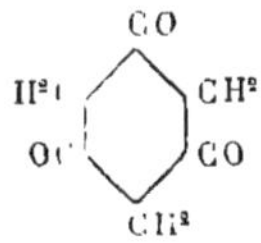

Phloroglucine secondaire.

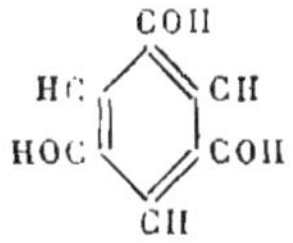

Phloroglucine tertiaire.

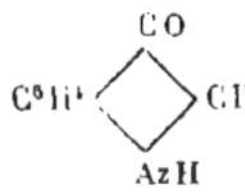

Pseudo-indoxyle.

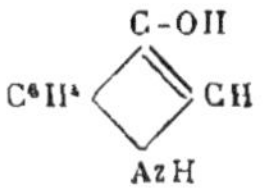

Indoxyle.

Cette formule du carvol étant admise, il est aisé d'en déduire celle des carbures du groupe limonène, ainsi que celles de la carvoxime et de l'hydrobromocarvoxime :

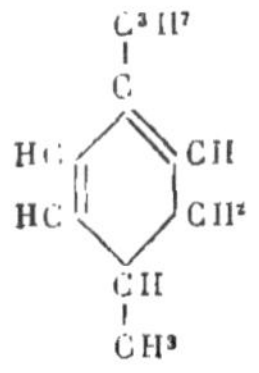

Carbures du groupe limonène.

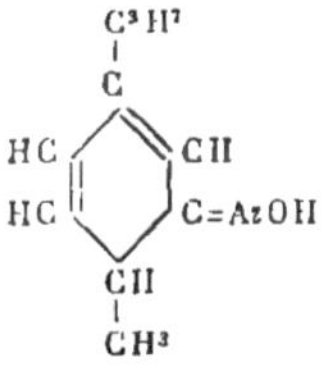

Carvoxime.

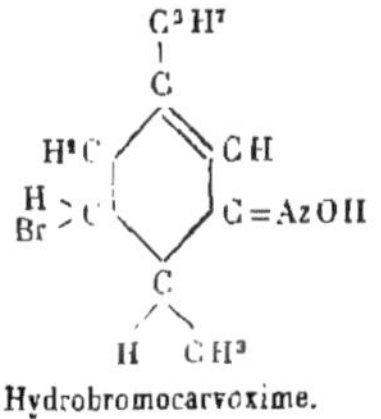

Hydrobromocarvoxime.

Quant à l'isocarvoxime, qui résulte de la soustraction d'une molécule d'acide bromhydrique à l'hydrobromocarvoxime, elle ne peut avoir que la formule

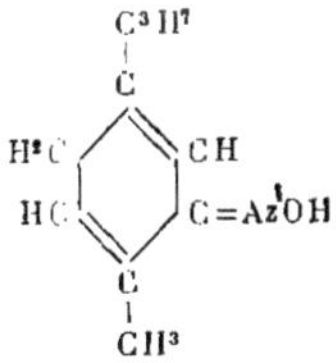

qui rend compte de sa fonction oximique.

A. **Haller.**

CARYOCÉRITE (Min.) (Brögger). — Minéral de composition très complexe, renfermant silice, anhydrides tantalique et borique, fluor, thorine (13 0/0), oxydes de cérium, lanthane, didyme, yttrium, chaux, etc., eau, voisine de la mélanocérite (voyez ce mot, Suppl., **2**). Tables hexagonales brun clair, fendillées et friables, à cassure écailleuse, dans un filon aux îles Arö (Norvège).

Caractères. — Ceux de la mélanocérite. Densité $= 4,295$.

Forme cristalline. — Rhomboèdre,

$$a : c = 1 : 1,1845.$$

Faces a^1 dominantes, $b^1 a^{2,5}$. Isomorphe avec la mélanocérite.

CARYOPILITE (Min.) (Hamberg). — Silicate manganeux hydraté, soit à peu près

$$4\,MnO \cdot 3\,SiO^2, 3\,H^2O.$$

Sorte de serpentine provenant de l'altération de la rhodonite, dans un calcaire, avec brandtite, sarcinite, plomb, etc., à la mine Harstigen, près Pajsberg (Wermland). Densité $= 2,83-2,91$.

CASÉINE (voyez Dict., **1**, 774 et Suppl., **1**, 63). — MM. Danilewsky et Radenhausen ont contesté à la caséine précipitée du lait par l'action des acides le caractère d'une espèce chimique définie. M. Danilewsky considère cette substance comme un mélange de *nucléo-albumine* et de *nucléo-protalbine* (voyez ces mots). Ces conclusions ont été réfutées par M. Hammarsten [A. Danilewsky et P. Radenhausen, *Maly's Jahresb.*, **10**, 186. — Hammarsten, *Zeit. physiol. Chem.*, **7**, 227. — Danilewsky, *ibid.*, **7**, 427 ; *Maly's Jahresb.*, **12**, 14].

M. Duclaux admet également que la caséine du lait n'est pas une substance unique. Elle existerait dans le lait sous trois modifications différentes : 1° sous la forme de caséine solide (dans un cas, 0,4 de la quantité totale de caséine), qui se dépose après un repos très prolongé ; 2° sous la forme de caséine à l'état colloïdal, fortement gonflée (caséine ordinaire des auteurs) ; 3° sous la forme de caséine dissoute (albumines diverses et peptone des auteurs).

Lorsqu'on fait passer le lait, à l'aide d'une trompe, à travers une bougie filtrante en porcelaine, la caséine solide et la caséine colloïdale se déposent sur le filtre, tandis que le liquide contient la caséine dissoute. Si ce dépôt, délayé dans l'eau, est soumis au bout de quelques heures à une nouvelle filtration, on retrouve dans le liquide filtré une nouvelle quantité de caséine dissoute, et en proportion d'autant plus forte que l'action de l'eau a duré plus longtemps. Certains microbes, agissant, d'après M. Duclaux, par l'intermédiaire d'un ferment soluble, la *caséase*, provoquent très rapidement ce passage de la caséine à l'état dissous. Ces trois modifications constituent dans le lait un système en équilibre stable. Certaines substances (sels minéraux, présure) modifient cet équilibre en faveur de la forme solide, d'autres au contraire (caséase) au profit de la forme dissoute, et le phénomène de la coagulation de la caséine n'est que la production lente et régulière d'un nouvel état d'équilibre.

M. Duclaux ne signale d'ailleurs entre ces trois sortes de caséine aucune différence d'ordre chimique. Comparées sous le même état, elles sont identiques. Rappelons ici que la filtration des substances albuminoïdes à travers la porcelaine modifie leurs réactions de la manière la plus remarquable, comme l'a observé M. Gautier pour la caséine et l'albumine de l'œuf. Peut-être se fait-il une séparation de copules minérales ou même gazeuses [Duclaux, *C. R.*, **98**, 373, 438, 526. — A. Gautier, *Bull. Soc. Chim.*, (2), **42**, 150].

Quoi qu'il en soit, la matière albuminoïde qui, sous le nom de caséine, est extraite du lait par précipitation au moyen des acides, est certainement un individu chimique défini et non un mélange. Elle se sépare aussi de la manière la plus nette de l'alcali-albumine, avec laquelle on a essayé souvent de l'identifier. Les solutions de caséine pure additionnées de phosphate de calcium sont coagulées rapidement par la présure, surtout à la température de 37°, tandis que la présure est sans action sur l'alcali-albumine dans les mêmes conditions.

En outre, la caséine pure, préparée d'après M. Hammarsten, renferme toujours une quantité considérable de phosphore (en moyenne 0,847 0/0), et cette proportion ne varie ni par 8 ou 10 précipitations successives, ni par des précipitations fractionnées [Hammarsten, *Zeit. physiol. Chem.*, **7**, 266. — Lubavin, *Maly's Jahresb.*, **9**, 131; *Bull. Soc. Chim.*, (2), **29**, 213; **33**, 295; **34**, 44]. Enfin la caséine pure, tout comme la nucléine, perd une grande partie de son phosphore par une ébullition prolongée avec l'eau, et sa solution chlorhydrique limpide, additionnée de pepsine, abandonne à 37° un dépôt de nucléine. Tous ces faits ont conduit M. Hammarsten à cette conclusion que la caséine est une combinaison d'une nucléine et d'une matière albuminoïde, une *nucléo-albumine*. Aussi M. Drechsel range-t-il la caséine dans la classe des protéides, c'est-à-dire parmi les corps qui sont dédoublables, comme l'hémoglobine et la mucine, en une matière albuminoïde proprement dite et une autre substance [E. Drechsel, *Ladenburg's Handwörterb. der Chem.*, **3**, 565].

Préparation. — Le lait de vache frais est étendu de 4 volumes d'eau distillée et additionné d'une quantité d'acide acétique telle que le mélange contienne 0,075 — 0,1 0/0 d'acide. La caséine qui se dépose au bout d'un temps très court est alors rapidement lavée plusieurs fois par décantation avec de l'eau, exprimée, puis triturée aussi finement que possible. On la dissout ensuite dans une quantité de soude étendue, assez faible pour que la réaction de la solution soit neutre ou très légèrement alcaline, et, après avoir étendu d'eau, on précipite par l'acide acétique. Le précipité finement trituré est lavé sur filtre, puis soumis à une nouvelle dissolution dans la soude et enfin précipité par l'acide acétique. Le dépôt, lavé à l'eau, est trituré en plusieurs portions avec de l'alcool à 97°, jusqu'à production d'une sorte d'émulsion très fine, puis lavé sur filtre aussi rapidement que possible avec de l'alcool et de l'éther. Finalement le produit, exprimé modérément, est trituré dans un mortier jusqu'à dessication complète. Les dernières portions d'éther sont éliminées dans le vide. Il importe de n'employer dans cette opération que des quantités très faibles de soude; à forte dose, celle-ci décompose la caséine et d'autre part nécessite l'emploi de quantités trop fortes d'acide acétique, car l'acétate de sodium formé retarde la précipitation. En outre, le lavage du produit n'est possible qu'au prix d'une trituration très soignée [Hammarsten, *Maly's Jahresb.*, **4**, 145; **7**, 158].

Propriétés. — Le produit ainsi obtenu est une poudre très fine, d'un blanc de neige, qui, complètement desséchée dans le vide, peut être portée à 100° sans perdre aucune de ses propriétés. Calcinée, même par portions de 4 à 6 grammes, elle ne laisse pas de résidu appréciable. Elle contient d'après M. Hammarsten : C = 52,96, H = 7,05, Az = 15,65, S = 0,780, P = 0,847 0,0 [*Zeit. physiol. Chem.*, **7**, 269. — Pour le dosage du soufre dans la caséine, voyez Hammarsten, *ibid.*, **9**, 297].

La caséine rougit fortement le papier bleu humecté d'eau, et cette réaction lui appartient en propre et non à des traces d'acide retenues par le produit, comme s'en est assuré M. Hammarsten par des expériences très précises [*ibid.*, **7**, 160]. Elle est à peu près insoluble dans l'eau pure, mais elle est soluble dans les alcalis, les phosphates et les carbonates alcalins : ces solutions sont neutres ou même sensiblement acides. Lorsqu'on la délaye dans de l'eau tenant en suspension du carbonate de calcium, de baryum ou de magnésium finement divisé, elle se dissout en chassant l'acide carbonique. Elle se dissout également dans l'eau de chaux ou de baryte, et ces solutions peuvent être neutralisées et même franchement acidulées par l'acide phosphorique étendu (moins de 0,5 0/0) sans qu'il y ait production d'un précipité. La caséine et le phosphate de calcium se maintiennent donc mutuellement en solution.

Toutes ces solutions peuvent être bouillies sans qu'il y ait coagulation, mais elles se recouvrent d'une membrane, comme le lait. Les acides étendus la précipitent et le précipité est soluble dans un excès de réactif, surtout d'acide chlorhydrique. L'expérience montre qu'il faut, pour précipiter la caséine du lait étendu d'eau, plus d'acide acétique que d'acide chlorhydrique. Cette différence tient à ce fait que les sels retardent cette précipitation et que les acétates exercent cette action beaucoup plus nettement que les chlorures. Ces précipités ont en outre la propriété de retenir très énergiquement les acides minéraux, qui ne sont éliminés que par des lavages très prolongés.

Les sels alcalins, qui retardent donc la précipitation de la caséine par les acides, ne dissolvent cette dernière que lorsqu'elle vient d'être fraîchement précipitée. Lorsqu'elle s'est contractée en flocons ou en grains assez denses, elle est complètement insoluble dans les solutions salines. On observe surtout ce fait lorsqu'on a employé pour la précipitation une trop grande quantité d'acide. Ajoutés en excès aux solutions de caséine, les sels alcalins (et principalement le chlorure de sodium contenant des traces de chaux) produisent une précipitation presque totale.

Les solutions de caséine, chauffées en tube scellé à 130-150°, se coagulent. Il se produit, d'après M. Hammarsten, un dédoublement analogue à celui que provoque la présure [*ibid.*, **4**, 154]. L'alcool bouillant modifierait aussi très profondément la caséine [Hammarsten, *Zeit. physiol. Chem.*, **7**, 227]. Bouillie avec l'acide chlorhydrique étendu, la caséine ne se transforme que lentement en acidalbumine; les alcalis étendus et chauds l'attaquent au contraire très rapidement et lui font perdre la propriété d'être coagulée par la présure [L. V. Lundberg, *Maly's Jahresb.*, **6**, 11]. Une solution chlorhydrique de caséine, additionnée de pepsine et maintenue à 37°, prend au bout de quelques heures l'apparence d'un empois étendu d'eau et laisse déposer d'abondants flocons de nucléine. La solution contient la caséine-peptone.

Action de la présure. — La présure coagule la caséine du lait en solution neutre, alcaline ou acide.

Lorsque le lait a été préalablement bouilli, la caséine, au lieu d'être prise en un caillot compact, se sépare en flocons très fins, fait qui est intéressant au point de vue de la digestion du lait. L'ébullition aurait pour effet de produire une répartition différente du phosphate de calcium au moment de la coagulation (voyez plus bas) [M. Hoffmann, *Dissert. inaug.*, Berlin, 1881. — W. Eugling, *Maly's Jahresb.*, **15**, 181. — F. Söldner, *Landw. Versuchsstation*, **35**, 354. — R.-W. Raudnitz, *Zeit. physiol. Chem.*, **14**, 1. — F. Schaffer, *Maly's Jahresb.*, **17**, 158].

Le ferment soluble qui provoque cette précipitation agit d'autant plus rapidement et à une température d'autant plus basse que la réaction est plus acide. Mais cette coagulation diffère nettement de celle que provoquent les acides. Ces deux processus s'excluent même l'un l'autre, et si la présure a une réaction acide trop forte, l'acide seul intervient dans la coagulation et le sens de la réaction est alors tout différent [Hammarsten. *Maly's Jahresb.*, **2**, 118. — A. Schmidt, *ibid.*. **4**. 159].

Une dialyse prolongée du lait supprime toute action de la présure. M. Hammarsten a montré que ce fait tient à l'élimination des sels de chaux, dont la présence est indispensable à la coagulation. En effet, la présure est sans action sur une solution de caséine pure dans la soude ou dans un phosphate alcalin. Mais si l'on neutralise par l'acide phosphorique étendu une solution suffisamment concentrée de caséine dans l'eau de chaux, on obtient un liquide que la présure coagule même plus rapidement que le lait. Ainsi s'explique ce fait. observé par M. A. Schmidt, que la caséine, précipitée du lait par l'acide acétique et redissoute dans un peu de soude. est encore coagulable par la présure, mais que par de nouvelles précipitations cette aptitude va se perdant peu à peu. C'est que les sels de chaux, retenus énergiquement par la caséine, ne s'éliminent entièrement que par une série de précipitations. La caséine précipitée par du sel marin ordinaire, toujours mélangé d'un peu de. chaux, fournit des solutions que la présure coagule énergiquement, mais auxquelles la dialyse fait perdre très rapidement cette propriété. Si l'on restitue au liquide contenu dans le dialyseur les eaux de diffusion préalablement concentrées, l'aptitude à la coagulation reparaît aussitôt [Hammarsten. *ibid.*, **7**, 163].

M. H. Rödén a trouvé que le lait de vache, additionné de sérum de sang de cheval dans la proportion de 1 à 2 0/0, cesse d'être coagulable par la présure. Le sérum, chauffé à 70-72°, perd cette curieuse propriété [H. Rödén, *Maly's Jahresb.*. **17**. 160].

Quant à la modification que subit la caséine, elle consisterait, d'après M. Hammarsten, en un dédoublement en deux matières albuminoïdes, dont l'une, plus abondante, constitue le coagulum, tandis que l'autre reste en dissolution. L'eau produit à 150°, en vase clos, un dédoublement analogue (voyez Suppl., **1**, 63).

La matière albuminoïde précipitée que M. Hammarsten désigne sous le nom de *käse* (fromage) ou de *paracaséine*, est d'autant moins soluble dans l'eau que la solution d'où on l'a précipitée était plus riche en phosphate de calcium. Débarrassée des matières minérales, la paracaséine est moins difficilement soluble dans l'eau que la caséine. mais elle ne jouit pas. comme la caséine, de la propriété de maintenir en dissolution de notables quantités de phosphate de calcium. Elle est facilement soluble dans les alcalis lorsqu'elle a été débarrassée du phosphate de calcium, mais ses solutions ne sont en aucune façon coagulables par la présure. ce qui la distingue nettement de la caséine. Quant au produit de dédoublement soluble, que M. Hammarsten désigne sous le nom d'*albumine de petit-lait* (*molkenweiss*), pour indiquer qu'il ne préexiste pas dans le lait, c'est une poudre blanche, soluble dans l'eau, présentant toutes les réactions de la peptone. mais ne contenant d'après M. Köster que 13 0/0 d'azote [Hammarsten. *Maly's Jahresb.*. **4**. 135 ; *Lehrbuch d. physiol. Chem.*, Wiesbaden, 1891. 254. — H. Köster. *ibid.*, **11**, 14].

Le mode d'action de la présure serait le suivant, d'après M. Eugling : Le lait contient une combinaison soluble de caséine et de phosphate tricalcique qui est sans action sur l'oxalate d'ammonium et que la présure décompose en faisant passer une partie de la chaux en solution dans le sérum, où on la retrouve sous la forme d'une combinaison précipitable par l'oxalate d'ammonium. Le sérum obtenu par l'action de l'alcool sur le lait ne contient au contraire aucune trace de chaux décelable par l'oxalate [W. Eugling, *ibid.*, **15**, 181. — F. Schaffer, *ibid.*, **17**. 158].

Les indications qui précèdent s'appliquent toutes à la caséine du lait de vache.

La *caséine du lait de femme* n'est que très incomplètement précipitée par les acides ou par la présure. Le caillot est en flocons très fins, facilement solubles dans les acides, les alcalis et la pepsine chlorhydrique. Il diffère notablement du coagulum dense, tenace, que donne le lait de vache dans ces conditions et qui n'est que lentement dissous par ces réactifs [J. Biel, *Maly's Jahresb.*, **4**, 166. — Biedert, *ibid.*, 163 ; *Unters. über die chem. Unterschiede der Menschen-und Kuhmilch, Dissert. inaug.*, Giessen, 1869 ; 2° éd., Stuttgart, 1884. — E. Pfeiffer, *Maly's Jahresb.*, **13**, 170. — J. Schmidt, *ibid.*, 175]. Cette différence ne tient pas, comme le pensait M. Lajoux, à la nature spéciale de la caséine du lait de femme. La caséine pure extraite de ce lait se confond entièrement avec celle du lait de vache. Il en est de même pour la *caséine du lait de jument*, qui se comporte vis-à-vis des acides et de la présure à peu près comme le lait de femme. Les différences observées tiennent uniquement à la présence d'une quantité variable de sels minéraux. M. A. Dogiel a montré que, si l'on rehausse la teneur en cendres du lait de femme, on obtient par l'acide acétique un coagulum en grumeaux volumineux et denses, analogue à celui que fournit le lait de vache [A. Dogiel, *Zeit. physiol. Chem.*, **9**. 591]. M. Biel est arrivé à des résultats identiques en comparant les laits de femme, de jument et de vache. Le lait de vache fournit à chaud, en présence du sel marin, un caillot contenant 3,75 0/0 de chaux et 3,24 d'anhydride phosphorique, tandis que la caséine précipitée du lait de femme ne renferme que 1,71 0,0 de chaux et 1,38 0/0 d'anhydride phosphorique en moyenne [J. Biel, *Maly's Jahresb.*, **16**, 159].

Produits de dédoublement de la caséine. — M. Drechsel a opéré le dédoublement de la caséine par ébullition avec de l'acide chlorhydrique, en ajoutant de temps à autre quelques fragments d'étain. de façon à maintenir pendant toute la durée de l'opération un faible dégagement d'hydrogène. Il ne se produit pas trace d'acide carbonique pendant ce dédoublement. On arrête l'opération au bout de 3 jours et, après avoir éliminé les acides amidés par les méthodes habituelles, on traite les eaux mères par l'acide phosphotungstique. On obtient ainsi un abondant précipité renfermant un mélange de plusieurs bases qu'on peut séparer les unes des autres à l'état de *chloroplatinates*. M. Dreschel a pu isoler à l'état cristallisé les composés

$$C^7 H^{14} Az^2 O^2 Cl^3 . PtCl^4, 4H^2O$$

$$C^6 H^{16} Az^2 O^3 Cl^2 . PtCl^4, 4H^2O.$$

Les eaux mères de ces sels renferment encore d'autres substances basiques ; l'une d'elles a pu être isolée sous la forme d'un *nitrate double* qui cristallise en très belles aiguilles, allongées, blanches, à éclat argentin et qui se colorent un peu en rouge au contact de l'air. Le sel est soluble dans l'eau ; l'alcool le précipite, surtout en présence de l'éther, sous la forme d'une huile qui cristallise peu à peu par le repos.

L'analyse conduit à l'expression

$$C^6H^{13}Az^3O^2 . AzO^3H . AzO^3Ag,$$

formule qui comporte très vraisemblablement, d'après M. Drechsel, 1 molécule d'eau de cristallisation. On aurait donc pour la base l'expression $C^6H^{11}Az^3O$. Ces deux formules sont empiriquement homologues de celles de la créatine, $C^4H^9Az^3O^2$, et de la créatinine, $C^4H^7Az^3O$. M. Drechsel a appliqué aux bases correspondantes les noms de *lysatine* et *lysatinine*.

La réaction capitale de la lysatine est son dédoublement à chaud en présence de la baryte, avec production d'urée; et comme cette base résulte de la décomposition de la caséine en présence du chlorure stanneux, c'est-à-dire en dehors de tout phénomène d'oxydation, la production de l'urée aux dépens des matières albuminoïdes par un simple processus hydrolytique se trouve ainsi directement démontrée [E. Drechsel, *J. prakt. Chem.*, (2), **39**, 425; *Bull. Soc. Chim.*, (3), **3**, 468; *D. chem. G.*, **23**, 3096].

E. Lambling.

CASÉO-ALBUMINE. — MM. Danilewski et Radenhausen ont donné ce nom à une matière albuminoïde qu'ils ont extraite de la caséine [*Maly's Jahresb.*, **10**, 186]. Ces auteurs ont considéré en effet la caséine comme constituée par un mélange de *caséo-albumine*, identique à la sérum-albumine, et de *substances protalbiques*. M. Danilewski appelle ainsi des substances de nature acide (*protalbine, protalbinine, protalborangine, protalboroséine*), très analogues aux alcali-albumines, et qu'il a obtenues en traitant les matières albuminoïdes par des lessives alcalines de concentrations variables [Danilewski, *Arch. des Sciences phys. et nat.*, (3), **5**, 305, 330; *Maly's Jahresb.*, **12**, 14].

Plus tard, M. Danilewski, adoptant en partie les idées de M. Hammarsten, admit dans la caséine la présence d'une *nucléo-albumine*, mais toujours accompagnée d'une substance protalbique qu'il appelle *nucléo-protalbine* [Danilewski, *Zeit. physiol. Chem.*, **7**, 427; *Maly's Jahresb.*, **13**, 17].

E. Lambling.

CASÉOSES. — Voyez ALBUMOSES, Suppl., **2**, I, 138.

CASSINITE (Min.) (J. Lea). — Feldspath contenant 4,0 de baryte (densité = 2,692); provenant de Blue Hill, comté de Delaware (Pennsylvanie). C'est sans doute un mélange d'albite, d'orthose et d'hyalophane.

CASSITÉRITE (Min.). — Voyez Dict., **1**, 776. *Forme cristalline.* — Ajoutez :

$$a^1a^1 (sur\ b^{1/2}) = 121°40'.$$

CASSONIQUE (ACIDE), $C^5H^8O^7$. — Ce corps prend naissance dans l'oxydation du sucre [Siewert, *Jahresb.*, 1859] ou de l'acide gluconique [Hœnig, *ibid.*, 1879] en même temps que l'acide saccharique et l'acide oxalique. Pour les séparer, on précipite ces deux derniers acides à l'état de sels calciques et on ajoute au liquide filtré de l'acétate neutre de plomb.

L'acide, isolé par l'hydrogène sulfuré de son sel de plomb insoluble, est un sirop rougeâtre qui réduit les solutions ammoniacales d'argent avec production d'un miroir métallique.

Les sels sont amorphes.

Le *sel de baryum*, $C^5H^6O^7Ba$, se décompose vers 112°; il est insoluble dans l'eau, mais se dissout aisément dans le sel ammoniac.

La constitution de ce produit n'a pas encore été déterminée.

CASTANITE (Min.) (Darapsky). — Sulfate ferrique basique hydraté, $Fe^2O^3 . 2SO^3 , 8H^2O$.

Groupes de cristaux prismatiques, sans doute clinorhombiques, de couleur marron, transparents, à éclat vitreux, décomposables par l'eau, difficilement solubles dans l'acide chlorhydrique. Trouvé avec hohmannite à la Sierra de Gorda (Chili). Poussière orangée. Dureté = 3; densité = 2,18.

CASTILLITE (Min.). — Variété argentifère de bornite.

CATALPINE. — M. E. Claassen [*Am. chem. Journ.*, **10**, 328; *D. chem. G.*, **21**, Ref., 894] a donné ce nom à un glucoside qui existe dans le fruit et dans l'écorce du *Catalpa bignonioïdes*. Ce corps cristallise en aiguilles blanches, soyeuses, groupées en étoiles, très solubles dans l'eau et dans l'alcool, peu solubles dans l'éther, insolubles ou presque insolubles dans le benzène et dans le chloroforme. Ce corps n'a pas été analysé.

CATALPIQUE (ACIDE). — Cet acide a été extrait des fruits verts du *Bignonia Catalpa*. Les fruits de bignonia finement hachés sont épuisés par l'éther : le liquide éthéré est distillé et l'extrait obtenu est épuisé par le sulfure de carbone qui enlève les matières grasses; le résidu, qui se présente sous la forme d'une résine fortement colorée, renferme l'acide catalpique. On le purifie par des cristallisations répétées dans l'alcool qui retient les impuretés.

On obtient ainsi un acide bibasique répondant à la formule $C^{14}H^{14}O^6$. Il est cristallisé et fond de 205 à 207°.

Il est presque insoluble dans le sulfure de carbone, très peu soluble dans l'eau, un peu soluble dans le chloroforme, assez soluble dans l'alcool et très soluble dans l'éther.

Il donne un *sel de baryum*, $C^{14}H^{12}O^6Ba , H^2O$, qui cristallise dans le vide en lamelles blanches, mais dont la solution aqueuse, chauffée à l'air, s'altère rapidement en prenant une couleur rougeâtre.

Le *sel d'argent*, $C^{14}H^{12}O^6Ag^2$, se présente sous la forme d'un précipité qui noircit rapidement à la lumière [Sardo, *Gazz. chim. ital.*, **14**, 134; *Bull. Soc. Chim.*, (2), **44**, 302]. A. Béhal.

CATÉCHINES (voyez Dict., **1**, 687; Suppl., **1**, 436]. — D'après M. Etti [*Mon. f. Chem.*, **2**, 547], les cachous extraits du Gambir et du Pégou renferment une seule et même catéchine, ayant pour composition $C^{18}H^{18}O^8$ après dessiccation à 100°. Cette catéchine fond à 140° sans être altérée dans ses propriétés par cette fusion. Chauffée à 150-160°, elle perd de l'eau et se transforme en un *premier anhydride*, $C^{36}H^{34}O^{15}$, corps brun-rougeâtre, amorphe, insoluble dans l'eau, soluble dans l'alcool faible.

A 170-180°, ce premier anhydride perd une nouvelle molécule d'eau et se convertit en un *deuxième anhydride*, $C^{36}H^{32}O^{14}$: ce dernier peut également être préparé par l'ébullition du précédent avec de l'acide chlorhydrique faible.

A 190-200°, le deuxième anhydride fond et perd à son tour 1 molécule d'eau, fournissant le *troisième anhydride*, $C^{36}H^{30}O^{13}$; ce corps peut aussi être obtenu par l'ébullition prolongée de la catéchine avec de l'acide sulfurique faible.

Traitée par le chlorure de diazobenzène, la catéchine fournit un *dérivé bisazoïque*,

$$(C^6H^5-Az=Az)^2C^{18}H^{16}O^8.$$

Ce corps forme des cristaux d'un rouge brun, très solubles dans l'alcool et dans l'éther; il teint la soie en jaune brun.

Chauffée à 140° avec de l'acide sulfurique faible, la catéchine donne de la phloroglucine, de la pyrocatéchine et des traces du troisième anhydride; avec l'acide chlorhydrique faible à 180°, elle fournit des traces de pyrocatéchine et des quantités notables de cet anhydride.

Par fusion de la catéchine avec la potasse, on obtient, suivant la durée de l'opération, de la phloroglucine, de la pyrocatéchine ou de l'acide protocatéchique.

Par distillation avec de la poudre de zinc, on recueille une petite quantité de benzène

CATELLAGIQUE (ACIDE), $C^{14}H^{10}O^7$ (?). — Cet acide se forme quand on chauffe à 160° un mélange d'acide protocatéchique et d'acide arsénique desséché, ou lorsqu'on évapore pendant longtemps à l'air une solution sodique d'acide protocatéchique :

$$2 C^7H^6O^4 = H^2O + C^{14}H^{10}O^7.$$

Cet acide ressemble à l'acide ellagique et se dissout dans l'acide azotique avec une coloration rouge-orangé [H. Schiff, *D. chem. G.*, **15**, 2590 ; *Bull. Soc. Chim.*, (2), **39**, 474].

CATHARTINE (voyez Dict., **1**, 778; Suppl., **1**, 437]. — D'après M. Stockmann [*Arch. f. exper. Pathol.*, **19**, 117; *D. chem. G.*, **19**, *Ref.*, 71], l'acide cathartique est exempt d'azote. Pour le préparer, cet auteur précipite par l'hydrate de baryte l'extrait alcoolique de feuilles de séné ; il lave le précipité avec de l'eau saturée d'acide carbonique, puis il le décompose par l'acide sulfurique ; la solution d'un jaune foncé ainsi obtenue est épuisée par l'éther, puis saturée à chaud par l'oxyde de plomb et filtrée : l'addition d'alcool éthéré au liquide en précipite le *cathartate de plomb*, qu'on achève de purifier par des lavages à l'alcool. Ce sel est une poudre amorphe d'un gris jaunâtre ; l'eau le dédouble en donnant un sel acide très soluble et un sel basique insoluble dans l'eau.

L'acide cathartique se décompose quand on chauffe sa solution. Soumis à l'ébullition avec les acides minéraux dilués, il se dédouble en donnant un sucre réducteur infermentescible, et des flocons bruns constituant l'*acide cathartogénique* de Kubly.

Cet acide cathartogénique, purifié par dissolution dans le carbonate de sodium et précipitation par un acide, paraît être un mélange : il cède à l'éther une matière colorante jaune, soluble en rouge dans les alcalis, et que M. Stockmann envisage comme un dérivé de l'anthracène.

L'acide cathartique, introduit dans l'organisme par les voies digestives, agit comme un drastique violent. Il communique à l'urine la propriété de se colorer en rouge par les alcalis. Au contraire, introduit dans l'organisme par injections sous-cutanées ou intraveineuses, il paraît inactif.

CELLULOÏD. — On désigne sous le nom de *celluloïd* un produit fort curieux, qui est formé par un mélange de pyroxyline, de camphre et d'alcool.

Après laminage à chaud, compression énergique et étuvage, ce mélange donne une matière dure, élastique, transparente, susceptible de prendre un très beau poli, et dont les applications sont extrêmement nombreuses et variées

La découverte de cette matière est généralement attribuée à John Wesley Hyatt et à son frère Isaac Hyatt de New Arck (New Jersey); cependant bien avant eux, en 1855, Alexandre Parkes, de Burry Port, dans le pays de Galles, faisait breveter en Angleterre, sous le nom de *parkésine*, un composé à base de pyroxyline, destiné à remplacer le caoutchouc et la gutta-percha.

Les travaux des frères Hyatt ne datent que de 1863 à 1865; et on peut dire que leur produit, désigné sous le nom de *celluloïd*, est un perfectionnement de la matière de Parkes.

Vers la même époque, M. E. Spiers créait à Birmingham une usine pour la fabrication d'un produit désigné par lui sous le nom de *xylodine*, et dont la composition était voisine de celle du celluloïd.

Quoi qu'il en soit, c'est l'usine de la *Celluloïd manufacturing Company* de New Ark, dirigée par les frères Hyatt, qui a fait la première le celluloïd sur une grande échelle, et qui a créé les emplois principaux de ce curieux produit. C'est d'elle qu'est sortie, en 1876, la Compagnie française du celluloïd, dont l'usine est à Stains, aux environs de Paris.

Cette usine a été pendant quelques années la seule fabrique de ce genre sur le continent; elle est encore de beaucoup la plus importante, et ses produits sont appréciés dans le monde entier.

On a établi en France, à Ivry et à Gravelle, deux petites usines de celluloïd, qui ont aujourd'hui disparu ; puis une autre à Monville dans la Seine-Inférieure.

En Angleterre, l'usine de Spiers, à Birmingham, a été transportée à Londres ; elle fonctionne sous la raison sociale de *British xyloïd Company*. Il existe à Édimbourg une autre fabrique de celluloïd.

En Allemagne, dès 1878, le docteur Magnus créa à Berlin un atelier pour la fabrication d'un produit très analogue au celluloïd, qui fut détruit par un accident.

Deux établissements importants ont été successivement fondés depuis, à Mannheim et à Leipzig.

Propriétés. — Lorsqu'on chauffe le celluloïd vers 80-90°, il se ramollit assez pour pouvoir prendre toutes les formes par le moulage à la presse; le refroidissement lui rend sa dureté primitive.

Si on le chauffe progressivement, il dégage des vapeurs nitreuses, qui deviennent très abondantes vers 135°. Enfin, vers 195°, la matière subit une décomposition vive.

Il est donc indispensable de conserver le celluloïd à l'abri de toute élévation notable de température.

Le celluloïd s'enflamme facilement par le contact d'un corps en ignition, et brûle avec une vive lumière, en laissant un faible résidu charbonneux.

Lorsque la matière est en complète ignition, on éteint facilement sa flamme en soufflant; mais elle reste incandescente et elle fuse pendant quelque temps. Le camphre distille alors au milieu d'un nuage de fumée épaisse, résultant d'une combustion incomplète par l'oxygène de la pyroxyline.

Si on projette du celluloïd dans un creuset porté au rouge, il dégage aussitôt d'abondantes vapeurs combustibles, qui s'enflamment en produisant une vive lumière; il reste un résidu charbonneux qui s'incinère rapidement.

La quantité de cendre que laisse le celluloïd transparent varie de 1 à 1,5 0/0.

On fabrique aussi une quantité très importante de celluloïd opaque, diversement coloré par des matières minérales, telles que le blanc de baryte, le blanc de zinc, le carbonate de cuivre, l'outremer, le vermillon, etc.

Ces matières viennent augmenter dans une forte proportion la quantité normale de cendres du produit.

On a essayé sans succès de faire détoner le celluloïd au moyen d'amorces de fulminate de mercure : on n'est parvenu qu'à enflammer le produit.

Le celluloïd est faiblement attaqué à froid par les acides minéraux; l'action est au contraire énergique à chaud.

L'acide sulfurique à 53° et l'acide azotique ordinaire à 40° le dissolvent rapidement à chaud.

Le celluloïd est soluble dans un mélange d'alcool et d'éther, même à froid.

Si l'on opère sur le produit opaque, les matières minérales restent au fond du vase.

Le liquide épais obtenu ainsi sert à souder le celluloïd à lui-même et aux autres matières.

L'action de l'éther seul, exempt d'alcool, a pour effet de dissoudre le camphre et de laisser la pyroxyline mélangée aux matières minérales.

On peut de cette façon évaluer la proportion de pyroxyline contenue dans le celluloïd.

L'alcool seul dissout peu à peu le camphre à l'ébullition, ainsi qu'une certaine quantité de pyroxyline: ce fait est dû à l'action simultanée du camphre et de l'alcool.

Cette propriété de l'alcool est mise à profit dans la fabrication du celluloïd.

FABRICATION. — La fabrication est longue et demande de très grands soins. Elle a été perfectionnée dans ces dernières années, de façon à diminuer le prix de revient de la matière et à assurer une grande régularité dans la qualité du produit.

La fabrication se divise en cinq phases:

1° La nitration de la cellulose, ou production de la cellulose nitrée (pyroxyline), et son blanchiment;

2° Le mélange intime de la pyroxyline avec le camphre et les matières nécessaires à la fabrication du produit de qualité et de couleur désirées;

3° Le malaxage, le laminage, la compression à chaud des feuilles laminées pour former des blocs;

4° Le tranchage des blocs en feuilles d'épaisseur variable, suivant la destination du produit;

5° Enfin l'étuvage plus ou moins prolongé, selon l'épaisseur des feuilles ou des baguettes.

1° NITRATION ET BLANCHIMENT — La pyroxyline était obtenue autrefois exclusivement par le traitement d'un papier à cigarettes préparé spécialement. Aujourd'hui on emploie du coton, conjointement avec ce papier.

Le papier est reçu en rouleaux du poids de 15 à 25 kilogrammes. On commence par le sécher à l'étuve pendant 24 heures, afin de ne pas affaiblir inutilement le bain acide dans lequel il sera immergé.

Quant au coton, il est d'abord dégommé par l'action d'une lessive de soude à 4° B. chauffée sous 5 atmosphères pendant 24 heures.

Le coton est ensuite blanchi au chlorure de soude (hypochlorite) et séché à l'étuve après lavage parfait.

La première opération de la nitration est la préparation du mélange acide ayant la composition exacte nécessaire à la production de la cellulose nitrée soluble dans un mélange d'alcool et d'éther.

Lorsqu'on commence une fabrication, on prépare un mélange d'acide sulfurique concentré (65°,8) du commerce et d'acide azotique (41° B.) dans la proportion de 5 parties d'acide sulfurique pour 2 d'acide azotique; puis on le laisse refroidir jusqu'à la température de 30° environ.

Le papier séché est immergé dans ce mélange et y séjourne 12 minutes environ. Si on emploie du coton, il faut prolonger l'immersion. Un essai rapide permet de déterminer le moment précis où la cellulose est tranformée d'une façon complète en nitrocellulose soluble dans un mélange d'alcool et d'éther.

Autrefois les bacs à acidifier étaient en grès ou en lave de Volvic, ou encore formés de glaces juxtaposées et mastiquées. Aujourd'hui ils sont en tôle épaisse et résistent très bien à l'action du mélange.

On opère à la fois sur 2 kilogrammes de papier ou sur 5 kilogrammes de coton, qu'on immerge dans 170 kilogrammes d'acides mélangés. Lors-

que l'acidification est terminée, on verse toute la masse dans une essoreuse, qu'on met aussitôt en mouvement. En 2 minutes le liquide acide est expulsé par la force centrifuge, et la pyroxyline qu'on extrait de l'appareil est jetée dans un vase plein d'eau froide, où elle séjourne pendant 24 heures.

Après ce premier lavage, la matière est jaunâtre; elle est envoyée dans une pile à papier, où elle est triturée pendant 2 heures et demie ou 3 heures, avec de l'eau renouvelée, de façon à être parfaitement lavée et réduite en pâte homogène.

La pyroxyline est ensuite soumise au blanchiment.

Le mélange acide qui s'est écoulé de l'essoreuse, lors de la séparation du papier ou du coton nitré, est reçu dans un vase en tôle et éclairci par le repos; il est ensuite analysé, de façon à permettre de connaître ce qu'il faut lui ajouter d'acides sulfurique et azotique pour le ramener à la teneur primitive.

Le dosage de l'acide sulfurique du mélange se fait à l'aide de la baryte; la détermination de la proportion de vapeur nitreuse est faite au moyen d'une dissolution de permanganate de potassium. Enfin l'acidité totale est déterminée par l'emploi d'une liqueur alcaline titrée.

Lorsque le mélange renferme une proportion de vapeurs nitreuses supérieure à 3 0/0, il ne peut plus servir à la fabrication.

La pyroxyline sortant de la pile doit être soumise à un blanchiment aussi parfait que possible. On a recours pour cela au permanganate de potassium et aux hypochlorites.

On opère dans une cuve en bois, munie d'un agitateur et garnie intérieurement d'un revêtement en tuiles perforées de trous de faible diamètre, qui permet d'opérer les lavages après l'action des réactifs.

On met dans l'appareil la pulpe délayée dans l'eau, et on ajoute une dissolution de permanganate de potassium. Lorsque le contact avec le réactif a été suffisamment prolongé, on fait écouler la liqueur qu'on remplace par de l'eau.

Le permanganate a oxydé les matières colorantes, et l'oxyde de manganèse s'est fixé sur les fibres qui se trouvent ainsi fortement colorées. Il y a également de l'oxyde de fer, provenant des appareils, qui souille la pyroxyline.

On dissout ces oxydes en pratiquant un lavage à l'acide sulfurique à 1 0/0.

Après une digestion suffisante, on fait écouler l'eau acide; on laisse égoutter la masse, et on procède au blanchiment par le chlore, suivant la méthode ordinaire suivie en papeterie. La pyroxyline décolorée est lavée d'une façon parfaite, et mise à égoutter dans des caisses garnies de toiles filtrantes; enfin on la passe dans une essoreuse.

Après essorage, la pyroxyline retient environ 40 0/0 d'eau et se trouve dans l'état convenable pour servir à la préparation du celluloïd.

2° et 3° PRÉPARATION DU MÉLANGE, SÉCHAGE, MISE EN PLAQUES ET LAMINAGE. — La pyroxyline est passée dans un moulin à meules métalliques. Après un ou deux broyages, on y ajoute la quantité convenable de camphre préalablement laminé, et de matières colorantes si on se propose de faire du celluloïd opaque, puis on repasse le mélange au moulin jusqu'à ce qu'il soit bien homogène.

Le produit ainsi obtenu est moulé à la presse hydraulique dans un châssis métallique, entre deux toiles, de façon à produire des plaques rectangulaires de 8 à 10 millimètres d'épaisseur et du poids de 0^k,200 environ.

Les plaques, avec les toiles qui les enveloppent, disposées chacune entre des feuilles de gros papier buvard, sont superposées et soumises à l'action d'une presse hydraulique.

Après 15 minutes de pression, on retire la pile de la presse, on la défait pour changer les papiers qui ont absorbé une partie de l'eau de la pyroxyline et on remet sous presse.

On renouvelle cette opération 12 ou 15 fois, de façon à enlever peu à peu l'eau du mélange. Après cela les plaques sont réduites à quelques millimètres d'épaisseur et présentent la résistance d'un fort carton. On les concasse entre des cylindres en bronze armés de dents, qui les réduisent en fragments de dimensions sensiblement égales, que l'on met à macérer pendant une douzaine d'heures avec la quantité voulue d'alcool, seul ou additionné de toluène, en proportion variable selon le produit à fabriquer.

C'est alors qu'on ajoute au mélange les matières colorantes solubles dans l'alcool, si on se propose d'obtenir du celluloïd transparent et coloré.

Après macération, le mélange est passé au laminoir à cylindres chauffés à 50° environ ; on opère sur 25 kilogrammes de matière à la fois.

Ce laminage est répété jusqu'à parfaite homogénéité ; il dure environ une demi-heure.

Pour 100 kilogrammes de pyroxyline, on emploie 50 kilogrammes de camphre et 50 kilogrammes d'alcool, si on veut préparer le celluloïd de belle qualité, destiné à imiter l'ambre, le jade, etc., les fleurs artificielles, etc.

Pour les objets désignés sous le nom d'Articles de Paris, on emploie pour 100 kilogrammes de pyroxyline 18 à 20 kilogrammes de camphre, 40 à 42 kilogrammes de toluène et 50 kilogrammes d'alcool.

Comme on le voit, le toluène remplace une égale quantité de camphre ; son emploi présente l'avantage sur celui du camphre seul de donner un celluloïd dont l'étuvage est plus complet et ne demande que 8 jours environ.

En outre, pour les applications où le celluloïd doit être coupé dans toute son épaisseur, comme dans la confection des peignes, on n'a plus à craindre les déformations résultant d'un étuvage fatalement moins complet au centre des feuilles.

La matière sortant du laminoir a une épaisseur de 12 millimètres environ ; elle est coupée en plaques de 0ᵐ,80 sur 0ᵐ,60. Ces feuilles servent à faire des blocs, des baguettes ou des tubes.

Pour obtenir des blocs, on superpose les feuilles sur le plateau d'une presse hydraulique à coffre solidement armé, et chauffé par une circulation de vapeur de façon à maintenir une température de 80° environ, la pression étant de 300 kilogrammes par centimètre carré.

L'opération est terminée au bout de 24 heures ; on cesse alors de chauffer et on fait passer un courant d'eau froide dans l'enveloppe ; enfin on dépresse.

Pour retirer le bloc de celluloïd de la boîte, il y a une manœuvre hydraulique qui rend l'opération simple et très rapide.

4° TRANCHAGE DES BLOCS. — Le bloc de celluloïd ainsi obtenu pèse environ 100 kilogrammes ; il a 0ᵐ,2 d'épaisseur. Il doit être débité en feuilles d'épaisseur variable, à l'aide d'une machine à trancher.

On commence par coller le bloc sur un plateau métallique au moyen d'une dissolution de celluloïd dans un mélange d'alcool et d'éther ; puis on fixe le plateau à la table d'une machine à trancher.

On peut obtenir des feuilles dont l'épaisseur varie de 2 dixièmes de millimètre à 30 millimètres.

Les machines à trancher sont très puissantes, à raison de la grande résistance que le celluloïd oppose à l'outil.

Les feuilles obtenues doivent, avant l'étuvage,

être dressées par l'action d'une pression énergique pendant 1 heure entre des plaques d'acier poli, chauffées à 100° par circulation de vapeur. Les presses sont verticales ; leurs plaques ont 1ᵐ,56 sur 0ᵐ,40 ; elles reçoivent chacune une injection de vapeur à l'aide d'un tuyau flexible en cuivre.

Les plateaux sont arrêtés dans leur descente par des taquets qui permettent de rendre très rapide le chargement et le déchargement de la presse.

La pression limite totale est de 1 200 000 kilogrammes.

5° ÉTUVAGE. — Les feuilles, ainsi que les tubes ou baguettes dont nous verrons plus loin la préparation, sont disposés sur des claies en bois dans une étuve ventilée, chauffée à 60-65° à l'aide d'un chauffage à vapeur.

Ces divers objets séjournent de 8 jours à 3 mois dans l'étuve, suivant leur composition et leur épaisseur.

Le produit sortant de l'étuve est propre à la confection d'un nombre considérable d'objets des plus variés.

Dans la fabrication que nous venons de décrire il n'est question que du celluloïd de couleur uniforme, soit transparent, soit opaque, imitant l'écaille blonde, la corne, le corail, l'ébène, la turquoise, etc. Lorsqu'on veut imiter l'ambre, le jade, l'écaille jaspée, la malachite, le lapis-lazuli, on prépare séparément chacun des produits de couleur uniforme qui doivent entrer dans la composition de la matière, et on les mélange pour les souder ensuite ensemble par une pression énergique.

Dans cette partie de la fabrication, on a recours à une série de tours de mains qui sont du domaine de la pratique et dont nous n'avons point à nous occuper.

Lorsqu'on se propose de préparer des baguettes ou des tubes de celluloïd, on roule des feuilles telles qu'elles sortent du laminoir, et on les introduit dans le cylindre en acier d'une presse chauffée dont le piston est poussé par une presse hydraulique.

Le celluloïd sort alors par un orifice de forme et de dimensions diverses.

On peut obtenir du celluloïd souple en ajoutant une quantité variable d'huile de ricin dans le mélange.

Le produit ainsi obtenu est employé à la confection d'objets de lingerie, faux-cols, plastrons, manchettes, fort en usage aujourd'hui, sous le nom de linge américain.

APPLICATIONS DU CELLULOÏD. — Le celluloïd se prête à un très grand nombre d'applications. Il se travaille comme le bois, l'ivoire et l'écaille. On peut le tourner, le trancher, le scier, le coller, le mouler et le polir.

On le moule par pression dans des matrices métalliques, chauffées soit par l'eau, soit par la vapeur.

Le celluloïd peut être facilement appliqué en couche mince sur le bois et sur les métaux ; cette propriété permet de l'employer dans la confection d'appareils de chirurgie et d'orthopédie.

Dès l'origine de sa fabrication, le celluloïd a servi à la confection d'objets de tabletterie, de peignes, de boîtes diverses, de porte-monnaie, de porte-cigares, de bijoux imitant le corail, l'écaille, l'ambre, le lapis, etc., d'un très bel effet.

On fabrique également des dentiers en celluloïd, qui, bien que très légers, sont très résistants.

On fait aussi un très grand usage du celluloïd pour fabriquer des manches de couteaux, de cannes et de parapluies.

On l'emploie également dans la chapellerie et dans la maroquinerie, dans la fabrication d'objets de lingerie (cols, manchettes, plastrons de chemises) qui sont d'un nettoyage rapide et facile.

On obtient ces derniers objets en comprimant une toile ordinaire entre deux minces feuilles de celluloïd blanc et rendu opaque par du blanc de zinc. Le grain de la toile apparaît ainsi sur la couche de matière, et présente l'aspect de la toile ainsi recouverte.

Le celluloïd a été employé plus récemment à la fabrication des fleurs artificielles. On a pu admirer les jolis produits obtenus ainsi dans les vitrines de la Compagnie française à l'Exposition universelle.

Comme on le voit par cet aperçu sommaire des applications du celluloïd, cette matière, pouvant prendre les aspects les plus différents, se prête aux applications les plus diverses et les plus curieuses.

On parvient à imiter ainsi l'écaille, le jade, le corail, l'ambre, au point de tromper, dans certains cas, l'œil le plus exercé.   Camille Vincent.

CÉPHALINES. — M. Thudichum a retiré de la masse cérébrale une série de substances azotées et phosphorées, qu'il désigne sous le nom générique de *céphalines*. Il distingue la *céphaline*, $C^{42}H^{79}AzPO^{13}$, l'*oxycéphaline*, $C^{42}H^{79}AzPO^{14}$, la *peroxycéphaline*, $C^{42}H^{79}AzPO^{15}$, l'*amidocéphaline*, $C^{42}H^{80}Az^2PO^{13}$, la *céphaloïdine*,

$$C^{43}H^{79}AzPO^{13}.$$

Il est difficile de considérer ces substances, qui pour la plupart se présentent sous la forme de masses poisseuses, comme des individus chimiques bien définis [Thudichum, *Chem. News*, **34**, 112].

CÉRASINE. — La gomme de cerisier ou de prunier, traitée par l'eau, se dissout incomplètement et laisse une masse gélatineuse, à laquelle on a donné le nom de *cérasine*. Cette substance se transforme, sous l'action des acides étendus, en *cérasinose*, puis en arabinose; l'acide nitrique l'oxyde énergiquement et donne des quantités notables d'acide mucique.

La cérasine paraît identique à la métarabine, peut-être aussi à la bassorine des gommes insolubles.

La partie soluble de la gomme de cerisier n'est autre chose que l'arabine ordinaire.

CÉRASINOSE, $C^6H^{12}O^6$? — D'après M. Martin Sachsse [*Phytoch. Untersuch.*, 78], ce corps se forme par l'action ménagée des acides sur la gomme de cerisier. On l'obtient en chauffant 10 parties de gomme avec 40 parties d'eau et 1 partie d'acide sulfurique, jusqu'à ce que le liquide ne donne plus de précipité par l'alcool. On neutralise alors par le carbonate de baryum, on évapore à consistance sirupeuse et on reprend par l'alcool fort; la dissolution, additionnée encore d'alcool absolu, cristallise peu à peu.

La cérasinose est très soluble dans l'eau, extrêmement hygroscopique, et réduit la liqueur de Fehling, comme toutes les glucoses.

Elle est dextrogyre : $[\alpha]_D = 89°$. Elle est peu stable et brunit déjà à la température de 100°; à l'état solide, elle se transforme lentement (1 an et demi), dès la température ordinaire, en arabinose : la même action se produit sous l'influence des acides étendus et bouillants; quelques heures suffisent alors pour effectuer la transformation complète.

CERBÉRINE. — Substance contenue dans les graines de *Cerbera Odellam* Hamilt. et paraissant extrêmement vénéneuse. Ce corps, peu étudié encore au point de vue chimique, est exempt d'azote et n'appartient pas à la classe des glucosides. Il est cristallin, fusible à 165°, presque insoluble dans l'eau, très soluble dans l'alcool, le chloroforme et l'acide acétique. Sa saveur est

brûlante, mais peu amère [Greshoff, *D. chem. G.*, **23**, 3545].

CÉRÉBRINE (voyez Suppl., **1**, 439). — M. Parcus a repris l'étude de ce corps et a isolé de la cérébrine brute deux corps nouveaux, l'*homocérébrine* et l'*encéphaline*.

Préparation. — Des cerveaux de bœufs, débarrassés du sang et des membranes, sont lavés à l'eau froide, triturés, puis passés à travers un linge. La masse est ensuite bouillie avec de l'eau de baryte, et le précipité qui se dépose est lavé à l'eau bouillante, desséché et épuisé 4 ou 5 fois avec de l'alcool absolu bouillant. La cérébrine se dépose par le refroidissement de la solution alcoolique. Afin d'éliminer complètement la cholestérine, on épuise le produit avec de l'éther, au réfrigérant à reflux et durant plusieurs jours. M. Parcus retira de cette façon, de 90 cerveaux de bœufs, 250 grammes de *cérébrine brute*, sous la forme d'une poudre blanche très fine.

En faisant cristalliser ce produit brut dans de l'alcool à 60°, on élimine la majeure partie des sels de baryum; mais on constate, dans cette opération, que les eaux mères alcooliques laissent déposer, après la cérébrine, des précipités gélatineux. Afin d'éliminer ces produits, on redissout la cérébrine dans de grandes quantités d'alcool. Il se dépose d'abord, par le refroidissement, de la cérébrine à peu près pure (A), puis, au bout de 2 jours, des masses gélatineuses (B), et enfin, par concentration des eaux mères alcooliques filtrées, un corps en flocons blancs (C).

On fait cristalliser encore la cérébrine (A) dans l'alcool jusqu'à ce que l'évaporation de l'eau mère alcoolique ne fournisse plus de produits gélatineux, et on élimine les dernières traces de cendres barytiques en délayant la cérébrine dans l'eau, et faisant passer un courant d'acide carbonique dans la masse. Le produit, lavé à l'eau chargée d'acide carbonique, est de la cérébrine tout à fait pure. Huit cristallisations successives n'en changèrent pas la teneur en azote, dans les expériences de M. Parcus. Ce produit ne doit donner aucune coloration rose avec le réactif de Millon. Il présente évidemment plus de garanties de pureté que toutes les cérébrines antérieurement obtenues, dont il diffère du reste si notablement, qu'il eût mieux valu peut-être, comme le fait remarquer Henninger, lui donner un autre nom.

La solution alcoolique de la fraction B, concentrée, abandonne d'abord un peu de cérébrine en petites masses arrondies, puis, par une nouvelle concentration, des aiguilles groupées en rosettes qui sont formées d'*homocérébrine*, et, sur le bord du liquide, des paillettes minces qui constituent l'*encéphaline*.

La portion D contient aussi un mélange d'encéphaline et d'homocérébrine, que l'on peut séparer par des cristallisations répétées dans l'acétone.

CÉRÉBRINE. — La cérébrine pure de M. Parcus est une poudre d'un blanc de neige, non hygroscopique, facilement soluble dans l'alcool bouillant, très peu soluble dans l'alcool froid et insoluble dans l'éther. Elle apparaît au microscope sous la forme de petites sphères faiblement anisotropes. L'eau chaude la gonfle un peu, mais sans former d'empois. L'acétone, le chloroforme, le benzène, l'acide acétique cristallisable la dissolvent à chaud.

Chauffée avec précaution dans un tube à essai, elle fond sans décomposition; mais si l'on essaye de déterminer le point de fusion par la méthode habituelle, on voit la substance se colorer en jaune à 145°, se ramollir à 160° et se résoudre à 170° en un liquide noirâtre.

La distillation sèche fournit une huile brunâtre,

une substance se prenant par le refroidissement en une masse cristalline et un liquide aqueux à odeur de caramel, à réaction acide, et qui réduit la liqueur cupropotassique.

Broyée avec de l'acide sulfurique concentré, la cérébrine donne un liquide jaune clair, qui se couvre peu à peu d'une pellicule rouge devenant ensuite grise. Elle résiste fort bien à l'action de la potasse alcoolique. L'eau de baryte, l'acide chlorhydrique étendu la décomposent par une ébullition prolongée.

La cérébrine tout à fait pure contient : $C = 69,08$, $H = 11,47$, $Az = 2,13$ $0,0$; d'où M. Parcus déduit les trois formules suivantes, entre lesquelles aucun choix n'est encore possible :

$$C^{70}H^{140}Az^2O^{13}, \quad C^{78}H^{154}Az^2O^{14}, \quad C^{80}H^{160}Az^2O^{15}.$$

		après 16 heures.	après 40 heures.	après 10 jours.	après 18 jours.	
1 partie de cérébrine.......... dans		2688	4956	9912	12200	parties d'alcool
1 partie d'homocérébrine.......	—	592	1043	1800	1934	— —

L'eau chaude la gonfle, mais sans donner d'empois. L'ébullition avec l'acide chlorhydrique en sépare, comme il arrive pour la cérébrine, un corps réduisant la liqueur de Fehling.

L'homocérébrine renferme, d'après M. Parcus : $C = 70,06$, $H = 11,59$, $Az = 2,33$; d'où l'on peut déduire les formules :

$$C^{70}H^{138}Az^2O^{12},$$
$$C^{76}H^{152}Az^2O^{13},$$
$$C^{80}H^{159}Az^2O^{14}.$$

Le cerveau contient environ 4 parties de cérébrine pour 1 partie d'homocérébrine.

La *kérasine* de M. Thudichum est probablement, d'après M. E. Drechsel, de l'homocérébrine impure.

ENCÉPHALINE. — Elle cristallise de sa solution alcoolique sous la forme de petites paillettes. L'eau bouillante la transforme en un empois qui persiste à froid. Cette réaction est tout à fait caractéristique. L'encéphaline donne également un empois avec l'alcool. La chaleur la décompose à 125°.

L'encéphaline se comporte au contact de l'acide chlorhydrique comme la cérébrine et l'homocérébrine. Elle renferme : $C = 68,40$, $H = 11,60$, $Az = 3,09$ 0/0, composition que M. Parcus traduit par la formule $C^{102}H^{306}Az^4O^{49}$.

La cérébrine et l'homocérébrine sont, d'après M. Parcus, des principes immédiats du cerveau; l'encéphaline au contraire serait un produit de décomposition.

La *pseudo-cérébrine* de M. Gamgee ($C = 68,89$, $H = 11,87$, $Az = 1,80$) est un composé fort mal défini, que l'on obtient comme produit accessoire dans la purification du protagon [E. Parcus, *J. prakt. Chem.*, (2), **42**, 310 ; *Bull. Soc. Chim.*, (2), **38**, 90. — Drechsel, *Hermann's Handb. der Physiol.*, **5**, 2ᵉ partie, 2ᵉ fasc., p. 582, Leipzig, 1883, et *J. prakt. Chem.*, (2), **25**, 190. — Thudichum, *ibid.*, (2), **25**, 19 ; *Bull. Soc. Chim.*, (2), **38**, 92].   E. Lambling.

CÉRÉBROSE, $C^6H^{12}O^6$. — M. Thudichum [*J. prakt. Chem.*, (2), **25**, 22] a donné ce nom à un sucre cristallisable qu'il avait obtenu en dédoublant la *phrénosine* et la *kérasine* (voyez CÉRÉBRINE) par l'acide sulfurique étendu et chaud. M. Thierfelder a retrouvé le même composé en chauffant à 115-120° la cérébrine avec de l'acide sulfurique à 2 0/0 (voyez Suppl., **1**, 439).

D'après MM. Brown et Morris, la cérébrose est identique à la galactose du sucre de lait : ces deux produits possèdent en effet le même poids moléculaire (déterminé par la méthode de

La *phrénosine* de M. Thudichum serait, d'après M. E. Drechsel, de la cérébrine impure.

HOMOCÉRÉBRINE. — Elle se sépare de sa solution alcoolique, non pas en masses granuleuses comme la cérébrine, mais en gelées qui produisent souvent une prise en masse du liquide. Au microscope, elle apparaît sous la forme d'aiguilles extrêmement fines, non hygroscopiques. Desséchée, elle forme une masse cireuse, difficile à triturer, et fusible à 130° avec décomposition. Elle se comporte vis-à-vis des dissolvants à peu près comme la cérébrine, mais se sépare plus lentement que cette dernière de sa solution alcoolique. Toutes deux donnent du reste avec l'alcool des solutions sursaturées. En dissolvant 1 gramme de chaque substance dans 300 centimètres cubes d'alcool, M. Parcus trouva dans les eaux mères :

M. Raoult), et le même pouvoir rotatoire; avec l'acétate de phénylhydrazine, ils donnent en outre des osazones fusibles à la même température [*Chem. Soc.*, **57**, 57].

CERHOMILITE (Min.) (Brögger). — L'erdmannite doit être considérée comme un produit d'altération d'une variété d'homilite riche en oxydes de cérium et autres terres rares; cette variété forme par conséquent le passage entre l'homilite et la gadolinite.

CÉRIUM. — *État naturel*. — MM. Schiaparelli et Perroni ont trouvé du cérium, du lanthane et du didyme dans les cendres obtenues en incinérant le résidu de l'évaporation de 600 kilogrammes d'urine d'homme [*Gazz. chim. ital.*, **9**, 465]. Le cérium se trouve aussi dans les produits formés dans les mines incendiées des environs de Saint-Etienne [Mayençon, *C. R.*, **91**, 669].

M. Strohecker [*J. prakt. Chem.*, (2), **33**, 132] a indiqué la présence de grandes quantités de cérium et d'autres métaux rares dans une argile de Hainstadt, qui au contraire, d'après M. Blomstrand [*loc. cit.*, 483], n'en renfermerait pas.

Poids atomique. — Par calcination du sulfate céreux anhydre et dosage du bioxyde ainsi obtenu, M. Brauner [*Mon. f. Chem.*, **6**, 785-806] a trouvé le nombre 139,87 ($O = 15,96$ et $S = 31,98$) ou 140,22 ($O = 16$ et $S = 32,06$).

Par l'analyse du chlorure céreux anhydre, M. Robinson [*Roy. Soc.*, **37**, 150] a trouvé le nombre 139,90 ($H = 1$. $Ag = 107,66$).

Extraction. — Pour obtenir l'oxyde de cérium pur à l'aide des oxydes de lanthane et de didyme, Debray [*C. R.*, **96**, 828] décompose les oxalates mixtes par l'acide azotique et chauffe les azotates avec 8 ou 10 fois leur poids d'azotate de potassium à la température de 300-350°, aussi longtemps qu'il se dégage des vapeurs nitreuses. En reprenant par l'eau la masse refroidie, on obtient une poudre jaunâtre, qu'on lave avec de l'eau acidulée d'acide azotique. En attaquant cette poudre par l'acide sulfurique à chaud, on la transforme en sulfate cérique, que l'on ramène par l'acide sulfureux à l'état de sel céreux. On précipite par l'acide oxalique et on répète le traitement indiqué pour les oxalates mixtes. Les oxydes de lanthane et de didyme restent dans les eaux mères du produit obtenu par la fusion avec le nitre. Pour la séparation des oxydes de la cérite, voyez Auer von Welsbach [*Mon. f. Chem.*, **5**, 508].

OXYDES DE CÉRIUM. — Par la calcination du chlorure de cérium dans un courant d'oxygène ou d'air, M. Didier [*Recherches sur quelques combi-*

naisons du cérium, Paris, 1887, 14] a obtenu le *bioxyde de cérium* en cristaux microscopiques présentant les formes du cube et du cubo-octaèdre.

L'oxyde cérique CeO^2, calciné dans un courant d'hydrogène, perd 0,93 0,0 de son poids en prenant une couleur vert-grisâtre sale et en se transformant en un *oxyde céroso-cérique* complexe, $Ce^3O^3.4CeO^2$. Ce dernier corps ne peut être conservé à l'air, même à la température ordinaire: il absorbe promptement l'oxygène et régénère l'oxyde cérique.

Le magnésium réagit sur l'oxyde cérique à la façon de l'hydrogène, pourvu que l'on évite un excès de métal : en calcinant dans un tube vide d'air un mélange intime de magnésium en poudre (1 atome) et d'oxyde cérique (6 molécules), on voit la masse devenir tout à coup légèrement incandescente et se transformer en un mélange de magnésie et d'oxyde céroso-cérique; après refroidissement, la matière a pris une coloration bleuâtre; exposée à l'air, elle s'oxyde à froid, avec élévation sensible de température.

Si l'on répète la même expérience en employant un excès de magnésium, on observe une réaction plus vive, accompagnée d'incandescence et de volatilisation de magnésium; le produit ainsi obtenu est formé de cérium et de magnésie; il est noir verdâtre, très pyrophorique à l'air, et s'enflamme au contact de l'acide chlorhydrique concentré.

Enfin, en employant une quantité de magnésium intermédiaire, on observe une faible incandescence et la formation d'un produit brun-jaunâtre, constitué par un mélange d'oxyde céreux, de magnésie et d'oxyde cérique inattaqué.

En calcinant dans un courant d'hydrogène un mélange en proportions convenables d'oxyde cérique et de magnésium, on obtient un *hydrure de cérium* (voyez plus bas) [Cl. Winckler, *D. chem. G.*, 24, 873; *Bull. Soc. Chim.*, (3), 6, 168].

Peroxyde de cérium. — Par l'addition d'ammoniaque à la solution d'un sel céreux, mélangé avec du peroxyde d'hydrogène, on obtient un précipité volumineux, d'une couleur brun foncé et contenant du cérium et de l'oxygène dans la proportion exprimée par la formule CeO^3. Cet oxyde se dissout dans les acides, en donnant des solutions incolores qui renferment du peroxyde d'hydrogène et du sulfate céreux formés d'après les équations

$$CeO^3 + H^2O = CeO^2 + H^2O^2,$$
$$2CeO^2 + H^2O^2 = Ce^2O^3 + H^2O + O^2$$

[Cleve, *Bull. Soc. Chim.*, (2), 43, 57. — Lecoq de Boisbaudran, *C. R.*, 100, 605].

SULFURE DE CÉRIUM, Ce^2S^3. — Par la calcination de l'oxyde de cérium dans un courant d'hydrogène sulfuré, on obtient une masse poreuse, plus ou moins foncée, qui semble infusible $(d = 5,1)$. Ce sulfure est inaltérable à l'air à la température ordinaire, mais y brûle au-dessous du rouge en émettant de l'acide sulfureux et laissant de l'oxyde cérique. L'eau ne le décompose qu'à la longue et à chaud. Les acides les plus étendus le dissolvent facilement avec dégagement d'hydrogène sulfuré sans dépôt de soufre.

On obtient le sulfure à l'état cristallin en chauffant, à la température de fusion de l'argent, dans un courant d'hydrogène sulfuré, le chlorure céreux mélangé avec du sel marin [Didier, *loc. cit.*, 6].

HYDRURE DE CÉRIUM. — En chauffant dans un courant d'hydrogène un mélange d'oxyde cérique (43 parties) et de magnésium (16 parties), M. Cl. Winkler [*D. chem. G.*, 24, 873; *Bull.*

Soc. Chim., (3), 6, 168] a observé une réaction vive, accompagnée d'incandescence et de la volatilisation d'une partie du magnésium, et qui donne naissance à un produit brun-rouge, pyrophorique, constitué par un mélange de magnésie et d'un hydrure de cérium, CeH^3.

Le produit brut n'est pas attaqué par l'eau froide; mais l'eau chaude l'attaque vivement, avec dégagement d'hydrogène; il en est de même de l'acide chlorhydrique, qui le dissout intégralement.

On peut isoler l'hydrure en projetant le produit brut par petites portions dans une solution de sel ammoniac refroidie à — 15° et en agitant constamment. Au bout de quelques heures, on filtre à la trompe, et on lave sur le filtre à l'eau glacée, puis à l'alcool et enfin à l'éther; on dessèche enfin rapidement dans le vide. On obtient ainsi une poudre brun-grisâtre, pyrophorique, attaquable par l'acide chlorhydrique avec vif dégagement d'hydrogène et formation de chlorure céreux; avec l'acide concentré, il peut y avoir inflammation. Au contact de l'acide nitrique fumant, cet hydrure déflagre très vivement. Mélangé avec des azotates ou des chlorates, il détone violemment sous le choc. Enfin, il réduit les solutions des métaux lourds.

CHLORURE DE CÉRIUM. — On le prépare, d'après M. Robinson [*Roy. Soc.*, 37, 150], en chauffant l'oxalate céreux à 120-130° dans un courant d'acide chlorhydrique sec, aussi longtemps qu'il se sublime de l'acide oxalique. Puis on chauffe à 200° et vers la fin jusqu'au rouge naissant.

La densité du chlorure anhydre est, d'après M. Robinson, 3,88.

M. Didier [*loc. cit.*, 17] chauffe fortement l'oxyde cérique dans un courant d'oxyde de carbone et de chlore, et il obtient ainsi une masse fusible, mais peu volatile, extrêmement avide d'eau. Le chlorure cristallisé a pour formule $2CeCl^3.15H^2O$ (Didier).

Oxychlorure de cérium, $CeClO$. — Ce sel se forme, d'après M. Didier, par l'action de la vapeur d'eau au rouge sur le chlorure céreux. L'oxychlorure forme des écailles micacées, insolubles dans l'eau, facilement solubles dans les acides.

FLUORURE CÉRIQUE, $CeFl^4, H^2O$. — Il se forme, d'après M. Brauner [*Mon. f. Chem.*, 3, 5], par l'action de l'acide fluorhydrique sur l'hydrate $2CeO^2, 3H^2O$. C'est une poudre amorphe et brunâtre.

Fluorure de cérium et de potassium,

$$3KFl.2CeFl^4, 2H^2O.$$

— Par l'action du fluorure acide de potassium sur l'hydrate cérique, on obtient une poudre blanche, cristalline et insoluble dans l'eau [Brauner, *loc. cit.*].

SULFATE ACIDE DE CÉRIUM, $(SO^4H)^3Ce$. — Le sulfate céreux se dissout, d'après M. Wyrouboff, dans l'acide sulfurique concentré [*Bull. Soc. Chim.*, (3), 2, 745]; cette solution donne par évaporation de petites aiguilles très brillantes. Ce sel absorbe l'eau avec une avidité extraordinaire; il devient opaque dès qu'il est exposé à l'air.

SILICATE DE CÉRIUM, $(SiO^4)^3Ce^4$. — Par la fusion d'un mélange d'oxychlorure de cérium, de silice et de sel marin, on obtient des cristaux orthorhombiques [Didier, *loc. cit.*, 21].

Chlorosilicate. — Le chlorure anhydre de cérium, calciné avec de la silice dans un courant d'azote, donne de longues aiguilles incolores, renfermant 60,90 à 62,10 0/0 de cérium, 23,17 à 23,36 0/0 de chlore et 9,21 à 9,74 0/0 de silice [Didier, *loc. cit.*, 20].

CHROMATE DE CÉRIUM, $[Ce(OH)^2]^2CrO^4, 4H^2O$. — Le chlorure de cérium donne avec le chromate neutre d'ammonium un précipité soluble dans l'acide acétique étendu. La solution laisse déposer par l'évaporation lente une poudre jaune ayant la composition indiquée [Didier, *loc. cit.*, 39].

MOLYBDATE DE CÉRIUM, $(MoO^4)^3Ce^2$. — Par la fusion de l'oxyde cérique avec du molybdate acide de sodium, on obtient des octaèdres quadratiques du molybdate [Didier, *loc. cit.*, 32].

TUNGSTATE DE CÉRIUM. — Le sulfate de cérium donne avec le tungstate de sodium un précipité, $(TuO^4)^3Ce^2, 3H^2O$, qui, chauffé pendant 4 heures dans un four Perrot, se change en une masse d'un jaune de soufre, ayant la densité 6,514 et la chaleur spécifique 0,0802 [Cossa et Zechini, *Gazz. chim. ital.*, **10**, 225]. Par la fusion du sel précipité avec du chlorure de potassium, M. Cossa [*Atti d. R. Acc. d. Lincei*, (4), **2**, 320] a obtenu le tungstate cristallisé sous la forme d'octaèdres, isomorphes avec la schéelite. Le même sel a été décrit par M. Didier [*loc. cit.*, 29], qui a trouvé sa densité = 6,5.

Tungstate de cérium et de sodium. — En dissolvant de l'oxyde de cérium et de l'acide tungstique dans du tungstate de sodium en fusion, on obtient une masse qui, après lixiviation, laisse deux sels, dont l'un se dissout au bout de quelques jours. Le sel insoluble est d'une couleur jaune sale et paraît cristalliser en octaèdres quadratiques. Sa composition est, d'après M. Högbom [*Öfvers. af. k. Svenska, Vet. Akad. Förh*, 1884, n° 5, 119], $4Na^2O . Ce^2O^3 . 7TuO^3$. M. Didier a trouvé, pour un sel probablement clinorhombique obtenu de la même manière, la formule $3Na^2O . Ce^2O^3 . 8TuO^3$.

Le sel soluble mentionné plus haut donne par évaporation de sa solution des cristaux orangés, $4Na^2O . CeO^2 . 9TuO^3, 28H^2O$.

Chlorotungstate de cérium. — M. Didier [*loc. cit.*, 26] a préparé un chlorotungstate de cérium en maintenannt en fusion, à l'abri de toute action réductrice ou oxydante, un mélange de 1 partie de chlorure de cérium anhydre et 1 partie de tungstate neutre de sodium avec ou sans fondant. Après refroidissement, on obtient par lixiviation des cristaux orthorhombiques, jaune de miel, ayant une densité de 6,1. La composition ne s'accorde pas exactement avec une formule probable, mais s'approche de $CeClO.TuO^3$. Avec un excès de chlorure de cérium, on obtient des tables hexagonales et rouges (d = 6,5), répondant à la formule $[(CeCl)^3O^2]TuO^4$.

PHOSPHATE CÉRIQUE. — Par la précipitation incomplète de l'azotate cérique avec du phosphate sodique, M. Hartley [*Chem. Soc.*, 1882, 202] obtenu un précipité jaune, renfermant

$$4CeO^2 . 3P^2O^5, 26H^2O.$$

Anhydro-métaphosphate céreux, $Ce^2O^3.5P^2O^5$. — Par l'action de l'acide métaphosphorique en fusion sur le sulfate de cérium et lixiviation de la masse refroidie, on obtient des cristaux microscopiques, bien formés, infusibles au chalumeau, insolubles dans les acides [Johnsson, *Bihang till K. Svenska, Vet. Akad. Handl*, **14**, 2, n° 1, 6].

Pyrophosphate de cérium et de sodium, P^2O^7NaCe. — Ce sel se produit par l'action du sel de phosphore en fusion sur l'oxyde de cérium. Il forme des prismes microscopiques [Wallroth, *Bull. Soc. Chim.*, (2), **39**, 320. — Ouvrard, *C. R.*, **107**, 38].

Orthophosphate de cérium, PO^4Ce. — Le métaphosphate de potassium fondu donne avec l'oxyde cérique des prismes clinorhombiques jaunes, insoluble dans les acides [Ouvrard, *C. R.*, **107**, 38].

Orthophosphate de cérium et de potassium, $(PO^4)^2CeK^3$. — Il se forme lorsqu'on sature au rouge vif le pyro- ou l orthophosphate de potassium par l'oxyde cérique. Prismes droits à base rhombe, à axes peu écartés, qui paraissent hémimorphes. Densité = 3,8. Ce sel est soluble dans les acides [Ouvrard, *loc. cit.*].

Orthophosphate de cérium et de sodium,

$$(PO^4)^2CeNa^3.$$

— On l'obtient comme le sel précédent [Ouvrard, *loc. cit.*].

VANADATE DE CÉRIUM, VO^4Ce. — Par la fusion de vanadate trisodique avec du chlorure de cérium ou par la fusion du vanadate précipité avec un grand excès de sel marin, on obtient de longues aiguilles, d'une couleur très foncée et dichroïques [Didier, *loc. cit.*, 35].

Par l'évaporation des solutions mélangées et filtrées du vanadate ammoniacal avec du sulfate de cérium, on obtient des cristaux d'un beau rouge grenat, très peu solubles, ayant pour composition $5V^2O^5 . Ce^2O^3, 27H^2O$ (Didier).

M. Cleve a trouvé pour ce sel à peu près la même formule, $5V^2O^5 . Ce^2O^3, 26H^2O$. Sa densité est 2,387. La forme cristalline est asymétrique et isomorphe avec celle des vanadates analogues d'yttrium et de lanthane [*Recherches inédites*].

RÉACTIONS DES SELS DE CÉRIUM. — La solution neutre ou faiblement acide d'un sel de cérium, mélangée avec de l'acétate d'ammonium, donne avec le peroxyde d'hydrogène une coloration brun-rougeâtre, puis un précipité gélatineux. On obtient un précipité dans une solution contenant 1 partie de cérium dans 100 000 parties d'eau [Hartley, *Chem. Soc.*, 1882, 202].

SÉPARATION DU CÉRIUM ET DU THORIUM. — D'après M. Lecoq de Boisbaudran [*C. R.*, **99**, 525], on ajoute à la solution neutre quelques gouttes d'acide chlorhydrique et on chauffe à l'ébullition avec de la limaille de cuivre. Puis on ajoute du protoxyde de cuivre et on maintient la solution à une ébullition modérée pendant trois quarts d'heure ou une heure. La thorine, contenant très peu de cérium, se précipite et peut être obtenue à l'état pur si l'on répète le traitement.

P.-T. Cleve.

CÉROTÈNE. — Voyez Dict., **1**, 799.

CÉROTINONE, $(C^{26}H^{53})^2CO$ (voyez Suppl., **1**, 443). — Ce composé prend naissance, en même temps que d'autres produits, par la distillation sèche de l'acide cérotique. Il cristallise dans l'acétone en lamelles fusibles à 92°, peu solubles dans l'alcool et dans l'acétone [F. Nafzger, *Ann. Chem.*, **224**, 225].

CÉROTIQUE (ACIDE), $C^{27}H^{54}O^2$ (voyez Dict., **1**, 800 et Suppl., **1**, 443). — L'acide cérotique brut, obtenu en épuisant la cire d'abeilles par l'alcool, est un mélange d'acide cérotique et d'autres acides. Ce fait a été déjà signalé par M. Schalfejeff, qui a refusé de considérer l'acide cérotique comme un composé défini (Suppl., **1**, 443).

Pour séparer les acides qui accompagnent l'acide cérotique brut, M. Nafzger a soumis ce produit à des précipitations fractionnées à l'aide de l'acétate de magnésium. Il a isolé ainsi dans les premières fractions un acide fusible à 89-90°, qui possède la composition de l'*acide mélissique*, $C^{30}H^{60}O^2$. Quant aux eaux mères alcooliques provenant de la préparation de l'acide cérotique brut, elles abandonnent, par la distillation de l'alcool, un mélange d'acides paraissant appartenir à la série oléique. Mais l'acide cérotique pur est bien un composé défini et sa formule est celle qui lui a été attribuée par M. Brodie.

Suivant M. Nafzger, pour obtenir l'acide cérotique pur, on épuise la cire d'abeilles par l'alcool bouillant qui dissout l'acide cérotique. Comme celui-ci entraîne un peu de myricine, on le traite par la soude alcoolique de façon à saponifier cette myricine. On épuise le savon sec par l'éther de pétrole bouillant. L'acide cérotique brut, remis en liberté, fond à 76°. On le soumet à une série de cristallisations dans l'alcool jusqu'à ce que son point de fusion se fixe à 78°. L'acide cérotique ne pouvant être distillé, pour achever sa purification, on le transforme en éther méthylique, qui bout sans décomposition dans le vide et qui régénère par saponification l'acide cérotique pur [F. Nafzger, *Ann. Chem.*, **224**, 225; *Bull. Soc. Chim.*, (2), **44**, 142].

L'acide cérotique existe dans la graisse de suint du mouton à l'état de cérotate de céryle [A. Buisine, *Bull. Soc. Chim.*, (2), **42**, 201].

SELS. — Le *sel de sodium* se sépare de sa solution alcoolique sous la forme d'une masse gélatineuse, formée de lamelles microscopiques. Séché à 100°, il constitue une poudre blanche et ténue, très soluble dans l'eau chaude et dans l'alcool, et qui se décompose à 200° sans fondre.

Le *sel de potassium* est analogue au précédent.

Le *sel de magnésium*, qu'on obtient en précipitant une solution alcoolique de l'acide par une solution alcoolique d'acétate de magnésium, forme une poudre blanche, grenue, fusible à 140-145°, insoluble dans l'eau et dans l'alcool.

Le *sel de plomb*, poudre blanche, insoluble dans l'eau et dans l'alcool, cristallise dans le benzène bouillant en aiguilles dendritiques, fusibles à 112-113°.

Le *sel de cuivre* est une poudre bleu-verdâtre, insoluble dans l'alcool, soluble dans le benzène bouillant.

ÉTHERS. — L'*éther méthylique*,

$$C^{27}H^{53}O^2 . CH^3,$$

qu'on obtient en saturant par l'acide chlorhydrique une solution méthylique chaude d'acide cérotique, se présente, après cristallisation dans l'alcool méthylique, sous la forme de lamelles nacrées, d'aspect cireux, fusibles à 60° et bouillant sans décomposition dans le vide.

L'*éther éthylique*, $C^{27}H^{53}O^2 . C^2H^5$ (Dict., **1**, 800), cristallise dans l'alcool en fines lamelles possédant un éclat gras. Il distille sans décomposition dans le vide. Soumis à la distillation sous la pression ordinaire, il se dédouble en éthylène et acide cérotique, dont une partie se décompose par la chaleur en donnant de l'acide carbonique, une acétone (cérotinone) et une paraffine [Nafzger, *loc. cit.*].

DÉRIVÉS DE SUBSTITUTION. — *Acide bromocérotique*, $C^{27}H^{53}BrO^2$. — On prépare ce dérivé en traitant l'acide cérotique par le brome, en présence du phosphore rouge, à la température du bain-marie : au bout de quelques heures la réaction est terminée. On n'a plus qu'à traiter par l'eau froide le *bromure de bromocérotyle* ainsi formé.

Purifié par quelques cristallisations dans l'éther de pétrole, l'acide bromocérotique se présente en aiguilles microscopiques, fusibles à 65-66°, translucides et présentant un toucher très gras [Marie, *Bull. Soc. Chim.*, (3), **7**, 111].   Léon Roux.

CÉRULIGNOL,

$$C^9H^{10} \diagup^{OH}_{\diagdown OCH^3}$$

— Le cérulignol constitue l'éther méthylique d'un phénol diatomique contenu dans le goudron de hêtre. On l'isole de la manière suivante : On fait bouillir pendant longtemps une solution acétique de l'huile de goudron de hêtre bouillant à 240°, puis on précipite par l'eau. Le cérulignol

se précipite, tandis que les corps basiques azotés restent en solution. L'huile qui se dépose est soumise à la distillation fractionnée : on recueille à part la portion passant à 240-241° [Pastrovich, *Mon. f. Chem.*, **4**, 188].

Le cérulignol est un liquide à peu près incolore, doué d'une odeur assez agréable rappelant la créosote et d'une saveur brûlante aromatique. Sa densité est 1,056 à 15°; il bout sans décomposition à 240-241°; il est très peu soluble dans l'eau froide, miscible en toutes proportions à l'alcool, à l'éther et à l'acide acétique.

L'acide sulfurique concentré le colore en rouge; sa solution alcoolique est colorée en bleu par la baryte, en vert par le chlorure ferrique. Une solution aqueuse de ce réactif colore une solution aqueuse de cérulignol en rouge carmin.

Le cérulignol se rattache probablement à la série de la pyrocatéchine ; le phénol dont il constitue l'éther méthylique peut être aisément obtenu en chauffant ce dernier en vase clos, à 140°, avec de l'acide chlorhydrique concentré. On évapore au bain-marie, on reprend par l'eau, on exprime le produit et on le fait cristalliser successivement dans l'eau et dans le benzène.

Ce phénol, $C^9H^{10}(OH)^2$, cristallise en prismes incolores, fusibles à 56°; le chlorure ferrique le colore en vert.

Acétylcérulignol, $C^9H^{10}(OCH^3)(OC^2H^3O)$. — On obtient ce corps en faisant bouillir pendant deux jours 3 parties de cérulignol avec 1 partie d'anhydride acétique. C'est une huile épaisse, qui a été obtenue une seule fois en cristaux. Il bout en se décomposant légèrement à 265°.

L'acétylcérulignol est insoluble dans l'eau, très soluble dans l'alcool, l'éther et l'acide acétique. Sa solution alcoolique est colorée en violet rouge par l'eau de baryte.

Nitrocérulignol, $C^9H^9(OCH^3)(OH)(AzO^2)$. — On fait agir l'acide nitrique (d = 1,12) sur le cérulignol ; la majeure partie de la substance est transformée en acide oxalique, mais il se forme en même temps une petite quantité d'un dérivé nitré. Pour l'isoler, on lave le produit de la réaction à l'eau, on le dissout dans le carbonate de sodium et on précipite par l'acide chlorhydrique; on filtre et on fait cristalliser le produit successivement dans l'alcool et dans l'eau. Le nitrocérulignol forme des cristaux jaunes, ressemblant à l'acide picrique et fusibles en se décomposant à 124° (Pastrovich).   G. de Bechi.

CÉSIUM.

— M. Setterberg [*Bihang till k. Svenska, Veten. Akad. Handl*, **6**, n° 11] a obtenu ce métal en décomposant par un courant électrique le cyanure de césium mélangé avec du cyanure de baryum. Le métal ressemble aux autres métaux alcalins. Il est blanc comme l'argent et très mou à la température ordinaire. Il décompose l'eau comme le potassium et s'enflamme à l'air. Le point de fusion est à 26°,5; la densité = 1,88.

État naturel. — D'après M. Cossa [*D. chem. G.*, **11**, 811], l'alun de Vulcano contient des quantités notables de césium.

Pour la séparation du césium, le trichlorure d'antimoine est, d'après M. Cossa, très avantageux.

Sulfate, $8SO^3 . Cs^2O$. — Ce sulfate se forme par la fusion du sulfate neutre avec de l'anhydride sulfurique en vase clos. Chauffé au rouge, ce sel laisse un résidu ayant pour composition $2SO^3 . Cs^2O$ [Weber, *D. chem. G.*, **17**, 2500].   P.-T. Cleve.

CESPITINE.

— D'après MM. Church et Owen [*Phil. Mag.*, (4), **20**, 110], les produits de la distillation de la tourbe contiendraient une base, la cespitine, bouillant à 95° et ayant pour formule

$C^5H^{13}Az$. Fritzsche [*Jahresb.*, 1868, 402] aurait retrouvé la cespitine dans le toluène brut provenant du goudron de houille.

Suivant MM. H. Goldschmidt et Constam, la cespitine ne serait autre chose qu'un *hydrate de pyridine* de la formule C^5H^5Az, $3H^2O$.

CÉTANE. — Voyez COMPOSÉS CÉTYLIQUES.

CÉTAZINES. — MM. Curtius et Thun [*J. prakt. Chem.*, (2), **46**, 161; *Bull. Soc. Chim.*, (2), **8**, 127] ont donné ce nom a des composés de la formule générale

$$R^2C = Az - Az = CR^2$$

qui résultent de l'action des acétones sur l'hydrate d'hydrazine.

Les cétazines distillent sans décomposition; elles sont solubles dans l'alcool et dans l'éther, ne réduisent pas la liqueur de Fehling et ne réduisent que très lentement la solution ammoniacale d'argent. A l'air et à la lumière, elles se colorent en jaune et se décomposent peu à peu.

Pour la description des principales cétazines, voyez au nom de l'acétone dont elles dérivent, ainsi qu'à l'article HYDRAZINES.

CÉTÈNE. — Voyez COMPOSÉS CÉTYLIQUES.

CÉTONIQUES (ACIDES). — On appelle *acides cétoniques* les acides organiques qui possèdent, en même temps qu'un ou plusieurs groupes carboxyle $COOH$, un ou plusieurs groupes cétoniques CO. On peut les classer d'après le nombre des groupes CO qu'ils contiennent, et leur donner des noms d'acides mono-, di-, tri-, etc., cétoniques. Ces acides existent dans la série grasse comme dans la série aromatique. Leur nombre s'est considérablement accru dans ces dernières années, et, par suite des réactions remarquables auxquelles donne lieu la réunion dans une même molécule des deux fonctions acide et acétone, leur étude a pris une grande importance.

ACIDES MONOCÉTONIQUES. — On distingue ces acides par la place relative qu'occupent le groupe CO et le carboxyle le plus voisin, et on indique généralement aujourd'hui, cette position relative par les lettres grecques α, β, γ. Ainsi les acides pyruvique, $CH^3 - CO - CO^2H$, benzoylformique. $C^6H^5 - CO - CO^2H$, mésoxalique,

$$CO \Big\langle {CO^2H \atop CO^2H}$$

sont des acides α–cétoniques; les acides acétylacétique, $CH^3 - CO - CH^2 - CO^2H$, benzoylacétique, $C^6H^5 - CO - CH^2 - CO^2H$, acétylmalonique,

$$CH^3 - CO - CH \Big\langle {CO^2H \atop CO^2H}$$

sont des acides β–cétoniques; les acides lévulique, $CH^3 - CO - CH^2 - CH^2 - CO^2H$, benzoylpropionique, $C^6H^5 - CO - CH^2 - CH^2 - CO^2H$, acétylglutarique,

$$CH^3 - CO - CH \Big\langle {CH^2 - CO^2H \atop CH^2 - CO^2H}$$

sont des acides γ–cétoniques; l'acide acétylbutyrique, $CH^3 - CO - CH^2 - CH^2 - CH^2 - CO^2H$, est un acide δ-cétonique.

Il serait cependant, nous semble–t-il, préférable de renoncer à cette nomenclature, qui a l'inconvénient de ne pas s'accorder avec la nomenclature des hydrocarbures où le premier atome de carbone est désigné par le chiffre 1, et de dire, pour les acides actuellement désignés sous le nom de

α–cétoniques. . . . 2 cétoniques,
β —   . . . 3 —
γ —   . . . . 4 —   etc.

PROCÉDÉS GÉNÉRAUX DE PRÉPARATION DES ACIDES MONOCÉTONIQUES. — Les acides 2-cétoniques s'obtiennent par l'action de l'acide chlorhydrique sur les cyanures de radicaux d'acides :

$$CH^3 - CO - CAz + 2H^2O$$
$$= CH^3 - CO - COOH + AzH^3,$$
$$C^6H^5 - CO - CAz + 2H^2O$$
$$= C^6H^5 - CO - COOH + AzH^3$$

[L. Claisen, *D. chem. G.*, **10**, 429].

L'oxydation des méthylcétones aromatiques donne également naissance à des acides 2-cétoniques :

$$(CH^3)^2C^6H^3 - CO - CH^3 + O^3$$
$$= (CH^3)^2C^6H^3 - CO - COOH + H^2O$$

[Baeyer et Fritsch, *D. chem. G.*, **17**, 973. — W. Wislicenus, *ibid.*, **20**, 589].

Les éthers des acides 3-cétoniques, comme l'éther acétylacétique, prennent naissance dans l'action du sodium ou de l'éthylate de sodium sur les éthers des acides organiques :

$$2CH^3 - CO^2C^2H^5 + Na^2$$
$$= CH^3 - CO - CHNa - CO^2C^2H^5 + C^2H^5ONa.$$

Cette réaction est très générale et s'applique également au mélange d'un éther quelconque avec l'éther acétique. Ainsi l'éther benzoïque et l'éther acétique donnent naissance à l'éther benzoylacétique,

$$C^6H^5 - CO^2C^2H^5 + CH^3 - CO^2C^2H^5 + Na^2$$
$$= C^6H^5 - CO - CHNa - CO^2C^2H^5 + C^2H^5ONa,$$

et les dérivés sodés de ces éthers réagissant sur les iodures alcooliques ont permis la synthèse d'un nombre considérable des dérivés répondant à la formule générale

$$R - CO - C(R'R'') - CO^2C^2H^5.$$

M. Bouveault [*C. R.*, **111**, 531] a montré que l'action du sodium sur les nitriles des acides mononobasiques $R - CH^2 - CAz$, donne naissance à un dérivé sodé dont la formule est $R - CHNa - CAz$.

Mais en même temps, comme l'a montré M. von Meyer [*J. prakt. Chem.*, (2), **22**, 261], on obtient un produit de condensation renfermant du sodium. En partant du nitrile propionique, $C^2H^5 - CAz$, on obtient un dérivé $C^6H^{10}Az^2$ [Von Meyer, *J. prakt. Chem.*, (2), **37**, 296]. L'action de l'acide chlorhydrique sur ce composé donne le nitrile α-propionyl-propionique,

$$C^2H^5 - CO - CH - CAz \atop | \atop CH^3$$

L'action de l'alcool chlorhydrique transforme facilement ces nitriles en éthers des acides 3-cétoniques.

M. J. Hamonet [*Thèse, Faculté des Sciences de Paris*, 1889], en traitant les chlorures des acides gras normaux par le chlorure ferrique anhydre, puis le produit de condensation par l'alcool absolu, obtient les éthers des acides β-cétoniques. Par exemple, le chlorure de propionyle donne l'α-propionylpropionate d'éthyle,

$$CH^3 - CH^2 - CO - CH - CO^2C^2H^5 \atop | \atop CH^3$$

Les acides β–cétoniques bibasiques s'obtiennent par l'action d'un chlorure d'acide sur le dérivé sodé de l'éther malonique,

$$CH^3 - COCl + CHNa \Big\langle {CO^2C^2H^5 \atop CO^2C^2H^5}$$
$$= NaCl + CH^3 - CO - CH \Big\langle {CO^2C^2H^5 \atop CO^2C^2H^5}$$

On peut encore faire agir les dérivés halogénés des éthers des acides gras sur l'acétylacétate d'éthyle sodé : ainsi l'éther monochloracétique et l'éther acétylacétique sodé donnent l'éther acétylsuccinique :

$$CH^3 - CO - CHNa - CO^2C^2H^5 + CH^2Cl - CO^2C^2H^5$$

$$= NaCl + \begin{array}{c} CH^3 - CO - CH - CO^2C^2H^5 \\ | \\ CH^2 - CO^2C^2H^5 \end{array}$$

Les acides γ-cétoniques se dérivent des acides β-cétoniques bibasiques par saponification et perte d'anhydride carbonique. L'acide acétylsuccinique, par exemple, donne l'acide lévulique :

$$CH^3 - CO - CH - CH^2 - CO^2C^2H^5$$
$$CO^2C^2H^5 \qquad + 2H^2O$$
$$= CH^3 - CO - CH^2 - CH^2 - CO^2H + 2C^2H^6O + CO^2$$

Cette réaction s'applique également aux acides acétylsucciniques homologues. Exemple :

$$CH^3 - CO - C - \begin{array}{c} CH^3 \\ CH^2 - CO^2C^2H^5 \\ CO^2C^2H^5 \end{array} + 2H^2O$$

$$= CH^3 - CO - CH(CH^3)^2 - CO^2H + 2C^2H^6O$$
$$+ CO^2.$$

Les acides γ-cétoniques contenant un radical aromatique peuvent s'obtenir par l'action du chlorure d'aluminium et de l'anhydride succinique sur un carbure aromatique. L'anhydride succinique et le benzène donnent dans ces conditions l'acide benzoylpropionique :

$$\begin{array}{c} CH^2 - CO \\ | \qquad\qquad O + C^6H^6 \\ CH^2 - CO \end{array}$$

$$= C^6H^5 - CO - CH^2 - CH^2 - COOH.$$

Le chlorure de succinyle agit de la même façon que l'anhydride.

RÉACTIONS GÉNÉRALES DES ACIDES MONOCÉTONIQUES. — Les acides α- et γ-cétoniques sont à l'état de liberté des composés stables; au contraire, les acides β-cétoniques se dédoublent très facilement en anhydride carbonique et une cétone.

Les éthers des acides β-cétoniques sont stables; mais, par l'action des alcalis ou des acides, ils peuvent se dédoubler en donnant soit une cétone et de l'anhydride carbonique, soit 2 acides. Ainsi l'éther méthylacétylacétique peut donner soit de la méthyléthylcétone, soit de l'acide propionique :

$$\begin{array}{c} CH^3 \\ | \\ CH^3 - CO - CH - CO^2C^2H^5 + H^2O \end{array}$$
$$= CH^3 - CO - C^2H^5 + CO^2 + C^2H^6O,$$

$$\begin{array}{c} CH^3 \\ | \\ CH^3 - CO - CH - CO^2C^2H^5 + H^2O \end{array}$$
$$= CH^3 - COOH + CH^3 - CH^2 - COOH + C^2H^6O.$$

Les deux réactions se produisent généralement en même temps; cependant, en employant les alcalis très étendus, et surtout la baryte, on réalise principalement le premier dédoublement; au contraire un excès de potasse alcoolique mène au second.

Les réactions des acides cétoniques dépendent de la position relative des groupements cétoniques et carboxylique. Dans le cas de la position 3, les réactions sont particulièrement intéressantes. Elles ont été exposées à l'article ACÉTYLACÉTIQUE et nous n'y reviendrons pas.

Les propriétés suivantes sont communes à tous les acides cétoniques.

Comme les acétones, ils sont réduits par l'hydrogène naissant et transformés en oxyacides :

$$CH^3 - CO - COOH + H^2 = CH^3 - CHOH - COOH.$$

Le bisulfite de sodium se combine à quelques-uns d'entre eux :

$$CH^3 - CO - COOH + SO^3NaH$$
$$= CH^3 - C(OH) \begin{array}{c} CO^2H \\ SO^3Na \end{array}$$

L'acide cyanhydrique transforme les acides cétoniques en mononitriles d'acides bibasiques, que l'acide chlorhydrique saponifie facilement :

$$CH^3 - CO - CH^2 - CO^2C^2H^5 + CAzH$$

$$= \begin{array}{c} CH^3 - C(OH) - CH^2 - CO^2C^2H^5 \\ | \\ CAz \end{array}$$

$$\begin{array}{c} CH^3 - C(OH) - CH^2 - CO^2C^2H^5 \\ | \\ CAz \\ OH \end{array} + 3H^2O$$

$$= \begin{array}{c} CH^3 - C - CH^2 - CO^2H \\ | \\ CO^2H \end{array} + AzH^3 + C^2H^6O$$

L'hydroxylamine et la phénylhydrazine se combinent facilement aux éthers de tous ces acides :

$$CH^3 - CO - CO^2C^2H^5 + AzH^2OH$$
$$= \begin{array}{c} CH^3 - C - CO^2C^2H^5 \\ \| \\ AzOH \end{array} + H^2O$$

$$CH^3 - CO - CO^2C^2H^5 + AzH^2 - AzH - C^6H^5$$
$$= \begin{array}{c} CH^3 - C - CO^2C^2H^5 \\ \| \\ Az - AzH - C^6H^5 \end{array} + H^2O.$$

Les hydrazones ainsi obtenues sont généralement bien cristallisées et à peu près insolubles dans l'eau. Dans le cas des acides β-cétoniques, on les transforme facilement en pyrazolones, ou en dérivés de l'indol.

L'ammoniaque et les amines grasses ou aromatiques se combinent directement, avec élimination d'eau : la réaction s'accomplit à la température ordinaire :

$$CH^3 - CO - CO^2C^2H^5 + AzH^3$$
$$= \begin{array}{c} CH^3 - C - CO^2C^2H^5 \\ \| \\ AzH \end{array} + H^2O.$$

Dans le cas des acides β-cétoniques, on peut considérer des dérivés amidés comme possédant la constitution d'acides amidés non saturés :

$$CH^3 - CO - CH^2 - CO^2C^2H^5 + AzH^3$$
$$= \begin{array}{c} CH^3 - C = CH - CO^2C^2H^5 \\ | \\ AzH^2 \end{array} + H^2O,$$

car avec la diéthylamine on a une réaction analogue :

$$CH^3 - CO - CH^2 - CO^2C^2H^5 + AzH(C^2H^5)^2$$
$$= \begin{array}{c} CH^3 - C = CH - CO^2C^2H^5 \\ | \\ Az(C^2H^5)^2 \end{array} + H^2O.$$

Les acides γ-cétoniques peuvent peut-être ne pas être considérés comme de véritables acides cétoniques mais plutôt comme des γ-lactones (gammolides). C'est-à-dire que, d'après M. Bredt [*Ann. Chem.*, **256**, 314], l'acide lévulique aurait la constitution

$$CH^3 - C(OH) - CH^2 - CH^2 - CO \quad | \underline{\hspace{4cm}} O$$

en effet, son dérivé acétylé se comporte absolument comme s'il possédait la formule

$$\begin{array}{c} O.CO-CH^3 \\ | \\ CH^3 - C - CH^2 - CH^2 - CO \\ \underline{\hspace{4cm}} O \end{array}$$

et no pas comme s'il était un anhydride mixte,

$$CH^3 - CO - CH^3 - CH^2 - CO - O.CO - CH^3.$$

En effet, quand on le traite par la phénylhydrazine, on obtient l'hydrazone de l'hydrazide lévulique,

$$\begin{array}{c} CH^3 - C - CH^2 - CH^2 - CO.AzH.AzH.C^6H^5 \\ \| \\ Az - AzH.C^6H^5 \end{array}$$

et il y a séparation d'acide acétique. C'est aussi ce qui arrive quand on traite les diacétates dérivés des aldéhydes R–CHO et de l'anhydride acétique, et qui ont la constitution

$$R - CH(OC^2H^3O)^2.$$

Les équations suivantes mettent en évidence cette analogie :

$$\begin{array}{c} CH^3 - C - CH^2 - CH^2 \\ \diagup \diagdown \qquad | \\ CH^3 - CO - O \quad O \underline{\hspace{1cm}} CO \end{array} + 2\,Az^2H^3.C^6H^5$$

Acide acétyl-lévulique.

$$= \begin{array}{c} CH^3 - C - CH^3 - CH^3 - CO.AzH.AzH.C^6H^5 \\ \| \\ AzH.C^6H^5 \end{array}$$
$$+ CH^3 - COOH + H^2O,$$

$$\begin{array}{c} HCR \\ \diagup \diagdown \\ CH^3 - CO - O \quad O - CO - CH^3 \end{array} + 2\,Az^2H^3C^6H^5$$
$$= RCH = Az.AzH.C^6H^5 + CH^3 - CO.AzH.AzH.C^6H^5$$
$$+ CH^3 - COOH + H^2O.$$

La digammolide de l'acide acétone-diacétique

$$\begin{array}{c} CH^3 - CH^2 - C - CH^2 - CH^2 \\ | \qquad \diagup \diagdown \quad | \\ CO \underline{\hspace{1cm}} O \quad O \underline{\hspace{1cm}} OC \end{array}$$

se comporte tout à fait de la même manière et donne avec la phénylhydrazine le composé

$$\begin{array}{c} CH^3 - CH^2 - C - CH^3 - CH^2 \\ | \qquad \| \qquad | \\ CO - Az - Az \qquad CO - AzH.AzH.C^6H^5 \\ | \\ C^6H^5 \end{array}$$

L'action de la phénylhydrazine sur la cyanhydrine de l'acide lévulique et sur son chlorure vient encore à l'appui de cette hypothèse, car elle conduit par élimination d'acide cyanhydrique ou d'acide chlorhydrique au même dérivé hydrazinique que l'acide acétyl-lévulique, exactement comme si ces dérivés possédaient les formules

$$CH^3 - CCl - CH^3 - CH^2 - CO \quad | \underline{\hspace{4cm}} O$$

et

$$CH^3 - C(CAz) - CH^3 - CH^2 - CO \quad | \underline{\hspace{4cm}} O$$

Ces faits très intéressants ne sont cependant pas, à notre avis, suffisants pour démontrer la formule admise par M. Bredt. Ils s'expliquent aussi bien avec la formule d'un acide cétonique vrai. Il est possible cependant que la position γ, très favorable à la formation des chaînes fermées, suffise à justifier les hypothèses de M. Bredt ; en effet, M. O. Kühling [*D. chem. G.*, **23**, 709] a montré que l'action des amines, et en particulier de l'éthylamine, sur le nitrile de l'acide lévulique, conduit très facilement à des composés du groupe des pyrrolidones :

$$\begin{array}{c} CH^3 - C(CAz) - CH^2 - CH^2 - CO \\ | \underline{\hspace{3cm}} O \end{array} + AzH^2.C^2H^5$$

$$= H^2O + CH^3 - \begin{array}{c} CH^2 - CH^2 \\ | \qquad | \\ C \qquad CO \\ \diagup \diagdown \diagup \\ CAz \quad Az \\ | \\ C^2H^5 \end{array}$$

Les acides monocétoniques non saturés sont actuellement peu nombreux et peu étudiés. On les obtient par l'action des aldéhydes sur les éthers des acides β–cétoniques en présence d'acide chlorhydrique (voy. Acétylacétique (acide) *action des Aldéhydes*) :

$$CH^3 - CO - CH^2 - CO^2C^2H^5 + CH^3 - CHO$$
$$= \begin{array}{c} CH^3 - CO - C - CO^2C^2H^5 \\ \| \\ CH - CH^3 \end{array} + H^2O.$$

Acides dicétoniques. — Les acides dicétoniques prennent naissance dans l'action des chlorures d'acides sur les éthers β-cétoniques sodés :

$$CH^3 - CO - CHNa - CO^2C^2H^5 + CH^3.COCl$$
$$= \begin{array}{c} CH^3 - CO \\ CH^3 - CO \end{array} \diagdown CH - CO^2C^2H^5 ;$$

Par l'action des acétones chlorées sur les mêmes éthers sodés :

$$CH^3 - CO - CH^2Cl + CH^3 - CO - CHNa - CO^2C^2H^5$$
$$= \begin{array}{c} CH^3 - CO \\ CH^3 - CO - CH^2 \end{array} \diagdown CH - CO^2C^2H^5 ;$$

Par l'action de l'iode sur les dérivés sodés des mêmes éthers :

$$(CH^3 - CO - CHNa - CO^2C^2H^5)^2 + I^2$$
$$= \begin{array}{c} CH^3 - CO - CH - CO^2C^2H^5 \\ | \\ CH^3 - CO - CH - CO^2C^2H^5 \end{array}$$

L'action de l'alcool absolu sur le composé organo-métallique obtenu par le chlorure d'acétyle et le chlorure d'aluminium conduit également à un éther diacétylacétique :

$$(CH^3 - COCl)^3 + AlCl^3$$
$$= 2HCl + \left(\begin{array}{c} CH^3 - CO \\ CH^3 - CO \end{array} \diagdown CH \diagup \begin{array}{c} Cl \\ CO AlCl^2 \\ Cl \end{array} \right)$$

$$\left(\begin{array}{c} CH^3 - CO \\ CH^3 - CO \end{array} \diagdown CH \diagup \begin{array}{c} Cl \\ CO AlCl^2 \\ Cl \end{array} \right) + C^2H^6O$$

$$= \begin{array}{c} CH^3 - CO \\ CH^3 - CO \end{array} \diagdown CH - CO^2C^2H^5 + AlCl^3 + HCl.$$

L'action du sodium métallique sur l'éther succinique donne l'éther succinylsuccinique, qui est le tétrahydro-quinone-dicarbonate d'éthyle,

$$\begin{array}{ccc} CO^2C^2H^5-CH & - & CO-CH^2 \\ | & & | \\ CH^2-CO & - & CH-CO^2C^2H^5 \end{array}$$

et se forme d'après l'équation

$$2\,C^2H^4(CO^2C^2H^5)^2 = C^{12}H^{16}O^6 + 2\,C^2H^5OH.$$

C'est le dérivé disodé qui prend naissance; en le décomposant par l'acide acétique, on met l'éther en liberté.

Un grand nombre d'éthers des acides dicétoniques peuvent être préparés par la méthode de M. Wislisenus junior [*Ann. Chem.*, **246**, 315], qui consiste à traiter une méthylcétone quelconque par l'éther oxalique et l'éthylate de sodium, comme M. L. Claisen le fait pour la préparation des éthers β-cétoniques, des β-dicétones et des cétones-aldéhydes (voyez DICÉTONES).

L'acétone, par exemple, et l'éther oxalique donnent, en présence d'éthylate de sodium, l'éther acétone-oxalique,

$$CH^3-CO-CH^3 + CO^2C^2H^5-CO-OC^2H^5$$
$$= CH^3-CO-CH^2-CO-CO^2C^2H^5.$$

Les propriétés des acides dicétoniques sont très analogues à celles des acides monocétoniques, et surtout à celles des dicétones; elles dépendent surtout de la position relative des deux groupements cétoniques.

Lorsque ces deux groupements sont en position β, les acides à l'état de liberté sont extrêmement instables et donnent immédiatement naissance aux β-dicétones :

$$\begin{array}{l} CH^3-CO \\ CH^3-CO \end{array}\!\!\!> CH-CO^2H$$
$$= CO^2H + \begin{array}{l} CH^3-CO \\ CH^3-CO \end{array}\!\!\!> CH^2.$$

L'action des réactifs tels que l'hydroxylamine et la phénylhydrazine conduit immédiatement aux isoxazols et aux pyrazols, comme pour les dicétones :

$$\begin{array}{l} CH^3-CO \\ CH^3-CO \end{array}\!\!\!> CH-CO^2C^2H^5 + AzH^2OH$$

$$= 2\,H^2O + \begin{array}{ccc} CH^3-C & —— & C-CO^2C^2H^5 \\ \| & & \| \\ Az & & C-CH^3 \\ & \diagdown\;O\;\diagup & \end{array}$$

$$\begin{array}{l} CH^3-CO \\ CH^3-CO \end{array}\!\!\!> CH-CO^2C^2H^5 + Az^2H^3C^6H^5$$

$$\begin{array}{ccc} CH^3-C & —— & C-CO^2C^2H^5 \\ \| & & \| \\ Az & & C-CH^3 \\ & \diagdown\;\diagup & \\ & Az-C^6H^5 & \end{array}$$

Dans le cas où les deux groupements cétoniques sont en position γ, on obtient avec la phénylhydrazine des pyridazines. Par exemple, l'éther diacétylsuccinique donne la réaction

$$\begin{array}{cc} CO^2C^2H^5-CH-CH-CO^2C^2H^5 & \\ \quad|\qquad\quad| & + AzH^2.AzH.C^6H^5 \\ CH^3-CO\quad CO-CH^3 & \end{array}$$

$$= 2\,H^2O + \begin{array}{ccc} CO^2C^2H^5-C & —— & C-CO^2C^2H^5 \\ \| & & \| \\ CH^3-C & & C-CH^3 \\ \diagdown & & | \\ AzH-Az & - & C^6H^5 \end{array}$$

L'action sur ces mêmes acides des amines primaires et de l'ammoniaque conduit à des dérivés du pyrrol :

$$\begin{array}{cc} CO^2C^2H^5-CH-CH-CO^2C^2H^5 & \\ \quad|\qquad\quad| & + AzH^3 \\ CH^3-CO\quad CO-CH^3 & \end{array}$$

$$= 2\,H^2O + \begin{array}{ccc} CO^2C^2H^5-C & —— & C-CO^2C^2H^5 \\ \| & & \| \\ CH^3-C & & C-CH^3 \\ & \diagdown\;\diagup & \\ & AzH & \end{array}$$

Par simple déshydratation, on obtient des dérivés du furfurane. L'éther acétonylacétylacétique donne l'éther diméthylfurfurane-carbonique :

$$\begin{array}{cc} CH^3 & CH^3 \\ | & | \\ CO & CO \\ | & | \\ CH^2-CH & -CO^2C^2H^5 \end{array}$$

$$= H^2O + \begin{array}{ccc} & O & \\ \diagup & & \diagdown \\ CH^3-C & & C-CH^3 \\ \| & & \| \\ HC —— & & C-CO^2C^2H^5 \end{array}$$

Lorsque les carbonyles sont plus éloignés et occupent par exemple la position δ, ils agissent alors comme ils le font dans les dicétones γ et δ, en donnant des dioximes avec l'hydroxylamine et des dihydrazones avec la phénylhydrazine.

Le nombre de ces acides est du reste encore très petit et leur étude fort incomplète.

A. Combes.

CÉTRARIQUE (ACIDE) (voyez Dict., **1**, 809). — MM. Hilger et Buchner [*D. chem. G.*, **23**, 463] préparent cet acide par la méthode de Knop et Schnedermann, en substituant seulement l'éther de pétrole à l'alcool comme dissolvant.

D'après ces auteurs, l'acide cétrarique constitue une poudre blanche, amère, incristallisable, à peine soluble dans l'eau, qui se décompose vers 200°.

L'analyse des *sels de baryum* et *d'argent* conduit à lui attribuer la formule $C^{30}H^{30}O^{12}$ et à l'envisager comme un acide bibasique.

CÉTYLACÉTIQUE (ACIDE),

$$C^{16}H^{33}.CH^2.CO^2H.$$

— On prépare l'acide cétylacétique en faisant réagir l'iodure de cétyle sur l'éther acétylacétique sodé et en décomposant par la potasse alcoolique très concentrée le cétylacétylacétate d'éthyle brut.

On l'obtient plus facilement en chauffant à 150-180° l'acide cétylmalonique.

M. Guthzeit considérait l'acide cétylacétique ainsi obtenu, qui fondait, après une série de cristallisations dans l'alcool, à 63-65°, comme isomérique avec l'acide stéarique [Guthzeit, *Ann. Chem.*, **206**, 351; *Bull. Soc. Chim.*, (2), **36**, 661].

Suivant MM. Krafft et Steinmann [*D. chem. G.*, **17**, 1627; *Bull. Soc. Chim.*, (2), **44**, 205], l'acide cétylacétique pur, obtenu par décomposition de l'acide cétylmalonique pur, est en lamelles fusibles à 69° et bouillant à 232° sous une pression de 15 millimètres. L'acide cétylacétique offre donc les caractères de l'acide stéarique ordinaire, avec lequel il est identique.

ACIDE DICÉTYLACÉTIQUE, $(C^{16}H^{33})^2\,CH.CO^2H.$ — Cet acide se forme lorsqu'on décompose par la chaleur l'acide dicétylmalonique. Il fond à 69-70°. Il est très peu soluble dans l'alcool froid. Son *sel d'argent* est un précipité blanc amorphe [Guthzeit, *loc. cit.*].

CÉTYLBENZÈNE, $C^{16}H^{33}.C^6H^5$ [Syn. *Hexadécylbenzène*]. — On obtient le cétylbenzène en faisant réagir le sodium sur un mélange d'iodure de cétyle et de benzène iodé.

Le cétylbenzène est en cristaux fusibles à 27°, solubles dans l'éther, le benzène et le sulfure de carbone, peu solubles dans l'alcool froid. Il bout à 230° sous une pression de 15 millimètres. Sa densité est 0,8567 à 27° et 0,8079 à 99°.

Traité par l'acide nitrique, il donne un *dérivé mononitré*, $C^{16}H^{33}.C^6H^4.AzO^2$, qui, purifié par cristallisation dans l'alcool, fond à 35-36°. Réduit par l'étain et l'acide chlorhydrique, ce dérivé nitré fournit l'*amine*, $C^{16}H^{33}.C^6H^4.AzH^2$ (*cétylophénylamine*)[1], composé bouillant à 254-255° sous une pression de 14 millimètres et fondant, après cristallisation dans le benzène, à 53°.

Le *chloroplatinate* de cétylophénylamine est en cristaux assez solubles dans l'éther et dans l'alcool.

Le chlorure d'acétyle transforme la cétylophénylamine en *acétylcétylanilide*,

$$C^{16}H^{33}.C^6H^4.AzH.C^2H^3O,$$

fusible à 104°,5 et bouillant à 295° sous 15 millimètres.

L'acide sulfurique fumant transforme le cétylbenzène en un *acide p-sulfonique*, dont le *sel de sodium*, $C^{16}H^{33}.C^6H^4.SO^3Na$, est peu soluble dans l'eau.

Chauffé avec la potasse fondante, ce dernier fournit le *p-cétylphénol*, $C^{16}H^{33}.C^6H^4.OH$, corps bien cristallisé, fusible à 77°,5 et bouillant à 260-261° sous 16 millimètres. Chauffé à 120° avec de l'iodure d'éthyle et de la potasse alcoolique, ce phénol se convertit en *cétylphénéthol*,

$$C^{16}H^{33}.C^6H^4.OC^2H^5,$$

qui cristallise dans l'alcool en lamelles fusibles à 43-44° et qui, chauffé à 120° pendant 12 ou 15 heures avec de l'acide nitrique (d = 1,12), se transforme en acide p-éthoxybenzoïque,

$$C^6H^4 \begin{cases} OC^2H^5 \\ CO^2H \end{cases}$$

MÉTHYLCÉTYLBENZÈNES (*cétyltoluènes*),

$$C^{16}H^{33}.C^6H^4.CH^3.$$

Dérivé ortho. — L'o-cétyltoluène, qu'on obtient au moyen du sodium, de l'iodure de cétyle et de l'o-bromotoluène, cristallise dans un mélange d'alcool et d'éther fortement refroidi, et fond ensuite à 8-9°. Il bout à 239° sous une pression de 15 millimètres. Sa densité à l'état liquide est 0,8676 à 9° et 0,8072 à 99°.

Dérivé méta. — Le m-cétyltoluène, qu'on prépare comme le précédent, cristallise à basse température et fond à 11-12°. Il bout à 239° sous 15 millimètres. Sa densité à l'état liquide est 0,8617 à 11° et 0,8029 à 99°.

Dérivé para. — Le p-cétyltoluène est en cristaux rayonnés, fusibles à 27°,5. Ce corps possède à un haut degré la propriété de demeurer en surfusion ; et, quand on l'a fondu, il ne se solidifie plus que par un refroidissement énergique ou par l'addition d'un cristal. Il bout à 240° sous 15 millimètres. Sa densité à l'état liquide est 0,8499 à 27° et 0,8027 à 99°.

Oxydé par l'acide nitrique (d = 1,12), le p-cétyltoluène se transforme en acide p-toluique.

Traité par l'acide nitrique fumant refroidi, le p-cétyltoluène se convertit en un *dérivé mono-*

nitré, fusible à 40°, que le chlorure stanneux transforme en *dérivé amidé*,

$$C^{16}H^{33}.C^6H^3(CH^3).AzH^2$$

(*cétylocrésylamine*), fusible à 54° et bouillant à 264-265° sous 15 millimètres.

Traité par l'acide sulfurique fumant, le p-cétyltoluène fournit un *dérivé sulfonique*, dont le *sel de sodium*, $C^{16}H^{33}.C^6H^3(CH^3)SO^3Na$, est en lamelles nacrées.

Chauffé avec la potasse fondante, ce dernier se transforme en *cétylcrésol*,

$$C^{16}H^{33}.C^6H^3(CH^3)OH,$$

qui, purifié par distillation dans le vide et cristallisation dans l'alcool, fond à 62° et bout à 267-268° sous 15 millimètres, et dont l'*éther éthylique* est en cristaux fusibles à 27°.

DIMÉTHYLCÉTYLBENZÈNE (*cétylxylène*),

$$C^6H^3(CH^3)^2_{(1.3)}(C^{16}H^{33})_{(4)}.$$

— Cet hydrocarbure, qu'on obtient au moyen du sodium, de l'iodure de cétyle et du m-xylène bromé $(CH^3:CH^3:Br=1:3:4)$, fond à 33°,5, en donnant un liquide possédant une fluorescence bleue. Il bout à 250° sous une pression de 15 millimètres. Sa densité à l'état liquide est 0,8495 à 33° et 0,8062 à 99°.

TRIMÉTHYLCÉTYLBENZÈNE (*cétylmésitylène*),

$$C^6H^2(CH^3)^3_{(1.3.5)}(C^{16}H^{33})_{(6)}.$$

Cet hydrocarbure, qu'on prépare de la même manière que les précédents, au moyen du mésitylène monobromé, est en cristaux fusibles vers 40°. Il bout à 258° sous 15 millimètres. Sa densité à l'état liquide est 0,8452 à 40° et 0,8065 à 99° [F. Krafft, *D. chem. G.*, **19**, 2982 ; *Bull. Soc. Chim.*, (2), **47**, 321. — Krafft et J. Gœttig, *D. chem. G.*, **21**, 3180 ; *Bull. Soc. Chim.*, (3), **2**, 261].
Léon Roux.

CÉTYLÈNE. — Voyez COMPOSÉS CÉTYLIQUES.

CÉTYLIQUES (COMPOSÉS).

CÉTANE, $C^{16}H^{34}$. — Cet hydrocarbure, d'où dérivent les composés cétyliques connus, n'est autre chose que l'*hexadécane normal*,

$$CH^3-(CH^2)^{14}-CH^3$$

(voyez HEXADÉCANE). M. Krafft a obtenu en effet l'hexadécane normal, fusible à + 18°, en réduisant par l'acide iodhydrique et le phosphore soit l'acide palmitique [*D. chem. G.*, **15**, 1687 ; *Bull. Soc. Chim.*, (2), **38**, 394], soit le cétène provenant de l'alcool hexadécylique préparé lui-même par hydrogénation de l'aldéhyde palmitique et identique à l'alcool cétylique [*D. chem. G.*, **16**, 1714 ; *Bull. Soc. Chim.*, (2), **42**, 23]. M. Sorabji a obtenu également le même hydrocarbure (hexadécane normal) en hydrogénant l'iodure de cétyle, soit par l'acide iodhydrique et le phosphore, soit par le zinc et l'acide chlorhydrique en présence de l'alcool [*Chem. Soc.*, **47**, 37 ; *Bull. Soc. Chim.*, (2), **45**, 281].

Il en résulte que les composés cétyliques connus doivent être considérés comme *normaux*.

CÉTÈNE (*hexadécylène normal*), $C^{16}H^{32}$ (voyez Dict., **1**, 808 et Suppl., **1**, 447). — Le cétène prend naissance dans l'action de la potasse alcoolique sur le chlorure de cétyle [Krafft, *D. chem. G.*, **16**, 1714 ; *Bull. Soc. Chim.*, (2), **42**, 23].

Préparation à l'aide du blanc de baleine. — On distille le blanc de baleine sous une pression de 200 ou 300 millimètres. Le produit obtenu est un mélange d'acides gras et d'oléfines. On en isole le cétène par des distillations répétées sous pression réduite, accompagnées de lavages à l'aide d'une solution concentrée de potasse. On obtient

---

1. Pour la *cétylaniline*, $C^6H^5.AzH.C^{16}H^{33}$, et la *dicétylaniline*, $C^6H^5Az(C^{16}H^{33})^2$, voyez Dict., **2**, 862 et 865.

ainsi un produit qui bout dans un intervalle de quelques degrés, qui se solidifie en majeure partie par le refroidissement, et qu'on sépare par expression à basse température (à —3°) d'une huile qui l'accompagne. Le corps bout alors à 154-155° sous la pression de 15 millimètres; il se solidifie par le refroidissement en une masse cristalline fusible à + 4° [Krafft, *D. chem. G.*, **16**, 3018].

Préparation à l'aide du palmitate de cétyle. — On obtient le palmitate de cétyle en faisant réagir le chlorure de palmityle sur l'alcool cétylique (préparé par hydrogénation de l'aldéhyde palmitique). Par la distillation sous une pression de 300 ou 400 millimètres, cet éther se décompose entièrement en acide palmitique et cétène. On sépare l'oléfine de l'acide gras par une nouvelle distillation sous pression réduite. On dissout le produit dans l'alcool chaud, on ajoute de l'ammoniaque, puis une solution chaude de chlorure de baryum. Le produit qui se sépare et qui renferme du palmitate de baryum est lavé à l'eau et repris par l'éther. On chasse l'éther et on distille le résidu dans le vide à température constante, on le lave de nouveau à la potasse alcoolique et on le rectifie une dernière fois. Le cétène ainsi obtenu se solidifie facilement et n'abandonne pas d'huile quand on l'exprime dans du papier à la température de 0° [Krafft, *D. chem. G.*, **16**, 3018].

Le cétène se solidifie dans un mélange réfrigérant et fond à + 4°. Il bout à 154-155° sous la pression de 15 millimètres. Sa densité à l'état liquide est 0.7915 à 4°, 0,7839 à 15°, 0,7686 à 37° [Krafft, *D. chem. G.*, **16**, 3018].

L'acide iodhydrique et le phosphore le transforment à 240° en hexadécane normal[1].

Bromure de cétène, $C^{16}H^{32}Br^2$ (voyez Dict., **1**, 809). — Il cristallise dans l'alcool étendu et refroidi à 0° et fond à 13°,5. La potasse alcoolique le transforme en cétylène [Krafft, *D. chem. G.*, **17**, 1371; *Bull. Soc. Chim.*, (2), **44**, 540].

CÉTYLÈNE (*hexadécylidène*), $C^{16}H^{30}$ (voyez Dict., **1**, 809). — Cet hydrocarbure s'obtient à l'état de pureté en traitant le bromure de cétène par la potasse alcoolique. Il se solidifie facilement sous la forme de grandes tables transparentes, fusibles à 20°. Il bout à 160° sous la pression de 15 millimètres. A l'état liquide, il a pour densité 0,8039 à 20° et 0,7969 à 30° [Krafft, *D. chem. G.*, **17**, 1371; *Bull. Soc. Chim.*, (2), **44**, 540].

ALCOOL CÉTYLIQUE (*éthal, alcool hexadécylique normal primaire*). — Voyez Dict., **1**, 810; Suppl., **1**, 447.

Préparation à l'aide du blanc de baleine (d'après MM. Berthelot et Péan de Saint-Gilles). — On chauffe pendant 48 heures, au bain-marie, 1000 grammes de blanc de baleine avec 200 grammes d'hydrate de potasse et 500 grammes d'eau, et on verse le liquide bouillant dans une dissolution tiède de chlorure de calcium. Le précipité, formé de savon calcaire et d'éthal, est lavé à l'eau, séché à 40-50° et épuisé par l'alcool bouillant dans un appareil à déplacement. On distille l'alcool et on obtient comme résidu une huile qui se concrète par le refroidissement. On fait bouillir de nouveau avec de l'eau, on dissout dans l'éther chaud et on traite par le noir animal. Le liquide filtré abandonne par refroidissement l'éthal sous la forme de cristaux parfaitement blancs [Berthelot et Péan de Saint-Gilles, *Jahresb.*, 1862, 413].

L'alcool cétylique du blanc de baleine renferme

4 ou 5 0/0 d'alcool octodécylique. Pour le montrer, M. Krafft transforme cet alcool en éther acétique en le dissolvant dans l'acide acétique cristallisable et en saturant la liqueur à chaud par l'acide chlorhydrique. Il précipite par l'eau l'éther formé et, par la distillation dans le vide (sous la pression de 15 millimètres), le fractionne en deux portions, bouillant l'une à 199-201°, la seconde à 215-225°. Saponifiée par la potasse alcoolique, la première fraction fournit l'alcool cétylique; la seconde donne l'alcool octodécylique [Krafft, *D. chem. G.*, **17**, 1627]. Ce fait avait déjà été signalé par M. Heintz (voyez Dict., **1**, 810).

Préparation à l'aide de l'aldéhyde palmitique. — L'alcool cétylique se forme lorsqu'on traite l'aldéhyde palmitique par la poudre de zinc en présence d'acide acétique cristallisable. L'addition de la poudre de zinc à l'aldéhyde mélangée d'acide acétique ne doit se faire que peu à peu, sans quoi l'acétate de zinc formé recouvre le reste du zinc d'une croûte cristalline qui arrête la réaction. La réaction est terminée après quelques jours; on décante la solution acétique et on précipite par l'eau. On obtient ainsi de l'acétate de cétyle, qu'on saponifie par la potasse alcoolique [Krafft, *D. chem. G.*, **16**, 1714; *Bull. Soc. Chim.*, (2), **42**, 23].

Propriétés. — L'alcool cétylique bout à 344° sous la pression ordinaire et à 190° sous la pression de 15 millimètres. Il fond à 39°,5. A l'état liquide, il a pour densité 0,8176 à 49°,5, 0,8105 à 60°, 0,7837 à 98°,7 (Krafft).

L'oxydation de l'alcool cétylique par une solution acétique d'acide chromique, au bain-marie, ne fournit que de l'acide palmitique [Claus et von Dreden, *J. prakt. Chem.*, (2), **43**, 148]; si l'on emploie une quantité insuffisante d'acide chromique, une portion de l'alcool cétylique demeure inaltérée, mais on n'observe jamais la formation d'aldéhyde cétylique.

L'action du chlore sur une solution chloroformique d'alcool cétylique fournit une huile jaune, transparente, non distillable, ayant pour formule $C^{16}H^{20}Cl^{12}O$, et qui a reçu le nom de *chloral cétylique* [Claus et von Dreden, *ibid.*].

Ce corps forme un *hydrate* $C^{16}H^{20}Cl^{12}O$, H^2O et un *alcoolate* $C^{16}H^{20}Cl^{12}O$, C^2H^6O : ces deux composés, tous deux cristallisables, se dissocient au contact de l'acide sulfurique, en régénérant le chloral cétylique.

L'action de l'ammoniaque sur une solution éthérée de chloral cétylique fournit un composé cristallin, azoté, insoluble dans les acides.

L'acide nitrique concentré attaque l'alcool cétylique, en donnant à froid du *nitrate de cétyle*, et à chaud un mélange d'acides pimélique, sébacique et subérique.

Iodure de cétyle, $C^{16}H^{33}I$ (voyez Dict., **1**, 811). — M. Krafft l'obtient en faisant passer un courant d'acide iodhydrique dans l'alcool cétylique chauffé au bain-marie; il lave à l'eau et fait cristalliser dans l'alcool. L'iodure de cétyle fond à 23° et distille à 211° sous la pression de 15 millimètres [*D. chem. G.*, **19**, 2218; *Bull. Soc. Chim.*, (2), **47**, 57].

Chauffé au bain-marie dans un courant de chlore, l'iodure de cétyle est décomposé avec formation d'acide chlorhydrique, de chlorure d'iode, de perchlorométhane, de perchloréthane, de perchlorobutine C^4Cl^6, fusible à 39°, d'un composé fusible à 308-310° qui n'a pas été identifié, de perchlorobenzène, enfin d'un corps fusible à 305°,5, qui paraît être le perchlorobiphényle [E. Hartmann, *D. chem. G.*, **24**, 1017].

ALDÉHYDE CÉTYLIQUE (*aldéhyde palmitique*). — Voyez Suppl., **1**, 1135.

ACIDE CÉTYLIQUE. — Voyez ACIDE PALMITIQUE.

---

1. Un hexadécylène, isomérique avec le cétène, a été obtenu par M. Schorlemmer en distillant sur la baryte l'acide azélaïque (voyez Dict., **2**, 214). Cet hexadécylène se présente sous la forme d'aiguilles, facilement solubles dans l'alcool et dans l'éther, fusibles à 41-42°, bouillant à 283-285° et donnant avec le brome un *dibromure* $C^{16}H^{32}Br^2$ [*Ann. Chem.*, **136**, 265].

CÉTYLAMINE (*hexadécylamine*), $C^{16}H^{33} . AzH^3$.
— La cétylamine se prépare soit en hydrogénant le palmitonitrile par le sodium en présence de l'alcool, soit en chauffant l'iodure de cétyle avec de l'ammoniaque.

1° On dissout 3 parties de palmitonitrile

$$C^{15}H^{31} . CAz$$

dans 30 parties d'alcool absolu et on ajoute peu à peu 4 parties de sodium, en laissant la masse s'échauffer suffisamment pour rester liquide. On achève la réaction au bain d'huile, en élevant progressivement la température jusqu'à 120°. L'opération terminée, on verse le liquide dans l'eau, on ajoute un léger excès d'acide chlorhydrique, on recueille le chlorhydrate de cétylamine précipité, on le lave avec un peu d'acide chlorhydrique et on le sèche. Pour le purifier, on le dissout dans une très petite quantité d'alcool et on le précipite par addition d'éther à la solution refroidie à 0°. On obtient enfin la base libre en distillant son chlorhydrate, dans le vide, sur de la potasse fondue et du sodium.

2° On chauffe pendant 5 ou 6 heures, à 110-150°, 11 parties d'iodure de cétyle avec 18 parties d'ammoniaque alcoolique à 6 0/0. On évapore à sec et on traite le résidu, à la température du bain-marie, par une solution concentrée de potasse. On recueille le produit qui se sépare et on isole la cétylamine par distillation fractionnée dans le vide ; mais il est moins facile de la purifier lorsqu'on opère ainsi que lorsqu'on emploie la méthode de préparation précédente.

La cétylamine se prend par le refroidissement en une masse formée de grandes lames cristallines. Elle fond à 45-46° et bout à 187° sous la pression de 15 millimètres et à 330° sous la pression ordinaire. Elle est peu soluble dans l'eau et s'altère rapidement à l'air en absorbant l'acide carbonique.

Le *chlorhydrate* est en lamelles brillantes, très solubles dans l'alcool, peu solubles dans l'éther.

L'*iodhydrate*, qu'on obtient en saturant par l'acide iodhydrique une solution alcoolique de la base, est en lamelles très peu solubles dans l'alcool froid et fondant en se décomposant à 170-172°.

ÉTHYLCÉTYLAMINE, $C^{16}H^{33} . AzH . C^2H^5$. — Lorsqu'on chauffe pendant 3 ou 4 heures à 150° la cétylamine avec un excès d'iodure d'éthyle, on obtient l'*iodhydrate d'éthylcétylamine*, qui, décomposé à la température du bain-marie par de la potasse en solution très concentrée, fournit l'éthylcétylamine. On extrait la base au moyen de l'éther, et on la purifie en la rectifiant dans le vide sur de la potasse fondue et du sodium.

L'éthylcétylamine se présente sous la forme d'une masse cristalline, incolore et sans odeur, fusible à 27-28° et bouillant à 195-196° sous une pression de 15 millimètres. A la pression ordinaire, elle distille en se décomposant à 342°.

L'*iodhydrate* d'éthylcétylamine, purifié par cristallisation dans l'alcool, est en lamelles brillantes, qui fondent en se décomposant à 162-166°.

DIÉTHYLCÉTYLAMINE, $C^{16}H^{33} . Az(C^2H^5)^2$. — On chauffe à 150°, en tube scellé, 5 parties d'iodure de cétyle et 2 parties de diéthylamine ; on traite le produit brut de la réaction par la potasse concentrée et on rectifie la base huileuse sur de la potasse et du sodium.

La diéthylcétylamine se prend par le refroidissement en une masse formée de lamelles cristallines fusibles à 8-9°. Elle bout à 204-206° sous la pression de 15 millimètres et à 355° sous la pression ordinaire.

IODURE DE TRIÉTHYLCÉTYLAMMONIUM,

$$C^{16}H^{33} . Az(C^2H^5)^3I.$$

— On chauffe en tube scellé la diéthylcétylamine avec de l'iodure d'éthyle ; on dissout le produit de la réaction dans l'alcool et, par addition d'éther, on précipite l'iodure de triéthylcétylammonium, qui fond à 180-181° en se décomposant [F. Krafft A. Moye, *D. chem. G.*, **22**, 811]. Léon Roux.

CÉTYLMALONIQUE (ACIDE).

$$C^{16}H^{33} . CH(CO^2H)^2.$$

— On chauffe au bain-marie, dans un ballon surmonté d'un réfrigérant ascendant, un mélange d'iodure de cétyle (1 molécule) et de sodomalonate d'éthyle (1 molécule) en solution dans l'alcool absolu. La réaction est terminée au bout d'une heure. On distille l'alcool, on ajoute au résidu une solution concentrée de potasse et on chauffe à 100° afin de saponifier l'éther cétylmalonique. On ajoute de l'eau, on neutralise par l'acide chlorhydrique la majeure partie de la potasse en excès, et on traite par le chlorure de calcium, qui donne un précipité de cétylmalonate de calcium. On lave ce précipité à l'eau, à l'alcool et à l'éther, et on le décompose par l'acide chlorhydrique.

L'acide cétylmalonique, cristallisé successivement dans l'éther et dans l'alcool chaud, se présente sous la forme de petits grains cristallins, fusibles à 117° (Guthzeit), à 120-121° (Krafft).

Le *sel d'argent*, $C^{19}H^{34}O^4Ag^2$, est un précipité blanc, inaltérable à la lumière.

Chauffé à 150-180°, l'acide cétylmalonique se dédouble en acide carbonique et acide cétylacétique [M. Guthzeit, *Ann. Chem.*, **206**, 351 ; *Bull. Soc. Chim.*, (2), **36**, 661. — Krafft, *D. chem., G.*, **17**, 1627 ; *Bull. Soc. Chim.*, (2), **44**, 205].

ACIDE DICÉTYLMALONIQUE, $(C^{16}H^{33})^2C(CO^2H)^2$. — On chauffe au bain-marie, pendant 5 ou 6 heures, un mélange d'iodure de cétyle (2 molécules) et de disodomalonate d'éthyle (1 molécule) en solution dans l'alcool absolu. La réaction terminée, on distille l'alcool, on traite par l'eau et on extrait le dicétylmalonate d'éthyle par l'éther. Le produit brut est saponifié par une solution alcoolique concentrée de potasse ; puis le sel de potassium est converti en sel de calcium insoluble qu'on décompose par l'acide chlorhydrique.

L'acide dicétylmalonique cristallise dans l'alcool en petits agrégats fusibles à 86-87° et difficilement solubles dans l'alcool froid.

Le *sel d'argent*, $C^{35}H^{66}O^4Ag^2$, est un précipité blanc, floconneux, inaltérable à la lumière.

Chauffé à 150-170°, l'acide dicétylmalonique se dédouble en acide carbonique et acide dicétylacétique [Guthzeit, *loc. cit.*]. Léon Roux.

CÉVADILLE. — Les graines de cévadille réduites en poudre cèdent à la benzine (du pétrole)[1] une graisse qui, soumise à la distillation dans un courant de vapeur d'eau, fournit une huile essentielle, formée d'un mélange d'aldéhydes méthylique et éthylique, d'oxymyristates et de vératrates de méthyle et d'éthyle, enfin d'un polyterpène lévogyre ($[\alpha]_j = -9°,10$) bouillant entre 220 et 250°.

Le résidu de la distillation dans la vapeur d'eau est formé d'acide oléique (50 0/0), d'acide palmitique (36,30 0/0), de cholestérine (4,12 0/0) et de glycérine, (9,55 0/0) [Opitz, *Arch. Pharm.*, **229**, 265].

On a récemment extrait des graines de cévadille deux nouveaux alcaloïdes, la *sabadine* et la *sabadinine* [Merck, *Arch. Pharm.*, **229**, 164].

SABADINE, $C^{29}H^{51}AzO^8$. — Elle forme de beaux cristaux peu solubles dans l'éther et dans l'eau, solubles dans l'alcool ; isolée de ses sels par les

1. On appelle *benzine* un mélange d'hexane et d'heptane, bouillant à 70-90° et ayant une densité de 0,68-0,72.

alcalis, soude ou ammoniaque, elle reste en solution et ne se dépose en flocons que lorsqu'on chauffe la liqueur.

Le *chlorhydrate*, $C^{29}H^{51}AzO^{8}.HCl$, cristallise en aiguilles fusibles à 282-284°.

Le *bromhydrate* se présente en tables.

Le *nitrate*, $C^{29}H^{51}AzO^{8}.AzO^{3}H$, se décompose à 308°.

Le *chloraurate*, $C^{29}H^{51}AzO^{8}.HCl.AuCl^{3}$, peut être obtenu en cristaux.

SABADININE. $C^{27}H^{45}AzO^{8}$. — Cette base cristallise dans l'éther en aiguilles qui commencent à se ramollir à 160° et qui ne présentent pas de point de fusion bien net. Elle se comporte vis-à-vis des alcalis comme la sabadine.

Le *chlorhydrate* a pour formule

$$C^{27}H^{45}AzO^{8}.HCl, 5H^{2}O.$$

Le *sulfate*, $C^{27}H^{45}AzO^{8}.SO^{4}H^{2}, 2,5H^{2}O$, et le *chloraurate*, $C^{27}H^{45}AzO^{8}.HCl.AuCl^{3}$, sont cristallisés.

CÉVIDINE, $C^{27}H^{45}AzO^{9}$. — Voyez Suppl., **1**, 1649.

CHAINES FERMÉES (NOMENCLATURE DES). — Nous nous occuperons dans cet article de la nomenclature des composés à chaînes fermées, dont les noyaux contiennent d'autres atomes que des atomes de carbone, en un mot de tous ceux dont les noyaux ne sont pas exclusivement formés de noyaux benzéniques.

L'hypothèse de M. Körner, comparant la pyridine au benzène et la quinoléine au naphtalène, a fait faire un grand pas à l'histoire de ces deux composés; elle a, de plus, eu une influence considérable sur toute une branche de la chimie.

L'idée qu'il pouvait exister des chaînes fermées nouvelles, ne différant des chaînes de carbone déjà connues que parce qu'un atome d'azote y occupait la place d'un groupe CH, ne pouvait manquer d'être étendue et généralisée.

On ne connaissait primitivement que des noyaux se rattachant au benzène; ne pouvait-il pas en exister qui fussent pour le pyrrol, pour le thiophène, ce que la pyridine était pour le benzène?

M. Knorr, par la découverte du pyrazol,

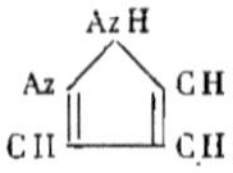

M. Hantzsch, par celle du thiazol,

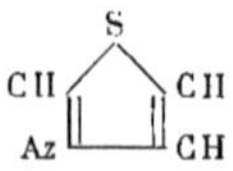

établirent que cette extension était légitime.

De plus, on peut imaginer que ces noyaux eux-mêmes subissent la modification qui leur a donné naissance, qu'il peut exister des chaînes fermées qui sont pour la pyridine ou le pyrazol ce qu'eux-mêmes sont pour le benzène et le pyrrol. Un très grand nombre de faits ont corroboré ces hypothèses. On s'est aperçu qu'un corps connu depuis longtemps, l'*azophénylène* de M. Claus, était une sorte d'anthracène, dans lequel 2 atomes d'azote occupent les deux places des deux CH centraux :

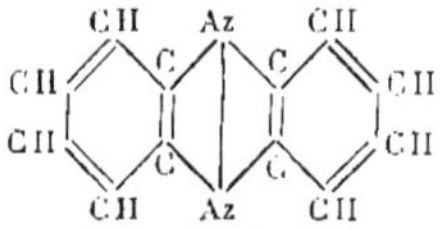

Azophénylène.

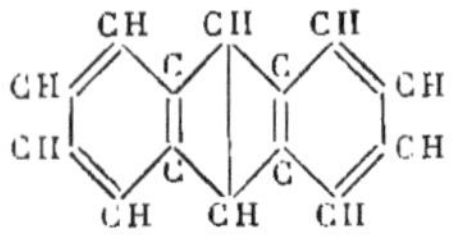

Anthracène.

Enfin, M. Bladin a décrit tout récemment des dérivés d'un nouveau noyau qu'il appelle le *tétrazol*, et qui dérive du pyrrol par le remplacement de 3 des groupes CH de ce dernier par 3 atomes d'azote :

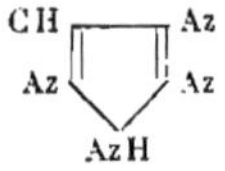

Tetrazol.

On conçoit qu'il puisse exister un grand nombre de noyaux mono- ou polyazotés se rattachant aux noyaux carbonés de la manière que nous venons d'indiquer; de fait on en connait déjà beaucoup, à tel point qu'il devient dangereux de se fier à sa mémoire seule pour retenir leurs noms. Ce qui complique encore la question, c'est que l'on connait aussi des noyaux contenant, outre l'azote, de l'oxygène ou du soufre. Il devient tout à fait nécessaire de classer ces noyaux, de les nommer suivant certaines règles; en un mot de créer pour eux une véritable nomenclature.

Quelques tentatives ont déjà été faites dans ce sens. M. Hinsberg a proposé [*D. chem. G.*, **20**, 21] une nomenclature pour tous les noyaux complexes résultant de la soudure de noyaux benzéniques et d'un noyau *aldine*,

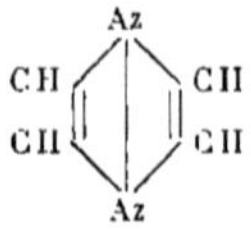

Il les divisa en *quinoxalines* et en *azines*, et donna des noms formés suivant une certaine règle à tous ceux d'entre eux qui étaient connus.

Peu de temps après, M. Hantzsch émit une idée [*D. chem. G.*, **21**, 939] qui contient en germe la nomenclature que nous proposerons pour les noyaux pentagonaux. Décrivant quelques dérivés des noyaux nouveaux, le *thiazol* et l'*oxazol*, il fit remarquer que le premier était une sorte de pyridine du thiophène et que le second avait le même rapport avec le furfurane.

Poursuivant plus loin sa comparaison, il rapprocha également la glyoxaline et le pyrrol. Il synthétisa cette observation en représentant ces 3 noyaux par une formule pour ainsi dire *typique* :

(O, S AzH)

Il proposa alors pour ces 3 noyaux le terme générique d'*azol*, et proposa de former leur nom avec ce mot précédé d'un des préfixes *ox*, *thio* et *imide* (oxazol, thiazol, imidazol).

En même temps, M. Hantzsch désignait par *isoazols* les noyaux représentés par la formule

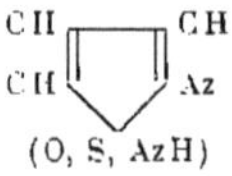

(O, S, AzH)

MM. Hinsberg et Hantzsch ont tenté de mettre de l'ordre chacun dans la question qui l'intéressait. M. Bouveault, en juin 1887, se proposa, dans une conférence qu'il fit au laboratoire de M. Friedel, non pas d'instituer une nomenclature complète de ces différents noyaux, mais d'établir ce qui est la base de toute nomenclature, un classement méthodique de tous les noyaux connus, qui devrait également s'appliquer aux noyaux à venir.

Il imagina d'une part de rattacher chacun d'entre eux aux noyaux de même forme moins azotés; d'autre part, de rapprocher les uns des autres les noyaux dans lesquels les atomes d'azote occupent les mêmes positions réciproques.

Ces deux procédés permettent d'établir une sorte de tableau à double entrée dans lequel rentraient tous les noyaux connus à ce moment.

C'est M. Widman qui le premier a tenté de donner une nomenclature complète pour les noyaux qui nous occupent [*J. prakt. Chem.*, (2), **38**, 185].

Il désigne sous le nom d'*azines* toutes les combinaisons contenant un noyau hexagonal formé d'atomes d'azote et d'atomes de carbone réunis par 9 liaisons.

Il appelle *monazines*, *diazines*, *triazines*, *tétrazines* les noyaux qui contiennent 1, 2, 3 ou 4 atomes d'azote.

Il ne peut y avoir qu'une seule monazine, la pyridine; mais son nom est tellement passé dans le langage courant, que M. Widman ne songe pas à le lui enlever; il fait les mêmes réserves pour la quinoléine et l'indol.

Quant aux *diazines*, il peut y en avoir 3, différant entre elles par les positions relatives de leurs 2 atomes d'azote. M. Widman propose de les appeler *o-diazine*, *m-diazine*, *p-diazine* et par abréviation *oiazine*, *miazine*, *piazine*.

Pour désigner les noyaux plus compliqués, formés par adjonction aux nouveaux noyaux de noyaux aromatiques, M. Widman fait précéder ces nouveaux noms des préfixes *phéno, naphto, anthra, phénanthra*, etc. :

$C^9H^4 = C^2Az^2H^2$, phénopiazine (quinoxaline),
$CH^3 - C^8H^3 = C^2Az^2H^2$, tolupiazine (toluquinoxaline),
$C^{10}H^6 = C^2Az^2H^2$, naphtopiazine (naphtoquinoxaline),
$C^6H^4 = Az^2 = C^6H^4$, diphénopiazine (phénazine),
$C^{10}H^6 = Az^2 = C^6H^4$, naphtophénopiazine (naphtophénazine),
$C^{10}H^6 = Az^2 = C^{10}H^6$, dinaphtopiazine (naphtazine),

. . . .

La soudure d'un noyau azoté à un noyau benzénique peut, dans certains cas, se faire de plusieurs manières. Ainsi, la soudure d'un noyau pyridique et d'un noyau benzénique donne deux alcaloïdes différents, la *quinoléine* et l'*isoquinoléine* :

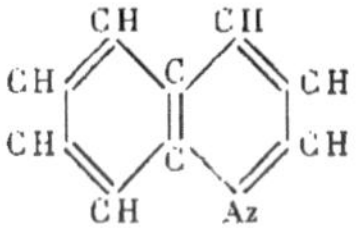

Quinoléine. 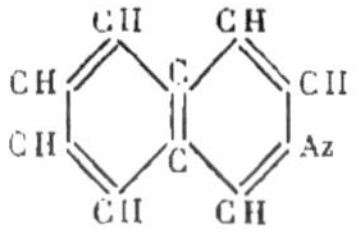   Isoquinoléine.

Avec la miazine et la piazine, le noyau benzénique ne peut se souder que d'une seule manière :

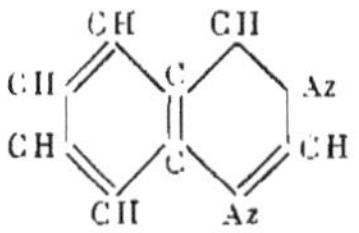

Phénomiazine. 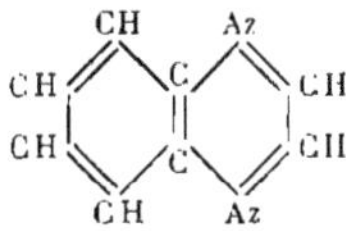   Phénopiazine.

mais avec l'oiazine on peut obtenir les deux composés

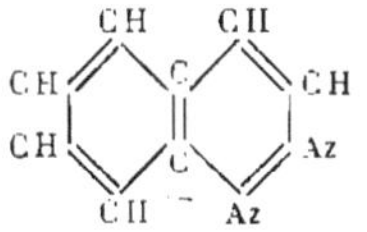

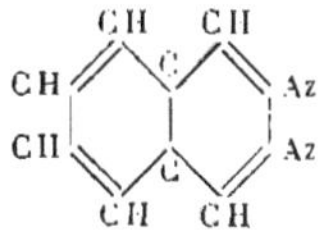

M. Widman propose d'adopter un procédé déjà en usage dans la série du naphtalène et de les désigner par les deux noms de *α-phéno-oiazine* et *β-phéno-oiazine*.

Pour les noyaux pentagonaux, M. Widman se sert d'un procédé de généralisation analogue. Il appelle *azols* toutes les combinaisons contenant un noyau pentagonal, formé d'atomes de carbone et d'atomes d'azote réunis par 7 liaisons.

L'azol ne serait autre que le pyrrol, et le phénazol serait l'indol. On adopterait en effet pour l'union des noyaux benzéniques et des noyaux pentagonaux les mêmes règles qui ont servi pour les azines.

Les noyaux pentagonaux contenant 2 atomes d'azote seront des *diazols*, ceux qui en renferment 3 des *triazols*, etc.

Il peut y avoir 2 diazols isomériques, que M. Widman appelle *oiazol* (c'est le pyrazol) et *miazol* (la glyoxaline).

Arrivons maintenant aux noyaux contenant, outre de l'azote, de l'oxygène ou du soufre.

On désigne sous le nom d'*azoxines* les combinaisons contenant un noyau hexagonal formé de 1 atome d'azote, de 1 atome d'oxygène et de 4 atomes de carbone, unis par 8 liaisons.

Les combinaisons sulfurées correspondantes prendront le nom d'*azthines*.

M. Widman désigne les noyaux isomériques par les mots :

o-azoxine	m-azoxine	p-azoxine
o-azthine	m-azthine	p-azthine

De même, les noyaux pentagonaux fourniront les *azoxols* et les *azthiols*.

Enfin, M. Widman s'occupe d'une modification que peuvent subir les noyaux, la transformation de CH en CO. Quand un noyau contient un carbonyle, il propose de faire précéder son nom du préfixe *kéto*: mais si le carbonyle y est contigu à 1 atome d'azote, il remplace le préfixe *kéto* par un autre, *aci* :

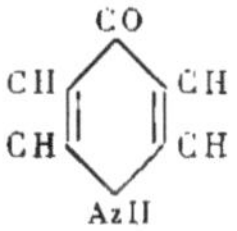

Kétopyridine   Phénodiacipiazine.
(pyridone).

Discussion de la nomenclature de M. Widman. — Nous admettrons sans modification le procédé de dénomination des noyaux complexes, qui est à la fois simple et commode; nous nous contenterons simplement de faire quelques additions à cette partie du travail de M. Widman.

Pour ce qui touche aux noyaux hexagonaux, nous ne ferons que des objections de détail :

1° Nous trouvons malheureux et peu euphoniques les mots *oiazine*, *miazine*, *piazine*, remplaçant *o-diazine*, *m-diazine*, *p-diazine*.

2° La dénomination d'*azoxine* a le tort de trop ressembler au mot d'*azoxime* (nom de nouvelles combinaisons déjà très nombreuses, étudiées par M. Tiemann). Cette objection a été aussi faite par M. Knorr [*D. chem. G.*, **22**, 2081]. De plus, les mots d'*o-azoxine*, de *p-azthine* et congénères nous semblent mal choisis.

Les objections que nous ferons à la nomenclature de M. Widman pour les noyaux pentagonaux porteront non pas sur des questions de détail, mais bien sur le fond.

M. Widman considère le *thiazol* de M. Hantzsch et l'*oxazol* de M. Lewy.

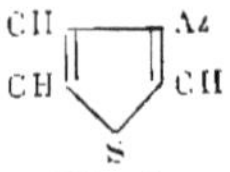

Thiazol.

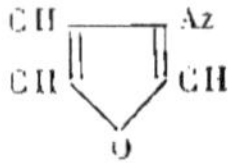

Oxazol.

comme des pyrrols dans lesquels un CH serait remplacé par S ou par O : ce qui est inexact; le pyrrol contient un groupement Az H qui ne se retrouve pas dans le thiazol, ni dans l'oxazol. Chimiquement, ces deux corps ont beaucoup plus d'analogie avec la pyridine qu'avec le pyrrol (M. Hantzsch a nommé le thiazol la pyridine du thiophène).

Il est fâcheux que M. Widman n'ait pas songé à s'assimiler les idées de M. Hantzsch que nous avons exposées plus haut. Cela lui eût évité de rapprocher le thiazol et l'oxazol du pyrrol, avec lequel ils n'ont aucun lien chimique, et de les séparer de la glyoxaline, avec laquelle ils forment une véritable famille naturelle

En effet, les 3 noyaux

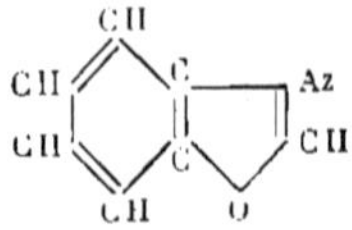

Phénoxazol.

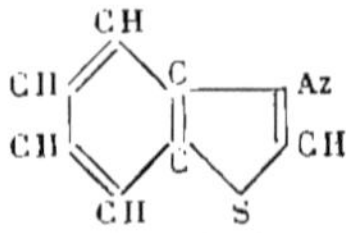

Phénothiazol.

Phénoglyoxaline.

qui sont formés de la même manière avec un noyau benzénique et l'un de ces 3 noyaux pentagonaux, prennent naissance dans l'action des anhydrides acides : le premier sur l'o-amido-phénol, le second sur l'o-amidothiophénol, le troisième sur l'o-phénylène-diamine :

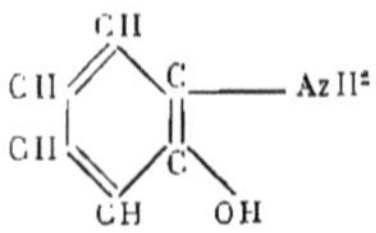

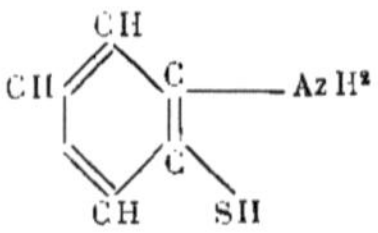

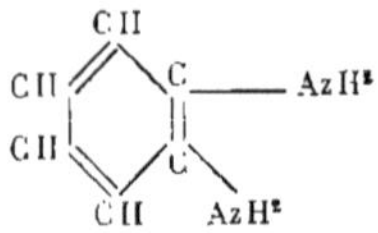

Nous montrerons plus loin comment nous remedions à ce défaut de la nomenclature de M. Widman. L'emploi du préfixe *kéto* pour désigner les noyaux contenant un carbonyle nous paraît bon; nous proposerons, pour nous, de franciser le mot et de dire *céto*. Cette proposition est le corollaire direct de celle qui a été admise par le Congrès international de Chimie, appelant *cétone* l'aldéhyde méthylique, le *keton* allemand.

Nous ne nous rallierons pas à l'emploi du préfixe *aci* dans les conditions indiquées par M. Widman. Cette distinction, à notre avis, ne sert qu'à compliquer les notations.

PROJET DE NOMENCLATURE.

Nous nous proposons de donner des règles permettant de nommer sans ambiguïté tous les composés à chaîne fermée, dont les noyaux contiennent d'autres atomes que du carbone et de l'hydrogène.

Tous ces composés peuvent être considérés comme dérivant d'un certain nombre de noyaux simples ou composés et de leurs produits d'addition hydrogénés, dont les atomes d'hydrogène sont remplacés par des chaînes latérales.

La première difficulté qui se présente consiste donc à faire une nomenclature des noyaux, permettant de leur donner des noms en rapport avec leur composition et leur forme, et de distinguer les isomères. Il faudra ensuite instituer ce que nous appellerons la nomenclature *intime* des noyaux, donnant le moyen de nommer tous les dérivés des différents noyaux.

Nous allons d'abord indiquer comment nous nommerons les noyaux; nous choisirons ensuite une figure-type, représentant chacun d'eux, qui devra, autant que possible, être toujours placée de la même manière; puis nous donnerons des règles générales permettant de désigner par des lettres ou par des chiffres les sommets des différents noyaux. Nous trouverons moyen, à l'aide de ces signes, de différencier les noyaux isomériques et de désigner les produits de substitution des noyaux, c'est-à-dire de faire la nomenclature *intime* des noyaux.

Nous nous occuperons d'abord des noyaux simples, pentagonaux et hexagonaux; nous appliquerons ensuite les mêmes conventions aux noyaux composés, formés de la soudure des premiers entre eux ou avec des noyaux benzéniques.

NOYAUX PENTAGONAUX SIMPLES. — Le furfurane, le thiophène et le pyrrol sont 3 noyaux dont les propriétés et les modes de synthèse ont le plus grand rapport. Si l'on fait réagir sur les γ-diacétones les déshydratants, l'hydrogène sulfuré ou une amine, on obtient à volonté un dérivé du furfurane, du thiophène ou du pyrrol.

Nous nous proposons de reprendre l'idée de M. Hantzsch que nous avons précédemment exposée; nous allons montrer qu'on peut, en l'étendant quelque peu, la transformer en une nomenclature.

M. Hantzsch a fait voir l'analogie que présentent les atomes O et S avec le groupement AzH, au moyen de la formule typique

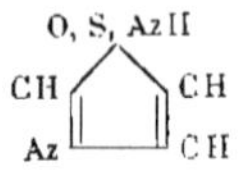

O, S, Az H

CH   CH

Az   CH

Or tous les noyaux pentagonaux connus peuvent être considérés comme des sortes de furfuranes, de thiophènes ou de pyrrols, dans lesquels 1 ou plusieurs atomes d'azote remplacent autant de groupes CH. C'est là une chose qui n'avait jamais été dite : elle sera la vraie base de notre nomenclature.

En étendant la formule typique de M. Hantzsch, nous pouvons dire que la formule

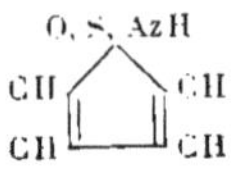

O, S, Az H

CH   CH

CH   CH

contient virtuellement tous les noyaux pentagonaux connus, en admettant que des atomes d'azote puissent y remplacer 1, 2 ou 3 groupes C H.

On voit immédiatement, d'après ce qui précède, que nous avons le droit de diviser ces noyaux pentagonaux en 3 séries parallèles :

1° La série du furfurane ;
2° La série du thiophène ;
3° La série du pyrrol.

Nous allons reprendre le mot *azol* et en généraliser beaucoup le sens ; nous en ferons l'analogue de l'*azine* de M. Widman.

Nous désignerons par le mot d'*azol* tout noyau pentagonal dans lequel 1 atome d'azote occupe la place d'un groupe C H. On emploiera les mots *diazol*, *triazol*, pour désigner les noyaux dans lesquels cette opération s'est faite plusieurs fois.

Pour indiquer à quelle série appartient un azol ou un diazol, il n'y a qu'à le faire précéder d'un des préfixes *furo*, *thio* ou *pyrro*.

Nous dirons tout de suite qu'on ne connaît pas de noyaux pentagonaux ne contenant plus de carbone ; le remplacement de C H par Az n'a pu être fait que 3 fois au plus.

Tous les noyaux pentagonaux connus peuvent donc être représentés chacun par l'un des 9 mots :

Furazol,	Thiazol,	Pyrazol,
Furodiazol,	Thiodiazol,	Pyrrodiazol,
Furotriazol,	Thiotriazol,	Pyrrotriazol,

Chacun des noyaux représentés par l'un de ces noms peut présenter plusieurs isomères, suivant les positions des atomes d'azote.

Pour distinguer ces isomères, il suffit d'indiquer à quels sommets se sont faites les substitutions. Nous sommes donc conduits à choisir un procédé pour désigner les sommets carbonés du noyau type :

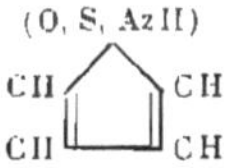

$$(O, S, AzH)$$

C H — C H
C H — C H

c'est-à-dire à adopter une nomenclature pour le furfurane, le thiophène et le pyrrol.

On se sert depuis longtemps de la notation

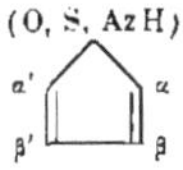

$$(O, S, AzH)$$

α' — α
β' — β

Cette notation est très acceptable et nous proposons de l'adopter.

Les β–azols sont identiques avec les azols de M. Knorr. Les α-azols le sont avec les isoazols.

Nous allons écrire le schéma des noyaux connus, suivis du nom que nous proposons pour eux et de ceux qu'ils ont communément (ce dernier sera entre parenthèses) :

αFurazol (isoxazol).   βFurazol (oxazol).   βThiazol (thiazol)

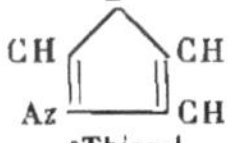

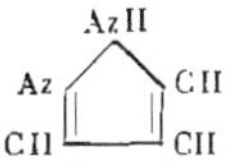

αPyrazol (pyrazol).   βPyrazol (glyoxaline).

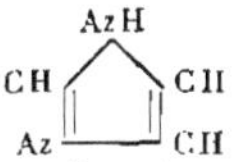

Il peut y avoir, pour un même noyau, 4 diazols

isomériques ; prenons comme exemple ceux qui dérivent du pyrrol :

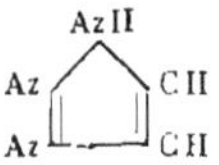

αβPyrrodiazol.    αβ'Pyrrodiazol (triazol).

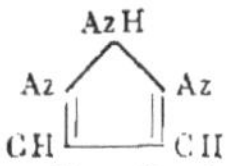

αα'Pyrrodiazol (osotriazone).   ββ'Pyrrodiazol.

Les noyaux triazotés présentent 2 isomères :

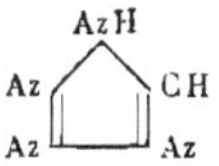

αββ'Pyrrotriazol. 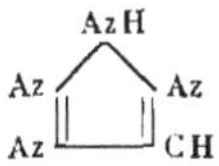   αα'βPyrrotriazol (tétrazol).

Le second seul est connu : c'est à lui que se rattachent les dérivés du tétrazol de M. Bladin.

Nous avons indiqué le moyen de donner un nom à tous les noyaux pentagonaux ; il faut encore trouver un procédé permettant de nommer sans ambiguïté leurs différents dérivés.

Nous arriverons aisément au but en faisant précéder le nom des groupes substituants de la lettre indiquant la place de la substitution. Ainsi le corps

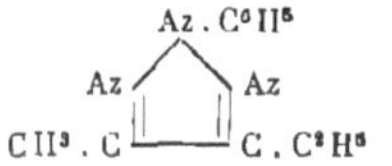

$$Az . C^6H^5$$

prendra le nom de *νphényl–βméthyl–β'éthyl–αα'pyrrodiazol (acétyl–propionyl–osotriazone)*.

Nous ferons remarquer à ce propos que le pyrrol diffère du furfurane et du thiophène par ce fait qu'il contient 1 atome d'hydrogène lié à l'azote et substituable. Quand c'est lui qui est substitué, on fait précéder le nom du groupe substituant de la lettre ν.

Nous recommandons également de séparer par des tirets, comme nous l'avons fait, les mots et signes désignant chacune des substitutions :

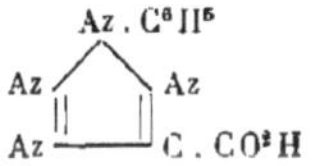

$$Az . C^6H^5$$

Acide νphényl – αα'βpyrrotriazol – βcarbonique
(acide phényl-tétrazol-carbonique).

1. Les figures que nous venons d'indiquer pour ces différents noyaux sont celles que nous choisissons comme types ; il est nécessaire que ces noyaux soient toujours écrits de la même manière, afin que leurs dérivés soient toujours représentés par les mêmes signes.

Nous mettons toujours à gauche le plus grand nombre d'atomes d'azote possible ; ces derniers n'étant en général pas substituables, on évite ainsi un grand nombre d'accents, qui sont désavantageux au point de vue typographique et sont plus longs à prononcer.

Toutes les lettres grecques précédant les noms de ces différents *azols* devraient être accentuées quand les atomes d'azote sont placés uniquement à gauche. Nous avons cru pouvoir supprimer les accents, poussé par les raisons que nous avons énoncées plus haut. Cela n'a aucun inconvénient et ne prête à aucune ambiguïté, parce que ces lettres font véritablement partie du nom du noyau, lequel nom ne dépend nullement de la figure-type, mais seulement des positions relatives des différents atomes.

Nous n'avons pas encore indiqué comment on nommerait les produits d'addition de ces noyaux. Le mieux est de les ramener à la méthode ordinaire de substitution, en les considérant comme produits de substitution des dérivés d'addition hydrogénés.

C'est en vertu de ce procédé que l'on peut appeler *éthane dichloré* le chlorure d'éthylène. Il suffit donc de donner des noms aux noyaux dihydrogénés et tétrahydrogénés. Nous suivrons pour cela la règle du pyrrol. Le dihydropyrrol est nommé *pyrroline*: le tétrahydropyrrol, *pyrrolidine*. De même les azols deviendront des *azolines* et des *azolidines*.

Dans le cas des dérivés dihydrogénés, il sera bon, quand il peut y avoir ambiguïté, d'indiquer quels sont les sommets hydrogénés :

$$\text{α'β'αPyrazoline.} \qquad \text{Triazolidine.}$$

Les produits d'addition du noyau primitif seront nommés comme étant substitués par rapport au nouveau :

$$\text{vαDiphényl - α₃diméthyl - αβαpyrazoline.}$$

Dans les noyaux polyazotés hydrogénés, il peut se trouver plusieurs AzH, et par suite il peut y avoir doute sur celui qui est le point de départ de la numération des sommets. Cette difficulté sera toujours facilement résolue, si l'on songe que l'on ne connaît pas le noyau hydrogéné sans connaître le noyau primitif et que le second doit avoir nécessairement ses sommets numérotés comme ceux du premier.

Comme dérivés des produits d'hydrogénation se présentent les corps qui possèdent un carbonyle au lieu d'un groupe CH². Nous proposerons de désigner cette substitution par le préfixe *céto* (en allemand *keto*), précédant le nom du noyau hydrogéné. Il est clair que l'on dira *dicéto* si la même opération a lieu 2 fois et qu'on indiquera par une lettre le sommet où elle a été faite :

$$\text{vPhényl - αβdiméthyl - α'céto - αα'apyrazoline}$$
$$\text{(antipyrine) [1].}$$

$$\text{vPhényl - α'méthyl - αβdicéto - βpyrazoline.}$$

NOYAUX HEXAGONAUX. — Nous désignerons, comme M. Widman, par les noms d'*azines*, *diazines*, *triazines*, etc., les différents noyaux dérivant du benzène par remplacement d'un certain

---

[1]. Ce nom donné à l'antipyrine semble plus compliqué que ceux qu'il a déjà portés (phényldiméthyloxyquinizine, phényldiméthylpyrazolone). Ces noms n'indiquent pas la place des substitutions; le dernier, modifié dans ce sens, devient *1-phényl-2-3-diméthyl-5-pyrazolone*. Nous n'avons pas conservé le mot de *pyrazolone*, parce que nous avons réservé aux acétones et aux quinones la désinence *one*.

nombre de CH par autant d'atomes d'azote; mais nous ne désignerons pas les noyaux isomériques de la même manière que lui.

Nous représenterons la pyridine par le schéma

et nous désignerons ses sommets comme cela est indiqué sur la figure, suivant l'excellent procédé de M. Ladenburg.

Nous considérerons les diazines comme des pyridines dans lesquelles un CH est remplacé par Az, les triazines comme des pyridines dans lesquelles cette substitution a été faite 2 fois; et nous désignerons les isomères par les lettres grecques représentant le sommet où s'est faite la substitution :

$$\text{αDiazine.} \qquad \text{βDiazine.} \qquad \text{γDiazine.}$$

$$\text{αγTriazine.} \qquad \text{ββ'Triazine.}$$

Ce procédé de différentiation des isomères correspond exactement à celui que nous avons indiqué pour les noyaux pentagonaux; les figures qui précèdent seront également les figures-types des noyaux hexagonaux.

Ces diverses conventions permettent très aisément de nommer les produits de substitution de ces diverses azines; il suffira, comme pour les azols, d'indiquer par la lettre désignant le sommet la place de l'atome substituant ou de la chaîne latérale.

Ainsi le corps dont le schéma suit

prendra le nom de *αγ-diméthyl-α'-oxy-β-diazine*.

Il ne reste plus qu'à indiquer comment il faut nommer les produits d'hydrogénation de ces différents noyaux. Nous proposons de faire précéder simplement le nom du noyau hydrogéné de l'un des préfixes *dihydro*, *tétrahydro* ou *hexahydro*. Il faudra de plus mettre avant ce préfixe les lettres désignant les sommets qui ont été hydrogénés :

$$\text{vγDiphényl-αβ'diméthyl-βoxy-α'céto—vα'β'γtétrahydro-diazine.}$$

Il serait peut-être plus simple d'adopter pour les dérivés hydrogénés une nomenclature parallèle à celle de la pyridine : d'appeler *azéines, azidines* les composés tétra- et hexahydrogénés et de créer le mot d'*azilines* pour les dihydrogénés. On gagnerait ainsi beaucoup en rapidité.

CAS OÙ LES NOYAUX CONTIENNENT DE L'OXYGÈNE ET DU SOUFRE. — Sur cette question nous nous séparerons encore de M. Widman. Nous avons montré dans les noyaux pentagonaux le parallélisme de O, S et Az H, et nous avons édifié là-dessus leur nomenclature. Ce parallélisme se maintient dans les noyaux hexagonaux et nous sera encore utile ·

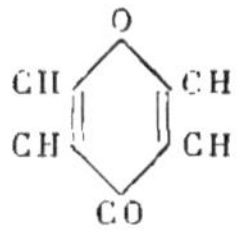

Pyrone.

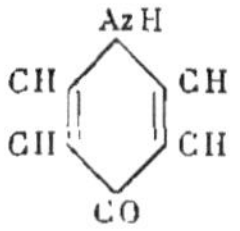

Pyridone.

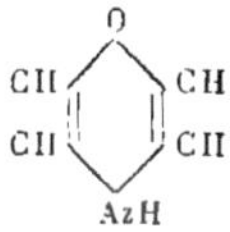

p-Azoxine.

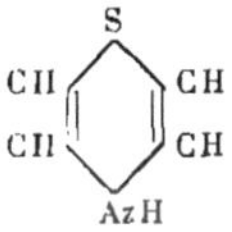

p-Azthine.

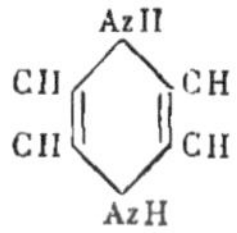

Dihydropiazine.

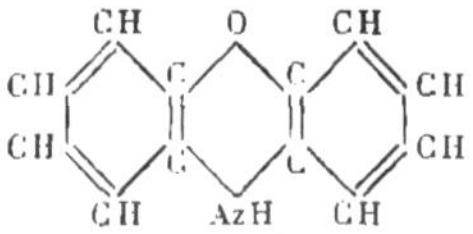

Phénazoxine.

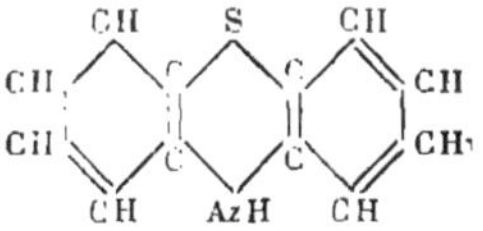

Thiodiphénylamine.

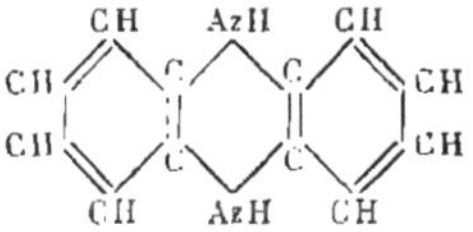

Dihydrophénazine.

Pour les trois derniers, ce parallélisme, tant des procédés de synthèse que des propriétés, est extrêmement frappant :

La phénazoxine prend naissance par l'action de l'o-amidophénol sur la pyrocatéchine ;

La thiodiphénylamine, par l'o-amidophénylmercaptan et la pyrocatéchine ;

La dihydrophénazine, par l'o-phénylène-diamine et la pyrocatéchine ;

Enfin, traite-t-on le vert de Bindschedler par le dichromate de potassium en présence d'hydrogène sulfuré, on le transforme en violet Lauth, dérivé de la thiodiphénylamine ; remplace-t-on l'hydrogène sulfuré par le chlorhydrate d'aniline, on obtient la tétraméthylsafranine, dérivé correspondant de la phénazine.

On peut profiter de ce parallélisme et disposer ces différents noyaux en séries correspondant à

celles du furfurane, du thiophène et du pyrrol .

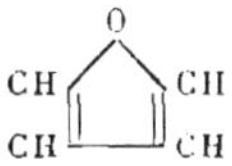

Furfurane.

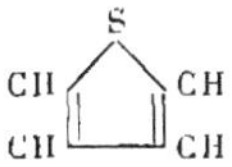

Thiophène.

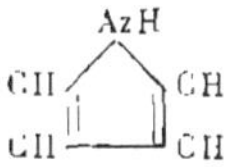

Pyrrol.

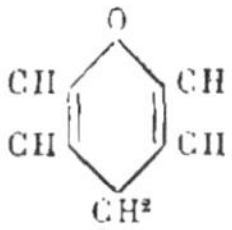

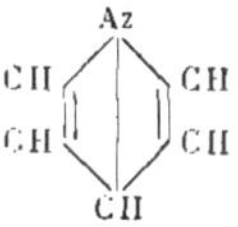

Tous les noyaux hexagonaux azotés contenant de l'oxygène peuvent être considérés comme dérivant du premier que nous appellerons *furane*, tous ceux qui sont sulfurés comme dérivant du second ou *thiène* (actuellement *penthiophène*). On voit donc qu'on peut nommer ces noyaux au moyen d'un préfixe caractérisant la série *fur* ou *thio* et d'un suffixe *azine* indiquant la substitution azotée. Une lettre indiquera la position de l'atome de carbone remplacé. La désignation des sommets et la figure-type seront analogues à ce qu'elles sont pour les autres noyaux hexagonaux :

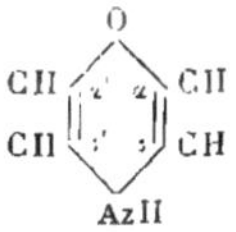

γFurazine (noyau de la morphine).

Leurs produits de substitution et d'addition seront nommés au moyen des règles habituelles.

NOMENCLATURE DES NOYAUX COMPLEXES. — Les noyaux complexes sont ceux qui sont formés par la soudure d'un certain nombre des noyaux précédents, soit hexagonaux, soit pentagonaux, entre eux ou avec des noyaux benzéniques. Leurs soudures sont des soudures avec suppression de 2 atomes de carbone, comparables à celles qui font dériver un noyau de naphtalène de deux noyaux de benzène.

Quand un noyau complexe est formé de deux autres, il faut qu'il porte un nom rappelant ceux de ces deux autres. Ce desideratum est parfaitement satisfait par le procédé qu'a indiqué M. Widman.

Ces noyaux complexes sont presque toujours formés d'un noyau azoté uni à un noyau benzénique, ou à un noyau formé lui-même de plusieurs noyaux benzéniques. M. Widman propose de commencer le nom du noyau composé par celui du noyau purement carboné, abrégé quand cela peut se faire sans inconvénient, et de finir par le nom non modifié du noyau azoté.

En appliquant cette règle, nous appellerons *tolu-β-pyrazol* le corps

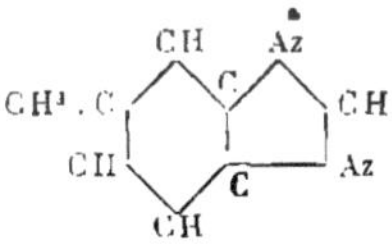

Le noyau du benzène étant désigné par phéno,
—   toluène   —   par tolu,
—   naphtalène   —   par naphto,
—   anthracène   —   par anthra,
—   phénanthrène —   par phénanthra,
. . . .

Le principe de ce procédé est excellent et nous l'adoptons volontiers; mais il faut le compléter. M. Widman n'a pas indiqué comment on peut désigner les isomères, comment il faut numéroter les sommets et établir la figure-type. Nous allons essayer de combler ces lacunes.

Nous nous imposerons comme règles :

1° Que le noyau formé de la soudure de plusieurs autres porte un nom formé de ceux de tous les noyaux qui y sont contenus. On finira par le plus riche en azote, les noms intermédiaires pouvant être abrégés quand cela ne nuit pas à la clarté :

Naphto - phéno - γdiazine.

Cette règle fournit un nom pour chaque noyau et un seulement.

2° Pour établir la figure-type représentant un noyau, nous mettrons, autant que possible, à la droite les noyaux les plus riches en azote, et de manière que l'atome d'azote le plus voisin de la soudure, avec le noyau immédiatement à gauche, soit placé en haut :

Cette règle oblige à écrire toujours un noyau de la même manière; nous pourrons ainsi arriver à ne pas donner deux noms différents au même dérivé d'un même noyau.

3° Un sommet d'un noyau quelconque, faisant partie d'un noyau mixte, doit avoir la même désignation que si ce noyau était seul.

Cette règle, très simple, permet de numéroter immédiatement les sommets d'un noyau complexe quelconque : il suffit de connaître le numérotage des noyaux qui concourent à sa formation. Or le numérotage des noyaux purement carbonés, même compliqués, a été fixé par le Congrès international de Nomenclature, et celui des noyaux azotés simples est fixé dans cet article.

Exemple :

Naphtalène.   γDiazine.   Benzène.

Naphto - phéno - γdiazine.

Quand, comme dans le cas présent, il y a 2 noyaux purement carbonés soudés à un même noyau azoté, les sommets du plus simple portent des numéros accentués.

Ce procédé a l'avantage d'indiquer immédiatement à quel sommet on a affaire; les sommets marqués par des chiffres appartiennent aux noyaux purement carbonés, ceux désignés par les lettres grecques aux autres noyaux.

De plus, il fournit le moyen de désigner les noyaux isomériques formés des mêmes noyaux soudés à des endroits différents. Il suffira de faire précéder, quand cela sera nécessaire pour éviter une ambiguïté, le nom du noyau des numéros indiquant le lieu de la liaison.

Ainsi, le noyau dont la figure est ci-dessus est la 1-2-*naphto-phéno-γ-diazine*.

Une fois le moyen de numéroter les sommets admis, la nomenclature intime de ces noyaux ne présente plus aucune difficulté. Leurs produits d'hydrogénation prennent des désinences analogues à celles qu'on emploie pour les noyaux simples.

Telle est la nomenclature que nous avons l'honneur de présenter. Nous n'avons pas la prétention de prévoir tous les cas qui peuvent se produire; mais nous pensons qu'à l'aide des procédés que nous indiquons, on peut désigner sans confusion les très nombreux corps appartenant aux séries dont nous nous occupons.

Le principal avantage que possède notre système est qu'il ne nécessite pas de révolution dans les habitudes : nous avons pu conserver un grand nombre des noms existants, en tous cas les plus employés : *thiazol, pyrazol*.

On nous reprochera peut-être d'avoir fait un usage trop général des lettres α et β; nous répondrons d'avance à cette objection que cela ne fera jamais de confusion avec les α et β du naphtalène, à cause de la précaution que nous prenons de toujours faire suivre immédiatement la lettre grecque du mot indiquant la substitution. Quand α et β se rapportent au naphtalène, ils sont immédiatement suivis du mot *naphto*; dans le cas contraire, ils ont le sens que nous leur donnons généralement[1].

Cette nomenclature sera employée dans le courant de cet ouvrage; c'était le seul moyen de mettre de l'unité dans la description des très nombreux corps qui nous occupent. Il eût été impossible de ne pas se noyer dans les vingt ou trente nomenclatures particulières que chaque auteur a été obligé d'imaginer pour nommer les corps qu'il a découverts.

Dans la nomenclature que nous venons d'exposer. le nom de chaque corps sera suivi entre parenthèses de tous les noms qui lui ont été donnés par d'autres auteurs; de plus, de nombreux renvois dans le cours de l'ouvrage permettront de trouver sans difficulté les noyaux dont le nom est différent de celui que nous employons pour les désigner.

Nous faisons suivre cet exposé d'un tableau assez détaillé, contenant les principaux noyaux connus, avec le mode de désignation de leurs sommets. A chaque noyau correspondra un renvoi bibliographique indiquant dans quel mémoire sa constitution a été établie.

L. Bouveault.

1. D'ailleurs les lettres α et β ont été supprimées par le Congrès pour la nomenclature du naphtalène.

	OXYSÉRIE	THIOSÉRIE	IMIDOSÉRIE
	Furfurane. (O)	Thiophène. (S)	Pyrrol. (AzH)
MONAZOLS.	αFurazol (isoxazol) (¹). βFurazol (oxazol) (²).	βThiazol (thiazol) (³).	αPyrazol (pyrazol) (⁴). βPyrazol (glyoxaline) (⁵).
DIAZOLS.	αβFurodiazol (noyau des diazoxydes). αβ'Pyrrodiazol (noyau des azoxines) (⁶). ββ'Pyrrodiazol (noyau des carbizines) (⁷).	αβThiodiazol (noyau des diazosulfures). αβ'Thiodiazol (⁸). αα'Sélénodiazol (noyau des piasélénols). ββ'Thiodiazol (noy. des thiocarbizines) (⁹).	αβPyrrodiazol (noyau des azimides). αβ'Pyrrodiazol (triazol) (¹⁰). αα'Pyrrodiazol (noy. des osotriazones) (¹¹). ββ'Pyrrodiazol (¹²).
TRIAZOLS.			αα'βPyrrotriazol (tétrazol) (¹³).

(¹) L. Claisen et O. Lowmann, *D. chem. G.*, **21**, 1149. — (²) A. Hantzsch et J. Weber, *D. chem. G.*, **21**, 3118; *Bull. Soc. Chim.*, (2), **49**, 566; *Ann. Chem.*, **249**, 1; *Bull. Soc. Chim.*, (3), **2**, 624. — (³) A. Hantzsch et G. Popp, *D. chem. G.*, **21**, 2582. — A. Hantzsch, *Ann. Chem.*, **250**, 257; *Bull. Soc. Chim.*, (3), **3**, 432. — (⁴) L. Knorr, *Ann. Chem.*, **238**, 137. — (⁵) F. Japp, *D. chem. G.*, **15**, 2410; *Bull. Soc. Chim.*, (2), **39**, 463. — (⁶) F. Tiemann et P. Krüger, *D. chem. G.*, **17**, 1685; *Bull. Soc. Chim.*, (2), **44**, 390. — (⁷) M. Freund et F. Kuh, *D. chem. G.*, **23**, 2821. — A. Günther, *Ann. Chem.*, **252**, 60. — (⁸) L. Schubart, *D. chem. G.*, **22**, 2441. — (⁹) D. Hector, *D. chem. G.*, **22**, 1176 — (¹⁰) J. Bladin, *D. chem. G.*, **18**, 1544; *Bull. Soc. Chim.*, (2), **45**, 185. — (¹¹) H. von Pechmann, *D. chem. G.*, **21**, 2751; *Bull. Soc. Chim.*, (3) **2**, 411. — (¹²) A. Andreocci, *Gazz. chim. ital.*, **19**, 448; *Bull. Soc. Chim.*, (3), **3**, 379. — (¹³) J. Bladin, *D. chem. G.*, **18**, 1549; *Bull. Soc. Chim.*, (2), **45**, 185.

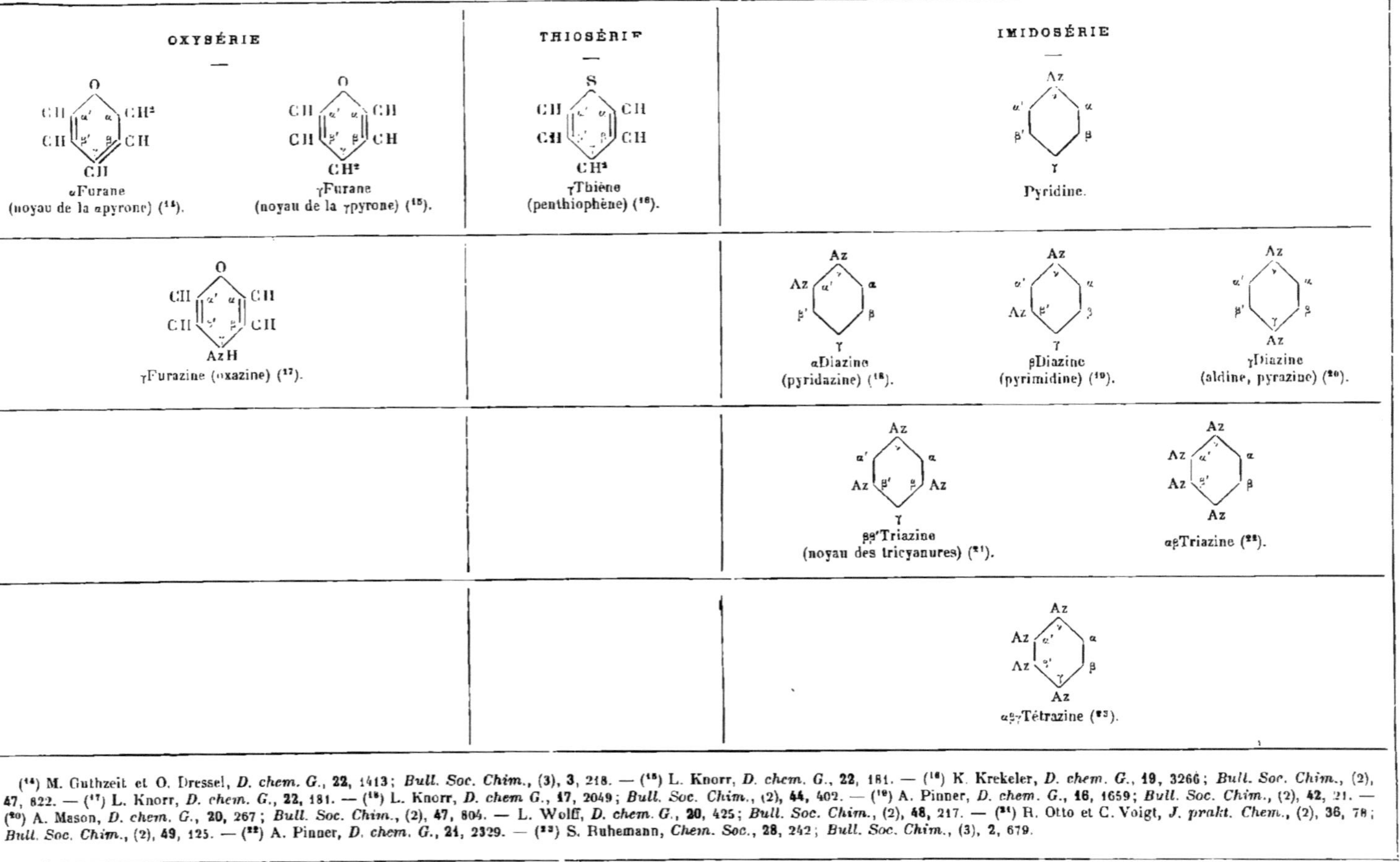

[14] M. Guthzeit et O. Dressel, *D. chem. G.*, **22**, 1413; *Bull. Soc. Chim.*, (3), **3**, 218. — [15] L. Knorr, *D. chem. G.*, **22**, 181. — [16] K. Krekeler, *D. chem. G.*, **19**, 3266; *Bull. Soc. Chim.*, (2), **47**, 822. — [17] L. Knorr, *D. chem. G.*, **22**, 181. — [18] L. Knorr, *D. chem G.*, **17**, 2049; *Bull. Soc. Chim.*, (2), **44**, 402. — [19] A. Pinner, *D. chem. G.*, **16**, 1659; *Bull. Soc. Chim.*, (2), **42**, 21. — [20] A. Mason, *D. chem. G.*, **20**, 267; *Bull. Soc. Chim.*, (2), **47**, 804. — L. Wolff, *D. chem. G.*, **20**, 425; *Bull. Soc. Chim.*, (2), **48**, 217. — [21] R. Otto et C. Voigt, *J. prakt. Chem.*, (2), **36**, 78; *Bull. Soc. Chim.*, (2), **49**, 125. — [22] A. Pinner, *D. chem. G.*, **21**, 2329. — [23] S. Ruhemann, *Chem. Soc.*, **28**, 242; *Bull. Soc. Chim.*, (3), **2**, 679.

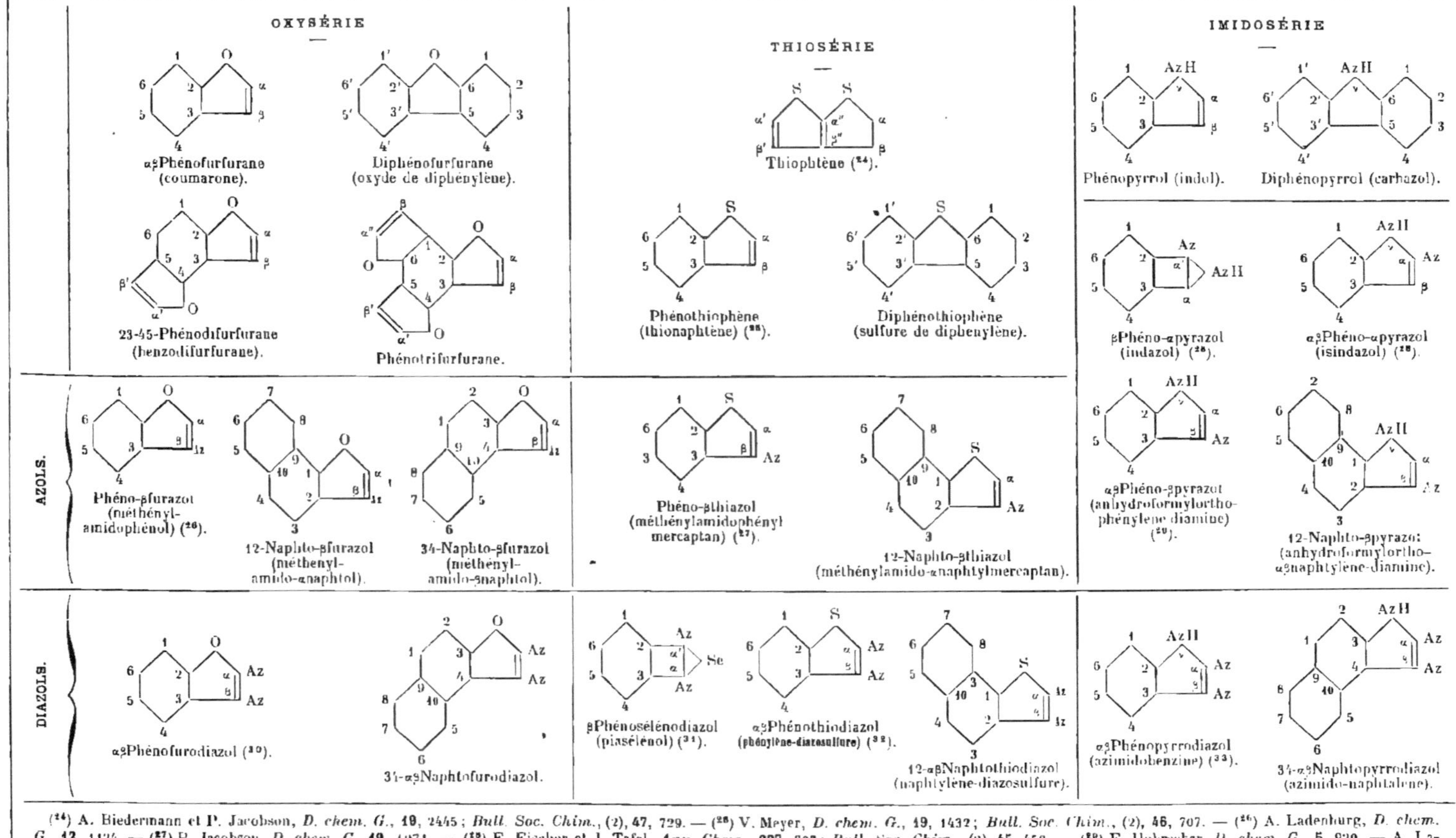

(24) A. Biedermann et P. Jacobson, D. chem. G., 19, 2445; Bull. Soc. Chim., (2), 47, 729. — (25) V. Meyer, D. chem. G., 19, 1432; Bull. Soc. Chim., (2), 46, 707. — (26) A. Ladenburg, D. chem. G., 12, 1124. — (27) P. Jacobson, D. chem. G., 19, 1071. — (28) E. Fischer et J. Tafel, Ann. Chem., 227, 303; Bull. Soc. Chim., (2), 45, 458. — (29) F. Hobrecker, D. chem. G., 5, 920. — A. Ladenburg et L. Rugheimer, D. chem. G., 12, 951; Bull. Soc. Chim., (2), 34, 170. — (30) H. Hübner, Ann. Chem., 210, 393. — (31) O. Hinsberg, Ann. Chem., 260, 40. — (32) P. Jacobson, D. chem. G., 21, 3105. — (33) P. Griess, D. chem. G., 15, 1878.

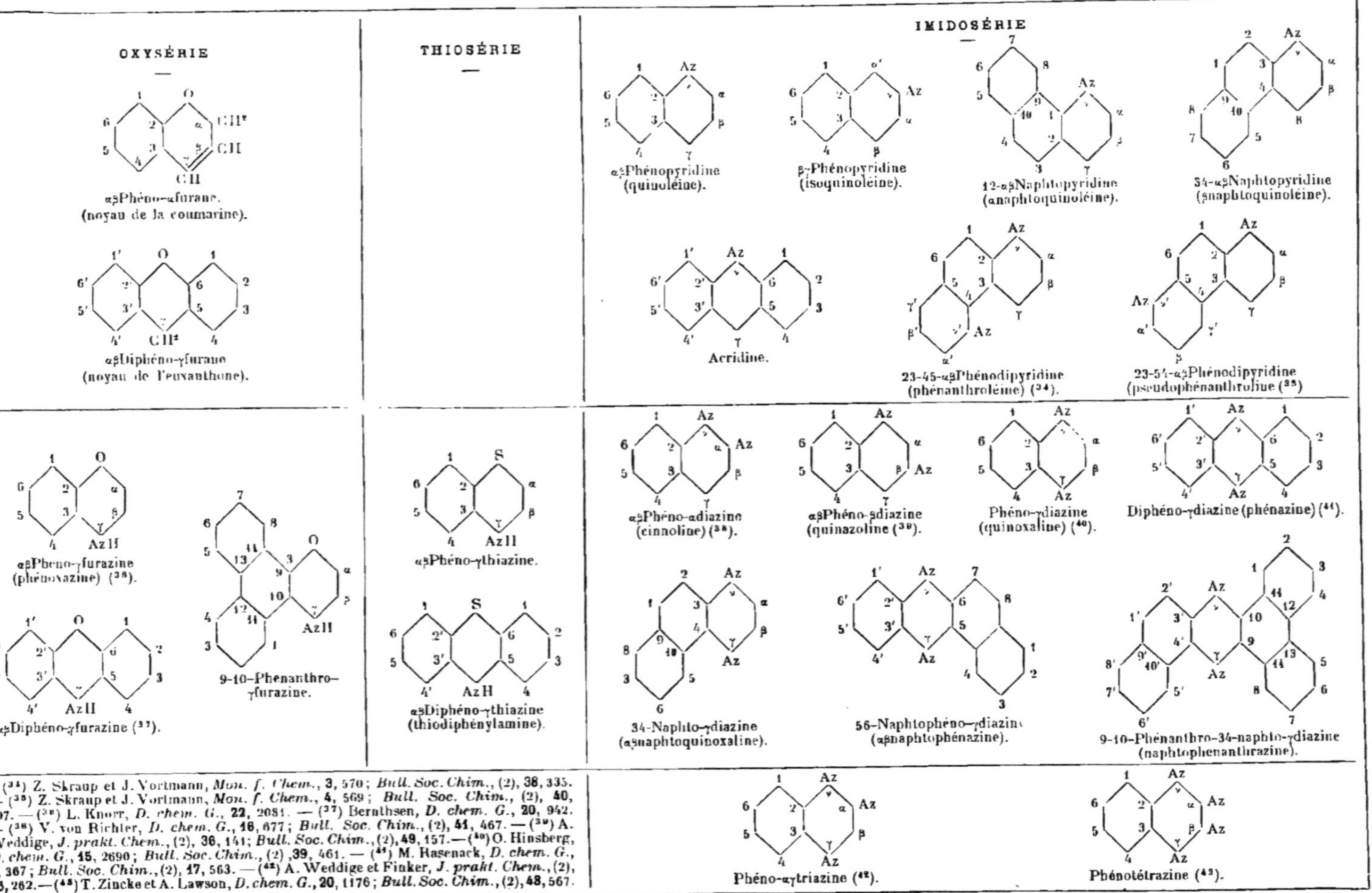

(34) Z. Skraup et J. Vortmann, Mon. f. Chem., 3, 570; Bull. Soc. Chim., (2), 38, 335. — (35) Z. Skraup et J. Vortmann, Mon. f. Chem., 4, 569; Bull. Soc. Chim., (2), 40, 507. — (36) L. Knorr, D. chem. G., 22, 2081. — (37) Bernthsen, D. chem. G., 20, 942. — (38) V. von Richter, D. chem. G., 16, 677; Bull. Soc. Chim., (2), 41, 467. — (39) A. Weddige, J. prakt. Chem., (2), 36, 141; Bull. Soc. Chim., (2), 49, 157. — (40) O. Hinsberg, D. chem. G., 15, 2690; Bull. Soc. Chim., (2) 39, 461. — (41) M. Hasenack, D. chem. G., 5, 367; Bull. Soc. Chim., (2), 17, 563. — (42) A. Weddige et Finker, J. prakt. Chem., (2), 35, 262. — (43) T. Zincke et A. Lawson, D. chem. G., 20, 1176; Bull. Soc. Chim., (2), 48, 567.

CHAIRAMIDINE. $C^{23}H^{26}Az^2O^4$. — Cette base, isomérique avec la *chairamine* et la *conchairamine*, les accompagne dans l'écorce de *Remijia purdieana* Wedd (pour l'extraction de cette base et sa purification, voir l'article CHAIR-AMINE).

On obtient le *sulfate de chairamidine* mêlé au *sulfate de conchairamidine*; ces deux bases ont des sulfates peu solubles, tandis que leurs chlorures et leurs sulfocyanates sont assez solubles dans l'eau.

On dissout le mélange des deux sulfates dans l'eau bouillante; par le refroidissement, ces sels se déposent à l'état gélatineux, mais après quelques jours la gelée est traversée par des cristaux filamenteux. On chauffe alors à 40°, de manière à dissoudre la partie gélatineuse, qui se dépose de nouveau par refroidissement de la dissolution décantée. Une seconde opération semblable achève de séparer les deux sulfates. Le sulfate gélatineux est celui de *chairamidine*; après dessiccation, il est corné.

La base libre est une poudre blanche, amorphe, renfermant $C^{23}H^{26}Az^2O^4, H^2O$. Elle est insoluble dans l'eau, soluble dans l'alcool, l'éther, le benzène, le chloroforme. Sa solution alcoolique, qui est neutre, est légèrement dextrogyre : $[\alpha]_D = 7°.3$.

La chairamidine fond à 126–128°. Elle se dissout dans l'acide sulfurique concentré, avec une couleur jaune, qui passe peu à peu au vert foncé.

Le *chlorhydrate* est gélatineux.

Le *chloroplatinate* se précipite en flocons amorphes, jaunes [O. Hesse, *Ann. Chem.*, **225**, 211; *Bull. Soc. Chim.*, (2), **44**, 95]. L. Bouveault.

CHAIRAMINE, $C^{23}H^{26}Az^2O^4$. — La chairamine est un des alcaloïdes qui existent dans l'écorce de *Remijia purdieana* Wedd. Cette écorce ressemble beaucoup comme aspect extérieur à celle du *Quina cuprea* qui contient de la quinine, mais elle en diffère totalement au point de vue des alcaloïdes qu'elle fournit.

L'étude chimique de cette écorce a été faite par M. Hesse [*Ann. Chem.*, **225**, 211; *Bull. Soc. Chim.*, (2), **44**, 88], qui en a retiré de la *cinchonine*, de la *cinchonamine* et 5 alcaloïdes nouveaux : la *concusconine*, la *chairamine*, la *conchairamine*, la *chairamidine* et la *conchairamidine*.

100 grammes d'écorce contiennent environ 2 ou 3 grammes de ces alcaloïdes nouveaux.

Voici la marche suivie pour leur extraction : On épuise l'écorce par l'alcool bouillant, on distille l'alcool et on épuise par l'éther l'extrait alcoolique additionné de soude. On agite alors la solution éthérée avec un excès d'acide sulfurique étendu; il se sépare une masse caillebottée, jaunâtre, partiellement en suspension dans l'éther, partiellement dans la couche aqueuse. Cette solution contient les sulfates de cinchonine et de cinchonamine, ainsi que de petites quantités des sulfates des autres bases qui constituent le précipité.

En traitant la liqueur par l'acide azotique très étendu, on précipite l'*azotate de cinchonamine*, tandis que la *cinchonine* reste dissoute.

Pour séparer les alcaloïdes nouveaux contenus à l'état de sulfate dans le précipité, on les met en liberté par la soude, on les sèche et on les dissout dans l'alcool. En ajoutant à la solution alcoolique chaude de l'acide sulfurique étendu d'alcool (1 partie SO^4H^2 pour 8 parties d'alcaloïdes), on précipite presque toute la *concusconine* à l'état de sulfate. L'addition d'un peu d'acide chlorhydrique concentré à l'eau mère alcoolique refroidie et décantée en sépare le *chlorhydrate de chairamine*; l'addition ultérieure à chaud de sulfocyanate de potassium précipite le *sulfocyanate de conchairamine* à l'état cristallin. Ce précipité cristallin est suivi d'un précipité poisseux qui n'a pas été étudié : il faut donc,

avant d'ajouter un excès de sulfocyanate, séparer le précipité cristallin de sulfocyanate de conchairamine.

Après la séparation du précipité poisseux, on met les bases en liberté au moyen de l'ammoniaque aqueuse en excès; on dissout dans le benzène les alcaloïdes précipités et on agite la solution benzénique avec de l'acide acétique étendu. La solution acétique des nouvelles bases est additionnée d'une solution saturée de sulfate d'ammonium qui précipite les *sulfates de chairamidine* et de *conchairamidine*. Ces deux sels peuvent être séparés au moyen de la cristallisation fractionnée.

CHAIRAMINE. — La chairamine a été obtenue à l'état de chlorhydrate peu soluble dans une liqueur hydro-alcoolique froide. On dissout ce sel dans de l'alcool faible à l'ébullition et on ajoute un excès d'ammoniaque; la chairamine se dépose par refroidissement. On la purifie par une nouvelle cristallisation dans l'alcool étendu et bouillant.

La chairamine cristallise dans l'alcool étendu en aiguilles blanches déliées, et dans l'alcool fort en prismes. Elle retient 1 molécule d'eau de cristallisation, qu'elle perd à 140°. La base anhydre fond à 233°.

La chairamine se dissout aisément dans l'éther et dans le chloroforme; sa solution chloroformique se colore à l'air en jaune.

L'alcool à 97 0,0 ne dissout à 11° que $\frac{1}{10}$ de son poids de chairamine. La solution alcoolique dévie à droite le plan de polarisation : $[\alpha]_D = 100°$. Le peu de solubilité de la substance dans l'alcool donne à cette détermination quelque incertitude.

La solution alcoolique de chairamine est neutre au tournesol.

Le *chlorhydrate*, $C^{23}H^{26}Az^2O^4. HCl.H^2O$, cristallise en aiguilles incolores, assez solubles dans l'eau froide, peu solubles dans l'eau bouillante et dans l'alcool, insolubles dans l'acide chlorhydrique étendu.

Le *chloroplatinate*,

$$(C^{23}H^{26}Az^2O^4 . HCl^2)^2 PtCl^4, 2H^2O,$$

se précipite sous la forme de petites aiguilles, insolubles dans l'eau et dans l'alcool.

Le *sulfate neutre*, $C^{23}H^{26}Az^2O^4. SO^4H^2. 2H^2O$, s'obtient en ajoutant 1 molécule d'acide sulfurique à 2 molécules d'alcaloïde dissous dans l'alcool bouillant. Il forme des aiguilles groupées autour d'un centre, peu solubles dans l'eau et dans l'alcool froid.

Le *sulfocyanate* est un précipité cristallin, blanc, insoluble dans l'eau froide.

L. Bouveault.

CHALCANTHITE (Min.). — Voyez CYANOSE, Dict., **1**, 1084.

CHALCOMÉNITE (Min.) (Des Cloizeaux; Damour). — Sélénite cuivrique hydraté,

$$SeO^3Cu, 2H^2O,$$

en petits cristaux transparents bleu vif, avec divers séléniures, etc., au Cerro de Cacheuta (République Argentine).

Caractères. — Soluble dans les acides. Au chalumeau, dans le tube bouché, dégage de l'eau, puis de l'anhydride sélénieux, ensuite fond en une scorie brune. Sur le charbon, fond en une scorie noire et colore la flamme en bleu foncé. Réactions du cuivre et du sélénium. Densité $= 3,76$.

Forme cristalline. — Prisme clinorhombique :

$$mm = 108°20'; \quad pa^1 = 161°6';$$
$$a^1h^1 (adj.) = 108° 3'.$$

Faces $mpa^1h^1o^{1.8}$ $(d^{1/10}b^{1/14}g^1)$ $(d^{1/2}d^{1/8}h^1)$ $(d^{1/4}b^{1/8}g^1)$. L. Bourgeois.

CHALCOPHANITE (Min.) (G. Moore). — Manganite manganoso-zincique hydraté,

$$[Mn,Zn]O . H^2O . 2MnO^2.$$

Petits cristaux, écailles ou stalactites noirs, à éclat métallique, produit d'altération de la franklinite, à Stirling (New Jersey).

Dureté = 2,5. Poussière brun-chocolat foncé. Densité = 3.907.

Forme cristalline — Rhomboèdres de 114°30'. Faces pa^1. Clivage a^1.

CHALCOSIDÉRITE (Min.) (Maskelyne). — Phosphate ferrico-cuivrique hydraté, avec un peu d'alumine, en cristaux anorthiques, du Cornouailles. Densité = 3,108.

CHALYPITE (Min.) (Shepard). — Carbure de fer, Fe^3C, trouvé dans des météorites.

CHANVROLÉIQUE (ACIDE). $C^{18}H^{32}O^2$. — MM. Bauer et Hazura [*Mon. f. Chem.*, **7**, 216; *Bull. Soc. Chim.*, (2), **46**, 674] ont donné ce nom à un acide oléique spécial, que renferme l'huile de graines de chènevis. Pour le préparer, on abandonne cette huile au froid pendant quelques mois, et on sépare les acides solides qui se déposent. La partie demeurée liquide est dissoute dans l'alcool et saponifiée par l'ammoniaque en excès. Le sel ammoniacal ainsi obtenu est repris par l'eau, et la solution précipitée par le chlorure de baryum. Le savon barytique est alors essoré, séché et épuisé par l'éther : la solution éthérée, traitée par l'acide chlorhydrique, lavée à l'eau et distillée dans un courant d'hydrogène, fournit pour résidu l'acide chanvroléique, sous la forme d'un liquide dont les propriétés sont très voisines de celles de l'acide linoléique étudié autrefois par Mulder.

Les sels de l'acide chanvroléique sont incristallisables, insolubles dans l'eau à l'exception des sels alcalins, insolubles dans l'alcool à l'exception des sels de plomb, de manganèse, d'ammoniaque et de sodium, solubles dans l'éther; ils s'oxydent rapidement à l'air.

Par fusion avec la potasse, l'acide chanvroléique donne principalement de l'acide myristique, de l'acide acétique et de l'acide formique, avec une petite quantité d'acide azélaïque.

Oxydé à la température du bain-marie par le permanganate de potassium en solution à 2 0/0, par le permanganate solide, par le peroxyde de manganèse et l'acide sulfurique, ou encore par l'eau oxygénée, il donne de l'acide azélaïque $C^9H^{16}O^4$. L'oxydation par le permanganate en solution alcaline fournit de l'acide azélaïque, de l'acide butyrique et de l'acide sativique $C^{32}H^{62}O^{11}$.

L'action du chlore et du brome sur l'acide chanvroléique a été étudiée par M. Hazura [*Mon. f. Chem.*, **7**, 367; **8**, 147; *Bull. Soc. Chim.*, (2), **48**, 367, 515].

Traité en solution acétique par un courant de chlore, à la température de 0°, l'acide chanvroléique fournit un liquide sirupeux, de saveur sucrée, d'où l'on n'a pas isolé de composé défini.

Soumis en solution alcoolique à l'action du chlorure d'iode, il donne un produit d'addition, liquide huileux, que l'oxyde d'argent convertit en un produit sirupeux dont l'étude n'a pas été achevée.

Lorsqu'on traite une solution acétique d'acide chanvroléique par le brome, à la température de — 10°, on obtient un produit d'addition, le *tétrabromure d'acide chanvroléique*, $C^{18}H^{32}Br^4O^2$; si l'on opère à 0°, on voit se former un mélange de ce composé avec le *tétrabromure d'acide dibromochanvroléique*, $C^{18}H^{30}Br^6O^2$; enfin, si l'on opère à + 18°, c'est ce dernier produit qui se

forme en plus forte proportion. L'action du brome sur des solutions éthérées ou alcooliques d'acide chanvroléique fournit également un mélange de ces deux dérivés.

Le tétrabromure d'acide chanvroléique se présente en lamelles nacrées, fusibles à 114-115°, insolubles dans l'eau, très solubles dans l'acide acétique, le chloroforme, le benzène, l'éther et l'alcool. La plupart de ses sels sont insolubles dans l'eau, à l'exception des sels alcalins; tous sont insolubles dans l'éther.

Le tétrabromure d'acide dibromochanvroléique cristallise en aiguilles microscopiques, fusibles à 177°, insolubles dans l'eau, très peu solubles dans l'alcool, l'acide acétique, le benzène et le chloroforme.

Soumis à l'action de l'hydrogène naissant (amalgame de sodium en solution alcaline, zinc et acide acétique, étain et acide chlorhydrique), le tétrabromure d'acide chanvroléique régénère l'acide chanvroléique.

CHÉBULIQUE (ACIDE), $C^{14}H^{14}O^{10}$ [Fridolin, *Jahresb. f. Chem.*, 1884, 1443]. — Ce composé, contenu dans les fruits du *Terminalia Chebula*, cristallise en prismes orthorhombiques, doués d'une saveur sucrée, peu solubles dans l'eau froide et dans l'éther, très solubles dans l'alcool. Il donne avec le chlorure ferrique un précipité d'un bleu noir. Chauffé avec de l'eau, il se dédouble, avec production d'un tannin et d'acide gallique.

CHÉLAMINE, C^5H^5AzO. — Base produite dans la distillation de l'acide chélidammique (voyez PYRIDONE).

CHÉLEUTITE (Min.) (Breithaupt). — Variété de smaltine mélangée de bismuth.

CHÉLIDAMMIQUE (ACIDE) [Syn. *Ammon-chélidonique*], $C^7H^5AzO^5$. — C'est le composé qui se produit par l'action de l'ammoniaque sur l'acide chélidonique. Pour le préparer, on évapore une solution ammoniacale d'acide chélidonique et l'on décompose par la potasse le sel ammoniacal ainsi obtenu; en ajoutant alors de l'acide sulfurique étendu, on obtient l'acide chélidammique sous la forme d'une poudre blanche, à peu près insoluble dans l'eau et dans l'éther, peu soluble dans l'alcool et ayant pour composition

$$C^7H^5AzO^5, H^2O.$$

Il perd son eau de cristallisation vers 130-140°, mais la reprend facilement à l'air humide.

Avec les sels de fer, il donne une coloration rouge-aurore.

L'acide sulfurique concentré le dissout sans l'attaquer, même à 200°.

Chauffé avec de l'acide chlorhydrique concentré, il donne un *chlorhydrate* cristallisé,

$$C^7H^5AzO^5 . HCl, H^2O,$$

que l'eau dédouble à froid.

Les alcalis bouillants ne l'attaquent pas; mais, fondu avec eux, il se décompose en dégageant du cyanogène. Par la distillation sèche, il se dédouble en acide carbonique et *chélamine* (pyridone), C^5H^5AzO, que la poudre de zinc transforme en pyridine.

Le *sel d'ammonium* précédemment décrit, purifié par cristallisation dans l'acide chlorhydrique dilué, a pour formule

$$C^7H^4AzO^5 . AzH^4, C^7H^5AzO^5.$$

En abandonnant le chélidonate de calcium avec de l'ammoniaque, on voit se former un *sel double*, peu soluble dans l'eau, cristallisé en prismes hexagonaux de la formule

$$C^7H^2AzO^5CaAzH^4, (C^7H^2AzO^5)^2Ca^3, 4H^2O.$$

Par une ébullition prolongée avec l'eau, ce sel perd de l'ammoniaque en donnant le *sel monocalcique* $C^7H^3AzO^5Ca$, $2H^2O$, en aiguilles peu solubles dans l'eau froide. Sous l'influence d'un excès d'eau de chaux, celui-ci fournit un *sel tribasique*,

$$(C^7H^2AzO^5)^3Ca^3,$$

sous la forme de cristaux jaunâtres que l'eau bouillante décompose en régénérant le sel précédent.

Par l'action du chlorure de calcium et de l'ammoniaque sur l'acide chélidonique on obtient le *sel double* $C^7H^2AzO^5CaAzH^4$, $2H^2O$.

Le *chélidonate de plomb*, abandonné pendant longtemps avec de l'ammoniaque, fournit par évaporation des aiguilles incolores, très solubles dans l'eau, du *sel double* $C^7H^2AzO^5PbAzH^4$.

Celles-ci, traitées par l'acide acétique, donnent le sel $C^7H^3AzO^3Pb$, précipité cristallin presque insoluble dans l'eau ; avec l'acétate de plomb, on obtient de longues aiguilles soyeuses, solubles dans l'eau chaude et dans la potasse, et renfermant $(C^7H^2AzO^5)^3Pb^3$.

Le *sel double de plomb et d'argent*,

$$C^7H^3AzO^5PbAg,$$

est une poudre blanche, lourde, insoluble dans l'eau.

Le *sel double de plomb et de baryum*,

$$(C^7H^3AzO^5)^2Pb^2Ba, 3H^2O,$$

forme de petites aiguilles orthorhombiques, peu solubles à froid.

Le *sel double de plomb et de potassium*,

$$C^7H^2AzO^5PbK, 3H^2O,$$

est soluble dans l'eau chaude, peu soluble dans l'eau froide.

L'*éther diéthylique*, $C^7H^3AzO^5(C^4H^5)^2$, H^2O, s'obtient en chauffant un mélange d'alcool et d'acide en présence de l'acide sulfurique. Il cristallise en longues aiguilles incolores, fusibles à 80-81°, très solubles dans l'eau, l'alcool et l'éther. L'ébullition prolongée avec l'eau le saponifie partiellement, en donnant un *éther monoéthylique* peu soluble et fusible au-dessus de 200°. L'ammoniaque et l'acide nitreux sont sans action sur lui.

Acide dichlorochélidammique,

$$C^7H^3Cl^2AzO^5, H^2O.$$

— On le prépare en faisant passer un courant de chlore dans une solution d'acide chélidammique dans la potasse ; on le précipite par l'acide chlorhydrique et on le purifie par cristallisation dans l'eau. Il forme de fines aiguilles, peu solubles dans l'eau froide et dans l'alcool.

Les *sels d'argent*, $C^7Cl^2AzO^5Ag^3$, et *de plomb*, $(C^7Cl^2AzO^5)^2Pb^3$, sont des précipités cristallins, peu solubles dans l'eau froide.

Acide dibromochélidammique,

$$C^7H^3Br^2AzO^5, 2H^2O.$$

— On l'obtient par l'action du brome sur l'acide chélidammique en suspension dans l'eau ; il cristallise très bien dans l'eau bouillante. Il s'effleurit à l'air. Il est peu soluble dans l'alcool froid et se dissout sans altération à chaud dans les acides chlorhydrique et sulfurique.

Il donne avec les sels ferriques une coloration rouge-fuchsine. Soumis à l'action de la chaleur, il se décompose comme l'acide chélidammique, en donnant la *dibromopyridone*

$$C^5H^3Br^2AzO.$$

Acide di-iodochélidammique, $C^7H^3I^2AzO^5$. —

On l'obtient comme le dérivé chloré. Fines aiguilles très solubles dans l'eau, peu solubles dans l'alcool et dans l'éther et présentant les mêmes réactions que les acides précédents.

Acide méthylchélidammique. $C^7H^4(CH^3)AzO^5$. — MM. Lieben et Haitinger l'ont préparé en chauffant à 100° l'acide chélidonique avec une solution aqueuse de méthylamine. Il forme des cristaux brillants, solubles dans l'eau, et donne avec le chlorure ferrique une coloration jaune intense.

Le nitrate d'argent y détermine la formation d'un précipité cristallin, soluble dans l'eau chaude.

A 180° l'acide méthylchélidammique se décompose en acide carbonique et *méthylpyridone*,

$$C^5H^4AzO(CH^3).$$

L'acide chlorhydrique concentré forme avec lui un *chlorhydrate* cristallisé, décomposable par l'eau. Traité par l'eau de brome, il fournit un *acide dibromé*, que la chaleur dédouble en acide carbonique et méthyldibromopyridone.

Acide phénylchélidammique,

$$C^7H^4(C^6H^5)AzO^5, H^2O.$$

— On l'obtient en chauffant un mélange d'aniline, d'eau et d'acide chélidonique. Il cristallise dans l'eau bouillante en aiguilles soyeuses renfermant 1 molécule d'eau. Il donne avec le chlorure ferrique une coloration jaune. La chaleur le transforme en *phénylpyridone*.

La constitution de l'acide chélidammique et de ses dérivés résulte de celle que l'on attribue à l'acide chélidonique [G. U. Lerch, *Mon. f. Chem.*, **5**, 367 ; *Bull. Soc. Chim.*, (2), **43**, 491. — Ad. Lieben et L. Haitinger, *Mon. f. Chem.*, **6**, 279 ; *D. chem. G.*, **16**, 1259 ; *Bull. Soc. Chim.*, (2), **45**, 779] :

(Formule développée de l'acide chélidonique : noyau à six chaînons, O en haut, CO en bas, $CO^2H.C$ et $C.CO^2H$ aux sommets supérieurs, CH et CH aux sommets inférieurs.)

Acide chélidonique.

(Formule développée de l'acide chélidammique : noyau à six chaînons, AzH en haut, CO en bas, $CO^2H.C$ et $C.CO^2H$ aux sommets supérieurs, CH et CH aux sommets inférieurs.)

Acide chélidammique.

(Formule développée de l'acide méthylchélidammique : noyau à six chaînons, $Az.CH^3$ en haut, CO en bas, $CO^2H.C$ et $C.CO^2H$ aux sommets supérieurs, CH et CH aux sommets inférieurs.)

Acide méthylchélidammique.

O. Saint-Pierre.

CHÉLIDONINE (voyez Suppl. **1**, 448). — D'après M. J.-F. Eykman [*Rec. P.-B.*, **3**, 190], la formule $C^{19}H^{17}Az^3O^3$, admise jusqu'ici pour la chélidonine, est absolument fausse. La moyenne de ses analyses (C = 63,36. H = 5,68, Az = 4,09) le conduit à admettre la formule $C^{19}H^{19}AzO^6$ ou $C^{20}H^{21}AzO^6$.

La base fond à 135-136° et renferme 1 molécule d'eau, qu'elle ne perd qu'à 130°.

Ces résultats ont été confirmés par M. Selle [*Arch. Pharm.*, (3), **28**, 96], qui a établi l'identité de la chélidonine, $C^{20}H^{19}AzO^5$, H^2O, avec la *stylophorine* extraite par M. E. Schmidt du *Stylophorum diphyllum*.

Traitée par l'acide iodhydrique, la chélidonine donne 2 molécules d'iodure de méthyle, ce qui démontre la présence dans la molécule de 2 groupes méthoxyle.

CHÉLIDONIQUE (ACIDE), $C^7H^4O^6$ (voyez Dict., **1**, 851). — L'acide chélidonique, considéré par M. Lerch comme tribasique, est en réalité un acide bibasique.

Les sels décrits comme tribasiques ne sont pas, ainsi que le pensait M. Lietzenmeyer, des sels basiques, mais ils appartiennent à un autre acide, l'*acide xanthochélidonique*, qui dérive de l'acide chélidonique par fixation de 1 molécule d'eau (voyez plus bas).

Lorsque l'on sature exactement l'acide chélidonique par la potasse ou mieux par le carbonate de potassium, on obtient le *sel neutre* $C^7H^2O^6K^2$, qui cristallise en aiguilles incolores ; si l'on ajoute un excès d'alcali, la solution se colore en un jaune intense. Après avoir été acidifiée par l'acide acétique, elle donne alors avec les sels de plomb ou d'argent des précipités jaunes, tandis que les sels correspondants de l'acide chélidonique sont blancs ; de plus, le chlorure ferrique y donne immédiatement une coloration rouge intense, alors qu'avec l'acide chélidonique la coloration est brune et n'apparaît qu'après un temps assez long [Ad. Lieben et L. Haitinger, *D. chem. G.*, **16**, 1259 ; *Bull. Soc. Chim.*, (2), **41**, 58].

La synthèse de l'acide chélidonique vient d'être réalisée par M. Claisen [*D. chem. G.*, **24**, 111] : Si l'on traite l'acétone par l'éthylate de sodium et l'éther oxalique, il se forme d'abord de l'éther acétone-oxalique,

$$CH^3.CO.CH^2.CO.CO^2C^2H^5,$$

puis, sous l'influence d'un excès de réactif, l'éther acétone-dioxalique,

$$CO\begin{cases} CH^2.CO.CO^2C^2H^5 \\ CH^2.CO.CO^2C^2H^5 \end{cases}$$

qui n'est autre que l'éther diéthylique de l'acide xanthochélidonique. Il suffit de chauffer à 100° cet éther avec de l'acide chlorhydrique fumant pour lui enlever 1 molécule d'eau et obtenir l'acide chélidonique lui-même, par suite de la saponification qui a lieu en même temps.

L'acide chélidonique ainsi préparé présente toutes les propriétés physiques et chimiques de l'acide naturel, sauf le point de fusion, qui est de 262° (tandis que M. Wilde l'a décrit comme fusible avec décomposition vers 220°) ; mais l'identité ne peut néanmoins être mise en doute.

Si on effectue l'action de l'acide chlorhydrique sur une solution d'éther xanthochélidonique dans l'alcool absolu, on obtient, au lieu de l'acide chélidonique, son éther diéthylique, lequel est d'ailleurs complètement identique à celui qui a été décrit précédemment par MM. Lieben et Haitinger.

MM. Peratoner et Strazzeri ont réalisé une nouvelle synthèse de l'acide chélidonique en traitant par l'acide sulfurique étendu et chaud l'éther pyrone-tétracarbonique, préparé lui-même par l'action du chlorure d'éthyloxalyle sur l'acétonedicarbonate d'éthyle disodé [*Gazz. chim. ital.*, **21**, 300 ; *D. chem. G.*, **24**, *Ref.*, 574].

D'après les recherches de M. E. Schmidt, qui a comparé les divers sels ainsi que les réactions de l'acide jervique, cet acide est identique avec l'acide chélidonique [*Arch. Pharm.*, (3), **24**, 513].

Chauffé vers 240°, l'acide chélidonique se décompose en perdant de l'acide carbonique et en donnant un composé bouillant à 215° qui se prend par le refroidissement en une masse fusible à 33°,5 : c'est la *pyrone* ou *pyrocomane*, $C^5H^4O^2$, déjà obtenue par M. Ost dans la distillation sèche de l'acide comanique. Du reste, il se forme également de l'acide comanique dans cette réaction, et le produit principal de décomposition du chélidonate monoéthylique est l'éther comanique, $C^5H^3O^2.CO^2C^2H^5$ (Ad. Lieben et L. Haitinger,

Mon. f. Chem., **6**, 279, *Bull. Soc. Chim.*, (2), **45**, 779].

Éthers. — Par l'action de l'acide chlorhydrique sur une solution alcoolique d'acide chélidonique, on obtient un mélange des deux éthers mono- et diéthylique, que l'on peut séparer par cristallisation dans l'alcool bouillant. Le second, qui est beaucoup plus soluble, reste dans les eaux mères : on le précipite par l'eau [Ad. Lieben et L. Haitinger, *Mon. f. Chem.*, **5**, 339-366 ; *Bull. Soc. Chim.*, (2), **43**, 488].

En dissolvant l'acide chélidonique dans l'acide sulfurique concentré et chauffant avec de l'alcool, on obtient uniquement l'éther diéthylique ; mais celui-ci, soumis à l'ébullition avec l'eau, se transforme en éther acide [J.-U. Lerch, *Mon. f. Chem.*, **5**, 367-415 ; *Bull. Soc. Chim.*, (2). **43**. 493].

L'*éther monoéthylique* fond à 223-224° (Lieben et Haitinger), à 182-184° (Lerch), et possède une réaction acide ; il se dissout en jaune dans les alcalis et donne le nitrate d'argent un sel soluble dans l'eau, $C^7H^2O^6(C^2H^5)$Ag, qui cristallise en prismes clinorhombiques.

L'*éther diéthylique* fond à 62° et forme de grands prismes jaunâtres, extrêmement solubles dans l'alcool et dans l'éther. Sa solution alcoolique donne avec l'acétate de plomb un précipité jaune. Il se dissout aussi dans la potasse aqueuse avec une coloration jaune. En solution dans l'alcool éthéré, il donne, par l'action de l'ammoniaque, naissance à l'*amide*, $C^7H^2O^4(AzH^2)^2$. qui cristallise en aiguilles insolubles dans l'eau, l'alcool et l'éther.

Action des alcalis. — En présence d'un excès d'alcali, l'acide chélidonique se transforme d'abord en acide xanthochélidonique ; puis celui-ci se décompose, lentement à froid et rapidement à l'ébullition, en donnant de l'acétone et de l'acide oxalique (en quantité théorique), d'après l'équation

$$C^7H^4O^6 + 3H^2O = C^3H^6O + 2C^2O^4H^2$$

[Lieben et Haitinger ; Lerch, *loc. cit.*].

Action de l'hydrogène naissant. — Traité par le zinc et l'acide acétique, l'acide chélidonique donne de l'acide *hydrochélidonique*,

$$CO^2H.CH^2.CH^2.CO.CH^2.CH^2.CO^2H,$$

tandis que l'amalgame de sodium en solution alcaline le convertit d'abord en acide xanthochélidonique, puis en acide *hydroxanthochélidonique*, $C^7H^{12}O^7$.

L'acide iodhydrique à 200° le transforme en acide pimélique normal, $CO^2H.(CH^2)^5.CO^2H$ [Lieben et Haitinger, *loc. cit.*].

Action de l'ammoniaque et des amines. — L'acide chélidonique est facilement transformé par l'ammoniaque en un acide azoté, d'après l'équation

$$C^7H^4O^6 + AzH^3 = C^7H^4O^5(AzH) + H^2O.$$

Cet acide, soumis à la distillation sèche, perd 2 molécules d'acide carbonique, en donnant un composé qui, chauffé avec de la poudre de zinc, reproduit la pyridine. Il en est de même avec les amines primaires, tandis que les bases secondaires ou tertiaires se comportent comme les bases minérales, en donnant de l'acétone et de l'acide oxalique [Ad. Lieben et L. Haitinger. *D. chem. G.*, **17**, 1507 ; *Mon. f. Chem.*, **6**, 279-329].

La phénylhydrazine se comporte comme une base primaire ; cependant elle réagit aussi sur l'acide xanthochélidonique, et la combinaison formée ne régénère pas la phénylhydrazine quand on la traite par l'acide chlorhydrique.

L'hydroxylamine, qui se combine facilement à l'acide méconique, dont les propriétés sont très voisines de celles de l'acide chélidonique, n'exerce aucune action sur ce dernier [V. Meyer, *D. chem. G.*, **17**, 1061].

CONSTITUTION DE L'ACIDE CHÉLIDONIQUE. — D'après toutes les réactions que nous venons de passer en revue, la seule formule de constitution possible pour l'acide chélidonique est la suivante :

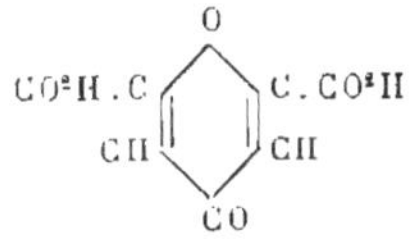

$$CO^2H.C \overbrace{\underset{CH \quad\quad CH}{}}^{O} C.CO^2H$$
$$CO$$

qui explique facilement la transformation de son noyau en pyridone

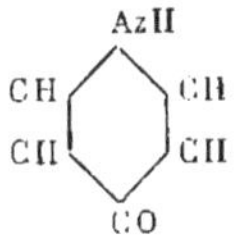

$$AzH$$
$$CH \quad\quad CH$$
$$CH \quad\quad CH$$
$$CO$$

puis en pyridine, aussi bien que son dédoublement par les alcalis.

ACIDE HYDROCHÉLIDONIQUE, $C^7H^{10}O^5$ [Syn. *Acétone-diacétique, propione-dicarbonique*],

$$CO^2H.CH^2.CH^2.CO.CH^2.CH^2.CO^2H.$$

— Pour le préparer. on chauffe au réfrigérant à reflux, pendant une trentaine d'heures, l'acide chélidonique avec du zinc et de l'acide acétique étendu. Après avoir précipité le métal par l'hydrogène sulfuré, on purifie l'acide en le faisant cristalliser dans l'eau bouillante [Lieben et Haitinger, *loc. cit.*].

Cet acide a encore été obtenu par d'autres procédés qui établissent sa constitution.

L'acide furfuracrylique en solution dans l'alcool, soumis à l'action de l'acide chlorhydrique, fixe 2 molécules d'eau en donnant l'éther correspondant. Pour isoler cet éther, on chasse l'alcool et l'acide et on lave le résidu avec une solution de carbonate de sodium. La portion insoluble est distillée : il n'y a plus qu'à saponifier l'éther pour obtenir l'acide. On le purifie en passant par le sel de cuivre [W. Marckwald, *D. chem. G.*, **20**, 1811 et **21**, 1398 ; *Bull. Soc. Chim.*, (2), **49**, 825 et (3), **1**, 129].

M. J. Volhard a encore obtenu l'acide hydrochélidonique en chauffant pendant longtemps l'acide succinique à l'ébullition. Celui-ci perd de l'eau et de l'acide carbonique en donnant la lactone correspondant à cet acide,

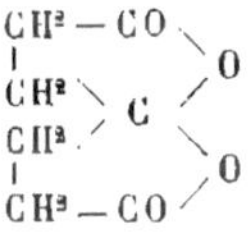

$$CH^2 - CO \searrow$$
$$CH^2 \searrow \quad\quad O$$
$$CH^3 \nearrow C$$
$$CH^3 - CO \nearrow \quad O$$

Cette lactone est séparée de l'anhydride succinique par épuisement au moyen du chloroforme qui la dissout seule. et purifiée par cristallisation dans l'alcool. Il suffit de la faire bouillir avec de l'eau et de l'acide chlorhydrique pour la transformer en acide [*Ann. Chem.*, **253**, 206 ; *Bull. Soc. Chim.*, (3), **3**, 735].

L'acide hydrochélidonique cristallise dans l'eau bouillante en lamelles orthorhombiques, solubles dans l'alcool, beaucoup moins solubles dans les autres dissolvants. Il fond à 142-143° (Lieben et Haitinger ; Volhard), à 138° (Markwald), et bout en perdant de l'eau et régénérant la lactone.

Les *sels alcalins* neutres cristallisent mal ; les sels acides correspondants sont anhydres. Les *sels de baryum*. $C^7H^8O^5Ba.2H^2O$. *de calcium,*

$C^7H^8O^5Ca.H^2O$, *de manganèse*, $C^7H^8O^5Mn,2H^2O$, sont très solubles dans l'eau.

Le *sel de zinc* y est presque insoluble et renferme $2H^2O$.

Les *sels de plomb*, d'argent, de cuivre sont insolubles dans l'eau.

L'*éther méthylique* cristallise en aiguilles fondant à 56° et distillables sans décomposition à 276-277°.

L'*éther diéthylique* est huileux et bout à 286°, tandis que l'*éther monoéthylique* fond à 67-68°.

L'acide hydrochélidonique et ses éthers se combinent à l'hydroxylamine et à la phénylhydrazine. Voici les points de fusion de ces composés :

	Hydrazone.	Oxime.
Acide hydrochélidonique....	107-108°	129°
Éther diméthylique.........	80-90°	52°
— diéthylique..........	67°	38°
— monoéthylique........	112°	

Les agents de déshydratation (anhydride acétique, chlorure d'acétyle) transforment l'acide hydrochélidonique en sa *lactone*.

Celle-ci cristallise dans l'alcool en lamelles incolores, fusibles à 69°, et distille dans le vide vers 200° (Volhard).

Cette lactone se comporte vis-à-vis de certains réactifs comme un anhydride d'acide ; c'est ainsi que les acides bromhydrique ou chlorhydrique fumants la transforment rapidement à froid en acide hydrochélidonique [Volhard, *Ann. Chem.*, **267**, 51]. Une solution aqueuse de cyanure de potassium la convertit à froid, avec dégagement de chaleur, en hydrochélidonate acide de potassium.

Cette lactone se dissout à froid dans l'ammoniaque aqueuse ; si l'on abandonne la solution à elle-même pendant quelques heures et qu'on l'évapore ensuite à la température ordinaire, on obtient l'*acide hydrochélidonamique*,

$$C^7H^{11}AzO^4,$$

pourvu qu'on ait évité dans la préparation un excès d'ammoniaque.

Ce dérivé peut également être obtenu à l'aide de l'ammoniaque alcoolique. Il cristallise dans l'alcool en lamelles incolores, souvent groupées en agrégats sphériques, très solubles dans l'eau, dans les alcools éthylique et méthylique chauds, peu solubles dans l'acétone et dans le chloroforme, presque insolubles dans l'éther ; le benzène, la ligroïne. et fusibles à 127°.

Le *sel de zinc*. $(C^7H^{10}AzO^4)^2Zn, 2H^2O$, est seul cristallisable.

Si l'on chauffe l'acide hydrochélidonamique à 145-150° à la pression ordinaire, ou mieux à 130° dans le vide (15^{mm}). on le convertit en *imide hydrochélidonique*. $C^7H^9AzO^3$. Cette dernière cristallise dans l'alcool en prismes fusibles à 117°, peu solubles dans l'éther et dans le benzène, insolubles dans la ligroïne et dans le sulfure de carbone. très solubles dans le chloroforme et dans l'eau. Sa solution aqueuse est acide et décompose les carbonates avec formation d'hydrochélidonamates.

Lorsqu'on chauffe au-dessus de 100° l'éther diéthylique de l'acide hydrochélidonique avec une solution alcoolique d'ammoniaque. on obtient une *imide* dans laquelle le groupement CO est aussi remplacé par C(AzH) et dont la formule est par conséquent

$$AzH = C \underset{CH^2.CH^2.CO}{\overset{CH^2.CH^2.CO}{\big\langle}} AzH.$$

Ce composé, soluble sans altération dans l'eau chaude. fond à 292°, mais se sublime déjà à 250° ; il ne donne pas de chlorhydrate et est transformé à chaud par les alcalis en ammoniaque et acide hydrochélidonique (Markwald).

Cette diimide peut aussi être obtenue par l'action du gaz ammoniac sur l'hydrochélidonamate d'ammonium chauffé à 160°, ou plus simplement par l'action d'un excès d'ammoniaque aqueuse ou alcoolique sur la lactone hydrochélidonique à la température du bain-marie. Elle cristallise en prismes orthorhombiques, très solubles dans l'eau et dans l'acide acétique, peu solubles dans les alcools éthylique et méthylique et dans le chloroforme, insolubles dans le benzène, l'acétone et la ligroïne [Volhard, $Ann. Chem.$, **267**, 61].

Cette diimide ne paraît pas susceptible de fournir de dérivés par l'acide nitreux, le nitrite d'amyle, l'hydroxylamine, le chlorure d'acétyle, ni l'anhydride acétique.

Traitée par le nitrate d'argent légèrement ammoniacal, elle donne un précipité blanc, lourd, amorphe, ayant pour composition $C^7H^5Az^2O^3Ag^2$. Traité par les chlorures d'acides ou par les iodures alcooliques, ce sel régénère la diimide.

Les réducteurs (amalgame de sodium et acide acétique, poudre de zinc et acide acétique) paraissent sans action sur la diimide hydrochélidonique.

Réduit par l'acide iodhydrique et le phosphore rouge à 200°, l'acide hydrochélidonique se transforme en acide pimélique normal,

$$CO^2H . (CH^2)^5 . CO^2H.$$

L'oxydation, soit par le permanganate, soit par l'acide nitrique, le convertit en acides succinique, oxalique et carbonique.

Diméthylimide hydrochélidonique,

$$C(AzCH^3) \Big\langle \begin{matrix} CH^2 - CH^2 - CO \\ CH^2 - CH^2 - CO \end{matrix} \Big\rangle AzCH^3$$

[Volhard. $Ann. Chem.$, **267**, 64]. — On dissout la lactone hydrochélidonique dans une solution alcoolique de méthylamine (2 molécules), on évapore à froid dans le vide et on chauffe le résidu à 100°. On fait ensuite recristalliser dans l'alcool bouillant.

Fines lamelles brillantes, très solubles dans l'eau, l'éther, le chloroforme, l'acétate d'éthyle, qui se ramollissent à 135° et qui fondent à 140-141°.

Les alcalis bouillants sont sans action sur ce composé; la potasse fondante le détruit avec dégagement de méthylamine. L'acide chlorhydrique le décompose par une ébullition prolongée avec formation de méthylamine.

Acide hydrochélidonanilique,

$$CO \Big\langle \begin{matrix} CH^2 . CH^2 . COAzH . C^6H^5 \\ CH^2 . CH^2 . CO^2H \end{matrix}$$

[Volhard, $ibid.$, 65]. — On chauffe à 120-130° un mélange en proportions moléculaires d'aniline et de lactone hydrochélidonique; après refroidissement, on lave le produit au chloroforme et on le dissout à froid dans l'ammoniaque; on n'a plus qu'à précipiter par l'acide chlorhydrique pour obtenir des houppes prismatiques blanches, fusibles avec décomposition à 138-139°.

La solution ammoniacale neutre donne par le nitrate d'argent un précipité blanc, amorphe, renfermant $C^{13}H^{14}Az O^4 Ag$.

La *dianilide hydrochélidonique,*

$$CO(CH^2 . CH^2 . CO . AzH . C^6H^5)^2,$$

se produit lorsqu'on soumet à une ébullition prolongée un mélange de la lactone avec 2 molécules d'aniline. Elle cristallise dans l'alcool en petites aiguilles fusibles sans décomposition à 186-187°.

DIOXIME DE L'ACIDE HYDROCHÉLIDONIQUE,

$$C^7H^{10}Az^2O^4, 2H^2O$$

[Volhard, $Ann. Chem.$, **267**, 72]. — La lactone hydrochélidonique se dissout à froid dans une solution alcoolique d'hydroxylamine. En évaporant cette solution à la température ordinaire, on obtient des lamelles clinorhombiques répondant à la composition ci-dessus. Ce composé brunit à 230° et se décompose sans fondre à une température plus élevée. Il est très soluble dans l'eau chaude, peu soluble dans l'alcool et dans l'esprit de bois bouillants, insoluble dans le benzène, l'acétone, la ligroïne, le chloroforme et le sulfure de carbone; il se dissout dans les acides et dans les alcalis.

Soumise à l'ébullition avec l'acide chlorhydrique, la dioxime se dédouble en hydroxylamine et acide hydrochélidonique.

Le chlorure d'acétyle est sans action, même à l'ébullition, mais l'anhydride acétique la dissout avec dégagement de chaleur en donnant un *dérivé diacétylé.* $C^7H^{10}Az^2O^6(C^2H^3O)^2$.

Ce dernier cristallise en aiguilles fusibles sans décomposition à 195-196°, solubles dans l'acétone, le chloroforme, l'acide acétique, les alcools éthylique et méthylique, insolubles dans l'éther, le benzène et le toluène.

M. Volhard admet que la dioxime a pour constitution

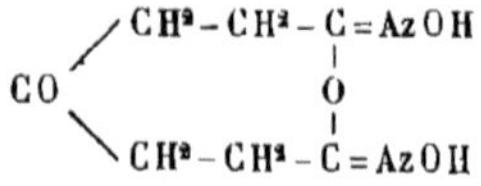

$$CO \Big\langle \begin{matrix} CH^2 - CH^2 - C = AzOH \\ \qquad\qquad\quad | \\ \qquad\qquad\quad O \\ \qquad\qquad\quad | \\ CH^2 - CH^2 - C = AzOH \end{matrix}$$

ou

$$\begin{matrix} CH^2 - C = AzOH \\ | \qquad | \\ CH^2 \quad O \\ \diagdown \; \diagup \\ C \\ \diagup \; \diagdown \\ CH^2 \quad O \\ | \qquad | \\ CH^2 - C = AzOH \end{matrix}$$

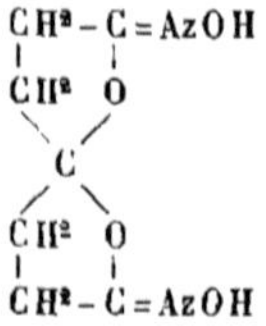

Le dérivé diacétylé aurait lui-même la formule de structure

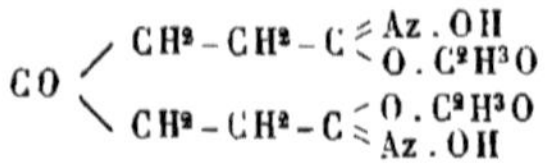

$$CO \Big\langle \begin{matrix} CH^2 - CH^2 - C \big\langle \begin{smallmatrix} Az . OH \\ O . C^2H^3O \end{smallmatrix} \\ CH^2 - CH^2 - C \big\langle \begin{smallmatrix} O . C^2H^3O \\ Az . OH \end{smallmatrix} \end{matrix}$$

ANHYDRIDE DIPHÉNYLHYDRAZIDO – HYDROCHÉLIDONIQUE,

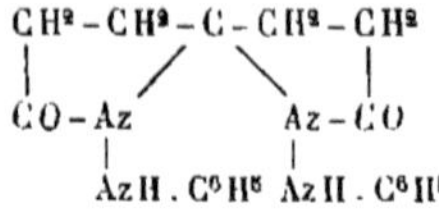

$$\begin{matrix} CH^2 - CH^2 - C - CH^2 - CH^2 \\ | \qquad\quad \diagup \quad \diagdown \qquad\quad | \\ CO - Az \qquad\qquad Az - CO \\ | \qquad\qquad\qquad\qquad | \\ AzH . C^6H^5 \quad AzH . C^6H^5 \end{matrix}$$

[J. Volhard, $Ann. Chem.$, **267**, 96]. — On chauffe doucement la lactone hydrochélidonique avec un léger excès de phénylhydrazine et on fait cristalliser le produit dans l'alcool bouillant. Belles aiguilles blanches, peu solubles dans l'éther, le benzène, la ligroïne, le sulfure de carbone, assez solubles à chaud dans l'alcool et dans l'acide acétique. Ce dérivé n'est pas attaqué par l'oxyde mercurique, par les alcalis, ni par l'acide chlorhydrique étendu et bouillant.

Le *dérivé diacétylé.* $C^{23}H^{24}Az^4O^4$, préparé par l'action du chlorure d'acétyle au bain-marie, cristallise dans l'alcool en octaèdres brillants, d'apparence quadratique, doués d'une saveur amère, peu solubles dans l'alcool bouillant, l'acétone, l'éther acétique, le sulfure de carbone, l'éther, la ligroïne, l'esprit de bois, assez solubles à chaud dans le chloroforme et dans l'acide acétique. Il ne paraît pas s'altérer par ébullition avec l'eau de baryte, mais l'acide chlorhydrique fumant le décompose à 100° avec mise en liberté d'acide acétique.

Le *dérivé dibenzoylé*, $C^{33}H^{28}Az^4O^4$, s'obtient par l'action du chlorure de benzoyle à 160°. C'est une masse vitreuse, soluble dans le benzène, insoluble dans la ligroïne, qui se ramollit à 100° et qui fond en se décomposant à 110°.

Le *dérivé diéthylé*, $C^{23}H^{28}Az^4O^2$, s'obtient en chauffant au bain-marie la lactone hydrochélidonique avec 2 molécules d'éthylphénylhydrazine (dissymétrique). Il cristallise dans l'alcool méthylique bouillant en octaèdres microscopiques, fusibles à 220–222°, insolubles dans l'éther, très solubles dans l'acétone chaude et dans le chloroforme.

SYNTHÈSE DE L'ACIDE HYDROCHÉLIDONIQUE [Volhard, *Ann. Chem.*, **267**, 104]. — Outre la synthèse indiquée plus haut, consistant à produire d'abord la lactone hydrochélidonique par l'action de la chaleur sur l'acide succinique, puis à hydrater cette lactone par les acides chlorhydrique ou bromhydrique, M. Volhard a reproduit l'acide hydrochélidonique en partant de l'éther acétonedicarbonique,

$$CO^2C^3H^5 - CH^2 - CO - CH^2 - CO^2C^2H^5.$$

Le dérivé sodé de cet éther, traité par le monochloracétate d'éthyle, fournit un éther tétracarbonique

$$CO\begin{cases} CO^2C^2H^5 \\ | \\ CH-CH^2-CO^2C^2H^5 \\ CH-CH^2-CO^2C^2H^5 \\ | \\ CO^2C^2H^5 \end{cases}$$

qui, soumis à l'ébullition avec le triple de son poids d'acide chlorhydrique fumant (préalablement étendu du quart de son poids d'eau), perd de l'alcool et de l'acide carbonique et se convertit en acide hydrochélidonique,

$$CO\begin{cases} CH^2-CH^2-CO^2H \\ CH^2-CH^2-CO^2H \end{cases}$$

Cette synthèse démontre nettement l'exactitude de la formule de structure attribuée à l'acide hydrochélidonique.

ACIDE XANTHOCHÉLIDONIQUE [Syn. *Chélihydronique*, *acétone-dioxalique*]. — Ainsi que nous l'avons dit plus haut, ce composé résulte de la fixation de 1 molécule d'eau sur l'acide chélidonique en présence des alcalis étendus.

Pour l'isoler, M. Lerch additionne de 1 molécule de potasse le chélidonate de calcium en suspension dans l'eau : il se dépose au bout de quelque temps une masse gélatineuse d'un sel calcico-potassique, que l'on décompose par l'acide sulfurique étendu après l'avoir dissous dans l'eau. La solution est alors épuisée par l'éther alcoolique, qui abandonne par évaporation une masse jaunâtre, amorphe, très soluble dans l'eau et dans l'alcool, constituant l'acide xanthochélidonique.

C'est un acide bibasique, mais qui peut donner plusieurs séries de sels, notamment des sels tétrabasiques, grâce à la présence de 2 groupements $CO-CH^2-CO$.

Le *sel calcico-potassique*, purifié par dissolution dans l'eau et précipitation par l'alcool, a pour formule $(C^7H^2O^7)^3Ca^3K^2, 4H^2O$. Traité par l'acide acétique, il se transforme en *sel de calcium*, $C^7H^2O^7Ca^2$. Le chlorure de baryum le convertit en un *sel double*, $C^7H^2O^7BaCa$. Avec l'acétate de plomb, il donne un précipité jaune-citron ayant pour composition

$$(C^7H^2O^7)^4Pb^5Ca^3, 12H^2O.$$

Quand on le traite par l'azotate d'argent, on obtient un précipité jaune, $C^7H^2O^7Ag^2Ca, 2H^2O$,

que l'ébullition avec l'eau convertit en un sel brun $(C^7H^2O^7)^2Ag^6Ca$.

Enfin, quand on neutralise l'acide libre par l'ammoniaque et qu'on y ajoute de l'azotate d'argent, on voit se produire un précipité jaune, cristallin, soluble dans l'eau, $C^7H^3O^7Ag^3, 4H^2O$, qui, par ébullition, fournit un sel brun tétrargentique $C^7H^2O^7Ag^4$ [J.-U. Lerch, *Mon. f. Chem.*, **5**, 367].

En ajoutant un excès d'acide acétique, puis de l'acétate de plomb à une solution potassique d'acide xanthochélidonique, MM. Lieben et Haitinger ont obtenu un *sel de plomb*, $C^7H^2O^7Pb^2, H^2O$, sous la forme d'un précipité volumineux, peu soluble dans l'eau et dans l'acide acétique.

Le *sel monopotassique*, $C^7H^5O^7K$, se produit lorsque l'on additionne avec précaution d'acide nitrique une solution d'acide dans la potasse ; c'est un précipité cristallin, jaunâtre, soluble dans l'eau chaude et dans les acides étendus

Tous ces sels sont du reste peu stables et reproduisent facilement l'acide chélidonique sous l'influence des acides énergiques.

La constitution de l'acide xanthochélidonique est exprimée par la formule

$$CO^2H-CO-CH^2-CO-CH^2-CO-CO^2H,$$

ainsi qu'il résulte de la synthèse due à M. Claisen et qui a été exposée au commencement de cet article.

ACIDE HYDROXANTHOCHÉLIDONIQUE, $C^7H^{12}O^7$. — Il se produit par l'action de l'amalgame de sodium sur une solution alcaline d'acide chélidonique jusqu'à ce que la décoloration soit complète.

Pour l'isoler, on acidule par l'acide acétique, on concentre et on ajoute de l'alcool ; il se dépose un sel de sodium, que l'on soumet à la précipitation fractionnée par le nitrate d'argent. Le sel d'argent, décomposé par l'hydrogène sulfuré, fournit l'acide sous la forme d'un sirop incolore et incristallisable. Ses sels sont amorphes.

De même que les acides précédents, l'acide iodhydrique le convertit en acide pimélique.

D'après sa formule et son mode de formation, on ne peut lui attribuer que la constitution suivante :

$$CO^2H.CHOH.CH^2.CHOH.CH^2.CHOH.CO^2H$$

O. Saint-Pierre.

CHELMSFORDITE (Min.). — Variété de WERNÉRITE (voyez Dict., **3**, 721).

CHENEVIXITE (Min.). — Arséniate ferricocuivrique, $3CuO.Fe^2O^3.As^2O^5, 3H^2O$.

CHIMIQUE (NOMENCLATURE). — Le développement croissant de la chimie organique depuis un demi-siècle a si considérablement augmenté le nombre des composés connus et poussé à un tel degré l'accumulation des fonctions dans une même molécule, que les anciens procédés de nomenclature sont rapidement devenus insuffisants. De nouvelles conventions ont été faites pour permettre de nommer les nouveaux composés au fur et à mesure de leur apparition. Mais, leur nombre augmentant sans cesse, il n'a pas tardé à se produire une confusion des plus regrettables, par l'introduction de nombreuses synonymies : résultat inévitable d'une nomenclature surtout fonctionnelle.

En présence de cet état de choses, le Congrès international de Chimie siégeant à Paris en 1889 institua une section spéciale, chargée d'étudier la nomenclature chimique, de la compléter et de la régulariser. Le temps limité dont disposait le Congrès ne permit pas une étude complète des réformes à effectuer dans une question aussi complexe ; il fut alors formé une Commission internationale permanente, composée de savants pris parmi les plus autorisés de tous les pays; à cette Commission était réservée la tâche d'étudier un système complet de nomenclature en chimie organique[1].

Des membres résidant à Paris et réunis sous la présidence de M. Friedel, on fit une Commission permanente, chargée de préparer le travail et de présenter un rapport qui pût servir de base aux discussions d'un nouveau Congrès. Les avant-projets, rédigés par MM. A. Gautier, Béhal, Bouveault, A. Combes et Fauconnier, discutés par la sous-commission dans un grand nombre de séances, furent modifiés par elle, en tenant compte des observations envoyées par plusieurs membres étrangers, MM. von Baeyer, Beilstein, Calderon, Franchimont, Græbe, Istrati, Lieben, et enfin publiés sous le titre de *Rapport de la sous-commission nommée par le Congrès de 1889 pour la réforme de la nomenclature et formée des membres résidant à Paris* (publié par l'Association française pour l'Avancement des Sciences).

La Commission internationale s'est réunie à Genève, sous la présidence de M. Friedel, le 19 avril 1892, pour discuter les propositions contenues dans ce rapport. Plusieurs chimistes naturellement désignés par leur situation scientifique, ainsi que les rédacteurs des principaux journaux de chimie, ont été invités à prendre part à la discussion[2].

A cette réunion, de nombreuses décisions ont été prises; elles constituent les bases d'une nomenclature nouvelle; cependant toutes les questions n'ont pas été résolues et un certain nombre n'ont même pu être examinées. Nous allons d'abord exposer les résolutions prises par le Congrès de Genève, résolutions dont l'application immédiate a été acceptée à l'unanimité, et dont il sera fait usage dans la suite de cet ouvrage, montrer comment on doit les employer, quelles sont les principales conséquences de leur adoption et les compléter sur quelques points de détail.

Puis nous examinerons les diverses questions qui n'ont pas été résolues et nous indiquerons les solutions au moins provisoires qui seront adoptées dans le cours de cet ouvrage. Nous espérons que la nomenclature ainsi construite, appuyée d'une part sur les résolutions prises par le Congrès et d'autre part sur le rapport de la sous-commission française, pourra paraître suffisam-

1. Composition de la Commission internationale :

MM.		MM.	
Berthelot,		Von Baeyer,	Allemagne.
Friedel,		Nœlting,	
A. Gautier,		Lieben,	Autriche.
Grimaux,		Franchimont	Hollande.
Schützen-		Paterno,	Italie.
berger,	France.	Armstrong,	Angleterre.
Jungfleisch,		Istrati,	Roumanie.
Fauconnier,		Calderon,	Espagne.
Béhal,		Cleve,	Suède.
A. Combes,		Bonkowski-	Turquie.
Bouveault,		Bey,	
Græbe,	Suisse.	Ira-Remsen,	États-Unis d'Amérique.
Alexeyeff,	Russie.		
Beilstein,		Mourgues,	Chili.

2. Membres présents au Congrès de Genève.

MM. Armstrong (Londres) ; Arnaud (Paris); von Baeyer (Munich) ; Barbier (Lyon) ; Bouveault (Paris) ; Cannizzaro (Rome) ; Cazeneuve (Lyon) ; A. Combes (Paris) ; Cossa (Turin) ; Delacre (Gand) ; Fileti (Turin) ; Émile Fischer (Würzbourg) ; Franchimont (Leyde) ; Friedel (Paris) ; Gladstone (Londres) ; Græbe (Genève) ; Guye (Genève) ; Haller (Nancy) ; Hanriot (Paris) ; Hantzsch (Zurich) ; Istrati (Bucarest) ; Le Bel (Paris) ; Lieben (Vienne) ; Maquenne (Paris) ; von Meyer (Leipzig) ; Monnier (Genève) ; Nietzki (Bâle) ; Nœlting (Mulhouse) ; Paterno (Palerme) ; Amé Pictet (Genève) ; Ramsay (Londres) ; Skraup (Graz) ; Tiemann (Berlin).

ment clair et commode pour être acceptée définitivement, sous la réserve des corrections que l'usage introduira certainement.

Les principes qui ont guidé la Commission française dans son travail et qui ont été adoptés par le Congrès sont les suivants :

1° Fonder autant que possible les lois de la nomenclature sur le principe général des substitutions;

2° Faire apparaître dans tous les noms des dérivés d'une même famille un radical commun qui indique leur parenté et leur origine;

3° Obtenir par des préfixes et des suffixes ajoutés à ce radical la détermination des groupes qui caractérisent les fonctions de ces molécules;

4° Construire les noms sur la formule chimique en séparant, si cela est nécessaire, chaque radical et indiquant successivement les fonctions suivant un ordre invariable.

Il est nécessaire ici de définir exactement quelques termes familiers en chimie et que nous emploierons fréquemment, mais dont l'acception variait quelquefois chez les différents auteurs.

Radical. — On nomme ainsi un groupement d'atomes ayant assez de stabilité pour se transporter sans modifications d'une molécule dans une autre, à la manière des corps simples. Exemples : éthyle, acétyle, pyridyle, etc.

Résidu ou *groupe.* — Ensemble d'atomes réunis entre eux et qu'on sépare par la pensée d'une molécule. Exemples : carbonyle, carboxyle, oxhydryle, etc.

Squelette. — Dans un corps à chaine ouverte, le squelette représente l'ensemble des atomes de carbone directement liés entre eux; dans les chaines fermées, le squelette comprend tous les éléments qui forment la chaine fermée et ces éléments seuls, avec leur mode de liaison.

Noyau. — Composé à chaine fermée pouvant être modifié par substitution, en donnant des dérivés capables, par d'autres réactions, de reproduire le composé primitif. Exemples : benzène, pyridine, thiophène.

Ces principes et ces définitions étant posés, le Congrès a pris les décisions suivantes :

1. *A côté des procédés habituels de nomenclature, il sera établi pour chaque composé organique un nom officiel permettant de le retrouver sous une rubrique unique dans les tables et les dictionnaires. La Commission exprime le vœu que les auteurs prennent l'habitude de mentionner dans leurs mémoires, entre parenthèses, le nom officiel à côté du nom choisi par eux.*

Il résulte de cet article que la nomenclature qui va suivre est surtout une nomenclature écrite, destinée aux répertoires, et que par conséquent les préoccupations de brièveté et d'euphonie doivent passer au second rang, pourvu que le nom officiel soit la traduction fidèle de la constitution du corps, liberté entière étant laissée aux auteurs d'employer dans le cours de leurs mémoires les noms qui leur sembleront plus clairs ou plus commodes, à condition de mentionner en même temps le nom officiel.

Il est évident que les corps dont la constitution est inconnue ou incomplètement connue ne peuvent être dénommés en suivant les mêmes règles.

2. *On décide de ne s'occuper pour le moment que de la nomenclature des composés de constitution connue et de remettre à plus tard la question des corps de constitution inconnue.*

Le principe général étant celui des substitutions, il fallait d'abord décider d'où l'on ferait dériver tous les corps d'une même famille, c'est-à-dire renfermant le même squelette et pouvant par conséquent se dériver par substitution les uns des autres. Le procédé le plus simple consiste à les considérer comme dérivant des hydrocarbures renfermant le même nombre d'atomes de carbone reliés de la même façon ; par conséquent, la première nomenclature à établir est celle des hydrocarbures, le nom de l'hydrocarbure devant servir de radical aux noms des dérivés.

HYDROCARBURES.

3. *La désinence* ane *est adoptée pour tous les hydrocarbures saturés.*

4. *Les noms actuels des quatre premiers hydrocarbures normaux saturés* (méthane, éthane, propane et butane) *sont conservés ; on emploiera les noms tirés des nombres grecs pour ceux qui ont plus de 4 atomes de carbone.* Exemples : pentane, hexane et heptane.

5. *Les hydrocarbures à chaîne arborescente sont regardés comme dérivés des hydrocarbures normaux et on rapportera leur nom à la chaîne normale la plus longue qu'on puisse établir dans leur formule, en y ajoutant la désignation des chaînes latérales.* Exemples :

$$CH^3 - CH - CH^3$$
$$|$$
$$CH^3$$

Méthylpropane,

et non isobutane ou triméthylméthane,

$$CH^3 - CH^2 - CH - CH^2 - CH^3$$
$$|$$
$$CH^2$$
$$|$$
$$CH^3$$

Éthylpentane.

6. *Lorsqu'un radical hydrocarboné est introduit dans une chaîne latérale, on emploie* métho, étho (*contractions de méthylo et éthylo*) *au lieu de méthyle et éthyle, préfixes réservés pour le cas où la substitution se fait dans la chaîne principale.* Exemple :

$$CH^3 - CH^2 - CH^2 - CH - CH^2 - CH^2 - CH^3$$
$$|$$
$$CH - CH^3$$
$$|$$
$$CH^3$$

Méthoéthylheptane.

Cette résolution a pour conséquence très heureuse la suppression complète des termes *isopropyle, isobutyle.* Le radical isopropyle

$$\begin{matrix} CH^3 \\ CH^3 \end{matrix} \Big\rangle CH$$

devient le *méthoéthyle* ; l'isobutyle

$$\begin{matrix} CH^3 \\ CH^3 \end{matrix} \Big\rangle CH - CH^2$$

devient le *méthopropyle*, etc.

On n'a donc plus à considérer que des substituants normaux et en général très courts, car on ne peut avoir un radical propylique comme substituant que si la chaîne longue renferme au moins 7 atomes de carbone, et par conséquent si le squelette tout entier en contient au moins 10. De même, pour les carbures renfermant moins de 13 atomes de carbone, il n'y aura jamais de chaîne latérale butylique ; pour ceux qui renferment moins de 16 atomes de carbone, il n'y aura pas de pentyle en chaîne latérale, etc.

7. *La position des chaînes latérales sera désignée par des chiffres indiquant auquel des atomes de carbone de la chaîne principale elles sont attachées. Le numérotage partira de l'extrémité la plus voisine d'une chaîne laté-*

rale. Dans le cas où les deux chaînes latérales seraient placées symétriquement, la plus simple décidera du choix.

En conséquence, on n'emploiera plus les lettres grecques pour désigner les positions des substituants à l'intérieur d'une molécule ; on ne dira plus β-dichloropropane pour

$$CH^3_{(1)} - CCl^2_{(2)} - CH^3_{(3)},$$

mais *dichloro2-propane.* Exemples :

$$CH^3_{(1)} - CH_{(2)} - CH^2_{(3)} - CH^2_{(4)} - CH^3_{(5)}$$
$$|$$
$$CH^3$$

Méthyl2-pentane.

$$CH^3_{(1)} - CH_{(2)} - CH^2_{(3)} - CH_{(4)} - CH^2_{(5)} - CH^3_{(6)}$$
$$|\qquad\qquad\qquad |$$
$$CH^3\qquad\qquad CH^2$$
$$|$$
$$CH^3$$

Méthyl2-éthyl4-hexane.

$$CH^3_{(1)} - CH^2_{(2)} - CH_{(3)} - CH_{(4)} - CH^2_{(5)} - CH^3_{(6)}$$
$$|\qquad\quad |$$
$$CH^3\quad CH^2$$
$$|$$
$$CH^3$$

Méthyl3-éthyl4-hexane.

et non éthyl3-méthyl4-hexane.

Sur cet exemple, qui correspond au dernier paragraphe de la décision 7, nous ferons remarquer qu'il aurait été préférable et plus logique de commencer le numérotage par l'extrémité la plus voisine de la chaîne *la plus longue*, et par conséquent de dire *éthyl3-méthyl4-hexane* ; mais il n'y a pas d'inconvénient bien grave à se servir de la plus courte, le cas ne se présentant presque jamais dans la pratique.

8. *Les atomes de carbone d'une chaîne latérale seront désignés par le même chiffre que l'atome de carbone auquel la chaîne est rattachée ; ils porteront un indice qui fixera leur rang dans la chaîne latérale en partant du point d'attache :*

$$CH^3_{(1)} - CH_{(2)} - CH^2_{(3)} - CH_{(4)} - CH^2_{(5)} - CH^2_{(6)} - CH^3_{(7)}$$
$$|\qquad\qquad\qquad\quad |$$
$$(2^1)CH^3\qquad (4^1)CH^2$$
$$|$$
$$(4^2)CH^3$$

Méthyl2-éthyl4-heptane.

9. *Dans le cas de deux chaînes latérales rattachées au même atome de carbone, l'ordre dans lequel ces chaînes seront énoncées correspondra à leur degré de complication et les indices de la plus simple seront accentués :*

$$(3^1_1)CH^3$$
$$|$$
$$CH^3_{(1)} - CH^2_{(2)} - C_{(3)} - CH^2_{(4)} - CH^3_{(5)}$$
$$|$$
$$(3^1)CH^2$$
$$|$$
$$(3^2)CH^3$$

Au point de vue typographique, il est beaucoup plus commode de remplacer l'accent par un second indice et par conséquent de désigner dans l'exemple précédent le groupe méthylique noté $3^{1\prime}$ par le chiffre 3^1_1 ; c'est le procédé que nous emploierons dans la suite.

10. *Le même mode de numérotage est adopté pour les chaînes latérales reliées à des chaînes fermées.* Exemples :

$$AzO^2 \langle {}_4 \bigcirc {}_1 \rangle \overset{1^1}{C}H^2 - \overset{1^2}{C}H - \overset{1^3}{C}H^3$$
$$|$$
$$CH^3$$

Métho1²-propylnitrobenzène 1.4.

L'ensemble de ces résolutions constitue une nomenclature complète des hydrocarbures saturés ; il est nécessaire cependant d'y ajouter la remarque suivante. Il arrive fréquemment qu'on peut déterminer de deux manières différentes la chaîne la plus longue dans le squelette hydrocarboné. Ainsi l'éthyl-diisopropylméthane peut s'écrire

$$CH^3_{(1)} - CH_{(2)} - CH_{(3)} - CH^2_{(4)} - CH^3_{(5)}$$
$$|\qquad\qquad |$$
$$CH^3\qquad CH$$
$$CH^3\quad CH^3$$

et serait par conséquent le *méthyl2-méthoéthyl3 pentane* ; mais il peut aussi se formuler

$$CH^3_{(1)} - CH_{(2)} - CH_{(3)} - CH_{(4)} - CH^3_{(5)}$$
$$|\qquad\quad |\qquad\quad |$$
$$CH^3\quad CH^2\quad CH^3$$
$$|$$
$$CH^3$$

et est alors le *diméthyl2.4-éthyl3-pentane*.

C'est ce second procédé que nous adopterons, en formulant la règle suivante :

Quand la chaîne principale peut se déterminer de deux manières différentes, on adoptera celle qui donne lieu au moins grand nombre de substitutions dans les chaînes latérales.

L'introduction des règles que nous venons d'énumérer a pour résultat de constituer une sorte de noyau, la chaîne la plus longue jouant dans la série grasse le même rôle que l'hexagone du benzène dans la série aromatique ; de plus, l'ensemble des atomes de carbone formé par ce noyau et les chaînes latérales qui s'y relient forme un squelette invariable, auquel on pourra faire subir par substitution toutes les modifications possibles sans en changer la forme, et qui présente toujours la même chaîne longue et les mêmes rameaux.

Une autre conséquence est que la manière de sérier les hydrocarbures saturés est tout à fait changée ; il n'y a plus qu'un seul butane, un seul pentane, etc. : c'est l'hydrocarbure à chaîne normale ; les autres carbures en C^4, C^5,... sont considérés comme dérivés de ceux-ci par remplacement d'un ou de plusieurs atomes d'hydrogène par des résidus hydrocarbonés, CH^3, C^2H^5, etc. Ainsi le carbure

$$CH^3 - CH - CH^3 - CH^3$$
$$|$$
$$CH^3$$

n'est plus un pentane, mais un carbure en C^5, le méthylbutane.

La recherche du nombre des isomères possibles d'un carbure en C^n devient alors très facile. Donnons un exemple : Soit à trouver le nombre des carbures saturés en C^8.

La première question à résoudre est de savoir quelle est la chaîne la plus courte qui puisse donner naissance à un carbure en C^8. C'est évidemment ici le butane, et le seul carbure en C^8 qui puisse en dériver est le tétraméthylbutane :

$$CH^3\qquad CH^3$$
$$|\qquad\qquad |$$
$$CH^3 - C \;\text{——}\; C - CH^3$$
$$|\qquad\qquad |$$
$$CH^3\qquad CH^3$$

Un butane ne peut en effet avoir une chaîne latérale à 2 atomes de carbone, car il deviendrait un dérivé du pentane :

$$CH^3 - CH_{(3)} - CH^2_{(2)} - CH^3_{(1)}$$
$$|$$
$$CH^2_{(4)}$$
$$|$$
$$CH^3_{(5)}$$

Les carbures en C^8 dérivant du pentane peuvent être soit des méthyléthylpentanes, soit des triméthylpentanes ; il n'y a du reste qu'un seul éthylpentane possible, pour la même raison qu'il n'y a pas d'éthylbutane : c'est l'éthyl3-pentane

$$CH^3_{(1)} - CH^2_{(2)} - CH_{(3)} - CH^2_{(4)} - CH^3_{(5)}$$
$$|$$
$$CH^2$$
$$|$$
$$CH^3$$

qui donne naissance à deux dérivés méthylés C^8H^{18} :

Méthyl2-éthyl3-pentane,
Méthyl3-éthyl3-pentane.

Les triméthylpentanes sont au nombre de quatre :

Triméthyl2.3.4-pentane
— 2.2.3 —
— 2.2.4 —
— 2.3.3 —

L'hexane donne naissance à un éthylhexane,

l'Éthyl3-hexane,

et à 6 diméthylhexanes :

Diméthyl2.2-hexane,
— 2.3 —
— 2.4 —
— 2.5 —
— 3.3 —
— 3.4 —

L'heptane admet 3 dérivés monométhylés,

les Méthylheptanes 2.3.4.

Enfin il y a l'octane, carbure normal en C^8 : en tout 18 isomères.

En procédant d'une manière tout à fait semblable qui permet de ne jamais revenir en arrière, on compte 34 carbures C^9H^{20} et 74 carbures $C^{10}H^{22}$.

Les carbures étant construits, il est extrêmement facile de compter leurs dérivés de substitution ; ainsi, il peut théoriquement exister 89 alcools $C^8H^{17}OH$; 39 sont primaires, 33 secondaires et 17 tertiaires.

HYDROCARBURES NON SATURÉS.

Comment maintenant modifier les noms des hydrocarbures saturés pour exprimer que leur squelette est transformé en celui d'un carbure renfermant des liaisons multiples ?

11. *Dans les hydrocarbures non saturés à chaîne ouverte possédant une seule double liaison, on remplacera la terminaison ane de l'hydrocarbure saturé par la terminaison ène ; s'il y a deux doubles liaisons, on terminera en diène ; s'il y en a trois, en triène, etc. :*

$$CH^2 = CH^2$$
éthène.

Le biallyle,

$$CH^2 = CH - CH^2 - CH^2 - CH = CH^2,$$

devient l'*hexadiène*1.5. La place de la double liaison est indiquée par le numéro du premier atome de carbone sur lequel elle s'appuie :

$$CH^2_{(1)} = CH_{(2)} - CH_{(3)} - CH_{(4)} = CH^2_{(5)}$$
$$|$$
$$CH^3$$

Méthyl3-pentadiène 1.4.

Ici se présente une difficulté qui n'a pas été explicitement résolue au Congrès de Genève : Comment nommera-t-on un carbure non saturé dont la liaison éthylénique se trouve dans une chaîne latérale? par exemple, le diéthyléthylène asymétrique :

$$\begin{array}{c} CH^3 - CH^2 - C - CH^2 - CH^3 \\ \| \\ CH^2 \end{array}$$

Il est évident que, si on applique strictement l'énoncé précédent, on devra dire

Méthyl3-pentène3.3¹.

Cette notation présente de nombreux inconvénients. D'abord on crée une ambiguïté : le mot *méthyle* ne signifie plus ici qu'il existe réellement une chaîne latérale CH^3, mais simplement que le squelette entier renferme une chaîne latérale à 1 atome de carbone, la terminaison *ène* suivie des chiffres 3.3¹ signifiant que ce groupe méthylique a subi une modification qui le transforme en méthène par soustraction d'un atome d'hydrogène, alors que précédemment cette désinence *ène*, suivie d'un chiffre, exprimait que la chaîne principale elle-même renferme une double liaison. Il en résulte que la terminaison *ène* est éloignée du mot auquel elle devrait s'appliquer; de plus on est obligé d'employer 2 chiffres pour désigner la place de cette double liaison, de sorte que le nom devient peu clair. Il nous semble que cette difficulté, qui se représente du reste pour toutes les fonctions placées dans une chaîne latérale, serait levée très simplement en décidant de faire subir au terme qui exprime la présence d'une chaîne latérale, la modification de nom qu'on est convenu de faire subir à la chaîne elle-même quand elle est modifiée par substitution ou autrement; de sorte que dans l'exemple précédent on dirait

Méthène3-pentane.

On respecte ainsi absolument l'esprit des règles précédentes, qui est d'indiquer dans les noms le noyau, c'est-à-dire la chaîne la plus longue, et les chaînes latérales qui s'y rattachent, de manière à figurer immédiatement le squelette invariable des atomes de carbone, en réservant aux suffixes et aux préfixes le rôle de désigner la fonction; ces suffixes et préfixes restent d'ailleurs les mêmes dans la chaîne principale et dans les chaînes latérales.

Nous verrons du reste plus loin que cette difficulté, qui n'a pas été soulevée dans le cas que nous examinons maintenant, l'a été pour le groupe CAz placé dans une chaîne latérale, et qu'il n'a pu être pris de résolution définitive. Or il n'y a aucune raison d'admettre pour les fonctions CH^2OH, CH^2Br, CAz et CO^2H des règles différentes. Nous pensons donc pouvoir adopter, au moins en attendant que la question ait été résolue d'une manière générale et absolue, la solution indiquée ci-dessus et dire, dans l'exemple précédent, *méthène3-pentane* et dans le suivant :

$$\begin{array}{c} CH^3_{(1)} - CH^2_{(2)} - CH^3_{(3)} - C_{(4)} - CH^2_{(5)} - CH^2_{(6)} - CH^3_{(7)} \\ \| \\ CH \\ | \\ CH^3 \end{array}$$
Éthène4-heptane.

Ce procédé a en outre l'avantage de supprimer les chiffres qui désignent la place de la double liaison.

Nous ajouterons que, toutes les fois que cela sera possible, on fera rentrer la liaison éthylénique dans la chaîne principale. Ainsi le carbure

$$\begin{array}{c} CH^3 - CH^2 - C - CH^2 - CH^3 \\ \| \\ CH \\ | \\ CH^3 \end{array}$$

ne s'appellera pas éthène3-pentane, mais s'écrira

$$\begin{array}{c} CH^3 - CH = C - CH^2 - CH^3 \\ | \\ CH^2 \\ | \\ CH^3 \end{array}$$

et sera en conséquence l'*éthyl3-pentène* 2.

Dans le cas où la double liaison placée dans la chaîne latérale donnerait lieu à un résidu de la forme $- CH = CH^2$, comme dans l'exemple

$$\begin{array}{c} CH^3_{(1)} - CH^2_{(2)} - CH^2_{(3)} - CH_{(4)} - CH^2_{(5)} - CH^3_{(6)} - CH^3_{(7)} \\ | \\ CH \\ \| \\ CH^2 \end{array}$$

on devra dire *éthényl4-heptane*; mais ce cas ne s'est encore jamais présenté dans l'application.

Enfin, nous devons généraliser et appliquer le même système aux dérivés halogénés, amidés, etc., et nous joindrons toujours à l'indication de la chaîne latérale le préfixe ou le suffixe qui exprime la modification qu'elle subit, posant en règle générale, comme il a été dit plus haut, qu'on comprendra toujours dans la chaîne principale, s'il y a ambiguïté, le plus grand nombre possible de modifications :

$$\begin{array}{c} CH^3 - CH^2 - CH - CH^2 - CH^3 \\ | \\ CH^2Br \end{array}$$
Bromométhyl3-pentane.

$$\begin{array}{c} CH^3_{(1)} - CH^2_{(2)} - CH^2_{(3)} - CH_{(4)} - CH^2_{(5)} - CH^3_{(6)} - CH^3_{(7)} \\ | \\ 4^1\,CH^2 \\ | \\ 4^2\,CH^2\,.\,AzH^2 \end{array}$$
Amino4²-éthyl4-heptane.

$$\begin{array}{c} CH^3 - CH^2 - CHBr - CH^2 - CH^3 \\ | \\ CH^2Br \end{array}$$
Bromométhyl3-bromo3-pentane.

$$\begin{array}{c} CH^3 \diagdown \\ \quad CH_{(2)} - CH^2_{(3)} - CH^3_{(4)} \\ AzH^2.CH^2_{(1)} \diagup \end{array}$$
Méthyl2-amino1-butane.

12. *Les noms des hydrocarbures à triple liaison se termineront en* ine, diine, triine, *etc.*
Le bipropargyle,

$$CH_{(1)} \equiv C_{(2)} - CH^2_{(3)} - CH^2_{(4)} - C_{(5)} \equiv CH_{(6)},$$

sera l'*hexadiine1.5.*
L'isomère de M. Griner,

$$CH^3_{(1)} - C_{(2)} \equiv C_{(3)} - C_{(4)} \equiv C_{(5)} - CH^3_{(6)},$$

sera l'*hexadiine2.4.*

13. *S'il y a simultanément des doubles et des triples liaisons, on emploiera les désinences* énine, diénine, *etc.*

14. *Les hydrocarbures non saturés seront numérotés comme les hydrocarbures correspondants. Dans le cas d'ambiguïté ou en l'absence de chaîne latérale, on placera le n° 1 au carbone terminal le plus voisin de la liaison d'ordre le plus élevé :*

$$\begin{array}{c} CH^3_{(1)} - CH_{(2)} - CH^2_{(3)} - CH_{(4)} = CH^2_{(5)} \\ | \\ CH^3 \end{array}$$
Méthyl2-pentène 4.

$$CH^3_{(5)} - CH^2_{(4)} - CH^2_{(3)} - CH_{(2)} = CH^2_{(1)}$$
Pentène-1.

$$CH_{(1)} \equiv C_{(2)} - CH^2_{(3)} - CH_{(4)} = CH^2_{(5)}.$$
Pentène4-ine1

Ici, si l'on veut désigner les positions des liaisons multiples dans la molécule, on sera obligé, pour éviter l'ambiguïté, de décomposer la désinence *énine* en ses éléments et de dire : Pentène4-ine1 ; de même s'il existe 2 liaisons éthyléniques et 1 seule acétylénique, ou inversement :

$$CH_{(1)} \equiv C_{(2)} - CH_{(3)} = CH_{(4)} - CH_{(5)} = CH^2_{(6)}$$
Hexadiène3.5-ine 1.

$$CH_{(1)} \equiv C_{(2)} - C_{(3)} \equiv C_{(4)} - CH_{(5)} = CH^2_{(6)}$$
Hexène5-diine 1.3.

15. *Si cela est nécessaire, la place de la double ou de la triple liaison sera indiquée par le numéro du premier atome de carbone sur lequel elle s'appuie.*

C'est le procédé appliqué dans tous les exemples précédents.

16. *Les hydrocarbures saturés à chaîne fermée prendront les noms des hydrocarbures saturés correspondants de la série grasse, précédés du préfixe* cyclo.

Le triméthylène devient le *cyclopropane*.

L'hexaméthylène devient le *cyclohexane*.

Nous désignerons cette classe d'hydrocarbures sous le nom générique de *cyclanes*, qui remplacera les mots *hydrocarbures à chaîne polyméthylénique*.

17. *Le numérotage des hydrocarbures est conservé dans tous leurs produits de substitution.*

Il reste naturellement à fixer ce numérotage dans le cas où il n'y a pas de chaînes latérales ou de liaisons multiples. On commencera dans ce cas le numérotage par l'extrémité de la chaîne la plus voisine d'une substitution ; et, dans les cas où il y aurait encore ambiguïté, par l'extrémité la plus voisine de la substitution d'ordre le plus élevé.

Voici quelques exemples :

$$CH^2Cl_{(1)} - CH^2Cl_{(2)}$$
Dichloro1.2-éthane.

$$CHCl^2 - CH^3$$
Dichloro1-éthane.

$$CHCl^2 - CH^2Cl,$$
Trichloro1.1.2-éthane.

$$CH^3 - CH - CH^2 - CH^2 - CH^2Br$$
$$|$$
$$CH^3$$
Méthyl2-bromo5-pentane.

L'ensemble des règles précédentes nous conduit à admettre que, lorsqu'on cherchera un hydrocarbure ou un quelconque de ses dérivés, on devra chercher d'abord dans les tables le nom correspondant à la chaîne longue, et à la suite de ce nom on trouvera réunis tous ses dérivés. Ainsi l'hydrocarbure

$$CH^3 - CH - CH - CH = CH^2$$
$$| \quad |$$
$$CH^3 \quad CH^3$$

se trouvera au mot PENTÈNE4[diméthyl2.3].

NOMENCLATURE DES FONCTIONS.

La manière de nommer les hydrocarbures étant fixée, nous allons exposer maintenant comment, en ajoutant des désinences à leurs noms, on peut arriver à désigner toutes les fonctions simples, c'est-à-dire les modifications apportées par substitution au noyau hydrocarboné *saturé* ou *non* et désigné d'après les règles précédentes.

18. *On donnera aux alcools et phénols le nom de l'hydrocarbure dont ils dérivent, suivi du suffixe* ol.

19. *Quand on a affaire à des alcools ou à des phénols polyatomiques, on intercalera entre le nom de l'hydrocarbure et le suffixe une des particules* di, tri. tétra, *indiquant l'atomicité.*

L'alcool méthylique, CH^3OH, devient le *méthanol*.

L'alcool allylique, $CH^2 = CH - CH^2OH$, devient le *propénol*.

L'alcool crotonique,

$$CH^3_{(4)} - CH_{(3)} = CH^2_{(2)} - CH^2, OH,$$

devient le *butène2-ol 1*.

La pinacone,

$$CH^3_{(1)} - COH_{(2)} - COH_{(3)} - CH^3_{(4)},$$
$$| \qquad |$$
$$CH^3 \quad\;\; CH^3$$

le *diméthyl2.3–butane-diol 2.3*.

La mannite, $CH^2OH - (CHOH)^4 - CH^2OH$, devient l'*hexane-hexol*.

La même difficulté que nous avons déjà soulevée pour les liaisons éthyléniques se présenterait encore si l'on connaissait un alcool possédant une fonction alcoolique dans une chaîne latérale ; pour les mêmes raisons que nous avons déjà exposées plus haut, nous ajouterions au mot indiquant la présence d'une chaîne latérale le suffixe indiquant la présence dans cette chaîne de la fonction alcool. Exemple :

$$CH^3_{(1)} - CH^3_{(2)} - CH_{(3)} - CH^3_{(4)} - CH^3_{(5)}$$
$$|$$
$$CH^2OH$$

se nommerait le *méthylol3-pentane*. Le résidu $-CH^2OH$ dérivé du méthanol CH^3OH doit en effet s'appeler *méthylol*.

20. *Le nom de mercaptan est abandonné et cette fonction est exprimée par le suffixe* thiol. Le mercaptan $CH^3 - CH^2 . SH$ devient l'*éthane-thiol*.

21. *Les éthers-oxydes seront désignés par les noms des hydrocarbures qui les composent, reliés par la particule* oxy.

L'éther ordinaire, $C^2H^5 - O - C^2H^5$, s'énonce *éthane-oxy-éthane*.

Lorsque les deux résidus hydrocarbonés ne sont pas identiques, c'est le plus compliqué qui s'énonce le premier :

$$C^3H^7 - O - C^2H^5.$$
Propane-oxy-éthane.

Ce mode de nomenclature, qui n'est pas sans présenter quelques inconvénients, n'a été admis que provisoirement.

22. *Les sulfures sont désignés de même par la syllabe* thio, *les disulfures par* dithio, *les sulfones par* sulfone :

$$C^6H^5 - S - C^2H^5,$$
Benzène-thio-éthane.

$$C^6H^5 - S - S - C^6H^5,$$
Benzène-dithio-benzène.

$$C^6H^3 - SO^2 - C^6H^5.$$
Benzène-sulfone-benzène.

23. *Les aldéhydes seront caractérisées par le suffixe* al *ajouté au nom de l'hydrocarbure dont elles dérivent ; les aldéhydes sulfurées par le suffixe* thial :

$$H - CHO, \qquad CH^3 - CHS,$$
Méthanal. Ethane-thial.

$$CH^2 = CH - CHO$$
Propénal.

$$CH^3_{(4)} - CH^2_{(3)} - CH_{(2)} - CHO_{(1)}$$
$$|$$
$$CH^3$$

Méthyl2-butanal1.

Comme dans le cas des alcools, s'il se presentait une fonction aldéhydique à l'extrémité d'une chaîne latérale, on la nommerait, en se servant du résidu − CHO appelé *méthylal*,

$$CH^3 - CH^2 - CH - CH^2 - CH^3$$
$$|$$
$$CHO$$

Méthylal3-pentane.

Des aldéhydes dérivent directement, par l'action des alcools ou des glycols, les composés connus sous le nom d'*acétals*; il n'a pas été décidé comment on doit nommer ces composés. Nous pensons qu'on doit les considérer tous comme dérivant de l'aldéhyde génératrice, qui devient alors la chaîne principale. Puis nous considérerons ces corps comme des éthers-oxydes, et nous adopterons une nomenclature tout à fait semblable à celle admise pour ces corps.

L'acétal

$$CH^3_{(2)} - CH_{(1)} {\scriptstyle{\diagup}}^{O\,C^2H^5}_{\diagdown O\,C^2H^5}$$

s'appellera l'éthane-1*bis*oxy-éthane. Le dérivé du glycol ordinaire

$$CH^3 - CH {\scriptstyle{\diagup}}^{O - CH^2(1')}_{\diagdown O - CH^2(2')}$$

étant l'éthane-1*dioxy*-éthane1'.2' et le dérivé que donne la même aldéhyde avec le propylglycol normal

$$CH^3 - CH {\scriptstyle{\diagup}}^{O - CH^2}_{\diagdown\;|\;CH^2\;|}_{O - CH^3}$$

sera l'*éthane-1dioxy-propane*1'.3'.

Le dérivé de l'aldéhyde amylique et du même glycol :

$$CH^3_{(1)} - CH_{(2)} - CH^2_{(3)} - CH_{(4)} {\scriptstyle{\diagup}}^{O - CH^2}_{\diagdown\;|\;CH^2\;|}_{O - CH^3}$$
$$|$$
$$CH^3$$

Méthyl2-butane-4dioxy-propane1'.3'.

24. *Les acétones recevront la désinence* one ; *les dicétones, tricétones, thiocétones seront désignées par les suffixes* dione, trione, thione. Exemples :

$$CH^3 - CO - CH^3.$$

Propanone.

$$CH^3 - CO - CH^2 - CH^2 - CH^3,$$

Pentanone2.

$$CH^3 - CO - CH^2 - CO - CH^3.$$

Pentane-dione2.4

Dans le cas des dicétones, il arrive fréquemment qu'on est obligé de laisser une fonction cétonique dans la chaîne latérale ; c'est le cas de la propylacétylcétone :

$$CH^3_{(1)} - CO_{(2)} - CH_{(3)} - CH^2_{(4)} - CH^2_{(5)} - CH^3_{(6)}$$
$$|$$
$$CO$$
$$|$$
$$CH^3$$

On pourrait la nommer *éthyl3-pentane-dione*2.3¹, ce qui aurait l'avantage de faire ressortir la double substitution cétonique ; mais il nous pa-

rait préférable d'adopter la même convention que précédemment pour toutes les fonctions placées dans une chaîne latérale et de dire

Éthanoyl3-pentanone 2,

qui permet de désigner clairement le squelette d'atomes de carbone, de même que la position des fonctions acétoniques sur ce squelette.

Nous continuerons à désigner les positions relatives des carbonyles par les lettres grecques α, β, γ : − CO − CO α-dicétones ; − CO − CH^2 − CO β, etc.

25. *La nomenclature actuelle des quinones est conservée.*

26. *Le nom des acides monobasiques de la série grasse est tiré de celui de l'hydrocarbure correspondant suivi du suffixe* oïque ; *on désignera de même les acides polybasiques par les suffixes* dioïque, trioïque, tétroïque.

27. *Dans les acides de la série grasse, le carboxyle sera considéré comme faisant partie intégrante du squelette des atomes de carbone.*

La nomenclature adoptée pour les acides est extrêmement commode toutes les fois que la structure est normale, ou que les carboxyles sont contenus dans la chaîne longue. Exemple :

$$CH^3 - CH^2 - CO^2H,$$

Acide propanoïque.

$$CO^2H - CH^2 - CH^2 - CO^2H,$$

Acide butane-dioïque.

$$CO^2H - CH - CH - CO^2H.$$
$$|\qquad\;\;|$$
$$CH^3\;\;CH^3$$

Acide diméthyl2.3-butane-dioïque.

Mais il arrive fréquemment que le groupement CO^2H est placé dans une chaîne latérale ; il y a alors ambiguïté et difficulté de désigner clairement le corps dont on veut parler en appliquant strictement la règle précédente.

Ainsi, pour l'acide diéthylacétique

$$CH^3 - CH^2 - CH - CH^2 - CH^3$$
$$|$$
$$CO^2H$$

il faudrait dire *méthyl3-pentanoïque* 3¹, ce qui ne présente pas de très grands inconvénients, bien qu'on puisse confondre avec l'acide

$$CO^2H - CH^2 - CH - CH^2 - CH^3$$
$$|$$
$$CH^3$$

Méthyl3-pentanoïque 1.

Mais, dans le cas où il existe des chaînes méthyliques modifiées et d'autres intactes, il y a attachées au mot *méthyle* deux significations différentes ; dans un cas, ce mot désigne la substitution réelle d'un groupe méthylique, et dans l'autre cas la désinence et le chiffre qui l'accompagne à la fin du mot indiquent que cette chaîne latérale est elle-même modifiée ; le nom ainsi construit pour l'acide isopropyléthylacétique,

$$CH^3 - CH - CH - CH^2 - CH^3$$
$$|\qquad\;\;|$$
$$CH^3\;\;CO^2H$$

Diméthyl2.3-pentanoïque 3¹

est certainement mauvais à cause de cela. On arrive à lever cet inconvénient grave en allongeant à la vérité un peu le mot, mais en indiquant très nettement la forme du squelette et la place de la modification qu'il subit, en désignant le groupe CO^2H par le mot *méthyloïque*, contraction de *méthanyloïque*, résidu monovalent de l'acide méthanoïque.

Nous dirons donc acide *méthyl2-pentane-mé-*

*thyloïque*3. Nous ne pensons pas qu'on doive conserver pour désigner dans ce cas le groupe CO^2H les termes *carbonique* ou *carboxylique*. le mot *méthyloïque* nous semble plus expressif, et surtout il donne à la nomenclature adoptée une unité plus grande, la chaine latérale *méthyle* devenant, suivant les modifications qu'elle subit, *méthyl ol*, *méthyl al*, *méthyl oïque*, *méthyl nitrile*.

Il résulte évidemment de ce qui précède que les désinences *trioïque* et *tétroïque* deviennent inutiles, et que les chiffres accompagnant la terminaison *dioïque* attachée à la chaine principale sont aussi inutiles, les deux CO^2H occupant forcément les deux extrémités de la chaine. Exemple :

$$CO^2H - CH — CH - CO^2H$$
$$\mid \qquad \mid$$
$$CO^2H \quad CO^2H$$

Acide diméthyloïque 2.3-butane-dioïque.

Il n'y a qu'un seul acide butane-dioïque, comme il n'y a qu'un seul butane.

Enfin dans les cas douteux on choisira toujours la chaine principale renfermant le ou les carboxyles :

$$CH^3 \diagdown$$
$$CO^2H_{(1)} \diagup CH_{(2)} - CH^2_{(3)} - CO^2H_{(4)}$$

sera l'acide *méthyl2-outane-aioïque* et non l'acide *méthyloïque2-butanoïque*.

28. *Les acides dans lesquels un ou deux atomes de soufre remplacent autant d'atomes d'oxygène du carboxyle seront dénommés comme suit : le soufre simplement lié à l'atome de carbone sera désigné par* thiol; *si la liaison est double, on emploiera la particule* thione :

$$CH^3 - CO - SH,$$
Acide éthane-thiolique.

$$'CH^3 - CS - OH,$$
Acide éthane-thionique.

$$CH^3 - CS - SH.$$
Acide éthane-thione-thiolique.

29. *Dans les acides monobasiques dont le squelette de carbone correspond à une chaîne normale ou symétrique, le carbone du carboxyle portera le n° 1; dans tous les autres cas, on conservera le numérotage de l'hydrocarbure correspondant :*

$$CH^3_{(4} - CH^2_{(3)} - CH_{(2)} - CO^2H_{(1)},$$
$$\mid$$
$$Br$$
Acide bromo2-butanoïque.

$$CH^3_{(1)} = CH_{(2)} - CH^2_{(3)} - CO^2H_{(4)},$$
Acide butène1-oïque 4.

$$CH^3_{(1)} - CH_{(2)} - CH^2_{(3)} - CO^2H_{(4)}.$$
$$\mid$$
$$CH^3$$
Acide méthyl2-butanoïque 4.

Dans la nomenclature officielle, on a jugé inutile de conserver les noms des quatre premiers acides, et admis qu'il est préférable de les faire dériver des quatre premiers hydrocarbures dont les noms sont conservés. On dira donc :

Acide méthanoïque	au lieu de	acide formique,
— éthanoïque	—	— acétique,
— propanoïque	—	— propionique,
— butanoïque	—	— butyrique.

30. *On conserve les conventions actuelles pour les sels et les éthers composés.*

Ainsi on dira :

Éthanoate de sodium,
— d'éthyle,
Butane-dioate de calcium,
— d'éthyle.

31. *Les anhydrides d'acides conservent leur mode actuel de désignation d'après les noms des acides correspondants.* Exemples :

Anhydride éthanoïque,
Anhydride mixte propanoïque-éthanoïque.

Nous ajouterons simplement que, conformément à la règle établie pour les éthers-oxydes, c'est le nom de l'acide le plus compliqué qui s'énoncera le premier.

32. *Les lactones seront désignées par le suffixe* olide. *La position occupée dans la chaine principale par l'oxygène alcoolique par rapport au carboxyle pourra être exprimée par les lettres grecques* α, β, γ, δ *à côté du numérotage habituel. Les acides lactoniques dérivant d'acides bibasiques seront nommés comme les lactones dont ils dérivent, en ajoutant le suffixe* oïque.

Il résulte de ce paragraphe la suppression du terme incorrect *lactone*; il est remplacé par le suffixe *olide*, formé avec les désinences *ol* des alcools et *ide* des anhydrides :

$$O \text{———} CO_{(1)}$$
$$\mid \qquad\qquad \mid$$
$$CH^3_{(5)} - CH_{(4)} - CH^3_{(3)} - CH^2_{(2)}$$
Pentanolide 1.4.

$$O \text{———} CO$$
$$\mid \qquad\quad \mid$$
$$CH^2 = C - CH^3 - CH^2$$
Pentènel-olide 2.5.

L'emploi des lettres grecques permet de rapprocher les lactones analogues. Ces deux derniers corps sont des γ-olides; de même pour les acides lactones :

$$O \text{———} CO$$
$$\mid \qquad\quad \mid$$
$$CO^2H - CH - CH^2 - CH^2$$
Acide pentanolidoïquet.4 ou γ-pentanoudoïque.

La nomenclature des fonctions azotées n'est que très peu modifiée par les décisions qui ont été prises.

33. AMINES. — *Pas de changements pour les ammoniaques composées. Lorsque le groupe* AzH^2 *sera considéré comme substituant, il sera exprimé par le préfixe* amino.

Les composés où le groupe bivalent AzH *ferme une chaine de radicaux positifs seront appelés* imines. Exemples :

$$CH^3 - AzH^2$$
Méthylamine.

$$\begin{matrix} CH^3 \diagdown \\ C^2H^5 \diagup \end{matrix} AzH$$
Éthylméthylamine.

$$CH^2 - AzH^2$$
$$\mid$$
$$CH^2 - AzH^2$$
Éthène-diamine.

$$CH^3 - CH - CO^2H$$
$$\mid$$
$$AzH^2$$
Ac. amino2-propanoïque

$$\begin{matrix} CH^2 \diagdown \\ \mid \quad AzH \\ CH^2 \diagup \end{matrix}$$
Éthène-imine.

34. *La nomenclature en usage pour les* PHOSPHINES, ARSINES, STIBINES, SULFINES *est conservée.*

35. *Les composés dérivant de l'hydroxylamine par remplacement de l'hydrogène de l'hydroxyle seront désignés par le suffixe* hydroxylamine. Exemples :

$$C^2H^5 - O - AzH-$$
Éthylhydroxylamine

Les oximes seront dénommées en ajoutant le suffixe oxime *au nom de l'hydrocarbure correspondant.*

Il en résulte que les oximes dérivées des aldéhydes et celles qu'on obtient en partant des acétones porteront le même nom; la distinction repose uniquement sur le chiffre qui indique la position du groupe AzOH dans la chaîne. Exemples :

$$CH^3-CH^2-CH^2-CH=AzOH$$
Butanoxime 1.

$$CH^3-CH^2-C-CH^3$$
$$\|$$
$$AzOH$$
Butanoxime 2.

36. *Les noms* amides, imides, amidoximes *sont conservés: ils seront seulement tirés du nom de l'hydrocarbure et non plus de celui de l'acide.*

On devra par conséquent dire *éthanamide* pour *acétamide*, *éthane-diamide* pour *oxamide*, *butanimide* pour *succinimide*.

37. *Le terme générique* urée *est conservé; on l'emploiera comme suffixe pour les dérivés alcooliques de l'urée, tandis que les dérivés par substitution acide seront des* uréides :

$$CO\begin{cases}AzH-C^2H^5\\AzH^2\end{cases} \qquad CO\begin{cases}AzH-C^2H^5\\AzH-C^2H^5\end{cases}$$
Éthylurée.   Diéthylurée.

Il est nécessaire de pouvoir faire une distinction entre les urées substituées dans le même groupe AzH^2, ou dans les deux groupes différents: pour cela, nous désignerons les deux atomes d'azote par les lettres *a* et *b* et nous dirons dans le cas de la diéthylurée symétrique *a-b-diéthylurée*; la méthyléthylurée,

$$CO\begin{cases}AzH-C^2H^5\\AzH-CH^3\end{cases}$$

s'appellera *a-éthyl-b-méthylurée*, le groupe le plus compliqué étant toujours énoncé le premier. Cette nomenclature nous servira également dans le cas des uréides; l'acétylurée

$$CO\begin{cases}AzH^2\\AzH-CO-CH^3\end{cases}$$

sera l'*éthanoyluréide*; la diacétylurée

$$CO\begin{cases}AzH-CO-CH^3\\AzH-CO-CH^3\end{cases}$$

sera l'*a-b-diéthanoyluréide* et la malonylurée ou acide barbiturique

$$CO\begin{cases}AzH-CO\\AzH-CO\end{cases}CH^2$$

sera l'*a-b-propane-dioyluréide*.

Dans le cas où le dérivé sera une uréide d'une alcoylurée, le groupement alcoolique sera joint au mot *uréide* : l'éthylacétylurée,

$$CH^3-CO-AzH-CO-AzH-C^2H^5,$$

se nommera *a-éthanoyl-b-éthyluréide*.

37*bis*. *Les corps dérivant de 2 molécules d'urée seront désignés sous les suffixes* diurées *et* diuréides; *les* uréides *acides prendront le nom d'acides* uréiques; *on rejettera les désinences* uramique *et* urique.

Il n'y a aucune difficulté dans l'application de ces règles: ainsi l'acide hydantoïque,

$$AzH^2-CO-AzH-CH^2-CO^2H,$$

sera l'acide *éthanuréique*.

Mais, pour les dérivés des acides bibasiques qui présentent à la fois la fonction uréide et acide uréique, il devient nécessaire de créer un nouveau mot pour la désignation de cette fonction; il se formera en ajoutant au suffixe *uréide* la désinence *oïque*, caractéristique des acides, comme nous l'avons fait pour les amides acides; de sorte que l'*acide oxalurique*,

$$AzH^2-CO-AzH-CO-CO^2H,$$

devient l'*acide éthanuréidoïque*. Ce procédé est le seul qui permette de nommer facilement les amides dérivées de ces acides; par exemple l'oxalane,

$$AzH^2-CO-AzH-CO-COAzH^2,$$

qui devient l'*éthanuréidamide*.

Pour les dérivés de l'acide hydantoïque (éthanuréique), comme l'hydantoïne, il paraît convenable de les considérer comme uréides, et de dire pour l'hydantoïne

$$CO\begin{cases}AzH-CH^2\\AzH-CO\end{cases}$$

a-b-éthyloyluréide; l'acide méthylhydantoïque

$$AzH^2-CO-Az-CH^2-CO^2H$$
$$\vert$$
$$CH^3$$

sera l'acide *éthane-a-méthyl-a-uréique*, et la méthylhydantoïne sera l'*a-b-éthyloyl-a-méthyluréide*.

38. AMIDINES. — *Ce suffixe est conservé.*

39. *Le terme générique* guanidine *est conservé. Les différentes guanidines seront nommées comme dérivés substitués de la* diaminocarbo-imidine.

Des conventions analogues aux précédentes sont nécessaires pour la nomenclature des dérivés des amidoximes, des amidines et des guanidines. L'éthanamidoxime

$$CH^3-C\begin{cases}AzOH\\AzH^2\end{cases}$$

peut donner naissance à deux dérivés phénylés :

$$CH^3-C\begin{cases}AzO-C^6H^5\\AzH^2\end{cases} \quad et \quad CH^3-C\begin{cases}AzOH\\AzH-C^6H^5\end{cases}$$

le premier s'appellera *amido-éthane-phényloxime* et le second *phénylamido-éthanoxime*.

Dans le cas des amidines, le suffixe *amidine* sera décomposé en *amido-imidine*, comme le précédent en *amido* et *oxime*. L'éthanamidine

$$CH^3-C\begin{cases}AzH\\AzH^2\end{cases}$$

a deux dérivés monométhylés :

$$CH^3-C\begin{cases}Az-CH^3\\AzH^2\end{cases}$$
Éthanamido-méthylimidine.

$$CH^3-C\begin{cases}AzH\\AzH-CH^3\end{cases}$$
Éthane-méthylamido-imidine.

Dans le cas des guanidines, les dérivés substitués dans le groupement imidé se désignent tout naturellement :

$$C^2H^5-Az=C\begin{cases}AzH^2\\AzH^2\end{cases}$$
Diamino-carbo-éthylimidine.

$$C^2H^5-Az=C\begin{cases}AzHCH^3\\AzHCH^3\end{cases}$$
a-b-Diméthylaminocarboéthylimidine.

Ici encore les lettres a et b serviront à indiquer si la substitution se fait sur le même groupe AzH^2 ou sur deux groupes différents.

40. BÉTAÏNES. — Le suffixe qui désignera cette fonction est *taïne*. Exemple :

$$(CH^3)^3 Az — O$$
$$CH^2 - CO$$

Éthanoyltriméthyltaïne.

41. *Pour les dérivés de la série grasse où le groupe CAz fait partie de la chaîne principale, on fera suivre le nom de l'hydrocarbure du suffixe* nitrile ; *la question est laissée en suspens pour le cas où le groupe fait partie d'une chaîne latérale.*

Dans la série benzénique, on adopte le suffixe cyano.

Les difficultés que nous avons fait ressortir plus haut à propos des fonctions éthylénique et acide, se sont représentées dans le cas des nitriles, et il a paru impossible à ce moment-là d'adopter ce qui avait été tacitement convenu pour les autres fonctions : c'est-à-dire que l'adjonction d'un suffixe au nom de l'hydrocarbure pouvait indiquer également bien une modification dans la chaîne principale et dans une chaîne latérale. Comme il n'y a aucune raison pour ne pas faire pour les nitriles ce que l'on fait pour les acides, il devient évident par cela même que la nomenclature des acides doit être comprise comme nous l'avons fait plus haut ; il devient alors très facile de résoudre la difficulté laissée en suspens dans le cas des nitriles : l'acide cyanhydrique IICAz est le *méthane-nitrile* ; par conséquent le résidu –CAz est le *méthanyl-nitrile*, et, en se servant de l'abréviation usuelle, le *méthylnitrile*. Nous ajouterons donc toujours, dans le cas du groupe CAz placé dans la chaîne longue, le suffixe *nitrile* au nom de cette chaîne. Exemples :

$$CH^3 - CH^2 - CAz,$$

Propane-nitrile.

$$CAz - CH^2 - CH^2 - CH^2 - CAz.$$

Pentane–dinitrile.

Mais quand le groupe CAz fera partie d'une chaîne latérale, nous joindrons toujours ce suffixe au nom de la chaîne latérale, et nous dirons par exemple *méthylnitrile3-pentane* pour le composé

$$CH^3 - CH^2 - CH - CH^2 - CH^3$$
$$CAz$$

Nous proposons de renoncer complètement au mot *cyano*, dont l'emploi présente l'inconvénient de donner deux noms complètement différents à une même fonction suivant la place que cette fonction occupe dans la molécule, ce qui est inadmissible, et de ne pas indiquer suffisamment la substitution subie par la chaîne principale, ce que les mots *méthyl, éthyl..., -nitrile* indiquent parfaitement, en permettant à l'esprit de saisir immédiatement la forme du squelette de l'ensemble des atomes de carbone.

Il est fâcheux que le mot *cyano* ait été adopté pour la série aromatique, puisque nous créons ainsi une distinction tout à fait artificielle entre la nomenclature des dérivés du benzène et celle des autres composés.

42. CARBYLAMINES. — *La nomenclature actuelle est conservée.*

43. ÉTHERS ISOCYANIQUES. — *Suffixe :* carbonimide. Exemples :

$$CO = Az - C^2H^5 \qquad CS = Az - C^2H^3$$

Éthylcarbonimide.   Éthyl-thione-carbonimide.

On supprimera par conséquent les mots *isocyanique, essence de moutarde* et *sénevol*, dont l'emploi était du reste fort incommode.

44. CYANATES. — *Ce nom est réservé aux éthers véritables qui par saponification fournissent l'acide cyanique ou ses produits d'hydratation. On remplacera le nom de sulfocyanate par celui de* thiocyanate.

45. DÉRIVÉS NITRÉS. — *Rien n'est changé à la nomenclature actuelle. On dira donc :*

$$CH^3 - AzO^2, \qquad\qquad C^6H^5 - AzO^2.$$

Nitrométhane.   Nitrobenzène.

46. DÉRIVÉS AZOÏQUES. — *Les dénominations* azo, diazo, hydrazo, azoxy *sont conservées, mais le mode d'énonciation est modifié comme suit :*

Sel des diazoïques, par exemple :

$$C^6H^5 - Az = AzCl$$

se nommera *chlorure de diazobenzène.*

Dans les azoïques, on nommera successivement les deux groupes reliés entre eux par les deux atomes d'azote, en les séparant par la particule *azo* : c'est le même principe que celui qui a été adopté pour la nomenclature des oxydes :

$$C^6H^5 - Az = Az - C^6H^4 - CH^3.$$

Méthylbenzène-azobenzène ou toluène-azobenzène.

Pour les dérivés deux fois azoïques, comme

$$C^6H^5 - Az^2 - C^6H^4 - Az^2 - C^6H^5,$$

on dira *benzène-azo-benzène-azo-benzène.*

Il résulte également de cet article que la dénomination de *diazoamidé* doit être conservée ; la constitution de ces composés n'étant pas absolument certaine, il ne nous paraît pas utile de modifier la manière de les énoncer.

47. *Les hydrazines symétriques sont considérées comme des dérivés hydrazoïques, et dénommées comme telles. Les hydrazines asymétriques sont désignées par les noms des radicaux qu'elles renferment, suivis du suffixe* hydrazine.

Les hydrazines appelées *symétriques* sont celles qui dérivent de l'hydrazine $AzH^2 - AzH^2$ par deux substitutions, une sur chacun des atomes d'azote ; les hydrazines asymétriques possèdent leurs deux substitutions rattachées au même atome d'azote ; dans le premier cas,

$$C^6H^5 - AzH - AzH - CH^3,$$

on dira *benzène-hydrazo-méthane* ; dans le second,

$$\frac{C^6H^5}{CH^3} > Az - AzH^2, \qquad \frac{CH^3 - C^6H^4}{CH^3} > Az - AzH^2.$$

Phénylméthylhydrazine.   Méthophényl-méthyl-hydrazine.

48. *Le nom des hydrazones est formé en remplaçant la terminaison* al *ou* one *des aldéhydes ou des cétones par le suffixe* hydrazone ; *le terme* osazone *est remplacé par celui de* dihydrazone.

Comme dans les oximes, les hydrazones dérivées des aldéhydes et des acétones ne sont différenciées que par le chiffre qui indique la position de la fonction dans la chaîne principale

$$CH^3 - CH^2 - CH = Az - AzH . C^6H^5,$$

Propane-hydrazone

$$\frac{CH^3}{CH^3} > C = Az - AzH . C^6H^5.$$

Propane-hydrazone 2.

Au sujet des composés à fonctions multiples, le Congrès de Genève, après une longue discussion, a pris la décision suivante :

49. *Une discussion plus approfondie sur la nomenclature des composés à fonction complexe est ajournée, et l'étude de cette question est renvoyée à la Commission internationale pour qu'elle prépare sur ce point un projet qui sera soumis à un prochain Congrès; la Commission devra chercher à concilier les exigences de la nomenclature parlée avec celles d'une terminologie applicable aux Dictionnaires.*

Nous exposerons à la fin de cet article les procédés qui seront appliqués dans cet ouvrage et qui permettent, à notre avis, de résoudre d'une manière satisfaisante les questions laissées en suspens.

RADICAUX.

Nous avons, dans les lignes qui précèdent, fait un fréquent emploi des radicaux. Leur usage présente des avantages très considérables, surtout au point de vue de la nomenclature parlée. Les termes que nous avons employés résultent des décisions qui vont suivre, et il nous paraît inutile de commenter plus longuement les énoncés suivants :

50. *Les noms des radicaux monovalents, dérivant des hydrocarbures par soustraction d'un atome d'hydrogène, seront terminés en yle. Cette désinence remplacera la terminaison ane pour les hydrocarbures saturés; elle est ajoutée au nom complet de l'hydrocarbure lorsque celui-ci n'est pas saturé :*

$$CH^3 - CH^2 -, \qquad CH^2 = CH -, \qquad CH \equiv C -.$$
Éthyle. Éthényle. Éthinyle.

51. *Les radicaux à fonction alcoolique, c'est-à-dire ceux qui dérivent des alcools par soustraction d'un atome d'hydrogène directement uni au carbone, sont nommés en ajoutant ol au nom de l'hydrocarbure correspondant :*

$$-CH^2 - CH^2 OH, \qquad -CH = CHOH.$$
Éthylol Éthénylol.

52. *Les radicaux dérivés des aldéhydes sont nommés comme ceux des alcools, en remplaçant ol par al :*

$$-CH^2 - CHO.$$
Éthylal.

53. *Les radicaux des acides qui ont conservé la fonction acide, c'est-à-dire dérivant de l'acide correspondant par élimination d'un atome d'hydrogène lié au carbone, seront dénommés de même, au moyen de la terminaison oïque* ·

$$-CH^2 - CO^2 H, \qquad -CH = CH - CO^2 H.$$
Acide éthyloïque. Acide propényloïque.

Ceux au contraire qui dérivent de l'acide par enlèvement de l'hydroxyle carboxylique sont dénommés en transformant la terminaison oïque en oyle :

$$CH^3 - CO -, \qquad CH^2 = CH - CO.$$
Éthanoyle. Propénoyle.

Nous ajouterons à ces conventions la remarque que l'on peut être amené à considérer des résidus d'acide appartenant à la fois au premier et au second cas, et dérivant par conséquent de l'éthanoyle par perte d'un atome d'hydrogène directement lié au carbone; dans ce cas, qui s'est présenté à propos de l'hydantoïne, nous dirons

$$-CH^2 - CO -.$$
Éthyloyle.

54. *Lorsque deux radicaux sont unis au*

même atome, le plus compliqué est énoncé le premier. Exemples :

$$\begin{matrix} C^2H^5 \searrow \\ CH^3 \nearrow \end{matrix} AzH \qquad\qquad \begin{matrix} C^6H^5 \searrow \\ CH^3 \nearrow \end{matrix} Az - AzH^2$$
Éthylméthylamine. Phénylméthylhydrazine.

SÉRIE AROMATIQUE.

Dans la série aromatique, il a été posé comme principe absolu qu'on rapporterait tout au noyau benzénique, naphtalique, etc.; mais il n'a pas été dit quel nom on adopterait pour ces noyaux. Nous continuerons à désigner les hydrocarbures fondamentaux par les noms employés jusqu'à présent dans cet ouvrage, et nous dirons *benzène, naphtalène, anthracène,* etc., bien que les mots *phénol, naphtol,* et les radicaux *phényle, naphtyle,* ne dérivent plus directement de ces appellations, qu'il eût été préférable de remplacer par *phène* pour *benzène, naphtène* pour *naphtalène.*

55. *Dans les dérivés aromatiques, et dans tous les corps renfermant une chaîne fermée, toutes les chaînes latérales seront considérées comme des groupes substituants.*

Cet article ne suffit pas pour fixer un seul nom pour les dérivés du benzène, car il est en contradiction avec un certain nombre de décisions précédentes; si à la vérité il n'y a aucune difficulté à dire

Benzène-méthylal	pour C^6H^5-CHO,
Benzène-éthylol	— $C^6H^5-CH^2-CH^2OH$,
Acide benzène-méthyloïque	— $C^6H^5-CO^2H$,

il n'en est pas de même pour le phénol, C^6H^5OH, qui peut s'appeler soit *benzénol,* soit *oxybenzène,* pour le cyanure de phényle, C^6H^5-CAz, qu'on peut appeler *cyanobenzène* d'après l'article 41, ou *benzène-méthylnitrile*; il est nécessaire de déterminer très exactement le procédé que nous choisirons pour éviter de fâcheuses synonymies.

Nous proposerons donc d'adopter dans toute son intégrité l'article 55, en nous servant uniquement de la nomenclature établie pour les radicaux et résidus pour désigner les chaînes latérales, de manière à ne jamais nommer de deux manières différentes la même fonction. Cela nous amène à rejeter, comme nous l'avons fait jusqu'ici, les mots de *carboxylique* ou *carbonique* pour désigner le résidu $-CO^2H$, que nous appellerons toujours *méthyloïque*: de *cyano* pour désigner $-CAz$, qui est le *méthylnitrile*; enfin, pour être tout à fait général, nous considérerons le résidu OH comme désigné par le suffixe *ol,* et nous dirons :

C^6H^6	Benzène,
C^6H^5OH	Benzénol,
$C^6H^5-CH^3$	Méthylbenzène,
$C^6H^5-CH^2OH$	Méthylol-benzène,
C^6H^5-CHO	Méthylal-benzène,
$C^6H^5-CO^2H$	Acide benzène-méthyloïque,
$C^6H^5-COAzH^2$	Benzène-méthylamide,
C^6H^5-CAz	Benzène-méthylnitrile,
$C^6H^5-AzO^2$	Nitrobenzène,
$C^6H^5-AzH^2$	Aminobenzène,
$C^6H^5-Az\begin{smallmatrix}CH^3\\CH^3\end{smallmatrix}$	Diméthylaminobenzène.

Ces exemples suffisent pour montrer la facilité avec laquelle on peut appliquer ces conventions; dans la nomenclature écrite, on trouvera toujours les dérivés du benzène à ce mot; ainsi la diméthyl-p-toluidine

$$CH^3 - C^6H^5 - Az \begin{smallmatrix} CH^3 \\ CH^3 \end{smallmatrix}$$

se trouvera désignée de la manière suivante :

Benzène [*méthyl1-diméthylamino4*].

Mais, pour la nomenclature parlée, il est souvent commode de placer les suffixes tantôt avant, tantôt après, et de dire par exemple :

Diméthylamino-méthylbenzène,

et dans le cas suivant :

$$(CH^3)^2 Az - C^6 H^4 - CO^2 H.$$

Acide diméthylaminobenzène-méthyloïque.

Quant à la manière d'indiquer les positions relatives des substitutions sur l'hexagone benzénique, nécessité que nous avons exposée en détail ailleurs [*Agenda du Chimiste* 1892], elle est fixée de la manière suivante :

56. *Les atomes de carbone du noyau benzénique et les chaînes latérales qui s'y rattachent sont numérotés de 1 à 6.*

57. *Dans un dérivé polysubstitué du benzène, on attribuera toujours la place 1 au groupe substituant dans lequel l'atome directement uni au carbone benzénique a le poids atomique le moins élevé.*

Ainsi, dans un phénol chlorobromé, la place 1 appartient à l'oxhydryle; au contraire, dans un phénol chloronitré, elle appartient au groupe AzO^2.

58. *La place 1 étant ainsi fixée, on énoncera successivement les indices des groupes en suivant l'ordre des poids atomiques croissants des atomes directement liés au noyau.*

Le phénol chlorobromé

s'écrira *chlorobromobenzénol* 1.4.3, et son isomère

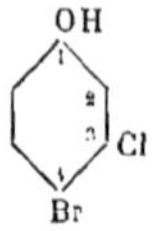

chlorobromobenzénol 1.3.4.

Le composé

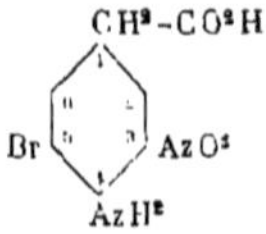

sera l'acide *aminonitrobromobenzène – éthyloïque* 1.4.3.5.

59. *En cas d'identité de 2 atomes liés au noyau, on considérera les autres atomes du groupe en les classant suivant l'ordre des poids atomiques.*

Dans le cas où les atomes identiques ne sont pas des atomes de carbone, c'est-à-dire où il ne s'agit pas de chaînes latérales, la solution est facile à comprendre : entre le groupe OH et un groupe OR, c'est un groupe OH qui aura la première place; de deux groupes OR, OR', c'est celui dont le radical R est le moins compliqué :

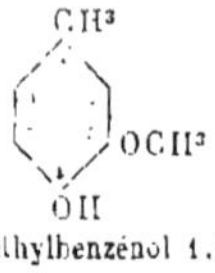

Méthoxyméthylbenzénol 1.4.3.

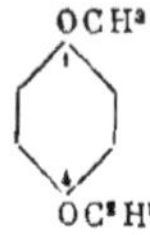

Méthoxy-éthoxy-benzène 1.4.

60. *Dans le cas où il existe plusieurs chaînes latérales, on placera en première ligne celles qui ne renferment qu'un seul atome de carbone; pour classer ces chaînes entre elles, on considérera si elles dérivent du groupe CH^3 par remplacement de 1, 2 ou 3 atomes d'hydrogène, et, dans chacune de ces catégories, la modification qui entraîne le moindre accroissement de poids moléculaire passera la première; les chaînes à plusieurs atomes de carbone seront classées entre elles d'une manière analogue.*

Ce qui revient en définitive à écrire le tableau suivant :

I	II	III
1 CH^3	1 $CH=AzH$ et dérivés.	$C \equiv Az$
2 CH^2-AzH^2 et dérivés.	2 CHO	$COOH$ et éthers.
3 CH^2-OH	3 $CH=Az-OH$	CCl^3
4 CH^2Fl	4 $CHFl^2$	CBr^3
5 CH^2Cl	5 $CHCl^2$	CI^3
6 CH^2Br	6 $CHBr^2$	
7 CH^2I	7 CHI^2	

Un groupe de la colonne I occupera toujours la première place par rapport à tous les groupes des colonnes II et III, et, dans chacune de ces colonnes, on les prendra dans l'ordre où ils sont placés, ordre qu'il est bien facile de retenir, puisqu'il dépend seulement du poids atomique du second atome lié au carbone. On peut construire très facilement des tables analogues pour les chaînes à 2 atomes de carbone, le principe restant absolument le même. Voici quelques exemples :

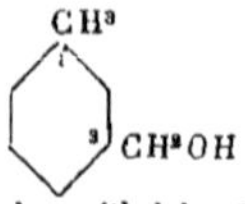

Méthylbenzène-méthylol 1.3.

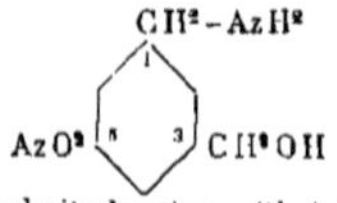

Aminométhyl-nitrobenzène-méthylol 1.3.5.

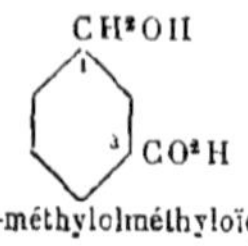

Acide benzène-méthylolméthyloïque 1.3.

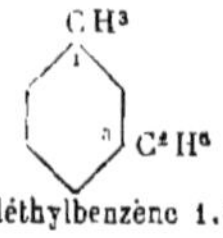

Méthyléthylbenzène 1.3.

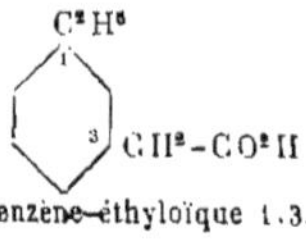

Acide éthylbenzène–éthyloïque 1.3.

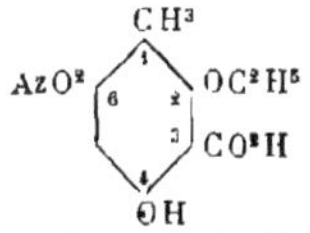

$$CH^3$$
$$AzO^2 \quad OC^2H^5$$
$$CO^3H$$
$$OH$$

Acide méthyl-ethoxy-nitrobenzénol-méthyloïque 1.3.6.4.2.

61. *Quand le même groupe substituant se répète plusieurs fois, on adoptera, pour lui attribuer la place* 1, *celui qui donnera l'indice le moins élevé au groupe d'espèce différente énoncé ensuite.* Exemples :

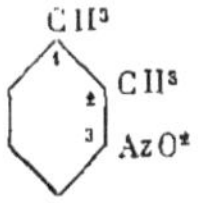

$$CH^3$$
$$CH^3$$
$$AzO^2$$

nitro-diméthylbenzène 1.2 3,

et non 1.2.6

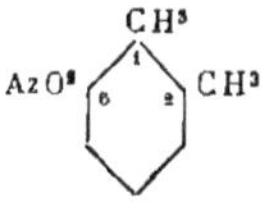

$$CH^3$$
$$AzO^2 \quad CH^3$$

Les chaînes tenant au noyau benzénique étant classées d'après les règles précédentes, il suffit d'écrire la liste suivante, fixée par l'article 58 ·

1 C	= 12.		
2 Az	= 14.........	1	AzH² et dérivés.
		2	AzOH —
		3	AzO²
		4	Az=AzR
3 O	= 16.........	1	OH
		2	OR
4 Fl	= 19		
5 S	= 32.........	1	SO²H
		2	SO²R
		3	SO³H
		4	SO³R
6 Cl	= 35,5		
7 Br	= 80		
8 I	= 127		

dans laquelle les éléments sont rangés dans l'ordre des poids atomiques croissants, et les radicaux composés dans l'ordre des poids moléculaires croissants. Nous choisirons toujours pour lui donner la place 1 l'élément ou le groupe occupant le rang le moins élevé dans le tableau.

Le résultat de ces conventions est qu'on peut ainsi arriver à n'avoir qu'un seul symbole pour un dérivé polysubstitué du benzène, et cela quelle que soit la manière dont le nom est énoncé ou écrit, à condition qu'il soit suivi du symbole chiffré. Connaissant ce symbole, on peut, sans hésitation, reconstruire le schéma du composé en question, et cela d'une seule manière.

Ainsi le nom d'acide *chloro-iodo-éthylbenzène-sulfonique-méthyloïque* représente les 120 isomères possibles de ce composé; suivi du symbole 1.3.2.6.4, il correspond au seul schéma :

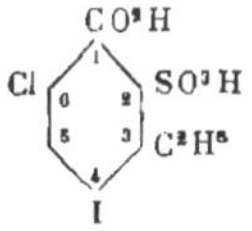

$$CO^2H$$
$$Cl \quad SO^3H$$
$$C^2H^5$$
$$I$$

62. *Lorsque* 2 *noyaux seront liés directement ou indirectement, les indices de celui qui est énoncé le dernier seront accentués :*

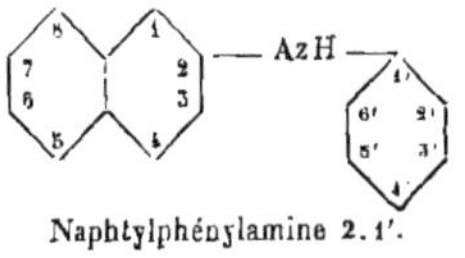

$$— AzH —$$

Naphtylphénylamine 2.1'.

Les énoncés qui précèdent fixent bien la nomenclature des composés aromatiques renfermant un seul noyau, mais il n'a pas été question des composés renfermant 2 ou plusieurs noyaux benzéniques; dans ce cas, il paraît bien difficile de considérer les chaînes qui relient 2 anneaux benzéniques comme des substituants; et la chose est tout à fait impossible pour les dérivés du triphénylméthane. Nous pensons que, dans le cas où 3 groupes C⁶H⁵ sont reliés à un même atome de carbone, on peut les considérer comme des groupes substituants, ainsi que cela se fait quand ils sont reliés à un même atome d'azote :

$$C^6H^5 \diagdown Az H.$$
$$C^6H^5 \diagup$$

Diphénylamine.

De même on pourrait dire :

$$C^6H^5 \diagdown CH^2,$$
$$C^6H^5 \diagup$$

Diphénylméthane.

$$C^6H^5 \diagdown CO,$$
$$C^6H^5 \diagup$$

Diphénylméthanone
pour benzophénone.

$$C^6H^5 \diagdown CHOH;$$
$$C^6H^5 \diagup$$

Diphénylméthanol
pour benzhydrol.

mais il est préférable d'adopter la nomenclature indiquée plus bas pour les composés de la forme

$$C^6H^5 – (CH^2)^n – C^6H^5.$$

Nous conserverons la nomenclature si commode des dérivés du triphénylméthane, et nous dirons :

$$(C^6H^5)^3 CH, \qquad (C^6H^5)^3 – COH,$$
Triphénylméthane. Triphénylméthanol.

et pour la p-rosaniline :

$$(AzH^2 . C^6H^4)^3 – COH ;$$
Tri-aminophényl-méthanol.

pour la base du violet hexaméthylé :

$$[Az(CH^3)^2C^6H^4]^3 COH.$$
Tri-diméthylaminophényl-méthanol.

Dans le cas où 2 noyaux benzéniques sont reliés par une chaîne d'atomes de carbone, il n'est pas actuellement possible de procéder par substitution dans le noyau benzénique, puisque nous n'avons pas établi de noms qui nous permettent de désigner les résidus bivalents, tels que –CH²–CH²–CH²–. Il est aussi fort difficile de considérer les groupements phényliques comme substituants, car cela nous amènerait à nommer le corps

$$C^6H^5 – CO – CH^2 – CO – C^6H^5,$$

dérivé du chlorure malonyle et du benzène, *diphényl* 1.3-*propane-dial*, en le considérant comme dérivant de la di-aldéhyde CHO–CH²–CHO par remplacement des 2 atomes d'hydrogène des groupes aldéhydiques par 2 groupes phényle ; on aurait alors la désinence caractéristique de la fonction aldéhyde dans un composé qui présente la fonction cétonique, ce qui est inadmissible.

Nous proposerons le procédé suivant, qui est également applicable au diphénylméthane et à ses dérivés : *Lorsque deux groupes aromatiques sont reliés entre eux par une chaîne linéaire d'atomes de carbone, le squelette formé par les deux anneaux benzéniques et la chaîne qui les relie sera toujours considéré comme noyau principal, quelles que soient les substitutions qui modifient la partie linéaire du squelette.*

Ainsi, dans le composé

$$C^6H^5 - CH^2 - CH - CH^2 - C^6H^5$$
$$|$$
$$CH^2$$
$$|$$
$$CH^2$$
$$|$$
$$CH^3$$

c'est le diphényl-propane,

$$C^6H^5 - CH^2 - CH^2 - CH^2 - C^6H^5,$$

qui est considéré comme chaîne principale. Nous allons donner un nom à ce corps, et tous ses dérivés s'exprimeront au moyen des suffixes et préfixes ordinaires.

Pour désigner un carbure de la forme

$$C^6H^5 - [CH^2]^n - C^6H^5,$$

nous emploierons un procédé analogue à celui qui nous a servi dans le cas des éthers et des acétals, et nous le nommerons comme il s'écrit :

$$C^6H^5 - CH^3 - CH^2 - CH^2 - C^6H^5$$

s'appellera *phényle-propane-phényle*.

La séparation des deux groupes aromatiques est extrêmement commode si l'on veut pouvoir énoncer les substitutions qui les affectent très souvent :

$$\begin{matrix} CH^3 \\ CH^3 \end{matrix} > C^6H^3 - CH^2 - CH^2 - CH^2 - C^6H^4 - C^2H^5.$$
Diméthophényle-propane-éthophényle.

Il faut encore pouvoir désigner d'une manière précise la place des substitutions subies tant par les noyaux benzéniques que par la chaîne longue. Nous emploierons pour cela un double numérotage : les deux hexagones seront numérotés de 1 à 6, l'atome 1 étant celui qui est relié à la chaîne linéaire dans les deux hexagones

$$\underset{3 \quad 2}{\overset{5 \quad 6}{\langle \quad \rangle}} - CH^2 - CH^2 - CH^2 - \underset{6 \quad 5}{\overset{2 \quad 3}{\langle \quad \rangle}}$$

On voit ici immédiatement un des avantages de la séparation des deux groupes benzéniques ; elle a pour résultat de dispenser de l'emploi des chiffres accentués.

Pour désigner les substitutions que subit la chaîne linéaire, on numérotera ses atomes de carbone de 1 à n en partant du noyau aromatique le plus compliqué :

$$\begin{matrix} CH^3 \\ CH^3 \end{matrix} > C^6H^3 - CO - CH^2 - CO - C^6H^5$$
$$(1) \quad (2) \quad (3)$$
Diméthophényle-propane-phényle-dione 1.3.

Il suffit, pour donner un nom à un composé de cette forme, d'ajouter les désinences habituelles à la fin du mot formé par l'hydrocarbure fondamental. Exemples :

$$C^6H^5 - CH^2 - CH^2 - C^6H^5 ;$$
Phényle-éthane-phényle.

$$C^6H^5 - CO - CO - C^6H^5 ;$$
Phényle-éthane-phényle-dione.

$$\underset{CH^3}{\underset{3 \quad 2}{\overset{5 \quad 6}{CH^3 \langle \quad \rangle}}} - CH^2 - \underset{CH^3}{CH} - CH^2 - \underset{6 \quad 5}{\overset{2 \quad 3}{\langle \quad \rangle CH^3}}$$

Dimétho3.4-phényle-méthyl2-propane-métho4-phényle.

$$C^6H^3 - CO - \underset{C^3H^7}{CH} - CO^2 - C^6H^5.$$

Phényle-propyl2-propane-phényle-dione1.3.

Il nous semble que ce procédé permet de faire disparaître toutes les difficultés.

Il n'a pas été pris de résolution au sujet des composés à chaîne fermée renfermant d'autres éléments que le carbone ; les propositions qui ont été faites à la sous-commission française par M. Bouveault ont été exposées dans cet ouvrage à l'article CHAÎNES FERMÉES (NOMENCLATURE) ; nous les adopterons provisoirement, la publication des autres projets annoncés au Congrès de Genève par M. Armstrong n'ayant pas encore été faite.

COMPOSÉS A FONCTION COMPLEXE.

Nous allons aborder maintenant la question des composés à fonction complexe. et indiquer les règles générales que nous admettrons. Il résulte de tout ce qui a été décidé pour les composés à fonction simple que le principe sur lequel repose toute la nomenclature des composés à chaîne ouverte consiste à déterminer dans ces corps un ensemble d'atomes qui joue le même rôle que le noyau benzénique dans la série aromatique, et à désigner par des préfixes ou des suffixes les modifications qu'il subit.

Nous avons vu que la chaîne d'atomes de carbone la plus longue a été adoptée comme noyau des hydrocarbures et de leurs dérivés ; l'ensemble des atomes de carbone formant cette chaîne et de ceux qui lui sont directement reliés forme ce que nous avons nommé le *squelette*, sorte de charpente invariable dont nous retrouvons le nom dans tous les dérivés du carbure fondamental admettant le même nombre d'atomes de carbone reliés de la même manière.

Nous avons exposé plus haut les raisons multiples qui nous ont décidé à joindre à chaque chaîne latérale le suffixe ou le préfixe qui indique la modification que subit cette chaîne latérale, au lieu de mettre ces particules à la fin du nom tout entier. Dans le cas des fonctions complexes, ce procédé présente un avantage de plus, celui de diminuer l'accumulation des suffixes à la fin du nom, ce qui le rend difficile, sinon impossible à employer dans la nomenclature parlée ; et grâce à cet artifice, nous pouvons former des noms qui peuvent être employés dans le langage parlé comme dans le langage écrit.

Nous poserons donc les règles suivantes .

1. *Dans un composé à fonction complexe, toutes les fonctions comprises dans la chaîne principale seront exprimées par les suffixes et préfixes employés dans le cas des fonctions simples, ajoutés au nom de cette chaîne principale numérotée comme le serait l'hydrocarbure dont elle dérive théoriquement.* Exemples :

L'acétol $CH^3 - CO - CH^2OH$ s'appellera *propanolone*.

L'alanine

$$CH^3 - CH^2 - CO^2H$$
$$|$$
$$AzH^2$$

sera l'acide *amino2-propanoïque*.

La leucine deviendra l'acide *amino2-hexanoïque*, et son dérivé

$$CH^3 - (CH^2)^3 - CH - CO^2H$$
$$|$$
$$OHAz(CH^3)^3$$

l'acide *hydroxy-triméthylamino2-hexanoïque* 1.

L'acide aspartique

$$CO^2H - CH^2 - CH - CO^2H$$
$$|$$
$$AzH^2$$

sera l'acide *amino2-butane-dioïque*.

L'asparagine

$$CO^2H_{(1)} - CH^2_{(2)} - CH_{(3)} - COAzH^2_{(4)}$$
$$|$$
$$AzH^3$$

sera l'acide *amino3-butanamidoïque* 1.

2. *S'il existe des chaînes latérales, elles seront nommées, comme dans le cas des fonctions simples, par les mots* méthyle, éthyle, *etc., et si elles sont modifiées par l'introduction d'une fonction quelconque, l'expression de cette modification sera jointe à ces mots : on s'arrangera toujours pour introduire dans la chaîne principale le plus grand nombre de fonctions possible.*

Ainsi l'acide cyanocrotonique,

$$\begin{matrix} CH^3 \searrow \\ CAz_{(1)} \nearrow \end{matrix} C_{(2)} = CH_{(3)} - CO^2H_{(4)},$$

sera l'acide *méthyl2-buténoïque4-nitrile* 1.

L'acide méthylacétylacétique,

$$CH^3_{(4)} - CO_{(3)} - CH_{(2)} - CO^2H_{(1)}$$
$$|$$
$$CH^3$$

sera l'acide *méthyl2-butanone3-oïque* 1.

L'acide éthylacétylacétique,

$$CH^3_{(1)} - CO_{(2)} - CH_{(3)} - CO^2H(3')$$
$$|$$
$$CH^2_{(4)}$$
$$|$$
$$CH^3_{(5)}$$

sera l'acide *pentanone2-méthyloïque* 3.

L'acide diméthyltartrique,

$$CO^2H - COH - COH - CO^2H$$
$$| \qquad |$$
$$CH^3 \quad CH^3$$

sera l'acide *diméthyl2.3-butane-diol-dioïque*.

Ces exemples sont suffisants pour expliquer les énoncés précédents ; mais il est nécessaire de faire quelques conventions complémentaires sur le numérotage, et sur l'ordre dans lequel on énumérera les désinences caractéristiques des fonctions.

Quand la chaîne hydrocarbonée possède des chaînes latérales ou des liaisons multiples, le numérotage est fixé d'après les mêmes règles que pour les hydrocarbures ; mais quand elle ne possède aucune de ces modifications pour fixer le sens du numérotage, nous admettrons que :

3. *Le numérotage partira de l'extrémité de la chaîne qui possède la substitution d'ordre le plus élevé, ou qui est la plus voisine d'une substitution : dans le cas d'ambiguïté, il partira de l'extrémité la plus voisine de la substitution d'ordre le plus élevé.*

Par conséquent, si une chaîne normale possède un groupe CO^2H, il portera le numéro 1 : à défaut de ce groupe, ce seront successivement les substitutions $COAzH^2$, CAz, CHO, CH^2OH, qui décideront. Exemples :

Acide glycérique,

$$CO^2H - CHOH - CH^2OH ;$$
Acide propanediol2.3-oïque.

Acide oxyglutarique,

$$CO^2H_{(1)} - CHOH_{(2)} - CH^2_{(3)} - CH^2_{(4)} - CO^2H_{(5)}.$$
Acide pentanol2-dioïque.

Pour n'avoir qu'un seul nom, il est également nécessaire de savoir dans quel ordre les suffixes *ol, al, one, oïque, amide, nitrile,* seront énoncés quand ils se trouvent réunis à la fin d'un mot. Il paraît naturel de les énoncer dans l'ordre

de grandeur de la substitution, en considérant de plus si ces suffixes expriment des fonctions placées nécessairement à l'extrémité de la chaîne, comme les fonctions aldéhyde, acide, amide, nitrile, ou pouvant se trouver à l'intérieur de la molécule, comme la fonction alcool ou acétone. Nous n'avons pas à nous préoccuper des fonctions amino, chloro, bromo, méthoxy, etc., qui sont employées en préfixes, et par conséquent énoncées dans l'ordre que leur assigne le numéro de l'atome de carbone auquel elles sont rattachées. Nous placerons donc en première ligne la fonction alcool : le suffixe *ol*, répondant à la substitution de 1 atome d'hydrogène, sera donc immédiatement ajouté au nom de l'hydrocarbure ; puis le suffixe *one*, qui exprime le remplacement de 2 atomes d'hydrogène appartenant à un carbone contenu dans la chaîne principale ; puis *al, thial*, la fonction aldéhyde se trouvant forcément à l'extrémité de la chaîne ; puis *amide, nitrile, oïque*, chacun de ces suffixes étant immédiatement suivi, si cela est nécessaire, du ou des chiffres qui expriment leur place dans la molécule. Exemple :

Glucose.

$$CH^2OH_{(6)} - (CHOH)^4 - CHO_{(1)}.$$
Hexanepentol-al.

Lévulose,

$$CH^2OH_{(1)} - CO_{(2)} - (CHOH)^3 - CH^2OH_{(6)}.$$
Hexanepentol-one 2.

Acide thiolactique,

$$CH^3_{(3)} - CH(SH)_{(2)} - CO^2H_{(1)}.$$
Acide propanethiol2-oïque.

Acide dioxypropylmalonique,

$$CO^2H_{(1)} - CH_{(2)} - CH^2_{(3)} - CHOH_{(4)} - CH^2OH_{(5)},$$
$$|$$
$$CO^2H$$
Acide méthyloïque2-pentanediol4.5-oïque 1.

Les procédés de nomenclature tels que nous venons de les exposer ne résolvent pas toutes les questions qui se posent dans la pratique, mais ils permettent presque toujours de donner sans hésiter un seul nom à un composé déterminé ; les quelques modifications et additions que nous avons dû faire aux résolutions du Congrès de Genève au cours de cet article, ont été pour la plupart extraites des rapports de MM. A. Gautier, Béhal et A. Fauconnier, et sont conformes, croyons-nous, à l'esprit, sinon toujours à la lettre des résolutions de la Commission internationale.

Il ne nous reste plus qu'à montrer, par des exemples que nous choisirons à dessein parmi les composés les plus compliqués dont on connaisse la constitution, combien l'application de cette nouvelle nomenclature est simple et commode dans la plupart des cas.

Elle fait heureusement disparaître une foule de synonymes inutiles et de termes barbares n'ayant aucune signification, et présente des avantages incontestables au point de vue de l'enseignement, en permettant de grouper les composés d'une manière extrêmement rationnelle.

Enfin, si on veut, comme le demande l'article 49, concilier les exigences de la nomenclature écrite avec celles de la nomenclature parlée, on peut très facilement rejeter après le nom d'un composé tous les chiffres qui expriment la position des diverses fonctions dans la molécule et constituer ainsi un symbole chiffré qui sera absolument analogue à celui que nous avons établi pour les dérivés polysubstitués du benzène, et qui ne laissera place à aucune fausse interprétation, si l'on admet que *ces chiffres s'appliqueront aux divers préfixes et suffixes dans l'ordre même où ils sont énoncés.* Exemples :

L'allyldipropylcarbinol,

$$CH^2_{(1)} = CH_{(2)} - CH^2_{(3)} - COH_{(4)} - CH^2_{(5)} - CH^2_{(6)} - CH^3_{(7}$$
$$| \quad CH^3$$
$$| \quad CH^2$$
$$| \quad CH^3$$

qui s'appelle *propyl4-heptène1-ol 4*, peut s'énoncer *propylhepténol 4.1.4.*

EXEMPLES SUR L'APPLICATION DE LA NOMENCLATURE.

Alcools non saturés ou à fonction multiple

Diméthylisopropylallylcarbinol,

$$CH^3_{(7)} - COH_{(6)} - CH^2_{(5)} - CH_{(4)} = CH_{(3)} - CH_{(2)} - CH^3_{(1}$$
$$CH^3 \qquad\qquad\qquad CH^3$$

Diméthyl2.6-heptène3-ol 6,
Diméthylhepténol 2.6.3.6.

Méthyldiallylcarbinol,

$$CH^2 = CH - CH^2 - COH - CH^2 - CH = CH^2$$
$$| \quad CH^3$$

Méthyl4-heptadiène1.6-ol 4,
Méthylheptadiénol 4.1.6.4.

Pinacone isobutylique,

$$CH^3_{(1)} - CH_{(2)} - COH_{(3)} - CHOH_{(4)} - CH_{(5)} - CH^3_{(6)}$$
$$CH^3 \qquad\qquad\qquad CH^3$$

Diméthyl2.5-hexanediol 3.4.

Diméthylacétonylcarbinol,

$$CH^3_{(5)} - CO_{(4)} - CH^2_{(3)} - COH_{(2)} - CH^3_{(1)}.$$
$$| \quad CH^3$$

Méthyl2-pentanol2-one 4,
Méthylpentanolone 2.2.4.

Acropinacone,

$$CH^2 = CH - CHOH - CHOH - CH = CH^2.$$

Hexadiène1.5-diol 3.4,
Hexadiènediol 1.5.3.4.

Les exemples précédents montrent suffisamment l'emploi que l'on peut faire des chiffres placés après le nom pour obtenir des mots faciles à prononcer ; dans les exemples suivants nous ne mettrons plus que le nom de la nomenclature écrite, contenant, après l'expression de la fonction, le chiffre qui en indique la place.

Acides à fonctions multiples.

Acide malonique,

$$CO^2H - CH^2 - CO^2H.$$

Acide propane-dioïque.

Acide méthylmalonique,

$$CO^2H - CH - CO^2H$$
$$| \quad CH^3$$

Acide méthyl2-propane-dioïque.

Acide propylmalonique,

$$CO^2H - CH - CH^2 - CH^2 - CH^3$$
$$| \quad CO^2H$$

Acide pentanoïque1-méthyloïque 2.

Acide acétylacétique,

$$CH^3 - CO - CH^2 - CO^2H.$$

Acide butanone3-oïque.

Acide propylacétylacétique,

$$CH^3_{(1)} - CO_{(2)} - CH_{(3)} - CH^2 - CH^2 - CH^3$$
$$| \quad CO^2H$$

Acide hexanone2-méthyloïque 3.

Acide tricarballylique,

$$CO^2H - CH^2 - CH - CH^2 - CO^2H$$
$$| \quad CO^2H$$

Acide pentanedioïque-méthyloïque 3.

Acide méthylacétylglutarique,

$$CH^3$$
$$|$$
$$CH^3 - CO - C - CH^2 - CH^2 - CO^2H$$
$$| \quad CO^2H$$

Acide méthyl3-hexanone2-oïque6-méthyloïque 3.

Acide acétyldiméthylsuccinique,

$$CH^3$$
$$|$$
$$CH^3_{(5)} - CO_{(4)} \text{——} C_{(3)} \text{——} CH_{(2)} - CO^2H_{(1)}$$
$$| \qquad\qquad CO^2H \quad CH^3$$

Acide dimethyl2.3-pentanone4-oïque1-méthyloïque 3.

Acide phoronique,

$$CH^3 \qquad\qquad\qquad /\ O\ \backslash$$
$$CO^2H_{(1)} - C - CH^2_{(3)} - C_{(4)} - CH^2_{(5)} - C_{(6)} - CO^2H_{(7)}$$
$$| \qquad\qquad\quad | \qquad\qquad\quad |$$
$$CH^3 \qquad\qquad CH^3 \qquad\qquad CH^3$$

Acide tetraméthyl2.2.4.6-heptane-oxyde4.6-dioïque.

Acide glucosaccharique,

$$CH^2OH_{(5)} - CHOH_{(4)} - CHOH_{(3)} - COH_{(2)} - CO^2H_{(1)}$$
$$| \quad CH^3$$

Acide méthyl2-pentanetétrol-oïque 1.

Acide désoxalique,

$$CO^2H_{(1)} - COH_{(2)} - CHOH_{(3)} - CO^2H_{(4)}$$
$$| \quad CO^2H$$

Acide butanediol2.3-dioïque-méthyloïque 2.

Acide

$$CO^2H_{(5)} - CH_{(4)} - CH_{(3)} = C_{(2)} - CO^2H_{(1)}$$
$$| \qquad\qquad\qquad | $$
$$CO^2H \qquad\qquad CO^2H$$

Acide pentène2-dioïque-diméthyloïque 2.4.

Dérivés des acides à fonctions complexes.

Leucine,

$$CH^3 - (CH^2)^3 - CH - CO^2H$$
$$| \quad AzH^2$$

Acide amino2-hexanoïque 1.

Acide amido-oxybutyrique,

$$CH^3_{(4)} - CHOH_{(3)} - CH_{(2)} - CO^2H_{(1)}$$
$$| \quad AzH^2$$

Acide amino2-butanol3-oïque 1.

Acide cyanocrotonique,

$$CAz - C = CH - CO^2H$$
$$| \quad CH^3$$

Acide méthyl2-butène2-nitrile1-oïque 4.

Acéturamide,

$$CH^3O - AzH - CH^2 - CO - AzH^2$$

Éthanoylamino1-éthanamide.

Les acides thiocarbamiques,

$$AzH^2 - CO - SH,$$

Acide aminométhane-thiolique.

$$AzH^2 - CS - OH.$$

Acide aminométhane-thionique.

Nous nous bornerons à ces quelques exemples. Nous ne pouvons avoir la prétention d'examiner et de résoudre toutes les difficultés ; il est bien évident qu'il s'en présentera encore do graves, particulièrement dans la série urique ; c'est de l'usage et d'une expérience prolongée que nous devons attendre la solution.　　　　A. Combes.

CHITINE (voyez Dict., **1**, 854 et Suppl., **1**, 448). — Depuis les premiers travaux de M. Schmidt, de M. Berthelot, et surtout de Stædeler, on considère généralement la chitine comme un glucoside, et cette opinion est corroborée par la découverte de la glycosamine de M. Ledderhose parmi les produits de décomposition de la chitine sous l'action de l'acide chlorhydrique concentré. Telle n'est pas l'opinion de M. E. Sundwick, qui s'est efforcé de démontrer que la chitine est un dérivé amidé d'un hydrate de carbone du type $(C^6H^{10}O^5)^n$. Il fait remarquer que la résistance remarquable de la chitine à l'action des acides et des alcalis étendus et bouillants est en désaccord avec ce que l'on sait sur le dédoublement ordinairement si facile des glucosides. De plus, l'acide acétique ne se produirait pas, comme le veut M. Ledderhose, en même temps que la glycosamine, à la suite d'un processus d'hydratation, mais n'apparaîtrait ultérieurement qu'en même temps que l'acide butyrique, l'acide formique et des produits humiques, à la suite d'une action secondaire de l'acide sur un hydrate de carbone mis en liberté.

Fondue avec de la potasse, ou traitée par l'acide sulfurique concentré, la chitine se comporte d'une manière générale, d'après M. Sundwick, comme les hydrates de carbone. Traitée par le mélange sulfurico-nitrique, elle se transforme en un *éther nitrique* qui, desséché, fait parfois explosion au-dessous de 110°.

Enfin, en étudiant les produits de dédoublement de la chitine sous l'action des acides, on constate que l'on peut retrouver sous la forme de glucose jusqu'à 92 0/0 du carbone de la chitine. En rapprochant ses résultats analytiques de ceux de M. Ledderhose et des précédents observateurs (Schmidt, Lehmann, Stædeler, Butschli, Emmerling), M. Sundwick conclut à l'adoption de la formule suivante pour la chitine :

$$C^{60}H^{100}Az^8O^{38} + nH^2O,$$

n pouvant varier entre 1 et 4.

L'éther nitrique aurait pour formule.

$$C^{60}H^{92}Az^8O^{30}(O . AzO^2)^8.$$

Enfin le dédoublement par hydratation aurait lieu d'après l'équation

$$C^{60}H^{100}Az^8O^{38} + 14H^2O$$
$$= 8C^6H^{13}AzO^5 + 2C^6H^{12}O^6.$$

Ces 2 molécules de glucose, dont l'apparition est précédée par celle de corps dextrinoïdes encore mal étudiés, se détruisent ultérieurement en produisant les acides gras et les substances humiques [E. Sundwick, *Zeit. physiol. Chem.*, **5**, 384. — Butschli, *Maly's Jahresb.*, **4**, 73].

D'après M. Loos, la chitine se dissoudrait dans les hypochlorites, qui seraient donc un réactif précieux pour débarrasser les coupes microscopiques des parties chitineuses. Pour M. Krukenberg, cette solubilité n'est qu'apparente : il y aurait simplement formation d'un dérivé chloré que l'eau gonfle fortement [Krukenberg, *Zeit. f. Biol.*, **22**, 480].

M. Schmiedeberg a constaté que les coquilles de *Lingula anatina* (Brachiopode) sont formées non de conchioline, mais de chitine pure [Schmiedeberg, *Maly's Jahresb.*, **12**, 333].

　　　　　　　　　　　　E. Lambling.

CHLORAL (voyez Suppl., **1**, 448, et ALDÉHYDES). — Dans la préparation du chloral, le dichloracétal qui se forme par l'action du chlore sur l'alcool est un produit intermédiaire qui joue un rôle important dans les réactions qui donnent naissance à ce corps.

Le chloral anhydre a une densité de 1,54179 à 0° et de 1,3692 à son point d'ébullition (97°,73) [Passavant, *Chem. Soc.*, **39**, 53].

L'hydrate de chloral ne colore pas la solution de fuchsine décolorée par l'acide sulfureux, comme le font le chloral et le butylchloral.

D'après les dernières recherches de M. Perkin, relatives au pouvoir rotatoire magnétique et à la densité, l'hydrate de chloral est un composé chimique nettement défini, et non une simple combinaison moléculaire : c'est le glycol trichlorétbylidénique [*Chem. Soc.*, **54**, 808].

Action des réactifs. — À la lumière diffuse, le chlore, en agissant sur le chloral, donne du tétrachlorure de carbone, de l'acide chlorhydrique et du chlorure de carbonyle :

$$CCl^3 - CHO + 2Cl^2 = CCl^4 + HCl + COCl^2$$

[H. Gautier, *C. R.*, **101**, 1161].

Le chloral anhydre s'unit au chlorure d'acétyle à 100° : le produit de la réaction, étudié d'abord par M. V. Meyer, a été considéré, ainsi que tous les produits semblables provenant de l'action du chlorure d'acétyle sur les aldéhydes, comme un éther acétique,

$$CH^3 - CO - O - CHCl - CCl^3.$$

MM. Curie et Millet [*C. R.*, **83**, 745] n'acceptent pas cette formule et considèrent le produit non comme un éther. mais comme un corps formé par la juxtaposition de 1 molécule de chacun des composants. Ils s'appuient, pour justifier cette manière de voir, sur l'action de la potasse, qui donne du chloral, de l'acétate et du chlorure de potassium, et sur celle de l'acétate de sodium fondu, qui donne du chlorure de sodium et du chloral. M. Delacre, au contraire, qui admet la formation d'un éther. croit que la potasse dédouble d'abord le composé formé en acétate de potassium et en $CCl^3 - CHCl . OH$, lequel donne ensuite de l'acide chlorhydrique et du chloral [*Bull. Soc. Chim.*, (2), **48**, 716]. Le corps formé est un liquide insoluble dans l'eau, soluble dans l'alcool, l'éther et l'acide acétique cristallisable ; il bout à 186-188° sans se décomposer (Curie et Millet), à 193° (Delacre).

Le chloral et l'acétate de sodium se combinent avec un grand dégagement de chaleur, en donnant un produit cristallisé, C^3HCl^3O, C^3H^3ONa, que l'eau décompose. Par l'action de l'acétate de sodium sur le chloral en présence de l'anhydride acétique, il se produit à 130° du chloracétate ; au-dessus de cette température, à 160°, il se dégage de l'acide carbonique, de l'oxyde de carbone et du chlorure de méthyle, mais pas de chlorure de méthylène, ni d'acide formique ou de chloroforme. On peut supposer que l'acétate de sodium attaque directement le chlore du chloral pour former les éthers instables suivants :

$$C^2H^3O . O - CCl^2 - CH (O C^2H^3O)^2,$$
$$(C^2H^3O)^2 O^2 - CCl - CH (O C^2H^3O)^2,$$
$$(C^2H^3O)^3 O^3 - C - CH (O C^2H^3O)^2$$

[Rebuffat, *Gazz. chim. ital.*, **17**, 406].
1 molécule de chloral et 2 molécules de mercaptan phénylique réagissent vivement avec élévation de température, en formant du *chloralphénylmercaptan*, qui se présente en gros cristaux, fusibles à 52-53°, et qui, à une température plus élevée, se décompose en chloral et mercaptan. Ce corps est soluble dans l'alcool sans décomposition ; les alcalis hydratés, au contraire, le transforment en mercaptan, chloroforme et acide formique. On obtient une combinaison semblable avec le p-bromophénylmercaptan : elle est fusible à 72° [Baumann, *D. chem. G.*, **18**, 886].
Le chloral réagit très facilement sur l'hydroxylamine libre en donnant un produit cristallisé

$$C \lessgtr \begin{matrix} Cl \\ Az O H \end{matrix}$$
$$|$$
$$C \lessgtr \begin{matrix} Az O H \\ H \end{matrix}$$

que l'on peut considérer comme le dérivé monochloré de la glyoxime ; sa formation peut être représentée par l'équation suivante :

$$CCl^3 - CHO + 2AzH^3 . OH$$
$$= 2HCl + H^2O + C^2H^3Az^2O^2Cl$$

[V. Meyer, Janny et Naegeli, *D. chem. G.*, **15**, 1324 ; **16**, 499].
Si on mélange 1 molécule d'hydrate de chloral avec 4 molécules de chlorhydrate d'hydroxylamine, qu'on humecte ce mélange avec un peu d'eau et qu'on chauffe doucement le tout, on voit se produire une huile incolore qui, après lavage à l'eau et refroidissement à 0°, se prend en grands prismes fusibles à 39-40°, constituant l'*aldoxime trichlorée*. $CCl^3 - CH(AzOH)$.
Ce corps est très soluble dans l'alcool et dans l'éther, insoluble dans l'eau, et peut être distillé si l'on opère sur de petites quantités de matière.
Traitée par les alcalis, cette aldoxime se décompose très vivement, avec production d'acides carbonique, chlorhydrique et cyanhydrique, sans trace de chloroforme :

$$CCl^3 - CH(AzOH) + H^2O$$
$$= CO^2 + CAzH + 3HCl$$

[V. Meyer, *Ann. Chem.*, **264**, 119].
En opérant dans des conditions un peu différentes, M. Hantzsch [*D. chem. G.*, **25**, 701] a obtenu un produit d'addition du chloral et de l'hydroxylamine, auquel il attribue la constitution

$$CCl^3 - CH(OH) - AzH . OH.$$

Pour préparer ce composé, on triture un mélange de 1 molécule de chloral, 2 molécules de chlorhydrate d'hydroxylamine et 1 molécule de carbonate de sodium préalablement pulvérisé.
La masse devient pâteuse, puis liquide et enfin se solidifie. On la dissout alors dans l'eau et on épuise la solution par l'éther. Celui-ci abandonne par évaporation des houppes brillantes, fusibles à 98°, très solubles dans l'éther et dans l'alcool, moins solubles dans l'eau, peu solubles dans l'éther et dans le benzène.
Abandonné à lui-même, ce composé se détruit peu à peu avec formation de chlorhydrate d'hydroxylamine et d'aldoxime trichlorée. Traité par les alcalis, il donne du chloroforme.

Quand on mélange à la température ordinaire le chloral et la phénylhydrazine, on voit se produire une réaction tumultueuse et l'on obtient des produits charbonneux ; mais si l'on ajoute le chloral à une solution éthérée de phénylhydrazine, on peut évaporer sans danger le mélange au cinquième de son volume et obtenir des cristaux d'un corps qui se décompose avec une extrême facilité, et que l'on peut considérer comme appartenant à la classe des dérivés aldéhydiques de la phénylhydrazine [Reisenegger, *D. chem. G.*, **16**, 664].
Le chloral réagit sur le benzène, en présence du chlorure d'aluminium, et donne naissance à une aldéhyde $C^6H^5 - CCl^2 - CHO$, que l'oxydation transforme en un acide $C^6H^5 - CCl^2 - CO^2H$ [A. Combes, *Bull. Soc. Chim.*, (2), **41**, 382].
Lorsqu'on fait réagir 2 molécules de chloral parfaitement desséché sur 5 molécules de zinc-méthyle, on obtient du diméthylisopropylcarbinol. La réaction a lieu en plusieurs phases et peut être représentée définitivement par l'équation

$$2 (CCl^3 - CHO) + 5 [Zn (CH^3)^2]$$
$$= 2 [(CH^3)^2 (C^3H^7)C . OH] + 3 ZnCl^2$$
$$+ 2 ZnO + 2 CH^4$$

[Rizza, *D. chem. G.*, **15**, 358].
Le chloral agit aussi sur le zinc-éthyle, molécule à molécule, en présence de l'éther ; on obtient ainsi un corps cristallisé, isolé d'abord par M. Garzarolli et que M. Delacre représente par la formule

$$\begin{matrix} CCl^3 - CH^2O \searrow \\ C^2H^5 \nearrow \end{matrix} Zn.$$

C'est un produit intermédiaire entre le zinc-éthyle et l'éthylate de zinc trichloré,

$$\begin{matrix} CCl^3 - CH^2O \searrow \\ CCl^3 - CH^2O \nearrow \end{matrix} Zn;$$

que M. Delacre a obtenu en faisant agir sur ce premier produit de la réaction une quantité de chloral égale à celle déjà employée [*Bull. Soc. Chim.*, (2), **48**, 785].
Lorsqu'on mélange des solutions éthérées de chloral et de quinoléine, on voit se former des cristaux de la formule $C^{11}H^{10}Cl^3AzO^3$, solubles dans le benzène et dans l'alcool, insolubles dans l'eau, fusibles à 66°, décomposables par les alcalis en chloroforme et quinoléine. On peut représenter ce composé par la formule de constitution

$$CCl^3 - CH \begin{matrix} \nearrow O \\ | \\ \searrow Az . C^9H^7 \end{matrix} , H^2O,$$

ce qui en fait un composé à molécules égales de chloral, de quinoléine et d'eau. Il forme avec le chlorure de platine une combinaison

$$C^{11}H^{10}Cl^3AzO^2 . 3PtCl^4,$$

poudre jaune [Rhoussopoulos, *D. chem. G.*, **16**, 881].
En mélangeant des solutions chloroformiques de quinine et de chloral, on constate une élévation de température, et on obtient une combinaison, la *chloral-quinine*, $C^{20}H^{24}Az^2O^2 - CCl^3 . CHO$, poudre amorphe, très légère, fusible à 149°, insoluble dans l'éther, soluble dans l'alcool chaud.
Le chloral forme encore des produits d'addition avec le p-crésylol et avec le thymol [Mazzara, *Gazz. chim. ital.*, **13**, 269].
D'après M. Byasson [*C. R.*, **91**, 1071], la transformation du chloral en métachloral serait due à une trace d'acide sulfurique provenant de sa préparation ; cette transformation peut être empêchée, ou au moins longtemps retardée, en sou-

mettant le chloral à l'action de la baryte caustique.

L'hydrate de chloral cristallisé, mélangé à du camphre cristallisé, donne un liquide qui se forme avec abaissement de température ; ce corps est visqueux comme la glycérine, tache le papier comme une essence, et possède une saveur piquante et une odeur qui rappellent celles de ses composants. Il est insoluble dans l'eau, soluble dans l'alcool, l'éther, le chloroforme et les essences ; son pouvoir rotatoire est $+ 44°$ à $19°$. Il se décompose en distillant, même à basse température, sous pression réduite. L'eau le décompose et dissout l'hydrate de chloral ; au contraire, l'eau qui contient de l'hydrate de chloral en dissolution ne le décompose plus. L'alcool agit de même [Cazeneuve et Imbert, *Bull. Soc. Chim.*, (2), **34**, 209].

En chauffant au bain-marie poids égaux de glucose et de chloral anhydre, on obtient une masse visqueuse d'où on peut extraire par l'alcool deux composés cristallisés, fusibles l'un à $186°$, l'autre à $230°$, et présentant tous les deux la composition $C^8 H^{11} Cl^3 O^6$. Ces deux corps sont dextrogyres et réduisent la liqueur de Fehling. Oxydés par le permanganate de potassium, ils donnent deux acides cristallisés, fusibles l'un à $201°$, l'autre à $215°$ [A. Heffter, *D. chem. G.*, **22**, 1050].

Le chloral se combine avec les acétones. C'est ainsi qu'en chauffant en tube scellé un mélange en proportions moléculaires de chloral et d'acétylbenzène, on obtient la *chloral-acétophénone*,

$$C Cl^3 - CHOH - CH^2 - CO - C^6 H^5,$$

et avec un mélange de chloral et d'acétone, la *chloral-acétone*,

$$C Cl^3 - CHOH - CH^2 - CO - CH^3$$

(voyez ces mots) [W. Kœnigs, *D. chem. G.*, **25**, 793].

La plupart des métaux, mis en contact avec une solution aqueuse d'hydrate de chloral, le décomposent avec formation de chlorure du métal correspondant [S. Cotton, *Bull. Soc. Chim.*, (2), **42**, 622].

Les produits de cette réaction varient avec la température, la nature du métal et son état de division. Ainsi le zinc en feuilles minces coupées en carrés de 1 centimètre de côté donne vers $100°$ un dégagement rapide d'hydrogène et de méthane ; avec le zinc en poudre, la réaction est plus énergique encore. Le fer en limaille fournit du chloroforme et du méthane.

M. S. Cotton a étudié aussi l'action de certains oxydants sur l'hydrate de chloral. L'oxyde jaune de mercure le décompose à $85-95°$ en acide carbonique, oxyde de carbone et oxychlorure de mercure. L'oxyde rouge agit de même, mais moins énergiquement : son action ne commence qu'à $100°$. Le permanganate de potassium, agissant sur l'hydrate de chloral en présence de l'eau, provoque une réaction très complexe : il se dégage du chlore, de l'acide carbonique, de l'oxygène et il se produit du chloroforme et du bioxyde de manganèse ; cette réaction a déjà lieu à froid. L'acide chromique attaque violemment l'hydrate de chloral, avec élévation de température et production d'oxyde de carbone et d'acide carbonique [*Bull. Soc. Chim.*, (2), **43**, 422].

Le chlorate de potassium réagit à la température du bain-marie sur l'hydrate de chloral, en donnant comme produit principal de l'acide trichloracétique :

$$3 C Cl^3 - CH (OH)^2 + Cl O^3 K$$
$$= KCl + 3 H^2 O + 3 C Cl^3 . CO^2 H.$$

Il se forme quelques produits secondaires, notamment du perchloréthane, de l'acide carbonique et du chloroforme [Seubert, *D. chem. G.*, **18**, 3336].

En faisant agir l'iodure de phosphonium sur l'hydrate de chloral, on obtient une combinaison d'hydrogène phosphoré et d'hydrate de chloral [de Girard, *C. R.*, **102**, 1113] ; elle cristallise en prismes brillants, fusibles à $117-119°$, qui chauffés se transforment en dichloralphosphine (voyez ALDÉHYDES). Ce corps est un hydrate de dichloralphosphine, $2 [(C Cl^3 - CH - OH)^3 . PH] . H^2 O.$

10 parties d'orcine et 5 parties d'hydrate de chloral, chauffées dans une atmosphère d'acide carbonique, donnent un corps cristallisé $C^{23} H^{24} O^8$, soluble dans l'alcool :

$$C Cl^3 - CH (OH)^2 + 3 C^6 H^3 (OH)^2 (CH^3)$$
$$= C [C^6 H^2 (OH)^2 (CH^3)]^3 - CH (OH)^2 + 3 HCl,$$

ce qui en fait un *hydrate de triorcinolyléthylidène* ; le *dérivé acétylé* fond à $185°$ [Michael et Ryder, *D. chem. G.*, **20**, *Ref.*, 505].

La thiobenzamide, chauffée à l'ébullition avec du chloral, fournit un produit d'addition,

$$C Cl^3 - CH . OH - AzH . CS . C^6 H^5,$$

en cristaux blanc-jaunâtre, fusibles à $100°$, peu solubles dans l'eau, facilement solubles dans les autres dissolvants [Spica, *Gazz. chim. ital.*, **16**, 182].

Si l'on mélange de l'antipyrine (phényldiméthylpyrazolone) à une solution d'hydrate de chloral, la liqueur prend d'abord un aspect laiteux, puis s'éclaircit en laissant déposer un liquide oléagineux qui ne tarde pas à se prendre en cristaux. Le composé qui se forme ainsi a été étudié par M. Reuter ; il est peu soluble dans l'alcool froid, l'éther et le chloroforme, un peu plus soluble dans l'alcool bouillant et dans l'eau chaude. Il n'a ni odeur, ni saveur. Avec le perchlorure de fer, il donne une faible coloration jaune ; traité à froid par la soude, il ne donne pas de chloroforme. D'après M. Reuter, ce composé est une combinaison de l'hydrate de chloral et de l'antipyrine avec élimination d'eau et répond à la formule $C^{13} H^{13} Az^2 Cl^3 O^2$. Il fond à $186-187°$.

MM. Béhal et Choay [*Journ. Pharm. Chim.*, (5), **21**, 539] ont reconnu que l'hydrate de chloral se combine à l'antipyrine en donnant deux combinaisons : 1° un composé renfermant 1 molécule d'hydrate de chloral et 1 molécule d'antipyrine et qu'ils ont appelé *monochloral-antipyrine* ; 2° une combinaison renfermant 2 molécules d'hydrate de chloral pour 1 molécule d'antipyrine et désignée par les auteurs sous le nom de *dichloral-antipyrine*.

Le premier de ces composés, chauffé un peu au-dessus de son point de fusion, perd 1 molécule d'eau et donne le dérivé de M. Reuter indiqué plus haut. On le prépare en dissolvant $4^{gr},70$ de chloral dans 5 grammes d'eau et $5^{gr},30$ d'antipyrine dans la même quantité de dissolvant ; on mélange les deux solutions et on abandonne à lui-même le produit huileux, qui se précipite et qui cristallise du jour au lendemain en octaèdres incolores ; il fond à $67-68°$; à $14°$, 100 grammes d'eau en dissolvent $7^{gr},85$; il donne avec le perchlorure de fer la coloration rouge de sang caractéristique de l'antipyrine ; traité par la potasse à chaud, il donne du chloroforme ; il réduit à chaud la liqueur de Fehling.

Si, au lieu d'opérer avec 1 molécule d'antipyrine et 1 molécule d'hydrate de chloral, on emploie un excès de ce dernier en solution concentrée, on observe encore la formation d'un composé huileux qui ne tarde pas à cristalliser ; ce corps est une combinaison de 2 molécules d'hydrate de chloral pour 1 molécule d'antipyrine ; il fond comme le précédent à 67–68° ; 100 grammes d'eau à 14° en dissolvent 9^{gr}.98 ; il éprouve de la part de ce liquide une dissociation qui croît avec la quantité de liquide ; il cristallise en aiguilles prismatiques qui donnent la coloration rouge de sang avec le perchlorure de fer et qui réduisent à chaud la liqueur de Fehling. Traité par la potasse à chaud, il donne du chloroforme [Béhal et Choay, *loc. cit.*].

Au point de vue physiologique, la monochloral-antipyrine et la dichloral-antipyrine agissent à la façon du chloral et présentent sous le même poids la même toxicité que ce dernier [Gley, *Soc. Biol.*, **2**, 371].

La monochloral-antipyrine a été utilisée en thérapeutique sous le nom d'*hypnal*; c'est un corps très actif, qui possède en même temps les propriétés sédatives et hypnotiques de ses composants ; il agit favorablement à la dose de 1 gramme seulement (Bardet).

MM. Béhal et Choay ont cherché à déterminer de quelle façon se fait la combinaison de chloral et de phényldiméthylpyrazolone et où se fixe, par exemple dans la monochloral-antipyrine, la molécule de chloral.

Les propriétés du noyau antipyrine n'étant pas altérées, il est vraisemblable que celui-ci n'a pas été modifié et que c'est l'un des atomes d'azote trivalent qui est passé à l'état pentavalent.

L'étude du dérivé acétylé obtenu par l'action de l'anhydride acétique sur la monochloral-antipyrine permet d'établir la probabilité que l'hydrate de chloral est fixé directement par le carbone, un oxhydryle étant détaché et se fixant sur l'atome d'azote; de plus, il paraît vraisemblable que le chloral électronégatif est fixé sur l'atome d'azote qui renferme le méthyle, c'est-à-dire sur l'azote basique.

La formule de constitution probable de la monochloral-antipyrine est donc la suivante :

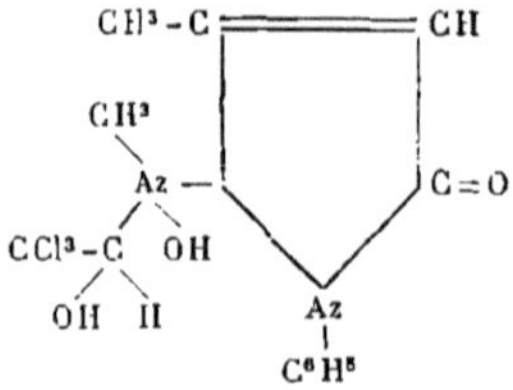

$$CH^3-C \rlap{=\!=\!=} \qquad CH$$
$$CH^3$$
$$Az - \qquad C=O$$
$$CCl^3-C \quad OH$$
$$OH \quad H \qquad Az$$
$$C^6H^5$$

et celle de la dichloral-antipyrine sera

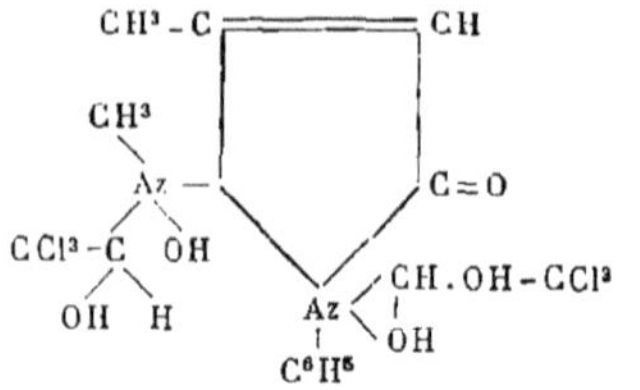

$$CH^3-C \rlap{=\!=\!=} \qquad CH$$
$$CH^3$$
$$Az - \qquad C=O$$
$$CCl^3-C \quad OH$$
$$OH \quad H \qquad Az \;{<}\; CH.OH-CCl^3$$
$$\qquad\qquad\qquad OH$$
$$C^6H^5$$

M. de Mering a repris récemment l'étude de l'acide urochloralique découvert par lui et par M. Musculus dans l'urine après l'ingestion d'hydrate de chloral; il a trouvé que sa composition doit être représentée par la formule $C^8H^{11}Cl^3O^7$; il se dédouble en alcool trichloréthylique et en acide glycuronique $C^6H^{10}O^7$ quand on le chauffe pendant quelques heures avec de l'acide sulfurique étendu ou avec de l'acide chlorhydrique à 5 0/0.

L'action de l'urée sur le cyanhydrate de chloral

a été soumise à une nouvelle étude par MM. Pinner et Lifschütz [*D. chem. G.*, **20**, 2345]. En chauffant parties égales des deux corps à 90° jusqu'à cessation de dégagement gazeux et formation de petites aiguilles cristallines, puis à 110°, on obtient de petits cristaux blancs, insolubles dans les dissolvants ordinaires et se décomposant à une température élevée. Leur formule,

$$CCl^3-CH(AzH.CO.AzH^2)^2,$$

permet de les considérer comme une diuréide trichloréthylidénique; dans les eaux mères on constate la présence du biuret, $C^2H^5Az^3O^2$. Si, dans cette opération, on emploie des quantités trop considérables de corps réagissants, la température s'élève au delà de 200° et l'on obtient surtout de l'acide cyanurique. Dans un premier travail sur le même sujet (voyez Suppl., **1**, 450), MM. Pinner et Fuchs avaient attribué au produit obtenu par l'action réciproque du cyanhydrate de chloral et de l'urée la formule $C^3H^5Cl^3Az^3O$ et l'avaient considéré comme la dichloracétylguanidine. L'erreur provenait de ce que le corps obtenu à ce moment n'était pas pur, mais mélangé de quantités plus ou moins considérables de biuret et d'acide cyanurique.

Dosage du chloral. — On utilise pour doser le chloral la décomposition de ce corps par les alcalis, suivant l'équation

$$C^2HCl^3O + NaOH = CHCl^3 + H.CO^2Na + H^2O.$$

A cet effet, on dissout dans l'eau 5 grammes de l'hydrate de chloral à analyser, on ajoute un excès de lessive de soude normale (35 centimètres cubes environ), puis on titre avec une liqueur acide normale l'excès d'alcali employé.

Si le chloral à examiner renferme de l'acide chlorhydrique, on commence par faire digérer sa solution aqueuse avec du carbonate de calcium [V. Meyer et Haffter, *D. chem. G.*, **6**, 600].

Chloral-ammoniaque. — On sait que lorsqu'on chauffe le chloral-ammoniaque en présence de l'eau, il se décompose en chloroforme et formiate d'ammonium.

$$CCl^3-C{<}^{AzH^2}_{\;H}-OH \;+\; H^2O$$
$$= CHCl^3 + HCO^2.AzH^4 \;(Personne).$$

Si l'on opère la décomposition à 100°, en l'absence de l'eau, il se produit du chloroforme et de la formiamide :

$$CCl^3-C{<}^{AzH^2}_{\;H}-OH = CHCl^3 + HCO.AzH^2;$$

mais la réaction n'est pas intégrale : il se forme en même temps de la *chloralimide*, corps déjà entrevu par MM. Pinner et Fuchs [*D. chem. G.*, **10**, 1068], ainsi qu'un isomère de ce corps; de plus, du résidu de la préparation on peut encore isoler un nouveau dérivé du chloral, la *chloraldiformiamide*.

Ces différents produits ont été étudiés par MM. Béhal et Choay.

Chloralimide,

$$C^6H^6Az^3Cl^9 = \begin{array}{c} CH-CCl^3 \\ HAz \diagup\quad\diagdown AzH \\ \diagdown\quad\diagup \\ CCl^3-CH \quad CH-CCl^3 \\ AzH \end{array}$$

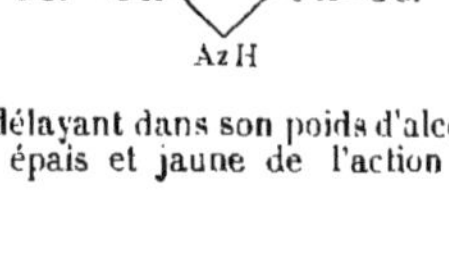

— On l'obtient en délayant dans son poids d'alcool à 95 0/0 le résidu épais et jaune de l'action de la chaleur à 100° sur le chloral-ammoniaque, après élimination du chloroforme; on essore à la trompe; la masse cristalline insoluble est ensuite traitée d'abord par l'eau pour enlever le chlorure d'ammonium, puis par 10 fois son poids d'alcool à 90 0/0. Ce dernier laisse ensuite déposer de longues aiguilles de chloralimide, que l'on purifie en la faisant cristalliser à chaud dans son poids d'un mélange à parties égales d'alcool absolu et de benzène.

La chloralimide peut être considérée comme formée par une simple déshydratation du chloral-ammoniaque :

$$3\,CCl^3 - CH(OH)(AzH^2)$$
$$= 3\,H^2O + 3\,(CCl^3 - CH = AzH).$$

Le liquide sirupeux extrait au moyen de l'alcool donne, à la distillation dans le vide, de l'alcoolate et de l'hydrate de chloral. Repris par l'eau bouillante, il abandonne de la *chloral-diformiamide*; il renferme en outre de l'*isochloralimide*.

Quand on opère la décomposition du chloral-ammoniaque à chaud, en présence du chloral anhydre comme agent de déshydratation (5 parties de chloral-ammoniaque et 2 parties de chloral), on obtient un rendement plus considérable en chloralimide; en même temps, des eaux mères alcooliques de la cristallisation on retire une quantité notable d'isochloralimide.

La chloralimide cristallise dans le système orthorhombique; elle est insoluble dans l'eau, soluble dans l'alcool, et d'autant plus que celui-ci est plus concentré (2 0/0 dans l'alcool à 95°); elle est facilement soluble dans l'éther, le benzène, le chloroforme et l'acide acétique. Elle fond à 150-155° en s'altérant et en laissant dégager du chlore. Chauffée en tube scellé avec de l'eau, elle se décompose totalement vers 170-180°, en donnant de l'acide chlorhydrique, de l'acide carbonique, du chlorure d'ammonium, de l'acide formique et du chloroforme. On peut conclure de là qu'à température élevée la chloralimide est retournée au type chloral-ammoniaque, qui s'est scindé ultérieurement en chloroforme et formiate d'ammonium; le chloroforme s'est détruit ensuite en donnant de l'acide chlorhydrique, de l'acide carbonique et de l'acide formique.

Les acides minéraux en solution aqueuse décomposent lentement à froid et presque instantanément à chaud la chloralimide en chloral et en sel ammoniacal correspondant à l'acide employé :

$$3\,CCl^3 - CH = AzH + 3\,H^2O + 3\,HCl$$
$$3\,AzH^4Cl + 3\,CCl^3 - CHO.$$

Le chlorure de platine en solution alcoolique produit le même dédoublement; il se forme du chloroplatinate d'ammonium et du chloral, qui se combine à l'alcool pour donner de l'alcoolate de chloral.

Le brome réagit à froid, en solution chloroformique, sur la chloralimide. Quand on opère sur une quantité un peu notable, la réaction est assez vive pour porter le chloroforme à l'ébullition; en même temps, il se dégage de l'acide bromhydrique. Dans cette réaction oxydante, il se forme deux corps isomériques dérivés de la chloralimide par perte de H² : l'un, l'*α-didéhydrochloralimide*, fusible à 105-106°, se produit surtout lorsqu'on opère en solution chloroformique étendue; l'autre, qui fond à 157°, se forme en majeure partie quand la solution est concentrée.

Ce dernier, qui constitue la *β-didéhydrochloralimide*, $C^6Cl^9Az^3H^4$, cristallise en prismes clinorhombiques, insolubles dans l'eau, très solubles dans l'alcool, le benzène, le chloroforme et l'acide acétique.

Les acides, en solution aqueuse et à chaud, la dédoublent au bout d'un certain temps en chloral, acide trichloracétique et sel ammoniacal correspondant à l'acide employé.

Dissoute dans l'alcool à 90° et traitée par un courant de gaz chlorhydrique, elle donne naissance à l'*oxyditrichloroéthylidène-diamine*,

$$CCl^3 - \overset{\displaystyle |}{\underset{\displaystyle OH}{C}} {\Large <}\!\!{\begin{matrix} AzH \\ AzH \end{matrix}}\!\!{\Large >} CH - CCl^3,$$

fusible à 151°, insoluble dans l'eau, mais soluble dans la plupart des dissolvants organiques.

Chauffée avec les acides chlorhydrique ou sulfurique étendus, elle se dédouble en sel ammoniacal de l'acide employé, chloral et acide trichloracétique.

Chauffée avec de l'oxychlorure de phosphore ou maintenue simplement un peu au-dessus de son point de fusion, à 160° par exemple, elle donne un dégagement régulier d'ammoniaque et un composé cristallisé qui fond à 215-216° : ce dernier est formé par la réunion de 2 molécules du corps primitif avec perte de 1 molécule d'ammoniaque, et constitue la *ditrichloroéthylidène-diamine ditrichloroacétylée*,

$$\begin{matrix} CCl^3 - CH \\[4pt] \\ CCl^3 - CH \end{matrix}{\Large <}\!\!{\begin{matrix} AzH - CO - CCl^3 \\ AzH \\ AzH - CO - CCl^3 \end{matrix}}$$

On l'obtient encore en chauffant pendant 3 heures, au bain-marie, dans un tube scellé, l'oxyditrichloréthylidène-diamine avec de l'iodure de méthyle; il se forme en même temps de l'iodhydrate de monométhylamine.

Si on la soumet à la distillation dans le vide, on obtient, à la température d'ébullition du naphtalène, un corps cristallisé qui fond à 136° et dont les réactions sont celles de la trichloroacétamide $CCl^3 - COAzH^2$.

L'*α-didéhydrochloralimide* se produit le plus facilement en dissolvant 12 grammes de chloralimide dans 25 grammes de chloroforme, et en y ajoutant peu à peu 60 grammes de brome; on évapore ensuite à froid dans un courant d'air. on ajoute de l'eau, on neutralise par le bicarbonate de sodium, on essore à la trompe et on lave à l'eau distillée; on reprend ensuite le produit par son poids d'alcool à 95°, et on obtient du premier jet le corps cristallisé en beaux prismes clinorhombiques, fusibles à 103-104°.

Elle se comporte comme son isomère β et donne naissance aux mêmes corps lorsqu'on fait réagir sur elle le chlorure de platine, l'acide chlorhydrique en présence de l'alcool, les acides en solution aqueuse.

Ces deux dérivés de la chloralimide peuvent être représentés par la formule plane ci-dessous :

$$\begin{matrix} & C - CCl^3 & \\ HAz & \bigcirc & AzH \\ CCl^3 - CH & & CH - CCl^3 \\ & Az & \end{matrix}$$

Tous les faits prouvent en effet que l'élimination de l'hydrogène dans la molécule de chloralimide se fait entre 1 atome de carbone et 1 atome d'azote non contigus.

La chloralimide chauffée à une douce température avec du chlorure de benzoyle donne la *chloral-dibenzamide*,

$$CCl^3 - CH {\Large <}\!\!{\begin{matrix} AzH - CO - C^6H^5 \\ AzH - CO - C^6H^5 \end{matrix}}$$

déjà décrite par MM. Hepp et Spiess [*D. chem. G.*, 9, 1427].

Isochloralimide. — Elle se forme en même temps que la chloralimide lorsqu'on chauffe le chloral-ammoniaque avec du chloral. On la retire des eaux mères alcooliques dans lesquelles la chloralimide s'est déposée ; pour cela on précipite par l'eau, et si le précipité est fortement huileux, on le délaye dans la moitié de son poids d'alcool à 95° et on le laisse reposer pendant 24 heures ; on essore à la trompe, et on reprend le résidu successivement par 1 partie d'alcool à 95° et le dépôt par 2 parties du même alcool. On obtient ainsi, après plusieurs traitements, un corps cristallisé en prismes clinorhombiques, fusibles à 105-106° et dont les réactions sont les mêmes que celles de la chloralimide étudiées plus haut. Sous l'influence de l'iodure de méthyle, ce corps se transforme en chloralimide. Chauffé avec les alcalis, il donne un dégagement d'ammoniaque, ainsi qu'une forte odeur de carbylamine ; il se forme en même temps du chloroforme et un formiate.

Comme la chloralimide et son isomère se comportent exactement de la même façon vis-à-vis des réactifs, en donnant les mêmes produits de dédoublement, et que de plus le passage de l'isochloralimide à la chloralimide est facile, MM. Béhal et Choay ont été conduits à admettre pour la chloralimide et pour son isomère la même figure plane indiquée plus haut, et qui rend parfaitement compte de toutes les réactions que présentent ces deux corps. L'isomérie de ces composés, qui se distinguent par leur forme cristalline, leur point de fusion et leurs solubilités, peut être comprise en faisant intervenir la considération de la situation des atomes dans l'espace. En représentant à la manière ordinaire le carbone par un tétraèdre, et l'azote trivalent par un triangle équilatéral, les valences étant dirigées du centre des figures aux angles plans ou solides,

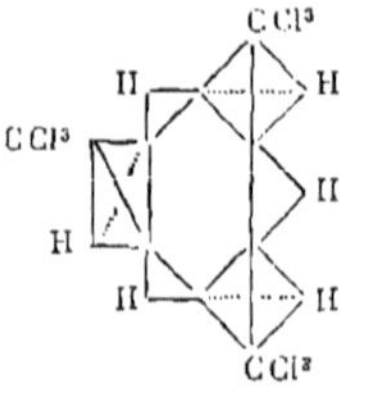

$$C\,Cl^3 \quad H \quad H \quad C\,Cl^3 \quad H \quad H \quad H \quad C\,Cl^3$$

on peut concevoir avec la chloralimide 2 isomères stéréochimiques, et seulement 2 : 1° un isomère *cis*, dans lequel tous les groupements $C\,Cl^3$ sont en avant ou en arrière du plan de la figure, et 2° un isomère *cis-trans*, qui a 2 groupes $C\,Cl^3$ en avant du plan du tableau et l'autre en arrière.

Comme, en général, dans une réaction, le composé le plus stable est celui qui présente la plus grande symétrie, le composé *cis* représentera la chloralimide, et le composé *cis-trans* l'isochloralimide.

Les deux dérivés obtenus par l'action du brome, c'est-à-dire l'α- et la β-didéhydrochloralimide, peuvent être considérés de même comme des isomères stéréochimiques.

Chloral-diformiamide, $C^4H^5Cl^3Az^2O^2$. — Ce corps se forme, comme il a été dit plus haut, lorsqu'on décompose le chloral-ammoniaque par la chaleur. MM. Béhal et Choay ont remarqué qu'on l'obtient en quantité plus considérable lors de la décomposition à froid du chloral-ammoniaque. Cette décomposition est du reste très lente : les cristaux de chloral-ammoniaque se ramollissent d'abord, puis se liquéfient ; il se sépare une couche plus liquide, possédant une forte odeur ammonia-

cale, et il se forme un dépôt cristallin, qu'on purifie par des lavages à l'alcool, et qui constitue la chloral-diformiamide : 1250 grammes de chloral-ammoniaque ont donné ainsi environ 120 grammes de chloral-diformiamide.

Sous l'influence du temps, le chloral-ammoniaque se scinde, en donnant du chloroforme et de la formiamide :

$$C\,Cl^3 - CH \bigg\langle {O\,H \atop Az\,H^2} = CH\,Cl^3 + H\,CO\,.\,Az\,H^2.$$

La formiamide ainsi produite réagit à son tour sur le chloral-ammoniaque, en donnant de l'eau, de l'ammoniaque et de la chloral-diformiamide :

$$C\,Cl^3 - CH \bigg\langle {O\,H \atop Az\,H^2} + 2\,H\,CO\,.\,Az\,H^2$$
$$= H^2O + Az\,H^3 + C\,Cl^3 - CH \bigg\langle {Az\,H - C\,O\,H \atop Az\,H - C\,O\,H}$$

On peut aussi extraire ce corps du résidu de la préparation de la chloralimide : il suffit de l'épuiser par de grandes quantités d'eau bouillante ; celle-ci le laisse déposer par refroidissement. On le purifie ensuite en le faisant cristalliser dans l'eau chaude, dans l'alcool ou dans l'acide acétique ; il est très soluble dans l'éther, fond à 216-217°, et se décompose un peu au-dessus de cette température.

On peut l'obtenir encore en faisant agir directement la formiamide sur le chloral anhydre : il suffit de chauffer le mélange des deux corps, dans un ballon muni d'un réfrigérant ascendant, jusqu'à ce qu'il se forme un dépôt abondant, que l'on reprend par l'eau bouillante et que l'on décolore par le noir animal ; on le purifie par une nouvelle cristallisation dans l'acide acétique.

L'équation suivante rend compte de la réaction :

$$C\,Cl^3\,.\,CH\,O + 2\,H\,CO\,.\,Az\,H^2$$
$$= H^2O + C\,Cl^3 - CH \bigg\langle {Az\,H - C\,O\,H \atop Az\,H - C\,O\,H}$$

La chloral-diformiamide, traitée à chaud par une solution aqueuse concentrée d'acide chlorhydrique, se décompose en chloral, ammoniaque et acide formique ; ce dernier corps est décomposé et l'on observe en réalité la production d'oxyde de carbone. Si l'on opère en liqueur alcoolique, il se forme du formiate d'éthyle.

L'acide sulfurique agit comme l'acide chlorhydrique. Si l'on chauffe en tube scellé à 150°, ou bien encore au réfrigérant ascendant, la chloral-diformiamide avec un excès d'anhydride acétique, on obtient un *dérivé mono-acétylé* qui répond à la formule $C^6H^5Cl^3Az^2O^3$. Il se dissout assez facilement dans l'acide acétique, d'où il se dépose sous la forme de longues aiguilles qui dérivent d'un prisme dont l'angle est voisin de 90°. Il ne fond pas sans se décomposer ; il se dédouble sous l'influence de l'acide chlorhydrique, en donnant de l'acide acétique, du chloral, du chlorure d'ammonium et de l'oxyde de carbone.

BROMOCHLORAL, $C\,Cl^2Br - CHO$. — On l'obtient en traitant l'alcoolate de bromochloral par l'acide sulfurique concentré ; l'alcoolate se forme lorsqu'on chauffe le dichloracétal à 50-100°, en y ajoutant du brome tant que celui-ci se décolore.

Le bromochloral est un liquide incolore, à odeur irritante, bouillant à 126° ; $d = 1,0176$; il se conserve inaltéré à l'abri de l'air et de la lumière.

L'*hydrate*. $C\,Cl^2Br - CHO,H^2O$, se présente en tables orthorhombiques, très solubles dans l'eau, l'éther et l'alcool ; traité par la potasse, il donne du bromochloroforme [Jacobsen et Neumeister, *D. chem. G.*, 15, 599].   E. Burcker.

CHLORAL (INDUSTRIE). — Le chloral, et plus particulièrement l'hydrate de chloral, est devenu d'une consommation assez importante pour être classé parmi les produits chimiques proprement dits. En 1878, M. Martius en évaluait la consommation annuelle à 50 000 kilogrammes; ce chiffre a au moins triplé depuis cette époque.

La fabrication du chloral exige surtout une bonne installation pour la production du chlore sous une légère pression; elle paraît devoir profiter une des premières des progrès réalisés pour la préparation du chlore liquide.

L'industrie s'est appliquée à suivre la méthode de Liebig.

On introduit dans des bombonnes en verre 60 ou 70 litres d'alcool aussi déshydraté que possible (97 0/0 au moins); les bombonnes communiquent avec une série de vases en grès remplis d'eau, permettant de condenser les torrents d'acide chlorhydrique qui se dégagent pendant la réaction. On fait arriver le chlore à froid; le liquide s'échauffe; on maintient facilement la température en chauffant au bain-marie; on a soin de modérer l'échauffement pour diminuer la proportion de produits secondaires.

La chloruration de quantités aussi fortes d'alcool exige un courant de chlore ininterrompu pendant 12 ou 14 jours. Lorsque le liquide du ballon est entièrement miscible à l'eau, ou ne la trouble plus que faiblement, il est très important d'arrêter le courant de chlore pour éviter la formation d'autres produits.

La fixation du chlore peut être favorisée par l'emploi de certains agents de transport. M. Springmühl a recommandé d'employer 1 partie d'iode pour 1 partie d'alcool; on peut séparer l'iodure d'éthyle distillant à 72° de l'alcoolate de chloral.

D'après M. Page [*Ann. Chem.*, **225**, 209], l'action du chlore est singulièrement facilitée si l'on introduit au préalable dans l'alcool 1,25 0/0 de chlorure ferrique anhydre ou même cristallisé; le cours de la réaction est quelque peu modifié. En opérant d'abord à froid, on constate une forte augmentation de poids et on voit se séparer une couche d'acide chlorhydrique aqueux; en chauffant peu à peu jusqu'à 100°, on voit se dégager des torrents de gaz chlorhydrique, du chlorure d'éthyle et différents gaz dont on a séparé l'éthane trichloré, $CH^3 . CCl^3$, bouillant à 74°,5.

L'augmentation finale de poids pour 150 grammes d'alcool est de 83^{gr},13. 400 grammes d'alcool ont fourni ainsi 525 grammes d'hydrate de chloral après rectification. Il convient de faire remarquer que ce rendement dépasse sensiblement celui qui peut être déduit des équations de Lieben.

Il se forme surtout du chloral et très peu d'hydrate de chloral.

Le chloral brut, obtenu dans les conditions habituelles, doit être soumis à des purifications. On commence par le transformer en chloral anhydre : Dans un grand récipient en cuivre doublé de plomb, d'une contenance de 100 à 200 kilogrammes, on introduit parties égales de produit brut et d'acide sulfurique concentré; on chauffe à l'ébullition, en ayant soin de faire refluer dans l'appareil les vapeurs condensées; l'acide chlorhydrique que retient le chloral brut se dégage et la cessation du dégagement est le criterium de l'achèvement de l'opération; le chlorure d'éthyle se dégage en même temps. On commence alors à distiller et on recueille le liquide passant jusqu'à 97°; on rectifie sur du carbonate de calcium précipité et on recueille ainsi un chloral distillant pour la plus grande partie à 94°.

Pour préparer l'hydrate de chloral, on mélange ce chloral à une quantité d'eau équivalente (147°,5 de chloral et 18 parties d'eau); on laisse refroidir sur des plateaux en verre. L'hydrate de chloral ainsi obtenu est expédié à l'exportation, mais il est loin d'être absolument pur.

On le purifie par cristallisation : si on additionne l'hydrate de chloral encore liquide d'un tiers de son volume de chloroforme, on a une belle cristallisation au bout de quelques jours. On a recommandé l'emploi du sulfure de carbone. Les meilleurs résultats sont obtenus, d'après M. Martius. avec le benzène; il se forme d'abord de longues aiguilles, qui se transforment peu à peu en petits cristaux hexagonaux.

Les cristaux ainsi obtenus à l'aide du benzène paraissent beaucoup moins hygroscopiques et se conservent particulièrement bien.　　H. Gall.

CHLORAL-ACÉTONE [Syn. *Alcool acétonyl-trichloréthylique*],

$$CCl^3 - CH . OH - CH^2 . CO . CH^3.$$

— On chauffe à 100° en tube scellé un mélange d'acétone, de chloral et d'acide acétique cristallisable. On reprend le produit de la réaction par la soude faible et on épuise le tout par l'éther. Celui-ci abandonne par évaporation une masse cristalline jaunâtre, fusible à 75-76°, très soluble dans l'alcool et dans l'éther, assez soluble dans l'eau bouillante, peu soluble dans la ligroïne.

Soumis à l'ébullition avec les alcalis dilués, ce corps se convertit en un acide fusible à 123-126° qui ne renferme pas de chlore [W. Kœnigs, *D. chem. G.*, **25**, 794].

CHLORAL-ACÉTOPHÉNONE [Syn. *Alcool phénacyl-trichloréthylique*],

$$CCl^3 - CHOH - CH^2 . CO . C^6H^5$$

[W. Kœnigs, *D. chem. G.*, **25**, 795]. — On fait bouillir pendant 20 heures dans un appareil à reflux un mélange d'acétylbenzène, de chloral et d'acide acétique cristallisable. On traite le produit par l'eau chaude, qui laisse insoluble une huile rougeâtre; on reprend cette dernière par l'éther, et on additionne la solution éthérée de ligroïne, qui détermine le dépôt de la chloral-acétophénone.

Purifié par quelques cristallisations dans un mélange de ligroïne et d'acide acétique ou d'alcool, ce corps fond à 76-77°: il n'est pas volatil sans décomposition. Les alcalis dilués le décomposent à l'ébullition avec production d'acétylbenzène et d'acide oxalique, termes ultimes de la destruction de l'acide benzoylacrylique.

$$CO^2H - CH = CH - CO - C^6H^5,$$

formé d'abord.

Lorsqu'on abandonne à elle-même pendant quelques heures une solution de chloral-acétophénone dans l'acide sulfurique concentré, on peut en précipiter par addition d'eau la *trichloréthylidène-acétophénone* (*trichloro4-butène2-one1-benzène*),

$$CCl^3 - CH = CH - CO - C^6H^5,$$

en lamelles ou en prismes fusibles à 102°.

CHLORAL-ALDOL, $C^6H^9Cl^3O^3$ [W. Kœnigs, *D. chem. G.*, **25**, 799]. — En chauffant en tube scellé, à 100°, pendant quelques heures, un mélange de paraldéhyde, de chloral et d'acide acétique cristallisable, on obtient une huile volatile avec la vapeur d'eau, qui, après lavage au bisulfite de sodium, dissolution dans l'éther et dessiccation, répond sensiblement à la formule ci-dessus.

CHLORALIDE. — Lorsqu'on fait agir le pentachlorure de phosphore sur la chloralide à 270-290°, on observe la formation d'un corps huileux,

$C^8H\,Cl^7O^3$, bouillant à 134-136° sous une pression de 12 millimètres; $d = 1,7426$ [Anschütz et Haslam, *D. chem. G.*, **20**, *Ref.*, 417].

CHLORALUMINITE (Min.) (Scacchi). — Chlorure d'aluminium hydraté, avec molysite. Éruption de 1872 du Vésuve.

CHLORANILE [Syn. *Tétrachloroquinone*]. — Voyez QUINONE.

CHLORANILIQUE (ACIDE). — [Syn. *Dichlorodioxyquinone.* — Voyez QUINONE.

CHLORASTROLITE (Min.) (Jackson). — Zéolite voisine de la thomsonite et de la prehnite, de l'île Royale (lac Supérieur).

CHLORE. — CONSTANTES PHYSIQUES. — D'après M. K. Olszewski [*Mon. f. Chem.*, **5**, 127], le chlore se solidifie à — 102°.

M. Knietsch a soumis à une étude très approfondie les propriétés physiques du chlore liquide, aujourd'hui répandu dans l'industrie [*Ann. Chem.*, **259**, 100] :

TENSIONS DE VAPEUR DU CHLORE LIQUIDE AU-DESSOUS DU POINT D'ÉBULLITION EXPRIMÉES EN MILLIMÈTRES DE MERCURE.

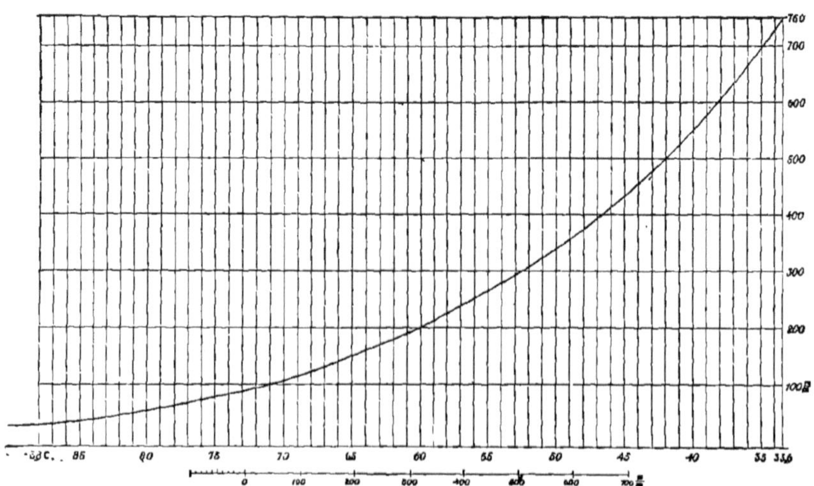

Température.	Pression correspond^te.	Poids spécifique.	Coefficient de dilatation.
— 102°	état solide	»	
— 88°	37,5 mm mercure	»	
— 85°	45,0 —	»	
— 80°	62,5 —	1,6622	
— 75°	88,0 —	1,6490	
— 70°	118,0 —	1,6382	
— 65°	159,0 —	1,6273	
— 60°	210,0 —	1,6167	0,001409
— 55°	275,0 —	1,6055	
— 50°	350,0 —	1,5945	
— 45°	445,0 —	1,5830	
— 40°	560,0 —	1,5720	
— 35°	705,0 —	1,5589	
— 33,6	760,0 —	1,5575	
— 30°	1,20 atm.	1,5485	
— 25°	1,50 —	1,5328	
— 20°	1,84 —	1,5230	
— 15°	2,23 —	1,5100	0,001793
— 10°	2,63 —	1,4965	
— 5°	3,14 —	1,4830	
0°	3,66 —	1,4690	
+ 5°	4,25 —	1,4548	0,001978
+ 10°	4,95 —	1,4405	
+ 15°	5,75 —	1,4273	0,002030
+ 20°	6,62 —	1,4128	
+ 25°	7,63 —	1,3984	0,002190
+ 30°	8,75 —	1,3815	
+ 35°	9,95 —	1,3683	0,022260
+ 40°	11,50 —	1,3516	
+ 50°	14,70 —	1,3170	0,002690
+ 60°	18,60 —	1,2830	
+ 70°	23,00 —	1,2430	0,003460
+ 80°	28,40 —	1,2000	
+ 90°	34,50 —		
+ 100°	41,70 —		
+ 116°	50,80 —		
+ 120°	60,40 —		
+ 130°	71,66 —		
+ 140°	93,50 —	point critique.	

Le spectre d'absorption du chlore liquide ne présente pas de raies caractéristiques; la couleur est franchement jaune, avec une nuance orangée.

La densité du chlore gazeux à différentes températures a fait l'objet d'intéressants travaux de MM. Crafts et Victor Meyer. Il ressort des nombreuses déterminations de ce dernier (*Pyrochemische Untersuchungen*, 1885) que la densité du chlore, même dilué, reste constante jusque vers 1200°. On a en effet :

Chlore à 100°.............. = 2,50
— dilué avec 5 vol. d'air = 2,51
— — 15 — = 2,46
— à 900°.............. = 2,49 2,46 2,41
— à 1200°.............. = 2,41 2,42 2,45 2,44

Au-dessus de 1200°, de premières déterminations, faites en introduisant dans l'appareil du chlorure de platine, lequel se décompose en chlore et en platine métallique, avaient semblé indiquer d'abord une décroissance très rapide. Mais le chlorure de platine ne peut pas être obtenu à l'état sec, et, comme l'a fait voir M. Crafts, les seules expériences qui soient concluantes sont celles faites avec le chlore gazeux.

Vers 1400° la densité du chlore n'est plus que de 2,02, ce qui est l'indice d'une dissociation partielle. D'après M. Crafts [*C. R.*, **90**, 183], la diminution de densité du chlore est presque insensible à cette température.

Entre 21 et 357°, le coefficient de dilatation du chlore est à celui de l'air comme 1,009 : 1. Densité à 21° = 2,471; à 357° = 2,449, nombre qui se confond avec le nombre théorique [Friedel et Crafts, *C. R.*, **91**, 302].

D'après M. Jahn [*Wiener Akad. Ber.*, **85**,

(2), 778], on a pour la densité du chlore entre 20° et 200° :

$$D = 2,4855 - 0,00017\, t.$$

Chaleur de dissolution dans l'eau $= + 3$ cal. (Berthelot).

PROPRIÉTÉS CHIMIQUES. — D'après M. A. Popper, l'eau de chlore se décompose à la lumière solaire dans des conditions différentes [*Ann. Chem.*, **227**, 161; **231**, 180] de ce que l'on a admis jusqu'ici. A la lumière solaire il se forme de l'acide chlorique et de l'acide chlorhydrique, en même temps qu'il se sépare de l'oxygène :

$$5\, Cl^2 + 5\, H^2O = ClO^3H + 9\, HCl + O^2.$$

En général, on trouve dans les produits de la réaction 8,6 à 8,9 équivalents d'acide chlorhydrique pour 1 équivalent d'acide chlorique.

D'après M. von Pebal, ce mode de décomposition de l'eau de chlore est d'accord avec les lois thermiques et correspond à un dégagement de chaleur.

M. Gore [*Proceed. Roy. Soc.*, **46**, 352] a constaté que le mélange d'acide chlorique et d'acide chlorhydrique auxquels vient s'ajouter l'acide hypochloreux, ne renferme plus au bout de plusieurs semaines que de l'eau oxygénée et de l'acide chlorhydrique (voyez aussi pour conclusions analogues A. Pedler, *Chem. Soc.*, 1890, 613-625).

D'après R. Cowper [*Chem. Soc.*, **43**, 153], le chlore absolument sec est sans action sur le sodium, le zinc en feuille et le magnésium; il réagit très peu sur le bismuth et sur l'argent; il attaque l'étain, l'arsenic, l'antimoine, ces derniers avec incandescence, et enfin le mercure; il n'agit pas sur le potassium. Le chlore sec n'attaque pas non plus le fer ni la fonte, et ces propriétés sont mises à profit pour la compression du chlore dans l'industrie.

Le chlore réagit sur la plupart des sels oxygénés d'argent en formant du chlorure d'argent, en même temps qu'un atome de chlore se substitue à l'argent dans la molécule [Spring, *Bull. Acad. de Belgique*, (2), **39** et **46**. — J. Krutwig, *D. chem. G.*, **14**, 304]:

$$ClO^3Ag + Cl^2 = AgCl + Cl^2O^3.$$

Avec le sulfate d'argent, la réaction n'a lieu qu'à une température élevée; il se forme de l'acide sulfureux.

Le carbone pur absorbe le chlore avec un certain dégagement de chaleur ($Cl^4 = 13^{cal},57$) [Berthelot et Güntz. *C. R.*, **99**, 7].

D'après M. Goodwin [*D. chem. G.*, **15**, 3039], les chlorures de calcium, de magnésium, de strontium, de cobalt et le perchlorure de fer empêchent la formation d'hydrate de chlore.

Le chlorure de lithium et l'acide chlorhydrique augmentent la solubilité du chlore dans l'eau.

Cette dernière observation concorde avec celles de M. Berthelot. 1 litre d'acide chlorhydrique concentré dissout jusqu'à 11 grammes de chlore, avec un dégagement de chaleur qui permet d'admettre l'hypothèse d'une réelle combinaison.

Préparation du chlore. — La préparation du chlore relève de l'industrie chimique; toutefois, jusqu'à ce que l'emploi du chlore liquide se soit généralisé dans les laboratoires, il n'est pas sans intérêt de se préoccuper des procédés rapides qui facilitent le travail avec cet agent si fréquemment utilisé.

M. Klason a passé en revue [*D. chem.*, *G.*, **23**, 330] les procédés habituellement employés.

Lorsqu'on n'a besoin que de peu de chlore et que ce gaz peut, sans inconvénient, être mélangé de gaz étrangers, on a recours au chlorure de chaux recommandé par M. Winckler [*D. chem. G.*,

22, 1076]. Il n'est pas nécessaire d'incorporer préalablement le chlorure de chaux à du plâtre. On introduit simplement du chlorure de chaux en poudre dans l'appareil de Kipp, et le dégagement se produit régulièrement.

Lorsqu'on veut avoir de grandes quantités de chlore pur, le plus avantageux est encore d'utiliser la réaction habituelle de l'acide chlorhydrique sur le bioxyde de manganèse. M. Klason a fait construire, pour opérer commodément cette réaction, un appareil à production continue, qui n'est autre qu'un appareil de Kipp en grès. Le vase inférieur de cet appareil se chauffe au bain-marie. Le tube abducteur est ajusté au moyen d'un bouchon de caoutchouc enduit de vaseline, lequel résiste parfaitement à l'action du chlore. Pour empêcher des bulles de chlore de refluer dans l'atmosphère, il convient d'interposer entre le vase supérieur et celle-ci une allonge remplie de carbonate de sodium en cristaux. On emploie 2 litres d'acide chlorhydrique pour 3 kilogrammes de bioxyde de manganèse, lequel doit se trouver toujours en grand excès.

Hydrate de chlore. — L'hydrate de chlore a été obtenu en cristaux fins et nets semblant appartenir au système cubique, en plaçant l'hydrate de chlore dans un tube de Faraday, chauffant la branche qui renferme l'hydrate, de manière à le décomposer, et abandonnant le système à un refroidissement très lent [Ditte, *C. R.*, **95**, 1030].

D'après M. Maumené, il peut se former plusieurs hydrates et le chlore peut s'unir, suivant les conditions de l'expérience, à des quantités d'eau égales à son poids ou doubles [*Bull. Soc. Chim.*, (2), **39**, 397].

M. Bakhuis Roozeboom [*Rec. P.-B.*, **3**, 59] attribue à l'hydrate de chlore la composition

$$Cl^2 + 8\, H^2O.$$

Poids spécifique $= 1,23$. Point de congélation d'une solution aqueuse de chlore renfermant 0,39 0/0 de chlore $= - 0°,19$.

La tension de dissociation, qui est de 760 mill. à 9°,6, avait déjà été déterminée par M. Isambert.

Solubilité dans l'eau et les chlorures. — D'après M. Berthelot [*C. R.*, **91**, 191], 1 litre d'eau à $+ 12°$ dissout 4 grammes de chlore; après un long barbotement, on peut atteindre 6 grammes, non sans qu'il y ait à redouter une légère décomposition.

Dans les solutions concentrées des chlorures, spécialement des chlorures terreux, la solubilité est moindre que dans l'eau. Pour 1 litre de liquide, les solutions suivantes ont dissous :

$CaCl^2 + 15\,H^2O$	$2^{gr},45$
$MgCl^2 + 15\,H^2O$	$2^{gr},33$
$MuCl^2 + 11\,H^2O$	$2^{gr},00$

La chaleur dégagée est à peu près la même que dans l'eau pure ($+ 1^{cal},5$). La solubilité croît avec la dilution et la formation consécutive des oxacides du chlore s'y opère comme dans l'eau.

COMBINAISONS DU CHLORE.

ACIDE CHLORHYDRIQUE. — Chaleur de formation : $HCl = 22$ cal. Chaleur de dissolution : HCl, Aq. $= 17^{cal},34$.

La densité du gaz chlorhydrique est normale jusqu'aux environs de 1500° (Crafts et Meyer). A 1700° au contraire, la dissociation est très sensible [Langer et Meyer, *Pyrochemische Untersuchungen*].

La densité du gaz aux basses températures est normale, suivant de nouvelles déterminations de M. von Than [*Math. naturw. Berichte aus*

Ungarn, 1], soit a

17-20°	1,26409
50°	1,25714
100°	1,25652

La conductibilité électrique du gaz acide chlorhydrique dans le benzène, le xylène, l'hexane et l'éther est excessivement faible; les dissolutions alcooliques, spécialement avec l'alcool méthylique, sont de meilleurs conducteurs, bien que la conductibilité ne soit qu'un tiers de celle de la solution aqueuse. Une addition de 6 0/0 d'alcool méthylique à celle-ci affaiblit la conductibilité de 20 0/0 [Kablukoff, *Zeit. phys. Chem.*, 4, 429].

Le gaz acide chlorhydrique est liquéfié à —102°; il se solidifie à —115°,7 et entre en fusion à —112°,5 [Olszewski, *Mon. f. Chem.*, 5, 127].

D'après M. Ansdell [*Roy. Soc.*, 34, 117], le point critique est à la température de 51°,25.

Le poids spécifique du gaz chlorhydrique liquéfié est :

0°	= 0,908	22°,7	0,807
7°-05	= 0,873	33°,0	0,748
11°-67	= 0,854	41°,6	0,678
15°-85	= 0,835	47°,8	0,619

L'hydrate $HCl + 2H^2O$ est parfaitement caractérisé.

D'après M. Bakhuis Roozeboom [*Rec. P.-B.*, 3, 39], le poids spécifique, 1,46, indique une contraction à partir des composants liquides.

La tension constante de dissociation est :

—23°,4	193 millim.	
—10°,2	534	»
—18°,3	760	»

Point de solidification d'une solution de 14°,07 HCl dans 100 parties d'eau = —23°.

Une partie d'eau dissout :

A	0°	0,842
—	1°	0,957
—	18°	0,983
—	24°	1,01

MM. Lunge et Marchlewski ont publié une table des poids spécifiques des solutions aqueuses d'acide chlorhydrique, qui rectifie sur certains points les déterminations généralement bien exactes de M. Kolb, et paraît devoir être adoptée [*Zeit. f. angew. Chem.*, 1891, 135] :

POIDS SPÉCIFIQUE à 15°	DEGRÉ BAUMÉ	DEGRÉ TWADDEL	100 PARTIES EN POIDS CONTIENNENT						1 LITRE CONTIENT EN KILOGRAMMES					
			HCl 0/0	HCl à 18 0/0	HCl à 19 0/0	HCl à 20 0/0	HCl à 21 0/0	HCl à 22 0/0	HCl	HCl à 18° B.	HCl à 19° B.	HCl à 20° B.	HCl à 21° B.	HCl à 22° B.
1,000	0,0	0	0,16	0,57	0,53	0,49	0,47	0,45	0,0016	0,0057	0,0053	0,0049	0,0047	0,0045
1,005	0,7	1	1,15	4,08	3,84	3,58	3,42	3,25	0,012	0,041	0,039	0,036	0,034	0,033
1,010	1,4	2	2,14	7,60	7,14	6,66	6,36	6,04	0,022	0,077	0,072	0,067	0,064	0,061
1,015	2,1	3	3,12	11,08	10,41	9,71	9,27	8,81	0,032	0,113	0,106	0,099	0,094	0,089
1,020	2,7	4	4,13	14,67	13,79	12,86	12,27	11,67	0,042	0,150	0,141	0,131	0,125	0,119
1,025	3,4	5	5,15	18,30	17,19	16,04	15,30	14,55	0,053	0,188	0,176	0,164	0,157	0,149
1,030	4,1	6	6,15	21,85	20,53	19,16	18,27	17,38	0,064	0,225	0,212	0,197	0,188	0,179
1,035	4,7	7	7,15	25,40	23,87	22,27	21,25	20,20	0,074	0,263	0,247	0,231	0,220	0,209
1,040	5,4	8	8,16	28,99	27,24	25,42	24,25	23,06	0,085	0,302	0,283	0,264	0,252	0,240
1,045	6,0	9	9,16	32,55	30,58	28,53	27,22	25,88	0,096	0,340	0,320	0,298	0,284	0,270
1,050	6,7	10	10,17	36,14	33,95	31,68	30,22	28,74	0,107	0,380	0,357	0,333	0,317	0,302
1,055	7,4	11	11,18	39,73	37,33	34,82	33,22	31,59	0,118	0,419	0,394	0,367	0,351	0,333
1,060	8,0	12	12,19	43,32	40,70	37,97	36,23	34,44	0,129	0,459	0,431	0,403	0,384	0,365
1,065	8,7	13	13,19	46,87	44,04	41,09	39,20	37,27	0,141	0,499	0,468	0,438	0,418	0,397
1,070	9,4	14	14,17	50,35	47,31	44,14	42,11	40,04	0,152	0,539	0,506	0,472	0,451	0,428
1,075	10,0	15	15,16	53,87	50,62	47,22	45,05	42,84	0,163	0,579	0,544	0,508	0,484	0,460
1,080	10,6	16	16,15	57,39	53,92	50,31	47,99	45,63	0,174	0,620	0,582	0,543	0,518	0,493
1,085	11,2	17	17,13	60,87	57,19	53,36	50,90	48,40	0,186	0,660	0,621	0,579	0,552	0,523
1,090	11,9	18	18,11	64,35	60,47	56,44	53,82	51,17	0,197	0,701	0,659	0,615	0,587	0,558
1,095	12,4	19	19,06	67,73	63,64	59,37	56,64	53,86	0,209	0,742	0,697	0,650	0,620	0,590
1,100	13,0	20	20,01	71,11	66,81	62,33	59,46	56,54	0,220	0,782	0,735	0,686	0,654	0,622
1,105	13,6	21	20,97	74,52	70,01	65,32	62,32	59,26	0,232	0,823	0,774	0,722	0,689	0,655
1,110	14,2	22	21,92	77,89	73,19	68,26	65,14	61,94	0,243	0,865	0,812	0,758	0,723	0,687
1,115	14,9	23	22,86	81,23	76,32	71,21	67,93	64,60	0,250	0,906	0,851	0,794	0,757	0,719
1,120	15,4	24	23,82	84,64	79,53	74,20	70,79	67,31	0,267	0,948	0,891	0,831	0,793	0,754
1,125	16,0	25	24,78	88,06	82,74	77,19	73,64	70,02	0,278	0,991	0,931	0,868	0,828	0,788
1,130	16,5	26	25,75	91,50	85,97	80,21	76,52	72,76	0,291	1,034	0,932	0,906	0,865	0,822
1,135	17,1	27	26,70	94,88	89,15	83,18	79,34	75,45	0,303	1,077	1,011	0,944	0,901	0,856
1,140	17,7	28	27,66	98,29	92,35	86,17	82,20	78,16	0,315	1,121	1,053	0,982	0,937	0,891
1,1425	18,0	»	28,14	100,00	93,95	87,66	83,62	79,51	0,322	1,143	1,073	1,002	0,955	0,908
1,145	18,3	29	28,61	101,67	95,52	89,13	85,02	80,84	0,328	1,164	1,094	1,021	0,973	0,926
1,150	18,8	30	29,57	105,08	98,73	92,11	87,37	83,55	0,340	1,208	1,135	1,059	1,011	0,961
1,152	19,0	»	29,95	106,43	100,00	93,30	89,01	84,63	0,345	1,226	1,152	1,073	1,025	0,975
1,155	19,3	31	30,55	108,58	102,00	95,17	90,79	86,32	0,353	1,254	1,178	1,099	1,049	0,997
1,160	19,8	32	31,52	112,01	105,24	98,19	93,67	89,07	0,366	1,299	1,221	1,139	1,087	1,033
1,163	20,0	»	32,10	114,07	107,17	100,00	95,39	90,70	0,373	1,326	1,246	1,163	1,109	1,054
1,165	20,3	33	32,49	115,46	108,48	101,21	96,55	91,81	0,379	1,345	1,264	1,179	1,125	1,070
1,170	20,9	34	33,46	118,91	111,71	104,24	99,43	94,55	0,392	1,391	1,307	1,220	1,163	1,106
1,171	21,0	»	33,65	119,68	112,35	104,82	100,00	95,09	0,394	1,400	1,316	1,227	1,171	1,113
1,175	21,4	35	34,42	122,32	114,92	207,22	102,28	97,26	0,404	1,437	1,350	1,260	1,202	1,143
1,180	22,0	36	35,39	125,76	118,16	110,24	105,17	100,00	0,418	1,484	1,394	1,301	1,241	1,180
1,185	22,5	37	36,37	129,03	121,23	113,11	107,90	102,60	0,430	1,529	1,437	1,340	1,279	1,216
1,190	23,0	38	37,23	132,30	124,30	115,98	110,63	105,20	0,443	1,574	1,479	1,380	1,317	1,252
1,195	23,5	39	38,16	135,61	127,41	118,87	113,40	107,83	0,456	1,621	1,513	1,421	1,355	1,289
1,200	24,0	40	39,11	138,98	130,58	121,84	116,22	110,51	0,469	1,667	1,567	1,462	1,395	1,326

L'hydrate $HCl + 8H^2O$, bouillant à 110°, a pour densité de vapeur 0,69 [Calm, *D. chem. G.*, 12, 615].

Action de l'acide chlorhydrique sur la solubilité des chlorures. — M. Engel [*C. R.*, 104, 433] a étudié l'influence de l'acide chlorhydrique sur la solubilité d'un grand nombre de chlorures et a établi la loi suivante : « La solubilité des chlorures que l'acide chlorhydrique précipite de leur solution aqueuse diminue en présence de cet acide d'une quantité correspondant sensiblement à 1 équivalent du chlorure pour chaque équivalent d'acide chlorhydrique ajouté. » Ce fait est très général. Les chlorures des métaux des familles les plus différentes, ceux qui cristallisent à l'état anhydre comme ceux qui cristallisent avec de l'eau, les plus solubles comme ceux qui ont une solubilité moindre, obéissent à cette loi au début de leur précipitation par l'acide chlorhydrique, et on ne voit aucune relation entre le point à partir duquel la précipitation d'un chlorure s'en écarte, et les autres propriétés physiques et chimiques de ce sel.

C'est ainsi que, si on opère sur un liquide renfermant 92,7 équivalents de chlorure de calcium dans 10 centimètres cubes de solution, l'addition de 9 équivalents d'acide chlorhydrique précipite une quantité équivalente de chlorure de calcium.

Toutefois l'acide chlorhydrique ne précipite pas certains chlorures avec lesquels il forme de véritables chlorhydrates. M. Engel a isolé successivement les chlorhydrates de chlorure d'étain, de zinc et de perchlorure de fer. La solubilité du chlorure mercurique augmente également en présence de l'acide chlorhydrique [*C. R.*, **104**, 1710]. Le chlorure cuivreux est précipité jusqu'à ce que la richesse du liquide atteigne une certaine limite, à partir de laquelle il se forme un chlorhydrate parfaitement défini.

D'une manière générale, la solubilité d'un chlorhydrate de chlorure est plus grande que celle du chlorure correspondant, à l'exception du chlorure cuivrique. L'augmentation de solubilité de certains chlorures en présence d'acide chlorhydrique est donc due à la formation d'un chlorhydrate de chlorure [Engel, *Bull. Soc. Chim.*, (3), **1**, 695].

Préparation d'un acide chlorhydrique exempt d'arsenic. — M. Otto a remarqué [*D. chem. G.*, **19**, 1907] que l'arsenic n'est totalement précipité par l'hydrogène sulfuré que si l'on opère sur un acide du commerce, c'est-à-dire renfermant d'autres corps dont la précipitation entraîne celle du sulfure d'arsenic ou qui déterminent la formation du soufre, lequel exerce une action analogue.

On sature l'acide de densité 1,12 avec l'hydrogène sulfuré qui peut être produit dans les conditions ordinaires; on laisse déposer pendant 24 heures à 30-40°; on décante et on filtre; on soumet l'acide à une distillation. Le premier dixième du liquide distillant renferme de l'hydrogène sulfuré, et ce qui passe ensuite est absolument pur.

M. Beckurts [*Arch. Pharm.*, (3), **22**, 684] conseille de distiller l'acide du commerce avec du protochlorure de fer; la totalité de l'arsenic se trouve dans les premiers produits de la distillation.

L'anhydride phosphorique absorbe le gaz chlorhydrique en se liquéfiant; en chauffant le produit de la réaction, on voit distiller de l'oxychlorure de phosphore; il reste de l'acide métaphosphorique.

Un mélange d'acide chlorhydrique gazeux et d'oxygène attaque le mercure à la lumière diffuse, en donnant lieu à la formation d'oxychlorure de mercure [Fowler, *Chem. Soc.*, 1888, 755-761].

ANHYDRIDE HYPOCHLOREUX, Cl^2O. — Suivant les indications de MM. Meyer et Ladenburg confirmées par M. Mermet [*Bull. Soc. Chim.*, (2), **43**, 325], on obtient facilement dans les cours l'anhydride hypochloreux liquide, en faisant passer avec lenteur le chlore parfaitement desséché sur de l'oxyde jaune de mercure sec, placé dans un tube entouré de glace fondante; on peut obtenir la liquéfaction de l'anhydride par un mé-

lange de glace pilée et de sel entourant un tube à essais en verre mince.

D'après MM. Garzarolli-Thurnlack et Schacherl [*Ann. Chem.*, **230**, 273], l'anhydride hypochloreux bout à $+5°,1$ et non à $+19\text{-}20°$ comme on l'avait indiqué jusqu'ici.

$$\text{Densité de vapeur} \begin{cases} 3,0258 \text{ à } 728^{mm},6 \text{ et } 22°,3 \\ 3,0072 \text{ à } 726^{mm},4 \text{ et } 10°,6 \end{cases}$$

L'anhydride hypochloreux liquide est d'une couleur brun foncé; sa vapeur est jaune-brun et paraît peu colorée quand elle est en couches minces. A l'état gazeux, il résiste assez bien à l'action de la lumière; le liquide ne fait explosion qu'en présence de matières organiques. Si on fait passer la vapeur d'anhydride sur le chlorure de calcium spongieux, il se forme de l'hypochlorite de calcium et du chlore.

L'étincelle électrique le décompose en 2 volumes de chlore et 1 volume d'oxygène.

Les *éthers méthylique* et *éthylique* ont été obtenus par M. Sandmeyer [*D. chem. G.*, **18**, 1767 et **19**, 857]. La meilleure manière de préparer ces composés consiste à faire passer un courant de chlore dans une dissolution renfermant de la soude caustique dans l'alcool étendu.

L'*hypochlorite de méthyle*, le moins stable des deux composés, s'obtient en faisant arriver un courant de chlore au bas d'une sorte de burette pourvue d'un robinet de verre et entourée d'un réfrigérant en verre. On emploie 4 parties de soude caustique, 3 parties d'alcool méthylique et 36 parties d'eau.

L'acide hypochloreux réagit sur l'alcool au fur et à mesure de sa formation :

$$NaOH + 2Cl = NaCl + ClOH,$$
$$CH^3OH + ClOH = ClOCH^3 + H^2O.$$

On remarque le dégagement d'un gaz qui peut être condensé aussi longtemps qu'il ne renferme pas de chlore non absorbé : c'est l'hypochlorite de méthyle, qui bout vers $+12°$ (726 millimètres). Il détone avec la plus grande facilité.

L'*hypochlorite d'éthyle* se prépare plus facilement dans le même appareil et se dépose à l'état d'huile surnageante; on dissout 1 partie de soude dans 10 parties d'eau, on ajoute 1 partie d'alcool et on fait passer le chlore. Le rendement est presque quantitatif.

Ce corps distille sans décomposition à 36° (752 millimètres). La vapeur surchauffée détone; le cuivre en poudre, la lumière solaire le décomposent également avec explosion.

ANHYDRIDE CHLOREUX. — L'existence de ce corps, décrit au Suppl. **1**, est révoquée en doute par les travaux de M. Garzarolli-Thurnlack [*Ann. Chem.*, **209**, 184].

Les gaz obtenus par les méthodes de Millon, Carius, Brandau ont été soumis à l'analyse volumétrique, dans des appareils disposés suivant les indications de Pebal, dont la description existe au mémoire original.

L'expansion donne des résultats différents, suivant qu'on a :

		Expansion.
$2\,ClO^3$	$=$ $Cl^3 + 2O^2$	soit 1 vol.
2 molécules.	3 molécules.	
2 volumes.	3 volumes.	
		Expansion.
$2\,Cl^2O^3$	$=$ $2Cl^2 + 3O^2$	soit 3 vol.
2 molécules.	5 molécules.	
2 volumes	5 volumes.	

Les expériences ont toutes donné comme résultat que l'expansion du mélange est, vis-à-vis du volume d'oxygène libre après l'expansion, dans le rapport de 1 : 2.

L'anhydride chloreux Cl^2O^3 est donc un simple mélange d'anhydride hypochloreux et d'oxygène.

En faisant agir le chlore sur le chlorate d'argent, M. Spring [*Bull. Acad. Roy. Belg.*, **39**, 882] a obtenu un gaz verdâtre auquel il attribue la composition Cl^2O^3 :

$$Cl\,O^3Ag + Cl^2 = Ag\,Cl + Cl^2O^3.$$

On obtient le sel potassique en évaporant dans le vide l'hypochlorate de potassium, vers 50°. Le chlorate se sépare, et l'eau mère additionnée d'alcool fournit le chlorite de potassium sous la forme d'aiguilles déliquescentes.

Le travail de M. Spring, fait en vue de défendre les formules fondées sur la théorie de la valence invariable, a donné lieu à une réponse de M. Blomstrand, qui se place au point de vue de la valence variable [Blomstrand, *D. chem. G.*, **16**, 183].

PEROXYDE DE CHLORE. — D'après M. Schacherl, ce corps bout à 9°,9 et la vapeur peut être condensée par refroidissement à 8°,9.

Dans la préparation à l'aide du chlorate de potassium et de l'acide oxalique par la méthode de MM. Calvert et Davier, il est bon d'ajouter de l'acide sulfurique étendu (1 volume d'acide, 2 volumes d'eau), pour rendre le dégagement du gaz plus régulier.

D'après M. Popper [*Ann. Chem.*, **227**, 161], les dissolutions aqueuses d'acide hypochlorique se décomposent avec facilité sous l'influence de la lumière en chlore, acide chlorique et oxygène :

$$3\,Cl\,O^2 + H^2O = 2\,Cl\,O^3H + O + Cl.$$

En vase clos, la réaction est un peu différente et le chlore est remplacé par l'acide chlorhydrique :

$$18\,Cl\,O^2 + 9\,H^2O = 13\,Cl\,O^3H + 6\,O + 5\,HCl.$$

H. Gall.

CHLORE (INDUSTRIE). — Jusqu'ici l'industrie du chlore s'est adressée presque uniquement au sel marin, dont la nature nous a si abondamment pourvus, pour la préparation des principaux dérivés, l'acide chlorhydrique, le chlorure de chaux et les chlorates. Bientôt sans doute viendra s'ajouter à cette liste des dérivés industriels le chlore lui-même, obtenu à l'état liquide dans des conditions excessivement pratiques et dont l'emploi est destiné à se généraliser.

La préparation du chlore était restée jusqu'à ces dernières années le monopole de l'industrie de la soude Leblanc, et, malgré des tentatives multiples, on n'a pas encore réussi à utiliser économiquement le chlore du sel marin employé dans la fabrication par le procédé à l'ammoniaque. Les insuccès, que nous étudierons à cause des remarquables efforts tentés, portent à penser qu'une solution intermédiaire pourrait bien assurer le triomphe définitif du procédé à l'ammoniaque pour la fabrication de la soude. L'électrolyse permet déjà l'oxydation directe des chlorures alcalins et supprime ainsi l'emploi du chlore pour la préparation des chlorates. On s'applique à réaliser la préparation directe des hypochlorites par oxydation des chlorures dans les diverses opérations du blanchiment. L'électrolyse directe du sel marin en solution pour la préparation de la soude caustique et du chlore fait l'objet de nombreuses recherches. Enfin, le chlorure de magnésium de Stassfurt, qui constitue un résidu sans valeur, est susceptible d'être utilisé pour la préparation du chlorure de chaux des pays du centre de l'Europe. Seul l'acide chlorhydrique, d'un transport difficile, devra continuer à être préparé directement par l'action de l'acide sulfurique sur le sel marin.

Tous les procédés de préparation du chlore peuvent être classés dans une des séries suivantes :

I. *Oxydation directe de l'acide chlorhydrique résultant de la fabrication par le procédé Leblanc* (nouveaux procédés Weldon, procédés Deacon, Reychler, etc.).

II. *Oxydation des chlorures avec ou sans mise en liberté d'une partie de leur acide chlorhydrique.* (Chlorure de sodium ; chlorure d'ammonium ; chlorure de calcium ; chlorure de magnésium.)

III. *Électrolyse des chlorures.* (Chlore, hypochlorites et chlorates.) — Voyez ÉLECTROCHIMIE.

Données générales. — Les questions relatives à la grande industrie chimique sont dominées par les considérations économiques. Le travail nécessaire pour la mise en liberté du chlore est représenté par la quantité de combustible exigée par la réaction. On conçoit que, suivant les conditions dans lesquelles celle-ci peut se produire, l'utilisation du combustible sera plus ou moins avantageuse. Toutefois l'examen des données thermochimiques est un guide précieux dans l'appréciation des diverses solutions proposées pour l'extraction du chlore.

On doit à M. Hurter une remarquable étude sur les avantages relatifs du traitement des divers chlorures qui intéressent l'industrie.

On trouvera dans le tableau ci-contre, et *classés suivant l'ordre de leurs poids atomiques*, les éléments industriellement utilisables. Les dérivés de chaque élément sont placés au-dessus de leurs poids atomiques. Ainsi on trouvera les composés sodiques au-dessus de la division 23, les composés hydrogénés au-dessus de la division 1, etc.

La distance de la base au point occupé par le composé mesure le nombre de calories dégagées pendant sa formation. Ainsi, sur la ligne horizontale 1, l'indication $2HCl$ gazeux écrite à côté d'un petit cercle dont le centre est placé en regard de la division 44 de la ligne verticale a pour but d'indiquer que la combinaison de 2 atomes de chlore avec 2 atomes d'hydrogène dégage 44 000 calories et que la décomposition de $2HCl$ exige de même l'apport de 44 000 calories.

A part quelques exceptions qu'on comprend sous le nom de *dissociation*, cette chaleur ne peut être fournie directement ; dans la plupart des cas une réaction *endothermique* doit être associée à une réaction susceptible de dégager de la chaleur (*exothermique*). Nous pouvons facilement convertir en chaleur l'énergie chimique potentielle, mais nous ne pouvons que rarement convertir la chaleur en énergie chimique potentielle. Ceci ressort, à l'examen du tableau, de la position occupée par le composé sur la ligne verticale. Plus cette position est élevée, plus il est difficile de le décomposer ou de le transformer en un dérivé occupant une position inférieure. Ainsi, on trouve $NaCl$ sur la ligne horizontale 195, Na^2O sur la ligne 100 ; il est facile de transformer Na^2O en $2NaCl$, mais la transformation inverse de $2NaCl$ en Na^2O est très difficile et exige tout un cycle d'opérations.

De même, il est très simple de préparer $ZnCl^2$ à l'aide de $CuCl^2$, tandis qu'il est difficile de transformer directement $ZnCl^2$ en $CuCl^2$.

Il est en somme relativement facile de passer d'un composé occupant sur l'échelle une position inférieure à un composé occupant une position supérieure.

Étant donnée la grande affinité du chlore pour le sodium, la double décomposition est le seul moyen pratique de séparer ces deux éléments ; il doit toujours se former un autre chlorure et il est nécessaire que l'élément qui remplace le sodium soit à un prix peu élevé. Dans le procédé Leblanc, c'est l'hydrogène apporté par l'acide sulfurique; dans le procédé à l'ammoniaque, c'est le calcium, qu'on retrouve finalement combiné avec le chlore. L'hydrogène de l'acide sulfurique revient en chiffres ronds à 2500 francs la tonne, tandis que la quantité équivalente de

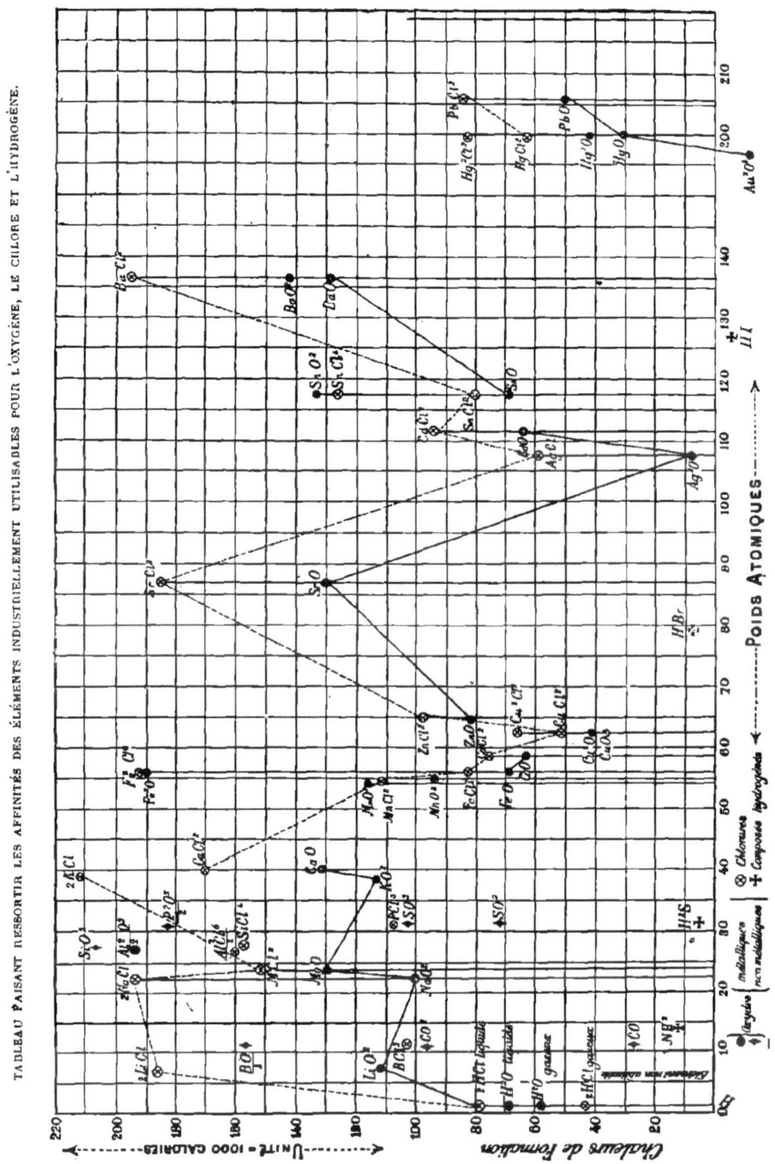

calcium provenant de la chaux revient à 375 francs la tonne.

De tous les éléments industriellement utilisables (voyez le tableau), on en trouverait difficilement un, après le calcium, qui pût être obtenu à un prix inférieur à celui de l'hydrogène de l'acide sulfurique.

Lorsqu'on emploie le calcium, le chlore est presque aussi énergiquement combiné au calcium dans le produit obtenu que dans le chlorure de sodium. L'affinité entre le chlore et le sodium en dissolution n'est supérieure que de 5 0/0 à l'affinité entre le chlore et le calcium; le chlore forme, au contraire, avec l'hydrogène le composé inorganique le moins énergiquement combiné et, par conséquent, le plus propre à la mise en liberté du chlore (voyez sur le tableau la position inférieure de $2\,HCl$ par rapport à $2\,NaCl$ et $CaCl^2$). Le bas prix de l'élément combiné au chlore a permis au procédé à l'ammoniaque de prévaloir, quant à la fabrication de la soude, tandis que la faible énergie de la combinaison du chlore et de l'hydrogène a permis au procédé Leblanc de commander l'industrie du chlore.

Ces considérations générales n'étaient pas inutiles pour faciliter l'examen des nombreux procédés qui ont tous pour but final la mise en liberté du chlore.

I. OXYDATION DIRECTE DE L'ACIDE CHLORHYDRIQUE RÉSULTANT DE LA FABRICATION DE LA SOUDE LEBLANC.

1° PROCÉDÉ WELDON AU MANGANÈSE. — En 1882, M. Weldon, en cherchant à mettre en pratique le procédé à la magnésie décrit au Suppl. 1, a reconnu avec ses collaborateurs que le chlorure de manganèse desséché peut être entièrement décomposé par l'oxygène de l'air et transformé en oxyde Mn^2O^3.

Le chlorure de manganèse *neutre* est évaporé à siccité; si on le dessèche avec précaution, il n'est pas décomposé, comme on l'indique par erreur dans un certain nombre de Traités de Chimie, et si l'on opère au-dessous de 200°, on obtient finalement le chlorure anhydre $MnCl^2$.

Ce chlorure chauffé au rouge sombre se transforme en oxyde Mn^2O^3 et en chlore; mais le chauffage est très délicat, parce qu'il faut éviter la fusion du produit, qui empêcherait toute réaction ultérieure de l'oxygène de l'air sur la masse, qui aurait ainsi perdu toute porosité.

Pour éviter cette difficulté, on mélange le chlorure déshydraté avec des quantités d'oxyde provenant d'une précédente opération et suffisantes pour rendre la masse infusible. Un mélange à poids égaux de chlorure et d'oxyde donne de très bons résultats.

Ce procédé est supérieur à l'ancienne méthode par voie humide, en ce qu'il permet de transformer la totalité de l'acide chlorhydrique en chlore :

$$Mn^2O^3 + 6\,HCl = 2\,MnCl^2 + 2\,Cl + 3\,H^2O,$$
$$2\,MnCl^2 + 3\,O = Mn^2O^3 + 4\,Cl.$$

Le chlore obtenu dans la première partie de l'opération n'est dilué d'aucun gaz étranger; il n'est pas mélangé d'air; la seconde partie de l'opération fournit des gaz qui contiennent facilement de 7 à 8 0/0 en volume de chlore et sont par conséquent plus riches que dans le procédé Deacon.

Ce procédé, très intéressant, s'est heurté à deux genres de difficultés qui en diminuent considérablement les avantages :

L'oxyde Mn^2O^3 est très friable et l'attaque par l'acide chlorhydrique ne peut avoir lieu dans les « stills » habituels. La « poudre » qui sort des fosses tombe facilement au fond des vases d'attaque et, comme la nature des liquides interdit les dispositions mécaniques, il est presque impossible d'arriver en pratique à une neutralisation un peu avancée.

Enfin, pour terminer cette neutralisation et obtenir un chlorure de manganèse susceptible d'être évaporé dans des vases en métal, il faut avoir recours à l'hydrate de manganèse fraîchement précipité par la chaux, en présence d'un excès de sel manganeux, ce qui entraîne une certaine perte en chlore sous forme de chlorure de calcium.

La seconde difficulté qui a empêché le procédé Weldon n° 2 au manganèse de trouver dans la pratique le succès que semblait lui réserver la théorie, est également due à la friabilité de l'oxyde de manganèse. On a essayé d'agglomérer à l'aide des appareils les plus perfectionnés les mélanges d'oxyde de manganèse et de chlorure; aussitôt que la décomposition du chlorure par l'air chaud est un peu avancée, la masse tombe en poussière et il est impossible de continuer à y faire passer l'air. La température de la réaction étant d'environ 700°, on ne peut songer à aucun artifice analogue à ceux auxquels on a recours dans le procédé Deacon pour mettre la masse en contact avec les gaz.

Des essais entrepris sur une grande échelle avec une cornue tournant autour de son axe horizontal ont échoué pour les motifs indiqués. Il n'en est pas moins acquis que le chlorure de manganèse est un des chlorures les plus facilement décomposables par l'action de l'air.

2° PROCÉDÉ DEACON. — Le procédé Deacon, décrit Suppl. 1, 466, et justement considéré comme susceptible de réussir, malgré les échecs qu'il a rencontrés au début, est aujourd'hui presque uniquement employé dans les usines anglaises travaillant par le procédé Leblanc. Il est adopté dans quatre grandes usines françaises et tend à déplacer presque partout le procédé Weldon basé sur l'oxydation par l'air de l'hydrate manganeux, lequel fournit à l'état de chlore à peine le tiers du chlore du chlorure de sodium et de l'acide chlorhydrique.

M. Hurter a fait ressortir la supériorité théorique du procédé Deacon sur les autres moyens proposés pour décomposer l'acide chlorhydrique.

Le seul élément qui ait plus d'affinité que le chlore pour l'hydrogène, c'est l'oxygène (voyez le tableau). Chaque composé hydrogéné, *à l'exception de l'eau* H^2O, occupe une position inférieure à HCl. Les affinités de l'hydrogène pour le chlore et de l'hydrogène pour l'oxygène sont pourtant si voisines, que le changement de l'état liquide à l'état gazeux intervertit l'ordre des affinités :

Pour les corps à l'état liquide :

$$\begin{array}{lll} \text{Acide chlorhydrique...} & 2\,HCl & = 78{,}640 \text{ cal.} \\ \text{Eau} \ldots\ldots\ldots\ldots & H^2O & = \underline{68{,}360 \quad »} \\ & Cl > O \text{ dépasse de} & 10{,}280 \text{ cal.} \end{array}$$

Pour les corps à l'état gazeux :

$$\begin{array}{lll} \text{Acide chlorhydrique...} & 2\,HCl & = 44{,}000 \text{ cal.} \\ \text{Eau} \ldots\ldots\ldots\ldots & H^2O & = \underline{50{,}700 \quad »} \\ & O > Cl^2 \text{ dépasse de} & 6{,}700 \text{ cal.} \end{array}$$

L'acide chlorhydrique en solution aqueuse n'est donc pas décomposable directement par l'oxygène; il est donc nécessaire d'avoir recours à un peroxyde formé avec dégagement de chaleur, et l'examen du tableau montre que le baryum, le manganèse et le plomb sont les seuls éléments qui soient susceptibles d'être employés. La pratique a choisi le manganèse, tant à cause de la valeur relativement faible de cet élément que du voisinage thermique du chlorure et du peroxyde de manganèse, qui rend relativement plus facile la transformation du chlorure en peroxyde.

Dans le procédé Deacon, c'est un sel de cuivre qui contribue à la réaction. On sait aujourd'hui d'une façon certaine que le rôle du cuivre doit être attribué à la dissociation du chlorure de cuivre, c'est-à-dire à une réaction qui permet de convertir la chaleur en énergie chimique. A une température inférieure à 400°, le chlorure cuivrique se décompose en chlore et en chlorure cuivreux. Aucun autre élément industriellement utilisable ne jouit à un aussi haut degré de cette propriété.

La dissociation du chlorure cuivrique a lieu avec absorption de chaleur :

$$2\,CuCl^2 = Cu^2Cl^2 + Cl^2,$$
$$103\,260\ cal. = 65\,760\ cal. + 37\,500\ cal.\ absorbées.$$

A chaque molécule de chlore dégagé correspond une absorption de 37 500 calories. Si le chlorure cuivreux est soumis à une haute température à l'action d'un courant d'oxygène, il donne naissance à de l'oxyde de cuivre en dégageant de la chaleur :

$$Cu^2Cl^2 + 2\,O = 2\,CuO + Cl^2,$$
$$65\,760\ cal. = 74\,320\ cal. - 8\,560\ cal.\ dégagées.$$

L'acide chlorhydrique réagissant sur cet oxyde de cuivre donne également lieu à une réaction exothermique :

$$CuO + 2\,HCl = CuCl^2 + H^2O,$$
$$37\,160 + 44\,000 = 51\,630 + 57\,000 - 27\,470\ cal.\ dég.$$

Perfectionnement du procédé Deacon. — Jusqu'à présent on avait envoyé directement dans l'appareil Deacon les gaz provenant du four à sulfate, auxquels on mélangeait le volume d'air nécessaire à l'oxydation de l'acide chlorhydrique ; on avait éprouvé de grandes difficultés à employer l'acide chlorhydrique dit *des moufles,* parce que cette dernière portion de l'acide dégagé renferme le plus d'impuretés, et notamment une plus forte proportion d'acide sulfureux et d'acide sulfurique.

M. Hasenclever a établi un appareil très robuste et généralement employé aujourd'hui dans les usines travaillant par le procédé Deacon. Il consiste en une série de récipients en grès A communiquant par des tuyaux B. On y fait arriver simultanément l'acide chlorhydrique et l'acide sulfurique dans la proportion de 100 kilogrammes d'acide chlorhydrique à 20° et 550 kilogrammes d'acide sulfurique à 60° B. ; l'acide sulfurique sort à l'extrémité de l'appareil en L affaibli à 55° B. et il est concentré à nouveau dans une série de bassines en plomb.

On effectue le mélange des acides à l'aide d'un courant d'air comprimé, lequel arrive en C dans

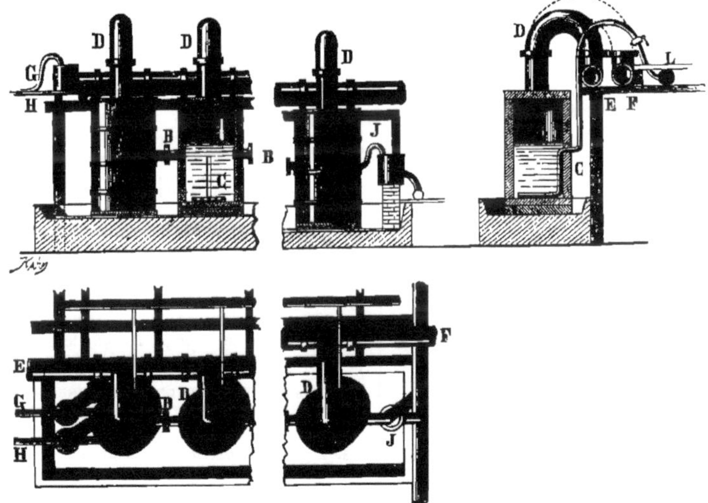

Fig. 111. — Appareil pour la production du gaz chlorhydrique.

la proportion nécessaire à la réaction dans le Deacon. Les gaz sont envoyés en E ou en F suivant leur richesse en gaz chlorhydrique ; on recueille en E les gaz assez riches pour être traités, tandis qu'on renvoie en F les gaz destinés à la condensation. On a ainsi un gaz beaucoup plus pur, de composition constante, et la régularité qu'on doit à cette méthode compense les frais d'évaporation de l'acide sulfurique. L'appareil est peu encombrant. Il fonctionne à Widness et à Stolberg.

Le procédé Deacon ou Hurter-Deacon, comme on le dit à juste titre en Angleterre, est aujourd'hui considéré comme le procédé de fabrication du chlore le plus perfectionné ; il n'a d'autre inconvénient que de fournir du chlore dilué.

M. Kolb a proposé une autre solution fort ingénieuse, actuellement à l'essai dans les établissements de Lille : pour retenir les acides sulfurique et sulfureux des gaz, on a recours à la réaction de Hargreaves, à laquelle la température du Deacon se prête parfaitement. On y a créé un compartiment spécial d'entrée des gaz rempli de briquettes de sel. Les gaz s'y dépouillent complètement de leur acide sulfurique en s'enrichissant de la quantité équivalente d'acide chlorhydrique ; la température de la masse s'élève et, fait assez remarquable, il se forme déjà une certaine quantité de chlore par le fait seul du passage des gaz sur la masse poreuse du sel.

Au bout d'un certain temps, on remplace la garniture de sel, très imparfaitement transformée en sulfate, et on achève sa conversion totale en le passant au four à sulfate.

On peut également établir un cylindre spécial contenant les briquettes de sel immédiatement à la sortie de la calcine, mais alors l'opération exige un chauffage spécial.

Les dispositions proposées par M. Kolb permettraient de réaliser une économie sur la purification par le procédé Hasenclever, qui comporte une assez forte usure des appareils.

Tous les chiffres relatifs au procédé Hurter-Deacon ont été gardés secrets ; nous empruntons à M. Jurisch les résultats suivants sur la marche de l'usine Muspratt à Widness :

Sur 100 parties de l'acide chlorhydrique total dégagé on a :

Acide des moufles 30,62 0/0 { 1,91 0/0 acide non condense / 20,71 » acide condensé.

Acide des cuvettes 69,38 0/0 { 33,11 0/0 acide condensé avant l'entrée dans l'appareil Deacon. / 19,57 0/0 acide non décomposé dans l'oxydation. / 16,70 0/0 chlore correspondant à l'acide dégagé.

D'après M. le D᎙ Hurter, on aurait au contraire :

Sur 100 parties d'acide chlorhydrique dégagé :

66 parties d'acide des cuvettes. — 34 parties d'acide des moufles.

11 parties d'acide condensé avant l'oxydeur. — 55 parties allant à l'oxydeur.

27,5 parties transformées en chlore. — 27,5 parties non décomposées.

En résumé, avant l'introduction de l'appareil Hasenclever, l'appareil Deacon pouvait transformer en chlore du premier jet 27,5 0/0 de l'acide chlorhydrique total fabriqué dans le four à sulfate; on recueillait 72,2 0/0 d'acide chlorhydrique.

Cette quantité est accrue avec l'appareil Hasenclever d'au moins 50 0/0 de l'acide, soit de 17 0/0 environ, et le chlore formé doit représenter au moins 40 0/0 de la totalité de l'acide chlorhydrique du four à sulfate.

3° Procédé Reychler-de Wilde. — Ce procédé, quoique tout récent, a attiré l'attention d'importantes usines qui emploient le procédé Deacon, pour les motifs suivants :

1° Il utilise les mêmes appareils que le procédé mentionné;

2° Il fournit une partie du chlore à l'état de chlore concentré, tandis que la totalité du chlore Hurter-Deacon est du chlore dilué.

Les données scientifiques qui servent de base à ce procédé sont les suivantes :

Si l'on fond ensemble équivalents égaux de

Sulfate de magnésium hydraté. $SO^4Mg, 7\,H^2O$.
Chlorure   —   — $MgCl^2, 6\,H^2O$.
Chlorure de manganèse — $MnCl^2, 4\,H^2O$.

et si ensuite on évapore l'eau de cristallisation, on obtient, en même temps qu'il se dégage de l'acide chlorhydrique, un résidu gris-rosé, dur, cassant, très hygroscopique, formé d'un mélange de sulfate de magnésium, de chlorure de manganèse et d'oxychlorure de magnésium presque entièrement privé d'eau.

Si cette matière est chauffée au rouge sombre, au contact de l'air, dans un moufle, elle dégage à la fois de l'acide chlorhydrique et du chlore et laisse un résidu noir, poreux, consistant, formé d'un mélange intime de sulfate de magnésium anhydre et de *manganite de magnésium*,

$$Mn^3O^8Mg^3.$$

Si l'on introduit ce mélange dans un tube en porcelaine, qu'on chauffe vers 425° (au-dessous du rouge naissant) et qu'on fasse passer un *courant de gaz chlorhydrique*, on constate un dégagement très régulier de chlore mélangé de vapeur d'eau et, vers la fin de l'opération, d'une quantité graduellement croissante d'acide chlorhydrique non utilisé. La réaction a lieu suivant l'équation

$$3\,SO^4Mg + Mn^3O^8Mg^3 + 16\,HCl$$
$$= 3\,SO^4Mg + 3\,MgCl^2 + 3\,MnCl^2 + 8\,H^2O + Cl^4.$$

Un *quart* du chlore se dégage ainsi à l'état de chlore concentré; on porte ensuite le tube à la

température du rouge naissant (vers 525°) et on le fait traverser par un courant d'air sec. Un nouveau dégagement de chlore se produit, d'après l'équation

$$3\,SO^4Mg + 3\,MgCl^2 + 3\,MnCl^2 + 8\,O$$
$$= 3\,SO^4Mg + Mg^3Mn^3O^8 + 12\,Cl.$$

Le mélange de manganite de magnésium et de sulfate se trouve reconstitué; il peut de nouveau recevoir l'action du gaz chlorhydrique au-dessous du rouge naissant, qu'on peut faire suivre d'un nouveau traitement à l'air, et ainsi de suite.

Si, pendant la période de chloruration, la température est trop élevée, on constate un dégagement d'oxygène, dont l'importance augmente avec la température, et qui est dû principalement à une décomposition du manganite de magnésium :

$$Mn^3O^8Mg^3 + 12\,HCl$$
$$= 3\,MnCl^2 + 3\,MgCl^2 + 6\,H^2O + 2\,O.$$

Un appareil d'essai, permettant d'opérer sur environ 900 kilogrammes de matière disposée sur une hauteur de $2^m,30$, a donné une décomposition de 76 0/0 du gaz chlorhydrique introduit dans l'appareil.

Pendant la période d'oxydation, les gaz renferment en moyenne de 18 à 20 0/0 en volume de chlore et de 1 à 2 0/0 en volume d'acide chlorhydrique, dont la présence est due à l'emploi d'air humide.

Vers la fin de l'oxydation, la richesse du gaz diminue. Avec 900 kilogrammes de matière sèche on peut préparer 150 kilogrammes de chlore par 24 heures. Pour produire une tonne de chlore, il faudrait employer un appareil renfermant 6000 kilogrammes de matière, tandis qu'un appareil Deacon de même production exige 30 tonnes de matière active.

Ce procédé, remarquablement étudié, nous paraît mériter un très sérieux examen de la part des fabricants de soude Leblanc. Il permet de décomposer du premier jet 70 0/0 du gaz chlorhydrique sortant des fours à sulfate.

II. OXYDATION DIRECTE DES CHLORURES AVEC OU SANS MISE EN LIBERTÉ DE L'ACIDE CHLORHYDRIQUE.

Les procédés décrits plus haut ont tous pour objet la fabrication du chlore à l'aide de l'acide chlorhydrique obtenu dans le procédé Leblanc. Les suivants ont pour objet le traitement direct soit du chlorure de sodium, soit des chlorures d'ammonium, de calcium ou de magnésium, obtenus les uns comme résidus de la fabrication de la soude à l'ammoniaque, le dernier comme résidu de la fabrication des sels de potasse.

Il est bien entendu — et ceci s'applique plus particulièrement au chlorure de magnésium — qu'on pourrait avoir avantage à transformer l'acide chlorhydrique en l'un des chlorures énumérés et à régénérer la base, si l'on connaissait un procédé particulièrement avantageux. Mais ce fait est de moins en moins probable, et l'on peut considérer comme une erreur le point de vue qui a conduit les partisans du procédé Pechiney-Weldon à penser qu'il pourrait y avoir avantage à transformer l'acide chlorhydrique en chlorure de magnésium. Les procédés dont il s'agit n'ont d'intérêt que dans les cas où ils permettent de traiter directement les chlorures correspondants.

1° Traitement direct du chlorure de sodium. — On a vu par le tableau avec quelle énergie sont combinés le chlore et le sodium.

On doit à M. Gorgeu [*Ann. Chim. Phys.*, (6), **10**, 666] une série d'expériences sur la production de l'acide chlorhydrique et du chlore par la décomposition du sel marin sous l'influence de l'argile.

Lorsqu'on chauffe un mélange d'argile ordinaire et de sel marin, il se dégage de l'acide chlorhydrique en abondance au rouge sombre; si l'on fait usage d'argile anhydre et que l'on opère la calcination dans un courant d'air sec, on produit un abondant dégagement de chlore.

En opérant sur 100 grammes d'un mélange renfermant 21 0/0 de sel et 79 0/0 d'argile contenant elle-même 35 0/0 d'alumine, on trouve que 100 parties d'argile calcinée peuvent décomposer 18 parties de chlorure de sodium, dont un quart produit de l'acide chlorhydrique et les trois quarts restants du chlore. Il résulte de ces chiffres que 100 grammes de sel marin ne peuvent produire que 25-30 grammes de chlore sur les 60,7 qu'ils renferment.

Ce nouveau mode de préparation du chlore se heurte, d'après M. Gorgeu, à des difficultés d'appareils causées par la nature du chlore et la température de la réaction.

2° Traitement du chlorure d'ammonium. — On sait que, dans la fabrication de la soude à l'ammoniaque, le chlore du chlorure de sodium se trouve d'abord à l'état de chlorure d'ammonium.

On a cherché à combiner l'extraction de l'acide chlorhydrique et du chlore avec la régénération de l'ammoniaque. La difficulté d'évaporer sans décomposition les dissolutions de sels d'ammoniaque, et la facilité avec laquelle celle-ci se détruit au contact des métaux, rendent le succès particulièrement douteux. D'après un brevet de 1888, M. Mond propose de faire passer les vapeurs de chlorhydrate d'ammoniaque, à une température de 350°, sur une substance sans action sur l'ammoniaque, mais susceptible de fixer l'acide chlorhydrique et de le restituer ultérieurement à l'état de chlore ou d'acide chlorhydrique par l'action de l'air ou de la vapeur d'eau. On peut employer les oxydes de nickel, cobalt, fer, manganèse, aluminium, cuivre ou magnésium. L'oxyde de nickel paraît donner les meilleurs résultats.

L'appareil recommandé est un four dans lequel sont disposées des cornues inclinées sous un angle de 30°, et pourvues de revêtements intérieurs résistant à l'action du chlore et de l'acide chlorhydrique. On y introduit jusqu'à moitié des boulettes d'argile et d'oxyde de nickel, on les chauffe à 350° et on charge dans la partie encore vide la quantité de chlorhydrate d'ammoniaque à décomposer.

L'oxyde métallique fixe l'acide chlorhydrique et le gaz ammoniac se dégage; on le condense dans l'eau. Quand le dégagement d'ammoniaque est terminé, on chauffe la cornue vers 600°, et on fait arriver un courant d'air sec et chauffé au préalable à 400 ou 500°. Dans de bonnes conditions on obtient ainsi des gaz contenant de 5 à 7 0/0 de chlore en volume.

Pour la production des vapeurs de chlorhydrate d'ammoniaque, M. Mond recommande l'emploi d'un appareil revêtu d'un alliage très antimonié [*Zeit. f. angew. Chem.*, 1890, 714].

MM. Solvay et C⁴⁰ recommandent [brevet allemand 1889, n° 47514] de faciliter la volatilisation du chlorhydrate d'ammoniaque par l'addition de chlorure de zinc, par diminution de pression, ou par introduction d'un courant de vapeur d'eau ou d'acide carbonique. Lorsque les gaz provenant de l'action de l'air sur les chlorures obtenus par suite de la mise en liberté de l'ammoniaque renferment encore de l'acide chlorhydrique, on les fait passer sur une couche d'oxydes, afin d'absorber les dernières traces d'acide chlorhydrique et d'obtenir des gaz ne renfermant plus que du chlore. En général, il est bon, pour obtenir le chlore comme produit unique, d'opérer sur trois appareils distincts et disposés de telle sorte que

la matière active puisse être passée de l'un à l'autre. Pour l'appareil supérieur, la matière active est mise en contact avec les gaz qui résultent de l'action de l'air dans le dernier appareil; on les débarrasse ainsi de l'acide chlorhydrique. La matière active de l'appareil supérieur est alors introduite dans l'appareil du milieu, où elle est traitée par le chlorhydrate d'ammoniaque, et de là dans le troisième et dernier appareil, où elle est soumise à l'action de l'air.

La volatilisation du chlorhydrate d'ammoniaque doit toujours avoir lieu dans un appareil spécial, qui peut être en grès ou en nickel. On obtient un dégagement régulier de chlorhydrate d'ammoniaque en vapeur.

D'après un brevet récent (1891, n° 54540), MM. Solvay et C⁴⁰ ont adopté un ensemble de modifications qui semblent pouvoir être considérées comme très heureuses : l'appareil à volatiliser le chlorhydrate d'ammoniaque est en fonte et revêtu d'antimoine ou d'un alliage antimonieux, les conduits et tuyaux sont de même composition, la cornue renferme une quantité de chlorure de zinc suffisante pour dépasser la zone chauffée; la partie non chauffée de la cornue et les tuyaux doivent être maintenus à une température dépassant 350° pour empêcher toute condensation.

L'oxyde qui fournit les meilleurs résultats pour la décomposition du chlorhydrate d'ammoniaque est un mélange de 100 parties de magnésie, 75 parties de kaolin et 6 parties de chaux, dont on fait une pâte à l'aide d'une solution concentrée de chlorure de potassium. On en fait des boulettes d'environ 1 à 1ᶜᵐ 1/2 de diamètre, qu'on introduit dans des récipients cylindriques en terre réfractaire de 2 mètres à 2ᵐ,50 de haut et pourvus d'enveloppes extérieures en tôle. Ces appareils, soigneusement enveloppés de matières isolantes, sont chauffés intérieurement par l'introduction de gaz chauds. Ainsi, avant l'introduction des vapeurs de chlorhydrate d'ammoniaque, on chauffe les boulettes de magnésie à 350°; quand cette température est atteinte, on interrompt le courant de gaz chauds et on fait arriver les vapeurs de chlorhydrate d'ammoniaque. L'ammoniaque dégagée est recueillie dans un appareil absorbeur. On introduit de nouveau un gaz chaud, dont les premières portions entraînent quelques traces d'ammoniaque restées dans l'appareil et on porte la température de 500 à 550°. Bientôt commence le dégagement d'acide chlorhydrique; si le mélange de gaz chaud est bien exempt d'oxygène et de vapeur d'eau (on emploie de préférence des gaz de four à chaux ou des gaz qui s'échappent à la sortie des colonnes d'absorption), on n'obtient que de l'acide chlorhydrique. Quand le dégagement a cessé, on fait arriver dans l'appareil un courant d'air sec chauffé de 800 à 1000° à l'aide d'un appareil Cowper. A cette température le chlorure de magnésium se décompose totalement; on obtient des gaz renfermant de 7 à 10 0/0 de chlore, qui peuvent être employés à la fabrication du chlorure de chaux. Quand la teneur en chlore est devenue trop faible, on peut utiliser l'air chloré à un nouveau chauffage en le faisant passer dans l'appareil Cowper.

Ces intéressantes dispositions semblent marquer un progrès dans le traitement direct du chlorhydrate d'ammoniaque.

3° Traitement du chlorure de calcium. — Après le chlorhydrate d'ammoniaque, le chlorure obtenu dans la fabrication de la soude à l'ammoniaque est presque exclusivement le chlorure de calcium. Il n'est pas improbable que la magnésie puisse être employée à la place de la chaux, mais actuellement on n'a pas encore réussi à triompher des difficultés que cause l'emploi de cette base pour la régénération de l'ammoniaque. Jusqu'ici on peut considérer que les diverses tentatives faites pour rendre utilisable le chlore du chlorure de calcium n'ont pas été couronnées de succès. On doit à M. Solvay un certain nombre d'indications sur le traitement du chlorure de calcium : les procédés reposent sur le déplacement par l'hydrogène du calcium contenu dans le chlorure. On mélange le chlorure de calcium avec de l'argile et on chauffe à une haute température, en faisant passer en même temps un courant de vapeur surchauffée.

D'après M. Hurter, on peut admettre que, pour obtenir une quantité d'acide chlorhydrique correspondant au traitement de 100 tonnes de sel par semaine, il serait nécessaire d'avoir une installation permettant d'évaporer 1000 tonnes d'eau par semaine. En outre, il faudrait surchauffer toute cette vapeur à une température élevée; il faut enfin transformer en boulettes ou briques et chauffer au rouge environ 100 tonnes de chlorure de calcium mélangées à 100 autres tonnes d'argile. La réaction absorbe de la chaleur et se présente par conséquent dans des conditions tellement onéreuses, qu'on a pu dire, non sans raison, qu'il serait plus économique de construire des chambres de plomb et de verser l'acide sulfurique sur le chlorure de calcium.

4° TRAITEMENT DU CHLORURE DE MAGNÉSIUM. — De tous les procédés de production du chlore qui viennent d'être passés en revue, celui qui pourrait exercer la plus grande perturbation sur le marché du chlore est celui qui a trait au chlorure de magnésium.

L'Allemagne possède dans ses gisements de Stassfurt une réserve naturelle, pour ainsi dire inépuisable, de chlorure de magnésium; l'industrie des sels de potassium obtient comme eaux résiduelles une solution saturée à froid de chlorure de magnésium, dont le tonnage s'accroît chaque année. En 1887, M. Eschellmann estime que la production correspondait à 200 000 tonnes de $MgCl^2$, soit à 150 000 tonnes de chlore. Or on voit par le tableau ci-dessous que la consommation totale du chlore était dans le monde entier, à la même époque, de 115 tonnes. Avec les différents procédés perfectionnés, Deacon, Reychler-de Wilde, Weldon, Pechiney, etc., cette quantité de chlore est suffisante pour la fabrication de la totalité des produits chlorés consommés dans le monde entier. Soit que les chlorates soient fabriqués par le procédé à la magnésie, dans lequel le chlorure de magnésium se trouve constamment régénéré, soit qu'ils soient préparés par l'électrolyse, la quantité de chlore nécessaire à leur fabrication est plutôt appelée à décroître.

Quantités de produits chlorés actuellement fabriquées.

	Quantité des produits chlorés et du chlore qui y est contenu.		Chlore nécessaire à cette production avec les méthodes actuelles.

Chlorure de chaux.

Tonnes contenant r. de Cl.

Angleterre.	142 605	49 912	149 736
Continent..	40 000	14 000	42 000
Totaux.	182 605	63 912	191 736

Chlorate de potassium.

Angleterre.	6 000	1 737	48 387
Continent..	1 500	435	12 096
Totaux.	7 500	2 172	60 483

Acide chlorhydrique.

Allemagne à 20° Baumé	148 450	49 000 { + 5 0/0 de perte. }	51 450
Totaux en chlore...	115 084		303 669

La facilité avec laquelle le chlorure de magnésium fournit de l'acide chlorhydrique a appelé l'attention de l'industrie chimique dès que s'est posée la question de la production simultanée du chlore et de la soude par le procédé à l'ammoniaque. Nous n'avons pas à rappeler ici (voyez Suppl. 1, art. SOUDE) pourquoi la régénération de l'ammoniaque par la magnésie n'a pu encore entrer dans la pratique. Il n'en est pas moins acquis que le jour où le traitement du chlorure de magnésium sera absolument simple, les fabricants pourront faire quelques sacrifices et grever la régénération de l'ammoniaque de frais supplémentaires. Actuellement, le grand intérêt des procédés de traitement du chlorure de magnésium est limité à la région de Stassfurt.

Propriétés du chlorure de magnésium. — Les Traités de Chimie donnent fort peu d'indications sur le chlorure de magnésium et sur les conditions de sa décomposition. Dans les circonstances ordinaires, il ne peut être desséché au delà de la composition $MgCl^2 + 6H^2O$.

Lorsqu'on élève la température du sel fondu au-dessus du point correspondant à la composition ci-dessus, il perd de l'eau et de l'acide chlorhydrique.

M. Eschellmann a déterminé la marche de cette décomposition dans une atmosphère privée d'oxygène :

Température.	Durée.	Perte en chlore dans un courant d'azote.		0/0 H²O décomposé.
		0/0 Cl.	0/0 H²O.	
180–200°	91 h™	21,50	88,02	3,86
250–280°	2 —	27,14	88,14	4,87
250–280°	21 —	33,24	90,42	5,97
250–280°	21 —	30,76	92,07	5,52
300–350°	20 —	32,35	93,01	5,81
350°	2 —	32,36	90,08	5,80
380–400°	14 —	35,19	93,40	6,33
550°	2 —	46,80	100,00	8,40
550°	2 —	44,64	100,00	8,01
550°	14 —	45,20	100,00	8,11
590°	2 —	46,00	100,00	8,26
555°	2 —	47,06	100,60	8,27

On a constaté qu'un courant gazeux augmente sensiblement au-dessous de 200° la formation d'acide chlorhydrique.

Il est probable qu'il se forme vers 250° un composé stable aux températures de 250-350°, qui renferme $2MgO.4MgCl^2, 3H^2O$, et existe à côté du chlorure de magnésium déshydraté.

A 550°, il se produit un oxychlorure anhydre qui renferme exactement $MgO.MgCl^2$.

Le résultat final ne change pas si l'on porte le sel immédiatement à 55°, ou si on l'amène progressivement à cette température après l'avoir maintenu plus ou moins longtemps à une température inférieure.

L'oxychlorure de magnésium possède la remarquable propriété de fournir du chlore libre quand on le chauffe au rouge dans un courant d'air sec :

$$MgO.MgCl^2 + O = 2MgO + 2Cl.$$

La rapidité et l'achèvement de cette réaction sont subordonnés à l'état physique de l'oxychlorure, qui fournit dans certains cas des gaz renfermant 8 0/0 en volume de chlore. Tous les procédés de traitement du chlorure de magnésium reposent sur la préparation d'un oxychlorure dans un état de porosité permettant de remplir ces conditions.

PROCÉDÉ WELDON-PECHINEY. — Les différentes dispositions dont le groupement constitue le procédé Weldon-Pechiney ont pour objet la préparation et le traitement d'un oxychlorure de magnésium préparé spécialement. L'addition préalable d'une certaine quantité de magnésie au chlorure de magnésium a pour effet de diminuer l'importance de la décomposition de celui-ci, et de permettre une dessiccation de l'oxychlorure avec formation d'une quantité d'acide chlorhydrique aussi faible que possible.

Il se forme quand même une certaine portion d'acide chlorhydrique, qui rentre dans le cycle après neutralisation par la magnésie

Le procédé, décrit en détail par M. Dewar, comprend les opérations suivantes :

1° Dissolution de la magnésie dans l'acide chlorhydrique ;

2° Préparation de l'oxychlorure de magnésium ;

3° Concassage et tamisage de l'oxychlorure ;

4° Dessiccation de l'oxychlorure ;

5° Décomposition de l'oxychlorure.

1re Opération. *Dissolution de la magnésie.* — La magnésie qu'on dissout dans l'acide chlorhydrique est une partie de ce qui résulte de la décomposition de l'oxychlorure. L'opération doit être menée avec prudence, afin d'éviter une ébullition. On opère dans un well semblable aux wells de saturation du procédé Weldon.

On ajoute un léger excès de magnésie pour précipiter une partie au moins des oxydes étrangers. Certaines autres préparations sont recommandées quand on traite l'acide chlorhydrique des fours à sulfate ; mais l'expérience a démontré que ce procédé n'a d'intérêt que pour le chlorure de magnésium et non pour l'acide chlorhydrique, qu'il est plus avantageux de traiter par les procédés Deacon ou Reychler ; il ne s'agit ici que de l'utilisation de la portion d'acide chlorhydrique dont on ne peut éviter la formation.

2° Opération. *Préparation de l'oxychlorure de magnésium.* — La dissolution précédente de chlorure de magnésium clarifiée est évaporée jusqu'au point où elle ne contient plus à peu près que 6 équivalents d'eau ; elle est ainsi prête pour être convertie en oxychlorure.

L'appareil dans lequel on exécute la préparation de l'oxychlorure est représenté en coupe verticale dans la fig. 112 et en plan dans la fig. 113 ; il

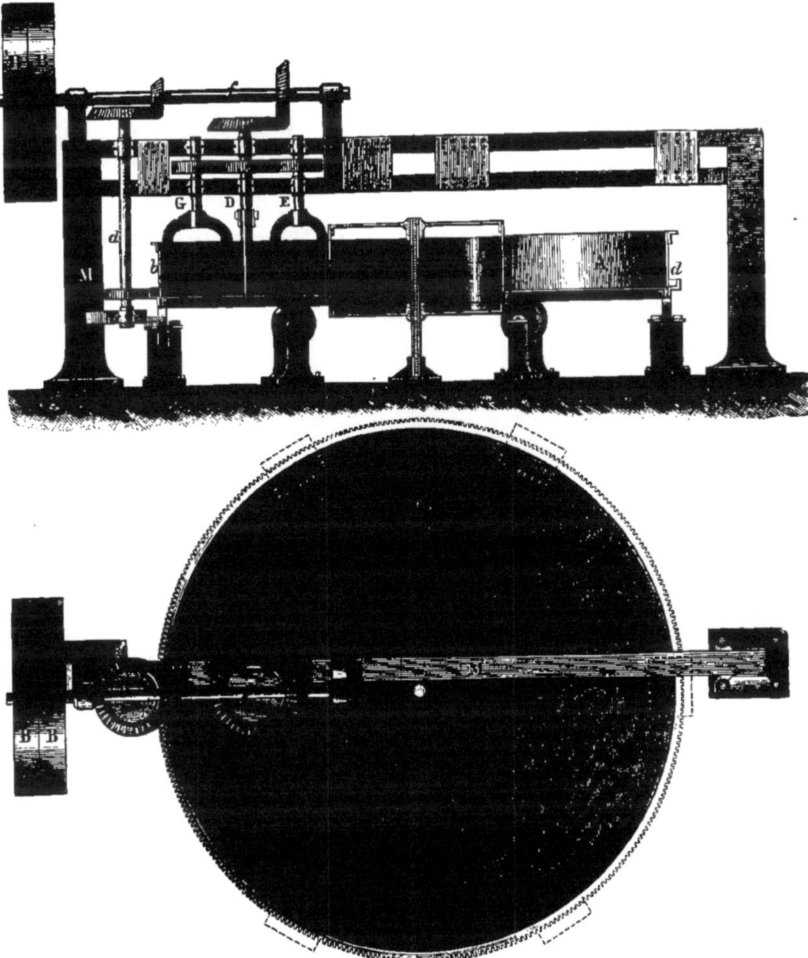

Fig. 112 et 113. — Appareil pour la préparation de l'oxychlorure de magnésium.

se compose d'un vase annulaire A en tôle reposant sur des galets de roulement aa ; une couronne dentée b engrenant avec le pignon c permet de donner à ce vase un mouvement de rotation continu, mais lent. Sur la gauche de l'appareil se trouvent trois agitateurs à deux branches G, D, E, montés, ainsi que les arbres d, f, sur le bâti fixe M. Ces agitateurs reçoivent leur mouvement de l'arbre f par l'intermédiaire d'une paire de roues d'angle et de trois roues droites. Les poulies B et B', l'une fixe et l'autre folle, sont actionnées par une courroie et commandent tout le système.

La quantité de magnésie employée à Salindres dans cette opération est d'environ 1 1/3 équivalent pour 1 équivalent de chlorure de magnésium. La magnésie est amenée dans le vase annulaire par une chaîne à godets qui élève cette magnésie, et la laisse ensuite descendre par un couloir sous lequel le mouvement de rotation horizontale du vase annulaire amène successivement tous les points du chlorure que ce dernier renferme. L'opération ne dure guère plus de 20 minutes ; toute la masse devient très dure en dégageant beaucoup de chaleur.

La composition de l'oxychlorure est approximativement :

Impuretés . 4,00
Eau...... 41,16   Cl = 26,16 0/0.
MgCl². ... 35,00
MgO...... 19,85 = 1,346 équiv. pour l'éq. de MgCl².

3ᵉ Opération. *Concassage de l'oxychlorure de magnésium*. — L'oxychlorure obtenu se présente sous la forme de morceaux de grosseur variable ; la matière doit être concassée et blutée de façon à séparer la poussière, dont la présence offrirait des inconvénients pour le passage des gaz. Cette poussière doit être réintroduite dans l'opération précédente et atteint environ 20 0/0 du poids total de l'oxychlorure.

4ᵉ Opération. *Dessiccation de l'oxychlorure de magnésium*. — On a vu qu'on doit obtenir une quantité de chlore libre d'autant plus grande et une quantité d'acide chlorhydrique d'autant plus petite que : 1° le produit soumis à la décomposition contient moins d'eau ; 2° que cette décomposition est opérée à une plus haute température.

La dessiccation préalable est nécessaire à la réalisation de ces deux conditions.

L'oxychlorure de magnésium peut perdre une assez grande proportion de l'eau qu'il contient sans dégager une quantité notable d'acide chlorhydrique. Ainsi un chlorure renfermant 1,33 éq. MgO par éq. de MgCl² ne dégage à l'état de HCl que de 5 à 8 0/0 du chlore qu'il contenait en perdant 60 à 65 0/0 de l'eau.

Par exemple, 100 parties d'oxychlorure contenant 26,16 de chlore ont été réduites à 73,31 ne contenant plus que 24,43 de chlore.

Il ne faut pas opérer la dessiccation à une température supérieure à 250 ou 300°. Pour dessécher l'oxychlorure de magnésium dans des conditions pratiques, il faut : 1° soumettre le produit à un courant de gaz chauds ; 2° n'avoir recours à aucune agitation mécanique, pour éviter la formation de poussière.

La figure 114 est une coupe transversale et la

Fig. 114.
Détail du séchoir à oxychlorure de magnésium.

figure 115 une coupe longitudinale de l'appareil adopté. On fait circuler dans un carneau, en sens

Fig. 115. — Séchoir à oxychlorure de magnésium.

inverse des gaz chauds, un train de wagonnets formés de tablettes superposées, sur lesquelles l'oxychlorure est étalé en couches minces de 5 à 6 centimètres d'épaisseur. Le carneau est une sorte de tube de section rectangulaire construit en briques ; il est muni à chacune de ses extrémités d'une écluse, qui permet de faire entrer et sortir les wagons sans communication directe entre l'intérieur du tube et l'atmosphère. La manœuvre des portes et le mode d'introduction des wagonnets ressortent de l'examen

des figures. On peut utiliser comme gaz chauds la chaleur perdue des fours à décomposer, dont la température ne doit pas dépasser 300°.

Cet appareil de dessiccation, très remarquablement étudié, présente un ensemble de solutions heureuses pour le séchage de produits de peu de valeur ; il a été appliqué au séchage du bicarbonate de soude et pourrait être employé avantageusement au séchage des phosphates de chaux.

5ᵉ Opération. *Décomposition de l'oxychlorure de magnésium*. — On a vu plus haut que l'oxychlorure de magnésium peut être desséché avec plus ou moins de perte en acide chlorhydrique suivant les conditions de l'opération. L'oxychlorure sortant de l'appareil à dessécher renferme encore 27 0/0 d'eau.

Lorsqu'on chauffe brusquement cet oxychlorure, une partie de l'eau entre en réaction et entraîne la formation d'une portion équivalente d'acide chlorhydrique. Les quantités d'eau contenues n'agissent pas d'une manière rigoureusement proportionnelle. Ainsi, un produit contenant encore 5 0/0 d'eau ne donne pas du tout 8 fois moins d'acide chlorhydrique qu'un produit contenant 40 0/0 d'eau. Les dernières portions d'eau sont les plus actives.

Lorsque l'oxychlorure est entièrement déshydraté, il est susceptible d'entrer en réaction avec l'oxygène de l'air à la température d'environ 1000°. Au début de la calcination, l'oxydation est tellement active, qu'on peut obtenir des gaz renfermant jusqu'à 30 0/0 de chlore qui correspondent à une absorption presque complète de l'oxygène. Cette réaction, déjà connue de Davy, avait été signalée par Graham; toutefois le grand mérite de M. Weldon et de ses collaborateurs est moins de l'avoir retrouvée que d'en avoir défini les conditions les plus favorables, grâce à la préparation d'un oxychlorure infusible et suffisamment poreux pour faciliter l'oxydation.

Le four établi à Salindres pour la calcination de l'oxychlorure de magnésium est certainement le plus intéressant des appareils créés spécialement en vue de cette industrie.

On a bientôt reconnu par des expériences de laboratoire que la calcination de l'oxychlorure de magnésium présente un ensemble de difficultés : 1° l'oxychlorure de magnésium et la magnésie sont très mauvais conducteurs de la chaleur; 2° l'oxychlorure, étant relativement riche en eau, exige une quantité de chaleur considérable pour être porté à la température de 1000° qui est nécessaire à la réaction; 3° toutes choses égales d'ailleurs, la proportion de chlore libre dégagée est toujours d'autant plus grande et la proportion d'acide chlorhydrique d'autant plus faible que l'oxychlorure a été porté plus rapidement à la température maxima; 4° les cornues en terre réfractaire sont les seuls appareils connus dans lesquels on puisse effectuer cette réaction; or, les parois étant relativement minces pour faciliter la transmission de la chaleur, on a pu constater une perte énorme en chlore par suite de la porosité de la paroi.

On doit à M. Boulouvard le four représenté par les figures 116, 117 et 118, qui est basé sur un principe essentiellement différent des appareils connus. Si, dans une masse de maçonnerie parfaitement protégée contre le refroidissement et susceptible d'être portée rapidement à une température élevée à l'aide des gaz chauds que l'industrie métallurgique a appris à produire avec une facilité relative, on dispose une série de carneaux ou chambres de petites dimensions, il est clair que la quantité de chaleur emmagasinée dans les parois pourra être suffisante pour porter et maintenir une faible masse de substance à une température presque égale. Dans ce cas, la théorie indique un avantage considérable; l'opération du chauffage et celle de sa décomposition sont essentiellement distinctes. On évite le chauffage extérieur par transmission et la matière peut être portée dans un espace de temps infiniment court à la température de la réaction.

Les figures 116 et 117 sont les sections verticale et horizontale du four et du brûleur–réchauffeur mobile; en effet, le chauffage est produit dans le four Boulouvard par des gaz de gazogène, dont la combustion a lieu dans les carneaux où la

matière doit être introduite quand la température convenable est atteinte. La figure 118 montre une coupe verticale du four. A, A, A, A, sont quatre chambres de décomposition très étroites, ayant des parois très épaisses.

La partie supérieure de chaque chambre A ouvre dans la chambre de combustion B. La partie inférieure de chaque chambre A communique avec un des quatre canaux horizontaux a, a, a, a. D (fig. 118) est le brûleur-réchauffeur mobile. Il se compose de tubes en fonte contenus dans une enveloppe extérieure en tôle solidement armée. Les tuyaux de fonte ont une section rectangulaire et chacun d'eux est divisé par deux cloisons verticales en trois compartiments i, o, u. Les compartiments du centre, o, o, o, portent le gaz combustible dans la chambre de combustion B et les compartiments latéraux i, u servent à conduire l'air dans la même chambre B. Le gaz combustible arrive des gazogènes par le tuyau principal sur lequel est la valve N (fig. 116); de ce

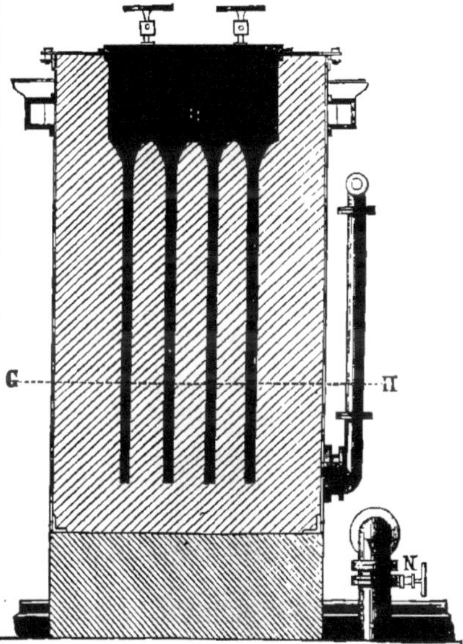

Fig. 116. — Four à calciner l'oxychlorure de magnésium (coupe verticale).

tuyau, il passe dans les tuyaux V et C (fig. 117). De la partie du tuyau C qui se prolonge sous le brûleur, le gaz passe dans les compartiments o, o, o par des trous ménagés dans ledit tuyau C. Étant parvenu en haut des compartiments, le gaz combustible entre dans la chambre de combustion par le large tuyau plat T. On voit dans la figure 117 que les petits tubes d, d, d sont placés dans l'intérieur du tube plat T (fig. 117). Le tuyau C (fig. 117) au contraire est fixé au brûleur-réchauffeur mobile. Quand le brûleur-réchauffeur mobile fonctionne, ce qui est le cas représenté dans les figures 117 et 118, le tuyau C communique avec le tuyau V au point u (fig. 117). Le joint en u peut être rapidement fait et défait.

De la chambre de combustion B, les produits de la combustion entrent dans les étroites chambres de travail A, A, A, A par la partie supérieure de chacune d'elles. Après avoir traversé ces chambres de haut en bas, les gaz passent par quatre canaux horizontaux a, a, a, a, dans le réchauffeur-brûleur mobile. Ils suivent la direction des flèches de la figure 118, montent en suivant le conduit Z, Z, Z, Z (fig. 117 et 118), puis descendent en circulant autour et entre les tuyaux rectangulaires en fonte qui ont été décrits, et

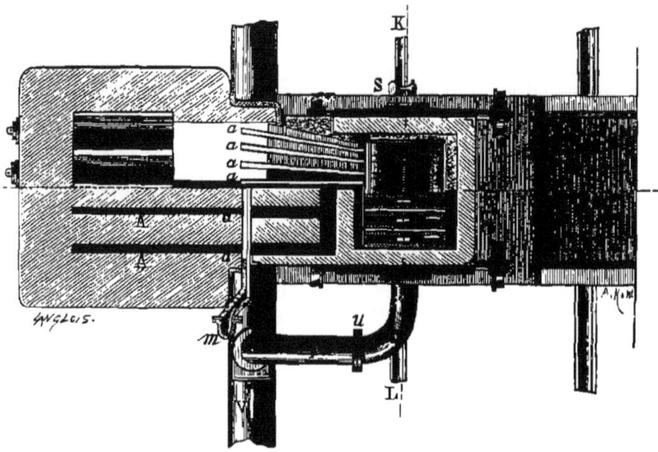

Fig. 117. — Four à calciner l'oxychlorure de magnésium (coupe horizontale).

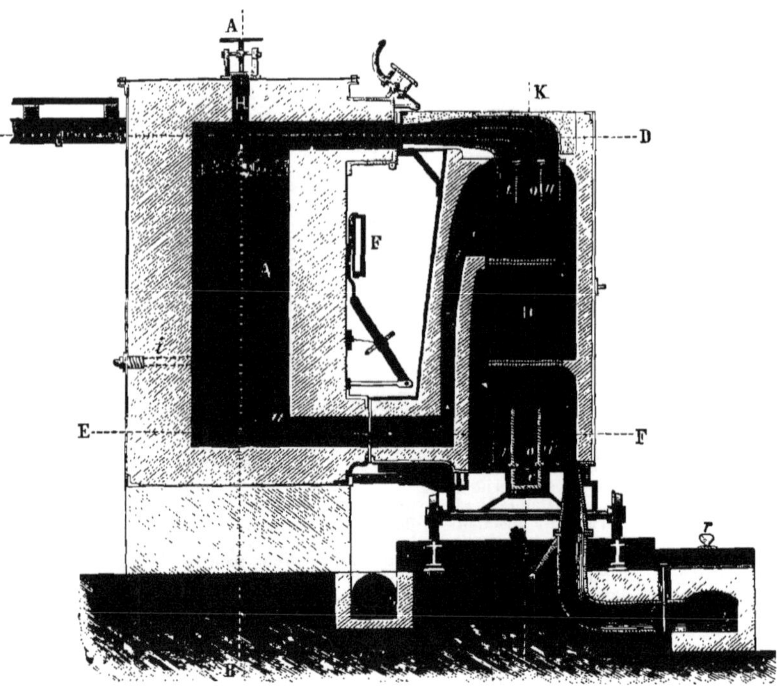

Fig. 118. — Four à calciner l'oxychlorure de magnésium.

ensuite passent du brûleur dans le tuyau P qui les conduit dans le carneau G (fig. 118). Dans leur descente à travers le brûleur mobile, ils chauffent le gaz combustible qui monte à l'intérieur des conduits o, o, o, ainsi que l'air qui monte à l'intérieur des conduits i, u. Les produits de la combustion vont enfin du carneau G dans l'appareil de dessiccation de l'oxychlorure. Le tuyau P, qui est fixe, communique avec le carneau G par la pièce Q, dont la partie inférieure se joint exactement à la partie supérieure du tube P, laquelle partie supérieure est mobile et peut être élevée et abaissée par le levier S. On voit sur la figure 118 que le réchauffeur-brûleur tout entier est relativement au four dans la position où il est représenté par les figures 117 et 118; les roues du réchauffeur-brûleur mobile reposent sur les rails portés eux-mêmes sur un truc K, K (fig. 117 et 118); le truc repose lui aussi sur des rails. Quand on éloigne le truc du four, les rails placés sur le truc viennent se placer exactement en prolongement d'autres rails, dont un seul se voit et est marqué par la lettre *r* (fig. 118). Le brûleur peut être transporté sur ces rails jusqu'à un autre truc semblable installé devant un autre four. Ainsi, pendant que l'oxychlorure de magnésium est chauffé au contact de l'air dans un four, le réchauffeur mobile peut être employé à chauffer les chambres de décomposition d'un autre four semblable. Quand les quatre chambres de travail A, A, A, A ont été chauffées à une température suffisante, on éloigne le réchauffeur-brûleur du four. Les chambres de décomposition sont chargées d'oxychlorure de magnésium en petits morceaux, à l'aide d'un wagon basculeur qui en est rempli et qui a été amené d'avance sur le haut du four. L'oxychlorure entre dans les chambres de décomposition par l'ouverture H (fig. 118). La porte étant retirée, une trémie est amenée au-dessus de l'ouverture H, et l'oxychlorure est

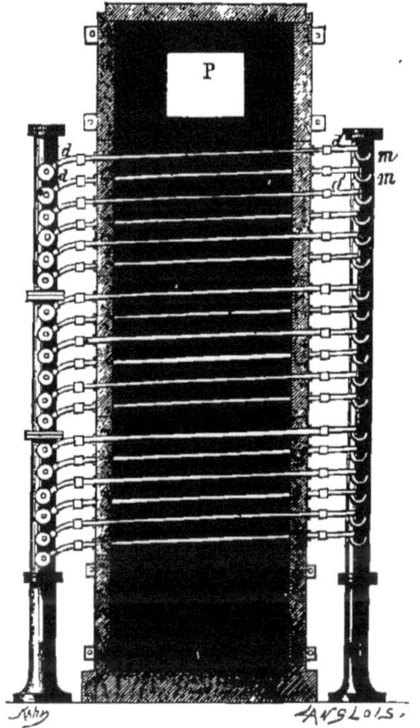

Fig. 119. — Appareil de condensation de l'acide chlorhydrique.

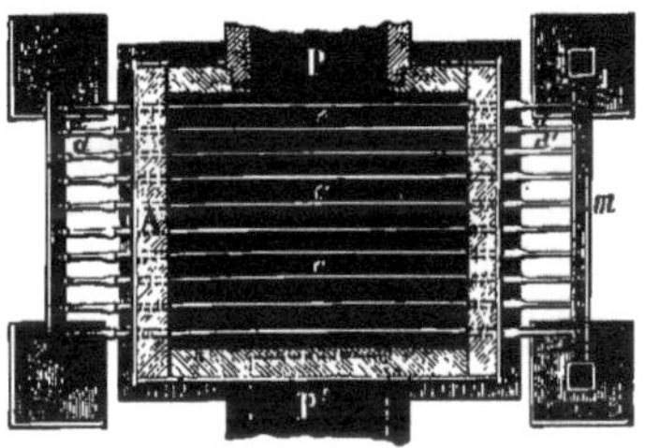

Fig. 120. — Coupe verticale du réfrigérant tubulaire.

alors versé dans la trémie, d'où il tombe dans les chambres A, A, A, A. La porte de cette ouverture H est alors rapidement replacée, et c'est par quelques ouvertures qui y ont été ménagées que pénètre dans les chambres l'air nécessaire à la décomposition de l'oxychlorure. L'oxychlorure s'échauffe rapidement aux dépens de la chaleur des murettes, et il se produit le

mélange gazeux augmente considérablement les difficultés de condensation. Avant d'arriver dans la tour et la série de bombonnes en grès qui constituent le système habituel de condensation, le mélange gazeux pénètre dans une tour en lave de Volvic traversée par une série de tubes de verre où circule un courant d'eau. Les figures 119 et 120 expliquent suffisamment le fonctionnement de l'appareil, où les tubes peuvent être remplacés au fur et à mesure des ruptures.

La circulation des gaz au travers du four et des appareils de condensation est produite à l'aide d'un appareil aspirant et foulant qui consiste en deux cloches en plomb plongeant dans une dissolution concentrée de chlorure de calcium. Ces cloches sont animées d'un mouvement régulier vertical et alternatif. On a ainsi une sorte de pompe qui refoule le chlore dilué après que l'acide chlorhydrique a été séparé dans le condenseur.

L'acide chlorhydrique condensé dans les divers appareils a une densité moyenne de 12° B. Cet acide pourrait être enrichi par un travail méthodique.

La figure 121 est la représention graphique de la teneur des gaz en chlore libre dans une opération de calcination d'oxychlorure.

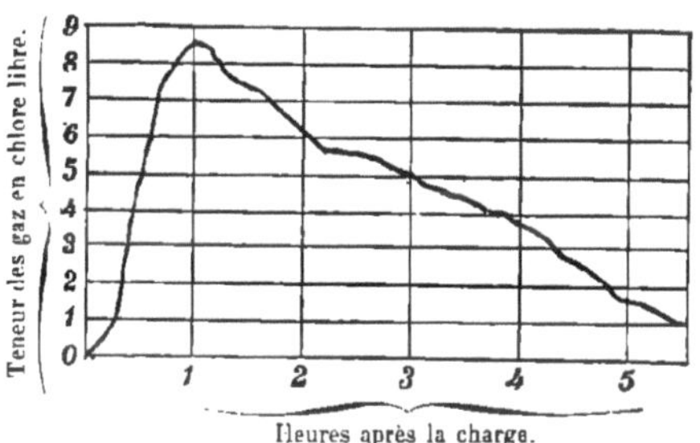

Fig. 121. — Marche de la décomposition de l'oxychlorure de magnésium.

mélange de gaz et de vapeur dans lequel se trouvent et du chlore et de l'acide chlorhydrique.

Le mélange de gaz et de vapeur est conduit à l'appareil à condenser l'acide chlorhydrique, qui constitue une des parties originales de l'installation; en effet, la vapeur d'eau que renferme le

La proportion entre le chlore dégagé à l'état libre et le chlore à l'état d'acide chlorhydrique est de 53 0/0 de chlore libre et 47 0/0 de chlore à l'état d'acide chlorhydrique. Il reste dans les résidus une quantité de chlore égale à 15 0/0 du chlore total chargé dans le four. On peut calculer ainsi que sur 100 parties de chlore primitivement contenu dans l'oxychlorure on a :

Chlore perdu à la dessiccation.......	6,60
— resté dans les résidus.........	14,00
Chlore libre.......................	42,25
— à l'état d'acide chlorhydrique..	37,15

On a calculé qu'on perd environ 10 0/0 du chlore total dans les différentes épurations de l'oxychlorure, ce qui, avec les pertes à la dessiccation, correspond à un rendement définitif en chlore libre de 78 0/0.

Ce rendement, sensiblement inférieur à celui du procédé Deacon, qu'on a évalué à 88 0 0, en même temps que les conditions plus défavorables de la réaction d'oxydation, nous semble devoir interdire l'emploi de ce procédé quand il s'agit de mettre en liberté le chlore de l'acide chlorhydrique. Par contre, ce procédé conserve tout son intérêt pour l'industrie de Stassfurt ; la forte consommation de combustible pourrait seule mettre obstacle à son utilisation. En effet, les expériences de Salindres ont démontré que la production d'une tonne de chlore exige actuellement 6 tonnes de combustible ; dans les conditions les plus favorables, cette consommation pourrait être réduite à 4 tonnes. Il est bien entendu que la production simultanée d'une quantité équivalente de magnésie, dont Sainte-Claire Deville a montré la valeur comme réfractaire, pourrait améliorer considérablement les conditions de la fabrication : en ce cas, il ne serait pas impossible que toute l'industrie du chlorure de chaux fût un jour concentrée dans les régions où le chlorure de de magnésium est obtenu comme résidu.

H. Gall.

CHLOROBROMOFORME [Syn. *Chlorodibromométhane*]. — Voyez MÉTHANE.

CHLOROFORME. — *Préparation*. — M. Béchamp a repris l'étude des réactions successives qui donnent naissance à ce corps ; il a reconnu d'abord que le gaz qui se dégage n'est pas de de l'acide carbonique, mais de l'oxygène presque pur ; il a démontré en outre, par une série d'expériences, que le chloroforme se produit sans dégagement de gaz : le boursouflement que l'on remarque est dû au chloroforme qui se trouve dans un milieu dont la température est plus élevée que son point d'ébullition et grâce à la tension de sa vapeur ; le dégagement gazeux ne commence que lorsque le chloroforme a complètement distillé et que la température s'élève pour atteindre celle qui est nécessaire pour faire bouillir le mélange de chlorure de chaux et d'eau qui donne naissance à l'oxygène qui se dégage [*C. R.*, **94**, 771].

D'après Damoiseau [*C. R.*, **92**, 42], on peut préparer le chloroforme par un procédé analogue à celui qu'il a employé pour obtenir le bromoforme (voyez ce mot), et qui consiste à faire passer à travers un long tube contenant du charbon animal, et chauffé à 250-350°, un mélange de chlore et de chlorure de méthyle.

Le chloroforme prend encore naissance lors de l'électrolyse d'une solution alcoolique de chlorure de potassium.

On l'obtient aussi quand on chauffe entre 300 et 500° l'acétate de calcium brut ; la partie liquide provenant de cette opération, et qui contient différentes acétones, est chauffée de nouveau avec du chlorure de chaux et de l'eau ; le chloroforme passe alors à la distillation [Michaelis et Mayer, *D. chem. G.*, **19**, 722].

Propriétés. — La densité de vapeur du chloroforme a été trouvée récemment par M. V. Meyer égale à 4.13.

Sa solubilité dans l'eau est décroissante depuis 0° jusqu'à 30°, puis croissante jusque vers son point d'ébullition ; elle est indiquée dans le tableau suivant, dressé par M. Chancel [*C. R.*, **100**, 774] :

Température.	$CHCl^3$ par litre de dissolution.
0°......................	$9^{gr},87$
3°,2....................	$8^{gr},90$
17°,4...................	$7^{gr},12$
29°,4...................	$7^{gr},05$
41°,6...................	$7^{gr},12$
59°,9...................	$7^{gr},75$

On voit qu'une dissolution aqueuse de chloroforme saturée à 4° se trouble par précipitation de ce corps quand on élève sa température ; une dissolution saturée à 59° se trouble au contraire par refroidissement ; une dissolution saturée vers 30° ne se trouble ni par refroidissement ni par échauffement.

Hydrate de chloroforme. — En maintenant dans la glace fondante, pendant un temps assez long, du chloroforme et de l'eau, et en agitant, on voit se former à la surface de séparation des deux liquides des lamelles incolores d'hydrate de chloroforme, qui ressemblent aux cristaux de chlorate de potassium. Cet hydrate fond à 1°,6 en un liquide laiteux qui est un mélange de chloroforme et d'eau ; l'analyse de ce produit correspond à la formule $CHCl^3, 18H^2O$ [Chancel et Parmentier, *C. R.*, **100**, 27].

Quand on chauffe pendant 6 heures à 200-225° 1 molécule de chloroforme avec 4 molécules d'ammoniaque, on voit se dégager de l'oxyde de carbone, en même temps qu'il se forme du chlorure et du formiate d'ammonium :

$$2\,CHCl^3 + 7\,AzH^3 + 3\,H^2O$$
$$= CO + 6\,AzH^4Cl + HCO^2AzH^4.$$

De même le chloroforme est décomposé par l'eau : quand on chauffe pendant 5 heures 1 volume de chloroforme et 10 volumes d'eau, il se dégage de l'oxyde de carbone, de l'acide chlorhydrique et de l'acide formique, qui lui-même est décomposé partiellement en oxyde de carbone et eau :

$$2\,CHCl^3 + 3\,H^2O = CO + CH^2O^2 + 6\,HCl$$

[André, *C. R.*, **102**, 553].

La potasse en solution dans l'alcool à 60° décompose à la longue le chloroforme à froid, suivant l'équation de Dumas :

$$CHCl^3 + 4\,KHO = 3\,KCl + CHO^2K + 2\,H^2O.$$

C'est sur cette réaction qu'on a basé un procédé de dosage du chloroforme, soit dans l'air, soit dans l'eau [Chancel, *C. R.*, **106**, 577. — Saint-Martin, *C. R.*, **106**, 492]. Ce procédé consiste à décomposer le chloroforme, en tube scellé quand il s'agit de le doser dans l'eau, ou dans un ballon lorsqu'on veut le doser dans l'air, et à déterminer la proportion de chlorure formé, à l'aide d'une solution titrée d'argent.

M. Prunier [*J. Pharm. Chim.*, (5), **25**, 149] a reconnu que si l'on fait agir la potasse alcoolique sur le chloroforme en évitant que la température s'élève au-dessus de 30°, on obtient de l'oxychlorure de carbone, du chlorure de potassium et de l'hydrogène.

En faisant agir les sulfures alcalins sur le chloroforme en solution alcoolique, M. Delmont [*J. Pharm. Chim.*, (5), **24**, 425] a observé la formation simultanée : de sulfoxanthates,

$$CS^3 {\Large<} {\,M \atop \,C^2H^5}$$

d'acide thiosulfoformique (méthane-thione-thionique), CH^2S^2, et d'alcoolates de bisulfures alcalins, $C^2H^6O.K^2S$ et $C^2H^6O.9K^2S$.

Quand on distille un mélange de zinc, de chloroforme et d'alcool, en y ajoutant peu à peu de l'acide chlorhydrique, on recueille d'abord du chlorure d'éthylène et du chloroforme; si l'on reprend alors les produits qui ont passé au-dessous de 53°, on isole du chlorure de méthylène bouillant à 40-41°. Le rendement est de 20 0/0 du chloroforme employé [Greene, *D. chem. G.*, **13**, 1139].

Quand on fait passer du chloroforme à travers un tube chauffé au rouge, il se forme de l'hexachloréthane, de l'hexachlorobenzène et un peu d'éthylène tétrachloré [Ramsay, *D. chem. G.*, **19**, 393].

Le chloroforme destiné à être employé comme anesthésique ne doit pas renfermer de produits étrangers : de nombreux accidents ont été signalés à la suite de l'emploi de chloroforme mal purifié, ou contenant des produits d'altération, parmi lesquels le plus dangereux est l'oxychlorure de carbone[1], formé suivant l'équation

$$CHCl^3 + O = HCl + COCl^2.$$

La décomposition du chloroforme a lieu en présence de l'oxygène de l'air, sous l'influence des radiations solaires, comme l'a démontré M. le professeur Regnault, par des expériences nombreuses et précises : ce savant a fait connaître les procédés qu'il faut employer pour purifier le chloroforme, en même temps que le moyen qui permet de le conserver à l'état de pureté [*Journ. Pharm. Chim.*, (5), **10**, 435].

Un chloroforme impur est celui qui colore plus ou moins fortement l'acide sulfurique avec lequel on l'agite; qui fait passer au rouge le papier bleu de tournesol; qui précipite la solution d'azotate d'argent et qui décolore l'indigo : ce chloroforme sera rectifié à l'aide des opérations suivantes :

1° Lavage à l'eau distillée répété plusieurs fois.

2° Traitement par l'acide sulfurique monohydraté pur et incolore, dans la proportion de 1 0/0 du chloroforme, jusqu'à ce que l'acide ne soit plus coloré.

3° Traitement par une solution de soude caustique.

4° Distillation après agitation avec 5 0/0 d'huile d'œillette fine, en ayant soin de rejeter le premier et le dernier tiers du produit distillé.

Après ces diverses manipulations, le chloroforme est suffisamment pur pour être employé sans danger comme anesthésique : pour l'empêcher de se décomposer de nouveau sous l'influence des agents cités plus haut, on l'additionne d'alcool éthylique pur dans la proportion de 1 à 2 0/00, et on le conserve dans des flacons en verre jaune.

Recherche toxicologique. — On fait passer les vapeurs de chloroforme provenant des substances à examiner à travers un tube de porcelaine chauffé au rouge et contenant des fragments de verre ou de porcelaine : les produits de décomposition sont reçus dans un flacon contenant une solution d'azotate d'argent, où il se forme un précipité de chlorure d'argent; ou bien on fait passer un courant d'hydrogène pur dans le vase où se produisent les vapeurs, et on allume le gaz à l'extrémité d'un tube en platine; on y introduit alors un fil de cuivre et on observe la coloration de la flamme, qui sera bleue dans le cas de la présence du chlore [Vitali, *D. chem. G.*, **15**, 541].

MM. Gréhant et Quinquaud, pour doser le chloro-

roforme dans le sang des animaux anesthésiés, se servent de la réaction de Baudrimont : ils distillent le sang dans le vide pour obtenir le chloroforme en solution et en vapeur, et soumettent une quantité connue du liquide distillé à l'action de la chaleur, en présence d'un volume de liqueur de Barreswil tel que celle-ci soit réduite sans qu'il y ait excès ni de chloroforme ni de liqueur. Comparant ensuite la quantité de liqueur décolorée à celle que réduit une proportion déterminée de chloroforme en liqueur titrée, on arrive par une simple proportion à connaître la quantité de chloroforme contenue dans les liquides distillés et par suite la proportion que renferme un volume donné de sang [*C. R.*, **97**, 753].

BROMOCHLOROFORME. — On l'obtient en traitant par la potasse l'hydrate de bromochloral. C'est un liquide incolore bouillant à 91-92°; d = 1,9254. Son odeur rappelle celle du chloroforme.

E. Bürcker.

CHLOROMAGNÉSITE (Min.) (Scacchi). — Chlorure de magnésium hydraté, avec molysite; Vésuve, éruption de 1872.

CHLOROPHYLLES. — La substance colorante verte des feuilles diffère chez les végétaux dicotylédonés, monocotylédonés et acotylédonés. Il n'est même pas démontré qu'elle soit identique à elle-même chez toutes les monocotylédonées ou dicotylédonées.

On a vu, Suppl., **1**, 477, comment l'auteur de cet article obtint, pour la première fois la chlorophylle pure et cristallisée des dicotylédonées, et comment M. Hoppe-Seyler prépara la chlorophylle des végétaux monocotylédonés à laquelle il donna le nom de *chlorophyllane*[1].

Voici les analyses de chlorophylles pures et cristallisées qui ont été jusqu'ici publiées :

	Chlorophylle des dicotylédonées		Chlorophyllane des monocotylédonées	
	Épinard.		Graminées.	Lolium perenne.
C.....	73,97	75,24	73,34	73,01
H.....	9,80	9,98	9,72	10,37
Az....	4,15	4,23	5,62	4,14
P.....	} 1,75	»	{ 1,38	} 1,66
Mg....			0,34	
O.....	10,33	10,54	9,57	»
	A. Gautier[2].	La même calculée sans P ni Mg.	Hoppe-Seyler[3].	Rogalski[4].

Les cendres de la chlorophylle sont absolument blanches et *exemptes de fer*, comme l'a démontré l'auteur de cet article. La chlorophylle analysée par lui avait été deux fois cristallisée dans le sul-

---

1. M. Werner attribue les vomissements qui surviennent pendant l'anesthésie à la présence de l'alcool amylique, qu'il dit avoir trouvé dans le chloroforme [*D. chem. G.*, **11**, 1382].

1. Malgré quelques différences spectrales qui la différencient légèrement de la chlorophylle ordinaire, nous croyons que la chlorophyllane de M. Hoppe-Seyler est bien la chlorophylle des graminées. Toutefois M. Tchirsch identifie cette chlorophyllane avec l'hypochlorine de M. Pringsheim et admet que la chlorophyllane se transforme en chlorophylle vraie par oxydation. M. Étard pense, à tort suivant nous, que la chlorophyllane est constituée par des cristaux d'espèces chimiques variées, colorés seulement par de la chlorophylle. Il en donne pour raison que ces cristaux se décolorent par le noir animal. Mais la chlorophylle, comme je l'ai démontré, se dépose facilement sur le noir animal. Les analyses de M. Hoppe-Seyler de la chlorophyllane cristallisée des graminées, l'analogie de composition de ces cristaux avec celle de la chlorophylle ordinaire, leur analogie de dédoublements, enfin la présence dans l'une et l'autre substance de matières phosphorées et magnésiennes *solubles dans le sulfure de carbone*, m'ont toujours fait considérer la chlorophyllane comme une vraie chlorophylle.

2. *C. R.*, **88**, 861.

3. *D. chem. G.*, **12**, 1555.

4. *C. R.*, **90**, 881.

fure de carbone; elle n'en laissait pas moins du sulfate de magnésium avec des traces de sulfate de calcium à la calcination, ce qui montre bien que le phosphore et le magnésium qui entrent dans sa constitution y sont à l'état organique, probablement sous forme d'une lécithine conjuguée à un acide coloré qu'on doit rapprocher, comme on verra, des pigments biliaires.

Si l'on calcule les formules répondant à ces analyses, on trouve pour la chlorophylle des chénopodées la formule $C^{40}H^{60}Az^2O^4$ (en faisant abstraction des cendres), formule qui demande

$$C = 75,29; \quad H = 10,00; \quad Az = 4,27; \quad O = 10,43.$$

La chlorophyllane (abstraction faite des cendres) répond à la formule $C^{30}H^{46}Az^2O^3$. Ces deux formules, chose remarquable, diffèrent par $C^{10}H^{20}O$. Enfin, d'après des recherches déjà un peu anciennes, mais soigneuses, faites par S. Moirot, dans le laboratoire de J.-B. Dumas, la chlorophylle de la mauve répondrait à la composition $C^{16}H^{20}Az^2O^3$. Toutefois il est probable que la chlorophylle de Moirot avait été déjà dédoublée par les réactifs employés.

Nous devons ajouter que, d'après nos expériences de 1876, les propriétés de la chlorophylle des acotylédonées diffèrent très sensiblement des chlorophylles extraites des phanérogames ; en particulier la chlorophylle des fougères de nos bois s'altère à l'air et à la lumière et s'oxyde en brunissant avec une très grande rapidité.

Enfin, on a signalé dans les algues et dans d'autres végétaux des pigments bruns, rouges ou bleus, qui jouissent aussi de la propriété qui caractérise les chlorophylles, de décomposer l'acide carbonique en présence de la lumière en donnant de l'oxygène libre. Il n'est donc pas douteux, ainsi que l'auteur de ces lignes a été le premier à l'annoncer, qu'il faille distinguer un grand nombre de pigments chlorophylliens verts, bruns, rouges, etc. On y reviendra tout à l'heure.

On sait depuis longtemps que, lorsqu'on traite la chlorophylle verte ordinaire par l'acide chlorhydrique, elle se dédouble en deux parties : l'une, l'*acide phyllocyanique*, soluble dans la liqueur aqueuse acide, dans l'alcool et dans l'éther; l'autre insoluble, la *phylloxanthine*. D'après son analyse, l'acide phyllocyanique répond à la composition $C^{18}H^{20}Az^2O^3$. On voit que ce dérivé principal de la chlorophylle est isologue de la bilirubine $C^{16}H^{18}Az^2O^3$.

Il existe d'ailleurs de grandes analogies entre la chlorophylle et la bilirubine. L'une et l'autre ont les mêmes dissolvants, éther, chloroforme, corps gras, sulfure de carbone, pétrole et autres hydrocarbures. L'une et l'autre jouent le rôle d'acides faibles. L'une et l'autre donnent de nombreux dérivés verts, jaunes, bruns, passant assez facilement des uns aux autres par des oxydations ou réductions successives.

Comme la bilirubine, la chlorophylle s'unit à l'hydrogène naissant pour donner une substance nouvelle, jaune en solutions étendues, brun-rougeâtre quand les solutions sont plus concentrées, la *chlorophylle réduite*, que l'auteur de cet article avait soupçonnée dès 1877, et comparée alors à l'indigo blanc [*Revue scientifique*, février 1877, 766] : il obtint ce produit de réduction dès 1879, en faisant agir sur la chlorophylle en solution alcoolique l'hydrogène naissant [*C. R.*, **89**, 863]. Depuis. M. Timiriazeff a reproduit ces observations et étudié cette substance, qu'il nomme *protophylline* [*C. R.*, **102**, 686]. Nous allons y revenir.

L'ébullition avec l'eau chlorhydrique, et mieux encore en tubes scellés, dégage de la chlorophylle une substance brune, d'aspect gras, insoluble dans l'eau (phylloxanthine) et donne une so-

lution à peine teintée de violet qui, à l'air, s'oxyde rapidement et passe au rouge, puis au vert. Cette liqueur contient le chlorhydrate d'une base, à chloroplatinate soluble cristallisant en longs prismes ou en croix, peut-être de la névrine (A. Gautier).

Les bases étendues n'altéreraient pas sensiblement la chlorophylle, suivant M. E. Guignet. Le procédé suivant permet, d'après cet auteur, d'obtenir facilement sa combinaison sodique et la chlorophylle elle-même [*C. R.*, **100**, 436]. On fait une décoction dans l'alcool très concentré de feuilles séchées à l'étuve à 40 ou 50°; on refroidit cette solution à — 10° et on filtre à froid. La liqueur ainsi purifiée est agitée avec le dixième de son volume d'éther de pétrole. On ajoute alors peu à peu au mélange un volume d'eau égal à celui de l'alcool; la chlorophylle, insoluble dans l'alcool faible, passe dans l'éther de pétrole. Celui-ci est alors additionné d'une solution alcoolique de soude et vivement agité. Le chlorophyllate de soude se sépare de l'eau alcoolique sous la forme d'une solution épaisse. On le lave avec de l'alcool absolu qui enlève l'excès de soude, on ajoute de l'alcool à la solution aqueuse et on évapore dans le vide. Le chlorophyllate de soude cristallise en aiguilles d'un vert très foncé qui paraissent noires. Ces aiguilles, redissoutes dans l'eau, donnent une solution qui présente les raies caractéristiques de la chlorophylle. On peut précipiter cette substance en ajoutant de l'acide acétique faible à la liqueur.

En versant de l'acétate de plomb dans ce chlorophyllate de soude, on obtient du chlorophyllate de plomb insoluble, vert foncé.

Suivant M. Hansen, si l'on traite les feuilles sèches par de la soude caustique, on en saponifie les graisses et on obtient un mélange qui, après avoir été lavé au pétrole pour en extraire un pigment jaune, cède ensuite à l'alcool éthéré une matière verte, le *vert de chlorophylle*, contenant $C = 67,26$, $H = 10,63$, $Az = 5,12$. Cette substance, décomposée par les acides, donne un produit cristallin, la *phyllotaonine* de Schunck.

Si l'on traite la chlorophylle par de la potasse alcoolique chaude, puis qu'on sature la base, il se produit un acide cristallin noir, l'*acide chlorophanique*, tandis que la liqueur retient de l'acide glycérophosphorique et de la névrine (Hoppe-Seyler). Cette remarque semblerait classer la chlorophylle à côté des lécithines et du protagon.

Le produit de la réduction de la chlorophylle par l'hydrogène naissant, la *protophylline* (voyez plus haut), s'obtient en faisant agir le zinc et l'acide acétique étendu sur une solution alcoolique de cette substance. Elle possède un spectre caractérisé par l'absence de la large bande de la chlorophylle dans le rouge et de la bande III dans le jaune verdâtre. Une forte bande occupe, dans le spectre de la protophylline, la place de la seconde bande de la chlorophylle. Cette bande empiète presque jusqu'à E, occupant la place des intervalles compris entre les bandes I, II et III du spectre de la chlorophylle.

Les solutions de protophylline, de couleur jaune ou rougeâtre suivant leur concentration, s'oxydent avec la plus grande facilité à l'air en verdissant et en régénérant la chlorophylle. Ces solutions, enfermées dans des tubes scellés pleins d'acide carbonique, verdissent rapidement à la lumière du soleil en se transformant en chlorophylle. Cette substance paraît donc être l'agent direct de la décomposition de l'acide carbonique lorsqu'elle est aidée de l'énergie lumineuse, car dans l'obscurité son verdissement ne se produit pas. Du reste, M. Timiriazeff a démontré, depuis, que la protophylline existe avec toutes ses propriétés dans les feuilles des végétaux, particulièrement dans les plantes étiolées [*C. R.*, **109**, 414].

Lorsqu'on pousse à fond la réduction de la chlorophylle, surtout en présence d'un acide minéral en léger excès, il se fait une substance jaune, presque incolore, inapte à se retransformer en chlorophylle par oxydation.

M. Regnard semble avoir donné avant M. Timiriazeff la preuve de la décomposition directe de l'acide carbonique par la chlorophylle, et cela en dehors de l'organisme vivant, au moyen de l'expérience suivante : Des copeaux de bois teints de chlorophylle sont placés à l'abri de la lumière dans une solution aqueuse d'acide carbonique, mise en tube scellé et ayant reçu une trace de bleu Coupier exactement décoloré à l'hydrosulfite de soude. On sait que la moindre trace d'oxygène est apte à recolorer cette substance. Tant que le tube contenant cette liqueur est conservé à l'obscurité, la solution reste incolore ; mais vient-on à l'exposer à la lumière, elle se colore aussitôt en bleu, manifestant ainsi le dégagement d'oxygène dû à la décomposition de l'acide carbonique décomposé par la chlorophylle qui avait été déposée sur les copeaux de bois [*C. R.*, **101**, 1294].

La chlorophylle (ou la protophylline) agit dans les végétaux à la manière d'un sensibilisateur photographique, en provoquant la décomposition de l'acide carbonique, grâce à sa propre décomposition, et cela seulement en présence des ondes lumineuses du spectre qu'elle absorbe. Le maximum de décomposition coïncide avec la région où l'énergie du spectre normal est la plus grande. Les vibrations qui possèdent la plus grande amplitude sont les plus énergiquement absorbées ; elles sont transformées en activité chimique. Les rayons rouges sont les plus actifs [Timiriazeff, *C. R.*, **100**, 851. Voyez aussi Suppl., **1**, 477].

Dissoute dans les huiles siccatives, la chlorophylle leur communique la propriété de rester longtemps inoxydées à l'obscurité. Mais, exposées à la lumière, ces huiles présentent pour l'oxygène une affinité qui paraît exaltée par le pigment chlorophyllien [Jodin, *C. R.*, **102**, 267].

Variété des pigments végétaux chlorophylliens. — M. H.-C. Sorby, qui s'est surtout occupé de chromatologie végétale, distingue dans les plantes différents pigments, savoir : la *chlorophylle bleue*, la *chlorophylle jaune*, la *xanthophylle orange*, la *xanthophylle*, la *xanthophylle jaune*, la *lichnoxanthine*. Toutes ces substances sont solubles dans le sulfure de carbone. A côté d'elles, on rencontre, *solubles dans l'eau*, diverses variétés de *chrysophylles* et d'*érythrophylles* qui peuvent être absentes dans beaucoup de cas. Toutes ces substances ont été distinguées surtout par leurs spectres d'absorption et par quelques propriétés [Sorby, *Proceed. Roy. Soc.*, **21**, 442 ; **15**, 433-455].

Chlorophylles animales. — On sait que certains animaux inférieurs (annélides, vers, hydres, planaires, etc.) contiennent des pigments verts ayant la plus grande analogie avec la chlorophylle, et jouissant entre autres de la propriété de décomposer l'acide carbonique et de dégager de l'oxygène naissant sous l'action de la lumière. Traitées par l'alcool, les planaires vertes donnent d'abord une solution jaune, puis une solution de chlorophylle d'un beau vert. Ces animaux dégagent de l'oxygène (Geddes). La matière colorante du *Bonnellia viridis* a été examinée par H.-C. Sorby ; il lui a donné le nom de *bonnelline*. Ce corps a les mêmes dissolvants que la chlorophylle ; mais, traitées par un acide, ses solutions deviennent pourpres, se recolorent en vert, et reprennent leurs bandes spectrales primitives lorsqu'on neutralise la liqueur. Les solutions de bonnelline sont fluorescentes et neutres. Elles donnent au spectroscope 5 bandes ayant pour longueurs d'onde $\lambda = 636, 611, 687, 643$ et 492. Ces bandes ne répondent nullement à celles de la chlorophylle ; la première est la plus importante. Le produit pourpre dû à l'action des acides sur la bonnelline donne seulement les bandes $\lambda = 643, 630$ et 490. Ces diverses bandes varient légèrement avec les dissolvants.

Dans le *Phyllodore viridis*, Geddes a trouvé aussi un pigment vert, mais qui ne se confond pas avec la chlorophylle, tout en jouissant de la propriété de dégager de l'oxygène aux dépens de l'acide carbonique de l'air.

Dans d'autres cas, comme dans l'*hydre verte* ou le *Spongilla fluvialis*, la chlorophylle est contenue dans les algues qui vivaient en symbiose avec l'animal. Enfin, M. Mac-Munn a trouvé des espèces de grains chlorophylliens dans le foie de quelques invertébrés ; il leur a donné le nom d'*entérochlorophylles*. Il pense que ces substances se rattachent à la fonction respiratoire de ces animaux [*Proced. Roy. Soc.*, **35**, 370].

A. Gautier.

CHLOROPICRINE [Syn. *Trichloronitrométhane*], $CCl^3 Az O^2$ (voyez Dict., **1**, 880 et Suppl., **1**, 478). — La chloropicrine pure bout à 111°,91 (corr.) sous la pression de 751^{mm},9. Sa densité à 0° est 1,69247 par rapport à l'eau à la même température, et 1,69225 par rapport à l'eau à 4°. Son coefficient de dilatation, aux températures comprises entre 0° et 100°, a été déterminé par M. Thorpe [*Chem. Soc.*, **37**, 198].

Quand on fait passer un courant d'acide sulfhydrique dans un flacon refroidi à 0° renfermant de l'eau et de la chloropicrine, on obtient un *hydrate sulfhydré*, $CCl^3 Az O^2, 2H^2 S, 23 H^2 O$, correspondant à celui que donne le chloroforme dans les mêmes conditions. Cette combinaison se dissocie très facilement en chloropicrine, acide sulfhydrique et eau [de Forcrand, *Ann. Chim. Phys.*, (5), **28**, 23].

L'action des agents réducteurs sur la chloropicrine a été étudiée tout d'abord par Geisse dans le but d'isoler la trichlorométhylamine ; mais, comme il employait le fer et l'acide acétique, il observa à la fois la réduction du groupe nitré et la substitution d'atomes d'hydrogène aux atomes de chlore, et n'obtint finalement que la méthylamine [Geisse, *Ann. Chem.*, **109**, 282].

Plus récemment, M. Raschig a essayé comme réducteur le chlorure stanneux en solution chlorhydrique, qui ne donne pas lieu à la substitution de l'hydrogène au chlore. En chauffant légèrement le mélange, on voit la réaction s'établir sans qu'il y ait dégagement d'azote à l'état d'ammoniaque ou d'hydroxylamine, et il y a formation de chlorure stannique. L'évaporation de la solution, après précipitation de l'étain par l'acide sulfhydrique, ne donne aucun résidu : les seuls produits de la réaction sont en effet le chlorure de cyanogène et l'acide chlorhydrique. Il est probable que la trichlorométhylamine s'est tout d'abord produite, et qu'étant peu stable elle s'est ensuite dédoublée en chlorure de cyanogène et acide chlorhydrique. Les deux équations suivantes rendraient compte de cette réaction :

$$CCl^3 . Az O^2 + 3 Sn Cl^2 + 6 HCl$$
$$= CCl^3 . Az H^2 + 3 Sn Cl^4 + 2 H^2 O,$$
$$CCl^3 . Az H^2 = C Az Cl + 2 HCl$$

[Raschig, *D. chem. G.*, **18**, 3326].

La chloropicrine, qui ressemble beaucoup par son odeur et par son aspect au dichlorodinitrométhane, peut s'en distinguer au moyen d'une solution alcoolique de potasse. Si l'on chauffe avec ce réactif le dichlorodinitrométhane, on voit se séparer immédiatement le composé $C(AzO^2)^2KCl$, préparé par M. Losanitsch au moyen du même réactif et du chlorodinitrométhane. La chloropicrine ne donne rien dans les mêmes conditions [Raschig, *D. chem. G.*, **18**, 3328]. H. Gautier.

CHLOROTILE (Min.). — Arséniate cuivrique très basique, $10\,CuO\,.\,As^2O^5, 10\,H^2O$.

CHOLESTÉRINE. — Il existe certainement un grand nombre de corps isomériques ou homologues avec la cholestérine. Ces composés sont très voisins et peu faciles à distinguer les uns des autres, et leur étude est restée jusqu'ici à l'état de simple ébauche, comme l'était encore il y a peu de temps l'étude des isomères de l'essence de térébenthine.

Sans essayer de donner une classification dont la majeure partie des éléments ferait défaut, nous ferons simplement l'énumération des diverses cholestérines étudiées dans ces dernières années.

État naturel et propriétés physiques. — Les racines de *Scopolia carniola* contiennent une notable quantité d'une cholestérine fusible à 137°,5 [Dunstan et Chaston, *Pharm. Journ. trans.*, 1889, 461].

MM. Reinke et Rodewald [*Ann. Chem.*, **207**, 229] ont extrait de l'*Æthalium septicum* une substance qu'ils appellent *paracholestérine*, et dont la formule est $C^{26}H^{44}O, H^2O$ après cristallisation dans l'alcool.

Elle se présente en aiguilles ou en lamelles fusibles à 134-134°,5, solubles dans le chloroforme, l'éther et l'alcool bouillant. Elle est lévogyre : $[\alpha]_D = -27°,24$ à $-28°,28$. Si l'on agite avec de l'acide sulfurique une solution chloroformique de ce composé, le chloroforme devient brun, et l'acide brun-jaunâtre avec fluorescence verte.

L'*éther benzoïque* de la paracholestérine cristallise en tables brillantes, fusibles à 127-128°.

D'après M. Hesse [*Ann. Chem.*, **211**, 283], les analyses de la paracholestérine conduiraient à la formule $C^{26}H^{46}O$.

M. Arnaud [*C. R.*, **102**, 1319] a retiré de la carotte une cholestérine $C^{26}H^{44}O$ fusible à 136°,5, peu soluble dans l'alcool froid, très soluble dans l'alcool bouillant, qui l'abandonne par refroidissement à l'état de feuillets cristallins contenant 1 molécule d'eau. Elle est très soluble dans le chloroforme et dans le sulfure de carbone et cristallise dans ces deux dissolvants en aiguilles anhydres.

En solution chloroformique, $[\alpha]_D = -35°$.

Ce corps est identique avec l'*hydrocarottine* de Husemann (voyez CAROTTINE).

Dans les écumes qui se produisent lors de l'évaporation des jus sucrés de la betterave, M. E. von Lippmann [*D. chem. G.*, **20**, 3201] a rencontré une cholestérine $C^{26}H^{44}O$, fusible à 133°, dont le pouvoir rotatoire $[\alpha]_D = -33°,7$ à $-35°,11$.

Les graines de lupin et les cotylédons des germes étiolés de cette graine contiennent une cholestérine fusible à 136-137°. En solution chloroformique, $[\alpha]_D = -36°,4$ (la solution contenait $2^{gr},8$ de matière pour 50 centimètres cubes de chloroforme).

L'*éther benzoïque* de ce corps cristallise en lamelles minces.

Il est difficile de dire si ce corps est identique avec l'une des cholestérines déjà connues ; on trouve en revanche, dans les radicelles et dans la portion hypocotylée de l'axe des germes du lupin un corps qui possède la composition de la cholestérine, mais dont les propriétés sont si différentes, que MM. Schulze et Barbieri [*J. prakt. Chem.*, (2), **25**, 59] ont voulu lui donner un nom particulier : ils l'appellent *caulostérine*. Ce corps

fond à 158-159° ; son pouvoir rotatoire $[\alpha]_D = -49°,6$ (1 gramme de substance pour 20 centimètres cubes de chloroforme). Ce corps, traité par l'acide sulfurique et le chloroforme, donne une coloration jaune-brun, qui à l'air passe au rouge violet.

Propriétés chimiques. — En chauffant la cholestérine avec de l'anhydride acétique, on obtient l'*acétate* $C^{26}H^{43}O\,.\,C^4H^3O$, qui cristallise dans le benzène en faisceaux d'aiguilles fusibles à 113° ; l'eau bouillante saponifie ce composé.

Le *chlorure de cholestéryle* s'obtient en traitant la cholestérine sèche et bien pulvérisée par un peu moins de 1 molécule de chlorure de phosphore ; il est nécessaire de chauffer fortement le mélange ; par refroidissement, on obtient une substance cornée, qui est recueillie, lavée à l'eau froide et dissoute dans l'alcool bouillant. Ce liquide laisse bientôt déposer des feuillets fluorescents, fusibles à 96°.

Le chlorure de cholestéryle, traité par le brome en solution éthérée, se transforme en *dibromure* $C^{26}H^{43}ClBr^2$, insoluble dans l'éther, soluble dans le benzène, le chloroforme et le sulfure de carbone, qui l'abandonne en gros cristaux fusibles à 128°. Ce bromure, traité par la potasse ou par l'éthylate de sodium, perd ses 2 atomes de brome et régénère le chlorure de cholestéryle [B. Rayman, *Bull. Soc. Chim.*, (2), **47**, 899].

M. K. Obermüller [*Zeit. Physiol. Chem.*, **15**, 37 ; *Bull. Soc. Chim.*, (3), **5**, 831], a décrit quelques nouveaux dérivés de la cholestérine, pour laquelle il admet la formule $C^{27}H^{46}O$.

Le *cholestérylate de potassium*, $C^{27}H^{45}OK$, se produit avec dégagement d'hydrogène par l'action du potassium métallique sur une solution éthérée de cholestérine ; il ressemble par toutes ses propriétés au dérivé sodé.

Le *propionate de cholestéryle*,

$$C^{27}H^{45}O\,.\,C^3H^5O,$$

s'obtient en chauffant au bain-marie pendant une demi-heure un mélange de cholestérine avec la moitié de son poids d'anhydride propionique. Il cristallise dans un mélange d'alcool et d'éther en lamelles rhombiques, ayant l'aspect de la cholestérine, fusibles à 98°, très solubles dans l'éther, le benzène, le sulfure de carbone, moins solubles dans l'alcool. Fondu, puis soumis au refroidissement, ce composé se colore successivement en violet, puis en bleu, en vert, en gris, en orangé, en rouge-carmin et en rouge-cuivre avant de cristalliser. Ces colorations permettent d'utiliser la formation du propionate de cholestéryle pour la recherche qualitative de la cholestérine, à la condition d'avoir préalablement isolé cet alcool à l'état de pureté

Le *benzoate de cholestéryle*, $C^{27}H^{45}.O.C^7H^5O$, se prépare en chauffant à 160° un mélange de cholestérine et de chlorure de benzoyle ; il cristallise en lamelles qui présentent deux points de fusion, 140°,5 et 178°,5.

Le *phtalate de cholestéryle*,

$$C^6H^4(CO^2\,.\,C^{27}H^{45})^2,$$

cristallise en lamelles fusibles à 182°,5. On l'obtient en chauffant à 180° en tube scellé un mélange de cholestérine et d'anhydride phtalique.

L'*éther cholestérylbenzylique*, $C^{27}H^{45}.O.C^7H^7$, préparé en chauffant à 100° un mélange de chlorure de benzyle et de cholestérylate de sodium, cristallise dans un mélange d'alcool et d'éther en lamelles fusibles à 78°.

Le propionate de cholestéryle, traité en solution sulfocarbonique par le brome, fixe 1 molécule de ce réactif en donnant un composé de la formule $C^{30}H^{50}Br^2O^2$, qui cristallise en lamelles quadratiques blanches, fusibles à 110°.

Le benzoate de cholestéryle fournit dans les mêmes conditions un produit de substitution,

$$C^{34}H^{40}BrO^2,$$

cristallisé en grandes aiguilles fusibles à 186°.

Poids moléculaire. — Pour déterminer le poids moléculaire de la cholestérine des calculs biliaires, fusible à 148°,5 (corr.), M. Reinitzer [*Mon. f. Chem.*, **9**, 421] a préparé l'*acétate de cholestéryle*, l'a traité par le brome et a soumis à de nombreuses analyses le produit obtenu et purifié par plusieurs cristallisations.

Les analyses l'ont conduit à la formule

$$C^{27}H^{45}Br^2 . C^3H^3O^2.$$

La cholestérine serait donc $C^{27}H^{46}O$.

Voici quelles sont les propriétés physiques des corps préparés par M. Reinitzer :

L'*acétate*, $C^{27}H^{45} . C^3H^3O^2$, fond à 114,3-114°,7 (corr.).

Le *bromure*, $C^{27}H^{45}Br^2 . C^3H^3O^2$, est dimorphe ; l'une des variétés fond à 118°, l'autre à 115°,8.

Enfin, en traitant par l'acide nitrique une solution bouillante de cholestérine dans l'acide acétique, M. Reinitzer a obtenu une *nitrocholestérine* fusible à 93-94°.

M. J. Abel [*Mon. f. Chem.*, **11**, 61] a déterminé par la méthode cryoscopique le poids moléculaire de la cholestérine. Il conclut à la formule $C^{26}H^{44}O$.   Ch. Cloëz.

CHOLESTOL, $C^{20}H^{34}O$. — Pour préparer ce composé, on épuise par l'alcool les écorces de quinquina ; ce dissolvant est évaporé, et le résidu, épuisé successivement par les acides et par les alcalis, abandonne finalement à l'éther une matière neutre qui cristallise en belles aiguilles, fusibles à 139°. Ce corps avait été primitivement désigné par M. Liebermann sous le nom d'*oxyquinoterpène* ; il était alors représenté par la formule $C^{30}H^{48}O^2$ [*D. chem. G.*, **17**, 868] ; mais, comme il présente les plus grandes analogies avec quelques composés du groupe de la cholestérine, son nom d'oxyquinoterpène fut bientôt changé en *cholestol* par M. Liebermann lui-même [*D. chem. G.*, **18**, 1803]. De nouvelles analyses conduisent à adopter pour ce composé la formule $C^{20}H^{34}O$, qui est celle du *cinchol* de M. Hesse. Malgré ses propres analyses, M. Liebermann admet que le cholestol est plutôt un homologue supérieur du cinchol, soit $C^{21}H^{36}O$, soit $C^{22}H^{38}O$.

Une solution chloroformique de cholestol, additionnée d'acide sulfurique ($d = 1,76$), donne une belle coloration rouge. Si l'on traite de même une solution de cholestol dans l'anhydride acétique, on voit paraître une teinte d'abord rose, puis bleue.

Le cholestol est lévogyre : $[\alpha]_n = -39°,2$.

Le *benzoylcholestol* cristallise en lamelles soyeuses, fusibles à 144°.

L'*acétylcholestol* fond à 124-126°.

Le cholestol, dissous dans le sulfure de carbone, se combine au brome en donnant un composé cristallisable en belles aiguilles, qui semblent ne contenir qu'un seul atome de brome.   Ch. Cloëz.

CHOLESTROPHANE. — Voyez ACIDE PARABANIQUE.

CHOLINE (voyez Dict., **2**, 534 et Suppl., **1**, 2071). — Il s'est introduit dans la nomenclature des bases du groupe de la choline une confusion si regrettable, que quelques courtes explications sur le développement de la question ne seront point superflues ici.

Strecker a décrit le premier, en 1862, sous le nom de *choline*, une base qu'il avait extraite dès 1849 de la bile de porc, à laquelle il attribua, en la rapportant à l'ammoniaque, la formule $C^5H^{13}AzO$ (c'est-à-dire $C^5H^{15}AzO^2$ pour la base ammoniée) et qu'il envisagea comme une *oxyéthylène-triméthylamine*. Cette hypothèse fut vérifiée plus tard par Wurtz (1867-1868), qui obtint synthétiquement la choline en combinant directement l'oxyde d'éthylène, l'eau et la triméthylamine. La choline devenait donc l'hydrate de triméthyl-hydroxyéthylène-ammonium,

$$OH . Az(CH^3)^3 . CH^2 . CH^2OH$$

[Strecker, *Ann. Chem.*, **123**, 353, et **148**, 77. — Wurtz, *C. R.*, **45**, 1015, et **46**, 772].

Dans l'intervalle, M. Liebreich retira, en 1865, des produits de la décomposition du protagon par l'eau de baryte, une base énergique qu'il appela *névrine* ou *neurine* et dont le chloroplatinate présentait, d'après lui, la composition $(C^5H^{13}Az . HCl)^2 PtCl^4$. La base de M. Liebreich, que ce savant croyait donc exempte d'oxygène, était assez impure, comme le montrent les chiffres de l'analyse ; mais les formes cristallines qu'il décrit pour le chloroplatinate font voir qu'elle était en majeure partie constituée par la base oxyéthylénique de Strecker [Liebreich, *Ann. Chem.*, **134**, 29].

Peu après, en 1866, M. Baeyer, reprenant la préparation de ce composé d'après le procédé de M. Liebreich, obtint un mélange de deux bases, dont il représenta les chloroplatinates par les formules

$$(C^5H^{14}AzOCl)^2 PtCl^4 \quad \text{et} \quad (C^5H^{12}AzCl)^2 PtCl^4.$$

Dans ce travail, complété l'année suivante (1867) par de nouvelles recherches, M. Baeyer démontra que la première de ces deux bases, *à laquelle il conserva le nom de neurine*, est l'hydrate de triméthyl-hydroxyéthylène-ammonium, et que la seconde est la base vinylique correspondante, $OH . Az(CH^3)^3 . CH = CH^2$, identique à celle que M. Hofmann venait de préparer synthétiquement en combinant directement la triméthylamine à l'éthylène bromé. M. Baeyer fit voir en outre que la base oxyéthylénique, par l'intermédiaire d'un dérivé iodé, peut être transformée, par perte de 1 molécule d'eau, en la base vinylique [Baeyer, *Ann. Chem.*, **140**, 306, et **142**, 322].

À la même époque (1867), M. Dybkowsky démontrait l'identité de la neurine de M. Baeyer avec la choline de M. Strecker, et à partir de ce moment les appellations de *neurine* et de *choline* furent indifféremment appliquées par la plupart des chimistes à la base oxyéthylénique, la base vinylique ne recevant aucune dénomination particulière. Ajoutons que peu après on démontrait l'identité de la choline avec l'*amanitine* de la fausse oronge (Schmiedeberg) et avec la *synkaline* dérivée de la sinapine des graines de moutarde (Klaus et Keesé) [Dybkowsky, *J. prakt. Chem.*, **100**, 153].

Sur ces entrefaites, M. Liebreich (1869), ayant repris l'étude du dédoublement du protagon, s'efforça de démontrer que, sous l'action de l'eau de baryte, il se forme d'abord la base vinylique, $C^5H^{13}AzO$, dont le chloroplatinate se transformerait, par addition d'eau, en sel de la base oxyéthylénique. De même, si l'on traite par l'eau de baryte une solution alcoolique ou éthérée des produits de décomposition du protagon, on n'obtient que le dérivé oxyéthylénique, et c'est ainsi qu'on s'explique, d'après M. Liebreich, pourquoi M. Baeyer a obtenu un mélange des deux bases. M. Liebreich proposait en même temps de conserver la dénomination de *neurine* à la base vinylique et d'appeler *choline* ou *bilineurine* la base oxyéthylénique. Cette nomenclature n'a pas été adoptée partout ; dans ce Dictionnaire, les dénominations de *choline* et de *névrine* ont été considérées comme synonymes. Cependant, en Allemagne, les ouvrages classiques tendent en général à adopter la proposition de M. Liebreich [Beilstein, *Handbuch. d. org. Chem.*, 2ᵉ édit., 913 et 941. — V. v. Richter, *Chem. der Kohlenstoffverbindungen*, 5ᵉ édit., Bonn, 1888, 322. — Fittig, *Chimie organique*, trad. française, Paris, 1878, 189].

C'est également la nomenclature adoptée par M. Brieger dans ses publications sur les bases animales.

M. Chr. Gram a proposé d'appeler la base oxyéthylénique *oxéthylcholine* et la base vinylique *vinylcholine* [*Maly's Jahresb.*, 15, 107].

La choline ou hydrate de triméthylhydroxyéthylène-ammonium a été trouvée dans le houblon et dans la bière par MM. Griess et Harrow [*D. chem. G.*, 18, 717 ; *Bull. Soc. Chim.*, (2), 45, 625], dans certains champignons (*Boletus luridus, Amanita pantherina*), dans la proportion de $0^m,1$ pour 100 grammes de substance sèche, dans les tourteaux de graines de coton et dans les placentas humains par M. R. Böhm [*Maly's Jahresb.*, 15, 110 ; *Bull. Soc. Chim.*, (2), 46, 488], dans les graines de *Trigonella fænum græcum* par M. Jahns [*D. chem. G.*, 18, 2518], dans le jus de betteraves par M. Lippmann [*D. chem. G.*, 20, 3201 ; *Bull. Soc. Chim.*, (2), 50, 352], dans les cadavres humains (foie, poumons, cœur, rate, intestin, cerveau, etc.), de 24 à 48 heures après la mort [L. Brieger, *Weitere Untersuchungen über Ptomaïne*, 2ᵉ mém., Berlin, 1885, et *Maly's Jahresb.*, 15, 101 ; *D. chem. G.*, 17, 2741].

D'après M. Chr. Gram, la choline se transformerait très facilement dans la base vinylique correspondante ou névrine, lorsqu'on chauffe au bain-marie son chloroplatinate ou son chlorhydrate, avec de l'acide chlorhydrique étendu, pendant 5 ou 6 heures. La toxicité du produit irait rapidement en croissant avec la durée de cette action.

M. L. Brieger, par des expériences qui semblent très concluantes, a constaté au contraire la résistance du chloroplatinate et du chlorhydrate de choline à l'action de l'acide chlorhydrique à 15 et 30 0/0, même au bout de 6 ou 8 heures de contact, au bain-marie. M. Brieger admet néanmoins que cette transformation peut s'opérer au cours de la putréfaction, bien que, dans ses essais de dédoublement de la choline sous l'action des microbes, il n'ait obtenu jusqu'à présent que de la triméthylamine, et jamais de névrine. Il y aurait dans ce cas déshydratation du groupe oxyéthylénique :

$$OH \cdot Az(CH^3)^3 \cdot CH^2 \cdot CH^2 \cdot OH$$
Choline.

$$= H^2O + OH \cdot Az(CH^3)^3 \cdot CH = CH^2.$$
Névrine.

On voit du reste, dans la putréfaction des cadavres humains, la proportion de choline diminuer à partir du troisième jour, à mesure que les autres bases (neuridine, putrescine, cadavérine) se produisent en plus grandes quantités ; et M. Brieger considère la choline, qui, en sa qualité de constituant de la lécithine, est si répandue dans tous les tissus, comme l'une des matières premières d'où dérivent les ptomaïnes. M. Gautier a démontré, il est vrai, que les bases putréfactives proviennent des matières albuminoïdes, et cette découverte fondamentale domine toute l'histoire des alcaloïdes d'origine animale. Mais il est clair que des ptomaïnes peuvent prendre naissance aux dépens de bases préexistantes, telles que la choline, dont l'origine albuminoïde est d'ailleurs indéniable [Chr. Gram, *Maly's Jahresb.*, 15, 107. — L. Brieger, *ibid.*, 15, 108].

L'acide nitrique concentré transforme la choline en muscarine (Suppl., 1, 1033) ; mais M. R. Böhm, qui a étudié au point de vue pharmacodynamique la muscarine dérivée de diverses cholines (choline du *Boletus*, de la graine de coton, du jaune d'œuf), pense qu'elle n'est pas identique à la muscarine naturelle extraite de la fausse oronge. Ces muscarines artificielles présentent toutes, à côté des propriétés physiologiques de la muscarine naturelle, des effets curarisants énergiques [R. Böhm, *Maly's Jahresb.*, 15, 110].

La choline n'est toxique qu'à des doses très élevées (Gram, Brieger). M. Böhm lui dénie en particulier toute action sur le cœur, ce qui la distingue nettement de la base vinylique, qui est un poison cardiaque énergique. Les échantillons de choline fournis par le commerce contiennent presque toujours de la névrine, ce qui explique les résultats contradictoires obtenus par quelques physiologistes [L. Brieger, *Zeit. f. klin. Med.*, 10, 268. — R. Böhm, *Arch. f. exp. Path.*, 19, 87. — V. Cervello, *Maly's Jahresb.*, 15, 111].

Chloroplatinate de choline. — Il se présente sous la forme de tablettes imbriquées, parfois aussi de prismes aplatis, clinorhombiques. On les distingue facilement du chloroplatinate de névrine, qui cristallise en octaèdres réguliers [Jahns, *loc. cit.* — L. Brieger, *Maly's Jahresb.*, 15, 108].

Picrate, $C^5H^{13}AzO \cdot C^6H^3Az^3O^7$ — Il cristallise en larges aiguilles, assez longues. Il est beaucoup plus soluble dans l'eau que le picrate de neuridine, à côté duquel on le rencontre quelquefois dans la recherche des ptomaïnes et qui est très peu soluble [L. Brieger, *Maly's Jahresb.*, 15, 105].

PYRIDINE-CHOLINE. — M. F. Coppola a préparé une choline renfermant une molécule de pyridine à la place du groupe $Az(CH^3)$.

Le *chlorhydrate* de cette base se présente sous la forme de beaux prismes incolores, déliquescents, facilement solubles dans l'alcool, insolubles dans l'éther.

Le *chloroplatinate* répond à la formule

$$(C^5H^5Az \cdot C^2H^4OH \cdot Cl)^2 PtCl^4.$$

La base libre est très altérable.

L'action toxicologique, analogue à celle du curare, est plus marquée que celle de la pyridine ou de la choline ordinaire [F. Coppola, *Gazz. chim. ital.*, 15, 330 ; *D. chem. G.*, 18, *Ref.*, 667].

ISOCHOLINE. — Cette base, isomérique avec la choline, a été obtenue par substitution méthylée de l'aldéhydate d'ammoniaque [*D. chem. G.*, 16, 207].

E. Lambling.

CHONDROGÈNE ET **CHONDRINE** (voyez Dict., 1, 884 et Suppl., 1, 480). — Nos connaissances sur la constitution chimique du tissu cartilagineux se sont profondément modifiées durant ces dernières années. On sait que ce tissu est composé de cellules et d'une substance fondamentale primitivement hyaline, mais qui peut être modifiée par l'apparition d'un réseau formé de fibres élastiques ou conjonctives. Les cellules, qui résistent d'une manière remarquable à l'action des acides ou des alcalis, sont fort mal connues au point de vue chimique. Quant à la substance fondamentale, on la considérait, il y a peu d'années encore, comme constituée par un corps azoté complexe, de même nature que la substance collagène, le *chondrogène*, que l'ébullition avec l'eau transforme en *chondrine*, analogue à la gélatine. Un historique complet de toutes les théories émises sur la constitution chimique du cartilage a été donné par M. Schmiedeberg [*Zeit. exp. Path.*, **28**, 396].

Des recherches plus récentes ont démontré que la substance fondamentale du cartilage est constituée par un mélange de substance collagène ordinaire avec d'autres substances. Les dénominations de *chondrogène* et de *chondrine* sont, par suite, à rayer du vocabulaire chimique.

Les premières recherches dans cette direction nouvelle sont dues à M. Morochowetz, qui, en étudiant la composition des cartilages de la trachée et des côtes chez le bœuf, du cartilage hyalin provenant d'enchondromes, des parties cartilagineuses de l'esturgeon et de certains céphalopodes, ne put retirer de ces divers tissus qu'un mélange de mucine et de gélatine, et qui conclut finalement à la non-existence du chondrogène et de la chondrine [Morochowetz, *Maly's Jahresb.*, **7**, 37. — Schwartz, *Bull. Soc. Chim.*, (2), **42**, 320].

Plus tard, M. Krukenberg, en faisant macérer à froid pendant 2 ou 3 jours des cartilages costaux avec des solutions de soude à 5-10 0/0, put retirer de ce liquide alcalin, d'une part de la gélatine et d'autre part l'*acide chondroïtique* de Bœdecker, dont il étudia de plus près la composition et les propriétés, et qu'il rapprocha des substances *hyalines*. L'acide chondroïtique préexisterait dans le cartilage, d'après M. Krukenberg, sous la forme d'une *substance hyalogène* associée au collagène [Krukenberg, *Zeitschr. f. Biol.*, **20**, 307].

Enfin plus récemment M. C. Th. Mörner est arrivé à cette conclusion que la substance fondamentale des cartilages hyalins est constituée par trois principes immédiats, le *chondromucoïde*, l'*acide chondroïtique* et le *collagène*, auxquels vient s'ajouter, dans les cartilages plus anciens du larynx et de la trachée un réseau constitué par de l'*albumoïde*.

La chondromucoïde, l'acide chondroïtique et peut-être aussi le collagène sont réunis en amas arrondis, disposés autour des cellules cartilagineuses. Ces amas, colorables en bleu par le violet de méthyle, sont contenus dans un réseau fibrillaire formé d'albumoïde et colorable par la tropéoline.

La partie la plus importante de ce travail est relative à l'*acide chondroïtique*. M. C. Th. Mörner a montré en effet que l'ébullition avec l'acide chlorhydrique étendu sépare tout le soufre de l'acide chondroïtique sous la forme d'acide sulfurique, en même temps qu'apparaît une substance réductrice, dextrogyre, sans saveur sucrée, ne donnant pas de précipité avec la phénylhydrazine, et dont l'acide chondroïtique semble donc être le dérivé sulfoconjugué [C. Th. Mörner, *Maly's Jahresb*, **18**, 217].

Ces résultats ont été vérifiés par M. Schmiedeberg, qui a constaté d'ailleurs l'exactitude matérielle de la plupart des faits relatés par M. C. Th. Mörner au sujet du chondromucoïde et des autres principes immédiats qui accompagnent l'acide chondroïtique, mais en donnant de ces faits une interprétation toute nouvelle.

D'après M. Schmiedeberg, la substance fondamentale du cartilage hyalin est constituée par une *substance collagène* que rien ne distingue de celle du tissu osseux, et qui fournit par l'ébullition avec l'eau une *gélatine* identique avec la gélatine ordinaire. Dans cette substance fondamentale sont incorporées des combinaisons diverses de l'acide chondroïtique. Cet acide, que M. Schmiedeberg appelle *acide chondroïtine-sulfurique*, pour mettre en lumière sa nature d'acide sulfo-

conjugué, et qui se comporte vis-à-vis des matières albuminoïdes à peu près comme le tannin, existe dans le cartilage, soit sous la forme de sels, soit en combinaison avec des matières protéiques.

ACIDE CHONDROÏTINE-SULFURIQUE. — Ce composé rentre probablement dans la catégorie, encore fort restreinte, des dérivés azotés des hydrates de carbone. Ces dérivés, dont la présence n'a pas été signalée jusqu'à présent dans le règne végétal, prennent naissance dans l'organisme animal par voie de synthèse et présentent pour cette raison un intérêt particulier. La *chitine* est restée pendant longtemps l'unique représentant de ce groupe de composés; puis furent décrites successivement l'*hyaline*, substance fondamentale des parois d'échinocoques (Lücke), la *spirographine*, qui constitue les tubes flexibles du *Spirographis Spallanzanii* (Krukenberg), et l'*onuphine*, extraite des tubes qui servent d'abri à l'*Onuphis tubicola* (Schmiedeberg) [Lücke, *Virchow's Arch.*, **19**, 189. — Krukenberg, *Maly's Jahresb.*, **11**, 358, 360. — Schmiedeberg, *ibid.*, **12**, 333].

Préparation. — La matière première la plus favorable est fournie, d'après M. Schmiedeberg, par le cartilage de la cloison médiane du nez chez le porc; 60 à 70 de ces lames suffisent pour une préparation. On les débarrasse de leur périchondre, puis, après y avoir pratiqué un certain nombre d'incisions, on les fait séjourner dans de l'eau distillée pendant 24 heures. On obtient ainsi des lames absolument blanches, qui sont soigneusement hachées, puis soumises à l'action digestive d'un extrait acide d'estomac de porc. La constitution du produit de digestion n'est pas la même dans tous les cas. Si le cartilage haché, préalablement lavé avec de l'eau contenant 0,1 à 0,2 0/0 d'acide chlorhydrique, est soumis à l'action d'un liquide gastrique très actif et employé en quantité considérable, il se transforme au bout de 24 à 36 heures, à la température de 38 à 40°, en une masse pâteuse qui se sépare nettement et qui se dépose au fond du vase lorsqu'on étend le liquide de digestion de 2 ou 3 volumes d'eau. Cette masse, lavée et triturée avec de l'eau, peut être facilement débarrassée de toutes les matières albuminoïdes solubles qu'elle a entraînées. Elle est constituée par une combinaison d'acide chondroïtine-sulfurique avec de la gélatine-peptone; M. Schmiedeberg l'a appelée *peptochondrine*. Lorsque au contraire la digestion n'a pas été assez active, le liquide obtenu est trouble, filant; le cartilage est transformé en débris floconneux, qui ne se rassemblent que par l'addition d'un grand volume d'alcool. Ce n'est qu'après avoir été traité par l'alcool étendu que le précipité formé peut être lavé à l'eau. Le produit ainsi obtenu est une combinaison d'acide chondroïtine-sulfurique avec de la gélatine non encore peptonisée, que M. Schmiedeberg appelle *gélatine-chondrine*. Généralement on obtient un mélange de peptochondrine et de gélatine-chondrine.

Ce mélange, traité par l'acide chlorhydrique à 2-3 0/0, lui abandonne facilement la peptochondrine; la gélatine-chondrine se dissout beaucoup plus lentement, et il ne reste plus finalement que quelques débris de cartilage non digérés ou de parois vasculaires, et des substances nucléiniques. Ce liquide chlorhydrique, qui est trouble, est traité par le quart environ de son volume d'alcool, de manière qu'il se dépose un précipité floconneux surnagé par un liquide limpide que l'on sépare par filtration. Ce liquide, traité par un grand volume d'alcool, abandonne la peptochondrine sous la forme d'une pâte, que l'on lave par trituration avec de l'alcool d'abord étendu, puis concentré. Lorsque finalement l'alcool a durci la masse, celle-ci est ramollie dans l'eau et lavée de nouveau à l'alcool, puis enfin à l'eau, jusqu'à disparition de toute trace d'acide chlorhydrique.

La peptochondrine et la gélatine-chondrine se dissolvent facilement dans les alcalis, en donnant un liquide limpide. Une telle dissolution, préparée par exemple avec un notable excès de potasse, abandonne, lorsqu'on la traite par 1-3 volumes d'alcool, un précipité de *chondroïtine-sulfate de potassium* fortement basique, tandis que la gélatine-peptone ou la gélatine restent en dissolution.

On peut de ce sulfate basique extraire le sel neutre, mais le produit obtenu est toujours mélangé de *chondroïtine*. Il vaut mieux préparer le sel double de potassium et de cuivre. Pour cela, on traite alternativement la solution alcaline de peptochondrine, obtenue, comme il a été dit plus haut, par de l'acétate de cuivre et de la potasse, jusqu'à ce que le liquide paraisse à la fois violet foncé et bleu opalescent. On ajoute ensuite de l'alcool jusqu'à ce que le précipité se dépose facilement et que le liquide sus-jacent soit d'un violet pur sans opalescence. Le précipité, lavé à l'alcool étendu, est redissous dans l'eau avec addition d'un peu de potasse, puis reprécipité par l'alcool, et cette opération est répétée jusqu'à ce que liquide ne soit plus que faiblement coloré en violet. Pour éliminer les dernières traces de matières albuminoïdes, on acidifie la liqueur avec de l'acide chlorhydrique et l'on ajoute une quantité d'alcool suffisante pour produire un faible précipité permanent. La filtration du mélange ainsi obtenu est très lente, mais le liquide qui passe est complètement exempt de matières albuminoïdes. On l'additionne d'un peu de potasse et on précipite par l'alcool. Le dépôt obtenu est redissous dans l'eau et, après neutralisation par l'acide chlorhydrique, traité une dernière fois par l'alcool. Le précipité, desséché dans le vide, est une poudre amorphe, qui constitue le sel double de potassium et de cuivre, et qui peut servir à la préparation d'autres combinaisons.

Propriétés. — Comme la plupart des dérivés sulfoconjugués, l'acide chondroïtine-sulfurique ne peut être obtenu à l'état de liberté. Tous ses sels sont amorphes, comme aussi la chondroïtine, son principal produit de dédoublement, et l'établissement de sa formule a présenté des difficultés d'autant plus grandes que ses sels sont facilement décomposables à 100°, et qu'à la température ordinaire leur dessiccation dure souvent plusieurs mois. L'étude de ces sels et celle de la chondroïtine conduisent pour l'acide chondroïtine-sulfurique à la formule $C^{18}H^{27}AzSO^{17}$.

En milieu acide, l'acide chondroïtine-sulfurique se dédouble partiellement à la température ordinaire ; mais la décomposition n'est complète qu'à l'ébullition. Il se produit de l'*acide sulfurique*, de la *chondroïtine* et secondairement un corps réducteur, la *chondrosine*, qui résulte d'une transformation ultérieure de la chondroïtine :

$$C^{18}H^{27}AzSO^{17} + H^2O = SO^4H^2 + C^{18}H^{27}AzO^{14}$$

Ac. chondroïtine-sulfurique.   Chondroïtine.

Le *sel de cuivre*, $C^{18}H^{25}AzSO^{17}Cu$, s'obtient en partant du sel double de potassium et de cuivre, dont la préparation a été indiquée plus haut. Le sel double, dissous dans l'eau acidulée d'acide chlorhydrique, est traité par un excès de chlorure cuivrique. On filtre et on précipite par l'alcool. Cette opération est répétée jusqu'à ce que le précipité ne contienne plus de potasse. Le sel ainsi obtenu est une poudre vert-bleu, facilement soluble dans l'eau, qui l'abandonne par évapora-

tion lente sous la forme de lamelles transparentes, ressemblant à des lames de gélatine sèche, colorée en vert.

Le *sel neutre de potassium* s'obtient en neutralisant par l'acide chlorhydrique la solution du sel basique dont il a été question plus haut et précipitant ensuite par l'alcool. C'est une poudre blanche, légère, soluble en toute proportion dans l'eau ; elle est toujours mélangée de chondroïtine potassique.

Le *sel acide* présente d'une manière constante la même impureté.

Le *sel de baryum* se prépare en traitant le sel acide de potassium en solution aqueuse par un excès d'une dissolution saturée et chaude de baryte. On précipite ensuite par l'alcool le sel basique qui s'est formé.

Constitution chimique du cartilage. — L'acide chondroïtine-sulfurique se combine facilement aux matières albuminoïdes, et cette réaction explique la plupart des propriétés chimiques du cartilage. Un mélange de gélatine et d'une dissolution neutre de chondroïtine-sulfate de potassium reste complètement limpide et présente toutes les propriétés d'une dissolution de la *chondrine* des auteurs, préparée en traitant le cartilage par l'eau bouillante. Le liquide se prend en gelée par le refroidissement ; traité par l'acide acétique ou par les acides minéraux étendus, il donne le précipité, décrit plus haut, de *gélatine-chondrine* (combinaison d'acide chondroïtine-sulfurique et de gélatine). Ce précipité se dissout dans les acides en excès, parce que ceux-ci déplacent l'acide chondroïtine-sulfurique de sa combinaison avec la gélatine. Les dissolutions de *chondrine* des auteurs sont en outre précipitées par l'alun et par divers sels métalliques, parce que l'acide chondroïtine-sulfurique donne avec ces métaux des sels insolubles. Les albumines de l'œuf et du sérum sont également précipitées, au moins partiellement, par les solutions acides des chondroïtine-sulfates. Ces précipités se comportent comme le *chondromucoïde* que M. Mörner a extrait du cartilage, et que d'ailleurs cet auteur considérait déjà comme une combinaison d'acide chondroïtine-sulfurique avec une matière protéique.

Ce sont ces combinaisons protéiques de l'acide chondroïtine-sulfurique qui, associées à une substance fondamentale collagène, constituent la masse du cartilage hyalin. Lorsqu'on fait macérer dans de la soude étendue du cartilage hyalin préalablement décalcifié, ces combinaisons de l'acide chondroïtine-sulfurique passent peu à peu dans le liquide, et il reste finalement une masse que rien ne distingue en apparence du cartilage primitif, mais qui n'est plus constituée que par de la substance collagène ordinaire. Bouillie avec de l'eau, cette masse donne un liquide un peu laiteux, mais qui se comporte comme les solutions ordinaires de gélatine. Le cartilage hyalin ne diffère donc de l'os décalcifié que par la présence de combinaisons de l'acide chondroïtine-sulfurique incorporées à la substance collagène fondamentale. Ces combinaisons se retrouvent aussi dans le fibrocartilage de l'oreille, avec cette différence que la substance fondamentale n'est plus ici purement collagène, mais au contraire traversée par des fibres élastiques. Elles font défaut dans le tissu de l'enchondrome, et M. Schmiedeberg pense que ces combinaisons n'ont qu'une influence secondaire sur les propriétés physiques du cartilage, mais que leur rôle est plus général et en rapport avec l'ensemble des phénomènes de la nutrition. On va voir, en effet, que l'acide chondroïtine-sulfurique est un dérivé de l'*acide glycuronique*, ce qui le met en relation directe avec les hydrates de carbone.

DÉRIVÉS ET CONSTITUTION DE L'ACIDE CHONDROÏTINE-SULFURIQUE.

CHONDROÏTINE. — C'est un acide azoté, répondant à la formule $C^{18}H^{27}AzO^{14}$ et présentant les caractères extérieurs d'une gomme. Il est probable que la gomme animale, que M. Landwehr a retirée du cartilage après ébullition prolongée avec l'eau, est un mélange de chondroïtine et d'acide chondroïtine-sulfurique.

Préparation. — On part du sel barytique décrit plus haut et on le débarrasse des dernières traces de potasse par des précipitations réitérées au moyen de l'alcool. Ce sel est ensuite additionné d'un grand excès d'acide sulfurique, et le liquide, débarrassé par filtration du sulfate de baryum, est traité par un mélange de 5 ou 6 volumes d'alcool à 95° et d'une quantité d'éther suffisante pour que le précipité d'acide chondroïtine-sulfurique (mélangé de chondroïne) qui se forme se sépare nettement du liquide sus-jacent. Ce précipité, *très gélatineux*, est lavé à l'alcool éthéré, puis à l'alcool chaud, et redissous dans très peu d'eau additionnée d'un peu d'acide chlorhydrique. On abandonne le tout à un endroit tiède pendant plusieurs jours, puis on réchauffe le liquide, on précipite par l'alcool chaud et on recommence cette opération 6 ou 8 fois jusqu'à ce qu'une portion du précipité, redissoute dans l'eau et bouillie avec une solution de chlorure de baryum additionnée d'acide chlorhydrique, ne donne plus de précipité de sulfate de baryum. Finalement on dissout le produit dans très peu d'eau, on décolore, s'il y a lieu, au noir animal lavé, et on précipite la chondroïtine par un grand volume d'alcool, en chauffant au bain-marie jusqu'à ce que le produit se dépose à l'état pulvérulent.

Propriétés. — Le produit ainsi obtenu, desséché dans le vide au-dessus de l'acide sulfurique, se présente sous la forme d'une poudre blanche, qui se dissout dans l'eau lentement, mais presque en toutes proportions. Cette dissolution évaporée abandonne la chondroïtine à l'état de lames vitreuses ressemblant tout à fait à la gomme arabique.

En présence des alcalis, la chondroïtine dissout l'oxyde cuivrique et *ne le réduit pas à chaud* lorsqu'elle est tout à fait exempte de son propre produit de décomposition, la chondrosine ; mais ce dernier résultat est très difficile à obtenir, puisque la simple dessiccation du produit suffit souvent pour faire apparaître le pouvoir réducteur. A 30-40° cette décomposition est encore accentuée et à 100°, même dans le vide, la chondroïtine brunit fortement.

Le dédoublement de la chondroïtine avec formation de chondrosine s'opère d'une manière complète en présence de l'acide sulfurique étendu et chaud. Il se produit du sulfate de chondrosine et de l'acide acétique.

La chondroïtine est un acide azoté monobasique, dont les solutions aqueuses présentent une forte réaction acide. M. Schmiedeberg a préparé et analysé le *sel barytique*, que l'on obtient en neutralisant au moyen de l'eau de baryte une solution aqueuse concentrée de l'acide et précipitant ensuite par l'alcool. Ce sel est blanc, pulvérulent et répondrait à la formule

$$4\,[(C^{18}H^{26}AzO^{14})^2Ba^4]\,,\ C^{18}H^{27}AzO^{14}.$$

CHONDROSINE. — Les premières indications de MM. Bœdecker, Meissner, J. de Bary, von Mering, Petri sur une substance réductrice extraite du cartilage sont très confuses et contradictoires. Aucun de ces auteurs n'a obtenu cette substance débarrassée de matières protéiques ; c'est ce que démontrent nettement la forte teneur en azote, le pouvoir rotatoire lévogyre, la coloration bleue ou violette avec le sulfate de cuivre et la potasse qu'ils signalent dans leur description. Seul M.C.Th. Mörner indique que son acide chondroïtique (voyez plus haut) se dédouble en acide sulfurique et en une substance réductrice *dextrogyre*.

Les premières indications précises sont dues à M. Schmiedeberg, qui, partant de l'acide chondroïtine-sulfurique ou de la chrondoïtine pure, put obtenir à l'état de pureté ce corps reducteur, auquel il donna le nom de *chondrosine*. C'est un dérivé azoté des hydrates de carbone, répondant à la formule $C^{12}H^{21}AzO^{11}$.

Préparation. — On part du précipité gélatineux d'acide chondroïtine-sulfurique que l'on obtient au cours de la préparation de la chondroïtine, et on le décompose en le chauffant au bain-marie pendant quelques heures avec de l'acide azotique à 2-3 0/0. On évite ainsi la formation de produits fortement colorés, qui prennent naissance en abondance lorsqu'on se sert d'acide chlorhydrique ou sulfurique ; mais il faut que la matière première soit complètement exempte d'acide chlorhydrique, afin d'empêcher la formation de chlore libre. Lorsque le liquide ne donne plus avec l'alcool aucun précipité floconneux, on le concentre jusqu'au moment où l'alcool commence à le troubler et on le précipite par plusieurs volumes d'alcool éthéré. Il se produit un dépôt sirupeux, que l'alcool fort transforme rapidement en une masse poreuse et cassante, constituée par du *sulfate de chondrosine*, que l'on purifie par précipitation fractionnée au moyen de l'alcool éthéré. On obtient ainsi un produit blanc, pulvérulent, soluble dans l'eau, à laquelle il communique une forte réaction acide, et qui l'abandonne par évaporation lente sous la forme de lames vitreuses, incolores et transparentes. Quant à la chondrosine libre, on l'obtient en traitant la solution du sulfate par de l'oxyde de plomb, et éliminant par l'hydrogène sulfuré le plomb qui a passé dans le liquide filtré.

Propriétés. — La solution de chondrosine ainsi préparée s'altère rapidement, en se colorant en jaune ou en brun. La chondrosine n'est en effet stable qu'à l'état de sel. Son sulfate donne des dissolutions dextrogyres ; $[\alpha]_D$ (rapporté à la chondrosine libre) est égal à $+42°$.

La chondrosine n'est pas une base, mais un acide, qui peut, à la manière des acides amidés, se combiner avec les bases ou avec les acides.

Le *sulfate* a pour formule $(C^{12}H^{21}AzO^{11})^2SO^4H^2$.

Les sels métalliques ne la précipitent pas ; elle dissout, en présence des alcalis, les oxydes cuivriques et mercuriques. Seul le sous-acétate de plomb la précipite partiellement en présence de beaucoup d'ammoniaque.

Sa propriété caractéristique est son pouvoir réducteur vis-à-vis de l'oxyde de cuivre : 1 partie de chondrosine réduit $1^p,079$ en poids d'oxyde cuivrique, ce qui fait, pour 1 molécule de chondrosine, $5^{mol},5$ de CuO. Malgré cette facile oxydation, la chondrosine à l'état de sulfate peut être évaporée au bain-marie avec de l'acide nitrique sans perdre son pouvoir réducteur.

En présence de l'eau de baryte à chaud, la chondrosine subit un dédoublement rapide, dont les termes ne sont encore qu'incomplètement connus. Le liquide se colore aussitôt en jaune-citron, en même temps qu'il se dépose des flocons jaune-orangé. Cette réaction est tout à fait caractéristique de la formation du *glycuronate basique de baryum*. D'ailleurs ce précipité, qui est une combinaison barytique fortement basique, peut être transformé en un composé neutre, non azoté, ayant toutes les apparences d'un glycuronate, et notamment la propriété de réduire l'oxyde de cuivre en solution alcaline. Pourtant l'analyse ne confirme encore qu'incomplètement cette conclusion. Il se forme en effet, par suite d'une décomposition ultérieure de l'acide glycuronique, d'autres acides ne réduisant plus l'oxyde de cuivre. Parmi ces composés, M. Schmiedeberg a pu isoler à l'état de sels barytiques : 1° un acide bibasique $C^6H^{10}O^7$, isomérique avec les acides glycuronique et trioxyadipique ; 2° un acide $C^5H^8O^7$, qui est peut-être l'acide trioxyglutarique (?) ; 3° un acide $C^4H^8O^5$, que l'auteur a appelé *acide chondronique*.

En décomposant de la même manière l'acide glycuronique en présence de la baryte, M. Schmiedeberg put retrouver le sel de baryum de l'acide en $C^5H^8O^7$, mais non pas l'acide chondronique, qui semble donc provenir d'un autre produit de décomposition de la chondrosine. Ce produit serait, d'après M. Schmiedeberg, la *glycosamine*. Si l'on admet en effet qu'il y a dédoublement avec fixation de 1 molécule d'eau, il vient

$$C^{12}H^{21}AzO^{11} + H^2O = C^6H^{10}O^7 + C^6H^{13}AzO^5.$$

Chondrosine.   Acide   Glycosamine.
glycuronique.

Or M. Schmiedeberg a montré que la glycosamine, très altérable, comme on le sait, en solution alcaline, fournit par l'action de l'eau de baryte à chaud un sel de baryum soluble, ayant l'aspect et sensiblement la composition du chondronate de baryum dérivé de la chondrosine.

Si l'on considère enfin la résistance de la chondrosine à l'action des acides, et son facile dédoublement sous l'action des alcalis avec dégagement d'ammoniaque, on est conduit à admettre que l'acide glycuronique et la glycosamine ne sont pas liés comme la glucose et la lévulose dans le sucre de canne, mais que leur union se fait par l'intermédiaire d'un atome d'azote, et finalement les résultats qui précèdent trouveraient leur expression la plus commode dans le schéma suivant :

$$CH^2OH\text{-}(CHOH)^3{>\atop CHO} CH\text{-}Az = CH\text{-}(CHOH)^4\text{-}CO^2H.$$

Chondrosine.

Quant à la réaction qui donne naissance à la chondrosine aux dépens de la chondroïtine, M. Schmiedeberg la formule de la manière suivante :

$$C^{18}H^{27}AzO^{14} + H^2O = C^{12}H^{21}AzO^{11} + C^6H^8O^4.$$

Chondroïtine.   Chondrosine.

On n'a d'ailleurs pu retrouver un corps de la formule $C^6H^8O^4$.

Bouillie avec de l'acide chlorhydrique étendu jusqu'à transformation complète, la chondroïtine n'a fourni, outre la chondrosine, que de l'acide acétique, dont la formation pourrait s'expliquer par la réaction

$$C^6H^8O^4 + 2H^2O = 3C^2H^4O^2.$$

Mais on ne saurait admettre que la chondroïtine soit un dérivé acétylé de la chondrosine, puisque les alcalis ne provoquent aucune saponification. En outre, comme le groupe réducteur aldéhydique n'apparaît qu'après le dédoublement de la chondroïtine, il faut admettre que, dans ce dernier corps, ce groupement est en quelque sorte couvert par le groupe producteur d'acide acétique, auquel M. Schmiedeberg attribue la constitution d'un reste d'acide acétylo-acétyl-acétique, sans fournir d'ailleurs aucune démonstration à l'appui de cette hypothèse. Il vient donc finale-

ment pour la chondroïtine et l'acide chondroïtine-sulfurique les formules suivantes, encore bien incomplètement justifiées :

$$CO\text{-}CO\text{-}CH^2\text{-}CO\text{-}CH^2\text{-}CO\text{-}CH^3$$
$$|$$
$$CH\text{-}Az = CH\text{-}(CHOH)^4\text{-}CO^2H$$
$$|$$
$$(CHOH)^3$$
$$|$$
$$CH^2.OH$$

Chondroïtine.

$$CO\text{-}CO\text{-}CH^2\text{-}CO\text{-}CH^2\text{-}CO\text{-}CH^3$$
$$|$$
$$CH\text{-}Az = CH\text{-}(CHOH)^4\text{-}CO^2H$$
$$|$$
$$(CHOH)^3$$
$$|$$
$$CH^2\text{-}O\text{-}SO^2OH$$

Acide chondroïtine-sulfurique.

[Schmiedeberg, *Arch. f. exp. Path*, **28**, 355].
E. Lambling.

CHONDRONOÏDE. — La trypsine décomposerait, d'après M. Danilewsky, les matières albuminoïdes en *chondronoïde* et en produits cristallisés (*tyrophénosite*, leucine, etc.). La chondronoïde, de même que la gélatine et la chondrine, se distinguerait des matières albuminoïdes par l'absence du groupe de la tyrosine dans sa molécule et par son indifférence en présence du réactif de Millon [Danilewsky, *Bull. Soc. Chim.*, (2), **41**, 255]. — On ne saurait considérer ce corps comme une espèce chimique définie.

CHONDROPEPTONE. — Produit fort mal défini, que M. Danilewsky a obtenu par l'action des acides étendus et chauds sur la *myostroïne*, sorte de nucléine à propriétés basiques retirée du tissu musculaire [Danilewsky, *Bull. Soc. Chim.*, (2), **41**, 255].

CHORIONINE. — Substance analogue à la kératine, trouvée par M. Tichomirof [*Zeit. physiol. Chem.*, **9**, 523] dans le tégument de l'œuf du *Bombyx mori*. Sa composition centésimale est : C = 47,3 ; H = 6,7 ; Az = 16,9 ; S = 3,7 ; cendres = 0,7.

CHRISTOBALITE (Min.). (Vom Rath). — Variété de silice, SiO^2, en petits cristaux simulant des octaèdres réguliers, ordinairement assez imparfaits, avec tridymite, sur un trachyte du Cerro San Cristobal. Assez attaquable aux alcalis ; densité = 2,34.

Forme cristalline. — D'après M. Mallard, prisme quadratique, pseudocubique, avec groupements complexes analogues à ceux qu'on rencontre dans l'analcime. Chauffé à 175°, le minéral éprouve un changement d'état réversible qui le rend rigoureusement cubique.

CHROME. — Voyez Dict., **1**, 884 et Suppl., **1**, 481.

CHROME MÉTALLIQUE. — M. Glatzei [*D. chem. G.*, **23**, 3127] prépare le chrome métallique par l'action du magnésium en limaille sur le chlorure chromico-potassique $2KCl.Cr^2Cl^6$: le mélange est placé dans un creuset de Hesse et chauffé pendant une demi-heure au rouge dans un fourneau à vent. Après refroidissement, on épuise le culot par l'eau, qui enlève les chlorures de potassium et de magnésium ; on obtient ainsi une poudre qu'on lave avec un excès d'acide azotique très étendu et bouillant, pour dissoudre l'excès de magnésium et la magnésie. On lave ensuite à l'eau et on sèche au bain-marie.

Le chrome ainsi préparé est une poudre d'un gris clair, ressemblant à de l'ardoise pulvérisée ; au microscope, on distingue de très petits cristaux à éclat argentin. Sa densité est 6,728 à 16°. Il n'est pas magnétique. Il est infusible dans un four à vent, mais on réussit à le fondre sous le borax, dans une forge Deville chauffée au charbon de cornue : la cassure du culot offre alors un éclat argentin. Le métal préparé par la méthode de M. Glatzel est sensiblement pur (99,55 0/0 de chrome) ; il est exempt de silicium et de magnésium, et se dissout entièrement dans l'acide chlorhydrique avec dégagement d'hydrogène et formation d'une liqueur verte.

D'après MM. Jäger et Krüss [*D. chem. G.*, **22**, 2052], le chrome pur, préparé par le procédé de Wöhler (réduction du chlorure chromique au moyen de zinc pur), se présente en beaux rhomboèdres d'un blanc d'étain, solubles dans tous les acides, excepté dans l'acide nitrique concentré, qui ne l'attaque pas, même à l'ébullition.

Sa chaleur spécifique moyenne, entre les températures de 0° et de 98°,24, est égale à 0,12162. Par suite, sa chaleur atomique est 6,36.

Poids atomique. — M. Baubigny a déterminé le poids atomique du chrome par la pesée du résidu obtenu en chauffant à 440°, dans une nacelle tarée, le sulfate de sesquioxyde de chrome purifié par une série de cristallisations. Voici les nombres trouvés en faisant la moyenne de trois expériences sur des sulfates différemment préparés : pour $S = 32$, $Cr = 52,032$; pour $S = 32,074$, $Cr = 52,10$ [Baubigny, *C. R.*, **98**, 146].

D'autre part, M. Rawson [*Chem. Soc.*, 1889, 213] est arrivé, pour le poids atomique du chrome, au nombre 52,061 ($O = 15,96$). Ce chimiste partait du dichromate d'ammonium pur ; il le réduisait par l'alcool et l'acide chlorhydrique, précipitait l'oxyde chromique par la plus petite quantité possible d'ammoniaque, chauffait progressivement l'oxyde de chrome jusqu'au rouge et le pesait après refroidissement.

ALLIAGES DE CHROME. — M. H. Eckhard, à Dortmund, prépare un fer aciéreux ayant à la fois, d'après lui, les propriétés du ferrochrome et du ferromanganèse. Il emploie pour cela un mélange de minerai de chrome, de minerai de fer manganésifère et de goudron comprimé en briquettes avec du charbon. Sous l'action réductrice des gaz du four Bessemer, on obtient un culot métallique qui peut être enrichi au cubilot.

MM. V. et E. Rouff [Brevet allemand 43213, juillet 1887 ; *D. chem. G.*, **21**, *Ref.*, 333] emploient, pour la préparation du chrome métallique ou de ses alliages, une méthode fondée sur la réaction simultanée de la silice et du charbon sur les chromates alcalins ou alcalino-terreux à la température du rouge vif. Dans ces conditions, la silice décompose les chromates avec formation de silicates et mise en liberté d'acide chromique; celui-ci à son tour est réduit par le charbon à l'état de chrome métallique, avec production d'oxyde de carbone. Si l'on opère en présence de minerais appropriés (fer, cuivre, manganèse, tungstène), on obtient les alliages correspondants.

On peut, dans cette réaction, substituer les dichromates aux chromates neutres et l'acide borique à la silice.

BIOXYDE DE CHROME. — *Action de l'eau oxygénée.* — Lorsqu'on fait agir l'eau oxygénée sur le bioxyde de chrome (procédé de Schweitzer), il se forme :

En liqueur alcaline, un chromate sans dégagement d'oxygène :

$$Cr\,O^2 + 2\,KOH + H^2O^2 = Cr\,O^4K^2 + 2\,H^2O.$$

En liqueur neutre, la réaction est excessivement lente ; à la longue il se produit une petite quantité d'acide chromique.

En liqueur acide, on recueille un sel de sesquioxyde de chrome avec dégagement d'oxygène :

$$6\,Cr\,O^2 + 4\,H^2O^2 + 9\,SO^4H^2$$
$$= 3\,[(S\,O^4)^3Cr^2] + O^7 + 13\,H^2O.$$

Dans cette réaction, il se forme le produit d'addition bleu, qu'on peut mettre en évidence en opérant en liqueur étendue et en présence de l'éther qui le dissout.

Dans ces réactions, le bioxyde de chrome se comporte absolument comme un chromate de sesquioxyde de chrome [Martinon, *Bull. Soc. Chim.*, (2), **45**, 864].

SESQUIOXYDE DE CHROME. — *Action de l'eau oxygénée.* — D'après M. Martinon, quand l'eau oxygénée agit sur le sesquioxyde de chrome dans un milieu neutre ou acide, il n'y a pas de réaction. En milieu alcalin, il y a instantanément formation d'un chromate. Ce moyen pourrait être employé pour déceler les sels de chrome; il donne, même avec des solutions très étendues, en chauffant légèrement, des résultats très nets [*Bull. Soc. Chim.*, (2), **45**, 864].

Oxyde double de chrome et de zinc,

$$Cr^2O^3 . ZnO$$

[G. Viard, *C. R.*, **109**, 142]. — On chauffe au rouge blanc un tube de porcelaine renfermant deux nacelles, remplies l'une de chlorure de zinc et l'autre de chromate neutre de potassium, en faisant passer dans l'appareil un courant lent d'azote ou d'acide carbonique qui entraîne le chlorure sur le chromate ; après refroidissement, on lave le produit à l'eau acidulée par l'acide chlorhydrique, et l'on obtient des cristaux brillants, ayant à 13° une densité de 5,29.

Oxyde double de chrome et de cadmium, $Cr^2O^3 . CdO$ [Viard, *ibid.*]. — Même préparation. Cristaux noirs, ayant à 17° une densité de 5,79.

PEROXYDE DE CHROME, $Cr^2O^4 , 3\,H^2O$. — Ce composé, suivant M. Godefroy [*Bull. Soc. Chim.*, (2), **40**, 168], prend naissance par l'action ménagée du chlore ou de l'iode sur le dichromate de potassium, en présence de l'alcool.

Purifié par des lavages à l'eau bouillante, il forme une poudre brune, composée de petites lamelles brillantes.

Maintenu pendant longtemps à 300°, il perd 3 molécules d'eau, puis se décompose en perdant de l'oxygène et en se transformant en une poudre noire qui serait, d'après l'auteur, isomérique avec le sesquioxyde de chrome.

L'oxyde brun est insoluble dans les acides étendus, même à l'ébullition ; il ne se dissout que dans les acides concentrés et chauds.

ACIDE CHROMIQUE. — *Préparation.* — Quand on ajoute à la dissolution d'un chromate alcalin un sel de strontium, on précipite du chromate de strontium. On filtre. Un peu de chromate de strontium reste encore en solution; on en précipite l'acide chromique à l'état de chromate de baryum par addition de chlorure de baryum.

Les chromates de baryum et de strontium ainsi obtenus sont traités par un grand excès d'acide sulfurique, qui précipite la baryte et la strontiane à l'état de sulfates. L'acide chromique cristallise par évaporation de la liqueur [Howell, *D. chem. G.*, **18**, *Ref.*, 677].

Une autre préparation de l'acide chromique a été indiquée par MM. Prud'homme et Binder [*Bull. Soc. Chim.*, (2), **37**, 194]. Nous savons qu'on représente par deux équations différentes la double décomposition qui se produit entre le dichromate de potassium et les sels des métaux diatomiques :

$$Cr^2O^7K^2 + MCl^2 = Cr^2O^7M + 2\,KCl$$

et

$$Cr^2O^7K^2 + MCl^2 = CrO^4M + 2KCl + CrO^3.$$

Dans le cas des sels de baryum, la réaction se passe comme l'indique la deuxième équation. Il se produit du chromate neutre de baryum, du chlorure de potassium et de l'acide chromique libre, qu'il est facile de déceler au moyen de bioxyde de baryum et d'éther. La solution d'acide chromique ne peut renfermer que du chlorure de potassium, du chlorure de baryum et du dichromate de potassium. Elle laisse déposer au bout d'un certain temps une faible quantité de chromate neutre de baryum. On prépare donc ainsi de l'acide chromique débarrassé de toute trace d'acide libre.

La réaction qui donne naissance à l'acide chromique dans ces conditions tend à prouver que l'on peut considérer un dichromate comme formé d'acide chromique et d'un chromate neutre. Du reste, l'union directe de ces deux corps peut produire certains dichromates. Inversement, un dichromate, traité par un alcali ou par une terre alcaline, donne un chromate double. C'est ainsi que l'on peut préparer le chromate de chrome en passant par le composé $Cr^2(OH)^6$, sur lequel le dichromate de potassium agit ensuite.

Une réaction intéressante du chromate d'argent peut donner lieu à la formation d'acide chromique. En traitant le chromate d'argent chauffé à 200° par un courant de chlore, on voit la teinte du mélange devenir plus foncée. La masse s'acidifie. Si on laisse refroidir, le mélange se recouvre de cristaux d'acide chromique. On traite par l'eau, puis par le chlorure de baryum; on obtient un abondant précipité de chromate de baryum. Si on abandonne à elle-même la dissolution, on voit se former au bout de quelques heures des cristaux d'acide chromique [Krutwig, *D. chem. G.*, **14**, 306].

Purification de l'acide chromique contenant de l'acide sulfurique. — On fond d'abord l'acide chromique dans une capsule de platine, à un feu très modéré, pour ne pas le décomposer. Dans ces conditions, la masse fond; l'acide chromique coule au fond, l'acide sulfurique surnage et s'attache aux parois de la capsule. On coule ensuite le tout sur de la porcelaine; l'acide sulfurique coule d'abord; ensuite vient l'acide chromique. On obtient ainsi des baguettes d'acide chromique que l'on concasse rapidement, et l'on choisit les morceaux que l'acide sulfurique n'a point touchés pour les enfermer dans des flacons secs (H. Moissan).

Action du chlore et de l'acide chlorhydrique sur l'acide chromique. — Sous l'action de l'acide chlorhydrique sec, l'acide chromique donne à froid d'abondantes fumées rouges, se condensant en un liquide bouillant à 108°, qui est *l'acide chlorochromique.*

Si l'on chauffe légèrement le tube dans lequel se fait la réaction, on voit celle-ci s'accélérer et fournir en peu d'instants une assez forte quantité d'acide chlorochromique,

$$CrO^3 + 2HCl = CrO^2Cl^2 + H^2O.$$

La quantité d'eau mise en liberté réagit sur une portion de l'acide chlorochromique et l'on trouve, à la fin de l'expérience, une matière huileuse dont l'analyse n'a pas encore été faite.

Cette matière visqueuse, de couleur foncée, s'obtient encore en chauffant en tube scellé, à 100°, une petite quantité d'eau en présence d'un excès d'acide chlorochromique (H. Moissan).

Si l'on maintient pendant plusieurs heures une solution d'acide chromique à l'ébullition avec un excès d'acide chlorhydrique, le chrome est transformé en sesquichlorure, avec dégagement de chlore :

$$CrO^3 + 2HCl = CrO^2Cl^2 + H^2O,$$
$$2CrO^2Cl^2 + 8HCl = Cr^2Cl^6 + 4H^2O + 3Cl^2.$$

Si l'on fait passer un courant de chlore sur de l'acide chromique, ce dernier est attaqué avec dégagement de chaleur et donne de l'acide chlorochromique.

ACIDE PERCHROMIQUE. — En 1847, Barreswil démontra que, si l'on mélange des solutions étendues d'acide chromique et d'eau oxygénée, on voit apparaître une coloration bleue qui se détruit rapidement. Barreswil ne put obtenir de combinaison définie de ce composé nouveau, auquel il donna la formule Cr^2O^7 et qu'il considéra comme de l'acide perchromique.

M. H. Moissan reprit l'étude de ce composé et parvint à l'isoler à — 20° sous la forme d'un corps huileux, facilement décomposable par une faible élévation de température. Il eut recours à la solution éthérée de ce corps pour en déterminer la composition. M. Moissan, après avoir démontré que le volume d'oxygène que cette solution renferme est beaucoup trop grand pour correspondre à la formule Cr^2O^7, prépara de l'eau oxygénée pure et la mit en présence d'une solution d'acide chromique à 0°. Il obtint une coloration d'un bleu intense. D'après les analyses, il a semblé à M. Moissan que, dans ces conditions, il ne peut se former que deux composés : ou un acide CrO^6, analogue à l'acide osmique, ou une combinaison d'un oxyde de chrome et d'eau oxygénée. Les chiffres obtenus concordent, dans cette hypothèse, avec la formule CrO^3, H^2O^2. Les propriétés de ce composé bleu rappellent en effet plutôt une combinaison ayant l'instabilité de l'eau oxygénée que celle d'un oxyde acide.

Cette solution éthérée bleue, mise en contact avec de l'acide phosphorique et en général avec tous les corps avides d'eau, se décompose avec dégagement d'oxygène. Les acides et les bases la détruisent immédiatement. Le bioxyde de plomb donne naissance à un rapide dégagement d'oxygène. Il en est de même du charbon et du bioxyde de manganèse. Le minium et l'oxyde de mercure la décomposent aussi, mais moins rapidement. Le sodium la détruit aussitôt, avec formation d'un mélange d'hydrogène et d'oxygène. Cette solution blanchit la peau. Tous ces caractères semblent démontrer que la solution bleue contient bien de l'eau oxygénée.

M. Berthelot, qui a repris l'étude détaillée de cette réaction, a trouvé à l'analyse le même volume d'oxygène que M. Moissan, mais il regarde ce composé comme formé par l'union directe de l'eau oxygénée avec un acide perchromique non isolé, $Cr^2O^7 . H^2O^2, 2H^2O$. La couleur de ce composé rappelle en effet celle de l'acide permanganique; elle subsiste même en solution aqueuse très étendue (Carnot). Des analogies tirées des acides permanganique et persulfurique tendraient à faire attribuer à l'acide perchromique une existence parallèle et une formule analogue. Cependant, d'après M. Berthelot, l'action de l'acide permanganique sur l'eau oxygénée différerait de l'action de l'acide perchromique sur ce peroxyde.

En effet, la dose d'oxygène dégagée au moyen de l'acide permanganique est la même, soit que l'on fasse agir l'acide ajouté peu à peu à l'eau oxygénée en excès, soit que l'on fasse agir l'eau oxygénée ajoutée peu à peu à l'acide en excès. Au contraire, si l'on fait agir de l'eau oxygénée sur un excès d'acide chromique, l'eau est oxydée avec formation temporaire d'un peroxyde d'hydrogène. Si l'eau oxygénée est en excès et rendue stable par un peu d'acide chlorhydrique, l'acide perchromique résiste davantage (Berthelot).

SULFURE DE CHROME, Cr^3S^4. — On chauffe au bain-marie de l'acide chromique avec du soufre, de façon que la masse s'agglomère, puis on la porte au rouge. En soumettant le composé obtenu à de nouvelles attaques, on obtient une masse gris-noirâtre, soluble dans l'acide azotique sans dépôt de soufre, mais insoluble dans l'acide sulfurique bouillant. Sa composition répond à la formule Cr^3S^4.

Quand on précipite par l'ammoniaque des solutions renfermant pour 1 molécule de sulfate de sesquioxyde de chrome un peu plus de 1 molécule de sulfate de zinc, de fer ou de manganèse, et que l'on calcine les oxydes avec un excès de soufre dans un courant d'hydrogène, on obtient des masses qui, après que l'on a enlevé l'excès de sulfure de zinc, de fer ou de manganèse par l'acide chlorhydrique, ont une composition exprimée par la formule $RS.Cr^2S^3$. Calcinées à l'air, elles se transforment en $RO.Cr^2O^3$.

La poudre produite par le sulfure de zinc est brune; celle que donne le sulfate de manganèse, de couleur chocolat; celle que produit le sulfate de fer est noire [Gröger, *D. chem. G.*, **14**, 512].

FLUORURES DE CHROME. — M. Fabris [*Gaz. chim. ital.*, **20**, 582; *D. chem. G.*, **23**, *Ref.*, 760] a décrit un *fluorure chromique* violet $Cr^2Fl^6.9H^2O$, obtenu en ajoutant du fluorure neutre d'ammonium à une solution de sulfate de chrome violet : il faut avoir soin dans cette préparation d'éviter toute élévation de température et un excès de fluorure alcalin, sous peine d'obtenir un fluorure double ammoniacal vert,

$$Cr^2Fl^6.6AzH^4Fl.$$

Le fluorure chromique violet est peu soluble dans l'eau, même bouillante, insoluble dans l'alcool, soluble en violet dans l'acide chlorhydrique et en vert dans la potasse.

Il ne paraît pas donner de sels doubles avec les fluorures alcalins.

Le fluorure de chrome, préparé en dissolvant l'hydrate de sesquioxyde de chrome dans l'acide fluorhydrique, peut être employé utilement dans l'industrie des teintures et des apprêts. C'est un mordant énergique, que son prix peu élevé doit faire préférer aux acétates, nitrates et sulfates de chrome.

Dans le même but, on a conseillé d'employer le liquide préparé par distillation d'un mélange de chromate neutre, de spath fluor et d'acide sulfurique [R. Koepp, *D. chem. G.*, **21**, *Ref.*, 809].

FLUORURES DOUBLES DE CHROME. — En mélangeant directement une solution de sesquifluorure de chrome avec des solutions de fluorures de potassium, de sodium ou d'ammonium, on a obtenu les trois fluorures doubles suivants :

$$Cr^2Fl^6.6AzH^4Fl, \qquad Cr^2Fl^6.4KFl,2H^2O$$
$$Cr^2Fl^6.4NaFl,H^2O.$$

On a aussi obtenu le fluorure ammoniaca

$$Cr^2Fl^6.4AzH^4Fl,2H^2O$$

par l'action du gaz ammoniac sur une solution de sesquifluorure de chrome. On ajoute ensuite de l'alcool absolu, et on dissout dans l'acide fluorhydrique le précipité ainsi formé : on obtient finalement des octaèdres vert-émeraude [R. Wagner, *D. chem. G.*, **19**, 896].

M. Christensen [*J. prakt. Chem.*, (2), **35**, 161] a décrit deux *fluorures doubles chromico-potassiques*. L'un, répondant à la formule $Cr^2Fl^6.6KFl$, est une poudre cristalline verte, presque insoluble dans l'eau, qu'on obtient en fondant un mélange d'oxyde chromique et de fluohydrate de fluorure

de potassium, et en lavant à l'acide fluorhydrique le produit de la réaction. L'autre a pour composition $Cr^2Fl^6.4KFl,2H^2O$ et s'obtient en ajoutant du fluorure de potassium à une solution fluorhydrique d'hydrate chromique : c'est une poudre verte presque insoluble.

PROTOCHLORURE DE CHROME, $CrCl^2$. — Ce chlorure, déjà découvert par Peligot et par Möberg, a été préparé par M. H. Moissan : 1° par l'action de l'acide chlorhydrique sur de la fonte de chrome portée au rouge; 2° en faisant passer des vapeurs de chlorure d'ammonium sur du sesquichlorure de chrome maintenu au rouge.

Ces deux préparations permettent de produire rapidement de grandes quantités de chlorure chromeux.

Dans la première préparation, M. Moissan place la fonte de chrome, préparée par le procédé Deville, dans un tube de verre vert chauffé au rouge et traversé par le courant de gaz acide chlorhydrique. On voit bientôt le métal se couvrir d'efflorescences cristallines, tachées de particules de charbon.

Dans la seconde préparation, le sesquichlorure, mélangé d'un peu de chlorure d'ammonium, est placé dans une cornue de terre portant un tube droit qui sert à introduire, pendant le cours de l'opération, des fragments de chlorure d'ammonium.

La densité du protochlorure a été déterminée par MM. Nilson et Pettersson; ils ont trouvé le nombre 7,7, bien que la densité théorique soit de 4,256. Ils ont remarqué un décroissement régulier de la densité quand on élève la température.

Protochlorure de chrome hydraté. — En réduisant par le zinc une solution de sesquichlorure à l'abri de l'air, M. Moissan a obtenu un hydrate, $CrCl^2,6H^2O$, sous la forme de cristaux bleus, paraissant appartenir au système du prisme oblique à base rectangle. Au contact de l'air, ces cristaux s'échauffent et fondent en donnant un liquide vert.

Cet hydrate peut aussi se préparer en dissolvant le protochlorure de chrome anhydre dans un peu d'eau (M. Recoura).

Chlorhydrate de protochlorure de chrome. — Dans une dissolution concentrée de protochlorure de chrome, on fait passer un courant d'acide chlorhydrique sec et dépouillé d'oxygène. Au bout de quelques heures, on voit un dépôt cristallin, dont la couleur fonce avec la richesse en protochlorure de chrome

En continuant de faire passer le courant, le précipité bleu devient blanc-bleuâtre; dès ce moment, le courant n'amène plus de modifications.

C'est une poudre fine. A 20°, elle se dissocie dans l'eau mère en dégageant de nombreuses bulles de gaz chlorhydrique. Stable à 0° en contact avec la dissolution, ce sel s'oxyde très facilement et ne peut se purifier que par des lavages au benzène et se dessécher que dans un courant d'acide chlorhydrique exempt d'oxygène.

Il correspond à la formule $3CrCl^2.2HCl,13H^2O$ [Recoura, *C. R.*, **100**, 1227].

SESQUICHLORURE DE CHROME ANHYDRE, Cr^2Cl^6. — Ce composé a pu être préparé par M. Moissan en traitant par un courant de chlore la variété de sesquioxyde de chrome anhydre non calciné maintenu à la température constante de 440°. On peut aussi l'obtenir en maintenant un fragment de chrome dans un courant de chlore à 600°, ou en traitant le trichlorure de phosphore par l'acide chlorochromique (Michaelis).

M. Quantin [*C. R.*, **99**, 707] a constaté que l'oxyde chromique est converti au rouge en chlorure par un mélange de chlore et d'oxyde de carbone :

$$Cr^2O^3 + 3CO + Cl^2 = Cr^2Cl^6 + 3CO^2$$

Le chlorure chromique prend également naissance lorsqu'on fait passer dans un tube chauffé à 500-600° un mélange d'acide chlorochromique, d'oxyde de carbone et de chlore; on admet que l'acide chlorochromique est d'abord converti en oxyde chromique, suivant l'équation

$$2 \, CrO^2Cl^2 + CO = Cr^2O^3 + CO^2 + 2 \, Cl^2.$$

D'après M. Vosmaer [*Zeit. anal. Chem.*, **28**, 324; *D. chem. G.*, **22**, *Ref.*, 483], un procédé commode pour préparer le chlorure chromique consiste à faire passer un courant de chlore sur du ferrochrome chauffé au rouge : on sépare par sublimation les chlorures de fer et de manganèse formés en même temps.

Ce chlorure a une densité de vapeur rigoureusement égale au nombre théorique : à 1200°, $d = 5,47$. Au-dessus de cette température, la densité diminue par suite de la décomposition du sesquichlorure (Nilson et Pettersson).

Chauffé à 440° dans un courant d'oxygène sec, le sesquichlorure se transforme en acide chlorochromique. Il en est de même dans le chlore humide, à même température, ce gaz fournissant ainsi l'oxygène nécessaire à la transformation (H. Moissan).

Dans un courant de gaz ammoniac à haute température, il donne de l'azotate de chrome. Chauffé en présence de chlorure d'ammonium, il fournit du protochlorure.

Enfin, chauffé en tube scellé avec de l'alcool éthylique, il produit du chlorure d'éthyle.

Action d'une solution de protochlorure de chrome sur le sesquichlorure de chrome anhydre. — On sait, d'après les recherches de Peligot, que le sesquichlorure de chrome anhydre, insoluble dans l'eau à froid, devient soluble dès qu'on ajoute à la liqueur $\frac{1}{10\,000}$ de protochlorure.

Möberg a étendu cette propriété encore inexpliquée au protochlorure d'étain. M. Moissan a démontré que le proto-iodure, le protobromure et même l'acétate de protoxyde de chrome jouissent de la même propriété à l'égard de l'un quelconque des persels haloïdes du chrome.

Sesquichlorure de chrome hydraté. — On connaît plusieurs hydrates du sesquichlorure de chrome :

$$Cr^2Cl^6 , 12 \, H^2O,$$
$$Cr^2Cl^6 , 9 \, H^2O,$$
$$Cr^2Cl^6 , 6 \, H^2O.$$

Les préparations de ces composés ont été indiquées dans les articles du Dictionnaire et du Supplément **1**.

Outre ces hydrates, M. Godefroy [*C. R.*, **100**, 105] a obtenu, dans l'action du chlore sur le dichromate de potassium en présence d'alcool, un hydrate $Cr^2Cl^6, 20 \, H^2O$, en aiguilles vertes, tricliniques, brillantes, extrêmement hygroscopiques, fusibles à $+ 6$-$7°$, et se transformant à l'air sec dans l'hydrate à $12 \, H^2O$, puis dans un autre hydrate à $8 \, H^2O$, poudre d'un vert clair, peu hygroscopique.

M. Recoura de son côté [*C. R.*, **102**, 515, 548, 921] a obtenu un hydrate à $13 \, H^2O$ en faisant passer un courant de gaz chlorhydrique dans une solution saturée de chlorure chromique : cet hydrate est vert-émeraude et se dissout dans l'eau en donnant une liqueur verte qui passe peu à peu au bleu violacé.

Si l'on chauffe à 80° pendant quelques minutes une solution du chlorure vert précédent dans son poids d'eau, qu'on la refroidisse à 0° et qu'on y fasse passer un courant de gaz chlorhydrique, on voit se déposer un chlorure gris, isomérique avec le précédent et renfermant comme lui $13 \, H^2O$. Le chlorure gris se dissout dans l'eau en une liqueur violette.

La transformation du chlorure vert en chlorure gris se fait avec une absorption de 2,66 calories.

On peut d'ailleurs, en partant du chlorure chromeux, obtenir à volonté le chlorure chromique vert ou le chlorure gris : si l'on oxyde à froid par un courant d'air une solution de chlorure chromeux et qu'on y fasse ensuite passer du gaz chlorhydrique, on obtient un dépôt de chlorure gris; si, au contraire, on mélange d'abord le chlorure chromeux avec une solution concentrée d'acide chlorhydrique et qu'on y fasse ensuite passer un courant d'air, c'est le chlorure vert qui se dépose.

La solution de sesquichlorure se décompose, comme le perchlorure de fer, par la dialyse, et fournit un liquide ne renfermant plus que 1,5 d'acide pour 98,5 de sesquioxyde.

CHLORURES DOUBLES DE CHROME. — Les sesquichlorures hydratés forment avec les chlorures alcalins des composés que l'on prépare en traitant les dichromates par un grand excès d'acide chlorhydrique alcoolisé.

La liqueur, soumise à l'évaporation, abandonne une masse violette, incristallisable, représentée par la formule $MCl^2 . Cr^2Cl^6$. Ce chlorure double est soluble dans l'eau, qu'il colore en rouge; mais cette dissolution verdit et laisse déposer des cristaux de chlorure alcalin, tandis que le sesquichlorure reste sous la forme d'une masse sirupeuse verte.

En ajoutant de l'acide chlorhydrique au mélange, on reproduit le sel double.

La préparation générale de ces chlorures se fait facilement en mélangeant, en présence d'un excès d'acide chlorhydrique, poids égaux des chlorures que l'on veut combiner.

La combinaison est accompagnée d'un dégagement considérable de chaleur. Elle est favorisée par la présence du chlorure d'acétyle, mais empêchée complètement par l'eau.

M. G. Neumann [*Ann. Chem.*, **244**, 426; *D. chem. G.*, **21**, *Ref.*, 426] prépare ces chlorures doubles en dissolvant le chlorure chromique dans l'alcool à 96 0/0, ajoutant la quantité correspondante de chlorure alcalin, portant à l'ébullition dans un appareil à reflux, et soumettant le tout à l'action du gaz chlorhydrique. On obtient par refroidissement des cristaux violets, hygroscopiques, qui se dissocient par l'eau.

Les *chlorures doubles de potassium, de rubidium, d'ammonium* et *de magnésium* répondent à la formule générale $4 \, RCl . Cr^2Cl^6, 2 \, H^2O$. Celui de *thallium* a pour composition $6 \, TlCl . Cr^2Cl^6$.

Chlorure double de chrome et de potassium, $Cr^2Cl^6 . 4 \, KCl, 2 \, H^2O$. — Ce chlorure se prépare en faisant passer un courant lent de chlore dans une dissolution de 300 grammes de dichromate de potassium dans 700 grammes d'alcool. Au bout de 8 heures, on obtient environ 120 grammes d'un précipité rouge-violacé, dont la couleur brunit quand on élève la température.

Ces cristaux sont très stables, même à haute température. Ils sont facilement décomposés par l'eau, en donnant un chlorure, un oxychlorure et de l'acide chlorhydrique [Godefroy, *C. R.*, **99**, 141].

PROTOBROMURE DE CHROME. $Cr Br^2$. — Le protobromure de chrome a été préparé à l'état anhydre par M. Moissan : 1° en réduisant par l'hydrogène le sesquibromure anhydre; 2° par l'action de l'acide bromhydrique sur la fonte de chrome; 3° par le passage de vapeurs de brome entraînées par un courant d'azote pur et sec sur de la limaille de fonte de chrome.

Le protobromure de chrome se présente sous l'aspect de petits cristaux blancs, jaunissant par la fusion et se dissolvant facilement dans l'eau en donnant une dissolution d'un beau bleu. Cette dissolution absorbe très rapidement l'oxygène de l'air.

Sesquibromure de chrome, Cr^2Br^6. — Le sesquibromure de chrome se prépare à l'état anhydre en faisant passer des vapeurs de brome sur un mélange intime de charbon et de sesquioxyde de chrome porté au rouge.

On peut aussi faire agir des vapeurs de brome sur de la fonte de chrome dans une atmosphère d'azote. Ce corps cristallise en écailles hexagonales, verdâtres, insolubles dans l'eau, mais solubles dans la solution étendue des sels de protoxyde de chrome. Ces cristaux s'oxydent quand on les chauffe à l'air; ils sont facilement réductibles par l'hydrogène (H. Moissan).

En dissolvant dans l'acide bromhydrique l'hydrate de sesquioxyde de chrome, on obtient le sesquibromure hydraté. On peut aussi le préparer en laissant digérer du chromate d'argent dans de l'acide bromhydrique alcoolisé.

Cette solution, abandonnée dans le vide sec, donne par évaporation des cristaux verts qui, par dissociation, se transforment en une masse brune déliquescente. Chauffés à l'air, ces cristaux forment des oxybromures.

En traitant le dichromate de potassium par l'acide bromhydrique, M. Varenne [*C. R.*, **93**, 727] a trouvé un hydrate que l'on peut représenter par la formule Cr^2Br^6, $16H^2O$.

M. Recoura [*C. R.*, **110**, 1029, 1193] a décrit deux formes isomériques du sesquibromure de chrome hydraté.

Le *sesquibromure de chrome vert* s'obtient en mélangeant une solution saturée d'acide chromique avec un excès d'acide bromhydrique à 50 0/0 : il se produit un dégagement de chaleur considérable, avec mise en liberté de brome. En évaporant la liqueur, on obtient de belles aiguilles vertes qui, après dessiccation, renferment

$$Cr^2Br^6, 12H^2O.$$

Ce corps est très déliquescent, très soluble dans l'eau et dans l'alcool, insoluble dans l'éther. Sa dissolution dans l'eau dégage 1^{cal},36.

A l'état solide cette variété verte est très stable. Au contraire sa dissolution subit rapidement un changement de couleur indiquant une transformation isomérique; elle passe successivement du vert au bleuâtre, puis au violet; cette transformation est accompagnée d'un dégagement de chaleur. La transformation est plus rapide si l'on fait bouillir la solution.

La *forme violette du sesquibromure de chrome* est seule stable en solution. Pour l'obtenir à l'état solide, on fait bouillir une solution concentrée de sesquibromure vert (100 grammes de sel dans 75 grammes d'eau); on laisse refroidir, puis on sature par un courant de gaz bromhydrique. La liqueur brunit et laisse déposer une poudre très fine, d'un gris bleu, qui, après essorage et dessiccation, a pour composition

$$Cr^2Br^6, 12H^2O.$$

Ce sel est très hygroscopique, très soluble dans l'eau, insoluble dans l'alcool. Sa dissolution dans l'eau dégage 28^{cal},70.

Proto-iodure de chrome, CrI^2. — Le proto-iodure de chrome a été préparé à l'état anhydre par M. Moissan en réduisant le sesqui-iodure par l'hydrogène.

On peut le préparer hydraté, mais mélangé avec du sel de zinc, en réduisant par le zinc une solution de sesqui-iodure contenant un excès d'acide iodhydrique.

Le proto-iodure est blanc-grisâtre. Il est soluble dans l'eau; sa dissolution a des propriétés identiques à celles du protochlorure et du protobromure de chrome. Il absorbe facilement l'oxygène en présence de l'air humide, en donnant une solution bleue.

Sesqui-iodure de chrome, Cr^2I^6. — Le sesquiiodure se prépare en faisant agir sur du chrome métallique porté au rouge des vapeurs d'iode entraînées par un courant d'azote. On peut aussi l'obtenir en laissant digérer du chromate d'argent dans de l'acide iodhydrique alcoolisé. Sa solution évaporée ne cristallise pas.

SELS DE PROTOXYDE DE CHROME.

Le chrome fournit de nombreux sels de protoxyde, sulfates, sulfates doubles, carbonate, phosphate, acétate, oxalate, succinate, etc. Lorsque ces sels sont anhydres, ils sont blancs; hydratés, ils sont toujours colorés. En général, leurs solutions sont bleues; celles des sels à acides organiques ont souvent une teinte rouge. Ces composés ont une réaction acide et une saveur styptique. Ce sont des réducteurs énergiques, qui se conservent difficilement.

Sulfate de protoxyde de chrome.
1° $SO^4Cr, 7H^2O$. — Dans un flacon traversé par un courant d'acide carbonique et contenant de l'acétate de protoxyde de chrome encore humide, on verse de l'acide sulfurique étendu. Le mélange s'échauffe, le précipité entre en solution et l'on obtient un liquide d'une belle couleur bleue, qui laisse déposer des cristaux bleus par refroidissement. Les cristaux, lavés avec une solution du même sel, sont séchés entre deux feuilles de papier à filtrer, dans une atmosphère d'acide carbonique (H. Moissan).

On peut encore préparer ce sel en attaquant à l'abri de l'air le chrome par l'acide sulfurique étendu (H. Moissan).

Ce sel est bleu, soluble dans l'eau, insoluble dans l'alcool, isomorphe avec les sels de protoxydes à 7 molécules d'eau. C'est un corps très réducteur, dont la solution se combine facilement au bioxyde d'azote en se colorant en brun. Au contact de l'air, il absorbe l'oxygène avec beaucoup d'énergie, en fournissant une solution verte. On a même proposé d'employer la solution de sulfate chromeux pour doser l'oxygène dans un mélange gazeux. M. Berthelot a conseillé l'emploi de cette solution pour débarrasser complètement des dernières traces de gaz oxygène l'azote obtenu par l'action de l'ammoniaque sur le cuivre.

2° SO^4Cr, H^2O. — On prépare ce sel en mélangeant l'acétate chromeux avec un grand excès d'acide sulfurique concentré. Le liquide s'échauffe et, si l'on opère à l'abri de l'air, on voit se réunir au fond du vase une poudre blanche, qu'on isole à la trompe et qu'on lave avec de l'alcool saturé d'acide carbonique (H. Moissan).

Ce sulfate est blanc, très bien cristallisé. Au contact d'une petite quantité d'eau, il fournit le sulfate bleu à 7 molécules d'eau et se dissout dans un excès de liquide en donnant une solution bleue.

Chauffé au rouge, il laisse un résidu de sesquioxyde de chrome, en dégageant de l'acide sulfureux et de l'acide sulfurique.

Carbonate de protoxyde de chrome, CO^3Cr. — On obtient facilement ce corps par double décomposition, en traitant, à l'abri de l'air, un sel soluble de protoxyde de chrome, chlorure ou sulfate, par le carbonate de sodium. Il se forme un dépôt amorphe d'un blanc grisâtre, qu'on lave par décantation et que l'on sèche dans le ballon même où il a été préparé (H. Moissan).

Si l'on abandonne cette poudre dans un verre rempli d'eau, au contact de l'air, sa couleur fonce et devient rouge-brique; après plusieurs jours, elle est entièrement formée d'hydrate bleuâtre de sesquioxyde de chrome. En présence d'une petite quantité d'oxygène, il se forme tout d'abord un chromate plus ou moins basique, analogue aux composés correspondants du fer étudiés par M. Langlois [*Ann. Chim. Phys.*, (3), **48**, 506] et par M. Barratt [*Chem. News*, **1**, 110].

Le carbonate de protoxyde de chrome est très avide d'oxygène et fournit, par sa calcination à l'abri de l'air, du sesquioxyde de chrome et de l'oxyde de carbone. Il est légèrement soluble dans l'eau chargée d'acide carbonique.

PHOSPHATE DE PROTOXYDE DE CHROME,

$$(PO^4)^2Cr^3.$$

— Lorsque l'on traite un excès d'un sel soluble de protoxyde de chrome par du phosphate de sodium, on obtient un abondant précipité bleu gélatineux de phosphate de protoxyde de chrome, qu'on lave par décantation. Ce composé se dissout avec la plus grande facilité dans les acides minéraux et même dans les acides tartrique, citrique et acétique. A peu près insoluble dans l'eau, il lui fournit cependant une légère coloration lorsque ce liquide est saturé d'acide carbonique. Il fixe rapidement l'oxygène atmosphérique et se transforme en phosphate de sesquioxyde de chrome, de couleur verte (H. Moissan).

ACÉTATE DE PROTOXYDE DE CHROME,

$$(C^2H^3O^2)^2Cr, H^2O.$$

— Cet acétate a été découvert par Peligot, qui l'a obtenu en faisant réagir l'une sur l'autre des solutions étendues de protochlorure de chrome et d'acétate de sodium. Comme le protochlorure de chrome cristallisé est assez difficile à obtenir, puisque l'on doit partir du sesquichlorure de chrome anhydre, M. Moissan a modifié cette préparation de la façon suivante :

L'acide chromique du commerce est traité dans un ballon muni d'un réfrigérant ascendant par un excès d'acide chlorhydrique. Il se dégage du chlore en abondance, une petite quantité d'acide chlorochromique et, après plusieurs additions d'acide chlorhydrique, il reste en dernier lieu une solution de sesquichlorure de chrome. Cette solution acide est mise en contact avec du zinc dans un ballon fermé par un bouchon donnant passage à deux tubes de verre; le premier, recourbé deux fois à angle droit, permet à l'hydrogène de se dégager, et le second forme siphon et est fermé pendant tout le temps de la réduction. L'hydrogène qui se forme réduit le sesquichlorure, et de verte la solution devient bleue. On utilise alors le siphon en faisant arriver un courant d'acide carbonique pur par le tube à dégagement et l'on décante le liquide bleu dans des flacons remplis d'acide carbonique et contenant une solution saturée d'acétate de sodium. Une fois fermé, le flacon est agité : il ne tarde pas à se déposer un abondant précipité rouge d'acétate de protoxyde de chrome. Ce sel est alors lavé par décantation avec de l'eau distillée froide, saturée d'acide carbonique, dans un courant de ce même gaz. On peut, par ce procédé, obtenir facilement en une seule préparation environ 1 kilogramme d'acétate de protoxyde de chrome humide.

Dans la préparation des sels de protoxyde de chrome, M. Moissan a toujours employé l'acétate chromeux à l'état de pâte et non pas desséché. C'est qu'en effet la dessiccation des sels de protoxyde de chrome, qui doit se faire dans un gaz absolument dépouillé d'oxygène, est une opération longue et délicate, inutile dans la plupart des cas.

Pour obtenir l'acétate chromeux en beaux cris-

taux, il faut employer des solutions moins concentrées et chaudes. Par refroidissement, le sel cristallise et l'on peut le dessécher dans une atmosphère d'acide carbonique.

FORMIATE DE PROTOXYDE DE CHROME. — Sel rouge, que l'on peut obtenir en faisant réagir le protochlorure de chrome sur une solution d'un formiate alcalin.

Les propriétés de ce composé sont analogues à celles de l'acétate de protoxyde de chrome. Il se détruit rapidement en présence de l'oxygène de l'air et il agit comme un réducteur énergique.

OXALATE DE PROTOXYDE DE CHROME,

$$C^4O^8Cr^2, 2H^2O.$$

— Dans un ballon constamment traversé par un courant d'acide carbonique, on traite l'acétate de protoxyde de chrome par une quantité d'acide oxalique suffisante pour que l'acétate entre en solution. On fait bouillir pendant 10 minutes : l'acide acétique distille et une poudre grenue se réunit au fond du ballon. On laisse refroidir, puis on décante. On sèche ensuite la masse pâteuse dans un courant d'acide carbonique. Il est nécessaire de porter le mélange à l'ébullition, sinon on n'obtient que de l'oxalate de sesquioxyde. Du reste, dans la préparation que nous indiquons, en même temps que l'oxalate de protoxyde se forme, une partie du chrome est peroxydée et fournit des sels verts dont on se débarrasse par des lavages (H. Moissan).

Propriétés. — L'oxalate de protoxyde est une poudre jaune, bien cristallisée. Sa densité est 2,648. C'est le plus stable des sels de protoxyde; on peut en effet le laver dans l'eau distillée à la température de 6 ou 8°.

Sec, il se conserve à l'air très longtemps sans s'altérer, lorsque la température est assez basse. Dans un courant d'hydrogène sulfuré, il donne une poudre noire de sulfure de chrome. Dans un courant de chlore sec, au rouge sombre, il se transforme en sesquichlorure; dans un courant d'hydrogène, à 440°, il se décompose en fournissant une variété allotropique de sesquioxyde de chrome facilement attaquable par le chlore et par l'hydrogène sulfuré. Il en est de même quand on le chauffe dans un tube fermé. Ce caractère le différencie de l'oxalate ferreux, qui par calcination donne un protoxyde pyrophorique (H. Moissan).

SUCCINATE DE PROTOXYDE DE CHROME. — Möberg a obtenu ce composé en mélangeant des solutions de succinate d'ammonium et de protochlorure de chrome. Sel rouge, pouvant fournir de petits cristaux peu solubles dans l'eau et instables en présence de l'air atmosphérique.

SALICYLATE DE PROTOXYDE DE CHROME. — On prépare le salicylate de protoxyde de chrome par double décomposition entre un salicylate alcalin et une solution de protochlorure de chrome. Poudre rouge cristalline, s'échauffant rapidement en présence de l'oxygène de l'air et passant immédiatement à l'état de composé de sesquioxyde. Maintenu à 100° dans un courant d'hydrogène pur, ce sel devient anhydre. En présence de l'eau, il se dédouble en acide salicylique et salicylate basique [Houdas, *Thèse de l'Ecole de Pharmacie*]

SELS CHROMIQUES.

ACTION DE LA CHALEUR SUR QUELQUES SELS DE CHROME HYDRATÉS. — D'après Schrötter, une dissolution de sulfate de chrome violette précipite par l'alcool en entraînant 15 molécules d'eau lorsqu'on la chauffe à 35°. Si l'on continue à chauffer, 10 molécules d'eau disparaissent à 100°; à partir de ce moment, la dissolution verdit et les 5 autres molécules résistent mieux à une élévation plus grande de température.

Selon M. van Cleeff, à 80° le sel a déjà perdu 12 molécules d'eau ; vers 90°, 13 molécules ; vers 100°, 14, et il n'existe aucune différence entre l'énergie de la dixième molécule et celle de la onzième.

On sait que l'alun de chrome cristallise en entraînant 24 molécules d'eau ; chauffé, il perd, d'après Schrötter, un peu avant 100°, 12 molécules d'eau ; au-dessus de 100°, il perd de nouveau 6 molécules, enfin 6 autres au-dessus de 300°.

M. van Cleeff, au contraire, a constaté la disparition de 18 molécules d'eau à 90°, de 21 à 95°, sans trouver une différence bien tranchée dans les propriétés du sel à un moment déterminé [Van Cleeff, *D. chem. G.*, **14**, 251].

Variation de couleur des sels de chrome. — Krüger [*Pogg. Ann.*, **61**, 218] avait admis que la transformation des sels de chrome violets en sels verts est due à un dédoublement en sel acide et en sel basique ; il s'appuyait sur ce fait qu'une addition d'alcool à un sel vert en précipite un sel basique.

D'après M. Van Cleeff, lorsqu'on place sur un dialyseur des dissolutions vertes de sels de chrome, un sel basique reste toujours sur le dialyseur, tandis qu'un sel acide est entraîné avec le liquide [Van Cleeff, *D. chem. G.*, **14**, 250].

Si on opère sur une dissolution de sels violets, on trouve aussi bien sur le dialyseur que dans la dissolution 1 molécule d'oxyde contre 3 d'acide, sulfurique, par exemple, s'il s'agit d'un sulfate.

En général, une dissolution violette devient verte par addition d'un oxyde basique, tandis qu'une dissolution verte devient violette quand on l'acidifie

M. Recoura [*Bull. Soc. Chim.*, (3), **6**, 909] a confirmé par des mesures calorimétriques l'hypothèse de Krüger. D'après ce chimiste, les dissolutions modifiées par la chaleur sont un mélange de sel basique soluble et d'acide libre, et elles renferment une variété particulière de sesquioxyde de chrome. En outre, le sesquioxyde de chrome des dissolutions vertes aurait une capacité de saturation par les acides différente de celle du sesquioxyde des dissolutions violettes. M. Recoura a trouvé que, pour 1 molécule de sulfate chromique, la liqueur verte renferme exactement 0,5 molécule d'acide sulfurique libre ; le sulfate basique ainsi formé aurait pour composition $2 Cr^2 O^3 . 5 S O^3$.

Si dans cette solution verte incristallisable on précipite l'oxyde de chrome par un alcali et qu'on le redissolve dans l'acide sulfurique, la dissolution renferme, d'après M. Recoura, un nouveau sulfate basique incristallisable, $Cr^2 O^3 . 2 S O^3$.

Sélénite chromique, $Cr^2 O^3 . 3 Se O^2$. — En traitant à l'ébullition le chlorure chromique par le sélénite de potassium, on obtient un précipité vert pâle dont la composition répond à la formule ci-dessus. Ce composé est insoluble dans l'eau, peu soluble dans un excès d'acide sélénieux, soluble dans l'acide chlorhydrique bouillant.

Chauffé au rouge, il se dédouble en acide sélénieux et sesquioxyde de chrome.

Le chlorure chromique contenant un excès d'acide chlorhydrique, on observe presque toujours la formation simultanée de sélénite neutre, $Cr^2 O^3 . 3 Se O^2$, et de sélénite acide, $Cr^2 O^3 . 6 Se O^2$, dans la réaction décrite précédemment.

Ce dernier se décompose facilement en présence d'un excès d'acide chlorochromique, avec formation de sélénite neutre.

En traitant avec précaution le sélénite neutre de chrome par l'acide nitrique, on le convertit en *disélénite*. Ce dernier forme de très petites lamelles irrégulières, solubles dans les acides, à

peine solubles dans l'eau [Taquet, *C. R.*, **97**, 1435].

Phosphates de chrome. — D'après M. Bloxam [*Chem. News*, **52**, 194], le précipité vert amorphe qu'on obtient en mélangeant des solutions de phosphate de sodium et d'acétate de chrome, renfermerait après dessiccation à 100°.

$$Cr^2 P^2 O^8 , 5 H^2 O.$$

M. Ouvrard a obtenu un *pyrophosphate de chrome*, $3 P^2 O^5 . 2 Cr^2 O^3$, en saturant de sesquioxyde de chrome, à température élevée, le métaphosphate de sodium fondu. Ce produit se présente en petits prismes clinorhombiques, transparents, d'un beau vert, insolubles dans les acides. Leur densité est 3,2 à 20°.

On peut obtenir le même produit avec le phosphate de chrome précipité.

Phosphates doubles. — En dissolvant du sesquioxyde de chrome dans du métaphosphate de potassium maintenu en fusion dans un creuset de platine, puis reprenant par l'eau acidulée après un refroidissement lent, M. Ouvrard a réussi à préparer le phosphate double, $2 P^2 O^5 . Cr^2 O^3 . K^2 O$.

Ce sel se présente en jolis prismes clinorhombiques, d'un vert émeraude, formés des faces p et m. Inclinaison $ph^1 = 60°$. Densité $= 3,5$ à 20°.

On peut obtenir le même produit en partant du phosphate de chrome amorphe et du pyrophosphate de potassium.

Avec le phosphate tripotassique, on observe la formation de chromate de potassium.

Le métaphosphate de sodium donne, dans les mêmes conditions, soit le pyrophosphate

$$3 P^2 O^5 . 2 Cr^2 O^3$$

dont il est question plus haut, soit le pyrophosphate double $2 P^2 O^5 . Cr^2 O^3 . Na O$, déjà obtenu par M. Wallroth, suivant que le sesquioxyde est en excès ou non.

Le pyro- et l'orthophosphate sodiques donnent le second de ces produits, qui se présente en prismes orthorhombiques, d'une densité voisine de 3.

Pour analyser ces divers composés, presque insolubles dans les acides, on les attaque au creuset de platine par un mélange de carbonate et de chlorate de sodium, en évitant les projections. On reprend par l'eau, on acidule par l'acide chlorhydrique et on précipite l'acide phosphorique par la mixture magnésienne. On acidule ensuite la liqueur et on réduit l'acide chromique à l'ébullition par l'alcool. Le sesquioxyde de chrome est précipité ensuite par l'ammoniaque dans la liqueur bouillante. La potasse est dosée par les méthodes connues [Ouvrard, *Ann. Chim. Phys.*, (6), **16**, 289].

Sulfate chromique, $Cr^2 (S O^4)^3$. — Pour préparer ce sel dans un état parfait de pureté, M. Baubigny [*C. R.*, **98**, 100] part du dichromate de potassium. Il réduit une solution de ce sel par l'hydrogène sulfuré : on obtient ainsi du sulfate, de l'hyposulfite et un polysulfure de potassium qui restent en solution, et de l'hydrate chromique qui se dépose avec une certaine quantité de soufre. On lave cet hydrate, on le dissout dans la moindre quantité possible d'acide nitrique, on ajoute à la liqueur un peu plus que la quantité calculée d'acide sulfurique étendu, et on précipite enfin par l'alcool. On termine par quelques dissolutions dans l'eau, suivies de précipitations par l'alcool.

Oxalates de chrome. — Si l'on traite le dichromate de potassium par l'acide oxalique, on obtient deux sortes de composés, suivant les conditions de l'expérience.

Si l'acide oxalique est en grand excès et partiellement à l'état d'oxalate de potassium, on a un beau précipité d'oxalate bleu de chrome et de potassium (Gregory, 1837).

Si l'acide oxalique n'est pas en grand excès et n'est pas à l'état de sel de potassium, on obtient une fine poudre rouge [Croft, 1842].

1° *Sels de couleur bleue.* — Gregory a donné au sel bleu la formule

$$K^3 Cr (C^2 O^4)^3 , 3 H^2 O.$$

D'après M. Werner, cette formule doit être doublée.

Pour établir la composition de ce sel, une certaine quantité du composé est grillée à l'air dans un creuset de platine : le résidu, formé d'un mélange de chromate et de carbonate de potassium, est dissous dans l'eau. On acidifie et l'on fait bouillir cette solution avec de l'alcool, puis on précipite le chrome par l'ammoniaque.

Le potassium est dosé dans la liqueur filtrée à l'état de sulfate de potassium.

Pour doser l'acide oxalique, on fait bouillir la solution avec un grand excès de potasse jusqu'à complète décomposition ; on filtre, on acidifie par l'acide sulfurique et l'on emploie une solution titrée de permanganate de potassium.

La formation du sel de Gregory peut se représenter par l'équation

$$Cr^2 O^7 K^2 + 4 C^2 O^3 KH + 5 C^2 O^4 H^2$$
$$= K^6 Cr^2 (C^2 O^4)^6 + 6 C O^2 + 7 H^2 O.$$

La décomposition de ce même sel par la chaleur est exprimée par l'équation

$$K^6 Cr^2 (C^2 O^4)^6 + 9 O$$
$$= 2 Cr O^4 K^2 + C O^3 K^2 + 11 C O^2.$$

Une nouvelle preuve de la nécessité de doubler la formule de Gregory résulte de la formation du composé bien défini

$$K^5 (Az H^4) Cr^2 (C^2 O^4)^6 , 6 H^2 O,$$

qu'on obtient en remplaçant 1 molécule d'oxalate acide de potassium par 1 molécule d'oxalate acide d'ammonium dans la formule représentant le sel de Gregory.

L'ammoniaque de ce sel est dosée par le procédé de Holmes [*Chem. News*, **54**, 49].

Ce dernier composé cristallise en prismes rhombiques de couleur bleue et ayant les mêmes propriétés que le sel de Gregory.

Sa décomposition est représentée par l'équation

$$2 K^5 (Az H^4) Cr^2 (C^2 O^4)^6 + 9 O^2$$
$$= 4 Cr O^4 K^2 + C O^3 K^2 + 2 Az H^3 + 23 C O^2 + H^2 O.$$

Si dans le sel de Gregory on remplace l'oxalate acide de potassium par l'oxalate acide de sodium, on obtient un sel très soluble, mais cristallisant difficilement. Sa formule est

$$K^2 Na^4 Cr^2 (C^2 O^4)^6 , 8 H^2 O.$$

La décomposition de ce sel par la chaleur peut se représenter par l'équation

$$K^2 Na^4 Cr^2 (C^2 O^4)^6 8 H^2 O + 9 O$$
$$= 2 Cr O^4 Na^2 + C O^3 K^2 + 11 C O^2 + 8 H^2 O.$$

Il est à remarquer que les solutions de ces sels ne précipitent pas par le chlorure de calcium, tandis que, traitées par des sels de métaux lourds, elles ne donnent pas simplement un oxalate par double décomposition, mais un sel qui contient le nouveau métal à la place occupée précédemment par le métal alcalin. Ceci indique une liaison intime entre le chrome et l'acide oxalique, différente de celle existant ordinairement entre les sels

doubles. En d'autres termes, le groupe $Cr^2 (C^2 O^4)^6$ paraît jouer ici le rôle d'un radical acide donnant naissance à un composé complexe.

M. E. Werner propose de représenter la constitution du sel de Gregory par la formule suivante :

$$\begin{array}{ccc}
KO.C^2O^2.O\diagdown & & \diagup O.C^2O^2.OK \\
KO.C^2O^2.O\,-\,Cr\,-\,Cr\,-\,O.C^2O^2.OK \\
KO.C^2O^2.O\diagup & & \diagdown O.C^2O^2.OK
\end{array}$$

M. Hartley [*Proc. Roy. Soc.*, **21**, 499] indique l'existence d'un *oxalate chromico-potassico-calcique*, assez difficile à obtenir en partant de l'oxalate de calcium, et qui aurait pour formule

$$K Ca Cr (C^2 O^4)^3 , 4 H^2 O.$$

Cependant une analyse plus complète de ce sel conduit à lui donner la formule

$$K^2 Ca^2 Cr^2 (C^2 O^4)^6 , 6 H^2 O.$$

On a pu obtenir le composé correspondant du baryum en suivant le procédé de Gregory ; ce sel a pour formule $Ba^3 Cr^2 (C^2 O^4)^6 , 8 H^2 O$.

Sa décomposition peut se représenter par l'équation

$$Ba^3 Cr^2 (C^2 O^4)^6 = 2 Cr O^4 Ba + C O^3 Ba + 11 C O^2$$

[E. Werner, *Chem. Soc.*, **51**, 383].

M. F. W. Clarke [*Am. Journ.*, **3**, 197 ; *D. chem. G.*, **14**, 1639], en mélangeant des solutions concentrées de chlorure de baryum et d'oxalate potassico-chromique, a obtenu des aiguilles soyeuses, d'un vert foncé, ayant pour formule $Cr^2 Ba^3 (C^2 O^4)^6 , 6 H^2 O$. Ce sel peut être cristallisé dans l'eau chaude.

En cherchant à préparer le sel correspondant de strontium, le même auteur a obtenu des aiguilles vertes, constituées par un mélange de sels à 12 et à 6 molécules d'eau. L'évaporation des eaux mères de ce mélange a fourni des aiguilles d'un sel triple $Cr^2 Sr^2 K^2 (C^2 O^4)^6$, 11 ou 12 $H^2 O$.

Enfin, en dissolvant dans l'eau chaude des quantités équivalentes d'oxalate barytico-chromique et d'oxalate de potassium, M. Clarke a obtenu des aiguilles d'un bleu verdâtre, ayant pour formule $Cr^2 Ba^2 K^2 (C^2 O^4)^6$, 5 ou 6 $H^2 O$.

2° *Sels de couleur rouge.* — Le premier composé de cette série a été étudié par Croft en 1849. Les oxalates rouges de chrome proviennent de la réduction des dichromates par l'acide oxalique, tandis que les composés bleus décrits précédemment sont des produits d'addition résultant de l'union de l'acide oxalique ou d'un oxalate neutre avec les sels rouges.

A l'état anhydre, les sels de la série bleue et ceux de la série rouge peuvent se représenter par les formules $M^6 Cr^2 (C^2 O^4)$ et $M^3 Cr^2 (C^2 O^4)$.

Le *composé potassique* résulte de l'action du dichromate de potassium sur l'acide oxalique. On obtient, par refroidissement de la liqueur, des cristaux rouges auxquels M. Croft assigne la formule $K^3 Cr^2 (C^2 O^4)^4$, 12 $H^2 O$ et M. Werner la formule $K^3 Cr^2 (C^2 O^4)^4$, 10 $H^2 O$.

Chauffé à 110°, ce sel perd 6 molécules d'eau ; cette déshydratation est accompagnée d'un changement de couleur : celle-ci devient d'un bleu grisâtre. A 300°, le sel n'est pas encore entièrement détruit. Au rouge, le sel se décompose en donnant du sesquioxyde de chrome et du chromate de potassium :

$$2 K^3 Cr^2 (C^2 O^4)^4 , 10 H^2 O + 11 O$$
$$= 2 Cr O^4 K^2 + Cr^2 O^3 + 10 H^2 O + 16 C O^2.$$

Si l'on place ce sel dans un dessiccateur, il

continue à perdre de l'eau jusqu'à ce que sa composition réponde à la formule

$$K^3 Cr^3 (C^3 O^4)^4, 4 H^3 O.$$

Si l'on évapore à sec la liqueur contenant ce sel en dissolution, on obtient un composé gris amorphe, $K^3 Cr^3 (C^3 O^4), 2 H^2 O$.

M. Croft considère ce produit comme un oxalate double de potassium et de chrome,

$$K^2 C^3 O^4 + Cr^3 (C^3 O^4)^3,$$

différant simplement du sel de Gregory par la perte de 2 molécules d'oxalate de potassium, car, en faisant bouillir la solution du sel rouge avec de l'oxalate de potassium, on reproduit le sel bleu de Gregory.

Les sels rouges ont des propriétés très différentes des sels bleus.

M. Werner a préparé un composé potassico-ammonique par l'action du dichromate de potassium et de l'ammoniaque sur l'acide oxalique :

$$Cr^2 O^7 K Az H^4 + 7 C^2 O^4 H^2$$
$$= K (Az H^4) Cr^2 (C^2 O^4) + 6 CO^2 + 7 H^2 O.$$

Ce sel ainsi préparé se présente sous la forme de petits prismes clinorhombiques, plus solubles dans l'eau que le sel décrit ci-dessus.

La propriété caractéristique des oxalates rouges est la facilité avec laquelle ils forment des produits d'addition.

Le sel de Croft peut se combiner avec l'oxalate d'ammonium, en donnant le composé

$$K^3 (Az H^4) Cr^2 (C^2 O^4)^6, 6 H^2 O,$$

et avec les oxalates des autres bases.

Si l'on additionne d'ammoniaque la dissolution d'un sel rouge, la couleur passe du rouge au vert ; un excès d'acide ramène ensuite la teinte rouge.

L'action de la chaleur et celle des alcalis sur les oxalates rouges tendent à leur faire donner une formule analogue à la suivante :

$$\begin{array}{l} O K . C^3 O^3 . O \\ O H . C^3 O^3 . O \end{array} \Big\rangle (O H) Cr . Cr (O H) \Big\langle \begin{array}{l} O . C^3 O^3 . O K \\ O . C^3 O^3 . O H \end{array}$$

Un autre composé, $K^4 Cr^2 (C^2 O^4)^4 (O H^2)$, obtenu par l'action de la potasse caustique sur le sel de Croft, fournit une nouvelle preuve de la nécessité d'attribuer aux sels rouges la composition précédente.

En chauffant ce sel au rouge, on le décompose, avec formation de dichromate de potassium.

Chauffé seulement à 300°, il donne une poudre verdâtre dont la composition répond à la formule

$$(O H) Cr (O . C^2 O^3 . O K)^2$$
$$|$$
$$(O H) Cr (O . C^2 O^3 . O K)^2$$
$$= O \Big\langle \begin{array}{l} Cr (O . C^2 O^3 . O K) \\ | \\ Cr (O . C^2 O^3 . O K) \end{array} + H^2 O.$$

Au contraire, la décomposition du sel de Croft à 300° peut se représenter par l'équation

$$O K . C^3 O^3 . O . Cr \Big\langle \begin{array}{l} O . C^3 O^3 . O H \\ O H \end{array}$$
$$= O K . C^3 O^2 . O . Cr \Big\langle \begin{array}{l} O \\ O \end{array} \Big\rangle C^2 O^2 + H^2 O.$$

Si à la dissolution du chromoxalate de Croft on ajoute un mélange d'ammoniaque et d'alcool, on obtient un composé cristallisé,

$$K^2 Cr^2 (C^2 O)^4 . 6 Az H^3, 6 H^2 O.$$

Ce corps calciné laisse un résidu de chromate de potassium et d'oxyde de chrome.

Si à la même dissolution de chromoxalate $(Az H^4)^3 H^3 Cr^2 (C^2 O^4)^4 (O H)^3$ on ajoute d'abord de l'ammoniaque, puis de l'alcool, on précipite une poudre cristallisée à laquelle l'analyse donne la formule $Cr^2 (C^2 O^4)^4, 6 Az H^3, 6 H^2 O$.

Par la chaleur, ce sel laisse dégager du gaz ammoniac et se décompose complètement au rouge en donnant du sesquioxyde de chrome.

L'addition de chlorure de calcium aux dissolutions de chromoxalate donne un précipité d'oxalate de calcium anhydre. L'acide chlorhydrique précipite des cristaux de chlorures métalliques. Ces réactions tendraient à prouver que ces sels sont des oxalates d'une classe particulière à base chloro-ammonique [Werner, *Chem. Soc.*, **53**, 404].

FLUORESCENCE DE QUELQUES COMPOSÉS CHROMÉS. — En cherchant à quel degré d'oxydation se trouve le chrome dans le rubis, M. Lecoq de Boisbaudran a été conduit à la préparation de quelques composés de chrome et d'alumine fluorescents. Pour résoudre la question qu'il se proposait, il a cherché à reproduire par synthèse des corps ayant la composition du rubis ; il a d'abord étudié les produits formés par l'alumine et le chrome en effectuant la combinaison des deux sesquioxydes.

L'alumine était préparée soit au moyen de l'alun ammoniacal, soit par l'action de l'eau sur le chlorure d'aluminium.

En chauffant au rouge de l'alumine préparée de la première manière avec du sesquioxyde provenant de la calcination du chromate mercureux, il a obtenu un produit d'une très belle fluorescence rose. En augmentant successivement la quantité de sesquioxyde de chrome dans le mélange, la teinte du résidu devient d'abord plus foncée, puis prend une couleur verdâtre.

CHROMITES.

Ces composés ont été l'objet d'une nouvelle étude de la part de M. Viard [*Bull. Soc. Chim.*, (3), **2**, 331 ; **5**, 933].

CHROMITES DE MAGNÉSIUM. — La calcination du chromate de magnésium au rouge naissant fournit une poudre brun clair renfermant

$$2 Mg O . Cr^2 O^3.$$

Si l'on opère la calcination à des températures de plus en plus élevées, on voit se séparer de la combinaison des quantités croissantes de magnésie, jusqu'à une limite $5 Mg O . 4 Cr^2 O^3$, que l'on atteint un peu au-dessus de la fusion de l'argent et qui reste constante si l'on élève la température jusqu'au rouge blanc.

En chauffant au rouge sombre un mélange de magnésie et de dichromate de potassium, on obtient une poudre brune renfermant

$$3 Mg O . 2 Cr^2 O^3.$$

CHROMITES DE ZINC. — Le chromite de zinc se décompose déjà, quoique lentement, à 440°, en fournissant une poudre d'un noir violacé, renfermant $3 Zn O . 2 Cr^2 O^3$. Si l'on opère à des températures de plus en plus élevées, on obtient des produits dont la composition se rapproche de plus en plus de celle du chromite neutre

$$Zn O . Cr^2 O^3,$$

mais sans arriver à concorder exactement avec cette formule.

En chauffant au rouge sombre un mélange d'oxyde de zinc et de dichromate de potassium, on obtient une poudre d'un brun rougeâtre ayant pour composition $6ZnO.5Cr^2O^3$, quelles que soient les proportions relatives d'oxyde et de dichromate.

L'action du dichromate de potassium sur le chlorure de zinc, au-dessous du rouge, fournit des mélanges de chromite neutre avec les deux chromites précédents. Si l'on opère au rouge et avec un grand excès de dichromate, on obtient le chromite neutre décrit en 1877 par M. Gerber.

Enfin, si l'on fait passer du chlorure de zinc en vapeur sur du chromate de zinc chauffé au rouge blanc, on obtient le chromite neutre de zinc $ZnO.Cr^2O^3$, cristallisé en petits octaèdres réguliers, noirs, très brillants, ayant à 13° une densité de 5,29.

CHROMITE DE CADMIUM. — Le chromite neutre de cadmium, $CdO.Cr^2O^3$, est le seul composé qui prenne naissance soit par la calcination au rouge du chromate de cadmium, soit par l'action au-dessus du rouge de l'oxyde de cadmium sur le dichromate, soit enfin par l'action du chlorure de cadmium sur le chromate de potassium au rouge blanc. En employant ce dernier procédé, on obtient des cristaux noirs, très brillants, paraissant octaédriques, et ayant à 17° une densité de 5,79.

PRÉPARATION DU CHROMITE DE FER. — On mélange un chromate alcalin ou alcalino-terreux avec du chlorure ou du sulfate de fer en dissolution. Le précipité est lavé et chauffé au rouge blanc avec du charbon. On obtient ainsi un corps qui paraît avoir la composition du fer chromé [Guélat et Chavanne, *D. chem. G.*, **16**, 1891].

M. Stanislas Meunier (*C. R.*, **107**, 1153) a reproduit également le fer chromé en chauffant au feu de coke dans un creuset de terre un mélange de dichromate de potassium, de limaille de fer et de carbonate ferreux. En opérant sous une couche de cryolithe, on reproduit le minéral à l'état cristallin.

SULFOCHROMITES. — On réduit en poudre fine un mélange de 1 partie d'hydrate chromique, 9 parties de carbonate de sodium et 11 parties de soufre, et on chauffe le tout pendant un quart d'heure, dans un creuset de porcelaine, à la température de vaporisation du soufre. On laisse refroidir, puis on reprend par l'eau, qui dissout le sulfure de sodium formé. Le résidu insoluble est lavé par décantation, d'abord avec une lessive de soude à 1,5 0/0, puis avec de l'alcool fort, et enfin séché rapidement.

On obtient ainsi une poudre amorphe, d'un rouge foncé, constituant le *sulfochromite de sodium*, $Cr^2S^4Na^2$. Ce corps s'altère à l'air à l'état humide; il se conserve bien à l'état sec. Chauffé à l'air, il se décompose en donnant de l'acide sulfureux, de l'oxyde de chrome et du sulfate de sodium. L'acide chlorhydrique concentré est sans action sur lui; les acides chlorhydrique et sulfurique dilués l'attaquent à chaud avec dégagement d'hydrogène sulfuré; l'acide nitrique concentré et l'eau régale le transforment en sulfates de chrome et de sodium.

En faisant bouillir le sulfochromite de sodium avec des solutions concentrées de chlorures ou de nitrates métalliques, en évitant autant que possible l'accès de l'air, on obtient les *sulfochromites de plomb, d'argent, de cuivre, de cadmium, d'étain, de cobalt, de nickel, de fer, de manganèse, de zinc*: ce sont des poudres noires ou grises, insolubles dans l'eau, et qui se comportent vis-à-vis des réactifs comme le sulfochromite de sodium [M. Grœger, *Mon. f. Chem.*, **2**, 266].

CHROMATES.

RÉSULTATS THERMOCHIMIQUES CONCERNANT L'ACIDE CHROMIQUE, LES CHROMATES ET LES DICHROMATES. — *Chaleur de formation de l'acide chromique.* — Pour calculer cette chaleur de formation, M. Berthelot a d'abord calculé la chaleur de neutralisation du sesquioxyde de chrome par l'acide sulfurique et par l'acide chlorhydrique.

Il a obtenu, en partant de l'alun de chrome, les nombres suivants :

1° Alun de chrome (500 gr. = 12 lit.) + $3K^2O$ (1 mol. = 2 lit.) à 8° dégage $+24^{cal},66$. On en déduit que

$$Cr^2O^3 \text{ (précipité)} + 3(SO^3H^2O) \text{ étendu à 8°} \quad \text{dégage} + 23^{cal},5,$$

soit $7^{cal},8$ pour 1 molécule SO^4H^2 étendu.

2° Alun de chrome $+4BaCl^2$ étendu à 8° dégage $+11^{cal},43$; on en déduit que

$$Cr^2O^3 \text{ (précipité)} + 3HCl \text{ étendu à 4° dégage } 18^{cal},5,$$

soit pour la saturation de 1 molécule HCl, $6^{cal},2$.

Examinant ensuite l'action des réducteurs sur les chromates et les dichromates, M. Berthelot donne les nombres suivants et les réactions suivantes :

1° *Action de l'acide iodhydrique.*

$$Cr^2O^7K^2 + 8HCl + 8KI \text{ à 8° dégage } 76^{cal},91;$$

on en conclut que

$$Cr^2O^6 + O^3 + nH^2O = 2CrO^3 \text{ étendu dégage } + 5^{cal},9.$$

2° *Action du chlorure stanneux.* — 1° Emploi du chromate neutre :

$$Cr^2O^8K^4 + 6HCl + 8SnCl^2, HCl \text{ dégage } 119^{cal},9;$$

on en conclut que

$$Cr^2O^3 \text{ (précipité)} + O^3 + nH^2O = 2CrO^3 \text{ dégage } 5^{cal},5.$$

2° Emploi du dichromate :

$$Cr^2O^7K^2 + 6HCl + 8SnCl^2, HCl \text{ dégage } 118^{cal},1;$$

on en conclut que

$$Cr^2O^3 \text{ (précipité)} + O^3 + nH^2O = 2CrO^3 \text{ étendu} \quad \text{dégage } 5^{cal},1.$$

M. Berthelot a pris la moyenne de ces nombres et admet le nombre $5^{cal},3$ pour la chaleur de formation de l'acide chromique étendu.

On a obtenu $3^{cal},1$ pour la chaleur de formation de l'acide chromique cristallisé :

$$Cr^2O^3 \text{ (précipité)} + O^3 = 2CrO^3 \text{ (crist.) dégage } 3^{cal},1.$$

Chaleurs de formation du chromate de potassium, du dichromate de potassium et du dichromate d'ammonium à partir du sesquioxyde de chrome.

1° Chromate neutre de potassium :

$$Cr^2O^3 + O^3 + 2K^2O \text{ étendu} = 2CrO^4K^2 \text{ étendu à 8°} \quad \text{dégage} + 30^{cal},7,$$

$$Cr^2O^3 + O^3 + 2K^2O \text{ étendu} = 2CrO^4K^2 \text{ solide} \quad \text{dégage} + 35^{cal},9.$$

$$Cr^2O^3 + O^3 + 2K^2O \text{ solide} = 2CrO^4K^2 \text{ solide} \quad \text{dégage} + 50^{cal},9.$$

2° Dichromate de potassium :

$$Cr^2O^3 + O^3 + K^2O \text{ étendu} = Cr^2O^7K^2 \text{ étendu à 8°} \quad \text{dégage} + 18^{cal},9,$$

$$Cr^2O^3 + O^3 + K^2O \text{ étendu} = Cr^2O^7K^2 \text{ solide} \quad \text{dégage} + 27^{cal},4,$$

$$Cr^2O^3 + O^3 + K^2O \text{ solide} = Cr^2O^7K^2 \text{ solide} \quad \text{dégage} + 56^{cal},5.$$

Dichromate d'ammonium :

$$Cr^2O^3 + O^3 + 2AzH^3 + H^6O \text{ liquide}$$
$$= Cr^2O^7Az^2H^6 \text{ étendu à } 12° \text{ dégage } + 17^{cal},3,$$

$$Cr^2O^3 + O^3 + 2AzH^3 \text{ étendu} + H^2O \text{ liquide}$$
$$= Cr^2O^7 , 2AzH^3 \text{ crist.} + 23^{cal},5.$$

Chaleurs de formation du chromate de potassium, du chromate d'ammonium, du dichromate de potassium et du dichromate d'ammonium à partir de l'acide chromique.

1° Chromate de potassium :

$$CrO^3 \text{ étendu} + K^2O \text{ étendue dégage à } 12°.. \quad 12^{cal},6$$
$$— \qquad — \qquad — \qquad 8°.. \quad 12^{cal},7$$

2° Dichromate de potassium :

$$2CrO^3 + K^2O \text{ étendue à } 12°.. \quad (25,2-11,8) = 13^{cal},4$$
$$— \qquad — \qquad 8°.. \qquad — \qquad 13^{cal},6$$

3° Chromate d'ammonium :

$$CrO^3 \text{ étendu} + AzH^3 \text{ étendue à} = +12° \quad 11^{cal},1.$$

4° Dichromate d'ammonium :

$$2CrO^3 \text{ étendu} + 2AzH^3 \text{ étendue à} = + 12° \quad 12 \text{ calories.}$$

Il est à remarquer qu'entre les chaleurs de formation des sels de potassium et des sels d'ammonium on trouve cette différence à peu près constante : $1^{cal},5$ pour les sels neutres et $1^{cal},6$ pour les sels acides.

Chaleurs de dissolution du dichromate de potassium, du dichromate d'ammonium et de l'acide chlorochromique.

1° Dichromate de potassium :

$$Cr^2O^7K^2 \text{ dissous dans } 40 \text{ fois son poids d'eau à } 11°,6$$
$$\text{absorbe} — 8^{cal},51.$$

2° Dichromate d'ammonium :

$$Cr^2O^7 , 2AzH^4 \text{ (1 partie de sel pour 40 parties d'eau)}$$
$$\text{absorbe} — 6^{cal},22.$$

3° Acide chromique :

$$CrO^3 + O \text{ dégage } 1^{cal},1.$$

Ce dernier nombre montre combien est faible l'affinité de l'acide chromique pour l'eau ; il explique pourquoi cet acide ne forme que difficilement un hydrate.

4° Acide chlorochromique :

$$Cr^2O^4Cl^4 \text{ (1 partie o/o d'eau) dégage à } 8° \quad 17^{cal},02$$
$$— \qquad — \qquad 6° \quad 16^{cal},64$$

On en conclut que

$$CrO^2Cl^3 + O = CrO^3 + 2Cl$$

dégage $10^{cal},9$. Cette quantité de chaleur fait placer l'acide chlorochromique entre les chlorures très oxydables et le perchlorure d'étain.

Comparaison entre les chaleurs de formation des chromates et les chaleurs de formation des autres sels. — Pour faire cette comparaison, il est nécessaire de se rapporter à l'état solide des corps réagissants.

Les chromates donnent les chiffres suivants :

$$CrO^3 \text{ solide} + K^2O \text{ solide} = CrO^4K^2 \text{ dégage } 47^{cal},8,$$

$$2CrO^3 + K^2O \text{ solide} = Cr^2O^7K^2 \text{ dégage } 53^{cal},4,$$

$$CrO^3 \text{ solide} + H^2O \text{ solide} + 2KOH$$
$$= CrO^4K^2 \text{ solide} + 2H^2O \text{ solide dégage } 29^{cal},5.$$

$$2CrO^3 \text{ solide} + 2H^2O \text{ solide} + 2KOH$$
$$= Cr^2O^7K^2 + 3H^2O \text{ solide dégage } + 37^{cal},3.$$

Ces nombres sont fort inférieurs à ceux trouvés pour les chaleurs de formation des sulfates. Les chaleurs de formation des chromates sont inférieures à celles des azotates, mais supérieures à celles des acétates.

RÉACTIONS DES ACIDES SUR LES CHROMATES. — La lecture des nombres suivants permettra de déterminer *à priori* l'action d'un acide sur un chromate :

$$CrO^3 + K^2O \text{ dissous} = CrO^4K^2 \text{ solide} \quad \text{dégage } 15^{cal},2$$
$$2CrO^3 + K^2O \text{ dissous} = Cr^2O^7K^2 \text{ solide} \quad — \quad 21^{cal},9$$

On a d'ailleurs :

$$SO^4H^2 + K^2O \text{ dissous} = SO^4K^2 \text{ solide dégage } 18^{cal},8$$
$$2SO^4H^2 \text{ dissous} + K^2O \text{ dissous} = S^2O^8K^2H^2 \text{ solide}$$
$$\text{dégage } 18^{cal},1$$
$$2HCl + K^2O \text{ dissous} = 2KCl \text{ dissous} \quad \text{dégage } 10^{cal},1$$
$$C^4H^4O^4 + K^2O \text{ diss.} = C^4H^6O^4K^2 \text{ solide} \quad — \quad 10^{cal},0$$
$$CO^2 \text{ dissous} + K^2O \text{ dissous} = CO^3K^2 \quad — \quad 6^{cal},8$$
$$2CO^2 + K^2O \text{ diss.} + H^2O = C^2O^6K^2H^2 \quad — \quad 16^{cal},5$$

L'expérience a toujours vérifié sur ces nombres le principe du travail maximum. On en conclut que, sur les 2 molécules de potassium que renferme le chromate neutre considéré comme bibasique, il en est une qui tend toujours à se séparer de l'acide : complètement si l'acide antagoniste est puissant, partiellement s'il est faible. Cette séparation facile est la conséquence de la grande chaleur de formation du dichromate de potassium considéré à l'état solide, laquelle en détermine la formation prépondérante.

Déjà M. Berthelot avait remarqué une tendance analogue dans la formation du sulfate de potassium et expliqué par sa valeur thermique le partage des bases entre l'acide sulfurique et les acides puissants.

OXYDATIONS PAR L'ACIDE CHROMIQUE ET LES CHROMATES. — Soit une oxydation dégageant par chaque équivalent d'oxygène entré en relation A calories.

La même oxydation effectuée : 1° avec l'acide chromique, dégagerait $A — 1^{cal},8$;

2° Avec l'acide chromique cristallisé, $A — 1^{cal},1$;

3° Avec le dichromate de potassium dissous, cédant O^3 : 1° avec formation de sulfate de potassium et de sulfate de chrome en présence d'un grand excès d'acide sulfurique dilué, $A — 7^{cal},1$; 2° avec formation de chlorure de potassium et de chlorure chromique, dégage $A + 5^{cal},1$;

3° Avec le dichromate de potassium cristallisé, cédant O^3 et oxydant le carbone et le soufre avec formation d'oxyde de chrome et d'un sel de potassium, tel que le carbonate ou le sulfate de potassium. Il faut tenir compte de la chaleur de formation de ces derniers sels.

CHROMATES D'AMMONIUM [E. Jäger et G. Krüss, *D. chem. G.*, 22, 2030].

Chromate neutre, $CrO^4(AzH^4)^2$. — Lorsqu'on traite une solution d'acide chromique par l'ammoniaque, on n'obtient jamais le chromate basique $5(AzH^4)^2O . 4CrO^3$ décrit par Pohl, mais bien le chromate neutre, toujours mélangé d'une certaine quantité de dichromate si l'on évapore les solutions, et cela quel que soit l'excès d'ammoniaque employé.

Pour préparer le chromate neutre à l'état cristallisé, on traite l'acide chromique pur par un excès d'ammoniaque concentrée $(d = 0,90)$, on chauffe doucement de façon à dissoudre le tout, et on place le liquide dans un mélange réfrigérant. Il se dépose de belles aiguilles d'un jaune d'or, appartenant au système clinorhombique, ayant à 11° une densité de 1,886.

Ce sel est peu stable. Abandonné à l'air, il prend peu à peu une couleur orangée, en se transformant partiellement en dichromate ; chauffé au bain-marie avec de l'eau, il subit rapidement et intégralement cette transformation.

Trichromate, $Cr^3O^{10}(AzH^4)^2$. — On obtient ce composé en dissolvant le dichromate dans l'acide nitrique $(d = 1,39)$ et évaporant à cristallisation, ou mieux en dissolvant à chaud le dichromate dans de l'acide chromique. Il se présente en cristaux d'un rouge vif, très brillants, ayant à 10° une densité de 2,329. Chauffé à 160-170°, il prend une couleur foncée par suite d'un commencement de décomposition ; si l'on chauffe jusqu'à 190°, la décomposition est explosive. Le trichromate d'ammonium n'est pas déliquescent ; mais, au contact de l'eau, il se dissocie en dichromate et acide chromique.

Tétrachromate, $Cr^4O^{13}(AzH^4)^2$. — Ce sel peut être obtenu en dissolvant à chaud dans l'acide nitrique $(d = 1,39 - 1,41)$ soit le dichromate [Wyrouboff, *Bull. Soc. Chim.*, (2), **35**, 162], soit mieux le trichromate (Jäger et Krüss) d'ammonium. Il se dépose par le refroidissement en mamelons cristallins, qui attirent l'humidité de l'air et se dissocient en dichromate et acide chromique. Sa densité à 10° est 2,343. Il fond à 170° et se décompose subitement à 175°.

D'après MM. Jäger et Krüss, on peut obtenir des chromates d'ammonium de plus en plus riches en acide chromique en traitant à chaud le trichromate par l'acide nitrique de plus en plus concentré. Les produits ainsi obtenus paraissent être des mélanges et l'on ne saurait encore affirmer l'existence du penta- ni de l'hexachromate.

Décomposition explosive du dichromate d'ammonium :

$$Cr^2O^7 . 2AzH^4 = Cr^2O^3 + 2Az + 4H^2O$$
$$\text{dégage} + 39^{cal},15.$$

— D'après les chaleurs spécifiques des produits obtenus, cette décomposition les porterait à une température de 115°. Cette élévation de température résulte de la combustion interne de l'acide chromique et de l'ammoniaque (Berthelot).

DICHROMATE DE POTASSIUM. — D'après M. Römer, pour transformer le dichromate de sodium en dichromate de potassium, il suffit d'ajouter du chlorure de potassium à une solution concentrée de dichromate de sodium ; on fait ensuite bouillir pendant quelque temps. Le dichromate de potassium se précipite ; on le dissout dans l'eau froide, puis on laisse cristalliser la dissolution ainsi obtenue [Römer, *D. chem. G.*, **20**, *Ref.*, 78].

Ce sel, ainsi que le dichromate d'ammonium, peut être préparé par double décomposition entre le dichromate de sodium et les sulfates de potassium ou d'ammonium : le dichromate cristallise par le refroidissement de la liqueur saturée à chaud [Chrystal, *D. chem. G.*, **19**, *Ref.*, 151].

M. Pontius [Brevet allemand 21589, juin 1882 ; *D. chem. G.*, **16**, 813] prépare le dichromate de potassium en fondant un mélange de fer chromé, de chaux et de potasse : le produit de la réaction est traité à chaud et sous pression par l'eau chargée d'acide carbonique. Les chromates neutres de potassium et de calcium sont ainsi convertis en dichromates correspondants, et le dichromate de calcium fait lui-même la double décomposition avec le carbonate de potassium contenu dans la liqueur. La solution ne renferme donc finalement que du dichromate de potassium, qu'on obtient cristallisé par l'évaporation.

La même méthode s'applique à la préparation du dichromate de sodium.

TRICHROMATE DE POTASSIUM. $Cr^3O^{10}K^2$. — On le prépare en dissolvant à chaud le dichromate dans de l'acide nitrique [Wyrouboff, *Bull. Soc. Chim.*, (2), **35**, 164. — Jäger et Krüss, *D. chem. G.*, **22**, 2040] ; il faut employer un acide de concentration telle (1,19), que le nitrate de potassium formé dans la réaction se dépose presque immédiatement avant que le trichromate ne commence à cristalliser. On obtient finalement de beaux prismes rouges, ayant à 10° une densité de 2,667.

(Jäger et Krüss) et appartenant au système clinorhombique.

Ce sel n'est pas déliquescent. L'eau le dissocie en dichromate et acide chromique. Il brunit à 220° et fond à 250°.

TÉTRACHROMATE DE POTASSIUM, $Cr^4O^{13}K^2$. — On le prépare en dissolvant à chaud le dichromate de potassium dans de l'acide nitrique concentré $(d = 1,41)$. Il forme des croûtes cristallines d'un brun rouge, formées de lamelles d'apparence orthorhombique, non déliquescentes, fusibles à 215° et se dissociant au contact de l'eau (Jäger et Krüss).

On n'a pas réussi à préparer de chromates de potassium plus riches en acide chromique que le tétrachromate.

DICHROMATE DE SODIUM. — Pour préparer le dichromate de sodium, MM. Potter et Higgin [Brevet allemand 26944, juin 1883 ; *D. chem. G.*, **17**, *Ref.*, 218] fondent le fer chromé avec un mélange de sulfate de sodium et de chaux caustique ou carbonatée ; on reprend la masse par l'eau, on neutralise par l'acide chlorhydrique, on filtre, et on soumet à la cristallisation fractionnée : on obtient successivement des dépôts de sulfate de sodium, de chlorure de sodium, enfin de dichromate de sodium.

M. Gorman [Brevet anglais 4195, mars 1884 ; *D. chem. G.*, **18**, *Ref.*, 307] chauffe à 550-850°, dans un courant de vapeur d'eau, un mélange de fer chromé, de chlorure de sodium et de chaux éteinte ; on recueille l'acide chlorhydrique qui se dégage ; puis on reprend la masse par l'eau et on additionne la solution d'acide sulfurique pour transformer le chromate neutre de sodium en dichromate. On sépare ensuite successivement par cristallisation le sulfate, puis le chlorure, enfin le dichromate de sodium.

PRÉPARATION DES CHROMATES ET DICHROMATES ALCALINO-TERREUX. — Le minerai de chrome (chromite de fer) est calciné au rouge avec du carbonate ou du sulfate de sodium. On laisse refroidir la masse et on la traite par l'eau. La dissolution contient tout le chrome à l'état de chromate. On additionne la liqueur d'un excès de chlorure de baryum ou de calcium ; le chromate alcalino-terreux reste insoluble ; le chlorure de sodium cristallise par évaporation des eaux mères.

Le chromate de calcium peut être préparé en traitant le chromate de sodium par un poids équivalent de chaux vive. On sépare au filtre-presse le chromate de calcium de la solution [Donald, *D. chem. G.*, **18**, *Ref.*, 307].

M. Gilchrist Thomas [Brevet anglais 5130, mars 1884 ; *D. chem. G.*, **18**, *Ref.*, 308] commence par calciner le fer chromé avec un excès de coke, de manière à le convertir en une sorte de fonte. Celle-ci est ensuite chauffée dans un convertisseur Bessemer muni d'un revêtement neutre ou alcalin, tel que chaux, magnésie ou fer chromé, en présence d'une quantité de chaux plus que suffisante pour se combiner à l'oxyde chromique formé dans l'oxydation, ainsi qu'à la silice et à l'acide phosphorique qui prennent naissance dans le convertisseur.

On traite ensuite le chromate de calcium par les méthodes habituelles.

On peut aussi par ce procédé obtenir les chromates alcalins : il suffit de remplacer dans le convertisseur la chaux par un chlorure alcalin.

CHROMATE MANGANICO-POTASSIQUE,

$$CrO^4K^2 . 2CrO^4Mn, 4H^2O$$

[Hensgen, *Rec. P.-B.*, **4**, 212]. — On précipite une solution de chromate de potassium par le sulfate de manganèse, on recueille le précipité et on le fait digérer en tube scellé avec une solution chaude d'acide chromique. On obtient par refroidissement le sel double en cristaux d'un bleu noirâtre. Ce corps perd à 170-180° la moitié de son eau de cristallisation, et se décompose à une température plus élevée, suivant l'équation

$$Cr\,O^4K^2 . 2\,Cr\,O^4Mn$$
$$= Cr\,O^4K^2 + Mn\,O + Cr^2O^3 + O^3 .$$

CHROMATE MANGANICO-AMMONIQUE,

$$Cr\,O^4(Az\,H^4)^2 . 2\,Cr\,O^4Mn , 4\,H^2O$$

[Hensgen, *loc. cit.*]. — Même préparation que pour le sel précédent. Ce sel se décompose à 200° suivant l'équation

$$2\,[Cr\,O^4(Az\,H^4)^2 . 2\,Cr\,O^4Mn , 4\,H^2O]$$
$$= 4\,Mn\,O + 3\,Cr^2O^3 + 16\,H^2O + 2\,Az^2 + 3\,O .$$

CHROMATE DE PLOMB. — M. L. Bourgeois [*Bull. Soc. Chim.*, (2), **47**, 883] a reproduit le chromate de plomb cristallisé (crocoïse) en soumettant à un refroidissement lent une solution saturée à chaud de chromate de plomb précipité dans de l'acide azotique étendu de 5 ou 6 volumes d'eau. On obtient ainsi des cristaux brillants, orangés, ayant une densité de 6,29. Ces cristaux sont plus nets si l'on opère à 150° en tube scellé.

CHROMATE D'ARGENT, $Cr\,O^4Ag^2$. — MM. Jäger et Krüss [*D. chem. G.*, **22**, 2050] recommandent de préparer ce sel en épuisant par l'eau bouillante le dichromate d'argent : on obtient de cette manière une poudre cristalline d'un vert foncé, tandis que le sel préparé par double décomposition au moyen du chromate neutre de potassium est une poudre amorphe d'un rouge brique.

Le chromate d'argent est décomposé au-dessus de 200° par un courant de chlore, avec dégagement d'oxygène et mise en liberté d'acide chromique :

$$Cr\,O^4Ag^2 + Cl^2 = 2\,Ag\,Cl + O + Cr\,O^3$$

[Krutwig, *D. chem. G.*, **14**, 306].

Le *chromate d'argent ammoniacal*,

$$Cr\,O^4Ag^2 . 4\,Az\,H^3 ,$$

obtenu en dissolvant le chromate neutre dans l'ammoniaque, forme de longues aiguilles jaunes tétragonales : $a : c = 1 : 0,54717$ (Jäger et Krüss).

CHROMATES MERCUREUX. — Lorsqu'on mélange des dissolutions concentrées de chromate de potassium et d'azotate mercureux, on obtient un abondant précipité rouge de chromate mercureux, $4\,Hg^2O.3\,Cr\,O^3$ [P. et M. Richter, *D. chem. G.*, **15**, 1489].

Si l'on chauffe ce corps en présence d'acide azotique étendu, on obtient le composé $Hg^2O.Cr\,O^3$, poudre rouge cristalline, insoluble dans l'eau, décomposable au rouge sombre en donnant du sesquioxyde de chrome.

La méthode de dosage du chrome de Henri Rose repose sur la transformation de ce chromate en sesquioxyde par calcination. Le chromate mercureux $Cr\,O^4Hg^2$, traité par les alcalis, prend une coloration brune ou se transforme en chromate basique $3\,Hg^2O.Cr\,O^3$ [P. et M. Richter, *loc. cit.*].

CHROMATES MERCURIQUES. — Si l'on sature une solution d'acide chromique par de l'oxyde jaune de mercure, on obtient un chromate neutre, $Hg\,O.Cr\,O^3$, en prismes quadratiques.

Une ébullition prolongée de l'oxyde jaune de mercure avec le dichromate de potassium conduit au composé $4\,Hg\,O.Cr\,O^3$.

MM. Jäger et Krüss [*D. chem. G.*, **22**, 2049] ont en outre décrit les composés

$$5\,Hg\,O.Cr\,O^3 \quad et \quad 6\,Hg\,O.Cr\,O^3 .$$

Le premier s'obtient en épuisant par l'eau chaude, jusqu'à ce que le liquide de lavage soit presque incolore, la combinaison de chromate mercurique et de chlorure ammonio-mercurique, $2\,(Az\,H^3 . Hg\,Cl)\,Cr\,O^4Hg$ (voyez plus bas). Il forme une masse orangée.

Le second prend naissance par l'ébullition prolongée du précédent avec un excès d'eau.

Le *sel double*, $2\,(Az\,H^3 . Hg\,Cl)\,Cr\,O^4Hg$, s'obtient en ajoutant de l'ammoniaque à un mélange à parties égales de chlorure mercurique et de chromate neutre d'ammonium. C'est un précipité d'un jaune clair, soluble dans les acides.

CHROMATES AMMONIOMERCURIQUES [Hensgen, *Rec. P.-B.*, **5**, 187 ; *D. chem. G.*, **20**, *Ref.*, 44]. — Si à une solution concentrée et chaude de dichromate d'ammonium on ajoute de l'oxyde jaune de mercure jusqu'à ce que ce composé cesse de se dissoudre, on voit se déposer par refroidissement des aiguilles d'un jaune d'or, que l'on peut laver à l'eau, à l'alcool et à l'éther sans les décomposer. Ce corps aurait pris naissance suivant l'équation

$$4\,Cr^2O^7(Az\,H^4)^2 + 4\,Hg\,O = 2\,H^2O$$
$$+ (Az\,Hg^2O\,H^2)^2O . 2\,Cr\,O^3 . 3\,[(Az\,H^4)^2O . 2\,Cr\,O^3] .$$

Soumis à l'ébullition avec de la potasse ou avec de l'ammoniaque, ce composé perd à l'état d'ammoniaque les trois quarts de son azote et se transforme en un corps de la formule

$$(Az\,Hg^2O\,H^2)^2Cr\,O^4 .$$

Ce dernier présente la même structure cristalline que le précédent, mais sa couleur est un peu plus foncée. Traité par l'iodure de potassium, il perd tout son azote à l'état d'ammoniaque, en donnant de l'iodure mercurique, du chromate de potassium et de la potasse.

COMBINAISONS DES CHROMATES ALCALINS AVEC LE CHLORURE MERCURIQUE [Jäger et Krüss, *D. chem. G.*, **22**, 2043]. — 1° $Cr^2O^7(Az\,H^4)^2 . Hg\,Cl^2$. — On évapore à cristallisation une solution aqueuse renfermant molécules égales de dichromate d'ammonium et de chlorure mercurique. On obtient de beaux prismes rouges, anhydres, ayant à 13° une densité de 3,109. Ce sel double paraît se dissocier lorsqu'on cherche à le faire recristalliser dans l'eau.

2° $3\,Cr^2O^7(Az\,H^4)^2 . Hg\,Cl^2$. — Belles aiguilles orangées, obtenues en mélangeant des solutions à poids égaux de chromate d'ammonium et de chlorure mercurique, dissolvant le précipité ainsi formé dans la moindre quantité possible d'acide chlorhydrique et évaporant à cristallisation. Ce composé a une densité de 2,158 à la température de 10°.

3° $4\,Cr^2O^7(Az\,H^4)^2 . Hg\,Cl^2$. — On le prépare comme le précédent, en employant une quantité double d'acide chlorhydrique. Beaux cristaux orangés.

4° $Cr^2O^7(Az\,H^4)^2 . 3\,Hg\,Cl^2$. — On mélange des solutions de 2 parties de chromate d'ammonium et de 3 parties de chlorure mercurique, on redissout immédiatement le précipité par une addition d'acide chlorhydrique et on évapore le tout à cristallisation. Belles aiguilles orangées.

5° $Cr^2O^7(Az\,H^4)^2 . 4\,Hg\,Cl^2$. — Longues aiguilles orangées, qui se déposent par l'évaporation des eaux mères du sel précédent.

6° $Cr^2O^7K^2 . Hg\,Cl^2$. — On le prépare en soumettant à une évaporation lente, à la température ordinaire, un mélange à molécules égales de dichromate de potassium et de chlorure mercurique. Beaux cristaux orangés, ayant à 11° une densité de 3,531. Ce sel peut être purifié par cristallisation dans l'eau sans se dissocier.

ACIDE CHROMOSULFURIQUE,

$$(Cr^2 . 4 SO^4) H^2, 11 H^2 O.$$

— M. Recoura, après avoir étudié les modifications vertes du sulfate de sesquioxyde de chrome, a démontré que le sel vert $Cr^2O^3 . 3 SO^3, H^2O$ est capable de fixer 1 molécule d'acide sulfurique pour donner un acide particulier $(Cr^2 . 4 SO^4) H^2$, qu'il a désigné sous le nom d'*acide chromosulfurique*.

Ce composé se prépare en réduisant l'acide chromique par l'alcool, en présence d'acide sulfurique et d'une petite quantité d'eau.

L'acide chromosulfurique constitue une poudre verte, très hygroscopique. Dans l'air sec, on peut le conserver indéfiniment; mais sa dissolution est très instable. Récemment préparée, elle ne précipite point le chlorure de baryum.

Les *sels de potassium*, $(Cr^2 . 4 SO^4) K^2, 4 H^2O$, *de sodium*, $(Cr^2 . 4 SO^4) Na^2, 10 H^2O$ et *d'ammonium* $(Cr^2 . 4 SO^4)(Az H^4)^2, 5 H^2O$, s'obtiennent par la déshydratation partielle des aluns correspondants [*C. R.*, 1891-1892].

DICHLORHYDRINE CHROMIQUE ou **ACIDE CHLOROCHROMIQUE.** — *Préparation.* — L'acide chlorochromique se prépare facilement en faisant passer un courant de chlore sur l'acide chromique sec ou sur les chromates de plomb ou de baryum bien privés d'eau (Moissan). Le meilleur procédé de préparation est celui-ci : On place dans une cornue tubulée du dichromate de chlorure de potassium, sur lequel on verse peu à peu de l'acide sulfurique monohydraté et on chauffe légèrement. Il se dégage d'abondantes fumées rouges, que l'on condense dans un récipient refroidi.

Propriétés. — Le liquide obtenu a pour densité 1.71 à 21°. D'après Thorpe, il bout à 118° sous 768^{mm} et à 116°,8 sous 733^{mm}. Sa densité de vapeur est 5.548.

À 440°, l'acide chlorochromique n'est pas détruit; mais, au rouge, il fournit un mélange de chlore, d'oxygène et d'oxyde de chrome. Si la température est modérée, on obtient un composé se rapprochant de la formule Cr^3O^4. A 800°, on n'obtient plus que du sesquioxyde.

Cependant, lorsque l'on fait passer de l'acide chlorochromique dans un tube chauffé au rouge, à 700°, dans une atmosphère d'oxyde de carbone, le tube se remplit de lamelles de sesquichlorure violet cristallisé.

L'acide chlorhydrique, agissant au rouge sur l'acide chlorochromique, produit de la vapeur d'eau, de l'oxyde de chrome et du chlore, mais pas de sesquichlorure, par suite d'une réaction inverse tendant à le décomposer.

Le trichlorure de phosphore, par son action sur l'acide chlorochromique, donne du perchlorure de phosphore, de l'acide phosphorique et du sesquichlorure de chrome, avec dégagement de chaleur.

L'acide chlorochromique absorbe son poids d'ammoniaque en donnant un chromate chromoso-ammonique (Heintz).

Lorsque l'acide chlorochromique passe dans un tube en même temps qu'un courant de gaz ammoniac, il prend feu en produisant une flamme blanche, des fumées blanches et enfin un composé brun-verdâtre solide. Cette réaction a été étudiée par plusieurs chimistes. Liebig trouva du chrome dans ce résidu, ainsi que dans le composé brun que forme le sesquichlorure de chrome dans les mêmes conditions.

Schrötter attribua au résidu la composition Cr^3Az^4, mais il n'opérait que sur le sesquichlorure et admettait pour le résidu produit par l'acide chlorochromique une composition analogue. D'après lui, ce composé, chauffé à 150° dans un courant d'oxygène sec, prendrait feu en donnant des composés oxygénés de l'azote.

On a repris ces expériences, mais le produit laissé dans le tube par l'acide chlorochromique n'a pas donné de composés de l'azote. Il y a donc une différence de composition entre les deux corps.

M. Rideal a fait de nouveau passer dans un tube de porcelaine ou de verre de l'acide chlorochromique et du gaz ammoniac. Il a bien obtenu au commencement de l'expérience des fumées blanches, mais il a remarqué que le composé n'était pas homogène : il contenait une matière blanche volatile et une matière brune fixe. Il fit dissoudre dans l'eau tout ce qu'il put recueillir; la poudre était en partie soluble; la solution contenait du chlorure d'ammonium, de l'acide chromique et une substance qui précipitait par l'ammoniaque en donnant une poudre brune. Ce précipité, bouilli avec une lessive de potasse, formait un hydrate d'oxyde de chrome vert et un chromate. Il répond probablement à la formule $Cr^2O^3 . Cr O^3$.

La partie insoluble, dissoute dans l'acide chlorhydrique, parut être de l'oxyde de chrome, car elle ne contenait pas de chlorure. D'après ces expériences, il était probable qu'il se formait bien des composés oxygénés de l'azote, mais que ces composés étaient entraînés par le courant de gaz ammoniac.

M. Rideal, dans une seconde expérience, recueillit sur le mercure les gaz dégagés, les fit absorber par l'eau et les analysa. Il trouva que la quantité d'ammoniaque combinée correspondait à l'équation

$$3 Cr O^2 Cl^2 + 8 Az H^3$$
$$= 6 Az H^4 Cl + Cr O^3 . Cr^2 O^3 + Az^2.$$

En résumé, bien que la réaction paraisse compliquée, elle peut se ramener à un dédoublement de l'acide chlorochromique en bichlorure et en chlore, qui se combine au gaz ammoniac avec formation de composés oxygénés de l'azote [Samuel Rideal, *Chem. Soc.*, 1886, 366].

Chlorochromate de potassium. — Si l'on mélange simplement des dissolutions de dichromate et de chlorure de potassium, on n'obtient aucun précipité. Mais, en évaporant une liqueur contenant des poids équivalents de ces sels, on obtient après refroidissement des prismes rhomboïdaux répondant à la formule $K^2O . 2 Cr O^3 . 2 K Cl$.

ACIDE CHROMO-IODIQUE.

$$Cr O^2 \begin{cases} O - I O^2 \\ O H \end{cases} + 2 H^2 O.$$

— On le prépare en dissolvant dans l'eau un mélange d'acide chromique et d'acide iodique. On obtient, par concentration de la liqueur, des cristaux rouges, déliquescents, orthorhombiques. Chauffés, ils perdent d'abord de l'eau, puis de l'iode et de l'oxygène.

Les chromo-iodates se forment quand on traite par l'acide iodique une solution de dichromates, ou par l'acide chromique une solution d'iodates. Ces composés se présentent à l'état de croûtes cristallines formées de cristaux très petits. Ils sont tous décomposés par l'eau en iodates et acide chromique libre. Ces sels ne cristallisent qu'en présence d'un excès d'acide chromique. Ils perdent leur eau à 140° lorsqu'ils sont hydratés. Si l'on continue à élever la température, ils se décomposent en oxygène, iode et dichromate. Ils sont facilement réduits par les réducteurs minéraux. En présence de l'alcool ou de l'éther, ils forment un iodate de chrome vert et un mélange de chromates et de dichromates.

Chromo-iodate de potassium, $Cr I O^6 K, H^2 O$. — On l'obtient par évaporation d'une solution de 1 molécule de dichromate de potassium et de 1 molécule d'acide iodique en présence d'un excès d'acide chromique. On peut encore le préparer en dissolvant l'iodate de potassium dans un excès d'acide chromique. Il se présente en plaques cristallines rouges.

Chromo-iodate de sodium, $CrIO^6Na, H^2O$. — Il se prépare comme le sel précédent. Il se présente sous la forme de croûtes cristallines, très solubles dans l'eau. Sa densité est 3,21. Il contient toujours un excès d'acide chromique.

Chromo-iodate de lithium, $CrIO^6Li, H^2O$. — Il se prépare comme les autres chromo-iodates et a le même aspect.

Chromo-iodate d'ammonium, $CrIO^6AzH^4, H^2O$. — Il se prépare comme les chromo-iodates de potassium et de sodium. Il se présente sous la forme de masses cristallines rouges, formées de très petits cristaux orthorhombiques. La densité de ce composé est 3,50. Il paraît devoir exister un deuxième sel de cette composition, mais anhydre [Berg, *C. R.*, **104**, 1514].

ACIDE CHROMOCYANHYDRIQUE. — Cet acide se prépare en faisant agir une faible quantité d'acide chlorhydrique sur un excès d'une solution aqueuse de chromocyanure de potassium saturée d'éther. Le corps blanc ainsi obtenu est un composé instable, se détruisant à l'air ou en présence des acides. Avec l'eau, il donne une solution acide décomposant les carbonates alcalins et fournissant des liquides qui présentent les caractères des chromocyanures (H. Moissan).

M. Böckmann a obtenu ce composé en faisant passer un courant d'hydrogène sulfuré dans de l'eau tenant en suspension du chromocyanure d'argent. On évapore le liquide dans le vide et on obtient de petits cristaux rougissant le tournesol et déplaçant l'acide carbonique de ses combinaisons.

Chromocyanure de potassium, $Cr^3Cy^{12}K^9$. — On met à la température ordinaire, dans un vase fermé, de l'acétate de protoxyde de chrome et un peu d'une solution aqueuse de cyanure de potassium. La masse s'échauffe en donnant un précipité verdâtre. On agite le flacon et on l'abandonne à lui-même pendant 8 ou 10 jours. On reprend ensuite le tout par l'eau et on filtre. Par évaporation, il cristallise un sel jaune, que l'on purifie par quelques cristallisations.

On peut encore calciner à l'air un mélange de carbonate de potassium, de sang desséché et de chrome. Après 2 heures de calcination, on reprend par l'eau, on filtre et on fait cristalliser.

On peut aussi faire réagir le cyanure de potassium sur le protochlorure de chrome à l'abri de l'air, ou bien chauffer en tube scellé à 100° du chrome porphyrisé et du cyanure de potassium.

L'action du cyanure de potassium sur le carbonate chromeux fournit aussi un sel très pur.

Le chromocyanure de potassium se présente en beaux cristaux maclés, jaunes, très solubles dans l'eau, insolubles dans l'alcool, l'éther et le benzène. Sa densité est 1,71. Il n'agit pas sur la lumière polarisée. Sa solution saturée présente au spectroscope une absorption totale du violet et trois bandes dans le vert.

Ce sel est anhydre; dans le vide sec, il ne change pas d'aspect; il est inaltérable à l'air à la température ordinaire.

La solution aqueuse a une faible réaction alcaline; elle émet à l'ébullition une légère odeur d'acide cyanhydrique et donne un dépôt de sesquioxyde de chrome.

Le chromocyanure de potassium, chauffé au rouge sombre, fond, puis se décompose en dégageant de l'azote. Il laisse finalement un résidu de chrome carburé et de cyanure de potassium.

Chauffé avec de l'acide sulfurique monohydraté, il dégage de l'azote, tandis qu'avec l'acide étendu il donne de l'acide cyanhydrique. Les corps oxydants, chlore, eau oxygénée, acide

chromique, transforment la solution en un liquide contenant de l'acide chromique.

Le chromocyanure de potassium ne donne pas de précipité avec les sels métalliques acides.

Ses réactions principales sont les suivantes :

Potasse et soude.............	Rien.
Sulfate de protoxyde de fer...	Précipité rouge.
Sulfate de sesquioxyde de fer.	Coloration rouge.
Perchlorure de fer...........	Coloration rouge.
Chlorure de manganèse	Précipité blanc.
Sulfate de zinc..............	Précipité blanc.
Nitrate de bismuth..........	Précipité jaune.
Sulfate de cuivre...........	Précipité verdâtre.
Bichlorure de mercure.......	Rien.
Chlorure d'or...............	Rien.
Nitrate d'argent	Précipité jaune.
Chlorure de platine..........	Rien.

La réaction la plus sensible est donnée par les sels de protoxyde de fer. Une solution au 10000° fournit encore une coloration apparente.

Le chromocyanure passe rapidement dans la circulation; il est inoffensif et est éliminé par les urines [H. Moissan, *C. R.*, **103**, 1079].

M. Christensen [*J. prakt. Chem.*, (2), **31**, 163; *Bull. Soc. Chim.*, (2), **45**, 546] prépare le chromocyanure de potassium en dissolvant à chaud de l'acétate chromeux dans le cyanure de potassium : il obtient par le refroidissement des cristaux bleus ayant pour formule $Cr^3Cy^{12}K^6, 6H^2O$. Cette préparation doit être effectuée dans un courant d'hydrogène, car en opérant au contact de l'air on n'obtient que du chromicyanure en cristaux jaunes.

Chromocyanure de baryum. — Ce composé se prépare par l'action de l'eau de baryte sur une solution de chromocyanure de potassium. C'est une poudre cristalline d'un blanc jaunâtre.

Chromocyanure de plomb. — La poudre blanche que l'on obtient en traitant le sous-acétate de plomb par le chromocyanure de potassium présente tous les caractères d'un chromocyanure.

ACIDE CHROMICYANHYDRIQUE. — *Chromicyanure de potassium*. $Cr^2Cy^{12}K^6$. — Sel peu stable, pouvant s'obtenir par l'action du chlore sur le chromocyanure de potassium. On peut encore le préparer en chauffant le sesquicyanure de chrome avec une solution de cyanure de potassium. On ajoute ensuite de l'alcool et le chromicyanure rouge se dépose.

La solution du chromicyanure est rouge, d'après M. Deschamps; elle se réduit par le sodium en donnant le chromocyanure.

M. Christensen [*loc. cit.*] prépare le chromicyanure de potassium en mélangeant avec des précautions spéciales des solutions convenablement concentrées d'acétate chromique et de cyanure de potassium. Il décrit ce sel comme formé de grands cristaux d'un jaune clair.

COMPOSÉS CHROMAMMONIQUES.

M. Fremy a fait dès 1858 la remarque suivante : Le sesquioxyde de chrome se dissout dans l'ammoniaque, surtout en présence des sels ammoniacaux; si l'on additionne d'alcool cette dissolution, on obtient un sel chromammonique se détruisant à l'ébullition en donnant le sesquioxyde.

Ce sel, abandonné à l'air pendant quelques heures, se décompose en laissant un corps violet, amorphe, qui peut servir à donner naissance à une nouvelle base amidochronique, appelée par M. Fremy base *roséochromique*.

Les composés ammoniés du chrome se divisent en sels roséochromiques, purpuréochromiques, xanthochromiques, rhodochromiques et érythrochromiques.

Le chrome s'unit à l'ammoniaque dans deux

proportions, et les composés amidochromiques renferment tous les groupements suivants :

$$(Cr^3 . 8 Az H^3) \quad et \quad (Cr^2 . 10 Az H^3).$$

Ces bases octo- ou décammoniées se combinent avec 6 atomes de chlore, de brome, d'iode, ou avec 6 molécules d'acide monobasique ; mais, de ces six molécules, deux jouent un rôle particulier et ne sont jamais déplacées.

COMPOSÉS ROSÉOCHROMIQUES, $(Cr^2 . 10 Az H^3) X^6$.
Les composés roséochromiques ont été particulièrement étudiés par M. O.-T. Christensen [*J. prakt. Chem.*, (2), **23**, 26].

Hydrate. — On précipite 20 grammes de nitrate d'argent par la soude, on lave par décantation, et on triture dans un mortier l'oxyde d'argent ainsi obtenu avec 5 grammes de chlorure chloropurpuréochromique et un peu d'eau. Au bout de quelques minutes, on jette sur un filtre. L'opération ne doit pas durer plus de 4 minutes et doit être faite à l'abri de la lumière. On obtient ainsi une solution rouge foncé, fortement alcaline, et qui donne avec les acides des sels bien cristallisés. Cette solution d'hydrate roséochromique se décompose lentement, avec dépôt d'oxyde chromique et dégagement d'ammoniaque.

Chlorure, $(Cr^2 . 10 Az H^3) Cl^6 , 2 H^2 O$. — On le prépare en saturant l'hydrate par l'acide chlorhydrique faible (l'acide fort donne du chlorure chloropurpuréochromique). On filtre et on évapore. On obtient ainsi une poudre cristalline orangée, très soluble dans l'eau, insoluble dans l'alcool. Sa solution se décompose lentement à la lumière, et se transforme rapidement par l'acide chlorhydrique en chlorure chloropurpuréochromique.

Le chlorure roséochromique fournit des précipités avec les acides nitrique et bromhydrique, avec le chlorure de platine concentré, avec le chloroplatinate de sodium, avec les ferro- et ferricyanures de potassium, etc.

Bromure, $(Cr^3 . 10 Az H^3) Br^6 , 2 H^2 O$. — On le prépare comme le sel précédent, en substituant l'acide bromhydrique à l'acide chlorhydrique. C'est une poudre jaune, cristalline, très soluble dans l'eau. La solution se décompose lentement à froid, rapidement à chaud. Le sel perd à 100° son eau de cristallisation, en laissant pour résidu une poudre violette constituant le sel anhydre.

Iodure, $(Cr^2 . 10 Az H^3) I^6 , 2 H^2 O$. — On le prépare comme le chlorure et le bromure. C'est une poudre cristalline, jaune, très soluble dans l'eau, dont la solution se décompose spontanément.

Sulfate, $(Cr^2 . 10 Az H^3) (S O^4)^3 . 5 H^2 O$. — On sature l'hydrate par l'acide sulfurique faible, et on ajoute à la solution son demi-volume d'alcool à 90°. Il se fait un précipité formé de prismes quadratiques, très solubles dans l'eau. La solution se décompose à chaud. Le sel sec n'est pas stable ; il se décompose lentement, même à l'abri de la lumière. Il perd 4 H² O à 98° et se détruit à 100°.

Nitrate, $(Cr^2 . 10 Az H^3) (Az O^3)^6 , 2 H^2 O$. — On sature l'hydrate par l'acide nitrique et on évapore à cristallisation. C'est un sel orangé, très soluble dans l'eau, qui perd 2 H² O à 110°

Bromoplatinate,

$$(Cr^2 . 10 Az H^3) Br^2 . 2 Pt Br^6 , 4 H^2 O.$$

— Précipité cristallin, obtenu en mélangeant des solutions concentrées de bromure roséochromique et de bromoplatinate de sodium. Ce corps cristallise dans le système hexagonal. L'ébullition avec l'acide bromhydrique le transforme en sel bromopurpuréochromique.

Chloroplatinosulfate,

$$(Cr^2 . 10 Az H^3) (S O^4)^2 Pt Cl^6.$$

— On précipite par le chlorure de platine une solution étendue de sulfate roséochromique. Cristaux d'un jaune d'or, peu solubles dans l'eau, que l'ébullition avec l'acide chlorhydrique convertit en sel chloropurpuréochromique.

Bromoplatinosulfate,

$$(Cr^2 . 10 Az H^3) (S O^4)^2 Pt Br^6$$

— On le prépare comme le sel précédent, auquel il est entièrement semblable.

Chloromercurate,

$$(Cr^2 . 10 Az H^3) Cl^6 . 6 Hg Cl^2 , 4 H^2 O.$$

— En mélangeant des solutions concentrées de chlorure roséochromique et de chlorure mercurique, on obtient un précipité d'aiguilles orangées, très peu solubles dans l'eau, que l'acide chlorhydrique transforme en sel chloropurpuréochromique.

Bromochromate, $(Cr^2 . 10 Az H^3) Br^2 . (Cr O^4)^2$. — Le mélange de solutions concentrées de bromure roséochromique et de chromate de potassium fournit un précipité formé de prismes rectangulaires, peu solubles dans l'eau. Ce sel se décompose à 100°. Sa solution s'altère spontanément.

Ferricyanure. — Précipité cristallin, obtenu en mélangeant des solutions moyennement concentrées de chlorure roséochromique et de ferricyanure de potassium. Il se détruit à 150°. L'acide chlorhydrique le transforme en sel chloropurpuréochromique.

Cobalticyanure. — Prismes microscopiques, obtenus en mélangeant des solutions de chlorure roséochromique et de cobalticyanure de potassium.

Chromicyanure, $(Cr^2 . 10 Az H^3) Cr^2 Cy^{12} , 3 H^2 O$. — Précipité cristallin, préparé comme le précédent. Il perd son eau à 150°, s'altère par l'ébullition avec l'eau et est transformé par l'acide chlorhydrique en sel chloropurpuréochromique.

COMPOSÉS PURPURÉOCHROMIQUES,

$$(X^2 Cr^2 . 10 Az H^3) Y^4.$$

SELS CHLOROPURPURÉOCHROMIQUES

$$(Cl^2 Cr^2 . 10 Az H^3) X^4$$

[Jörgensen, *J. prakt. Chem.*, (2), **20**, 105].

Chlorure, $(Cl^2 Cr^2 . 10 Az H^3) Cl^4$. — On chauffe dans un tube 25 grammes de chlorure chromique dans un courant d'hydrogène desséché. Quand le contenu du tube est devenu blanc, on laisse refroidir dans le courant d'hydrogène, puis on aspire dans le tube une solution ammoniacale de sel ammoniac (90 grammes de sel pour un demi-litre d'ammoniaque). Le chlorure chromeux se dissout en donnant un liquide bleu ; cette solution s'oxyde à l'air en laissant déposer des cristaux prismatiques, d'un rouge cramoisi (sans doute du chlorure roséochromique) : on la peroxyde en y faisant passer un courant d'air. On verse cette solution dans 2 litres d'acide chlorhydrique fumant et on fait bouillir. Le chlorure chloropurpuréochromique se dépose sous la forme d'une poudre rouge-carmin, qu'on lave d'abord avec de l'acide chlorhydrique, puis avec de l'eau et de l'alcool.

M. Christensen [*J. prakt. Chem.*, (2), **23**, 54] prépare le même chlorure en partant du dichromate de potassium ; il commence la réduction du sel chromique par l'alcool et l'acide chlorhydrique et la termine au moyen de l'hydrogène naissant développé par le zinc et l'acide chlorhydrique : la solution bleue ainsi obtenue est additionnée de chlorure d'ammonium. On continue la préparation comme dans le procédé de M. Jörgensen.

Ce sel se présente en octaèdres microscopiques. Sa densité à 15° est 1,687 ; à 16°, il est soluble dans 150 parties d'eau. Sa solution, de couleur rouge-violet, s'altère à la lumière, en donnant de l'hydrate chromique; acidulée, elle est plus stable.

Une ébullition prolongée transforme ce sel en sel roséochromique. A froid, il se dissout dans l'ammoniaque; chauffé avec cette base, il se détruit.

La solution aqueuse froide et récente de ce chlorure fournit avec les acides chlorhydrique et bromhydrique le chlorochlorure et le bromochlorure.

Avec l'iodure de potassium en poudre, cette solution aqueuse donne le chloro-iodure. Traitée par l'acide hydrofluosilicique, l'acide azotique, le bichlorure de platine, elle donne les sels correspondants.

Bromure, $(Cl^2Cr^2 . 10 Az H^3) Br^4$. — On verse la solution aqueuse froide du chlorure précédent dans l'acide bromhydrique concentré.

Il forme des octaèdres microscopiques, rouges, anhydres, un peu plus solubles dans l'eau que le chlorure. Sa densité à 13°,8 est 2,075.

Chloroplatinate, $(Cl^2Cr^2 . 10 Az H^3) (Pt Cl^6)^3$. — Précipité cristallin, brun-chamois, très peu soluble.

Fluosilicate, $(Cl^2Cr^2 . 10 Az H^3) (Si Fl^6)^3$. — Il se précipite en petites tables rhombiques, d'un rose foncé, isomorphes avec la combinaison cobaltique correspondante. Très peu soluble dans l'eau, il est tout à fait insoluble dans un excès d'acide hydrofluosilicique.

Chloromercurate, $(Cl^2Cr^2 . 10 Az H^3) (Hg^3 Cl^8)^2$. — Il se précipite en aiguilles roses, anhydres, altérables à la lumière. L'acide chlorhydrique le décompose rapidement.

Bromomercurate,

$$(Cl^2Cr^2 . 10 Az H^3)^2 \lessgtr \frac{Hg^3 Br^8}{(Hg Br^2)^2}$$

— Préparé avec le bromomercurate de potassium, il se dépose en fines aiguilles violettes, très peu solubles, très altérables à la lumière.

Iodomercurate, $(Cl^2Cr^2 . 10 Az H^3)^2 (Hg I^3)^4$. — Précipité volumineux, de couleur chamois, formé de petites aiguilles, obtenu en ajoutant au chlorure une solution saturée froide d'iodure mercurique dans l'iodure de potassium. Un excès d'eau froide en opère le dédoublement.

On obtient un autre sel $(Cl^2Cr^2 . 10 Az H^3) 2 Hg I^4$, en larges lamelles rhombiques, d'un rouge lilas, lorsque, dans la préparation ci-dessus, on emploie un excès d'iodure de potassium.

Azotate, $(Cl^2Cr^2 . 10 Az H^3) (Az O^3)^4$. — On dissout le chlorure dans l'acide sulfurique dilué, à 30°, et on verse la solution dans l'acide azotique en excès refroidi à 0°. C'est un précipité formé d'octaèdres microscopiques d'un rouge carmin; on le lave à l'acide azotique étendu, puis à l'alcool. On peut le faire cristalliser dans l'eau bouillante additionnée d'acide azotique; mais dans cette opération une grande partie du sel est convertie en combinaison roséochromique. Ce sel se dissout à 17°.5 dans 71 parties d'eau.

Sulfure, $(Cl^2Cr^2 . 10 Az H^3) S^{10}$. — Précipité cristallin semblable à l'or mussif, obtenu en ajoutant à la solution du chlorure d'abord du sulfure d'ammonium chargé de soufre, puis de l'alcool. Séché, ce sel présente une odeur d'hydrogène sulfuré. Il est peu soluble dans l'eau froide, plus soluble dans l'eau chaude, en une liqueur orangée. L'acide acétique le décompose avec dégagement d'hydrogène sulfuré et dépôt de soufre.

Hyposulfate, $(Cl^2Cr^2 . 10 Az H^3) (S^2 O^6)^3$. — Obtenu par double décomposition, il se dépose en longues aiguilles d'un rouge carmin, très peu solubles dans l'eau froide, ou en prismes orthorhombiques terminés par des pointements.

Sulfate neutre, $(Cl^2Cr^2 . 10 Az H^3) (S O^4)^3$, $4 H^2 O$.

— On agite le chlorure chloropurpuréochromique avec du carbonate d'argent et de l'eau; on obtient ainsi une solution rouge, qu'on sature par l'acide sulfurique étendu, qu'on filtre et qu'on additionne d'alcool : le sulfate se dépose en longs prismes rouges, assez solubles dans l'eau, qui se déshydratent dans l'air sec.

Sulfate acide, $(Cl^2Cr^2 . 10 Az H^3)^2 (S O^4) (S O^4 H)^6$. — Il cristallise lentement en longs prismes lorsqu'on abandonne à 0° sa solution aqueuse saturée à 30°.

Chromate, $(Cl^2Cr^2 . 10 Az H^3) (Cr O^4)^3$. — Précipité cristallin rouge-brique.

Dichromate. — Longues aiguilles orangées, groupées en rosettes peu solubles.

Molybdate. — Précipité rose, formé de petites lamelles rhombiques.

Oxalate, $(Cl^2Cr^2 . 10 Az H^3) (C^2 O^4)^3$. — Prismes rectangulaires, anhydres, très peu solubles, d'un rouge cramoisi.

Picrate. — Longues aiguilles jaunes, très peu solubles.

Ferrocyanure, $(Cl^2Cr^2 . 10 Az H^3) Fe Cy^6, 4 H^2 O$. — Cristaux confus, orangés, obtenus par l'addition successive de ferrocyanure de potassium, puis d'alcool, à la solution froide du chlorure chloropurpuréochromique.

Les sels chloropurpuréochromiques ne sont pas précipités par le phosphate et le pyrophosphate de sodium, le sulfate d'ammonium, le chlorure d'or, ni par le ferricyanure de potassium.

SELS BROMOPURPURÉOCHROMIQUES,

$$(Br^2Cr^2 . 10 Az H^3) Y^4$$

[Jörgensen, *J. prakt. Chem.*, (2), **25**, 351].

Bromure. — On peut le préparer en faisant bouillir avec de l'acide bromhydrique concentré l'hydrate chloropurpuréochromique, ou encore le bromure roséochromique (voyez plus haut). On peut aussi le préparer directement par le même procédé que le chlorure chloropurpuréochromique, en substituant l'acide bromhydrique et le bromure d'ammonium à l'acide chlorhydrique et au chlorure d'ammonium.

Le bromure bromopurpuréochromique constitue une poudre cristalline violette, formée d'octaèdres microscopiques insolubles dans l'alcool. Il donne avec l'eau une solution d'un rouge violacé qui se décompose lentement à froid et à la lumière, et rapidement à l'ébullition. Chauffé avec de l'eau et de l'ammoniaque à une température un peu inférieure à celle de l'ébullition, il se transforme en bromure roséochromique. L'ébullition avec la soude le décompose complètement avec formation d'hydrate chromique. L'hypochlorite de sodium en dégage tout l'azote, avec formation d'acide chromique.

Ses réactions sont les suivantes :

Acide chlorhydrique dilué..	Précipité cristallin violet-rouge.
Iodure de potassium........	Précipité violet-rouge.
Acide nitrique.............	Précipité violet-rouge.
Acide hydrofluosilicique....	Rien.
Chlorure de platine........	Précipité chamois.
Bromoplatinate de sodium..	Précipité orangé foncé.
Chloromercurate de sodium.	Précipité rose.
Iodomercurate de potassium.	Précipité chamois.
Chromate de potassium.....	Précipité rouge-brique.

Bromoplatinate, $(Br^2Cr^2 . 10 Az H^3) (Pt Br^6)^3$. — Précipité cristallin brun-orangé, très peu soluble dans l'eau. Par une agitation prolongée avec l'acide bromhydrique, il se décompose en bromure de platine et bromure bromopurpuréochromique.

Chlorure, $(Br^2Cr^2 . 10 Az H^3) Cl^4$. — Précipité violet-rouge, formé d'octaèdres.

Nitrate, $(Br^2Cr^2 . 10 Az H^3) (Az O^3)^4$. — Précipité rouge-violacé, formé d'octaèdres.

Chromate, (Br²Cr³ . 10 Az H³) (Cr O⁴)². — Précipité rouge-brique.

SELS IODOPURPURÉOCHROMIQUES,

$$(I^2 Cr^2 . 10 Az H^3) Y^4$$

[Jörgensen, *J. prakt. Chem.*, (2), **25**, 91].

Iodure, (I²Cr² . 10 Az H³) I⁴. — On obtient ce sel en faisant bouillir l'iodure roséochromique avec de l'acide iodhydrique concentré. Poudre cristalline violette, très peu soluble dans l'eau, insoluble dans l'alcool et dans l'acide iodhydrique dilué.

Chlorure. (I²Cr² . 10 Az H³) Cl⁴. — On triture l'iodure avec un excès d'acide chlorhydrique moyennement concentré, on filtre et on lave le résidu d'abord à l'eau, puis à l'alcool. Poudre rouge-violacé, donnant avec l'eau une solution violette, qui se transforme à la longue en sel roséochromique.

Bromure. — Précipité bleu-violet, formé d'octaèdres.

Chloroplatinate, (I²Cr² . 10 Az H³) (Pt Cl⁶)². — Poudre jaune-brun.

Nitrate, (I²Cr² . 10 Az H³) (Az O³)⁴. — Poudre violacée.

COMPOSÉS XANTHOCHROMIQUES,

$$(Az^2 O^4 . Cr^2 . 10 Az H^3) X^4$$

[Christensen, *J. prakt. Chem.*, (2), **24**, 74].

Chlorure. (Az²O⁴ . Cr² . 10 Az H³) Cl⁴. — On dissout 20 grammes de chlorure chloropurpuréochromique dans 300 centimètres cubes d'eau, on ajoute 20 gouttes d'acide nitrique, on porte à l'ébullition, puis on laisse refroidir lentement. La solution filtrée est additionnée de 40 ou 50 grammes de nitrite de sodium pur et de 25 grammes d'acide chlorhydrique à 12 0/0; il se forme un précipité cristallin jaune. qu'on lave par décantation à l'eau, puis à l'alcool.

Le corps ainsi obtenu se présente en octaèdres. Sa solubilité dans l'eau est intermédiaire entre celle du chlorure roséochromique et celle du chlorure chloropurpuréochromique. Sa solution aqueuse se décompose à chaud avec dépôt d'oxyde de chrome. Les acides le décomposent également. La soude et l'ammoniaque le dissolvent sans altération à froid, mais ces solutions se décomposent à chaud.

De même que les autres sels xanthochromiques qui sont décrits plus bas, le chlorure est précipité par le chlorure de platine, le chloromercurate de sodium, le chromate et le dichromate de potassium, le dithionate de sodium, les chlorures de potassium et d'ammonium ; il n'est pas précipité par l'acide hydrofluosilicique, ni par le ferro- et le ferricyanure de potassium.

Bromure. (Az²O⁴ . Cr² . 10 Az H³) Br⁴. — On l'obtient en traitant le chlorure par le bromure de potassium ou d'ammonium : c'est un précipité jaune, formé d'octaèdres microscopiques.

Iodure, (Az²O⁴ . Cr² . 10 Az H³) I⁴. — Poudre cristalline rouge, préparée en traitant le chlorure précédent par l'iodure de potassium.

Nitrate, (Az²O⁴ . Cr² . 10 Az H³) (Az O³)⁴. — On peut le préparer, soit par la réaction du nitrate d'ammonium sur le chlorure xanthochromique, soit en traitant le chlorure roséochromique par l'acide nitrique et le nitrite de sodium. C'est un précipité jaune, formé d'octaèdres microscopiques.

Sulfate, (Az²O⁴ . Cr² . 10 Az H³) (S O⁴)², 2 H²O. — On le prépare en triturant dans un mortier un mélange de chlorure xanthochromique et de sulfate d'argent avec un peu d'eau, filtrant et ajoutant de l'alcool au liquide filtré : il se forme un précipité jaune, qu'on lave à l'alcool. Cette préparation doit être faite à l'abri de la lumière. Ce corps se décompose à 100°.

Dithionate, (Az²O⁴ . Cr² . 10 Az H³) (S²O⁶)², 2 H²O. — On précipite par le dithionate de sodium un quelconque des sels précédents. Cristaux prismatiques jaunes, qui se déshydratent à 100°.

Chromate, (Az²O⁴ . Cr² . 10 Az H³) (Cr O⁴)². — Cristaux jaunes, peu solubles dans l'eau.

Dichromate, (Az²O⁴ . Cr² . 10 Az H³) (Cr²O⁷)². — Poudre cristalline jaune.

Chloroplatinate,

$$(Az^2 O^4 . Cr^2 . 10 Az H^3) Cl^4 (Pt Cl^4)^2.$$

— Cristaux prismatiques jaunes, insolubles dans l'eau, qui se décomposent par l'acide chlorhydrique chaud.

Chloromercurate,

$$(Az^2 O^4 . Cr^2 . 10 Az H^3) Cl^4 (Hg Cl^2)^4.$$

— Poudre rouge, décomposable par les acides, obtenue en précipitant par le chloromercurate de sodium le chlorure ou le nitrate xanthochromique.

Carbonate, (Az²O⁴ . Cr² . 10 Az H³) (C O³)². — On triture le chlorure avec de l'eau et du carbonate d'argent, on filtre et on ajoute de l'alcool. Précipité cristallin.

Hydrate. — Lorsqu'on triture le chlorure xanthochromique avec de l'oxyde d'argent et de l'eau, on obtient une solution à réaction alcaline qui précipite les métaux de leurs sels, et qui donne avec les acides les sels xanthochromiques décrits plus haut. Cet hydrate décompose les chlorures alcalins en mettant les alcalis en liberté et en donnant un précipité de chlorure xanthochromique.

SELS RHODOCHROMIQUES NORMAUX,

$$(H O Cr^3 . 10 Az H^3) X^6, n Aq.$$

Bromure, (HO . Cr³ . 10 Az H³) Br⁶, H²O. — On dissout 10 grammes d'hydrate chromique dans 100 centimètres cubes d'acide bromhydrique concentré, et on ajoute à cette solution du zinc métallique et de l'acide bromhydrique jusqu'à ce qu'elle soit devenue bleue. On y ajoute alors 750 grammes d'ammoniaque et 150 grammes de bromure d'ammonium, puis on décante et on oxyde par un courant d'air.

Il se dépose pendant cette opération une poudre bleue, qu'on recueille et qu'on traite par un excès d'acide bromhydrique dilué. Le précipité passe du bleu au rouge et est alors transformé en bromure rhodochromique normal. On le purifie en le lavant à l'acide bromhydrique, puis à l'alcool.

Le bromure rhodochromique est une poudre cristalline rouge, formée de petites aiguilles. Il perd dans l'air sec 1 molécule d'eau. Chauffé à l'air, il se transforme avec incandescence en oxyde chromique. Il est peu soluble dans l'eau froide; ses solutions aqueuses sont colorées en rouge violacé; elles se décomposent par la chaleur avec dégagement d'ammoniaque et dépôt d'hydrate chromique. Il est insoluble dans l'acide bromhydrique dilué, le bromure d'ammonium, l'alcool. L'ébullition avec l'acide bromhydrique dilué le transforme en bromure roséochromique; l'acide bromhydrique concentré le convertit à 100° en bromure bromopurpuréochromique.

Il se dissout dans les alcalis à l'état de bromure rhodochromique basique.

Sa solution aqueuse présente les réactions suivantes :

Acides chlorhydrique, bromhydrique et nitrique.	Précipité de sels correspondants.
Bromure de platine..........	Précipité rouge-écarlate d'aiguilles microscopiques groupées en croix.

Acide hydrofluosilicique......	Précipité amorphe, rouge pâle.
Bromomercurate de potassium.	Précipité rouge pâle, volumineux, de petites aiguilles en croix.
Ferricyanure de potassium....	Précipité gélatineux, très abondant, de couleur chamois.
Ferrocyanure de potassium....	Précipité volumineux, amorphe, d'un rouge pâle.
Dithionate de sodium........	Précipité rouge-violace de petites aiguilles.
Chromate neutre de potassium.	Précipité volumineux, à peine cristallin, de couleur chamois.
Dichromate de potassium......	Précipité jaune, amorphe, qui, par le repos dans l'obscurité, se transforme en longues aiguilles d'un rouge-brique.
Pyrophosphate de sodium.....	Précipité rouge, amorphe, soluble dans un excès de réactif.

Chlorure $(HO . Cr^2 . 10 Az H^3) Cl^5 . H^2O$. — On l'obtient comme le bromure, en substituant l'acide chlorhydrique à l'acide bromhydrique, ou bien en traitant par l'acide chlorhydrique une solution aqueuse du bromure.

Il cristallise en petites aiguilles cramoisies, solubles dans 40 parties d'eau froide en donnant un liquide rouge-carmin qui présente les mêmes réactions que le bromure. Ce sel résiste à une température de 125° prolongée pendant 24 heures.

Sa solution aqueuse donne avec le chlorure de platine en solution étendue un précipité formé d'aiguilles orangées ayant pour formule

$$(HO.Cr^2.10AzH^3)Cl^3.PtCl^6.(HO.Cr^2.10AzH^3)Cl(PtCl^6)^2$$

Le chlorure d'or fournit un précipité d'aiguilles orangées ; le chlorure d'étain, un précipité d'aiguilles rouge pâle ; le chlorure mercurique, un précipité rouge à peine cristallin ; l'oxalate d'ammonium, un précipité cramoisi de lamelles hexagonales.

Traité par le nitrate d'argent, le chlorure rhodochromique perd tout son chlore à l'état de chlorure d'argent : par le carbonate d'argent, il donne une solution d'un bleu violacé, qui renferme du carbonate rhodochromique et qui, par addition d'alcool, laisse déposer une huile rouge, soluble dans l'eau, et d'où l'acide azotique précipite du nitrate rhodochromique, avec dégagement de gaz carbonique.

Traité par l'oxyde d'argent et l'eau, il donne un liquide bleu, instable, qui renferme de l'hydrate rhodochromique.

Chloraurate,

$$(HO . Cr^2 . 10AzH^3)Cl^3(AuCl^4)^2, 2H^2O.$$

— Belles aiguilles orangées, obtenues en ajoutant du chlorure d'or à une solution saturée à froid de chlorure rhodochromique, et lavant le précipité à l'alcool. Il perd $2H^2O$ à 100°.

Iodure, $(HO . Cr^2 . 10 Az H^3)I^5, H^2O$. — On dissout à une douce chaleur du chrome métallique dans de l'acide iodhydrique $(d = 1,7)$; on ajoute ensuite de l'iodure d'ammonium et de l'ammoniaque, puis on fait passer dans la masse un courant d'air jusqu'à formation d'un précipité bleu cristallin, qu'on lave d'abord à l'ammoniaque, puis à l'acide iodhydrique. On obtient ainsi de petits prismes d'un rouge violacé, très peu solubles dans l'eau froide, insolubles dans l'acide iodhydrique et dans l'alcool. Les réactions sont les mêmes que celles du bromure et du chlorure.

Azotate, $(HO . Cr^2 . 10 Az H^3)(Az O^3)^5$. — On dissout dans l'eau le chlorure ou le bromure, on précipite par l'acide nitrique étendu et on lave à l'alcool. Aiguilles d'un rose pâle, qui se décomposent à 100° en devenant bleues et qui, chauffées à l'air, se transforment avec incandescence en oxyde chromique.

Ce corps est peu soluble dans l'eau, insoluble dans l'acide nitrique dilué, qui le transforme partiellement à chaud en nitrate roséochromique. L'acide nitrique concentré le décompose à chaud, en donnant du nitrate d'ammonium et de l'oxyde chromique.

Sa solution aqueuse présente les mêmes réactions que celles du chlorure et du bromure.

Avec le chlorure de platine, il fournit un précipité d'aiguilles orangées, ayant pour composition $(HO . Cr^2 . 10 Az H^3) Az O^3 . 2 Pt Cl^6, 4 H^2 O$.

Sulfate, $(HO . Cr^2 . 10 Az H^3)^2 (S O^4)^5 . 2 H^2 O$. — Tables quadratiques d'un rouge carmin, très peu solubles dans l'eau, obtenues en ajoutant de l'acide sulfurique et de l'alcool à une solution aqueuse du chlorure.

Dithionate, $(HO . Cr^2 . 10 Az H^3)(S^2 O^6)^5, 2 H^2 O$. — Prismes orthorhombiques, d'un rouge carmin, presque insolubles dans l'eau, obtenus par le chlorure et le dithionate de sodium.

SELS RHODOCHROMIQUES BASIQUES.

$$(HO . Cr^2 . 10 Az H^3 . O H) X^4.$$

[Jœrgensen, *J. prakt. Chem.*, (2), **25**. 341].

Bromure, $(HO . Cr^2 . 10 Az H^3 . O H) Br^4 . H^2 O$. — On le prépare en opérant comme pour le bromure rhodochromique normal (voyez plus haut). La poudre cristalline bleue qui se dépose est précisément le sel en question : on le lave rapidement à l'ammoniaque, puis à l'alcool ammoniacal, enfin à l'alcool. On obtient finalement une poudre d'un bleu sombre, formée d'octaèdres groupés en croix.

Ce corps se décompose lentement à la température ordinaire, rapidement à 100°, avec perte d'ammoniaque. L'acide bromhydrique dilué le transforme à froid en bromure rhodochromique normal. Il est peu soluble dans l'eau, à laquelle il communique une faible réaction alcaline et une teinte bleue, qui passe bientôt au rouge par suite de la formation d'un bromure érythrochromique basique. Il est complètement insoluble dans l'alcool.

Chloro-iodure, $(HO . Cr^2 . 10 Az H^3 . O H)Cl^2 I^2$. — On dissout 2 grammes de chlorure rhodochromique normal dans 50 centimètres cubes d'ammoniaque étendue, et on ajoute une solution de 6 grammes d'iodure d'ammonium dans 50 centimètres cubes d'eau. Précipité cristallin d'un bleu sombre, peu soluble dans l'eau froide, insoluble dans l'alcool.

Dithionate,

$$(HO . Cr^2 . 10 Az H^3 . O H)(S^2 O^6)^2, H^2 O.$$

— On dissout un sel rhodochromique normal quelconque dans l'ammoniaque ou dans la soude, on ajoute un excès de dithionate de sodium, et on lave le précipité d'abord à l'eau, puis à l'alcool. Le sel bleu ainsi obtenu est insoluble dans l'eau, l'ammoniaque et la soude. Il se décompose très lentement, même en vase scellé, avec perte d'ammoniaque, en devenant rouge ; il paraît se transformer en sel roséochromique.

Hydrate. — La solution bleue obtenue en dissolvant le chlorure rhodochromique normal dans les alcalis renferme l'hydrate rhodochromique basique et présente les réactions suivantes :

Dithionate de sodium........	Précipité de dithionate rhodochromique basique.
Hyposulfite de sodium........	Précipité bleu cristallin.
Chromate neutre de potassium.	Précipité chamois, amorphe.

Phosphate et pyrophosphate de sodium. — Précipités rouge pâle, solubles en violet dans un excès de réactif.

Oxalate d'ammonium .... Rien.
Alcool fort .... Précipité bleu cristallin.
Iodure et bromure d'ammon". Précip. cristallins bleus.
Ferrocyanure de potassium.... Précipité bleu amorphe.
Ferricyanure de potassium.... Précipité amorphe bleu-verdâtre.

Chloroplatinate de sodium ammoniacal. — Précipité bleu-verdâtre à peine cristallin.

SELS ÉRYTHROCHROMIQUES NORMAUX,

$$(HO . Cr^2 . 10 Az H^3) X^5$$

[Jœrgensen, *J. prakt. Chem.*, (2), **25**, 398].

Azotate, $(HO . Cr^2 . 10 Az H^3) (Az O^3)^5, H^2 O$. — On dissout 5 grammes de chlorure rhodochromique dans 50 centimètres cubes d'eau et 35 centimètres cubes d'ammoniaque diluée; on abandonne à elle-même la solution bleue ainsi obtenue; elle devient bientôt d'un rouge foncé et contient alors le chlorure érythrochromique basique. On ajoute en refroidissant 4 ou 5 volumes d'acide nitrique dilué; il se fait un précipité cristallin, d'un rouge cramoisi, qu'on lave à l'acide nitrique puis à l'alcool.

Ce corps se présente sous la forme de petits octaèdres; il est instable et se décompose lentement, même en vase clos; à 100°, il devient vert foncé, puis noir. Chauffé à l'air, il se décompose en laissant pour résidu de l'oxyde chromique. Il est assez soluble dans l'eau froide. La solution se décompose par l'ébullition avec formation d'hydrate chromique. En présence d'acide nitrique, la solution se convertit à l'ébullition en nitrate roséochromique.

L'azotate érythrochromique est insoluble dans l'acide nitrique dilué, soluble dans l'acide nitrique concentré en donnant une solution violette instable. L'ébullition avec l'acide chlorhydrique dilué le transforme en chlorure chloropurpuréochromique. Il se dissout dans l'ammoniaque en formant un sel basique. Il est insoluble dans l'alcool.

Sa solution aqueuse présente les réactions suivantes :

Acide nitrique dilué.......... — Précipitation du nitrate inaltéré.
Acide chlorhydrique concentré. — Précipité de chlorure chloropurpuréochromique.
Acide bromhydrique.......... — Précipité de bromure érythrochromique.
Acide sulfurique dilué........ — Précipité de sulfate érythrochromique.
Acide hydrofluosilicique ...... — Précipité rose amorphe.
Chlorure de platine et alcool.. — Précipité cristallin de couleur chamois.
Ferricyanure de potassium.... — Précipité d'aiguilles rouge foncé.
Ferrocyanure de potassium.... — Précipité violet amorphe, devenant cristallin par le repos.
Chlorure mercurique......... — Rien.
Chloromercurates de sodium et de potassium. — Précipités cristallins violet pâle.
Chlorure d'or............... — Rien.
Iodure de potassium en excès.. — Précipité cristall" brun-rouge.
Dithionate de sodium......... — Rien d'abord, mais au bout de 24 heures formation de cristaux rouge-cramoisi.
Pyrophosphate de sodium..... — Précipité violet clair amorphe, soluble dans un excès de réactif.
Chromate neutre de potassium. — Rien.
Dichromate de potassium...... — Précip. caséeux orangé.

Bromure, $(HO . Cr^2 . 10 Az H^3) Br^5, H^2 O$. — Ce corps se prépare comme le nitrate, en substituant l'acide bromhydrique à l'acide nitrique. Il se pré-

sente en aiguilles cramoisies. Chauffé pendant 24 heures à 100°, il se transforme en bromure rhodochromique. Il est très soluble dans l'eau froide, et sa solution présente les mêmes réactions que celle du nitrate.

Le nitrate d'argent lui enlève à froid tout son brome. Agité avec de l'eau et de l'oxyde d'argent, il donne un liquide rouge à réaction alcaline, qui renferme de *l'hydrate érythrochromique*, corps très instable, qui dissout l'oxyde d'argent en se transformant en chromate roséochromique.

Sulfate, $(HO . Cr^2 . 10 Az H^3)^2 (SO^4)^5$. — On dissout 2 grammes du bromure précédent dans aussi peu d'eau que possible, et on ajoute 20 centimètres cubes d'acide sulfurique dilué, puis un quart de volume d'alcool : il se fait un dépôt d'aiguilles cramoisies, presque insolubles dans l'eau.

Chloro-iodure, $(HO . Cr^2 . 10 Az H^3) Cl I^4, H^2 O$. — Précipité formé de petits prismes rouges, obtenu en ajoutant un excès d'iodure de potassium à une solution concentrée de bromure érythrochromique. Ce sel se transforme à 100° en chloro-iodure rhodochromique.

Chloroplatinate,

$$(HO . Cr^2 . 10 Az H^3) (Pt Cl^6)^5, 10 H^2 O.$$

— Précipité chamois, formé d'aiguilles presque insolubles dans l'eau, obtenu en ajoutant un excès de chlorure de platine, puis de l'alcool, à une solution saturée de nitrate érythrochromique.

SELS ÉRYTHROCHROMIQUES BASIQUES,

$$(HO . Cr^2 . 10 Az H^3 . OH) X^4$$

[Jœrgensen, *J. prakt. Chem.*, (2), **25**, 409].

Bromure, $[HO . Cr^2 . 10 Az H^3 . OH] Br^4, H^2 O$. — On dissout le bromure érythrochromique normal dans l'ammoniaque étendue, puis on ajoute un excès d'alcool; il se dépose des lamelles brillantes, d'un rouge violacé. Ce corps est très soluble dans l'eau en donnant une solution alcaline, d'où l'acide bromhydrique précipite du bromure érythrochromique normal.

Sa solution aqueuse présente les réactions suivantes :

Dithionate de sodium ...... — Précip. d'aiguilles rouges.
Ferrocyanure de potassium. — Précipité cristallin rose-lilas.
Ferricyanure de potassium et ammoniaque. — Précipité cristallin chamois.
Chromate neutre de potass". — Rien.
Bromure mercurique....... — Précipité lilas formé d'aiguilles.
Chloroplatinate de sodium .. — Précipité rouge-brique, à peine cristallin.

Nitrate,

$$(HO . Cr^2 . 10 Az H^3 . OH) (Az O^3)^4, 3,5 H^2 O.$$

— On le prépare comme le sel précédent, en substituant le nitrate normal au bromure. Lamelles cramoisies, qui se décomposent lentement avec perte d'ammoniaque, même en vase clos. Il est soluble en rouge violacé dans l'eau froide; sa solution présente les mêmes réactions que celle du bromure.

Dithionate,

$$(HO . Cr^2 . 10 Az H^3 . OH) (S^2 O^6)^3, 2 H^2 O.$$

— On l'obtient en traitant par le dithionate de sodium les autres sels de la série. Il se présente en aiguilles brillantes, d'un rouge violacé, qui perdent à 100° 2 molécules d'eau et 2 molécules d'ammoniaque en devenant violettes. Il est insoluble dans l'eau froide, très soluble dans l'eau acidulée par les acides nitrique, chlorhydrique ou bromhydrique; un excès d'acide ajouté à ces solutions en précipite le sel érythrochromique normal correspondant.

SELS LUTÉOCHROMIQUES, $(Cr^2 . 12\,Az\,H^3)\,X^6$ [Jœrgensen, *J. prakt. Chem.*, (2), **30**, 1].

Azotate, $(Cr^2 . 12\,Az\,H^3)(Az\,O^3)^6$. — On mélange 80 grammes de dichromate de potassium pulvérisé avec 100 centimètres cubes d'alcool et 250 centimètres cubes d'acide chlorhydrique concentré ; la liqueur bleue ainsi obtenue est additionnée de 700 grammes de chlorure d'ammonium et de 750 centimètres cubes d'ammoniaque $(d = 0.91)$. et le tout est abandonné à basse température dans une atmosphère d'hydrogène. Il se dégage de l'hydrogène. Quand la réaction est terminée, c'est-à-dire au bout de 18 ou 24 heures, on voit au fond du vase des cristaux de chlorure d'ammonium recouverts de cristaux jaunes de chlorure lutéochromique, mais la majeure partie de ce sel reste en solution.

On mélange alors la liqueur avec son volume d'alcool à 95°. Le précipité de chlorure lutéochromique est lavé à l'alcool et dissous dans l'eau tiède ; puis cette solution aqueuse est versée dans de l'acide nitrique concentré $(d = 1,39)$ bien refroidi.

Le nitrate se dépose en longues aiguilles, qu'il reste à laver à l'acide nitrique, puis à l'alcool, et enfin à sécher à l'air.

Quant au chlorure lutéochromique déposé pendant la préparation avec le chlorure d'ammonium, on le reprend par l'eau et on traite la solution par l'acide nitrique, ce qui fournit une nouvelle quantité de nitrate.

Le nitrate lutéochromique se présente en lamelles brillantes, orangées, du système quadratique. solubles dans 35-40 parties d'eau froide, peu solubles dans l'acide nitrique dilué, insolubles dans l'alcool. Une ébullition prolongée avec l'eau le décompose avec formation d'hydrate chromique.

Sa solution aqueuse saturée présente les réactions suivantes :

Acide chlorhydrique concentré et alcool.	Précipité cristallin blanc jaunâtre.
Acides bromhydrique et iodhydrique concentrés, acide sulfurique dilué.	Précipités cristallins jaunes.
Acide hydrofluosilicique	Précipité cristallin jaunâtre.
Sulfure d'ammonium alcoolique.	Précipité de fines aiguilles.
Chlorure de platine	Précipité chamois d'aiguilles microscopiques.
Chlorure d'or	Précipité de belles aiguilles jaunes.
Chlorure mercurique	Précipité chamois de petits prismes.
Chloromercurate de sodium	Précipité de petites aiguilles.
Oxalate d'ammonium ammoniacal.	Précipité pulvérulent d'un jaune de chrome.
Dithionate de sodium	Précipité volumineux blanchâtre.
Chromate et dichromate de potassium.	Précipités cristallins orangés.
Iodure de potassium ioduré	Précip. d'aiguilles vertes.
Ferrocyanure de potassium	Précipités volumineux d'aiguilles blanchâtres.
Ferricyanure, cobalticyanure et chromicyanure de potassium.	Précipités jaunâtres.

Nitrosulfate, $(Cr^2 . 12\,Az\,H^3)(Az\,O^3)^3(S\,O^4)^3$. — On précipite une solution aqueuse du nitrate par 2 molécules d'acide sulfurique dilué, ou par un peu plus de 2 molécules de sulfate d'ammonium. Après lavage à l'ammoniaque, puis à l'alcool, ce sel forme des octaèdres microscopiques, quadratiques, jaunes et brillants.

Nitrochloroplatinate,

$$(Cr^3 . 12\,Az\,H^3)(Az\,O^3)^2(Pt\,Cl^6)^2 . 2\,H^2O.$$

— Précipité cristallin, jaune-orangé, complète-

ment insoluble dans l'alcool, obtenu en mélangeant des solutions aqueuses de chlorure de platine et de nitrate lutéochromique.

Chlorure, $(Cr^2 . 12\,Az\,H^3)\,Cl^6, 2\,H^2O$. — On peut le préparer soit par l'action d'un mélange d'acide chlorhydrique et d'alcool sur le nitrate, soit par la décomposition au moyen du gaz sulfhydrique du chloromercurate $(Cr^2 . 12\,Az\,H^3)\,Cl^6 . 2\,Hg\,Cl^2$. Il se présente en beaux cristaux jaunes, très solubles dans l'eau, que l'acide chlorhydrique transforme lentement à froid et rapidement à chaud en chlorure chloropurpuréochromique.

Il se comporte avec les différents réactifs comme le nitrate.

Chloroplatinates. — 1° En traitant une solution étendue du chlorure précédent par le chloroplatinate de sodium, on obtient un précipité orangé, formé de tables hexagonales microscopiques, ayant pour formule $(Cr^2 . 12\,Az\,H^3)\,3\,Pt\,Cl^6, 6\,H^2O$.

2° Si l'on ajoute du chlorure de platine à la solution acide résultant de l'action du gaz sulfhydrique sur le chloromercurate

$$(Cr^2 . 12\,Az\,H^3)\,Cl^6 . 2\,Hg\,Cl^2,$$

on obtient un précipité formé de longues aiguilles orangées ayant pour composition

$$(Cr^2 . 12\,Az\,H^3)\,Cl^2 . 2\,Pt\,Cl^6, 5\,H^2O.$$

3° Enfin, si on lave ce dernier sel à l'acide chlorhydrique faible tant que le liquide de lavage se colore en jaune, on le convertit en lamelles rhombiques, microscopiques, de couleur orangé foncé, ayant pour composition

$$(Cr^2 . 12\,Az\,H^3)\,Cl^4 . Pt\,Cl^6, 2\,H^2O.$$

Chloromercurates. — 1° En ajoutant à une solution aqueuse saturée de nitrate lutéochromique d'abord de l'acide chlorhydrique, puis du chlorure mercurique, on obtient un précipité jaune, formé de lamelles et d'octaèdres d'aspect régulier et ayant pour formule $(Cr^2 . 12\,Az\,H^3)\,Cl^6 . 2\,Hg\,Cl^2$.

2° En dissolvant ce sel dans une solution bouillante de chlorure mercurique, on obtient par refroidissement de longues aiguilles de couleur chamois, renfermant

$$(Cr^2 . 12\,Az\,H^3)\,Cl^6 . 6\,Hg\,Cl^2, 2\,H^2O.$$

Bromure, $(Cr^2 . 12\,Az\,H^3)\,Br^6$. — On traite une solution saturée et froide de nitrate lutéochromique par un excès d'acide bromhydrique concentré : on obtient un dépôt de lames rhombiques, microscopiques, orangées et brillantes, qui se comportent avec la plupart des réactifs comme le nitrate lui-même.

Bromoplatinate, $(Cr^2 . 12\,Az\,H^3) . 3\,Pt\,Br^6, 4\,H^2O$. — Précipité rouge-cinabre, formé de lamelles microscopiques, obtenu en mélangeant des solutions étendues de bromure lutéochromique et de bromoplatinate de sodium.

Iodure, $(Cr^2 . 12\,Az\,H^3)\,I^6$. — Lamelles rhombiques brillantes, jaunes. peu solubles dans l'eau, préparées par double décomposition entre l'iodure de potassium et le nitrate lutéochromique.

Iodosulfate, $(Cr^2 . 12\,Az\,H^3)\,I^2(S\,O^4)^2$. — On traite une solution ammoniacale tiède de chlorure lutéochromique par un mélange à parties égales d'iodure et de sulfate d'ammonium : dépôt d'octaèdres microscopiques.

Sulfate, $(Cr^2 . 12\,Az\,H^3)(S\,O^4)^3, 5\,H^2O$. — Lorsqu'on traite le bromure lutéochromique par l'oxyde d'argent et l'eau, on obtient une solution alcaline qui renferme l'*hydrate* correspondant. En neutralisant cette solution par l'acide sulfurique faible et précipitant ensuite par l'alcool, on obtient le sulfate sous la forme d'aiguilles jaunes. longues et brillantes, assez solubles dans l'eau. Ce sel se comporte avec la plupart des réactifs comme le nitrate.

Sulfochloroplatinate,

$$(Cr^2 . 12 Az H^3) (S O^4)^2 Pt Cl^6 .$$

— On l'obtient par l'addition de chlorure ae platine à une dissolution de nitrate lutéochromique dans l'acide sulfurique : c'est un précipité formé de lames hexagonales, orangées et brillantes.

Orthophosphate, $(Cr^2 . 12 Az H^3) (P O^4)^2 , 8 H^2 O.$
— Aiguilles jaunes et brillantes, obtenues par double décomposition entre le nitrate lutéochromique et l'orthophosphate de sodium.

Oxalate. $(Cr^2 . 12 Az H^3) (C^2 O^4)^3 , 4 H^2 O.$ — Précipité cristallin jaune, obtenu en traitant par l'oxalate d'ammonium une solution ammoniacale de nitrate lutéochromique.

Pyrophosphate sodico-lutéochromique,

$$(Cr^3 . 12 Az H^3) (P^2 O^7)^2 Na , 23 H^2 O.$$

— On ajoute du pyrophosphate de sodium, puis de l'ammoniaque à une solution étendue de nitrate lutéochromique : lamelles hexagonales microscopiques, jaunes et soyeuses.

Ferricyanure, $(Cr^3 . 12 Az H^3) Fe^2 Cy^{12} .$ — Aiguilles microscopiques, obtenues par double décomposition.

Cobalticyanure, $(Cr^3 . 12 Az H^3) Co^2 Cy^{12} .$ — Prismes microscopiques jaunes.

Chromicyanure. $(Cr^2 . 12 Az H^3) Cr^2 Cy^{12} .$ — Longues aiguilles orangées, peu solubles dans l'eau, préparées par double décomposition entre le chromicyanure de potassium et le nitrate lutéochromique. **H. Moissan.**

CHROME (ANALYSE). — RECHERCHE DES CHROMATES AU SPECTROSCOPE. — La recherche du chrome au spectroscope est assez délicate; il est nécessaire de transformer le sel de chrome en chromate ou mieux en oxychlorure de chrome.

L'oxychlorure de chrome en vapeurs présente une couleur brune, sans raies ni bandes d'absorption. Il donne à la flamme d'un bec Bunsen une teinte violette, peu différente de celle de la potasse ; on aperçoit dans ces conditions quelques raies et bandes brillantes s'étendant jusqu'au bleu.

Voici la position de ces raies au micromètre d'un appareil où la raie double du sodium occupait la division 0, la raie Li_α du lithium la division — 18, la raie K_α du potassium la division — 23, la raie Tl du thallium la division 18,25. et la raie Sr de la strontiane la position 12,5. Les raies du chlorure de chromyle $Cr O^2 Cl^2$ occupaient les divisions — 4,5, + 2,5, + 10, + 24.

Ces raies sont très brillantes et leur éclat n'est nullement influencé par la présence du bioxyde d'azote, de l'acide chlorhydrique, de l'acide hypoazotique. des chlorures de cuivre ou de plomb dans la flamme [Vogel, *D. chem. G.*, **21**, 2030].

DOSAGE DU CHROME. — 1° *Méthode de M. Ad. Carnot.* — A une solution du chromate faiblement acidifiée pour mettre l'acide chromique en liberté, on ajoute d'abord de l'acide phosphorique ou un phosphate, puis de l'acétate et de l'hyposulfite de sodium en dissolution, ce dernier un peu acidifié.

On fait bouillir le mélange pendant une heure dans un verre de Bohême. Tout le chrome se précipite à l'état de phosphate. On lave ce précipité avec des solutions bouillantes d'acétate et d'azotate d'ammonium. On calcine fortement, puis on pèse. Le sesquioxyde de chrome figure dans la proportion de 51,86 0/0 dans le phosphate calciné [*C. R.*, **102**, 621].

- 2° *Méthode de M. Treadwell.* — Pour doser 1e chrome d'un dichromate, on en traite 2 grammes

par de l'acide sulfurique concentré. On amène par l'ébullition à un petit volume. On étend d'eau. on fait bouillir et on précipite le chrome à l'état de sesquioxyde par un excès d'ammoniaque.

On filtre, on lave jusqu'à ce que la dissolution ne précipite plus par le nitrate d'argent [Treadwell, *D. chem. G.*, **15**, 1392].

3° *Méthode de M. Storer,* appliquée par M. H. Baubigny à la séparation et au dosage du chrome en présence de l'alumine.

Dans un mélange de sulfate de chrome et de sulfate d'alumine, on transforme le chrome en acide chromique par addition d'acide nitrique et de chlorate de potassium. Dans la liqueur refroidie, l'alumine est précipitée par le bicarbonate de sodium; après un repos de 2 heures, on filtre et on lave. Quant au chrome, on le sépare à l'état de sesquioxyde, en saturant le bicarbonate de sodium par l'acide sulfurique, ajoutant de l'ammoniaque et saturant par un courant d'hydrogène sulfuré. On fait bouillir, on filtre et on lave l'oxyde de chrome séparé par le sulfhydrate d'ammoniaque; on dissout dans l'acide chlorhydrique et on précipite à chaud par l'ammoniaque [Baubigny, *Bull. Soc. Chim.*, (2), **41**, 295].

Pour doser le chrome dans une dissolution de sulfates ou de sulfites, ou pour le séparer des métaux alcalins, on le transforme en chromate de strontium. Il suffit d'ajouter un sel de strontium à une dissolution de chromates ou de dichromates pour former du chromate de strontium. Le précipité de chromate est calciné avec un excès de sulfate de sodium, de potassium ou d'ammonium, ou de préférence avec un excès de bisulfate de ces mêmes sels. Le sulfate de strontium obtenu n'est soluble que dans 30 000 parties d'eau ; il permet donc de doser ce métal (Brock et Rowell).

M. Pawolleck a réédité cette méthode. Il opère ainsi : On prend un poids de la substance chromifère contenant 0,3 ou 0,5 d'oxyde de chrome ; on le place dans un verre de Bohême avec 25 centimètres cubes d'acide azotique et on y ajoute du chlorate de potassium jusqu'à ce que la dissolution prenne la couleur rouge foncé de l'acide chromique. On fait bouillir pendant 1 heure, on ajoute 300 ou 400 centimètres cubes d'eau, puis on précipite le chrome à l'aide d'une solution de sulfate ferroso-ammonique [*D. chem. G.*, **16**, 3008].

4° *Méthode de M. Storer,* appliquée par M. Baubigny à la séparation et au dosage du chrome dans le fer chromé. — On attaque le minerai par l'acide nitrique et le chlorate de potassium. On précipite le fer par le bicarbonate de sodium, on filtre, et on lave le précipité avec de l'eau chargée de bicarbonate. On réduit enfin en opérant comme dans le cas du chrome et de l'alumine [Baubigny, *Bull. Soc. Chim.*, (2), **41**, 295].

5° *Emploi de l'eau oxygénée pour le dosage du chrome.* — La réaction de Barreswil peut s'effectuer sur les chromates en présence d'un léger excès d'un acide fort. Quand l'eau oxygénée a épuisé son action, l'acide est passé à l'état de chromate et une quantité correspondante d'eau oxygénée a été détruite.

Voici comment on opère : On étend d'eau le chromate et on acidifie légèrement la dissolution. L'eau oxygénée très étendue dont on se sert est placée dans une burette. Les premières gouttes d'eau oxygénée tombant dans la liqueur produisent une série de taches brunes qui disparaissent ; le liquide prend ensuite une teinte bleue. Cette teinte disparaît et le liquide se colore en vert. On mesure à ce moment le volume d'eau oxygénée employée. Avec ce même réactif on fait une seconde expérience sur une dissolution titrée de dichromate de potassium. La comparaison des volumes employés donne la teneur en chrome de la première dissolution [Carnot, *C. R.*, **107**, 948, 997].

6° *Méthode de M. Sell.* — On utilise pour le dosage du chrome la transformation des sels de chrome en acide chromique par le permanganate de potassium. A cet effet, la solution, acidulée par l'acide sulfurique, est portée à l'ébullition et additionnée peu à peu d'une dissolution étendue de permanganate, tant que ce réactif se décolore. On maintient alors l'ébullition pendant 3 minutes, on filtre, et dans la liqueur filtrée on dose l'acide chromique par l'iode et l'hyposulfite de sodium [Sell, *D. chem. G.*, **12**, 847].

Cette méthode s'applique au dosage du chrome dans le fer chromé : on attaque le minéral par fusion avec 10 fois son poids d'un mélange de bisulfate de sodium (1 molécule) et de fluorure de sodium (2 molécules). On reprend par l'acide sulfurique étendu et on continue comme plus haut.

Plus récemment [*Chem. News*, **54**, 299 ; *D. chem. G.*, **20** ; *Ref.*, 75] M. Sell a proposé d'employer comme oxydant l'eau oxygénée : si l'on fait bouillir un sel de chrome avec de la potasse et de l'eau oxygénée, on le convertit en chromate de potassium, et l'on peut ensuite doser ce sel par les méthodes habituelles.

M. Donath [*D. chem. G.*, **14**, 982] effectue l'oxydation des sels de chrome par le permanganate de potassium en solution alcaline : l'oxydation terminée, on filtre pour séparer le précipité manganique. La présence du fer ou de l'alumine ne gêne en rien : ces deux substances se déposent à l'état d'hydrates en même temps que le précipité manganique.

M. Vignal [*Bull. Soc. Chim.*, (2), **45**, 171, 434] emploie comme oxydant le permanganate en présence d'acide sulfurique ou nitrique bouillant. Il ajoute ensuite à la solution une quantité connue de sel ferreux qui doit être en excès, et dose enfin par le permanganate de potassium la quantité du fer qui n'a pas été peroxydée par l'acide chromique.

Cette méthode s'applique aux substances qu'on peut dissoudre dans les acides sulfurique ou azotique, tels que les aciers chromés, les ferrochromes et les fontes chromifères.

Pour les minerais de chrome, qui nécessitent une fusion avec un mélange de potasse et de salpêtre ou de carbonate de sodium et de salpêtre, M. Vignal recommande de chauffer au creuset de platine, dans un four à moufle, un mélange de minerai (1 partie), de carbonate de sodium (1 partie) et de nitrate de potassium (1 partie), pendant 1 heure. Après refroidissement, on reprend par l'eau, et on évapore la solution en présence de 10 parties de nitrate d'ammonium cristallisé : cette évaporation a pour but de rendre insolubles la silice et l'alumine, et de chasser les azotites provenant de la décomposition du salpêtre pendant la fusion. On reprend enfin par l'eau. La solution ne renferme que le chrome à l'état d'acide chromique, que l'on pourra doser par la méthode indiquée plus haut ; la partie insoluble renferme en totalité la silice, l'alumine et les autres oxydes du minerai.

Le fer chromé s'attaque très bien au four Forquignon par le sulfate de calcium. Ce procédé d'attaque, indiqué par M. Friedel pour le corindon, a été expérimenté et trouvé très avantageux par Millot.

Recherche et dosage des chromates neutres en présence des dichromates. — D'après M. Donath [*D. chem. G.*, **12**, 129], on peut caractériser un chromate neutre dans une solution d'un dichromate par l'action du sulfate de manganèse : en présence d'un chromate neutre et à l'ébullition, ce sel fournit immédiatement un précipité brun foncé, ayant pour formule $CrO^5Mn^3, 2H^2O$.

Inversement, on peut caractériser un dichromate contenu dans une solution d'un chromate neutre par son action sur une solution bouillante d'hyposulfite de sodium : dans le cas d'un dichromate, on voit se former un précipité brun ayant pour composition $Cr^4O^9H^2$ [Donath, *ibid.*].

M. N. Mac Culloch [*Chem. News*, **55**, 2 ; *D. chem. G.*, **20**, *Ref.*, 118] propose de doser les chromates neutres contenus dans les dichromates en ajoutant de l'acide sulfurique titré à la solution à analyser, préalablement recouverte d'une couche d'éther, jusqu'à ce que dernier se colore en bleu. L'acide sulfurique convertit d'abord le chromate en dichromate, et la coloration bleue de l'éther n'apparaît que lorsque cette transformation est complète.

Séparation du chrome des autres métaux. — 1° *Séparation du chrome et du zinc.* — La dissolution contenant les sels de ces métaux est traitée par un excès d'oxalate d'ammonium. Tout le chrome se transforme en oxalate de chrome et d'ammonium. La dissolution est soumise à l'action de 2 éléments Bunsen : tout l'oxyde de chrome de l'oxalate passe à l'état d'acide chromique. On acidifie par addition d'un peu d'acide chlorhydrique et on précipite le chrome à l'état de sesquioxyde par addition d'alcool [Classen, *D. chem. G.*, **17**, 2482].

2° *Séparation du chrome et du fer.* — La même méthode peut être employée à la séparation du chrome et du fer.

3° *Séparation du chrome, du fer et du manganèse.* — La dissolution des sels de ces métaux est traitée comme la dissolution des sels de chrome et de zinc. Dès que la couleur des sels de chrome a disparu, on traite la dissolution par le carbonate d'ammonium, on fait bouillir, puis on ajoute une lessive de soude et quelques centimètres cubes d'hypochlorite de sodium. Le manganèse se précipite en entraînant un peu de chrome. On acidifie par l'acide chlorhydrique, puis on opère comme sur une dissolution contenant seulement du fer et du chrome (Classen).

H. Moissan.

CHROMOPHYLLITE (Min.). — Variété de ripidolite.

CHROMOWULFÉNITE (Min.) (Schrauf). — Variété chromifère de wulfénite [Mo, Cr] O⁴Pb de Rezbanya et Ruskberg (Banat) et de Phœnixville (Pennsylvanie).

CHRYSANILINE (voyez Dict., **1**. 328 et Suppl., **1**, 1400]. — Pour préparer la chrysaniline à l'état de pureté, on dissout dans l'eau la *phosphine* du commerce (nitrate de chrysaniline) et on précipite la solution froide par la soude caustique étendue. On filtre et on fait cristalliser plusieurs fois la base brute dans le benzène ; on obtient ainsi des cristaux renfermant du benzène, qu'on dissout à l'ébullition dans l'acide sulfurique étendu ; la liqueur filtrée est précipitée par la soude caustique, et le précipité purifié par cristallisation dans l'alcool à 50 0/0 [O. Fischer et G. Körner, *Ann. Chem.*, **226**, 178].

La chrysaniline cristallise dans l'alcool étendu en longues aiguilles d'un jaune d'or, renfermant 2 molécules d'eau. Par cristallisation dans le benzène, on obtient des lamelles ou des aiguilles d'un jaune d'or, contenant 1 molécule de benzène.

La chrysaniline anhydre fond à 267-270° et distille sans se décomposer lorsqu'on opère sur de petites quantités de matière ; elle est peu soluble dans l'alcool. Chauffée à 180° avec de l'acide chlorhydrique, elle donne de l'ammoniaque et du *chrysophénol*. Le permanganate de potassium donne de l'acide oxalique ; un mélange d'acides chromique et sulfurique fournit une petite quantité d'acridine et d'autres corps basiques (Anschütz).

Triméthylchrysaniline, $C^{19}H^{12}(CH^3)^3Az^3$. — On chauffe à 100° la chrysaniline avec de l'iodure de méthyle et de l'alcool méthylique. On obtient ainsi un sel ayant pour formule

$$C^{19}H^{12}(CH^3)^3Az^3 . 2HI,$$

qui cristallise dans l'eau en aiguilles rouges. L'addition d'ammoniaque le convertit en un sel renfermant 1 molécule d'acide iodhydrique,

$$C^{19}H^{12}(CH^3)^3Az^3 . HI,$$

qui cristallise en aiguilles jaunes.

La base libre s'obtient en traitant l'un ou l'autre de ces deux iodhydrates par l'oxyde d'argent ; c'est une poudre amorphe, d'un jaune brun, soluble dans l'alcool, insoluble dans l'eau.

Elle forme un *nitrate* et un *picrate* peu solubles.

Le *chloroplatinate*, $C^{22}H^{21}Az^3 . 2HCl . PtCl^4$, cristallise en aiguilles [Hofmann, *D. chem. G.*, **2**, 378].

Triéthylchrysaniline, $C^{19}H^{12}(C^2H^5)^3Az^3$. — Ce corps se prépare d'une manière analogue au précédent et jouit de propriétés semblables (Hofmann).

Il donne un *iodhydrate* cristallisé

$$C^{25}H^{27}Az^3 . 2HI . 0,5H^2O$$

et un *chloroplatinate*

$$C^{25}H^{27}Az^3 . 2HCl . PtCl^4$$

en aiguilles peu solubles dans l'eau.

Dibenzylchrysaniline, $C^{19}H^{13}(C^7H^7)^3Az^3$. — Ce composé a été préparé par MM. Trillat et Rackowski [*Bull. Soc. Chim.*, (3), **7**, 259] en traitant à chaud par le chlorure de benzyle une solution alcoolique de chrysaniline. C'est une pâte brune, incristallisable, très difficilement soluble dans les acides étendus. Ses solutions teignent la soie, la laine et le coton en rouge brique. de même que les dérivés éthylé et méthylé décrits plus haut.

Diacétylchrysaniline, $C^{19}H^{13}Az^3(C^2H^3O)^2$. — On obtient ce corps en chauffant en vase clos pendant 8-12 heures, à 130-140°, 1 partie de chrysaniline avec 1p,5 d'anhydride acétique ; on verse le produit de la réaction dans l'eau, on épuise par l'eau bouillante le précipité ainsi obtenu et on traite la dissolution aqueuse par l'acide chlorhydrique ; on décompose le chlorhydrate par la soude caustique et on purifie la diacétylchrysaniline par dissolution dans l'alcool et précipitation par l'eau [Anschütz, *D. chem. G.*, **17**, 433].

La diacétylchrysaniline forme des aiguilles microscopiques, presque insolubles dans l'eau, solubles dans l'alcool. Sa solution alcoolique présente une fluorescence bleue. Elle est douée de propriétés basiques très accentuées.

Le *chlorhydrate*, $C^{23}H^{19}Az^3O^2 . HCl$, cristallise en aiguilles jaunes microscopiques, solubles dans l'eau bouillante, peu solubles dans l'acide chlorhydrique étendu.

L'*azotate*, $C^{19}H^{13}Az^3(C^2H^3O)^2 . AzO^3H$, cristallise dans l'eau bouillante sous la forme de cristaux peu solubles à froid.

Dérivés azoïques. — En traitant par 2 molécules de nitrite de sodium une solution de chrysaniline dans un acide étendu, on obtient un dérivé diazoïque qui se combine aisément, à la manière du diazobenzène, avec les amines, les phénols, etc.

C'est ainsi que, chauffé à 50° avec 2 molécules de disulfonaphtolate de sodium, la bis-diazochrys-

aniline fournit la *disulfonaphtolazochrysaniline*

$$C^{19}H^{11}Az[Az = Az . C^{10}H^{14}(OH)(SO^3Na)^2]^2,$$

poudre verte à reflets métalliques, soluble dans l'eau avec une belle coloration rouge, et teignant la soie en rose, mais non la laine, ni le coton non mordancé [Trillat et Rackowski, *loc. cit.*].

CHRYSOPHÉNOL, $C^{19}H^{14}Az^2O, 2H^2O$. — On obtient le chrysophénol en chauffant pendant quelques heures, à 180°, 1 partie de chrysaniline avec 8 parties d'acide chlorhydrique concentré [O. Fischer et G. Kœrner, *Ann. Chem.*, **226**, 181]. On traite le produit de la réaction par la soude caustique étendue, on filtre et on neutralise exactement la liqueur filtrée par l'acide chlorhydrique. Le produit est purifié par cristallisation dans l'alcool étendu.

Le chrysophénol forme de petites aiguilles orangées, peu solubles dans l'eau, l'éther et le benzène, très solubles dans l'alcool et dans la soude caustique ; il ne se dissout pas dans le carbonate de sodium. Ce corps jouit de propriétés basiques ; il forme avec l'acide chlorhydrique un *dichlorhydrate* cristallisant en aiguilles rouges qui sont transformées par l'action de l'eau en un *monochlorhydrate*. Ce dernier cristallise dans l'eau en mamelons d'un jaune clair.

G. de Bechi.

CHRYSANTHÉMINE, $C^{14}H^{25}Az^2O^3$. — Cet alcaloïde a été retiré par M. Marino Zuco des fleurs de *Chrysanthemum cinerariæfolium* [*D. chem. G.*, **24**, *Ref.*, 201, 400, 910].

Le meilleur mode de préparation est le suivant : Les fleurs sont épuisées par l'eau ; la solution aqueuse est précipitée successivement par l'acétate neutre, puis par le sous-acétate de plomb, privée de plomb par l'hydrogène sulfuré, puis d'acide acétique par évaporation, fortement acidulée par l'acide chlorhydrique et enfin précipitée par l'iodure double de potassium et de bismuth en léger excès. Le précipité est lavé à l'eau et décomposé par l'hydrogène sulfuré ; on n'a plus qu'à traiter la liqueur par l'oxyde d'argent et qu'à évaporer dans le vide.

La chrysanthémine forme des aiguilles blanches, soyeuses, déliquescentes, très solubles dans l'alcool. Ses solutions sont très alcalines. Elle est optiquement inactive et paraît également dénuée de toute action physiologique.

Distillée avec de la chaux sodée, elle donne de la triméthylamine, de l'hydrogène et une base à odeur pyridique. Soumise à l'ébullition avec de la potasse à 50 0/0, elle fournit de l'ammoniaque, de la triméthylamine, de l'hydrogène, de l'acide carbonique, de l'acide γ-oxybutyrique et un acide hexahydropyridine-carbonique. Les acides ne l'altèrent pas.

L'eau à 150-200° la détruit avec formation de divers produits, parmi lesquels on a caractérisé un acide hexahydropyridine-carbonique, un glycol amylénique et une dioxy-amylpipéridine.

Ces diverses réactions conduisent M. Marino Zuco à attribuer à la chrysanthémine la formule de structure

$$\begin{array}{c} (CH^3)^3Az - O - CO \\ | \qquad\qquad | \\ CH^2 - C - C^5H^8AzH \\ \diagdown \\ CH^3 \quad CH^2 . CH^2OH \end{array}$$

Le *chlorhydrate de chrysanthémine* est très soluble dans l'eau, l'alcool et l'éther ; sa solution aqueuse n'est pas précipitée par le chlorure de platine, l'acide picrique, le tannin, l'acide phosphotungstique, le chlorure mercurique ; elle précipite en jaune par l'iodobismuthate de potassium, en blanc jaunâtre par l'iodomercurate de potassium, en brun par l'iodoplatinate de sodium.

Le *chloraurate*, $C^{14}H^{28}Az^2O^3 . 2HCl . 2AuCl^3$, est cristallisé.

Le *chloroplatinate* forme de beaux prismes très solubles dans l'eau.

Chauffée avec de l'iodure de méthyle, la chrysanthémine donne un *dérivé diméthylé*, sirop difficilement cristallisable, dont le *chlorhydrate* se présente en aiguilles et dont le *chloroplatinate* est peu soluble dans l'eau.

Oxydée dans certaines conditions par le mélange chromique, le permanganate de potassium ou l'hypobromite de sodium, la chrysanthémine se convertit en *oxychrysanthémine*, $C^{14}H^{26}Az^2O^4$. Ce dérivé fonctionne à la fois comme acide et comme base et se présente en cristaux déliquescents; il fournit un *monochlorhydrate* cristallisé en aiguilles brillantes, peu solubles dans l'alcool, un *dichlorhydrate* très soluble, un *chloraurate* en lamelles hexagonales.

L'oxychrysanthémine donne par les alcalis les mêmes produits que la chrysanthémine : l'acide γ-oxybutyrique est seulement remplacé par l'acide succinique. Par suite, elle aurait la constitution

$$(CH^3)^3 Az — O — CO$$
$$| \qquad\qquad |$$
$$CH^2 - C - C^5H^8 AzH$$
$$\diagup \diagdown$$
$$CH^3 \quad CH^2 . CO^2H$$

CHRYSAROBINE (voyez Suppl., **1**, 489). — D'après M. Stockmann [*Arch. f. exper. Pathol.*, **19**, 117; *D. chem. G.*, **19**, *Ref.*, 72], la chrysarobine du commerce cède à l'éther une substance jaune, insoluble dans les alcalis dilués, et que l'on peut faire cristalliser dans un mélange chaud d'alcool et de chloroforme. Cette substance, bouillie avec de la liqueur de Fehling, fournit une solution qui, après saturation par l'acide chlorhydrique, cède à l'éther une matière colorante ayant des propriétés optiques analogues à celles de la chlorophylle.

Cette matière cristallisable est soluble dans la potasse concentrée. La solution alcaline, traitée par un courant d'air, ne fournit point d'acide chrysophanique.

CHRYSAZOL [Syn. α-*Dioxyanthracène*]. — Voyez Suppl., **1**, 490].

CHRYSÈNE,

$$C^6H^4 — CH$$
$$| \qquad\quad ||$$
$$C^{10}H^6 - CH$$

(voyez Dict., **1**, 899 et Suppl., **1**, 490). — D'après MM. Goldschmidt et Schmidt, le chrysène se trouverait dans le *stuppfett*, matière grasse et visqueuse qui se forme dans la préparation industrielle du mercure à Idria [*Mon. f. Chem.*, **2**, 1; *Bull. Soc. Chim.*, (2), **36**, 502].

Synthèse. — Depuis la synthèse effectuée par MM. Graebe et Bungener au moyen du benzylnaphtylméthane (Suppl., **1**, 490), le chrysène a été reproduit par MM. Kraemer et Spilker, qui l'ont obtenu en faisant passer simultanément dans un tube chauffé au rouge des vapeurs de coumarine et de naphtalène :

$$C^6H^4 - CH \qquad\qquad C^6H^4 — CH$$
$$| \qquad\quad || \;\; + C^{10}H^8 = | \qquad\quad || \;\; + H^2O.$$
$$O —— CH \qquad\qquad C^{10}H^6 - CH$$

Quoiqu'on n'obtienne que de faibles rendements (4.5 0/0 du mélange), ce procédé semble être le meilleur pour obtenir le chrysène pur [*D. chem. G.*, **23**, 84; *Bull. Soc. Chim.*, (3), **4**, 200].

Propriétés. — 100 parties de toluène dissolvent $0^p,24$ de chrysène à 18° et $5^p,39$ à 100°.

100 parties d'alcool absolu dissolvent $0^p,097$ de chrysène à 16° et $0^p,17$ à l'ébullition [de Bechi, *D. chem. G.*, **12**, 1976; *Bull. Soc. Chim.*, (2), **34**, 535].

MM. Merz et Weith, en soumettant le chrysène à l'action du chlore et du perchlorure d'antimoine à des températures progressivement élevées jusqu'à 360°, ont obtenu les mêmes dérivés que M. Ruoff, c'est-à-dire du benzène perchloré, du méthane et de l'éthane perchlorés [*D. chem. G.*, **16**, 2869; *Bull. Soc. Chim.*, (2), **42**, 433].

Oxydation du chrysène. — Voyez Suppl., **2**, les articles CHRYSOQUINONE, CHRYSOGLYCOLIQUE, CHRYSOCÉTONE, CHRYSOFLUORÈNE, CHRYSOFLUORÉNIQUE, CHRYSÉNIQUE.

DÉCACHLOROCHRYSÈNE. — En traitant à 200° la chrysoquinone par le perchlorure et l'oxychlorure de phosphore, on obtient, entre autres produits, le *décachlorochrysène*, $C^{18}H^2Cl^{10}$. C'est une résine orangée, presque insoluble [Liebermann, *Ann. Chem.*, **158**, 313].

NITROCHRYSÈNE. — Ce dérivé, déjà obtenu par MM. Liebermann et Schmidt, se forme très facilement quand on chauffe pendant quelques heures, au bain-marie, 10 grammes de chrysène broyés avec 100 grammes d'acide acétique cristallisable et $4^{gr},5$ d'acide azotique (d = 1,415).

Ce corps fond à 205°,5 ; oxydé, il donne la nitrochrysoquinone.

AMIDOCHRYSÈNE (*chrysylamine*), $C^{18}H^{11} . AzH^2$. — On réduit le dérivé nitré par l'étain et l'acide chlorhydrique.

C'est une poudre blanche, cristalline, fondant à 199°, facilement soluble dans l'alcool, le benzène, l'acétone, insoluble dans l'eau. Les solutions sont caractérisées par une belle fluorescence bleu-violet.

L'amidochrysène se combine avec l'acide diazobenzène-sulfonique, pour donner une magnifique matière colorante rouge, dont la solution dans l'alcool faible présente une fluorescence bleue.

Le *chloroplatinate* est en flocons cristallins jaunes. Il s'oxyde à chaud en verdissant.

Le *chlorhydrate* et le *sulfate* sont presque insolubles dans la plupart des dissolvants [Bamberger et Burgdorf, *D. chem. G.*, **23**, 1006 et 2433; *Bull. Soc. Chim.*, (3), **4**, 435 et 872. — R. Abegg, *D. chem. G.*, **23**, 792; **24**, 949].

Chrysylacétamide (*acétamidochrysène*)

$$C^{18}H^{11} . AzH . CO . CH^3.$$

— Ce corps cristallise dans l'acide acétique ou dans l'alcool amylique en fines aiguilles, verdâtres, fondant à 285°, peu solubles dans l'alcool.

En agitant cette amide avec de l'eau de brome, on obtient la *bromochrysylacétamide*,

$$C^{18}H^{10}Br . AzH . C^2H^3O,$$

fondant à 215° en se décomposant, soluble dans l'acide acétique.

L'acide azotique fumant donne à froid la *dinitrochrysylacétamide*, $C^{18}H^9(AzO^2)^2 AzH . C^2H^3O$, fondant à 160° avec décomposition.

Chauffé à 120° en tube scellé avec de l'acide chlorhydrique concentré, ce dérivé se transforme en une masse vitreuse constituant le *chlorhydrate de dinitrochrysylamine*,

$$C^{18}H^9(AzO^2)^2 AzH^2 . HCl.$$

On n'a pas obtenu le dérivé mononitré. L'acide azotique moins concentré agit comme oxydant, et fournit la *nitrochrysoquinone* fondant à 252°.

Chrysyldiacétamide, $C^{18}H^{11}Az(C^2H^3O)^2$. —

Cristaux fondant à 206-208°, obtenus en faisant
bouillir la chrysylamine avec de l'anhydride acétique jusqu'à dissolution complète.

Benzamidochrysène, $C^{18}H^{11}.AzH.C^7H^5O$. —
Obtenu par l'action du chlorure de benzoyle sur
l'amidochrysène en suspension dans la soude
étendue, il fond à 248° et présente une coloration jaune-brun.

Chrysyluréthane, $C^{18}H^{11}.AzH.COOC^2H^5$. —
On la prépare en traitant l'amidochrysène par
l'éther chlorocarbonique. Elle fond à 214°.

Chrysylsénevol, $C^{18}H^{11}.AzCS$. — On l'obtient
en chauffant l'amine avec un excès de sulfure de
carbone, en présence de potasse caustique et
d'alcool jusqu'à complète dissolution. Fines aiguilles fondant à 176°, solubles dans le benzène,
l'acide acétique, le sulfure de carbone.

Il se forme probablement en même temps de
la *sulfo-urée dichrysylique*.

Chrysylsulfo-urée, $C^{18}H^{11}.AzH.CS.AzH^2$.
— On l'obtient en faisant passer du gaz ammoniac
dans une solution benzénique du sénevol précédent. Cristaux blancs, fusibles à 238°, insolubles
dans la plupart des dissolvants, et contenant
1 molécule de benzène.

Dans le toluène, on obtient le même corps,
mais sans toluène de cristallisation.

Méthylchrysylsulfo-urée,

$$C^{18}H^{11}.AzH.CS.AzH.CH^3.$$

— Obtenue par la méthylamine et le sulfocyanate
de chrysyle, elle fond à 231° et cristallise sans
benzène.

Phénylchrysylsulfo-urée,

$$C^{18}H^{11}.AzH.CS.AzH.C^6H^5.$$

— Ce corps se forme quand on abandonne pendant quelques jours un mélange de chrysylamine
et de phénylsénevol, ou encore de chrysylsénevol
et d'aniline. Cristaux jaune clair, fondant à 186°
[R. Abegg, *D. chem. G.*, **24**, 949; *Bull. Soc.
Chim.*, (3), **6**, 329].

HYDRURES DE CHRYSÈNE. — On chauffe pendant
16 heures en tube scellé, à 250°, du chrysène avec
son poids de phosphore rouge et 5 fois son poids
d'acide iodhydrique (d = 1,7).

Par cristallisation dans l'alcool, on obtient un
carbure $C^{18}H^{30}$, fondant à 115° et bouillant sans
décomposition à 353°. Dans les eaux mères reste
un autre carbure liquide, difficile à séparer du
précédent et bouillant vers 360°. On parvient à
l'isoler en le refroidissant dans un mélange réfrigérant, pour l'amener à l'état de masse épaisse,
et le laissant se réchauffer lentement sur des
plaques poreuses. Il est alors absorbé au fur et à
mesure de sa liquéfaction, tandis que l'hydrocarbure solide reste sur la plaque. En épuisant ensuite les plaques par l'éther et distillant, on
obtient une huile épaisse, répondant à la formule
$C^{18}H^{28}$.

Ces deux hydrocarbures, et notamment le premier, qui est saturé, se comportent vis-à-vis des
réactifs comme les carbures C^nH^{2n+2}; le brome,
l'acide nitrique sont sans action.

La chaleur rouge ne les altère pas; mais, distillés sur la poudre de zinc, ils se décomposent
partiellement en donnant du chrysène [Lieber-
mann et Spiegel, *D. chem. G.*, **22**, 135; *Bull.
Soc. Chim.*, (3), **2**, 561].

CONSTITUTION DU CHRYSÈNE. — D'après les
recherches de MM. Bamberger et Kranzfeld [*D.
chem. G.*, **18**, 1931] et de MM. Bamberger et
Burgdorf [*ibid.*, **23**, 2433], le chrysène aurait une
constitution analogue à celle du phénanthrène;
mais on ignore à quelle place se fait la soudure
entre le noyau benzénique et le noyau naphtalénique (voyez CHRYSOQUINONE). Paul Adam.

$$\begin{array}{ccc} C^6H^5 & & C^6H^4-CO^2H \\ | & \text{ou} & | \\ C^{10}H^6-CO^2H & & C^{10}H^7 \end{array}$$

— Cet acide est au chrysofluorène ou à la chrysocétone

$$\begin{array}{c} C^6H^4 \\ | \quad \diagdown \\ C^{10}H^6 \diagup \quad CO \end{array}$$

ce que l'acide phénylbenzoïque de M. Fittig est au
fluorène ou à la biphénylène-cétone.

Il se forme dans l'action de la potasse fondante
sur la chrysocétone ou la chrysoquinone. Sa préparation est assez délicate : On introduit peu à
peu, et en remuant constamment, 5 grammes de
chrysoquinone en poudre fine dans 50 grammes
de potasse caustique, additionnée de 5 grammes
d'eau et chauffée au bain d'huile à 225-230°.

Quand toute la quinone a été introduite, on
chauffe encore pendant une demi-heure. On purifie l'acide en le dissolvant dans le benzène, ou
en le transformant en sel de baryum.

Il est probable qu'il se forme en premier lieu
de la chrysocétone, car celle-ci se transforme
quantitativement, par l'action de la potasse, en
acide chrysénique.

Il cristallise en lamelles argentées, fondant à
186°,5; il se dissout facilement dans l'alcool,
l'éther, le benzène, l'acide acétique cristallisable,
le chloroforme et l'acétone; il est peu soluble
dans l'eau.

Le *sel de baryum*, $C^{34}H^{22}O^4Ba, H^2O$, cristallise
en aiguilles argentées, solubles dans l'eau.

L'acide chrysénique se transforme facilement
en chrysocétone; il suffit de le dissoudre dans
30 parties d'acide sulfurique et de faire couler
cette solution dans l'eau glacée.

ACIDE ISOCHRYSÉNIQUE. — Par l'action de la
potasse alcoolique sur la chrysocétone, prolongée
pendant 8 ou 10 heures à 170°, puis peu de
temps à 190-195°, on obtient un acide peu stable,
non isolé à l'état de pureté, nommé provisoirement *acide isochrysénique*. Distillé sur la
chaux, il donne un carbure fondant à 181°,5,
ce qui le distingue de l'acide chrysénique, qui
n'a pu être décomposé de cette façon [Bamber-
ger et Burgdorf, *D. chem. G.*, **23**, 2433; *Bull.
Soc. Chim.*, (3), **4**, 872]. Paul Adam.

CHRYSIDINES. — MM. A. Pictet et S. Erlich
[*Ann. Chem.*, **266**, 155] ont donné ce nom à
deux bases qui prennent naissance par la décomposition pyrogénée de l'α- et de la β-benzylidène-
naphtylamine, et qui présentent avec le chrysène
les mêmes relations de constitution que la phé-
nanthridine avec le phénanthrène :

$$\begin{array}{ccc} C^6H^5-CH & & C^6H^4-CH \\ \| & = H^2 + & | \qquad \| \\ C^{10}H^7-Az & & C^{10}H^6-Az \end{array}$$

α-CHRYSIDINE,

$$\text{Az}$$

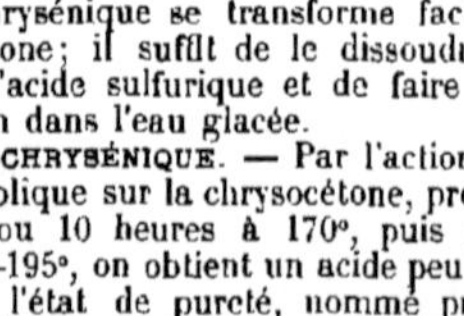

— On fait passer des vapeurs d'α-benzylidène-
naphtylamine dans un tube de fer rempli de
fragments de pierre ponce et chauffé au rouge.
Le produit de cette réaction est distillé jusqu'à
300°. Le résidu de cette distillation est repris par
l'acide chlorhydrique concentré et la solution
ainsi obtenue est versée dans l'eau froide : le chlor-

hydrate de la base se dépose en flocons jaunes, amorphes, qu'on fait cristalliser dans l'acide chlorhydrique étendu et bouillant, et qu'on décompose ensuite par la soude.

Après cristallisation dans l'alcool, l'α-chrysidine se présente en longues aiguilles blanches, fusibles à 108°, très solubles dans l'alcool, l'éther, le benzène, le chloroforme et la ligroïne, insolubles dans l'eau.

La solution alcoolique présente une fluorescence bleue.

C'est une base faible, dont les sels se dissocient par l'eau froide.

Le *chlorhydrate* cristallise en aiguilles jaunes, groupées en étoiles, fusibles vers 210°.

Le *nitrate*, très peu soluble dans l'eau froide, forme des prismes jaunes, fusibles à 155°.

Le *chloroplatinate*,

$$(C^{17}H^{11}Az \cdot HCl)^2 PtCl^4, 2H^2O,$$

cristallise en longues aiguilles jaunes, qui se décomposent à 255°.

Le *chloromercurate* forme de longues aiguilles jaunes, fusibles à 240-245°.

Le *chloraurate* se présente en aiguilles d'un jaune clair, fusibles à 228°.

Le *chlorozincate* est en aiguilles jaunes, fusibles vers 250°.

Le *dichromate* forme de petites aiguilles groupées en étoiles.

Le *picrate* cristallise dans l'alcool en longues aiguilles jaunes, fusibles à 240°.

L'*iodométhylate*, $C^{17}H^{11}Az \cdot CH^3I$, se présente en aiguilles d'un jaune clair, groupées en étoiles, fusibles à 108°, assez solubles dans l'alcool bouillant, insolubles dans l'éther. Traité par la potasse, il fournit un *hydrate d'ammonium*

$$C^{17}H^{11}Az \cdot CH^3OH,$$

en belles aiguilles blanches, fusibles à 110°, peu solubles dans l'alcool froid, très solubles dans l'éther avec fluorescence bleue ou violette, à peine solubles dans l'eau.

Le *chlorométhylate*, obtenu par l'action de l'acide chlorhydrique sur l'hydrate précédent, cristallise en fines aiguilles; il fournit un *chloromercurate* fusible à 215°, et un *chloroplatinate*, $(C^{17}H^{11}Az \cdot CH^3Cl)^2 PtCl^4$, cristallisé en petites aiguilles jaunes.

β-CHRYSIDINE,

— On prépare cette base comme son isomère, en faisant passer des vapeurs de β-benzylidène-naphtylamine dans un tube de fer rempli de pierre ponce et chauffé au rouge. Les produits de la réaction non volatils à 300° sont traités à chaud par l'acide chlorhydrique concentré : cette solution fournit par addition de chlorure mercurique un précipité qu'on purifie par quelques cristallisations et d'où on isole ensuite la base par l'action successive de l'hydrogène sulfuré, puis de la soude.

La β-chrysidine cristallise dans l'alcool en aiguilles blanches, argentines, fusibles à 131°. Elle présente les mêmes propriétés générales que son isomère.

Le *chlorhydrate* cristallise en petits prismes jaunes, orthorhombiques, fusibles vers 220°.

Le *nitrate* est peu soluble et forme des agrégats sphériques de petites aiguilles jaunes, fusibles à 187°.

Le *chloroplatinate*,

$$(C^{17}H^{11}Az \cdot HCl)^2 PtCl^4, 2H^2O,$$

se présente en aiguilles microscopiques jaunes, qui fondent en se décomposant à 245°.

Le *dichromate*, $(C^{17}H^{11}Az)^2 Cr^2O^7H^2, 2H^2O$, cristallise en aiguilles orangées, très peu solubles, qui se décomposent sans fondre à 200°.

Le *chloromercurate* forme de fines aiguilles jaunes, fusibles à 272°, très peu solubles dans l'acide chlorhydrique.

Le *chloraurate*, en fines aiguilles d'un jaune pâle, fond en se décomposant à 245°.

Le *chlorozincate* est en belles aiguilles jaunes, fusibles à 197°.

Le *picrate*, en petits grains jaunes, formés d'aiguilles microscopiques presque insolubles dans l'eau chaude, brunit à 210° et se décompose à 245°.

L'*iodométhylate*, $C^{17}H^{11}Az \cdot CH^3I$, cristallise dans l'alcool en aiguilles brunes, brillantes, fusibles à 237°, insolubles dans l'éther, peu solubles à froid dans l'alcool et dans l'eau. Traité par la soude, il donne un *hydrate d'ammonium* qui cristallise dans l'alcool en aiguilles blanches fusibles à 133°, très solubles dans l'alcool et dans l'éther, presque insolubles dans l'eau.

Le *chlorométhylate* se présente en longues aiguilles soyeuses. Il donne un *chloroplatinate* $(C^{17}H^{11}Az \cdot CH^3Cl)^2 PtCl^4$, cristallisé en aiguilles jaunes microscopiques.

CHRYSOCÉTONE [Syn. *Chrysoacétone*],

$$\begin{array}{c} C^6H^4 \diagdown \\ | \qquad CO. \\ C^{10}H^6 \diagup \end{array}$$

— Ce corps se forme quand on oxyde l'acide chrysoglycolique, $C^{16}H^{10} = COH - CO^2H$, par le dichromate de potassium et l'acide sulfurique, ou mieux, car de la sorte il se fait beaucoup de résines, en distillant la chrysoquinone avec de la litharge. A cet effet, on mélange 1 partie de chrysoquinone pulvérisée avec 7ᵖ.5 de litharge ; on sèche bien le mélange et on le distille rapidement dans un tube, sur une grille à combustion ; il est bon d'opérer sous une pression de 50 millimètres de mercure et en faisant passer un courant d'air introduit au moyen d'un tube capillaire. On obtient 70-75 0/0 du rendement théorique.

La chrysocétone se sublime en petits cristaux jaune clair, ou se solidifie par refroidissement en aiguilles rouge-rubis, fondant à 132°,5.

Elle distille difficilement avec la vapeur d'eau. Elle se dissout facilement dans les dissolvants usuels.

Par l'action de la potasse, elle se transforme quantitativement en *acide chrysénique*.

Réduite par le zinc et l'acide chlorhydrique, elle donne l'*alcool chrysofluorénique* ; par l'acide iodhydrique et le phosphore, le *chrysofluorène* [Bamberger et Kranzfeld, *D. chem. G.*, **18**, 1931 ; *Bull. Soc. Chim.*, (2), **46**, 134. — Bamberger et Burgdorf, *D. chem. G.*, **23**, 2433 ; *Bull. Soc. Chim.*, (3), **4**, 872]. Paul Adam.

CHRYSOFLUORÈNE,

$$\begin{array}{c} C^6H^4 \diagdown \\ | \qquad CH^2. \\ C^{10}H^6 \diagup \end{array}$$

— On obtient ce carbure en chauffant pendant

quelques heures, à 150-160°, la chrysocétone avec de l'acide iodhydrique et du phosphore.

Lamelles à éclat argenté, fondant à 187-188°, solubles dans l'éther, le benzène et le chloroforme.

L'acide azotique (d = 1,43) donne un *dérivé nitré*, jaune, peu soluble dans l'alcool [Bamberger et Kranzfeld, *D. chem. G.*, **18**, 1934; *Bull. Soc. Chim.*, (2), **46**, 134].

CHRYSOFLUORÉNIQUE (ALCOOL),

$$C^6H^4 \\ \atop C^{10}H^6 \nearrow \quad CH.OH.$$

— On réduit la chrysocétone par le zinc et l'acide chlorhydrique.

Ce corps est en aiguilles ou en lames brillantes, fondant à 166-167°, sublimables sans décomposition sensible. Il se dissout facilement dans l'alcool, l'éther, le chloroforme, le benzène, moins bien dans l'éther de pétrole.

L'acide sulfurique le dissout avec une coloration violette. La solution alcoolique devient bleue par addition d'acide sulfurique [Bamberger et Kranzfeld, *D. chem. G.*, **18**, 1934; *Bull. Soc. Chim.*, (2), **46**, 134].

CHRYSOGLYCOLIQUE (ACIDE),

$$C^6H^4 \\ \atop C^{10}H^6 \nearrow \quad C(OH)-CO^2H.$$

— Cet acide se forme quand on chauffe avec de la potasse la chrysoquinone récemment précipitée par l'eau de sa solution sulfurique. Il est en flocons blancs, solubles dans les alcalis.

Ce corps est instable. Oxydé par le dichromate de potassium et l'acide sulfurique, il donne de la chrysocétone et des résines [Bamberger et Kranzfeld, *D. chem. G.*, **18**, 1631; *Bull. Soc. Chim.*, (2), **46**, 134].

CHRYSOÏDINE [Syn. *o-p-Diamidoazobenzène*], $C^6H^5 - Az = Az_{(1)} - C^6H^3(AzH^2)^2{}_{(2.4)}$. — Voyez Suppl., **1**, 301.

MÉTHYLCHRYSOÏDINE,

$$C^6H^5 - Az = Az - C^6H^3(AzH^2)(AzH.CH^3).$$

— On obtient ce corps en faisant agir le chlorure de diazobenzène sur le chlorhydrate de m-méthylamido-aniline, $AzH^2 - C^6H^4.AzH(CH^3).2HCl$. On purifie le produit par cristallisation dans l'alcool étendu.

On obtient ainsi des flocons orangés, formés de prismes microscopiques.

ÉTHYLCHRYSOÏDINE,

$$C^6H^5 - Az = Az - C^6H^3(AzH^2)(AzH.C^2H^5).$$

— On fait agir le chlorure de diazobenzène sur le chlorhydrate de m-éthylamido-aniline. Par cristallisation dans l'alcool, on obtient des aiguilles d'un brun rouge, à reflets bleu-violet.

Le *chloroplatinate* est un précipité floconneux d'un rouge de brique, insoluble dans l'eau [Nœlting et Stricker, *D. chem. G.*, **19**, 547].

DÉRIVÉS SULFONÉS. — *Acide chrysoïdine-monosulfonique*, $C^6H^4(SO^3H)Az = Az - C^6H^3(AzH^2)^2$. — Préparé par M. Witt au moyen de l'acide sulfurique concentré et de la chrysoïdine, ce corps peut être obtenu également par l'action de l'acide diazobenzène-p-sulfonique (préparé par le nitrite de sodium et l'acide sulfanilique) sur la m-phénylène-diamine [Griess, *D. chem. G.*, **15**, 2196].

Ce mode de formation lui assigne la formule de structure

$$SO^3H_{(4)}.C^6H^4 - Az_{(1)} = Az_{(1)} - C^6H^3(AzH^2)^2{}_{(2.4)}.$$

Cet acide cristallise en aiguilles brillantes d'un rouge brun, très peu solubles dans l'eau bouillante.

Un *isomère* de ce dérivé sulfoné, ayant pour formule $C^6H^5 - Az = Az - C^6H^2(AzH^2)^2(SO^3H)$, a été obtenu par M. Ruhemann [*D. chem. G.*, **14**, 2655] en faisant agir le nitrite de potassium sur un mélange acide de nitrate d'aniline et de l'acide sulfoné de la m-phénylène-diamine. Par cristallisation dans l'alcool, on obtient des houppes rouges, très peu solubles dans l'eau et dans l'alcool, solubles en rouge dans l'acide chlorhydrique concentré.

Cet acide forme un *sel sodique*, qui cristallise en aiguilles d'un jaune d'or, et un *sel barytique*, qui cristallise dans l'eau en aiguilles orangées assez solubles dans l'eau bouillante.

CHRYSOÏDINE-URÉE,

$$C^6H^5 - Az = Az - C^6H^3 < {AzH \atop AzH} > CO.$$

— On obtient ce corps en faisant passer un courant d'oxychlorure de carbone à travers une dissolution chloroformique refroidie de chrysoïdine [Jentzsch, *J. prakt. Chem.*, (2), **38**, 123]. On laisse reposer pendant quelques jours, on dissout le précipité qui a pris naissance dans l'alcool chargé d'acide chlorhydrique et on précipite la dissolution à chaud par l'ammoniaque.

Le précipité est traité par le chloroforme, qui dissout la chrysoïdine inattaquée : la chrysoïdine-urée reste insoluble, sous la forme de lamelles d'un jaune d'or, infusibles à 300°, presque insolubles dans l'eau, le chloroforme et l'éther, peu solubles dans l'alcool.

Chauffé à 200° avec de l'acide chlorhydrique concentré, ce corps fournit du phénol; avec l'étain et l'acide chlorhydrique, il donne de l'aniline et de l'amidophénylène-urée,

$$AzH^2.C^6H^3 < {AzH \atop AzH} > CO.$$

Le *chlorhydrate de chrysoïdine-urée*,

$$C^{13}H^{10}Az^4O.HCl,$$

cristallise en lamelles d'un jaune d'or, peu solubles dans l'eau, plus solubles dans l'alcool.

Le *chloroplatinate* se présente en lamelles d'un brun rouge.

Le *nitrate*, $C^{13}H^{10}Az^4O.AzO^3H$, forme des écailles brillantes, d'un jaune d'or, peu solubles dans l'alcool et très peu solubles dans l'eau.

G. de Bechi.

CHRYSOQUINONE,

$$C^6H^4 - CO \\ \atop C^{10}H^6 - CO$$

(voyez Suppl., **1**, 492). — On obtient ce corps en portant peu à peu à l'ébullition, de manière à employer pour cela 8 ou 10 heures, 50 grammes de chrysène en poudre, en suspension dans 1 kilogramme d'acide acétique cristallisable, avec une solution de 100 grammes d'acide chromique dans 1 kilogramme d'acide acétique cristallisable. La réaction se passe d'une manière tout à fait normale et fournit 96-97 0/0 de la quantité théorique. La chrysoquinone se sépare en partie sous la forme de magnifiques prismes d'un rouge orangé.

Cette quinone n'est attaquée que très lentement par l'acide chromique en excès : mais le permanganate de potassium la transforme partiellement en acide phtalique.

Les alcalis la convertissent en *acide chrysoglycolique*, que le dichromate et l'acide sulfurique transforment ensuite en chrysocétone. Cette réaction rapproche la chrysoquinone de la phénanthrène-quinone (voyez ACIDE CHRYSÉNIQUE).

Distillée avec un excès de litharge, la chrysoquinone donne la chrysocétone [Bamberger et Kranzfeld, *D. chem. G.*, **18**, 1931 ; *Bull. Soc. Chim.*, (2), **46**, 134. — Bamberger et Burgdorf, *D. chem. G.*, **23**, 2433 ; *Bull. Soc. Chim.*, (3), **4**, 872].

Chauffée à 100° avec de l'aldéhyde benzylique et un excès d'ammoniaque en solution concentrée, la chrysoquinone donne un produit de condensation

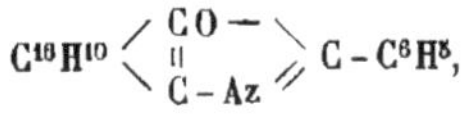

$$C^{18}H^{10} \left\langle \begin{array}{l} CO - \\ \| \\ C - Az \end{array} \right\rangle C - C^{6}H^{5},$$

qui cristallise dans le benzène en aiguilles soyeuses, fondant à 259-265°, insolubles dans l'alcool [Japp et Streatfeild, *Chem. Soc.*, **41**, 157].

Azines de la chrysoquinone. — Cette quinone, ayant les deux groupes CO en ortho, donne la réaction des azines lorsqu'on la mélange avec une o-diamine en solution acétique, ou mieux en présence d'une solution de bisulfite de sodium dans l'alcool faible.

Chrysotoluazine, $C^{25}H^{16}Az^{2}$. — On dissout 2^{gr},5 de chrysoquinone dans 10 centimètres cubes de bisulfite de sodium du commerce, 50 centimètres cubes d'eau bouillante et 50 centimètres cubes d'alcool, on filtre et on mélange avec une solution de 2 grammes de chlorhydrate d'o-crésylène-diamine et de 2 grammes d'acétate de sodium dans 10 centimètres cubes d'eau et 5 centimètres cubes d'acide acétique cristallisable. On chauffe au bain-marie et on fait cristalliser le produit formé dans le benzène.

Aiguilles d'un jaune d'or, sublimables avec décomposition partielle, très peu solubles dans le benzène froid, assez solubles à chaud.

L'acide sulfurique dissout ce corps avec une coloration violet foncé.

Chrysonaphtazine, $C^{29}H^{16}Az^{2}$. — L'o-naphtylène-diamine donne dans les mêmes conditions une poudre cristalline jaune, qui se dissout dans l'acide sulfurique avec une coloration plus bleuâtre que le corps précédent [Liebermann et Witt, *D. chem. G.*, **20**, 2442 ; *Bull. Soc. Chim.*, (2), **49**, 365].

Nitrochrysoquinone, $C^{16}H^{9}(AzO^{2})O^{2}$. — Ce composé prend naissance par l'action de l'acide nitrique (d = 1,25) sur la chrysylacétamide (voyez Chrysène). Il cristallise dans l'acide acétique ou dans l'alcool amylique en aiguilles rouges, fusibles à 252°.

Chauffée avec de l'acide iodhydrique (d = 1,7) et du phosphore rouge, la nitrochrysoquinone se convertit en *iodhydrate d'amido-chrysohydroquinone*, $C^{16}H^{9}(OH)^{2}(AzH^{2}).HI$, cristaux jaunes, très solubles dans l'alcool, insolubles dans l'eau.

Traité successivement par le chlorure d'argent, puis par le chlorure de platine, ce composé donne un *chloroplatinate* ayant pour formule

$$[C^{16}H^{9}(OH^{2})(AzH)^{2}.HCl]^{2}PtCl^{4}$$

[Abegg, *D. chem. G.*, **24**, 953].   Paul Adam.

CICUTINE [Syn. *Conicine*], $C^{8}H^{17}Az$.

Préparation — M. Schorm [*D. chem. G.*, **14**, 1766] et M. Wertheim [*Ann. Chem.*, **100**, 328] ont modifié la préparation de la conicine : On épuise les graines de ciguë par l'eau acidulée d'acide acétique ; l'extrait est évaporé dans le vide à consistance sirupeuse, puis traité par la magnésie et l'éther. La solution éthérée, distillée sur du carbonate de potassium, fournit la conicine, puis la conhydrine.

Synthèses. — La formule $C^{8}H^{15}Az$, adoptée primitivement pour représenter la conicine, a été reconnue fausse en 1881 par A. W. Hofmann [*D. chem. G.*, **14**, 705], qui a montré que sa véritable formule est $C^{8}H^{17}Az$. Ce résultat a été confirmé par les recherches dont la conicine a été l'objet dans ces dernières années, ainsi que par la synthèse totale de la base, effectuée en 1886 par M. Ladenburg [*D. chem. G.*, **19**, 2578].

La conyrine ou α-propylpyridine, $C^{8}H^{11}Az$, obtenue par Hofmann en distillant le chlorhydrate de la conicine naturelle avec du zinc en poudre [*D. chem. G.*, **17**, 825], a été transformée en conicine par l'action de l'acide iodhydrique concentré à 280-300° [*D. chem. G.*, **17**, 831].

De même, l'α-conicéine, $C^{8}H^{15}Az$, obtenue par l'action de la soude sur la conicine iodée, chauffée pendant 5 heures à 200° en présence du phosphore blanc et de l'acide iodhydrique concentré, fournit de la conicine [*D. chem. G.*, **18**, 12]. Le rendement est faible.

Dans ces modes d'obtention on part de la conicine naturelle ou de l'un de ses dérivés ; il n'en est pas de même de la synthèse effectuée par M. Ladenburg [*D. chem. G.*, **19**, 440 ; *Ann. Chem.*, **247**, 80].

L'α-picoline pure, $C^{6}H^{7}Az$, est chauffée pendant 10 heures à 250-260° avec de la paraldéhyde ; le produit de la réaction, acidifié par l'acide chlorhydrique, est débarrassé de la paraldéhyde en excès par distillation dans la vapeur d'eau. On alcalinise le résidu et on continue à distiller ; il passe d'abord de la picoline inaltérée, puis une huile qui, après dessiccation et fractionnement, bout à 189-190° ; c'est l'α-allylpyridine $C^{8}H^{9}Az$:

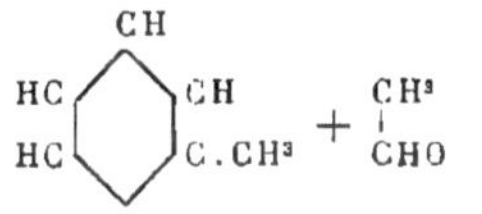

$$\underset{\text{α-Picoline.}}{\left[\begin{array}{c} CH \\ HC \quad CH \\ HC \quad C.CH^{3} \\ Az \end{array} \right]} + \underset{\text{Aldéhyde.}}{\left[\begin{array}{c} CH^{3} \\ | \\ CHO \end{array} \right]}$$

$$= \underset{\text{α-Allylpyridine}}{\left[\begin{array}{c} CH \\ HC \quad CH \\ HC \quad C.C^{3}H^{5} \\ Az \end{array} \right]} + H^{2}O.$$

On dissout l'α-allylpyridine dans l'alcool absolu, en évitant un excès d'alcool, puis on ajoute du sodium bien desséché (la moitié en poids de l'alcool employé), en maintenant le mélange à l'ébullition :

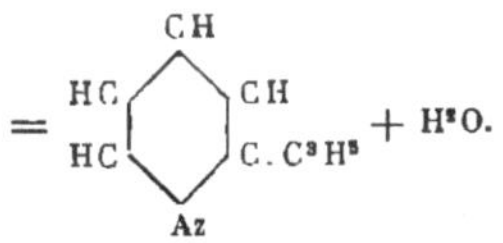

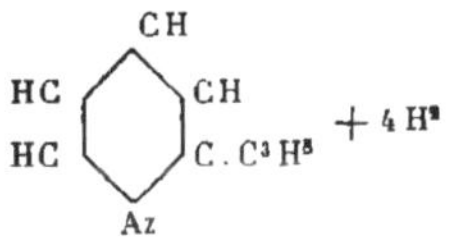

$$\underset{\text{α-Allylpyridine.}}{\left[\begin{array}{c} CH \\ HC \quad CH \\ HC \quad C.C^{3}H^{5} \\ Az \end{array} \right]} + 4H^{2}$$

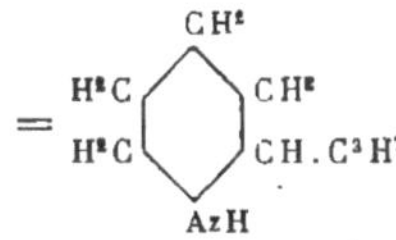

$$= \underset{\text{α-Propylpipéridine ou conicine.}}{\left[\begin{array}{c} CH^{2} \\ H^{2}C \quad CH^{2} \\ H^{2}C \quad CH.C^{3}H^{7} \\ AzH \end{array} \right]}$$

Le rendement est à peu près théorique et le produit presque pur ; on l'isole par distillation dans la vapeur d'eau et cristallisation du chlorhydrate dans l'alcool. Ce sel, décomposé par la soude, donne l'α-propylpipéridine, qui n'est pas autre chose que la conicine, comme l'avait prévu A. W. Hofmann [*D. chem. G.*, **18**, 129].

La conicine de synthèse ainsi obtenue a été

identifiée par l'analyse, l'étude de ses dérivés et celle de ses propriétés physiologiques, avec la base naturelle, dont elle ne se distingue que par son inactivité optique. Mais si on prépare une solution sirupeuse de bitartrate d'α-propylpipéridine et qu'on l'additionne d'un cristal de bitartrate de conicine naturel et dextrogyre, des cristaux se forment : on les sépare et, en les traitant par la soude, on obtient l'alcaloïde de même pouvoir rotatoire que la base végétale et de tous points identique avec elle.

Dans les eaux mères du bitartrate reste une conicine gauche qui ne peut être isolée à l'état de pureté, ni par cristallisation fractionnée de la combinaison qu'elle forme avec l'acide tartrique, ni par l'iodure double de potassium et de cadmium.

Cette remarquable synthèse, la première effectuée dans la série des alcaloïdes végétaux naturels, est une synthèse totale. Elle n'emprunte en effet que la picoline ou méthylpyridine, obtenue elle-même par l'action de la chaleur à 300° sur l'iodure de méthylpyridinium, dont les éléments, méthyle et pyridine, ont été obtenus l'un et l'autre en partant du charbon, de l'hydrogène et de l'azote (Berthelot, Ramsay). La paraldéhyde est également un produit de synthèse totale ; enfin l'acide tartrique qui sert à la préparation de la conicine active a été lui-même préparé à partir de ses éléments (Maxwell Simpson, Jungfleisch).

Propriétés physiques et sels. — La conicine pure est un liquide incolore, huileux, assez mobile, d'odeur forte et désagréable rappelant l'urine de souris. Elle se prend en masse à — 2°,5 et bout à 166-166°,5 sous la pression normale. Son poids spécifique est 0,846 à 12°,5 d'après M. Petit, 0,8625 à 0° suivant M. Ladenburg [*D. chem. G.*, **17**, 1679].

Elle se dissout dans 90 parties d'eau à froid ; à l'ébullition, la solution se trouble par suite d'une diminution de la solubilité. La conicine dissout jusqu'à 25 0/0 d'eau et bleuit alors énergiquement le papier de tournesol ; l'éther, l'alcool absolu s'en emparent facilement ; le sulfure de carbone la dissout peu.

Le pouvoir rotatoire de la conicine droite ordinaire est $[\alpha]_D = 10°,63$ d'après M. Petit, ou 13°,79 d'après M. Ladenburg [*Ann. Chem.*, **247**, 86].

Le *chlorhydrate*, $C^8H^{17}Az \cdot HCl$, est blanc, cristallisé, fusible à 217,5-218°,5 [Ladenburg, *Ann. Chem.*, **247**, 86], soluble dans 2 parties d'eau (Petit), très soluble dans l'alcool [A. W. Hofmann, *D. chem. G.*, **14**, 707].

Le *chloromercurate*, $C^8H^{17}Az \cdot 2HgCl^2$, est un précipité jaune, insoluble dans l'eau [Blyth, *Ann. Chem.*, **70**, 77].

Le *chloroplatinate*, $(C^8H^{17}Az \cdot HCl)^2 PtCl^4$, est en cristaux jaune–orangé, insolubles dans l'alcool froid, plus solubles à chaud. L'eau le dissout peu (5 0/0 à 20°) [A. W. Hofmann, *D. chem. G.*, **18**, 112].

Le *bromhydrate*, $C^8H^{17}Az \cdot HBr$, fond à 207° ; il est soluble dans 3 parties d'alcool [Schorm, *D. chem. G.*, **14**, 1766].

L'*iodhydrate*, $C^8H^{17}Az \cdot HI$, est en gros prismes (Schorm) ; il forme avec l'iode un produit d'addition, $C^8H^{17}Az \cdot HI \cdot I^3$, en gros octaèdres solubles dans l'eau, l'alcool, l'éther, le chloroforme [Bauer, *Jahresb. f. Chem.*, 1874, 860].

M. Ladenburg a décrit la combinaison

$$(C^8H^{17}Az \cdot HI)^2 CdI^2,$$

en cristaux fusibles à 117-118° [*Ann. Chem.*, **247**, 82].

On connaît encore l'*oxalate* $(C^8H^{17}Az)^2 C^2H^2O^4$ et le *bitartrate* $C^8H^{17}Az \cdot C^4H^6O^6, 2H^2O$ (Schorm). Le *picrate* est une huile soluble dans l'alcool.

Propriétés chimiques. — La conicine exposée à l'air s'altère ; elle subit une oxydation lente, brunit et se résinifie peu à peu ; les agents d'oxydation, l'acide azotique, l'acide chromique, l'eau de brome, donnent de l'acide butyrique normal en brûlant le noyau pipéridique, pour n'oxyder régulièrement que la chaîne latérale et le carbone auquel elle s'attache [Grünzweig, *Ann. Chem.*, **162**, 217]. Mais en même temps [Wischnegradsky, *D. chem. G.*, **13**, 2316] un acide monocarbopyridique paraît se former par combustion de la chaîne et d'une partie de l'hydrogène du noyau.

A. W. Hofmann a montré qu'en distillant le chlorhydrate de conicine avec de la poudre de zinc, ou en traitant la conicine libre par le chlorure de zinc, on obtient la *conyrine*, $C^8H^{11}Az$ [*D. chem. G.*, **17**, 825], mélangée d'un carbure fluorescent. La conyrine est l'α-propylpyridine. $C^5H^4(C^3H^7)Az$; on la sépare des produits de la réaction en reprenant par l'eau acidulée ; la solution aqueuse décantée est chauffée avec de l'azotite de potassium ; la nitrosoconicine est enlevée par l'éther. On isole la base par cristallisation du chloroplatinate [Ladenburg, *Ann. Chem.*, **247**, 20].

Chauffée à 300° avec de l'acide iodhydrique et du phosphore, la conicine donne de l'ammoniaque et de l'octane (118–120°) [A.-W. Hofmann, *D. chem. G.*, **18**, 13].

Chauffée à 180° avec de l'acétate d'argent et de l'acide acétique, la cicutine s'oxyde et se transforme en conyrine, $C^8H^{11}Az$ (voyez ce mot) [J. Tafel, *D. chem. G.*, **25**, 1622].

Dérivés de substitution. — *Chloroconicine*, $C^8H^{16}ClAz$. — Le chlore détruit la conicine ; mais on obtient un dérivé chloré $C^8H^{16}ClAz$ en faisant agir à l'ébullition l'iodhydrate d'iodoconicine sur le chlorure d'argent. La base $C^8H^{16}ClAz$ forme un *chlorhydrate* et un *chloroplatinate* cristallisés [A. W. Hofmann, *D. chem. G.*, **18**, 21].

Bromoconicine, $C^8H^{16}BrAz$. — On l'obtient en versant 1 molécule de conicine dans un mélange fortement refroidi de brome et d'une lessive de soude à 5 0/0 (à poids moléculaires égaux).

C'est une huile lourde, d'odeur forte, très instable ; chauffée avec de l'acide sulfurique, elle donne de l'α-conicéine, $C^8H^{15}Az$; avec la soude, on obtient la γ-conicéine, $C^8H^{15}Az$, et la tribromoxyconicine [A.-W. Hofmann, *D. chem. G.*, **18**, 110].

Tribromoxyconicine, $C^8H^{14}Br^3AzO$. — Pour préparer ce corps, on ajoute à 1 partie de chlorhydrate de conicine 4 parties de brome, puis 0°,66 de soude en solution dans 20 fois son poids d'eau. On chauffe le mélange à 100° pendant une demi-heure ; on filtre les cristaux de bromhydrate de tribromoxyconicine formés par refroidissement, et on les lave à l'éther.

La base libre est une huile d'odeur pénétrante, qui se décompose rapidement en acide bromhydrique et tribromoxyconicéine.

Le *bromhydrate* est en aiguilles peu solubles dans l'eau froide, solubles à chaud. L'hydrogène naissant développé par l'étain et l'acide chlorhydrique le transforme en γ-conicéine et conicine.

L'*azotate* est peu soluble.

Le *chloroplatinate*,

$$(C^8H^{14}Br^3AzO \cdot HCl)^2 PtCl^4,$$

est un précipité jaune clair, presque insoluble, mal cristallisé.

Le chlorure d'or donne avec le chlorhydrate de tribromoxyconicine une huile qui se prend bientôt en une masse cristalline de *chloraurate*,

$$C^8H^{14}Br^3AzO \cdot HCl \cdot AuCl^3$$

[*D. chem. G.*, **18**, 121].

Iodoconicine, $C^8H^{16}IAz$. — On l'obtient en chauffant à 150°, pendant 3 ou 4 heures, 1 partie de conhydrine avec 4 parties d'acide iodhydrique concentré et un peu de phosphore.

C'est un liquide basique, qui fournit un *iodhydrate* et un *chlorhydrate* cristallisés; on connaît également un *chloroplatinate* d'iodoconicine. L'iodhydrate, distillé avec une lessive de soude, se transforme en α-conicéine; le sel sec, chauffé seul ou avec de la chaux, fournit un mélange d'α- et de β-conicéines [Hofmann, *D. chem. G.*, **18**, 110].

Nitrosoconicine, $C^8H^{16}(AzO)Az$. — Wertheim a décrit sous le nom d'*azoconhydrine* ou *nitrosoconicine* la combinaison qui se forme par l'action du gaz nitreux sur la conicine. Il se produit d'abord un nitrite de nitrosoconicine,

$$C^8H^{16}(AzO)Az . AzO^3H,$$

corps instable que l'eau dédouble en acide azoteux et nitrosoconicine. Cette dernière est une huile jaune, d'odeur aromatique, bouillant à 150-160°, insoluble dans l'eau et dans les alcalis, soluble dans l'alcool et dans l'éther. Elle est toxique. L'acide chlorhydrique la décompose; si on opère au sein de l'éther, on obtient de la conicine et du chlorure de nitrosyle :

$$C^8H^{16}(AzO)Az + 2HCl$$
$$= C^8H^{17}Az . HCl + AzOCl.$$

Le sodium, le zinc et l'acide chlorhydrique agissent de même, ces derniers en dégageant de l'ammoniaque.

L'anhydride phosphorique décompose la nitrosoconicine en eau, azote et *conylène*, C^8H^{14} [*Ann. Chem.*, **123**, 157; **130**, 269].

DIMÉTHYLCONICINE, $C^8H^{15}(CH^3)^2Az$. — L'*iodhydrate* s'obtient en traitant la conicine par un excès d'iodure de méthyle. On sépare la base libre par la soude ou l'oxyde d'argent : c'est un liquide bouillant à 182°.

Le *chloroplatinate* est en aiguilles peu solubles, fusibles à 100°. L'*iodhydrate* est cristallisé [W. Hofmann, *D. chem. G.*, **14**, 708].

Diméthyloxyconicine, $(CH^3)^2C^8H^{15}AzO$. — Cette base a été dérivée par A. W. Hofmann [*D. chem. G.*, **18**, 117] de la γ-conicéine. En faisant bouillir cette dernière avec de l'iodure de méthyle, de la soude et de l'alcool méthylique, on obtient un corps $(CH^3)^2C^8H^{15}AzO . CH^3I$, que le chlorure d'argent transforme en $(CH^3)^2C^8H^{15}AzO . CH^3Cl$, d'où l'oxyde d'argent précipite une base

$$(CH^3)^2C^8H^{15}AzO . CH^3OH.$$

La distillation décompose ce produit en donnant de la diméthyloxyconicine, de l'alcool méthylique, de la triméthylamine et un liquide $C^8H^{14}O$ doué d'une odeur de menthe poivrée, bouillant à 165-166° et dégageant de l'hydrogène au contact du sodium.

Pour séparer la diméthyloxyconicine, on sature le produit de la distillation par l'acide chlorhydrique et on évapore à sec. Le résidu est alcalinisé par la soude, qui sépare la base bouillant à 225-226°. C'est une huile alcaline, peu soluble dans l'eau, dégageant de l'hydrogène au contact du sodium.

Ses sels sont très solubles et cristallisent mal. Cependant le *chloraurate*, qui est d'abord liquide, se prend rapidement en une masse cristalline.

Iodure de triméthylconylium,

$$C^8H^{15}(CH^3)^3AzI.$$

— On le prépare par l'action de l'iodure de méthyle sur la diméthylconicine. La base libre se décompose par la distillation en diméthylconicine, triméthylamine, conylène et alcool méthylique.

L'*iodhydrate* est très soluble dans l'eau; le *chloroplatinate* est en paillettes brillantes, difficilement solubles (W. Hofmann).

CONYLURÉTHANE, $C^8H^{16}Az . CO^2C^2H^5$. — Elle se forme, d'après M. Schotten, quand on verse goutte à goutte de l'éther chloroformique dans de la conicine bien refroidie; on lave le produit à l'eau [*D. chem. G.*, **15**, 1947].

C'est un liquide bouillant à 245° : l'eau ne le dissout pas. Il est inattaquable aux alcalis à 200°. A 100°, en vase clos, l'acide chlorhydrique le dédouble en gaz carbonique, conicine et chlorure d'éthyle.

L'anhydride phosphorique permet d'en dériver un carbure.

Avec l'acide azotique fumant et refroidi, on obtient le composé $C^7H^{14}O^2Az . CO^2C^2H^5$, corps huileux qui paraît jouer le rôle d'un acide monobasique; chauffé avec l'acide chlorhydrique, il donne de l'acide carbonique, du chlorure d'éthyle et de l'acide conicique $C^7H^{15}AzO^4$.

ACIDE CONICIQUE, $C^7H^{15}AzO^3$. — C'est un corps soluble qui n'est pas toxique. Il donne un *chlorhydrate* cristallisé et un *chloroplatinate* soluble dans l'eau. Sa constitution est peut-être celle d'une propyldioxydihydropyrroline,

$$\begin{array}{ccc} H^2C & & CH.OH \\ HO.HC & & CH.C^3H^7 \\ & AzH & \end{array}$$

PHÉNYL-CONYLÈNE-SULFO-URÉE,

$$AzH(C^6H^5)-CS-Az-C^8H^{16}.$$

— Le sulfocyanate de phényle et la conicine réagissent pour donner la phényl-conylène-sulfo-urée, en aiguilles soyeuses, fusibles à 88° [Gebhardt, *D. chem. G.*, **17**, 3041].

BENZOYLCONICINE, $[C^7H^5O . AzC^8H^{16}$. — On dissout dans 21 grammes d'eau 11 grammes de soude caustique et 20 grammes de conicine, puis on ajoute 25 ou 30 grammes de chlorure de benzoyle. On chauffe au bain-marie; la liqueur refroidie est ensuite épuisée par l'éther. On agite l'éther avec de la soude, puis avec de l'acide sulfurique qui s'empare de la benzoylconicine.

C'est une huile épaisse, que le permanganate oxyde en donnant de la benzamide, de l'ammoniaque, les acides α-amidovalérique, carbonique, benzoïque, oxalique, butyrique, et un acide particulier, l'acide benzoylhomoconicique [Baum, *D. chem. G.*, **17**, 2549].

Acide benzoylhomoconicique,

$$C^7H^5O . AzC^8H^{16}O^2$$

— On dissout 10 grammes de benzoylconicine dans 1 litre d'eau, et on ajoute peu à peu 32 ou 35 grammes de permanganate de potassium dissous dans 350 grammes d'eau; on chauffe le mélange pendant 2 ou 3 jours dans un courant de vapeur d'eau. La solution filtrée est épuisée par l'éther, acidulée par l'acide sulfurique et épuisée de nouveau par l'éther acétique. On chasse ce dernier par distillation ménagée. On fait bouillir le résidu avec de l'éther absolu, puis on le fait cristalliser dans l'eau ou dans l'éther acétique.

Cet acide se forme également par l'action du chlorure de benzoyle et de la soude sur l'acide homoconicique [Baum, *D. chem. G.*, **19**, 502].

Il se présente en longues aiguilles, fusibles à 142-143°, presque insolubles dans l'eau froide, très peu solubles dans l'éther absolu, plus solubles dans l'éther acétique bouillant, très solubles dans l'alcool.

Après une longue ébullition au contact de l'eau, l'acide benzoylhomoconicique donne un peu d'acide benzoïque ; l'acide chlorhydrique le dédouble à 170° en acide benzoïque et acide homoconicique.

On connaît deux sels de l'acide benzoylhomoconicique : le *sel de cuivre* qui est bleu et celui *d'argent* qui est blanc, tous deux amorphes et anhydres.

On connaît aussi l'*éther éthylique*,

$$C^{15}H^{20}AzO^3 . C^2H^5,$$

cristallisé en prismes allongés, fusibles à 95°, solubles dans l'alcool, l'éther, le chloroforme, l'éther acétique, peu solubles dans la ligroïne [Baum, *D. chem. G.*, **19**, 501].

Acide homoconicique, $C^8H^{17}AzO^2$. — On le prépare en chauffant pendant 4 ou 5 heures à 170-180° l'acide benzoylhomoconicique avec de l'acide chlorhydrique concentré. On étend d'eau le produit de la réaction, on l'épuise par l'éther, on chasse l'éther par évaporation et on reprend le résidu par l'eau. La liqueur traitée par l'oxyde d'argent est filtrée, débarrassée de l'excès d'argent par l'hydrogène sulfuré et évaporée à sec. On reprend le résidu par une petite quantité d'alcool à 96° et on précipite par un grand excès d'éther.

L'acide homoconicique est en aiguilles solubles dans l'eau et dans l'alcool, insolubles dans l'éther, se combinant à l'acide chlorhydrique et au chlorure de platine.

Il n'est pas toxique, les combinaisons benzoylées des alcaloïdes vénéneux étant presque toujours inoffensives [Baum, *D. chem. G.*, **19**, 502].

L'acide homoconicique fond à 158° en se transformant en *anhydride* $C^8H^{15}AzO$. Cette transformation a lieu en présence de l'alcool absolu et même par simple évaporation de la solution aqueuse, ce qui semble devoir faire admettre la présence de deux oxhydryles voisins ; l'acide homoconicique ne serait pas un acide, mais un glycol.

Les formules de constitution de l'acide et de son anhydride n'ont été données par aucun auteur ; peut-être pourrait-on les représenter par les schémas suivants ou par des schémas analogues :

$$
\begin{array}{c}
CH^2 \\
HO.HC \underset{\beta'\ \ \ \beta}{\overset{\gamma}{\diagup\bigcirc\diagdown}} CH^2 \\
HO.HC \underset{\alpha'\ \ \ \alpha}{\diagdown\ \ \diagup} CH.C^2H^7 \\
AzH
\end{array}
$$

Acide homoconicique ou α-propyldioxypipéridine.

$$
\begin{array}{c}
CH^2 \\
HC \underset{\beta'\ \ \ \beta}{\overset{\gamma}{\diagup\bigcirc\diagdown}} CH^2 \\
O < \\
HC \underset{\alpha'\ \ \ \alpha}{\diagdown\ \ \diagup} \\
AzH
\end{array}
$$

Anhydride de l'acide homoconicique.

L'anhydride $C^8H^{15}AzO$ est cristallisé, soluble dans l'eau, l'alcool, l'éther, le chloroforme, plus soluble dans la ligroïne ; il fond à 84-85°. Par ébullition avec l'eau de baryte, il régénère l'acide homoconicique [Baum, *D. chem. G.*, **19**, 503].

ACIDE CONYLÈNE-PHTALAMIQUE,

$$
\begin{array}{c}
C^8H^{16}Az - CO \searrow \\
\qquad\qquad\qquad\quad C^6_1 \\
HO^2C \nearrow
\end{array}
$$

— Ce corps a été obtenu par M. Piutti à l'état de sel de conicine, en faisant agir 2 molécules

de conicine sur l'anhydride phtalique. Aiguilles fusibles à 155°, peu solubles dans l'eau et dans l'éther, plus solubles dans le benzène.

Le *sel de cuivre* est une poudre vert clair [*Ann. Chem.*, **227**, 200].

En chauffant le conylène-phtalamate de conicine, on obtient la *phtalylconicine*. Le produit de la réaction, lavé à la soude et à l'acide chlorhydrique, est repris par l'éther, qui abandonne une poudre amorphe, assez soluble dans les alcalis et dans les dissolvants ordinaires.

En solution éthérée, cette poudre absorbe du brome et donne un produit d'addition amorphe [*Ann. Chem.*, **227**, 202].

La conicine s'unit à la monochlorhydrine du glycol pour donner une combinaison $C^{10}H^{21}AzO$, bouillant à 240-242°, qui forme avec le chlorure de benzoyle un dérivé $C^{17}H^{26}AzO^2$, très soluble et difficilement cristallisable [Ladenburg, *D. chem. G.*, **14**, 2409 ; **15**, 1144].

TOXICOLOGIE. — La conicine n'est guère utilisée que dans la préparation de quelques sels, employés en thérapeutique comme résolutifs et spécifiques du cancer, mais toujours à très petites doses, car on sait que quelques gouttes de conicine donnent la mort avec une rapidité foudroyante, qui défie le plus souvent toute intervention.

Le malade ressent une brûlure à la gorge et à l'estomac ; il titube ; il éprouve une sensation de froid qui débute aux membres inférieurs et gagne la totalité du corps. La température continue à s'abaisser ; la paralysie survient ; la respiration est difficile ; le cœur se ralentit et la mort arrive dans le coma.

Les décoctions astringentes administrées à temps peuvent rendre des services.

L'empoisonnement conicique ne laisse après lui aucun signe nécropsique spécial.

La recherche de l'alcaloïde s'effectue de la façon suivante : Les matières suspectes (vomissements, contenu stomacal et intestinal) sont divisées finement et mises en contact avec 2 fois leur poids d'eau acidulée de 5 centimètres [cubes d'acide sulfurique au 1/5 pour 100 centimètres cubes de liquide. On laisse en contact pendant 4 heures en agitant fréquemment ; on jette la masse sur un linge et on l'exprime en recueillant les liqueurs. Le résidu solide est mis à macérer avec une nouvelle quantité d'eau acidulée de 5 0/0 d'acide sulfurique au 1/5 : on exprime comme précédemment.

Les liqueurs acides réunies et filtrées sont évaporées à consistance de sirop, versées dans un flacon à large goulot et additionnées de 3 ou 4 volumes d'alcool à 95°. On laisse en contact pendant 24 heures pour précipiter les matières minérales, on filtre et on chasse l'alcool par distillation. Le résidu, étendu d'eau jusqu'à 50 centimètres cubes, est alcalinisé par l'ammoniaque et épuisé à deux reprises par 20 centimètres cubes d'éther-de pétrole ; ce dernier, décanté, abandonne par évaporation spontanée des stries huileuses de conicine.

Celle-ci pourrait être reconnue aux caractères suivants :

1° Son odeur rappelant l'urine de souris

2° La réaction alcaline au tournesol et les fumées blanches qu'on obtient en approchant une baguette imprégnée d'acide chlorhydrique.

3° La solution aqueuse se trouble à chaud.

4° Une goutte de conicine, additionnée d'acide chlorhydrique et évaporée sur une lamelle, présente au microscope polarisant les propriétés optiques du chlorhydrate de conicine, ce qui le distingue du chlorure ammonique.

5° Une très petite quantité de substance donne rapidement la mort à un cobaye. Ce caractère

permettrait de distinguer la conicine d'une ptomaïne $C^5H^{10}Az^2$, la *cadavérine*, rencontrée par
M. Brieger dans les cadavres humains qui ont
subi une putréfaction prolongée. La cadavérine
ressemble à la conicine par ses propriétés physiques et chimiques, mais elle est inoffensive.

6° Les réactifs généraux des alcaloïdes donnent
les réactions suivantes :

L'iodure double de bismuth et de potassium
(2 gouttes) donne dans la solution à 1/2000 de
sulfate de conicine un précipité abondant qui est
encore sensible à 1/6000.

L'acide phosphomolybdique précipite en jaune
dans les solutions à 1/1000.

Avec l'iodure double de mercure et de potassium, le précipité n'apparaît que dans des solutions plus concentrées.

La conicine précipite les autres réactifs généraux des alcaloïdes (tannin, chlorure d'or et de
platine, iodure double de cadmium et de potassium, etc.), mais ces réactions sont beaucoup
moins sensibles que les précédentes.

Louis Hugounenq.

CIDRE (voyez Dict., 1, 905). — Depuis quelques années la consommation du cidre a été sans
cesse en augmentant : en 1883, la récolte a été
de plus de 23 millions d'hectolitres, presque tous
consommés en France ; l'étude de ce liquide s'impose donc à raison de la place importante qu'il
tend à prendre dans l'alimentation.

Composition du cidre. — M. Girard [*Docu-
ments sur les travaux du Laboratoire muni-
cipal*, 244] donne les chiffres suivants comme
moyenne de la composition des cidres de bonne
qualité fabriqués en Normandie :

Alcool (en volume)	5°,2
Extrait à 100° (par litre)	41ᵍʳ,8
Sucre	8ᵍʳ,9
Cendres	2ᵍʳ,87

Les proportions de ces différents éléments doivent varier nécessairement selon la provenance
du produit.

M. Grignon [*le Cidre*] donne la composition
suivante, comme moyenne d'un certain nombre
d'analyses de cidres purs bien fermentés ;

Alcool		5°,4
Extrait à 100°	0/00	304ᵍʳ,32
Cendres	»	2ᵍʳ,70
Acidité totale		5ᵍʳ,21
Sucre		6ᵍʳ,24

Faible déviation lévogyre.

Enfin, M. Kayser vient de publier [*Ann. de
l'Institut Pasteur*, 4, 321] les résultats des analyses d'un certain nombre de cidres qui avaient
été récompensés à l'exposition de 1888, ainsi que
celles des produits préparés dans son laboratoire. Ces analyses sont résumées dans le tableau
ci-contre (p, 1143).

Au sujet de la composition du cidre, M. Lechartier [*C. R.*, **103**, 1104] fait remarquer que,
pour apprécier un cidre, il est surtout utile de
doser l'alcool, le sucre, l'acide acétique, l'extrait, les cendres, les matières pectiques, et de
déterminer la densité, qui permet, lorsqu'on connaît l'alcool, de calculer l'extrait. Beaucoup de
cidres, qui n'ont pas subi une fermentation complète, contiennent des proportions relativement
faibles d'alcool ; d'autres ont subi la fermentation complète, mais ont perdu une partie de
l'alcool, qui s'est transformé en acide acétique ;
il y a donc intérêt à déterminer dans le cidre ce
qu'on peut appeler l'*alcool total*, c'est-à-dire
la somme de l'alcool existant dans le cidre, de

l'alcool que pourrait donner par fermentation le
sucre non transformé, et de l'alcool disparu par
acétification.

Analyse. — Le dosage de l'alcool se fait par
les procédés ordinaires décrits à l'article Vᴵɴ
[Dict., **3**, 704] et en prenant les mêmes précautions. On opère ordinairement sur une proportion
de cidre plus considérable (200 centimètres cubes),
à cause de la faible quantité d'alcool qui s'y
trouve contenue.

Le dosage du sucre est fait à l'aide de la
liqueur de Fehling. Les cidres, à côté du sucre
réducteur, contiennent souvent des proportions
non négligeables (2,8-10 0/0 du poids total) d'un
autre sucre (saccharose ?) qui n'agit pas sur la
liqueur cupropotassique. Il faut donc toujours
faire le dosage des matières sucrées après précipitation des matières pectiques et gommeuses
à l'aide du sous-acétate de plomb et après in-
version.

La densité est prise après filtration du liquide
et ramenée ensuite à 15° ; elle est très variable,
suivant les proportions d'alcool et de sucre, et
est comprise entre 0,997 et 1,039.

L'extrait est obtenu directement, en opérant
toujours dans les mêmes conditions, c'est-à-dire
par évaporation de 10 centimètres cubes de
liquide dans une capsule de dimensions fixes, ou
bien à l'aide de la formule suivante, qui donne
le poids de l'extrait en fonction de la densité
ramenée à 15°, après qu'on a débarrassé le liquide
de l'alcool :

$$p = 16,7 + 2,51 \, (d + 1000)$$

(p = poids de l'extrait ; d = densité corrigée).

Dans le poids de l'extrait se trouvent réunis le
sucre et les autres principes extractifs ; pour avoir
des données plus complètes sur la pureté du
cidre, il faut toujours déterminer sa teneur en
sucre, afin d'avoir par différence le poids des
matières non alcoolisables.

Les matières pectiques, assez abondantes dans
le moût (3-7 pour 1000), disparaissent en grande
partie pendant la fermentation. Pour les doser,
on concentre au bain-marie 100 centimètres
cubes de cidre jusqu'à 10 centimètres cubes et
on ajoute au résidu 60 centimètres cubes d'alcool
à 90° ; on laisse reposer, on décante et l'on
redissout le précipité dans une petite quantité
d'eau, pour le soumettre à une nouvelle précipitation par l'alcool, après laquelle on le recueille sur un filtre taré ; on le lave avec de
l'alcool à 80° et on le pèse après dessiccation
à 100°.

La glycérine se dose de la même manière et
par les mêmes procédés que ceux que l'on emploie
pour la détermination quantitative de cette substance dans le vin.

Les cendres sont préparées en incinérant
l'extrait de 100 centimètres cubes de cidre à la
plus basse température possible ; le charbon
obtenu est lavé à l'eau bouillante, afin de dissoudre les sels solubles, et le résidu est incinéré
complètement. En additionnant les deux résultats
on a le poids total des cendres, qui varie entre
1ᵍʳ,7 et 5ᵍʳ,0 pour 1000 ; la majeure partie (80-
92 0/0) est soluble dans l'eau et est formée de
sels de potassium ; la soude s'y trouve en minime proportion et l'on n'y rencontre pas de
chaux. Les deux acides qui en font partie sont
l'acide phosphorique et surtout l'acide carbonique. On y trouve très peu de chlorures. Dans
la partie insoluble, on constate la présence de la
chaux et de la magnésie, en proportions à peu
près égales, combinées à l'acide phosphorique et
à l'acide silicique, avec un peu d'oxyde de fer et
d'oxyde de manganèse.

A. CIDRES DE BRETAGNE.

Numéros.	Années.	Densité.	Alcool en volume.	Sucre.	Tannin.	Glycérine.	Cendres.	Matières extractives non dosées.	Acidité totale.	Acidité fixe.	Acidité volatile.	Acide acétique.	cide butyrique.
1	1883	1,044	39,7	54,71	1,00	»	3,00	22,49	2,40	0,95	1,45	1,31	0,21
2	1884	1,028	37,5	42,96	1,30	1,90	2,90	17,74	3,15	2,65	0,50	0,40	0,18
3	1884	1,066	37,5	46,06	1,34	2,20	2,90	61,95	3,23	1,58	1,65	1,65	»
4	1887	0,998	47,5	24,16	1,60	1,00	2,40	10,44	2,48	1,36	1,12	0,91	0,31
5	1887	1,025	40,0	36,20	1,20	»	2,50	7,10	3,57	2,43	1,14	1,14	»
6	1887	1,020	60,0	29,00	1,80	»	2,80	16,00	2,61	1,71	0,90	0,82	0,13
7	1887	1,017	33,4	37,33	1,82	»	2,80	15,55	1,96	1,13	0,83	0,83	»
8	1886	1,024	17,5	43,18	1,30	0,90	2,80	29,22	2,59	1,16	1,43	1,43	»
9	1886	1,022	15,0	56,00	1,34	0,85	2,85	11,16	2,56	0,87	1,69	1,69	»
10	1886	1,035	12,5	68,28	0,80	1,00	3,00	25,80	1,32	0,33	0,99	0,99	»

B. CIDRES DE DIVERSES PROVENANCES.

Numéros.	Années.	Densité.	Alcool en volume.	Sucre.	Tannin.	Glycérine.	Cendres.	Matières extractives non dosées.	Acidité totale.	Acidité fixe.	Acidité volatile.	Acide acétique.	cide butyrique.
11	1887	1,015	52,5	31,00	1,30	1,27	3,50	18,23	2,30	1,03	1,27	1,15	0,17
12	1887	1,005	55,0	12,87	0,80	0,70	2,60	19,33	3,78	2,45	1,13	1,13	»
13	1887	1,015	60,0	33,93	2,40	1,80	3,10	26,37	2,76	1,93	0,83	0,70	0,19
14	1888	1,029	24,1	61,54	0,60	0,60	2,80	25,86	1,04	0,61	0,43	0,32	0,16

C. CIDRES DE NORMANDIE.

Numéros.	Années.	Densité.	Alcool en volume.	Sucre.	Tannin.	Glycérine.	Cendres.	Matières extractives non dosées.	Acidité totale.	Acidité fixe.	Acidité volatile.	Acide acétique.	cide butyrique.
15	1886	1,035	14,5	67,44	2,20	1,80	2,50	23,96	1,21	0,80	0,41	0,38	0,04
16	1886	1,068	33,5	46,28	2,20	1,87	2,52	68,63	2,99	1,25	1,74	»	»
17	1885	1,010	50,0	16,11	1,80	1,68	2,40	14,51	1,56	0,97	0,59	0,50	0,14
18	1888	1,006	51,2	14,55	1,84	»	2,43	12,68	1,74	0,85	0,89	0,89	»
19	1885	1,018	37,5	37,84	1,80	1,38	3,50	19,88	2,71	1,33	1,38	1,38	»
20	1886	1,013	52,5	28,57	1,00	2,40	2,80	14,33	2,53	1,39	1,14	1,14	»
21	1886	1,006	50,0	11,84	1,58	»	2,20	12,48	2,33	1,62	0,71	0,71	»
22	1888	1,030	40,5	41,35	1,60	»	2,25	20,40	2,08	1,27	0,81	0,81	»
23	1888	1,029	35,0	31,15	1,60	»	2,20	21,35	1,21	0,98	0,23	0,19	0,06

D. CIDRES DE DIVERSES PROVENANCES.

Numéros.	Années.	Densité.	Alcool en volume.	Sucre.	Tannin.	Glycérine.	Cendres.	Matières extractives non dosées.	Acidité totale.	Acidité fixe.	Acidité volatile.	Acide acétique.	cide butyrique.
24	1888	1,020	47,5	40,58	1,10	0,41	2,30	25,21	3,52	1,96	0,56	0,56	»
25	1889	1,080	53,7	traces.	0,60	2,20	2,50	10,10	2,64	1,06	1,58	1,47	0,18
26	1896	1,010	61,2	21,38	1,40	0,52	3,30	20,40	2,30	1,27	1,03	0,54	0,14
27	1886	1,029	37,5	70,00	2,10	0,78	3,00	21,82	2,30	1,21	1,09	1,09	»
28	1889	1,018	36,5	34,15	1,90	1,18	3,60	20,57	1,46	0,57	0,80	0,89	»
29	1888	1,029	32,5	65,11	2,60	0,92	2,00	19,47	1,67	0,93	0,74	0,69	0,08
30	1888	1,023	40,0	22,31	1,00	1,00	3,10	12,49	1,27	1,12	0,15	0,11	0,06

Ces différents résultats se trouvent réunis dans le tableau suivant :

Poids par litre des principales matières minérales.

Insolubles :

Silice	0,017
Acide phosphorique	0,229
Chaux	0,050
Magnésie	0,037
Oxydes de fer et de manganèse	0,017

Solubles :

Potasse	0,970
Soude	0,020
Acide carbonique	0,46

Proportion pour cent des matières minérales

Silice	0,94
Acide phosphorique	12,68
Chaux	2,77
Magnésie	2,05
Oxydes de fer et de manganèse	0,94
Potasse	53,74
Soude	1,10
Acide carbonique	25,78
	100,00

L'acidité totale (due principalement à l'acide tartrique droit et à l'acide malique) se dose comme dans le vin, à l'aide d'une solution décime normale de soude. après élimination de l'acide carbonique par ébullition. On étend le cidre de 10 ou 15 volumes d'eau, et on reconnaît la fin de la saturation à l'aide de la phtaléine du phénol : l'acidité est évaluée en acide sulfurique et souvent aussi en acide malique.

L'acide acétique se détermine en opérant sur 50 centimètres cubes de liquide, que l'on sature par la baryte et que l'on évapore au bain-marie pour chasser l'alcool : on reprend par l'eau, on filtre et on ajoute de l'acide phosphorique ; on distille et l'on dose l'acide acétique dans le liquide distillé.

Le tannin existe en assez grande quantité dans les pommes et par suite dans les moûts (de 1 à 5 grammes). Pendant la fermentation et la clarification, une partie de ce tannin disparaît, de sorte que les cidres qui proviennent d'un moût pauvre en tannin peuvent n'en contenir que très peu, ou même n'en contiennent pas du tout. Ces produits sont alors sujets à s'altérer rapidement (à devenir filants) : aussi doit-on, pour obtenir du cidre de bonne conservation, se servir de moût contenant au moins de 4 à 5 grammes de tannin pour 1000. On ajoute bien souvent au cidre du tannin ou du cachou, dans le but d'empêcher la maladie de la *graisse*, qui est caractérisée par la viscosité du liquide (cidres filants).

Le dosage du tannin s'effectue dans les cidres par les mêmes procédés qui servent au dosage de ce corps dans les vins.

On emploie souvent la méthode au permanganate de Lœventhal, modifiée par M. Neubauer, en opérant sur 50 centimètres cubes de cidre étendus à 200 centimètres cubes ; par cette méthode, on obtient toujours des nombres inférieurs à ceux que donne le procédé de M. A. Girard, qui repose sur l'emploi des cordes de violon.

M. Lechartier a trouvé dans un grand nombre d'analyses, exécutées sur des cidres de diverses provenances, des proportions de cendres inférieures à 2,8 (moyenne trouvée par M. Girard). Des cidres d'Ille-et-Vilaine n'en ont donné que 1,7, ce qui pourrait faire croire à une addition d'eau. La proportion de l'alcool total est restée comprise entre 5,1 et 9,48 0/0 ; le poids de l'extrait a varié en même temps que la teneur en sucre, depuis 17gr,5 jusqu'à 100 grammes par litre ; les cidres complètement fermentés ne contenaient plus que 1 ou 2 grammes de sucre pour 1000 et présentaient à 15° une densité égale à l'unité. D'autres renfermaient jusqu'à 78 grammes de principes sucrés et avaient une densité égale à 1,039.

Congélation. — Lorsqu'on porte le cidre à une température de 18 à 20° au-dessous de 0° et que l'on décante le liquide non congelé, on remarque tout d'abord que la densité du liquide est augmentée considérablement, ainsi que sa teneur en alcool ; en même temps sa couleur devient plus foncée. Mais la stérilisation n'est pas obtenue par ce procédé : on observe tout simplement un ralentissement dans la fermentation [Lechartier. *C. R.*, **105**, 723].

Chauffage. — Une température de +60° suffit au contraire pour détruire toute fermentation dans les cidres qui ne contiennent que de 3 à 6 0/0 d'alcool ; mais les cidres chauffés ainsi prennent une saveur spéciale qui rappelle celle des fruits cuits : on peut les débarrasser de cette saveur en y ajoutant par baril de 25 à 30 litres 1 bouteille du même cidre non chauffé [Lechartier, *C. R.*, **105**, 653].

FALSIFICATIONS. — 1° *Mouillage.* — On reconnaît cette fraude par la détermination de l'alcool, de l'extrait et des cendres comme pour les vins. M. Girard [*loc. cit.*] admet qu'un cidre devra être considéré comme mouillé lorsque le taux de ses éléments sera inférieur aux minima suivants :

Alcool (en volume)	3	0/0
Extrait	18gr	0/00
Cendres	1gr,7	0/00

Ces limites s'appliquent à un cidre complètement fermenté ; dans les cidres doux, la proportion de sucre devra compenser le manque d'alcool : ce que l'on peut facilement établir par le calcul.

2° *Addition de glucoses commerciales.* — On les détermine en se basant sur le pouvoir rotatoire dextrogyre de ces corps. la matière sucrée des cidres possédant toujours un pouvoir rotatoire lévogyre. Pour cette détermination, on décolore préalablement le cidre à l'aide de l'acétate de plomb et du sulfate de sodium.

3° *Acide salicylique.* — On le sépare en le dissolvant dans l'éther. après avoir acidulé le liquide par l'acide chlorhydrique, et on le caractérise à l'aide de la réaction qu'il produit avec les sels ferriques.

4° *Sulfites.* — Ils sont d'ordinaire introduits dans le cidre sous forme de bisulfite de calcium, afin d'empêcher les fermentations secondaires de se produire. On les caractérise en ajoutant au liquide de l'acide sulfurique, et en faisant passer dans le mélange un courant d'acide carbonique qui entraîne l'acide sulfureux dans une solution titrée de chlorure de baryum additionnée d'eau iodée : on constate la formation de sulfate de baryte, que l'on recueille et que l'on pèse.

La chaux et la soude, ajoutées au cidre pour saturer l'excès d'acide acétique. sont recherchées dans les cendres par les procédés ordinaires de l'analyse chimique ; il en est de même de certains sels toxiques, par exemple les sels de plomb, dont la présence a été constatée parfois dans le cidre.

5° *Matières colorantes étrangères.* — On a trouvé quelquefois des cidres additionnés de matières colorantes dérivées du goudron de houille, et ajoutées dans le but de rendre leur teinte ambrée naturelle à des produits étendus d'eau. Les cidres purs brunissent à peine en présence de l'aluminate et du carbonate de sodium. tandis que les cidres colorés ainsi artificiellement fournissent dans les mêmes conditions une laque et un liquide roses [Riche, *Encyclopédie d'hygiène*].

Lorsque les cidres ont été additionnés de matières colorantes végétales, telles que coquelicot, nitro-rhubarbe, ils donnent une laque violacée dans le premier cas, brune dans le second, lorsque, après les avoir neutralisés par l'ammoniaque, on y ajoute du chlorure d'étain.

La présence du caramel, ajouté également au cidre pour lui rendre sa coloration naturelle, se reconnaît à l'aide d'une solution de tannin au 1/50 et d'une solution de gélatine au 1/30 : le cidre pur, traité successivement par ces deux réactifs, donne une laque surnagée par un liquide incolore, tandis que le liquide surnageant la laque est coloré en jaune lorsque le cidre contient du caramel (Fauré). E. Burcker.

CIMENTS. — Voyez Mortiers.

CINCHÈNE, $C^{19}H^{20}Az^2$. — Cette base, dont la formule diffère de celle de la cinchonine par 1 molécule d'eau en moins, se prépare de la façon suivante : La cinchonine donne par l'action du perchlorure de phosphore un chlorure

$$C^{19}H^{21}Az^2Cl,$$

fusible à 71° ; lorsque l'on fait bouillir pendant 24 heures ce chlorure avec une solution alcoolique de potasse, il perd de l'acide chlorhydrique et se transforme en cinchène. On extrait la base par épuisement à l'éther, après avoir chassé l'alcool et repris le résidu par l'eau, et on la purifie par cristallisation dans la ligroïne. Elle se présente sous la forme de lamelles orthorhombiques, fusibles à 123-125°, que l'on peut volatiliser entièrement en les chauffant avec précaution.

Par l'action de l'acide chlorhydrique concentré à 200-220°, elle fixe 1 molécule d'eau en perdant de l'ammoniaque, et donne une nouvelle base, l'*apocinchène*, $C^{19}H^{19}AzO$ (voyez plus bas). Dans cette réaction, il se produit en outre un peu de chlorure de méthyle [W. Kœnigs, *D. chem. G.*, **14**, 1852 ; *Bull. Soc. Chim.*, (2), **37**, 84].

La cinchonidine, traitée de même par le perchlorure de phosphore, puis par la potasse alcoolique, fournit un produit identique (bien que son point de fusion paraisse situé un peu plus bas, vers 118°), ainsi que cela résulte de l'examen cristallographique et de ses propriétés chimiques [W. Comstock et W. Kœnigs, *D. chem. G.*, **17**, 1984 ; *Bull. Soc. Chim.*, (2), **44**, 239].

Chauffé pendant 10 heures à 200° avec de l'acide acétique étendu, le cinchène se décompose avec formation de lépidine, $C^{10}H^9Az$ [W. Kœnigs, *D. chem. G.*, **23**, 2677].

Le cinchène s'unit aisément à froid avec l'iodure de méthyle, en donnant un *iodométhylate* qui cristallise dans l'alcool méthylique en tables clinorhombiques, fusibles à 186°. Cet iodométhylate, peu soluble dans l'eau froide et insoluble dans l'éther, se dissout aisément dans l'alcool chaud et dans les acides étendus. Si l'on chauffe ces dernières solutions avec un alcali, on ne régénère pas le corps primitif, mais une autre base soluble dans l'éther et susceptible de donner elle-même un iodométhylate. Par l'oxyde d'argent, ce dernier donne un hydrate d'ammonium quaternaire, et par l'action du chlorure d'argent le chlorométhylate correspondant [W. Comstock et W. Kœnigs, *D. chem. G.*, **18**, 1219 ; *Bull. Soc. Chim.*, (2), **46**, 179].

Action du brome. — Le cinchène, traité par le brome en solution chloroformique, donne naissance à deux *dibromures* isomériques,

$$C^{19}H^{20}Az^2Br^2,$$

que l'on peut séparer l'un de l'autre par la cristallisation fractionnée des bromhydrates correspondants. Le premier, dont le bromhydrate moins soluble se dépose par le refroidissement de la

solution aqueuse, est clinorhombique et fond à 113° ; il donne des sels bien cristallisés (nitrate, chlorozincate).

Son isomère, obtenu en saturant les eaux mères précédentes par la soude et faisant cristalliser la base dans l'alcool, forme des sphénoèdres hémiédriques dérivés du système orthorhombique et fond à 133-134°. Le *nitrate* correspondant est gélatineux.

Par l'action de la potasse alcoolique, ces deux dibromures donnent le même *déhydrocinchène*, $C^{19}H^{18}Az^2$, fusible à 60°

Action de l'acide bromhydrique. — L'acide bromhydrique étendu agit à chaud sur le cinchène comme l'acide chlorhydrique pour donner de l'apocinchène. Au contraire, par l'action d'une solution saturée d'acide bromhydrique à froid sur le cinchène, on obtient un produit d'addition, l'*hydrobromocinchène*, $C^{19}H^{21}BrAz^2$, que l'on peut isoler en saturant la solution étendue par le carbonate d'ammonium et épuisant à l'éther. Ce dérivé, facilement soluble dans les dissolvants organiques sauf la ligroïne, fond entre 105 et 120° [W. Comstock et W. Kœnigs, *D. chem. G.*, **19**, 2853 ; **20**, 2510, 2522 ; *Bull. Soc. Chim.*, (2), **47**, 360 ; **49**, 827].

En abandonnant pendant 15 jours à la température ordinaire, en vase scellé, une solution de quinène (50 grammes) dans l'acide bromhydrique (300 centimètres cubes) saturé à — 17°, on obtient du *bromhydrate d'hydrobromoxycinchène*, $C^{19}H^{21}BrAz^2O$. $2HBr$, en petits cristaux d'un jaune de soufre.

L'*hydrobromoxycinchène*, $C^{19}H^{21}BrAz^2O$, précipité de son bromhydrate par le carbonate d'ammonium et cristallisé dans l'alcool, forme de fines aiguilles jaunes, fusibles à 180-190°, peu solubles dans l'alcool et dans l'éther, plus solubles dans le chloroforme, le benzène et l'acétate d'éthyle.

Chauffé avec son poids de potasse en solution alcoolique, l'hydrobromoxycinchène se convertit en *oxycinchène*, $C^{19}H^{20}Az^2O$, masse jaunâtre, amorphe, incristallisable, fusible à 100-110°, soluble dans l'alcool, l'acétone, l'esprit de bois, l'éther, le benzène et le chloroforme. Ce corps fournit un *chlorhydrate*, un *chlorozincate*, un *chloroplatinate* cristallisés ; ce dernier sel se présente en lamelles jaunes, peu solubles, ayant pour formule $C^{19}H^{20}Az^2O$. $2HCl$. $PtCl^4$.

Chauffé avec du chlorure de zinc ammoniacal, l'oxycinchène donne de la *p-amidolépidine*, $C^9H^5(CH^3)(Az H^2)Az$ [W. Kœnigs, *D. chem. G.*, **23**, 2669].

Par oxydation au moyen de l'acide chromique, le cinchène donne de l'acide cinchoninique et un composé que l'eau de brome convertit en tribromoxylépidine, $C^{10}H^6Br^3AzO$.

DÉHYDROCINCHÈNE, $C^{19}H^{18}Az^2$. — Ce dérivé s'obtient en traitant par la potasse alcoolique soit les bromures de cinchène, soit le chlorure résultant de l'action du perchlorure de phosphore sur la déhydrocinchonine. On le purifie en le transformant en tartrate peu soluble, puis en faisant cristalliser la base libre dans l'alcool.

Elle cristallise avec 3 molécules d'eau, en longues aiguilles fusibles vers 60°, que la dessiccation transforme en une masse résineuse.

Le *bromhydrate*, $C^{19}H^{18}Az^2$. $2HBr$, est extrêmement soluble dans l'eau, peu soluble dans l'alcool.

Le *chloroplatinate* forme des tables d'un rouge clair, très peu solubles dans l'eau (Comstock, Kœnigs).

Le déhydrocinchène, dissous dans le chloroforme sec, fixe le brome, pour donner un *dibromure*, $C^{19}H^{18}Az^2Br^2$.

Celui-ci fournit un *chlorozincate* cristallisé en

aiguilles blanches, très solubles dans l'eau, peu solubles dans l'alcool, et un *chloroplatinate* fusible au-dessus de 280° et ayant pour formule $C^{19}H^{18}Az^2Br^2 . 2HCl . PtCl^4$.

Chauffé avec de la potasse alcoolique, le dibromure de déhydrocinchène perd son brome et se convertit en une nouvelle base, qui paraît être un *tétrahydrocinchène*, $C^{19}H^{16}Az^4$ [Comstock et Kœnigs, *D. chem. G.*, **25**, 1549].

APOCINCHÈNE, $C^{19}H^{19}AzO$. — Le procédé de préparation le plus avantageux consiste à chauffer le cinchène à 180° avec 5 fois son poids d'acide bromhydrique ($d = 1,49$). La base, mise en liberté par l'ammoniaque, est purifiée par cristallisation dans l'alcool ou dans l'éther acétique (rendement 40 0/0). L'apocinchène fond à 209°.

Cette base se combine avec les acides comme avec les bases (sauf l'ammoniaque), en donnant des sels facilement dissociés par l'eau. Les solutions alcalines sont précipitées par l'acide carbonique. Ces propriétés la rapprochent des phénols. Comme eux elle fournit, par l'action des iodures alcooliques et de la potasse, les éthers correspondants, tandis qu'avec l'iodure d'éthyle seul elle donne un *iodéthylate*. Par l'anhydride acétique, elle donne un *dérivé acétylé* fusible à 118-119°. Traitée par l'oxychlorure de phosphore, puis par l'eau, elle donne un *éther phosphorique*, dont les sels d'ammonium et de baryum sont bien cristallisés.

Le *bromhydrate* s'obtient à l'état cristallisé en dissolvant la base dans une solution alcoolique chaude d'acide bromhydrique. Il a pour formule $C^{19}H^{19}AzO . HBr$ et fond à 256°.

Le *chloroplatinate* correspondant est anhydre et fond vers 235°.

Lorsque l'on ajoute peu à peu une solution de brome dans un mélange de chloroforme et d'acide acétique à du bromhydrate d'apocinchène en solution dans les mêmes dissolvants, on obtient un précipité jaune d'un *perbromure* que le bisulfite de sodium transforme en *bromapocinchène*, $C^{19}H^{18}BrAzO$. Ce dérivé cristallise dans l'alcool absolu et fond à 186-188°. Il se dissout aisément dans les alcalis. Le *bromhydrate* correspondant fond à 215-216°.

Ce dérivé bromé n'est pas attaqué par l'éthylate de sodium en solution alcoolique, même après une longue ébullition. Par oxydation au moyen du dichromate de potassium et de l'acide sulfurique, il donne de l'acide cinchoninique et du bromoforme. On peut conclure de là que le brome n'est pas substitué dans le noyau quinoléique [W. Comstock et W. Kœnigs, *D. chem. G.*, **20**, 2674; *Bull. Soc. Chim.*, (2), **49**, 232].

Par fusion de l'apocinchène avec les alcalis, on le transforme en *oxy-apocinchène*, $C^{18}H^{17}AzO^2$.

Dérivés alcoylés de l'apocinchène. — On les obtient par l'action des iodures alcooliques sur l'apocinchène et la potasse en solution dans l'alcool correspondant. Ces dérivés ne se dissolvent plus dans les alcalis et donnent avec les acides des sels dissociables par l'eau.

Le *méthylapocinchène*, $C^{19}H^{19}Az(OCH^3)$, est un liquide peu soluble dans l'eau, facilement soluble dans les liquides organiques. Oxydé par le permanganate ou par l'acide chromique, il donne principalement de l'acide cinchoninique, tandis que, par l'action de l'acide nitrique étendu et bouillant, il fournit un *acide méthylapocinchénique* $C^{19}H^{17}AzO^3$, qui fond à 232° et qui se combine avec les acides comme avec les bases.

L'*éthylapocinchène*, $C^{19}H^{18}Az(OC^2H^5)$, fond à 71°. Le *sulfate* correspondant, traité par l'acide chlorhydrique à 130°, se dédouble en apocinchène et chlorure d'éthyle.

L'éthylapocinchène, additionné à froid de brome sec, fournit un *dérivé dibromé*,

$$C^{19}H^{16}Br^2(OC^2H^5)Az,$$

fusible à 115-116°. Il se produit en même temps un peu de dibromapocinchène fusible à 195-196° et que l'on peut séparer facilement grâce à sa solubilité dans les alcalis.

Par oxydation au moyen du permanganate très étendu ou de l'acide nitrique, l'éthylapocinchène donne de l'acide *éthylapocinchénique*,

$$C^{20}H^{19}AzO^3.$$

Cet acide fond à 161° et est peu soluble dans l'eau; il donne avec les acides sulfurique, nitrique et bromhydrique des sels cristallisés peu solubles dans un excès d'acide. Le *sel d'argent*, $C^{20}H^{18}AzO^3Ag$, cristallise et est anhydre.

Lorsque l'on chauffe l'acide éthylapocinchénique avec de l'acide bromhydrique ($d = 1,49$) au réfrigérant à reflux, on lui fait perdre du bromure d'éthyle et de l'acide carbonique et on le convertit en un homologue inférieur de l'apocinchène, l'*homoapocinchène*, suivant l'équation

$$C^{17}H^{13}Az \begin{cases} OC^2H^5 \\ CO^2H \end{cases} + HBr$$

$$= CO^2 + C^2H^5Br + C^{17}H^{15}AzO.$$

L'homoapocinchène ainsi obtenu cristallise dans l'alcool étendu avec 1 molécule d'eau qu'il perd à 125°; il fond à 184-185°.

OXY-APOCINCHÈNE, $C^{19}H^{19}AzO^2$. — On l'obtient, comme on a vu plus haut, par fusion de l'apocinchène avec les alcalis. On précipite la solution par l'acide sulfurique étendu et on purifie la nouvelle base par cristallisation dans l'alcool bouillant. Cette base fond à 267°, et ne se dissout pas dans les acides étendus. Les solutions alcalines ne sont pas non plus précipitées par l'acide carbonique.

Traitée par l'anhydride acétique, elle fournit un *dérivé acétylé*, $C^{19}H^{18}AzO^2(COCH^3)$, qui fond à 203°.

D'après l'ensemble des réactions de l'apocinchène et de ses dérivés, MM. Comstock et Kœnigs pensent que la constitution de l'apocinchène doit être exprimée par la formule

$$C^9H^5Az . C^6H^2(C^2H^5)^2(OH).$$

Quant au cinchène lui-même, ce serait une aminophénylquinoléine diéthylée,

$$C^9H^6Az . C^6H^4 . Az(C^2H^5)^2.$$

O. Saint-Pierre.

CINCHOCÉROTINE, $C^{27}H^{46}O^2$. — M. Helms a donné ce nom à un principe immédiat qu'il extrait du quinquina de la façon suivante : Les écorces, préalablement triturées avec un lait de chaux, puis séchées, sont épuisées par l'alcool bouillant; par refroidissement, il se dépose une masse brune qui, traitée par l'alcool chaud, fournit un composé cristallisé en houppes blanches fusibles à 130° : c'est la cinchocérotine. Ce corps se dissout aisément dans l'alcool, l'éther et le chloroforme, mais il est insoluble dans l'eau et dans les acides étendus.

On peut sublimer la cinchocérotine en la chauffant doucement dans un courant de gaz carbonique. Le brome, l'acide nitrique la transforment en résines incristallisables; l'anhydride acétique est sans action sur elle.

Par fusion avec la potasse, elle paraît se transformer en acides aromatiques. Au contraire, l'oxydation par le dichromate et l'acide sulfurique la convertit en un acide nouveau, l'*acide cinchocérotique*, en même temps qu'il se produit des acides acétique et butyrique

L'*acide cinchocérotique*, insoluble dans l'eau et dans les acides, peut être obtenu cristallisé dans l'alcool et fond à 72°. L'analyse lui assigne la formule $C^{30}H^{56}O^6$. Il donne un *sel de calcium* $C^{30}H^{54}O^6Ca$, qui du reste n'a pu être obtenu cristallisé [A. Helms, *Arch. Pharm.*, **221**, 279 ; *Bull. Soc. Chim.*, (2), **41**, 35].

O. Saint-Pierre.

CINCHOL, $C^{30}H^{54}O$. — Le cinchol a été caractérisé par M. Hesse, qui l'a séparé des cires provenant des écorces des vrais cinchonas ; il l'a signalé également dans les écorces des cupréas, qui en contiennent du reste très peu, la majeure partie étant remplacée par un isomère, le *cupréol* (voyez ce mot). L'écorce du *Cinchona Ledgeriana* renferme jusqu'à 0,03 0/0 de cinchol.

Pour extraire ce corps, on pulvérise grossièrement les écorces et on les épuise par la ligroïne bouillante. Celle-ci éliminée par distillation, il reste un extrait brunâtre qui est repris par l'alcool bouillant. Après filtration, on concentre cette solution alcoolique à basse température (40 à 60°), séparant ainsi une certaine quantité de résine, qui se dépose peu à peu. La liqueur claire, abandonnée à elle-même, laisse déposer de grands cristaux feuilletés ou aciculaires, baignant dans une huile facilement absorbable par du papier buvard. On purifie le cinchol par plusieurs cristallisations dans l'alcool, puis on le transforme en éther acétique en le chauffant pendant quelques heures à 80° avec de l'anhydride acétique ; on fait cristalliser cet éther dans l'alcool et on le saponifie par la potasse alcoolique. Une dernière cristallisation dans l'alcool fournit le cinchol absolument pur.

Il se présente en lamelles allongées aciculaires, quelquefois en larges feuillets qui contiennent 1 molécule d'eau, ne s'éliminant complètement qu'à 100° ou dans l'air sec à la température ordinaire.

Le cinchol fond à 139° ; en solution alcoolique il dévie à gauche le plan de polarisation de la lumière : $[\alpha]_D = -34°,6$. Il est facilement soluble dans le chloroforme, l'alcool et l'éther chauds, moins soluble dans la ligroïne et peu dans l'alcool froid, insoluble dans l'eau et dans les alcalis.

L'*acétylcinchol*, $C^{30}H^{53}O(C^2H^3O)$, qui s'obtient comme il a été dit ci-dessus, est formé d'aiguilles blanches fondant à 124°, anhydres ; il se dissout bien dans l'alcool chaud, très peu dans ce dissolvant froid ; il est très soluble dans l'éther et dans le chloroforme. En solution chloroformique, $[\alpha]_D = -41°,7$.

M. Hesse a préparé aussi l'*éther propionique* du cinchol, $C^{30}H^{53}O(C^3H^5O)$, qui forme de petits feuillets microscopiques, fondant à 110° et anhydres.

Ces deux éthers sont très facilement saponifiables par la potasse alcoolique.

Le cinchol se rapproche beaucoup par ses propriétés de la cholestérine végétale (phytostérine) ; il appartient évidemment à cette classe de corps : comme les cholestérines, il donne une coloration rouge de sang quand on agite la solution chloroformique avec de l'acide sulfurique (d = 1,76).

La composition centésimale seule paraît différer, M. Hesse ayant trouvé environ 2 0/0 de carbone en moins que dans la phytostérine.

Le cinchol est isomérique avec le cupréol et le québrachol. Ces trois corps se trouvent simultanément dans les écorces des cinchonas en proportions variables.

Il se rapproche également de la substance décrite par M. Liebermann sous le nom d'*oxyterpène* [Hesse, *Ann. Chem.*, **228**, 288 ; **234**, 375. — Liebermann, *D. chem. G.*, **17**, 871].

A. Arnaud.

CINCHOLÉPIDINE. — Voyez LÉPIDINE.

CINCHOLINE. — Cet alcaloïde a été extrait pour la première fois des eaux mères du sulfate de quinine par M. Hesse. Pour l'isoler, on précipite ces eaux mères successivement par le sel de Seignette, puis par le sulfocyanate de potassium, et on épuise par l'éther la liqueur filtrée et rendue alcaline. Le résidu de l'évaporation de l'éther est ensuite distillé dans un courant de vapeur d'eau, en condensant les produits volatils dans l'acide chlorhydrique. Le chlorhydrate évaporé à sec est repris par la potasse et le mélange épuisé à l'éther.

Par l'addition d'acide oxalique en solution éthérée à cette dernière solution, on obtient l'oxalate sous la forme de petites lamelles brillantes.

Plus tard, M. Weller a extrait des huiles de paraffine (d = 0,850-0,860) une base que M. Hesse reconnut ensuite [*Ann. Chem.*, **271**, 95] être identique avec la cincholine. Ce dernier annonça alors que la cincholine n'existe pas dans les écorces de quinquina, et que la cincholine qu'il avait précédemment eue entre les mains provenait de l'emploi des huiles de paraffine pour l'extraction du sulfate de quinine.

La base libre est un liquide jaunâtre, volatil, peu soluble dans l'eau, facilement soluble dans l'alcool, l'éther, le chloroforme.

Elle est incristallisable à — 14° et bout à 236-238°. Elle se volatilise peu à peu à la température ordinaire ; son odeur rappelle un peu celle de la pyridine.

Le *chlorhydrate* est très soluble et incristallisable ; le *chloraurate* est un précipité amorphe ; le *chloroplatinate* est soluble dans l'eau, gommeux et incristallisable.

Le *sulfate*, le *bromhydrate*, le *sulfocyanate* sont également incristallisables.

L'*oxalate neutre*, $(C^{10}H^{21}Az^2)^2C^2O^4H^2$, cristallise dans l'alcool chaud en lamelles incolores et brillantes, très peu solubles à froid dans l'alcool et dans l'eau.

La cincholine paraît dénuée de toute propriété toxique [O. Hesse, *D. chem. G.*, **15**, 854 ; *Bull. Soc. Chim.*, (2), **38**, 578 ; *Ann. Chem.*, **271**, 95].

O. Saint-Pierre.

CINCHOLOÏPONE, $C^9H^{17}AzO^3$, ET **CINCHOLOÏPONIQUE (ACIDE)**, $C^8H^{13}AzO^4$. — Ces deux composés ont été extraits par M. Skraup des produits sirupeux de l'oxydation de la cinchonine par le dichromate de potassium et l'acide sulfurique.

ACIDE CINCHOLOÏPONIQUE, $C^8H^{13}AzO^4$. — On élimine d'abord le chrome par l'ammoniaque, puis, après filtration, on chasse l'ammoniaque en neutralisant à chaud par l'eau de baryte ; le liquide filtré, additionné de sulfate de cuivre, laisse alors déposer des cristaux de cinchoninate de cuivre. On précipite l'excès de cuivre et l'acide sulfurique par l'eau de baryte ; la solution, concentrée jusqu'à consistance sirupeuse à froid (quoique fluide à chaud), est alors portée à l'ébullition et additionnée de 2,5 fois son volume d'alcool, qui précipite à l'état insoluble la presque totalité des sels de baryum.

Pour extraire de ces sels l'acide cincholoïponique, on les redissout dans l'eau et on élimine la baryte par l'acide sulfurique, le chlore par l'oxyde d'argent, et l'argent dissous par l'hydrogène sulfuré. En faisant bouillir la liqueur, débarrassée d'hydrogène sulfuré par le carbonate de plomb, on obtient un sel de plomb très soluble dans l'eau, précipitable par l'alcool, et répondant à la formule $(C^8H^{12}AzO^4)^2Pb$: c'est le cincholoïponate de plomb.

L'acide correspondant est très soluble dans l'eau, insoluble dans l'alcool et dans l'éther. On le purifie en le transformant en un dérivé nitrosé, que l'on décompose par l'acide chlorhydrique (voir plus bas). Il cristallise en prismes orthorhombiques renfermant 1 molécule d'eau ; il fond à 125-127°, et à 221° lorsqu'il est anhydre, mais en se décomposant.

Cet acide est d'ailleurs très stable : le mélange chromique, l'amalgame de sodium sont sans action sur lui ; les autres réactifs (brome, acide iodhydrique, potasse, perchlorure de phosphore) ne l'attaquent qu'à une température très élevée.

Distillé avec de la poudre de zinc, le cincholoïponate de plomb fournit un peu de pyridine et d'homologues supérieurs. Traité par l'anhydride acétique, le sel de plomb donne un dérivé acétylé cristallisé.

Lorsque l'on additionne le cincholoïponate de plomb ou celui de baryum de nitrite de sodium et d'acide chlorhydrique, on le convertit en *acide nitrosocincholoïponique*, $C^8 H^{12} Az^2 O^5$, fusible à 161°, soluble dans l'eau chaude et dans l'alcool. Il se dissout dans l'acide chlorhydrique concentré en dégageant des vapeurs nitreuses, et en donnant le *chlorhydrate* de l'acide cincholoïponique,

$$C^8 H^{13} Az O^4 . HCl,$$

qui fond à 192-194° en se décomposant. Ce chlorhydrate, traité successivement par l'oxyde d'argent, puis par l'hydrogène sulfuré, permet d'obtenir l'acide cincholoïponique cristallisé [H. Skraup, *Mon. f. Chem.*, **9**, 783 ; *Bull. Soc. Chim.*, (3), **2**, 685].

L'acide cincholoïponique s'obtient aussi en oxydant par le permanganate de potassium, puis par l'acide chromique, la quinine, la quinidine ou la cinchonidine (la première oxydation transformant d'abord les bases en quiténine, quiténidine ou cinchoténidine). On l'isole à l'état de sel de plomb par un procédé analogue au précédent [Z.-H. Skraup, *Mon. f. Chem.*, **10**, 39 ; — Schniderschbitsch, *ibid.*, 51 ; — Würstel, *ibid.*, 65].

CINCHOLOÏPONE, $C^9 H^{17} Az O^2$. — Lorsque, dans la préparation précédente, on a précipité par l'alcool les sels de baryum contenus dans le liquide sirupeux primitif, les eaux mères renferment encore un peu d'acides cinchoninique et cincholoïponique, ainsi que la cincholoïpone et de la cynurine. Pour isoler ces derniers composés, on précipite la solution concentrée par le chlorure d'or, on décompose les chloraurates par l'acide sulfureux et, en ajoutant du chlorure de platine, on précipite toute la cynurine. La solution débarrassée de platine est précipitée par le chlorure d'or : on a ainsi la cincholoïpone à l'état de chloraurate cristallin.

Le *chlorhydrate* correspondant,

$$C^9 H^{17} Az O^2 . HCl,$$

cristallise en lamelles ou en prismes orthorhombiques, fusibles vers 198-200° en se décomposant.

Il est très soluble dans l'eau et dans l'alcool, ainsi que le *chloroplatinate*,

$$(C^9 H^{17} Az O^2 . HCl)^2 PtCl^4 , 3,5 H^2 O.$$

Le *chloraurate*, peu soluble dans l'eau froide, s'y dissout davantage à chaud, mais l'ébullition le réduit ; il fond à 203°.

Le *chloromercurate* cristallise en prismes courts, très solubles dans l'eau.

Le *sulfate* forme des lamelles assez solubles dans l'eau.

La cincholoïpone n'a pas été isolée à l'état de pureté.

Lorsque l'on distille son chlorhydrate avec de la poudre de zinc, elle donne la β-éthylpyridine. L'anhydride acétique la convertit en un *dérivé acétylé*, $C^9 H^{16} Az O^2 (C^2 H^3 O)$, fusible à 121°, qui se dissout dans l'eau, l'alcool et l'éther et se comporte comme un acide monobasique : il donne

ainsi un *sel d'argent*, $C^9 H^{15} Az O^2 (C^2 H^3 O) Ag$, que l'iodure de méthyle convertit en une base dont le *chloraurate* a pour formule

$$C^9 H^{15} Az O^2 (C H^3)^2 HCl . Au Cl^3.$$

Par le nitrite de sodium, le chlorhydrate de cincholoïpone donne aussi un *dérivé nitrosé*,

$$C^9 H^{16} (Az O) Az O^2,$$

à réaction acide. Purifié par cristallisation de son sel de calcium, ce dérivé forme des lamelles fusibles à 83-84°. Le *sel de calcium* correspondant cristallise avec 2 molécules d'eau.

En oxydant à chaud la cincholoïpone par une solution concentrée d'acide chromique, on la convertit en acide cincholoïponique [Skraup, *loc. cit.*].

D'après les faits précédents, M. Skraup admet pour ces composés les formules suivantes

$$\text{CH}^2 \quad\overset{\displaystyle C < {}^H_{C^2 H^5}}{\underset{\displaystyle C < {}^{CH^3}_{CO^2 H}}{\bigcirc}}\quad \text{et} \quad \overset{\displaystyle C < {}^H_{CO^2 H}}{\underset{\displaystyle C < {}^{CH^3}_{CO^2 H}}{\bigcirc}}$$

Cincholoïpone.   Acide cincholoïponique.

O. Saint-Pierre.

CINCHOMÉRONIQUE (**ACIDE**) [Syn. *Acide pyridine-β-γ-dicarbonique*]

$$\underset{\displaystyle Az}{\overset{\displaystyle CO^2 H}{\bigcirc}}\; CO^2 H$$

(voyez Suppl., **1**, 498 et 1322). — Indépendamment des modes de formation mentionnés dans les articles précédents, l'acide cinchoméronique se produit dans les conditions suivantes :

1° Lorsque l'on chauffe vers 120-125°, ou mieux lorsque l'on fait bouillir avec de l'acide acétique l'acide tricarbopyridique obtenu dans l'oxydation de la cinchonine (acide improprement appelé oxycinchoméronique) [Skraup ; Hoogewerff et van Dorp].

2° En chauffant à 250°, avec de l'acide chlorhydrique concentré, l'acide apophyllénique (von Gerichten, *D. chem. G.*, **13**, 1635 ; *Bull. Soc. Chim.*, (2), **35**, 707]

Il fond à 250° (Hoogewerff, van Dorp), à 258-259° (Skraup), en perdant de l'acide carbonique et en donnant un mélange d'acides nicotianique (β-carbopyridique) et pyrocinchoméronique (γ-carbopyridique), ce qui fixe sa constitution. Il est peu soluble dans l'eau bouillante et dans les dissolvants organiques. Réduit par l'amalgame de sodium, il perd de l'ammoniaque et se transforme en acide cinchonique $C^7 H^8 O^6$:

$$C^7 H^5 Az O^4 + 2 H^2 O + H^2 = C^7 H^8 O^6 + Az H^3$$

Le *sel de baryum*, $C^7 H^3 Az O^4 Ba , 1,5 H^2 O$, est peu soluble dans l'eau, et ne perd son eau de cristallisation qu'au delà de 200°.

Le *sel de calcium* est plus soluble et cristallise avec 3,5 molécules d'eau.

Le *sel neutre d'argent* est anhydre et amorphe. Traité par une petite quantité d'acide nitrique, il se transforme en un *sel acide* cristallin [Hoogewerff et van Dorp, *D. chem. G.*, **13**, 61 ; *Bull. Soc. Chim.*, (2), **34**, 391].

Le *sel de cuivre* présente la propriété caractéristique de se dissoudre aisément dans l'eau froide et de se précipiter lorsque l'on chauffe la solution [Œchsner de Coninck, *Bull. Soc. Chim.*, (2), **43**, 106].

L'acide cinchoméronique, chauffé avec une solution méthylique d'iodure de méthyle, donne un produit d'addition qui, par l'action du chlorure d'argent, se transforme en acide apophyllénique [W. Roser, *Ann. Chem.*, **234**, 116; *Bull. Soc. Chim.*, (2), **47**, 627].

Lorsque l'on chauffe l'acide cinchoméronique avec de l'anhydride acétique à l'ébullition, il perd 1 molécule d'eau : en absorbant l'acide acétique par la potasse dans le vide, on obtient de grandes lamelles hexagonales, fusibles à 76-77°, qui constituent l'*anhydride cinchoméronique*.

Par l'action de l'alcool absolu, cet anhydride se transforme en *éther monoéthylique*, soluble dans l'eau et fusible à 130-133°.

L'*éther monométhylique*, obtenu de même, fond à 152-154°. Tous deux fonctionnent comme acides monobasiques.

En faisant passer un courant de gaz ammoniac sec dans une solution benzénique d'anhydride cinchoméronique, on le transforme en *cinchoméronamate d'ammonium*,

$$C^5H^3Az \begin{cases} CO\,AzH^2 \\ CO^2\,AzH^4 \end{cases}$$

fusible à 228-229°. Ce sel, chauffé au delà de 120°, perd de l'eau et de l'ammoniaque et donne la *cinchoméronimide*,

$$C^5H^3Az \begin{cases} CO \\ CO \end{cases} AzH,$$

qui fond à 229-230° et peut être sublimée aisément.

L'*acide cinchoméronamique*, obtenu par l'action de l'hydrogène sulfuré sur le sel d'argent, cristallise en aiguilles incolores, qui fondent à 237° en se décomposant [G. Goldschmidt et H. Strache, *Mon. f. Chem.*, **10**, 156; *Bull. Soc. Chim.*, (3), **3**, 452].

L'acide cinchoméronique se combine avec l'aniline à la température de 100°, en donnant une *diunilide*, $C^5H^3Az(CO.AzH.C^6H^5)^2$, qui cristallise dans l'alcool en aiguilles jaunâtres, fusibles vers 200°. Au dessus de cette température, elle se décompose en perdant de l'aniline et donne la *phénylcinchoméronimide*,

$$C^5H^3Az \begin{cases} CO \\ CO \end{cases} Az.C^6H^5,$$

qui fond à 212-213°.

Dissous dans la phénylhydrazine à l'ébullition, l'acide cinchoméronique fournit une *dihydrazide*, $C^5H^3Az(CO.Az^2H^2.C^6H^5)^2$, qui cristallise en aiguilles par addition d'alcool à la solution refroidie. Au-dessus de 100°, ces aiguilles se décomposent et fournissent le *dérivé monohydrazinique*,

$$C^5H^3Az \begin{cases} CO \\ CO \end{cases} Az^2H.C^6H^5$$

qui fond au delà de 260° en se sublimant aisément, et qui est soluble dans l'alcool [H. Strache, *Mon. f. Chem.*, **11**, 133].

ACIDE ISOCINCHOMÉRONIQUE (*acide pyridine-α-β'-dicarbonique*). — Cet acide, obtenu par MM. Weidel et Herzig en oxydant par le permanganate de potassium la lutidine de l'huile de Dippel, fond à 235-237°. Il est presque insoluble dans l'eau froide et dans les dissolvants organiques, ce qui permet de le séparer de l'acide lutidique formé en même temps : il se dissout au contraire avec facilité dans les acides étendus. Selon que la cristallisation de cet acide est faite à chaud ou à froid, les cristaux renferment 1 ou 1,5 molécule d'eau. Chauffé au-dessus de son point de fusion, il perd de l'acide carbonique, en don-

nant de la pyridine et de l'acide nicotianique. Lorsqu'on le fait bouillir avec un mélange d'acide et d'anhydride acétique, il donne uniquement de l'acide nicotianique et en quantité théorique. Avec les sels ferreux, il donne d'abord une coloration jaune-rougeâtre, puis un précipité brun. Le perchlorure de phosphore le transforme en un *chlorure* fusible à 57-59°.

SELS. — Le *sel neutre d'ammonium* est extrêmement soluble dans l'eau; chauffé à 100° ou traité par l'acide acétique, il se convertit en *sel acide* $C^7H^4AzO^4.AzH^4,H^2O$, peu soluble, qui fond à 252-253°.

Le *sel acide de potassium* renferme 0,5 molécule d'eau et est aussi très peu soluble; le *sel neutre* cristallise avec 1 molécule d'eau.

Les *sels de calcium* sont peu solubles dans l'eau froide [H. Weidel et G. Herzig, *Mon. f. Chem.*, **1**, 4 et **6**, 976; *Bull. Soc. Chim.*, (2), **46**, 626].

Lorsque l'on oxyde par le permanganate une solution acétique bouillante d'α-diquinoléine (α-β-biquinoléyle), on obtient d'abord les acides cyclothraustique et pyridanthrylique, puis par oxydation de ceux-ci un *acide oxy-isocinchoméronique* qui, purifié par cristallisation dans l'eau bouillante, fond à 287-289° en se décomposant. Cet acide ne donne pas de coloration avec le chlorure ferrique, mais une coloration jaune intense par le sulfate ferreux.

Chauffé avec un mélange d'acide et d'anhydride acétique, il perd 1 molécule d'acide carbonique et donne de l'acide α-oxy-isonicotianique. Sa constitution doit être exprimée par la formule

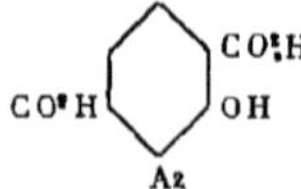

Les *sels d'argent* et *de baryum* cristallisent en aiguilles anhydres; tous deux sont à peine solubles dans l'eau [H. Weidel et H. Strache, *Mon. f. Chem.*, 7, 280; *Bull. Soc. Chim.*, (2), **46**, 768].   O. Saint-Pierre.

CINCHONAMINE. — Cet alcaloïde a été découvert par M. Arnaud dans les écorces du *Remijia purdieana*, de provenance américaine (Colombie), qui appartient à un genre très voisin du genre Cinchona.

En même temps que la cinchonamine, ces écorces contiennent de la cinchonine, qui devient ainsi caractéristique aussi bien des remijias que des cinchonas.

La cinchonamine n'a pas été retrouvée dans les vrais cinchonas, ni même jusqu'à présent dans les autres remijias, tel que le *Remijia pedunculata*, qui contient souvent de très fortes proportions de quinine. Les recherches ont cependant porté sur les résidus de fabrication de la quinine provenant du traitement d'une grande quantité d'écorces (Hesse, Arnaud) d'origine américaine, ou de quinquinas cultivés dans l'Inde.

Pour extraire la cinchonamine, on peut utiliser une de ses propriétés les plus caractéristiques, celle de former un nitrate insoluble dans l'eau acidulée; de la sorte, on élimine facilement tous les autres alcaloïdes qui l'accompagnent, et dont les nitrates sont au contraire très solubles.

Les écorces pulvérisées grossièrement sont traitées par l'acide sulfurique à 10 0/0. Après macération au bain-marie, on jette le tout sur un appareil permettant l'égouttage et le lavage par déplacement. On lave ainsi avec de l'eau bouillante jusqu'à ce qu'une petite quantité du liquide filtré ne donne plus d'indice d'alcaloïdes quand on y ajoute un petit excès d'ammoniaque. On réunit les liqueurs et on précipite à froid la totalité des bases par l'ammoniaque.

Le précipité est recueilli après quelques jours sur une toile et lavé avec de l'eau froide. On l'égoutte sur des plaques de plâtre ou de porcelaine dégourdie, on le pulvérise quand il est sec, et on l'épuise méthodiquement par l'alcool bouillant marquant 90°.

On élimine ensuite par distillation la plus grande partie de l'alcool; au liquide clair refroidi, représentant à peu près le quart du volume primitif des liqueurs alcooliques, on ajoute son volume d'acide azotique étendu au préalable de son poids d'eau.

On abandonne alors la liqueur pendant quelques jours dans un lieu frais : toute la cinchonamine se dépose à l'état de nitrate cristallisé, fortement coloré en brun rouge. Il ne reste plus qu'à purifier ce sel bien essoré, en le dissolvant dans l'eau bouillante. On sépare la cinchonamine en additionnant cette solution chaude d'un excès d'ammoniaque étendue. Cette précipitation de la base doit se faire en ajoutant l'ammoniaque peu à peu, et on ne doit recueillir le précipité que lorsqu'il est devenu cristallin, ce qui a lieu du jour au lendemain. Si l'on ajoute de l'ammoniaque trop concentrée ou si l'on opère trop rapidement, il se produit un précipité résineux aggloméré, très difficile à laver. Ce lavage doit se faire à l'eau froide. On sèche ensuite la cinchonamine recueillie sur une toile, en la déposant sur des plaques poreuses. On la dissout dans l'alcool à 90° bouillant, qui l'abandonne en gros cristaux : ces solutions alcooliques ont une grande tendance à la sursaturation.

D'après sa composition élémentaire et celle de ses sels, la cinchonamine répond à la formule $C^{19}H^{24}Az^2O$, très rapprochée de celle de la cinchonine, puisqu'elle n'en diffère que par H^2 en plus. Cependant elle possède certainement une constitution moléculaire très différente, démontrée par ses propriétés générales très dissemblables. Elle cristallise en prismes incolores, durs, compacts, ou, suivant les circonstances, en fines aiguilles : ces cristaux appartiennent au système orthorhombique, et non au système hexagonal comme on pourrait le croire au premier examen; ils rentrent ainsi dans la catégorie des corps pseudo-hexagonaux [Friedel, *C. R.*, **105**, 985].

La cinchonamine fond à 185° en se décomposant partiellement. Elle est pour ainsi dire insoluble dans l'eau, peu soluble dans l'éther et dans l'alcool froids, très soluble au contraire dans l'alcool bouillant; à la température de 17°, 1 partie de cinchonamine exige, pour se dissoudre, 31°,6 d'alcool à 90°. Le chloroforme, le sulfure de carbone, le benzène dissolvent faiblement à froid la cinchonamine; à chaud ces dissolvants en prennent une bien plus grande quantité, qu'ils abandonnent par refroidissement en un magma de fines aiguilles. Ces cristaux sont toujours anhydres.

La cinchonamine est dextrogyre : en solution dans l'alcool à 97°, $[\alpha]_D = +122°,2$ (Arnaud), à la température de 22°.

A 15°, dans les mêmes conditions, $[\alpha]_D = +121°,1$ (Hesse).

Les solutions alcooliques de cinchonamine, conservées en tube scellé et dans une atmosphère d'acide carbonique, subissent, par une action prolongée du soleil, une modification qui rend la cinchonamine incristallisable.

Elle possède des propriétés alcalines très marquées, agissant sur les réactifs colorés divers, et donnant toute une série de sels cristallisés parfaitement définis. La cinchonamine est déplacée de ses combinaisons salines par l'ammoniaque,

la soude et la potasse, et par les carbonates de ces bases, avec formation d'un précipité volumineux de consistance caséeuse, mais devenant très cristallin du jour au lendemain.

Les sels de cinchonamine diffèrent essentiellement des sels des autres alcaloïdes de la série des quinquinas, en ce qu'ils sont bien moins solubles dans les acides étendus que dans l'eau pure.

Le *nitrate* présente cette propriété au plus haut degré.

Un grand nombre de sels de cinchonamine ont été décrits (Arnaud, Hesse); voici les principaux :

Chlorhydrate, $C^{19}H^{24}Az^2O.HCl$. — On le prépare en dissolvant à chaud la cinchonamine dans l'acide chlorhydrique étendu jusqu'à neutralisation. Il se présente sous deux formes cristallines différentes, suivant qu'il a cristallisé dans l'eau pure ou dans l'eau acide. Dans l'eau pure, il cristallise en prismes aplatis, épais, ternes et opaques, contenant 1 molécule d'eau de cristallisation, éliminable à 100°. Au contraire, dans l'eau acidulée, il forme des lames prismatiques très brillantes, excessivement minces, anhydres.

Chloroplatinate, $(C^{19}H^{24}Az^2O.HCl)^2PtCl^4$. — C'est un sel jaune, cristallisé, anhydre, presque insoluble dans l'eau froide.

Bromhydrate, $C^{19}H^{24}Az^2O.HBr$. — Fines aiguilles, brillantes et anhydres, obtenues comme le chlorhydrate.

Iodhydrate, $C^{19}H^{24}Az^2O.HI$. — Paillettes allongées, d'un aspect micacé, préparées de la même façon que les deux sels précédents.

Sulfocyanate, $C^{19}H^{24}Az^2O.CAzSH$. — Lamelles incolores, anhydres, un peu solubles dans l'eau chaude, obtenues par double décomposition.

Nitrate, $C^{19}H^{24}Az^2O.AzO^3H$. — De beaucoup le sel le plus intéressant, il présente la propriété remarquable d'être totalement insoluble dans l'eau acidulée par l'acide nitrique. Cette propriété peut être mise à profit pour le dosage en poids des nitrates et de l'acide nitrique (voir plus loin).

Ce sel se prépare par double décomposition entre les nitrates alcalins et un sel de cinchonamine tenus en dissolution chaude.

Les cristaux qui se forment immédiatement sont anhydres, très peu solubles dans l'eau froide, un peu plus solubles dans l'eau bouillante. L'alcool froid le dissout mieux, mais surtout l'alcool bouillant, qui le laisse déposer par refroidissement en gros prismes durs et compacts. Le nitrate de cinchonamine fond vers 195°.

Sulfate basique, $(C^{19}H^{24}Az^2O)^2SO^4H^2$. — Ce sel, ne cristallisant pas en solution aqueuse, doit être préparé en neutralisant une solution alcoolique de cinchonamine par l'acide sulfurique étendu; on concentre ensuite jusqu'à cristallisation. Les cristaux obtenus constituent des prismes durs, incolores, anhydres.

En dissolvant ces cristaux dans l'eau, on ne peut les faire cristalliser de nouveau, une partie de la base étant mise en liberté pendant la concentration : le sel se décompose peu à peu.

Le sulfate de cinchonamine dévie à droite, $[\alpha]_D = +43°,5$ à 15°, dans l'eau acidulée par 1 molécule d'acide sulfurique. M. Hesse donne un chiffre un peu différent, $[\alpha]_D = +36°,7$.

Cet auteur a décrit un *sulfate neutre*,

$$C^{19}H^{24}Az^2O.SO^4H^2,$$

obtenu en ajoutant exactement 1 molécule d'acide sulfurique à une solution de sulfate basique de cinchonamine dans l'eau. Ce sulfate cristallise en prismes anhydres dont le pouvoir rotatoire $[\alpha]_D = +34°,9$.

Hyposulfite, $C^{19}H^{24}Az^2O.S^2O^3H^2$. — Il se produit par double décomposition entre le sulfate de la base et l'hyposulfite de sodium; prismes incolores, anhydres, peu solubles dans l'eau froide.

Le *formiate*, l'*acétate*, l'*oxalate* cristallisent très difficilement ; ils sont incomplètement étudiés.

Tartrate, $(C^{19}H^{24}Az^2O)^2C^4H^6O^6$. — On l'obtient facilement en neutralisant à chaud une solution alcoolique de cinchonamine par l'acide tartrique ; il forme de petits prismes anhydres, incolores.

Malate, $(C^{19}H^{24}Az^2O)^2C^4H^6O^5, H^2O$. — Il se produit par double décomposition entre un sel de cinchonamine et un malate neutre ; il est constitué par de brillantes paillettes d'un aspect nacré, et retient, même à 120°, 1 molécule d'eau qu'il ne perd qu'à 160° ; il est peu soluble dans l'eau.

Citrate, $(C^{19}H^{24}Az^2O)^2C^6H^8O^7$. — On le prépare en neutralisant une solution chaude d'acide citrique par de la cinchonamine précipitée humide ; le précipité résineux obtenu se transforme du jour au lendemain en petits rognons cristallisés formés de prismes agglomérés. Il est peu soluble dans l'eau froide.

DÉRIVÉS DE LA CINCHONAMINE.

Cinchonamine iodométhylique,

$$C^{19}H^{24}Az^2O \cdot CH^3I.$$

— On l'obtient facilement par l'action de l'iodure de méthyle sur une solution méthylique de cinchonamine ; on peut opérer soit au réfrigérant à reflux, soit en tube scellé à 100° : la combinaison est très rapide.

Ce dérivé de la cinchonamine forme des prismes transparents, fusibles à 208-209°, solubles dans l'alcool méthylique, surtout à chaud. On le purifie par de nouvelles cristallisations. Les cristaux sont anhydres.

La potasse alcoolique le convertit aisément en *méthylcinchonamine*, $C^{19}H^{23}(CH^3)Az^2O$. Cette dernière est un corps blanc, amorphe, fusible à 138-139°, soluble dans le chloroforme, l'éther, l'alcool et les acides étendus ; elle possède une réaction alcaline prononcée.

Cinchonamine iodo-éthylique,

$$C^{19}H^{24}Az^2O \cdot C^2H^5I.$$

— On la prépare comme le composé précédent, en remplaçant l'iodure et l'alcool méthyliques par l'iodure et l'alcool éthyliques. C'est un corps formé par de longues aiguilles cristallisées, anhydres, fusibles à 196°, peu solubles dans l'alcool même bouillant.

Par l'action du chlorure d'argent sur la solution alcoolique de cinchonamine iodo-éthylique, M. Hesse a obtenu la *cinchonamine chloro-éthylique*, $C^{19}H^{24}Az^2O \cdot C^2H^5Cl$, sous la forme de cristaux prismatiques, solubles dans l'alcool.

On connaît le *chloroplatinate* correspondant.

Quant à l'*éthylcinchonamine*, on la prépare facilement en faisant bouillir la cinchonamine iodo-éthylique avec de la potasse caustique en dissolution alcoolique. Elle est amorphe et fond vers 75° ; à 100°, elle perd de l'eau et reprend l'état solide, pour fondre de nouveau à 140° : elle paraît donc former un hydrate décomposable vers 100°. Elle est soluble dans l'alcool et dans l'éther. La formule, déduite de ses analyses, est bien celle indiquée par son mode de formation, $C^{19}H^{23}(C^2H^5)Az^2O$. Elle donne un *chloroplatinate*.

Acétylcinchonamine, $C^{19}H^{23}(C^2H^3O)Az^2O$. — On la prépare par l'action à froid de l'anhydride acétique sur la cinchonamine : c'est une substance amorphe, visqueuse vers 60°, soluble dans le chloroforme, l'alcool et l'éther, insoluble dans l'eau. Elle ne se combine pas aux acides et ne paraît pas saponifiable par les alcalis.

Dinitrocinchonamine, $C^{19}H^{22}(AzO^2)^2Az^2O$. — On la prépare aisément en dissolvant le nitrate de cinchonamine dans l'acide nitrique étendu et en chauffant légèrement : par addition d'ammoniaque à cette liqueur refroidie et très étendue d'eau, on voit se former un précipité jaune pâle, en gros flocons, insolubles dans l'eau, solubles dans l'alcool, l'éther, le chloroforme. La dinitrocinchonamine est incristallisable. Elle fond vers 118-119°, mais dès 115° elle est déjà pâteuse. Elle peut donner naissance à un *chloroplatinate*, $[C^{19}H^{22}(AzO^2)^2Az^2O]^2 2HCl \cdot PtCl^4, 3H^2O$.

La cinchonamine fondue avec la potasse donne par distillation des produits volatils basiques, contenant de l'ammoniaque et des bases quinoléiques et probablement pyridiques, comme tous les alcaloïdes de la même famille.

L'oxydation de cette base par le permanganate, effectuée en suivant les indications de M. Skraup relatives à l'oxydation de la cinchonine, a donné naissance à de l'acide formique, qui a été caractérisé par l'analyse de son sel plombique. La réaction paraît donc devoir se passer suivant l'équation

$$C^{19}H^{22}Az^2O + O^4 = C^{18}H^{20}Az^2O^3 + CH^2O^2.$$

La base $C^{18}H^{20}Az^2O^3$ n'a pas été isolée.

USAGES. — La cinchonamine peut être utilisée très avantageusement pour la recherche qualitative et même pour le dosage de l'acide nitrique libre ou combiné, en se basant sur l'insolubilité presque absolue du nitrate de cinchonamine dans une liqueur acide, et d'un autre côté sur ce que le nitrate est un composé défini parfaitement cristallisé, dont la formule, $C^{19}H^{24}Az^2O \cdot AzO^3H$, donne immédiatement par le calcul le poids d'acide nitrique correspondant. Les précautions à prendre pour effectuer les dosages d'acide nitrique dans les matières organiques ou dans les eaux naturelles ont été indiquées très en détail dans les mémoires cités plus loin : nous ne les décrirons donc pas ici. Insistons seulement sur ce fait, que ce procédé est le seul qui permette de doser l'acide nitrique en poids et en combinaison cristallisée. Les résultats d'essai obtenus sont on ne peut plus satisfaisants.

Une autre application de la cinchonamine résulte de ses propriétés physiologiques toutes spéciales : De tous les alcaloïdes des quinquinas c'est le plus actif ; elle agit environ 6 fois plus rapidement que la quinine et 10 fois plus activement, de telle sorte qu'elle serait déjà toxique pour l'homme à la dose de 3 décigrammes. Son action sur l'organisme n'est pas encore parfaitement connue. Pour quelques physiologistes, elle agit de même que la quinine ; pour d'autres, son action serait différente et spéciale. De nouvelles recherches sont nécessaires pour éclaircir la question, mais il est possible qu'elle soit appelée à rendre de grands services dans le traitement des fièvres des pays tropicaux.

On a employé aussi la cinchonamine avec succès pour les recherches micrographiques des nitrates dans les tissus végétaux (Capus) [Arnaud, *Ann. Chim. Phys.*, (6), **19** ; *C. R.*, **93**, 593 ; **97**, 174 ; **99**, 190. — Arnaud et Padé, *C. R.*, **98**, 1488. — Hesse, *Ann. Chem.*, **225**, 221. — Triana, *Journ. Pharm. Chim.*, (5), **5**, 565. — Friedel, *C. R.*, **105**, 985. — Capus, *Ann. agronomiques*, **12**, 24. — Marcacci, *Med. contemporanea*, Naples, juillet et août 1887. — Laborde, *C. R. Soc. Biol.*, (7), **4**, 769. — G. Sée et Bochefontaine, *C. R.*, **100**, 366, 644]. A. Arnaud. —

CINCHONIDINE, $C^{19}H^{22}Az^2O$ [voyez Dict., **1**, 903 ; Suppl., **1**, 496]. — La cinchonidine forme avec la quinine une *combinaison*, cristallisée en rhomboèdres peu solubles dans l'éther et composée de 1 molécule de quinine pour 2 de cinchonidine. Lorsque l'on dissout cette combinaison dans les acides, on obtient les *sels doubles* qui en dérivent : ainsi le *sulfate* a pour formule

$$\text{Quin.}^2\,S\,O^4H^3, 2(\text{Cinc.}^2S\,O^4H^2)\,,14\,H^2O\,;$$

le *tartrate*, le *chromate neutre*, l'*oxalate* sont constitués de même et renferment respectivement 4, 18 et 6 molécules d'eau.

Si l'on fait bouillir pendant longtemps la combinaison des bases avec de l'éther, on la transforme en une autre plus riche en cinchonidine et répondant à la formule Quin. + 7 Cinc.

Chauffée avec de l'anhydride acétique, la cinchonidine fournit un *dérivé acétylé*, amorphe, peu soluble dans l'eau et fondant à 42°. Le *tartrate* correspondant est plus soluble à froid qu'à chaud. Le *chloroplatinate* cristallise avec 2 molécules d'eau. Par l'action de la potasse alcoolique, ce dérivé régénère la cinchonidine.

Le sulfate de cinchonidine, chauffé en tube scellé à 140°, avec de l'acide sulfurique à 25 0/0, se convertit, d'après M. Hesse, en sel d'homocinchonidine. Si au contraire on le dissout dans l'acide sulfurique concentré à la température ordinaire, on obtient une nouvelle base, l'*isocinchonidine*, qui, à l'état libre, fond à 235°. Elle est peu soluble dans l'éther, mais se dissout très facilement dans l'alcool et dans le chloroforme [O. Hesse, *Ann. Chem.*, **243**, 131 ; *Bull. Soc. Chim.*, (3), **2**, 126].

La cinchonidine, traitée par un mélange de pentachlorure et d'oxychlorure de phosphore, fournit un *chlorure* $C^{19}H^{21}Az^2Cl$, fusible à 108-109°, et que la potasse alcoolique transforme en cinchène $C^{19}H^{20}Az^2$, identique avec le dérivé obtenu de la même manière en partant de la cinchonine [W. Comstock et W. Kœnigs, *D. chem. G.*, **17**, 1984 ; *Bull. Soc. Chim.*, (2), **44**, 239].

Lorsque l'on chauffe [vers 140-150° la cinchonidine ou l'homocinchonidine avec de l'acide chlorhydrique (d = 1,125), on obtient une base isomérique, l'*apocinchonidine*, qui cristallise en lamelles brillantes, peu solubles dans l'alcool et dans l'éther, et fusibles vers 225°. Ses sels, aisément solubles dans l'eau, sont généralement amorphes.

Il se fait en même temps un autre isomère, mais en petite quantité (5 0/0 environ), la β-*cinchonidine*, assez soluble dans l'alcool faible et ressemblant beaucoup à la cinchonidine. Elle fond à 206-207° et donne des sels cristallisés, notamment un tartrate peu soluble dans l'eau.

Par l'action de l'acide chlorhydrique saturé à — 17°, on obtient dans les mêmes conditions un produit d'addition, l'*hydrochlorapocinchonidine*, $C^{19}H^{23}ClAz^2O$. Cette nouvelle base, qui fond à 200°, ne précipite pas le nitrate d'argent. Elle donne un *dichlorhydrate* très hygroscopique et un *sulfate acide* beaucoup moins soluble dans l'eau. L'anhydride acétique la transforme en un *dérivé acétylé*, $C^{19}H^{22}(C^2H^3O)ClAz^2O$, qui cristallise dans l'éther en prismes brillants, fusibles à 150°, et se dissolvant dans un excès d'ammoniaque [O. Hesse, *Ann. Chem.*, **205**, 314 ; *Bull. Soc. Chim.*, (2), **36**, 418].

Oxydée par le permanganate de potassium en solution étendue et à 0°, la cinchonidine fournit de la *cinchoténidine*, $C^{18}H^{22}Az^2O^3$, qui, traitée par le mélange chromique, donne à son tour de l'acide cinchoninique et de la cincholoïpone, puis de l'acide cincholotponique [H. Schniderschitsch, *Mon. f. Chem.*, **10**, 51].

Dérivés alcoylés de la cinchonidine. — La cinchonidine s'unit aux iodures alcooliques en donnant des produits d'addition que la potasse transforme en dérivés alcoylés.

L'*iodométhylate de cinchonidine* fond à 245-248° et se décompose à une température plus élevée. Chauffé à 10° avec un excès d'iodure de méthyle, il se convertit en *di-iodométhylate*.

La *méthylcinchonidine* cristallise dans l'éther en tables incolores, s'altérant à la lumière et fusibles à 75-76°. Elle renferme 1 molécule d'eau qu'elle perd à 130°, mais ne peut cristalliser à l'état anhydre. Ses sels sont extrêmement solubles dans l'eau. L'*iodométhylate* correspondant cristallise en prismes incolores avec 2 molécules d'eau.

L'*iodéthylate de cinchonidine* cristallise dans l'eau ou dans l'alcool en aiguilles anhydres, fusibles vers 249°.

L'*éthylcinchonidine* est anhydre et cristallise en aiguilles fondant à 90°, solubles dans les liquides organiques. Ses sels sont incristallisables, sauf le *chloroplatinate*. La base libre se combine également avec les iodures de méthyle et d'éthyle.

La cinchonidine s'unit au bromure d'amyle à une température supérieure à 150° seulement, et encore la réaction n'est complète que si l'on chauffe pendant longtemps à 200°. L'*amylcinchonidine* correspondante n'a pu être obtenue cristallisée.

Lorsque l'on chauffe le chlorhydrate de cinchonidine avec de l'aniline à l'ébullition, on voit se dégager de l'ammoniaque et l'on obtient deux *phénylcinchonidines* isomériques, l'une liquide et soluble dans l'éther, l'autre qui se produit surtout si l'on chauffe pendant longtemps; cette dernière est solide, amorphe et insoluble dans l'éther. Leurs sels sont également incristallisables [Ad. Claus, *D. chem. G.*, **13**, 2187, **14**, 1921 ; *Bull. Soc. Chim.*, (2), **36**, 524 ; **37**, 85. — Claus et Merck, *D. chem. G.*, **16**, 2737 ; *Bull. Soc. Chim.*, (2), **42**, 435].

Recherche de petites quantités de cinchonidine dans le sulfate de quinine [L. Schäfer, *Arch. Pharm.*, **225**, 64 ; *D. chem. G.*, **20**, *Ref.*, 147]. — Dans un ballon taré, on dissout à chaud 2 grammes de sulfate de quinine cristallisé dans 55 centimètres cubes d'eau, on ajoute 0gr,5 d'oxalate de potassium cristallisé neutre préalablement dissous dans 5 centimètres cubes d'eau, puis de l'eau jusqu'à ce que le contenu du ballon pèse 62gr,5. On abandonne alors le tout à la température de 20° pendant une demi-heure et on filtre. L'oxalate de quinine se dépose presque intégralement dans ces conditions, tandis que l'oxalate de cinchonidine reste en solution. La liqueur filtrée, additionnée d'une goutte de lessive de soude, donne un trouble, ou un précipité si le sulfate à essayer renfermait au minimum 1 0/0 de sulfate de cinchonidine.

Cette méthode peut être appliquée, avec quelques modifications, au dosage de la cinchonidine dans la quinine : il suffit de peser le précipité produit par la potasse, en tenant compte, au moyen d'un facteur de correction, de la petite quantité de cinchonidine qui échappe à la précipitation.

HOMOCINCHONIDINE. — L'identité de cette base avec la cinchonidine a fait l'objet d'une longue controverse qui n'est pas encore terminée à l'heure actuelle. Il nous semble cependant, d'après les différences extrêmement faibles que M. Hesse a pu relever entre les dérivés de ces alcaloïdes, que l'homocinchonidine est de la cinchonidine mélangée d'une petite quantité d'une autre base, soit de la quinine, soit plutôt d'un isomère de la cinchonine, comme il s'en produit par l'action des acides étendus sur la cinchonidine [O. Hesse, *D. chem. G.*, **11**, 1520 ; **13**, 2426 ; *Ann. Chem.*,

205, 314; *D. chem. G.*, **14**, 45, 1488; *Ann. Chem.*, **258**, 133. — Zd.-H. Skraup, *Wiener. Akad. Ber.*, 1879, 217; *Mon. f. Chem.*, **2**, 345. — Ad. Claus, *D. chem. G.*, **11**, 1820; **13**, 2184].

HYDROCINCHONIDINE [Syn. *Cinchamidine*),

$$C^{19}H^{24}Az^2O.$$

— Cette base, qui renferme 2 atomes d'hydrogène de plus que la cinchonidine, a été obtenue d'abord par oxydation de la cinchonidine [Forst et Böhringer, *D. chem. G.*, **14**, 1269; *Bull. Soc. Chim.*, (2), **37**, 82].

En réalité, elle existe à côté de la cinchonidine dans le produit du commerce, et comme elle est plus stable que la cinchonidine vis-à-vis des agents d'oxydation, elle peut en être ainsi isolée.

Pour l'obtenir pure, on fait cristalliser dans l'eau le chlorhydrate neutre de cinchonidine du commerce : le sel d'hydrocinchonidine, plus soluble, reste dans les eaux mères avec une petite quantité de sel de cinchonidine; on précipite alors les bases par l'ammoniaque pour les convertir en sulfates, et on détruit le peu de cinchonidine restant par le permanganate à froid.

A l'état de pureté, l'hydrocinchonidine fond à 229-230°. Elle ne présente aucune fluorescence et ne réduit pas le permanganate immédiatement, mais au bout d'un certain temps. Elle est moins soluble que la cinchonidine dans l'alcool et dans le chloroforme.

Le *chlorhydrate neutre*,

$$C^{19}H^{24}Az^2O.HCl,2H^2O,$$

forme des prismes hexagonaux, très solubles dans l'eau et dans l'alcool; le *sel acide* se dissout aisément dans l'acide chlorhydrique concentré.

Le *sulfate* cristallise avec 7 molécules d'eau; le *sulfate acide* avec 4; ce dernier est peu soluble dans l'eau.

L'*oxalate neutre* forme de petites aiguilles anhydres.

Le *tartrate neutre*, peu soluble dans l'eau froide, est à peu près insoluble dans un excès de sel de Seignette.

Le *sulfocyanate* est aussi très peu soluble.

De même que le sulfate de cinchonidine, le sulfate d'hydrocinchonidine s'unit au phénol en donnant des prismes incolores renfermant 6 molécules d'eau qu'ils perdent à 100°. Il ne se colore pas par le chlorure ferrique.

L'hydrocinchonidine, chauffée avec de l'anhydride acétique vers 60-80°, donne un *dérivé acétylé*, $C^{19}H^{23}(C^2H^3O)Az^2O$, très hygroscopique. Il fond à 42° et fournit des sels amorphes très solubles dans l'eau.

En chauffant le sulfate acide d'hydrocinchonidine à 130-140°, M. Hesse a obtenu une autre base isomérique, amorphe et fusible au-dessous de 100°. Elle se dissout facilement dans l'éther, l'alcool et le chloroforme et donne des sels amorphes [O. Hesse, *Ann. Chem.*, **214**, 1; *Bull. Soc. Chim.*, (2), **39**, 189].   O. Saint-Pierre.

CINCHONINE, $C^{19}H^{22}Az^2O$ (voyez Dict., **1**, 905; Suppl., **1**, 497).

Le *cyanurate de cinchonine*,

$$C^3H^3Az^3O^3.C^{19}H^{22}Az^2O,$$

fond à 224°.

Le *cyanurate acide*,

$$(C^3H^3Az^3O^3)^2C^{19}H^{22}Az^2O,10H^2O,$$

fond à 286° [Ad. Claus et O. Putensen, *J. prakt. Chem.*, (2), **38**, 208].

Lorsque l'on distille la cinchonine avec son poids de zinc en poudre, on obtient comme produit principal de la quinoléine, avec un peu de picoline et deux autres bases bouillant à une tem-

pérature beaucoup plus élevée. Quant au résidu de la distillation, traité par l'acide chlorhydrique, il dégage de l'acide cyanhydrique [Fileti, *Gazz. chim. ital.*, **11**, 20].

La cinchonine, chauffée à 130° en tube scellé avec une solution alcoolique d'éthylate de sodium, se transforme en une base $C^{20}H^{26}Az^2$, en même temps qu'il se produit du formiate de sodium :

$$C^{19}H^{22}Az^2O + C^2H^5ONa$$
$$= C^{18}H^{21}Az^2C^2H^5 + CO^2NaH.$$

La base ainsi obtenue n'a pu être identifiée avec aucune autre, car elle ne donne que des sels amorphes et se décompose lorsque l'on essaye de la distiller même dans le vide [A. Michael, *Am. Journ.*, **7**, 183].

Le *chlorure* $C^{19}H^{21}Az^2Cl$ dérivé de la cinchonine par l'action du perchlorure de phosphore, traité par la potasse alcoolique, perd de l'acide chlorhydrique en donnant une nouvelle base, le cinchène, $C^{19}H^{20}Az^2O$ (voyez ce mot).

La cinchonine, réduite soit par l'amalgame de sodium, soit par le zinc et l'acide sulfurique, donne naissance à deux dérivés, l'un cristallisé, fusible à 257-258°, dont la composition est celle d'une *dihydrocinchonine* $C^{19}H^{24}Az^2O$ ou d'une *dihydrodicinchonine* $(C^{19}H^{22}Az^2O)^2H^2$; l'autre, généralement amorphe, peut être obtenue cristallisée en tables volumineuses lorsque l'on décompose par la potasse une solution étendue de son chlorhydrate. Elle doit être considérée comme une *tétrahydrocinchonine*, $C^{19}H^{26}Az^2O$ [Zorn, *J. prakt. Chem.*, (2), **8**, 279; *Bull. Soc. Chim.*, (2), **21**, 517. — Zd.-H. Skraup, *D. chem. G.*, **11**, 311; *Bull. Soc. Chim.*, (2), **30**, 519].

La cinchonine peut également fixer le brome. Traitée à froid par une solution chloroformique de brome, elle donne naissance à deux *dibromures*, que l'on peut séparer à l'état de bromhydrates : le premier (α) donne un bromhydrate peu soluble dans l'acide bromhydrique, tandis que son isomère (β) reste en solution. La base α cristallise avec 1 molécule d'eau; la seconde est anhydre. Ces deux bases se décomposent avant de fondre; traitées par la potasse alcoolique à l'ébullition, elles donnent la même *déhydrocinchonine*, $C^{19}H^{20}Az^2O$; l'oxydation par l'acide chromique les convertit en acide cinchoninique. La première se dissout à la température ordinaire dans l'acide sulfurique concentré, en donnant un composé que l'on peut isoler en le précipitant par l'eau : ce semble être un éther sulfurique, car lorsqu'on le chauffe à 130° avec de l'acide bromhydrique, il se dédouble en acide sulfurique et dibromure de cinchonine [W. Comstock et W. Kœnigs, *D. chem. G.*, **17**, 1914; **19**, 2853; **20**, 2510; *Bull. Soc. Chim.*, (2), **44**, 239; **47**, 360; **49**, 827].

Oxydation de la cinchonine. — En oxydant la cinchonine par l'acide chromique, on obtient, indépendamment de l'acide cinchoninique (acide γ-quinoléine-carbonique), des produits sirupeux acides que l'acide nitrique à l'ébullition transforme en nitro-oxyquinoléine.

Avec la poudre de zinc, ils donnent par distillation de la pyridine, de la β-éthylpyridine et de la quinoléine [H. Weidel et K. Hazura, *Mon. f. Chem.*, **3**, 770; *Bull. Soc. Chim.*, (2), **39**, 248]. De ces produits sirupeux, M. Skraup a pu extraire plusieurs corps cristallisés, l'*acide cincholoïponique*, la *cincholoïpone* (voyez ce mot) et la *cynurine* (oxyquinoléine). D'après M. Skraup, la cincholoïpone et l'acide cincholoïponique prennent naissance par oxydation de la deuxième partie de la molécule de la cinchonine (la première donnant l'acide cinchoninique); quant à la cynurine, elle est due à une oxydation secondaire [Zd.-H.

Skraup, *Mon. f. Chem.* **9**, 783; *Bull. Soc. Chim.*, (3), **2**, 685].

Lorsque l'on fait bouillir pendant longtemps la cinchonine avec de l'acide nitrique étendu ($d = 1,3$), on obtient une grande quantité d'acide cinchoninique avec un peu de nitrodioxyquinoléine; par l'action de l'acide nitrique fumant, on a seulement les acides cinchoninique et pyridinetricarbonique [Ad. Claus et C. Muchall, *D. chem. G.*, **18**, 362; *Bull. Soc. Chim.*, (2), **46**, 642].

Action des iodures alcooliques sur la cinchonine. — La cinchonine, abandonnée à froid en solution alcoolique avec la quantité théorique d'iodure ou mieux de bromure de méthyle, s'y unit facilement. On obtient dans ce dernier cas une combinaison soluble dans l'eau et qui cristallise en tétraèdres jaunes, fusibles à 265°. Elle a pour formule $C^{19}H^{22}Az^2O . CH^3Br, H^2O$. Par l'action de la potasse, elle se transforme en *méthylcinchonine*, base insoluble dans l'eau, soluble dans les dissolvants organiques usuels et qui fond à 74°. Son *chloroplatinate* cristallise avec 1 molécule d'eau et son *chloraurate* fond à 93°. Cette méthylcinchonine s'unit également à l'iodure de méthyle en donnant une combinaison

$$C^{19}H^{21}(CH^3)Az^2O . CH^3I,$$

qui cristallise en belles aiguilles fusibles à 201° (Claus).

L'iodométhylate de méthylcinchonine, soumis à l'action de la potasse aqueuse concentrée, cède à l'éther une huile incristallisable constituant la *diméthylcinchonine*, $C^{19}H^{20}(CH^3)^2Az^2O$.

Cette base fournit toute une série de sels bien cristallisés.

Le *chlorhydrate*, $C^{19}H^{20}(CH^3)^2Az^2O . HCl$, se présente en lamelles blanches, fusibles à 124-125°, solubles dans l'alcool, insolubles dans l'éther.

Le *bromhydrate*, $C^{19}H^{20}(CH^3)^2Az^2O . HBr$, moins soluble que le chlorhydrate, fond à 110°.

L'*iodhydrate* est très peu soluble et fond à 74°.

L'*iodométhylate*, $C^{19}H^{20}(CH^3)^2Az^2O . CH^3I$, se présente en beaux cristaux, fusibles à 175-177° [M. Freund et W. Rosenstein, *D. chem. G.*, **25**, 880].

La cinchonine donne également avec l'iodure de méthyle une autre combinaison,

$$C^{19}H^{22}Az^2O . 2CH^3I,$$

acilement soluble dans l'eau, moins soluble dans 'alcool, et qui fond en se décomposant vers 235° [Ad. Claus et H. Müller, *D. chem. G.*, **13**, 2290; *Bull. Soc. Chim.*, (2), **32**, 413].

Avec l'iodure d'éthyle, la combinaison ne s'effectue qu'en chauffant au réfrigérant à reflux la solution alcoolique de cinchonine

L'*iodéthylate* ainsi obtenu, $C^{19}H^{22}Az^2O . C^2H^5I$, cristallise en aiguilles blanches, fusibles vers 260° en se décomposant, et que la potasse convertit en *éthylcinchonine*.

Celle-ci cristallise difficilement et fond à 49-50°. Elle s'unit également à l'iodure d'éthyle en donnant un composé fusible à 242°, qui, par l'action de la potasse, fournit une nouvelle base insoluble dans l'eau, très soluble dans l'éther.

Lorsque l'on chauffe la cinchonine en tube scellé, à 150°, avec un excès d'iodure d'éthyle, on obtient la combinaison

$$C^{19}H^{22}Az^2O . 2C^2H^5I, H^2O,$$

qui cristallise dans l'eau en prismes jaune foncé, fusibles à 264° [Ad. Claus et Kemperdick, *D. chem. G.*, **13**, 2286; *Bull. Soc. Chim.*, (2), **36**, 412].

Lorsque l'on chauffe au bain-marie une solution alcoolique de cinchonine avec du chlorure de benzyle, il se produit une réaction plus complexe que dans les cas précédents; la masse brunit

fortement, et l'on obtient du chlorhydrate de cinchonine, en même temps qu'une combinaison $C^{19}H^{22}Az^2O . C^7H^7Cl$. Ce corps, très soluble dans l'eau et dans l'alcool, cristallise en aiguilles blanches, anhydres, qui fondent à 248°. Traité par l'oxyde d'argent, il donne une base analogue à l'hydrate de tétréthylammonium, dont le carbonate est déliquescent et fond à 115°. Traitée par l'acide chlorhydrique étendu, cette base reproduit le *chlorobenzylate* primitif, bien différent du *chlorhydrate de benzylcinchonine*. Cette dernière base, qui s'obtient par l'action de la potasse sur le chlorobenzylate, est insoluble dans l'eau, facilement soluble dans l'alcool, l'éther, le benzène, et cristallise en aiguilles qui fondent à 117° et se décomposent aussitôt après.

La benzylcinchonine, traitée par le chlorure de benzyle, donne de même du chlorhydrate de benzylcinchonine et un dérivé d'addition

$$C^{19}H^{21}(C^7H^7)Az^2O . C^7H^7Cl,$$

soluble dans l'eau et dans l'alcool et qui fond à 225° en se décomposant [Ad. Claus et W. Treupel, *D. chem. G.*, **13**, 2294; *Bull. Soc. Chim.*, (2), **36**, 414].

Action des hydracides. — L'action des hydracides sur la cinchonine est absolument différente selon que la réaction a lieu avec une solution concentrée ou étendue de l'acide, et aussi selon la température. A froid et avec une solution saturée d'hydracide, on obtient simplement un produit d'addition. C'est ainsi que le chlorhydrate de cinchonine, abandonné pendant 8 jours avec une solution d'acide chlorhydrique saturée à $-17°$, se transforme en *chlorhydrate acide d'hydrochlorocinchonine*, qui se précipite par addition d'eau. La base libre fond à 212-213°. Traitée par la potasse alcoolique, elle régénère la cinchonine, mais fournit en même temps une base isomérique, l'*isocinchonine* (voyez plus bas).

Avec l'acide bromhydrique saturé à froid, on a de même une *hydrobromocinchonine*, identique avec celle que M. Skraup avait déjà décrite sous le nom de *bromocinchonide* et qu'il obtenait à la température de 100° [Zd. Skraup, *Ann. Chem.*, **204**, 291].

Le *bromhydrate* acide correspondant,

$$C^{19}H^{23}BrAz^2O . 2HBr,$$

est insoluble dans l'eau. La base libre cristallise dans l'alcool en houppes blanches; elle est peu attaquée à froid par l'oxyde d'argent; mais, à la température de 100°, il se dépose un mélange d'argent et de bromure d'argent, en même temps qu'il se produit une base dont l'odeur rappelle à la fois celles de l'acétamide et de la pipéridine [W. Comstock et W. Kœnigs, *D. chem. G.*, **20**, 2510; *Bull. Soc. Chim.*, (2), **49**, 827].

Par l'action de l'acide chlorhydrique étendu ($d = 1,125$), à 140-150°, la cinchonine se transforme au contraire en bases isomériques, l'*apocinchonine* et la *diapocinchonine* (voyez plus bas).

Enfin, si l'on chauffe la cinchonine à 150° avec une solution d'acide chlorhydrique saturée à $-17°$, on a les deux réactions précédentes : c'est-à-dire qu'il se produit une *hydrochloroapocinchonine* $C^{19}H^{23}ClAz^2O$, dont le *chlorhydrate acide* cristallise par refroidissement de la solution en paillettes hexagonales.

L'hydrochloroapocinchonine, obtenue par l'action de l'ammoniaque sur le chlorhydrate, cristallise dans l'alcool en aiguilles anhydres, fusibles à 197°. Elle est identique au composé décrit par M. Zorn [*J. prakt. Chem.*, **8**, 279; *Bull. Soc. Chim.*, (2), **21**, 514] sous le nom de *chlorocinchonide*. Bien différente de l'hydrochlorocinchonine, cette base n'est pas décomposée par la potasse alcoolique [O. Hesse, *Ann. Chem.*, 205, 314 ; *Bull. Soc. Chim.*, (2), 36, 418].

L'action de l'acide iodhydrique sur la cinchonine a été étudiée par MM. Lippmann et Fleissner [*D. chem. G.*, 24, 2857 ; *Mon. f. Chem.*, 12, 661 ; 13, 429] et par M. Pum [*Mon. f. Chem.*, 12, 582].

Lorsqu'on chauffe au bain-marie de la cinchonine séchée à 120° avec 5 fois son poids d'acide iodhydrique incolore (d = 1,7), on obtient une solution qui laisse peu à peu déposer des cristaux jaunes constituant la *tri-hydro-iodocinchonine*, $C^{19}H^{22}Az^2O$. $3HI$. Ce corps peut être purifié par cristallisation dans l'alcool, mais il se décompose peu à peu par une longue ébullition avec ce réactif. Chauffé, il perd de l'iode à 223° et fond à 230° en se décomposant. Le nitrate d'argent alcoolique le décompose au bain-marie, en régénérant intégralement la cinchonine.

Traitée par l'ammoniaque aqueuse, la tri-hydro-iodocinchonine perd 2 molécules d'hydracide et se convertit en *mono-hydro-iodocinchonine*,

$$C^{19}H^{22}Az^2O . HI.$$

Ce composé cristallise dans l'alcool chaud en fines aiguilles soyeuses, très peu solubles dans l'éther, qui se décomposent à 158-160°.

L'*iodhydrate*, $C^{19}H^{22}Az^2O . 2HI$, est identique avec la *di-hydro-iodocinchonine*. On peut le préparer soit en traitant la tri-hydro-iodocinchonine par l'ammoniaque alcoolique à la température ordinaire, soit en filtrant à chaud une solution à peine acidule de mono-hydro-iodocinchonine dans l'acide iodhydrique étendu. Purifié par cristallisation dans l'alcool absolu, ce corps forme des aiguilles presque blanches, qui brunissent à 175° et fondent à 187-190°.

Le *chlorhydrate acide*, $C^{19}H^{22}Az^2O . HI . 2HCl$, se présente en aiguilles blanches ; on l'obtient par l'action d'un excès d'acide chlorhydrique étendu et chaud sur la mono-hydro-iodocincho-

Le *chloroplatinate*

$$C^{19}H^{22}Az^2O . HI . 2HCl . PtCl^4,$$

est un précipité floconneux, jaune.

Le *nitrate*, $C^{19}H^{22}Az^2O . HI . 2AzO^3H$, cristallise en grandes aiguilles incolores.

La di-hydro-iodocinchonine peut elle-même se combiner avec 1 molécule d'acide. Avec l'acide iodhydrique en excès, elle régénère la tri-hydro-iodocinchonine.

Le *nitrate*, $C^{19}H^{22}Az^2O . 2HI . AzO^3H$, cristallise dans l'alcool à 25 0/0 en cristaux compacts, jaunâtres, anhydres ; traité par l'ammoniaque alcoolique, ce sel régénère la di-hydro-iodocinchonine.

Le *sulfate*, $(C^{19}H^{22}Az^2O . 2HI)^2 SO^4H^2$, forme des cristaux anhydres, presque blancs.

Chauffée au bain-marie dans un appareil à reflux avec de l'éthylate de sodium, la di-hydro-iodocinchonine se décompose en donnant de la cinchonine régénérée, et un composé cristallisable, soluble dans l'éther, dont la formule n'a pas été établie.

Action de l'acide sulfurique étendu. — L'action de l'acide sulfurique étendu, à une température supérieure à 100°, transforme la cinchonine en un grand nombre d'autres bases isomériques.

Voici les résultats des recherches de MM. Jungfleisch et Léger, qui ont mis en œuvre plusieurs kilogrammes de cinchonine et ont pu ainsi arriver à des résultats plus précis que leurs devanciers.

Le sulfate de cinchonine absolument pur est dissous dans 4 fois son poids d'un mélange à parties égales d'eau et d'acide sulfurique

(d = 1,84) ; le mélange est chauffé au réfrigérant ascendant pendant 2 jours et maintenu ainsi à la température constante de 120°.

Après refroidissement, on alcalinise par la soude ; il se précipite une masse résineuse qui durcit peu à peu. Les eaux mères, légèrement acidulées par l'acide chlorhydrique, sont précipitées par le phosphotungstate de sodium, afin de ne pas laisser échapper les alcaloïdes plus solubles dans l'eau, et le précipité de phosphotungstate est mélangé avec de la chaux et épuisé par l'alcool. On sèche alors à basse température vers 30-40° l'ensemble des bases réunies et on les épuise à plusieurs reprises avec de l'éther. Le résidu de l'évaporation de l'éther est dissous dans la quantité nécessaire d'acide chlorhydrique étendu de 2 volumes d'eau, à la température du bain-marie : par refroidissement, il se dépose des cristaux de *chlorhydrate de cinchonigine*, dont on obtient une nouvelle quantité par évaporation des eaux mères. Lorsque celles-ci ne cristallisent plus, on les rend alcalines et on épuise par l'éther. Le résidu de l'évaporation de l'éther, repris de même par un excès d'acide iodhydrique incolore[1], donne une cristallisation abondante de *diiodhydrate de cinchoniline*.

Quant aux bases primitivement insolubles dans l'éther, on les épuise à l'alcool bouillant, dans lequel tout se dissout ; on concentre cette solution jusqu'à ce qu'elle commence à laisser déposer des cristaux et on y ajoute à chaud un égal volume d'eau. Par refroidissement, il se dépose des cristaux qu'on lave à l'alcool à 50 0/0 ; ces cristaux sont redissous à la température du bain-marie dans une solution aqueuse d'acide succinique en quantité strictement nécessaire pour la saturation ; par le refroidissement de cette solution concentrée, on obtient des cristaux de *succinate de cinchonibine*, très peu solubles dans l'eau froide. Les eaux mères sont alors précipitées par la soude : en dissolvant à chaud la base dans l'acide iodhydrique incolore, on a par refroidissement de l'*iodhydrate de cinchonifine*.

Les eaux mères restantes sont traitées à nouveau par le même procédé pour en extraire un peu de cinchonibine et de cinchonifine qui y sont encore contenues.

Enfin, dans la solution des bases primitives dans l'alcool à 50 0/0 se trouvent deux *oxycinchonines* que l'on peut séparer de la façon suivante : On chasse d'abord l'alcool par distillation, on neutralise par l'acide chlorhydrique, et l'on porte à l'ébullition. Le *chlorhydrate d'α-oxycinchonine* se dépose par refroidissement, tandis que son isomère est très soluble dans l'eau ; lorsque ce sel ne se précipite plus par concentration, on met les bases restantes en liberté par la soude et on épuise par l'acétone le précipité lavé et séché jusqu'à ce qu'il soit à peu près incolore. L'acétone dissout surtout des matières résineuses, et la *β-oxycinchonine* qui reste est purifiée à l'état de succinate, très soluble à chaud et peu soluble dans l'eau froide [E. Jungfleisch et E. Léger, *Bull. Soc. Chim.*, (2), 49, 743].

D'après M. Hesse, dans l'action de l'acide sulfurique sur la cinchonine, il ne se forme pas d'oxycinchonine, mais seulement de l'isocinchonine (cinchonigine), de l'apocinchonine (cinchoniline) et de l'hydrocinchonine (cinchonigine).

En chauffant la cinchonine à 125° avec de l'acide sulfurique concentré et de l'acide oxalique, MM. Caventou et Ch. Girard ont obtenu deux bases dont l'une, soluble dans l'éther et dans le benzène, semble être identique avec la cinchonigine ;

---

1. L'emploi d'acide iodhydrique renfermant de l'iode a l'inconvénient de donner en outre des dérivés iodés qui entravent la séparation des bases.

l'autre, insoluble dans l'éther, soluble dans le benzène, est dextrogyre et n'a été que peu étudiée [E. Caventou et Ch. Girard, *Bull. Soc. Chim.*, (2), **49**, 88].

BASES ISOMÉRIQUES AVEC LA CINCHONINE.

APOCINCHONINE, $C^{19}H^{22}Az^2O$. — Cette base a été obtenue par l'action de l'acide chlorhydrique étendu (d = 1,125) sur la cinchonine à 140-150°. Il se produit en même temps une diapocinchonine $(C^{19}H^{22}Az^2O)^2$(?). On ajoute de l'ammoniaque à la solution jusqu'à ce qu'elle soit presque neutre, puis de l'alcool; on la précipite alors par l'ammoniaque à l'ébullition : la diapocinchonine reste dans les eaux mères.

L'apocinchonine, purifiée par cristallisation dans l'alcool, fond à 209°. Son pouvoir rotatoire en solution alcoolique est de + 160°. Elle est insoluble dans l'eau, très peu soluble dans l'éther et dans le chloroforme, et se dissout aisément dans l'alcool.

Le *chlorhydrate* cristallise avec 2 molécules d'eau ; le *chloroplatinate* est amorphe.

Le *sulfate* et l'*oxalate*, peu solubles dans l'eau, renferment aussi $2H^2O$ [O. Hesse, *Ann. Chem.* **205**, 330. — Oudemans, *Rec. P.-B.*, **1**, 175].

L'apocinchonine donne un *dérivé acétylé*.

Chauffée à 120° avec de l'acide sulfurique concentré, elle se transforme en une base isomérique, l'*apocinchonicine*, qui est inactive.

La *diapocinchonine*, extraite par l'éther des eaux mères précédentes après neutralisation, est une masse amorphe, dextrogyre en solution alcoolique, donnant des sels non cristallisés.

ISOCINCHONINE, $C^{19}H^{22}Az^2O$. — On l'obtient en décomposant par la potasse alcoolique l'hydrobromocinchonine; on la sépare de la cinchonine formée en même temps, par l'éther, où celle-ci est très peu soluble.

L'isocinchonine fond à 125-127° [W. Comstock et W. Kœnigs, *loc. cit.*].

M. Hesse l'a obtenue aussi dans l'action de l'acide sulfurique concentré et froid sur la cinchonine. D'après cet auteur, elle est identique avec la cinchonigine de MM. Jungfleisch et Léger [*Ann. Chem.*, **260**, 213; *Bull. Soc. Chim.*, (3), **5**, 917].

En réalité, c'est un mélange de cinchonigine, de cinchoniline et d'une troisième base non encore obtenue à l'état de pureté [E. Jungfleisch et E. Léger, *C. R.*, **112**, 942; **113**, 651].

CINCHONIBINE, $C^{19}H^{22}Az^2O$. — Le mode de préparation et la séparation de cette base et de ses isomères ont été indiqués plus haut. Elle cristallise en prismes rhomboïdaux, anhydres, fusibles vers 259° et peut être sublimée. En solution alcoolique, son pouvoir rotatoire est de 176°. Elle est insoluble dans l'eau, l'éther et l'alcool faible et donne deux séries de sels. Les sels basiques sont en général moins solubles que les sels neutres.

Le *succinate basique*,

$$(C^{19}H^{22}Az^2O)^2 C^4H^6O^4, 6H^2O,$$

est caractéristique ; il forme de petits cristaux hexagonaux, peu solubles dans l'eau froide, et fond à 207° après dessiccation.

Le *tartrate basique*,

$$(C^{19}H^{22}Az^2O)^2 C^4H^6O^6, H^2O.$$

fond à 214°.

La cinchonibine s'unit également à 1 ou 2 molécules d'iodure alcoolique.

L'*iodométhylate*, $C^{19}H^{22}Az^2O . CH^3I$, peu soluble dans l'eau froide, fond à 253°; le *di-iodo-*

méthylate, $C^{19}H^{22}Az^2O . 2CH^3I, 3H^2O$, est beaucoup plus soluble; il fond à 223°.

L'*iodéthylate* fond à 245°; le *di-iodéthylate* à 215°. Tous deux sont anhydres et présentent les mêmes solubilités que leurs homologues inférieurs [E. Jungfleisch et E. Léger, *C. R.*, **106**, 1410].

CINCHONIFINE, $C^{19}H^{22}Az^2O$. — Cette base est insoluble dans l'éther et cristallise dans l'alcool en aiguilles très réfringentes. La solution alcoolique est dextrogyre : $[\alpha]_D = +195°$.

Elle donne un *succinate* très soluble. L'*iodhydrate* est au contraire peu soluble dans l'eau froide [E. Jungfleisch et E. Léger, *Bull. Soc. Chim.*, (2), **49**, 747].

CINCHONIGINE, $C^{19}H^{22}Az^2O$. — Elle fond à 128° et peut être distillée sous pression réduite. Son pouvoir rotatoire est de —60° en solution alcoolique à 1 0/0.

Elle donne aussi deux séries de sels; les sels neutres ont une réaction acide.

Le *chlorhydrate basique*,

$$C^{19}H^{22}Az^2O . HCl, H^2O,$$

fond à 213° et est peu soluble dans l'eau froide, beaucoup plus soluble à 100°.

Il en est de même du *bromhydrate basique*, $C^{19}H^{22}Az^2O . HBr, H^2O$, qui fond à 218°,5.

L'*iodhydrate basique* fond à 223°; le *sel neutre*, moins soluble, s'altère à la lumière.

Le *tartrate neutre*,

$$C^{19}H^{22}Az^2O . C^4H^6O^6, 3,5 H^2O,$$

est beaucoup plus soluble à chaud qu'à froid.

L'*iodométhylate* fond vers 253°; il est peu soluble dans l'eau et dans l'alcool, insoluble dans l'éther et dans le benzène.

L'*iodéthylate* cristallise avec 1 molécule d'eau et fond à 232°.

Le *brométhylate* est très soluble dans l'eau et dans le chloroforme, insoluble dans l'éther; il fond à 217° [E. Jungfleisch et E. Léger, *C. R.*, **106**, 357].

CINCHONILINE, $C^{19}H^{22}Az^2O$. — Elle fond à 130°,4 et peut être distillée dans le vide. Sa solution alcoolique est dextrogyre : $[\alpha]_D = +53°$. Elle réduit à froid le permanganate de potassium et se dissout aisément dans les liquides organiques.

Le *chlorhydrate basique*,

$$C^{19}H^{22}Az^2O . HCl, 3H^2O,$$

est très soluble dans l'eau, même à froid, et ses solutions ont un pouvoir rotatoire très faible : $[\alpha]_D = +5°$. Il fond à 226° en se décomposant.

Le *bromhydrate*, beaucoup moins soluble, renferme aussi 3 molécules d'eau.

L'*iodhydrate basique*, $C^{19}H^{22}Az^2O . HI, H^2O$, est très soluble, tandis que l'*iodhydrate neutre* est anhydre et presque insoluble dans l'eau froide.

L'*iodométhylate*, $C^{19}H^{22}Az^2O . CH^3I$, cristallise dans l'eau en prismes creux, anhydres, fusibles à 235°.

L'*iodéthylate* et le *brométhylate*, très solubles dans l'alcool, sont insolubles dans l'éther [E. Jungfleisch et E. Léger, *C. R.*, **106**, 657].

CINCHONIDINE. — Voyez ce mot.

AUTRES BASES DÉRIVÉES DE LA CINCHONINE.

OXYCINCHONINES. — Dans l'action de l'acide sulfurique sur la cinchonine, il se produit deux bases isomériques $C^{19}H^{22}Az^2O^2$, dont on a indiqué plus haut la préparation.

α-OXYCINCHONINE. — Elle fond vers 252° en s'altérant notablement; elle est dextrogyre : $[\alpha]_D = + 182°,5$ en solution alcoolique.

Le *chlorhydrate basique*,

$$C^{19}H^{22}Az^2O^2 . HCl, H^2O,$$

est très peu soluble dans l'eau et dans l'alcool, même à chaud ; il fond à 230°.

Le *bromhydrate* et l'*iodhydrate* présentent la même propriété.

Par l'action de l'iodure de méthyle l'α-oxycinchonine donne un *iodométhylate*,

$$C^{19}H^{22}Az^2O^2 . CH^3I,$$

très soluble dans l'eau, l'alcool ordinaire et l'alcool méthylique ; il fond à 241°.

Le *di-iodométhylate*, beaucoup moins soluble dans l'alcool méthylique, fond aussi à 241° en se décomposant.

L'*iodéthylate* cristallise avec 1 molécule d'eau et fond à 251° ; il est peu soluble dans l'alcool absolu.

Le *di-iodéthylate* fond à 240°.

Le *brométhylate* fond à 243°.

Le *dibrométhylate*, insoluble dans l'alcool absolu, fond à 210°.

L'*oxycinchonine*, traitée par l'anhydride acétique à 80°, donne un *dérivé diacétylé* qui fond à 80-85° ; il est insoluble dans l'eau, soluble dans l'alcool. Il est amorphe, ainsi que ses sels, généralement solubles dans l'eau. De la formation de ce dérivé diacétylé, alors que la cinchonine fournit seulement un dérivé monosubstitué, on doit conclure à la présence, dans l'oxycinchonine, d'un second oxhydryle phénolique [E. Jungfleisch et E. Léger, *C. R.*, **108**, 952].

β-OXYCINCHONINE. — Elle cristallise dans l'alcool étendu en aiguilles groupées en sphères, et donne avec les hydracides des sels très solubles.

Le *succinate*, peu soluble à froid, est dextrogyre : $[\alpha]_D = + 187°,14$ en solution alcoolique à 1 0/0.

DÉHYDROCINCHONINE , $C^{19}H^{20}Az^2O$. — Cette base se produit, comme on l'a vu plus haut, lorsque l'on décompose par la potasse alcoolique l'ébullition les bromures de cinchonine,

$$C^{19}H^{22}Br^2Az^2O.$$

Pour l'isoler, on distille les trois quarts de l'alcool et on étend d'eau la solution. Il se précipite des aiguilles presque incolores, que l'on reprend par une quantité insuffisante d'acide chlorhydrique. La solution filtrée est alors additionnée d'ammoniaque et le précipité purifié par cristallisation dans l'alcool. Cette base fond à 202-203° et est très soluble dans les dissolvants organiques, sauf dans la ligroïne ; elle est insoluble dans l'eau.

Elle donne un *bromhydrate* cristallisé en prismes transparents, facilement solubles dans l'eau.

Le *chlorhydrate* est aussi très soluble.

Le *sulfate neutre* et le *tartrate* cristallisent aisément.

Par l'action d'un mélange de perchlorure et d'oxychlorure de phosphore, la déhydrocinchonine donne un *chlorure* $C^{19}H^{19}Az^2Cl$, très soluble dans les liquides organiques. On parvient à le faire cristalliser en épuisant par le benzène la solution chlorhydrique additionnée d'ammoniaque, séchant cette solution benzénique et la refroidissant fortement jusqu'à cristallisation totale. On laisse alors le mélange se réchauffer à la température ordinaire, et dès que le benzène s'est liquéfié, on essore les cristaux de chlorure de déhydrocinchonine. Ce composé fond à 148-149°.

La potasse alcoolique le transforme en déhydrocinchène (voyez CINCHÈNE) [W. Comstock et W. Kœnigs, *D. chem. G.*, **19**, 2853 ; *Bull. Soc. Chim.*, (2), **47**, 360].

La déhydrocinchonine, traitée à froid par une solution d'acide bromhydrique saturée à — 17°, fixe 1 molécule d'acide bromhydrique, en donnant une *hydrobromo–déhydrocinchonine* fusible à 235° [W. Comstock et W. Kœnigs, *D. chem. G.*, **20**, 2510 ; *Bull. Soc. Chim.*, (2), **49**, 827].

HYDROCINCHONINES. — On connaît plusieurs corps que l'on peut considérer comme des hydrures de cinchonine. Le premier, auquel il convient de conserver le nom de *cinchotine* que lui ont donné MM. Caventou et Willm, ne se produit pas par hydrogénation de la cinchonine, mais existe en même temps que cette base dans les écorces de quinquina. On ne peut l'isoler à l'état de pureté qu'en oxydant par le permanganate de potassium la cinchonine préalablement enrichie en cinchotine par des cristallisations répétées du sulfate acide : à froid la cinchonine seule est oxydée.

La cinchotine pure fond à 268° (Caventou), à 277° (Skraup). Oxydée par l'acide chromique, elle donne les mêmes produits que la cinchonine.

Le *sulfate acide* de cinchotine cristallise dans l'alcool en tables prismatiques renfermant $12 H^2O$, plus solubles que celui de cinchonine.

Le *chlorhydrate* et le *bromhydrate* cristallisent avec 2 molécules d'eau, tandis que les sels acides correspondants sont anhydres

L'*azotate*

$$C^{19}H^{24}Az^2O . AzO^3H, H^2O,$$

est très soluble dans l'eau.

Le *sulfocyanate* est presque insoluble dans une solution de sulfocyanate de potassium [C. Forst et Chr. Böhringer, *D. chem. G.*, **14**, 436, 1266, **15**, 519 ; *Bull. Soc. Chim.*, (2), **36**, 627, **37**, 82]

D'après sa formule, on peut considérer également la *cinchonamine* comme une hydrocinchonine.

En réduisant par l'amalgame de sodium une solution acétique de cinchonine, M. Zorn a obtenu deux composés que l'on peut isoler en épuisant à l'éther le mélange des bases. Il se dissout une *tétrahydrocinchonine*, tandis que la *dihydrodicinchonine* reste insoluble.

On purifie celle-ci par cristallisation dans l'alcool : elle fond alors à 257-258° et a pour formule $C^{38}H^{46}Az^4O^2$ (Skraup).

Cette base donne un *sulfate* cristallisé en longues aiguilles anhydres.

Traitée par le bromure d'éthyle, elle se transforme en *dibrométhylate* très soluble dans l'eau, insoluble dans l'alcool.

La tétrahydrocinchonine, qui se dépose par évaporation de l'éther dans l'opération précédente, se forme en beaucoup plus grande quantité si l'on opère la réduction en solution neutre, et si l'on ajoute peu à peu de l'alcool pour dissoudre seulement la partie insoluble qui se dépose.

C'est une masse solide, généralement amorphe. On peut cependant l'obtenir cristallisée en grandes tables en abandonnant au repos une solution étendue de son chlorhydrate additionnée de potasse. C'est une base plus énergique que la cinchonine ; mais elle ne donne que des sels amorphes.

Traitée par l'acide nitrique fumant, elle donne lieu à une réaction excessivement violente, que l'on peut modérer en dissolvant d'abord la base dans l'acide nitrique étendu. Par addition d'eau à cette solution nitrique, on précipite un *dérivé tétranitré*, $C^{19}H^{22}(AzO^2)^4Az^2O$, amorphe et insoluble dans l'eau, l'alcool et le benzène.

Par l'action du chlore, la tétrahydrocinchonine en solution chlorhydrique donne un *dérivé hexachloré*, $C^{19}H^{20}Cl^6Az^2O, 0,5 H^2O$, qui est incristallisable et insoluble dans l'eau. Il se produit en même temps un autre corps cristallisé, que l'on peut enlever par épuisement à l'éther et qui a pour formule $C^{11}H^7Cl^4Az$. Il fond à 135° et distille avec la vapeur d'eau.

La tétrahydrocinchonine s'unit également au bromure d'éthyle, en donnant des composés amorphes et paraissant peu stables [W. Zorn, *J. prakt. Chem.*, (2), **8**, 279; *Bull. Soc. Chim.*, (2), **21**, 514. — Zd. Skraup, *D. chem. G.*, **11**, 313; *Bull. Soc. Chim.*, (2), **30**, 519].

CONSTITUTION DE LA CINCHONINE ET DE SES ISOMÈRES.

Malgré les nombreux travaux effectués jusqu'ici sur la cinchonine, on ne saurait attribuer à cet alcaloïde une formule de constitution vraiment justifiée. Le seul point qui soit certainement établi, c'est qu'elle dérive du noyau quinoléique, ainsi que cela résulte de l'étude de ses produits d'oxydation. Mais quant au reste ($C^{10}H^{16}O$), qui est substitué à l'un des atomes d'hydrogène, on n'a pu faire que des hypothèses plus ou moins hasardées sur sa constitution. D'ailleurs, si l'on essaye de la rattacher à l'un de ses dérivés (cinchène, cincholoïpone, etc.) pour lequel des formules de constitution ont été proposées, on arrive à des résultats contradictoires.

Quant aux nombreux isomères de la cinchonine renfermés dans les écorces de quinquina ou obtenus par l'action des agents chimiques sur cet alcaloïde, MM. Jungfleisch et Léger ont formulé une théorie très plausible qui permet de rendre compte, non seulement des isomères connus jusqu'ici et de leurs transformations, mais aussi d'en prévoir de nouveaux. Ces auteurs admettent que la molécule de la cinchonine est formée de deux groupements dextrogyres tous deux, quoique à un degré différent, mais susceptibles, sous l'influence de la chaleur en particulier, de se transformer séparément en composés lévogyres, racémiques ou inactifs par nature, comme le fait l'acide tartrique : si l'on désigne, par exemple, par D et *d* ces deux groupements dans la cinchonine (le premier étant le plus actif), G et *g*, R et *r*, I et *i* les mêmes groupements transformés, on pourrait avoir ainsi 16 isomères de la cinchonine : 6 dextrogyres (D*d*, D*g*, D*r*, D*i*, R*d*, I*d*), 6 lévogyres (G*g*, G*d*, G*r*, G*i*, R*g*, I*g*) et 4 inactifs (R*r*, R*i*, I*i*, I*r*) [E. Jungfleisch et E. Léger, *Bull. Soc. Chim.*, (2), **49**, 745].

O. Saint-Pierre.

CINCHONINIQUE (ACIDE) [Syn. *Quinoléine-γ-carbonique*] (voyez Suppl., **1**, 498)

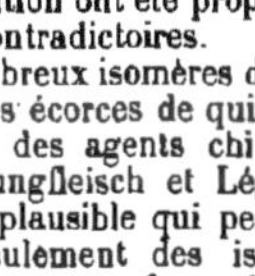

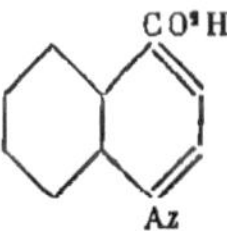

— D'après MM. Claus et Muchall [*D. chem. G.*, **18**, 362; *Bull. Soc. Chim.*, (2), **46**, 642], le meilleur procédé de préparation de l'acide cinchoninique consiste à oxyder la cinchonine par l'acide nitrique étendu (d = 1,3) à l'ébullition.

Cet acide se produit également lorsque l'on oxyde par l'acide chromique la cinchonidine, la cinchoténine, la cinchoténidine [Skraup, *Ann. Chem.*, **201**, 291] ou la γ-phénol-quinoléine [W. Kœnigs et U. Nef, *D. chem. G.*, **20**, 622; *Bull. Soc. Chim.*, (2), **48**, 157].

M. Dœbner a indiqué un procédé général de synthèse des acides cinchoniniques α-substitués. Il suffit de chauffer au bain-marie pendant quelques heures un mélange d'aniline et d'acide pyruvique avec une aldéhyde ; la réaction a lieu d'après l'équation

$$C^6H^5.AzH^2 + CH^3.CO.CO^2H + R.CHO$$

=

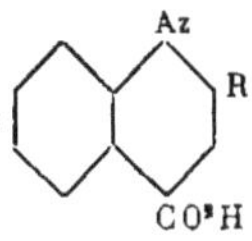

$$+ 2H^2O + H^2$$

[O. Dœbner, *D. chem. G.*, **20**, 277; *Bull. Soc. Chim.*, (2), **48**, 447].

L'acide cinchoninique se ramollit vers 245° et fond à 256° [Skraup, *D. chem. G.*, **12**, 230]. Il peut cristalliser sous trois formes différentes : 1° par refroidissement d'une solution aqueuse chaude et concentrée, on obtient de fines aiguilles renfermule $C^{10}H^7AzO^2, H^2O$; 2° par évaporation lente d'une solution étendue, on a des tables clinorhombiques renfermant 2 molécules d'eau ; 3° en présence d'acides minéraux, il cristallise en prismes tricliniques renfermant aussi 2 molécules d'eau et qui, par une nouvelle cristallisation dans l'eau, fournissent la forme cristalline précédente [Ad. Claus et M. Kickelhayn, *D. chem. G.*, **20**, 1604; *Bull. Soc. Chim.*, (2), **49**, 643].

Il est insoluble dans l'éther, peu soluble dans l'eau et dans l'alcool froids et donne avec les acides des sels peu stables. Ses sels métalliques, sauf les sels alcalins, sont en général insolubles dans l'eau.

L'*éther cinchoninique* s'obtient à l'état de *chlorhydrate* en traitant par l'acide chlorhydrique une solution alcoolique d'acide cinchoninique. Cet éther, mis en liberté par un alcali, peut être distillé et forme des cristaux fusibles à 13°. Il donne un *chloromercurate* qui fond à 153° et un *chloroplatinate* qui fond à 204°.

Chauffé à 100° avec une solution aqueuse concentrée d'ammoniaque, cet éther fournit l'*amide* correspondante. Celle-ci cristallise en aiguilles blanches, fusibles à 181° et donne un *chloroplatinate* qui fond vers 250° [A. P. van der Kolf et F. van Leent, *Rec. P.-B.*, **8**, 217].

L'oxydation par le permanganate de potassium convertit l'acide cinchoninique en acide tricarbopyridique (improprement appelé oxycinchoméronique) (Skraup). L'acide nitrique le transforme en acides quinoléique et cinchoméronique. L'action du mélange chromique donne en outre de la cynurine (oxyquinoléine) [Zd.-H. Skraup, *Mon. f. Chem.*, **10**, 726].

L'acide cinchoninique en solution aqueuse fixe 1 molécule de brome, en donnant un précipité orangé, qui, purifié par cristallisation dans l'eau, forme de longues aiguilles, fusibles à 188° et répondant à la formule $C^9H^6Br^2Az.CO^2H$. Ce *dibromure* perd facilement son brome par ébullition avec l'eau, en régénérant l'acide cinchoninique.

On a de même un *di-iodure* plus stable, qui fond à 242° en se décomposant et est presque insoluble dans l'eau [Ad. Claus, *D. chem. G.*, **18**, 1305].

L'acide cinchoninique forme avec le chlorure d'iode une combinaison renfermant

$$C^{10}H^7AzO^2.ICl.HCl, 2H^2O$$

[Dittmar, *D. chem. G.*, **18**, 1618].

Traité par le perchlorure de phosphore, l'acide cinchoninique fournit le *chlorhydrate* du chlorure correspondant, que l'on peut sublimer vers 150° en aiguilles jaunâtres, devenant peu à peu incolores en perdant de l'acide chlorhydrique lorsqu'on les abandonne à l'air libre (Ad. Claus et Muchall).

DÉRIVÉS ALCOYLÉS. — L'acide cinchoninique, chauffé à 150° avec le bromure de benzile, s'y combine en donnant un *bromobenzylate* cristallisé en aiguilles soyeuses, fusibles à 130°, très solubles dans l'eau et dans l'alcool, insolubles dans l'éther. Par l'ébullition de sa solution aqueuse, ce dérivé benzylé se détruit en perdant de l'acide bromhydrique, et fournit une sorte de bétaïne répondant à la formule

$$CO \qquad Az.C^7H^7 \qquad + 3\,H^2O$$

Cette bétaïne fond à 83–84° dans son eau de cristallisation, puis se solidifie à 110° et fond en se décomposant vers 190°. Elle s'unit aussi au brome, en donnant un *dibromure* fusible à 180° et cristallisé en aiguilles rouges.

Par l'action de la potasse, elle donne l'*acide benzylidène-cinchoninique*, cristallisé en aiguilles jaunâtres, insolubles dans l'eau, fusibles à 218° et ne se combinant plus aux acides [Ad. Claus, *loc. cit.* — Ad. Claus et Ch. Muchall, *D. chem. G.*, **18**, 362 ; *Bull. Soc. Chim.*, (2), **46**, 642].

L'acide benzylidène-cinchoninique,

$$C^7H^7 = Az.C^{10}H^7O^2,$$

s'oxyde rapidement au contact de l'air, en donnant un nouveau dérivé qui résulte de l'union de 2 molécules de cet acide et de 1 atome d'oxygène, et que M. Claus appelle *acide benzylidène-cinchoxique*, en lui attribuant la constitution.

$$CO^2H \qquad CO^2H$$
$$Az \rule{1cm}{0.4pt} Az$$
$$C^6H^5.CH - O - CH.C^6H^5$$

Purifié par transformation en sel barytique, ce dernier cristallise en aiguilles incolores, clinorhombiques, insolubles dans l'eau bouillante, très solubles dans l'alcool, l'éther, le chloroforme, l'acétone, l'acide acétique.

Il forme des sels bien cristallisés. Les *sels alcalins* se présentent en aiguilles incolores, très solubles dans l'eau.

Le *sel de baryum*, $C^{34}H^{24}Az^2O^5Ba, 3\,H^2O$, forme des aiguilles brillantes, peu solubles dans l'eau, insolubles dans l'alcool.

Le *sel de calcium*, $C^{34}H^{24}Az^2O^5Ca, 4\,H^2O$, est en belles aiguilles nacrées.

Le *sel d'argent*, $C^{34}H^{24}Az^2O^5Ag^2$, est un précipité blanc pulvérulent.

L'*éther éthylique*, $C^{34}H^{24}Az^2O^5(C^2H^5)^2$, cristallise dans l'éther en aiguilles brillantes, fusibles à 120°.

Oxydé par l'acide nitrique (d = 1,1) à la température de 220-240°, l'acide benzylidène-cinchoxique fournit de l'acide téréphtalique [Claus, *Ann. Chem.*, **270**, 335].

Brométhylate, $C^9H^6(CO^2H)Az.C^2H^5Br$ [Claus, *ibid.*]. — On le prépare en chauffant le mélange de ses composants à 140°. Il cristallise en aiguilles incolores, fusibles à 237°, très solubles dans l'eau.

Iodométhylate, $C^9H^6(CO^2H)Az.CH^3I$ [Claus, *ibid.*]. — Ce composé se produit à 120-130° : il cristallise en aiguilles rouges, fusibles à 224°, très peu solubles dans le chloroforme, insolubles dans l'éther.

Traité par le chlorure d'argent, il fournit le *chlorométhylate*, $C^9H^6(CO^2H)Az.CH^3Cl$, cris-

taux prismatiques presque incolores, fusibles à 243°.

Le *bromométhylate* forme des aiguilles vitreuses, fusibles à 262°.

La *méthylbétaïne*,

$$C^9H^6 \begin{array}{c} CO \\ \diamond \\ Az.CH^3 \end{array} O$$

se produit par l'action de l'oxyde d'argent humide sur l'un quelconque des trois dérivés qui précèdent. Elle cristallise dans l'alcool bouillant en fines aiguilles qui se ramollissent à 180° et qui fondent en se décomposant à 236°. Au contact des acides halogénés, elle régénère les dérivés qui lui avaient donné naissance.

Acide méthylène-cinchoninique,

$$C^9H^6(CO^2H)Az = CH^2.$$

— Ce composé prend naissance par l'action des alcalis sur la bétaïne précédente, ainsi que sur les chloro-, bromo- et iodométhylate d'acide cinchoninique. Il cristallise dans l'éther en aiguilles jaunes, extrêmement oxydables, fusibles à 210°, très solubles dans l'alcool et dans l'éther.

Chauffé avec de l'eau, au contact de l'air, l'acide méthylène-cinchoninique se convertit en *acide méthylène-cinchoxique*,

$$CO^2H.C^9H^6 \equiv Az - Az \equiv C^9H^6.CO^2H.$$
$$CH^2 \quad CH^2$$
$$O$$

Ce dernier cristallise dans l'alcool ou dans l'acide acétique en aiguilles groupées en étoiles, qui commencent à se sublimer à 120° et qui fondent à 249° ; il est insoluble dans l'éther et dans le chloroforme.

Le *sel de sodium*, $C^{22}H^{16}Az^2O^5Na^2, 10\,H^2O$, forme de longues aiguilles d'un jaune d'ambre, très solubles dans l'alcool et dans l'eau.

Le *sel de potassium*, $C^{22}H^{16}Az^2O^5K^2, 3\,H^2O$, est en petites aiguilles cristallines, solubles dans l'alcool.

Le *sel d'argent*, $C^{22}H^{16}Az^2O^5Ag^2$, est une poudre blanche, insoluble dans l'eau.

Iodéthylate, $C^9H^6(CO^2H)Az.C^2H^5I$ [Claus, *ibid.*]. — On l'obtient en chauffant à 130-140° un mélange des deux composants ; il cristallise dans l'alcool en aiguilles orangées, qui fondent en se décomposant à 200°.

Traité par l'oxyde d'argent humide, cet iodéthylate fournit l'*éthylbétaïne cinchoninique*.

$$C^9H^6 \begin{array}{c} CO \\ \diamond \\ Az.C^2H^5 \end{array} O$$

Cette dernière cristallise avec 2 molécules d'eau en grands prismes réfringents qui fondent dans leur eau à 90-92°, reprennent l'état solide au-dessus de cette température et fondent une seconde fois en se décomposant à 199°.

Les alcalis convertissent cette bétaïne en *acide éthylidène-cinchoninique*,

$$C^9H^6(CO^2H)Az = CH.CH^3.$$

Ce dernier se présente en cristaux jaunes, très altérables, que l'oxydation par l'air convertit en *acide éthylidène-cinchoxique*,

$$CO^2H-C^9H^6 \equiv Az - Az \equiv C^9H^6-CO^2H.$$
$$CH^3-CH \quad CH-CH^3$$
$$O$$

L'acide éthylidène-cinchoxique cristallise en belles aiguilles argentines, fusibles à 206°, un peu solubles dans le chloroforme, presque insolubles dans l'eau et dans l'éther. Il peut être sublimé sans se décomposer.

Le *sel de sodium*, $C^{24}H^{40}Az^2O^5Na^2$, $x H^2O$, forme des aiguilles indistinctes, efflorescentes, très solubles dans l'alcool et dans l'eau.

Le *sel de potassium* se présente en prismes incolores et brillants, très solubles dans l'alcool.

Le *sel d'argent*, $C^{24}H^{40}Az^2O^5Ag^2$, est une poudre cristalline blanche.

Bromopropylate, $C^{10}H^7AzO^2$. C^3H^7Br [Claus, *ibid.*]. — Il faut, pour l'obtenir, chauffer à 160-180° le mélange des composants. Fines aiguilles incolores et soyeuses, très solubles dans l'alcool et dans l'eau, qui fondent en se décomposant à 218°.

Acide tétrahydrocinchoninique, $C^{10}H^{11}AzO^2$. — L'acide cinchoninique, qui est détruit par l'a-malgame de sodium, donne au contraire avec l'étain et l'acide chlorhydrique un dérivé de réduction en fixant 4 atomes d'hydrogène. Il suffit de chauffer le mélange au bain-marie : on reconnaît que la réaction est terminée, lorsque le liquide, d'abord jaunâtre, s'est décoloré. On élimine l'étain au moyen de l'hydrogène sulfuré, et, par concentration, on obtient le *chlorhydrate de l'acide tétrahydrocinchoninique*, cristallisé en prismes clinorhombiques répondant à la formule $C^{10}H^{11}AzO^2$. HCl, $10,5 H^2O$.

Ce chlorhydrate donne avec le chlorure ferrique une coloration verte.

L'acide correspondant n'a pu être isolé, ses solutions s'altérant par la concentration.

Par distillation avec de la chaux, il donne la tétrahydroquinoléine.

Chauffé à 100° avec du chlorure d'acétyle, il donne un *dérivé acétylé*, $C^{10}H^{10}(C^2H^3O)AzO^2$, qui, après cristallisation dans l'eau bouillante, fond à 164°,5. Ce dérivé ne donne pas de chlorhydrate et ne se colore pas par le chlorure ferrique. Les sels de plomb et d'argent correspondants sont solubles dans l'eau.

Le chlorhydrate de l'acide tétrahydrocinchoninique s'unit avec l'iodure de méthyle à 100° en donnant un *dérivé méthylé*, $C^{10}H^{10}Az(CH^3)AzO^2$, fusible à 169°, qui cristallise avec 1 molécule d'eau.

C'est un acide très faible, ne décomposant pas les carbonates et dont les sels métalliques sont généralement solubles. Il donne avec les acides des combinaisons stables et très bien cristallisées.

Soumis à l'action de la chaleur, cet acide méthyltétrahydrocinchoninique perd de l'eau et donne un *anhydride*, $C^{22}H^{24}Az^2O^3$, qui est liquide et qui distille sans décomposition à 297-299° sous une pression de 744 millimètres. Cet anhydride est insoluble dans l'eau, aisément soluble dans les acides et dans les liquides organiques. Par l'acide nitrique, il donne une coloration rouge de sang.

L'acide chlorhydrique concentré le décompose à 150° en chlorure de méthyle et acide tétrahydrocinchoninique. Au contraire, lorsqu'on le chauffe avec de la potasse caustique à 150-180°, il se transforme en son isomère l'*acide homohydrocinchoninique*, $C^{11}H^{13}AzO^2$ [H. Weidel et K. Hazura, *Mon. f. Chem.*, 5, 643; *Bull. Soc. Chim.*, (2), 44, 331].

Par l'action de l'azotite d'argent sur le chlorhydrate d'acide tétrahydrocinchoninique, on obtient un *dérivé nitrosé*, $C^{10}H^{10}(AzO)AzO^2$, qui cristallise dans l'eau chaude ou dans l'alcool en aiguilles jaunâtres, fusibles à 137°.

A 200°, l'acide sulfurique le convertit en un mélange d'*acides di-* et *trisulfonés*, en même temps qu'il l'oxyde, car ces acides correspondent à l'acide cinchoninique lui-même et non à son dérivé

hydrogéné [H. Weidel, *Mon. f. Chem.*, 2. 29 et 3, 61; *Bull. Soc. Chim.*, (2), 36, 515 et 38, 35].

Acides sulfocinchoniniques. — L'acide cinchoninique n'est pas attaqué par l'acide sulfurique fumant, même à 200°; il l'est au contraire à 100° par l'anhydride sulfurique ou à 180° par un mélange d'acide sulfurique et d'anhydride phosphorique. On obtient ainsi un *acide o-sulfoné*, peu soluble dans l'eau, que l'on purifie en le convertissant en sel de baryum, puis de plomb, et décomposant celui-ci par l'hydrogène sulfuré. On le fait cristalliser enfin dans l'eau bouillante, en présence de noir animal. Il se présente sous la forme de prismes tricliniques, renfermant 1 molécule d'eau qu'ils perdent à 100°; il est insoluble dans l'alcool.

Le *sel d'ammonium*,

$$C^{10}H^6AzO^2 . SO^3H . 2AzH^3, 2H^2O,$$

est très soluble dans l'eau, peu soluble dans l'alcool.

Le *sel de baryum* cristallise avec 3 et celui *de calcium* avec 2,5 molécules d'eau; tous deux sont très peu solubles.

Le *sel de plomb* et celui *de cuivre* renferment 1 molécule d'eau.

Par fusion avec la potasse, cet acide fournit l'acide *o-oxycinchoninique* [H. Weidel et A. Cobenzl, *Mon. f. Chem*, 1, 844; *Bull. Soc. Chim.*, (2), 36, 513].

Si l'on effectue la sulfonation à une température plus élevée, vers 280°, ou même si l'on chauffe l'acide précédent avec de l'acide sulfurique à cette température, on le transforme en un isomère, l'*acide p-sulfocinchoninique*, très soluble dans l'eau chaude, d'où il cristallise en aiguilles renfermant 2 molécules d'eau. Cet acide ne précipite pas par les sels de baryum et de calcium, ni par le sous-acétate de plomb; mais les sels correspondants, une fois isolés, sont peu solubles dans l'eau.

Le *sel de baryum* renferme 1 seule molécule d'eau, qu'il ne perd qu'à 250°; le *sel de plomb* cristallise avec 4 molécules d'eau [H. Weidel, *Mon. f. Chem.*, 2, 565; *Bull. Soc. Chim.*, (2), 37, 234].

En oxydant par le permanganate de potassium l'acide benzylidène-lépidine-sulfonique,

$$C^9H^5Az \left\langle \begin{array}{l} SO^3H \\ CH=CH-C^6H^5 \end{array} \right.$$

MM. Busch et W. Kœnigs semblent avoir obtenu le même acide sulfonique [*D. chem. G.*, 23, 2682]. Ces deux acides renferment le groupement SO^3H dans le noyau benzénique, ainsi qu'il résulte de l'oxydation des composés phénoliques que l'on en dérive par fusion avec la potasse.

Acides oxycinchoniniques. — L'*acide o-oxycinchoninique*,

s'obtient en chauffant l'acide o-sulfocinchoninique avec de la potasse alcoolique à 200°, ou mieux en le fondant avec de l'hydrate de potasse. On le purifie en le faisant cristalliser dans l'eau bouillante et en le transformant en sel de baryum.

L'acide libre est très peu soluble dans l'eau et dans le benzène; il fond à 254-256°; il donne avec le chlorure ferrique une coloration verte.

Le *sel d'argent* cristallise en petites aiguilles jaunâtres; celui *de baryum* est anhydre et aisément soluble dans l'eau; il existe aussi un *sel basique*, $C^{10}H^5AzO^3Ba$, H^2O, qui cristallise en fines aiguilles soyeuses.

L'acide o-oxycinchoninique se combine également avec les acides, en donnant des sels cristallisés peu stables, que l'eau décompose aisément. L'oxydation par le permanganate le convertit en acide cinchoméronique. Soumis à la distillation sèche, il perd de l'acide carbonique et fournit de l'o-oxyquinoléine fusible à 70° : ce qui fixe sa constitution [H. Weidel et A. Cobenzl, *loc. cit.*].

En fondant de même avec la potasse l'acide p-sulfoné, on obtient l'*acide p-oxycinchoninique*,

$$OH \quad \underset{Az}{\bighexagon\bighexagon} \quad CO^2H$$

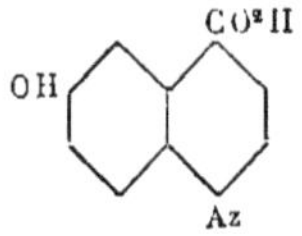

Cet acide, presque insoluble dans l'eau froide, se dissout aisément dans l'acide acétique et ne donne aucune coloration par le chlorure ferrique. Il fond vers 320° et se décompose par la distillation sèche en donnant de la p-oxyquinoléine.

Le *sel de baryum* est très soluble dans l'eau; le *sel de plomb* est un précipité jaune, soluble dans un excès d'acétate.

L'acide p-oxycinchoninique donne aussi un *chlorhydrate* et un *chloroplatinate* cristallisés [H. Weidel, *loc. cit.*].

On connaît un troisième acide oxycinchoninique qui renferme l'oxhydryle dans le noyau pyridique : c'est l'acide *α-oxycinchoninique*,

$$\underset{Az}{\bighexagon\bighexagon} \overset{CO^2H}{} OH$$

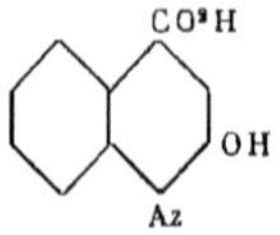

que l'on obtient en fondant l'acide cinchoninique avec un grand excès de potasse caustique. Cet acide cristallise en aiguilles soyeuses, fusibles au delà de 310°, et se sublime lorsqu'on le chauffe avec précaution. Il est insoluble dans l'eau froide et très peu soluble dans les autres liquides usuels.

Oxydé par le permanganate de potassium, il se détruit en donnant de l'ammoniaque et de l'acide oxalique.

Sa constitution résulte de ce que le sel d'argent, chauffé dans un courant d'acide carbonique, se décompose en donnant du carbostyrile en même temps que de la quinoléine.

Par l'action du perchlorure de phosphore, il donne un *acide chlorocinchoninique*, que l'éthylate de sodium convertit en *acide éthoxycinchoninique*, $C^9H^5(OC^2H^5)Az.CO^2H$. Cet acide cristallise dans l'eau bouillante en aiguilles fusibles à 145-146°, très solubles dans l'alcool. Il donne un *sel d'argent* et un *chloroplatinate* cristallisés.

Par l'action de la chaleur, l'acide éthoxycinchoninique subit une modification isomérique : après fusion, il se solidifie vers 170°, pour fondre de nouveau à 239-240°, et alors il est transformé en son isomère l'*α-oxycinchoninate d'éthyle*, identique à celui que l'on obtient par l'action de l'iodure d'éthyle sur le sel d'argent. Cet éther éthylique fond à 206-207° et se dissout dans les acides et dans les alcalis, mais non dans les carbonates alcalins.

L'*éthoxycinchoninate d'éthyle*,

$$C^9H^5(OC^2H^5)Az.CO^2C^2H^5,$$

fond à 56°. Il se produit soit par l'action de l'iodure d'éthyle sur l'éthoxycinchoninate d'argent, soit en chauffant ce dernier sel dans un courant d'acide carbonique; il se forme alors en même temps de l'éthylcarbostyrile, $C^9H^6(OC^2H^5)Az$, ce qui confirme la constitution indiquée plus haut [W. Kœnigs et G. Kœrner, *D. chem. G.*, **16**, 2152; *Bull. Soc. Chim.*, (2), **44**, 526].

ACIDE DIOXYCINCHONINIQUE,

$$C^9H^4(OH)^2Az.CO^2H.$$

— Cet acide a été obtenu à l'état d'éther diméthylique en oxydant par le permanganate de potassium le sulfate acide de papavérine. L'acide, mis en liberté en saponifiant cet éther par l'acide iodhydrique, constitue une poudre jaune, presque insoluble dans l'eau et qui fond à 221° en se décomposant. Il donne avec le chlorure ferrique une coloration violette et avec le sulfate ferreux une coloration jaune-rougeâtre. Les sels alcalins sont cristallisés, les autres amorphes.

L'*acide diméthoxycinchoninique* cristallise en aiguilles jaunes, fusibles entre 200 et 205°, et donnant une diméthoxyquinoléine en se décomposant. Il est très soluble dans l'alcool et dans l'eau bouillante et donne avec les acides et avec les hydrates alcalins des sels cristallisés. Le chlorure ferrique le colore en jaune rougeâtre, tandis qu'il est sans action sur le sulfate ferreux [G. Goldschmiedt, *Mon. f. Chem.*, **6**, 954; **8**, 510; *Bull. Soc. Chim.*, (2), **46**, 633; **49**, 391].

HOMOLOGUES SUPÉRIEURS DE L'ACIDE CINCHONINIQUE. — On ne connaît guère que les acides substitués en α, qui s'obtiennent, comme on l'a dit plus haut, par l'action de l'aniline et de l'acide pyruvique sur une aldéhyde.

ACIDE MÉTHYLCINCHONINIQUE. — C'est l'acide aniluvitonique (voyez Suppl., **2**, 282).

ACIDE HOMOHYDROCINCHONINIQUE. — On connaît un dérivé tétrahydrogéné d'un acide homocinchoninique dont la constitution n'a pas encore été établie, et qu'on obtient en chauffant à 150-180° avec une solution de potasse l'anhydride méthyltétrahydrocinchoninique,

$$[C^9H^9(AzCH^3)CO]^2O.$$

Dans cette réaction, le radical méthyle quitte l'atome d'azote pour se fixer sur un des atomes de carbone. L'acide homohydrocinchoninique ainsi obtenu cristallise dans la ligroïne en houppes nacrées, fusibles à 125° et insolubles dans l'eau. Ce composé s'altère rapidement à l'air humide en se colorant en violet. Il donne avec les bases des sels très peu stables. Il s'unit au contraire facilement aux acides en donnant des sels bien cristallisés.

Il s'unit de même à l'iodure de méthyle et donne un *iodométhylate*, $C^{11}H^{13}AzO^2.CH^3I.H^2O$, que l'oxyde d'argent convertit en *acide méthylhomohydrocinchoninique*, $C^{11}H^{12}(AzCH^3)O^2$.

Chauffé vers 180° avec de l'acide sulfurique concentré, l'acide homohydrocinchoninique donne un acide lépidine-sulfonique [H. Weidel et K. Hazura, *Mon. f. Chem.*, **5**, 643; *Bull. Soc. Chim.*, (2), **44**, 331].

ACIDE α-P-DIMÉTHYLCINCHONINIQUE.

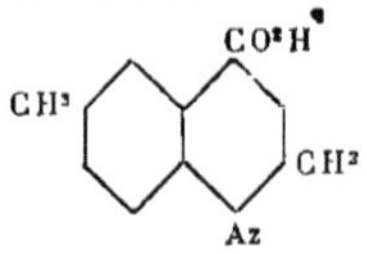

$$CH^3 \quad \underset{Az}{\bighexagon\bighexagon} \overset{CO^2H}{} CH^3$$

—Cet acide s'obtient, de même que son homologue inférieur, l'acide aniluvitonique, par l'action de l'acétone et de la soude caustique à 5 0/0 sur la p-méthylisatine. Il cristallise dans l'eau en lamelles brillantes, fusibles à 261-262° [W. Pfitzinger, *J. prakt. Chem.*, (2), **38**, 582; *Bull. Soc. Chim.*, (3), **3**, 453].

ACIDE α-ÉTHYLCINCHONINIQUE. — On le prépare en chauffant l'acide pyruvique avec de l'aniline et de l'aldéhyde propylique en solution dans l'alcool absolu. Il fond à 173°.

ACIDE α-ISOPROPYLCINCHONINIQUE. — On l'obtient de même en partant de l'aldéhyde isobutylique; il cristallise avec $1^{mol},5$ d'eau en prismes fusibles à 146°.

ACIDE α-ISOBUTYLCINCHONINIQUE. — Il fond à 186°.

Tous ces acides donnent des sels très bien cristallisés (chlorhydrate, chloroplatinate, chloraurate). Par distillation sèche, ils donnent les quinoléines α substituées correspondantes [O. Dœbner, *D. chem. G.*, **20**, 277; *Bull. Soc. Chim.*, (2), **48**, 447].

ACIDE α-PHÉNYLCINCHONINIQUE. — On l'obtient de même au moyen de l'aldéhyde benzylique [Dœbner, *Ann. Chem.*, **242**, 290; *Bull. Soc. Chim.*, (3), **1**, 586], ou par l'action de l'acétylbenzène sur l'isatine en présence d'une lessive de soude à 5 0/0 [Pfitzinger, *loc. cit.*]. Il fond à 207-209° et cristallise en aiguilles insolubles dans l'eau, solubles dans les acides et dans les alcalis. Les sels qu'il forme avec les acides sont beaucoup moins stables que les précédents.

Par l'action de l'acide pyruvique sur l'acétone et la p-toluidine, on a de même l'*acide p-méthyl-α-phénylcinchoninique*, qui fond à 228° (Dœbner). En chauffant l'isatine avec la désoxybenzoïne et la soude, on a un *acide α-β-diphénylcinchoninique*, qui cristallise en aiguilles fusibles à 191° (Pfitzinger).   O. Saint-Pierre.

CINCHONIQUE (ACIDE), $C^7H^8O^6$. — L'acide cinchonique s'obtient lorsque l'on réduit par l'amalgame de sodium une solution neutre d'acide cinchoméronique, $C^7H^5AzO^4$, maintenue à l'ébullition :

$$C^7H^5AzO^4 + 2H^2O + H^2 = C^7H^8O^6 + AzH^3.$$

Pour isoler l'acide cinchonique, on sature par l'acide sulfurique la liqueur filtrée et on évapore à sec. Le résidu est épuisé à l'alcool et la partie soluble tranformée en sel de baryum, puis de plomb.

L'acide est obtenu en décomposant le sel de plomb par l'hydrogène sulfuré. Il cristallise dans le vide en aiguilles déliquescentes [H. Weidel et R. Brix, *Mon. f. Chem.*, **3**, 603; *Bull. Soc. Chim.*, (2), **38**, 352], à éclat vitreux, fusibles à 168-169° et appartenant au système clinorhombique [H. Weidel et J. Hoff, *Mon. f. Chem.*, **13**, 578].

L'acide cinchonique est peu soluble dans l'eau froide, l'éther, l'acétate d'éthyle, insoluble dans le benzène, assez soluble dans l'eau bouillante et dans l'alcool. Il décompose les carbonates avec formation de sels dimétalliques $C^7H^6O^6M^2$; chauffé avec les hydrates alcalino-terreux, il fixe 1 molécule d'eau et donne des sels trimétalliques

$$C^7H^7O^7M^3.$$

On doit donc l'envisager comme présentant à la fois les fonctions d'acide bibasique et d'olide (lactone).

Le *sel dibarytique*, $C^7H^6O^6Ba,3H^2O$, cristallise en aiguilles soyeuses, peu solubles dans l'eau.

Le *sel dicalcique*, $C^7H^6O^6Ca,2H^2O$, forme de petits cristaux, paraissant clinorhombiques, assez solubles dans l'eau chaude.

Le *sel tribarytique*, $(C^7H^7O^7)^2Ba^3,3H^2O$, forme des aiguilles microscopiques, groupées en petites sphères d'un blanc crayeux.

Le *sel tricalcique*, $(C^7H^7O^7)^2Ca^3$, est une masse gommeuse, transparente. incristallisable.

L'*éther diéthylique*, $C^7H^6O^6(C^2H^5)^2$, préparé

par l'action de l'acide sulfurique sur une solution alcoolique de l'acide, est une huile incolore, non distillable même dans le vide. Traité par un mélange de perchlorure et d'oxychlorure de phosphore, cet éther se convertit en une huile jaunâtre, décomposable par la chaleur et par l'eau, et que l'alcool transforme en un produit également huileux, renfermant $C^4H^6Cl(CO^2C^2H^5)^3$; ce dérivé chloré est saponifié par l'eau en régénérant l'acide cinchonique.

Chauffé penoant quelques heures à 170-190° avec de l'acide iodhydrique, l'acide cinchonique se convertit en *acide butane 1-2-3-carbonique* (pentanoïque-3-4-diméthyloïque),

$$CO^2H-CH^2-CH(CO^2H)-CH(CO^2H)-CH^3.$$

Soumis à la distillation sèche, il donne l'*anhydride pyrocinchonique* (ou diméthylmaléique),

$$CO-C(CH^3)-C(CH^3)-CO$$
$$\rule{1em}{0pt}\underline{\hspace{4em}}O\underline{\hspace{4em}}$$

Chauffé à 190-200° avec de l'éthylate de sodium, l'acide cinchonique se transforme en acide oxyéthylsuccinique,

$$CO^2H-CH-CH^2-CO^2H$$
$$CH^2-CH^2OH$$

Enfin, oxydé au bain-marie par l'acide chlorique, il fournit un mélange d'acides oxalique, oxyéthylsuccinique et glutarique,

$$CH^3-CH^3-CO^2H$$
$$CH^2$$
$$CO^2H$$

Toutes ces réactions conduisent, d'après MM. Weidel et Hoff [*loc. cit.*], à admettre pour l'acide cinchonique la formule de structure

$$CO^2H$$
$$CH-CH^2-CO$$
$$CH-CH^2-O$$
$$CO^2H$$

qui rend compte de toutes les reactions précédentes.   O. Saint-Pierre.

CINÈNE. — Voyez TERPÈNES.

CINÉOL [Syn. *Cajeputol, eucalyptol, spicol, terpanel*], $C^{10}H^{18}O$ (voyez Dict., **1**, 1283, 1130; Suppl., **1**, 608). — Cet isomère des camphols a été trouvé dans l'essence de semen-contra, par Völckel, qui lui attribua la formule $C^{12}H^{10}O$ [*Ann. Chem.*, **38**, 110; **87**, 312; **89**, 359]. Kraut émit l'opinion que cette essence était constituée par un mélange d'un carbure $C^{10}H^{16}$ et d'un corps $C^{10}H^{18}O$ [*Jahr. f. Chem.*, 1862, 460]. MM. Faust et Homeyer admirent également la présence d'un composé oxygéné dans l'essence de semen-contra, mais ils prétendirent que le produit de déshydratation qu'on obtient en traitant la partie oxygénée était du cymène, tandis que M. Græbe considérait ce corps comme de l'hydrure de cymène [*D. chem. G.*, **5**, 680; **7**, 1429]. Enfin, MM. Kraut, Wahlforss [*Ann. Chem.*, **128**, 293], Hell, Sturcke [*D. chem., G.*, **17**, 1970], Wallach et Brass [*Ann. Chem.*, **225**, 291], étudièrent successivement cette essence et y établirent nettement la présence du corps $C^{10}H^{18}O$.

Le cinéol fait aussi partie constituante de l'essence de cajeput : d'où le nom de *cajeputol* qu'on lui a donné [Wright et Lambert, *D. chem. G.*,

7, 598. — Schmidl, *Répert. Chim. pure*, 1861, 234. — W. A. Tilden, *D. chem. G.*, **12**, 848. — Wallach, *Ann. Chem.*, **225**, 315. — R. Voiry, *C. R.*, **106**, 1538].

On le rencontre également dans l'essence d'*Eucalyptus globulus* : d'où le nom d'*eucalyptol* [Jahn, *D. chem. G.*, **17**, 2943. — R. Voiry, *C. R.*, **106**, 1419], dans l'essence d'*Eucalyptus amygdalina* [Wallach, *Ann. Chem.*, **246**, 278] et dans beaucoup d'autres variétés d'essences d'eucalyptus (voyez ESSENCES).

M. Weber le trouva dans l'essence de romarin [*Ann. Chem.*, **238**, 95], MM. Bouchardat et R. Voiry dans l'essence d'aspic [*C. R.*, **106**, 551].

Les essences de feuilles et de baies de laurier (*Laurus nobilis*) en renferment également [Wallach, *Ann. Chem.*, **252**, 94. — F. Müller, *D. chem. G.*, **25**, 547].

Enfin, d'après M. Ch. Hérisson, le miel d'eucalyptus (provenant des abeilles noires d'Australie) renfermerait également du cinéol à côté de terpènes [*Chem. Zeit.*, **12**, 1396].

M. Reuter prétend au contraire que ce produit est préparé en ajoutant de l'essence d'eucalyptus au miel ordinaire [*ibid.*, **13**, *Ref.*, 289], tandis que M. Maquenne, tout en reconnaissant que ce miel possède une odeur d'eucalyptol, n'a pu en extraire de cinéol.

Le cinéol prend encore naissance lorsqu'on fait bouillir pendant plusieurs heures du terpilénol avec une solution aqueuse d'acide phosphorique [Wallach, *Ann. Chem.*, **239**, 21], ou lorsqu'on fait agir des acides minéraux sur la terpine [*ibid.*, 18]. MM. Bouchardat et Voiry ont montré que le *terpane* fait partie constituante du terpinol de List [*C. R.*, **106**, 663].

Préparation. — On peut préparer ce corps en soumettant les essences à une série de distillations fractionnées, et recueillant finalement les produits qui passent de 175 à 180°. On soumet ces portions à des réfrigérations successives à — 20° et on amorce au moyen d'un cristal de cinéol pur. On recueille la masse cristalline et on répète la même opération jusqu'à ce qu'on ait un produit parfaitement pur [Wallach, *Ann. Chem.*, **239**, 22. — Voiry, *Bull. Soc. Chim.*, (2), **50**, 107].

On peut aussi faire passer un courant d'acide chlorhydrique sec dans de l'essence de semen-contra rectifiée et refroidie. Il convient de prendre une essence rectifiée, car les portions supérieures se colorent fortement sous l'influence de l'acide chlorhydrique, sans donner de cristaux. Le liquide rouge, saturé d'acide, ne tarde pas à se prendre en une masse cristalline. Ces cristaux, traités par l'eau, se résolvent en une huile qu'on recueille et qu'on distille avec la vapeur d'eau. Après l'avoir desséchée, on soumet le cinéol ainsi obtenu à un nouveau traitement à l'acide chlorhydrique. On répète le traitement jusqu'à ce que la combinaison du cinéol avec l'acide chlorhydrique soit d'un blanc de neige [Wallach et Brass, *Ann. Chem.*, **225**. 294].

Propriétés. — Liquide mobile, d'une odeur camphrée, cristallisant à 0°. Ces cristaux fondent vers 1° (Voiry). Le cinéol bout à 176-177°. Sa densité à 16° = 0,92297 (W. et Br.). A 0°, d = 935 (B. et V.). Rectifié sur du sodium, il bout à 172°,5 [Hell et Stürcke, *D. chem. G.*, **17**, 1971]. Sa densité = 0,9275 à 16°, 0,8981 à 50°, 0,8553 à 100° (H. et S.). D'après MM. Bouchardat et Voiry. le cinéol bout à 174° et sa densité à 0° = 0,935. Son indice de réfraction $n_e = 1,4559$.

Son énergie réfractive moléculaire = 45,56 [Gladstone, *Chem. Soc.*, **45**, 241].

Il est sans action sur la lumière polarisée.

Action des déshydratants. — L'anhydride phosphorique réagit énergiquement à 60°, en donnant du cinène $C^{10}H^{16}$, un carbure $C^{10}H^{18}$ et du bicinène $C^{20}H^{32}$ [Hell et Sturcke, *loc. cit.*].

L'acide sulfurique étendu d'alcool (5 parties d'acide de densité 1,64, 10 parties d'alcool et 20 parties de cinéol) le convertit à la température du bain-marie, au bout de 5 heures, en terpinène et terpinolène [Wallach, *Ann. Chem.*, **239**, 22].

Action des oxydants. — Oxydé par l'acide azotique (d = 1,15), il fournit, à côté d'acides gras inférieurs, principalement de l'acide oxalique, mais pas d'acides aromatiques. Lorsque le cinéol est encore mélangé de traces de carbures $C^{10}H^{16}$ et $C^{10}H^{14}$, il se forme en même temps les acides toluique et téréphtalique [W. et Br., *loc. cit.*]. Le permanganate de potassium le transforme en acides acétique, carbonique, oxalique et cinéolique [Wallach et Gildemeister, *Ann. Chem.*, **246**, 268].

Action des halogènes. — Le chlore ne réagit pas d'une façon particulière sur le cinéol.

Le brome ajouté au cinéol détermine une élévation de température et la formation de produits huileux. Au sein d'une solution dans l'éther de pétrole, il donne naissance à un *bromure*,

$$(C^{10}H^{16}O)^2Br^2.$$

Si l'on fait réagir un excès de brome sur la solution, on obtient un précipité rouge-cinabre et la liqueur filtrée abandonne un *dibromure*,

$$C^{10}H^{18}O\,Br^2$$

[Wallach et Brass, *loc. cit.* — Wallach, *Ann. Chem.*, **230**, 227. — Hell et Ritter, *D. chem. G.*, **17**, 1976].

L'iode (1 partie) ajouté à 6 parties d'essence de semen-contra donne une masse d'un rouge foncé au sein de laquelle se déposent des feuilles cristallines noires, tandis que l'eau enlève les acides iodhydrique, acétique et propionique. Soumet-on le mélange à la distillation, il passe des acides iodhydrique, propionique, angélique, de l'iodoforme, du cinène, du cymène et des produits épais auxquels on a donné les noms de *cinacrol*, *cinæphone* et *cinæphane* [Herzel, *Jahresb. f. Chem.*, 1855, 655].

MM. Kraut et Wahlforss, en traitant l'essence de semen-contra par une solution d'iodure de potassium ioduré, constatèrent la formation d'aiguilles cristallines, d'un vert métallique, auxquelles ils attribuèrent la formule $C^{10}H^{18}OI, H^2O$ [*Ann. Chem.*, **128**, 293. — Hell et Ritter, *loc. cit.*].

L'iode ajouté à une solution de cinéol dans l'éther de pétrole fournit un iodure cristallin $(C^{10}H^{18}O)^2I^2$ (W. et Br.).

Action des hydracides. — L'acide chlorhydrique se combine au cinéol pour former une combinaison cristalline (Vœlkel). Lorsqu'on sature l'essence de semen-contra d'acide chlorhydrique, à une température ne dépassant pas 12-13°, les cristaux qui se forment répondent à la formule $C^{10}H^{18}O \cdot HCl$.

Fait-on passer le courant d'acide dans l'essence à la température du bain-marie, elle se colore en rouge-brun foncé, abandonne de l'eau, et si l'on a soin de laisser refroidir vers 40-50°, le tout se prend en une masse cristalline de *dichlorhydrate de cinène*, $C^{10}H^{16} \cdot 2HCl$.

Si, au lieu de laisser refroidir, on a soin de distiller, il se dégage des torrents d'acide chlorhydrique avec formation de cinène, de bicinène et de polymères. MM. Hell et Ritter [*D. chem. G.*, **17**, 1977] traduisent cette succession de réactions par les équations suivantes :

$$C^{10}H^{18}O + HCl = C^{10}H^{18}Cl(OH),$$
$$C^{10}H^{18}Cl(OH) + HCl = C^{10}H^{18}Cl^2 + H^2O,$$
$$C^{10}H^{18}Cl^2 = 2HCl + C^{10}H^{16}.$$

En saturant une solution de cinèol dans l'éther de pétrole par l'acide chlorhydrique sec, on obtient de très beaux cristaux blancs $(C^{10}H^{18}O)^2HCl$ (W. et Br.). Quand on traite par l'eau le produit de l'action de l'acide chlorhydrique sur le cinéol, et qu'on abandonne le mélange à lui-même pendant plusieurs mois, on voit se former des cristaux d'hydrate de terpine, $C^{10}H^{20}O^2, H^2O$ [Hermann Jordan, *Dissert. inaug.*, Erlangen, 1891, 28].

L'acide bromhydrique se comporte comme l'acide chlorhydrique : on obtient à froid un composé $C^{10}H^{18}O . HBr$ cristallisé et blanc, et si l'on fait réagir l'acide sans avoir soin de refroidir, il se produit du *dibromhydrate de cinène* $C^{10}H^{16} . 2HBr$ [Hell et Ritter, *D. chem. G.*, 17, 2609].

MM. Wallach et Gildemeister, en opérant sur du cinéol dissous dans l'éther de pétrole et refroidi, ont obtenu un abondant précipité cristallin du composé $C^{10}H^{18}O . HBr$. La facilité avec laquelle ce produit d'addition prend naissance permet d'isoler le cinéol lorsqu'il est mélangé avec des terpènes [*Ann. Chem.*, 246, 281].

L'acide iodhydrique sec, introduit dans l'essence de semen-contra refroidie, provoque la formation d'aiguilles cristallines d'un jaune clair (W. et Br.), ou d'une poudre cristalline brunissant au contact de l'air et renfermant

$$(C^{10}H^{18}O)^2HI$$

(Jordan). Ces cristaux disparaissent rapidement si l'on continue l'action de l'acide.

On obtient ensuite une huile épaisse et brune qui, abandonnée à elle-même, fournit des cristaux tabulaires, fusibles à 84-85° et ayant pour formule $C^{10}H^{18}O . HI$ (Jordan). Si, au lieu d'isoler cette huile, on continue la saturation, la température du mélange s'élève et il se dépose finalement une bouillie cristalline et colorée, tandis qu'il se sépare de l'eau. Les cristaux essorés, lavés à l'alcool absolu et cristallisés dans l'alcool ou dans l'éther de pétrole, se présentent sous la forme de cristaux rhombiques fondant à 78°,5 (W. et Br.), ou d'aiguilles feutrées fusibles 76-77° (H. et R.). Ces cristaux constituent le *di-iodhydrate de cinène*, $C^{10}H^{16} . 2HI$, qui, chauffé avec de la potasse alcoolique, fournit du cinène (Wallach et Brass, *loc. cit.* — Hell et Ritter, *D. chem. G.*, 17, 2611]. L'eucalyptol se comporte à l'égard de l'acide iodhydrique de la même façon (Jordan).

Action de divers réactifs. — Le chlorure de phosphore est sans action à froid sur le cinéol, d'après MM. Wallach et Brass.

D'après MM. Hell et Sturcker, l'addition de perchlorure de phosphore à l'essence de semen-contra détermine une élévation de température, un dégagement d'acide chlorhydrique et la formation dans le réfrigérant de cristaux déliquescents, qui sont sans doute constitués par le composé d'addition $C^{10}H^{18}O . HCl$.

MM. Brühl et Wallach, en se basant sur l'ensemble des propriétés physiques et chimiques du cinéol, lui attribuent la formule de constitution

C³H⁷
|
C
H²C / \ CH²
|| O ||
H²C \ / CH²
C
|
CH³

[*D. chem. G.*, 21, 464; *Ann. Chem.*, 258, 335].

A chaud, le perchlorure de phosphore agit comme déshydratant. Il en est de même du chlorure de benzoyle (W. et B.).

Le cinéol ne se combine ni à l'hydroxylamine, ni à la phénylhydrazine.

Le sodium est sans action sur une solution de cinéol dans le xylène (W. et Br.).

PRODUITS D'ADDITION DU CINÉOL. — On prépare le *sous-chlorhydrate*, $(C^{10}H^{18}O)^2HCl$, en faisant passer un courant d'acide chlorhydrique sec dans une solution bien refroidie de cinéol dans l'éther de pétrole.

Cristaux très instables, que l'eau décompose en cinéol et acide chlorhydrique. Chauffé en tube scellé, ce composé se scinde en cinène, eau et acide chlorhydrique (W. et Br.).

D'après MM. Bouchardat et Voiry, ce chlorhydrate conservé dans un vase scellé se liquéfie, en même temps qu'il se sépare quelques gouttes d'une eau acide :

$$2(C^{10}H^{18}O)^2HCl$$
$$= C^{10}H^{16} . 2HCl + H^2O + 3C^{10}H^{18}O.$$

Le *chlorhydrate*, $C^{10}H^{18}O . HCl$, prend naissance quand on fait passer, à une température inférieure à 13°, un courant de gaz chlorhydrique sec dans de l'essence de semen-contra.

Il fond à 30-35°. L'eau, la chaleur le dissocient en cinéol et acide chlorhydrique [Hell et Ritter, *loc. cit.*].

Le *sous-bromhydrate*, $(C^{10}H^{18}O)^2HBr$, a été obtenu par MM. Bouchardat et Voiry, comme produit secondaire de l'action du brome sur le terpane (du terpinol) dissous dans l'éther de pétrole. Ce bromhydrate paraît plus stable que le chlorhydrate correspondant. Sa densité = 0,977 [*C. R.*, 106, 663].

Le *bromhydrate*, $C^{10}H^{18}O . HBr$, prend naissance quand on fait agir à froid l'acide bromhydrique sec sur l'essence de semen-contra [Hell et Ritter, *D. chem. G.*, 17, 2609].

Il se forme aussi quand on sature d'acide bromhydrique une solution de cinéol dans l'éther de pétrole.

Précipité cristallin d'un blanc de neige, fondant à 33-35° (H. et R.), à 56-57° (W. et G.).

Il est beaucoup plus stable que la combinaison chlorhydrique. L'eau le décompose en cinéol et acide bromhydrique. Un excès d'acide bromhydrique le transforme en *dibromhydrate de cinène*, $C^{10}H^{16}Br^2$.

Sous-bromure, $(C^{10}H^{18}O)^2Br^2$. — Ce composé prend naissance quand on ajoute du brome à une solution de cinéol dans l'éther de pétrole. Il faut éviter d'ajouter un excès, séparer par filtration le précipité qui se forme et abandonner le liquide à l'évaporation spontanée.

Beaux cristaux légèrement colorés [Wallach, *Ann. Chem.*, 230, 227. — Hell et Ritter, *loc. cit.*].

Le *bromure*, $C^{10}H^{18}OBr^2$, se forme quand on ajoute un excès de brome à une solution refroidie de cinéol dans l'éther de pétrole. Aiguilles très instables et insolubles dans l'eau.

Ce composé abandonne son brome aux alcalis et à l'azotate d'argent en régénérant le cinéol.

Introduit dans des tubes scellés, il se décompose à la chaleur et même à la température ordinaire, en donnant du tétrabromure de cinène :

$$(C^{10}H^{18}O)Br^2 = H^2O + C^{10}H^{16} + Br^2.$$

Le brome mis en liberté réagit sur le cinène pour fournir le composé $C^{10}H^{16}Br^4$ [Wallach et Brass, *loc. cit.*].

Iodure, $(C^{10}H^{18}O)^2I^2$. — On le produit en ajoutant une solution d'iode dans l'éther de pétrole à du cinéol dissous dans le même liquide. Par évaporation spontanée, on obtient des aiguilles plus stables que le dérivé bromé correspondant [Wallach et Brass, *loc. cit.*].

Le même dérivé paraît se former quand on sature d'acide iodhydrique une solution de cinéol dans l'éther de pétrole [Herrmann Jordan, *Dissert. inaug.*, Erlangen, 1891, 35].

ACIDE CINÉOLIQUE, $C^{10}H^{16}O^5$ [Wallach et Gildemeister, *Ann. Chem.*, **246**, 268. — Wallach, *ibid.*, **258**, 319]. — On chauffe au bain-marie, pendant environ 9 heures, 6 centimètres cubes de cinéol, 30 grammes de permanganate de potassium et 450 grammes d'eau. Le liquide décoloré, provenant de plusieurs traitements, est distillé dans la vapeur d'eau pour éliminer l'excès de cinéol. On filtre et on lave le précipité qui reste avec de l'eau bouillante. La solution est évaporée au bain-marie et le résidu est repris par l'alcool. Il reste de l'oxalate et du carbonate de potassium, tandis que la liqueur retient en dissolution du cinéolate de potassium. On la concentre, et le produit solide est redissous dans l'eau. On ajoute un acide à cette dissolution aqueuse et on recueille le précipité cristallin qui se forme. Celui-ci est purifié par de nouvelles cristallisations dans l'eau bouillante. Le rendement en acide cinéolique est de 45 0/0 de la quantité de cinéol employé.

Dans cette oxydation, il se forme en outre de l'acide acétique.

Propriétés. — Cristaux peu solubles dans l'eau froide (1 partie dans 70 parties d'eau à 15°), plus solubles dans l'eau bouillante (1 partie dans 15 parties d'eau à 100°), plus solubles dans l'alcool chaud et dans l'éther, très peu solubles dans le chloroforme.

Cet acide fond à 196-197° en se décomposant. Il est inactif vis-à-vis de la lumière polarisée.

Soumis à l'action du chlorure d'acétyle ou de l'anhydride acétique, l'acide cinéolique fournit un anhydride, $C^{10}H^{14}O^4$, isomérique avec l'anhydride oxycamphorique ou acide camphanique.

La distillation sèche convertit l'acide cinéolique en acide carbonique, eau, un acide $C^9H^{16}O^3$ et un liquide neutre à odeur agréable. Ce dernier se forme aussi quand on distille l'anhydride.

1ᵍ,5 d'acide cinéolique chauffée avec 5 parties d'acide azotique (d = 1,4) et 10 parties d'eau est au bout de 3 heures totalement convertie en acide oxalique.

Le permanganate de potassium réagit de même et donne en outre de l'acide carbonique.

Cinéolate de calcium, $C^{10}H^{14}O^5Ca, 4H^2O$. — On neutralise une solution froide d'acide cinéolique avec du carbonate de calcium et un peu de chaux. On filtre et on fait bouillir. Le sel se précipite partiellement. Le reste s'obtient en concentrant le liquide.

Cette combinaison est insoluble dans l'eau bouillante, mais soluble dans l'eau froide.

Chauffée à 190°, elle se décompose en jaunissant.

Sel d'argent, $C^{10}H^{14}O^5Ag^2, H^2O$. — Précipité blanc, soluble dans l'eau et dans l'alcool. La lumière le colore rapidement en brun rouge.

L'*éther méthylique*, $C^9H^{14}O(CO^2CH^3)^2$, a été préparé en saturant de gaz chlorhydrique une solution d'acide cinéolique dans l'alcool méthylique. Masse cristalline fondant à 31°.

L'*éther éthylique*, $C^8H^{14}O(CO^2C^2H^5)^2$, s'obtient dans des conditions analogues. C'est un liquide incolore, distillant à 155° sous une pression de 11 à 12 millimètres.

Anhydride cinéolique, $C^{10}H^{14}O^4$. — Cet isomère de l'acide camphanique se prépare en chauffant l'acide avec un excès d'anhydride acétique jusqu'à complète dissolution. On distille ensuite le produit dans le vide pour éliminer l'anhydride et l'acide acétique. On change de récipient et on continue la distillation. L'anhydride cinéolique passe et se solidifie dans le récipient.

Longues aiguilles solubles dans le chloroforme et dans le benzène. Ce corps fond à 77-78°, et distille à 157° sous une pression de 12 à 13 millimètres.

Chauffé avec de l'eau, il fond d'abord, puis entre en dissolution en se transformant en acide cinéolique.

Soumis à la distillation sèche, il donne naissance à de l'acide carbonique, de l'oxyde de carbone, et à un liquide à odeur agréable répondant à la formule $C^8H^{14}O$:

$$C^{10}H^{14}O^4 = CO + CO^2 + C^8H^{14}O$$

Cette réaction est quantitative quand on opère avec précaution.

L'anhydride cinéolique, en solution dans l'éther absolu, s'unit à froid à la plupart des amines, pour donner des amides-acides de l'acide cinéolique [G. Elkeles, *Ann. Chem.*, **271**, 20].

On a décrit les dérivés suivants :

Combinaison avec la pipéridine,

$$C^8H^{14}O(CO^2H)(COAzC^5H^{10}).$$

— Aiguilles incolores, fusibles à 151-152°. En solution ammoniacale neutre, ce corps donne, avec le nitrate d'argent, un précipité peu soluble, $C^9H^{14}O(CO^2Ag)(CO.AzC^5H^{10})$.

Combinaison avec l'allylamine,

$$C^8H^{14}O(CO^2H)(CO.AzH.C^3H^5).$$

— Cristaux fusibles à 126°.

Combinaison avec la diéthylamine,

$$C^8H^{14}O(CO^2H)[CO.Az(C^2H^5)^2].$$

— Cristaux fusibles à 162-163°.

Combinaison avec l'aniline. — Sirop incristallisable, donnant par l'ammoniaque en solution éthérée un sel cristallisé, que l'on peut transformer par double décomposition en *sel argentique*, $C^8H^{14}O(CO^2Ag)(CO.AzH.C^6H^5)$, précipité blanc et lourd. Chauffé au bain-marie avec de l'iodure de méthyle, ce sel d'argent fournit l'*éther méthylique*,

$$C^8H^{14}O(CO^2CH^3)(CO.AzH.C^6H^5),$$

en cristaux fusibles à 78-79°.

Combinaison avec la p-toluidine,

$$C^8H^{14}O(CO^2H)(CO.AzH.C^7H^7).$$

— Cristaux fusibles à 125-126°. Ce corps fournit un sel ammoniacal cristallisé, que l'on peut convertir par double décomposition en *sel argentique* $C^8H^{14}O(CO^2Ag)(CO.AzH.C^7H^7)$.

Combinaison avec la phénylhydrazine,

$$C^8H^{14}O(CO^2H)(CO.Az^2H^2.C^6H^5).$$

— Aiguilles fusibles à 110°.

Combinaison avec l'ammoniaque. — Une solution éthérée d'anhydride cinéolique donne, par l'action du gaz ammoniac, un précipité blanc, volumineux, qui paraît être un mélange de l'amide-acide $C^8H^{14}O(CO^2H)(CO.AzH^2)$ et du sel ammoniacal de cette dernière combinaison,

$$C^8H^{14}O(CO^2AzH^4)(CO.AzH^2).$$

Acide $C^9H^{16}O^3$. — Cet acide prend naissance, en même temps que de l'eau, de l'acide carbonique et un corps neutre $C^8H^{14}O$, quand on soumet l'acide cinéolique à la distillation sèche. Pour l'isoler, on neutralise le produit distillé avec un carbonate alcalin et on fait passer dans le liquide un courant de vapeur d'eau pour éliminer la substance neutre. La solution est ensuite sursaturée d'acide sulfurique et de nouveau soumise à l'action de la vapeur d'eau. L'acide $C^9H^{16}O^3$ est entraîné dans le récipient et y forme une huile qu'on enlève avec de l'éther. On distille et on rectifie dans le vide.

Liquide épais, bouillant à 250° à la pression ordinaire et à 135° sous une pression de 11 millimètres.

Le *sel d'argent*, $C^9H^{15}O^3Ag$, a été obtenu par double décomposition entre le sel ammoniacal et l'azotate d'argent.

L'*éther méthylique*, $C^9H^{15}O^3 . CH^3$, a été préparé par M. Elkeles [*loc. cit.*] par l'action du gaz chlorhydrique sur une solution méthylique de l'acide; il bout à 125° sous 13 millimètres.

Combinaison $C^8H^{14}O$. — Cette substance se trouve parmi les produits de la distillation sèche de l'acide cinéolique.

Elle se forme également quand on chauffe de l'anhydride cinéolique dans une cornue. Il se dégage en même temps de l'oxyde de carbone et de l'acide carbonique :

$$C^{10}H^{14}O^4 = CO + CO^2 + C^8H^{14}O.$$

Pour obtenir ce produit à l'état pur, on le distille dans un courant de vapeur d'eau pour le débarrasser d'un peu d'acide cinéolique entraîné sous forme d'anhydride quand on chauffe celui-ci trop brusquement.

Liquide bouillant à 173-174°. Il possède une odeur pénétrante ressemblant à celle de l'acétate d'amyle. Sa densité = 0,8530 à 20°. Son indice de réfraction $n_D = 1,44004$. Son énergie réfringente moléculaire

$$\frac{(n^2 - 1)\, p}{(n^2 + 2)\, d} = 38,93.$$

Il se combine au brome et aux hydracides. Le permanganate de potassium l'oxyde en acide carbonique et en un acide non étudié.

La potasse solide détermine une élévation de température et une résinification partielle. Il se combine à la phénylhydrazine sans donner de produits bien nets.

Le bisulfate de sodium le décompose également, en donnant un produit cristallin.

De l'ensemble de ces réactions, ainsi que des données physiques, M. Wallach conclut que la molécule renferme une liaison double et un groupement acétonique.

En chauffant ce composé (6 centimètres cubes) avec 15 grammes de chlorure de zinc sec, on le déshydrate. Pour isoler les corps formés, on étend d'eau et on fait passer un courant de vapeur d'eau. Les carbures sont recueillis et rectifiés. On obtient deux produits : un liquide passant à 132-134° et qui répond à la formule d'un dihydroxylène, C^8H^{12}. M. Wallach le considère comme un homologue inférieur des terpènes. Comme eux il se combine aux halogènes et aux hydracides pour former des produits d'addition. Mais il en diffère en ce qu'il est susceptible de donner naissance à des nitroxylènes quand on le traite par l'acide azotique. Les dérivés nitrés ainsi obtenus répondent respectivement aux formules

$$C^6H^3(CH^3)^2_{(1.3)}(AzO^2)_{(4)},$$
$$C^6H^2(CH^3)^2_{(1.3)}(AzO^2)^2_{(4.6)},$$
$$C^6H\,(CH^3)^2_{(1.3)}(AzO^2)^3_{(3.4.6)}.$$

Le second carbure provenant de la déshydratation du corps $C^8H^{14}O$ distille de 280 à 285° et paraît être constitué par un polymère du dihydroxylène. Sa densité de vapeur (7,36) conduit en effet à la formule $C^{16}H^{24}$, qui exige 7,76.

 [Wallach, *Ann. Chem.*, **258**, 336]. — Dans le cinéol la chaîne fermée serait rompue, comme dans le camphre quand on l'oxyde. L'acide cinéolique aurait alors pour formule

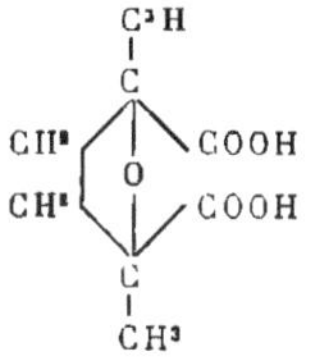

$$
\begin{array}{c}
C^2H \\
| \\
C \\
CH^2\diagup\ \ \diagdown COOH \\
O \\
CH^2\diagdown\ \ \diagup COOH \\
C \\
| \\
CH^3
\end{array}
$$

A son anhydride reviendrait la formule

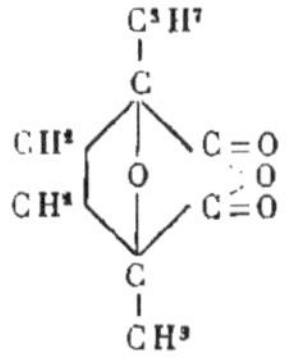

$$
\begin{array}{c}
C^3H^7 \\
| \\
C \\
CH^2\diagup\ \ \diagdown C = O \\
O\ \ \ \ \ \ \ \ \ O \\
CH^2\diagdown\ \ \diagup C = O \\
C \\
| \\
CH^3
\end{array}
$$

On peut admettre que, lorsqu'on le soumet à la distillation sèche, il peut se comporter comme l'anhydride oxalique et perdre CO, CO^2. On arrive ainsi à la combinaison intermédiaire

$$C^8H^{14}O =
\begin{array}{c}
CH^2 - C - C^3H^7 \\
|\ \ \ \ \ \ \ |\ \diagup O \\
CH^2 - C - CH^3
\end{array}$$

Pour expliquer comment ce composé peut donner naissance à des dérivés du m-dihydroxylène, l'auteur invoque la propriété que possèdent les pinacolines de subir une transposition moléculaire en fournissant des acétones :

$$
\begin{array}{c}
CH^2 - C - C^3H^7 \\
|\ \ \ \ \ \ \ |\ \diagup O \\
CH^2 - C - CH^3
\end{array}
= C^3H^7 - CH = CH.CH^2.CO.CH^3.$$

Cette acétone, dans le cours de la condensation, et en admettant que le groupe C^3H^7 est de l'isopropyle, donne naissance à du m-dihydroxylène. Il suffit d'admettre que l'oxygène du carbonyle 6 forme de l'eau avec 2H du groupe méthyle 1 et que les 2 atomes de carbone se soudent ensemble :

$$
\overset{1}{CH^3}\diagdown\ \overset{2}{CH}.\overset{3}{CH} = \overset{}{CH}.CH^2.\overset{6}{CO}.CH^3 \\
\overset{1}{CH^3}\diagup
$$

$$
=
\begin{array}{c}
CH^2 \\
| \\
CH \\
HC\diagup\ \ \diagdown CH \\
HC\diagdown\ \ \diagup C - CH^3 \\
CH^2
\end{array}
$$

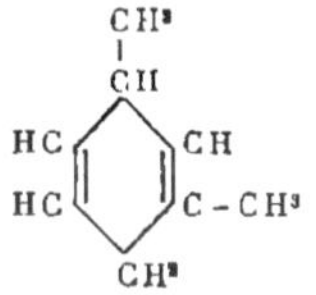

A. Haller.

CINNAMÈNE [Syn. *Styrol, styrène*],

$$C^6H^5 - CH = CH^2.$$

— Voyez Suppl., **1**. 500.

Modes de formation. — 1° Action de l'amalgame de sodium à 15 0/0 de sodium sur la styrone $C^6H^5 - CH = CH - CH^2OH$, en présence d'une petite quantité d'eau [Hatton et Hodgkinson, *Chem. Soc.*, **39**, 319].

2° Distillation sèche du sang-dragon avec du

zinc en poudre [Bötsch, *Mon. f. Chem.*, **1**, 610]. Les deux tiers des matières volatiles qui se forment dans cette réaction sont constitués par du cinnamène.

3° Distillation sèche de la siegburgite, résine fossile trouvée en Allemagne dans des gisements de lignite [Klinger et Pitschki, *D. chem. G.*, **17**, 2744]. La quantité de cinnamène formé atteint 5 0/0 de la résine mise en œuvre; il se forme en outre par la distillation une quantité notable de corps polymères.

Préparation. — On soumet l'acide cinnamique brut à une distillation des plus lentes. Pour une cornue en cuivre de 4 litres, on emploie 1 kilogr. d'acide cinnamique à la fois et on fait durer la distillation de 4 à 5 heures. On obtient ainsi 360 grammes d'un liquide qui, rectifié d'abord dans le vide, puis sous la pression normale, fournit 320 grammes de cinnamène pur, ce qui correspond à un rendement de 45 0/0 de la théorie [Kraemer, Spilker et Eberhardt, *D. chem. G.*, **23**, 3269].

Propriétés. — Le cinnamène est liquide; il bout à 144-144°,5 (corrigé); sa densité est 0,925 à 0° et 0,7926 à 143-144° [R. Schiff, *Ann. Chem.*, **220**, 93].

Le cinnamène se combine aux phénols en présence d'acide sulfurique pour donner des produits de condensation bien caractérisés [Kœnigs, *D. chem. G.*, **23**, 3145].

Il se combine également aux hydrocarbures aromatiques en présence de l'acide sulfurique concentré. Il se forme probablement dans ce cas un éther sulfurique qui réagit ensuite sur l'hydrocarbure, avec régénération d'acide sulfurique et formation d'un produit de condensation [Kraemer. et Spilker, *D. chem. G.*, **23**, 3169 et 3270]. Par exemple, avec le xylène, on a les réactions suivantes :

$$C^6H^5 - CH = CH^2 + SO^4H^2$$
$$= C^6H^5 - CH^2 - CH^2 - SO^4H ;$$

$$C^6H^5 - CH^2 - CH^2 - SO^4H + C^6H^4(CH^3)^2$$
$$= C^6H^5 - CH - CH^2 - C^6H^4 - CH^3 + SO^4H^2. \ ^1$$
$$\qquad\quad |$$
$$\qquad\quad CH^3$$

Le corps ainsi obtenu se transforme en méthylanthracène quand on fait passer sa vapeur à travers un tube chauffé au rouge.

Dans la purification industrielle des *benzols*, on a souvent l'occasion de traiter les huiles légères par l'acide sulfurique concentré. Or ces huiles contiennent du cinnamène, qui s'unit aux dérivés méthyliques du benzène pour fournir les hydrocarbures ci-dessus; en effet, il a été facile de constater leur présence dans les produits secondaires de la préparation industrielle du benzène.

La présence d'une chaîne latérale est nécessaire à cette condensation ; en effet, le benzène pur ne se combine pas au cinnamène.

Le cinnamène s'unit au chlorure de nitrosyle pour donner des cristaux fusibles à 97° et ayant pour formule $C^6H^5.C^2H^3AzOCl$. Ce corps est très soluble dans le chloroforme et dans l'éther, moins soluble dans l'alcool bouillant, insoluble dans l'eau. Il ne paraît pas susceptible de fournir de base par réduction au moyen de l'acide iodhydrique ou de l'amalgame de sodium [J. Sudborough, *Chem. News*, **46**, 143; *Bull. Soc. Chim.*, (3), **8**, 209].

---

1. Ces réactions se comprennent mieux si l'on admet que le produit de l'action de l'acide sulfurique sur le cinnamène est $C^6H^5 - CH(SO^4H) - CH^3$ et l'hydrocarbure dérivé $C^6H^5 - CH[C^6H^3(CH^3)^2] - CH^3$.

DÉRIVÉS DU CINNAMÈNE OBTENUS PAR SUBSTITUTION DANS LA CHAINE LATÉRALE.

Cinnamène β-chloré, $C^6H^5 - CH = CHCl$. — Ce corps se forme par l'action de la potasse alcoolique à 120° sur le dichloréthylbenzène,

$$C^6H^5 - CH^2 - CHCl^2$$

[Forrer, *D. chem. G.*, **17**, 983].

Le cinnamène chloré s'obtient également en traitant par le carbonate de sodium l'acide phényldichloropropionique,

$$C^6H^5 - CHCl - CHCl - CO^2H,$$

obtenu par l'action du chlore sur une dissolution sulfocarbonique d'acide cinnamique. Le rendement en chlorostyrène est théorique [Erlenmeyer, *D. chem. G.*, **14**, 1857].

Le cinnamène chloré bout à 195,5-196°,5, sous la pression de 715 millimètres; traité en vase clos et à une température élevée par un excès de potasse alcoolique concentrée, il donne de l'aldéhyde phényléthylique.

Cinnamène α-chloré, $C^6H^5 - CCl = CH^2$. — Ce corps, préparé avec le méthylbenzoyle α-dichloré $C^6H^5 - CCl^2 - CH^3$ et la potasse alcoolique, se transforme en nitrile phénylsuccinique

$$C^6H^5 - CH \Big\langle {{CAz} \atop {CH^2 - CAz}}$$

lorsqu'on le chauffe en vase clos à 200-220° avec une solution alcoolique de cyanure de potassium [Rügheimer, *D. chem. G.*, **14**, 428].

Cinnamène dichloré, $C^6H^5.CCl = CHCl$. — Ce corps prend naissance par l'action du perchlorure de phosphore sur le méthylbenzoyle chloré, $C^6H^5.CO.CH^2Cl$ [Dickerhoff, *D. chem. G.*, **10**, 120 et 533].

On chauffe légèrement un mélange équimoléculaire de méthylbenzoyle chloré et de perchlorure de phosphore. On distille et on recueille à part ce qui passe à 225-231°.

Le dichlorocinnamène est un liquide incolore, bouillant à 221°, doué d'une odeur piquante et agréable. Traité à froid par le chlore, il paraît donner un produit d'addition $C^6H^5 - CCl^2 - CHCl^2$ qui, par la distillation, perd de l'acide chlorhydrique et fournit le *cinnamène trichloré*,

$$C^6H^5.CCl = CCl^2,$$

sous la forme d'un liquide oléagineux, doué d'une odeur rappelant celle du chlorure de benzoyle.

Cinnamène α-bromé, $C^6H^5 - CBr = CH^2$. — Ce corps s'obtient en chauffant à 150-160° l'éthylbenzène dibromé $C^6H^5 - CHBr - CH^2Br$ avec de l'acétate de potassium et de l'alcool absolu [Zincke, *Ann. Chem.*, **216**, 290].

Il est liquide, doué d'une odeur de jacinthe et bout à 150-160° sous la pression de 75 millimètres.

Cinnamène dibromé, $C^6H^5 - CBr = CHBr$. — Ce corps se forme quand on soumet à l'action de l'eau bouillante l'acide β-phényltribromopropionique, $C^6H^5.C^2HBr^3.CO^2H$; il se dégage de l'acide carbonique et de l'acide bromhydrique. On obtient ainsi une huile volatile avec la vapeur d'eau et bouillant à 253-254° en se décomposant légèrement [Kinnicutt et Palmer, *Ann. Chem.*, **5**, 385].

Cinnamène tri-iodé, $C^6H^5.CI = CI^2$. — On fait digérer pendant quelques heures un mélange en proportions moléculaires d'iode en solution sulfocarbonique et de phényl-iodo-acétylène,

$$C^6H^5 - C \equiv CI,$$

obtenu lui-même en décomposant par la chaleur le di-iodocinnamate d'argent,

$$C^6H^5 - CI = CI - CO^2Ag.$$

Purifié par cristallisation dans l'alcool étendu, ce corps forme de belles aiguilles incolores, fusibles à 108° [Liebermann et Sachse, *D. chem. G.*, **24**, 4115].

Nitrite de cinnamène, $C^6H^5 . C^2H^3 . Az^2O^3$. — Ce corps doit être envisagé comme un produit d'addition,

$$C^6H^5 - CH - CH^2$$
$$\quad\quad | \quad\quad |$$
$$\quad\quad AzO \quad OAzO$$

On l'obtient par l'action du nitrite de sodium sur une solution acétique de cinnamène [Tönnies, *D. chem. G.*, **13**, 1849].

Phénylnitroéthylène, $C^6H^5 - CH = CH (AzO^2)$. — Ce corps a été découvert par Simon et décrit Dict., **1**, 914. Il a été récemment l'objet d'études importantes, que nous résumons ci-dessous :

Le phénylnitroéthylène ou nitrocinnamène s'obtient en faisant bouillir le cinnamène avec de l'acide nitrique (Simon), ou en traitant le cinnamène par les vapeurs nitreuses [Priebs, *Ann. Chem.*, **225**, 328]. Il se forme également quand on traite l'acide phénylisocrotonique,

$$C^6H^5 - CH = CH - CH^2 - CO^2H,$$

par l'acide nitrique fumant [Erdmann, *D. chem. G.*, **19**, 412]. La réaction est très violente et doit être effectuée à une température inférieure à 0°.

Un bon procédé de préparation consiste à faire passer un courant de vapeur d'eau dans un mélange de 20 grammes d'acide cinnamique et de 100 centimètres cubes d'une solution à 10 0/0 de nitrite de sodium ; le phénylnitroéthylène distille avec la vapeur d'eau :

$$3 C^6H^5.CH=CH.CO^2H + 3 AzO^2Na$$
$$= 2 C^6H^5.CH=CH.CO^2Na + C^6H^5.CH=CH.AzO^2$$
$$+ 2 AzO + H^2O + CO^3NaH$$

[Erdmann, *D. chem. G.*, **24**, 2772].

Le meilleur mode de préparation du phénylnitroéthylène consiste à faire passer un courant d'acide nitreux dans une dissolution refroidie à 0° de 1 partie de cinnamène dans 30 parties d'éther; on évapore l'éther et on distille le résidu avec l'eau; enfin on purifie le produit par cristallisation dans l'alcool.

Le nitrocinnamène cristallise en prismes rhombiques, fusibles à 58°, bouillant en se décomposant notablement à 250-260°; il est insoluble dans l'eau froide, soluble dans l'eau bouillante, très soluble dans l'éther, le chloroforme, le sulfure de carbone et le benzène, moins soluble dans la ligroïne. A l'état solide, le nitrocinnamène est insoluble dans la soude caustique; mais si on précipite par l'eau sa solution alcoolique, le précipité se redissout par addition de soude caustique. L'eau à 150°, ainsi qu'une lessive bouillante de potasse, le décompose avec formation d'aldéhyde benzylique; chauffé à 85° avec un mélange de 3 volumes d'acide sulfurique et de 1 volume d'eau, il fournit de l'oxyde de carbone, de l'hydroxylamine et de l'aldéhyde benzylique :

$$C^8H^7AzO^2 + H^2O = CO + AzH^2(OH) + C^7H^6O.$$

Chauffé à 100° avec de l'acide chlorhydrique fumant, il se transforme en acide phénylchloroacétique, $C^6H^5 . CHCl . CO^2H$, avec formation d'hydroxylamine.

Le chlorure de chaux à l'ébullition transforme le nitrocinnamène en chloropicrine $CCl^3 . AzO^2$.

Par oxydation, on obtient de l'acide benzoïque.

Par réduction, l'azote est éliminé à l'état d'ammoniaque.

Le nitrocinnamène fixe directement le chlore et le brome, mais non l'iode, et se transforme en produits d'addition saturés.

L'acide bromhydrique n'agit pas sur la solution chloroformique de nitrocinnamène; en solution acétique, il donne lieu à la formation de résine et de bromure d'ammonium.

L'acide nitrique fumant dissout le phénylnitroéthylène en donnant des dérivés nitrés dans le noyau benzénique [Priebs, *loc. cit.*].

Isophénylnitroéthylène, $(C^8H^7AzO^2)^n$. — Ce corps, qui paraît être un polymère du précédent, s'obtient en exposant pendant longtemps à la lumière le phénylnitroéthylène.

Ce polymère est beaucoup moins soluble dans l'alcool que le phénylnitroéthylène; il cristallise en aiguilles ou en lamelles rhombiques, soyeuses, fusibles vers 172-180° avec dégagement gazeux [Priebs, *Ann. Chem.*, **225**, 340].

Phénylchloronitroéthylène,

$$C^6H^5 - CCl = CH (AzO^2).$$

— On obtient ce corps en faisant agir une lessive de soude caustique à 10 0/0 sur le phénylnitroéthane dichloré, $C^6H^5 . CHCl . CHClAzO^2$, légèrement humecté d'alcool. On purifie le corps obtenu par cristallisation dans la ligroïne. On obtient ainsi des lamelles brillantes, d'un jaune d'or, fusibles à 48-49°, solubles dans les dissolvants usuels.

Phénylbromonitroéthylène,

$$C^6H^5 . CBr = CH . AzO^2.$$

— Ce corps s'obtient d'une manière analogue au précédent. Il cristallise en aiguilles ou en lamelles d'un jaune d'or, fusibles à 67-68°. Sa solution alcoolique est précipitée par l'eau ; le précipité se dissout dans la soude caustique.

DÉRIVÉS DU CINNAMÈNE SUBSTITUÉS DANS LE NOYAU.

o-Nitrocinnamène, $AzO^2 - C^6H^4 - CH = CH^2$. — On obtient ce corps en ajoutant à un excès d'une solution bouillante de carbonate de sodium de l'acide o-nitrophényl-β-bromopropionique,

$$AzO^2 . C^6H^4 - CHBr . CH^2 . CO^2H,$$

en poudre fine. On entraîne immédiatement le corps formé par un courant de vapeur d'eau.

On obtient ainsi le nitrocinnamène sous la forme d'une huile douée d'une odeur particulière, qui se solidifie dans un mélange réfrigérant en une masse cristalline blanche, fusible à 12-13°,5.

Le nitrocinnamène se dissout en bleu dans l'acide sulfurique concentré; traité par le brome en solution chloroformique, il fournit un *dibromure,* $AzO^2 - C^6H^4 - CHBr - CH^2Br$, fusible à 52° [Einhorn, *D. chem. G.*, **16**, 2213].

m-Nitrocinnamène, $AzO^2 - C^6H^4 - CH = CH^2$. — On fait bouillir avec de l'eau le sel sodique de l'acide m-nitrophényl-β-bromopropionique; le liquide distillé est épuisé par l'éther et la dissolution éthérée séchée sur le chlorure de calcium. Après évaporation du dissolvant, on obtient une huile jaune, douée d'une odeur agréable de cannelle, qui se solidifie à — 15° en une masse cristalline fusible à — 5°.

Le m-nitrocinnamène est soluble dans l'alcool absolu, l'éther, le chloroforme, la ligroïne et l'acide acétique cristallisable. Traité par le brome, il fixe 2 atomes de ce corps et fournit un produit dibromé, $AzO^2 - C^6H^4 - CHBr - CH^2Br$, fusible à 78-79° [Prausnitz, *D. chem. G.*, **17**, 597].

p-Nitrocinnamène, $AzO^2-C^6H^4-CH=CH^2$. — On prépare ce corps en faisant bouillir l'acide p-nitrophényl-β-bromopropionique avec une dissolution de carbonate de sodium. On peut également l'obtenir en chauffant au réfrigérant à reflux, pendant une demi-heure ou trois quarts d'heure, 1 partie de β-lactone p-nitrophényl-lactique

$$AzO^2-C^6H^4-CH \left\langle \begin{array}{c} CH^2 \\ | \\ CO \end{array} \right.$$

avec 15 parties d'acide acétique cristallisable. On étend d'eau, on sature l'acide et on entraîne le p-nitrocinnamène à l'aide d'un courant de vapeur d'eau; on épuise par la ligroïne; le liquide évaporé abandonne des prismes jaunâtres, très réfringents, fusibles à 29°.

Ce corps ne peut être distillé sans décomposition; il est volatil avec la vapeur d'eau, très peu soluble dans la ligroïne froide, soluble dans l'alcool bouillant, le benzène et l'éther. Il se polymérise facilement à froid, en donnant un corps insoluble dans tous les dissolvants usuels. Le brome le transforme en un *dérivé dibromé* fusible à 72-73°.

Amidocinnamène, $AzH^2-C^6H^4-CH=CH^2$. — Sur les 3 amidocinnamènes prévus par la théorie, un seul est connu : c'est le *p-amidocinnamène*. On l'obtient en traitant le p-nitrocinnamate d'éthyle par l'étain et l'acide chlorhydrique [Bender, *D. chem. G.*, **14**, 2360].

On le prépare encore en chauffant avec précaution au bain de paraffine l'acide p-amidocinnamique jusqu'à cessation du dégagement d'acide carbonique. On reprend la matière jaunâtre par l'acide chlorhydrique et on précipite la dissolution acide par la soude caustique [Bernthsen et Bender, *D. chem. G.*, **15**, 1982].

Le p-amidocinnamène forme des flocons amorphes. Il se ramollit à 76° et est en fusion complète à 81°; il est presque insoluble dans la ligroïne, peu soluble dans le benzène et dans l'éther, soluble dans l'alcool et dans les acides; il ne se dissout ni dans l'eau ni dans les dissolutions alcalines.

Il forme un *chlorhydrate* amorphe et un *chloroplatinate*, $(C^3H^9Az.HCl)^2PtCl^4, 6H^2O$, qui est très peu soluble et qui perd son eau de cristallisation à 115-120°. A une température plus élevée, il brunit en se décomposant.

DÉRIVÉS DU CINNAMÈNE SUBSTITUÉS
DANS LE NOYAU ET DANS LA CHAINE LATÉRALE.

NITROPHÉNYLNITROÉTHYLÈNES (*nitrobenzène-nitro2-éthènes*),

$$C^6H^4(AzO^2)CH=CH.AzO^2.$$

— On connaît les 3 isomères ortho, méta et para. L'o- et le p-dérivé s'obtiennent en dissolvant le phénylnitroéthylène dans l'acide nitrique fumant. Si l'on opère à froid, le p-dérivé domine.

o-Dérivé. — On ajoute du phénylnitroéthylène à de l'acide nitrique fumant maintenu à 25-30°; on précipite par l'eau, et on fait bouillir le précipité à plusieurs reprises avec de petites quantités d'alcool étendu (2 volumes d'alcool pour 1 volume d'eau); dans ces conditions, le dérivé para ne se dissout pas. Le produit obtenu par évaporation et refroidissement de la liqueur se présente sous la forme d'aiguilles jaunes, fusibles à 106-107°. Ce corps se dissout dans une lessive alcaline et peut être distillé dans un courant de vapeur d'eau. Le permanganate de potassium le transforme en acide o-nitrobenzoïque [Priebs, *Ann. Chem.*, **225**, 350].

m-Dérivé. — On l'obtient en ajoutant de l'acide m-nitrocinnamique à un mélange de

2 parties d'acide nitrique (d = 1,5) et de 5 parties d'acide sulfurique refroidi au-dessous de 0°. On précipite par l'eau et on purifie par cristallisation dans l'alcool. On obtient ainsi des lamelles jaunâtres, fusibles à 122°, peu solubles dans l'eau bouillante et dans l'alcool, plus solubles dans l'éther, le chloroforme et le benzène. Ce corps fixe directement 1 molécule d'acide bromhydrique et fournit avec la potasse alcoolique un *sel potassique*,

$$AzO^2.C^6H^4.CH \left\langle \begin{array}{l} OC^2H^5 \\ CHK(AzO^2) \end{array} \right.$$

La dissolution de ce sel, addititionnée d'un acide, régénère le dérivé nitré. Avec le brome, on obtient un corps ayant pour formule

$$AzO^2-C^6H^4-CH \left\langle \begin{array}{l} OC^2H^5 \\ CBr^2(AzO^2) \end{array} \right.$$

En chauffant le m-nitrophényl-nitroéthylène avec de l'acide sulfurique concentré, on obtient de l'oxyde de carbone et de la m-nitrobenzaldoxime,

$$AzO^2-C^6H^4-CH=AzOH$$

[Friedländer et Lazarus, *Ann. Chem.*, **229**, 233].

p-Dérivé. — On l'obtient en traitant par l'eau à 0° l'acide p-nitrophényl-α-nitro-acrylique :

$$C^6H^4(AzO^2).CH=C(AzO^2).CO^2H$$
$$= C^6H^4(AzO^2).CH=CH(AzO^2) + CO^2$$

[Friedländer et Mähly, *Ann. Chem.*, **229**, 224]. On l'obtient également en ajoutant 1 partie de phényl-nitroéthylène à 8 parties d'acide nitrique fumant fortement refroidi [Priebs, *loc. cit.*].

Le meilleur mode de préparation consiste à ajouter de l'acide p-nitrocinnamique à un mélange refroidi à 0° d'acides nitrique et sulfurique; lorsque la réaction est achevée, on précipite par l'eau et on fait cristalliser le produit dans l'acide acétique. On obtient ainsi des lamelles jaunâtres, fusibles à 199° et volatiles avec la vapeur d'eau. Ce corps est insoluble dans l'eau, peu soluble dans les dissolvants usuels, soluble dans les lessives alcalines; au bout d'un temps fort court les dissolutions alcalines se décomposent; le brome les transforme en un corps cristallisé ayant pour formule

$$AzO^2-C^6H^4-CH=CBr(AzO^2).$$

Le p-nitrophénylnitroéthylène, traité par l'acide bromhydrique, fournit un produit d'addition huileux. Le mélange chromique le transforme en acide p-nitrobenzoïque. Chauffé à 100° avec de l'acide sulfurique concentré, il se scinde nettement en oxyde de carbone, hydroxylamine et aldéhyde p-nitrobenzylique :

$$C^8H^6Az^2O^4 + H^2O$$
$$= CO + AzH^3O + C^6H^4(AzO^2).CHO.$$

o-NITROPHÉNYL-β-CHLOROÉTHYLÈNE,

$$AzO^2.C^6H^4-CH=CHCl.$$

— On le prépare en mélangeant des solutions d'acide hypochloreux et d'o-nitrocinnamate de sodium. Le liquide se trouble et au bout de quelque temps laisse déposer des flocons jaunes; on filtre, on lave avec une dissolution de carbonate sodique et on purifie par cristallisation dans l'alcool bouillant.

On obtient ainsi des prismes ou des aiguilles jaunâtres, insolubles dans l'eau froide, un peu solubles dans l'eau bouillante, très solubles dans l'alcool et dans l'éther.

Ce corps fond à 58-89° et se décompose à une

température plus élevée. Il irrite fortement la peau [Lipp, *D. chem. G.*, **17**, 1070].

O-NITROPHÉNYL-α-CHLOROÉTHYLÈNE,

$$AzO^2 . C^6H^4 - CCl = CH^2.$$

— On fait réagir des quantités équimoléculaires de perchlorure de phosphore et d'acétyl-o-nitro-benzène :

$$AzO^2 . C^6H^4 - CO - CH^3 + PCl^5$$
$$= POCl^3 + HCl + AzO^2 . C^6H^4 - CCl = CH^2.$$

On chauffe légèrement, on chasse l'oxychlorure de phosphore dans le vide à 100° et on entraîne le résidu par un courant de vapeur d'eau. On obtient ainsi une huile d'un jaune clair, qui se décompose par la distillation sèche [Gevekoht, *Ann. Chem.*, **221**, 329].

P-NITROPHÉNYL-α-CHLOROÉTHYLÈNE. — Ce corps se prépare comme le précédent, en partant de l'acétyl-p-nitrobenzène. Le produit distillé est purifié par cristallisation dans la ligroïne froide. Il constitue de fines aiguilles d'un jaune clair, fusibles à 63-64°, peu solubles dans l'eau, solubles dans les dissolvants usuels [Drewsen, *Ann. Chem.*, **212**, 162].

O-AMIDOPHÉNYL-β-CHLOROÉTHYLÈNE,

$$AzH^2 . C^6H^4 - CH = CHCl.$$

— On ajoute peu à peu le dérivé nitré correspondant à de l'acide chlorhydrique en présence d'un excès d'étain métallique [Lipp, *D. chem. G.*, **17**, 1071]. On chauffe pendant une demi-heure au bain-marie, on étend d'eau et on précipite l'étain par l'hydrogène sulfuré ; la solution aqueuse du chlorhydrate est additionnée de carbonate de sodium et épuisée par l'éther, qui abandonne par évaporation l'amidochlorocinnamène sous la forme de prismes rayonnés presque blancs, peu solubles dans l'eau froide, solubles dans l'eau bouillante, l'alcool et l'éther. Il est doué d'une odeur particulière assez agréable. Ses vapeurs colorent en jaune un copeau de sapin imprégné d'acide chlorhydrique. Chauffé à 160-170° avec la quantité théorique d'éthylate sodique, il se transforme en indol,

$$C^6H^4 < ^{AzH}_{CH} > CH.$$

Le *chlorhydrate*,

$$AzH^2 . C^6H^4 . CH = CHCl . HCl,$$

cristallise dans l'eau en aiguilles brillantes, solubles dans l'eau et dans l'alcool, insolubles dans l'éther, peu solubles dans l'acide chlorhydrique concentré. Il fond en se décomposant et en donnant un sublimé blanc.

Méthylamidophényl-chloroéthylène,

$$CH^3 . AzH . C^6H^4 . CH = CHCl.$$

— On prépare ce corps en faisant bouillir avec de l'iodure de méthyle une dissolution alcoolique du corps précédent [Lipp, *D. chem. G.*, **17**, 2509]. On évapore l'alcool, on dissout le résidu dans l'acide chlorhydrique étendu, on sursature par la potasse et on épuise par l'éther ; on évapore la dissolution éthérée, on entraîne le résidu par un courant de vapeur d'eau et on épuise le liquide distillé par l'éther.

Le corps obtenu est liquide, presque insoluble dans l'eau, très soluble dans l'alcool et dans l'éther. Chauffé à 140° avec de l'éthylate de sodium, il se transforme en méthylindol. Il se décompose par la distillation sèche, mais il est entraîné par un courant de vapeur d'eau.

NITRO-P-AMIDO-β-NITROCINNAMÈNE,

$$(AzH^2)(AzO^2)C^6H^3 - CH = CH . AzO^2.$$

— A un mélange refroidi de 1 partie d'acide nitrique ($d = 1.5$) et de 27 parties d'acide sulfurique concentré, on ajoute avec précaution de l'acide p-amidocinnamique ; on précipite par l'eau et on fait cristalliser le produit dans l'alcool [Friedländer et Lazarus, *Ann. Chem.*, **229**, 247].

On obtient ainsi de fines aiguilles d'un beau rouge, qui, chauffées avec de l'acide sulfurique concentré, dégagent abondamment de l'oxyde de carbone.

L'anhydride acétique transforme ce corps en un *dérivé acétylé*, qui cristallise en aiguilles fusibles à 250-252°.

ACÉTAMIDOBROMOCINNAMÈNE,

$$CH^3 . CO . AzH . C^6H^3Br - CH = CH^2.$$

— Ce corps se prépare en ajoutant goutte à goutte du brome à une solution acétique d'acide p-amidocinnamique. Lorsque le brome est en léger excès, on ajoute de l'eau froide : il se dépose une masse formée d'aiguilles enchevêtrées, fusibles à 182°,5, insolubles dans l'ammoniaque, solubles dans l'alcool, l'éther et l'acide acétique [Gabriel et Herzberg, *D. chem. G.*, **16**, 2043].

ACÉTAMIDODINITROCINNAMÈNE,

$$CH^3 . CO . AzH . C^6H^2(AzO^2)^2 - CH = CH^2.$$

— On obtient ce corps en ajoutant peu à peu 1 partie d'acide p-acétamidocinnamique à 5 parties d'acide nitrique fumant ; il se dégage de l'acide carbonique. On verse sur de la glace et on fait cristalliser dans l'alcool [Gabriel et Herzberg].

On obtient ainsi des aiguilles d'un jaune clair, fusibles à 211-212°, peu solubles dans l'eau bouillante, presque insolubles dans l'éther, solubles dans l'alcool et dans l'acide acétique.

G. de Bechi.

CINNAMÉNYLACRYLIQUE (ACIDE) (*benzène-pentadiène*1.4-*oïque*),

$$C^6H^5 - CH = CH - CH = CH - CO^2H.$$

— On obtient l'acide cinnaménylacrylique en chauffant de l'aldéhyde cinnamique avec de l'anhydride acétique et de l'acétate de sodium [Perkin, *Jahresb.*, 1877, 791].

Il se forme également par l'action de la chaleur sur l'acide phénylbutine-dicarbonique :

$$C^6H^5 . CH = CH - CH = C(CO^2H)^2 = CO^2 + C^{11}H^{10}O^2$$

[Stuart, *Chem. Soc.*, **49**, 366].

Enfin on peut préparer l'acide cinnaménylacrylique par l'action de l'hypochlorite de sodium sur la *cinnaménylovinylméthylcétone* (*benzène-hexadiène*-1.4-*one*5),

$$C^6H^5 - CH = CH - CH = CH - CO . CH^3$$

[Diehl et Einhorn, *D. chem. G.*, **18**, 2324] :

$$C^6H^5 - CH = CH - CH = CH - CO - CH^3 + 3ClOH + H^2O$$
$$= C^6H^5 - CH = CH - CH = CH - CO^2H$$
$$+ CHCl^3 + 3H^2O.$$

Le mode opératoire est le suivant : On chauffe l'acétone et la solution alcaline d'hypochlorite de sodium à 80-90° et on agite fortement, de manière à avoir une émulsion et un contact intime des réactifs ; le chloroforme s'évapore et tout entre en dissolution. On refroidit alors rapidement et on fait passer dans le liquide un courant d'acide sulfureux : l'acide cinnaménylacrylique se sépare ; on le recueille et on le purifie par cristallisation dans l'alcool. Le rendement est théorique.

L'acide cinnaménylacrylique cristallise dans l'alcool en lamelles minces, fusibles à 166°, très solubles dans l'alcool, peu solubles dans la ligroïne.

L'amalgame de sodium le transforme en *acide hydrocinnaménylacrylique*, $C^{11}H^{12}O^2$.

Le *sel de sodium* est amorphe et peu soluble dans l'eau ; cette dissolution donne avec les chlorures de calcium et de baryum des précipités qu'on peut faire cristalliser dans l'eau.

En oxydant l'acide cinnaménylacrylique par le permanganate en liqueur alcaline, on obtient de l'aldéhyde benzylique, de l'acide benzoïque, de l'acide oxalique et de l'acide carbonique.

Si l'on opère à basse température (2-3°), il se forme de l'acide racémique :

$$C^6H^5-CH=CH-CH=CH-CO^2H + H^2O + O^4$$
$$=C^6H^5.CHO + CO^2H-CH(OH)-CH(OH)-CO^2H$$

[Dœbner, *D. chem. G.*, **23**, 2373].

Acide o-nitrocinnaménylacrylique,

$$AzO^2-C^6H^4-CH=CH-CH=CH-CO^2H.$$

— On prépare ce corps en partant de la *méthyl-nitrocinnaménylovinylcétone*,

$$CH^3-CO.CH=CH-CH=CH-C^6H^4-AzO^2$$

[Diehl et Einhorn, *D. chem. G.*, **18**, 2331].

On opère comme il a été dit plus haut pour l'acide cinnaménylacrylique.

On peut préparer également l'acide nitrocinnaménylacrylique, d'après la méthode de M. Perkin, en chauffant l'aldéhyde o-nitrocinnamique avec de l'anhydride acétique et de l'acétate de sodium.

Cette méthode de préparation est loin d'être aussi avantageuse que la précédente, car la formation de l'acide nitrocinnaménylacrylique est accompagnée de celle de beaucoup de matières résineuses.

L'acide nitrocinnaménylacrylique cristallise dans l'alcool en fines aiguilles enchevêtrées, fusibles à 217°.5, solubles dans l'alcool bouillant et dans l'acide acétique cristallisable, peu solubles dans l'éther, insolubles dans l'eau.

Ses sels sont d'un jaune intense.

Acide o-amidocinnaménylacrylique,

$$AzH^2-C^6H^4-CH=CH-CH=CH-CO^2H.$$

— On dissout 2ᵖ,19 d'acide nitrocinnaménylacrylique dans l'ammoniaque étendue ; on ajoute à une solution de 16ᵖ,68 de sulfate ferreux et on agite pendant un quart d'heure à l'abri de l'air ; on filtre et on évapore la solution ammoniacale au bain-marie : le sel ammoniacal se dissocie et l'acide libre cristallise par le refroidissement en belles aiguilles : on le purifie par cristallisation dans l'alcool étendu.

L'acide amidocinnaménylacrylique cristallise en aiguilles jaunes, fusibles à 176°.5, presque insolubles dans l'eau froide, solubles dans l'alcool, l'éther, le chloroforme et l'acide acétique cristallisable. Sa solution éthérée est douée d'une fluorescence verte intense.

L'acide amidocinnaménylacrylique forme avec les acides minéraux énergiques des sels incolores ; le *chlorhydrate* est soluble dans l'eau ; le *sulfate* est peu soluble.

Les *sels alcalins* sont jaunes et très solubles dans l'eau.

Dérivé acétylé,

$$AzH(COCH^3)-C^6H^4-C^4H^4-CO^2H.$$

— On fait bouillir pendant 2 heures au réfrigérant à reflux l'acide amidé avec de l'anhydride acétique ; on ajoute de l'alcool et on évapore au bain-marie. On reprend par le carbonate de sodium, on filtre, on précipite par l'acide chlorhydrique et on purifie le précipité par cristallisation dans l'alcool absolu en présence de noir animal.

On obtient ainsi de petites lamelles blanches,

groupées en rosettes, fusibles en se décomposant à 253°, insolubles dans l'eau, peu solubles dans l'éther et dans l'alcool froid. Chauffé avec de l'acide iodhydrique à 145°, l'acide acétylé paraît fournir de la quinoléine [Diehl et Einhorn, *loc. cit.*].

G. de Bechi.

CINNAMÉNYLANGÉLIQUE (ACIDE),

$$C^{13}H^{14}O^2.$$

— On obtient cet acide en chauffant en vase clos de l'aldéhyde cinnamique avec de l'anhydride butyrique et du butyrate de sodium. Il fond à 125-127° [Perkin, *Jahresh.*, 1877, 791].

M. Edeleano [*Bull. Soc. Chim.*, (3), **5**, 172] l'a aussi préparé en chauffant à 120-125° un mélange de chlorure de butyryle et d'aldéhyde cinnamique en présence d'acétate de sodium.

CINNAMÉNYL – BIPHÉNYLÈNE-OXAZOL

$$\begin{array}{l} C^6H^4-C-O \\ \quad | \qquad \| \qquad \rangle C-CH=CH-C^6H^5. \\ C^6H^4-C-Az \end{array}$$

— Cristaux fusibles à 171-172°, obtenus par l'action de l'aldéhyde cinnamique sur la phénanthrène-quinone en présence d'ammoniaque [G.-H. Wadsworth, *Chem. Soc.*, **57**, 8 ; *D. chem. G.*, **23**, *Ref.*, 249].

CINNAMÉNYL – CINCHONINIQUE (ACIDE α-),

$$\begin{array}{c} \text{Az} \\ \langle\rangle\ C.CH=CH-C^6H^5 \\ C.CO^2H \end{array}$$

[O. Dœbner et J. Peters, *D. chem. G.*, **22**, 3006].

— On chauffe au bain-marie pendant quelques heures un mélange d'aniline, d'aldéhyde cinnamique et d'acide pyruvique en solution alcoolique : l'acide cinnaményl-cinchoninique se dépose à l'état cristallisé par le refroidissement. On peut aussi effectuer la réaction à la température ordinaire, en opérant en présence d'éther ; mais le rendement est plus faible. L'équation est la suivante :

$$C^6H^5.AzH^2 + C^6H^5.CH=CH.CHO + CH^3.CO.CO^2H$$

$$= 2H^2O + H^2 + C^6H^4 \begin{array}{l} \diagup Az=C-CH=CH-C^6H^5 \\ \qquad\qquad | \\ \diagdown C=CH \\ \qquad\quad | \\ \qquad CO^2H \end{array}$$

L'acide cinnaményl-cinchoninique cristallise en aiguilles jaunes, brillantes, qui fondent en se décomposant à 295°. Il est insoluble dans l'eau, peu soluble dans l'éther, l'alcool froid, le benzène, le chloroforme, l'éther de pétrole.

Les *sels alcalins* sont très solubles dans l'eau.

Les *sels de calcium et de baryum* sont des précipités floconneux, blancs.

Le *sel de magnésium*, $(C^{18}H^{12}AzO^2)^2Mg$, cristallise en aiguilles jaunes et soyeuses, groupées en étoiles.

Le *sel d'argent*, $C^{18}H^{12}AzO^2Ag$, forme des flocons blancs.

Les *sels de nickel, de cuivre, de zinc* et *de plomb* sont amorphes.

Soumis à la distillation sèche, l'acide α-cinnaményl-cinchoninique perd 1 molécule d'acide carbonique et se convertit en α-cinnaményl-quinoléine. Oxydé par le permanganate de potassium, à froid, il se transforme en acide quinoléine α-ν-dicarbonique.

CINNAMÉNYL - DIMÉTHYLGLY-OXALINE,

$$\begin{matrix} CH^3 - C - AzH \\ \| \qquad\qquad \\ CH^3 - C — Az \end{matrix} \Big\rangle C - CH = CH - C^6H^5.$$

— Ce composé, fusible à 201-202°, prend naissance par l'action de l'aldéhyde cinnamique sur le biacétyle en présence d'ammoniaque alcoolique, à la température du bain-marie. Il se présente en aiguilles incolores [G.-H. Wadsworth, *Chem. Soc.*, **57**, 8; *D. chem. G.*, **23**, *Ref.*, 248].

CINNAMÉNYL - NAPHTOCINCHONINI-QUES (ACIDES α-). — Ces composés prennent naissance par l'action de l'aldéhyde cinnamique sur un mélange d'acide pyruvique et d'α- ou de β-naphtylamine, suivant l'équation

$$C^{10}H^7 . AzH^2 + C^6H^5 . CH = CH . CHO$$
$$+ CH^3 . CO . CO^2H$$
$$= 2H^2O + H^2 + C^{10}H^6 \Big\langle \begin{matrix} Az = C - CH = CH - C^6H^5 \\ | \qquad\qquad\qquad \\ C = CH \\ | \\ CO^2H \end{matrix}$$

[O. Dœbner et J. Peters, *D. chem. G.*, **23**, 1228].

ACIDE α-CINNAMÉNYL-α-NAPHTOCINCHONINIQUE,

$$\text{(structure: } Az,\ C . CO^2H,\ C . CH = CH . C^6H^5)$$

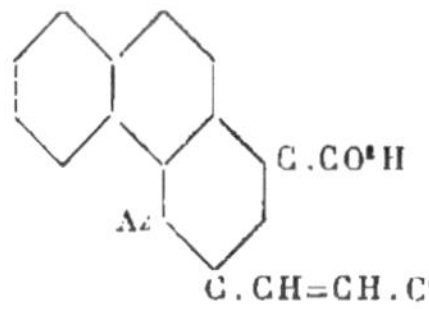

— On mélange des solutions éthérées d'α-naphtylamine, d'acide pyruvique et d'aldéhyde cinnamique en refroidissant : au bout de quelques heures, on voit se déposer des cristaux jaunes ayant la composition ci-dessus. Le rendement est un peu plus élevé si l'on opère en présence d'alcool et à l'ébullition.

Cet acide cristallise en aiguilles jaune-citron qui fondent en se décomposant à 256°; il est insoluble dans l'eau, très peu soluble dans l'éther, le chloroforme, le benzène, l'éther de pétrole, un peu plus soluble dans l'alcool, l'acétone et l'acide acétique.

Les *sels alcalins* se présentent en aiguilles soyeuses, très solubles dans l'eau.

Le *sel de baryum*, $(C^{23}H^{14}AzO^2)^2Ba , 2H^2O$, est un précipité floconneux, d'un jaune clair, soluble dans l'eau bouillante, mais incristallisable.

Le *sel de cuivre*, $(C^{22}H^{14}AzO^2)^2Cu , H^2O$, forme un précipité floconneux, jaune-verdâtre, qui se déshydrate à 115°.

Le *sel d'argent*, $C^{23}H^{14}AzO^2Ag$, est jaune et amorphe. Il en est de même des *sels de zinc, de plomb* et *de mercure*.

Soumis à la distillation avec de la chaux, l'acide α-cinnaménvl-α-naphtocinchoninique perd 1 molécule d'acide carbonique et se transforme en α-*cinnaménvl-α-naphtoquinoléine*,

$$C^{10}H^6 \Big\langle \begin{matrix} Az = C - CH = CH . C^6H^5 \\ | \qquad\qquad\qquad \\ CH = CH \end{matrix}$$

Oxydé à froid par le permanganate de potassium, il se convertit en acide α-*naphtoquinoléine-α-γ-dicarbonique*,

$$C^{10}H^6 \Big\langle \begin{matrix} Az = C . CO^2H \\ | \qquad\qquad \\ CH = C . CO^2H \end{matrix}$$

Si l'on effectue l'oxydation à chaud, le produit de l'oxydation est l'acide α-*phénylène-pyridine-cétone-dicarbonique*,

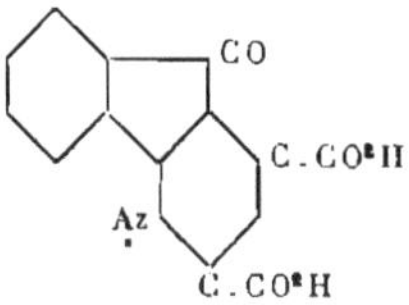

$$\text{(structure: } CO,\ C . CO^2H,\ Az,\ C . CO^2H)$$

ACIDE α-CINNAMÉNYL-β-NAPHTOCINCHONINIQUE,

$$\text{(structure: } CO^2H . C,\ Az,\ C . CH = CH . C^6H^5)$$

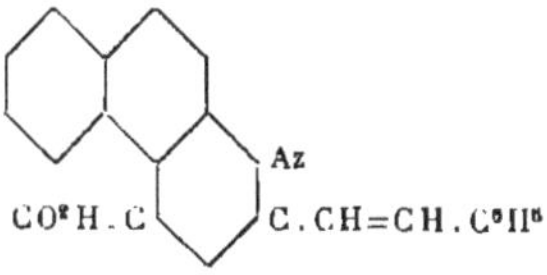

— On le prépare comme son isomère, en substituant la β-naphtylamine à l'α-naphtylamine. Il cristallise en aiguilles brillantes, d'un jaune citron, fusibles à 305°, insolubles dans l'eau, l'éther, l'alcool froid, le chloroforme, le benzène, l'éther de pétrole, peu solubles dans l'acétone, l'acide acétique et l'alcool bouillant.

Ses *sels alcalins* sont peu solubles dans l'eau froide : celui *de potassium* forme de fines aiguilles blanches et soyeuses; celui *de sodium* cristallise en aiguilles; celui *d'ammonium* se présente en lamelles.

Les *sels alcalino-terreux* sont des précipités cristallins, jaunes, solubles dans l'eau chaude ; ceux *de strontium* et *de magnésium* se présentent en fines aiguilles.

Le *sel d'argent*, $C^{23}H^{14}AzO^2Ag$, est un précipité blanc, floconneux.

Les *sels de zinc, de plomb, de mercure* et *de cuivre* sont des précipités floconneux.

Distillé avec de la chaux, l'acide α-cinnaménvl-β-naphtocinchoninique perd de l'acide carbonique et fournit l'α-cinnaménvl-β-naphtoquinoléine. Oxydé par le permanganate à froid, il donne l'acide β-naphtoquinoléine-α-γ-dicarbonique; sous l'action du permanganate à chaud, il se convertit en acide β-phénylène-pyridine-cétone-dicarbonique.

CINNAMÉNYL - NAPHTOQUINOLÉINES (α-),

$$C^{10}H^6 \Big\langle \begin{matrix} Az = C . CH = CH - C^6H^5 \\ | \qquad\qquad\qquad \\ CH = CH \end{matrix}$$

[O. Dœbner et J. Peters, *D. chem. G.*, **23**, 1233]. — Ces composés prennent naissance lorsqu'on distille avec de la chaux les acides α-cinnaménvl-naphtocinchoniniques (voyez ce mot).

α-CINNAMÉNYL-α-NAPHTOQUINOLÉINE

$$\text{(structure: } Az,\ C . CH = CH . C^6H^5)$$

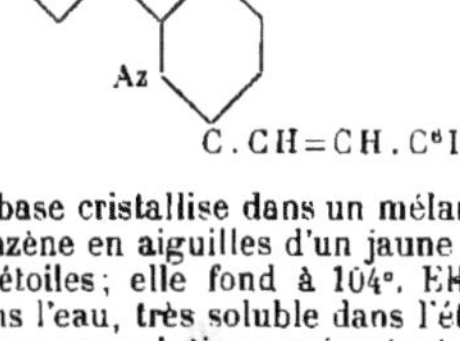

— Cette base cristallise dans un mélange d'alcool et de benzène en aiguilles d'un jaune clair, groupées en étoiles; elle fond à 104°. Elle est insoluble dans l'eau, très soluble dans l'éther et dans le benzène; ses solutions présentent une légère fluorescence bleue.

Le *picrate*, $C^{21}H^{15}Az . C^6H^3Az^3O^7$, cristallise dans l'alcool ou dans le benzène en flues aiguilles d'un jaune d'or, fusibles à 230°.

Le *dichromate*, $(C^{21}H^{15}Az)^2 Cr^2O^7H^2$, forme des prismes orangés, presque insolubles dans l'eau.

Le *chloroplatinate*,

$$(C^{21}H^{13}Az . HCl)^2 PtCl^4, 2H^2O$$

est un précipité cristallin, orangé, peu soluble dans l'alcool et dans l'eau.

α-CINNAMÉNYL-β-NAPHTOQUINOLÉINE,

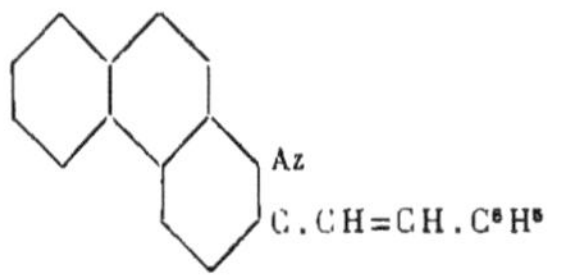

— Cette base bout au-dessus de 360° et cristallise dans un mélange d'éther et d'alcool sous la forme d'aiguilles blanches et soyeuses, ou de lamelles nacrées, qui fondent à 175°.

Elle est insoluble dans l'eau, peu soluble dans l'alcool et dans l'acétone, très soluble dans l'acide acétique cristallisable.

Le *chloroplatinate*,

$$(C^{21}H^{15}Az . HCl)^2 PtCl^4, 2H^2O,$$

forme des lamelles orangées, qui perdent à 110° leur eau de cristallisation.

Le *dichromate*, $(C^{21}H^{15}Az)^2 Cr^2O^7H^2$, cristallise dans l'acide acétique en aiguilles jaunes, groupées en croix.

Le *picrate*, $C^{21}H^{15}Az . C^6H^3Az^3O^7$, se présente en aiguilles d'un jaune d'or, fusibles à 254°.

CINNAMÉNYLOVINYLMÉTHYL-CÉTONE (*benzène-hexadiène1.4-one5*),

$$CH^3 . CO . CH = CH - CH = CH - C^6H^5.$$

— Ce corps prend naissance lorsqu'on fait agir l'acétone sur l'aldéhyde cinnamique en présence de soude caustique [Diehl et Einhorn, *D. chem. G.*, **18**, 2321].

On dissout 80 parties d'acétone pure dans 3600 parties d'eau; on ajoute 40 parties d'aldéhyde cinnamique et on agite fortement pour émulsionner le liquide; on l'additionne ensuite de 40 parties de soude caustique en solution aqueuse à 10 0/0 et on laisse digérer pendant 48 heures en agitant fortement de temps en temps. Le liquide devient jaune, et le produit de condensation qui a pris naissance, étant insoluble dans l'eau, se sépare en cristaux grenus, jaunes; on les purifie par le noir animal et par cristallisation dans l'éther.

La cinnaménylovinylméthylcétone cristallise en lamelles rhombiques, fusibles à 68°, insolubles dans l'eau, solubles dans les dissolvants usuels. L'acide sulfurique concentré la dissout avec une coloration d'un jaune intense. Elle ne peut être distillée, même dans le vide, sans subir une décomposition complète, avec dépôt charbonneux. Traitée par l'hypochlorite de sodium, elle fournit du chloroforme et de l'acide cinnaménylacrylique.

Dibromure, $CH^3 . CO . C^4H^4Br^2 - C^6H^5$. — En ajoutant jusqu'à coloration persistante une solution éthérée de brome à une solution du corps précédent, on obtient un précipité cristallin, blanc, insoluble dans l'éther, que l'on purifie par cristallisation dans l'alcool bouillant. Ce produit forme de petites aiguilles, fusibles à 173°,5 en se décomposant.

Dérivé phénylhydrazinique,

$$C^6H^5 - CH = CH - CH = CH \atop CH^3 \Big\rangle C = Az^2H . C^6H^5.$$

— On obtient ce corps par l'union des composants en solutions alcooliques chaudes; par le refroidissement, le produit se dépose; on le purifie par cristallisation dans l'alcool absolu bouillant. On obtient ainsi des lamelles soyeuses, d'un jaune citron, fusibles à 180°, peu solubles dans l'éther et dans l'alcool à froid, solubles dans l'alcool bouillant, l'acide acétique cristallisable et l'éther acétique.

o-Nitrocinnaménylovinylméthylcétone,

$$AzO^2 . C^6H^4 - CH = CH - CH = CH - CO . CH^3.$$

— On dissout à chaud 5 parties d'aldéhyde o-nitrocinnamique dans 170 parties d'alcool absolu, on ajoute ensuite 30 parties d'eau, et lorsque le liquide commence à se troubler par le refroidissement, on l'additionne de 10 parties d'acétone purifiée au bisulfite. On ajoute ensuite goutte à goutte de la soude caustique à 2 0/0 jusqu'à réaction alcaline persistante : le liquide brunit et laisse déposer des flocons de dinitrocinnaménylovinylméthylcétone. On laisse reposer pendant 3 ou 4 heures. On filtre, on lave à l'alcool et on étend le liquide filtré de 4 ou 5 volumes d'eau; on laisse reposer pendant 24 heures, on filtre et on purifie le produit par des cristallisations répétées dans l'alcool absolu en présence de noir animal.

On obtient ainsi de longues aiguilles d'un jaune pâle, fusibles à 73°,5, solubles dans les dissolvants usuels et dans l'acide sulfurique concentré en jaune orangé [Diehl et Einhorn, *D. chem. G.*, **18**, 2327]. Traité par l'hypochlorite de sodium, ce corps donne du chloroforme et de l'acide o-nitrocinnaménylacrylique.

G. de Bechi.

CINNAMÉNYLOXAZOLINE,

$$\begin{array}{l} CH^2 - O \\ \;| \qquad\quad \rangle C . CH = CH . C^6H^5 \\ CH^2 - Az \end{array}$$

[Elfeldt, *D. chem. G.*, **24**, 3225]. — On prépare cette base en chauffant avec de la potasse alcoolique la cinnamyl-brométhylamide,

$$C^6H^5 - CH = CH - CO . AzH . CH^2 - CH^2Br.$$

On l'extrait par l'éther du produit de la réaction et on la purifie par cristallisation dans la ligroïne. Grands cristaux incolores, qui se ramollissent à 48° et fondent à 52-53°.

Le *picrate*, $C^{11}H^{11}AzO . C^6H^3Az^3O^7$, forme des aiguilles jaunes, qui fondent à 188-189°.

Le *chloroplatinate*, $(C^{11}H^{11}AzO . HCl)^2 PtCl^4$, est une poudre cristalline, orangée, fusible avec décomposition à 193-194°.

Le *dichromate* cristallise en aiguilles orangées.

Le *ferrocyanure* est un précipité cristallin d'un jaune paille.

CINNAMÉNYLPENTOXAZOLINE,

$$CH^2 \Big\langle {CH^2 - O \atop CH^2 - Az} \Big\rangle C - CH = CH . C^6H^5$$

[Elfeldt, *D. chem. G.*, **24**, 3227]. — On prépare cette base en chauffant avec de la potasse alcoolique la cinnamyl-bromopropylamide,

$$C^6H^5 - CH = CH . CO . AzH . CH^2 - CH^2 - CH^2Br.$$

On l'extrait par l'éther du produit de la réaction et on la purifie par dissolution dans l'acide chlorhydrique, précipitation par la soude et cristallisation dans la ligroïne bouillante.

Fines aiguilles, fusibles à 55-56°.

Le *picrate*, $C^{12}H^{13}AzO.C^6H^3Az^3O^7$, est peu soluble et fond à 196°.

Le *chloroplatinate*, $(C^{12}H^{13}AzO.HCl)^2PtCl^4$, forme des aiguilles orangées qui se décomposent à 192-193°.

Le *dichromate* cristallise en aiguilles orangées.

Le *ferrocyanure* est une poudre cristalline jaune paille.

CINNAMÉNYL – PHÉNYL – ACRYLIQUE (**ACIDE**) (*phénylbutadiène*1.3-*phényl*4-*méthyl-oïque*),

$$C^6H^5 - CH = CH - CH$$
$$\|$$
$$C^6H^5 - C$$
$$|$$
$$CO^2H$$

[O. Rebuffat, *Gazz. chim. ital.*, **15**, 105; *D. chem. G.*, **18**, *Ref.*, 477]. — Aiguilles brillantes, fusibles à 187-188°, obtenues en chauffant pendant 8 heures à 170° un mélange d'aldéhyde cinnamique, de phénylacétate de sodium et d'anhydride acétique. Ce corps est peu soluble dans l'eau, assez soluble dans l'alcool. Chauffé, il perd de l'acide carbonique et fournit le *diphénylbiéthylène*,

$$C^6H^5 - CH = CH - CH = CH - C^6H^5.$$

CINNAMÉNYLPROPIONIQUE (**ACIDE**) [Syn. *Hydrocinnaménylacrylique, benzène-penténe*1-*oïque*],

$$C^6H^5 - CH = CH - CH^2 - CH^2 - CO^2H.$$

— Cet acide prend naissance par l'action de l'amalgame de sodium sur l'acide cinnaménylacrylique [Perkin, *Chem. Soc.*, **31**, 403]. On emploie un excès d'amalgame et on chauffe à la fin jusque vers 100° pour activer la réaction; on obtient une huile qui se solidifie dans un mélange réfrigérant; le produit ainsi obtenu est purifié par cristallisation dans la ligroïne [Baeyer et Jackson, *D. chem. G.*, **13**, 122].

L'acide cinnaménylpropionique cristallise en grandes lamelles incolores, fusibles à 28-29°.

Sa solution sulfocarbonique, additionnée de brome, fixe 2 atomes de ce corps pour fournir un *acide dibromé*,

$$C^6H^5 - CHBr - CHBr - CH^2 - CH^2 - CO^2H,$$

qui cristallise dans un mélange de ligroïne et d'une petite quantité de chloroforme en prismes fusibles à 108-109°.

L'acide iodhydrique transforme l'acide cinnaménylpropionique en acide *phénylvalérique*,

$$C^6H^5 - CH^2 - CH^2 - CH^2 - CH^2 - CO^2H.$$

Le permanganate de potassium en solution alcaline le transforme en une oxylactone neutre [Fittig, *D. chem. G.*, **21**, 921].

Le *sel d'argent*,

$$C^6H^5 - CH = CH - CH^2 - CH^2 - CO^2Ag,$$

constitue un précipité blanc, insoluble dans l'eau.

Suivant M. Fittig [*D. chem. G.*, **24**, 83], l'acide cinnaménylpropionique, malgré son mode de préparation, doit être envisagé comme ayant la formule de structure

$$C^6H^5 - CH^2 - CH = CH - CH^2 - CO^2H.$$

Soumis à une ébullition prolongée avec de la soude, il subirait une transposition moléculaire et se convertirait en un isomère de la formule

$$C^6H^5 - CH^2 - CH^2 - CH = CH - CO^2H.$$

Ce dernier cristallise en lamelles fusibles à 102°,5.

Acide o-amidocinnaménylpropionique,

$$Az^2H - C^6H^4 - CH = CH - CH^2 - CH^2 - CO^4H, H^2O.$$

— On dissout l'acide o-amidocinnaménylacrylique dans 50 parties d'eau additionnée de la quantité nécessaire de soude caustique, et on ajoute peu à peu au liquide de l'amalgame de sodium à 5 0/0, en maintenant la liqueur aussi neutre que possible par addition ménagée d'acide sulfurique étendu. Au bout de 3 ou 4 jours, la réduction est achevée : on acidifie par l'acide sulfurique, on filtre et on sursature par l'ammoniaque le liquide filtré. Il prend alors une coloration ambrée. On évapore à sec au bain-marie et on épuise le résidu par l'alcool absolu. La solution alcoolique est additionnée d'eau et l'alcool évaporé au bain-marie à 40°: en refroidissant alors avec de la glace, on voit l'acide amidé se séparer sous la forme d'un *hydrate* fusible à 59°.

Ce corps est soluble dans les dissolvants usuels; on l'obtient généralement à l'état de liquide huileux lorsqu'on chasse le dissolvant par évaporation. Sa dissolution éthérée est douée d'une fluorescence verte.

L'acide amidocinnaménylpropionique est doué de propriétés à la fois acides et basiques; ses sels avec les acides minéraux sont incolores, tandis que les sels alcalins sont jaunes.

Par le permanganate de potassium, il donne de l'aldéhyde benzylique.

Le brome fournit un produit d'addition qui, traité par l'amalgame de sodium, se transforme en acide *o-amidophénylvalérique*,

$$AzH^2 - C^6H^4 - CH^2 - CH^2 - CH^2 - CH^2 - CO^2H$$

[Diehl et Einhorn, *D. chem. G.*, **20**, 378].

G. de Bechi.

CINNAMÉNYLQUINOLÉINE (x-),

$$\text{Az} \quad C.CH = CH - C^6H^5$$

— Cette base, appelée aussi *benzylidène-quinaldine*, se produit lorsqu'on chauffe à 120° un mélange de quinaldine et d'aldéhyde benzylique en présence de chlorure de zinc [Wallach et Wüsten, *D. chem. G.*, **16**, 2008. — Jacobsen et Reimer, *ibid.*, 2606].

MM. Dœbner et Peters l'ont aussi préparée en soumettant à la distillation sèche l'acide α-cinnaménylcinchoninique [*D. chem. G.*, **22**, 3008].

Elle se présente en aiguilles incolores, fusibles à 100°, sublimables sans altération, insolubles dans l'eau, très solubles dans l'alcool, le chloroforme, le sulfure de carbone.

Le *chlorhydrate* se dissout dans 200 parties d'eau froide.

Le *chloroplatinate*,

$$(C^{17}H^{13}Az.HCl)^2PtCl^4, 2H^2O,$$

forme des cristaux d'un jaune clair.

Le *dichromate*, $C^{17}H^{13}Az.Cr^2O^7H^2, 2,5H^2O$, est en fines aiguilles rougeâtres, peu solubles dans l'eau bouillante.

Le *bromure*, $C^{17}H^{13}AzBr^2$, cristallise dans l'alcool en lamelles irisées, fusibles à 173-174°.

Oxydée par le mélange chromique, la cinnaménylquinoléine fournit un mélange d'acides benzoïque et quinaldique (quinoléine-α-carbonique) [W. von Miller, *D. chem. G.*, **24**, 1915].

DÉRIVÉS NITRÉS. — L'*o-nitrocinnaménylquinoléine*, $C^9H^6Az.CH = CH.C^6H^4(AzO^2)$, se prépare comme la cinnaménylquinoléine elle-même, en remplaçant l'aldéhyde benzylique par l'aldéhyde o-nitrobenzylique. Elle cristallise en aiguilles fusibles à 154-155° (Wallach et Wüsten).

La *p-nitrocinnaménylquinoléine* s'obtient en

chauffant pendant 3 heures la p-nitrophénylo-β-oxyéthylquinoléine,

$$C^9H^6Az \cdot CH^2 - CHOH - C^6H^4 \cdot AzO^2,$$

obtenue elle-même en chauffant à 120° un mélange de quinaldine et d'aldéhyde p-nitrobenzylique. Elle se présente en aiguilles fusibles à 164-165°, très solubles dans l'éther, le chloroforme, la ligroïne et l'alcool bouillant [Bulach, *D. chem. G.*, **20**, 2047].

Elle fournit un *bromure*, $C^{17}H^{12}Az^2O^2Br^2$, qui cristallise en aiguilles soyeuses, d'un jaune d'or, fusibles à 276°.

DÉRIVÉS AMIDÉS. — La *p-amidocinnaménylquinoléine*, $C^9H^6Az \cdot CH = CH \cdot C^6H^4 \cdot AzH^2$, s'obtient en réduisant par l'étain et l'acide chlorhydrique le dérivé nitré correspondant. Elle cristallise dans l'alcool faible en longues aiguilles, d'un jaune d'or, fusibles à 171-173°.

Son *dérivé acétylé*, $C^{17}H^{13}Az^2(C^2H^3O)$, forme de grandes lamelles clinorhombiques, fusibles à 194°, très solubles dans l'alcool et dans la ligroïne.

DÉRIVÉS HYDROXYLÉS. — *p-Oxycinnaménylquinoléine*, $C^9H^6Az \cdot CH = CH \cdot C^6H^4(OH)$. — On l'obtient soit en traitant le dérivé p-amidé par l'acide nitreux (Bulach), soit en faisant réagir l'aldéhyde p-oxybenzylique sur la quinaldine en présence du chlorure de zinc (Bulach; Wallach et Wüsten). Elle cristallise en lamelles jaunes, fusibles à 254-255°.

CINNAMÉNYL - TÉTRAHYDRO - CÉTONAPHTOQUINOXALINE,

$$C^{10}H^6 \begin{array}{l} \diagup AzH - CH - CH = CH - C^6H^5 \\ \qquad\qquad | \\ \diagdown AzH - CO \end{array}$$

— Cristaux fusibles à 174°, obtenus en chauffant à 130-140° un mélange d'acide phényl-α-oxycrotonique et de chlorhydrate d'o-naphtylène-diamine en solution aqueuse [Georgescu, *D. chem. G.*, **25**, 955].

CINNAMÉNYL - TÉTRAHYDRO - CÉTOQUINOXALINE,

$$C^6H^4 \begin{array}{l} \diagup AzH - CH - CH = CH - C^6H^5 \\ \qquad\qquad | \\ \diagdown AzH - CO \end{array}$$

— On chauffe à 130-140° un mélange de chlorhydrate d'o-phénylène-diamine et d'acide phényl-α-oxycrotonique en solution aqueuse : le nouveau corps se sépare sous la forme d'une huile qui ne tarde pas à cristalliser. Purifié par cristallisation dans l'alcool, ce corps forme de belles aiguilles jaunâtres, insolubles dans l'eau bouillante et dans les alcalis, et fusibles à 223-224° [Georgescu, *D. chem. G.*, **25**, 954].

CINNAMÉNYL - TÉTRAHYDRO - CÉTOTOLUQUINOXALINE,

$$C^7H^6 \begin{array}{l} \diagup AzH - CH - CH = CH - C^6H^5 \\ \qquad\qquad | \\ \diagdown AzH - CO \end{array}$$

— On prépare ce composé en chauffant à 130-140° un mélange d'acide phényl-α-oxycrotonique et de chlorhydrate d'o-crésylène-diamine. Après cristallisation dans l'alcool, on obtient des cristaux presque incolores, fusibles à 185-186° [Georgescu, *D. chem. G.*, **25**, 954].

CINNAMÉNYL-THIÉNYLCÉTONE (*phénylpropénel-one3-thiényle*),

$$C^6H^5 - CH = CH - CO - C^4H^3S$$

[Brunswig, *D. chem. G.*, **19**, 2890]. — Un mélange d'acétothiénone et d'aldéhyde benzylique, saturé de gaz chlorhydrique et abandonné à lui-même pendant quelques jours, fournit par cristal-

lisation dans l'éther de pétrole bouillant des aiguilles fusibles à 80°, ayant la formule ci-dessus.

Ce corps fixe le brome en solution chloroformique, pour donner des lamelles incolores, fusibles à 157°, ayant pour formule

$$C^6H^5 \cdot CHBr \cdot CHBr \cdot CO \cdot C^4H^3S.$$

CINNAMIQUE (ACIDE) (*benzène-propénel-oïque*). — *État naturel.* — L'acide cinnamique se trouve dans la tige et les feuilles du *Globularia alypum* et du *Globularia vulgaris* [Heckel et Schlagdenhauffen, *Ann. Chim. Phys.*, (5), **28**, 69], ainsi que dans les feuilles de l'*Eukianthus japonicus* [Eykmann, *Rec. P.-B.*, **5**, 297]. Les feuilles de coca contiennent de la cinnamylcocaïne [Frankfeld, *D. chem. G.*, **22**, 133].

Modes de formation. — Si, dans la réaction de Perkin (Suppl., **1**, 501), on remplace l'acétate de sodium par le valérianate, on voit se former de l'acide cinnamique. L'anhydride acétique agit d'abord sur le valérianate de sodium, pour donner de l'acétate de sodium et de l'anhydride valérianique [Tiemann et Herzfeld, *D. chem. G.*, **10**, 68].

L'acide cinnamique prend également naissance quand on chauffe à 180° de l'aldéhyde benzylique avec de l'anhydride acétique et du butyrate de sodium. Il se forme dans cette réaction une certaine quantité d'acide phénylangélique : ce dernier se produit surtout à basse température ; à 100° par exemple il ne se forme pas d'acide cinnamique [Slocum, *Ann. Chem.*, **229**, 55].

En traitant un mélange d'aldéhyde benzylique et de malonate de sodium par l'anhydride acétique ou par l'acide acétique cristallisable, ou en traitant l'acide malonique par l'aldéhyde benzylique à 130°, on voit se former de l'acide cinnamique [Fittig, *D. chem. G.*, **16**, 1436. — Michael, *Am. chem. Journ.*, **5**, 205].

En distillant lentement le fumarate diphénylique, on obtient du cinnamate de phényle :

$$C^4H^2O^4(C^6H^5)^2 = CO^2 + C^9H^7O^2 \cdot C^6H^5$$

[Anschütz, *D. chem. G.*, **18**, 1948].

L'acide cinnamique se forme par la distillation sèche des acides γ- et δ-isatropique [Liebermann, *D. chem. G.*, **22**, 124]. Il se produit en même temps une certaine quantité d'une substance insoluble dans les alcalis et constituée probablement par le bistyryle.

On l'obtient également en réduisant par le zinc en poudre et l'acide acétique bouillant l'acide phénylpropiolique [Aronstein et Holleman, *D. chem. G.*, **25**, 1181].

Préparation. — L'acide cinnamique se prépare industriellement par voie synthétique. Il est la base de la fabrication de l'acide o-nitrophénylpropiolique et de l'indigo artificiel [voyez COLORANTES (MATIÈRES)].

Un nouveau mode de préparation de l'acide cinnamique a été indiqué récemment par M. Claisen [*D. chem. G.*, **23**, 976]. Il repose sur l'action condensante de l'éthylate de sodium sur un mélange d'aldéhyde benzylique et d'acétate d'éthyle. En faisant agir une dissolution éthérée de ce mélange sur de l'éthylate de sodium sec, on obtient une quantité considérable de cinnamate d'éthyle :

$$C^6H^5 \cdot CHO + CH^3 \cdot CO^2C^2H^5$$
$$= C^6H^5 - CH = CH - CO^2C^2H^5 + H^2O.$$

Le meilleur procédé consiste à faire agir le sodium sur l'éther acétique et à ajouter ensuite l'aldéhyde benzylique. Voici comment il convient d'opérer : On ajoute du sodium en fil à un excès d'acétate d'éthyle pur, exempt d'alcool et refroidi avec de la glace ; on ajoute ensuite pour 1 atome de sodium 1 molécule d'aldéhyde benzylique. Lorsque tout le sodium a disparu, on laisse reposer pendant quelque temps, on sature par l'acide acétique cristallisable et on précipite par l'eau ; on décante la couche supérieure et on la lave avec une dissolution de carbonate de sodium, puis on la sèche sur du chlorure de calcium. On distille l'excès d'acétate d'éthyle et on soumet le résidu à la distillation fractionnée : le liquide passe entièrement à 260-270° et fournit par saponification l'acide cinnamique pur, fusible à 132-133°. 100 parties d'aldéhyde benzylique donnent ainsi de 100 à 110 parties d'acide cinnamique.

La réaction a lieu probablement avec formation en première ligne de phényl-lactate d'éthyle sodé :

$$C^6H^5 - CHO + CH^3Na - CO^2C^2H^5$$
$$= C^6H^5 - CH(ONa) - CH^2 - CO^2C^2H^5.$$

L'acide acétique donne ensuite l'éther phényllactique libre, qui, par distillation, se scinde en eau et en cinnamate d'éthyle. Ce procédé, appliqué à la préparation du cinnamate d'éthyle en vue de la préparation de l'indigotine artificielle, a été breveté par MM. Meister Lucius et Brüning [brevet allemand n° 53671, du 27 nov. 1890].

MM. Edeleano et Boudishteano [*Bull. Soc. Chim.*, (3), **3**, 191] ont indiqué un mode de préparation très avantageux de l'acide cinnamique, qui est une combinaison des méthodes de Perkin et de Bertagnini (Suppl., **1**, 501). Il consiste à chauffer pendant 24 heures au réfrigérant à reflux un mélange de 1 molécule d'aldéhyde benzylique, 1 molécule de chlorure d'acétyle et 3 molécules d'acétate de sodium. Le rendement est théorique et a lieu d'après l'équation

$$CH^3 . COCl + C^6H^5 . CHO + CH^3 . CO^2Na$$
$$= C^6H^5 - CH = CH - CO^2H + CH^3 - CO^2H + NaCl.$$

Propriétés. — 1 partie d'acide cinnamique se dissout à 15° dans 16^p,8 de chloroforme et dans 109^p,6 de sulfure de carbone [Stockmeier, *Dissert. inaug.*, 1883, 26], dans 3500 parties d'eau à 17° et dans 4^p,3 d'alcool absolu à la température de 20° [Kraut, *Ann. Chem.*, **133**, 934].

La chaleur de combustion de l'acide cinnamique est de 1039 calories [Ossipoff, *C. R.*, **108**, 811].

L'acide cinnamique, traité par l'amalgame de sodium et l'eau, se transforme en *acide hydrocinnamique*, $C^9H^{10}O^2$. Il fixe l'acide hypochloreux, pour donner l'*acide phénylchlorolactique*, $C^9H^9ClO^3$. Une dissolution aqueuse de chlorure d'iode le transforme en *acide α-iodo-β-phényllactique*.

En chauffant à 100° en tube scellé une solution chloroformique d'acide cinnamique avec du chlorure de nitrosyle, on obtient un composé d'addition [Sudborough. *Chem. News*, **46**, 143].

Si on soumet les éthers phénoliques de l'acide cinnamique à la distillation sèche, ils se scindent en acide carbonique et en un hydrocarbure non saturé. Avec l'éther phénylique, par exemple, on a la réaction

$$C^6H^5 - CH = CH - CO . OC^6H^5$$
$$= CO^2 + C^6H^5 - CH = CH - C^6H^5$$

[Anschütz, *D. chem. G.*, **18**, 1945].

L'acide cinnamique, oxydé par le permanganate de potassium, fournit de l'acide phénylglycérique [Fittig, *D. chem. G.*, **21**, 920] ; il se forme en même temps une certaine quantité d'aldéhyde benzylique et d'acide oxalique.

Sous l'influence de l'acide sulfurique concentré et à la température du bain-marie, l'acide cinnamique s'unit aux acides oxybenzoïques pour fournir des produits de condensation dérivés de l'anthracène [Jacobsen et Julius, *D. chem. G.*, **20**, 2588. — Von Kostanecki, *ibid.*, 3141]. C'est ainsi que l'acide m-oxybenzoïque fournit l'anthracoumarine, l'acide dioxybenzoïque symétrique la m-oxyanthracoumarine et l'acide gallique l'o-dioxyanthracoumarine ou styrogallol,

L'acide cinnamique se combine aux phénols sous l'influence de l'acide sulfurique concentré pour donner des produits de condensation dérivés de la coumarine. Ainsi, avec le phénol, on obtient la phénylhydrocoumarine et avec la résorcine la phényloxyhydrocoumarine [Liebermann et Hartmann, *D. chem. G.*, **25**, 2586].

Des condensations analogues ont lieu si on substitue les hydrocarbures aromatiques aux phénols. Ainsi, avec le benzène, on obtient l'acide diphénylpropionique,

$$\begin{matrix} C^6H^5 \\ C^6H^5 \end{matrix} \Big> CH - CH^2 - CO^2H$$

[Liebermann et Hartmann, *D. chem. G.*, **25**, 960].

L'acide ainsi formé peut réagir sur une deuxième molécule d'acide cinnamique pour donner un acide phénylène-diphénylpropionique,

$$C^6H^4 \begin{matrix} CH(C^6H^5) - CH^2 - CO^2H \\ CH(C^6H^5) - CH^2 - CO^2H \end{matrix}$$

Dans cette réaction, on observe également la formation d'une certaine quantité de phénylhydrindone,

$$C^6H^4 \begin{matrix} \\ \end{matrix} \begin{matrix} C^6H^5 \\ | \\ CH \\ CO \end{matrix} \Big> CH^2,$$

[Lieberman, *D. chem. G.*, **25**, 2124].

L'acide cinnamique, traité par l'acide nitrique chargé de vapeurs nitreuses, fournit l'ω-nitrocinnamène ou phénylnitroéthylène,

$$C^6H^5 - CH = CH - AzO^2.$$

Avec l'acide nitreux la réaction est beaucoup plus nette. Elle a lieu également si on fait bouillir l'acide cinnamique avec une solution à 10 0/0 de nitrite de sodium :

$$3 C^6H^5 - CH = CH - CO^2H + 3 AzO^2Na$$
$$= 2 C^6H^5 - CH = CH - CO^2Na$$
$$+ C^6H^5 - CH = CH - AzO^2 + 2 AzO + H^2O$$
$$+ CO^3NaH$$

[Erdmann, *D. chem. G.*, **24**, 2772].

L'acide cinnamique peut être reconnu à côté de l'acide benzoïque et d'autres corps analogues à ce qu'il donne, par oxydation à l'aide du mélange chromique, de l'aldéhyde benzylique reconnaissable à son odeur.

Si on laisse digérer pendant quelques jours à froid de l'acide cinnamique avec une petite quantité de mélange chromique, on perçoit nettement une forte odeur de miel [Phipson, *Chem. News*, **63**, 275].

Sels. — *Cinnamate de calcium.* — D'après M. Liebermann [*D. chem. G.*, **22**, 125], le cinnamate de calcium renfermant 3 molécules d'eau de cristallisation est stable à l'air à la température ordinaire et ne perd pas d'eau.

1 partie de sel se dissout dans 370 parties d'eau à 19°.

Éthers. — *Éther méthylique,*

$$C^6H^5 - CH = CH - CO^2CH^3.$$

— Il est solide à l'état de pureté ; il fond à 36° et bout à 259°.6 ; sa densité est 1,0415 à 36° [Weger, *Ann. Chem.*, **221**, 74].

Éther éthylique. — Il fond à 12° et bout à 271° ; sa densité à 0° est 1,0662 (Weger).

Le cinnamate d'éthyle, traité par une solution alcoolique d'éther acétylacétique sodé, donne un produit de condensation formé de 1 molécule de cinnamate d'éthyle et de 2 molécules d'éther sodé. Ce composé forme des cristaux volumineux qui, chauffés avec de l'alcool, donnent un produit de condensation $C^{15}H^{16}O^4$ [Michael et Freer, *J. prakt. Chem.*, (2), **43**, 390].

On a préparé un *dérivé diéthylamidé* de cet éther éthylique,

$$C^6H^5 - CH = CH - CO^2 . CH^2 - CH^2 - Az(C^2H^5)^2$$

en chauffant de la diéthyléthoxylamine

$$(C^2H^5)^2Az . CH^2 . CH^2OH,$$

de l'acide cinnamique et de l'acide chlorhydrique étendu [Ladenburg, *D. chem. G.*, **14**, 1879 ; **15**, 1144]. Au bout de quelques jours, on étend d'eau, on enlève par l'éther l'acide cinnamique libre, et on précipite par le chlorure d'or la dissolution aqueuse. Il se forme un précipité oléagineux d'un *chloraurate*, $C^{15}H^{21}AzO^2 . HCl . AuCl^3$. Ce sel se prend en masse au bout de quelque temps ; on le purifie par cristallisation dans l'eau bouillante. Le *picrate*, $C^{15}H^{21}AzO^2 . C^6H^3O(AzO^2)^3$, cristallise en aiguilles dans l'eau bouillante.

Éther propylique normal,

$$C^6H^5 - CH = CH - CO^2C^3H^7.$$

— C'est un liquide incolore, bouillant à 283-284° [Anschütz et Kinnicutt, *D. chem. G.*, **11**, 1220]. Sa densité à 0° est 1,0435 (Weger).

Cinnamate de phényle,

$$C^6H^5 - CH = CH - CO^2C^6H^5.$$

— On le prépare par l'action du chlorure de cinnamyle sur le phénol. Il est solide, soluble dans l'alcool, fusible à 72°.5 et bout sans décomposition à 205-207° sous la pression de 15 millimètres ; sous la pression ordinaire et par une distillation lente, il se scinde en stilbène et acide carbonique :

$$C^6H^5 - CH = CH - CO^2C^6H^5$$
$$= CO^2 + C^6H^5 - CH = CH - C^6H^5$$

Cinnamate de p-crésyle,

$$C^6H^5 - CH = CH - CO^2C^7H^7.$$

— On le prépare comme le précédent, en remplaçant le phénol par le p-crésol. Il est solide, fond à 100-101° et est moins soluble dans l'alcool que le précédent. Sous la pression de 15 millimètres, il bout sans altération à 230°. Par distillation lente, il donne de l'anhydride carbonique et du méthylstilbène $C^6H^5 - CH = CH - C^6H^4 . CH^3$.

Cinnamate de thymyle,

$$C^3H^5 - CH = CH - CO^2{}_{(1)}C^6H^3(CH^3){}_{(4)}(C^3H^7){}_{(2)}.$$

— Il fond à 69-70° et bout à 239-240° sous la pression de 15 millimètres.

Cinnamate de β-naphtyle,

$$C^6H^5 - CH = CH - CO^2C^{10}H^7.$$

— Il fond à 101-102° et se décompose par la distillation en acide carbonique et en un hydrocarbure non étudié [Anschütz, *D. chem. G.*, **18** 1945).

Chlorure de cinnamyle,

$$C^6H^5 - CH = CH - COCl.$$

— On prépare avantageusement le chlorure de cinnamyle en chauffant pendant 1 heure et demie au bain-marie parties égales de trichlorure de phosphore et d'acide cinnamique ; on sépare le chlorure de cinnamyle par distillation fractionnée dans le vide [Liebermann, *D. chem. G.*, **21**, 3372]. Ce corps bout à 170-171° sous la pression de 58 millimètres et à 154° sous 25 millimètres (Liebermann). Il se solidifie dans le réfrigérant en prismes légèrement jaunâtres, fusibles à 35-36° [Claisen et Antweiler, *D. chem. G.*, **13**, 2124].

Cyanure de cinnamyle,

$$C^6H^5 - CH = CH - CO - CAz.$$

— On chauffe pendant longtemps à 100° le chlorure de cinnamyle avec du cyanure d'argent ; on épuise par l'éther, on évapore la dissolution éthérée et on purifie le résidu par cristallisation dans le chloroforme.

Le cyanure de cinnamyle forme de beaux prismes jaunâtres, fusibles à 114-115°, solubles dans l'éther, le chloroforme, le benzène et le sulfure de carbone, peu solubles dans l'éther de pétrole ; l'eau le décompose lentement. La potasse caustique le dissout rapidement à chaud, avec formation de cinnamate et de cyanure de potassium (Claisen et Antweiler).

Diphénylcinnamide,

$$C^6H^5 - CH = CH - CO - Az(C^6H^5)^2.$$

— Voyez Cinnamyldiphénylamine.

Cinnamidothiophénol,

$$C^6H^5 - CH = CH - C \underset{S}{\overset{Az}{\diagdown\diagup}} C^6H^4.$$

— En chauffant légèrement l'acide cinnamique avec de l'amidophénylmercaptan

$$C^6H^4 \underset{SH}{\overset{AzH^2}{\diagup\diagdown}}$$

on remarque la formation d'eau. On traite le produit de la réaction par la soude caustique, qui détruit les corps non entrés en réaction. Le résidu, lavé à l'eau, est purifié par des cristallisations répétées dans l'alcool bouillant.

On obtient ainsi des prismes épais, très réfringents, fusibles à 111°, doués de propriétés basiques faibles.

Les sels formés par les acides minéraux énergiques sont décomposés par l'eau. Par fusion du cinnamidothiophénol avec de la potasse caustique, on obtient de l'acide benzoïque et de l'amidophénylmercaptan [A.-W. Hofmann, *D. chem. G.*, **13**, 1235].

Cinnamonitrile, $C^6H^5 - CH = CH - CAz$. — On chauffe progressivement jusque vers 190° un mélange d'acide cinnamique et de sulfocyanate de plomb :

$$2C^6H^5 - CH = CH - CO^2H + (CAzS)^2P$$
$$= 2C^6H^5 . CH = CH - CAz + PbS + H^2S + 2CO^2.$$

Lorsque le dégagement gazeux a cessé, on distille : 3 parties d'acide cinnamique fournissent ainsi 1 partie de nitrile [Krüss, *D. chem. G.*, **17**, 1768].

On l'obtient aussi en chauffant l'acide phénylcyanacrylique [Fiquet, *Thèse*, Paris, 1892] :

$$C^6H^5\text{-}CH=C(CAz)\text{-}CO^2H = CO^2 + C^6H^5\text{-}CH=CH.CAz.$$

Le nitrile cinnamique est liquide, se solidifie dans un mélange réfrigérant et fond alors à + 11°. Il bout à 254-255°, est soluble dans l'alcool et se combine à l'hydrogène sulfuré pour donner de la thiocinnamide.

ANHYDRIDE CINNAMIQUE. — Le meilleur procédé pour préparer ce corps consiste à chauffer pendant 3 heures parties égales d'anhydride acétique et d'acide cinnamique. On obtient jusqu'à 70 0/0 du rendement théorique [Liebermann, *D. chem. G.*, **21**, 3373].

L'anhydride cinnamique fond à 130°.

AMIDE CINNAMIQUE. — Réduite en liqueur acide par l'amalgame de sodium et l'alcool, elle se transforme en amide hydrocinnamique [Hutchinson, *D. chem, G.*, **24**, 176].

Cinnamyl-bromélhyl-amide,

$$C^6H^5-CH=CH-CO.AzH.CH^2.CH^2Br$$

[Elfeldt, *D. chem. G.*, **24**, 3225]. — On chauffe doucement, à 40-50°, un mélange de chlorure de cinnamyle et de bromhydrate de brométhylamine, additionné d'une lessive de soude. La réaction terminée, on fait cristalliser le produit dans le benzène, le chloroforme, ou mieux encore dans la ligroïne. Lamelles blanches, fusibles à 90-91°, qui, soumises à l'ébullition avec de la potasse alcoolique, se convertissent en *cinnaményloxazoline* (voy. ce mot).

Cinnamyl-β-bromopropyl-amide,

$$C^6H^5-CH=CH-CO.AzH-CH^2-CHBr-CH^3$$

[Elfeldt, *ibid.*]. — Même préparation que pour le corps précédent. Lamelles blanches, fusibles à 79-80°.

Cinnamyl-γ-bromopropyl-amide,

$$C^6H^5-CH=CH-CO.AzH.CH^2.CH^2.CH^2Br.$$

— Lamelles hexagonales, fusibles à 74°.

DÉRIVÉS CINNAMIQUES DE L'HYDROXYLAMINE. — *Acide cinnamylhydroxamique,*

$$C^6H^5-CH=CH-CO-AzH.OH.$$

— On prépare ce corps en faisant agir le chlorure de cinnamyle sur l'hydroxylamine. Il se forme un mélange d'acides, cinnamylhydroxamique et dicinnamylhydroxamique. Or ce dernier est insoluble dans l'éther. On reprend donc le produit de la réaction par ce dissolvant, on évapore et on arrose le résidu d'eau bouillante. La majeure partie de l'acide cinnamique reste à l'état insoluble ; la solution aqueuse est saturée par le carbonate de baryum et le sel de baryum décomposé par la quantité calculée d'acide sulfurique [Rostocki, *Ann. Chem.*, **178**, 214].

L'acide cinnamylhydroxamique forme des cristaux fusibles à 110°, peu solubles dans l'eau froide, plus solubles dans l'eau chaude, solubles dans l'alcool et dans l'éther. Le perchlorure de fer le colore en un violet intense.

Sel de sodium, $C^9H^8AzO^2Na$, $C^9H^9AzO^2$. — Lamelles jaunes instables.

Sel de potassium, $C^9H^8AzO^2K$, $C^9H^9AzO^2$. — Cristaux jaunes. Il se décompose facilement, avec formation de produits insolubles.

Sel de baryum, $(C^9H^8AzO^2)^2Ba$. — Cristaux jaunes, se décomposant, par la distillation sèche, en ammoniaque et en une base qui paraît avoir pour formule C^9H^7Az.

Sel de plomb, $(C^9H^8AzO^2)^2Pb$. — Précipité blanc-jaunâtre.

Acide dicinnamylhydroxamique,

$$(C^9H^7O)^2Az.OH.$$

— Ce corps, dont on a donné plus haut le mode de préparation, cristallise dans l'alcool bouillant en prismes ou en lamelles fusibles à 152°, insolubles dans l'eau, peu solubles dans l'éther et dans l'alcool froid. Soumis à la distillation sèche, il se décompose en acide cinnamique, en un corps cristallisé ayant pour formule $C^{17}H^{11}Az^3O^4$ et en une base $C^{16}H^{15}Az$. Il se forme en même temps une quantité notable de résines.

Sel de sodium, $C^{18}H^{14}AzO^3Na$. — Cristaux jaunes.

Sel de potassium, $C^{18}H^{14}AzO^3K$. — Poudre jaune, que l'eau bouillante décompose avec formation d'acide cinnamique.

Le *sel d'argent* est blanc, le *sel de plomb* jaunâtre. Tous les deux sont insolubles dans l'eau [Rostocki, *Ann. Chem.*, **178**, 214].

PHÉNYLOALLÉNYLAMIDOXIME (*phénylopropényc-amidoxime*),

$$C^6H^5-CH=CH-C\underset{Az.OH}{\overset{AzH^2}{\lessgtr}}$$

— On prépare ce corps en laissant digérer à 60-70° pendant quelques jours du cinnamonitrile, du chlorhydrate d'hydroxylamine, du carbonate de sodium et de l'alcool étendu [Wolff, *D. chem. G.*, **19**, 1507]. On évapore l'alcool dans le vide, on acidifie par l'acide chlorhydrique et on épuise par l'éther qui enlève le nitrile non attaqué. La dissolution aqueuse, qui renferme le chlorhydrate de l'amidoxime, est débarrassée de l'éther qu'elle renferme par exposition dans le vide, puis neutralisée par le carbonate de sodium. L'amidoxime se précipite : on la redissout dans la soude caustique et on la précipite par l'acide carbonique ; finalement on fait cristalliser dans l'alcool étendu.

La phényloallénylamidoxime cristallise en prismes obliques, fusibles à 93°, peu solubles dans l'eau froide et dans la ligroïne, solubles dans l'alcool, le chloroforme, l'éther et le benzène. Elle se combine aux acides et aux alcalis et donne avec la liqueur de Fehling un précipité d'un vert sale.

Chlorhydrate, $C^9H^{10}Az^2O.HCl$. — On le prépare en précipitant par le gaz chlorhydrique une solution éthérée de l'amidoxime. En évaporant avec précaution sa dissolution aqueuse, on l'obtient en prismes aplatis, fusibles en se décomposant à 155°.

Le *chloroplatinate,* $(C^9H^{10}Az^2O.HCl)^2PtCl^4$, est soluble dans l'alcool et cristallise en aiguilles groupées.

Éther méthylique,

$$C^9H^5.CH=CH-C\underset{AzH^2}{\overset{Az.OCH^3}{\lessgtr}}$$

— On chauffe pendant 5 heures au réfrigérant ascendant une dissolution alcoolique du sel sodique de l'amidoxime avec de l'iodure de méthyle ; on évapore l'alcool, on dissout dans l'acide chlorhydrique le résidu de l'évaporation et on précipite à plusieurs reprises par un alcali. Par cristallisation dans l'alcool étendu, on obtient des prismes semblables à l'amidoxime, fusibles à 98°, solubles dans l'alcool, l'éther, le chloroforme et le benzène, insolubles dans l'eau froide, solubles dans l'eau bouillante. Cet éther, ne renfermant plus d'oxhydryle, ne jouit que de propriétés basiques. Il se volatilise avec la vapeur d'eau.

Éther éthylique. — Ce corps se prépare comme l'éther méthylique, auquel il ressemble par ses propriétés. Il fond à 83°.

Phényloallénylazoxime-éthényle (*cinnaményl-méthyl-furodiazol*),

$$C^6H^5-CH=CH-C\underset{Az}{\overset{Az-O}{\lessgtr}}C.CH^3.$$

— On prépare ce corps en chauffant pendant quelque temps des quantités équimoléculaires de l'amidoxime et d'anhydride acétique. Le produit de la réaction est traité successivement par un acide et par un alcali et entraîné par un courant de vapeur d'eau.

Ce corps fond à 78° et peut être sublimé avec précaution sans se décomposer. Sa vapeur est douée d'une odeur agréable rappelant l'abricot. Il est soluble dans les dissolvants organiques usuels, peu soluble dans l'eau.

Acide phényloallénylazoxime-propényl-ω-carbonique (cinnaményl-furodiazol-propyloïque),

$$C^6H^5 - CH = CH - C \lessgtr_{Az}^{Az \cdot O} C - CH^2 - CH^2 - CO^2H.$$

— On fond des quantités équimoléculaires d'anhydride succinique et de l'amidoxime. La réaction s'achève d'elle-même avec dégagement de vapeur d'eau. On reprend le produit de la réaction par la soude caustique, on filtre, on étend d'eau et on précipite par l'acide chlorhydrique ; on reprend le précipité par l'alcool étendu et bouillant; on décolore par le noir animal. Par refroidissement de la liqueur, le nouvel acide cristallise en prismes allongés et brillants, fusibles à 114°. C'est un acide faible, ne décomposant que les carbonates solubles, mais sans action sur le carbonate de calcium. Il est soluble dans le chloroforme et dans l'alcool, moins soluble dans l'eau bouillante, l'éther et le benzène, peu soluble dans la ligroïne.

Les sels alcalins sont solubles dans l'eau. Le *sel d'argent* est une poudre blanche, insoluble dans l'eau froide ; il se dissout dans l'eau bouillante en se décomposant partiellement

Phényloallénylamidobenzoyloxime,

$$C^6H^5 - CH = CH - C \lessgtr_{AzH^2}^{Az - O - CO - C^6H^5}$$

— On prépare ce corps en ajoutant à une dissolution de l'amidoxime dans l'éther absolu une dissolution éthérée de chlorure de benzoyle ; l'addition doit se faire goutte à goutte. Il se dépose un précipité blanc, qu'on filtre et qu'on lave à l'éther. On lave successivement à l'eau et à l'ammoniaque étendue. Par cristallisation dans l'alcool, on obtient de fines aiguilles, fusibles à 160°, solubles dans l'alcool, peu solubles dans le benzène et le chloroforme, encore moins solubles dans l'éther et insolubles dans l'eau.

Phényloallénylazoxime-benzényle (cinnaményl-phényl-furodiazol),

$$C^6H^5 \cdot CH = CH - C \lessgtr_{Az}^{Az \cdot O} C - C^6H^5.$$

— On le prépare en chauffant le corps précédent au-dessus de son point de fusion ou en le soumettant à l'action de l'eau bouillante. Par cristallisation dans l'alcool étendu, on obtient de fines aiguilles blanches, fusibles à 102°, insolubles dans l'eau froide, peu solubles dans l'eau bouillante, solubles dans l'alcool, l'éther et le chloroforme, très solubles dans le benzène. Ce corps se volatilise difficilement avec la vapeur d'eau.

DINITRURE D'ACIDE CINNAMIQUE (*acide benzène-dinitropropyloïque*),

$$C^6H^5 - C^2H^2 (Az^2O^4) \cdot CO^2H.$$

— Pour préparer ce corps, on dissout 1 partie d'acide cinnamique dans 5 parties de benzène sec bouillant. Par le refroidissement, on obtient un magma cristallin dans lequel on fait passer un courant de vapeurs d'hypoazotide. La liqueur s'échauffe, devient limpide, et au bout de 1 ou 2 heures de repos laisse déposer des cristaux incolores.

Ce produit est peu stable ; chauffé au bain-marie, il fond avec dégagement de gaz. Abandonné sur de l'acide sulfurique, il se décompose spontanément en laissant un résidu épais résineux. Traité par l'eau ou par l'alcool, il se décompose en acide carbonique, vapeur nitreuse et nitrocinnamène :

$$C^6H^5 - C^2H^2(Az^2O^4) \cdot CO^2H$$
$$= CO^2 + AzO^2H + C^6H^5 - CH = CH - AzO^2$$

[Gabriel, *D. chem. G.*, **18**, 2438].

DÉRIVÉS DE L'ACIDE CINNAMIQUE SUBSTITUÉS DANS LA CHAINE LATÉRALE.

ACIDE PHÉNYL-α-CHLORACRYLIQUE (*benzène-chloro2-propényloïque*),

$$C^6H^5 - CH = CCl - CO^2H.$$

— Ce corps se forme à côté d'une petite quantité d'acide phényl-β-chloracrylique,

$$C^6H^5 - CCl = CH - CO^2H,$$

quand on traite l'acide phényldichloropropionique par la potasse alcoolique [Jutz, *D. chem. G.*, **15**, 788].

Il se forme également lorsqu'on fait bouillir pendant quelques heures l'acide phénylchlorolactique, $C^6H^5 - CH(OH) - CHCl - CO^2H$, avec de l'anhydride acétique et de l'acétate de sodium [Forrer, *D. chem. G.*, **16**, 854].

Le chlorure de cet acide prend naissance lorsqu'on traite par un mélange de perchlorure et d'oxychlorure de phosphore le benzoylacétate d'éthyle, $C^6H^5 - CO - CH^2 - CO^2 - C^2H^5$ [Perkin, *Chem. Soc.*, **47**, 256].

Le meilleur mode de préparation de l'acide phényl-α-chloracrylique consiste à chauffer pendant quelques heures à 100-110° du monochloracétate de sodium, de l'anhydride acétique et de l'aldéhyde benzylique. En distillant le produit de la réaction avec la vapeur d'eau, on obtient un corps qui, purifié par cristallisation dans l'éther de pétrole, se présente sous la forme d'aiguilles fusibles à 142°, presque insolubles dans l'eau, solubles dans l'alcool et dans l'éther, peu solubles dans la ligroïne [Plöchl, *D. chem. G.*, **15**, 1945].

L'acide phényl-α-chloracrylique fixe directement 2 atomes de brome.

Son *sel de potassium* est beaucoup moins soluble dans l'alcool que le sel de son isomère β, ce qui permet une séparation assez nette des deux acides.

ACIDE PHÉNYL-β-CHLORACRYLIQUE (*benzène-chloro1-propényloïque*),

$$C^6H^5 - CCl = CH - CO^2H.$$

— Ce corps cristallise en lamelles allongées, fusibles à 114°. Soumis à la distillation, il ne se transforme pas dans l'isomère α (Plöchl).

ACIDE DICHLOROCINNAMIQUE,

$$C^6H^5 - CCl = CCl - CO^2H.$$

— On prépare ce corps en faisant passer un courant de chlore jusqu'à refus dans une dissolution chloroformique refroidie d'acide phénylpropiolique $C^6H^5 - C \equiv C - CO^2H$.

On évapore le dissolvant, on exprime la masse pâteuse sur de la porcelaine poreuse, on redissout dans le chloroforme et on précipite par la ligroïne [Nissen, *D. chem. G.*, **25**, 2664].

On obtient ainsi de jolies lamelles presque inodores, fusibles à 120-121°, insolubles dans l'eau et dans la ligroïne, solubles dans les dissolvants organiques usuels.

Ce corps est doué d'une grande stabilité : le chlore n'est éliminé que par une ébullition prolongée de la dissolution alcoolique avec de la poudre de zinc.

Le *sel ammoniacal* cristallise en longues aiguilles ; le *sel d'argent* forme des aiguilles blanches, solubles dans l'eau bouillante.

L'*éther méthylique*, obtenu par l'action de l'acide chlorhydrique sur une dissolution méthylique de l'acide, est une huile incolore.

Acide phényl-α-bromacrylique,

$$C^6H^5 - CH = CBr - CO^2H.$$

— Par l'action de la potasse alcoolique sur l'acide phényl-α-β-dibromopropionique,

$$C^6H^5 . C^2H^3Br^2 . CO^2H,$$

il se forme un mélange d'acides phényl-α- et β-bromacryliques ; on sépare ces corps par l'eau bouillante, qui dissout l'acide β plus facilement que son isomère ; par précipitation fractionnée des sels de potassium à l'aide de l'acide chlorhydrique, on obtient d'abord l'acide α, puis un mélange des deux isomères. L'acide β se précipite en dernier lieu [Barisch, *J. prakt. Chem.*, (2), **20**, 182. — Kinnicutt, *Am. chem. Journ.*, **4**, 26. — Stockmeier, *Dissert. inaug.*, 52].

On purifie l'acide phényl-α-bromacrylique par dissolution dans l'ammoniaque et précipitation par l'acide chlorhydrique.

Enfin on obtient cet acide en soumettant à l'action de l'eau bouillante les acides α- ou β-phényltribromopropionique $C^6H^5 . C^2H Br^3 . CO^2H$ [Kinnicutt et Palmer, *Am. chem. Journ.*, **5**. 385].

L'acide phényl-α-bromacrylique cristallise en longues aiguilles quadratiques, fusibles à 130-131°, distillant en majeure partie sans décomposition. Il est soluble en toutes proportions dans l'alcool, beaucoup moins soluble dans l'éther exempt d'alcool ; il se dissout sans altération dans l'acide sulfurique concentré. La poudre de zinc et l'acide acétique cristallisable le transforment en acide cinnamique [Michael, *J. prakt. Chem.*, (2), **35**, 357]. Il se combine à froid à l'acide bromhydrique pour donner l'acide phényl-α-β-dibromopropionique. Chauffé à 120° avec de l'acide bromhydrique saturé à 0°, il fournit entre autres produits l'ω-bromocinnamène et l'acide phényl-β-bromolactique.

Sel d'ammonium. — Il cristallise en aiguilles aplaties, solubles dans l'eau bouillante et dans l'alcool.

Sel barytique. — Lamelles minces, rhombiques, peu solubles dans l'eau froide, insolubles dans l'alcool.

Sel d'argent. — Précipité pulvérulent, qui cristallise dans l'eau bouillante en lamelles. Chauffé à 150° avec de l'eau, il ne fournit pas trace de bromure d'argent.

Éther méthylique, $C^6H^5 - CH = CBr - CO^2CH^3$. — On obtient ce corps en distillant son isomère β sous la pression ordinaire. C'est un liquide bouillant à 158,5-159°,5 sous la pression de 14 millimètres [Anschütz et Selden, *D. chem. G.*, **20**, 1383].

Éther éthylique, $C^6H^5 - CH = CBr - CO^2C^2H^5$. — On prépare ce corps en faisant agir l'acide chlorhydrique sur une solution alcoolique de l'acide (Barisch) ou en distillant son isomère β. La transformation détermine toutefois la décomposition d'une partie du produit (Anschütz et Selden). C'est un liquide bouillant à 293,5-295°,5 en se décomposant en partie, et à 186,5-187°,5 sous la pression de 29mm,5. Dissous dans l'acide sulfurique concentré et précipité ensuite par l'eau, il se transforme en éther benzoylacétylacétique.

Chlorure, $C^6H^5 - CH = CBr - COCl$. — On le prépare en faisant agir le pentachlorure de phosphore sur l'acide α- ou β-bromé (Anschütz et Selden). Il est liquide et bout à 152,4-152°,8 sous la pression de 12 millimètres ; il est transformé en acide par l'eau.

Amide, $C^6H^5 - CH = CBr - COAzH^2$. — On la prépare par l'action de l'ammoniaque sur le chlorure. Elle cristallise dans l'eau bouillante en lamelles nacrées, fusibles à 118,5-119°, peu solubles dans l'eau bouillante.

Anilide, $C^6H^5 - CH = CBr - COAzH . C^6H^5$. — La combinaison de l'aniline avec le chlorure a lieu avec un vif dégagement de chaleur. Par cristallisation dans l'alcool, on obtient de petites aiguilles, fusibles à 80°, qui, en séjournant dans l'eau mère alcoolique, se transforment au bout de quelques jours en cristaux aplatis, hexagonaux, ayant même point de fusion que les aiguilles.

Acide phényl-β-bromacrylique,

$$C^6H^5 - CBr = CH - CO^2H.$$

— Cet acide, dont on a indiqué plus haut le mode de préparation, cristallise dans l'eau bouillante en cristaux hexagonaux orthorhombiques, aplatis, fusibles à 120° [Haushofer, *Jahresb.*, 1883, 1176].

Il est très soluble dans l'eau bouillante, l'alcool, le sulfure de carbone et le benzène. Soumis à la distillation sèche ou bouilli avec de l'acide iodhydrique fumant, il se transforme en son isomère α. Sa dissolution acétique, saturée d'acide chlorhydrique ou d'acide bromhydrique, se transforme à froid en acide α (Stockmeier).

Si on soumet l'acide phényl-β-bromacrylique à l'action de l'acide bromhydrique fumant, à 120°, il fournit entre autres corps de l'acide phényl-β-bromolactique, de l'ω-bromocinnamène, de l'α-bromocinnamène et du bromure de cinnamène $C^6H^5 - CHBr - CH^2Br$

Traité par le chlore, il fournit le même acide phényltribromopropionique que son isomère α. Le zinc en poudre et l'acide acétique cristallisable le transforment en acide cinnamique. Il se dissout dans l'acide sulfurique froid, en donnant deux corps qui ont pour formules $C^{16}H^{12}O^4$ et $C^{17}H^{12}Br^2O^3$ (voyez plus loin).

Chauffé à 140° avec de la potasse caustique étendue, il donne de l'acide carbonique, de l'acide bromhydrique et un corps huileux exempt de brome.

Traité par l'alcool et l'acide chlorhydrique, il fournit le phényl-α-bromacrylate d'éthyle.

Sel de potassium, $C^6H^5 - CBr = CH - CO^2K$. — Il cristallise en fines aiguilles, déliquescentes, très solubles dans l'alcool.

Sel de baryum. — Aiguilles déliquescentes.

Sel d'argent. — Précipité caséeux, assez soluble dans l'eau froide ; l'eau bouillante le décompose facilement en acide libre et en sel basique.

Éther méthylique, $C^6H^5 - CBr = CH - CO^2CH^3$. — On prépare ce corps en traitant le sel d'argent de l'acide phényl-β-bromacrylique par l'iodure de méthyle. Il est liquide, bout à 145-147° sous la pression de 11 millimètres et se transforme par distillation sous la pression ordinaire dans l'isomère α (Anschütz et Selden).

Éther éthylique, $C^6H^5 . CBr = CH - CO^2C^2H^5$. — On le prépare comme le précédent, en remplaçant l'iodure de méthyle par l'iodure d'éthyle [Michael et Browne, *D. chem. G.*, **20**, 551]. Il est liquide et bout à 176-177° sous la pression de 30 millimètres.

Action de l'acide sulfurique sur les acides phénylbromacryliques. — Nous avons vu plus haut que l'acide phényl-α-bromacrylique se dissout sans altération dans l'acide sulfurique concentré et qu'il n'en est pas de même de son isomère β. Ce dernier, ajouté à de l'acide sulfurique concentré, le colore d'abord en jaune ; la solution devient de plus en plus foncée et prend au bout de quelque temps une coloration d'un brun foncé. Cette coloration est accompagnée d'une modification profonde de la substance et de la formation de deux composés dont la constitution n'a pu être établie et qu'on isole de la manière suivante [Leuckart, *D. chem. G.*, **15**, 17] :

On laisse reposer la dissolution pendant quelque temps et on précipite par addition d'eau très froide ; le précipité est traité par une solution froide et étendue de carbonate de sodium ; le composé ayant pour formule $C^{17}H^{12}Br^2O^2$ reste à l'état insoluble, tandis que le corps $C^{19}H^{12}O^4$ entre en solution. On filtre, on précipite la dissolution alcaline par l'acide chlorhydrique, on redissout le précipité dans l'ammoniaque et on ajoute du chlorure de calcium ; le sel de calcium qui se précipite est traité par l'acide chlorhydrique étendu, et le corps ainsi obtenu est purifié par cristallisation dans un mélange à volumes égaux d'acide acétique cristallisable et de nitrobenzène. On obtient des aiguilles jaunes, fusibles au-dessus de 260°, solubles dans l'alcool, l'éther et le benzène. La dissolution ammoniacale, traitée par les sels métalliques, donne des précipités jaunes généralement insolubles dans l'eau.

Quant à la substance $C^{17}H^{12}Br^2O^2$, insoluble dans la dissolution de carbonate de sodium, on la purifie en la traitant successivement par l'acide acétique cristallisable et par l'alcool bouillants, puis on la dissout dans le phénol bouillant ; par le refroidissement, il se sépare un dérivé phénolique, qu'on purifie par des cristallisations répétées dans le phénol bouillant. Ce composé est ensuite lavé successivement par la soude caustique étendue, à l'eau, à l'alcool et à l'éther. Par ébullition avec de l'anhydride butyrique, on élimine le phénol, et par le refroidissement le corps $C^{17}H^{12}Br^2O^2$ se dépose en lamelles volumineuses, nacrées, fusibles au-dessus de 300°, insolubles dans les dissolvants usuels, solubles dans le phénol, le nitrobenzène, l'aniline et le xylène bouillants. Toutefois, par le refroidissement de ces dissolutions, il se dépose des combinaisons du corps $C^{17}H^{12}Br^2O^2$ avec le dissolvant employé.

Le produit se dissout sans altération dans l'acide sulfurique concentré. Bouilli avec la potasse alcoolique, il se décompose en se colorant en violet. Il est très stable en présence des oxydants. La poudre de zinc et l'acide acétique le transforment en un produit exempt de brome, qui paraît avoir pour formule $C^{17}H^{14}O^2$; purifié par l'alcool absolu, ce dernier forme des cristaux fusibles à 127°, peu solubles dans l'eau bouillante, facilement solubles dans l'alcool ; il se dissout en rose dans l'acide sulfurique concentré et se colore en violet en se décomposant lorsqu'on le traite par la potasse alcoolique (Leuckart).

ACIDE POLY-β-BROMOCINNAMIQUE,

$$C^6H^5-CBr=CH-C \overset{OH}{\underset{O}{\overset{|}{<}}} \overset{OH}{\underset{}{>}} C-CH=CBr-C^6H^5.$$

— On prépare ce corps en agitant l'acide phénylpropiolique $C^6H^5-C\equiv C-CO^2H$ avec de l'acide bromhydrique saturé à 0° (Stockmeier). Il cristallise dans l'eau bouillante en lamelles, dans le benzène en prismes clinorhombiques, fusibles à 153°,5, solubles dans l'alcool, l'éther, le chloroforme et le benzène, peu solubles dans la ligroïne. Soumis à l'ébullition avec une solution

de carbonate de sodium, il fournit entre autres produits du phénylacétylène, de l'acide carbonique, de l'acide bromhydrique, de l'acide propiolique et de l'α-bromocinnamène

$$C^6H^5-CBr=CH^2.$$

L'amalgame de sodium le transforme en acide hydrocinnamique.

L'acide polybromocinnamique fixe 2 atomes de brome. Par dissolution dans l'acide sulfurique concentré il se transforme en bromacétylbenzène

$$CH^2Br-CO-C^6H^5$$

et acide benzoylacétique

$$C^6H^5-CO-CH^2-CO^2H.$$

L'acide bromhydrique fumant agit en vase clos à 80° sur l'acide polybromocinnamique en le transformant principalement en acide bromhydrique, acide carbonique et acétylbenzène. Si au contraire on fait agir le gaz acide bromhydrique à 0° sur une solution d'acide polybromocinnamique dans l'acide acétique cristallisable, on voit se former un isomère fusible à 159-160°, qu'on isole en précipitant par l'eau et en faisant cristalliser le produit dans le benzène. Ce même corps paraît avoir été obtenu par MM. Michael et Browne [*D. chem. G.*, **19**, 1379].

Le *sel de baryum* cristallise en prismes solubles dans l'eau.

L'*éther éthylique*, obtenu par le sel d'argent et l'iodure d'éthyle, est liquide et bout à 150-152° sous la pression de 15 millimètres [Michael et Browne, *D. chem. G.*, **20**, 551].

ACIDE PHÉNYLBROMACRYLIQUE. — Un troisième isomère des deux acides α et β décrits plus haut a été obtenu par MM. Michael et Browne par l'action de l'acide bromhydrique sur l'acide phénylpropiolique. Il se rapproche par ses propriétés de l'isomère α ; il en diffère par son point de fusion situé à 133-134° au lieu de 130-131°, point de fusion de l'acide α, et par la solubilité six fois plus grande de son sel barytique. En effet, 1000 parties d'eau à 0° dissolvent 1p,2 du sel de l'acide α et 7p,76 du sel du nouvel acide. On a probablement affaire ici à un cas d'isomérie physique.

ACIDES DIBROMOCINNAMIQUES,

$$C^6H^5-CBr=CBr-CO^2H.$$

— Par l'action du brome sur l'acide phénylpropiolique, il se forme deux acides dibromocinnamiques, fusibles l'un à 100°, l'autre à 139°. Seul l'acide fusible à 100° se transforme par l'action de l'acide sulfurique concentré en un dérivé de l'indonaphtène [Roser et Haseloff, *D. chem. G.*, **20**, 1576]. L'étude de ces corps aurait besoin d'être complétée.

ACIDE DI-IODOCINNAMIQUE,

$$C^6H^5-CI=CI-CO^2H.$$

— On prépare ce corps en faisant agir l'iode en solution sulfocarbonique sur l'acide phénylpropiolique, en présence d'iodure ferreux anhydre qui joue le rôle d'agent de transport.

L'acide di-iodocinnamique cristallise en lamelles argentines, fusibles à 171°, solubles dans l'alcool. Le permanganate à froid ne l'attaque pas ; l'amalgame de sodium le transforme en acide hydrocinnamique.

Le *sel de sodium*, $C^9H^5I^2O^2Na, 3H^2O$, cristallise en aiguilles très peu solubles dans une dissolution de carbonate de sodium.

Sel de calcium, $(C^9H^5I^2O^2)^2Ca$. — Lamelles brillantes, solubles dans l'eau.

Les *sels de baryum, de zinc et de magné-sium* sont solubles.

Le *sel de plomb* forme un précipité blanc, ainsi que le *sel d'argent*.

Ce dernier, chauffé à 70°, se décompose en iodure d'argent et en phényl-iodoacétylène, $C^6H^5-C\equiv CI$. La réaction est très nette et peut être exprimée par l'équation suivante :

$$C^6H^5 . CI = CI - CO^2Ag$$
$$= CO^2 + AgI + C^6H^5 - C \equiv CI.$$

Éther méthylique, $C^6H^5 - CI = CI - CO^2CH^3$. — On obtient ce corps par l'action de l'iode en solution sulfocarbonique sur le phénylpropiolate de méthyle. Il cristallise en lamelles argentines, fusibles à 77°, solubles dans l'alcool, insolubles dans l'eau [Liebermann et Sachse, *D. chem. G.*, **24**, 2588 et 4113].

ACIDE α-PHÉNOXYCINNAMIQUE,

$$C^6H^5 - CH = C \Big\langle {}^{O C^6 H^5}_{C O^2 H}$$

— On prépare ce corps en chauffant à 150-160° 10 parties de phénoxyacétate de sodium,

$$C^6H^5 - O - CH^2 - CO^2Na$$

(obtenu par l'acide monochloracétique et le phénate de sodium), avec 8 parties d'aldéhyde benzylique et 28 parties d'anhydride acétique [Oglialoro, *Gazz. chim. ital.*, **10**, 481]. Le produit est traité par l'eau bouillante, qui enlève l'acide cinnamique formé dans la réaction, et le résidu est purifié par cristallisation dans l'alcool étendu.

L'acide α-phénoxycinnamique cristallise en prismes brillants, volumineux, fusibles à 179-180°, très peu solubles dans l'eau, solubles à chaud dans l'alcool.

Le *sel de baryum* forme des cristaux volumineux, transparents; sa dissolution se résinifie quand on la chauffe.

Le *sel d'argent* est une poudre cristalline qui cristallise dans l'eau bouillante en petits prismes.

ACIDE SULFHYDRYLCINNAMIQUE (*benzène-thiol2-propényloïque*),

$$C^6H^3 - CH = C \Big\langle {}^{SH}_{CO^2H}$$

— On prépare cet acide en chauffant pendant 1 heure et demie au bain-marie 1 partie d'acide benzylidène-rhodaninique

$$C^6H^3 - CH = C \Big\langle {}^{SH}_{CO - S - CAz}$$

avec 25 parties d'eau de baryte à 20 0/0; la réaction est exprimée par l'équation suivante :

$$C^6H^3 - CH = C(SH) - CO - S - CAz + H^2O$$
$$= C^9H^8SO^2 + CAzSH.$$

Par addition d'acide chlorhydrique à la liqueur, on précipite l'acide sulfhydrylcinnamique.

Ce corps forme des cristaux fusibles à 119°, presque insolubles dans l'eau, solubles dans l'alcool, l'éther, le sulfure de carbone, le benzène et la ligroïne.

Ses sels sont amorphes. Le *sel d'argent* est jaunâtre et insoluble [Bondzynski, *Mon. f. Chem.*, **8**, 355].

En traitant 10 grammes d'acide benzylidène-rhodaninique par un mélange refroidi de 100 grammes d'acide nitrique ($d = 1,4$) et de 150 grammes d'acide sulfurique concentré, on obtient un dérivé nitré qui, saponifié par la baryte, fournit l'*acide nitrosulfhydrylcinnamique* (*nitrobenzène-thiol2-propényloïque*),

$$C^6H^4 \Big\langle {}^{AzO^2}_{CH = C} \Big\langle {}^{SH}_{CO^2H}$$

Il se dépose de sa dissolution alcoolique en cristaux fusibles à 240°. Son *sel barytique* cristallise en longues aiguilles.

On a également préparé un *acide o-amido-sulfhydrylcinnamique* (*aminobenzène-thiol2-propényloïque*)

$$C^6H^4 \Big\langle {}^{AzH^2}_{CH = C} \Big\langle {}^{SH}_{CO^2H}$$

par l'action du sulfure d'ammonium sur l'acide o-amidobenzylidène-rhodaninique (Bondzynski). C'est un corps cristallin, soluble dans l'alcool, insoluble dans le benzène et dans la ligroïne.

ACIDE DITHIOCINNAMIQUE (*cinnamique-dithio-cinnamique*),

$$C^6H^5 - CH = C \Big\langle {}^{CO^2H}_{S}$$
$$C^6H^3 - CH = C \Big\langle {}^{S}_{CO^2H}$$

— On ajoute alternativement de l'iode et de l'eau à une dissolution d'acide sulfhydrylcinnamique dans le sulfure de carbone; on filtre, on lave à l'eau et à la ligroïne et on fait cristalliser le produit dans le benzène bouillant.

L'acide dithiocinnamique cristallise en belles aiguilles jaunes, fusibles à 179°, solubles dans l'alcool et dans l'éther, moins solubles dans le benzène, presque insolubles dans la ligroïne.

Le *sel de sodium*, $C^{18}H^{12}S^4O^4Na^2$, forme un précipité orangé, presque insoluble dans l'alcool, aisément soluble dans l'eau.

Le *sel de potassium* est soluble dans l'eau et dans l'alcool. Les *sels de baryum et de magnésium* sont cristallins et solubles dans l'eau. Les sels des métaux lourds sont amorphes et insolubles dans l'eau.

L'acide dithiocinnamique se forme également par l'action du brome sur l'acide sulfhydrylcinnamique; la réaction est toutefois trop énergique et accompagnée de la destruction d'une certaine quantité du produit mis en œuvre (Bondzynski).

ACIDE α-AMIDOCINNAMIQUE (*benzène-amino2-propényloïque*),

$$C^6H^5 - CH = C \Big\langle {}^{AzH^2}_{CO^2H}$$

— On prépare ce corps en chauffant pendant quelques heures en vase clos à 120° l'acide α-benzamidocinnamique ou l'anhydride de l'acide benzoyldiamidohydrocinnamique

$$C^6H^5 - CH \Big\langle {}^{AzH^2}_{CH} \Big\langle {}^{AzH . CO . C^6H^5}_{CO^2H}$$

avec de l'acide chlorhydrique à 20 0/0. La liqueur chlorhydrique est épuisée par l'éther, puis précipitée par l'acétate de sodium [Plöchl, *D. chem. G.*, **17**, 1620]. On obtient ainsi des lamelles douées d'un éclat argentin, se décomposant à 240-250°. Ce corps, chauffé rapidement, fournit de la cinnaménylamine.

$$C^6H^5 - CH = CH . AzH^2.$$

Les réducteurs le transforment facilement en phénylalanine,

$$C^6H^5 - CH^2 - CH \Big\langle {}^{AzH^2}_{CO^2H}$$

Le *sel de cuivre* cristallise en petits prismes qui renferment 2 molécules d'eau.

Le *chlorhydrate*, $(C^9H^9AzO^2)^2HCl$, forme des aiguilles aplaties, peu solubles dans l'eau froide et dans l'alcool.

Le *dérivé benzoylé*

$$C^6H^5 - CH = C \Big\langle {}^{AzH . CO . C^6H^5}_{CO^2H}$$

s'obtient en chauffant pendant quelques heures l'acide benzoyldiamidohydrocinnamique avec de l'acide acétique et de l'acide chlorhydrique étendu (Plöchl), ou en chauffant en vase clos avec de l'ammoniaque concentrée l'acide benzimidocinnamique,

$$C^6H^5 - CH\diagdown CH - CO^2H$$
$$Az . CO . C^6H^5$$

Dans cette réaction, il se forme en même temps une certaine quantité d'acide benzoyldiamido-hydrocinnamique et de benzamide.

Par cristallisation dans l'acide acétique étendu, on obtient des aiguilles ou des prismes fusibles à 131°, très solubles dans l'alcool et dans l'éther, solubles dans l'eau bouillante.

Le dérivé benzoylé, chauffé à 120° en vase clos avec de l'acide chlorhydrique à 20 0,0, se décompose en ammoniaque et en acides benzoïque, α-amidocinnamique, formique et phénylacétique.

ACIDE IMIDOCINNAMIQUE (*benzène-iminol.2-propyloïque*),

$$C^6H^5 - CH\diagdown CH - CO^2H$$
$$AzH$$

— On ne connait que le dérivé benzoylé de cet acide. En chauffant un mélange à parties égales d'acide hippurique et d'aldéhyde benzylique en présence d'acide acétique en excès, on obtient l'anhydride de l'acide benzoylimidocinnamique :

$$C^9H^9AzO^3 + C^6H^5 . CHO$$
$$= H^2O + C^{16}H^{13}AzO^3$$
$$2 C^{16}H^{13}AzO^3 = H^2O + C^{32}H^{24}Az^2O^5$$

[Plöchl. *D. chem. G.*, **16**, 2815].

Le produit de la réaction est précipité par l'eau et purifié par cristallisation dans l'alcool.

On obtient ainsi l'*anhydride benzimidocin-namique*, que l'on transforme en acide par l'action des acides minéraux étendus à l'ébullition. Cette hydratation doit être exécutée avec précaution : on doit cesser de chauffer lorsque la coloration jaune de l'anhydride commence à disparaître, si on veut éviter toute décomposition de la substance.

Par cristallisation dans l'alcool, on obtient l'acide benzimidocinnamique en aiguilles brillantes, clinorhombiques, fusibles en se décomposant à 225°, à peine solubles dans l'eau, solubles dans l'alcool et dans l'éther.

Soumis à l'action prolongée des acides ou des alcalis à l'ébullition, il se décompose en ammoniaque et en acides benzoïque et phénylglycidique,

$$C^6H^5 - CH - CH - CO^2H$$
$$O$$

L'acide benzimidocinnamique se combine à l'ammoniaque pour donner l'acide benzoyldi-amidohydrocinnamique.

Il n'est pas possible de transformer l'acide benzoylé en acide imidocinnamique ; lorsqu'on essaye d'éliminer le radical benzoyle, on observe en même temps un dégagement d'ammoniaque.

Anhydride benzimidocinnamique,

$$C^{32}H^{24}Az^2O^5.$$

— Ce corps, dont on a indiqué plus haut le mode de formation, cristallise dans l'alcool en aiguilles jaunes, fusibles à 164-165°, insolubles dans l'eau, peu solubles dans l'éther, plus solubles dans l'alcool bouillant.

ACIDE CINNAMODIAZOACÉTIQUE,

$$C^6H^5 - CH - CH - CO^2H$$
$$Az - Az$$
$$CH$$
$$CO^2H$$

— On obtient ce corps en faisant bouillir l'éther éthylique (voyez plus loin) avec une lessive de soude caustique [Buchner, *D. chem. G.*, **21**, 2644]. On acidifie par l'acide sulfurique.

Par le refroidissement, l'acide cinnamodiazo-acétique se sépare sous la forme de petites aiguilles incolores, enchevêtrées, qu'on purifie par cristallisation dans l'eau bouillante.

L'acide cinnamodiazoacétique fond à 178° avec un abondant dégagement de gaz. Une température prolongée de 130° le décompose complètement. Il est soluble dans l'eau bouillante, l'alcool et l'éther. Le brome le transforme, avec dégagement d'acide bromhydrique, en un *composé bromé* fusible à 227° en se décomposant. Le zinc en poudre et l'acide acétique le transforment en un acide soluble dans l'eau, cristallisant en aiguilles incolores.

Le *sel de baryum* est soluble dans l'eau.

Le *sel de cuivre* forme un précipité floconneux d'un vert clair.

Le *sel d'argent* est en flocons jaunâtres, insolubles dans l'eau. Chauffé à 140°, ce sel se décompose en donnant un sublimé formé d'aiguilles incolores, qui cristallisent dans l'alcool en lamelles fusibles à 228° et renfermant beaucoup d'azote.

Cinnamodiazoacétate d'éthyle,

$$C^6H^5 - CH - CH - CO^2C^2H^5$$
$$Az - Az$$
$$CH$$
$$CO^2C^2H^5$$

— On prépare ce corps en chauffant au bain d'huile, d'abord à 110°, puis lentement jusque vers 230°, 25 grammes de diazoacétate d'éthyle avec 30 grammes de cinnamate d'éthyle. On laisse reposer pendant 12 heures, on filtre à la trompe et on purifie le produit par cristallisation dans l'alcool bouillant.

Ce corps forme des prismes incolores, fusibles à 79°, solubles dans l'alcool, l'éther, le benzène et l'acide acétique cristallisable. Il se dissout également dans les lessives alcalines. Chauffé au-dessus de son point de fusion, il se scinde quantitativement en azote et en phényltriméthy-lène-dicarbonate d'éthyle (phényl-cyclopropane-dicarbonate d'éthyle),

$$C^6H^5 - CH - CH - CO^2C^2H^5$$
$$CH$$
$$CO^2C^2H^5$$

ACIDE α-CYANOCINNAMIQUE,

$$C^6H^5 - CH = C\diagdown {}^{CAz}_{CO^2H}$$

— L'éther éthylique de cet acide prend naissance par l'union de l'aldéhyde benzylique et de l'éther cyanacétique, soit à froid au moyen de l'éthylate de sodium, soit à 150-160° au moyen de l'anhydride acétique.

Par saponification de l'éther α-cyanocinnamique par la potasse alcoolique, on obtient le sel de potassium, que l'acide chlorhydrique décompose en mettant l'acide en liberté.

L'acide α-cyanocinnamique cristallise en aiguilles fusibles à 178°, solubles dans l'éther.

On connait un *sel de potassium acide* ayant pour formule $C^{20}H^{13}Az^2O^4K$, qu'on prépare en traitant par l'acide acétique le produit de la saponification de l'éther : on l'obtient mélangé à de l'acide cyanocinnamique libre. Ce sel acide est peu soluble dans l'alcool; il cristallise en longues aiguilles qui se décomposent en fondant vers 240° [Carrick, *J. prakt. Chem.*, (2), **45**, 500.]

Le *sel potassico-argentique*, $C^{20}H^{12}Az^2O^4KAg$, est un précipité cristallin formé d'aiguilles.

Le *sel neutre d'ammonium*, $C^{10}H^6AzO^3.AzH^4$, est insoluble dans l'alcool éthéré; traité par l'acide acétique, il se convertit en un *sel acide* $C^{20}H^{13}Az^2O^4.AzH^4$, fusible avec décomposition à 120°.

Le *sel neutre d'argent*, $C^{10}H^6AzO^3Ag$, est amorphe.

Le *sel neutre de baryum*,

$$(C^{10}H^6AzO^2)^2Ba, H^2O,$$

est soluble dans l'eau, de même que les *sels neutres de cuivre* $(C^{10}H^6AzO^2)^2Cu$ et *de plomb* $(C^{10}H^6AzO^2)^2Pb, 4H^2O$. On l'obtient par double décomposition au moyen du sel acide de potassium.

Le *sel neutre d'aniline*, $C^{10}H^7AzO^3.AzH^2C^6H^5$, s'obtient sous la forme d'une masse blanche cristalline en traitant l'acide par une solution éthérée d'aniline.

Éther α-cyanocinnamique,

$$C^6H^5 - CH = C \begin{array}{l} \diagup CAz \\ \diagdown CO^2C^2H^5 \end{array}$$

— Ce corps, dont on a indiqué plus haut le mode de formation, se présente en cristaux fusibles à 50°, très solubles dans l'alcool bouillant, l'éther, le chloroforme, l'acide acétique, peu solubles dans l'alcool froid, insolubles dans l'eau; il bout en se décomposant vers 360°; il est volatil avec l'alcool et avec l'eau. Dans la préparation de cet éther au moyen de l'éthylate de sodium à froid, on obtient une certaine quantité d'une huile qui présente la même composition que l'éther et qui, abandonnée à l'air, finit par se convertir en éther α-cyanocinnamique; ce composé huileux est vraisemblablement stéréo-isomérique avec l'éther α-cyanocinnamique.

Traité à la température ordinaire par les alcalis aqueux, l'éther α-cyanocinnamique est décomposé en aldéhyde benzylique et en éther cyanacétique; il n'est pas attaqué par l'eau bouillante, ni par les acides concentrés à froid.

L'acide chlorhydrique le transforme à 150° en acide benzylidène-malonique, ou plutôt en produits de décomposition de ce dernier, aldéhyde benzylique et acides carbonique et acétique.

L'ébullition avec un excès de baryte fournit les acides benzoïque et malonique. Le brome paraît sans action, ainsi que l'hydrogène naissant (poudre de zinc et acide acétique, amalgame de sodium et acide acétique).

La potasse alcoolique étendue saponifie l'éther α-cyanocinnamique à la température ordinaire. L'ammoniaque aqueuse le décompose lentement à froid, avec production de deux corps cristallisables, l'un acide, fusible à 175-200°, l'autre basique, fusible vers 294°.

L'ammoniaque alcoolique dissout aisément à froid l'éther α-cyanocinnamique; il ne tarde pas à se déposer de longues aiguilles blanches, fusibles à 168° et ayant pour composition

$$(C^{10}H^6AzO^3.C^2H^5)(C^{10}H^6AzO.AzH^2)$$

Ce composé est insoluble dans l'eau, peu soluble dans l'éther et dans l'alcool, soluble dans le chloroforme; les acides acétique et sulfurique le décomposent à froid avec formation d'aldéhyde benzylique.

La méthylamine alcoolique se comporte comme l'ammoniaque et donne un mélange de deux corps isomériques

$$(C^{10}H^6AzO^2.C^2H^5)(C^{10}H^6AzO.AzHCH^3)$$

et fusibles l'un à 157°, l'autre à 180° (Carrick).

DÉRIVÉS DE L'ACIDE CINNAMIQUE SUBSTITUÉS DANS LE NOYAU.

ACIDE o-FLUOCINNAMIQUE,

$$C^6H^4Fl.CH = CH.CO^2H.$$

— On prépare ce corps en décomposant par l'acide fluorhydrique le sulfate d'acide o-diazocinnamique (obtenu par l'action du nitrite de sodium sur l'acide o-amidocinnamique) [Griess, *D. chem. G.*, **18**, 961].

L'acide o-fluocinnamique cristallise en longues aiguilles, volatiles sans décomposition, très peu solubles dans l'eau bouillante, solubles dans l'alcool, même à froid.

ACIDES CHLOROCINNAMIQUES. — On connaît les trois isomères monochlorés prévus par la théorie. On les prépare en décomposant les dérivés diazoïques correspondants par l'acide chlorhydrique fumant :

$$C^6H^4 \begin{array}{l} \diagup Az = Az - AzO^3 \\ \diagdown CH = CH - CO^2H \end{array} + HCl$$

$$= C^6H^4 \begin{array}{l} \diagup Cl \\ \diagdown CH = CH - CO^2H \end{array} + AzO^3H + Az^2$$

[Gabriel et Herzberg, *D. chem. G.*, **16**, 2036].

Acide o-chlorocinnamique. — On chauffe avec précaution au bain-marie 1 partie de nitrate d'acide o-diazocinnamique avec 10 parties d'acide chlorhydrique fumant. Vers 40-50° on observe un abondant dégagement de gaz; lorsqu'il a cessé, on filtre le magma cristallin jaune-rougeâtre et on purifie le produit par cristallisation dans l'alcool. On obtient ainsi l'acide o-chlorocinnamique sous la forme de cristaux jaunâtres, fusibles à 200°, solubles dans l'alcool, l'éther et l'acide acétique cristallisable, peu solubles dans le benzène bouillant, presque insolubles dans l'éther de pétrole et dans l'eau bouillante.

L'acide o-chlorocinnamique, soumis à l'ébullition avec de l'acide iodhydrique et du phosphore amorphe, fournit un liquide brun qui renferme de *l'acide o-chlorohydrocinnamique,*

$$C^6H^4Cl - CH^2.CH^2.CO^2H.$$

On ajoute au produit de la réaction une grande quantité d'eau; on filtre le précipité blanc qui prend naissance et on le redissout dans l'ammoniaque pour le séparer du phosphore qu'il renferme; on filtre, on précipite par l'acide chlorhydrique et on purifie le produit obtenu par cristallisation dans l'eau bouillante.

L'acide o-chlorohydrocinnamique forme des aiguilles ou des lamelles, fusibles à 96°,5, beaucoup plus solubles dans les dissolvants usuels que l'acide chlorocinnamique; son odeur rappelle avec moins d'intensité celle de l'acide hydrocinnamique.

Acide m-chlorocinnamique. — Ce corps se prépare comme le précédent. Il cristallise dans l'eau en aiguilles jaunâtres, fusibles à 167°, plus solubles dans l'eau bouillante que le dérivé ortho, solubles dans l'alcool et dans l'éther, peu solubles dans le benzène et dans la ligroïne. Réduit par le phosphore et l'acide iodhydrique, il se transforme en acide *m-chlorohydrocinnamique*, qui cristallise dans la ligroïne en lamelles d'un blanc de neige, fusibles à 77-78°.

Acide p-chlorocinnamique. — Ce corps est jaunâtre, cristallin, fusible à 240-242°, peu soluble dans l'eau froide, le benzène et l'éther, très soluble dans l'alcool. Réduit par le phosphore et l'acide iodhydrique, il se transforme en *acide p-chlorohydrocinnamique*, fusible à 124°, soluble dans les dissolvants usuels.

ACIDE α-TRICHLOROCINNAMIQUE,

$$C^6H^2Cl^3_{(2.4.5)}(CH=CH-CO^2H)_{(1)}.$$

— On obtient ce corps en traitant l'aldéhyde benzylique α-trichloré par l'anhydride acétique et l'acétate de sodium. Par cristallisation dans l'alcool, il fournit des aiguilles fusibles à 200-201°.

En remplaçant l'aldéhyde α-trichlorée par son isomère β, on obtient l'*acide β-trichlorocinnamique*, qui cristallise dans l'alcool en petits mamelons fusibles à 185° [Seelig, *Ann. Chem.*; **237**, 151].

ACIDE O-BROMOCINNAMIQUE,

$$C^6H^4Br.CH=CH.CO^2H.$$

— On chauffe lentement au bain-marie 1 partie d'acide o-diazocinnamique avec 10 parties d'acide bromhydrique (d = 1,49) ; il se produit une mousse abondante, accompagnée d'un dégagement de vapeur de brome. On laisse digérer pendant un quart d'heure à 100°, on filtre, on redissout le produit dans une lessive étendue de soude caustique et on décolore la liqueur par ébullition avec le noir animal. La dissolution alcaline est précipitée par l'acide acétique et le précipité purifié par cristallisation dans l'alcool bouillant.

La transformation de l'acide o-amidocinnamique en acide o-bromocinnamique peut également s'effectuer par l'action du cuivre en poudre sur le bromure du dérivé diazoïque [Gattermann. *D. chem. G.*, **23**, 1218. — Miersch, *ibid.*, **25**, 2109].

On obtient ainsi l'acide o-bromocinnamique sous la forme d'aiguilles fusibles à 212-212°,5 (Miersch).

L'acide o-bromocinnamique forme de fines aiguilles aplaties, presque incolores, fusibles à 211-213°, solubles dans l'alcool et dans l'acide acétique bouillants ainsi que dans l'éther, peu solubles dans le sulfure de carbone, le chloroforme et le benzène. Chauffé pendant trois quarts d'heure au réfrigérant à reflux avec 1 partie de phosphore rouge et 20 parties d'acide iodhydrique bouillant à 127°, il fixe 2 atomes d'hydrogène et se transforme en *acide o-bromohydrocinnamique,*

$$C^6H^4Br-CH^2-CH^2-CO^2H.$$

Ce corps cristallise dans l'acide acétique étendu en écailles dentelées, fusibles à 97-99°, solubles dans l'éther, l'alcool, le benzène, le chloroforme et l'acide acétique cristallisable, peu solubles dans le sulfure de carbone.

ACIDE M-BROMOCINNAMIQUE. — On prépare ce corps comme le précédent, en partant de l'acide m-diazocinnamique ; il se forme en même temps une certaine quantité d'un corps cristallisant en aiguilles d'un jaune de soufre, fusibles à 235-237°, qui paraît être constitué par un *dibromure* de l'acide m-bromocinnamique.

$$C^6H^4Br-CHBr-CHBr-CO^2H.$$

L'acide m-bromocinnamique cristallise dans l'alcool étendu et bouillant en aiguilles jaunâtres,

fusibles à 178-179°, solubles dans les dissolvants usuels [Gabriel, *D. chem. G.*, **15**, 2294].

Soumis à l'ébullition avec du phosphore et de l'acide iodhydrique, il se transforme en *acide m-bromohydrocinnamique*, qui cristallise dans l'acide acétique étendu en prismes courts et épais, fusibles à 75°.

ACIDE P-BROMOCINNAMIQUE. — On chauffe au bain-marie 1 partie d'acide p-diazocinnamique avec 10 parties d'acide bromhydrique (d = 1,49) ; il y a d'abord dissolution, puis il se sépare un corps blanc cristallin, qui devient violet au bout d'un certain temps ; on étend d'eau, on filtre, on redissout le précipité dans la moindre quantité possible de lessive de soude, on décolore par ébullition avec le noir animal et on précipite par l'acide chlorhydrique ; le précipité est purifié par cristallisation dans l'alcool étendu et bouillant.

On obtient ainsi des aiguilles mamelonnées, jaunâtres ou brunâtres, se ramollissant à 248° et fusibles à 251-253° (Gabriel).

Par réduction avec le phosphore et l'acide iodhydrique, il fournit de l'*acide p-bromohydrocinnamique*, fusible à 136°.

ACIDES IODOCINNAMIQUES. — On connaît les trois acides mono-iodocinnamiques

$$C^6H^4I-CH=CH-CO^2H$$

prévus par la théorie. On les prépare en faisant agir l'acide iodhydrique sur les dérivés diazoïques correspondants. Le nitrate d'acide diazocinnamique est chauffé avec précaution avec 4 parties d'acide iodhydrique étendu de son volume d'eau. Lorsque le dégagement d'azote a pris fin, on ajoute de l'eau et quelques gouttes d'hyposulfite de sodium pour fixer l'iode mis en liberté dans la réaction ; on filtre et on purifie la matière insoluble par cristallisation dans l'alcool étendu.

L'*acide o-iodocinnamique* forme des cristaux incolores, fusibles à 212-214°, solubles dans l'alcool, l'éther et l'acide acétique, moins solubles dans le benzène bouillant, presque insolubles dans l'éther de pétrole et dans l'eau bouillante.

Traité par le phosphore et l'acide iodhydrique, il se transforme en *acide o-iodohydrocinnamique,*

$$C^6H^4I-CH^2-CH^2-CO^2H,]$$

fusible à 102-103°.

L'*acide m-iodocinnamique* fond en se décomposant à 181-182° ; il est peu soluble dans l'eau, soluble dans l'alcool, le benzène et l'éther de pétrole. L'acide iodhydrique et le phosphore le transforment en acide *m-iodohydrocinnamique*, fusible à 65-66°.

L'*acide p-iodocinnamique* forme une masse cristalline jaunâtre, se décomposant sans fondre à 255°. L'acide iodhydrique et le phosphore le transforment en acide *p-iodohydrocinnamique*, fusible à 140-141°.

ACIDE O-NITROCINNAMIQUE. — Il se forme par l'action de l'acétate de sodium et de l'anhydride acétique sur l'aldéhyde o-nitrobenzylique [Gabriel et Meyer, *D. chem. G.*, **14**, 830].

(Pour la préparation industrielle, voyez MATIÈRES COLORANTES, *indigo artificiel*.)

D'après M. Baeyer [*D. chem. G.*, **13**, 2257], l'acide o-nitrocinnamique fond à 240°. Il se volatilise en se décomposant partiellement lorsqu'on le chauffe entre deux verres de montre ; sa dissolution dans l'acide sulfurique concentré se colore en bleu par le repos ou lorsqu'on la chauffe.

L'*éther éthylique* de l'acide o-nitrocinnamique fond à 44° (Baeyer). Traité par le sulfure d'ammonium en solution aqueuse, il fournit du carbostyrile C^9H^7AzO ; avec une dissolution alcoolique de sulfure d'ammonium, on obtient un mélange de carbostyrile et d'oxycarbostyrile $C^9H^7AzO^2$ [Friedlænder et Ostermaier, *D. chem. G.*, **14**, 1916]. Avec l'étain et l'acide chlorhydrique à chaud, on obtient en solution alcoolique de l'o-amidocinnamate d'éthyle, tandis qu'à froid, avec du zinc en poudre et de l'acide chlorhydrique, on obtient de l'hydrocarbostyrile.

Chlorure d'o-nitrocinnamyle,

$$C^6H^4(AzO^2)CH = CH . COCl.$$

— On prépare ce corps en ajoutant peu à peu à de l'oxychlorure de phosphore chauffé 1-2 grammes à la fois d'acide o-nitrocinnamique et du pentachlorure de phosphore. Le produit obtenu est purifié par distillation à 100° dans le vide : les composés du phosphore se volatilisent et le résidu, constitué par le chlorure acide, se solidifie par le refroidissement en une masse cristalline, soluble dans l'éther et dans le benzène, fusible à 64°,5 [E. Fischer et Kuzel, *D. chem. G.*, **16**, 34].

ACIDE P-NITROCINNAMIQUE. — D'après MM. Tiemann et Oppenheim [*D. chem. G.*, **13**, 2059], l'acide p-nitrocinnamique fond à 285-286°. Il est très peu soluble dans l'alcool bouillant et encore moins soluble dans l'éther et dans l'eau bouillante, insoluble dans la ligroïne et dans le sulfure de carbone. Traité par un mélange d'acides sulfurique et nitrique, il se transforme en acide p-nitrophényl-α-nitroacrylique,

$$C^6H^4 \underset{\diagdown\,CH = C \diagup\diagdown CO^2H}{\overset{\diagup\,AzO^2}{}}\ \overset{AzO^2}{}$$

L'éther éthylique de l'acide p-nitrocinnamique, traité par l'étain et l'acide chlorhydrique, se scinde en alcool, acide amidocinnamique, anhydride carbonique et amidocinnamène,

$$C^6H^4(AzH^2) - CH = CH^2$$

[Bender, *D. chem. G.*, **14**, 2359].

ACIDE α-M-DINITROCINNAMIQUE,

$$C^6H^4 \underset{\diagdown\,CH_{(1)} = C(AzO^2) - CO^2H}{\overset{\diagup\,AzO^2_{(3)}}{}}$$

— Cet acide n'est connu qu'à l'état d'*éther éthylique*.

On prépare ce dérivé en ajoutant du m-nitrocinnamate d'éthyle à un mélange refroidi à 20° de 2 parties d'acide sulfurique concentré et de 1 partie d'acide nitrique (d = 1,5). On précipite par de la glace, on lave et on fait cristalliser le produit dans un mélange de benzène et de ligroïne. On obtient ainsi des lamelles tricliniques à éclat vitreux, insolubles dans l'eau et dans la ligroïne, solubles dans l'alcool. L'eau bouillante le décompose en acide carbonique, alcool, nitrométhane et aldéhyde m-nitrobenzylique. Traité par l'acide chlorhydrique bouillant, il fournit de l'hydroxylamine. Il se combine à chaud aux alcools pour donner des éthers. Par exemple, avec l'alcool éthylique, on obtient le corps

$$C^6H^4 \underset{\diagdown\,CH(OC^2H^5) - CH(AzO^2) - CO^2H}{\overset{\diagup\,AzO^2}{}}$$

[Friedlænder et Lazarus, *Ann. Chem.*, **229**, 235].

ACIDE α-P-DINITROCINNAMIQUE

$$C^6H^4 \underset{\diagdown\,CH_{(1)} = C(AzO^2) - CO^2H}{\overset{\diagup\,AzO^3_{(4)}}{}}$$

— On ajoute peu à peu de l'acide p-nitrocinnamique à un mélange refroidi d'acides sulfurique et nitrique, en ayant soin de ne pas dépasser la température de 10° [Friedlænder et Mæhly, *Ann. Chem.*, **229**, 224].

L'acide α-p-diamidocinnamique cristallise en lamelles brillantes, solubles dans l'eau ; la dissolution aqueuse se décompose déjà à 0° avec formation d'acide carbonique et de dinitrocinnamène,

$$C^6H^4 \underset{\diagdown\,CH = CH(AzO^2)}{\overset{\diagup\,AzO^2}{}}$$

L'étain et l'acide chlorhydrique le transforment en acide p-amidophényl-α-amidoacrylique

$$C^6H^4 \underset{\diagdown\,CH = C(AzH^2) - CO^2H}{\overset{\diagup\,AzH^2}{}}$$

et en cyanure de p-amidobenzyle,

$$C^6H^4 \underset{\diagdown\,CH^2 - CAz}{\overset{\diagup\,AzH^2}{}}$$

En prolongeant l'action du réducteur, on obtient de la p-amidophénylalanine,

$$C^6H^4 \underset{\diagdown\,CH^2 - CH(AzH^2) - CO^2H}{\overset{\diagup\,AzH^2}{}}$$

L'*éther méthylique* de l'acide α-p-dinitrocinnamique fond à 127° ; sa dissolution éthérée saturée par le gaz ammoniac donne un précipité qui paraît avoir pour formule

$$C^{10}H^8Az^3O^6 , AzH^4(OH)$$

et qui précipite les sels métalliques en donnant des corps amorphes, insolubles, très instables.

L'*éther éthylique* se prépare en ajoutant à un mélange de 4 parties d'acide sulfurique concentré et de 2 parties d'acide nitrique (d = 1,5) 1 partie de p-nitrocinnamate d'éthyle, de manière à ne pas dépasser 20-30°. On précipite par addition de glace, on lave avec de l'eau, puis avec une dissolution étendue de carbonate de sodium, et on dissout le précipité dans le benzène. Par addition de ligroïne, on sépare des lamelles fusibles à 109-110°, insolubles dans l'eau, solubles dans le benzène, le chloroforme, l'acétone et l'acide acétique cristallisable, moins solubles dans l'éther, presque insolubles dans la ligroïne (Friedlænder et Mæhly).

Ce corps, traité par l'acide chromique en solution acétique, se transforme quantitativement en acide p-nitrobenzoïque ; le dichromate de potassium fournit dans les mêmes conditions de l'aldéhyde p-nitrobenzylique. L'eau bouillante le scinde en acide carbonique, alcool, nitrométhane et aldéhyde p-nitrobenzylique ; l'acide chlorhydrique étendu et bouillant le transforme en acide carbonique, aldéhyde p-nitrobenzylique, alcool et hydroxylamine. Chauffé à 110° avec de l'acide sulfurique concentré, il fournit de l'oxyde de carbone, de l'acide carbonique et de la p-nitrobenzaldoxime,

$$C^6H^4 \underset{\diagdown\,CH = Az . OH}{\overset{\diagup\,AzO^2}{}}$$

L'ébullition avec une dissolution étendue de carbonate de sodium fournit de l'aldéhyde et de l'acide p-nitrobenzoïque, du nitrite de sodium et un produit de condensation fusible à 188°, qui paraît avoir pour formule $C^{14}H^{10}Az^2O^3$, et qui cristallise en fines lamelles chatoyantes.

Lorsqu'on fait cristalliser l'éther éthylique de l'acide p-dinitrocinnamique dans l'alcool, il s'y combine pour former un éther diéthylique

$$C^6H^4 \underset{\diagdown\,CH(OC^2H^5) - CH(AzO^2) - CO^2C^2H^5}{\overset{\diagup\,AzO^2}{}}$$

qui doit être envisagé comme l'éther éthylique de l'acide p-nitrophényl-α-nitroéthoxypropionique.

Traité par l'étain et l'acide chlorhydrique, il

est transformé en acide p-amidophényl-α-amido-propionique.

Il ne se combine pas directement au brome; avec l'acide bromhydrique on obtient un produit de condensation cristallin très instable.

Acide α-chloro-p-nitrocinnamique,

$$C^6H^4 \lessgtr {AzO^2 \atop CH = CCl - CO^2H}$$

— Ce corps se prépare en chauffant à 180° en vase clos l'acide p-nitrochlorolactique

$$C^6H^4 \lessgtr {AzO^2 \atop CH(OH) - CHCl - CO^2H}$$

avec de l'acide chlorhydrique ($d = 1,1$).

Il cristallise dans l'alcool en prismes brillants de plusieurs centimètres de longueur et fusibles à 224°. Il est insoluble dans l'eau froide, un peu soluble dans l'eau bouillante, soluble dans l'alcool bouillant, qui l'abandonne presque entièrement par le refroidissement [Lipp, *D. chem. G.*, **19**, 2646]

Acides p-nitrophénylbromacryliques (*p-nitrobenzène-bromopropényloïques*),

$$C^6H^4 \lessgtr {AzO^2 \atop C^3HBr - CO^2H}$$

— En faisant agir la potasse alcoolique sur l'éther éthylique de l'acide p-nitrophényldibromopropionique, on obtient les éthers éthyliques des deux acides p-nitrophénylbromacryliques isomériques, que l'on sépare par l'alcool. L'*éther a* est beaucoup plus soluble que l'isomère *b*; il fond à 63°, se dissout aisément dans l'éther, l'alcool, le chloroforme et le sulfure de carbone, et cristallise en prismes rhombiques jaunes et brillants. L'*éther b* est en fines aiguilles jaunâtres, fusibles à 93°, solubles dans l'éther, le chloroforme et le sulfure de carbone [Müller, *Ann. Chem.*, **212**, 131].

On a isolé les acides correspondants : L'*acide a* fond à 146°; il est soluble dans l'alcool, le chloroforme, l'éther, peu soluble dans le sulfure de carbone bouillant. Il se dissout dans l'eau froide beaucoup plus facilement que l'isomère *b*.

Le *sel barytique* forme une masse jaunâtre cristalline, que l'eau bouillante décompose en acide carbonique, bromure de baryum et nitrophénylacétylène.

L'*acide b* cristallise en fines aiguilles jaunâtres, fusibles à 205°, peu solubles dans l'eau froide et dans le sulfure de carbone bouillant, presque insolubles dans le sulfure de carbone froid, solubles dans l'alcool, l'éther, la ligroïne et le chloroforme.

Son *sel barytique* jouit des mêmes propriétés que son isomère.

Acide p-nitrophényldibromacrylique,

$$C^6H^4 \lessgtr {AzO^2 \atop CBr = CBr - CO^2H}$$

— L'éther éthylique de cet acide se prépare en traitant par le brome le p-nitrophénylpropiolate d'éthyle [Drewsen, *Ann. Chem.*, **212**, 157]. Il forme des cristaux fusibles à 85-86°, solubles dans le benzène, le chloroforme et l'acide acétique cristallisable, peu solubles dans la ligroïne.

Acide o-amidocinnamique,

$$C^6H^4 \lessgtr {AzH^2 \atop CH = CH - CO^2H}$$

— A une dissolution de 9 parties de sulfate ferreux saturée d'ammoniaque, on ajoute une dissolution ammoniacale chaude de 1 partie d'acide o-nitrocinnamique. L'hydrate ferreux se transforme immédiatement en hydrate ferrique jaune, et l'acide nitré se convertit en acide amidocinnamique. On laisse au bain-marie pen-

dant 10 minutes pour achever la réaction et on filtre; on évapore, et on précipite par l'acide chlorhydrique [Gabriel, *D. chem. G.*, **15**, 2294].

On prépare également l'acide o-amidocinnamique en saponifiant à une douce chaleur son éther éthylique par la potasse alcoolique [Friedlænder et Weinberg, *D. chem. G.*, **15**, 1422].

L'acide o-amidocinnamique se présente sous la forme d'aiguilles jaunes, fusibles avec dégagement de gaz à 158-159°, peu solubles dans l'eau froide, solubles dans l'eau bouillante, l'alcool et l'éther; ses dissolutions sont douées d'une fluorescence d'un vert bleuâtre intense. Lorsqu'on fait cristalliser une quantité notable d'acide o-amidocinnamique dans l'eau, l'ébullition prolongée nécessaire pour la dissolution de l'acide amène toujours une certaine résinification du produit [Tiemann et Oppermann, *D. chem. G.*, **13**, 2061]. L'acide sulfurique et le nitrate de potassium transforment l'acide o-amidocinnamique en un mélange de deux acides nitroamidocinnamiques isomériques.

Le *sel barytique*,

$$\left(C^6H^4 \lessgtr {AzH^2 \atop CH = CH - CO^2}\right)^2 Ba,$$

cristallise en prismes étoilés, peu solubles dans l'eau bouillante.

Le *chlorhydrate*,

$$C^6H^4 \lessgtr {AzH^2 . HCl \atop CH = CH - CO^2H}$$

que l'on obtient en dissolvant à chaud l'acide o-amidocinnamique dans l'acide chlorhydrique étendu, cristallise en prismes solubles dans l'eau.

Éther éthylique,

$$C^6H^4 \lessgtr {AzH^2 \atop CH = CH - CO^2C^2H^5}$$

— On prépare ce corps en ajoutant de l'étain et de l'acide chlorhydrique à une dissolution alcoolique bouillante de nitrocinnamate d'éthyle jusqu'à ce qu'une prise d'essai additionnée d'eau ne provoque plus de trouble; on élimine l'étain par l'hydrogène sulfuré et on ajoute au liquide de l'acétate de sodium; l'éther amidé se sépare alors en aiguilles d'un jaune clair, fusibles à 77-78° et pouvant être distillées sans décomposition (Friedlænder et Weinberg).

Ce corps est aisément soluble dans les dissolvants usuels, en donnant des liqueurs jaunes douées d'une fluorescence vert-jaunâtre intense.

L'o-amidocinnamate d'éthyle forme avec les acides minéraux des sels solubles incolores. Le *chlorhydrate* cristallise en aiguilles blanches, peu solubles dans un excès d'acide chlorhydrique. La dissolution aqueuse neutre, qui est incolore, se colore en jaune à chaud par suite d'une dissociation partielle et redevient incolore par le refroidissement. L'acétate de sodium en précipite l'acide libre.

Chauffé en vase clos à 120° avec de l'acide chlorhydrique concentré, l'amidocinnamate d'éthyle se transforme nettement en carbostyrile.

L'anhydride acétique le transforme en un *dérivé acétylé* qui cristallise dans l'alcool en aiguilles blanches, fusibles à 137° et distillant sans décomposition.

En traitant l'amidocinnamate d'éthyle par une dissolution sulfurique de nitrate de sodium, on le transforme en β-nitrocarbostyrile et en α-nitro-o-amidocinnamate d'éthyle.

Acide o-éthylamidocinnamique,

$$C^6H^4 \lessgtr {AzH . C^2H^5 \atop CH = CH - CO^2H}$$

— On prépare ce corps en faisant bouillir pendant 3 heures un mélange de 60 grammes d'acide o-amidocinnamique, 60 grammes d'iodure d'éthyle, 90 centimètres cubes d'une dissolution de potasse caustique à 20 0.0 et 240 grammes d'alcool ; le produit de la réaction est soumis à l'ébullition avec une lessive de soude de concentration moyenne, jusqu'à ce que la liqueur ne se trouble plus par addition d'eau. On acidifie alors par l'acide chlorhydrique et on précipite par une dissolution concentrée d'acétate de sodium. Au bout de quelques heures, on filtre et on épuise le précipité par le sulfure de carbone : l'acide amidocinnamique non entré en réaction reste à l'état insoluble; par évaporation ménagée de la solution sulfocarbonique, on obtient en premier lieu l'acide o-éthylamidocinnamique : une certaine quantité de ce corps reste dissous dans la liqueur mère mélangé à de l'acide diéthylamidocinnamique.

L'acide éthylamidocinnamique cristallise en petites aiguilles d'un jaune clair, fusibles à 120°, très peu solubles dans l'eau, aisément solubles dans l'alcool, l'éther et le sulfure de carbone avec fluorescence verte [Fischer et Kuzel. *Ann. Chem.*, **221**, 267. — Friedlænder et Weinberg, *D. chem. G.*, **15**, 1423].

ACIDE ÉTHYLNITROSOAMIDOCINNAMIQUE,

$$C^6H^4 {\Large\diagup} \overset{\diagup\ AzO}{\underset{\diagdown\ C^2H^5}{Az}} \atop {\diagdown\ CH = CH - CO^2H}$$

— Nous avons vu plus haut que, dans la préparation de l'acide éthylamidocinnamique, une partie de ce corps reste dans la liqueur mère mélangé à l'acide diéthylé. Si on dissout ce mélange acide dans de l'acide sulfurique étendu et froid, on obtient, par addition d'une dissolution de nitrite de sodium, un précipité du dérivé nitrosé. La liqueur mère, neutralisée par le carbonate sodique, fournit un précipité d'acide diéthylamidocinnamique.

Pour préparer l'acide éthylnitrosoamidocinnamique en partant de l'acide éthylamidocinnamique, on dissout ce dernier dans 12 ou 13 parties d'acide sulfurique à 10 0/0 et on ajoute goutte à goutte à la dissolution refroidie à 0° une dissolution à 4 0/0 de nitrite de sodium ; le précipité est purifié par cristallisation dans de l'alcool à 25 0/0 ou dans un mélange de ligroïne et de chloroforme [E. Fischer et Kuzel, *Ann. Chem.*, **222**, 270].

L'acide éthylnitrosoamidocinnamique cristallise en lamelles brillantes, d'un jaune pâle, fusibles en se décomposant à 150°. Il est insoluble dans la ligroïne, soluble dans l'alcool, l'éther et le chloroforme, très soluble dans les alcalis libres et carbonatés. Il est insoluble à chaud dans les acides ; à l'ébullition, il y a décomposition. Le chlorure stanneux le transforme en acide éthylamidocinnamique, et l'amalgame de sodium en acide éthylnitrosoamidohydrocinnamique. Le zinc en poudre et l'acide acétique donnent un acide éthylhydrazine-cinnamique, qui s'oxyde facilement à l'air en se transformant en acide éthylquinazol-carbonique, $C^{10}H^{11}Az^2 . CO^2H$ [Fischer et Tafel, *Ann. Chem.*, **227**, 332].

ACIDE DIÉTHYLAMIDOCINNAMIQUE,

$$C^6H^4 {\diagup Az(C^2H^5)^2 \atop \diagdown CH = CH - CO^2H}$$

— La préparation de ce corps a été indiquée plus haut. Par cristallisation dans l'alcool, on obtient des lamelles volumineuses, d'un jaune pâle, fusibles à 124°, très solubles dans l'alcool, l'éther, le sulfure de carbone, ainsi que dans les acides et dans les alcalis. La dissolution alcoolique est douée d'une fluorescence d'un vert bleuâtre.

ACIDE O-URAMIDOCINNAMIQUE,

$$AzH^2 - CO - AzH . C^6H^4 - CH = CH - CO^2H.$$

— On prépare ce corps en mélangeant une dissolution aqueuse concentrée de chlorhydrate d'acide o-amidocinnamique avec une dissolution aqueuse de cyanate de potassium ; il se sépare un magma formé d'aiguilles microscopiques. On filtre, on lave à l'eau froide, qui enlève le chlorure de potassium formé dans la réaction, et on purifie le résidu par cristallisation dans l'eau bouillante [F.-W. Rothschild, *D. chem. G.*, **23**, 3341].

L'acide o-uramidocinnamique est soluble dans l'ammoniaque et dans l'acide chlorhydrique ; il est sans saveur; chauffé sur une lame de platine, il dégage une odeur d'indol.

SULFOCYANATE D'ACIDE O-AMIDOCINNAMIQUE,

$$CAzSH . AzH^2 . C^6H^4 - CH = CH - CO^2H.$$

— On obtient ce corps en mélangeant des dissolutions aqueuses de chlorhydrate d'acide amidocinnamique et de sulfocyanate de potassium. On lave à l'eau le produit qui se sépare et on le fait cristalliser dans l'eau bouillante (Rothschild). Ce corps fond à 152° en se décomposant; il se dissout avec facilité dans l'alcool et dans l'eau bouillante ; sa saveur est acide et il donne avec les sels ferriques la coloration rouge caractéristique des sulfocyanates.

ACIDE O-THIO-URAMIDOCINNAMIQUE,

$$AzH^2 - CS - AzH - C^6H^4 - CH = CH - CO^2H.$$

— On le prépare en chauffant pendant 18 heures à 110-120° le corps précédent. On épuise le produit de la réaction par l'alcool bouillant ; le résidu est blanc, fusible à 236-239°, soluble dans l'ammoniaque et dans l'acide acétique cristallisable et doué d'une saveur amère. L'oxyde d'argent en solution ammoniacale le désulfure avec facilité.

Acide o-allylthio-uramidocinnamique,

$$C^3H^5 . AzH - CS - AzH - C^6H^4 - CH = CH - CO^2H.$$

— On chauffe en vase clos à 100° pendant 1 heure et demie l'acide o-amidocinnamique avec un excès d'allylsénevol ; le produit de la réaction est traité par l'alcool et purifié par cristallisation dans l'acide acétique aqueux.

On obtient ainsi des aiguilles blanches, fusibles à 204-208° en se décomposant. Ce corps est insipide, soluble dans l'alcool et dans les alcalis. L'oxyde d'argent lui enlève son soufre.

Acide o-phénylthio-uramidocinnamique,

$$C^6H^5 . AzH - CS - AzH - C^6H^4 - CH = CH - CO^2H.$$

— Ce corps se prépare comme le précédent, en remplaçant l'allylsénevol par le phénylsénevol. C'est une substance blanche, insipide, fusible à 235-237° en se décomposant, soluble dans la soude caustique. l'ammoniaque et l'acide chlorhydrique. Les dissolutions alcalines d'argent et de plomb le désulfurent. Le chlorure platinique s'y combine avec formation d'un *chloroplatinate* soluble dans l'eau et dans l'alcool bouillants.

Acide o-carbostyrile-dithiocarbonique (méthylthionethiolique–amino2-benzène-propényloïque]).

$$SH - CS - AzH - C^6H^4 - CH = CH - CO^2H.$$

— On prépare ce corps en chauffant en vase clos à 100° pendant 2 heures l'acide o-amidocinnamique avec du sulfure de carbone en excès ; le produit de la réaction est lavé à plusieurs reprises avec de l'éther de pétrole et purifié par des cristallisations répétées dans l'eau bouillante. On obtient ainsi de petites aiguilles, fusibles à 185-187°, solubles dans l'ammoniaque.

Acide m-amidocinnamique,

$$C^6H^4 \underset{CH = CH - CO^2H}{\overset{AzH^2}{<}}$$

— On ajoute une solution ammoniacale de 1 partie d'acide m-nitrocinnamique à une solution de 9 parties de sulfate ferreux sursaturée d'ammoniaque ; lorsque la réduction est achevée, on sursature la masse avec de l'acide chlorhydrique et on chauffe jusqu'à dissolution ; par le refroidissement, le chlorhydrate de l'acide m-amidocinnamique cristallise. On filtre, on lave à l'acide chlorhydrique étendu, on redissout dans l'eau bouillante et on ajoute de l'acétate de sodium : par le refroidissement, l'acide m-amidocinnamique cristallise. On obtient ainsi de longues aiguilles, d'un jaune clair, fusibles à 180-181°, peu solubles dans l'eau froide, plus solubles dans l'eau bouillante, solubles dans l'alcool et dans l'éther [Tiemann et Oppermann, *D. chem. G.*, **13**, 2064. — Gabriel, *ibid.*, **16**, 2038].

L'acide m-amidocinnamique se dissout dans les acides et dans les alcalis.

Le *chlorhydrate*, $C^9H^9AzO^2 . HCl$, cristallise en lamelles incolores et brillantes.

Le *nitrate*, $C^9H^9AzO^2 . AzO^3H$, cristallise en fines aiguilles presque incolores.

Le *sel de baryum*, $(C^9H^8AzO^2)^2Ba . 2H^2O$, cristallise dans l'alcool aqueux en lamelles très solubles dans l'eau.

Le *sel de cuivre* se présente sous la forme d'un précipité vert [Mazzara, *Gazz. chim. ital.*, **9**, 425].

Sulfocyanate d'acide m-amidocinnamique,

$$SCAzH . AzH^2 - C^6H^4 - CH = CH - CO^2H.$$

— On obtient ce corps en combinant l'acide sulfocyanique libre à l'acide m-amidocinnamique ; on évapore au bain-marie et on fait cristalliser le résidu dans une petite quantité d'alcool bouillant.

On obtient ainsi des cristaux fusibles à 148-149°, doués d'une saveur très acide, solubles dans l'eau, l'alcool et l'acide acétique cristallisable. Sa dissolution ammoniacale est précipitée par l'acide chlorhydrique [Rothschild, *D. chem. G.*, **23**, 3344].

Acide p-amidocinnamique,

$$C^6H^4 \underset{CH = CH - CO^2H}{\overset{AzH^2}{<}}$$

— On ajoute une dissolution bouillante de 30 grammes d'acide p-nitrocinnamique dans 200 grammes d'ammoniaque étendue à une dissolution bouillante de 270 grammes de sulfate ferreux, 750 grammes d'eau et environ 200 grammes d'ammoniaque. On fait digérer pendant 10 minutes à 100°, on filtre et on sursature la solution par l'acide acétique [Gabriel. *D. chem. G.*, **15**, 2299].

On peut également obtenir l'acide p-amidocinnamique en partant du p-nitrocinnamate d'éthyle : On dissout 25 grammes de cet éther dans la moindre quantité possible d'alcool bouillant et on ajoute à la dissolution bouillante 120 grammes d'étain et 100 grammes d'acide chlorhydrique concentré. Lorsque la réaction est achevée, on décante, on ajoute 750 centimètres cubes d'eau et on précipite l'étain par un courant d'hydrogène sulfuré ; la liqueur ainsi débarrassée d'étain est évaporée jusqu'à cristallisation [von Miller et Kinkelin, *D. chem. G.*, **18**, 3234]. Le chlorhydrate de l'acide p-amidocinnamique cristallise par le refroidissement. On isole l'acide par l'acétate de sodium.

L'acide p-amidocinnamique cristallise en fines aiguilles d'un jaune clair, fusibles à 175-176° avec dégagement de gaz. Il est peu stable ; une simple cristallisation dans l'éther le transforme en une résine rouge. Il se dissout avec facilité dans l'eau bouillante, l'alcool et l'éther ; l'eau froide le dissout peu. Traité par l'acide nitreux, il se transforme en acide p-coumarique, $C^9H^9O^3$. Un mélange d'acides sulfurique et nitrique le transforme en dinitroamidocinnamène,

$$C^6H^3 - AzH^2 \overset{AzO^2}{\underset{CH = CH . AzO^2}{<}}$$

Son *sel barytique* est amorphe et aisément soluble dans l'eau.

Le *chlorhydrate* cristallise en aiguilles très solubles dans l'eau.

Chauffé avec de l'anhydride acétique, il se transforme en un *dérivé acétylé*,

$$C^6H^4 \underset{CH = CH - CO^2H}{\overset{AzH . CO . CH^3}{<}}$$

qui cristallise en longues aiguilles ou en lamelles, fusibles à 259-260°, solubles dans l'alcool bouillant et dans l'acide acétique, peu solubles dans l'eau, presque insolubles dans l'éther, le benzène et la ligroïne. L'acide nitrique fumant le transforme d'abord en acide p-acétamido-m-nitrocinnamique. Par l'action ultérieure de l'acide nitrique, il se forme du dinitro-acétamidocinnamène [Gabriel et Herzberg, *D. chem. G.*, **16**, 2041].

Sulfocyanate d'acide p-amidocinnamique,

$$CSAzH . AzH^2 - C^6H^4 - CH = CH - CO^2H.$$

— Ce corps se prépare en mélangeant des quantités équimoléculaires de chlorhydrate d'acide p-amidocinnamique et de sulfocyanate de potassium. Le produit de la réaction est traité par l'eau ; le résidu constitue le sulfocyanate pur. Il forme des aiguilles d'un jaune-brun clair, infusibles à 272°, solubles dans l'eau et dans l'alcool.

Chauffé à 100°, il se transforme en *acide p-thio-uramidocinnamique,*

$$AzH^2 - CS - AzH - C^6H^4 - CH = CH - CO^2H,$$

insoluble dans l'eau bouillante et infusible à 273° [Rothschild, *D. chem. G.*, **23**, 3346].

Acide m-p-diamidocinnamique,

$$C^6H^3 - AzH^2_{(4)} \overset{AzH^2_{(3)}}{\underset{CH = CH - CO^2H_{(1)}}{<}}$$

— On prépare ce corps en traitant l'acide m-nitro-p-amidocinnamique par une dissolution bouillante d'acide stanneux dans la potasse.

Le liquide rouge se décolore rapidement. On sursature par l'acide chlorhydrique ; par le refroidissement, il se dépose des grains jaunâtres d'un *chlorhydrate* peu soluble. On le redissout dans l'eau bouillante et on additionne la liqueur d'acétate de sodium : par le refroidissement, l'acide diamidé cristallise en aiguilles d'un jaune brun. fusibles en dégageant des gaz à 167-168°. Ce corps est soluble dans l'eau bouillante et dans l'alcool, insoluble dans l'éther, le benzène et la ligroïne [Gabriel et Herzberg, *D. chem. G.*, **16**, 2042].

Acides nitro-amidocinnamiques. — Acide o-amidocinnamique α-nitré,

$$C^6H^3 - AzH^2_{(2)} \overset{AzO^2}{\underset{CH = CH - CO^2H_{(1)}}{<}}$$

— Ce corps se forme en même temps que l'isomère β-nitré quand on ajoute une dissolution refroidie de 1 partie d'acide o-amidocinnamique dans 5 parties d'acide sulfurique concentré à une dissolution également refroidie de 3 parties de nitrate de potassium dans 10 parties d'acide sulfurique concentré. Il faut avoir soin que la température ne s'élève pas au-dessus de 0° [Friedlænder et Lazarus, *Ann. Chem.*, **229**, 242].

• On ajoute de la glace, qui précipite le dérivé β ; en neutralisant approximativement l'eau mère par la soude, on précipite l'acide α-nitré.

L'acide α-nitré forme de petites aiguilles d'un rouge-brun clair, fusibles à 240°, insolubles dans le benzène, l'éther et la ligroïne, peu solubles dans l'eau, solubles dans l'alcool et dans l'acétone ; il se dépose également avec facilité à chaud dans les acides minéraux étendus ; l'acétate de sodium le précipite de ces solutions. Chauffé à 130° avec de l'acide chlorhydrique, il se transforme en nitrocarbostyrile.

L'*éther éthylique* de cet acide se prépare en nitrant une solution sulfurique d'o-amidocinnamate d'éthyle par une dissolution sulfurique de nitrite de sodium ; on opère au-dessous de 10°. On traite le produit de la réaction par l'alcool, et on évapore la dissolution alcoolique. On obtient ainsi des aiguilles d'un rouge-brun foncé, fusibles à 158-160°, qui sont saponifiées facilement par la soude alcoolique étendue.

Acide o-amidocinnamique β-nitré. — Cet acide se forme en petite quantité à côté de l'isomère précédent. Il est de couleur jaune-brun, fusible à 254°, presque insoluble dans l'eau et dans les acides minéraux étendus. Chauffé avec de l'acide chlorhydrique à 150°, il se transforme en β-nitrocarbostyrile.

Acide m-nitro-p-amidocinnamique,

$$C^6H^3 \begin{cases} AzO^2_{(3)} \\ AzH^2_{(4)} \\ CH = CH - CO^2H_{(1)} \end{cases}$$

— Le *dérivé acétylé* de cet acide s'obtient en ajoutant de l'acide p-acétamidocinnamique à de l'acide nitrique fumant refroidi à — 12-14°. On précipite la liqueur par de la glace, on redissout le précipité dans l'ammoniaque, on précipite la solution ammoniacale par l'acide chlorhydrique et on fait cristalliser le précipité à plusieurs reprises dans l'alcool. On obtient ainsi des cristaux jaunes, fusibles à 261-266°.

Pour préparer l'acide libre, on chauffe ce dérivé avec de la soude caustique : par le refroidissement, il se sépare des cristaux lamellaires rouges du sel sodique ; on les dissout dans l'eau bouillante et on ajoute de l'acide chlorhydrique ; il se dépose alors par le refroidissement de la liqueur des aiguilles groupées en étoiles, constituées par l'acide m-nitro-p-amidocinnamique.

Ce corps fond à 224°,5 ; il est soluble dans l'alcool bouillant et dans l'acide acétique cristallisable, moins soluble dans l'eau, presque insoluble dans le benzène et dans la ligroïne. Le nitrite d'éthyle le transforme en acide m-nitrocinnamique ; une dissolution alcaline d'oxyde stanneux fournit de l'acide dianidocinnamique [Gabriel et Herzberg. *D. chem. G.*, **16**, 2042].

Acide o-hydrazine-cinnamique,

$$AzH^2 - AzH - C^6H^4 - CH = CH - CO^2H.$$

— En traitant le sulfate d'acide o-diazocinnamique successivement par le sulfite de sodium et par la poudre de zinc, on obtient un acide copulé (voyez plus loin),

$$SO^3H - AzH - AzH - C^6H^4 - CH = CH - CO^2H.$$

Le sel de sodium de cet acide est transformé en acide o-hydrazine-cinnamique par l'action de l'acide chlorhydrique à chaud [Fischer et Tafel, *Ann. Chem.*, **227**, 309] : on chauffe au bain-marie un magma formé du sel sodique et d'acide chlorhydrique concentré jusqu'à formation d'un liquide brun ; on laisse refroidir et on neutralise presque complètement par la soude caustique ; on précipite les résines par addition d'acétate de sodium, on filtre, on ajoute un grand excès d'acétate et on évapore : il se sépare l'acide hydrazine-cinnamique, que l'on purifie par un lavage à l'alcool bouillant [Fischer et Kuzel, *Ann. Chem.*, **221**, 276].

L'acide o-hydrazine-cinnamique forme des cristaux d'un jaune clair, fusibles à 171° en se transformant en indazol et en acide acétique, et décomposables par l'eau bouillante. Il est presque insoluble dans l'alcool, le benzène, la ligroïne et l'éther bouillants, beaucoup plus soluble dans l'acide acétique bouillant. Cette dissolution est douée de propriétés réductrices énergiques : elle décolore le tournesol et l'indigo, réduit la liqueur de Fehling et la dissolution ammoniacale d'argent. Une dissolution alcaline d'acide o-hydrazine-cinnamique s'oxyde rapidement à l'air en se transformant en acide indazolacétique.

L'acide o-hydrazine-cinnamique se combine à l'acide chlorhydrique pour donner un *chlorhydrate*, $C^9H^{10}Az^2O^2$. HCl, poudre cristalline, très soluble dans l'eau, moins soluble dans l'alcool et insoluble dans l'éther.

On a préparé également un *anhydride* interne de l'acide hydrazine-cinnamique, qui a pour formule

$$C^6H^4 \begin{array}{c} \diagup CH = CH \diagdown \\ \diagdown \underline{\quad Az \quad} \diagup \end{array} CO,$$
$$| \quad\quad\quad$$
$$AzH^3$$

On l'obtient, en même temps que l'acide, par l'action de l'acide chlorhydrique étendu et bouillant sur le sulfohydrazine-cinnamate de sodium (Fischer et Kuzel). En sursaturant la solution par la soude caustique, on voit l'anhydride se précipiter. Ce corps cristallise en fines aiguilles, fusibles à 127°, solubles sans décomposition, aisément solubles dans l'eau bouillante ; les dissolutions sont précipitées presque complètement par les alcalis concentrés. Il se dissout à chaud dans l'acide chlorhydrique concentré, avec formation d'un *chlorhydrate* cristallisé peu stable ; il se dissout dans l'alcool et dans l'éther. Il ne réduit pas la liqueur de Fehling ni la solution ammoniacale de nitrate d'argent. L'acide nitreux le transforme en carbostyrile.

Acide indazolacétique (β-*phéno-α-pyrazol-α-éthyloïque*),

$$C^6H^4 \begin{array}{c} Az \\ \diagup | \diagdown \\ \diagup | \diagdown AzH \\ C - CH^2 . CO^2H \end{array}$$

— Ce corps prend naissance quand on chauffe une solution de diazosulfocinnamate de sodium avec de l'acide chlorhydrique (Fischer et Tafel) :

$$NaSO^3 - Az = Az - C^6H^4 - CH = CH - CO^2H + H^2O$$
$$= SO^4NaH + C^9H^8Az^2O^2.$$

On peut également le préparer par l'action de l'air sur une dissolution alcaline d'acide o-hydrazine-cinnamique ; la liqueur est neutralisée par l'acide chlorhydrique, et le précipité qui prend naissance est purifié par cristallisation dans l'eau.

L'acide indazolacétique forme de fines aiguilles jaunâtres, fusibles à 168-170° avec dégagement d'acide carbonique ; par distillation sèche, il se scinde en anhydride carbonique et en méthylindazol. Il est très soluble dans l'eau bouillante, l'alcool, l'acétone et l'acide acétique cristallisable, moins soluble dans l'éther, très peu soluble dans le chloroforme, le benzène et la ligroïne. L'acide nitreux le transforme en un dérivé nitrosé.

Son *sel de cuivre* renferme 2 molécules d'eau ; il cristallise dans l'alcool bouillant en fines aiguilles vertes, insolubles dans l'eau bouillante.

Acide nitroso-indazolacétique

$$C^6H^4 \diamond \begin{array}{c} Az \\ \quad Az.AzO \\ C-CH^2.CO^2H \end{array}$$

— On ajoute une dissolution à 4 0/0 de nitrite de sodium à une dissolution sulfurique refroidie et très étendue d'acide indazolacétique (Fischer et Tafel). On obtient des aiguilles d'un jaune d'or, se décomposant sans fondre à 96° avec dégagement de gaz. Il cristallise dans l'éther acétique en cristaux jaunâtres, fusibles en se décomposant à 123°. Il est insoluble dans l'eau et dans la ligroïne, soluble dans l'éther, le chloroforme, l'alcool, l'acide acétique, l'acétate d'éthyle bouillant et les alcalis. La poudre de zinc en dissolution acétique le transforme en acide indazolacétique.

Acide bromo-indazolacétique. $C^9H^7BrAz^2O^2$. — Ce corps se prépare en ajoutant de l'eau de brome à une dissolution d'acide indazolacétique dans l'acide chlorhydrique étendu (Fischer et Tafel). Par cristallisation dans l'acide acétique, on obtient des aiguilles fusibles à 100° en se décomposant, presque insolubles dans l'eau froide, peu solubles dans le chloroforme et dans le benzène, solubles dans l'acide acétique bouillant et dans l'alcool. L'acide chromique l'oxyde en le transformant en acide bromo-indazolcarbonique,

ACIDES DIAZOCINNAMIQUES. — On connaît les trois dérivés diazoïques de l'acide cinnamique : on les obtient par les méthodes usuelles, en faisant agir l'acide nitreux sur les dérivés amidés correspondants.

ACIDE O-DIAZOCINNAMIQUE. — A une solution refroidie de 10 parties d'acide o-amidocinnamique dans 9 parties d'acide chlorhydrique (d = 1,19) et 70 parties d'eau, on ajoute la quantité calculée de nitrite de sodium. Il se sépare du chlorhydrate du dérivé diazoïque [Fischer et Kuzel, *Ann. Chem.*. **222**, 272].

D'après M. Gabriel [*D. chem. G.*, **15**, 2295], on ajoute peu à peu une dissolution de $2^{gr},5$ de nitrite de sodium dans 50 parties d'eau à un mélange de 5 grammes d'acide o-amidocinnamique, 27 grammes d'eau et $7^{gr},5$ d'acide chlorhydrique. Le magma cristallin se clarifie ; on filtre rapidement et on ajoute 2 volumes d'acide nitrique concentré ; il se sépare au bout de quelque temps des cristaux d'un jaune brun, constitués par le nitrate du dérivé diazoïque.

Le nitrate de l'acide o-diazocinnamique peut être cristallisé dans l'eau tiède sans subir de décomposition ; on l'obtient alors sous la forme de prismes courts, d'un brun jaune, très peu solubles dans l'eau froide ; l'eau bouillante le transforme en acide o-coumarique ; les alcalis à l'ébullition ne l'altèrent point.

Acide cinnamique-o-diazosulfonique,

$$C^6H^4 \diamond \begin{array}{c} CH=CH-CO^2H \\ Az=Az-SO^3H \end{array}$$

— Ce corps s'obtient en faisant agir le sulfite de sodium sur les sels de l'acide o-diazocinnamique (Fischer et Kuzel), ou en oxydant par l'oxyde mercurique le sel de sodium de l'acide o-hydrazine-cinnamosulfonique [Fischer et Tafel, *Ann. Chem.*, **227**, 325].

ACIDE M-DIAZOCINNAMIQUE. — Ce corps se prépare comme le dérivé ortho ; on l'isole en additionnant le liquide du tiers de son volume d'acide nitrique concentré. On obtient ainsi un magma formé d'aiguilles aplaties, incolores, qu'on dessèche à une douce chaleur (Gabriel).

Le *nitrate* d'acide m-diazocinnamique

$$C^6H^4 \diamond \begin{array}{c} CH=CH-CO^2H \\ Az=Az-AzO^3 \end{array}$$

est soluble dans l'eau ; il détone violemment lorsqu'on le chauffe ou qu'on le soumet au choc.

ACIDE P-DIAZOCINNAMIQUE. — On broie 1 partie d'acide p-amidocinnamique avec 3 parties d'acide chlorhydrique à 20 0/0 et on ajoute à la liqueur par petites portions une dissolution de $0^{gr},5$ d'acétate de sodium dans 10 parties d'eau. Pour achever la réaction, on chauffe vers 40-50°, on filtre et on abandonne au refroidissement. Il se sépare de longues aiguilles brunâtres, constituées par le *chlorure* diazoïque

$$C^6H^4 \diamond \begin{array}{c} CH=CH-CO^2H \\ Az=Az-Cl \end{array} + H^2O$$

Ce corps est peu soluble dans l'eau et déflagre légèrement lorsqu'on le chauffe (Gabriel).

ACIDE SULFOHYDRAZINE-CINNAMIQUE.

$$SO^3H-AzH-AzH-C^6H^4-CH=CH-CO^2H.$$

— On obtient le sel sodique en ajoutant une dissolution de chlorure o-diazocinnamique à une dissolution saturée froide de sulfite de sodium ; la dissolution est additionnée d'acide chlorhydrique et traitée à froid par le zinc en poudre jusqu'à coloration jaune : on chauffe à 100°, on sature le liquide de chlorure de sodium et on ajoute après refroidissement de l'acide acétique cristallisable ; il se précipite alors le *sel acide de sodium* de l'acide sulfohydrazine-cinnamique, $C^9H^9Az^2SO^5Na$. Il cristallise en fines aiguilles d'un jaune clair, solubles dans l'eau froide, presque insolubles dans une dissolution de sel marin ; il réduit à froid la liqueur de Fehling et l'oxyde de mercure. L'acide chlorhydrique froid le scinde en acide sulfurique et en acide hydrazine-cinnamique. Si la décomposition par l'acide chlorhydrique est effectuée à chaud, on obtient en même temps de l'anhydride hydrazine-cinnamique.

DÉRIVÉS SULFONÉS DE L'ACIDE CINNAMIQUE. — L'acide décrit sous le nom d'*acide sulfocinnamique* (Dict., **1**, 921) paraît être un mélange de deux isomères qu'on sépare de la manière suivante [Rudnew. *Ann. Chem.*, **173**, 8] : On ajoute par petites portions 60 parties d'acide cinnamique à 200 parties d'acide sulfurique fumant, à 20 0/0 d'anhydride ; on ajoute 5 volumes d'eau et on neutralise par le carbonate de barvum jusqu'à ce que la dissolution ne précipite plus par le chlorure de baryum ; on précipite exactement la totalité de la baryte par l'acide sulfurique, on sature la moitié de la liqueur par la baryte et on y ajoute l'autre moitié : il se dépose en premier lieu un sel acide de baryum constitué par le dérivé para, tandis que l'isomère (ortho ou méta) reste en dissolution.

ACIDE O- OU M-CINNAMIQUE-SULFONIQUE,

$$C^6H^4 \diamond \begin{array}{c} SO^3H_{(2\ ou\ 3)} \\ CH=CH-CO^2H_{(1)} \end{array}$$

— L'acide libre cristallise en petits prismes qui renferment 3 molécules d'eau. Il se décompose à 80° et se dissout aisément dans l'eau et dans l'alcool. Fondu avec de la potasse caustique, il fournit de l'acide m-oxybenzoïque ; le mélange chromique le détruit complètement, avec formation d'aldéhyde et d'acide acétique. Ce fait parle en faveur de la formule rattachant cet acide à l'orthosérie ; la formation d'un dérivé méta par fusion alcaline n'est pas une preuve suffisante pour ranger l'acide cinnamique-sulfonique dans la méta-série, car on sait que les fusions alcalines sont souvent accompagnées de transpositions moléculaires, les ortho-dérivés se transformant à une haute température en méta-dérivés (voyez RÉSORCINE).

Sel de calcium, $C^9H^6SO^5Ca$, 0,5 H^2O. — Cristaux indistincts, solubles dans l'eau.

Sel de baryum, $(C^9H^7SO^5)^2Ba$, 3 H^2O. — Mamelons solubles dans 220 parties d'eau.

On connaît également un *sel barytique acide,*

$$C^9H^6SO^5Ba, 1,5H^2O,$$

soluble dans 25 parties d'eau, insoluble dans l'alcool.

ACIDE CINNAMIQUE-M-SULFONIQUE,

$$C^6H^4 < \begin{matrix} SO^3H \\ CH=CH-CO^2H \end{matrix}$$

— On prépare ce corps en partant de l'aldéhyde benzylique monosulfonée, obtenue par l'action de l'acide sulfurique fumant sur l'aldéhyde benzylique [Wallach et Wusten, *D. chem. G.,* **16**, 150].

On chauffe à une vive ébullition dans un appareil à reflux 6 parties du sel barytique de l'aldéhyde benzylique monosulfonée avec 3 parties d'acétate de sodium anhydre et 10 parties d'anhydride acétique. Au bout de 8-9 heures la réaction est achevée ; on ajoute de l'eau et de l'acide sulfurique et on élimine l'acide acétique à l'aide d'un courant de vapeur d'eau. On filtre, on évapore à siccité et on reprend par l'alcool ; on filtre, on évapore l'alcool et on transforme le résidu en sel de baryum.

On obtient ainsi le sel barytique de l'acide cinnamique-sulfonique sous la forme de mamelons solubles dans l'eau, peu solubles dans l'alcool [Kafka, *D. chem. G.,* **24**, 796].

ACIDE CINNAMIQUE-P-SULFONIQUE. — Ce corps cristallise avec 5 molécules d'eau en prismes volumineux clinorhombiques qui, exposés sur l'acide sulfurique, perdent 4 molécules d'eau. Par fusion alcaline, ce corps fournit de l'acide p-oxybenzoïque. Le mélange chromique le transforme en acide benzoïque-p-sulfonique.

Sel de potassium, $C^9H^6SO^5K^2$, 0,5 H^2O. — Mamelons solubles dans l'alcool chaud.

Sel de calcium, $C^9H^6SO^5Ca$, 0,5 H^2O. — Petits cristaux très peu solubles dans l'eau.

Sel de baryum acide, $(C^9H^7SO^5)^2Ba$, 3 H^2O. — Longues aiguilles solubles dans 840 parties d'eau.

Sel de baryum neutre, $C^9H^6SO^5Ba$, H^2O. — Croûtes cristallines solubles dans 250 parties d'eau.

Sel de cuivre, $(C^9H^7SO^3)^2Cu$, 6 H^2O. — Prismes allongés de couleur verdâtre, très solubles dans l'eau.

Amide,

$$C^6H^4 < \begin{matrix} CH=CH-CO.AzH^2_{(1)} \\ SO^2.AzH^2_{(1)} \end{matrix}$$

— On prépare ce corps par l'action de l'ammoniaque sur le chlorure correspondant [Palmer, *Am. Journ.,* **4**, 163]. Il cristallise dans l'eau bouillante en aiguilles, fusibles à 218°, solubles dans l'eau bouillante ; par oxydation au moyen du mélange chromique, il se transforme en acide p-sulfamine-benzoïque,

$$C^6H^4 < \begin{matrix} CO^2H \\ SO^2AzH^2 \end{matrix}$$

En chauffant l'amide avec de la soude caus-

tique, on obtient l'*acide sulfamine-cinnamique,*

$$C^6H^4 < \begin{matrix} CH=CH-CO^2H \\ SO^2.AzH^2 \end{matrix}$$

qui cristallise dans l'eau en longues aiguilles, se décomposant sans fondre à 250°. Ce corps est très peu soluble dans l'eau : 100 parties d'eau à 21° ne dissolvent que 0ᵍ.058 de substance. Il est peu soluble dans l'éther et assez soluble dans l'alcool. L'acide chromique le transforme en acide p-sulfamine-benzoïque.

Le *sel de calcium* cristallise en aiguilles renfermant 1 molécule d'eau, peu solubles dans l'eau.

Le *sel de baryum* renferme 2 H^2O et forme des prismes épais, très solubles dans l'eau bouillante.

G. de Bechi.

CINNAMIQUE (ALCOOL) [Syn. *Benzène-propénylol3*] (voy. Dict., **1**, 924). — L'alcool cinnamique bout à 250° [Wolff, *Ann. Chem.,* **75**, 300]. Sa densité à 24°,8 est de 1,04017 rapportée à celle de l'eau à 4° ; à 36°,1, elle est de 1,03024, et à 77° de 1,00027 [Nasini et Bernheimer, *D. chem. G.,* **15**, 84]. D'après ces auteurs, il bout à 253,5-254°,5 sous la pression de 747ᵐᵐ,3. D'après M. Brühl [*Ann. Chem.,* **235**, 17], sa densité à 20° est de 1,0440 et de 1,0338 à 33°.

Le noir de platine transforme l'alcool cinnamique en aldéhyde cinnamique ; une oxydation plus énergique fournit de l'acide cinnamique, puis de l'aldéhyde benzylique.

L'amalgame de sodium le transforme en alcool phénylpropylique (benzène-propylol3),

$$C^6H^5-CH^2-CH^2-CH^2OH,$$

et allylbenzène, $C^6H^5-CH=CH-CH^3$ [Rügheimer, *Ann. Chem.,* **172**, 122].

En présence d'une grande quantité d'eau, l'amalgame de sodium ne donne que de l'alcool phénylpropylique ; si on emploie au contraire une petite quantité d'eau et un amalgame riche en sodium, il se forme du cinnamène et de l'alcool méthylique sans allylbenzène [Hatton et Hodgkinson, *Chem. Soc.,* **39**, 319].

L'acide iodhydrique (d = 1,96), chauffé à 180-200° avec de l'alcool cinnamique, donne du toluène et de l'allylbenzène [Tiemann, *D. chem. G.,* **11**, 671].

Bromure de styryle, $C^6H^5-CH=CH-CH^2Br$. — On prépare ce corps en faisant bouillir pendant une demi-heure de l'alcool cinnamique avec de l'acide bromhydrique à 47,8 0,0 HBr.

C'est un liquide très coloré, se décomposant par la distillation sèche ou à la vapeur d'eau.

Avec le composé sodique de la phénylhydrazine, il fournit l'α-styrylphénylhydrazine [Michaelis et Claessen, *D. chem. G.,* **22**, 2239].

α-Styrylphénylhydrazine,

$$AzH^2-Az < \begin{matrix} CH^2-CH=CH-C^6H^5 \\ C^6H^5 \end{matrix}$$

— On prépare ce corps en ajoutant du bromure de styryle à de la phénylhydrazine sodique en suspension dans le benzène. On achève la réaction en chauffant légèrement ; on décante le benzène et on l'agite avec de l'acide chlorhydrique ; au bout de quelque temps, la solution benzénique se solidifie en un magma de chlorhydrate de styrylphénylhydrazine ; on filtre à la trompe, on traite par la soude caustique et par l'éther. On obtient par évaporation de la dissolution éthérée la base libre sous la forme de cristaux brillants, incolores, fusibles à 54°, solubles dans l'alcool et dans l'éther, peu solubles dans la ligroïne [Michaelis et Claessen, *D. chem. G.,* **22**, 2239].

Les produits d'addition dérivés de l'alcool cinnamique ont été étudiés par M. Grimaux [*Bull. Soc. Chim.,* (2), **20**, 120].

Dibromure, $C^6H^5 - CHBr - CHBr - CH^2OH$. — On obtient ce corps en ajoutant goutte à goutte du brome à une dissolution chloroformique refroidie d'alcool cinnamique.

On évapore le chloroforme et on fait cristalliser le résidu dans l'éther.

Le dibromure cristallise en lamelles ou en aiguilles fusibles à 74°, insolubles dans l'eau, solubles dans l'alcool et dans l'éther. L'eau bouillante le décompose à la longue, en le transformant en stycérine ou phénylglycérine $C^9H^9(OH)^3$.

Phényltribromopropane,

$$C^6H^5 - CHBr - CHBr - CH^2Br.$$

— Ce corps s'obtient en distillant à plusieurs reprises le dibromure avec un excès d'acide bromhydrique fumant. Il se forme également par l'action du brome sur le bromure de styryle.

Il cristallise dans le chloroforme en petites aiguilles, fusibles à 124°, peu solubles dans l'alcool et dans l'éther, plus solubles dans le chloroforme.

Phényldibromochloropropane,

$$C^6H^5 - CHBr - CHBr - CH^2Cl.$$

— On le prépare comme les corps précédents, en faisant agir le brome sur le chlorure de styryle. Il cristallise dans l'éther en lamelles fusibles à 96°,5, peu solubles dans l'éther froid, plus solubles dans le chloroforme.

Acétate de phényldibromopropyle,

$$C^6H^5 - CHBr - CHBr - CH^2 . OC^2H^3O.$$

— Ce corps se prépare par l'action du chlorure d'acétyle sur le dibromure fusible à 74°. Par cristallisation dans l'éther, on obtient des prismes obliques, fusibles à 85-86°   G. de Bechi.

CINNAMIQUE (ALDÉHYDE). — *Modes de formation.* — L'aldéhyde cinnamique se forme en petite quantité dans la digestion de la fibrine par le pancréas [Ossikovszky, *D. chem. G.*, **13**, 326]. Elle prend également naissance par l'action de l'aldéhyde éthylique sur l'aldéhyde benzylique en présence de soude caustique. Voici comment il convient d'opérer [Peine, *D. chem. G.*, **17**, 2117]: On fait digérer pendant 8-10 jours, à une température de 30°, un mélange de 10 parties d'aldéhyde benzylique, 15 parties d'aldéhyde éthylique, 900 parties d'eau et 10 parties d'une dissolution de soude caustique à 10 0/0. On agite fréquemment le mélange, on épuise par l'éther, et, après évaporation du dissolvant, on fractionne dans le vide. L'aldéhyde cinnamique distille à 128-130° sous la pression de 20 millimètres.

Préparation. — Le procédé de purification de l'essence de cannelle indiqué par Bertagnini (Dict., **1**, 922) a été légèrement modifié par M. Peine, qui opère comme il suit [*D. chem. G.*, **17**, 2109]: Une dissolution alcoolique de 50 parties d'essence de cannelle est agitée avec 90 parties d'une dissolution à 50 0/0 de bisulfite de sodium; le composé bisulfitique obtenu est lavé à l'alcool et décomposé par l'acide sulfurique. L'aldéhyde est entraînée par un courant de vapeur d'eau et le liquide distillé est épuisé par l'éther; on évapore l'éther et on rectifie dans le vide.

Propriétés. — La densité de l'aldéhyde cinnamique est de 1.0497 à 20° par rapport à l'eau à 4°.

Le cyanure de potassium transforme l'aldéhyde cinnamique en un corps amorphe $(C^9H^8O)^x$, jaune, soluble dans les dissolvants usuels, qui n'a pu être obtenu à l'état de cristaux [Zincke et Hagen, *D. chem. G.*, **17**, 1814].

L'aldéhyde cinnamique en dissolution éthérée très étendue, traitée par l'hydrogène phosphoré en présence de gaz acide chlorhydrique, fournit une substance jaune, insoluble dans l'éther, qui paraît être un mélange de plusieurs corps [Messinger et Engels, *D. chem. G.*, **21**, 333].

Le chlorure de butyryle en présence d'acétate de sodium transforme l'aldéhyde cinnamique en acide cinnamylangélique [Edeleano, *Bull. Soc. Chim.*, (3), **5**, 170].

L'aldéhyde cinnamique se combine au biacétyle en présence d'ammoniaque alcoolique, pour donner la cinnaményldiméthylglyoxaline, fusible à 201-202°,

$$\begin{array}{l} CH^3 - C - AzH \diagdown \\ \qquad \| \qquad\qquad\quad C - CH = CH - C^6H^5. \\ CH^3 - C - Az \diagup \end{array}$$

En substituant au biacétyle la phénanthrènequinone, on obtient le cinnaményldiphényloxazol, fusible à 171-172°,

$$\begin{array}{l} C^6H^4 - C - O \diagdown \\ \;| \qquad \| \qquad\quad C - CH = CH - C^6H^5 \\ C^6H^4 - C - Az \diagup \end{array}$$

[Wadsworth, *Chem. Soc.*, **57**, 8].

L'éther acétylacétique agit sur l'aldéhyde cinnamique en présence d'amines, telles que l'éthylène-diamine, la méthylamine, l'aniline, en formant un corps non azoté, fusible à 160-161°, $C^{31}H^{36}O^6$ [Biginelli, *Gazz. chim. ital.*, **19**, 212].

Dichlorure d'aldéhyde cinnamique,

$$C^6H^5 - CHCl - CHCl - CHO.$$

— On prépare ce corps en faisant passer à froid un courant de chlore dans une dissolution de 1 partie d'aldéhyde cinnamique dans 3 parties de chloroforme; par évaporation du chloroforme, on obtient une masse cristalline, qu'on lave à la ligroïne et au benzène.

Ce corps est doué d'une odeur désagréable excitant le larmoiement; il est soluble dans l'alcool et dans l'éther et se décompose facilement, avec dégagement d'acide chlorhydrique et formation d'aldéhyde cinnamique monochlorée [Naar, *D. chem. G.*, **24**, 246].

Dibromure d'aldéhyde cinnamique,

$$C^6H^5 - CHBr - CHBr - CHO.$$

— On prépare ce corps en ajoutant du brome à une dissolution chloroformique d'aldéhyde cinnamique; on évapore le dissolvant et on purifie le résidu par cristallisation dans l'alcool [Zincke et Hagen, *D. chem. G.*, **17**, 1814]. On obtient ainsi de petites aiguilles, fusibles à 100° en dégageant de l'acide bromhydrique et douées d'une odeur qui excite le larmoiement. L'alcool et l'acide acétique à l'ébullition décomposent ce dibromure, avec dégagement d'acide bromhydrique et formation d'aldéhyde cinnamique monobromée. Cette même décomposition a lieu également peu à peu quand on abandonne le produit à la température ordinaire.

Le cyanure de potassium le transforme en une huile brune et en un corps cristallisé fusible à 101-102°, qui n'a pas été étudié.

Cyanhydrine de l'aldéhyde cinnamique

$$C^6H^5 - CH = CH - CH \diagdown^{OH}_{CAz}$$

— On prépare ce corps en laissant digérer pendant quelques semaines l'essence de cannelle avec de l'acide cyanhydrique anhydre [Pinner, *D. chem. G.*, **17**, 2010].

Un procédé plus avantageux et plus expéditif consiste à ajouter goutte à goutte de l'acide chlorhydrique à un mélange de 1 molécule d'aldéhyde cinnamique en dissolution dans une petite quantité d'éther et d'un peu plus de 1 molécule de cyanure de potassium, jusqu'à cessation du dégagement d'acide cyanhydrique; on décante la dissolution éthérée, on évapore l'éther, on reprend le résidu par le benzène et on précipite la dissolution par la ligroïne [Peine, *D. chem. G.*, 17, 2113].

La cyanhydrine forme des cristaux fusibles à 80-81° (Pinner), à 75° (Peine), solubles dans les dissolvants organiques usuels, sauf dans la ligroïne. Par ébullition avec l'acide chlorhydrique étendu, elle se transforme en ammoniaque et en acide phényl-α-oxycrotonique,

$$C^6H^5 - CH = CH - CH < ^{OH}_{CO^2H}$$

Action du bisulfite de sodium sur l'aldéhyde cinnamique. — Lorsqu'on agite l'aldéhyde cinnamique avec des dissolutions concentrées et froides de bisulfites alcalins, il se forme des produits d'addition qui ont été décrits Dict., 1, 922. Ces derniers, soumis à l'action de l'eau bouillante, subissent une décomposition exprimée par l'équation suivante :

$$2\,C^6H^5 - CH = CH - CH < ^{OH}_{SO^3Na}$$
$$= C^6H^5 - CH = CH - CHO$$
$$+ C^6H^5 - CH^2 - CH < ^{SO^3Na}_{CH < ^{OH}_{SO^3Na}}$$

Le corps obtenu, qui est le sel sodique de l'*acide cinnamo-aldéhyde-disulfureux* (phénylpropane-ol3-disulfonique2.3), s'obtient également avec un rendement théorique en ajoutant 1 molécule d'aldéhyde cinnamique à une dissolution concentrée et bouillante de 2 molécules de bisulfite de sodium ; l'aldéhyde se dissout en quelques minutes, et par évaporation de la solution on obtient un magma cristallin qu'on purifie par cristallisation dans l'eau.

Le *sel de potassium*,

$$C^6H^5 - C^2H^3(SO^3K) - CH < ^{OH}_{SO^3K} + 2\,H^2O,$$

cristallise en aiguilles.

Les sels de l'acide phénylpropanol-disulfonique régénèrent l'aldéhyde cinnamique par la distillation sèche, ainsi que par l'ébullition avec la soude caustique. L'acide sulfurique étendu et bouillant les transforme en acide cinnamo-aldéhyde-sulfonique (phénylpropanal-sulfonique), $C^6H^5 . C^2H^3(SO^3H) . CHO$, avec dégagement d'acide sulfureux.

L'acide sulfoné ainsi obtenu, traité par l'acétate de phénylhydrazine en présence d'acétate de sodium, fournit une *hydrazone* $C^{21}H^{24}Az^4SO^3$, qui cristallise dans l'alcool étendu en lamelles jaunâtres, fusibles en se décomposant à 165-166°. Cette hydrazone, soumise à l'ébullition avec la soude caustique en dissolution étendue, se décompose avec formation de phénylhydrazine et de l'hydrazone de l'aldéhyde cinnamique, l'acide sulfureux étant éliminé à l'état de sel sodique [Heusler, *D. chem. G.*, 24, 1805].

HYDROCINNAMIDE, $C^{27}H^{24}Az^3$. — L'étude de l'hydrocinnamide (Dict., 1, 923) a été reprise récemment par M. Peine [*D. chem. G.*, 17, 2110].

Préparation. — En faisant passer pendant environ 2 heures un courant de gaz ammoniac sec à travers une dissolution refroidie de 1 volume d'aldéhyde cinnamique dans 3-4 volumes d'alcool absolu, on voit le liquide se colorer d'abord en rouge clair ; au bout de 24 heures de repos, il s'est déposé une cristallisation abondante, qu'on filtre, qu'on lave à l'alcool étendu et dont on achève la purification par des cristallisations répétées dans l'alcool étendu.

Le corps ainsi obtenu cristallise en belles aiguilles blanches, fusibles à 106–108° ; ce n'est pas

de l'hydrocinnamide ; sa formule est $C^{54}H^{51}Az^5$ et il est probablement constitué par un produit de condensation dérivé de 6 molécules d'aldéhyde cinnamique et de 5 molécules d'ammoniaque avec élimination de 6 molécules d'eau ; l'auteur lui attribue la formule suivante :

$$C^6H^5 - CH = CH - CH \gtrless Az$$
$$C^6H^5 - CH = CH - CH < Az\,H$$
$$C^6H^5 - CH = CH - CH < Az\,H$$
$$C^6H^5 - CH = CH - CH < Az\,H$$
$$C^6H^5 - CH = CH - CH < Az\,H$$
$$C^6H^5 - CH = CH - CH \gtrless Az$$

Ce corps se transforme facilement en hydrocinnamide par l'action des acides : on ajoute un excès d'acide chlorhydrique à une dissolution alcoolique du produit de condensation ; il se forme un précipité volumineux de chlorhydrate d'hydrocinnamide, qu'on filtre et qu'on redissout dans l'alcool ; par addition d'éther à la solution alcoolique, le chlorhydrate peu soluble ne tarde pas à se déposer en lamelles incolores, aplaties. Le chlorhydrate ainsi purifié est redissous dans l'alcool bouillant, et la dissolution est additionnée d'ammoniaque ; par le refroidissement, l'hydrocinnamide cristallise en belles aiguilles blanches.

On peut enfin préparer l'hydrocinnamide en faisant digérer pendant quelques semaines, en agitant fréquemment, une dissolution éthérée d'aldéhyde cinnamique avec une dissolution aqueuse concentrée d'ammoniaque ; il se forme peu à peu des cristaux d'hydrocinnamide, qu'on lave à l'éther et qu'on purifie comme il a été dit ci-dessus. Le rendement est encore meilleur que par l'emploi de l'alcool et du gaz ammoniac (Peine).

Propriétés. — L'hydrocinnamide fond à 106° ; elle est douée d'une stabilité remarquable : l'acide chlorhydrique fumant ne l'attaque pas, même à la température de 240-250°. Sa formule de structure peut être exprimée par le schéma suivant :

$$C^6H^5 - CH = CH - CH \gtrless Az$$
$$C^6H^5 - CH = CH - CH$$
$$C^6H^5 - CH = CH - CH \gtrless Az$$

Chlorhydrate d'hydrocinnamide,

$$C^{27}H^{24}Az^3 . HCl , 3H^2O.$$

— Ce sel, dont on a indiqué plus haut le mode de préparation, fond à 220-221° ; il est insoluble dans l'eau, l'éther, le benzène et la ligroïne, soluble dans l'alcool et dans le chloroforme. Évaporé dans le vide sur l'acide sulfurique ou chauffé à 100°, il s'effleurit en perdant son eau de cristallisation.

Il se combine au chlorure de platine pour donner un *chloroplatinate*,

$$(C^{27}H^{24}Az^3 . HCl)^2 PtCl^4$$

(Peine).

HYDRAZONE,

$$C^6H^5 - AzH - Az = CH - CH = CH - C^6H^5.$$

— L'aldéhyde cinnamique se combine à la phénylhydrazine : une dissolution d'aldéhyde cinnamique dans l'alcool faible, ajoutée à une dissolution de chlorhydrate de phénylhydrazine additionnée d'un excès d'acétate de sodium, fournit un précipité blanc, qui cristallise dans l'alcool bouillant en fines aiguilles, légèrement jaunâtres, fusibles à 168° [E. Fischer, *D. chem. G.*, 17, 575].

Ce corps, soumis à la distillation sèche, se transforme en diphénylpyrazoline fusible à 137-138° [Laubmann, *D. chem. G.*, 21, 1212].

DICINNAMYLIDÈNE-ÉTHYLÈNE-DIAMINE,

$$C^6H^5 - CH = CH - CH = Az - CH^2$$
$$C^6H^5 - CH = CH - CH = Az - CH^2$$

— Ce corps prend naissance par l'action de l'éthylène-diamine sur l'aldéhyde cinnamique; la combinaison a lieu avec dégagement de chaleur; le produit est purifié par cristallisation dans l'éther. On l'obtient ainsi sous la forme de lamelles volumineuses, fusibles à 109-110°, peu solubles dans l'éther, solubles dans l'alcool et dans le benzène. Les acides le décomposent immédiatement, en régénérant l'aldéhyde cinnamique [Mason, *D. chem.G.*, **20**, 271].

DICINNAMYLIDÈNE-M-CRÉSYLÈNE-DIAMINE,

$$\left. \begin{array}{l} C^6H^5 - CH = CH - CH = Az \\ C^6H^5 - CH = CH - CH = Az \end{array} \right\rangle C^6H^3 - CH^3.$$

— Ce corps prend naissance par l'action de l'aldéhyde cinnamique sur la m-crésylène-diamine. Si l'on fait intervenir l'acide chlorhydrique dans la réaction, il se forme au contraire de la tétrahydrodiphénylphénanthroline [Schiff et Vanni, *Ann. Chem.*, **253**, 330].

CINNAMYLIDÈNE-ANILINE,

$$C^6H^5 - CH = CH - CH = Az - C^6H^5.$$

— On prépare cette substance en chauffant des quantités équimoléculaires d'aniline et d'aldéhyde cinnamique. Par cristallisation dans l'alcool, on obtient des lamelles jaunes, fusibles à 109°, peu solubles dans l'eau, solubles dans l'éther et dans l'alcool bouillant; les alcalis régénèrent les composants à chaud : en revanche, les acides sont à peu près sans action. Toutefois l'acide chlorhydrique à 200-220° la transforme en phénylquinoléine.

La cinnamylidène-aniline se dissout dans les acides concentrés, en formant des sels qui se précipitent par addition d'eau et qui cristallisent dans l'eau bouillante en belles aiguilles jaunes.

Le *chlorhydrate*, $C^{15}H^{13}Az \cdot HCl$. fond à 149°. Sa dissolution aqueuse, additionnée de chlorure de platine, donne un précipité cristallin d'un *chloroplatinate* $(C^{15}H^{13}Az \cdot HCl)^2 PtCl^4$.

Le *sulfate*, $(C^{15}H^{13}Az) SO^4H^2$, fond à 157° [Dœbner et von Miller, *D. chem. G.*, **16**, 1665. — Peine, *ibid.*, **17**, 2117].

La cinnamylidène-aniline fixe le brome, et donne un *dibromure*

$$C^6H^3 Az = CH - CHBr - CHBr - C^6H^5,$$

qui cristallise dans l'alcool en fines aiguilles fusibles à 175° [Targioni et H. Schiff, *Ann. Chem.*, **239**, 349; *D. chem. G.*, **20**, Ref., 433].

Suivant M. Jungmann [*D. chem. G.*, **25**, 2052], la cinnamylidène-aniline fixe à froid 1 molécule d'acide cyanhydrique, pour se convertir en nitrile phényl-α-anilido-crotonique, fusible à 131°,

$$C^6H^5 - CH = CH - CH \left\langle \begin{array}{l} Az H \cdot C^6H^5 \\ C Az \end{array} \right.$$

CINNAMYLIDÈNE-PSEUDOCUMIDINE,

$$C^9H^8 = Az C^9H^{11}.$$

— Ce corps se forme par l'union de l'aldéhyde cinnamique et de la pseudocumidine; il cristallise dans l'alcool en aiguilles fusibles à 105-106° [Schiff, *Ann. Chem.*, **239**, 284].

La cinnamylidène-pseudocumidine fournit un *dibromure* cristallisé en aiguilles jaunes, qui fondent en se décomposant vers 220° [Targioni et Schiff, *loc. cit.*].

CINNAMYLIDÈNE-α-NAPHTYLAMINE,

$$C^9H^8 = Az C^{10}H^7.$$

— Lamelles ou aiguilles, fusibles à 65° (Schiff). Ce corps donne un *dibromure*, qui fond en se décomposant à 154° (Targioni et Schiff).

CINNAMYLIDÈNE-β-NAPHTYLAMINE. — Longues aiguilles brillantes, fusibles à 95-96° (Schiff). Le *dibromure* correspondant fond en se décomposant à 191°.

DICINNAMYLIDÈNE-CRÉSYLÈNE-DIAMINE,

$$C^7H^6 (Az = C^9H^8)^2.$$

— Cristaux solubles dans l'alcool et dans l'éther, fusibles à 161-162°.

DICINNAMYLIDÈNE-BENZIDINE. $(C^6H^4)^2(Az C^9H^9)^2$. — Lamelles brillantes, fusibles à 260-261°. Le *chlorhydrate*, $C^{30}H^{24}Az^2 \cdot 2HCl$, fond à 260° [Targioni et Schiff, *loc. cit.*].

PRODUIT DE CONDENSATION DE L'ALDÉHYDE CINNAMIQUE AVEC LE CYANURE DE P-NITROBENZYLE. — L'aldéhyde cinnamique se combine au cyanure de p-nitrobenzyle en présence d'éthylate de sodium, pour fournir un produit de condensation cristallisé en petites aiguilles jaunes, fusibles à 205-206° et ayant pour formule

$$C^6H^5 - CH = CH - CH = C \left\langle \begin{array}{l} C Az \\ C^6H^4 - Az O^2 \end{array} \right.$$

[Remse, *D. chem. G.*, **23**, 3135].

L'aldéhyde cinnamique, chauffée au bain-marie avec l'alcool p-amidobenzylique, fournit de même un produit de condensation qui a pour formule

$$C^6H^4 \left\langle \begin{array}{l} CH^2 OH \\ Az = CH - CH = CH - C^6H^5 \end{array} \right.$$

et qui cristallise en lamelles incolores, fusibles à 155° [O. et G. Fischer, *D. chem. G.*, **24**, 727]

CINNAMYLIDÈNE-DIURÉTHANE,

$$C^6H^5 - CH = CH - CH \left\langle \begin{array}{l} Az H - CO - O C^2H^5 \\ Az H - CO - O C^2H^5 \end{array} \right.$$

— On obtient ce corps en traitant l'aldéhyde cinnamique par l'éthyluréthane en présence d'une petite quantité d'acide chlorhydrique. Il cristallise en aiguilles microscopiques, fusibles à 135-143°, solubles dans l'alcool bouillant; l'eau et surtout les acides étendus à l'ébullition le scindent en ses composants [Bischoff, *D. chem. G.*, **7**, 1079].

CINNAMYLIDÈNE-DIURÉE,

$$\left. \begin{array}{l} Az H^2 - CO - Az H \\ Az H^2 - CO - Az H \end{array} \right\rangle CH - CH = CH - C^6H$$

— On prépare ce corps en agitant de l'aldéhyde cinnamique avec une dissolution aqueuse concentrée d'urée; l'aldéhyde se dissout peu à peu et la diurée se sépare en cristaux blancs, fusibles à 172°. Par ébullition avec l'eau, l'alcool et plus rapidement avec les acides étendus, la diurée régénère les corps qui lui ont donné naissance.

Si on fait agir l'aldéhyde cinnamique sur un grand excès d'urée en dissolution étendue, en prolongeant la durée de la réaction, on obtient une *uréide* fusible à 115-116°.

TRICINNAMYLIDÈNE-TÉTRA-URÉE,

$$C^9H^8 \left\langle \begin{array}{l} Az H^2 - CO - Az H \\ Az H - CO - Az H \\ Az H - CO - Az H \\ Az H^2 - CO - Az H \end{array} \right\rangle \begin{array}{l} C^9H^8 \\ \\ C^9H^8 \end{array}$$

— On chauffe légèrement l'aldéhyde cinnamique avec de l'urée en présence d'alcool. Ce dernier paraît agir comme déshydratant. La tétra-uréide forme une poudre blanche, fusible en se décomposant à 183-184°, peu soluble dans l'alcool absolu et bouillant. Si on la fait bouillir pendant 3-4 heures au réfrigérant à reflux avec une dissolution alcoolique d'aldéhyde cinnamique, elle se transforme en une substance cristallisant dans l'alcool en longues aiguilles incolores, fusibles à 220° et ne paraissant avoir plus rien de commun avec la classe des urées condensées. D'après l'analyse, ce corps répondrait à une des deux formules $C^{13}H^{16}Az^2O^2$ ou $C^{16}H^{23}Az^3O^3$.

Action de l'éther acétylacétique sur les uréides cinnamiques. — La diuréide fusible à 172°, la tétra-uréide fusible à 183-184°, ainsi que les uréides fusibles à 212° et à 115-116°, soumises à l'ébullition avec une certaine quantité d'alcool et un excès d'éther acétylacétique, donnent lieu à la même réaction : en premier lieu il y a régénération d'urée, qui réagit avec l'éther acétylacétique jusqu'à ce qu'il se soit formé des quantités équimoléculaires des trois composants, qui réagissent ensuite les uns sur les autres, d'après l'équation

$$CO \begin{cases} AzH^2 \\ AzH^3 \end{cases} + C^6H^3 - CH = CH - CHO$$
$$+ C^6H^{10}O^3 - 2H^2O$$

$$= \overset{\displaystyle CH^3}{\underset{\displaystyle CH^2 - CO^2 - C^2H^5}{C}} = Az - CO - Az = CH - CH = CH - C^6H^5$$

ou

$$= \overset{\displaystyle CH^3}{\underset{\displaystyle CH - CO^2C^2H^5}{C}} - AzH - CO - Az = CH - CH = CH - C^6H^5 \cdot$$

Ce corps peut se préparer sans passer par les uréides, en partant des trois constituants, que l'on chauffe en solution alcoolique pendant quelques heures au réfrigérant à reflux.

Il cristallise dans l'alcool en aiguilles fusibles à 243-244° [Biginelli, *D. chem. G.*, **24**, 2964].

STYRYLHYDANTOÏNE

$$C^6H^5 - CH = CH - CH \begin{cases} CO - AzH \\ AzH - CO \end{cases}$$

— Pour préparer ce corps, on part de l'essence brute de cannelle : On étend 250 grammes de cette substance avec un même poids d'éther et on ajoute la liqueur à une dissolution de 220 grammes de cyanure de potassium à 96 0/0 dans 220 grammes d'eau ; on refroidit avec de la glace et on additionne peu à peu le liquide, en agitant vivement, de 330 grammes d'acide chlorhydrique concentré ; on abandonne le mélange à lui-même pendant 12 heures, on décante et on évapore l'éther à la température ordinaire. Le liquide se prend au bout d'une dizaine de jours en un magma cristallin, qu'on filtre à la trompe et qu'on lave avec un mélange de ligroïne et de benzène.

3 parties de la cyanhydrine ainsi obtenue sont chauffées au bain-marie pendant 2 heures et demie avec 1 partie d'urée en poudre fine. En agitant fortement, on facilite la réaction. On traite par l'éther, qui dissout des résines, et on saponifie le produit par l'acide chlorhydrique bouillant. Par le refroidissement, la styrylhydantoïne cristallise en lamelles brillantes, blanches, fusibles à 171-172°, solubles dans l'alcool, peu solubles dans l'eau bouillante, presque insolubles dans l'eau froide. Ce corps, soumis à la fusion, se transforme en un isomère physique, fusible à 194-195°. Les alcalis étendus déterminent la même transformation [Pinner et Lifschütz, *D. chem. G.*, **20**, 2353. — Pinner et Spilker, *ibid.*, **22**, 686].

L'*éther éthylique de la styrylhydantoïne,*

$$C^6H^5 - CH = CH - CH \begin{cases} CO - Az - C^2H^5 \\ AzH - CO \end{cases}$$

s'obtient en chauffant à 100° la styrylhydantoïne avec du bromure d'éthyle et de la potasse alcoolique : le produit de la réaction est purifié par cristallisation dans l'eau bouillante et dans le benzène. On obtient ainsi des croûtes cristallines blanches, fusibles à 162°, peu solubles dans l'eau, solubles dans l'éther et dans le benzène et très solubles dans l'alcool.

La styrylhydantoïne fusible à 198° donne le même éther éthylique que la modification fusible à 172° (Pinner et Spilker).

L'éther éthylique, chauffé à 100° en vase clos avec une dissolution concentrée d'hydrate de baryum, se décompose en acide carbonique, éthylamine et acide styrylamidoacétique :

$$C^8H^7 - CH \begin{cases} CO - Az - C^2H^5 \\ AzH - CO \end{cases} + 2H^2O$$
$$= CO^2 + C^2H^5AzH^2 + C^8H^7 - CH \begin{cases} CO^2H \\ AzH^2 \end{cases}$$

Acétylstyrylhydantoïne,

$$C^8H^7 - CH \begin{cases} CO - Az - CO . CH^3 \\ AzH - CO \end{cases}$$

— On chauffe à l'ébullition pendant 4 heures 1 partie de styrylhydantoïne avec 6 parties d'anhydride acétique ; on élimine l'excès d'anhydride par évaporation au bain-marie et on fait cristalliser le résidu à plusieurs reprises dans l'eau et dans l'alcool étendu.

On obtient ainsi de petits prismes blancs, fusibles à 185°, peu solubles dans l'eau, facilement solubles dans l'alcool. Les deux modifications de la styrylhydantoïne donnent lieu à la formation du même produit.

Dibromure de styrylhydantoïne,

$$C^6H^5 - CHBr - CHBr - CH \begin{cases} CO - AzH \\ AzH - CO \end{cases}$$

— On prépare ce corps en ajoutant du brome en dissolution dans le chloroforme à une dissolution chloroformique bouillante de styrylhydantoïne. Par le refroidissement de la liqueur, le dérivé bromé se sépare sous la forme d'une poudre cristalline, peu soluble dans le chloroforme et dans le benzène, fusible à 198-200° en se décomposant.

Phénylo-bromo-oxypropylhydantoïne.

$$C^6H^5 - CHBr - CH \begin{cases} OH \\ CH \end{cases} \begin{cases} CO - AzH \\ AzH - CO \end{cases}$$

— Pour obtenir ce corps, on ajoute de l'eau de brome à une dissolution alcoolique concentrée de styrylhydantoïne. Par cristallisation dans l'alcool étendu, on obtient un corps fusible à 223° en se décomposant, soluble dans l'alcool, insoluble dans l'eau.

Oxystyrylhydantoïne,

$$C^6H^5 - CH = C \begin{cases} OH \\ CH \end{cases} \begin{cases} CO - AzH \\ AzH - CO \end{cases}$$

— On la prépare en chauffant pendant 5 minutes le corps précédent avec la quantité équivalente de lessive de soude caustique ; après refroidissement, on acidifie par l'acide acétique et on fait cristalliser dans l'alcool le précipité qui prend naissance. On obtient ainsi une poudre cristalline, fusible à 185° en se décomposant, presque insoluble dans l'eau, soluble dans l'alcool et dans l'éther.

Phénylo-bromo-éthoxy-propylhydantoïne,

$$C^6H^5 - CHBr - CH \begin{matrix} \diagup OC^2H^5 \\ \diagdown CH \begin{matrix} \diagup CO - AzH \\ | \\ \diagdown AzH - CO \end{matrix} \end{matrix}$$

— On prépare cette substance en ajoutant du brome sec à une dissolution froide de styrylhydantoïne dans l'alcool absolu; on précipite par l'eau et on fait cristalliser dans l'alcool étendu.

On obtient ainsi de petits prismes blancs, fusibles en se décomposant à 175°, peu solubles dans l'eau, solubles dans l'alcool et dans l'éther, moins solubles dans le chloroforme et dans le benzène.

Styrylpseudohydantoïne,

$$C^6H^5 - CH = CH \begin{matrix} \diagup CO - AzH \\ | \\ \diagdown O - C = AzH \end{matrix}$$

— Pour préparer cette substance, on chauffe au réfrigérant à reflux, pendant 12 heures, 1 molécule d'hydantoïne avec 2 molécules de potasse en solution dans l'alcool absolu; le liquide est ensuite étendu de son volume d'eau et acidifié par l'acide acétique; on filtre et on purifie le précipité par cristallisation dans l'acide acétique cristallisable.

La pseudohydantoïne forme des aiguilles soyeuses, décomposables à 300°, presque insolubles dans l'éther, le chloroforme et le benzène, très peu solubles dans l'alcool et dans l'acide acétique, complètement insolubles dans l'eau et dans les acides étendus, très solubles dans les dissolutions alcalines.

Éther éthylique,

$$C^6H^5 - CH = CH - CH \begin{matrix} \diagup CO - Az - C^2H^5 \\ | \\ \diagdown O - C = AzH \end{matrix}$$

— On le prépare en chauffant à 100° pendant 5 heures en vase clos la styrylpseudohydantoïne avec du bromure d'éthyle et de la potasse caustique en solution dans l'alcool à 80 0/0. Le contenu du tube est broyé avec de l'eau rendue légèrement alcaline pour éliminer la pseudohydantoïne inattaquée, et le résidu est lavé à l'eau et à l'alcool.

Cet éther fond à 280° sans s'altérer; il est insoluble dans l'eau, presque insoluble dans l'éther, le benzène, le chloroforme, et très peu soluble dans l'alcool, l'acide acétique cristallisable et l'alcool amylique.

Chauffé en vase clos à 110° avec une dissolution concentrée d'hydrate de baryum, il se décompose en anhydride carbonique, éthylamine, ammoniaque et acide styrylglycolique :

$$C^8H^7 - CH \begin{matrix} \diagup CO - Az - C^2H^5 \\ | \\ \diagdown O - C AzH \end{matrix} + 3H^2O$$

$$= C^8H^7 - CH \begin{matrix} \diagup CO^2H \\ \diagdown OH \end{matrix} + CO + AzH^2 - C^2H^5 + AzH^3$$

Dibromure de styrylpseudohydantoïne,

$$C^6H^5 - CHBr - CHBr - CH \begin{matrix} \diagup CO - AzH \\ | \\ \diagdown O - C = AzH \end{matrix}$$

— A de la styrylpseudohydantoïne finement pulvérisée et en suspension dans une grande quantité de chloroforme bien exempt d'eau, on ajoute un excès de brome; on chauffe légèrement. Par le refroidissement, il se sépare des cristaux du dibromure, qui augmentent au fur et à mesure de l'évaporation du chloroforme.

Le corps obtenu est très peu soluble dans le benzène et dans le chloroforme; l'alcool bouillant

le décompose en partie; il fond à 250° en se décomposant.

Acide styrylhydantoïque, $C^{11}H^{12}Az^2O^3$. — Pour préparer ce corps, on chauffe pendant 4 heures au réfrigérant ascendant 1 molécule d'hydantoïne avec $0^{mol},75$ d'hydrate de baryum; après refroidissement, on élimine l'excès de baryte par l'acide carbonique et on évapore le liquide filtré; la liqueur concentrée ainsi obtenue est précipitée par l'acide acétique et le précipité purifié par cristallisation dans l'eau.

L'acide styrylhydantoïque forme des lamelles blanches, fusibles à 185°, solubles dans l'eau bouillante et dans l'alcool. Chauffé à une haute température, il est décomposé avec élimination d'eau sans régénérer nettement la styrylhydantoïne. Cette réaction, en revanche, a lieu d'une manière théorique si on fait bouillir l'acide avec de l'acide chlorhydrique.

Le *sel d'argent,* $C^{11}H^{11}Az^2O^3Ag$, s'obtient sous la forme d'un précipité cristallin blanc en ajoutant du nitrate d'argent à la dissolution du sel barytique.

Amide,

$$C^6H^5 - CH = CH - CH \begin{matrix} \diagup CO - AzH^2 \\ \diagdown AzH - CO - AzH^2 \end{matrix}$$

— Pour préparer cette substance, on dissout 1 partie du nitrile correspondant,

$$C^6H^5 - CH = CH - CH \begin{matrix} \diagup CAz \\ \diagdown AzH - CO - AzH^2 \end{matrix}$$

dans 10 parties d'acide sulfurique refroidi à 0°; on abandonne le liquide à lui-même pendant 24 heures et on le verse ensuite avec précaution sur 50 parties de glace. Au bout de quelque temps, l'amide styrylhydantoïque se sépare sous la forme d'un précipité blanc, qu'on purifie par des dissolutions répétées dans l'eau légèrement ammoniacale.

On obtient ainsi une poudre formée de cristaux microscopiques, soluble dans l'alcool, peu soluble dans l'eau bouillante et qui, chauffée à 210-220°, se décompose avec dégagement d'ammoniaque. Soumise à l'ébullition avec la quantité calculée d'un alcali, l'amide se transforme en acide styrylhydantoïque; les acides étendus donnent à chaud de la styrylhydantoïne [Pinner et Spilker, *D. chem. G.,* **22,** 692].

Cinnamylidène-diacétonamine,

$$C^6H^5 - CH = CH - CH = C - CH^2 \begin{matrix} AzH - C(CH^3)^2 - CH^2 \\ | \qquad\qquad | \\ \rule{2em}{0.4pt} CO \end{matrix} \quad 0,5\,H^2O$$

— On la prépare en chauffant pendant 15 heures à l'ébullition 6 parties d'oxalate de diacétoneamine avec 25 parties d'alcool et 5 parties d'aldéhyde cinnamique [Antrick, *Ann. Chem.,* **227,** 371].

L'oxalate de la base se dépose; on le décompose par la potasse et on épuise le liquide par l'éther; on évapore le dissolvant et on fait cristalliser le résidu dans l'alcool étendu.

On obtient ainsi de petites aiguilles jaunes, fusibles à 49°, peu solubles dans l'eau, solubles dans les dissolvants organiques usuels. Exposé sur l'acide sulfurique concentré, ce corps perd son eau de cristallisation.

Cinnamylidène-aldoxime,

$$C^6H^5 - CH = CH - CH = Az - OH.$$

— On prépare cette substance en faisant digérer pendant 12 heures vers 30-50° la cyanhydrine de l'aldéhyde cinnamique avec du chlorhydrate d'hydroxylamine, du carbonate de sodium et de l'alcool aqueux. On évapore l'alcool au bain-marie, on reprend le produit par la soude caustique et on précipite par l'acide carbonique ; le produit qui se sépare est purifié par des cristallisations répétées dans le benzène bouillant.

La cinnamylidène-aldoxime cristallise en fines aiguilles soyeuses, fusibles à 134-136°, presque insolubles dans l'eau froide et dans la ligroïne, solubles dans l'alcool, l'éther, le chloroforme et les alcalis. Traitée par le chlorure de benzoyle à froid, elle fournit un *dérivé benzoylé*, qui cristallise dans l'alcool aqueux en aiguilles blanches, fusibles à 123-125°, peu solubles dans l'alcool froid et dans le benzène, insolubles dans la ligroïne et dans l'eau bouillante [Bornemann, *D. chem. G.*, **19**, 1512].

Cette oxime est volatile avec la vapeur d'eau, mais en se dédoublant partiellement en eau et nitrile cinnamique.

Le *chlorhydrate* forme des aiguilles soyeuses.

L'*éther acétique*,

$$C^6H^5 - CH = CH - CH(AzO . C^2H^3O),$$

cristallise dans l'éther en longs prismes incolores, fusibles à 69-70° ; il se décompose à l'air humide en acide acétique et nitrile cinnamique [W. Dollfus, *D. chem. G.*, **25**, 1919].

DÉRIVÉS DE L'ALDÉHYDE CINNAMIQUE SUBSTITUÉS DANS LA CHAINE LATÉRALE.

ALDÉHYDE MONOCHLOROCINNAMIQUE,

$$C^6H^5 - CH = CCl - CHO.$$

— On prépare ce corps en faisant bouillir pendant quelque temps au réfrigérant ascendant une dissolution acétique du dichlorure

$$C^6H^5 - CHCl - CHCl - CHO$$

avec un excès d'acétate de potassium.

Après refroidissement, on précipite par l'eau et on abandonne le précipité oléagineux à lui-même jusqu'à ce qu'il se prenne en une masse cristalline. On l'exprime et on le purifie par cristallisation dans un mélange d'éther et de ligroïne.

L'aldéhyde monochlorocinnamique forme de volumineux cristaux rhombiques, brillants, fusibles à 34-36°, insolubles dans l'eau, facilement solubles dans l'alcool et dans l'éther. Elle se combine à la phénylhydrazine, à l'hydroxylamine et à la diméthyl-p-phénylène-diamine.

Aldoxime, $C^6H^5 - CH = CCl - CH(AzOH)$. — Ce corps fond à 157-159°, cristallise en longues lamelles et est soluble dans l'alcool.

Hydrazone, $C^6H^5 - CH = CCl - CH(Az^2H . C^6H^5)$. — Ce corps cristallise dans l'alcool en lamelles jaunes, fusibles à 160° et se colorant en brun à l'air.

Dérivé de la diméthyl-p-phénylène-diamine, $C^6H^5 - CH = CCl - CH[AzC^6H^4Az(CH^3)^2]$. — Aiguilles orangées, fusibles à 122-124°, décomposables par l'ébullition avec les acides [Naar, *D. chem. G.*, **24**, 247].

ALDÉHYDE CINNAMIQUE MONOBROMÉE,

$$C^6H^5 - CH = CBr - CHO.$$

— On prépare ce corps en dissolvant l'aldéhyde cinnamique dans 3-4 parties d'acide acétique cristallisable ; on ajoute 1ᵖ,2 de brome et on additionne la liqueur de 1 demi-molécule de carbonate de potassium pour 2 parties de brome ; on fait bouillir pendant quelque temps au réfrigérant à reflux ; par addition d'eau, l'aldéhyde monobromée se sépare ; on la purifie par cristallisation dans l'alcool ou dans l'éther.

L'aldéhyde cinnamique monobromée est un corps très stable ; elle cristallise très facilement dans l'éther en prismes clinorhombiques, fusibles à 72-73° ; elle ne se combine pas au brome. L'acide chromique la transforme en acide phényl-

bromacrylique, fusible à 130° [Zincke et von Hagen, *D. chem. G.*, **17**, 1815].

Elle se combine à la phénylhydrazine en solution acétique pour donner une *hydrazone*,

$$C^6H^5 - CH = CBr - CH = Az^2H . C^6H^5,$$

qui cristallise en larges lamelles jaunes, brillantes, fusibles à 129-130°.

Aldoxime, $C^6H^5 - CH = CBr - CH(AzOH)$. — Ce corps cristallise dans l'alcool bouillant en lamelles nacrées, fusibles à 135-136°.

Dérivé de la diméthyl-p-phénylène-diamine,

$$C^6H^5 - CH = CBr - CH[AzC^6H^4Az(CH^3)^2].$$

— Écailles jaunes, fusibles à 253-255°, peu solubles dans l'alcool et dans le benzène [Naar, *D. chem. G.*, **24**, 244].

DÉRIVÉS DE L'ALDEHYDE CINNAMIQUE SUBSTITUÉS DANS LE NOYAU.

ALDÉHYDE o-NITROCINNAMIQUE,

$$C^6H^4 < \frac{AzO^2}{CH = CH - CHO}$$

— On fait bouillir pendant 1 heure avec de l'anhydride acétique la combinaison de l'aldéhyde o-nitrophényl-β-lactique avec l'aldéhyde éthylique [Baeyer et Drewsen, *D. chem. G.*, **16**, 2207].

On ajoute 25 grammes d'aldéhyde cinnamique à une dissolution refroidie de 20 grammes de nitrate de potassium dans 500 grammes d'acide sulfurique concentré. On précipite par l'eau, on dissout le précipité dans la moindre quantité possible d'alcool absolu et bouillant et on ajoute au liquide son volume d'une dissolution de bisulfite de sodium. On agite, on refroidit rapidement et on additionne le liquide de sel marin ; seul le composé bisulfitique de l'aldéhyde p-nitrée se sépare complètement au bout de 12 heures de repos. Le liquide filtré, qui renferme le composé bisulfitique de l'aldéhyde o-nitrée, est additionné de 10 volumes d'eau ; on ajoute peu à peu de l'acide sulfurique et on épuise le liquide par le benzène. Par évaporation de la dissolution benzénique, on obtient l'aldéhyde o-nitrée, qu'on purifie par cristallisation dans l'alcool absolu [Diehl et Einhorn, *D. chem. G.*, **18**, 2336].

L'aldéhyde cinnamique o-nitrée cristallise en fines aiguilles enchevêtrées, fusibles à 127-127°,5, solubles dans le chloroforme ainsi que dans l'eau bouillante, très peu solubles dans l'eau froide, peu solubles dans l'alcool et dans l'éther. L'oxyde d'argent la transforme en acide o-nitrocinnamique. Par réduction, elle se transforme en quinoléine.

Hydrazone, $C^9H^7(AzO^2)(Az^2H . C^6H^5)$. — Ce corps cristallise dans l'alcool en aiguilles d'un rouge bordeaux, fusibles à 157°,5 [Diehl et Einhorn, *loc. cit.*].

Chauffée pendant 6 heures au bain-marie avec son poids d'acide malonique, en présence d'acide acétique cristallisable, l'aldéhyde o-nitrocinnamique se convertit en acide *o-nitrophényl-butine-dicarbonique* (*nitro2-benzène-pentadiényl1.3-oïque-méthyloïque4*),

$$C^6H^5(AzO^2) - CH = CH - CH = C(CO^2H)^2.$$

Ce dérivé cristallise en aiguilles jaunâtres, fusibles à 212-213°.

Si l'on effectue la réaction à 120-125°, on obtient, en même temps que ce composé, l'acide *o-nitro-phényl-hydroxybutène-dicarbonique* (*nitro2-benzène-pen;tényl2-ol3-oïque-méthyloïque4*),

$$C^6H^5(AzO^2) - CH = CH - CHOH - CH(CO^2H)^2$$

[Einhorn et Gehrenbeck, *Ann. Chem.*, **250**, 374; *D. chem. G.*, **22**, *Ref.*, 807].

Aldéhyde o-nitro-α-chlorocinnamique,

$$AzO^2 - C^6H^4 - CH = CCl - CHO.$$

— Ce corps se prépare par l'action de l'acide nitrique sur l'aldéhyde chlorocinnamique (voyez ALDÉHYDE P-NITROCINNAMIQUE). Il cristallise dans l'alcool ou dans l'éther en aiguilles jaunâtres, fusibles à 112-113°, plus solubles que le p-dérivé.

Aldoxime, $AzO^2 - C^6H^4 - CH = CCl - CH(AzOH)$. — Petites aiguilles jaunes, fusibles à 191°.

Hydrazone,

$$AzO^2 - C^6H^4 - CH = CCl - CH(Az^2H . C^6H^5).$$

— Lamelles jaunes, fusibles à 140-141°, se colorant en brun à l'air.

Dérivé de la diméthyl-p-phénylène-diamine,

$$AzO^2 - C^6H^4 - CH = CCl - CH [Az. C^6H^4 Az (CH^3)^2].$$

— Prismes d'un rouge brun, fusibles à 128-130° [Naar, *D. chem. G.*, **24**, 248].

Aldéhyde nitrocinnamique-α-bromée

$$C^6H^4 < \begin{matrix} AzO^2 \\ CH = CBr - CHO \end{matrix}$$

— On nitre l'aldéhyde cinnamique α-bromée avec de l'acide nitrique d'une densité de 1,5, en opérant au-dessous de 0°; il se forme ainsi un mélange des deux dérivés de l'ortho et de la para-série, que l'on sépare par cristallisation dans l'alcool. Le dérivé para, plus soluble, reste dans la liqueur.

L'aldéhyde o-nitro-α-bromocinnamique forme des aiguilles jaunâtres, fusibles à 136°. Elle se combine au chlorure stanneux pour donner un corps qui se présente sous la forme de cristaux presque noirs.

L'*hydrazone,*

$$C^6H^4 < \begin{matrix} AzO^2 \\ CH = CBr - CH = Az^2H . C^6H^5 \end{matrix}$$

forme des cristaux d'un rouge rubis, peu solubles dans l'alcool, fusibles à 154° en se décomposant (Zincke et Hagen).

Aldoxime, $AzO^2 - C^6H^4 - CH = CBr - CH(AzOH)$. — Aiguilles jaunes, fusibles à 161-162°.

Dérivé de la diméthyl-p-phénylène-diamine,

$$AzO^2 - C^6H^4 - CH = CBr - CH[Az . C^6H^4 . Az (CH^3)^2].$$

— Aiguilles brillantes, fusibles à 172-173° (Naar).

ALDÉHYDE M-NITROCINNAMIQUE (*nitro3-benzène-propényl1-al*). — On prépare ce corps en laissant en contact pendant 12 heures un mélange de 100 grammes d'aldéhyde m-nitrobenzylique, 2 litres d'alcool, 2 litres d'eau, 35 grammes d'aldéhyde éthylique et 70 grammes de soude caustique à 10 0/0. On filtre, on sèche le précipité à 30-40°, on lave avec une petite quantité d'éther et on fait cristalliser le produit dans l'alcool étendu [Kinkelin, *D. chem. G.*, **18**, 484].

Une modification de ce procédé de préparation de l'aldéhyde m-nitrocinnamique a été indiquée par M. Göhring [*D. chem. G.*, **18**, 720] : On dissout l'aldéhyde m-nitrobenzylique dans de l'aldéhyde éthylique fraîchement préparée; on refroidit et on ajoute à la liqueur, en évitant toute élévation de température, de la soude caustique à 2 0/0 jusqu'à ce que la réaction reste alcaline après 5 minutes de repos; on évapore l'aldéhyde et on refroidit fortement. Il se dépose une masse cristalline presque incolore, que l'on purifie par cristallisation dans l'éther. Ce produit a pour formule

$$C^6H^4(AzO^2) - CHOH - CH^2 - CHO, CH^3 . CHO.$$

Ce produit de condensation, soumis à l'ébulli-

tion avec l'eau ou l'alcool, fournit de l'aldéhyde m-nitrocinnamique qui cristallise par le refroidissement.

L'aldéhyde m-nitrocinnamique cristallise en longues aiguilles, fusibles à 116°, peu solubles dans l'eau bouillante, l'alcool ou l'éther froid, solubles dans le benzène et dans l'acide acétique cristallisable.

Aldéhyde m-nitro-α-chlorocinnamique,

$$AzO^2 - C^6H^4 - CH = CCl - CHO.$$

— On prépare ce corps en combinant au chlore l'aldéhyde m-nitrocinnamique et en traitant le produit d'addition ainsi obtenu par l'acide acétique et l'acétate de potassium; il y a élimination d'acide chlorhydrique et formation de l'aldéhyde chloronitrée. Par cristallisation dans l'alcool, on obtient des lamelles d'un jaune pâle, fusibles à 112°, solubles dans l'alcool, l'éther et l'acide acétique cristallisable.

Aldoxime, $AzO^2 - C^6H^4 - CH = CCl - CH(AzOH)$. — Petites aiguilles jaunâtres, fusibles à 185-186°.

Hydrazone,

$$AzO^2 - C^6H^4 - CH = CCl - CH(Az^2H . C^6H^5).$$

— Écailles d'un jaune clair, fusibles à 154-156°.

Dérivé de la diméthyl-p-phénylène-diamine,

$$AzO^2 . C^6H^4 - CH = CCl - CH [Az . C^6H^4 . Az (CH^3)^2].$$

— Petites aiguilles émoussées, brunes, fusibles à 225-227° [Naar, *loc. cit.*].

Aldéhyde m-nitro-α-bromocinnamique,

$$AzO^2 - C^6H^4 - CH = CBr - CHO.$$

— Une dissolution acétique d'aldéhyde cinnamique m-nitrée fixe facilement 2 atomes de brome, pour donner un produit d'addition huileux, peu stable, qui à l'air perd de l'acide bromhydrique; chauffé avec une dissolution d'acétate de sodium, il se transforme nettement en aldéhyde m-nitro-α-bromocinnamique, qu'on obtient à l'état de pureté par des cristallisations répétées dans l'alcool bouillant.

On obtient ainsi de longues aiguilles, fusibles d'une manière peu nette à 90°.

Son *hydrazone* cristallise dans l'alcool bouillant en lamelles brillantes, d'un jaune d'or, fusibles à 120° (Kinkelin).

ALDÉHYDE P-NITROCINNAMIQUE. — On prépare ce corps comme l'aldéhyde m-nitrée, en partant de l'aldéhyde benzylique p-nitrée [Göhring, *D. chem. G.*, **18**, 371].

Elle prend également naissance dans la nitration de l'aldéhyde cinnamique [Diehl et Einhorn, *D. chem. G.*, **18**, 2336]. Le dérivé bisulfitique qui s'est déposé de la solution chargée de chlorure de sodium (voyez plus haut, *aldéhyde o-nitrocinnamique*) est dissous dans l'eau, et la solution additionnée d'acide sulfurique concentré est épuisée par le benzène; on évapore la solution benzénique et on purifie le résidu par cristallisation dans l'alcool absolu.

L'aldéhyde p-nitrocinnamique forme des aiguilles presque incolores, fusibles à 141-142°, solubles dans les dissolvants organiques usuels.

Traitée en dissolution acétique par la phénylhydrazine, elle fournit un composé qui cristallise dans l'alcool absolu en cristaux d'un rouge orangé, fusibles à 180-181° (Diehl et Einhorn).

L'aldéhyde p-nitrocinnamique, soumise à la réaction de Perkin, se transforme en acide p-nitrophénylbutine-carbonique (p-nitrobenzène-pentadiényloïque),

$$C^6H^4 < \begin{matrix} AzO^2 \\ CH = CH - CH = CH - CO^2H \end{matrix}$$

Avec l'acide malonique en solution acétique,

on obtient l'acide p-nitrophénylbutine–ω–dicarbonique

$$C^6H^4 \begin{cases} AzO^3 \\ CH=CH-CH=C(CO^2H)^2 \end{cases}$$

[Einhorn et Gehrenbeck, *D. chem. G.*, **22**, 45].

L'*aldoxime* forme des cristaux jaunes, fusibles à 178-179°.

L'*anilide*, $C^6H^4(AzO^2)-CH=CH-CH=AzC^6H^5$, cristallise en aiguilles jaunes, fusibles à 132-133° [Einhorn et Gehrenbeck, *Ann. Chem.*, **253**, 348; *D. chem. G.*, **22**, *Ref.*, 806].

L'aldéhyde p-nitrocinnamique, traitée en solution alcoolique par l'acétone en présence de soude caustique, se convertit en *p-nitrophénylobutinylméthylcétone*,

$$C^6H^4(AzO^2)-CH=CH-CH=CH-CO-CH^3.$$

Ce dérivé cristallise dans l'alcool en aiguilles fusibles à 132°, et fournit une *hydrazone*, en cristaux d'un rouge rubis, fusibles à 209-210°.

On obtient comme produit accessoire, dans la même réaction, la *di-p-nitrophénylobutinylcétone*, $CO(CH=CH-CH=CH-C^6H^4.AzO)^2$, en aiguilles jaunes, fusibles à 216–218° [Einhorn et Gehrenbeck, *loc. cit.*].

Aldéhyde p-nitro-α-chlorocinnamique,

$$AzO^2-C^6H^4-CH=CCl-CHO.$$

— On obtient ce corps en traitant par l'acide nitrique froid l'aldéhyde chlorocinnamique ; il se forme un mélange de dérivés o- et p-nitrés, qu'on sépare par cristallisation dans l'alcool et dans l'éther. Le dérivé p-nitré, moins soluble, se sépare le premier.

On obtient ainsi de petites aiguilles jaunâtres, fusibles à 145°, peu solubles dans l'alcool et dans l'acide acétique cristallisable.

Aldoxime, $AzO^2-C^6H^4-CH=CCl-CH(AzOH).$ — Aiguilles jaunâtres, fusibles à 213-215°.

Hydrazone,

$$AzO^2-C^6H^4-CH=CCl-CH(Az^2H.C^6H^5).$$

— Lamelles de couleur vermillon, fusibles à 179°, peu solubles dans l'alcool et dans l'acide acétique cristallisable, stables vis-à-vis des acides et des alcalis.

Dérivé de la diméthyl-p-phénylène-diamine, $AzO^2-C^6H^4-CH=CCl-CH[Az.C^6H^4.Az(CH^3,^2)].$ — Aiguilles d'un brun foncé, fusibles à 185°, facilement décomposables par les acides [Naar, *D. chem. G.*, **24**, 248].

Aldéhyde p-nitro-α-bromocinnamique,

$$AzO^2-C^6H^4-CH=CBr-CHO.$$

— En traitant l'aldéhyde cinnamique–α–bromée par l'acide nitrique (d = 1,5), refroidi au-dessous de 0°, on obtient un mélange de dérivés o- et p-nitrés, que l'on sépare par l'alcool ; le dérivé para reste en dissolution ; on le purifie par cristallisation dans un mélange de benzène et de ligroïne.

Ce corps cristallise en longues aiguilles jaunâtres, fusibles à 96–97° [Zincke et Hagen, *D. chem. G.*, **17**, 1816]. Il se combine à la phénylhydrazine pour donner une *hydrazone*, qui cristallise en lamelles jaunes, volumineuses, fusibles à 134° en se décomposant.

Aldoxime, $AzO^2-C^6H^4-CH=CBr-CH(AzOH).$ — Ce corps cristallise dans l'alcool en aiguilles jaunâtres, fusibles à 205-207°.

Dérivé de la diméthyl-p-phénylène-diamine, $AzO^2-C^6H^4-CH=CBr-CH[Az.C^6H^4.Az(CH^3)^2].$ — Ce corps se sépare de ses dissolutions alcooliques en aiguilles brillantes de couleur bronzée, fusibles à 172-173° (Naar).

DÉRIVÉS SULFURÉS DE L'ALDÉHYDE CINNAMIQUE.
— En faisant passer un courant d'hydrogène sulfuré à travers une dissolution alcoolique d'aldéhyde cinnamique, on obtient un mélange de corps sulfurés renfermant de l'oxygène et du soufre. Avec le sulfure d'ammonium incolore, on obtient des résultats analogues.

Si on fait intervenir l'acide chlorhydrique dans la réaction, on arrive au contraire à des produits de composition constante, répondant à la formule d'une *aldéhyde trithiocinnamique*, $C^{27}H^{24}S^3$. On obtient deux modifications isomériques, que nous allons décrire brièvement [Baumann et Fromm, *D. chem. G.*, **24**, 1458].

Aldéhyde α-trithiocinnamique. $C^{27}H^{24}S^3$. — On prépare ce corps en faisant passer jusqu'à saturation un courant d'hydrogène sulfuré à travers une dissolution de 10 parties d'aldéhyde cinnamique dans 200 parties d'alcool et 15 centimètres cubes d'acide chlorhydrique concentré. Au bout de 24 heures, on filtre le précipité qui a pris naissance et on le fait digérer à froid avec une petite quantité de benzène. Le dérivé α seul se dissout ; le dérivé β, insoluble à froid dans le benzène, reste sur le filtre.

Le liquide filtré est précipité par addition d'alcool et le précipité purifié par cristallisation dans l'alcool bouillant.

L'aldéhyde α-trithiocinnamique fond à 167° ; elle est soluble dans le benzène et dans le chloroforme, peu soluble dans l'alcool et dans l'acide acétique cristallisable. Abandonnée pendant quelques jours en solution dans l'iodure d'éthyle, elle se transforme en son isomère (β-dérivé).

Aldéhyde β–trithiocinnamique, $C^{27}H^{24}S^3$. — Le meilleur procédé pour préparer cet isomère consiste à mélanger la solution alcoolique d'aldéhyde cinnamique avec son volume d'acide chlorhydrique alcoolique avant de faire passer le courant d'hydrogène sulfuré.

Ce corps est presque insoluble à froid dans le benzène ; il cristallise dans le benzène bouillant en petits prismes fusibles à 213°, peu solubles dans l'acide acétique cristallisable ainsi que dans l'alcool, presque insolubles dans l'éther (Baumann et Fromm).

Phénylmercaptal de l'aldéhyde cinnamique (*benzène-propényl3.3-dithiobenzène*),

$$C^6H^5-CH=CH-CH(SC^6H^5)^2.$$

— On prépare ce corps en faisant passer un courant de gaz acide chlorhydrique à travers un mélange de 1 molécule d'aldéhyde cinnamique et de 2 molécules de phénylmercaptan ; on décante la couche aqueuse : au bout de quelque temps le produit se prend en une masse cristalline, qu'on purifie par cristallisation dans la ligroïne [Baumann, *D. chem. G.*, **18**, 885].

On obtient ainsi des aiguilles brillantes, incolores, fusibles à 80-81°.

Si on remplace dans la préparation de ce corps le mercaptan par son dérivé p-bromé, on obtient le composé

$$C^6H^5-CH=CH-CH(SC^6H^4Br)^2,$$

qui cristallise dans l'alcool ou dans l'éther en longues aiguilles incolores, fusibles à 105-107° en se décomposant, peu solubles à froid dans l'alcool et dans l'éther.

Acide cinnamaldéhydo-thioglycolique (*benzène-propényl-thio-éthyloïque*),

$$C^6H^5-CH=CH-CH^2-S-CH^2-CO^2H.$$

— Ce corps s'obtient en chauffant pendant quelques heures l'acide dithioglycolique décrit ci-dessous avec de la poudre de zinc en solution alcaline [Bongartz, *D. chem. G.*, **21**, 481] ; on précipite la solution par l'acide chlorhydrique et on fait cristalliser dans l'acide étendu. On obtient ainsi des lamelles soyeuses, fusibles à 76-77°.

Acide cinnamaldéhydo-dithioglycolique (benzène-propényl-3.3.dithioéthyloïque),

$$C^6H^5 - CH = CH - CH(S.CH^2.CO^2H)^2.$$

— On prépare ce corps en mélangeant l'aldéhyde cinnamique avec l'acide thioglycolique. Par cristallisation dans l'eau bouillante, on obtient des lamelles fusibles à 142-143°. G. de Bechi.

CINNAMIQUE – CARBONIQUES (ACIDES), $C^6H^4(CO^2H)(CH=CH-CO^2H)$. — On connaît deux acides répondant à cette formule, le composé ortho et le dérivé para.

ACIDE CINNAMIQUE-O-CARBONIQUE. — On obtient ce corps en évaporant avec de la potasse caustique l'anhydride de l'acide benzoïque-oxypropionique (benzhydrylacétique-carbonique),

$$CO^2H - C^6H^4 - CH(OH).CH^2.CO^2H.$$

Les sels de cet acide, soumis à une dessiccation énergique, se transforment en sels de l'acide cinnamique–o-carbonique [Gabriel et Michael, *D. chem. G.*, **10**, 2200].

On le prépare également par l'oxydation ménagée du β-naphtol à l'aide du permanganate de potassium [Ehrlich et Benedikt, *Mon. f. Chem.*, **9**, 527]. Le rendement atteint 6,5 0/0 du naphtol employé.

L'acide cinnamique–o-carbonique cristallise dans l'eau en fines aiguilles, fusibles à 173-175° (Gabriel), à 183-184° (Ehrlich), qui se transforment par la fusion en anhydride de l'acide benzoïque-oxypropionique fusible à 150-151°. Il est peu soluble dans l'eau, soluble dans l'alcool. Il fixe directement le brome et l'hydrogène.

Le sel de plomb, $C^{10}H^6O^4Pb$, forme un précipité cristallin pulvérulent.

Le sel d'argent, $C^{10}H^6O^4Ag^2$, est un précipité gélatineux [Gabriel et Michael, *D. chem. G.*, **10**, 1558].

Oxydé en solution alcaline par le permanganate de potassium, cet acide donne de l'acide o-aldéhydophtalique :

$$C^6H^4 \begin{cases} CO^2H \\ CH = CH - CO^2H \end{cases} + 2O^2$$
$$= 2CO^2 + H^2O + C^6H^4 \begin{cases} CHO \\ CO^2H \end{cases}$$

[Ehrlich, *Mon. f. Chem.*, **10**, 574].

ACIDE CINNAMIQUE-P-CARBONIQUE. — L'éther monoéthylique s'obtient en chauffant pendant 10 heures à 160° 1 partie de téréphtalaldéhydate d'éthyle avec 1 partie d'acétate de sodium et 2 parties d'anhydride acétique [W. Löw, *Ann. Chem.*, **231**, 369]. Le produit de la réaction est chauffé avec une solution de carbonate de sodium, et la liqueur précipitée par l'acide sulfurique. On saponifie l'éther par ébullition avec la soude caustique.

L'acide libre forme une poudre infusible qui, chauffée, donne un sublimé cristallin insoluble dans les dissolvants usuels. L'acide acétique cristallisable dissout quelque peu l'acide à l'ébullition et l'abandonne par le refroidissement sous forme d'écailles. L'acide fixe le brome seulement à chaud.

L'éther monoéthylique,

$$C^2H^5CO^2.C^6H^4.CH=CH.CO^2H,$$

cristallise dans l'éther en prismes aplatis, fusibles à 220° (Löw).

Acide m-nitrocinnamique-p-carbonique,

$$C^6H^3(AzO^2)_{(2)}(CO^2H)_{(1)}(CH=CH.CO^2H)_{(4)}.$$

— On prépare ce corps en ajoutant peu à peu 4ᵖ.5 d'acide cinnamique-p-carbonique à un mé-

lange de 10 parties d'acide nitrique fumant et de 1 partie d'acide sulfurique concentré. On verse le mélange dans l'eau, on filtre, on lave et on fait cristalliser le produit dans l'eau bouillante (Löw). On obtient ainsi des lamelles fusibles, en se décomposant, à 287°.

Cet acide se combine à chaud au brome. Il peut être transformé en un dérivé carboxylique de l'indigotine. G. de Bechi.

CINNAMYLACÉTONE. — On ne connaît que le *dérivé nitré* de la cinnamylacétone; ce corps, qui a pour formule

$$AzO^2 - C^6H^4 - CH = CH - CO - CH^2 - CO - CH^3,$$

se forme à côté d'autres produits quand on fait bouillir pendant 8 heures 1 partie d'o-nitrocinnamylacétylacétate d'éthyle avec 5 parties d'acide sulfurique à 30 0/0 [E. Fischer et Kuzel, *D. chem. G.*, **16**, 35] :

$$AzO^2.C^6H^4.CH=CH-CO \begin{array}{c} CH^3-CO \\ \diagup \end{array} CH-CO^2C^2H^5 + H^2O$$
$$\bullet = CO^2 + C^2H^5OH$$
$$+ AzO^2.C^6H^4.CH=CH-CO \begin{array}{c} CH^3-CO \\ \diagup \end{array} CH^2.$$

On laisse refroidir, on filtre et on broie le produit solide avec un excès de soude caustique. Le résidu insoluble est constitué par l'*o-nitrocinnaménylméthylcétone*,

$$AzO^2 - C^6H^4 - CH = CH - CO - CH^3.$$

On précipite la solution alcaline par l'acide chlorhydrique, on sèche le précipité à 100°, et on l'épuise par le sulfure de carbone bouillant : le résidu insoluble est constitué par l'acide o-nitrocinnamique. On évapore le sulfure de carbone et on fait cristalliser le résidu à plusieurs reprises dans l'alcool en présence de noir animal.

L'o-nitrocinnamylacétone cristallise en prismes déliés, d'un jaune de soufre, se ramollissant à 105° et fondant à 112-113°, peu solubles dans l'alcool, le sulfure de carbone et l'éther à froid, solubles dans l'alcool bouillant. Les alcalis la dissolvent en donnant une liqueur jaune ; le chlorure ferrique donne une coloration rouge.

Une ébullition prolongée avec l'acide sulfurique étendu transforme ce corps en nitrocinnaménylméthylcétone. Le chlorure stanneux le convertit en acétonylquinoléine, $C^{12}H^{11}AzO$. G. de Bechi.

CINNAMYLACÉTYLACÉTIQUE (ACIDE),

$$C^6H^5 - CH = CH - CO - CH \begin{cases} CO.CH^3 \\ CO^2H \end{cases}$$

— Cet acide n'existe pas à l'état libre ; en revanche, on connaît son éther éthylique et l'éther éthylique de son dérivé o-nitré.

Cinnamylacétylacétate d'éthyle,

$$C^6H^5 - CH = CH - CO - CH \begin{cases} CO.CH^3 \\ CO^2.C^2H^5 \end{cases}$$

— On obtient ce corps en faisant agir l'éther acétylacétique sodé sur le chlorure de cinnamyle. Le mode opératoire est analogue à celui qui sert à préparer le dérivé nitré (voir plus bas).

Il cristallise dans la ligroïne en grains jaunâtres, fusibles à 40°, solubles dans l'alcool et dans l'éther. Bouilli avec de l'acide sulfurique étendu, il est saponifié avec dégagement d'acide carbonique [E. Fischer et Kuzel, *D. chem. G.*, **16**, 166].

o-Nitrocinnamylacétylacétate d'éthyle,

$$AzO^2.C^6H^4 - CH = CH - CO - CH \begin{cases} CO.CH^3 \\ CO^2C^2H^5 \end{cases}$$

— On ajoute à 1 molécule d'éther acétylacétique sodé, en suspension dans 8 fois son poids d'éther, une solution éthérée et concentrée de chlorure d'o-nitrocinnamyle,

$$C^6H^4(AzO^2) - CH = CH - COCl.$$

Le liquide se colore en jaune foncé; on achève la réaction en chauffant pendant quelques heures au réfrigérant à reflux et on distille l'éther. On reprend le résidu par l'eau, qui dissout le chlorure de sodium formé dans la réaction, et on fait cristalliser la partie insoluble dans l'alcool bouillant; la petite quantité d'acide nitrocinnamique qui a été régénérée reste dans les eaux mères [Fischer et Kuzel, *D. chem. G.*, **16**, 35].

On obtient ainsi des prismes jaunes, brillants, fusibles à 120°,5, solubles dans le chloroforme, peu solubles dans l'alcool et dans l'éther. Ce corps est également soluble dans l'acide sulfurique, ainsi que dans les alcalis, qui forment avec lui des sels de couleur orangée; le *sel de sodium*, par exemple, se dépose, par le repos de la solution sodique, en fines aiguilles orangées.

La solution alcoolique étendue est colorée en rouge foncé par le chlorure ferrique.

Par ébullition avec la soude caustique, le produit est décomposé avec formation d'acide o-nitrocinnamique; en faisant bouillir avec de l'acide sulfurique à 30 0/0, on obtient de l'acide carbonique, de l'alcool, de l'acide o-nitrocinnamique, de l'o-nitrocinnamylacétone, de la méthyl-o-nitrocinnaménylcétone,

$$AzO^2 . C^6H^4 - CH = CH - CO - CH^3.$$

Action des réducteurs sur l'o-nitrocinnamylacétylacétate d'éthyle. — En chauffant une solution alcoolique de ce produit avec du zinc et de l'acide acétique, on obtient un sirop jaune, insoluble dans l'eau, se solidifiant en une espèce de résine à froid, et qui, fondu avec la soude caustique, est décomposé avec formation d'hydrocarbostyrile. Cette résine, traitée par l'acide chlorhydrique concentré et bouillant, donne de l'acide carbonique, de l'hydrocarbostyrile et, comme produit dominant, de la méthylquinoléine mélangée de ses dérivés d'hydrogénation.

En chauffant à l'ébullition l'éther nitré avec une solution acide concentrée de chlorure stanneux, on voit se dégager de l'acide carbonique. Par addition d'un excès d'alcali, il ne tarde pas à se déposer une grande quantité de méthylquinoléine [Fischer et Kuzel, *D. chem. G.*, **16**, 166].

G. de Bechi.

CINNAMYL-DIÉTHYLACÉTIQUE (ÉTHER),

$$C^6H^5 - CH = CH - CO - C(C^2H^5)^2 - CO^2C^2H^5$$

[Matthews, *Chem. Soc*, **43**, 200; **55**, 38; *D. chem. G.*, **16**, 1372, **22**, *Ref.*, 194]. — On le prépare en saturant de gaz chlorhydrique un mélange d'aldéhyde benzylique et d'éther diéthylacétylacétique et en abandonnant le tout à la température ordinaire pendant un mois, en ayant soin de saturer de temps à autre de gaz chlorhydrique le produit refroidi à 0°. Purifié par distillation dans le vide et cristallisation dans la ligroïne, il fond à 101-102°.

Chauffé avec de l'eau de baryte, il se dédouble en alcool et acides cinnamique et diéthylacétique. Il fixe 2 atomes de brome pour donner un *dibromure* cristallisé et fusible à 54-55°.

CINNAMYLDIPHÉNYLAMINE,

$$C^6H^5 - CH = CH - CO - Az \big\langle {}^{C^6H^5}_{C^6H^5}$$

— On chauffe légèrement un mélange de 1 molécule de chlorure de cinnamyle avec 2 molécules de diphénylamine : il se manifeste une vive réaction. Lorsqu'elle s'est calmée, le tout se prend par le refroidissement en une masse friable qu'on traite par la soude caustique. On décompose ainsi le chlorhydrate de diphénylamine qui a pris naissance dans la réaction. On reprend par l'éther et on fait passer dans la solution éthérée un courant de gaz chlorhydrique, qui précipite la diphénylamine à l'état de chlorhydrate; on lave à l'eau, on distille l'éther et on fait cristalliser le résidu dans l'alcool. On obtient ainsi de belles aiguilles jaunâtres, fusibles à 152-153°. Ce corps présente tous les caractères des amides; notamment il se saponifie facilement sous l'influence des alcalis [Bernthsen, *D. chem. G.*. **20**, 1554].

G. de Bechi.

CINNAMYLÉTHYLACÉTIQUE (ÉTHER),

$$C^6H^5 - CH = CH - CO - CH \big\langle {}^{C^2H^5}_{CO^2C^2H^5}$$

— On obtient ce corps en abandonnant au repos pendant 8 ou 10 jours un mélange d'aldéhyde benzylique et d'éthylacétylacétate d'éthyle saturé d'acide chlorhydrique.

C'est une huile épaisse, qui bout à 205-220° sous la pression de 22 millimètres [Claisen et Matthews, *Ann. Chem.*, **218**, 183].

CINNAMYLFORMIQUE (ACIDE),

$$C^6H^5 . CH = CH . CO . CO^2H.$$

— L'amide cinnamylformique prend naissance quand on abandonne au repos une solution acétique de cyanure de cinnamyle $C^6H^5 - CH = CH . CAz$ additionnée d'acide chlorhydrique. Il se forme ainsi une masse cristalline, mélange de l'amide avec un peu d'acide cinnamique. L'amide peut être facilement obtenue pure par lavage au carbonate de sodium. Il est difficile d'isoler l'acide au moyen de l'amide sans provoquer une décomposition plus profonde de la substance [Claisen et Antweiler, *D. chem. G.*, **13**, 2124].

Le meilleur mode de préparation de l'acide cinnamylformique consiste à traiter un mélange d'aldéhyde benzylique et d'acide pyruvique par l'acide chlorhydrique :

$$C^6H^5 . CHO + CH^3 . CO . CO^2H$$
$$= C^6H^5 - CH = CH - CO . CO^2H + H^2O$$

[Claisen et Claparède. *D. chem. G.*, **14**, 2472].

On sature d'acide chlorhydrique gazeux un mélange équimoléculaire d'acide pyruvique et d'aldéhyde benzylique refroidi à 0°; après quelques jours de repos, on ajoute de l'eau à 0° et on sursature avec précaution par le carbonate de sodium; on laisse reposer, on filtre et on épuise par l'éther pour éliminer l'aldéhyde benzylique inattaquée. Le liquide est ensuite additionné d'acide chlorhydrique et épuisé par l'éther; la dissolution éthérée, desséchée sur le chlorure de calcium, est abandonnée à l'évaporation; le résidu finit par se solidifier en une masse gommeuse, peu soluble dans l'eau.

L'acide cinnamylformique est assez instable : les alcalis le scindent peu à peu à froid en acide pyruvique et aldéhyde benzylique.

Sels. — Les sels alcalins de l'acide cinnamylformique sont solubles dans l'eau; les autres sels sont insolubles. Les *sels de calcium, de baryum* et *de plomb* sont des précipités blancs; le *sel de cuivre* est vert-bleuâtre; le *sel ferrique*, jaune clair; avec le chlorure mercurique et le sel ammoniacal, on n'obtient pas de précipité.

Le *sel d'argent*, $C^{10}H^7O^3Ag$, est blanc-jaunâtre et très peu soluble dans l'eau bouillante.

Amide, $C^6H^5.CH=CH.CO.CO.AzH^2$. — Ce corps, dont on a indiqué plus haut le mode de formation, cristallise dans l'eau bouillante en lamelles ou en prismes aplatis, jaunâtres, fusibles à 129-130°, peu solubles dans l'eau froide, solubles dans l'eau bouillante, l'éther, le chloroforme et le sulfure de carbone.

Traitée par une solution étendue et chaude de potasse caustique, elle se dissout en se saponifiant.

ACIDE O-NITROCINNAMYLFORMIQUE,

$$AzO^2.C^6H^4-CH=CH.CO.CO^2H.$$

— On fait passer jusqu'à saturation un courant de gaz chlorhydrique dans un mélange refroidi à 10° d'aldéhyde o-nitrobenzylique et d'acide pyruvique; au bout de deux ou trois jours de repos, on essore les cristaux à la trompe, on lave à l'eau, puis on fait cristalliser le produit dans le benzène [Baeyer et Drewsen, *D. chem. G.*, **15**, 2862].

L'acide o-nitrocinnamylformique fond à 135-136°; il est soluble dans l'eau bouillante, l'alcool, l'éther et le chloroforme, peu soluble dans le benzène, insoluble dans la ligroïne. Traité par les alcalis, il est décomposé à froid avec formation d'indigotine, à côté d'acide oxalique et d'autres produits.

L'acide sulfurique concentré donne une dissolution jaune, avec altération de la substance.

Le *sel barytique* cristallise en belles lamelles.

G. de Bechi.

CINNAMYLIDÈNE (DIACÉTATE DE)
(*diéthanoate de benzène-propényl-diol3.3*),

$$C^6H^5-CH=CH-CH\begin{cases} OCOCH^3 \\ OCOCH^3 \end{cases}$$

— Le diacétate de cinnamylidène s'obtient en ajoutant 60 grammes de phénylacétate de sodium à un mélange de 80 grammes d'aldéhyde cinnamique et de 200 grammes d'anhydride acétique. On chauffe d'abord légèrement pour dissoudre le sel sodique, puis graduellement jusqu'à l'ébullition; on verse alors rapidement le mélange dans l'eau froide. Il se sépare une substance huileuse, qu'on lave d'abord à l'eau tiède, puis à l'eau froide de manière à la solidifier. On purifie le produit par cristallisation dans l'alcool.

Le diacétate de cinnamylidène cristallise en lamelles incolores, nacrées, fusibles à 84-85°, très solubles dans l'alcool.

Ce corps, distillé avec la vapeur d'eau, se décompose en aldéhyde cinnamique et acide acétique. Les carbonates alcalins agissent de même. Il fixe 2 atomes de brome; le produit d'addition, distillé avec la vapeur d'eau, donne la phényl-β-acroléine de Zincke et Hagen, fusible à 72-73°.

Le diacétate de cinnamylidène, conservé dans un flacon non clos hermétiquement, se transforme au bout de quelques mois en un liquide jaunâtre, sirupeux, à odeur d'acide acétique et d'aldéhyde cinnamique.

La formation du diacétate de cinnamylidène précède celle de l'acide cinnaménylphénylacrylique (benzène-pentadiényl-phényl4-oïque, phényl-butadiène1.3-phényl-méthyloïque1),

$$C^6H^5-CH=CH-CH=C\begin{cases} CO^2H \\ C^6H^5 \end{cases}$$

et prouve que la réaction de Perkin a lieu en deux phases, et que l'anhydride acétique prend part aux réactions [Rebuffat, *Gazz. chim. ital.*, **20**, 158; *D. chem. G.*, **23**, *Ref.*, 334].

G. de Bechi.

CINNAMYLIDÈNE-AZINE,

$$C^6H^5.CH=CH.CH=Az-Az=CH-CH=CH-C^6H^5$$

[Curtius et Jay, *J. prakt. Chem.*, (2), **39**, 27; *Bull. Soc. Chim.*, (3), **2**, 834]. — Ce produit de la combinaison de l'aldéhyde cinnamique avec l'hydrazine, Az^2H^4, cristallise en longues lamelles d'un jaune d'or, fusibles à 162°. Par ébullition avec les acides, elle régénère, comme toutes les azines, l'hydrazine et l'aldéhyde qui lui ont donné naissance.

CINNAMYLINDOL (β-),

$$C-CO-CH=CH-C^6H^5 \qquad (\text{Az H})$$

— Ce composé prend naissance par l'action de l'aldéhyde cinnamique sur le β-acétylindol en présence de la potasse bouillante. Il cristallise dans l'alcool en lamelles jaunes, brillantes, fusibles à 229-231° [Zatti et Ferratini, *D. chem. G.*, **23**, 1361].

CINNOLINE,

$$\begin{matrix} & CH & & Az & \\ HC & & C & & Az \\ HC & & & & CH \\ & CH & C & CH & \end{matrix}$$

— Ce corps doit prendre, d'après la nouvelle nomenclature proposée à l'article CHAINES FERMÉES (NOMENCLATURE), le nom de $\alpha\beta$ *phéno-*α *diazine*. Il sera décrit, ainsi que ses dérivés, au mot PHÉNODIAZINES.

CIRES. — Voyez Dict., **2**, 925.

CIRE DES ABEILLES.

COMPOSITION. — La cire des abeilles est formée principalement par le mélange de deux principes immédiats, la *cérine* et la *myricine*.

Dans son travail classique sur la constitution chimique de la cire des abeilles, M. Brodie [*Ann. Chem.*, **67**, 180] a montré que la cérine, la portion de la cire soluble dans l'alcool chaud, est formée essentiellement d'un acide gras élevé, l'acide cérotique, $C^{27}H^{54}O^2$, et que la partie insoluble, la myricine, est l'éther palmitique de l'alcool mélissique, $C^{16}H^{31}O.OC^{30}H^{61}$.

En traitant la cire par l'alcool bouillant, il sépara d'abord les deux principes constituants, la cérine et la myricine.

La solution alcoolique de cérine, additionnée d'acétate de plomb, laisse déposer un sel de plomb qui, après lavage à l'alcool et à l'éther, est décomposé par l'acide acétique cristallisable.

L'acide ainsi séparé, purifié par cristallisation dans l'alcool, fond à 78°; sa composition centésimale lui assigne la formule $C^{27}H^{54}O^2$; M. Brodie lui donna le nom d'*acide cérotique*.

La myricine, insoluble dans l'alcool, est saponifiée par la potasse alcoolique. Le produit de la réaction est privé d'alcool, puis additionné, en solution aqueuse, de chlorure de baryum. Le savon de baryum précipité est séché et épuisé à l'éther, et la matière ainsi extraite est purifiée par cristallisation dans l'alcool et dans le naphte. Le produit obtenu fond à 85° et répond à la formule $C^{30}H^{62}O$; c'est un alcool gras, auquel M. Brodie donna le nom d'*alcool mélissique*. Le savon de baryum décomposé lui fournit un acide fusible à 62°, l'acide palmitique, $C^{16}H^{32}O^2$.

On peut encore opérer de la façon suivante : saponifier la myricine par la potasse alcoolique, traiter le savon en dissolution dans l'eau par un excès d'acide, dissoudre la matière grasse, séparée ainsi, dans l'alcool bouillant ou dans le benzène, et abandonner la solution à la cristallisation ; l'alcool mélissique se dépose et l'acide palmitique reste dans l'eau mère, d'où l'on peut le séparer à l'état de pureté par précipitation au moyen de l'acétate de plomb.

M. Brodie a fait observer en outre qu'à côté de ces deux principes immédiats définis, la cérine et la myricine, la cire des abeilles doit renfermer, en petites quantités, d'autres acides et d'autres alcools voisins, qu'on devrait retrouver dans les eaux de purification des alcools et des acides précédents ; il ne put obtenir, en effet, à l'état de pureté que les corps à point de fusion le plus élevé et en même temps les moins solubles. Ainsi, l'acide cérotique serait accompagné, d'après lui, d'une petite quantité d'un acide dont le sel de plomb est soluble dans l'alcool chaud et qui se rapproche de l'acide margarique.

M. Schalfeieff [*Bull. Soc. Chim.*, (2), **26**, 150 et **27**, 372] reprit l'étude de l'acide cérotique retiré de la cire des abeilles et montra que cet acide n'est pas un composé chimique défini, mais un mélange de différents acides.

En soumettant l'acide obtenu par la méthode de M. Brodie à une série de précipitations fractionnées par l'acétate de plomb, M. Schalfeieff put en effet en isoler plusieurs acides, entre autres un acide fusible à 91°, qu'on peut encore obtenir en faisant cristalliser l'acide de M. Brodie dans l'éther, et dont la composition paraît se rapprocher de la formule $C^{34}H^{68}O^2$.

M. E. Zatzneck [*Mon. f. Chem.*, **3**, 677] a répété les expériences de M. Brodie et de M. Schalfeieff ; il est arrivé aux résultats suivants :

Par précipitation fractionnée du savon potassique de l'acide cérotique de M. Brodie, on n'obtient pas l'acide $C^{34}H^{68}O^2$ décrit par M. Schalfeieff, mais un acide fusible à 78°,5, qui possède toutes les propriétés de l'acide cérotique $C^{27}H^{54}O^2$ de M. Brodie.

M. Fr. Nafzger [*Ann. Chem.*, **224**, 225] a repris l'étude des acides de la cire des abeilles.

La cire, d'abord lavée à l'eau, est épuisée par l'alcool bouillant, de manière à priver complètement la myricine insoluble de l'acide cérotique libre qui l'accompagne.

Celui-ci entraînant un peu de myricine, on le traite par la soude alcoolique, de manière à saponifier cette dernière ; on épuise ensuite le savon séché par l'éther de pétrole bouillant qui enlève les principes neutres.

L'acide cérotique brut remis en liberté fond à 76° ; purifié par une série de cristallisations dans l'alcool, il ne fond plus qu'à 77°,5 ; en employant les précipitations fractionnées par l'acétate de cuivre, on obtient dans les premières portions un acide fondant à 78°.

L'acide cérotique ne pouvant être distillé, M. Nafzger en achève la purification en le transformant en *éther méthylique*, par l'action de l'acide chlorhydrique sur sa solution méthylique.

Cet éther, qui fond à 60°, cristallise dans l'alcool méthylique en lamelles nacrées et distille sans décomposition dans le vide. Par saponification, il régénère l'acide cérotique, qui fond à 78°. L'analyse de cet acide et de ses sels conduit à la formule $C^{27}H^{54}O^2$, qui lui a été attribuée par M. Brodie.

Pour séparer les acides qui peuvent accompagner l'acide cérotique dans l'acide brut, M. Nafzger soumet celui-ci (bien débarrassé des produits alcooliques par lavage des savons à l'éther de pétrole) à une série de précipitations fractionnées au moyen de l'acétate de magnésium par la méthode de M. Heintz.

Il a isolé ainsi dans les premières portions un acide fusible à 89-90°, déjà signalé par M. Schalfeieff. Cet acide possède, non pas la composition $C^{34}H^{68}O^2$ que lui avait assignée ce chimiste, mais celle de l'acide mélissique $C^{30}H^{60}O^2$ ou $C^{31}H^{62}O^2$.

Les eaux mères alcooliques de l'acide cérotique brut laissent comme résidu une masse molle, jaune, fusible à 44°,5. Ce produit renferme un mélange d'acides ayant une forte odeur de cire et appartenant à la série oléique. Ces acides n'ont pu être isolés, mais leurs sels de plomb sont solubles dans l'éther sec et leurs sels barytiques sont solubles dans l'alcool absolu.

Pour séparer les acides contenus dans la myricine, M. Nafzger saponifie ce produit par la soude alcoolique : le produit de la réaction, débarrassé de l'alcool, est séché et épuisé à froid, puis à chaud, par l'éther de pétrole. Le savon restant est décomposé et fournit un acide qui fond à 58°. Par cristallisation du produit dans l'alcool et dans l'éther de pétrole, on voit se séparer de l'acide palmitique pur.

M. Nafzger arrive au même résultat en saponifiant l'acide brut par le carbonate de sodium et en étendant de beaucoup d'eau la dissolution du savon. Le palmitate de sodium peu soluble se dépose et est purifié par cristallisation dans l'alcool ; il fournit alors, par sa décomposition, un acide qui fond à 61°.

Les eaux mères alcooliques des premières cristallisations de l'acide palmitique renferment un mélange d'acides encore mal définis, odorants, appartenant à la série oléique.

Par la détermination du titre d'iode des acides de la cire (voyez p. 1207), MM. A. et P. Buisine ont trouvé que la cire des abeilles renferme en moyenne 7,85 0/0 d'acides non saturés, exprimés en acide oléique [*Travaux et Mémoires des facultés de Lille*, **1**, 56].

A part ces acides existant en petites quantités, M. Nafzger n'a pu retirer de la myricine que l'acide palmitique, qui forme la presque totalité des acides contenus dans ce produit.

Les principes neutres de la cire des abeilles ont été étudiés par M. Schwalb [*Ann. Chem.*, **235**, 106], qui suivit pour cela la méthode employée par M. Strucke [*Ann. Chem.*, **223**, 283] dans son étude sur la cire de Carnaüba.

Après séparation de l'acide cérotique libre (5,20 0/0) par l'alcool. la myricine brute est saponifiée par la soude alcoolique ; on chasse l'alcool, on reprend le résidu par l'eau et on précipite le savon par addition de sel marin ; ainsi débarrassé de l'excès d'alcali, le savon est séché et épuisé par l'éther de pétrole (bouillant de 60 à 90°). On enlève ainsi au total 58,29 0/0 du poids de la myricine, soit 55,25 0/0 de la cire. Le produit dissous dans chaque épuisement est séparé : on a ainsi une série de produits dont le point de fusion va constamment en augmentant de 62 à 82°. On soumet alors ces divers produits à une purification méthodique par l'éther de pétrole. en commençant par celui qui possède le point de fusion le plus élevé, reprenant le suivant par l'eau mère qu'il fournit, et ainsi de suite.

L'éther de pétrole enlève d'abord une partie très soluble qui renferme deux hydrocarbures saturés de la série C^nH^{2n+2}, fondant l'un à 60°, l'autre à 66-66°,5.

On sépare facilement ces carbures par cristallisation fractionnée dans l'éther ordinaire. Traités par la chaux sodée à 300°, ils ne donnent que des traces d'hydrogène, ce qui indique qu'ils sont complètement débarrassés de produits alcooliques.

Le premier est identique avec l'*heptacosane* normal de M. Krafft, $C^{27}H^{56}$ [*D. chem. G.*, **15**, 1687 et 1711, **16**, 1714], le second avec l'*hentriacontane* normal $C^{31}H^{64}$. Ils correspondent aux acides cérotique $C^{27}H^{54}O^2$ et mélissique $C^{31}H^{62}O^2$.

Les eaux mères contiennent en petites quantités d'autres carbures que l'auteur n'a pu séparer.

D'après MM. A. et P. Buisine [*Bull. Soc. Chim.*, (3), 4, 903], les hydrocarbures de la cire des abeilles ne sont pas uniquement composés de corps saturés : ils fixent en effet de l'iode dans la proportion de 22,05 à 22,50 0/0.

D'après M. Schwalb, la cire des abeilles renfermerait de 5 à 6 0/0 de carbures ; de 12,5 à 14 0/0 d'après MM. A. et P. Buisine [*Bull. Soc. Chim.*, (3), 3, 872]. Ces derniers nombres ont été confirmés par M. Mangold sur un grand nombre de cires d'abeilles de diverses origines [*Chem. Zeit.*, 15, 799].

La portion la moins soluble dans l'éther de pétrole renferme les alcools de la cire. Les derniers épuisements fournissent de l'alcool mélissique presque pur, fondant à 83-84°. Comme le produit de ces épuisements contient des traces de savon, on le traite par l'acide chlorhydrique ; on le lave ensuite à l'eau distillée et on le fait cristalliser dans l'éther de pétrole. Le produit qui se dépose fond à 83°. On le traite de nouveau par la soude alcoolique et on l'épuise par l'éther de pétrole. On obtient alors un produit fusible à 85°,5 : c'est l'*alcool mélissique*, dont la formule, d'après M. Brodie, est $C^{30}H^{62}O$.

L'auteur conclut de ses recherches que ce produit a plutôt pour composition $C^{31}H^{64}O$. Chauffé avec de la chaux sodée à 300°, il donne en effet un *acide* $C^{31}H^{62}O^2$, fusible à 88,5-89°, dont le sel de plomb fond à 105°, le sel d'argent à 115-116°, le sel de magnésium à 160° et le sel de cuivre vers 190°.

L'éther méthylique cristallise en aiguilles soyeuses, fusibles à 71-71°,5 et l'éther éthylique en aiguilles feutrées, fusibles à 69,5-70°.

Des eaux mères de l'alcool mélissique on a isolé, par cristallisation fractionnée, de l'*alcool cérylique*, fusible à 78°,5, ayant pour formule $C^{27}H^{56}O$ ou peut-être $C^{26}H^{54}O$, et donnant par l'action de la chaux sodée un *acide* $C^{26}H^{52}O^3$ ou $C^{27}H^{54}O^2$; puis un troisième *alcool*, fusible à 75°,5, ayant pour formule $C^{25}H^{52}O$ ou $C^{24}H^{50}O$, qui fournit par la chaux sodée un *acide* $C^{25}H^{50}O^3$ ou $C^{24}H^{48}O^3$.

En résumé, voici la liste des composés définis qui ont été jusqu'à présent isolés de la cire des abeilles :

Acides.

Acide cérotique à l'état de liberté....................	$C^{27}H^{54}O^2$
Acide mélissique à l'état de liberté....................	$C^{30}H^{60}O^2$ ou $C^{31}H^{62}O^2$
Acide palmitique combiné à l'alcool mélissique.........	$C^{16}H^{31}O^2$
Acides de la série oléique, en partie à l'état de liberté, en partie combinés aux alcools.	

Produits neutres.

Alcool mélissique combiné à l'acide palmitique..........	$C^{30}H^{62}O$ ou $C^{31}H^{64}O$
Alcool cérylique combiné aux acides cérotique ou palmitique.....................	$C^{27}H^{56}O$ ou $C^{26}H^{54}O$
Alcool combiné aux acides gras.....................	$C^{25}H^{52}O$ ou $C^{24}H^{50}O$
Heptacosane normal..........	$C^{27}H^{56}$
Hentriacontane normal.......	$C^{31}H^{64}$

Les cires des abeilles exotiques ont la même composition chimique que les cires d'Europe [Hehner, *Dingl.*, 251, 168. — A. et P. Buisine, *Travaux et Mémoires des facultés de Lille*, 1, 60. — Mangold. *Analyst*, 1891, 148. — Antoushevich, *Soc. Chem. Ind.*, 10, 1014]. Elles n'en diffèrent que par la nature des principes colorants et odorants, qui n'y existent du reste qu'à l'état de traces.

BLANCHIMENT. — Le plus souvent la cire est blanchie par simple exposition à l'air. L'étude de ce mode de blanchiment a été reprise par MM. A. et P. Buisine [*C. R.*, 112, 738 ; *Travaux et mémoires des facultés de Lille*, 1, 63].

Lorsque la cire est exposée à l'air en minces rubans, elle se décolore graduellement par combustion lente de la matière colorante. Pour que le phénomène s'accomplisse rapidement, il faut à la fois l'action de l'air et de la lumière. La lumière est un agent indispensable. Dans l'obscurité, la cire ne se décolore en effet ni dans l'air, ni dans l'oxygène, ni même dans l'oxygène ozoné.

Dans le blanchiment à l'air, outre la matière colorante qui subit une combustion totale, les composés non saturés de la cire, les acides de la série oléique et les carbures non saturés disparaissent en partie et fixent de l'oxygène pour donner des composés saturés [A. et P. Buisine, *Bull. Soc. Chim.*, (3), 4, 467]. Le titre d'iode des cires blanchies est, en effet, inférieur à celui des cires jaunes.

Dans la pratique, on blanchit rarement la cire pure ; on y ajoute toujours, avant de la couler en copeaux, une certaine quantité de suif, de 3 à 5 0/0. Dans ces conditions, le blanchiment, cela a été constaté depuis longtemps, est beaucoup plus rapide ; du reste, cette addition de matière grasse est souvent nécessaire pour obtenir des produits tout à fait blancs, et elle est indispensable pour les cires fort colorées, difficiles à blanchir ; en outre, la cire pure blanchie à l'air présente l'inconvénient d'être trop cassante : ce qui s'explique par la disparition des acides fluides, onctueux, de la série oléique, qui sont, comme on vient de le voir, en grande partie détruits dans l'opération.

L'addition de suif faite dans les proportions que nous venons d'indiquer est généralement admise ; elle n'est pas considérée comme une falsification ; la théorie justifie du reste cette manière d'opérer.

MM. A. et P. Buisine ont étudié le mode d'action du suif dans le blanchiment de la cire [*Bull. Soc. Chim.*, (3), 4, 468] : Le suif agit surtout par l'acide oléique qu'il renferme ; il apporte l'élément combustible, l'acide oléique, facilement oxydable et dont la combustion entraîne celle de la matière colorante. Il en résulte que, plus il y aura dans la cire de composés susceptibles de s'oxyder à l'air, plus le blanchiment devra être rapide et complet ; c'est en effet ce que l'on observe. D'ailleurs, l'acide oléique ainsi introduit ne reste pas ; il disparaît en grande partie avec celui de la cire.

On pourrait du reste remplacer avantageusement le suif par l'acide oléique dans la proportion de 1 à 2 0/0 du poids de la cire ; le résultat serait le même.

L'essence de térébenthine, ajoutée en petite quantité à la cire, se comporte comme le suif et son action s'explique de la même façon.

D'autres procédés peuvent encore être employés pour décolorer les cires brutes. Il suffit, par exemple, de maintenir la cire en fusion en présence d'une certaine quantité de noir animal ; celui-ci retient toute la matière colorante et, par filtration à chaud, on obtient la cire tout à fait incolore. Les cires ainsi blanchies conservent la même composition que les cires jaunes dont elles proviennent ; le noir animal n'absorbe en effet que la matière colorante, et celle-ci entre pour une si faible proportion dans la cire, que sa disparition n'influe pas sur la composition du produit.

On peut aussi employer certains réactifs oxydants, tels que le permanganate ou le dichromate de potassium en liqueur acide ; ces procédés donnent de bons résultats dans la pratique.

On fond la cire à blanchir sur de l'acide sulfurique étendu de 2 fois son volume d'eau, et on ajoute par petites portions, en agitant, du dichromate de potassium dans la proportion de 5 0/0 environ du poids de la cire. On fait bouillir pendant quelques heures, puis on laisse refroidir et on sépare le gâteau de cire, qu'on lave d'abord à l'eau acidulée par l'acide sulfurique, puis à l'eau pure, à plusieurs reprises. La cire ainsi traitée est parfaitement décolorée.

On opère de la même façon avec le permanganate de potassium.

Il en est de même de l'eau oxygénée : la cire coulée en copeaux est placée dans de l'eau oxygénée, d'une concentration de 5 à 10 volumes, saturée par l'ammoniaque ou par le carbonate de sodium et maintenue à la température de 50° environ. On la blanchit ainsi dans l'espace de quelques jours.

Les agents réducteurs, tels que l'acide sulfureux, les sulfites et hydrosulfites, n'agissent pas sur la matière colorante des cires. Quant au chlore, il ne peut pas être utilisé pour le blanchiment de la cire ; il se fixe en effet sur certains principes de cette substance, les carbures non saturés, etc.

FALSIFICATIONS ET ESSAIS. — La cire a des emplois nombreux et est l'objet d'un commerce important. Comme son prix est assez élevé, elle est souvent falsifiée. On emploie surtout dans ce but les paraffines à point de fusion élevé, les cires fossiles, l'ozocérite ou ozokérite, les cires végétales de Carnaüba, de Chine, du Japon, etc., ou encore des mélanges de ces corps.

La *cérésine* [*Zeit. f. angew. Chem.*, 1889, 185], dont on fait très souvent usage pour falsifier la cire, est le produit de la distillation dans la vapeur surchauffée de la cire fossile, purifiée par l'acide sulfurique et le noir. C'est une paraffine fondant à 60-65°, qui a presque exactement les mêmes propriétés que la cire des abeilles. On peut l'obtenir d'un blanc éclatant et elle a alors aussi belle apparence que la plus belle qualité de cire d'abeilles blanchie. En ajoutant à la cérésine de seconde qualité une matière colorante, telle que la gomme-gutte, le curcuma, etc., on obtient un produit ressemblant à s'y tromper à la cire des abeilles brute ou légèrement blanchie. On peut même, par l'addition d'une substance aromatique, lui communiquer l'odeur caractéristique de la cire des abeilles.

Quelquefois, mais beaucoup plus rarement, on ajoute à la cire du suif, de l'acide stéarique, de la résine, des poudres minérales, ocre, etc. Ces falsifications grossières sont faciles à déceler. Mais il n'en est plus de même dans le premier cas : les mélanges sont souvent faits avec beaucoup de talent et la fraude est difficile à caractériser.

On a indiqué, pour l'essai de la cire des abeilles, de nombreux procédés. Un certain nombre sont basés sur l'examen des propriétés physiques du produit.

La cire jaune des abeilles pure fond entre 63 et 64° ; sa densité oscille entre 0,9625 et 0,9675.

La détermination du point de fusion et de la densité du produit à analyser donne déjà certains renseignements sur sa nature. Le point de fusion ne peut accuser que des fraudes grossières, l'addition de suif par exemple ; mais la présence de cire végétale, de paraffine, de cire du Japon, etc., qui peuvent avoir des points de fusion très voisins de celui de la cire pure, ne peut être décelée par ce procédé [Mène, *C. R.*, 78, 1544].

Par la densité, on peut reconnaître certains mélanges. L'acide stéarique, la résine et la cire végétale augmentent la densité ; le suif, la paraffine, au contraire, la diminuent [Hager, *Chem. News*, 42, 181].

Divers auteurs ont décrit des modes opératoires qui facilitent et rendent très pratique cette détermination [Hager, *ibid.*].

MM. Legrip, Hardy [*Mon. scient. Quesneville*, 1873, 823] recherchent ainsi la falsification par le suif ; M. Mène [*ibid.*], la falsification par la cire du Japon ; M. Wagner [*Bull. Soc. Chim.*, (2), 7, 421], par la paraffine.

M. A.-H. Allen [*Jahresb. d. chem. Technol.*, 1886, 1072] a pris la densité de la cire des abeilles et des produits qui servent à la falsifier, à différentes températures ; il a opéré entre 15 et 18°, puis entre 98 et 99°. Ces données peuvent servir de base pour la recherche des falsifications.

La façon dont se comporte la cire avec les divers dissolvants est aussi un indice pour la recherche de certaines fraudes.

M. Fehling propose l'emploi de l'alcool pour la recherche de l'acide stéarique [*Dingler's*, 147, 227].

M. Ferdinand Jean opère de même ; il dose en outre, par un titrage de la solution, l'acide stéarique [*Bull. Soc. Chim.*, (3), 2, 57].

On peut encore de cette façon séparer la résine.

M. Robineau [*Répert. Chim. appliquée*, 1861, 32 et 1862, 62] propose l'emploi de l'éther pour rechercher la cire végétale.

M. Marchand [*Répert. Chim. appliquée*, 1861, 61] critique le procédé ; d'après lui, la cire des abeilles se dissout en proportions variables dans l'éther, suivant que celui-ci est plus ou moins pur, et les différentes variétés de cires végétales ne se comportent pas de la même façon avec ce dissolvant.

On a indiqué de nombreux procédés particuliers pour rechercher les fraudes les plus courantes. Nous ne citerons que les principaux.

Pour déceler la présence de la paraffine, M. Landolt [*Dingler's*, 155, 224] a proposé l'emploi de l'acide sulfurique, sous l'influence duquel la cire se charbonne, tandis que la paraffine reste intacte ; mais MM. Breitenlohner [*Dingler's*, 171, 59] et Donath [*Dingler's*, 205, juin 1872] ont trouvé que les carbures de la paraffine sont attaqués peu à peu à 100° par l'acide sulfurique fumant avec production d'acide sulfureux.

M. Liès-Bodart [*C. R.*, 62, 749] a proposé une méthode qui repose sur l'emploi de l'alcool amylique conjointement avec l'acide sulfurique.

Pour rechercher la paraffine, MM. Allen et Thompson [*Chem. News*, 43, 267] saponifient la cire par la potasse alcoolique et épuisent par l'éther de pétrole le savon préalablement desséché en présence de sable. La cire des abeilles donne ainsi 52,28 0/0 de produit non saponifiable, la cire de Carnaüba 54,87 0/0, et la cire du Japon 1,14 0/0. Si la cire examinée est additionnée de carbures, ces nombres sont naturellement plus élevés.

Au lieu d'épuiser le savon sec par l'éther de pétrole, on peut encore agiter à plusieurs reprises sa solution aqueuse avec de l'éther ordinaire [Hager, *Mon. scient. Quesneville*, 1881, 298].

M. Horn [*Zeit. f. angew. Chem.*, 1888, 458] saponifie la cire et épuise le savon séché par le chloroforme, qui enlève les alcools et les carbures. Il traite ce mélange par l'anhydride acétique, qui donne, avec les alcools de la cire, des acétates solubles dans l'excès d'anhydride. On recueille sur un filtre la paraffine non attaquée, on sèche et on pèse.

M. Ferdinand Jean a repris ce procédé en modifiant légèrement le mode opératoire [*Rev. de Chim. industr. et agric.*, 1890, **1**, 216].

Ces auteurs ne tiennent pas compte des hydrocarbures que contient normalement la cire.

M. Thum [*Chem. Zeit.*, 1890, 1708] a appliqué cette méthode au dosage des hydrocarbures de la cire. Sur un échantillon de cire d'abeilles pure, il a ainsi trouvé 9 0/0 environ, nombre très inférieur du reste au nombre réel.

La résine peut être reconnue par l'odeur d'essence de térébenthine que dégage la cire falsifiée avec ce corps lorsqu'on la chauffe vers 110° [Donath, *Dingler's*, **205**, juin 1872].

On peut encore traiter la cire ainsi falsifiée par l'acide nitrique bouillant, qui dissout la résine avec dégagement de vapeurs nitreuses; l'eau précipite de cette solution une substance floconneuse jaune, qui se colore en rouge de sang par l'ammoniaque.

On peut constater la présence du suif par l'odeur d'acroléine qu'on obtient à la distillation sèche du produit, par la propriété que possède la glycérine de dissoudre l'oxyde de cuivre en présence de potasse [Donath, *loc. cit.*], enfin par la solubilité de l'oléate de plomb dans l'éther [Gotthieb, *Mon. scient. Quesneville*, 1880, 63].

M. Benedikt détermine la quantité de suif ajoutée à la cire par la quantité de glycérine contenue dans le produit [*Jahresb. d. chem. Technol.*, 1885, 1103]; c'est ce même procédé que recommande M. Ferdinand Jean [*Bull. Soc. Chim.*, (3), **2**, 57].

MM. Donath et Hager [*loc. cit.*] ont indiqué une marche systématique pour la recherche des falsifications de la cire des abeilles.

On a enfin donné des méthodes d'analyse de la cire des abeilles beaucoup plus précises que les précédentes et basées sur le dosage des différents principes qui la constituent.

Dosage des acides libres. — M. Hübl [*Dingler's*, **249**, 338] le premier a indiqué un procédé pratique pour le dosage des acides libres de la cire. On prend 3 ou 4 grammes de cire et 20 centimètres cubes d'alcool à 95°; on chauffe jusqu'à fusion de la cire en agitant fortement; on ajoute ensuite quelques gouttes d'une solution alcoolique de phtaléine du phénol et on titre au moyen d'une solution titrée de soude. L'auteur donne le résultat en milligrammes de KOH pour 1 gramme de cire; mais on peut convenir de calculer l'acidité en acide cérotique : c'est ce qu'a fait M. Hehner [*Dingler's*, **251**, 168]. On trouve ainsi que 1 gramme de cire exige de 19 à 21 milligrammes de KOH pour saturer les acides libres qu'il renferme, ce qui correspond à une teneur de 13,22 à 15,71 0/0 d'acide cérotique.

MM. A. et P. Buisine [*Bull. Soc. Chim.*, (3), **4**, 903] sont arrivés aux mêmes résultats avec des cires françaises de différentes provenances.

Dosage de la totalité des acides et des acides combinés de la cire. — M. Becker [*Dingler's*, **234**, 79] a proposé un procédé très expéditif, appliqué d'abord par M. Kottstorfer à l'analyse du beurre. On saponifie à chaud, en présence d'alcool, un poids donné de cire par un volume connu d'une solution alcoolique titrée de potasse, puis on dose l'excès d'alcali au moyen d'une solution alcoolique titrée d'acide chlorhydrique, en présence de phtaléine du phénol. On en déduit la teneur de la cire en acides gras, qu'on évalue en milligrammes de KOH, et, par différence avec le titre précédent, les acides existant dans la cire sous forme d'éthers.

M. Becker a trouvé ainsi qu'il faut, pour neutraliser la totalité des acides contenus dans 1 gramme de cire jaune, de 97 à 107 milligrammes de KOH.

M. Hübl [*loc. cit.*], en opérant de la même

façon sur des cires préparées au laboratoire et parfaitement lavées, a trouvé des nombres un peu plus faibles, de 92 à 97 milligrammes de KOH pour 1 gramme de cire. Si de ce titre on retranche le nombre représentant le titre des acides libres (de 19 à 21 milligrammes de KOH), on trouve pour les acides combinés des nombres variant de 73 à 76 milligrammes de KOH pour 1 gramme de cire.

M. Hübl prend le rapport des deux nombres ainsi trouvés et il arrive à ce résultat que, lorsqu'on a affaire à de la cire jaune d'abeilles pure, ce rapport doit être de 1 : 3,6 à 1 : 3,8.

M. Hehner [*loc. cit.*] traduit le résultat du titre de l'acide libre en acide cérotique et le titre des acides combinés en palmitate de myricyle. Les cires d'origine anglaise examinées par cet auteur renferment de 13,12 à 15,91 0/0 d'acide cérotique et de 85,95 à 92,08 0/0 de palmitate de myricyle.

MM. A. et P. Buisine ont trouvé pour la totalité des acides, sur les cires françaises, des nombres variant de 91 à 97 milligrammes de KOH pour 1 gramme de cire. Pour rendre l'opération plus simple, ils prennent 3 grammes environ de cire, y ajoutent 100 centimètres cubes d'alcool et 5 centimètres cubes, par exemple, d'une solution aqueuse titrée de potasse. La saponification de la cire terminée, ils dosent l'alcali resté libre par une solution aqueuse titrée d'acide sulfurique au vingtième.

La teneur en acides libres et en acides combinés de la cire constitue deux données importantes particulières au produit. Cependant, les limites entre lesquelles peuvent osciller les résultats étant assez éloignées, il n'est pas toujours possible de conclure de ces deux déterminations à la pureté parfaite de la cire. Elle pourrait en effet renfermer environ 10 0/0 de matières étrangères et cependant donner des résultats compris dans les limites indiquées.

Pour rendre la méthode plus précise et plus générale, MM. A. et P. Buisine conseillent de doser en outre, dans l'échantillon de cire à examiner, les acides de la série oléique, les alcools et les carbures. La cire renferme ces principes en quantité à peu près constante. Ils ont décrit pour cela des procédés de dosage simples et pratiques, et établi, par l'étude de nombreux échantillons de différentes provenances, les limites entre lesquelles peuvent osciller les résultats de ces dosages [*Mon. scient. Quesneville*, 1890, 903 et 1126].

Dosage des acides non saturés de la série oléique et des carbures non saturés. — *Titre d'iode.* — La cire renferme une petite quantité d'acides de la série oléique et de carbures non saturés. Pour les doser en bloc et établir une nouvelle donnée particulière à la cire, MM. A. et P. Buisine appliquent aux cires la méthode de M. Hübl, qui consiste à déterminer la quantité d'iode que peut fixer le produit.

Le dosage se fait au moyen d'une liqueur titrée d'iode. Un poids donné de cire (1 ou 2 gr.) en solution dans le chloroforme est additionné d'un volume connu de cette liqueur employée en excès; après 2 heures de contact, on détermine, par une liqueur titrée d'hyposulfite de sodium, la quantité d'iode restée libre.

Les cires jaunes fixent de 8,2 à 11 0/0 d'iode, c'est-à-dire qu'elles renferment, calculé en acide oléique, de 9 à 12 0/0 environ d'acides non saturés. Mais il faut défalquer de ces nombres la quantité d'iode fixée par les carbures de la cire. On trouve ainsi qu'elle renferme 7,85 0/0 d'acides non saturés, calculés en acide oléique.

Dosage des alcools. — Pour doser les alcools contenus dans la cire sous forme d'éthers, MM. A. et P. Buisine appliquent aux cires la réaction des alcools découverte par Dumas et Stas, celle qu'ils donnent lorsqu'on les chauffe à une température modérée avec l'hydrate de potasse.

Dans ces conditions, ces alcools sont transformés en acides correspondants avec dégagement d'hydrogène ; le volume d'hydrogène recueilli constitue une nouvelle donnée particulière à la cire et permet de calculer la proportion d'alcool que renferme le produit.

Un poids donné de cire (de 2 à 10 grammes) est fondu dans une capsule de porcelaine et mélangé avec son poids de potasse caustique finement pulvérisée ; puis la masse est additionnée de 3 fois son poids de chaux potassée pulvérisée. Le mélange est introduit dans un petit matras ou dans un tube à essai, qu'on chauffe au bain de mercure à 250° pendant 2 heures. La réaction commence vers 180° et, après 2 heures de chauffe à 250°, le dégagement d'hydrogène est terminé.

Les auteurs font l'opération dans un appareil qui permet de recueillir et de mesurer direc-

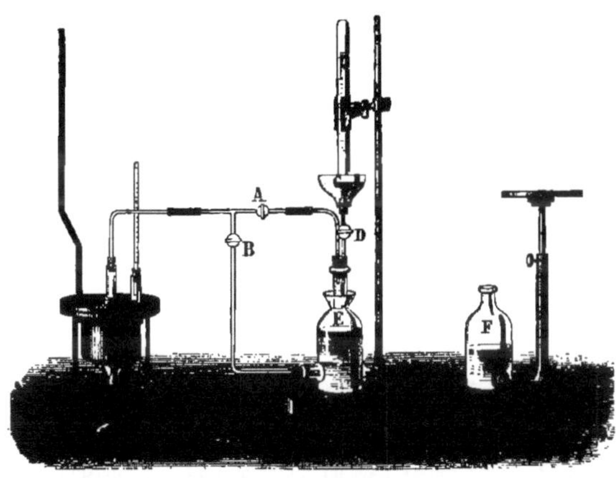

Fig. 122. — Appareil de MM. A. et P. Buisine pour le dosage des alcools dans la cire.

tement le gaz sans aucune correction concernant l'air contenu dans l'appareil [*Mon. scient. Quesneville*, 1890, 1126].

Le gaz est recueilli dans l'appareil imaginé par M. Dupré, ainsi modifié : Le tube de dégagement, fixé par un bouchon au col du matras, conduit le gaz à la partie supérieure du flacon récepteur E et aussi, par un tube soudé au premier, à la tubulure inférieure du même flacon. Ces deux tubes portent chacun un robinet A et B ; ils sont demi-capillaires et le matras est choisi de grandeur telle, qu'il soit à peu près rempli par le mélange ; il est bon, en effet, qu'il y ait le moins d'air possible dans l'appareil. Le tube rempli, l'appareil étant ainsi disposé et renfermant de l'air à la pression atmosphérique (la pression atmosphérique et la température de l'air extérieur étant connues), on ferme les deux robinets A et B et on fait arriver de l'eau dans le flacon récepteur, en soulevant l'autre flacon F, avec lequel il communique par la tubulure inférieure ; on le remplit ainsi complètement, en faisant sortir de l'eau par l'ajutage C, et on ferme le robinet D.

On abaisse alors le flacon F, on ouvre le robinet A et on chauffe le mercure. La réaction commence vers 180° ; le dégagement d'hydrogène se fait régulièrement ; on pousse la température jusqu'à 250°, où on la maintient pendant 2 heures.

Le gaz se rassemble à la partie supérieure du flacon récepteur.

Quand la réaction est en pleine marche, on ferme A et on ouvre B ; on suit ainsi le dégagement et on en constate facilement l'arrêt, indice certain de la fin de l'opération. A ce moment, on cesse de chauffer et on laisse refroidir l'appareil en fermant B et en ouvrant A. Quand la température est redevenue ce qu'elle était au début, on ferme A et on chasse le gaz dans un tube gradué, en soulevant le flacon F et ouvrant D. On note le volume et la température du gaz et on prend la pression atmosphérique.

On a ainsi exactement le volume du gaz dégagé dans la réaction. Il n'y a pas, en effet, à tenir compte de l'air restant dans l'appareil, son volume étant le même avant et après l'opération, si on a soin de laisser refroidir à la même température.

Le volume d'hydrogène obtenu, calculé à 0° et 760 millimètres, est assez constant pour les différents échantillons de cire des abeilles ; il varie de 53 centimètres cubes à 57^{cc},5 pour 1 gramme de cire. Ces résultats, calculés en alcool mélissique, correspondent à 52,5-56,5 de cet alcool pour 100 de cire.

Dosage des hydrocarbures. — Ce dosage peut se faire très facilement et très rapidement sur le produit de l'action de la potasse et de la chaux potassée sur la cire, c'est-à-dire sur le résidu de l'opération précédente. Dans cette opération en effet, tous les acides de la cire et les alcools eux-mêmes, transformés en acides, sont fixés à l'état de sels alcalins ; les carbures de la cire seuls restent libres. Pour les enlever, il suffit de traiter la masse résultant de cette réaction par un dissolvant approprié, l'éther ordinaire ou un éther de pétrole rectifié, à point d'ébullition assez bas.

On trouve dans la cire une quantité à peu près constante de carbures, de 12,5 à 14,5 0/0 [A. et P. Buisine. *loc. cit.*], dont le point de fusion varie de 49°,5 à 51° et qui fixent de 22 à 22,5 0/0 de leur poids d'iode.

La méthode précédente fournit un ensemble de données tout à fait particulières à la cire des abeilles et qui peut servir de base pour la recherche des falsifications dont elle est l'objet.

Voici les limites entre lesquelles oscillent les résultats de ces différentes déterminations. Ces nombres ont été établis par l'examen d'un grand nombre d'échantillons de cire d'abeilles de différentes provenances [A. et P. Buisine, *Bull. Soc. Chim.*, (3), 4, 465].

Chacune de ces déterminations, prise isolément, est souvent insuffisante pour établir la pureté du produit, car, étant données les limites entre lesquelles le résultat peut varier, il est quelquefois difficile de conclure avec certitude ; mais lorsque l'ensemble des déterminations fournit des résultats restant respectivement dans les limites indiquées, le doute n'est plus possible.

Si un ou plusieurs des nombres sont en dehors des limites fixées précédemment, c'est que le produit a été falsifié. La méthode permet alors d'établir la nature de la falsification et la proportion du ou des produits ajoutés frauduleusement.

	Point de fusion.	Acides libres en milligr. de KOH pour 1 gr. de cire.	Totalité des acides en milligr. de KOH pour 1 gr. de cire.	Iode fixé pour 100 de cire.	Volume d'hydrogène à 0° et 760ᵐᵐ fourni par 1 gr. de cire.	Carbures pour 100 de cire.
Cires jaunes pures......	63 à 64°	19 à 21	91 à 97	8 à 11	cent. cubes. 53 à 57,5	12,5 à 14,5

Pour cela, MM. A et P. Buisine ont étudié par la même méthode les produits qu'on emploie le plus souvent pour falsifier la cire. Ils ont déterminé ainsi les nombres particuliers à ces corps. Ces résultats sont résumés dans le tableau suivant :

Produits.	Point de fusion.	Acides libres en milligr. de KOH pour 1 gr. du produit.	Totalité des acides en milligr. de KOH pour 1 gr. du produit.	Iode fixé pour 100 du produit.	Volume d'hydrogène à 0° et 760ᵐᵐ fourni par 1 gr. du produit.	Hydrocarbures pour 100 du produit.
					cent. cubes.	
Cires du Japon.........	47 à 54°	18 à 26	216 à 222	6 à 7,55	69 à 71	»
— de Chine.........	53°,5	22	218	6,85	72,3	»
— végétales.........	47 à 54°	17 à 19	218 à 220	6,6 à 8,2	73 à 74	»
— de Carnaüba......	83 à 84°	4 à 6	79 à 82	7 à 9	73 à 76	1,6
— minérales.........	60 à 80°	»	»	0 à 0,6	»	100
Paraffines.............	38 à 74°	»	»	1,7 à 3,1	»	100
Cire du suint du mouton.	62 à 66°	95 à 115	102 à 119	13 à 18,5	»	14 à 18
Acides cireux du suint...	50 à 62°	155 à 185	159 à 189	2,6 à 2,8	»	»
Suif.............	42 à 50°,5	2,75 à 5	196 à 213	27 à 40	52 à 60	»
Acide stéarique.........	55°,5	204	209	4	»	»
Résine..............	»	168	178	135,6	35	»

Si on compare ces nombres à ceux fournis par les cires pures, on voit que l'addition de n'importe laquelle de ces substances modifie plus ou moins les résultats. Suivant le produit ajouté, du reste, les modifications sont différentes et on peut ainsi établir la nature de l'impureté.

1° Le point de fusion de la cire des abeilles s'abaisse si on y ajoute les cires végétales du Japon, de Chine, etc., certaines espèces de paraffines, de l'acide stéarique ou du suif. Il s'élève, au contraire, si on y ajoute de la cire de Carnaüba, certaines variétés de cires minérales. L'addition de certaines cires minérales, de cire du suint et de mélanges divers peut ne pas changer le point de fusion.

2° Les acides libres diminuent par l'addition de cire minérale, de paraffine, de suif et de cire de Carnaüba. Ils augmentent avec la cire du suint, les acides cireux du suint, la résine, l'acide stéarique. Ils restent sensiblement dans les limites admises avec les cires végétales, la cire de Chine, du Japon, etc.

3° La totalité des acides diminue fortement par l'addition de cire minérale, de paraffine et un peu avec la cire de Carnaüba. Ils augmentent légèrement avec la cire du suint et dans une forte proportion avec les acides cireux du suint, la résine, le suif, l'acide stéarique et les cires végétales.

4° Le titre d'iode diminue avec les cires minérales, les paraffines, les acides cireux du suint, l'acide stéarique et, dans une très faible proportion, avec les cires végétales. Il augmente avec la cire du suint, le suif et surtout la résine. Il reste dans les limites admises avec la cire de Carnaüba.

5° Le volume d'hydrogène dégagé par la potasse diminue avec les cires minérales, les paraffines, la cire et les acides cireux du suint, l'acide stéarique et la résine. Il augmente un peu avec les cires végétales et la cire de Carnaüba. Il reste dans les limites voulues avec le suif.

6° Les hydrocarbures diminuent dans presque tous les cas avec les cires végétales, les acides cireux du suint, le suif, l'acide stéarique, la résine et la cire de Carnaüba. Ils augmentent seulement avec les cires minérales et les paraffines. Ils restent dans les limites voulues avec la cire du suint; mais, dans ce cas, le produit a des propriétés toutes différentes de celles des hydrocarbures de la cire.

Dans certains cas, plusieurs résultats varient en même temps. Ainsi, par l'addition des cires minérales et des paraffines, tous les nombres diminuent, sauf celui représentant les hydrocarbures, qui s'élève plus ou moins suivant la proportion de produit ajouté.

L'acide stéarique et les produits du suint élèvent à la fois les acides libres et les acides combinés, diminuent le volume d'hydrogène dégagé par l'action de la chaux potassée, les hydrocarbures et même le titre d'iode.

La résine se comporte de même, mais élève le titre d'iode.

Le suif diminue les acides libres et les hydrocarbures; il augmente les acides combinés et le titre d'iode.

Les cires végétales augmentent surtout les acides combinés et diminuent les hydrocarbures.

La cire de Carnaüba est celle qui, par les résultats qu'elle fournit dans ces dosages, s'écarte le moins de la cire des abeilles; cependant les acides libres et les hydrocarbures diminuent un peu, et l'hydrogène dégagé par l'action de la chaux potassée augmente notablement; mais, dans ce cas, on a surtout comme critérium le point de fusion, qui s'élève considérablement.

On est mis ainsi, d'après les résultats obtenus, sur la voie de la fraude, et on a en même temps des indications suffisantes pour déterminer la nature du produit ajouté.

Une fois la nature de la falsification ainsi établie, il est facile, d'après les résultats obtenus, de trouver la proportion du ou des produits ajoutés.

On peut du reste, après coup, vérifier si le résultat auquel on arrive est exact : il suffit d'établir par le calcul la composition du mélange trouvé, en prenant comme base les nombres donnés plus haut, et de comparer ces nombres à ceux obtenus avec le produit analysé.

La même méthode est applicable aux cires d'abeilles blanchies.

D'après M. Buchner [*Mon. scient. Quesneville*, 1890, 494], la cire blanchie à l'air posséderait la même composition que la cire jaune, mais les nombres représentant les acides libres et les acides combinés des cires jaunes ne s'appliqueraient pas à la cire blanchie par les agents chimiques ; dans ce dernier cas, ces deux nombres seraient un peu plus élevés, en moyenne 23 milligrammes de potasse pour les acides libres et 98 milligrammes de potasse pour la totalité des acides,

M. H. Rottger [*ibid.*, 1890, 494] est arrivé à un résultat différent et, d'après lui, il n'y a pas lieu d'adopter pour les cires blanchies d'au-tres nombres que ceux des cires jaunes pures.

La composition des cires décolorées par les procédés chimiques est assez variable, suivant que l'oxydation a été poussée plus ou moins loin

Néanmoins, lorsque l'opération a été conduite avec ménagement, la composition des cires ainsi blanchies est la même que celle des cires blanchies à l'air.

Pour les cires blanchies, les limites entre lesquelles oscillent les résultats ne sont plus les mêmes. Elles varient avec le procédé employé et la façon dont il a été appliqué. Elles dépendent, en un mot, pour les cires blanchies seules à l'air ou par les agents chimiques, de la façon dont l'oxydation a été conduite, et pour les cires blanchies avec addition de suif elles dépendent en outre de la proportion de suif ajoutée.

Voici ces nombres [A. et P. Buisine, *Bull. Soc. Chim.*, (3), **4**, 465] :

Produits.	Point de fusion.	Acides libres en milligr. de KOH pour 1 gr. de cire.	Totalité des acides en milligr. de KOH pour 1 gr. de cire.	Iode fixé pour 100 de cire.	Volume d'hydrogène à 0° et 760ᵐᵐ fourni par 1 gr. de cire.	Hydrocarbures pour 100 de cire.
					cent. cubes.	
Cires jaunes pures blanchies par le noir animal.	63 à 64°	19 à 21	91 à 97	8 à 11	53 à 57,5	12,5 à 14,5
Cires jaunes pures blanchies à l'air.	63 à 64°	20 à 21	93 à 100	4 à 7	53 à 57,5	11 à 13
Cires jaunes pures blanchies avec addition de 3 à 5 0/0 de suif.	63 à 64°	21 à 23	105 à 115	6 à 7	53,5 à 57	11 à 12
Cires jaunes pures blanchies par les agents chimiques.	63 à 64°	20 à 24	98 à 108	1 à 6	53,5 à 56	11 à 13

Ces nombres ont été confirmés par M. G. Buchner [*Chem. Zeit.*, 1890, 1707].

Ils permettent d'établir, comme pour la cire jaune, si une cire blanche est pure et jusqu'à un certain point par quel procédé elle a été décolorée.

En résumé, d'après MM. A. et P. Buisine, voici la marche qu'il convient de suivre pour l'essai systématique de la cire des abeilles brute ou blanchie. Sur l'échantillon à analyser, on fait successivement les déterminations suivantes :

1° On dose l'humidité en séchant à l'étuve, à 100-110°, un poids donné de la matière. La perte de poids, c'est-à-dire la teneur en eau, ne doit pas dépasser 1 0/0.

2° On traite à chaud un poids connu par le chloroforme ou par l'essence de térébenthine et on filtre. La cire, qui est complètement soluble dans ces dissolvants, doit par conséquent se dissoudre sans résidu. S'il en était autrement, on étudierait par les méthodes connues la nature du résidu recueilli sur le filtre. On trouve ainsi les poudres minérales ou organiques ajoutées frauduleusement à la cire.

3° On prend le point de fusion et la densité de l'échantillon. Si on a affaire à de la cire pure des abeilles, ces deux déterminations doivent donner des nombres qui sont dans les limites indiquées plus haut.

Ces essais préliminaires peuvent déjà faire connaître certaines falsifications grossières ; mais si les résultats n'indiquent rien d'anormal et sont conformes à ceux fournis par la cire des abeilles pure, on continue de la façon suivante :

4° On lave à l'eau bouillante, à plusieurs reprises, 20 grammes environ de la cire à essayer ; on filtre les eaux de lavage et on y ajoute un excès d'alcali.

Cet essai permet de déceler la présence des matières colorantes qui ont pu être employées à colorer artificiellement le produit.

Les principes colorants du curcuma, de la gomme-gutte et du rocou, dont on se sert quelquefois à cet effet, sont solubles dans l'eau, et leur solution, jaune pâle en liqueur acide ou neutre, a la propriété de virer au rouge par l'addition d'un excès d'alcali. On reconnaît ainsi la présence de ces colorants dans les cires falsifiées.

5° Sur le produit lavé, puis séché, on fait successivement les déterminations suivantes :

Le dosage des acides libres ;

Le dosage de la totalité des acides ;

Le dosage des acides non saturés ; le titre d'iode ;

La détermination du volume d'hydrogène dégagé par l'action de la chaux potassée ;

Le dosage des hydrocarbures.

Si on a affaire à de la cire d'abeilles pure les résultats de ces dosages restent dans les limites fixées plus haut pour chacun d'eux. Dans le cas contraire, c'est-à-dire si un ou plusieurs des nombres sont en dehors des limites, c'est que le produit a été falsifié, et des résultats obtenus on peut toujours déduire la nature des produits ajoutés et, avec une approximation très grande, la proportion suivant laquelle ils entrent dans le mélange.

CIRE DU JAPON.

Il nous arrive en grande quantité de ce pays une substance cireuse, blanche ou légèrement jaunâtre, qui est vendue sous le nom de *cire du Japon*. Elle est produite par certains arbres de la famille des Anacardiées, qui la fournissent en abondance. L'exploitation de l'arbre à cire est la principale industrie de l'île Kiousiou.

Elle est purifiée et blanchie dans la province de Hisen et nous arrive par Osaka.

Elle fond de 42 à 54°. Sa densité est un peu plus élevée que celle du suif ; elle est de 1,002 à 1,006 pour la cire brute, et de 0,970 à 0,980 pour la cire blanchie.

La cire du Japon est un mélange de glycérides neutres d'acides gras, principalement de l'acide palmitique et d'autres acides voisins, notamment l'acide stéarique et l'acide arachidique, avec une petite quantité d'acides huileux [*Arch. d. Pharm.*, **209**, 403]. Elle se rapproche donc beaucoup de l'huile de palme, et c'est plutôt un suif qu'une cire; aussi la désigne-t-on quelquefois sous le nom de suif du Japon.

MM. Benedikt et Zsigmondy ont trouvé dans la cire du Japon de 10,3 à 11,2 0/0 de glycérine [*Jahresb. d. chemisch. Technol.*, 1885, 1103].

Elle est peu soluble dans l'alcool froid, complètement soluble dans l'alcool bouillant, et se dépose par refroidissement sous la forme de grains cristallins; elle est peu soluble dans l'éther froid, mais très soluble dans le chloroforme, le benzène, l'éther de pétrole, etc. La cire du Japon est très facilement saponifiée par la potasse alcoolique, et le savon est complètement dissous à chaud ou à froid.

La cire du Japon ne contient pas d'hydrocarbures. M. Hübl [*Dingler's*, **249**, 338] a trouvé pour les acides libres de 15 à 24 milligrammes de KOH, et pour la totalité des acides 220 milligrammes de KOH pour 1 gramme de cire.

M. E. Valenta [*Jahresb. d. chemisch. Technol.*, 1884, 1172] donne comme titre d'iode 4,2 pour 100 de cire.

MM. A. et P. Buisine ont déterminé les nombres que donne cette cire par la méthode qu'ils ont appliquée à la cire des abeilles. On trouvera plus haut ces nombres.

La cire du Japon, comme toutes les cires végétales du reste, renferme une quantité notable d'acides solubles dans l'eau

CIRE DE CHINE

La cire végétale de Chine, qu'il ne faut pas confondre avec une cire d'insectes qui nous vient du même pays, ressemble beaucoup à la cire du Japon par sa composition et ses propriétés. Elle est récoltée, du reste, sur des végétaux de la même famille. Son point de fusion est cependant un peu plus élevé; elle est d'un blanc mat et plus cassante encore que la cire du Japon.

Les nombres particuliers à cette cire ont été établis par MM. A. et P. Buisine (voir plus haut).

CIRE DE BORNÉO.

La cire de Bornéo est extraite d'une espèce de Sophora.

C'est une belle matière grasse, d'un blanc jaunâtre, à odeur aromatique spéciale, d'une texture cristalline; elle se casse facilement et tombe en poussière. Elle a plutôt les propriétés d'un suif que celles d'une cire. Elle fond à basse température, et, une fois fondue, elle reste facilement en surfusion. Elle n'est soluble qu'en partie dans l'alcool bouillant : la solution laisse déposer par le refroidissement des aiguilles cristallines; elle est entièrement soluble dans le chloroforme.

Elle est facilement saponifiée par la potasse alcoolique et les produits sont complètement solubles à chaud; à froid la solution laisse déposer des aiguilles cristallines.

On ne sait rien sur la composition de cette cire; elle paraît cependant se rapprocher de celle des suifs.

Voici les nombres qu'elle fournit aux dosages indiqués précédemment (A. et P. Buisine).

	Point de fusion.	Acides solubles dans l'eau eu milligr. de KOH pour 1 gr. de cire	Acides libres en milligr. de KOH pour 1 gr. de cire.	Totalité des acides en milligr. de KOH pour 1 gr. de cire.	Iode fixé pour 100 de cire.	Volume d'hydrogène à 0° et 760^{mm} fourni par 1 gr. de cire.	Hydro-carbures pour 100 de cire.
Cire de Bornéo.....	35°	0	20	198	30,92	60^{cc},3	»

CIRE DE CARNAUB

(voyez Dict., **2**. 326). — Les recherches de MM. Berard [*Bull. Soc. Chim.*, (2), **9**, 41], Story Maskelyne [*Chem. Soc.*, **7**, 87] et von Pieverling [*Ann. Chem.*, **183**, 344] ont montré que la cire de Carnaüba est principalement formée de cérotate de myricyle. M. Bérard y admet en outre l'existence de l'acide cérotique libre, tandis que M. Story Maskelyne dit y avoir rencontré 30 0/0 d'alcool mélissique libre, opinion que ne partage pas M. von Pieverling.

M. Sturcke [*Ann. Chem.*, **223**, 283] a étudié une cire de Carnaüba fondant à 83-83°,5. Il épuise d'abord la cire par l'alcool bouillant, qui laisse un résidu insoluble abondant. Les deux portions ainsi obtenues sont saponifiées séparément par la soude alcoolique; on chasse l'alcool, on reprend le résidu par l'eau et on précipite la liqueur par le sel marin. Les précipités sont recueillis, séchés et épuisés méthodiquement par l'éther de pétrole bouillant à 110°, en fractionnant les produits. On enlève ainsi la partie non acide de la cire (alcool mélissique, etc.), et comme on en sépare une plus forte quantité des portions les plus solubles dans l'alcool, il en résulte que la cire de Carnaüba renferme, comme l'avait trouvé M. Story Maskelyne, de l'alcool mélis-

sique libre, beaucoup plus soluble dans l'alcool que le cérotate de myristyle.

L'épuisement par l'éther de pétrole fournit des produits qui fondent de 82 à 99°.

Après avoir soumis ces diverses fractions à une série de dissolutions et de cristallisations fractionnées, on a obtenu une petite quantité d'un carbure fusible à 59°, puis une petite quantité d'un alcool $C^{27}H^{56}O$, fusible à 76°.

L'alcool mélissique est de beaucoup le plus abondant; il fond à 85°,5. Sa formule $C^{30}H^{62}O$ a été confirmée par la méthode de M. Hell, par l'action de la chaux sodée qui fournit l'acide mélissique fusible à 90° [*Ann. Chem.*, **223**, 269].

Les portions les moins fusibles de l'extrait éthéré ont fourni, après quelques cristallisations dans le pétrole et dans un mélange de benzène et d'éther, une poudre cristalline, fusible à 103.c-103°,8 et qui répond à la formule $C^{25}H^{52}O^2$. C'est un alcool diatomique; il donne par l'action de la chaux sodée un acide bibasique $C^{25}H^{48}O^4$, fusible à 102°.

Les acides de la cire de Carnaüba furent séparés en décomposant le savon de soude par l'acide chlorhydrique, et soumis à une extraction fractionnée par l'éther de pétrole; les fractions successives fondaient de 72 à 86°.

L'acide le plus fusible (72°,5) a pour formule

$C^{23}H^{47}.CO^2H$; il constitue un isomère de l'acide lignocérique.

L'acide le plus abondant est l'acide cérotique, $C^{26}H^{53}.CO^2H$, ou peut-être un isomère.

La portion la moins fusible (103°,5) constitue la lactone

$$C^{19}H^{38} \Big\langle {}^{CH^2}_{CO} \Big\rangle O$$

d'un oxyacide

$$C^{19}H^{38} \Big\langle {}^{CH^2OH}_{CO^2H}$$

L'action de la chaux sodée sur ce corps fournit une quantité d'hydrogène qui confirme cette formule, en même temps qu'un acide bibasique $C^{19}H^{38}(CO^2H)^2$, fusible à 90°.

Les nombres que donne la cire de Carnaüba traitée par la méthode de MM. A. et P. Buisine ont été indiqués plus haut.

MATIÈRES CIREUSES EXTRAITES DES PLANTES.

On a décrit un certain nombre de matières grasses, se rapprochant des cires, extraites de divers végétaux.

M. J. Kœnig [*D. chem. G.*, **3**, 566] a constaté la présence de la cire végétale, non seulement dans la paille des céréales, mais aussi dans celle des pois, dans le foin et dans le trèfle.

M. Radziszewski [*D. chem. G.*, **2**, 637] a décrit une cire qu'il a recueillie dans une fabrique de papier et qui provenait de la paille de céréales.

M. O. Hesse [*D. chem. G.*, **3**, 637] a décrit une cire qui recouvre les pavots après la floraison : elle se retrouve en partie dans l'opium et reste comme résidu lorsqu'on épuise celui-ci par l'eau bouillante. Le chloroforme bouillant la sépare en deux parties. La partie soluble serait un mélange de cérotate et de palmitate de céryle.

CIRES MINÉRALES ; CIRES FOSSILES.

Voyez OZOCÉRITE, OZOKÉRITE, PARAFFINES.

CIRE DES COCHENILLES.

Les cochenilles renferment une matière grasse déjà signalée par M. Sestini [*Bull. Soc. Chim.*, (2), **7**, 482] et par Pelletier et Cavenlou [*Ann. Chim. Phys.*, **8**, 272].

M. Liebermann [*D. chem. G.*, **18**, 1975] en a isolé une matière cireuse, à laquelle il donne le nom de *coccérine*. Les différentes variétés de cochenilles en renferment de 1 à 4,2 0/0 ; cette matière cireuse est accompagnée de myristine et d'une huile grasse.

Pour obtenir la coccérine, on épuise la cochenille par le benzène et on purifie le produit par cristallisation dans l'acide acétique cristallisable. La coccérine cristallise en minces feuillets et fond à 106°. La potasse alcoolique ne la saponifie que très lentement et la dédouble en *acide coccérylique*, $C^{31}H^{62}O^3$, et en un alcool diatomique, l'*alcool coccérylique*, $C^{30}H^{62}O^2$.

CIRE DE GOMME LAQUE.

MM. R. Benedikt et F. Ulzer [*Mon. f. Chem.*, **9**, 579] ont étudié la cire de gomme laque ; leurs recherches ont porté sur la cire préparée par eux-mêmes au moyen du produit industriel et sur une cire industrielle. Les résultats n'ont pas été les mêmes dans les deux cas.

On obtient cette cire en faisant bouillir la gomme avec une lessive faible de carbonate de sodium ; elle se sépare et vient surnager. Elle fond à 59-60°. A l'analyse, elle donne les alcools cérylique, $C^{27}H^{56}O$, et myricique, $C^{30}H^{62}O$, et les acides stéarique, palmitique et oléique.

Le produit industriel est une masse dure, cassante, d'un brun rougeâtre ; il renferme de l'alcool cérylique, de l'alcool myricique, des traces d'acides libres et une substance qui paraît être de la colophane.

CIRE DU SUINT DE MOUTON.

La graisse du suint de mouton, qu'on obtient en grande quantité dans le lavage des laines, est d'une nature toute particulière. Elle ne renferme pas de glycérine ; elle est composée principalement d'éthers neutres formés par la combinaison d'acides gras avec des alcools solides insolubles dans l'eau. Elle rappelle en un mot, par sa composition, les cires, le blanc de baleine, etc.

Comme acides gras, la graisse du suint renferme les acides palmitique, stéarique, oléique, et, ainsi que l'a montré M. A. Buisine [*Bull. Soc. Chim.*, (2), **42**, 201], une quantité importante d'acides gras cireux, notamment l'acide cérotique à l'état de cérotate de céryle.

Les alcools que renferme le produit sont la cholestérine, l'isocholestérine et des alcools de la série grasse, parmi lesquels les alcools des cires, entre autres l'alcool cérylique.

Par des traitements industriels, distillation dans la vapeur d'eau surchauffée, cristallisation, pression, on extrait de cette graisse des principes cireux qui peuvent être employés comme cire ou du moins être mélangés à la cire des abeilles, dont ils possèdent la plupart des propriétés.

Par d'autres procédés de traitement, on peut extraire de la graisse du suint les acides gras cireux qu'elle renferme.

Pour les données quantitatives particulières à ces produits, voir le tableau donné plus haut.

A. et P. Buisine.

CIRROLITE (Min.) (Blomstrand). — Voyez CIRCOLITHE, orthographe erronée, Suppl., **1**, 503.

CITRACOFLUORESCÉINE. — En chauffant au bain-marie un mélange d'anhydride citraconique (10 grammes), de résorcine (20 grammes) et d'acide sulfurique (5 grammes), M. J. Hewitt [*Chem. Soc.*, **59**, 301 ; *Bull. Soc. Chim.*, (3), **8**, 996] a obtenu une masse de couleur rouge foncé qui, par des lavages à l'eau froide, laisse un résidu insoluble de citracofluorescéine,

$$C^{17}H^{12}O^5, 4H^2O.$$

Ce corps est très soluble dans l'alcool et dans l'acide acétique, peu soluble dans l'eau, le benzène, l'éther et le toluène. Sa solution aqueuse est colorée en jaune brun et présente une magnifique fluorescence verte. Sa solution dans les alcalis est rouge-pourpre, avec fluorescence vert foncé. La poudre de zinc décolore la solution alcaline ; la coloration reparaît par l'action des oxydants faibles, tels que le ferricyanure de potassium.

La citracofluorescéine fond à 70-75° ; elle perd 2 molécules d'eau à 109° et paraît se décomposer à 110°.

Sel de calcium, $C^{17}H^{10}O^5Ca, 8H^2O$. — Amas cristallins sphériques, obtenus en faisant bouillir la citracofluorescéine avec de l'eau et du carbonate de calcium.

Sel d'argent. — Précipité floconneux, jaune, instable, obtenu par double décomposition avec le précédent.

Sel de plomb, $C^{17}H^{10}O^5Pb$. — Précipité floconneux orangé. En faisant la préparation en présence d'une petite quantité d'acide acétique, on obtient un *sel acide* $(C^{17}H^{11}O^5)^2Pb$.

CITRACONIQUE (ACIDE), $C^5H^6O^4$. — D'après M. Wislicenus, l'acide citraconique serait un isomère géométrique de l'acide mésaconique, le premier étant

$$CH^3 \diagdown C = C \diagup H$$
$$CO^2H \diagup \quad \diagdown CO^2H$$

et le second

$$CO^2H \diagdown C = C \diagup H$$
$$CH^3 \diagup \quad \diagdown CO^2H$$

On s'expliquerait ainsi la plus grande tendance de l'acide citraconique à donner un anhydride [*Bull. Soc. Chim.*, (2), **49**, 460] (voyez Dict., **2**, 1260; voyez aussi Bischoff, *Bull. Soc. Chim.*, (3), **8**, 87).

Rappelons que les acides citraconique et mésaconique n'ont qu'un seul et même anhydride; que l'anhydride citraconique traité par le perchlorure de phosphore donne le chlorure de l'acide mésaconique, ou tout au moins que les chlorures obtenus donnent, par hydratation, l'acide mésaconique; enfin que la fixation d'acide bromhydrique sur les deux acides donne le même produit d'addition, tandis que la fixation de 2 atomes de brome fournit deux acides différents, l'acide citra- et l'acide mésadibromopyrotartrique (voyez Suppl., **2**, ACIDE PYROTARTRIQUE).

La *synthèse* simultanée de l'acide citraconique et de l'acide mésaconique a été réalisée par M. C. A. Bischoff [*D. chem. G.*, **23**, 1930; *Bull. Soc. Chim.*, (3), **5**, 781] :

On fait passer un courant de chlore dans l'éther propane-tricarbonique

$$CO^2C^2H^5$$
$$|$$
$$CH - CO^2C^3H^5$$
$$|$$
$$CH^3 - CH - CO^2C^3H^5$$

en élevant progressivement la température jusqu'à 200°. On obtient ainsi le *monochloro-propane-tricarbonate d'éthyle*, qui, saponifié et évaporé, donne, par perte d'acides carbonique et chlorhydrique, un mélange d'acides mésaconique et citraconique, qu'on sépare par des cristallisations fractionnées.

D'autre part, l'acide bromopyrotartrique fusible à 202-204°, chauffé à 210°, donne de l'anhydride citraconique [Bischoff, *D. chem. G.*, **23**, 1924; *Bull. Soc. Chim.*, (3), **5**, 779].

Thermochimie. — La chaleur de neutralisation est pour la première basicité $+ 13^{cal}$,765, et pour la seconde, 13^{cal},258 [Gal et Werner, *Bull. Soc. Chim.*, (2), **47**, 159].

Pouvoir rotatoire. — Dédoublé par les moisissures, l'acide citraconique donne des produits qui présentent un fort pouvoir rotatoire [Le Bel, *Bull. Soc. Chim.*, (3), **7**, 164].

ÉTHERS. — Le *citraconate de méthyle*,

$$C^5H^4O^4(CH^3)^2,$$

se prépare en faisant passer un courant de gaz chlorhydrique dans une solution méthylique d'acide citraconique, épuisant le produit à l'éther et lavant à la soude.

C'est une huile incolore, bouillant à 212°, soluble dans 35 parties d'eau. Son odeur est aromatique. Sa saveur rappelle l'anis. Sa densité à 15° est 1,1168; son pouvoir rotatoire magnétique à 24° pour les rayons jaunes = 1,063.

Cet éther est identique à celui qu'on obtient par l'action de l'iodure de méthyle sur le sel d'argent.

L'*acide éthylcitraconique* est peu soluble dans l'eau froide; il fond vers 95° et se décompose déjà lentement vers 70° en anhydride et en eau. Chauffé en solution aqueuse à 150°, il donne l'acide éthylitaconique. La solution aqueuse, évaporée en présence d'acide azotique, ne fournit comme résidu que de l'acide éthylmésaconique.

De même la solution chloroformique, traitée par le brome, précipite des cristaux d'acide éthylmésaconique pur [Fittig et Glaser, *D. chem. G.*, **24**, 82; *Bull. Soc. Chim.*, (3), **8**, 83].

L'*éther éthylique*, $C^5H^4O^4(C^2H^5)^2$, est un liquide ayant une densité de 1,038 à 15°, bouillant à 231°,75. Pouvoir rotatoire magnétique = 1,120 à 24° [W.-H. Perkin, *D. chem. G.*, **14**, 2540; *Bull. Soc. Chim.*, (2), **37**, 215. — Petri, *Bull. Soc. Chim.*, (2), **37**, 59. — Anschütz, *D. chem. G.*, **14**, 2785].

L'éther éthylique, chauffé au bain-marie, en présence d'alcool, avec de l'acétylacétate d'éthyle sodé, donne deux composés, l'un neutre, liquide, bouillant à 173-174° sous 26 millimètres, ayant pour formule $C^{15}H^{24}O^7$; l'autre, soluble dans le carbonate de sodium, précipitable par les acides, bouillant à 182-186° sous 25 millimètres, non analysé [Michael, *J. prakt Chem.*, (2), **25**, 349].

L'éther citraconique, traité par le brome en solution éthérée, donne l'éther citradibromopyrotartrique, bouillant à 164° sous 22 millimètres, que le zinc transforme, en présence d'éther, en éther mésaconique [Michael et Schulthess, *J. prakt. Chem.*, (2), **43**, 587; *Bull. Soc. Chim.*, (3), **6**, 741].

CHLORURE DE CITRACONYLE, $C^5H^4O^2Cl^2$. — M. Petri, en traitant l'anhydride citraconique par le perchlorure de phosphore, a obtenu surtout du chlorure de mésaconyle et un peu d'un chlorure semblant bouillir à 83° sous 17 millimètres et paraissant être le chlorure de citraconyle [*Bull. Soc. Chim.*, (2), **37**, 59].

M. O. Strecker prépare ce corps en faisant agir le perchlorure de phosphore sur l'acide citraconique [*D. chem. G.*, **15**, 1639; *Bull. Soc. Chim.*, (2), **39**, 41].

C'est un liquide incolore, provoquant le larmoiement, bouillant à 95° sous 17^{mm},5; sa densité à 16° est 1,408.

ANHYDRIDE CITRACONIQUE, $C^5H^4O^3$. — Dans la préparation de ce corps au moyen de l'acide citrique, on peut le séparer de l'anhydride itaconique formé en même temps, en refroidissant fortement le produit de la distillation. L'anhydride itaconique cristallise et l'anhydride citraconique reste en surfusion.

Ce corps fond à 7° et bout à 213°. Sous 43 millimètres, il bout à 122° [Anschütz, *D. chem. G.*, **13**, 1542; **14**, 2784; *Bull. Soc. Chim.*, (2), **37**, 407].

Chauffé au bain-marie pendant une demi-heure, avec 2 parties de résorcine et 0^{gr},5 d'acide sulfurique, l'anhydride citraconique fournit une masse vitreuse, rouge, soluble dans l'alcool, insoluble dans l'eau, et renfermant

$$C^{17}H^{12}O^5, 4H^2O.$$

Ce composé, appelé *citracofluorescéine* (voyez p. 1212), se dissout dans les alcalis en donnant une liqueur pourpre à fluorescence verte. Cette solution se décolore par les réducteurs (copeaux de zinc) pour reprendre sa coloration par les oxydants (ferricyanure de potassium). La citracofluorescéine fournit avec les sels de calcium, de plomb et d'argent des dérivés amorphes [Hewitt, *Chem. Soc.*, **59**, 301; *D. chem. G.*, **24**, *Ref.*, 763].

AMIDE, $C^5H^4O^2(AzH^2)^2$. — On traite à froid l'éther méthylique par l'ammoniaque aqueuse saturée à 0°.

Ce sont des lamelles incolores, d'aspect vitreux, devenant peu à peu ternes et opaques. Ce corps brunit à 184° et se décompose quelques degrés plus haut en ammoniaque et imide.

Il est assez soluble dans l'eau, peu soluble dans l'alcool, insoluble dans l'éther.

L'eau bouillante en sépare lentement de l'ammoniaque [Strecker, *loc. cit.*].

Imide, $C^5H^4O^2 = AzH$. — L'imide décrite Dict., **1**, 929 n'était pas pure. C'était une résine. MM. Ciamician et Dennstedt ont repris cette étude. Ils ont préparé cette résine par le même procédé, puis l'ont distillée à feu nu. On obtient, au-dessus de 180°, une huile jaune qui se solidifie par le refroidissement. Vers la fin, il passe une huile brune donnant la réaction du pyrrol.

On purifie l'huile concrétée en absorbant les parties liquides dans du papier à filtre, puis on fait recristalliser dans l'eau bouillante. On obtient ainsi de magnifiques aiguilles incolores, fondant à 109-110°, sublimables, peu solubles dans l'eau froide, dans l'alcool ou dans l'éther.

La réaction de cette imide est neutre.

L'ammoniaque la transforme à chaud en *acide citraconamique*, $C^3H^4(COAzH^2)(CO^2H)$.

Une dissolution d'azotate d'argent ammoniacal forme un *composé argentique* $C^5H^4O^2 = AzAg$, peu soluble dans l'eau [*Gazz. chim. ital.*, **12**, 500; *Bull. Soc. Chim.*, (2), **39**, 454].

Monobromocitraconimide,

$$C^3H^3Br \overset{CO}{\underset{CO}{<\;>}} AzH.$$

— Ce corps s'obtient en chauffant en vase clos à 140-150° 1 molécule d'imide pyrotartrique avec 2 molécules de brome, ou 1 molécule de citraconimide avec 1 molécule de brome. On dissout dans l'alcool, on concentre, on ajoute de l'eau jusqu'à trouble permanent. Par le refroidissement, il se dépose des cristaux qu'on purifie par des cristallisations répétées dans l'eau et dans l'alcool, puis par sublimation.

Ce corps fond à 179-182°. Il est insoluble dans l'eau froide, soluble dans l'eau et dans l'alcool bouillants.

Il donne un *dérivé argentique*,

$$C^5H^3BrO^2 = AzAg.$$

Si, dans la préparation précédente, on emploie 3 molécules de brome au lieu de 2, on obtient la *citraconimide dibromée*,

$$C^3H^2Br^2 \overset{CO}{\underset{CO}{<\;>}} AzH,$$

en lamelles légères, fondant à 142-144°, sublimables, plus solubles que le dérivé précédent. Ce corps donne également un *dérivé argentique* [Mendini, *Gazz. chim. ital.*, **15**, 182; *Bull. Soc. Chim.*, (2), **47**, 59].

Combinaisons avec l'aniline. — *Acide citraconanilique*,

$$C^3H^4 \overset{CO.AzH.C^6H^5}{\underset{CO^2H}{<}}$$

(voyez Dict., **1**, 929). — L'acide citraconique et l'aniline se combinent au bout de quelques jours pour donner ce composé.

Il est en prismes rhombiques, fondant à 175°, à peine solubles dans l'eau froide.

Les sels de cet acide, chauffés en solution aqueuse, se décomposent en sel acide et aniline libre.

L'acide bromocitraconique donne un acide analogue, en aiguilles prismatiques, fondant à 145° [Michael et Palmer, *D. chem. G.*, **19**, 1373].

Citraconanilide, $C^5H^4O^2(AzH.C^6H^5)^2$. — On mélange peu à peu deux solutions éthérées de chlorure de citraconyle et d'aniline. Il se produit un précipité d'anilide et de chlorhydrate d'aniline qu'on sépare par l'eau.

L'anilide cristallise dans l'alcool en longues aiguilles soyeuses, fondant à 175°,5, très solubles

dans l'alcool et dans l'éther, peu solubles dans l'eau bouillante.

Chauffée à 180°, cette anilide se décompose en aniline et citraconanile [O. Strecker, *loc. cit.*].

Citraconanile (phénylimide citraconique), $C^5H^4O^2 = AzC^6H^5$. — Ce corps s'obtient en chauffant à 100° de l'aniline avec l'acide ou l'anhydride citraconique. Il fond à 98° (Michael et Palmer) et bout à 171-172° sous une pression de 12 millimètres [Anschütz et Reuter, *D. chem. G.*, **22**, *Ref.*, 611].

M. Anschütz a établi l'identité du citraconanile avec la lactone pyranilpyroïque (voyez ce mot) [Anschütz, *D. chem. G.*, **21**, 3252; **22**, 731, 2286; **23**, 887 et 2979. — Reissert, **21**, 1362; *Bull. Soc. Chim.*, (2), **50**, 468, 648; (3), **1**, 445; **4**, 314, 776; **5**, 347, **6**, 946; **8**, 47].

Le citraconanile, en suspension dans 50 fois son poids d'eau, traité par un courant de chlore, donne une masse visqueuse qui cristallise dans l'alcool bouillant en longues aiguilles brillantes fondant à 114°,5, répondant à la formule

$$C^{11}H^8ClAzO^2.$$

Chauffé avec l'ammoniaque, ce composé donne la p-chloraniline et l'acide citraconique; c'est donc le *citracone-p-chloranile*.

Un mélange de citraconanile et d'eau, traité par 1 molécule de brome, donne un produit fondant à 118° qui paraît être le citraconanile monobromé, mais qui n'a pas été étudié.

Si on a employé une quantité double de brome, on obtient un composé solide, $C^{11}H^7Br^2AzO^2$, qui cristallise dans l'alcool en aiguilles blanches et brillantes, fondant à 178°. Chauffé avec de l'ammoniaque, ce corps fournit de la p-bromaniline, et un acide cristallisable, $C^7H^9BrO^4$, paraissant bibasique, donnant des sels de plomb et d'argent cristallisables [Morawski et Klaudy, *Mon. f. Chem.*, **8**, 399; *Bull. Soc. Chim.*, (2), **49**, 139].

Combinaisons avec la naphtylamine. — Le *citraconate d'α-naphtylamine*,

$$C^5H^6O^4 . C^{10}H^7 . AzH^2,$$

s'obtient en abandonnant à l'évaporation un mélange de dissolutions benzéniques des deux constituants.

Ce sel est en aiguilles incolores, fondant à 99°.

On prépare le sel de β-naphtylamine en employant l'alcool comme dissolvant.

On a des aiguilles brillantes, fondant à 173-174°.

Citracone-naphtiles (naphtylimides citraconiques). — Le *citracone-α-naphtile*,

$$C^5H^4O^2 = AzC^{10}H^7,$$

s'obtient en fondant un mélange des deux constituants en proportions moléculaires. On fait cristalliser dans l'alcool.

On obtient des lamelles jaunes, orthorhombiques, fondant à 142-143°; ce corps bout sans décomposition sensible au-dessus de 360°.

Le *citracone-β-naphtile*, obtenu par le même procédé, est en fines aiguilles presque blanches, fondant à 110°.

Le *bromocitracone-α-bromonaphtile*,

$$C^5H^3BrO^2 = AzC^{10}H^6Br,$$

se produit par l'action de 2 molécules de brome sur une solution acétique de citracone-α-naphtile, à la température ordinaire. On précipite par l'eau au bout de 24 heures, et on purifie le produit par cristallisation dans l'acétone.

Ce sont des aiguilles jaunâtres, fondant à 199°, clinorhombiques. La potasse concentrée bouillante décompose ce corps avec formation d'α-bromonaphtylamine, fusible à 102°.

Le *bromocitracone-β-bromonaphtile* cristallise en petites aiguilles jaunes, fondant à 181°.

Avec la potasse, on obtient la bromo-β-naphtylamine fondant à 75-79° [Morawski et Gläser, *Mon. f. Chem.*, **9**, 284; *Bull. Soc. Chim.*, (2), **50** 422].

COMBINAISON AVEC LA SULFO-URÉE. — Voyez Dict., **3**, 134.

DÉRIVÉS BROMÉS. — *Produits d'addition.* — L'acide citraconique et l'acide mésaconique, traités par l'acide bromhydrique, donnent le même acide bromopyrotartrique. Le brome agit diffé·remment sur les deux acides.

Sur l'acide citraconique il agit à froid, et le produit d'addition (acide citradibromopyrotartrique) fond à 150°. L'acide mésadibromopyrotartrique ne se forme qu'à partir de 60° et fond à 204° [Kriesemark et Fittig, *Ann. Chem.*, **206**, 1; *Bull. Soc. Chim.*, (2), **35**, 367] (voyez ACIDE PYROTARTRIQUE).

Produits de substitution. — Voyez ANHYDRIDE CITRACONIQUE, Dict., **1**. 929.

Si on traite à froid et en solution très étendue l'acide citradibromopyrotartrique par de l'oxyde d'argent humide et récemment préparé, on voit se déposer immédiatement du bromure d'argent; mais la moitié du brome seulement est éliminée. Tant que cette limite n'est pas atteinte, il n'entre pas trace d'argent en dissolution. Comme il faut employer un léger excès d'oxyde pour que l'action soit complète, on ajoute quelques gouttes d'acide chlorhydrique. On filtre, et on obtient par évaporation un liquide sirupeux qui est l'acide *bromocitraconique* $C^5H^5BrO^4$ de M. Kekulé.

Le *bromocitraconate d'argent* jaunit rapide·ment.

Le *sel de potassium* de l'acide bromocitraconique et cet acide lui-même perdent, par éva·poration de leur solution, les éléments de l'acide bromhydrique et donnent un acide $C^5H^4O^4$, liquide sirupeux, incristallisable [Bourgeois, *Bull. Soc. Chim.*, (2), **31**, 251; **32**, 388].

ACTION DE L'ACIDE AZOTIQUE *sur l'acide citraconique.* — L'étude de l'*eulyte* de Baup (Dict., **1**, 927) a été reprise par M. A. Angeli [*D. chem. G.*, **24**, 1303; *Bull. Soc. Chim.*, (3), **6**, 438]. On sait que ce corps s'obtient en faisant réagir l'acide azotique concentré sur l'acide citraconique à une douce chaleur.

L'eulyte est très stable. Elle n'est attaquée par les acides chlorhydrique et sulfurique concentrés qu'à une haute température. Mais les alcalis réagissent sur elle à froid avec formation de nitrites; la solution alcaline ainsi obtenue, chauffée avec de l'iode, fournit de l'iodoforme.

L'hydroxylamine, la phénylhydrazine, le chlorure de benzoyle, l'anhydride acétique sont sans action.

Distillée sur un mélange de bisulfate de potassium et de pierre ponce, l'eulyte donne une huile jaune qui cède à l'acide acétique à 50 0/0 une dicétone formant avec la phénylhydrazine une dihydrazone fusible à 110° et renfermant

$$C^{18}H^{18}Az^6O^4.$$

On doit opérer sur quelques décigrammes de matière seulement pour éviter les explosions.

Cette dicétone ne se combine pas à l'o-phénylène-diamine.

D'après ces réactions, l'eulyte serait formée par la combinaison de 2 molécules d'acide citraconique avec perte de CO^2, oxydation et fixation d'acide azoteux. Sa formule serait

$$(CH^3)^3C(OAzO^2)-C(AzOH)-CO-CH^3.$$

ACIDE OXYCITRACONIQUE. — Voyez Suppl., **1**, 504.

D'après MM. Melikoff et Feldmann [*Ann. Chem.*, **253**, 87; *D. chem. G.*, **22**, 676], l'acide oxycitraconique se décompose à 162°.

Son *éther éthylique* bout à 244-245°.

Suivant M. Scherks [*Ann. Chem.*, **227**, 233; *D. chem. G.*, **18**, *Ref.*, 222], l'acide oxycitraconique se combine à froid avec l'acide bromhydrique, pour donner des cristaux incolores, fusibles avec décomposition à 56° et ayant pour formule

$$C^5H^7BrO^5.$$

Il fixe aussi l'ammoniaque pour se transformer en acide *amidocitramalique*,

$$CH^3-C(AzH^2)-CHOH$$
$$\qquad\quad | \qquad\qquad |$$
$$\qquad CO^2H \qquad CO^2H$$

ou

$$CH^3-C(OH)-CH(AzH^2)$$
$$\qquad\quad | \qquad\qquad |$$
$$\qquad CO^2H \quad CO^2H$$

Ce dernier forme des prismes solubles à 18° dans 31 parties d'eau; il donne des *sels* amorphes *de calcium* et *de baryum*, et fournit un *chlorhydrate*, $C^5H^9AzO^5 . HCl$, cristallisé en prismes (Melikoff et Feldmann). Paul Adam.

CITRACOUMALIQUE (ACIDE),

$$\begin{array}{c} \text{C.CH}^2\text{.CO}^2\text{H} \\ \text{HC} \diagup \qquad \text{C.CO}^2\text{H} \\ \text{OC} \diagdown \qquad \text{C.CH}^2\text{.CO}^2\text{H} \\ \text{O} \end{array}$$

— M. von Pechmann [*Ann. Chem.*, **261**, 190] prépare ce composé en traitant l'acite citrique (500 grammes) par son poids d'acide sulfurique chargé d'anhydride, en opérant comme pour la préparation de l'acide acétone-dicarbonique (voyez ce mot). La solution est refroidie, additionnée d'encore 125 grammes d'acide sulfurique, puis abandonnée pendant 3 semaines à la température ordinaire. On précipite alors par l'eau glacée (800-900 grammes), on essore, et on dessèche sur une plaque de porcelaine.

L'acide citracoumalique est une poudre cristalline blanche, qui se décompose par ébullition avec l'eau en acides carbonique et isodéhydra·cétique,

$$\begin{array}{c} \text{C.CH}^2 \\ \text{HC} \diagup \qquad \text{C.CO}^2\text{H} \\ \text{OC} \diagdown \qquad \text{C.CH}^3 \\ \text{O} \end{array}$$

Il fond à 185° en perdant de l'acide carbonique. Il est soluble dans l'alcool, peu soluble dans l'éther et dans l'acide acétique, insoluble dans le benzène et dans le chloroforme. On n'a pu en préparer ni sels cristallisés ni éthers.

Chauffé avec de la chaux sodée, il se dédouble en acide carbonique et acide isodéhydracétique, ou, si la température est plus élevée, en mésitène-lactone.

Évaporé avec de l'ammoniaque aqueuse, il donne de l'acide carbonique et de l'acide lutidone-dicarbonique,

$$\begin{array}{c} \text{C.CH}^2\text{.CO}^2\text{H} \\ \text{HC} \diagup \qquad \text{C.CO}^2\text{H} \\ \text{OC} \diagdown \qquad \text{C.CH}^3 \\ \text{AzH} \end{array}$$

CITRAL. — On désigne sous ce nom un liquide bouillant à 116° sous une pression de 16 millimètres et à 228-239° à la pression ordinaire, qui est contenu en petite quantité (6-8 0/0) dans l'essence de citronnelle. Il résulte des recherches de M. Semmler [*D. chem. G.*, **24**, 203] que ce produit est identique avec le *géranial* (voyez ce mot).

CITRAZINIQUE (ACIDE) [Syn. *Acide dioxyisonicotianique, acide $\alpha\alpha$-dioxypyridine-γ-carbonique*], $C^6H^5AzO^4$. — Cet acide a été obtenu par MM. Behrmann et A.-W. Hofmann [*D. chem. G.*, **17**, 2681] en décomposant par l'acide chlorhydrique la solution aqueuse de la citrotriamide (citramide) et évaporant à sec au bain-marie. On obtient ainsi un corps insoluble dans l'eau même bouillante et possédant toutes les propriétés d'un acide.

On obtient un meilleur rendement en dissolvant la citrotriamide dans l'acide sulfurique à 70 0/0, portant pendant quelque temps le mélange à 130° et décomposant ensuite par l'eau la solution refroidie.

Les amides mono- et diacides de l'acide citrique se prêtent également à la même transformation, dont on peut rendre compte par les équations

$$C^6H^5O^4(AzH^2)^3 = C^6H^5AzO^4 + 2AzH^3,$$
$$C^6H^5O^4(OH)(AzH^2)^2 = C^6H^5AzO^4 + AzH^3 + H^2O,$$
$$C^6H^5O^4(OH)^2(AzH^2) = C^6H^5AzO^4 + 2H^2O.$$

On peut également préparer l'acide citrazinique par plusieurs autres procédés, qui ont d'ailleurs le plus grand rapport avec ceux que nous avons déjà indiqués :

1° On obtient l'amide, et par suite l'acide citrazinique, en décomposant par l'ammoniaque aqueuse l'éther triméthylique de l'acide acétylcitrique [S. Ruhemann, *D. chem. G.*, **20**, 799; *Bull. Soc. Chim.*, (2), **48**, 204].

2° En décomposant par l'ammoniaque aqueuse l'éther triméthylique de l'acide aconitique [S. Ruhemann, *D. chem. G.*, **20**, 3366; *Bull. Soc. Chim.*, (2), **49**, 811].

Préparation. — On peut éviter, pour préparer l'acide citrazinique, de passer par l'intermédiaire de la citramide. Il suffit de verser le citrate triméthylique dans de l'ammoniaque ordinaire en excès; l'éther se dissout aisément. On évapore au bain-marie jusqu'à consistance sirupeuse. On traite alors le résidu par l'acide sulfurique à 70 0/0 qui le dissout; on porte le mélange à la température de 130° environ, on laisse refroidir et on décompose la solution en la versant dans un grand excès d'eau froide. On obtient ainsi un rendement de 25 0/0 de l'éther employé [A. Behrmann et A.-W. Hofmann, *loc. cit.*].

Propriétés. — L'acide citrazinique est extrêmement peu soluble dans l'eau, même chaude; il ne se dissout pas non plus dans les dissolvants neutres.

L'acide chlorhydrique concentré et bouillant le dissout et l'abandonne par refroidissement à l'état cristallisé; l'acide sulfurique concentré le dissout également et l'eau le précipite inaltéré. L'acide citrazinique se dissout aisément dans les alcalis fixes ou volatils, ainsi que dans leurs carbonates, dont il met l'acide carbonique en liberté. Les solutions des citrazinates se colorent rapidement à l'air en bleu verdâtre; les acides détruisent cette coloration.

Une réaction importante de l'acide citrazinique est que, si on en projette une faible quantité dans une solution neutre d'un nitrite alcalin, le liquide se colore en bleu foncé.

L'acide citrazinique est un composé très stable; il supporte sans s'altérer la température de 275°; au-dessus de 300°, il se charbonne sans fondre.

On peut le traiter par la potasse en fusion sans lui faire perdre d'ammoniaque; il se forme alors du cyanure et de l'oxalate de potassium.

Les sels de l'acide citrazinique sont peu caractéristiques; les sels alcalins sont très solubles dans l'eau; le *sel ammoniacal* se décompose par la chaleur en donnant l'acide.

Les *sels de calcium* et *de baryum* forment des poudres blanches peu solubles. On peut les obtenir, en les préparant à chaud, sous la forme de fines aiguilles. Ils retiennent l'un et l'autre une demi-molécule d'eau.

Tous ces sels, exposés à l'air et à l'humidité, prennent une coloration bleue ou d'un gris bleu.

Le *sel de plomb* est un précipité jaune.

Le *sel de cuivre* est un précipité brun.

Le *sel d'argent* est un précipité jaune, qui ne tarde pas à se réduire.

Si l'on fait passer un courant d'acide chlorhydrique sec dans un alcool contenant de l'acide citrazinique en suspension, celui-ci ne tarde pas à se dissoudre en s'éthérifiant.

L'*éther méthylique*, $C^6H^4AzO^4(CH^3)$, se décompose vers 220° en brunissant et en se sublimant en partie; il est très peu soluble dans l'eau, l'alcool et l'éther. On peut cependant le faire cristalliser dans une grande quantité d'alcool bouillant; il forme alors des lamelles brillantes.

L'*éther éthylique*, $C^6H^4AzO^4(C^2H^5)$, jouit de propriétés analogues.

Ces deux éthers n'ont pas perdu la propriété de se dissoudre dans les alcalis.

Le *chlorure* se produit quand on traite l'acide citrazinique à l'ébullition par le perchlorure de phosphore en solution dans l'oxychlorure.

L'*amide* a été obtenue par M. S. Ruhemann [*D. chem. G.*, **20**, 790; *Bull. Soc. Chim.*, (2), **48**, 204], en décomposant l'éther acétylcitrique par l'ammoniaque aqueuse.

Elle est un peu soluble dans l'eau bouillante, qui l'abandonne sous la forme de cristaux microscopiques faiblement colorés.

La citrazinamide est aussi stable que l'acide; elle se dissout sans altération dans l'acide sulfurique concentré, pourvu qu'on n'échauffe pas la liqueur.

L'amide citrazinique jouit de propriétés encore fortement acides : elle fournit un *sel de baryum* cristallisé, $(C^6H^5Az^2O^3)^2Ba, 2H^2O$.

Dérivé acétylé. — L'acide citrazinique se dissout à l'ébullition dans l'anhydride acétique; par refroidissement, il se dépose une combinaison cristallisée constituant un dérivé *diacétylé*

$$C^6H^3(C^2H^3O)^2AzO^4.$$

Réduction de l'acide citrazinique. — Quand on réduit l'acide citrazinique par l'étain et l'acide chlorhydrique, on le transforme en chlorure d'ammonium et acide tricarballylique :

$$C^6H^5AzO^4 + 2H^2O + 2H = C^6H^8O^6 + AzH^3.$$

Action du perchlorure de phosphore. — Si l'on chauffe l'acide citrazinique en tube scellé, à 250°, pendant 4 heures, avec 5 fois son poids de perchlorure de phosphore dissous dans l'oxychlorure, on obtient un nouvel acide présentant la composition d'un acide dichloropyridine-carbonique

$$C^6H^5AzO^4 + 2PCl^5$$
$$= 2POCl^3 + C^6H^2Cl^2Az . CO^2H + 2HCl.$$

Cet acide, qui fond à 210° en se sublimant partiellement, est un produit de substitution de l'acide pyridine-γ-carbonique ou acide isonicotianique, car, si on le réduit au moyen de l'acide iodhydrique concentré en tube scellé à 170-180°, on le transforme en acide isonicotianique, fusible à 306°. Si l'on ajoute à l'acide iodhydrique du phosphore rouge, la réduction va encore plus loin et fournit la *γ-picoline*, bouillant à 142-144°.

Ces diverses transformations, l'existence d'un dérivé diacétylé, permettent de considérer l'acide citrazinique comme un acide dioxynicotianique.

MM. A. Behrmann et A.-W. Hofmann expliquent sa formation en partant de l'éther citrique au moyen du schéma suivant :

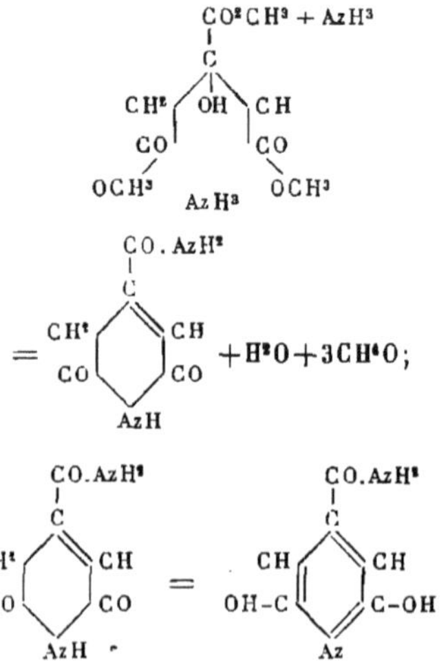

$$CO^2CH^3 + AzH^3$$

(schéma : éther citrique + AzH^3)

$$= \ \text{(noyau)} \ + H^2O + 3CH^4O \ ;$$

(schéma avec $CO.AzH^2$, CH^2, CO, CH, CO, AzH)

(schéma : $CO.AzH^2$ … $= $ … $OH-C$ … $C-OH$ … Az)

M. S. Ruhemann propose une formule symétrique :

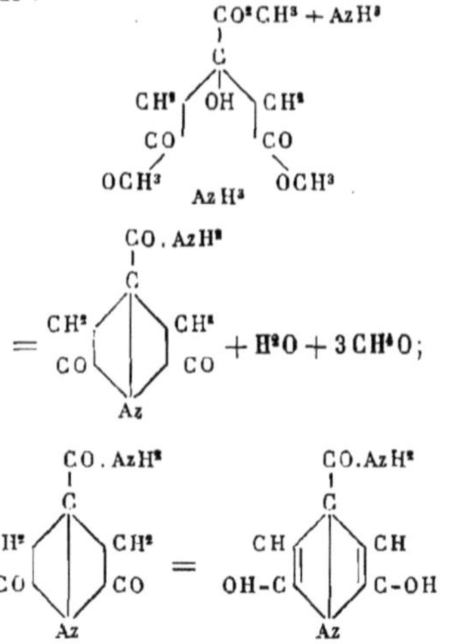

$$CO^2CH^3 + AzH^3$$

(schéma symétrique de l'éther citrique)

$$= \ \text{(noyau)} \ + H^2O + 3CH^4O \ ;$$

(schéma avec $CO.AzH^2$, CH^2, CO, CH, CO, Az)

(schéma : $CO.AzH^2$ … CH^2 … CO … $= $ … CH … $OH-C$ … $C-OH$ … Az)

Ce schéma explique moins bien que celui des deux auteurs précédents la formation de la citrazinamide au moyen de l'éther aconitique, car M. Ruhemann est obligé d'admettre qu'il se reproduit momentanément de l'éther citrique. Les discussions sur ces deux formules de constitution des dérivés pyridiques ont d'ailleurs peu d'intérêt aujourd'hui que l'on sait quelle valeur différente possèdent les doubles liaisons dans les chaînes ouvertes et dans les chaînes fermées. Nous nous contenterons simplement de faire remarquer qu'il résulte des expériences de MM. Behrmann et

Hofmann que, si l'on admet pour la pyridine le schéma

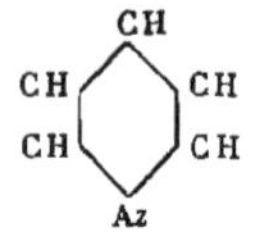

(schéma : pyridine — CH, CH, CH, CH, CH, Az)

on doit attribuer à l'acide citrazinique la constitution :

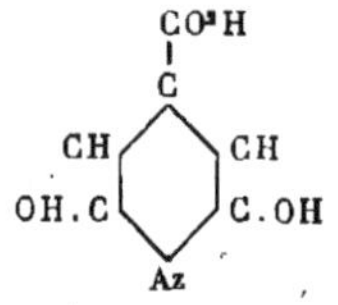

(schéma : CO^2H — CH, CH, $OH.C$, $C.OH$, Az)

qui en fait l'acide *αα'-dioxypyridine-γ-carbonique* (*pyridine-diol2.6-méthyloïque4*).

Action du chlore et du brome sur l'amide citrazinique. — Si l'on dissout la citrazinamide dans l'acide chlorhydrique concentré et qu'on ajoute à la solution un excès de brome, on voit se former au bout de quelques minutes un précipité cristallin constituant un *dérivé tribromé* $C^6H^3Br^3Az^2O^3$.

Si l'on sature la solution par un courant de chlore, on obtient de même des cristaux ayant pour composition $C^6H^3Cl^3Az^2O^3$ [S. Ruhemann, *D. chem. G.*, **20**, 3366; *Bull. Soc. Chim.*, (2), **49**, 811].

Si l'on traite ce dérivé chloré par un excès d'aniline à l'ébullition, on voit se produire une réaction assez vive et l'on obtient une poudre rouge $C^{18}H^{14}Az^4O^3$, dont la formation peut s'expliquer par l'équation

$$C^6H^3Cl^3Az^2O^3 + 5\,C^6H^7Az$$
$$= C^{18}H^{14}Az^4O^3 + 3\,C^6H^7Az \cdot HCl.$$

Cette anilide, chauffée elle-même à 100° en tube scellé avec de l'acide chlorhydrique concentré, se dédouble en donnant du chlorhydrate d'aniline et une nouvelle amide $C^6H^4Az^2O^5$:

$$C^{18}H^{14}Az^4O^3 + 2\,HCl + 2\,H^2O$$
$$= C^6H^4Az^2O^5 + 2\,C^6H^7Az \cdot HCl.$$

M. Ruhemann représente la constitution de ces différents produits par les schémas

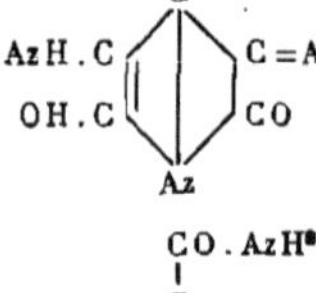

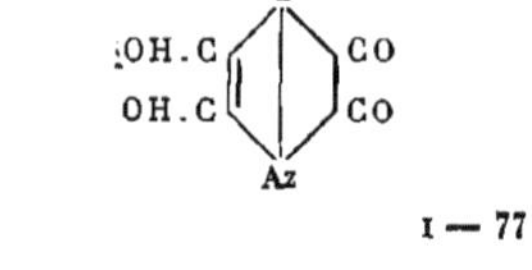

(schéma : $CO.AzH^2$ — ClC, CCl^2, $OH.C$, CO, Az)

(schéma : $CO.AzH^2$ — $C^6H^5.AzH.C$, $C=AzC^6H^5$, $OH.C$, CO, Az)

(schéma : $CO.AzH^2$ — $OH.C$, CO, $OH.C$, CO, Az)

[S. Ruhemann, *D. chem. G.*, **24**, 1247 ; *Bull. Soc. Chim.*, (2), **50**, 476]. L. Bouveault.

CITRÈNE. — Voyez TERPÈNES.

CITRINE (Min.). — Variété de quartz.

CITRIQUE (ACIDE). — L'acide citrique a été rencontré dans les mûres, le *Drosera intermedia*, le *Chelidonium majus* et le jus de betteraves.

Dans les mûres, il accompagne l'acide malique [Wright et Patterson, *Chem. Soc.*, **33**, 78]. Dans le suc du *Drosera intermedia*, exprimé peu de temps avant la floraison, on ne trouve que de l'acide citrique [Stein, *D. chem. G.*, **12**, 1603].

Dans le jus de betteraves, il est à remarquer que l'acide citrique est accompagné d'autres acides du même groupe : l'acide aconitique, l'acide tricarballylique, l'acide oxycitrique [E. von Lippmann, *D. chem. G.*, **16**, 1708 ; *Bull. Soc. Chim.*, (2), **41**, 54].

D'après MM. L. Claisen et E. Hori [*D. chem. G.*, **24**, 120], l'acide citrique pourrait se former dans les végétaux par l'union de 2 molécules d'acide acétique et de 1 molécule d'acide oxalique :

$$
\begin{array}{ccc}
CH^3 - CO^2H & CH^2 - CO^2H & \\
CO.OH & & \\
| & = C\underset{\displaystyle \diagdown COOH}{\overset{\displaystyle \diagup OH}{}} & + H^2O. \\
CO.OH & & \\
CH^3 - CO^2H & CH^2 - CO^2H &
\end{array}
$$

Par perte d'eau, l'acide citrique donnerait l'acide aconitique, etc.

Nouveaux modes de synthèse. — Depuis la synthèse déjà signalée au Suppl., **1**, l'acide citrique a été reproduit par M. Kekulé, puis par MM. Haller et Held.

M. Andreoni avait essayé de reproduire l'acide citrique au moyen du bromacétate d'éthyle et de l'éther triéthylique sodé de l'acide malique. Mais il n'avait pu isoler qu'un acide incristallisable, dont les sels de plomb et de baryum sont sirupeux et qui paraissait être l'acide éthylcitrique [*D. chem. G.*, **13**, 1394 ; *Bull. Soc. Chim.*, (2), **35**, 683].

M. Kekulé remplace l'éther triéthylique de l'acide malique par l'éther acétyldiéthylique du même acide ; il le traite en solution éthérée par le sodium, ajoute du bromacétate d'éthyle, saponifie le produit brut par la potasse alcoolique, transforme en sel de plomb et met en liberté par l'hydrogène sulfuré un acide donnant avec la chaux la réaction caractéristique de l'acide citrique. Il n'a d'ailleurs pas isolé l'acide [*D. chem. G.*, **13**, 1686 ; *Bull. Soc. Chim.*, (2), **35**, 683].

MM. Haller et Held sont partis du γ-chloracétylacétate d'éthyle, qu'ils ont transformé par le cyanure de potassium en γ-cyanacétylacétate d'éthyle,

$$CAz - CH^2 - CO - CH^2 - CO^2C^2H^5.$$

Cet éther cyané a été transformé par l'alcool et l'acide chlorhydrique en éther acétone-dicarbonique,

$$CO^2C^2H^5 - CH^2 - CO - CH^2 - CO^2C^2H^5.$$

Ce dernier fixe l'acide cyanhydrique : la cyanhydrine formée, traitée par l'acide chlorhydrique, donne l'éther diéthylique de l'acide citrique, que la potasse saponifie aisément. En partant de 50 grammes de cyanacétylacétate d'éthyle, on a obtenu environ 6^{gr},20 d'acide citrique pur et cristallisé. Il en restait environ 4 ou 5 grammes dans les eaux mères [*C. R.*, **108**, 516 et **111**, 682].

M. Dunschmann [*Dissert. inaug.*, Erlangen] avait suivi le même cycle de réactions en 1886, mais en partant d'un acide acétone-dicarbonique obtenu au moyen de l'acide citrique lui-même.

Réactions analytiques. — On chauffe pendant 6 heures à 120°, en tube scellé, l'acide citrique avec un excès d'ammoniaque aqueuse. Il se produit une solution jaune qui, exposée à l'air dans une capsule, se colore au bout de quelques heures en bleu ; la coloration bleue passe au vert au bout de quelques jours, et plus tard encore au vert sale, pour disparaître en dernier lieu. Il faut que l'air ait largement accès au liquide pour que la coloration se produise ; l'air agit d'abord par son oxygène, et d'autre part il entraîne l'excès d'ammoniaque, car la coloration ne se manifeste qu'au moment de la neutralité du liquide.

Il n'est pas avantageux d'opérer au bain-marie.

L'acide acétique étendu fait virer le liquide bleu au rouge violet, et par la neutralisation du liquide la coloration primitive reparaît.

Cette réaction permet de reconnaître 10 milligrammes d'acide citrique, même en présence des acides oxalique, tartrique et malique ; mais il est avantageux de précipiter par l'acétate de plomb et de décomposer par l'hydrogène sulfuré la partie du précipité qui se dissout dans l'ammoniaque.

L'acide aconitique se comporte comme l'acide citrique [Sabanin et Laskowsky, *Zeit. anal. Chem.*, **17**, 73 ; *Bull. Soc. Chim.*, (2), **32**, 373].

L'acide citrique, évaporé avec de la glycérine, repris par l'ammoniaque, et additionné d'eau oxygénée après élimination de l'excès d'ammoniaque par la chaleur, donne une belle coloration verte. L'acide tartrique et l'acide malique ne fournissent pas cette réaction [Mann, *Zeit. anal. Chem.*, **24**, 201].

L'acide citrique, additionné d'une solution d'acide molybdique, puis de 3 ou 4 gouttes d'une solution pure et diluée d'eau oxygénée, donne une coloration jaune intense qui ne se modifie pas quand on chauffe légèrement, tandis que des traces d'acide tartrique, dans ces conditions, donnent lieu à une coloration bleue. Cette réaction permet de déceler la présence de l'acide tartrique dans l'acide citrique. On pulvérise 1 gramme de l'acide citrique suspect, on ajoute 1 centimètre cube d'une solution de molybdate à 20 0/0 et quelques gouttes d'eau oxygénée diluée. On chauffe ensuite pendant 3 minutes au bain-marie en agitant [Crismer, *Bull. Soc. Chim.*, (3), **6**, 23].

Forme cristalline. — M. Ch. Cloëz a observé un développement anormal de certaines faces des cristaux d'acide citrique obtenus au cours d'une préparation d'acétone chlorée par le chlore et l'acide citrique.

Les angles de ces cristaux avaient bien conservé leur valeur ; leur degré d'hydratation était le même que dans l'acide primitif ; mais les faces a^1 s'étaient tellement développées, que l'aspect général en était modifié ; les cristaux étaient très longs, aplatis, et présentaient un clivage parallèle à la base *p* [*Bull. Soc. Chim.*, (2), **36**, 648].

PROPRIÉTÉS ET TRANSFORMATIONS. — *Pouvoir réducteur.* — D'après M. Salzer, l'acide citrique n'agit pas sur les oxydants comme l'acide tartrique ; à froid l'acide citrique ne réagit ni sur un mélange de chromate de potassium et d'acide sulfurique, ni sur le permanganate. C'est là un moyen de déceler la présence de l'acide tartrique dans l'acide citrique [*D. chem. G.*, **24**, 1910 ; *Bull. Soc. Chim.*, (2), **50**, 538].

Action de la chaleur. — M. Anschütz a repris l'étude des produits de la distillation de l'acide citrique (voyez Suppl., **1**, 507). On obtient de l'acide itaconique et de l'acide citraconique, tous deux cristallisés. Pour expliquer la présence dans les produits de la distillation de l'acide itaconique, qui n'est pas volatil et qui se décompose par distillation en anhydride citraconique et en eau, il faut admettre la formation d'anhydride itaconique : l'existence de cet anhydride a été démontrée dans un mémoire de MM. Anschütz et Petri [*D. chem. G.*, **13**, 1539]. Cet anhydride, au contact de l'eau, donne l'acide itaconique.

En ne chauffant que le fond de la cornue qui contient l'acide citrique, on obtient, jusqu'à 200°, un liquide aqueux, et de 200 à 220° un liquide aqueux et un liquide huileux plus dense, qui ne cristallise pas immédiatement, mais qui se mêle au bout de quelque temps à la couche aqueuse et donne des cristaux blancs d'acide itaconique; le liquide huileux restant est de l'anhydride citraconique. La couche la plus dense (200-220°), distillée sous une pression de 30 millimètres, donne trois fractions. La première, au-dessous de 120°, est de l'anhydride citraconique, contenant une petite quantité d'anhydride itaconique, comme le prouve l'addition d'eau qui précipite de l'acide itaconique. La deuxième fraction (120-130°) est un mélange d'anhydrides itaconique et citraconique. La troisième fraction (130-140°) se prend en masse quand on y ajoute une trace des cristaux formés dans le col de la cornue à la fin de la distillation. Mise à cristalliser dans le chloroforme, elle donne des prismes orthorhombiques d'anhydride itaconique, fondant à 68°, et transformable par l'eau en acide fondant à 161-162°.

Il semble donc que, dans la distillation de l'acide citrique, il se produise d'abord de l'acide aconitique, qui perd 1 molécule d'eau pour donner deux anhydrides isomériques :

$$\text{CH}^2\text{-COOH} \qquad\qquad \text{CH-CO} \diagdown$$
$$\text{C — CO} \diagdown \qquad\qquad\qquad \text{C — CO} \diagup \text{O}$$
$$\text{CH-CO} \diagup \text{O} \qquad\qquad \text{CH}^2\text{-COOH}$$

Ces anhydrides, en perdant de l'acide carbonique, donnent l'anhydride itaconique et l'anhydride citraconique. Il se peut d'ailleurs que le premier de ces anhydrides se transforme dans le second [*D. chem. G.*, **13**, 1541; *Bull. Soc. Chim.*, (2), **35**, 685].

L'acide citrique, distillé avec le double de son poids de chaux, donne de l'acétone, sans alcool isopropylique; les autres produits de la réaction n'ont pas été examinés [Freidl, *Mon. f. Chem.*, **4**, 149].

Action de l'acide sulfurique. — L'acide citrique, séché à 150° et mélangé à deux fois son poids d'acide sulfurique à 6 0/0 d'anhydride, puis chauffé pendant une demi-heure au bain-marie, se dédouble en acide formique et acide acétone-dicarbonique (voyez ce mot, Suppl., **2**, I, 37].

Action sur les minéraux. — M. Carrington Bolton a étudié l'attaque de différents minéraux, au nombre de 200, par l'acide citrique, et a donné des tableaux résumant l'action à froid ou à chaud de solutions saturées d'acide citrique sur les minéraux en poudre fine [*D. chem. G.*, **13**, 716; *Bull. Soc. Chim.*, (2), **35**, 606].

Transformations diverses. — L'acide citrique, distillé avec 1ᵖ,5 de glycérine, a donné, outre l'acroléine, la *pyruvine* ou éther pyruvique du glycide

$$\text{CH}^3\text{-CO-CO}^2\text{-CH}^2\text{-CH-CH}^2$$
$$\diagdown \diagup$$
$$\text{O}$$

sans trace d'acides pyrocitriques [de Clermont et Chautard, *C. R.*, **105**, 523].

L'acide citrique, chauffé à 180° avec de la résorcine et de l'acide sulfurique, donne la *résocyanine* (voyez ce mot, Suppl., **2**), $C^{21}H^{18}O^6$ [Wittenberg, *J. prakt. Chem.*, (2), **24**, 125].

TRANSFORMATION EN CHAINE FERMÉE. — 1° *Passage à la série du furfurane.* — En distillant un mélange de citrate de sodium, de chaux vive et de limaille de fer, on obtient, outre l'aldéhyde propylique, des homologues du furfurane, le *triallylfurfurane* $(C^3H^5)^3C^4HO$, et probablement le *dipropylfurfurane*. Il est probable que la transformation se fait ainsi :

$$\begin{array}{ccc}
\text{CH}^2\text{-CO}^2\text{H} & & \text{CH}^2\text{-CO}^2\text{H}\\
| & & |\\
\text{HOC-CH}^2\text{-CO}^2\text{H} = 2\,\text{CO}^2 + & & \text{HOC-CH}^2.\text{H}\\
| & & |\\
\text{COOH} & & \text{H}
\end{array}$$

le furfurane

$$\begin{array}{c}
\text{CH} = \text{CH} \diagdown \\
| \qquad\qquad \text{O}\\
\text{CH} = \text{CH} \diagup
\end{array}$$

se formant au moyen de cet acide oxybutyrique par élimination de 2 molécules d'eau [Bischoff et Hausdörfer, *D. chem. G.*, **23**, 1915].

2° *Passage à la série de la pyridine.* — Voyez ACIDE CITRAZINIQUE, Suppl., **2**, I, 1216.

CITRATES MÉTALLIQUES. — Le *citrate d'argent* absorbe 4 ou 5 molécules de gaz ammoniac avec un dégagement de chaleur suffisant pour produire une décomposition partielle. Le même sel exige pour se dissoudre 6 molécules d'ammoniaque en dissolution aqueuse. Cette dissolution, qui a perdu toute odeur ammoniacale, laisse déposer un liquide épais lorsqu'on l'additionne d'alcool. Ce dépôt sirupeux, lavé à l'alcool, a pour composition

$$C^6H^5O^7Ag^3 . 6\,AzH^3$$

[A. Reychler, *D. chem. G.*, **17**, 2263].

Suivant M. Salzer [*Arch. Pharm.*, **229**, 547; *D. chem. G.*, **24**, *Ref.*, 969], le *citrate monopotassique* $C^6H^7O^7K$ et le *citrate dipotassique* $C^6H^6O^7K^2$ cristallisent anhydres; le *citrate tripotassique* a au contraire pour formule

$$C^6H^5O^7K^3 , H^2O.$$

Le *citrate monosodique* $C^6H^7O^7Na$ cristallise anhydre; le *citrate trisodique* $C^6H^5O^7Na^3$ renferme tantôt $3\,H^2O$, tantôt $5,5\,H^2O$.

ÉTHERS CITRIQUES. — Le meilleur procédé pour préparer les éthers citriques est celui qu'ont employé MM. Anschütz et Pictet pour préparer les éthers tartriques, l'action des iodures alcooliques sur les sels d'argent [*D. chem. G.*, **13**, 1175].

MM. Anschütz et Klingemann ont obtenu ainsi l'*éther triméthylique*, qui bout à 176° sous 16 millimètres, l'*éther triéthylique*, qui bout à 185° sous 17 millimètres, et l'*éther tripropylique normal*, qui bout à 198° sous 13 millimètres.

Le chlorure d'acétyle, chauffé en excès avec ces éthers, les transforme en éthers acétylés, bouillant respectivement : l'*éther acétyltriméthylique* à 171° sous 15 millimètres, l'*éther acétyltriéthylique* à 197° sous 15 millimètres, l'*éther acétyltripropylique* à 205° sous 13 millimètres.

Ces trois éthers acétylés se décomposent à 250-280° en acide acétique et éthers aconitiques correspondants [*D. chem. G.*, **18**, 1953; *Bull. Soc. Chim.*, (2), **46**, 368]

Éther triéthylique. — C'est un liquide épais, incolore et inodore, d'une saveur amère, ne se solidifiant pas à —8°. Sa densité à 20° est 1,1369. Il bout à 212-213° sous 30-35 millimètres, à 230-233° sous 100 millimètres, à 253-255° sous 200 millimètres, à 261-263° sous 300 millimètres.

Lorsque à 2 molécules d'éther triéthylique étendu d'éther ordinaire anhydre on ajoute 1 molécule de sodium, par petites portions et dans un vase refroidi, on observe un dégagement d'hydrogène, et lorsqu'on a chassé l'éther, il reste une masse brune, pâteuse. On ajoute à cette masse 2 molécules d'iodure d'éthyle et on chauffe pendant 3 ou 4 heures au bain-marie. On verse le tout dans l'eau, qui dissout l'iodure de sodium, et on épuise par l'éther.

L'*éther tétréthylcitrique* ainsi obtenu bout à 290° sous la pression ordinaire, avec décomposition partielle. Par distillation dans le vide, on obtient un liquide huileux, jaune clair, d'une odeur agréable, d'une saveur assez amère, bouillant à 237–238° sous 145 millimètres. Sa densité à 20° est 1,1022. Il est à peine soluble dans l'eau.

Cet éther se saponifie par la potasse alcoolique en régénérant l'acide citrique.

Le perchlorure ou le trichlorure de phosphore, chauffés à 100° en tube scellé avec l'éther triéthylcitrique, donnent lieu à la formation de chlorure d'éthyle et d'un liquide ayant une densité de 1,1064, bouillant à 250-253° sous 250 millimètres et qui semble, d'après l'analyse, être l'*aconitate d'éthyle*, $C^{12}H^{18}O^6$ [Conen, *D. chem. G.*, **12**, 1653; *Bull. Soc Chim.*, (2), **34**, 371].

L'*éther acétyltriéthylique*, additionné d'ammoniaque aqueuse, brunit d'abord; abandonnée à elle-même et évaporée au bain-marie, cette solution laisse déposer des cristaux de *citrazinamide* (voyez ACIDE CITRAZINIQUE, Suppl. **2**).

Citrate triphénylique. — Ce corps s'obtient en chauffant au bain-marie un mélange de citrate de sodium desséché à 170°, de phénol et d'oxychlorure de phosphore. Au bout de 18 ou 20 heures, on lave à l'eau et on fait cristalliser dans l'alcool. On obtient ainsi des aiguilles incolores, fusibles à 124°,5, insolubles dans l'eau, très solubles dans l'alcool bouillant, et ayant pour composition

$$C^3H^5O(CO^2C^6H^5)^3.$$

Ce corps réagit à la température ordinaire sur le mercaptide de sodium en présence d'éther :

$$C^3H^5O(CO^2C^6H^5)^3 + 3\,C^2H^5SNa$$
$$= C^3H^5O(COSC^2H^5)^3 + 3\,C^6H^5ONa.$$

La réaction terminée, on reprend par l'eau. L'eau dissout le phénate de sodium, et l'éther abandonne par évaporation le *trithiocitrate d'éthyle*, $C^3H^5O(COSC^2H^5)^3$, sous la forme d'un liquide jaune-rougeâtre, non distillable même dans le vide, et possédant une odeur analogue à celle du mercaptan [R. Seifert, *J. prakt. Chem.*, (2), **31**, 462; *Bull. Soc. Chim.*, (2), **45**, 603].

AMIDES DE L'ACIDE CITRIQUE. — MM. Behrmann et Hofmann ont préparé les trois amides citriques [*D. chem. G.*, **17**, 2686] : On abandonne à lui-même un mélange d'éther triéthylique (1 partie) et d'ammoniaque aqueuse (5 parties) de densité 0,88. Il se fait alors la citrotriamide. Si l'ammoniaque est moins concentrée, on obtient surtout la mono- ou la diamide.

La *monamide*, $C^3H^4(OH)(CO^2H)^2(CO\,AzH^2)$, se précipite la première quand on traite la préparation précédente par l'azotate d'argent, puis par l'ammoniaque.

Elle est cristallisée et fond à 138°. Elle est très soluble dans l'eau, peu soluble dans l'alcool, insoluble dans l'éther.

La *diamide*, $C^3H^4(OH)(CO^2H)(CO\,AzH^2)^2$, se retire de la préparation en acidulant par l'acide azotique et précipitant par l'alcool éthéré.

Ce corps fond à 158°. Il est soluble dans l'eau, presque insoluble dans l'alcool et dans l'éther.

Les sels sont solubles dans l'eau.

La *triamide*, $C^3H^4(OH)(CO\,AzH^2)^3$, est cristallisée. Elle fond en brunissant à 210-215°. Elle est très soluble dans l'eau, insoluble dans l'alcool et dans l'éther.

Ces trois amides, chauffées avec l'acide chlorhydrique ou sulfurique concentré, donnent l'acide citrazinique (voyez ce mot).

CITRAMIDES SUBSTITUÉES. — *Citrotriméthylamide*,

$$C^6H^5O^4(AzH.CH^3)^3.$$

— Lorsqu'on mélange une solution concentrée de citrate de méthyle dans l'alcool absolu avec une solution concentrée de méthylamine, et qu'on place le mélange dans l'air sec, en présence d'acide sulfurique, on obtient au bout de quelques jours de beaux prismes incolores de *citrotrimétylamide*, qui, purifiée par cristallisation dans l'alcool, fond à 124°.

Ce corps est très soluble dans l'eau froide, et n'est pas altéré quand on le chauffe avec les alcalis ou avec l'acide chlorhydrique [Hecht, *D. chem. G.*, **19**, 2614].

Citronaphtylamides. — Un mélange de 1 molécule d'acide citrique avec 3 molécules de β-naphtylamine, chauffé pendant quelques heures à 140-150°, se prend par le refroidissement en une masse brune qui, purifiée par cristallisation dans l'acide acétique, fournit de belles lamelles hexagonales, presque blanches, de *citro-di-β-naphtylamide*,

$$C^6H^5O^4 {\small\begin{array}{l}(AzH.C^{10}H^7)\\ Az(C^{10}H^7)\end{array}}$$

fondant à 233°, insolubles dans l'eau et dans l'acide chlorhydrique, peu solubles dans l'alcool.

Cette diamide, chauffée à 150-170° avec 1 molécule de naphtylamine, donne la *citro-tri-β-naphtylamide*, $C^6H^5O^4(AzH.C^{10}H^7)^3$, fondant à 215°, très stable insoluble dans l'eau, soluble dans l'alcool.

En chauffant l'acide citrique avec de l'α-naphtylamine, on obtient de la même façon la *citro-di-α-naphtylamide*, poudre blanche, en belles lames hexagonales fondant à 194°, insolubles dans l'acide chlorhydrique, solubles dans les dissolvants organiques [Hecht, *D. chem. G.*, **19**, 2614].

La *citro-tri-α-naphtylamide*,

$$C^6H^5O^4(AzH.C^{10}H^7)^3,$$

cristallise en prismes rhombiques fusibles à 129°; elle n'est pas altérée par les acides ni par les alcalis bouillants.

L'*acide citro-di-β-naphtylamique*,

$$C^6H^5O^4(OH)(AzH.C^{10}H^7)^2,$$

s'obtient en faisant digérer à 170° pendant 6 heures la citro-di-β-naphtylamide avec un excès d'ammoniaque concentrée, et en précipitant par l'acide chlorhydrique après refroidissement. Il cristallise en aiguilles microscopiques fusibles à 172°, et donne un *sel argentique* de la formule $C^6H^5O^4(OAg)(AzH.C^{10}H^7)^2$.

L'*acide citro-di-α-naphtylamique*, préparé comme son isomère, fond à 149°; il donne également un *sel d'argent* peu soluble.

Citrophénylamides. — La *dianilide*,

$$C^3H^5O {\small\begin{array}{l}CO^2H\\ (CO.AzH.C^6H^5)^2\end{array}}$$

fondant à 184°, a été obtenue par M. Klingemann en faisant réagir en solution chloroformique l'aniline sur l'anhydride acétylcitrique,

$$\begin{array}{l} CH^2-CO^2H\\ |\\ C(OC^2H^3O)-CO\diagdown\\ |\qquad\qquad\qquad O,\\ CH^3\text{———}CO\diagup \end{array}$$

fondant à 121°, obtenu lui-même par l'action du chlorure d'acétyle sur l'acide citrique sec pulvérisé.

Citrotoluides. — Un mélange d'acide citrique et de 3 molécules de p-toluidine, chauffé pendant 10 heures à 140-150°, fournit la *citro-tri-p-toluide* $C^6H^5O^4(AzH . C^7H^7)^3$; ce corps cristallise dans l'alcool en aiguilles soyeuses, fusibles à 189°. L'acide chlorhydrique et l'ammoniaque sont sans action sur lui à 100°.

La *citro-di-p-toluide,*

$$C^6H^5O^4 \lesseqgtr \begin{matrix} AzH . C^7H^7 \\ Az . C^7H^7 \end{matrix}$$

s'obtient en chauffant pendant 3 heures à 160-170° un mélange d'acide citrique avec 2 molécules de p-toluidine. Elle cristallise en petits grains jaunes, fusibles à 205°, insolubles dans l'eau, assez solubles dans l'alcool et dans l'éther.

L'*acide citro-di-p-toluidique,*

$$C^6H^5O^4 \lesseqgtr \begin{matrix} OH \\ (AzH . C^7H^7)^2 \end{matrix}$$

s'obtient en chauffant le composé précédent avec de l'ammoniaque, et en traitant le produit de cette réaction par l'acide chlorhydrique. Il se présente en aiguilles fusibles à 161°, solubles dans l'alcool et dans l'éther, insolubles dans l'eau [J.-M. Gill, *D. chem. G.,* 19, 2352].

Citrocumidides. — On chauffe pendant 12 heures, au bain d'huile, à 160°, 1 molécule d'acide citrique avec 3 molécules de pseudocumidine. La masse brune obtenue est en majeure partie composée de *citrodicumidide,* qu'on enlève au moyen de l'alcool bouillant. Le résidu, peu soluble dans l'alcool, est formé de *tricumidide,*

$$C^6H^5O^4(AzH . C^9H^{11})^3,$$

qu'on purifie par cristallisation dans ce liquide. C'est une poudre blanche cristalline, fondant à 185°. insoluble dans l'eau. L'ébullition avec l'acide chlorhydrique la transforme en cumidine et dicumidide. L'ammoniaque est sans action.

La *citrodicumidide,*

$$C^6H^5O^4 \lesseqgtr \begin{matrix} Az . C^9H^{11} \\ AzH . C^9H^{11} \end{matrix}$$

obtenue comme on vient de le voir, peut se préparer exempte de tricumidide en chauffant pendant 3 heures à 140° 1 molécule d'acide citrique avec 2 molécules de cumidine. On enlève à la masse brune obtenue l'excès de cumidine en la traitant par l'acide chlorhydrique étendu, et on purifie le produit par cristallisation dans le benzène.

La citrodicumidide cristallise dans l'alcool bouillant en prismes d'apparence hexagonale, fondant à 173°, insolubles dans l'eau et dans l'éther, solubles dans l'alcool, le benzène, l'acide acétique et le chloroforme. Les acides sont sans action. Les alcalis transforment ce corps en *acide citro-dicumidique,*

$$C^6H^5O^4 \lesseqgtr \begin{matrix} (AzH . C^9H^{11})^2 \\ OH \end{matrix}$$

en lamelles blanches, fondant à 194°, insolubles dans l'eau, solubles dans l'alcool chaud, le benzène, l'acide acétique. La solution alcoolique a une réaction légèrement acide. Le *sel d'argent* est peu soluble dans l'eau et dans l'alcool. Il en est de même des *sels de baryum et de calcium.*

La chaleur transforme facilement cet acide en dicumidide.

L'acide citrique en solution alcoolique dissout la cumidine et donne le *citrate de cumidine,*

$$C^6H^5O^4(OH)^3 . C^9H^{13}Az,$$

fondant à 132-133°, soluble dans l'eau et dans l'alcool, insoluble dans l'éther et dans le benzène.

Acide citrobenzidylique,

$$C^3H^4(OH) - \begin{matrix} CO AzH \searrow \\ CO AzH \\ CO^2H \nearrow \end{matrix} C^{12}H^8$$

— On chauffe pendant 4 ou 5 heures à 140° un mélange de benzidine et d'acide citrique, dans le rapport de leurs poids moléculaires. On lave à l'eau bouillante pour enlever l'excès de benzidine, et on dissout le résidu dans l'eau alcoolique bouillante. On obtient ainsi, après des cristallisations répétées, des lamelles rhombiques, solubles à chaud dans l'acide acétique, insolubles dans l'éther, le chloroforme, le benzène, la ligroïne, le sulfure de carbone, se décomposant sans fondre à 260°.

Les sels de cet acide sont amorphes; les *sels de plomb, d'argent, de calcium, de cuivre* sont peu solubles dans l'eau.

Le *citrate de benzidine,* obtenu par l'action de la benzidine sur une solution alcoolique d'acide citrique, est une poudre blanche, amorphe, soluble dans l'eau chaude, l'alcool, l'acide acétique, insoluble dans le benzène, le chloroforme, l'éther. Ce corps n'a pas pu être transformé en amide par l'action de la chaleur.

Citro-crésylène-diamide. — Si on maintient en fusion pendant toute une journée, à 120-130°, un mélange en proportions équimoléculaires de crésylène-diamine pure, fondant à 99°, et d'acide citrique, la masse se boursoufle d'abord considérablement; quand la réaction s'est calmée, on ajoute un peu d'acétate de sodium fondu. On obtient ainsi une masse vitreuse, jaune, très peu soluble dans les dissolvants ordinaires. Par cristallisation dans l'alcool bouillant, on obtient des octaèdres microscopiques de citro-crésylène-diamide,

$$\begin{matrix} CH^2 - CO \searrow \\ | \\ HO.C — CO \nearrow^{Az} \searrow \\ | \\ CH^2 - CO - AzH \nearrow \end{matrix} C^7H^6$$

soluble dans les alcalis chauds, décomposable vers 190°.

Nitration de la citrotrianilide. — Le citrotrianile de Pebal (Dict., 1, 935), traité par 5 fois son poids d'acide azotique fumant, et versé dans l'eau glacée, donne un précipité cristallin jaune, en lames rhombiques, fondant à 108° en se décomposant, solubles dans l'eau chaude, l'éther, le benzène bouillant, le nitrobenzène, l'acide acétique. C'est le *citrotrinitrotrianile,*

$$C^3H^4(OH)(CO . AzH . C^6H^4 . AzO^2)^3.$$

La réduction de ce corps n'a donné aucun résultat net [A. Schneider, *D. chem. G.,* 21, 660; *Bull. Soc. Chim.,* (3), 1, 199].

ACIDE ISOCITRIQUE [Syn. *Pentanol2-dioïque-méthyloïque3.* — Un isomère de l'acide citrique

$$\begin{matrix} CO^2H \\ | \\ CHOH \\ | \\ CH - CO^2H \\ | \\ CH^2 - CO^2H \end{matrix}$$

s'obtient en faisant bouillir avec les alcalis l'*acide trichlorométhyl-paraconique* $C^6H^5Cl^3O^4$, obtenu par l'action du chloral sur l'acide succinique. Il s'élimine 3 molécules d'acide chlorhydrique et il se fixe 3 molécules d'eau.

Cet acide cristallise difficilement et forme une masse jaunâtre, très déliquescente, insoluble dans l'éther et dans le chloroforme.

Le *sel d'argent* est un précipité amorphe, brun clair.

Le *sel de baryum*, obtenu en ajoutant 40 grammes d'hydrate de baryum à 10 grammes d'acide trichlorométhyl-paraconique, en solution étendue et bouillante, est une poudre blanche, presque insoluble dans l'eau, ayant pour formule

$$(C^6H^5O^7)^2Ba^3, H^2O.$$

L'acide isocitrique se convertit facilement en *acide lactone-isocitrique* (pentanolide2.5-oïque-méthyloïque3), $C^6H^6O^6$. Neutralisé à froid par les carbonates de calcium ou de baryum, il donne des *lactone-isocitrates*.

Le *lactone-isocitrate de calcium*,

$$C^6H^4O^6Ca, 3H^2O,$$

en croûtes cristallines, est peu soluble dans l'eau froide.

Le *sel de baryum*, anhydre, est gommeux, et l'alcool le précipite de sa solution aqueuse à l'état amorphe [Fittig et Miller, *Ann. Chem.*, **255** 43; *Bull. Soc. Chim.*, (3), **4**, 40].

Paul Adam.

CITRODINAPHTYLAMIQUES (ACIDES). — Voyez Suppl., **2**, 1220.

CITROTOLUIQUE (ACIDE),

$$CH^3 \cdot C^6H^4 - Az \Big\langle \begin{matrix} CO \\ CO \end{matrix} \Big\rangle C^3H^4(OH) - CO^2H.$$

— L'acide citrotoluique se forme par le mélange de dissolutions alcooliques bouillantes de 1 molécule de p-toluidine et de 1 molécule d'acide citrique; par le refroidissement, il se dépose des cristaux, que l'on chauffe pendant 2 heures à 160-170°. L'acide obtenu est purifié par cristallisation dans l'eau bouillante.

Il fond à 172°,5, est peu soluble dans l'eau froide, soluble dans l'eau bouillante, l'alcool et l'éther [Gill, *D. chem. G.*, **19**, 2353].

CLADONIQUE (ACIDE) [Syn. β-*usnique*]. — Voyez ce mot.

CLARITE (Min.) (Sandberger) [Syn. *Luzonite* (Weisbach)]. — Sulfarséniate cuivreux ou peut-être sulfarsénite cuproso-cuivrique $As S^4 Cu^5$ ou $3Cu^2S.As^3.S^5$ ou $4CuS.Cu^2S.As^2S^3$, avec un peu d'antimoine. Possède la même composition que l'énargite. Cristaux groupés en houppes allant jusqu'à 3 centimètres, ou masses compactes, gris de plomb foncé, à la mine Clara, à Schapbach (Forêt-Noire), et à Mancayan, île de Luçon (Philippines).

Caractères. — Soluble dans l'acide nitrique, en donnant une poudre blanche et une solution verte; très difficilement attaquable par l'acide chlorhydrique. Au chalumeau, décrépite vivement, puis fond aisément. Dans le tube, donne un sublimé de sulfure d'arsenic antimonifère. Dureté = 3,5. Poussière noire. Densité = 4,42 - 4,46.

Forme cristalline. — Prisme clinorhombique mg^1pd^2. Clivage g^1 parfait, h^1 moins facile. Pas de clivage dans la variété luzonite. L. Bourgeois.

CLAUSSÉNITE (Min.). — Voyez HYDRAR-GILLITE et WAVELLITE, Dict., **3**, 721 et Suppl., **2**.

CLÉVÉITE (Min.) (Nordenskiöld). — Sorte de pechblende riche en terres rares, de Garta, près Arendal (Suède). Dureté = 5,5. Densité = 7,49.

CLIFTONITE (Min.) (Fletcher). — Variété de graphite, en cristaux d'apparence cubique, peut-être pseudomorphes d'après le diamant, trouvés dans le fer météorique de Youndegin (Australie occidentale). Dureté = 2,5; densité = 2,12.

CLINOCROCITE (Min.) (Singer). — Sulfate d'aluminium, fer et potassium hydraté, en petits cristaux jaune de soufre, clinorhombiques avec l'aspect de rhomboèdres. Faces *m*, *p*, *o¹*.

CLINOHUMITE (Min.) (Des Cloizeaux). — Variété de humite, dite du 3ᵉ type, se distinguant de l'humite proprement dite par ses propriétés optiques qui tendent à la rapporter au système clinorhombique, tandis que les angles des faces et la composition n'offrent pas de différences sensibles. Se trouve avec humite proprement dite à la Somma, et avec chondrodite à la mine de fer de Tilly Foster (États-Unis).

COBALT. — M. Terreil a signalé la présence du cobalt dans presque tous les minerais de fer. Après s'être débarrassé des nombreux métaux qui accompagnent le fer, il précipite facilement le cobalt à l'état de chlorhydrate roséocobaltique, d'un violet rose caractéristique [Terreil, *Bull. Soc. Chim.*, (2), **27**, 851].

M. Delffs a indiqué un moyen facile de préparer le cobalt exempt de nickel [*D. chem. G.*, **2**, 2182]. Pour obtenir ce résultat, il précipite l'acétate de cobalt mélangé d'acétate de nickel par l'hydrogène sulfuré. Cet acide n'agit sur l'acétate de nickel qu'après avoir précipité le cobalt en totalité.

M. Fleitman [*D. chem. G.*, **2**, 454] a obtenu du cobalt malléable en ajoutant 1/8 0/0 de magnésium métallique dans le cobalt en fusion. Il évite ainsi les explosions et obtient un métal qui se laisse polir et marteler. L'expérimentateur suppose que le magnésium sert, dans cette opération, à la destruction de l'oxyde de carbone qui détermine très probablement, pendant la fusion ordinaire, le boursouflement de la masse fondue, la rend poreuse et impropre au martelage et au laminage.

M. Winckler a réussi à fondre le cobalt en lingots de 2 à 5 kilogrammes. Il se sert d'un fourneau rond, en terre réfractaire et à haute cheminée. Ce fourneau est muni d'une plaque de fer percée de trous et recevant de 7 à 9 mètres cubes d'air par minute. Le récipient est un triple creuset : le creuset intérieur est en porcelaine d'Elyersburg, le creuset moyen est en terre de Hesse, le creuset extérieur est en graphite brasqué avec de l'argile. Ce dernier disparaît pendant l'opération; le tout est couvert d'un couvercle très épais. Lorsque le fourneau est porté à la température nécessaire, on introduit le cobalt dans le creuset à fusion tel qu'il sort d'un creuset à réduction. On doit éviter le contact du cobalt fondu avec le silicium, avec le carbone, ainsi qu'avec l'air, qui produirait le rochage. .

L'auteur indique les moyens qu'il a employés pour éviter ces inconvénients [*Bull. Soc. Chim.*, (2), **27**, 186; *Dingl. Journ.*, **222**, 175].

M. Boettger est parvenu à faire déposer le cobalt sur le cuivre et le laiton en soumettant à l'électrolyse, au moyen de deux éléments Bunsen, une solution de chlorure double de cobalt et d'ammonium [Boettger, *Bull. Soc. Chim.*, (2), **27**, 185; *Chem. Centralb.*, **7**, 640]. Pour 40 parties de chlorure de cobalt, il emploie 20 parties de sel ammoniac, 100 parties d'eau distillée et 20 parties d'ammoniaque aqueuse.

M. Becquerel a indiqué une méthode [*C. R.*, **55**, 18] pour recouvrir les métaux de cobalt. M. Gaiffe l'a un peu modifiée : il se sert d'un bain formé d'une dissolution neutre de sulfate double de cobalt et d'ammonium, et il prend pour anode du cobalt fondu ou forgé. Il indique un procédé pour régler la force du courant [*C. R.*, **87**, 100].

M. Horner a étudié le spectre d'absorption du cobalt obtenu par l'analyse pyrognostique [*Chem. News*, **27**, 241] : Le spectre du verre obtenu par la dissolution d'une quantité assez notable d'oxyde de cobalt dans l'acide borique est caractérisé par trois bandes : une en B, l'autre en D, la troisième diffuse en F. En ajoutant à ce verre (qui forme une perle presque opaque) 1 0/0 de carbonate de sodium, on fait disparaître la bande en B ; celle en D se dédouble ; F persiste ; le violet est obscurci. Avec 5 0/0 de sel alcalin, le verre devient plus clair, la bande B reparaît à chaud : à 15 0/0, le spectre est presque celui de l'acide borique fondu pur ; à 25 0/0, la bande en D se déplace vers le rouge ; à 30 0/0, il y a en plus un déplacement de la bande en F. L'auteur a étudié le spectre formé par l'oxyde de cobalt et d'aluminium.

Le spectre d'absorption des composés du cobalt présente un exemple très intéressant de la « variation des spectres » (*Wandlung der Spektren*). M. H. Vogel [*D. chem. G.*, **1**, 914] a démontré que les spectres d'absorption d'un même corps examiné dans des conditions différentes, solide, dissous, gazeux, anhydre ou hydraté, etc., diffèrent beaucoup les uns des autres. La similitude de ces spectres est exceptionnelle ; elle a lieu pourtant dans le cas du spectre d'absorption du verre de cobalt et de l'hydrate de cobalt. Les spectres d'absorption des autres composés diffèrent beaucoup les uns des autres.

Passivité du cobalt. — M. Saint-Edme a constaté que le cobalt ne devient pas passif dans l'acide azotique concentré, qui l'attaque.

Pour obtenir l'azoture de cobalt, correspondant aux azotures de nickel et de fer, métaux qui doivent leur passivité à la formation de ces composés, il faut chauffer pendant quelques heures au rouge dans un courant d'azote. Relativement à l'affinité pour l'azote, le cobalt vient se ranger après le nickel et le fer [*C. R.*, **109**. 304].

Carburation du cobalt. — Le cobalt est non seulement carburable, mais il se transporte dans la masse du charbon avec lequel on le chauffe, et présente, en quelque sorte, le phénomène de la diffusion sèche [Schützenberger, *Bull. Soc. Chim.*, (2), **34**, 673].

AMALGAME DE COBALT. — M. Moissan obtient l'amalgame de cobalt en agitant avec de l'amalgame de sodium la solution aqueuse concentrée de chlorure cobalteux. Cet amalgame a une apparence butyreuse. L'amalgame obtenu par voie électrolytique est pâteux et peu stable [*Bull. Soc. Chim.*, (2), **34**, 149].

ALLIAGES DU COBALT AVEC LE CUIVRE. — M. Guillemain a étudié les alliages de cobalt et de cuivre contenant 5, 6 et 8 parties de cobalt pour 100 parties de cuivre. Il a obtenu ces alliages en fondant, dans un creuset chauffé au rouge, les métaux avec de l'acide borique et du charbon de bois. Les alliages obtenus sont d'un rouge de cuivre ; ils ont une cassure fine et soyeuse. Ils ont l'inoxydabilité et la malléabilité du cuivre, ainsi que la ténacité et la ductilité du fer. On peut les employer avec avantage dans l'industrie [*C. R.*, **101**, 433].

HYDRATES COBALTEUX. — Ces hydrates s'obtiennent à l'état cristallisé par la méthode qui a déjà fourni à M. de Schulten la brucite et la polychroïte (hydrates magnésiens et mangancux). Pour préparer l'hydrate cobalteux cristallisé, on dissout 10 grammes de chlorure, $CoCl^2.6H^2O$, dans 60 centimètres cubes d'eau avec 250 grammes de potasse caustique ; on chauffe la solution dans une fiole traversée par un courant de gaz d'éclairage : l'oxyde de cobalt se dissout alors dans la potasse avec une coloration bleu foncé. On laisse refroidir et reposer pendant 24 heures dans l'atmosphère du gaz. On agite un peu s'il est nécessaire, ce qui détermine la cristallisation dans le cas où elle n'aurait pas eu lieu, et on lave à l'air en n'employant pas tout d'abord un grand excès d'eau ; par lévigation, on écarte une substance floconneuse noire. Il reste une poudre cristalline d'un violet foncé, répondant à la formule $Co(OH)^2$ et ayant pour densité 3,597. Au

microscope, on voit des cristaux prismatiques quadrangulaires, allongés, rose-brunâtre, polychroïques, probablement orthorhombiques. La substance est inaltérable à l'air, soluble dans les acides, à chaud dans l'acide acétique, insoluble dans l'ammoniaque et à froid dans le chlorure d'ammonium.

On peut, dans la préparation précédente, remplacer la potasse par la soude, mais les cristaux sont plus petits [A. de Schulten, *C. R.*, **109**, 266].

OXYDES DE COBALT. — L'action du bioxyde d'azote sur le cobalt réduit par l'hydrogène a lieu avec incandescence à partir de 150°, et donne naissance au *protoxyde de cobalt*, marron, soluble dans l'acide chlorhydrique sans dégagement de chlore. Le protoxyde ainsi préparé est pur et ne contient ni peroxyde ni métal libre, si l'action du bioxyde d'azote a été prolongée pendant un temps suffisant (Sabatier et Senderens).

La différence d'aspect des peroxydes de cobalt et de nickel obtenus par la précipitation à l'aide de la potasse et de l'iode ou d'un hypochlorite alcalin, qui a été observée par M. Merren Schmidt, a amené M. Carnot à étudier l'état d'oxydation de ces oxydes. En ce qui concerne le cobalt, M. Carnot a constaté que les peroxydes obtenus à l'aide des oxydants précités présentent une quantité d'oxygène qui correspondrait plutôt à un mélange de bioxyde et de sesquioxyde de cobalt ; de même pour le nickel. Par exemple, on aurait

$$2CoO^2, 4Co^2O^3 \text{ et } 2CoO^2 \text{ ou } 3CoO^3, 3Co^2O^3,$$

suivant les réactifs employés.

Lorsqu'on se sert comme oxydant de la potasse et de l'eau oxygénée et qu'on porte à l'ébullition, le peroxyde obtenu, d'un brun clair, correspond parfaitement à la formule Co^2O^3. L'excès de l'oxydant pouvant être chassé par ébullition, cette manière d'opérer est bonne pour le dosage volumétrique du cobalt. Elle a l'avantage de pouvoir être employée même en présence du nickel, car l'eau oxygénée avec la potasse agit sur les sels de nickel comme le ferait la potasse seule, en donnant un précipité vert d'hydrate de protoxyde [*C. R.*, **108**, 610].

M. Rousseau, conduit par l'analogie des réactions des oxydes inférieurs du cobalt et du manganèse, a cherché à obtenir un *bioxyde de cobalt* à fonction acide, analogue au bioxyde de manganèse. Il a obtenu ce composé à l'état de combinaison avec la baryte, c'est-à-dire de *cobaltite de baryum*.

Pour donner naissance à ce produit intéressant, M. Rousseau se servait d'un mélange de sesquioxyde de cobalt, de chlorure de baryum et de baryte caustique. Ce mélange a été chauffé à des températures déterminées et variées, dans un creuset de platine, à découvert. Suivant le degré de température et la durée de chauffe, il se formait des quantités variables soit d'un *dicobaltite de baryum* $2CoO^2.BaO$, soit d'un *cobaltite neutre* $CoO^2.BaO$ se présentant sous la forme de gros prismes noirs à reflets irisés, solubles à froid dans l'acide chlorhydrique avec un notable dégagement de chaleur.

Il est remarquable que le maximum de stabilité de ce cobaltite neutre paraît être placé vers 1100° ; au-dessous et au-dessus de cette température, il tend manifestement à se décomposer [*C. R.*, **109**, 64].

Suroxyde de cobalt, Co^3O^4. — M. Gorgeu a indiqué la méthode d'obtention des cristaux de ce corps. Ces cristaux sont assez volumineux pour être susceptibles de déterminations goniométriques.

M. Gorgeu part du chlorure de cobalt fondu,

qu'il soumet à l'action de l'air humide à la température du rouge cerise sombre ou même du rouge cerise clair; il opère dans l'appareil qui lui a servi à obtenir la haussmannite.

Au rouge cerise sombre, la volatilisation du chlorure de cobalt est faible; les cristaux obtenus sont petits, non mesurables, mais donnent à l'analyse la composition correspondant exactement à la formule Co^3O^4. Au rouge orangé, la volatilisation du chlorure est vive; les cristaux, réunis en anneaux brillants sur les parois du creuset intérieur, sont facilement déterminables, mais ils contiennent une proportion un peu trop faible d'oxygène pour correspondre à la formule Co^3O^4. Cependant l'auteur admet — et justifie son hypothèse — que ces cristaux sont bien de la formule Co^3O^4, mais qu'ils sont partiellement décomposés par la chaleur élevée à laquelle ils ont été soumis. Les mesures des angles ont montré que ce sont des octaèdres à base carrée, mais pas isomorphes de ceux de l'oxyde Mn^3O^4 [*C. R.*, 100, 175].

SELS DE COBALT.

SULFATE DE COBALT. — On obtient un *sulfate basique*, $SO^3 . 6CoO, 10H^2O$, sous la forme d'une poudre cristalline d'un bleu clair, en faisant bouillir pendant 6 ou 8 heures une solution de sulfate neutre de cobalt avec la quantité calculée de carbonate de baryum, filtrant, concentrant et chauffant le résidu à 200° [Athanasesco, *C. R.*, 103, 271].

En chauffant le carbonate ou l'oxyde de cobalt avec 5 ou 6 fois son poids de bisulfate d'ammonium et un léger excès d'acide sulfurique, MM. Lachaud et Lepierre [*Bull. Soc. Chim.*, (3), 7, 600] ont obtenu le *sulfate anhydre*, SO^4Co, en cristaux allongés en forme de fer de lance. En opérant au contraire avec un excès de bisulfate d'ammonium, ils ont obtenu tantôt le sulfate anhydre, SO^4Co, cristallisé en octaèdres, tantôt un *sel double*, $3SO^4Co . 2SO^4AzH^4$, en cubo-octaèdres cramoisis.

En électrolysant pendant plusieurs jours une solution de sulfate ammoniaco-cobalteux, M. Marshall [*Chem. Soc.*, 59, 760 ; *Bull. Soc. Chim.*, (3), 8, 54] a obtenu un *sulfate double ammoniacocobaltique*, $(SO^4)^3Co^2 . SO^4(AzH^4)^2, 24H^2O$, en octaèdres réguliers d'un bleu foncé.

En opérant de même sur une solution acidulée de sulfate cobalticopotassique, le même auteur a obtenu le sel $(SO^4)^3Co^2 . SO^4K^2, 24H^2O$, en octaèdres bleu foncé. Ces deux sulfates doubles constituent de véritables aluns.

CHLORURE DE COBALT [Lippmann et Vortmann, *D. chem. G.*, 1, 1069]. — On obtient une combinaison de chlorure de cobalt avec l'aniline soit en ajoutant de l'aniline à une solution alcoolique de chlorure de cobalt, soit en chauffant le chlorure de cobalt anhydre avec l'aniline, et en faisant recristalliser dans l'alcool absolu les aiguilles bleues brillantes ainsi obtenues.

La composition de ces cristaux est exprimée par la formule $2(C^6H^7Az) . CoCl^2$. Le sel obtenu par voie humide contiendrait en plus 2 molécules d'alcool : ce serait $2(C^6H^7Az) . CoCl^2, 2C^2H^6O$. L'alcool joue ici le rôle d'eau de cristallisation.

M. Engel a recherché la cause du changement de couleur qu'éprouve le chlorure de cobalt sous l'influence de diverses substances, notamment sous celle de l'acide chlorhydrique.

Il combat, par diverses considérations, l'opinion généralement adoptée d'une déshydratation pure et simple du sel au sein de l'eau, et attribue le passage de la coloration rouge à la coloration bleue à la formation d'un chlorhydrate de chlorure de cobalt. Quant au même changement de couleur qu'éprouve par la simple dessiccation un papier trempé dans une solution de chlorure de cobalt, M. Engel montre qu'il est produit par l'action spéciale de la cellulose sur le sel de cobalt et qu'il ne se produit pas sur de la porcelaine dégourdie par exemple [Engel, *Bull. Soc. Chim.*, (3), 6. 3, 83, 239].

Cette théorie a été combattue par M. Wyrouboff [*Bull. Soc. Chim.*, (3), 6, 3] et par M. Le Chatelier [*Bull. Soc. Chim.*, (3), 6, 3, 84] et maintenue par M. Engel [*Bull. Soc. Chim.*, (3), 6, 239-251].

Tensions de vapeurs des solutions aqueuses de chlorure de cobalt [G. Charpy, *C. R.*, 113, 794]. — La courbe montrant la variation de la tension de vapeur d'une solution de chlorure de cobalt à 32 0/0 avec la température comprend deux portions approximativement rectilignes, l'une de 20 à 40° et correspondant à la solution rouge, l'autre au-dessus de 75° et correspondant à la solution bleue.

La portion intermédiaire est courbe. Ces faits montrent l'existence de deux modifications stables du sel, peut-être d'hydrates ou d'autres agrégats moléculaires.

La courbe est analogue à celle obtenue par M. A. Étard en partant de la considération de la solubilité du chlorure, mais l'intervalle des deux températures n'est pas le même, celui observé par M. A. Étard étant de 35 à 50°; ceci cependant est probablement expliqué par ce fait qu'il ne se sert que de solutions saturées.

IODURE DE COBALT. — D'après M. A. Étard [*C. R.*, 113, 699], l'iodure de cobalt donne des solutions rouges, vertes et bleues.

Sa solubilité à différentes températures est :

Temp°.	Solub.	Temp°.	Solub.	Temp°.	Solub.
— 22°	52,4	14°	61,6	60°	79,2
— 8°	56,7	25°	66,4	82°	80,7
— 2°	58,7	34°	73,0	111°	80,9
+ 9°	61,4	46°	79,0	156°	83,1

Le chlorure de cobalt donne des solutions roses ou bleues, et sa solubilité est :

Temp°.	Solub.	Temp°.	Solub.	Temp°.	Solub.
— 22°	24,7	25°	34,4	56°	48,4
— 4°	28,0	34°	37,5	78°	48,8
+ 7°	31,2	41°	39,8	94°	50,5
+ 11°	31,3	45°	41,7	96°	51,2
+ 12°	32,5	49°	46,7	112°	52,3

L'iodure de cobalt hexahydraté, rouge-grenat, donne une solution rouge sombre entre — 22° et + 20°. Sa solubilité dans ces limites est représentée par une ligne droite. Au-dessus de 20°, le liquide devient brun, puis olive et à 35° vert.

Le liquide vert foncé donne des cristaux verts, lamelleux, de composition $CoI^2, 4H^2O$. La formation de ce sel commence à 20°; au-dessus de cette température, il est plus soluble que le sel rouge, et les deux solubilités sont superposées; il y a un accroissement graduel de la solubilité totale vers 20 et 35°, la courbe étant convexe vers l'axe des températures.

Au-dessus de 35°, le sel vert seul existe en solution, et sa solubilité est représentée par une ligne droite. S'il était possible de faire des expériences au-dessus de 320°, il est probable que le liquide vert deviendrait bleu, et contiendrait l'hydrate inférieur analogue à celui du chlorure,

$$CoCl^2, 2H^2O.$$

Une pareille solution bleue peut s'obtenir en versant une solution d'iodure de cobalt dans une solution saturée de chlorure de magnésium.

Dans le cas du chlorure de cobalt, l'hydrate

$$CoCl^2, 6H^2O$$

se dissout sans changement de température à —22° et à + 25°; la solution a une couleur d'un rose pur, et la solubilité est représentée par une ligne droite.

A 25°, la dissociation commence et l'hydrate bleu plus soluble $CoCl^2, 2H^2O$ se forme; la couleur de la solution vire au pourpre et finalement, à 50°, au bleu, cette couleur persistant jusqu'à 300°.

Entre 25 et 50°, la courbe de la solubilité est convexe vers l'axe des températures, et à 50° elle redevient une ligne droite.

Les changements de couleur ne sont pas dus à la présence de l'acide libre ou d'un sel acide, d'après M. A. Étard, car ils peuvent être observés en présence des carbonates de calcium et de cobalt précipités.

M. A. Chassevant [*C. R.*, **115**, 113] a obtenu le *chlorure double de cobalt et de lithium.*

$$CoCl^2 . LiCl, 3H^2O,$$

en faisant cristalliser à froid, dans le vide, sur l'acide sulfurique, la solution obtenue en mélangeant les deux chlorures molécule à molécule. Ce sel forme de beaux cristaux bleus, déliquescents, dissociables par l'eau, solubles sans altération dans l'alcool absolu.

FLUORURE DE COBALT. — Ce sel forme avec les fluorures alcalins des sels doubles répondant aux formules

$$CoFl^2 . 2AzH^4Fl, 2H^2O, \quad CoFl^2 . KFl, H^2O$$
$$CoFl^2 . NaFl, H^2O.$$

Ces combinaisons, qu'on obtient en mélangeant des solutions des sels composants, se présentent en cristaux roses [R. Wagner, *D. chem. G.*, **19**, 897].

Le fluorure de cobalt anhydre et cristallisé, $CoFl^2$, a été préparé par M. Poulenc [*C. R.*, **114**, 1426] en chauffant au rouge sombre le fluorure double de cobalt et d'ammonium, préparé lui-même par la fusion d'un mélange de chlorure de cobalt et de fluorure d'ammonium : on obtient ainsi le fluorure amorphe, qu'on fait enfin cristalliser en le chauffant dans un courant de gaz fluorhydrique.

Poudre rosée, assez soluble dans l'eau, difficilement volatile vers 1400° dans un courant d'acide fluorhydrique, après fusion préalable.

Les acides chlorhydrique, azotique et sulfurique l'attaquent rapidement à chaud. Les carbonates alcalins fondus le transforment en oxyde de cobalt.

COBALTONITRITE DE SODIUM. — Ce produit présente l'intérêt de pouvoir servir à déceler le potassium. On forme ce réactif en ajoutant de l'azotate de cobalt à une solution saturée d'azotite de sodium pur et acidulé par l'acide acétique.

La solution, d'un jaune pourpre, détermine plus ou moins lentement la formation du précipité jaune, tout à fait caractéristique, de cobaltonitrite de potassium [*D. chem. G.*, **14**, 1951 et 2121; *Bull. Soc. Chim.*, (2), **37**, 524].

CHLOROPLATINITE. — M. Nilson a décrit un chloroplatinite de cobalt, $CoCl^2 . PtCl^2, 6H^2O$, en tables volumineuses, obliques, rouges, perdant 5 molécules d'eau à 100° [*Bull. Soc. Chim.*, (2), **27**, 212; *Ofversigt af K. S. Vetensk. Akad. Förhandlingar*, 1876, n° 7, 11].

MOLYBDATE COBALTICO-AMMONIQUE. — M. Carnot a signalé la formation des molybdate, tungstate et vanadate ammonio-cobaltiques. Le molybdate ammonio-cobaltique fournit une réaction suffisam-ment nette et caractéristique pour séparer les sels cobalteux et cobaltiques, ainsi que les sels de cobalt et de nickel. Pour obtenir le molybdate ammonio-cobaltique, on forme d'abord un sel purpuréocobaltique par l'eau oxygénée en présence de l'ammoniaque et du sel ammoniac (procédé indiqué par l'auteur) [*C. R.*, **108**, 741], en y ajoutant du molybdate d'ammonium et de l'acide acétique jusqu'à réaction acide. Il se forme un précipité volumineux, couleur fleur de pêcher, presque insoluble, lequel, lavé et séché à 100°, correspond à la formule

$$Co^2O^3 . 5AzH^3 . 7MoO^3, 3H^2O.$$

Le même sel, étant calciné au rouge sombre, se décompose partiellement et présente la composition $2CoO . 7MoO^3$.

Les sels de protoxyde de cobalt et les sels de nickel ne donnent aucun précipité avec le molybdate d'ammonium dans les liqueurs franchement acides par l'acide acétique.

Le précipité de molybdate ammonio-cobaltique permet donc de reconnaître les sels ammonio-cobaltiques et de déceler même des traces de cobalt dans les sels de nickel du commerce [*C. R.*, **109**, 109].

TUNGSTATE COBALTO-AMMONIQUE. — M. Carnot obtient le tungstate $Co^2O^3 . 5AzH^3 . 10TuO^3, 9H^2O$ en ajoutant du tungstate d'ammonium à une dissolution d'un sel purpuréocobaltique. Calciné même au rouge vif, il devient $CoO . 5TuO^3$.

VANADATE. — Le vanadate d'ammonium en solution faiblement acétique donne dans un sel purpuréocobaltique un précipité jaune-orangé

$$Co^2O^3 . 5AzH^3 . 5VaO^3, 9H^2O,$$

lequel, avant comme après sa fusion, se transforme en $2CoO . 5VaO^3$ [*C. R.*, **109**, 147].

PHOSPHATE. — M. Vortmann [*D. chem. G.*, **2**, 2181] obtient un précipité, sous la forme de pellicules roses, en versant du pyrophosphate de sodium dans une dissolution d'un sel lutéo-cobaltique. Il lui attribue la formule

$$Co^{12}(AzH^3)^{12}P^4O^{13}(ONa)^2$$

qui diffère de celle donnée par M. Braun [*Ann. Chem.*, **125**, 153] et par M. Gibbs [*Proc. Ann. Acad.*, **11**, 29].

Le pyrophosphate de potassium produit dans les mêmes conditions un trouble laiteux qui donne lieu ensuite à la formation de gouttes huileuses, et qui constitue un sel de cobalt contenant du potassium.

OXALATE COBALTICO-POTASSIQUE,

$$(C^2O^4)^9Co^2K^6, 6H^2O.$$

— On mélange à froid 1 molécule d'hydrate cobaltique récemment précipité avec 6 molécules d'oxalate monopotassique, un peu d'acide oxalique et assez d'eau pour former une bouillie épaisse. Au bout de 15 jours ou 3 semaines, on filtre la solution verte et on la précipite par l'alcool. On purifie le précipité en le dissolvant dans la moindre quantité possible d'eau à 30°, et en évaporant la solution à la température ordinaire. Beaux cristaux presque noirs, dichroïques (bleu foncé et vert-émeraude), d'apparence clinorhombique [Kehrmann, *D. chem. G.*, **19**, 3101].

Le même sel peut être avantageusement préparé par l'électrolyse d'une dissolution d'oxalate cobalteux dans l'oxalate de potassium [Kehrmann et Pickersgill, *D. chem. G.*, **24**, 2324].

RÉACTION DE L'ACIDE SULFUREUX SUR LES SELS DE COBALTAMINE [G. Vortmann et G. Magdeburg, *D. chem. G.*, **22**, 2630; *Bull. Soc. Chim.*, (3), **3**, 353]. — En faisant réagir l'acide sulfureux sur les sels cobaltammoniacaux, M. Berglund avait obtenu en 1874 des sulfites doubles cobaltiques de la formule générale $Co^2(SO^3R)^6$. MM. Vortmann et Magdeburg, en traitant de même des sels de cobaltamines, ont préparé une série de sels doubles, peu stables, dont quelques-uns sont constitués à la façon des sels xanthocobaltiques et roséocobaltiques. On peut exprimer la composition de ces sels par les formules générales :

(1) $Co^2(AzH^3)^{2n}(SO^3)^3,$

(2) $Co^2(AzH^3)^{2n}(SO^3)^2(SO^3R)^2,$

(3) $Co^2(AzH^3)^{2n}(SO^3)(SO^3R)^4,$

(4) $Co^2(AzH^3)^{2n}(SO^3R)^6,$

et aussi les sels plus complexes à deux acides :

(1′) $Co^2(AzH^3)^{2n}(SO^3)^2X^2$

et $Co^2(AzH^3)^{2n}(SO^3)X^4,$

(2′) $Co^2(AzH^3)^{2n}(SO^3)X^2(SO^3R)^2$

et   . $Co^2(AzH^3)^{2n}X^4(SO^3R)^2,$

(3′) $Co^2(AzH^3)^{2n}X^2(SO^3R)^4.$

Dans ces formules, n varie de 3 à 6 ; R peut être lui-même un cobaltammonium, ce qui donne des corps encore plus compliqués.

Sels octammoniés. — On dissout dans l'eau ammoniacale le sulfate-carbonate de cobalt-octamine et on ajoute une solution aqueuse d'acide sulfureux ; la liqueur vire du violet au jaune brun, et, si elle est concentrée, elle laisse déposer en quelques heures de gros cristaux bruns. Si la solution est additionnée d'alcool, il se fait un précipité formé d'aiguilles jaune-brun. Le sel séché à l'air a la composition

$$Co^2(AzH^3)^8(SO^3AzH^4)^6, 10H^2O ;$$

il est soluble dans l'eau, en donnant une liqueur jaune-brun : cette solution est décomposée par les acides et par les alcalis, surtout à chaud, avec destruction de la cobaltamine. Par le chlorure de baryum, précipité soluble dans un excès de réactif ; au bout de quelques minutes, le précipité reparaît spontanément. Si, après addition de chlorure de baryum, on acidule par l'acide chlorhydrique, on voit se précipiter de petites lamelles jaunes. Le sel précipité en liqueur neutre a pour formule

$$Co^2(AzH^3)^8(SO^3)^6Ba^3, 7H^2O ;$$

celui qui se précipite en liqueur acide est

$$Co^2(AzH^3)^6(SO^3)^6Ba^2(AzH^4)^2, 7H^2O.$$

Lorsqu'on dissout dans l'ammoniaque parties égales de chlorures de cobalt et d'ammonium et qu'on peroxyde la solution par un courant d'air, puis qu'on ajoute du bisulfite de sodium, on obtient dans les solutions concentrées des cristaux rouges renfermant

$$Co^2(AzH^3)^4(SO^3)^3, 18H^2O,$$

et si l'on précipite par l'alcool les solutions étendues, on a un précipité cristallin du même sel avec $12H^2O$. Mais en réalité ces sels ne sont pas des sels tétrammoniés de Künzel : il faut doubler leur formule. Ce sont des sulfites doubles cobaltico-octamine-cobaltiques, soit pour le sel anhydre $Co^2(AzH^3)^8(SO^3)^6Co^2$.

Ces sels sont solubles, en violet, dans l'acide sulfurique concentré froid ou tiède ; additionnée d'un excès d'acide chlorhydrique concentré, cette solution fournit au bout de quelque temps du chlorure praséocobaltique.

Le premier sel, le sulfite double d'ammonium et de cobaltamine, étant dissous et additionné d'une solution de chlorure lutéocobaltique, puis d'ammoniaque, fournit un précipité orangé, pulvérulent, du sel

$$Co^2(AzH^3)^9(SO^3)^6 . (AzH^3)^{12}Co^2, 8H^2O.$$

Ce sulfite est isomère-dimère avec le sulfite de décamine. Les solutions chlorhydriques donnent, du reste, les réactions de chacune des deux bases qui concourent à sa formation.

Les auteurs n'ont pas encore réussi à préparer le sulfite neutre d'octamine. En suivant les indications données par Künzel sur la préparation de son hyposulfite cobaltique ammonié,

$$Co^2O^3 . 8AzH^3 . 2S^2O^3,$$

les auteurs, faisant recristalliser le mélange salin impur au sein de l'ammoniaque alcoolique, ont obtenu de petites aiguilles jaune-brun du sel

$$Co^2(AzH^3)^8(SO^3)^2 . (SO^3AzH^4)^2, 4H^2O.$$

Lorsque du nitrate d'oxycobaltiaque en poudre fine est arrosé par une solution aqueuse d'acide sulfureux, il se transforme en une poudre cristalline jaune, qui à l'état humide ne tarde pas à prendre à l'air une couleur brun sale ; ce sel est

$$Co^2(AzH^3)^8SO^4 . (SO^3)^4Co^2, 24H^2O$$

(sulfite-sulfate cobaltoso-octamine-cobaltique).

Lorsqu'on traite par l'acide chlorhydrique une solution aqueuse et concentrée du sel

$$Co^2(AzH^3)^8(SO^3)^6Co^2$$

et qu'on laisse la réaction se poursuivre à froid, on voit le sel se détruire en quantité considérable, en même temps qu'il se dépose des cristaux brun foncé de sulfite-octamine-cobaltique,

$$Co^2(AzH^3)^8(SO^3)^2Cl^2, 4H^2O.$$

Les sels cobaltiques octammoniés forment deux séries principales correspondant aux deux séries principales des sels décammoniés. Ils en diffèrent par la substitution à 2 molécules d'ammoniaque de 2 molécules d'eau de constitution [G. Vortmann et O. Blasberg, *D. chem. G.*, **22**, 2648 ; *Bull. Soc. Chim.*, (3), **3**, 357].

Il convient de leur donner le même nom qu'aux sels décammoniés correspondants, comme l'indique le tableau suivant ·

	Décammoniés.
Sels roséocobaltiques.....	$Co^2(AzH^3)^{10}X^6, 2H^2O$
Sels purpuréocobaltiques..	$Co^2(AzH^3)^{10}X^6$

	Octammoniés.
Sels roséocobaltiques. ...	$Co^2(AzH^3)^8(H^2O)^2X^6, 2H^2O$
Sels purpuréocobaltiques.	$Co^2(AzH^3)^8(H^2O)^2X^6$

Ces deux séries de sels se transforment aisément l'une dans l'autre. Il existe une troisième série moins connue, celle des sels praséocobaltiques, isomériques avec les sels octamine-purpuréocobaltiques, aisément transformables en ceux-ci, et réciproquement.

Enfin, il y a des sels dérivant de bases non plus hexacides, mais tétracides, formant deux séries isomériques, d'une part les sels fuscocobaltiques, et d'autre part un sulfate décrit simultanément par MM. Jörgensen et Vortmann, dont il sera question plus loin.

Dans ce travail, les auteurs ont décrit de nouveaux sels octammoniés, et montré que, dans cette série, ils ont non plus 2, mais 4 radicaux monatomiques sur 6, plus directement unis au noyau de la molécule.

Pour préparer les sels octammoniés saturés (en X^6), il n'est pas nécessaire de préparer d'abord les sels décammoniés : il suffit de prendre un sel cobalteux en solution concentrée et de le verser dans une solution concentrée de carbonate d'ammonium, additionnée d'ammoniaque concentrée. On obtient une liqueur d'une belle couleur pourpre, qu'on peroxyde en y faisant passer un courant d'air à froid pendant plusieurs heures. On concentre alors fortement au bain-marie et on laisse cristalliser. Dans cette préparation, il se fait d'abord des sels décammoniés qui se transforment ensuite en sels octammoniés ; souvent les premiers se déposent en partie si les solutions sont très concentrées, particulièrement le nitrate-carbonate-roséocobaltique, aisément cristallisable,

$$Co^3(AzH^3)^{10}(AzO^3)^2(CO^3)^2, 2H^2O.$$

Le sulfate-carbonate-roséocobaltique,

$$Co^2(AzH^3)^{10}(SO^4)^3CO^3, 4H^2O,$$

est plus soluble et ne se dépose qu'après addition d'alcool. Le carbonate chloro-roséocobaltique n'a pu être préparé dans les mêmes conditions.

On observe des faits analogues dans la série octammoniée : le nitrate-carbonate

$$Co^2(AzH^3)^6(AzO^3)^2(CO^3)^2, H^2O$$

se dépose très facilement en petits cristaux rouge-cerise. Quant aux sulfates-carbonates, il en existe deux : si le carbonate d'ammonium a été employé en quantité insuffisante, la liqueur se prend après refroidissement en une masse cristalline de fines et longues aiguilles du sel

$$Co^2(AzH^3)^6(SO^4)^2CO^3, 4H^2O.$$

Si, au contraire, le carbonate d'ammonium est en excès, on recueille de longs prismes rouge foncé du sel $Co^2(AzH^3)^6SO^4(CO^3)^2, 3H^2O$; ce sel a déjà été décrit [*D. chem G.*, **10**, 1458 ; *Bull. Soc. Chim.*, (2), **30**, 245].

Les chlorures-carbonates sont moins aisément cristallisables que les sels précédents, étant très solubles ; en partant de solutions très concentrées, on obtient en croûtes cristallines le sel

$$Co^2(AzH^3)^6Cl^4CO^3, 2H^2O.$$

D'autre part, en chauffant le nitrate-carbonate décrit plus haut avec une solution concentrée de sel ammoniac et précipitant par l'alcool, on voit se déposer le sel $Co^2(AzH^3)^6Cl^2(CO^3)^2, H^2O$.

Lorsqu'on traite les nitrates-carbonates dont on vient de parler par les acides forts, ceux-ci déplacent l'acide carbonique et donnent des sels nitratés. Ainsi, on obtient un nitrate-sulfate-octamine-cobaltique en traitant le nitrate-carbonate par une quantité équivalente d'acide sulfurique dilué, faisant bouillir et précipitant par l'alcool ; ce sel a pour formule

$$Co^2(AzH^3)^6(AzO^3)^2(SO^4)^2, 2H^2O.$$

Si, dans la préparation précédente, au lieu de faire bouillir, on opère à froid, on obtient, en précipitant par l'alcool, le même sel, mais à un degré différent d'hydratation, soit $4H^2O$.

En traitant une solution de nitrate-carbonate par l'acide nitrique concentré, on voit se précipiter le nitrate nitrato-octamine-cobaltique, déjà décrit [*Bull. Soc. Chim.*, (2), **39**, 214], ayant pour formule $Co^2(AzH^3)^6(AzO^3)^6, 2H^2O$.

De même, par l'acide chlorhydrique concentré agissant à froid sur une solution froide de nitrate-carbonate, on obtient un précipité de chlorure nitrato-octamine-cobaltique,

$$Co^2(AzH^3)^6(AzO^3)^2Cl^4, 4H^2O.$$

Si l'on précipite une solution de nitrate par

l'iodure de potassium, on obtient l'iodure nitrato-octamine-cobaltique, $Co^2(AzH^3)^6(AzO^3)^2I^4, 2H^2O$.

Lorsqu'on traite le sulfate octamine-cobaltique par le bromure ou l'iodure de potassium, on obtient les sulfates bromo- et iodo-octamine-cobaltiques $Co^2(AzH^3)^6(Br^2)(SO^4)^2$ et

$$Co^2(AzH^3)^6I^2(SO^4)^2.$$

Enfin, en précipitant par l'iodure de potassium une solution de chlorure octamine-purpuréo-cobaltique, on a un précipité de petites lamelles cristallines brunes du sel $Co^2(AzH^3)^6(H^2O)^2I^2Cl^4$.

L'un des auteurs, M. Vortmann, a décrit antérieurement [*Mon. f. Chem.*, **6**. 412] un sel auquel il a attribué la formule

$$Co^2(AzH^3)^6(OH)^2(SO^4)^2, 3H^2O,$$

sel insoluble dans l'eau et dans l'acide sulfurique étendu, soluble dans l'acide sulfurique concentré en donnant une coloration brune. Cette solution étant chauffée donne le sulfate normal octammonié violet. M. Jörgensen a obtenu le même sel, mais n'a trouvé que $2H^2O$.

Ayant repris l'étude de ce sel, les auteurs ont trouvé qu'il perd 2 molécules d'eau à 100°, et la troisième vers 140° seulement.

Le sel se présente soit en petites lamelles hexagonales, soit en très petits prismes d'un brun tirant sur le violet ; il se dissout dans l'acide chlorhydrique moyennement concentré, et, par le chlorure mercurique, est totalement précipité à l'état de chloro-mercurate brun-olive. Parfois le sulfate insoluble offre une nuance d'un rouge vif et se dissout dans l'acide sulfurique concentré ; mais les autres caractères restent les mêmes.

Le chlorure, obtenu en précipitant par l'acide chlorhydrique concentré la solution sulfurique, est une poudre verte, $Co^2(AzH^3)^6(OH)^2Cl^4, 2H^2O$.

Le *chloromercurate* est

$$Co^2(AzH^3)^6(OH)^2Cl^4 . 2HgCl^2 ;$$

et le *chloroplatinate*

$$Co^2(AzH^3)^6(OH)^2Cl^4 . PtCl^4, H^2O.$$

Il existe donc une nouvelle série de sels octammoniés, caractérisés par le radical tétratomique $Co^2(AzH^3)^6(OH)^2$, renfermant 2 hydroxyles non remplaçables par les radicaux acides ; ces sels sont isomériques avec les sels fuscocobaltiques

Sels décammoniés. — En mélangeant une solution ammoniacale de chlorure roséocobaltique avec une solution concentrée de bisulfite de sodium, puis précipitant par l'alcool, on a un précipité brun clair de sulfite sodico-roséocobaltique, $Co^2(AzH^3)^{10}(SO^3Na)^6, 2H^2O$.

En laissant à l'air une solution de chlorure de cobalt additionnée d'ammoniaque et de sel ammoniac, et ajoutant une solution aqueuse d'acide sulfureux, on obtient un précipité pulvérulent jaune-brun de sulfite cobaltico-roséocobaltique, $Co^2(AzH^3)^{10}(SO^2)^6Co^2, 8H^2O$; c'est sans doute ce sel que Künzel a décrit comme

$$2Co^2O^3 . 10AzH^3 . 6SO^3, 9H^2O.$$

Le sulfite roséocobaltique s'obtient aisément en partant de son sel double précédemment décrit ; il suffit de le dissoudre dans l'eau ammoniacale, puis de le précipiter par l'alcool. On peut encore le préparer directement, en dissolvant dans l'ammoniaque étendue parties égales de chlorure roséocobaltique et de bisulfite d'ammonium et en précipitant par l'alcool. La formule du sel est

$$Co^2(AzH^3)^{10}(SO^3)^3, 3H^2O.$$

Le sel a été dissous dans l'acide chlorhydrique très étendu, et la solution chauffée doucement jusqu'à éclaircissement complet. Après refroidissement, on a ajouté de l'acide chlorhydrique concentré ; il s'est alors déposé une poudre cristalline brune (l'addition d'alcool facilite ce dépôt) formée par un *sulfite chloro-décamine-cobaltique*,

$$Co^2(AzH^3)^{10}(SO^3)^2Cl^2.$$

Sels sulfato-purpuréocobaltiques. — *Sulfate acide*, $(SO^4)^2(Co^2 . 10AzH^3) . 2SO^4H^2, 4H^2O.$ — A 20 grammes de chlorure chloro-purpuréocobaltique on ajoute par petites portions 72 grammes d'acide sulfurique concentré ; le sulfate chloro-purpuréocobaltique ainsi formé est alors chauffé pendant 4 heures au bain-marie. Quand il ne se dégage plus d'acide chlorhydrique, on reprend par l'eau et on évapore de nouveau à sec au bain-marie. Le résidu est enfin additionné de 2 volumes d'eau et abandonné à lui-même : le nouveau sel se dépose au bout de quelques jours ; on le lave à l'alcool et on le sèche à l'air.

Ainsi préparé, le sulfate acide sulfato-purpuréocobaltique se présente en lamelles rectangulaires brillantes, d'un rouge violet, avec fluorescence chamois. Il perd 3 molécules d'eau à 100° et la quatrième à 110°. Chauffé au bain-marie avec de l'acide chlorhydrique, il se transforme en chlorure chloro-purpuréocobaltique. Par ébullition avec de l'ammoniaque, il se convertit en sulfate basique roséocobaltique.

Le sulfate acide sulfato-purpuréocobaltique se dissout dans 25 parties d'eau froide ; la solution présente les réactions suivantes : acides nitrique, chlorhydrique et bromhydrique dilués, rien ; iodure de potassium solide, précipité de longues aiguilles orangées ; chlorure de platine, précipité d'aiguilles groupées en feuilles de fougère ; chlorure d'or, précipité de prismes rouge de cinabre ; chloromercurate de sodium, précipité de lamelles rectangulaires rouge de cinabre ; ferrocyanure de potassium, précipité brunâtre ; dithionate de sodium, précipité de lamelles dichroïques jaunes et violettes ; dichromate de potassium, précipité d'aiguilles rouge foncé. Tous ces précipités ne se produisent qu'au bout de 24 heures. Le pyrophosphate de sodium, le cobalticyanure de potassium, l'oxalate d'ammonium, l'acide hydrofluosilicique ne donnent pas de précipité.

Sulfate neutre,

$$(SO^4)^2(Co^2 . 10AzH^3)SO^4, H^2O.$$

— On dissout 5 grammes du sulfate acide dans 200 grammes d'eau, puis on ajoute 400 centimètres cubes d'alcool à 95 0/0. Précipité d'aiguilles rouge-violacé, dichroïques comme le sel acide.

Nitrate, $(SO^4)^2(Co^2 . 10AzH^3)(AzO^3)^2.$ — A une dissolution de 5 grammes de sulfate acide dans 125 grammes d'eau on ajoute $12^{gr},5$ de nitrate d'ammonium pur et solide : on voit bientôt se déposer le nitrate en cristaux semblables à ceux du nitrate nitrato-purpuréocobaltique. Ce sel est un peu moins soluble que le sulfate ; il présente les mêmes réactions.

Bromure, $(SO^4)^2(Co^2 . 10AzH^3)Br^2.$ — Poudre cristalline rouge-violacé, formée d'aiguilles microscopiques ou de tables rectangulaires, dichroïques (violettes et jaunes).

Chloroplatinate,

$$(SO^4)^2(Co^2 . 10AzH^3)PtCl^6, 2H^2O.$$

— Belles lamelles orangées.

Sels lutéocobaltiques. — *Nitrate*,

$$(Co^2 . 12AzH^3)6AzO^3$$

[Jœrgensen, *Journ. prakt. Chem.*, (2), **35**, 417 ; *Bull. Soc. Chim.*, (2), **48**, 505] — Ce sel, décrit autrefois par M. Fremy, se dissout à la tempé-

rature ordinaire dans 60 parties d'eau, et est précipité de cette solution par l'acide nitrique, en lamelles ou en aiguilles, suivant la concentration de l'acide.

Sa solution donne des précipités cristallins par l'acide chlorhydrique, l'acide bromhydrique, l'iodure de potassium, le chloromercurate de sodium, l'oxalate d'ammonium, le phosphate et le pyrophosphate de sodium, le dithionate de sodium, le chromate de potassium, le ferro- et le ferricyanure de potassium, le cobalti- et le chromicyanure de potassium.

Nitrosulfate, $(Co^2 . 12AzH^3)(AzO^3)^2(SO^4)^3.$ — On l'obtient en précipitant une solution aqueuse du nitrate par 2 molécules d'acide sulfurique dilué ; il ressemble entièrement au nitrosulfate lutéochromique (voyez Chrome, Suppl., 2).

Nitrochloroplatinate,

$$(Co^2 . 12AzH^3)(AzO^3)^2(PtCl^6)^2, 2H^2O$$

— Précipité tout à fait semblable au sel chromique correspondant, obtenu en ajoutant du chlorure de platine à une solution du nitrate dans l'acide nitrique très étendu.

Chlorure, $(Co^2 . 12AzH^3)Cl^6.$ — On évapore une solution du nitrate avec un excès d'acide chlorhydrique concentré jusqu'à ce que tout l'acide nitrique ait disparu, et on fait cristalliser dans l'eau. Mêmes propriétés que pour le nitrate.

Chloroplatinates. — En ajoutant du chloroplatinate de sodium à une solution aqueuse du chlorure précédent chauffée à 70°, on obtient un précipité de lamelles quadratiques rougeâtres, qui se transforment rapidement en courtes lamelles hexagonales d'un jaune brun, ayant pour formule $(Co^2 . 12AzH^3)3PtCl^6, 6H^2O.$

En employant du chlorure de platine au lieu de chloroplatinate de sodium et en opérant en liqueur chlorhydrique, on voit se déposer des aiguilles brillantes, qui, après lavage à l'alcool et dessiccation à 100°, renferment

$$(Co^2 . 12AzH^3)Cl^2 . 2PtCl^6, H^2O.$$

Traité par l'eau, ce sel perd du chlorure lutéocobaltique et donne le chloroplatinate précédent.

En lavant ce second chloroplatinate avec de l'acide chlorhydrique de concentration moyenne tant que celui-ci dissout du chlorure de platine, on obtient un troisième sel, formé de petits prismes ou de lamelles rhombiques, ayant pour composition $(Co^2 . 12AzH^3)Cl^4 . PtCl^6, 2H^2O.$ Traité par l'eau, ce composé donne successivement les deux chloroplatinates précédents.

Chloromercurates. — En dissolvant le chlorure lutéocobaltique dans l'eau acidulée par l'acide chlorhydrique et en précipitant par 2 molécules de chlorure mercurique en solution aqueuse, on obtient immédiatement un précipité cristallin, orangé, qui, après lavage à l'acide chlorhydrique, puis à l'alcool et dessiccation à l'air, renferme $(Co^2 . 12AzH^3)Cl^2 . 2HgCl^2.$

En dissolvant le chlorure lutéocobaltique dans l'acide chlorhydrique dilué, ajoutant à la solution 6 molécules de chlorure mercurique et chauffant le tout au bain-marie pendant quelque temps, on voit se déposer par le refroidissement de longues aiguilles brillantes, peu solubles dans l'eau froide, et ayant pour formule

$$(Co^2 . 12AzH^3)6HgCl^3, 2H^2O.$$

Bromure, $(Co^2 . 12AzH^3)Br^6.$ — Le meilleur procédé de préparation consiste à traiter l'hydrate lutéocobaltique par l'acide bromhydrique. Ce sel cristallise en lamelles rhombiques. Sa solution fournit immédiatement des précipités cristallins par l'acide sulfurique dilué, les bromures de platine et d'or, le chlorure d'or, le dithionate de sodium ; elle donne par l'acide hydrofluosilicique un trouble laiteux et le mélange finit par laisser déposer des octaèdres microscopiques de couleur chamois.

Bromosulfate, $(Co^2 . 12 Az H^3) Br^2 (S O^4)^2$. — On dissout 2 grammes du bromure précédent dans 100 centimètres cubes d'eau additionnés de 10 centimètres cubes d'ammoniaque, on filtre, et on ajoute une solution de 1 gramme de sulfate d'ammonium dans 10 grammes d'eau froide : au bout de 24 heures, on recueille un précipité d'un brun jaunâtre, formé d'octaèdres microscopiques, qu'on purifie par des lavages à l'alcool.

Bromoplatinate,

$$(Co^2 . 12 Az H^3) Br^2 (Pt Br^6)^2 , 2 H^2 O.$$

— Longues aiguilles brillantes, ayant l'aspect de l'acide chromique, obtenues en mélangeant des solutions de bromure lutéocobaltique et de bromoplatinate de sodium.

Iodure, $(Co^2 . 12 Az H^3) I^6$. — On le prépare comme le bromure, auquel il ressemble en tous points.

Sulfate, $(Co^2 . 12 Az H^3) (S O^4)^3 , 5 H^2 O$. — On triture le chlorure lutéocobaltique avec de l'oxyde d'argent et de l'eau ; on obtient ainsi l'hydrate, qu'on neutralise ensuite par l'acide sulfurique. On n'a plus qu'à évaporer pour obtenir des prismes d'un jaune brunâtre. La solution de ce sel donne des précipités cristallins par l'iodure de potassium, le chlorure de platine, l'acide hydrofluosilicique, le chlorure et le bromure d'or, le dichromate de potassium.

Sulfochloraurate,

$$(Co^2 . 12 Az H^3) (S O^4)^3 (Au Cl^4)^2.$$

— Prismes microscopiques orangés, obtenus en précipitant par le chlorure d'or une solution du sulfate précédent dans l'acide sulfurique faible.

Sulfobromaurate,

$$(Co^2 . 12 Az H^3) (S O^4)^3 (Au Br^4)^2.$$

— Précipité d'aiguilles ou de lamelles rectangulaires, brillantes, de couleur bronzée.

Orthophosphate neutre,

$$(Co^2 . 12 Az H^3) (P O^4)^2 , 8 H^2 O.$$

— On dissout le nitrate lutéocobaltique dans l'eau chaude, et on ajoute un peu d'ammoniaque, puis du sel de phosphore ; aiguilles dorées et brillantes.

Orthophosphate acide,

$$(Co^2 . 12 Az H^3) (P O^4 H)^3 , 4 H^2 O.$$

— Précipité cristallin jaunâtre, formé de prismes microscopiques, obtenu en ajoutant un peu d'acide acétique, puis du phosphate disodique à une solution aqueuse de chlorure lutéocobaltique.

Pyrophosphates. — Les sels lutéocobaltiques donnent, lorsqu'on les traite à froid par 2 molécules de pyrophosphate de sodium, un précipité cristallin, jaune et brillant, ayant pour composition $(Co^2 . 12 Az H^3) (P^2 O^7 Na)^3 , 23 H^2 O$. Lavé avec de l'eau à la température de 80-85°, ce sel perd du pyrophosphate de sodium et se convertit en un nouveau composé, $(Co^2 . 12 Az H^3)^2 (P^2 O^7)^3 , 20 H^2 O$.

Si l'on traite une solution de chlorure lutéocobaltique par 2 molécules de pyrophosphate de sodium, à la température de 80-85°, le précipité qui prend naissance a pour composition

$$(Co^2 . 12 Az H^3) (P^2 O^7)^3 . (Co^2 . 12 Az H^3) (P^2 O^7 Na)^3 , 39 H^2 O.$$

Si l'on soumet l'un quelconque des sels précédents à des lavages avec de l'acide acétique, à froid, on obtient pour résidu un sel complètement insoluble, ayant pour formule

$$(Co^2 . 12 Az H^3) (P^2 O^7 H^2)^3.$$

Enfin, en précipitant par du pyrophosphate de potassium pur une solution étendue de nitrate lutéocobaltique, et en lavant à l'eau froide le précipité ainsi formé, on obtient des lamelles hexagonales renfermant

$$(Co^2 . 12 Az H^3)^2 (P^2 O^7)^3 , 20 H^2 O.$$

Cobalticyanure, $(Co^2 . 12 Az H^3) Co^2 Cy^{12}$. — Une solution chlorhydrique de nitrate lutéocobaltique, chauffée au bain-marie et additionnée de cobalticyanure de potassium, fournit un dépôt de prismes brunâtres ayant cette composition.

Permanganate, $(Co^2 . 12 Az H^3) (Mn O^4)^6$ [Klobb, *Bull. Soc. Chim.*, (2), **48**, 240]. — On mélange des dissolutions concentrées et chauffées à 60° de chlorure lutéocobaltique (1 molécule) et de permanganate de potassium (12 molécules) : il se forme par le refroidissement une cristallisation de permanganate lutéocobaltique, mélangé de lamelles hexagonales d'un autre sel ; on élimine ce dernier par des lavages à l'eau froide et on fait recristalliser dans l'eau à 60°.

Petits cristaux brillants, solubles dans 1388 parties d'eau à 0°, plus solubles dans l'eau chaude avec décomposition partielle. Ce sel détone par la chaleur et par le choc. Traité par l'acide chlorhydrique concentré, il se transforme en chlorure de manganèse et chlorure lutéocobaltique.

Chloropermanganate,

$$(Co^2 . 12 Az H^3) Cl^4 (Mn O^4)^2$$

— A une solution chaude de chlorure lutéocobaltique (8 molécules) on ajoute du permanganate lutéocobaltique (1 molécule) réduit en poudre ; on filtre rapidement et on obtient par refroidissement de petites lamelles noires, hexagonales. Ce sel est peu stable. L'eau le décompose en lui enlevant du chlorure lutéocobaltique ; il détone par la chaleur, mais non par le choc.

Bromopermanganate,

$$(Co^2 . 12 Az H^3) Br^4 (Mn O^4)^2.$$

— Lames hexagonales brillantes, ressemblant au sel précédent.

Sel double, $(Co^2 . 12 Az H^3) (Mn O^4)^4 (Cl . K Cl)^2$. — Lamelles hexagonales violettes, qui se produisent en même temps que le permanganate (voyez plus haut). Ce corps est très soluble dans l'eau, mais avec décomposition partielle.

Chlorosulfite, $(Co^2 . 12 Az H^3) (S O^3)^2 Cl^2 , 6 H^2 O$ [Vortmann et Magdeburg, *D. chem. G.*, **22**, 2630]. — On dissout à chaud dans l'ammoniaque le chlorure lutéocobaltique et on fait passer dans la liqueur un courant d'anhydride sulfureux : au bout de 12 heures, on voit se déposer des cristaux jaunes. On obtient le même sel en dissolvant 1 partie de chlorure lutéocobaltique dans 3 parties de sulfite d'ammonium et faisant bouillir la liqueur ; par refroidissement, on a un dépôt de petites aiguilles jaunes. On peut remplacer le sulfite d'ammonium par une solution de bisulfite de sodium dans l'ammoniaque étendue ; en ce cas, on purifie le sel par redissolution dans l'eau et précipitation par l'acide acétique.

Sels cobaltamine-mercuriques [G. Vortmann et E. Morgulis, *D. chem. G.*, **22**, 2644 ; *Bull. Soc. Chim.*, (3), **3**, 355]. — Les solutions des chlorures doubles cobaltamine-mercuriques donnent, par la potasse ou la soude, des précipités pulvérulents rouges qui, d'après leur composition, peuvent être regardés comme des sels de cobaltamines, dans lesquels plusieurs atomes d'hydrogène des groupes $Az H^3$ seraient remplacés par un nombre égal de radicaux monatomiques $Hg Cl$ et $Hg O H$.

Ces corps sont très altérables, aussi bien à l'état humide qu'à l'état sec ; les plus stables sont ceux qui dérivent des sels renfermant le plus de groupes AzH^3.

Sels lutéocobaltiques. — Si l'on précipite par la soude une solution de chloromercurate lutéo-cobaltique, $Co^2(AzH^3)^{12}Cl^6 . 6HgCl^2$, ou de ses éléments à raison de 3 parties de chlorure mercurique pour 1 partie de chlorure lutéo-cobaltique, on obtient un précipité rouge clair, floconneux d'abord, puis pulvérulent; sa composition varie suivant la proportion d'alcali employée. Si l'on prend 6 molécules de soude pour 1 de sel lutéocobaltique et 6 de chlorure mercurique, on obtient le sel $Co^2Az^{12}H^{26}(HgCl)^6(HgOH)^3Cl^6$, qui, traité lui-même par un excès de soude, fournit le sel $Co^2Az^{12}H^{28}(HgOH)^8Cl^6$; ce dernier peut du reste s'obtenir directement par l'emploi d'un excès de soude.

Les deux produits sont des poudres rouge clair, très altérables à l'état humide, le second surtout.

On peut les conserver pendant quelques jours à l'état sec.

Par l'acide chlorhydrique, ils régénèrent le chloromercurate d'où l'on est parti.

En précipitant par la soude en excès un mélange à parties égales de chlorures lutéocobaltique et mercurique, on obtient une belle poudre rouge, plus stable que les précédentes,

$$Co^2Az^{12}H^{32}(HgOH)^4Cl^6.$$

Il y a lieu de remarquer qu'on n'a pu arriver à substituer 6 groupes mercuriques; la substitution se fait toujours par 4 ou par 8.

Sels purpuréocobaltiques (décammoniés). — En opérant de même avec 1 molécule de chlorure purpuréocobaltique, 6 molécules de chlorure mercurique et 6 molécules de soude, on obtient un précipité floconneux rouge foncé,

$$Co^2Az^{10}H^{22}(HgCl)^6(HgOH)^3Cl^6.$$

En présence d'un excès de soude, il se forme le précipité $Co^2Az^{10}H^{20}(HgOH)^8Cl^6$.

Sels roséocobaltiques (décammoniés). — On obtient de même, en partant des sels roséocobaltiques, un précipité rouge-violacé,

$$Co^2Az^{10}H^{24}(HgOH)^6Cl^6,$$

et en présence d'un excès d'alcali le corps

$$Co^2Az^{10}H^{24}(HgOH)^6Cl^4(OH)^2.$$

Ces corps sont peu stables; les acides étendus les dissolvent avec formation de sels doubles.

Sels purpuréocobaltiques (octammoniés). — Si l'on part de 1 molécule de sel cobaltammonié, 6 molécules de chlorure mercurique et 6 molécules de soude, on obtient le sel

$$Co^2Az^8H^{16}(HgCl)^4(HgOH)^4Cl^6.$$

Si la soude est employée en excès, on a

$$Co^2(AzH^2 . HgOH)^8Cl^6.$$

Si l'on prend 1 molécule de sel cobaltammonié pour 2 de chlorure mercurique (poids égaux) et un excès de soude, on a le corps

$$Co^2(AzH^2 . HgOH)^8Cl^4(OH)^2.$$

Sels roséocobaltiques (octammoniés). — En opérant absolument dans les mêmes circonstances que dans le paragraphe précédent, on obtient respectivement les trois corps

$$Co^2Az^8H^{16}(HgCl)^6(HgOH)^2Cl^6,$$
$$Co^2(AzH^2 . HgOH)^8Cl^6,$$
$$Co^2(AzH^2 . HgOH)^8Cl^4(OH)^2.$$

Les deux derniers sont respectivement isomé-riques avec ceux de la série décamine-purpuréocobaltique.

Précipités rouge-violet très altérables. Il est nécessaire de refroidir pendant la préparation.

SELS COBALTAMINE-MERCURIQUE IODÉS. — Les sels précédemment décrits peuvent être considérés comme des chlorures ammoniaco-cobaltiques, dans lesquels une partie des atomes d'hydrogène sont remplacés par un nombre égal de groupements $HgCl$ ou $HgOH$.

On a obtenu [G. Vortmann et E. Borsbach, *D. chem. G.*, **23**, 2803; *Bull. Soc. Chim.*, (3), **4**, 843] un certain nombre de dérivés iodés correspondants. Si à une solution aqueuse de chlorure lutéocobaltique on ajoute du réactif de Nessler fortement alcalinisé, on obtient un précipité floconneux, volumineux, brun clair, insoluble dans l'eau, peu soluble dans les acides, rapidement altérable à l'air humide, mais pouvant se conserver à l'état sec. Ce corps a pour formule

$$Co^2Az^{12}H^{32}(HgOH)^4I^4(OH)^2.$$

Si l'on mélange une solution de 1 molécule de chlorure lutéocobaltique avec 4 molécules d'iodure mercurique (à l'état d'iodomercurate de potassium) et 4 molécules de soude, on voit se précipiter une belle poudre rouge cristalline,

$$Co^2Az^{12}H^{33}(HgI)^3I^6.$$

Ce sel, trituré avec une lessive de soude, pâlit légèrement et prend la composition

$$Co^2Az^{12}H^{32}(HgI)^4I^6.$$

On peut aussi obtenir directement ce sel en opérant comme pour la préparation du précédent, mais en employant un excès de soude.

Par l'addition du réactif de Nessler à une solution de chlorure purpuréocobaltique (décammonié), on obtient un précipité jaune floconneux, dont la composition s'altère pendant qu'on le lave sur le filtre. Mais si l'on mélange des solutions de chlorure purpuréocobaltique et d'iodomercurate de potassium additionné d'un peu de soude, on voit se faire un précipité jaune qui peut être lavé et séché sans altération. Ce corps est soluble dans un excès d'iodure de potassium; il est peu soluble dans les acides, qu'il colore en rouge.

Sa composition s'exprime par

$$Co^2Az^{10}H^{20}(HgI)^4(HgOH)^6I^6.$$

Le même corps peut encore s'obtenir en deux temps : préparer d'abord le précipité à composition variable dont il a été question plus haut, puis le faire digérer avec de la soude.

Si l'on mélange des solutions de chlorure roséocobaltique et d'iodomercurate de potassium en présence de très peu de soude (1 ou 2 centimètres cubes de lessive à 10 0/0 pour 1 gramme de sel roséocobaltique), on obtient le sel

$$Co^2Az^{10}H^{27}(HgI)^3I^6.$$

Si la lessive de soude est en excès (5 centimètres cubes pour 1 gramme de sel), le précipité offre la composition $Co^2Az^{10}H^{26}(HgI)^4I^6$. Enfin, si la soude est en plus grand excès, on arrive au sel $Co^2Az^{10}(HgI)^4I^4(OH)^2$, en poudre brune jaunâtre.

Le chlorure octamine-purpuréocolbaltique, traité de même, ne fournit qu'un sel brun-jaunâtre, analogue aux précédents :

$$Co^2Az^8H^{16}(HgOH)^6I^6.$$

Le chlorure octamine-roséocobaltique, traité par l'iodomercurate de potassium en présence de peu de soude (10 centim. cubes de lessive à 10 0/0 pour 1 gramme de sel roséocobaltique), donne un précipité brun, soluble dans les acides chlorhydrique ou azotique, du sel $Co^2 Az^8 H^{21} (Hg I)^3 I^6$.

Si la soude est en plus forte quantité (15 ou 20 centimètres cubes de lessive), le précipité est brun-rouge et a pour formule $Co^3 Az^8 H^{20} (Hg I)^4 I^6$. Si la soude est en plus grand excès, il est brun, avec la composition $Co^3 Az^8 H^{20} (Hg I)^4 I^4 (O H)^2$.

COBALTOCYANURE DE POTASSIUM. — Ce sel a été obtenu par M. Deschamps. Pour le préparer, on verse avec précaution une solution de cyanure de potassium dans du chlorure de cobalt; le précipité de cyanure cobalteux est lavé avec de l'eau à 0°, puis dissous dans un faible excès de cyanure de potassium. La liqueur additionnée d'alcool abandonne des paillettes cristallines bleu-améthyste, très altérables. Le froid est indispensable pour réussir la réaction [*Bull. Soc. Chim.*, (2), **34**, 51].

PLATINONITRITE DE COBALT. — Obtenu par M. Nilson. Sa formule est $CoPt . 4 AzO^2, 8 H^2 O$. Il se présente en prismes ou en tables volumineuses, rouges, se décomposant à 100° [*Bull. Soc. Chim.*, (2), **27**, 244].

SÉBATES DE COBALT [M. O. N. Witt, *Bull. Soc. Chim.*, (2), **22**, 191; *D. chem. G.*, **6**, 219]. — On prépare un sébate de cobalt en dissolvant le carbonate dans l'acide sébacique en solution aqueuse bouillante; après refroidissement, la solution rose filtrée et évaporée donne des masses cristallines ou des grains sphériques, composés d'aiguilles microscopiques, renfermant $C^{10} H^{16} O^4 Co, 2 H^2 O$, insolubles dans l'eau, l'alcool et l'éther. Ces cristaux perdent leur eau à 120° et se colorent en violet.

Le sébate de cobalt anhydre, $C^{10} H^{16} O^4 Co$, a l'aspect d'écailles de couleur pourpre, peu solubles dans l'eau froide, assez solubles dans l'eau chaude. Il ne se précipite pas par double décomposition [R. Neison, *Chem. Soc.*, (2), **12**, 301; *Bull. Soc. Chim.*, (2), **22**, 295].

SÉLÉNITES DE COBALT [Nilson, *Bull. Soc. Chim.* (2), **23**, 356] (voir aussi l'article SÉLÉNIUM).

Sélénite neutre, $SeO^3 Co, 2 H^2 O$. — Remarquable parmi les sélénites, car il retient 2 molécules d'eau.

Disélénite, $SeO^3 Co . SeO^2$. — S'obtient par l'évaporation du sélénite neutre à 60° dans l'acide sélénieux.

Ces deux sélénites sont cristallins, violacés, insolubles dans l'eau froide.

Trisélénite, $SeO^3 Co . 2 SeO^2, H^2 O$. — Obtenu par l'évaporation d'un mélange de 1 molécule de protoxyde de cobalt et de 4 molécules d'acide sélénieux.

C. Chabrié.

COBALT (RÉACTIONS ET DOSAGE). — Le dosage du cobalt en présence d'une très grande quantité de nickel peut se faire, selon M. Fleitmann, par l'hypochlorite de sodium. Ce réactif précipite d'abord le peroxyde de cobalt (brun) et ensuite le peroxyde de nickel (noir). Le dépôt après lavage est dissous dans l'acide chlorhydrique chaud et précipité par le nitrite potassique [*Zeit. physik. Chem.*, **14**, 76; *Bull. Soc. Chim.*, (2), **24**, 281].

On peut doser le cobalt, avec une exactitude allant jusqu'à la quatrième décimale, en électrolysant, à chaud ou à froid, une solution d'oxalate double de cobalt et de potassium, ou mieux d'ammonium, additionnée d'un peu d'acide oxalique ou d'acide sulfurique, qui empêche la production de carbonate de cobalt, en même temps que se fait le dépôt de cobalt sur l'électrode négative; celle-ci (formée d'une capsule profonde en platine dans les expériences de Claisen et Reis) lavée à l'eau, puis à l'alcool et à l'éther et séchée, donne par différence le poids du cobalt [*D. chem. G.*, **14**, 1622 et 1633; *Bull. Soc. Chim.*, (2) **37**, 183].

Une lame de zinc, plongée dans une solution d'un sel de cobalt voisine de la neutralité, et contenant un peu de cuivre ou de plomb, précipite le cobalt, qui se redissout dans la solution rendue basique par le zinc.

La présence du plomb, ou mieux du cuivre, est indispensable pour que cette réaction (par entrainement) se fasse.

M. Tattersall a montré que le cyanure de potassium permet de déceler la présence du cobalt, même en présence du nickel. Les sels de cobalt donnent avec ce réactif un précipité couleur cannelle, soluble dans un léger excès de réactif. Cette solution, traitée par le sulfure d'ammonium jaune, se colore en rouge de sang. La présence du cuivre entrave complètement cette réaction [*Chem. News*, **39**, 66; *Bull. Soc. Chim.*, (2), **34**, 118].

M. Papasogli [*D. chem. G.*, **1**, 297] indique aussi que des traces de cobalt, même en présence de nickel, peuvent être décelées par la coloration rouge que prend la solution alcaline de cyanure double de cobalt et de potassium, lorsqu'on y ajoute du sulfure d'ammonium. Il recommande de verser ce dernier avec précaution pour ne pas mélanger les deux liqueurs, et d'observer la surface de séparation.

M. Phipson indique un moyen rapide de déceler la présence du cobalt et du nickel à l'état de mélange, au moyen du xanthate de potassium ajouté en dissolution aqueuse, par petites quantités, en agitant la liqueur légèrement acidulée par l'acide chlorhydrique. Le nickel et le cobalt se précipitent. On lave sur le filtre, et on enlève le nickel par l'ammoniaque, qui le dissout instantanément, tandis que le xanthate de cobalt reste sur le filtre. Le xanthate de nickel est brun-chocolat, presque insoluble dans l'eau, très soluble dans l'ammoniaque. Le xanthate de cobalt est vert, presque insoluble dans l'ammoniaque [*C. R.*, **84**, 1459].

M. Vogel recommande l'analyse spectroscopique (à la flamme d'hydrogène de préférence) pour déceler le cobalt en présence du fer et du nickel.

Les solutions des sels de cobalt, séparés de ceux de fer à l'aide du sulfocyanure d'ammonium en excès et de carbonate de sodium, fournissent un spectre d'absorption caractérisé par une forte bande entre B 3/4 et D de Frauenhofer, et par une autre bande faible vers D [*D. chem. G.*, **12**, 2313; *Bull. Soc. Chim.*, (2), **34**, 548].

Pour la séparation du cobalt et du nickel, amenés à l'état d'oxydes, M. Delvaux propose une méthode un peu longue, mais sûre, et susceptible d'applications industrielles pour la préparation de ces deux métaux purs, et décelant même des quantités minimes de cobalt dans l'excès de nickel.

L'auteur se base sur les procédés de Pisani et de Terreil : Les deux oxydes ou sulfures, débarrassés d'autres corps, sont dissous dans une eau régale riche en acide chlorhydrique, étendus d'eau et saturés par un excès d'ammoniaque. On additionne de permanganate de potassium jusqu'à teinte rose persistante, et de potasse pure, ce qui précipite le nickel. Les eaux de lavage, saturées d'acide acétique et traitées par l'hydrogène sulfuré, laissent déposer la totalité du cobalt.

On débarrasse le nickel du manganèse qu'il a entraîné en dissolvant le mélange dans l'acide chlorhydrique, saturant par l'ammoniaque et laissant au contact de l'air, ce qui laisse le manganèse se précipiter. On filtre. Dans les eaux de filtration, on précipite le nickel par l'hydrogène sulfuré [*C. R.*, **92**, 723].

M. Donath simplifie [*D. chem. G.*, **12**, 1868] pour le dosage du cobalt et du nickel mélangés la méthode indiquée par M. Fleischer [*J. prakt.*

Chem., **2**, 48]. Il divise la dissolution des deux métaux en deux parties égales et se sert de lessive de soude et de brome qu'il verse dans une de ces deux parties, ce qui produit, à l'ébullition, la transformation des sous-oxydes hydratés de cobalt et de nickel en sesquioxydes Co^2O^3 et Ni^2O^3; dans la seconde moitié de la dissolution, il ajoute de la lessive de potasse et de l'iode et fait bouillir. Cette réaction transforme en sesquioxyde le sous-oxyde de cobalt seul, tout en laissant le nickel intact.

En déterminant par l'iode la quantité de sesquioxyde dans les deux cas, on arrive rapidement à évaluer celle du sesquioxyde de cobalt Co^2O^3, qui correspond au cobalt seul.

Pour séparer le cobalt du nickel, M. Gucci [*Gazz. chim. ital.*, **16**, 207; *D. chem. G.*, **19**, *Ref.*, 851] dissout dans l'eau régale le mélange des deux sulfures; il évapore la solution à sec et fond le résidu avec du salpêtre : en lavant à l'eau chaude le produit de la fusion, on obtient à l'état insoluble le mélange des deux oxydes. On n'a plus qu'à traiter ce mélange par le double de son volume d'acide nitrique étendu (d = 1,2) pour dissoudre le nickel, tandis que le cobalt reste insoluble à l'état d'oxyde.

Pour rechercher le cobalt en présence du nickel, M. Lafay [*Journ. Pharm. Chim.*, (5), **26**, 67] propose une méthode basée sur les deux réactions suivantes : 1° Si dans une solution à peu près neutre de chlorure de cobalt à 5 0/0 on verse un égal volume d'une solution concentrée de dichromate de potassium et un grand excès d'ammoniaque, il se fait immédiatement un précipité; si l'on ajoute alors au mélange un grand excès de potasse à 30 0/0, le précipité se redissout en donnant une solution verdâtre parfaitement limpide. 2° Le chlorure de nickel, traité par le réactif ammoniochromique, donne une liqueur limpide, dans laquelle un excès de potasse produit un précipité blanc-verdâtre. Le mélange des sels de cobalt et de nickel se comporte comme chacun des sels pris en particulier. Par suite, on reconnaîtra la présence du cobalt à ce que le réactif ammoniochromique donne un précipité soluble dans un excès de potasse à 30 0/0, tandis qu'il produit avec les sels de nickel une liqueur précipitable par un excès de potasse.

M. Baubigny a trouvé que l'hydrogène sulfuré transforme tous les sels de cobalt, sulfate et chlorures compris, en sulfures, ainsi qu'il l'a trouvé auparavant pour le nickel.

Pour le cobalt, les résultats varient suivant les conditions : 1° suivant l'état de concentration de la liqueur pour un même sel; 2° suivant la nature de l'acide du sel; 3° avec les rapports de poids de l'acide et du métal; 4° avec ceux de l'acide libre et de l'eau servant à la dissolution; 5° avec l'état de saturation par l'hydrogène sulfuré et par suite avec la tension du gaz, etc.

Il opère toujours dans des vases scellés à la lampe.

La précipitation du nickel est plus parfaite que celle du cobalt, bien que le dépôt de cobalt se forme dans les solutions neutres ou peu acides plus facilement et plus rapidement; le contraire a lieu dans les dissolutions acides.

Enfin, l'acide acétique peut annihiler totalement l'action de l'hydrogène sulfuré sur les sels de cobalt [*C. R.*, **105**, 751 et 806].

La purification des sels de cobalt et de nickel proposée par M. Delffs en 1879 est impossible, d'après les recherches de M. Baubigny [*C. R.*, **106**, 132].

M. Baubigny a étudié un nouveau cas où la méthode de séparation du cobalt et du nickel par le nitrite de potassium est inapplicable. Erdmann a montré que cette méthode ne pouvait pas être employée dans le cas de la présence du baryum, du strontium, du calcium, car il y avait formation de nitrites triples de nickel et de ces métaux; quelques-unes de ces nitrites étaient insolubles, fait d'ailleurs signalé par Lang.

M. Baubigny a observé des faits analogues en présence du plomb; il se forme, dans ce cas, un nitrite insoluble contenant de l'alcali, du plomb et du nickel, mais on n'a pu en faire l'analyse. Cette observation a une grande importance, car la préparation industrielle du nitrite de potassium se fait en réduisant les nitrates par le plomb, et ce métal agit dans ces conditions sur les sels de nickel même étant en faible quantité [*C. R.*, **107**, 685].

M. Baubigny a recherché si la méthode de séparation du nickel et du zinc par l'hydrogène sulfuré, qui se distingue par une grande netteté pour le nickel, est applicable de même au cobalt. Il a trouvé que, pour ce dernier, elle n'est exacte qu'en présence d'une faible quantité de cobalt par rapport au zinc. Lorsque cette quantité est un peu forte, le sulfure zincique a toujours une teinte verte, due à la présence du cobalt, et cette teinte se laisse observer indifféremment si la liqueur a été acidulée par les acides nitrique ou sulfurique, ou bien par les acides citrique, oxalique, etc. [*C. R.*, **108**, 450].

Lorsqu'on veut débarrasser le cobalt du fer, on évapore à sec la solution de leurs sels pour chasser autant que possible les acides libres; on reprend le résidu par l'eau et on le traite par la solution de sulfate d'ammonium. On ajoute de l'acide oxalique et de l'ammoniaque, et on arrive ainsi, après filtration et lavages, à débarrasser le cobalt du fer [*Chem. News*, **44**, 76].

On a donné un moyen rapide et sûr pour déceler des quantités minimes de cobalt dans les dissolutions qui contenaient à l'origine du fer et du nickel, grâce à la possibilité de séparer le sulfocyanate de fer des sulfocyanates basiques de cobalt et de nickel [Zimmermann, *Ann. Chem.*, **1**, 199].

M. Mac Culloch [*Chem. News*, **58**, 51; *D. chem. G.*, **22**, *Ref.*, 298] a proposé, pour le dosage volumétrique du cobalt en présence des autres métaux, l'emploi d'une solution titrée d'acide chromique agissant sur le cyanure de cobalt en solution dans le cyanure de potassium, d'après la réaction

$$6\,Co\,Cy^2 + 24\,Cy\,K + 2\,Cr\,O^3 + 3\,H^2O$$
$$= 3\,Co^2Cy^{12}K^6 + Cr^2O^3 + 6\,KOH.$$

Le nickel, le manganèse et les autres métaux ne sont pas attaqués dans ces conditions. On opère en laissant couler goutte à goutte la solution cobaltique dans un ballon contenant un excès d'une solution de dichromate de potassium, et dont on a préalablement chassé l'air par ébullition. L'opération terminée, on titre l'excès d'acide chromique au moyen du sulfate ferroso-ammonique.

M. Carnot [*C. R.*, **108**, 741] sépare le nickel du cobalt en oxydant par le brome ou par l'eau oxygénée la solution acide contenant les deux métaux; l'opération terminée, on sursature par l'ammoniaque et on précipite par la potasse : tout le nickel est précipité avec des traces de cobalt. Il suffit de redissoudre le précipité et de recommencer le traitement sur la nouvelle solution pour obtenir un dépôt ne contenant que des traces impondérables de cobalt.

La méthode suivante, due également à M. Carnot [*C. R.*, **109**, 109], permet de séparer les sels cobaltiques des composés cobalteux et des sels de nickel. On oxyde le mélange par l'eau oxygénée en présence du sel ammoniac et d'un excès d'ammoniaque. On obtient ainsi une solution pur-puréocobaltique qui, acidulée par l'acide acétique et additionnée de molybdate d'ammonium, fournit un précipité rouge-cerise, presque insoluble, renfermant $Co^2O^3 . 10AzH^3 . 7MoO^3 , 3H^2O$.

La calcination convertit ce sel en molybdate $2CoO . 7MoO^3$.

Les sels de nickel et de cobalt au minimum ne sont pas précipités dans ces conditions.

On peut aussi précipiter par le tungstate d'ammonium : le précipité rose ainsi obtenu renferme $Co^2O^3 . 10AzH^3 . 10TuO^3 , 9H^2O$; au rouge sombre, il se convertit en $CoO . TuO^3$ [Carnot, *C. R.*, **109**, 147].

Ce dernier réactif ne précipite pas les sels de nickel ni les sels cobalteux. Il donne avec les sels cobaltiques un précipité cristallin renfermant

$$15TuO^3 . 2CoO . 8(AzH^4)^2O , 3H^2O.$$

Enfin, on peut encore utiliser les réactions suivantes : Le vanadate d'ammonium produit dans les sels cobaltiques, en présence d'acide acétique et de sels ammoniacaux, un précipité orangé renfermant $Co^2O^3 . 10AzH^3 . 5Va^2O^5 , 9H^2O$, que la calcination convertit en vanadate $2CoO . 5Va^2O^5$.

Le même réactif donne avec les sels de nickel un précipité vert, $NiO . 2Va^2O^5$, et avec les sels cobalteux un précipité orangé, $CoO . 2Va^2O^5$ [Carnot, *C. R.*, **109**, 147].   C. Chabrié.

COBALT (INDUSTRIE). — L'industrie des produits à base de cobalt a pris une nouvelle extension depuis la découverte des gisements de manganèse cobaltifères de la Nouvelle-Calédonie. Dans ces derniers temps, cette industrie, jusqu'alors exclusivement exploitée par quelques usines allemandes et anglaises, a été introduite en France (établissements Malétra).

Le traitement des minerais arséniés (smaltines) et sulfoarséniés (cobaltines) a été décrit Dict., **1**, 937-943 et **2**, 1506 ; nous n'avons pas à y revenir. Nous étudierons dans cet article les minerais oxydés et les différents procédés qui ont été proposés pour les traiter, en terminant par l'énumération des produits industriels à base de cobalt et par l'exposé d'une méthode d'analyse colorimétrique.

MINERAIS OXYDÉS. — Les minerais oxydés de cobalt sont constitués par la variété minéralogique d'oxyde de cobalt hydraté connue sous le nom d'*asbolane* (Dict., **1**, 428). L'oxyde de cobalt y est toujours accompagné de quantités considérables d'hydroxydes de manganèse plus ou moins ferrugineux. Wackenroder, Dœbereiner, M. Rammelsberg ont donné des analyses d'asbolanes. Plus récemment MM. Capelle, Villon, et surtout M. Ad. Carnot, ont fait connaître la composition des minerais calédoniens.

Des gisements de minerais oxydés ont été découverts en Allemagne (Thuringe), en Espagne (Asturies), au Tonkin, en Australie, en Nouvelle-Calédonie. Ces derniers sont les plus connus et les plus importants. Nous les étudierons spécialement dans cet article.

En Nouvelle-Calédonie, ces minerais, d'origine hydrothermale, se rencontrent en veines irrégulières, disséminées dans des masses compactes d'argiles ferrugineuses. Le gisement traverse le massif de l'île de part en part ; il paraît considérable. La richesse de ces minerais est assez variable d'une mine à l'autre. Certains échantillons renferment jusqu'à 20 0/0 d'oxyde de cobalt ; mais cette teneur est exceptionnelle : elle ne dépasse pas normalement 3 ou 4 0/0 d'oxyde de cobalt. Le nickel y accompagne toujours le cobalt, dans une proportion qui a l'air d'être constante. La partie du minerai insoluble dans les acides et attaquable seulement par les bisulfates alcalins en

fusion, renferme du sidérochrome en paillettes et des silicates alumineux. Je signalerai dans ces minerais la présence de petites quantités de cuivre (0,1 0/0 Cu). L'analyse suivante peut donner une idée approximative de la composition moyenne du minerai néo-calédonien :

Insoluble (dans l'eau régale)......	8,00
Perte à la calcination (eau et oxygène en excès)................	32,75
Alumine.....................	5,00
Chaux......................	1,00
Magnésie....................	1,00
Peroxyde de fer...............	30,00
Oxyde de manganèse...........	18,00
Oxyde de cobalt...............	3,00
Oxyde de nickel...............	1,25
	100,00

Les oxydes sont hydratés ; le manganèse, le cobalt et le nickel sont à des degrés variables d'oxydation ; le fer est au maximum.

TRAITEMENT MÉTALLURGIQUE.

I. VOIE SÈCHE. — La quantité considérable de fer et de manganèse qui accompagne le cobalt a jusqu'à ce jour empêché le traitement complet par la voie sèche, qui eût permis de traiter le minerai sur les lieux d'extraction. M. Levat a fait breveter, en octobre 1886, un procédé consistant à traiter le minerai par le carbone, de façon à ne réduire que le cobalt et le nickel et à obtenir ces deux métaux à l'état de grenailles ou de poussières métalliques. Après l'opération, la séparation du cobalt-nickel d'avec la gangue et les oxydes de fer et de manganèse est effectuée par tamisage ou au moyen d'une électrotrieuse.

Ce procédé n'est pas entré dans la pratique.

II. VOIE MIXTE. — Le traitement des minerais oxydés par voie mixte paraît fournir les meilleurs résultats.

Dans la première partie des opérations, on élimine par voie sèche la totalité du manganèse et la majeure partie du fer. Par cette concentration préalable (A) sur les lieux d'extraction, on diminue le poids mort du minerai à transporter et à traiter par les réactifs de la voie humide (B).

(A). C'est ainsi qu'on a essayé en Nouvelle-Calédonie le procédé suivant de concentration par voie sèche : Le minerai était mélangé avec du gypse et fondu au haut fourneau. Il se produisait une matte contenant 14 0/0 de cobalt. Malheureusement la scorie, n'ayant pas une fluidité suffisante, entraînait de fortes quantités de cobalt. En outre, le gypse ne se trouve que difficilement en Nouvelle-Calédonie. Ce procédé fut donc abandonné.

Le *procédé Levat* (1886) de réduction partielle, indiqué plus haut, peut être rattaché au procédé de la voie mixte ; en effet, dans un brevet pris postérieurement, l'auteur propose de dissoudre dans l'acide chlorhydrique étendu les métaux partiellement réduits, puis de les séparer par les procédés hydrométallurgiques.

Procédés Herrenschmidt (1890). — Les minerais oxydés sont mélangés soit avec du minerai de plomb argentifère, soit avec des minerais de cuivre siliceux, que l'on trouve abondamment en Nouvelle-Calédonie. On passe au haut fourneau pour obtenir d'une part une scorie entraînant l'alumine, le fer et le manganèse sous forme de silicates, et d'autre part une matte contenant le cobalt, le nickel, le cuivre (ou le plomb) et partiellement le fer à l'état de sulfures.

Ce procédé de concentration fonctionne actuellement dans une usine établie à Nouméa par les établissements Malétra. Les mattes obtenues dans un four à manche a circulation d'eau (*water-jacket*) sont transportées en France (Rouen) et traitées par les procédés suivants de la voie humide.

(B) *Procédé Clarke et Esilman* (1867). — Les sulfures sont traités par un sel ferrique, sulfate ou chlorure, à froid ou à chaud : il y a réduction du sel ferrique, précipitation de soufre et mise en liberté du cobalt, du nickel et du cuivre.

Procédés Herrenschmidt ; 1re méthode (avril 1890). — Les mattes obtenues dans l'opération précédente sont moulues et sulfatées par grillage. On extrait par l'eau les sulfates de nickel, de cobalt et de cuivre; on précipite le cuivre par cémentation au moyen du fer; on filtre les liqueurs contenant le cobalt, le nickel et le fer sur un lit de minerai de Nouvelle-Calédonie : le fer est précipité, et remplacé dans la solution par une quantité équivalente de cobalt, de nickel et de manganèse du minerai. On précipite ces métaux par la magnésie. Le précipité est traité à l'ébullition par une nouvelle quantité de liqueurs contenant le cobalt, le nickel et le manganèse : le manganèse se dissout en précipitant les quantités correspondantes d'oxydes de cobalt et de nickel. On réitère l'opération, et finalement on obtient un précipité de nickel et de cobalt exempt de manganèse, que l'on sépare comme il sera dit plus bas lors du traitement complet par la voie hydrométallique.

2° méthode (août 1891). — Les sulfates provenant des mattes grillées sont transformés en chlorures, par décomposition avec le chlorure de calcium. On traite la liqueur filtrée par un mélange d'oxydes et de carbonates de cuivre et de calcium, etc. ; le fer se précipite avec une certaine quantité de cuivre à l'état d'oxydes, de carbonates, etc. On porte à l'ébullition : le cuivre se redissout. On précipite les liqueurs de nickel, cuivre et cobalt par addition de chaux ou de carbonate de sodium; on déplace par addition de nouvelles liqueurs à l'ébullition. Le cuivre est précipité; le cobalt et le nickel passent en solution.

3° méthode (janvier 1892). — La solution renfermant le cobalt, le nickel, le cuivre et le fer des sulfates obtenus par le grillage des mattes est mise en digestion avec une quantité déterminée des mêmes mattes concassées ou pulvérisées. Le cuivre est précipité à l'état métallique par les sulfures de cobalt, de nickel et de fer. Une quantité équivalente de ces métaux passe en solution. On précipite le fer en faisant digérer les liqueurs de cuivre avec des oxydes hydratés de cobalt et de nickel. Les liqueurs pures de cobalt et de nickel sont traitées et séparées ultérieurement.

Un procédé analogue a été breveté par M. J. de Coppet (juin 1892). Les mattes ou le minerai sont traités de façon à obtenir, après séparation du fer par les moyens connus, les oxydes de cuivre, de cobalt et de nickel. Ces oxydes sont amenés par un réducteur à l'état métallique pulvérulent. Les métaux réduits sont traités soit par une solution d'un sel cuprique, soit par une solution cuprique des mêmes mattes ou minerais. Le cuivre de ces solutions est précipité par le cobalt et le nickel qui se dissolvent. On obtient un précipité de cément de cuivre et une liqueur pure renfermant le cobalt et le nickel.

III. TRAITEMENT PAR VOIE HUMIDE. — Les minerais oxydés de la Nouvelle-Calédonie peuvent être traités directement par la voie humide sans concentration préalable par voie sèche. Mais, les réactifs nécessaires (acides et alcalis) étant d'un prix élevé sur les lieux d'extraction, il faut amener ces minerais en Europe, et les frais de transport à grande distance augmentent de beaucoup le prix de revient.

Procédé Carnot (1880). — Ce procédé fut étudié au laboratoire de l'École des Mines, sur la demande du ministre de la Marine et des Colonies, afin de renseigner les concessionnaires de mines de Nouvelle-Calédonie. Le minerai est d'abord fortement calciné, de façon à rendre l'argile et l'oxyde de fer plus difficilement attaquables par les acides. Cette calcination fait en même temps perdre au minerai environ 20 0/0 de son poids en matières inertes. Le minerai calciné est broyé, et attaqué à chaud par l'acide chlorhydrique. La solution étendue d'eau est traitée par du calcaire pulvérisé, jusqu'à neutralité. Le fer se précipite à l'état de peroxyde qui reste mélangé à la gangue. Les liqueurs contenant le cobalt, le nickel et le manganèse, décantées et filtrées, sont traitées par un lait de chaux, qui précipite d'abord le cobalt et le nickel, puis le manganèse. Ce procédé est surtout applicable aux minerais riches de 10 à 20 0/0 en oxyde de cobalt analysés par M. Carnot, qui ne contiennent pas de nickel.

Procédé Readmann (1882). — Le minerai (100 parties) est pulvérisé et mélangé avec du sulfate de soude (84 parties) et de l'acide sulfurique (65 parties); on chauffe au rouge dans un four. Le cobalt, le nickel et le manganèse seuls sulfatés. On neutralise par du calcaire, de la bauxite, etc., on continue la chauffe. On défourne et on reprend par l'eau. Le fer reste insoluble; les liqueurs de sulfates de cobalt, de nickel et de manganèse sont traitées par du sulfure de sodium pour précipiter exclusivement le cobalt et le nickel, séparables par les méthodes ordinaires. Les liqueurs manganésifères sont concentrées pour extraire le sulfate de soude par cristallisation; les eaux mères sont évaporées à sec, mélangées avec du charbon et calcinées en vase clos. On reprend par l'eau pour extraire le sulfure de sodium formé. Le résidu insoluble est du sulfure de manganèse, qui, par le grillage, se transforme en oxyde utilisable. Ce procédé par les bisulfates dérive de la méthode de Liebig indiquée Dict., 1, 937.

1er *Procédé Herrenschmidt* (1882). — On fait bouillir le minerai pulvérisé avec une solution de sulfate ferreux; ou encore, on calcine un mélange de sulfate ferreux avec le minerai pulvérisé. Les métaux cobalt, nickel et manganèse sont transformés en sulfates solubles, avec production de peroxyde de fer :

$$2\,SO^4Fe + MnO^2 + CoO$$
$$= Fe^2O^3 + SO^4Mn + SO^4Co$$

et

$$2\,SO^4Fe + Co^2O^3 = Fe^2O^3 + 2\,SO^4Co.$$

On décante, et on passe au filtre-presse les boues ferrugineuses contenant la gangue, l'alumine, etc. Les liqueurs contenant le cobalt, le nickel et le manganèse sont traitées comme il sera dit plus bas.

Procédé Gauthier (1882). — Le minerai est attaqué par un mélange d'acides chlorhydrique et sulfurique. Le chlore produit sert, en régénérant de l'acide chlorhydrique, à transformer en acide sulfurique l'acide sulfureux humide produit dans un four voisin par le grillage de pyrites :

$$Cl^2 + SO^2 + 2H^2O = 2\,HCl + SO^4H^2$$

Le reste des opérations n'offre pas de particularité.

Procédé Clarke (1884). — Le minerai pulvérisé est mélangé avec une solution de chlorure ferreux. On fait bouillir, on évapore à sec et on calcine à 375°. Le cobalt, le nickel et le manganèse sont attaqués par double décomposition avec formation de peroxyde de fer. On reprend par l'eau. On sépare le cobalt et le nickel du manganèse par le sulfure de calcium.

2° *Procédé Herrenschmidt* (Sydney, 1884). — Ce procédé est surtout applicable aux minerais d'Australie, qui ne peuvent être facilement attaqués par le chlorure ferreux, et aux minerais de Nouvelle-Calédonie. Le minerai d'Australie est traité par l'acide chlorhydrique ; la solution des chlorures est réduite par filtration sur un lit de ferrailles ou de mattes concassées ; la solution de chlorure ferreux résultante sert à attaquer à l'ébullition des minerais de la Nouvelle-Calédonie.

Procédé Dixon et Ratte (1886). — Les auteurs de ce procédé traitent par l'acide sulfureux le minerai pulvérisé, mis en suspension dans l'eau faiblement acidulée par l'acide sulfurique. Les oxydes de cobalt, de nickel et de manganèse sont dissous et transformés en sulfates. L'acide sulfureux est produit dans un four à soufre ; la réaction a lieu dans des bacs fermés munis d'agitateurs et dans une tour de condensation remplie de minerai concassé et maintenue humide par un courant d'eau ou de liqueurs des attaques précédentes. Les liqueurs sulfureuses sont filtrées sur un lit de minerai pour enlever l'excès d'acide sulfureux. La solution des sulfates de cobalt, de nickel et de manganèse est traitée par un sulfure ou par un lait de chaux pour séparer le manganèse.

Dans tous les procédés précédents, la séparation du cobalt d'avec le nickel n'est pas indiquée : cette lacune est comblée dans le procédé suivant.

3° *Procédé Herrenschmidt* (1888), breveté au nom des établissements Malétra. — Ce procédé comprend la série d'opérations suivantes :

1° Le minerai pulvérisé est traité par une solution de sulfate ferreux, en présence de jets de vapeur qui activent l'opération et mélangent les liqueurs ; il se produit la réaction indiquée plus haut.

On décante les liqueurs renfermant les sulfates de cobalt, de nickel et de manganèse. Le peroxyde de fer précipité reste avec des sulfates ferriques basiques, mélangé à la silice et à l'alumine du minerai. Après lavage au filtre-presse, ce peroxyde de fer peut être utilisé tel quel à la fabrication du sulfate ferrique, ou du sulfate ferreux, en l'attaquant en présence de ferraille ; il peut aussi, après calcination, être transformé en colcothar.

Le sulfate de fer utilisé dans l'opération est produit économiquement par l'attaque de ferrailles ou de vieille fonte au moyen d'une solution de bisulfate de soude, sous-produit de la fabrication de l'acide nitrique. Le bisulfate dissous dans l'eau abandonne son acide sulfurique libre (35 0/0 SO_4H_2 environ). Après saturation par la ferraille, le sulfate de soude neutre du bisulfate est séparé par cristallisation, et transformé en sulfure de sodium en le chauffant sous pression avec une solution de charrées de soudières.

2° Les liqueurs filtrées contenant les sulfates de cobalt, de nickel et de manganèse sont traitées par le sulfure de sodium. Le cobalt et le nickel se précipitent à l'état de sulfures avec une certaine quantité de manganèse.

3° Le précipité de sulfures de cobalt, de nickel et de manganèse est passé au filtre-presse et mis en digestion avec une quantité calculée de perchlorure de fer : le sulfure de manganèse seul se dissout ; il en résulte : (α) un précipité noir de sulfures de cobalt et de nickel relativement purs, et (β) une liqueur de sulfate et de chlorure de manganèse mélangée de sulfates et de chlorures ferreux et ferriques. On traite cette liqueur par le chlorure de calcium pour transformer les sulfates en chlorures, puis on précipite par la chaux. Le précipité riche en manganèse peut être utilisé pour la préparation du ferro-manganèse, etc.

Le précipité de sulfures de cobalt et de nickel est séché et grillé méthodiquement pour être transformé en sulfate soluble par lixiviation.

4° La masse grillée est reprise par l'eau bouillante, qui dissout les sulfates de cobalt et de nickel. On traite cette liqueur par le chlorure de calcium pour transformer en chlorures (transformation nécessitée par l'emploi de la chaux dans les opérations, au lieu de la soude, précipitant plus coûteux).

5° La liqueur de chlorures de cobalt et de nickel est fractionnée en deux parties (α), (β).

(α) Dans la partie (α), le cobalt et le nickel sont précipités par un lait de chaux, passés au filtre-presse et lavés pour éliminer le chlorure de calcium. Le précipité d'oxydes de cobalt et de nickel, mis en suspension dans l'eau, est peroxydé par un courant de chlore mélangé d'air. Ce courant de chlore est produit par l'attaque d'une portion du minerai au moyen de l'acide chlorhydrique. Les perchlorures résultants sont utilisés pour la décomposition du sulfure de manganèse (3°).

(β) On ajoute aux peroxydes en suspension (α) la fraction de liqueur (β) mise en réserve. A chaud et en présence d'un jet de vapeur, le sesquioxyde de nickel est réduit et déplacé par le chlorure de cobalt de la liqueur ; il entre en solution à l'état de chlorure, et il y a précipitation d'une quantité équivalente de sesquioxyde de cobalt.

On réitère l'opération jusqu'à ce que l'on reconnaisse que le précipité ne contient plus que du peroxyde de cobalt pur : on passe au filtre-presse.

Inversement, la liqueur de chlorure de nickel contenant de petites quantités de chlorure de cobalt est purifiée par déplacement au moyen du peroxyde de nickel. Cette liqueur est finalement traitée par la chaux en présence du chlore pour obtenir le sesquioxyde de nickel pur.

On a donc d'un côté le peroxyde de cobalt, et de l'autre le peroxyde de nickel, hydratés et purs.

Procédé Natusch (1888). — Les minerais cobaltifères ou mattes grillées sont calcinés au rouge avec du chlorure ferreux sec. D'après l'inventeur, il se produit la décomposition

$$Co_2O_3 + 2FeCl_2 = 2CoCl_2 + Fe_2O_3$$

ou

$$CoO + FeCl_2 = CoCl_2 + FeO.$$

On reprend par l'eau.

Ce procédé n'est que la reproduction du brevet Clarke décrit plus haut.

Procédé Stahl (1890). — L'inventeur applique ce procédé au traitement des minerais pauvres. Les oxydes de fer ou de manganèse, les sulfures de cuivre ou autres minerais contenant du cobalt sont soumis à un grillage chlorurant, en les grillant à mort avec du sel marin et du sulfure de fer. Le cobalt et le cuivre sont solubilisés. Le fer et le manganèse restent à l'état d'oxydes insolubles. On extrait le chlorure de cobalt et le chlorure de cuivre formé, par lixiviation avec de l'eau légèrement acidulée. On traite les liqueurs acides par l'hydrogène sulfuré, qui sépare le cuivre. On neutralise et on précipite le cobalt, le fer et le manganèse par un sulfure soluble ; on sépare le cobalt en ajoutant un acide minéral très dilué ou de l'acide acétique. Dans un second brevet (décembre 1891) l'auteur reprend les sulfures de cobalt et de manganèse par un mélange de 1 volume d'acide sulfureux et 2 volumes d'acide acétique dilué.

IV. PROCÉDÉS ÉLECTROLYTIQUES. — Ces procédés ne sont guère jusqu'ici entrés dans le domaine de la pratique. On peut citer :

Le *procédé André* (1877). Son auteur a fait

breveter le traitement électrolytique de mattes speiss contenant du cobalt et du nickel mélangés à d'autres métaux, tels que le cuivre, l'argent, etc. L'électrolyte est constituée par de l'acide sulfurique dilué, ou par une solution de sulfate de cobalt ammoniacal, avec interposition entre l'anode et la cathode d'un cadre ou d'une cloison poreuse contenant des grenailles métalliques destinées à précipiter le cuivre, l'argent, etc., par déplacement.

Le *procédé Levat* (1886) applique également l'électrolyse à la séparation du cobalt et du nickel réduits et placés à l'anode.

Le *procédé Hermite*, proposé pour l'extraction directe du nickel par électrolyse, serait également applicable aux minerais oxydés de cobalt. Dans ce procédé, l'oxyde de nickel du minerai est dissous sous pression dans l'ammoniaque et soumis à l'électrolyse.

Sur ce mode de traitement électrolytique des minerais de nickel et de cobalt, on peut se reporter aux brevets anglais, allemands et américains de MM. André, Menges, Wiggin et Smeaton, Wiggin et Johnstone, Thompson, Body, etc.

PRODUITS A BASE DE COBALT.

COBALT MÉTALLIQUE. — Le cobalt métallique est préparé industriellement en réduisant l'oxyde de cobalt soit par le carbone, soit plus rarement par l'hydrogène ou par l'oxyde de carbone (procédé Sébillot).

Dans le premier cas, on fait une pâte avec 95 0/0 d'oxyde de cobalt, 4 0/0 de farine ou de charbon de bois, 2 0/0 de mélasse et une quantité suffisante d'eau, à moins que l'on n'emploie l'oxyde déjà hydraté et humide, tel qu'il sort du filtre-presse. Le mélange est passé au malaxeur, puis aggloméré par pression dans des moules métalliques. On porte à l'étuve (150°) pour dessécher la pâte et lui faire prendre une certaine consistance. On sort de l'étuve, on découpe en cubes et on remet à l'étuve jusqu'à dessiccation complète. Les cubes desséchés sont saupoudrés de poussière de charbon et chauffés dans un four, à 1200°, dans une atmosphère réductrice. Les cubes de métal réduit et carburé sont finalement fondus à 1800-2000°, dans des creusets de terre, en présence de borax et d'oxyde de cobalt destinés à les décarburer.

Pour opérer la fusion et la coulée sans rochage et donner au métal les qualités de malléabilité, etc., on suit les prescriptions indiquées par M. Fleitmann et Winckler (voyez l'article précédent).

Les usages du cobalt métallique sont encore assez restreints. Le cobalt est utilisé pour la préparation du ferro-cobalt, de l'acier cobalteux, et de différents alliages avec le cuivre, entre autres du maillechort de cobalt ou cobaltine. Allié avec le nickel dans la proportion de 60 0/0 de cobalt et de 40 0/0 de nickel, il donne un alliage beaucoup plus blanc que les deux métaux séparés (Herrenschmidt).

COBALTAGE OU COBALTISAGE. — Le revêtement des métaux au moyen du cobalt donne une couche plus dure et plus résistante que celle du nickel déposé dans les mêmes conditions. Selon M. Watt (*Scientific american*, 1891), le dépôt du cobalt, malgré son prix plus élevé, présente sur celui du nickel les avantages suivants : il est plus blanc ; il supporte mieux l'action du brunissoir ; les solutions pour l'électrolyse exigent trois fois moins de sel ; le courant nécessaire peut être moins fort, soit 2 volts pour le dépôt sur cuivre, laiton ou fonte et 1,07 volt pour le dépôt sur fer et acier. Pour le revêtement des planches de cuivre destinées à la gravure ou à l'impression, il

est facile, en cas d'insuccès, de dissoudre le cobalt au moyen d'un acide faible sans attaquer le cuivre, ce qui n'a pas lieu avec le nickel.

Le dépôt de cobalt s'effectue par voie électrolytique (voyez l'article précédent) ou au trempé pour les objets de petite dimension. Les opérations sont les mêmes que pour le nickelage (voyez Suppl., **1**, 1072). Il serait intéressant pour l'industrie du nickelage d'étudier les alliages de cobalt avec le nickel, obtenus par dépôts électrolytiques.

OXYDES DE COBALT. — Les oxydes de cobalt industriels sont à peu près purs. Le peroxyde ou oxyde noir renferme 70 0/0 ou plus de cobalt. Il est obtenu en calcinant modérément à l'air le peroxyde hydraté ou le protoxyde, ou encore le carbonate de protoxyde. L'oxyde gris, plus riche en protoxyde, est calciné à une température plus élevée, de façon à détruire le peroxyde formé en premier lieu.

Les oxydes noirs et gris sont utilisés en céramique pour masquer la coloration toujours jaunâtre de la pâte et pour obtenir de magnifiques colorations bleues. Enfin ces oxydes servent à la préparation des bleus de cobalt.

CARBONATES DE COBALT. — Les carbonates de cobalt, obtenus par double décomposition entre un sel de cobalt, de préférence le chlorure, et un carbonate alcalin, sont de teintes plus ou moins roses ou violacées selon le mode de fabrication adopté ; ils contiennent en moyenne de 46 à 50 0/0 de cobalt. Ces carbonates sont employés à la fabrication des bleus de cobalt surfins, spécialement utilisés pour l'impression des billets de banque.

BLEUS DE COBALT. — Les bleus à base de cobalt présentent des teintes extrêmement riches, allant du bleu clair au bleu foncé presque noir. Ils offrent une résistance remarquable aux différents agents chimiques (émanations sulfureuses, acides, etc.) ; ils ne sont pas vénéneux. Malheureusement ils sont d'un prix élevé et perdent leur éclat aux lumières artificielles.

Le *smalt* est constitué par un silicate double de protoxyde de cobalt et de potasse. La fabrication du smalt par la méthode saxonne au moyen du safre (Dict., **1**, 936 et **2**, 1506) est aujourd'hui presque partout abandonnée et remplacée par la méthode française, qui consiste à employer, au lieu de safre, les oxydes ou carbonates purs de l'industrie. Les bleus obtenus sont beaucoup plus purs et plus foncés. On emploie habituellement 60 ou 70 0/0 de quartz pulvérisé, de 2 à 10 0/0 de potasse, 20 ou 30 0/0 d'oxyde de cobalt. Quelquefois on ajoute 1 0/0 d'acide arsénieux. L'opération s'effectue dans des creusets analogues à ceux des cristalleries.

Bleu Thénard (bleu saphir, bleu de Leithner) (Dict., **1**, 944-945). — Ce bleu, actuellement peu employé, est d'une teinte un peu plus violacée que les autres bleus de cobalt ; c'est un aluminate de cobalt, obtenu en calcinant très fortement un mélange de 1 partie de phosphate de cobalt tribasique et de 8 parties d'alumine hydratée, les deux produits comptés humides, à 25 0/0 d'eau environ.

La couleur du produit varie avec la teneur en cobalt : en augmentant la proportion de phosphate de cobalt, on obtient des nuances plus verdâtres.

Outremers de cobalt. — Ces bleus sont constitués par de l'alumine colorée par de l'aluminate de cobalt. On les fabrique en précipitant par un alcali une solution d'alun et d'un sel de cobalt, puis en lavant et en calcinant le précipité à haute température. Les matières premières doivent être purifiées avec le plus grand soin. Ces outremers de cobalt sont très employés pour la peinture d'art, les fleurs artificielles, l'azurage du papier, du linge, l'impression des billets de banque. Pour cette dernière application, ils offrent cet avantage de présenter de grandes difficultés à la reproduction photographique, ce qui diminue le danger de contrefaçon.

Cæruleum (cælnie, bleu céleste). — Ce bleu, très stable, mais d'une nuance un peu terne, est le seul des bleus de cobalt qui ne paraisse pas violacé aux lumières artificielles. Sa fabrication est tenue secrète; on sait qu'il contient 49 0/0 de bioxyde d'étain, 18 0/0 de protoxyde de cobalt, 31 de sulfate de chaux et de silice.

Le tungstate de protoxyde de cobalt calciné a été également proposé comme couleur bleue à base de cobalt.

VERTS DE COBALT. — *Vert Rinmann* (Dict., 1, 938). — Ce vert, aujourd'hui abandonné, est très stable, mais sans grand éclat. Il est constitué par de l'oxyde de zinc coloré par de l'oxyde de cobalt dans la proportion de 1 molécule d'oxyde de cobalt au maximum pour 1 molécule d'oxyde de zinc. Le vert a plus d'éclat si l'oxyde de cobalt est introduit sous forme de phosphate ou d'arséniate.

On obtient un vert couvrant mieux et possédant une plus grande intensité de ton, à égalité d'oxyde de cobalt employé, en mélangeant le chlorure roséocobaltique avec de l'oxyde de zinc et en calcinant au rouge faible, jusqu'à cessation de fumées de chlorure de zinc.

Le *vert turquoise*, proposé par M. Salvetat, est obtenu en calcinant un mélange de 30 0/0 de carbonate de cobalt, 40 0/0 d'alumine hydratée, 20 0/0 d'oxyde chromique. On obtient les meilleurs résultats en précipitant par le carbonate de soude une solution de chlorure de cobalt, de sulfate de chrome et d'alun, dans les proportions voulues. Le précipité lavé est calciné au rouge vif.

VIOLET DE COBALT. — Couleur d'une nuance violet-lilas, très solide, utilisée dans l'impression des tapis et dans la peinture d'art, constituée par du phosphate de protoxyde de cobalt basique calciné.

L'arséniate de cobalt, préparé par double décomposition et fortement calciné, donne un violet de nuance semblable, à peu près inaltérable, mais vénéneux.

ROSES DE COBALT. — Le phosphate de protoxyde de cobalt hydraté, l'arséniate, et le mélange de magnésie et d'oxyde de cobalt calciné sont d'un rose clair, assez vif mais très pâle. Ces roses sont inusités.

Le phosphate de protoxyde de cobalt ammoniacal, connu dans l'industrie sous le nom de *bronze de cobalt*, est un produit cristallin, présentant des paillettes micacées de nuance rose ou violette, selon la température à laquelle il a été préparé. Il est obtenu par double décomposition entre un sel de cobalt et un phosphate soluble en liqueur ammoniacale.

ROUGE DE COBALT. — Le β-nitrosonaphtolate de cobalt, [C¹⁰H⁶O(AzO)]³Co, obtenu en précipitant en liqueur acidulée par l'acide chlorhydrique un sel de cobalt par le β-nitrosonaphtol, est d'un rouge pourpre très foncé, peu solide à la lumière.

JAUNE DE COBALT (azotite double de potasse et de peroxyde de cobalt) (voyez Dict., 1, 942). — Ce composé est employé dans la peinture d'art. Il permet d'obtenir des bleus très purs dans la peinture sur verre ou sur porcelaine.

Parmi les sels de cobalt, le chlorure, le nitrate, le sulfate et l'acétate sont employés en teinture. Le chlorure et le sulfate ammoniacal servent pour le cobaltage galvanique. Ces sels se préparent industriellement au moyen des oxydes hydratés.

MÉTHODE COLORIMÉTRIQUE. — La méthode colorimétrique fournit des résultats très rapides, permettant, avec une série de solutions types préparées d'avance, d'apprécier industriellement la richesse en cobalt d'un minerai ou d'un produit mis en dissolution chlorhydrique dans un volume déterminé d'eau. Pour l'analyse d'un minerai oxydé, on peut opérer de la façon suivante : La solution légèrement chlorhydrique et non filtrée du minerai est étendue d'eau : on neutralise par le carbonate de calcium; le peroxyde de fer se précipite; on fait un volume déterminé.

On filtre et on recueille une quantité mesurée de la liqueur. Comparativement avec des solutions de richesse connue, on effectue la détermination du cobalt par appréciation de l'intensité de la teinte rose.

Le peroxyde de fer ainsi précipité n'entraîne que des quantités négligeables de cobalt, et comme la précipitation est faite sur un volume déterminé, on n'a pas besoin d'opérer de lavages.

Quand la quantité de fer ne dépasse pas 10 0/0, on peut effectuer l'essai plus rapidement et sans précipitation, en détruisant par l'acide sulfureux la couleur jaune du chlorure ferrique, qui masque la couleur rose du chlorure de cobalt.

MÉTHODE PONDÉRALE. — Pour la détermination précise du cobalt, on ne connaît pas de procédé suffisamment satisfaisant permettant d'isoler et de doser le cobalt en *une seule opération*. On suit donc la méthode classique : élimination des métaux lourds par l'hydrogène sulfuré; du fer et de l'alumine par les acétates; du manganèse et de la chaux par l'hydrogène sulfuré en liqueur acétique. Le cobalt est séparé du nickel par la méthode de Liebig (avec le brome) (voyez Dict., 2, 546). D'après des essais personnels, il y aurait avantage à substituer l'hypobromite de sodium contenant un excès d'alcali au brome employé pour cette séparation. Avec l'hypobromite, la réaction étant moins vive, l'entraînement du peroxyde de cobalt avec le peroxyde de nickel précipité est moins à craindre. En outre, l'hypobromite est plus maniable.

On peut vérifier si la séparation est complète en observant au microscope les peroxydes humides (grossissement 200 diamètres). Le sesquioxyde de cobalt est brun-orangé; celui de nickel est noir (Herrendschmidt).

En peroxydant par l'eau oxygénée les protoxydes précipités par un alcali, il est encore plus facile de caractériser la présence du sesquioxyde de cobalt (brun-orangé) dans l'oxyde de nickel, resté blanc-verdâtre dans ces conditions.

La meilleure méthode pour doser ces deux métaux isolés (cobalt et nickel) est la méthode électrolytique.

En l'absence de métaux lourds et de manganèse, on peut, d'après M. Vortmann, séparer le cobalt et le nickel de petites quantités de fer au moyen de l'ammoniaque et électrolyser la solution non filtrée [*Chemiker Zeitung*, 1892].

En présence de fortes quantités de fer, qui obligent à des dissolutions et à des précipitations répétées par l'ammoniaque ou par l'acétate, on peut séparer le fer d'avec le cobalt et le nickel par une méthode exclusivement électrolytique. On dépose par électrolyse en liqueur citro-ammoniacale les trois métaux, fer, cobalt et nickel, sur une électrode de platine faisant fonction de cathode; le manganèse reste dissous ou se précipite partiellement à l'anode. Après dépôt des métaux, on lave l'électrode où sont déposés le fer, le cobalt et le nickel. On porte cette électrode dans une liqueur de sulfate d'ammonium très ammoniacale. On change le sens du courant; le fer, le cobalt et le nickel alors placés sur l'anode s'oxydent; le cobalt et le nickel se dissolvent et se déposent à la cathode; le fer, précipité à l'état de peroxyde, flotte dans la liqueur sans entraîner de traces appréciables de cobalt et de nickel [G.-A. Le Roy, *C. R.*, **112**, 722].

D'après M. Vortmann [*loc. cit.*], on pourrait séparer le cobalt d'avec le nickel par l'électrolyse; l'opération s'effectue en liqueur rendue alcaline et caustique par la potasse; en présence d'un peu d'iodure de potassium, le cobalt se dépose seul à la cathode; le nickel reste dissous ou se précipite à l'état d'oxyde ou de carbonate.

G.-A. Le Roy.

COBALTOMÉNITE (Min.) (E. Bertrand). — Sélénite de cobalt en petits cristaux roses, ressemblant à l'érythrine, avec divers séléniures et sélénites, à Cacheuta (La Plata).

COCAÏNE, $C^{17}H^{21}AzO^4$.— La cocaïne, découverte en 1859 par M. Niemann, étudiée ensuite par MM. Wöhler et Lossen, a été pendant longtemps oubliée des chimistes. L'importance qu'elle a prise en thérapeutique depuis quelques années a ramené sur elle l'attention et, depuis 1885, elle a fait l'objet d'un très grand nombre de travaux.

La cocaïne est assez soluble dans l'eau chaude, mais très peu soluble dans l'eau froide : 1 partie de cocaïne se dissout seulement dans 1300 parties d'eau froide [B. Paul, *Pharm. Journ.*, **3**, 325; *D. chem. G.*, **19**, *Ref.*, 29].

Quand on évapore la solution aqueuse de la cocaïne, la base ainsi obtenue n'est plus pure; elle a subi une saponification partielle et s'est partiellement transformée en *benzoylecgonine*, base dont nous parlerons plus loin [A. Einhorn, *D. chem. G.*, **21**, 48].

Le pouvoir rotatoire spécifique de la cocaïne en solution chloroformique à 20° est

$$[\alpha]_D = -15°,827.$$

[O. Antrick, *D. chem. G.*, **20**, 321; *Bull. Soc. Chim.*, (2), **48**, 450].

Chlorhydrate, $C^{17}H^{21}AzO^4 \cdot HCl$. — Ce sel de cocaïne est à peu près le seul employé en thérapeutique, à cause de sa grande solubilité dans l'eau et de sa facile cristallisation.

Quand il est parfaitement pur, il fond à 181°,5. Il possède en solution aqueuse un pouvoir rotatoire $[\alpha]_D = -52°$, 18 [O. Antrick, *loc. cit.*].

A l'état pur, ce sel doit se dissoudre dans l'acide sulfurique concentré ($d = 1,84$) sans le colorer. Ses solutions dans l'eau, l'acide nitrique et l'acide chlorhydrique doivent de même être incolores.

Chauffé sur une lame de platine, il brûle avec une flamme fuligineuse sans laisser de résidu. Enfin sa solution aqueuse doit présenter le pouvoir rotatoire indiqué plus haut. M. Antrick assure que ce procédé est de beaucoup le plus sensible pour déceler les impuretés [*loc. cit.*].

Le ferrocyanure de potassium précipite dans une solution aqueuse de chlorhydrate de cocaïne le *ferrocyanure acide de cocaïne*,

$$(C^{17}H^{21}AzO^4)^2 FeCy^6H^4.$$

C'est une poudre blanche, amorphe, très soluble dans un excès de ferrocyanure, peu soluble dans l'eau, insoluble dans l'alcool et dans l'éther [H. Beckürts, *Arch. Pharm.*, **228**, 347; *Bull. Soc. Chim.*, (3), **5**, 349].

Iodométhylate. — M. Lossen a indiqué [*Ann. Chem.*, **133**, 368; *Bull. Soc. Chim.*, (2), **4**, 392] que l'iodure de méthyle ne réagit sur la cocaïne en solution éthérée ni à 100°, ni à 130-140°. En évitant tout dissolvant, on a réussi à obtenir un *iodométhylate*, $C^{17}H^{21}AzO^4 \cdot CH^3I$, qui se forme déjà un peu à froid et qui se produit aisément quand on chauffe à 100° en tube scellé le mélange des deux corps.

L'iodométhylate de cocaïne forme de belles lamelles incolores, peu solubles dans l'alcool absolu, et fusibles à 164°.

Si l'on traite cet iodométhylate en suspension dans l'eau par le chlorure d'argent, on le transforme en un *chlorométhylate*, qui est très soluble dans l'eau et qui se dépose dans l'alcool absolu additionné d'éther en petites aiguilles fusibles à 152°,5.

Si l'on veut faire recristalliser l'iodométhylate de cocaïne dans l'acide acétique bouillant, il est partiellement transformé en une substance que l'on obtient aisément en chauffant pendant 12 heures au bain-marie la solution aqueuse de l'iodométhylate de cocaïne. L'acide benzoïque est mis en liberté et il se forme de l'*iodométhylate de l'éther méthylique de l'anhydroecgonine*. Ce composé sera décrit en même temps que l'anhydroecgonine.

Si l'on chauffe en tube scellé, à 140°, la solution acétique de l'iodométhylate de cocaïne saturée d'acide chlorhydrique, on obtient l'*iodométhylate d'anhydroecgonine*.

Réactions. — L'acide picrique produit un précipité jaune dans les solutions un peu concentrées de chlorhydrate de cocaïne.

L'iodure de potassium ioduré fournit un précipité d'un beau rouge, qui est encore sensible pour 1/10000 de cocaïne.

Cette dernière réaction différencie la cocaïne de la caféine.

La réaction la plus caractéristique de la cocaïne consiste à traiter une petite portion d'un de ses sels, soigneusement séché à 100°, par quelques gouttes d'acide nitrique fumant, à évaporer à sec et à reprendre ensuite la masse séchée par une petite quantité d'une solution alcoolique de potasse. Il se développe aussitôt une odeur que M. Ferreira da Silva compare à celle de la menthe poivrée [Ferreira da Silva, *C. R.*, **111**, 148; *Bull. Soc. Chim.*, (3), **4**, 471]. M. Béhal, qui a étudié la réaction plus en détail, a pu isoler le produit odorant et a reconnu qu'il est constitué par du benzoate d'éthyle [A. Béhal, *Bull. Soc. Chim.*, (3), **4**, 690].

Synthèse partielle de la cocaïne. — On sait depuis Wöhler que la cocaïne est décomposée par les hydratants en acide benzoïque, alcool méthylique et ecgonine, suivant l'équation

$$C^{17}H^{21}AzO^4 + 2H^2O$$
$$= C^7H^6O^2 + CH^4O + C^9H^{15}AzO^3.$$

Il était intéressant d'effectuer l'opération inverse, c'est-à-dire la reconstitution de la cocaïne en partant de ses composants, comme M. Ladenburg l'avait fait pour l'atropine.

Le premier pas dans cette voie fut franchi presque en même temps par MM. Merck et Skraup. Tous les deux rencontrèrent dans les produits accessoires de la préparation de la cocaïne un composé $C^{16}H^{19}AzO^4$, que les hydratants dédoublent en ecgonine et acide benzoïque et que, pour cette raison, ils nommèrent *benzoylecgonine*. Ce produit accompagnait la cocaïne, sans doute par suite d'une décomposition partielle de cette dernière. Ils réussirent l'un et l'autre à transformer la benzoylecgonine en une cocaïne de synthèse, absolument identique à la cocaïne naturelle. M. Merck chauffait la benzoylecgonine en tube scellé à 100° avec de l'alcool méthylique et de l'iodure de méthyle; M. Skraup employait du méthylate de sodium au lieu d'alcool méthylique; mais il n'eut que de mauvais rendements, une grande partie de la benzoylecgonine étant saponifiée par le méthylate de sodium [W. Merck, *D. chem. G.*, **18**, 1594. 2264; *Bull. Soc. Chim.* (2), **45**, 856; **46**, 629. — Zd. Skraup, *Mon. f. Chem.*, **6**, 556; *Bull. Soc. Chim.*, (2), **45**, 856].

Aucun de ces deux auteurs ne parvint à préparer le produit intermédiaire, la benzoylecgonine; mais, quelque temps après, M. Merck a pu transformer directement l'ecgonine en cocaïne [*D. chem. G.*, **18**, 2952; *Bull. Soc. Chim.*, (2), **46**, 630] : On chauffe pendant 10 heures à 100° un mélange d'ecgonine, d'anhydride benzoïque et d'iodure de méthyle. Le produit de la réaction est repris par l'eau chaude, et la solution aqueuse. lavée à l'éther et filtrée sur du noir animal, est chauffée doucement avec du chlorure d'argent, qui transforme en chlorhydrate l'iodhydrate de cocaïne. On n'a plus qu'à filtrer de nouveau et à ajouter au liquide du chlorure de platine pour précipiter du chloroplatinate de cocaïne, dont on isole ensuite la base elle-même.

Le problème était résolu au point de vue scientifique, mais non pas au point de vue pratique, les rendements n'étant pas bons et l'emploi du chlorure de platine incommode et onéreux. La solution de la question a été récemment indiquée par MM. Liebermann et Giesel [*D. chem. G.*, **21**, 3196; *Bull. Soc. Chim.*, (2), **1**, 464].

On transforme d'abord l'ecgonine en benzoylecgonine en faisant une solution aqueuse saturée d'ecgonine et en y ajoutant un peu plus de 1 molécule d'anhydride benzoïque. On fait digérer le mélange au bain-marie pendant 1 heure; le tout cristallise par le refroidissement. On agite ensuite avec de l'éther, qui dissout l'excès d'anhydride benzoïque et l'acide benzoïque qui a pris naissance, tandis que l'ecgonine et la benzoylecgonine ne sont pas dissoutes. Pour séparer ces deux bases, on les reprend par une petite quantité d'eau, qui dissout l'ecgonine beaucoup plus soluble. On obtient un rendement de 80 0 0. La concentration de l'eau mère fournit encore quelques cristaux de benzoylecgonine et finalement une solution concentrée d'ecgonine qu'on peut de nouveau soumettre au même traitement.

La transformation de la benzoylecgonine en cocaïne se fait d'une manière quantitative en la chauffant avec de l'iodure de méthyle et de la potasse solide dissoute dans l'alcool méthylique.

La *benzoylecgonine* fond à 188-189°; elle est soluble dans l'eau et dans l'alcool, insoluble dans l'éther; sa solution possède une réaction faiblement alcaline (Merck). Elle se combine à l'eau pour former un *hydrate*, $C^{16}H^{19}AzO^4, 4H^2O$, cristallisé en prismes blancs, fusibles à 90-92°. La solution aqueuse se colore en jaune par le chlorure ferrique et ne réduit pas la liqueur de Fehling (Skraup).

Oxydation de la benzoylecgonine. — La benzoylecgonine est dissoute dans la soude et oxydée à froid par le permanganate de potassium à 3 0/0. M. Einhorn a obtenu ainsi un acide $C^{15}H^{17}AzO^4$. Cet acide, que l'auteur nomme *acide benzoylcocaylglycolique*, est isolé du produit de l'oxydation à l'état de *chlorhydrate*; on le fait recristalliser dans l'alcool absolu.

On obtient l'acide libre en décomposant par l'ammoniaque la solution aqueuse du chlorhydrate. Cet acide forme de grands prismes qui fondent à 230° en se décomposant.

Le *chlorhydrate*, $C^{15}H^{17}AzO^4, HCl, 2H^2O$, forme des lamelles blanches qui fondent à 217-218°.

Le *chloraurate*, $C^{15}H^{17}AzO^4, HCl, AuCl^3$, forme de petites aiguilles jaunes, fondant à 228°.

Le *chloroplatinate* est en cristaux d'un jaune rouge, contenant de l'eau de cristallisation qu'il perd à 100°; le sel anhydre fond à 233°.

Si l'on chauffe l'*acide benzoylcocaylglycolique* en tube scellé avec de l'acide chlorhydrique concentré, on le transforme en un *acide cocaylglycolique*, identique avec celui qu'on obtient par l'oxydation directe de l'ecgonine; il se dépose en même temps de l'acide benzoïque [A. Einhorn. *D. chem. G.*, **21**, 329; *Bull. Soc. Chim.*, (3), **1**, 449].

L'acide benzoylcocaylglycolique étant l'homologue immédiatement inférieur de la benzoylecgonine, il était intéressant de le transformer en éthers, afin de les comparer à ceux de la benzoylecgonine. Ces éthers s'obtiennent comme ceux de la benzoylecgonine, en saturant d'acide chlorhydrique sec la solution alcoolique de l'acide.

Benzoylcocaylglycolate de méthyle. — Cette combinaison, qui est un homologue immédiatement inférieur de la cocaïne, forme une huile incolore. On l'obtient en décomposant par un alcali la solution aqueuse de son chlorhydrate et en agitant avec de l'éther.

Le *chlorhydrate* et le *bromhydrate* forment de longues aiguilles blanches, très solubles dans l'eau, peu solubles dans l'éther acétique.

L'*iodhydrate* cristallise en fines aiguilles, peu solubles dans l'eau froide.

Le *chloraurate*, $C^{16}H^{19}AzO^4, HCl, AuCl^3$, fond à 181-182°.

Benzoylcocaylglycolate d'éthyle. — Cet éther, métamère de la cocaïne, est également huileux; mais il fournit des sels halogénés bien cristallisés.

Le *chloraurate* fond à 160°,5.

Benzoylcocaylglycolate de propyle. — Fines aiguilles fondant à 58-59°, insolubles dans l'eau, très solubles dans les dissolvants neutres organiques.

Ses sels halogénés sont bien cristallisés.

ÉTHERS DE L'ECGONINE OBTENUS PAR SYNTHÈSE.

L'ecgonine est une base qui se combine aux acides pour former des sels, mais qui, de plus, jouit de la propriété de réagir sur les anhydrides d'acides en donnant de véritables éthers, comme la benzoylecgonine, saponifiables par les alcalis en mettant en liberté l'acide et la base. De plus, ces éthers sont eux-mêmes capables de fournir avec les alcools une autre série d'éthers : c'est ainsi que la cocaïne est l'éther méthylique de la benzoylecgonine.

Nous pouvons donc affirmer qu'il existe dans l'ecgonine un oxhydryle alcoolique et un carboxyle, et écrire sa formule

$$C^9H^{15}AzO^3 = C^8H^{13}Az(OH)CO^2H.$$

On peut, avec l'ecgonine, préparer 3 séries d'éthers :

I. $C^8H^{13}Az(CO^2H)(O-CO-R)$, dérivés acides,

II. $C^8H^{13}Az(OH)(CO^2R)$, éthers alcooliques,

III. $C^8H^{13}Az(CO^2R)(O-CO-R')$, dérivés acides éthérifiés,

R et R' représentant des radicaux alcooliques.

La première série d'éthers s'obtiendra en faisant réagir les anhydrides d'acides sur l'ecgonine; la seconde, en traitant cette base par la potasse alcoolique et un iodure alcoolique; la troisième, en traitant les composés de la première série par la potasse alcoolique et les iodures alcooliques, ou ceux de la seconde par les anhydrides d'acides. Ce dernier procédé a été employé avec succès par M. A. Einhorn [*D. chem. G.*, **21**, 3336; *Bull. Soc. Chim.*, (3), **2**, 124] pour l'obtention de la cocaïne; il fournit des rendements assez satis-

faisants pour avoir reçu une application industrielle [C. Böhringer et Söhne, *D. chem. G.*, 21,
Ref., 619].

I. Dérivés acides de l'ecgonine. — *Cinnamylecgonine.* — On chauffe au bain-marie une
solution aqueuse concentrée d'ecgonine additionnée d'anhydride cinnamique. On extrait la
cinnamylecgonine du mélange par un procédé
analogue à celui qui sert pour la benzoylecgonine
déjà décrite; le rendement est de 60 0/0.

La cinnamylecgonine est assez soluble dans
l'alcool, mais elle est précipitée par l'éther de
ses solutions dans ce dissolvant. Elle forme de
belles aiguilles blanches, qui sont anhydres et
qui fondent à 216°.

Le *chloraurate* et le *chloroplatinate* de cette
base sont des précipités floconneux jaunes.

Le permanganate oxyde aussitôt la cinnamylecgonine en développant l'odeur de l'aldéhyde
benzylique [C. Liebermann, *D. chem. G.*, 21,
3372; *Bull. Soc. Chim.*, (3), **2**, 125].

Anisylecgonine, $C^9H^{14}(C^8H^7O^2)AzO^3$. — Cette
base prend naissance par la réaction de l'anhydride anisique sur l'ecgonine en solution
aqueuse concentrée.

Elle forme des aiguilles incolores, fondant à
194°, très solubles à chaud dans l'alcool, peu
solubles dans le même dissolvant froid [C. Liebermann, *D. chem. G.*, **22**, 132; *Bull. Soc.
Chim.*, (3), **2**, 188].

On a aussi préparé au moyen de l'anhydride
γ-isatropique la *γ-isatropylecgonine* dont nous
parlerons plus loin; cette base n'a pas été isolée, mais transformée directement en *γ-isatro-
pylcocaïne* [C. Liebermann, *loc. cit.*].

II. Éthers alcooliques de l'ecgonine. — Un
seul représentant de cette classe d'éthers de l'ecgonine a été préparé à l'état de chlorhydrate : c'est
l'*éther méthylique.* Il a quelque importance, car
il a servi à M. Einhorn pour obtenir la cocaïne
et quelques-uns de ses homologues.

Chlorhydrate d'ecgonine méthylique. — On
fait passer dans une solution méthylique de chlorhydrate d'ecgonine un courant d'acide chlorhydrique sec, jusqu'à ce que le liquide qui s'est
d'abord échauffé soit redevenu froid. On chauffe
ensuite pendant 1 heure au réfrigérant ascendant,
on décompose par la soude la solution refroidie
et on l'agite avec de l'éther, qui s'empare de
l'ecgonine méthylique. On fait ensuite passer dans
la solution éthérée un courant de gaz chlorhydrique sec, qui précipite le chlorhydrate de cette
base; on le fait enfin cristalliser dans l'alcool
bouillant.

Le chlorhydrate d'ecgonine méthylée forme de
beaux cristaux transparents, fondant à 212° et
possédant comme composition

$$C^{10}H^{17}AzO^3 . HCl, H^2O$$

[A. Einhorn et O. Klein, *D. chem. G.*, **21**, 3336;
Bull. Soc. Chim., (3), **2**, 124].

III. Dérivés acides de l'ecgonine éthérifiés.
— Nous avons dit que ces composés peuvent être
obtenus par deux méthodes, suivant que l'on
prend pour matières premières les uns ou les
autres des éthers que nous venons d'étudier.

a. *Dérivés de l'ecgonine méthylique.* — Nous
rencontrons dans cette série, outre la *cocaïne,*
l'*isovalérylecgonine méthylique.* Cette base s'obtient aisément en chauffant au bain-marie parties
égales de chlorure d'isovaléryle et de chlorhydrate
d'ecgonine méthylée. L'opération est terminée au
bout d'un quart d'heure; on décompose alors le
produit obtenu par la soude, qui précipite la
nouvelle base sous la forme d'une huile incristallisable.

Le *chlorhydrate*, le *bromhydrate* et l'*iodhydrate* sont des sels bien cristallisés, obtenus en

traitant par les acides gazeux une solution
alcoolique de la base.

Le *chloroplatinate*, $(C^{15}H^{25}AzO^4 . HCl)^2 PtCl^4$,
forme des lamelles jaunes [A. Einhorn et O. Klein,
loc. cit.].

Phénacétylecgonine méthylée. — Cette base,
obtenue comme la précédente, est également
incristallisable, quoique ses sels haloïdes cristallisent parfaitement dans l'alcool.

Son *chloroplatinate* est plus soluble dans
l'eau chaude que dans l'eau froide; il est anhydre
et cristallisé [A. Einhorn et O. Klein, *loc. cit.*].

o-Phtalyl-diecgonine diméthylée,

$$C^6H^4[CO-O-C^8H^{13}Az(CO^2CH^3)]^2.$$

— Le chlorure d'o-phtalyle réagit sur 2 molécules de chlorhydrate d'ecgonine méthylique. La
nouvelle base est cristallisée, ainsi que ses sels
halogénés et son chloroplatinate [A. Einhorn et
O. Klein, *loc. cit.*].

*Cinnamylecgonine méthylée (cinnamylco-
caïne).* — Cette base s'obtient aisément en faisant passer un courant d'acide chlorhydrique sec
dans une solution méthylique concentrée de cinnamylecgonine. La solution est ensuite abandonnée à elle-même pendant 12 heures, puis
étendue d'eau et agitée avec de l'éther, qui enlève l'éther cinnamique ayant pu prendre naissance dans la réaction.

Le liquide débarrassé d'éther est ensuite saturé
par le carbonate de sodium, qui précipite la *cinnamylecgonine méthylée,* sous la forme de
gouttes huileuses qui ne tardent pas à cristalliser. Le rendement ne dépasse pas 50 0/0.

La cinnamylcocaïne est, comme la cocaïne
ordinaire, presque insoluble dans l'eau, très soluble dans l'alcool, ainsi que dans l'acétone, le
chloroforme et le benzène. Le pétrole léger la
dissout assez bien à l'ébullition et l'abandonne
par refroidissement sous la forme d'aiguilles
groupées en rosettes. Elle fond à 121°.

Son *chloroplatinate* est anhydre et forme de
petites aiguilles microscopiques, qui fondent à
217° [C. Liebermann, *D. chem. G.*, **21**, 3374;
Bull. Soc. Chim., (3), **2**, 125].

L'étude cristallographique de la cinnamylcocaïne a été faite par M. A. Fock [C. Liebermann, *D. chem. G.*, **22**, 132; *Bull. Soc. Chim.*,
(3), **2**, 188]. Elle appartient au système clinorhombique : $a : b : c == 0,8616 : 1 : 0,8479$;
$\beta == 84°20'$.

L'acide cinnamique ayant été extrait du mélange des acides obtenus à l'aide des produits
accessoires de la fabrication de la cocaïne, il est
certain que la cinnamylecgonine de synthèse est
identique avec celle qui est contenue dans la coca
[H. Frankfeld, *D. chem. G.*, **22**, 833; *Bull. Soc.
Chim.*, (3), **2**, 447].

*γ-Isatropylecgonine méthylée (γ-isatropyl-
cocaïne).* — Cette base est obtenue au moyen de
l'isatropylecgonine décrite plus haut, en saturant
d'acide chlorhydrique la solution méthylique. La
base libre forme une masse blanche crayeuse,
possédant les propriétés de l'isatropylcocaïne qui
existe conjointement avec la cocaïne dans la
feuille de coca. Elle est extrêmement soluble
dans l'alcool, l'acétone, l'éther, le chloroforme et
le benzène, moins soluble dans la ligroïne. Elle
fond à 63°.

Aucun de ses sels n'est cristallisé [C. Liebermann, *loc. cit.*].

b. *Dérivés de l'ecgonine éthylée.* — *Benzoylecgonine éthylée (cocéthyline).* — Cet homologue immédiatement supérieur de la cocaïne a
été obtenu par M. Merck au moyen de son procédé de synthèse partielle de la cocaïne. Il chauffe
en tube scellé, à 100°, pendant 8 heures, un mé-

lange de benzoylecgonine, d'alcool éthylique et d'iodure d'éthyle.

La cocéthyline, précipitée par le carbonate de sodium, forme de beaux prismes incolores, qui fondent à 108-109°.

Le *chloroplatinate* est peu soluble et cristallisé; le *chloraurate* forme un volumineux précipité jaune; le *chloromercurate* est un peu soluble à chaud, très peu soluble à froid.

La cocéthyline jouit, comme la cocaïne, de propriétés anesthésiques [W. Merck, *D. chem. G.*, **18**, 2954; *Bull. Soc. Chim.*, (2), **46**, 630].

Le même procédé a servi à M. Merck pour préparer les éthers *propylique* et *isobutylique* de la benzoylecgonine [W. Merck, *Dissert. inaug.*, Kiel, 1886]. M. Einhorn a obtenu plus simplement les mêmes produits, ainsi que la cocéthyline, en saturant d'acide chlorhydrique sec la solution de la benzoylecgonine dans les différents alcools [A. Einhorn, *D. chem. G.*, **21**, 49].

ECGONINE.

Tous les faits que nous avons exposés jusqu'ici sont des conséquences du dédoublement de la cocaïne en ses composants. Nous n'avons pas eu besoin, pour en rendre compte, de connaître la constitution intime de l'ecgonine. Il en sera autrement pour ce qui va suivre.

Le *chlorhydrate d'ecgonine* possède un fort pouvoir rotatoire à gauche : $[\alpha]_{D} = -57°$ [A. Einhorn, *D. chem. G.*, **22**, 1495; *Bull. Soc. Chim.*, (3), **3**, 314].

Le *chloroplatinate*, $(C^9H^{15}AzO^3 \cdot HCl)^2PtCl^4$, serait transformé par simple évaporation ou par échauffement de sa solution en un sel basique $(C^9H^{15}AzO^3)^2PtCl^4$ [Œchsner de Coninck, *Bull. Soc. Chim.*, (2), **45**, 133].

Le *chloraurate* cristallise avec 2 molécules d'eau et fond à 71°. Le *sel anhydre* fond à 202° [A. Einhorn, *D. chem. G.*, **21**, 3036; *Bull. Soc. Chim.*, (3), **1**, 449].

L'iodure de méthyle réagit à 100° en tubes scellés sur l'ecgonine en donnant, contrairement à l'opinion de M. Lossen, un *iodométhylate*. Ce sel n'a pas été isolé, mais transformé par le chlorure d'argent en un *chlorométhylate* dont le *chloroplatinate*, $(C^9H^{15}AzO^3 \cdot CH^3Cl)^2PtCl^4$, a été analysé [Gintl et Storch, *Mon. f. Chem.*, **8**, 78; *Bull. Soc. Chim.*, (2), **48**, 450].

Action de la baryte. — MM. Calmels et Jossin ont annoncé [*C. R.*, **100**, 1143] que la distillation de l'ecgonine avec de la baryte hydratée donne naissance à de l'éthylamine. Ils en concluaient que l'ecgonine est un dérivé de la γ-éthyltétrahydropyridine. Ces conclusions ont été contestées par M. Merck [*D. chem. G.*, **19**, 3002; *Bull. Soc. Chim.*, (2), **47**, 361]. Ce savant a fait voir que la base qui se dégage est non pas de l'éthylamine, mais bien de la méthylamine. Il en tirait une conclusion qui a depuis été complètement vérifiée, c'est que l'ecgonine doit avoir avec la tropine une étroite parenté.

Action de la poudre de zinc. — Si l'on distille le chlorhydrate d'ecgonine avec un mélange de chaux et de poudre de zinc, il se fait de la méthylamine, du carbonate d'ammonium, un composé aldéhydique analogue au tropilène et réduisant la liqueur de Fehling, et un mélange de bases pyridiques, hydropyridiques et pipéridiques. On a pu extraire de ces dernières de l'α-éthylpyridine, qui a été, à l'aide de son chloroplatinate, identifiée avec l'α-éthylpyridine obtenue par M. Ladenburg en partant de la tropine [C. Stoehr, *D. chem. G.*, **22**, 1126; *Bull. Soc. Chim.*, (3), **3**, 311].

Action des oxydants. — Le chlorhydrate d'anhydroecgonine, dissous dans la soude étendue et additionné de la quantité calculée de permanganate de potassium en solution à 3 0/0, est transformé en un acide $C^8H^{13}AzO^3$, que M. Einhorn nomme *acide cocaylglycolique* et auquel il donne pour constitution

$$C^5H^7Az(CH^3) - CH(OH) - CO^2H.$$

Cet acide a été purifié à l'état de *chloraurate*. Ce sel forme de beaux cristaux, peu solubles dans l'eau froide et fondant à 211°; il contient 2 molécules d'eau de cristallisation. En même temps que l'acide cocaylglycolique, il se produit dans l'oxydation de l'ecgonine une petite quantité d'acide succinique [A. Einhorn, *D. chem. G.*, **21**, 3033; *Bull. Soc. Chim.*, (3), **1**, 449].

Cette question de l'oxydation de l'ecgonine a été reprise par M. Liebermann [*D. chem. G.*, **23**, 2518 et **24**, 606; *Bull. Soc. Chim.*, (3), **6**, 346, 492]. M. Merling a obtenu, il y a déjà longtemps, dans l'oxydation de la tropine au moyen du dichromate de potassium et de l'acide sulfurique [*Ann. Chem.*, **216**, 329; *D. chem. G.*, **15**, 287; *Bull. Soc. Chim.*, (2), **38**, 37], un acide bibasique $C^8H^{13}AzO^4$, auquel il a donné le nom d'*acide tropinique*. M. A. Liebermann, en oxydant l'ecgonine dans les mêmes conditions, a obtenu ce même acide tropinique, mélangé à un autre acide $C^7H^{11}AzO^3$, qu'il a appelé *acide ecgonique*. Quand l'oxydation est plus profonde, il se fait surtout de l'acide ecgonique, et cependant l'acide ecgonique n'a pu être obtenu par l'oxydation de l'acide tropinique.

On sépare les deux acides au moyen de l'eau, qui dissout aisément l'acide tropinique à chaud et qui l'abandonne cristallisé par refroidissement. On fait ensuite cristalliser l'acide ecgonique dans l'alcool bouillant.

Acide tropinique. — Cet acide est très soluble dans l'eau, très peu soluble dans l'alcool, insoluble dans l'éther et dans le benzène. Il fond à 253° en dégageant abondamment des gaz. Il possède une réaction fortement acide et décompose les carbonates en donnant des sels solubles dans l'eau. Il se dissout aussi bien dans les acides que dans les bases.

Il fournit un *chlorhydrate*, $C^8H^{13}AzO^4 \cdot HCl$, et un *chloraurate*, $C^8H^{13}AzO^4 \cdot HCl \cdot AuCl^3$, très bien cristallisés.

Les *sels de calcium*, $(C^8H^{12}AzO^4)^2Ca$, et de *baryum*, $(C^8H^{12}AzO^4)^2Ba$, qui sont bien cristallisés, ont une composition qui conduit à considérer l'acide tropinique comme monobasique.

Le *sel d'argent* se précipite assez rapidement.

Le *sel de cuivre*, $C^8H^{11}AzO^4Cu \cdot H^2O$, forme de beaux cristaux d'un bleu foncé; il perd son eau entre 165 et 170° et montre que l'acide tropinique est un acide bibasique. Cette bibasicité est établie également par l'existence de ses éthers.

Le *tropinate de méthyle*, $C^8H^{11}AzO^4(CH^3)^2$, et le *tropinate d'éthyle*, $C^8H^{11}AzO^4(C^2H^5)^2$, sont l'un et l'autre huileux, insolubles dans l'eau, solubles dans les acides étendus, et indistillables [C. Liebermann, *loc. cit.*].

L'*acide tropinique* possède un pouvoir rotatoire $[\alpha]_{D} = +15°,1$.

L'acide tropinique, chauffé à 220-230°, perd 1 molécule d'acide carbonique; distillé avec un excès de chaux, il se transforme en une base isomérique ou identique avec la méthylpipéridine [Merling, *loc. cit.*]. Nous verrons plus loin que cette base est la ν-méthylpipéridine,

$$\begin{array}{ccc} & CH^2 & \\ CH^2 & & CH^2 \\ CH^2 & & CH^2 \\ & AzCH^2 & \end{array}$$

Acide ecgonique. — Cet acide est peu soluble dans l'eau et très soluble dans l'alcool : il forme de beaux cristaux limpides, fondant à 117-118° sans décomposition.

Il possède une réaction fortement acide et décompose les carbonates. Le permanganate à froid est sans action sur lui.

L'acide ecgonique est un acide monobasique. Il forme des *sels de baryum*, *de calcium* et *d'argent* stables et parfaitement cristallisés.

L'*éther éthylique*, $C^7H^{10}AzO^3(C^2H^5)$, est une huile incolore et indistillable.

L'acide ecgonique dévie à gauche le plan de polarisation : $[\alpha]_D = -43°,2$.

M. Liebermann l'a également obtenu abondamment dans l'oxydation de la tropine, et presque quantitativement dans celle de la tropigénine.

Action des déshydratants. — *Anhydroecgonine.* — L'anhydroecgonine a été préparée pour la première fois par M. C. Merck [*D. chem. G.*, **19**, 3003 ; *Bull. Soc. Chim.*, (2), **47**, 361], qui l'obtint par l'action du perchlorure de phosphore à 100° en tubes scellés. Cet important composé diffère de l'ecgonine par les éléments de 1 molécule d'eau en moins ; il a donc avec elle le même rapport que la tropidine avec la tropine. M. Merck ne put isoler ce corps et l'obtint seulement à l'état de chloraurate.

Préparation. — M. A. Einhorn prépare l'anhydroecgonine en traitant le chlorhydrate d'ecgonine sec par un excès d'oxychlorure de phosphore. Il suffit de faire bouillir le mélange des deux corps au réfrigérant ascendant pendant 2 heures. On verse ensuite le produit de la réaction dans l'eau froide et à la solution étendue on ajoute une solution d'iodure de potassium, qui précipite l'anhydroecgonine sous la forme d'un *periodure*, d'un brun violet, très stable et insoluble dans l'eau. On filtre ce periodure, on le met en suspension dans l'eau et on distille dans un courant de vapeur qui entraîne l'iode en excès. On fait cristalliser l'*iodhydrate d'anhydroecgonine* et on le décompose par l'oxyde d'argent qui met la base en liberté.

L'anhydroecgonine, $C^9H^{13}AzO^2$, forme des cristaux incolores, fondant à 235° en se décomposant. Elle est extrêmement soluble dans l'eau, assez soluble dans l'alcool, presque insoluble dans l'éther, le benzène et le chloroforme.

Le *chlorhydrate*, $C^9H^{13}AzO^2.HCl$, s'obtient aisément en traitant l'iodhydrate par le chlorure d'argent ; il forme des aiguilles blanches, solubles dans l'alcool et fondant à 240-241° [A. Einhorn, *D. chem. G.*, **20**, 1222].

Le *bromhydrate*, $C^9H^{13}AzO^2.HBr$, peut se préparer à l'état de pureté par la décomposition du *perbromure*, $C^9H^{13}AzO^2.HBr.Br^2$. Celui-ci s'obtient en ajoutant du brome à une solution bromhydrique d'anhydroecgonine. Le perbromure se dépose ; on le fait cristalliser dans l'acide acétique. Il forme des cristaux orangés, fondant à 154-155° en se décomposant.

Le perbromure est facilement décomposé par un courant de vapeur d'eau : on obtient alors le bromhydrate d'anhydroecgonine. Ce sel cristallise dans l'alcool absolu en cristaux fusibles à 222° avec décomposition.

Le *periodure d'anhydroecgonine*, qui est la matière première de la préparation de l'anhydroecgonine, forme des lamelles d'un brun violacé fondant à 185-186°. Il donne aisément naissance à l'*iodhydrate*, qui forme de beaux cristaux incolores.

Le *chloroplatinate* fond à 233°.

L'*iodométhylate d'anhydroecgonine* s'obtient en chauffant en tube scellé, à 140°, pendant 4 heures, un mélange d'iodométhylate de cocaïne et d'acide acétique cristallisable ou d'acide chlorhydrique concentré. On verse dans l'eau, on filtre et on agite avec de l'éther pour se débarrasser de l'acide benzoïque qui s'est déposé. On évapore à sec, on reprend par l'eau et l'oxyde d'argent : on obtient une base pulvérulente, qu'on transforme en *iodhydrate* $C^{10}H^{15}AzO^2.HI, H^2O$, qu'on fait ensuite cristalliser. Ce sel contient 1 molécule d'eau de cristallisation qu'il ne perd pas à 105° [A. Einhorn, *D. chem. G.*, **21**, 3049 ; *Bull. Soc. Chim.*, (2), **1**, 449].

Une réaction analogue à celle-ci permet d'obtenir directement l'anhydroecgonine au moyen de la cocaïne avec un rendement théorique. On dissout la cocaïne dans l'acide acétique cristallisable, on sature cette solution par l'acide chlorhydrique sec et on chauffe en tube scellé pendant 4 heures à 140° : l'acide benzoïque se sépare ; l'alcool méthylique est transformé en chlorure de méthyle et il se sépare 1 molécule d'eau.

Le produit de la réaction est versé dans l'eau, filtré, agité avec de l'éther pour enlever l'acide benzoïque, et évaporé. On fait cristalliser dans l'alcool absolu le chlorhydrate d'anhydroecgonine ainsi obtenu [A. Einhorn, *D. chem. G.*, **21**, 3035 ; *Bull. Soc. Chim.*, (3), **1**, 449].

L'anhydroecgonine ne possède plus la fonction alcool de l'ecgonine, mais elle est encore acide et base. Elle fournit donc des sels et des éthers. L'acide chlorhydrique et l'alcool ordinaire l'éthérifient aisément en donnant de l'*ecgonine éthylique*, qui forme des aiguilles blanches fondant à 243-244°.

Ces diverses réactions, rapprochées des réactions parallèles de l'ecgonine, conduisent à admettre dans cette dernière le groupement

$$-CHOH-CH-CO^2H$$
$$\mid$$

et dans l'anhydroecgonine le groupement correspondant

$$-C=C-CO^2H.$$
$$\mid$$

Cette conception s'accorde parfaitement avec ce fait que l'anhydroecgonine fixe le brome en donnant un produit d'addition bien différent du perbromure, le brome se trouvant fixé dans ce composé non pas à l'azote, mais à 2 atomes de carbone réunis par une double liaison.

Quand on chauffe en tube scellé un mélange de chlorhydrate d'anhydroecgonine et de brome, on obtient le *chlorhydrate du dibromure d'anhydroecgonine*, $C^9H^{13}AzO^2Br^2.HCl$; ce composé cristallise dans l'alcool absolu en prismes fondant à 183-184°.

Le *bromhydrate* correspondant fond à 165° en se décomposant [A. Einhorn, *D. chem. G.*, **20**, 1225].

L'acide bromhydrique lui-même peut se fixer sur la double liaison de l'anhydroecgonine. En chauffant en tube scellé, pendant 6 ou 7 jours, à 100°, un mélange de chlorhydrate d'anhydroecgonine et d'acide bromhydrique saturé à 0°, on obtient un *bromhydrate d'hydrobromure d'anhydroecgonine*, $C^9H^{14}AzO^2Br.HBr$. Ce corps forme des cristaux prismatiques, qui fondent à 250° en se décomposant [A. Eichengrün et A. Einhorn, *D. chem. G.*, **23**, 2888 ; *Bull. Soc. Chim.*, (3), **6**, 346].

Dihydroxy-anhydroecgonine,

$$C^9H^{13}AzO^2(OH)^2.$$

— La formation de ce composé est une conséquence de la double liaison qui existe dans l'anhydroecgonine. Il suffit de traiter le chlorhydrate d'anhydroecgonine, en solution aqueuse étendue, par une solution à peine alcaline de permanganate de potassium à 1 0/0. Il se fixe deux oxhydryles sur l'anhydroecgonine.

La dihydroxy-anhydroecgonine se decompose à 280° sans avoir fondu; son *chlorhydrate* fond à 251°.

Cette base fournit un *éther méthylique* fondant à 138-139°, dont le *chloroplatinate* fond à 200°. Le chlorure de benzoyle convertit cet éther méthylique en un mélange de deux dérivés, l'un monobenzoylé; l'autre, dibenzoylé.

Le *dérivé monobenzoylé* forme de belles aiguilles fondant à 107-108° (c'est une oxycocaïne). Le *nitrate* est cristallisé en belles tables et fond à 215-216°; le *chlorhydrate* à 202-203°; le *chloraurate* à 172-173°; le *chloroplatinate* à 207-208°.

Le *dérivé dibenzoylé* fond à 99-100°; son *nitrate* à 189-190°; son *chlorhydrate* à 280°; son *chloroplatinate* à 205°.

Ces deux composés sont séparés à l'état de nitrates, celui du dérivé dibenzoylé étant insoluble dans l'eau et dans l'alcool [A. Einhorn et B. Bassow, *D. chem. G.*, **25**, 1394; *Bull. Soc. Chim.*, (2), **8**, 1158].

Oxydation de l'anhydroecgonine. — L'oxydation de l'anhydroecgonine au moyen du permanganate de potassium en solution alcaline a fourni à M. Einhorn de l'acide cocaylglycolique, comme le fait celle de l'ecgonine. Il se produit également de l'acide succinique quand on opère l'oxydation à chaud [A. Einhorn, *D. chem. G.*, **21**, 48 et 3043; *Bull. Soc. Chim.*, (3), **1**, 449].

Dédoublements de l'anhydroecgonine. — L'action de l'eau sous pression et de l'acide chlorhydrique concentré en tube scellé n'a pas donné de résultats bien nets. On a obtenu de la méthylamine et des mélanges d'hydrocarbures qui n'ont pas été séparés [A. Einhorn, *D. chem. G.*, **21**, 48, 3043; **28**, 399; *Bull. Soc. Chim.*, (3), **3**, 310]. En opérant avec de l'acide chlorhydrique à 180°, M. Einhorn a obtenu, outre la méthylamine, une base $C^7H^{13}Az$, qui, chauffée elle-même en tube scellé à 280° avec de l'acide chlorhydrique, a fourni une petite quantité de pyridine [*D. chem. G.*, **22**, 1362; *Bull. Soc. Chim.*, (3), **3**, 312].

Dans un mémoire postérieur, le même auteur a reconnu que le composé auquel il avait donné comme composition $C^7H^{13}Az$ est en réalité la *tropidine* $C^8H^{13}Az$; il a pu établir l'identité des deux produits par l'étude cristallographique du chloroplatinate et du chloraurate de sa base et de ceux de la tropidine préparée au moyen de la tropine.

La formule de l'anhydroecgonine ne diffère de celle de la tropine que par CO^2 en plus. La réaction qui s'est passée a donc été la suivante :

$$C^9H^{13}AzO^2 = CO^2 + C^8H^{13}Az.$$

L'anhydroecgonine est l'*acide tropidine-carbonique*; et par suite l'ecgonine constitue l'*acide tropine-carbonique* [A. Einhorn, *D. chem. G.*, **23**, 1339; *Bull. Soc. Chim.*, (3), **4**, 781].

L'établissement de ce rapport entre la tropine et l'ecgonine est capital pour la connaissance de la constitution de cette dernière. En effet, dans un remarquable mémoire [*D. chem. G.*, **24**, 3108; *Bull. Soc. Chim.*, (3), **8**, 161], M. Merling a montré que la tropidine a pour constitution :

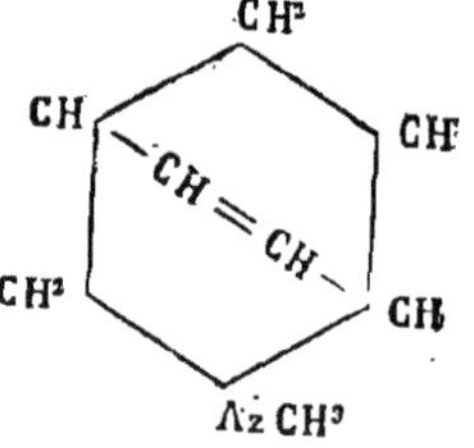

et la tropine

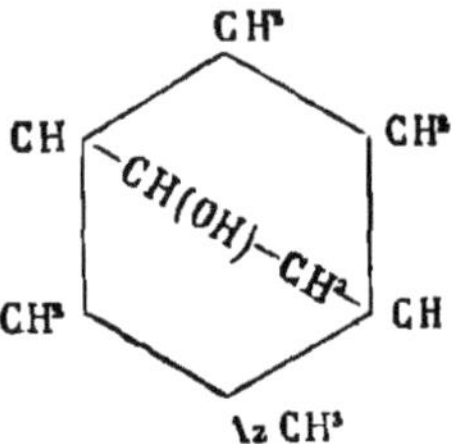

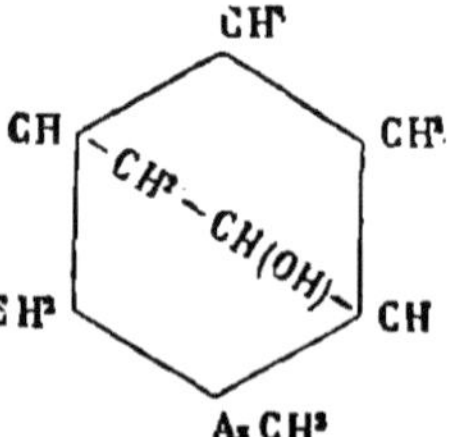

Il en résulte que, si l'on se souvient que l'ecgonine et l'anhydroecgonine contiennent respectivement les groupements atomiques

$$CH(OH)-CH-CO^2H,$$

et

$$-CH=C-CO^2H$$

ces deux bases doivent avoir pour constitution :

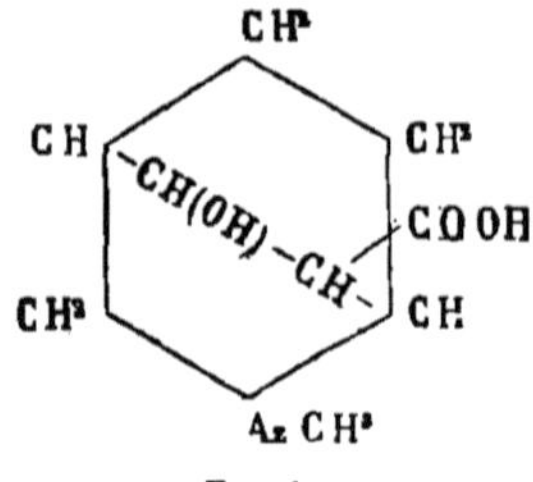

Ecgonine.

ou

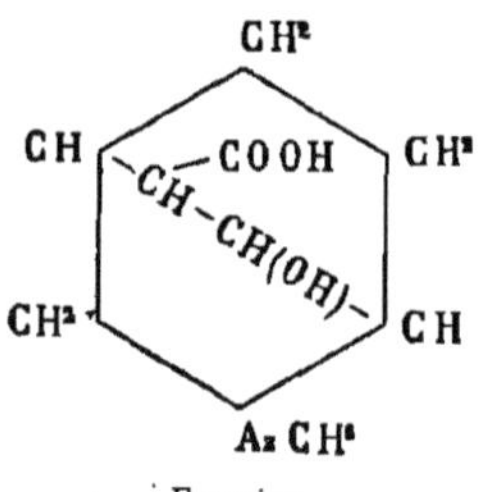

Ecgonine.

et

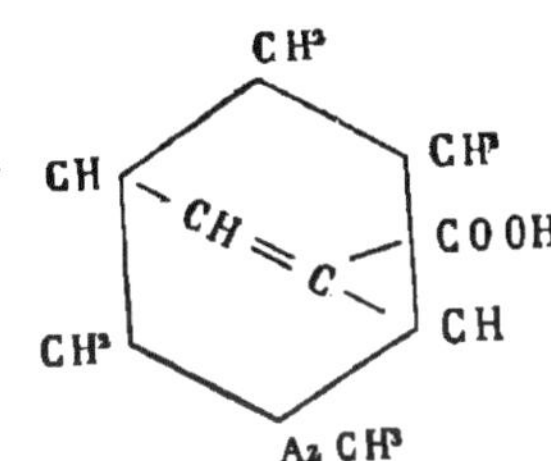

Anhydroecgonine.

ou

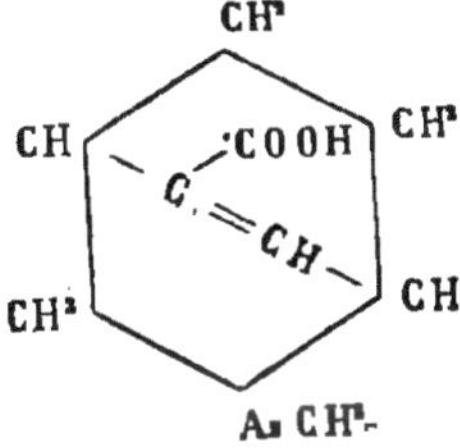

Anhydroecgonine.

Ces diverses formules éclairent parfaitement la constitution des divers dérivés de l'ecgonine, et en particulier celle de l'acide tropinique. Ce dernier doit être

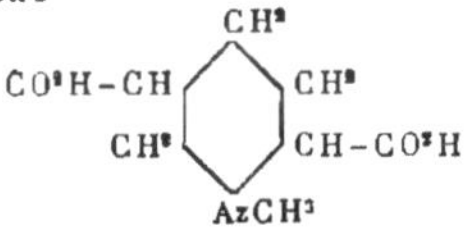

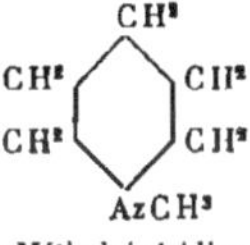

et on s'explique pourquoi la distillation avec la chaux le transforme en ν-*méthylpipéridine*,

ν-Méthylpipéridine.

Cette formule de constitution permet d'expliquer d'une manière très claire les curieux dédoublements du bromure d'anhydroecgonine observés par MM. Einhorn et Eichengrün [*D. chem. G.*, **23**, 2870; *Bull. Soc. Chim.*, (2), **8**, 311].

Si l'on traite le chlorhydrate d'anhydroecgonine en solution acétique par un excès de brome, on obtient le *perbromure du bromhydrate de dibromure d'anhydroecgonine*,

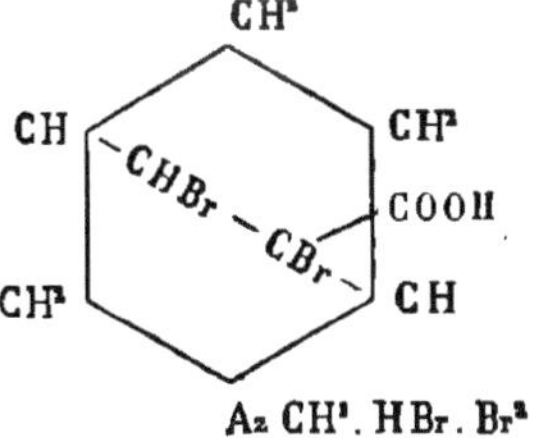

Az CH³. HBr. Br²

Ce composé forme de beaux prismes rouges, fondant à 145°; il est insoluble dans l'eau froide. L'eau bouillante chasse l'excès de brome et le transforme en *bromhydrate de dibromure d'anhydroecgonine*. Il est à peine soluble dans l'éther, le benzène, le chloroforme et la ligroïne.

Le *bromhydrate de dibromure* fond à 187-188° en se décomposant; il forme de beaux prismes tricliniques quand il est anhydre. Il est susceptible de s'hydrater en donnant naissance à des cristaux pyramidés, contenant 3 molécules d'eau et fondant à 181-182°.

Si l'on introduit un sel de dibromure d'anhydroecgonine dans une solution aqueuse concentrée de carbonate de potassium, il se dissout momentanément; mais presque aussitôt on voit se déposer une bouillie de cristaux blancs. Cette nouvelle combinaison, qui a été considérée par MM. Einhorn et Eichengrün comme une lactone, se redissout dans quelques gouttes d'eau, mais est beaucoup moins soluble dans l'alcool. Elle fond à 150° avec dégagement d'acide carbonique.

Cette lactone ne diffère du produit primitif que par le départ de 1 molécule d'acide bromhydrique; elle doit donc avoir pour constitution

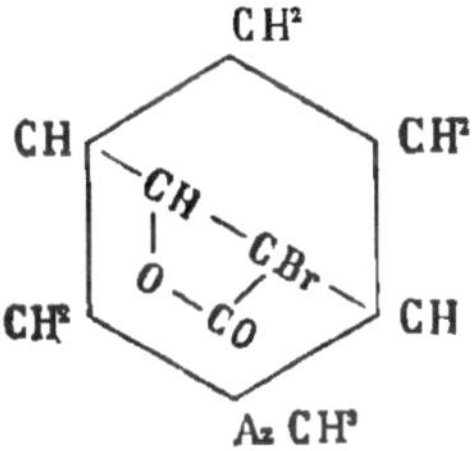

Az CH³

Le *chlorhydrate* forme, à l'état anhydre, des prismes clinorhombiques fondant à 203-204° avec décomposition; il se dépose de sa solution aqueuse sous la forme d'un *hydrate*, cristallisé en pyramides fusibles à 197-198°.

Le *bromhydrate* anhydre fond à 179°; hydraté, à 174°.

Le *chloraurate* anhydre fond à 216°; hydraté, à 211°.

Si l'on chauffe cette lactone à 170° pendant 5 heures en présence d'acide acétique, elle perd 1 molécule d'acide carbonique et se transforme en un composé que les auteurs ont nommé ω – *bromométhyltétrahydropyridyléthylène* et auquel ils ont donné pour constitution

$$C^3H^7Az(CH^3) - CH = CHBr.$$

Ce travail est antérieur à la formule de M. Merling; il est permis actuellement d'interpréter autrement les résultats obtenus par ces auteurs et de représenter la réaction par le schéma

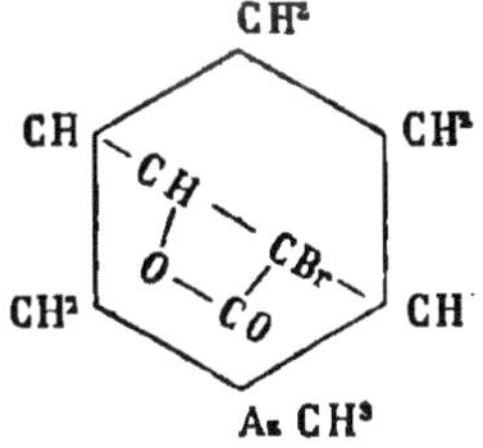

Az CH³

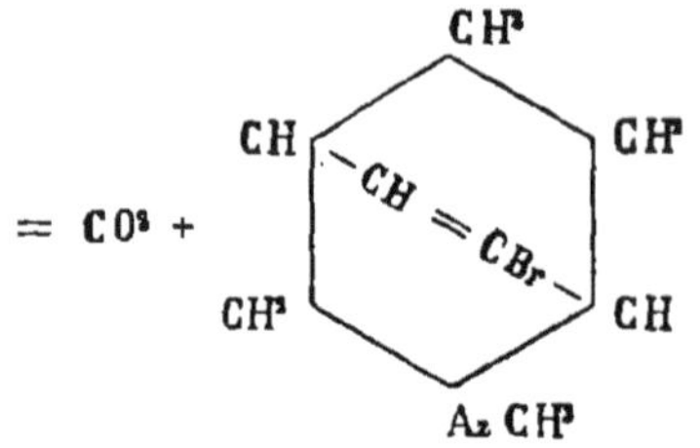

$$= CO^3 +$$

qui fait de ce produit la *oromotropidine*.

Cette base est huileuse et soluble dans l'éther ; elle possède une forte odeur de pipéridine. Les alcalis la dédoublent aisément en aldéhyde dihydrobenzylique : nous verrons plus loin par quel mécanisme.

Le *chloraurate*, $C^9 H^{12} Az Br . HCl . Au Cl^3$, fond à 174° et est cristallisé en courtes aiguilles jaunes.

Le *bromométhyltétrahydropyridyléthylène* (*bromotropidine*) perd aisément 1 molécule d'acide bromhydrique en se transformant en un composé nommé par les auteurs *méthyltétrahydropyridylacétylène*, et qui est sans doute la *déhydrotropidine*,

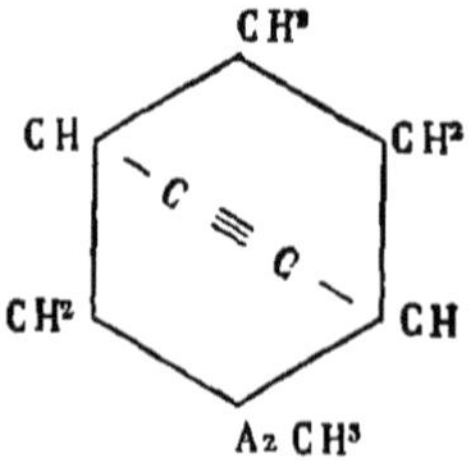

Ce composé est une huile incolore, douée d'une forte odeur de pipéridine.

Le *chloraurate* fond à 177-178°,5.

En décomposant le dibromure d'une autre manière, on le transforme en acide carbonique, méthylamine et aldéhyde dihydrobenzylique :

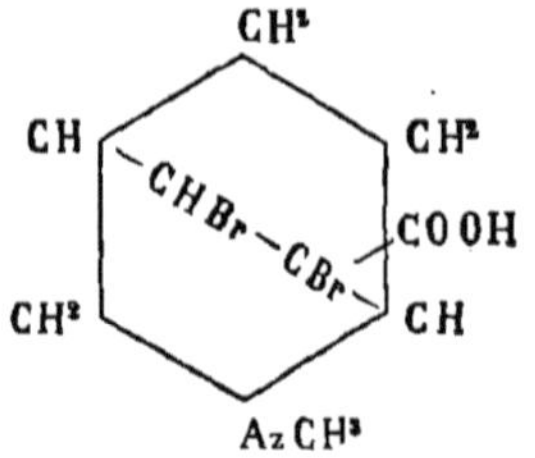

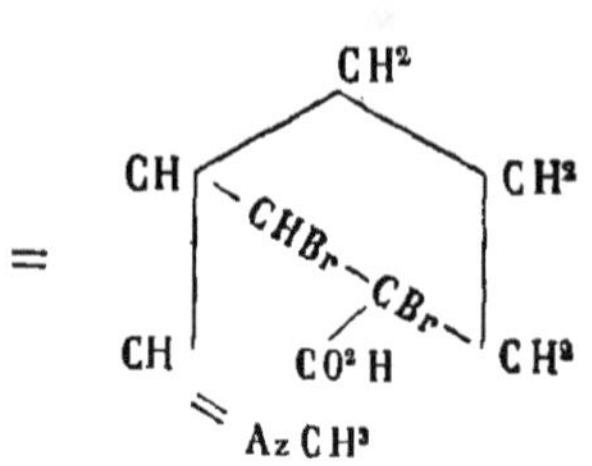

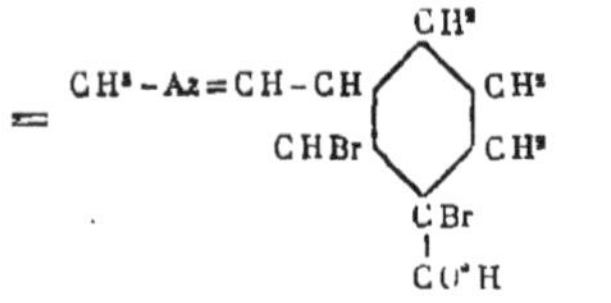

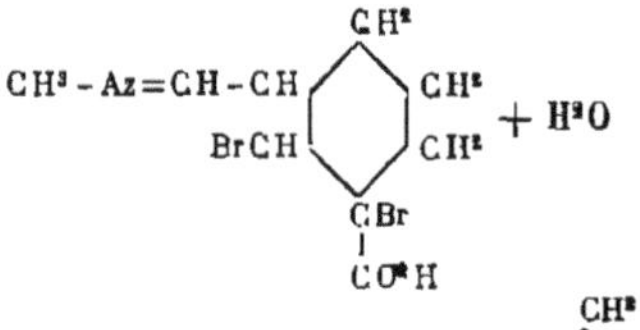

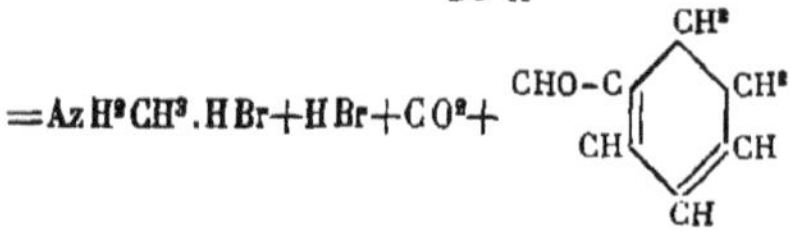

On réalise cette intéressante transformation en dissolvant dans l'eau 10 grammes de bromhydrate de dibromure d'anhydroecgonine, portant la solution à la température de 60° et ajoutant une solution de 5 grammes de carbonate de sodium. Quand le dégagement d'acide carbonique a cessé, on fait passer dans le liquide un courant de vapeur d'eau, qui entraîne l'aldéhyde dihydrobenzylique. Le rendement est presque théorique, suivant l'équation

$$C^9 H^{13} Az O^2 Br^2 . HBr + H^2 O$$
$$= Az H^3 C H^3 . HBr + CO^2 + 2 HBr + C^7 H^6 O.$$

L'aldéhyde dihydrobenzylique a été décrite Suppl., **2**, I, 645.

Constitution de la cocaïne. — La constitution de la cocaïne résulte de celle de l'ecgonine. La cocaïne sera donc représentée par l'un des deux schémas

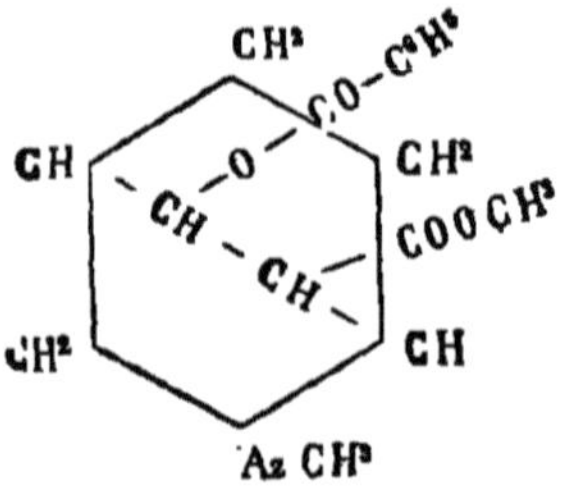

ou

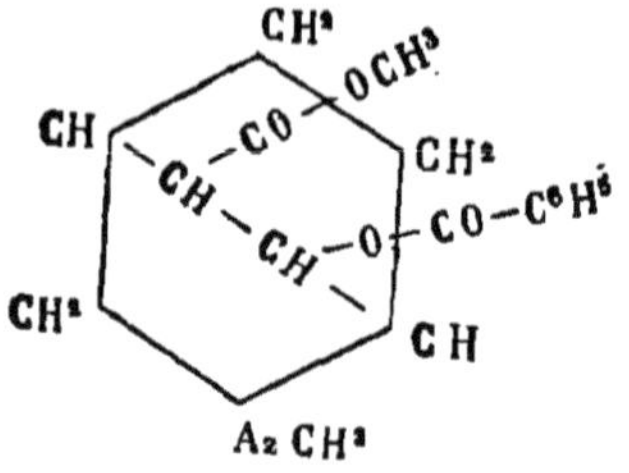

Si l'on considère ces deux formules, on s'aperçoit que l'une et l'autre contiennent 4 atomes de carbone asymétriques, ce qui explique le pouvoir rotatoire de la cocaïne et de ses dérivés. On pouvait également s'attendre à rencontrer des isomères physiques de la cocaïne; c'est en effet ce qui est arrivé : on a rencontré dans les produits secondaires de la préparation de la cocaïne une *cocaïne droite*, tandis que la cocaïne ordinaire possède un pouvoir rotatoire gauche.

Ecgonine droite. — Quand on chauffe au bainmarie l'ecgonine avec son poids de potasse dissoute dans une petite quantité d'eau, elle est au bout de 24 heures entièrement transformée en une base isomérique, possédant un pouvoir rotatoire de signe contraire. On peut également préparer de l'ecgonine droite avec la cocaïne, mais la transformation est beaucoup plus longue. Quand on chauffe dans les mêmes conditions les alcaloïdes accessoires de la coca avec de la potasse, on en retire de l'ecgonine droite avec un excellent rendement [A. Einhorn et G. Marquardt, *D. chem. G.*, **23**, 468 ; *Bull. Soc. Chim.*, (3), **4**, 453].

L'ecgonine droite a également été obtenue par MM. Liebermann et Giesel [*D. chem. G.*, **23**, 508 ; *Bull. Soc. Chim.*, (3), **4**, 453] à l'aide d'une cocaïne droite extraite de la cocaïne de synthèse préparée par leur procédé. Ces auteurs prirent d'abord cette cocaïne droite pour une méthylcocaïne et l'ecgonine droite pour une méthylecgonine ; mais ils ne tardèrent pas à reconnaître leur erreur et à établir l'identité des deux corps [C. Liebermann et F. Giesel, *loc. cit.*].

L'*ecgonine droite* cristallise dans l'alcool en belles aiguilles incolores fondant à 257°, tandis que l'ecgonine ordinaire fond à 198°.

Le *chloraurate* cristallise anhydre et fond à 220°.

Quand on chauffe à 140°, en tube scellé, l'ecgonine droite avec de l'acide acétique saturé d'acide chlorhydrique, on la transforme en *anhydroecgonine*, et cette anhydroecgonine est identique avec celle qui est obtenue par l'ecgonine ordinaire. On peut conclure de là que l'isomérie de ces deux ecgonines est due seulement à un changement de position relative de l'oxhydryle et des carboxyles contenus dans leurs molécules.

Éther méthylique. — Si l'on sature d'acide chlorhydrique sec la solution du chlorhydrate d'ecgonine dans l'alcool absolu, on obtient le chlorhydrate de son éther méthylique ; ce dernier, mis en liberté par le carbonate de potassium, forme de beaux cristaux incolores, qui fondent à 115°.

Cocaïne droite. — Cet isomère de la cocaïne s'obtient en chauffant l'ecgonine droite méthylée avec du chlorure de benzoyle. Elle cristallise assez difficilement en aiguilles groupées en rosettes qui fondent à 47° (Liebermann et Giesel).

Le *chlorhydrate* cristallise dans l'alcool absolu en beaux cristaux fondant à 209-210°.

Le *nitrate* est cristallisé et peu soluble dans l'eau. 100 parties d'eau dissolvent seulement 0°,5 de nitrate.

Le *bromhydrate* forme de belles aiguilles contenant 1 molécule d'eau.

L'*iodhydrate* est peu soluble.

Le *sulfate* est bien cristallisé, très soluble dans l'eau, peu soluble dans l'alcool.

Le *chloroplatinate* est anhydre et cristallisé en aiguilles jaunes ; il fond à 218°.

Le *chloraurate* est beaucoup plus soluble dans l'eau à chaud qu'à froid, et fond à 148°.

Cette cocaïne droite prend naissance dans la synthèse industrielle de la cocaïne, et provient probablement de l'altération de l'ecgonine par les alcalis. Elle possède le même pouvoir physiologique que la cocaïne ordinaire. L'acide chlorhydrique concentré lui enlève 1 molécule d'alcool méthylique.

Le *chlorhydrate de benzoylecgonine droite* forme de belles aiguilles à éclat vitreux ; il fond

a 244-245°. Le *nitrate* est très peu soluble dans l'eau.

On a préparé un certain nombre d'éthers de l'ecgonine droite :

Le *chloraurate d'ecgonine éthylique droite* forme des cristaux d'un jaune citron, fondant à 115°.

Le *chloraurate d'ecgonine propylique droite* fond à 132°.

Le *chloraurate d'ecgonine butylique droite* fond à 130°.

Le *chloraurate d'ecgonine isoamylique droite* fond à 152°.

Ces éthers, chauffés avec du chlorure de benzoyle, ont fourni des corps analogues à la cocaïne.

La *benzoylecgonine éthylique droite* forme un *chlorhydrate* qui cristallise avec 1 molécule d'eau en lamelles triangulaires et transparentes, fondant à 215°.

La base libre fond à 57°.

Le *chlorhydrate de benzoylecgonine propylique droite* forme de larges prismes, contenant 1 molécule d'eau et fondant à 120°.

Le *chlorhydrate de benzoylecgonine isobutylique droite* forme de petites aiguilles fondant à 200°. Il contient 1 molécule d'eau de cristallisation.

Le *chlorhydrate de benzoylecgonine isoamylique droite* est anhydre et fond à 217° [A. Einhorn et Marquardt, *D. chem. G.*, **23**, 979].

En remplaçant le chlorure de benzoyle par d'autres chlorures d'acides, on a pu préparer d'autres homologues de la cocaïne droite :

La *cinnamylecgonine méthylique droite* forme de longs prismes, groupés en étoiles et fondant à 68°.

Le *chlorhydrate*, $C^{19}H^{23}AzO^4.HCl$, peu soluble dans l'eau froide, fond à 186-188° ; le *bromhydrate* à 209° ; le *nitrate* à 97°.

Le *chloroplatinate* est anhydre et fond à 208-210°.

Le *chloraurate* fond à 164°.

La *cinnamylecgonine droite* prend naissance quand on traite l'ecgonine droite par le chlorure de cinnamyle. Le *chlorhydrate* fond à 236° ; son *chloroplatinate* à 225°.

L'*isovalérylecgonine méthylique droite* est huileuse ; son *chlorhydrate* fond à 192° ; son *chloroplatinate* à 202° ; son *chloraurate* à 88° ; son *nitrate* à 163°.

L'*isovalérylecgonine droite* fond à 224° ; le *chloroplatinate* à 236°.

L'*o-phtalyldiecgonine diméthylique droite*, obtenue à l'aide de l'ecgonine méthylique et du chlorure de phtalyle, fond à 226°.

L'*o-phtalyldiecgonine droite* fournit un iodhydrate fusible à 103° [A. Deckers et A. Einhorn, *D. chem. G.*, **24**, 7 ; *Bull. Soc. Chim.*, (3), **6**, 491. — Böhringer et Söhne, brevet allemand 55338, du 13 février 1890].

Extraction de la cocaïne ; sa séparation d'avec les bases qui l'accompagnent. — L'extraction de la cocaïne de la feuille de l'*Erythroxylon coca* est laborieuse, si l'on veut avoir l'alcaloïde à l'état de pureté. Il est en effet accompagné dans la plante d'un grand nombre d'alcaloïdes de propriétés physiques et chimiques analogues aux siennes, mais qui ne possèdent pas de propriétés physiologiques utilisables. La séparation de la cocaïne d'avec les bases accessoires est une opération d'analyse immédiate très délicate ; elle a été récemment perfectionnée par M. Squibb [*Pharm. Journ.*, **3**, 67 et 465]. Ces perfectionnements ont perdu de leur intérêt depuis l'importante découverte de MM. Liebermann et Giesel. Ces savants ont démontré, par l'étude des produits accessoires, que presque tous ces alcaloïdes sont décomposés par hydratation en un acide aromatique variant avec l'alcaloïde, alcool méthylique et ecgonine. L'ecgonine est donc un produit constant de leur dédoublement, ainsi que de celui de la cocaïne. Ils en ont conclu qu'au lieu d'extraire la cocaïne de la feuille de coca, il vaut mieux en extraire l'ecgonine et transformer ensuite cette ecgonine en cocaïne par les moyens que nous avons indiqués plus haut. Cette opération a le grand avantage d'utiliser toute l'ecgonine contenue dans la plante, et de faire produire à cette dernière notablement plus de cocaïne qu'elle n'en contient. De plus, l'extraction de l'ecgonine est relativement facile, parce qu'elle a des propriétés très différentes de celles des composés auxquels elle est mélangée, tandis que la cocaïne a des propriétés très voisines de celles des autres alcaloïdes de la coca, qui la dissolvent presque en toutes proportions et l'empêchent de cristalliser.

Extraction de l'ecgonine. — On fait bouillir avec de l'acide chlorhydrique (d = 1,1 - 1,2) le mélange des bases amorphes provenant de l'extraction de la cocaïne. Après une heure d'ébullition, on laisse refroidir et on filtre pour se débarrasser des acides aromatiques. Le mélange huileux de ces acides aromatiques a été la matière première des travaux très intéressants de M. Liebermann, dont nous dirons quelques mots plus loin. La solution chlorhydrique est ensuite évaporée au bain-marie. On fait cristalliser deux ou trois fois le chlorhydrate d'ecgonine, que l'on obtient ainsi parfaitement pur [C. Liebermann et F. Giesel, *D. chem. G.*, **21**, 3196; *Bull. Soc. Chim.*, (3), **1**, 463; Brevet alleman dn° 47602, du 14 août 1888].

Pour obtenir la cocaïne, on peut transformer le chlorhydrate d'ecgonine en ecgonine, en le décomposant par le carbonate de potassium, isoler l'ecgonine et la transformer successivement en benzoylecgonine et en cocaïne, suivant le procédé dû également à MM. Liebermann et Giesel, procédé que nous avons décrit plus haut.

On peut également méthyler l'ecgonine en traitant la solution méthylique de chlorhydrate d'ecgonine par un courant d'acide chlorhydrique sec et benzoylant ensuite le chlorhydrate d'ecgonine méthylée. C'est le procédé de M. Einhorn, qui a été breveté par MM. Böhringer et Söhne [Brevet allemand n° 47713, du 3 novembre 1888] et dont voici le détail opératoire : On dissout 1 kilogramme de chlorhydrate d'ecgonine dans 10 kilogrammes d'alcool méthylique absolu; on chauffe à 60° et l'on fait passer dans la solution un courant d'acide chlorhydrique sec jusqu'à saturation, ce qui peut exiger 2 ou 3 heures. Le liquide est versé après refroidissement dans 10 kilogrammes d'éther, ce qui provoque la précipitation à l'état cristallisé du chlorhydrate d'ecgonine méthylique, pendant que le chlorhydrate d'ecgonine non transformé reste en solution et peut être soumis à un nouveau traitement.

Les cristaux de chlorhydrate d'ecgonine méthylée sont filtrés et lavés à l'éther. On chauffe ensuite 1 kilogramme de ces cristaux au bain-marie, dans un ballon de verre, avec le même poids de chlorure de benzoyle, tant qu'il se dégage de l'acide chlorhydrique. La masse fondue est ensuite versée dans l'eau, qui précipite l'acide benzoïque, dont on se débarrasse par filtration. La liqueur filtrée est saturée par la soude, qui précipite la cocaïne, que l'on filtre, lave et purifie par les procédés habituels.

ALCALOÏDES ACCESSOIRES. — Nous allons décrire quelques-uns des alcaloïdes que l'on a pu extraire à l'état de pureté du mélange des bases qui accompagnent la cocaïne.

Benzoylecgonine. — La benzoylecgonine a été extraite des eaux mères du chlorhydrate de cocaïne par MM. Skraup et Merck, dans des conditions que nous avons indiquées. Il est probable qu'elle provient d'un dédoublement partiel de la cocaïne.

Cinnamylcocaïne. — L'acide cinnamique a été rencontré dans le mélange d'acides aromatiques fournis par la décomposition des alcaloïdes accessoires; il est donc probable que ce mélange de bases contient la cinnamylcocaïne, mais cet alcaloïde n'en a pas été extrait à l'état de pureté [H. Frankfeld, *D. chem. G.*, **22**, 133; *Bull. Soc. Chim.*, (3), **2**, 447].

On a également rencontré dans ce mélange d'acides les acides allo- et iso-cinnamiques.

Isatropylcocaïne. — Cette base est assez abondante dans le mélange d'alcaloïdes qui accompagne la cocaïne; elle est amorphe, fond aux environs de 65°, et reste vitreuse par refroidissement. Aucun de ses sels ne cristallise. Le dédoublement par l'acide chlorhydrique fournit de l'ecgonine, de l'alcool méthylique et un mélange d'acides possédant la composition des acides isatropiques [C. Liebermann, *D. chem. G.*, **14**, 2342]. L'auteur en a extrait deux acides, qu'il a d'abord désignés sous le nom d'acide γ-isatropique et δ-isatropique. Il a ensuite abandonné ces dénominations, pour les appeler acides *truxilliques*. Nous décrirons ces acides à l'article TRUXILLIQUES.

On a pu, avec ces acides isatropiques, obtenir à nouveau l'isatropylcocaïne, présentant les mêmes caractères que le produit initial.

Benzoylpseudotropéine. — On a trouvé aussi dans le mélange des alcaloïdes une base appartenant à une famille toute différente, la benzoylpseudotropéine, que l'acide chlorhydrique dédouble en acide benzoïque et pseudotropine. Ce composé sera décrit à l'article TROPINE avec les autres dérivés de la pseudotropine.

Hygrine. — L'hygrine est un liquide volatil et non azoté, que l'on a rencontré dans les feuilles de coca; il a une physionomie spéciale qui exige qu'il soit décrit à part. On trouvera donc sa description à l'article HYGRINE.

PHYSIOLOGIE ET THÉRAPEUTIQUE [Grasset et Jeannel, *C. R.*, **100**, 364. — Richard, *C. R.*, **100**, 1409. — A. Charpentier, *C. R. Soc. Biol.*, 1887, 17, 83 et 183. — M. Lafont, *C. R.*, **105**, 1078. — O. Mosso, *Atti. Acad. Torino*, **21**, 1886; *Ann. Chim. e Farmacol.*, (4), **5**, 340. — P. Langlois et C. Richet, *Arch. Physiol.*, **21**, 181]. — M. le docteur Langlois a bien voulu nous fournir sur les propriétés physiologiques et thérapeutiques de la cocaïne les renseignements suivants :

C'est seulement en 1884 que M. Kollen signala l'action analgésique de la cocaïne sur la muqueuse conjonctivale. Les oculistes seuls utilisèrent tout d'abord ses propriétés et purent insensibiliser le globe oculaire et ses annexes par la simple instillation dans l'œil de quelques gouttes d'une solution au cinquième de chlorhydrate de cocaïne. Mais les applications de ce précieux analgésique ne devaient pas rester localisées à la chirurgie oculaire, et on reconnut que toutes les muqueuses pouvaient également être soumises à son action. L'emploi de la cocaïne en injection hypodermique est devenu général et, dans un grand nombre de cas, l'anesthésie locale est suffisante pour rendre inutile l'emploi des anesthésiques généraux, dont l'emploi est toujours dangereux. Les dentistes surtout en font un fréquent usage pour l'avulsion des dents : une injection hypodermique de 1 centimètre cube d'une solution de cocaïne à 1 0/0 sur la muqueuse gingivale suffit pour provoquer un engourdissement qui permet d'opérer sans vive douleur.

À l'intérieur, la cocaïne est administrée dans le cas de gastralgie rebelle; on a préconisé également son emploi contre le mal de mer.

L'étude physiologique de cet alcaloïde est des plus intéressantes. Étudiée primitivement par M. Anrep, longtemps avant ses applications thérapeutiques, elle a donné lieu depuis à un grand nombre de travaux.

Il y a lieu d'étudier successivement les effets locaux et les effets généraux.

Appliquée sur les muqueuses ou sur la peau dénudée, ou bien en injections sous-cutanées, la cocaïne détermine une analgésie complète qui dure 3 minutes environ. Les parties imprégnées de sa solution peuvent être brûlées, coupées, dilacérées : le sujet n'accuse aucune douleur, tandis que la sensation de contact est conservée ; il y a donc analgésie et non anesthésie. La pâleur des téguments, qui suit la piqûre, avait fait croire que l'action analgésiante était due à un phénomène de vaso-constriction ; mais M. Arloing a montré que, même après la section du sympathique chez les lapins, on obtient encore l'analgésie, quoique les vaisseaux de l'œil restent dilatés. Il y a donc une action directe sur les fibres terminales sensitives, et même cette action s'étendrait également à l'élément musculaire, car ce dernier cesse d'être excitable au courant électrique.

Au point de vue physiologique et, par suite, au point de vue thérapeutique, c'est surtout l'action générale de la cocaïne qui mérite d'être étudiée avec le plus grand soin. Tandis, en effet, qu'une faible quantité de substance introduite sous la peau détermine uniquement l'insensibilité à la douleur du point imbibé, une dose plus forte de cocaïne, pénétrant dans l'organisme, soit par la voie sous-cutanée ou veineuse, soit par la voie stomacale, détermine des phénomènes d'hyperexcitabilité neuro-musculaire qui, suivant la dose, peuvent aboutir à des convulsions mortelles.

Sous l'influence de l'action cocaïnique, l'animal (chien) présente tout d'abord un état hallucinatoire ; la pupille est complètement dilatée, la salive coule abondamment ; laissé libre, il ne peut rester en place, court en tous sens, sans but déterminé. Tout en admettant dès ce moment une action sur les centres spéciaux (exagération des réflexes), il paraît évident que les centres supérieurs, les centres de l'idéation, sont également touchés. L'agitation intense de l'animal amène une élévation notable de la température qui, si la dose est suffisante, fait éclater les convulsions. Ces dernières sont caractéristiques, tonico-cloniques, parfois subintrantes. La température rectale peut s'élever rapidement à 40 ou 44° et même 45° (Langlois et Richet). On peut toutefois sauver l'animal en le refroidissant sous un jet d'eau froide ; en abaissant la température, on voit les convulsions diminuer et même cesser.

Si, chez les animaux, et principalement chez le chien, les effets toxiques suivent une marche régulière et constante pour une dose fixe, il n'en est pas de même pour l'homme. Les accidents déterminés par l'emploi de la cocaïne sont nombreux, mais les effets observés très variables. Cependant, et d'une façon générale, l'intoxication se manifeste par une certaine pâleur de la peau, l'accélération des battements du cœur, avec respiration fréquente et superficielle, angoisse précordiale, perte complète de connaissance, sentiment de fin prochaine, en un mot collapsus voisin du coma (Delbosc). Ces symptômes ont été attribués à l'anémie cérébrale ; et l'emploi du nitrite d'amyle, préconisé contre ces accidents, se justifierait par son action sur la circulation. On a noté un certain nombre d'accidents avec une dose inférieure à 5 centigrammes ; il est difficile d'admettre que ces accidents aient été dus à l'action directe de la cocaïne, qu'on a pu donner impunément à des doses 15 et 20 fois plus fortes. Quant

aux cas mortels peu nombreux (4 cas certains en 5 ans), ils ont été déterminés par des doses de 1 gramme au moins.

Les propriétés excitantes de la cocaïne ont été utilisées dans les états graves accompagnés de tendances à la prostration des forces et au collapsus. Elle peut être considérée comme un succédané plus maniable de la strychnine.

D'après de récentes expériences, il paraît important de n'employer pour l'analgésie locale que des solutions de cocaïne très étendues (1 0/0). On peut, à cet état de dilution, injecter sans aucun symptôme d'intoxication jusqu'à 20 centimètres cubes (20 centigr.) de cocaïne (amputation du bras par anesthésie locale) (Reclus).

Considérée comme succédané de la morphine chez les morphinomanes, la cocaïne paraît avoir donné des résultats désastreux, plus graves que ceux occasionnés par la morphine (Magnan).

L. Bouveault.

COCHENILLE. — Voyez Suppl., **1**, 433.

Coccinine. — D'après M. Furth [*D. chem. G.*, **16**, 2169], ce corps a pour formule $C^{16}H^{14}O^6$. Chauffé avec de la poudre de zinc, il fournit un hydrocarbure $C^{16}H^{12}$, identique avec celui qu'on obtient en partant du carmin.

Chauffée pendant 2 heures avec du chlorure d'acétyle, à 100°, en tube scellé, la coccinine fournit un *dérivé acétylé*, $C^{16}H^{10}O^2(OC^2H^3O)^4$, en petits cristaux jaunes, insolubles dans l'eau, solubles dans l'alcool et dans l'acide acétique.

La coccinine serait, d'après le même auteur, un dérivé hydrogéné et tétrahydroxylé d'une quinone en C^{16}.

Graisse de la cochenille. — La matière jaune contenue dans la cochenille a été étudiée successivement par MM. Liebermann [*D. chem. G.*, **18**, 1969] et Raimann [*Mon. f. Chem.*, **6**. 891], qui sont arrivés à des résultats un peu différents.

D'après M. Raimann, la cochenille séchée à 100° abandonne à l'éther une graisse fortement colorée. En lavant à l'eau la solution éthérée, on lui enlève une partie de la matière colorante, et on obtient, en l'évaporant ensuite, une masse brunâtre où l'on peut distinguer des parcelles cristallines. Chauffée avec de la potasse alcoolique, cette graisse fournit de la glycérine, des savons et des substances neutres solubles dans l'éther. Ces dernières sont constituées par : 1° des aiguilles microscopiques, fusibles à 66°,6 et ayant pour composition $C^{36}H^{72}O$; 2° une masse cireuse, fusible à la température de la main et ayant pour formule $C^{15}H^{26}O$.

Quant aux savons, on peut en extraire par les méthodes habituelles de l'acide myristique

$$C^{14}H^{28}O^2,$$

et deux acides huileux, ayant pour formules

$$C^{14}H^{26}O^2 \quad \text{et} \quad C^{12}H^{22}O^2.$$

M. Liebermann [*loc. cit.*] traite la cochenille par le benzène bouillant. Ce liquide abandonne par le refroidissement des lamelles cristallines constituant la *coccérine*. Cette substance se ramollit à 101° et fond à 106° ; elle est très peu soluble dans les dissolvants usuels. La potasse alcoolique bouillante la dédouble très lentement en *alcool coccérylique* et *acide coccérique*.

L'*alcool coccérylique*, $C^{30}H^{62}O^2$, se présente, après cristallisation dans l'alcool, sous la forme d'une poudre fusible à 101-104°. Il fournit un *éther diacétique*, $C^{30}H^{60}(OC^2H^3O)^2$, fusible à 48-50°, et un *éther dibenzoïque*, $C^{30}H^{60}(OC^7H^5O)^2$, fusible à 60-62°. Oxydé par une solution acétique d'acide chromique à l'ébullition, l'alcool coccérylique fournit de l'*acide pentadécylique*, $C^{15}H^{30}O^2$, fusible à 59-60°.

L'acide coccérique, $C^{31}H^{62}O^3$, est une poudre cristalline blanche, fusible à 92-93°. Oxydé par une solution acétique bouillante d'acide chromique, il donne de l'acide pentadécylique [Liebermann, *D. chem. G.*, **18**, 2969. — Liebermann et Bergami, *ibid.*, **20**, 959].

CODÉINE [*éther monométhylique de la morphine*], $C^{17}H^{17}(OCH^3)(OH)AzO, H^2O$ (voyez Dict., **1**, 951, et Suppl., **1**, 515). — Elle a été obtenue synthétiquement par M. Grimaux en traitant la morphine par l'iodure de méthyle en présence de la potasse [*C. R.*, **92**, 1140].

Cette synthèse a été utilisée pour la préparation industrielle de la codéine, et est devenue le point de départ de deux brevets consistant à traiter la morphine en présence des alcalis par le chlorure de méthyle [Dott, brevet anglais n° 7413, du 18 juin 1885 ; *D. chem. G.*, **20**, *Ref.*, 82], ou par les méthylsulfates alcalins [Knoll, brevet allemand n° 39887, du 7 août 1886 ; *D. chem. G.*, **20**, *Ref.*, 488].

Pouvoir rotatoire lévogyre : pour une solution dans l'alcool à 97°, $[\alpha]_j = -135°,8$; dans l'alcool à 80°, $[\alpha]_j = -137°,75$; dans le chloroforme $[\alpha]_j = -111°,5$. Le pouvoir rotatoire du sulfate en solution aqueuse $= -101°,2$; celui du chlorhydrate en solution aqueuse $[\alpha]_j = -108°,18$ (Hesse). Elle fond à 153°-155°.

Le perchlorure de phosphore donne à froid avec la codéine une base cristallisée, $C^{18}H^{20}ClAzO^2$, isomérique avec la chlorocodide et fusible à 147-148°. Si l'on opère à 70-80°, on obtient une base $C^{18}H^{19}Cl^2AzO^2$, cristallisée en prismes incolores, insolubles dans l'eau et fusibles à 196-197° [Von Gerichten, *Ann. Chem.*, **210**, 107]. Ces faits viennent à l'appui de la conclusion que la codéine ne contient plus qu'un seul hydroxyle et qu'on ne peut y introduire qu'un seul radical d'acide.

Réactions. — Elle ne se colore pas en bleu par le perchlorure de fer.

Elle donne une coloration rose avec l'acide niobique.

Une solution formée de 1 gramme de sélénite d'ammonium dans 20 centigrammes d'acide sulfurique, à laquelle on ajoute une trace de codéine, prend une coloration verte qui passe successivement au rouge et au brun [Lafon, *J. Pharm. Chim.*, (5), **9**, 234].

Une petite quantité de codéine, additionnée de 2 gouttes d'hypochlorite de sodium, puis de 4 gouttes d'acide sulfurique concentré, donne une belle coloration bleue [Raby, *J. Pharm. Chim.*, (5), **9**, 402].

Chauffée avec un mélange d'acide sulfurique concentré et d'acides oxalique, malonique ou succinique, la codéine fournit des combinaisons incolores, amorphes, qui, par oxydation à l'air, se convertissent en matières colorantes bleues [Chastaing et Barillot, *C. R.*, **105**, 1012].

Chauffée avec du chlorhydrate de p-nitrosodiméthylaniline en présence d'alcool, la codéine fournit entre autres produits une matière colorante brillante, ayant pour formule

$$C^{17}H^{18}AzO^4(CH^3) = Az . C^6H^4 . Az(CH^3)^2.$$

Cette substance teint directement la laine, la soie et le fulmicoton. Elle se combine au chlorure de platine pour donner un sel double renfermant $C^{26}H^{31}Az^3O^4 . 2HCl . PtCl^4$ [Cazeneuve *Bull. Soc. Chim.*, (3), **6**, 905].

Sels. — Le *bromhydrate*,

$$C^{18}H^{21}AzO^3 . HBr, 2H^2O,$$

forme des prismes solubles dans 82°,5 d'eau à 15°.

Le *chloracétate*, $C^{18}H^{21}AzO^3 . C^2H^3ClO^2$, fond à 153-154°.

Dichloracétate, fusible à 156°.

Trichloracétate, fusible à 93°.

Trichlorobutyrate, fusible à 173°.

Chlorocrotonate, $C^{18}H^{21}AzO^3 . C^4H^5ClO^2$, fusible à 171°.

Dibromopyruvate, $C^{18}H^{21}AzO^3 . C^3H^2Br^2O^3$, fusible à 70° [Daccomo, *Jahresb.*, 1884, 1385].

MÉTHYLCODÉINE. — La codéine se combine facilement avec l'iodure de méthyle pour former l'iodure de méthylcodéine, $C^{18}H^{21}AzO^3 . CH^3I$ [Grimaux, *Ann. Chim. Phys.*, (5), **27**, 276]. Ce corps forme des cristaux transparents, anhydres (Gr.) ou cristallise avec $2H^2O$ [Hesse, *Ann. Chem.*, **222**, 215], selon que l'on évapore lentement ou rapidement la solution aqueuse ; il est presque insoluble dans l'alcool.

L'iodométhylate de codéine, maintenu en ébullition avec 10 fois son poids d'anhydride acétique, donne un dérivé diacétylé non azoté, $C^{17}H^{16}O^3$, longues aiguilles, fusibles à 131°. L'ammoniaque alcoolique le transforme en un phénol qui est sans doute l'éther monométhylique du composé $C^{14}H^{10}O^2$, qui possède les caractères d'un dioxyphénanthrène (voyez plus bas) [Fischer et Gerichten, *D. chem. G.*, **19**, 792].

Chauffé avec de l'oxyde d'argent, l'iodométhylate de codéine se transforme en hydrate de méthylcodéine,

$$C^{17}H^{17}O(OH)(OCH^3) \equiv Az \begin{cases} CH^3 \\ OH \end{cases}$$

qui, distillé, se décompose en eau et *méthocodéine*.

Soumis à la distillation avec de la potasse alcoolique, l'iodométhylate de codéine fournit de l'éthyldiméthylamine. On conclut de là que l'atome d'azote, dans la codéine et par suite dans la morphine, est uni à un groupe éthyle en même temps qu'à un groupe méthyle [Skraup et Wiegmann, *Mon. f. Chem.*, **10**, 732].

La *méthocodéine*,

$$C^{17}H^{16}O(OH)(OCH^3)AzCH^3,$$

a été obtenue d'abord par M. Grimaux [*C. R.*, **93**, 591] et appelée plus tard *méthylmorphiméthine* par M. Hesse [*loc. cit.*], qui la prépare en chauffant l'iodométhylate de codéine avec de la potasse. Elle cristallise en prismes fusibles à 118°,5. $[\alpha]_D = -208°,6$ en solution dans l'alcool à 97°. Elle est insoluble dans l'eau, soluble dans l'alcool et dans l'éther ; elle se dissout dans l'acide sulfurique concentré avec une couleur violette, qui vire au bleu quand on chauffe. Elle forme avec l'iodure de méthyle un composé qui cristallise en prismes obliques, incolores, avec $1/2 H^2O$.

Chlorhydrate. — Fines aiguilles, cristallisables avec $2H^2O$.

La méthocodéine se combine à l'iodure de méthyle en présence de l'alcool méthylique, pour donner deux *iodométhylates* $C^{19}H^{23}AzO^3 . CH^3I$, qu'on désigne par les lettres α et β [Hesse, *Ann. Chem.*, **222**, 224].

Le premier se produit immédiatement et à froid. Il cristallise en prismes obliques renfermant une demi-molécule d'eau.

L'iodométhylate β s'obtient en faisant bouillir son isomère avec de la potasse, et en précipitant la solution par l'iodure de potassium. Il se présente en cristaux anhydres, moins solubles dans l'eau que le dérivé α.

Acétylméthocodéine,

$$C^{17}H^{16}(CH^3)^2(C^2H^3O)AzO^3.$$

— En chauffant à 85° la méthocodéine avec de

l'anhydride acétique, reprenant par l'eau, ajoutant un excès d'ammoniaque et agitant avec de l'éther, M. Hesse [*loc. cit.*] a obtenu des cristaux brillants, fusibles à 66°, facilement solubles dans l'alcool et dans l'éther, ainsi que dans l'acide sulfurique, avec lequel ils donnent une coloration bleue.

Chlorhydrate. — Cristaux avec 1/2 H^2O.

ÉTHYLCODÉINE. — On l'obtient à l'état d'iodure en chauffant la codéine avec de l'iodure d'éthyle et de l'alcool à 100°. Ce sel cristallise en fines aiguilles solubles dans l'eau; l'oxyde d'argent le transforme en *hydrate d'éthylcodéine,*

$$C^{17}H^{17}O\,(OH)\,(OCH^3) \equiv Az \begin{cases} C^2H^5 \\ OH \end{cases}$$

dont la solution aqueuse évaporée donne l'*éthocodéine* de M. Grimaux [*loc. cit.*],

$$C^{17}H^{16}O\,(OH)\,(OCH^3) = Az\,C^2H^5,$$

appelée depuis *méthylmorphiéthine* par M. Hesse. Cette dernière se combine facilement avec l'iodure de méthyle pour former un produit d'addition

$$C^{18}H^{20}Az\,O^3\,(C^2H^5)\,CH^3I,$$

que l'oxyde d'argent transforme en *méthylhydrate d'éthocodéine.* Chauffé à 130°, ce dérivé se décompose en eau, méthyléthylpropylamine et en un dérivé du phénanthrène :

$$C^{18}H^{20}Az\,O^3\,(C^2H^5)\,(CH^3)\,OH$$
$$= 2\,H^2O + Az\,(CH^3)\,(C^2H^5)\,(C^3H^7)$$
$$+ C^{14}H^7O\,(OCH^3).$$

Ce dernier corps est fusible à 65°; distillé avec la poudre de zinc, il fournit une huile à odeur de phénanthrène qui, par oxydation, donne un produit ayant tous les caractères de la phénanthrène-quinone [Gerichten et Schrötter, *D. chem. G.*, **15,** 1486].

CHLOROMÉTHYLATE D'ACÉTYLCODÉINE,

$$C^{18}H^{20}(C^2H^3O)Az\,O^3\,.\,CH^3Cl,\,2H^2O.$$

— On l'obtient en chauffant le chlorométhylate de codéine à 85° avec de l'anhydride acétique [Hesse, *Ann. Chem.*, **222,** 222].

IODOMÉTHYLATE D'ACÉTYLCODÉINE,

$$C^{18}H^{20}(C^2H^3O)Az\,O^3\,.\,CH^3I,\,2H^2O.$$

— Obtenu à l'aide de l'iodure de méthylcodéine et de l'anhydride acétique à 85° [Hesse, *loc. cit.*], il se présente en aiguilles cristallines. Chauffé avec de l'acétate d'argent et de l'anhydride acétique, il donne de l'iodure d'argent, une amine C^4H^9Az et un composé $C^{17}H^{14}O^3$, qui est probablement le dérivé monoacétylé du dioxyphénanthrène, que MM. Fischer et Gerichten ont obtenu en traitant de la même manière l'iodométhylate de diacétylmorphine.

Ces recherches sur les éthers de la codéine, dont les premières sont dues à M. Grimaux et qui ont été continuées depuis par les chimistes cités plus haut, ont eu pour résultat de montrer que la codéine (de même que la morphine) est un dérivé d'une phénanthrène-quinoléine encore inconnue.

PROPIONYLCODÉINE. — On l'obtient par l'action de l'anhydride propionique sur la codéine [Hesse, *loc. cit.*].

On produit de même la *butyrylcodéine,* la *benzoylcodéine,* la *succinylcodéine,* la *camphorylcodéine,* par l'action des anhydrides ou des acides sur la codéine [Beckett et Wright, *Chem. Soc.*, **28,** 689].

CODÉTHYLINE (*éther éthylique de la morphine*), $C^{17}H^{17}Az\,O\,(OH)\,(OC^2H^5),\,H^2O.$ — Obtenue par M. Grimaux en chauffant la morphine avec 1 molécule d'éthylate de sodium et 1 molécule d'iodure d'éthyle [*Ann. Chim. Phys.*, (5), **27,** 278], elle cristallise en prismes brillants, fusibles à 83°, solubles dans 35 à 40 parties d'eau chaude, dans l'alcool et dans l'éther. Elle se décompose à la longue vers 100°. La soude et la potasse la précipitent de ses solutions salines, mais non l'ammoniaque. Elle se colore en bleu au contact de l'acide sulfurique contenant du sulfate de fer. Base très toxique. L'*iodométhylate* se forme quand on fait agir sur elle l'iodure de méthyle [Grimaux, *loc. cit.*].

L'*iodhydrate de codéthyline* se forme quand on chauffe 1 molécule de morphine avec 2 molécules d'iodure d'éthyle et 1 molécule de soude, en présence d'alcool. Aiguilles nacrées. Cet iodure, par des réactions semblables à celles indiquées plus haut, donne successivement une base tertiaire, l'*éthocodéthyline* et le *méthylhydrate d'éthocodéthyline.*

Le *méthylhydrate d'éthocodéthyline* est décomposé par la chaleur en eau, méthyléthylpropylamine et un dérivé du phénanthrène

$$C^{17}H^7O\,(OC^2H^5),$$

fusible à 59° : ce dernier donne nettement du phénanthrène quand on le distille avec la poudre de zinc. L'acide iodhydrique à 120° en sépare de l'iodure d'éthyle ; l'acide chlorhydrique à 200°, du chlorure d'éthyle. Il se dissout dans l'acide sulfurique avec coloration jaune et fluorescence verte.

BROMOCODÉINE. — La *bromocodéine* se combine à 100° avec l'iodure d'éthyle pour former l'*iodure d'éthylbromocodéine,* $C^{18}H^{20}Br\,Az\,O^3\,.\,C^2H^5I$, que l'oxyde d'argent transforme en *éthylhydrate de bromocodéine,* $C^{18}H^{20}Br\,Az\,O^3\,.\,C^2H^5OH.$ Cette dernière se décompose, comme les précédentes, en eau et en une base tertiaire, l'*éthobromocodéine,* $C^{18}H^{19}Br\,Az\,O^3\,.\,C^2H^5$, longues aiguilles cristallines qui se combinent à l'iodure de méthyle pour former un produit d'addition, dont l'hydrate, obtenu à l'aide de l'oxyde d'argent, se décompose, lorsqu'on le chauffe, en eau, méthyléthylpropylamine et en un dérivé du phénanthrène $C^{14}H^6Br\,O\,(OCH^3)$, fusible à 121-122° [Gerichten et Schrötter, *loc. cit.*].

La bromocodéine, traitée à froid par le perchlorure de phosphore, donne une base

$$C^{18}\,H^{19}\,Cl\,Br\,Az\,O^2.$$

DICODÉTHINE (*éther morphinéthylénique*),

$$C^2H^4\,(OC^{17}\,H^{18}\,Az\,O^2)^2.$$

— On chauffe la morphine avec de l'éthylate de sodium et du bromure d'éthylène (Grimaux).

Petites aiguilles qui se décomposent sans fondre au-dessus de 200°.

PSEUDOCODÉINE, $C^{18}H^{21}Az\,O^3,\,H^2O.$ — Cette base a été obtenue par M. Merck dans la préparation de l'apocodéine [*Arch. Pharm.*, **229,** 161; *Bull. Soc. Chim.*, (3), **6,** 777]. Elle cristallise dans l'alcool en aiguilles blanches, peu solubles dans l'éther et dans l'eau, fusibles à 178-180°. Elle est lévogyre ; en solution alcoolique à 2 0/0, son pouvoir rotatoire est — 91°,04. Elle ne donne pas de coloration par le chlorure ferrique.

Le *chlorhydrate,* $C^{18}H^{21}Az\,O^3\,.\,HCl$, forme de longues aiguilles blanches, assez peu solubles dans l'eau, qui commencent à fondre à 217-218° et se décomposent à une température plus élevée.

Le *bromhydrate* est en petites aiguilles fusibles à 228-230°, assez peu solubles dans l'eau froide.

Le *nitrate* cristallise en longues aiguilles soyeuses, peu solubles dans l'eau froide; il se colore en rouge à 183° et se décompose à 190-191°.

Le *chloroplatinate,* $(C^{18}H^{21}Az\,O^3\,.\,HCl)^2Pt\,Cl^4,$

se présente en fines aiguilles jaunes, très peu solubles dans l'eau froide, qui commencent à se décomposer à 214°.

Le *chloromercurate,*

$$(C^{18}H^{21}AzO^3 . HCl)^2 3HgCl^2, 1,5H^2O,$$

forme des cristaux prismatiques peu solubles. Il se ramollit à 150° et fond à 173-178°.

Le *picrate,* $C^{18}H^{21}AzO^3 . C^6H^3Az^3O^7$, forme de petites aiguilles peu solubles, qui fondent en se décomposant à 209-210°.

L'action physiologique de la pseudocodéine paraît être la même que celle de la codéine, mais avec une activité moindre.   E. Burcker.

COHÉNITE (Min.) (Weinschenk). — Carbure de fer renfermant du nickel et un peu de cobalt, $[Fe,Ni,Co]^3C$, trouvé dans le fer météorique d'Arva (Hongrie) et pris d'abord pour de la schreibersite ; arborisations dérivant du système cubique.

COLCHICÉINE. — Voyez COLCHICINE.

COLCHICINE. — D'après M. Houdé [*C. R.,* 98, 1442], on peut obtenir la colchicine cristallisée en épuisant la semence de colchique par l'alcool ; l'extrait alcoolique est agité avec une solution d'acide tartrique qui sépare l'alcaloïde des corps gras et résineux, et la solution tartrique est traitée par le chloroforme qui s'empare de la base. On la purifie et on l'obtient incolore et bien cristallisée en la dissolvant dans un mélange à parties égales d'alcool, de chloroforme et de benzène ; le rendement est de 3 grammes par kilogramme de semence.

La colchicine cristallisée a une saveur amère ; elle est peu soluble dans l'eau, la glycérine et l'éther ; hydratée, elle fond à 93° ; séchée à 100°, elle fond à 163°.

M. Zeisel [*Mon. f. Chem.,* 7, 557 et 9, 868] a repris dans ces derniers temps l'étude de la colchicine et de ses dérivés, et il est arrivé à des résultats assez concluants en ce qui concerne la formule et la constitution de ce corps. Il indique un procédé de préparation qui repose sur la propriété que possède l'alcaloïde de former avec le chloroforme une combinaison cristallisée et qui se rapproche beaucoup de celui indiqué plus haut : On épuise les semences par l'alcool à 90° bouillant, on évapore la solution alcoolique et on reprend le résidu par l'eau ; la solution aqueuse est agitée directement avec du chloroforme pur ; par évaporation de ce dissolvant, on obtient des aiguilles groupées en étoiles qui constituent la combinaison de colchicine et de chloroforme,

$$C^{22}H^{25}AzO^6 . 2CHCl^3.$$

Le rendement est de 2ᵍʳ,80 par kilogramme de semence. La combinaison chloroformique, purifiée et abandonnée à l'air, perd une partie de son chloroforme en devenant opaque et nacrée ; au contact de l'eau, elle perd tout le chloroforme, surtout quand on chauffe. Pour en séparer la colchicine, on la traite par un courant de vapeur d'eau et on évapore le résidu dans le vide : le produit final est une matière gommeuse, d'un jaune clair, $C^{22}H^{25}AzO^6$; pulvérisée, elle forme une poudre d'un blanc jaunâtre qui noircit assez vite à la lumière. Séchée à 110°. elle fond à 143-145°.

La colchicine est lévogyre. Elle est moins soluble dans l'eau chaude que dans l'eau froide ; elle se dissout en toutes proportions dans l'alcool et dans le chloroforme ; elle est à peine soluble dans l'éther et dans le benzène. En solution, elle est colorée en un jaune intense par les acides minéraux et par les alcalis dilués ; les alcalis concentrés produisent un précipité résineux jaune. La

solution alcoolique est colorée en rouge grenat par le chlorure ferrique. La solution chlorhydrique portée à l'ébullition donne avec le même réactif une coloration verte ; si on agite ensuite cette solution avec du chloroforme, ce dernier se colore en brun ou en rouge grenat. La soude la transforme en colchicéine monosodée et alcool méthylique ; l'acide iodhydrique en dégage $4CH^3I$.

La colchicine se forme encore lorsqu'on traite à 100°, en tubes scellés, la colchicéine par le méthylate de sodium et l'iodure de méthyle :

$$C^{21}H^{22}AzO^6Na + CH^3I = NaI + C^{22}H^{25}AzO^6$$

[Johanny et Zeisel, *loc. cit.*].

La colchicine, traitée par les acides sulfurique ou chlorhydrique très étendus, se transforme en *colchicéine* et *apocolchicéine*. On obtient encore cette dernière base en traitant la colchicéine par l'acide chlorhydrique à 110-120° ; elle est amorphe.

Méthylcolchicine,

$$C^{15}H^9 (OCH^3)^3 (CO^2CH^3) Az \begin{cases} CH^3 \\ COCH^3 \end{cases}$$

— Elle se produit en même temps que la colchicine dans la préparation de cette dernière à l'aide de la colchicéine : on la retire des eaux mères de la combinaison chloroformique de la colchicine sous la forme d'une masse jaune amorphe, facilement soluble dans l'eau ; l'acide chlorhydrique étendu la transforme à chaud en *méthylcolchicéine,*

$$C^{15}H^9 (OCH^3)^3 (CO^2H) Az \begin{cases} CH^3 \\ COCH^3 \end{cases}$$

Avec l'acide chlorhydrique fumant, elle donne à 165° du chlorure de méthyle, du chlorhydrate de méthylamine et un peu de chlorhydrate d'ammoniaque.

COLCHICÉINE, $C^{21}H^{23}AzO^6, 0,5H^2O$. — Elle se forme quand on chauffe à 100° l'acide triméthylcolchicique (voyez plus bas) avec de l'anhydride acétique. Aiguilles blanches, brillantes, qui perdent leur eau de cristallisation à 140° et fondent à 172° ; facilement solubles dans l'alcool et dans le chloroforme, dans les alcalis, les carbonates alcalins et l'ammoniaque aqueuse, peu solubles dans l'eau froide, presque insolubles dans l'éther et dans le benzène. Les acides minéraux la dissolvent en donnant des solutions d'un jaune intense, contenant des combinaisons très instables qui se détruisent par évaporation. Elle est lévogyre.

La colchicéine, traitée par l'acide iodhydrique, dégage 3 molécules d'iodure de méthyle ; avec l'acide chlorhydrique à 150°, elle perd 1 molécule d'ammoniaque et 1 molécule d'acide acétique ; au bain-marie, avec l'acide chlorhydrique, il se forme de l'acide acétique en même temps que du chlorure de méthyle, et un mélange des trois acides colchicique, diméthylcolchicique et triméthylcolchicique ; ces trois acides sont représentés par les formules suivantes :

$$C^{15}H^{10} (OH)^3 (AzH^2) (CO^2H),$$
Acide colchicique.

$$C^{15}H^{10} (OH) (OCH^3)^2 (AzH^2)·(CO^2H),$$
Acide diméthylcolchicique.

$$C^{15}H^{10} (OCH^3)^3 (AzH^2) (CO^2H).$$
Acide triméthylcolchicique.

La colchicéine donne une *amide* cristallisée quand on la traite par l'ammoniaque alcoolique à 100° ; cette amide répond à la formule

$$C^{15}H^{10} (OCH^2)^3 (AzH . C^2H^3O) (COAzH^2).$$

Chauffée avec de la soude alcoolique, elle se décompose en ammoniaque et colchicéine. Traitée par l'acide iodhydrique, elle fournit 3 molécules d'iodure de méthyle.

L'acide triméthylcolchicique fond à 159°. Chauffé avec de l'alcool méthylique, il forme avec ce liquide une combinaison cristallisée en fines aiguilles blanches et renfermant

$$C^{19}H^{21}AzO^5 . 2CH^4O.$$

Chauffé à 110° avec un mélange en proportions moléculaires de méthylate de sodium et d'iodure de méthyle en solution méthylique, l'acide triméthylcolchicique se convertit en acide *triméthylcolchidiméthinique*,

$$C^{15}H^{19}(OCH^3)^3(CO^2H)Az(CH^3)^2$$

qui cristallise en aiguilles fusibles à 124-126°. Si l'on emploie dans la réaction un excès de méthylate de sodium et d'iodure de méthyle, on obtient de l'iodométhylate de triméthylcolchidiméthinate de méthyle,

$$C^{15}H^{19}(OCH^3)^3(CO^2CH^3)Az(CH^3)^3I , H^2O,$$

composé cristallisé en aiguilles qui se décomposent sans fondre à 230°. Traité par l'oxyde d'argent en présence d'alcool méthylique, cet iodure fournit un liquide qui se décompose à 100° en perdant de la triméthylamine [Zeisel et Johanny, *loc. cit*].

Il résulte des travaux relatés ci-dessus que la colchicine renferme 4 groupes méthoxyle, et que la colchicéine en renferme 3. Cette dernière se comporte comme un acide monobasique, tandis que la colchicine est neutre vis-à-vis de la phtaléine du phénol. En combinant cette observation avec celle que fournit l'action de la soude sur la colchicine (dédoublement en alcool méthylique et colchicine monosodée), on peut admettre que la colchicéine renferme un groupe carboxyle et que la colchicine est l'éther méthylique de la colchicéine. On arrive ainsi aux formules de structure :

$$C^{15}H^{19}(OCH^3)^3(AzH . C^2H^3O)(CO^2H),$$
Colchicéine (acide acétyltriméthylcolchicique).

$$C^{15}H^{19}(OCH^3)^3(AzH . C^2H^3O)(CO^2 . CH^3).$$
Colchicine (éther méthylique de la colchicéine).

E. Burcker.

COLEMANITE (Min.) (Hanks) [Syn. *Pricéite*]. — Borate de calcium hydraté

$$2CaO . 3Bo^2O^5, 5H^2O.$$

Cristaux incolores, transparents, très brillants, avec quartz ; parfois masses compactes, à Death Valley, Sud Oregon, et au comté de San Bernardino (Californie).

Caractères. — Soluble à chaud dans l'acide chlorhydrique, en donnant par refroidissement de l'acide borique. Au chalumeau, s'exfolie, décrépite, puis fond partiellement. Dureté = 3,5 – 4. Densité = 2,39 – 2,42.

Forme cristalline. — Prisme clinorhombique : $mm = 107°58'$; $pb^{1/2} = 146°14'$; $mb^{1/2} = 140°$. Faces ph^1g^1m et un très grand nombre de facettes. Clivage, g^1. L. Bourgeois.

COLLIDINES (voyez Suppl., **1**, 516). — On donne le nom de *collidines* aux bases dérivées de la pyridine et possédant la formule brute $C^8H^{11}Az$. Le nombre des isomères théoriquement possibles est de 22 : 3 propylpyridines, 3 isopropylpyridines, 10 méthyléthylpyridines et 6 triméthylpyridines ; mais on n'en connaît avec certitude qu'un petit nombre.

PROPYLPYRIDINES.

α-PROPYLPYRIDINE [Syn. *Conyrine*]. — Voyez CONYRINE.

β-PROPYLPYRIDINES. — On connaît deux β-propylpyridines dont la constitution n'est pas fixée ; elles peuvent répondre soit à la formule de la β-propylpyridine, soit à celle de la β-isopropylpyridine (dimétho-β-méthylpyridine).

La première a été obtenue par MM. Cahours et Étard [*C. R.*, **92**, 1079] en faisant passer des vapeurs de nicotine dans un tube chauffé au rouge sombre ; c'est un liquide bouillant à 170°, dont l'oxydation donne l'acide nicotianique (pyridine-β-méthyloïque).

La seconde a été retirée par M. Œchsner de Coninck de la chair des poulpes putréfiés [*C. R.*, **106**, 868]. C'est un liquide jaunâtre, se colorant fortement à l'air et très hygroscopique, bouillant à 202°. Sa densité est 0,9865. Comme la précédente, cette base donne par oxydation de l'acide isonicotianique.

Le *chloroplatinate*, $(C^8H^{11}Az . HCl)^2PtCl^4$, est une poudre orangée, presque insoluble dans l'eau froide.

Le *chloroplatinite*, $C^8H^{11}Az . PtCl^4$, est une poudre jaune-brun, peu soluble dans l'eau.

Le *chloraurate*, $C^8H^{11}Az . HCl . AuCl^3$, est un précipité jaune clair.

Le *chloromercurate* cristallise en petites aiguilles blanches, peu solubles dans l'eau, qui s'altèrent à l'air.

Un autre chloromercurate,

$$(C^8H^{11}Az . HCl)^2 . 3HgCl^2 (?),$$

forme de petites aiguilles qui jaunissent rapidement.

α-ISOPROPYLPYRIDINE (α-*méthoéthylpyridine*). — Cette base s'obtient, en même temps que son isomère γ, en chauffant de la pyridine et de l'iodure de propyle (iodopropane 1 ou 2) à 290-300° : on sépare les deux isomères d'abord par distillation fractionnée, puis par cristallisation du chloroplatinate dans l'eau [Ladenburg, *D. chem. G.*, **18**, 1587].

L'α-isopropylpyridine est un liquide incolore, peu soluble dans l'eau, bouillant à 158-159° et dont le poids spécifique à 0° est 0,9342. On peut la transformer en isopropylpipéridine, comme son isomère γ, par l'action du sodium sur sa solution alcoolique bouillante. L'oxydation de cette collidine donne de l'acide picolique.

Le *chloroplatinate*, $(C^8H^{11}Az . HCl)^2PtCl^4$, forme des cristaux appartenant à la symétrie hexagonale, assez solubles dans l'eau, fondant à 170°.

Le *chloraurate*, $C^8H^{11}Az . HCl . AuCl^3$, se précipite de sa solution aqueuse bouillante sous forme huileuse, puis se solidifie et donne des paillettes jaunes, très peu solubles dans l'eau ; il fond à 91°.

Le *chloromercurate* fond vers 90°.

Le *picrate*, $C^8H^{11}Az . C^6H^2(AzO^2)^3OH$, se précipite de sa solution alcoolique, par addition d'eau, en petites aiguilles fusibles à 116°.

L'*iodométhylate* se prépare en chauffant la base et l'iodure de méthyle à 100° ; c'est une masse cristalline jaune, hygroscopique.

γ-ISOPROPYLPYRIDINE (γ-*méthoéthylpyridine*). — Sa préparation est la même que celle de la base précédente. Elle bout à 177-179°. Son poids spécifique à 0° est 0,9439 [Ladenburg, *loc. cit.*].

L'oxydation donne de l'acide isonicotianique (pyridine-γ-méthyloïque).

<hr>

1. Il vaudrait mieux appeler simplement cet acide *pentaméthylcolchicique*. Il faudrait une convention toute spéciale pour désigner par *méthinique* un acide amidé dans lequel 1 atome d'hydrogène du groupe AzH² est remplacé par un radical méthyle.

Le *chloroplatinate*, $(C^6H^{11}Az . HCl)^2PtCl^4$, fond à 205°; il est peu soluble dans l'eau.

Le *chloraurate* est cristallisé et très difficilement soluble.

MÉTHYLÉTHYLPYRIDINES.

α-MÉTHYL-α′-ÉTHYLPYRIDINE,

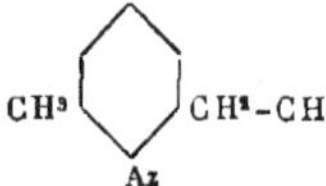

— Cette collidine prend naissance en même temps que l'α-méthyl-γ-éthylpyridine lorsqu'on chauffe, d'après la méthode de M. Ladenburg, l'iodure d'éthyle et l'α-picoline à 280-300°. Par des distillations fractionnées nombreuses, on isole l'α-méthyl-α′-éthylpyridine dans la fraction bouillant de 158 à 163°; la fraction 169-174° renferme l'isomère α-γ [Schultz, *D. chem. G.*, 20, 2720]. Liquide très réfringent, hygroscopique, presque insoluble dans l'eau. Le poids spécifique à 0° est 0,93615; à 10°, 0,92797; l'oxydation de cette base donne l'acide dipicolique (pyridine-αα′-diméthyloïque).

Le *chloroplatinate*, $(C^6H^{11}Az . HCl)^2PtCl^4$, se précipite en solution acide sous la forme de petits cristaux tricliniques, peu solubles dans l'eau froide et fondant à 173-174°.

Le *chloraurate*, $C^6H^{11}Az . HCl . AuCl^3$, se précipite huileux et devient lentement cristallin; à l'état de pureté, il fond à 110°; il est difficilement soluble dans l'eau.

α-MÉTHYL-γ-ÉTHYLPYRIDINE,

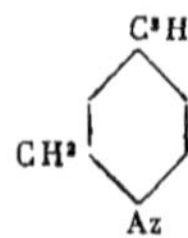

— On la prépare comme la base précédente; elle possède des propriétés physiques tout à fait semblables. Son poids spécifique à 0° est 0,9353; son point d'ébullition est de 169 à 174°. L'oxydation de cette base donne l'acide lutidique (pyridine-α-γ-diméthyloïque), ce qui fixe sa constitution [Schultz, *loc. cit.*].

Le *chloroplatinate* fond à 190°.

Le *chloraurate*, qui se précipite sous la forme d'un liquide huileux, se solidifie très lentement, et fond alors à 90°.

La collidine de l'huile de Dippel est identique soit à l'*α-méthyl-γ-éthylpyridine*, soit à l'*α-éthyl-γ-méthylpyridine*, car l'oxydation donne l'acide lutidique (pyridine-α-γ-diméthyloïque).

MM. Weidel et Pick ont isolé de la collidine de l'huile de Dippel, qui bout à 170-180°, par l'intermédiaire du chlorure de platine, une base bouillant à 178°,7 et dont le poids spécifique à 16°,8 est 0,9286 : ses sels ne cristallisent pas; on ne peut lui attribuer avec certitude une constitution spéciale, parce que l'α-méthyl-γ-éthylpyridine de M. Schultz n'a pas été isolée à l'état de pureté.

α-MÉTHYL-β′-ÉTHYL-PYRIDINE [Syn. *Aldéhydine*: *aldéhyde-collidine*],

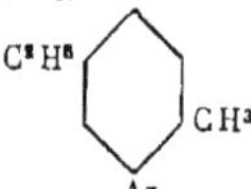

— Cette collidine se trouve probablement aussi dans l'huile de Dippel; elle existe dans les fuselóls [Kramer et Pinner, *D. chem. G.*, 3, 77].

Elle se forme : dans la distillation avec la potasse caustique de la cinchonine [Williams, *Jahr.*, 1855, 550] ou de la brucine [OEchsner de Coninck, *Bull. Soc. Chim.*, (2), 34, 210 et 42, 100];

Par la distillation sèche de l'acide trigénique, $C^4H^7Az^3O^2$ [Liebig et Wöhler, *Ann. Chem.*, 59, 296. — Herzig, *Mon. f. Chem.*, 2, 403].

Ces modes de formation ne peuvent aucunement éclairer la formule de constitution de cette collidine.

On l'obtient encore en chauffant l'aldol-ammoniaque [Wurtz, *Bull. Soc. Chim.*, (2), 31, 433];

En chauffant le chlorure d'éthylidène (1.1.dichloroéthane) avec de l'ammoniaque alcoolique à 160° :

$$4 C^2H^4Cl^2 + AzH^3 = C^6H^{11}Az + 8 HCl$$

[Krämer, *D. chem. G.*, 3, 262. — Dürkopf, *ibid.*, 18, 920].

On l'obtient également au moyen du bromure ou du chlorure d'éthylidène, et de l'éthylamine, de l'amylamine, ou de l'acétamide [A.-W. Hofmann, *D. chem. G.*, 17, 1905];

En chauffant à 120° une solution alcoolique d'aldéhyde-ammoniaque [A. Baeyer et Ador, *Ann. Chem.*, 155, 294] :

$$4 C^2H^4O . AzH^3 = C^6H^{11}Az + 4 H^2O + 3 AzH^3.$$

On peut encore distiller l'aldéhyde-ammoniaque avec de l'urée ou de l'acétate d'ammonium [Baeyer et Ador, *loc. cit.*] : dans les deux cas, on obtient une seconde collidine, une picoline et une lutidine.

L'aldéhydine se produit encore dans les réactions suivantes, qui se rattachent évidemment à la synthèse de Wurtz (distillation de l'aldol-ammoniaque) : On chauffe de la paraldéhyde avec de l'acétamide et de l'anhydride phosphorique à 160° [Hesekiel, *D. chem. G.*, 18, 3095], ou mieux l'aldéhyde-ammoniaque avec de l'aldéhyde [Dürkopf, *D. chem. G.*, 20, 444 et *Ann. Chem.*, 247, 41], ou enfin la paraldéhyde avec une solution concentrée de chlorure d'ammonium à haute température [Plœchl, *D. chem. G.*, 20, 722]. D'après A.-W. Hofmann, le glycol et le chlorure d'ammonium chauffés ensemble à 190° donnent également de la collidine [*D. chem. G.*, 17, 1905].

Les *meilleurs procédés de préparation* consistent :

1° A chauffer pendant 9 ou 10 heures, à 60°, 1 partie de chlorure d'éthylidène avec 2 parties d'ammoniaque aqueuse concentrée; on sèche sur de la potasse caustique, puis on purifie par des distillations répétées [Dürkopf, *D. chem. G.*, 18, 920];

2° A modifier le procédé de MM. Baeyer et Ador, en chauffant en tubes scellés à 200° ou à l'autoclave à 220°, pendant 8 ou 9 heures, 1 partie d'aldéhyde-ammoniaque et 3 parties de paraldéhyde; on traite le produit de la réaction par la vapeur d'eau, qui entraîne les bases et les hydrocarbures formés. Le produit distillé est saturé par l'acide chlorhydrique et débarrassé des hydrocarbures, soit par un épuisement à l'éther, soit par évaporation jusqu'à consistance sirupeuse; on retire ensuite la base de son chlorhydrate par le même procédé que ci-dessus [Dürkopf, *D. chem. G.*, 20, 444].

La théorie de cette réaction est assez difficile à donner; on peut cependant s'en rendre compte en supposant qu'en chauffant l'aldéhyde-ammoniaque ou l'aldol-ammoniaque il y a formation d'aldéhyde crotonique et de son produit d'addition avec l'ammoniaque :

$$CH^3 - CH = CH - CHO$$

et

$$CH^3 - CH = CH - CH (OH) (AzH^2).$$

Ces deux molécules réagissant l'une sur l autre peuvent donner naissance à l'α-méthyl-β'-éthyl-pyridine :

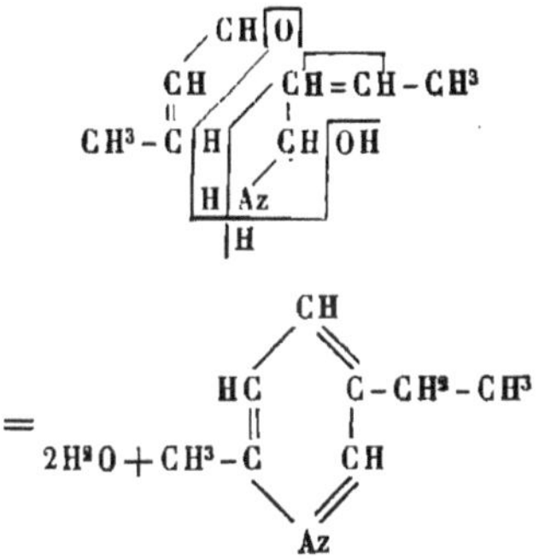

$$
\begin{array}{c}
\text{CH}\boxed{\text{O}} \\
\text{CH} \quad \text{CH} = \text{CH} - \text{CH}^3 \\
\text{CH}^3 - \text{C}\boxed{\text{H}} \quad \text{CH}\boxed{\text{OH}} \\
\text{H}\;\text{Az} \\
\boxed{\text{H}}
\end{array}
$$

$$
= 2\,\text{H}^2\text{O} + \text{CH}^3 - \text{C}
\begin{array}{c}
\text{CH} \\
\text{HC} \quad \text{C} - \text{CH}^3 - \text{CH}^3 \\
\text{CH} \\
\text{Az}
\end{array}
$$

La base libre est un liquide incolore, peu soluble dans l'eau; sa densité à 0° est 0,9389 (Dürkopf), 0,9395 (Wurtz); son point d'ébullition est 178-179° (Wurtz).

L'oxydation de la collidine donne d'abord de l'acide α-méthylpyridine-β'-méthyloïque, et, poussée plus loin, de l'acide isocinchoméronique ou pyridine-α-β'-diméthyloïque.

Presque tous les sels sont facilement solubles.

Le *chloroplatinate*, $(\text{C}^8\text{H}^{11}\text{Az}.\text{HCl})^2\text{PtCl}^4$, cristallise en prismes tricliniques rouge-orangé, qui s'effleurissent rapidement à l'air et fondent à 180°. Il ne perd pas d'acide chlorhydrique, même après une longue ébullition avec l'eau [Hesekiel, *D. chem. G.*, **18**, 3091].

Le *chloraurate*, $\text{C}^8\text{H}^{11}\text{Az}.\text{HCl}.\text{AuCl}^3$, est en aiguilles jaunes, facilement solubles .dans l'eau; il fond à 72° (Hesekiel).

Le *picrate*, $\text{C}^8\text{H}^{11}\text{Az}.\text{C}^6\text{H}^2(\text{AzO}^2)^3\text{OH}$, fond à 157°; il forme de petites tables quadratiques, très peu solubles dans l'eau.

Le *periodure*, $\text{C}^8\text{H}^{11}\text{Az}.\text{HI}.\text{I}^2$, qu'on obtient en chauffant de l'acide iodhydrique fumant et de la collidine avec du phosphore amorphe à 140°, se présente sous la forme de prismes brun-bleuâtre [Ladenburg, *D. chem. G.*, **14**, 232].

L'*iodéthylate*, $\text{C}^8\text{H}^{11}\text{Az}.\text{C}^2\text{H}^5\text{I}$, est en petites tables rhombiques, facilement solubles dans l'eau et dans l'alcool.

Le *chloroplatinate* du chloréthylate correspondant, $(\text{C}^8\text{H}^{11}\text{Az}.\text{C}^4\text{H}^5\text{Cl})^2\text{PtCl}^4$, cristallise en petits prismes (Bæyer et Ador).

L'*hydrate*,

$$
\text{C}^9\text{H}^{11}\text{Az} \!<\! {}^{\text{OH}}_{\text{C}^2\text{H}^5}
$$

est un liquide incolore, très alcalin, qui devient sirupeux dans le vide sec.

Le *chlorure*,

$$
\text{C}^8\text{H}^{11}\text{Az} \!<\! {}^{\text{Cl}}_{\text{OC}^2\text{H}^5}
$$

s'obtient en chauffant pendant plusieurs jours à 100°, molécule à molécule, la collidine et la chlorhydrine éthylénique [Wurtz, *C. R.*, **95**, 263]; le *chloroplatinate* correspondant est en cristaux clinorhombiques, qui se dissolvent assez facilement dans l'eau chaude.

L'*hydrate d'oxéthylcollidine* se dérive du chlorure correspondant par l'oxyde d'argent humide; il est fortement alcalin, se dissout dans l'eau et absorbe l'acide carbonique de l'air.

Le β'-éthyl-α-stilbazol (*phényl-α-éthène-β'-éthopyridyle*,

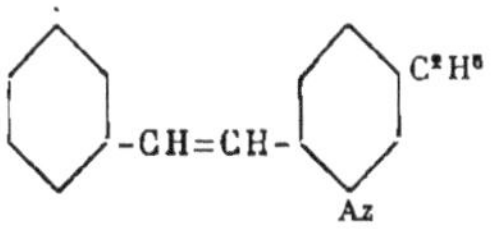

$$
\bigcirc -\text{CH}=\text{CH}-\bigcirc {}^{\text{C}^2\text{H}^5}_{\text{Az}}
$$

se dérive de la collidine par l'action de l'aldéhyde benzylique : on chauffe les deux substances, molécule à molécule, à 220°; on fait ensuite cristalliser dans l'éther de pétrole. On obtient ainsi des prismes orthorhombiques, fusibles à 58°,5. Cette substance est très facilement soluble dans l'alcool, l'éther, le benzène, l'acétone et le chloroforme; mais elle ne l'est pas dans l'eau [Plath, *D. chem.. G.*, **21**, 3086].

Le *chlorhydrate* fond à 193°.

Le *chloroplatinate*, $(\text{C}^{15}\text{H}^{15}\text{Az})\text{PtCl}^6\text{H}^2, 2\,\text{H}^2\text{O}$, se précipite en petites aiguilles orangées, insolubles dans l'eau froide, et qui fondent à 188° avec dégagement gazeux.

Le *chloraurate*, qui se précipite à l'état liquide, se solidifie peu à peu et fond alors à 168°

Le *chlorostannite*,

$$
\text{C}^{15}\text{H}^{15}\text{Az}.\text{HCl}.\text{SnCl}^2, 2\,\text{H}^2\text{O}
$$

cristallise, dans l'eau acidulée par l'acide chlorhydrique, en petits cristaux blancs, fusibles à 245,5-246°.

Le *chloromercurate*, $\text{C}^{15}\text{H}^{15}\text{Az} \;\text{HCl}.\text{HgCl}^2$, peu soluble dans l'eau, fond à 196°.

Le *picrate* cristallise dans l'alcool ou dans l'eau en prismes fusibles à 203°.

L'*iodobismuthate*, $(\text{C}^{15}\text{H}^{15}\text{Az}.\text{HI})^2\text{BiI}^3$, se précipite en très petits cristaux rouge-brique, qui fondent à 237-238° en se décomposant.

Le *bromure*, $\text{C}^{15}\text{H}^{15}\text{AzBr}^2$, fond à 127,5-128°.

La base désignée autrefois sous le nom d'α-*collidine*, et qui se produit en même temps que celle appelée β-*collidine* dans la distillation sèche de la cinchonine ou de la brucine avec la potasse caustique, est peut-être identique avec l'aldéhydine (α-méthyl-β'-éthylpyridine); cette α-collidine est un liquide bouillant de 180 à 182°. L'oxydation du mélange de ces bases a en effet donné à M. Œchsner de Coninck, en même temps que l'acide homonicotianique (γ-méthyl-pyridine-β-méthyloïque) et l'acide cinchoméronique (pyridine-β-γ-diméthyloïque), un troisième acide peut-être identique avec l'acide isocinchoméronique (pyridine-α-β'-diméthyloïque), mais qui n'est peut-être qu'un mélange des deux acides précédents.

Par l'action de la chlorhydrine éthylénique sur le mélange de ces bases (fraction 179-183°), Wurtz a obtenu le chlorure d'oxéthyl-α-collidine, qui se forme beaucoup plus facilement que le composé correspondant de .l'aldéhydine et qui se distingue aussi de cette base par ses sels : cette différence semble indiquer qu'il n'y a pas identité entre l'α-collidine et l'aldéhydine [Wurtz, *C. R.*, **95**, 263].

Le *chloroplatinate* d'oxéthyl-α-collidine

$$
\left(\text{C}^8\text{H}^{11}\text{Az}\!<\! {}^{\text{Cl}}_{\text{OC}^2\text{H}^5}\right)^2\text{PtCl}^4,
$$

est plus difficilement soluble dans l'eau chaude, et se modifie par ébullition avec l'eau, pour donner le sel

$$
\left(\text{C}^8\text{H}^{10}\text{Az}\!<\! {}^{\text{Cl}}_{\text{OC}^2\text{H}^5}\right)^2\text{PtCl}^2.
$$

Le *chloraurate*, $(\text{C}^{10}\text{H}^{16}\text{AzOCl})\text{AuCl}^3$, est en petites aiguilles jaune d'or.

γ-Méthyl-β-ethylpyridine (β-*collidine*),

$$CH^3$$
$$C^2H^5$$
$$Az$$

— On l'obtient par la distillation sèche de la cinchonine avec la potasse [Œchsner de Coninck, *C. R.*, **91**, 296. — Williams, *Transactions of Royal Soc. of Edinb.*, (2), **21**, 309] ou dans celle de la brucine dans les mêmes conditions [Œchsner, *C. R.*, **95**, 298]. C'est un liquide incolore, très réfringent, qui absorbe l'humidité atmosphérique, donne un *hydrate* $C^8H^{11}Az$, H^2O et bout sous une pression de $753^{mm},5$ à la température de 195-196°. Sa densité à 0° est 0,9656. La constitution de cette base résulte de ce que son oxydation donne d'abord de l'acide homonicotianique (γ-méthylpyridine-β-méthyloïque), puis de l'acide cinchoméronique (pyridine-β-γ-diméthyloïque).

Le *chloroplatinate*, $(C^8H^{11}Az)^2 PtCl^6H^2$, est cristallin, rouge-orangé; il se transforme par ébullition avec l'eau en chloroplatinate modifié, $(C^8H^{11}Az)PtCl^4$.

TRIMÉTHYLPYRIDINES.

α α′ γ - Triméthylpyridine (*collidine symétrique*),

$$CH^3$$
$$CH^3 \quad CH^3$$
$$Az$$

— Cette collidine se trouve également dans le goudron de houille, et peut être isolée de la fraction 160-172° au moyen de sa combinaison avec le chlorure mercurique [Mohler, *D. chem. G.*, **21**, 1006]. Elle a été préparée synthétiquement par la distillation sèche de l'acide α α′γ-triméthylpyridine-β β′-diméthyloïque avec 2 fois son poids de chaux vive partiellement hydratée [Hantzsch, *Ann. Chem.*, **215**, 32] et par l'action de l'aldéhyde-ammoniaque sur l'acétone à 200° [Dürkopf, *D. chem. G.*, **21**, 2713]. On l'obtient encore en petite quantité en chauffant pendant 3 ou 4 jours l'urée et l'acétone avec de l'anhydride phosphorique, ou mieux avec du chlorure de zinc, à 110-140° [Riehm, *Ann. Chem.*, **238**, 1].

La triméthylpyridine symétrique est un liquide incolore, fortement alcalin, qui bout de 171 à 172° (Hantzsch) et dont le poids spécifique à 0°, vis-à-vis de l'eau à 4°, est 0,9132; elle est moins soluble dans l'eau chaude que dans l'eau froide et donne des sels caractéristiques bien cristallisés. La constitution de cette base, qui dérive de l'acide dihydrocollidine-dicarbonique préparé par M. Hantzsch au moyen de l'aldéhyde-ammoniaque et de l'éther acétylacétique, résulte du fait que son oxydation donne successivement l'acide α γ-diméthylpyridine-α′-méthyloïque (acide α γ-diméthylpicolique), puis l'acide γ-méthylpyridine-α α′-diméthyloïque (méthyldipicolique), et enfin l'acide pyridine-α γ α′-triméthyloïque [Altar, *Ann. Chem.*, **237**, 182. — Voigt, *Ann. Chem.*, **228**, 29].

Le *chlorhydrate*, $C^8H^{11}Az.HCl$, est en longues aiguilles blanches, facilement solubles dans l'eau, qui se subliment sans fondre avec décomposition partielle.

L'*iodhydrate* est facilement soluble dans l'eau, et brunit sans fondre à 230°.

Le *nitrate* affecte la forme de petits prismes hexagonaux, qui se décomposent en fondant au-dessus de 300°.

Le *sulfate* cristallise en prismes transparents, facilement solubles dans l'eau; il fond à 205°.

Le *dichromate*, $(C^8H^{11}Az)^2Cr^2O^7H^2$, est peu soluble dans l'eau et se décompose à 190°.

Le *chloromercurate*, $C^8H^{11}Az.HCl.2HgCl^2$, est très peu soluble dans l'eau; il fond à 155°.

Le *chloroplatinate*, $(C^8H^{11}Az)^2PtCl^6H^2$, est un précipité jaune, peu soluble dans l'eau, qui se décompose complètement sans fondre à 240°.

Le *chloraurate*, $C^8H^{11}Az.HCl.AuCl^3$, cristallise de sa solution étendue en aiguilles jaunes qui deviennent opaques à l'air; il fond à 114-115°.

Le *picrate* fond à 155-156°.

α γ α′-*triméthyl*-β β′-*dibromopyridine* (dibromocollidine). — Ce corps se forme par l'action du brome (2 parties) sur la solution aqueuse de l'acide triméthylpyridine-diméthyloïque (1 partie). Le produit de la réaction est une huile lourde, devenant peu à peu solide, qui, après fusion sous l'eau, cristallise dans l'alcool en cristaux blanc de neige.

Ce composé est presque complètement insoluble dans l'eau; il est peu soluble dans l'alcool froid, mais facilement dans l'alcool chaud, et très facilement dans l'éther, le benzène et le chloroforme. Il fond à 81° et distille à 262-263° sous la pression de 726 millimètres presque sans décomposition; il est entraîné par la vapeur d'eau. C'est une base faible, que l'oxydation par le permanganate transforme en acide β β′-dibromopyridine-α α′γ-triméthyloïque [Pfeiffer, *D. chem. G.*, **20**, 1343].

Le *chlorhydrate* est en petits cristaux très brillants qui ne s'altèrent pas à l'air, sont facilement solubles dans l'eau et se décomposent à 202-204°.

Le *chloroplatinate*,

$$(C^8H^9Br^2Az.HCl)^2PtCl^4, 2H^2O,$$

forme des aiguilles jaunes.

Le *dichromate*, $(C^8H^9Br^2Az)^2Cr^2O^7H^2$, fond à 146°.

Le *picrate* fond à 159-160°.

α γ α′-*triméthyl*-β β′-*diéthoxypyridine* (β β′-diéthoxycollidine). — On l'obtient en chauffant pendant plusieurs jours la dibromocollidine et l'éthylate de sodium en solution alcoolique; c'est un liquide bouillant de 217 à 219° sous la pression de 726 millimètres [Pfeiffer, *loc. cit.*].

La base pyridique obtenue par MM. Engler et Riehm en chauffant l'oxyde de méthyle et l'acétamide est sans doute identique avec la triméthyl-α γ α′-pyridine qui vient d'être décrite.

COLLIDINES DE CONSTITUTION INCONNUE.

Paracollidine. — On l'obtient en petite quantité dans la préparation de l'aldéhydine par l'aldéhyde-ammoniaque. C'est une base analogue à l'aldéhydine, à odeur aromatique, et qui bout de 220 à 230°; ses sels cristallisent encore plus difficilement que ceux de son isomère l'aldéhydine. On ne sait rien sur sa constitution; c'est peut-être un polymère de l'aldéhydine.

MM. Weidel et Pick [*Mon. f. Chem.*, **5**, 656] ont retiré du goudron animal, au moyen de son chloroplatinate, une collidine bouillant à 173°,8, mais n'ont pas poursuivi l'étude de cette base; son chloroplatinate paraît renfermer deux espèces de cristaux différents.

M. Nencki [*J. prakt. Chem.*, (2), **26**, 49] a retiré de la gélatine putréfiée une collidine (?): c'est un liquide qui se dissout plus facilement dans l'eau que l'aldéhydine.

Son *chloroplatinate*, $(C^8H^{11}Az.HCl)^2PtCl^4$, est en aiguilles microscopiques, très peu solubles dans l'eau.   A. Combes.

COLLOÏDES. — C'est en étudiant la diffusibilité des corps en solution que Graham a caractérisé et défini les substances qu'il a appelées *colloïdales*, à raison des analogies de leur apparence physique avec la colle de gélatine [*Ann. Chim. Phys.*, (3), **65**, 129; *C. R.*, **59**, 174; *Bull. Soc. Chim.*, (2), **20**, 178].

La *diffusion* étant la propriété que possèdent deux fluides différents, mis en contact, de se mélanger spontanément et sans agitation au bout d'un certain temps, de manière à former un tout plus ou moins homogène, Graham a étudié la vitesse de diffusion ou diffusibilité. Il se servait à cet effet d'un vase cylindrique d'environ 152 centimètres de hauteur sur 87 millimètres de diamètre, y versait 7 décilitres d'eau distillée, puis, à l'aide d'une pipette fine, introduisait au fond du vase 1 décilitre de la solution du corps à étudier. Après quelques jours, il enlevait avec précaution des couches de 5 centimètres cubes de liquide, et obtenait ainsi 16 couches de liquide à examiner.

En faisant l'expérience avec une solution à 10 0/0, et analysant les différentes couches après 14 jours de contact, il a trouvé que le chlorure de sodium s'était diffusé en proportion sensible jusqu'au haut du vase, la quantité contenue dans chaque échantillon de 5 centimètres cubes étant d'autant moins considérable que celui-ci était pris dans une partie plus élevée du vase.

Le pouvoir de diffusion ou diffusibilité du sel marin étant ainsi mesuré, Graham a déterminé la diffusibilité d'un grand nombre d'autres substances et a constaté de notables différences: ainsi l'acide chlorhydrique possède une vitesse de diffusion presque double de celle du chlorure de sodium, et d'une manière générale sinon absolue, les corps à poids moléculaires élevés se diffusent plus lentement; tels sont le sucre, le sulfate de magnésium, le sulfate de sodium, dont la vitesse de diffusion est environ 7 fois moindre que celle du chlorure de sodium.

En étudiant la diffusibilité des corps non cristallisables, comme le tannin, la gomme, le caramel, Graham a constaté que leur vitesse de diffusion est beaucoup plus faible que celle des corps cristallisés; en prenant la diffusibilité de l'acide chlorhydrique pour unité, on trouve, par exemple, que celle de l'albumine est 40 fois moindre, et celle du caramel 98 fois moindre. Les corps incristallisables présentent donc une différence très notable avec les corps cristallisables au point de vue de la diffusibilité dans l'eau pure; en outre, ils possèdent le caractère de permettre la diffusion des corps cristallisés et d'empêcher celle des corps de même nature qu'eux. Ceci ressort des expériences suivantes, dues à Graham :

Si dans le vase cylindrique, appelé *diffuseur*, dont se sert Graham, on verse d'abord une solution de sel marin, puis qu'on la recouvre d'une solution de *gélose* (sorte de gélatine), assez concentrée pour se prendre en gelée par le refroidissement, on constate que le sel marin se diffuse aussi vite à travers cette gelée qu'à travers l'eau pure. L'expérience est facile à suivre si, au lieu de sel marin, on emploie un sel coloré, comme le dichromate de potassium; l'ascension graduelle de ce sel jusqu'au sommet du vase renfermant la gelée se montre chaque jour par la coloration que prend la gelée. Si on remplace le dichromate de potassium par une substance colorée, mais incristallisable, comme le caramel, on observe qu'au bout de 8 jours il y a à peine un commencement de diffusion.

Ces corps incristallisables, peu diffusibles dans l'eau pure, non diffusibles dans un milieu de même nature qu'eux-mêmes, ont été appelés par Graham des *colloïdes* et considérés comme constituant un état particulier de la matière, l'*état colloïdal*, par opposition à celui des corps diffusibles cristallisables ou *cristalloïdes*.

A la diffusion opérée à travers des corps colloïdaux, comme la gélose, Graham a donné le nom de *dialyse*, parce qu'elle permet de séparer les cristalloïdes des colloïdes. Graham, pour opérer la dialyse, a d'abord remplacé la gélose par du papier collé à l'amidon, puis par du papier parchemin, qui possède la propriété des corps colloïdaux de laisser passer les cristalloïdes et de s'opposer au passage des colloïdes.

Pour opérer une dialyse, on dispose sur un cercle de bois ou de verre une feuille de papier parchemin que l'on applique fortement; on la noue avec un fil de caoutchouc de manière à donner à l'appareil l'apparence d'un tamis. Cet appareil, appelé *dialyseur*, reçoit la solution qui doit être soumise à la dialyse, puis est placé dans un vase plein d'eau distillée. Il s'opère un passage de l'eau distillée de l'extérieur à l'intérieur du dialyseur, et réciproquement un passage du liquide intérieur à l'extérieur, avec entraînement des corps cristalloïdes dissous : de telle sorte qu'au bout d'un certain temps le cristalloïde s'est partagé entre la solution extérieure et le liquide intérieur. Si l'on change fréquemment l'eau extérieure, le cristalloïde finit par y passer entièrement et la solution intérieure ne renferme plus que le colloïde (voyez l'article DIALYSE, Dict., **1**, 1145). Dans l'eau extérieure, il a passé aussi un peu de colloïde, mais avec une vitesse considérablement moins grande. Ainsi le passage de l'albumine est 1000 fois moins rapide que celui de l'acide chlorhydrique : sur 2 grammes d'albumine, par exemple, il n'en passe en 11 jours que 50 centigrammes.

PROPRIÉTÉS GÉNÉRALES DES COLLOÏDES. — Les corps colloïdaux sont des matières amorphes, incristallisables, formant à l'état desséché des masses cornées plus ou moins translucides, ou se présentant sous l'aspect de masses gélatineuses. Les uns sont solubles, comme l'albumine, la gélatine; d'autres se gonflent dans l'eau sans s'y dissoudre, comme la fibrine et la gomme adragante. Les solutions des colloïdes sont généralement opalescentes.

Quelques colloïdes peuvent donner des gelées ayant gardé la propriété de se dissoudre dans l'eau : telle est la gélatine. Un grand nombre forment des solutions extrêmement instables, se coagulant en gelées ou en flocons qui ne peuvent plus se redissoudre dans le liquide où ils ont pris naissance : tel est le cas de la silice soluble, de l'albumine, etc. La coagulation de ces corps, leur séparation des solutions, sous forme gélatineuse insoluble, a souvent lieu sous des influences presque inappréciables : ils passent alors à l'état *pecteux*, suivant l'expression de Graham, et le coagulum qu'ils forment retient une grande quantité d'eau, eau de *gélatinisation* ou de *pectisation*, comme les cristalloïdes retiennent leur eau de cristallisation. L'addition d'une trace d'un corps étranger, une légère élévation de température amène la coagulation d'un grand nombre de colloïdes; souvent même elle a lieu sans que nous puissions apercevoir l'intervention d'une énergie étrangère; elle est spontanée et le temps en est un facteur indispensable. Des solutions colloïdales peuvent rester limpides pendant des heures, des jours, des semaines; ensuite elles s'épaississent, deviennent visqueuses, se prennent en gelée. A ce moment même, la réaction n'est pas terminée; cette gelée est le siège de nouvelles réactions qui se poursuivent longtemps encore, ainsi que le montre le phénomène de la contraction du coagulum. « L'existence des colloïdes, dit Graham, n'est qu'une métamorphose continuelle, et l'état colloïdal est plutôt une période dynamique de la matière, l'état cristallisé en étant l'état statique. »

Graham a donné le nom d'*hydrosol* à l'état liquide des colloïdes, et le nom d'*hydrogel* à leur état gélatineux. Il a réussi avec la silice soluble à remplacer l'eau par l'alcool et à obtenir des *alcoosols* et des *alcoogels*. L'alcoosol de la silice, qui ne tient en solution que 1 0/0 de silice, s'obtient en dialysant un mélange d'alcool et de silice colloïdale dissoute dans l'eau, dans un dialyseur placé dans un vase plein d'alcool; l'eau se diffuse en laissant dans le dialyseur un liquide composé d'alcool et de silice. Pour obtenir l'alcoogel, on place des gelées de silice contenant de 8 à 10 0/0 d'acide silicique sec dans l'alcool absolu et on change plusieurs fois celui-ci.

Il a pu de même obtenir avec la glycérine des *glycérosols*, des *glycérogels*, et avec l'acide sulfurique un *sulfogel*. « Les hydrates gélatineux, et en général les *gels*, sont des combinaisons particulières des corps avec des liquides, eau, glycérine, alcool, acide sulfurique, etc., qui peuvent mutuellement se remplacer par voie osmotique » [Van Bemmelen, *Rec. P.-B.*, 1888, **2**, 7]. Ils peuvent également retenir des cristalloïdes et former ce que M. van Bemmelen appelle des *combinaisons d'absorption.*

Les gelées produites par la coagulation des colloïdes sont généralement devenues insolubles dans l'eau et ne peuvent plus repasser à l'état soluble; mais ce n'est pas là un fait absolu : Graham a observé, avec la silice, que les gelées riches en eau peuvent se redissoudre dans l'eau; ainsi une gelée contenant 1 0/0 d'acide silicique donne avec l'eau froide une solution renfermant environ 1 partie de silice pour 5000 parties d'eau; une gelée contenant 5 0/0 de silice fournit une solution renfermant à peu près 1 partie de silice pour 10 000 parties d'eau; les gelées plus riches en silice sont encore moins solubles ou même tout à fait insolubles.

Ces faits me paraissent recevoir aujourd'hui leur explication par la théorie de la coagulation que j'ai fait connaître et qui sera exposée plus loin. Il est probable que si Graham avait abandonné à elles-mêmes pendant quelque temps les gelées encore solubles, elles seraient devenues complètement insolubles. J'ai observé en effet que l'hydrate ferrique coagulé, obtenu par l'addition d'une petite quantité d'eau à l'éthylate ferrique, se redissout immédiatement dans une grande quantité d'eau, mais que si l'on abandonne cet hydrate ferrique coagulé à lui-même pendant une demi-heure, il a perdu toute solubilité.

Les recherches de M. van Bemmelen montrent que les colloïdes forment avec l'eau des combinaisons non définies. Même quand ils paraissent secs au toucher, les hydrates ne sont pas comparables aux hydrates cristallisés. Ils peuvent perdre cette eau à 100° ou dans le vide sec et la reprendre dans une atmosphère humide. Quand ils perdent cette eau, on n'observe pas de tension constante de dissociation, preuve que l'on n'a pas affaire à des combinaisons définies.

NATURE DES CORPS COLLOÏDAUX. — « Il est difficile, dit Graham, de ne pas rapporter l'indifférence des colloïdes à la grande expression de leur équivalent, surtout lorsque cet équivalent est formé par la répétition d'un petit nombre d'éléments. On est amené à se demander si la molécule colloïdale ne serait pas constituée par le groupement d'un certain nombre de molécules cristalloïdes plus petites, et si le principe du colloïdisme ne reposerait pas effectivement sur ce caractère complexe de la molécule. » C'est en effet au poids moléculaire considérable des corps colloïdaux que doit être attribuée leur allure spéciale. Comme preuve

des poids moléculaires élevés des colloïdes, Graham a fait voir qu'une gelée de silice renfermant 200 parties de SiO^2 est redissoute par une seule partie de potasse (KHO) dissoute dans 10 000 parties d'eau à 100°.

Quant à la nature des gelées, M. van Bemmelen les regarde non comme des combinaisons chimiques et définies, mais comme des combinaisons indéfinies dans un état particulier d'agrégation. « Cet état, dit-il, est encore voisin de l'état liquide quand le colloïde se sépare d'un liquide sous forme de *gel.* »

FORMATION DES CORPS COLLOÏDAUX SOLUBLES. — Certains corps colloïdaux solubles se trouvent dans la nature, et le procédé de dialyse permet de les séparer des cristalloïdes auxquels ils sont mélangés : telle est l'albumine. D'autres colloïdes s'obtiennent plus ou moins purs directement : ainsi les solutions alcalines de fer dans les alcools polyatomiques. Mais le procédé le plus remarquable est celui de Graham, qui obtient des colloïdes au moyen de cristalloïdes. C'est ainsi qu'en dialysant des solutions étendues de chlorure ferrique il a isolé l'hydrate ferrique soluble. Graham, pour expliquer ce fait, a supposé l'existence d'une force spéciale, *la force décomposante de la diffusion.* L'intervention d'une force nouvelle doit être rejetée. Aujourd'hui que l'on connaît l'action décomposante de l'eau sur les sels, ce que l'on a appelé improprement *dissociation par dissolution*, l'explication du phénomène observé par Graham est devenue très simple. Dans les solutions très étendues de chlorure ferrique, il se forme de l'acide chlorhydrique et de l'hydrate ferrique soluble, tandis qu'une certaine quantité de chlorure ferrique est indécomposée. Cet état d'équilibre, stable si les conditions de l'expérience ne varient pas, est rompu quand le liquide est placé dans le dialyseur : une certaine quantité d'acide chlorhydrique facilement diffusible passe dans l'eau extérieure, ce qui amène une nouvelle formation d'acide chlorhydrique et d'hydrate ferrique soluble; en changeant fréquemment l'eau du vase extérieur, on atteint la décomposition totale ou presque totale du chlorure ferrique.

PHÉNOMÈNE DE LA COAGULATION. — Le phénomène de la coagulation a depuis longtemps attiré l'attention des observateurs; la coagulation spontanée du sang, la coagulation du blanc d'œuf sous l'influence de la chaleur, furent longtemps les seuls exemples de ce phénomène, qui paraissait réservé à des corps ayant leur origine dans les organismes vivants. Les beaux travaux de Graham, qui fit connaître, le premier, des corps coagulables d'origine minérale, ont permis d'étudier l'influence des agents physiques et chimiques sur la pectisation.

Le passage des colloïdes coagulables de l'état soluble à l'état pecteux dépend de trois causes, qui peuvent agir concurremment ou séparément : la dilution, la température, l'addition de corps étrangers (sels neutres, acide carbonique, etc.), et dont l'action peut être dirigée dans un même sens ou dans un sens inverse; la dilution, par exemple, retarde ou empêche la coagulation de certains corps, que favorise au contraire l'action de la chaleur ou l'addition de certains sels.

Pour un grand nombre de colloïdes, la dilution retarde la coagulation. Graham l'avait constaté avec la silice soluble; d'après ses expériences, une solution à 10 ou 12 0/0 se pectise spontanément au bout de quelques heures; un liquide à 5 0/0 se conserve 5 ou 6 jours; un liquide à 2 0/0, 2 ou 3 mois; enfin un liquide à 1 0/0 ne s'était pas coagulé après 2 ans. En décomposant le silicate de méthyle par un grand excès d'eau et concentrant la solution jusqu'à ce qu'elle renferme 2,26 de SiO^2 0/0, on observe que cette solution met plusieurs semaines à se coaguler (Grimaux).

L'élévation de la température au contraire favorise la coagulation. Graham l'a constaté avec la silice soluble; la solution à 10 0/0, qui ne se pectise à froid qu'après quelques heures, se coagule immédiatement quand on la chauffe. L'influence de la température a été également observée sur l'hydrate ferrique soluble obtenu par décomposition de l'éthylate ferrique par l'eau. Par addition de 2 volumes d'eau à l'éthylate ferrique, la coagulation a lieu après 17 minutes à la température ordinaire, et immédiatement à 60°. Avec 4 volumes d'eau, la pectisation est immédiate à 70°; avec 9 volumes, à 95°; avec 20 volumes, il faut 4 ou 5 heures d'ébullition au réfrigérant ascendant (Grimaux).

La même influence de la température s'observe dans la coagulation spontanée du sang; on sait que le plasma se conserve fluide quand on le maintient à zéro, et qu'il se coagule plus rapidement à mesure que la température s'élève; un sang qui se coagule en 5 minutes à 11°,5, se prend en 2 minutes à 25° et en 1 minute à 48°,8. De même, on sait que l'albumine se coagule par l'action de la chaleur, mais il faut tenir compte de la présence des sels qu'elle renferme. Cette influence des sels est très marquée et vient agir dans le même sens que la chaleur, et en sens inverse de la dilution. L'étude du colloïde amidobenzoïque soluble a montré que ce corps ne se coagule pas par l'action de la chaleur; mais si l'on ajoute une petite quantité de chlorure de sodium, la solution se trouble absolument comme le ferait une solution d'albumine; avec une quantité donnée de sel proportionnée à la dilution du liquide, on arrive à produire la coagulation à la même température que pour l'albumine de l'œuf. Le phénomène dépend des proportions d'eau et de sels, l'eau et les sels agissant en sens inverse: une solution de colloïde amidobenzoïque, additionnée d'assez de sel marin pour se coaguler par la chaleur, ne se coagule plus quand on l'étend de son volume d'eau. La coagulation dépend donc tout à la fois de la température et du rapport de poids qu'il y a dans la liqueur entre la matière coagulable et le sel, agent coagulant. Le même fait s'observe avec l'albumine: comme Scheele l'a montré le premier, les solutions très étendues d'albumine ne se coagulent pas par la chaleur; mais on leur rend la propriété de se coaguler en les additionnant de sel marin. L'étude comparative des réactions de l'albumine et du colloïde amidobenzoïque fait voir que, dans les deux cas, la coagulation est fonction tout à la fois du rapport entre la matière coagulable, l'agent coagulant et l'eau, et que la proportion du sel doit être d'autant plus grande que la liqueur est plus étendue [E. Grimaux, *Bull. Soc. Chim.*, (2), **42**, 74].

Il y a lieu de remarquer aussi que les solutions étendues des deux corps se comportent de la même façon, après avoir été portées à l'ébullition. Si on les soumet alors à l'action d'un courant de gaz carbonique, l'une et l'autre donnent un coagulum blanc, qui disparaît quand on dirige un courant d'air dans la liqueur; on sait que cette propriété appartient aussi aux globulines.

Ainsi, pour un grand nombre de colloïdes, la dilution retarde la coagulation, que favorisaient au contraire l'élévation de la température et l'addition de corps étrangers; mais il est divers colloïdes pour lesquels la dilution a une action inverse et amène la formation de précipités gélatineux et colloïdaux. Cela s'observe surtout dans la décomposition des sels ferriques, comme il ressort des recherches de M. Scheurer-Kestner sur les azotates de fer, de Péan de Saint-Gilles

et de M. Berthelot sur les acétates ferriques : ainsi M. Scheurer-Kestner a vu que les azotates ferriques donnent par ébullition avec l'eau des précipités gélatineux de sous-azotates ferriques; de même, Péan de Saint-Gilles a fait connaître la décomposition de l'acétate ferrique en hydrate ferrique gélatineux et acide acétique. Beaucoup de dérivés ferriques et de dérivés chromiques donnent par la dilution avec l'eau des précipités gélatineux. J'ai pu constater sur plusieurs dérivés ferriques une véritable coagulation; le temps, la température, la dilution agissent dans le même sens pour favoriser le phénomène : par exemple, les solutions qu'on obtient en ajoutant de la potasse et de la glycérine à une solution de chlorure ferrique, se coagulent dans des conditions qui dépendent du rapport de la glycérine et de l'eau. Une solution riche en glycérine ne se coagule ni à chaud ni à froid. Additionnée d'une certaine quantité d'eau, elle acquiert la propriété de se coaguler par la chaleur; avec une plus grande quantité d'eau, elle se coagule spontanément à froid, soit après quelques heures, soit après quelques jours. Le sucre, la mannite, l'érythrite se comportent avec la potasse et le chlorure ferrique comme la glycérine. Le tartrate ferrico-potassique est également un colloïde dont la dilution favorise la pectisation. La solution de cellulose dans l'oxyde de cuivre ammoniacal, séparée par dialyse de l'excès d'ammoniaque et de l'azotite de cuivre ammoniacal, est également un colloïde qui se coagule par la chaleur ou par l'addition de sels neutres, et cela d'autant plus facilement qu'elle est plus étendue [E. Grimaux, *Bull. Soc. Chim.*, (2), **41**, 146 ; **42**, 156, 206].

Dans la coagulation des substances colloïdales, soit spontanément, soit sous l'influence d'une énergie étrangère (addition de sels neutres ou chaleur), la dilution peut donc agir en deux sens différents : pour les uns, elle retarde la coagulation; pour d'autres, elle la favorise. Quoique ces faits paraissent contradictoires, la théorie de la coagulation que j'ai donnée me paraît pouvoir en rendre compte.

THÉORIE DE LA COAGULATION. — *Corps dont la dilution retarde la coagulation.* — C'est en étudiant le phénomène de la coagulation avec l'hydrate ferrique soluble et la silice soluble que l'on peut le mieux se rendre compte du phénomène. Ces deux corps peuvent en effet s'obtenir à l'état de pureté, et leur pectisation peut se réaliser sans l'intervention de corps étrangers, simplement par le temps ou par l'action de la chaleur.

D'après le mode d'obtention de la silice soluble au moyen de l'eau et du silicate de méthyle, $Si(OCH^3)^4$, on est en droit de considérer la silice dissoute comme constituée par l'hydrate normal $Si(OH)^4$. De même l'éthylate ferrique, se formant par l'action du chlorure Fe^2Cl^6 sur l'éthylate de sodium, doit être $Fe^2(OC^2H^5)^6$, et par suite la saponification de cet éthylate par l'eau nous conduit à représenter l'hydrate ferrique dissous par la formule $Fe^2O^3, 3H^2O = Fe^2(OH)^6$, formule que Wurtz avait déjà donnée à l'hydrate ferrique.

Ceci établi, il semble permis d'admettre que ces hydrates réagissent à la façon des acides-alcools par un véritable fait d'éthérification, absolument comme l'acide lactique abandonné à lui-même se convertit en acide dilactique, 2 molécules s'unissant avec perte de 1 molécule d'eau.

Dans la première phase de la réaction, 2 molécules de silice, $Si(OH)^4$, par exemple, donneraient une silice renfermant

$$Si^2O^7H^6 = Si(OH)^3 - O - Si(OH)^3.$$

Avec l'hydrate ferrique, il y aurait également

union de 2 molécules de $Fe^a(OH)^6$ avec perte de 1 molécule d'eau pour donner

$$Fe^4O^{11}H^{10} = Fe^a(OH)^5 - O - Fe^a(OH)^5.$$

On peut aussi regarder la formation de ce nouvel hydrate de fer comme analogue à la formation des alcools polyéthyléniques ou polyglycériques, analogie qui a été indiquée par Wurtz [*Leçons de Philoph. Chim.*, 1864].

Qu'on les compare aux acides-alcools ou aux alcools polyéthyléniques, le mécanisme est toujours le même : il se forme un premier hydrate, résultant de l'union de 2 molécules d'hydrate ferrique avec perte de 1 molécule d'eau, puis cet hydrate réagit sur une nouvelle molécule de $Fe(OH)^6$ ou de $Fe^4O^{11}H^{10}$, et il se forme ainsi des produits de condensation de plus en plus complexes, d'un poids moléculaire de plus en plus élevé, qui finissent par acquérir la fonction colloïdale. Arrivé à un certain point de condensation, le corps n'est plus soluble et la coagulation commence; mais la réaction chimique n'est pas terminée et la condensation continue dans le coagulum.

Cet ordre de réaction peut être comparé à l'éthérification; dans les deux cas, il s'établit des équilibres chimiques qui dépendent de la quantité d'eau, du temps et de la température.

La coagulation spontanée de la silice et de l'hydrate ferrique est une réaction lente, comme l'éthérification, qui, à la température ordinaire, exige un très long espace de temps pour arriver à sa limite. L'action de l'eau se fait sentir de la même manière : la coagulation est d'autant plus lente que la solution est plus étendue, de même que l'éthérification est retardée ou empêchée par la présence de l'eau. Dans les deux cas, le rôle de la température est le même sur la vitesse de la réaction : la coagulation et l'éthérification atteignent d'autant plus vite leur limite que la température est plus élevée

Où l'analogie s'arrête, c'est que le phénomène n'est pas réversible : tandis que les éthers peuvent régénérer l'acide et l'alcool par l'action de l'eau, la silice et l'hydrate ferrique coagulés ne peuvent plus se redissoudre. Ils ne sont pas saponifiables, pour ainsi dire, et cependant la différence n'est pas aussi absolue qu'elle le paraît; en effet, l'hydrate ferrique et la silice peuvent se coaguler en gelées ayant gardé la propriété de se redissoudre dans l'eau; ainsi Graham a vu qu'une gelée de silice à 5 0/0 se dissout dans un grand excès d'eau froide; de même l'hydrate ferrique, à peine coagulé, se redissout dans l'eau, tandis qu'il a perdu cette propriété quand le coagulum est formé depuis une demi-heure, preuve que la nature du coagulum change avec le temps.

Les sels favorisant la coagulation, on doit admettre qu'ils agissent comme déshydratants même au sein de l'eau; s'il en est ainsi, ils doivent de même favoriser l'éthérification. M. Berthelot a déterminé l'influence des sels non sur l'éthérification, mais, ce qui revient au même, sur la vitesse de saponification des éthers par l'eau; il a vu que la décomposition de l'éther benzoïque par l'eau, exécutée dans les mêmes conditions pendant un même nombre d'heures, atteint une limite moindre en présence du chlorure de baryum. Puisque le chlorure de baryum retarde la saponification d'un éther, c'est qu'il favorise l'éthérification.

Les colloïdes quaternaires, comme l'albumine, ne se coagulent pas spontanément à froid; mais, de même que pour la silice et l'hydrate ferrique, quand ils se pectisent par l'action des sels et de la chaleur, la coagulation est d'autant plus lente et plus difficile : c'est-à-dire elle exige une quantité de sel d'autant plus grande, que la solution

est plus diluée. L'influence de la dilution étant la même qu'avec l'hydrate ferrique et la silice solubles, tout porte à croire que leur coagulation est due à une même cause, à une polymérisation avec perte d'eau.

La formation du premier coagulum de la silice soluble et de l'hydrate ferrique étant la suite de condensations successives avec perte d'eau, on comprend que ce même ordre de réactions puisse se poursuivre dans le coagulum déjà formé, jusqu'à ce que la condensation ait atteint son état définitif. Il s'ensuit qu'à chaque instant le coagulum est différent de ce qu'il était à l'instant précédent, et est constitué par un nouvel hydrate.

On peut apporter à l'appui de cette manière de voir les faits indiqués tout à l'heure, à savoir que certaines gelées de silice sont solubles dans l'eau, que l'hydrate ferrique récemment coagulé se redissout dans l'eau : de plus, l'hydrate ferrique coagulé depuis 24 heures se dissout facilement dans l'acide acétique, et la liqueur se colore en bleu par le ferrocyanure de potassium; au contraire, l'hydrate ferrique coagulé depuis plusieurs jours ou par une ébullition prolongée des solutions faibles ne se dissout plus que difficilement dans l'acide acétique, et cette solution ne donne pas de bleu de Prusse avec le ferrocyanure de potassium.

Cette transformation successive de l'hydrate ferrique coagulé n'atteint son état définitif qu'avec une extrême lenteur; elle permet d'expliquer un phénomène resté obscur jusqu'à présent : les contractions que subissent les gelées formées par coagulation. La rétraction du caillot, observée depuis longtemps avec le sang, se présente d'une façon évidente avec l'hydrate ferrique : d'abord c'est une gelée fluide, absolument transparente, puis elle devient plus épaisse, plus opaque, et englobe toute l'eau de la liqueur; peu à peu la gelée se contracte, elle est recouverte d'une petite couche d'eau qui augmente de plus en plus, et finalement le coagulum est réduit à un très petit volume. Ce phénomène dure des semaines; la matière apparaît ici animée d'un mouvement lent et continu.

La théorie des polymérisations successives avec perte d'eau rend compte de ces faits : le coagulum non seulement élimine de l'eau par une réaction chimique, mais encore il forme des corps de plus en plus denses qui expriment l'eau dont ils étaient imprégnés à l'état de gelée. Cette interprétation de la contraction du coagulum est appuyée sur des faits et permet d'expliquer, par des réactions ordinaires, ce phénomène dont la raison d'être n'avait pas encore été entrevue.

Corps dont la dilution favorise la coagulation. — Quand la pectisation des corps est empêchée ou retardée par l'addition d'eau, c'est que le corps qui s'élimine dans la coagulation est de l'eau elle-même; il y a là quelque chose de comparable à la dissociation proprement dite, où la présence du corps qui doit s'éliminer limite ou empêche la dissociation.

Quand le corps qui doit s'éliminer pour qu'il y ait décomposition et formation d'un coagulum, est autre que l'eau, celle-ci favorise au contraire la pectisation; elle amène la décomposition du corps avec formation d'un coagulum gélatineux, tandis que l'excès du corps qui devrait s'éliminer empêche la décomposition. Il se passe ici un fait du même ordre que ceux qu'on a désignés sous le nom de *dissociations par dissolution* et qui déterminent des équilibres variables suivant la quantité d'eau ajoutée; ainsi l'on sait que le chlorure d'antimoine est décomposé par l'eau, mais que la décomposition n'a pas lieu ou s'arrête quand l'acide chlorhydrique qui doit s'éliminer a atteint une valeur de 159 grammes par litre. C'est ce qu'on observe dans la pectisation des sels ferriques : la décomposition des solutions alcalines de fer dans la glycérine est empêchée ou retardée par la présence d'un excès de glycérine.

De même les mélanges d'arséniate de sodium et de perchlorure de fer se coagulent en perdant de l'acide chlorhydrique et la coagulation de ces mélanges est empêchée par un excès de cet acide. Ceci explique ce qu'on observe en dialysant une solution alcaline de fer dans un excès de glycérine non coagulable par la chaleur : cette solution perd peu à peu de la glycérine par dialyse et devient coagulable; et par une dialyse prolongée, la coagulation a lieu spontanément dans le dialyseur. Il en est de même du chloro-arséniate ferrique, qui, soumis à une dialyse prolongée pendant plusieurs jours, élimine de l'acide chlorhydrique et finit par se coaguler dans le dialyseur.

Notons que, la formation du coagulum étant toujours une véritable déshydratation, une formation de corps à poids moléculaires élevés avec perte d'eau, on doit admettre deux phases dans la pectisation des corps que l'eau semble favoriser. L'eau agit d'abord en décomposant le corps primitif et mettant en liberté un corps qui est colloïdal et qui a des tendances à se polymériser par perte d'eau. Dans l'action que l'eau exerce sur les glycérinates alcalins de fer, il y a d'abord élimination de glycérine, et par suite formation d'un composé ferrique qui se coagule avec perte d'eau, spontanément ou par l'action de la chaleur.

Quand on ajoute 1 molécule de perchlorure de fer à 2 molécules d'arséniate de sodium, il se forme un corps soluble qui paraît être un chloro-arséniate ferrique $(AsO^4H)^2Fe^2Cl^2$, qui par l'action de l'eau donnerait un arséniate,

$$(AsO^4H)^2Fe^2(OH)^2,$$

et de l'acide chlorhydrique, et ce serait cet arséniate ferrique $(AsO^4H^2)^2Fe^2(OH)^2$ qui se coagulerait avec perte d'eau.

Avec la solution dialysée de cellulose dans l'oxyde de cuivre ammoniacal, la coagulation par la chaleur est une véritable dissociation : quand on la chauffe légèrement, elle se coagule; mais le phénomène est réversible; la liqueur devient limpide par le refroidissement : c'est une simple séparation d'ammoniaque; aussi donne-t-on de la stabilité à ce corps par l'addition d'un petit excès d'ammoniaque.

En résumé, le phénomène de la coagulation peut être ramené, dans tous les cas, à la rupture d'équilibres analogues à ceux qu'on observe dans la dissociation simple, ou dans l'éthérification, ou dans les dissociations par dissolution. Dans tous les cas, la décomposition est éliminée ou entravée par la présence du corps qui doit s'éliminer par le fait de la réaction.

Importance de l'état colloïdal. — L'état colloïdal de la matière joue un rôle important dans les phénomènes chimiques. Dans l'analyse minérale, dans l'analyse immédiate, on rencontre fréquemment des corps colloïdaux : un grand nombre de sels, d'hydrates métalliques se séparent par précipitation dans les doubles décompositions sous l'aspect de matières gélatineuses insolubles, ressemblant aux gelées obtenues par coagulation des colloïdes solubles. M. van Bemmelen fait remarquer avec juste raison que, dans l'étude des hydrates métalliques obtenus à l'état gélatineux, il faut tenir compte de leur état colloïdal et ne pas considérer comme des espèces chimiques distinctes des hydrates qui varient par leur teneur en eau, cette eau s'avouant à l'état de combinaison colloïdale et ne constituant pas une combinaison définie. Dans la formation de ces hydrates gélatineux, on doit admettre la production passagère d'un hydrate soluble, qui se pectise ensuite en perdant de l'eau. Ce fait est prouvé pour un grand nombre d'hydrates métalliques, l'alumine par exemple, qu'on obtient à l'état soluble, et qui en se coagulant par la chaleur donne un précipité gélatineux semblable à celui qui se forme par addition d'ammoniaque à un sel d'aluminium : dans les deux cas, ce sont des colloïdes coagulés.

L'emploi en teinture des mordants de fer, d'alumine, de chrome, est une application des propriétés colloïdales de la matière; ainsi, avec l'acétate d'alumine, sous l'action de la vapeur d'eau, il y a formation d'acide acétique et d'un sous-acétate d'alumine colloïdal coagulé. Dans l'analyse minérale, le fait que les colloïdes forment avec les cristalloïdes des sortes de combinaisons, appelées *combinaisons d'absorption*, analogues à celles qu'ils forment avec l'eau, explique les difficultés qu'il y a à laver certains précipités et à les débarrasser des cristalloïdes qui, comme la potasse, ont servi à les précipiter.

Dans le règne organique, ce sont les corps colloïdaux qui prédominent; l'état colloïdal de la matière est la caractéristique des organismes vivants; chez les êtres les plus élevés de la série animale, on le voit prédominant dans l'enfance, où les os sont presque entièrement formés d'osséine; puis l'animal arrive à son développement : le squelette résistant, formé de cristalloïdes rigides, s'établit pour servir de support aux colloïdes; enfin, avec les progrès de l'âge, le colloïde semble se contracter, se durcir, se racornir; puis il s'encroûte de cristalloïdes, comme le montrent les concrétions calcaires des artères; finalement, après la mort, le colloïde tout entier, par l'acte de la putréfaction, se résout en cristalloïdes, acide carbonique, eau, ammoniaque, qui, absorbés par le végétal, se transformeront de nouveau par l'acte de la vie en nouveaux colloïdes soumis à des transformations incessantes.

Et c'est justement parce que cet état de la matière est transitoire, dynamique, pour employer l'expression de Graham, que l'étude des tissus et des humeurs animales présente de si grandes difficultés au chimiste biologiste.

Éd. Grimaux.

COLLOPHANE (Min.). — Phosphate tricalcique hydraté, amorphe, $(PO^4)^2Ca^3, H^2O$.

COLLOXYLINE. — On désigne sous ce nom les fulmicotons peu explosibles, mélanges en proportions variables de celluloses tétra- et pentanitrées, $C^{12}H^{16}(AzO^3)^4O^6$ et $C^{12}H^{15}(AzO^3)^5O^5$, qu'on emploie dans la préparation du collodion soit photographique, soit pharmaceutique.

D'après Maun, la colloxyline s'obtient en plongeant 1 partie de coton dans un mélange, chauffé à 50°, de 20 parties d'azotate de potassium pulvérisé et de 31 parties d'acide sulfurique ($d = 1,830$ à $1,835$). Le mélange est abandonné à lui-même pendant 24 heures à la température de 30° environ, et le produit de la réaction est lavé ensuite à grande eau. La substance obtenue se dissout facilement dans un mélange de 1 partie d'alcool et de 7 ou 8 parties d'éther ordinaire aqueux [Mann, *Jahresb.*, 1853, 547]. Hadow regarde la colloxyline ainsi préparée comme de la tétranitrocellulose [Hadow, *Jahresb.*, 1854, 626].

La pellicule transparente qu'abandonne le collodion par évaporation est de la colloxyline pure, insoluble dans le réactif de Schweitzer. La colloxyline se dissout complètement, après une ébullition de quelques minutes, dans une solution concentrée d'oxyde de zinc dans la soude; dans les mêmes conditions, la cellulose est insoluble, de sorte que l'emploi de ce réactif permet de distinguer la colloxyline pure d'un produit contenant de la cellulose [Bœttger, *Zeit. anal. Chem.*, **13**, 339].

H. Gautier.

COLOCYNTHINE. — Reprenant les travaux de Braconnot et Vauquelin sur le fruit de la coloquinte, M. Walz [*N. Jahr. Pharm.*, **9**, 16] a trouvé dans l'extrait alcoolique :

1° La *colocynthine* ou amer de coloquinte, corps déjà trouvé par Braconnot et Vauquelin ;

2° Un corps cristallisable, insoluble dans l'alcool absolu, soluble dans l'éther ;

3° Une substance jaune amère, soluble dans l'éther et dans l'alcool, d'apparence cristalline ;

4° Une substance amorphe, jaune, insoluble aussi dans l'alcool et dans l'éther ;

5° Une substance jaune, amère, insoluble dans l'éther ;

6° Une substance brune, insoluble dans l'éther [*N. Jahr. Pharm.*, **9**, 225].

Voici comment on procède à l'extraction des composés définis ; les autres ne sont probablement pour la plupart que des mélanges.

On épuise les fruits de coloquinte grossièrement pulvérisés par de l'alcool à 84°. On évapore la solution et on traite le résidu par l'eau froide.

La colocynthine se trouve en dissolution dans la solution aqueuse. Pour l'isoler, on traite le liquide aqueux d'abord par l'acétate, puis par l'acétate basique de plomb. On élimine le plomb de la liqueur aqueuse par un courant d'hydrogène sulfuré. On précipite la liqueur filtrée par le tannin. On chauffe la solution de façon à rassembler le précipité, qui se contracte en une masse résineuse. On dissout ce précipité dans l'alcool, on le traite de nouveau par l'acétate basique de plomb, on filtre la liqueur, on se débarrasse de l'excès de plomb par l'hydrogène sulfuré, on décolore au noir animal et on évapore. Le résidu est épuisé à l'éther : la partie qui n'est point soluble dans ce véhicule est la *colocynthine*.

Le résidu primitif, insoluble dans l'eau froide, renferme un autre composé, la *colocynthitine*. On épuise le résidu par l'éther, puis on laisse digérer ce dernier avec du noir animal ; on filtre et on évapore. On reprend le résidu par l'alcool, qui abandonne à l'état cristallin la colocynthitine.

La colocynthine est soluble dans l'eau et insoluble dans l'éther.

Elle répond à la formule $C^{56}H^{44}O^{23}$. Chauffée avec de l'eau et de l'acide sulfurique dilué, elle se scinde en sucre et en *colocynthéine*.

La colocynthéine, $C^{44}H^{64}O^{13}$, est soluble dans l'éther et insoluble dans l'eau.

La colocynthine est cristallisée en prismes clinorhombiques, à peine solubles dans l'alcool ; elle est insipide. A. Béhal.

COLOMBITE (Min.). — Voyez Niobite, Dict., **2**, 552.

COLOPHANE (Dict., **1**, 959 ; Suppl., **1**, 517). — D'après M. Schuller, la colophane peut être distillée complètement dans le vide [*Jahr. f. Chem.*, 1883, 133]. MM. A. Bischoff et O. Nastvogel viennent de reprendre l'étude des produits obtenus dans la distillation sous pression réduite (30 millimètres). Ils ont constaté qu'au-dessous de 200° il passe environ 5 0/0 du produit ; de 200 à 250°, 65 0/0 ; de 250 à 300°, 13 0/0 ; au-dessus de 300° jusqu'à décomposition complète, 9 0/0. Enfin il reste 5 0/0 de résidu, et 3 0/0 de la colophane sont transformés en produits gazeux.

La majeure partie passe donc de 200 à 250°. Cette portion, soumise à la rectification, fournit entre 216 et 219° un corps qui, à la suite d'une série de distillations, se présente sous la forme d'une huile dont les propriétés se rapprochent de celles du colophène. L'analyse conduit à la formule $C^{20}H^{32}$. Il se peut que le carbure trouvé par MM. Bischoff et Nastvogel ne soit autre chose que le bitérébenthyle, retiré des huiles de résine par M. Renard [*C. R.*, **105**, 865 ; **106**, 856].

De 248 à 250° il distille environ 35 0/0 d'anhydride isosylvique $C^{40}H^{58}O^3$, qui se prend en masse dans le récipient. Ce corps, bouilli avec les alcalis, donne naissance à de l'acide isosylvique $C^{20}H^{30}O^2$ [*D. chem. G.*, **23**, 1920].

Quand on soumet la colophane à la distillation sèche, à la pression ordinaire, on obtient d'abord des liquides mobiles, puis au-dessus de 360° il passe des huiles épaisses et fluorescentes, et vers la fin de l'opération on constate la formation de produits qui sont bleus par réflexion. Pendant toute la durée de la distillation, il se dégage des corps gazeux, parmi lesquels l'hydrogène domine.

Aux produits passant au-dessous de 400° on a donné le nom d'*essence* ou *huile légère de résine* et on appelle *huile de résine* ce qui passe au-dessus de cette température [Kelbe, *Ann. Chem.*, **240**, 11].

Cette classification n'a rien d'absolu, puisque, dans l'industrie, à ces dénominations on en a ajouté d'autres, basées sur la couleur, sur la plus ou moins grande acidité, sur la fluidité, etc. M. Renard [*Monit. scient. Quesneville*, 1890, 469] a déterminé les densités et les coefficients de dilatation d'un certain nombre d'huiles types.

La formule $d_{15} = d \pm Ct$, où d_{15} représente la densité à + 15°, d la densité observée, t l'écart de température entre 15° et la température à laquelle l'observation a lieu, permet de rechercher la correction à faire subir à la densité observée lorsque celle-ci est déterminée à des températures supérieures ou inférieures à 15°

Huile blonde de résine.

1ʳᵉ distillation.

Densité moyenne à 15°..............	= 0,9823
Coefficient de dilatation..............	= 0,000663

$$d_{15} = d \pm 0,00064\ t.$$

Huile verte de résine.

Densité moyenne à 15°..............	= 0,9901
Coefficient de dilatation..............	= 0,00066

$$d_{15} = d \pm 0,00065\ t.$$

Huile de résine rectifiée.

2ᵉ distillation.

Densité moyenne à 15°..............	= 0,9712
Coefficient de dilatation..............	= 0,000673

$$d_{15} = d \pm 0,00065\ t.$$

Huile bleue de résine.

Densité moyenne à 15°..............	= 0,9810
Coefficient de dilatation..............	= 0,000717

$$d_{15} = d \pm 0,00070\ t.$$

On fera usage du signe + pour les températures observées au-dessus de 15° et du signe — pour les températures observées au-dessous de 15° [pour l'analyse de ces huiles, voir Chenevrier, *Monit. scient. Quesneville*, 1890, 685].

Ces huiles ont été l'objet de nombreux travaux (voir Dict., **1**, 960, article Colophonone ; **2**, 1327, articles Résinone et Résinéone). Des recherches plus récentes ont été effectuées par plusieurs savants :

M. Kelbe a trouvé que l'*huile de résine* passant au-dessus de 360° renferme encore des quantités relativement considérables de colophane entraînée par la distillation. On peut enlever celle-ci en lavant l'huile avec une solution de soude caustique à 25 0/0. Cette solution alcaline de lavage peut servir avantageusement pour la préparation de l'acide abiétique [*D. chem. G.*, **13**, 888 ; *Bull. Soc. Chim.*, (2), **35**, 531]. Indépendamment de la colophane, la soude enlève encore d'autres acides et des phénols. La partie insoluble est constituée par un mélange de carbures qui possèdent une odeur aromatique.

L'*essence de résine* renferme du m-isopropyl-toluène et un carbure $C^{11}H^{16}$. Traitée par la soude caustique, elle lui cède les acides isobuty-rique, méthylpropylacétique [Kelbe, *Ann. Chem.*, **210**, 14. — Kelbe et Warth, *D. chem. G.*, **15**, 308], valérianique, œnanthylique, octylique, nony-lique et undécylique [Lwoff, *D. chem. G.*, **20**, 1020]. Dans la partie insoluble dans la soude, mais soluble dans l'acide sulfurique, M. Kelbe a constaté la présence du toluène, du m-iso-cymène et du carbure $C^{11}H^{16}$, qu'il considère comme un mélange de p-méthylbutylbenzène et de m-méthylisobutylbenzène. Ces carbures ont été isolés et caractérisés par leurs dérivés sul-fonés [*D. chem. G.*, **13**, 1827; **14**, 1240; **16**, 2559].

Enfin MM. Kelbe et Lwoff [*D. chem. G.*, **16**, 35] ont encore trouvé de l'alcool méthylique dans l'essence de résine. 15 kilogrammes de colo-phane en fournissent environ 50 grammes.

D'après les recherches de M. Tilden, l'essence de résine fournit, par rectification, un peu plus de la moitié de son volume de produits passant au-dessous de 120°. Parmi les produits distillant au-dessous de 80°, on a constaté la présence de l'aldéhyde isobutylique, et d'une huile légère absorbant le brome et se résinifiant au contact de l'acide sulfurique concentré. Dans la fraction 80-110° on n'a pu déceler de carbures aroma-tiques, tels que le benzène et le toluène. Entre 103-104°, on recueille un liquide qui, malgré la constance du point d'ébullition, est constitué par un mélange. Agité avec de l'acide sulfurique étendu du quart de son volume d'eau, dans la pro-portion de 800 centimètres cubes de carbure pour 200 centimètres cubes d'acide, ce mélange produit 615 centimètres cubes d'une huile insoluble et une masse acide d'où l'eau précipite un carbure bouillant à 145-147° et possédant la composition d'un terpène condensé $(C^8H^9)^2$. Les 615 centi-mètres cubes d'hydrocarbures insolubles, traités à 100° par un mélange d'acide sulfurique con-centré et fumant, ont laissé 230 centimètres cubes de carbures insolubles dans ce milieu, et renfer-mant un mélange de colophène avec 145 cen-timètres cubes d'un *heptane* volatil à 95-97°. La solution sulfurique obtenue précédemment pré-cipite par l'action de l'eau un produit amorphe de couleur olive, renfermant $C^{20}H^{38}O^3$ ou $C^{10}H^{20}O^3$ et donnant, lorsqu'on l'oxyde par l'acide azotique, deux acides cristallisés.

M. Tilden, en partant des carbures passant de 103 à 104°, qu'il laisse pendant longtemps en contact avec de l'eau et de l'air dans des cornues spacieuses, a pu isoler des cristaux de l'hydrate $C^{10}H^{22}O^3, H^2O$, auquel M. Tichborne avait donné le nom d'*hydrate de colophonine* (Dict., **1**, 518).

Les fractions supérieures de l'huile de résine ne renfermeraient point de toluène, mais une forte quantité de terpène inactif, donnant un chlor-hydrate identique avec ceux provenant des essences de térébenthine, d'orange et d'autres huiles [*D. chem. G.*, **13**, 1604; *Bull. Soc. Chim.*, (2), **36**, 103].

MM. Armstrong et Tilden ont trouvé en outre dans l'essence de résine un carbure $C^{10}H^{20}$, qui se forme aussi quand on traite le dichlorhydrate de térébenthène par le sodium [*D. chem. G.*, **12**, 1761].

M. Renard a soumis les huiles et essences de résine à une étude approfondie, dont nous allons donner une analyse. Les essences de résine sur lesquelles ont porté les recherches de cet auteur, étaient colorées en brun foncé; leur densité était d'environ 0,535. On les a traitées par une lessive de soude, qui leur enlève environ 7 ou 8 0/0 de produits constitués par un mélange d'acides; la partie surnageante est ensuite agitée avec une solution concentrée de bisulfite de sodium qui se combine aux aldéhydes.

On décante et on lave les hydrocarbures res-tants avec de l'eau. Après avoir desséché sur du chlorure de calcium, on soumet ces produits à une série de distillations fractionnées dans un appareil en cuivre, muni d'un déflegmateur Le Bel-Henninger, dont on a fait varier le nombre de boules suivant la température observée. Certains des hydrocarbures contenus dans l'essence ne s'y trouvent qu'en proportion assez minime : il faut, pour les isoler en quantité suffisante, opérer sur au moins 100 litres de produit brut d'une densité d'environ 0,835.

Parmi les carbures isolés par M. Renard se trouvent :

1° Carbures saturés $C^n H^{2n+1}$ — Point d'ébull.

Hydrure d'amyle, C^5H^{12}	35-38°
Hydrure d'hexyle, C^6H^{14}	64-66°

2° Carbures $C^n H^{2n}$ à chaîne ouverte :

Amylène, C^5H^{10}	35-40°
Hexylène, C^6H^{12}	67-70°

3° Carbures $C^n H^{2n-6}H^6$. — Paraffènes :

Hexahydrure de toluène, C^7H^{14}	95-98°
Hexahydrure de xylène, C^8H^{16}	120-123°
Hexahydrure de cumène, C^9H^{18}	147-150°
Hexahydrure de cymène, $C^{10}H^{20}$	171-173°

4° Carbures $C^n H^{2n-2}$ ou $C^n H^{2n-6}H^4$, d'une constitution probablement identique à celle des terpènes :

Heptène ou tétrahydrure de toluène, C^7H^{12}	103-105°
Octène ou tétrahydrure de xylene, C^8H^{14}	128-131°
Nonène ou tétrahydrure de cumène, C^9H^{16}	155° ?

5° Carbures $C^n H^{2n-4}$:

Térébenthène, $C^{10}H^{16}$	154-157°
Térébenthène, $C^{10}H^{16}$	171-173°
Bioctène, $C^{10}H^{88}$	vers 260°

6° Carbures aromatiques $C^n H^{2n-6}$:

Toluène, C^7H^8	110°
Xylène, C^8H^{10}	136°
Cumène, C^9H^{12}	151°
Cymène (m-méthylpropylbenzène)	175-178°
M-éthylpropylbenzène	193-195°

Les aldéhydes trouvées sont les suivantes :

Aldéhyde isobutylique	60-62°
Aldéhyde amylique	96-98°

Quant aux acides, M. Renard a caractérisé

l'acide isobutyrique	153-155°
et un acide valérianique	173-175°

L'amylène et l'hexylène semblent être consti-tués par des mélanges de différents isomères.

Les carbures $C^n H^{2n-6}H^6$ ou paraffènes sont identiques à ceux extraits des pétroles du Caucase par MM. Beilstein et Kourbatoff et par MM. Schut-zenberger et Ionine.

Les carbures $C^n H^{2n-6}H^4$, isomériques avec ceux de la série acétylénique, constituent avec les térébenthènes la majeure partie des essences de résine. Ces carbures, par leurs propriétés, sont tout à fait différents des carbures de la série de l'acétylène. Leurs caractères généraux les rapprochent au contraire beaucoup des car-bures de la série térébénique, et bien qu'on n'ait pas réussi à les transformer en produits appartenant à la série aromatique, il est probable que leur constitution est analogue à celle des térébenthènes et qu'ils sont formés par la fixation de 4 atomes d'hydrogène sur les carbures benzé-niques [*Ann. Chim. Phys.*, (6), **1**, 223; *Mon scient. Quesneville*, 1888, 748].

Le premier de ces carbures, l'*heptène*, C^7H^{12}, qui devrait plutôt être appelé *heptine*, four-nit avec le brome deux *dérivés hexabromés*,

$C^7H^6Br^6$, dont l'un est solide et fond à 135° et dont l'autre est liquide. Traité en solution éthérée par le brome, il fournit de plus un *dibromure* $C^7H^{12}Br^2$. M. Maquenne a reconnu que cet heptène est identique avec l'heptine obtenue par réduction de la perséite par l'acide iodhydrique [*C. R.*, **114**, 678].

Oxydé par l'acide azotique, ce carbure est décomposé en acides oxalique et succinique.

Abandonné pendant quelque temps dans des flacons avec de l'eau, l'heptine laisse déposer, sur les parois du vase, de longs cristaux blancs d'un *dihydrate* $C^7H^{12}, 2H^2O$. Ce composé peut d'ailleurs être obtenu plus facilement en disposant dans des matras un peu d'heptine au-dessus d'une mince couche d'eau. M. Renard considère ce corps comme analogue à la terpine et identique avec l'hydrate de colophonine de MM. Tichborn et Th. Anderson.

Traité par de l'acide sulfurique ordinaire, l'heptine s'échauffe en dégageant un peu d'acide sulfureux et fournit un carbure polymère, le *diheptène* (*biheptine*), bouillant à 230-235°, très oxydable et se résinifiant rapidement au contact de l'air. Il se produit en outre une petite quantité de toluène et d'hexahydrure de toluène, ainsi qu'un isomère du biheptine.

L'*octène* (octine?) se combine également au brome, pour fournir le *bromure* $C^8H^{14}Br^2$ fondant à 246° et un isomère liquide. Enfin le brome peut encore donner avec l'octène un *dibromure*.

L'octène donne, par oxydation avec l'acide azotique, les acides oxalique et succinique.

Traité par l'acide sulfurique concentré, il se transforme en deux *bioctènes* $C^{16}H^{28}$, en xylène et hexahydrure de xylène.

Le térébenthène bouillant à 154-157° paraît être un mélange de *nonène* et d'un *terpène* fournissant un dichlorhydrate cristallisé, fusible à 49°. Ce mélange dévie à gauche la lumière polarisée.

Le second terpène, qui bout à 170-173°, dévie également à gauche. Il ne fournit point de terpine quand on l'abandonne avec de l'acide azotique et de l'eau, mais il se combine à l'acide chlorhydrique pour donner un *dichlorhydrate* fusible à 49°. Avec le brome en solution éthérée, on obtient un *tétrabromure* fusible à 120°. Agité avec un vingtième de son volume d'acide sulfurique, il se transforme partiellement en un *bitérébène*, $C^{20}H^{32}$, bouillant à 305-310°.

Les huiles de résines, qui à elles seules constituent la majeure partie (9/10) des produits de la distillation de la colophane, ont un point d'ébullition compris entre 300 et 360°. Elles sont de couleur jaune-brunâtre et se résinifient rapidement au contact de l'air.

Elles sont constituées en grande partie par

le bitérébenthyle,	$C^{10}H^{20}$,	bouillant à 333-336°.	80 0/0
le bitérébenthylène,	$C^{20}H^{28}$,	—	345-350°.	10 0/0
et le bidécène,	$C^{20}H^{36}$,	—	330-335°.	10 0/0

[A. Renard, *C. R.*, **105**, 855; **106**, 856, 1086].

M. Morris [*Dissert. inaug.*, Wurzbourg, 1882] a repris, à son tour, l'étude des cristaux qui se forment aux dépens des parties de l'essence de résine bouillant à 103-104°. Il confirme la formule $C^7H^{14}O^2, H^2O$ que leur avait attribuée M. Th. Anderson et admet que ce corps résulte de la combinaison d'un carbure C^7H^{12}, l'heptine, avec 1 molécule d'eau et 1 atome d'oxygène :

$$C^7H^{12} + H^2O + O = C^7H^{12}(OH)^2.$$

Le carbure *heptine*, bouillant de 103 à 104° et que M. Tilden considère comme un mélange, est, d'après M. Morris, identique avec l'heptène de M. Renard. Comme l'heptène, l'heptine donne, avec l'acide sulfurique concentré, du biheptine bouil-

lant à 235-240° et s'oxydant très facilement au contact de l'air en une résine. D'après M. Tilden, le carbure bouillant à 103-104° donnerait avec l'acide sulfurique un composé $(C^5H^8)^3$.

Les propriétés générales de l'heptine, les produits d'oxydation qu'il fournit avec l'acide azotique (acides carbonique, formique, acétique et succinique), ont conduit M. Morris à le considérer comme du méthylpropylisoallylène.

Les cristaux qui en dérivent, cristaux considérés successivement comme ayant les formules $C^{10}H^{22}O^3, H^2O$ (Tichborne, Tilden), $C^7H^{14}O^2$ (Anderson), $C^7H^{12}, 2H^2O$ (A. Renard) et appelés d'abord *hydrate de colophonine*, puis *hydrate de terpine*, ne seraient autre chose, d'après M. Morris, que l'hydrate d'un glycol méthylpropylisoallylénique. Ce corps fournit en effet un diacétate avec l'acide acétique.

Lorsqu'on chauffe l'essence de résine avec du soufre, il se dégage de l'acide sulfhydrique et du sulfure de carbone, et il distille en même temps un hydrocarbure qui cristallise dans l'alcool en lamelles fusibles à 94-95°. Le même carbure se forme encore quand on traite l'essence par le perchlorure de phosphore. Ce corps n'est pas volatil sans décomposition; quand on le distille, il se convertit en un carbure $(C^{10}H^{14})^n$ cristallisant en aiguilles et fondant à 86° [Kelbe, *D. chem. G.*, **11**, 2174].

D'après M. G. Morris [*Chem. Soc.*, **55**, 102], le carbure qu'on obtient dans ces conditions cristallise dans le benzène et dans l'alcool en prismes d'un jaune clair, fondant à 84-85°, et bouillant à 360° sans se décomposer. D'après sa densité de vapeur, ce corps répond à la formule $(C^5H^6)^5$.

A. Haller.

COLOPHANTHRÈNES. — M. Renard a décrit sous ce nom deux carbures qu'il a obtenus dans les conditions suivantes : La distillation de la colophane fournit des gaz très riches en hydrogène, et un goudron noir assez fluide, qu'on distille à 300°. Le brai se solidifie par refroidissement. Le produit distillé, agité avec de l'acide sulfurique et de la soude, est fractionné. Ce qui reste à 300°, réuni au brai primitif, est distillé de nouveau jusqu'à résidu de coke. L'huile qui distille se prend en une masse butyreuse et donne, à 340-360°, un produit solide qui, cristallisé dans l'alcool, fournit deux carbures, l'un jaune, peu soluble, l'autre blanc, plus soluble. Le premier bout à 350°, l'autre à 360°.

Oxydés par l'acide chromique, ils fournissent une dicétone, dont le sel sulfoconjugué de potassium, chauffé en tube scellé avec de la potasse, fournit une matière colorante analogue à l'alizarine [*Bull. Soc. Chim.*, (2), **41**, 365].

A. Haller.

COLORADOÏTE (Min.) (Genth). — Tellurure mercurique, HgTe. Masses amorphes compactes, grenues ou un peu fibreuses, à éclat métallique gris-noirâtre. Très rare, accompagne divers minerais de tellure et d'or, aux mines Keystone, Mountain Lion et Smuggler (Colorado).

Caractères. — Soluble dans l'acide nitrique bouillant, avec dépôt d'acide tellureux. Décrépite au chalumeau, donne dans le tube un sublimé de mercure, de tellure et d'anhydride tellureux. Dureté = 3. Densité = 8,627.

COLORANTES (MATIÈRES). (*Théorie générale des matières colorantes et de leur fixation sur les fibres textiles.*) — Parmi les corps simples ou composés, quelques-uns jouissent de la propriété de refléter également tous les rayons lumineux : ce sont les corps *blancs* s'ils sont *opaques*, les corps *incolores* s'ils sont *transparents*. D'autres absorbent indistinctement tous les rayons lumineux : ils sont *noirs*. D'autres enfin absorbent une partie des rayons lumineux dont se compose la lumière blanche et en réfléchissent une autre : ils sont *colorés* ; la *couleur* de ces corps se compose de la résultante des rayons lumineux réfléchis. Parmi les corps simples, nous en avons qui sont incolores, tels que les gaz oxygène, hydrogène, azote ; d'autres sont colorés, tels que le chlore, l'iode, le soufre, le cuivre et quelques autres métaux. Certains d'entre eux sont incolores ou blancs dans un certain état physique, colorés ou noirs dans d'autres. Ainsi le carbone est incolore et transparent comme diamant, gris à l'état de graphite et noir à celui de charbon amorphe. L'argent est blanc quand il est fondu ou poli ; il est noir à l'état finement précipité. Il en est de même pour beaucoup d'autres métaux. Le phosphore existe sous une modification blanc-jaunâtre, une modification rouge et une grisâtre (cristallisée).

Quant aux combinaisons, celles de certains éléments sont toutes ou à peu près toutes colorées : tels sont le chrome, le nickel, le cobalt et plusieurs autres métaux ; d'autres éléments fournissent surtout des combinaisons blanches ou incolores, à moins qu'ils ne soient unis à un élément qui leur apporte la propriété colorante : tels sont les métaux alcalins, alcalino-terreux et quelques autres.

Parmi les corps organiques qui contiennent les éléments carbone, hydrogène, oxygène, azote et parfois quelques autres, la plupart sont blancs ou incolores. Les carbures d'hydrogène, les corps organiques les plus simples, sont tous incolores ; ceux que l'on considérait comme colorés étaient généralement souillés de petites quantités d'impuretés.

Parmi les corps contenant, à côté du carbone et de l'hydrogène, encore de l'oxygène, nous en avons un certain nombre qui sont colorés ; enfin, les colorants les plus nombreux contiennent en dehors de ces trois éléments encore de l'azote[1].

La couleur des corps, surtout des corps organiques, est évidemment en relation très étroite avec l'arrangement des atomes dans la molécule, car nous connaissons un grand nombre de substances colorées dont il existe des isomères blancs ou incolores. On connaît, par exemple, quatre corps de la formule $C^{19}H^{18}Az^3Cl$; deux sont incolores, le troisième est jaune-orangé, le quatrième est vert à l'état solide, d'un rouge intense en solution : ce sont les chlorhydrates de la triphénylguanidine, de l'amidine p-amidobenzoïque, de la diamidobenzophénone-phénylimide et de la pararosaniline. Leur constitution, qui a été établie avec certitude, s'exprime par les quatre formules suivantes :

$$C = Az - C^6H^5 . HCl \begin{cases} Az \begin{cases} H \\ C^6H^5 \end{cases} \\ Az \begin{cases} H \\ C^6H^5 \end{cases} \end{cases}$$

$$C = Az - C^6H^5 . HCl \begin{cases} C^6H^5 . AzH^2 \\ Az - C^6H^5 \end{cases}$$

$$C = Az - C^6H^5 . HCl \begin{cases} C^6H^4 . AzH^2 \\ C^6H^4 . Az H^2 \end{cases}$$

$$C - C^6H^4 . AzH^2 \begin{cases} C^6H^4 . AzH^2 \\ C^6H^4 = AzH^2Cl \end{cases}$$

La plupart des matières colorantes organiques, presque toutes, appartiennent à la série aromatique ou pyridique, quelques-unes à la série du

furfurane, du thiophène ou du pyrrol ; à peu près toutes paraissent contenir un noyau d'atomes en enchaînement annulaire.

La majorité des matières colorantes est transformée par les agents réducteurs en dérivés incolores, « leucodérivés », qui, sous l'influence des oxydants, régénèrent en général le colorant primitif. MM. Græbe et Liebermann, qui dès 1868 [*D. chem. G.*, 1, 106] firent remarquer ce fait, en conclurent que, dans les corps colorés, l'enchaînement des atomes devait être plus intime. Ainsi la quinone jaune, dans laquelle on admettait 2 atomes d'oxygène liés entre eux,

$$C^6H^4 \begin{cases} O \\ O \end{cases}$$

se transforme par réduction en hydroquinone blanche,

$$C^6H^4 \begin{cases} OH \\ OH \end{cases} ;$$

l'azobenzène, coloré en orangé,

$$\begin{array}{c} C^6H^5Az \\ \| \\ C^6H^5Az \end{array}$$

se transforme en hydrazobenzène

$$\begin{array}{c} C^6H^5AzH \\ | \\ C^6H^5AzH \end{array}$$

également blanc.

La connaissance plus approfondie de la constitution des matières colorantes, que nous avons acquise depuis vingt ans, a confirmé d'une manière générale les idées de MM. Græbe et Liebermann, ainsi que le fera voir la comparaison des formules d'un certain nombre de colorants avec celles de leurs leucodérivés, bien que nos vues actuelles sur la nature des quinones diffèrent de celles émises autrefois par les auteurs en question ; tandis que la quinone, d'après eux, appartenait au type des peroxydes

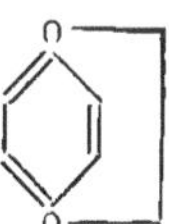

la plupart des chimistes la considèrent maintenant comme une dicétone dérivée du dihydrobenzène,

La formule de l'hydroquinone reste, d'autre part, ce qu'elle était :

Tous les produits de substitution des quinones sont colorés, tandis que les dérivés correspondants des hydroquinones sont incolores.

<hr>

1. Il paraît néanmoins que la matière colorante de la carotte rouge, la carottine, est un hydrocarbure de la formule $C^{26}H^{38}$. D'après les recherches récentes de M. Arnaud, la carottine ne contient pas d'oxygène [*Bull. Soc. Chim.*, (2), 48, 64]. Enfin M. Græbe vient de découvrir quelques hydrocarbures compliqués également colorés [*communication particulière*].

Les quinones de structure plus compliquée, l'anthraquinone par exemple

$$C^6H^4 \begin{array}{c} CO \\ CO \end{array} C^6H^4$$

ne donnent pas seulement par réduction des hydroquinones simples, mais des produits de constitution plus compliquée, tels que

Oxanthranol. Anthrahydroquinone.

Anthranol. Dihydroanthranol.

dont les dérivés hydroxyliques ne sont plus des matières colorantes ou sont seulement des colorants d'une intensité beaucoup moindre. Le caractère chimique de l'anthraquinone diffère d'ailleurs sous beaucoup de rapports de celui des quinones ordinaires.

Les matières colorantes azoïques, qui étaient pour ainsi dire inconnues en 1868, et dont le nombre est devenu maintenant extrêmement considérable, dérivent toutes d'une manière plus ou moins directe du type

$$R - Az = Az - R',$$

où R et R' sont des radicaux aromatiques substitués. Par réduction, elles se transforment en produits incolores dérivés du type

$$R - AzH - AzH - R'.$$

Les indamines, dont le prototype est

$$Az \begin{array}{c} C^6H^4 . AzH^2 \\ C^6H^4 . AzH^2 Cl \end{array} \quad \text{ou} \quad Az \begin{array}{c} C^6H^4 AzH^2 \\ C^6H^4 = AzH^2 Cl \end{array}$$

donnent des leucodérivés de la forme

$$Az \begin{array}{c} C^6H^4 . AzH^2 \\ C^6H^4 . AzH^2 \\ H \end{array}$$

Il en est de même des thio-indamines (violet de Lauth, bleu de méthylène)

$$Az \begin{array}{c} C^6H^3 . AzH^2 \\ S \\ C^6H^3 . AzH^2 Cl \end{array} \quad \text{et} \quad Az \begin{array}{c} C^6H^3 . AzH^2 \\ S \\ C^6H^3 . AzH^2 \\ H \end{array}$$

Les dérivés des azines, le rouge de toluylène par exemple, fournissent un leucodérivé contenant 2 atomes d'hydrogène en plus :

$$C^6H^3 Az(CH^3)^2 \begin{array}{c} Az \\ Az \end{array} C^6H^2(CH^3) AzH^2$$

et

$$C^6H^3 Az(CH^3)^2 \begin{array}{c} AzH \\ AzH \end{array} C^6H^2(CH^3) AzH^2.$$

Aux safranines correspondent les leucosafranines,

$$C^6H^3(AzH^2) \begin{array}{c} Az \\ Az \end{array} C^6H^4$$
$$Cl$$
$$C^6H^4 . AzH^2$$

$$C^6H^3(AzH^2) \begin{array}{c} AzH \\ AzH \end{array} C^6H^4$$
$$Cl$$
$$C^6H^4 . AzH^2$$

La rosaniline fournit la leucaniline,

$$C \begin{array}{c} C^6H^4 . AzH^2 \\ C^6H^4 . AzH^2 \\ C^6H^4 . AzH^2 \\ Cl \end{array} \qquad C \begin{array}{c} C^6H^4 . AzH^2 \\ C^6H^4 . AzH^2 \\ C^6H^4 . AzH^2 \\ H \end{array}$$

la fluorescéine donne la fluorescine,

$$C \begin{array}{c} C^6H^4 . CO \\ O \\ C^6H^3(OH) \\ C^6H^3(OH) \end{array} O \qquad C \begin{array}{c} C^6H^4 . CHOH \\ O \\ C^6H^3(OH) \\ C^6H^3(OH) \end{array} O$$

l'alizarine fournit la désoxyalizarine [1],

$$C^6H^4 \begin{array}{c} CO \\ CO \end{array} C^6H^2(OH)^2,$$

$$C^6H^4 \begin{array}{c} CH \\ COH \end{array} C^6H^2(OH)^2.$$

Nous pourrions multiplier encore les exemples. Ceux que nous venons de citer, empruntés aux classes de colorants les plus divers, suffiront pour montrer la généralité de cette loi.

Certains de ces leucodérivés régénèrent le colorant déjà sous l'influence oxydante de l'air ; d'autres seulement si on les traite par des agents d'oxydation plus ou moins énergiques.

Des idées précises sur les rapports entre la constitution chimique des corps et leur couleur furent émises pour la première fois par M. Otto N. Witt [*D. chem. G.*, **9**, 522, 1876]. Les hydrocarbures aromatiques sont incolores ; par l'introduction de certains groupes, tels que

$$AzO^2, \quad Az = Az, \quad O - O, \quad HAz - AzH, \text{ etc.,}$$

que l'auteur appelle *chromophores*, ils acquièrent la propriété de fournir des colorants : ils deviennent des *chromogènes*. Ainsi le nitrobenzène $C^6H^5(AzO^2)$, l'azobenzène

$$C^6H^5 - Az = Az - C^6H^5,$$

la diphénylimide (phénylquinone-diimide)

$$Az \begin{array}{c} C^6H^5 \\ C^6H^4 . AzH \end{array}$$

la phénylquinone-imide

$$Az \begin{array}{c} C^6H^5 \\ C^6H^5 O \end{array}$$

la quinone $C^6H^4(O^2)$, l'anthraquinone

$$C^6H^4 \begin{array}{c} CO \\ CO \end{array} C^6H^4,$$

l'acridine

$$C^6H^4 \begin{array}{c} CH \\ Az \end{array} C^6H^4,$$

[1]. La désoxyalizarine possède encore un pouvoir colorant ; elle teint les mordants en jaune.

la phénazine

$$C^6H^4 \underset{Az}{\overset{Az}{\diagdown \mid \diagup}} C^6H^4, \text{ etc.;}$$

sont des chromogènes.

Les chromogènes eux-mêmes sont en général peu colorés et ne montrent aucune affinité pour la fibre. Ils deviennent colorants par l'introduction des groupes salifiables OH et AzH²; et ceux-ci, en même temps qu'ils leur donnent une coloration intense, rendent possible leur union avec la fibre textile. D'autres groupes salifiables, tels que SO³H et COOH, ne possèdent cette propriété qu'à un très faible degré. M. Witt propose d'appeler les deux groupes OH et AzH², groupes *auxochromes* (αὐξάνειν, augmenter), parce qu'ils exaltent la couleur et le pouvoir colorant.

Le nombre des groupes chromophoriques ainsi que celui des groupes auxochromes influent considérablement sur le pouvoir tinctorial des corps. Ainsi les phénols mononitrés ne sont que des colorants faibles, tandis que le trinitrophénol (acide picrique) est un colorant intense.

Le monamidoazobenzène,

$$C^6H^5 - Az = Az - C^6H^4(AzH^2),$$

a un pouvoir tinctorial bien moins intense que le diamidoazobenzène $C^6H^5 - Az = Az - C^6H^3(AzH^2)^2$ (chrysoïdine) et que le triamido-azobenzène,

$$C^6H^4(AzH^2) - Az = Az - C^6H^3(AzH^2)^2$$

(brun de Bismarck, de Manchester).

La coloration est en général beaucoup plus intense si le colorant est à l'état de sel que s'il est libre. L'acide picrique est jaune clair, les picrates sont jaune-orangé; la rosaniline libre est même incolore, tandis que ses sels monacides sont verts à l'état solide, rouges en solution; mais, chose curieuse, les sels triacides ne présentent qu'une couleur jaune peu intense.

Si le caractère salifiable des groupes auxochromes est détruit, pour l'amide AzH² par acétylation, pour l'hydroxyle OH par éthérification (OCH³), (OC²H⁵), (OC²H³O), le pouvoir colorant disparaît et le corps reprend en général la couleur du chromogène ou même une teinte moins intense. L'acétamidoazobenzène

$$C^6H^5 - Az = Az - C^6H^4 . Az \underset{H}{\overset{C^2H^3O}{\diagdown}}$$

et .es éthers de l'oxyazobenzène,

$$C^6H^5 - Az = Az - C^6H^4(OCH^3$$

ou

$$C^6H^5 - Az = Az - C^6H^4(OC^2H^3O),$$

sont moins colorés que l'azobenzène même.

Tous les chromogènes, par le fait qu'ils contiennent des groupes auxochromes, ne deviennent cependant pas des matières colorantes ayant la propriété de se fixer sur la fibre. Il en est qui, tout en étant fortement colorés et quoique possédant des groupes auxochromes et salifiables, n'ont pour elle aucune affinité : tels sont les divers isomères de l'alizarine. Nous reviendrons plus bas sur ce fait extraordinaire, qui cependant a trouvé jusqu'à un certain point son explication, grâce surtout aux recherches de M. de Kostanecki [*Bull. Soc. Indust.* de Mulhouse, 1888 et 1889; *D. chem, G.*. **20**, 3146 et **22**, 1347].

Mais, avant de discuter ces anomalies, il faudra préciser ce que nous appelons *pouvoir tinctorial* d'un corps, et, en général, ce qu'on appelle *teindre.*

La meilleure définition nous paraît être celle donnée par Chevreul : « L'art de teindre consiste à imprégner aussi profondément que possible le ligneux, la soie, la laine et la peau de matières colorées qui y restent fixées *mécaniquement* ou par *affinité chimique,* ou à la fois par *affinité* et *mécaniquement.* »

Ajoutons que, pour qu'il y ait réellement *teinture,* il faut que le colorant soit fixé de telle manière qu'il ne soit pas éliminé par lavage. La teinture est appelée *solide* au savon, aux alcalis, aux acides, si ces agents n'enlèvent pas le colorant; *solide* à la lumière, si elle ne pâlit et ne se détruit pas sous l'influence de cet agent.

Si l'on plonge un tissu dans la solution de n'importe quel sel coloré, par exemple un échantillon de coton dans une solution de dichromate de potassium, il en sort coloré; mais un lavage à l'eau enlève complètement le sel, dont la solution était seulement absorbée par capillarité. Ce n'est pas là ce qu'on peut appeler une *teinture.*

Si, au contraire, on plonge dans le même sel un échantillon de laine, il en sort jaune, et le lavage n'enlève pas la totalité du sel absorbé. Si l'on examine la solution, on observe qu'elle renferme, à côté du dichromate, du chromate neutre; le tissu en a retiré une partie de l'acide : il *s'est teint* en acide chromique qui sur la fibre est, sans doute sous l'influence réductrice de la substance organique, transformé partiellement ou en entier en chromate d'oxyde de chrome.

Si l'on plonge dans la solution de carmin d'indigo, d'un sel de rosaniline ou d'acide picrique, ou d'un certain nombre d'autres colorants artificiels, des tissus de soie, laine, coton et lin, ils en sortent colorés. Au lavage les fibres végétales abandonnent complètement le colorant, tandis que les fibres animales le retiennent : elles se sont *teintes.*

L'adhésion mécanique d'un colorant au tissu, par l'entremise d'un agent fixateur, tel qu'un vernis, une huile siccative, comme on la réalise dans la peinture à l'huile, n'est pas une teinture non plus. Il en est de même de la fixation des pigments sur l'étoffe par l'entremise de l'albumine, très usitée dans l'industrie des toiles peintes. La fixation de l'outremer, du vermillon, du vert Guignet au moyen de l'albumine est purement mécanique. Si l'on imprime, au moyen de cet agent, des couleurs artificielles, comme la fuchsine, le violet, le vert, et qu'on vaporise, l'albumine en se coagulant se teint elle-même, comme nous le verrons plus tard. Cette albumine teinte adhère au tissu, mais celui-ci n'est pas teint lui-même.

L'impression des couleurs au moyen d'un épaississant neutre qui est éliminé par les opérations subséquentes (amidon, amidons grillés, gomme adragante), repose sur les mêmes principes que la teinture : ce n'est autre chose qu'une teinture locale; le mode d'application diffère, le principe reste le même.

Voyons maintenant quelques exemples des divers modes de teinture cités par Chevreul.

1° TEINTURE PAR IMPRÉGNATION MÉCANIQUE. — Si l'on manœuvre de la laine dans des bains contenant en suspension et à l'état très finement divisé des corps tels que l'outremer, l'oxyde vert de chrome (vert de Guignet), l'ocre, le vermillon, le phosphate de cobalt, etc., on obtient des nuances très claires, il est vrai, mais inaltérables. Le colorant est absorbé mécaniquement par les pores des fibres.

Le bleutage du linge, usité dans les ménages, en est un autre exemple tout à fait frappant.

2° TEINTURE PAR IMPRÉGNATION CHIMIQUE. — Si l'on plonge pendant quelques heures des étoffes de laine, de soie ou de coton dans la dissolution d'un sel de peroxyde de fer, de préférence d'un sel basique, elles en sortent colorées en brun. Elles ont enlevé au bain une certaine quantité de peroxyde de fer, soit sous forme d'oxyde, soit sous forme d'un sel plus basique, car, dans le bain restant, le rapport entre l'acide et la base n'est plus le même que dans la liqueur primitive : la quantité d'acide est devenue relativement plus forte. Le tissu, par affinité chimique, a enlevé à la solution une partie de son oxyde; il s'est teint en peroxyde de fer.

Si, à la place du sel de fer, on emploie un sel d'alumine basique, le phénomène est absolument le même, bien qu'il ne se manifeste par aucun changement de couleur, à cause de la nuance blanche de l'alumine. Il s'est fixé de l'alumine ou un sel très basique de cet oxyde, et nous sommes, tout aussi bien que dans le cas du fer, en droit de dire que le tissu *s'est teint en alumine*.

Il en sera de même pour les sels de sesquioxyde de chrome, bien qu'à un degré bien moindre, pour le coton du moins, et en général pour les sels des oxydes de la formule M^2O^3; quant aux sels de protoxydes, MO, sels de cuivre, de fer au minimum, de manganèse, de nickel, de cobalt, etc., ils sont fixés, surtout à l'état de tartrates (mélange d'un sel quelconque avec la crème de tartre), par la laine et la soie, mais peu ou point par les fibres végétales. Les protoxydes peuvent cependant aussi se fixer, comme nous allons le voir tout à l'heure, mais par affinité chimique et mécaniquement à la fois, par précipitation sous une forme insoluble.

Non seulement les sels métalliques peuvent être absorbés par la fibre et y adhérer d'une manière résistante au lavage, mais il en est de même pour certaines substances organiques, en particulier pour les tannins et pour les sels des acides oxyoléiques ou oxystéariques connus dans l'industrie sous le nom de *sulfoléates*.

Le coton se teint en tannin et en acide sulfoléique; mais ici, comme pour l'alumine, la teinte blanche des corps en question empêche le phénomène d'être visible à l'œil.

Enfin, un grand nombre de substances organiques colorées se fixent sur les fibres en leur communiquant les teintes les plus variées. Vis-à-vis de ces substances organiques colorées, les fibres d'origine végétale et animale montrent des différences très marquées et caractéristiques pour chacune de ces deux classes.

En effet, un nombre de colorants très considérable se fixent sur la fibre animale directement, sans intervention d'aucun autre agent, sur bain neutre ou acide, quelquefois, mais plus rarement, sur bain légèrement alcalin. Tels sont les dérivés nitrés des phénols et des amines, les matières colorantes azoïques, basiques et acides, les dérivés du triphénylméthane basiques, acides et sulfonés, certaines phtaléines (fluorescéine, éosine), les amidophénazines, les safranines, les thio-indamines, les dérivés phénoxaziniques (bleu de Meldola, gallocyanine), les dérivés phénylacridiniques (phosphine), les dérivés quinoléiques (cyanine, rouge de quinoléine, quinophtalone), les hydrazines (tartrazine), les cétonimides (auramine); et parmi les couleurs naturelles, le carmin d'indigo, le rocou ou orléans, la berbérine, le safranum, le curcuma, l'orseille, le cachou. La plupart de ces colorants ne se fixent que peu ou point sur la fibre végétale. Les couleurs se fixant directement sur la cellulose ne sont qu'en nombre relativement restreint : certaines matières azoïques amidées, le brun de phénylène-diamine, les chrysoïdines, le bleu de méthylène, le bleu victoria, les safranines; et encore la fixation n'est-elle pour tous ceux-ci que très imparfaite. Enfin, un grand nombre de dérivés azoïques de la benzidine, de la tolidine, du diamidostilbène, de la p-phénylène-diamine, de la naphtylène-diamine,

du diamido-azobenzène, du diamidoazoxybenzène et de leurs homologues, de la diamidodiphénylamine, la canarine (produit d'oxydation des sulfocyanures), les couleurs sulfurées de Croissant e Bretonnière, et parmi les couleurs naturelles, l curcuma, l'orléans, le safranum, le cachou, se fixent directement et d'une manière solide sur les fibres végétales.

Il existe, en dernier lieu, un certain nombre de colorants qui, aussi bien sur soie et laine que sur coton, ne tirent que peu ou point, ou, s'ils tirent, ne donnent que des nuances faibles et de peu de valeur, mais qui se fixent en donnant des nuances à la fois solides et belles sur la fibre teinte ou, comme on dit en terme d'atelier, *mordancée*, au moyen d'oxydes métalliques, en particulier d'oxyde ferrique, d'alumine et d'oxyde de chrome. Ce sont certaines phtaléines (galléine), les dérivés de l'anthraquinone (alizarine, purpurine, orangé d'alizarine, anthragallol), de l'anthraquinoléine (bleu d'alizarine), du phényloxanthranol (céruléine), et presque tous les colorants naturels, le cuba, le quercitron, la graine de Perse, la gaude, le campêche, le bois rouge, le santal, la cochenille.

On a désigné les colorants qui teignent directement la fibre animale sous le nom de *substantifs*, et ceux qui ne teignent que la fibre préalablement mordancée sous le nom d'*adjectifs*. M. Hummel [*The dyeing of textile fabrics*, p. 147], se basant sur le fait que les couleurs substantives ne donnent jamais qu'une seule teinte, les couleurs adjectives, au contraire, suivant la nature de l'oxyde métallique, des teintes différentes, désigne les premières sous le nom de *monogénétiques*, les secondes sous le nom de *polygénétiques*. Ainsi la fuchsine, par exemple, teint toujours en rouge; l'alizarine au contraire donne avec l'alumine des rouges, avec le fer des violets et des noirs, avec le chrome des grenats, avec l'urane des gris et noirs, avec l'étain des orangés, avec le nickel des violets clairs.

Certains colorants se fixent à la fois directement sur soie et laine et sur le coton par l'intermédiaire des mordants; tels sont la gallocyanine et certaines matières azoïques carboxyliques.

Parmi les couleurs mentionnées ci-dessus, nous n'avons pas encore parlé de l'indigo; son mode de fixation est spécial, mais il repose en somme sur le même principe. L'indigo, par lui-même, est insoluble dans les dissolvants usuels; mis en suspension dans l'eau, il n'est absorbé que très faiblement par la fibre, à peu près comme les poudres métalliques (ocre, vermillon, etc.) dont nous avons parlé plus haut. Sous l'influence des réducteurs, l'indigo se transforme en un leucodérivé soluble dans les alcalis et très facilement réoxydable à l'air. Si dans la solution de l'indigo réduit on plonge un tissu quelconque d'origine animale ou végétale, il se teint en indigo blanc, et si on l'expose ensuite à l'air, l'indigo blanc se réoxyde, à la surface et à l'intérieur de la fibre, à l'état d'indigo bleu qui y reste intimement fixé, et n'est plus éliminé ni par le savon, ni par les alcalis ou les acides. Quelques autres matières colorantes peuvent d'une manière semblable se fixer par la *cuve* : par exemple l'indophénol et le bleu d'alizarine; mais ce mode opératoire n'est usité que pour l'indigo seul ou mélangé avec l'indophénol.

La teinture en noir d'aniline se rapproche jusqu'à un certain point de celle en indigo. Ici on fait absorber par le tissu à la fois un sel d'aniline et une matière oxydante, qui transforme ensuite sur la fibre même l'aniline en noir d'aniline insoluble. Les produits d'oxydation colorés de certaines autres bases peuvent être fixés d'une manière analogue.

Les matières colorantes *substantives* que nous avons énumérées plus haut comme ne teignant pas le coton peuvent cependant être fixées sur cette fibre, celles à caractère basique par l'intermédiaire du tannin ou de l'acide sulfoléique, celles à caractère acide par les oxydes métalliques, avec ou sans sulfoléates ; mais pour ces dernières la teinture résiste généralement mal au lavage et peu ou pas du tout au savon.

Si le coton, par l'action des oxydants, a été transformé en *oxycellulose*, il acquiert la propriété d'attirer les matières colorantes basiques.

Comme le tannin, l'acide sulfoléique, les oxydes métalliques, certaines matières colorantes substantives ont aussi la propriété d'attirer d'autres colorants, de se teindre une seconde fois. La nuance obtenue est généralement la résultante de celle des deux colorants. La chrysamine et la canarine, par exemple (qui sont jaunes), fixent les colorants basiques, en donnant avec la fuchsine un rouge orangé, avec le vert malachite un vert jaune, avec le bleu méthylène un vert. Toutes les couleurs de benzidine paraissent jouir de cette propriété. Il se produit ainsi une teinture double : le tissu se teint en chrysamine, par exemple, et la chrysamine se combine ensuite à la couleur basique. Nous proposons d'appeler ce genre de fixation *teinture secondaire*, tandis que la fixation directe serait appelée *teinture primaire*. Le mordançage en oxydes métalliques, tannin, acide sulfoléique rentrerait dans la *teinture primaire* ; la fixation de toutes les couleurs à mordants appartiendrait au domaine de la *teinture secondaire*. Ces définitions nous semblent avoir l'avantage de montrer l'analogie entre la teinture des couleurs substantives et la fixation des mordants. Ces deux opérations nous paraissant ressortir avec évidence au domaine chimique, nous reviendrons plus tard encore sur cette question.

Des colorants fixés par teinture secondaire peuvent enfin encore attirer un second colorant : ainsi la laque violette d'alizarine et de fer peut se combiner au violet de méthyle en donnant une laque triple plus brillante (*remontage* en terme d'atelier). La laque rouge d'alizarine, d'alumine et de chaux, un peu terne, peut attirer l'acide sulfoléique et donner une laque quadruple, à la fois plus brillante et plus solide. Enfin l'étoffe imprégnée de celle-ci, si on la fait bouillir dans une solution de savon additionnée de sel d'étain, absorbe encore de l'étain et forme une combinaison composée de cinq éléments différents.

3° TEINTURE PAR IMPRÉGNATIONS MÉCANIQUE ET CHIMIQUE SIMULTANÉES. — Nous avons vu plus haut que si l'on plonge un tissu dans la solution d'un sel ferrique basique et qu'on le lave ensuite, il reste imprégné de peroxyde de fer et teint en jaune d'ocre. Si, au lieu de le laver à l'eau au sortir de ce bain, on le passe en alcali ou en savon (ou en un sel dont l'acide forme avec l'oxyde ferrique un sel insoluble), il sera teint également, mais la nuance sera beaucoup plus foncée, et à l'incinération on pourra constater que la quantité d'oxyde ferrique fixée est beaucoup plus considérable. Cela se comprend facilement : une partie de l'oxyde a été attirée par la fibre de la solution du sel, une autre partie a été précipitée par le passage en alcali du sel imprégnant le tissu mécaniquement, et qui, sans cette précipitation, aurait été éliminée par le lavage.

Au lieu de précipiter l'oxyde ferrique sur la fibre par un passage alcalin, on peut encore procéder d'une autre manière. On imprègne le tissu de la solution d'un sel *ferreux*, à acide volatil, en particulier d'acétate ferreux, puis on l'expose à une douce chaleur humide. Sous l'influence oxydante de l'air, le sel ferreux passe à l'état de sel ferrique ; celui-ci perd encore par dissociation à l'air humide et chaud une partie de son acide et se transforme en un sel très basique insoluble, que le lavage n'enlève plus. Par un dernier passage en bouse, craie et silicate, phosphate ou arséniate alcalin, on fixe enfin les parties du sel que l'exposition à l'air seule n'aurait pas rendues insolubles. La fixation de l'alumine s'effectue d'une manière tout à fait analogue ; seulement, comme l'aluminium ne forme qu'un oxyde, il n'y a pas, lors de l'exposition à l'air humide et chaud, *oxydation* (bien qu'on le dise aussi en terme d'atelier), mais seulement formation de sel basique insoluble.

L'oxyde de chrome, comme nous l'avons vu plus haut, se fixe, mais se fixe mal, par simple passage du coton dans la solution d'un sel de chrome basique ; la fixation est plus parfaite par un passage en carbonate de soude bouillant, ou mieux encore si l'on imprègne le tissu d'une solution d'oxyde chromique dans la soude caustique, et qu'on précipite celui-ci ensuite par exposition à l'air (la soude se carbonate, et l'oxyde insoluble dans le carbonate se sépare) ou par vaporisage.

Les oxydes des métaux tels que le plomb, le nickel, le manganèse, le cuivre, qui ne se fixent pas directement, sont toujours précipités sur le tissu, soit par un alcali, soit par un sel, avec l'acide duquel ils forment un composé insoluble.

Les acides stannique et tungstique sont fixés sur tissu par un passage en acide sulfurique ; il en est de même de l'acide sulfoléique, qu'on peut fixer d'ailleurs aussi par passage en un sel avec la base duquel il forme un composé insoluble (un sel d'alumine par exemple). Le tannin qui est absorbé par le tissu y est fixé plus intimement et en quantité plus considérable par un bain ultérieur d'émétique, de sel de fer, d'alumine. Quant au cachou, si on le passe en chromate, l'action est double : d'une part, il est oxydé, ce qui fonce sa nuance ; d'autre part, il se combine avec l'oxyde de chrome formé par réduction du chromate.

La fixation des colorants mentionnés dans la deuxième catégorie, que nous considérons comme un phénomène chimique, est envisagée par certains auteurs comme un phénomène plutôt physique, dû à l'*attraction moléculaire* de la fibre. Il assimilent la fixation des sels ou oxydes métalliques et des matières colorantes à l'absorption des mêmes substances par les corps poreux, comme le noir animal. Ce dernier ne retire pas en général non plus un sel métallique de sa solution sans l'altérer, mais le plus souvent le liquide contient plus d'acide qu'auparavant, ce qui prouve que le sel absorbé est un sel plus basique. D'autres corps finement divisés, tels que la silico-gélatineuse, la terre d'infusoires, le soufre précipité, le sulfate de baryum, se laissent teindre également ; on peut même sur la terre d'infusoires ou sur le sulfate de baryum fixer d'abord un mordant et teindre ensuite au moyen d'un colorant adjectif ; mais, il faut bien le dire, les nuances sont toujours beaucoup plus claires que celles obtenues sur la fibre.

Un argument sur lequel s'appuient tout particulièrement les adversaires de la théorie chimique de la teinture, c'est qu'il n'y a aucun rapport constant entre le poids de la fibre et le poids du colorant. On peut teindre avec un colorant toute la gamme des nuances, depuis la plus claire jusqu'à la plus foncée. On pourrait répliquer qu'il en est de même des alliages : on peut fondre ensemble bien des métaux en proportions quelconques, et cependant il existe entre eux des combinaisons définies. L'alliage à proportions arbitraires est la dissolution d'un ou de plusieurs de ces composés définis dans un excès de l'un des métaux ou dans l'un des alliages. De même sur la fibre teinte il pourrait y avoir une ou plusieurs combinaisons définies mélangées à un excès de la fibre. La structure histologique de celle-ci s'oppose déjà à une combinaison tout à fait uniforme. Si l'on examine au microscope la coupe de fibres teintes, on remarque que les parties extérieures sont toujours teintes d'une manière plus intense que le noyau.

La quantité de matière colorante qu'une fibre peut absorber varie essentiellement avec la nature de la fibre et la nature du colorant. Ainsi, pour obtenir sur soie, par exemple, un rouge intense, il faut seulement 1 0/0 du poids de la fibre en chlorhydrate de rosaniline, 2 0/0 de safranine, mais 5 0/0 d'éosine ou de ponceau azoïque. Le ponceau de Biebrich

$$C^6 H^4 (SO^3 H).Az=Az.C^6 H^3 (SO^3 H)Az=Az.C^{10} H^6.OH$$

a un pouvoir colorant à peu près double de celui de Hœchst $C^8 H^9.Az=Az.C^{10} H^4 (OH)(SO^3 H)^2$, bien que le rapport des poids moléculaires ne soit que de 513 à 436; cela tient sans doute à ce que le premier contient deux fois le groupe chromophorique Az=Az, tandis que le second ne le renferme qu'une fois.

Les arguments qui parlent *en faveur* de la théorie chimique de la teinture, arguments, très concluants à notre avis, sont nombreux. Les principaux sont les suivants :

Les colorants basiques ou acides se fixent sur la fibre, non avec la coloration de la base ou de l'acide, mais avec celle du sel.

Si l'on teint un échantillon de soie ou de laine dans une solution incolore de la base rosaniline, le tissu prend, d'après M. Jacquemin, la teinte rouge des sels de rosaniline. Un grand nombre d'acides sulfoniques des dérivés amido-azoïques ont une couleur autre que celle des sels correspondants; si l'on plonge la fibre animale dans la solution d'une de ces acides, elle se teint, d'après M. Nietzki, non dans la nuance de l'acide, mais dans celle du sel. Vis-à-vis de la base, la fibre animale fonctionne comme un acide, vis-à-vis de l'acide comme une base. Étant donnée la composition chimique des fibres animales, ceci s'explique d'ailleurs fort bien : elles appartiennent au groupe des substances *protéiques*, qui paraissent être des amido-acides compliqués, ayant à la fois les fonctions acide et basique.

La cellulose, ayant plutôt un caractère alcoolique, n'attire directement que certains oxydes métalliques, certains sels très basiques et des acides comme le tannin et l'acide sulfoléique; elle est indifférente vis-à-vis de la plupart des colorants. Si, par oxydation, on la transforme en oxycellulose, elle acquiert la propriété de fixer directement, comme la soie et la laine, les colorants à caractère basique; mais elle se montre d'autant plus rebelle vis-à-vis des colorants acides ou phénoliques n'ayant aucun caractère basique. Si, par traitement à l'ammoniaque, on y introduit de l'azote, elle devient plus basique et acquiert de l'affinité pour les colorants acides.

Quant au mécanisme de la fixation des colorants teignant directement la cellulose, nous ne le connaissons aucunement. Il paraîtrait que c'est une simple juxtaposition des deux éléments, comme dans la formation des sels doubles (des aluns, des chlorures doubles, etc.), des surfes avec le chlorure de sodium et autres sels métalliques. Certains de ces colorants directs sont fixés à l'état de liberté, curcumine, safranum, acide carthamique; d'autres, en particulier les dérivés de la benzidine et analogues, sous forme de sels alcalins.

Un grand nombre de matières colorantes à caractère acide ou phénolique donnent, avec les oxydes métalliques, des précipités, des *laques* insolubles dans l'eau. Si l'oxyde métallique est fixé sur le tissu et qu'on plonge celui-ci dans un bain contenant le colorant en question, souvent l'oxyde l'attire, la laque se forme sur le tissu, il se produit une teinture secondaire. Ainsi l'alumine, le fer, le chrome, l'étain, le nickel, l'urane, se teignent en alizarine, campêche, galléine, céruléine, graine de Perse, etc. Il n'en est pas toujours ainsi cependant : les sels de plomb, de calcium, de magnésium, précipitent l'alizarine; mais si les oxydes en question sont fixés sur le tissu, ils n'attirent point le colorant, ils ne le teignent point. Enfin les isomères de l'alizarine, qui cependant donnent aussi des laques avec les oxydes métalliques, ne sont nullement fixés par les étoffes mordancées. D'autres colorants, tels que les ponceaux azoïques, les éosines, se fixent bien sur certains mordants, mais les laques résistent à peine à l'eau chaude et nullement au savon.

Pour qu'un colorant teigne les mordants, la condition essentielle est que ses laques soient absolument insolubles. Mais, même si cela est lo cas, il y a des différences marquées, comme par exemple, entre l'alizarine et ses isomères. La *cause* de ces différences nous est absolument inconnue. Cependant, dans ces derniers temps, on est arrivé à établir certaines régularités touchant la fixation des colorants sur les mordants. MM. Liebermann et de Kostanecki [*Ann. Chem.*, 240, 245,] ont observé que, de tous les dérivés hydroxyliques de l'anthraquinone, il n'y a que ceux qui ont deux groupes hydroxyles dans la position ortho qui teignent les mordants. C'est le cas pour l'alizarine, mais pour aucun de ses sept isomères connus, pour la purpurine, l'anthra- et la flavopurpurine, l'anthragallol, le rufigallol. M. de Kostanecki [*Bull. Soc. industr. de Mulhouse*, 1887-1889] a ensuite considérablement étendu ces observations : il a démontré que tous les colorants possédant deux groupes OH en ortho jouissent de la propriété de se fixer sur les étoffes mordancées; il en est ainsi de la galléine, de la céruléine, de la gallocyanine, de la galloflavine, du styrogallol, de la gallacétophénone, etc.

A en juger d'après les produits de décomposition des colorants naturels, dont la constitution est en général inconnue, ceux qui tirent sur mordant ont aussi des hydroxyles en ortho. Cette règle paraît tout à fait générale : si, dans les dérivés o–hydroxyliques du benzène les plus simples, la pyrocatéchine et le pyrogallol, on introduit un groupe chromophorique, le groupe nitro AzO^2 par exemple, on obtient des colorants teignant les mordants. La règle est valable non seulement pour les colorants dihydroxyliques, mais encore pour les quinone-oximes et les dioximes; les ortho tirent, les para ne tirent pas.

Disons, pour terminer, quelques mots sur les conditions dans lesquelles les matières colorantes se fixent sur la fibre.

On peut diviser avec M. Kertesz [*Die Anilin-Farbstoffe. Eigenschaften, Anwendung und Reactionen.* Brunswick, 1888, 16] les matières colorantes en *basiques*, *faiblement acides* (nous préférons appeler ces dernières *phénoliques*) et *acides*. Les premières comprennent tous les sels des bases colorées, fuchsine, safranine, bleu méthylène, etc.; les deuxièmes comprennent l'alizarine et ses congénères, ainsi que la plupart des colorants naturels; les troisièmes, les dérivés nitrés, les sulfacides, les fluorescines bromées, etc. Les dérivés benzidiniques et analogues sont, par leur caractère chimique, également des colorants acides, mais ils s'appliquent d'une manière différente.

La teinture se fait tantôt à froid, tantôt à chaud, en général plutôt à chaud ; il est des colorants, tels que l'alizarine, qui ne se fixent pas du tout à la température ordinaire (cela tient, dans ce cas, à son insolubilité dans l'eau froide) ; d'autres tirent, il est vrai, mais le bain ne s'épuise pas. Nous croyons que cela vient du fait que les sels des colorants sont dissociés à chaud, et qu'alors la base colorée se fixe plus facilement sur la fibre. Dans le cas des colorants acides, cela pourrait provenir, comme pour l'alizarine, de leur solubilité plus grande à chaud.

Les colorants basiques, qui d'ordinaire se trouvent dans le commerce sous forme de chlorhydrates ou de chlorozincates, teignent en général sur bain neutre. L'affinité de la fibre animale ou de la fibre végétale mordancée au tannin (qui est ensuite fixé à l'émétique pour augmenter la solidité) est telle, que le sel est décomposé ; la base s'unit à la fibre fonctionnant comme acide ou à la laque stibio-tannique, et l'acide reste plus ou moins complètement dans le bain. Pour certaines bases énergiques, telles que celles du vert-méthyle, l'affinité de la fibre de laine n'est pas suffisante pour dissocier le sel ; ce colorant ne tire sur laine que si le bain a été alcalinisé à l'ammoniaque, ou si le caractère acide de la fibre a été exalté par une chloruration, ou encore si l'on y a précipité du soufre finement divisé. La fibre de la soie, ayant un caractère plus acide sans doute, décompose au contraire le sel et s'unit à la base.

Les colorants basiques peuvent aussi teindre sur bain alcalinisé très faiblement par le savon ou, dans certains cas (safranine), par le carbonate de soude.

Les colorants à caractère phénolique ne se fixent en général que sur les mordants métalliques ; cependant quelques-uns (gallocyanine) teignent aussi directement la fibre animale et le coton mordancé au tannin, eu égard à des propriétés faiblement basiques simultanées.

Les colorants à caractère acide, qui se trouvent dans le commerce sous la forme de leurs sels alcalins, teignent généralement le coton mordancé en nuances peu solides ; sur laine et soie, ils se fixent sans mordants, mais seulement à la condition que le bain soit acide, c'est-à-dire que l'acide coloré soit mis en liberté. L'affinité de la fibre fonctionnant comme base n'est, en effet, pas suffisante pour décomposer les sels alcalins du colorant. Quant au bleu alcalin, qui est absorbé par la laine et la soie en bain alcalin, sous la forme de son sel de sodium, il est à la fois acide et basique : la fibre en tant que base attire l'acide triphénylrosaniline – monosulfonique, en tant qu'acide elle attire le sodium, ou plutôt elle absorbe le sel tel quel et reste blanche. Ce n'est que par un passage ultérieur en acide que l'acide coloré est mis en liberté et que la nuance bleue apparaît.

Quant aux couleurs de benzidine et à leurs congénères, elles sont fixées sous la forme de leurs sels alcalins sur la fibre végétale.

Récemment M. Otto Witt a émis sur la théorie de la teinture une nouvelle hypothèse qui nous paraît très ingénieuse et que nous allons reproduire avec quelque détail [*Lehne's Färberzeitung*, 2ᵉ année, 1 et suiv. 1890-91]. Après avoir discuté la théorie mécanique de la teinture et avoir montré combien elle présente de points faibles, l'auteur montre que la théorie chimique prête également le flanc à bien des objections.

Si l'on introduit de la soie teinte en fuchsine dans une solution même relativement concentrée de savon, elle ne se décolore pas, et l'on serait porté à croire qu'il existe une combinaison assez stable entre la fibre et la matière colorante. D'autre part, si l'on introduit la même soie dans l'alcool absolu, la couleur est immédiatement démontée ; l'alcool se colore, tandis que la fibre est décolorée. Or l'alcool n'a pas la moindre affinité chimique pour la fuchsine ; il ne fonctionne vis-à-vis de cette substance que comme un simple dissolvant. Si, maintenant, à la solution alcoolique colorée on ajoute de l'eau, la soie se teint de nouveau. C'est uniquement la concentration de l'alcool qui détermine la fixation de la fuchsine sur la fibre ou sa dissolution dans le liquide. La théorie chimique de la teinture ne rend absolument pas compte de ce phénomène.

Des réactions analogues entre la fibre, la matière colorante et le bain de teinture se produisent, même en opérant avec l'eau seule, si à la place de la fuchsine nous prenons un de ces colorants qui, d'après l'expression des teinturiers, *ne tirent pas à fond*. Ici une partie du colorant se fixe sur la fibre, une autre reste dans le bain. Si nous introduisons maintenant une nouvelle quantité de fibre blanche dans le bain, une autre partie du colorant se fixe, et on peut répéter ces opérations un nombre illimité de fois sans qu'on réussisse à épuiser le bain d'une manière complète. D'après la théorie chimique, la fibre est considérée pour ainsi dire comme un précipitant du colorant. Il est très étonnant que même un grand excès du précipitant ne soit pas capable de précipiter la totalité du colorant. On ne peut arguer ici de l'analogie avec les précipitations incomplètes de la chimie en général ; celles-ci reposent sur la solubilité partielle du produit formé. Dans le cas de la fibre absolument insoluble, il ne saurait en être question.

Ces faits et d'autres du même genre ont conduit M. Witt à établir sa nouvelle hypothèse, qui assimile les phénomènes de la teinture à ceux de la dissolution. Il est vrai que, pour cela, on est obligé d'étendre la définition ordinaire de la dissolution et d'admettre qu'un corps solide, le colorant, puisse dans certains cas être dissous par un autre corps solide, la fibre textile. Cette extension n'a d'ailleurs rien d'irrationnel. Ainsi les pierres précieuses et les verres colorés ne sont probablement autre chose que de l'alumine, de la silice ou du verre colorés par de petites quantités d'oxydes ou de silicates métalliques, ou même par des métaux libres, tels que l'argent ou l'or. Ces dissolutions, qui étaient primitivement ignées, sont maintenant solides ; mais ceci ne change rien au fond de la question.

La théorie qui considère la teinture comme un phénomène de dissolution n'est nullement identique avec l'ancienne théorie mécanique. Au contraire, tout tend à assimiler les dissolutions de toute espèce aux phénomènes chimiques. Une dissolution peut être considérée comme une combinaison chimique en *proportions indéfinies*, par opposition aux combinaisons proprement dites, qui sont régies par la loi des proportions définies.

La théorie qui considère la teinture comme une dissolution est différente de la théorie chimique comme de la théorie mécanique. Si la fibre teinte était la juxtaposition mécanique des molécules de la fibre et de la matière colorante, on ne verrait pas pourquoi celle-ci montre la teinte de la couleur dissoute et non celle de la couleur à l'état solide. Les teintures avec la fuchsine et le violet de méthyle devraient être non rouges ou violettes, mais vertes à éclat métallique ; la plupart des colorants bleus devraient teindre non en bleu, mais en rouge cuivré, nuance qu'ils possèdent à l'état solide. Cette assertion est prouvée par le fait de la teinture en indigo, qui n'est qu'une simple juxtaposition : un bleu cuvé très foncé montre la teinte cuivrée de l'indigo solide. Une solution alcoolique de gomme laque, colorée avec la fuchsine ou le violet, est rouge ou violette ; mais, si le dissolvant commun, l'alcool, s'évapore, la matière colorante, insoluble dans la résine pure, se sépare à l'état solide ; ses molécules sont juxtaposées simplement à celles de la résine, et la masse a l'aspect vert à éclat métallique.

Les matières colorantes fluorescentes, comme l'éosine, la rhodamine et beaucoup d'autres, conservent sur la fibre teinte leur fluorescence. Or, celle-ci étant un phénomène propre aux dissolutions seulement, ce fait est une preuve que la matière est dissoute dans la fibre.

Pour que des teintures de ce genre puissent se réaliser, il faut que les corps se trouvent en présence dans des conditions telles, que les molécules d'au moins l'un d'entre eux puissent se mouvoir librement, et soient par conséquent à l'état dissous ou gazeux. La fibre étant incapable de se trouver dans l'un de ces états, il faut naturellement que ce soit la matière colorante. Le colorant n'est jamais appliqué intentionnellement à l'état gazeux. Il arrive parfois que, lors du calandrage à chaud, la matière colorante se sublime des parties teintes et salisse les blancs, preuve qu'à l'état gazeux elle est susceptible de teindre. On applique donc les colorants toujours en dissolution et le dissolvant presque universellement employé est l'eau.

Ainsi que nous l'avons vu précédemment, toute solution est une combinaison du dissolvant avec le corps dissous. Si dans la solution d'un colorant nous introduisons la fibre, il y aura lutte, pour ainsi dire, entre les deux dissolvants, l'eau et la fibre, à qui s'emparera du colorant, et le résultat dépendra du pouvoir dissolvant plus ou moins considérable de l'un ou de l'autre. Nous avons un phénomène du même genre que si nous agitions certaines solutions aqueuses avec l'éther. Si le pouvoir dissolvant de l'éther pour la substance est plus grand que celui de l'eau, la substance est extraite, sinon elle reste dans l'eau, et même l'eau l'extrait de sa solution éthérée.

En considérant la teinture à ce point de vue, on comprend immédiatement pourquoi certains colorants en solution aqueuse teignent la fibre tandis que d'autres ne le font point. Dans le premier cas, le pouvoir dissolvant de la fibre pour le colorant est plus considérable ; dans le second, c'est celui de l'eau.

Cette théorie explique seule sans difficulté la teinture au moyen des colorants substantifs, et rend compte des différences qu'on observe en changeant la nature du dissolvant. Ainsi si, pour la fuchsine par exemple, on prend comme dissolvant l'alcool au lieu de l'eau, la fibre n'est plus teinte, le liquide adhérant par capillarité doit être éliminé naturellement par des lavages à l'alcool pur. Le pouvoir dissolvant de l'alcool pour la fuchsine est beaucoup plus considérable que celui de l'eau, et il en est de même pour la plupart des matières colorantes.

Le cas le plus simple de la teinture est celui où l'eau et la fibre sont seules à se disputer le colorant. On choisit des colorants pour lesquels l'affinité dissolvante de la fibre est plus grande que celle de l'eau, et on laisse en contact jusqu'à ce que la fibre ait attiré à elle tout le colorant. On dit d'un tel colorant, en langage de teinturier, qu'il *tire à fond*.

Si les pouvoirs dissolvants de la fibre et du colorant sont approximativement égaux, les choses se compliquent. Au bout d'un certain temps, il s'établira un état d'équilibre. Si alors on sort la fibre et qu'on en introduise une nouvelle partie, le même phénomène se reproduira, et ainsi de suite, sans que le bain soit jamais complètement épuisé.

Les teinturiers disent alors que le colorant ne tire pas complètement, *pas à fond*.

Enfin, si le pouvoir dissolvant de la fibre est moindre que celui de l'eau, il n'y a pas de teinture. Dans ce cas, le teinturier peut s'aider de deux manières, en diminuant le pouvoir dissolvant de l'eau, ou en augmentant celui de la fibre. Le pouvoir dissolvant de l'eau est diminué si on y ajoute du sel marin, du sulfate de sodium ou d'autres sels métalliques, des acides ou des alcalis ; le pouvoir dissolvant de la fibre est augmenté si on la traite diversement, en chlorant par exemple la laine, ou en y précipitant du soufre, en mercérisant le coton, etc.

Le mordançage s'explique absolument d'après la même théorie. Si l'on introduit, par exemple, le coton dans une solution de tannin, il s'empare d'une partie, il se teint en tannin : seulement le phénomène n'est pas visible à l'œil, le tannin étant incolore. Si maintenant nous introduisons le coton ainsi préparé dans la solution d'émétique, il se produit un tannate d'antimoine par suite d'une véritable combinaison chimique, et la laque ainsi fixée est ensuite susceptible de s'unir à la matière colorante, par suite d'une nouvelle combinaison chimique avec celle-ci.

Quant à la fixation des mordants métalliques, on peut également l'assimiler à la dissolution. Il est vrai que le sel métallique est généralement dissocié, mais il en est souvent de même lors de la dissolution dans l'eau. La formation de la laque colorée est évidemment l'effet d'une réaction chimique proprement dite, s'effectuant d'après des proportions définies.

Les matières colorantes, dont le nombre s'accroît de jour en jour et dépasse déjà bien des milliers, peuvent se ranger, d'après leurs chromogènes, dans les classes suivantes :

1° Dérivés nitrés.
2° Dérivés azoïques
3° Oxyquinones.
4° Dérivés de l'oxyde de diphénylène-cétone (xanthone).
5° Quinone-oximes.
6° Dérivés du triphénylcarbinol.
7° Phtaléines.
8° Dérivés quinone-imidiques.
9° Dérivés aziniques. Safranines.
10° Cétone-imides.
11° Hydrazones.
12° Dérivés quinoléiques.
13° Dérivés acridiniques.
14° Indulines.
15° Indigo.
16° Divers.
17° Colorants de constitution inconnue.

Des articles spéciaux ayant été consacrés à toutes ces matières colorantes dans le Dictionnaire et ses Suppléments, nous nous contenterons ici de donner un aperçu très sommaire sur leur constitution, ce qui permettra au lecteur d'acquérir rapidement une idée de l'état actuel de cette partie de la chimie.

1° Dérivés nitrés. — Par introduction des groupes AzH^2 ou OH dans les carbures nitrés, il se forme des matières colorantes jaunes ou orangées qui teignent directement la laine et la soie, mais qui ne se fixent nullement sur coton, mordancé ou non. Les phénols et les amines mononitrés n'ont qu'un pouvoir tinctorial faible et ne se fixent que très peu solidement sur la fibre ; seuls les dérivés plus fortement nitrés ont pu trouver des applications pratiques. Les colorants nitrés employés dans l'industrie sont principalement : pour les amines nitrées, l'hexanitrodiphénylamine, $AzH[C^6H^2(AzO^2)^3]^2$; pour les phénols nitrés, l'acide picrique $C^6H^2(AzO^2)^3OH$, le dinitronaphtol $C^{10}H^5(OH)(AzO^2)^3$, et l'acide sulfonique de ce dernier, appelé généralement *jaune acide*. Quelques dérivés nitrés des matières azoïques, de l'alizarine, des amidotriphénylcarbinols, etc., trouvent aussi leur application, mais dans ces colorants c'est l'autre chromophore qui donne son caractère à la combinaison ; le groupe nitryle ne fait qu'en varier la nuance ou en modifier plus ou moins les propriétés.

2° Dérivés azoïques. — Les dérivés azoïques contiennent le groupe chromophorique $Az = Az$, uni en général à deux noyaux benzéniques ou aromatiques ; le chromogène le plus simple de ce groupe est donc l'azobenzène,

$$C^6H^5 . Az = Az . C^6H^5.$$

A la même catégorie appartiennent les benzène-azo-naphtalènes α et β,

$$C^6H^5 . Az = Az . C^{10}H^7,$$

et les azonaphtalènes,

$$C^{10}H^7 . Az = Az . C^{10}H^7.$$

Le groupe azoïque peut être contenu 2 ou 3 fois dans la molécule ; les couleurs dérivent alors des chromogènes

$$C^6H^5 . Az = Az . C^6H^4 . Az = Az . C^6H^5$$

et

$$C^6H^5 . Az = Az . C^6H^4 . Az = Az . C^6H^4 . Az = Az . C^6H^5,$$

dans lesquels les noyaux benzéniques peuvent être remplacés, en tout ou en partie, par des noyaux naphtaléniques, biphényliques $-C^6H^4-C^6H^4-$, etc.

Ces chromogènes sont fortement colorés, mais ils n'ont aucune affinité pour la fibre ; ils deviennent colorants par l'introduction des groupes auxochromes AzH^2 et OH. Dans le cas du groupe OH, les colorants obtenus sont insolubles dans l'eau et souvent même dans les alcalis ; pour pouvoir les fixer sur la fibre, on les solubilise en y introduisant un ou plusieurs groupes SO^3H.

Ces groupes n'influent d'ailleurs pas seulement sur la solubilité des colorants, mais, suivant la position qu'ils occupent dans la molécule, ils modifient sensiblement la nuance. La présence du carboxyle dans un colorant oxy- ou amido-azoïque lui communique souvent la propriété de teindre les mordants.

Comme toutes les amines basiques se laissent diazoter, et que les dérivés diazoïques ainsi obtenus peuvent se combiner à la plupart des amines et des phénols, ainsi qu'à leurs dérivés sulfoniques et carboxyliques, le nombre des matières colorantes azoïques possibles est pour ainsi dire illimité. En fait, on en a déjà préparé bien des milliers, et plusieurs centaines ont trouvé un emploi industriel.

Les colorants azoïques montrent toutes les nuances, jaune, orangé, brun, rouge, violet, bleu et même vert-olive ; le vert pur seul n'est jusqu'à présent pas représenté. La nuance ne dépend pas seulement de la nature des noyaux aromatiques unis aux groupes $Az = Az$, mais encore de la position des AzH^2, des OH, des SO^3H et des CO^2H dans ces noyaux. Des groupes tels que CH^3, OCH^3, etc., peuvent aussi exercer une influence sensible sur la nuance.

Certaines matières azoïques, dérivées des p-diamines, de la benzidine et de ses homologues, du diamidostilbène, etc., ont la propriété de teindre les fibres végétales, sans mordant, en bain neutre ou plutôt alcalin. La cause de cette propriété intéressante n'est pas connue, mais on a observé que seules les bases symétriques sont

susceptibles de fournir des colorants de ce genre, par exemple

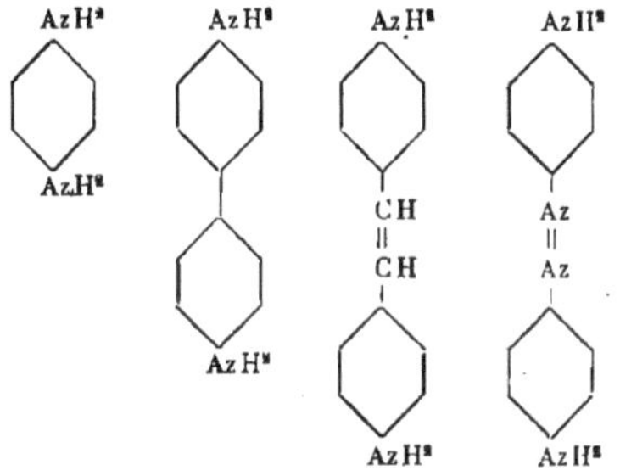

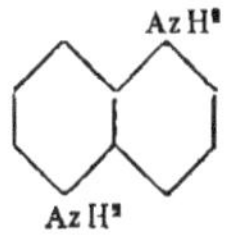

AzH² AzH² AzH² AzH²
AzH²
CH Az
CH Az
AzH² AzH²
AzH² AzH²
AzH²
AzH²

tandis que les dérivés dissymétriques, tels que

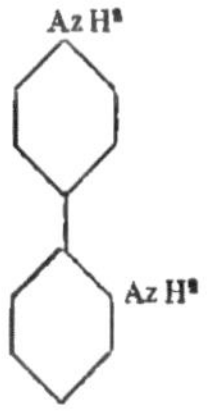

AzH²

AzH²

fournissent des colorants qui se fixent bien directement sur laine et sur soie, mais non sur coton.

Pour qu'un colorant direct tire bien, il faut en outre que les deux groupes AzH^2 se trouvent en para vis-à-vis de la liaison des deux noyaux. La substitution des H en ortho vis-à-vis des AzH^2 par des radicaux CH^3, OCH^3, etc., influe sur la nuance, mais non sur l'affinité du colorant pour le coton ; si la substitution de ces radicaux a lieu en méta vis-à-vis des AzH^2, l'affinité pour le coton est sensiblement diminuée, et la nuance est généralement différente de celle que fournit l'isomère ortho-substitué.

3° Oxyquinones. — La quinone ordinaire, la benzoquinone, n'est qu'un chromophore très faible ; les propriétés chromophoriques s'accentuent avec la complication de la molécule dans la naphtoquinone, et surtout dans l'anthraquinone :

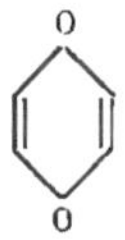

O   O

O   O

Benzoquinone.

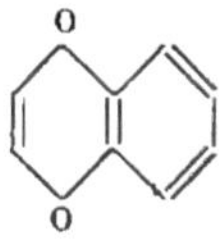

α-Naphtoquinone.

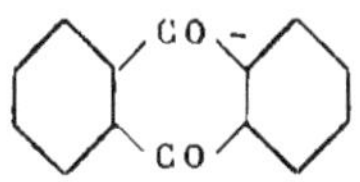

CO

CO

Anthraquinone.

On ne sait pas jusqu'à présent bien exactement si les o-quinones, β-naphtoquinone, phénanthrène-quinone, chrysène-quinone, sont des chromophores, mais cela est probable[1] :

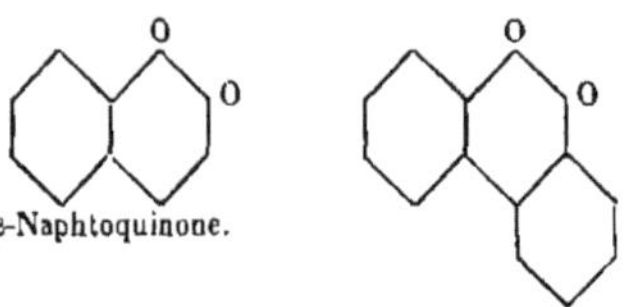

β-Naphtoquinone.

Phénanthrène-quinone.

Par l'introduction d'un ou de deux hydroxyles dans le noyau de la naphtoquinone contenant les deux oxygènes, on obtient des colorants qui teignent les mordants (oxynaphtoquinone et acide naphtalique), tandis que le juglon, qui contient l'hydroxyle dans l'autre noyau, ne montre pas cette propriété.

La *naphtazarine* est une dioxynaphtoquinone dont la constitution n'est pas encore éclaircie; on ne sait même pas avec certitude si elle dérive de l'α- ou de la β-naphtoquinone; la première hypothèse est cependant la plus probable.

Les oxyanthraquinones sont toutes des corps colorés, mais seulement les dioxyanthraquinones ayant 2 hydroxyles voisins, l'*alizarine* et l'*hystazarine*,

sont de véritables matières colorantes, teignant les mordants métalliques; encore cela n'a-t-il lieu que très faiblement pour l'hystazarine.

L'introduction d'autres groupes dans le noyau de l'alizarine modifie la nuance, mais non le caractère tinctorial en général. La *flavo-* et l'*anthrapurpurine* montrent des nuances analogues à celles de l'alizarine ; les *nitro-alizarines* sont plus orangées; l'*anthragallol* teint les mordants d'alumine, de fer et de chrome en brun :

Flavopurpurine.

Anthrapurpurine.

Nitroalizarine.

Anthragallol.

L'introduction du groupe quinoléique dans l'alizarine donne une matière colorante bleue, le *bleu d'alizarine* :

Aux dérivés anthraquinoniques se rattachent les dérivés de l'anthracoumarine; le produit de substitution monohydroxylique n'est pas un colorant, mais le produit dihydroxylique ayant les deux hydroxyles voisins, le *styrogallol*, teint les mordants en brun :

Le *phényloxanthranol*

paraît être également un chromophore. Le *vert phtalique* d'Otto Fischer en est très probablement un dérivé :

$$C^6H^4 \underset{C}{\overset{CO}{\big\langle}} C^6H^3 . Az(CH^3)^2$$

$$Cl \quad C^6H^3 Az . (CH^3)^2$$

de même que la *céruléine*, à laquelle on attribue la formule de constitution

$$C^6H^4 \underset{C}{\overset{CO}{\big\langle}} \underset{C^6H^2O}{\overset{C^6H(OH)O}{\big\langle}} O$$

qui cependant, à notre avis, n'est pas démontrée avec certitude.

4° DÉRIVÉS DE L'OXYDE DE DIPHÉNYLÈNE-CÉTONE. — L'*oxyde de diphénylène-cétone* (xanthone)

paraît être un chromogène, dont la *galloflavine* est peut-être un dérivé.

L'*euxanthone*, qui en est le dérivé dihydroxylique,

1. Des expériences récentes de MM. Bamberger et Kitscheld [*D. chem. G.*, 25, 133 et 888] ont démontré que la dioxy-β-naphtoquinone homonucléique est un colorant se fixant sur mordant.

n'est pas en elle-même une matière colorante. Elle ne devient colorante que dans sa combinaison avec l'acide glycuronique $C^6H^{10}O^7$, l'*acide euxanthique*, $C^{19}H^{18}O^{11}$.

Les xanthones, ayant 2 hydroxyles en ortho, paraissent être des colorants jaunes se fixant sur mordants. La quercétine et la rhamnétine appartiennent probablement à cette classe.

5° Quinone-oximes (*nitrosophénols*). — Les quinone-oximes sont pour la soie et la laine de faibles matières colorantes substantives jaunes, sans emploi pratique. Leur intérêt pratique se fonde sur la propriété qu'elles possèdent de former avec certains oxydes métalliques, en particulier ceux du fer et du cobalt, des laques insolubles susceptibles d'être fixées sur les fibres animales ou végétales.

Ainsi que nous l'avons développé plus haut, seules les o-quinone-oximes jouissent de cette propriété; par exemple, la dinitrosorésorcine, le β-nitroso-α-naphtol, l'α-nitroso-β-naphtol,

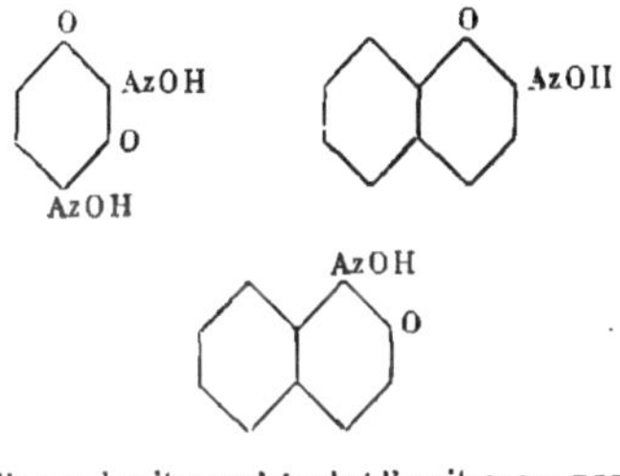

tandis que le nitrosophénol et l'α-nitroso-α-naphtol en sont dépourvus :

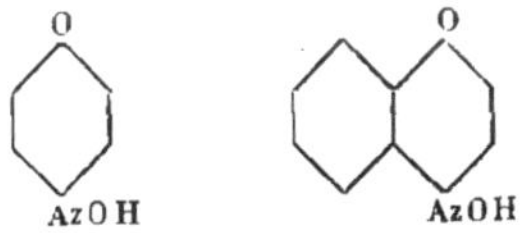

Les dérivés sulfoniques des deux o-nitroso-naphtols forment des sels doubles de sodium et de fer, solubles et susceptibles dans cet état de teindre les fibres animales en vert foncé.

6° Groupe du triphénylméthane. — Ni le triphénylméthane, ni son produit d'oxydation le triphénylcarbinol, ne sont des chromogènes proprement dits, car, par introduction d'un groupe salifiable dans ces deux corps, on n'obtient pas de véritables matières colorantes. Les chromogènes de ce groupe paraissent être les anhydrides du monamido- et du monoxytriphénylcarbinol, ou plutôt pour le premier les anhydrides des sels correspondants :

$$C \begin{cases} C^6H^5 \\ C^6H^5 \\ C^6H^4AzH^2 . HCl \\ OH \end{cases} \quad \text{et} \quad C \begin{cases} C^6H^5 \\ C^6H^5 \\ C^6H^4O \end{cases}$$

L'anhydrisation du chlorhydrate d'amidotriphénylcarbinol peut avoir lieu de différentes manières. MM. E. et O. Fischer estiment qu'elle a lieu entre l'hydroxyle et un des hydrogènes rattachés à l'azote, et qu'il se produit alors une liaison entre l'atome d'azote et le carbone fondamental :

$$C \begin{cases} C^6H^5 \\ C^6H^5 \\ C^6H^4AzH^2Cl \end{cases}$$

M. Nietzki croit probable une formule analogue à celle des quinone-imides :

$$C \lesseqgtr \begin{matrix} (C^6H^5)^2 \\ C^6H^4 = AzH . HCl \end{matrix}$$

Enfin M. Rosenstiehl et après lui M. von Richter admettent que l'anhydrisation a lieu entre l'hydroxyle et l'hydrogène de l'acide,

$$C \begin{cases} (C^6H^5)^2 \\ C^6H^4AzH^3, \\ Cl \end{cases}$$

le radical de l'acide prenant la place de cet hydroxyle.

Les groupes AzH^2 ou OH se trouvent en *para* vis-à-vis du carbone fondamental; dans le groupe AzH^2, 1 ou 2 atomes d'hydrogène peuvent être remplacés par des radicaux alcooliques et l'un, peut-être même aussi les deux, par des radicaux aromatiques[1].

Les colorants dérivent de ces chromogènes par remplacement d'un atome d'hydrogène dans l'un ou dans les deux autres noyaux phényliques par les groupes salifiables AzH^2 ou OH. Les dérivés de l'amidotriphénylcarbinol ont été étudiés d'une manière bien plus approfondie que ceux de l'oxytriphénylcarbinol.

Dérivés du chlorure d'amidotriphénylcarbinol,

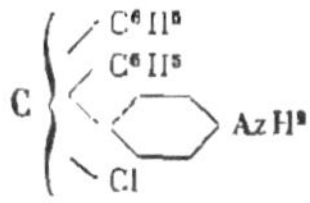

— Le chlorhydrate d'amidotriphénylcarbinol,

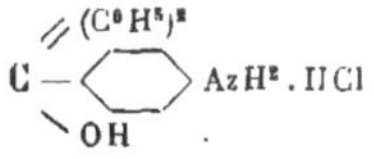

ou

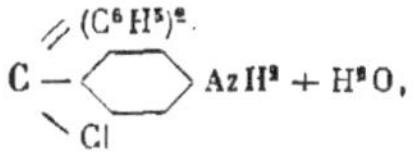

préparé recemment par MM. von Baeyer et Loehr [*D. chem. G.*, **23**, 1621], est coloré en rouge. Il ne teint pas la soie et la laine et faiblement le coton mordancé en tannin.

Si nous remplaçons un hydrogène d'un des groupes phényle par un AzH^2 dans la position para, nous obtenons le chlorure de diamido-triphénylcarbinol, qui est une matière colorante violet-rouge :

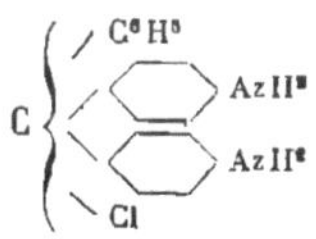

Les dérivés tétraméthyliques et tétréthyliques sont des matières colorantes vertes (*vert malachite* et *vert brillant*) d'un pouvoir tinctorial considérable et très employées dans l'industrie.

On obtient tous ces corps par oxydation des leucodérivés correspondants, le diamidotriphényl-

1. Les anhydrides des m- et o-amido- ou oxytriphénylcarbinols ne sont pas des chromogènes.

méthane et ses dérivés méthyliques ou éthyliques,

$$C \left\{ \begin{array}{l} C^6H^5 \\ Az H^2 \\ Az H^2 \\ H \end{array} \right. \qquad C \left\{ \begin{array}{l} C^6H^5 \\ Az(CH^3)^2 \\ Az(CH^3)^2 \\ H \end{array} \right.$$

ainsi que par certains autres procédés qui ont été décrits à l'article TRIPHÉNYLMÉTHANE.

Pour qu'il se forme de cette manière une véritable matière colorante, il faut que le second groupe $Az H^2$ soit également en para vis-à-vis du carbone fondamental; s'il est en méta ou en ortho, comme dans

$$C \left\{ \begin{array}{l} C^6H^5 \\ CH^3 \\ Az H^2 \\ Az(CH^3)^2 \\ H \end{array} \right. \quad et \quad C \left\{ \begin{array}{l} C^6H^5 \\ C H^3 \\ Az H^2 \\ Az(CH^3)^2 \\ H \end{array} \right.$$

l'oxydation n'est pas nette. Si ces deux dérivés sont acétylés et oxydés ensuite, on obtient des rouges faibles, analogues au monamidotriphénylcarbinol.

En introduisant dans le chlorure de di-p-diamidotriphénylcarbinol un groupe $Az H^2$ dans le troisième noyau phénylique, nous obtenons une nouvelle série de colorants, rouges cette fois, les rosanilines, si cette introduction a lieu dans la position para :

$$C - \left\{ \begin{array}{l} Az H^2 \\ Az H^2 \\ Az H^2 \end{array} \right. \quad \mathrm{Cl}$$

Les dérivés alcooliques de la rosaniline sont d'un violet plus ou moins bleuâtre suivant le nombre des groupes alcooliques, le dérivé hexaméthylique étant le plus bleuâtre; les dérivés phényliques sont des colorants bleus.

Si l'introduction du troisième groupe $Az H^2$ a lieu dans la position méta ou ortho dans le diamidotriphénylcarbinol, la nuance du colorant n'est pas sensiblement changée; ainsi

$$C - \left\{ \begin{array}{l} Az H^2 \\ Az(CH^3)^2 \\ Az(CH^3)^2 \end{array} \right. \quad \mathrm{Cl}$$

est un vert ressemblant au dérivé non substitué, et

$$C - \left\{ \begin{array}{l} Az H^2 \\ Az(CH^3)^2 \\ Az(CH^3)^2 \end{array} \right. \quad \mathrm{Cl}$$

un vert bleuâtre.

Si la basicité du troisième groupe $Az H^2$ en para est neutralisée par acétylation ou transformation en ammonium, ou si ce groupe est transformé en groupe pyridique, la nuance violette repasse éga-

lement au vert, tout comme si le troisième groupe C^6H^5 n'était pas substitué du tout. Ainsi

$$C - \left\{ \begin{array}{l} Az H(C^2H^3O) \\ Az(CH^3)^2 \\ Az(CH^3)^2 \end{array} \right. \quad \mathrm{Cl}$$

$$C - \left\{ \begin{array}{l} Az(CH^3)(C^4H^3O) \\ Az(CH^3)^2 \\ Az(CH^3)^2 \end{array} \right. \quad \mathrm{Cl}$$

$$C - \left\{ \begin{array}{l} Az(CH^3)^2 CH^3 Cl \\ Az(CH^3)^2 \\ Az(CH^3)^2 \end{array} \right. \quad \mathrm{Cl}$$

$$et \quad C - \left\{ \begin{array}{l} Az \\ Az(CH^3)^2 \\ Az(CH^3)^2 \end{array} \right. \quad \mathrm{Cl}$$

sont des matières colorantes vertes.

Si dans le chlorure de tétraméthyldiamidotriphénylcarbinol un atome d'hydrogène du troisième phényle est remplacé par un hydroxyle en ortho, méta ou para, la nuance du colorant ne change pas : il reste vert; seulement, dans le dernier cas, il se dissout dans les alcalis avec une coloration violette.

Les conditions de formation des matières colorantes du triphénylméthane ont été étudiées en dernier lieu par M. Nœlting (conférence faite à la Société chimique de Paris le 28 décembre 1891).

Dérivés de l'anhydride de l'oxytriphénylcarbinol,

$$C \left\langle \begin{array}{l} (C^6H^5)^2 \\ O \end{array} \right.$$

— Par remplacement d'un hydrogène d'un noyau phénylique par l'hydroxyle, dans la position para, on obtient la benzaurine, colorant jaune-orangé

$$C - \left\langle \begin{array}{l} C^6H^5 \\ OH \\ O \end{array} \right.$$

et par remplacement de deux hydrogènes des deux noyaux phényliques par deux hydroxyles, l'aurine

$$C - \left\langle \begin{array}{l} OH \\ OH \\ O \end{array} \right.$$

colorant orangé. La couleur des sels de ces deux corps est orangé pour le premier, rouge pour le second.

Le second hydroxyle paraît pouvoir se trouver

aussi en ortho sans que la nuance en soit sensiblement changée, car MM. Liebermann et Schwarzer ont obtenu un corps tout à fait analogue à l'aurine par l'action de l'aldéhyde salicylique

$$C^6H^4 < \frac{OH_{(1)}}{CHO_{(4)}}$$

sur le phénol en présence de l'acide sulfurique [*D. chem. G.*, **9**, 800, 1876].

7° PHTALÉINES. — Les phtaléines sont les produits de substitution de la phtalophénone, l'anhydride de l'acide triphénylcarbinolcarboxylique,

$$C \lessgtr \frac{(C^6H^5)^2}{C^6H^4CO} > O$$

La phtalophénone n'est pas un chromogène, car ses produits de substitution hydroxylés et amidés ne sont pas des matières colorantes, bien que leurs sels soient colorés.

Quand les phtaléines sont des matières colorantes, c'est qu'elles contiennent un autre groupe chromophorique. Ainsi dans la *fluorescéine* et la *rhodamine* c'est probablement le noyau anhydridique

qu'on retrouve aussi dans l'oxyde de diphénylène-cétone,

On attribue à la *galléine* la formule

qui toutefois, à notre avis, n'explique pas suffisamment les différences marquées entre ses propriétés et celles de la fluorescéine.

Quant à la *céruléine*, elle n'appartient pas à la famille des phtaléines; elle est un dérivé du phényloxanthranol.

8° DÉRIVÉS QUINONE - IMIDIQUES (*indamines, indophénols, thio-indamines, oxindamines, oxindophénols*). — Cette classe de colorants nombreux et intéressants dérive de la quinone-imide et de la quinone-diimide, qui elles-mêmes ne sont pas connues :

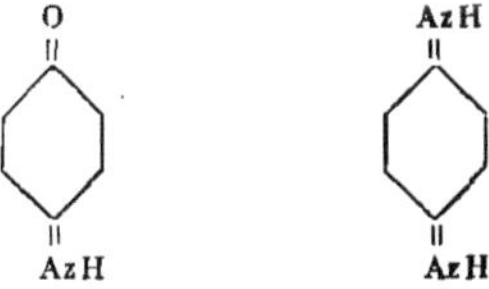

Indamines. — Les indamines dérivent de la quinone-diimide dans laquelle l'hydrogène d'un

des groupes Az H est remplacé par un groupe amidophénylique, $C^6H^4.AzH^2$, l'Az H² se trouvant en para vis-à-vis de l'Az :

Les isomères dans lesquels il se trouverait en méta ou en ortho n'ont pu être préparés jusqu'à présent.

Les sels se forment par addition de l'acide au groupe Az H (Nietzki) :

M. von Richter admet que dans ces sels le radical acide est directement lié à l'azote, comme il le serait au carbone dans les colorants rosaniliques :

Les indamines sont des colorants peu stables; elles n'ont aucun emploi industriel, mais elles sont importantes comme produits intermédiaires de la préparation des safranines.

Indophénols. — Ils dérivent de la quinone-imide de la même manière que les indamines de la diimide. L'indophénol le plus simple est

L'indophénol industriel est le dérivé correspondant de la naphtoquinone-imide, dans lequel en outre le groupe Az H² est méthylé :

Des indophénols isomériques pourraient dériver de la quinone-diimide par remplacement de l'hydrogène du groupe Az H par l'oxyphényle C^6H^4OH :

Ils ne sont pas connus jusqu'à présent.

Enfin la théorie fait prévoir des oxyphényl-quinone-imides, telles que

Les colorants formés par l'action de la quinone-chlorimide

$$C^6H^4 \lessgtr \frac{O}{AzCl}$$

ou le nitrosophénol

$$C^6H^4 \lessgtr \frac{O}{AzOH}$$

sur les phénols en solution alcaline appartiennent probablement à cette classe.

Les indophénols sont assez solides à la lumière et au savon, mais très sensibles aux acides.

Si dans les indamines et les indophénols les deux noyaux benzéniques sont réunis par un atome de soufre ou d'oxygène, dans la position ortho vis-à-vis de l'Az fondamental, on obtient des colorants d'une grande stabilité, les *thio-indamines* (colorants de Lauth), les *oxindamines* et les *oxindophénols*.

Thio-indamines et thio-indophénols. — La thio-indamine typique est le *violet de Lauth*, appelé aussi *thionine*,

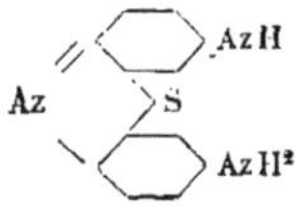

Le dérivé tétraméthylique est le *bleu de méthylène*.

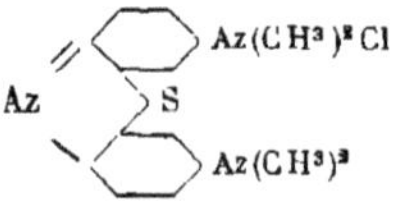

Par l'action des alcalis sur celui-ci on obtient les deux indophénols, la *diméthylthionoline* (*diméthylthioxindophénol, violet de méthylène*),

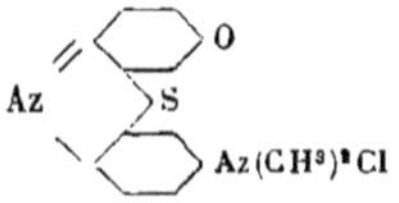

et le *thionol*

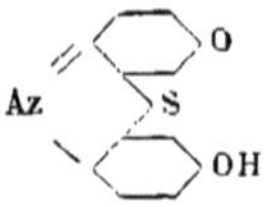

Oxindamines et oxindophénols. — A la première de ces deux classes appartient le *bleu de naphtol* ou *de Meldola*, .

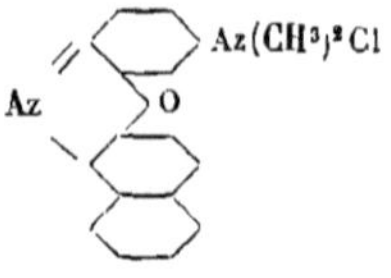

à la seconde la *gallocyanine* et le *prune*,

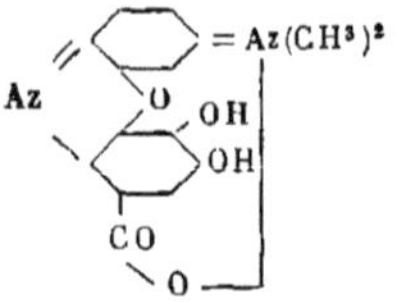

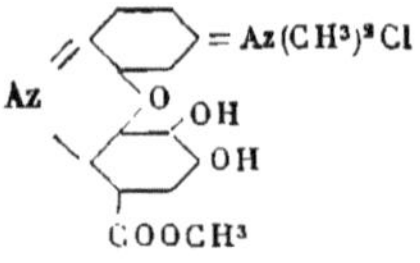

Ces deux derniers colorants sont à la fois sub-

stantifs et adjectifs. La propriété qu'ils ont de teindre les mordants provient de la présence dans la molécule de 2 hydroxyles dans la position ortho.

D'après M. Nietzki, la *diazorésorufine* de Weselsky appartient également à cette classe; elle a la formule

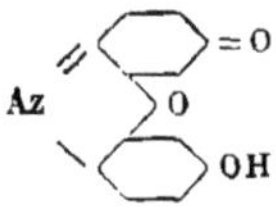

9° AZINES. SAFRANINES. — Les azines aromatiques sont des chromogènes; par introduction d'un Az H², on obtient les *eurhodines*, colorants faibles et sans applications industrielles; par l'introduction de deux Az H², le rouge de toluylène, et les colorants analogues, appelés dans l'industrie *couleurs neutres*. Le remplacement d'un hydrogène par un O H fournit les *eurhodols* :

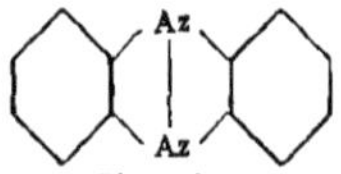

Phénazine.

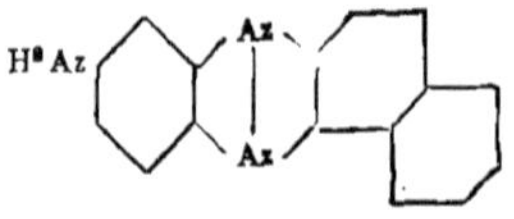

Eurhodine.

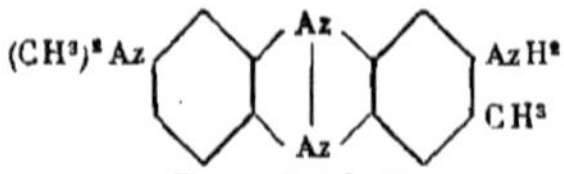

Rouge de toluylène.

Les noyaux phényliques de la phénazine peuvent être remplacés par des noyaux naphtaléniques, phénanthréniques, etc.

Les *safranines* sont des dérivés du chlorure de phénylphénazonium, inconnu lui-même; la safranine la plus simple, la phénosafranine, en est le dérivé diamidé asymétrique :

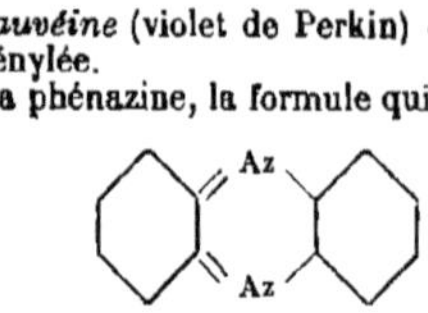

La *mauvéine* (violet de Perkin) est une safranine phénylée.

Pour la phénazine, la formule quinone-imidique

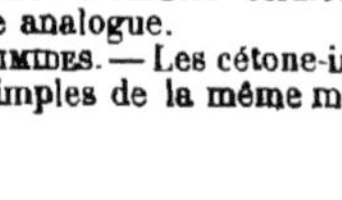

est admissible également. Si celle-ci était exacte, toutes les autres formules seraient à modifier d'une manière analogue.

10° CÉTONE-IMIDES. — Les cétone-imides dérivent des cétones simples de la même manière que les quinone-imides des quinones, par remplacement de l'oxygène du groupe CO par le groupe AzH; dans ce dernier, l'hydrogène peut être remplacé par des radicaux aromatiques et sans doute aussi par des radicaux alcooliques. L'*auramine* typique est jaune; ses dérivés aromatiques, la *phényl-auramine* et ses homologues, sont orangés ou bruns.

La formule de l'auramine est

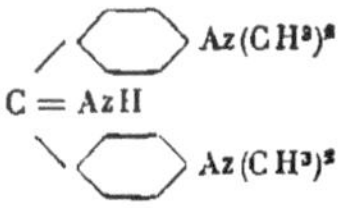

$$C = AzH \begin{cases} Az(CH^3)^2 \\ Az(CH^3)^2 \end{cases}$$

La base est incolore, les sels sont jaunes. La cétone

$$CO \begin{cases} C^6H^4 . Az(CH^3)^2 \\ C^6H^4 . Az(CH^3)^2 \end{cases}$$

dont dérive l'auramine, fournit aussi des sels jaunes, mais ils n'ont qu'un pouvoir tinctorial très peu considérable. Il paraîtrait donc que non seulement le groupe C=AzH, mais même le groupe CO, est un chromophore, ce dernier très faible, il est vrai.

11° Hydrazones. — Les hydrazones, formées par l'action des hydrazines sur les corps contenant le radical CO, ont le groupement chromophorique C = Az – AzHR, où R est un radical aromatique. Pour leur donner le caractère de colorants, l'introduction d'un groupe salifiable n'est pas nécessaire, le groupement Az – Az semble en tenir lieu; mais pour les rendre solubles dans l'eau il faut y introduire des groupes sulfoniques. Les hydrazones peuvent être considérées comme des cétone-imides,

$$C = AzH \begin{cases} R \\ R' \end{cases}$$

dans lesquelles l'atome d'hydrogène uni à l'azote est remplacé par le groupe AzHR.

Les hydrazones simples, ne contenant qu'une fois le groupe C=Az–AzH.C⁶H⁵, sont en général d'un jaune peu intense et d'un pouvoir colorant peu prononcé; mais la nuance devient plus vive et le pouvoir tinctorial augmente considérablement si le groupe en question y est contenu 2 fois, et si les 2 atomes de carbone sont reliés entre eux :

$$C = Az - AzH . C^6H^5$$
$$|$$
$$C = Az - AzH . C^6H^5$$

Tel est le cas, par exemple, pour la *tartrazine,*

$$COOH$$
$$|$$
$$C = Az - AzH . C^6H^4 (SO^3Na)$$
$$|$$
$$C = Az - AzH . C^6H^4 (SO^3Na)$$
$$|$$
$$COOH$$

M. Fischer appelait ces hydrazones doubles *osazones,* nom qui a été remplacé depuis par celui de *dihydrazones.*

Il semble cependant que même des hydrazones simples peuvent être des colorants d'une certaine intensité, si le reste de la molécule ajoute au caractère chromogène. Ainsi l'isatine, qui est elle-même un corps coloré, donne une hydrazone qui est une belle matière colorante jaune :

$$C^6H^4 \begin{cases} Az \\ C \end{cases} COH$$
$$\|$$
$$Az - AzH (C^6H^4 SO^3H)$$

Dans certains cas les hydrazines, réagissant sur des corps contenant 2 fois le groupement CO, ne donnent pas d'hydrazones ou d'osazones, mais des matières oxyazoïques : ainsi l'α- et la β-naphtoquinone donnent avec la phénylhydrazine les deux benzène-azo-α-naphtols, para et ortho :

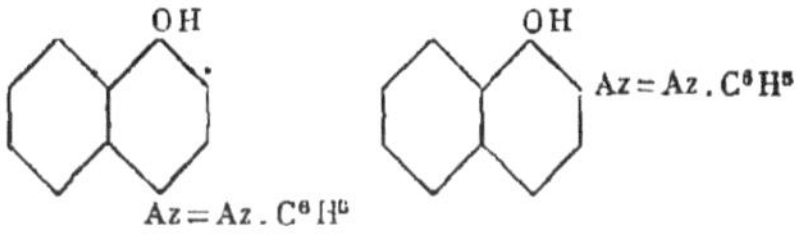

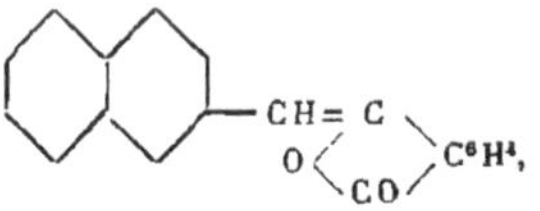

la *cyanine,* les *rouges de quinoléine* et la *berbérine.* A cette série se rattachent encore les *rosindols* de M. Émile Fischer.

Les produits qui se forment par l'action des hydrazines sur la phénanthrène-quinone ne sont pas encore étudiés à fond; mais, d'après toutes leurs propriétés, ce sont aussi des matières azoïques.

12° Dérivés quinoléiques. — La quinoléine est un chromogène, très faible, il est vrai. Les amidoquinoléines en effet fournissent des sels orangé-rougeâtre. Le caractère chromogène est augmenté par remplacement des hydrogènes du noyau par des radicaux; ainsi la méthylamido-phénylquinoléine est une matière colorante jaune, qui a été fabriquée pendant quelque temps sous le nom de *flavaniline* :

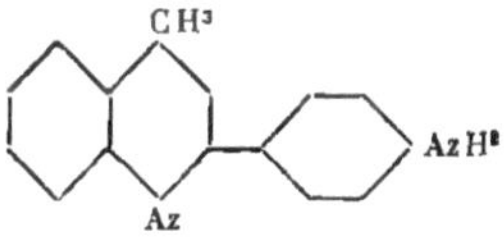

La constitution des autres colorants quinoléiques est trop peu connue pour qu'on puisse se former une idée précise sur les chromophores qu'ils contiennent. Ces colorants sont la *quino-phtalone,* peut-être

13° Dérivés acridiniques. — L'acridine et surtout la phénylacridine sont des chromogènes. Par introduction de groupes AzH² dans la molécule, on obtient des matières colorantes jaunes; la *phosvhine* ou *chrysaniline* est

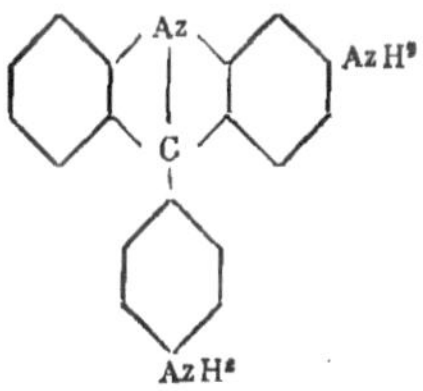

La *benzoflavine* en est un isomère, ne différant que par la position d'un des groupes AzH² :

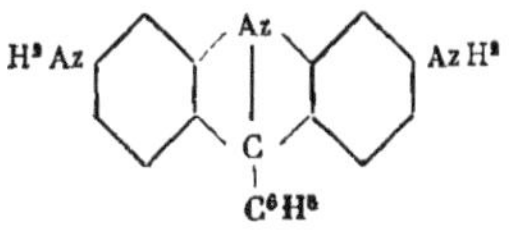

La benzoflavine s'obtient en condensant l'aldéhyde benzylique avec la m-phénylène-diamine à l'état de

$$C^6H^5 . C \underset{\diagdown\ C^6H^3(AzH^2)^2}{\overset{\diagup H}{-}} C^6H^3(AzH^2)^2$$

chauffant celui-ci avec l'acide chlorhydrique à 160° pour éliminer les éléments de l'ammoniaque et obtenir

$$C^6H^5 . C \underset{\diagdown\ C^6H^3(AzH^2)}{\overset{\diagup H}{-}} C^6H^3(AzH^2) \diagdown AzH$$

et oxydant enfin ce dernier [Oehler; comparez Nietzki, *Die organischen Farbstoffe*, 2ᵉ édit., 186].

14° INDULINES. — Comme les safranines, les indulines sont des dérivés de la phénazine et de la naphtophénazine.

L'analogie ressort surtout quand on considère la phénazine comme un dérivé de la quinone-diïmide. Les safranines seraient des dérivés d'une o-quinone-diïmide, les indulines au contraire seraient des dérivés d'une p-quinone-diïmide :

Phénosafranine.

Induline $C^{18}H^{13}Az^3$.

Rosinduline.

Des deux indulines typiques de la série phénylique et naphtalénique dérivent alors les produits plus compliqués :

Phénylrosinduline.

dont les acides sulfoconjugués constituent l'azocarmin ;

Amido-phénylinduline $C^{24}H^{18}Az^4$.

Phénylinduline $C^{24}H^{17}Az^3$.

L'induline $C^{30}H^{22}Az^4$ est peut-être

Les indulines sont en ce moment l'objet de travaux importants de la part de MM. O. Fischer et Hepp [*Ann. Chem.*, **256**, 233; **262**, 237; **266**, 249; *D. chem. G.*, **20**, **24**, passim].

15° INDIGO. — L'indigo, dont M. Baeyer a réalisé de nombreuses synthèses, a une constitution exprimée par la formule

Un résumé des travaux sur la synthèse de l'indigo a été publié dans le journal l'*Industrie textile*, 1889-1890.

16° COLORANTS DIVERS. — *Murexide*. — Ce colorant, qui n'est plus employé, est le sel ammoniacal de l'acide purpurique, inconnu à l'état de liberté. Il donne des laques colorées avec les oxydes de l'étain, du plomb, du mercure, etc.

La formule de constitution de l'*acide purpurique* est probablement

Dans le sel, c'est sans doute l'H du groupe AzH réunissant les noyaux qui est remplacé.

Oxycétones aromatiques. — Certaines polyoxycétones aromatiques, quoique incolores elles-mêmes, ont, d'après un brevet récent de la *Badische Anilin und Soda-Fabrik*, dont l'auteur est M. R. Bohn, la propriété de teindre les mordants, par exemple l'alumine en jaune, le chrome en vieil or, etc.

Dans toutes ces cétones, il y a des hydroxyles dans la position ortho. Les plus importantes sont : la *gallacétophénone*, $CH^3-CO-C^6H^2(OH)^3$, obtenue par condensation de l'acide acétique avec le pyrogallol; la *trioxybenzophénone*,

$$C^6H^5-CO-C^6H^2(OH)^3,$$

obtenue de la même manière au moyen de l'acide benzoïque; l'*hexaoxybenzophénone,*

$$C^6H^2(OH)^3-CO-C^6H^2(OH)^3,$$

dérivée de l'acide gallique et du pyrogallol, etc.

On pourrait admettre que les laques colorées ne dérivent pas des oxycétones elles-mêmes, mais de produits d'oxydation de ces dernières, qui se formeraient lors de la teinture; mais cette hypothèse vient d'être infirmée par M. Græbe, qui a démontré que les sels mêmes de ces oxycétones sont colorés en jaune.

Rose fluorescent de Gerber. Pyroxine de Leonhardt. — D'après un brevet pris il y a peu de temps par M. Gerber à Bâle, on obtient un colorant rose à fluorescence jaune, en dinitrant le tétraméthyldiamidodiphénylméthane en présence de beaucoup d'acide sulfurique, remplaçant les groupes AzO^2 par OH et oxydant ensuite. Ce colorant est probablement

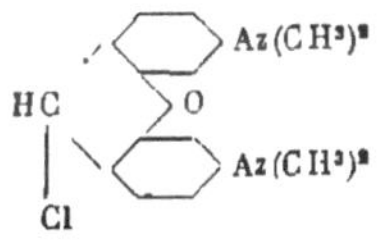

HC—[cycle] —O, portant $Az(CH^3)^2$ et $Az(CH^3)^2$, avec Cl

Il contiendrait donc, comme *la* fluorescéine, la rhodamine et la diazorésorufine, le groupement

$$C^6H^4 \underset{O}{\overset{C}{\lessgtr}} C^6H^4,$$

qui existe dans l'oxyde de diphénylène-cétone (xanthone). Le groupement en question paraît donner en général des propriétés fluorescentes aux combinaisons dans lesquelles il se trouve.

Le même colorant s'obtient en condensant l'aldéhyde méthylique avec le diméthyl-m-amidophénol, anhydrisant le produit de condensation et oxydant ensuite (Leonhardt).

Primuline. Déhydrothiotoluidine. Thioflavine. — La déhydrothiotoluidine (obtenue par l'action du soufre à haute température sur la p-toluidine) est l'amidobenzényl – amidothiocrésylol,

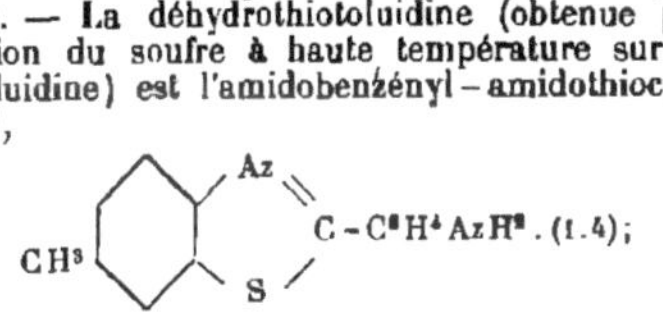

CH^3—[cycle benzénique avec Az et S formant le thiazol]—$C-C^6H^4AzH^2$. (1.4);

c'est donc un dérivé du thiazol. Ce n'est qu'un colorant faible; mais par méthylation il fournit un colorant d'un jaune intense, la *thioflavine*. Par l'action d'un excès de soufre sur la déhydrothiotoluidine, il se forme la *primuline*, dont l'acide sulfonique teint directement le coton en jaune, en bain alcalin.

17° COLORANTS DE CONSTITUTION INCONNUE. — Les colorants artificiels sont presque tous élucidés au point de vue de leur constitution; il n'en est pas de même des colorants naturels, dont on ne connaît la structure complète que dans très peu de cas (indigo, alizarine); pour quelques autres, la constitution est connue partiellement; pour la plupart, pas du tout.

Comme colorants artificiels importants à constitution inconnue, nous n'avons plus guère que le *noir d'aniline* et ses congénères, les *nigrosines* et les *couleurs sulfurées de Croissant et Bretonnière (cachou de Laval)*.

BIBLIOGRAPHIE. — Le nombre de mémoires et de livres parus sur les matières colorantes est extrêmement considérable; nous mentionnerons parmi les publications les plus récentes : G. Schultz, *Die Chemie der Steinkohlentheers*, Brunswick, Vieweg éditeur, 1886-1890. — R. Nietzki, *Chemie der organischen Farbstoffe*, Berlin, Springer éditeur, 1889. — Hummel, *The dyeing of textile fabrics*, Londres, Cassel et Cie, 1885. — Friedlaender, *Fortschritte der Theerfarbenfabrikation*, 1877-1887 et 1887-1890, Berlin, Springer, 2 vol., 1888 et 1891. — Nœlting, *Conférences sur les matières colorantes*, *Moniteur scientifique*, 1886. — Du même, *Études sur les matières colorantes et leur application*, dans le journal l'*Industrie textile*, 1888, 1889 et 1890. — Villon, *Traité des matières colorantes.* — Moehlau, *Organische Farbstoffe.* — Dépierre, *Traité de teinture et d'impression.* — Witt, *Chemische Technologie der Gespinnstfasern.* — Girard et Pabst, *Matières colorantes* (dans l'Encyclopédie chimique de Fremy).   E. Nœlting.

COLORANTES (MATIÈRES). — L'industrie des matières colorantes artificielles dérivées du goudron de houille a été traitée en détail dans le Dictionnaire et son Supplément. Toutefois, malgré le laps de temps relativement court qui s'est écoulé depuis la publication des derniers articles relatifs à cette industrie, le développement rapide qu'elle a pris nous oblige à refondre, en quelque sorte, les divers articles parus dans le Dictionnaire, afin de donner ainsi brièvement, mais aussi complètement que possible, l'état actuel de cette branche de l'industrie chimique.

Voici le plan que nous nous proposons de suivre dans cet exposé : nous diviserons les matières colorantes en 14 classes diverses, en nous rattachant pour cette classification aux vues exposées par M. le professeur Schultz, dans ses tableaux si complets sur les matières colorantes artificielles organiques.

1re CLASSE : *Matières colorantes nitrées.* — Les plus importants représentants de cette classe sont l'*acide picrique* ou *trinitrophénol*,

$$C^6H^2(OH)_{(1)}(AzO^2)_{(2)}(AzO^2)_{(4)}(AzO^2)_{(6)}$$

et le *jaune de naphtol S* ou *acide dinitro-α-naphtol-sulfonique*

$$C^{10}H^3(AzO^2)^2SO^3H.$$

2e CLASSE : *Matières colorantes azoxiques.* — Le plus important représentant est le *rouge de Saint-Denis*, qui dérive du diamidoazoxytoluène,

$$O\begin{cases} Az-C^6H^3(CH^3)(AzH^2) \\ Az-C^6H^3(CH^3)(AzH^2) \end{cases}$$

dont on associe le dérivé diazoïque à l'acide α-naphtol-monosulfonique.

3e CLASSE : *Matières colorantes hydraziniques.* — Elle ne renferme actuellement qu'un corps, la *tartrazine*, obtenue par l'action de l'acide phénylhydrazine-monosulfonique sur l'acide dioxytartrique et dont la formule est par conséquent

$$CO^2H-C=Az-AzH-C^6H^4-SO^3Na$$
$$\mid$$
$$CO^2H-C=Az-AzH-C^6H^4-SO^3Na$$

4ᵉ Classe : *Matières colorantes azoïques.* — Ces matières colorantes sont caractérisées par le groupement (Az=Az), répété une ou plusieurs fois dans la molécule. Leur fabrication est basée sur la réaction de Griess relative aux composés diazoïques. On les obtient en faisant agir l'acide nitreux sur une amine aromatique. Il se forme alors un dérivé diazoïque, que l'on fait réagir sur les amines ou sur les phénols aromatiques et leurs dérivés. Le corps azoïque prend ainsi naissance.

L'industrie des corps azoïques est peut-être la branche la plus importante de la fabrication des matières colorantes artificielles. Le nombre de ces substances est immense : on trouve dans le commerce plus de 200 matières colorantes se rattachant à cette catégorie ; c'est plus de la moitié des matières colorantes utilisées industriellement. Nous citerons au hasard les principales : *orangés II et IV, ponceaux de naphtol, jaune solide, rouge Congo, roccelline, noir de naphtol, benzoazurine,* etc. Lorsque nous parlerons des matières colorantes azoïques en particulier, nous donnerons la classification adoptée pour cette catégorie de corps.

5ᵉ Classe : *Matières colorantes nitrosées ou quinone-oximiques.* — Exemples : *vert de résorcine* (dinitrosorésorcine) et *vert de naphtol* (sel ferreux de l'acide nitroso-β-naphtol-monosulfonique).

6ᵉ Classe : *Matières colorantes oxycétoniques.* — Exemples : *galloflavine, alizarine artificielle* et leurs dérivés. Cette catégorie, qui comprend les matières colorantes extraites autrefois de la garance, est une des plus importantes.

7ᵉ Classe : *Matières colorantes dérivées du diphénylméthane.* — La seule matière colorante de quelque importance se rattachant à cette catégorie est l'*auramine,*

$$AzH = C < \begin{matrix} C^6H^4 - Az(CH^3)^2 \\ C^6H^4 - Az(CH^3)^2 \end{matrix}$$

obtenue en chauffant la tétraméthyldiamidobenzophénone (préparée par l'oxychlorure de carbone et la diméthylaniline) avec du sel ammoniac en présence de chlorure de zinc.

8ᵉ Classe : *Matières colorantes dérivées du triphénylméthane.* — C'est là une catégorie de corps extrêmement importante. En effet, une des premières matières colorantes du goudron de houille qui ait été découverte, la *fuchsine,* se rattache à ce groupe. Chose curieuse, malgré tant de nouvelles découvertes, l'emploi de cette matière n'a fait qu'augmenter, et la fabrication de la fuchsine forme aujourd'hui une branche importante de l'industrie des matières colorantes dérivées du goudron de houille.

Le *violet de Paris,* le *bleu Victoria,* les *bleus de rosaniline,* les *verts dérivés de l'aldéhyde benzylique,* les *phtaléines* (éosine, rose Bengale, rhodamine), la *coralline* appartiennent à la série du triphénylméthane ou de ses homologues.

9ᵉ Classe : *Indophénols.* — Cette classe ne comprend que l'indophénol

$$Az < \begin{matrix} C^6H^4 . Az(CH^3)^2 \\ C^{10}H^6 \end{matrix} > O$$

préparé par l'action de la nitrosodiméthylaniline sur l'α-naphtol.

10ᵉ Classe : *Oxazines et thiazines.* — A cette classe se rattachent entre autres substances la *gallocyanine,*

$$(CH^3)^2Az - C^6H^3 < \begin{matrix} Az \\ O \end{matrix} > C^6H(OH)^2(CO^2H),$$

obtenue par l'action de la nitrosodiméthylaniline sur l'acide gallique, et le *bleu de méthylène,*

$$Az < \begin{matrix} C^6H^3 < \begin{matrix} Az(CH^3)^2 \\ S \end{matrix} \\ C^6H^3 < Az(CH^3)^2 \end{matrix} \quad Cl$$

préparé en oxydant une dissolution de tétraméthyl-p-phénylène-diamine en présence d'hydrogène sulfuré.

11ᵉ Classe : *Azines.* — Dans cette catégorie viennent se ranger les *eurhodines,* les *safranines* et les *indulines.*

12ᵉ Classe : *Indigo artificiel et dérivés.*

13ᵉ Classe : *Dérivés de la quinoléine.* — La *flavaniline,* la *cyanine* se rattachent à cette catégorie, dont l'importance industrielle est très minime.

Cette classe comprend également les *dérivés de l'acridine.* — Un des corps les plus anciennement connus, la *phosphine* (nitrate de chrysaniline), se rattache à cette dernière catégorie.

14ᵉ Classe : *Matières colorantes thiobenzéniques.* — La *primuline* est le représentant le plus important de cette classe.

I. MATIÈRES COLORANTES NITRÉES.

Acide picrique. — La première en date des matières colorantes nitrées est le *trinitrophénol* ou *acide picrique.* Sa préparation a été décrite Dict., 2, 807 ; nous n'y reviendrons pas.

Il continue à être employé en teinture à cause de son pouvoir colorant et des nuances jaune-verdâtre qu'il permet de réaliser. Malheureusement sa stabilité laisse beaucoup à désirer.

Jaune Victoria (*dinitrocrésylols*),

$$C^6H^2(CH^3)(AzO^2)^2(OK).$$

— Le *jaune Victoria* est un mélange des sels potassiques des dérivés dinitrés de l'o- et du p-crésylol. On l'obtient par l'action de l'acide nitrique sur le crésylol du goudron de houille.

C'est une poudre d'un jaune rougeâtre, soluble dans l'eau.

La dissolution aqueuse, additionnée d'acide chlorhydrique, fournit un précipité blanc de dinitrocrésylol ; la soude caustique ne produit aucun changement de coloration. L'acide sulfurique concentré dissout le jaune Victoria, en donnant une liqueur d'un jaune clair.

Le jaune Victoria sert à colorer les matières alimentaires. Il teint la laine et la soie en jaune orangé. Son emploi est très restreint.

Jaune de naphtol (*dinitro-α-naphtol*). — Ce corps est connu depuis longtemps et a été décrit Dict., 2, 517. Il n'est presque plus employé, le jaune de naphtol S l'ayant remplacé avec avantage.

Jaune de naphtol S (*acide dinitro-α-naphtolsulfonique*) (voyez Suppl., 1, 1051). — C'est une poudre jaune-orangé soluble dans l'eau ; l'acide chlorhydrique colore sa dissolution en jaune clair sans former de précipité. La potasse caustique précipite ses dissolutions, même très étendues.

Jaune brillant (*acide dinitro-α-naphtol-sulfonique*). — Ce corps est un isomère du précédent. Il renferme le groupe SO^3H dans la position α, tandis que dans le jaune de naphtol S ce groupe occupe la position β.

Aurantia (*hexanitrodiphénylamine*). — On prépare ce corps par l'action de l'acide nitrique sur la diphénylamine. C'est une poudre cristalline d'un brun rouge, soluble dans l'eau. Les acides précipitent la solution aqueuse en donnant l'hexanitrodiphénylamine libre, fusible à 238°. La soude caustique produit une coloration foncée. L'aurantia n'est plus guère employée aujourd'hui. Elle servait surtout pour la teinture de la peau, mais présentait l'inconvénient de provoquer quelquefois des éruptions douloureuses.

II. MATIÈRES COLORANTES AZOXIQUES.

JAUNE SOLEIL,

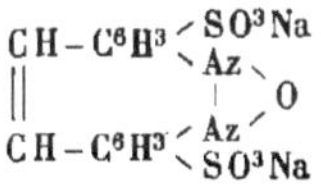

$$CH - C^6H^3 \diagup \begin{matrix} SO^3Na \\ Az \end{matrix} \searrow$$
$$\| \qquad\qquad | \quad O$$
$$CH - C^6H^3 \diagup \begin{matrix} Az \\ SO^3Na \end{matrix} \nearrow$$

— On prépare ce corps en faisant bouillir l'acide p-nitrotoluène-sulfonique avec de la soude caustique. C'est une poudre brune, soluble dans l'eau en jaune brun et dans l'acide sulfurique concentré en violet.

Il teint la soie et la laine, sur bain acide, en nuances jaune-rougeâtre.

Si, dans la préparation du jaune soleil, on fait intervenir des matières oxydables, on obtient des matières colorantes, allant de l'orangé au brun, connues sous le nom de *brun mikado* et *orange mikado*. Leur constitution n'est pas établie avec certitude.

ROUGE DE SAINT-DENIS. — Cette matière colorante a pour formule

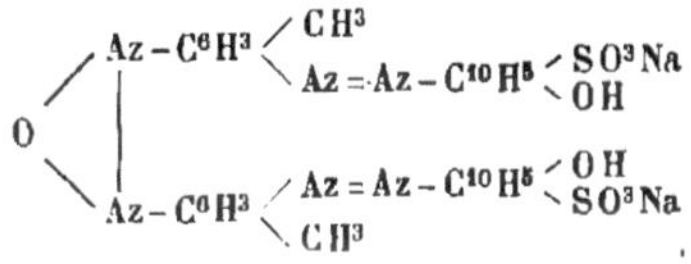

$$O \diagup\diagdown \begin{matrix} Az - C^6H^3 \diagup \begin{matrix} CH^3 \\ Az = Az - C^{10}H^5 \diagup \begin{matrix} SO^3Na \\ OH \end{matrix} \end{matrix} \\ Az - C^6H^3 \diagup \begin{matrix} Az = Az - C^{10}H^5 \diagup \begin{matrix} OH \\ SO^3Na \end{matrix} \\ CH^3 \end{matrix} \end{matrix}$$

On l'obtient en réduisant la nitrotoluidine en liqueur alcaline, de manière à produire un diamido-azoxytoluène,

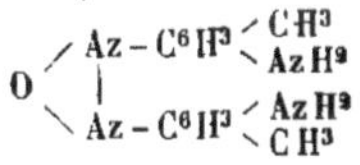

$$O \diagup\diagdown \begin{matrix} Az - C^6H^3 \diagup \begin{matrix} CH^3 \\ AzH^2 \end{matrix} \\ Az - C^6H^3 \diagup \begin{matrix} AzH^2 \\ CH^3 \end{matrix} \end{matrix}$$

Ce corps, traité par l'acide nitreux, fournit un dérivé diazoïque qui, associé à l'acide monosulfonique de l'α-naphtol, fournit le rouge de Saint-Denis.

C'est une poudre rouge, soluble dans l'eau, peu soluble dans l'alcool; l'acide chlorhydrique détermine dans ses solutions aqueuses la formation d'un précipité rouge; la soude caustique donne également un précipité d'un rouge de brique. La matière se dissout en rouge dans l'acide sulfurique concentré.

Le rouge de Saint-Denis est une des rares matières colorantes, teignant le coton sans mordant, qui ne se rattachent pas au groupe du biphényle. Comme il renferme deux fois le groupement (Az = Az), il pourrait être également rattaché à la classe des corps bisazoïques.

III. MATIÈRES COLORANTES DÉRIVÉES DE L'HYDRAZINE.

On ne connaît actuellement qu'un seul représentant de cette classe de matières colorantes : c'est la *tartrazine*.

Ce corps, dont la formule a été donnée plus haut, se prépare de la manière suivante : On chauffe à 40° 10 parties d'acide dioxytartrique délayées dans 16 parties d'eau; on ajoute 13 parties d'acide chlorhydrique, on filtre et on ajoute à la solution 20 parties d'acide phénylhydrazine-sulfonique dissous dans 60 parties d'eau et 10 parties de soude caustique à 30 0/0. On chauffe

pendant quelque temps à 80° et on abandonne au refroidissement. La matière colorante se dépose ; on filtre, on presse et on sèche.

L'acide dioxytartrique se prépare lui-même par la décomposition spontanée de l'acide nitrotartrique en présence de l'eau.

Quant à l'acide phénylhydrazine-sulfonique, on l'obtient par l'action du bisulfite de sodium sur le dérivé diazoïque de l'acide sulfanilique,

$$C^6H^4 \diagdown \begin{matrix} Az \\ SO^3 \end{matrix} \diagup Az.$$

La tartrazine est une poudre orangée, soluble dans l'eau, insoluble dans l'alcool.

Traitée par les réducteurs, elle se scinde en acide sulfanilique et acide diamidosuccinique,

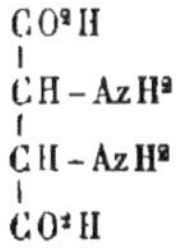

$$CO^2H$$
$$|$$
$$CH - AzH^2$$
$$|$$
$$CH - AzH^2$$
$$|$$
$$CO^2H$$

C'est une belle matière colorante d'un jaune pur, dont les teintures résistent au foulon et à la lumière.

L'acide chlorhydrique ou la soude caustique, ajoutés à une dissolution aqueuse de tartrazine, la colorent en jaune orangé; l'acétate de plomb fournit un précipité orangé. Sa dissolution ammoniacale, additionnée de poudre de zinc, se décolore lorsqu'on la chauffe : le liquide filtré, sursaturé d'acide chlorhydrique, se colore en un jaune intense par l'addition d'une goutte de chlorure ferrique.

Dans la préparation de la tartrazine, on peut remplacer la phénylhydrazine par ses homologues. On obtient alors des matières colorantes de plus en plus orangées, qui ne présentent au point de vue industriel aucun intérêt.

IV. MATIÈRES COLORANTES AZOÏQUES.

Les deux premières matières colorantes azoïques sont le *jaune d'aniline* (amidoazobenzène),

$$C^6H^5 - Az = Az - C^6H^4 - AzH^2,$$

et le *brun Bismarck* ou triamidoazobenzène. Ces deux produits se préparent par des voies détournées, qui n'ont rien de commun avec la préparation des nouvelles matières colorantes azoïques. Aussi sont-ils restés longtemps isolés et il n'y a guère que quinze ans (soit vingt ans après l'apparition de la première couleur d'aniline) que l'industrie des couleurs azoïques a pris naissance. Elle s'est développée depuis à tel point, qu'elle est devenue peut-être la branche la plus importante de l'industrie des matières colorantes artificielles.

Le mérite d'avoir provoqué la naissance de l'industrie des couleurs azoïques appartient sans conteste à Griess, dont les travaux classiques sur les dérivés diazoïques servent encore aujourd'hui de base à toute l'industrie qui nous occupe. Depuis la publication de l'article COULEURS DE NAPHTALINE (Suppl., 1, 1048), le nombre des dérivés azoïques industriellement employés comme colorants s'est beaucoup accru, de sorte qu'une classification paraît indispensable.

Nous diviserons les couleurs azoïques en 5 groupes :

1° *Matières colorantes amidoazoïques*. — Ces corps renferment un radical d'amine aromatique uni au corps diazoïque. Exemple : *acide amidoazobenzène-sulfonique* (jaune solide),

$$SO^3Na - C^6H^4 - Az = Az - C^6H^3 (AzH^2)(SO^3H).$$

2° *Matières colorantes oxyazoïques.* — Ces substances renferment un radical phénolique. On les obtient en associant un dérivé diazoïque (exemple : acide p–diazobenzène–sulfonique) à un phénol (exemple : β–naphtol). Le corps obtenu est l'*orangé II* ; il a pour formule

$$C^6H^4 \diagup^{\textstyle S\,O^3\,Na}_{\textstyle Az = Az - C^{10}\,H^6\,O\,H}$$

3° *Matières colorantes bisazoïques dérivées des corps amidoazoïques.* — Si on considère un corps amidoazoïque, comme l'amidoazobenzène,

$$C^6H^5 - Az = Az - C^6H^4 - Az\,H^2,$$

on se rend aisément compte que l'acide nitreux doit réagir sur l'amidogène $Az\,H^2$ pour donner un nouveau corps bisazoïque. Or ce dernier peut être associé à des radicaux aromatiques. On obtiendra ainsi une substance renfermant deux fois le groupe bivalent $(Az = Az)$. Si, par exemple, nous faisons réagir le dérivé diazoïque de l'acide amidoazobenzène-sulfonique sur le β-naphtol, nous obtiendrons un corps bisazoïque qui est l'*écarlate de Biebrich,*

$$Na\,S\,O^3 - C^6H^4 - Az = Az - C^6H^3 \diagup^{\textstyle S\,O^3\,Na}_{\textstyle Az = Az - C^{10}\,H^6\,.\,O\,H}$$

La classe des matières colorantes bisazoïques est donc caractérisée par la présence de 2 groupes azoïques $(Az = Az)$.

4° *Matières colorantes bisazoïques dérivées des diamines.* — Cette catégorie comprend les dérivés azoïques obtenus en partant des diamines. Par exemple, en traitant par l'acide nitreux la benzidine ou diamidobiphényle, on obtient un dérivé bisdiazoïque

$$C^6H^4 - Az = Az - Cl$$
$$|$$
$$C^6H^4 - Az = Az - Cl$$

Si on fait réagir ce dernier sur l'acide naphtionique

$$C^{10}H^6 \diagup^{\textstyle Az\,H^2}_{\textstyle S\,O^3\,H}$$

en solution alcaline, on obtient le *rouge Congo,* qui renferme 2 fois le groupement $Az = Az$ et qui a pour formule

$$C^6H^4 - Az = Az - C^{10}H^5 \diagup^{\textstyle Az\,H^2}_{\textstyle S\,O^3\,Na}$$

$$C^6H^4 - Az = Az - C^{10}H^5 \diagup^{\textstyle S\,O^3\,Na}_{\textstyle Az\,H^2}$$

Enfin on pourrait constituer une cinquième catégorie avec les dérivés de la primuline. On donne le nom de *primuline* à une matière dont la constitution n'est guère établie avec certitude, et qui se forme par l'action du soufre sur la p-toluidine. La primuline commerciale est par elle-même une matière colorante faible, à laquelle on a attribué la formule

$$C\,H^3 - C^6H^3 \diagup^{\textstyle Az}_{\textstyle S} \diagdown C$$
$$|$$
$$C \diagup^{\textstyle Az}_{\textstyle S} \diagdown C^6H^3$$
$$|$$
$$C^6H^3 \diagup^{\textstyle Az}_{\textstyle S} \diagdown C - C^6H^3 - Az\,H^2.$$

Comme elle renferme encore un groupe $Az\,H^2$ susceptible d'être transformé en corps diazoïque, si on soumet des tissus teints en primuline à l'action du nitrite de sodium suivi d'un passage en acide, on forme sur la fibre un dérivé diazoïque assez stable qui, par un passage au bain de naphtol, donne un véritable azoïque qui se trouve intimement fixé à la fibre. Une partie de ces applications seront décrites à l'article TEINTURE. On ne mentionnera ici que les couleurs de primuline fabriquées de toutes pièces.

Telle est dans ses grandes lignes la classification que nous adopterons pour la description des matières colorantes azoïques.

Avant de passer à l'étude spéciale de ces corps, il ne sera pas inutile d'indiquer en quelques mots les propriétés générales et les modes de préparation usités industriellement.

Les matières colorantes azoïques sont solubles dans l'eau ; elles sont caractérisées par la présence d'un ou plusieurs groupes azoïques $(Az = Az)$ réunis à des radicaux hydrocarbonés qui renferment des groupes salifiables. La plupart des matières colorantes azoïques sont de nature acide ; elles renferment généralement le groupe $S\,O^3\,H$ à l'état de sel sodique.

Autrefois, on ne connaissait que des matières colorantes azoïques orangées ou rouges ; actuellement, on est arrivé à toute la gamme, depuis le rouge jusqu'au violet. Toutefois les couleurs azoïques rouges prédominent de beaucoup en nombre sur les autres nuances.

Jusqu'à ces derniers temps, sauf de rares exceptions, les couleurs azoïques étaient des couleurs pour laine ; depuis la découverte des couleurs bisazoïques se rattachant au groupe du biphényle, elles jouent un rôle important dans la teinture du coton et, chose curieuse, les dérivés du biphényle teignent le coton sans l'intervention d'un mordant.

Une autre propriété caractéristique des matières colorantes azoïques est leur nuance, qui paraît un peu terne si on la compare à celle des dérivés du triphénylméthane. Cette différence est surtout accentuée pour les violets et pour les bleus ; elle est beaucoup moins prononcée pour les rouges. En revanche, les orangés et les jaunes présentent parfois une très grande fraîcheur de teinte.

Les couleurs azoïques sont généralement stables à la lumière ; elles résistent également assez bien au foulon, sans atteindre toutefois la solidité des couleurs dérivées de l'anthracène (alizarine, etc.).

Traitées par les réducteurs énergiques, elles sont scindées à la double liaison entre les atomes d'azote, en donnant des corps amidés.

Par exemple, l'*orangé II,*

$$S\,O^3\,Na - C^6H^4 - Az = Az - C^{10}H^6\,.\,.\,O\,H,$$

traité par l'étain et l'acide chlorhydrique, fournit de l'acide sulfanilique $Az\,H^2 - C^6H^4 - S\,O^3\,H$ et de l'amido–β–naphtol $Az\,H^2 - C^{10}H^6\,.\,O\,H.$

On sait que, dans des circonstances analogues, les dérivés du triphénylméthane sont décolorés. Par exemple, le *vert malachite*

$$C\,Cl \diagup^{\textstyle C^6H^4\,.\,Az\,(C\,H^3)^2}_{\textstyle C^6H^5}\!\!\!\!\!\!\!\!\!\!{\textstyle C^6H^4\,.\,Az\,(C\,H^3)^2}$$

donne une leucobase,

$$C\,H \diagup^{\textstyle C^6H^4\,.\,Az\,(C\,H^3)^2}_{\textstyle C^6H^5}\!\!\!\!\!\!\!\!\!\!{\textstyle C^6H^4\,.\,Az\,(C\,H^3)^2}$$

que les oxydants transforment de nouveau en matière colorante. Rien de pareil n'a lieu avec les corps azoïques : une fois scindés par réduction, ils ne peuvent régénérer par oxydation la matière primitive.

FABRICATION INDUSTRIELLE DES MATIÈRES COLORANTES AZOÏQUES. — Au point de vue industriel, la fabrication des couleurs azoïques se divise en deux phases : la préparation des matières premières et la préparation des couleurs proprement dites. La première nécessite des appareils variés et présente souvent des difficultés considérables ; en revanche, une fois les matières premières obtenues dans un état de pureté suffisant, il est généralement très facile de les transformer en couleurs azoïques.

En général, la préparation des couleurs azoïques s'effectue à très basse température, aux environs de 0°. Le liquide où s'opère la diazotation est acide, tandis que la solution du phénol ou de ses dérivés est le plus souvent alcaline. On ajoute peu à peu la liqueur diazoïque à la dissolution de phénol, en ayant soin de toujours maintenir le liquide alcalin, et on laisse la combinaison s'opérer toute seule pendant un temps plus ou moins long ; la réaction étant achevée, on précipite la matière colorante par addition de sel.

Le matériel employé dans la fabrication des couleurs azoïques est fort simple : des cuves en bois superposées, munies d'agitateurs mécaniques en bois, où s'effectuent les réactions, des filtres-presses pour la filtration des produits fabriqués et des étuves de dessiccation.

Il faut autant que possible éviter l'intervention des métaux, qui ternissent souvent les nuances. Nous indiquerons dans le cours de cet article quelques appareils types servant à la fabrication et nous donnerons, comme exemple, le plan général d'un atelier de fabrication des couleurs azoïques (voyez Roccelline).

Le nombre des corps azoïques employés indus-

sistant au savon, *jaune de thiazol, substituts d'orseille.*

Les matières premières qui interviennent dans la fabrication de ces couleurs sont les suivantes : nitrite de sodium, aniline, acide sulfurique fumant, dinitrobenzène, diméthylaniline, acide sulfanilique, diphénylamine, acide m-sulfanilique, acide p-toluidine-sulfonique, acide m-amidobenzoïque, acide naphtionique, nitraniline, acides naphtylamine-sulfoniques.

Nous allons décrire tout d'abord la préparation de ces matières premières, puis nous passerons à la fabrication des couleurs proprement dites.

Préparation des matières premières

Nous ne parlerons pas ici de la fabrication de l'acide sulfurique fumant, qui a été déjà décrite dans le Dictionnaire.

En revanche, le nitrite de sodium servant exclusivement à la fabrication des couleurs azoïques et ayant acquis une très grande importance, nous nous en occuperons avec quelque détail.

Fabrication du nitrite de sodium. — Le seul procédé employé actuellement pour la fabrication du nitrite de sodium consiste dans la réduction du nitrate par le plomb métallique. Il se forme ainsi du nitrite et de l'oxyde de plomb :

$$Az\,O^3Na + Pb = Pb\,O + Az\,O^2Na.$$

Ces quantités correspondent à 85 de nitrate pour 207 de plomb ; on emploie toujours 15 0,0 d'excès de plomb pour arriver à des masses riches en nitrite.

L'opération s'exécute dans des marmites en fonte chauffées à feu nu et munies d'agitateurs mécaniques. La figure 123 représente une chaudière à nitrite, pour une charge de 100-125 kilogr. de nitrate. On introduit peu à peu le plomb dans le nitrate fondu et maintenu à une température modérée. Au bout de 10-12 heures, l'opération est terminée. On jette la masse encore chaude dans l'eau provenant des lavages des litharges des opérations précédentes, et on épuise la masse à plusieurs reprises par l'eau bouillante.

La litharge est soumise à un broyage dans des meules horizontales et à un lavage pour enlever les dernières traces de nitrite.

Les liqueurs renferment encore de notables quantités de plomb à l'état de plombate de sodium provenant d'une action plus avancée de l'oxygène du nitrate sur le plomb, la soude caustique étant fournie par le nitrate lui-même. Il est de toute nécessité d'enlever ce plomb pour obtenir un produit marchand, car le nitrite plombifère donnerait lieu, dans la fabrication des couleurs azoïques, à la formation de laques plombiques insolubles, qui seraient une cause de perte et qu'il est important d'éviter. L'élimination de ce plomb s'effectue par un courant d'acide carbonique, qui sature la soude caustique et qui détermine la formation d'un précipité de carbonate de plomb.

La solution ainsi obtenue renferme du nitrite de sodium, du nitrate inaltéré et du carbonate de sodium. Ce dernier sel doit être également éliminé, car il s'opposerait à la cristallisation et à l'obtention d'un produit à haut titre, tel que le demande aujourd'hui l'industrie des couleurs

Fig. 123. — Chaudière pour la préparation du nitrite de sodium.

triellement étant très considérable, nous nous contenterons d'indiquer pour la plupart d'entre eux le mode de formation et les propriétés les plus caractéristiques.

Quant à la fabrication des matières premières, elle sera décrite au fur à mesure de leur intervention dans la fabrication des couleurs.

MATIÈRES COLORANTES AMIDOAZOÏQUES.

La catégorie des matières colorantes amidoazoïques comprend les corps suivants : *jaune d'aniline, jaune solide sulfoconjugué, chrysoïdine, brun Bismarck, orangé III, orangé IV, jaune de métanile, jaune solide N, jaune ré-*

azoïques. On arrive à ce résultat en saturant la liqueur avec précaution par l'acide nitrique étendu, de manière à éviter toute formation de vapeurs nitreuses provenant de la décomposition du nitrite, et à transformer le carbonate de sodium en nitrate.

La solution est alors évaporée jusqu'à cristallisation ; le sel qui se dépose par le refroidissement est essoré et séché sur des plaques de fonte chauffées doucement à feu nu. Les eaux mères sont évaporées à siccité et le sel fondu est employé dans une nouvelle opération, où il remplace une partie du nitrate.

Quant à la litharge obtenue comme produit accessoire, elle est transformée en plomb métallique par les procédés usuels, ou convertie en minium par un passage dans un four d'oxydation.

Dosage du nitrite de sodium. — Il est de la plus grande importance pour le fabricant de matières colorantes de connaître exactement le titre en acide nitreux du nitrite qu'il emploie. On a proposé plusieurs méthodes de dosage : la seule exacte est celle de M. Lunge. Elle repose sur l'oxydation de l'acide nitreux par une dissolution titrée de permanganate de potassium. Le nitrite est ajouté peu à peu à une dissolution étendue et acide de permanganate de potassium, chauffée vers 40-50°. De cette manière, le permanganate se trouvant toujours en excès, on n'a pas à craindre de perdre de l'acide nitreux par volatilisation.

On emploie généralement une dissolution demi-normale de permanganate de potassium, correspondant à 0,027636 de fer ou à 1,017039 de nitrite de sodium.

On introduit de 20 à 40 centimètres cubes de dissolution de permanganate dans un ballon, on acidifie fortement par l'acide sulfurique et on chauffe vers 40°. On ajoute ensuite jusqu'à décoloration, au moyen d'une burette graduée en dixièmes de centimètre cube, une dissolution à 2 0/0 du nitrite à analyser.

FABRICATION DE L'ANILINE. — Cette fabrication a été décrite Suppl., 1, 151. On n'y a apporté depuis que des modifications insignifiantes. Les appareils sont toujours des cylindres verticaux, dont la partie inférieure, la plus sujette à l'attaque par l'acide chlorhydrique, peut être remplacée après usure.

La réduction s'effectue par la fonte et l'acide chlorhydrique. Après son achèvement, on rend le liquide alcalin par addition de chaux et on distille dans un courant de vapeur d'eau.

L'eau chargée d'aniline sert à alimenter le générateur spécial qui fournit la vapeur d'eau pour la distillation. De cette manière, on n'a pas besoin d'ajouter de sel pour décanter l'aniline et on ramène les pertes au minimum possible. L'aniline se fabrique actuellement en quantités véritablement colossales. Elle est en effet le point de départ d'une foule d'autres matières premières de l'industrie des couleurs artificielles.

DINITROBENZÈNE. — Le dinitrobenzène se prépare par l'action d'un mélange d'acides sulfurique et nitrique sur le benzène.

Dans un appareil en fonte muni d'un agitateur mécanique, on fait couler dans 120 kilogr. de nitrobenzène un mélange de 100 kilogr. d'acide nitrique à 40° et de 150 kilogr. d'acide sulfurique à 66°. On agite pendant quelque temps et, au besoin, on chauffe légèrement pour achever la réaction. Le nitrobenzène se transforme ainsi nettement en dérivé dinitré.

On soutire le dinitrobenzène encore chaud et liquide et on l'introduit dans un appareil de lavage, semblable à celui qui sert pour le nitrobenzène et qui est rempli d'eau chaude pour maintenir le produit en fusion. Lorsqu'on juge le lavage suffisant, on décante le produit dans des marmites en fonte et on l'abandonne au refroidissement.

On obtient ainsi le dinitrobenzène, sous la forme d'une masse cristalline fusible à 85°.

DIMÉTHYLANILINE. — La diméthylaniline se prépare toujours pour la majeure partie par l'action du chlorhydrate d'aniline sur un mélange d'aniline et d'alcool méthylique.

Nous donnerons les détails d'une opération industrielle, qui diffère notablement, par sa marche et par les proportions, de ce qui a été dit Suppl., 1, 156.

On emploie un autoclave cylindrique en fonte non émaillée, épaisse de 10 centimètres, d'un diamètre de 50 à 60 centimètres et de 90 centimètres de profondeur. Le couvercle de l'appareil, solidement boulonné sur la chaudière, est muni d'une soupape de sûreté réglée à 30 atmosphères et d'un manomètre fixé dans l'orifice par lequel on introduit les matières. La charge d'un appareil est la suivante :

Aniline......................	75 kilogr.
Alcool méthylique............	75 —
Chlorhydrate d'aniline........	25 —

La quantité totale d'aniline mise en jeu est donc de 93 kilogr. et celle de l'acide chlorhydrique de 7 kilogr. L'alcool méthylique est en excès de 17 0/0 sur le chiffre théorique. Cet excès n'est du reste pas perdu ; il se retrouve en majeure partie inaltéré à la fin de l'opération et rentre en fabrication.

L'alcool méthylique employé doit être surtout exempt d'acétone.

L'appareil plonge dans un bain d'huile chauffé à feu nu. On règle le feu de manière à avoir dans le bain d'huile une température supérieure à 200° et on observe le manomètre qui indique la marche de l'opération.

La préparation dure 15 heures ; la température s'élève jusque vers 240° et la pression atteint 27-28 atmosphères. On reconnaît la fin de l'opération à ce que, la température restant stationnaire dans le bain d'huile, le manomètre commence à baisser.

Ce procédé, grâce à la petite quantité d'acide chlorhydrique qu'il met en jeu, permet d'obtenir une diméthylaniline exempte de dérivés du toluène ; en effet, l'acide chlorhydrique favorise singulièrement les migrations moléculaires et le passage de la série du benzène dans celle du toluène ou même du xylène.

Lorsque l'opération est achevée, on laisse refroidir l'autoclave pendant 30 ou 36 heures ; on laisse échapper les gaz par la soupape de sûreté, on dévisse le manomètre et on le remplace par un tube qui plonge jusqu'au fond de l'autoclave : d'autre part, on fait arriver par un autre tube de l'air comprimé à la surface du liquide, qui est ainsi chassé hors de l'autoclave et conduit dans un entonnoir à robinet de grandes dimensions. On décante le liquide aqueux qui renferme du chlorhydrate de diméthylaniline, et on le sature par la soude, ce qui donne une nouvelle quantité de base, inférieure comme pureté au produit de premier jet. Le liquide alcalin, soumis à la distillation, fournit une nouvelle quantité de diméthylaniline d'une qualité encore inférieure. Les eaux chargées de diméthylaniline servent à dissoudre la soude caustique pour une nouvelle opération.

La diméthylaniline de première décantation, quoique suffisamment pure pour la fabrication des violets, renferme encore une certaine quantité de monométhylaniline. La purification de la diméthylaniline est fondée sur la basicité plus accentuée de la monométhylaniline comparée à celle de la diméthylaniline. Un battage avec une quantité insuffisante d'acide sulfurique retiendra donc surtout la monométhylaniline et n'attaquera la base diméthylée que quand l'amine secondaire aura été complètement fixée. Nous verrons plus loin que la séparation de l'o- et de la p-toluidine est fondée sur des propriétés analogues.

Voici donc dans les grandes lignes le mode opératoire employé : Dans une barque doublée en plomb et munie d'un agitateur à palettes de grande surface, on introduit 200 kilogr. de diméthylaniline de première décantation et 20 kilogr. d'acide sulfurique à 10 0/0. On agite pendant 2 heures et on décante l'huile, qui est constituée par de la diméthylaniline pure ; la liqueur acide est saturée par la soude et la base entraînée par un courant de vapeur d'eau.

Si l'on veut obtenir une diméthylaniline tout à fait exempte de monométhylaniline, on fait bouillir le produit avec une petite quantité d'acide acétique cristallisable ; les dernières traces de monométhylaniline sont transformées ainsi en acétylméthylaniline : on lave à l'eau et l'on soumet l'huile à une distillation qui fournit de la diméthylaniline chimiquement pure.

Les bases plus ou moins fortement chargées de monométhylaniline obtenues lors de la purification sont employées telles quelles dans la fabrication des violets, où on achève de les méthyler, après analyse, à l'aide du chlorure de méthyle en présence de soude caustique.

Analyse de la diméthylaniline. — La diméthylaniline dite *pour vert* est chimiquement pure ; elle distille en effet en totalité dans l'intervalle d'un demi-degré. La diméthylaniline *pour violet* n'a pas besoin d'être aussi pure ; elle renferme généralement de 2 à 5 0/0 de monométhylaniline. Une méthode d'analyse commode, qui peut être employée quand l'amine à examiner est relativement pauvre en monométhylaniline, repose sur l'action de l'anhydride acétique sur l'amine secondaire, tandis que ce réactif n'attaque pas l'amine tertiaire. La formation de l'acétylméthylaniline $C^6H^5-Az(CH^3)(COCH^3)$ est accompagnée d'un dégagement de chaleur. C'est la mesure de l'élévation de température qui sert de base à la méthode analytique en question. L'opération s'effectue dans un simple tube à essai : au moyen d'un tableau dressé avec des produits purs, on arrive à une détermination à peu près exacte de la teneur du produit en amine secondaire.

Une autre méthode plus rigoureuse repose sur la formation de nitrosamine : On dissout 30 grammes de l'amine à analyser dans 80 grammes d'acide chlorhydrique additionnés de 500 centimètres cubes d'eau. On refroidit avec de la glace et on ajoute une solution aqueuse de 38 grammes de nitrite de sodium. Au bout d'une heure, on épuise par l'éther, on évapore le dissolvant et on sèche la nitrosamine $C^6H^5 . Az(AzO)(CH^3)$ sur l'acide sulfurique concentré. Le poids de la nitrosamine obtenue, multiplié par 0,786, donne la quantité de monométhylaniline contenue dans l'amine à analyser.

FABRICATION DE LA NITRANILINE. — En traitant l'acétanilide par l'acide nitrique fumant, on obtient un mélange d'o-nitro- et de p-nitroacétanilide, dans lequel la dernière domine si on opère à basse température.

Pour préparer un produit riche en p-dérivé, on dissout 10 kilogr. d'acétanilide dans 40 kilogr. d'acide sulfurique à 66°, on refroidit le liquide à — 10° et on ajoute peu à peu et en agitant 6 kilogr. d'acide nitrique (d = 1,48), en ayant soin de ne jamais dépasser la température de + 5° ; on laisse reposer pendant quelques heures et on précipite en versant le liquide dans 200 litres d'eau. On filtre, on lave et on emploie le produit tel quel à l'état de pâte.

Une seconde méthode consiste à ajouter du nitrate d'aniline sec à de l'acide sulfurique concentré et fortement refroidi.

Le nitrate d'aniline se prépare en saturant exactement l'aniline par l'acide nitrique concentré. Il convient d'opérer avec précaution et en refroidissant le récipient par un courant d'eau, afin d'éviter une trop forte élévation de température. En refroidissant aux environs de 0°, lorsque la saturation a été effectuée, une grande partie du nitrate d'aniline cristallise ; les eaux mères sont traitées par la soude jusqu'à réaction alcaline et l'aniline est entraînée par un courant de vapeur d'eau. Les cristaux de nitrate sont essorés et séchés à la température ordinaire. Cette opération n'est pas exempte de dangers. Il survient quelquefois une inflammation spontanée, qui ne tarde pas à se propager dans toute la masse. On arrive à éviter cet accident en conservant un léger excès d'aniline et en ventilant fortement l'espace dans lequel on effectue le séchage.

Le nitrate d'aniline une fois obtenu à l'état sec, on l'ajoute peu à peu à 5-6 parties d'acide sulfurique à 66° fortement refroidi. L'acide nitrique du nitrate, mis en liberté, nitre le sulfate d'aniline ; on se trouve ainsi, si on maintient la température basse, dans les meilleures conditions pour avoir une nitraniline riche en dérivé para, puisqu'on opère avec des acides aussi privés d'eau que possible.

La nitration une fois terminée, on verse dans l'eau et on achève la purification comme il a été dit plus haut.

La nitraniline sert à préparer les substituts d'orseille.

FABRICATION DES TOLUIDINES. — La préparation industrielle du nitrotoluène et des toluidines a été indiquée Dict., 2, 464. Le rendement en nitrotoluène est inférieur à celui du nitrobenzène, qui est à peu de chose près le rendement théorique. La perte dans la nitration du toluène est de 6 0/0 environ, en raison de la formation de produits secondaires, tels que nitrocrésylols, etc.

En général, le rendement en produit nitré diminue au fur et à mesure que le poids moléculaire augmente, les chaînes latérales reliées au noyau benzénique ayant une tendance de plus en plus marquée à être oxydées par l'acide nitrique du mélange nitrifiant.

Lorsqu'on nitre le toluène par un mélange d'acides sulfurique et nitrique, on obtient un toluène nitré dans lequel le dérivé ortho domine de beaucoup. Aussi la toluidine liquide obtenue par réduction du nitrotoluène renferme-t-elle 34 0/0 de p-toluidine et 66 d'o-toluidine. En variant les conditions de la nitration dans des limites assez étendues, on n'arrive pas à augmenter la production du p-dérivé. La toluidine ainsi obtenue est avec avantage mélangée à de l'aniline pour constituer le mélange à fuchsine. Ce mode d'opérer est préférable à celui qui consiste à nitrer un mélange de toluène et de benzène, car il est difficile d'analyser un mélange des trois alcaloïdes. En revanche, le dosage des quantités relatives d'o- et de p-toluidine dans un mélange des deux isomères n'offre point de difficulté.

On est arrivé dans ces derniers temps à effectuer d'une manière assez satisfaisante la séparation de l'o- du p-nitrotoluène ; en effet, ce dernier est solide et fond à 54°, tandis que l'o-nitrodérivé ne se solidie pas à — 20°. En refroidissant donc jusque vers — 20° le mélange nitré, on voit se déposer les trois quarts du p-nitrotoluène à l'état solide ; on essore à froid et on passe ensuite à la presse hydraulique.

On sépare industriellement l'o- de la p-toluidine par des traitements à l'acide sulfurique étendu, qui retient de préférence la p-toluidine, douée d'une basicité supérieure. L'opération s'exécute dans un cylindre vertical en tôle doublé de plomb : on introduit la toluidine brute, et on ajoute la quantité d'acide sulfurique nécessaire pour saturer seulement la p-toluidine. On fait passer un courant de vapeur d'eau dans l'appareil ; l'o-toluidine non salifiée est entraînée, tandis que la p-toluidine reste dans l'appareil à l'état de sulfate.

Le liquide distillé est analysé, et traité une seconde fois par l'acide sulfurique et la vapeur d'eau. En répétant encore une fois ces opérations, on arrive à obtenir une o-toluidine qui ne renferme pas plus de 1-2 0/0 du p-dérivé.

Le résidu solide provenant des diverses distillations est constitué par le sulfate de p-toluidine : on l'additionne de soude caustique et on distille la p-toluidine par un courant de vapeur d'eau ; on recueille ce produit et on le soumet à une pression énergique. On arrive ainsi à obtenir de la p-toluidine suffisamment pure pour les besoins de l'industrie.

Analyse de la toluidine. — L'analyse de la toluidine commerciale s'exécute suivant la méthode de M. Rosenstiehl modifiée par M. Lorenz. Cette méthode repose sur l'insolubilité de l'oxalate de p-toluidine dans l'éther. Le mode opératoire est le suivant : On prépare une dissolution de 3 grammes d'acide oxalique dans 1 litre d'éther anhydre et bien exempt d'alcool ; d'autre part, on dissout $0^{gr},25$ de p-toluidine pure dans 60 centimètres cubes d'éther et on ajoute peu à peu la dissolution d'acide oxalique, jusqu'à ce qu'un fragment de papier de tournesol bleu rougisse au bout d'un certain temps de contact (10-20 secondes) avec le liquide. On a ainsi le titre de la solution d'acide oxalique exprimée en p-toluidine. On opère alors d'une manière analogue avec $0^{gr},2$ ou $0^{gr},3$ de la toluidine à analyser et on arrive par tâtonnements à déterminer à 1 millième près la teneur en p-toluidine.

Malgré son caractère empirique, cette méthode fournit d'excellents résultats au bout d'un certain temps d'exercice. Il faut toujours employer le même papier de tournesol et préparer soi-même la liqueur titrée, qu'il faut naturellement, à raison de la volatilité de l'éther, contrôler assez souvent. L'examen de la couleur du papier de tournesol doit également être fait toujours après le même nombre de secondes. Ces précautions, quelque minutieuses qu'elles paraissent, sont cependant faciles à observer dans la pratique.

Fabrication de la diphénylamine,

$$C^6H^5 - AzH - C^6H^5.$$

— La préparation de la diphénylamine s'exécute toujours par l'action de l'aniline sur le chlorhydrate d'aniline, et les procédés n'ont guère été modifiés depuis la publication de l'article paru Suppl., 1. 162.

Fabrication de l'acide sulfanilique,

$$C^6H^4 \left\langle \begin{matrix} SO^3H_{(1)} \\ AzH^2_{(4)} \end{matrix} \right.$$

— On préparait anciennement l'acide sulfanilique en chauffant de l'aniline avec de l'acide sulfurique plus ou moins chargé d'anhydride : ce procédé est très défectueux : il donne lieu à la destruction d'une partie de l'aniline employée.

On opère actuellement en partant du sulfate d'aniline et on applique un des deux procédés suivants.

Procédé dit à la plaque. — On commence par préparer du sulfate d'aniline en faisant couler par mince filet 200 kilogr. d'aniline dans un mélange bouillant de 400 litres d'eau et de 140 ki-

logr. d'acide sulfurique à 60° B. Pendant l'opération, on agite fortement le liquide ; on abandonne ensuite au repos jusqu'au lendemain. Le magma ainsi obtenu est exprimé, séché et réduit en poudre. Les eaux mères servent à une seconde opération.

Dans une caisse en tôle chauffée à feu nu, ayant 1 mètre de large sur 1 mètre de long et 30 centimètres de profondeur, on introduit 28 kilogr. d'acide sulfurique à 66° et 80 kilogr. de sulfate d'aniline sec. On chauffe fortement au début, et, dès que la matière commence à se fluidifier, on la brasse constamment à l'aide d'un râble en fer.

Bientôt la masse devient tout à fait liquide et l'eau se dégage en déterminant une vive ébullition dans la masse. On modère alors le feu jusqu'à ce que la masse commence à redevenir épaisse ; puis on active le feu en agitant constamment et avec beaucoup de soin. Au bout de 1 heure la masse finit par se solidifier entièrement ; l'opération est terminée. On enlève le produit, on le jette dans l'eau bouillante et on élimine l'excès d'acide sulfurique en passant par le sel de calcium ; le sulfate de calcium formé

Fig. 124 — Filtre à vide pour retenir le sulfate de calcium résidu de la préparation des acides sulfoniques.

A, bâche rectangulaire en tôle dans laquelle on amène le produit à filtrer. — *a b*, plaque de tôle perforée, recouverte d'une toile, qui retient la matière solide. — B, réservoir recueillant le liquide filtré. — R, robinet pour évacuer le liquide. — K, éjecteur à vapeur faisant le vide en B après introduction en A de la matière à filtrer.

entraîne les impuretés. En additionnant le liquide de carbonate de sodium, on forme le sulfanilate de sodium dans un état suffisant de pureté. Le rendement est de 88 0/0 du rendement théorique.

Procédé au four. — Dans un four analogue à un four de boulanger, on dispose des caisses prismatiques en tôle contenant chacune 8 kilogr. d'aniline et 5 kilogr. d'acide sulfurique à 66°. On chauffe le four en maintenant la température à 185-190°. La réaction est la suivante :

$$C^6H^5.AzH^2 + SO^4H^2 = H^2O + C^6H^4 \left\langle \begin{matrix} AzH^2 \\ SO^3H \end{matrix} \right.$$

En d'autres termes, comme dans le cas précédent, c'est le sulfate acide d'aniline qui, sous l'influence de la chaleur, subit une déshydration, accompagnée de la migration du groupe SO^3H dans le noyau benzénique.

Cette réaction est des plus nettes, et le rendement atteint 95 0/0 du rendement théorique.

Fabrication de l'acide m-sulfanilique,

$$C^6H^4 \left\langle \begin{matrix} SO^3H_{(1)} \\ AzH^2_{(3)} \end{matrix} \right.$$

— Pour préparer ce composé, il faut suivre une voie détournée et partir du nitrobenzène.

Dans une marmite en fonte chauffée au bain-marie, on introduit 3 parties d'acide sulfurique fumant à 24 0/0 d'anhydride et 1 partie de nitrobenzène. On chauffe à 100° pendant 8 ou 10 heures, en maintenant le mélange aussi intime que possible par une agitation énergique; lorsque la sulfoconjugaison est achevée, on verse dans l'eau et on ajoute de la tournure de fonte. L'hydrogène naissant transforme alors l'acide m-nitrobenzène-sulfonique en acide m-amidobenzène-sulfonique. On prélève de temps en temps un échantillon sur la masse; la réduction est achevée quand une goutte de liquide, versée sur du papier à filtre, ne donne plus d'auréole jaune. Le liquide est saturé par la chaux, passé au filtre-presse, et le sel de calcium est transformé en sel sodique par double décomposition avec le carbonate de sodium. On évapore la liqueur dans

Fig. 125. — Chaudière à double fond, chauffée à la vapeur.
La vapeur arrive par le robinet latéral et l'eau de condensation s'écoule par le robinet inférieur.

une chaudière à double fond, chauffée à la vapeur (fig. 125).

Le rendement atteint 90-95 0/0 du rendement théorique.

Dosage de l'acide m-sulfanilique. — Le dosage de l'acide m-sulfanilique repose sur sa transformation en dérivé diazoïque. On emploie pour cela une dissolution titrée de nitrite de sodium renfermant 69 grammes de nitrite réel par litre. D'autre part, on prend une quantité déterminée de l'acide sulfanilique ou du sulfanilate à doser; on y ajoute dans ce dernier cas de l'acide sulfurique pour mettre l'acide sulfanilique en liberté, et on refroidit avec de la glace. On ajoute au liquide, qui tient l'acide sulfanilique en suspension, de la solution normale de nitrite, jusqu'à ce qu'une goutte de la liqueur bleuisse un papier préparé à l'amidon et à l'iodure de potassium. Tant qu'il y a, en effet, de l'acide sulfanilique non diazoté dans la liqueur, il ne peut y avoir d'acide nitreux libre.

Par un calcul très simple, on arrive à connaître la quantité d'acide sulfanilique contenu dans le produit à analyser; 173 d'acide sulfanilique équivalent à 69 de nitrite

Cette méthode s'applique également à l'acide naphtionique, et en général aux dérivés amidés de la série aromatique.

FABRICATION DE L'ACIDE M-AMIDOBENZOÏQUE,

$$C^6H^4 \diagup \begin{matrix} AzH^2_{(1)} \\ CO^2H_{(3)} \end{matrix}$$

On prépare l'acide m-nitrobenzoïque en ajoutant un mélange de nitrate de sodium et d'acide benzoïque en quantités équimoléculaires à un grand excès d'acide sulfurique concentré; on achève la réaction en chauffant légèrement. On verse alors dans l'eau, on lave à l'eau froide et on épuise le produit par l'eau bouillante : l'acide benzoïque seul se dissout et cristallise par le refroidissement. Le produit insoluble est constitué par un mélange des trois acides nitrobenzoïques dans lequel le m-dérivé domine.

L'acide nitrobenzoïque sert à la préparation du *jaune résistant au savon*; pour cela on le transforme en dérivé amidé, par le zinc en poudre et l'acide chlorhydrique à chaud. Il convient d'agiter fortement le mélange pour réduire complètement le dérivé nitré.

FABRICATION DE L'α-NAPHTYLAMINE. — L'α-naphtylamine se prépare par l'action des agents réducteurs sur le nitronaphtalène. Cette opération s'exécute en grand d'après les procédés suivants :

On part du naphtalène pur, fusible à 79° et bouillant à 216-217°. Ce naphtalène doit en outre satisfaire aux conditions suivantes : fondu en un petit cylindre et exposé à l'air sur une plaque en verre, il doit s'évaporer en quelques jours sans laisser de résidu et en demeurant blanc jusqu'à complète évaporation; 1 gramme de naphtalène chauffé dans un tube à essai, à 170-200°, avec de l'acide sulfurique concentré et pur, ne doit donner qu'une légère coloration grise; une coloration rouge indique un naphtalène à rejeter.

L'appareil de nitration se compose d'un cylindre en fonte, muni en son milieu d'un couvercle à charnière. La partie fixe est surmontée d'un long tube de dégagement, dont la partie inférieure est chauffée par un manchon de vapeur, et qui a pour but de faire refluer à l'état liquide le naphtalène qui se sublime pendant l'opération.

L'appareil (fig. 126) est muni d'un robuste agitateur à ailettes inclinées à 45° et d'un double fond dans lequel on peut faire circuler de l'eau.

On charge le récipient avec 600 kilogr. de mélange acide provenant d'une opération précédente, 200 kilogr. d'acide nitrique à 40° et 200 kilogr. d'acide sulfurique à 66°. On donne à l'agitateur un mouvement lent, de façon à brasser doucement et complètement la masse, et on ajoute peu à peu 250 kilogr. de naphtalène finement pulvérisé. L'hydrocarbure est attaqué immédiatement : on règle l'addition et le courant d'eau du double fond de manière à avoir à l'intérieur une température de 45-50°. L'opération dure une journée. On vide l'appareil, par le robinet situé à la partie inférieure, dans des bacs en bois doublés en plomb, où on l'abandonne au refroidissement.

Le nitronaphtalène surnage d'abord à l'état d'huile; par le refroidissement, il se prend en une masse cristalline; on décante le liquide acide et on fait bouillir le nitronaphtalène avec de l'eau pour enlever l'excès d'acide; finalement on granule le produit en agitant constamment et en provoquant la solidification à l'aide d'un courant d'eau froide.

On peut également fondre au bain-marie le nitronaphtalène brut et y ajouter 10 0/0 de cumène ou de pétrole léger; on obtient ainsi une huile restant longtemps liquide, qu'on peut filtrer et même dessécher en la chauffant avec du chlorure de calcium; si l'on abandonne la dissolution à elle-même, on la voit se prendre peu à peu, en une masse formée d'aiguilles enchevêtrées. Si on exprime le produit sous une presse hydraulique, le dissolvant s'écoule en entraînant une partie du nitronaphtalène. On le régénère en entraînant la

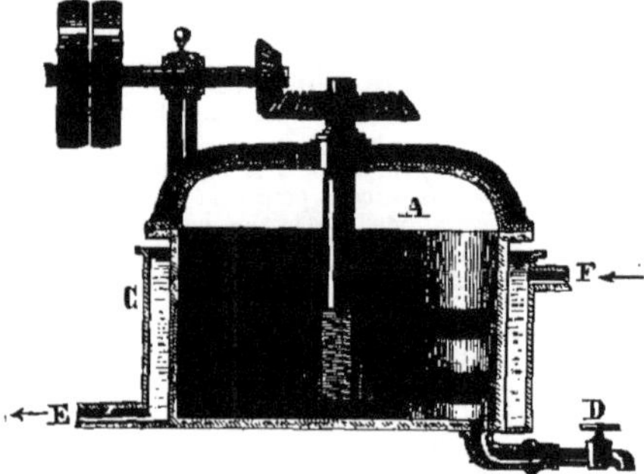

Fig. 126. — Appareil pour préparer le nitronaphtalène.

A, chaudière à réaction. — B, agitateur. — C, enveloppe dans laquelle on fait circuler de l'eau. — F, arrivée de l'eau. — E, sortie de l'eau. — D, robinet servant à évacuer le produit de la réaction.

matière volatile par un courant de vapeur d'eau. Quant au tourteau, il se transforme facilement en une poudre cristalline jaune, formée de nitronaphtalène pur.

La réduction du nitronaphtalène s'effectue, comme pour le nitrobenzène, avec le fer et l'acide chlorhydrique. Pour 600 kilogr. de nitronaphtalène on emploie 800 kilogr. de tournure de fer et 40 kilogr. d'acide chlorhydrique. On mélange le fer et l'acide chlorhydrique additionné d'une certaine quantité d'eau, et on ajoute peu à peu le nitronaphtalène, après avoir au préalable légèrement chauffé le mélange réducteur. La réaction est énergique et accompagnée d'un vif dégagement de chaleur; on règle l'addition de nitronaphtalène de manière que les parois extérieures de l'appareil soient à la température de 37-40°, ce qui correspond à une température intérieure de 50°. Lorsque l'addition de nitronaphtalène est achevée, on fait marcher l'agitateur encore pendant 6 ou 8 heures.

La température est maintenue aux environs de 50° par un courant de vapeur d'eau, arrivant dans l'appareil par l'axe de l'agitateur, qui est creux. On reconnaît la fin de la réduction en prélevant un échantillon de la masse et en la soumettant à la distillation.

Le liquide distillé doit être entièrement soluble dans l'acide chlorhydrique. Lorsque la réaction est achevée, on ajoute 50 kilogr. de chaux à l'état de lait de chaux, on agite fortement pour mélanger complètement la masse et on vide l'appareil.

Dans la réduction du nitronaphtalène, l'agent réducteur est probablement le chlorure ferreux formé en premier lieu, qui, en agissant sur une certaine quantité de nitronaphtalène, passe à l'état de chlorure ferrique basique, d'après l'équation

$$24\,FeCl^2 + 4\,C^{10}H^7 . AzO^2 + 4\,H^2O$$
$$= 12\,Fe^2Cl^4O + 4\,C^{10}H^7 . AzH^2.$$

Le chlorure basique ainsi formé est réduit aux dépens du fer métallique qui est employé en grand excès, et transformé en oxyde magnétique avec régénération du chlorure ferreux entré en réaction :

$$12\,Fe^2Cl^4O + 9\,Fe = 3\,Fe^3O^4 + 24\,FeCl^2.$$

Le produit de réduction est une masse semi-

solide; on l'introduit dans des caisses plates en tôle, que l'on chauffe fortement dans une cornue à étages.

On facilite beaucoup la distillation en faisant arriver dans le haut de la cornue une certaine quantité de vapeur qui s'est préalablement surchauffée au contact des gaz du foyer. Les vapeurs sont conduites dans de larges serpentins en fer, qui plongent dans de l'eau qu'on maintient à 60° pour éviter une obstruction par suite de la solidification de la naphtylamine.

On obtient ainsi une huile brune, mêlée d'une certaine quantité d'eau; par le refroidissement, le produit se solidifie. On le soumet à une pression énergique et on le rectifie. La naphtylamine commerciale est grise, douée d'une odeur très désagréable, et presque chimiquement pure.

La préparation de l'α-naphtylamine est loin de donner, comme celle de l'aniline, par exemple, le rendement théorique. En effet, lors de la distillation, la présence des oxydes de fer détermine une perte par oxydation, d'autant plus que la naphtylamine distille assez difficilement et à une température relativement élevée, et qu'il est difficile d'éviter parfois des surchauffes qui sont une cause de destruction du produit.

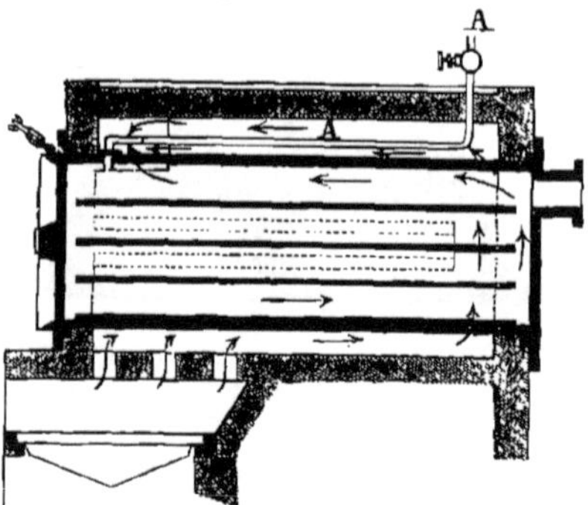

Fig. 127. — Cornue à étages pour distiller l'α-naphtylamine. (Coupe verticale suivant la longueur.)

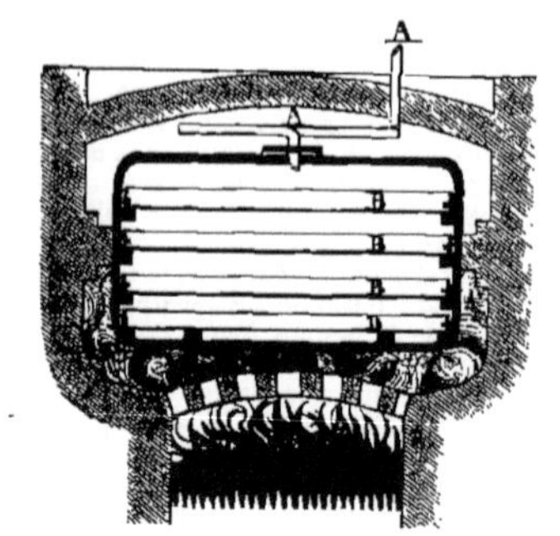

Fig. 128. — Cornue à étages pour distiller l'α-naphtylamine. (Coupe verticale suivant la largeur.)

B, cuvettes en tôle recevant le produit à distiller. — A, tuyau d'arrivée de la vapeur.

FABRICATION DE LA β-NAPHTYLAMINE. — La β-naphtylamine ne peut pas être préparée directement par la réduction du dérivé nitré; celui-ci ne se forme pas par l'action de l'acide nitrique sur le naphtalène. Pour la fabriquer industriellement, on utilise l'action de l'ammoniaque sur le β-naphtol.

Dans un autoclave en fonte on introduit de l'ammoniaque aqueuse à 28° B. ; si l'on chauffe l'appareil, le gaz ammoniac distille et se rend dans un second autoclave qui renferme de la chaux caustique, où il se dessèche ; le gaz se rend ensuite dans un troisième autoclave chauffé à 150–160° et qui renferme du β-naphtol. La réaction entre l'ammoniaque et le β-naphtol est lente et se reconnaît à l'abaissement graduel de la pression ; il se forme de la β-naphtylamine et une certaine quantité de la base secondaire :

$$C^{10}H^7.\,OH + AzH^3 = H^2O + C^{10}H^7.\,AzH^2,$$

$$2\,C^{10}H^7.\,OH + AzH^3 = 2\,H^2O + \genfrac{}{}{0pt}{}{C^{10}H^7}{C^{10}H^7}\!\!>\!AzH.$$

La quantité de base secondaire formée est d'autant plus grande que la température a été plus élevée et que la réaction a duré plus longtemps. Au bout de 3 jours environ, la moitié du β-naphtol est entrée en réaction.

On traite le produit par la soude caustique, qui dissout le naphtol inattaqué ; le résidu est épuisé par l'acide chlorhydrique étendu et la solution précipitée par la soude caustique : la β-naphtylamine ainsi obtenue est filtrée, lavée et fondue.

Quant à la β-dinaphtylamine $(C^{10}H^7) AzH$, elle est insoluble dans l'acide chlorhydrique.

On peut opérer d'une manière un peu différente en employant un sel ammoniacal, tel que le chlorure.

On mélange avec soin

    100 kilogr. de β-naphtol,
    40   —   de soude caustique,
    40   —   de chlorure d'ammonium,

et on chauffe ce mélange pendant 60-70 heures à 150-160° dans un autoclave en fonte.

L'ammoniaque à l'état naissant réagit comme il a été dit plus haut ; on reprend par l'eau, qui dissout le chlorure de sodium et le naphtol non entré en réaction, et on purifie le produit par l'acide chlorhydrique comme dans le premier procédé.

Cette réaction est générale et permet d'obtenir les amines secondaires à radicaux divers, par exemple la phényl-α-naphtylamine

$$C^6H^5 - Az - C^{10}H^7$$

avec l'aniline et l'α-naphtol ; la p-crésyl-α-naphtylamine

$$\underset{AzH_{(\alpha)} - C^{10}H^7}{\overset{CH^3}{\bigcirc}}$$

avec l'α-naphtol et la p-toluidine, et la *p-crésyl-β-naphtylamine*

$$CH^3 - C^6H^5 - AzH - C^{10}H^7$$

avec la p-toluidine et le β-naphtol.

Seulement ici la séparation des produits formés est quelque peu différente. L'amine employée en excès est enlevée par l'acide chlorhydrique étendu. Le résidu renferme le naphtol non attaqué, l'amine secondaire et un peu d'amine tertiaire provenant d'une action plus avancée. On le traite par la soude caustique, qui enlève le naphtol. La partie insoluble, formée principalement d'amine secondaire, est purifiée par cristallisation dans un dissolvant approprié, tel que l'alcool, le benzène et le toluène, ou par la distillation fractionnée.

Si, enfin, dans l'action de l'ammoniaque sur le β-naphtol, on remplace ce dernier par ses acides sulfonés ou mieux par les sels ammoniacaux de ces derniers, la réaction est facilitée et fournit, au lieu d'α- ou de β-naphtylamine, des dérivés sulfonés de ces bases.

Nous choisirons comme exemple la préparation de l'acide β-naphtylamine-sulfonique 2.6, en partant de l'acide β-naphtol-monosulfonique de Schaeffer.

On chauffe en autoclave pendant 24 heures, à 180°, 60 kilogr. de β-naphtol-monosulfonate d'ammonium avec 12 kilogr. d'hydrate de calcium (chaux éteinte) et 60 litres d'eau. La masse est dissoute dans 50 litres d'eau bouillante et le liquide filtré est additionné d'acide chlorhydrique : l'acide β-naphtylamine-sulfonique se précipite ; on filtre à chaud, on lave et on dessèche le produit.

L'acide ainsi obtenu est le dérivé sulfoné le plus important de la β-naphtylamine.

Nous allons ci-dessous donner la nomenclature, ainsi que les formules de structure et le mode de préparation sommaire des principaux acides sulfonés des deux naphtylamines utilisés dans l'industrie des matières colorantes. Quoique ces corps servent de matières premières pour la préparation des couleurs azoïques appartenant à des catégories diverses et non aux seules couleurs amidoazoïques, il paraît préférable, pour plus de clarté, de les décrire tous à cette même place.

DÉRIVÉS SULFONÉS DE L'α-NAPHTYLAMINE. — *Acide α-naphtylamine-sulfonique* 1.2,

$$AzH^2$$
$$SO^3H$$

— On prépare ce corps en chauffant à 200–250° un naphtionate.

On l'obtient également en traitant par l'ammoniaque l'acide α-naphtol-sulfonique de Schaeffer. L'acide en question se distingue de ses isomères par sa grande solubilité dans l'eau. Son dérivé diazoïque est cristallisé en lamelles d'un jaune verdâtre, peu solubles dans l'eau. L'eau bouillante le décompose, en donnant naissance à l'acide α-naphtolsul-fonique de Schaeffer.

Acide α-naphtylamine-sulfonique 1.4,

$$AzH^2$$
$$SO^3H$$

— Cet isomère est le plus anciennement connu : c'est l'*acide naphtionique* de Piria. Il joue un rôle des plus importants dans l'industrie des couleurs azoïques.

La préparation industrielle de l'acide naphtionique s'effectue de la manière suivante : Dans une chaudière en fonte à double fond, munie d'un agitateur mécanique, on introduit 300 kilogr. d'acide sulfurique à 66° ; on met l'agitateur en mouvement et on projette peu à peu 75 kilogr. d'α-naphtylamine concassée titrant 98 0/0 de produit pur. La naphtylamine s'unit à l'acide sulfurique avec un dégagement de chaleur qui maintient la masse dans un état de fluidité suffisant ; il faut même parfois faire circuler de l'eau froide dans la double paroi, afin d'éviter que la température ne s'élève au-dessus de 100°; l'opération dure environ 8 heures. Quand la température tend à baisser, on remplace le courant d'eau par un courant de vapeur et on maintient à 100° pendant 8 heures environ. On reconnaît la fin de l'opération au moyen d'une prise d'échantillon qui, versée dans l'eau et saturée par la

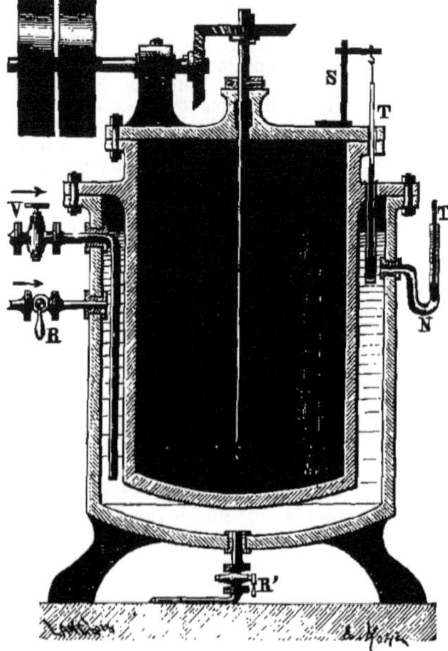

Fig. 129. — Appareil pour la préparation de l'acide naphtionique.

A, A, agitateurs en fer. — A', A', barres en fer, fixées au couvercle de l'appareil et servant à diviser la masse. — V, arrivée de vapeur. — R, arrivée d'eau. — N, siphon. — T, T, thermomètres. — S, support du thermomètre. — R', robinet d'évacuation de l'eau.

soude caustique, ne doit plus donner qu'un léger trouble. On transforme ainsi complètement la naphtylamine en dérivé monosulfonique sans former d'acide disulfonique.

Le liquide obtenu est chassé par l'air com-

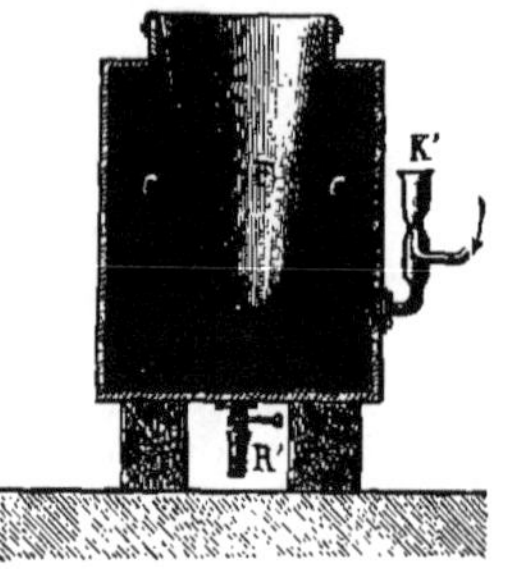

Fig. 130. — Filtre à vide.

F, filtre-poche en laine ou en toile. — c c, caisse rectangulaire étanche, en bois nu ou doublé de plomb. — K', éjecteur pour faire le vide dans la caisse. — R', robinet d'évacuation du liquide filtré.

primé dans une cuve en bois contenant 1000 litres d'eau; l'acide naphtionique, insoluble dans l'eau acide, se sépare et gagne le fond de la cuve.

Le lendemain, on décante le liquide et on jette la pâte d'acide napthionique sur des filtres-poches en laine. On laisse égoutter et on lave ensuite avec la moindre quantité d'eau possible. L'acide naphtionique ainsi obtenu se présente sous la forme d'une pâte grisâtre, d'autant plus claire que la naphtylamine employée était plus pure.

Pour l'emploi, il faut transformer cet acide naphtionique en sel de sodium, ce qu'on exécute en le dissolvant dans 1000 litres d'eau bouillante renfermant la quantité nécessaire de carbonate de sodium.

Si on emploie de la naphtylamine impure, il est nécessaire de purifier le composé sulfoconjugué en passant par le sel de calcium.

Le rendement en acide naphtionique atteint 95 0/0 du rendement théorique.

Acide α-naphtylamine-sulfonique L (1.5),

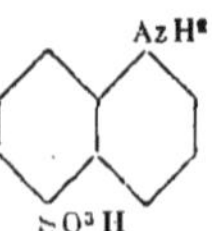

— Ce corps, dont l'emploi en industrie est assez restreint, se prépare par l'action de l'acide sulfurique fumant à froid sur l'α-naphtylamine.

Fondu avec de la soude caustique, il se transforme en amidonaphtol 1.5.

Acide α-naphtylamine-sulfonique S (1.8),

— On prépare ce composé en nitrant d'abord l'acide naphtalène-α-sulfonique : le produit nitré, soumis à la réduction, se transforme en un mélange de plusieurs acides naphtylamine-sulfoniques, qu'on sépare par des cristallisations fractionnées de leurs sels de sodium. Le sel de l'acide 1.8 est le moins soluble et s'obtient facilement à l'état de pureté. Par fusion avec la soude caustique, il fournit l'amidonaphtol correspondant 1.8.

Acide α-naphtylamine-ε-disulfonique (1.3.8),

— Ce corps est le plus important des acides disulfoniques de l'α-naphylamine. Il sert comme matière première pour la préparation de l'acide α-naphtoldisulfonique ε. On le prépare de la manière suivante : A 20 kilogr. de naphtalène on ajoute, en agitant constamment et en refroidissant, 100 kilogr. d'acide sulfurique fumant à 23 0/0 d'anhydride; le naphtalène se dissout peu à peu; on ajoute à cette dissolution, soigneusement refroidie avec de la glace, 14 kilogr. d'acide nitrique à 45° B. Après achèvement de la réaction, on verse dans 1000 litres d'eau et on sature par la chaux; on filtre, on évapore et on réduit le liquide par le fer et l'acide sulfurique. On ajoute de nouveau de la chaux pour précipiter le fer, et on filtre; le sel de calcium est transformé en sel de sodium, et le liquide évaporé jusqu'à cristallisation. Par le refroidissement, il se sépare le sel de sodium de l'acide 1.4.8 : on filtre et on acidifie le liquide par l'acide chlorhydrique en excès : le sel acide de sodium de l'acide naphtylamine-disulfonique 1.3.8 se sépare. Pour l'obtenir à l'état pur, on le dissout dans 5 parties d'eau bouillante et on abandonne la dissolution à la cristallisation : par le refroidissement, il se sépare des cristaux renfermant

$$C^{10}H^5 \diagdown \begin{matrix} \diagup AzH^2 \\ - SO^3H \\ \diagdown SO^3Na \end{matrix} + H^2O.$$

Acide α-naphtylamine-disulfonique S (1.4.8),

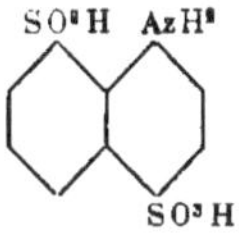

— On a indiqué plus haut le mode de préparation de ce composé, qui prend naissance en même temps que l'acide 1.3.8.

Acide α-naphtylamine-disulfonique 1.2.5,

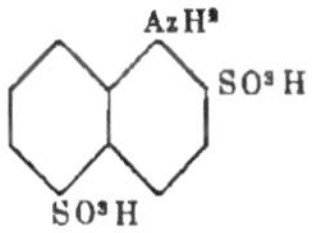

— On prépare ce corps en traitant par l'acide sulfurique fumant l'acide α-naphtylamine-monosulfonique 1.2.

DÉRIVÉS SULFONÉS DE LA β-NAPHTYLAMINE. — *Acide β-naphtylamine-monosulfonique* 2.6,

— Cet acide s'obtient en chauffant à 250° du sulfate acide de β-naphtylamine, ou plus avantageusement par l'action de l'ammoniaque sur l'acide β-naphtol-sulfonique de Schaeffer. La préparation a été décrite plus haut.

Cet acide est le dérivé sulfoné le plus important de la β-naphtylamine.

Acide β-naphtylamine-sulfonique 2.7,

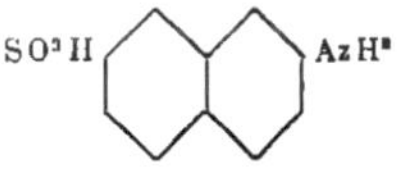

— Ce corps se forme par l'action de l'ammoniaque sur l'acide correspondant du β-naphtol (acide F).

On l'obtient encore en sulfoconjuguant la β-naphtylamine à 170-180° avec un excès d'acide sulfurique.

Acide β-naphtylamine-disulfonique R (2.3.6),

— On le prépare par l'action de l'ammoniaque sur l'acide disulfonique du β-naphtol, dit *sel R*, dont on décrira plus loin la préparation.

Il n'est pas nécessaire de faire intervenir la pression pour opérer la transformation du phénol en amine : il suffit de chauffer le produit à haute température dans un courant de gaz ammoniac.

Voici comment on opère : Dans un cylindre horizontal en fer, muni d'un agitateur robuste et entouré d'une enveloppe formant bain d'air ou bain d'huile, on introduit le β-naphtol-disulfonate de sodium R. On met l'agitateur en mouvement et on fait passer un courant lent de gaz ammoniac bien sec, dès que l'intérieur du cylindre a atteint une température de 200-250°. Comme l'absorption de l'ammoniaque n'est pas complète, on peut mettre plusieurs appareils à la suite les uns des autres et absorber à la fin l'excès d'ammoniaque par l'eau ou par une dissolution de chlorure de calcium.

Le produit obtenu est dissous dans l'eau, et l'acide β-naphtylamine-disulfonique R est précipité par addition d'acide chlorhydrique.

Cette transformation des acides naphtol-sulfoniques en acides naphtylamine-sulfoniques, sans faire intervenir la pression, est générale. Les acides monosulfoniques réagissent toutefois plus difficilement, et à une température plus élevée que les dérivés polysulfoniques. Ces derniers, portés à une température trop élevée, ont une tendance à mettre de la β-naphtylamine en liberté.

Préparation des couleurs amidoazoïques.

JAUNE SOLIDE OU JAUNE ACIDE. — Le jaune d'aniline, décrit Dict., 1, 327, est constitué par l'amidoazobenzène ou plutôt par son chlorhydrate $HCl . AzH^2 - C^6H^4 - Az = Az - C^6H^5$. Ce corps n'est plus utilisé comme matière colorante ; en revanche, il sert comme point de départ pour l'obtention de quelques matières colorantes tétrazoïques et du *jaune acide*, qui n'est autre chose que le sel de sodium de son dérivé disulfoné,

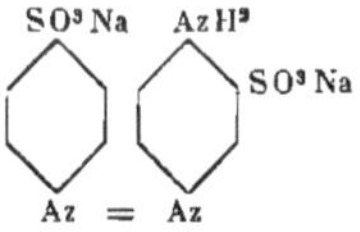

Nous décrirons successivement :

1° La préparation de l'amidoazobenzène et de ses sels ;

2° La préparation du jaune acide proprement dit.

La figure 131 donne un plan d'ensemble d'un atelier pour la préparation de l'amidoazobenzène.

1. *Préparation de l'amidoazobenzène.* — Dans des marmites en fonte émaillée munies d'agitateurs en bois, on introduit 80 kilogr. d'aniline pure et 28 kilogr. d'acide chlorhydrique ; on refroidit extérieurement avec de la glace jusqu'à 4° environ ; on ajoute 10 kilogr. de glace et en une seule fois 25 kilogr. d'une dissolution de nitrite de sodium à 33 0/0 : la température s'élève rapidement à 42° ; on l'y maintient pendant 1 heure et on abandonne ensuite le mélange à lui-même pendant la nuit. On prend un échantillon sur la masse et on l'additionne d'acide chlorhydrique et d'eau bouillante : il ne doit se produire aucune effervescence.

La réaction qui donne lieu à la formation de l'amidoazobenzène a lieu en deux phases. Il se forme en premier lieu du diazoamidobenzène,

$$C^6H^5 - Az = Az - AzH - C^6H^5,$$

qui, sous l'influence de la chaleur, subit une transposition moléculaire et se transforme en amidoazobenzène. Or le premier de ces corps est

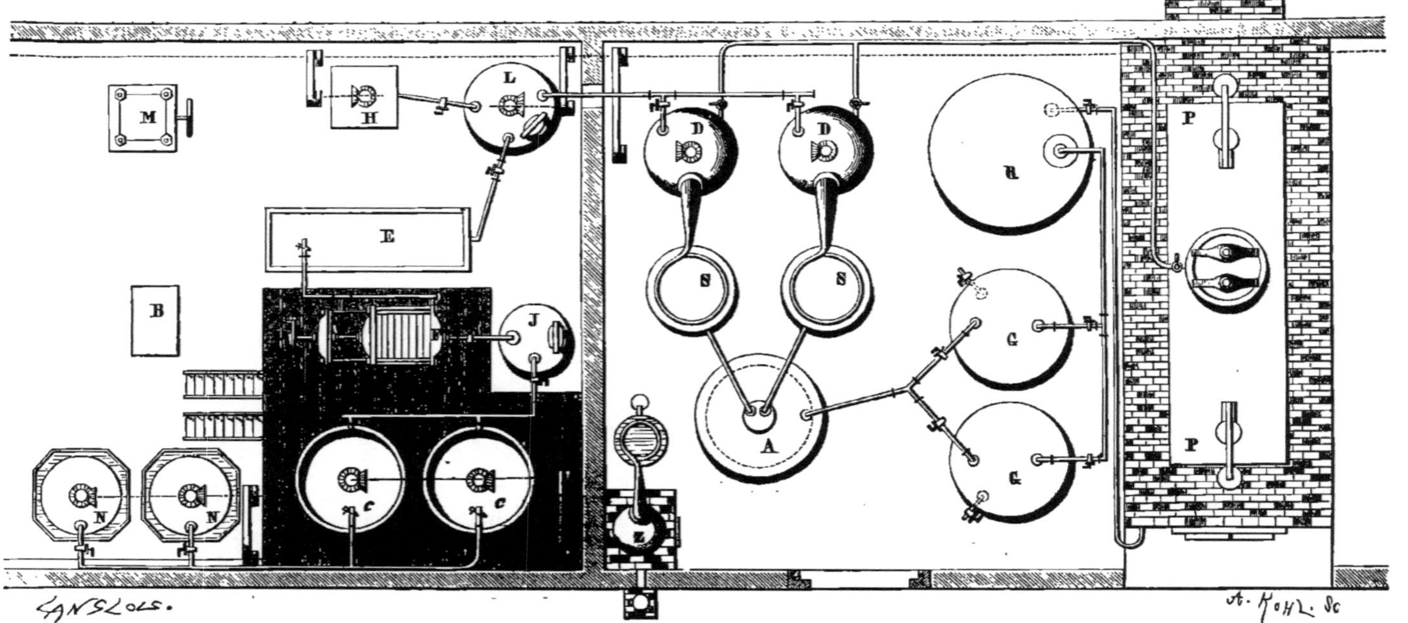

Fig. 131. — Plan d'un atelier pour la fabrication de l'amidoazobenzène.

N, N, marmites en fonte émaillée munies d'agitateurs mécaniques et plongeant dans des bacs en bois contenant de la glace. — c c, cuves en bois à agitateur mécanique pour la fabrication du chlorhydrate ou du sulfate d'amidoazobenzène. — J, monte-jus à air comprimé. — F, filtre-presse. — E, réservoir pour les eaux chargées de sel d'aniline. — L, monte-jus dans lequel s'effectue la saturation des eaux chargées de chlorhydrate d'aniline. — H, récipient en tôle pour la fabrication du lait de chaux. — M, presse à main. — B, bascule. — D, D, appareils pour entraîner l'aniline par la vapeur d'eau. — S, S, serpentins réfrigérants. — A, monte-jus recevant le produit de la distillation à la vapeur d'eau. — G, G, décanteurs d'aniline. — R, Réservoir pour les eaux de décantation servant à alimenter le générateur de vapeur PP. — PP, générateur de vapeur. — T, cheminée. — Z, appareil chauffé à feu nu pour la rectification de l'aniline.

instable et est décomposé par l'eau bouillante avec dégagement d'azote, tandis que l'amido-azobenzène est stable et résiste parfaitement à l'action de l'eau bouillante.

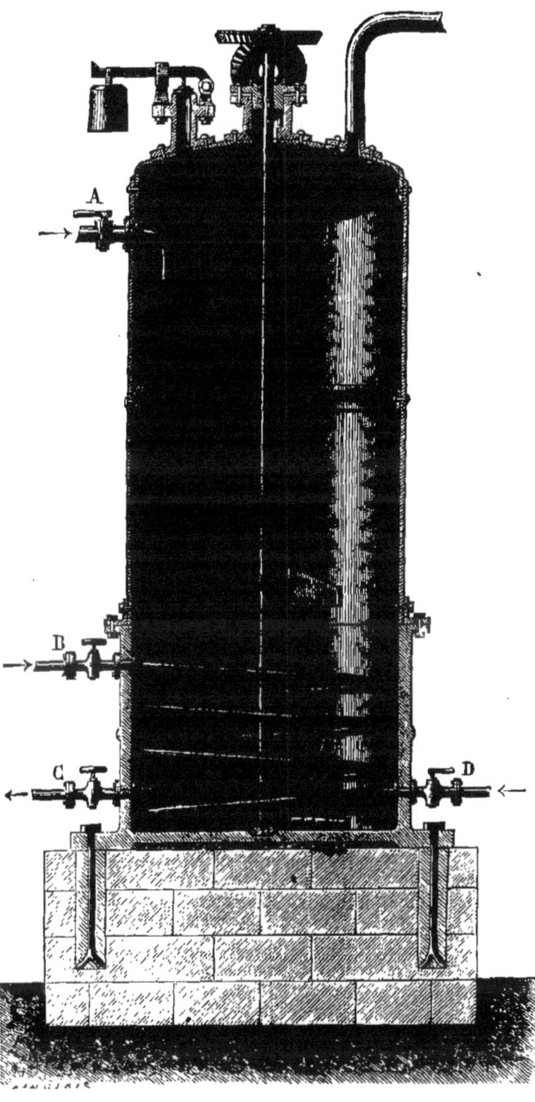

Fig. 132. — Appareil distillatoire pour la régénération de l'aniline.

A, arrivée des eaux chargées de sel d'aniline. — B, arrivée de la vapeur dans le serpentin clos qui sert à chauffer le liquide. — C, sortie de l'eau de condensation du serpentin. — D, arrivée de la vapeur provenant de la chaudière alimentée par les eaux d'aniline (voyez fig. 131) dans le serpentin percé de trous situé à la partie inférieure de l'appareil.

Dans cette opération, 20 kilogr. seulement d'aniline prennent part à la réaction; le reste agit comme dissolvant et modère la réaction, qui sans cela serait violente et donnerait un produit en grande partie décomposé. Il est en effet impossible d'opérer industriellement sans excès d'alcaloïde.

La réaction étant achevée, il est nécessaire de séparer l'amidoazobenzène de l'excès d'aniline. L'opération s'exécute d'une manière un peu différente, suivant que l'on veut isoler l'amidoazobenzène à l'état libre, à l'état de chlorhydrate ou à l'état de sulfate.

Pour obtenir la base libre, on sature l'acide chlorhydrique contenu dans le mélange et on distille l'aniline non entrée en réaction, au moyen d'un courant de vapeur d'eau, dans un appareil distillatoire approprié (fig. 132). On laisse refroidir : l'amidoazobenzène insoluble dans l'eau est passé au filtre-presse, lavé et séché à l'étuve. Le produit se présente sous la forme d'une poudre jaunâtre, insoluble dans l'eau : le rendement est de 20 kilogr. au lieu de 21^{kgr},2, qui représentent le rendement théorique.

Si, comme c'est plus fréquemment le cas, on veut obtenir l'amidoazobenzène à l'état de sulfate, on ajoute le produit de la réaction précédente à une dissolution bouillante de 55 kilogr. d'acide sulfurique à 60° dans 500 litres d'eau. On opère dans les cuves cc (fig. 131) : le sulfate d'amidoazobenzène se précipite, tandis que le sulfate d'aniline reste en dissolution. Au moyen du monte-jus J, on passe la liqueur bouillante au filtre-presse F et on lave 2 fois à l'eau bouillante : les eaux de lavage servent à étendre l'opération suivante. On lave ensuite à froid jusqu'à ce que les eaux de lavage rendues alcalines ne se colorent plus par l'hypochlorite de sodium.

Les eaux chargées de sulfate d'aniline sont sursaturées par la chaux dans le monte-jus L, qui reçoit le lait de chaux préparé dans la cuve à agitateur H; le liquide est alors refoulé dans les appareils distillatoires D, D, et l'aniline est entraînée par un courant de vapeur d'eau.

Quant au sulfate d'amidoazobenzène, on l'exprime à la presse M, on le sèche et on le pulvérise. Il se présente alors sous la forme d'une poudre jaune clair. Le rendement est de 25 kilogr.

Enfin, pour obtenir le chlorhydrate d'amidoazobenzène, on verse le produit de l'opération dans 200 litres d'eau froide additionnés de 96 kilogr. d'acide chlorhydrique; on filtre, on lave à l'eau froide le précipité de chlorhydrate et on régénère l'aniline comme précédemment. On obtient ainsi 24 kilogr. de chlorhydrate d'amidoazobenzène sous la forme d'une poudre d'un gris d'acier.

Les eaux chargées d'aniline qui se sont condensées dans les serpentins S, S sont recueillies dans un monte-jus A et chassées ensuite dans les décanteurs G, G. L'aniline tombe au fond. L'eau surnageante est recueillie dans le réservoir R : elle contient de 2 à 3 0/0 d'aniline et sert à alimenter le générateur PP. Quant à l'aniline décantée en G, elle est soumise à une rectification dans l'appareil distillatoire Z.

Sulfoconjugaison de l'amidoazobenzène. — Cette opération s'effectue au moyen d'acide sulfurique fumant. Dans une marmite en fonte émaillée, munie d'un agitateur, on introduit 120 kilogr. d'acide sulfurique fumant à 25 0/0 d'anhydride; on ajoute ensuite peu à peu, en refroidissant l'appareil extérieurement au moyen d'un courant d'eau froide, 30 kilogr. de sulfate d'amidoazobenzène bien sec : l'opération dure environ 8 heures; lorsqu'elle est bien conduite, la température ne doit pas s'élever au-dessus de 30°. On chauffe ensuite à 55° pendant 12 heures, jusqu'à ce qu'une prise d'essai se dissolve entièrement dans l'eau alcaline. On verse le liquide dans 1000 litres d'eau, on isole l'acide sulfoconjugué à l'état de sel de sodium en passant par le sel de calcium suivant les procédés usuels.

30 kilogr. de sulfate d'amidoazobenzène donnent ainsi 49 kilogr. de *jaune solide*.

Le jaune solide est une poudre jaune, soluble en jaune dans l'eau; l'addition d'acide chlorhydrique colore la dissolution aqueuse en orangé; la soude est sans action. L'acide sulfurique concentré dissout la matière colorante, en donnant une liqueur d'un jaune brun, qui vire à l'orangé par addition d'eau.

Cette substance teint les fibres animales en jaune clair et constitue la matière première pour la préparation de certaines couleurs bisazoïques, comme on le verra plus loin.

Jaune solide R. — Ce corps est constitué par le dérivé sulfonique de l'amidoazotoluène,

$$\begin{array}{c} SO^3Na \\ CH^3 \end{array} \Big\rangle \, C^6H^3 - Az = Az - C^6H^2 \Big\langle \begin{array}{c} CH^3 \\ AzH^2 \\ SO^3Na \end{array}$$

On le prépare comme le corps précédent, en remplaçant l'aniline par l'o-toluidine.

C'est une poudre d'un jaune brun, soluble en jaune dans l'eau; l'acide chlorhydrique fait virer sa dissolution au rouge fuchsine; la soude caustique et l'acide sulfurique concentré agissent comme sur le jaune solide. Les nuances fournies par le jaune solide R sont plus rouges que celles fournies par le jaune solide ordinaire.

Chrysoïdines — On donne le nom de *chrysoïdines* aux matières colorantes d'un brun orangé qu'on obtient par l'action des dérivés diazoïques des monamines aromatiques sur les m-diamines.

La *chrysoïdine* proprement dite s'obtient par l'action du chlorure de diazobenzène sur la m-phénylène-diamine. C'est donc du diamidoazobenzène dissymétrique :

$$\text{⟨⟩} \; Az = Az \; \text{⟨⟩} \begin{array}{c} AzH^2 \\ AzH^2 \end{array}$$

La fabrication de la chrysoïdine est très simple : On prépare d'abord une dissolution de chlorure de diazobenzène, en dissolvant 9 parties d'aniline dans 22 parties d'acide chlorhydrique étendu de 10 fois son poids d'eau. Ce mélange est additionné de glace, de manière à amener sa température aux environs de 0°; on ajoute alors peu à peu 21 parties d'une dissolution de nitrite de sodium à 33 0/0. Le liquide reste clair et le chlorure de diazobenzène, $C^6H^5 - Az = Az - Cl$, prend naissance instantanément. D'autre part, on a préparé une dissolution de m-phénylène-diamine avec 18 parties de dinitrobenzène (voyez plus loin

Brun Bismarck), et on ajoute la dissolution de chlorure de diazobenzène à la dissolution de phénylène-diamine : il se forme un précipité d'un rouge de sang. On active la précipitation en ajoutant du sel marin. On filtre, on lave à l'eau salée et on dessèche. On peut également purifier ce produit par une cristallisation dans l'eau bouillante.

La chrysoïdine du commerce est un monochlorhydrate, $C^{12}H^{14}Az^4 \cdot HCl$. Elle forme une poudre d'un rouge brun ou des aiguilles noires solubles en brun dans l'eau. Sa dissolution aqueuse, additionnée d'acide chlorhydrique, donne des flocons d'un jaune brun; la soude caustique fournit un précipité d'un brun rouge; avec l'acide sulfurique concentré, on obtient une liqueur d'un jaune brun qui, par addition d'eau, vire au rouge-cerise.

La chrysoïdine teint la laine et la soie en orangé; le coton a besoin d'un mordançage au tannin.

On a mis autrefois dans le commerce des chrysoïdines à nuances plus rougeâtres, obtenues avec les homologues du benzène. Seule la chrysoïdine proprement dite a survécu.

Brun Bismarck ou *brun de phénylène-diamine*. — Cette matière colorante s'obtient en faisant agir l'acide nitreux sur une dissolution aqueuse de m-phénylène-diamine.

Elle est constituée en majeure partie par le tri-amidoazobenzène,

$$AzH^2 - C^6H^4 - Az = Az - C^6H^3 \Big\langle \begin{array}{c} AzH^2 \\ AzH^2 \end{array}$$

Toutefois il est difficile d'assigner au produit obtenu une composition et une formule de structure définies, car il convient de remarquer que, la m-phénylène-diamine renfermant 2 groupes amidogène, et les dérivés diazoïques qui en dérivent pouvant s'unir à leur tour à la m-phénylène-diamine pour donner des corps azoïques, on peut, par le mélange des dissolutions de m-phénylène-diamine et de nitrite de sodium, avoir des corps assez complexes.

On arrive à un corps de structure définie en opérant de la manière suivante : A une dissolution de m-phénylène-diamine, obtenue en réduisant le dinitrobenzène par le zinc et l'acide chlorhydrique, on ajoute la quantité calculée de nitrite de sodium pour former le dérivé bis-diazoïque

$$C^6H^4 \Big\langle \begin{array}{c} Az = Az - Cl \\ Az = Az - Cl \end{array}$$

On ajoute peu à peu ce liquide à une dissolution aussi neutre que possible de 2 molécules de chlorhydrate de phénylène-diamine. Il se forme ainsi le corps

$$C^6H^4 \Big\langle \begin{array}{l} Az = Az - C^6H^3 \Big\langle \begin{array}{c} AzH^2 \cdot HCl \\ AzH^2 \cdot HCl \end{array} \\ Az = Az - C^6H^3 \Big\langle \begin{array}{c} AzH^2 \cdot HCl \\ AzH^2 \cdot HCl \end{array} \end{array}$$

que l'on précipite par addition de sel à la liqueur. En remplaçant la phénylène-diamine par la crésylène-diamine, on obtient un brun à nuance plus rouge.

Les bruns de phénylène-diamine se présentent sous la forme de poudres d'un noir brun, solubles en rouge brun dans l'eau; la soude caustique les précipite en brun.

Ces matières sont douées d'un pouvoir colorant considérable. Elles teignent le coton mordancé au tannin en un beau brun, et servent surtout pour la teinture des velours de coton.

Dérivés azosulfonés du brun Bismarck. — Le brun Bismarck se combine aux dérivés diazoïques sulfonés, en donnant des matières colorantes qui teignent en brun le coton non mordancé.

Les deux dérivés les plus importants sont le produit obtenu par l'acide sulfanilique (*benzobrun J*) et celui dérivé de l'acide naphtionique (*benzobrun B*) :

$$C^6H^4 \begin{cases} Az=Az-C^6H^2(AzH^2)^2-Az=Az-C^6H^4-SO^3Na \\ Az=Az-C^6H^2(AzH^2)^2-Az=Az-C^6H^4-SO^3Na \end{cases}$$

Benzobrun J.

$$C^6H^4 \begin{cases} Az=Az-C^6H^2(AzH^2)^2-Az=Az-C^{10}H^6-SO^3Na \\ Az=Az-C^6H^2(AzH^2)^2-Az=Az-C^{10}H^6-SO^3Na \end{cases}$$

Benzobrun B.

Nous ne décrirons, à titre d'exemple, que la préparation du benzobrun B.

A une dissolution aqueuse de 10 kilogr. de brun Bismarck on ajoute 8,5 kilogr. d'acide diazonaphtionique. On laisse reposer pendant 12 heures, on ajoute du carbonate de sodium jusqu'à réaction alcaline. on fait bouillir, on filtre et on précipite la matière colorante par le sel.

Le benzobrun J se prépare d'une manière analogue, en remplaçant l'acide naphtionique par l'acide sulfanilique.

Les benzobruns sont des poudres d'un brun noir, solubles dans l'eau, solubles en partie dans l'alcool; l'acide chlorhydrique précipite la dissolution aqueuse en brun. Les dissolutions dans l'acide sulfurique concentré sont d'un violet sale et précipitent en brun par l'eau.

Ces matières colorantes teignent le coton, sur bain de sel, en nuances brunes peu résistantes à la lumière.

BRUN POUR PEAU,

$$C^6H^4 \begin{cases} AzH^2 \\ Az=Az \end{cases} \quad C^6H^2 \begin{cases} AzH^2 \\ AzH^2 \end{cases}$$
$$C^6H^4 \begin{cases} Az=Az \\ AzH^2 \end{cases}$$

— On fait agir 2 molécules du dérivé diazoïque de la p-amidoacétanilide sur 1 molécule de m-phénylène-diamine. Il se forme alors le corps ci-dessus, qui, chauffé au bain-marie avec de l'acide chlorhydrique concentré, est saponifié et transformé en brun. Le produit commercial est un chlorozincate. Il est soluble dans l'eau, insoluble dans l'alcool; la solution aqueuse est précipitée en partie par addition d'acide chlorhydrique concentré. La soude caustique précipite la base de la matière colorante, qui se dissout dans l'éther en jaune foncé.

Le brun pour peau ne donne pas de bons résultats dans la teinture du coton et de la laine; il est employé, comme son nom l'indique, exclusivement à la teinture de la peau.

BRUN CACHOU,

$$C^6H^4 \begin{cases} Az=Az-C^6H^3 \begin{cases} AzH^2 \\ Az=Az-C^6H^3(AzH^2)^2 \end{cases} \\ Az=Az-C^6H^3 \begin{cases} Az=Az-C^6H^3(AzH^2)^2 \\ AzH^2 \end{cases} \end{cases} + 6HCl$$

On fait agir le nitrite de sodium sur le brun Bismarck, et on combine le dérivé diazoïque obtenu à 2 molécules de m-phénylène-diamine.

On obtient une poudre d'un brun foncé, soluble en brun dans l'eau et dans l'alcool; additionnée d'acide chlorhydrique ou de soude caustique, la dissolution aqueuse fournit un précipité brun. La dissolution sulfurique est brun-noir; étendue d'eau, elle vire au brun en passant par le rouge; un excès d'eau précipite le liquide en brun.

Cette matière colorante teint en brun le coton non mordancé.

BRUN DE TOLUYLÈNE G. — Ce corps se forme par l'action du dérivé diazoïque de l'acide m-crésylène-diamine-sulfonique sur la m-phénylène-diamine.

C'est une poudre brune, soluble en brun jaune dans l'eau, insoluble dans l'alcool. L'acide chlorhydrique précipite en rouge brun sa dissolution aqueuse; la soude caustique donne un précipité brun.

Le brun de toluylène se dissout en brun rouge dans l'acide sulfurique concentré; cette solution donne par addition d'eau un précipité brun-jaune.

BRUN DE TOLUYLÈNE R. — C'est un corps analogue au précédent; il prend naissance par l'action du dérivé diazoïque de l'acide sulfanilique sur le dérivé sulfonique du brun Bismarck. Ce dernier s'obtient en ajoutant à de l'acide chlorhydrique étendu une solution de m-crésylène-diamine-sulfonate de sodium et de nitrite de sodium.

Le dérivé diazoïque qui prend naissance est combiné en solution acide à la m-phénylène- et à la m-crésylène-diamine.

Il jouit de propriétés analogues au brun de toluylène G.

SUBSTITUTS D'ORSEILLE. — En faisant agir sur les dérivés sulfoniques de l'α- ou de la β-naphtylamine le dérivé diazoïque de la p-nitraniline, ou plutôt d'un mélange de nitranilines dans lequel domine le dérivé para, on obtient des matières colorantes rappelant les extraits d'orseille.

Le premier en date de ces substituts d'orseille est le produit dérivant de la p-nitraniline et de l'acide naphtionique.

On prépare le dérivé diazoïque de la p-nitraniline en ajoutant peu à peu une solution de nitrite de sodium à une dissolution chlorhydrique de p-nitraniline refroidie à 0°; le corps diazoïque formé est versé dans une solution maintenue alcaline de naphtionate de sodium. La matière colorante se forme immédiatement; on la précipite par addition de sel marin.

Nous donnons ci-dessous la formule et les réactions caractéristiques des principaux corps de cette catégorie qu'on trouve dans le commerce.

Substitut d'orseille V,

$$C^6H^4 \begin{cases} AzH^2_{(4)} \\ Az_{(1)}=Az-C^{10}H^5 \begin{cases} AzH^2_{(\beta)} \\ SO^3Na_{(\beta)} \end{cases} \end{cases}$$

Pâte brunâtre, soluble en brun rouge dans l'eau. Par addition d'acide chlorhydrique à la solution aqueuse, il se forme un précipité d'un rouge brun. La soude caustique précipite également la solution; le précipité est soluble dans l'eau. L'acide sulfurique concentré dissout la matière colorante en donnant un liquide d'un rouge fuchsine; par addition d'eau à la dissolution sulfurique, il se forme un précipité d'un rouge brun.

Substitut d'orseille G

$$C^6H^4 \begin{cases} AzO^2_{(4)} \\ Az_{(1)}=Az-C^{10}H^5 \begin{cases} AzH^2_{(\beta)} \\ SO^3Na_{(\beta)} \end{cases} \end{cases}$$

— Poudre d'un rouge brun, soluble en rouge dans l'eau, peu soluble dans l'alcool; l'acide chlorhydrique produit dans la dissolution aqueuse un précipité brun gélatineux; la soude caustique donne un précipité d'un rouge brun; l'acide sulfurique concentré donne une dissolution rouge, qui, étendue d'eau, fournit un précipité gélatineux brun.

Substitut d'orseille 3 VN,

$$C^6H^4 \begin{cases} AzO^2_{(4)} \\ Az=Az_{(1)}-C^{10}H^5 \begin{cases} AzH^2_{(\alpha)} \\ SO^3Na_{(\alpha)} \end{cases} \end{cases}$$

— Poudre brun foncé, soluble dans l'eau, peu soluble dans l'alcool. L'acide chlorhydrique colore sa dissolution en bleu, la soude caustique en brun. La dissolution sulfurique est rouge.

Substitut d'orseille extra,

$$C^6H^4 \overset{\diagup Az\,O^2_{(4)}}{\underset{\diagdown Az_{(1)} = Az_{(\beta)} - C^{10}H^4}{}} \overset{Az\,H^2_{(\alpha)}}{\underset{(SO^3Na)^2}{\lessgtr}}$$

— Poudre brune, soluble en rouge brun dans l'eau. L'acide chlorhydrique colore la solution aqueuse en rouge fuchsine ; la soude caustique forme un précipité brun, soluble dans l'eau. L'acide sulfurique concentré donne une dissolution d'un rouge fuchsine, qui ne change pas de coloration par addition d'eau.

ORANGÉ III. — Ce produit se forme par l'action de l'acide diazosulfanilique sur la diméthylaniline ; il a pour formule

$$SO^3Na - C^6H^4 - Az = Az - C^6H^4 . Az(CH^3)^2.$$

Tandis que la réaction de l'acide diazosulfanilique sur les phénols est instantanée, elle est beaucoup plus lente sur les amines non sulfonées.

Le dérivé diazoïque de l'acide sulfanilique se prépare de la manière suivante : Dans une cuve en bois munie d'un agitateur, on introduit 150 litres d'une solution de sulfanilate de sodium renfermant 20 kilogr. d'acide sulfanilique. On ajoute de la glace de manière à amener la température à 0°, puis 16 kilogr. d'acide sulfurique à 60°. L'acide sulfanilique se sépare à l'état de fine poudre cristalline. On introduit alors en une fois la quantité de nitrite de sodium nécessaire pour transformer l'acide sulfanilique en dérivé diazoïque,

$$C^6H^4 \overset{\diagup SO^3}{\underset{\diagdown Az}{}} \gtrless Az.$$

L'acide sulfanilique commence par se redissoudre ; mais, au bout de quelque temps, la liqueur se trouble et laisse déposer un précipité d'un blanc laiteux, constitué par le dérivé diazoïque. Au bout de 1 heure d'agitation, la réaction est complète.

La pâte d'acide diazosulfanilique est introduite dans une cuve en bois renfermant une dissolution de 13 kilogr. de diméthylaniline dans 100 litres d'alcool. On maintient la température aussi basse que possible pendant quelques heures, et on agite constamment. Lorsque tout l'acide diazosulfanilique a disparu, on jette sur filtre, on lave à l'eau d'abord, puis à l'acide chlorhydrique étendu pour éliminer l'excès de diméthylaniline et on redissout dans le carbonate de sodium.

La dissolution de la matière colorante est précipitée par le sel ; le précipité est filtré et séché à l'étuve.

L'orangé III est une poudre orangée, soluble en orangé dans l'eau ; l'addition d'acide chlorhydrique à la dissolution aqueuse donne une coloration rouge-fuchsine ; la soude caustique produit un précipité orangé, soluble dans un excès d'eau. Sa dissolution dans l'acide sulfurique concentré est brune ; par addition d'eau, elle passe au rouge fuchsine.

L'orangé III n'est guère utilisé en teinture ; il sert dans les laboratoires comme indicateur, à la place du tournesol, sur lequel il présente l'avantage de ne pas être affecté par l'acide carbonique.

ORANGÉ IV. — L'orangé IV dérive de l'union de l'acide diazosulfanilique avec la diphénylamine. Sa formule est

$$C^6H^4 \overset{\diagup SO^3Na_{(\alpha)}}{\underset{\diagdown Az_{(1)} = Az - C^6H^4 - Az\,H - C^6H^5}{}}$$

— On le prépare de la manière suivante :

Dans une marmite émaillée, close et munie d'un agitateur, on dissout, en chauffant vers 35°, 20 kilogr. de diphénylamine dans 200 litres d'alcool. On refroidit jusque vers 10° et on ajoute à cette dissolution l'acide diazosulfanilique provenant de 20 kilogr. d'acide sulfanilique. On agite alors pendant quelques heures jusqu'à disparition du dérivé diazoïque. En saturant l'acide en excès par du carbonate de sodium, on voit l'orangé IV se précipiter. On filtre et on recueille les eaux, qu'on envoie dans une colonne servant à la régénération de l'alcool. Le produit est délayé dans 300-400 litres d'eau, et distillé dans un courant de vapeur d'eau qui en extrait l'alcool qu'il contient. On précipite l'orangé par addition de sel, on filtre et on sèche à l'étuve. On obtient ainsi 42 kilogr. d'orangé.

L'orangé IV forme des lamelles orangées, solubles dans l'eau. L'acide chlorhydrique précipite l'acide libre

$$C^6H^4 \overset{\diagup SO^3H}{\underset{\diagdown Az = Az - C^6H^4 - Az\,H - C^6H^5}{}}$$

sous la forme d'une poudre violette. La soude caustique précipite en jaune la dissolution aqueuse. Cette matière colorante se dissout en violet dans l'acide sulfurique concentré ; par addition d'eau, on obtient un précipité violet.

L'orangé IV est une matière colorante donnant de belles nuances jaunes, résistant très bien aux agents atmosphériques.

JAUNE INDIEN (citronine). — Cette matière colorante est le produit de l'action de l'acide nitrique sur l'orangé IV. Sa composition n'est pas connue avec certitude. C'est probablement un mélange de nitrodiphénylamine et d'orangé nitré. Sa préparation s'effectue de la manière suivante : On dissout 25 kilogr. d'orangé IV et 12ᵏᵍʳ,5 de nitrate de sodium dans 100 litres d'eau bouillante ; on ajoute en mince filet, au liquide bouillant, 25 kilogr. d'acide sulfurique à 60° dilué dans son poids d'eau : la réaction est accompagnée d'un dégagement de vapeurs nitreuses. On verse le produit dans 200 litres d'eau. La matière colorante se précipite ; on filtre, on lave et on dissout dans l'ammoniaque étendue et bouillante ; on précipite par le sel, on passe au filtre-presse et on sèche le produit à l'étuve. On obtient ainsi environ 30 kilogr. de jaune indien.

Cette matière colorante constitue une poudre d'un jaune d'ocre, soluble en jaune dans l'eau, surtout à chaud. Par addition d'acide chlorhydrique à la dissolution aqueuse, on observe une coloration brunâtre d'autant plus intense qu'on a ajouté plus d'acide ; la soude caustique donne une coloration d'un brun jaune. Le jaune indien se dissout dans l'acide sulfurique concentré en donnant une liqueur d'un rouge fuchsine ; en étendant d'eau la solution, on voit se produire une coloration orangée, qui fait bientôt place à un précipité brun-jaunâtre.

Le jaune indien teint la laine et la soie en nuances beaucoup plus claires que l'orangé IV.

JAUNE DE MÉTANILE. — Le jaune de métanile est analogue à l'orangé IV. On l'obtient en remplaçant, dans la préparation de ce dernier, l'acide sulfanilique par l'acide aniline-m-sulfonique, dont on a indiqué plus haut la préparation.

Il constitue une poudre d'un jaune brun, soluble en orangé dans l'eau. L'acide chlorhydrique ajouté à la dissolution aqueuse la colore d'abord en rouge fuchsine et détermine ensuite la formation d'un précipité ; la soude caustique est sans action sur la dissolution aqueuse. Le jaune de métanile se dissout en violet dans l'acide sulfurique concentré ; par addition d'eau, le liquide vire au rouge fuchsine.

Le jaune de métanile teint les fibres animales en nuances plus jaunes que l'orangé IV.

Jaune bromé. — Par l'action du brome sur l'orangé IV et sur le jaune de métanile, on obtient, au point de vue de la nuance des produits formés, le même résultat que par la nitration. Les réactions sont plus nettes et le produit obtenu d'une nuance plus pure. Le jaune bromé le plus important est celui qui dérive du jaune de métanile.

On le prépare de la manière suivante : On dissout 100 kilogr. de jaune de métanile dans 1000 litres d'eau renfermant en dissolution 20 kilogr. de bromate de sodium et 65 kilogr. de bromure de sodium; on ajoute alors à la dissolution 180 kilogr. d'acide sulfurique, qui, en réagissant sur le mélange de bromate et de bromure, donne du brome à l'état naissant :

$$5\,NaBr + BrO^3Na + 6\,SO^4H^2$$
$$= 6\,SO^4HNa + 3\,H^2O + 3\,Br^2.$$

Le brome réagit à son tour sur la matière colorante pour donner le jaune bromé.

Jaune solide N. — Le jaune solide N se prépare par l'action du dérivé diazoïque de l'acide p-toluidine-o-monosulfonique sur la diphénylamine; sa formule est donc

$$C^6H^3 - \begin{array}{l} CH^3_{(1)} \\ SO^3Na_{(3)} \\ Az_{(4)} = Az - C^6H^4 - AzH - C^6H^5 \end{array}$$

C'est une poudre orangée, soluble en jaune dans l'eau; l'addition d'acide chlorhydrique à la liqueur aqueuse produit un précipité d'un bleu d'acier. L'acide sulfurique concentré dissout la matière colorante en vert bleu; la liqueur précipite par addition d'eau.

Jaune résistant au savon. — Ce corps s'obtient par l'action du dérivé diazoïque de l'acide m-amidobenzoïque sur la diphénylamine; sa formule est donc

$$C^6H^4 \begin{array}{l} CO^2Na \\ Az = Az_{(1)} - C^6H^4 - AzH_{(4)} - C^6H^5 \end{array}$$

Le produit commercial constitue une pâte brune, peu soluble dans l'eau; l'addition d'acide chlorhydrique à la solution aqueuse détermine une coloration d'un violet rouge; l'acide sulfurique concentré donne une liqueur violette qui, étendue d'eau, vire au rouge fuchsine.

Jaune de thiazol. — Cette matière colorante a la formule suivante :

$$CH^3_{(4)} - C^6H^3 \begin{array}{l} Az_{(1)} \\ S_{(3)} \end{array} C_{(4)} - C^6H^3 \begin{array}{l} SO^3Na \\ Az_{(1)} \end{array}$$

$$CH^3_{(4)} - C^6H^3 \begin{array}{l} S_{(3)} \\ Az_{(1)} \end{array} C_{(4)} - C^6H^3 \begin{array}{l} AzH - Az \\ SO^3Na \end{array}$$

En chauffant de la p-toluidine avec du soufre à 170°, on obtient une thiobase qui, par l'acide sulfurique fumant, se transforme en un acide sulfonique.

Ce dernier, converti en dérivé diazoïque, est susceptible de se combiner à une deuxième molécule de l'acide thiosulfonique pour donner le jaune de thiazol.

Le jaune de thiazol est une poudre jaune, soluble en jaune dans l'eau et dans l'alcool. Par addition d'acide chlorhydrique à la dissolution aqueuse, on obtient un précipité orangé; la soude caustique colore la solution en la précipitant. L'acide sulfurique concentré donne une liqueur jaune-brun, que l'addition d'eau ne précipite pas.

Le jaune de thiazol teint le coton non mordancé, sur bain de savon, en un beau jaune verdâtre, qui malheureusement n'est guère stable à la lumière.

MATIÈRES COLORANTES OXYAZOÏQUES.

Les matières colorantes oxyazoïques sont certainement les plus importantes des couleurs azoïques. Un des types les plus simples de cette classe de corps est l'*orangé II*,

$$SO^3Na_{(4)} - C^6H^4 - Az_{(1)} = Az - C^{10}H^6 . OH_{(\beta)},$$

obtenu par l'action du dérivé diazoïque de l'acide sulfanilique sur le β-naphtol.

Les matières premières qui servent à la préparation des couleurs oxyazoïques sont principalement les naphtols, ainsi que leurs dérivés sulfoniques, et quelques amines complexes dont nous parlerons lors de la description des matières colorantes auxquelles elles peuvent donner naissance. Nous ne nous occuperons donc pour le moment que de la préparation des dérivés sulfoniques du naphtalène et des oxynaphtalènes (naphtols, dioxynaphtalènes, etc.).

Dérivés sulfonés du naphtalène. Naphtols. — La théorie prévoit l'existence de deux dérivés sulfoniques du naphtalène. Ces deux corps sont préparés industriellement et servent à la fabrication des deux naphtols isomériques.

On sait que le dérivé α se forme surtout à basse température, ou lorsqu'on emploie un excès de naphtalène; à une température plus élevée, il se transforme en dérivé de la β-série.

Pour préparer l'acide naphtalène-α-sulfonique, on chauffe vers 40-50° 100 kilogr. de naphtalène avec 75 kilogr. d'acide sulfurique à 66°. La formation de l'acide α-sulfonique a lieu même à température plus basse, le naphtalène pouvant se transformer sans fondre en dérivé sulfonique. On verse dans l'eau, on sépare par filtration le naphtalène inattaqué et on ajoute au liquide acide de la chaux, de manière à saturer seulement l'acide sulfurique en excès. On détermine, par un essai préalable sur une partie aliquote de la masse, la quantité de chaux nécessaire pour atteindre le but.

On obtient ainsi une dissolution des acides sulfoniques du naphtalène. On sature par le carbonate de sodium et on sépare les deux sels par cristallisation, le sel α restant dans les eaux mères.

Le sel de sodium, une fois obtenu à l'état de pureté, est fondu avec de la soude caustique vers 300°. Si pour 1 partie de sel de sodium on emploie 3 parties de soude caustique, il se forme après la fusion deux couches : la supérieure, qui peut être décantée, est du naphtol sodé $C^{10}H^7.ONa$. La couche inférieure est de la soude en excès, chargée de sulfite et de sulfate de sodium.

On décante la couche supérieure et on la décompose par un courant d'acide carbonique : il se forme alors du carbonate de sodium et le naphtol se précipite. On le filtre, on le lave et on le rectifie dans des cylindres en fer chauffés à feu nu.

Si on veut préparer l'acide β-sulfoné, et en partant de ce sel le β-naphtol, on opère un peu différemment : On chauffe jusque vers 200° 100 kilogr. de naphtalène avec 100 kilogr. d'acide sulfurique concentré (66° B.). Il se forme alors surtout de l'acide β-monosulfonique à côté d'une petite quantité de dérivés disulfonés. On verse dans l'eau et on sature par le sel marin : on voit se précipiter le sel sodique de l'acide naphtalène-β-sulfonique, tandis que les impuretés restent dans les eaux mères. On décante, on délaye dans de l'eau salée et on passe au filtre-presse. Les tourteaux du sel β sont lavés avec une petite quantité d'eau et desséchés fortement à l'étuve.

La fusion avec la soude s'opère comme pour la préparation de l'α-naphtol.

Dans ces derniers temps, on paraît avoir renoncé aux fusions à l'air libre. On traite les sels des acides naphtalène-sulfoniques par une lessive de soude concentrée, qu'on emploie en léger excès et qu'on chauffe en autoclave à 270-290°.

DÉRIVÉS DISULFONIQUES DU NAPHTALÈNE. DIOXYNAPHTALÈNES. — On connaît plusieurs dérivés disulfoniques du naphtalène. Le seul qui soit préparé industriellement est l'acide α-disulfonique 2.7,

$$SO^3H \quad \text{[structure]} \quad SO^3H$$

On l'obtient en chauffant pendant un temps fort court, à 180°, 1 partie de naphtalène avec 3 parties d'acide sulfurique concentré.

Il convient d'ajouter en une fois le naphtalène à l'acide sulfurique préalablement chauffé, et de maintenir seulement pendant quelques minutes la température aux environs de 180°. On verse ensuite immédiatement dans l'eau, on transforme en sel de calcium et on isole l'acide α-disulfonique par des cristallisations répétées de son sel de calcium.

Le sel de sodium de l'acide disulfonique 2.7, fondu avec de la soude caustique, fournit d'abord l'acide β-naphtol-monosulfonique 2.7, puis, par une action ultérieure de l'alcali, le 2.7-dioxynaphtalène.

Quant aux dérivés des dioxynaphtalènes, ceux qui ont des applications industrielles sont, comme nous le verrons plus loin, préparés par voie détournée en partant des dérivés sulfoniques des naphtols.

DÉRIVÉS SULFONIQUES DU β-NAPHTOL. — Ces corps jouent un rôle des plus importants dans la préparation des matières colorantes oxyazoïques. Nous les décrirons donc avec quelque détail.

Acide β-naphtol-sulfonique 2.8 (*acide crocéique*),

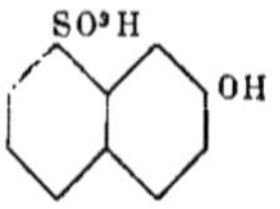

$$SO^3H \quad \text{[structure]} \quad OH$$

— Ce corps s'obtient principalement en sulfoconjuguant le β-naphtol à une température ne dépassant pas 50-60°.

Il se distingue de ses isomères par la difficulté avec laquelle il se combine aux corps diazoïques. En général les dérivés du naphtalène qui possèdent cette constitution, comme l'acide naphtylamine-sulfonique 2.8, jouissent de cette propriété.

L'acide β-naphtol-sulfonique 2.8, traité par un excès d'acide sulfurique, se transforme en acide β-naphtol-disulfonique 2.6.8 (acide J).

Fondu avec de la soude caustique, il fournit un dioxynaphtalène qui est susceptible d'être utilisé dans la fabrication des couleurs azoïques.

Acide β-naphtol-sulfonique 2.6 (*acide de Schæffer*),

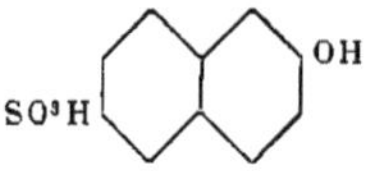

$$\text{[structure]} \quad OH$$
$$SO^3H$$

— Ce corps est le plus anciennement connu des dérivés sulfoniques du β-naphtol. Il se forme surtout à haute température. Par l'action ultérieure de l'acide sulfurique, il fournit l'acide R-disulfoné 2.3.6.

L'acide de Schæffer n'est pas employé tel quel pour fabriquer des matières colorantes; il sert plutôt à préparer l'acide β-naphtylamine-sulfonique 2.6.

Acide β-naphtol-sulfonique F (2.7),

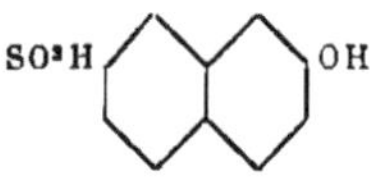

$$SO^3H \quad \text{[structure]} \quad OH$$

— Ce corps se prépare industriellement par la fusion ménagée du sel sodique de l'acide naphtalène-disulfonique correspondant. En prolongeant l'action de la soude, on obtient un dioxynaphtalène. Par l'action de l'ammoniaque, il se transforme en un acide β-naphtylamine-sulfonique (δ-acide) qui a une grande importance industrielle.

Acides β-naphtol-disulfoniques. — Les deux dérivés sulfoniques du β-naphtol les plus anciennement connus, l'acide 2.3.6 (acide R)

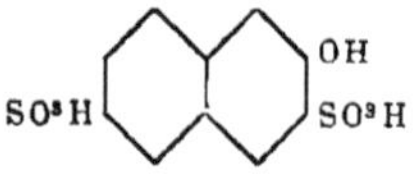

$$SO^3H \quad \text{[structure]} \quad OH, \ SO^3H$$

et l'acide 2.6.8 (acide J)

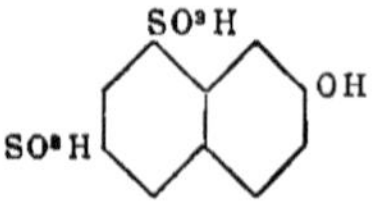

$$SO^3H$$
$$\text{[structure]} \quad OH$$
$$SO^3H$$

sont toujours les plus importants de cette série. Ces deux acides donnent, par l'action ultérieure de l'acide sulfurique, le même acide trisulfonique 2.3.6.8,

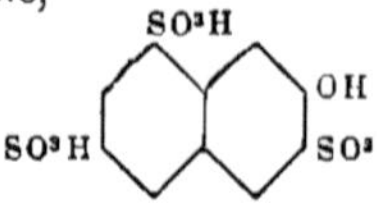

$$SO^3H$$
$$SO^3H \quad \text{[structure]} \quad OH, \ SO^3$$

Un troisième acide β-naphtol-disulfonique est utilisé par l'industrie. On le prépare par une sulfoconjugaison plus avancée de l'acide naphtol-disulfonique F(2.7). Sa formule est la suivante :

$$SO^3H \quad \text{[structure]} \quad OH, \ SO^3H$$

DÉRIVÉS SULFONIQUES DE L'α-NAPHTOL. — L'α-naphtol, traité par l'acide sulfurique, donne un mélange complexe d'acides sulfoniques qui ne sont pas utilisés industriellement, à l'exception de l'acide trisulfonique qui sert à la préparation du jaune de naphtol S.

Les acides α-naphtol-sulfoniques obtenus au moyen des acides sulfoniques de l'α-naphtylamine ont une importance beaucoup plus grande. On peut préparer certains de ces isomères en prenant comme point de départ les acides nitronaphtalène-sulfoniques. Les plus importants de ces dérivés sulfoniques de l'α-naphtol sont l'acide monosulfonique 1.4 dérivant de l'acide naphtionique, l'acide α-naphtol-ε-disulfonique 1.3.8 et l'acide α-naphtol-δ-disulfonique 1.4.8.

On a remarqué que, lorsque les groupes OH et SO³H se trouvant dans la position 1.8,

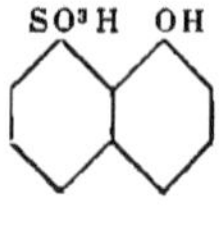

$$SO^3H \ OH$$
$$\text{[structure]}$$

il y a une tendance à la formation d'un anhydride lactonique qu'on nomme *sultone*, et qui prend souvent naissance dans la décomposition des acides diazosulfoniques correspondants.

Acide α-naphtol-sulfonique de Schæffer (1.2),

$$OH \qquad SO^3H$$

— Ce dérivé est le produit principal de la réaction de l'acide sulfurique sur l'α-naphtol à 60-70°. Il n'est guère utilisé industriellement.

Acide α-naphtol-sulfonique 1.4,

$$OH \qquad SO^3H$$

— On le prépare en décomposant par l'eau bouillante le dérivé diazoïque de l'acide naphtionique de Piria. Cet acide joue un rôle important dans l'industrie des couleurs azoïques, car il donne des ponceaux d'une grande pureté et d'une nuance plus violacée que les dérivés disulfoniques du β-naphtol.

Acide α-naphtol-sulfonique L (1.5),

$$OH \qquad SO^3H$$

— On l'obtient en décomposant par l'eau bouillante le dérivé diazoïque de l'acide naphtalène-sulfonique de Laurent.

Acide α-naphtol-sulfonique δ (1.8),

$$SO^3H \qquad OH$$

— Ce composé s'obtient en soumettant à l'action de l'eau bouillante l'acide diazonaphtalène-sulfonique correspondant : on prépare ainsi directement l'anhydride lactonique

$$SO^2 — O$$

qui est insoluble dans l'eau.

Cet anhydride se dissout dans les alcalis, pour former des sels qui ne sont guère employés pour la fabrication des couleurs azoïques.

L'anhydride, traité à 100° par 2-3 parties d'acide sulfurique à 66° B., donne en premier lieu un acide α-naphtosultone-sulfonique, puis l'acide α-naphtol-δ-disulfonique ou S, qui sont employés directement dans la fabrication.

Acide α-naphtol-disulfonique 1.2.4.

$$OH \qquad SO^3H \qquad SO^3H$$

— Ce dérivé est l'acide disulfonique de l'α-naphtol le plus anciennement connu. Comme il ne se combine pas aux dérivés diazoïques, il n'est guère employé, si ce n'est pour préparer le jaune de Martius non sulfoné, dont l'emploi est du reste actuellement des plus restreints.

Lorsque, dans la préparation de cet acide, on prolonge l'action de l'acide sulfurique, on obtient une certaine quantité d'un isomère qui se combine aux dérivés diazoïques, mais qui n'est guère employé.

Acide α-naphtol-disulfonique ou *acide disulfonique S* (1.4.8),

$$SO^3H \qquad OH \qquad SO^3H$$

— Cet acide se prépare en partant de l'acide naphtylamine-sulfonique correspondant. Par une ébullition rapide du dérivé diazoïque de ce corps, on obtient en premier lieu l'acide naphtosultone-sulfonique, qu'une ébullition prolongée avec de l'eau transforme en acide disulfonique S.

Acide α-naphtol-disulfonique 1.3.8,

$$SO^3H \qquad OH \qquad SO^3H$$

— Ce corps s'obtient en décomposant par l'eau bouillante le dérivé diazoïque de l'amine correspondante ; il se forme en premier lieu un anhydride, qu'une ébullition prolongée transforme en acide disulfonique.

Les matières colorantes azoïques obtenues avec l'acide α-naphtol-ε-disulfonique sont douées de nuances très pures : les ponceaux notamment dérivant de cet acide sont à nuance très violacée et se rapprochent des dérivés de l'acide α-naphtol-sulfonique 1.4 dérivé de l'acide naphtionique.

Fabrication des acides naphtol-sulfoniques.

Les naphtols et leurs dérivés sulfoniques formant la base de l'industrie des couleurs azoïques, nous ne croyons pas inutile de décrire en détail, à titre d'exemple, la préparation de quelques acides naphtol-sulfoniques, telle qu'elle s'exécute industriellement.

Les acides naphtol-sulfoniques, comme il a été dit plus haut, se préparent industriellement de deux manières différentes :

1° Par la sulfoconjugaison directe des naphtols ;

2° Par la décomposition à l'aide de l'eau bouillante des dérivés diazoïques correspondants.

Sauf de légères différences, le mode opératoire pour chaque dérivé peut rentrer dans ces deux grandes catégories. Nous donnerons donc la préparation en grand des *acides β-naphtol-sulfoniques* 2.7 et 2.8 et *β-naphtol-disulfoniques* 2.3.6 et 2.6.8, qu'on obtient par sulfoconjugaison directe du β-naphtol et de l'acide α-naphtol-sulfonique 1.4, préparé lui-même par l'intermédiaire du dérivé diazoïque de l'amine sulfoconjuguée correspondante.

Fabrication de l'acide β-naphtol-sulfonique 2.8 (acide crocéique). — Dans une marmite en fonte émaillée, munie d'un agitateur mécanique, on introduit 30 kilogr. d'acide sulfurique à 66° préalablement chauffé à 40°; on ajoute ensuite en une seule fois 20 kilogr. de β-naphtol sec et pulvérisé et on maintient l'agitation pendant 20 minutes. La température s'élève graduellement à 67-70°; lorsqu'elle reste stationnaire, on prélève un échantillon sur le liquide et on verse dans l'eau ; tout doit se dissoudre. On verse alors le liquide dans 300 litres d'eau froide, on ajoute 30 kilogr. de carbonate de sodium, ce qui a pour but de tout transformer en sel de sodium, et on additionne le liquide de 700 litres environ d'une dissolution saturée de sel marin.

On abandonne le liquide au repos jusqu'au lendemain ; le sel sodique de l'acide naphtol-sulfonique de Schæffer 2.6, insoluble dans une dissolution de sel marin, se précipite. On décante la liqueur, qui renferme la majeure partie de l'isomère 2.8 à côté de petites quantités d'autres isomères. On filtre, on lave à l'eau salée et on ajoute à la dissolution une petite quantité de diazonaphtalène, préparé avec l'α-naphtylamine et le nitrite de sodium en solution acide : les impuretés autres que le sel 2.8 se précipitent et la dissolution renferme ce sel à l'état de pureté.

Le sel de Schæffer obtenu accessoirement est utilisé pour la préparation du dérivé correspondant de la β-naphtylamine.

Acide β-naphtol-sulfonique F (2.7). — A 500 kilogr. d'acide sulfurique concentré, chauffé à 120-140° et contenu dans une marmite en fonte, on ajoute rapidement 100 kilogr. de naphtalène pulvérisé, en agitant fortement. La température s'élève à 180-190°; on l'y maintient pendant quelques minutes ; on verse dans 3000 litres d'eau et on sature l'acide par un lait de chaux. On filtre et on transforme les sels de calcium en sels de sodium par les procédés usuels.

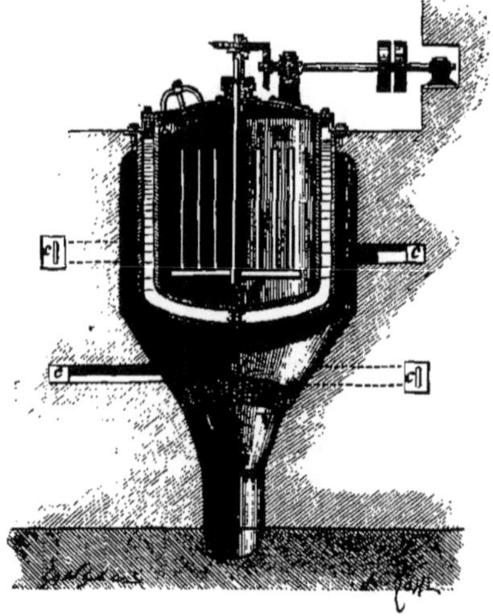

Fig. 133. — Appareil pour sulfoconjuguer le naphtol.

H, bain d'huile. — M, agitateur. — F, foyer. — V, voûte formée de briques perforées. — c, c, carneaux pour régler la température.

130 kilogr. du mélange salin ainsi obtenu sont alors chauffés en autoclave à 240-270° pendant 16 heures avec 35 kilogr. de soude caustique, 40 kilogr. de sel marin et 180 litres d'eau. On laisse refroidir; on décante les cristaux qui sont constitués par un mélange de sulfite de sodium et du sel sodique de l'acide de Schæffer, et on acidifie le liquide qui renferme la totalité du nouvel acide sulfoné F. Par addition de sel marin, le sel sodique se précipite; on le décante,

on le lave avec une petite quantité d'eau salée et on le redissout dans l'eau. Il est alors prêt pour l'emploi. Si au contraire on veut l'employer pour fabriquer le dérivé disulfoné, on le sèche à l'étuve.

Dans la préparation de ce dérivé sulfoné, il importe de ne pas atteindre la température de 100°, car il y aurait formation de dioxynaphtalène.

Quant au sel de Schæffer, il est utilisé pour la fabrication des dérivés sulfonés de la β-naphtylamine.

Acides β-naphtol-disulfoniques. — On dissout rapidement 100 kilogr. de β-naphtol sec et pulvérisé dans 300 kilogr. d'acide sulfurique à 66° ; l'opération s'exécute dans une marmite en fonte à double fond, munie d'un agitateur, semblable à celle qu'on emploie pour la fabrication de l'acide sulfanilique. La température ne doit pas s'élever au-dessus de 45° pendant la dissolution ; le mélange est ensuite chauffé pendant 18 heures à 75°; finalement on porte la température à 100° et on l'y maintient pendant 6 heures. On verse le produit de la réaction dans 1000 litres d'eau et on fait couler le liquide en filet mince dans un bac en tôle qui contient 250 kilogr. de carbonate de calcium et 68 kilogr. de carbonate de sodium délayés dans l'eau bouillante. On obtient ainsi un précipité dense de sulfate de calcium, qu'on passe au filtre-presse, et une dissolution des sels sodiques des acides naphtol-sulfoniques. Les eaux de lavage des tourteaux de sulfate de calcium servent à délayer une nouvelle opération. Le liquide est additionné de 1-1,5 kilogr. de carbonate de sodium en dissolution pour précipiter le sulfate de calcium dissous et évaporé à 25° B. bouillant.

Par le refroidissement, on voit cristalliser un mélange du sel de Schæffer (2.6) et du sel R (2.3.6), tandis que les eaux mères renferment un mélange du sel J (2.6.8) et du sel R (2.3.6).

Le mélange de sel Schæffer et de sel R est repris par l'eau bouillante, de manière à avoir une solution marquant 25° B. à l'ébullition ; par le refroidissement, la majeure partie du sel de Schæffer cristallise. Le liquide est additionné de la quantité nécessaire de diazobenzène (obtenu avec l'aniline et le nitrite de sodium), pour saturer le sel de Schæffer qui se trouve dans la solution : cette dernière renferme environ 2 kilogr. de naphtol à cet état de combinaison. Il se forme une matière colorante, qui est précipitée par le sel marin. La solution renferme le sel R à l'état de pureté et est employée telle quelle pour la fabrication des ponceaux.

Si, à la dissolution qui renferme le mélange de sel J et de sel R, on ajoute avec précaution du diazoxylène, le sel R se combine en premier lieu pour donner le ponceau de xylidine 2R :

$$C^6H^3 - \underset{\diagdown\ CH^3}{\overset{\diagup\ CH^3}{}} \qquad \underset{\diagdown\ Az = Az - C^{10}H^4}{} \underset{\diagdown\ SO^3Na}{\overset{\diagup\ OH}{}}$$

Le sel J reste dans les eaux mères et peut être utilisé.

Fabrication des acides naphtols-sulfoniques par décomposition des dérivés diazoïques. — Seuls les dérivés sulfoniques de l'α-naphtol sont préparés par cette voie indirecte.

Les deux isomères principaux utilisés dans l'industrie sont l'acide α-naphtol-sulfonique 1.4, correspondant à l'acide naphtionique de Piria, et l'acide 1.8.

Nous décrirons comme exemple de ce mode de fabrication la préparation en grand de l'acide 1.4, qui s'exécute d'après l'équation

$$C^{10}H^6 \underset{\diagdown\ Az}{\overset{\diagup\ SO^3}{}} Az + H^2O = Az^3 + C^{10}H^6 \underset{\diagdown\ OH}{\overset{\diagup\ SO^3H}{}}$$

Dans une cuve en bois, munie d'un agitateur mécanique, on introduit 260 litres d'une dissolution renfermant 20 kilogr. d'acide naphtionique à l'état de sel de sodium. On additionne cette liqueur de 12 kilogr. d'acide sulfurique à 60° étendu de 40 litres d'eau. On agite pendant quelques heures et on ramène la température à 0° par addition de glace. On ajoute alors une solution de nitrite de sodium, de manière à transformer l'acide naphtionique en dérivé diazoïque, et en ayant soin de faire arriver le nitrite au fond de la cuve à réaction. On agite pendant 6-8 heures et on fait couler peu à peu le liquide dans une dissolution, maintenue à l'ébullition par un jet de vapeur, de 40 kilogr. d'acide sulfurique à 60° dans 400 litres d'eau. L'acidité et la température élevée de la liqueur s'opposent à la combinaison du dérivé diazoïque avec l'acide naphtol-sulfonique formé d'abord, de sorte que la réaction est presque théorique.

Cet acide α-naphtol-sulfonique s'obtient également en fondant le naphtionate de sodium avec de la soude caustique ; l'azote est alors éliminé à l'état d'ammoniaque :

$$C^{10}H^6 <^{SO^3Na}_{AzH^2} + NaOH = AzH^3 + C^{10}H^6 <^{SO^3Na}_{ONa}$$

Il nous semble inutile d'insister davantage sur la fabrication des autres dérivés sulfoniques des naphtols, qui est exécutée à peu de chose près comme il a été dit ci-dessus. Le tableau de ces corps, que nous avons donné p. 1299, suffit pour s'orienter dans les matières colorantes proprement dites dont il va être question.

Toutefois nous devons, pour terminer le chapitre des matières premières, dire quelques mots des dioxynaphtalènes, dont le rôle en industrie ne fait que commencer et qui paraissent devoir donner des résultats importants. Nous dirons également quelques mots des amido-oxynaphtalènes.

DIOXYNAPHTALÈNES. — Des nombreux dioxynaphtalènes $C^{10}H^6(OH)^2$ actuellement connus, un nombre très limité jouent un rôle dans la fabrication des couleurs azoïques.

En effet, outre que les dioxynaphtalènes sont relativement peu stables, surtout en présence des alcalis, les nuances des couleurs obtenues par l'emploi de ces corps à la place des dérivés des naphtols n'étaient guère encourageantes. Les premiers essais faits avec les dioxynaphtalènes n'avaient donné que des bruns sans vivacité. Les choses changent d'aspect si on fait intervenir les dérivés sulfonés des dioxynaphtalènes ; mais ici se présente une nouvelle difficulté : par la sulfoconjugaison directe des dioxynaphtalènes, on obtient des corps très complexes, formés par un mélange d'isomères. Cette difficulté a été tournée en partant de corps renfermant déjà le groupe OH, tels que les naphtols et leurs dérivés.

De même qu'on peut obtenir les dioxynaphtalènes en fondant avec la soude caustique les acides naphtalène-disulfonés, ou naphtol-monosulfonés, on arrive à produire des dérivés sulfonés des dioxynaphtalènes, en soumettant à l'action ménagée de la soude en fusion les dérivés trisulfoniques du naphtalène ou les dérivés disulfoniques du naphtol. Les équations suivantes rendent compte de ces réactions :

$$C^{10}H^6 <^{SO^3Na}_{SO^3Na} + 2NaOH$$

Acide naphtalène-disulfonique.

$$= 2SO^3Na^2 + C^{10}H^4 <^{OH}_{OH}$$

Dioxynaphtalène.

$$C^{10}H^6 <^{OH}_{SO^3Na} + NaOH$$

Acide naphtol-monosulfonique.

$$= SO^3Na^2 + C^{10}H^6 <^{OH}_{OH}$$

Dioxynaphtalène.

$$C^{10}H^5 (SO^3Na)^3 + 2NaOH$$

Acide naphtalène-trisulfonique.

$$= 2SO^3Na^2 + C^{10}H^5 -^{SO^3Na}_{OH} {}^{\diagup}_{\diagdown} {}_{OH}$$

Acide dioxynaphtalène-monosulfonique.

$$C^{10}H^5 -^{SO^2Na}_{OH} {}^{\diagup}_{\diagdown} {}^{SO^2Na} + NaOH$$

Acide naphtol-disulfonique.

$$= SO^3Na^2 + C^{10}H^5 -^{SO^3Na}_{OH} {}^{\diagup}_{\diagdown} {}_{OH}$$

Acide dioxynaphtalène-monosulfonique.

Mais il existe encore un autre mode de préparation des acides dioxynaphtalène-sulfoniques.

Les acides amido-oxynaphtalène sulfoniques 1.2, que l'on obtient par réduction des couleurs azoïques dérivées du β-naphtol, soumis à la fusion avec la soude, donnent également des acides dioxynaphtalène-sulfoniques 1.2 avec élimination d'ammoniaque.

Les résultats obtenus ainsi sont déjà remarquables. Les dérivés azoïques des acides dioxynaphtalène-sulfoniques se distinguent des dérivés des naphtols par une plus grande intensité de coloration et par leur nuance plus bleutée. Employés en teinture comme les ponceaux, ils sont susceptibles, par un traitement ultérieur aux sels métalliques, de donner des laques métalliques douées d'une grande stabilité, les nuances changeant suivant la nuance du sel métallique employé. On peut, avec une seule et même matière colorante, obtenir des teintures très variées et très stables.

Jusqu'ici on connaît peu d'acides dioxynaphtalène-monosulfoniques ; les plus importants, au point de vue de leurs applications, paraissent être ceux qui renferment les deux OH dans les positions 1.2, 2.3 et 1.8.

Nous donnerons ci-dessous, à titre d'exemple, la préparation de quelques dérivés appartenant à cette catégorie.

Préparation de l'acide α-β-dioxynaphtalène-disulfonique, $C^{10}H^4(OH)^2(SO^3H)^2$. — On combine d'abord le dérivé diazoïque de l'aniline à l'acide β-naphtol-disulfonique J, pour former le corps

$$C^6H^5 - Az = Az - C^{10}H^4 -^{OH}_{SO^3H} {}^{\diagup}_{\diagdown} {}^{SO^3H}$$

40 kilogr. de cette matière colorante (orangé J) sont dissous dans 250 litres d'eau bouillante ; à cette liqueur on ajoute une dissolution chaude de 45 kilogr. de chlorure stanneux dans 50 litres d'acide chlorhydrique ($d = 1,19$) ; la liqueur se décolore immédiatement et complètement. En vertu des propriétés générales des matières colorantes azoïques, la molécule est scindée, avec absorption d'hydrogène à la double liaison d'azote : on obtient de l'aniline et de l'acide amido-β-naphtol-disulfonique. On ajoute à la liqueur 60 kilogr. de sel marin ; il se sépare alors un sel acide, peu

soluble dans le chlorure de sodium et qui a pour formule

$$C^{10}H^4 \begin{cases} Az\,H^2 \\ O\,H \\ S\,O^3H \\ S\,O^3Na \end{cases}$$

On recueille les cristaux, on les redissout dans l'eau et on fait bouillir la dissolution. Il se produit alors un phénomène remarquable de transposition moléculaire et il se forme le sel neutre sodico-ammoniacal de l'acide amido-β-naphtol-disulfonique, d'après l'équation

$$C^{10}H^4 \begin{cases} Az\,H^2 \\ O\,H \\ S\,O^3H \\ S\,O^3Na \end{cases} + H^2O = C^{10}H^4 \begin{cases} O\,H \\ O\,H \\ S\,O^3Az\,H^4 \\ S\,O^3Na \end{cases}$$

Cette réaction a lieu également en partant de la matière colorante qui dérive de l'acide β-naphtol-disulfonique R (ponceau 2 J.).

Les acides disulfoniques du dioxynaphtalène ainsi obtenus se combinent aux corps diazoïques pour donner des matières colorantes. Ils sont très solubles et jouissent de propriétés tout à fait inattendues qui les rapprochent absolument des tannins ; en effet, ils précipitent une solution de gélatine, ainsi que les dissolutions des matières colorantes de nature basique (fuchsine, etc.). On pourrait les employer en impression à la place du tannin, si leur prix relativement élevé ne s'y opposait.

Préparation de l'acide dioxynaphtalène-disulfonique. — Dans un autoclave muni d'un agitateur, on chauffe pendant 3-4 heures, à 230-240°, 45 kilogr. de β-naphtol-trisulfonate de sodium avec 15-20 kilogr. de soude caustique dissoute dans le moins d'eau possible. Lorsqu'une prise d'essai traitée par l'eau ne lui communique plus de fluorescence verte, on verse la masse dans l'eau, on acidifie fortement et on abandonne au refroidissement. Le dioxynaphtalène-disulfonate de sodium cristallise par le refroidissement.

Par fusion ménagée de l'acide α-naphtol-disulfonique S (1.4.8), on obtient un *acide dioxynaphtalène-monosulfonique* qui a probablement pour formule

On recueille les cristaux, on les redissout dans l'eau et on fait bouillir la dissolution.

Cet acide dioxynaphtalène-sulfonique, associé au dérivé diazoïque de la toluidine ou de l'acide sulfanilique, donne de magnifiques matières colorantes d'un rouge fuchsine, qui peuvent remplacer la fuchsine S dans la plupart de ses applications et qui sont beaucoup plus stables que cette dernière.

AMIDO-OXYNAPHTALÈNES — Jusque dans ces dernières années, on ne connaissait. en fait d'amidonaphtols, que les composés renfermant l'hydroxyle et l'amidogène dans le même noyau (1.2, 2.1, 1.4). Ces corps, en vertu de leur grande oxydabilité, n'étaient guère susceptibles d'applications industrielles.

Les choses ont changé depuis qu'on a appris à préparer des amidonaphtols renfermant l'oxhydryle O H et l'amidogène dans des noyaux différents, par fusion avec la soude caustique des acides naphtylamine-sulfoniques correspondants. On obtient ainsi des corps relativement stables, jouissant à la fois des propriétés des phénols et des amines, dont il est facile de concevoir les applications multiples. En tant que phénols, ils

peuvent se combiner aux corps diazoïques : les produits formés renfermant le groupe Az H² peuvent être diazotés et réagir à leur tour sur d'autres substances aromatiques, et ainsi de suite. Si on considère que le nombre des isomères possibles se chiffre ici par centaines, il est facile de concevoir que le champ d'action est vaste et promet pour l'avenir d'importantes découvertes.

L'acide β-naphtylamine-disulfonique 2.6.8, fondu avec ménagement avec de la soude caustique, fournit un acide amidonaphtol-sulfonique : la présence des deux groupes O H et Az H² paraît donner une grande stabilité et une grande intensité aux matières colorantes qui en dérivent.

Ce corps réagit avec les dérivés diazoïques de deux manières différentes, suivant que l'on opère en liqueur acide ou alcaline : Dans le premier cas, le groupe Az² se place en ortho par rapport à l'amidogène. En solution alcaline, on obtient des matières colorantes azoïques dérivées de l'amidonaphtol.

Avec les diamines, on arrive en solution alcaline à des matières colorantes presque noires.

Nous avons terminé ainsi la description des principales matières premières servant à la préparation des matières colorantes oxyazoïques. Nous allons, dans les pages suivantes, décrire la préparation et les propriétés des matières colorantes commerciales.

Description des matières colorantes oxyazoïques.

ÉCARLATE DE COCHENILLE J. — Ce produit s'obtient en associant le diazobenzène à l'acide α-naphtol-monosulfonique 1-5. Nous ne donnerons pas le détail de la préparation, qui est la même pour tous les dérivés azoïques. Des types d'opérations industrielles seront décrits à propos de l'orangé II (voyez plus loin, p. 1306).

L'écarlate de cochenille J a pour formule

$$C^6H^5 - Az = Az - C^{10}H^5 <\begin{matrix} O\,H \\ S\,O^3Na \end{matrix}$$

C'est une poudre d'un rouge brique, soluble dans l'eau. La dissolution aqueuse précipite par l'acide chlorhydrique ; là soude caustique colore le liquide en jaune orangé. Le produit se dissout en rouge cerise dans l'acide sulfurique concentré. En étendant d'eau la solution, on obtient un précipité d'un rouge brun.

L'écarlate de cochenille J teint la laine, sur bain acide, en rouge brique.

ORANGÉ DE CROCÉINE,

$$C^6H^5 - Az = Az - C^{10}H^5 <\begin{matrix} O\,H \\ S\,O^3Na \end{matrix}$$

— On le prépare par l'action du chlorure de diazobenzène sur une dissolution alcaline de β-naphtol-monosulfonate de sodium de Schæffer 2.6. C'est une poudre d'un rouge vif, soluble dans l'eau en donnant une liqueur orangée ; par addition d'acide chlorhydrique, on obtient un précipité d'un brun jaune ; la soude caustique colore le liquide en jaune brun. L'acide sulfurique concentré donne une solution d'un jaune orangé qui précipite en brun jaune par addition d'eau.

Il teint la laine, sur bain acide, en un orangé résistant assez bien au foulon et à la lumière.

ORANGÉ J,

$$C^6H^5 - Az = Az - C^{10}H^4 <\begin{matrix} O\,H \\ S\,O^3Na \\ S\,O^3Na \end{matrix}$$

— Ce corps se prépare en associant le diazobenzène à l'acide β-naphtol-disulfonique J (2.6.8). C'est une poudre orangée, soluble dans l'eau ; la dissolution aqueuse n'est pas sensiblement affectée par l'acide chlorhydrique ni par la soude caustique. L'acide sulfurique concentré donne une liqueur orangée.

Cette matière colorante teint la laine, sur bain acide, en nuances jaune-orangé moins intenses que l'orangé II.

Ponceau 2 J,

$$C^6H^5 - Az = Az - C^{10}H^4 \diagup \begin{matrix} OH \\ SO^3Na \\ SO^3Na \end{matrix}$$

— On le prépare comme le précédent, en substituant le sel R (acide β-naphtol-disulfonique 2.3.6) au sel J.

C'est une poudre d'un rouge vif, se dissolvant dans l'acide sulfurique concentré en rouge cerise et teignant la laine sur bain acide en nuances orangé-rouge.

Jaune pour laine. — On obtient cette matière colorante en faisant agir le diazobenzène sur l'extrait de bois jaune (acide morintannique) additionné de carbonate de sodium.

Elle se trouve dans le commerce sous la forme d'une pâte jaune ou d'une poudre presque insoluble dans l'eau, soluble dans la soude caustique et dans l'alcool en brun jaunâtre.

On l'emploie en teinture comme les couleurs d'alizarine. Elle teint la laine mordancée au chrome en nuances d'un jaune brun.

Jaune d'alizarine J J,

$$C^6H^4 \diagup \begin{matrix} AzO^2 \\ Az = Az_{(1)} - C^6H^3 \diagup \begin{matrix} OH_{(4)} \\ CO^2H_{(3)} \end{matrix} \end{matrix}$$

— Cette matière colorante se prépare en associant le dérivé diazoïque de la m-nitraniline à l'acide salicylique.

On opère de la manière suivante : On dissout 10 kilogr. de m-nitraniline dans 40 kilogr. d'acide chlorhydrique à 20° et 150 litres d'eau ; on refroidit à 0° avec de la glace et on ajoute peu à peu, en agitant, 5kil,5 de nitrite de sodium dissous dans 20 litres d'eau. D'autre part, on dissout 10 kilogr. d'acide salicylique dans 50 litres d'eau préalablement additionnés de 25 kilogr. de carbonate de sodium sec. Après avoir laissé reposer la liqueur diazoïque pendant quelques heures, on la verse dans la solution de salicylate de sodium.

La formation de la matière colorante a lieu immédiatement ; la majeure partie se dépose à l'état solide ; on achève la séparation par addition de sel marin. On passe le liquide au filtre-presse, on lave à l'eau et on malaxe les tourteaux avec de l'eau, de façon à obtenir une pâte renfermant 20 0/0 de matière colorante.

Le jaune d'alizarine, ainsi nommé parce qu'on l'emploie en teinture à la manière de l'alizarine, forme une pâte jaune, insoluble dans l'eau, soluble en jaune dans l'alcool et en jaune orangé dans la soude caustique. Le produit sec se dissout en orangé dans l'acide sulfurique concentré ; la dissolution précipite en jaune par addition d'eau.

Le jaune d'alizarine teint en jaune pur la laine mordancée au chrome. Les nuances résistent au savon et à la lumière et sont douées d'une stabilité remarquable vis-à-vis des oxydants.

On peut teindre la laine en ajoutant directement au bain de teinture chargé de matière colorante l'acide sulfurique et le dichromate de sodium nécessaires au mordançage, sans avoir à craindre une destruction de la matière colorante par l'oxydant.

Si, dans la préparation du jaune d'alizarine JJ, on remplace la m-nitraniline par la p-nitraniline, on obtient le *jaune d'alizarine R*, qui est doué de propriétés analogues au précédent, mais

qui donne en teinture des nuances beaucoup moins pures et tirant un peu sur le brun.

Écarlate de cochenille 2 R,

$$C^6H^4 \diagup \begin{matrix} CH^3 \\ Az = Az - C^{10}H^5 \diagup \begin{matrix} SO^3Na \\ OH \end{matrix} \end{matrix}$$

— On le prépare comme l'écarlate de cochenille J (p. 1303), en remplaçant l'aniline par la toluidine.

Il donne en teinture des nuances notablement plus rouges que son homologue.

Orangé JT,

$$C^6H^4 \diagup \begin{matrix} CH^3 \\ Az = Az - C^{10}H^5 \diagup \begin{matrix} OH \\ SO^3Na \end{matrix} \end{matrix}$$

— On le prépare avec le diazotoluène et l'acide β-naphtol-sulfonique de Schaeffer.

C'est une poudre écarlate, soluble en orangé dans l'eau ; l'addition d'acide chlorhydrique à la dissolution aqueuse donne des gouttes huileuses brunes ; la soude caustique colore cette solution en rouge brun foncé. L'acide sulfurique concentré dissout la matière en rouge fuchsine ; par addition d'eau, il se forme des gouttelettes huileuses brunes.

Ponceau RT,

$$C^6H^4 \diagup \begin{matrix} CH^3 \\ Az = Az - C^{10}H^4 \diagup \begin{matrix} OH \\ SO^3Na \\ SO^3Na \end{matrix} \end{matrix}$$

— On l'obtient en associant le diazotoluène à l'acide disulfonique du β-naphtol (sel R). C'est une poudre rouge, soluble en orangé dans l'eau. La dissolution est colorée en brun jaune par la soude caustique et n'est pas altérée par l'acide chlorhydrique. Le ponceau RT est soluble en rouge cerise dans l'acide sulfurique concentré.

Azococcine 2 R,

$$C^6H^3 \diagup \begin{matrix} (CH^3)^2 \\ Az = Az - C^{10}H^5 \diagup \begin{matrix} OH \\ SO^3Na \end{matrix} \end{matrix}$$

— On l'obtient avec le diazoxylène et l'acide α-naphtol-sulfonique 1.4.

Poudre brun-rouge, peu soluble dans l'eau ; l'acide chlorhydrique détermine dans la solution aqueuse la formation de flocons d'un rouge brun ; la soude caustique donne une coloration jaune-brun. La dissolution dans l'acide sulfurique concentré est d'un rouge fuchsine et précipite en rouge brun par l'eau.

Ce produit teint la laine en rouge, sur bain acide.

Écarlate de cochenille 4 R,

$$C^6H^3 \diagup \begin{matrix} CH^3 \\ CH^3 \\ Az = Az - C^{10}H^5 \diagup \begin{matrix} OH \\ SO^3Na \end{matrix} \end{matrix}$$

— Obtenue en associant le diazoxylène à l'acide α-naphtol-sulfonique 1.5, cette substance est une poudre d'un rouge vif, peu soluble dans l'eau. La solution aqueuse donne un précipité brun-rouge par addition d'acide chlorhydrique. La dissolution sulfurique est rouge-fuchsine.

L'écarlate de cochenille 4 R teint la laine, sur bain acide, en rouge.

Écarlate pour laine R,

$$C^6H^3 \diagup \begin{matrix} CH^3 \\ CH^3 \\ Az = Az - C^{10}H^4 \diagup \begin{matrix} OH \\ SO^3Na \\ SO^3Na \end{matrix} \end{matrix}$$

— On le prépare avec le diazoxylène et l'acide α-naphtol-disulfonique 1.4.8.

Poudre rouge-brun, soluble dans l'eau ; l'acide

chlorhydrique fait virer au rouge violacé la solution aqueuse; la soude donne au contraire une coloration tirant sur le jaune. Cette substance se dissout en rouge cerise dans l'acide sulfurique concentré et teint la laine sur bain acide en rouge.

Écarlate R,

$$C^6H^3 \Big\langle {CH^3 \atop CH^3 \atop Az = Az - C^{10}H^5} \Big\langle {OH \atop SO^3Na}$$

— On l'obtient avec le diazoxylène et l'acide β-naphtol-sulfonique de Schaeffer. C'est une poudre vermillon, soluble dans l'eau, précipitant en rouge brun par l'acide chlorhydrique, soluble en rouge cerise dans l'acide sulfurique concentré.

Il teint la laine en rouge orangé.

Écarlate palatin,

$$C^6H^3 \Big\langle {CH^3 \atop CH^3 \atop Az = Az - C^{10}H^4} \Big\langle {SO^3Na \atop SO^3Na \atop OH}$$

— On le prépare avec le diazoxylène dérivé de la m-xylidine et l'acide naphtol-disulfonique. C'est une poudre rouge-brun, soluble dans l'eau et dans l'alcool en rouge écarlate. Par addition d'acide chlorhydrique, on obtient un précipité brun-jaunâtre gélatineux; la soude caustique jaunit la nuance de la dissolution aqueuse. Il se dissout en rouge bleuté dans l'acide sulfurique concentré; la solution étendue d'eau donne un précipité d'un brun jaunâtre.

Il teint la laine en rouge écarlate.

Ponceau J,

$$C^6H^3 \Big\langle {CH^3 \atop CH^3 \atop Az = Az - C^{10}H^4} \Big\langle {OH \atop SO^3Na \atop SO^3Na}$$

— Ce corps s'obtient avec la xylidine brute et l'acide-β-naphtol-disulfonique R. C'est une poudre d'un rouge brun, soluble dans l'eau. Sa dissolution aqueuse n'est altérée ni par l'acide chlorhydrique ni par la soude caustique. Il se dissout en rouge cerise dans l'acide sulfurique concentré et teint la laine, sur bain acide, en rouge.

Ponceau 2 R,

$$C^6H^3 \Big\langle {CH^3 \atop CH^3 \atop Az = Az - C^{10}H^4} \Big\langle {OH \atop SO^3Na \atop SO^3Na}$$

— Ce corps se prépare avec l'α-m-xylidine et l'acide β-naphtol-disulfonique R.

En remplaçant la xylidine par la cumidine

$$C^6H^2(AzH^2)_{(1)}(CH^3)^3{}_{(2.4.5)}$$

ou par l'éthyldiméthylamidobenzène

$$C^6H^2(AzH^2)(CH^3)^2(C^2H^5),$$

on obtient le *ponceau 3 ou 4 R.*

Ces matières colorantes, qui font partie des premières couleurs azoïques connues, jouent encore un rôle important en teinture. Ce sont des poudres d'un rouge brun, solubles dans l'eau. Ni la soude ni l'acide chlorhydrique n'altèrent leurs solutions aqueuses. Elles sont solubles en rouge cerise dans l'acide sulfurique concentré et donnent, sur bain acide, en teinture, des nuances d'un rouge d'autant plus violacé que l'amine qui leur a donné naissance renferme plus de chaînes latérales.

Rappelons ici que les amines polysubstituées dans le noyau s'obtiennent par transposition mo-

léculaire des amines secondaires ou tertiaires. Si, par exemple, on soumet la méthylxylidine

$$C^6H^3 \Big\langle {CH^3 \atop CH^3 \atop AzH . CH^3}$$

ou l'éthylxylidine

$$C^6H^3 \Big\langle {CH^3 \atop CH^3 \atop AzH . C^2H^5}$$

à l'action d'une température élevée en présence de leurs chlorhydrates, il y a migration du groupe CH^3 ou C^2H^5 relié à l'amidogène et formation de *cumidine* $C^6H^2(CH^3)^3(AzH^2)$, ou de *diméthyléthylamidobenzène* $C^6H^2(CH^3)^2(C^2H^5)(AzH^2)$.

L'influence des chaînes latérales sur la nuance des matières colorantes obtenues est donc évidente; mais la nature de ces chaînes a une importance infiniment plus grande que leur nombre. Un seul groupe OCH^3, par exemple, agit plus que trois groupes CH^3. C'est ainsi que le produit obtenu en associant le dérivé diazoïque de l'o-anisidine

$$C^6H^4 \Big\langle {OCH^3 \atop AzH^2}$$

à l'acide β-naphtol-disulfonique R est d'un ponceau au moins aussi bleuté que le ponceau 3 R.

Cette influence des amidophénols se retrouve du reste dans la série du triphénylméthane, comme nous le verrons plus loin en parlant des rhodamines.

Azo-éosine,

$$C^6H^4 \Big\langle {OCH^3 \atop Az = Az - C^{10}H^5} \Big\langle {OH \atop SO^3Na}$$

— Cette substance, qu'on obtient en associant le dérivé diazoïque de l'o-anisidine à l'acide α-naphtol-monosulfoné 1.4, appartient à cette catégorie.

C'est une poudre rouge, soluble dans l'eau, peu soluble dans l'alcool; l'acide chlorhydrique précipite la dissolution aqueuse en brun; la soude caustique la colore en brun jaune. L'acide sulfurique concentré donne une solution rouge carmin qui, étendue d'eau, précipite en rouge brun.

Il teint la laine, sur bain acide, en rouge éosine.

Rubis Buffalo,

$$C^{10}H^7 - Az = Az - C^{10}H^4 \Big\langle {OH \atop SO^3Na \atop SO^3Na}$$

— On le prépare par l'action de l'α-diazonaphtalène sur l'acide α-naphtol-disulfonique 1.4.8.

C'est une poudre rouge, soluble en rouge fuchsine dans l'eau; la dissolution aqueuse n'est altérée ni par l'acide chlorhydrique, ni par la soude caustique. Sa dissolution dans l'acide sulfurique est bleue, et devient rouge-fuchsine lorsqu'on l'étend d'eau.

Cette matière colorante teint la laine, sur bain acide, en un beau rouge.

Ponceau cristallisé,

$$C^{10}H^7 - Az = Az - C^{10}H^4 \Big\langle {OH \atop SO^3Na \atop SO^3Na}$$

— Ce produit s'obtient en faisant agir le dérivé diazoïque de l'α-naphtylamine sur l'acide β-naphtol-disulfonique J (2.6.8). Il se présente sous la forme de cristaux d'un rouge brun, à reflets dorés, solubles en rouge dans l'eau; l'addition d'acide chlorhydrique à la dissolution aqueuse donne une coloration plus foncée; un excès d'acide précipite la matière en paillettes brunes; par addition de soude caustique, on obtient une coloration d'un brun clair. La solution sulfurique est violette et vire au rouge écarlate par addition d'eau.

Il teint la laine, sur bain acide, en rouge.

BORDEAUX B,

$$C^{10}H^7 - Az = Az - C^{10}H^4 \diagup \begin{matrix} OH \\ SO^3Na \\ SO^3Na \end{matrix}$$

— On le prépare par l'action du dérivé diazoïque de l'α-naphtylamine sur l'acide β-naphtol-disulfonique R.

C'est une poudre brune, soluble en rouge fuchsine dans l'eau. La dissolution aqueuse, additionnée d'acide chlorhydrique, reste inaltérée; par addition de soude caustique, on a une coloration brun-jaune. La solution sulfurique est bleue et vire au rouge fuchsine par addition d'eau.

Ce produit teint la laine, sur bain acide, en rouge.

ROUGE PALATIN,

$$C^{10}H^7 - Az = Az - C^{10}H^4 \diagup \begin{matrix} OH \\ SO^3Na \\ SO^3Na \end{matrix}$$

— On le prépare par l'action de l'α-naphtylamine sur un acide naphtol-disulfonique particulier. Ce produit constitue une poudre d'un bleu grisâtre, soluble en rouge violacé dans l'eau et dans l'alcool. L'acide chlorhydrique ajouté à la dissolution donne un précipité brun; la soude caustique, une coloration orangée. La dissolution dans l'acide sulfurique concentré est bleue; par addition d'eau, elle donne un précipité brun.

Ce produit teint la laine, sur bain acide, en ponceau violacé.

ERIKA B,

$$C^6H^2 \begin{cases} CH^3_{(1)} \\ CH^3_{(3)} \\ S_{(5)} \\ Az_{(6)} \end{cases} \hspace{-4pt} \gtrless C_{(1)} - C^6H^3 \diagup \hspace{-6pt} \begin{matrix} CH^3_{(3)} \\ Az = Az - C^{10}H^4 \diagup \begin{matrix} OH_{(2)} \\ SO^3Na_{(3)} \\ SO^3Na_{(3)} \end{matrix} \\ {}_{(4)} \quad {}_{(\alpha)} \end{matrix}$$

— Cette matière colorante se prépare en faisant agir le dérivé diazoïque de la déhydrothio-m-xylidine sur l'acide α-naphtol-disulfonique 1.3.8. C'est une poudre d'un brun rouge, soluble dans l'eau en rouge; l'acide chlorhydrique et la soude caustique donnent avec la solution aqueuse des précipités rouges. L'acide sulfurique concentré dissout la matière en rouge.

Elle teint en rose le coton non mordancé.

CHRYSOÏNE,

$$C^6H^4 \diagup \begin{matrix} SO^3Na \\ Az = Az - C^6H^3 \diagup \begin{matrix} OH \\ OH \end{matrix} \end{matrix}$$

— On l'obtient en ajoutant une dissolution du dérivé diazoïque de l'acide sulfanilique à une dissolution alcaline de résorcine. C'est une poudre brune, soluble en orangé dans l'eau. L'acide chlorhydrique n'altère pas la dissolution aqueuse; la soude caustique la colore en brun rougeâtre. La chrysoïne se dissout en jaune dans l'acide sulfurique concentré.

Elle teint la laine, sur bain acide, en jaune orangé.

ORANGÉ I,

$$C^6H^4 \diagup \begin{matrix} SO^3Na \\ Az = Az - C^{10}H^6.OH \end{matrix}$$

— Ce corps se prépare avec l'acide sulfanilique diazoté et l'α-naphtol. C'est une poudre rouge-jaune, soluble dans l'eau; par addition d'acide chlorhydrique à la dissolution aqueuse, on obtient un précipité brun; la soude et l'ammoniaque donnent une liqueur d'un rouge fuchsine, due à la formation d'un sel bibasique. L'acide sulfurique concentré donne une solution d'un rouge fuchsine.

L'orangé I teint la laine, sur bain acide, en orangé rouge.

ORANGÉ II,

$$C^6H^4 \diagup \begin{matrix} SO^3Na \\ Az = Az - C^{10}H^6.OH \end{matrix}$$

— Nous décrirons avec quelques détails la préparation de cette importante matière colorante, à titre d'exemple de la préparation industrielle des couleurs azoïques.

Les matières premières qui servent à la préparation de l'orangé II sont l'acide sulfanilique et le β-naphtol; leur préparation a été décrite en détail (p. 1287 et 1298).

La réaction de l'acide diazosulfanilique sur le β-naphtol est presque théorique; toutefois, étant donné qu'une des matières doit être employée en léger excès, il est préférable que ce soit le corps diazoïque. Un excès même léger de naphtol resterait uni à la matière colorante et risquerait de donner des taches à la teinture. On emploie donc un excès d'acide sulfanilique d'environ 1 0/0.

Un autre point important est la quantité d'alcali à employer. Il est bon d'opérer avec un excès de 3 0/0 sur la quantité théorique; d'autre part, il ne faut pas non plus employer un trop grand excès, car alors la matière colorante tend à fournir un sel bibasique qui se précipite difficilement.

Un excès de nitrite est inoffensif tant que la réaction finale reste alcaline; en solution acide un excès de nitrite serait très préjudiciable.

Les appareils servant à la fabrication de l'orangé II sont les suivants :

1° Une chaudière en fonte de 800 litres, située à la partie supérieure de l'atelier et munie d'un trou d'homme de grandes dimensions. Cette chaudière, qui sert à la préparation du sulfanilate de sodium, est munie d'un tuyau de vapeur libre et communique avec la conduite d'air comprimé.

2° Un filtre-presse communiquant avec la chaudière ci-dessus.

3° Une cuve en bois de 800 litres, reposant sur une bascule et recevant le liquide s'écoulant du filtre-presse.

4° Une petite cuve en bois de 250 litres, située à côté de la cuve recevant le sulfanilate, et destinée à préparer la dissolution du nitrite ou à recevoir, par l'intermédiaire du monte-jus, la quantité voulue de solution de nitrite.

5° Une cuve en bois de 2000 litres, munie d'un agitateur à grande vitesse de révolution, située au-dessous des deux cuves précédentes et dans laquelle s'opère la dissolution.

6° Une chaudière en fonte, semblable à celle qui sert à la préparation du sulfanilate, et dans laquelle on prépare la solution alcaline de naphtol.

7° Un filtre-presse pour purifier la solution de naphtol sodé.

8° Une grande cuve en bois de 4000 litres, munie d'un agitateur, et servant à la production de la matière colorante.

Tous ces appareils, sauf les deux chaudières, sont en bois et ne renferment aucun organe métallique. Enfin, la cuve à réaction communique avec un monte-jus de 1000 litres, qui alimente les filtres-presses servant à retenir la matière colorante.

Voici maintenant le mode opératoire exact :

1° *Préparation des dissolutions de sulfanilate de sodium et de naphtol sodé.* — On introduit dans la chaudière en fonte 400 litres d'eau bouillante et on y dissout 26 kilogr. de soude caustique. A la liqueur, maintenue en ébullition par un jet de vapeur, on ajoute 100 kilogr.

d'acide sulfanilique par petites portions, de manière à tout dissoudre en 20 minutes environ. On s'assure par le papier de tournesol de la réaction de la liqueur, qui doit toujours rester alcaline, ainsi que de la dissolution complète de l'acide sulfanilique. On prolonge l'ébullition pendant 20 minutes jusqu'à disparition de l'odeur d'aniline. On ferme alors le trou d'homme de la chaudière et on envoie, au moyen de l'air comprimé, le liquide à travers le filtre-presse dans la cuve située sur la bascule. On pèse le liquide et on y dose l'acide sulfanilique par le nitrite de sodium (voyez p. 1288). Supposons que la quantité d'acide sulfanilique formée soit de 98 kilogr., ce qui est généralement le cas. Cette quantité exige pour se transformer en dérivé diazoïque 41 kilogr. de nitrite à 96 0/0 et 81ᵏ,5 de β-naphtol.

Le liquide chaud renfermant le sulfanilate est alors introduit dans la cuve à diazoter et additionné de 64 kilogr. d'acide sulfurique concentré. Il se précipite ainsi de l'acide sulfanilique en poudre fine, forme éminemment apte à la transformation en dérivé diazoïque. La liqueur est abandonnée pendant la nuit au refroidissement.

En même temps que cette solution, on prépare une dissolution de 81ᵏ,5 de β-naphtol dans 30 kilogr. de soude caustique et 400 litres d'eau bouillante. On laisse refroidir pendant la nuit et on chasse le lendemain le liquide froid, à travers le filtre-presse, dans la cuve à réaction.

2° Diazotation et réaction. — A l'acide sulfanilique qui est en suspension dans l'eau, on ajoute la quantité de glace nécessaire pour l'amener à la température de 4°. D'autre part, on dissout dans la cuve à nitrite 41 kilogr. de nitrite à 96 0/0 dans 250 litres d'eau ; cette dissolution est accompagnée d'un abaissement de température. On met en mouvement l'agitateur de la cuve à diazotation, et on ajoute en 10-15 minutes la dissolution de nitrite. Pendant cette opération, la température ne doit pas s'élever au-dessus de 10° : on la règle aisément par addition de glace. Lorsque la diazotation est achevée, le liquide doit bleuir le papier ozonométrique, même au bout de 5 minutes d'agitation.

On le verse alors en 40 minutes dans la dissolution alcaline de naphtol refroidie à 4° par addition de glace, en ayant soin de ne pas dépasser 12°. Ici, également, on s'oppose à l'élévation de température par addition de glace. Lorsque le mélange est terminé, on s'assure de la réaction légèrement alcaline de la liqueur et on agite encore pendant 1 heure pour favoriser le dépôt de la matière colorante.

3° Transformation des produits de la réaction en matière colorante commerciale. — La cuve à réaction renferme un magma formé d'aiguilles soyeuses, enchevêtrées, d'un jaune d'or. Ce produit est introduit dans le monte-jus, et de là se rend dans le filtre-presse. Lorsque le filtre-presse est rempli, on chasse l'eau d'interposition des tourteaux au moyen d'un courant d'air comprimé qui déplace l'eau ; on ferme le robinet d'air lorsqu'il ne s'échappe plus de gouttelettes d'eau mère. Les tourteaux sont concassés et desséchés à l'étuve, sur des plaques de zinc, à une température de 60-70°. On peut également opérer la dessiccation sur la plaque sécheuse représentée fig. 134. 100 kilogr. d'acide sulfanilique donnent ainsi en moyenne 200 kilogr. d'orangé II.

Cette matière colorante constitue une poudre orangée, soluble dans l'eau ; par addition d'acide chlorhydrique à la solution aqueuse, on obtient un précipité d'un jaune brun ; la soude donne une coloration d'un brun foncé. La solution sulfurique est rouge-fuchsine ; étendue d'eau, elle donne un précipité d'un jaune brun.

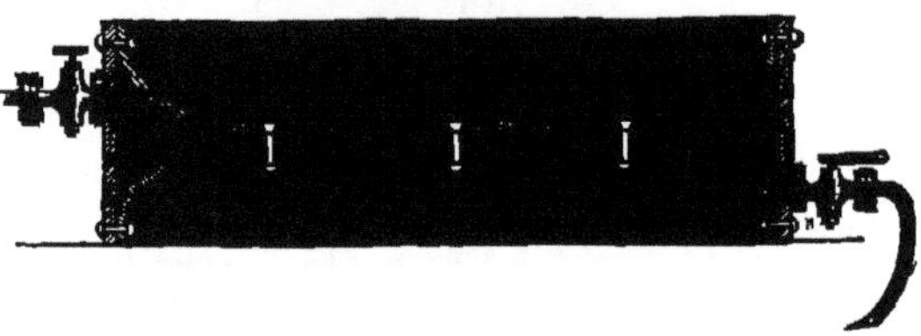

Fig. 134. — Plaque sécheuse pour la dessiccation des matières colorantes.
La vapeur d'échappement ou la vapeur directe de la chaudière arrive au robinet situé à la partie supérieure, tandis que l'eau de condensation s'échappe par le tube situé au bas de l'appareil.

L'orangé II est très employé pour la teinture de la laine ; il résiste peu au foulon, mais assez bien à la lumière.

Si, dans la préparation de l'orangé II, on remplace l'acide sulfanilique par le dérivé sulfonique de l'o-toluidine, on obtient une matière colorante douée de propriétés analogues à celles de l'orangé II et qui a pour formule

$$C^6H^3 {\scriptstyle\begin{array}{l} \diagup CH^3 \\ - SO^3Na \\ \diagdown Az = Az - C^{10}H^6.OH \end{array}}$$

Avec l'acide xylidine-sulfonique on obtient également une matière colorante orangée.

Ces homologues sont toutefois loin d'avoir l'importance industrielle de l'orangé II, dérivé de l'acide sulfanilique.

Narcéine,

$$C^6H^4 {\scriptstyle\begin{array}{l} \diagup SO^3Na \\ \diagdown AzH - Az \end{array}} {\scriptstyle\begin{array}{l} \diagup SO^3Na \\ \diagdown C^{10}H^6.OH \end{array}}$$

— Ce corps s'obtient en traitant l'orangé II par le bisulfite de sodium. C'est une poudre orangée, très soluble dans l'eau. La solution aqueuse n'est pas altérée par l'acide chlorhydrique ; la soude caustique donne une coloration d'un rouge brun. La narcéine se dissout dans l'acide sulfurique en brun jaune : par dilution avec l'eau, cette solution perd de l'acide sulfureux.

La narcéine sert en impression.

Azarine S,

$$C^6H^3Cl^2 {\scriptstyle\begin{array}{l} \diagup OH \\ \diagdown AzH - Az \end{array}} {\scriptstyle\begin{array}{l} \diagup SO^3AzH^4 \\ \diagdown C^{10}H^6.OH \end{array}}$$

— On obtient cette matière colorante en associant le dérivé diazoïque du dichloro-amidophénol

$$C^6H^2Cl^2(AzH^2)(OH)$$

au β-naphtol. Le produit obtenu, qui est insoluble dans l'eau, est mis en digestion avec du bisulfite d'ammonium : il devient peu à peu soluble et l'azarine prend naissance.

L'azarine du commerce est une pâte jaune, ressemblant à l'alizarine et douée d'une forte odeur d'acide sulfureux. Elle est peu soluble en jaune dans l'eau ; l'addition d'acide chlorhydrique à la dissolution aqueuse produit un précipité orangé ; la soude caustique donne un précipité violet, qui se dissout à chaud en donnant une liqueur rouge. L'acide sulfurique concentré dissout l'azarine en rouge fuchsine ; par addition d'eau, il se forme un précipité d'un rouge brun.

L'azarine S est le premier représentant de toute une classe de matières colorantes. Il suffit en effet de traiter les matières colorantes azoïques insolubles non sulfonées par les bisulfites pour obtenir des produits solubles dans l'eau. La double liaison d'azote se détruit, un atome d'hydrogène se fixe sur un des atomes d'azote, tandis que le radical sulfureux SO^3Na s'unit à l'autre atome d'azote.

Ces produits, soumis au vaporisage, se décomposent, et la matière colorante qui est insoluble se trouve ainsi solidement fixée sur la fibre.

L'azarine S teint le coton mordancé en alumine comme l'alizarine. Les nuances obtenues résistent bien au lavage, mais sont moins solides à la lumière que celles fournies par l'alizarine.

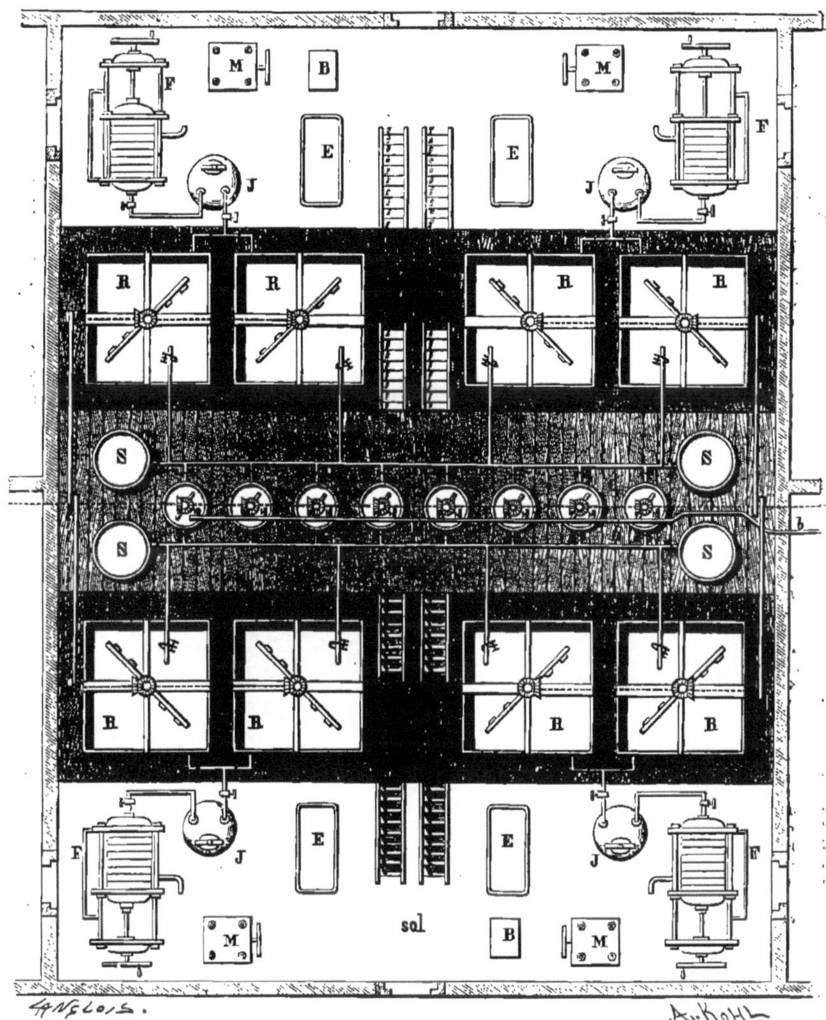

Fig. 135. — Plan d'un atelier pour la fabrication de la roccelline.

b, tube d'arrivée des matières premières. — *c, c, c*, cuves à diazoter. — *h d*, tube conduisant en R la liqueur diazoïque. — R, cuve à réaction. — J, monte-jus à air comprimé. — F, filtre-presse. — M, presse à main. — E, Plaque sécheuse. — B, bascule.

Le prix élevé de l'azarine s'oppose également à son emploi sur une grande échelle.

BRUN DE NAPHTYLAMINE,

$$C^{10}H^6 \begin{cases} SO^3Na \\ Az=Az-C^{10}H^6.OH \end{cases}$$

— On le prépare par l'action du dérivé diazoïque de l'acide naphtionique sur l'α-naphtol. C'est une poudre brune, soluble dans l'eau. La dissolution aqueuse se colore en rouge fuchsine par addition d'acide chlorhydrique, et en brun rouge par addition de soude caustique. La dissolution sulfurique est violette; par addition d'eau, elle vire au rouge fuchsine.

Le brun de naphtylamine teint la laine, sur

bain acide, en brun. Il est peu employé. Par contre, son isomère décrit ci-dessous présente une grande importance.

ROCCELLINE,

$$C^{10}H^6 < \begin{matrix} SO^3Na \\ Az = Az - C^{10}H^6 . OH \end{matrix}$$

— Ce corps se prépare comme le précédent, en remplaçant l'α-naphtol par le β-naphtol. C'est une poudre d'un rouge brun, peu soluble à froid, plus soluble à chaud dans l'eau. L'acide chlorhydrique donne, avec la solution aqueuse, un précipité d'un brun jaune; la soude fonce la nuance. La dissolution sulfurique est violette et donne, par addition d'eau, un précipité d'un brun jaune.

Cette matière colorante teint la laine, sur bain acide, en rouge violacé. La différence de nuance d'avec l'isomère dérivé de l'α-naphtol est ici énorme. Elle unit difficilement, car elle tire trop vite.

Nous donnons ci-contre le plan complet d'un atelier (fig. 135) pour la fabrication de la roccelline, en faisant remarquer que le dispositif reste le même pour la plupart des corps azoïques que l'on fabrique en grand.

L'atelier se compose de quatre parties identiques et permet de faire en même temps quatre opérations distinctes.

Le naphtionate de sodium arrive par le tuyau b dans les cuves à diazoter c, c, c.

Le transport de la matière première s'exécute à l'aide d'un tonnelet à plusieurs fins qui circule à l'extérieur de l'atelier sur une petite voie ferrée. Notons ici que cet appareil ne sert pas uniquement à la roccelline, mais qu'il peut, dans un atelier de couleurs azoïques, être employé pour toutes les matières premières qui sont utilisées à l'état liquide.

Le tonneau (fig.136) est en tôle; pour le remplir, si la matière à employer se trouve, ce qui est quelquefois le cas, dans un récipient situé au-dessous du sol, on met le tube AB en communication avec ce réservoir; en ouvrant les robinets R, r et r', l'air comprimé s'échappe dans l'éjecteur K, fait le vide dans le tonneau et aspire ainsi le liquide par le tube $c'c'$. Lorsque le tonneau renferme la quantité voulue de liquide, qui est pesé par le passage de l'appareil sur un pont bascule, ou mesuré à l'aide d'un tube de niveau gradué, on ferme les robinets R, R', r et r' et on met le tube AB en communication avec le tube b (fig. 135). On ouvre alors R', r et r'; l'air comprimé chasse le liquide dans les cuves c, c, c (fig. 135) par le tube AB.

Les cuves ccc sont en bois et munies d'agitateurs mécaniques. La transformation du naphtionate en dérivé diazoïque s'effectue comme il a été dit pour l'acide sulfanilique (voyez *Orangé II*).

On a, d'autre part, préparé une solution alcaline de β-naphtol, qu'on a introduite dans les cuves à réaction en tôle plombée R, R. Ces cuves, munies d'agitateurs mécaniques, sont rectangulaires, ce qui assure un brassage parfait du liquide, dont la masse ne peut prendre un mouvement giratoire comme cela a lieu dans les cuves cylindriques.

On ajoute le dérivé diazoïque, et, lorsque la réaction est effectuée, on fait couler de l'eau salée préparée dans les cuves S, S.... Le produit se rend dans un monte-jus J et il est chassé de là par l'air comprimé dans le filtre-presse F. Après un lavage approprié, on presse fortement à la presse à main M et on sèche sur une plaque sécheuse E.

AZORUBINE S,

$$C^{10}H^6 < \begin{matrix} SO^3Na \\ Az = Az - C^{10}H^5 < \begin{matrix} OH \\ SO^3Na \end{matrix} \end{matrix}$$

— Ce corps se prépare avec le dérivé diazoïque de l'acide naphtionique, qu'on associe à l'acide α-naphtol-sulfonique 1.4. Il donne sur laine des nuances analogues à celle de la fuchsine S, mais beaucoup plus stables. C'est une poudre brune. Sa solution aqueuse est rouge-fuchsine et donne par addition d'acide chlorhydrique un précipité brun gélatineux; la soude jaunit la couleur. La solution sulfurique est violette et vire au rouge fuchsine par addition d'eau.

CROCÉINE 3 BX,

$$C^{10}H^6 < \begin{matrix} SO^3Na \\ Az = Az - C^{10}H^5 < \begin{matrix} SO^3Na \\ OH \end{matrix} \end{matrix}$$

— On la prépare avec le dérivé diazoïque de l'acide naphtionique et l'acide β-naphtol-sulfonique 2.8.

C'est une poudre écarlate, soluble dans l'eau. La solution aqueuse n'est pas altérée par l'acide chlorhydrique. La soude caustique donne une coloration brun–jaune. La solution sulfurique est violet–rouge.

Cette matière colorante teint la laine, sur bain acide, en rouge ponceau.

ROUGE SOLIDE E,

$$C^{10}H^9 < \begin{matrix} SO^3Na \\ Az = Az - C^{10}H^5 < \begin{matrix} OH \\ SO^3Na \end{matrix} \end{matrix}$$

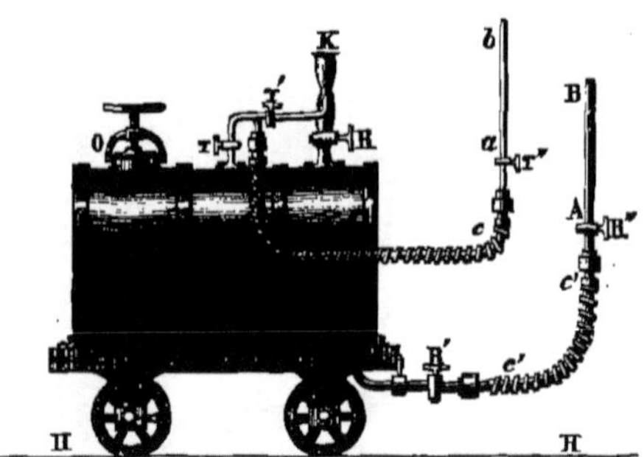

Fig. 136. — Tonneau pour le transport des matières premières.

T, tonneau en tôle. — O, trou d'homme. — HH, voie ferrée. — c, c', tubes flexibles en caoutchouc. — ab, tube d'arrivée de l'air comprimé. — K, éjecteur.

— Ce corps se prépare par l'action du dérivé diazoïque de l'acide naphtionique sur l'acide β–sulfonique de Schaeffer. C'est une poudre brun–rouge, soluble en rouge bordeaux dans l'eau. La dissolution aqueuse, additionnée de soude caustique, donne une coloration brune; l'acide chlorhydrique est sans action. La dissolution dans l'acide sulfurique concentré est violette et vire au rouge par addition d'eau.

Il teint la laine, sur bain acide, en rouge

PONCEAU BRILLANT,

$$C^{10}H^6 < \begin{matrix} SO^3Na \\ Az = Az - C^{10}H^4 < \begin{matrix} OH \\ (SO^3Na)^2 \end{matrix} \end{matrix}$$

— On le prépare avec le dérivé diazoïque de l'acide β–naphtionique et l'acide β–naphtol-disulfonique J (2.6.8).

Poudre écarlate, soluble dans l'eau; la solution est colorée en brun par la soude caustique et reste inaltérée par addition d'acide chlorhydrique.

La solution dans l'acide sulfurique est rouge-fuchsine et vire au rouge jaune par addition d'eau.

Bordeaux S,

$$C^{10}H^6 \underset{Az=Az-C^{10}H^4}{\overset{SO^3Na}{<}} \overset{OH}{\underset{(SO^3Na)^2}{<}}$$

— On le prépare comme le précédent, en remplaçant le sel **J** par le sel **R** (2.3.6).

Poudre rouge-brun, soluble en rouge fuchsine dans l'eau ; la teinte devient plus foncée par l'addition de soude caustique à la solution aqueuse. La solution dans l'acide sulfurique est violette et vire au rouge fuchsine par addition d'eau.

Il teint la laine, sur bain acide, en rouge bordeaux.

Ponceau 6 R,

$$C^{10}H^6 \underset{Az=Az-C^{10}H^3}{\overset{SO^3Na}{<}} \overset{OH}{\underset{(SO^3Na)^3}{\leqq}}$$

— On l'obtient en associant le dérivé diazoïque de l'acide naphtionique à l'acide β-naphtol-trisulfonique. C'est une poudre brune, soluble en rouge fuchsine dans l'eau. La solution aqueuse additionnée d'acide chlorhydrique reste inaltérée. La soude caustique la colore en brun rouge. La dissolution dans l'acide sulfurique est violette et vire au rouge par addition d'eau.|

Il teint la laine, sur bain acide, en rouge.

Ponceau acide,

$$C^{10}H^6 \underset{Az=Az-C^{10}H^6.OH}{\overset{SO^3Na}{<}}$$

— Ce corps se prépare en associant le dérivé diazoïque de l'acide β-naphtylamine-sulfonique au β-naphtol. L'acide β-naphtylamine-sulfonique qui sert à cette préparation s'obtient par sulfoconjugaison de la β-naphtylamine. C'est un mélange à parties égales des deux acides

Le ponceau acide est une poudre d'un rouge écarlate, peu soluble dans l'eau froide, plus soluble à chaud. Par addition d'acide chlorhydrique à la dissolution aqueuse, on obtient un précipité brun ; la soude caustique donne une coloration brune. La solution sulfurique est rouge-fuchsine et précipite en brun par addition d'eau.

Il teint la laine en rouge, sur bain acide.

Brun solide 3 B,

$$C^{10}H^6 \underset{Az=Az-C^{10}H^6.OH}{\overset{SO^3Na}{<}}$$

— On le prépare en associant à l'α-naphtol le dérivé diazoïque de l'acide β-naphtylamine-sulfonique correspondant à l'acide β-naphtol-sulfonique de Schaeffer 2.6. C'est une poudre brune, soluble en rouge brun dans l'eau. Par addition d'acide chlorhydrique à la solution aqueuse, on a une coloration d'un violet rouge. La soude colore la solution en rouge fuchsine. La dissolution sulfurique est bleue et précipite en violet rouge par addition d'eau.

Il teint la laine, sur bain acide, en brun.

Écarlate brillant J,

$$C^{10}H^6 \underset{Az=Az-C^{10}H^6.OH}{\overset{SO^3Na}{<}}$$

— Ce corps se prépare comme le précédent, en remplaçant l'α- par le β-naphtol. Poudre rouge-

brun. La dissolution aqueuse précipite en brun par l'acide chlorhydrique et par la soude caustique ; ce dernier précipité est soluble dans un excès d'eau. La dissolution dans l'acide sulfurique concentré est rouge-fuchsine et précipite en rouge brun par addition d'eau.

Cette matière colorante teint la laine, sur bain acide, en ponceau à reflets jaunes.

Ponceau brillant,

$$C^{10}H^6 \underset{Az=Az-C^{10}H^5}{\overset{SO^3Na}{<}} \overset{SO^3Na}{\underset{OH}{<}}$$

— On le prépare comme le précédent, en remplaçant le β-naphtol par l'acide α-naphtol-sulfonique 1.4. C'est une poudre d'un rouge brun. La solution aqueuse précipite en brun jaune par l'acide chlorhydrique ; la soude caustique est sans action. L'acide sulfurique concentré donne une dissolution rouge-fuchsine, virant au rouge orangé par addition d'eau.

Il teint la laine, sur bain acide, en rouge écarlate.

Pyrotine RRO,

$$C^{10}H^6 \underset{Az=Az-C^{10}H^5}{\overset{SO^3Na}{<}} \overset{OH}{\underset{SO^3Na}{<}}$$

— On la prépare en associant le dérivé diazoïque de l'acide β-naphtylamine-sulfonique 2.5 à l'acide α-naphtol-sulfonique 1.4. C'est une poudre d'un rouge brun. La solution aqueuse, additionnée d'acide chlorhydrique, vire au violacé ; avec la soude caustique, elle vire au jaune. L'acide sulfurique concentré donne une dissolution rouge-fuchsine, qui devient rouge par addition d'eau.

La pyrotine teint la laine, sur bain acide, en rouge.

Azofuchsine B,

$$C^6H^4 \underset{Az=Az-C^{10}H^4}{\overset{CH^3}{<}} \overset{OH}{\underset{SO^3Na}{-OH}}$$

— Ce corps s'obtient en associant le diazotoluène à l'acide 1.8-dioxynaphtalène-sulfonique 4.

C'est une poudre d'un noir brun, soluble dans l'eau. La solution aqueuse bleuit par addition de soude caustique et précipite partiellement en rouge brun|par l'acide chlorhydrique. L'azofuchsine se dissout dans l'acide sulfurique en violet ; cette solution vire au rouge par addition d'eau.

L'azofuchsine donne sur laine des nuances semblables à la fuchsine S, mais beaucoup plus stables.

En remplaçant la toluidine par l'acide sulfanilique, on obtient l'*azofuchsine J*,

$$C^6H^4 \underset{Az=Az-C^{10}H^4}{\overset{CO^3Na}{<}} \overset{OH}{\underset{SO^3Na}{-OH}}$$

poudre brun-rouge qui jouit de propriétés analogues et donne en teinture des nuances un peu plus jaunes.

Jaune diamant J,

$$C^6H^4 \underset{Az=Az-C^6H^3}{\overset{CO^2H}{<}} \overset{OH}{\underset{CO^2H}{<}}$$

— On prépare cette matière colorante en associant le dérivé diazoïque de l'acide m-amidobenzoïque à l'acide salicylique. C'est une pâte d'un jaune gris, peu soluble en jaune dans l'eau, soluble dans l'acétate de sodium. La dissolution dans l'acide sulfurique concentré est jaune-rougeâtre et donne, par addition d'eau, un précipité jaune gélatineux.

Il teint en jaune vert la laine mordancée au chrome.

JAUNE DIAMANT R,

$$C^6H^4 \underset{Az = Az - C^6H^3}{\overset{CO^2H}{<}} \underset{CO^2H}{\overset{OH}{<}}$$

— On le prépare comme le précédent, en remplaçant l'acide m-amidobenzoïque par l'acide o-amidobenzoïque. C'est une poudre brune, peu soluble dans l'eau, soluble dans l'acétate de sodium. La dissolution sulfurique est jaune-orangé et précipite en jaune brun par addition d'eau.

Il teint la laine mordancée au chrome en nuances plus orangées que le précédent.

VERT AZOÏQUE,

$$C_{(1)} \begin{cases} C^6H^4 Az_{(3)} = Az_{(1)} - C^6H^3 < \overset{OH_{(4)}}{CO_{(3)}} \\ C^6H^4 Az_{(4)} (CH^3)^2 \\ C^6H^4 Az_{(4)} (CH^3)^2 \end{cases} \\ \underline{\qquad\qquad} O$$

— Cette matière colorante est le premier produit de couleur verte se rattachant, par une partie de sa molécule, à la série azoïque. Il est juste de dire qu'il est dans d'étroits rapports de parenté avec le vert malachite, comme on le voit à la simple inspection de sa formule. C'est même le chromophore du vert malachite qui détermine la couleur verte du produit.

On le prépare de la manière suivante : On traite la diméthylaniline par l'aldéhyde m-nitrobenzylique en présence d'un agent de condensation :

$$C^6H^4 \overset{AzO^2}{\underset{CHO}{<}} + 2\, C^6H^5 . Az(CH^3)^2$$
$$= H^2O + CH \begin{cases} C^6H^4 . AzO^2 \\ C^6H^4 . Az(CH^3)^2 \\ C^6H^4 . Az(CH^3)^2 \end{cases}$$

Ce produit nitré est réduit par l'acide chlorhydrique et le zinc en poudre, et le dérivé amidé ainsi obtenu transformé en dérivé diazoïque

$$CH \begin{cases} C^6H^4 - Az = Az - Cl \\ C^6H^4 - Az(CH^3)^2 \\ C^6H^4 - Az(CH^3)^2 \end{cases}$$

par le nitrite de sodium en solution acide.

D'autre part, on dissout 14 kilogr. d'acide salicylique dans 120 litres de lessive de soude à 33 0/0 additionnée de 100 litres d'eau, et on refroidit à 0° par addition de glace.

A cette dissolution refroidie on ajoute la liqueur diazoïque froide provenant de 34,5 kilogr. de m-amidotétraméthyldiamidotriphénylméthane et on maintient pendant 24 heures la solution à 0-4°, en ajoutant de la glace de temps en temps. On verse alors dans la liqueur étendue d'eau 200 kilogr. d'acide chlorhydrique qui dissout la leucobase

$$CH \begin{cases} C^6H^4 - Az = Az - C^6H^3 < \overset{OH}{CO^2H} \\ C^6H^4 . Az(CH^3)^2 \\ C^6H^4 . Az(CH^3)^2 \end{cases}$$

On chauffe vers 30°, on filtre et on ajoute à la liqueur 84 kilogr. de peroxyde de plomb en pâte à 28 0/0 en agitant constamment (voyez *Fabrication du vert malachite*).

Au bout de quelque temps, on chauffe à 80°; il se sépare des flocons bruns, qu'on filtre à chaud et qu'on lave avec une dissolution de chlorure de sodium. Enfin on malaxe avec une dissolution de carbonate de sodium qui forme un sel sodique.

Le vert azoïque est une pâte vert foncé; l'acide libre est brun-rouge; tous deux sont insolubles dans l'eau. Chauffé avec de la soude caustique, il donne un sel sodique un peu plus soluble dans l'eau.

Le vert azoïque teint en vert la laine mordancée au chrome. Les nuances sont beaucoup plus stables que celles obtenues avec les verts dérivés du triphénylméthane. A ce point de vue, l'influence du groupe azoïque est évidente.

MATIÈRES COLORANTES OXYAZOÏQUES INSOLUBLES DANS L'EAU. — Il existe un certain nombre de produits qui ne sont pas, à proprement parler, des matières colorantes : on les obtient en faisant agir sur les phénols les dérivés diazoïques des amines non sulfonées. Les produits ainsi obtenus sont insolubles dans l'eau, solubles dans l'alcool et dans les matières grasses. Ils servent à la teinture des vernis et des graisses. Les principaux corps de cette catégorie sont les suivants :

SOUDAN J,

$$C^6H^5 - Az = Az - C^6H^3 (OH)^2.$$

— On le prépare par le dérivé diazoïque de l'aniline et la résorcine.

Il est soluble en jaune dans l'alcool, en jaune brun dans l'acide sulfurique concentré.

SOUDAN 1,

$$C^6H^5 - Az = Az - C^{10}H^6 . OH.$$

— On le prépare avec le diazobenzène et le β-naphtol. Il est soluble en orangé dans l'alcool, en rouge fuchsine dans l'acide sulfurique concentré.

JAUNE POUR BEURRE,

$$C^6H^5 - Az = Az - C^6H^4 . Az(CH^3)^2.$$

— On le prépare avec le diazobenzène et la diméthylaniline. Il est soluble en jaune dans les graisses, ainsi que dans l'acide sulfurique concentré.

Il sert à la coloration des beurres, des cires, etc.

SOUDAN 2,

$$C^6H^3(CH^3)^2 - Az = Az - C^{10}H^6 . OH.$$

— On le prépare avec le diazoxylène et le β-naphtol. Il se dissout en orangé rougeâtre dans l'alcool, en rouge fuchsine dans l'acide sulfurique concentré.

BRUN SOUDAN,

$$C^{10}H^7 - Az = Az - C^{10}H^6 . OH.$$

— On le prépare par l'α-diazonaphtalène et le β-naphtol. Il se dissout en brun dans l'alcool, en bleu dans l'acide sulfurique concentré.

CARMINAPHTE,

$$C^{10}H^7 - Az = Az - C^{10}H^6 . OH.$$

— On le prépare avec le β-diazonaphtalène et le β-naphtol. Il est soluble en rouge dans l'alcool, en rouge fuchsine dans l'acide sulfurique concentré.

MATIÈRES COLORANTES BISAZOÏQUES DÉRIVÉES DES CORPS AMIDOAZOÏQUES.

La première matière colorante bisazoïque se rattachant à cette classe est l'*écarlate de Biebrich*, obtenu par l'action du β-naphtol sur le dérivé disulfonique du benzène-azo-amidobenzène

$$SO^3H - C^6H^4 - Az = Az - C^6H^3 \overset{SO^3H}{\underset{AzH^2}{<}}$$

D'autres produits analogues ont été obtenus

avec les homologues des acides mono- et disulfonique de l'amidoazobenzène et les naphtols ou leurs dérivés disulfoniques.

Leur préparation industrielle s'effectue comme celle des dérivés monoazoïques. Nous donnons ci-dessous, à titre d'exemple, la préparation de l'écarlate de Biebrich et de la crocéine 3 B.

La préparation de ces corps fait intervenir, en tant que matières premières, les dérivés sulfonés de l'amidoazobenzène. Nous en donnerons ci-dessous le mode de préparation en grand, en faisant remarquer que ces procédés peuvent être appliqués avec de légères modifications à la fabrication des homologues.

Préparation des acides amidoazobenzène-sulfoniques. —Dans une marmite émaillée, munie d'un agitateur en verre ou en porcelaine, et pouvant être refroidie extérieurement, on introduit 80 kilogr. d'acide sulfurique fumant à 24 0/0 d'anhydride; on refroidit extérieurement par un mélange de glace et de sel et on ajoute le lendemain, peu à peu, avec précaution, 20 kilogr. de sulfate d'amidoazobenzène[1], en ayant soin de ne pas dépasser la température de 15°, et 40 kilogr. d'acide fumant à 24 0/0 d'anhydride. Cette opération dure 10 heures. On enlève ensuite le mélange réfrigérant, on agite pendant 2 heures et on verse le liquide dans 1000 litres d'eau. Après refroidissement, on filtre et on essore le produit.

On obtient ainsi un mélange de sulfate d'amidoazobenzène et d'acides mono- et disulfoniques de l'amidoazobenzène. Le produit est repris par 600 litres d'eau bouillante et saturé par le carbonate de sodium. Seuls les acides sulfoniques se dissolvent, tandis que le sulfate d'amidoazobenzène reste à l'état insoluble. On filtre et on ajoute au liquide filtré 18 kilogr. d'acide sulfurique : les acides sulfoniques se précipitent; on filtre, on lave et on redissout dans le carbonate de sodium. La solution des sels sodiques est additionnée d'eau, de manière à occuper un volume de 1000 litres environ, et additionnée de 80 kilogr. de sel marin. Le sel sodique de l'acide amidoazobenzène–monosulfonique se précipite. On reconnaît que la précipitation est complète lorsqu'une prise d'essai, additionnée de nitrite de sodium et d'acide chlorhydrique, ne se trouble pas lorsqu'on la verse dans l'eau. En effet, seul le dérivé diazoïque de l'acide monosulfonique est insoluble dans l'eau. Le liquide est passé au filtre-presse, qui retient le sel sodique de l'acide monosulfonique. Le sel de l'acide disulfonique reste dans les eaux mères. On obtient ainsi environ en moyenne :

10 kilogr. de sulfate d'amidoazobenzène régénéré,
17 — d'acide monosulfonique,
20 — d'acide disulfonique.

Ce procédé est long et dispendieux, mais il permet d'obtenir des produits à l'état de pureté.

Préparation de l'écarlate de Biebrich,

$$C^6H^4 \diagdown \begin{matrix} S\,O^3Na_{(4)} \\ Az_{(1)} = Az - C^6H^3 \diagdown \begin{matrix} S\,O^3Na \\ Az = Az - C^{10}H^6 . OH \end{matrix} \end{matrix}$$

— Dans une cuve en bois, munie d'un agitateur, on introduit 250 litres de liquide renfermant 10 kilogr. d'acide amidoazobenzène–disulfonique à l'état de sel de sodium. On ajoute 6 kilogr. d'acide sulfurique à 60°. L'acide se précipite. On refroidit à 0° par addition de glace, et on ajoute la quantité de nitrite de sodium nécessaire à la transformation en dérivé diazoïque. On fait tourner l'agitateur pendant 2 heures et on fait couler la liqueur diazoïque dans une dissolution de

4 kilogr. de β–naphtol dans 12 litres de soude caustique à 10 0/0 et 1000 litres d'eau renfermant la quantité de carbonate de sodium nécessaire pour saturer l'acide sulfurique (environ 5 kilogr.). On laisse reposer pendant la nuit, on fait bouillir, on ajoute du sel et on filtre le produit formé. On obtient ainsi 16 kilogr. de matière colorante.

L'écarlate de Biebrich se présente sous la forme d'une poudre rouge–brun. Sa solution aqueuse, additionnée d'acide chlorhydrique, donne un précipité formé de flocons rouges; la soude donne un précipité rouge-brun. La dissolution sulfurique est verte; par addition d'eau, elle vire au bleu, puis donne un précipité rouge-brun.

L'écarlate de Biebrich teint la laine, sur bain acide, en rouge écarlate.

Crocéine 3 B,

$$C^6H^4 \diagdown \begin{matrix} S\,O^3Na \\ Az = Az - C^6H^4 - Az = Az - C^{10}H^5 \diagdown \begin{matrix} OH \\ S\,O^3Na \end{matrix} \end{matrix}$$

La fabrication de la crocéine 3 B est assez délicate : il importe d'apporter le plus grand soin à la préparation du dérivé diazoïque de l'acide amidoazobenzène-monosulfonique qui se forme assez difficilement. Voici le mode opératoire :

On dissout dans 50 litres d'eau bouillante 10 kilogr. d'acide monosulfonique, on ajoute 12 kilogr. d'acide chlorhydrique à 21°, et, après refroidissement, la quantité de glace nécessaire pour amener la température aux environs de 0°. On ajoute ensuite la quantité de nitrite de sodium nécessaire à la transformation en dérivé diazoïque, plus un excès de 5 0/0 sur le chiffre théorique.

La formation du dérivé diazoïque est très lente. On maintient l'agitateur en mouvement pendant 24 heures. Au bout de ce temps, on fait couler la liqueur diazoïque dans une dissolution alcaline d'acide β-naphtol-monosulfonique 2.8, renfermant du sel marin. La matière colorante se forme peu à peu et se précipite grâce au chlorure de sodium contenu dans la liqueur. Au bout de 24 heures, la réaction est terminée. On filtre, on lave et on dessèche le produit. On obtient ainsi 18-19 kilogr. de crocéine 3 B.

Si la nuance de la matière colorante obtenue n'est pas assez pure, on redissout dans 500 litres d'eau bouillante et on ajoute à la dissolution 2 kilogr. d'alun et 2 kilogr. d'ammoniaque. Il se précipite ainsi de l'alumine qui entraîne les impuretés. On filtre et on précipite la matière colorante purifiée par le sel marin.

La crocéine 3 B est une poudre d'un rouge brun, soluble en rouge écarlate dans l'eau ; par addition d'acide chlorhydrique à la dissolution aqueuse, il se forme un précipité floconneux d'un jaune brun. La soude caustique étendue donne une coloration d'un violet sale; avec la soude concentrée, on obtient un précipité rouge-violacé. La matière colorante se dissout dans l'acide sulfurique en bleu pur; en étendant d'eau, on obtient un précipité brun-jaune.

La crocéine 3 B teint la laine, sur bain acide, en un beau rouge et le coton sur bain d'alun. Son rôle dans la teinture du coton est bien diminué depuis l'apparition des couleurs de biphényle.

Azococcine 7 B. — On l'obtient en associant le dérivé diazoïque de l'amidoazobenzène à l'acide α-naphtol-sulfonique 1.4. Sa formule est

$$C^6H^5 - Az = Az - C^6H^4 - Az = Az - C^{10}H^5 \diagdown \begin{matrix} OH \\ S\,O^3Na \end{matrix}$$

— Poudre brune, peu soluble dans l'eau en rouge fuchsine. Sa dissolution aqueuse précipite en rouge par la soude caustique; le précipité est soluble dans l'eau. La solution sulfurique est d'un violet bleu et précipite en rouge brun par addition d'eau.

---

1. Pour la préparation industrielle de l'amidoazobenzène, voyez Supp., 2, I, 1292.

Crocéine B,

$$C^6H^5 - Az = Az - C^6H^4 - Az = Az - C^{10}H^4 \overset{\diagup OH}{\underset{\diagdown SO^3Na}{- SO^3Na}}$$

— On l'obtient en associant le dérivé diazoïque de l'amidoazobenzène à l'acide α-naphtol-disulfonique 1.4.8. C'est une poudre d'un rouge brun, peu soluble dans l'eau en rouge fuchsine. L'acide chlorhydrique précipite en violet la dissolution aqueuse. La soude caustique donne une coloration violette. La dissolution dans l'acide sulfurique est violette.

Crocéine brillante,

$$C^6H^5 - Az = Az - C^6H^4 - Az = Az - C^{10}H^4 \overset{\diagup OH}{\underset{\diagdown SO^3Na}{- SO^3Na}}$$

— On la prépare avec le dérivé diazoïque de l'amidoazobenzène et l'acide β-naphtol-disulfonique J (2.6.8). C'est une poudre d'un brun clair, soluble en rouge cerise dans l'eau. La solution précipite en brun par l'acide chlorhydrique et vire au brun par addition de soude. La dissolution dans l'acide sulfurique est violet-rouge ; par addition d'eau, elle vire au bleu, puis donne un précipité brun. Elle teint la laine, sur bain acide, en rouge.

Ponceau SS extra. — On le prépare comme le précédent, en remplaçant le sel J par le sel R :

$$C^{10}H^6 \overset{\diagup OH_{(2)}}{\underset{\diagdown SO^3Na_{(6)}}{- SO^3Na_{(3)}}}$$

C'est une poudre brune, soluble en rouge fuchsine dans l'eau. La solution, additionnée d'acide chlorhydrique, donne un précipité violet. La soude la colore en violet rouge. La dissolution dans l'acide sulfurique est violette et précipite en violet par addition d'eau.

Ponceau 5 R,

$$C^6H^5 - Az = Az - C^6H^4 - Az = Az - C^{10}H^3 \overset{\diagup OH}{\underset{\diagdown (SO^3Na)^3}{}}$$

— On le prépare en faisant agir le dérivé diazoïque de l'amidoazobenzène sur l'acide β-naphtol-trisulfonique. C'est une poudre brune, soluble en rouge cerise dans l'eau. La solution donne avec l'acide chlorhydrique un précipité brun ; la soude la colore en brun. L'acide sulfurique concentré fournit une solution d'un violet rouge, qui, étendue d'eau, devient bleue d'abord, rouge ensuite.

Ce corps teint la laine, sur bain acide, en rouge violacé.

Écarlate solide,

$$C^6H^4 \overset{\diagup SO^3Na}{\underset{\diagdown Az = Az - C^6H^4 - Az = Az - C^{10}H^6 . OH}{}}$$

— Ce corps se forme avec le dérivé diazoïque de l'acide amidoazobenzène-monosulfonique et le β-naphtol. C'est une poudre cristalline d'un rouge brun, soluble dans l'eau en rouge ponceau. L'acide chlorhydrique donne une coloration plus jaunâtre ; en solution concentrée, on obtient un précipité floconneux d'un rouge clair ; par addition de soude, il se précipite des flocons bruns. Cette matière colorante se dissout en vert dans l'acide sulfurique concentré. La solution, additionnée d'eau, vire au rouge en passant par le bleu.

Elle teint la laine, sur bain acide, en rouge.

Ponceau S extra,

$$C^6H^4 \overset{\diagup SO^3Na}{\underset{\diagdown Az = Az - C^6H^3}{}} \overset{\diagup SO^3Na}{\underset{\diagdown Az = Az - C^{10}H^4}{}} \overset{\diagup OH}{\underset{\diagdown (SO^3Na)^2}{}}$$

— On le prépare avec le dérivé diazoïque de

l'acide amidoazobenzène-disulfonique associé à l'acide naphtol-disulfonique R (2.3.6). C'est une poudre brune, soluble dans l'eau en rouge fuchsine ; l'addition d'acide chlorhydrique ne produit pas de changement. La soude caustique concentrée donne un précipité violet, soluble dans une grande quantité d'eau. La solution sulfurique est bleue et vire au rouge par addition d'eau.

Noir pour laine,

$$C^6H^4 \overset{\diagup SO^3Na}{\underset{\diagdown Az = Az}{}} \diagdown$$
$$C^{10}H^6 \overset{\diagup Az = Az}{\underset{\diagdown AzH_{(4)} - C^6H^4 - CH^3_{(1)}}{}} \diagup C^6H^3 - SO^3Na$$

— Ce corps s'obtient en faisant agir le dérivé diazoïque de l'acide amidoazobenzène-disulfonique sur une solution alcoolique de chlorhydrate de p-crésyl-β-naphtylamine.

L'acide libre qui a pris naissance est filtré et transformé en sel de sodium. C'est une poudre noir-bleu, soluble dans l'eau en violet. L'acide chlorhydrique précipite en violet rouge la dissolution aqueuse ; la soude donne un précipité violet. La solution sulfurique est bleue ; étendue d'eau, elle donne un précipité brun, qui se décompose à l'ébullition avec formation d'acide amidoazobenzène-disulfonique et de tolunaphtazine.

Cette matière colorante teint la laine, sur bain de bisulfate de sodium, en noir violet. Toutefois, pour obtenir le noir vrai, il faut employer jusqu'à 8 0/0 du poids de la laine. Les teintures résistent assez bien à la lumière, moins bien au foulon.

Nous venons de décrire les principales matières colorantes que l'on obtient en partant de l'amidoazobenzène. On peut remplacer ce corps par ses homologues, par exemple l'amidoazotoluène ou l'amidoazoxylène et leurs dérivés. On arrive ainsi à des produits dont les propriétés se confondent presque avec celles de l'homologue inférieur. Pour préparer l'amidoazotoluène, on opère avec l'o-toluidine exactement comme avec l'aniline.

Nous allons énumérer ci-dessous les produits obtenus avec les homologues de l'amidoazobenzène.

Crocéine 2 B,

$$C^6H^4 \overset{\diagup CH^3}{\underset{\diagdown Az = Az - C^6H^3}{}} \overset{\diagup CH^3}{\underset{\diagdown Az = Az - C^{10}H^4}{}} \overset{\diagup OH}{\underset{\diagdown (SO^3Na)^2}{}}$$

— On la prépare avec l'amidoazotoluène, que l'on transforme en dérivé diazoïque et qu'on associe à l'acide α-naphtol-disulfonique 1.4.8.

On obtient une poudre d'un brun foncé, soluble dans l'eau en rouge fuchsine ; la solution précipite en violet par l'acide chlorhydrique et se colore en violet par la soude caustique. La dissolution dans l'acide sulfurique concentré est bleue, et donne par addition d'eau un précipité violet, puis une liqueur rouge.

Rouge pour drap J,

$$C^6H^4 \overset{\diagup CH^3}{\underset{\diagdown Az = Az - C^6H^3}{}} \overset{\diagup CH^3}{\underset{\diagdown Az = Az - C^{10}H^5}{}} \overset{\diagup OH}{\underset{\diagdown SO^3Na}{}}$$

— On le prépare avec le dérivé diazoïque de l'amidoazotoluène et l'acide β-naphtol-sulfonique de Schaeffer. C'est une poudre d'un rouge brun, peu soluble dans l'eau. L'acide chlorhydrique précipite en brun rouge la solution aqueuse. La dissolution dans l'acide sulfurique concentré est bleue et donne un précipité rouge brun lorsqu'on l'étend d'eau.

Ce produit teint en rouge foncé la laine mordancée au chrome.

Si, dans la préparation du rouge pour drap J, on remplace l'acide β-naphtol-sulfonique par le sel disulfonique R, on obtient le *rouge pour drap B*,

$$C^6H^4\diagup\begin{array}{l}C H^3\\ \diagdown Az=Az-C^6H^3\diagup\begin{array}{l}C H^3\\ \diagdown Az=Az-C^{10}H^4-S O^3Na\\ \diagdown S O^3Na\end{array}\end{array}$$

sous la forme d'une poudre d'un brun foncé, soluble en rouge fuchsine dans l'eau. L'acide chlorhydrique colore en brun la dissolution aqueuse. La solution sulfurique est bleue et précipite en rouge brun par addition d'eau.

Avec l'amidoazotoluène et l'acide éthyl-β-naphtylamine-δ-monosulfonique,

$$C^{10}H^6\diagup\begin{array}{l}S O^3H_{(7)}\\ \diagdown Az H . C^2H^5_{(2)}\end{array}$$

on obtient le *rouge pour drap 3 B extra*.

Une autre marque de *rouge pour drap B* s'obtient avec l'amidoazotoluène et l'acide α-naphtol-sulfonique 1.4, sous la forme d'une poudre d'un rouge brun foncé, soluble en rouge dans l'eau et dans l'alcool. L'acide chlorhydrique précipite en rouge la solution aqueuse; la soude caustique donne une coloration violette · la solution sulfurique est d'un noir bleu.

Rouge pour drap 3 J. — On le prépare avec l'amidoazotoluène et l'acide β-naphtylamine-sulfonique 2.6. Sa formule est

$$C^6H^4\diagup\begin{array}{l}C H^3\\ \diagdown Az=Az-C^6H^3\diagup\begin{array}{l}C H^3\\ \diagdown Az=Az-C^{10}H^5\diagup\begin{array}{l}Az H^2\\ \diagdown S O^3Na\end{array}\end{array}\end{array}$$

C'est une poudre d'un rouge brun, soluble en rouge dans l'eau et dans l'alcool. La solution aqueuse précipite par l'acide chlorhydrique en rouge brun foncé; la soude caustique est sans action. La solution sulfurique est d'un bleu verdâtre foncé et précipite en rouge-brun par addition d'eau.

Bordeaux B X,

$$C^6H^3-\begin{array}{l}C H^3\\ \diagdown Az=Az-C^6H^3-\begin{array}{l}C H^3\\ \diagdown Az=Az\ \ C^{10}H^5\diagup\begin{array}{l}OH\\ \diagdown S O^3Na\end{array}\end{array}\end{array}$$

— On l'obtient avec le dérivé diazoïque de l'amidoazoxylène et l'acide β-naphtol-sulfonique de Schaeffer 2.6. C'est une poudre d'un brun verdâtre, soluble dans l'eau en rouge brun et dans l'alcool en rouge bordeaux. Par addition d'acide chlorhydrique ou de soude caustique à la dissolution aqueuse, on obtient un précipité d'un rouge brun. La dissolution dans l'acide sulfurique concentré est verte et précipite en rouge brun par addition d'eau.

Il teint la laine, sur bain acide, en rouge.

Rouge d'orseille A,

$$C^6H^3-\begin{array}{l}C H^3\\ \diagdown Az=Az-C^6H^3-\begin{array}{l}C H^3\\ \diagdown Az=Az-C^{10}H^4\diagup\begin{array}{l}OH\\ -S O^3Na\\ \diagdown S O^3Na\end{array}\end{array}\end{array}$$

— On le prépare avec le dérivé diazoïque de l'amidoazoxylène et l'acide β-naphtol-disulfonique R. C'est une poudre d'un brun foncé, soluble en rouge orseille dans l'eau. L'acide chlorhydrique précipite la solution aqueuse en rouge brun; la soude caustique la colore en brun; la solution sulfurique est bleu foncé et donne par addition d'eau des flocons d'un rouge brun.

Cette matière colorante teint la laine en rouge orseille.

Orseilline BB,

$$C^6H^3-\begin{array}{l}C H^3\\ \diagdown Az=Az-C^6H^3\diagup\begin{array}{l}C H^3\\ \diagdown Az=Az-C^{10}H^5\diagup\begin{array}{l}OH\\ \diagdown S O^3Na\end{array}\end{array}\end{array}$$

— On la prépare avec le dérivé diazoïque de l'acide amidoazotoluène-sulfonique et l'acide α-naphtol-sulfonique 1.4. On obtient ainsi une poudre brune, soluble en rouge fuchsine dans l'eau. La solution vire au rouge jaune par addition de soude caustique et au violet rouge par l'acide chlorhydrique. L'acide sulfurique concentré donne une dissolution bleue, passant au rouge fuchsine par addition d'eau.

Cette matière colorante teint la laine, sur bain acide, en nuance orseille.

Crocéine 7 B,

$$C^6H^3-\begin{array}{l}C H^3\\ \diagdown Az=Az-C^6H^3\diagup\begin{array}{l}C H^3\\ \diagdown Az=Az-C^{10}H^5\diagup\begin{array}{l}OH\\ \diagdown S O^3Na\end{array}\end{array}\end{array}$$

— Elle se forme avec l'acide amidoazotoluène-sulfonique et l'acide β-naphtol-sulfonique 2.8. On obtient ainsi une poudre rouge-brun, soluble en rouge écarlate dans l'eau. L'acide chlorhydrique fait virer la solution au rouge fuchsine et finit par la troubler; la soude caustique donne une coloration d'un violet sale; avec une dissolution concentrée, on obtient un précipité violet sale. La dissolution dans l'acide sulfurique concentré est bleue et vire au rouge violet par addition d'eau.

Cette matière teint la laine, sur bain acide, en rouge écarlate.

Bordeaux J,

$$C^6H^3-\begin{array}{l}C H^3\\ \diagdown Az=Az-C^6H^3\diagup\begin{array}{l}C H^3\\ \diagdown Az=Az-C^{10}H^5\diagup\begin{array}{l}OH\\ \diagdown S O^3Na\end{array}\end{array}\end{array}$$

— On le prépare comme le précédent, en remplaçant l'acide β-naphtol-monosulfonique 2.8 par l'acide de Schaeffer.

Poudre rouge-brun, soluble en rouge dans l'eau, peu soluble dans l'alcool. L'acide chlorhydrique précipite en rouge la solution aqueuse; la soude la colore en violet; la solution sulfurique est bleu foncé et précipite en rouge par addition d'eau.

Bordeaux B X,

$$C^6H^2\diagup\begin{array}{l}(C H^3)^2\\ -S O^3Na\\ \diagdown Az=Az-C^6H-\begin{array}{l}(C H^3)^2\\ -S O^3Na\\ \diagdown Az=Az-C^{10}H^6 . OH\end{array}\end{array}$$

— Ce corps s'obtient avec le dérivé diazoïque de l'acide amidoazoxylène-disulfonique et le β-naphtol.

C'est une poudre brun foncé, soluble en rouge dans l'eau et dans l'alcool. L'acide chlorhydrique précipite en rouge brun foncé la solution aqueuse; la soude caustique donne une coloration brunâtre; la solution sulfurique est vert foncé; l'addition d'eau la fait virer d'abord au bleu, puis donne un précipité d'un rouge brun.

Violet solide rougeâtre,

$$C^6H^4\diagup\begin{array}{l}S O^3Na_{(4)}\\ \diagdown Az_{(4)}=Az-C^{10}H^6-Az=Az-C^{10}H^5\diagup\begin{array}{l}OH_{(\beta)}\\ \diagdown S O^3Na_{(\beta)}\end{array}\end{array}$$
$$(\alpha)\qquad\qquad(\alpha)$$

— Pour préparer ce corps, on associe d'abord le dérivé diazoïque de l'acide sulfanilique à l'α-naphtylamine. On obtient ainsi le corps

$$C^6H^4\diagup\begin{array}{l}S O^3Na\\ \diagdown Az=Az-C^{10}H^6-Az H^2\end{array}$$

Ce produit peut être transformé en un dérivé diazoïque qui, associé à l'acide β-naphtol-sulfonique de Schaeffer, donne le violet solide.

C'est une poudre d'un vert foncé, à reflets métalliques, soluble en violet dans l'eau et dans l'alcool. L'acide chlorhydrique donne un précipité d'un violet rouge; la soude caustique, une coloration bleue et un précipité brunâtre. La solution sulfurique est d'un bleu verdâtre sale; étendue d'eau, elle devient grise, puis donne un précipité violet-rouge.

Le violet solide rougeâtre est employé dans la teinture de la laine, sur bain chargé de bisulfate de sodium. Avec 4 0/0 de matière colorante, on obtient un violet noir très foncé, résistant bien à la lumière, moins bien au foulon.

Violet solide bleuâtre. — Si, dans la préparation du violet solide rougeâtre, on remplace l'acide sulfanilique par le dérivé sulfoné de la p-toluidine, on obtient un homologue du corps précédent, qui jouit à peu près des mêmes propriétés, et qui donne en teinture des nuances plus bleuâtres que son homologue inférieur.

Noir jais R,

$$C^6 H^3 \diagdown \begin{matrix} (S O^3 Na)^2 \\ Az = Az - C^{10} H^6 - Az = Az - C^{10} H^6 . Az H . C^6 H^5 \end{matrix}$$

— On prépare ce corps en faisant agir le dérivé diazoïque de l'acide amidobenzène-disulfonique sur l'α-naphtylamine. Le dérivé amidoazoïque ainsi obtenu est transformé par le nitrite de sodium en un dérivé diazoïque, que l'on isole par addition de sel. On introduit alors le corps diazoïque dans une solution alcoolique de phényl-α-naphtylamine. On laisse digérer pendant 24 heures et on chauffe ensuite légèrement. L'acide libre de la matière colorante est filtré et dissous dans le carbonate de sodium pour le transformer en produit commercial.

La matière colorante ainsi obtenue constitue une poudre noire, soluble en violet bleu dans l'eau et dans l'alcool. L'acide chlorhydrique précipite la solution aqueuse en noir bleuâtre; la soude, en violet. La solution sulfurique est bleue; additionnée d'eau, elle donne un précipité bleu-verdâtre.

Le noir jais teint la laine, sur bain de sel marin bouillant, en un noir assez solide, quoique sensible aux acides. Son intensité est beaucoup plus considérable que celle des matières colorantes dérivées des naphtols.

On connaît encore toute une classe de matières colorantes noires ou noir-bleu dérivées des naphtols ou des naphtylamines; nous mentionnerons ci-dessous les principales.

Noir diamant,

$$C^6 H^3 \diagdown \begin{matrix} O H \\ C O^2 Na \\ Az = Az - C^{10} H^6 - Az - Az - C^{10} H^5 \diagup^{O H}_{S O^3 Na} \end{matrix}$$

— On prépare ce corps en formant d'abord le dérivé diazoïque de l'acide p-amidosalicylique par les méthodes usuelles; on obtient ainsi une masse cristalline, insoluble, grise, qu'on introduit dans une dissolution étendue de chlorhydrate d'α-naphtylamine. Par addition d'acétate de sodium, on précipite le dérivé amidoazoïque

$$C^6 H^3 \diagdown \begin{matrix} O H \\ C O^2 H \\ Az = Az - C^{10} H^6 - Az H^2 \end{matrix}$$

sous la forme d'aiguilles d'un bleu d'acier. On laisse digérer pendant 24 heures, on acidifie par l'acide chlorhydrique et on filtre pour séparer le chlorhydrate d'α-naphtylamine non entré en réaction, qui reste dans les eaux mères.

Le produit ainsi obtenu teint en rouge brun la laine mordancée au chrome, et n'a pas de valeur comme matière colorante. On redissout le produit amidoazoïque dans la soude caustique étendue et bouillante, on ajoute de la glace, du nitrite de sodium et on acidifie. Le nouveau dérivé diazoïque se sépare alors. On laisse digérer pendant 3-4 heures, on filtre et on ajoute le dérivé diazoïque à une dissolution alcaline d'acide α-naphtol-sulfonique 1.4. On précipite par le sel, on filtre et on sèche la matière colorante.

Le noir diamant est une poudre d'un noir bleu, soluble en bleu violet dans l'eau et dans l'alcool. La solution aqueuse précipite en violet par l'acide chlorhydrique et se colore en bleu par la soude caustique. La solution dans l'acide sulfurique concentré est verdâtre et précipite en violet par addition d'eau.

Le noir diamant, grâce à la présence du radical de l'acide salicylique, peut être employé aussi bien en teinture qu'en impression. La position ortho du groupe carboxyle relativement à l'oxhydryle communique aux matières colorantes de la catégorie du noir diamant la propriété de former avec l'oxyde de chrome des laques très stables et d'une coloration intense. On peut donc appliquer en impression le produit associé aux sels de chrome et teindre la laine mordancée au chrome en nuances nourries, déjà avec 2 0/0 de matière colorante. La teinture résiste à la lumière et au foulon.

Noir de naphtol,

$$C^{10} H^5 \diagdown \begin{matrix} S O^3 Na \\ S O^3 Na \\ Az = Az - C^{10} H^6 - Az = Az - C^{10} H^4 \diagup^{\textstyle S O^3 Na}_{\substack{S O^3 Na \\ O H}} \end{matrix}$$

—On prépare cette matière colorante de la manière suivante : On dissout 35 kilogr. de β-naphtylamine-disulfonate de sodium 2.5 dans 300 litres d'eau, puis on ajoute 30 kilogr. d'acide chlorhydrique à 21° et 7 kilogr. de nitrite de sodium en solution à 20 0/0. On verse alors dans cette dissolution, en agitant constamment, 18 kilogr. de chlorhydrate d'α-naphtylamine dissous dans 500 litres d'eau. Le dérivé amidoazoïque

$$C^{10} H^5 \diagdown \begin{matrix} S O^3 H \\ S O^3 H \\ Az = Az - C^{10} H^6 - Az H^2 \end{matrix}$$

prend immédiatement naissance et se dépose sous la forme d'un précipité violet foncé. On décante le liquide clair après 24 heures de repos; on traite le précipité par un mélange de 12 kilogr. d'acide chlorhydrique, 100 litres d'eau et 7 kilogr. de nitrite de sodium dissous dans 30 litres d'eau. Au bout de quelque temps, le dérivé diazoïque du corps précédent a pris naissance; on le fait agir sur une dissolution alcaline de 36 kilogr. de β-naphtol-disulfonate de sodium R. La matière colorante est finalement précipitée par le sel.

Le noir de naphtol forme une poudre d'un noir violacé, soluble dans l'eau en bleu violet : l'acide chlorhydrique bleuit la solution aqueuse; la soude caustique est sans action. La dissolution dans l'acide sulfurique est olive foncé; par addition d'eau, elle vire successivement au vert et au bleu.

Le noir de naphtol du commerce est généralement mélangé d'une certaine quantité de vert de naphtol, pour neutraliser la nuance trop violette du produit. Il est employé dans la teinture de la laine pour remplacer le noir de Campêche. Il est d'un emploi plus commode que ce dernier, mais plus coûteux, et ne résiste pas aussi bien au foulon. On teint la laine sur bain de bisulfate de sodium.

Si, dans la préparation du noir de naphtol, on remplace l'acide β-naphtylamine-disulfonique par le dérivé disulfonique de l'α-naphtylamine, on obtient un produit analogue au noir de naphtol, connu sous le nom de *noir de naphtol 6 B*, qui donne en teinture des nuances plus bleutées que le noir de naphtol proprement dit.

Noir de naphtylamine D,

$$C^{10}H^5 \underset{\diagdown}{\overset{\diagup}{-}} \begin{matrix} SO^3Na \\ SO^3Na \\ Az=Az-C^{10}H^6-Az=Az-C^{10}H^6-AzH^2 \end{matrix}$$

— Si, dans la préparation du noir de naphtol 6 B, on remplace l'acide β-naphtol-disulfonique par l'α-naphtylamine, on obtient une matière colorante se distinguant du noir de naphtol par une plus grande stabilité vis-à-vis des alcalis, et par conséquent au foulon. Le noir de naphtylamine D est une poudre noire, soluble en violet noir dans l'eau, insoluble dans l'alcool. L'acide chlorhydrique précipite en noir la solution aqueuse; la soude est sans action. La solution sulfurique est d'un noir bleu et vire au vert par addition d'eau; avec un excès d'eau, elle donne un précipité noir.

Brun acide R,

$$SO^3Na_{(\alpha)}-C^{10}H^6-Az_{(\alpha)}=Az-C^6H^2 \underset{\diagdown}{\overset{\diagup}{-}} \begin{matrix} Az=Az-C^6H^5 \\ AzH^2_{(1)} \\ AzH^2_{(3)} \end{matrix}$$

— On obtient ce corps en faisant agir le dérivé diazoïque de l'acide naphtionique sur la chrysoïdine. C'est une poudre brune, soluble en brun dans l'eau. La solution précipite en brun par l'acide chlorhydrique; la soude caustique est sans action; la dissolution dans l'acide sulfurique concentré est d'un vert olive sale; par addition d'eau, elle donne d'abord une coloration rougeâtre, puis un précipité brun.

Le brun acide R teint la laine, sur bain acide, en brun.

Brun solide,

$$C^6H^2 \begin{cases} SO^3Na \\ CH^3 \\ CH^3 \\ Az=Az-C^{10}H^5 \underset{\diagdown}{\overset{\diagup}{-}} \begin{matrix} OH \\ Az=Az-C^6H^2 \underset{\diagdown}{\overset{\diagup}{-}} \begin{matrix} SO^3Na \\ CH^3 \\ CH^3 \end{matrix} \end{matrix} \end{cases}$$

— On obtient ce corps en faisant agir 2 molécules d'acide xylidine-sulfonique sur 1 molécule d'α-naphtol. C'est une poudre d'un brun foncé, soluble en brun dans l'eau. L'acide chlorhydrique précipite la solution en violet; la soude caustique la colore en jaune rougeâtre; la solution sulfurique est violette; étendue d'eau, elle vire au rouge.

Cette matière colorante teint la laine, sur bain acide, en rouge brun.

Brun acide J,

$$C^6H^5-Az=Az-C^6H^2 \underset{\diagdown}{\overset{\diagup}{-}} \begin{matrix} AzH^2_{(1)} \\ AzH^2_{(3)} \\ Az=Az_{(1)}-C^6H^4-SO^3Na_{(4)} \end{matrix}$$

— On obtient ce corps en faisant agir le diazobenzène sur l'acide m-diamido-azobenzène-p-sulfonique. Ce dernier se prépare par l'action du dérivé diazoïque de l'acide sulfanilique sur la m-phénylène-diamine.

Le brun acide J est une poudre brune, soluble en brun dans l'eau; la soude caustique et l'acide chlorhydrique sont sans action sur la dissolution aqueuse. La dissolution dans l'acide sulfurique concentré est rouge-brun; par addition d'eau, elle vire au brun jaune.

Cette matière colorante teint la laine, sur bain acide, en brun.

Brun de résorcine,

$$C^6H^3 \underset{\diagdown}{\overset{\diagup}{-}} \begin{matrix} CH^3 \\ CH^3 \\ Az=Az-C^6H^2 \underset{\diagdown}{\overset{\diagup}{-}} \begin{matrix} OH \\ OH \\ Az=Az-C^6H^4.SO^3Na \end{matrix} \end{matrix}$$

— On le prépare en faisant agir le diazoxylène sur la chrysoïne. C'est une poudre brune, dont la solution précipite par l'acide chlorhydrique.

Tous les bruns décrits ci-dessus sont d'un emploi très restreint en teinture.

MATIÈRES COLORANTES BISAZOÏQUES DÉRIVÉES DES DIAMINES.

Cette catégorie de matières colorantes azoïques a acquis récemment une très grande importance. En effet, les *couleurs directes pour coton* se rattachent à cette série. Nous en parlerons en détail dans les pages suivantes.

Nous diviserons cette classe en plusieurs groupes :

1° Couleurs dérivées du diamido-stilbène;
2° — — de la benzidine;
3° — — de la tolidine;
4° — — d'amines diverses.

Avant de passer à la description spéciale des diverses matières colorantes qui se rattachent à la série des dérivés des diamines, il ne sera pas inutile d'esquisser à grands traits la marche suivie par cette industrie toute récente, et de donner les caractères généraux des réactions sur lesquelles elle est basée.

Les corps azoïques dérivés des p-diamines telles que la p-phénylène-diamine, la benzidine, etc., ont été préparés depuis longtemps et examinés au point de vue de leurs propriétés tinctoriales. Seulement ces essais, ayant été faits sur laine, n'avaient donné aucun résultat favorable, lorsque en 1883 Böttiger découvrit que le produit obtenu en associant le dérivé diazoïque de la benzidine à 2 molécules d'acide naphtionique, tout en constituant une matière colorante des plus médiocres dans ses applications à la teinture de la laine, permettait de teindre le coton *non mordancé,* sur bain alcalin, avec une stabilité relative. en lui communiquant la belle couleur rouge propre aux sels alcalins de la matière colorante (rouge Congo).

Cette découverte, point de départ de l'industrie des *couleurs directes* sur coton, amena une véritable révolution dans l'art de la teinture de cette fibre textile par les découvertes ultérieures qu'elle suscita, et on peut affirmer que le mouvement n'est pas près de se ralentir. Si, dans la teinture de la laine, les couleurs dites d'*alizarine* se présentent comme des concurrentes formidables des matières colorantes azoïques, leur position dans la teinture du coton, sans être entamée, n'a pu s'opposer à l'envahissement progressif des ateliers par les couleurs azoïques directes.

On réalise actuellement, dans la fabrication des couleurs azoïques sur coton, toutes les nuances depuis le jaune pur jusqu'au bleu indigo. Par l'accumulation des groupes azoïques et l'augmentation des poids moléculaires, on arrive même à des nuances très foncées, se rapprochant du noir absolu.

La benzidine et la tolidine, associées au phénol ou à l'acide salicylique, donnent des matières colorantes jaunes ou orangées; avec les acides sulfoniques des naphtylamines, on obtient des rouges plus ou moins violacés; avec les dérivés sulfoniques des naphtols, des violets ou des bleus violets.

La benzidine et la tolidine et leurs acides sulfoniques ne sont pas les seules bases qui soient employées dans la fabrication des couleurs azoïques pour coton. On se sert encore du diamido-stilbène, de la dianisidine (diméthyloxybenzidine) :

$$CH - C^6H^4 - AzH^2 \qquad\qquad C^6H^2 \big\langle{\scriptstyle OCH^3 \atop \scriptstyle AzH^2}$$
$$\qquad\qquad\qquad\qquad\qquad\qquad |$$
$$\dot CH - C^6H^4 - AzH^2 \qquad\qquad C^6H^2 \big\langle{\scriptstyle OCH^3 \atop \scriptstyle AzH^2}$$

Diamidostilbène.   Dianisidine.

Les nuances des matières colorantes données par les dérivés du diamido-stilbène se rapprochent de celles des produits dérivés de la tolidine, tandis que la dianisidine fournit des matières colorantes tirant plus sur le bleu. Ici encore se voit nettement l'influence des groupes oxyalcoyliques OCH^3, OC^2H^5, etc.

Grâce à la présence de deux groupes $Az=Az$ dans la molécule de ces matières colorantes, on conçoit la possibilité d'obtenir des produits mixtes renfermant deux radicaux différents. Si, par exemple, on combine le dérivé bisdiazoïque de la benzidine avec 1 molécule d'acide salicylique, et qu'on unisse le corps formé avec une deuxième molécule différente, par exemple l'acide naphtionique, on obtient un produit mixte

$$C^6H^4 - Az = Az - C^6H^3 \big\langle{\scriptstyle OH \atop \scriptstyle CO^2H}$$
$$|$$
$$C^6H^4 - Az = Az - C^{10}H^5 \big\langle{\scriptstyle AzH^2 \atop \scriptstyle SO^3H}$$

qui possède une nuance intermédiaire entre la chrysamine et le rouge Congo.

Cette combinaison permet de varier à l'infini, pour ainsi dire, les nuances des matières colorantes de cette catégorie.

L'emploi des nouveaux dérivés sulfonés des naphtols, et surtout des dioxynaphtalènes, a permis d'obtenir des nuances d'un bleu indigo (azurine brillante JJ.).

Si, après teinture, on traite la fibre par certains sels métalliques, on obtient des laques extrêmement stables, donnant à la teinture une solidité remarquable. Comme pour l'alizarine, certains produits donnent, suivant la nature du métal employé, des nuances très diverses.

La préparation des matières colorantes azoïques pour coton ne diffère pas de celle des autres couleurs azoïques : les diamines employées sont transformées, par le nitrite de sodium et un acide, en dérivés bisdiazoïques, que l'on fait agir sur la dissolution alcaline de l'amine ou du phénol sulfoné qui constitue la deuxième partie de la molécule.

Matières premières pour la fabrication des couleurs bisazoïques dérivées des diamines. — Les matières premières qui servent dans la préparation de ces produits sont, outre celles déjà décrites plus haut (p. 1284), la benzidine, la tolidine, la dianisidine et le diamido-stilbène, ainsi que leurs dérivés.

Nous allons décrire brièvement ci-dessous la préparation industrielle de ces produits.

Préparation de la benzidine et de la tolidine. — On soumet à une réduction ménagée le nitrobenzène, en le chauffant avec de la soude caustique et du zinc en poudre, en présence d'une certaine quantité d'alcool. Dans ces conditions, le nitrobenzène se transforme en hydrazobenzène,

$$AzH - C^6H^5$$
$$|$$
$$AzH - C^6H^5$$

Ce corps, traité par les acides minéraux, subit une transformation moléculaire et fournit la benzidine,

$$C^6H^4 - AzH^2$$
$$|$$
$$C^6H^4 - AzH^2$$

Cette réaction est connue depuis longtemps et est utilisée sur une vaste échelle dans l'industrie.

On peut également opérer d'une manière un peu différente : On ajoute peu à peu le nitrobenzène à une dissolution de chlorure stanneux dans la soude caustique en excès ; lorsque la transformation en hydrazobenzène est achevée, ce qui a lieu assez rapidement à chaud, on fait couler la masse encore chaude dans un excès d'acide sulfurique à 20 0/0. La soude et l'étain se dissolvent à l'état de sulfates, et le sulfate de benzidine qui prend immédiatement naissance se dépose, grâce à sa faible solubilité. On filtre, on lave et on emploie le produit tel quel à l'état de pâte, ou on le transforme en benzidine par la soude caustique.

La dissolution qui renferme l'étain est traitée par des déchets de zinc : l'étain se sépare et est utilisé pour une nouvelle opération. Ces réactions sont presque théoriques et permettent d'arriver à un mode de préparation économique de la benzidine.

Les opérations s'exécutent dans des appareils en fonte ou, lorsqu'on emploie l'alcool, dans des chaudières closes, munies d'agitateurs.

La transposition moléculaire s'effectue dans de simples cuves en bois.

Quant à la tolidine, on la prépare de la même façon, en remplaçant le nitrobenzène par l'o-nitrotoluène. Il est évident que, la formule de structure de la benzidine étant

$$H^2Az \;\langle\!=\!=\!\rangle\!-\!\langle\!=\!=\!\rangle\; AzH^2,$$

c'est-à-dire les groupes AzH^2 occupant les positions para par rapport à la liaison commune des deux noyaux, le p-nitrotoluène ne peut donner de dérivés se rattachant à la série de la benzidine. Seul donc l'o-nitrotoluène peut donner une tolidine. Le p-nitrotoluène peut, il est vrai, subir la réduction alcaline : mais alors il se sépare des dérivés se rattachant à la série du stilbène (voyez plus loin).

Acides benzidine-monosulfonique et disulfonique. — On prépare ces corps en chauffant à une température élevée le bisulfate de benzidine. Il se forme ainsi un mélange d'acides mono- et disulfoniques de la benzidine, d'après les équations :

$$\begin{array}{c} C^6H^4 - AzH^2.SO^4H^2 \\ | \\ C^6H^4 - AzH^2.SO^4H^2 \end{array} = \begin{array}{c} C^6H^3 \big\langle{\scriptstyle SO^3H \atop \scriptstyle AzH^2} \\ | \\ C^6H^4 \text{-} AzH^2.SO^4H^2 \end{array} + H^2O,$$

$$\begin{array}{c} C^6H^4 - AzH^3.SO^4H^2 \\ | \\ C^6H^4 - AzH^3.SO^4H^2 \end{array} = \begin{array}{c} C^6H^3 \big\langle{\scriptstyle SO^3H \atop \scriptstyle AzH^2} \\ | \\ C^6H^3 \big\langle{\scriptstyle AzH^2 \atop \scriptstyle SO^3H} \end{array} + 2H^2O.$$

Ces réactions sont analogues à celles qui donnent naissance à l'acide sulfanilique.

Elles s'effectuent en grand de la manière suivante : On fait une pâte liquide avec 50 kilogr. de sulfate de benzidine et la quantité d'eau nécessaire, et on y ajoute $17^{kg},5$ d'acide sulfurique à 66° étendu d'eau. On évapore la masse à siccité dans une chaudière en fonte émaillée et on pulvérise le produit. On l'étale ensuite dans des cuvettes peu profondes, de large surface, en tôle, et on chauffe le tout dans un four de boulanger jusqu'à 200°. Lorsqu'une prise d'essai montre que la transformation en dérivés sulfoniques solubles dans les alcalis est complète, on retire le produit du four, on le broie et on le fait bouillir avec de la chaux. La liqueur, séparée par filtration du sulfate de calcium, est additionnée à froid d'acide chlorhydrique jusqu'à réaction faiblement acide : on obtient un précipité grisâtre, formé d'un mélange d'acides benzidine-mono- et disulfonique.

La séparation de ces deux acides est fondée sur les propriétés encore légèrement basiques de l'acide monosulfonique : si on redissout le précipité des deux acides dans un alcali et qu'on ajoute de l'acide acétique, seul l'acide monosulfonique se précipite; on filtre et, en ajoutant de l'acide chlorhydrique en excès au liquide filtré, on précipite à son tour l'acide disulfoné.

Ce mode de préparation des dérivés sulfoniques de la benzidine permet de les obtenir exempts de benzidine-sulfone (voyez plus loin).

On peut encore obtenir un autre acide disulfonique de la benzidine par une voie détournée, qui consiste à prendre comme point de départ l'acide m-nitrobenzène-sulfonique dont on a décrit plus haut le mode de préparation (voyez *acide m-sulfanilique*).

Si à une dissolution alcaline du sel de l'acide m-nitrobenzène-sulfonique

$$C^6H^4 {<} {S\,O^3Na_{(3)} \atop Az\,O^2_{(1)}}$$

on ajoute du zinc en poudre, on obtient le dérivé hydrazoïque correspondant,

$$C^6H^4 {<} {S\,O^3Na \atop Az\,H} \atop | \atop C^6H^4 {<} {Az\,H \atop S\,O^3Na}$$

qui, sous l'influence des acides concentrés, subit une transposition moléculaire et donne un acide benzidine-disulfonique ayant pour formule

$$Az\,H^2 \!\!-\!\!\langle\ \rangle\!\!-\!\!\langle\ \rangle\!\!-\!\! Az\,H^2 \qquad {S\,O^3H \quad S\,O^3H}$$

Les opérations industrielles s'exécutent, à peu de chose près, comme pour la benzidine.

L'acide sulfonique ainsi obtenu diffère de celui dont on a indiqué plus haut le mode de préparation. Tandis que le produit obtenu par sulfo-conjugaison de la benzidine fournit, par l'intermédiaire de son dérivé bisdiazoïque et des amines ou phénols aromatiques, des matières colorantes teignant le coton sans mordant, le produit obtenu avec l'acide nitrobenzène-m-sulfonique fournit des couleurs qui ne peuvent servir qu'à la teinture de la laine. Ce dernier acide, chauffé à une température élevée avec de la soude caustique, en autoclave, sous la pression de 30-40 atmosphères, se transforme en oxyde de diamidobiphénylène, dont le dérivé bisdiazoïque est susceptible de se transformer en couleurs directes pour coton.

Benzidine-sulfone.

$$S\,O^2 {<} {C^6H^3.Az\,H^2 \atop | \atop C^6H^3.Az\,H^2}$$

— En chauffant au bain-marie pendant 1 heure 1 partie de benzidine avec 4 parties d'acide sulfurique fumant, et en versant dans l'eau, on obtient un précipité jaune, amorphe, formé de sulfate de benzidine-sulfone. Si on veut préparer le dérivé disulfonique de la benzidine-sulfone, au lieu de verser dans l'eau le produit de la réaction au bout de 1 heure de chauffe à 100°, on prolonge l'action de l'acide en élevant la température jusqu'à 150°. On maintient la masse à cette température jusqu'à ce qu'une prise d'essai se dissolve

facilement dans l'eau bouillante, et ne donne pas de précipité jaune par addition d'un alcali.

On verse alors le produit dans l'eau : il se précipite un mélange d'acides benzidine-sulfone-disulfonique et monosulfonique. Si l'opération a été bien conduite, la quantité d'acide monosulfonique est très faible; on sépare les deux acides par l'eau bouillante, qui ne dissout que le dérivé disulfonique. Généralement, on emploie le produit tel quel, après un lavage à l'eau, pour la préparation des couleurs. 100 kilogr. de sulfate de benzidine donnent environ 80 kilogr. d'acide benzidine-sulfone-disulfonique.

Diamidostilbène. — On prépare le diamidostilbène en traitant par la soude alcoolique le chlorure de p-nitro-benzyle :

$$2\,Az\,O^2 . C^6H^4 . CH^2Cl + 2\,NaOH$$
$$= 2\,NaCl + 2\,H^2O + {CH_{(1)} - C^6H^4 - Az\,O^2_{(4)} \atop \| \atop CH_{(1)} - C^6H^4 - Az\,O^2_{(4)}}$$

En réduisant le dérivé nitré par l'étain et l'acide chlorhydrique en présence d'une certaine quantité d'alcool, on le transforme en p-diamidostilbène,

$$CH - C^6H^4 - Az\,H^2 \atop \| \atop CH - C^6H^4 - Az\,H^2$$

qui cristallise en aiguilles ou en lamelles fusibles à 226-227°.

On obtient plus simplement le p-diamidostilbène en soumettant à la réduction alcaline le p-nitrotoluène. Il se forme en premier lieu un produit de condensation intermédiaire, de couleur rouge, l'*azoxystilbène*

$$O {<} {Az - C^6H^4 - CH \atop | \qquad\quad \| \atop Az - C^6H^4 - CH}$$

qui, par réduction ultérieure, perd son oxygène en fixant 4 H et se transforme en diamidostilbène.

Le chlorhydrate et le sulfate de diamidostilbène sont relativement peu solubles dans l'eau; ils peuvent, sous l'influence du nitrile de sodium, se transformer en des dérivés bisdiazoïques qui donnent origine à des matières colorantes teignant le coton sans mordant.

Acide diamidostilbène-disulfonique,

$$CH_{(1)} - C^6H^3 {<} {S\,O^3H_{(3)} \atop Az\,H^2_{(4)}} \atop \| \atop CH_{(1)} - C^6H^3 {<} {Az\,H^2_{(4)} \atop S\,O^3H_{(2)}}$$

— Le diamidostilbène n'a qu'une faible importance industrielle. Il n'en est pas de même pour son dérivé sulfonique, qu'on obtient aisément, comme nous allons le voir, en partant de l'acide p-nitrotoluène-sulfonique.

On sait que, par l'action de l'acide sulfurique fumant sur le p-nitrotoluène, il ne se forme qu'un seul isomère, l'acide p-nitrotoluène-o-sulfonique,

$$\begin{matrix} CH^3 \\ \langle\ \rangle - S\,O^3H \\ Az\,O^2 \end{matrix}$$

Cet acide, soumis à l'ébullition avec la soude caustique, fournit un produit de condensation rouge, formé par oxydation partielle du radical méthyle aux dépens de l'oxygène du groupe AzO^2, et constitué par le dérivé oxyazoïque,

$$O \diagdown \begin{array}{l} Az-C^6H^3 < \begin{array}{l} SO^3H \\ CH \end{array} \\ \qquad\qquad \| \\ Az-C^6H^3 < \begin{array}{l} CH \\ SO^3H \end{array} \end{array}$$

Ce corps est lui-même une matière colorante : il teint la laine en jaune sur bain acide. Si on le traite en solution alcaline par la poudre de zinc, il fixe de l'hydrogène et donne un dérivé d'une diamine, l'acide diamidostilbène-disulfonique. Le dérivé bisdiazoïque de cette diamine fournit de belles matières colorantes, qui se rapprochent des couleurs de benzidine et teignent comme elles le coton sans mordant.

La préparation industrielle de l'acide diamidostilbène-disulfonique s'effectue de la manière suivante : On dissout 50 kilogr. de p-nitrotoluène-o-sulfonate de sodium dans 700 litres d'eau, on chauffe à l'ébullition par un courant de vapeur et on ajoute peu à peu 30 kilogr. de soude caustique à 40° B. La liqueur passe du rouge à l'orangé. On ajoute peu à peu, en maintenant l'ébullition, 50 kilogr. de zinc en poudre, jusqu'à ce qu'une prise d'essai ne se colore plus en rouge à l'air. La formation de l'acide diamidostilbène-disulfonique est probablement précédée de celle d'un dérivé hydrazoïque,

$$\begin{array}{l} AzH-C^6H^3 < \begin{array}{l} SO^3H \\ CH \end{array} \\ \qquad\qquad\quad \| \\ AzH-C^6H^3 < \begin{array}{l} CH \\ SO^3H \end{array} \end{array}$$

qui, à l'air, s'oxyde en régénérant le dérivé oxyazoïque coloré. Lorsque la réduction est complète, on fait couler le liquide bouillant dans de l'acide chlorhydrique, de manière à avoir une liqueur acide. L'acide diamidostilbène-disulfonique, insoluble dans l'eau, se précipite ; on filtre, on lave, on redissout dans la soude et on précipite la liqueur filtrée par l'acide chlorhydrique. Le produit est alors prêt à être transformé en matière colorante.

Tout comme la benzidine, l'acide diamido-stilbène-disulfonique peut se combiner en premier lieu à une seule molécule d'une amine ou d'un phénol, et, comme il renferme un second groupe diazoïque, s'unir à un deuxième reste aromatique différent du premier. On obtient ainsi des matières colorantes mixtes d'une certaine importance.

Dianisidine. — La dianisidine se prépare comme la benzidine, au moyen de l'o-nitroanisol. On part de l'o-nitrophénol

$$C^6H^4 < \begin{array}{l} OH \\ AzO^2 \end{array}$$

que l'on transforme en o-nitroanisol

$$C^6H^4 < \begin{array}{l} OCH^3 \\ AzO^2 \end{array}$$

Ce dernier, réduit en solution alcaline par le zinc en poudre, fournit d'abord un dérivé hydrazoïque

$$\begin{array}{l} AzH-C^6H^4-OCH^3 \\ \quad | \\ AzH-C^6H^4-OCH^3 \end{array}$$

qui, sous l'influence des acides, se transforme en dianisidine

$$\begin{array}{l} C^6H^3_{(4)} < \begin{array}{l} OCH^3_{(2)} \\ AzH^2_{(1)} \end{array} \\ \quad | \\ C^6H^3_{(4)} < \begin{array}{l} AzH^2_{(1)} \\ OCH^3_{(2)} \end{array} \end{array}$$

La préparation de l'o-nitrophénol s'effectue de la manière suivante : On chauffe pendant quelques heures, à 100–110°, un mélange à parties égales de phénol et d'acide sulfurique : l'o-dérivé qui prend naissance à basse température se transforme ainsi à peu près intégralement en acide phénol-p-sulfonique. Le sel potassique de cet acide est mélangé avec son poids de nitrate de potassium et ajouté à un mélange de 1 partie d'acide sulfurique et de 5 parties d'eau. On chauffe jusqu'à commencement de dégagement gazeux et on verse dans l'eau ; par le refroidissement, on voit cristalliser le sel de l'acide o-nitrophénol-p-sulfonique,

$$C^6H^3 < \begin{array}{l} OH_{(1)} \\ AzO^2_{(2)} \\ SO^3H_{(4)} \end{array}$$

La transformation de ce sel en o-nitrophénol s'effectue comme il suit : On l'introduit dans une chaudière en fonte émaillée, chauffée au bain d'huile ; on y ajoute la quantité d'acide sulfurique à 60° B. nécessaire pour mettre l'acide sulfoné en liberté ; on chauffe le bain d'huile à 150° et on fait passer à travers le liquide un courant de vapeur surchauffée. L'acide nitrosulfonique est scindé ainsi en acide sulfurique, qui reste dans l'appareil, et en o-nitro-phénol qui, volatil avec la vapeur d'eau, passe à la distillation. On le recueille, on exprime le produit et on le purifie, s'il en est besoin, par une nouvelle distillation à la vapeur d'eau.

L'o-nitrophénol ainsi obtenu est chauffé à 100°, en autoclave, avec de la soude caustique et du chlorure de méthyle en quantité suffisante pour amener la méthylation et la transformation en o-nitroanisol,

$$C^6H^4 < \begin{array}{l} OCH^3 \\ AzO^2 \end{array}$$

Si on remplace le chlorure de méthyle par le chlorure d'éthyle, on obtient l'o-nitrophénéthol.

La transformation de l'o-nitroanisol en dianisidine s'effectue avec la soude et la poudre de zinc comme il a été dit pour la benzidine.

Dans les mêmes circonstances, l'o-nitrophénéthol donne la diphénéthidine,

$$\begin{array}{l} C^6H^3 < \begin{array}{l} AzH^2 \\ OC^2H^5 \end{array} \\ \quad | \\ C^6H^3 < \begin{array}{l} OC^2H^5 \\ AzH^2 \end{array} \end{array}$$

Les produits obtenus avec le dérivé bisdiazoïque de la dianisidine donnent en teinture des nuances beaucoup plus bleues que les dérivés de la benzidine, grâce à l'influence des deux groupes OCH^3. Par exemple, le produit obtenu avec la dianisidine et l'acide benzidine-sulfone-disulfonique est d'un bleu indigo.

Éthoxybenzidine,

$$\begin{array}{l} C^6H^4_{(1)} - AzH^2_{(4)} \\ \quad | \\ C^6H^3_{(1)} < \begin{array}{l} OC^2H^5_{(3)} \\ AzH^2_{(4)} \end{array} \end{array}$$

— On fait agir le diazobenzène sur une dissolution concentrée de phénol-p-sulfonate de sodium. Si on opère aux environs de 15°, on obtient assez facilement un corps azoïque qui a pour formule

$$\text{(phénol)} - Az = Az - \underset{SO^2Na}{\overset{OH}{\text{(phénol)}}}$$

et qui se sépare en lamelles volumineuses, jaunes, peu solubles dans l'eau froide et dans l'alcool.

On chauffe à reflux, dans une chaudière en fonte émaillée, munie d'un agitateur et d'un réfrigérant ascendant, 30 kilogr. de ce sel, 150 kilogr. d'alcool, 4 kilogr. de soude caustique et 11 kilogr. de bromure d'éthyle. Si on emploie le chlorure d'éthyle, on exécute l'opération sous pression, en autoclave.

L'éther obtenu est réduit par le zinc en poudre et la soude caustique : il se forme alors un dérivé hydrazoïque

$$C^6H^5 - AzH - AzH - C^6H^3 {<}{\;O\,C^2H^5 \atop \;SO^3H}$$

que les acides minéraux concentrés transforment en acide éthoxybenzidine-sulfonique,

$$C^6H^4 - AzH^2 \atop \underset{\displaystyle C^6H^3 - SO^3H}{\Big|\;{<}{\;O\,C^2H^3 \atop \;AzH^2}}$$

Ce dérivé sulfoné, chauffé pendant 6 heures à 170°, en autoclave, avec 3-4 parties d'eau, se convertit en un magma formé d'aiguilles de sulfate neutre d'éthoxybenzidine, d'après l'équation

$$\underset{C^6H^2 - SO^3H}{C^6H^4 - AzH^2} {<}{\;O\,C^2H^5 \atop \;AzH^2} + H^2O = \underset{C^6H^3}{C^6H^4 . AzH^2} {<}{\;O\,C^2H^5 \atop \;AzH^2} {>} SO^4H^2$$

Cette réaction est générale ; elle s'effectue dans la série crésylique et dans la série du naphtalène tout comme pour l'homologue inférieur. Industriellement on ne prépare guère ainsi que l'éthoxybenzidine.

On peut de même remplacer l'éthyle par le méthyle ou par ses homologues supérieurs.

Nous venons de décrire dans les pages précédentes les principales diamines qui servent à la préparation des matières colorantes azoïques pour le coton. Quant aux autres diamines employées exceptionnellement, il en sera question lors de la description de leurs dérivés colorants.

Couleurs de stilbène.

Jaune brillant,

$$\underset{C\,H_{(1)} - C^6H^3}{C\,H_{(1)} - C^6H^3} {\big\|} {<}{\;SO^3Na_{(2)} \atop \;Az_{(4)} = Az - C^6H^4 . OH} \atop {<}{\;Az_{(4)} = Az - C^6H^4 . OH \atop \;SO^3Na_{(2)}}$$

— Ce corps s'obtient en associant le dérivé bisdiazoïque de l'acide diamidostilbène-disulfonique à 2 molécules de phénol.

C'est une poudre d'un jaune brun, soluble en jaune orangé dans l'eau. La dissolution aqueuse précipite en violet par l'acide chlorhydrique ; l'acide acétique étendu colore la liqueur en un jaune plus clair ; la soude caustique fait virer la nuance au rouge orangé ; la dissolution sulfurique est violet-rouge et donne par addition d'eau un précipité violet.

Cette matière colorante teint le coton, sur bain de savon, en jaune.

En éthylant cette matière colorante, on obtient la *chrysophénine*,

$$\underset{C\,H - C^6H^3}{C\,H - C^6H^3} {\big\|} {<}{\;SO^3Na \atop \;Az = Az - C^6H^4 - O\,C^2H^5} \atop {<}{\;Az = Az - C^6H^4 - O\,C^2H^5 \atop \;SO^3Na}$$

sous la forme d'une poudre orangée, peu soluble à froid dans l'eau, soluble dans l'eau bouillante. La solution aqueuse précipite en brun par l'acide

chlorhydrique ; l'acide acétique fonce à peine la nuance ; la soude caustique donne une coloration jaune et des flocons orangés. La dissolution sulfurique est violet-rouge, et donne un précipité bleu par addition d'eau.

Ce corps teint le coton, sur bain de savon, en jaune.

Jaune de Hesse,

$$\underset{C\,H_{(1)} - C^6H^3}{C\,H_{(1)} - C^6H^3} {\big\|} {<}{\;SO^3Na_{(2)} \atop \;Az_{(4)} = Az - C^6H^3 {<}{O\,H_{(1)} \atop C\,O^2Na_{(2)}}} \atop {<}{\;SO^3Na_{(2)} \atop \;Az_{(4)} = Az - C^6H^3 {<}{O\,H_{(1)} \atop C\,O^2Na_{(2)}}}$$

— On le prépare en combinant le dérivé bisdiazoïque de l'acide diamidostilbène-disulfonique à l'acide salicylique. C'est une poudre d'un jaune d'ocre, soluble dans l'eau. L'addition d'acide chlorhydrique à la solution aqueuse donne un précipité noir ; l'acide acétique étendu est presque sans action ; la soude caustique donne une coloration d'un rouge cerise. La dissolution sulfurique est d'un violet rouge et précipite en noir par addition d'eau.

Ce produit teint le coton, sur bain de savon, en jaune.

Rouge de stilbène,

$$\underset{C\,H - C^6H^4 - Az = Az - C^{10}H^5}{C\,H - C^6H^4 - Az = Az - C^{10}H^3} {\big\|} {<}{\;Az\,H^3 \atop {\;SO^3Na \atop \;SO^3Na}} \atop {<}{\;SO^3Na \atop \;Az\,H^2}$$

— Ce corps est une matière colorante mixte qui renferme deux radicaux d'amines différents. Nous donnerons à titre d'exemple le détail de sa préparation.

On dissout 21 kilogr. de diamidostilbène dans 1000 litres d'eau et 60 kilogr. d'acide chlorhydrique ; on refroidit avec de la glace et on ajoute peu à peu à la liqueur une dissolution de 14 kilogr. de nitrite de sodium dans 200 litres d'eau. Il se forme un dérivé bisdiazoïque

$$\underset{C\,H - C^6H^4 = Az - Az - Cl}{C\,H - C^6H^4 = Az - Az - Cl} {\big\|}$$

qu'on fait couler dans une dissolution de 35 kilogr. de β-naphtylamine-disulfonate de sodium 2.3.6 dans 100 litres d'eau. Il se forme alors le produit intermédiaire

$$\underset{C\,H - C^6H^4 - Az = Az - Cl}{C\,H - C^6H^4 - Az = Az - C^{10}H^4} {\big\|} {<}{\;Az\,H^2 \atop {\;SO^3Na \atop \;SO^3Na}}$$

On laisse reposer pendant 12 heures, on filtre et on ajoute le produit à une dissolution de 25 kilogr. de naphtionate de sodium dans 200 litres d'eau. On laisse reposer pendant 12 heures, on fait bouillir et on précipite la matière colorante par le sel.

On obtient ainsi une poudre d'un brun rouge, soluble dans l'eau, peu soluble dans l'alcool. Par addition d'acide chlorhydrique à la solution aqueuse, on a un précipité d'un noir bleu ; la soude caustique est sans action ; la dissolution sulfurique est bleue et précipite en noir rougeâtre par addition d'eau.

Cette matière colorante teint le coton, sur bain de savon, en rouge.

Pourpre de Hesse N,

$$\underset{C\,H - C^6H^3}{C\,H - C^6H^3} {\big\|} {<}{\;SO^3Na \atop \;Az = Az - C^{10}H^6 . Az\,H^2} \atop {<}{\;Az = Az - C^{10}H^6 . Az\,H^2 \atop \;SO^3Na}$$

— On obtient ce corps en associant le dérivé bisdiazoïque de l'acide diamidostilbène-disulfonique à la β-naphtylamine. C'est une poudre rouge-brun, soluble en rouge cerise dans l'eau. L'acide chlorhydrique précipite en noir bleu la dissolution aqueuse; l'acide acétique étendu donne un précipité d'un noir violet. La soude caustique donne un précipité rouge, soluble dans beaucoup d'eau.

Il teint le coton, sur bain de savon, en un ponceau bleuté.

Pourpre de Hesse B et pourpre de Hesse brillant,

$$\begin{array}{l} CH - C^6H^3 \begin{array}{l} \diagup SO^3Na \\ \diagdown Az = Az - C^{10}H^5 \begin{array}{l} \diagup AzH^2 \\ \diagdown SO^3Na \end{array} \end{array} \\ \| \\ CH = C^6H^3 \begin{array}{l} \diagup Az = Az - C^{10}H^5 \begin{array}{l} \diagup SO^3Na \\ \diagdown AzH^2 \end{array} \\ \diagdown SO^3Na \end{array} \end{array}$$

— On les prépare comme le précédent, en substituant à la β-naphtylamine l'acide β-naphtylamine-monosulfonique 2.6 ou un mélange de cet acide avec l'isomère 2.7.

Ces produits teignent le coton, sur bain de savon, en un ponceau bleuté. La solution aqueuse précipite par l'acide chlorhydrique en noir brun ou bleuté; la soude caustique donne un précipité rouge. La dissolution sulfurique est bleue ou violette et précipite par l'eau.

Pourpre de Hesse D. — On l'obtient en remplaçant, dans la préparation du pourpre de Hesse brillant, l'acide β-naphtylamine-sulfonique 2.6 par l'isomère 2.5. C'est une poudre noire, soluble dans l'eau. L'acide chlorhydrique précipite la solution en brun; l'acide acétique étendu est sans action. La soude fait virer la nuance au rouge violacé. L'acide sulfurique concentré donne une solution violette, virant au brun par addition d'eau.

Violet de Hesse,

$$\begin{array}{l} CH - C^6H^3 \begin{array}{l} \diagup SO^3Na \\ \diagdown Az = Az - C^{10}H^6 . AzH^2 \end{array} \\ \| \\ CH - C^6H^3 \begin{array}{l} \diagup SO^3Na \\ \diagdown Az = Az - C^{10}H^6 . OH \end{array} \end{array}$$

— On le prépare en associant le dérivé bisdiazoïque de l'acide diamido-stilbène-disulfonique à 1 molécule d'α-naphtylamine et en faisant agir le produit intermédiaire sur 1 molécule de β-naphtol.

On obtient ainsi une poudre noire, soluble en violet rouge dans l'eau. L'acide chlorhydrique précipite la solution aqueuse en bleu; l'acide acétique étendu la colore en violet bleu, ainsi que la soude caustique; la dissolution dans l'acide sulfurique concentré est bleue et donne un précipité violet par addition d'eau.

Cette matière colorante teint le coton, sur bain de savon, en violet.

Couleurs de benzidine.

Jaune de sulfanile,

$$\begin{array}{l} C^6H^4 - Az = Az - AzH - C^6H^4 - SO^3Na \\ | \\ C^6H^4 - Az = Az - AzH - C^6H^4 - SO^3Na \end{array}$$

— Si on fait agir le bisdiazobiphényle dérivé de la benzidine sur l'acide sulfanilique, il se forme un corps qui possède tous les caractères d'un dérivé diazoamidé. Ce fait s'explique par la difficulté qu'éprouve le groupe Az = Az à entrer dans une molécule aromatique dont la position para par rapport au groupe AzH^2 n'est pas libre.

Le jaune de sulfanile est une poudre jaune-brunâtre, soluble en jaune pur dans l'eau. La solution n'est pas altérée par la soude caustique ni par l'acide acétique étendu; par contre, les acides énergiques décomposent le produit avec dégagement d'azote.

Le jaune de sulfanile teint le coton, sur bain de savon, en jaune verdâtre; la coloration obtenue est faible et ne résiste pas à la lumière.

Rouge Congo,

$$\begin{array}{l} C^6H^4 - Az = Az - C^{10}H^5 \begin{array}{l} \diagup SO^3Na \\ \diagdown AzH^2 \end{array} \\ | \\ C^6H^4 - Az = Az - C^{10}H^5 \begin{array}{l} \diagup SO^3Na \\ \diagdown AzH^2 \end{array} \end{array}$$

— Le rouge Congo est la première matière colorante bisdiazoïque dérivant de la benzidine à laquelle on ait reconnu la propriété remarquable de teindre le coton sans mordant.

On le prépare en associant le dérivé bisdiazoïque de la benzidine à l'acide naphtionique. On obtient ainsi une poudre d'un rouge brun, soluble dans l'eau; l'acide chlorhydrique précipite en bleu la solution aqueuse; l'acide acétique étendu précipite en violet bleu. La soude caustique donne un précipité brun-rouge, soluble dans l'eau. La dissolution sulfurique est bleue et précipite en bleu par addition d'eau.

Le rouge Congo teint le coton en rouge. Malheureusement les nuances sont peu solides à la lumière et très sensibles aux acides. L'acide carbonique de l'air suffit à ternir les nuances. La sensibilité du rouge Congo relativement aux acides est telle, qu'on a proposé de s'en servir comme indicateur. Un passage du tissu ainsi altéré en bain alcalin ravive toutefois immédiatement la nuance; car il n'y a, par l'action de l'acide, aucune destruction de la matière colorante.

Jaune Congo en pate,

$$\begin{array}{l} C^6H^4 - Az = Az - AzH - C^6H^4 - SO^3Na \\ | \\ C^6H^4 - Az = Az - C^6H^4 . OH \end{array}$$

— On obtient ce corps en faisant agir le dérivé bisdiazoïque de la benzidine sur 1 molécule de sulfanilate de sodium en présence d'acétate sodique; il se forme un précipité orangé d'un produit intermédiaire,

$$\begin{array}{l} C^6H^4 - Az = Az - AzH - C^6H^4 - SO^3Na \\ | \\ C^6H^4 - Az = Az - Cl \end{array}$$

qu'on verse dans une dissolution de 1 molécule de phénol dans la soude caustique additionnée d'un excès de carbonate de sodium. Le jaune Congo prend ainsi naissance. On précipite par le sel; on filtre et on lave avec de l'eau, de manière à avoir une pâte renfermant environ 20 0/0 de matière colorante.

Le jaune Congo est une pâte jaune-brunâtre, soluble dans l'eau. L'acide chlorhydrique précipite en brun la dissolution aqueuse; la soude caustique donne une coloration brun-jaune; la dissolution sulfurique est rouge-brun et précipite en brun par addition d'eau.

Ce produit teint le coton, sur bain alcalin, en jaune.

Violet Congo,

$$\begin{array}{l} C^6H^4 - Az = Az - C^{10}H^5 \begin{array}{l} \diagup OH \\ \diagdown SO^3Na \end{array} \\ | \\ C^6H^4 = Az = Az - C^{10}H^5 \begin{array}{l} \diagup OH \\ \diagdown SO^3Na \end{array} \end{array}$$

— On le prépare en faisant agir le dérivé bisdiazoïque de la benzidine sur 2 molécules d'acide β-naphtol-sulfonique 2.8. C'est une poudre brune, soluble en rouge Bordeaux dans l'eau, précipitant en violet par l'acide chlorhydrique et résistant à l'acide acétique étendu. L'addition de soude à la liqueur la fait jaunir. La dissolution sulfurique est violette et donne un précipité violet par addition d'eau.

Cette matière colorante teint le coton, sur bain de sel, en violet, et la laine, sur bain acide, en rouge Bordeaux.

Congo Corinthe J,

$$C^6H^4 - Az = Az - C^{10}H^5 \begin{cases} OH \\ SO^3Na \end{cases}$$
$$|$$
$$C^6H^4 - Az = Az - C^{10}H^5 \begin{cases} AzH^2 \\ SO^3Na \end{cases}$$

— Ce corps se prépare en associant le dérivé bisdiazoïque de la benzidine à 1 molécule d'acide naphtionique et en faisant agir sur le produit intermédiaire ainsi obtenu 1 molécule d'acide α-naphtol-sulfonique 1.4.

C'est une poudre d'un noir verdâtre, soluble en rouge fuchsine dans l'eau. La solution, additionnée d'acide chlorhydrique, donne un précipité violet; l'acide acétique étendu donne une coloration violette; la soude caustique, une coloration rouge-cerise; la dissolution dans l'acide sulfurique concentré est bleue et donne un précipité violet par addition d'eau.

Ce produit teint le coton, sur bain de savon, en violet brun.

Congo J R,

$$C^6H^4 - Az = Az - C^6H^3 \begin{cases} AzH^2 \\ SO^3Na \end{cases}$$
$$|$$
$$C^6H^4 - Az = Az - C^{10}H^5 \begin{cases} AzH^2 \\ SO^3Na \end{cases}$$

— On prépare ce corps en associant le dérivé diazoïque de la benzidine à 1 molécule d'acide m-sulfanilique, $C^6H^4(SO^3H)_{(1)}(AzH^2)_{(3)}$, et en faisant agir le produit sur 1 molécule de naphtionate de sodium. On obtient ainsi une poudre brune, soluble en rouge brun dans l'eau. L'acide chlorhydrique précipite en bleu la solution aqueuse; l'acide acétique étendu donne un précipité violet; la soude caustique ne donne aucun changement de coloration. La dissolution sulfurique est bleue et précipite en bleu par addition d'eau.

Cette matière colorante teint le coton, sur bain de savon, en rouge.

Congo brillant J,

$$C^6H^4 - Az = Az - C^{10}H^5 \begin{cases} SO^3Na \\ AzH^2 \end{cases}$$
$$|$$
$$C^6H^4 - Az = Az - C^{10}H^4 \begin{cases} (SO^3Na)^2 \\ AzH^2 \end{cases}$$

— On le prépare avec le dérivé bisdiazoïque de la benzidine et 1 molécule d'acide β-naphtylamine-disulfonique 2.3.6. Le produit intermédiaire ainsi formé est combiné à 1 molécule d'acide β-naphtylamine-sulfonique 2.6.

C'est une poudre brune, soluble en rouge brun dans l'eau. La solution précipite en violet brun par l'acide chlorhydrique; l'acide acétique étendu donne une coloration plus bleuâtre. La dissolution sulfurique est bleue et précipite en violet par addition d'eau.

Cette matière colorante teint le coton, sur bain de savon, en rouge.

Congo P,

$$C^6H^4 - Az = Az - C^{10}H^4 \begin{cases} OH \\ SO^3Na \\ SO^3Na \end{cases}$$
$$|$$
$$C^6H^4 - Az = Az - C^6H^4 . OH$$

— Ce corps s'obtient en associant le bisdiazobiphényle à l'acide β-naphtol-disulfonique 2.6.8 et en combinant le produit obtenu à 1 molécule de phénol.

C'est une poudre rouge, soluble en rouge dans l'eau, peu soluble dans l'alcool. Par addition d'acide chlorhydrique à la solution aqueuse, on obtient un précipité d'un brun foncé. La soude caustique donne une coloration brune. La dissolution dans l'acide sulfurique concentré est violet-rouge et se colore en brun foncé par addition d'eau.

Ce produit teint le coton, sur bain de sel marin, en rouge, et la laine également en rouge sur bain acide. Les nuances données par cette matière colorante sont sans éclat.

Si on soumet le *Congo P* à l'éthylation, de manière à remplacer l'hydrogène du reste C^6H^4-OH par le groupe éthyle, on obtient l'*écarlate de diamine*, qui est une belle matière colorante, teignant le coton sur bain de savon et la laine sur bain neutre ou acide. On voit ici encore la grande influence des groupes OR (R étant un radical alcoolique) sur les matières colorantes.

L'écarlate de diamine est une poudre cristalline rougeâtre, soluble en rouge dans l'eau, peu soluble dans l'alcool. La solution se colore en rouge brun par addition d'acide chlorhydrique et ne change pas par la soude caustique. La dissolution sulfurique est violette et vire au brun par addition d'eau.

Azo-orseilline,

$$C^6H^4 - Az = Az - C^{10}H^5 \begin{cases} OH \\ SO^3Na \end{cases}$$
$$|$$
$$C^6H^4 - Az = Az - C^{10}H^5 \begin{cases} OH \\ SO^3Na \end{cases}$$

— On obtient ce corps par l'action du bisdiazobiphényle sur l'acide α-naphtol-sulfonique 1.4. C'est une pâte d'un violet noir, soluble en violet rouge dans l'eau. La solution aqueuse précipite en violet par l'acide chlorhydrique et ne change pas par addition d'acide acétique étendu; la soude caustique donne une coloration rouge-cerise. La dissolution sulfurique est bleue et précipite en violet par addition d'eau.

Cette matière colorante teint le coton, sur bain de savon, en rouge brun.

Orangé pour drap,

$$C^6H^4 - Az = Az - C^6H^3 \begin{cases} OH \\ CO^2Na \end{cases}$$
$$|$$
$$C^6H^4 - Az = Az - C^6H^3 \begin{cases} OH \\ OH \end{cases}$$

— On fait agir le bisdiazobiphényle sur 1 molécule d'acide salicylique et on combine le produit formé à 1 molécule de résorcine.

C'est une poudre d'un rouge brun, soluble en brun jaune dans l'eau et dans l'alcool. L'acide chlorhydrique précipite en brun la dissolution aqueuse; la soude caustique précipite en rouge la dissolution concentrée et colore seulement en rouge les dissolutions étendues; la dissolution sulfurique est d'un violet rouge et précipite en brun par addition d'eau.

Brun rougeatre pour drap,

$$C^6H^4 - Az = Az - C^6H^3 \begin{cases} OH \\ CO^2Na \end{cases}$$
$$|$$
$$C^6H^4 - Az = Az - C^{10}H^5 \begin{cases} SO^3Na \\ OH \end{cases}$$

— On le prépare comme le précédent, en remplaçant la résorcine par l'acide naphtol-sulfonique.

C'est une poudre d'un rouge brun foncé, soluble dans l'eau en brun rouge, insoluble dans l'alcool. La solution aqueuse précipite en brun par l'acide chlorhydrique. Avec la soude caustique et en dissolution concentrée, on obtient un léger précipité brun; la dissolution sulfurique est violet-bleu et donne, par addition d'eau, un précipité brun-rouge.

Brun jaunâtre pour drap,

$$C^6H^4 - Az = Az - C^6H^3 \Big\langle{}^{OH}_{CO^2Na}$$
$$| $$
$$C^6H^4 - Az = Az - C^{10}H^5 \Big\langle{}^{OH}_{OH}$$

— On le prépare en combinant d'abord le bisdi-azobiphényle à l'acide salicylique et en unissant le corps formé au dioxynaphtalène.

C'est une poudre de couleur foncée, soluble en brun dans l'eau, peu soluble dans l'alcool. Par addition d'acide chlorhydrique à la dissolution aqueuse, on obtient un précipité brun; la soude caustique colore en brun rouge. La dissolution sulfurique est violet-rouge et précipite en brun par addition d'eau.

L'orangé, le brun rougeâtre et le brun jaunâtre pour drap décrits ci-dessus peuvent s'employer comme les couleurs pour coton sur cette fibre textile.

Pour les appliquer sur laine, on teint sur la fibre mordancée au chrome. Il se forme alors une laque chromique qui s'oppose au brousage, c'est-à-dire à l'enlèvement mécanique de la cou-leur par frottement. La propriété de former une laque chromique stable paraît surtout due à la présence du radical de l'acide salicylique.

Benzo-orangé.

$$C^6H^4 - Az = Az - C^6H^3 \Big\langle{}^{OH}_{CO^2Na}$$
$$|$$
$$C^6H^4 - Az = Az - C^{10}H^5 \Big\langle{}^{SO^3Na}_{AzH^2}$$

— On l'obtient comme le précédent, en rempla-çant le dioxynaphtalène par l'acide naphtionique.

C'est une poudre cristalline d'un rouge brun, soluble dans l'eau, à peine soluble dans l'alcool. La solution aqueuse est colorée en violet rouge par l'acide chlorhydrique et donne avec la soude caustique un précipité jaune-rouge si la dissolu-tion est concentrée. Il se dissout dans l'acide sul-furique concentré en bleu violet et précipite en violet gris par addition d'eau.

Ce produit teint le coton en orangé.

Noir de diamine R,

$$C^6H^4 - Az = Az - C^{10}H^4 \Big\langle{}^{OH}_{SO^3Na}_{AzH^3}$$
$$|$$
$$C^6H^4 - Az = Az - C^{10}H^4 \Big\langle{}^{AzH^3}_{SO^3Na}_{OH}$$

— On obtient ce corps en faisant agir le dérivé bisdiazoïque de la benzidine sur une solution alcaline d'acide amidonaphtol-sulfonique,

OH

SO³H   AzH²

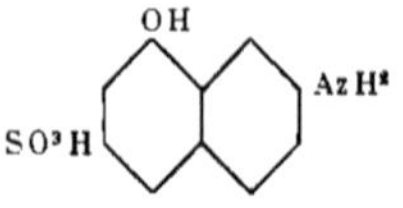

Pour préparer ce dernier, on fond avec précau-tion le sel de sodium de l'acide β-naphtylamine-disulfonique 2.6.8 avec de la soude caustique. Le groupe SO³H qui occupe la position 8 est ainsi remplacé par le groupe OH.

Le noir diamine est une poudre noire, soluble en noir violet dans l'eau, peu soluble dans l'alcool. L'acide chlorhydrique précipite en bleu la disso-lution aqueuse; la soude caustique donne une coloration violette; la dissolution sulfurique est bleue et donne un précipité bleu-violacé par addition d'eau.

Cette matière colorante teint en noir le coton non mordancé.

Rouge diamine solide,

$$C^6H^4 - Az = Az - C^{10}H^4 \Big\langle{}^{AzH^2}_{OH}_{SO^3Na}$$
$$|$$
$$C^6H^3 - Az = Az - C^6H^3 \Big\langle{}^{OH}_{CO^2Na}$$

— On prépare cette matière colorante en combi-nant le bisdiazobiphényle à l'acide amidonaphtol-sulfonique en solution acide, et en associant à l'acide salicylique le produit intermédiaire ainsi formé.

On obtient une poudre rouge-brun, soluble en rouge dans l'eau et dans l'alcool. La dissolution aqueuse précipite en brun par l'acide chlorhydri-que. La soude caustique est sans action. La disso-lution sulfurique est bleu-violacé et précipite en brun par addition d'eau.

Cette matière colorante teint en rouge le coton non mordancé.

Violet diamine N,

$$C^6H^4 - Az = Az - C^{10}H^4 \Big\langle{}^{OH}_{AzH^3}_{SO^3Na}$$
$$|$$
$$C^6H^4 - Az = Az - C^{10}H^4 \Big\langle{}^{OH}_{AzH^3}_{SO^3Na}$$

— Ce corps, qui est isomérique avec le noir di-amine, se prépare en faisant agir le bisdiazo-biphényle sur l'acide amidonaphtol-sulfonique en liqueur acide.

On obtient une poudre noirâtre, soluble en violet rouge dans l'eau, insoluble dans l'alcool. L'acide chlorhydrique précipite la dissolution aqueuse en noir violacé; la soude caustique est sans action; la dissolution sulfurique est bleu-verdâtre et précipite en violet rouge par addi-tion d'eau.

Il teint en violet le coton non mordancé.

Sulfone-azurine,

$$SO^2 \Big\langle{}^{C^6H^2 \big\langle{}^{SO^3Na}_{Az=Az-C^{10}H^6.AzH.C^6H^5}}_{C^6H^2 \big\langle{}^{Az=Az-C^{10}H^6.AzH.C^6H^5}_{SO^3Na}}$$

— On prépare la sulfone-azurine en associant le dérivé bisdiazoïque de l'acide benzidine-sulfone-disulfonique à la phényl-β-naphtylamine. On opère en dissolution alcoolique et on transforme l'acide libre obtenu en sel sodique par le carbonate de sodium.

La sulfone-azurine est une poudre d'un bleu-gris foncé, soluble en bleu dans l'eau et en bleu foncé dans l'alcool. L'acide chlorhydrique préci-pite en bleu la dissolution aqueuse. La soude caustique ne précipite en bleu qu'au bout d'un certain temps. La dissolution sulfurique est vio-lette et donne un précipité violet-noir par addition d'eau.

La sulfone-azurine teint la laine sur bain neutre additionné de sulfate de sodium et le coton sur bain de savon. Les nuances obtenues, d'un bleu indigo, résistent aux lavages et au foulon, mais moins à la lumière.

Couleurs de benzidine renfermant plus de deux groupes Az = Az.

Brun Congo R,

$$C^6H^4_{(1)} - Az_{(4)} = Az_{(5)} - C^6H^3 \Big\langle{}^{OH_{(2)}}_{CO^2Na_{(1)}}$$

$$C^6H^4_{(1)} - Az_{(4)} = Az_{(4)} - C^6H^3 \Big\langle{}^{OH_{(4)}}_{OH_{(3)}}$$
$$\searrow Az_{(6)} = Az_{(a)} - C^{10}H^6 - SO^3Na_{(a)}$$

— Pour préparer ce corps, on fait agir en premier

lieu le bisdiazobiphényle sur l'acide salicylique, et on combine le corps obtenu à 1 molécule de résorcine.

On obtient ainsi une matière colorante susceptible de réagir sur les dérivés diazoïques. Si à la dissolution alcaline de la matière on ajoute de l'acide p-diazonaphtalène-sulfonique, on obtient le brun Congo R. Avec l'acide diazosulfanilique, on obtient le *brun Congo J.*

Ces corps teignent le coton, sans mordant, en brun plus ou moins rougeâtre. Ils sont solubles dans l'eau et dans l'alcool. Leurs dissolutions aqueuses sont précipitées en brun par l'acide chlorhydrique et colorées en rouge par la soude caustique. Les dissolutions sulfuriques sont violettes et précipitent par l'eau en brun.

Brun de Hesse BB,

$$C^6H^4 - Az = Az - C^6H^2(OH)^2 - Az = Az - C^6H^4 . SO^3Na$$
$$|$$
$$C^6H^4 - Az = Az - C^6H^2(OH)^2 - Az = Az - C^9H^4 . SO^3Na$$

— Pour préparer cette matière, on fait agir 1 molécule de bisdiazobiphényle sur 2 molécules de chrysoïne (voyez p. 1306).

C'est une poudre d'un noir brun, soluble en brun dans l'eau, peu soluble dans l'alcool. L'acide chlorhydrique précipite la dissolution aqueuse en brun. La soude caustique donne une coloration rouge foncé. La dissolution sulfurique est d'un noir violet et précipite en brun par addition d'eau.

Cette matière colorante teint en brun le coton non mordancé.

Vert diamine,

$$(SO^3Na)^2_{(3.6)} = C^{10}H^2 \underset{Az_{(4)} = Az - C^6H^4}{\overset{Az = Az - C^6H^4 - Az O^2}{<}}$$
$$\underset{CO^2Na_{(2)}}{\overset{OH_{(1)}}{>}} C^6H^3 - Az = Az - C^6H^4$$

— Ce produit présente un certain intérêt, surtout au point de vue théorique. C'est en effet la première matière colorante verte de nature purement azoïque.

On l'obtient en combinant 1 molécule de p-nitrodiazobenzène à 1 molécule d'acide amidonaphtol-disulfonique H. La matière colorante ainsi obtenue est combinée avec 1 molécule de bisdiazobiphényle, dont le second groupe Az = Az est uni à l'acide salicylique.

Le vert diamine est une poudre vert foncé, soluble dans l'eau en un vert terne. L'acide chlorhydrique produit dans la solution aqueuse un précipité peu abondant, d'un vert sale; la soude caustique ne produit aucun changement. La solution dans l'acide sulfurique concentré est violette et précipite en brun par addition d'eau.

Le vert diamine teint en vert le coton non mordancé; les nuances obtenues sont un peu ternes.

Benzobleu noir J,

$$C^6H^3 \overset{SO^3Na}{\underset{Az = Az - C^{10}H^6 - Az = Az - C^{10}H^5 \overset{OH}{<} SO^3Na}{<}}$$
$$|$$
$$C^6H^3 \overset{Az = Az - C^{10}H^6 - Az = Az - C^{10}H^5 \overset{OH}{<} SO^3Na}{\underset{SO^3Na}{<}}$$

— On prépare cette matière colorante en faisant agir d'abord le dérivé bisdiazoïque de l'acide benzidine-disulfonique sur l'α-naphtylamine. Le produit formé, renfermant encore deux groupes AzH², peut donner un dérivé bisdiazoïque qui, associé à l'acide α-naphtol-sulfonique 1.4, fournit le bleu noir.

C'est une poudre noire, soluble en noir bleu dans l'eau, insoluble dans l'alcool. L'acide chlorhydrique précipite en bleu noir la dissolution aqueuse. La soude caustique donne une coloration bleue. La dissolution dans l'acide sulfurique concentré est d'un vert noir et précipite en noir bleu par l'eau.

Il teint le coton non mordancé en noir bleu; la coloration ne résiste pas à la lumière.

Benzogris,

$$C^8H^4 - Az = Az - C^6H^3 \overset{OH}{\underset{CO^2Na}{<}}$$
$$|$$
$$C^6H^4 - Az = Az - C^{10}H^6 - Az = Az - C^{10}H^5 \overset{OH}{\underset{SO^3Na}{<}}$$

— On combine d'abord le bisdiazobiphényle à 1 molécule d'acide salicylique et on fait agir le produit formé sur l'α-naphtylamine. On diazote de nouveau et on unit le corps diazoïque formé

$$C^6H^4 - Az = Az - C^6H^3 \overset{OH}{\underset{CO^2H}{<}}$$
$$|$$
$$C^6H^4 - Az = Az - C^{10}H^6 - Az = Az - Cl$$

à 1 molécule d'acide α-naphtol-sulfonique 1.4 en solution alcaline.

On obtient ainsi le gris, sous la forme d'une poudre noirâtre, soluble en brun vineux dans l'eau. La dissolution aqueuse précipite en noir par l'acide chlorhydrique et n'est pas affectée par la soude caustique. La dissolution sulfurique est bleue et donne par addition d'eau un précipité noir.

Il teint en gris le coton non mordancé.

Couleurs de tolidine.

Bleu azoïque,

$$C^6H^3_{(1)} \overset{CH^3_{(3)}}{\underset{Az_{(4)} = Az - C^{10}H^5 \overset{OH}{<} SO^3Na}{<}}$$
$$|$$
$$C^6H^3_{(1)} \overset{Az_{(4)} = Az - C^{10}H^5 \overset{OH}{<} SO^3Na}{\underset{CH^3_{(3)}}{<}}$$

— On prépare le bleu azoïque en faisant agir le dérivé bisdiazoïque de l'o-tolidine (bisdiazobicrésyle) sur 2 molécules d'acide α-naphtol-sulfonique 1.4.

C'est une poudre d'un noir bleu, soluble en violet dans l'eau et précipitant en violet par addition d'acide chlorhydrique; l'addition de soude caustique fait virer la couleur au rouge fuchsine; la dissolution sulfurique est bleue et précipite en violet par l'eau.

Le bleu azoïque, ainsi nommé improprement, ne donne sur coton que des nuances violettes tirant sur le bleu gris. Il n'est comparable, comme fraîcheur de teinte, ni à la sulfone-azurine ni aux benzoazurines dont il sera question plus loin.

Congo Corinthe B,

$$C^6H^3 \overset{CH^3}{\underset{Az = Az - C^{10}H^5 \overset{AzH^2}{<} SO^3Na}{<}}$$
$$|$$
$$C^6H^3 \overset{Az = Az - C^{10}H^5 \overset{SO^3Na}{<} OH}{\underset{CH^3}{<}}$$

— On prépare ce produit en faisant agir le dérivé bisdiazoïque de l'o-tolidine sur 1 molécule de naphtionate de sodium. Le corps formé, associé à 1 molécule d'acide α-naphtol-sulfonique 1.4, fournit le Congo Corinthe B.

C'est une poudre d'un noir verdâtre, soluble en rouge fuchsine dans l'eau. La solution aqueuse précipite en violet par l'acide chlorhydrique; l'acide acétique fait virer la liqueur au violet; l'addition de soude caustique donne une liqueur d'un rouge cerise; la dissolution sulfurique est bleue et donne un précipité violet par addition d'eau.

[...] Confirme [...] coton, sur bain de savon, en violet brun.

Benzopurpurine 4 B,

$$CH^3 - C^6H^3 - Az = Az - C^{10}H^5 < {Az\,H^2 \atop S\,O^3\,Na}$$
$$CH^3 - C^6H^3 = Az - Az - C^{10}H^5 < {Az\,H^2 \atop S\,O^3\,Na}$$

— On obtient ce corps en faisant agir 1 molécule de bisdiazobicrésyle sur 2 molécules d'acide naphtionique.

C'est une poudre brune, soluble en rouge brun dans l'eau. Par addition d'acide chlorhydrique à la dissolution aqueuse, on obtient un précipité bleu. L'acide acétique étendu donne un précipité brun ; la soude caustique est sans action. La dissolution sulfurique est bleue et donne un précipité bleu par addition d'eau.

La benzopurpurine 4 B teint le coton, sur bain de savon, en un beau rouge, plus résistant que le rouge Congo, mais peu stable à la lumière.

Benzopurpurine 6 B,

$$CH^3 - C^6H^3 - Az = Az - C^{10}H^5 < {Az\,H^2 \atop S\,O^3\,Na}$$
$$CH^3 - C^6H^3 - Az = Az - C^{10}H^5 < {Az\,H^2 \atop S\,O^3\,Na}$$

— On prépare ce corps en combinant le dérivé bisdiazoïque de l'o-tolidine à 2 molécules d'acide α–naphtylamine-sulfonique 1.5.

C'est une poudre rouge, soluble en rouge dans l'eau. La solution précipite en bleu par l'acide chlorhydrique et par l'acide acétique étendu. La soude caustique donne un précipité rouge. La dissolution sulfurique est bleue et précipite en bleu par addition d'eau.

Cette matière colorante teint le coton, sur bain de savon, en rouge.

Benzopurpurine B,

$$CH^3 - C^6H^3 - Az = Az - C^{10}H^5 < {Az\,H^2 \atop S\,O^3\,Na}$$
$$CH^3 - C^6H^3 - Az = Az - C^{10}H^5 < {Az\,H^2 \atop S\,O^3\,Na}$$

— Ce corps se prépare en combinant le dérivé bisdiazoïque de l'o-tolidine à l'acide β–naphtylamine-sulfonique 2.6.

C'est une poudre brune, soluble en rouge brun dans l'eau. La solution précipite en brun par l'acide chlorhydrique et se colore en brun par l'acide acétique étendu ; la soude caustique est sans action : la dissolution sulfurique est bleue et précipite en flocons bruns par addition d'eau.

Cette matière colorante teint le coton, sur bain de savon, en un rouge résistant assez bien aux acides.

Deltapurpurine 5 B. — Ce corps est un isomère du précédent. On l'obtient en associant le bisdiazobicrésyle à un mélange d'acides β–naphtylamine-sulfoniques 2.6 et 2.7.

C'est une poudre d'un rouge brun, qui présente les mêmes réactions que la benzopurpurine B.

Congo brillant R,

$$CH^3 - C^6H^3 - Az = Az - C^{10}H^4 < {S\,O^3\,Na \atop S\,O^3\,Na \atop Az\,H^2}$$
$$CH^3 - C^6H^3 - Az = Az - C^{10}H^4 < {S\,O^3\,Na \atop S\,O^3\,Na \atop Az\,H^2}$$

— On le prépare en combinant d'abord le bisdiazobicrésyle à 1 molécule d'acide β–naphtylamine-disulfonique 2.3.6, et en faisant agir le produit formé sur 1 molécule d'acide β–naphtylamine-sulfonique 2.6.

C'est une poudre brune, soluble en rouge brun dans l'eau, précipitant en rouge brun par l'acide

chlorhydrique. L'acide acétique étendu donne une coloration violacée ; la soude caustique, un précipité jaune-orangé, soluble dans une grande quantité d'eau ; la dissolution sulfurique est bleue et précipite en noir brun par addition d'eau.

Le coton, sur bain de savon, est teint en rouge.

Congo 4 R,

$$CH^3 - C^6H^3 - Az = Az - C^{10}H^5 < {Az\,H^2 \atop S\,O^3\,Na}$$
$$CH^3 - C^6H^3 - Az = Az - C^6H^3 < {O\,H \atop O\,H}$$

— On le prépare en faisant agir le bisdiazobicrésyle sur l'acide naphtionique et en combinant le produit intermédiaire obtenu à la résorcine.

C'est une poudre brune, soluble en rouge brun dans l'eau. L'acide chlorhydrique précipite la solution aqueuse en violet ; l'acide acétique étendu, en brun ; la soude caustique est à peu près sans action. La dissolution sulfurique est bleue et précipite en violet par addition d'eau.

Le Congo 4 R teint le coton, sur bain de savon, en rouge.

Chrysamine R,

$$CH^3 - C^6H^3 - Az = Az - C^6H^3 < {O\,H \atop C\,O^2\,Na}$$
$$CH^3 - C^6H^3 - Az = Az - C^6H^3 < {O\,H \atop C\,O^2\,Na}$$

— On prépare ce corps en faisant agir le bisdiazobicrésyle sur l'acide salicylique.

C'est une poudre d'un brun jaune, soluble dans l'eau. La solution aqueuse donne des flocons bruns par addition d'acide chlorhydrique ou d'acide acétique étendu ; la soude caustique donne une coloration d'un rouge brun. La dissolution sulfurique est violet–rouge et précipite en brun par l'eau.

La chrysamine R teint le coton, sur bain de savon, en jaune.

Orangé de toluylène J

$$CH^3 - C^6H^3 - Az = Az_{(4)} - C^6H^2 - {CH^3_{(6)} \atop O\,H_{(1)} \atop C\,O^2\,Na_{(2)}}$$
$$CH^3 - C^6H^3 - Az = Az_{(4)} - C^6H \begin{cases} S\,O^3\,Na_{(5)} \\ Az\,H^2_{(1)} \\ Az\,H^2_{(3)} \\ C\,H^3_{(6)} \end{cases}$$

— On prépare cette matière colorante en faisant agir 1 molécule de bisdiazobicrésyle sur 1 molécule d'acide o-crésotique. Le produit obtenu, associé à 1 molécule d'acide m-crésylène-diamine-sulfonique, fournit l'orangé de toluylène J.

Ce corps est soluble dans l'eau : la solution précipite en brun jaune par l'acide chlorhydrique ; la soude caustique donne une coloration orangée ; la dissolution sulfurique est rouge-fuchsine et précipite en brun par addition d'eau.

Cette matière colorante teint le coton non mordancé en orangé.

Orangé de toluylène R,

$$CH^3 - C^6H^3 - Az = Az - C^6H = (Az\,H^2)^2 < {S\,O^3\,Na \atop C\,H^3}$$
$$CH^3 - C^6H^3 - Az = Az - C^6H = (Az\,H^2)^3 < {S\,O^3\,Na \atop C\,H^3}$$

— On le prépare en combinant 1 molécule de bisdiazobicrésyle à 2 molécules d'acide m-crésylène-diamine-sulfonique.

On obtient une poudre rouge-brun, soluble en orangé dans l'eau. La solution aqueuse précipite en rouge par l'acide chlorhydrique et devient rougeâtre et opalescente par addition d'acide acétique étendu. L'acide sulfurique concentré donne une dissolution brune qui fournit un précipité rougeâtre par dilution avec de l'eau.

Les orangés de toluylène sont appliqués au foulardage pour produire des tons chamois. Le chamois ainsi obtenu présente certains avantages sur le chamois au fer, notamment celui de pouvoir être employé concurremment avec des couleurs au tannin, qui sont altérées par le chamois au fer.

Si on ajoute la matière colorante à l'apprêt, on peut foularder et apprêter dans une seule et même opération et obtenir ainsi des fonds chamois avec une grande économie de main-d'œuvre.

ROSAZURINE J,

$$CH^3 - C^6H^3 - Az = Az - C^{10}H^5 {< AzH . CH^3 \atop S O^3Na}$$
$$|$$
$$CH^3 - C^6H^3 - Az = Az - C^{10}H^5 {< AzH^2 \atop S O^3Na}$$

— On fait agir d'abord le bisdiazobicrésyle sur l'acide méthyl-β-naphtylamine-sulfonique 2.7

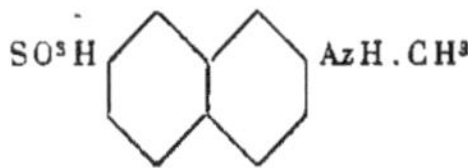

$$SO^3H \qquad AzH . CH^3$$

puis on combine le produit obtenu avec 1 molécule d'acide β-naphtylamine-sulfonique 2.7.

L'acide méthylé se prépare de la manière suivante : On mélange 100 kilogr. de β-naphtylamine-sulfonate de sodium avec 500 litres d'eau et on ajoute une dissolution de 55 kilogr. de méthylsulfate de sodium. On chauffe en autoclave à 180-200° pendant 10 heures. La réaction a lieu d'après l'équation

$$C^{10}H^6 {< AzH^3 \atop S O^3Na} + CH^3 . S O^4Na$$
$$= S O^4Na^2 + C^{10}H^6 {< AzH . CH^3 \atop S O^3H}$$

On reprend par l'eau, qui dissout le sulfate de sodium et les produits non entrés en réaction, tandis que l'acide méthylé reste à l'état insoluble[1].

La rosazurine J est une poudre d'un rouge brun, soluble dans l'eau en rouge cerise. L'acide chlorhydrique précipite en violet rouge la solution aqueuse ; l'acide acétique étendu est sans action. La dissolution sulfurique est bleue et précipite en violet rouge par addition d'eau. La rosazurine teint le coton, sur bain de savon, en rose foncé.

En remplaçant dans la préparation de la rosazurine J la seconde molécule d'acide β-naphtylamine-sulfonique par son dérivé méthylé, on obtient la *rosazurine B*,

$$CH^3 - C^6H^3 - Az = Az - C^{10}H^5 {< AzH . CH^3 \atop S O^3Na}$$
$$|$$
$$CH^3 - C^6H^3 - Az = Az - C^{10}H^5 {< AzH . CH^3 \atop S O^3Na}$$

qui jouit des mêmes propriétés que la rosazurine J et donne en teinture des nuances plus violacées.

1. La méthylation par le méthylsulfate tend de plus en plus à remplacer la méthylation par le chlorure de méthyle. Elle est d'abord beaucoup plus économique, puisque la matière première qui sert à préparer les méthylsulfates, l'alcool méthylique, est le composé méthylique dont la valeur commerciale est la plus faible. En outre, avec les amines, l'emploi du chlorure de méthyle donne lieu facilement à des réactions plus avancées et à la formation de bases tertiaires ou d'ammoniums quaternaires, réactions qu'on a souvent intérêt à éviter. Cette dernière objection perd de sa valeur quand il s'agit de méthyler les phénols ; et si le chlorure de méthyle était d'un prix moins élevé, il remplacerait certainement dans ce dernier cas les autres agents de méthylation.

DELTAPURPURINE 7 B,

$$CH^3 - C^6H^3 - Az = Az - C^{10}H^5 {< AzH^2 \atop S O^3Na}$$
$$|$$
$$CH^3 - C^6H^3 - Az = Az - C^{10}H^5 {< AzH^2 \atop S O^3Na}$$

— Ce corps s'obtient en associant 1 molécule de bisdiazobicrésyle à 2 molécules d'acide β-naphtylamine-sulfonique 2.7.

C'est une poudre d'un rouge brun, peu soluble à froid dans l'eau, soluble dans l'eau bouillante. L'acide chlorhydrique précipite en brun la dissolution aqueuse ; avec l'acide acétique étendu, on obtient un précipité violet-brun. Le sulfate de magnésium donne avec la dissolution aqueuse un précipité du sel de magnésium, peu soluble dans l'eau pure, insoluble dans l'eau salée. La soude caustique donne un précipité rouge. L'acide sulfurique concentré donne une dissolution bleue, qui, étendue d'eau, fournit un précipité brun-jaune.

La deltapurpurine 7 B teint le coton, sur bain de savon, en rouge. L'acide chlorhydrique fait virer la nuance au jaune, mais un lavage à l'eau ramène la couleur primitive.

PURPURINE BRILLANTE,

$$CH^3 - C^6H^3 - Az = Az - C^{10}H^4 {- S O^3Na \atop S O^3Na}$$
$$|$$
$$CH^3 - C^6H^3 - Az = Az - C^{10}H^5 {< S O^3Na \atop AzH^2}$$

— On obtient ce corps en associant en premier lieu le bisdiazobicrésyle à 1 molécule d'acide β-naphtylamine-disulfonique 2.3.6, et en faisant agir le produit ainsi formé sur 1 molécule d'acide naphtionique.

C'est une poudre rouge, soluble en rouge dans l'eau, et en rouge orangé dans l'alcool. L'acide chlorhydrique précipite la solution aqueuse en noir ; la soude caustique, en rouge. La dissolution sulfurique est bleue et précipite en noir bleu par dilution avec l'eau.

ORANGÉ CONGO R,

$$CH^3 - C^6H^3 - Az = Az - C^{10}H^4 {- S O^3Na \atop S O^3Na}$$
$$|$$
$$CH^3 - C^6H^3 - Az = Az - C^6H^4 - O C^2H^5$$

— On prépare cette substance en combinant d'abord le bisdiazobicrésyle à 1 molécule d'acide β-naphtylamine-disulfonique 2.3.6, et en faisant agir le produit obtenu sur le phénol. Finalement la matière est soumise à l'éthylation, qui a pour but de lui donner de la stabilité vis-à-vis des alcalis.

C'est une poudre orangée, soluble dans l'eau, peu soluble dans l'alcool. La solution aqueuse précipite en brun foncé par l'acide chlorhydrique ; la dissolution sulfurique est bleu foncé et précipite en brun foncé par addition d'eau.

Cette matière colorante teint le coton, sans mordant, en un bel orangé résistant aux alcalis.

Couleurs de tolidine renfermant plus de deux groupes Az = Az.

BRUN DE HESSE MM,

$$CH^3 - C^6H^3 - Az = Az - C^6H^2 {- OH \atop - OH \atop Az = Az - C^6H^4 - S O^3Na}$$
$$CH^3 - C^6H^3 - Az = Az - C^6H^3 {- OH \atop - OH \atop Az = Az - C^6H^4 - S O^3H}$$

— On obtient ce corps en faisant agir 1 molécule de bisdiazobicrésyle sur 2 molécules de chrysoïne (produit dérivé de l'acide p-diazobenzène-sulfonique et de la résorcine).

C'est une poudre brune, soluble en brun dans l'eau, peu soluble dans l'alcool. L'acide chlorhydrique précipite en brun la solution aqueuse; la soude caustique la colore en rouge brun; la dissolution sulfurique est d'un noir violet et précipite en brun par addition d'eau.

Cette matière colorante teint le coton en brun.

BENZOBLEU NOIR R. — On le prépare comme la marque J (p. 1324), en remplaçant la benzidine par la tolidine.

C'est une poudre d'un noir gris, soluble en violet bleu dans l'eau, en violet dans l'alcool. L'acide chlorhydrique précipite en violet la dissolution aqueuse. La dissolution sulfurique est bleue et précipite en violet bleu par dilution avec de l'eau.

Cette matière colorante teint le coton, sur bain de savon, en violet bleu foncé.

Couleurs d'éthoxybenzidine.

ROUGE DIAMINE N O,

$$C^6H^3 \overset{O\,C^2H^5}{\underset{Az=Az-C^{10}H^5}{\diagdown}} \overset{S\,O^3Na}{\underset{Az\,H^2}{\diagup}}$$
$$C^6H^4-Az=Az-C^{10}H^5 \overset{S\,O^3Na}{\underset{Az\,H^2}{\diagup}}$$

— On le prépare en faisant agir 1 molécule du dérivé bisdiazoïque de l'éthoxybenzidine sur 1 molécule d'acide β-naphtylamine-sulfonique 2.6 et en combinant le produit intermédiaire à 1 molécule d'acide β-naphtylamine-sulfonique 2-7.

On obtient ainsi une poudre cristalline, verdâtre, soluble en rouge dans l'eau, peu soluble dans l'alcool. L'acide chlorhydrique précipite en violet la dissolution aqueuse; la soude caustique est sans action; la dissolution sulfurique est bleue et précipite en noir par addition d'eau.

Cette matière colorante teint le coton en rouge sur bain de sel alcalin.

JAUNE DIAMINE N,

$$C^6H^3 \overset{O\,C^2H^5}{\underset{Az=Az-C^6H^3}{\diagdown}} \overset{O\,H}{\underset{C\,O^2Na}{\diagup}}$$
$$C^6H^4-Az=Az-C^6H^4-O\,C^2H^5$$

— Pour préparer cette matière colorante, on associe d'abord le dérivé bisdiazoïque de l'éthoxybenzidine à l'acide salicylique, puis on fait agir le phénol sur le produit intermédiaire formé. Finalement on éthyle le corps obtenu par les méthodes usuelles.

On obtient ainsi une poudre jaune-brunâtre, peu soluble dans l'eau, plus soluble dans l'alcool. L'acide chlorhydrique précipite en verdâtre la solution aqueuse; la soude donne un précipité jaune-rougeâtre; la dissolution sulfurique est violette et précipite en brun verdâtre par addition d'eau.

Le jaune diamine teint en jaune le coton non mordancé.

BLEU DIAMINE 3 R,

$$C^6H^3 \overset{O\,C^2H^5}{\underset{Az=Az-C^{10}H^5}{\diagdown}} \overset{O\,H}{\underset{S\,O^3Na}{\diagup}}$$
$$C^6H^4-Az=Az-C^{10}H^5 \overset{O\,H}{\underset{S\,O^3Na}{\diagup}}$$

— On prépare ce corps par l'action du dérivé bisdiazoïque de l'éthoxybenzidine sur 2 molécules d'acide α-naphtol-sulfonique 1.4.

C'est une poudre noire à reflets verdâtres, soluble dans l'eau bouillante en bleu violacé, peu soluble dans l'alcool. L'acide chlorhydrique n'agit

pas sur la dissolution aqueuse; la soude caustique donne une coloration violet-rouge. La dissolution dans l'acide sulfurique concentré est d'un bleu foncé et précipite en violet par addition d'eau.

Il teint le coton non mordancé en bleu violacé.

BLEU DIAMINE B,

$$C^6H^3 \overset{O\,C^2H^5}{\underset{Az=Az-C^{10}H^4}{\diagdown}} \overset{O\,H}{\underset{S\,O^3Na}{\diagup}} S\,O^3Na$$
$$C^6H^4-Az=Az-C^{10}H^5 \overset{O\,H}{\underset{S\,O^3Na}{\diagup}}$$

— On combine d'abord le dérivé bisdiazoïque de l'éthoxybenzidine à 1 molécule d'acide β-naphtol-disulfonique 2.3.7, puis on associe le produit intermédiaire obtenu à 1 molécule d'acide α-naphtol-sulfonique 1.4.

On obtient ainsi une poudre de couleur foncée, à reflets bronzés, soluble en bleu dans l'eau, insoluble dans l'alcool. L'acide chlorhydrique précipite la dissolution aqueuse en bleu; la soude caustique la colore en bleu rougeâtre; la dissolution sulfurique est bleue et précipite en bleu par addition d'eau.

Cette matière colorante teint le coton non mordancé en un bleu assez pur.

NOIR DIAMINE B,

$$C^6H^3 \overset{O\,C^2H^5}{\underset{Az=Az-C^{10}H^4}{\diagdown}} \overset{O\,H_{(5)}}{\underset{Az\,H^2_{(2)}}{\diagup}} S\,O^3Na_{(6)}$$
$$C^6H^4-Az=Az-C^{10}H^4 \overset{O\,H_{(5)}}{\underset{Az\,H^2_{(2)}}{\diagup}} S\,O^3Na_{(6)}$$

— On obtient ce corps en faisant agir 1 molécule du dérivé bisdiazoïque de l'éthoxybenzidine sur 2 molécules d'acide amidonaphtol-sulfonique

$$C^{10}H^5\,(Az\,H^2)_{(3)}\,(O\,H)_{(5)}\,(S\,O^3H)_{(6)}$$

en solution alcaline.

C'est une poudre noire, soluble en noir bleu dans l'eau, peu soluble dans l'alcool. L'acide chlorhydrique précipite en bleu sa solution aqueuse; la soude caustique est sans action; la dissolution sulfurique est d'un bleu noir et précipite en bleu rougeâtre par addition d'eau.

Cette matière colorante teint le coton non mordancé en noir bleu.

NOIR-BLEU DIAMINE E,

$$C^6H^4-Az=Az-C^{10}H^4 \overset{O\,H}{\underset{Az\,H^2}{\diagup}} S\,O^3Na$$
$$C^6H^3 \overset{O\,C^2H^5}{\underset{Az=Az-C^{10}H^4}{\diagdown}} \overset{S\,O^3Na}{\underset{S\,O^3Na}{\diagup}} O\,H$$

— On obtient cette matière colorante en faisant agir le dérivé bisdiazoïque de l'éthoxybenzidine sur 1 molécule d'acide β-naphtol-disulfonique 2.3.7, et en associant le produit intermédiaire de la réaction à 1 molécule d'acide amidonaphtol-sulfonique.

C'est une poudre noire, soluble en bleu noir dans l'eau, insoluble dans l'alcool. L'acide chlorhydrique précipite en bleu la dissolution aqueuse; la soude caustique est sans action; l'acide sulfurique concentré donne une liqueur d'un bleu noir, qui précipite en bleu par addition d'eau.

Cette matière colorante teint le coton non mordancé en nuances d'un bleu noirâtre.

Couleurs de dianisidine.

Les couleurs bisazoïques dérivées de la dianisidine sont caractérisées par une certaine vivacité de nuance. Elles vont du rouge au bleu franc. La première matière colorante azoïque franchement bleue qui ait été préparée industriellement, la benzoazurine, se rattache à cette catégorie.

Benzopurpurine 10 B,

$$C^6H^3 <^{O\,C\,H^3}_{Az = Az - C^{10}H^5 <^{Az\,H^2}_{S\,O^3\,Na}}$$

$$C^6H^3 <^{O\,C\,H^3}_{Az = Az - C^{10}H^5 <^{Az\,H^2}_{S\,O^3\,Na}}$$

— On la prépare en combinant 1 molécule du dérivé bisdiazoïque de la dianisidine à 2 molécules d'acide naphtionique.

C'est une poudre d'un rouge brun, soluble en rouge carmin dans l'eau et dans l'alcool. L'acide chlorhydrique précipite en bleu la solution aqueuse ; la soude caustique donne un précipité rouge floconneux ; la dissolution dans l'acide sulfurique concentré est bleue et précipite en bleu par dilution avec l'eau.

Cette matière colorante teint en rouge carmin le coton non mordancé, sur bain de savon.

Héliotrope,

$$C^6H^3 <^{O\,C\,H^3}_{Az = Az - C^{10}H^5 <^{S\,O^3\,Na}_{Az\,H\,.\,C\,H^3}}$$

$$C^6H^3 <^{O\,C\,H^3}_{Az = Az - C^{10}H^5 <^{Az\,H\,.\,C\,H^3}_{S\,O^3\,Na}}$$

— On fait agir le dérivé bisdiazoïque de la dianisidine sur 2 molécules d'acide méthyl-β-naphtylamine-sulfonique 2.7. On obtient ainsi une poudre brune, soluble en rouge fuchsine dans l'eau. L'acide chlorhydrique précipite la dissolution aqueuse en violet. La dissolution dans l'acide sulfurique concentré est bleue et précipite en violet bleu par l'eau.

Cette matière colorante teint le coton, sur bain de savon, en violet rouge.

Violet azoïque,

$$C^6H^3 <^{O\,C\,H^3}_{Az = Az - C^{10}H^5 <^{O\,H}_{S\,O^3\,Na}}$$

$$C^6H^3 <^{Az = Az - C^{10}H^5 <^{Az\,H^2}_{S\,O^3\,Na}}_{O\,C\,H^3}$$

— On combine d'abord 1 molécule du dérivé bisdiazoïque de la dianisidine à 1 molécule d'acide naphtionique, et on fait agir le produit formé sur 1 molécule d'acide α-naphtol-sulfonique 1.4.

Le violet azoïque constitue une poudre d'un bleu noirâtre, soluble en violet rouge dans l'eau. La solution précipite en bleu par l'acide chlorhydrique ; l'acide acétique étendu donne une coloration violet-bleu ; la soude caustique colore en rouge fuchsine. La dissolution dans l'acide sulfurique concentré est bleue et précipite en bleu par dilution avec de l'eau.

Le violet azoïque teint le coton, sur bain de savon, en violet bleu.

Benzoazurine J,

$$C^6H^3 <^{O\,C\,H^3}_{Az = Az - C^{10}H^5 <^{O\,H}_{S\,O^3\,Na}}$$

$$C^6H^3 <^{O\,C\,H^3}_{Az = Az - C^{10}H^5 <^{O\,H}_{S\,O^3\,Na}}$$

— On prépare ce produit en associant le dérivé bisdiazoïque de la dianisidine à 2 molécules d'acide α-naphtol-sulfonique 1.4.

La benzoazurine J, la première matière colorante bleue azoïque connue, constitue une poudre

d'un noir bleu, soluble dans l'eau en violet bleu. L'acide chlorhydrique précipite la solution aqueuse en violet ; l'acide acétique étendu est sans action ; la soude caustique donne une coloration d'un rouge fuchsine ; la dissolution dans l'acide sulfurique concentré est bleue, et précipite en violet bleu par dilution avec l'eau.

La benzoazurine teint le coton, sur bain alcalin, en bleu ; à chaud la nuance est rouge et vire au bleu par le refroidissement.

Comme l'acide de la matière colorante est bleu, les nuances réalisées par l'emploi de la benzoazurine résistent aux acides. Malheureusement la stabilité à la lumière laisse à désirer. On l'augmente notablement par un traitement ultérieur au sulfate de cuivre, en solution à 5 0/0, à l'ebullition.

Benzoazurine 3 J. — On prépare ce corps comme le précédent, en substituant à l'acide α-naphtol-sulfonique 1.4 l'isomère 1.5. Il jouit de propriétés analogues et donne en teinture des nuances d'un bleu plus franc.

Si, dans la préparation des benzoazurines, on remplace les acides naphtol-sulfoniques par l'acide dioxynaphtalène-sulfonique,

on obtient une matière colorante d'un bleu encore plus pur, à laquelle on a donné le nom d'*azurine brillante* 5 *J*. Sa formule est

$$C^6H^3 <^{O\,C\,H^3}_{Az = Az - C^{10}H^4 <^{O\,H}_{S\,O^3\,Na}}^{-\,O\,H}$$

$$C^6H^3 <^{O\,C\,H^3}_{Az = Az - C^{10}H^4 <^{O\,H}_{S\,O^3\,Na}}^{-\,O\,H}$$

Ce corps est une poudre d'un noir gris, soluble en violet bleu dans l'eau, peu soluble dans l'alcool. La solution aqueuse précipite en bleu par l'acide chlorhydrique ; la soude caustique donne une coloration rouge ; la dissolution sulfurique est bleuverdâtre et précipite en bleu violacé par dilution avec l'eau.

Couleurs bisazoïques pour coton dérivant de diamines diverses.

DÉRIVÉS DE LA MONOMÉTHYLBENZIDINE,

$$C^6H^3 <^{C\,H^3}_{Az\,H^2}$$

$$C^6H^4 - Az\,H^2$$

— Par l'action de la soude caustique sur un mélange d'o-toluidine et de nitrobenzène, on obtient un produit qui, par réduction et traitement par les acides, fournit la monométhylbenzidine.

Les opérations s'exécutent de la manière suivante : Dans une chaudière en fonte, munie d'un agitateur et d'un réfrigérant ascendant, on chauffe à 180° 40 kilogr. d'o-toluidine et 40 kilogr. de soude caustique pulvérisée. On ajoute alors peu à peu et en agitant 40 kilogr. de nitrobenzène. Il se forme un mélange de méthylazobenzène (benzène-azo-toluène) $C\,H^3 - C^6H^4 - Az = Az - C^6H^5$ et de méthylazoxybenzène (benzène-azoxytoluène)

$$C\,H^3 - C^6H^4 - Az - Az - C^6H^5.$$
$$\diagdown\diagup$$
$$O$$

Une demi-heure après l'introduction du nitro-benzène, celui-ci a complètement disparu et la réaction est achevée. On laisse refroidir à 50-60°, on ajoute 250 kilogr. d'alcool à 50 0/0 et on chauffe à l'ébullition. On ajoute peu à peu à la liqueur bouillante 50 kilogr. de zinc en poudre ; il y a alors réduction et formation de méthylhydrazobenzène (benzène-hydrazo-toluène),

$$CH^3 - C^6H^4 - AzH - AzH - C^6H^5,$$

corps fusible à 101-102°. On distille l'alcool, on fait couler le résidu dans 500 kilogr. d'acide chlorhydrique concentré et on chauffe à l'ébullition : le méthylhydrazobenzène subit une transformation moléculaire et se convertit en méthylbenzidine. On étend d'eau et on précipite la base à l'état de sulfate par addition de sulfate de sodium.

Dans cette réaction, il se forme en même temps une certaine quantité de benzidine et de tolidine.

La méthylbenzidine se sépare de ses sels en un sirop épais qui, après dessiccation, se prend en une masse vitreuse amorphe. Le nitrate et le chlorhydrate sont solubles dans l'eau et cristallisent facilement ; le sulfate est presque insoluble dans l'eau, soluble dans l'acide chlorhydrique étendu et bouillant.

La méthylbenzidine est transformée par l'acide nitreux en un dérivé bisdiazoïque, qui fournit des matières colorantes d'une nuance intermédiaire entre les dérivés de la benzidine et ceux de la tolidine.

JAUNE DIRECT,

$$C^6H^3 \diagdown \begin{matrix} CH^3 \\ Az=Az-C^6H^3 \diagdown \begin{smallmatrix} OH \\ CO^2Na \end{smallmatrix} \end{matrix}$$
$$C^6H^4 - Az = Az - C^6H^3 \diagdown \begin{smallmatrix} OH \\ CO^2Na \end{smallmatrix}$$

— On obtient cette matière colorante en associant le dérivé bisdiazoïque de la méthylbenzidine à 2 molécules d'acide salicylique. C'est une poudre d'un brun-gris foncé, soluble en jaune dans l'eau et dans l'alcool. L'acide chlorhydrique précipite en brun la solution aqueuse ; la soude caustique donne un liquide brun, rouge par transparence ; la dissolution dans l'acide sulfurique concentré est rouge-carmin et donne par dilution avec l'eau un précipité d'un brun jaune.

ROUGE DIRECT,

$$C^6H^3 \diagdown \begin{matrix} CH^3 \\ Az=Az-C^{10}H^5 \diagdown \begin{smallmatrix} AzH^2 \\ SO^3Na \end{smallmatrix} \end{matrix}$$
$$C^6H^4 - Az = Az - C^{10}H^5 \diagdown \begin{smallmatrix} AzH^2 \\ SO^3Na \end{smallmatrix}$$

— On le prépare comme le corps précédent, en substituant l'acide naphtionique à l'acide salicylique.

C'est une poudre rouge, soluble dans l'eau, peu soluble dans l'alcool. La solution aqueuse précipite en bleu foncé par l'acide chlorhydrique et en rouge par la soude caustique. La dissolution sulfurique est bleue et donne un précipité bleu par dilution avec l'eau.

ROUGE COTON,

$$C^6H^3 \diagdown \begin{matrix} CH^3_{(2)} \\ Az_{(4)}=Az-C^{10}H^5 \diagdown \begin{smallmatrix} AzH^2 \\ SO^3Na \end{smallmatrix} \end{matrix}$$
$$C^6H^3 \diagdown \begin{matrix} CH^3_{(3)} \\ Az_{(4)}=Az-C^{10}H^5 \diagdown \begin{smallmatrix} AzH^2 \\ SO^3Na \end{smallmatrix} \end{matrix}$$

— On prépare ce corps en faisant agir le dérivé bisdiazoïque de l'o-m-tolidine sur l'acide naphtionique. C'est une poudre rouge, soluble en rouge dans l'eau. La dissolution aqueuse, additionnée d'acide chlorhydrique, donne un précipité d'un

bleu foncé ; la soude caustique est sans action ; la dissolution sulfurique est bleue et précipite en bleu par dilution avec l'eau.

Cette matière colorante teint le coton, sur bain alcalin, en rouge écarlate.

NOIR VIOLET,

$$C^6H^4 \diagup \begin{matrix} Az_{(1)}=Az-C^{10}H^5 \diagup \begin{smallmatrix} OH \\ SO^3Na \end{smallmatrix} \\ Az_{(4)}=Az-C^{10}H^5-AzH^2 \end{matrix}$$

— On obtient ce corps en partant de l'amidoacétanilide,

$$C^6H^4 \diagup \begin{smallmatrix} AzH-CO.CH^3_{(1)} \\ AzH^2_{(4)} \end{smallmatrix}$$

préparée par réduction de la p-nitroacétanilide par le fer et l'acide acétique.

L'amidoacétanilide est transformée en dérivé diazoïque,

$$C^6H^4 \diagup \begin{smallmatrix} AzH-CO.CH^3 \\ Az=Az-Cl \end{smallmatrix}$$

et ce dernier est combiné à l'acide α-naphtol-sulfonique 1.4. Le produit obtenu est saponifié par ébullition avec la soude caustique étendue. On obtient ainsi le corps

$$C^6H^4 \diagup \begin{matrix} AzH^2 \\ Az=Az-C^{10}H^5 \diagup \begin{smallmatrix} OH \\ SO^3Na \end{smallmatrix} \end{matrix}$$

Ce produit est à son tour transformé en dérivé diazoïque et combiné à l'α-naphtylamine en solution chlorhydrique. Au bout de 24 heures d'agitation, la combinaison est effectuée ; on amène le liquide à l'ébullition, on filtre, on lave la matière colorante qui est à l'état d'acide insoluble, et on la dissout dans le carbonate de sodium ; on filtre et on précipite par le sel.

On obtient ainsi une poudre bronzée, soluble en rouge brun dans l'eau. La dissolution aqueuse précipite en violet par l'acide chlorhydrique ; l'acide acétique étendu et la soude caustique donnent une coloration d'un violet rouge ; la dissolution sulfurique est bleue et précipite en violet par dilution avec l'eau.

Cette matière colorante teint le coton et la laine en noir violet.

ROUGE SAUMON,

$$CO \diagup \begin{matrix} AzH-C^6H^4-Az=Az-C^{10}H^5 \diagup \begin{smallmatrix} AzH^2 \\ SO^3Na \end{smallmatrix} \\ AzH-C^6H^4-Az=Az-C^{10}H^5 \diagup \begin{smallmatrix} AzH^2 \\ SO^3Na \end{smallmatrix} \end{matrix}$$

— On combine d'abord le dérivé diazoïque de la p-amidoacétanilide à l'acide naphtionique et on saponifie le produit obtenu. Le sel sodique

$$AzH^2-C^6H^4-Az=Az-C^{10}H^5 \diagup \begin{smallmatrix} AzH^2 \\ SO^3Na \end{smallmatrix}$$

est délayé dans l'eau et soumis à l'action d'un courant de gaz oxychlorure de carbone à une température de 0°, maintenue par addition de glace dans la liqueur. On fait agir l'oxychlorure de carbone jusqu'à réaction acide. La réaction suivante a lieu :

$$COCl^2 + 2\,AzH^2-C^6H^4-Az=Az-C^{10}H^5 \diagup \begin{smallmatrix} AzH^2 \\ SO^3Na \end{smallmatrix}$$
$$= 2\,NaCl + CO \diagup \begin{matrix} AzH-C^6H^4-Az=Az-C^{10}H^5 \diagup \begin{smallmatrix} AzH^2 \\ SO^3H \end{smallmatrix} \\ AzH-C^6H^4-Az=Az-C^{10}H^5 \diagup \begin{smallmatrix} AzH^2 \\ SO^3H \end{smallmatrix} \end{matrix}$$

On filtre, on lave, on mélange le produit avec la quantité de carbonate de sodium nécessaire pour former le sel sodique et on dessèche au bain-marie.

Le rouge saumon est une poudre brunâtre,

soluble en orangé dans l'eau. L'acide chlorhydrique précipite la dissolution aqueuse en violet bleu ; la soude caustique est sans action ; la solution dans l'acide sulfurique concentré est rouge-fuchsine et donne un précipité bleu-violet par dilution avec l'eau.

Cette matière colorante teint le coton non mordancé, sur bain alcalin bouillant, en nuances allant du rouge chair à l'orangé brun.

Jaune coton J,

$$CO \begin{cases} AzH - C^6H^4 - Az = Az - C^6H^3 < ^{OH}_{CO^3Na} \\ AzH - C^6H^4 - Az = Az - C^6H^2 < ^{OH}_{CO^2Na} \end{cases}$$

— On combine d'abord le dérivé diazoïque de la p-amidoacétanilide à l'acide salicylique. Le produit obtenu

$$C^6H^4 < ^{AzH - CO \cdot CH^3}_{Az = Az - C^6H^3 < ^{OH}_{CO^2Na}}$$

est saponifié par 4 heures de chauffe au bain-marie avec de l'acide sulfurique à 50 0/0. On fait couler le liquide dans de l'eau froide et on filtre l'acide libre, qui a pour formule

$$C^6H^4 < ^{AzH^2}_{Az = Az - C^6H^3 < ^{OH}_{CO^2H}}$$

Le produit provenant de 10 kilogr. d'acide salicylique est introduit dans une chaudière doublée en plomb, munie d'un agitateur, avec 500 litres d'eau et 300 kilogr. de glace. On ajoute la quantité de soude caustique nécessaire pour transformer la matière colorante en sel sodique, et on fait passer dans le liquide un courant d'oxychlorure de carbone jusqu'à apparition d'une réaction acide. L'acide de la matière colorante qui se forme se dépose en une boue brune, qu'on chasse à travers un filtre-presse, et qu'on mélange avec la quantité de carbonate de sodium nécessaire pour en faire le sel sodique. Finalement, on dessèche le produit au bain-marie.

Le jaune coton est une poudre jaunâtre, soluble dans l'eau. L'acide chlorhydrique précipite en brun sa dissolution aqueuse ; la soude caustique donne une coloration orangée ; la dissolution sulfurique est orangée et précipite en violet bleu par l'eau.

Cette matière colorante teint le coton, sur bain de savon, en jaune pur.

Rouge de naphtylène,

$$C^{10}H^6 \begin{cases} Az = Az - C^{10}H^5 < ^{AzH^2}_{SO^3Na} \\ Az = Az - C^{10}H^5 < ^{AzH^2}_{SO^3Na} \end{cases}$$

— Par réduction du dinitronaphtalène 1.5, on obtient la naphtylène-diamine correspondante. Cette diamine, traitée par l'acide nitreux en présence d'un très grand excès d'acide chlorhydrique, donne un dérivé bisdiazoïque qui se combine aux composés aromatiques.

Le rouge de naphtylène se prépare en opérant comme il suit : On dissout 25 kilogr. de chlorhydrate de naphtylène-diamine dans 125 kilogr. d'acide chlorhydrique à 35 0/0 et 250 kilogr. d'eau ; on ajoute 250 kilogr. de glace pulvérisée et peu à peu une dissolution de 14 kilogr. de nitrite de sodium dans trois fois son poids d'eau. Il se forme une liqueur orangée qui renferme le dérivé bisdiazoïque. On fait couler le liquide dans une dissolution de 70 kilogr. de naphtionate de sodium et de 200 kilogr. d'acétate de sodium dans 3000 litres d'eau. On agite pendant plusieurs jours, car la combinaison ne s'opère que lentement. On sature ensuite par la soude et on fait

bouillir. Par le refroidissement de la liqueur, la matière colorante cristallise.

Le rouge de naphtylène est une poudre d'un brun rouge, soluble en rouge dans l'eau. Par addition d'acide chlorhydrique à la dissolution aqueuse, on obtient un précipité noir-violet ; la soude caustique est sans action ; la dissolution sulfurique est bleue et précipite en noir bleu par addition d'eau.

Le rouge de naphtylène teint le coton, sur bain alcalin, en un rouge un peu terne.

Jaune de carbazol,

$$\begin{array}{l} C^6H^3 - Az = Az - C^6H^3 < ^{OH}_{CO^2Na} \\ | \qquad\qquad AzH \\ C^6H^3 - Az = Az - C^6H^3 < ^{OH}_{CO^2Na} \end{array}$$

— On obtient ce corps en faisant agir le dérivé bisdiazoïque du diamidocarbazol sur l'acide salicylique.

Le diamidocarbazol se prépare de la manière suivante : Le carbazol, obtenu comme produit accessoire lors de la purification de l'anthracène, est dissous dans 5 parties d'acide acétique. A la dissolution, chauffée à 80°, on ajoute peu à peu 1p,3 d'acide nitrique (d = 1,38), et on achève la réaction en chauffant pendant une demi-heure à 100°. Par le refroidissement, le dinitrocarbazol

$$Az \begin{cases} C^6H^3 - AzO^2 \\ | \\ C^6H^3 - AzO^2 \end{cases}$$

se dépose sous la forme d'une poudre jaune cristalline. On filtre, on lave et on procède à la réduction de la manière suivante : On broie 10 kilogr. de zinc en poudre avec 6kg,5 de dinitrocarbazol et 30 litres d'eau. On chauffe à 50° et on ajoute 25 kilogr. de soude caustique à 40° B. On chauffe pendant 8 heures à 90°, on mélange avec 100 litres d'eau et on filtre ; le résidu renferme le diamidocarbazol, mélangé avec l'excès de poudre de zinc qui a servi à sa préparation.

On ajoute ce mélange à 50 litres d'acide chlorhydrique à 20° B. Il se sépare un mélange de chlorozincate et de chlorhydrate de diamidocarbazol ; on filtre, on dissout le précipité dans 150 litres d'eau, on décolore par le noir animal et on ajoute 10 kilogr. de sulfate de sodium. Il se dépose alors de fines aiguilles de sulfate de diamidocarbazol.

La base libre est peu soluble dans l'eau et cristallise en lamelles argentines, infusibles à 250°. Le chlorhydrate cristallise en fines aiguilles incolores, peu solubles dans un excès d'acide chlorhydrique. Le sulfate est très peu soluble dans l'eau froide, soluble dans l'eau acide.

Le jaune de carbazol est une poudre d'un jaune brun, soluble dans l'eau. L'acide chlorhydrique précipite la dissolution aqueuse en brun ; la soude caustique donne une dissolution orangée. L'acide sulfurique concentré dissout la matière colorante en bleu violet ; la solution précipite en brun par addition d'eau.

Le jaune de carbazol teint le coton, sur bain alcalin, en un beau jaune. Sur laine mordancée en chrome, il donne également de jolies nuances résistant au foulon. Les teintes sur coton résistent bien à la lumière, contrairement à ce qui a lieu avec la plupart des couleurs de benzidine et de tolidine.

Bordeaux coton,

$$OH \cdot Az = C \begin{cases} C^6H^3 - Az = Az - C^{10}H^5 < ^{AzH^2}_{SO^3Na} \\ | \\ C^6H^3 - Az = Az - C^{10}H^5 < ^{AzH^2}_{SO^3Na} \end{cases}$$

— On obtient cette matière colorante en associant le dérivé bisdiazoïque de la diamidobiphénylène-cétoxime à 2 molécules d'acide naphtionique.

La diamidobiphénylène-cétoxime se prépare de la manière suivante : On dissout $10^{kg},5$ de diamidobiphénylène-cétone,

$$CO \begin{cases} C^6H^3 - AzH^2 \\ | \\ C^6H^3 - AzH^2 \end{cases}$$

dans $17^{kg},5$ d'acide chlorhydrique $(d = 1,108)$ et 800 litres d'eau bouillante; cette solution est mélangée avec une dissolution aqueuse concentrée de 5 kilogr. de chlorhydrate d'hydroxylamine. On chauffe à 60-70° et on ajoute peu à peu 23 litres de soude caustique à 40° B. Il se forme d'abord un précipité qui ne tarde pas à se redissoudre; on chauffe peu à peu jusqu'à l'ébullition et on fait bouillir jusqu'à dissolution complète. On ajoute alors, avec précaution, de l'acide chlorhydrique qui précipite la cétoxime : il faut éviter un excès d'acide qui redissoudrait le produit. On filtre, on lave et on transforme pour l'emploi en dérivé bisdiazoïque par les procédés usuels.

Le bordeaux coton forme une poudre d'un rouge brun, soluble en amarante dans l'eau. L'acide chlorhydrique précipite en bleu la solution aqueuse; la soude caustique donne un précipité rouge-violacé; la dissolution sulfurique est bleue et donne un précipité bleu par dilution avec l'eau.

Cette matière colorante teint le coton non mordancé en rouge Bordeaux.

V. DÉRIVÉS DE LA PRIMULINE.

Le premier représentant du groupe de la primuline a été obtenu en 1887. C'est une poudre d'un jaune brun, constituée par le sel sodique d'un acide amidosulfoné renfermant du soufre organique.

Ce corps se prépare en chauffant la p-toluidine avec du soufre à une température élevée.

Le premier produit de la réaction est la *déhydrothiotoluidine*, à laquelle on attribue la formule de structure

$$CH^3 \text{—} \underset{Az}{\overset{S}{\diagup}} C - C^6H^4 - AzH^2.$$

Si on pousse la réaction plus loin, en augmentant la quantité de soufre et en élevant la température, on obtient des produits de moins en moins solubles dans les dissolvants et doués de propriétés basiques de moins en moins accentuées. Ces produits, soumis à la sulfoconjugaison, donnent des corps qui teignent le coton non mordancé en jaune clair. Si on fait subir au coton ainsi teint un passage en nitrite, suivi d'un passage en acide, on forme sur la fibre un dérivé diazoïque de la primuline assez stable. Un passage ultérieur dans une solution alcaline de naphtol, par exemple, donne alors un rouge. On conçoit que l'on puisse varier ces réactions à l'infini. Quant aux produits condensés obtenus par l'action du soufre à température élevée, on leur attribue la formule de structure

$$CH^3\text{—}C^6H^3 \underset{S}{\overset{Az}{\lessgtr}} C\text{—}C^6H^3 \underset{S}{\overset{Az}{\lessgtr}} C\text{—}C^6H^3 \underset{S}{\overset{Az}{\lessgtr}} C\text{—}C^6H^4.AzH^2$$

On conçoit qu'il soit possible de pousser la condensation encore plus loin, comme de s'arrêter à un polymère inférieur. Suivant les effets cherchés, on réalise une condensation plus ou moins avancée.

Un inconvénient, inhérent à l'emploi de la primuline par diazotation sur tissu, consiste dans la difficulté d'obtenir une nuance d'une intensité déterminée; car il est impossible, après développement, de renforcer la nuance obtenue. On a donc essayé de préparer, pour les besoins de la teinture, les dérivés azoïques de la primuline, et on a reconnu que les matières colorantes obtenues possèdent, tout comme la matière première, la précieuse propriété de se fixer sur le coton sans mordant.

On a préparé également des homologues de la déhydrothiotoluidine, en remplaçant la toluidine par la xylidine, la cumidine, etc.; mais jusqu'ici ces tentatives n'ont pas donné de résultats très importants.

La déhydrothiotoluidine et ses homologues sont des matières colorantes jaunes de peu d'intensité. Cette intensité augmente considérablement si l'on substitue à l'hydrogène du groupe AzH^2 des radicaux alcooliques (voyez Thioflavines).

Nous allons, dans les pages suivantes, décrire brièvement la préparation de la primuline et des principaux produits commerciaux qui en dérivent.

Primuline. — La préparation de la primuline s'effectue très facilement en chauffant 10 kilogr. de p-toluidine avec 6 ou 7 kilogr. de soufre. On opère dans une chaudière chauffée au bain d'huile et on élève la température à 200-220°. Il se produit un abondant dégagement d'hydrogène sulfuré. On maintient la température à 250° tant qu'il y a dégagement de gaz.

Le produit de la réaction est jaune-brun, et peut être transformé en acide sulfoné par l'action de l'acide sulfurique fumant à 30 0/0 d'anhydride. Pour 50 kilogr. de base, on emploie 200 kilogr. d'acide : on ajoute la matière peu à peu en refroidissant et on chauffe ensuite à 80°, jusqu'à ce qu'un échantillon prélevé sur la masse et ajouté à de l'eau donne un précipité soluble dans la soude caustique. On verse alors dans l'eau, on filtre, on lave, on dissout l'acide dans le carbonate de sodium et on évapore à siccité.

Si, au lieu de sulfoconjuguer le produit brut, on soumet ce dernier à une purification par l'alcool, de manière à en dissoudre environ 30 0/0, on obtient une base de couleur jaune clair qui, transformée comme il a été dit plus haut en acide sulfoné, fournit, par diazotation et association aux composés aromatiques, des matières colorantes de nuances beaucoup plus pures que celles obtenues avec la base brute.

La primuline est une poudre d'un jaune sale, soluble en jaune dans l'eau. Par addition d'acide chlorhydrique à la dissolution aqueuse, on obtient un précipité jaune. La soude caustique ne donne aucun changement de couleur. La dissolution dans l'acide sulfurique est jaune pâle et douée d'une fluorescence verdâtre; par dilution avec l'eau, elle précipite en jaune.

Mimosa. — Cette matière colorante se prépare par l'action de l'ammoniaque sur le dérivé diazoïque de la primuline. On dissout 50 kilogr. de primuline dans 1000 litres d'eau; on ajoute 30 kilogr. d'acide chlorhydrique à 21°, puis, peu à peu, une dissolution de 7 kilogr. de nitrite de sodium dans 50 litres d'eau. A la dissolution ainsi obtenue on ajoute 35-40 kilogr. d'ammoniaque, on laisse reposer pendant 12 heures et on soumet ensuite la liqueur à l'ébullition. Le liquide mousse beaucoup, et quand le dégagement gazeux est achevé, on précipite la matière colorante par le sel.

Le mimosa est probablement constitué par un dérivé diazoamidé. C'est une poudre d'un brun clair, soluble dans l'eau en jaune, peu soluble dans l'alcool avec une fluorescence verte. Le mimosa se dissout dans l'acide sulfurique avec une coloration jaune-brun et se dépose inaltéré par dilution avec de l'eau; la soude caustique le colore en rouge brun et l'addition d'eau fait virer de nouveau la couleur en jaune.

Le mimosa peut être diazoté, et exige pour cela moitié moins de nitrite que la primuline qui lui a donné naissance.

Il teint le coton sans mordant en un jaune à nuance plus rougeâtre que la primuline.

Jaune oriol. — Cette matière colorante prend naissance par l'action du dérivé diazoïque de la primuline sur l'acide salicylique. C'est une poudre rouge, soluble en orangé dans l'eau. La solution aqueuse précipite en jaune par l'acide chlorhydrique et vire légèrement au rouge par addition de soude caustique. La dissolution dans l'acide sulfurique concentré est rouge-écarlate et précipite en jaune brun par dilution avec l'eau.

Le jaune oriol teint le coton en jaune sur bain alcalin bouillant.

Brun alcalin. — Cette matière colorante prend naissance lorsqu'on associe le dérivé diazoïque de la primuline à la m-phénylène-diamine.

C'est une poudre d'un brun foncé, soluble en rouge dans l'eau et en brun dans l'alcool. L'addition d'acide chlorhydrique à la dissolution aqueuse détermine la formation d'un précipité brun foncé ; la soude caustique précipite en rouge ; la dissolution dans l'acide sulfurique concentré est d'un violet bleu et précipite en brun foncé par addition d'eau.

Cette matière colorante teint en brun le coton non mordancé.

Jaune de thiazol,

$$(CH^3)_{(4)} - C^6H^3 \begin{array}{c} Az_{(1)} \\ S_{(2)} \end{array} C_{(4)} - C^6H^3 (SO^3Na) - Az_{(1)} = Az$$

$$(CH^3)_{(4)} - C^6H^3 \begin{array}{c} S_{(2)} \\ Az_{(1)} \end{array} C_{(4)} - C^6H^3 (SO^3Na) \quad\text{———}\quad AzH$$

— On obtient ce corps en faisant agir le dérivé diazoïque de l'acide déhydrothio-p-toluidine-sulfonique sur l'acide non diazoté. Il se forme ainsi non un corps azoïque, mais une substance se rattachant à la classe des corps diazoamidés, et qui constitue le jaune de thiazol.

C'est une poudre jaune, soluble en jaune dans l'eau et dans l'alcool ; l'acide chlorhydrique et la soude caustique précipitent la dissolution aqueuse en jaune orangé ; l'acide sulfurique dissout cette matière colorante en donnant un liquide jaune-brun ; par addition d'eau, la couleur vire au jaune sans qu'il se forme de précipité.

Cette matière colorante teint le coton, sur bain de savon, en jaune. Les nuances obtenues résistent beaucoup moins bien à la lumière que celles qu'on peut réaliser par l'emploi de la chrysamine.

Terracotta F. — On le prépare en associant à la m-phénylène-diamine le dérivé diazoïque de l'acide naphtionique et le dérivé diazoïque de la primuline.

C'est une poudre soluble dans l'eau en brun rouge. L'acide chlorhydrique, ajouté à la solution aqueuse, produit une coloration plus claire ; la soude caustique fait virer la couleur au brun foncé. La solution dans l'acide sulfurique concentré est grenat-violet et précipite en brun par addition d'eau.

Polychromine B. — Ce corps, qui au point de vue chimique n'a aucun rapport avec la primuline, jouit pourtant de propriétés analogues.

On l'obtient en chauffant du p-nitrotoluène-sulfonate de sodium avec de la p-phénylène-diamine en présence de soude caustique.

La polychromine B teint le coton en jaune ; elle peut être diazotée sur la fibre et combinée alors à d'autres corps aromatiques.

C'est une poudre soluble dans l'eau en jaune

brun. La solution aqueuse précipite en violet sale par l'acide chlorhydrique, et vire au rouge orangé par la soude caustique, sans donner de précipité. La solution dans l'acide sulfurique concentré est grenat-violet et précipite en brun rouge par addition d'eau.

VI. MATIÈRES COLORANTES NITROSÉES.
(Dérivés de la quinone-oxime.)

Le groupe des dérivés nitrosés des substances aromatiques, tout en étant relativement peu nombreux, contient des substances qui présentent un très grand intérêt au point de vue de l'industrie des matières colorantes.

Quelques-uns d'entre eux sont utilisés comme produits intermédiaires, comme par exemple la nitrosodiméthylaniline, pour la fabrication du bleu méthylène ; d'autres au contraire, tels que le nitrosonaphtol, servent directement comme matières colorantes.

La préparation des dérivés nitrosés des amines aussi bien que des phénols est d'une grande simplicité ; il suffit de faire agir l'acide nitreux sur une solution acide de ces substances pour obtenir en quantité théorique le dérivé nitrosé.

Généralement le groupe nitrosyle entre en para dans la molécule par rapport à l'oxhydryle ou à l'azote de l'amine tertiaire. Pour le β-naphtol toutefois, lorsque la position ortho par rapport à l'oxhydryle est libre, le nitrosyle vient s'y placer. Il en est de même pour les dérivés de l'α-naphtol renfermant un groupe SO^3H en para par rapport à l'oxhydryle.

Les dérivés nitrosés ainsi préparés entrent facilement en réaction. On peut aisément les transformer par réduction en dérivés amidés.

Les phénols o-nitrosés possèdent la remarquable propriété de donner, avec les sels métalliques, des laques très stables pouvant être fixées sur le coton mordancé. Les laques ferriques surtout se distinguent par leur coloration d'un vert intense, qui se fixe solidement sur la fibre et qui résiste aux lavages et à la lumière.

Lorsqu'on fait agir l'acide nitreux sur les amines tertiaires, on obtient directement un dérivé renfermant le nitrosyle dans le noyau, le groupe AzH^3 ne contenant plus d'hydrogène libre. Avec les amines secondaires, au contraire, il se forme une nitrosamine. Par exemple, la monométhylaniline donne dans ces circonstances la méthylphénylnitrosamine,

$$C^6H^5 - Az \begin{array}{c} CH^3 \\ AzO \end{array}$$

Si on additionne ce corps à froid de 2 volumes d'acide chlorhydrique dissous dans l'alcool, on observe immédiatement une coloration orangée et le tout se prend en un magma formé d'aiguilles de chlorhydrate de p-nitrosomonométhylaniline,

$$C^6H^4 \begin{array}{c} AzO \\ AzH . CH^3 \end{array}$$

Il y a eu ici un phénomène de transposition moléculaire à froid, qui présente une certaine analogie avec la transformation du diazoamidobenzène, par exemple $C^6H^5 - Az = Az - AzH - C^6H^5$, en amidoazobenzène $C^6H^5 - Az = Az - C^6H^5 - AzH^2$.

Cette réaction est générale et permet de préparer les dérivés nitrosés de nombreuses amines secondaires.

Jusqu'ici toutefois les applications de ces réactions sont très limitées. Nous allons donner ci-dessous la description des matières colorantes utilisées industriellement qui se rattachent à la série des dérivés nitrosés.

DINITROSORÉSORCINE,

$$C^6 H^2 \begin{cases} O_{(1)} \\ | \\ Az\,O\,H_{(2)} \\ O_{(3)} \\ | \\ Az\,O\,H_{(4)} \end{cases}$$

— Pour préparer la dinitrosorésorcine, on dissout 8^{kg},8 de résorcine dans 60 litres d'eau et 8 kilogr. d'acide chlorhydrique; on refroidit à — 5° et on introduit peu à peu cette solution dans une solution également refroidie de 11^{kg},600 de nitrite de sodium dans 60 litres d'eau, en agitant constamment. Au bout de quelques heures, la réaction est achevée; on ajoute alors 4 kilogr. d'acide sulfurique étendu de 50 litres d'eau, on laisse reposer, on filtre, on lave et on sèche.

Toutefois la dinitrosorésorcine est vendue de préférence en pâte, car, à l'état sec, elle n'est pas exempte de danger, à cause de sa facile déflagration.

La dinitrosorésorcine sèche constitue une poudre d'un brun gris, peu soluble dans l'eau froide, soluble dans l'eau bouillante et dans une lessive de soude caustique. Chauffée, elle déflagre.

La dinitrosorésorcine teint en vert foncé les tissus mordancés au fer.

GAMBINE R,

$$C^6 H^4 \begin{cases} C\,O_{(1)} - C = Az\,O\,H \\ | \\ C\,H_{(3)} = C\,H \end{cases}$$

— Cette matière colorante prend naissance par l'action du nitrite de sodium sur une dissolution alcoolique d'α-naphtol et de chlorure de zinc.

C'est une pâte d'un jaune verdâtre, peu soluble en jaune dans l'eau, soluble dans l'alcool; ni l'acide chlorhydrique ni la soude caustique ne donnent aucun changement de coloration; la dissolution sulfurique est d'un rouge brun: par dilution avec l'eau, elle fournit un liquide clair et des flocons bruns.

Cette matière colorante teint en vert les tissus mordancés au fer.

GAMBINE J,

$$C^6 H^4 \begin{cases} C\,H_{(1)} = C\,H \\ C_{(2)} = (Az\,O\,H) \end{cases} C\,O.$$

— On la prépare comme le corps précédent, en remplaçant l'α-naphtol par le β-naphtol. On obtient une pâte vert-olive, peu soluble dans l'eau en jaune, soluble en orangé dans l'alcool. Par addition d'acide chlorhydrique à la solution aqueuse, on n'a pas de changement. La soude caustique donne une fluorescence jaune-verdâtre. La solution dans l'acide sulfurique concentré est d'un brun foncé et donne, par dilution avec l'eau, des flocons d'un brun foncé.

La gambine J teint en vert le coton mordancé au fer.

DIOXINE,

$$C^6 H^3 \begin{cases} O\,H_{(5)} \\ C_{(1)} (Az\,O\,H) - C\,O. \\ C\,H_{(2)} = C\,O \end{cases}$$

— On obtient ce corps en faisant agir l'acide nitreux sur le dioxynaphtalène 2.7 fusible à 186°. C'est une pâte rouge, insoluble dans l'eau, soluble en rouge jaune dans l'alcool, en vert dans l'acide sulfurique concentré; la solution sulfurique précipite en rouge par dilution avec l'eau.

Cette matière colorante teint en brun les tissus mordancés au chrome; avec un mordant de fer, on obtient des nuances verdâtres.

VERT DE NAPHTOL B,

$$C^{10} H^6 \begin{matrix} \diagup S\,O^3 Na \quad S\,O^3 Na \diagdown \\ - O \qquad\qquad O - \\ | \qquad\qquad\quad | \\ \diagdown Az\,O - Fe - Az\,O \diagup \end{matrix} C^{10} H^6,$$

— On fait agir l'acide nitreux sur l'acide β-naphtol-sulfonique de Schaeffer. Si à la solution sodique du dérivé nitrosé obtenu on ajoute du chlorure ferrique, on observe une coloration d'un brun intense; on sursature alors la liqueur par un alcali pour éliminer le fer en excès et on filtre. Le liquide vert est évaporé à siccité. La purification de la matière colorante s'effectue par cristallisation dans l'alcool étendu, ou par transformation en sel de plomb insoluble. Le sel de plomb, traité par le sulfate de sodium, régénère le sel de sodium et du sulfate de plomb qu'on sépare par filtration.

Le vert de naphtol constitue une poudre d'un vert foncé qui, chauffée sur la lame de platine, donne un résidu de sulfure de fer. Il est soluble en vert jaunâtre dans l'eau. L'addition d'acide chlorhydrique à la solution aqueuse ne détermine aucun changement; la soude caustique donne une coloration vert-bleuâtre. La dissolution sulfurique est brun-jaune; étendue d'eau, elle devient jaune et donne les réactions du fer aussi bien avec le ferrocyanure qu'avec le ferricyanure de potassium.

Le vert de naphtol est employé surtout pour la teinture de la laine, sur bain contenant du sulfate ferreux et acidifié légèrement par l'acide sulfurique.

BLEU DE RÉSORCINE OU LACMOÏDE. — Le lacmoïde, dont nous dirons quelques mots, se prépare par l'action du nitrite de sodium en petite quantité sur la résorcine en présence d'eau. On chauffe au bain-marie et on précipite la solution aqueuse par l'acide chlorhydrique. On filtre, on lave et on transforme le précipité en sel sodique par le carbonate de sodium.

Le lacmoïde se dissout en un beau bleu dans l'eau; la moindre trace d'acide fait virer au rouge cette solution. Cette propriété le rapproche du tournesol et permet de l'employer en alcalimétrie comme réactif.

Il teint la laine en nuances rappelant celles du carmin d'indigo et résistant assez bien à la lumière.

VII. MATIÈRES COLORANTES OXYCÉTONIQUES.

Cette classe de matières colorantes comprend un nombre assez limité de corps. Par contre, leur importance est considérable. En effet, on range dans cette catégorie l'alizarine et ses dérivés, dont l'emploi en teinture est de plus en plus considérable.

Quelques-unes des matières colorantes décrites ci-dessous sont connues depuis longtemps, quoique leur application soit de date récente : par exemple le noir d'alizarine S, qui, entre parenthèses, dérive du naphtalène et n'a rien de commun avec les dérivés anthracéniques.

Dans la série de l'anthracène, on est arrivé à obtenir à peu près toutes les couleurs du spectre. Ces dérivés font, dans la teinture sur laine, une concurrence formidable aux matières colorantes azoïques. On les emploie surtout sur fibre mordancée, soit à l'alumine, soit au chrome.

JAUNE D'ALIZARINE A (trioxybenzophénone)

$$C^6 H^5 - C\,O - C^6 H^2 \begin{cases} \diagup O\,H_{(1)} \\ - O\,H_{(2)} \\ \diagdown O\,H_{(3)} \end{cases}$$

— Cette matière colorante prend naissance par l'action des agents de condensation sur un mélange de pyrogallol et d'acide benzoïque, de chlorure de benzoyle ou de phénylchloroforme $C^6H^5 . C Cl^3$.

Le mode opératoire est le suivant : On chauffe pendant 3 heures à 145°, en agitant constamment, un mélange de 50 kilogr. de pyrogallol avec 50 kilogr. d'acide benzoïque, en ajoutant en plusieurs fois 150 kilogr. de chlorure de zinc sec. On reconnaît que la réaction est achevée lorsqu'une prise d'essai, dissoute dans l'eau bouillante, ne donne plus par refroidissement que des aiguilles jaunes sans les lamelles caractéristiques de l'acide benzoïque. On dissout le produit dans 300 litres d'eau bouillante, on ajoute du noir animal, on fait bouillir pendant 2 heures et on filtre. Par le refroidissement de la liqueur filtrée, la matière colorante se dépose en fines aiguilles d'un jaune clair, fusibles à 137-138°, peu solubles dans l'eau froide, solubles dans l'eau bouillante, l'alcool, l'éther, l'acétone et l'acide acétique cristallisable.

Le produit commercial constitue une pâte d'un jaune grisâtre, soluble dans l'eau bouillante. L'acide chlorhydrique ne donne pas de changement ; la soude caustique dissout le produit avec formation d'un liquide jaune foncé, qui s'oxyde rapidement à l'air en donnant une matière verte ; la solution dans l'acide sulfurique concentré est jaune et précipite en blanc par addition d'eau.

La trioxybenzophénone teint en jaune d'or le coton mordancé à l'alumine ; en présence des sels de calcium, la nuance vire au jaune orangé. La laque chromique est jaune-brun ; la laque ferrique, vert-olive foncé. La plus belle laque jaune s'obtient en imprimant un mélange d'acétate d'alumine et de citrate ou de chlorure stanneux.

Les nuances fournies par la trioxybenzophénone sont aussi solides à l'air, à l'acide, au foulon que celles de l'alizarine.

JAUNE D'ALIZARINE C (*gallacétophénone*),

$$CH^3 - CO - C^6H^3 \begin{cases} OH \\ OH \\ OH \end{cases}$$

— Ce corps se prépare d'une manière analogue au précédent, par l'action du chlorure de zinc sur un mélange d'acide acétique cristallisable et de pyrogallol.

Le produit commercial est une poudre jaunâtre, peu soluble dans l'eau froide, soluble dans l'eau bouillante et dans l'alcool. La soude caustique donne une liqueur brunâtre, qui devient beaucoup plus foncée à l'air. L'acide sulfurique concentré donne une liqueur d'un jaune clair.

La gallacétophénone teint en jaune le coton mordancé à l'alumine ; avec le mordant de chrome, on obtient des nuances brun-jaune ; avec le mordant de fer, un noir.

JAUNE D'ANTHRACÈNE (*dibromodioxy-β-méthylcoumarine*),

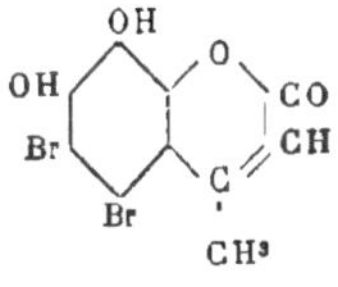

OH, OH, Br, Br, O, CO, CH, C, CH³

En traitant le pyrogallol par l'éther acétylacétique, on obtient un produit de condensation qui est constitué par l'anhydride dioxy-β-méthylcoumarique. Ce produit est doué lui-même de propriétés colorantes ; il teint la laine sur bain acide, bien que d'une manière insuffisante. En accumulant les groupes négatifs dans la molécule, on arrive en revanche à une véritable matière colorante.

Le jaune d'anthracène est constitué par le dérivé dibromé. On le prépare en ajoutant du brome à l'anhydride en suspension dans l'alcool. On chauffe vers 60°, puis on verse dans l'eau. Le précipité, convenablement lavé, est redissous dans l'alcali et précipité par addition d'acide.

Le jaune d'anthracène du commerce se présente sous la forme d'une pâte blanchâtre, peu soluble dans l'eau, soluble en jaune brunâtre dans une lessive de soude caustique ; les acides minéraux reprécipitent des flocons blancs des dissolutions alcalines ; l'acide sulfurique concentré donne une dissolution brunâtre.

Cette matière colorante teint la laine mordancée au chrome en nuances d'un jaune verdâtre, très solides à la lumière et au foulon.

NOIR D'ALIZARINE S,

$$C^{10}H^4 \begin{cases} OH \\ OH \\ O \diagdown \\ O \diagup \end{cases} + SO^3 NaH.$$

— Ce produit, ou du moins la matière principale qui le constitue, la dioxynaphtoquinone, est connu depuis plus de trente ans.

Grâce à de nouvelles méthodes d'application et à l'emploi de la combinaison avec le bisulfite de sodium, le noir d'alizarine S a acquis une très grande importance.

On prépare la dioxynaphtoquinone par l'action du zinc et de l'acide sulfurique concentré sur l'$\alpha'-\alpha''$-dinitronaphtalène. La dioxynaphtoquinone est ensuite broyée à l'eau et mise en digestion avec un excès de bisulfite, en dissolution concentrée, à une température de 50-60°. La combinaison s'effectue peu à peu et le composé bisulfitique entre en dissolution ; on filtre pour séparer la dioxynaphtoquinone inattaquée ; le liquide est alors prêt à être employé.

Le noir d'alizarine S est insoluble à froid dans l'eau, soluble à l'ébullition. Il est doué d'une stabilité remarquable vis-à-vis des acides minéraux même concentrés ; en revanche, les alcalis caustiques ou carbonatés le décomposent en donnant du sulfite neutre et en régénérant la dioxynaphtoquinone insoluble.

Le noir d'alizarine S est soluble dans l'alcool, en donnant une coloration brun-jaune.

La dissolution aqueuse, additionnée d'acide chlorhydrique, vire au rouge brun ; la soude caustique donne au début une belle couleur bleue.

Le noir d'alizarine teint la laine mordancée au chrome en noir solide. Avec un mordant de chrome, il donne une couleur qui peut être imprimée sur coton et qu'on développe au vaporisage.

GALLOFLAVINE, $C^{13}H^6O^9$. — Ce corps intéressant se forme par l'oxydation, dans des conditions particulières, des gallates alcalins. Il présente un certain intérêt théorique, car il paraît par ses propriétés se rapprocher de certaines matières colorantes naturelles, telles que l'euxanthone, la lutéoline, etc.

On le prépare de la manière suivante : On dissout 5 parties d'acide gallique dans un mélange de 80 parties d'alcool à 96° et de 100 parties d'eau ; la solution refroidie à 5-10° est additionnée peu à peu de 17 parties de potasse caustique à 30° et traitée par un courant d'air ; on doit maintenir la température à 10° au maximum. Le liquide prend une coloration olive ou vert-brun et laisse déposer un précipité cristallin, formé par le sel potassique de la matière colorante. On prélève de temps en temps un échantillon du liquide, on filtre et on agite en présence de l'air : lorsqu'il cesse de se reformer de la matière colorante, on interrompt l'opération pour éviter une destruction du produit. On passe au filtre-presse, on redissout le produit dans l'eau chaude et on ajoute à la liqueur, filtrée et refroidie à 50°, un léger excès d'acide chlorhydrique. On amène le liquide à l'ébullition par un jet de vapeur d'eau, ce qui transforme l'acide colorant en lamelles chatoyantes d'un jaune verdâtre clair. On filtre, on lave à l'eau tiède et on ramène la matière à l'état de pâte d'une teneur déterminée en matière sèche, par un broyage en présence de la quantité d'eau nécessaire.

La galloflavine du commerce constitue une pâte d'un jaune verdâtre, insoluble dans l'eau, peu soluble dans l'alcool même bouillant; cette dissolution est d'un jaune clair et douée d'une légère fluorescence verte. L'acide chlorhydrique ajouté à la matière colorante ne donne pas de réaction; la soude caustique, au contraire, donne une dissolution d'un brun jaune. L'acide sulfurique concentré dissout le produit en jaune rougeâtre; la solution additionnée d'eau fournit un précipité blanc-grisâtre.

La galloflavine forme des laques avec les sels métalliques; les laques formées avec l'oxyde de chrome ont surtout de l'importance : la laine mordancée au chrome se teint par la galloflavine en un beau jaune, résistant au savon et à la lumière.

Brun d'anthracène (*anthragallol*). — L'anthragallol est constitué par une trioxyanthraquinone,

$$C^6 H^4 < {CO \atop CO} > C^6 H (OH)^3$$

(voyez Suppl., 2, I, 331).

On le prépare industriellement par l'action de l'acide sulfurique concentré sur un mélange d'acides gallique et benzoïque.

Le produit commercial constitue une pâte d'un brun foncé, insoluble dans l'eau, soluble dans l'alcool et dans l'éther. La soude caustique le dissout en donnant une liqueur bleu-verdâtre; l'acide sulfurique concentré donne un liquide d'un rouge brun qui précipite par addition d'eau.

Le brun d'anthracène s'emploie en teinture et en impression en présence de mordant de chrome; il donne des nuances brunes très solides à la lumière et résistant parfaitement au foulon.

Bordeaux d'alizarine B. — Ce corps est constitué principalement par la quinalizarine ou tétraoxyanthraquinone,

$$C^6 H^2 (OH)^2_{(5.8)} < {CO \atop CO} > C^6 H^2 (OH)^2_{(1.2)}$$

(voyez Suppl., 2, I, 333).

On le prépare de la manière suivante : A 100 kilogr. d'acide sulfurique fumant, à 70 0/0 d'anhydride, on ajoute 100 kilogr. d'alizarine sèche et finement pulvérisée. On maintient la température à 35–40° pendant 24–48 heures, jusqu'à ce qu'une prise d'essai se dissolve en jaune orangé dans un excès de soude caustique. On verse alors le produit de la réaction dans 200 kilogr. d'acide sulfurique à 66° et on jette le mélange sur de la glace pilée : il se forme un précipité constitué par un éther sulfurique de la matière colorante. On le dissout dans la soude caustique, on acidule par l'acide sulfurique et on soumet la liqueur rouge-brun à l'ébullition : il y a saponification et mise en liberté de la matière colorante; on filtre. On lave et on ramène à l'état de pâte liquide par malaxage avec de l'eau.

Le bordeaux d'alizarine constitue une pâte d'un rouge brun, insoluble dans l'eau, soluble en violet rouge dans la soude caustique, et en violet bleu dans l'acide sulfurique concentré. La solution sulfurique, étendue d'eau, donne un précipité d'un rouge brun.

Le bordeaux d'alizarine teint la laine mordancée à l'alumine en rouge bordeaux. Par l'emploi du mordant de chrome, on obtient des nuances d'un bleu violet foncé.

Alizarine-cyanine R,

$$C^6 H^2 (OH)^2_{(5.8)} < {CO \atop CO} > C^6 H (OH)^3_{(1.2.4)}.$$

— Ce corps est constitué principalement par la pentaoxyanthraquinone.

On le prépare en dissolvant 10 kilogr. de bordeaux d'alizarine dans 200 kilogr. d'acide sulfurique à 66°, et en ajoutant peu à peu au mélange 12 kilogr. de bioxyde de manganèse à 70 0/0; la liqueur sulfurique vire du violet au bleu. Lorsque la réaction est achevée, on verse dans l'eau, on filtre le précipité, on le redissout dans la soude caustique et on précipite par un acide. Ce produit, traité par les acides étendus ou par l'acide sulfureux, donne l'alizarine-cyanine R; traité par l'ammoniaque, il fournit l'*alizarine-cyanine J*.

L'alizarine-cyanine R du commerce est une pâte d'un brun foncé, insoluble dans l'eau, soluble dans la soude caustique en bleu, dans l'acide acétique cristallisable en rouge jaune; cette solution est douée d'une fluorescence verte. La solution dans l'acide sulfurique concentré est bleue et présente une fluorescence rouge.

L'alizarine-cyanine R teint la laine mordancée à l'alumine en violet et la laine mordancée au chrome en bleu.

L'alizarine-cyanine J est une pâte noire, insoluble dans l'eau, soluble dans l'alcool en violet bleu, dans la soude caustique ou dans l'ammoniaque en bleu verdâtre; l'acide sulfurique concentré la dissout en rouge.

Elle teint en bleu la laine mordancée à l'alumine, en vert bleuâtre la laine mordancée au chrome.

Rouge d'alizarine S,

$$C^6 H^4 < {CO \atop CO} > C^6 H {< {OH_{(1)} \atop OH_{(2)}} \atop SO^3 Na}$$

— Le rouge d'alizarine est le produit de l'action de l'acide sulfurique concentré sur l'alizarine. C'est une poudre d'un jaune orange, soluble en orangé dans l'eau et dans l'alcool. La soude caustique fait virer les solutions au violet; l'acide chlorhydrique, au jaune.

Cette matière colorante teint la laine mordancée à l'alumine en rouge écarlate; le mordant de chrome donne des nuances rouge-bordeaux.

Marron d'alizarine, $C^{14} H^9 Az O^4$. — Cette matière colorante, dont le mode de fabrication n'a pas été publié, est constituée par l'amido-alizarine. Le produit commercial est une pâte violet foncé, insoluble dans l'eau, soluble en violet dans une lessive de soude caustique, en rouge dans l'acide sulfurique concentré.

Le marron d'alizarine teint le coton mordancé à l'alumine en rouge grenat.

Vert d'alizarine S. — Cette matière colorante est constituée par la combinaison bisulfitique d'un dérivé sulfoné du bleu d'alizarine.

Par l'action de l'acide sulfurique concentré ou fumant sur le bleu d'alizarine, on obtient un mélange formé de l'éther sulfurique du bleu d'alizarine, de son dérivé sulfoné, de vert bleu d'alizarine, de bleu indigo d'alizarine, de vert d'alizarine et de son dérivé sulfoné.

Pour obtenir principalement le vert d'alizarine,

on opère de la manière suivante : On ajoute du bleu d'alizarine bien sec et finement pulvérisé à 10 parties d'acide sulfurique fumant à 70 0/0 d'anhydride, en évitant toute élévation de température. On mélange le liquide avec 2 fois son poids d'acide sulfurique à 66° et on chauffe lentement à 120-125° pendant quelques heures. On verse ensuite dans l'eau, on fait bouillir et on filtre après refroidissement jusque vers 50°; on lave et on exprime. Pour transformer ce produit, qui est insoluble dans l'eau, en vert d'alizarine S, on le mélange pendant quelques jours à la température ordinaire avec une dissolution de bisulfite de sodium à 30° : le produit se combine au bisulfite de sodium et fournit une liqueur noirâtre qui constitue le produit commercial.

Le vert d'alizarine S se décompose, comme le bleu d'alizarine, par l'ébullition de ses solutions. L'addition de soude caustique donne une coloration violette.

Le vert d'alizarine S teint la laine mordancée au chrome en vert bleuâtre.

Bleu indigo d'alizarine S. — Si, dans la préparation du vert d'alizarine, on élève finalement la température jusque vers 210°, on remarque que la couleur violette du liquide passe graduellement au bleu indigo, indice de la formation d'une nouvelle matière colorante.

Toutefois il est préférable de partir directement du vert d'alizarine : On ajoute 10 kilogr. de vert d'alizarine à 200 kilogr. d'acide sulfurique à 66° et on chauffe à 200-210° jusqu'à coloration d'un bleu pur, ce qui a lieu généralement au bout de 5 heures. On verse dans l'eau, on filtre et on transforme le produit en sa combinaison bisulfitique soluble dans l'eau.

Le produit commercial est une pâte noirâtre, soluble en rouge dans l'eau froide; la solution se décompose à l'ébullition; la soude caustique colore la solution aqueuse en bleu.

Cette matière colorante teint en bleu indigo la laine mordancée au chrome.

Rufigallol (*hexaoxyanthraquinone*),

$$C^6H(OH)^3 <^{CO}_{CO}> C^6H(OH)^3.$$

— Cette matière colorante est connue depuis soixante ans; elle a été découverte par Robiquet en faisant agir l'acide sulfurique concentré sur l'acide gallique. Son emploi en teinture remonte toutefois à peu d'années.

Le produit commercial constitue une poudre d'un rouge brun, insoluble dans l'eau, soluble en bleu dans une lessive de soude caustique. Les dissolutions alcalines s'altèrent rapidement à l'air. Le rufigallol se dissout en rouge dans l'acide sulfurique concentré.

Il teint en brun la laine mordancée au chrome.

VIII. MATIÈRES COLORANTES DÉRIVÉES DU DIPHÉNYLMÉTHANE.

Cette catégorie est très peu nombreuse.

Elle comprend trois matières colorantes : l'*auramine*, la *pyronine J* et la *pyronine B*.

Auramine,

$$AzH = C <^{C^6H^4 . Az(CH^3)^2}_{C^6H^4 . Az(CH^3)^3 . HCl} + H^2O.$$

— La préparation de cette matière colorante a été donnée Suppl., 2, I, 386. Nous n'y reviendrons pas et nous nous contenterons d'indiquer les réactions du produit commercial.

L'auramine constitue une poudre jaune de soufre, peu soluble dans l'eau froide, plus soluble à 70–80°, soluble dans l'alcool. L'addition d'acide chlorhydrique à la dissolution aqueuse fait foncer la couleur; à chaud, il y a décomposition, avec formation de chlorure d'ammonium et de tétraméthyldiamidobenzophénone,

$$CO[C^6H^4 . Az(CH^3)^2]^2.$$

La soude caustique précipite en blanc la solution aqueuse; le précipité est soluble dans l'éther; la dissolution éthérée se colore en jaune par addition d'acide acétique cristallisable.

L'auramine se dissout dans l'acide sulfurique concentré, en donnant une liqueur incolore qui jaunit par addition d'eau.

Elle teint en un jaune pur le coton mordancé au tannin et à l'émétique et est employée également pour teindre le papier en jaune.

Pyronine J,

$$CH \begin{array}{l} \diagup C^6H^3 - Az(CH^3)^2 \\ > O \\ \diagdown C^6H^3 - Az(CH^3)^2 . Cl \end{array}$$

— On prépare la pyronine de la manière suivante : On chauffe en vase clos, pendant 3-4 heures, à 130-140°, 3^{k},4 de chlorure de méthylène CH^2Cl^2 avec 11 kilogr. de m-diméthylamidophénol (m-oxydiméthylaniline,

$$C^6H^4 <^{OH}_{Az(CH^3)^2}$$

Le produit de la réaction est versé peu à peu dans 60 kilogr. d'acide sulfurique concentré à 66°; il se dégage de l'acide chlorhydrique et de l'acide sulfureux, indice d'une oxydation par l'acide sulfurique. On chauffe pendant une demi-heure à 160° et on verse dans 200 litres d'eau; on neutralise l'excès d'acide sulfurique par un lait de chaux, on fait bouillir, on filtre et on précipite le liquide filtré par la soude caustique. Le précipité est filtré, lavé et redissous dans 60 litres d'acide chlorhydrique à 3 0/0; par addition de sel marin et de chlorure de zinc, la matière colorante se précipite : on la recueille et on la sèche à 30-40°.

La pyronine se présente sous la forme de cristaux vert-cantharide, solubles dans l'eau et dans l'alcool en rouge, avec fluorescence jaune; un excès d'acide chlorhydrique fait virer la couleur à l'orangé; la soude caustique donne un précipité rouge clair; la solution dans l'acide sulfurique concentré est jaune-rouge et vire au rouge par addition d'eau.

La pyronine teint le coton, la laine et la soie en rouge carmin.

Il existe dans le commerce une marque plus violacée (*pyronine B*), qu'on prépare comme la précédente, en partant du diéthylamidophénol. Sa formule est par conséquent

$$CH \begin{array}{l} \diagup C^6H^3 - Az(C^2H^5)^2 \\ > O \\ \diagdown C^6H^3 - Az(C^2H^5)^2 . Cl \end{array}$$

Ses réactions sont les mêmes que celles de la pyronine J; sa fluorescence tire plus sur le rouge et elle donne en teinture des nuances plus violacées.

Les pyronines peuvent être également préparées en partant de l'aldéhyde méthylique. 1 molécule d'aldéhyde méthylique réagit en présence des acides minéraux sur 2 molécules de diméthylamidophénol, en donnant un produit de condensation

$$CH^2 \begin{array}{l} \diagup C^6H^3 <^{Az(CH^3)^2}_{OH} \\ \diagdown C^6H^3 <^{OH}_{Az(CH^3)^2} \end{array}$$

Ce corps, traité à 100° par les agents déshydratants, tels que l'acide sulfurique concentré, perd 1 molécule d'eau et se transforme en un anhydride doué de propriétés basiques,

$$CH^2 \Big\langle \begin{matrix} C^6H^3 \\ C^6H^3 \end{matrix} \Big\rangle \begin{matrix} Az(CH^3)^2 \\ O \\ Az(CH^3)^2 \end{matrix}$$

que les oxydants, tels que peroxyde de plomb, chlorure ferrique, etc., transforment en pyronine.

IX. MATIÈRES COLORANTES DÉRIVÉES DU TRIPHÉNYLMÉTHANE.

Les principales matières colorantes dérivées du triphénylméthane sont toujours les plus anciennes en date : la *fuchsine*, les *bleus de rosaniline* et le *violet de Paris*; les espérances que faisaient concevoir les élégantes synthèses à l'oxychlorure de carbone (Suppl., **1**, 1612), ne se sont réalisées qu'en partie. Les anciens procédés pour la préparation de la fuchsine n'ont pas été remplacés et les violets cristallisés, ainsi que les bleus Victoria, n'ont pas eu une influence sensible sur le développement de l'industrie des bleus de rosaniline et du violet de Paris.

Une nouvelle matière première, qui peut être appelée à un certain avenir, a fait son apparition dans l'industrie des couleurs : c'est l'aldéhyde méthylique CH^2O, qu'on a appris à préparer économiquement, en partant de l'alcool méthylique. Ce corps est doué de propriétés précieuses, rappelant, au point de vue qui nous occupe, celles de l'oxychlorure de carbone ; il fournit en effet avec facilité le carbone central autour duquel viennent se grouper les radicaux aromatiques pour donner naissance aux dérivés du triphénylméthane.

En effet, l'aldéhyde méthylique s'unit aux bases aromatiques pour donner des dérivés du diamido-diphénylméthane, qui à leur tour, dans de certaines conditions, peuvent fixer un reste d'amine aromatique en donnant des dérivés de la rosaniline.

C'est ainsi que l'aldéhyde méthylique et l'acide salicylique donnent un acide aurine–tricarbonique

$$OH-C \begin{cases} C^6H^3 \Big\langle \begin{matrix} OH \\ CO^2H \end{matrix} \\ C^6H^3 \Big\langle \begin{matrix} OH \\ CO^3H \end{matrix} \\ C^6H^3 \Big\langle \begin{matrix} OH \\ CO^2H \end{matrix} \end{cases}$$

et que l'aldéhyde méthylique peut donner, par son union avec trois restes d'aniline, de la rosaniline. Dans les deux cas, il y a au préalable formation de dérivés du diphénylméthane.

Quoi qu'il en soit, l'introduction de l'aldéhyde méthylique dans l'industrie des matières colorantes artificielles est de date trop récente pour que l'on puisse prévoir avec certitude l'avenir qui est réservé à ces réactions.

Les deux découvertes les plus saillantes relatives aux dérivés colorés du triphénylméthane sont celles des rhodamines et des nouveaux bleus de la maison Meister Lucius et Brüning.

Le m-amidophénol et ses dérivés alcooliques s'unissent avec facilité à l'anhydride phtalique ; il se forme ainsi des matières colorantes, analogues comme constitution à la phénolphtaléine et à la fluorescéine, mais qui, grâce à la présence des groupes amidogènes libres ou substitués, sont de nature basique.

Ces corps, dont le plus important est la *tétraéthylrhodamine*,

$$\begin{matrix} C^6H^3-Az(C^2H^3)^2 \\ | \quad \rangle O \\ O \,-\, C-C^6H^3-Az(C^2H^5)^2 \\ | \qquad | \\ CO-C^6H^4 \end{matrix}$$

constituent de magnifiques matières colorantes, douées du plus vif éclat, allant du rouge au bleu violet.

Quant aux bleus de Meister Lucius et Brüning, ils appartiennent à une tout autre catégorie et dérivent du vert malachite.

On les obtient en condensant les amines tertiaires avec l'aldéhyde benzylique m-nitrée, et en transformant ensuite le groupe AzO^2 successivement en AzH^2, puis en OH, par les méthodes connues.

Ainsi, par exemple, la condensation de 1 molécule d'aldéhyde m-nitrobenzylique avec 2 molécules de diméthylaniline fournit le corps

$$CH \begin{cases} C^6H^4.AzO^2 \\ C^6H^4.Az(CH^3)^2 \\ C^6H^4.Az(CH^3)^2 \end{cases}$$

Par réduction, on obtient le dérivé amidé correspondant. Ce dernier est transformé à son tour en dérivé diazoïque par le nitrite de sodium et l'acide chlorhydrique, et le dérivé diazoïque est enfin décomposé par l'eau; on obtient alors le composé

$$CH \begin{cases} C^6H^4.OH \\ C^6H^4.Az(CH^3)^2 \\ C^6H^4.Az(CH^3)^2 \end{cases}$$

Ce corps, traité par l'acide sulfurique fumant, donne un dérivé disulfonique

$$CH \begin{cases} C^6H^2 \Big\langle \begin{matrix} OH \\ (SO^3H)^2 \end{matrix} \\ C^6H^4.Az(CH^3)^2 \\ C^6H^4.Az(CH^3)^2 \end{cases}$$

qui, par oxydation, donne le carbinol correspondant

$$C(OH) \begin{cases} C^6H^2 \Big\langle \begin{matrix} OH \\ (SO^3H)^2 \end{matrix} \\ C^6H^4.Az(CH^3)^2 \\ C^6H^4.Az(CH^3)^2 \end{cases}$$

Le sel de calcium de cet acide constitue le bleu breveté par Meister Lucius et Brüning.

Les bleus ainsi obtenus sont doués d'un assez grand éclat.

Nous allons, dans les pages suivantes, décrire brièvement les perfectionnements apportés dans la fabrication des anciennes matières colorantes, telles que la fuchsine et le violet de Paris, et donner les modes de préparation des produits nouveaux qui ont fait leur apparition depuis la publication de l'article TRIPHÉNYLMÉTHANE du Ier Supplément. Nous terminerons le chapitre des dérivés du triphénylméthane par l'étude des nouvelles phtaléines.

FABRICATION DE LA FUCHSINE ET DE SES DÉRIVÉS.

La fabrication de la fuchsine s'exécute toujours d'après les deux procédés classiques à l'acide arsénique et de Coupier. Ce dernier, grâce à l'intervention d'agents inoffensifs, tend toutefois à se substituer à l'ancienne méthode à l'acide arsénique.

Quant aux nombreux procédés qui ont été proposés dans ces dernières années, aucun n'a pu s'introduire dans l'industrie, car le prix de revient assez peu élevé auquel on arrive, soit par

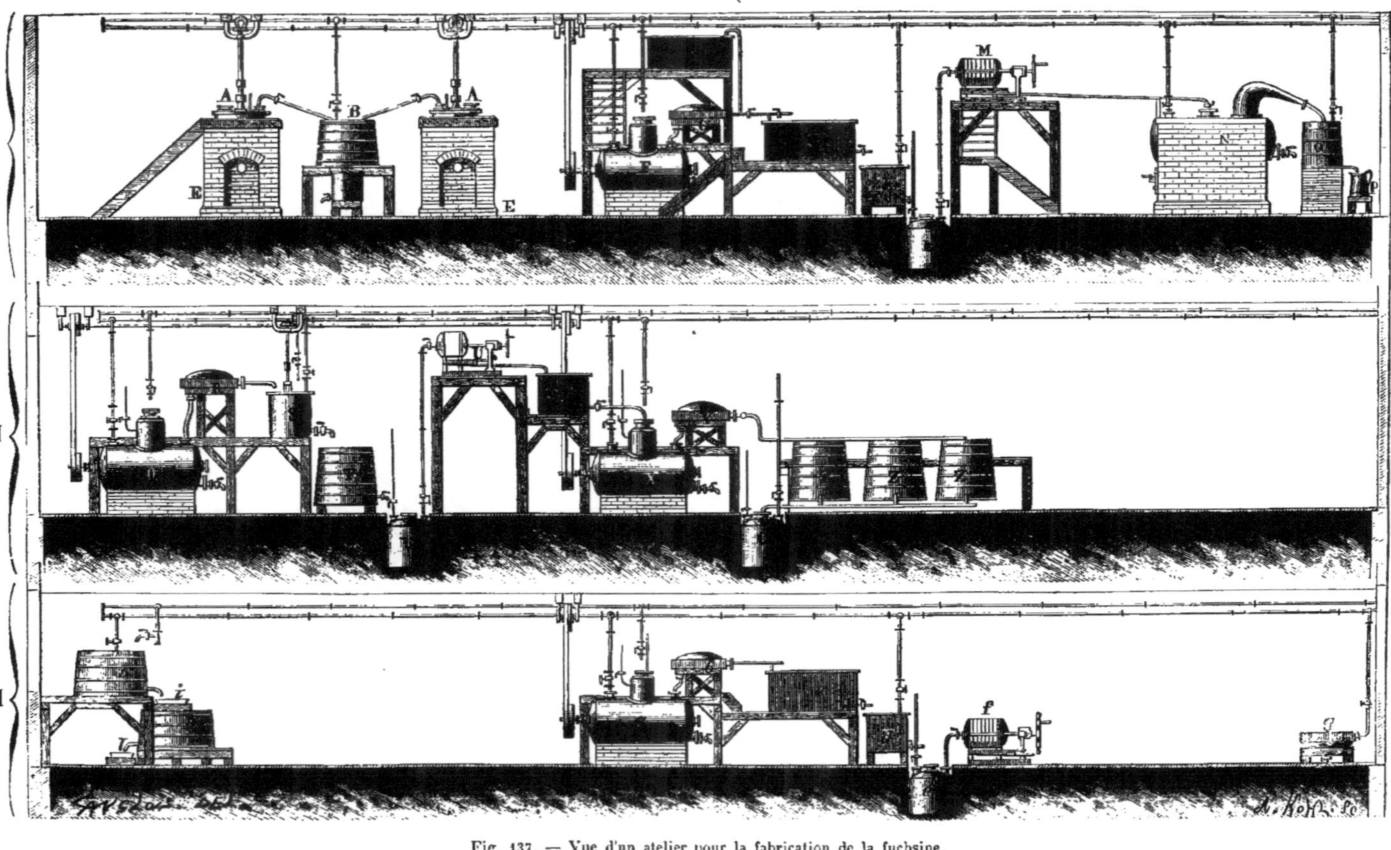

Fig. 137. — Vue d'un atelier pour la fabrication de la fuchsine.

I. — A, A, chaudières d'oxydation. — B, serpentin. — D, récipient pour recueillir les échappés. — E E, aire dallée. — F, chaudière à extraction. — G, filtre clos. — H, bac à cristallisation. — K, réservoir à eaux mères de la première cristallisation. — L, monte-jus. — M, filtre-presse. — N, chaudière à distiller l'aniline. — O, réfrigérant. — P, récipient pour recueillir l'aniline.

II. — X, chaudière d'extraction semblable à H, pour purifier la fuchsine brute. — Y, filtre...

paration de la rosaniline. — R, filtre clos. — S, chaudière à agitateur contenant de la lessive de soude. — T, cuve en bois. — V, monte-jus. — U, filtre-presse à rosaniline. — W, bac à eaux mères de rosaniline.

III. — a, chaudière à extraction du cerise. — b, filtre clos. — c, bac à précipitation de la fuchsine. — d, bac à précipitation du cerise. — e, monte-jus. — f, filtre-presse. — g, chaudière à double fond à solubiliser le cerise...

l'acide arsénique, soit par le procédé Coupier, a réduit à néant les tentatives basées sur des créations qui font intervenir des réactifs coûteux.

Nous donnons ci-contre une vue d'ensemble d'un atelier pour la fabrication de la fuchsine par l'acide arsénique (fig. 137).

La *cuite*, c'est-à-dire l'oxydation de l'aniline, s'exécute dans deux chaudières A, A en fonte, munies d'agitateurs mécaniques. Les produits volatils se condensent dans le serpentin B et sont recueillis dans le récipient D.

On introduit 570 kilogr. d'acide arsénique à 74° B. et 340 kilogr. d'huile pour rouge dans chaque chaudière et on chauffe avec précaution, pour éviter la mousse due au dégagement de vapeur d'eau; lorsque la température a atteint 120°, on augmente le feu et on conduit l'opération de manière à obtenir une *cuite* normale. Lorsque ce résultat est atteint (généralement au bout de 8-9 heures), on vide la chaudière par le bas à l'aide d'un tube de grand diamètre, fermé par un tampon qu'on enlève au moment voulu.

Pendant la vidange, on fait mouvoir l'agitateur, ce qui facilite l'opération ; la masse épaisse s'écoule et se rassemble sur une aire dallée EE, où elle ne tarde pas à se solidifier.

Cette masse, grossièrement concassée, est épuisée par l'eau bouillante ou par des eaux provenant d'une précédente opération.

L'extraction s'effectue dans une chaudière horizontale F munie d'un agitateur et de la contenance de 4000 litres. La figure 138 donne les détails de construction de cette chaudière.

Elle est surmontée d'un dôme B muni d'un trou d'homme C qui sert à l'introduction des matières, et d'une ouverture de grand diamètre D qui sert à la vidange.

La dissolution s'exécute comme il suit :

On introduit de la vapeur dans la chaudière et

ment, en dirigeant cette fois le liquide filtré dans le réservoir J. Ces eaux faibles sont utilisées lors de la deuxième extraction ; le résidu est jeté.

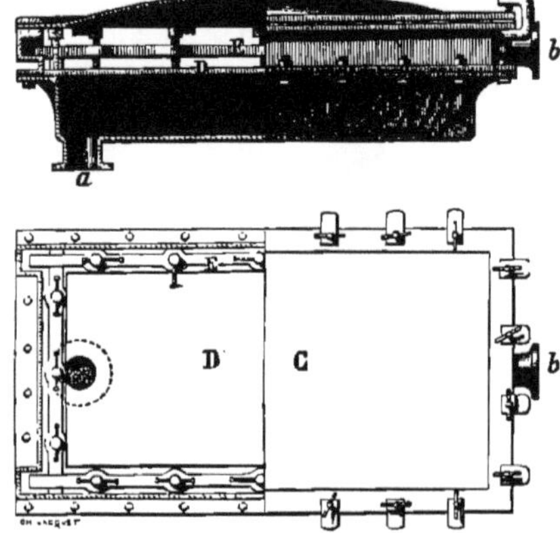

Fig. 139. — Filtre à pression.

A, partie inférieure du filtre communiquant en *a* avec la chaudière à extraction. — B, partie supérieure laissant s'écouler le liquide dans les cristallisoirs par *b*. — C, couvercle. — D, cadre perforé avec toile. — E, barres de pression pour fixer le cadre filtrant sur la partie A, au moyen de vis.

La solution de fuchsine contenue dans les cristallisoirs H est additionnée de 10 kilogr. d'acide chlorhydrique à 21° et de 50 kilogr. de sel marin. Au bout de 3 jours, il se dépose une fuchsine qui s'attache en un gâteau cristallin aux parois et au fond du réservoir. L'eau mère est décantée et s'écoule dans le réservoir K, où on l'additionne de chaux hydratée et de carbonate de sodium : il se précipite ainsi la matière colorante connue sous le nom de *cerise*, qu'on purifie, comme on le verra ultérieurement. L'aniline non entrée en réaction, mise en liberté, est recueillie par distillation. A cet effet, on recueille les eaux dans le monte-jus L, on les filtre à travers le filtre-presse M qui retient la matière colorante en suspension dans le liquide, et on la distille dans la chaudière N. L'aniline se condense dans le réfrigérant O et est recueillie dans le vase P.

Cristallisation de la fuchsine brute. — La fuchsine brute renferme des impuretés,

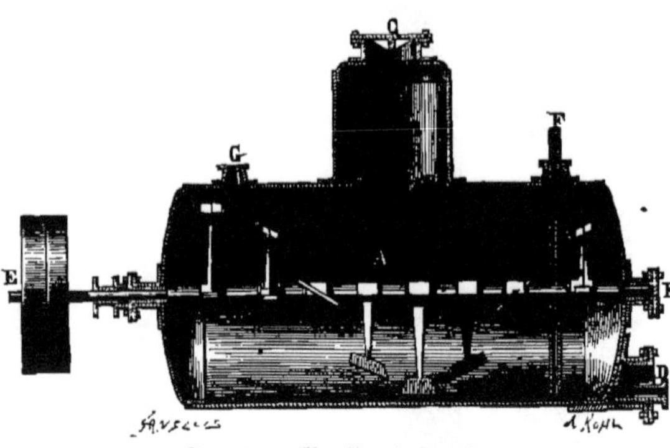

Fig. 138. — Chaudière à extraction.

A, corps de la chaudière. — B, dôme. — C, trou d'homme pour l'introduction des matières. — D, trou d'homme pour le nettoyage. — E, agitateur dont les huit palettes sont disposées en spirale sur l'axe. — F, tube de vidange. — G, ouverture qui communique avec le réservoir d'air comprimé.

on met l'agitateur en mouvement. Lorsque la pression a atteint à l'intérieur 1,5 atmosphère, on cherche à la maintenir pendant 1 heure en agitant constamment. On laisse reposer le liquide et on le chasse par la pression de la vapeur dans le bac à cristallisation H à travers un filtre clos G.

Ce dernier (fig. 139) se compose de deux parties A et C réunies par des boulons : le liquide arrive en *a* à la partie inférieure, traverse le tamis D qui est garni d'une toile et sort clarifié par *b*.

Lorsque la chaudière a été à peu près vidée, on y ajoute de l'eau et on opère comme précédem-

de la violaniline, de la mauvaniline et de la chrysaniline. On la redissout dans le résidu de la fabrication de la rosaniline, qu'on introduit dans la chaudière à extraction X ; on fait bouillir, d'abord à l'air libre, puis sous pression, en ajoutant une certaine quantité de carbonate de sodium qui a pour but de précipiter la mauvaniline et la violaniline. Après extraction complète de la matière colorante, on chasse le liquide dans le filtre Y et où le reçoit dans les cristallisoirs Z, Z, Z où on l'additionne d'acide chlorhydrique et de sel marin. La chrysaniline reste ainsi en dissolution, et la fuchsine se dépose en beaux cristaux au bout de quelques jours. Les récipients Z, Z, Z sont munis de couvercles flotteurs à claire-voie, où se déposent les plus belles cristallisations.

Les eaux mères sont recueillies dans le monte-jus C et se rendent de là à la chaudière d'extraction a, où on purifie le cerise.

Quant aux cristaux de fuchsine, petits et mal formés, qui se déposent au fond des cristallisoirs, ils servent à la fabrication de la rosaniline, matière première pour la production des bleus.

Fabrication de la rosaniline. — La fabrication de la rosaniline pure s'effectue en faisant dissoudre la fuchsine dans l'eau bouillante contenue dans la chaudière Q; la solution est purifiée par le carbonate de sodium des traces de violaniline et des autres matières étrangères, filtrée à travers le filtre R et ajoutée à chaud à une lessive de soude caustique contenue dans la chaudière à agitateur S. Lorsque la précipitation est achevée, on verse dans le récipient en bois T et on abandonne le tout au refroidissement. Lorsque le liquide est revenu à la température de l'atelier, on le fait arriver dans le monte-jus V et on le chasse dans le filtre-presse U, où on recueille la rosaniline. Les eaux mères servent à la préparation de la fuchsine cristallisée qui s'effectue en X, Y, Z, ou, si on ne fait pas cristalliser en ce moment, sont recueillies dans le bac W pour être utilisées plus tard.

Préparation du cerise. — Les eaux mères provenant de la cristallisation de la fuchsine sont envoyées dans la chaudière à extraction a par l'intermédiaire du monte-jus C. On amène le liquide à l'ébullition, on y introduit le cerise (voyez p. 1339) provenant de trois cuites, et on ajoute de l'acide chlorhydrique; on fait bouillir en agitant. Tout se dissout; on chasse à travers le filtre b qui retient les impuretés et on recueille le liquide bouillant dans le bac c; on l'additionne d'acide chlorhydrique et de sel et on laisse refroidir. Il se dépose des cristaux de fuchsine impure; on laisse refroidir jusqu'à ce que le liquide donne en teinture la nuance désirée; à ce moment, on décante dans le bac d et on précipite le cerise par addition de carbonate de sodium.

Quant à la fuchsine impure, elle est soumise à une nouvelle cristallisation lorsqu'il s'en est accumulé une quantité suffisante.

Le cerise obtenu est un mélange de diverses bases colorantes, insolubles dans l'eau. Pour lui donner la forme commerciale, il faut le transformer en chlorhydrate soluble. On filtre la base à travers le filtre-presse f et on fond le produit dans la cuve en cuivre g, munie d'un double fond dans lequel circule de la vapeur. On obtient ainsi une séparation nette de la matière colorante et de l'eau mère. On additionne la première d'acide chlorhydrique, jusqu'à ce que le mélange intime soit entièrement soluble dans l'eau; le produit solubilisé est séché à l'étuve à 50-60° et broyé après refroidissement.

Pour obtenir des marques de cerise plus ou moins jaunes, on n'a qu'à provoquer plus ou moins complètement la séparation de la fuchsine que le produit renferme, ce dont on s'aperçoit par des teintures qu'on effectue rapidement au fur et à mesure du refroidissement. La quantité du sel marin ajouté au liquide d'extraction de la matière brute joue aussi un rôle important.

Traitement des résidus. — Les résidus que l'on obtient en purifiant la fuchsine brute renferment encore une certaine quantité de matière colorante. On les fait bouillir avec de l'eau chargée d'acide arsénique et on précipite une fuchsine impure par addition de sel marin à la dissolution; l'eau mère, précipitée par le carbonate de sodium fournit du cerise brut.

Il reste dans la chaudière d'extraction un mélange de violaniline, de mauvaniline, de chrysaniline et de matières colorantes brunes. Ce mélange complexe sert de base à la fabrication du *marron*. Ce produit est épuisé par l'acide chlorhydrique bouillant dans la cuve en bois h chauffée à vapeur directe; on laisse déposer, on ajoute du carbonate de sodium qui précipite d'abord des impuretés violacées, on filtre à travers i dans la cuve k, et, le jour suivant, on achève la précipitation par le carbonate de sodium.

La base du marron est recueillie dans le filtre l et solubilisée par l'acide chlorhydrique. Le marron est la matière première pour la fabrication de la *phosphine*. Pour l'obtenir, on le dissout dans de l'eau chargée d'acide chlorhydrique et on ajoute du nitrate de potassium à la liqueur. Le nitrate de chrysaniline très peu soluble se précipite, tandis que les autres matières colorantes restent en dissolution.

Nous venons de donner ci-dessus une idée d'ensemble de la fabrication de la fuchsine. Le plan à l'échelle d'un atelier de fabrication de la fuchsine aidera à l'intelligence de la description.

Les appareils employés s'appliquent, naturellement avec de légères modifications, au procédé Coupier par le nitrobenzène.

FABRICATION DU VIOLET DE PARIS.

Comme nous l'avons dit plus haut, les méthodes synthétiques à l'oxychlorure de carbone n'ont eu jusqu'ici que peu d'influence sur la fabrication du violet de Paris. On continue à le produire suivant l'élégante méthode de M. Lauth, en partant de la diméthylaniline. Seuls les appareils ont subi des modifications considérables, qui ont eu surtout pour résultat une notable augmentation dans le rendement. En effet, d'après le mode opératoire primitivement employé, il arrivait que les pains renfermant l'alcaloïde à oxyder subissaient une sorte de liquation, la diméthylaniline liquide se rassemblant au fond de la masse et échappant ainsi à l'oxydation; de plus, l'étuve à oxyder, où régnait une température élevée et qui était parcourue par un courant d'air, était une deuxième cause de perte, due à la volatilisation d'une certaine quantité de diméthylaniline. Tous ces inconvénients ont disparu par l'emploi d'appareils clos à agitateurs.

Un autre progrès a été la substitution du phénol à l'acide acétique.

En raison de l'importance du produit, nous décrirons en détail le mode opératoire.

La fabrication du violet comprend quatre phases principales : l'oxydation, le traitement à la chaux, la sulfuration et la purification du violet brut.

La figure 140 donne une vue d'ensemble d'un atelier pour la fabrication de 85 kilogr. par jour de violet de Paris.

Oxydation. — Elle s'effectue dans des tambours a mobiles autour de leur axe horizontal et munis d'agitateurs. Les tambours communiquent avec la conduite de vapeur par les tuyaux c et avec la conduite d'eau par les tuyaux b. Comme le montrent les figures 141 à 144, ces tambours sont munis d'un double fond dans lequel on peut faire circuler soit de l'eau, soit de la vapeur.

On introduit dans chaque tambour, par le trou d'homme a, 175 kilogr. de sel marin finement pulvérisé; on met l'agitateur en mouvement et on ajoute 10 kilogr. de sulfate de cuivre en poudre fine. On introduit alors de la vapeur dans le double fond et on ajoute 8 kilogr. de phénol et 2 litres d'eau. On agite et on introduit 20 kilogr.

de diméthylaniline. Lorsque la température du mélange a atteint 55-60°, on ferme le trou d'homme et on agite, en maintenant la température à 55-60°, à l'aide de l'eau froide ou de la vapeur, pen-

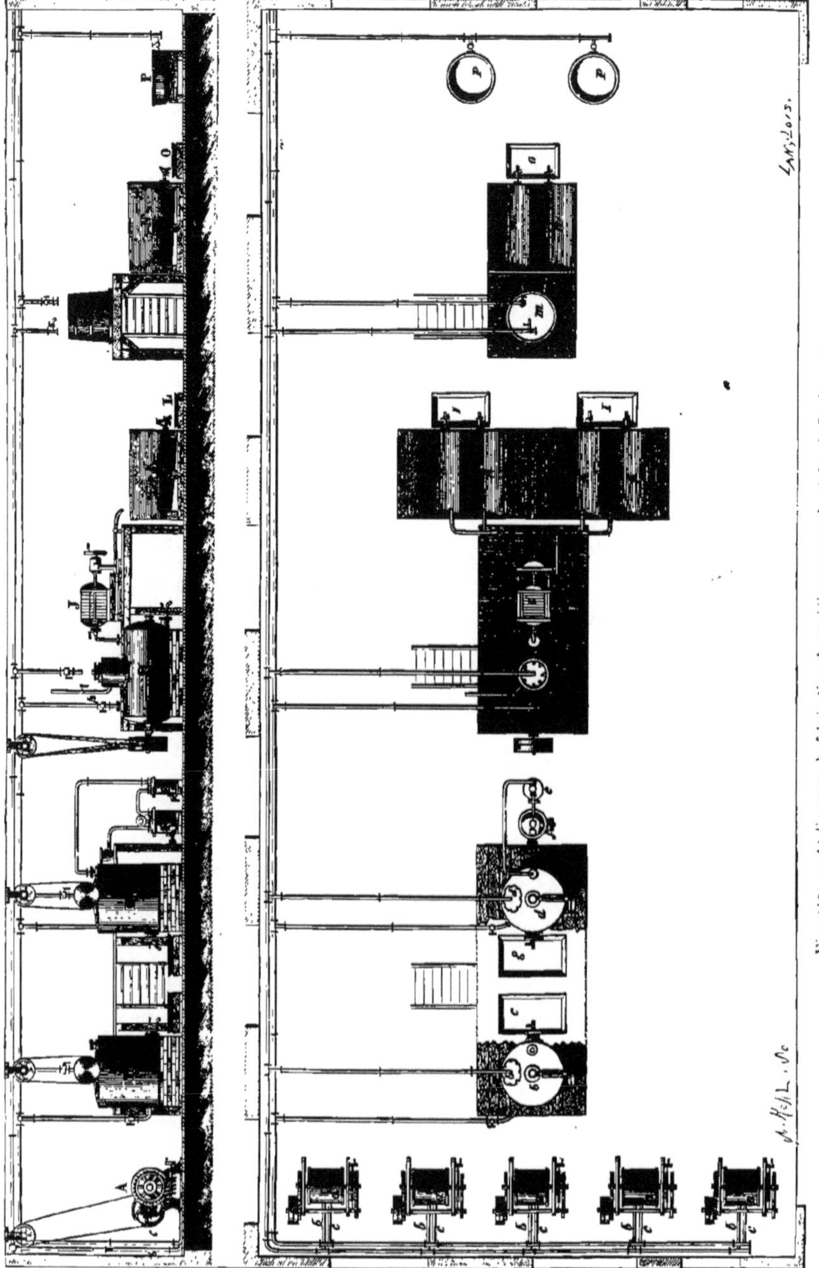

Fig. 140. — Atelier pour la fabrication de 85 kilogrammes de violet de Paris par jour.

A, a, tambours d'oxydation. — B, b, chaudière pour le traitement du produit par la chaux. — C, c, filtres. — D, d, chaudière pour la sulfuration. — F, f, générateur d'hydrogène sulfuré. — E, e, laveur. — H, chaudière pour épuiser la matière colorante. — J, filtre-presse. — h, tube de vapeur. — K, bac recevant la solution de violet. — M, cuve servant à la purification du violet de Paris. — N, bac où l'on précipite le violet purifié. — O, o, filtre. — P, double fond servant à la dessiccation du violet.

dant 2 heures 1/2. On enlève alors le couvercle et on laisse réagir pendant 5 heures 1/2 à la température de 55-60° en présence de l'air. La totalité de la diméthylaniline est ainsi transformée en

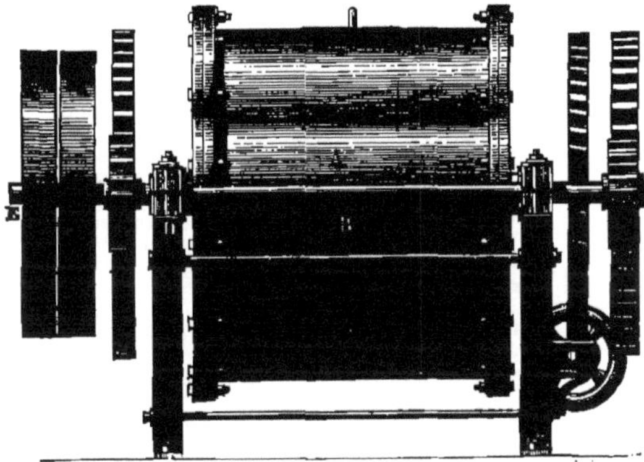

Fig. 141. — Tambour d'oxydation, vu de face, pour la fabrication du violet de Paris.

A. corps du tambour. — B, double enveloppe pour chauffer ou refroidir à volonté, — E, axe de l'agitateur. — D, paliers.

Fig. 142. — Tambour d'oxydation, vu de côté, pour la fabrication du violet de Paris.

D, bâti. — F, vis sans fin pour incliner le tambour et le vider. — C, axe de l'agitateur.

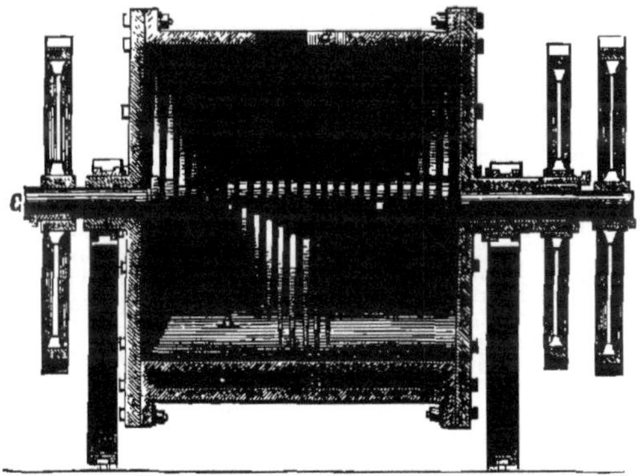

Fig. 143. — Tambour d'oxydation (coupe verticale) pour la fabrication du violet de Paris.

A, coupe du tambour recevant les matières. — B, enveloppe pour chauffer ou refroidir. — C, agitateur à couteaux disposes en spirale. — a, trou d'homme pour l'introduction des matières. — D, bâti.

matière colorante. On refroidit par un courant d'eau et on fait tourner le tambour sur son axe de façon à amener le trou d'homme à la partie inférieure. On vide ainsi le tambour dans un wagonnet ; pour accélérer l'opération, on laisse l'agitateur en mouvement. La masse pâteuse ainsi obtenue est étendue sur une aire dallée et abandonnée au refroidissement.

Traitement à la chaux. — Le lendemain de l'oxydation, on concasse grossièrement la masse à l'aide d'un maillet de bois et on l'introduit peu à peu dans une chaudière B, munie d'un puissant agitateur qui renferme 3000 litres d'eau et un lait de chaux provenant de 40 kilogr. de chaux grasse et 200 litres d'eau ; cette quantité de chaux sert au traitement de cinq opérations (fig. 145).

En mélangeant pendant plusieurs heures, toute la masse est désagrégée : le phénol et le sel entrent en dissolution, tandis qu'il se précipite un mé-

Fig. 144. — Tambour d'oxydation (coupe verticale) pour la fabrication du violet de Paris.

A, corps du tambour recevant les matières. — C, agitateur. — a, trou d'homme pour l'introduction des matières. — b, enveloppe pour refroidir ou chauffer le tambour.

lange de sulfate de calcium, d'hydrate de cuivre et de la base du violet de Paris.

Lorsqu'on ne sent plus de morceaux au fond de la chaudière, l'opération est terminée. On décante alors la liqueur claire, au moyen d'un robinet situé à une distance déterminée du fond de la chaudière, et on fait couler ensuite la boue qui renferme les corps insolubles sur le filtre c, au moyen d'un robinet situé à la partie inférieure, en ouvrant le trou d'homme E et en rinçant avec de l'eau. Le résidu insoluble de la fabrication est introduit de nouveau dans la chaudière B, traité à nouveau par l'eau, décanté, etc. On répète cette opération deux ou trois fois, de façon à éliminer le sel le plus complètement possible. La matière est finalement recueillie dans le filtre C.

Sulfuration. — La séparation du violet de l'hydrate de cuivre s'effectue par l'hydrogène sulfuré. Cette opération s'exécute dans l'appareil à agitateur D. Cet appareil est identique à la chaudière B. On y introduit la base renfermant la matière colorante et 3000 litres d'eau et on y fait barboter un courant

Fig. 145. — Chaudière pour le traitement du violet de Paris brut par la chaux. (Coupe verticale.)

A, chaudière. — B, agitateur. — C, transmission de force. — D, trou d'homme pour l'introduction des matières. — E, trou d'homme servant à la vidange et au nettoyage de l'appareil. — *a*, *b*, palettes de l'agitateur. — *c*, robinet de décantation.

d'hydrogène sulfuré, produit dans le générateur F et lavé en E. De temps en temps on prélève une prise d'essai qui, agitée fortement

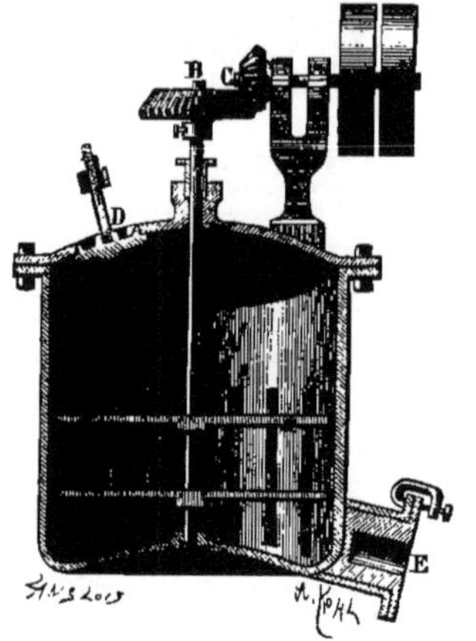

Fig. 146. — Appareil pour la sulfuration du cuivre contenu dans le violet de Paris brut. (Coupe verticale.)

A, chaudière recevant les matières. — B C, agitateur mécanique. — D, trou d'homme pour l'introduction des matières. — E, trou d'homme pour la vidange. — *a*, *b*, palettes de l'agitateur.

dans un tube, doit sentir nettement l'hydrogène sulfuré. L'opération est alors achevée et la totalité du cuivre est transformée en sulfure ; on laisse reposer, on décante la liqueur claire et on fait écouler la masse sur le filtre en feutre *g*.

Pour séparer le sulfure de cuivre et mettre en solution la matière colorante, on se sert d'une chaudière d'extraction H pareille à celle usitée pour la fabrication de la fuchsine (fig. 140).

On y introduit d'abord 2500 litres d'eau, puis le mélange de sulfure et de violet qui est à l'état de boue, et enfin 50 kilogr. d'acide chlorhydrique (d = 1,18). On chauffe à l'ébullition au moyen d'un courant de vapeur amené par le tube *h* et, quand la dissolution est complète, on chasse la masse à travers le filtre-presse J dans un bac K. Le résidu de la chaudière subit une deuxième extraction avec de l'eau chargée de 10 kilogr. d'acide chlorhydrique.

Le liquide filtré contenu dans le bac K est précipité par une dissolution saturée et filtrée de chlorure de sodium. Le violet se précipite sous la forme d'une résine molle, mordorée, qu'il est facile de séparer de l'eau mère par décantation. Quant au sulfure de cuivre qui reste dans le filtre-presse, on le recueille, et lorsqu'on en a accumulé quelques milliers de kilogrammes, on le retransforme en sulfate de cuivre en le soumettant à un grillage incomplet, et en traitant par l'acide sulfurique étendu et bouillant le produit obtenu, qui est un mélange de sulfate et d'oxyde de cuivre. On filtre et on fait cristalliser la liqueur dans des bacs en plomb, où le sulfate de cuivre se dépose en beaux cristaux.

Purification du violet de Paris. — Cette opération s'exécute en ajoutant à 2000 litres d'eau bouillante, contenus dans la cuve en bois M (fig. 140), la matière colorante obtenue dans la précédente opération. On agite et, lorsque la dissolution est complète, on décante, après quelques heures de repos, la liqueur claire dans le bac en tôle N, où on la précipite par le sel marin comme il a été dit pour le violet brut. Le produit obtenu est séché dans le double fond P, à une température modérée, jusqu'à ce qu'il commence à se former à la surface de la matière colorante maintenue en fusion une pellicule qui indique la fin de l'opération. On verse alors le produit encore liquide dans des cuvettes plates en zinc et on l'abandonne au refroidissement. Après cela, on broie à la meule et on achève la dessiccation à l'étuve à 60°. On soumet ensuite à un nouveau broyage la masse agglomérée par la dessiccation et on la ramène au type par l'addition d'une quantité plus ou moins grande de violet benzylé (voyez plus loin).

100 kilogr. de diméthylaniline, c'est-à-dire la charge de 5 tambours, donnent ainsi 85-87 kilogr. de violet de Paris, tandis qu'on n'en obtenait guère que 55-60 kilogr. par l'ancienne méthode d'oxydation à l'étuve.

FABRICATION DU VIOLET BENZYLÉ. — L'appareil qui sert à la fabrication du violet benzylé est des plus simples. Il est constitué par une marmite en fonte émaillée, à double fond, munie d'un couvercle portant un trou d'homme et un tube qui communique avec un réfrigérant ascendant.

On introduit dans la chaudière 40 litres d'alcool, 20 kilogr. de violet de Paris et 4 kilogr. de chaux ; en faisant arriver de la vapeur dans le double fond, on détermine l'ébullition de l'alcool, qui dissout la matière colorante. Sous l'influence de la chaux, qui peut du reste être remplacée par la soude caustique ou par le carbonate de sodium, la base du violet est mise en liberté et reste en dissolution dans l'alcool. Pendant l'opération, la chaudière est en communication avec le réfrigérant ascendant. Lorsque la transformation en base est complète, on laisse refroidir et on ajoute 4 kilogr. de chaux et 7 kilogr. de chlorure de benzyle. On met la chaudière en communication avec le réfrigérant descendant et on chauffe de manière à provoquer une très lente distillation de l'alcool; pendant la distillation, la benzylation s'effectue. Lorsque tout l'alcool a distillé, on ajoute 5 ou 6 litres d'eau et on chauffe encore pendant quelque temps pour chasser tout l'alcool. On reprend le contenu de la chaudière, constitué par la base du violet benzylé, par une petite quantité d'eau qui dissout le chlorure de calcium formé dans la réaction, et on fait bouillir le produit avec une grande quantité d'eau qui élimine une matière colorante verte, instable, formée en même temps que le violet. Le produit est alors traité par l'eau bouillante additionnée de 20 kilogr. d'acide chlorhydrique, et la solution filtrée est précipitée par le chlorure de sodium, après neutralisation de l'excès d'acide par le carbonate de sodium. On laisse refroidir, on filtre, on dissout le violet dans 800 litres d'eau environ et on précipite la liqueur, filtrée ou décantée soigneusement, par 25 kilogr. de chlorure de sodium. Le violet se dépose sous la forme d'une masse molle à reflets mordorés; on le recueille et on le sèche dans des cuvettes en fonte émaillée, chauffées à la vapeur. On obtient ainsi un produit qui est passé à la meule après refroidissement. Le rendement est de 21 kilogr. environ de violet benzylé.

Violets sulfoconjugués. — Les procédés qui ont été employés pour fabriquer les dérivés sulfonés de la fuchsine ont servi également à obtenir des violets acides, produits importants au point de vue de la teinture en nuances dites *modes*, grâce à la facilité avec laquelle on peut les associer avec les couleurs qui sont à fonction acide.

Nous décrirons brièvement les violets sulfonés qui se trouvent dans le commerce.

Violet alcalin,

$$OH - C \begin{cases} C^6H^4 . Az(C^2H^5)^2 \\ C^6H^4 . Az(C^2H^5)^2 \\ C^6H^4 . Az \begin{cases} CH^3 \\ C^6H^4 . SO^3Na \end{cases} \end{cases}$$

— On obtient ce corps en condensant la méthyldiphénylamine avec la tétréthyldiamidobenzophénone, et en soumettant le produit à l'action de l'acide sulfurique fumant.

Le produit commercial est une poudre d'un violet bleu, soluble dans l'eau. L'addition d'acide chlorhydrique à la dissolution aqueuse détermine la formation d'un précipité bleu, qui se redissout dans un excès d'acide chlorhydrique en donnant une solution d'un rouge jaune. La soude caustique donne un précipité bleu; l'acide sulfurique concentré une solution rouge-jaune, qui, étendue d'eau, fournit un précipité vert sale.

Le violet alcalin teint la laine en violet bleu, sur bain neutre, alcalin ou acide. La teinture résiste au foulon.

Violet acide 4 BN

$$OH - C \begin{cases} C^6H^4 - Az(CH^3)^2 \\ C^6H^4 - Az(CH^3)^2 \\ C^6H^4 - Az \begin{cases} CH^3 \\ CH^2 . C^6H^4 . SO^3Na \end{cases} \end{cases}$$

On traite par l'acide sulfurique fumant le produit de condensation de la tétraméthyldiamidobenzophénone avec la benzylméthylaniline.

C'est une poudre d'un violet bleu, soluble dans l'eau. La solution aqueuse précipite en bleu par l'acide chlorhydrique; en étendant d'eau, on obtient une solution olive, puis verte et enfin bleue. La soude caustique donne un précipité bleu; à chaud il se forme une liqueur incolore. L'acide sulfurique concentré donne une liqueur jaune, qui passe successivement à l'olive, au vert, puis au bleu par addition de quantités d'eau croissantes.

Violet acide 6 B,

$$OH - C \begin{cases} C^6H^4 . Az(CH^3)^2 \\ C^6H^4 . Az \begin{cases} C^2H^5 \\ CH^2 . C^6H^4 . SO^3Na \end{cases} \\ C^6H^4 . Az \begin{cases} C^2H^5 \\ CH^2 . C^6H^4 . SO^3Na \end{cases} \end{cases}$$

— On obtient cette matière colorante en condensant l'acide benzyléthylaniline-sulfonique avec l'aldéhyde-p-diméthylamidobenzylique et en oxydant l'acide leucosulfonique ainsi préparé.

Le produit est une poudre d'un violet bleu, soluble dans l'eau et dans l'alcool. L'acide chlorhydrique donne une solution d'un vert bleuâtre; la soude caustique fournit en solution étendue une liqueur bleu clair, et en solution concentrée un liquide incolore. L'acide sulfurique concentré dissout le produit avec une coloration brun-jaune qui vire au vert bleuâtre, en passant par le brun foncé, par addition d'eau.

Sulfoconjugués du violet de Paris. — On peut sulfoconjuguer le violet de Paris par l'acide sulfurique fumant, en opérant avec précaution et à une température ne dépassant pas 40°. Il est préférable de ne pas isoler la matière colorante, mais de saturer simplement le liquide acide par le carbonate de sodium. La pâte, qui renferme de nombreux cristaux de sulfate de sodium, peut être employée directement en teinture, le sulfate de sodium se dissolvant sans inconvénients dans le bain de teinture.

FABRICATION DES VERTS DÉRIVÉS DU DIAMIDO-TRIPHÉNYLMÉTHANE.

Vert malachite. — Le procédé de Fischer pour la production de la leucobase du vert malachite

$$CH - \begin{cases} C^6H^5 \\ C^6H^4 . Az(CH^3)^2 \\ C^6H^4 . Az(CH^3)^2 \end{cases}$$

est actuellement employé à l'exclusion de tout autre par les fabriques de couleurs. Le procédé de Doebner au phénylchloroforme a été partout abandonné.

L'aldéhyde benzylique qui sert à la production de la leucobase se prépare par l'action d'un lait de chaux sous pression sur le chlorure de benzylidène $C^6H^5 - CHCl^2$; la préparation de ce dernier corps est assez délicate, si on veut éviter la formation de produits chlorés dans le noyau.

La figure 147 donne le plan complet d'un atelier pour la fabrication du vert malachite.

La condensation s'effectue dans des chaudières en fonte à double fond A, munies d'agitateurs et chauffées à la vapeur, telles que les représente la figure 148.

On y introduit 100 kilogr. de diméthylaniline, 40 kilogr. d'aldéhyde benzylique, puis en agitant, et par petites portions, 40 kilogr. de chlorure de zinc anhydre et en poudre fine. On chauffe ensuite pendant une journée à 60°, puis une seconde journée à 80°, enfin le troisième jour à 100°. La réaction est alors achevée. Au moyen de l'air comprimé, on fait passer la masse encore liquide de la chaudière à réaction dans un appareil distillatoire B.

On met le tube d'arrivée du produit en communication avec la conduite de vapeur et on entraîne par un courant de vapeur d'eau les corps volatils (aldéhyde benzylique et diméthylaniline) non entrés en réaction; les vapeurs se condensent dans le serpentin C et sont recueillies dans le récipient c. On arrête la distillation dès qu'il ne passe plus que de l'eau et on vide le contenu de la chaudière B dans le récipient D au moyen du robinet situé à la partie inférieure. On décante le chlorure de zinc au moyen d'un siphon et on lave à l'eau froide. La leucobase se solidifie. On élimine l'eau aussi complètement que possible et on sèche le produit dans le vase D, qui

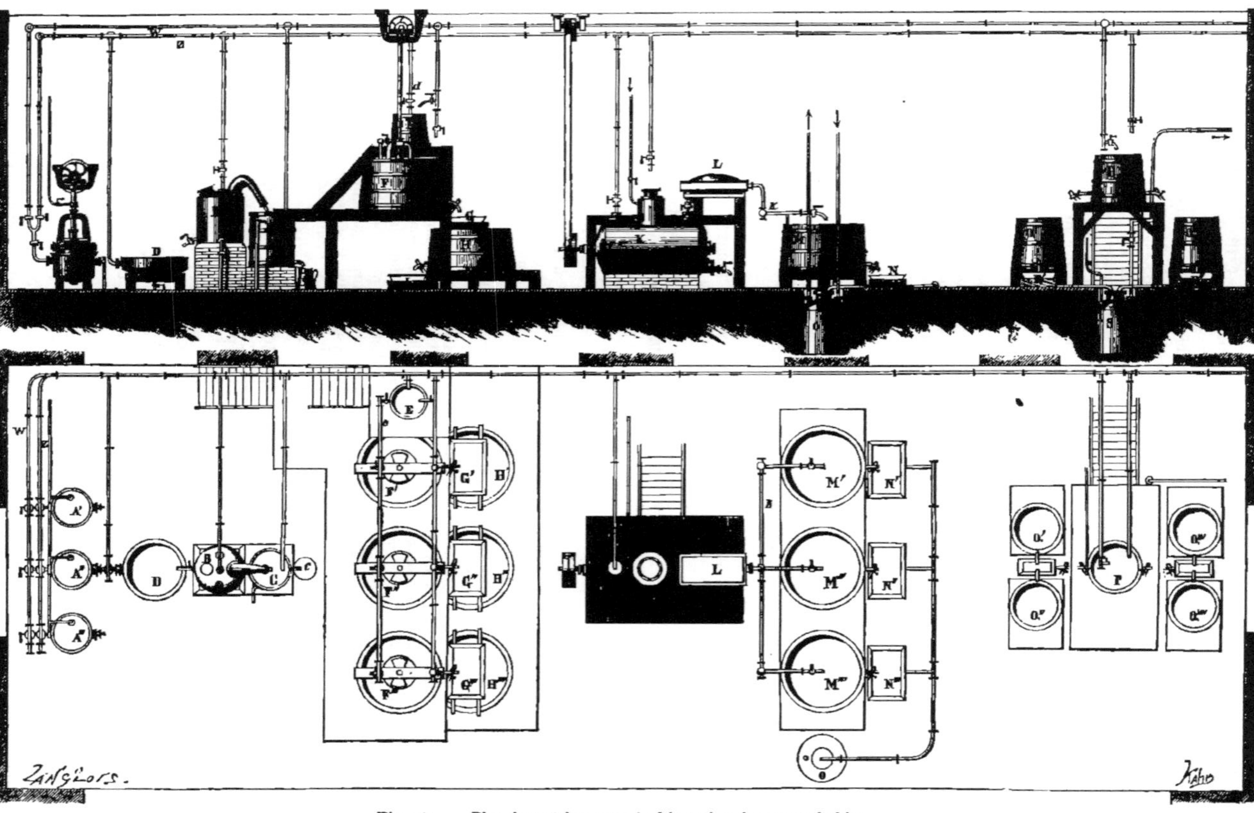

Fig. 147. — Plan d'un atelier pour la fabrication du vert malachite

A', A'', A''', chaudières pour la condensation de la diméthylaniline avec l'aldéhyde benzylique. — B, appareil distillatoire pour la régénération des produits non entrés en réaction. — C, serpentin réfrigérant. — c, récipient recevant les liquides distillés. — D, double fond pour la dessiccation de la leucobase. — Z, conduite de vapeur. — W, conduite d'eau. — E, cuve chauffée par la vapeur arrivant par le tube d, servant à la dissolution de la leucobase et à la préparation de la solution de sulfate de sodium. — F', F'', F''', cuves d'oxydation. — G', G'', G''', filtres. — H', H'', H''', cuves pour la précipitation du vert. — K, chaudière d'extraction. — L, filtre fonctionnant de bas en haut. — M', M'', M''', cuves pour la précipitation de la base oxydée. — N', N'', N''', filtres recueillant la base précipitée. — O, monte-jus. — P, cuve pour la dissolution de la base oxydée dans l'acide oxalique. — Q', Q'', Q''', Q'''', cuves de cristallisation. — S, monte-jus. — R', R'', filtres destinés à recueillir les cristaux de matière colorante purifiée.

possède un double fond dans lequel on fait circuler de la vapeur. La leucobase est ensuite coulée sur des cuvettes peu profondes en zinc, renfermant chacune 33 kilogr. de base, et abandonnée au refroidissement.

Oxydation de la leucobase. — On introduit

Fig. 148. — Chaudière pour la fabrication
de la leucobase du vert malachite par la diméthylaniline
et l'aldéhyde benzylique.

A, chaudière en fonte recevant les matières. — B, double
fond dans lequel on peut faire circuler à volonté de
l'eau ou de la vapeur par la tubulure H. — C, couvercle en fonte muni d'un trou d'homme *a* et de tubu-
lures pour l'arrivée d'air comprimé, pour la vidange, *c*,
et pour l'introduction d'un thermomètre. — D, support
pour l'agitateur EF. — G, bâti fixe formé de lames de
fer qui facilitent la division de la masse par l'action
de l'agitateur F.

Fig. 149. — Appareil distillatoire pour la régénération de la diméthylaniline et de l'aldéhyde benzylique non entrées en réaction.

A, chaudière à distiller. — B, chapiteau. — C, serpentin réfrigérant. —
D, serpentin de vapeur. — *a*, robinet de vapeur. — G, trou d'homme. —
H, robinet de vidange. — T, cuve du serpentin.

les cuvettes renfermant le produit dans la cuve E,
qui est munie d'un serpentin de vapeur percé de
nombreux trous. On détache, en chauffant la cuvette, le gâteau de leucobase, qu'on introduit tel
quel dans la cuve. On ajoute alors de l'eau et on
amène à l'ébullition par un jet de vapeur. On
additionne le liquide bouillant de 25 kilogr.
d'acide chlorhydrique à 21°; cette quantité
d'acide correspond à la formation du sel biacide :
le liquide additionné d'eau ne doit pas se troubler.
On l'amène par la conduite *c* dans la cuve F'; on
répète la même opération avec les deux autres

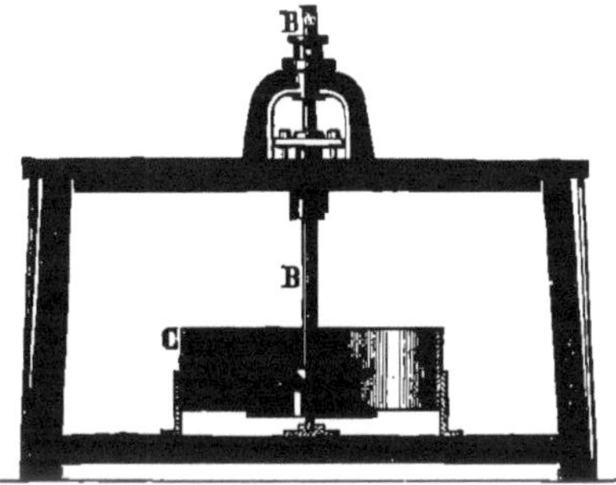

Fig. 150. — Cuve pour l'oxydation de la leucobase
avec agitateur à mouvement rapide.

A, cuve en bois. — B, axe de l'agitateur hélicoïdal *aa*. —
C, anneau en tôle. — D, barre transversale sur laquelle
est fixé le support *c*.

portions de 33 kilogr. chacune de leucobase, en
faisant arriver la solution chlorhydrique dans les
cuves F'' et F'''. Ces cuves, dans lesquelles doit
s'effectuer l'oxydation, sont munies d'agitateurs à
mouvement rapide; on y a préalablement introduit 1000 litres d'eau et 31 litres
d'acide acétique à 40 0/0.

On ajoute alors à la liqueur
du peroxyde de plomb préalablement délayé dans l'eau, en
maintenant l'agitateur en mouvement. L'oxydation est immédiate
et le liquide incolore devient d'un
vert foncé.

Il est maintenant nécessaire
d'éliminer le plomb de la dissolution. Dans ce but, on dissout
dans la petite cuve E 72 kilogr.
de sulfate de sodium dans une
quantité d'eau telle, que le volume total de la solution soit
de 300 litres. Dès que l'oxydation est achevée, on fait couler dans chaque cuve 100 litres
de cette dissolution : la totalité
du plomb est ainsi précipitée à
l'état de sulfate. On laisse déposer pendant 12 heures et on filtre
ensuite le liquide dans les cuves
H', H'', H''' au moyen des filtres
G', G'', G'''.

Il faut maintenant précipiter
la matière colorante : ce qu'on
effectue en ajoutant dans chaque
cuve H', H'', H''' 20 kilogr. de
chlorure de zinc et 175 kilogr. de
sel marin ; on laisse reposer pendant 12 heures, on décante et on
recueille la matière colorante sur
les filtres J.

La purification s'effectue en

dissolvant le produit brut dans une chaudière K, pareille à celle qui sert à l'extraction de la fuchsine et du violet de Paris. On traite par l'eau bouillante, on filtre à travers le filtre L dans les cuves M', M'', M''', et lorsque le liquide s'est refroidi à 40° environ, on ajoute pour 100 kilogr. de leucobase mise en œuvre 100 kilogr. d'ammoniaque; le zinc reste en solution à l'état de zincate ammoniacal, et la base de la matière colorante se dépose à l'état liquide.

On laisse refroidir et on recueille la base solidifiée dans un filtre N; la liqueur mère se rend dans le monte-jus O, et est envoyée, au moyen de l'air comprimé, à un appareil distillatoire qui régénère l'ammoniaque par les procédés usuels. La base colorée, recueillie dans les filtres N', N'', N''', est séchée sommairement par essorage. Le tableau suivant indique les quantités de matières mises en œuvre et les rendements obtenus :

Leucobase.	HCl à 20°.	Acide acétique 40 0/0.	SO⁴Na².	NaCl.	ZnCl².	AzH³.	Base colorée.
3×33	3×25	3×31	72	3×175	3×20	100	84
3×33	3×25	3×31	72	3×175	3×20	100	85
3×33	3×25	3×31	72	3×175	3×20	100	82,5

Pour obtenir un produit marchand, il ne reste plus qu'à redissoudre la base dans un acide approprié et à faire cristalliser le sel obtenu. A cet effet, on dissout 120 kilogr. d'acide oxalique dans 1200 litres d'eau contenus dans la cuve en bois P; on chauffe à l'ébullition et on ajoute 100 kilogr. de base, qui se dissolvent rapidement dans l'acide oxalique. On ramène alors le volume du liquide à 1800 litres, et on ajoute 30 kilogr. d'ammoniaque à 20 0,0. On laisse reposer pendant quelque temps et on filtre le liquide dans les cuves Q', Q'', Q''', Q'''' à travers une poche en feutre. Le liquide est alors abandonné à la cristallisation : les cristaux se déposent sur des lattes épousant la forme de la cuve et nageant dans le liquide. Lorsque la température de la liqueur a atteint 18°, on décante pour éviter qu'un refroidissement trop énergique donne une matière colorante souillée de cristaux d'oxalate d'ammonium, qui se sépareraient à basse température.

Les cristaux de vert sont recueillis, essorés et séchés à l'étuve à 50-60°.

Traitement des résidus. — Dans la fabrication du vert, on obtient des résidus de diverse nature, dont nous allons donner le mode de traitement.

La préparation de la leucobase fournit de la diméthylaniline lors du traitement à la vapeur, et une dissolution de chlorure de zinc. L'oxydation fournit du sulfate de plomb fortement coloré en vert. La purification donne des résines renfermant une certaine quantité de matière colorante et de l'eau ammoniacale. Les eaux mères de la cristallisation renferment également de l'ammoniaque.

La diméthylaniline est purifiée par une distillation à la vapeur et rentre en fabrication; il est toutefois préférable de l'employer à la fabrication du violet.

La solution de chlorure de zinc est ramenée à 50 0/0 par addition de chlorure de zinc solide et sert à précipiter une nouvelle opération.

Le sulfate de plomb est épuisé à l'eau bouillante, et la solution précipitée par le sel et le chlorure de zinc. Ce sulfate de plomb encore coloré est utilisé comme matière colorante pour l'impression des papiers.

Le résidu résineux est traité par l'eau, et le liquide filtré précipité par la soude caustique. On obtient ainsi une certaine quantité de la base du vert, qui ne donne qu'un produit de qualité inférieure.

Quant à l'eau mère provenant de la cristallisation de la matière colorante, elle est précipitée par la soude : la base colorée est recueillie et le liquide filtré est traité par le chlorure de calcium; il se précipite de l'oxalate de calcium, dont il est facile de régénérer l'acide oxalique qui rentre en fabrication.

Les bases colorées, obtenues au moyen des résidus, servent généralement à la fabrication du *bleu marine*, qui s'effectue comme il suit : On dissout 50 kilogr. de base colorée dans 40 kilogr. d'acide chlorhydrique et 15 litres d'eau, on laisse refroidir et on filtre; le liquide filtré est additionné à chaud de 22ᵏᵍ,5 de violet 3 B pulvérisé. Lorsque la dissolution est complète, on ramène à 250 litres par addition d'eau distillée.

VERT BRILLANT — La base du vert brillant est constituée par le tétréthyldiamidotriphénylcarbinol,

$$C(OH) \diagdown \begin{array}{l} C^6H^4 - Az(C^2H^5)^2 \\ C^6H^4 - Az(C^2H^5)^2 \\ C^6H^5 \end{array}$$

La fabrication du vert brillant s'opère à peu près comme celle du vert malachite. Nous ne nous étendrons donc pas sur ce produit, et nous nous bornerons à décrire brièvement les points sur lesquels sa fabrication diffère de celle du vert malachite.

Fabrication de la leucobase. — Le meilleur agent de condensation est, dans ce cas, l'acide oxalique anhydre. Les proportions à employer sont 60 kilogr. de diméthylaniline, 22 kilogr. d'aldéhyde benzylique et 32 kilogr. d'acide oxalique déshydraté. Les opérations s'exécutent comme pour la leucobase du vert malachite et dans les mêmes appareils. L'oxydation a lieu également de la même manière.

Préparation du vert brillant. — La cristallisation du vert brillant est basée sur ce fait que le sulfate du vert est moins soluble à chaud qu'à froid dans une dissolution de sulfate d'ammonium. La cristallisation s'opère donc comme il suit : Dans une chaudière émaillée, chauffée au bain-marie, on dissout 100 kilogr. de base du vert dans 120 kilogr. d'acide sulfurique et 280 litres d'eau. Lorsque la dissolution est complète, on refroidit à 20° et on ajoute en agitant 136 kilogr. d'ammoniaque à 16 0/0. On chauffe vers 50-60°, on laisse reposer pendant quelques minutes, on filtre et on chauffe brusquement le liquide à 85-90° : il se forme alors des cristaux qui envahissent tout le liquide et qui sont constitués par le sulfate de la matière colorante. On filtre rapidement, on essore et on sèche à l'étuve.

VERT SULFOCONJUGUÉ. — Le vert sulfoconjugué se prépare par l'action de l'acide sulfurique fumant sur la leucobase dérivée de l'union de la benzyléthylaniline et de l'aldéhyde benzylique. La benzyléthylaniline peut être remplacée par une autre base tertiaire benzylée.

La figure 151 donne une vue d'ensemble d'un

atelier pouvant produire par jour 150-200 kilogr. de vert sulfoconjugué.

La condensation s'effectue dans les appareils munis d'agitateurs a', a'', a''', a'''', semblables à ceux usités pour la fabrication de la leucobase du vert malachite. Chaque appareil reçoit une charge de 80 kilogr. de benzyléthylaniline et de 21 kilogr. d'aldéhyde benzylique. On ajoute peu à peu 34 kilogr. d'acide oxalique déshydraté en poudre fine. L'introduction dure 1 heure. On chauffe alors la masse, en maintenant l'agitateur en mouvement, pendant 4 jours, le premier jour à 60°, les deux suivants à 80°, le quatrième à 100°; on neutralise les acides par addition de 100 kilogr. de soude caustique à 36°, et on chasse la masse liquide dans l'appareil distillatoire B, dans

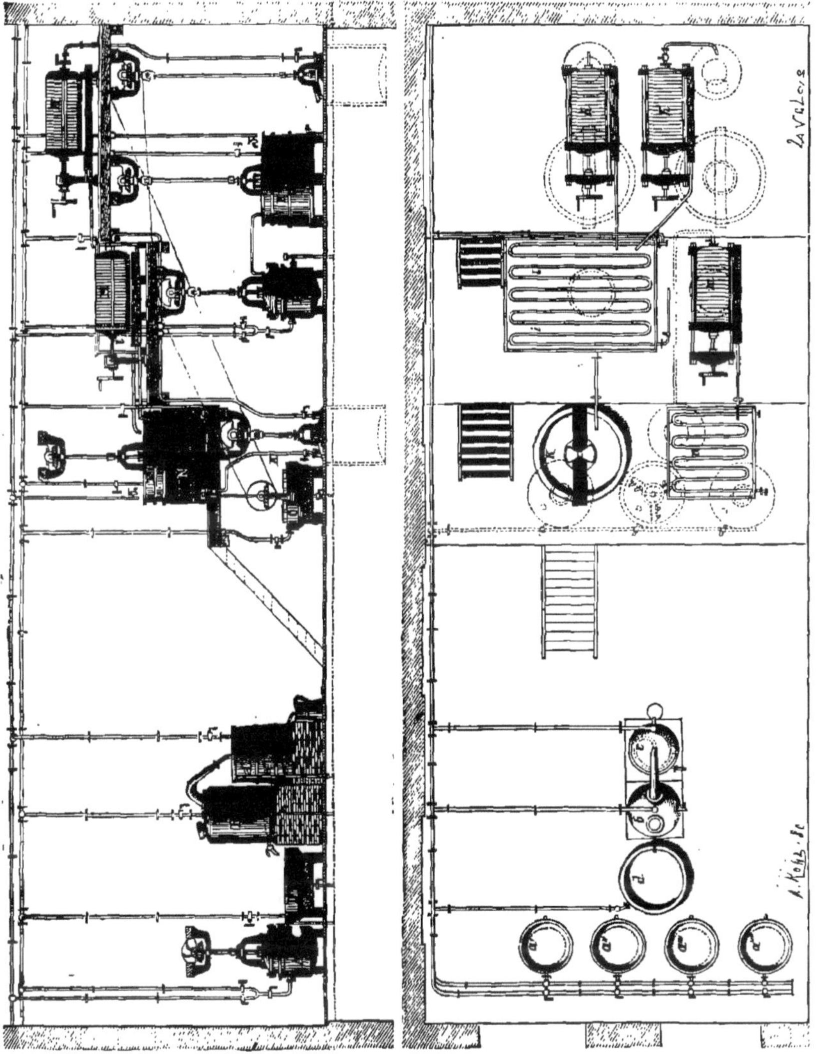

Fig. 151. — Atelier pour la fabrication du vert sulfoconjugué.

A, chaudière de condensation. — B, appareil de distillation. — C, serpentin réfrigérant. — D, double fond en cuivre pour sécher la leucobase. — E, chaudière pour sulfoconjuguer la leucobase. — F, cuve en bois pour la préparation du sel de calcium de l'acide sulfoné de la leucobase. — G, monte-jus. — H, filtre-presse pour le sel de calcium de l'acide sulfoné. — J, récipient pour évaporer le sel de calcium. — i, serpentin en cuivre dans lequel circule de la vapeur. — K, cuve à oxyder. — L, monte-jus. — M, petite presse pour le vert sulfoconjugué liquide. — N, bac pour évaporer le vert sulfoconjugué. — O, cuve en cuivre à double fond et à agitateur pour l'évaporation du vert sulfoconjugué.

lequel on dirige un courant de vapeur d'eau qui entraîne l'aldéhyde benzylique non entrée en réaction. Le liquide aqueux est traité en vue de la régénération de l'acide oxalique. La leucobase fondue est coulée dans la chaudière en cuivre à double fond D; on laisse refroidir, on lave à l'eau et on dessèche le produit en chauffant le double fond et en agitant constamment la masse.

La transformation de la leucobase en dérivé sulfoné s'exécute dans des chaudières en fonte E, analogues à celles servant à la condensation. On y introduit d'abord 200 kilogr. d'acide sulfurique fumant à 20 0/0 d'anhydride, et on ajoute 50 kilogr. de leucobase, en ayant soin que la température ne s'élève pas au-dessus de 45°, ce à quoi l'on arrive aisément en faisant circuler un courant d'eau froide dans le double fond. La dissolution de la leucobase a lieu rapidement, avec un léger dégagement d'acide sulfureux et d'acide carbonique. On chauffe alors à 80-85°, jusqu'à ce qu'une prise d'essai se dissolve entièrement dans l'eau ammoniacale. On laisse refroidir et on verse le liquide dans 1000 litres d'eau contenus dans la cuve en bois F. On sature par un lait de chaux provenant de 150 kilogr. de chaux, on fait bouillir et on ajoute au liquide bouillant 500 litres d'eau, ce qui a pour but de séparer plus facilement le

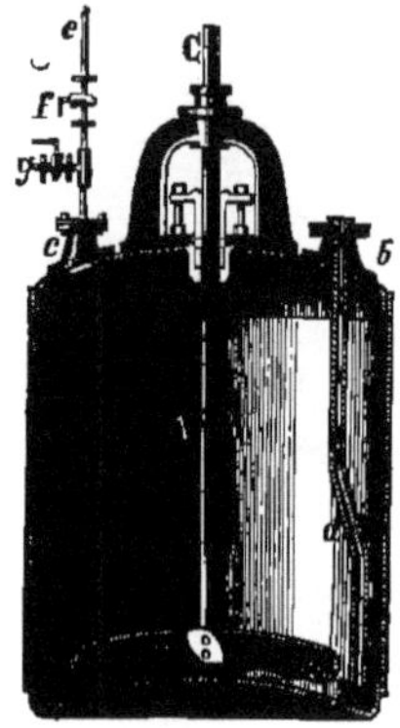

Fig. 152. — Monte-jus à agitateur.

A, réservoir recevant les matières. — B, agitateur. — C, axe de l'agitateur. — D, support. — b, tubulure donnant passage au tube de vidange d. — e, conduite d'air comprimé avec robinets f et g. — c, tubulure pour l'arrivée de l'air comprimé.

sulfate de calcium qui prend l'état cristallin par l'ébullition. On recueille la masse dans le monte-jus G (fig. 152) et on passe au filtre-presse H. Le liquide filtré s'écoule en J; ce récipient renferme un serpentin en cuivre i qui sert à l'évaporation de la liqueur. On amène ainsi le liquide à 1200 litres et on filtre dans la cuve à oxyder K.

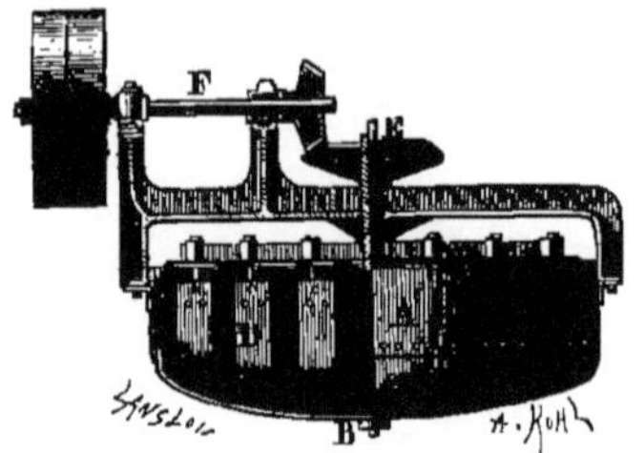

Fig. 153. — Chaudière évaporatoire avec agitateur.

A, chaudière en cuivre. — B, double fond en tôle. — D, palettes de l'agitateur. — F, E, engrenages transmettant le mouvement à l'agitateur.

On met l'agitateur en mouvement et on traite par le peroxyde de plomb en solution sulfurique; l'oxydation s'effectue à une température de 20° au maximum. On précipite le plomb et la chaux par le carbonate de sodium, on chauffe à 70°, on conduit le liquide dans le monte-jus L par le tube K. et on passe au filtre-presse M. Le vert liquide est évaporé dans le bac N en fer, au moyen d'un serpentin chauffé à la vapeur, jusqu'à un volume de 600 litres. On achève l'évaporation dans la cuve à agitateur en cuivre O (fig. 153). La matière

encore humide est finalement séchée à l'étuve et pulvérisée. 50 kilogr. de leucobase fournissent environ 86 kilogr. de vert solide.

AUTRES VERTS DÉRIVÉS DU DIAMIDOTRIPHÉNYL-MÉTHANE. — Il existe dans le commerce un certain nombre de matières colorantes vertes se rattachant au groupe du vert malachite. Ces produits dérivent de l'aldéhyde benzylique et de diverses amines aromatiques, méthylbenzylaniline, dibenzylaniline, ou proviennent des produits de substitution de l'aldéhyde benzylique, tels que les dérivés nitrés, chlorés, etc.

Les matières colorantes ainsi obtenues diffèrent peu des trois corps que nous venons de décrire, et qui peuvent être envisagés comme des types de verts à nuance bleuâtre (vert malachite), jaunâtre (vert brillant) et à fonction acide (vert sulfoconjugué). Ces dernières s'emploient surtout pour des nuances modes, en association avec les matières colorantes azoïques, qui sont généralement des produits sulfoconjugués.

BLEU DE DIPHÉNYLAMINE.

L'industrie du bleu de diphénylamine a été décrite en détail par M. Schoop [*Zeit. f. chem. Ind.*, 1887, 243]. Cette matière colorante étant d'une médiocre importance, nous ne nous étendrons pas sur le procédé de fabrication, qui ne diffère du reste pas, en principe, de celui indiqué Dict., **1**, 324; Suppl., **1**, 163.

D'après les récentes recherches de M. Hausdörfer [*D. chem. G.*, **23**, 1961], le bleu de diphénylamine doit être envisagé comme un sel de la triphényl-pararosaniline,

$$(OH)C \begin{cases} C^6H^4-AzH-C^6H^5 \\ C^6H^4-AzH-C^6H^5 \\ C^6H^4-AzH-C^6H^5 \end{cases}$$

Le bleu de diphénylamine est peu employé aujourd'hui. Son mode de préparation est assez coûteux, et le produit obtenu ne présente guère d'avantages sur les bleus de rosaniline ; nous ne nous arrêterons donc pas davantage sur cette matière colorante.

Nous ne reviendrons pas non plus sur les *violets Hofmann*, ni sur le *vert méthyle* (produits de moins en moins employés). Les *bleus Victoria* et les *violets synthétiques* (hexaméthyliques, hexaéthylrosaniline) ont déjà été décrits dans le Dictionnaire (Suppl., **1**, 1613).

Le *bleu breveté* dit *surfin extra B N*, de Meister Lucius et Brüning, présente un intérêt beaucoup plus considérable.

La préparation de ce produit, qui a pour formule

$$(OH)C_{(1)} \begin{cases} C^6H^3 \begin{cases} OH_{(3)} \\ SO^2O \\ SO^2O \end{cases} Ca \\ C^6H^3Az_{(4)}(CH^3)^2 \\ C^6H^4Az_{(4)}(CH^3)^2 \end{cases}$$

s'exécute comme il suit : On prépare d'abord une leucobase en condensant la diméthylaniline avec l'aldéhyde benzylique m-nitrée. On obtient ainsi le corps

$$CH \begin{cases} C^6H^4.Az(CH^3)^2 \\ C^6H^4.Az(CH^3)^2 \\ C^6H^4.AzO^2 \end{cases}$$

La préparation s'exécute comme celle de la leucobase du vert malachite. En oxydant cette leucobase, on obtient un vert (vert malachite nitré). On soumet ensuite la leucobase ainsi obtenue à l'action des agents réducteurs, par exemple le zinc en poudre et l'acide chlorhydrique, et on la transforme ainsi en un dérivé amidé

$$CH - \begin{cases} C^6H^4 . Az(CH^3)^2 \\ C^6H^4 . Az(CH^3)^2 \\ C^6H^4 . AzH^2 \end{cases}$$

La transformation du dérivé amidé en dérivé oxhydrylé s'effectue à l'aide du nitrite de sodium. On dissout 50 kilogr. du dérivé amidé dans 34 kilogr. d'acide chlorhydrique à 33 0/0 et 5000 litres d'eau ; on refroidit à 0° et on ajoute lentement, et en agitant, une dissolution froide de 9 kilogr. de nitrite de sodium : il se forme ainsi un dérivé diazoïque qui reste en solution. On chauffe graduellement jusque vers 60° et, lorsque le dégagement d'azote se ralentit, on amène le liquide à l'ébullition. On ajoute de la soude caustique jusqu'à réaction légèrement alcaline : il se précipite une leucobase

$$CH - \begin{cases} C^6H^4 . Az(CH^3)^2 \\ C^6H^4 . Az(CH^3)^2 \\ C^6H^4 . OH \end{cases}$$

On filtre, on lave et on exprime le produit.

La leucobase est ensuite transformée en dérivé sulfoné.

Cette sulfoconjugaison s'effectue à froid avec 5 parties d'acide sulfurique fumant, à 10 0/0 d'anhydride, pour 1 partie de leucobase ; on sépare l'acide organique de l'excès d'acide sulfurique au moyen du sel de calcium. L'oxydation s'effectue en solution sulfurique à l'aide du peroxyde de plomb (voyez VERT SULFOCONJUGUÉ). Le liquide évaporé fournit la matière colorante.

Le *bleu breveté* se présente sous la forme d'une poudre rouge de cuivre, très soluble dans l'eau en donnant une liqueur bleue, peu soluble dans l'alcool. Par addition d'acide chlorhydrique à la solution aqueuse, on a une coloration d'abord verte, puis jaune. La soude caustique n'a aucune action à froid ; à l'ébullition, elle colore la liqueur en violet. L'acide sulfurique concentré donne une liqueur jaunâtre, qui devient jaune foncé, puis verte, par addition d'un excès d'eau.

Le bleu breveté donne en teinture des nuances bleues, tirant fortement sur le vert et rappelant celles fournies par le carmin d'indigo. Il est doué d'une grande stabilité, résiste au savon et donne sur les fibres textiles des nuances très unies. En résumé, ce bleu présente sur le carmin d'indigo des avantages sérieux.

DÉRIVÉS COLORÉS DU TRIPHÉNYLMÉTHANE A FONCTION PHÉNOLIQUE.

Cette classe importante de corps comprend, outre l'*aurine* ou *coralline*, les dérivés des phtaléines. Elle s'est enrichie dans ces derniers temps des *rhodamines*, ou phtaléines dérivées du m-amidophénol.

Nous allons d'abord décrire les nouvelles matières colorantes moins importantes dérivant de la coralline ou de la phénolphtaléine, et nous compléterons ensuite l'article TRIPHÉNYLMÉTHANE du Suppl. 1, en y ajoutant les rhodamines.

VIOLET CHROMIQUE,

$$OH - C - \begin{cases} C^6H^3(OH) . CO^2Na \\ C^6H^3(OH) . CO^2Na \\ C^6H^3(OH) . CO^2Na \end{cases}$$

— Ce corps s'obtient en faisant agir l'aldéhyde méthylique sur une dissolution d'acide salicylique en présence de l'acide sulfurique concentré. On peut remplacer l'aldéhyde méthylique par l'alcool méthylique sur lequel on fait agir le nitrite de sodium.

La matière colorante est une poudre d'un brun chocolat, soluble en rouge foncé dans l'eau. La solution précipite par l'acide chlorhydrique ; la soude caustique donne une solution brun clair ; l'acide sulfurique concentré fournit une liqueur brune qui précipite par addition d'eau.

Le violet chromique sert en impression, associé au mordant au chrome.

AUROTINE,

$$C - \begin{cases} C^6H^2(AzO^2)^2ONa \\ C^6H^2(AzO^2)^2ONa \\ C^6H^4 - CO \end{cases} - O$$

— L'aurotine n'est autre chose que le sel sodique de la tétranitrophénolphtaléine. On l'obtient par l'action de l'acide nitrique sur une dissolution de phénolphtaléine dans l'acide sulfurique concentré.

C'est une poudre orangée, soluble en jaune foncé dans l'eau et dans l'alcool. L'acide chlorhydrique précipite en jaune la solution aqueuse, en donnant la tétranitrophénolphtaléine libre, fusible à 244°. La soude caustique ne donne pas de changement.

L'aurotine teint la laine mordancée au chrome ou à l'alumine en belles nuances orangées.

CYCLAMINE,

$$C - \begin{cases} C^6HBr^2 . OK \\ > S \\ C^6HBr^2 . OK \\ C^6SCl^2 \end{cases} - O - CO$$

— On obtient la cyclamine en faisant agir les sulfures sur la dichlorofluorescéine dérivée de l'acide dichlorophtalique, et en traitant par le brome la thiodichlorofluorescéine ainsi obtenue. Le mode opératoire est le suivant :

Dans un double fond en fonte émaillée chauffé à la vapeur on introduit 10 kilogr. de dichlorofluorescéine,

$$C - \begin{cases} C^6H^3 - OH \\ > O \\ C^6H^3 - OH \\ C^6H^2Cl^2 - CO \end{cases} - O$$

10 kilogr. d'eau et 40 kilogr. de sulfure de sodium cristallisé ; on chauffe pendant 24 heures à 110°. Au fur et à mesure de l'introduction du soufre dans la molécule, la nuance vire au rouge éosine. Lorsqu'une prise d'essai indique sur du papier à filtrer que la nuance cherchée est obtenue, on verse la masse dans 200 litres d'eau froide, on mélange et on précipite par addition de 40 kilogr. d'acide chlorhydrique ordinaire. On filtre, on lave, on redissout dans 5 kilogr. de soude caustique à 36° et 50 litres d'eau ; on filtre et on précipite par addition de 5 kilogr. d'acide chlorhydrique.

La bromuration s'effectue comme pour la fluorescéine ordinaire (voyez plus loin).

La cyclamine est une poudre, soluble dans l'eau en rouge fuchsine sans fluorescence ; la solution ne s'altère pas par addition de soude caustique, mais elle est précipitée par l'acide chlorhydrique. L'acide sulfurique concentré la dissout, en donnant une liqueur orangée.

La cyclamine teint la laine et la soie, sur bain neutre, en nuances rouge-violacé.

INDUSTRIE DE LA FLUORESCÉINE ET DE SES DÉRIVÉS

(voyez Suppl., 1, 1604). — Nous nous proposons dans les pages suivantes de compléter l'article, paru il y a quelques années dans le Dictionnaire (TRIPHÉNYLMÉTHANE), par la communication de quelques détails sur les procédés industriels actuellement employés.

Préparation de l'acide phtalique. — On emploie pour l'oxydation du tétrachlorure de naphtalène les proportions suivantes de réactifs : 50 kilogr. de tétrachlorure; 200 kilogr. d'acide nitrique à 36°.

Le tétrachlorure est introduit peu à peu dans l'acide nitrique tiède et oxydé par une ébullition prolongée durant plusieurs jours. Après refroidissement, on filtre, on exprime le produit solide qui est constitué par de l'acide phtalique brut, on le délaye dans de l'eau, on sature par le carbonate de sodium et on évapore à sec le phtalate de sodium obtenu.

Ce produit brut est introduit par petites portions dans 1 fois et demie son poids d'acide sulfurique concentré, et chauffé graduellement jusque vers 200°, en ayant soin de recueillir l'acide phtalique qui se volatilise. Par le refroidissement, il se forme deux couches : l'inférieure renferme du bisulfate de sodium; la supérieure, de l'anhydride phtalique. On recueille la couche supérieure et on la chauffe jusqu'à cessation de dégagement de vapeur d'eau. Enfin, le produit est purifié par sublimation. 50 kilogr. de tétrachlorure de naphtalène donnent ainsi 14-15 kilogr. d'anhydride phtalique.

Préparation de la fluorescéine. — La fluorescéine brute, obtenue par fusion de l'acide phtalique avec la résorcine, est purifiée de la manière suivante : On fait bouillir pendant 2 heures au réfrigérant ascendant 50 kilogr. de fluorescéine brute, concassée, avec 75 kilogr. d'alcool. L'opération s'exécute dans une marmite en fonte chauffée à la vapeur. On laisse refroidir et on filtre sur un filtre à vide; le résidu est traité par l'eau acidifiée légèrement par l'acide chlorhydrique, filtré, lavé et séché : il constitue alors de la fluorescéine apte à la bromuration. Quant à la solution alcoolique, on en régénère l'alcool par les procédés connus et on fond le résidu de la distillation, constitué par de la fluorescéine impure, avec de la soude caustique. On dissout dans l'eau, on acidifie le liquide, et par extraction à l'éther on retire de la résorcine, qui, convenablement purifiée, rentre en fabrication. 100 kilogr. d'anhydride phtalique donnent ainsi 190 kilogr. de fluorescéine purifiée.

Préparation de la fluorescéine nitrée. — Ce produit, qui est employé dans la fabrication des *écarlates* (sel sodique de la bromonitrofluorescéine), s'obtient en dissolvant 20 kilogr. de fluorescéine dans 160 kilogr. d'acide sulfurique à 66° à la température du bain-marie. L'addition de fluorescéine doit se faire peu à peu et en agitant. Lorsque la dissolution est complète, on laisse refroidir et on ajoute lentement, en agitant énergiquement, 8 kilogr. de nitrate de sodium; l'acide nitrique mis en liberté agit sur la fluorescéine en la transformant en dérivé nitré; le nitrate employé doit être très sec et finement pulvérisé. Après refroidissement, on verse la liqueur dans 500 litres d'eau froide, on filtre, on lave à l'eau bouillante et on sèche. 20 kilogr. de fluorescéine fournissent ainsi de 22 à 24 kilogr. de fluorescéine nitrée.

Bromuration de la fluorescéine. — Cette opération s'effectue dans un appareil en fonte émaillée, muni d'un réfrigérant ascendant et pouvant être chauffé ou refroidi à l'aide d'un double fond. On introduit dans l'appareil 200 kilogr. d'alcool et 40 kilogr. de fluorescéine purifiée; puis on ajoute peu à peu, en agitant, 40 kilogr. de brome, en ayant soin de ne pas dépasser la température de 20°. Lorsque la totalité du brome a

été introduite, on ajoute peu à peu une dissolution de 12 kilogr. de chlorate de potassium dans 25 litres d'eau, on ferme l'appareil et on abandonne la réaction à elle-même; lorsqu'elle s'est calmée, on chauffe pendant 4 heures pour l'achever. Après refroidissement, on filtre l'éosine et on lave le précipité avec de l'eau acidifiée par l'acide chlorhydrique. Lorsque ce lavage est terminé, on redissout le produit dans une solution aqueuse chaude de 12 kilogr. de carbonate de sodium, en ayant soin d'ajouter le produit à dissoudre par petites portions, afin d'éviter un débordement par suite d'une production trop abondante d'acide carbonique.

Finalement, on évapore à sec la solution pour obtenir l'éosine à l'état solide : 40 kilogr. de fluorescéine donnent ainsi 82 kilogr. d'éosine.

Quant à l'alcool du sein duquel l'éosine s'est déposée à l'état d'acide éosique, il renferme en dissolution une certaine quantité d'une éosine de qualité inférieure. On l'isole par précipitation au moyen d'eau additionnée d'acide chlorhydrique; le liquide, débarrassé par filtration de l'acide éosique qui se précipite, est traité en vue de la régénération de l'alcool.

La bromuration de l'éosine peut également s'effectuer à froid; dans ce cas, on obtient une éosine à marque plus jaunâtre que celle préparée à chaud.

Ioduration de la fluorescéine. — L'ioduration de la fluorescéine donne naissance à la matière colorante connue sous le nom d'*érythrosine*.

La préparation s'effectue comme il suit : On fait bouillir pendant 2 heures, au réfrigérant ascendant, 15 kilogr. de fluorescéine, 200 kilogr. d'alcool, 27 kilogr. d'iode et on laisse refroidir. On ajoute une solution de 11,5 kilogr. de chlorate de potassium dans 25 litres d'eau, et on fait bouillir pendant 4 heures. Après refroidissement, on filtre le produit; le liquide filtré est traité par l'eau, par le bisulfite de sodium et par l'acide chlorhydrique. On filtre et on traite le liquide filtré pour en régénérer l'alcool. Le liquide aqueux, résidu de la distillation, renferme une forte proportion d'iodure de sodium : on en régénère l'iode par un traitement à l'acide sulfurique et au dichromate de potassium. Lors de l'ioduration, on emploie un excès d'iode; cet excès d'iode est nécessaire pour obtenir une érythrosine de qualité supérieure.

Le premier dépôt est délayé avec de l'eau et de l'acide sulfureux, puis filtré; les eaux sont traitées en vue de la régénération de l'iode; l'érythrosine à l'état acide est introduite dans une cuve en bois et soumise à une ébullition prolongée avec 20 kilogr. de carbonate de calcium en poudre : on laisse déposer, on filtre et on précipite par l'acide chlorhydrique la liqueur décantée.

Le résidu insoluble de la cuve est extrait ainsi à plusieurs reprises à l'aide du carbonate de calcium, jusqu'à ce que les liqueurs prennent une coloration grisâtre.

L'érythrosine précipitée à l'état acide est ensuite solubilisée avec 8 kilogr. de carbonate de sodium, et la liqueur évaporée dans un double fond chauffé à la vapeur.

Fabrication de la méthyléosine ou primerose. — Dans un autoclave pouvant tourner sur un axe horizontal et placé dans une caisse en bois renfermant de l'eau, on introduit 25 kilogr. d'éosine, 70 kilogr. d'alcool à 50° et 8 kilogr. de chlorure de méthyle. On amène l'eau de la caisse à l'ébullition par un jet de vapeur, et on fait tourner l'autoclave pendant 3 heures environ. On filtre et on lave le précipité avec de l'eau légèrement alcaline qui enlève l'éosine non méthylée. Le précipité est constitué par de la méthyléosine pure. Quant à la dissolution alcoolique, elle renferme une méthyléosine de qualité inférieure, qui se sépare lorsqu'on a éliminé l'alcool par distillation.

25 kilogr. d'éosine donnent environ 23-24 kilogrammes de méthyléosine.

Fabrication du rose bengale. — Le rose bengale est le dérivé tétraiodé d'une fluorescéine particulière dérivée d'un acide dichlorophtalique. L'ioduration de la dichlorofluorescéine s'effectue à peu de chose près comme pour l'érythrosine.

Nous venons de décrire en détail les procédés de fabrication des dérivés bromés et iodés des phtaléines. Il existe dans le commerce des produits dérivant soit d'acides phtaliques chlorés, soit d'acides phtaliques nitrés. Leur préparation s'effectue comme celle des corps précédents, à quelques variantes près. Notons également que la nuance de ces matières colorantes devient de plus en plus violacée avec l'augmentation du poids moléculaire. C'est ainsi que le *rose bengale B*, dérivé tétraiodé de la tétrachlorofluorescéine,

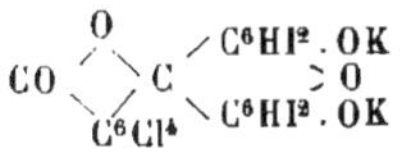

$$CO \diagup \begin{matrix} O \\ C^6Cl^4 \end{matrix} \diagdown C \diagup \begin{matrix} C^6HI^2 . OK \\ O \\ C^6HI^2 . OK \end{matrix}$$

donne en teinture les nuances les plus violacées qu'on puisse obtenir avec des corps de cette série.

GALLÉINE

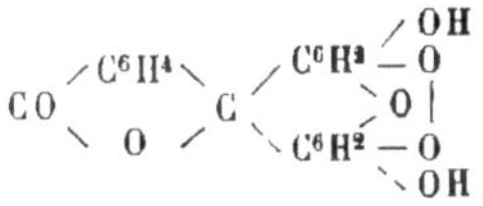

$$CO \diagup \begin{matrix} C^6H^4 \\ O \end{matrix} \diagdown C \diagup \begin{matrix} C^6H^3 \diagup \begin{matrix} OH \\ O \end{matrix} \\ O \\ C^6H^2 \diagdown \begin{matrix} O \\ OH \end{matrix} \end{matrix}$$

— La galléine est une des premières phtaléines qui aient été préparées. Elle n'a pas grande importance par elle-même, mais la céruléine qui en dérive est largement employée en impression.

La préparation industrielle de la galléine s'effectue de la manière suivante :

Dans une chaudière en fonte, préalablement chauffée au bain d'huile à 180°, on introduit 6ᵏᵍ,5 d'anhydride phtalique et 20 kilogrammes d'acide gallique chauffé à commencement de fusion. La réaction s'effectue ainsi beaucoup plus facilement que si on chauffe le mélange non chauffé, l'anhydride phtalique ayant une tendance à se volatiliser avant d'être entré en réaction. On chauffe le bain d'huile à 200°, la température à l'intérieur de la marmite ne devant pas dépasser 195°. On agite fréquemment la masse, qui devient de plus en plus pâteuse.

Au bout de 10 heures environ, la combinaison est complète. La masse doit être cassante à froid et douée d'éclat métallique. Un produit noir indique une chauffe trop violente.

La purification du produit brut s'effectue de la manière suivante :

On broie à la meule en présence d'eau, et on introduit la pâte dans 10 parties d'eau préalablement chauffée à l'ébullition au moyen d'un jet de vapeur. On laisse reposer, on décante le liquide sur un filtre en toile et on répète cette opération une ou deux fois ; le résidu insoluble est additionné d'une dissolution de carbonate de sodium en quantité légèrement insuffisante pour tout dissoudre. Le résidu non dissous renferme la majeure partie des impuretés ; on le traite d'une manière analogue lorsqu'il s'en est rassemblé une certaine quantité. La solution filtrée, qui renferme le sel sodique de la galléine, est neutralisée exactement par l'acide sulfurique étendu et le précipité est lavé, égoutté et séché à 120°. On obtient ainsi, en partant de 20 kilogrammes d'acide gal-

lique, environ 16-17 kilogrammes de galléine pure.

La galléine commerciale est une pâte violette ou une poudre d'un vert foncé, douée d'un éclat métallique ; elle est peu soluble dans l'eau froide, plus soluble dans l'eau bouillante en donnant une liqueur d'un rouge écarlate, peu soluble dans l'alcool froid, soluble à chaud en rouge brun. La solution aqueuse additionnée d'acide chlorhydrique prend une coloration d'un brun jaune ; la soude caustique la colore en bleu. La solution dans l'acide sulfurique concentré est jaune-rouge et ne change pas de couleur par dilution avec l'eau.

La galléine est peu employée en teinture ; elle donne sur coton mordancé un violet assez résistant aux agents atmosphériques.

CÉRULÉINE

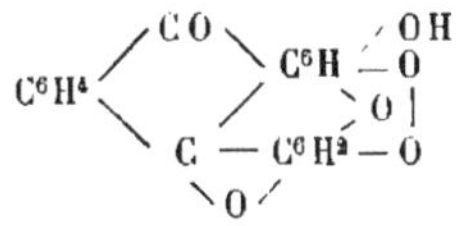

$$C^6H^4 \diagup \begin{matrix} CO \\ C \end{matrix} \diagdown \begin{matrix} C^6H \diagup \begin{matrix} OH \\ O \\ O \end{matrix} \\ C^6H^3 - O \end{matrix} \diagdown O$$

— La céruléine doit être envisagée comme un produit de condensation de la galléine. Elle prend naissance par l'action de l'acide sulfurique concentré sur la galléine à haute température.

Le mode opératoire est le suivant : On ajoute 1 partie de galléine à 20 parties d'acide sulfurique à 66°,5, et on monte graduellement à 190-200°. On maintient la température à 195° environ et on prélève de temps en temps un échantillon qu'on essaye à l'ammoniaque étendue. Au bout de 4-5 heures la réaction est achevée. On laisse refroidir à 120°, et on verse peu à peu le liquide dans 20 ou 30 volumes d'eau froide. On agite, on laisse déposer, on décante le liquide acide, et on répète cette opération jusqu'à ce que les eaux de lavage ne soient plus acides. On obtient ainsi en céruléine le poids de la galléine employée.

La céruléine du commerce est une pâte noirâtre, insoluble dans l'eau et dans l'alcool, soluble en vert olive dans la soude caustique.

Elle est peu employée ; par contre, son composé bisulfitique, la *céruléine S*, joue un rôle assez important en impression. On la prépare en faisant digérer la céruléine avec une dissolution concentrée de bisulfite de sodium. Le composé qui prend naissance fixe 2 molécules de $NaHSO^3$ pour 1 molécule de céruléine.

La céruléine S est une poudre noire, peu soluble dans l'eau bouillante. L'acide chlorhydrique la décompose à l'ébullition en dégageant de l'acide sulfureux et en régénérant la céruléine insoluble.

Les alcalis caustiques décomposent également le dérivé bisulfitique par suite de la formation de sulfite neutre.

La céruléine S teint le coton mordancé en un vert olive très solide.

ANISOLINE.

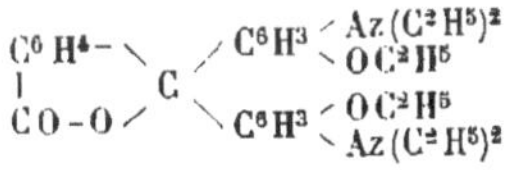

$$\begin{matrix} C^6H^4 - \\ | \\ CO - O \end{matrix} \diagup C \diagdown \begin{matrix} C^6H^3 \diagup \begin{matrix} Az(C^2H^5)^2 \\ OC^2H^5 \end{matrix} \\ C^6H^3 \diagup \begin{matrix} OC^2H^5 \\ Az(C^2H^5)^2 \end{matrix} \end{matrix}$$

— La base anisoline est l'éther éthylique de la rhodamine B. On la prépare en transformant la rhodamine B du commerce, qui est un chlorhydrate, en un sel potassique, en mélangeant des dissolutions bouillantes de rhodamine et de potasse caustique. Le sel potassique, moins soluble à chaud qu'à froid, se précipite à l'état cristallin. On le filtre, on le sèche à 100°, et on le transforme en anisoline en le chauffant avec de l'alcool et du chlorure d'éthyle. On obtient ainsi l'éthylanisoline. Si on remplace le chlorure d'éthyle par le chlorure de benzyle, on obtient la benzylanisoline.

Les anisolines donnent en teinture des nuances plus violacées et moins fluorescentes que celles des rhodamines dont elles dérivent; elles colorent indistinctement toutes les fibres textiles en nuances d'un rouge violacé magnifique, et spécialement le coton non mordancé. Les teintures résistent à la lumière.

NIGRISINE. — La constitution de la nigrisine est inconnue. Par son mode de formation, elle se rattache en quelque sorte aux azines.

On la prépare en faisant bouillir pendant 3 heures une dissolution de 1 partie de chlorhydrate de nitrosodiméthylaniline dans 5 parties d'eau. On verse le produit dans de l'eau et on précipite la matière colorante par le sel ou par le chlorure de zinc. On filtre, on exprime et on sèche à 80°. Dans cette opération, on peut remplacer l'eau par l'alcool.

La nigrisine est une matière colorante basique. C'est une poudre noirâtre, soluble en gris dans l'eau et dans l'alcool. L'acide chlorhydrique ajouté à la dissolution aqueuse donne un précipité bleugris. La soude caustique précipite la base de la matière colorante en flocons bruns, solubles dans le benzène ou dans l'éther en rouge cerise. La solution de la nigrisine dans l'acide sulfurique concentré est verdâtre.

La nigrisine teint le coton non mordancé, ainsi que le coton mordancé au tannin, en jolies nuances grises très solides.

THIOCYANOSINE,

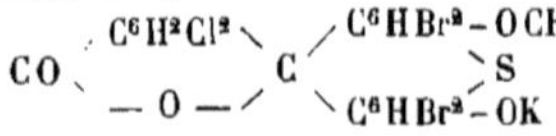

$$CO \underset{-\;O-}{\overset{C^6H^2Cl^2}{\diagdown\diagup}} C \overset{C^6HBr^3-OCH^3}{\underset{C^6HBr^3-OK}{\diagup\diagdown}} S$$

— La thiocyanosine est l'éther éthylique de la cyclamine. On la prépare comme la cyanosine avec le sel potassique de la cyclamine et le chlorure de méthyle en présence d'un alcali.

La thiocyanosine possède les mêmes propriétés que la cyanosine. Elle donne toutefois en teinture des nuances beaucoup plus violacées.

RHODAMINES. — Nous terminerons l'histoire des phtaléines par la description des *rhodamines* qui dérivent du m-amidophénol.

Constitution des rhodamines. — Tandis que l'éosine et ses dérivés sont de nature acide, les rhodamines au contraire sont des matières colorantes de nature basique, grâce à la présence de l'amidogène dans leur molécule; on les obtient par l'action de l'anhydride phtalique sur les dérivés alcooliques des m-amidophénols.

Si, par exemple, on combine l'anhydride phtalique avec le m-diéthylamidophénol, on obtient la *rhodamine B* :

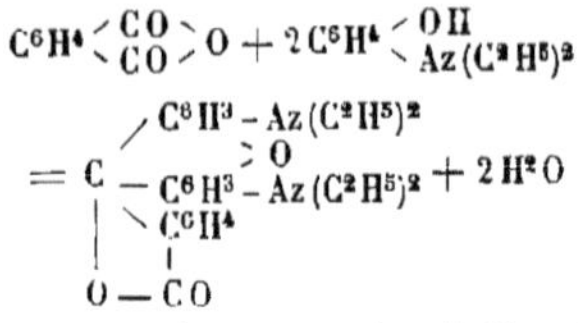

$$C^6H^4 \overset{CO}{\underset{CO}{\diagdown\diagup}} O + 2\,C^6H^4 \overset{OH}{\underset{Az(C^2H^5)^2}{\diagdown\diagup}}$$

$$= C \begin{array}{l} \diagup C^6H^3 - Az(C^2H^5)^2 \\ \diagdown O \\ - C^6H^3 - Az(C^2H^5)^2 \\ \diagdown C^6H^4 \\ \mid \\ O - CO \end{array} + 2\,H^2O$$

Dans cette matière, on peut substituer l'acide succinique à l'anhydride phtalique. On obtient alors la *rhodamine S* :

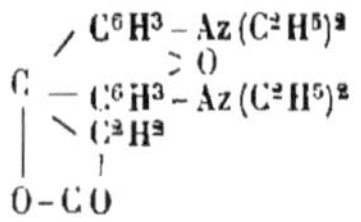

$$C \begin{array}{l} \diagup C^6H^3 - Az(C^2H^5)^2 \\ \diagdown O \\ - C^6H^3 - Az(C^2H^5)^2 \\ \diagdown C^2H^3 \\ \mid \\ O - CO \end{array}$$

Les rhodamines sont insolubles dans l'eau; les produits commerciaux, solubles, sont constitués par des chlorhydrates.

Seuls les sels des homologues inférieurs sont solubles en rose dans l'eau; par contre, les dérivés phényliques sont insolubles, même à l'état de sels; leur couleur varie du rouge violacé au violet bleu. Remarquons en passant l'analogie qui existe, au point de vue de la solubilité et de la couleur, entre les rhodamines et les dérivés de la rosaniline.

Les solutions des sels des rhodamines sont caractérisées par une fluorescence allant de l'orangé au rouge intense. Cette fluorescence est surtout remarquable sur les teintures sur soie.

Les matières premières qui servent à la préparation des rhodamines sont l'acide phtalique, l'acide succinique et les dérivés alcooliques du m-amidophénol. Ces derniers, dont le type le plus simple est le m-diméthyl-amidophénol,

$$C^6H^4 \overset{Az(CH^3)^2}{\underset{OH}{\diagdown\diagup}}$$

peuvent être préparées de plusieurs manières :

Par la méthylation directe du m-amidophénol, ce dernier étant obtenu par fusion alcaline de l'acide m-sulfanilique,

$$C^6H^4 \overset{AzH^2_{(1)}}{\underset{SO^3H_{(3)}}{\diagdown\diagup}}$$

Par la fusion alcaline des dérivés sulfonés des amines tertiaires, par exemple par l'acide diméthylaniline-m-sulfonique,

$$C^6H^4 \overset{Az(CH^3)^2}{\underset{SO^3H}{\diagdown\diagup}}$$

Par l'action des amines grasses sur la résorcine. La diméthylamine, par exemple, agit sur la résorcine, pour donner le m-diméthyl-amidophénol. Dans les mêmes circonstances, l'ammoniaque fournit le m-amidophénol.

La préparation des rhodamines peut s'effectuer sans passer par les dérivés alcooliques du m-amidophénol. Si, en effet, on fait agir le perchlorure de phosphore sur la fluorescéine ordinaire, on obtient un chlorure

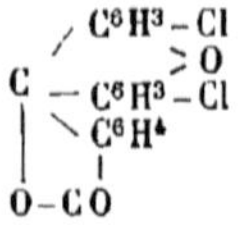

$$C \begin{array}{l} \diagup C^6H^3 - Cl \\ \diagdown O \\ - C^6H^3 - Cl \\ \diagdown C^6H^4 \\ \mid \\ O - CO \end{array}$$

La diméthylamine ou la diéthylamine agissent à une température élevée sur ce produit, le chlore étant substitué par le reste de l'amine : on obtient ainsi une rhodamine diméthylée ou diéthylée. Ce procédé, plus compliqué et plus dispendieux, peut être appliqué industriellement.

Mais la méthode réellement pratique pour préparer industriellement la rhodamine consiste dans l'action de l'anhydride phtalique sur le m-diméthylamidophénol, ce dernier étant obtenu par le deuxième procédé mentionné ci-dessus.

Les produits de la famille de la rhodamine qui se trouvent dans le commerce sont les suivants :

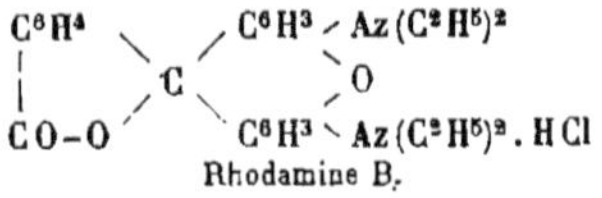

$$\begin{array}{c} C^6H^4 \diagdown \qquad \diagup C^6H^3 \diagup Az(C^2H^5)^2 \\ \mid \qquad C \qquad \diagdown O \\ CO-O \diagup \qquad \diagdown C^6H^3 \diagdown Az(C^2H^5)^2 . HCl \end{array}$$

Rhodamine B.

$$\begin{array}{c} C^2H^4 \diagdown \qquad \diagup C^6H^3 \diagup Az(CH^3)^2 \\ \mid \qquad C \qquad \diagdown O \\ CO-O \diagup \qquad \diagdown C^6H^3 \diagdown Az(CH^3)^2 . HCl \end{array}$$

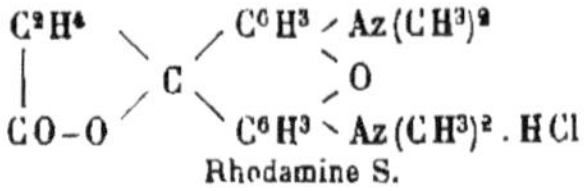

Rhodamine S.

Dans cette dernière, les groupes CH^3 peuvent être remplacés par les groupes C^2H^5.

Préparation industrielle du m-diéthylamidophénol. — On introduit 10 kilogr. de diéthylaniline dans 70 kilogr. d'acide sulfurique fumant, à 30 0/0 d'anhydride, et on maintient la température à 40-50° jusqu'à ce qu'une prise d'essai se dissolve entièrement dans l'eau alcaline ; on verse dans l'eau et on sépare l'acide sulfurique en excès en passant par le sel de calcium. Ce dernier est finalement transformé en sel sodique

$$C^6H^4 \diagup^{Az\,(C^2H^5)^2}_{\diagdown\,SO^3Na}$$

au moyen du carbonate de sodium.

La fusion avec la soude caustique s'effectue de la manière suivante : Dans une chaudière en fonte, on chauffe jusqu'à fusion 10 kilogr. de soude caustique et 2 kilogr. d'eau, et, lorsque la température atteint 270°, on ajoute par petites portions 10 kilogr. du sel sodique bien sec et finement pulvérisé. Lorsque la fusion est achevée, c'est-à-dire quand la formation de sulfite a atteint le maximum, on verse le produit par petites portions dans l'eau acidulée. On filtre pour séparer des impuretés qui se déposent à l'état de flocons résineux, et on ajoute à la solution acide du bicarbonate de sodium ; le diéthylamidophénol se dépose sous la forme d'une huile qui se solidifie rapidement en une masse cristalline : on décante, on épuise le liquide par l'éther et on rectifie par distillation dans un courant d'acide carbonique sec. Le produit distille à 276-281°.

Le dérivé diméthylé se prépare d'une manière analogue, en partant de la diméthylaniline. Il fond à 83-85° et bout à 265-268°.

Rhodamine B. — La rhodamine B peut se préparer en partant du m-amidophénol. Ce corps, traité par l'anhydride phtalique en présence d'un excès d'acide sulfurique, qui par sa présence protège le groupe salifiable AzH^2 contre toute altération, fournit une rhodamine

$$\begin{matrix} C^6H^4 & & C^6H^3 \diagup AzH^2 \\ | & \diagdown\,C\,\diagup & \diagdown\,O \\ CO-O & \diagup\;\diagdown & C^6H^3 \diagdown AzH^2 \end{matrix}$$

qui peut être méthylée ou éthylée par les procédés usuels.

Toutefois ce procédé de préparation est peu avantageux. Il est bien préférable de partir du diéthylamidophénol, qu'on obtient facilement avec la diéthylaniline, comme nous l'avons vu plus haut.

La transformation en rhodamine s'effectue comme il suit : Dans une chaudière en fonte émaillée, munie d'un agitateur et chauffée au bain d'huile, on introduit 10 kilogr. de m-diéthyl-amidophénol et 12 kilogr. d'anhydride phtalique. On chauffe pendant 4 ou 5 heures à 170-175° dans une atmosphère de gaz inerte. Lorsque la réaction est achevée, le produit se solidifie en une masse cristalline d'un vert métallique, constituée principalement par le phtalate de rhodamine. Ce corps peut être obtenu en cristaux au moyen de l'alcool ; mais le produit commercial, qui est le chlorhydrate de rhodamine, se prépare en traitant le produit brut de la fusion par 160 litres d'eau renfermant 10 kilogr. d'ammoniaque à 18 0/0 : cette opération a pour but de mettre en liberté la base de la matière colorante en dissolvant l'acide phtalique à l'état de sel ammoniacal ; la base libre est dissoute dans le benzène et la dissolution benzénique traitée par l'acide chlorhydrique aqueux et chaud ; on décante la liqueur aqueuse, qui par le refroidissement abandonne le chlorhydrate de rhodamine en cristaux verts, doués d'un éclat bronzé.

La rhodamine se présente sous la forme de cristaux verts ou d'une poudre d'un violet rouge soluble dans l'eau en rouge violacé ; les dissolutions étendues sont très fluorescentes. La rhodamine est très soluble dans l'alcool ; les dissolutions alcooliques étendues sont également douées d'une fluorescence intense, qui disparaît lorsqu'on chauffe et reparaît par le refroidissement. En ajoutant de l'acide chlorhydrique à la liqueur aqueuse, on voit d'abord se précipiter des cristaux verts d'un chlorhydrate, puis le liquide devient rouge et vire au rouge violacé par addition d'eau en excès. En ajoutant de la soude caustique à la dissolution aqueuse de rhodamine, on n'observe aucun changement si la quantité de soude caustique ajoutée est faible ; à chaud, il se précipite des flocons roses ; avec un excès de soude caustique, on a des flocons roses, solubles dans l'éther et dans le benzène en un liquide incolore ; en chauffant avec un excès de soude caustique, on sent une odeur de méthylamine. L'acide sulfurique concentré dissout la rhodamine en donnant une liqueur d'un brun jaune, qui vire successivement au rouge écarlate et au rouge violacé par addition d'eau.

La rhodamine teint la laine et la soie en nuances rouge-violacé magnifiques, résistant assez bien aux agents atmosphériques ; la fluorescence caractéristique de cette matière colorante se communique à la laine et à la soie. Sur coton mordancé au tannin et passé en émétique, on obtient des nuances d'un rouge violacé sans fluorescence : sur coton huilé, au contraire, la fluorescence persiste.

La rhodamine est fréquemment employée pour aviver les nuances obtenues sur coton avec l'alizarine.

Rhodamine S,

$$C \diagdown^{\diagup\,C^6H^4Az\,.\,(CH^3)^2}_{-\,C^6H^4Az\,.\,(CH^3)^2}_{\underline{\diagdown\,C^2H^4-CO-O}}$$

— On prépare la rhodamine S en chauffant pendant 3 heures à 170° un mélange de 5 kilogr. d'acide succinique, 12 kilogr. de m-diméthyl-amidophénol et 2 kilogr. de chlorure de zinc. Après refroidissement, on pulvérise la masse et on la dissout à chaud dans l'acide chlorhydrique ; par le refroidissement de la liqueur filtrée, la rhodamine S se sépare en belles aiguilles brunes.

La rhodamine S du commerce est une poudre cristalline, de couleur foncée, soluble en rouge dans l'eau : la solution possède une fluorescence jaune ; par addition de soude caustique à la liqueur, il y a décoloration au bout d'un certain temps.

La rhodamine S ne présente que peu d'affinité pour les fibres animales ; en revanche, elle jouit de la propriété remarquable de teindre le coton non mordancé, sur bain légèrement acidifié par l'acide acétique et chauffé à 40-50°. En outre, le pouvoir colorant de la rhodamine S est beaucoup plus considérable que celui de la rhodamine dérivée de l'acide phtalique.

X. INDOPHÉNOLS.

La seule matière colorante appartenant à cette catégorie est l'*indophénol* proprement dit,

$$(CH^3)^2Az-C^6H^4-Az-C^{10}H^6 \diagdown_{\,O}\diagup$$

Ce corps s'obtient par l'oxydation d'un mélange de diméthyl-p-phénylène-diamine et d'α-naphtol, d'après l'équation suivante, qui indique la constitution de l'indophénol :

$$(C\,H^3)^2\,Az \quad + \quad OH + 2\,O$$

Diméthyl-p-phénylène-diamine.

α-Naphtol.

$$= (C\,H^3)^2\,Az \quad O + 2\,H^2O$$

Indophénol.

Le point de départ pour la préparation de l'indophénol est la nitrosodiméthylaniline, que l'on obtient avec facilité au moyen du nitrite de sodium et du chlorhydrate de diméthylaniline. On dissout 10 kilogr. de chlorhydrate de nitrosodiméthylaniline dans 1000 litres d'eau, on chauffe vers 60° et on ajoute par petites portions 10 kilogr. de zinc en poudre; on filtre et on ajoute la liqueur filtrée à un liquide composé de 12 kilogr. d'α-naphtol dissous dans 12 kilogr. de lessive de soude ($d = 1,29$), 1000 litres d'eau et 10 kilogr. de chromate de potassium. Lorsque les deux liqueurs sont intimement mélangées, on ajoute de l'acide acétique étendu jusqu'à réaction faiblement acide. La matière colorante se forme immédiatement et se précipite. On filtre, on lave et on sèche.

L'indophénol forme une poudre d'un brun foncé, insoluble dans l'eau, soluble en bleu dans l'alcool. L'acide chlorhydrique ajouté à la dissolution alcoolique donne une solution brun-rouge. Le chlorure stanneux décolore la solution, qui redevient instantanément bleue par addition d'un alcali.

L'indophénol ne peut être employé en teinture qu'à la manière de l'indigo, c'est-à-dire par transformation en un produit de réduction, le *leuco-indophénol*, soluble dans les alcalis et ayant pour formule

$$Az\,H < {}^{C^6H^4\,.\,Az\,(C\,H^3)^2}_{C^{10}H^6\,.\,OH}$$

Si, par exemple, dans une cuve d'indigo on ajoute de l'indophénol, ce dernier est réduit en même temps que l'indigo et on a une cuve mixte qui donne une certaine économie sur la cuve à l'indigo non mélangé.

Pour l'emploi en impression, on fait une pâte d'indophénol, d'acétate stanneux et d'acide acétique, en chauffant légèrement. L'indophénol se décolore en se transformant en leucodérivé; par addition d'un épaississant approprié, on prépare une couleur propre à l'impression. On développe le bleu par un passage à la chambre d'oxydation.

L'indophénol donne des nuances bleues, rappelant celles qu'on réalise avec l'indigo et douées d'une grande stabilité à l'air et à la lumière. Malheureusement, la stabilité relativement aux acides est nulle, ce qui restreint considérablement l'emploi de cette matière colorante. En effet, l'indophénol fixe aisément les éléments d'une molécule d'eau et se scinde en naphto-

quinone et diméthyl-p-phénylène-diamine

$$(C\,H^3)^2\,Az - C^6\,H^4 - Az - C^{10}\,H^6 + H^2O$$
$$O$$
$$= (C\,H^3)^2\,Az\,.\,C^6\,H^4\,.\,Az\,H^2 + C^{10}\,H^6\,O^2.$$

XI. OXAZINES ET THIAZINES.

Cette classe de matières colorantes renferme des corps très importants, tels que le *bleu de Nil*, la *gallocyanine* et le *bleu méthylène*.

Les oxazines se forment par oxydation des p-diamines en présence du β-naphtol et de ses dérivés et des m-dioxyphénols. Par l'action des dérivés nitrosés des amines sur les phénols, il se forme également des oxazines. En un mot, ces corps prennent naissance lorsqu'il peut se former des o-oxydérivés de la diphénylamine et des corps dans lesquels l'azote du groupe nitrosyle Az O entre dans la molécule du phénol en ortho par rapport à l'hydroxyle O H.

Dans le bleu méthylène, les deux radicaux aromatiques sont réunis en même temps par l'azote et par le soufre, ce dernier remplaçant l'oxygène des oxazines.

Dans les pages suivantes, nous allons décrire la préparation des matières colorantes se rattachant au groupe des oxazines et des thiazines, en nous arrêtant, surtout sur les corps les plus importants de la série au point de vue de leurs applications industrielles.

GALLOCYANINE,

$$(C\,H^3)^2\,Az_{(4)} - C^6H^3 < {}^{Az_{(1)}}_{O_{(2)}} > C^6H < {}^{C\,O^2H_{(5)}}_{O\,H_{(4)}}_{O\,H_{(3)}}$$
$$\mid$$
$$Cl$$

— La gallocyanine se prépare de la manière suivante : On dissout 2 parties d'acide gallique et 1 partie de chlorhydrate de nitrosodiméthylaniline dans 10 parties d'eau et on chauffe le liquide jusqu'à ce que la formation de matière colorante ait atteint son maximum, ce que l'on détermine facilement par des dosages colorimétriques. On verse dans l'eau et on précipite la matière colorante par le sel.

La gallocyanine du commerce forme une poudre bronzée, ou une pâte d'un gris verdâtre, insoluble dans l'eau, soluble en violet bleu dans l'alcool. L'acide chlorhydrique donne une solution d'un rouge fuchsine; la soude caustique dissout le produit en violet rouge. L'acide sulfurique concentré donne une liqueur bleue, qui vire au rouge fuchsine par addition d'eau.

La gallocyanine est douée de propriétés basiques faibles : ce qui s'explique par la neutralisation dans la molécule des groupes basiques qui s'y trouvent par le carboxyle de l'acide gallique.

Traitée par les réducteurs en liqueur alcaline, elle se transforme en un leucodérivé qui s'oxyde facilement à l'air en régénérant la gallocyanine.

On emploie en teinture la gallocyanine sur coton et laine mordancés avec l'oxyde de chrome. Les nuances obtenues sont très solides.

PRUNE. — Cette matière colorante se prépare comme la précédente, en substituant le gallate de méthyle à l'acide gallique. Le gallate de méthyle se prépare de la manière suivante : On fait bouillir pendant 8 ou 10 heures au réfrigérant ascendant 40 kilogr. d'acide gallique cristallisé, 80 kilogr. d'alcool méthylique et 4 kilogr. d'acide sulfurique concentré. On laisse reposer pendant 12 heures, on distille l'excès d'alcool méthylique, on mélange le résidu avec 50 kilogr. d'eau froide, on filtre et on lave avec de l'eau froide l'éther gallique qui s'est déposé en petits cristaux; enfin on sèche à 60-80°.

La transformation en matière colorante s'effectue en chauffant pendant 4 heures au réfrigérant à reflux 10 kilogr. de gallate de méthyle, 12 kilogr. de chlorhydrate de nitrosodiméthylaniline et 80 kilogr. d'alcool méthylique. On laisse refroidir, on filtre et on lave le produit avec une petite quantité d'alcool méthylique.

Le prune jouit des mêmes propriétés que la gallocyanine et donne en teinture approximativement les mêmes nuances; il en diffère par des propriétés basiques plus accentuées, dues à la neutralisation par CH^3 du carboxyle de l'acide gallique et par la plus grande solubilité du chlorhydrate dans l'eau.

Par addition de soude caustique à une solution de prune, on voit se former un précipité brun, qui se redissout dans un excès de réactif en donnant une liqueur violette.

BLEU MELDOLA OU BLEU NOUVEAU,

$$(CH^3)^2 Az_{(4)} - C^6 H^3 < {}^{Az(\alpha)}_{O(\beta)} > C^{10} H^6.$$

— Ce produit prend naissance par l'action de la nitrosodiméthylaniline sur le β-naphtol. L'opération s'exécute de la manière suivante : On chauffe au réfrigérant à reflux parties égales de chlorhydrate de nitrosodiméthylaniline et de β-naphtol dissous dans 4 ou 5 parties d'alcool. Il se manifeste une vive réaction; lorsqu'elle est achevée, on précipite la matière colorante à l'état de chlorozincate par addition de chlorure de zinc. Une partie se dépose en aiguilles constituées par le chlorhydrate. La solution alcoolique d'où s'est déposée la matière colorante renferme une certaine quantité de diméthyl-p-phénylène-diamine. Cette substance réagit sur le bleu déjà formé et donne un bleu à nuance plus verdâtre. On peut éviter la formation de ce produit en ajoutant dès le début du chlorure de zinc qui, précipitant la matière colorante au fur et à mesure de sa formation, la soustrait à l'action de la diamine.

Le bleu à nuance verdâtre s'obtient au contraire exclusivement en faisant agir le chlorhydrate de nitrosodiméthylaniline sur le β-naphtol en solution dans l'acide acétique cristallisable.

Par addition d'alcool et d'acide chlorhydrique au produit de la réaction, on voit se séparer de fines aiguilles d'un bleu foncé. Les produits du commerce sont des mélanges en proportions variables des deux matières colorantes.

La réaction qui donne naissance au bleu de Meldola est exprimée par l'équation

$$2 C^{10} H^7 . OH + 3 C^6 H^4 < {}^{AzO}_{Az(CH^3)^2} . HCl$$

$$= C^6 H^4 < {}^{Az(CH^3)^2}_{AzH^2} . HCl + 3 H^2 O$$

$$+ 2 (CH^3)^2 Az - C^6 H^3 < {}^{Az}_{O} > C^{10} H^6$$

Le bleu Meldola est une poudre violet foncé, douée d'un éclat bronzé. La poudre irrite fortement les muqueuses. Elle est soluble dans l'eau en violet bleu, dans l'alcool en bleu. Par addition d'acide chlorhydrique à la solution aqueuse, elle vire au bleu. La soude caustique donne un précipité brun. La solution dans l'acide sulfurique concentré est vert-noirâtre et vire au bleu par addition d'eau.

Le bleu Meldola teint en bleu indigo le coton mordancé au tannin et à l'émétique.

MUSCARINE,

$$(CH^3)^2 Az_{(4)} - C^6 H^3 < {}^{(1)Az(\alpha)}_{(2)O(\beta)} > C^{10} H^5 . OH_{(\beta)}.$$

— On obtient la muscarine en faisant agir le chlorhydrate de nitrosodiméthylaniline sur le β-β-dioxynaphtalène. C'est une poudre d'un violet brun, peu soluble dans l'eau froide, soluble dans l'eau bouillante en violet bleu. La poudre de zinc décolore la dissolution aqueuse à l'ébullition; à l'air, la couleur reparaît immédiatement. L'acide chlorhydrique donne un précipité violet-bleu. La soude caustique colore la solution aqueuse en brun jaune. La solution dans l'acide sulfurique concentré est vert-bleuâtre et vire au violet, en passant par le bleu, par addition d'eau. Un excès d'eau donne un précipité bleu.

La muscarine teint en bleu le coton mordancé au tannin et à l'émétique.

BLEU DE NIL,

$$(CH^3)^2 Az - \underset{SO^4H}{\big|} \quad \text{[noyaux]} \quad {}^{Az}_{O} \quad AzH^2$$

— Le bleu de Nil, remarquable par les belles nuances qu'il donne en teinture, est un dérivé du m-amidophénol (voyez RHODAMINE).

On l'obtient par l'action du nitroso-m-diméthylamidophénol sur l'α-naphtylamine.

La préparation du dérivé nitrosé s'effectue comme il suit : On dissout 10 kilogr. de m-diméthylamidophénol dans 30 kilogr. d'acide chlorhydrique à 32 0/0; on ajoute de la glace de manière à refroidir à 0°, et on additionne la liqueur de 5kil,3 de nitrite de sodium dissous dans 10 litres d'eau; le chlorhydrate du dérivé nitrosé se sépare; on filtre et on exprime le produit.

La transformation en matière colorante s'exécute en ajoutant peu à peu, et en agitant constamment, 10 kilogr. de nitroso-m-diméthylamidophénol à un mélange de 10 kilogr. de chlorhydrate d'α-naphtylamine, 40 kilogr. d'acide acétique cristallisable et 20 litres d'eau contenus dans une marmite en fonte émaillée. On termine la réaction en chauffant pendant 3 heures à 100°. On laisse refroidir jusque vers 30° et on mélange avec 25 litres d'eau. On fait bouillir avec 100 litres d'eau et on filtre à 60°. Le produit insoluble est exprimé et séché à 50-60°. Pour le transformer en sulfate, on l'ajoute à 8 fois son poids d'acide sulfurique à 66° chauffé à 60°. On verse dans l'eau, on laisse reposer pendant quelques heures, on filtre, on lave avec une solution à 10 0/0 de sulfate de sodium pour éliminer l'acide libre et on sèche le produit.

Le bleu de Nil est une belle matière colorante bleue, douée d'un grand éclat, comme en général les dérivés du m-amidophénol (voyez RHODAMINES). Le produit commercial se présente sous la forme d'une poudre cristalline verte, à éclat bronzé, peu soluble à froid dans l'eau, plus soluble à l'ébullition, soluble dans l'alcool en donnant des liqueurs bleues. Par addition d'acide chlorhydrique à la solution aqueuse, on précipite le chlorhydrate en petites aiguilles, violettes par transparence, vertes par réflexion. La soude caustique ajoutée à la solution au 1/1000 donne un précipité rouge, qui se dissout dans l'éther en un liquide orangé-brun, doué d'une fluorescence vert foncé. La solution dans l'acide sulfurique concentré est jaune et vire au bleu, en passant par le vert, par addition de quantités croissantes d'eau.

Noir solide,

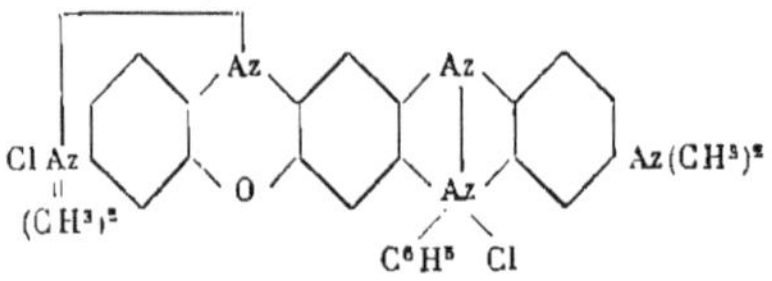

$$(CH^3)^2 \; Cl\,Az \cdots C^6H^4 \overset{Az}{\underset{O}{\diagdown}} C^6H^3 \overset{Az}{\underset{Az}{}} C^6H^3 \cdots Az(CH^3)^2$$
$$C^6H^5 \quad Cl$$

— Cette matière colorante prend naissance par l'action du chlorhydrate de nitrosodiméthylaniline sur la m-oxydiphénylamine. On opère de la manière suivante : On dissout 7 kilogr. de diméthylaniline dans 16 kilogr. d'acide chlorhydrique, on refroidit à 0° par addition de glace et on forme le dérivé nitrosé à l'aide de $4^{kil},5$ de nitrite de sodium. On filtre, on presse et on ajoute le produit ainsi préparé à une dissolution de $3^{kil},5$ d'oxydiphénylamine dans 20 litres d'alcool. En chauffant à l'ébullition, on voit se produire une vive réaction, qui s'achève toute seule ; on sature l'amidodiméthylaniline, formée comme produit secondaire, par 2 kilogr. d'acide chlorhydrique ; on élimine l'alcool par distillation et on précipite la matière colorante par le sel et le chlorure de sodium.

Quant à la m-oxydiphénylamine, on la prépare par l'action de l'aniline sur la résorcine :

$$C^6H^4(OH)^2 + AzH^2 . C^6H^5$$
$$= H^2O + C^6H^4 \overset{OH}{\underset{AzH . C^6H^5}{\diagdown}}$$

Le noir solide forme une poudre noire, soluble en noir violet dans l'eau, en noir bleu dans l'alcool. Par addition d'acide chlorhydrique à la solution aqueuse, on a un précipité noir-bleu ; la soude caustique donne un précipité noir-violet. La solution dans l'acide sulfurique concentré est presque noire et vire au noir violet par addition d'eau.

Le noir solide teint en noir bleuâtre le coton mordancé au tannin.

Bleu de gallamine. — Le bleu de gallamine se prépare comme la gallocyanine, en remplaçant l'acide gallique par l'acide gallamique,

$$C^6H^3 \overset{(OH)^3}{\underset{CO\,AzH^2}{\diagdown}}$$

On sait que ce dernier prend naissance par l'action de l'ammoniaque sur le tannin en présence du bisulfite d'ammonium.

Le bleu de gallamine,

$$(CH^3) - Az - C^6H^3 \overset{Az}{\underset{O}{\diagdown}} C^6H \overset{CO^2H}{\underset{OH}{\overset{OH}{\diagdown}}}$$

est une pâte d'un vert foncé, peu soluble dans l'eau ; la solution, de couleur bleue, vire au rouge par addition d'acide chlorhydrique. La solution dans l'acide sulfurique concentré est rouge.

Le bleu de gallamine teint en bleu la laine mordancée au chrome.

Bleu fluorescent. — Cette matière colorante, qui n'est plus guère employée, se prépare par l'action du brome sur la résorufine,

$$C^5H^3 \overset{O}{\underset{O}{\overset{}{-}}} Az \diagup C^6H^3 . OH$$

Le produit commercial est le sel ammoniacal de la tétrabromorésorufine.

Cette matière colorante teint la laine et la soie en bleu, avec fluorescence d'un rouge brun.

Bleu méthylène,

$$(CH^3)^2 \; Az_{(1)} - C^6H^3 \overset{Az_{(1)}}{\underset{S_{(2)}}{\diagup\diagdown}} C^6H^3 - Az_{(4)} (CH^3)^2.$$
$$\underset{Cl}{\mid}$$

— Cette belle matière colorante est certainement le corps le plus important des séries des oxazines et thiazines.

On a déjà mentionné dans le Dict. (Suppl., **1**, 163) le mode de formation de ce produit par l'action de l'hydrogène sulfuré et du chlorure ferrique sur l'amidodiméthylaniline. Ce procédé a été complétement abandonné et remplacé par la méthode à l'hyposulfite de sodium, que nous décrirons plus loin.

Un autre procédé, qui a été employé pendant un certain temps, consistait à ajouter un mélange intime de sulfure de zinc et de chlorhydrate de nitrosodiméthylaniline à de l'acide sulfurique ($d = 1,4$). Il se formait ainsi la leucobase du bleu méthylène, qu'on oxydait par le chlorure ferrique.

Le procédé à l'hyposulfite de sodium repose sur les réactions suivantes :

1° Préparation d'un acide thiosulfonique,

$$C^6H^3 - S - SO^3H_{(3)} \overset{Az(CH^3)^2_{(1)}}{\underset{AzH^2_{(4)}}{\diagup\diagdown}}$$

par oxydation de l'amidodiméthylaniline en présence d'hyposulfite de sodium ou par l'action de l'acide hyposulfureux sur le produit d'oxydation de la p-amidodiméthylaniline, corps rouge qui a pour formule

$$C^6H^4 \overset{Az(CH^3)}{\underset{AzH}{\diagup\diagdown}}$$

2° Transformation de l'acide thiosulfonique en bleu par une des deux méthodes suivantes :

a. Oxydation de l'acide thiosulfonique en présence de diméthylaniline par le dichromate de sodium. Il se forme ainsi un produit de condensation insoluble

$$Az \overset{C^6H^3}{\underset{C^6H^4 - Az(CH^3)^2}{\diagup\diagdown}} \overset{Az(CH^3)^2}{\underset{}{}} S - SO^3$$

qui, soumis à l'ébullition avec une dissolution de chlorure de zinc, donne de l'acide sulfurique et du leuco-bleu, que l'on transforme aisément en matière colorante par oxydation (c'est le procédé employé actuellement).

b. Réduction de l'acide thiosulfonique en mercaptan, $C^8H^{12}Az^2S$, ou en bisulfure ; oxydation de ce corps par le dichromate en présence de diméthylaniline ; transposition de l'indamine soluble, verte, ainsi obtenue, $2\,C^{16}H^{19}Az^3S.ZnCl^2$, en bleu méthylène en chauffant la dissolution.

Nous donnons ci-dessous quelques indications sur le mode opératoire a :

On dissout 12 kilogr. de diméthylaniline dans un mélange de 65 kilogr. d'acide chlorhydrique concentré et de 40 litres d'eau ; on ajoute $7^{kil},1$ de nitrite de sodium et du zinc en quantité suffisante pour saturer complétement l'acide chlorhydrique libre ; on ramène le liquide à 500 litres par addition d'eau, et on ajoute 16 kilogr. de chlorhydrate de diméthylaniline et 50 kilogr. d'hyposulfite de sodium dissous dans 150 litres d'eau. On oxyde ensuite par une solution de 25 kilogr. de dichromate de potassium, on fait bouillir pendant

2 heures, on ajoute 53 kilogr. d'acide sulfurique et on chasse l'acide sulfureux par une ébullition prolongée. Le leucodérivé contenu dans la liqueur est transformé en matière colorante par addition de 8 kilogr. de chromate neutre de sodium. Ce bleu est finalement précipité par addition de sel marin.

On a remarqué que l'on peut effectuer l'oxydation des produits intermédiaires par les dérivés nitrosés des amines tertiaires, et cette observation a amené à une simplification importante du procédé décrit ci-dessus. La nitrosodiméthylaniline étant préparée, on peut la séparer presque entièrement si on opère en solution concentrée. On filtre, on presse et on dissout le produit provenant de 12 kilogr. de diméthylaniline dans 2 000 litres d'eau. A cette solution on ajoute 12 kilogr. de diméthylaniline à l'état de chlorhydrate, 54 kilogr. de chlorure de zinc et 25 kilogr. d'hyposulfite de sodium. On chauffe pendant 1 heure à 90° environ, puis on ajoute 10 kilogr. de dichromate de potassium ; on fait bouillir pendant 2 heures et on décompose la laque chromique par 28 kilogr. d'acide sulfurique. Après élimination de l'acide sulfureux, on achève l'oxydation par 18 kilogr. de chromate neutre de sodium et on précipite le bleu méthylène par addition de sel marin.

Les procédés de fabrication du bleu méthylène à l'hyposulfite de sodium présentent de nombreux avantages sur le procédé Lauth. Ils donnent en premier lieu un rendement notablement plus élevé ; ensuite ils ne font pas intervenir l'hydrogène sulfuré, corps dangereux à manier et qui a déjà causé de nombreux accidents dans les fabriques de couleurs ; enfin ces procédés permettent une bien plus grande variété de réactions et la préparation de nombreux homologues du bleu méthylène. Notons en passant que, jusqu'à ce jour, c'est le dérivé le plus anciennement connu, le bleu méthylène proprement dit, qui est de beaucoup le plus important des corps de cette série.

Propriétés du bleu méthylène. — Le bleu méthylène forme une poudre brune ou d'un bleu foncé, douée d'un léger éclat bronzé, soluble dans l'eau, moins soluble dans l'alcool. La soude caustique ne précipite pas la base du bleu, qui est toutefois mise en liberté, comme les ammoniums quaternaires, par l'oxyde d'argent. L'iodhydrate du bleu est caractérisé par une très faible solubilité ; les réducteurs acides transforment le bleu méthylène en tétraméthyldiamidothiodiphénylamine, qui s'oxyde à l'air en régénérant rapidement le bleu. L'acide chlorhydrique est sans action sur la solution aqueuse. L'acide sulfurique concentré donne une dissolution d'un vert jaunâtre, qui vire au bleu par addition d'eau.

Le bleu méthylène est largement employé en teinture et en impression, mais seulement pour le coton. Il permet de réaliser de belles nuances bleues, douées d'une grande solidité.

BLEU THIONINE G O,

$$\text{Az} \Big\langle \begin{array}{l} C^6 H^3 - Az\,(C H^3)^2 \\ > S \\ C^6 H^3 - Az\,(C H^3)\,(C^2 H^5)\,Cl \end{array}$$

— On obtient cette matière colorante en oxydant l'acide thiosulfonique,

$$C^6 H^3 Az\,(C H^3)^2\,(S . S O^3 H)\,(Az H^2),$$

par le chromate en présence d'éthylméthylaniline. Le vert sulfonique ainsi obtenu est soumis à l'ébullition avec une solution de chlorure de zinc, et la leucobase qui prend naissance est trans-

formée en matière colorante par oxydation. Il jouit de propriétés analogues à celles du bleu méthylène.

BLEU DE TOLUIDINE,

$$\text{Az} \Big\langle \begin{array}{l} C^6 H^3 - Az\,(C H^3)^2 . H\,Cl \\ > S \\ C^6 H^2 \Big\langle \begin{array}{l} C H^3 \\ Az H \end{array} \end{array}$$

— Ce corps se prépare comme le bleu méthylène, en oxydant par le chromate un mélange d'acide thiosulfonique et d'o-toluidine.

C'est une poudre d'un vert foncé, soluble en violet bleu dans l'eau, en bleu dans l'alcool. En ajoutant de l'acide chlorhydrique à la solution aqueuse, on voit le liquide devenir bleu ; la soude caustique donne un précipité violet sale ; l'acide sulfurique concentré dissout la matière avec une coloration vert-jaunâtre, qui vire au bleu par addition d'eau.

VERT MÉTHYLÈNE. — Ce corps est un dérivé nitré du bleu méthylène. On le prépare de la manière suivante : On dissout 1 partie de bleu méthylène dans 100 parties d'eau et on ajoute à cette dissolution 10 parties d'acide sulfurique, puis, à froid et par petites portions, $0^p,8$ de nitrite de sodium en solution aqueuse. La réaction dure quelques jours ; elle est achevée lorsque le liquide a pris une coloration d'un vert pur. On précipite par le sel marin, on filtre et on redissout ce produit dans l'eau.

Le vert méthylène est une poudre d'un brun foncé, soluble en vert bleuâtre dans l'eau. Il s'applique en teinture et en impression comme le bleu méthylène.

XII. AZINES.

La classe des azines ne renferme guère que deux matières colorantes d'une certaine importance : la *safranine* et l'*induline*.

Elle se divise en trois catégories : les eurhodines, les safranines, les indulines et nigrosines.

Nous allons décrire brièvement les principales matières colorantes se rattachant à ces trois catégories.

EURHODINES.

VIOLET NEUTRE,

$$(C H^3)^2 Az_{(4)} - C^6 H^3 \Big\langle \begin{array}{c} Az_{(1)} \\ | \\ Az_{(2)} \end{array} \Big\rangle C^6 H^3 . Az H^2_{(4)} . H\,Cl.$$

— Ce corps se forme par l'action du chlorhydrate de nitrosodiméthylaniline sur la m-phénylène-diamine. On fait bouillir les solutions aqueuses des composants, et lorsque la formation de matière colorante a atteint son maximum, on précipite par le sel marin.

Le violet neutre est une poudre noir-verdâtre, soluble en rouge violacé dans l'eau ; en ajoutant de l'acide chlorhydrique à la solution aqueuse, il n'y a aucun changement ; un excès d'acide donne toutefois une coloration bleue. La soude caustique produit un précipité brun. La solution dans l'acide sulfurique concentré est verte et vire au violet, en passant par le bleu, par addition de quantités croissantes d'eau.

Le violet neutre teint en violet rouge le coton mordancé au tannin.

ROUGE NEUTRE,

$$(C H^3)^2 Az - C^6 H^3 \Big\langle \begin{array}{c} Az \\ | \\ Az \end{array} \Big\rangle C^6 H^2 \Big\langle \begin{array}{l} C H^3 \\ Az H^2 \end{array} . H\,Cl$$

— On le prépare comme le précédent, en remplaçant la m-phénylène-diamine par la m-crésylène-diamine. Il jouit de propriétés analogues au violet neutre et donne en teinture des nuances tirant beaucoup plus sur le rouge.

SAFRANINES.

Le mode de formation et l'interprétation des réactions qui donnent naissance aux safranines ont été décrits en détail dans le Dictionnaire (Suppl., 1, 1405). Nous croyons inutile d'y revenir. L'importance de la safranine a du reste passablement diminué dans ces dernières années.

Nous dirons quelques mots des nouvelles matières colorantes pouvant se rattacher par leur constitution à la safranine.

BLEU NEUTRE,

$$(CH^3)^2Az - C^6H^3 \overset{Az(\alpha)}{\underset{Az(\beta)}{\big|}} C^{10}H^6$$
$$Cl \quad C^6H^5$$

— On obtient ce corps par l'action du chlorhydrate de nitrosodiméthylaniline sur la phényl-β-naphtylamine. L'opération s'exécute au sein de l'acide acétique cristallisable.

Le bleu neutre est une poudre d'un brun mat, soluble en violet dans l'eau. L'acide chlorhydrique en excès bleuit la solution aqueuse. La soude caustique donne un précipité violet; l'acide sulfurique concentré, une solution de couleur violet-brun.

BLEU DE BALE,

$$(CH^3)^2Az - C^6H^3 \overset{Az}{\underset{Az}{\big|}} C^{10}H^5.AzH.C^6H^4.CH^3$$
$$Cl \quad C^6H^4.CH^3$$

— Le bleu de Bâle se prépare en faisant agir le chlorhydrate de nitrosodiméthylaniline sur la dicrésyl-naphtylène-diamine.

Cette diamine s'obtient aisément par l'action de la toluidine sur le dioxynaphtalène en présence d'acide chlorhydrique :

$$C^{10}H^6 \overset{OH}{\underset{OH}{<}} + 2\,C^6H^4 \overset{AzH^2}{\underset{CH^3}{<}}$$

$$= 2\,H^2O + C^{10}H^6 \overset{AzH.C^6H^4.CH^3}{\underset{AzH.C^6H^4.CH^3}{<}}$$

Le bleu de Bâle est une poudre cristalline brune, soluble en violet bleu dans l'eau. La solution se décolore lorsqu'on la chauffe avec du zinc en poudre. L'acide chlorhydrique précipite la solution aqueuse en bleu. L'acide sulfurique concentré donne un liquide brun-verdâtre qui, étendu d'eau, prend une coloration verte, puis violette ; un grand excès d'eau donne un précipité violet-bleu.

Le bleu de Bâle teint en bleu le coton mordancé au tannin et à l'émétique.

SAFRANINE et PHÉNOSAFRANINE. — Voyez Suppl., 1, 1406.

VIOLET DE MÉTHYLÈNE,

$$(CH^3)^2Az_{(5)} - C^6H^3 \overset{Az_{(2)}}{\underset{Az_{(1)}}{\big|}} C^6H^2 \overset{CH^3_{(4)}}{\underset{CH^3_{(6)}}{<}}$$
$$Cl \quad C^6H^2 - AzH^2_{(4)} \overset{CH^3_{(2)}}{\underset{CH^3_{(5)}}{<}}$$

— Cette matière colorante se prépare en faisant agir le chlorhydrate de nitrosodiméthylaniline sur un mélange de chlorhydrates de m-xylidine et de p-xylidine.

Le violet de méthylène est une pâte brune ou

une poudre vert-grisâtre, soluble en rouge fuchsine dans l'eau et dans l'alcool. L'addition d'acide chlorhydrique à la solution aqueuse donne une coloration bleue; la soude caustique produit un précipité rouge, soluble dans l'eau. La solution dans l'acide sulfurique concentré est verte et vire au bleu, puis au rouge, par addition d'eau.

Le violet de méthylène teint en violet rouge le coton mordancé au tannin et à l'émétique. Il est employé en impression pour nuancer le violet d'alizarine.

VERT D'AZINE GB,

$$(CH^3)^2Az_{(4)} - C^6H^3 \overset{Az(\alpha)}{\underset{Az(\beta)}{\big|}} C^{10}H^5 - \beta - AzH.C^6H^5$$
$$Cl \quad C^6H^5$$

— Le vert d'azine se prépare en faisant agir le chlorhydrate de nitrosodiméthylaniline sur la diphénylnaphtylène-diamine 2.6. Cette diamine dérive du dioxynaphtalène qui prend naissance par fusion alcaline de l'acide β-naphtol-β-sulfonique. On chauffe pendant quelques heures à 170° 30 kilogr. de dioxynaphtalène avec 25 kilogr. de chlorhydrate d'aniline et 70 kilogr. d'aniline, jusqu'à disparition du dioxynaphtalène. On fait digérer à chaud pendant quelques heures le produit de la réaction avec de l'eau acidulée pour enlever l'aniline, on filtre, on lave et on sèche.

Pour transformer la diamine en matière colorante, on chauffe 30 kilogr. de ce corps avec 50 kilogr. de chlorhydrate de nitrosodiméthylaniline et 120 litres d'alcool. Après quelques heures d'ébullition au réfrigérant à reflux, la transformation en matière colorante est achevée; on étend d'eau et on précipite par le sel.

Le vert d'azine forme une poudre d'un vert foncé, soluble en vert dans l'eau et dans l'alcool. L'acide chlorhydrique et la soude caustique précipitent en vert la solution aqueuse. L'acide sulfurique concentré donne une dissolution brune, virant au vert par addition d'eau.

Le vert d'azine teint le coton mordancé au tannin et à l'émétique en un vert olive très solide.

INDAZINE M,

$$C^6H^2 \overset{Az}{\underset{Az}{\big\langle}} \overset{Az}{\underset{Az}{\big\rangle}} \begin{matrix} C^6H^3 - Az(CH^3)^2 \\ C^6H^3 - Az(CH^3)^2 \end{matrix}$$
$$Cl \quad C^6H^5$$

— Ce corps s'obtient en faisant agir 3 molécules de chlorhydrate de nitrosodiméthylaniline sur 1 molécule de diphényl-m-phénylène-diamine. On chauffe 26 kilogr. de diphényl-m-phénylène-diamine avec 55 kilogr. de chlorhydrate de nitrosodiméthylaniline et 100 kilogr. d'alcool. Lorsque la réaction est achevée, ce dont on s'aperçoit à la disparition totale de la nitrosodiméthylaniline, on évapore l'alcool, on reprend le résidu par l'eau et on précipite la solution aqueuse filtrée par le sel marin.

L'indazine constitue une poudre à éclat bronzé, soluble en bleu dans l'eau. L'acide chlorhydrique n'agit pas sur la solution aqueuse ; la soude caustique donne un précipité bleu. La solution dans l'acide sulfurique concentré est vert-noirâtre et vire au bleu par addition d'eau.

L'indazine teint le coton mordancé au tannin et à l'émétique en un bleu très solide à reflets rouges.

INDULINES ET NIGROSINES.

Il existe deux méthodes pour préparer l'induline.

La première consiste à chauffer un mélange de nitrobenzène, d'aniline et d'acide chlorhydrique en présence du fer (procédé Coupier). On sait que la substitution de l'aniline pour rouge (mélange d'aniline et de toluidine) à l'aniline pure donne dans les mêmes circonstances naissance à de la rosaniline.

Le second mode de préparation de l'induline consiste à chauffer de l'aniline avec de l'amidoazobenzène, $C^6H^5-Az=Az-C^6H^4-AzH^2$, en présence de chlorhydrate d'aniline (procédé Caro). Ce second mode de préparation est susceptible d'une bien plus grande variété de réactions. On peut, par exemple, faire intervenir des diamines, telles que la phénylène-diamine, et obtenir ainsi des indulines amidées, plus solubles que l'induline proprement dite, et pouvant donner lieu à des applications intéressantes.

Constitution de l'induline. — Nous ne donnerons pas ici en détail les travaux nombreux et très intéressants qui ont paru récemment sur l'induline, mais nous devons toutefois mentionner les principaux résultats obtenus.

La formation de l'induline par le procédé Coupier n'est guère expliquée, la réaction étant plus brutale qu'avec l'amidoazobenzène. Il paraît à première vue étrange de voir se former avec l'aniline pure des produits tout différents de ceux qu'on obtient avec un mélange d'aniline et de toluidine, toutes choses égales d'ailleurs. Ce fait est dû à ce que, ni l'aniline ni le nitrobenzène pur ne contenant de chaîne latérale, il ne peut se former de dérivés du triphénylméthane, faute du carbone central. La molécule se condense alors par l'intermédiaire du groupe AzH^2 de l'aniline. Les recherches sur la constitution intime de l'induline ont montré qu'il en est bien ainsi.

Dans le procédé à l'amidoazobenzène, la formation de l'induline est précédée de celle d'une quinone-anilide, l'azophénine,

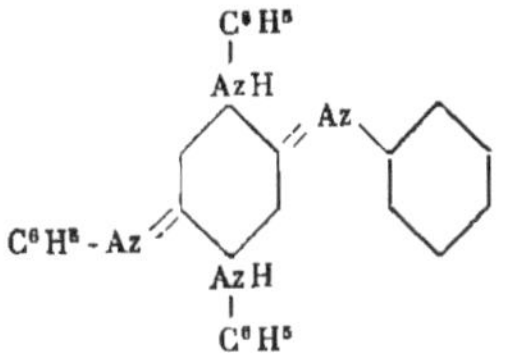

Par une phénylation plus avancée, on obtient comme produit ultime l'*induline* dite 6 *B,*

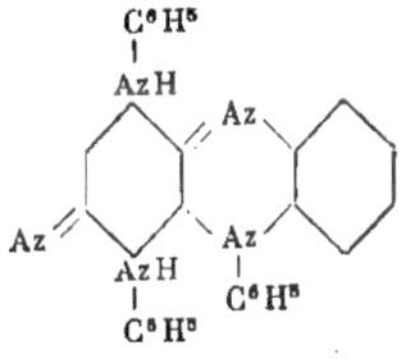

Quant à l'induline la plus simple, $C^{16}H^{13}Az^3$, elle a pour formule de structure

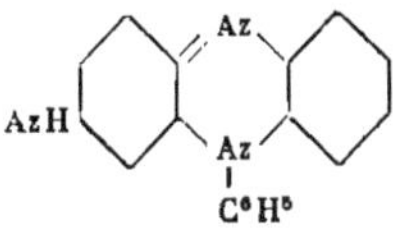

Dans la série du naphtalène les réactions ont lieu d'une manière analogue. On arrive ainsi à la rosinduline et à la phénylrosinduline, représentées par les schémas suivants :

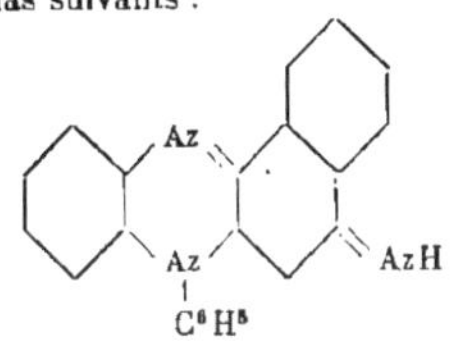

Rosinduline.

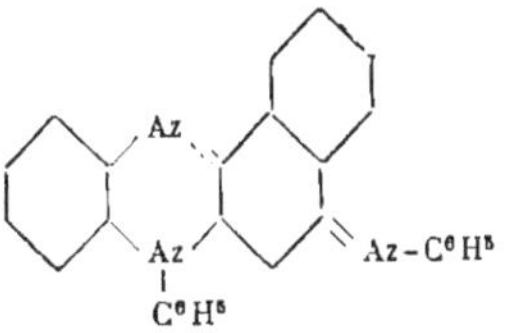

Phénylrosinduline.

Nous allons maintenant donner quelques détails sur la préparation des matières colorantes se rattachant aux indulines.

INDULINE *proprement dite* OU BLEU COUPIER. — Pour préparer cette matière colorante par le procédé Coupier, on chauffe dans une marmite en fonte, à feu nu, un mélange de 100 kilogr. d'aniline pure, 50 kilogr. de nitrobenzène et 60 kilogr. d'acide chlorhydrique avec 5 kilogr. de tournure de fer. Il distille d'abord de l'eau chargée d'aniline, puis, lorsque la totalité de l'eau a été éliminée, il se manifeste une violente réaction, accompagnée d'une distillation très abondante d'aniline et de nitrobenzène. Lorsqu'elle est calmée, on ravive le feu, qu'on avait baissé au commencement de la réaction, et on chauffe en agitant jusqu'à ce qu'une prise d'essai donne par le refroidissement une masse mordorée cassante. On enlève alors le couvercle de la marmite, on puise à la poche le contenu encore fluide de la chaudière et on le verse dans des cuvettes peu profondes en tôle. Le fond de la chaudière, plus ou moins altéré, est mis de côté et donne un produit de qualité inférieure.

La masse est concassée grossièrement et introduite dans 5 fois son poids d'acide sulfurique à 66°. Il se dégage des torrents de gaz acide chlorhydrique. L'opération s'exécute dans une chaudière en fonte à double fond, chauffée par la vapeur. Lorsque le dégagement d'acide chlorhydrique a cessé, on chauffe jusqu'à ce qu'une prise d'essai se dissolve dans l'ammoniaque. On verse alors le liquide dans un bac doublé en plomb, renfermant une grande quantité d'eau ; on décante, après 24 heures de repos, le liquide acide, on lave deux ou trois fois par décantation et on jette le précipité sur une toile. On laisse égoutter et on chauffe le précipité d'acide sulfonique dans une chaudière en cuivre à double fond, avec la quantité de carbonate de sodium nécessaire à la formation du sel sodique. Enfin on évapore à siccité la solution sur des plaques sécheuses ou dans un double fond.

Préparation de l'induline par le procédé à l'amidoazobenzène. — On commence en premier lieu par préparer l'amidoazobenzène (voyez p. 1292) ; mais il n'est pas nécessaire de l'isoler. La solution de ce corps dans l'aniline est additionnée de chlorhydrate d'aniline et chauffée dans une marmite en fonte émaillée, munie d'un agitateur et d'un couvercle, jusqu'à ce qu'une prise d'essai, arrosée d'alcool, donne une nuance comparable à un type qu'on essaye en même temps.

Pendant l'opération, il se dégage de grandes quantités d'ammoniaque et l'excès d'aniline distille en grande partie et se condense dans un réfrigérant approprié. On fait alors arriver un courant de vapeur d'eau dans la marmite, de façon à entraîner presque complètement l'aniline. A la fin de l'opération, on introduit dans l'appareil de l'eau bouillante et on agite fortement pour diviser et laver le produit. On coule la matière encore chaude sur des plaques en tôle, et, après refroidissement, on la concasse et on la sulfoconjugue comme pour le produit obtenu par le procédé Coupier.

Dans la préparation de l'induline, on obtient des *échappés*, formés d'aniline pure si on procède par l'amidoazobenzène, d'un mélange d'aniline et de nitrobenzène si on travaille d'après le procédé Coupier.

Dans ce dernier cas, les échappés rentrent en fabrication après qu'on a dosé le nitrobenzène et l'aniline. Pour les échappés du procédé à l'amidoazobenzène, on décante l'aniline, qui rentre en fabrication. Quant aux eaux tenant en dissolution environ 3 0/0 d'aniline, on peut les utiliser pour la préparation de l'amidoazobenzène en opérant de la manière suivante : On ajoute à 10 kilogr. d'aniline 15 kilogr. d'acide chlorhydrique, puis peu à peu $3^{kil},5$ de nitrite de sodium en solution aqueuse. Il se forme, aux dépens de la moitié de l'aniline contenue dans le liquide, du chlorure de diazobenzène, $C^6H^5 - Az = Az - Cl$. Si maintenant on sature la solution par le carbonate de sodium ou par la chaux, de manière à mettre en liberté l'aniline, cette dernière se combine au dérivé diazoïque pour donner le dérivé diazoamidé $C^6H^5 - Az = Az - AzH - C^6H^5$. On jette sur filtre, on essore et on transpose le dérivé diazoamidé en le chauffant légèrement avec de l'aniline et du chlorhydrate d'aniline, de manière à avoir de l'amidoazobenzène, que l'on traite comme il a été dit ci-dessus.

Quant aux différentes marques d'induline, on les obtient en prolongeant plus ou moins l'action de l'aniline, la phénylation la plus avancée correspondant, comme nous l'avons dit, au bleu le plus verdâtre ; les produits moins phénylés tirent plus sur le rouge.

L'induline non sulfonée est une poudre d'un noir bleu, insoluble dans l'eau, soluble en bleu violet dans l'alcool. L'addition d'acide chlorhydrique à la solution alcoolique fait virer la nuance au bleu pur. La soude caustique donne un précipité violacé. La solution dans l'acide sulfurique concentré est bleue et précipite en bleu violet par addition d'eau.

On emploie l'induline en impression pour réaliser des nuances d'une solidité égale à celle de l'indigo et résistant même à l'acide nitrique. Pour cet emploi, on additionne la couleur d'un dissolvant, tel que l'acide éthyltartrique ou l'acétine (produit obtenu par l'ébullition de 1 partie de glycérine avec 2 parties d'acide acétique cristallisable pendant 48 heures). Au vaporisage, le dissolvant est éliminé et la matière colorante est solidement fixée sur le tissu à l'aide du tannin, dont on a au préalable additionné la couleur.

L'induline mélangée de brun Bismarck sert également à la préparation du vernis noir à l'alcool.

L'induline sulfonée du commerce est une poudre bronzée, douée d'une odeur particulière, rappelant les carbylamines si elle a été préparée par l'amidoazobenzène ; elle est soluble dans l'eau ; les solutions précipitent par addition d'acide.

Un corps qui se rattache probablement à la série de l'induline s'obtient en chauffant pendant quelques jours un mélange d'aniline, de nitro-

benzène, d'acide acétique à 40 0/0 et de fer. On opère pour la préparation comme pour le bleu Coupier. La masse noire ainsi obtenue est presque insoluble dans l'alcool. Traitée par l'acide sulfurique concentré à 100°, elle se sulfoconjugue en donnant un acide sulfonique soluble dans les alcalis. Le sel sodique est la matière colorante connue sous le nom de *nigrosine*. Les diverses nigrosines sont du reste des mélanges avec des quantités variables d'une induline de qualité inférieure. L'emploi de la nigrosine en teinture est très restreint.

Dans des conditions particulières, on arrive à obtenir des indulines dont les sels sont solubles dans l'eau. On emploie pour la préparation des *indamines*, tel est le nom donné à ces indulines solubles, les proportions suivantes :

Amidoazobenzène........	20 parties.
Chlorhydrate d'aniline....	24 —
Aniline.................	57 —

On chauffe progressivement jusqu'à 115° ; il se forme alors de l'indophénine, qui au bout de quelques minutes se transforme en induline. La réaction est accompagnée d'un dégagement de chaleur qui élève à 135-140° la température du liquide. Lorsque la réaction est achevée, on traite par un excès d'acide chlorhydrique étendu, on filtre, on lave et on broie le produit avec la quantité théorique de soude caustique. Le mélange des bases colorantes est alors chauffé sous pression avec 100 parties d'acide acétique à 10 0/0 et chassé bouillant à travers un filtre-presse. Seule la base de l'indamine se dissout à l'état d'acétate. On évapore et on abandonne à la cristallisation.

L'indamine est utilisée en impression pour produire des nuances indigo ; on l'emploie aussi en mélange avec les couleurs dérivées des bois de teinture. Par un passage au dichromate, on obtient des teintes foncées douées d'une extrême solidité.

Bleu de p-phénylène,

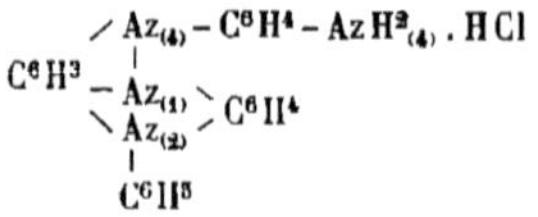

$$C^6H^3 \begin{array}{l} \diagup Az_{(4)} - C^6H^4 - AzH^2_{(4)} \,.\, HCl \\ \mid \\ - Az_{(1)} \diagdown \\ \diagdown Az_{(2)} \diagup C^6H^4 \\ \mid \\ C^6H^5 \end{array}$$

— Ce corps, qui doit être envisagé comme une amido-induline, se forme par l'action de la p-phénylène-diamine sur le chlorhydrate d'amidoazobenzène. On chauffe le mélange à 180°, on élimine les matières volatiles, après addition de soude, par un courant de vapeur d'eau, on redissout dans l'acide chlorhydrique, on filtre et on précipite la matière colorante par addition de sel marin.

Le bleu de p-phénylène constitue une poudre de couleur foncée, soluble en bleu dans l'eau et dans l'alcool. L'acide chlorhydrique n'altère pas la solution aqueuse ; la soude caustique donne un précipité violet. La solution dans l'acide sulfurique concentré est bleue et ne change pas de couleur par addition d'eau.

Le bleu de p-phénylène teint en bleu le coton mordancé au tannin et à l'émétique. La nuance est beaucoup plus stable après un passage au bain oxydant.

Bleu de crésylène,

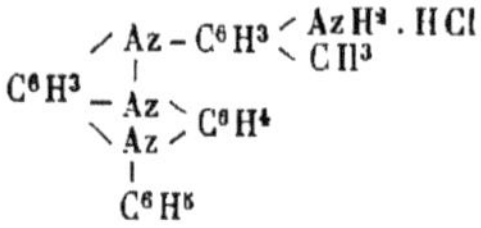

$$C^6H^3 \begin{array}{l} \diagup Az - C^6H^3 \diag< \begin{array}{l} AzH^2 \,.\, HCl \\ CH^3 \end{array} \\ \mid \\ - Az \diagdown \\ \diagdown Az \diagup C^6H^4 \\ \mid \\ C^6H^5 \end{array}$$

— Ce corps se forme par l'action de la p-crésylène-diamine à 180-200° sur l'induline polyphénylée, peu soluble dans l'alcool. La matière colorante est soluble dans l'eau en bleu indigo. Un excès d'acide chlorhydrique ajouté à la solution aqueuse donne un précipité d'un sel acide. La soude caustique précipite la base de la matière colorante en flocons bruns.

Cette matière colorante teint en bleu indigo le coton mordancé ou non.

Azocarmin.

$$C^{10}H^5 \diagup \begin{array}{l} Az - C^6H^5 \\ | \\ Az \diagdown \\ Az \diagup \end{array} C^6H^4 \quad | \quad C^6H^5$$

— L'azocarmin du commerce est le dérivé disulfonique du corps précédent (phénylrosinduline) ; on le prépare par l'action du chlorhydrate d'aniline sur la benzène-azo-α-naphtylamine,

$$C^6H^5 - Az = Az - C^{10}H^6 - AzH^2(\alpha).$$

On emploie 10 kilogr. du chlorhydrate du dérivé amidoazoïque, 10 kilogr. de chlorhydrate d'aniline et 35 kilogr. d'aniline. On chauffe au bain d'huile à 100-130° pendant 1 ou 2 heures, on reprend le produit de la réaction par l'acide chlorhydrique et on épuise le résidu, lavé et desséché, par le toluène à 100°. On élimine ainsi des matières brunes qui souillent la phénylrosinduline. On filtre, on dissout dans l'alcool et on ajoute de la soude caustique jusqu'à réaction alcaline. La base se dépose alors en cristaux. La transformation en azocarmin s'effectue en chauffant à 95° 1 partie de rosinduline avec 4 parties d'acide sulfurique fumant, à 23 0/0 d'anhydride, jusqu'à ce qu'une prise d'essai donne, par addition d'eau, un précipité d'acide sulfoné entièrement soluble dans l'eau bouillante. On verse alors le liquide dans l'eau glacée, on filtre, on lave à froid et on ajoute la quantité de soude nécessaire pour transformer en sel de sodium.

L'azocarmin est une pâte rouge à reflets dorés, peu soluble en rouge dans l'eau. L'acide chlorhydrique précipite la solution aqueuse en rouge ; la soude caustique ne donne aucun changement. Avec l'acide sulfurique concentré, on obtient une liqueur verte, qui précipite en rouge par addition d'eau.

L'azocarmin teint la laine, sur bain acide, en nuances d'un rouge vif.

XIII. INDIGO ARTIFICIEL.

La préparation de l'indigo artificiel ne s'effectue jusqu'ici que sur tissu, à l'aide de l'acide o-nitrophénylpropiolique,

$$C^6H^4 \diagup \begin{array}{l} C \equiv C - CO^2H_{(1)} \\ AzO^2_{(2)} \end{array}$$

L'emploi de cet agent est toutefois des plus restreints et les beaux travaux de M. Baeyer n'ont pu faire une concurrence sérieuse à l'indigo naturel. Nous ne dirons donc que peu de mots sur la préparation industrielle de l'acide nitrophénylpropiolique.

Un nouveau mode de formation de l'indigo ou plutôt de l'indoxyle a été tenté par M. Heumann. Il consiste à fondre avec de la soude caustique le phénylglycocolle :

$$C^6H^5 - AzH - CH^2 \cdot CO^2H$$
$$= H^2O + C^6H^4 \diagup \begin{array}{l} CO \\ AzH \end{array} \diagdown CH^2.$$

Le phénylglycocolle prend naissance par l'action de l'acide monochloracétique sur l'aniline L'indoxyle ainsi obtenu s'oxyde très facilement à l'air, en se transformant en indigotine.

Les rendements déplorables obtenus à l'aide de ce procédé se sont opposés jusqu'ici à son exploitation industrielle. Il est toutefois possible que de nouvelles recherches dans cet ordre d'idées donnent un meilleur résultat.

Déjà la substitution du crésylglycocolle à son homologue inférieur conduit à des rendements sensiblement plus élevés.

Préparation industrielle de l'acide o-nitrophénylpropiolique. — Cette opération comprend les phases suivantes :

1° Préparation de l'acide cinnamique ;

2° Préparation de l'acide o-nitrocinnamique ;

3° Bromuration de l'acide nitré et sa transformation en acide phénylpropiolique o-nitré.

Préparation de l'acide cinnamique. — Le procédé appliqué industriellement consiste dans l'action du chlorure de benzylidène $C^6H^5 \cdot CHCl^2$ sur l'acétate de sodium fondu.

Ce dernier se prépare dans une chaudière en fonte, chauffée à feu nu jusqu'à fusion ignée. L'appareil doit être muni d'un bon agitateur, pour éviter une inflammation de la substance ; on maintient l'agitateur en mouvement pendant le refroidissement et on obtient ainsi une poudre grossière d'acétate fondu qui se prête très bien à la réaction.

1 partie de chlorure de benzylidène et 2p,5 d'acétate sont chauffées progressivement jusque vers 220° pendant 24 heures ; le produit de la réaction est saturé par la soude et traité par un courant de vapeur d'eau qui élimine les produits volatils non entrés en réaction : la dissolution filtrée est précipitée par l'acide chlorhydrique. L'acide cinnamique se sépare ; on filtre, on lave et on sèche le produit. La liqueur mère est traitée en vue de la régénération de l'acide acétique.

Préparation de l'acide o-nitrocinnamique. — On ajoute 1 partie d'acide cinnamique fine-pulvérisé à 5 parties d'acide nitrique à 46° B. L'addition doit se faire peu à peu, en agitant et en ayant soin de ne pas élever la température au-dessus de 10°. La nitration a lieu immédiatement. On jette le produit dans une grande quantité d'eau, on filtre, on lave jusqu'à disparition de la réaction acide et on exprime fortement. Le produit est constitué par un mélange des deux dérivés o- et p-nitrés ; il est blanc, inodore, fond au-dessus de 220° et ne se colore pas en rouge par la soude. On délaye la matière dans 9-10 parties d'alcool et on fait passer à travers la dissolution un courant de gaz acide chlorhydrique sec ; on refroidit ensuite à 10-15° la liqueur, qui est d'un brun clair.

L'éther p-nitré

$$C^6H^4 \diagup \begin{array}{l} CH = CH - CO^2C^2H^5 \\ AzO^2 \end{array}$$

se sépare ; on filtre ; on verse le liquide alcoolique dans 3-4 parties d'eau et on laisse refroidir pendant 12 heures à une température aussi basse que possible ; l'éther o-nitré se sépare presque complètement. On filtre et on purifie le produit par cristallisation dans l'alcool. L'éther est saponifié soit par la soude caustique à froid en présence d'une petite quantité d'alcool, soit par les acides minéraux à la température du bain-marie.

L'acide o-nitrocinnamique ainsi obtenu est jaunâtre et fond au-dessus de 225°. Le rendement est de 50-60 0/0 de l'acide cinnamique employé.

Transformation de l'acide o-nitrocinnamique en acide nitrophénylpropiolique. — Il faut d'abord transformer l'acide o-nitrocinnamique en un dibromure,

$$C^6H^4 \begin{cases} CHBr - CHBr - CO^2H \\ AzO^2 \end{cases}$$

Cette opération s'exécute en faisant arriver du brome liquide à la partie supérieure d'une caisse doublée en plomb, qui renferme des cuvettes en porcelaine contenant une couche de 1-2 centimètres d'épaisseur d'acide nitrocinnamique très sec et en poudre fine. Le brome en vapeur agit peu à peu sur l'acide pour le transformer en produit d'addition. Cette opération doit être exécutée à l'abri de la lumière du jour; elle dure de 12 à 15 heures. Le produit est repris par une dissolution aqueuse et étendue d'acétate de sodium; la dissolution filtrée est précipitée par l'acide chlorhydrique étendu. On filtre, on lave et on amène le produit à l'état de pâte renfermant environ 20 0/0 de matière sèche; on refroidit et on ajoute pour 1 partie d'acide dibromé 2p,5 à 3 parties de lessive de soude (d = 1,4); tout entre en dissolution : au bout de quelque temps, il se dépose un magma cristallin du sel de sodium de l'acide nitrophénylpropiolique. On le reprend par l'eau, on précipite la solution par l'acide sulfurique étendu, on filtre et on ramène le précipité à une teneur déterminée en matière sèche par addition d'eau. Ce qui reste dans la liqueur mère est extrait par un battage à l'alcool amylique. Les eaux chargées de bromure de sodium rentrent dans la fabrication de l'acide dibromé : à cet effet, on les évapore à siccité, on mélange le bromure de sodium avec du peroxyde de manganèse et on fait couler sur ce mélange de l'acide sulfurique qui met le brome en liberté. La vapeur de brome ainsi produite sert à la préparation d'une nouvelle quantité de dibromure (voyez plus haut).

L'acide propiolique du commerce (acide o-nitrophénylpropiolique) forme une pâte jaunâtre, composée de lamelles microscopiques, solubles dans l'eau et plus facilement dans l'alcool. L'acide chlorhydrique ne donne aucun changement. En chauffant la solution aqueuse avec de la soude caustique et de la glucose, on voit se former un précipité bleu à reflets bronzés, constitué par l'indigotine.

CARMIN D'INDIGO ARTIFICIEL,

$$C^6H^3 - AzH \begin{cases} CO \\ SO^3Na \end{cases} C = C \begin{cases} CO \\ AzH - C^6H^3. \\ SO^3Na \end{cases}$$

— Cette matière colorante s'obtient en traitant le phénylglycocolle par l'acide sulfurique fumant. C'est une poudre d'un bleu foncé, soluble en bleu dans l'eau, dans l'alcool et dans l'acide sulfurique concentré.

Le carmin d'indigo artificiel teint la laine, sur bain acide, en bleu.

XIV. MATIÈRES COLORANTES QUINOLÉIQUES.

Cette classe de corps ne renferme qu'un nombre restreint de matières colorantes, ayant elles-mêmes peu d'importance au point de vue industriel. On y rattache entre autres la *cyanine* ou *bleu de quinoléine* déjà décrite dans le Dictionnaire, et la *phosphine*. Une réaction d'une certaine importance donne naissance à des corps qui se rattachent au noyau quinoléique et qui sont utilisés comme matières colorantes (*benzoflavines*). On les obtient de la manière suivante : On unit l'aldéhyde benzylique à une m-diamine, par exemple la m-phénylène-diamine;

il se forme ainsi un tétramidotriphénylméthane,

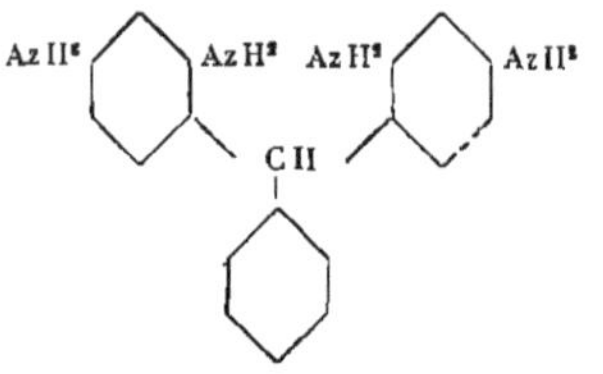

Par l'action des acides, ce corps perd les éléments de l'ammoniaque en donnant de la diamidohydrophénylacridine,

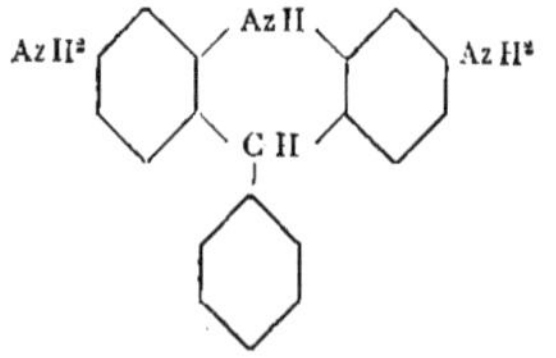

que les oxydants transforment en diamidophénylacridine (benzoflavine),

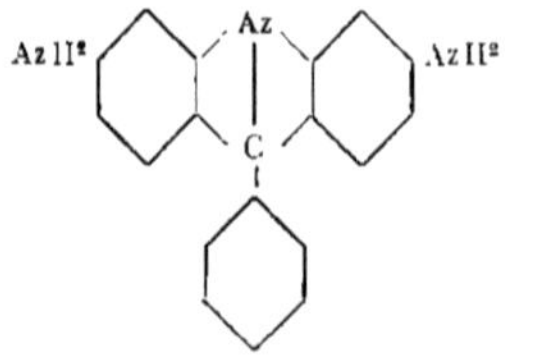

La diamidoacridine (*jaune d'acridine*) se forme d'une manière analogue en partant de l'aldéhyde méthylique.

ROUGE DE QUINOLÉINE,

$$ClC \begin{cases} C^6H^5 \\ C^9H^6Az \\ C^9H^6Az.CH^3 \end{cases}$$

— Ce corps se forme par l'action du phénylchloroforme sur un mélange de quinaldine et d'isoquinoléine en présence de chlorure de zinc.

Le produit commercial forme de petites aiguilles d'un rouge brun foncé, douées d'un éclat bronzé, insolubles dans l'eau froide, solubles dans l'eau chaude et dans l'alcool; la solution alcoolique est douée d'une fluorescence orangée. La solution dans l'acide sulfurique concentré est incolore et vire au rouge par addition d'eau.

Le rouge de quinoléine est employé en photographie pour rendre les plaques au gélatinobromure plus sensibles à certains rayons du spectre.

JAUNE DE QUINOLÉINE,

$$C \begin{cases} CH - C^9H^4Az(SO^3Na)^2 \\ C^6H^4 \\ O - CO \end{cases}$$

— Ce corps s'obtient en chauffant de la quinaldine avec de l'anhydride phtalique en présence du chlorure de zinc. Le produit, qui est soluble dans l'alcool et insoluble dans l'eau, sert à préparer des vernis et à colorer la cire. Pour le transformer en matière colorante soluble dans l'eau, on le traite par l'acide sulfurique concentré et l'on transforme le dérivé sulfonique en sel sodique par les méthodes usuelles.

Le jaune de quinoléine est une poudre jaune, soluble en jaune dans l'eau et dans l'alcool. L'acide chlorhydrique décolore légèrement la solution aqueuse ; la soude caustique, au contraire, fonce la solution ; la solution dans l'acide sulfurique concentré est orangée et vire au jaune par addition d'eau.

Le jaune de quinoléine teint la soie, sur bain acide, en un jaune verdâtre.

JAUNE D'ACRIDINE,

$$C^6H^3 - Az \begin{matrix} CH \\ AzH^2 \\ CH^3 \end{matrix} C^6H^2 \begin{matrix} CH^3 \\ AzH^2 \end{matrix} . HCl$$

— Cette matière colorante se prépare de la manière suivante : On dissout 26 kilogr. de m-crésylène-diamine dans 10 kilogr. d'acide sulfurique et 400 litres d'eau ; on ajoute 3 kilogr. d'aldéhyde méthylique. Il se forme immédiatement un produit de condensation, formé d'aiguilles brillantes ; on filtre, on lave et on chauffe le précipité en autoclave avec 90 kilogr. d'acide chlorhydrique concentré et 270 litres d'eau, à une température de 150° que l'on maintient pendant quelques heures.

Le liquide est ensuite oxydé à froid par le chlorure ferrique. Le produit d'oxydation constitue la matière colorante ; il se dépose en cristaux, qu'on filtre et qu'on purifie par un lavage à l'acide chlorhydrique étendu.

Le jaune d'acridine est une poudre jaune, soluble dans l'eau et dans l'alcool en donnant une liqueur jaune, douée d'une fluorescence verte. L'acide chlorhydrique et la soude caustique précipitent en jaune la solution aqueuse ; l'acide sulfurique concentré donne une solution jaune qui précipite en jaune par addition d'eau.

Le jaune d'acridine teint la soie en jaune verdâtre avec fluorescence verte.

ORANGÉ D'ACRIDINE,

$$Az(CH^3)^2 - C^6H^3 \begin{matrix} CH \\ Az \end{matrix} C^6H^3 - Az(CH^3)^2.$$

— On prépare ce corps en traitant par les acides le tétraméthyltétramidodiphénylméthane et en oxydant la leucoacridine qui prend naissance.

C'est une poudre orangée, soluble en orangé avec fluorescence verte dans l'eau et dans l'alcool ; l'acide chlorhydrique colore en rouge la solution aqueuse ; la soude caustique donne un précipité jaune. L'acide sulfurique concentré donne une liqueur presque incolore, virant successivement au rouge et à l'orangé par addition d'eau.

L'orangé d'acridine teint la soie en orangé avec fluorescence verdâtre.

BENZOFLAVINE,

$$C^6H^2 \begin{matrix} CH^3 \\ AzH^2 \\ Az \\ C \\ C^6H^5 \end{matrix} C^6H^2 \begin{matrix} CH^3 \\ AzH^2 \end{matrix} . HCl$$

— On broie de la m-crésylène-diamine avec de l'eau et on ajoute de l'aldéhyde benzylique ; la masse s'échauffe et se transforme en un composé qui a pour formule

$$C^6H^5 - CH = Az - C^6H^3 \begin{matrix} CH^3 \\ AzH^2 \end{matrix}$$

Ce produit, traité par le sulfate de m-crésylène-

diamine en solution aqueuse, fournit le tétramidodicrésylphénylméthane,

$$C^6H^5 - CH \begin{matrix} C^6H^3 \begin{matrix} CH^3 \\ AzH^2 \\ AzH^2 \end{matrix} \\ C^6H^2 \begin{matrix} CH^3 \\ AzH^2 \\ AzH^2 \end{matrix} \end{matrix}$$

Ce dernier, traité en vase clos par l'acide chlorhydrique, perd 1 molécule d'ammoniaque et fournit l'hydrodiamidodiméthylphénylacridine, que le chlorure ferrique transforme en diméthyldiamidodiphénylacridine ou benzoflavine.

La benzoflavine est une poudre orangé-brun, soluble dans l'eau en jaune, en orangé dans l'alcool. La solution alcoolique est douée d'une fluorescence verdâtre très intense. L'acide chlorhydrique précipite en orangé la solution aqueuse ; la soude caustique donne un précipité jaunâtre. La solution dans l'acide sulfurique concentré est jaune-verdâtre et douée d'une fluorescence d'un vert intense ; par addition d'eau, il y a d'abord une coloration jaune, puis un précipité orangé.

La benzoflavine est une belle matière colorante jaune, beaucoup moins intense toutefois que le jaune d'acridine.

XV. MATIÈRES COLORANTES THIOBENZÉNIQUES.

Cette catégorie ne comprend que la thioflavine, qui se rattache en quelque sorte à la primuline (voyez p. 1331).

La *thioflavine T* a pour formule

$$CH^3 \begin{matrix} CH^3 \ Cl \\ Az \\ C \\ S \end{matrix} C - Az(CH^3)^2 HCl$$

On la prépare par méthylation de la déhydrothiotoluidine, que l'on obtient en chauffant à 180° 2 molécules de toluidine avec 2 molécules de soufre. Cette méthylation s'effectue le mieux en vase clos, par l'alcool méthylique et l'acide chlorhydrique, à une température de 160-170° : les quantités employées sont de 30 kilogr. d'alcool méthylique et de 11kg,6 d'acide chlorhydrique pour 24 kilogr. de déhydrothiotoluidine. Par le refroidissement, on obtient un magma de cristaux de thioflavine. On purifie le produit en le dissolvant dans l'eau et en précipitant par le sel marin la solution filtrée.

La thioflavine T, traitée à 70-80° par 4 parties d'acide sulfurique fumant à 10 0/0 d'anhydride, se transforme en un acide sulfoné, insoluble dans l'eau, dont le sel sodique constitue la *thioflavine S* du commerce.

La thioflavine T est une poudre jaune, cristalline, soluble en jaune dans l'eau et dans l'alcool ; la solution alcoolique est douée d'une fluorescence verte. L'acide chlorhydrique et la soude caustique sont sans action sur la solution aqueuse ; l'acide sulfurique concentré donne une solution incolore, virant au jaune par addition d'eau.

Elle teint le coton mordancé au tannin en jaune verdâtre, et la soie, sur bain de vieux savon, en jaune avec une fluorescence verte.

La *thioflavine sulfonée* ou *thioflavine S* est une poudre jaune, soluble dans l'eau, moins soluble dans l'alcool ; l'acide chlorhydrique précipite la solution aqueuse en jaune orangé ; la soude caustique est sans action. La solution dans l'acide sulfurique concentré est jaune-brun et précipite en jaune orangé par addition d'eau.

La thioflavine S teint le coton sans mordant, sur bain alcalin, en un jaune verdâtre très pur.

BIBLIOGRAPHIE. — Schultz, *Tabellen der künstlichen Farbstoffe*. — Mülhäuser, *Technik der Rosanilinfarbstoffe*. — Friedlænder, *Fortschritte der Theerfarbenfabrication*.

Nous venons d'exposer aussi rapidement que possible l'état actuel de nos connaissances sur l'industrie des matières colorantes artificielles dérivées du goudron de houille. Malgré le soin que nous y avons apporté, notre travail est néanmoins incomplet. En effet, les découvertes se succèdent avec une telle rapidité, qu'il est matériellement impossible de tenir compte de tous les produits nouveaux qui apparaissent sur le marché et dont beaucoup n'ont du reste qu'une existence éphémère.

Tel qu'il est, nous espérons que notre article permettra aux personnes qu'intéresse cette belle industrie d'avoir une idée d'ensemble des progrès qui ont été réalisés dans ces dernières années et nous renvoyons pour la description des brevets tout récents aux publications périodiques qui traitent de ces questions.

G. de Bechi et E. Roux.

COMANIQUE (ACIDE), $C^6H^4O^4$. — On le prépare en chauffant à 100°, avec de l'acide iodhydrique (bouillant à 127°), les acides chlorocomaniques, obtenus par l'action du perchlorure de phosphore sur l'acide coménique. Après distillation dans un courant de vapeur qui entraîne l'iode libre, on fait cristalliser le résidu [H. Ost, *J. prakt. Chem.*, (2), **29** 57; *Bull. Soc. Chim.*, (2), **42**, 629].

Il se forme également dans la distillation sèche de l'acide chélidonique ou mieux du chélidonate monoéthylique, la formation de pyrone étant alors beaucoup diminuée [Ad. Lieben et L. Haitinger, *Mon. f Chem.*, **6**, 279; *Bull. Soc. Chim.*, (2), **45**, 779].

L'acide comanique cristallise en prismes obliques, peu solubles dans l'eau, et qui fondent vers 250° en se décomposant en *pyrone* et acide carbonique. Il ne donne pas de coloration avec le chlorure ferrique.

Le *sel de baryum*, $(C^6H^3O^4)^2$ Ba, cristallise avec 1 ou 3 molécules d'eau; le *sel d'argent* est peu stable et se décompose par l'ébullition de sa solution.

L'*éther*, $C^6H^3O^4.C^2H^5$, est soluble dans l'alcool et fond à 103°. Il se sublime à une température plus élevée, mais se décompose notablement à la distillation.

Le chlorure d'acétyle est sans action sur l'acide comanique. Chauffé avec les alcalis, il se décompose en donnant de l'acétone et les acides formique et oxalique :

$$C^6O^4H^4 + 3H^2O = C^3H^6O + CO^2H^2 + C^2O^4H^2.$$

Chauffé avec de l'ammoniaque, l'acide comanique se transforme en acide *oxy-β-picolique*, fusible à 250° :

$$C^6O^4H^4 + AzH^3 = H^2O + C^6H^5AzO^3.$$

De même, avec l'éthylamine, il donne un acide *éthylpyridone-carbonique* $C^5H^3O(AzC^2H^5)CO^2H$, qui se décompose à 160° en fournissant l'*éthylpyridone* $C^5H^4O(AzC^2H^5)$.

Il se combine également à l'hydroxylamine, en donnant un acide oxypyridone-carbonique et non une acétoxime; car cette combinaison, chauffée à 200° avec de l'acide chlorhydrique fumant, ne régénère pas l'hydroxylamine, mais perd de l'acide carbonique en fournissant l'oxypyridone $C^5H^5AzO^2$;

de plus, les réducteurs la convertissent en acide oxypicolique [H. Ost, *J. prakt. Chem.*, (2), **29**, 378; *Bull. Soc. Chim.*, (2), **42**, 631].

Acides chlorocomaniques. — On les prépare en chauffant l'acide coménique avec du perchlorure et de l'oxychlorure de phosphore tant qu'il se dégage de l'acide chlorhydrique, puis on porte à 150° pour chasser l'excès de chlorure. Le résidu lavé à l'eau froide est repris par le double de son volume d'eau bouillante, et celle-ci en se refroidissant abandonne les cristaux d'*acide dichlorocomanique* $C^6H^2Cl^2O^4$. On épuise à l'éther pour enlever le reste et on fait cristalliser dans l'alcool. Cet acide fond à 217°.

Les eaux mères éthérées renferment une petite quantité d'*acide chlorocomanique* $C^6H^3ClO^4$, que l'on obtient pur en chauffant le résidu de l'évaporation de l'éther jusqu'à ce qu'il commence à se charbonner; on épuise alors par l'eau. Cet acide forme des aiguilles peu solubles, fusibles à 247° [H. Ost, *loc. cit.*].

La constitution de l'acide comanique résulte, comme celle de l'acide chélidonique, de sa transformation en dérivés pyridiques, aussi bien que de sa décomposition par les alcalis. Elle est exprimée par la formule

$$
\begin{array}{ccc}
 & O & \\
HC & \diagup\diagdown & C.CO^2H \\
HC & & CH \\
 & \diagdown\diagup & \\
 & CO & \\
\end{array}
$$

qui en fait un acide pyrone-α-carbonique [Lieben et Haitinger, *loc. cit.*]. O. Saint-Pierre.

COMARITE (Min.). — Orthographe erronée pour CONARITE (voyez Dict., **1**, 965).

COMAZIQUE (ACIDE). — M. Krippendorf [*J. prakt. Chem.*, (2), **32**, 153] a donné ce nom à un produit amorphe, obtenu par l'oxydation de l'*oxycomazine* (voyez ce mot) au moyen du permanganate de potassium. Ce composé, qui n'a pas été analysé, donne des sels amorphes. Il présente une certaine analogie de propriétés avec l'acide isocinchoméronique.

COMBICIQUE (ACIDE). — M. Fraser [*Pharm. Journ. Trans.*, (13), **18**, 69; *D. chem. G.*, **20**, Ref., 726] a donné ce nom à un composé qui accompagne la strophantine dans le *Strophantus hispidus*, et qui d'ailleurs n'a pas été étudié.

COMÉNAMIQUE (ACIDE), $C^6H^5AzO^4$ (voyez Dict., **1**, 962]. — Cet acide se forme à l'état de sel d'ammonium lorsque l'on fait réagir l'ammoniaque sur l'acide coménique ou sur l'acide bromocoménique.

Son *éther éthylique* fond à 205° et donne par l'action de l'anhydride acétique deux dérivés que l'eau et l'alcool dédoublent à froid : l'un *monoacétylé*, fusible à 152°, l'autre *diacétylé*, plus soluble dans le chloroforme et qui fond à 38°. Dans cette réaction, il se fait en même temps un produit de déshydratation de l'éther, qui a pour formule $C^6H^7AzO^3$ et qui fond à 261°.

Avec le chlorure de benzoyle, on obtient de même un *dérivé dibenzoylé*, difficilement soluble dans l'alcool et fusible à 101-102°.

L'acide coménamique est détruit par l'acide nitrique, de même que l'acide coménique, avec production d'acides cyanhydrique et oxalique, tandis que le permanganate de potassium le transforme en *acide oxycoménamique*.

Chauffé à 270° avec de l'acide iodhydrique concentré, il perd de l'anhydride carbonique et donne de l'acide *pyrocoménamique*, $C^5H^5AzO^2$, qui cristallise avec 1 molécule d'eau et qui se dissout très facilement dans l'alcool bouillant. Ce corps se décompose sans fondre vers 250° et donne avec les hydracides des sels très solubles dans l'eau [Reibstein, *J. prakt. Chem.*, (2), **24**, 276; *Bull. Soc. Chim.*, (2), **37**, 373. — H. Ost, *J. prakt. Chem.*, (2), **27**, 257 et **29**, 57; *Bull. Soc. Chim.*, (2), **41**, 43 et **42**, 629].

L'acide nitreux détruit de la même façon que l'acide nitrique l'acide coménamique en présence d'eau; mais en solution acétique il se produit de l'imide oxalique,

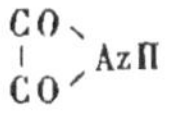

$$\begin{array}{c} CO \\ | \quad\; \rangle AzH \\ CO \end{array}$$

[H. Ost et H. Mente, *D. chem. G.*, **19**, 3228].

Soumis à la distillation sèche, le coménamate d'ammonium fournit une base cristallisée, l'*oxycomazine* $C^{10}H^7Az^3O$ (voyez ce mot).

En chauffant au réfrigérant à reflux l'acide coménamique avec du perchlorure et de l'oxychlorure de phosphore, et décomposant par l'eau glacée le produit de la réaction, on obtient un composé chloré qui, réduit par l'étain et l'acide chlorhydrique, fournit la *méthyloxypyridone*,

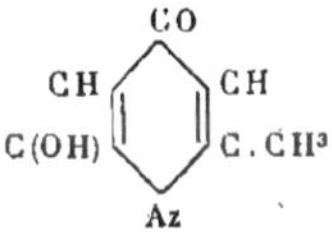

$$\begin{array}{c} CO \\ CH \diagup \!\!\! \diagdown CH \\ C(OH) \;|\;\;\;|\; C.CH^3 \\ Az \end{array}$$

A 250°, il se produit un mélange de *penta-* et d'*hexachloropicoline*, d'acide *chloro γ-oxypicolique*, et d'un acide monobasique, l'acide *chlorocyanique*, $C^6H^2ClAzO^4$, H^2O, qui fond à 186° et donne avec le chlorure ferrique une belle coloration bleue [H. Ost, *loc. cit.* — Bellmann, *J. prakt. Chem.*, (2), **29**, 1].

Acide oxycoménamique, $C^6H^5AzO^5$. — Il se produit lorsque l'on chauffe l'acide oxycoménique avec de l'ammoniaque. Il cristallise en aiguilles blanches, peu solubles dans l'alcool, encore moins dans l'éther, et donne avec le chlorure ferrique une coloration bleue [Reibstein, *loc. cit.*].

Cet acide perd facilement de l'acide carbonique en donnant de l'acide *pyromécazonique* (*dioxypyridone*), qui se forme du reste dans cette préparation aussi bien que dans l'oxydation de l'acide coménamique par le permanganate.

L'*acide bromo-oxycoménamique*,

$$C^6H^4BrAzO^5, 2H^2O,$$

s'obtient par l'action de l'eau de brome sur l'acide oxycoménamique ou sur l'acide coménamique. Il cristallise dans l'eau chaude en fines aiguilles et réduit le nitrate d'argent à froid. Le chlorure ferrique le colore successivement en bleu, puis en vert et en orangé. Sa solution éthérée, traitée par l'acide nitrique, s'oxyde, en donnant le dérivé bromé correspondant à la pyromécazone (pyridoquinone), que l'acide sulfureux ramène à l'état d'acide oxycoménamique [H. Ost, *loc. cit.*].

HOMOLOGUES DE L'ACIDE COMÉNAMIQUE. — M. Mennel les a obtenus en chauffant l'acide coménique avec les amines primaires.

ACIDE ÉTHYLCOMÉNAMIQUE, $C^8H^9AzO^4$, $2H^2O$. — On le prépare en chauffant au bain-marie, en tubes scellés, l'acide coménique avec de l'éthylamine. On le transforme en sel de plomb, qui cristallise facilement dans l'eau bouillante et que l'on décompose par l'hydrogène sulfuré. L'acide éthylcoménamique forme des prismes incolores, fusibles vers 210° en se décomposant. Il colore en violet le chlorure ferrique.

Le *sel de plomb*, $C^8H^7AzO^4Pb$, cristallise avec 2 molécules d'eau.

L'*éther éthylique* fond à 114-115° et donne avec les acides des sels cristallisés.

Chauffé à 160° avec de l'anhydride acétique, l'acide éthylcoménamique perd de l'anhydride carbonique et donne un *dérivé acétylé* qui, cristallisé dans le benzène, en retient 1 molécule. Cet acide acétyléthylpyroméconamique, $C^9H^{11}AzO^3$, fond à 140°. L'eau le saponifie et le transforme en *acide éthylpyroméconamique*, qui fond à 166° et donne un *chlorhydrate* cristallisé, fusible à 190-195°.

ACIDE PHÉNYLCOMÉNAMIQUE, $C^{12}H^9AzO^4$, H^2O. — On le prépare en chauffant au réfrigérant à reflux une solution aqueuse d'acide coménique avec de l'aniline; on le purifie par cristallisation dans l'eau. Cet acide cristallise en tétraèdres incolores, qui retiennent 1 molécule d'eau; il donne avec le chlorure ferrique une coloration violette [Mennel, *J. prakt. Chem.*, (2), **32**, 176; *Bull. Soc. Chim.*, (2), **46**, 239].

La constitution de l'acide coménamique est exprimée par la formule

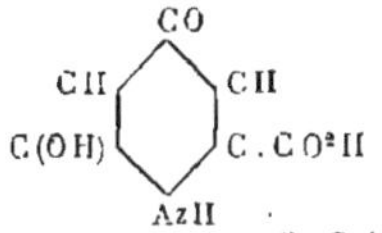

$$\begin{array}{c} CO \\ CH \diagup \!\!\! \diagdown CH \\ C(OH) \;|\;\;\;|\; C.CO^2H \\ AzH \end{array}$$

O. Saint-Pierre.

COMÉNIQUE (**ACIDE**), $C^6H^4O^5$ (voyez Dict., **1**, 963 et Suppl., **1**, 518). — L'acide coménique se prépare facilement en faisant bouillir avec de l'acide chlorhydrique l'acide méconique; pour le purifier, on le transforme en sel d'ammonium, qu'on fait cristalliser dans l'eau bouillante.

L'*éther coménique*, préparé par l'action d'un courant de gaz chlorhydrique sur la solution alcoolique de l'acide, forme de petits prismes incolores, fusibles à 126°,5. Chauffé vers 150° avec de l'anhydride acétique, il fournit un *dérivé acétylé*,

$$C^5H^2O^3 \diagup \!\!\! \diagdown \begin{array}{l} CO^2C^2H^5 \\ OC^2H^3O \end{array}$$

qui cristallise en longues aiguilles fusibles à 104° et que l'eau décompose.

L'ammoniaque le transforme en *coménamide*,

$$C^5H^2O^2 \diagup \!\!\! \diagdown \begin{array}{l} CO\,AzH^2 \\ OH \end{array}$$

peu soluble dans l'eau froide et dans l'alcool, soluble dans les alcalis. Le sel d'ammonium se dissout difficilement dans l'eau, celui de potassium cristallise en aiguilles jaunes. Elle donne avec le chlorure ferrique une coloration rouge [Reibstein, *J. prakt. Chem.*, **24**, 276; *Bull. Soc. Chim.*, (2), **37**, 373].

L'acide coménique réagit sur l'ammoniaque et sur les amines en donnant des dérivés de l'acide coménamique (voyez ce mot). Il est sans action sur l'hydroxylamine [Odernheimer, *D. chem. G.*, **17**, 2087].

L'éther coménique en solution dans l'alcool absolu, traité par l'éthylate de sodium, donne naissance à un précipité jaune amorphe, que l'éther chloroxycarbonique transforme en un corps cristallisé, très soluble dans l'alcool et dans l'éther, peu soluble dans l'eau froide, et fusible à 87°. Sa formule est celle d'un *éther carbocoménique* $C^5H^2O^3(CO^2C^2H^5)^2$. La saponification le dédouble en coménate et carbonate [E. Drechsel et H. Möller, *J. prakt. Chem.*, (2), **17**, 163; *Bull. Soc. Chim.*, (2), **32**, 191].

On connaît un isomère de l'éther coménique, l'*acide éthylcoménique*,

$$C^5H^2O^2 \diagup \!\!\! \diagdown \begin{array}{l} CO^2H \\ OC^2H^5 \end{array}$$

que l'on prépare en chauffant au-dessus de son point de fusion l'acide éthylméconique. Ce composé cristallise dans l'eau chaude ou dans l'alcool en aiguilles blanches, fusibles à 239-240°. A 130° l'acide chlorhydrique le transforme en acide coménique.

Le *sel d'argent*,

$$C^5 H^2 O^2 (O C^2 H^5) C O^2 Ag , 2,5 H^2 O,$$

cristallise en aiguilles blanches [E. Mennet, *J. prakt. Chem.*, (2), **26**, 449 ; *Bull. Soc. Chim.*, (2), **39**, 541].

Le perchlorure de phosphore transforme l'acide coménique en acides mono- et dichlorocomanique [H. Ost, *J. prakt. Chem.*, (2), **29**, 57 ; *Bull. Soc. Chim.*, (2), **42**, 629].

DÉRIVÉS DE SUBSTITUTION.

L'acide bromocoménique, chauffé avec de l'eau de baryte ou mieux avec de l'acide chlorhydrique, se convertit en *acide oxycoménique*. Ce composé, très soluble dans l'alcool, peu soluble dans l'éther, cristallise avec 1 ou 3 molécules d'eau. Il donne avec le chlorure ferrique une coloration bleue, qui devient rouge par un excès de réactif.

Le *sel ammoniacal* est peu soluble dans l'eau.

L'*éther*, $C^5 H O^2 (O H)^2 . C O^2 C^2 H^5$, fond à 204° et est peu soluble dans l'eau froide. L'anhydride acétique le transforme en un *dérivé diacétylé*,

$$C^5 H O^2 (O C^2 H^3 O)^2 C O^2 C^2 H^5,$$

fusible à 75° et ne donnant pas de coloration avec le chlorure ferrique.

Traité par le brome, l'acide oxycoménique perd de l'acide carbonique et donne un dérivé $C^5 H^3 Br O^5$, cristallisé en tables orthorhombiques qui se décomposent déjà vers 120°. Il est soluble dans l'eau et dans l'éther, et donne avec les sels ferriques une coloration rouge intense [Reibstein, *loc. cit.* — H. Ost, *J. prakt. Chem.*, (2), **23**, 439].

Par l'action du brome et de l'eau sur l'acide méconique ou sur l'acide bromocoménique, M. Mennet a obtenu un acide *bromoxybromocoménique*, $C^5 H Br O^2 (O Br) C O^2 H$, qui cristallise dans l'eau ou dans l'alcool avec 3 molécules d'eau.

Il se décompose à 105° en perdant du brome, de l'eau et de l'acide bromhydrique. Les réducteurs le transforment en acide bromocoménique. Avec le chlorure de baryum, il ne donne pas de précipité ; mais si on ajoute de l'ammoniaque, il se produit un léger précipité blanc, puis un précipité orangé volumineux.

L'*éther* s'obtient de même en partant de l'éther méconique, ou par l'action de l'iodure d'éthyle sur le sel d'argent. Il cristallise en lamelles jaunes peu stables, très solubles dans l'eau chaude, l'alcool et l'éther, et renfermant 2 molécules d'eau. Il fond à 140-141° [E. Mennet, *loc. cit.*].

Acide nitrocoménique. — L'acide nitrique et l'acide nitreux détruisent complètement l'acide coménique ; mais avec l'éther il se fait un dérivé nitré, qui cristallise en aiguilles jaunes, fusibles à 147°, solubles dans l'eau chaude et dans l'éther. Avec le chlorure ferrique, il donne une coloration rouge. Il se dissout dans le carbonate de sodium en donnant un sel

$$C^5 H (Az O^2) O^2 \Big\langle {{C O^2 C^2 H^5} \atop {O Na}}$$

que l'eau décompose.

Réduit par l'étain et l'acide chlorhydrique, il se transforme en acide *amidocoménique*,

$$C^5 H (Az H^2) O^3 \Big\langle {{C O^2 H} \atop {O H}} , H^2 O,$$

qui cristallise en aiguilles incolores et donne des sels peu stables.

Le *chlorhydrate*, $C^6 H^5 O^5 Az . HCl , 3 H^2 O$, est décomposé par l'eau et se colore en bleu indigo par les sels ferriques. (H. Ost, Reibstein).

La constitution de l'acide coménique, diatomique et monobasique, résulte de sa facile transformation en acide comanique et en dérivés pyridiques. Elle est exprimée par la formule

$$
\begin{array}{c}
CO \\
(HO)C \diagup\!\!\!\diagdown CH \\
HC \diagdown\!\!\!\diagup C . C O^2 H \\
O
\end{array}
$$

sauf en ce qui concerne la place de l'oxhydryle, qui est tout à fait inconnue.   O. Saint-Pierre.

CONCHAIRAMIDINE, $C^{32} H^{26} Az^2 O^4 , H^2 O$. — Cette base est isomérique avec la *chairamine*, la *conchairamine* et la *chairamidine* ; elle se trouve associée à ces dernières dans l'écorce de *Remigia purdieana* Weed (pour son extraction et sa séparation des bases qui l'accompagnent, voyez l'article CHAIRAMINE).

On obtient son sulfate mélangé au sulfate de chairamidine ; nous avons indiqué leur séparation à propos de cette dernière base (voyez CHAIRAMIDINE).

On fait cristalliser dans l'eau bouillante le sulfate de conchairamidine, et l'on précipite par l'ammoniaque la solution bouillante ; on obtient par refroidissement la base en flocons cristallins blancs.

La conchairamidine fond à 114-115°. Elle est très soluble dans l'alcool, l'éther et les autres dissolvants neutres, insoluble dans l'eau.

Son pouvoir rotatoire est de 60° à gauche ; sa solution est neutre.

La conchairamidine se dissout avec une couleur d'un vert foncé dans l'acide sulfurique concentré. Elle se dissout dans les acides étendus, sauf dans l'acide azotique, en donnant des sels bien cristallisés.

Le *chlorhydrate*, $C^{32} H^{26} Az^2 O^4 . HCl , H^2 O$, cristallise en longues aiguilles incolores.

Le *chloroplatinate*,

$$(C^{32} H^{26} Az^2 O^4 . HCl)^2 PtCl^4 , 5 H^2 O,$$

est un précipité floconneux cristallin.

Le *sulfocyanate* semble amorphe et très peu soluble.

Le *sulfate neutre*,

$$(C^{32} H^{26} Az^2 O^4)^2 S O^4 H^2 , 14 H^2 O,$$

cristallise en longues aiguilles incolores, assez solubles dans l'eau bouillante, insolubles dans l'eau froide [O. Hesse, *Ann. Chem.*, **225**, 256 ; *Bull. Soc. Chim.*, (2), **44**, 95]. L. Bouveault.

CONCHAIRAMINE, $C^{32} H^{26} Az^2 O^4$. — Cette base, isomérique avec la *chairamine*, l'accompagne dans l'écorce de *Remigia purdieana* Weed (pour l'extraction de cette base et sa séparation de celles qui se trouvent avec elle, voyez l'article CHAIRAMINE).

On la sépare à l'état de sulfocyanate insoluble dans l'eau alcoolisée froide. Ce sel est purifié par cristallisation dans l'alcool bouillant : on le débarrasse ainsi d'une combinaison amorphe qui le souillait ; on le décompose ensuite par la soude et l'on fait cristalliser dans l'alcool bouillant l'alcaloïde mis en liberté. La solution alcoolique bouillante est décolorée par le noir animal.

La conchairamine ainsi obtenue est pure ; elle forme des prismes brillants et incolores qui constituent non pas la base elle-même, mais sa combinaison avec 1 molécule d'eau et 1 molécule d'alcool, $C^{22}H^{26}Az^2O^4,H^2O,C^2H^6O$. Chauffée à 115°, cette combinaison perd son eau et son alcool en se transformant en un produit amorphe et légèrement coloré.

La conchairamine, dissoute dans l'acide acétique et précipitée par l'ammoniaque, forme des flocons blancs, $C^{22}H^{26}Az^2O^4,H^2O$.

Elle est très soluble dans l'alcool bouillant, l'éther et le chloroforme. peu soluble dans l'alcool froid. Son pouvoir rotatoire est $[\alpha]_D = 68°,4$.

La conchairamine cristallisée fond à 82–86° et perd son alcool; elle redevient ensuite solide, puis fond à 108-110° dans son eau de cristallisation, qu'elle perd vers 115°; la base anhydre fond à 120°.

Elle se dissout dans l'acide sulfurique avec une coloration d'abord brunâtre, qui passe au vert foncé; l'addition de dichromate de potassium produit une coloration d'abord rouge–brun, puis vert foncé.

Sels. — Le *chlorhydrate*,

$$C^{22}H^{26}Az^2O^4 . HCl, 2H^2O,$$

cristallise dans l'eau bouillante en lamelles à éclat vitreux, assez solubles dans l'eau et dans l'alcool chaud, très peu solubles dans l'acide chlorhydrique étendu.

Le *chloroplatinate*,

$$(C^{22}H^{26}Az^2O^4 . HCl)^2PtCl^4, 5H^2O,$$

forme un précipité floconneux, peu soluble dans l'eau froide.

L'*iodhydrate*, $C^{22}H^{26}Az^2O^4 . HI, H^2O$. est très peu soluble dans l'eau et insoluble dans une solution d'iodure de potassium, ce qui permet de le préparer par double décomposition.

Le *sulfocyanate*, $C^{22}H^{26}Az^2O^4 . CAzSH . H^2O$, forme de petites aiguilles blanches, très peu solubles dans l'eau froide, assez solubles dans l'eau bouillante.

Le *sulfate neutre*,

$$(C^{22}H^{26}Az^2O^4)^2SO^4H^2, 9H^2O,$$

forme de beaux prismes brillants, assez solubles dans l'eau bouillante, peu solubles dans l'eau froide.

Le *nitrate* est en aiguilles soyeuses, extrêmement peu solubles dans l'eau.

Action de l'iodure de méthyle sur la conchairamine. — La conchairamine en solution alcoolique s'unit à l'iodure de méthyle; il se dépose au bout de quelques heures des cristaux incolores d'*iodométhylate*, $C^{22}H^{26}Az^2O^4 . CH^3I$. Si l'on chauffe la solution, elle se colore en jaune à l'air et laisse déposer des cristaux orangés,

$$C^{22}H^{26}Az^2O^4 . CH^3I, H^2O,$$

qui deviennent incolores par une nouvelle cristallisation.

Quand on traite la solution alcoolique de l'iodométhylate par le chlorure d'argent, on obtient le *chlorométhylate*,

$$C^{22}H^{26}Az^2O^4 . CH^3Cl, 2H^2O,$$

cristallisé en gros rhomboèdres incolores.

Le chlorométhylate s'unit au chlorure de platine en donnant un *chloroplatinate* en aiguilles orangées, qui est insoluble dans l'eau froide. Ce sel contient de l'eau de cristallisation, qu'il perd dans le dessiccateur. Sa composition semble intermédiaire entre celle d'un sel neutre et celle d'un sel acide.

Le *nitrate de méthylconchairamine* cristallise dans l'eau bouillante en aiguilles soyeuses, peu

solubles à froid; il ne contient pas d'eau de cristallisation.

On obtient l'*hydrate de méthylconchairammonium* en décomposant par l'oxyde d'argent le chlorométhylate de conchairamine. C'est une masse amorphe et brunâtre, à saveur amère. très soluble dans l'eau, insoluble dans l'éther. Elle se dissout dans l'acide sulfurique en le colorant en vert: l'acide chlorhydrique reproduit le chlorométhylate de conchairamine [O. Hesse, *Ann. Chem.*, **225**, 252; *Bull. Soc. Chim.*, (2). **44**, 94].

L. Douveault.

CONCHIOLINE (voyez Dict., **1**. 965). — Cette substance a été rencontrée par M. Krukenberg [*D. chem. G.*, **18**, 989] dans la matière muqueuse qui agglutine les œufs de certains mollusques (*Murex trunculus, Buccinum undatum*). On traite cette substance successivement par l'acide chlorhydrique dilué, l'alcool et l'éther; on la soumet ensuite à des digestions artificielles avec de la pepsine en solution chlorhydrique. puis avec de la trypsine en solution sodique : c'est le résidu de tous ces traitements qui constitue la conchíoline.

Cette matière ne se colore pas par le réactif de Millon. Par ébullition avec l'eau, elle ne donne pas de gélatine. Les alcalis et les acides concentrés la dissolvent très lentement.

Par une ébullition prolongée avec de l'acide sulfurique étendu, elle donne de la leucine [Schlossberger, *Jahresb.*, **13**, 570]. Il en est de même par l'action de l'acide chlorhydrique concentré; elle ne donne pas de glycosamine dans cette dernière réaction (Krukenberg).

CONCUSCONINE, $C^{39}H^{23}Az^2O^4$. — Cette base se trouve associée à un assez grand nombre d'autres dans l'écorce de *Remigia purdieana* Weed (pour son extraction et sa séparation des bases qui l'accompagnent, voyez l'article Chairamine).

On l'obtient sous la forme d'un sulfate insoluble dans l'alcool. Ce sulfate est décomposé par une lessive de soude : l'alcaloïde se précipite; on le lave soigneusement à l'eau et on le fait cristalliser dans l'alcool à 80° bouillant. Une seconde cristallisation permet de l'avoir tout à fait pur.

La concusconine forme des cristaux clinorhombiques jaunâtres, assez peu solubles dans l'alcool bouillant, encore moins solubles dans l'alcool froid, solubles dans le benzène, l'éther et le chloroforme. Les cristaux déposés de la solution alcoolique contiennent $C^{39}H^{26}Az^2O^4, H^2O$. Ils perdent leur eau de cristallisation à 144° en fondant. La base redevient solide à une température supérieure, pour entrer de nouveau en fusion à 206-208°. Elle brunit alors et se transforme en *concusconine amorphe*, transformation qui commence vers 150°.

On peut aisément se rendre compte de cette transformation par suite de la solubilité dans l'alcool du sulfate de la base amorphe. Le même changement s'effectue spontanément lorsqu'on conserve la solution de concusconine dans le chloroforme.

La concusconine se dissout dans l'anhydride acétique, mais sans fournir de dérivé acétylé. Son pouvoir rotatoire en solution alcoolique est $[\alpha]_D = 40°,8$. (La cusconine, qui possède la même composition que la concusconine avec 4 molécules d'eau, est lévogyre.)

Lorsqu'on ajoute un peu d'acide azotique concentré dans la solution acétique de la concusconine, il se produit une coloration vert foncé.

La concusconine se dissout avec une couleur bleu–vert dans l'acide sulfurique concentré; l'addition de dichromate de potassium produit une coloration d'abord rouge-brun, puis vert foncé.

Sels. — La concusconine forme des sels généralement gélatineux et à saveur amère. L'ammoniaque en précipite la base cristallisée.

Le *chlorhydrate* produit à chaud se prend en gelée par le refroidissement.

Le *chloroplatinate*,

$$(C^{24}H^{26}Az^2O^4 . HCl)^2 PtCl^4 , 5H^2O,$$

est un précipité cristallin.

L'*oxalate neutre* se dépose à l'état de gelée; il est corné après dessiccation.

Le *sulfate neutre* est en petits prismes blancs, peu solubles dans l'alcool et dans l'eau bouillante.

Le *sulfate acide* est gélatineux et se colore en vert à 100°.

Action de l'iodure de méthyle. — La réaction effectuée en présence d'alcool donne naissance à chaud à un produit cristallin, accompagné d'un produit gélatineux qui ne se sépare que par le refroidissement. Ces deux produits sont des iodométhylates de même composition, auxquels se rattachent deux séries de dérivés.

L'*iodométhylate α*, $C^{23}H^{26}Az^2O^4 . CH^3I$, le moins soluble, est en prismes hexagonaux microscopiques, presque insolubles dans l'alcool bouillant, solubles dans l'eau bouillante.

Le *chlorométhylate α* cristallise par évaporation lente en aiguilles microscopiques, solubles dans l'eau et dans l'alcool.

Le *chloroplatinate α*,

$$(C^{23}H^{26}Az^2O^4 . CH^3Cl)^2 PtCl^4 , 4H^2O,$$

est un précipité amorphe jaune-rougeâtre.

Le *sulfate neutre de méthylconcusconine α* est amorphe, très soluble dans l'eau et dans l'alcool; son pouvoir rotatoire est $[α]_D = + 73°$. La solution de ce sel n'est pas précipitée par l'ammoniaque; la soude y produit un précipité amorphe. Traité par la baryte, il fournit l'*hydrate d'α-méthylconcusconium*, cristallisant en beaux cubes vitreux, solubles dans l'eau et dans l'alcool, insolubles dans l'éther. Ces cubes renferment $C^{20}H^{26}Az^2O^4 . CH^3OH , 5H^2O$. Ils perdent leurs 5 molécules d'eau à 110° et fondent ensuite à 202°. La solution est neutre et sans action sur les sels métalliques.

L'*iodométhylate β* est soluble dans l'eau bouillante et dans l'alcool; il se sépare à l'état gélatineux; il a un aspect corné.

Le *chlorométhylate β* est amorphe, soluble dans l'eau et dans l'alcool.

Le *chloroplatinate de β-méthylconcusconine* est amorphe et renferme 5 molécules d'eau de cristallisation.

Le *sulfate neutre* est une masse amorphe brune, soluble dans l'eau et qui paraît sans action sur la lumière polarisée.

L'*hydrate de β-méthylconcusconium* est une masse brune amorphe, soluble, à réaction à peine alcaline et qui ne décompose pas les sels métalliques [O. Hesse, *Ann. Chem.*, **225**, 235; *Bull. Soc. Chim.*, (2), **44**, 92]. L. Bouveault.

CONDURANGO. — On désigne sous ce nom l'écorce du *Gonolobus Condurango* ou liane du Condor, plante grimpante de la famille des Asclépiadées, que l'on rencontre en Colombie, à la Nouvelle-Grenade et dans l'Équateur, où elle est employée comme contre-poison du venin des serpents; elle a été préconisée aussi contre les affections cancéreuses. L'écorce est d'un gris verdâtre et est couverte d'excroissances verruqueuses; incisée, elle laisse écouler un liquide visqueux, d'une odeur balsamique et d'une saveur aromatique, amère.

Les premières analyses de ce produit n'ont donné sur sa composition que des renseignements très incomplets : elles constatent la présence, en proportions variables, de matières grasses, de glucose, de gomme, de tannin, de cellulose, de cendres, et enfin d'une résine jaune, soluble dans l'alcool et dans l'éther, et qui paraît être le principe actif de l'écorce.

Dans ces derniers temps, on a retiré du condurango, et principalement de l'écorce de la racine, un certain nombre de glucosides auxquels on a donné le nom de *condurangines*. Le premier de ces corps, isolé par M. Vulpius [*Arch. Pharm.*, **223**, 299], est amorphe, de couleur jaune, de saveur amère, soluble instantanément et en toutes proportions dans l'eau, l'alcool, l'acétone, le chloroforme et l'aldéhyde. Sa dissolution aqueuse mousse fortement; chauffée à 54°, elle laisse déposer la condurangine sous forme de gelée; elle est précipitée en blanc par la soude, le sousacétate de plomb, le chlorure de sodium, le tungstate de sodium, le phosphomolybdate d'ammonium, le tannin. Cette condurangine de M. Vulpius se dissout dans l'acide sulfurique avec une coloration rouge foncé; elle est dextrogyre et fond à 146°. D'après M. Kobert, elle est toxique à la dose de 2 centigrammes par kilogramme d'animal et son action est analogue à celle des poisons tétaniques.

Plus tard, M. Vulpius isola deux condurangines et le nombre de ces glucosides augmenta encore à la suite des travaux de MM. Schmiedeberg, Kobert et Juncka. Tout récemment M. Bocquillon en a porté le nombre à cinq [*Journ. Pharm. Chim.*, (5), **24**, 485].

On peut retirer de la condurangine de M. Vulpius, isolée à l'aide de la chaux et purifiée par dissolution dans le chloroforme, 5 condurangines désignées par les lettres α, β, γ, δ, ε. Chacun de ces corps possède des caractères propres et renferme des proportions déterminées de glucose, variables de l'un à l'autre : elles répondent à l'une ou à l'autre des deux formules $C^{10}H^{16}O^3$ et $C^8H^{12}O^3$; la dernière ε a été surtout retirée par M. Bocquillon de la résine de condurango.

Les produits de dédoublement des condurangines sont la glucose et la *condurangétine*; cette dernière se présente sous la forme d'un corps résineux, rouge-brun, soluble dans l'alcool, l'éther, le chloroforme, les alcalis, insoluble au contraire dans l'eau et dans le benzène.

De son côté M. Carrara [*Gazz. chim. ital.*, **21**, 204; **22**, 236; *D. chem. G.*, **24**, *Ref.*, 565; **25**, *Ref.*, 468] admet comme M. Vulpius l'existence de deux condurangines seulement, l'une insoluble et l'autre soluble dans l'alcool.

La condurangine insoluble dans l'alcool a pour composition $C^{20}H^{32}O^8$; elle fond à 60-61°, et donne avec le chlorure de benzoyle un *dérivé benzoylé*, poudre brune, soluble dans le chloroforme, insoluble dans l'eau, l'alcool et la ligroïne et fusible avec décomposition à 270°.

La condurangine soluble dans l'alcool a pour formule $C^{16}H^{28}O^7$; elle fond à 134°.

Outre ces deux glucosides, l'écorce de condurango renferme une sorte de cholestérine, la *conduranstérine*, $C^{30}H^{50}O^2$, partie en combinaison avec l'acide cinnamique, partie à l'état libre. La conduranstérine est amorphe et fond à 52° [Carrara, *loc. cit.*]. E. Burcker.

CONESSINE [Syn. *Wrirgtine*] (voyez Dict., **3**, 724), $C^{24}H^{40}Az^2$. — Cette base a été étudiée successivement dans ces dernières années par MM. Warnecke [*D. chem. G.*, **19**, 60; *Arch. Pharm.*, **226**, 248], Polstorff et Schirmer [*D. chem. G.*, **19**, 78] et Polstorff [*ibid.*, 1682], qui en ont établi la composition, décrit les sels et démontré l'identité complète avec l'alcaloïde isolé par M. Stenhouse des graines du *Wrightia antidysenterica*.

Pour la préparer, on part de l'écorce de *Holar-*

rhena antidysenterica. On pulvérise l'écorce et on l'épuise par l'acide chlorhydrique faible; on concentre la liqueur et on la soumet à la précipitation fractionnée par l'ammoniaque : les premiers précipités entraînent les impuretés; les derniers sont constitués par la conessine pure. On n'a plus qu'à faire cristalliser dans l'alcool faible.

Aiguilles soyeuses, fusibles à 121,5-122°, sublimables, très peu solubles dans l'eau, très solubles dans l'alcool, l'éther, le chloroforme, le sulfure de carbone, le benzène, l'alcool amylique.

La solution dans l'acide sulfurique concentré, abandonnée à l'air, se colore peu à peu en jaune verdâtre, puis en violet clair.

Le *chlorhydrate*, $C^{24}H^{40}Az^2 . 2HCl, 2H^2O$. cristallise en aiguilles insolubles dans l'alcool éthéré.

Le *chloromercurate*, $C^{24}H^{40}Az^2 . 2HCl . 2HgCl^2$, forme des aiguilles peu solubles dans l'eau.

Le *chloroplatinate*,

$$C^{24}H^{40}Az^2 . 2HCl . PtCl^4, 0,5H^2O,$$

se présente en grandes aiguilles orangées, très peu solubles dans l'alcool et dans l'eau.

Le *chloraurate*, $C^{24}H^{40}Az^2 . 2HCl . 2AuCl^3, 2H^2O$, est en longues aiguilles d'un jaune d'or, presque insolubles dans l'eau, assez solubles dans l'alcool.

Le *nitrate*, $C^{24}H^{40}Az^2 . 2AzO^3H$, forme de petites aiguilles.

Le *picrate*, $C^{34}H^{40}Az^2 . 2C^6H^3Az^3O^7, 2H^2O$, cristallise en larges aiguilles d'un jaune d'or, très peu solubles dans l'eau.

L'*iodométhylate*, $C^{24}H^{40}Az^2 . 2CH^3I, 3H^4O$, se présente en petites lamelles très solubles dans l'eau bouillante. La potasse ne l'attaque pas. L'oxyde d'argent le convertit en *méthylconessine*, masse cristalline radiée, très soluble dans l'eau, très alcaline, et se détruisant à 150° avec formation d'alcool méthylique et de conessine.

Le *chlorométhylate*, $C^{24}H^{40}Az^2 . 2CH^3Cl, 5H^2O$, cristallise en aiguilles.

L'*iodéthylate*, $C^{24}H^{40}Az^2 . 2C^2H^5I, H^2O$, forme des lamelles vitreuses.

La méthylconessine fournit un *carbonate*,

$$C^{24}H^{40}Az^2(CH^3)^2CO^3, 4H^2O,$$

cristallisé en longues aiguilles.

CONGLUTINE (voyez Dict., **1**, 65). — M. Ritthausen a donné un nouveau mode de préparation de la conglutine, fondé sur la solubilité de cette substance dans le chlorure de sodium : Les graines de lupin, réduites en poudre, sont mises en digestion dans de l'eau salée à 5 ou 10 0/0 qui dissout la conglutine et la légumine; on précipite ces deux produits par un excès d'eau. On redissout dans la soude à 1 millième, on précipite de nouveau par un acide, on déshydrate par l'alcool les albuminoïdes qui se séparent, on les sèche sur l'acide sulfurique, enfin on les reprend par une solution de chlorure de sodium qui ne dissout plus que la conglutine. Celle-ci se sépare en partie du liquide par addition de 4 ou 5 volumes d'eau; le reste se précipite à l'état de combinaison cuivrique lorsqu'on ajoute du sulfate ou de l'acétate de cuivre.

Les albuminoïdes des amandes, des noisettes et des amandes de pêcher ressemblent à la conglutine du lupin, mais renferment un peu moins de soufre (0.5 0/0); ils sont également solubles dans l'eau salée et précipitables par un excès d'eau pure. L'albuminoïde soluble dans le chlorure de sodium qui accompagne la légumine dans les pois est aussi plus pauvre en soufre que la conglutine du lupin; il renferme en outre 1,5 0/0 de carbone en excès [*J. prakt. Chem.*, (2), **26**, 422, 440 et 504; *Bull. Soc. Chim.*, (2), **39**, 673].

Chauffée avec l'acide chlorhydrique, la conglutine donne une leucine dextrogyre, une tyrosine lévogyre, de l'acide aspartique et de l'acide glutamique dextrogyre.

L'eau de baryte donne naissance aux mêmes produits, sous la forme de racémiques, inactifs aussi bien en solution acide qu'en solution alcaline et dédoublables en produits actifs sous l'action du *Penicillium glaucum* [Schultze et Bosshard, *D. chem. G.*, **17**, 1610; **18**, 388].

La conglutine se transforme en grande partie en hémialbumose quand on la chauffe au bain-marie avec de l'acide sulfurique à 4 grammes par litre [Szymanski, *D. chem. G.*, **18**, 1371].

M. Siegfried [*D. chem. G.*, **24**, 418] a étudié les produits du dédoublement de la conglutine par ébullition avec l'acide chlorhydrique à 15 0/0 en présence du chlorure stanneux, d'après la méthode indiquée par M. Drechsel pour la caséine. Il a constaté la formation d'une glucoprotéine $(C^4H^8AzO^4)^n$, des acides glutamique et aspartique, de la tyrosine, de la leucine, de la phénylalanine, et de deux alcaloïdes, ayant pour formules

$$C^6H^{13}Az^3O^2 \quad \text{et} \quad C^6H^{14}Az^2O^3.$$

Le premier de ces alcaloïdes fournit avec le nitrate d'argent une combinaison peu soluble, cristallisée en aiguilles, renfermant

$$C^6H^{13}Az^3O^2 . AzO^3H . AzO^3Ag.$$

L'autre donne un chloroplatinate,

$$C^6H^{14}Az^2O^3 . 2HCl . PtCl^4, C^2H^6O,$$

formé de belles aiguilles orangées. Cet alcaloïde est dextrogyre. Chauffé à 150° avec de la baryte, il perd son pouvoir rotatoire, mais n'est pas altéré dans sa composition. L. Maquenne.

CONHYDRINE. — Quand on rectifie la conicine brute, il passe à la fin de la distillation un produit qui se dépose sur le col de la cornue en écailles blanches rhomboïdales, qu'on purifie par cristallisation dans l'éther : c'est la *conhydrine*, $C^8H^{27}AzO$, fusible à 120°,6 et bouillant à 224°.5 [Wertheim, *Ann. Chem.*, **100**, 329]. Cette base est fortement alcaline, assez soluble dans l'eau, beaucoup plus soluble dans l'alcool et dans l'éther.

En déshydratant la conhydrine par l'anhydride phosphorique, Wertheim avait obtenu un alcali qu'il avait identifié avec la conicine; mais Hofmann a montré [*D. chem. G.*, **18**, 5] que l'anhydride phosphorique, comme le sodium et l'acide chlorhydrique concentré, dédouble la conhydrine en eau et en deux bases isomériques, $C^8H^{15}Az$, qu'il a appelées α- et β-*conicéines*.

A 150°, l'acide iodhydrique et le phosphore donnent avec la conhydrine des cristaux prismatiques d'*iodhydrate d'iodoconicine*, $C^8H^{16}IAz . HI$, que le chlorure d'argent transforme à froid en *chlorhydrate de chloroconicine*, $C^8H^{16}ClAz . HCl$.

Réduit par le zinc et l'acide chlorhydrique, ce composé donne de la conicine [*D. chem. G.*, **18**, 21] :

$$C^8H^{16}ClAz . HCl + Zn = ZnCl^2 + C^8H^{17}Az.$$

La conicine étant l'α-propylpipéridine, la conicine iodée, $C^8H^{16}IAz$, peut être représentée par la formule

CHI
H^2C CH^2
H^2C $CH . C^3H^7$
AzH

La conhydrine ou oxyconicine s'obtiendrait facilement en remplaçant l'iode par le groupement OH dans la formule précédente; mais ce n'est là qu'une hypothèse sur la constitution de ce corps.

En chauffant vers 300°, en vase clos, la conhydrine avec de l'acide iodhydrique et un peu de phosphore, on obtient un octane, C^8H^{18}.

Les sels de conhydrine ont été décrits par Hofmann [*D. chem. G.*, **15**, 2315] :

Le *chlorhydrate* est déliquescent.

Le *sulfate* est en prismes solubles dans l'eau et dans l'alcool.

Le *chloroplatinate* forme des cristaux rouge-hyacinthe.

Le *dérivé éthylé*, $C^8H^{16}(C^2H^5)AzO$, s'obtient à l'état d'*iodhydrate* cristallisé par l'union directe de la conhydrine avec l'iodure d'éthyle. L'acide iodhydrique enlevé avec la potasse, il reste la base libre sous la forme d'une huile incolore qui ne tarde pas à se prendre en masse et qui distille sans décomposition [Wertheim, *Jahresb.*, 1863, 435].

L'éthylconhydrine, traitée par l'iodure d'éthyle, fournit le composé $C^8H^{16}(C^2H^5)^2AzOI$, en petits cristaux brillants que l'oxyde d'argent attaque pour former la *diéthylconhydrine*,

$$C^8H^{15}(C^2H^5)^2AzO,$$

base énergique dont le *chloroplatinate* est en cristaux orangés [Wertheim, *loc. cit.*].

La *benzoylconhydrine*, $C^8H^{16}(C^7H^5O)AzO$, est en cristaux fusibles à 132° [Hofmann, *D. chem. G.*, **15**, 2315].

La conhydrine est moins toxique que la conicine.

PSEUDOCONHYDRINE, $C^8H^{17}AzO$. — Cet alcaloïde a été trouvé par M. Merck dans la grande ciguë (*Conium maculatum*) et étudié par MM. Ladenburg et Adam [*D. chem. G.*, **24**, 1671].

C'est une poudre blanche, très soluble dans l'eau, l'alcool, l'éther et le benzène, déliquescente, présentant une réaction alcaline et donnant des sels très solubles. Elle fond à 100-102° et distille sans altération à 229-231°. Elle est dextrogyre : $[\alpha]_D = +4°.30$.

Le *chlorhydrate*, $C^8H^{17}AzO . HCl$, forme des cristaux hygroscopiques, incolores, solubles dans l'eau et dans l'alcool.

Le *bromhydrate*, $C^8H^{17}AzO . HBr$, cristallise en lamelles.

L'*iodhydrate* se présente en lamelles qui brunissent à l'air; sa solution acide laisse déposer par évaporation un *periodure* noir.

Chauffée pendant 8 heures à 150° avec de l'acide iodhydrique fumant et du phosphore rouge, la pseudoconhydrine fournit des cristaux incolores, mamelonnés, ayant pour formule

$$C^6H^{16}IAz . HI.$$

Ce composé jaunit à l'air; il brunit à 143° et fond en se décomposant à 155°. Il fournit par réduction une base volatile, qui n'a pu être étudiée faute de matière.

En réduisant par le sodium et l'alcool l'α-éthyl-pyridylcétone $C^5H^4Az . CO . C^2H^5$, MM. Engler et Bauer [*D. chem. G.*, **24**, 2530] ont obtenu, entre autres produits, un composé qui ne diffère de la pseudoconhydrine que par son inactivité optique. Cette synthèse conduit à la formule de structure

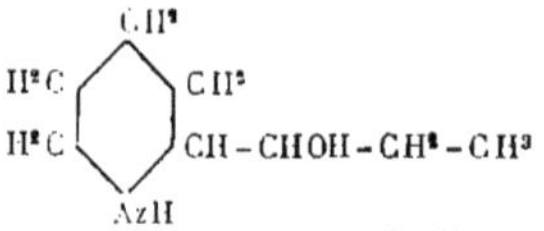

$$\begin{array}{c} C H^2 \\ H^2C \diagup \diagdown C H^2 \\ H^2C \diagdown \diagup CH-CHOH-CH^2-CH^3 \\ AzH \end{array}$$

L. Hugounenq.

CONICÉIDINE. — On prépare cette base en faisant bouillir pendant 4 ou 5 heures l'oxyconi-céine, $C^8H^{15}AzO$, avec de la potasse alcoolique. Après avoir chassé l'alcool par distillation, on précipite la base par l'eau; on distille ensuite après avoir séché.

La conicéidine prend également naissance, en même temps que l'oxyconicéine, par l'action de l'étain et de l'acide chlorhydrique sur la dibrom-oxyconicéine, $C^8H^{13}Br^2AzO$ [Hofmann, *D. chem. G.*, **18**, 126].

Dans l'un et l'autre cas, elle se forme par soudure de 2 molécules d'oxyconicéine avec élimination de 2 molécules d'eau :

$$2\,C^8H^{15}AzO - 2\,H^2O = C^{16}H^{26}Az^2.$$

La conicéidine, $C^{16}H^{26}Az^2$, cristallise en fines aiguilles fusibles à 55-56°; elle bout sans décomposition au-dessus de 300°. Elle s'unit à 1 ou 2 molécules d'acide.

Au contact de l'eau ou de l'alcool à l'ébullition, elle donne une base oxygénée que la vapeur d'eau entraîne.

Le *chlorhydrate*, $C^{16}H^{26}Az^2 . HCl$, est en petites tables, peu solubles dans l'eau, plus solubles dans l'acide chlorhydrique. Ce sel fond en dégageant une odeur qui rappelle la cumidine ou la xylidine; le résidu est coloré en un bleu intense par le perchlorure de fer.

Le *chloroplatinate*, $C^{16}H^{26}Az^2 . 2HCl . PtCl^4$, est en aiguilles rayonnées peu solubles.

La conicéidine, $C^{16}H^{30}Az^2$, est un homologue de la nicotine, $C^{10}H^{14}Az^2$.   L. Hugounenq.

CONICÉINES. — M. Hofmann a donné le nom de *conicéines* à trois bases isomériques, répondant à la formule $C^8H^{15}Az$ et différant de la conicine, dont elles dérivent, par H^2 en moins.

La préparation de ces corps n'a lieu que par voie indirecte : on substitue d'abord à 1 atome d'hydrogène de la conicine 1 atome de brome ou d'iode ou un groupement hydroxylé,

$$C^8H^{16}BrAz, \quad C^8H^{16}IAz, \quad C^8H^{16}(OH)Az,$$

puis on élimine HBr, HI ou H^2O par les alcalis ou par les acides.

On connaît 3 conicéines (α, β et γ).

α-*Conicéine*. — On l'obtient : 1° En décomposant par la chaleur ou en distillant sur une lessive concentrée de soude l'iodhydrate d'iodo-conicine :

$$C^8H^{16}IAz . HI + 2NaOH$$
$$= 2NaI + 2H^2O + C^8H^{15}Az.$$

Si on substitue la chaux à la lessive de soude, la réaction donne naissance à un mélange d'α- et de β-conicéine, dans lequel l'une ou l'autre prédomine suivant les conditions de l'expérience [*D. chem. G.*, **18**, 23].

2° On ajoute à 1 molécule de brome 1 molécule de soude en solution à 5 0/0, puis 1 molécule de conicine au mélange fortement refroidi. Il se forme de la conicine monobromée,

$$C^8H^{16}BrAz,$$

qu'on sépare du liquide aqueux et qu'on fait tomber goutte à goutte dans de l'acide sulfurique concentré, chauffé graduellement vers 140° jusqu'à cessation de vapeurs bromhydriques [Hofmann, *loc. cit.*] :

$$C^8H^{16}BrAz - HBr = C^8H^{15}Az.$$

3° On peut aussi partir de la conhydrine,

$$C^8H^{17}AzO,$$

qu'on chauffe pendant 4 heures avec 4 fois son poids d'acide chlorhydrique fumant. Le produit de la réaction, saturé par la potasse et entraîné par la vapeur d'eau, passe à 155-175° : c'est un mélange des deux isomères α et β, qu'on sépare par l'acide picrique ou le chlorure mercurique. Avec l'α-conicéine, on obtient un *picrate* fusible en se décomposant à 225° et à peu près insoluble dans l'alcool froid. Le chlorure mercurique fournit avec la β-conicéine un sel double soluble dans l'eau bouillante, tandis que le résidu est formé de chloromercurate d'α-conicéine. Qu'on adopte l'une ou l'autre de ces deux méthodes, le picrate ou la combinaison mercurique de l'α-conicéine, traités par les alcalis, mettent la base en liberté. On l'enlève à l'aide de l'éther et, après avoir chassé ce dissolvant, on la dessèche en la chauffant pendant 5 heures avec du sodium et de la baryte caustique.

4° Comme l'acide chlorhydrique, le sodium et l'anhydride phosphorique dédoublent la conhydrine en eau et en α- et β-conicéine [Hofmann, *D. chem. G.*, **18**, 5].

L'α-conicéine est un liquide extrêmement vénéneux, d'odeur conicique, se solidifiant à $-35°$, fusible à $+16°$, restant en surfusion jusqu'à $-25°$; point d'ébullition 158°; densité à 15° $= 0{,}893$.

L'amalgame de sodium est sans action sur cet alcaloïde ; mais à 220°, en tubes scellés, l'acide iodhydrique concentré mêlé d'un peu de phosphore fixe de l'hydrogène et régénère la conicine :

$$C^8H^{15}Az + H^2 = C^8H^{17}Az.$$

A 300°, on obtient un octane C^8H^{18}; ces réactions s'accompagnent de la formation de bases intermédiaires, en particulier d'octylamine.

L'α-conicéine est une base tertiaire, dont la constitution est peut-être représentée par le schéma

$$\begin{array}{c} C.H^2 \\ H^2C \diagup \diagdown CH^2 \\ HC \diagdown \diagup CH.C^3H^7 \\ Az \end{array}$$

Elle se combine à l'iodure de méthyle avec élévation de température. L'*iodométhylate* ainsi formé, $C^8H^{15}Az.CH^3I$, donne avec le chlorure de platine un sel double jaune clair. Traité par l'oxyde d'argent, il se transforme en une base oxygénée instable [*D. chem. G.*, **18**, 17].

Le *chlorhydrate*, $C^8H^{15}Az.HCl$, est en tables hexagonales déliquescentes.

Le *chloroplatinate*, $(C^8H^{15}Az.HCl)^2PtCl^4$, est en prismes jaunes rhomboïdaux, solubles.

Le *chloraurate*, $C^8H^{15}Az.HCl.AuCl^3$, en aiguilles jaunes décomposables à 100°, forme avec le brome, le chlorure de zinc et les alcalis des composés cristallisés, peu solubles.

Le *picrate*, $C^8H^{15}Az.C^6H^3(AzO^2)^3O$, est en aiguilles jaunes, fusibles à 225°, peu solubles dans l'eau, presque insolubles dans l'alcool froid.

β-*Conicéine.* — Elle se produit en même temps que l'isomère précédent quand on décompose par la chaleur l'iodoconicine, $C^8H^{16}IAz$, qu'on la distille sur la chaux, ou encore quand on attaque la conhydrine par l'acide chlorhydrique fumant, le sodium ou l'anhydride phosphorique. La solubilité de son chloroplatinate dans l'alcool et de son chloromercurate dans l'eau permet de la séparer. Après l'avoir isolée de ces combinaisons par la potasse et l'éther, on la transforme en chlorhydrate ; ce sel, purifié par cristallisation, est ensuite décomposé. La base libre, desséchée sur le sodium et soumise à l'action d'un mélange réfrigérant, se prend en une masse qu'on exprime à froid ; malgré ces précautions, la substance est fréquemment souillée par

des dérivés oxygénés qui abaissent sa teneur en carbone.

La β-conicéine cristallise en aiguilles d'odeur conicique, fusibles à 41°, bouillant à 168°; elle est peu soluble dans l'eau, très soluble dans l'alcool et dans l'éther.

Elle peut être administrée à des doses 4 fois plus fortes que l'α-conicéine sans déterminer d'accidents mortels [*loc. cit.*].

C'est une base secondaire puissante, qui donne avec l'iodure de méthyle, l'alcool et un peu de soude un *dérivé diméthylé*, $C^8H^{13}(CH^3)^2AzI$, en cristaux très solubles, donnant un *chloroplatinate* $(C^{10}H^{20}AzCl)^2PtCl^4$ et un *chloraurate*

$$C^{10}H^{20}AzCl.AuCl^3$$

en prismes très solubles aussi.

La β-conicéine paraît être représentée par un schéma analogue à celui-ci :

$$\begin{array}{c} C.H^2 \\ HC \diagup \diagdown CH^2 \\ HC \diagdown \diagup CH.C^3H^7 \\ AzH \end{array}$$

Le *chlorhydrate*, $C^8H^{15}Az.HCl$, est en prismes incolores.

Le *chloraurate* et le *chloroplatinate* sont très solubles.

γ-*Conicéine.* — Cette base prend naissance quand on traite la tribromoxyconicine par l'étain et l'acide chlorhydrique.

Voici le mode de préparation le plus pratique : On fait un mélange équimoléculaire de brome et de chlorhydrate de conicine en solution étendue ; un composé d'addition, huileux, ne tarde pas à se séparer. On ajoute alors 2 molécules de soude à 5 0/0 et on chauffe au bain-marie pendant une demi-heure. Par le refroidissement, il se dépose du bromhydrate de tribromoxyconicine ; on filtre et on distille la liqueur aqueuse avec de la soude caustique. Le produit de la distillation, additionné d'acide chlorhydrique, est concentré au bain-marie ; on ajoute alors du bichlorure d'étain, en évitant d'en employer un excès. Le mélange se prend en une masse cristalline, qu'on essore et qu'on purifie par cristallisation dans l'eau chaude et dans l'alcool bouillant : le chlorure double d'étain et de γ-conicéine est décomposé par l'hydrogène sulfuré ou par un alcali ; en filtrant à la trompe, on obtient la base libre, qu'on dessèche sur la potasse, puis sur le sodium. Le rendement en γ-conicéine est de 30 0/0 de la conicine employée ; il serait plus élevé si la présence de la conicine n'empêchait la cristallisation du sel double [*D. chem. G.*, **18**, 123].

La réaction est résumée par l'équation

$$C^8H^{16}BrAz + NaOH = C^8H^{15}Az + NaBr + H^2O.$$

La γ-conicéine est une base plus légère que l'eau, très alcaline, d'odeur conicique, restant liquide à $-50°$, bouillant à 173°; c'est le plus toxique des alcaloïdes de ce groupe.

L'acide sulfurique concentré ne détruit pas ce composé, même à 140°.

La γ-conicéine est une base secondaire ; néanmoins, quand on la traite par l'iodure de méthyle, l'alcool et la soude, elle fournit un *iodhydrate*, $C^8H^{15}(CH^3)^2AzO.HI$, transformable en chlorure, puis en chloroplatinate et en chloraurate : c'est la *diméthyloxyconicine*.

Le dérivé bromé supérieur ou *tribromoxyconicine* s'obtient en ajoutant un excès de brome et de soude à la γ-conicéine.

Cet alcaloïde pourrait être représenté par le schéma

$$C^6H^{13}(H^2C)(H^3C)(CH)(CH)(CH.C^3H^7)(AzH)$$

Les sels de γ-conicéine sont déliquescents. En fondant, ils se décomposent et développent la couleur verte du manganate de potassium; le produit abandonné à l'air prend la teinte rouge du permanganate.

Le *chlorhydrate* forme avec le chlorure stannique un sel double qui cristallise dans l'alcool.

Le *chloroplatinate*, $(C^9H^{15}Az \cdot HCl)^2PtCl^4$, est en gros cristaux tabulaires.

Le *chloraurate*, $C^9H^{16}Az \cdot HCl \cdot AuCl^3$, est cristallisable, bien qu'il reste quelquefois huileux.

Le *dérivé acétylé*, $C^8H^{14}(C^2H^3O)Az$, s'obtient facilement par l'action directe de l'anhydride acétique sur la γ-conicéine. Liquide insoluble dans l'eau, bouillant à 252-255°.

L. Hugounenq.

CONICHALCITE (Min.). — Voyez Konichalcite, Dict., **2**, 173.

CONICIQUE (ACIDE). — Pour obtenir ce corps à partir de la conicine, on fait tomber goutte à goutte dans une molécule d'alcaloïde une molécule de chlorocarbonate d'éthyle; après lavage à l'eau et rectification, on obtient un liquide bouillant à 245° : c'est la *conyluréthane*,

$$C^8H^{17}Az + Cl \cdot CO^2C^2H^5$$
$$= HCl + C^8H^{16}Az \cdot CO^2C^2H^5.$$

En versant goutte à goutte ce composé dans de l'acide azotique fumant bien refroidi, on le transforme en un acide-éther $C^7H^{14}O^2Az \cdot CO^2C^2H^5$, précipitable par addition d'eau. Il ne reste plus qu'à chauffer à 100°, en tubes scellés, cet acide-éther avec de l'acide chlorhydrique pour obtenir, en même temps que du chlorure d'éthyle et de l'acide carbonique, le chlorhydrate de l'acide conicique :

$$C^7H^{14}O^2Az \cdot CO^2C^2H^5 + HCl$$
$$= CO^2 + C^2H^5Cl + C^7H^{15}AzO^2.$$

Cet acide n'est connu qu'à l'état de chlorhydrate; si on essaye de l'isoler en le traitant par la quantité théorique de soude et en épuisant ensuite par l'éther, on ne réussit pas à l'enlever [Schotten, *D. chem. G.*, **15**, 1947].

L'acide conicique n'est pas vénéneux; il donne avec l'acide chlorhydrique et le chlorure de platine des combinaisons solubles.

Sa formule de constitution n'a pas été déterminée.

CONIFÉRINE (voyez Dict., **3**, 645). — D'après M. E. von Lippmann, on trouve de la coniférine dans les asperges et dans les tissus lignifiés de la betterave [*D. chem. G.*, **16**, 44 et **18**, 3335]. Pour l'en extraire, on traite les végétaux, réduits en petits morceaux, d'abord par l'alcool absolu, puis par l'eau froide, ensuite par l'eau bouillante; on exprime le marc, on filtre et on évapore aux trois quarts. Le liquide est traité par le sous-acétate de plomb, puis par le sous-acétate en solution ammoniacale; on filtre, on traite le liquide par l'acide carbonique et on filtre de nouveau.

Par évaporation du liquide, on obtient un sirop qui se prend en masse au contact d'un cristal de coniférine.

Oxydée par l'acide chromique à froid, la coni-

férine fournit de la glycovanilline; avec le mélange chromique, elle donne de la vanilline; avec le permanganate, de l'acide glycovanillique [Tiemann, *D. chem. G.*, **18**, 1596].

ALCOOL CONIFÉRYLIQUE,

$$C^6H^3(OCH^3)_{(3)}(OH)_{(4)}(C^3H^4 \cdot OH)_{(1)}.$$

—Ce composé, dont on a indiqué (Dict., **3**, 645) le mode de formation par l'action de l'émulsine sur la coniférine, cristallise en prismes fusibles à 73-74°, très solubles dans l'éther et dans les alcalis, moins solubles dans l'alcool, peu solubles dans l'eau bouillante. Les acides étendus le transforment en une matière amorphe, isomérique avec lui, peu soluble dans l'éther et dans l'alcool, et qui se ramollit à 150-160°.

Oxydé par le mélange chromique, l'alcool coniférylique donne de la vanilline, de l'aldéhyde éthylique et de l'acide acétique. Fondu avec de la potasse, il fournit de l'acide protocatéchique. Chauffé à 150-160° avec de l'acide iodhydrique fumant, il donne une matière résineuse iodée, avec de l'iodure de méthyle et de l'iodure d'éthyle.

L'amalgame de sodium le convertit en eugénol. Le chlorure de benzoyle et l'anhydride acétique sont sans action sur lui [Tiemann et Haarmann, *D. chem. G.*, **7**, 611. — Tiemann, *ibid.*, **8**, 1132; **11**, 672].

C. Cloez.

CONNELLITE (Min.) (Connell-Dana). — Chlorure-sulfate cuivrique très basique et hydraté, $2CuCl^2 \cdot 12CuO \cdot SO^4Cu, 15H^2O$, d'après l'analyse de M. S.-L. Penfield. Très petits cristaux extrêmement rares; prismes hexagonaux pyramidés, transparents, d'une magnifique couleur bleu foncé, avec cuprite, malachite, agate, etc., à Camborne (Cornouailles) et au pays de Namaqua (Afrique méridionale).

Caractères. — Insoluble dans l'eau, très soluble dans les acides, même étendus; la solution offre les réactions des chlorures, et un peu celle des sulfates. Au chalumeau, dans le tube, donne de l'eau; colore la flamme en vert, fond très facilement en un globule noir brillant. Densité = 3. Poussière bleu-verdâtre pâle. Densité = 3,364.

Forme cristalline. — Prisme hexagonal :

$$b^1b^1(\text{adj.}) = 130°21'.$$

Faces : mh^1b^1.

L. Bourgeois.

CONQUINÈNE. — Voyez Quinène, Suppl., **2**.

CONQUININE. — Voyez Quinidine, Dict., **2**, 1283 et Suppl., **2**.

CONYLÈNE, C^8H^{14}. — Ce carbure a été préparé par Wertheim, en distillant à l'abri de l'air 1 partie d'azoconhydrine avec 2 parties d'anhydride phosphorique divisé par 8 parties de verre en poudre. La réaction s'effectue au bain d'huile; elle commence à 90° et marche rapidement; on recueille le produit qui distille et on le rectifie en mettant à part la portion passant à 125-127° [*Ann. Chem.*, **123**, 170] :

$$C^8H^{16}Az^2O + P^2O^5 = C^8H^{14} + 2Az + P^2O^6H^2.$$

Hofmann a obtenu le conylène en soumettant à la distillation la triméthylconicine [*D. chem. G.*, **14**, 659 et 710]; il se forme, en même temps que le carbure, de l'eau, de l'alcool méthylique, de la triméthylamine et de la diméthylconicine :

$$2C^8H^{15}(CH^3)^3AzOH$$
$$= C^8H^{15}(CH^3)^2Az + (CH^3)^3Az + CH^3 \cdot OH$$
$$+ H^2O + C^8H^{14}.$$

En chauffant doucement le produit de la réaction avec de l'eau acidulée, on élimine l'alcool méthylique et les bases : le conylène vient surnager.

C'est un carbure incolore, huileux, très réfringent, insoluble dans l'eau, soluble dans l'alcool et dans l'éther. Densité à l'état liquide, 0,76076 à 15°; densité de vapeur, 3,80 (théorie 3,56). Point d'ébullition, 126° sous la pression de 738 millimètres. Ce corps, doué d'une odeur pénétrante et assez agréable rappelant le cyanure d'amyle, n'est pas toxique [Wertheim, *loc. cit.*].

Le conylène paraît absorber l'oxygène après plusieurs mois de contact.

En solution alcoolique, le brome l'attaque. Le produit, lavé à l'eau alcaline, puis à l'eau pure, est dissous dans l'éther. Après avoir séché la solution éthérée sur le chlorure de calcium, on chasse l'éther dans le vide. Le résidu liquide qu'on obtient est légèrement coloré en jaune; il exhale une odeur piquante; il est insoluble dans l'eau, soluble dans l'alcool et dans l'éther; sa densité est 1,5679 à 16° : c'est un *dibromure* $C^8 H^{14} Br^2$.

Ce dérivé est vivement attaqué par la potasse caustique en poudre : en distillant le produit de la réaction dans un courant d'hydrogène, on rencontre vers 160° un corps oléagineux, incolore, plus léger que l'eau et qui, après rectification, donne à l'analyse des chiffres concordant assez bien avec ceux qu'exige la formule d'un *oxyde de conylène*, $C^8 H^{14} O$. Cette expérience aurait besoin d'être confirmée, car elle ne donne pas toujours les mêmes résultats.

L'ammoniaque réagit sur le conylène bromé, mais sans former de base; on obtient seulement des produits moins bromés que la substance primitive.   L. Hugounenq.

CONYLÉNIQUE (GLYCOL). — Ce corps a été obtenu par Wertheim, en appliquant au dibromure de conylène la méthode générale de Wurtz pour la préparation des glycols [*Ann. Chem.*, **130**, 298].

On ajoute à un mélange de 9 grammes de bromure de conylène, $C^8 H^{14} Br^2$, et de 11 grammes d'acétate d'argent assez d'acide acétique cristallisable pour former une bouillie claire. On chauffe au bain d'huile à 120-140° dans une cornue munie d'un réfrigérant à reflux : à la distillation, on recueille, vers 225°, un liquide incolore, acide, plus léger que l'eau (d = 0,98866 à 18°), exhalant une odeur de menthe poivrée : c'est le *diacétate conylénique*, $C^8 H^{14} (C^2 H^3 O^2)^2$.

On décompose ce produit en le chauffant pendant plusieurs heures avec son poids de potasse caustique en poudre, dans un ballon maintenu à 130° et muni d'un réfrigérant ascendant. A la distillation il passe d'abord, vers 230-240°, une huile presque incolore, puis une petite quantité d'un liquide sirupeux coloré en jaune, qui est le glycol conylénique $C^8 H^{14} (OH)^2$.

Liquide épais, plus léger que l'eau, dans laquelle il est insoluble; l'alcool et l'éther le dissolvent : son odeur est faiblement aromatique.

La première portion du produit distillé, qui est la plus abondante, répond à la formule

$$(C^8 H^{16} O^2)^2, H^2 O,$$

et paraît être un diconylène-glycol ou, plus vraisemblablement, une combinaison de conylène-glycol $C^8 H^{16} O^2$ avec l'oxyde de conylène $C^8 H^{14} O$.

On n'a pas réussi à préparer à l'état de pureté l'oxyde de conylène par l'action du dibromure sur la potasse caustique.

L'étude de ce glycol mériterait d'être reprise.   L. Hugounenq.

CONYRINE ou **CONGRINE**. — On l'obtient :

1° En chauffant la conicine naturelle avec du chlorure de zinc [Hofmann, *D. chem. G.*, **17**, 825].

2° En distillant sur 3 parties de zinc en poudre le chlorhydrate de conicine active [Hofmann,

loc. cit.] ou l'α-propylpipéridine de synthèse [Ladenburg, *Ann. Chem.*, **247**, 20] :

$$C^8 H^{17} Az = C^8 H^{11} Az + 3 H^2.$$

Le produit brut de la distillation renferme 25 ou 30 0/0 de conyrine, en même temps que de la conicine et des produits pyrogénés. On le traite par l'acide chlorhydrique étendu, qui permet de séparer une huile. Le chlorhydrate de conicine cristallise rapidement, tandis que le chlorhydrate de conyrine reste dans les eaux mères, d'où l'on isole la base libre par les alcalis et l'éther.

On peut aussi séparer la conicine de la solution chlorhydrique des deux bases en la transformant par l'azotite de potassium en un composé nitrosé formant une couche huileuse qu'on décante. Les eaux mères, additionnées de chlorure de platine et évaporées lentement, abandonnent de gros cristaux d'où l'on extrait la conyrine pure par la potasse et l'éther; on dessèche la base sur un alcali caustique et on la distille.

Liquide incolore, huileux, plus léger que l'eau, bouillant à 165-166°; il présente une fluorescence bleue très marquée (Hofmann), due à la présence d'un carbure. Si on purifie la conyrine en faisant cristalliser son chloroplatinate, elle perd cette fluorescence (Ladenburg).

Chauffée à 300° en tubes scellés avec de l'acide iodhydrique concentré, la conyrine fixe de l'hydrogène et régénère la conicine :

$$C^8 H^{11} Az + 6 H = C^8 H^{17} Az.$$

Le sodium agit de même sur la solution alcoolique bouillante.

Le permanganate oxyde facilement la conyrine et fournit l'acide pyridine-α-carbonique, ce qui assigne à la conyrine la constitution d'une α-propylpyridine,

$$
\begin{array}{ccc}
 & CH & \\
HC & {\scriptstyle\gamma\ \beta} & CH \\
HC & {\scriptstyle\alpha'\ \alpha} & C . C^3 H^7 \\
 & Az & \\
\end{array}
$$

dont la conicine est l'hexahydrure. La synthèse de cette dernière base, réalisée par M. Ladenburg, a définitivement établi cette constitution (voyez CONICINE).

Les sels de propylpyridine sont très solubles et cristallisent difficilement.

Le *chloroplatinate*. $(C^8 H^{11} Az . H Cl)^2 Pt Cl^4$, est en cristaux clinorhombiques, jaune-orangé, fusibles à 159-160°. Rapport des axes $a : b : c = 1,0614 : 1 : 1,5374$. Angle des axes $\beta = 87°8'$.

Le *chloraurate* forme de longues aiguilles jaunes, solubles dans l'eau et dans l'alcool (Hofmann).

L'*iodométhylate*, $C^8 H^{11} Az . CH^3 I$, s'obtient facilement par l'action de l'iodure de méthyle à la température ordinaire, ou mieux en tubes scellés à 100° : c'est un liquide épais, soluble dans l'eau [Hofmann, *D. chem. G.*, **17**, 825].

Le *chlorométhylate* s'obtient en traitant l'iodométhylate par le chlorure d'argent. Il cristallise et donne un *chloroplatinate*

$$[C^8 H^{11} Az . CH^3 Cl]^2 Pt Cl^4,$$

peu soluble dans l'eau [Hofmann, *loc. cit.*].

On connaît des dérivés de l'α-propylpyridine qui renferment une fonction alcoolique dans la chaîne propylique; ces bases, connues sous le nom d'*alkines*, ont été obtenues synthétiquement par la condensation de l'aldéhyde éthylique avec l'α-éthylpyridine.

α-*Picolyl-méthylalkine* (α-*Propylol-2-pyridine*), $C^8 H^4 Az - CH^2 - CHOH - CH^3$. — Cette base s'obtient en chauffant l'α-méthylpyridine avec de l'aldéhyde éthylique et de l'eau, à 160° [Ladenburg, *D. chem. G.*, **22**, 2588. — Matzdorff, *ibid.*, **23**, 2711]. Elle se présente sous la forme de gros prismes incolores, fusibles à 32°, et distille sans décomposition à 113°,5 sous une pression de 13 millimètres; sa solubilité dans l'eau, l'alcool et le chloroforme est considérable, mais elle se dissout difficilement dans l'éther.

Le *chloroplatinate*, $(C^6H^{11}AzO^2.HCl)^2PtCl^4$, forme des cristaux peu solubles dans l'eau; il fond à 189° en se décomposant.

Le *chloraurate* cristallise facilement; il est aussi peu soluble dans l'eau.

α-*Lutidylalkine* (α-*propylol-3-pyridine*),

$$C^5H^4Az[CH^2-CH^2-CH^2OH]_{(α)}.$$

— On l'obtient en chauffant à 160° pendant 8 heures un mélange équimoléculaire d'α-lutidine et d'aldéhyde méthylique avec la moitié de son poids d'eau [Ladenburg et Adam, *D. chem. G.*, **23**, 1673]. La base libre est un liquide incolore, épais, bouillant à 127-128° sous une pression de 17 millimètres; elle est facilement soluble dans l'eau et dans l'alcool, mais peu soluble dans l'éther.

Le *chloroplatinate* fond à 142° et se dissout facilement dans l'eau.

Le *chloraurate*, $(C^5H^{11}AzO.HCl.AuCl^3)$, se dépose de sa solution aqueuse chaude en cristaux fusibles à 71°.

On a essayé d'obtenir la même base par l'action de la chlorhydrine du glycol sur l'α-picoline à 140° : on obtient une base qui n'a pas été isolée, et dont le chloroplatinate, d'un jaune rouge, est facilement soluble dans l'eau et fond en se décomposant à 200°.

Le *chloraurate* forme de petits cristaux brillants, très peu solubles dans l'eau froide, qui fondent à 99-100°.

Le *chloromercurate* est facilement soluble dans l'eau [Alexander, *D. chem. G.*, **23**, 2714].

ω-*Trichloro-α-oxypropylpyridine* (α-*trichloro-3-propylol-2-pyridine*),

$$C^5H^4Az-[CH^2-CHOH-CCl^3]_{(α)}.$$

— On obtient cette base en chauffant pendant 8 ou 10 heures le produit d'addition cristallisé que donnent le chloral et l'α-picoline. Petites tables hexagonales fusibles à 86-87° [Einhorn et Liebrecht, *D. chem. G.*, **20**, 1592]. C'est une base énergique; en la chauffant avec de la potasse alcoolique, on obtient l'*acide* α-*pyridylacrylique* (α-*pyridine-propénoïque*).

L'action du pentachlorure de phosphore sur la même base donne l'α-*pyridylpropylène trichloré* (α-trichloro-3-propénylpyridine),

$$C^5H^4Az-CH=CH-CCl^3,$$

fusible à 97° [Einhorn, *D. chem. G.*, **23**, 219].

L. Hugounenq.

COOKÉITE (Min.) (Brush). — Sorte de mica ou de chlorite lithifère, de Paris et Hebron, Maine, (États-Unis).

COPAHU. — Voyez Suppl., 2, I, 413.

COPRINE. — La triméthylamine et la monochloracétone s'unissent avec dégagement de chaleur pour donner un corps cristallisé $C^5H^{14}AzOCl$, que M. L. Niementowicz a appelé *chlorure de coprine*. On fait passer un courant de triméthylamine gazeuse et desséchée dans une solution éthérée de monochloracétone au 1/30, refroidie à — 10°. Le chlorure de coprine se dépose en cristaux très hygroscopiques, solubles dans l'alcool et dans l'esprit de bois.

Ce corps donne avec le phosphomolybdate et avec le phosphotungstate de sodium des précipités blancs; avec le tannin en solution concentrée, un précipité blanc soluble dans un excès d'eau; avec l'iodure ioduré de potassium, un précipité brun-rougeâtre; avec l'iodure double de bismuth et de potassium, un précipité rougebrique; avec l'eau de brome, un précipité jaune.

Le *chloroplatinate*,

$$[CH^3.CO.CH^2.Az(CH^3)^3Cl]^2.PtCl^4,$$

est en aiguilles orangées, paraissant appartenir au système clinorhombique, peu solubles dans l'eau froide, assez solubles dans l'eau chaude.

Le *chloraurate*, $C^5H^{14}Cl.AuCl^3$, forme des aiguilles ou des prismes d'un jaune d'or, fusibles à 139° sans altération.

Le chlorure de coprine se rapproche par sa constitution des bases du groupe de la choline. Son action physiologique est analogue à celle du curare, mais elle en diffère pourtant par quelques points. Il agit à la dose de 0gr.025 chez la grenouille et à celle de 0gr,1 chez le lapin [L. Niementowicz, *Mon. f. Chem.*, **7**, 241; *Bull. Soc. Chim.*, (2), **46**, 672].

E. Lambling.

CORKITE (Min.). — Voyez BEUDANTITE, Dict., **1**, 585.

CORNÉINE. — Valenciennes a donné ce nom à une substance d'aspect corné, qui constitue la partie organique du squelette d'un grand nombre de Gorgonides et d'Antipathides. On traite la substance fondamentale de ces invertébrés par de l'acide chlorhydrique dilué et froid pour éliminer les matières minérales, puis par la pepsine et enfin par la trypsine à 38° pour dissoudre les albuminoïdes.

La cornéine, quelle que soit son origine, présente une composition centésimale sensiblement constante, que M. Krukenberg traduit par la formule $C^{30}H^{44}Az^5O^{13}$. L'eau bouillante n'en sépare pas de gélatine. Bouillie avec de l'acide sulfurique, elle donne de la leucine et un corps cristallisé encore mal défini, la *cornicristalline*. Elle ne fournit sous l'action des acides étendus et chauds aucun corps réducteur, ce qui la sépare nettement de la chitine. Le réactif de Millon la colore à peine en rose [Krukenberg, *Maly's Jahresb.*, **11**, 357; **14**, 368; *Bull. Soc. Chim.*, (2), **44**, 387].

E. Lambling.

CORNICULARIQUE (**ACIDE**). — Voyez ACIDES PULVIQUE et VULPIQUE.

CORONGUITE (Min.) (A. Raimondi). — Antimoniate de plomb et d'argent, terreux, trouvé à la mine Mojollon, district de Corongo, province de l'Allasca (Pérou).

CORYDALINE (voyez Suppl., **1**, 527). — Suivant MM. Dobbie et Lauder [*Chem. Soc.*, **61**, 244, 605; *D. chem. G.*, **25**, *Ref.*, 583, 679], la corydaline a pour formule $C^{22}H^{20}AzO^4$. Elle cristallise en prismes incolores, qui jaunissent à la lumière et qui fondent à 134°,5.

L'*iodhydrate*, $C^{22}H^{40}AzO^4.HI$, forme des prismes orangés.

Le *chloroplatinate* se présente en cristaux brunâtres.

Le *bromhydrate* est peu soluble dans l'eau.

L'*éthylsulfate* cristallise avec 1 molécule d'eau.

L'*iodométhylate* forme des aiguilles incolores.

Chauffée dans un appareil à reflux avec de l'acide iodhydrique fumant, la corydaline perd 4 groupes méthyle et se convertit en *corydaloline*, $C^{18}H^{21}AzO^4$.

MM. Freund et Josephy [*D. chem. G.*, **25**, 2411] attribuent à la corydaline la formule $C^{22}H^{27}AzO^4$. Ces auteurs ont reconnu que la corydaline du commerce est le plus souvent mélangée de deux autres alcaloïdes, la *bulbocapnine* $C^{34}H^{36}Az^2O^7$ et la *corycavine* $C^{28}H^{33}AzO^5$.

La *bulbocapnine* fond à 198-199°. Elle est soluble dans les alcalis et cristallise dans l'alcool absolu en cristaux anhydres. Elle donne un *iodométhylate* fusible à 250° et fournit toute une série de sels renfermant 2 molécules d'acide pour 1 molécule d'alcaloïde.

La *corycavine* cristallise en lamelles rhombiques, fusibles à 214-215°, insolubles dans les alcalis, moins solubles dans l'alcool que la corydaline.

Le *chlorhydrate*, $C^{23}H^{23}AzO^5 . HCl, H^2O$, l'*iodhydrate*, $C^{23}H^{23}AzO^5 . HI, H^2O$, le *chloroplatinate*, $(C^{23}H^{23}AzO^5 . HCl)^2 PtCl^4, 2H^2O$, retiennent à 120° leur eau de cristallisation.

L'*iodométhylate* fond à 218°.

COSSYRITE (Min.). — Voyez KŒLBINGITE, Dict., **2**, 172.

COTARNINE. — La cotarnine s'oxyde sous l'influence de l'acide azotique, en donnant de l'acide apophyllénique (voyez ce mot, Suppl., **2**, I, 352). Ce corps doit être considéré comme l'éther monométhylique d'un acide pyridine-dicarbonique : il s'ensuit que la cotarnine elle-même doit renfermer un noyau pyridique, ainsi que les produits intermédiaires, l'acide cotarnamique, $C^{11}H^{11}AzO^5$, la tarconine, $C^{11}H^9AzO^3$, la bromotarconine, la nartine, la cupronine et la tarnine.

HYDROCOTARNINE. — Voyez Suppl., **1**, 929.

TARCONINE. — Voyez Suppl., **1**, 1509.

COTARNINE. — La cotarnine, chauffée à 140° avec de l'acide chlorhydrique en solution concentrée, donne naissance à l'*acide cotarnamique*.

La cotarnine s'unit lentement à froid avec l'iodure de méthyle et donne de l'*iodhydrate de cotarnine*, $C^{12}H^{13}AzO^3 . HI$, et de l'*iodure de cotarnométhine méthylique*, $C^{14}H^{20}AzO^4I$.

Le premier de ces corps est facilement soluble dans l'eau froide et dans l'alcool et cristallise en aiguilles brillantes jaunes. Traité par la soude, il régénère la cotarnine.

Le second composé, $C^{14}H^{20}AzO^4I$, mis à digérer avec du chlorure d'argent, donne par cristallisation dans l'alcool le *chlorure* correspondant, $C^{14}H^{20}AzO^4Cl, 4H^2O$, qui, chauffé à 100°, perd ses 3 molécules d'eau.

Ce chlorure, traité par la soude, donne naissance à un composé neutre, qui se dépose sous la forme de gouttelettes huileuses ne tardant pas à se solidifier; il se forme ainsi de la *cotarnone* et il se dégage de la triméthylamine [Roser, *Ann. Chem.*, **249**, 156] :

$$C^{14}H^{20}AzO^4(OH) = C^{11}H^{10}O^4 + H^2O + Az(CH^3)^3.$$

Traité par l'hydroxylamine en solution alcoolique, le chlorure donne naissance à un nitrile, le *cotarnonitrile*,

$$C^8H^6O^3\left<\begin{array}{l} CAz \\ CH=CH^2 \end{array}\right.$$

corps insoluble dans l'eau, mais cristallisant dans l'alcool en aiguilles fusibles à 160°. Ce nitrile fixe le brome en solution chloroformique et donne un *dibromure*, fusible à 140°,

$$C^8H^6O^3(CAz)CHBr . CH^2Br.$$

La cotarnine, traitée à froid par le chlorure de benzoyle en présence de soude, donne naissance à un *dérivé benzoylé*,

$$C^{12}H^{14}AzO^4(CO . C^6H^5) , 0,5H^2O,$$

insoluble dans l'eau, qui cristallise dans l'alcool en aiguilles fusibles à 122-123°, et qui, traité par le chlorhydrate d'hydroxylamine en solution alcoolique, donne une *oxime*,

$$C^8H^6O^3\left<\begin{array}{l} CH(AzOH) \\ CH^2-CH^2-Az(CH^3)(C^7H^5O) \end{array}\right.$$

Cette oxime est insoluble dans l'eau et dans l'éther, soluble dans l'alcool, qui l'abandonne en cristaux aciculaires, fusibles à 165-166°.

Cotarnine-oxime, $C^{12}H^{15}AzO^3(AzOH)$. — On l'obtient par l'action de l'hydroxylamine sur la cotarnine. Elle cristallise dans l'alcool en prismes courts, fondant à 165-168° en se décomposant.

L'iodure de méthyle (1 molécule) réagit à froid sur la cotarnine (1 molécule) en solution dans l'alcool méthylique, en donnant un composé soluble dans l'eau bouillante et dans l'alcool et inaltérable par les alcalis. C'est un iodure d'ammonium quaternaire, l'*iodure de méthyl-méthoxyhydrocotarnine*.

Traitée par l'oxyde d'argent, la base libre se dédouble à l'ébullition en diméthylamine et probablement en cotarnine.

L'iodure d'éthyle réagit de la même façon : le *dérivé éthylé* correspondant fond à 168° en se décomposant.

Le *dérivé isobutylique* fond vers 120° [W. Roser, *Ann. Chem.*, **254**, 334; *Bull. Soc. Chim.*, (3), **4**, 444].

Lorsque l'on chauffe pendant 1 heure et demie la cotarnine anhydre avec 10 fois son poids d'anhydride acétique, on obtient l'*acide acétylhydrocotarnine-acétique*,

$$CO^2H-CH=CH-C^8H^6O^3-CH^2-CH^2-Az(CH^3)C^2H^3O^2.$$

On décompose le produit de la réaction par 3 fois son volume d'eau et on chauffe. On obtient ainsi de petites aiguilles, fusibles à 201°.

Cet acide est insoluble dans l'eau froide et dans l'éther, peu soluble dans l'eau bouillante, facilement soluble dans l'alcool, le benzène et les alcalis. L'acide chlorhydrique étendu le dédouble à chaud en acide acétique et en un composé $C^{14}H^{17}AzO^5$.

L'acide acétylhydrocotarnine-acétique donne un *sel de calcium* anhydre, formé de petites aiguilles très solubles dans l'eau.

Le *sel d'argent* est insoluble dans l'eau.

Il fournit, par l'action de l'alcool et de l'acide chlorhydrique, un *éther éthylique* fusible à 113° [Bowmann, *D. chem. G.*, **20**, 2431].

COTARNONE, $C^{11}H^{10}O^6$. — Ce composé cristallise dans l'alcool en petits rhombes fusibles à 178°. Il est insoluble dans l'eau froide, légèrement soluble dans l'eau chaude, soluble dans l'alcool, l'éther et l'acide acétique. Les alcalis sont sans action sur lui, mais les acides le décomposent. Ce corps, en solution chloroformique, fixe le brome.

Il possède un groupe méthoxyle et de plus il renferme un carbonyle, car il réagit sur l'hydroxylamine en donnant une oxime, la *cotarnone-oxime*, $C^{10}H^{11}O^3(AzOH)$. Ce dérivé est insoluble dans l'eau, soluble dans l'alcool, où il cristallise en fines aiguilles qui fondent en se décomposant à 130-132°.

La cotarnone, oxydée à froid par le permanganate de potassium, se transforme d'abord en *cotarnolactone*, puis en *acide cotarnique*.

La cotarnolactone cristallise en prismes obliques, fusibles à 154°. Elle est peu soluble dans l'eau et dans l'alcool, mais se dissout sans altération dans l'ammoniaque. Les alcalis la transforment en *acide cotarnolactonique*,

$$C^8H^6O^3\left<\begin{array}{l} CO^2H \\ CHOH-CH^2OH \end{array}\right.$$

acide liquide qui, sous l'influence de la chaleur, repasse à l'état de cotarnolactone.

L'acide cotarnolactonique donne un *sel de baryum* cristallisant avec $5H^2O$. Ce sel est soluble dans l'eau chaude.

La cotarnone donne un *dérivé acétylé*, formé d'aiguilles fusibles à 174°, et un *dérivé benzoylé*, cristallisé en lames fusibles à 184°.

ACIDE COTARNAMIQUE, $C^{11}H^{11}AzO^3$. — L'acide cotarnamique à l'état de liberté s'altère rapidement à l'air. Il forme avec l'acide chlorhydrique un *chlorhydrate* qui, séché à 110°. répond à la formule $C^{11}H^{11}AzO^3$. HCl. Chauffé à 160° avec un excès d'acide chlorhydrique, il donne une solution d'un rouge foncé.

La solution aqueuse du chlorhydrate verdit à l'air. L'azotite de sodium provoque la formation de la même coloration. Cette solution verte possède une fluorescence rouge et offre le spectre de la chlorophylle [von Gerichten. *D. chem. G.*, **14**, 310; *Bull. Soc. Chim.*, (2), **36**, 624].

Cet acide est soluble dans la potasse et donne, par oxydation au moyen de l'acide azotique, de l'acide apophyllénique.

Le *chlorhydrate*, $C^{11}H^{11}AzO^3 . HCl , H^2O$. forme de petites aiguilles soyeuses; il perd son eau sur l'acide sulfurique [Matthiessen et Foster, *Ann. Chem., Suppl.*, **2**, 379].

ACIDE COTARNIQUE, $C^8H^6O^3(CO^2H)^2$. — Lorsque l'on oxyde la cotarnone par le permanganate de potassium, on obtient un acide bibasique qui n'est autre que l'acide cotarnique. On traite le produit de l'oxydation par l'acide chlorhydrique. de façon à avoir une solution neutre, et on ajoute du chlorure de baryum : le *cotarnate de baryum*, qui est peu soluble, se précipite. Il est formé de petites tables, fusibles en se décomposant à 178°, en donnant l'*anhydride* correspondant, fusible à 161-162°.

Le sel *acide de potassium*, $C^{10}H^7O^7K , 2,5H^2O$, se dépose sous la forme d'aiguilles brillantes. Ce sel acide donne avec le nitrate d'argent un précipité cristallin de *cotarnate neutre d'argent*, $C^{10}O^6H^7Ag^2$.

L'acide cotarnique renferme un groupement méthoxyle, comme l'indique son dédoublement sous l'influence de l'acide iodhydrique.

Chauffé à 150-160° avec de l'acide iodhydrique et du phosphore, il donne de l'acide gallique. Il constitue donc un acide méthyl-méthylène–gallocarbonique,

$$CH^2 \underset{O}{\overset{O}{\big\langle}} C^6H \underset{(CO^2H)^2}{\overset{OCH^3}{\big\langle}}$$

La facilité avec laquelle cet acide donne un anhydride conduit à penser que les deux groupements carboxyle sont en position ortho.

Chauffé avec de l'acide chlorhydrique à 140°, cet acide perd de l'acide carbonique, en donnant l'*acide méthyl-méthylène-gallique* (méthane-oxybenzéne-dioxyméthane-méthyloïque),

$$CH^2 \underset{O}{\overset{O}{\big\langle}} C^6H^2 \underset{CO^2H}{\overset{OCH^3}{\big\langle}}$$

Cet acide fond à 210°. Il se dissout à froid en jaune dans l'acide sulfurique, mais à chaud la solution passe au vert, puis au bleu.

Les *sels de baryum* et de *calcium* sont peu solubles dans l'eau.

L'acide cotarnique, traité par le brome en solution acétique, perd de l'acide carbonique et donne le *méthyl-méthylène-tribromopyrogallot* (tribromobenzéne – oxyméthane – dioxyméthane), $C^6Br^3(OCH^3)(O^2CH^2)$, fusible à 160°.

CONSTITUTION DE LA COTARNINE. — De toutes ces réactions il résulte que l'on peut envisager la cotarnine comme le méthylamiuoéthyl-méthylal-benzéne-oxyméthane-dioxyméthane,

$$\begin{array}{l} CH^3 - O \,\diagdown \\ CH^2 \underset{O}{\overset{O}{\big\langle}} C^6H \underset{CH^2-CH^2-AzH-CH^3}{\overset{CHO}{\big\langle}} \end{array}$$

Dans la formation des sels de cotarnine. il y aurait déshydratation du groupement aldéhydique et fermeture de la chaîne. Ainsi le chlorure de cotarnine aurait pour formule

$$CH^2O^2 \,\big\|\, CH^3O \Big\rangle C^6H \diamond \begin{array}{c} CH \\ Az \overset{CH^3}{\underset{Cl}{\big\langle}} \\ CH^2 \\ CH^2 \end{array}$$

[W. Roser, *Ann. Chem.*, **254**, 334; *Bull. Soc. Chim.*, (3), **4**, 447.

La formule de constitution de la cotarnone serait

$$CH^2 \underset{O}{\overset{O}{\big\langle}}_{} \!\!\!\! \begin{array}{c} \\ CH^3 - O \end{array} C^6H \underset{CH=CH^2}{\overset{CHO}{\big\langle}}$$

Cotarnone.

A. Béhal.

COTOÏNE. — **HYDROCOTOÏNE**, $C^{15}H^{14}O^4$. — MM. Ciamician et Silber [*D. chem. G.*, **24**, 299 et 2983; *Bull. Soc. Chim.*, (3), **6**, 65 et **8**, 500] ont établi la constitution de l'hydrocotoïne.

L'hydrocotoïne a une grandeur moléculaire qui conduit au chiffre 268.

Traitée par l'acide iodhydrique suivant la méthode de M. Zeisel, elle donne 2 molécules d'iodure de méthyle, montrant la présence de deux groupements méthoxyle.

Ce corps possède de plus une fonction phénolique, car il se dissout dans les alcalis en donnant une coloration jaune.

On peut du reste transformer cette fonction phénolique en éther. En traitant l'hydrocotoïne dissoute dans la potasse et l'alcool méthylique par l'iodure de méthyle, on obtient la *méthylhydrocotoïne*, $C^{13}H^7O(OCH^3)^3$.

Ce corps cristallise dans l'alcool en petits cristaux blancs, fusibles à 113°. Il est soluble dans l'éther et dans l'alcool, insoluble dans l'eau et dans les alcalis. Il ne se colore que faiblement en jaune par le perchlorure de fer.

L'hydrocotoïne, chauffée avec de la potasse alcoolique en tube scellé, donne de l'acide benzoïque et un corps à fonction phénolique.

En faisant réagir à chaud le perchlorure de phosphore sur l'hydrocotoïne, on obtient du chlorure de benzoyle, du phénylchloroforme et un corps qui correspond à la formule $C^8H^7Cl^3O^2$: c'est l'éther diméthylique d'un phénol trichloré $C^6HCl^3(OCH^3)^2$. Il donne, en effet, quand on le chauffe avec de l'acide chlorhydrique en tube scellé, naissance à du chlorure de méthyle. Il fond à 174°.

La méthylhydrocotoïne, traitée de la même façon, donne naissance au corps $C^6Cl^3(OCH^3)^3$, fusible à 130-131°, et à la *dichlorométhylhydrocotoïne*, cristallisant en prismes brillants, fusibles à 81-82°.

Ces diverses réactions permettent de représenter l'hydrocotoïne et la méthylhydrocotoïne par les formules de constitution suivantes :

$$C^6H^5 - CO - C^6H^2(OCH^3)^2(OH),$$

Hydrocotoïne.

$$C^6H^5 - CO - C^6H^2(OCH^3)^3.$$

Méthylhydrocotoïne.

PROTOCOTOÏNE. — L'hydrocotoïne du commerce renferme de la protocotoïne. Le résidu provenant de la purification de l'hydrocotoïne est dissous dans l'alcool et mis à cristalliser. En répétant les cristallisations une quinzaine de fois, on finit par obtenir la protocotoïne à l'état de pureté [Ciamician et P. Silber, *D. chem. G.*, **24**, 2982; *Bull. Soc. Chim.*, (3), **8**, 500].

La protocotoïne répond à la formule $C^{16}H^{14}O^{7}$. Elle cristallise en prismes appartenant au système clinorhombique. Les cristaux, colorés en jaune clair, sont solubles dans l'alcool, l'éther, l'acide acétique, le benzène et le chloroforme.

Ils ne sont pas solubles dans l'eau. Ils fondent à 141-142°.

La protocotoïne se colore, en solution hydroalcoolique, en rouge brun par le perchlorure de fer.

Avec l'acide azotique (d = 1,4), elle donne à froid une coloration bleu-verdâtre qui passe au rouge brun.

Elle se dissout avec une coloration jaune dans les alcalis, et est précipitée de cette solution par l'acide carbonique.

Elle se comporte comme les phénols.

Traitée par l'acide iodhydrique suivant la méthode de M. Zeisel, elle donne naissance à 2 molécules d'iodure de méthyle, montrant ainsi la présence de deux groupements méthoxyle.

Elle se combine avec l'anhydride acétique, et donne naissance à un dérivé monoacétylé, l'*acétylprotocotoïne*, $C^{14}H^{7}O^{3}(OCH^{3})^{2}(C^{2}H^{3}O^{2})$.

On prépare ce dérivé en chauffant au bain d'huile, pendant 6 heures, un mélange de 5 grammes de protocotoïne, 5 grammes d'acétate de sodium et 20 grammes d'anhydride acétique. Après distillation de l'excès d'anhydride acétique, on lave le résidu à l'eau et on le fait cristalliser dans l'alcool. On obtient ainsi des cristaux incolores, fusibles à 103°, insolubles dans l'eau et dans les alcalis, solubles dans l'éther, l'alcool, le chloroforme et l'acide acétique.

Ce corps se saponifie facilement au contact des lessives alcalines et régénère la protocotoïne; c'est là un moyen commode pour préparer la protocotoïne à l'état de pureté.

Il ne se colore pas, en solution hydroalcoolique, par le perchlorure de fer.

Méthylprotocotoïne, $C^{14}H^{7}O^{3}(OCH^{3})^{3}$. — On obtient ce corps en chauffant en tube scellé 10 grammes de protocotoïne, dissoute dans l'alcool méthylique, avec 3 grammes de potasse et 15 grammes d'iodure de méthyle. Le résidu résineux est lavé avec une solution étendue de potasse, puis avec de l'eau et enfin cristallisé dans l'alcool.

On obtient ainsi des prismes fondant à 134-135°. Ce corps est insoluble dans l'eau et dans les alcalis, qui ne l'attaquent pas, même à chaud; il est soluble dans les dissolvants organiques.

La protocotoïne possède une fonction acétonique : elle donne en effet une *hydrazone*,

$$C^{14}H^{7}O^{2}(Az^{2}HC^{6}H^{5})(OCH^{3})^{2}(OH),$$

fusible à 211°. Cette hydrazone est peu soluble dans l'alcool et dans l'acide acétique.

La protocotoïne et son dérivé acétylé donnent facilement avec le brome des produits de substitution. On obtient ces produits bromés en faisant agir le brome en solution chloroformique.

Dibromoprotocotoïne, $C^{16}H^{12}Br^{2}O^{6}$. — Ce composé, obtenu comme il vient d'être dit, cristallise en houppes soyeuses, fusibles à 170°.

Le *dérivé acétylé* correspondant forme de petites aiguilles fusibles à 175°.

La protocotoïne (2 grammes), fondue avec de la potasse (12 grammes) et quelques gouttes d'eau dans une capsule de porcelaine, se dédouble et donne de l'acide protocatéchique.

Le perchlorure de phosphore réagit à chaud sur la protocotoïne. On distille de façon à chasser l'oxychlorure de phosphore formé. On décompose le résidu par l'eau et on distille. On obtient ainsi un corps cristallin, fusible à 174° et qui a pour formule $C^{8}H^{7}Cl^{3}O^{2}$.

La réaction est la même avec la méthylprotocotoïne, qui donne un corps fondant à 131° et répondant à la formule $C^{9}H^{9}Cl^{3}O^{3}$.

Paracoumarhydrine. — Le corps obtenu par MM. Jobst et Hesse [voyez Suppl., **1**, 529] fond en réalité à 87-88° : on l'obtient en petite proportion en oxydant la protocotoïne par le permanganate en solution alcaline (Ciamician et Silber). Il possède soit une fonction aldéhydique, soit une fonction acétonique, soit une fonction lactone; il donne en effet. avec la phénylhydrazine, une *hydrazone* $C^{9}H^{5}O^{3}(Az^{2}HC^{6}H^{5})$, qui cristallise dans l'alcool en houppes fusibles à 114°.

Ce corps ne réduit pas la solution ammoniacale de nitrate d'argent, et ne ramène pas la coloration de la fuchsine décolorée par l'acide sulfureux.

Constitution de la protocotoïne. — En considérant : 1° la présence de deux groupes méthoxyle attestés par la déméthylation, 2° la présence d'une fonction phénolique (comme l'indiquent les réactions colorées, la formation du dérivé acétylé, la solubilité dans les alcalis), 3° l'existence d'un éther méthylénique, comme semble le montrer l'oxydation faite par MM. Jobst et Hesse, qui a donné de l'acide pipéronylique, 4° la constatation d'une fonction acétonique, mise en évidence par la formation d'une hydrazone, MM. Ciamician et Silber attribuent à la protocotoïne la formule de constitution suivante, qui rend compte de toutes les propriétés de ce corps :

$$C^{6}H^{2}(OCH^{3})^{2}(OH)$$
$$|$$
$$CO_{(1)}-C^{6}H^{3}\big\langle{\substack{O_{(3)}\\O_{(4)}}}\big\rangle CH^{2}$$

Seules les positions des groupements méthoxyle et de la fonction phénolique ne sont pas déterminées.
A. Béhal.

COUMALIQUE (**ACIDE**) [Syn. *Pentadiène2.4-olide1.5-méthyloïque4*]. $C^{5}H^{3}O^{2}.CO^{2}H$. — M. von Pechmann désigne sous ce nom un acide lactonique qui prend naissance lorsqu'on chauffe l'acide malique avec de l'acide sulfurique, du chlorure de zinc ou tout autre agent de déshydratation :

$$2\begin{bmatrix}CHOH-CO^{2}H\\|\\CH^{2}-\!\!-\!\!-CO^{2}H\end{bmatrix}=C^{6}H^{4}O^{4}+2CO+4H^{2}O.$$

A cet effet, on chauffe au bain-marie de l'acide malique sec (50 grammes) avec de l'acide sulfurique (75 grammes d'acide concentré et 75 grammes d'acide à 10 ou 12 0/0 d'anhydride). Quand il ne se manifeste plus d'effervescence, on verse le mélange dans 200 grammes d'eau glacée, qui précipite l'acide coumalique. L'eau mère, agitée à plusieurs reprises avec de l'éther, abandonne encore à ce dissolvant une certaine quantité d'acide coumalique, mais mélangé d'acide fumarique. Le rendement en acide coumalique est d'environ 80 0/0 du rendement théorique. Il se forme, en outre, une très petite quantité (1 0/0) d'acide trimésique.

M. von Pechmann admet que, sous l'influence des agents de déshydratation, l'acide malique se dédouble d'abord en acide formique et en aldéhyde malonique ou acide formylacétique

$$\begin{array}{l}CHOH-CO^{2}H\\|\\CH^{2}-\!\!-\!\!-CO^{2}H\end{array}=CH^{2}O^{2}+CHO-CH^{2}-CO^{2}H,$$

et que 2 molécules d'aldéhyde se condensent à l'état naissant

$$2(CHO-CH^{2}-CO^{2}H)=2H^{2}O+C^{6}H^{4}O^{4}.$$

pour donner l'acide coumalique, dont la constitution peut être représentée par la formule

$$CH = CH - C - CO^2H$$
$$\quad\ \ |\qquad\quad \|$$
$$CO — O — CH$$

Cette formule est justifiée par la nature des produits de dédoublement de l'acide coumalique. Quant à la formation, comme produit intermédiaire, de l'acide formylacétique, elle est mise hors de doute par ce fait que le dérivé sodique de l'éther formylacétique se condense sous l'action de l'acide sulfurique en donnant de l'acide coumalique.

Propriétés. — L'acide coumalique à l'état de pureté se présente sous la forme de petits prismes incolores, qui fondent à 205-210° en perdant de l'acide carbonique et en se colorant en brun, en même temps qu'une partie de l'acide se sublime sans décomposition.

Il se dissout aisément dans l'alcool et dans l'acide acétique, plus difficilement dans l'éther. Il est peu soluble dans l'eau froide, plus soluble dans l'eau chaude. Sa solution aqueuse se décompose par l'ébullition. Il réduit la liqueur de Fehling et les solutions ammoniacales de sels d'argent.

Le *sel de magnésium*, $Mg\overline{A}^2, 6\,H^2O$, cristallise dans l'eau chaude en prismes incolores.

Le *sel de zinc*, $Zn\overline{A}^2, 6\,H^2O$, est en prismes.

Le *sel de baryum*, $Ba\overline{A}^2, 2\,H^2O$, est une poudre cristalline.

Le *sel de mercure*, soumis à la distillation sèche, fournit la coumaline.

Éther méthylique, $C^5H^3O^2 . CO^2CH^3$. — Ce composé, qu'on obtient en traitant par l'acide chlorhydrique l'acide coumalique en solution dans l'alcool méthylique, cristallise dans l'éther en lames incolores, dans l'eau bouillante en aiguilles fusibles à 74° et distillant sans décomposition à 250-260°.

L'*éther éthylique*, $C^5H^3O^2 . CO^2C^2H^5$, fond à 36° et bout à 262-265°.

Le *chlorure*, $C^5H^3O^2 . COCl$, forme une masse cristalline bouillant vers 180° (pression $= 80$ mm.).

ACIDE BROMOCOUMALIQUE, $C^5H^2Br O^2 . CO^2H$. — Ce corps se forme quand on chauffe au bain-marie l'acide coumalique (10 parties) en solution dans l'acide acétique cristallisable (30 parties), avec du brome (12 parties), auquel on ajoute un peu d'iode. On le purifie par une cristallisation dans l'eau chaude.

L'acide bromocoumalique est en aiguilles brillantes, fusibles à 176°, solubles dans l'alcool, l'éther, le chloroforme, presque insolubles dans l'eau froide. Chauffé par petites portions, il distille presque sans décomposition. Sa solution aqueuse se décompose par l'ébullition en perdant de l'acide carbonique.

Éther méthylique, $C^5H^2Br O^2 . CO^2CH^3$. — Ce composé, qu'on obtient en saturant par l'acide chlorhydrique une solution d'acide bromocoumalique dans l'alcool méthylique, cristallise en aiguilles prismatiques, fusibles à 134°. Il est insoluble dans l'eau, peu soluble dans l'éther, très soluble dans l'alcool et dans le benzène.

Dédoublements de l'acide coumalique. — Ces dédoublements sont de deux sortes : ils conduisent à des dérivés ou à des produits de condensation de l'acide formylacétique : ou bien ils donnent les produits que fournirait l'acide formylglutaconique considéré comme acide β-cétonique.

1° Traité par la soude et le chlorhydrate d'hydroxylamine, l'acide coumalique fournit l'acide β-nitrosopropionique.

2° Lorsqu'on traite le coumalate de méthyle par la potasse, ou lorsqu'on chauffe sa solution dans l'alcool aqueux avec du carbonate de baryum, on obtient l'éther monoéthylique de l'acide trimésique.

3° Lorsqu'on fait bouillir l'acide coumalique avec de l'acide sulfurique étendu, ou lorsqu'on le chauffe avec de l'eau sous pression, on obtient de l'aldéhyde crotonique. Il est probable qu'il se forme d'abord de l'acide formylglutaconique, qui se dédouble en acides carbonique et formylcrotonique, et que c'est ce dernier qui, perdant à son tour de l'acide carbonique, se transforme en aldéhyde crotonique.

4° Enfin l'acide coumalique donne de l'acide formique et de l'acide glutaconique, lorsqu'on fait bouillir son sel de magnésium avec de l'eau de baryte.

Produits de condensation de l'acide coumalique avec l'ammoniaque et les amines. — L'ammoniaque et le carbonate d'ammonium transforment l'acide coumalique en acide oxynicotianique ; la méthylamine le convertit en acide méthyloxynicotianique.

L'éther méthylique de l'acide coumalique, traité en solution alcoolique par l'aniline, se transforme en *éther méthylique de l'acide coumalanilique*,

$$C^4H^3(Az H . C^6H^5)(CO^2H)(CO^2 . CH^3),$$

aiguilles jaune-citron, fusibles à 140°, solubles dans l'alcool chaud, le chloroforme, le benzène, peu solubles dans l'éther, insolubles dans l'eau, se décomposant par ébullition avec l'alcool, et donnant, lorsqu'on les traite par une solution chaude de soude, l'*acide phényloxynicotianique*.

L'éther éthylique fournit dans les mêmes conditions l'*éther éthylique de l'acide coumalanilique*, cristaux fusibles à 121°.

L'éther méthylique de l'acide bromocoumalique, traité par l'ammoniaque concentrée, se transforme en éther de l'acide bromoxynicotianique.

COUMALINE (*pentadiène2.4—olide1.5*),

$$CH = CH - CH$$
$$\quad\ \ |\qquad\quad \|$$
$$CO - O — CH$$

— La distillation sèche de l'acide coumalique ne donne que des traces de coumaline. Il est plus avantageux de soumettre à la distillation le coumalate de mercure ; mais même alors on n'obtient pas le tiers du rendement théorique. On reprend par l'éther, on évapore et on distille le résidu dans le vide.

La coumaline se présente sous la forme d'une huile se colorant à l'air. Son odeur rappelle celle de la coumarine. Elle bout à 120° (pression $= 30$ mm.) sans se décomposer et à 206-209° (pression $= 717$ mm.), mais en se décomposant en partie. $d_{19,5} = 1,200$.

L'hydroxylamine et la phénylhydrazine sont sans action sur la coumaline. Les carbonates alcalins et le carbonate de baryum n'agissent pas sur elle. Mais les alcalis caustiques la convertissent en un acide monobasique,

$$C^5H^4O^2 + H^2O = CO^2H - CH = CH - CH = CHOH,$$

qui se transforme spontanément en acide aldéhydique, $CO^2H - CH = CH - CH^2 = CHO$, et par suite, par dégagement de CO^2, en aldéhyde crotonique.

D'après sa formule de constitution,

$$C^3H^2 \!\!\begin{array}{l} CH = CH \\ \quad\ | \\ CO - O \end{array}$$

on voit que la coumaline peut être rapprochée de la coumarine, dont elle présente le groupement caractéristique [H. von Pechmann, *D. chem.*

$G..$ **17**, 936, 2384, 2396; *Ann. Chem.*, **261**, 190 et **264**, 261; *Bull. Soc. Chim.*, (2), **43**, 567, **44**, 492, 493 et (3), **8**, 124 et 469].   Léon Roux.

COUMARILIQUE (ACIDE), $C^9H^6O^3$ (voyez Suppl., **1**, 534). — L'acide coumarilique répond à la formule $C^9H^6O^3$. Il dérive de l'acide bromocoumarique

$$C^6H^4 \big\langle \begin{smallmatrix} C^3HBr-CO^2H \\ OH \end{smallmatrix}$$

On l'obtient en enlevant à ce dernier les éléments d'une molécule d'acide bromhydrique :

$$C^9H^7BrO^3 - HBr = C^9H^6O^3.$$

Si l'on admettait, d'après ce mode de formation, que les éléments de l'acide bromhydrique fussent enlevés au groupement $-C^3HBr-$ de l'acide bromocoumarique, on serait conduit à attribuer à l'acide coumarilique la formule

$$C^6H^4 \big\langle \begin{smallmatrix} C\equiv C-CO^2H \\ OH \end{smallmatrix}$$

qui est celle de l'acide *o*-oxyphénylpropiolique[1]. Mais cette formule cadre mal avec les propriétés de l'acide coumarilique. L'hydrogène naissant devrait en effet convertir l'acide coumarilique d'abord en acide coumarique, puis finalement en acide mélilotique : ce qui n'a pas lieu. D'autre part la coumarone, qui se forme quand on chauffe l'acide coumarilique avec de la chaux,

$$C^9H^6O^3 = CO^2 + C^8H^6O,$$

devrait présenter les caractères d'un phénol. Or ce corps est insoluble dans les alcalis. Ces considérations ont conduit M. Fittig à admettre que les éléments de l'acide bromhydrique sont enlevés, le brome au groupement C^3HBr, l'hydrogène au groupement OH de l'acide bromocoumarique, et par suite à représenter l'acide coumarilique par la formule

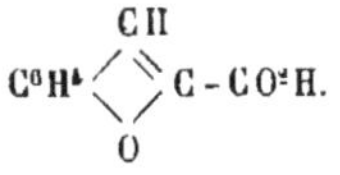

$$C^6H^4 \big\langle \begin{smallmatrix} CH \\ \diagup\diagdown \\ O \end{smallmatrix} \big\rangle C-CO^2H.$$

Ajoutons que cette formule s'accorde bien avec la réaction proposée par M. Hantzsch pour l'obtention des homologues de l'acide coumarilique, réaction fondée sur la déshydratation, à l'aide de l'acide sulfurique, du phénoxy-acétylacétate

---

[1]. M. Perkin, en chauffant avec de la potasse étendue l'acide méthylbromocoumarique

$$C^6H^4 \big\langle \begin{smallmatrix} C^2HBr-CO^2H \\ OCH^3 \end{smallmatrix}$$

a obtenu un acide $C^{10}H^8O^3$, qui ne peut être que l'*acide méthoxyphénylpropiolique*,

$$CH^3O.C^6H^4-C\equiv C-CO^2H.$$

Ce corps, qui est en aiguilles peu solubles dans le benzène et dans le sulfure de carbone, très solubles dans l'éther et dans l'alcool, fond en se décomposant à 124-126°.

Son *dérivé bromé*, $CH^3O.C^6H^3Br-C\equiv C-CO^2H$, qui se forme quand on chauffe avec une lessive de potasse l'acide méthyltribromomélilotique,

$$CH^3O.C^6H^3Br.C^2H^2Br^2.CO^2H,$$

cristallise dans le benzène en petites aiguilles qui fondent à 168° en se décomposant [W.-A. Perkin, *Chem. Soc.*, **39**, 419, 423].

Ces corps doivent être considérés comme des dérivés, non pas de l'acide coumarilique, mais bien de l'acide oxyphénylpropiolique.

---

d'éthyle $CH^3.CO.CH(OC^6H^5).CO^2C^2H^5$ ou de ses dérivés :

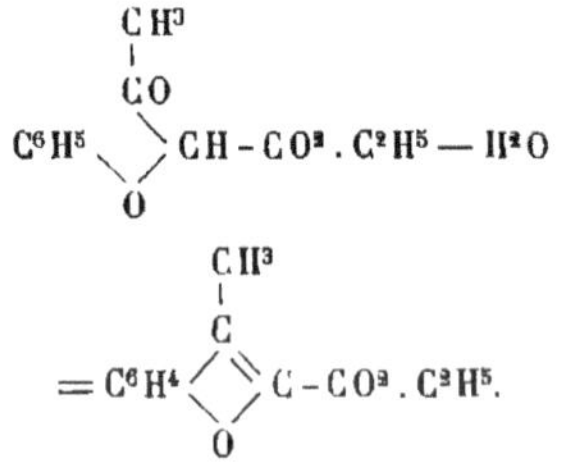

$$C^6H^5 \big\langle \begin{smallmatrix} CH^3 \\ | \\ CO \\ | \\ CH-CO^2.C^2H^5 - H^2O \\ | \\ O \end{smallmatrix}$$

$$= C^6H^4 \big\langle \begin{smallmatrix} CH^3 \\ | \\ C \\ \diagup\diagdown \\ O \end{smallmatrix} \big\rangle C-CO^2.C^2H^5.$$

Remarquons que, dans cette hypothèse, l'acide coumarilique et les corps qui s'y rattachent peuvent être considérés comme des dérivés du furfurane :

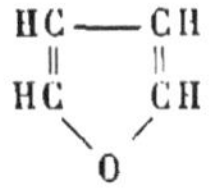

$$\begin{matrix} HC \!\!-\!\! CH \\ \| \quad \| \\ HC \quad CH \\ \diagdown \diagup \\ O \end{matrix}$$

La coumarone ne serait autre chose que le *benzofurfurane* :

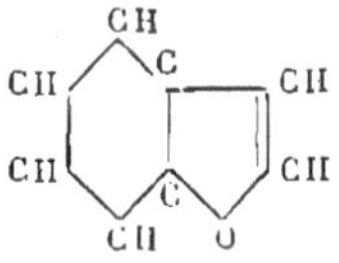

L'acide coumarilique serait l'*acide benzofurfurane-carbonique* :

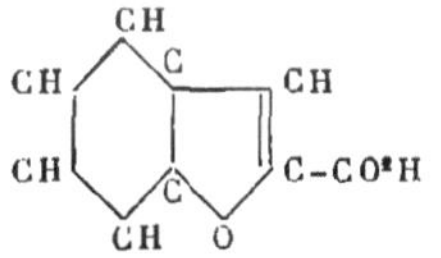

ACIDE COUMARILIQUE (*acide benzofurfurane-carbonique*),

$$C^6H^4 \big\langle \begin{smallmatrix} CH \\ \diagup\diagdown \\ O \end{smallmatrix} \big\rangle C.CO^2H.$$

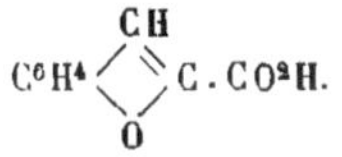

— On obtient l'acide coumarilique en chauffant l'α-chloro ou l'α-bromocoumarine avec de la potasse alcoolique (Perkin) (voyez Suppl., **1**, 534).

On le prépare plus facilement en ajoutant du bromure de coumarine à un excès de potasse alcoolique chaude ; on chauffe ensuite pendant quelque temps à l'ébullition, on étend d'eau, on chasse l'alcool par distillation et on traite le résidu par l'acide chlorhydrique. On purifie l'acide coumarilique ainsi obtenu en le faisant cristalliser dans un mélange à parties égales d'eau et d'alcool [R. Fittig et G. Ebert, *Ann. Chem.*, **216**, 162; *Bull. Soc. Chim.*, (2), **40**, 135].

L'acide coumarilique est en aiguilles très solubles dans l'alcool, assez solubles dans l'eau bouillante, peu solubles dans le chloroforme et dans le sulfure de carbone. Il fond à 192-193° (Perkin), à 191° (Fittig et Ebert), et distille, presque sans décomposition, à 310-315°. Il est entraîné très difficilement par la vapeur d'eau.

Il est totalement brûlé par le permanganate de potassium.

Il ne fixe ni le brome ni l'acide bromhydrique. Traité par l'amalgame de sodium, il se transforme en acide hydrocoumarilique. Il est décomposé par la potasse fondante en acide acétique et acide salicylique. Chauffé avec de la chaux, il perd CO^2 et fournit la coumarone.

Ses sels sont très peu solubles.

Le *sel de calcium*, $Ca\overline{A}^2, 3\,H^2O$, est en petites aiguilles.

Le *sel de baryum*, $Ba\overline{A}^2, 4\,H^2O$, est en lamelles nacrées, solubles dans l'eau bouillante, très peu solubles dans l'eau froide.

Le *sel d'argent*, $Ag\overline{A}$, est une poudre cristalline, très peu soluble dans l'eau chaude [Fittig et Ebert, *loc. cit.*].

L'*éther éthylique*, $C^9H^5O^3 . C^2H^5$, qu'on obtient en saturant par l'acide chlorhydrique une solution alcoolique d'acide coumarilique, est une huile qui se solidifie par le refroidissement, pour fondre ensuite à 27°. Il bout à 274° (pression $= 720^{mm}$) [A. Hantzsch, *D. chem. G.*, **19**, 2400; *Bull. Soc. Chim.*, (2), **47**, 726].

ACIDE BROMOCOUMARILIQUE

$$C^6H^3Br \diagdown \!\!\!\! \overset{CH}{\diagup} \!\!\!\! \overset{\|}{\underset{O}{}} C - CO^2H.$$

— Voyez Suppl., **1**, 534.

ACIDE P-OXYCOUMARILIQUE,

$$(OH)_{(1)} . C^6H^3 \diagdown \!\!\!\! \overset{CH_{(1)}}{\diagup} \!\!\!\! C - CO^2H.$$

— On ne le connaît qu'à l'état d'éthers méthylique et éthylique.

Acide p-méthoxycoumarilique,

$$CH^3O . C^6H^3 \diagdown \!\!\!\! \overset{CH}{\diagup} \!\!\!\! C - CO^2H.$$

— On l'obtient au moyen de la bromométhylombelliférone,

$$CH^3O . C^6H^3 \overset{CH = CBr}{\underset{O - CO}{}}$$

qu'on ajoute par petites portions à un excès de potasse alcoolique assez concentrée et bouillante. On verse dans l'eau le produit de la réaction, on chasse l'alcool et, par addition d'acide chlorhydrique, on précipite l'acide méthoxycoumarilique, qu'on purifie en le transformant en sel de baryum et en le précipitant de nouveau par l'acide chlorhydrique.

Cet acide cristallise dans l'alcool étendu en longues aiguilles, très solubles dans l'alcool et dans l'éther, peu solubles dans l'eau, même bouillante, fusibles à 196°.

Son *sel de baryum*, $Ba\overline{A}^2; 4\,H^2O$, est une masse cristalline blanche.

Acide p-éthoxycoumarilique,

$$C^2H^5O . C^6H^3 \diagdown \!\!\!\! \overset{CH}{\diagup} \!\!\!\! C - CO^2H.$$

— Cet acide, que l'on prépare comme le précédent au moyen de la bromoéthylombelliférone, est en longues aiguilles, fusibles à 162-163° [W. Will et P. Beck, *D. chem. G.*, **19**, 1777; *Bull. Soc. Chim.*, (2), **47**, 714].

ACIDE DIOXYCOUMARILIQUE,

$$(OH)^2C^6H^2 \diagdown \!\!\!\! \overset{CH}{\diagup} \!\!\!\! C . CO^2H.$$

— Son *éther diéthylique*,

$$(C^2H^5O)^2C^6H^2 \diagdown \!\!\!\! \overset{CH}{\diagup} \!\!\!\! C . CO^2H,$$

se forme quand on traite par la potasse alcoolique bouillante la monobromodiéthylesculétine. Il cristallise dans l'alcool étendu en aiguilles fusibles à 195°. Traité par l'amalgame de sodium, il se transforme en un corps fusible à 122° et qui est probablement l'éther diéthylique de l'acide dioxyhydrocoumarilique [W. Will, *D. chem. G.*, **16**, 2106; *Bull. Soc. Chim.*, (2), **42**, 541].

ACIDE HYDROCOUMARILIQUE,

$$C^6H^4 \diagdown \!\!\!\! \overset{CH^2}{\diagup} \!\!\!\! CH - CO^2H.$$

— Cet acide, isomérique avec l'acide coumarique, se forme par l'action de l'amalgame de sodium sur l'acide coumarilique; on neutralise de temps en temps par addition d'acide l'excès d'alcali libre; on sature enfin par l'acide chlorhydrique, on épuise la solution par l'éther, on chasse l'éther et on fait cristalliser le résidu dans l'eau bouillante.

L'acide hydrocoumarilique est en petites lamelles nacrées, assez solubles dans l'eau, très solubles dans l'alcool et dans l'éther, fusibles à 116°,5. Il bout, en se décomposant partiellement, à 298-300°. Il est plus facile à entraîner par la vapeur d'eau que l'acide coumarilique.

L'hydrogène naissant est sans action sur lui.

Chauffé avec de la chaux, il ne se décompose pas nettement, mais se détruit en donnant principalement du phénol.

Ses sels sont plus solubles que ceux de l'acide coumarilique.

Le *sel de calcium*, $Ca\overline{A}^2, 2\,H^2O$, cristallise en petites tables, assez solubles dans l'eau froide.

Le *sel de baryum*, $Ba\overline{A}^2, 2\,H^2O$, est en cristaux tabulaires, fort solubles dans l'eau et ne perdant leur eau de cristallisation qu'à 125°.

Le *sel d'argent*, $Ag\overline{A}$, est très peu soluble dans l'eau bouillante.

L'*éther éthylique*, $C^9H^7O^3 . C^2H^5$, se présente sous la forme d'une masse cristalline, fusible à 23° et bouillant à 273° [Fittig et Ebert, *loc. cit.*].

ACIDE P-OXYHYDROCOUMARILIQUE,

$$(OH)C^6H^3 \diagdown \!\!\!\! \overset{CH^2}{\diagup} \!\!\!\! CH - CO^2H.$$

— On ne le connaît qu'à l'état d'éthers.

Acide p-méthoxyhydrocoumarilique,

$$CH^3O . C^6H^3 \diagdown \!\!\!\! \overset{CH^2}{\diagup} \!\!\!\! CH - CO^2H.$$

— On le prépare en abandonnant pendant 18 heures, en présence d'un excès d'amalgame de sodium, l'acide méthoxycoumarilique dissous dans le carbonate de sodium étendu. La liqueur, acidifiée par l'acide chlorhydrique, abandonne à l'éther l'acide méthoxyhydrocoumarilique, qu'on purifie par cristallisation dans l'eau.

Cet acide est en prismes fusibles à 114°, solubles dans les dissolvants usuels. Il peut être distillé dans un courant de vapeur d'eau.

Acide p-éthoxyhydrocoumarilique,

$$C^2H^5O . C^6H^3 \diamondsuit CH - CO^2H.$$
$$O$$

— Cet acide, que l'on prépare comme le précédent à partir de l'acide éthoxycoumarilique, est en aiguilles fusibles à 119° [Will et Beck, *loc. cit.*].

COUMARONE (*benzofurfurane*),

$$C^6H^4 \diamondsuit CH.$$
$$O$$

— La coumarone s'obtient en chauffant à une température élevée l'acide coumarilique avec de la chaux :

$$C^9H^6O^3 = CO^2 + C^8H^6O$$

[Fittig et Ebert, *loc. cit.*].

Elle se forme aussi, comme produit secondaire, dans la préparation de l'acide coumaryloxyacétique, quand on chauffe l'acide aldéhydophénoxyacétique avec de l'anhydride acétique et de l'acétate de sodium :

$$CHO . C^6H^4 . O . CH^2 . CO^2H$$
$$= CO^2 + H^2O + C^8H^6O$$

[A. Roessing. *D. chem. G*, **17**, 2988 ; *Bull. Soc. Chim.*, (2), **44**, 489].

Elle se rencontre enfin dans le goudron de houille et peut s'extraire des huiles qui bouillent entre 168 et 175°, après qu'elles ont été soigneusement fractionnées et débarrassées de tout composé phénolique ou pyridique. A cet effet, on traite par le brome ces huiles fortement refroidies : on ajoute environ 450 grammes de brome à 1 kilogramme d'huile, en agitant constamment et en évitant que la température s'élève au-dessus de zéro. Il se sépare ainsi du dibromure de coumarone, qu'on transforme, en le chauffant avec de la potasse alcoolique, en bromocoumarone. On enlève cette dernière à l'aide de la vapeur d'eau et on la réduit en solution alcoolique par l'amalgame de sodium. On entraîne enfin la coumarone par un courant de vapeur d'eau [G. Kraemer et A. Spilker, *D. chem. G.*, **23**, 78 et 84].

On peut également extraire la coumarone en traitant par l'acide picrique les huiles du goudron de houille bouillant entre 160 et 180°, séparant le picrate de coumarone formé et décomposant ce dernier par les alcalis étendus [brevet allemand n° 53792, du 19 janvier 1890 ; *D. chem. G.*, **24**, *Ref.*, 233].

La coumarone est un liquide plus lourd que l'eau, insoluble dans l'eau et dans les alcalis, ne se solidifiant pas à — 18° et bouillant à 168,5-169°,5 (Fittig et Ebert), à 170-171° (Kraemer et Spilker). Elle est facilement entraînée par la vapeur d'eau.

C'est un corps très stable, qui n'est attaqué ni par une solution bouillante, aqueuse ou alcoolique, de potasse, ni même par la potasse fondante. Le brome et le chlore la transforment en dibromure et dichlorure de coumarone. L'iode est sans action à froid, mais il la résinifie à chaud.

Chauffée à 175° en tube scellé avec du perchlorure de phosphore, la coumarone se transforme en mono- et dichlorocoumarone [A. Dohme, *D. chem. G.*, **24**, *Ref.*, 114].

La coumarone n'est pas altérée sensiblement par l'action de la chaleur rouge ; mais si l'on dirige à travers un tube chauffé au rouge un mélange de vapeurs de coumarone et de naphtalène, on peut isoler du chrysène des produits de la réaction :

$$C^6H^4 \diamondsuit CH + C^{10}H^8 = C^6H^4 \diamondsuit CH + H^2O.$$
$$O \qquad\qquad C^{10}H^6$$

Dans les mêmes conditions, un mélange de coumarone et de benzène fournit du phénanthrène (Kraemer et Spilker).

Chauffée à 220° avec de l'aniline et du chlorure de zinc, la coumarone fournit de l'amidophénanthrène [D. Bizzari, *D. chem. G.*, **24**, *Ref.*, 369].

Les acides minéraux, et principalement l'acide sulfurique concentré, transforment la coumarone en une résine fortement colorée [Fittig et Ebert, *loc. cit.* — Ebert, *Ann. Chem.*, **226**, 354]. Cette résine, très soluble dans l'éther, le benzène, le chloroforme, moins soluble dans l'alcool, présente la même composition que la coumarone, dont elle constitue un polymère (paracoumarone) (Kraemer et Spilker).

HYDROCOUMARONE, C^8H^8O. — Traitée par le sodium en présence d'alcool absolu, la coumarone se transforme en hydrocoumarone, liquide bouillant à 188-189°, facilement entraînable par la vapeur d'eau et donnant avec le perchlorure de fer et avec l'acide sulfurique concentré une coloration violette, $d_{23} = 1,065$ [H. Alexander, *D. chem. G.*, **25**, 2409].

DIBROMURE, $C^8H^6Br^2O$. — On l'obtient en mélangeant deux dissolutions de coumarone et de brome dans le sulfure de carbone. Il cristallise dans ce dernier dissolvant sous la forme de grands prismes fusibles à 86° (F. et E.), à 88-89° (K. et S.), et qui se décomposent spontanément au bout de quelques jours. La potasse alcoolique le transforme en bromocoumarone.

BROMOCOUMARONE, C^8H^5BrO. — Ce corps cristallise dans l'alcool étendu en aiguilles fusibles à 36° [Ebert, *loc. cit.*], en prismes fusibles à 39° et bouillant sans décomposition à 219-220° (K. et S.).

DICHLORURE, $C^8H^6Cl^2O$. — On l'obtient en dirigeant un courant de chlore dans un mélange de coumarone et d'éther sec. C'est une huile jaunâtre, qui bout en se décomposant à 245-248°.

CHLOROCOUMARONE, C^9H^5ClO. — Chauffé avec de la potasse alcoolique, le dichlorure de coumarone se transforme en chlorocoumarone, que l'on entraîne au moyen d'un courant de vapeur d'eau.

Purifié par cristallisation dans l'alcool, ce corps est en prismes fusibles à 74-75° et bout sans décomposition à 215-217° (Kraemer et Spilker).

P-OXYCOUMARONE. — On ne connaît que son *dérivé méthylé,*

$$CH^3O . C^6H^4 \diamondsuit CH,$$
$$O$$

qui se forme lorsqu'on chauffe dans un courant d'acide carbonique le sel d'argent de l'acide p-méthoxycoumarilique. C'est un liquide incolore, d'une odeur aromatique agréable, très réfringent, plus lourd que l'eau, insoluble dans l'eau et dans les alcalis, très soluble dans l'alcool et dans l'éther, bouillant à 178-180°. La vapeur d'eau l'entraîne facilement [Will et Beck, *loc. cit.*].

ACIDE MÉTHYLCOUMARILIQUE,

$$C^6H^4 \diagup\!\!\!\underset{O}{\diagdown}\!\!\!\overset{C(CH^3)}{\diagdown}C-CO^2H.$$

— On prépare cet acide en déshydratant par l'acide sulfurique le phénoxyacétylacétate d'éthyle : On dissout du phénol (1 molécule) dans la quantité correspondante d'éthylate de sodium, on sèche le produit à 100-110° dans un courant d'hydrogène et on traite le phénate de sodium ainsi obtenu par l'acétylacétate d'éthyle monochloré,

$$CH^3 . CO . CHCl . CO^2C^2H^5$$

(1 molécule).

La réaction s'accomplit avec plus ou moins de violence suivant que le phénate de sodium est aggloméré ou pulvérisé ; il est parfois nécessaire de la terminer en chauffant légèrement. Lorsqu'on juge que l'opération est achevée. on ajoute un grand excès d'eau et on épuise par l'éther. La solution éthérée, soumise à la distillation, abandonne une huile noire qui possède la composition du phénoxyacétylacétate d'éthyle.

$$CH^3 . CO . CH (OC^6H^5) . CO^2C^2H^5,$$

mais qu'on ne peut purifier.

Ce produit est versé dans son volume d'acide sulfurique concentré et refroidi. On abandonne au repos pendant quelques heures, puis on traite par l'eau. Il se sépare ainsi une matière huileuse, soluble dans l'éther et que ce dissolvant abandonne à l'état cristallisé. On la purifie par plusieurs cristallisations dans le benzène. Cette substance constitue le méthylcoumarilate d'éthyle. On décompose cet éther par la potasse alcoolique, on chasse l'alcool, on étend d'eau et, par addition d'acide chlorhydrique, on précipite l'acide méthylcoumarilique, qu'on purifie par cristallisation dans l'alcool additionné de son volume d'eau.

L'acide méthylcoumarilique se présente sous la forme d'aiguilles, sublimables presque sans décomposition. Chauffé rapidement, il fond à 188-189°, puis se dédouble en acide carbonique et méthylcoumarone.

Le *sel de potassium*, $K\bar{A}$, H^2O, cristallise en aiguilles qui perdent leur eau de cristallisation à 110°.

Le *sel d'ammonium*, $AzH^4\bar{A}$, H^2O, est en aiguilles fort solubles dans l'eau chaude, médiocrement solubles dans l'eau froide.

Le *sel d'argent*, $Ag\bar{A}$, est en prismes microscopiques.

Le *sel de baryum*, $Ba\bar{A}^2$, $3H^2O$, est en grands cristaux brillants, qui perdent leur eau de cristallisation à 130°.

L'*éther éthylique*, $C^{10}H^7O^3 . C^2H^5$, cristallise dans le benzène en grandes tables rhombiques, fusibles à 51° et bouillant à 290° [A. Hantzsch, *D. chem. G.*, **19**, 1290; *Bull. Soc. Chim.*, (2), **47**, 905].

Amide,

$$C^6H^4 \diagup\!\!\!\underset{O}{\diagdown}\!\!\!\overset{C(CH^3)}{\diagdown}C-CO . AzH^2.$$

— On l'obtient en chauffant à 250-300° le méthylcoumarilate d'éthyle avec un excès d'ammoniaque alcoolique et un peu de chlorure de zinc. Cristallisé à plusieurs reprises dans l'eau. ce composé se présente sous la forme de petites aiguilles, fusibles à 145° [Hantzsch, *D. chem. G.*, **19**, 2400; *Bull. Soc. Chim.*, (2), **47**, 726].

$$(AzO^2)C^6H^3 \diagup\!\!\!\underset{O}{\diagdown}\!\!\!\overset{C(CH^3)}{\diagdown}C-CO^2H.$$

— On peut les obtenir en remplaçant, dans la préparation de l'acide méthylcoumarilique, le phénate de sodium par un nitrophénate; mais les rendements sont très faibles avec le m- et presque nuls avec l'o-nitrophénate.

Acide p-nitrométhylcoumarilique. — On chauffe à une douce chaleur le p-nitrophénate de sodium avec la quantité calculée d'éther acétylacétique monochloré. Il se forme une huile brune qui, après lavage à l'eau, est dissoute dans l'acide sulfurique concentré. Après quelques heures de contact, on traite par l'eau, qui sépare un composé huileux. Celui-ci est lavé à la soude et dissous dans l'éther, qui l'abandonne à l'état cristallisé. Ce corps constitue le p-nitrométhylcoumarilate d'éthyle. On le saponifie par une lessive alcaline, et par addition d'acide chlorhydrique on précipite l'acide nitrométhylcoumarilique.

Purifié par cristallisation dans l'éther, cet acide est en courtes aiguilles jaunes, fusibles à 178°, à peine solubles dans l'eau froide. médiocrement solubles dans l'alcool et dans l'éther.

Ses sels sont peu solubles. Les solutions neutres de ses sels alcalins précipitent les sels de plomb, de mercure, de cuivre, de cobalt, de fer. Son *sel d'argent* cristallise dans l'eau bouillante en fines aiguilles répondant à la formule $Ag\bar{A}$, $0,5H^2O$.

L'*éther éthylique*, $C^{10}H^6(AzO^2)O^3 . C^2H^5$, est en aiguilles fusibles à 74°, fort solubles dans les dissolvants usuels [G. Nuth, *D. chem. G.*, **20**, 1332; *Bull. Soc. Chim.*, (2), **48**, 431].

ACIDE M-OXYMÉTHYLCOUMARILIQUE,

$$(OH)C^6H^3 \diagup\!\!\!\underset{O}{\diagdown}\!\!\!\overset{C(CH^3)}{\diagdown}C-CO^2H.$$

— On dissout du sodium (1 atome) dans de l'alcool absolu, on ajoute de la résorcine (1 molécule) et de l'éther acétylacétique monochloré (1 molécule). On chauffe ensuite au bain-marie jusqu'à ce que la masse présente une réaction neutre, on chasse l'alcool par distillation, on reprend par l'éther, on lave la solution éthérée à l'eau, on distille l'éther et on fait cristalliser le résidu dans le benzène.

L'éther éthylique ainsi obtenu, et qui a pris naissance suivant la réaction

$$C^6H^4 \diagdown\!\!\!\overset{OH}{\underset{ONa}{}} + C^6H^9ClO^3$$

$$= NaCl + H^2O + C^{10}H^7O^4 . C^2H^5,$$

est saponifié par une solution aqueuse de potasse; on précipite par l'acide chlorhydrique l'acide oxyméthylcoumarilique.

Cet acide forme des aiguilles, assez solubles dans l'eau bouillante et répondant à la formule $C^{10}H^8O^4$, $0,5H^2O$. Il perd son eau de cristallisation à 110° et fond à 226°. Sous l'action de la chaleur, il perd CO^2 et se transforme en oxyméthylcoumarone.

Son *éther éthylique*, $C^{10}H^7O^4 . C^2H^5$. est en aiguilles blanches, fusibles à 178°, facilement solubles dans l'éther, peu solubles dans l'alcool et dans le benzène. Il se dissout dans les alcalis étendus en donnant une liqueur présentant une fluorescence d'un bleu pâle [Hantzsch, *D. chem. G.*, **19**, 2927; *Bull. Soc. Chim.*, (2), **47**, 726].

ACIDE BROMOXYMÉTHYLCOUMARILIQUE,

$$\text{O H}_{(4)} . C^6 H^2 Br \diagdown\diagup \overset{C_{(1)}(CH^3)}{\underset{O_{(2)}}{}} C - CO^2 H.$$

— On l'obtient en traitant par la potasse alcoolique le bromure de β-méthylbromo-ombelliférone,

$$\text{O H} . C^6 H^2 Br \diagdown\diagup \overset{C(CH^3)Br-CHBr}{\underset{O \underline{\quad\quad} CO}{}}$$

On projette peu à peu ce composé, réduit en poudre fine, dans un excès de potasse alcoolique bouillante, on étend d'eau, on chasse l'alcool et après refroidissement on précipite par l'acide chlorhydrique l'acide bromoxyméthylcoumarilique. On purifie l'acide ainsi obtenu en le dissolvant dans une petite quantité de soude, le précipitant par un courant d'acide carbonique à l'état de sel de sodium, dissolvant ce sel dans l'eau et précipitant enfin l'acide par l'acide chlorhydrique.

L'acide bromoxyméthylcoumarilique cristallise dans l'alcool étendu en aiguilles incolores, très solubles dans l'alcool, l'éther, le choroforme, peu solubles dans le benzène, insolubles dans l'eau, fusibles à 221°. L'acide sulfurique concentré le dissout à froid; en chauffant, on obtient une coloration pourpre. Le chlorure ferrique, ajouté à la solution alcoolique de l'acide, donne une coloration jaune [H. von Pechmann et J.-B. Cohen, *D. chem. G.*, **17**, 2129; *Bull. Soc. Chim.*, (2), **45**, 217].

ACIDE DIOXYMÉTHYLCOUMARILIQUE,

$$\text{(O H)}^3 C^6 H^2 \diagdown\diagup \overset{C(CH^3)}{\underset{O}{}} C - CO^2 H.$$

— On chauffe au bain-marie un mélange en proportions moléculaires d'éthylate de sodium, de phloroglucine et de monochloracétate d'éthyle. On lave le produit de la réaction avec un peu d'éther et on le fait recristalliser dans l'alcool. L'éther éthylique ainsi obtenu est saponifié par une lessive alcaline : par addition d'acide chlorhydrique, l'acide dioxyméthylcoumarilique se sépare sous la forme d'une masse poisseuse. On le lave à l'éther et on le fait cristalliser dans l'alcool étendu.

L'acide dioxyméthylcoumarilique est en cristaux répondant à la formule $C^{10} H^8 O^5$, 0,5 H^2O. Il perd son eau de cristallisation à 120° et fond à 281° en se décomposant. Chauffé avec de l'acide sulfurique, il le colore en bleu indigo. La plupart de ses sels sont très solubles dans l'eau.

Son *éther éthylique*, $C^{10} H^7 O^5 . C^2 H^5$, est en petites aiguilles blanches, fusibles à 242°, solubles dans les alcalis [E. Lang, *D. chem. G.*, **19**, 2934; *Bull. Soc. Chim.*, (2), **47**, 724].

ACIDE THIOMÉTHYLCOUMARILIQUE. — Son *éther éthylique*,

$$C^6 H^4 \diagdown\diagup \overset{C(CH^3)}{\underset{O}{}} C . COSC^2 H^5,$$

s'obtient en chauffant le méthylcoumarilate d'éthyle avec son poids de pentasulfure de phosphore, sous la forme d'une masse jaune qu'on purifie par dissolution dans l'éther et cristallisation dans l'alcool.

Ce composé est en aiguilles jaunes, brillantes, très solubles dans l'éther, peu solubles dans l'alcool froid, fusibles à 90-91°. La potasse alcoolique le transforme en acide méthylcoumarilique

[Hantzsch, *D. chem. G.*, **19**, 2400; *Bull. Soc. Chim.*, (2), **47**, 726].

MÉTHYLCOUMARONE,

$$C^6 H^4 \diagdown\diagup \overset{C(CH^3)}{\underset{O}{}} CH.$$

— Ce corps se forme quand on soumet à la distillation sèche l'acide méthylcoumarilique.

La méthylcoumarone est un liquide huileux, bouillant à 188-189°, facilement entraînable par la vapeur d'eau. Elle ne se combine ni avec les alcalis, ni avec l'hydroxylamine ou la phénylhydrazine. Elle est entièrement brûlée par le permanganate de potassium et par l'acide chromique [Hantzsch, *D. chem. G.*, **19**, 1290; *Bull. Soc. Chim.*, (2), **47**, 905].

OXYMÉTHYLCOUMARONE,

$$\text{(O H)} C^6 H^3 \diagdown\diagup \overset{C(CH^3)}{\underset{O}{}} CH.$$

— C'est le produit de la distillation sèche de l'acide oxyméthylcoumarilique. Purifié par lavage au carbonate de sodium et cristallisation dans le benzène ou dans l'eau bouillante, ce composé se présente sous la forme d'aiguilles blanches, fusibles à 96-97°, très solubles dans l'alcool et dans l'éther, solubles dans les alcalis.

L'oxyméthylcoumarone est entraînée assez difficilement par la vapeur d'eau. Elle se sublime lentement à la température ordinaire. Elle se dissout à chaud dans l'acide sulfurique en donnant une coloration violette [Hantzsch, *D. chem. G.*, **19**, 2927; *Bull. Soc. Chim.*, (2), **47**, 726].

Bromo-oxyméthylcoumarone. — Lorsqu'on soumet à la distillation sèche dans un courant d'acide carbonique le sel d'argent de l'acide bromo-oxyméthylcoumarilique, on obtient une huile jaune qui, au bout d'un certain temps, finit par se prendre en masse. Ce corps, qui n'a pas été analysé, doit vraisemblablement être la bromo-oxyméthylcoumarone [Pechmann et Cohen, *loc. cit.*].

ACIDE DIMÉTHYLCOUMARILIQUE.

$$CH^3_{(5)} . C^6 H^3 \diagdown\diagup \overset{C_{(1)}(C I.}{\underset{O_{(2)}}{}} C - CO^2 H,$$

— On l'obtient soit en traitant par la potasse alcoolique la bromodiméthylcoumarine,

$$CH^3 . C^6 H^3 \diagdown\diagup \overset{C(CH^3)=CBr}{\underset{O \underline{\quad\quad} CO}{}}$$

soit en faisant réagir le p-crésol sodé sur l'éther acétylacétique monochloré, traitant par l'acide sulfurique le produit de la réaction et saponifiant l'éther ainsi obtenu.

L'acide diméthylcoumarilique est en petits prismes ou en tables fusibles à 224-225°.

Son *éther éthylique*, $C^{11} H^9 O^3 . C^2 H^5$, est en cristaux fusibles à 55° et bout sans décomposition à 298-300° (pression = 728 millimètres).

DIMÉTHYLCOUMARONE,

$$CH^3 . C^6 H^3 \diagdown\diagup \overset{C(CH^3)}{\underset{O}{}} CH.$$

— L'acide diméthylcoumarilique, étant chauffé avec de la chaux sodée, se dédouble en acide carbonique et en diméthylcoumarone, liquide bouillant à 210° (pression = 728 millim.) [A. Hantzsch et E. Lang, *D. chem. G.*, **19**, 1298 ; *Bull. Soc. Chim.*, (2), **47**, 714].   Léon Roux.

COUMARIQUE (ALCOOL O-) [Syn. *Benzénol1-propényl 2-ol2³*],

$$C^6H^4 \diagup \begin{matrix} CH = CH - CH^2OH \\ OH \end{matrix}$$

— Quand on fait agir l'émulsine sur l'alcool gluco-coumarique en solution aqueuse, on peut extraire de la liqueur, à l'aide de l'éther, une huile très soluble dans l'alcool, l'éther et le benzène, se colorant en rouge par l'acide sulfurique concentré, et qui constitue probablement l'alcool o-coumarique.

ALCOOL GLUCOCOUMARIQUE,

$$C^6H^4 \diagup \begin{matrix} CH = CH - CH^2OH \\ O\,(C^6H^{11}O^5) \end{matrix}$$

— On l'obtient par hydrogénation de l'aldéhyde glucocoumarique pulvérisée, mise en suspension dans l'eau et traitée par l'amalgame de sodium, qu'on ajoute par petites portions de façon à entretenir un faible dégagement d'hydrogène. Après deux ou trois jours, la solution est neutralisée par l'acide chlorhydrique ou par l'acide sulfurique, fortement concentrée et additionnée d'alcool absolu auquel on ajoute une petite quantité d'éther. La solution éthéro-alcoolique est évaporée à sec ; le résidu est dissous dans l'eau ; cette dissolution aqueuse est enfin décolorée à l'aide du noir animal et concentrée dans le vide.

L'alcool glucocoumarique est en fines aiguilles, fusibles à 115° et renfermant 1 molécule d'eau de cristallisation. Il est soluble dans l'eau et dans l'alcool ; il est précipité par l'éther de sa solution alcoolique. Il se dissout dans l'acide sulfurique concentré en produisant une coloration rouge [F. Tiemann et A. Kees. *D. chem. G.*, **18**, 1955 ; *Bull. Soc. Chim.*, (2), **46**, 379]. Léon Roux.

COUMARIQUES (ACIDES) [Syn. *Acides oxycinnamiques, acides oxyphénylacryliques, benzénol-propényloïques*],

$$C^6H^4 \diagup \begin{matrix} CH = CH - CO^2H \\ OH \end{matrix}$$

ACIDE O-COUMARIQUE

(voyez Dict., **1**, 981 et Suppl., **1**, 532). — Indépendamment des modes de formation déjà indiqués, l'acide o-coumarique peut être préparé :

1° A l'aide de la coumarine : On dissout 3ᵍʳ,5 de sodium dans 60 ou 70 centimètres cubes d'alcool, on ajoute 10 grammes de coumarine et on fait bouillir à reflux pendant 1 ou 2 heures. On distille l'alcool et on traite le résidu par l'acide chlorhydrique. On purifie l'acide ainsi obtenu en le transformant en sel de sodium qu'on lave à l'éther. On précipite de nouveau l'acide coumarique et on le fait cristalliser dans l'eau bouillante [G. Ebert, *Ann. Chem.*, **226**, 347 ; *Bull. Soc. Chim.*, (2), **45**, 342].

2° A l'aide de l'acide o-amidocinnamique : A une solution maintenue froide de 1 partie d'acide o-amidocinnamique dans 1 partie d'acide sulfurique et 30 parties d'eau, on ajoute du nitrite de sodium (un peu moins que la quantité théorique) et l'on chauffe ensuite jusqu'à l'ébullition. L'acide coumarique se sépare par le refroidissement. On le purifie par une cristallisation dans l'eau bouillante, accompagnée d'une décoloration au noir animal [C. Fischer et Kuzel, *Ann. Chem.*, **221**, 274].

Propriétés. — L'acide o-coumarique est en longues aiguilles, fusibles à 207-208° (Perkin), 208° (Ebert), 205-206° (Fischer et Kuzel).

Insoluble dans le chloroforme et dans le sulfure de carbone, très peu soluble dans l'éther exempt d'alcool, peu soluble dans l'eau froide, il se dissout facilement dans l'eau bouillante et dans l'alcool.

Il n'est pas entraîné par la vapeur d'eau. Soumis à la distillation, il se décompose presque entièrement en donnant du phénol. Il peut être sublimé cependant entre deux verres de montre.

Mis en suspension dans le sulfure de carbone, il fixe lentement du brome. Le produit bromé, qui reste en suspension dans le sulfure de carbone, se dissout dans l'éther absolu et s'en sépare par addition de sulfure de carbone sous la forme d'un corps cristallin blanc, très altérable, qui se décompose, rapidement à 110° et lentement à la température ordinaire, en donnant de la β-dibromocoumarine (Ebert).

L'acide coumarique se dissout dans l'acide bromhydrique saturé à 0°, qui le transforme peu à peu en coumarine (la transformation est complète au bout de 24 heures) (Ebert).

Chauffé avec du sulfure de phosphore, il fournit la thiocoumarine [F. Tiemann, *D. chem. G.*, **19**, 1661 ; *Bull. Soc. Chim.*, (2), **47**, 269].

Sels. — Voyez Suppl., **1**, 533.

Éthers. — De l'acide o-coumarique dérivent deux séries d'éthers isomériques α et β, répondant à la même formule générale :

$$C^6H^4 \diagup \begin{matrix} CH = CH - CO^2H \\ OR \end{matrix}$$

Les composés de la série α, qu'on désigne quelquefois sous le nom d'*acides coumariniques*, se préparent au moyen de la coumarine, en chauffant avec les iodures alcooliques la combinaison sodique de la coumarine.

Les composés de la série β s'obtiennent en faisant réagir l'acétate de sodium et l'anhydride acétique sur les dérivés alcooliques de l'aldéhyde salicylique.

Les dérivés α se transforment sous l'action de la chaleur en dérivés β.

Soumis à l'action des réactifs, les composés α et β paraissent donner naissance à des dérivés identiques. C'est ainsi que, traités par l'hydrogène naissant, ils fournissent un seul dérivé de l'acide mélilotique. Sous l'action des agents d'oxydation, ils ne donnent de même qu'un seul dérivé de l'acide salicylique. Traités par le brome, ils fourniraient, suivant M. Perkin, des produits d'addition bromés différents ; mais, suivant M. Ebert, ces produits d'addition sont identiques.

Le phénomène d'isomérie présenté par ces deux séries d'éthers paraît rentrer dans le cas général de celles que présentent les composés éthyléniques[1].

1. Ce fait, ainsi que quelques autres, tel que l'existence des deux acides nitrocoumariques α et β, étudiés par MM. W. von Miller et Kinkelin, ont conduit plusieurs savants à admettre l'existence de deux séries de composés distincts : les composés coumariques, qui se préparent directement par la méthode de Perkin, et les composés coumariniques, qui s'obtiennent au contraire à partir des coumarines.
Pour donner des formules différentes à ces deux séries de composés, M. Wislicenus [*Abhandl. der K. Sächs Gesellesch. d. Wiss*, 1887], représentant la coumarine par le schéma

$$\begin{matrix} H-C-C^6H^4 \diagdown \\ \parallel \qquad\qquad O, \\ H-C\!-\!-\!CO \diagup \end{matrix}$$

attribue aux acides coumarinique et coumarique les formules suivantes :

$$\begin{matrix} H-C-C^6H^4.OH & \qquad HO.H^4C^6-O-H \\ \parallel & \qquad\qquad\qquad \parallel \\ H-C-CO^2H & \qquad\quad H-C-CO^2H \\ \text{Acide coumarinique.} & \qquad \text{Acide coumarique.} \end{matrix}$$

M. Michael [*J. prakt. Chem.*, (2), **38**, 24] critique les

ACIDES MÉTHYLCOUMARIQUES α ET β,

$$C^6H^4 \begin{cases} CH=CH-CO^2H \\ OCH^3 \end{cases}$$

Dérivé α (acide méthylcoumarinique). — En chauffant pendant quelques heures à 100° la coumarine sodique avec un excès d'iodure de méthyle, on obtient l'α-méthylcoumarate de méthyle, qui fournit par saponification l'acide α-méthylcoumarique. Mais on l'obtient directement en chauffant la coumarine sodique avec une quantité d'iodure de méthyle (1 molécule) calculée de façon à éthérifier seulement le groupement phénolique.

L'acide α-méthylcoumarique est en cristaux clinorhombiques [L. Fletcher, *Chem. Soc.*, **39**, 448], fusibles à 88-89°, très solubles dans l'alcool, médiocrement solubles dans la ligroïne et dans l'acide acétique étendu.

Soumis à l'action de la chaleur, il se transforme en acide β-méthylcoumarique.

Traité par l'amalgame de sodium, il donne l'acide méthylmélilotique. Traité par le brome en solution sulfocarbonique, il fournit l'acide α-méthyldibromomélilotique. Par l'action directe du brome, il se transforme en acide méthyltribromomélilotique. Traité par le perchlorure de phosphore, il fournit un chlorure que l'eau transforme en acide β-méthylcoumarique, et l'ammoniaque en amide du même acide β. Oxydé par le permanganate de potassium, il donne de l'acide méthylsalicylique.

Son *sel de baryum* est en petits cristaux qui, séchés à 100°, répondent à la formule $Ba\overline{A}^2$.

Son *sel d'argent*, $Ag\overline{A}$, est un précipité cristallin.

Son *éther méthylique,*

$$C^6H^4 \begin{cases} CH=CH-CO^2CH^3 \\ OCH^3 \end{cases}$$

est un liquide bouillant à 275-276°; $d_{18} = 1,1404$; $d_{30} = 1,1277$.

Dérivé β. — Cet acide, qui se forme lorsqu'on soumet à l'action de la chaleur l'acide α-méthylcoumarique, se prépare directement en chauffant à 175° l'aldéhyde méthylsalicylique (2 parties) avec de l'acétate de sodium (1 partie) et de l'anhydride acétique (3 parties).

L'acide β-méthylcoumarique cristallise sous la forme de petits prismes clinorhombiques [Fletcher, *loc. cit.*], fusibles à 182-183°, très solubles dans l'alcool.

L'amalgame de sodium le transforme en acide méthylmélilotique; le brome en solution sulfocarbonique, en acide β-méthyldibromomélilotique (suivant M. Ebert [*Ann. Chem.*, **216**, 139], les deux acides méthyldibromomélilotiques α et β sont identiques). L'action directe du brome fournit l'acide méthyltribromomélilotique. Oxydé par le permanganate de potassium, il donne de l'acide méthylsalicylique; traité par la potasse fondante, il fournit de l'acide salicylique.

Les *sels de calcium* et *de baryum* sont des précipités cristallins.

Son *éther méthylique,* qui se forme en petite quantité dans la préparation de l'éther méthylique de l'acide α-méthylcoumarique, s'obtient facilement en traitant l'acide β-méthylcoumarique par le perchlorure de phosphore et décomposant par l'alcool méthylique le chlorure ainsi formé. C'est une huile épaisse, bouillant à 293°; $d_{18} = 1,1486$; $d_{30} = 1,136$?.

Son *amide,*

$$C^6H^4 \begin{cases} CH=CH-CO.AzH^2 \\ OCH^3 \end{cases}$$

qui se forme quand on décompose par l'ammoniaque le produit de l'action du perchlorure de phosphore sur l'acide β-méthylcoumarique, cristallise dans l'alcool en petites aiguilles, fusibles à 191-192° [W.-H. Perkin, *Chem. Soc.*, **31**, 388 et **39**, 409; *Bull. Soc. Chim.*, (2), **29**, 32].

ACIDES ÉTHYLCOUMARIQUES α ET β,

$$C^6H^4 \begin{cases} CH=CH-CO^2H \\ OC^2H^5 \end{cases}$$

Dérivé α (acide éthylcoumarinique). — En chauffant pendant quelques heures à 100° la coumarine sodique avec un excès d'iodure d'éthyle, on obtient l'α-éthylcoumarate d'éthyle, qui fournit par saponification l'acide α-éthylcoumarique [Perkin, *Chem. Soc.*, **39**, 409].

On peut aussi dissoudre dans l'alcool absolu $3^p,2$ de sodium, ajouter de la coumarine (10 parties), puis de l'iodure d'éthyle (12 parties). On fait bouillir à reflux pendant quelques heures, on chasse l'alcool, on reprend par l'eau et, par addition d'acide chlorhydrique, on précipite l'acide éthylcoumarique, qu'on purifie par cristallisation dans l'eau bouillante [G. Ebert, *Ann. Chem.*, **216**, 139; *Bull. Soc. Chim.*, (2), **40**, 133].

L'acide α-éthylcoumarique est en lamelles ou en petits cristaux, fusibles à 103°, très solubles dans l'alcool et dans l'éther, assez solubles dans l'eau bouillante et dans le sulfure de carbone chaud, très peu solubles dans l'eau froide.

Soumis à la distillation, il se transforme en acide β-éthylcoumarique. Traité par le permanganate de potassium, il donne de l'acide éthylsalicylique, par l'amalgame de sodium de l'acide éthylmélilotique, par le brome de l'acide éthyldibromomélilotique.

Le *sel de calcium*, $Ca\overline{A}^2$, $2H^2O$, est en aiguilles peu solubles dans l'eau (100 parties d'eau à 21° dissolvent $2^p,15$ de sel anhydre).

Le *sel de baryum*, $Ba\overline{A}^2$, $2H^2O$, très soluble dans l'eau, se dissout dans l'alcool bouillant, qui l'abandonne par refroidissement sous la forme de longues aiguilles (Ebert).

L'*éther éthylique,*

$$C^6H^4 \begin{cases} CH=CH-CO^2C^2H^5 \\ OC^2H^5 \end{cases}$$

est un liquide bouillant à 290-291°; $d_{15} = 1,084$; $d_{30} = 1,074$ [Perkin, *Chem. Soc.*, **39**, 409].

---

formules proposées par M. Wislicenus. Il admet que, la coumarine étant

$$C^6H^4 \begin{cases} CH=CH \\ O-CO \end{cases}$$

son dérivé sodique doit être représenté par la formule

$$C^6H^4 \begin{cases} CH=CH \\ O-C\begin{cases} ONa \\ OH \end{cases} \end{cases}$$

et, par suite, que l'acide méthylcoumarinique doit être

$$C^6H^4 \begin{cases} CH=CH \\ O-C\begin{cases} OCH^3 \\ OH \end{cases} \end{cases}$$

Il en résulte que les composés coumariques et coumariniques pourraient être rapportés aux deux types

$$C^6H^4 \begin{cases} CH=CH-CO^2H \\ OH \end{cases} \qquad C^6H^4 \begin{cases} CH=CH \\ O-C\begin{cases} OH \\ OH \end{cases} \end{cases}$$

Acide coumarique.   Acide coumarinique.

Nous signalons ici les formules proposées par M. Michael, sans les employer toutefois dans la rédaction de notre article, à cause de leur caractère hypothétique.

Dérivé β. — Cet acide, qui prend naissance lorsqu'on chauffe longtemps ou qu'on soumet à la distillation l'acide α, se prépare directement en chauffant à 170° l'aldéhyde éthylsalicylique avec de l'anhydride acétique et de l'acétate de sodium (Perkin).

L'acide β-éthylcoumarique est en fines aiguilles, fusibles à 132-133° (Ebert), à 135° (Perkin), peu solubles dans l'eau bouillante, très peu solubles dans l'eau froide. Traité par le permanganate de potassium, par l'amalgame de sodium et par le brome, il fournit les mêmes produits que son isomère α.

Le *sel de calcium*, $Ca\overline{A}^2$, $2H^2O$, est en aiguilles très peu solubles dans l'eau froide (100 parties d'eau à 21° dissolvent $0^p,43$ de sel anhydre).

Le *sel de baryum*, $Ba\overline{A}^2$, $4H^2O$, est en cristaux mamelonnés, peu solubles dans l'eau froide, très solubles dans l'eau bouillante et dans l'alcool (Ebert).

L'*éther éthylique*, qu'on obtient en traitant l'acide β-éthylcoumarique par le perchlorure de phosphore, et décomposant par l'alcool éthylique le chlorure ainsi formé, est un liquide bouillant à 302-304°; $d_{15} = 1,090$ (Perkin).

ACIDE ACÉTYLCOUMARIQUE,

$$C^6H^4 \begin{cases} CH = CH - CO^2H \\ O\,C^2H^3O \end{cases}$$

(voyez Suppl., **1**, 532). — Aiguilles fusibles à 146°, solubles dans l'alcool et dans l'éther (Tiemann et Herzfeld).

ACIDE COUMARYLOXYACÉTIQUE,

$$C^6H^4 \begin{cases} CH = CH - CO^2H \\ O\,.\,CH^2 - CO^2H \end{cases}$$

— Ce composé se forme lorsqu'on chauffe à reflux un mélange d'anhydride acétique (5 parties), d'acétate de sodium anhydre (3 parties) et d'acide o-aldéhydophénoxyacétique,

$$C^6H^4 \begin{cases} CHO \\ O\,.\,CH^2\,.\,CO^2H \end{cases}$$

Au bout de 2 heures, on verse dans l'eau le produit encore chaud, on neutralise la liqueur par la soude et on filtre. Le liquide filtré, traité par l'acide sulfurique et abandonné au repos, laisse déposer l'acide coumaryloxyacétique, qu'on fait cristalliser dans l'eau bouillante.

L'acide coumaryloxyacétique est en aiguilles fusibles à 190°, solubles dans l'eau bouillante, l'alcool et l'éther, peu solubles dans le benzène et dans le chloroforme.

C'est un acide bibasique dont le *sel d'argent*, $C^{11}O^5H^8Ag^2$, est très peu soluble.

Traité par le brome, il fournit un *dibromure*, $C^{11}H^{10}Br^2O^5$, corps fusible à 219-220°.

Chauffé pendant quelques minutes avec une solution concentrée d'acide phosphorique, l'acide coumaryloxyacétique perd H^2O et se transforme en *anhydride*,

$$C^6H^4 \begin{cases} CH = CH - CO \\ O\,.\,CH^2 - CO \end{cases} O,$$

composé fusible à 176°, peu soluble dans l'eau chaude, très soluble dans l'alcool et dans l'éther, régénérant l'acide coumaryloxyacétique par une ébullition prolongée avec l'eau ou lorsqu'on le chauffe avec une lessive alcaline, et donnant, quand on le traite par le brome, un *dibromure* fusible vers 213° [A. Rœssing, *D. chem. G.*, **17**, 2988; *Bull. Soc. Chim.*, (2), **44**, 489].

ACIDE BROMOCOUMARIQUE,

$$C^6H^4 \begin{cases} (C^2HBr)\,.\,CO^2H \\ OH \end{cases}$$

— Cet acide n'est connu qu'à l'état d'éthers.

Acide méthylbromocoumarique,

$$C^6H^4 \begin{cases} C^2HBr\,.\,CO^2H \\ OCH^3 \end{cases}$$

— On l'obtient en traitant par une solution concentrée de potasse l'acide méthyldibromomélilotique.

L'acide méthylbromocoumarique cristallise dans le sulfure de carbone sous la forme de petits prismes peu solubles dans l'eau, très solubles dans l'alcool, fusibles à 169,5-171°, distillables sans décomposition. Chauffé avec les alcalis étendus, il perd HBr et se transforme en acide méthoxyphénylpropiolique.

Acide éthylbromocoumarique,

$$C^6H^4 \begin{cases} C^2HBr - CO^2H \\ OC^2H^5 \end{cases}$$

— On l'obtient en traitant à froid par une solution alcoolique de potasse l'éthyldibromomélilotate d'éthyle.

L'acide éthylbromocoumarique est en prismes quadratiques, très peu solubles dans l'eau, solubles dans le chloroforme et dans l'alcool, fusibles à 164°, distillables sans décomposition. Chauffé avec les alcalis étendus, il se transforme en acide éthoxyphénylpropiolique [Perkin, *Chem. Soc.*, **39**, 409].

ACIDES NITROCOUMARIQUES, $C^9H^7(AzO^2)O^3$. — On connaît les acides

$$C^6H^3(AzO^2)_{(3)} \begin{cases} CH_{(1)} = CH - CO^2H \\ OH_{(2)} \end{cases}$$

et

$$C^6H^3(AzO^2)_{(5)} \begin{cases} CH_{(1)} = CH - CO^2H \\ OH_{(2)} \end{cases}$$

Le second n'a été décrit qu'à l'état d'éther méthylique. Quant au premier, il existe sous deux formes isomériques α et β. MM. Miller et Kinkelin désignent ces deux composés isomériques sous les noms d'acides *nitrocoumarinique* et *nitrocoumarique*.

Acide (1.2.3) α (*acide nitrocoumarinique*). — On dissout à l'ébullition la nitrocoumarine correspondante dans une lessive alcaline étendue et, par addition d'acide chlorhydrique, on précipite l'acide nitrocoumarinique. Purifié par cristallisation dans l'alcool étendu et tiède, cet acide se présente sous la forme de grands prismes jaunes, qui fondent à 150° en perdant de l'eau. Chauffé en présence de l'eau ou de l'alcool, il se transforme facilement en son anhydride, la nitrocoumarine.

Son *sel de sodium*, $Na^2\overline{A}$, qu'on obtient directement en traitant à chaud la nitrocoumarine par une quantité calculée d'alcool sodé, est en prismes rouges, peu solubles dans l'alcool absolu, plus solubles dans l'alcool aqueux, déliquescents à l'air.

Son *sel de baryum*, $Ba\overline{A}$, $3,5H^2O$, est en aiguilles rouges qui perdent leur eau de cristallisation à 100°.

Son *sel d'argent*, $Ag^2\overline{A}$, est un précipité cristallin rouge-pourpre.

Le *dérivé diméthylique* (*méthylnitrocoumarinate de méthyle*), $C^{11}H^{11}(AzO^2)O^3$, se forme par l'action de l'iodure de méthyle en solution éthérée sur le sel d'argent de l'acide nitrocoumarinique et cristallise dans l'alcool en prismes fusibles à 69°, très solubles dans l'éther.

Chauffé pendant 4 heures à la température du bain-marie avec une solution alcoolique très étendue de soude caustique (1 partie de soude pour 50 parties d'alcool à 50 0,0), il se saponifie entièrement et se transforme en acide nitrocoumarinique.

Si l'on chauffe au bain-marie pendant 4 heures

ce même dérivé diméthylique (1 molécule) avec du carbonate de sodium (0^{mol},5) et 50 fois son poids d'alcool à 50 0/0, on obtient des quantités à peu près égales d'acide nitrocoumarinique et de *dérivé monométhylique* (*acide méthylnitrocoumarinique*), $C^{10}H^9(AzO^2)O^3$. Ce dernier cristallise dans l'alcool en petites tables fusibles à 135-136°.

Chauffé à la température du bain-marie avec une solution très étendue de carbonate de sodium, ce dérivé monométhylique se saponifie et fournit de l'acide nitrocoumarinique.

Chauffé pendant 3 ou 4 heures à 150-160° avec de l'alcool saturé d'ammoniaque à zéro, le dérivé diméthylique se transforme en amide de l'acide nitroamidocinnamique :

$$C^6H^3(AzO^2) \big\langle {}^{OCH^3}_{CH=CH-CO^2CH^3} + 2AzH^3$$

$$= C^6H^3(AzO^3) \big\langle {}^{AzH^2}_{CH=CH-CO.AzH^2} + 2CH^3OH$$

Acide (1.2.3) β (*acide nitrocoumarique*). — Cet acide, qu'on obtient en saponifiant son dérivé monométhylique, est en petits cristaux jaunes, très peu solubles dans l'alcool froid et fondant à 241-242° en se décomposant. Contrairement à ce qui se passe pour l'acide α, l'acide β ne subit aucune modification quand on le chauffe avec de l'eau ou de l'alcool.

Le *dérivé monométhylique* (*acide méthylnitrocoumarique*) s'obtient à l'aide de l'aldéhyde méthylnitrosalicylique,

$$C^6H^3(CHO)_{(1)}(OCH^3)_{(3)}(AzO^2)_{(3)},$$

fusible à 102°, qu'on chauffe à 180° pendant 3 heures avec de l'acétate de sodium et de l'anhydride acétique. On traite le produit de la réaction par la soude étendue et chaude, et, par addition d'acide chlorhydrique, on précipite l'acide méthylnitrocoumarique. Ce corps cristallise dans l'alcool en prismes jaunes, fusibles à 193°.

Il peut être chauffé au bain-marie pendant plusieurs heures avec du carbonate de sodium sans subir d'altération. Cependant, chauffé long-temps avec une solution de soude caustique, il finit par se saponifier et se transforme en acide nitrocoumarique.

Le *dérivé diméthylique* (*méthylnitrocoumarate de méthyle*), qu'on obtient en traitant par l'iodure de méthyle en solution dans l'éther le sel d'argent du dérivé monométhylique précédent, cristallise dans l'alcool en longues aiguilles fusibles à 88-89°. Chauffé avec une solution étendue de carbonate de sodium, il subit une saponification partielle et se transforme en dérivé monométhylique [W. v. Miller et F. Kinkelin, *D. chem. G.*, **22**, 1705].

Acide (1.2.5). — On ne l'a obtenu qu'à l'état de *dérivé méthylique* (*acide méthylnitrocoumarique*). On chauffe à reflux pendant 6 heures l'aldéhyde méthylnitrosalicylique,

$$C^6H^3(CHO)_{(1)}(OCH^3)_{(3)}(AzO^2)_{(5)},$$

fusible à 89° (5 parties) avec de l'anhydride acétique (15 parties) et de l'acétate de sodium fondu (5 parties). On traite par l'eau et on épuise par l'éther. On agite la solution éthérée avec une dissolution de carbonate de sodium, et, en traitant cette dernière par l'acide chlorhydrique, on précipite l'acide méthylnitrocoumarique, qu'on purifie par cristallisation dans l'eau bouillante.

Cet acide est en fines aiguilles, peu solubles dans l'eau froide, très solubles dans l'alcool et dans l'éther, fusibles à 238°.

Ses *sels de calcium, de baryum* et *de plomb* sont solubles dans l'eau chaude, peu solubles

dans l'eau froide; ses *sels de cuivre* et *d'argent* sont peu solubles [A. Schnell, *D. chem. G.*, **17**, 1381; *Bull. Soc. Chim.*, (2), **44**, 287].

ACIDE DINITROCOUMARIQUE, $C^9H^6(AzO^2)^2O^3$. — On ne connaît que son éther méthylique.

Acide méthyldinitrocoumarique,

$$C^6H^2(AzO^2)^2 \big\langle {}^{CH=CH-CO^2H}_{OCH^3}$$

— On le prépare en ajoutant à de l'acide nitrique (d = 1,5), maintenu froid, les acides méthylcoumariques α ou β, précipitant par l'eau et faisant cristalliser dans l'alcool. Cet acide est en aiguilles brunes, presque insolubles dans le chloroforme, peu solubles dans l'alcool froid et dans le benzène bouillant, fusibles à 192-193° et se décomposant un peu au-dessus de leur point de fusion [Perkin, *Chem. Soc.*, **39**, 409].

ACIDE AMIDOCOUMARIQUE, $C^9H^7(AzH^2)O^3$. — On ne le connaît qu'à l'état d'éther méthylique.

Acide méthylamidocoumarique,

$$C^6H^3(AzH^2)_{(5)} \big\langle {}^{CH_{(1)}=CH-CO^2H}_{OCH^3_{(3)}}$$

— On dissout l'acide méthylnitrocoumarique dans un excès d'ammoniaque chaude et on y ajoute la quantité de sulfate ferreux nécessaire pour effectuer la réduction. On fait digérer au bain-marie pendant 20 minutes, on filtre et on sature par l'acide acétique. On purifie l'acide amidé ainsi obtenu par cristallisation dans l'eau bouillante.

L'acide méthylamidocoumarique est en aiguilles presque insolubles dans l'eau froide, un peu solubles dans l'eau chaude, solubles dans l'alcool et dans l'éther, fusibles à 189°.

Cet acide, étant mis en suspension dans de l'acide chlorhydrique et traité par une solution aqueuse de nitrite de sodium, fournit un liquide rouge-brun d'où se séparent au bout de quelque temps des cristaux jaunes du *chlorure diazoïque*,

$$C^6H^3(OCH^3)(CH=CH.CO^2H)(Az=AzCl),$$

fusibles à 102° en se décomposant.

Une solution de ce chlorure, additionnée d'acide nitrique et légèrement chauffée, abandonne par refroidissement le *nitrate diazoïque*,

$$C^6H^3(OCH^3)(CH=CH.CO^2H)(Az=Az.AzO^3),$$

aiguilles jaunes, presque insolubles dans l'alcool, l'éther et l'eau froide, un peu solubles dans l'eau chaude, et se décomposant avec explosion vers 150°.

Traités par l'eau bouillante, le chlorure et le nitrate se transforment en acide oxyméthylcoumarique,

$$C^6H^3(OH)(OCH^3)(CH=CH.CO^2H)$$

[Schnell, *loc. cit.*].

COUMARINE (*benzène-propénylolide* 1.2³),

$$C^6H^4 \big\langle {}^{CH=CH}_{O-CO}$$

(voyez Dict., **1**, 979 et Suppl., **1**, 529). — Aux modes de formation déjà signalés de la coumarine nous ajouterons les suivants :

1° Action de l'acide sulfurique ou du chlorure de zinc à température élevée sur un mélange de phénol et d'acide malique :

$$C^6H^5.OH + {}^{CH(OH)-CO^2H}_{CH^2-CO^2H}$$

$$= CO + 3H^2O + C^6H^4 \big\langle {}^{CH=CH}_{O-CO}$$

[H. von Pechmann, *D. chem. G.*, **17**, 929].

2° Action de l'acide bromhydrique sur l'acide o-coumarique (voyez plus haut) [Ebert, *Ann. Chem.*, **226**, 347 ; *Bull. Soc. Chim.*, (2). **45**, 342].

3° Action du brome à 170° sur l'anhydride mélilotique :

$$C^6H^4 \diagup \overset{CH^2 - CH^2}{\underset{O \; — \; CO}{|}} + Br^2$$

$$= 2\,HBr + C^6H^4 \diagup \overset{CH = CH}{\underset{O \; — \; CO}{|}}$$

On fait arriver lentement de la vapeur de brome dans de l'anhydride mélilotique chauffé au bain d'huile [H. Hochstetter, *Ann. Chem.*, **226**, 355 ; *Bull. Soc. Chim.*, (2), **45**, 343].

Aux propriétés déjà indiquées de la coumarine nous ajouterons les faits suivants :

La transformation de la coumarine en acide coumarique s'effectue le plus facilement au moyen de l'éthylate de sodium (voyez ACIDE O-COUMARIQUE).

La baryte bouillante dissout rapidement la coumarine, qui reste dissoute après refroidissement ; l'éther n'enlève pas la coumarine à cette solution ; mais, si l'on dirige dans la liqueur un courant d'acide carbonique, on voit se séparer de la coumarine et du carbonate de baryum. Le carbonate de potassium dissout aussi la coumarine à l'ébullition ; la solution évaporée à sec laisse un résidu qui se dissout dans l'alcool absolu : mais la solution alcoolique abandonne par l'évaporation du carbonate de potassium et laisse finalement un résidu composé de coumarine et de carbonate de potassium [G. Ebert, *Ann. Chem.*, **216**, 139 ; *Bull. Soc. Chim.*, (2), **40**, 133].

La coumarine se dissout abondamment dans l'acide bromhydrique fumant. Si l'on fait passer du gaz bromhydrique dans cette solution refroidie à 0°, il se dépose des cristaux qui se redissolvent par une légère élévation de température. Après 24 heures, cette liqueur abandonne des cristaux volumineux, qui se décomposent rapidement et qui fondent à 42-45° en se dédoublant en acide bromhydrique et coumarine [Ebert, *Ann. Chem.*, **226**, 347 ; *Bull. Soc. Chim.*, (2), **45**, 342].

Le pentasulfure de phosphore transforme la coumarine en thiocoumarine.

L'hydroxylamine et la phénylhydrazine ne se combinent pas avec la coumarine ; mais la coumaroxime et la coumarine-phénylhydrazone ont pu être obtenues indirectement en faisant réagir sur la thiocoumarine l'hydroxylamine et la phénylhydrazine (Tiemann).

DIBROMURE DE COUMARINE, $C^9H^6O^2Br^2$ (voyez Suppl., **1**, 531). — Ce corps fond à 105° et perd du brome à 120° [Fittig et Ebert, *Ann. Chem.*, **216**. 163]. Si on le fait bouillir avec de l'eau, une forte proportion de la coumarine est régénérée, en même temps qu'il se forme de la β-bromo- et de l'α-dibromocoumarine, résultant de l'action sur la coumarine du brome mis en liberté [Ebert, *Ann. Chem.*, **226**, 347].

α-MONOBROMOCOUMARINE, C^9H^4 . C^3HBrO^2. — Voyez Suppl., **1**, 531.

β-MONOBROMOCOUMARINE, C^9H^3Br . $C^3H^2O^2$. — Voyez Suppl., **1**, 531.

α-DIBROMOCOUMARINE, C^9H^3Br . C^9HBrO^2 (voyez Suppl., **1**, 531). — La potasse alcoolique la transforme en acide bromocoumarilique.

β-DIBROMOCOUMARINE, $C^9H^3Br^2.C^3H^2O^2$ (voyez Suppl., **1**, 531). — On l'obtient aussi à partir de l'acide o-coumarique (voyez plus haut).

DÉRIVÉS NITRÉS. — On connaît deux nitrocoumarines :

$$C^6H^3(AzO^2)_{(3)} \diagup \overset{CH_{(1)} = CH}{\underset{O_{(2)} \; — \; CO}{|}}$$

et

$$C^6H^3(AzO^2)_{(5)} \diagup \overset{CH_{(1)} = CH}{\underset{O_{(2)} \; — \; CO}{|}}$$

Nitrocoumarine (1.2.3). — On la prépare à l'aide de l'aldéhyde nitrosalicylique,

$$C^6H^3(CHO)_{(1)} \, (OH)_{(2)} \, (AzO^2)_{(3)},$$

fusible à 109°. A cet effet, on chauffe à 170-180° pendant 3 heures un mélange d'aldéhyde nitrosalicylique (60 grammes), d'acétate de sodium (90 grammes) et d'anhydride acétique (130 grammes). On dissout à chaud le produit de la réaction dans l'acide acétique à 50 0/0 et on filtre. La liqueur abandonne par refroidissement la nitrocoumarine (environ 50 grammes), qu'on purifie par de nouvelles cristallisations dans l'acide acétique.

Cette nitrocoumarine cristallise dans le benzène en grands prismes, dans l'alcool en fines aiguilles, fusibles à 191°. Elle se dissout à l'ébullition dans les alcalis étendus, caustiques ou carbonatés, en donnant une liqueur orangée. Par addition d'acide chlorhydrique, il s'en sépare un volumineux précipité jaune, qui constitue l'acide nitrocoumarinique (voyez plus haut) [W. von Miller et F. Kinkelin *D. chem. G.*, **22**, 1705].

Nitrocoumarine (1.2.5). — Ce composé, qui constitue vraisemblablement la nitrocoumarine déjà décrite (voyez Dict., **1**, 980), se forme synthétiquement lorsqu'on chauffe à 190° l'aldéhyde m-nitrosalicylique avec de l'anhydride acétique et de l'acétate de sodium. Il fond à 187°. Le permanganate de potassium le transforme en acide nitrosalicylique fusible à 228°.

Soumis à l'action des vapeurs de brome, il fournit une *dibromonitrocoumarine* fusible à 151° [C. Taege, *D. chem. G.*, **20**, 2109 ; *Arch. Pharm.*, (3), **29**, 71 ; *Bull. Soc. Chim.*, (2), **49**, 277 et (3), **6**, 760].

DÉRIVÉ AMIDÉ,

$$C^6H^3(AzH^2)_{(5)} \diagup \overset{CH_{(1)} = CH}{\underset{O_{(2)} \; — \; CO}{|}}$$

(voyez COUMARAMINE, Dict., **1**, 979). — Suivant M. Taege [*loc. cit.*], ce corps fond à 164°.

THIOCOUMARINE,

$$C^6H^4 \diagup \overset{CH = CH}{\underset{O \; — \; CS}{|}}$$

— On chauffe à 120°, au bain d'huile, un mélange à poids égaux de coumarine et de pentasulfure de phosphore. Quand la masse est devenue homogène, on laisse refroidir, on réduit en poudre et on épuise par le benzène. La solution benzénique est évaporée et le résidu est repris par l'alcool dilué bouillant (1 partie d'eau et 1 partie d'alcool à 96°), qui abandonne la thiocoumarine par le refroidissement. Le rendement est d'environ 50 0/0. On peut dans cette préparation remplacer la coumarine par l'acide o-coumarique.

La thiocoumarine est en aiguilles jaunes, insolubles dans l'eau, très solubles dans l'alcool, l'éther et le benzène, fusibles à 101°.

Si on la fait bouillir pendant quelque temps avec de la potasse alcoolique et si on additionne la liqueur d'acide chlorhydrique, il se dégage de l'acide sulfhydrique et il se précipite de la coumarine pure [F. Tiemann, *D. chem. G.*, **19**, 1661 ; *Bull. Soc. Chim.*, (2), **47**, 269].

COUMAROXIME,

$$C^6H^4 \diagup \overset{CH = CH}{\underset{O \; — \; C = AzOH}{|}}$$

— A une solution alcoolique de thiocoumarine

(1 molécule) et de chlorhydrate d'hydroxylamine (1 molécule), on ajoute la quantité correspondante d'une dissolution de carbonate de sodium et on chauffe au bain-marie jusqu'à ce qu'il ne se dégage plus d'acide sulfhydrique. On évapore l'alcool et on fait cristalliser le résidu dans l'eau bouillante.

La coumaroxime est en longues aiguilles blanches, solubles dans le benzène, l'alcool et l'éther, très solubles dans l'eau bouillante, presque insolubles dans l'eau froide, fusibles à 131°. Chauffée au-dessus de son point de fusion, elle se décompose en perdant de l'ammoniaque. Très stable en présence des alcalis, elle se dédouble par une ébullition prolongée avec l'acide chlorhydrique en coumarine et hydroxylamine.

Chauffée à reflux pendant 4 ou 5 heures avec de l'éthylate de sodium et de l'iodure d'éthyle, elle fournit un *dérivé éthylique,*

$$C^6H^4 \begin{cases} CH = CH \\ \quad\quad | \\ O - C = Az\,O\,C^2H^5 \end{cases}$$

lamelles insolubles dans l'eau, très solubles dans l'alcool, l'éther et le benzène et que l'acide chlorhydrique bouillant dédouble en coumarine et chlorhydrate d'éthylhydroxylamine.

Traitée par l'amalgame de sodium, elle se transforme en un composé qui n'a pu être obtenu à l'état de pureté, mais qui paraît être la *dihydrocoumaroxime,*

$$C^6H^4 \begin{cases} CH^2 - CH^2 \\ \quad\quad | \\ O - C = Az\,OH \end{cases}$$

Ce corps se dédouble en effet par l'action de l'acide chlorhydrique bouillant en hydroxylamine et anhydride mélilotique.

COUMARINE-PHÉNYLHYDRAZONE,

$$C^6H^4 \begin{cases} CH = CH \\ \quad\quad | \\ O - C = Az^2H \, . \, C^6H^5 \end{cases}$$

— On chauffe une solution alcoolique de thiocoumarine et de phénylhydrazine en proportions moléculaires jusqu'à ce qu'il ne se dégage plus d'acide sulfhydrique.

La coumarine-phénylhydrazone est en longues aiguilles d'un jaune d'or, fusibles à 143-144° ; elle est insoluble dans l'eau, peu soluble dans l'alcool froid, soluble dans l'alcool bouillant, l'éther et le benzène [Tiemann, *loc. cit.*].

BENZIMIDOCOUMARINE,

$$C^6H^4 \begin{cases} CH = C \, . \, AzH \, . \, C^7H^5O \\ \quad\quad | \\ O - CO \end{cases}$$

— Lorsqu'on abandonne en contact pendant quelques semaines, à la température ordinaire, un mélange d'acide hippurique et d'aldéhyde salicylique avec un excès d'anhydride acétique, on obtient un composé $C^{32}H^{24}Az^2O^7$ fusible à 160°. Ce corps, chauffé pendant 1 heure avec de l'acide acétique et quelques gouttes d'acide chlorhydrique concentré, se transforme en benzimidocoumarine, qu'on précipite par addition d'eau et qu'on fait cristalliser dans l'alcool.

La benzimidocoumarine est en fines aiguilles fusibles à 170-171°, insolubles dans l'eau, solubles à chaud dans l'éther, le benzène et l'acide acétique. Chauffée avec un excès de lessive de soude à 50 0/0, elle se décompose en ammoniaque, acide benzoïque et *acide salicylglycidique,*

$$C^6H^4 \begin{cases} O \\ / \backslash \\ CH - CH - CO^2H \\ OH \end{cases}$$

suivant l'équation

$$C^{16}H^{11}Az\,O^3 + 3\,H^2O$$
$$= Az\,H^3 + C^7H^6O^2 + C^9H^8O^4.$$

L'acide salicylglycidique cristallise dans l'eau en aiguilles ou en prismes. Sa solution aqueuse colore le perchlorure de fer en un vert intense.

Son *sel de calcium* est en prismes répondant à la formule $Ca\,\bar{A}^2, 6\,H^2O$.

L'amalgame de sodium le transforme en acide salicyl-lactique (voyez ce mot).

Chauffé avec de l'acide sulfurique à 33 0/0, il fournit l'*anhydride* correspondant (*oxycoumarine*),

$$C^6H^4 \begin{cases} O \\ / \backslash \\ CH - CH \\ \quad\quad | \\ O - CO \end{cases}$$

aiguilles fusibles à 152-153°, solubles dans l'éther et dans l'alcool chaud, régénérant partiellement par ébullition avec l'eau l'acide salicyl-glycidique et se transformant par l'action du gaz ammoniac en une *amide,*

$$C^6H^4 \begin{cases} O \\ / \backslash \\ CH - CH - CO \, . \, Az\,H^2 \\ OH \end{cases}$$

qui cristallise sous la forme de prismes [J. Plœchl et L. Wolfrum, *D. chem. G.,* **18**, 1183 ; *Bull. Soc. Chim.,* (2), **46**, 36]

ACIDE M-COUMARIQUE.

On prépare l'acide acétyl-m-coumarique en faisant bouillir à reflux pendant 5 heures un mélange d'aldéhyde m-oxybenzoïque (1 partie), d'acétate de sodium anhydre (7 parties) et d'anhydride acétique (5 parties). On traite le produit de la réaction, avant qu'il se solidifie, par l'eau chaude ; on dissout dans l'éther l'huile qui se sépare et on agite la solution éthérée, d'abord avec du bisulfite de sodium pour enlever l'excès d'aldéhyde, puis avec du carbonate de sodium qui dissout l'acide acétyl-m-coumarique. On le précipite enfin par l'acide sulfurique et on le fait cristalliser dans l'eau bouillante. Chauffé avec une lessive alcaline, cet acide acétylcoumarique se transforme facilement en acide m-coumarique [F. Tiemann et R. Ludwig, *D. chem. G.,* **15**, 2043 ; *Bull. Soc. Chim.,* (2), **39**, 333].

On peut aussi préparer l'acide m-coumarique à partir de l'acide m-nitrocinnamique, en le transformant successivement en acide m-amidocinnamique, puis en acide m-diazocinnamique, et en décomposant ce dernier par l'eau bouillante [S. Gabriel, *D. chem. G.,* **15**, 2291 ; *Bull. Soc. Chim.,* (2), **39**, 346].

L'acide m-coumarique est en prismes incolores, fusibles à 191°, peu solubles dans l'eau froide, très solubles dans l'eau bouillante, l'alcool, l'éther et le benzène. Il se dissout dans l'acide sulfurique concentré en donnant une coloration jaune, qui passe au rouge quand on chauffe.

Le *sel d'argent* est un précipité blanc cristallin.

Les *sels de cuivre, de plomb* et *de zinc* sont peu solubles dans l'eau.

Coumarate de méthyle,

$$C^6H^4 \begin{cases} CH = CH - CO^2CH^3 \\ OH \end{cases}$$

— On l'obtient en abandonnant à elle-même pendant quelque temps à la température ordinaire une solution méthylique d'acide coumarique (1 molécule), de potasse (2 molécules) et d'un excès d'iodure de méthyle.

Le coumarate de méthyle cristallise dans l'alcool ou dans l'eau en lamelles fusibles à 85° [F. Rieche, *D. chem. G.*, **22**, 2347].

ACIDE MÉTHYLCOUMARIQUE,

$$C^6H^4 \diagfrac{CH = CH - CO^2H}{OCH^3}$$

— On peut obtenir directement l'acide méthylcoumarique en chauffant l'aldéhyde m-méthoxybenzylique avec de l'anhydride acétique et de l'acétate de sodium. Mais on le prépare plus facilement en saponifiant par la potasse le méthylcoumarate de méthyle.

L'acide méthylcoumarique cristallise dans l'eau bouillante sous la forme de longues aiguilles incolores, fusibles à 115°, solubles dans l'alcool, l'éther et le benzène.

Sa solution ammoniacale précipite en vert clair par le sulfate de cuivre.

Ses *sels de plomb* et *d'argent* sont solubles dans l'eau bouillante.

Méthylcoumarate de méthyle,

$$C^6H^4 \diagfrac{CH = CH - CO^2CH^3}{OCH^3}$$

— On chauffe pendant quelques heures à 100°, en tubes scellés, une solution méthylique d'acide coumarique (2 parties), de potasse (1 partie) et d'iodure de méthyle (5 parties). On traite par l'eau, on chasse l'alcool et on épuise par l'éther.

Le méthylcoumarate de méthyle est un liquide huileux, incristallisable (Tiemann et Ludwig).

ACIDE ACÉTYLCOUMARIQUE,

$$C^6H^4 \diagfrac{CH = CH - CO^2H}{OC^2H^3O}$$

— Cet acide, dont la préparation est indiquée plus haut, est en aiguilles blanches, fusibles à 151°, insolubles dans la ligroïne, peu solubles dans l'eau froide, solubles dans l'alcool, l'éther et le benzène (Tiemann et Ludwig).

ACIDE COUMARYLOXYACÉTIQUE,

$$C^6H^4 \diagfrac{CH = CH - CO^2H}{O . CH^2 . CO^2H}$$

— Cet acide, qu'on obtient en chauffant doucement à l'ébullition pendant 5 heures un mélange d'acide m-aldéhydophénoxyacétique (1 partie), d'acétate de sodium (1 partie) et d'anhydride acétique (3 parties), est en aiguilles fusibles à 219°. Ses *sels d'argent. de cuivre* et *de plomb* sont peu solubles [T. Elkan, *D. chem. G.*, **19**, 3041 ; *Bull. Soc. Chim.*, (2), **47**, 968].

ACIDES MONONITROCOUMARIQUES. — L'acide m-coumarique peut donner quatre *dérivés mononitrés*, $C^6H^3(CH = CH - CO^2H)(OH)(AzO^2)$, à savoir :

Acide a .... $CH : OH : AzO^2 = 1 : 3 : 6$,
— *b* .... $CH : OH : AzO^2 = 1 : 3 : 2$,
— *c* .... $CH : OH : AzO^2 = 1 : 3 : 5$,
— *d* .... $CH : OH : AzO^2 = 1 : 3 : 4$.

Ces quatre acides sont connus ; ils ont été préparés soit à l'aide de l'acide m-amidocinnamique, soit à l'aide de l'acide m-coumarique lui-même.

1° On nitre l'acide m-amidocinnamique en additionnant de nitrate de potassium l'acide amidocinnamique en solution dans l'acide sulfurique, ou mieux encore en traitant par l'acide nitrique (d = 1,4) le dérivé acétylé de l'acide amidocinnamique ; on étend d'eau, on ajoute un excès de nitrite de sodium, on fait bouillir et, quand le dégagement d'azote a cessé, on filtre la liqueur chaude. On isole ainsi par filtration l'acide *a*, qu'on purifie par lavage à l'eau bouillante. La liqueur, débarrassée de l'acide *a*, est additionnée

d'hydrocarbonate de zinc précipité ; on fait bouillir et on filtre à chaud. Par refroidissement, le sel de zinc de l'acide *b* se dépose sous la forme d'aiguilles jaunâtres, très solubles dans l'alcool. L'eau mère abandonne enfin par concentration le sel de zinc de l'acide *a* sous la forme de petites aiguilles jaune-orangé, insolubles dans l'alcool.

2° On traite par l'acide nitrique (d = 1,4), employé en léger excès, l'acide m-coumarique en solution acétique. La liqueur, abandonnée au repos, laisse déposer l'acide *d* sous la forme de cristaux brun-rouge ; on filtre, on étend d'eau et on épuise par l'éther. On obtient ainsi un mélange des deux acides *b* et *c*, qu'on sépare l'un de l'autre en les transformant en sels zinciques.

Acide a. — Il est insoluble dans l'eau froide. très peu soluble dans l'eau chaude, assez soluble dans l'alcool. Il cristallise dans l'alcool ou dans l'acide acétique en aiguilles microscopiques, fusibles à 216°. Oxydé par le mélange chromique, il fournit l'acide o–nitro-m-oxybenzoïque,

$$C^6H^3(CO^2H)_{(1)}(OH)_{(3)}(AzO^2)_{(6)},$$

fusible à 169°.

Acide b. — Soluble dans l'eau chaude, dans l'éther et dans l'alcool étendu, il cristallise dans ce dernier dissolvant en aiguilles d'un jaune pâle, fusibles à 218°. Il possède une odeur agréable. Oxydé par le permanganate de potassium en liqueur alcaline, il fournit l'acide o–nitro-m-oxybenzoïque (1.3.2), fusible à 179-180°.

Acide c. — Assez soluble dans l'eau chaude et dans l'alcool, peu soluble dans l'éther, il se présente sous la forme d'une poudre cristalline jaunâtre ou de cristaux nacrés qui, lorsqu'on les chauffe, se décomposent avant de fondre. Oxydé par le mélange chromique, il fournit l'acide m-nitro-m-oxybenzoïque (1.3.5), fusible à 167°.

Acide d. — Insoluble dans l'eau froide ou chaude, peu soluble à froid dans l'alcool et dans l'éther, assez soluble à chaud dans l'alcool, il cristallise dans ce dernier dissolvant en aiguilles jaune d'or, fusibles à 248°. Oxydé par le permanganate de potassium en liqueur alcaline, il fournit l'acide p–nitro-m-oxybenzoïque (1.3.4), fusible à 228-230° [G. Luff, *D. chem. G.*, **22**, 291].

Éthers méthyliques. — En traitant par l'acide nitrique (d = 1,46) refroidi à 0° le méthylcoumarate de méthyle, M. Ulrich [*D. chem. G.*, **18**, 2571] a obtenu un dérivé nitré, fusible à 163°; auquel il attribue la formule

$$C^6H^3(CH = CH - CO^2CH^3)_{(1)}(OCH^3)_{(3)}(AzO^2)_{(4)}.$$

Suivant M. Rieche, l'action sur le méthylcoumarate de méthyle de l'acide nitrique (d = 1,5) fortement refroidi fournit un mélange de dérivés nitrés qu'on peut séparer par des cristallisations répétées dans l'alcool. On isole ainsi un dérivé dinitré peu soluble dans ce dissolvant et un dérivé mononitré plus soluble, en même temps qu'il reste en solution dans l'alcool une assez forte proportion d'un produit visqueux, incristallisable [F. Rieche, *D. chem. G.*, **22**, 2347].

ACIDE MÉTHYLNITROCOUMARIQUE,

$$C^6H^3(AzO^2)_{(4)} \diagfrac{CH_{(1)} = CH - CO^2H}{OCH^3_{(3)}}$$

— Cet acide, qui résulte de la saponification du méthylnitrocoumarate de méthyle, est en cristaux fusibles à 218°. Par oxydation ménagée, il fournit l'aldéhyde méthoxybenzylique nitrée correspondante.

Méthylnitrocoumarate de méthyle,

$$C^6H^3(AzO^2)_{(4)} \diagfrac{CH_{(4)} = CH - CO^2CH^3}{OCH^3_{(3)}}$$

— Ce corps, qui se forme dans la nitration du méthylcoumarate de méthyle, est en lamelles blanches, fusibles à 143°, très solubles dans l'alcool, l'éther, le benzène et le chloroforme [Rieche, *loc. cit.*].

ACIDE MÉTHYLDINITROCOUMARIQUE,

$$C^6H^2(AzO^2)^2 < {CH=CH-CO^2H \atop OCH^3}$$

— Cet acide, qu'on obtient par la saponification du composé suivant, est en cristaux qui se décomposent à 215°.

Méthyldinitrocoumarate de méthyle,

$$C^6H^2(AzO^2)^2 < {CH=CH-CO^2CH^3 \atop OCH^3}$$

— Ce corps, qui se forme, comme il a été indiqué plus haut, dans la nitration du méthylcoumarate de méthyle, est en aiguilles jaunâtres, fusibles à 177-178°, insolubles dans la ligroïne, peu solubles dans l'alcool et dans l'éther, plus solubles dans le chloroforme, l'acide acétique et le benzène (Rieche).

ACIDE MÉTHYLAMIDOCOUMARIQUE,

$$C^6H^3(AzH^2)_{(4)} < {CH_{(1)}=CH-CO^2H \atop OCH^3_{(3)}}$$

— On réduit le sel ammoniacal de l'acide méthylnitrocoumarique par le sulfate ferreux, on filtre et on précipite le dérivé amidé par l'acide acétique.

L'acide méthylamidocoumarique est en petites aiguilles jaunes, fusibles à 158°. Traité par le nitrite de sodium, il donne un dérivé diazoïque qui, bouilli avec de l'eau, se transforme en acide férulique [M. Ulrich, *D. chem. G.*, **18**, *Ref*, 682].

ACIDE P-COUMARIQUE

(voyez Dict., **1**, 981 et Suppl., **1**, 533) [1]. — Aux modes de formation déjà indiqués nous ajouterons les suivants :

1° Transformation de l'acide p-amidocinnamique en dérivé diazoïque et décomposition de ce dérivé par ébullition avec l'eau [S. Gabriel, *D. chem. G.*, **15**, 2301; *Bull. Soc. Chim.*, (2), **39**, 346].

2° Action d'une solution concentrée de potasse sur la naringénine, qui serait l'éther phloroglucique de l'acide p-coumarique :

$$C^{15}H^{12}O^5 + H^2O = C^9H^6O^3 + C^6H^3(OH)^3$$
Naringénine.   Phloroglucine.

[W. Will, *D. chem. G.*, **18**, 1311 et **20**, 294; *Bull. Soc. Chim.*, (2), **45**, 849 et **48**, 449].

Préparation. — La préparation de l'acide p-coumarique à l'aide de l'aldéhyde p-oxybenzylique a été modifiée par M. Eigel de la façon suivante : On chauffe pendant 12 heures à 175°, en tubes scellés, 5 parties d'aldéhyde p-oxybenzylique avec 8 parties d'acétate de sodium et 10 parties d'anhydride acétique. On fait bouillir le produit de la réaction avec de la potasse et on précipite l'acide coumarique par l'acide chlorhydrique. Pour le débarrasser de l'aldéhyde qui le souille, on le dissout dans l'éther et on agite cette solution avec du bisulfite de sodium. Le ren-

dement est d'environ 70 0/0 [G. Eigel, *D. chem. G.*, **20**, 2527; *Bull. Soc. Chim.*, (2), **49**, 793].

Propriétés. — L'acide p-coumarique se transforme, par fusion avec la soude, en acide p-oxybenzoïque [L. Barth et J. Schreder, *D. chem. G.*, **12**, 1255; *Bull. Soc. Chim.*, (2), **34**, 175].

Traité en solution dans l'acide acétique cristallisable par un excès de brome, l'acide p-coumarique fournit le dérivé

$$C^6H^3Br < {CHBr-CHBr-CO^2H \atop OH}$$

(voyez ACIDE HYDROPARACOUMARIQUE) [Eigel, *loc. cit.*].

Le *sel d'ammonium*, $AzH^4\bar{A}$, H^2O, cristallise en tables clinorhombiques.

Le *sel de cadmium*, $Cd\bar{A}^2$, $3H^2O$, et le *sel de cuivre*, $Cu\bar{A}^2$, $6H^2O$, sont en aiguilles.

Le *sel d'argent*, $Ag\bar{A}$, se présente sous la forme d'un précipité volumineux (Hlasiwetz).

ACIDE MÉTHYLCOUMARIQUE,

$$C^6H^4 < {CH=CH-CO^2H \atop OCH^3}$$

— Cet acide se forme :

1° Lorsqu'on chauffe à 170-180°, pendant 12 heures, l'aldéhyde anisique (1 partie) avec de l'acétate de sodium (1 partie) et de l'anhydride acétique (2 parties) [W. H. Perkin, *Chem. Soc.*, **31**, 408. — Eigel, *loc. cit.*].

2° Lorsqu'on chauffe pendant 1 heure à 140°, en vase clos, avec de la potasse caustique et de l'iodure de méthyle, l'acide p-coumarique dissous dans l'alcool méthylique et qu'on saponifie par la potasse le méthylcoumarate de méthyle ainsi obtenu [Eigel, *loc. cit.*].

3° Lorsqu'on oxyde par une solution d'hypochlorite de sodium la méthyl-p-coumaryle-méthylcétone,

$$C^6H^4 < {CH=CH-CO-CH^3 \atop OCH^3}$$

qui résulte de la condensation de l'aldéhyde anisique avec l'acétone (voyez COUMARYLCÉTONES). L'oxydation, qui se fait à la température du bain-marie, s'effectue conformément à l'équation

$$C^6H^4 < {CH=CH-CO-CH^3 \atop OCH^3} + 3ClOH$$
$$= C^6H^4 < {CH=CH-CO^2H \atop OCH^3} + CHCl^3 + 2H^2O$$

[A. Einhorn et J.-P. Grabfield, *Ann. Chem.*, **243**, 362; *Bull. Soc. Chim.*, (3), **1**, 579].

Le même composé prend encore naissance, en même temps que d'autres produits, quand on traite la tyrosine par la potasse et l'iodure de méthyle (voyez Suppl., **1**, 1625).

L'acide méthylcoumarique est en aiguilles assez solubles dans l'alcool, l'acide acétique et l'eau bouillante, très peu solubles dans le chloroforme et dans l'eau froide, fusibles à 171° et se décomposant par la distillation.

Traité par le brome en solution chloroformique, il fournit à froid le dibromure

$$C^6H^4 < {CHBr-CHBr-CO^2H \atop OCH^3}$$

et à chaud le dérivé

$$C^6H^3Br < {CHBr-CHBr-CO^2H \atop OCH^3}$$

(voir ACIDE HYDROMÉTHYL-P-COUMARIQUE) [Eigel, *loc. cit.*].

Traité par le perchlorure de phosphore, l'acide méthylcoumarique donne un *chlorure*, masse

---

1. On a décrit (Suppl., **1**, 530) sous le nom de *paracoumarine* un composé qui résulterait de la déshydratation de la paracoumarhydrine, $C^9H^8O^3$, provenant elle-même de l'action de la potasse sur la paracotoïne de l'écorce de coto. L'existence du composé désigné sous le nom de paracoumarine paraît fort douteuse; dans tous les cas, ses relations avec l'acide p-coumarique ne sont pas suffisamment établies pour qu'il y ait lieu de rapprocher ce corps de l'acide p-coumarique.

cristalline fusible à 50°, que la potasse alcoolique transforme en *amide* $C^{10}H^9O^2.AzH^2$. Cette amide cristallise dans l'alcool sous la forme de lamelles fusibles à 186° [Perkin, *loc. cit.*].

Le *sel de sodium*, $Na\bar{A}$, est en cristaux microscopiques assez peu solubles dans l'eau froide.

Les *sels de calcium, de baryum et de strontium* sont des précipités cristallins peu solubles.

Le *sel d'argent*, $Ag\bar{A}$, est un précipité blanc, très peu soluble dans l'eau (Perkin).

Éther méthylique (méthylcoumarate de méthyle),

$$C^6H^4 \diagup^{CH=CH-CO^2CH^3}_{OCH^3}$$

— On l'obtient : 1° en traitant par l'alcool méthylique le chlorure de l'acide méthylcoumarique [Perkin, *Chem. Soc.*, **39**, 439] ; 2° en chauffant en vase clos à 140° l'acide p-coumarique (1 molécule) avec de la potasse (2 molécules), de l'iodure de méthyle (2 molécules) et de l'alcool méthylique (Eigel) ; 3° en éthérifiant l'acide méthylcoumarique (Einhorn et Grabfield).

Le méthylcoumarate de méthyle cristallise en grandes lames, très solubles dans l'alcool chaud, peu solubles dans l'alcool froid, fusibles à 89° et bouillant à 303° (Perkin).

Traité par le brome, il fournit un dibromure (voir ACIDE HYDROMÉTHYL-P-COUMARIQUE) (Eigel).

ACIDE ACÉTYLCOUMARIQUE. — Cet acide, dont la préparation a été indiquée plus haut, est en fines aiguilles, solubles dans l'eau bouillante, peu solubles dans l'eau froide et se sublimant avant de fondre (Tiemann et Herzfeld, Eigel).

ACIDE COUMARYLOXYACÉTIQUE,

$$C^6H^4 \diagup^{CH=CH-CO^2H}_{O.CH^2.CO^2H}$$

— Cet acide, que l'on prépare au moyen de l'acide p-aldéhydophénoxyacétique de la même façon que son isomère méta, est en cristaux mamelonnés, fusibles à 225° [T. Elkan, *D. chem. G.*, **19**, 3041].

ACIDE NITROCOUMARIQUE,

$$C^6H^3(AzO^2)_{(3)} \diagup^{CH_{(1)}=CH-CO^2H}_{OH_{(4)}}$$

— On l'obtient en chauffant sous pression à 100° l'acide nitrométhylcoumarique avec de l'acide acétique saturé d'acide bromhydrique à 0°. On traite par l'eau et on fait cristalliser dans l'alcool absolu.

L'acide nitrocoumarique est en aiguilles jaunes, fusibles à 198°. Il ne fixe pas l'acide bromhydrique, mais, traité par le brome en solution éthérée, il fournit un dibromure (voyez ACIDE HYDRO-P-COUMARIQUE).

Ses *sels* sont colorés en rouge.

Le *sel de potassium* est en cristaux rouges, répondant à la formule

$$C^6H^3(AzO^2) \diagup^{CH=CH-CO^2K}_{OK}$$

ACIDE MÉTHYLNITROCOUMARIQUE,

$$C^6H^3(AzO^2)_{(3)} \diagup^{CH_{(1)}=CH-CO^2H}_{OCH^3_{(4)}}$$

— L'action directe de l'acide nitrique sur l'acide méthylcoumarique ne fournit qu'une petite quantité d'acide méthylnitrocoumarique. La majeure partie du produit de la réaction est constituée par un mélange de mono- et de dinitrométhoxyphényléthylène.

Mais on peut préparer l'acide méthylnitrocoumarique en chauffant l'aldéhyde m-nitroanisique $CH^3O.C^6H^3(AzO^2)CHO$, fusible à 83°,5, avec de

l'anhydride acétique et de l'acétate de sodium.

Cet acide est en aiguilles jaunes, peu solubles dans le chloroforme et dans le benzène, solubles dans l'éther, l'alcool et l'eau chaude, fusibles à 140°. Traité par le brome en solution éthérée, il fournit un dibromure (voyez ACIDE HYDRO-P-COUMARIQUE), qui se transforme par l'action de la potasse à froid en *dérivé monobromé* de l'acide méthylnitrocoumarique,

$$C^6H^3(AzO^2) \diagup^{C^2HBr-CO^2H}_{OCH^3}$$

corps cristallisé, fusible à 205°.

Méthylnitrocoumarate de méthyle,

$$C^6H^3(AzO^2) \diagup^{CH=CH-CO^2CH^3}_{OCH^3}$$

— Ce corps, qu'on prépare en traitant par l'acide chlorhydrique gazeux une solution méthylique d'acide méthylnitrocoumarique, cristallise dans l'alcool en houppes brillantes, fusibles à 125° [Einhorn et Grabfield, *loc. cit.*].

ACIDES OXYCOUMARIQUES.

1° ACIDES OXYCOUMARIQUES (*acides dioxycinnamiques*),

$$C^6H^3 \diagup^{CH=CH-CO^2H}_{\scriptstyle OH}_{\diagdown OH}$$

— Des six acides oxycoumariques théoriquement possibles, quatre sont connus. Trois d'entre eux dérivent de l'acide o-coumarique ; ce sont :

l'acide oxycoumarique.. $(CH:OH:OH = 1:2:3)$,
l'acide ombellique...... $(CH:OH:OH = 1:2:4)$,
l'acide oxycoumarique.. $(CH:OH:OH = 1:2:5)$.

Le quatrième acide oxycoumarique est

l'acide caféique........ $(CH:OH:OH = 1:3:4)$.

Les trois premiers acides ont été obtenus synthétiquement à l'état d'anhydrides (oxycoumarines), en chauffant avec de l'acide sulfurique, suivant la méthode de MM. von Pechmann et Welsh, un mélange d'acide malique et d'un phénol diatomique :

$$C^6H^4(OH)^2 + \begin{array}{l}CHOH-CO^2H\\ |\\ CH^2-CO^2H\end{array}$$

$$= C^6H^3(OH) \diagup^{CH=CH}_{\scriptstyle |}_{O-CO} + CO + 3H^2O.$$

2° ACIDES DIOXYCOUMARIQUES,

$$C^6H^2 \diagup^{CH=CH-CO^2H}_{\scriptstyle OH}_{\scriptstyle OH}_{\diagdown OH}$$

— On connaît seulement deux acides dioxycoumariques ; ce sont :

l'acide daphnétique $(CH:OH:OH:OH = 1:2:3:4)$,
l'acide esculétique. $(OH:OH:OH:OH = 1:2:4:x)$.

Le premier de ces acides a été obtenu synthétiquement à l'état d'anhydride (daphnétine), en chauffant avec de l'acide sulfurique un mélange d'acide malique et de pyrogallol (von Pechmann et Cohen).

Nous n'étudierons pas ici tous ces acides oxycoumariques et nous renverrons aux articles spéciaux pour les acides ombellique, caféique, daphnétique et esculétique (voyez ces mots). Nous ne décrirons que les acides suivants :

ACIDE OXYCOUMARIQUE,

$$C^6H^3(OH)_{(3)} < {}^{CH_{(1)}=CH-CO^2H}_{\;OH_{(2)}}$$

— Cet acide n'est connu qu'à l'état d'*anhydride* (*oxycoumarine*),

$$C^6H^3(OH) < {}^{CH=CH}_{\;O-CO}$$

On chauffe un mélange en proportions moléculaires d'acide malique et de pyrocatéchine avec 2 fois son poids d'acide sulfurique concentré. La réaction terminée, on verse le produit dans l'eau glacée, on traite par l'éther, qui n'enlève qu'une petite quantité d'oxycoumarine, on ajoute au liquide aqueux la moitié de son volume d'alcool, puis un léger excès d'eau de baryte. On filtre, on élimine l'excès de baryte par l'acide carbonique et on évapore à sec au bain-marie. On reprend par l'alcool absolu, on décolore par le noir animal, on chasse l'alcool et on fait cristalliser le résidu dans l'alcool aqueux.

L'oxycoumarine est en fines aiguilles, très peu solubles dans l'éther, le chloroforme et l'eau froide, plus solubles dans l'eau chaude, très solubles dans l'alcool et dans l'acide acétique, fusibles à 280-285° en se décomposant. Ce corps se dissout dans les alcalis. L'acide nitrique le colore en rouge de sang. Le perchlorure de fer colore sa solution aqueuse en vert foncé [D. Bizzari, *Gazz. chim. ital.*, **15**, 33; *Bull. Soc. Chim.*, (2), **45**, 684].

ACIDE OXYCOUMARIQUE,

$$C^6H^3(OH)_{(5)} < {}^{CH_{(1)}=CH-CO^2H}_{\;OH_{(2)}}$$

— Cet acide n'est connu qu'à l'état d'anhydride (oxycoumarine) et d'éthers méthyliques.

ANHYDRIDE (*oxycoumarine*). — 12 grammes d'acide malique et 10 grammes d'hydroquinone, fondus ensemble, sont chauffés au bain d'huile à 150-160° avec 20 grammes d'acide sulfurique concentré. Le produit de la réaction, précipité par l'eau, est redissous dans la soude étendue, précipité de nouveau par l'acide carbonique, puis purifié par cristallisation dans l'eau chaude légèrement chlorhydrique.

L'oxycoumarine est en aiguilles peu solubles dans l'eau, très solubles dans l'alcool et dans l'éther, fusibles à 248-250°. L'acide sulfurique et les alcalis la dissolvent sans coloration; le chlorure ferrique ne donne pas de réaction. Chauffée avec de l'anhydride acétique, elle fournit un *dérivé acétylé*, qui cristallise dans l'alcool étendu en aiguilles fusibles à 147° [H. von Pechmann et W. Welsch, *D. chem. G.*, **17**, 1646; *Bull. Soc. Chim.*, (2), **44**, 628].

Son *éther méthylique* (*méthoxycoumarine*),

$$CH^3O.C^6H^3 < {}^{CH=CH}_{\;O-CO}$$

s'obtient en chauffant à l'ébullition un mélange d'aldéhyde méthoxysalicylique

$$CH^3O.C^6H^3 < {}^{CHO}_{\;OH}$$

(2 parties) avec de l'anhydride acétique (5 parties) et de l'acétate de sodium (3 parties). On traite par l'eau et on épuise par l'éther. La solution éthérée, agitée avec du bisulfite de sodium, puis avec de la soude, abandonne par l'évaporation une huile qui se concrète peu à peu et qu'on fait cristalliser dans l'eau bouillante. La méthoxycoumarine est en lamelles blanches, inso-

lubles dans l'eau froide, solubles dans l'alcool et dans l'éther, fusibles à 103° [F. Tiemann et M. Müller, *D. chem. G.*, **14**, 1985; *Bull. Soc. Chim.*, (2), **37**, 417].

ACIDE OXYMÉTHYLCOUMARIQUE,

$$OH-C^6H^3 < {}^{CH=CH-CO^2H}_{\;OCH^3}$$

— On décompose par l'eau bouillante le nitrate diazoïque de l'acide méthylamidocoumarique (voyez plus haut); on épuise par l'éther, on évapore et on purifie le résidu par cristallisation dans l'eau bouillante.

L'acide oxyméthylcoumarique est en petites aiguilles jaunes, fusibles à 179-180°, peu solubles dans l'eau froide, assez solubles dans l'eau chaude, très solubles dans l'alcool, l'éther et le benzène.

ACIDE MÉTHOXYMÉTHYLCOUMARIQUE,

$$CH^3O.C^6H^3 < {}^{CH=CH-CO^2H}_{\;OCH^3}$$

— Le composé précédent, traité par la potasse et l'alcool méthylique, se transforme en éther triméthylique, qui fournit par saponification à l'aide de la potasse l'acide méthoxyméthylcoumarique, aiguilles jaunâtres, fusibles à 143°.

Oxydé par le permanganate de potassium à froid, cet acide se transforme en aldéhyde diméthylgentisique,

$$(CH^3O)^2C^6H^3.CHO$$

[A. Schnell, *D. chem. G.*, **17**, 1381; *Bull. Soc. Chim.*, (2), **44**, 287].

ACIDES HYDROCOUMARIQUES,

$$C^6H^4 < {}^{CH^2-CH^2-CO^2H}_{\;OH}$$

ACIDE O-HYDROCOUMARIQUE. — Voyez ACIDE MÉLILOTIQUE.

ACIDE M-HYDROCOUMARIQUE. — On le prépare soit en faisant réagir à la température du bain-marie l'amalgame de sodium à 4 0/0 sur l'acide m-coumarique, acidifiant par l'acide sulfurique et épuisant la liqueur par l'éther [F. Tiemann et R. Ludwig, *D. chem. G.*, **15**, 2043; *Bull. Soc. Chim.*, (2), **39**, 333]; soit en fondant avec la potasse le sel de sodium de l'acide hydrocinnamique-m-sulfonique [J. Braunstein, *D. chem. G.*, **15**, 2051].

L'acide m-hydrocoumarique est en aiguilles fusibles à 111°.

Ses *sels de zinc, de cuivre* et *de plomb* sont peu solubles; son *sel d'argent* cristallise dans l'eau bouillante.

ACIDE MÉTHYLHYDROCOUMARIQUE,

$$C^6H^4 < {}^{CH^2-CH^2-CO^2H}_{\;OCH^3}$$

— Ce composé, qu'on obtient en traitant par l'amalgame de sodium l'acide méthyl-m-coumarique, est en aiguilles fusibles à 51° (Tiemann et Ludwig).

ACIDE P-HYDROCOUMARIQUE (voyez Suppl., **1**, 533). — L'acide p-hydrocoumarique, qui prend naissance par la fermentation de la tyrosine (voyez Suppl., **1**, 1625), a été rencontré dans l'urine humaine [E. Baumann, *D. chem. G.*, **13**, 279; *Bull. Soc. Chim.*, (2), **35**, 213], dans l'urine des lapins auxquels on a fait absorber de la tyrosine (Suppl., **1**, 1625), dans les produits de putréfaction de la viande [E. et H. Salkowski, *D. chem. G.*, **13**, 189; *Bull. Soc. Chim.*, (2), **35**, 211].

On le prépare soit en traitant par l'amalgame de sodium l'acide p-coumarique, soit en décomposant par l'eau un sel diazoïque de l'acide p-amidohydrocinnamique,

$$AzH^3 . C^6H^4 . CH^2 . CH^2 . CO^2H$$

(voyez Suppl., **1**, 533 et 534].

Préparation. — Le p-nitrocinnamate d'éthyle, fusible à 137°, est mis en suspension par portions de 30 à 40 grammes dans 3 fois son poids d'alcool et réduit par la poudre de zinc et l'acide chlorhydrique. Si l'on empêchait la température de s'élever, l'hydrogénation porterait seulement sur le groupe AzO^2 sans atteindre la chaîne latérale. On laisse donc la température s'élever assez pour qu'on obtienne l'acide p-amidohydrocinnamique. On filtre, on neutralise par le carbonate de sodium et on précipite, par addition d'acétate de sodium, le chlorure double de zinc et d'acide p-amidohydrocinnamique. Ce sel, qui se sépare sous la forme de lamelles, est dissous dans l'acide sulfurique étendu et traité par la quantité théorique d'une solution aqueuse de nitrite de sodium. On chauffe alors lentement pour détruire la combinaison diazoïque, puis on concentre la liqueur au tiers de son volume et on l'épuise par l'éther. On distille l'éther et on fait cristalliser le résidu dans l'eau chaude après l'avoir décoloré par le noir animal [E. Stoehr, *Ann. Chem.*, **225**, 57 ; *Bull. Soc. Chim.*, (2), **44**, 82].

Propriétés. — L'acide p-hydrocoumarique cristallise en prismes clinorhombiques [C. Haushofer, *Ann. Chem.*, **225**, 61], assez solubles dans l'alcool, l'éther et l'eau chaude, peu solubles dans l'eau froide. Il fond à 125° (Hlasiwetz, Glaser et Buchanan, Salkowsky), à 128-129° (Stoehr). Sa solution aqueuse est colorée par le perchlorure de fer en bleu gris. Il ne réduit pas la liqueur de Fehling. Il donne avec le réactif de Millon la même réaction que la tyrosine (coloration rouge foncé) (Stoehr).

Soumis à la fermentation en présence de quelques flocons de pancréas en putréfaction, il fournit du phénol, du p-crésol et de l'acide p-oxyphénylacétique (Suppl., **1**, 1625).

Fondu avec de la soude caustique, il donne de l'acide p-oxybenzoïque, de l'acide acétique et du phénol [Barth et Schreder, *D. chem. G.*, **12**, 1255].

Le *sel de baryum*, $(C^9H^9O^3)^2Ba$, est en cristaux mamelonnés, très solubles dans l'eau (Buchanan et Glaser).

Le *sel de zinc*, $ZnĀ^2$, $2H^2O$, cristallise en tables ou en lamelles solubles dans 130 fois leur poids d'eau froide.

Le *sel de cuivre*, $CuĀ^2$, $2H^2O$, est en prismes vert foncé, peu solubles dans l'eau (Baumann).

Le *sel d'argent*, $AgĀ$, est un précipité formé d'aiguilles microscopiques, assez solubles dans l'eau.

Le *sel d'ammonium* est très soluble dans l'eau. Par l'évaporation de ses solutions aqueuses, on l'obtient sous la forme de cristaux radiés (Stoehr).

L'*éther éthylique*,

$$C^6H^4 < {CH^2 - CH^2 - CO^2C^2H^5 \atop OH}$$

qu'on prépare soit en traitant par l'acide chlorhydrique une solution alcoolique d'acide hydrocoumarique, soit en chauffant son sel d'argent à 100° avec de l'iodure d'éthyle, se présente sous la forme d'une huile épaisse. L'ammoniaque le transforme en *amide*, corps qui cristallise en faisceaux d'aiguilles solubles dans l'eau chaude et pouvant être sublimées (Stoehr).

Acide méthylhydrocoumarique,

$$C^6H^4 < {CH^2 - CH^2 - CO^2H \atop OCH^3}$$

— Ce composé, que l'on prépare par l'action de l'amalgame de sodium sur l'acide méthyl-p-coumarique, se sépare de l'eau bouillante sous la forme de cristaux pennés, fusibles à 101° [W.-H. Perkin, *Chem. Soc.*, **31**, 388].

Son *sel d'argent*, $AgĀ$, cristallise en petites aiguilles.

Son *sel de baryum*, $BaĀ^2$, $2H^2O$, est assez soluble dans l'eau chaude, peu soluble dans l'eau froide [G. Eigel, *D. chem. G.*, **20**, 2527; *Bull. Soc. Chim.*, (2), **49**, 793].

Son *éther méthylique*,

$$C^6H^4 < {CH^2 - CH^2 - CO^2CH^3 \atop OCH^3}$$

qu'on obtient en chauffant à 140° pendant une heure 3 parties d'acide méthylhydrocoumarique, 2 parties de potasse et 3^p,5 d'iodure de méthyle avec un peu d'alcool méthylique, est en lamelles ou en aiguilles rayonnées, fusibles à 38°, il bout à 265-270° (Eigel).

Acide dibromohydrocoumarique,

$$C^6H^2Br^2 < {CH^2 - CH^2 - CO^2H \atop OH}$$

— On l'obtient soit en ajoutant du brome à de l'acide hydro-p-coumarique mis en suspension dans le sulfure de carbone, soit en ajoutant de l'eau de brome à une solution refroidie d'acide hydrocoumarique dans 60 fois son poids d'eau, jusqu'à ce que la liqueur reste colorée en jaune.

Ce dérivé dibromé est en aiguilles ou en cristaux prismatiques, fusibles à 107-108°, très solubles dans l'acide acétique, solubles dans l'alcool, très peu solubles dans l'eau bouillante.

Son *sel d'ammonium*,

$$C^6H^2Br^2 < {CH^2 - CH^2 - CO^2AzH^4 \atop OAzH^4}$$

se dépose en aiguilles incolores quand on additionne d'ammoniaque une solution alcoolique d'acide dibromohydrocoumarique. Ce sel se décompose quand on évapore la solution aqueuse.

Le *sel d'argent*,

$$C^6H^2Br^2 < {CH^2 - CH^2 - CO^2Ag \atop OAg}$$

est un précipité amorphe, qu'on obtient en traitant par le nitrate d'argent une solution aqueuse du sel d'ammonium.

Acide dibromohydrocoumarique,

$$C^6H^4 < {CHBr - CHBr - CO^2H \atop OH}$$

— On n'a préparé que ses éthers mono- et diméthylique.

Éther méthylique,

$$C^6H^4 < {CHBr - CHBr - CO^2H \atop OCH^3}$$

— Ce composé, qu'on obtient en traitant l'acide méthyl-p-coumarique (1^p,1) par le brome (1 partie) en solution dans le chloroforme, est en cristaux peu stables, fusibles à 149° lorsqu'on les chauffe rapidement, mais ne fondant qu'à 168°, en se décomposant, lorsqu'on les chauffe lentement. Traité par une solution aqueuse de potasse, il perd à la fois CO^2 et HBr et se transforme en bromovinylanisol,

$$C^6H^4 < {C^2H^2Br \atop OCH^3}$$

[Eigel, *loc. cit.*].

Éther diméthylique,

$$C^6H^4 {<}^{CHBr-CHBr-CO^2CH^3}_{OCH^3}$$

— Ce composé, que l'on prépare en ajoutant du brome à une solution sulfocarbonique de méthyl-p-coumarate de méthyle, est en cristaux fusibles à 118° [Valentini, *Gazz. chim. ital.*, **18**, 399. — Eigel, *loc. cit.*].

ACIDE TRIBROMOHYDROCOUMARIQUE,

$$C^6H^3Br {<}^{CHBr-CHBr-CO^2H}_{OH}$$

— On chauffe au bain-marie l'acide p-coumarique dissous dans l'acide acétique cristallisable avec un excès de brome. Par le refroidissement, le dérivé tribromé se sépare. Purifié par cristallisation dans l'acide acétique, il est en aiguilles fusibles à 187°. La potasse alcoolique réagit énergiquement sur lui et le transforme en tribromo-p-éthylphénol,

$$C^6H^3Br {<}^{C^2H^3Br^2}_{OH}$$

Son *éther méthylique,*

$$C^6H^3Br {<}^{CHBr-CHBr-CO^2H}_{OCH^3}$$

se prépare en ajoutant du brome à de l'acide méthyl-p-coumarique en solution chloroformique et chauffé au bain-marie jusqu'à ce que la liqueur cesse de se décolorer. Il cristallise dans le chloroforme ou dans l'éther en aiguilles fusibles à 162°. Il est décomposé par l'eau et par l'alcool. Chauffé avec de la potasse aqueuse, il perd à la fois CO^2 et $2HBr$ et se transforme en un corps fusible à 75°, qui paraît être un acétylène-bromo-anisol,

$$C^6H^3Br {<}^{C \equiv CH}_{OCH^3}$$

(Eigel).

ACIDE NITROHYDROCOUMARIQUE,

$$C^6H^3(AzO^2)_{(3)} {<}^{CH^2_{(1)}-CH^2-CO^2H}_{OH_{(4)}}$$

— On ajoute de l'acide hydro-p-coumarique à un mélange de 8 parties d'acide nitrique ($d = 1,4$) et de 2 parties d'eau, en empêchant la température de s'élever au-dessus de 10°. On traite par l'eau et on fait cristalliser le précipité dans l'eau bouillante.

L'acide nitrohydrocoumarique est en aiguilles jaune-orangé, très solubles dans l'alcool froid, peu solubles dans l'eau même bouillante. Traité par l'étain et l'acide chlorhydrique, il ne fournit pas de dérivé de l'hydrocarbostyrile (ce qui montre que le groupe AzO^2 n'est pas en position ortho par rapport à la chaîne latérale, et fixe par suite la constitution de cet acide).

Ses *sels* sont orangés.

Son *éther méthylique,*

$$C^6H^3(AzO^2) {<}^{CH^2-CH^2-CO^2CH^3}_{OH}$$

est en aiguilles jaunes, fusibles à 64°.

Son *éther éthylique* est en aiguilles jaunes, aplaties, fusibles à 38° (Stoehr).

ACIDE DINITROHYDROCOUMARIQUE,

$$C^6H^2(AzO^2)^2_{(3.5)} {<}^{CH^2_{(1)}-CH^2-CO^2H}_{OH_{(4)}}$$

— On ajoute, en refroidissant, 1 partie d'acide hydrocoumarique finement pulvérisé à 10 parties d'acide nitrique pur et concentré ($d = 1,4$), on traite par l'eau et on fait cristalliser le précipité dans une grande quantité d'eau bouillante.

L'acide dinitrohydrocoumarique cristallise dans l'eau en lamelles jaunes dentelées, dans l'acide acétique en longs prismes aplatis appartenant au système orthorhombique [C. Haushofer, *Ann. Chem.*, **225**, 69], fusibles à 137°,5, très peu solubles dans l'eau froide, plus solubles dans l'eau chaude, très solubles dans l'alcool et dans l'acide acétique. Il possède un pouvoir tinctorial intense.

Réduit par l'étain et l'acide chlorhydrique, il se transforme en un *acide diamidé*, sans donner de dérivé de l'hydrocarbostyrile; ce qui montre que les groupes AzO^2 ne sont pas en position ortho avec la chaîne latérale et justifie la constitution indiquée. D'ailleurs son éther méthylique, oxydé par le dichromate de potassium, se transforme en acide dinitroanisique,

$$C^6H^2(AzO^2)^2_{(3.5)}(CO^2H)_{(1)}(OCH^3)_{(4)}.$$

Sels. — L'acide dinitrohydrocoumarique fournit deux séries de sels : des sels neutres et des sels acides. Dans les sels acides, c'est l'hydrogène du groupe CO^2H qui est remplacé par le métal. Les sels acides décomposent les carbonates.

Le *sel acide d'ammonium,*

$$(OH) C^6H^2(AzO^2)^2 . CH^2 . CH^2 . CO^2AzH^4,$$

s'obtient en évaporant à sec la solution ammoniacale de l'acide; car le sel neutre se convertit en sel acide par la dessiccation. Le sel acide, très soluble dans l'eau, cristallise en aiguilles orangées, fusibles à 230° en se décomposant. Ce sel permet d'obtenir facilement les sels des autres métaux par double décomposition. Le *sel de baryum* est en aiguilles orangées; le *sel de calcium* en prismes orangés; le *sel de plomb* en aiguilles jaunes microscopiques. Le *sel de fer* est un précipité floconneux amorphe. Le *sel d'argent* se sépare sous la forme de flocons assez solubles dans l'eau bouillante, d'où il cristallise par refroidissement en aiguilles orangées.

Les sels neutres s'obtiennent au moyen du sel neutre d'ammonium ou directement par l'action de l'acide sur les carbonates métalliques.

Le *sel d'ammonium,*

$$AzH^4O . C^6H^2(AzO^2)^2 . CH^2 . CH^2 . CO^2AzH^4,$$

qu'on obtient en ajoutant de l'ammoniaque à une solution alcoolique de l'acide, lavant avec un mélange d'alcool et d'éther et desséchant rapidement, est en aiguilles jaunes qui se transforment peu à peu en sel acide. Le *sel d'argent* est en aiguilles rouges groupées en mamelons.

Éther monométhylique (I),

$$OH . C^6H^2(AzO^2)^2 . CH^2 . CH^2 . CO^2CH^3.$$

— On le prépare soit en traitant le sel acide d'argent par l'iodure de méthyle, soit plus facilement en éthérifiant par l'acide chlorhydrique l'acide dinitrohydrocoumarique en solution dans l'alcool méthylique. Ce corps cristallise dans l'alcool étendu en longues aiguilles fusibles à 87°.

Son *sel d'argent,*

$$OAg . C^6H^2(AzO^2)^2 . CH^2 . CH^2 . CO^2CH^3,$$

qu'on obtient en saturant par le carbonate d'argent une solution de l'éther méthylique dans l'alcool étendu et chaud, cristallise en aiguilles rouge-cinabre, assez solubles dans l'alcool et dans l'éther.

Éther monoéthylique (I),

$$OH . C^6H^2(AzO^2)^2 . CH^2 . CH^2 . CO^2C^2H^5.$$

— On le prépare comme le composé précédent; il est en lamelles ou en tables hexagonales, fusibles à 74-75°.

Son *sel d'argent* est en aiguilles rouge foncé.
Éther monométhylique (II) (*acide dinitro-méthylhydrocoumarique*),

$$CH^3O . C^6H^2(AzO^2)^2 . CH^2 . CH^2 . CO^2H.$$

— On l'obtient en saponifiant l'éther diméthylique (éther neutre). A cet effet, on traite à la température du bain-marie l'éther neutre par un mélange à volumes égaux d'acide acétique, d'acide sulfurique et d'eau. Par refroidissement, après addition d'eau, l'acide dinitrométhylhydrocoumarique se sépare sous la forme d'aiguilles incolores, fusibles à 126°.
Éther monoéthylique (II) (*acide dinitroéthylhydrocoumarique*),

$$C^2H^5O . C^6H^2(AzO^2)^2 . CH^2 . CH^2 . CO^2H.$$

— Ce composé, qu'on prépare comme le précédent, est en aiguilles aplaties, fusibles à 126°.

Traités par le mélange chromique, les éthers (II) sont transformés en dérivés alcoylés de l'acide dinitro-p-oxybenzoïque.

Ils sont facilement saponifiés par les alcalis, avec production d'acide dinitrohydrocoumarique.

Chauffés à 100° avec de l'ammoniaque alcoolique, ils se transforment en acide dinitro-p-amidohydrocinnamique,

$$AzH^2 . C^6H^2(AzO^2)^2 . CH^2 . CH^2 . CO^2H.$$

On obtient les éthers neutres en faisant agir les iodures alcooliques sur les sels d'argent des éthers (I) et en purifiant le produit de la réaction par cristallisation dans l'alcool étendu.
Éther diméthylique,

$$CH^3O . C^6H^2(AzO^2)^2 . CH^2 . CH^2 . CO^2CH^3.$$

— Aiguilles prismatiques, fusibles à 53°.
Éther diéthylique,

$$C^2H^5O . C^6H^2(AzO^2)^2 . CH^2 . CH^2 . CO^2C^2H^5.$$

— Aiguilles aplaties ou lamelles, fusibles à 49-50°.
Éther méthyléthylique,

$$CH^3O . C^6H^2(AzO^2)^2 . CH^2 . CH^2 . CO^2C^2H^5.$$

— Aiguilles fusibles à 71°.
Éther éthylméthylique,

$$C^2H^5O . C^6H^2(AzO^2)^2 . CH^2 . CH^2 . CO^2CH^3.$$

— Aiguilles fusibles à 36° [Stoehr, *loc. cit.*].
Dérivé amidé,

$$OH . C^6H^4 . CH^2 . CH(AzH^2) . CO^2H.$$

— Voyez Tyrosine.
Acide oxyhydro-p-coumarique,

$$OH . C^6H^4 . C^2H^3(OH) . CO^2H.$$

— Cet acide a été rencontré en même temps que la tyrosine-hydantoïne dans les urines des lapins auxquels on a fait absorber de fortes quantités de tyrosine (voyez Suppl., **1**, 1625). Il est en longues aiguilles renfermant 0,5 molécule d'eau de cristallisation, qu'il perd à 110°, et fond à 162-164° en brunissant. Ce corps ne donne aucune réaction avec le perchlorure de fer; mais il est coloré en un rouge intense par le réactif de Millon [Blendermann et H. Seylers, *Zeit. physiol. Chem.*, **6**, 256].

HOMOLOGUES DES ACIDES COUMARIQUES ET DE LA COUMARINE.

On a préparé un certain nombre d'homologues des acides coumariques. De ces composés, les uns sont connus à l'état d'acides-phénols vrais (ou d'éthers d'acides-phénols), les autres seulement à l'état d'anhydrides (coumarines). Nous rappellerons que les acides-phénols ortho sont les seuls qui puissent donner des coumarines.

Trois méthodes générales ont été employées pour la préparation des homologues des acides coumariques.

La première méthode, qui est celle de M. Perkin, consiste à chauffer un aldéhyde-phénol avec le sel de sodium d'un acide gras et l'anhydride correspondant (on peut vraisemblablement remplacer ce dernier par l'anhydride acétique). Cette méthode, appliquée aux aldéhydes-phénols méta ou para, fournit le dérivé acétylé (si l'on emploie l'anhydride acétique) de l'acide phénol cherché. Dans le cas des aldéhydes-phénols ortho, elle donne toujours non pas l'acide-phénol lui-même, mais sa coumarine (on obtient facilement l'acide correspondant en chauffant la coumarine avec une solution concentrée de potasse). Enfin, appliquée aux éthers des aldéhydes-phénols, elle fournit les éthers correspondants des acides-phénols cherchés.

La seconde méthode, proposée par M. von Pechmann, consiste à chauffer avec de l'acide sulfurique un mélange d'acide malique et de phénol. Avec le phénol ordinaire, on obtient ainsi la coumarine (voir plus haut), et avec un phénol substitué un dérivé de la coumarine substitué dans le noyau aromatique :

$$C^6H^4(R)OH + \begin{matrix} CHOH-CO^2H \\ | \\ CH^2-CO^2H \end{matrix}$$

$$= C^6H^3(R) \underset{\diagdown O - CO}{\overset{\diagup CH = CH}{\underset{\textstyle |}{}}} + CO + 3H^2O.$$

Comme on obtient toujours ainsi une coumarine, il faut nécessairement que dans le phénol mis en réaction il y ait à côté du groupement phénolique une position ortho disponible.

La troisième méthode, proposée par MM. von Pechmann et Duisberg, consiste à faire agir un phénol, en présence d'un corps avide d'eau, sur l'éther acétylacétique ou sur ses homologues :

$$C^6H^5 . OH + CH^3 . CO . CH^2 . CO^2C^2H^5$$

$$= C^6H^4 \underset{\diagdown O ——— CO}{\overset{\diagup C(CH^3) = CH}{\underset{\textstyle |}{}}} + H^2O + C^2H^6O.$$

A cet effet on ajoute peu à peu le mélange de phénol et d'éther acétylacétique (1 molécule de chacun de ces corps) à 4 ou 5 fois son volume d'acide sulfurique concentré et refroidi. Après quelques heures de contact, on verse le tout sur de la glace. La coumarine se sépare sous la forme d'un précipité généralement peu soluble, qu'on purifie ensuite par des moyens appropriés à chaque cas particulier. On obtient ainsi des homologues de la coumarine par substitution dans la chaîne latérale. Cette méthode peut être appliquée aux phénols substitués; mais il faut évidemment qu'il y ait, dans le voisinage du groupement phénolique OH qui doit entrer en réaction, une position ortho disponible. Avec les phénols monatomiques, les rendements sont extrêmement faibles; ils sont très avantageux avec les phénols polyatomiques.

ACIDES $C^{10}H^{10}O^3$.

ACIDE O-PROPIOCOUMARIQUE (*acide o-oxyphénylcrotonique*,

$$C^6H^4 \underset{\diagdown OH}{\overset{\diagup C^3H^4 - CO^2H}{}}$$

— Cet acide, qui n'est connu qu'à l'état d'anhydride (propiocoumarine) et d'éthers méthylique et éthylique (acides méthyl- et éthylpropiocoumarique), possède très vraisemblablement la formule de constitution

$$C^6H^4 < \begin{array}{l} CH = C(CH^3) - CO^2H \\ OH \end{array}$$

et peut être, par conséquent, considéré comme l'*acide α-méthylcoumarique*. Dans cette hypothèse, la propiocoumarine n'est autre chose que l'α-méthylcoumarine,

$$C^6H^4 < \begin{array}{l} CH = C(CH^3) \\ O — CO \end{array}$$

PROPIOCOUMARINE (voyez Suppl., **1**, 532). — La propiocoumarine cristallise dans l'alcool en prismes orthorhombiques [Fletcher, *Chem. Soc.*, 59, 446] et bout à 292°,5 [Perkin, *Chem. Soc.*, 39, 439].

Son *oxime* (*α-méthylcoumaroxime*), qui résulte de l'action de l'hydroxylamine sur la thiométhylcoumarine, est en aiguilles fusibles à 166°. Le *dérivé acétylé* de l'oxime fond à 56°.

Son *hydrazone*, qui se forme dans l'action de la phénylhydrazine sur la thiométhylcoumarine, est en aiguilles jaunes, fusibles à 116°.

THIOMÉTHYLCOUMARINE,

$$C^6H^4 < \begin{array}{l} CH = C - CH^3 \\ O — CS \end{array}$$

— Ce corps prend naissance dans l'action du pentasulfure de phosphore sur la méthylcoumarine. Aiguilles jaunes, fusibles à 122° [F. Aldringen, *D. chem. G.*, **24**, 3459].

ACIDE MÉTHYLPROPIOCOUMARIQUE [Syn. *Méthaneoxy2-benzène-méthol²-propényloïque*],

$$C^6H^4 < \begin{array}{l} C^3H^4 - CO^2H \\ OCH^3 \end{array}$$

— Il existe sous deux modifications isomériques, α et β [1].

Acide α. — On l'obtient en saponifiant par la potasse alcoolique son éther méthylique.

L'acide α-méthylpropiocoumarique cristallise dans l'alcool en prismes clinorhombiques [Fletcher, *loc. cit.*], fusibles à 118°, peu solubles dans l'éther de pétrole, très solubles dans l'alcool.

Traité par le perchlorure de phosphore, il donne de la propiocoumarine :

$$C^6H^4 < \begin{array}{l} C^3H^4 - CO^2H \\ OCH^3 \end{array} + PCl^5$$

$$= C^6H^4 < \begin{array}{l} — C^3H^4 \\ O - CO \end{array} + CH^3Cl + HCl + POCl^3.$$

Il ne paraît pas, sous l'action de la chaleur, se transformer en son isomère β.

Le *sel de sodium* est déliquescent.

Le *sel de baryum* est amorphe et extrêmement soluble dans l'eau.

Le *sel d'argent* est un précipité blanc qui devient cristallin.

Éther méthylique,

$$C^6H^4 < \begin{array}{l} C^3H^4 - CO^2CH^3 \\ OCH^3 \end{array}$$

— On dissout 10 parties de propiocoumarine

1. L'*acide anisylcrotonique*,

$$CH^3O.C^6H^4 - CH = CH - CH^2 - CO^2H,$$

décrit dernièrement par M. Politis [*Ann. Chem.*, **266**, 293; *Bull. Soc. Chim.*, (3), **4**, 50], est isomérique avec l'acide méthylpropiocoumarique, mais n'appartient pas à la série coumarique (voyez, pour ce composé, ACIDE OXYPHÉNYLCROTONIQUE).

dans une solution concentrée de 5 parties d'hydrate de soude, on ajoute de l'alcool et de l'iodure de méthyle (18 parties) et on chauffe en vase clos à 100° pendant 4 ou 5 heures. On chasse l'alcool, on ajoute de l'eau, on reprend par l'éther, on agite la solution éthérée avec du carbonate de sodium, on chasse l'éther et on soumet le résidu à la distillation.

Le méthylpropiocoumarate de méthyle est une huile épaisse, incolore, bouillant à 274-275°; $d_{15} = 1,1112$. Il ne se transforme pas, par la distillation, en éther de l'acide β.

Acide β. — On le prépare en chauffant à 165° pendant 6 heures l'aldéhyde méthylsalicylique (1^p,5) avec du propionate de sodium (1 partie) et de l'anhydride propionique (2 parties).

L'acide β-méthylpropiocoumarique est en cristaux clinorhombiques [Fletcher, *loc. cit.*], fusibles à 107°, peu solubles dans l'éther de pétrole, très solubles dans l'alcool et dans le benzène.

Traité par le perchlorure de phosphore, il fournit le *chlorure*

$$C^6H^4 < \begin{array}{l} C^3H^4.COCl \\ OCH^3 \end{array}$$

Le *sel de sodium* n'est pas déliquescent.

Le *sel de calcium* est en aiguilles.

Le *sel de baryum* est en fines aiguilles, assez solubles dans l'eau chaude.

Le *sel d'argent* est un précipité blanc, très peu soluble.

Éther méthylique. — On l'obtient en traitant par l'alcool méthylique le chlorure de l'acide β-méthylpropiocoumarique. C'est une huile épaisse bouillant à 286°; $d_{15} = 1,1279$.

Traités par l'amalgame de sodium, les deux acides α- et β-méthylpropiocoumariques fournissent le même acide méthoxyphénylbutyrique,

$$C^6H^4 < \begin{array}{l} C^3H^6 - CO^2H \\ OCH^3 \end{array}$$

Ils donnent par le brome le même acide tétrabromométhoxyphénylbutyrique (voyez ACIDE OXYPHÉNYLBUTYRIQUE).

ACIDE ÉTHYLPROPIOCOUMARIQUE,

$$C^6H^4 < \begin{array}{l} C^3H^4 - CO^2H \\ OC^2H^5 \end{array}$$

— On n'a préparé que l'isomère β, qu'on obtient au moyen de l'aldéhyde éthylsalicylique, du propionate de sodium et de l'anhydride propionique.

Cet acide cristallise sous la forme de tables ou de prismes courts, fusibles à 133°, très solubles dans l'alcool.

Son *sel de baryum* est en fines aiguilles, assez solubles dans l'eau chaude, peu solubles dans l'eau froide [W. Perkin, *Chem. Soc.*, **31**, 388 et 39, 409]

ACIDE HYDROPROPIOCOUMARIQUE. — Voyez ACIDE OXYPHÉNYLBUTYRIQUE.

ACIDE P-PROPIOCOUMARIQUE (*p-oxyphénylcrotonique*),

$$C^6H^4 < \begin{array}{l} C^3H^4 - CO^2H \\ OH \end{array}$$

— On n'a préparé que son éther méthylique.

ACIDE MÉTHYLPROPIOCOUMARIQUE,

$$C^6H^4 < \begin{array}{l} C^3H^4 - CO^2H \\ OCH^3 \end{array}$$

— On l'obtient en chauffant pendant 6 heures à 175° l'aldéhyde anisique (2 parties) avec du propionate de sodium (1 partie) et de l'anhydride propionique (3 parties).

L'acide méthylpropiocoumarique cristallise en tables fusibles à 154°, médiocrement solubles dans l'alcool. Soumis à l'action de la chaleur, il perd CO^2 et se transforme en anéthol.

Le *sel de calcium* est en aiguilles; le *sel de baryum* en lamelles brillantes. Le *sel d'argent* est un précipité cristallin [Perkin, *Chem. Soc.*, **31**, 388].

ACIDE β-MÉTHYL-O-COUMARIQUE (*benzénol2-méthylol1'-propényl1-oïque*),

$$C^6H^4 < {C(CH^3) = CH - CO^2H \atop OH}$$

— On n'a préparé que son anhydride, la *β-méthylcoumarine*,

$$C^6H^4 < {C(CH^3) \eqsim CH \atop O \longrightarrow CO}$$

Ce corps se forme, mais seulement en très petite quantité, lorsqu'on traite par l'acide sulfurique un mélange de phénol et d'éther acétylacétique. Il cristallise dans le benzène en aiguilles incolores, fusibles à 125-126° [von Pechmann et C. Duisberg, *D. chem. G.*, **16**, 2119; *Bull. Soc. Chim.*, (2), **42**, 587].

Dérivés hydroxylés. — On peut considérer comme des dérivés hydroxylés de la β-méthylcoumarine les composés suivants :

1° La β-méthylombelliférone,

$$C^6H^3 < {C_{(1)}(CH^3) = CH \atop O_{(2)} \longrightarrow CO \atop OH_{(4)}}$$

qu'on obtient synthétiquement en condensant, au moyen de l'acide sulfurique, la résorcine avec l'éther acétylacétique ;

2° La β-méthyldaphnétine,

$$C^6H^2 < {C_{(1)}(CH^3) = CH \atop O_{(4)} \longrightarrow CO \atop OH_{(3)} \atop OH_{(4)}}$$

qu'on obtient de même au moyen du pyrogallol et de l'éther acétylacétique ;

3° La dioxyméthylcoumarine,

$$C^6H^3 < {C_{(1)}(CH^3) = CH \atop O_{(2)} \longrightarrow CO \atop OH_{(4)} \atop OH_{(6)}}$$

qu'on prépare en traitant par l'acide sulfurique un mélange de phloroglucine et d'éther acétylacétique.

Nous ne décrivons ici que ce dernier composé et nous renvoyons pour les deux premiers aux acides ombellique et daphnétique.

Dioxyméthylcoumarine. — Elle cristallise en aiguilles très solubles dans l'alcool et dans l'acide acétique, peu solubles dans l'eau, le benzène et le chloroforme, presque insolubles dans l'éther, fusibles à 282-284°.

Elle se dissout facilement dans les alcalis étendus. Sa solution aqueuse ne fournit aucune réaction par le chlorure ferrique. Avec l'acétate de plomb, elle donne un précipité jaune.

Son *dérivé diacétylé* est en aiguilles insolubles dans l'eau, peu solubles dans l'éther, très solubles dans l'alcool, l'acide acétique et le chloroforme, fusibles à 138-140° [H. von Pechmann et J.-B. Cohen, *D. chem. G.*, **17**, 2187; *Bull. Soc. Chim.*, (2), **45**, 221].

ACIDE HOMOCOUMARIQUE,

$$CH^3 - C^6H^3 < {CH = CH - CO^2H \atop OH}$$

— Voyez Suppl., **1**, 917.

L'**homo-ombelliférone,**

$$C^6H^2 < {CH_{(1)} = CH \atop O_{(2)} \longrightarrow CO \atop OH_{(4)} \atop CH^3_{(6)}}$$

qu'on obtient synthétiquement à l'aide de l'orcine et de l'acide malique, peut être considérée comme le dérivé hydroxylé d'un acide homocoumarique encore inconnu (voyez ACIDE OMBELLIQUE).

ACIDES $C^{11}H^{12}O^3$.

ACIDE O-BUTYROCOUMARIQUE (*o-oxyphénylangélique, oxy2-benzène-éthylol1'-propényl-oïque*),

$$C^6H^4 < {C^4H^6 - CO^2H \atop OH}$$

(voyez Suppl., **1**, 533). — Cet acide, ainsi que cela résulte de la constitution de la butyrocoumarine, doit être représenté par la formule

$$C^6H^4 < {CH = C(C^2H^5) - CO^2H \atop OH}$$

et doit être considéré par suite comme l'*acide α-éthylcoumarique* [1].

BUTYROCOUMARINE (voyez Dict., **1**, 980 et Suppl., **1**, 532). — Ce composé a été obtenu aussi en soumettant à la distillation sèche l'acide coumarine-propionique (voyez plus loin) et constitue par conséquent l'*α-éthylcoumarine,*

$$C^6H^4 < {CH = C(C^2H^5) \atop O - CO}$$

[H. Brown, *Ann. Chem.*, **255**, 285; *Bull. Soc. Chim.*, (3), **4**, 49].

Son *oxime* est en aiguilles blanches, fusibles à 157° et donne un *dérivé acétylé*, aiguilles blanches, fusibles à 61°.

Sa *phénylhydrazone* est en aiguilles jaunes, fusibles à 115°.

THIO-ÉTHYLCOUMARINE. — Lamelles orangées, fusibles à 93-94° [F. Aldringen, *D. chem. G.*, **24**, 3459].

ACIDE MÉTHYLBUTYROCOUMARIQUE (*méthoxyphénylangélique*),

$$C^6H^4 < {C^4H^6 - CO^2H \atop OCH^3}$$

— Cet acide se présente sous deux modifications isomériques α et β.

Acide α. — On l'obtient en saponifiant son éther méthylique par la potasse alcoolique.

Cet acide est en cristaux clinorhombiques [Fletcher, *Chem. Soc.*, **39**, 446], très solubles dans l'alcool, peu solubles dans l'éther de pétrole bouillant, fusibles à 88°.

Traité par le perchlorure de phosphore, il se transforme en butyrocoumarine :

$$C^6H^4 < {C^4H^6 - CO^2H \atop OCH^3} + PCl^5$$

$$= C^6H^4 < {C^4H^6 \atop O - CO} + CH^3Cl + POCl^3 + HCl.$$

Son *sel de baryum* est très soluble dans l'eau. Son *sel d'argent* est un peu soluble dans l'eau

---

1. L'acide oxyphénylméthylisocrotonique,

$$C^6H^4 < {CH = C(CH^3) - CH^2 - CO^2H \atop OH}$$

décrit dernièrement par M. Brown [*Ann. Chem.*, **255**, 285], est isomérique avec l'acide butyrocoumarique, mais n'appartient pas à la série coumarique (voyez, pour ce composé, ACIDE OXYPHÉNYLMÉTHYLCROTONIQUE).

bouillante, d'où il se sépare par refroidissement à l'état cristallin.

L'*éther méthylique*,

$$C^6H^4 \begin{array}{l} {\diagup}\, C^4H^6 - CO^2CH^3 \\ {\diagdown}\, OCH^3 \end{array}$$

qu'on prépare en chauffant avec de l'iodure de méthyle le dérivé sodique de la butyrocoumarine, est une huile épaisse, incolore, bouillant à 282° ; $d_{15} = 1,1044$.

Acide β. — On l'obtient en chauffant en vase clos, à 165°, l'aldéhyde méthylsalicylique (2 parties) avec de l'anhydride butyrique (3 parties) et du butyrate de sodium (1 partie).

Cet acide est en longues aiguilles, très solubles dans l'alcool, moins solubles dans l'éther de pétrole, fusibles à 105°. Traité par le perchlorure de phosphore, il fournit un *chlorure* d'acide.

Son *sel de baryum* est bien moins soluble dans l'eau que le sel correspondant de l'acide α.

Son *sel d'argent* est entièrement amorphe.

Son *éther méthylique*, qu'on prépare en traitant par l'alcool méthylique le chlorure de l'acide, est une huile épaisse, bouillant à 292° ; $d_{15} = 1,1100$.

Traités par l'amalgame de sodium, les deux acides α et β fournissent le même acide méthoxyphénylvalérique ; par le brome, ils donnent le même acide méthoxytétrabromophénylvalérique (voyez ACIDE OXYPHÉNYLVALÉRIQUE [W.-H. Perkin, *Chem. Soc.*, **31**, 388 ; **39**, 409].

ACIDE P-BUTYROCOUMARIQUE (*p-oxyphénylangélique*),

$$C^6H^4 \begin{array}{l} {\diagup}\, C^4H^6 - CO^2H \\ {\diagdown}\, OH \end{array}$$

— On ne connaît que son *éther méthylique*,

$$C^6H^4 \begin{array}{l} {\diagup}\, C^4H^6 - CO^2H \\ {\diagdown}\, OCH^3 \end{array}$$

qu'on prépare en chauffant à 180° en vase clos l'aldéhyde anisique avec de l'anhydride butyrique et du butyrate de sodium. Ce corps cristallise dans l'alcool en aiguilles fusibles à 123-124°. Soumis à l'action de la chaleur, il perd de l'acide carbonique et fournit vraisemblablement un homologue de l'anéthol [Perkin, *Chem. Soc.*, **31**, 388].

ACIDE DIMÉTHYLCOUMARIQUE,

$$CH^3_{(5)} . C^6H^3 \begin{array}{l} {\diagup}\, C_{(1)}(CH^3) = CH - CO^2H \\ {\diagdown}\, OH_{(2)} \end{array}$$

— Cet acide n'est connu qu'à l'état d'*anhydride* (*diméthylcoumarine*).

DIMÉTHYLCOUMARINE,

$$CH^3 . C^6H^3 \begin{array}{l} {\diagup}\, C(CH^3) = CH \\ \qquad\qquad | \\ {\diagdown}\, O \text{———} CO \end{array}$$

— On la prépare en traitant par l'acide sulfurique un mélange de p-crésol et d'éther acétylacétique. Elle cristallise dans l'alcool étendu en longues aiguilles, fusibles à 148°. A froid, elle est insoluble dans les alcalis ; à chaud, elle se comporte comme la coumarine [von Pechmann et Cohen, *loc. cit.*].

Son *dérivé bromé*,

$$CH^3 . C^6H^3 \begin{array}{l} {\diagup}\, C(CH^3) = CBr \\ \qquad\qquad | \\ {\diagdown}\, O \text{———} CO \end{array}$$

qu'on obtient en ajoutant du brome à une solution de diméthylcoumarine dans le sulfure de carbone, forme des cristaux très peu solubles dans l'alcool. La potasse alcoolique le transforme en acide diméthylcoumarilique (voyez ACIDE COU-

MARILIQUE [A. Hantzsch et E. Lang, *D. chem. G.*, **19**, 1298 ; *Bull. Soc. Chim.*, (2), **47**, 714].

A l'acide diméthylcoumarique, qui dériverait du m-crésol et qui n'est pas connu, se rattache la *diméthylombelliférone*,

$$C^6H^2 \begin{array}{l} {\diagup}\, C_{(1)}(CH^3) = CH \\ \qquad\qquad\qquad\quad | \\ - O_{(2)} \text{———} CO \\ - OH_{(4)} \\ {\diagdown}\, CH^3_{(6)} \end{array}$$

qu'on obtient synthétiquement à l'aide de l'orcine et de l'éther acétylacétique (voyez ACIDE OMBELLIQUE).

ACIDE α-β-DIMÉTHYLCOUMARIQUE (*oxy2-benzène-diméthylo1¹1²-propényloïque*),

$$C^6H^4 \begin{array}{l} {\diagup}\, C(CH^3) = C(CH^3) - CO^2H \\ {\diagdown}\, OH \end{array}$$

— Cet acide n'a pas été préparé ; mais on connaît l'anhydride de son dérivé hydroxylé, l'*α-β-diméthylombelliférone*,

$$C^6H^3 \begin{array}{l} {\diagup}\, (1)\, C(CH^3) = C(CH^3) \\ \qquad\qquad\qquad\qquad | \\ - (2)\, O \text{———} CO \\ {\diagdown}\, (4)\, OH \end{array}$$

que l'on prépare au moyen de la résorcine et de l'éther méthylacétylacétique (voyez ACIDE OMBELLIQUE).

ACIDES $C^{12}H^{14}O^3$.

ACIDE O-VALÉROCOUMARIQUE,

$$C^6H^4 \begin{array}{l} {\diagup}\, C^5H^8 . CO^2H \\ {\diagdown}\, OH \end{array}$$

— On ne connaît que son anhydride, la *valérocoumarine* (voyez Dict., **1**, 980 et Suppl., **1**, 532).

Son *oxime* est en prismes blancs, fusibles à 171°, et fournit un *dérivé acétylé*, en petites aiguilles, fusibles à 75°.

Sa *phénylhydrazone* est en aiguilles jaunes, fusibles à 112°.

THIOVALÉROCOUMARINE. — Aiguilles orangées, fusibles à 81° [F. Aldringen, *D. chem. G.*, **24**, 3459].

ACIDES ISOPROPYLCOUMARIQUES (*oxycuménylacryliques*),

$$C^3H^7 . C^6H^3 \begin{array}{l} {\diagup}\, CH = CH - CO^2H \\ {\diagdown}\, OH \end{array}$$

1° *Acide isopropyl-o-coumarique*,

$$(CH : OH : C^3H^7 = 1 : 2 : 4).$$

— On dissout dans un alcali l'acide o-amidocuménylacrylique,

$$C^3H^7 . C^6H^3 \begin{array}{l} {\diagup}\, CH = CH - CO^2H \\ {\diagdown}\, AzH^2 \end{array}$$

on ajoute un poids de nitrite de potassium égal à la moitié de celui de l'acide amidé employé et on chauffe avec de l'acide sulfurique étendu.

L'acide isopropylcoumarique cristallise dans l'alcool étendu en tables fusibles à 176° [O. Widmann, *D. chem. G.*, **19**, 255 ; *Bull. Soc. Chim.*, (2), **46**, 226].

2° *Acide isopropyl-m-coumarique*,

$$(CH : OH : C^3H^7 = 1 : 3 : 4).$$

— Ce composé, qu'on prépare de la même façon que le précédent, à l'aide de l'acide m-amidocuménylacrylique, cristallise dans l'alcool en aiguilles ou en lamelles fusibles à 205-206° [O. Widmann, *D. chem. G.*, **19**, 413 ; *Bull. Soc. Chim.*, (2), **47**, 267].

ACIDES $C^{13}H^{16}O^3$.

ACIDES MÉTHYLPROPYLCOUMARIQUES (*thymol-acryliques*),

$$(CH^3)(C^3H^7)C^6H^3 < {CH = CH - CO^2H \atop OH}$$

1° *Acide* $CH^3 : CH : OH : C^3H^7 = 1 : 2 : 3 : 4$. — On ne connaît que son anhydride, la *méthylpropylcoumarine*.

MÉTHYLPROPYLCOUMARINE,

$$(CH^3)(C^3H^7)C^6H^3 < {CH = CH \atop O — CO}$$

— On l'obtient en chauffant avec de l'acide sulfurique des quantités équivalentes de thymol et d'acide malique. On verse dans l'eau le produit de la réaction, on sature par la soude et on épuise par l'éther. On évapore l'éther et on soumet le résidu à la distillation; le produit distillé étant fortement refroidi se prend en masse; on le purifie par cristallisation dans l'alcool étendu.

La méthylpropylcoumarine est en fines aiguilles fusibles à 53°, bouillant à 220-230°. Elle est très peu soluble dans l'eau, soluble dans l'alcool, l'éther, le chloroforme et le benzène. Son odeur rappelle celles de la coumarine et du thymol [H. von Pechmann et W. Welsh, *D. chem. G.*, **17**, 1646; *Bull. Soc. Chim.*, (2), **44**, 628].

2° *Acide* $CH^3 : OH : C^3H^7 : CH = 1 : 3 : 4 : 6$. — On chauffe à l'ébullition pendant 5 ou 6 heures un mélange d'aldéhyde thymotique (2 parties), d'acétate de sodium (1 partie) et d'anhydride acétique (3 parties). Le produit ainsi obtenu, étant saponifié par la soude, fournit l'acide méthylpropylcoumarique, qui est en cristaux microscopiques, fusibles à 280°.

Son *dérivé méthylique*, qu'on prépare au moyen du dérivé méthylique de l'aldéhyde thymotique, est en aiguilles jaunâtres, fusibles à 141° [Kobek, *D. chem. G.*, **16**, 2096; *Bull. Soc. Chim.*, (2), **42**, 406].

ACIDES PHÉNYLCOUMARIQUES.

ACIDE α-PHÉNYL-O-COUMARIQUE,

$$C^6H^4 < {CH = C(C^6H^5) - CO^2H \atop OH}$$

— Lorsqu'on chauffe l'aldéhyde salicylique avec du phénylacétate de sodium et de l'anhydride acétique, on obtient un mélange d'acide acétylphénylcoumarique et de phénylcoumarine. On sépare ces deux corps en les traitant par le carbonate de sodium.

Acide acétylphénylcoumarique,

$$C^6H^4 < {CH = C(C^6H^5) - CO^2H \atop O . C^2H^3O}$$

— Cet acide cristallise dans l'eau bouillante en fines aiguilles, se ramollissant à 170-180° et se décomposant ensuite.

Son *sel d'argent* est en fines aiguilles.

PHÉNYLCOUMARINE,

$$C^6H^4 < {CH = C(C^6H^5) \atop O — CO}$$

— Elle cristallise dans l'alcool en prismes courts, fusibles à 139-140°. Traitée par l'amalgame de sodium, elle fournit l'acide phénylmélilotique (voyez ce mot) [Oglialoro, *Jahresb.*, 1879, 731].

Dérivé monosulfonique, $C^{15}H^9O^2 . SO^3H$. — On chauffe pendant 4 heures à 110° la phénylcoumarine (1 partie) avec de l'acide sulfurique (2 parties d'acide ordinaire et 2 parties d'acide

fumant). En traitant par l'eau, on obtient un précipité cristallin, peu soluble dans l'eau froide; on filtre, on transforme en sel de baryum et on met l'acide en liberté par l'acide sulfurique.

L'acide phénylcoumarine-monosulfonique est en aiguilles blanches, peu solubles dans l'eau froide, très solubles dans l'eau chaude et renfermant 2,5 molécules d'eau de cristallisation. Il fond à 262-263° en se décomposant partiellement.

Son *sel de baryum*, $Ba\overline{A}^2$, est en lamelles assez solubles dans l'eau.

Son *sel de plomb*, $Pb\overline{A}^2$, $4H^2O$, est en petites aiguilles solubles dans l'eau chaude, très peu solubles dans l'eau froide.

Dérivé disulfonique, $C^{15}H^8O^2(SO^3H)^2$. — On chauffe pendant 1 heure au bain-marie la phénylcoumarine (12 grammes) avec de l'acide sulfurique fumant (40 grammes). On verse dans l'eau, on sature par le carbonate de plomb, on filtre et on décompose le sel de plomb par l'acide sulfhydrique. On concentre et on achève d'évaporer dans le vide sur l'acide sulfurique.

L'acide phénylcoumarine-disulfonique se présente sous la forme d'une masse cristalline jaunâtre, très hygroscopique, renfermant 6 molécules d'eau de cristallisation et fusible à 88-89°. Abandonnée dans le vide sec pendant un temps prolongé, elle perd de l'eau et fond alors à 165°.

Son *sel de baryum*, $Ba\overline{A}$, $4H^2O$, est en prismes très solubles dans l'eau.

Son *sel de plomb*, $Pb\overline{A}$, $5H^2O$, est en aiguilles jaunâtres, très solubles dans l'eau [T. Curatolo, *Gazz. chim. ital.*, **14**, 257; *Bull. Soc. Chim.*, (2), **44**, 297].

ACIDE α-PHÉNYL-P-COUMARIQUE. — Son *dérivé méthylique*,

$$C^6H^4 < {CH = C(C^6H^5) - CO^2H \atop OCH^3}$$

s'obtient en chauffant l'aldéhyde anisique avec de l'anhydride acétique et du phénylacétate de sodium. Il cristallise dans l'alcool en prismes fusibles à 188-189°, se décomposant à température plus élevée en CO^2 et méthyloxystilbène [Oglialoro, *loc. cit.*].

ACIDE β-PHÉNYLCOUMARIQUE. — L'anhydride de son dérivé hydroxylé constitue la phénylombelliférone (voyez ACIDE OMBELLIQUE).

PHÉNYLHYDROCOUMARINE. — En traitant par l'acide sulfurique un mélange de phénol et d'acide allocinnamique, MM. Liebermann et Hartmann ont obtenu, en même temps qu'un acide oxydiphénylpropionique, un composé qu'ils considèrent comme une phénylhydrocoumarine,

$$C^6H^4 < {CH(C^6H^5) - CH^2 \atop O — CO}$$

Ce corps cristallise dans l'éther de pétrole en petites aiguilles fusibles à 82° et bout vers 237° (pression = 30 mm.) [C. Liebermann, *D. chem. G.*, **24**, 2582; *Bull. Soc. Chim.*, (3), **8**, 223].

ACIDE ISOPROPYLOPHÉNYLMÉTHYLCOUMARIQUE. — On ne connaît que son *dérivé méthylique*,

$$C^6H^4 < {CH = C(C^6H^4 . C^3H^7) - CO^2H \atop OCH^3}$$

On chauffe à 160° pendant 8 heures l'aldéhyde anisique avec de l'homocuminate de sodium, $C^3H^7 . C^6H^4 . CH^2 . CO^2Na$ et de l'anhydride acétique. On traite le produit de la réaction par l'eau bouillante et on filtre. Le précipité ainsi obtenu, qui est un mélange d'acide isopropylophénylméthylcoumarique et d'isopropylméthoxystilbène, est traité par le carbonate de sodium; on filtre et on précipite « acide isopropylophénylméthyıcou-marique par l'acide chlorhydrique.

Cet acide cristallise sous la forme de prismes microscopiques, insolubles dans l'eau, solubles dans l'alcool et dans l'éther, fusibles à 198-199° et se décomposant sous l'action de la chaleur en donnant de l'isopropylméthoxystilbène [O. Magnanini, *Gazz. chim. ital.*, **15**, 509; *Bull. Soc. Chim.*, (2), **47**, 596].

ACIDES NAPHTOCOUMARIQUES. — Voyez ce mot.

ACIDE COUMARIQUE-CARBOXYLIQUE (*acide oxy-benzylidène-malonique, benzénol2-propényll-oïque-méthyloïque1³*),

$$C^6H^4 <{\overset{CH = C\,(CO^2H)^2}{OH}}$$

— Son *anhydride, l'acide coumarine-carboxy-lique,*

$$C^6H^4 <{\overset{CH = C\,(CO^2H)}{\underset{O - CO}{|}}}$$

se prépare en chauffant pendant quelques heures à 100° un mélange d'aldéhyde salicylique (1 partie), d'acide malonique (1 partie) et d'acide acétique cristallisable (0ᵖ,5).

Purifié par cristallisation dans l'eau chaude, il se présente sous la forme d'aiguilles fusibles à 187° et se décomposant sous l'action de la chaleur en acide carbonique et coumarine.

L'*éther méthylique*,

$$C^6H^4 <{\overset{CH = C\,(CO^2H)^2}{OCH^3}}$$

qu'on prépare de la même façon au moyen de l'aldéhyde méthylsalicylique, est en cristaux fusibles à 178°, qui se décomposent par ébullition avec l'eau en donnant de l'aldéhyde méthylsalicylique, de l'acide malonique et une petite quantité d'acide méthoxycinnamique [C. Stuart, *Chem. Soc.*, **49**, 365; **53**, 140; *Bull. Soc. Chim.*, (2), **48**, 177; (3), **1**, 637].

ACIDE COUMARIQUE-PROPIONIQUE (*acide oxy-benzylidène-pyrotartrique, benzénol2-méthy-lol3-butényl1-oïque-méthyloïque1²*),

$$C^6H^4 <{\overset{CH = C - CH <{\overset{CH^3}{CO^3H}}}{\underset{OH \quad CO^2H}{|}}}$$

— On ne connaît que son *anhydride l'acide coumarine-propionique,*

$$C^6H^4 <{\overset{CH = C - CH <{\overset{CH^3}{CO^2H}}}{\underset{O - CO}{|}}}$$

Lorsqu'on chauffe à 120° pendant 20 ou 30 heures un mélange à molécules égales d'aldéhyde salicylique, de pyrotartrate de sodium et d'anhydride acétique, on obtient à la fois l'acide coumarine-propionique

$$C^6H^4 <{\overset{CHO}{OH}} + {\overset{CH^2 - CH <{\overset{CO^2H}{CH^3}}}{\underset{CO^2H}{|}}}$$

$$= C^6H^4 <{\overset{CH = C - CH <{\overset{CO^2H}{CH^3}}}{\underset{O - CO}{|}}} + 2H^2O$$

et l'acide oxyphénylméthylisocrotonique

$$C^6H^4 <{\overset{CHO}{OH}} + CO^2H - CH <{\overset{CH^3}{CH^2 - CO^2H}}$$

$$= C^6H^4 <{\overset{CH = C <{\overset{CH^3}{CH^2 - CO^2H}}}{OH}} + CO^3 + H^2O$$

Le produit de la réaction est lavé à l'eau chaude, débarrassé par un courant de vapeur d'eau de

l'aldéhyde salicylique en excès et agité avec une solution chaude de carbonate de sodium. On filtre la liqueur pour séparer une quantité assez notable de goudrons, et, par addition d'acide, on précipite une huile qu'on reprend par l'éther. L'éther chassé, on épuise le résidu à plusieurs reprises par de l'eau bouillante, qui abandonne par refroidissement l'acide coumarine-propionique. Le résidu de l'épuisement, insoluble dans l'eau bouillante, constitue l'acide oxyphénylméthylisocrotonique.

L'acide coumarine-propionique cristallise en lamelles blanches, très peu solubles dans l'eau froide, beaucoup plus solubles dans l'eau chaude, très solubles dans le chloroforme, peu solubles dans l'éther, presque insolubles dans le benzène. Il fond à 171°.

Soumis à la distillation, il perd CO^2 et se transforme intégralement en *éthylcoumarine*,

$$C^6H^4 <{\overset{CH = C - CH^2 - CH^3}{\underset{O - CO}{|}}}$$

composé fusible à 70-71° et identique avec la butyrocoumarine de M. Perkin (voyez plus haut).

Le *sel de baryum*, $Ba\overline{A}^2$, $3\,H^2O$, et le *sel de calcium*, $Ca\overline{A}^2$, $5\,H^2O$, sont blancs, cristallins, très solubles dans l'eau.

Le *sel d'argent*, $Ag\overline{A}$, est un précipité blanc, floconneux.

ACIDE HYDROCOUMARIQUE-PROPIONIQUE (*acide oxybenzylméthylsuccinique, benzénol2-méthyl-oïque1²-méthylol3-butyloïque*),

$$C^6H^4 <{\overset{CH^2 - CH - CH <{\overset{CH^3}{CO^2H}}}{\underset{OH \quad CO^2H}{|}}}$$

— Ce composé s'obtient par hydrogénation de l'acide coumarine-propionique. La réaction s'effectue à la température du bain-marie en ajoutant par petites portions de l'amalgame de sodium à 5 0/0 et neutralisant de temps en temps l'excès d'alcali. On décante la liqueur, on l'acidifie par l'acide sulfurique et on extrait par l'éther l'acide hydrocoumarique-propionique, qu'on purifie par cristallisation dans l'eau.

Cet acide est très soluble dans l'eau, l'alcool, l'éther et le chloroforme, peu soluble dans le sulfure de carbone et dans le benzène, presque insoluble dans la ligroïne. Il fond à 145-150° en perdant de l'eau et en se transformant en un anhydride.

Les *sels de baryum*, $Ba\overline{A}$, et *de calcium*, $Ca\overline{A}$, très solubles dans l'eau, ne peuvent être obtenus cristallisés et se présentent après évaporation de leur solution aqueuse sous la forme d'une masse blanche, amorphe.

Le *sel d'argent*, Ag^2A, est un précipité blanc, gélatineux, peu soluble dans l'eau.

ANHYDRIDE

$$C^6H^4 <{\overset{CH^2 - CH - CH <{\overset{CH^3}{CO^2H}}}{\underset{O - CO}{|}}}$$

ou

$$C^6H^4 <{\overset{CH^2 - CH —— CH - CH^3}{\underset{OH \quad CO - O - CO}{|\qquad\quad |}}}$$

— Cet anhydride se forme lorsqu'on fond l'acide hydrocoumarine-propionique, ou qu'on chauffe ce dernier à l'étuve, à 120°, jusqu'à poids constant. C'est une masse blanche, amorphe, qui par ébullition avec l'eau régénère l'acide correspondant [H. Brown, *Ann. Chem.*, **255**, 285; *Bull. Soc. Chim.*, (3), **4**, 49].

ACIDES POLYCOUMARIQUES.

ACIDE DICOUMARIQUE. — Nous désignerons sous le nom d'*acide dicoumarique* le composé

$$C^6 H^2 \left[\begin{matrix} CH = CH - CO^2H \\ OH \end{matrix} \right]^2$$

résultant de l'introduction de deux groupements

$$\left[\begin{matrix} CH = CH - CO^2H \\ OH \end{matrix} \right]$$

dans le noyau benzénique, et nous réserverons le nom d'*acide bicoumarique* au composé

$$C^6 H^4 < \begin{matrix} OH \\ CH = C - CO^2H \end{matrix}$$
$$C^6 H^4 < \begin{matrix} CH = C - CO^2H \\ OH \end{matrix}$$

résultant de la condensation de 2 molécules d'acide coumarique.

Acide β-diméthyldicoumarique (benzène-diol-bis-méthylopropényloïque),

$$C^6 H^2 \left[\begin{matrix} C(CH^3) = CH - CO^2H \\ OH \end{matrix} \right]^2$$

— Son anhydride, la diméthyldicoumarine, se dissout dans les alcalis en fixant 2 molécules d'eau. Par addition d'acide chlorhydrique, l'acide diméthyldicoumarique se précipite sous la forme d'une poudre, peu soluble dans l'éther, très soluble dans l'alcool, et qui, traitée par l'acide sulfurique concentré ou chauffée à 140°, régénère la diméthyldicoumarine.

Diméthyldicoumarine,

$$C^6 H^2 \left[\begin{matrix} C(CH^3) = CH \\ O \quad\text{———}\quad CO \end{matrix} \right]^2$$

— On l'obtient en traitant la résorcine (1 molécule) par l'éther acétylacétique (2 molécules). A cet effet, on abandonne à lui-même pendant plusieurs jours un mélange d'acide sulfurique, de résorcine et d'éther acétylacétique et on verse ensuite le tout dans de l'eau froide. On lave le précipité obtenu avec un peu d'alcool chaud, puis on fait cristalliser dans l'alcool bouillant.

La diméthyldicoumarine est une poudre blanche, cristalline, extrêmement fine et presque infusible. Elle est assez soluble dans l'alcool bouillant, mais presque insoluble dans les autres dissolvants. Elle se dissout facilement dans l'ammoniaque et dans les alcalis fixes, en donnant une solution jaune, non fluorescente, d'où les acides précipitent de l'acide diméthyldicoumarique [A. Hantzsch et H. Zurcher, *D. chem. G.*, **20**, 1328; *Bull. Soc. Chim.*, (2), **48**, 747].

ACIDE BICOUMARIQUE. — On ne connaît que son anhydride, la *bicoumarine*,

$$C^6 H^4 < \begin{matrix} O - CO \\ CH = C \end{matrix}$$
$$C^6 H^4 < \begin{matrix} CH = C \\ O - CO \end{matrix}$$

Pour l'obtenir, on chauffe en vase clos à 140°, pendant 40 heures, un mélange de succinate de sodium sec (10 parties), d'aldéhyde salicylique (15 parties) et d'anhydride acétique (13 parties). On traite le produit de la réaction par l'eau chaude, puis on enlève l'excès d'aldéhyde par un courant de vapeur d'eau. On lave le résidu à l'éther, puis on le dissout dans l'acide acétique

chaud; par refroidissement, la bicoumarine cristallise en aiguilles. Pour l'avoir tout à fait incolore, il convient de la dissoudre à chaud dans une lessive de soude et de la précipiter ensuite par l'acide chlorhydrique. 15 parties d'aldéhyde salicylique fournissent 7ᵍ,5 de bicoumarine.

La bicoumarine fond au-dessus de 330°. Elle est insoluble dans l'éther, l'alcool et le benzène, un peu soluble dans le chloroforme et dans l'acide acétique. A la température ordinaire, le carbonate de sodium et la soude caustique sont sans action sur elle. A l'ébullition, elle se dissout lentement dans une lessive de soude ou de baryte en donnant une liqueur jaune, d'où les acides la précipitent inaltérée. Par fusion avec la soude caustique, elle fournit de l'acide salicylique [G. Dyson, *Chem. Soc.*, **51**, 61].

ACIDE HYDROBICOUMARIQUE,

$$C^6 H^4 < \begin{matrix} OH \\ CH^2 - CH - CO^2H \end{matrix}$$
$$C^6 H^4 < \begin{matrix} CH = C \\ O — CO \end{matrix}$$

— On dissout la bicoumarine dans une lessive de soude concentrée et chaude, on étend d'eau, on rend la liqueur à peu près neutre et on la traite au bain-marie par l'amalgame de sodium à 5 0/0 jusqu'à ce que le précipité qui se forme par addition d'acide chlorhydrique se redissolve entièrement dans le carbonate de sodium. On traite la liqueur par l'acide chlorhydrique et on fait cristalliser le précipité dans l'alcool étendu. L'acide hydrobicoumarique ainsi obtenu renferme un peu d'acide bihydrocoumarique. On sépare ces deux acides en les transformant en sels de baryum, qu'on dissout dans l'eau chaude. L'hydrobicoumarate de baryum cristallise par le refroidissement, le bihydrocoumarate restant dans l'eau mère.

L'acide hydrobicoumarique est en aiguilles insolubles dans le chloroforme et dans le benzène, peu solubles dans l'eau et dans l'éther, très solubles dans l'alcool. Chauffé à 133°, il perd de l'eau et se transforme en hydrobicoumarine.

Son *sel de baryum*, Ba$\bar{A}^2$, 6 (ou 9?) H²O, est en cristaux peu solubles dans l'eau froide, assez solubles dans l'eau chaude, efflorescents à l'air.

Son *sel d'argent*, Ag$\bar{A}$, est un précipité cristallin, insoluble dans l'eau.

Hydrobicoumarine, $C^{18}H^{12}O^4$. — On l'obtient en chauffant jusqu'à fusion l'acide hydrobicoumarique. Après refroidissement, on lave la matière fondue avec de l'alcool pour enlever l'acide hydrobicoumarique inaltéré et on fait cristalliser le résidu dans le chloroforme chaud. L'hydrobicoumarine se sépare sous la forme de petits cristaux, insolubles dans l'eau, dans l'alcool et dans l'éther. Elle fond à 256°. Chauffée au-dessus de cette température, elle se sublime en subissant une décomposition partielle. Elle n'est attaquée ni par le carbonate de sodium, ni par la soude étendue. A chaud, la soude concentrée la convertit en acide hydrobicoumarique.

Son *dérivé monobromé*, $C^{18}H^{11}BrO^4$, s'obtient en traitant par le brome, en présence du chloroforme, l'acide hydrobicoumarique refroidi à l'aide de glace : il se dépose un précipité blanc qui, lorsqu'on l'abandonne à lui-même, perd de l'acide bromhydrique et de l'eau et se transforme en hydrobicoumarine monobromée, corps insoluble dans l'alcool et dans l'éther, mais que l'on peut faire cristalliser dans l'acide acétique [Dyson, *loc. cit.*].

ACIDES BIHYDROCOUMARIQUES, $C^{18}H^{16}O^5$. — On connaît deux acides bihydrocoumariques. Le premier est celui de Zwenger. On l'obtient en faisant agir l'amalgame de sodium sur la coumarine en solution dans l'alcool. Soumis à l'action de la chaleur, il se transforme en *bihydrocoumarine* fusible à 222° (voyez ACIDE HYDROCOUMARIQUE et HYDROCOUMARINE, Suppl., **1**, 532 et 533).

Le *sel de calcium* de cet acide répond à la formule $Ca\overline{A}, 2 H^2O$ (Dyson).

Le second acide, qui doit être représenté par la formule de constitution

$$C^6H^4 {<}^{OH}_{CH^2-CH-CO^2H}$$

$$C^6H^4 {<}^{CH^2-CH-CO^2H}_{OH}$$

se prépare en dissolvant l'acide hydrobicoumarique dans le carbonate de sodium et en traitant par l'amalgame de sodium, pendant plusieurs jours et à la température du bain-marie, la liqueur maintenue aussi neutre que possible. Par addition d'acide chlorhydrique, on précipite l'acide bihydrocoumarique, qu'on purifie par cristallisation dans l'eau ou dans l'acide acétique dilué.

Son *sel de calcium*, $Ca\overline{A}, 6 H^2O$, est en cristaux aciculaires, qui perdent leur eau de cristallisation à 140°

Son *sel d'argent*, $Ag^2\overline{A}$, est un précipité blanc qui devient cristallin.

L'acide bihydrocoumarique, soumis à l'action de la chaleur, se transforme en *bihydrocoumarine*, $C^{18}H^{14}O^4$, aiguilles fusibles à 222-224°, qui ne sont altérées ni par l'eau, ni par le carbonate de sodium à l'ébullition, mais que la soude caustique transforme lentement à chaud en acide bihydrocoumarique [Dyson, *loc. cit.*].

Malgré l'identité des points de fusion, cette bihydrocoumarine est très vraisemblablement différente de celle qui a été décrite par Zwenger, ces deux bihydrocoumarines dérivant en effet de deux acides différents.

ACIDE TRICOUMARIQUE,

$$C^6 {\left[^{CH=CH-CO^2H}_{OH}\right]}^3$$

— Cet acide n'est connu qu'à l'état de *dérivé triméthylique* (*acide* β–*triméthyltricoumarique*),

$$C^6 {\left[^{C(CH^3)=CH-CO^2H}_{OH}\right]}^3$$

On dissout dans la soude la triméthyltricoumarine et, par addition d'acide chlorhydrique, on précipite l'acide triméthyltricoumarique, masse amorphe qui se déshydrate déjà à l'air et se transforme entièrement à 140° en son anhydride, la triméthyltricoumarine.

Le *sel de sodium*, $Na^3\overline{A}, 6 H^2O$, est une poudre grenue, jaunâtre.

Triméthyltricoumarine,

$$C^6 {\left[^{C(CH^3)=CH}_{O \text{———} CO}\right]}^3$$

— Ce composé prend naissance, en même temps que la dioxyméthylcoumarine (voyez plus haut), quand on fait réagir, en présence de l'acide sulfurique, l'éther acétylacétique sur la phloroglucine. On abandonne à lui-même pendant plusieurs jours un mélange d'acide sulfurique, de phloroglucine (1 molécule) et d'éther acétylacétique (3 molécules). On traite par l'eau et on fait bouillir le produit obtenu avec de l'alcool qui enlève la dioxyméthylcoumarine.

La triméthyltricoumarine se précipite sous la forme d'une masse amorphe, insoluble dans les

dissolvants usuels. Elle se dissout dans les alcalis en se transformant en acide triméthyltricoumarique [A. Hantzsch et H. Zürcher, *D. chem. G.*, 20, 1328; *Bull. Soc. Chim.*, (2), **48**, 747].

Léon Roux.

COUMARIQUES (ALDÉHYDES),

$$C^6H^4 {<}^{CH=CH-CHO}_{OH}$$

ALDÉHYDE O-COUMARIQUE. — On l'obtient en dédoublant, à l'aide de l'émulsine, l'aldéhyde glucocoumarique (voyez plus loin) :

$$C^6H^4 {<}^{CH=CH-CHO}_{O(C^6H^{11}O^5)} + H^2O$$

$$= C^9H^8O^3 + C^6H^{12}O^6.$$
Glucose.

A de l'aldéhyde glucocoumarique, additionnée d'assez d'eau pour former une bouillie claire, on ajoute le dixième de son poids d'émulsine et on abandonne ce mélange à lui-même, à la température de 30 ou 40°, pendant 3 ou 4 jours. L'aldéhyde coumarique se sépare sous la forme de flocons. On épuise par l'éther, on concentre la solution éthérée, on l'agite avec du bisulfite de sodium, dont il faut éviter d'employer un excès, et on chauffe la liqueur ainsi obtenue à 50 ou 60° avec de l'acide sulfurique étendu de son volume d'eau. L'aldéhyde coumarique cristallise par refroidissement sous la forme de longues et fines aiguilles, fusibles à 133°, très solubles dans l'alcool et dans l'éther, très peu solubles dans l'eau froide.

Ce corps se résinifie facilement. Sa solution aqueuse précipite par le chlorure ferrique en rouge salé [F. Tiemann et A. Kees, *D. chem. G.*, 18, 1955; *Bull. Soc. Chim.*, (2), **46**, 379].

Aldéhyde nitrocoumarique,

$$(AzO^2)_{(3)}C^6H^3 {<}^{CH_{(1)}=CH-CHO}_{OH_{(2)}}$$

— On dissout 100 grammes du sel de sodium de l'aldéhyde nitrosalicylique (fusible à 109°) dans 2750 centimètres cubes d'eau chaude. On ajoute après refroidissement 70 grammes d'aldéhyde acétique et 180 grammes de lessive de soude à 10 0/0, puis, après 6 heures de contact, 125 grammes d'acide chlorhydrique à 20 0/0. L'aldéhyde nitrocoumarique se sépare peu à peu; on la recueille, on la lave avec de l'eau aiguisée d'acide chlorhydrique, puis avec de l'éther, et on la purifie par une cristallisation dans l'acide acétique étendu et chaud, accompagnée d'une décoloration au noir animal.

Cette aldéhyde est en aiguilles jaunes, fusibles à 133°. Elle est soluble dans l'eau chaude, qu'elle colore en un orangé intense, dans l'alcool et dans l'acide acétique; elle est peu soluble dans l'éther. Elle réduit une solution ammoniacale de sel d'argent.

Son *sel de sodium* cristallise en aiguilles rouges.

Son *sel d'argent* est une poudre cristalline rouge-pourpre.

Sa *phénylhydrazone*, qu'on obtient en traitant une solution alcoolique d'aldéhyde nitrocoumarique par une solution aqueuse d'acétate de phénylhydrazine, est, après cristallisation dans l'alcool étendu, en lamelles rouges, fusibles à 157°.

Éther méthylique,

$$(AzO^2)C^6H^3 {<}^{CH=CH-CHO}_{OCH^3}$$

— Ce composé, qui se forme quand on traite le sel d'argent de l'aldéhyde nitrée par l'iodure de méthyle en solution dans l'éther, cristallise dans l'alcool en prismes jaunes, fusibles à 115°.

Il fournit par oxydation de l'acide méthylnitro-coumarique, fusible à 193°.

Chauffé en tube scellé à 130-140° pendant 3 ou 4 heures avec de l'ammoniaque alcoolique, il se transforme en nitroquinoléine, fusible à 91-92° :

$$(AzO^2)C^6H^3 < {}^{CH=CH-CHO}_{OCH^3} + AzH^3$$

$$= (AzO^2)C^6H^3 < {}^{CH=CH-CH}_{OCH^3} < {}^{OH}_{AzH^2}$$

$$(AzO^2)C^6H^3 < {}^{CH=CH-CH}_{OCH^3} < {}^{OH}_{AzH^2}$$

$$- CH^3OH - H^2O = (AzO^2)C^6H^3 < {}^{CH=CH}_{|}_{Az=CH}$$

Aldéhyde nitrocoumarique,

$$(AzO^2)_{(6)} C^6H^3 < {}^{CH_{(1)}=CH-CHO}_{OH_{(2)}}$$

— Ce composé, qu'on prépare comme le précédent, à l'aide de l'aldéhyde nitrosalicylique fusible à 126°, est en aiguilles jaunes, assez solubles dans l'alcool et dans l'acide acétique, très peu solubles dans l'eau froide, fusibles à 200° en se décomposant.

Son *sel de sodium*, très soluble dans l'eau, cristallise en lamelles rouges.

Sa *phénylhydrazone* est en lamelles orangées, fusibles à 235° [W. von Miller et F. Kinkelin, *D. chem. G.*, **20**, 1931 ; **22**, 1716].

ALDÉHYDE GLUCOCOUMARIQUE,

$$C^6H^4 < {}^{CH=CH-CHO}_{O(C^6H^{11}O^5)}$$

— On l'obtient par la condensation de l'hélicine avec l'aldéhyde éthylique :

$$C^6H^4 < {}^{CHO}_{O(C^6H^{11}O^5)} + CH^3.CHO$$

$$= C^6H^4 < {}^{CH=CH-CHO}_{O(C^6H^{11}O^5)} + H^2O.$$

On additionne de lessive de soude à 1 0/0, jusqu'à réaction faiblement alcaline, un mélange d'hélicine (1 partie) en poudre fine et d'aldéhyde éthylique (6 parties). On abandonne au repos pendant une demi-heure, puis on chauffe jusqu'à l'ébullition. On laisse refroidir et on agite avec de l'éther, qui dissout l'excès d'aldéhyde éthylique et ses produits de polymérisation, tandis que l'aldéhyde glucocoumarique reste en dissolution dans l'eau en même temps que des résines aldéhydiques. Pour se débarrasser de ces dernières, on ajoute de l'acide chlorhydrique jusqu'à ce que la couche aqueuse soit à peu près décolorée, on la sépare de l'éther par décantation et on la neutralise par le carbonate de sodium. Concentrée par évaporation, cette liqueur laisse déposer, sous la forme d'une masse gélatineuse fortement colorée, l'aldéhyde glucocoumarique, qu'on purifie par un traitement au noir animal et qu'on fait enfin cristalliser d'abord dans l'eau, puis dans l'alcool.

On peut aussi dissoudre l'hélicine (15 parties) dans un grand excès d'eau (300 parties) et à la liqueur, rendue légèrement alcaline et maintenue à la température de 50°, ajouter peu à peu une solution de 3 parties d'aldéhyde dans 40 parties d'eau froide, et de temps en temps quelques gouttes d'une lessive de soude à 5 0/0. On acidifie ensuite par l'acide sulfurique étendu et on laisse refroidir. La majeure partie de l'aldéhyde glucocoumarique cristallise par le refroidissement. On obtient le reste du produit en concentrant l'eau mère, préalablement neutralisée par le carbonate de sodium.

L'aldéhyde glucocoumarique est en aiguilles fusibles à 199° et répondant à la formule

$$C^{15}H^{18}O^7, H^2O.$$

Elle est peu soluble à froid, assez soluble à chaud dans l'eau et dans l'alcool ; elle est insoluble dans l'éther et dans le chloroforme.

Sa solution aqueuse dévie à gauche le plan de polarisation, colore en rouge la solution de rosaniline dans l'acide sulfureux, ne réduit pas la liqueur de Fehling.

Sa *phénylhydrazone* est une masse blanche, soluble dans l'alcool et dans l'eau chaude, fusible à 130-132°.

Son *aldoxime*, $C^{15}H^{19}AzO^7$, H^2O, qui se sépare au bout de quelques jours d'une solution alcoolique renfermant des quantités équivalentes d'aldéhyde glucocoumarique et de chlorhydrate d'hydroxylamine et additionnée de carbonate de sodium jusqu'à réaction faiblement alcaline, est en longues aiguilles blanches, fusibles à 230°, très solubles dans l'eau chaude, moins solubles dans l'alcool, insolubles dans l'éther [Tiemann et Kees, *loc. cit.*].

ALDÉHYDE COUMARYLOXYACÉTIQUE (*acide acryl-aldéhydophénoxyacétique*),

$$C^6H^4 < {}^{CH=CH-CHO}_{O.CH^2.CO^2H}$$

— Ce composé se forme par condensation de l'acide o-aldéhydophénoxyacétique avec l'aldéhyde éthylique :

$$C^6H^4 < {}^{CHO}_{O.CH^2.CO^2H} + CH^3.CHO$$

$$= C^6H^4 < {}^{CH=CH-CHO}_{O.CH^2.CO^2H} + H^2O.$$

On neutralise exactement par de la soude à 5 0/0 une dissolution étendue d'acide aldéhydophénoxyacétique ; on maintient cette liqueur à une température de 50-60° et on ajoute goutte à goutte un peu plus que la quantité théorique d'aldéhyde dissoute dans un fort excès d'eau froide, en ayant soin d'additionner de temps en temps le mélange de quelques gouttes de lessive de soude, de manière à conserver à la liqueur une réaction faiblement alcaline. On chauffe ensuite pendant quelque temps au bain-marie, on laisse refroidir et on acidule par l'acide sulfurique. L'aldéhyde se sépare d'abord sous forme d'huile, mais, après plusieurs dissolutions dans l'eau chaude, elle finit par cristalliser en lamelles jaunâtres, fusibles à 153° [T. Elkan, *D. chem. G.*, **19**, 3041 ; *Bull. Soc. Chim.*, (2), **47**, 968].

ALDÉHYDE M-COUMARIQUE. — On ne connaît que le *dérivé*

$$C^6H^4 < {}^{CH=CH-CHO}_{O.CH^2.CO^2H}$$

qu'on obtient par condensation de l'aldéhyde éthylique avec l'acide m-aldéhydophénoxyacétique. Longues aiguilles renfermant 1 molécule d'eau de cristallisation et fusibles à 100° en perdant leur eau de cristallisation [Elkan, *loc. cit.*].

ALDÉHYDE P-COUMARIQUE. — On ne connaît que le *dérivé*

$$C^6H^4 < {}^{CH=CH-CHO}_{O.CH^2.CO^2H}$$

qu'on obtient par condensation de l'aldéhyde éthylique avec l'acide p-aldéhydophénoxyacétique. Masse cristalline confuse, fusible à 182° [Elkan, *loc. cit.*]. Léon Roux.

COUMARONE. — Voyez ACIDE COUMARILIQUE.

COUMARYLCÉTONES. — O-COUMARYL-

MÉTHYLCÉTONE [Syn. *Butényl1¹-one1³-ben-zénol2*], ●

$$C^6H^4 < \begin{matrix} CH = CH - CO - CH^3 \\ OH \end{matrix}$$

M. Tiemann a obtenu l'o-coumarylméthylcétone en faisant agir l'émulsine sur la glucocoumaryl-méthylcétone.

La même acétone prend aussi naissance par la condensation de l'aldéhyde salicylique avec l'acé-tone ordinaire : On dissout l'aldéhyde dans un ex-cès de lessive de soude à 10 0/0, on ajoute l'acé-tone, on étend d'eau et on abandonne le mélange à lui-même pendant trois jours. On précipite la li-queur par l'acide chlorhydrique et, après avoir enlevé l'excès d'aldéhyde par un courant de va-peur d'eau, on fait cristalliser le résidu dans le benzène en présence de noir animal.

L'o-coumarylméthylcétone se présente sous la forme d'aiguilles très solubles dans l'alcool et dans l'éther, peu solubles dans l'eau, fusibles à 139°. Le chlorure ferrique colore sa solution en violet bleu.

Sa *phénylhydrazone* fond à 159-160°; son *oxime* à 84-85°.

Dissoute dans une lessive alcaline et traitée par un excès de chlorure de benzoyle, l'acétone fournit le *dérivé benzoylé*,

$$C^6H^4 < \begin{matrix} CH = CH - CO - CH^3 \\ O C^7 H^5 O \end{matrix}$$

aiguilles blanches, fusibles à 87-88°, inattaqua-bles, même à chaud, par les alcalis étendus.

Traitée par l'amalgame de sodium à 2 0/0, elle fournit l'*alcool*

$$C^6H^4 < \begin{matrix} CH = CH - CHOH - CH^3 \\ OH \end{matrix}$$

lamelles fusibles à 47-48° [C. Harries, *D. chem. G.*, **24**, 3180].

GLUCOCOUMARYLMÉTHYLCÉTONE,

$$C^6H^4 < \begin{matrix} CH = CH - CO - CH^3 \\ O(C^6H^{11}O^5) \end{matrix}$$

— Cette acétone prend naissance par la conden-sation de l'hélicine avec l'acétone ordinaire :

$$C^6H^4 < \begin{matrix} CHO \\ O(C^6H^{11}O^5) \end{matrix} + CH^3.CO.CH^3$$

$$= H^2O + C^6H^4 < \begin{matrix} CH = CH - CO - CH^3 \\ O(C^6H^{11}O^5) \end{matrix}$$

A cet effet, l'hélicine (1 partie), finement pul-vérisée et mise en suspension dans l'acétone (6 à 8 parties), est traitée par une lessive de soude à 2 0/0 jusqu'à réaction alcaline permanente. On porte à l'ébullition, on ajoute de l'eau, puis de l'éther, on acidifie par l'acide sulfurique étendu et on agite fortement. La couche aqueuse, qui laisse généralement déposer un produit jaune peu so-luble (diglucocoumarylcétone), est filtrée et neu-tralisée par le carbonate de sodium ; par concen-tration, elle laisse déposer la glucocoumarylmé-thylcétone, qu'on purifie par cristallisation dans l'eau bouillante et décoloration au noir animal.

On peut également dissoudre l'hélicine dans un grand excès d'eau (500 parties), chauffer vers 50-60° et additionner le liquide alternativement d'une solution de soude à 5 0/0 et d'une solution d'acé-tone (5 parties d'acétone dans 40 parties d'eau). Par le refroidissement, il se sépare de la digluco-coumarylcétone. On filtre et on concentre la liqueur, qui laisse alors déposer la glucocoumaryl-méthylcétone.

La glucocoumarylméthylcétone cristallise en fines aiguilles d'un jaune pâle, peu solubles à froid, très solubles à chaud dans l'eau et dans l'alcool, insolubles dans l'éther, et renfermant

1 molécule d'eau de cristallisation. Elle fond à 193°. Sa solution aqueuse dévie à gauche le plan de polarisation.

Les acides minéraux étendus, et mieux en-core l'émulsine, la dédoublent en glucose et cou-marylméthylcétone.

Traitée par le chlorhydrate d'hydroxylamine en solution hydroalcoolique rendue légèrement alca-line par le carbonate de sodium, elle se trans-forme en *oxime*,

$$C^6H^4 < \begin{matrix} CH = CH - C(AzOH) - CH^3 \\ O(C^6H^{11}O^5) \end{matrix}$$

aiguilles fusibles à 173°, assez solubles à chaud dans l'eau et dans l'alcool, insolubles dans l'éther [F. Tiemann et A. Kees, *D. chem. G.*, **18**, 1955; *Bull. Soc. Chim.*, (2), **46**, 379].

ACIDE MÉTHYLCÉTONE – COUMARYLOXYACÉTIQUE (*acide phénoxyacétique–o–acrylméthylcétone, acide butényl1¹-one1³-benzène-oxyéthanoïque2*),

$$C^6H^4 < \begin{matrix} CH = CH - CO - CH^3 \\ O(CH^2.CO^2H) \end{matrix}$$

— Ce composé se forme par la condensation de l'acétone avec l'acide o-aldéhydophénoxyacétique,

$$C^6H^4 < \begin{matrix} CHO \\ O(CH^2.CO^2H) \end{matrix}$$

A une solution étendue, rendue faiblement alca-line et maintenue tiède, d'aldéhydophénoxyacétate de sodium on ajoute la quantité calculée d'acé-tone en solution très étendue. On chauffe douce-ment au bain-marie pendant une demi-heure. Après refroidissement, on précipite l'acide acéto-nique par l'acide sulfurique étendu. Purifié par plusieurs cristallisations dans l'eau bouillante, ce corps est en cristaux fusibles à 108° [T. Elkan, *D. chem. G.*, **19**, 3041; *Bull. Soc. Chim.*, (2), **47**, 968].

M-COUMARYLMÉTHYLCÉTONE. — On ne connaît que son *dérivé oxyacétique*,

$$C^6H^4 < \begin{matrix} CH = CH - CO - CH^3 \\ O(CH^2.CO^2H) \end{matrix}$$

prismes fusibles à 122° [Elkan, *loc. cit.*].

P-COUMARYLMÉTHYLCÉTONE. — On ne connaît que ses dérivés méthylique et oxyacétique.

MÉTHYLOCOUMARYLMÉTHYLCÉTONE (*p–méthoxy-cinnaménylméthylcétone, butényl1¹-one1³-ben-zène-oxy2-méthane*),

$$C^6H^4 < \begin{matrix} CH = CH - CO - CH^3 \\ OCH^3 \end{matrix}$$

— On l'obtient par la condensation de l'acétone avec l'aldéhyde anisique. On dissout l'aldéhyde anisique (5 parties) dans un mélange d'acétone (11 parties) et d'eau (500 parties). On ajoute 50 grammes de soude caustique à 10 0/0. On agite le liquide, qui se colore en jaune, et on l'abandonne à lui-même pendant 12 heures. On recueille l'acétone qui se sépare et on la purifie par cristallisation dans l'éther.

La méthylocoumarylméthylcétone est en lamel-les, fusibles à 73°, très solubles dans l'éther, l'alcool, l'acide acétique et le benzène.

Oxydée par l'hypochlorite de sodium, elle four-nit du chloroforme et de l'acide méthylcouma-rique.

Dérivés nitrés. — On ajoute peu à peu l'acé-tone (1 molécule) à de l'acide sulfurique renfer-mant 1 molécule d'acide nitrique et refroidi à 0°; puis on verse dans l'eau glacée le produit de la réaction. La substance ainsi obtenue est un mé-lange de deux dérivés nitrés. On l'agite à plu-sieurs reprises avec une petite quantité d'éther acétique. La portion insoluble dans ce dissolvant étant dissoute dans le benzène, on précipite par addition d'éther de pétrole la *m-nitro-p-méthoxy-cinnaménylméthylcétone*,

$$AzO^2_{(3)} - C^6H^3 < {CH = CH - CO - CH^3_{(1)} \atop OCH^3_{(4)}}$$

aiguilles jaunes, solubles dans l'eau chaude, fusibles à 159° et fournissant par oxydation de l'acide m-nitroanisique.

On obtient aussi le même corps par la condensation de l'acétone avec l'aldéhyde m-nitro-p-méthoxybenzylique [A. Einhorn et J.-P. Grabfield, *Ann. Chem.*, **243**, 362; *Bull. Soc. Chim.*, (3), **1**, 579].

ACIDE MÉTHYLCÉTONE-COUMARYLOXYACÉTIQUE [Syn. *butényl1¹-one13-benzène-oxy2-éthanoïque*),

$$C^6H^4 < {CH = CH - CO - CH^3 \atop O(CH^3 . CO^2H)}$$

— Cristaux fusibles à 177-178° (Elkan).

DI-O-COUMARYLCÉTONE,

$$(OH - C^6H^4 - CH = CH)^2 CO.$$

— On prépare ce corps en chauffant la digluco-coumarylcétone à 100°, en vase clos, avec de l'acide sulfurique à 2 0/0. Il se présente sous la forme d'une poudre jaune-brun, soluble dans l'alcool, l'éther et le benzène, fusible à 160°

DIGLUCOCOUMARYLCÉTONE,

$$(C^6H^{11}O^5 - O - C^6H^4 - CH = CH)^2 CO$$

— Ce corps prend naissance dans la préparation de la glucocoumarylméthylcétone (voyez plus haut). Il est presque insoluble dans l'eau, même bouillante, insoluble dans l'éther, peu soluble dans l'alcool bouillant; on peut cependant le faire cristalliser dans ce dernier dissolvant. Il renferme 4 molécules d'eau de cristallisation, qu'il perd à 100°, et fond à 257°. Il se dissout dans l'acide sulfurique concentré en le colorant en rouge cerise. L'émulsine est sans action sur lui; mais il se dédouble lorsqu'on le chauffe pendant longtemps avec de l'acide sulfurique à 2 0/0 [Tiemann et Kees, *loc. cit.*].   Léon Roux.

COUMAZONIQUES (ACIDES). — M. Widmann désigne sous le nom d'*acides coumazoniques* des composés à fonction mixte, à la fois acides et bases, formés à partir de l'acide amido-oxypropylbenzoïque (amido-oxycuminique); ce sont les acides méthylcoumazonique, éthylcoumazonique et phénylcoumazonique.

ACIDE MÉTHYLCOUMAZONIQUE, $C^{12}H^{13}AzO^3$. — Lorsqu'on traite à froid l'acide amido-oxypropylbenzoïque

$$(CO^2H) . C^6H^3 < {C(OH)(CH^3)^2 \atop AzH^2}$$

par l'anhydride acétique, on obtient l'acide acétamido-oxypropylbenzoïque (*méthylol1¹-éthylol1¹-éthanoylaminobenzoïque*),

$$(CO^2H) . C^6H^3 < {C(OH)(CH^3)^2 \atop AzH . C^2H^3O}$$

Si, au contraire, on fait bouillir l'acide amido-oxypropylbenzoïque pendant quelques minutes avec un excès d'anhydride acétique, on obtient, après s'être débarrassé de cet excès d'anhydride, un corps qui, purifié par cristallisation dans l'alcool, répond à la formule $C^{12}H^{13}AzO^3$. Ce composé, isomérique avec l'acide acétamidopropénylbenzoïque, et qui est l'acide méthylcoumazonique, résulte évidemment de la déshydratation de l'acide acétamido-oxypropylbenzoïque formé :

$$C^{12}H^{15}AzO^4 - H^2O = C^{12}H^{13}AzO^3.$$

On peut du reste l'obtenir directement à partir de l'acide acétamido-oxypropylbenzoïque : il suffit de chauffer ce dernier avec de l'acide chlorhydrique ordinaire; on chasse l'acide chlorhydrique et on précipite l'acide méthylcoumazonique par l'acétate de sodium.

L'acide méthylcoumazonique se forme enfin, par suite d'une transposition moléculaire, lorsqu'on chauffe avec de l'acide chlorhydrique l'acide acétamidopropénylbenzoïque.

Propriétés. — L'acide méthylcoumazonique, cristallise dans l'alcool sous la forme de petits rhomboèdres ou de tables rhombiques, fusibles à 217-218°. Il est insoluble dans l'eau, même bouillante. Il se dissout dans les alcalis ainsi que dans les acides étendus, en donnant des sels bien cristallisés. Soumis à la distillation, soit seul, soit en présence de chaux, il se transforme en un produit goudronneux qui possède l'odeur de l'indol. Mais, chauffé avec ménagement, il se sublime en aiguilles blanches.

Il possède les caractères d'une base tertiaire : le nitrite de sodium ne réagit pas sur son chlorhydrate.

En le chauffant avec de l'iodure d'éthyle, on n'obtient qu'une masse poisseuse, qu'il est impossible de purifier.

Lorsqu'on traite l'acide méthylcoumazonique, en solution dans la soude, par l'amalgame de sodium, on obtient un corps cristallisé, fusible à 246°, répondant à la formule $C^{12}H^{15}AzO^3$ et qui n'est autre chose que l'acide acétamidocuminique,

$$(CO^2H) . C^6H^3 < {C^3H^7 \atop AzH . C^2H^3O}$$

On peut en effet préparer ce même composé en chauffant avec de l'anhydride acétique l'acide m-amidocuminique de MM. Fileti et Paterno.

Enfin l'acide méthylcoumazonique, même lorsqu'on le traite par un excès de potasse alcoolique, ne perd pas de groupement acétyle, tandis que son isomère, l'acide acétamidopropénylbenzoïque, se transforme facilement en acide amidopropénylbenzoïque et acide acétique.

Les faits qui précèdent conduisent à attribuer à l'acide méthylcoumazonique la formule de constitution

$$CO^2H-C {{CH \atop CH} {C \atop {}} {C(CH^3)^2 \atop \quad} \atop {CH \quad Az}} {O \atop C-CH^3}$$

SELS. — Le *sulfate acide*,

$$C^{12}H^{13}AzO^3 . SO^4H^2 , H^2O,$$

cristallise en aiguilles soyeuses, très solubles, qui perdent leur eau de cristallisation entre 100 et 140° et commencent à se décomposer à 140°.

Le *chlorhydrate*, $C^{12}H^{13}AzO^3 . HCl$, cristallise en aiguilles blanches, très solubles dans l'eau. Lorsqu'on évapore à sec sa solution aqueuse, ce sel perd de l'acide chlorhydrique.

Le *chloroplatinate*, $(C^{12}H^{13}AzO^3 . HCl)^2PtCl^4$, cristallise en prismes jaune foncé, également très solubles dans l'eau.

ACIDE ÉTHYLCOUMAZONIQUE,

$$(CO^2H) . C^6H^3 < {C(CH^3)^2 - O \atop Az = C - C^2H^5}$$

— On prépare cet acide en chauffant pendant quelques minutes l'acide amido-oxypropylbenzoïque avec un excès d'anhydride propionique. Après avoir chassé l'excès de ce dernier corps par plusieurs évaporations à sec en présence d'alcool, on obtient, par cristallisation du résidu dans l'alcool, l'acide éthylcoumazonique sous la forme de beaux prismes obliques, fusibles à 202°.

SELS. — Le *sulfate acide,*

$$C^{13}H^{15}AzO^3 . SO^4H^2,$$

cristallise en aiguilles blanches très solubles.

Le *chlorhydrate,* $C^{13}H^{15}AzO^3 . HCl$, cristallise de même en aiguilles extrêmement solubles dans l'eau. Sa solution aqueuse, traitée par l'acétate de sodium, abandonne l'acide éthylcoumazonique à l'état de liberté.

ACIDE PHÉNYLCOUMAZONIQUE,

$$(CO^2H) . C^6H^3 \begin{array}{l} \diagup C(CH^3)^2 - O \\ \qquad\qquad | \\ \diagdown Az \text{======} C - C^6H^5 \end{array}$$

— Cet acide s'obtient en chauffant à 100-120° l'acide amido-oxypropylbenzoïque avec un excès de chlorure de benzoyle. Lorsque le dégagement d'acide chlorhydrique a cessé, le produit de la réaction, traité par une petite quantité d'alcool bouillant, fournit une poudre blanche, qu'on lave avec un peu d'alcool froid et qu'on fait bouillir avec une grande quantité d'eau. On la dissout dans l'acide sulfurique étendu et chaud. Le sulfate acide, peu soluble à froid, se sépare; on le recueille et on le chauffe avec une solution d'acétate de sodium.

L'acide phénylcoumazonique se précipite alors sous la forme d'une poudre blanche, insoluble dans l'eau, fusible à 219-220°. En le faisant cristalliser dans l'alcool, on obtient de beaux cristaux, mais qui renferment 1 molécule d'alcool pour 2 molécules d'acide :

$$2 C^{17}H^{15}AzO^3, C^2H^6O.$$

SELS. — Le *sulfate acide,*

$$C^{17}H^{15}AzO^3 . SO^4H^2, 2H^2O,$$

cristallise en lamelles blanches, peu solubles à froid [O. Widmann, *D. chem. G.,* **16**, 2576; *Bull, Soc. Chim.,* (2), **43**, 35]. Léon Roux.

COUMYS ou **KOUMYS**. — Le coumys est une boisson fermentée, légèrement alcoolique et acide, que les habitants nomades des steppes du sud de la Russie et de l'Asie centrale (Kirghiz, Bachkirs, Kalmouks, Turcomans, Mongols) fabriquent avec le lait de jument. Le mode de préparation paraît variable d'une peuplade à l'autre. Le ferment est fourni soit par un échantillon de vieux coumys, soit par un dépôt de koumys séché au soleil et faisant fonction de levure sèche.

Les propriétés reconstituantes du coumys ont été signalées pour la première fois par J. Grieve en 1788; mais ce n'est guère qu'à partir de 1860 que la thérapeutique s'est sérieusement emparée de ce produit, d'abord en Allemagne, puis en France. Le lecteur trouvera une bibliographie très étendue sur ce côté de la question dans le *Dictionnaire de Thérapeutique* de M. Dujardin-Beaumetz (**3**, 295).

M. Biel a étudié la préparation et les propriétés du coumys dans l'établissement spécial créé par le Dr Stahlberg près de Saint-Pétersbourg, et où le lait de vingt à quarante juments des steppes est quotidiennement transformé en coumys. Voici comment on opère :

La préparation du coumys de lait de jument doit se faire immédiatement après la traite. Le lait encore chaud est versé dans des tonneaux étroits et élevés, et additionné du dixième de son volume de coumys provenant d'une opération antérieure. Le mélange, maintenu à la température de 20°, est doucement agité de 5 minutes en 5 minutes. Dès le début de l'opération, on perçoit l'odeur particulière du coumys, et après 2 ou 3 heures déjà, lorsqu'une portion du liquide introduite dans un verre à pied manifeste un léger dégagement d'acide carbonique, on peut mettre le produit en bouteilles [J. Biel, *Untersuchungen über den Kumys*, Vienne, 1874; *Maly's Jahresb.*, **4**, 166]. D'après M. Vieth, la mise en bouteilles ne doit avoir lieu que 20 heures environ après la traite [P. Vieth, *Maly's Jahresb.*, **14**, 188].

Lorsqu'on ne dispose pas du coumys nécessaire pour amorcer la fermentation, on abandonne à la fermentation lactique 1 litre de lait de vache, puis on le mélange à 10 litres de lait de jument encore chaud et on agite comme il a été dit plus haut. Au bout de 3 heures, on prélève sur la masse un litre de liquide que l'on ajoute à une nouvelle quantité de lait frais, et l'on répète cette opération encore 3 ou 4 fois. Ce n'est qu'au bout de 18 à 20 heures de fermentation que le liquide est apte à servir de « levain » pour la préparation d'un bon coumys [Biel, *loc. cit.*]. Très souvent, pendant la saison chaude, le lait de jument entre spontanément en fermentation alcoolique et lactique, après 12 ou 24 heures [Vieth, *loc. cit.*].

Le coumys mis en bouteilles est conservé à une température aussi basse que possible. Même un refroidissement à 0° n'arrête pas la fermentation, et il se développe une pression en acide carbonique parfois très considérable.

Voici quels sont la marche et les effets de cette fermentation : Le lait de jument frais est ordinairement alcalin, à odeur aromatique, à saveur à la fois sucrée et âpre. Cette âpreté particulière du lait de jument se retrouve dans le coumys à un degré plus marqué, et associée à une saveur acidule assez prononcée. La fermentation est tout à la fois alcoolique et lactique, la première s'arrêtant, d'après M. Vieth, lorsque la proportion d'acide lactique s'élève à 1 0/0 environ. La fermentation lactique continue au contraire jusqu'à destruction complète du sucre. Voici d'abord, d'après les analyses de M. Biel, les proportions du sucre de lait, d'alcool, d'acides lactique et carbonique contenues dans un coumys préparé avec du lait de juments des Kirghiz et abandonné à la fermentation en bouteille pendant des temps variables, comptés à partir du moment de la préparation. Ce lait contenait en moyenne, par litre, 54,2 grammes de sucre de lait.

	Après 1 jour.	Après 2 jours.	Après 3 jours.
Sucre de lait.	18,00	13,19	12,88
Alcool.	12,31	16,47	17,17
Acide lactique.	4,75	6,50	8,24
Acide carbonique libre.	5,40	8,43	9,16

	Après 5 jours.	Après 9 jours.	Après 16 jours.
Sucre de lait.	9,63	7,79	6,41
Alcool.	18,51	19,67	20,06
Acide lactique.	8,05	7,11	7,57
Acide carbonique libre.	6,77	8,59	7,71

En prélevant sur un coumys des échantillons de 1, 8 et 21 jours, M. Vieth a constaté au contraire, par des analyses plus récentes, que la production d'alcool et d'acide lactique avait presque atteint son maximum dès le premier jour, ainsi que le montre le tableau que nous reproduisons plus loin.

Cependant l'accumulation croissante d'acide carbonique dans le coumys conservé en bouteilles ne peut guère s'expliquer que par la continuation de la fermentation alcoolique.

Les matières albuminoïdes du lait subiraient aussi des modifications, encore incomplètement connues. Pendant la préparation du coumys et la fermentation subséquente en bouteilles, la caséine est en partie précipitée ; le coumys constitue alors une sorte d'émulsion qui, par le repos, laisse déposer un précipité floconneux que l'on peut filtrer assez facilement. A mesure que la fermentation avance, cette caséine se redissout, mais, d'après M. A. Dochmann, à l'état d'acidalbumine. Lorsque, après avoir éliminé par filtration la caséine insoluble, on précipite l'acidalbumine par neutralisation au moyen de la soude, on ne trouve plus de caséine dans le liquide filtré, mais seulement de la peptone [A. Dochmann, *Maly's Jahresb.*, **11**, 190].

M. Biel arrive aussi à cette conclusion que la quantité absolue de caséine va en diminuant, tandis que les proportions d'acidalbumine et d'acide lactique augmentent parallélement à mesure que l'on s'éloigne du début de l'opération. Mais, pour lui, la caséine reste en partie en suspension sous la forme de flocons très fins, en partie en dissolution. Les particularités que présente cette caséine tiennent à la présence d'une plus faible quantité de cendres et spécialement de chaux [Biel, *Studien über die Eiweissstoffe des Kumys und Kefir*, Saint-Pétersbourg, 1886 ; *Maly's Jahresb*, **16**, 159. — Voyez Suppl. **2**, art. CASÉINE].

L'analyse révèle aussi la présence d'une certaine quantité d'hémialbumose et de peptone, mais en trop faible proportion pour qu'on puisse expliquer par là les effets heureux de l'emploi du coumys dans l'alimentation des tuberculeux. M. A. Dochmann a trouvé dans le lait de jument 0,28 0/0 de peptone, et dans le coumys 1er,04 après 1 jour, 2,48 après 40 heures et 4,84 0/00 après 70 heures. Cette augmentation continue de la proportion de peptone a été confirmée par M. Potechin [*Maly's Jahresb.*, **13**, 153].

Voici le résultat d'une analyse complète de coumys mis en bouteilles après 21 heures de fermentation, et analysé après des laps de temps variables [P. Vieth, *loc. cit.*]. Le lait de jument employé avait une densité de 1,0349 et renfermait : eau, 90,06 ; beurre, 1,09 ; matières albuminoïdes, 1,89 ; sucre, 6,85 ; cendres solubles, 0,08 ; cendres insolubles, 0,23 0/0. 100 parties de coumys contenaient :

	Après 1 jour.	Après 8 jours.	Après 3 semaines.
Eau.	91,87	92,38	92,42
Alcool.	3,29	3,26	3,29
Beurre.	1,17	1,14	1,20
Caséine.	0,80	0,85	0,79
Albumine.	0,15	0,32	0,32
Lactoprotéine et peptone	1,04	0,59	0,76
Acide lactique.	0,96	1,03	1,00
Sucre.	0,39	0,09	»
Cendres solubles.	0,10	0,12	0,12
Cendres insolubles.	0,23	0,22	0,23

D'après MM. Moser et Soxhlet, la richesse en alcool des diverses espèces de coumys varie de 1,70 à 2,50 en volume 0/0. M. Suter-Naef a analysé le coumys que l'on fabrique avec le lait de vache à Davos (canton des Grisons) [Moser et Soxhlet, *Maly's Jahresb.*, **8**, 152. — Suter-Naef, *D. chem. G.*, **5**, 286. — H. Schrodt, *Chem. Centralblatt*, 1888, n° 50].

On ne sait presque rien sur le côté microbiologique de cette fermentation. Le phénol, le thymol, le salicylate de sodium arrêtent la fermentation. Le benzoate de sodium (0,04 0/0), qui exerce la même action, est d'un emploi commode lorsqu'on veut obtenir un coumys pauvre en alcool [Kostjurin, *Maly's Jahresb.*, **13**, 153].

Le coumys que l'on emploie pour le traitement des tuberculeux a ordinairement 2 jours de date. Il ne produit aucun phénomène d'ivresse et agit

comme un léger laxatif. A petites doses, il réveille l'appétit ; à doses plus élevées (3000-3500 centimètres cubes par jour), il peut suffire pendant des semaines à l'alimentation des tuberculeux. Dans ces conditions, il y a engraissement manifeste, en même temps qu'une augmentation considérable de la proportion d'urée, d'acide sulfurique et d'acide phosphorique éliminés par les urines [Biel, *ibid.*, **4**, 166].   E. Lambling.

CRÉATINE (*acide méthylguanidine-acétique*) (voyez Dict., **1**, 982 et Suppl., **1**, 534). — La créatine existe à côté de la créatinine dans l'urine des chiens nourris exclusivement de viande ; l'urine de l'homme paraît en contenir aussi, car, si on la chauffe avec de l'acide chlorhydrique, on y voit augmenter la créatinine. On peut employer pour la recherche de la créatine la réaction de Weyl qui sert pour la détermination de la créatinine (voyez ce mot) ; il suffit de transformer la créatine en créatinine par ébullition avec l'acide sulfurique étendu : on a pu constater de cette façon sa présence dans le lait.

La méthylamine qui existe dans l'urine des carnivores, ainsi que celle que l'on constate dans l'urine des herbivores, paraissent provenir de la décomposition de la créatine, qui se transforme d'abord en méthylguanidine et acide oxalique, puis en méthylamine, acide carbonique et ammoniaque [Schiffer, *D. chem. G.*, **13**, 1753].

La créatine, traitée par une solution aqueuse d'acide azoteux, dégage exactement la moitié de son azote.

CRÉATININE. — Cette substance se rencontre dans la chair de certains poissons. Si l'on additionne une solution de ce corps d'une dissolution très étendue et à peine colorée de nitroprussiate de sodium, puis de quelques gouttes d'une lessive étendue de soude, il se forme une coloration rouge-rubis qui passe assez rapidement au jaune [Weyl, *D. chem. G.*, **11**, 2175]. Si à ce moment on acidule la liqueur avec de l'acide acétique, elle devient d'abord verte, puis bleue [Salkowsky, *D. chem. G.*, **13**, 822]. Cette dernière réaction est produite aussi par l'addition d'autres acides, et surtout de l'acide formique [Colasanti, *D. chem. G.*, **20**, *Ref.*, 511].

La réaction de Weyl peut être utilisée pour rechercher la créatinine dans l'urine ; elle est empêchée par la chaleur. Sa sensibilité est très grande, puisqu'elle se produit encore nettement avec 0,3 0/00 de créatinine ; elle a permis de démontrer que la créatinine (dans l'urine par exemple) se transforme en créatine sous l'influence des alcalis, ainsi que Liebig l'avait affirmé. Cette réaction se produit aussi avec des substances voisines de la créatinine qui contiennent le groupe $-CH^2-CO-$ lié à 2 atomes d'azote : l'hydantoïne, la sulfhydantoïne et la méthylhydantoïne le présentent. Les corps qui contiennent le groupe AzH (guanine, guanidine, allantoïne) ne la donnent pas [Guareschi, *D. chem. G.*, **21**, 372].

La créatinine est précipitée de ses solutions par l'acide picrique. Si l'on opère sur de l'urine, on obtient ainsi un précipité constitué par un mélange d'acide urique et de *picrate double de potassium et de créatinine*,

$$C^4H^7Az^3O . C^6H^3Az^3O^7 . C^6H^2Az^3O^7K$$

[Jaffé. *Zeit. physiol. Chem.*, **10**, 391 ; *D. chem. G.*, **20**, *Ref.*, 175].

La créatinine est aussi précipitée intégralement par un mélange de chlorure mercurique et d'acétate de sodium : il se produit au bout de 48 heures un dépôt cristallin ayant pour composition

$$4(C^4H^7Az^3O . HCl . HgO) . 3HgCl^2$$

[Stillingfleet et Johnson, *Chem. News*, **55**, 304;
D. chem. G., **20**, *Ref.*, 581].

Une solution aqueuse de créatinine, additionnee
d'acide picrique, puis de quelques gouttes de potasse et de soude, prend immédiatement à froid
une coloration rouge qui persiste pendant plusieurs heures et qui vire au jaune par l'addition
d'acide acétique ou d'acide chlorhydrique. Cette
réaction, qui est encore sensible pour une solution renfermant 1/5000 de créatinine, se produit
directement avec l'urine [Jaffé, *loc. cit.*].

M. P. Grocco [*Ann. di Chim. e di Farm.*,
4, 211; *D. chem. G.*, **20**; *Ref.*, 392] a étudié les
variations quantitatives de la créatinine contenue
dans l'urine suivant les divers états physiologiques et pathologiques. Cette substance diminue
avec la diète, avec le repos, dans les cachexies,
le diabète, la néphrite, etc.; elle augmente avec
l'alimentation azotée, le travail musculaire, les
maladies mentales (périodes d'excitation), etc.

Un grand nombre de créatines et de créatinines, homologues de la glycocyamine et de la
glycocyamidine, ont été préparées par M. Duvillier, à l'aide de la méthode de Strecker.

M. Duvillier a posé les conclusions suivantes,
relatives à la formation des créatines et des créatinines :

1° La méthode de Strecker n'est pas générale
pour la synthèse des créatines; dans un grand
nombre de cas, au lieu de créatines on obtient
des créatinines.

2° L'action de la cyanamide sur les acides amidés dérivés de l'ammoniaque ordinaire fournit des
créatines à l'aide desquelles on obtient facilement les créatinines correspondantes par l'action
des acides étendus. Ces dernières régénèrent facilement les créatines qui leur ont donné naissance.

3° Les acides amidés dérivés de la méthylamine
et en général des ammoniaques composées fournissent directement des créatinines quand on les
traite par la cyanamide. Seuls les deux premiers
termes de la série, le méthylglycocolle et l'acide
α-méthylamidopropionique, font exception, le premier donnant la créatine ordinaire, le second
l'homocréatine [Duvillier, *Bull. Soc Chim.*, (2),
47, 401].

L'acide sulfanilique (α-amidobenzène-sulfonique)
forme avec la cyanamide un produit d'addition
analogue aux créatines, la *sulfanilocyamine*; ce
corps ne donne pas de produit de déshydratation
correspondant aux créatinines [**J.** Ville, *C. R.*,
104, 1281].   E. Burcker.

CREDNERITE (Min.) (Rammelsberg). — Manganite de cuivre, $Cu^3Mn^4O^9 = 3CuO.2Mn^2O^3$.
Masses compactes ou grenues, d'un noir de fer,
opaques, à éclat submétallique; avec minerais
de manganèse, à Friedrichroda (Thüringer Wald).

Caractères. — Soluble dans l'acide chlorhydrique, avec dégagement de chlore. Au chalumeau, fond seulement sur les bords. Réactions du
cuivre et du manganèse. Dureté = 4,5–5. Poussière noire. Densité = 4,89–5,07.

Forme cristalline. — Prisme orthorhombique,
d'après les clivages *p* facile, *m* moins facile.

CRÉOSOL (*Méthylhomopyrocatéchine*),

$$C^6H^3 \diagup{} \begin{matrix} CH^3_{(1)} \\ OCH^3_{(3)} \\ OH_{(4)} \end{matrix}$$

(voyez Dict., **1**, 986 et Suppl., **1**, 535). — Le creosol
forme environ la moitié du produit que l'on obtient en distillant la résine de gaïac avec du zinc
en poudre [K. Bötsch, *Wiener Acad. Ber.*, **82**,
II, 479].

Il bout à 220-224° et fournit de l'homopyroca-
téchine quand on le traite par l'acide iodhydrique
fumant ou qu'on le fond avec la potasse.

Chauffé avec du chloroforme, le créosolate de
potassium donne naissance à l'aldéhyde homométhoxysalicylique,

$$C^6H^2 \begin{matrix} CH^3_{(1)} \\ OCH^3_{(3)} \\ OH_{(4)} \\ CHO_{(5)} \end{matrix}$$

[F. Tiemann et P. Koppe, *D. chem. G.*, **14**, 2024;
Bull. Soc. Chim., (2), **37**, 425].

ISOCRÉOSOL,

$$C^6H^3 \begin{matrix} CH^3_{(1)} \\ OH_{(3)} \\ OCH^3_{(4)} \end{matrix}$$

— M. Limpach a obtenu synthétiquement cet isomère du créosol, en décomposant par l'ébullition
une solution alcaline du sulfate diazoïque correspondant à l'éther méthylique de l'amido-p-crésol,

$$C^6H^3(CH^3)_{(1)}(AzH^3)_{(3)}(OCH^3)_{(4)}.$$

Le produit de la réaction, acidifié par l'acide
sulfurique, est ensuite distillé dans un courant de
vapeur d'eau. Cette préparation donne d'ailleurs
de faibles rendements.

L'isocréosol est un liquide d'odeur aromatique,
qui bout à 185° avec décomposition partielle et
qui se dissout facilement dans l'alcool, l'éther et
le benzène, moins facilement dans l'eau [L. Limpach, *D. chem. G.*, **22**, 350; *Bull. Soc. Chim.*,
(3), **2**, 521].   O. Saint-Pierre.

CRÉOSOL-CARBONIQUE (**ACIDE**) [Syn.
Homométhoxysalicylique],

$$\underset{OH}{\overset{CH^3}{\bigcirc}}{}^{HO^2C}_{OCH^3}$$

— Cet acide a été obtenu par M. Wende [*D. chem.
G.*, **19**, 2324, *Bull. Soc. Chim.*, (2), **47**, 326] en
faisant passer un courant d'acide carbonique dans
du créosol auquel on ajoute peu à peu du sodium : le mélange s'échauffe de lui-même; cependant, à la fin, il convient de chauffer légèrement.
Le produit de la réaction, additionné d'acide chlorhydrique, laisse déposer une huile brune qui est
un mélange d'acide et de créosol inattaqué. On
les sépare facilement en neutralisant par la
soude et en agitant avec de l'éther qui enlève le
créosol. L'acide libre est purifié par cristallisation
dans la ligroïne ou dans un mélange de benzène
et de chloroforme.

L'acide créosol-carbonique cristallise en aiguilles
fusibles à 180-182°, très peu solubles dans l'eau,
le benzène et l'éther de pétrole, facilement solubles dans l'alcool, l'éther et le chloroforme. En
le chauffant avec précaution, on peut le sublimer
sans le décomposer. Il donne avec le chlorure
ferrique une coloration bleu foncé.

Le *sel ammoniacal* et celui *de potassium*
forment de petites aiguilles solubles dans l'eau.

Le *sel de baryum*, obtenu en faisant digérer
l'acide avec du carbonate de baryum, est peu soluble dans l'eau.

Les *sels de plomb* et *de cuivre* sont pulvérulents.

L'*éther méthylique*, $C^6H^9O^2.CO^2CH^3$, cristallise en petites pyramides hexagonales, fusibles
à 92°. L'*éther éthylique* fond à 77°. Ils donnent
avec le chlorure ferrique une coloration d'un bleu
verdâtre.   O. Saint-Pierre.

CRÉSHYDRYLAMINE (P-) [Syn. *Tolhydrylamine, dicrésylométhylamine*],

$$(CH^3_{(4)} - C^6H^4)^2 CH_{(4)} - AzH^2$$

[H. Goldschmidt et H. Stöcker, *D. chem. G.*, **24**, 2798]. — Cette base prend naissance par la réduction de la di-p-crésylcétoxime au moyen de l'amalgame de sodium en solution alcoolo-acétique :

$$(C^7H^7)^2 C(AzOH) + 2 H^2$$
$$= (C^7H^7)^2 CH . AzH^2 + H^2O.$$

Elle cristallise dans la ligroïne en belles lamelles transparentes, fusibles à 93°, très solubles dans l'éther, l'alcool et la ligroïne bouillante.

Le *chlorhydrate*, $C^{16}H^{17}Az.HCl$, cristallise dans l'eau en aiguilles blanches qui brunissent à 200° et qui fondent à 235°; il est peu soluble dans l'eau froide.

Le *dérivé acétylé*, $(C^7H^7)^2CH . AzH . C^2H^3O$, forme de fines aiguilles blanches fusibles à 159°.

Créshydrylurée,

$$(C^7H^7)^2CH - AzH - CO - AzH^2.$$

— On l'obtient au moyen du cyanate de potassium et du chlorhydrate de la base précédente. Elle cristallise dans l'alcool faible en fines aiguilles blanches, fusibles à 152°.

CRÉSOLBENZÉINE,

$$C^6H^5 . C(OH) = (C^7H^6.OH)^2.$$

— Ce composé, obtenu par l'action du phényl-chloroforme sur l'o-crésol, cristallise en lamelles rouge-brun, qui fondent à 220-225°. Chauffé avec une solution d'acide sulfureux, il est ramené à l'état de dioxydicrésylphénylméthane,

$$C^6H^5 - CH(C^7H^6.OH)^2$$

[E. Doebner et G. Schrötter, *Ann. Chem.*, **257**, 68].

CRÉSOLBENZÈNE-ÉTHANES. — MM. W. Kœnigs et W. Carl [*D. chem. G.*, **24**, 3895] ont donné ce nom impropre aux *méthyl-phényl-méthophénylol-méthanes*,

$$C^6H^5 - CH - C^6H^3 <^{CH^3}_{OH}$$
$$|$$
$$CH^3$$

Méthylphényl-o-méthophénylolméthane,

$$(C^6H^5)(CH^3)CH - C^6H^3(CH^3)_{(1)}(OH)_{(2)}.$$

—A molécules égales de cinnamène et d'o-crésol on ajoute un mélange de 1 volume d'acide sulfurique concentré et de 9 volumes d'acide acétique cristallisable, en employant 1 centimètre cube d'acide sulfurique pour 1 gramme de crésol. On abandonne le tout à la température ordinaire pendant 4 jours, puis on verse la dissolution dans 4 fois son volume d'eau, on sursature par le carbonate d'ammonium et on épuise par l'éther. Le résidu obtenu par l'évaporation de ce dissolvant est chauffé avec de la potasse, de façon à saponifier les dérivés acétiques qui auraient pu prendre naissance dans la préparation ; la solution alcaline est filtrée, acidulée et distillée dans un courant de vapeur d'eau.

On obtient ainsi une huile jaune, passant à la distillation vers 160-180°. Ce composé est inscristallisable et ne peut être distillé sans décomposition. Il est soluble dans tous les dissolvants, excepté dans l'eau.

L'*éther méthylique* est une huile jaune, bouillant à 300-310°, soluble dans l'acétone, l'éther, la ligroïne et le chloroforme. Oxydé par un mélange de peroxyde de manganèse et d'acide sul-

furique étendu, il fournit un composé cétonique,

$$C^6H^5 - CO - C^6H^3 <^{CH^3}_{OCH^3}$$

improprement appelé par MM. Kœnigs et Carl *éther méthylique de l'o-crésolphénylcétone* (voyez ce mot).

Méthylphényl-m-méthophénylolméthane,

$$(C^6H^5)(CH^3)CH - C^6H^3(CH^3)_{(1)}(OH)_{(3)}.$$

— On le prépare comme son isomère, en substituant le m-crésol à l'o-crésol. C'est une masse cristalline fusible à 124°.

L'*éther méthylique*, $C^{16}H^{18}O$, se présente en cristaux fusibles à 63°.

CRÉSOLPHÉNONE [Syn. *Diméthyldioxybenzophénone, bisméthophénylolméthanone*],

$$^{CH^3_{(4)}}_{OH_{(4)}} > C^6H^3 - CO - C^6H^3 <^{CH^3_{(1)}}_{OH_{(4)}}$$

— Ce composé a été obtenu en traitant par la potasse caustique en fusion, à 200° l'anhydride de la phtaléine du p-crésol,

$$CO <^{C^6H^4}_{-O-} > \overline{C} <^{C^6H^3(CH^3)}_{C^6H^3(CH^3)} > O,$$

qui se dédouble en acide benzoïque et cresolphénone.

Ce produit est insoluble dans l'eau et dans les acides étendus, soluble dans l'alcool, l'éther et les alcalis. Il cristallise dans l'alcool en aiguilles jaunâtres, fusibles à 104-105°, et peut être distillé sans décomposition [Ad. Baeyer et V. Drewsen, *Ann. Chem.*, **212**, 340; *Bull. Soc. Chim.*, (2), **38**, 448].

CRÉSOLPHÉNYLCÉTONE. — MM. W. Kœnigs et W. Carl [*D. chem. G.*, **24**, 3897] ont donné ce nom impropre à la *phényl-o-méthophénylol-méthanone*,

$$C^6H^5 - CO - C^6H^3 <^{CH^3}_{OH}$$

Ce composé n'est lui-même connu qu'à l'état d'*éther méthylique*,

$$C^6H^5 - CO - C^6H^3 <^{CH^3}_{OCH^3}$$

On l'obtient en oxydant par un mélange de bioxyde de manganèse et d'acide sulfurique l'éther méthylique du méthylphényl-o-méthophénylolméthane, $(C^6H^5)(CH^3)CH - C^6H^3(CH^3)(OCH^3)$. On épuise par l'éther le produit de la réaction, on lave la solution éthérée à l'eau et au carbonate de sodium, on l'évapore et finalement on distille le résidu dans un courant de vapeur d'eau.

On peut aussi préparer ce composé en chauffant au bain-marie un mélange de chlorure de benzoyle et d'o-crésolate de méthyle en solution sulfocarbonique et en présence du chlorure d'aluminium.

Quelle que soit la méthode employée, on obtient finalement de grandes lamelles rhombiques, fusibles à 80°.

CRÉSOLS ou **CRÉSYLOLS** (*méthylbenzénols*),

$$C^6H^4 <^{CH^3}_{OH}$$

(voyez Dict., **1**, 988 ; **2**, 829; Suppl., **1**, 539). — Les trois crésols, qui, lors de la rédaction du Supplément du Dictionnaire, n'avaient encore été que très imparfaitement étudiés, ont été depuis cette époque l'objet d'un grand nombre de travaux, que nous allons résumer ici, en décrivant successivement chacun des trois isomères, ainsi que ses dérivés.

L'oxydation des crésols par d'autres moyens que la fusion avec de la potasse ne réussit que très difficilement et avec des rendements très faibles. Il n'en est pas de même si, au lieu de prendre les crésols eux-mêmes, on part de leurs éthers sulfuriques ou phosphoriques. Le permanganate de potassium en solution alcaline les oxyde facilement : après saponification, on obtient les acides oxybenzoïques correspondants, ce qui permet d'établir leur constitution [Ch. Heymann et W. Kœnigs, *D. chem. G.*, **19**, 704 et 3304 ; *Bull. Soc. Chim.*, (2), **46**, 379 ; **48**, 536].

De même, la nitration directe des crésols est assez difficile à effectuer et ne fournit que de faibles rendements en dérivés mononitrés. Au contraire, les sels alcalins de leurs dérivés sulfonés sont facilement convertis en dérivés mononitrosulfonés. Dans ces composés, on ne peut éliminer le groupement SO^3H, même en les chauffant à 160° avec de l'acide chlorhydrique ; mais, par réduction, ils fournissent des dérivés amidosulfonés, faciles à décomposer en amidocrésols et acide sulfurique [E. Schultze, *D. chem. G.*, **20**, 410].

Les trois crésols, chauffés avec du bromure de zinc ammoniacal et du bromure d'ammonium, donnent naissance à un mélange de mono- et de dicrésylamine [V. Merz et P. Müller, *D. chem. G.*, **20**, 544 ; *Bull. Soc. Chim.*, (2), **47**, 965].

De même que le phénol, les crésols réagissent sur l'éther dichloré, d'après l'équation

$$CH^3Cl-CHCl . OC^2H^5 + 3\ C^7H^7OH$$
$$= 2\ HCl + C^2H^5OH$$
$$+ C^7H^6OH-CH^2-CH(C^7H^6OH)^2,$$

en donnant les trois trioxycrésyléthanes correspondants [C. Brückner, *Ann. Chem.*, **257**, 322 ; *Bull. Soc. Chim.*, (3), **5**, 629].

O-CRÉSOL, $C^6H^4 <{}^{CH^3_{(1)}}_{OH_{(2)}}$

— D'après M. Hirsch, l'o-crésol préparé par l'action de l'azotite de sodium sur le sulfate d'o-toluidine et distillation dans un courant de vapeur d'eau, puis précipité par l'acide sulfurique de sa solution alcaline, bout à 189° et fond à 29° [R. Hirsch, *D. chem. G.*, **18**, 1511 ; *Bull. Soc. Chim.*, (2), **45**, 932].

L'o-crésol, porté à l'ébullition avec de l'aluminium en présence d'un peu d'iode, donne naissance à un *crésate d'aluminium*, $(C^7H^7O)^6Al^2$, qui se dissout facilement dans le benzène avec une coloration verte. L'eau et l'alcool détruisent cette combinaison en donnant de l'alumine et du crésol. Par la chaleur, elle se décompose et fournit du crésol, de l'oxyde de crésyle et un corps $C^{16}H^{14}O$, volatil au-dessus de 300°, qui paraît être une acétone [J. Gladstone et A. Tribe. *Chem. Soc.*, **47**, 25 ; *Bull. Soc. Chim.*, (2), **46**, 843].

Lorsque l'on chauffe l'o-crésol avec de l'acide sulfurique étendu, du bromure de potassium et du bioxyde de manganèse, on obtient la tribromotoluquinone. Ce corps se produit aussi quand on fait agir le brome libre sur l'o-crésol en présence d'eau et d'une trace d'iode [F. Canzoneri et P. Spica, *Gazz. chim. ital.*, **12**, 469 ; *Bull. Soc. Chim.*, (2), **39**, 446].

L'o-crésol en solution alcaline, additionné d'une solution d'iode dans l'iodure de potassium, se transforme en un précipité rouge-brun, amorphe, dont la composition est celle d'un *dérivé diiodé* $C^7H^6OI^2$. Ce composé peu stable renferme de l'iode dans le groupement oxhydryle et se décompose déjà par la dessiccation. Il se ramollit vers 115° et fond à 150° [J. Messinger et

G. Vortmann, *D. chem. G.*, **22**, 231ɔ ; *Bull. Soc. Chim.*, (3), **3**, 543].

Si au contraire on ajoute de l'iode à une solution d'o-crésol dans l'ammoniaque, on obtient un *dérivé diiodé* fusible à 69°,5, dont l'*éther acétique* fond à 59° et le *picrate* à 204° [C. Willgerodt et A. Kornblum, *J. prakt. Chem.*, (2), **39**, 289 ; *Bull. Soc. Chim.*, (3), **3**, 19].

L'o-crésol, additionné de chlorure de soufre, fournit le *sulfure d'oxycrésyle*,

$$S<{}^{C^7H^6OH}_{C^7H^6OH}$$

qui fond à 123-124° [G. Tassinari, *Acaa. dei Lincei*, 1887, 220].

ÉTHERS. — ÉTHER·ÉTHYLIQUE. — Obtenu par l'action de l'iodure d'éthyle sur le sel de potassium, ce corps forme une huile incolore, d'odeur agréable, bouillant à 180-181°. Sa densité à 5° est 0,97123.

ÉTHER ÉTHYLÉNIQUE, $(C^7H^7O)^2C^2H^4$. — Avec le chlorure d'éthylène, on a de même le *crésate d'éthylène*, qui cristallise en lamelles incolores, brillantes, peu solubles dans l'alcool froid, très solubles dans l'alcool chaud. Il fond à 79°.

ÉTHER BENZYLIQUE, $C^7H^7O . CH^2 . C^6H^5$. — Liquide sirupeux, incolore, jaunissant peu à peu à l'air et incristallisable. Il bout à 285-290° [W. Staedel, *D. chem. G.*, **14**, 898 ; *Bull. Soc. Chim.*, (2), **39**, 43].

OXYDE DE CRÉSYLE. — Il se produit, comme on l'a vu plus haut, dans la décomposition du crésate d'aluminium. C'est un liquide incolore, qui jaunit à la lumière et qui bout entre 272 et 278°. Sa densité à 24° est 1,047 [J. Gladstone et A. Tribe, *loc. cit.*].

CARBONATE. — Par l'action de l'éther chloroxycarbonique sur le sel de potassium de l'o-crésol on obtient un *carbonate d'éthyle et de crésyle*,

$$CO<{}^{OC^2H^5}_{OC^6H^4 . CH^3}$$

bouillant à 235-237° [G. Bender, *D. chem. G.*, **13**, 699 ; *Bull. Soc. Chim.*, (2), **35**, 257].

SULFATE. — M. Baumann prépare le *sulfate acide d'o-crésyle*, ou du moins son sel de potassium, en traitant l'o-crésol en solution alcaline par le pyrosulfate de potassium :

$$C^7H^7OK + S^2O^7K^2 = SO^4K^2 + C^7H^7O . SO^3K.$$

Il importe, dans cette réaction, de ne pas dépasser la température de 70° ; le sel de potassium est purifié par cristallisation dans l'alcool. Les acides minéraux à froid et même l'acide acétique à l'ébullition le dédoublent en o-crésol et bisulfate de potassium ; l'humidité de l'air produit lentement la même transformation, tandis que les alcalis ne l'attaquent nullement. Chauffé à 140°, le sel de potassium sec se transforme en crésylsulfonate de potassium [E. Baumann, *D. chem. G.*, **2**, 1911 ; *Bull. Soc. Chim.*, (2), **32**, 434].

PHOSPHATE. — L'o-crésol, chauffé avec de l'oxychlorure de phosphore, réagit violemment. Le produit de la réaction, lavé à la soude et épuisé à l'éther, fournit par évaporation de celui-ci le *phosphate tricrésylique*, sous la forme d'un liquide jaune, dense, qu'on peut distiller dans le vide avec décomposition partielle. Il est soluble dans l'alcool, l'éther et le benzène. L'acide nitrique le transforme en *nitrocrésol* 1.2.3, fusible à 70° [R. Heim, *D. chem. G.*, **16**, 1767 ; *Bull. Soc. Chim.*, (2), **40**, 574. — M. Rapp, *Ann. Chem.*, **224**, 156 ; *Bull. Soc. Chem.*, (2), **44**, 130].

SILICATE. — On ajoute à froid à 1 molécule

de chlorure de silicium 5 molécules d'o-crésol et on porte le mélange à 50° pour commencer la réaction, qui se continue d'elle-même. On réchauffe la masse de temps en temps, et, pour terminer, on la porte à 220°. Le produit de la réaction passe à la distillation entre 420 et 455°. C'est le *silicate tétracrésylique*. Il bout à 435-438° et cristallise difficilement à basse température. Il se dissout facilement dans l'alcool, l'éther, le chloroforme, le sulfure de carbone et le benzène, difficilement dans le pétrole. L'eau le décompose lentement à froid et rapidement à chaud en o-crésol et silice gélatineuse [J. Hertkorn, *D. chem. G.*, **18**, 1686; *Bull. Soc. Chim.*, (2), **45**, 931].

CYANATE. — L'isocyanate de crésyle ou crésylcarbimide, déjà obtenu par Girard en distillant l'o-crésyluréthane $C^7H^7O.CO.AzH^2$ avec de l'anhydride phosphorique, est un liquide bouillant à 186°. Chauffé avec de l'acétate de potassium, il se convertit en cyanurate. La triéthylphosphine opère la même transformation, mais en quantité beaucoup moindre [W. Frentzel, *D. chem. G.*, **21**, 413].

Le *cyanurate tricrésylique* se produit encore lorsque l'on ajoute du chlorure de cyanogène solide à de l'o-crésol dans lequel on a fait dissoudre la quantité théorique de sodium. Après lavage à la soude faible et à l'eau, on le purifie par cristallisation dans l'éther ou dans l'acide acétique [R. Otto, *D. chem. G.*, **20**, 2237; *Bull. Soc. Chim.*, (2), **48**, 661]. Il fond à 152° d'après cet auteur, tandis que M. Frentzel lui donne comme point de fusion 168°.

Le cyanate de crésyle a été également obtenu par M. Gattermann en traitant par le nitrite de sodium une solution sulfurique d'o-toluidine et en décomposant le corps diazoïque ainsi formé par le cyanate de potassium et le cuivre en poudre. Par ce procédé, le rendement est de près de 70 0/0 du poids de la toluidine employée [L. Gattermann, *D. chem. G.*, **23**, 1226; *Bull. Soc. Chim.*, (3), **5**, 40].

SALICYLATE. — Ce corps fond à 35° et est insoluble dans l'eau, peu soluble dans l'alcool [Nencki, *C. R.*, **108**, 254].

ORTHO-ACÉTATE, $CH^3-C(O.C^6H^4.CH^3)^3$ [Heiber, *D. chem. G.*, **24**, 3683]. — On le prépare par l'action du méthylchloroforme sur une solution alcaline d'o-crésol au bain-marie. Purifié par distillation dans un courant de vapeur d'eau, il cristallise en aiguilles incolores, fusibles à 87,5-89°.

Traité par une solution acétique de brome, il fournit un *dérivé tribromé*.

DÉRIVÉS DE SUBSTITUTION. — ACÉTYLCRÉSOL (*méthyl1-éthanoyl5-benzénol2*),

$$C^6H^3(CH^3)_{(1)}(OH)_{(2)}(CO.CH^3)_{(3)}.$$

— Ce corps a été obtenu par l'action de l'azotite de sodium sur le³ chlorhydrate d'amido-acétyltoluène correspondant. Le liquide épuisé à l'éther est précipité par la ligroïne, sous la forme de cristaux rougeâtres, devenant blancs après plusieurs cristallisations. Il fond à 104° et est soluble dans l'alcool, l'éther et l'eau chaude. Le chlorure ferrique le colore en jaune brun [J. Klingel, *D. chem. G.*, **18**, 2699; *Bull. Soc. Chim.*, (2), **46**, 422].

DÉRIVÉS CHLORÉS. — *Chloro-o-crésol*,

$$C^6H^3(CH^3)_{(1)}(OH)_{(2)}Cl_{(5)}.$$

— Lorsqu'on fait passer un courant de chlore dans une solution acétique d'o-crésol contenant un peu de fer et bien refroidie, on obtient uniquement le dérivé monochloré 1.2.5. Il fond à 33° et bout à 220° [Ad. Claus et A. Jackson, *J. prakt. Chem.*, (2), **38**, 321; *Bull. Soc. Chim.*, (3), **1**, 260].

Dichloro-o-crésol, $C^6H^2(CH^3)(OH)Cl^2$. — On l'obtient en faisant passer un courant de chlore dans la vapeur de l'o-crésol porté à l'ébullition. On arrête la réaction lorsque l'on voit des gouttelettes huileuses se condenser sur les parois du ballon, et on distille le produit dans un courant de vapeur. Le dichloro-o-crésol, purifié par cristallisation, fond à 55°.

Il se dissout facilement dans les dissolvants organiques et un peu dans l'eau bouillante. Il ne donne pas de sel ammoniacal. Il est converti par l'acide nitrique en acide oxalique. L'acide chromique le transforme partiellement non pas en *di-* mais en *trichlorotoluquinone*, par suite d'une réaction secondaire [Ad. Claus et P. Riemann, *D. chem. G.*, **16**, 1601; *Bull. Soc. Chim.*, (2), **42**, 476].

Dichlorométhylphénol,

$$C^6H^4 < {CHCl^2 \atop OH}$$

— Tandis que, par l'action du perchlorure de phosphore sur l'aldéhyde salicylique, M. Henry a obtenu en 1870 un composé répondant à cette formule, M. C. Stuart, qui a repris dernièrement cette étude, a préparé de cette façon l'éther phosphorique correspondant, $PO(O.C^6H^4.CHCl^2)^3$. Ce composé, purifié par cristallisation dans l'alcool, fond à 78°. Il est très stable et n'est pas attaqué par la potasse aqueuse à l'ébullition. La potasse alcoolique le saponifie seulement en tant que chlorure, en donnant un phosphate dérivé de l'aldéhyde salicylique [C. Stuart, *Chem. Soc.*, **53**, 402; *Bull. Soc. Chim.*, (3), **1**, 635].

DÉRIVÉS BROMÉS. — *Bromo-o-crésol*,

$$C^6H^3(CH^3)_{(1)}(OH)_{(2)}Br_{(3)}.$$

— Obtenu par Wroblewsky dans l'action de l'acide nitreux sur la bromo-o-toluidine, ce corps se produit également quand on ajoute peu à peu et à froid une solution chloroformique de brome à l'o-crésol. Il fond à 64° et bout à 225°. Ses sels sont peu stables. L'oxydation le transforme non en quinone, mais en *dibromo-bicrésol*,

$$C^6H^2Br(CH^3)(OH)$$
$$|$$
$$C^6H^2Br(CH^3)(OH)$$

[Ad. Claus et A. Jackson, *J. prakt. Chem.*, (2), **38**, 321; *Bull. Soc. Chim.*, (3), **1**, 260].

Dibromo-o-crésol, $C^6H^2(CH^3)_{(1)}(OH)_{(2)}Br^2_{(3.5)}.$ — On l'obtient en traitant le crésol par l'eau de brome (2 molécules de brome pour 1 molécule de crésol), ou par l'action du brome en présence du fer sur une solution acétique du dérivé précédent. On le purifie par cristallisation dans l'alcool. Il fond à 56-57° et distille avec la vapeur d'eau. L'acide nitrique le transforme en dinitrocrésol, l'acide chromique en bromotoluquinone.

Par l'action d'un excès d'eau de brome sur l'o-crésol, on a un précipité jaune d'or, peu stable, qui est sans doute le *bromoxydibromocrésol*,

$$C^6H^2(CH^3)_{(1)}(OBr)_{(2)}Br^3_{(3.5)}$$

[E. Werner, *Bull. Soc. Chim.*, (2), **46**, 278. — Ad. Claus et A. Jackson, *loc. cit.*].

Chlorobromocrésol,

$$C^6H^2(CH^3)_{(1)}(OH)_{(2)}Cl_{(3)}Br_{(5)}.$$

— Le bromocrésol 1.2.5, dissous dans l'acide acétique et additionné de permanganate et d'acide chlorhydrique, donne naissance à ce composé (rendement théorique). Il fond à 48° et donne par oxydation la toluquinone chlorée, fusible à 90° (Claus et Jackson).

Dérivés sulfonés. — MM. Nevile et Winther ont obtenu l'*acide o-crésol-sulfonique*,

$$C^6H^3(CH^3)_{(1)}(OH)_{(2)}(SO^3H)_{(5)},$$

en faisant bouillir avec de l'eau l'acide diazo-toluène-sulfoné correspondant [*D. chem. G.*, **13**, 1946; *Bull. Soc. Chim.*, (2), **36**, 246].

On l'obtient aussi lorsque l'on traite l'o-crésol par l'acide sulfurique à la température ordinaire.

Le *sel de baryum* cristallise anhydre et est très peu soluble dans l'eau froide.

Le *sel de cuivre*, $(C^7H^7SO^4)^2Cu,5H^2O$, cristallise en tables clinorhombiques.

Fondu avec de la potasse, le *sel de potassium* donne de l'acide salicylique, en même temps qu'un acide dioxybenzoïque, $C^6H^3(OH)^2CO^2H$.

Si on opère la réaction de l'acide sulfurique sur l'o-crésol au bain-marie, on obtient l'acide sulfoné 1.2.4, déjà décrit par MM. Engelhardt et Latchinoff. Du reste, l'acide 1.2.5, chauffé pendant 8 heures au bain-marie en solution aqueuse concentrée, se transforme en son isomère 1.2.4, dont le sel de baryum est beaucoup moins soluble [E. Hantke, *D. chem. G.*, **20**, 3210; *Bull. Soc. Chim.*, (2), **49**, 796].

D'après MM. Ad. Claus et A. Jackson, au contraire, l'acide qui se forme à froid est l'acide 1.2.3, dont le sel de baryum est le moins soluble, tandis qu'à la température du bain-marie on obtient l'acide 1.2.5 [Ad. Claus et A. Jackson, *J. prakt. Chem.*, (2), **38**, 321; *Bull. Soc. Chim.*, (3), **1**, 260].

Acide o-crésol-disulfonique,

$$C^6H^2(CH^3_{(1)})(OH)_{(2)}(SO^3H)^2_{(3.5)}.$$

— Il a été obtenu par M. Limpricht [*D. chem. G.*, **18**, 2176; *Bull. Soc. Chim.*, (2), **46**, 15] en faisant bouillir avec de l'eau le dérivé diazoïque de l'acide o-toluidine-disulfoné,

$$CH^3_{(1)} - C^6H^2 \begin{cases} SO^3H_{(3)} \\ SO^3_{(5)} \\ Az^2_{(2)} \end{cases}$$

Il se produit également lorsque l'on traite l'o-crésol par l'acide disulfurique au bain-marie (Claus et Jackson). Il cristallise en tables facilement solubles dans l'eau et dans l'alcool.

Le *sel de potassium*,

$$C^7H^6O(SO^3K)^2, 1,5H^2O,$$

forme de petites aiguilles brunâtres, assez solubles dans l'eau.

Le *sel de baryum* cristallise avec 3,5 molécules d'eau.

Par ébullition avec l'alcool, le dérivé diazoïque précédent fournit non l'acide toluène-disulfonique, mais l'*éther o-crésylique-disulfonique*.

Acide bromocrésol-sulfonique,

$$C^6H^2(CH^3)_{(1)}(OH)_{(2)}Br_{(3)}(SO^3H)_{(5)}.$$

— Il se produit par l'action du brome sur l'acide o-crésolsulfonique 1.2.5 en solution acétique. On le purifie par cristallisation dans l'eau. Il fond à 95°.

De même le brome donne avec l'acide crésolsulfonique 1.2.3 un acide *bromocrésol-sulfonique*,

$$C^6H^2(CH^3)_{(1)}(OH)_{(2)}(SO^3H)_{(3)}Br_{(5)}$$

(Claus et Jackson).

Acides iodosulfonés. — L'iode et l'acide iodique transforment l'acide o-crésolsulfonique 1.2.5 en un *dérivé iodé*,

$$C^6H^2I_{(3)}(CH^3)_{(1)}(OH)_{(2)}(SO^3H)_{(5)}, 3H^2O,$$

qui fond à 80° dans son eau de cristallisation et qui se décompose vers 155°. Son *sel de potassium* cristallise en fines aiguilles groupées en étoiles.

L'acide nitrique le convertit en dinitrocrésol (1.2.3.5) et l'acide chromique en iodotoluquinone.

Il se produit en même temps un autre acide iodosulfoné, dont le sel de potassium cristallise en lamelles brillantes. L'acide chromique le détruit complètement, tandis que l'acide azotique le transforme dans le même dinitrocrésol (1.2.3.5) [F. Kehrmann, *J. prakt. Chem.*, (2), **37**, 334; *Bull. Soc. Chim.*, (2), **50**, 406].

Dérivés nitrosés. — MM. Nœlting et Kohn ont obtenu le *nitroso-o-crésol*,

$$C^6H^3(CH^3)_{(1)}(OH)_{(2)}(AzO)_{(5)},$$

en ajoutant à froid du sulfate de nitrosyle à une solution aqueuse d'o-crésol. Il se forme un précipité grisâtre sur les parois du ballon; on le purifie en le dissolvant dans l'ammoniaque et en faisant passer un courant de gaz carbonique qui précipite les impuretés. On filtre; le nitrosocrésol, déplacé par l'acide sulfurique, est purifié par cristallisation dans l'eau ou dans le benzène. Il se présente sous la forme de belles aiguilles blanches, solubles dans l'eau bouillante et dans les dissolvants organiques; les alcalis le dissolvent avec une couleur rouge. Il fond à 134° en se décomposant.

Le *sel de sodium*, $C^7H^6AzO^2Na, 3H^2O$, s'obtient en ajoutant la quantité théorique de sodium dissous dans l'alcool absolu à une solution de nitrosocrésol dans l'éther. Le précipité vert-brun qui se forme est purifié par cristallisation dans l'acétone. Il se dissout avec une coloration rouge dans l'eau et dans l'alcool. Il détone par la chaleur.

Oxydé par le ferrocyanure de potassium, le nitrosocrésol se convertit en nitrocrésol fusible à 95°; l'acide nitrique le transforme en dinitrocrésol (86°). Enfin, par réduction, il donne un amidocrésol fusible à 175°, qui, oxydé, fournit la toluquinone, ce qui fixe sa constitution [E. Nœlting et P. Kohn, *D. chem. G.*, **17**, 370; *Bull. Soc. Chim.*, (2), **43**, 451].

Chauffé au bain-marie avec de l'acétate et du chlorure d'ammonium, le nitrosocrésol se convertit en nitrosotoluidine, donnant aussi de la toluquinone par oxydation [P. Mehne, *D. chem. G.*, **21**, 731; *Bull. Soc. Chim.*, (2), **50**, 50].

En ajoutant peu à peu de l'aniline et du chlorhydrate d'aniline à du nitrosocrésol chauffé au bain-marie, de façon que la température ne dépasse pas 90°, on obtient la *dianilidotoluquinonanile* de Zincke et Hagen,

$$C^6H(CH^3)(AzH.C^6H^5)^2 \begin{cases} O \\ Az.C^6H^5 \end{cases}$$

[O. Fischer et E. Hepp, *D. chem. G.*, **21**, 678; *Bull. Soc. Chim.*, (2), **50**, 328].

Chauffé pendant 10 heures à 70° avec du chlorhydrate d'hydroxylamine, le nitrosocrésol se transforme en toluquinone-dioxime [R. Nietzki et L. Guittermann, *D. chem. G.*, **21**, 431; *Bull. Soc. Chim.*, (2), **49**, 1000].

MM. H. Goldschmidt et H. Schmid, ayant obtenu le nitrosocrésol par l'action du chlorhydrate d'hydroxylamine sur la toluquinone [*D. chem. G.*, **17**, 2060; *Bull. Soc. Chim.*, (2), **44**, 242], ont proposé de modifier sa formule en le considérant comme un dérivé non de l'o-crésol, mais de la toluquinone.

D'après cette manière de voir, que confirme la réaction précédente, l'action de l'hydroxylamine donnerait successivement avec la toluquinone les composés suivants :

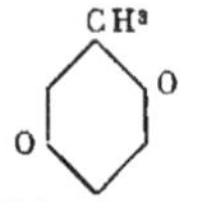

Toluquinone.

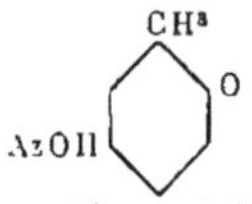

Nitrosocrésol.

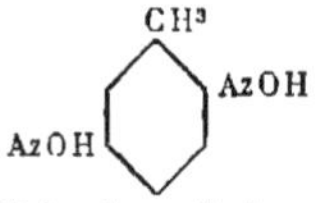

Toluquinone-dioxime.

DÉRIVÉS NITRÉS. — On connaît les quatre dérivés mononitrés correspondant à l'o-crésol, mais on n'a décrit qu'un dinitrocrésol et qu'un trinitrocrésol, et encore la constitution de ce dernier est-elle inconnue.

m-Nitro-o-crésol, $C^6H^3(CH^3)_{(1)}(OH)_{(2)}(AzO^2)_{(3)}$. — Lorsque l'on traite une solution acétique fortement refroidie d'o-crésol par l'acide nitrique $(d = 1,4)$ dilué dans l'acide acétique, et que l'on distille dans un courant de vapeur d'eau les produits formés, on recueille d'abord une huile jaune cristallisant par refroidissement : c'est le nitrocrésol 1.2.3. On la purifie par cristallisation dans l'alcool. Il fond à 69°,5 et est insoluble dans l'eau, soluble dans l'alcool et dans l'éther. Ses *sels alcalins* sont rouge-écarlate, insolubles dans un excès d'alcali.

Après réduction par l'étain et l'acide chlorhydrique, ce nitrocrésol fournit, quand on le distille avec du formiate de sodium, le méthénylamidocrésol (o-méthyl-β-furazol),

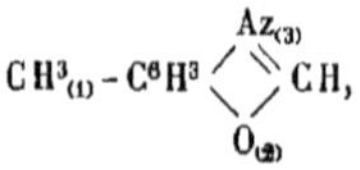

$$CH^3_{(1)}-C^6H^3\diamond\!\!\begin{smallmatrix}Az_{(3)}\\\ \\O_{(2)}\end{smallmatrix}\!\!CH,$$

fusible à 33°, ce qui montre sa constitution [A.-W. Hofmann et W. von Miller, *D. chem. G.*, **14**, 1568; *Bull. Soc. Chim.*, (2), **36**, 488. — R. Hirsch, *D. chem. G.*, **18**, 1512; *Bull. Soc. Chim.*, (2), **45**, 932].

Ce même dérivé mononitré a encore été obtenu par MM. E. Nœlting et E. Wild [*D. chem. G.*, **18**, 1339; *Bull. Soc. Chim.*, (2), **45**, 788] en traitant par l'acide nitrique $(d = 1,335)$ le sulfate de diazo-o-toluène à l'ébullition, puis distillant dans un courant de vapeur d'eau.

Il se forme en même temps du dinitrocrésol très peu volatil dans ces conditions.

p-Nitro-o-crésol, $C^6H^3(CH^3)_{(1)}(OH)_{(2)}(AzO^2)_{(4)}$. — Ce composé a été obtenu par l'action du nitrite de sodium sur une solution sulfurique de la nitrotoluidine correspondante. Il cristallise dans la ligroïne en longues aiguilles jaunes, flexibles, fondant à 106-108°. Il se dissout facilement dans l'eau chaude, l'alcool, l'éther et le benzène.

Les alcalis le dissolvent avec une coloration rouge, et il en est précipité sans altération par les acides.

Par addition de brome, il donne un *dérivé dibromé*, $C^7H^5Br^2AzO^3$, fusible à 90-91°, peu soluble dans l'eau, mais qui se dissout facilement dans l'alcool et dans l'éther [E. Nœlting et A. Collin, *D. chem. G.*, **17**, 269; *Bull. Soc. Chim.*, (2), **43**, 444].

m-Nitro-o-crésol. $C^6H^3(CH^3)_{(1)}(OH)_{(2)}(AzO^2)_{(5)}$. — On l'obtient en faisant réagir à chaud l'azotite de sodium sur le sulfate de nitrotoluidine (1.2.5). Il se sépare une huile brune qui se solidifie peu à peu et qu'on purifie par cristallisation dans

l'éther. Dans cette réaction, il se produit aussi un peu de dinitrocrésol (1.2.3.5), que l'on sépare à l'état de sel de potassium, peu soluble dans l'eau froide. Le nitrocrésol (1.2.5) se présente sous deux formes différentes. Il cristallise dans l'eau en petites aiguilles d'un jaune clair, fusibles à 30-34°, et après dessiccation, ou par évaporation de sa solution dans l'éther absolu, en cristaux fusibles à 94,5-95°.

On l'obtient plus facilement en chauffant la m-nitrotoluidine (1.2.5) avec de la lessive de soude concentrée.

Il décompose les carbonates alcalins en donnant des sels jaune-orangé [R.-H.-C. Nevile et A. Winther, *D. chem. G.*, **15**, 2978; *Bull. Soc. Chim.*, (2), **39**, 468].

Par l'action de l'acide nitrique sur l'o-crésol en solution acétique, M. Hirsch a obtenu, indépendamment du nitrocrésol (1.2.3), fusible à 69°,5, un isomère non volatil dans la vapeur d'eau et qu'il purifie par cristallisation dans l'eau bouillante. Le dérivé ainsi obtenu fond à 82-85°, et à 79-80° après cristallisation dans un mélange de benzène et de pétrole. L'acide nitrique le convertissant en dinitrocrésol (1.2.3.5) fusible à 86° de même que le dérivé (1.2.3), il devrait avoir pour constitution $C^6H^3(CH^3)_{(1)}(OH)_{(2)}(AzO^2)_{(5)}$ [R. Hirsch, *loc. cit.*].

En traitant par l'acide nitrique une solution acétique refroidie à — 15° d'o-crésate d'éthyle, M. Kayser a obtenu [*D. chem. G.*, **15**, 1133; *Bull. Soc. Chim.*, (2), **38**, 424] un *éther nitrocrésylique*, $C^6H^3(CH^3)(OC^2H^5)(AzO^2)$, fusible à 71° et cristallisant dans l'alcool ou dans la ligroïne en belles aiguilles jaunes. On le purifie en le chauffant avec une solution alcoolique d'ammoniaque qui ne l'altère pas, même à 200°, tandis que les produits polynitrés sont transformés en nitrotoluidine.

L'acide azotique le transforme en un dérivé dinitré, que l'ammoniaque convertit en dinitrotoluidine, fusible à 208°. Sa constitution est donc exprimée par la formule

$$C^6H^3(CH^3)_{(1)}(OC^2H^5)_{(2)}(AzO^2)_{(3\text{ ou }5)}.$$

o-Nitro-o-crésol,

$$C^6H^3(CH^3)_{(1)}(OH)_{(2)}(AzO^2)_{(6)}.$$

— Ce composé a été préparé par M. Ullmann [*D. chem. G.*, **17**, 1961; *Bull. Soc. Chim.*, (2), **45**, 205] au moyen de la nitrotoluidine correspondante en solution sulfurique et de l'azotite de sodium. Il est très soluble dans l'alcool, l'éther, et l'eau chaude, qui l'abandonne par refroidissement en cristaux jaunes, brillants, de saveur sucrée et fusibles à 142-143°. Ses sels sont peu stables.

Dinitrocrésol,

$$C^6H^2(CH^3)_{(1)}(OH)_{(2)}(AzO^2)^2_{(3.5)}.$$

— Il se produit lorsque l'on chauffe avec de l'acide nitrique étendu de 2 ou 3 volumes d'eau l'acide diazotoluène-sulfonique ou l'acide o-crésol-sulfonique (1.2.5). Il se précipite une huile qui se prend par le refroidissement en cristaux fusibles à 85,5-86°, légèrement volatils dans la vapeur d'eau et d'un puissant pouvoir colorant en jaune. Il a encore été obtenu par la nitration du dérivé diazoïque de la nitro-o-toluidine,

$$C^6H^3(CH^3)_{(1)}(AzH^2)_{(2)}(AzO^2)_{(5)}$$

[R.-H.-C. Nevile et A. Winther, *D. chem. G.*, **13**, 1946; *Bull. Soc. Chim.*, (2), **36**, 246. — E. Nœlting et E. Salis, *D. chem. G.*, **14**, 987; *Bull. Soc. Chim.*, (2), **37**, 153].

Il se produit également par l'action de l'acide

nitrique sur la monoxime de l'iodotoluquinone,

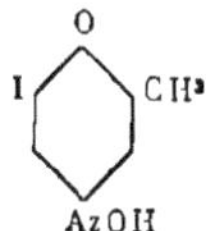

[F. Kehrmann, *J. prakt. Chem.*, (2), **39**, 392; *Bull. Soc. Chim.*, (3), **3**, 384].

Chauffé avec de l'ammoniaque à 180°, il fournit de la dinitrotoluidine, fusible à 208° [A. Barr, *D. chem. G.*, **21**, 1543; *Bull. Soc. Chim.*, (2), **50**, 413].

Introduit dans l'organisme, ce dinitrocrésol se comporte comme un poison violent à la dose de quelques centigrammes par kilogramme du poids de l'animal, en donnant lieu à des phénomènes tétaniques [Th. Weyl, *D. chem. G.*, **20**, 2835].

Son *éther éthylique*, préparé par l'action de l'iodure d'éthyle sur le sel d'argent, est peu soluble dans l'eau, facilement soluble dans l'alcool et dans l'éther. Il fond à 46° [E. Nœlting et E. Salis, *D. chem. G.*, **15**, 1861; *Bull. Soc. Chim.*, (2), **39**, 91]

Trinitrocrésol, $C^6H(CH^3)(OH)_{(2)}(AzO^2)^3$. — C'est le produit principal de l'action d'un excès d'acide nitreux sur la nitrotoluidine (1.2.5). Il forme des cristaux jaunes, solubles dans l'alcool, l'éther, le chloroforme, le benzène et l'eau bouillante, peu solubles dans l'eau froide. Il fond à 102°. De même que l'acide picrique, il donne avec la plupart des hydrocarbures des combinaisons moléculaires peu stables [E. Nœlting et A. Collin, *D. chem. G.*, **17**, 270; *Bull. Soc. Chim.*, (2), **43**, 444].

Bromonitrocrésol,

$$C^6H^2(CH^3)_{(1)}(OH)_{(2)}(AzO^2)_{(3)}Br_{(5)}.$$

— Le composé jaune d'or, fusible à 85°,5, obtenu par Wroblewski par l'action de l'acide nitreux sur la bromo-o-toluidine, et qu'il considérait comme un bromocrésol, est un dérivé bromonitré. On le sépare du bromocrésol qui l'accompagne en l'agitant avec une solution de carbonate de sodium qui le dissout seul.

On le prépare encore en traitant par l'acide nitrique une solution acétique de bromo-o-crésol (1.2.5) refroidie à 0°. A une température plus élevée, le brome est éliminé et on obtient du dinitrocrésol 1.2.3.5, fusible à 86°, ce qui indique sa constitution. Ses sels sont colorés en rouge grenat et très stables [Ad. Claus et A. Jackson, *loc. cit.*].

DÉRIVÉS AMIDÉS. — Le dérivé amidé correspondant au nitrocrésol (1.2.3), fusible à 69°,5, n'a pas été décrit.

p-Amido-o-crésol, $C^6H^3(CH^3)_{(1)}(OH)_{(2)}(AzH^2)_{(4)}$. — Le dérivé monoacétylé de la crésylène-diamine (1.2.4), fusible à 159-160°, est transformé intégralement par l'acide nitreux en *acétamidocrésol*, $C^6H^3(CH^3)_{(1)}(OH)_{(2)}(AzH.C^2H^3O)_{(4)}$. Ce corps, peu soluble dans l'eau froide, se sublime facilement et fond à 224°.

Chauffé au réfrigérant à reflux avec de l'acide chlorhydrique à 25 0/0, il se saponifie aisément. Le chlorhydrate ainsi obtenu est très soluble dans l'eau et dans l'alcool, peu soluble dans l'éther; en ajoutant du bicarbonate de potassium à sa solution aqueuse, on obtient l'amido-crésol libre, que l'on purifie par cristallisation dans l'eau bouillante ou dans l'alcool. Il fond à 159-161°, se sublime facilement et ne s'altère pas à l'air [O. Wallach, *D. chem. G.*, **15**, 2831; *Bull. Soc. Chim.*, (2), **39**, 464].

MM. E. Nœlting et A. Collin l'ont également

obtenu par la réduction du dérivé nitré correspondant.

Chauffé pendant longtemps avec de l'anhydride acétique, il se convertit en un *dérivé diacétyle* (*acétate d'acétamidocrésyle*), fusible à 137-138°, que l'ébullition avec une lessive alcaline transforme en un *dérivé monoacétylé*, fusible à 224 [Alb. Maassen, *D. chem. G.*, **17**, 610; *Bull. Soc. Chim.*, (2), **43**, 635].

Ce même dérivé diacétylé a été obtenu par M. Wallach [*Ann. Chem.*, **235**, 233; *Bull. Soc. Chim.*, (2), **47**, 608], par l'action de l'anhydride acétique sur le bromure diazoïque correspondant au dérivé monoacétylé de la crésylène-diamine, $C^6H^3(CH^3)_{(1)}(Az^2Br)_{(2)}(AzH.C^2H^3O)_{(4)}$. Son point de fusion est 132°,5, au lieu de 137°.

m-Amido-o-crésol, $C^6H^3(CH^3)_{(1)}(OH)_{(2)}(AzH^2)_{(5)}$. — Ainsi que nous l'avons vu plus haut, on a décrit deux dérivés nitrés différents correspondant à la formule (1.2.5).

Celui de MM. Nevile et Winther, réduit par l'étain et l'acide chlorhydrique, donne un chlorhydrate très soluble dans l'eau et dans l'alcool; mais la base, très altérable, n'a pu être isolée que sous la forme d'une masse résineuse, colorée en rouge brun. Le chlorhydrate, traité par l'acide nitreux à l'ébullition, se transforme en toluhydroquinone [Nevile et Winther, *loc. cit.*].

Le dérivé nitré de M. Hirsch, réduit de la même façon, fournit un chlorhydrate qui se dépose sous la forme d'aiguilles blanches. La base libre, mise en liberté par l'ammoniaque, fond à 175° et peut être sublimée. Elle se dissout dans les acides et dans les alcalis étendus, non dans l'ammoniaque. L'oxydation la convertit en toluquinone [R. Hirsch, *loc. cit.*].

Par réduction des dérivés azoïques (voyez plus loin) de l'o-crésol, MM. E. Nœlting et E. Kohn ont obtenu le même dérivé, fusible à 172-173° après cristallisation dans l'eau, à 175° après sublimation.

L'amido-o-crésol (1.2.5) s'obtient encore lorsque l'on distille avec de la chaux l'acide amido-crésotique, $C^6H^2(CH^3)_{(1)}(OH)_{(2)}(CO^2H)_{(3)}(AzH^2)_{(5)}$. Si l'on traite par l'acide nitrique fumant le dérivé acétylé de cet acide, on lui fait perdre de l'acide carbonique et fournir un *acétamidonitrocrésol* fusible à 217° et que l'ébullition avec l'acide sulfurique étendu transforme en amidonitrocrésol. Ce composé cristallise en aiguilles d'un rouge brun, fusibles à 118°, et donne avec les alcalis des sels rouges cristallisés; chauffé avec de l'anhydride acétique, il fournit un *dérivé diacétylé* incolore, qui fond à 146°.

L'amidonitrocrésol est transformé par l'acide nitreux en un composé diazoïque et que la potasse étendue convertit en nitrocrésol (1.2.3) fusible à 69°,5. Sa constitution doit donc être exprimée par le schéma

$$C^6H^2(CH^3)_{(1)}(OH)_{(2)}(AzO^2)_{(3)}(AzH^2)_{(5)}$$

[R. Nietzki et F. Ruppert, *D. chem. G.*, **23**, 3476; *Bull. Soc. Chim.*, (3), **5**, 437].

Soumis à la réduction, l'éther o-crésylique nitré de M. Kayser fournit un *dérivé amidé*,

$$C^6H^3(CH^3)_{(1)}(OC^2H^5)_{(2)}(AzH^2)_{(3 \text{ ou } 5)},$$

qui, après distillation dans un courant de vapeur, constitue une huile épaisse donnant des sels bien cristallisés. Son *dérivé acétylé* fond à 108° [Éd. Kayser, *loc. cit.*].

m-Bromo-m-amido-o-crésol,

$$C^6H^3(CH^3)_{(1)}(OH)_{(2)}(AzH^2)_{(3)}Br_{(5)}.$$

On l'obtient par réduction du dérivé nitré correspondant. Il fond à 110° et se sublime aisément.

Son *chlorhydrate* donne avec le chlorure ferrique une coloration d'un rouge foncé [Ad. Claus et A. Jackson, *loc. cit.*].

o-Amido-o-crésol,

$$C^6H^3(CH^3)_{(1)}(OH)_{(2)}(AzH^2)_{(6)}.$$

— Le *chlorhydrate*, préparé en réduisant par l'étain et l'acide chlorhydrique le nitrocrésol fusible à 142°, cristallise en aiguilles blanches légèrement rosées, peu solubles dans l'acide chlorhydrique et sublimables à l'état de pureté. Il est très soluble dans l'eau et dans l'alcool; l'éther le précipite de cette dernière solution à l'état huileux.

La base libre, précipitée par le bicarbonate de potassium, forme des cristaux fusibles à 124-128°; elle est peu soluble dans l'eau froide et rougit fortement à l'air.

Chauffée avec de l'acide sulfurique concentré, puis dissoute dans l'eau, elle donne un liquide rose par transparence, vert par réflexion [C. Ullmann, *loc. cit.*].

DÉRIVÉS AZOÏQUES. — Le *benzène-azo-o-crésol*,

$$C^6H^5.Az^2_{(5)}.C^6H^3 < {CH^3_{(1)} \atop OH_{(2)}}$$

a été obtenu en traitant l'o-crésol par le chlorure de diazobenzène. Il cristallise en lamelles jaunes, fusibles à 129-130°, peu solubles dans l'eau, mais se dissolvant facilement dans les liquides organiques. Il ne décompose pas les carbonates et donne avec l'acide sulfurique une coloration brune.

Il se produit en même temps du *crésol-bisazobenzène*,

$$(C^6H^5Az = Az)^2 C^6H^2 < {CH^3_{(1)} \atop OH_{(2)}}$$

qui cristallise en paillettes rouge-brun, peu solubles dans l'alcool froid, fusibles à 114-115°.

L'*acétate* de benzène-azocrésol fond à 81-82° et le *benzoate* à 110°. Ce dernier n'est pas saponifié par les alcalis.

L'*acétate* correspondant au dérivé bisazoïque fond à 121°.

Le dérivé acétique du benzène-azo-o-crésol, réduit en solution alcoolique par la poudre de zinc et l'acide acétique, fournit un *dérivé hydrazoïque* $C^{15}H^{16}Az^2O^3$, en aiguilles incolores fusibles à 88-89°, qui, par l'action prolongée du réducteur, se scinde en amidocrésol et acétanilide [Goldschmidt et Pollak, *D. chem. G.*, **25**, 1331].

Le dérivé benzoïque du benzène-azo-o-crésol fournit dans les mêmes conditions un *dérivé hydrazoïque* $C^{20}H^{18}Az^2O^2$, cristallisé en aiguilles incolores, fusibles à 142° (Goldschmidt et Pollak).

L'acide sulfanilique est transformé de même en *acide o-crésolazobenzène-p-sulfonique*,

$${CH^3_{(1)} \atop OH_{(2)}} > C^6H^3 - Az_{(5)} = Az_{(1)} - C^6H^4 - SO^3H_{(4)},$$

qui est peu soluble dans l'eau froide et insoluble dans l'alcool, mais qui se dissout facilement dans l'eau bouillante.

Le *sel de sodium* cristallise avec 2 molécules d'eau.

Le *sel de baryum*, $Ba\bar{A}^2$, $3H^2O$, est insoluble dans l'eau froide.

Par réduction, tous ces composés donnent l'amidocrésol, fusible à 175° et que l'acide chromique transforme en toluquinone, ce qui établit leur constitution [E. Nœlting et O. Kohn, *D. chem. G.*, **17**, 363; *Bull. Soc. Chim.*, (2), **43**, 449. — C. Liebermann et St. Kostanecki, *D. chem. G.*, **17**, 111 et 877; *Bull. Soc. Chim.*, (2), **43**, 399].

M-CRÉSOL, $\quad C^6H^4 < {CH^3_{(1)} \atop OH_{(3)}}$

— Le m-crésol, qui jusqu'ici était considéré comme incristallisable même à — 80°, cristallise cependant comme ses deux isomères. M. Staedel l'a préparé [*D. chem. G.*, **18**, 3443] par l'action de l'acide nitreux sur la m-toluidine pure (obtenue en réduisant le chlorure correspondant à l'aldéhyde m-nitrobenzylique). Ce m-crésol distillé dans un courant d'hydrogène restait encore liquide à — 18°; mais, en y ajoutant un cristal de phénol solide, on l'a vu se prendre en une masse de cristaux fusibles seulement à + 3 ou 4°.

Le m-crésol en solution chloroformique, traité par un courant de chlore en présence de fer, donne naissance à la trichlorotoluquinone, tandis que dans les mêmes conditions le brome fournit du tribromo-m-crésol [Ad. Claus et J. Hirsch, *J. prakt. Chem.*, (2), **39**, 59; *Bull. Soc. Chim.*, (3), **1**, 753].

Le m-crésol dissous dans la potasse donne, par l'addition d'iode en solution dans l'iodure de potassium, un précipité amorphe, jaune-brun, répondant à la formule $C^7H^5I^3$. OI. Ce dérivé, peu stable, fond au-dessus de 200° [J. Messinger et G. Vortmann, *D. chem. G.*, **22**, 2315; *Bull. Soc. Chim.*, (3), **3**, 544].

Si au contraire on ajoute de l'iode à une solution de m-crésol dans l'ammoniaque, on obtient deux dérivés : l'un, *mono-iodé*, est liquide; l'autre, qui fond à 76°, est *diiodé* [C. Willgerodt et A. Kornblum, *J. prakt. Chem.*, (2), **39**, 289; *Bull. Soc. Chim.*, (3), **3**, 19].

Chauffé à 200° avec de l'alcool isopropylique et du chlorure de magnésium anhydre, le m-crésol se transforme en un mélange d'isopropyl- et de diisopropyl-m-crésol [G. Mazzara, *Gazz. chim. ital.*, **12**, 505; *Bull. Soc. Chim.*, (2), **39**, 467].

Lorsque l'on chauffe le m-crésol avec de l'acide monochloracétique et un excès de lessive de soude, on le transforme en acide m-crésylglycolique (m-crésoxyacétique) [A. Oglialoro et O. Forte, *Gazz. chim. ital.*, **20**, 505].

ÉTHERS. — ÉTHER BENZYLIQUE. — Obtenu en chauffant le sel de potassium avec du chlorure de benzyle au bain-marie, et purifié par cristallisation dans l'alcool, il fond à 43° et bout entre 300 et 305°. Il est insoluble dans l'eau, soluble dans l'alcool, l'éther et le benzène [H. Orth, *D. chem. G.*, **15**, 1129; *Bull. Soc. Chim.*, (2), **38**, 426].

CARBONATE. — Le m-crésate de potassium, chauffé avec de l'éther chloroxycarbonique, fournit le carbonate mixte,

$$C^6H^4 < {CH^3 \atop O . CO^2C^2H^5}$$

qui bout, en se décomposant partiellement, à 245-247°. Les alcalis étendus ne l'attaquent pas, même à l'ébullition [G. Bender, *D. chem. G.*, **13**, 700; *Bull. Soc. Chim.*, (2), **35**, 257].

SILICATE. — L'éther silicique, $Si(OC^7H^7)^4$, préparé comme le dérivé ortho par l'action du chlorure de silicium sur le m-crésol, bout à 443-446° et présente les mêmes propriétés que son isomère [J. Hertkorn, *D. chem. G.*, **18**, 1688; *Bull. Soc. Chim.*, (2), **45**, 931].

CYANATE. — On l'a obtenu en décomposant par la chaleur la nitroxylalphtalide, obtenue par l'action de l'anhydride phtalique sur l'acide m-crésylacétique, puis par celle de l'acide azoteux sur le produit, et décomposition par l'alcool et l'eau bouillante du dérivé dinitré formé d'abord. Le produit ainsi obtenu,

$$C^6H^4 \big< {\overset{\displaystyle C = C.(AzO^2) C^6H^3.CH}{}\atop{\underset{\displaystyle CO}{}}} \big> O$$

se dédouble vers 190° en anhydride phtalique et cyanate de m-crésyle. Il constitue un liquide incolore, d'odeur désagréable, bouillant vers 190-200° [E. Heilman, *D. chem. G.*, **23**, 3157].

Le *cyanurate* se prépare comme le dérivé ortho correspondant et cristallise en aiguilles fusibles à 225°, très peu solubles dans l'alcool et dans l'éther [R. Otto, *loc. cit.*].

SALICYLATE. — Il fond à 75° [H. Nencki, *C. R.*, **108**, 254].

ORTHO-ACÉTATE, $CH^3 - CH(O.C^6H^4.CH^3)^3$ [Heiber, *D. chem. G.*, **24**, 3682]. — On l'obtient par l'action du méthylchloroforme sur une solution alcaline de m-crésol au bain-marie. Il cristallise dans l'alcool en aiguilles fusibles à 99-100°, insolubles dans l'eau, très solubles dans l'éther, le chloroforme et l'alcool bouillant.

Traité par une solution acétique de brome, il donne un *dérivé tribromé*, $C^{23}H^{21}Br^3O^3$, fusible à 151,5-153°.

DÉRIVÉS DE SUBSTITUTION. — DÉRIVÉ CHLORÉ. — On n'a décrit qu'un seul dérivé chloré du m-crésol : c'est le *dichloro-m-crésol*, obtenu en faisant passer un courant de chlore dans la vapeur de crésol à l'ébullition. Il fond à 46°, se dissout un peu dans l'eau chaude, facilement dans les liquides organiques. Il donne avec l'ammoniaque une combinaison peu stable, fusible à 127°, ce qui le distingue de ses isomères ortho et para. L'acide chromique en solution acétique le convertit en un mélange de di- et de trichlorotoluquinone, tandis que par le dichromate de potassium et l'acide sulfurique étendu on n'obtient que de la dichlorotoluquinone. fusible à 103° [Ad. Claus et H. Schweitzer, *D. chem. G.*, **19**, 930 ; *Bull. Soc. Chim.*, (2), **46**, 368].

DÉRIVÉS BROMÉS. — Le m-crésol ne donne pas directement un dérivé monobromé (il se forme immédiatement du tribromocrésol) ; mais son éther acétique traité par le brome fournit un produit monobromé fusible à 83° et qui, après saponification, donne le *m-bromo-m-crésol*,

$$C^6H^3(CH^3)_{(1)}(OH)_{(3)}Br_{(5)},$$

fusible à 56° [Ad. Claus et G. Hirsch, *J. prakt. Chem.*, (2), **39**, 59 ; *Bull. Soc. Chim.*, (2), **1**, 753].

Ce composé avait déja été obtenu par MM. Nevile et Winther [*D. chem. G.*, **15**, 2991 ; *Bull. Soc. Chim.*, (2), **39**, 471] en ajoutant du nitrite de sodium à une solution sulfurique de bromo-m-toluidine et distillant dans un courant de vapeur. Il cristallise en aiguilles blanches, très solubles dans l'alcool et dans l'éther, un peu solubles dans l'eau.

Tribromocrésol, $C^6H(CH^3)_{(1)}(OH)_{(3)}Br^3_{(2.4.6)}$. — Une solution aqueuse de m-crésol donne avec l'eau de brome un précipité soluble dans l'alcool, l'éther et le benzène : c'est le *tribromocrésol*, qui fond à 81-82°. Il se produit également quand on traite par le brome, en présence du fer, le m-crésol dissous dans le chloroforme.

Ses sels alcalins sont peu stables.

Son *éther éthylique* fond à 36° et l'*éther acétique* à 68°.

L'acide nitrique fumant le transforme en dibromotoluquinone, tandis qu'à froid et en solution acétique il se produit un *dérivé nitré*,

$$C^6H(CH^3)_{(1)}(OH)_{(3)}Br^3_{(2.4)}(AzO^2)_{(6)},$$

fusible à 143°.

Par l'action d'un grand excès d'eau de brome sur le m-crésol, on obtient un *dérivé tétrabromé* peu stable, qui décompose l'iodure de potassium et qui est transformé par l'acide sulfureux en tribromocrésol. C'est donc un *bromoxytribromocrésol*, $C^6H(CH^3)_{(1)}(OBr)_{(3)}Br^3_{(2.4.6)}$ [E. Werner.

Bull. Soc. Chim., (2), **46**, 277. — Ad. Claus et G. Hirsch, *loc. cit.*].

DÉRIVÉS SULFONÉS. — *Acide m-crésol-o-sulfonique*, $C^6H^3(CH^3)_{(1)}(OH)_{(3)}(SO^3H)_{(6)}$. — Par l'action de l'acide sulfurique sur le m-crésol, il ne se forme qu'un seul dérivé monosulfoné, dans lequel le groupe SO^3H est en position para par rapport à l'oxhydryle. Il suffit pour le préparer d'abandonner pendant quelques jours le m-crésol à la température ordinaire avec la quantité théorique d'acide sulfurique et de chauffer ensuite jusqu'à 120° pour achever la réaction. On le purifie à l'état de sel de baryum.

L'acide libre a été obtenu sous trois modifications : 1° par cristallisation dans l'eau ou dans l'acide sulfurique étendu, sous la forme de lamelles incolores, fusibles à 75°, cristallisant avec 2 molécules d'eau ; 2° cristallisé dans l'acide sulfurique concentré, il forme de grandes lames fusibles à 95-96° et contenant 1,5 molécule d'eau ; 3° anhydre, il fond à 118°. Il se produit dans ce dernier état si on emploie l'acide pyrosulfurique pour sa préparation.

L'acide m-crésol-sulfonique est très soluble dans l'eau et dans l'alcool, moins soluble dans l'éther et dans le benzène. Chauffé au-dessus de son point de fusion, il se décompose en donnant du m-crésol. Avec le chlorure ferrique, il donne une coloration violette.

Le *sel de potassium* cristallise avec 2,5 H^2O et ne se décompose qu'au-dessus de 150° ; ceux *de baryum*, $(C^7H^7OSO^3)^2Ba$, H^2O, et *de plomb*, $(C^7H^7OSO^3)^2Pb$, se décomposent à 90°. Lorsqu'ils sont secs, ils sont assez solubles dans l'eau.

Le *sel de cuivre*, $(C^7H^7OSO^3)^2Cu$, $3H^2O$, est le mieux cristallisé ; on ne peut lui enlever son eau sans le décomposer.

Le *chlorure*, $C^7H^7O.SO^2Cl$,

et l'*amide*, $C^7H^7O.SO^2AzH^2$,

sont des liquides sirupeux et incristallisables.

Chauffé à 120° avec du perbromure de phosphore, l'acide m-crésol-sulfonique fournit un mélange de di- et de tribromo-m-crésol. L'acide chromique le transforme en toluquinone, ce qui fixe sa constitution.

Acide m-crésol-disulfonique,[1]

$$C^6H^2(CH^3)_{(1)}(OH)_{(3)}(SO^3H)^2_{(2.4\ ou\ 4.6)}.$$

— Si, dans la préparation de l'acide précédent, on emploie un grand excès d'acide sulfurique, on obtient principalement un dérivé disulfoné, facile à séparer grâce à la solubilité beaucoup plus grande de ses sels de baryum et de cuivre. L'acide libre est un liquide huileux, incristallisable, très soluble dans l'eau et dans l'alcool, dont le sel de baryum peut être porté à 140° sans se décomposer.

Le *chlorure*, $C^7H^6O(SO^2Cl)^2$, et la *diamide* correspondante n'ont pu être obtenus cristallisés.

Acide m-crésol-trisulfonique,

$$C^6H(CH^3)(OH)(SO^3H)^3.$$

— Cet acide se produit lorsque l'on opère la sulfonation à 180° au moyen d'acide sulfurique fumant et en présence d'anhydride phosphorique. Son *sel de baryum* est très soluble dans l'eau [Ad. Claus et J. Krauss. *D. chem. G.*, **20**, 3093 ; *Bull. Soc. Chim.*, (2), **49**, 985].

DÉRIVÉS BROMO- ET IODO-SULFONÉS. — *Acide dibromocrésol-sulfonique,*

$$C^6H(CH^3)_{(1)}(OH)_{(3)}Br^2_{(2.4)}(SO^3H)_{(6)}.$$

— Par l'action du brome sur l'acide m-crésol-sulfonique, on obtient seulement un dérivé dibromé. Cet acide est très soluble dans l'eau, peu soluble dans l'alcool, insoluble dans l'éther.

Le *sel de potassium* est très soluble dans l'eau; ceux *de baryum*, $(C^7H^5Br^2SO^4)^2Ba$, H^2O, *de cuivre*, $(C^7H^5Br^2SO^4)^2Cu$, $4H^2O$, *d'argent*, $C^7H^5Br^2SO^4Ag$, H^2O, y sont très peu solubles.

On obtient encore le même dérivé en partant de l'acide m-crésol-disulfonique, ce qui lui impose une des deux formules de constitution que nous avons indiquées. Par oxydation, il se transforme en dibromotoluquinone [Ad. Claus et A. Dreher, *J. prakt. Chem.*, (2), **39**, 356; *Bull. Soc. Chim.*, (3), **3**, 19].

Acide di-iodocrésol-sulfonique,

$$C^6H(CH^3)_{(1)}(OH)_{(3)}I^2_{(2,4)}(SO^3H)_{(6)}.$$

— L'acide m-crésol-sulfonique, traité par l'iode et l'acide iodique, fournit le dérivé diiodé correspondant.

Le *sel de potassium* cristallise avec 1 molécule d'eau; celui *de baryum* est anhydre.

Oxydé par l'acide chromique, il fournit la diiodotoluquinone, fusible à 112°, tandis que l'acide nitrique le transforme en trinitrocrésol (1.3 2.4.6), ce qui fixe sa constitution [F. Kehrmann, *J. prakt. Chem.*, (2), **39**, 392; *Bull. Soc. Chim.*, (3), **3**, 384].

DÉRIVÉS NITROSÉS. — L'*o-nitroso-m-crésol*,

$$C^6H^3(CH^3)_{(1)}(OH)_{(3)}(AzO)_{(6)},$$

a été obtenu par MM. Wurster et Riedel dans la décomposition par la soude de la nitrosodiméthyl-m-toluidine : on fait bouillir le mélange jusqu'à ce que la solution, d'abord verte, soit devenue brune, et on précipite le nitrosocrésol par l'acide sulfurique [C. Wurster et C. Riedel, *D. chem. G.*, **12**, 1799; *Bull. Soc. Chim.*, (2), **34**, 415].

M. G. Bertoni l'a également préparé [*Gazz. chim. ital.*, **12**, 302; *Bull. Soc. Chim.*, (2), **39**, 92] en ajoutant peu à peu 1 molécule de sulfate de nitrosyle au m-crésol en solution aqueuse refroidie à 0°. On le purifie par cristallisation dans l'éther ou dans le benzène.

Il fond à 145-150° et est assez soluble dans l'eau chaude et dans les dissolvants organiques.

L'anhydride acétique le transforme en un *acétate*, qui, après cristallisation dans l'alcool, fond à 92°.

Quand on ajoute de l'acide nitrique à sa solution dans l'acide acétique, on obtient du trinitrocrésol fusible à 106°.

L'oxydation le transforme en un dérivé nitré fondant à 128°.

Lorsque l'on chauffe le nitroso-m-crésol au bain-marie avec un mélange d'acétate et de chlorure d'ammonium, on voit se former de la nitroso-m-toluidine qui, par l'action des alcalis, reproduit le nitrosocrésol en dégageant de l'ammoniaque.

Cette nitrosotoluidine, réduite par le zinc et l'acide sulfurique, fournit une diamine que l'oxydation transforme en toluquinone. On doit en conclure que, dans le nitroso-m-crésol, le nitrosyle et l'oxhydryle sont en position para [P. Mehne, [*D. chem. G.*, **21**, 730; *Bull. Soc. Chim.*, (2), **50**, 50].

Cette constitution est encore confirmée par ce fait que le nitroso-m-crésol, chauffé à 70° avec du chlorhydrate d'hydroxylamine, fournit de la toluquinone-dioxime [R. Nietzki et L. Guittermann, *D. chem. G.*, **21**, 430; *Bull. Soc. Chim.*, (2), **49**, 1000].

DÉRIVÉS NITRÉS. — *p-Nitro-m-crésol,*

$$C^6H^3(CH^3)_{(1)}(OH)_{(3)}(AzO^2)_{(4)}.$$

— Lorsqu'on ajoute de l'acide nitrique à une solution refroidie de m-crésol dans l'acide acé-

tique et que l'on verse le produit de la réaction dans l'eau glacée, on voit se séparer une huile noirâtre qui, distillée dans un courant de vapeur, fournit des cristaux jaunâtres, fusibles à 56°, peu solubles dans l'eau, solubles dans l'alcool, l'éther et le benzène. Les sels alcalins sont rouges et très stables, mais le sel d'ammonium se décompose facilement [H. Orth, *D. chem. G.*, **15**, 1131; *Bull. Soc. Chim.*, (2), **38**, 426. — W. Staedel, *D. chem. G.*, **22**, 215; *Bull. Soc. Chim.*, (3), **1**, 755].

Le brome le convertit en un *dérivé dibromé*, fusible à 93°, de constitution inconnue [Ad. Claus et J. Hirsch, *loc. cit.*].

m-Nitro-m-crésol, $C^6H^3(CH^3)_{(1)}(OH)_{(3)}(AzO^2)_{(5)}.$ — On l'obtient par l'action du nitrite de potassium sur une solution sulfurique de nitro-m-toluidine. Il se dépose une huile brune se prenant par refroidissement en cristaux jaunâtres, fusibles après cristallisation dans l'eau à 60-62°, et contenant 1 molécule d'eau de cristallisation. Cristallisé dans le benzène, ce corps est anhydre et fond à 90-91° [R.-H.-C. Nevile et A. Winther, *D. chem. G.*, **15**, 2986; *Bull. Soc. Chim.*, (2), **39**, 470].

o-Nitro-m-crésol, $C^6H^3(CH^3)_{(1)}(OH)_{(3)}(AzO^2)_{(6)}.$ — Ce composé se produit, en même temps que son isomère fusible à 56°, dans la nitration directe du m-crésol en solution acétique.

Après avoir enlevé ce dernier par distillation dans un courant de vapeur, on voit le dérivé o-nitré se déposer par refroidissement de sa solution aqueuse sous la forme de petits cristaux blancs, fondant à 129°, très solubles dans l'alcool, l'éther et le benzène. Ses sels alcalins sont colorés en jaune [H. Orth, *loc. cit.*].

M. G. Bertoni l'a également obtenu en oxydant le nitroso-m-crésol par le ferricyanure de potassium en solution alcaline.

Traité par le brome, il fournit le même nitro-dibromocrésol, $C^6H(CH^3)_{(1)}(OH)_{(3)}Br^2_{(2,4)}(AzO^2)_{(6)}$, fusible à 143°, que donne l'acide nitrique avec le dibromo-m-crésol [Ad. Claus et J. Hirsch, *loc. cit.*].

En traitant par l'acide azotique une solution acétique de m-crésate d'éthyle, M. Ed. Kayser a obtenu [*D. chem. G.*, **15**, 1134; *Bull. Soc. Chim.*, (2), **38**, 425] un *nitro-m-crésate d'éthyle* de constitution inconnue et qui, cristallisé dans l'alcool ou dans la ligroïne, fond à 54°. Une solution alcoolique d'ammoniaque ne l'altère pas à 100°.

Trinitro-m-crésol,

$$C^6H(CH^3)_{(1)}(OH)_{(3)}(AzO^2)^3_{(2,4,6)}$$

— Ce corps se produit par l'action de l'acide azotique sur un grand nombre de dérivés du m-crésol. MM. E. Nœlting et E. von Salis le préparent en faisant bouillir avec de l'acide nitrique étendu le m-crésol-sulfonate de potassium. Il cristallise en petites aiguilles d'un blanc jaunâtre, facilement solubles dans l'eau chaude, l'alcool et l'acétone, peu solubles dans l'eau froide. Il fond à 106°.

De même que l'acide picrique, il fournit avec la plupart des hydrocarbures des précipités peu stables, que l'eau décompose instantanément.

Il a été également obtenu par l'action de l'oxyde d'argent sur l'acide nitrococcusique [St. von Kostanecki et St. Niementowski, *D. chem. G.*, **8**, 251; *Bull. Soc. Chim.*, (2), **45**, 683].

Son *éther éthylique* fond à 72° et est presque insoluble dans l'eau. L'ammoniaque en solution alcoolique le convertit en trinitro-m-toluidine.

De ce fait on peut déduire sa constitution, car les corps répondant aux trois autres formules possibles (1.3.2.5.6, 1.3.2.4.5, 1.3.4.5.6), renfermant au moins deux groupes AzO^2 en situation ortho l'un par rapport à l'autre, devraient fournir dans ces conditions une amine dinitrée avec départ d'azotite d'ammonium, ainsi qu'il résulte des travaux de M. Laubenheimer [E. Nœlting et E. von Salis, *D. chem. G.*, **14**, 987 et **15**, 1862 ; *Bull. Soc. Chim.*, (2), **39**, 92].

DÉRIVÉS AMIDÉS. — On ne connaît qu'un seul *amido-m-crésol*, fusible à 151° et que MM. Nœlting et Kohn ont obtenu par réduction de ses dérivés azoïques (voyez plus bas).

L'oxydation le transforme en toluquinone, ce qui lui impose la formule

$$C^6 H^3 (C H^3)_{(1)} (O H)_{(3)} (Az H^2)_{(6)}.$$

Ce même amidocrésol a été obtenu également en distillant avec de la chaux l'acide amido-crésotique,

$$C^6 H^2 (C H^3)_{(1)} (O H)_{(3)} (C O^2 H)_{(4)} (Az H^2)_{(6)}$$

Si l'on traite par l'acide nitrique fumant le dérivé acétylé de cet acide, il y a élimination du groupement carboxyle et il se forme **un** *acéta-midodinitrocrésol*, en gros cristaux jaunes, fusibles à 225°, que l'ébullition avec l'acide sulfurique étendu saponifie aisément. Le *dinitroami-docrésol* ainsi obtenu cristallise dans l'alcool en aiguilles rouges qui fondent à 160°.

Par l'action de l'acide nitreux et de l'alcool, il fournit un *dinitrocrésol*, fusible à 99° et dont la constitution doit être exprimée par la formule

$$C^6 H^2 (C H^3)_{(1)} (O H)_{(3)} (Az O^2)^2_{(4.6)},$$

car le dérivé diamidé correspondant, obtenu par réduction, ne donne avec les α-dicétones ni azine ni glyoxaline [R. Nietzki et F. Ruppert, *D. chem. G.*, **23**, 3478 ; *Bull. Soc. Chim.*, (3), **5**, 438].

L'éther nitro-m-crésylique de M. Kayser fournit par réduction une base liquide, donnant des sels bien cristallisés et dont le dérivé acétylé, après cristallisation dans l'eau bouillante, fond à 114°.

DÉRIVÉS AZOÏQUES. — Lorsque l'on traite par le chlorure de diazobenzène une solution alcaline de m-crésol, on obtient un précipité formé principalement de *m-crésol-bisazobenzène*,

$$(C^6 H^5 - Az = Az)^2 C^6 H^2 (C H^3) (O H),$$

tandis que la solution contient le *benzène-azo-m-crésol*, $C^6 H^5 . Az^2_{(6)} . C^6 H^3 (C H^3)_{(1)} (O H)_{(3)}$, que l'on peut précipiter par l'acide chlorhydrique.

Celui-ci cristallise dans la ligroïne en fines aiguilles jaunes, fusibles à 109°, qui se combinent aux alcalis et à l'ammoniaque, mais qui ne décomposent pas les carbonates.

Le dérivé bisazoïque est le produit principal de la réaction. Il cristallise dans l'alcool en lamelles fusibles à 149°, qui ne se dissolvent qu'à chaud dans les alcalis.

Son *acétate*, cristallisé dans l'alcool, forme des aiguilles jaunâtres, qui fondent à 156-157°.

Par l'action du dérivé diazoïque de l'acide o-to-luidine-sulfonique, on obtient de même l'*acide m-crésol-azo-toluène-sulfonique*,

$$C^6 H^3 - C H^3_{(1)} \diagdown^{Az_{(6)}}_{S O^3 H_{(4)}} = {}_{O H_{(3)}}^{Az_{(6)}}\diagup C H^3_{(1)} - C^6 H^3,$$

qui forme des cristaux rouge-brun, facilement solubles dans l'eau froide.

Par réduction, ces dérivés donnent l'amido-m-crésol, fusible à 151° ; mais la position du second atome d'azote dans le dérivé bisazoïque est encore indéterminée [E. Nœlting et O. Kohn, *D. chem. G.*, **17**, 366 ; *Bull. Soc. Chim.*, (2), **43**, 449].

P-CRÉSOL, $\quad C^6 H^3 \diagdown^{C H^3_{(1)}}_{(O H)_{(4)}}$

— Le p-crésol se combine au chloral, en donnant un dérivé d'addition fusible à 52-56°, cristallisé en petites aiguilles [G. Mazzara, *Gazz. chim. ital.*, **13**, 269 ; *Bull. Soc. Chim.*, (2), **41**, 74].

Chauffé pendant quelques heures à 105-110° avec de l'acide formique et du chlorure de zinc, le p-crésol se transforme en crésolaurine,

$$[C^6 H^3 (C H^3) (O H)]^2 = C \diagdown^{C^6 H^3 . C H^3}_{\substack{| \\ O}}$$

[M. Nencki, *J. prakt. Chem.*, (2), **25**, 273 ; *Bull. Soc. Chim.*, (2), **38**, 233].

Le p-crésate de potassium, traité par l'éther acétylchloracétique, fournit l'éther p-méthylbenzo-β-méthylfururane-α-carbonique (voir BENZOFUR-FURANIQUES [COMPOSÉS]).

Traité par le dichlorure de soufre, le p-crésol se transforme en *sulfure d'oxycrésyle*,

$$S \diagdown^{C^7 H^6 . O H}_{C^7 H^6 . O H}$$

fusible à 117-118° [G. Tassinari, *Acad. dei Lincei*, 1887, 220].

ÉTHERS. — ÉTHER ÉTHYLIQUE. — A l'éther éthylique du p-crésol (décrit Dict., **2**, 829) se rattachent de nombreux dérivés. Lorsque l'on traite le p-crésol par l'éthylate de sodium et un excès de bromure d'éthylène à l'ébullition, on obtient un mélange des deux dérivés

$$C H^3 . C^6 H^4 . O . C H^2 . C H^2 . O . C^6 H^4 . C H^3$$

et $\qquad C H^3 . C^6 H^4 . O . C H^2 . C H^2 Br,$

que l'on peut facilement séparer par distillation dans un courant de vapeur qui n'entraîne que le second. Cet *éther brométhylique* bout à 254-255° et se prend par refroidissement en cristaux durs, fusibles à 40°.

Le *dérivé amidoéthylique* correspondant (ou p-crésoxyéthylamine),

$$C H^3 . C^6 H^4 O . C H^2 . C H^2 . Az H^2,$$

s'obtient en traitant le produit bromé par la phtalimide potassique et dédoublant par l'acide chlorhydrique à 180° la phtalimide d'abord formée et qui fond à 135°. Si on opérait le dédoublement par la potasse étendue, on obtiendrait de l'*acide crésoxyéthylphtalamique*,

$$C H^3 . C^6 H^4 . O C H^2 . C H^2 . Az H . C O . C^6 H^4 . C O^2 H.$$

La p-crésoxyéthylamine bout à 242-243° sous une pression de 779 millimètres et donne des sels bien cristallisés. Son *dérivé benzoylé* fond à 134°. Traitée par le cyanate de potassium, elle fournit la *p-crésoxyéthylurée*, qui fond à 158°.

L'éther brométhylique du p-crésol, traité par l'acide nitrique fumant, est saponifié et donne du dinitrocrésol.

L'aniline le convertit en *crésoxyéthylaniline* (fusible à 55°), tandis que l'action de l'ammoniaque fournit surtout de la *dicrésoxyéthyla-mine*, $Az H (C H^3 . C H^2 . O C^7 H^7)^2$, qui fond vers 50°.

Avec la potasse alcoolique, il donne l'*éther mixte crésyléthylique du glycol*,

$$C^7 H^7 . O . C H^2 . C H^2 . O . C^2 H^5,$$

bouillant à 243°. Le *dérivé méthylique* correspondant bout à 230° et le *dérivé phénylique*, obtenu par action du phénate de sodium, cristallise en grandes lames, fusibles à 99°.

Chauffé avec du cyanure de potassium ou de la diméthylaniline, l'éther brométhylique du p-crésol fournit l'*éther dicrésylique du glycol*, $C^7H^7.O.CH^2.CH^2.O.C^7H^7$, par suite d'une saponification partielle avec mise en liberté de crésol qui réagit sur l'éther brométhylique non décomposé. Cet éther fond à 134° [R. Schreiber, *D. chem. G.*, **24**, 189].

ÉTHER BENZYLIQUE. — Obtenu par l'action du chlorure de benzyle sur le sel de potassium, il cristallise en houppes soyeuses ou en lamelles brillantes, formant des prismes hexagonaux. Il fond à 41° et est insoluble dans l'eau, soluble dans l'alcool, l'éther et le benzène. De même que dans le cas de l'éther éthylique, la nitration directe le dédouble en dinitro-p-crésol et nitrate benzylique.

On a toutefois obtenu un *éther nitrobenzylique* du p-crésol en partant du chlorure de nitrobenzyle. Il cristallise en lamelles jaunâtres, fusibles à 91°, que l'ammoniaque alcoolique n'altère pas, même à 200° [W. Staedel, *D. chem. G.*, **14**, 898 ; *Bull. Soc. Chim.*, (2), **39**, 43. — O. Frische. *Ann. Chem.*, **224** 137 ; *Bull. Soc. Chim.*, (2), **44**, 127].

OXYDE DE CRÉSYLE, $CH^3.C^6H^4.O.C^6H^4.CH^3$. — Ce composé a été obtenu par M. Buch [*D. chem. G.*, **17**, 2638 ; *Bull. Soc. Chim.*, (2), **45**, 535] en chauffant le p-crésol avec du chlorure de zinc. Il cristallise dans l'alcool en lamelles brillantes, fusibles à 165°, mais se volatilisant déjà vers 100°. Il est très volatil dans la vapeur d'eau surchauffée.

SULFATE. — Le p-crésol fournit un éther sulfurique par l'action du pyrosulfate de potassium. Le *sel de potassium* ainsi obtenu,

$$C^6H^4 \underset{O.SO^3K}{\overset{CH^3}{<}}$$

est très peu soluble dans l'eau. La préparation et les propriétés de ce corps sont identiques à celles de son isomère dérivé de l'o-crésol [E. Baumann, *D. chem. G.*, **2**, 1911].

PHOSPHATES. — L'action de l'oxychlorure de phosphore sur le p-crésol a donné des produits différents, suivant les proportions employées.

Le *chlorure de l'acide monocrésylphosphorique*, $PO(OC^7H^7)Cl^2$, s'obtient en chauffant le mélange à molécules égales. C'est un liquide bouillant à 255°, très réfringent, que l'on n'a pu solidifier à — 79°. L'eau le convertit en *acide monocrésylphosphorique*, $PO(OH)^2(OC^7H^7)$, qui cristallise en lamelles fusibles à 116°, très solubles dans l'eau et dans l'alcool, beaucoup moins dans le benzène et dans le chloroforme. L'acide azotique le décompose et donne un mélange de nitro- et de dinitro-p-crésol.

Le *phosphate tricrésylique*, $PO(OC^7H^7)^3$, obtenu en chauffant l'oxychlorure de phosphore avec 3 molécules de p-crésol jusqu'à ébullition tranquille, peut être distillé dans le vide et se prend en masse par le refroidissement. Il cristallise en lamelles blanches, fusibles à 76° (Rapp), à 77,5-78° (Heim), solubles dans l'éther. Le rendement de cette préparation dépasse 95 0/0 de la quantité théorique [R. Heim, *D. chem. G.*, **16**, 1766 ; *Bull. Soc. Chim.*, (2), **40**, 574. — M. Rapp. *Ann. Chem.*, **224**, 156 ; *Bull. Soc. Chim.*, (2), **44**, 130].

SILICATE. — La préparation de ce composé est identique à celle de ses deux isomères. Il bout à 442-445° presque sans décomposition et cristallise dans un mélange de benzène et de pétrole en prismes légèrement jaunâtres. fusibles à 69-70°, facilement altérables à l'humidité [J. Hertkorn, *D. chem. G.*, **18**, 1689 ; *Bull. Soc. Chim.*, (2), **45**, 931].

CARBONATE. — Le *carbonate d'éthyle et de crésyle*,

$$CO \underset{OC^2H^5}{\overset{OC^7H^7}{<}}$$

obtenu par l'action de l'éther chloroxycarbonique sur le p-crésate de potassium, est une huile jaune, d'odeur agréable, bouillant à 245° et inattaquable par les alcalis étendus à l'ébullition [G. Bender, *D. chem. G.*, **13**, 700 ; *Bull. Soc. Chim.*, (2), **35**, 257].

Ce carbonate mixte est décomposé quand on le chauffe en tube scellé, vers 300°, pendant 3 ou 4 heures : il se dégage de l'acide carbonique et, après distillation dans un courant de vapeur pour éliminer le carbonate non attaqué, il reste du *carbonate de p-crésyle*, $CO(OC^7H^7)^2$.

Ce corps est insoluble dans l'eau, peu soluble dans l'alcool froid et est saponifié avec la plus grande facilité. Il fond à 115° [G. Bender, *D. chem. G.*, **19**, 2268 ; *Bull. Soc. Chim.*, (2), **47**, 124].

CYANATE (voyez Suppl., **1**, 584). — Le cyanate de p-crésyle, déjà obtenu par Hofmann par l'action de l'anhydride phosphorique sur la p-crésyluréthane, se produit encore lorsque l'on fait passer un courant d'oxychlorure de carbone dans du chlorhydrate de p-toluidine en fusion. Le produit de la réaction distillé est un liquide incolore, bouillant à 185° et dont les vapeurs irritent fortement les yeux.

La triéthylphosphine le transforme en un composé cristallisé, polymère, fusible à 185° et ne se solidifiant pas par refroidissement. Comme l'alcool le convertit en *allophanate dicrésylique*,

$$CO \underset{AzC^7H^7}{\overset{AzHC^7H^7}{<}}$$
$$|$$
$$CO^2C^2H^5$$

ce composé doit être considéré comme un *bicyanate de crésyle*. Il fond à 110°.

Le cyanate de p-crésyle, chauffé avec de l'acétate de potassium, se transforme intégralement en *cyanurate* cristallisé et fusible à 265° sans décomposition [W. Frentzel, *D. chem. G.*, **21**, 411].

M. Otto, qui a préparé le cyanurate de p-crésyle, de même que ses deux isomères, par l'action du chlorure de cyanogène solide sur le p-crésate de sodium, lui attribue comme point de fusion 207° [R. Otto, *D. chem. G.*, **20**, 2238 ; *Bull. Soc. Chim.*, (2), **48**, 661].

FUMARATE DE P-CRÉSYLE,

$$\begin{aligned} &CH-CO^2-C^6H^4.CH^3 \\ &\| \\ &CH-CO^2-C^6H^4.CH^3 \end{aligned}$$

— On le prépare au moyen du chlorure de fumaryle. Il est très peu soluble dans l'alcool et fond à 162°. A une température plus élevée, il se décompose en donnant du diméthylstilbène,

$$\begin{aligned} &CH.C^6H^4.CH^3 \\ &\| \\ &CH.C^6H^4.CH^3 \end{aligned}$$

fusible à 179°, et un corps fondant à 79° qui est sans doute le *méthylcinnamate de p-crésyle*,

$$CH^3.C^6H^4.CH=CH.CO^2.C^6H^4.CH^3$$

[R. Anschütz et Witz, *D. chem. G.*, **18**, 1948 ; *Bull. Soc. Chim.*, (2), **46**, 393].

Enfin MM. F. Krafft et G. Burger [*D. chem. G.*, **17**, 1378 ; *Bull. Soc. Chim.*, (2). **44**, 522] ont préparé un certain nombre d'éthers, à poids moléculaires élevés, dont nous donnerons seulement les constantes physiques :

Le *laurate*, $C^{12}H^{23}O.OC^7H^7$, fond à 28° et bout à 219° ($H=15^{mm}$).

Le *myristate*, $C^{14}H^{27}O.OC^7H^7$, fond à 39° et bout à 239°,5 ($H=15^{mm}$).

Le *palmitate*, $C^{16}H^{31}O.OC^7H^7$, fond à 45° et bout à 249°,5 ($H=15^{mm}$).

Le *stéarate*, $C^{18}H^{35}O.OC^7H^7$, fond à 54° et bout à 276° (H = 15^{mm}).

Le *salicylate de p-crésyle* fond à 39° [H. Nencki, *C. R.*, **108**, 254].

ORTHO-ACÉTATE, $CH^3 - C(O.C^6H^4.CH^3)^3$ [Heiber, *D. chem. G.*, **24**, 3681]. — On le prépare en chauffant un mélange de méthylchloroforme et de p-crésol en solution alcaline. Il cristallise dans l'alcool en belles lamelles rhombiques, fusibles à 135-135°,5, insolubles dans l'eau, solubles dans les autres dissolvants usuels.

PHTALATE, $C^6H^4(CO^2.C^7H^7)^2$ [R. Meyer, *D. chem. G.*, **26**, 209] — Prismes incolores et brillants, fusibles à 83-84°, obtenus par l'action du chlorure de phtalyle sur le p-crésol au bain-marie. Ce corps est très soluble dans l'acide acétique, le chloroforme, l'alcool bouillant, et cristallise dans le système clinorhombique.

PRODUITS DE SUBSTITUTION. — DÉRIVÉS CHLORÉS. — *m-Chloro-p-crésol,*

$$C^6H^3(CH^3)_{(1)}(OH)_{(4)}Cl_{(3)}.$$

— Lorsqu'on fait passer un courant de chlore sec dans du sulfure de carbone anhydre tenant en suspension du p-crésate de sodium, on voit se séparer du chlorure de sodium et une huile brune qui est un mélange de crésol et de son dérivé chloré. Après fractionnement, on enlève les dernières traces de p-crésol en l'agitant avec de l'acide sulfurique pour le transformer en acide p-crésol-sulfonique, et on épuise par l'éther. Après évaporation, il reste une huile jaunâtre, non solidifiable, bouillant à 195-196°. Sa densité à 25° est 1,2106. C'est le chloro-p-crésol (1.3.4).

Son *éther méthylique*, obtenu par l'action de l'iodure de méthyle sur le sel de sodium, est un liquide peu réfringent, bouillant à 213-214° (d = 1,1493 à 25°). L'oxydation le convertit en acide chloranisique [C. Schall et Chr. Dralle, *D. chem. G.*, **17**, 2528].

M. L. Limpach l'a également préparé par la méthode de M. Sandmeyer, en partant de l'amidocrésate de méthyle (1.3.4). D'après cet auteur il bout à 210°.

Dichloro-p-crésol, $C^6H^2(CH^3)_{(1)}(OH)_{(4)}Cl^2$. — On le prépare en faisant arriver un courant de chlore dans la vapeur du p-crésol porté à l'ébullition, jusqu'à l'apparition de gouttelettes huileuses sur les parois du ballon. On purifie la masse noirâtre ainsi obtenue par distillation dans un courant de vapeur.

Il forme des aiguilles blanches, peu solubles dans l'eau froide, solubles dans l'alcool, l'éther, l'acide acétique et le pétrole. Cristallisé dans ce dernier dissolvant, il se présente sous deux formes : 1° par refroidissement, il forme des aiguilles fusibles à 39°; 2° par évaporation lente de la solution froide, on obtient des prismes transparents, fusibles à 42°, qui deviennent peu à peu opaques et reviennent à la première modification.

Il a une odeur forte et désagréable. Malgré la température élevée de la réaction, le chlore se place dans le noyau benzénique, car la potasse ne l'enlève pas, même à 180°. Son *sel ammoniacal* fond à 125° et peut être sublimé.

L'acide azotique transforme le dichloro-p-crésol en acide oxalique, tandis que l'acide chromique le convertit en acide dichloro-p-oxybenzoïque, fusible à 156° [Ad. Claus et P. Riemann, *D. chem. G.*, **16**, 1599; *Bull. Soc. Chim.*, (2), **42**, 276].

DÉRIVÉS BROMÉS. — *m-Bromo-p-crésol,*

$$C^6H^3(CH^3)_{(1)}(OH)_{(4)}Br_{(3)}.$$

— On l'obtient de la même façon que le dérivé chloré correspondant. La distillation dans un courant de vapeur entraîne le bromocrésol et le crésol inattaqué, ainsi qu'un dibromocrésol cristallisé, que l'on sépare aisément.

Le bromo-p-crésol est une huile incristallisable qui bout à 213-214°, et dont la densité est 1,5468 à 24°,5. Il est isomérique avec celui décrit par Vogt et Henninger, mais on doit attribuer à ce dernier la constitution (1.2.4) par suite de sa facile transformation en résorcine.

Son *éther méthylique* bout à 225-227° et a pour densité 1,418 à 24°,5. L'oxydation le transforme en acide bromanisique.

Dibromocrésol, $C^6H^2(CH^3)_{(1)}(OH)_{(4)}Br^2_{(3.5)}$. — Les cristaux obtenus dans la préparation précédente sont purifiés par cristallisation dans la ligroïne. M. E. Werner les a également obtenus par l'action de l'eau de brome (en quantité théorique) sur le p-crésol.

Ils fondent à 48-49° et sont solubles dans l'alcool, peu solubles dans l'eau. Le *benzoate* correspondant cristallise dans la ligroïne en fines aiguilles blanches, fusibles à 91°.

Le dibromo-p-crésol est entièrement détruit par l'oxydation.

Le p-crésol, additionné d'une quantité d'eau de brome correspondant à 3 molécules, laisse déposer un précipité de *bromoxydibromocrésol*, $C^6H^2(CH^3)_{(1)}(OBr)_{(4)}Br^2_{(3.5)}$, qui perd déjà du brome quand on le sèche.

Par un grand excès d'eau de brome, on obtient le *bromoxytribromophénol*, facilement transformable en tribromophénol fusible à 92° [E. Werner, *Bull. Soc. Chim.*, (2), **46**, 278. — C. Schall et Chr. Dralle, *loc. cit.*].

DÉRIVÉS IODÉS. — Par l'action de l'iode sur le p-crésate de sodium en suspension dans le sulfure de carbone, on obtient de même un mono- et un di-iodocrésol, que l'on enlève par distillation dans un courant de vapeur.

L'*iodocrésol* est un liquide incristallisable et qu'on ne peut distiller même dans le vide. Son *éther méthylique* bout au contraire à 237-238° sans décomposition.

Une solution alcaline de p-crésol, additionnée d'iode dissous dans l'iodure de potassium, donne un mélange de dérivés di- et tri-iodés peu stables, renfermant une partie de l'iode substitué dans l'oxhydryle. Ces produits peu stables fondent entre 75 et 90° [J. Messinger et G. Vortmann, *D. chem. G.*, **22**, 2315; *Bull. Soc. Chim.*, (3), **3**, 543].

En solution ammoniacale, le p-crésol fournit avec l'iode un mélange de dérivé mon-iodé liquide et de dérivé diiodé solide (1.4.3.5), fusible à 61° [C. Willgerodt et A. Kornblum, *J prakt. Chem.*, (2), **39**, 289; *Bull. Soc. Chim.*, (3), **3**, 19].

Le *di-iodo-p-crésol,*

$$C^6H^2(CH^3)_{(1)}(OH)_{(4)}I^2_{(3.5)},$$

est purifié par cristallisation dans la ligroïne. Il fond à 61-61°,5 et se décompose à la distillation. Il est très peu soluble dans l'eau.

Son *acétate* fond à 62-62°,5; le *benzoate* à 129,5-130° [C. Schall et Chr. Dralle, *loc. cit.*].

L'*éther éthylique* fond à 77° (Willgerodt et Kornblum).

DÉRIVÉS SULFONÉS. — L'*acide p-crésol-sulfonique* a été obtenu en faisant bouillir avec de l'eau le dérivé diazoïque de l'acide p-toluidine-sulfonique. A une température plus élevée, l'eau le décompose en crésol et acide sulfurique [R.-H.-C. Nevile et A. Winther, *D. chem. G.*, **13**, 1948; *Bull. Soc. Chim.*, (2), **36**, 246].

En chauffant de même avec de l'eau le dérivé diazoïque de l'acide p-toluidine-disulfonique, M. Limpricht a préparé un *acide p-crésol-disulfonique* différent de celui qui est décrit Dict., **2**, 929.

Il cristallise en longues aiguilles, très solubles dans l'eau et dans l'alcool.

Le *sel de potassium*,

$$C^7H^6O(SO^3K)^2, 0,5H^2O,$$

forme des tables jaunâtres.

Le *sel de baryum*, $C^7H^6O(SO^3)^2Ba, 4H^2O$, cristallise en aiguilles blanches, très solubles dans l'eau.

Le *sel de plomb*, $C^7H^6O(SO^3)^2Pb, 3H^2O$, est soluble dans l'eau, insoluble dans l'alcool [H. Limpricht, *D. chem. G.*, **18**, 2178; *Bull. Soc. Chim.*, (2), **46**, 16].

DÉRIVÉS NITRÉS. — *o-Nitro-p-crésol*,

$$C^6H^3(CH^3)_{(1)}(OH)_{(4)}(AzO^2)_{(3)}.$$

— Ce composé a été obtenu par M. Knecht, puis par MM. Nevile et Winther, dans l'action de l'acide azoteux sur la nitro-p-toluidine (1.2.4). La solution sulfurique de la base, refroidie à 0°, est additionnée peu à peu de nitrite de sodium en quantité théorique, puis chauffée pendant 2 heures avec de l'acide sulfurique étendu. Le liquide est épuisé à l'éther; celui-ci abandonne par évaporation de petits prismes jaunes, qu'on purifie en les faisant cristalliser dans la ligroïne.

Le nitrocrésol ainsi obtenu fond à 77-78°. Il est peu soluble dans l'eau froide et dans le sulfure de carbone, très soluble dans l'eau chaude et dans les autres dissolvants organiques.

Son *éther méthylique* est une huile jaunâtre, insoluble dans l'eau, mais volatile dans un courant de vapeur. Il bout à 266° [Ed. Knecht, *D. chem. G.*, **15**, 299; *Bull. Soc. Chim.*, (2), **38**, 449. — R.-H.-C. Nevile et A. Winther, *D. chem. G.*, **15**, 2983; *Bull. Soc. Chim.*, (2), **39**, 470].

Traité par l'eau de brome, ce nitrocrésol donne un précipité de *dibromonitrocrésol*, que l'on purifie en le faisant cristalliser dans l'alcool. Il fond à 83° et est presque insoluble dans l'eau froide, facilement soluble dans l'alcool et dans l'éther [Ed. Knecht, *D. chem. G.*, **15**, 1071; *Bull. Soc. Chim.*, (2), **38**, 451].

m-Nitro-p-crésol, $C^6H^3(CH^3)_{(1)}(OH)_{(4)}(AzO^2)_{(3)}.$ — C'est le dérivé déjà décrit Suppl., **1**, 540. MM. Hofmann et Miller l'ont obtenu dans la nitration directe du p-crésol en solution acétique. MM. Nevile et Winther ont modifié le procédé de préparation indiqué par M. Wagner et l'obtiennent avec le rendement théorique. Il suffit de chauffer 10 grammes de nitro-p-toluidine (1.3.4) au réfrigérant à reflux avec 20 grammes de soude caustique et 100 grammes d'eau pendant 15 heures. Au bout de ce temps, on renouvelle la soude et on continue jusqu'à ce que toute la toluidine soit dissoute. Il n'y a plus qu'à distiller dans un courant de vapeur, après avoir acidifié le liquide [R.-H.-C. Nevile et A. Winther, *D. chem. G.*, **15**, 2983; *Bull. Soc. Chim.*, (2), **39**, 470].

Il s'obtient encore dans l'action de l'acide nitrique étendu sur le sulfate diazoïque dérivé de la p-toluidine. Il se produit en même temps un peu de dinitro-p-crésol [E. Nœlting et E. Wilde, *D. chem. G.*, **18**, 1339; *Bull. Soc. Chim.*, (2), **45**, 788].

L'*éther éthylique* correspondant, préparé par le sel d'argent et le bromure d'éthyle, est une huile cristallisable, colorée en rouge brun [E. Kayser, *D. chem. G.*, **15**, 1134; *Bull. Soc. Chim.*, (2), **38**, 425].

L'*éther benzylique* est cristallisé et fond à 154°. Il est peu stable. L'acide nitrique étendu le transforme en nitrate de nitrobenzyle et dinitrocrésol; il se fait en même temps du dinitrocrésate de nitrobenzyle qui fond à 186°.5.

L'*éther nitrobenzylique*, préparé au moyen du chlorure de nitrobenzyle et du nitro-p-crésate de sodium, cristallise en aiguilles soyeuses, fusibles

à 163°, solubles dans le benzène, peu solubles dans l'alcool ou dans l'éther [P. Frische, *Ann. Chem.*, **224**, 137; *Bull. Soc. Chim.*, (2), **44**, 127].

Quand on chauffe à 180° le nitro-p-crésol (1.3.4) avec une solution aqueuse d'ammoniaque, il se produit de la nitro-p-toluidine fusible à 116° [A. Barr, *D. chem. G.*, **21**, 1543; *Bull. Soc. Chim.*, (2), **50**, 413].

Dinitrocrésol, $C^6H^2(CH^3)_{(1)}(OH)_{(4)}(AzO^2)^2_{(3.5)}.$ — Indépendamment des modes de formation déjà indiqués Suppl., **1**, ce composé se produit dans un grand nombre de réactions :

1° Dans la nitration directe du p-crésol en solution acétique ou en solution aqueuse [A.-W. Hofmann et W. von Miller, *D. chem. G.*, **14**, 568; *Bull. Soc. Chim.*, (2), **36**, 488].

2° Lorsque l'on traite par l'acide nitrique les éthers du p-crésol, qui sont dédoublés en éther nitrique et dinitrocrésol [W. Staedel, *D. chem. G.*, **14**, 699; *Bull. Soc. Chim.*, (2), **39**, 43].

3° En chauffant avec de l'acide nitrique étendu l'acide p-crésol-sulfonique [R.-H.-C. Nevile et A. Winther, *D. chem. G.*, **13**, 1948; *Bull. Soc. Chim.*, (2), **36**, 247].

4° Lorsque l'on évapore une solution aqueuse d'acide p-toluidine-disulfonique, saturée d'acide nitreux [H. Limpricht, *D. chem. G.*, **18**, 2178; *Bull. Soc. Chim.*, (2), **46**, 16].

5° Par l'action de la potasse sur la trinitrométhyl-p-toluidine fusible à 130° (préparée en chauffant avec de l'acide nitrique étendu la méthylacéto-p-toluidine) [L.-M. Norton et W.-D. Livermore, *D. chem. G.*, **20**, 2269; *Bull. Soc. Chim.*, (2), **49**, 298].

On ne sépare toujours facilement du dérivé mononitré qui l'accompagne, en distillant le produit de la réaction dans un courant de vapeur où il n'est que très peu volatil.

L'*éther éthylique* correspondant s'obtient facilement en chauffant avec de l'iodure d'éthyle le sel d'argent en suspension dans l'alcool. Débarrassé du crésol inattaqué par lavage à la soude et cristallisation dans l'éther, il fond à 73° [E. Nœlting et E. von Salis, *D. chem. G.*, **14**, 986 et **15**, 1134; *Bull. Soc. Chim.*, (2), **39**, 91].

Il se produit aussi lorsque l'on traite par l'acide nitrique l'éther du p-crésol, en même temps qu'il se fait du dinitrocrésol et de l'azotate d'éthyle [W. Staedel, *loc. cit.*].

L'*éther benzylique*, $C^6H^2(AzO^2)^2(CH^3)(OC^7H^7)$, cristallise en lamelles jaunâtres, altérables à la lumière et fondant à 109°. L'acide nitrique le transforme en éther *nitrobenzylique*, identique à celui que l'on obtient par l'action du chlorure de nitrobenzyle sur le dinitrocrésate de potassium. Il fond à 186°,5. L'ammoniaque alcoolique le dédouble en dinitrotoluidine et alcool nitrobenzylique [P. Frische, *Ann. Chem.*, **224**, 137; *Bull. Soc. Chim.*, (2), **44**, 127].

Dinitrocrésol,

$$C^6H^2(CH^3)_{(1)}(OH)_{(4)}(AzO^2)_{(2)}(AzO^2)_{(6)}.$$

— On connaît encore un autre dinitro-p-crésol, qu'on obtient en traitant par un excès de nitrite de sodium la nitro-p-toluidine (1.2.4) en solution sulfurique. On le purifie par cristallisation dans l'eau, où il est peu soluble. Il forme de petites aiguilles jaunes, qui se décomposent avant de fondre, en donnant naissance à un sublimé de couleur violette [Ed. Knecht, *D. chem. G.*, **15**, 300; *Bull. Soc. Chim.*, (2), **38**, 449].

DÉRIVÉS AMIDÉS. — *o-Amido-p-crésol*,

$$C^6H^3(CH^3)_{(1)}(OH)_{(4)}(AzH^2)_{(3)}.$$

— Ce composé a été obtenu par M. Knecht, en réduisant le dérivé nitré correspondant au moyen de l'étain et de l'acide chlorhydrique. Après avoir précipité l'étain par l'hydrogène sulfuré, on concentre dans un courant d'hydrogène et on abandonne à la cristallisation sur l'acide sulfurique.

Le *chlorhydrate* est purifié par sublimation. Il est très soluble dans l'eau et dans l'alcool, insoluble dans l'éther. Quand il est sec et pur, il ne s'altère pas à l'air [Ed. Knecht, *D. chem. G.*, **15**, 300; *Bull. Soc. Chim.*, (2), **38**, 450].

M. Wallach a préparé la base libre en traitant ce chlorhydrate par le bicarbonate de potassium et épuisant à l'éther. On a ainsi des cristaux incolores, inaltérables à l'air, facilement solubles dans l'eau chaude, peu solubles dans l'eau froide. Il fond à 143-144° [O. Wallach, *D. chem. G.*, **15**, 2831; *Bull. Soc. Chim.*, (2), **39**, 464].

Chauffé avec de l'anhydride acétique, il donne un *dérivé acétylé,*

$$C^6 H^3 (CH^3)_{(1)} (OH)_{(4)} (AzH.C^2H^3O)_{(3)},$$

soluble dans la soude et qui, après cristallisation dans l'alcool étendu, fond à 177-178°.

Si on prolonge l'action de l'anhydride acétique, on obtient une huile qui cristallise quand on l'abandonne peu à peu dans le vide avec de la chaux sodée. C'est un *dérivé diacétylé,*

$$C^6 H^3 (CH^3)_{(1)} (OC^2H^3O)_{(4)} (AzH.C^2H^3O)_{(3)},$$

fusible à 128-129°, qui, chauffé avec les alcalis à l'ébullition, reproduit le précédent. Celui-ci est au contraire saponifié par l'acide chlorhydrique et fournit l'amidocrésol pur, fusible à 144°,5.

Dans ces conditions, l'ammoniaque ne donne plus de coloration bleue avec ses sels, ainsi que cela avait lieu avec le produit impur obtenu précédemment [A. Maassen, *D. chem. G.*, **17**, 608; *Bull. Soc. Chim.*, (2), **43**, 634].

L'*éther méthylique,*

$$C^6 H^3 (CH^3)_{(1)} (OCH^3)_{(4)} (AzH^2)_{(3)},$$

obtenu par réduction de l'éther nitré, cristallise en aiguilles soyeuses, fusibles à 47°, facilement volatiles dans la vapeur d'eau, solubles dans l'eau chaude, l'alcool et l'éther [Ed. Knecht, *D. chem. G.*, **15**, 1072; *Bull. Soc. Chim.*, (2), **38**, 451].

M. L. Limpach, qui a préparé cet éther au moyen du dérivé nitro-amidé

$$C^6 H^2 (CH^3)_{(1)} (OCH^3)_{(4)} (AzH^2)_{(3)} (AzO^2)_{(5)},$$

en remplaçant d'abord AzH^2 par H d'après la réaction de Griess et réduisant le dérivé nitré, lui donne comme point de fusion 111° [L. Limpach, *D. chem. G.*, **22**, 789].

m-Amido-p-crésol,

$$C^6 H^3 (CH^3)_{(1)} (OH)_{(4)} (AzH^2)_{(3)}.$$

— MM. E. Nœlting et O. Kohn ont préparé ce composé en réduisant les dérivés azoïques du p-crésol (voyez plus bas). Il s'obtient aussi dans la réduction du nitro-p-crésol correspondant. Il fond à 135° et ne s'altère pas à l'air quand il est pur; dans le cas contraire, il s'oxyde facilement. Peu soluble dans l'eau et dans les hydrocarbures, il se dissout aisément dans l'alcool et dans l'éther.

Distillé avec du formiate de sodium, il fournit le *méthénylamidocrésol* (p-méthylbenzoxazol),

$$C^6 H^3 - O \diagup \!\!\!\!\!\! \diagdown Az \gtrless CH \quad (CH^3)$$

A. W. Hofmann et W. von Miller, *D. chem. G.*, **14**, 572; *Bull. Soc. Chim.*, (2), **36**, 489].

De même l'anhydride acétique le convertit en *éthénylamido-p-crésol* (α-p-diméthylbenzoxazol),

$$C^6 H^3 - O \diagup CH^3 \diagdown Az \gtrless C.CH^3$$

qui distille sans décomposition à 218-219°.

Son *éther éthylique,* préparé en réduisant le dérivé nitré correspondant, est volatil dans la vapeur d'eau. Il cristallise dans l'eau bouillante en aiguilles fusibles à 40-41°, très solubles dans les liquides organiques. Il donne des sels bien cristallisés.

Son *dérivé acétylé* cristallise dans l'eau en lamelles blanches, fusibles à 106°,5 [Ed. Kayser, *D. chem. G.*, **15**, 1135; *Bull. Soc. Chim.*, (2), **38**, 425].

D'après MM. Hofmann et Miller, l'*éther méthylique* fond à 36-38°, tandis que M. Limpach a trouvé comme point de fusion 51°,5. Il bout à 235° et est volatil avec la vapeur d'eau.

Le *chlorhydrate* cristallise avec 1 molécule d'eau et est très soluble dans ce dissolvant.

Chauffé avec les acides, il fournit facilement des produits de substitution : le *dérivé acétylé*

$$C^6 H^3 (CH^3)_{(1)} (OCH^3)_{(4)} (AzHCOCH^3)_{(3)}$$

fond à 110°; le *dérivé formylé* à 86°.

Traité par l'acide nitrique ($d = 1,48$), le dérivé acétylé donne un *produit nitré* fusible à 156°; l'*éther nitro-amidé* qui résulte de la saponification fond à 132°; si on le réduit par l'étain et l'acide chlorhydrique, on a l'*éther méthylique du diamidocrésol,*

$$C^6 H^2 (CH^3)_{(1)} (OCH^3)_{(4)} (AzH^2)^2_{(3.6)},$$

qui fond à 166° en se décomposant et dont la solution aqueuse s'altère rapidement à l'air en prenant une coloration verte [L. Limpach, *D. chem. G.*, **22**, 348 et 789; *Bull. Soc. Chim.*, (3), **2**, 521 et 423].

Diamido-p-crésol,

$$C^6 H^2 (CH^3)_{(1)} (OH)_{(4)} (AzH^2)^2_{(3.6)}.$$

— Il n'a pas été décrit à l'état de liberté, mais M. Kayser a préparé son *éther éthylique* en réduisant l'éther dinitré fusible à 73-75°.

Son *chlorhydrate,* $C^9 H^{10} (AzH^2)^2 HCl$, est très soluble dans l'eau, peu soluble dans l'acide chlorhydrique.

La base libre est un liquide incristallisable, d'odeur agréable, et qui se laisse distiller sans décomposition.

DÉRIVÉS AZOÏQUES. — *Benzène-azo-p-crésol,*

$$C^6 H^5 - Az^2_{(3)} - C^6 H^3 (CH^3)_{(1)} (OH)_{(4)}.$$

— On prépare facilement ce composé, déjà obtenu par M. Mazzara, en ajoutant du chlorure de diazobenzène à une solution fortement alcaline de p-crésol refroidie à 0°. Le précipité jaune-orangé qui se forme est filtré au bout de 24 heures et purifié par cristallisation. Il fond à 108-109°.

Le chlorure ou l'anhydride acétique le convertissent en *acétate,* formant de longues aiguilles jaunes, fusibles à 67-68°. Il est facilement saponifié par les acides et par les alcalis. Au contraire, le *dérivé benzoylé,* qui fond à 113°, est assez difficilement décomposable par les alcalis.

Quand on chauffe avec précaution et par petites quantités le benzène-azo-p-crésol, on peut le sublimer sans décomposition. Contrairement aux indications de M. Mazzara, il est facilement soluble dans l'alcool froid [C. Liebermann et St. von Kostanecki, *D. chem. G.*, **17**, 131 et 877].

Lorsqu'on soumet le dérivé acétique du benzène-azo-p-crésol à la réduction par la poudre de zinc et l'acide acétique, on le dédouble en acétanilide et amido-p-crésol. Si au contraire on emploie comme réducteur l'amalgame de sodium à 2,5 0/0, en opérant en solution alcoolo-acétique, on obtient un *dérivé hydrazoïque*, auquel MM. Goldschmidt et Brubacher attribuent la formule de structure

$$C^6H^3(CH^3)(OH) - AzH - Az(C^6H^5)(CO.CH^3).$$

Ce composé cristallise en lamelles microscopiques fusibles à 124-125°. Il est instable, s'altère lorsqu'on cherche à le purifier par cristallisation et se dédouble aisément en amidocrésol et acétanilide.

Le dérivé benzoylé du benzène-azo-p-crésol fournit de même, lorsqu'on le réduit par la poudre de zinc et l'acide acétique, un *dérivé hydrazoïque* cristallisé en aiguilles blanches fusibles à 151-152° et répondant à la formule

$$C^6H^3(CH^3)(OH) - AzH - Az(C^6H^5)(CO.C^6H^5).$$

Il résulterait de là, suivant MM. Goldschmidt et Brubacher, que les dérivés acétique et benzoïque du benzène-azo-p-crésol ont eux-mêmes les formules de structure

$$CH^3 - C^6H^3 \lessgtr {}^O_{Az - Az(C^6H^5)(CO.CH^3)}$$

et

$$CH^3 - C^6H^3 \lessgtr {}^O_{Az - Az(C^6H^5)(CO.C^6H^5)}$$

[Goldschmidt et Brubacher, *D. chem. G.*, **24**, 2303].

Chauffé vers 200° avec du sulfure de carbone, le benzène-azo-p-crésol se transforme en un mélange de *thiocarbamidocrésol,*

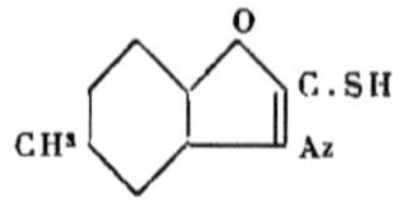

et de *carbanilamidocrésol,*

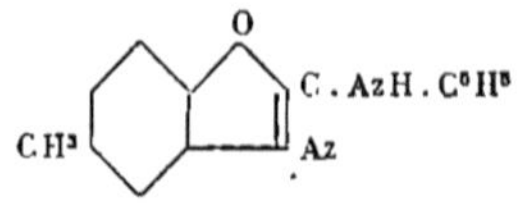

Celui-ci résulte également de l'action de l'aniline sur le premier. Il fond à 205-206° et donne un *dérivé acétylé* fusible à 86-87° et un *picrate* fusible à 216° [P. Jacobson et V. Schenke, *D. chem. G.*, **22**, 3232; *Bull. Soc. Chim.*, (3), **3**, 819].

Avec le chlorure diazoïque dérivé de l'amido-azobenzène et le p-crésate de sodium, on obtient de même le *benzène-azo-benzène-azo-p-crésol*

$$C^6H^5 - Az^2 - C^6H^4 - Az^2 - C^6H^4 \lessdot {}^{CH^3}_{OH}$$

qui est insoluble dans les alcalis à froid, et qui cristallise dans l'acide acétique en petites aiguilles brunes, fusibles à 160°, très peu solubles dans l'alcool.

L'acide *p-crésol-azobenzène-p-sulfonique* se prépare de la même façon, en partant de l'acide sulfanilique.

Il se produit aussi quand on traite le benzène-azo-p-crésol par l'acide sulfurique fumant à 65 0/0 d'anhydride. Il a pour formule

$$SO^3H_{(4)} - C^6H^4 - Az_{(1)} = Az_{(3)} - C^6H^3 \lessdot {}^{CH^3_{(1)}}_{OH_{(4)}}$$

et cristallise en lamelles brunes à reflets violacés. Ses sels sont très bien cristallisés et teignent la laine et la soie en jaune orangé.

On obtient d'autre part son isomère, *l'acide benzène-azo-p-crésol-sulfonique,*

$$C^6H^5 - Az^2_{(3)} - C^6H^2 \Big\lessgtr {}^{CH^3_{(1)}}_{{\textstyle OH_{(4)}} \atop SO^3H_{(5)}}$$

en traitant par le chlorure de diazobenzène l'acide p-crésol-sulfonique. Il cristallise à l'état anhydre et est soluble dans l'eau froide, peu soluble dans l'alcool [J. Stebbins, *D. chem. G.*, **13**, 718; *Bull. Soc. Chim.*, (2), **35**, 464].

Le *p-chlorobenzène-azo-p-crésol,*

$$CH^3 - C^6H^3(OH) - Az^2 - C^6H^4Cl,$$

s'obtient par l'action du chlorure de p-chloro-diazobenzène sur une solution de p-crésol. Il cristallise dans le benzène en longues aiguilles orangées, fusibles à 151-152° [Goldschmidt et Pollak, *D. chem. G.*, **25**, 1326].

Son *dérivé acétylé*, $C^{18}H^{13}ClAz^2O^2$, se présente en aiguilles rougeâtres, fusibles à 118-119°.

Réduit par la poudre de zinc et l'acide acétique en présence d'alcool, il donne un *dérivé hydrazoïque*, $C^{18}H^{15}ClAz^2O^2$, fusible à 99°, qui, par l'action prolongée du zinc et de l'acide acétique, se dédouble en acétyl-p-chloraniline et amidocrésol.

Le *dérivé benzoylé*, $C^{20}H^{15}ClAz^2O^2$, forme de grands prismes orangés, peu solubles dans l'alcool et dans la ligroïne, très solubles dans le benzène et fusibles à 115°. Il fournit par réduction un *dérivé hydrazoïque* $C^{20}H^{17}ClAz^2O^2$ fusible à 172°.

Le *m-chlorobenzène-azo-p-crésol,*

$$CH^3 - C^6H^3(OH) - Az^2 - C^6H^4Cl,$$

se présente en longues aiguilles orangées, fusibles à 103°, très solubles dans l'alcool, l'éther et le benzène.

Son *dérivé acétique*, $C^{18}H^{13}ClAz^2O^3$, cristallise en prismes orangés fusibles à 73-74°, que les réducteurs (zinc et acide acétique) convertissent en un *dérivé hydrazoïque* $C^{18}H^{15}ClAz^2O^2$ fusible à 92°, puis en un mélange d'acétyl-m-chloraniline et d'amidocrésol.

Le *dérivé benzoïque*, $C^{20}H^{15}ClAz^2O^3$, forme des aiguilles orangées fusibles à 90°; le *composé hydrazoïque* correspondant $C^{20}H^{17}ClAz^2O^4$ fond à 127-128° (Goldschmidt et Pollak).

Le *p-toluène-azo-p-crésol,*

$$CH^3_{(1)} - C^6H^4 - Az_{(4)} = Az_{(3)} - C^6H^3 \lessdot {}^{CH^3_{(1)}}_{OH_{(4)}}$$

dérivé du chlorure de p-diazotoluène, forme de beaux cristaux rouges, fusibles à 112-113°, peu solubles dans l'alcool froid.

Son *dérivé acétylé* fond à 91°; le *dérivé benzoylé*, à 95°. Tous deux cristallisent en aiguilles jaunes.

Le chlorure diazoïque de l'acide p-toluidine sulfoné (1.4.3) fournit de même *l'acide v-crésol-azotoluène-sulfonique,*

$$\begin{matrix} CH^3_{(1)} \\ SO^3H_{(3)} \end{matrix} \Big\gtrdot C^6H^3 - Az_{(4)} = Az_{(3)} - C^6H^3 \lessdot {}^{CH^3_{(1)}}_{OH_{(4)}}$$

qui est très soluble dans l'eau, peu soluble dans l'alcool, et qui donne des sels bien cristallisés.

Réduits par l'étain et l'acide chlorhydrique, tous ces composés se dédoublent en donnant de l'amido-p-crésol (1.4.3) fusible à 135°.

Amido-p-crésol-azo-p-crésol,

$$\begin{matrix} CH^3_{(1)} \\ OH_{(4)} \end{matrix} \Big\gtrdot C^6H^3_{(3)} - Az = Az - C^6H^2 \Big\lessgtr {}^{{\textstyle CH^3_{(1)}} \atop OH_{(4)}}_{AzH^2_{(3)}}$$

— Son *éther méthylique* se produit quand on fait réagir à froid une solution saturée de nitrite de sodium sur un mélange de l'éther méthylique de l'amido-p-crésol et de son chlorhydrate en solution alcoolique. Le *chlorhydrate*, purifié par cristallisation dans l'acide chlorhydrique et décomposé par le carbonate de sodium, fournit la base libre, qui fond à 156° en se décomposant et qui se dissout dans les acides avec une belle coloration rouge (Limpach).

p-Crésol-azo-p-crésol. — L'*éther diméthylique* correspondant,

$$Az_{(3)} - C^6H^3(CH^3)_{(4)}(OCH^3)_{(4)}$$
$$\|$$
$$Az_{(3)} - C^6H^3(CH^3)_{(1)}(OCH^3)_{(4)}$$

s'obtient en traitant par l'amalgame de sodium à 5 0/0 une solution méthylique de m-nitro-p-crésolate de méthyle. Il cristallise dans le toluène en prismes écarlates, fusibles à 178-179°, peu solubles dans l'alcool et dans l'esprit de bois, assez solubles dans l'acide acétique, le benzène et le chloroforme [Brasch et Freyss, *D.chem. G.*, **24**, 1960].

Réduit par un grand excès d'amalgame de sodium en présence d'alcool, il fournit l'amine $C^6H^3(CH^3)(OCH^3)(AzH^2)$, fusible à 38°.

L'*éther monométhylique*,

$$C^6H^3(CH^3)(OCH^3) - Az = Az - C^6H^3(CH^3)(OH),$$

s'obtient en mélangeant à basse température des solutions de p-crésolate de potassium et du dérivé diazoïque $C^6H^3(CH^3)(OCH^3)Az^2Cl$. Ce composé ne paraît pas avoir été isolé à l'état pur (Brasch et Freyss).

p-Crésol-azoxy-p-crésol. — L'*éther diméthylique*,

$$C^6H^3(CH^3)(OCH^3) - Az = Az - C^6H^3(CH^3)(OCH^3)$$
$$\begin{matrix} _{(1)} & _{(4)} & _{(3)} & _{(3)} & _{(1)} & _{(4)} \\ & & \searrow & \swarrow & & \\ & & O & & & \end{matrix}$$

s'obtient en chauffant au bain-marie pendant 48 heures le m-nitrocrésolate de méthyle en solution méthylique avec la quantité théorique de sodium. Il cristallise en prismes d'un jaune de soufre, fusibles à 148-149°, très solubles dans le benzène, l'alcool et l'acide acétique [Brasch et Freyss, *D. chem. G.*, **24**, 1962].

OXYCRÉSYLHYDRAZINE. — On en connaît seulement l'*éther méthylique*, qu'on obtient en faisant chauffer avec une solution saturée de sulfite de sodium le chlorure diazoïque correspondant à l'éther méthylique de l'amido-p-crésol (1.4.3).

Le produit de la réaction, neutralisé par l'acide chlorhydrique, est réduit par le zinc et l'acide acétique jusqu'à décoloration. Si on ajoute alors de l'acide chlorhydrique fumant, on voit se précipiter le chlorhydrate de l'hydrazine. La base libre fond à 45° [L. Limpach, *loc. cit.*].

O. Saint-Pierre.

CRÉSORCINE [Syn. *Lutorcine, méthyl 1-benzène-diol 2.4*],

$$C^6H^3(CH^3)_{(1)}(OH)^2_{(2.4)}$$

(voyez Suppl., **1**, 1104). — L'α-isorcine de Blomstrand est identique avec la crésorcine. Les différences qui avaient été observées, notamment dans le point de fusion (88° au lieu de 104°), étaient dues uniquement à des impuretés, et en particulier à de l'acide salicylique, qui forme la majeure partie du produit que l'on obtient en fondant avec de la potasse l'acide toluène-disulfonique, $C^6H^3(CH^3)_{(1)}(SO^3H)^2_{(2.4)}$. Pour obtenir la crésorcine pure par cette méthode, il faut chauffer le produit de la réaction avec du carbonate de calcium et l'épuiser ensuite par l'éther. Celui-

ci abandonne par évaporation la crésorcine, que l'on achève de purifier en la faisant cristalliser dans le chloroforme.

Néanmoins le rendement est toujours assez faible et très inférieur à celui que l'on obtient dans la préparation de la crésorcine au moyen de l'amido-o-crésol, $C^6H^3(CH^3)_{(1)}(OH)_{(2)}(AzH^2)_{(4)}$ [E. Nœlting, *D. chem. G.*, **19**, 136; *Bull. Soc. Chim.*, (2), **47**, 138].

Chauffée avec du bicarbonate de potassium et de l'eau, la crésorcine se transforme en acide crésorsellique (voyez ce mot),

$$C^6H^3(CH^3)_{(1)}(OH)^2_{(2.4)}(CO^2H)_{(3 \text{ ou } 5)}.$$

M. von Kostanecki a obtenu une *dinitrosocrésorcine* à laquelle il attribue la formule d'une quinone-oxime,

$$\begin{matrix} & & CH^3 & & \\ & \diagup & & \diagdown & \\ & & & & O \\ HO\,Az & & & & Az\,OH \\ & \diagdown & & \diagup & \\ & & O & & \end{matrix}$$

Ce composé cristallise en lamelles brillantes, contenant 1 molécule d'eau et détonant à une température supérieure à 160°. Il est insoluble dans l'éther, le chloroforme et le benzène, peu soluble dans l'eau et dans l'alcool. L'acide azotique le transforme en dinitrocrésorcine.

La *dinitrocrésorcine* s'obtient facilement en traitant la crésorcine par 4 fois son poids d'acide nitrique froid (d = 1,3) et en faisant cristalliser le produit dans l'eau chaude additionnée de quelques gouttes d'alcool. Elle est peu soluble dans l'eau froide, très soluble dans l'alcool et dans l'éther et fond vers 90° [St. von Kostanecki, *D. chem. G.*, **20**, 3135; *Bull. Soc. Chim.*, (2), **49**, 512].

O. Saint-Pierre.

CRÉSORSELLIQUE (ACIDE) [Syn. *Crésorcine-carbonique, méthyl 1-benzène-diol 4.6-méthyloïque 2*],

$$C^6H^3(CH^3)_{(1)}(CO^2H)_{(2)}(OH)^2_{(4.6)}.$$

— On connaît deux des acides carboxylés se rapportant à la crésorcine.

L'*acide crésorsellique* a été obtenu par MM. Jacobsen et Wierss en fondant avec de la potasse caustique l'acide o-toluique-disulfonique. Après avoir acidifié le produit de la réaction, on l'agite avec de l'éther et on épuise celui-ci au carbonate d'ammonium pour enlever l'acide. Si alors on ajoute assez d'acide chlorhydrique pour décomposer seulement les sulfites, le sel ammoniacal cristallise par refroidissement.

L'acide crésorsellique est très soluble dans l'eau bouillante et dans l'alcool; il se dissout dans 116 parties d'eau froide à 0°. Il fond à 245° et se charbonne vers 320°. Ses solutions sont fortement acides.

Les sels ferriques les colorent en brun foncé, en subissant une réduction partielle. Les sels d'argent et de cuivre en solution alcaline sont complètement réduits. L'acide sulfurique concentré donne à chaud une coloration rouge-fuchsine très stable.

Le *sel ammoniacal* est très soluble dans l'eau chaude, peu soluble dans l'eau froide; il cristallise avec 2 molécules d'eau. Il est entièrement dissocié à 150°.

Le *sel de baryum* est très soluble dans l'eau. Chauffé à 220° avec un excès de baryte, il ne subit aucune décomposition; mais, à cette température, l'acide chlorhydrique donne naissance (sans départ d'acide carbonique) à un composé soluble dans les alcalis avec une magnifique coloration rouge.

Ce produit, qui a pour formule $C^{14}H^{12}O^6$, dérive de l'acide crésorsellique comme l'anthraquinone de l'acide benzoïque.

Distillé avec de la chaux, l'acide cresorse...que donne de la crésorcine [O. Jacobsen et F. Wierss, *D. chem. G.*, **16**, 1960; *Bull. Soc. Chim.*, (2), **42**, 186. — E. Kahn, *D. chem. G.*, **19**, 755; *Bull. Soc. Chim.*, (2), **47**, 284].

M. von Kostanecki a obtenu, en chauffant la crésorcine avec du bicarbonate de potassium en solution aqueuse, un acide isomérique avec le précédent.

On l'extrait du mélange en l'épuisant à l'éther après avoir ajouté de l'acide chlorhydrique, et en agitant cet éther avec une solution étendue de carbonate de sodium. L'acide est ensuite purifié par cristallisation dans l'eau.

Cet acide cristallise en prismes brillants, incolores, contenant 1 molécule d'eau, et fusibles à 208°. Il est très soluble dans l'alcool et dans l'éther, peu soluble dans l'eau froide. Ses solutions se colorent en bleu violacé par le chlorure ferrique.

Le *sel de potassium* cristallise avec 2 molécules d'eau, et forme des prismes incolores, très solubles dans l'eau.

Sa constitution est exprimée par l'une des deux formules

$$\underset{\text{OH}}{\overset{\text{CH}^3}{\underset{\displaystyle}{\bigcirc}}}\text{OH} \quad \text{ou} \quad \text{CH}^3 \dots \text{OH} \dots \text{CO}^2\text{H} \dots \text{OH}$$

[St. von Kostanecki, *D. chem. G.*, **18**, 3203; *Bull. Soc. Chim.*, (2), **46**, 413].   O. Saint-Pierre.

CRÉSOTIQUES (**ACIDES**) [Syn. *Oxyloluiques*]. — Voyez Dict., **2**, 717; Suppl., **1**, 541.

ACIDE O-CRÉSOTIQUE [Syn. *méthyl 1-benzénol 2-méthyloïque 3*],

$$C^6H^3(CH^3)_{(1)}(OH)_{(2)}(CO^2H)_{(3)}.$$

— On a préparé un *dérivé amidé* correspondant à cet acide en le traitant par le chlorure de diazobenzène et en réduisant par le chlorure stanneux le dérivé diazoïque ainsi obtenu. Cet acide amidocrésotique fond au-dessus de 300° et se décompose; par distillation avec les alcalis, il donne de l'amidocrésol, $C^6H^3(CH^3)_{(1)}(OH)_{(2)}(AzH^2)_{(3)}$, ce qui établit sa constitution.

Chauffé avec de l'anhydride acétique et de l'acétate de sodium, il fournit un *dérivé diacétylé* auquel la potasse caustique enlève seulement un groupement acétyle en donnant le dérivé

$$C^6H^2(CH^3)_{(1)}(OH)_{(2)}(CO^2H)_{(3)}(AzHCO.CH^3)_{(5)},$$

soluble dans l'eau et fusible à 275°. Ce dérivé acétylé, soumis à la nitration, perd de l'acide carbonique et se transforme en *acétamidonitrocrésol* fusible à 217°.

Anhydrides o-crésotiques. — M. R. Anschütz [*D. chem. G.*, **25**, 3509] a obtenu par l'action de l'oxychlorure de phosphore sur l'acide o-crésotique en présence du toluène, un anhydride

$$\left[C^6H^3(CH^3){<}\begin{matrix}CO\\|\\0\end{matrix}\right]^4$$

qu'il appelle β-*crésotide*. Ce composé fond à 293-295° et donne avec le chloroforme une combinaison [$C^8H^6O^2 . 2CHCl^3$]^4, cristallisée dans le système tétragonal et qui se dissocie à 100°.

M. Schöpf [*D. chem. G.*, **25**, 3645] a obtenu, dans l'action de l'anhydride acétique sur l'acide o-crésotique un autre anhydride, ($C^8H^6O^2$)^2, sous la forme d'une poudre cristalline blanche, lourde,

fusible à 224-225°. Ce dernier composé est peu soluble dans la plupart des dissolvants, même dans les carbonates alcalins bouillants; les alcalis caustiques le dissolvent par une ébullition prolongée en le transformant en acide o-crésolique.

ACIDE M-CRÉSOTIQUE,

$$C^6H^3(CH^3)_{(1)}(OH)_{(3)}(CO^2H)_{(4)}.$$

— L'*acide amidé* correspondant,

$$C^6H^3(CH^3)_{(1)}(OH)_{(3)}(CO^2H)_{(4)}(AzH^2)_{(6)},$$

s'obtient de la même manière que son isomère dérivé de l'o-crésol et cristallise en lamelles incolores, fusibles à 265°. Il présente d'ailleurs les mêmes propriétés chimiques que son isomère [R. Nietzki et F. Ruppert, *D. chem. G.*, **23**, 3476; *Bull. Soc. Chim.*, (3), **5**, 437].

Anhydride m-crésotique [Anschütz, *loc. cit.*]. — L'acide m-crésotique se transforme par l'action de l'oxychlorure de phosphore en un anhydride ($C^8H^6O^2$)^2, insoluble dans le chloroforme, et qui, après cristallisation dans le phénol, fond à 292-294°.

ANHYDRIDE P-CRÉSOTIQUE (α-*crésotide*),

$$(C^8H^6O^2)^4.$$

— Cristaux fusibles à 295-297°, solubles dans le chloroforme bouillant, obtenus comme les précédents par l'action de l'oxychlorure de phosphore sur l'acide p-crésotique [Anschütz, *loc. cit.*].

  O. Saint-Pierre.

CRÉSOXYPROPYLMALONIQUE (ACIDE γ-P-) [Syn. *méthyl1-benzène-4oxy5-pentanoïque-méthyloïque2*],

$$CH^3-C^6H^4-O-CH^2-CH^2-CH^2-CH(CO^2H)^2$$

[P. Blank, *D. chem. G.*, **25**, 3045]. — On l'obtient à l'état d'éther par l'action du malonate d'éthyle sodé sur l'éther γ-chloropropyl-p-crésylique,

$$C^7H^7O-CH^2-CH^2-CH^2Cl.$$

Il cristallise dans l'eau bouillante et fond à 116-119°.

Chauffé au-dessus de son point de fusion, il perd 1 molécule d'acide-carbonique et se convertit en acide ε-p-crésoxyvalérique,

$$C^7H^7O-CH^2-CH^2-CH^2-CH^2-CO^2H,$$

fusible à 96°.

L'*amide* correspondant à ce dernier acide, $C^7H^7O-(CH^2)^4-CO-AzH^2$, fond à 152°. Distillée avec du sulfocyanate de plomb, elle fournit le *nitrile*, bouillant à 296-310°, que l'hydrogénation par le sodium et l'alcool absolu convertit en ε-p-crésoxyamylamine (méthyl1-benzène-4oxy5-amino1-pentane).

Cette base est huileuse; son *chlorhydrate* fond à 188°; son *chloroplatinate*,

$$(C^{12}H^{19}AzO . HCl)^2PtCl^4,$$

cristallise en aiguilles microscopiques, qui fondent en se décomposant à 202°.

Chauffée à 150° avec de l'acide bromhydrique fumant, la crésoxyamylamine se scinde en ε-bromamylamine et p-crésol.

CRÉSYL-ACÉTALYL-SULFO-URÉE [Syn. *Méthophényl.a-éthyldioxyéthane.b-thio-urée*],

$$CH^3_{(4)}-C^6H^4-AzH_{(1)}-CS-AzH.CH^2.CH(OC^2H^3)^2$$

[Marckwald, *D. chem. G.*, **25**, 2362]. — Ce composé prend naissance par l'union du p-crésylsénevol et de l'amidoacétal. Il cristallise difficilement et fond à 54-56°.

Le *picrate*, $C^{14}H^{19}Az^2SO^2 . C^6H^3Az^3O^7$, forme de petits cristaux d'un jaune citron, fusibles à 205°.

Chauffée au réfrigérant ascendant pendant quelques heures avec de l'acide chlorhydrique étendu, la p-crésylacétalylsulfo-urée perd 2 molécules d'alcool et se convertit en v-*p-crésylimidazolyl-μ-mercaptan* :

$$C S \left\langle \begin{array}{l} AzH . C^6H^4 . CH^3 \\ AzH . CH^2 . CH(O C^2H^5)^2 \end{array} \right.$$

$$= 2 C^2H^6O + HS . C \lessgtr \begin{array}{l} Az(C^7H^7) \\ Az - CH = CH \end{array}$$

CRÉSYLACÉTIQUES (ACIDES) [Syn. *Méthylbenzène-éthyloïques*],

$$CH^3 . C^6H^4 . CH^2 . CO^2H.$$

— Voyez ACIDES TOLUYLACÉTIQUES, Suppl., **1**, 1585.

ACIDE M-CRÉSYLACÉTIQUE. — D'après M. E. Heilmann [*D. chem.*, *G.*, **23**, 3158], cet acide s'obtient directement en traitant par l'eau oxygénée le nitrile correspondant, sans que l'on observe la formation d'amide; mais le meilleur procédé de préparation consiste à chauffer le nitrile en tube scellé, vers 100°, avec 3 fois son poids d'acide chlorhydrique fumant. Il fond à 54° et bout vers 265° sous une pression de 740 millimètres en se décomposant en partie.

Chauffé avec son poids d'anhydride phtalique et une très faible quantité d'acétate de sodium fondu, il donne naissance, avec perte d'eau et d'acide carbonique, à un produit de condensation

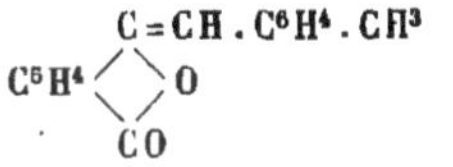

$$C^6H^4 \left\langle \begin{array}{l} C = CH . C^6H^4 . CH^3 \\ \diamond\, O \\ CO \end{array} \right.$$

Ce composé, que l'auteur désigne sous le nom impropre de *xylalphtalide* (olide méthophényléthénol2-phénylméthyloïque), cristallise dans l'alcool bouillant en aiguilles fusibles à 152-153°.

L'acide m-crésylacétique, dissous dans l'alcool méthylique et soumis à l'action d'un courant de gaz chlorhydrique, fournit l'*éther* correspondant. C'est un liquide bouillant à 228-229° et dont la densité à 17°,5 est 1,044.

L'*éther éthylique*, obtenu de même, bout à 237° et a pour densité 1,018.

Acides nitro-m-crésylacétiques. — A froid, l'acide nitrique semble donner avec l'acide m-crésylacétique un *dérivé mononitré*, tandis que, si on laisse la température s'élever et que l'on chauffe à la fin, on obtient un *dérivé dinitré* fusible à 173-174°.

Ses sels sont très instables : leur solution aqueuse se décompose, même à froid, en carbonate et dinitroxylène fusible à 93°, ce qui fixe sa formule de constitution

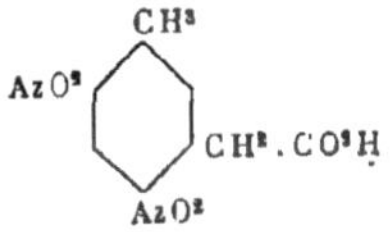

$$\begin{array}{c} CH^3 \\ Az O^2 \diagup\!\!\diagdown\, CH^2 . CO^3H \\ Az O^2 \end{array}$$

Les éthers correspondants sont beaucoup plus stables; l'*éther méthylique* fond à 41°, l'*éther éthylique* à 68° [M. Senkowski, *Mon. f. Chem.*, **9**, 854; *Bull. Soc. Chim.*, (3), **1**, 107].

Acide m-crésylamidoacétique (méthyl1-benzène-amino3²-éthyloïque3),

$$C H^3_{(1)} - C^6H^4 - CH_{(3)} (AzH^2) - CO^3H.$$

— M. Bornemann a obtenu cet acide, isomérique avec le crésylglycocolle, ou plutôt son *nitrile*, en chauffant à 100° le nitrile crésylglycolique avec une solution alcoolique d'ammoniaque, pendant 8 ou 9 heures. La liqueur rouge-brun ainsi obtenue est saponifiée par ébullition avec de l'alcool et de l'acide chlorhydrique concentré, jusqu'à ce que l'eau n'y détermine plus de précipité. En ajoutant alors de l'ammoniaque, on met en liberté l'acide amidé, que l'on purifie par cristallisation dans l'eau.

Il se présente sous la forme de lamelles hexagonales, insolubles dans tous les dissolvants organiques, et que l'on peut sublimer sans décomposition en les chauffant doucement vers 230°.

Acide crésylanilidoacétique (méthyl1-benzène-phénylamino3²-éthyloïque3),

$$C H^3_{(1)} - C^6H^4 - CH_{(3)} (AzH . C^6H^5) - CO^2H.$$

— Le *nitrile* correspondant s'obtient de même en partant de l'aniline. Cristallisé dans l'alcool, il fond à 95° et est peu soluble dans l'eau et dans la ligroïne. Sa solution alcoolique se décompose peu à peu en dégageant de l'acide cyanhydrique.

Quand on le dissout dans l'acide sulfurique concentré et que l'on verse le produit dans l'eau après 24 heures de contact, on obtient, en saturant par l'ammoniaque, l'*amide*, que l'on purifie par cristallisation dans l'eau bouillante ou dans l'alcool étendu. Elle forme des lamelles brillantes, insolubles dans la ligroïne et qui fondent à 127°.

L'*acide crésylanilidoacétique* s'obtient lui-même en faisant bouillir l'amide avec de l'acide chlorhydrique étendu. Il cristallise dans l'alcool dilué en lamelles blanches, qui fondent à 137-138° en se décomposant et qui se dissolvent facilement dans l'alcool, l'éther et l'eau bouillante. Avec les acides minéraux, il forme des sels instables [E. Bornemann, *D. chem. G.*, **17**, 1470; *Bull. Soc. Chim.*, (2), **44**, 290].

ACIDE P-CRÉSYLACÉTIQUE. — En réduisant par l'iode et le phosphore rouge l'acide p-crésylglyoxylique, MM. Claus et Kroseberg ont obtenu un acide qui, par sa formule, répond bien à l'acide p-crésylacétique, mais qui diffère totalement de celui qui a été obtenu par MM. Radziszewski et Wispeck et qui est décrit Suppl., **1**, 1585. Cet acide fond à 74° au lieu de 91° et est facilement soluble dans l'alcool, l'éther, le benzène et l'eau chaude.

Les *sels alcalins* et *alcalino-terreux* sont très solubles dans l'eau et bien cristallisés. Celui *de sodium* cristallise avec 1 molécule d'eau, tandis que ceux *de baryum* et *de calcium* en renferment 2 molécules.

L'*éther éthylique* est un liquide d'odeur agréable, bouillant à 240° [Ad. Claus et K. Kroseberg, *D. chem. G.*, **20**, 2051; *Bull. Soc. Chim.*, (2), **49**, 280].

Chauffé à 230° avec de l'anhydride phtalique et une petite quantité d'acétate de sodium, l'acide p-crésylacétique se convertit en *p-méthobenzylidène-phtalide*,

$$C^6H^4 \left\langle \begin{array}{l} C = CH . C^6H^4 . CH^3 \\ > O \\ CO \end{array} \right.$$

aiguilles jaunes, fusibles à 151° [Ruhemann, *D. chem. G.*, **25**, 3965].

Dans un travail plus récent sur l'acide p-crésylacétique, MM. Claus et Wehr [*J. prakt. Chem.*, (2), **44**, 85] indiquent comme point de fusion 92°; ils ajoutent que cet acide peut être sublimé.

La *p-crésylacétamide* s'obtient, suivant la méthode de M. Willgerodt, en chauffant à 250° pendant 5 ou 6 heures un mélange de p-crésylméthylcétone, d'un excès d'une solution saturée de sulfure d'ammonium et de soufre en poudre (40 0/0 de l'acétone). La p-crésylacétamide cristallise par le refroidissement en lamelles nacrées, fusibles à 185°.

Les oxydants (acide nitrique dilue, acide chromique, permanganate) transforment l'acide p-crésylacétique en acide p-toluique, puis en acide téréphtalique.

Acide m-nitro-p-crésylacétique,

$$C^6H^3(AzO^2)_{(3)}(CH^3)_{(4)}(CH^2-CO^2H)_{(1)}$$

[Claus et Wehr, *loc. cit.*]. — On abandonne à la température ordinaire, pendant quinze jours ou trois semaines, une dissolution d'acide p-crésylacétique dans 5 fois son poids d'acide nitrique fumant (d = 1,52). Ce dérivé cristallise dans l'eau bouillante en aiguilles incolores et brillantes, fusibles à 102°, sublimables sans altération, très solubles dans l'alcool, l'éther, le sulfure de carbone, etc.

Le *sel de sodium*, $C^9H^8AzO^4Na$, $2,5H^2O$, forme de petites aiguilles plates, très solubles dans l'eau.

Le *sel de baryum*, $(C^9H^8AzO^4)^2Ba$, $2H^2O$, est en petites aiguilles, moins solubles que le précédent.

Le *sel d'argent* cristallise en lamelles brillantes; le *sel de cobalt*, en belles aiguilles roses groupées en mamelons.

Oxydé par le permanganate en solution alcaline, l'acide m-nitro-p-crésylacétique se convertit en acide m-nitro-p-toluique.

Acide di-m-nitro-p-crésylacétique,

$$C^6H^2(AzO^2)^2_{(3.5)}(CH^3)_{(4)}(CH^2.CO^2H)_{(1)}..$$

— On l'obtient en dissolvant l'acide p-crésylacétique dans un mélange refroidi à 0° de 1 partie d'acide nitrique fumant et de 2 parties d'acide sulfurique. Il se présente en aiguilles incolores et soyeuses, fusibles à 158°, très solubles dans l'alcool, l'éther, le chloroforme, le sulfure de carbone, etc. Oxydé par le permanganate en solution alcaline, il se convertit en acide di-m-nitro-p-toluique.

Le *sel de sodium*, $C^9H^7Az^2O^6Na$, $5H^2O$, se présente en lamelles lancéolées à éclat nacré.

Le *sel de calcium*, $(C^9H^7Az^2O^6)^2Ca$, forme de grandes aiguilles prismatiques, assez peu solubles dans l'eau froide.

Acide p-crésylbromacétique,

$$CH^3-C^6H^4-CHBr-CO^2H$$

[Claus et Wehr, *loc. cit.*]. — On le prepare en abandonnant pendant quelques jours à la lumière directe du soleil une solution acétique d'acide p-crésylacétique avec 1 molécule de brome et un poids égal d'eau.

Purifié par cristallisation dans l'eau bouillante, il forme de petites aiguilles vitreuses, fusibles à 125°, peu solubles dans l'eau froide, très solubles dans l'alcool, l'éther, le benzène, le chloroforme, l'acide acétique, etc.

Le *sel de baryum*, $(C^9H^8BrO^2)^2Ba$, $2H^2O$, cristallise en petites lamelles incolores et brillantes, peu solubles dans l'eau froide. O. Saint-Pierre.

CRÉSYLALANINE. — Voyez ACIDE β-CRÉSYLAMIDOPROPIONIQUE.

CRÉSYLAMIDOACRYLIQUE (ACIDE)
[Von Pechmann, *D. chem. G.*, **25**, 1052].

L'*éther β-p-crésylamidoacrylique* (méthylbenzène-aminopropényloïque),

$$CH^3-C^6H^4-AzH-CH=CH-CO^2C^2H^5,$$

prend naissance par l'action de la p-toluidine sur l'éther β-oxyacrylique (formylacétique),

$$CHOH=CH.CO^2C^2H^5,$$

ou sur son dérivé acétique.

Il forme des lamelles jaunâtres, fusibles à 116°. L'anhydride acétique le décompose avec production d'acétotoluide.

L'*éther β-p-crésylamidodiacrylique,*

$$CH^3-C^6H^4-Az\begin{cases}CH=CH-CO^2C^2H^5\\CH=CH-CO^2C^2H^3\end{cases}$$

se produit soit par l'action de la p-toluidine sur la quantité convenable d'éther β-oxyacrylique ou de son dérivé benzoylé, soit par l'action de l'éther β-oxyacrylique sur l'éther p-crésylamidoacrylique, soit enfin au moyen de la p-toluidine et de l'éther β-chloracrylique.

Il cristallise dans l'alcool étendu en aiguilles soyeuses d'un jaune clair, dans l'alcool absolu ou dans l'alcool méthylique en prismes d'un jaune de soufre, fusibles à 73°.

CRÉSYLAMIDOBUTYRIQUES (ACIDES)
[Syn. *Toluidobutyriques*]

ACIDE α-O-CRÉSYLAMIDOBUTYRIQUE,

$$CH^3.C^6H^4.AzH.CH\begin{cases}CH^2-CH^3\\CO^2H\end{cases}$$

[Bischoff et Mintz, *D. chem. G.*, **25**, 2317]. — On l'obtient à l'état d'éther en chauffant au bain-marie un mélange d'o-toluidine et d'éther α-bromobutyrique. L'acide libre se présente en prismes transparents, fusibles à 84°, peu solubles dans la ligroïne, le benzène, le sulfure de carbone, le chloroforme, l'acide acétique, très solubles dans l'alcool, l'éther, l'acétone, les acides et les alcalis. Soumis à la distillation sèche, il perd de l'acide carbonique et se convertit en propyl-o-toluidine.

L'*éther éthylique*, $C^{11}H^{14}AzO^2.C^2H^5$, est une huile jaune, incristallisable, bouillant à 278° sous 762 millimètres; sa densité à 20° est 1,019.

Le *dérivé acétylé,*

$$C^7H^7-Az(C^2H^3O)-CH(C^2H^5)-CO^2H,$$

fond à 114-116°. Il est soluble dans les alcalis, peu soluble dans les acides minéraux.

ACIDE α-P-CRÉSYLAMIDOBUTYRIQUE,

$$C^7H^7-AzH-CH\begin{cases}CH^2-CH^3\\CO^2H\end{cases}$$

[Bischoff et Mintz, *loc. cit.*]. — On le prépare comme le précédent. Lamelles brillantes, fusibles à 153-156°, peu solubles dans l'eau chaude, le chloroforme, le benzène, la ligroïne, le sulfure de carbone, plus solubles dans l'alcool, l'éther, l'acide acétique et les acides minéraux. Soumis à la distillation sèche, il se dédouble en acide carbonique et propyl-p-toluidine.

Les *sels de zinc, de cobalt, de nickel, de cadmium* sont solubles et cristallisables. Le *sel de cuivre* est amorphe. Le *sel d'argent*, cristallisable, se réduit à l'ébullition avec formation de miroir.

L'*éther éthylique*, $C^{11}H^{14}AzO^2.C^2H^5$, bout à 278-280°. Il cristallise à la longue en prismes incolores, fusibles à 30°,5, solubles dans la plupart des dissolvants organiques. A l'état liquide, sa densité à 20° est 1,011.

Le *dérivé acétylé,*

$$C^7H^7-Az(C^2H^3O)-CH(C^2H^5)CO^2H$$

cristallise en aiguilles fusibles à 149°.

ACIDE α-O-CRÉSYLAMIDO-ISOBUTYRIQUE,

$$CH^3-C^6H^4-AzH-C(CH^3)^2-CO^2H$$

[Bischoff et Mintz, *D. chem. G.*, **25**, 2334]. — Même préparation que pour les dérivés précédents. Cristaux fusibles à 60-62°.

L'*éther éthylique*, $C^{11}H^{14}AzO^2.C^2H^5$, forme des cristaux tricliniques, fusibles à 57°. Il bout à 272°,8 sous 759 millimètres.

ACIDE β-O-CRÉSYLAMIDO-ISOBUTYRIQUE,

$$CH^3-C^6H^4-AzH-CH^2-CH\begin{cases}CH^3\\CO^2H\end{cases}$$

[Bischoff et Mintz, *ibid.*]. — Cristaux fusibles à 112°, solubles dans tous les dissolvants, sauf dans la ligroïne.

Le *sel de cuivre* est amorphe; ceux *de plomb* et *d'argent* sont solubles et cristallisables.

Le *dérivé acétylé,*

$$C^7H^7 - Az(C^2H^3O) - CH^2 - CH(CH^3) - CO^2H,$$

cristallise dans l'alcool absolu en mamelons incolores, qui fondent en se décomposant à 219°. Il donne une série de sels, parmi lesquels ceux *d'argent* et *de cuivre* sont solubles dans l'eau chaude et cristallisables.

Lorsqu'on soumet à la distillation sèche l'acide β-o-crésylamido-isobutyrique, on le voit se décomposer avec formation d'o-toluidine et de *lactone β-oxyisobutyryl-o-crésylamido-isobutyrique,*

$$C^7H^7 . Az - CH^2 - CH(CH^3) - CO$$
$$CO - CH(CH^3) - CH^2 - O$$

Ce dérivé forme de longues aiguilles prismatiques, incolores, fusibles à 95° et solubles dans la plupart des dissolvants usuels.

ACIDE β-P-CRÉSYLAMIDO-ISOBUTYRIQUE,

$$C^7H^7 - AzH - CH^2 - CH \big\langle {CH^3 \atop CO^2H}$$

[Bischoff et Mintz, *ibid.*]. — Longs cristaux prismatiques, fusibles à 194-196°, très solubles dans l'acétone, l'acide acétique, l'alcool et le chloroforme bouillant, peu solubles dans l'éther et dans le benzène.

Les *sels de cuivre, de manganèse, de nickel, de zinc, de cadmium* et *d'argent* sont cristallisés; ce dernier se réduit par l'ébullition avec l'eau.

L'*éther éthylique,* $C^{11}H^{14}AzO^3 . C^2H^5$, fond à 36° et bout à 278° sous 761^mm,5.

Le *dérivé acétylé,*

$$C^7H^7 . Az(C^2H^3O) - CH^2 - CH(CH^3) - CO^2H,$$

se présente en belles lamelles qui fondent à 206°.

Il fournit des sels peu solubles *de cobalt, de nickel, de manganèse* et *de magnésium.* Le *sel de cuivre* est cristallisé; il en est de même du *sel d'argent,* qui se dissout dans l'eau bouillante sans se réduire.

Soumis à la distillation sèche, l'acide β-p-crésylamido-isobutyrique se décompose en p-toluidine et en *lactone β-oxyisobutyryl-p-crésylamido-isobutyrique,*

$$C^7H^7 . Az - CH^2 - CH(CH^3) - CO$$
$$CO - CH(CH^3) - CH^2 - O$$

Cette dernière cristallise dans l'alcool en belles lamelles hexagonales fusibles à 170°.

ACIDE α-P-CRÉSYLAMIDO-ISOBUTYRIQUE,

$$CH^3 - C^6H^4 - AzH - C(CH^3)^2 - CO^2H$$

[Bischoff et Mintz, *loc. cit.*, 2343]. — Cristaux fusibles à 149-150°, peu solubles dans la ligroïne et dans le sulfure de carbone, plus solubles dans l'eau bouillante.

Les *sels de cobalt, de nickel, de zinc, de cadmium* sont solubles et cristallisables. Le *sel d'argent* se dissout dans l'eau bouillante en se réduisant.

Soumis à la distillation sèche, cet acide se décompose en acide carbonique et isopropyl-p-toluidine.

Le *dérivé acétylé,*

$$C^7H^7 - Az(C^2H^3O) - C(CH^3)^2 - CO^2H,$$

cristallise en lamelles brillantes, fusibles à 144-146°.

CRÉSYLAMIDOPROPIONIQUES (ACIDES) [Syn. *Toluidopropioniques*]. — Voyez Suppl., **1**, 1579.

ACIDE α-O-CRÉSYLAMIDOPROPIONIQUE (*méthyl1-benzène-amino2-méthoéthyloïque*),

$$CH^3 - C^6H^4 - AzH - CH \big\langle {CH^3 \atop CO^2H}$$

[Bischoff et Hausdörfer, *D. chem. G.*, **25**, 2304]. — On l'obtient à l'état d'éther par l'action de l'o-toluidine sur l'éther α-bromopropionique, au bain-marie.

L'acide forme des lamelles blanches et brillantes, fusibles à 112-115°, peu solubles dans l'eau froide, la ligroïne et le sulfure de carbone, très solubles dans l'eau chaude, l'alcool, l'éther, le benzène, le chloroforme et l'acide acétique.

L'*éther éthylique,* $C^{10}H^{13}AzO^3 . C^2H^5$, est une huile jaunâtre, bouillant à 277-278° sous la pression normale; sa densité à 20° est 1,047.

Le *dérivé acétylé,*

$$C^7H^7 - Az(C^2H^3O) - CH(CH^3) - CO^2H,$$

se présente en lamelles blanches et brillantes, fusibles à 177°, peu solubles dans l'eau froide, l'éther, le benzène, la ligroïne et le sulfure de carbone, très solubles dans l'eau bouillante, l'alcool, l'acétone et l'acide acétique.

ACIDE α-P-CRÉSYLAMIDOPROPIONIQUE. — On le prépare comme son isomère. Il fond à 158°. Chauffé à 200-210° dans un courant de gaz carbonique, il se transforme, avec perte d'acide carbonique, en p-crésyl-éthylamine $C^7H^7 . AzH . C^2H^5$.

L'*éther éthylique,* $C^{10}H^{13}AzO^3 . C^2H^5$, cristallise en lamelles qui fondent à 35° et qui distillent à 278-279°.

Le *dérivé acétylé,*

$$C^7H^7 - Az(C^2H^3O) - CH(CH^3) - CO^2H,$$

forme des lamelles blanches, à éclat argentin, fusibles à 166°. On obtient en même temps que ce composé un mélange de deux *vγ-di-p-crésyl-αβ'dicéto-α'βdiméthyl-hexahydro-γdiazines* (di-p-crésyl-αγ-diacipipérazines) stéréo-isomériques,

$$C^7H^7 - Az \big\langle {CH(CH^3) - CO \atop CO - CH(CH^3)} \big\rangle Az - C^7H^7.$$

ACIDE β-P-CRÉSYLAMIDOPROPIONIQUE,

$$CH^3 - C^6H^4 - AzH - CH^2 - CH^2 - CO^2H$$

[Bischoff et Mintz, *D. chem. G.*, **25**, 2352]. — Belles lamelles nacrées, fusibles à 86°, très solubles dans l'éther, l'alcool, l'acétone, l'acide acétique, peu solubles dans la ligroïne et dans le benzène.

Il fournit, par double décomposition entre le sel ammoniacal et les solutions métalliques, toute une série de sels qui, pour la plupart, sont cristallisés. Les *sels de zinc* et *de plomb* sont amorphes. Le *sel d'argent* se réduit par l'ébullition avec l'eau.

Soumis à la distillation sèche, l'acide β-p-crésylamidopropionique se décompose avec formation d'eau, de p-toluidine et d'un composé bouillant au-dessus de 250°, dont l'étude n'a pas été terminée.

CRÉSYLBUTYLÈNE, (*méthyl1-butényl3-benzène*), $CH^3 . C^6H^4 . CH^2 . C^3H^5$. — Ce carbure se produit par l'action du sodium sur un mélange d'iodure d'allyle et de m-xylène monochloré :

$$CH^3 . C^6H^4 . CH^2Cl + C^3H^5I + Na^2$$
$$= CH^3 . C^6H^4 . CH^2 . C^3H^5 + NaI + NaCl.$$

On ajoute au mélange le double de son volume de toluène et on chauffe; dès que la réaction s'établit, il faut refroidir pour la calmer;

enfin on chauffe de nouveau pour la terminer. On fractionne le produit de la réaction : on recueille d'abord du biallyle et du toluène, puis du crésylbutylène et enfin du bicrésyle.

Le crésylbutylène est un liquide huileux, bouillant à 195°. Traité par le brome, il donne un *dibromure*, liquide incolore, ne se solidifiant pas à — 10° [B. Aronheim, *D. chem. G.*, 9, 1789; *Bull. Soc. Chim.*, (2), 28, 187].

CRÉSYLDIBENZYLURÉE,

$$CH^3_{(4)} - C^6H^4 - AzH_{(4)} - CO - Az(CH^2 - C^6H^5)^2.$$

— On obtient ce composé par l'action de la p-toluidine sur le chlorure de dibenzylcarbamyle

$$(C^7H^7)^2Az - COCl$$

en solution alcoolique. Petites aiguilles prismatiques, fusibles à 168-169°, solubles dans l'alcool chaud, le benzène, l'acide acétique, insolubles dans l'eau, l'éther et la ligroïne.

CRÉSYLDIPHÉNYLMÉTHANE-CARBONIQUE (ACIDE). — Voyez MÉTHYLTRIPHÉNYL-MÉTHANE-CARBONIQUE (ACIDE).

CRÉSYLE. — La nomenclature des dérivés de substitution du toluène donnant lieu à des confusions regrettables dans un grand nombre de mémoires, nous réserverons, ainsi que cela a été proposé depuis longtemps, le nom de *crésyle* ou *méthophényle* au radical $-C^6H^4.CH^3$, le toluyle étant le radical de l'acide toluique

$$C^6H^4 {\textstyle {<} {CH^3 \atop CO-}}$$

de même que le benzyle correspond à l'alcool benzylique et le benzoyle à l'acide benzoïque.

CRÉSYLÈNE-DIAMINES (voyez Suppl., 1, 546). — Les six bases isomériques ayant pour formule $CH^3.C^6H^3(AzH^2)^2$, théoriquement possibles, sont aujourd'hui connues. La position relative des deux groupements amidogène leur imprimant des caractères tout différents, nous les classerons ici dans l'ordre suivant :

1° O-diamines...... {	1.2.3	fond à	61–62°
	1.3.4	—	88°,5
1° M-diamines...... {	1.2.4	—	99°
	1.3.5	—	liquide
	1.2.6	—	103°,5
3° P-diamine.......	1.2.5	—	64°

O–DIAMINES. — CRÉSYLÈNE-DIAMINE,

$$C^6H^3(CH^3)_{(1)}(AzH^2)^2_{(2.3)}.$$

— Pour préparer cette base, on réduit par l'étain et l'acide chlorhydrique la nitrotoluidine,

$$C^6H^3(CH^3)_{(1)}(AzH^2)_{(2)}(AzO^2)_{(3)},$$

fusible à 97°, que l'on obtient en nitrant 1 o-acétotoluide et en saponifiant le groupement acétyle.

Elle forme une masse cristalline, fusible à 61-62° et bouillant à 255°. Son odeur rappelle celle de l'acétamide. Exposée à l'air, elle se colore assez rapidement en rouge.

Le *chlorhydrate* correspondant, traité à 100° par le sulfocyanate d'ammonium, fournit la *crésylène-sulfo-urée*,

$$CH^3.C^6H^3 {\textstyle {<} {AzH \atop AzH}} {>} CS,$$

qui cristallise dans l'alcool et fond au-dessous de 300°. Elle se dissout à chaud dans la lessive de soude.

Avec le sulfocyanate d'allyle, on obtient de

même la *crésylène-diallyl-sulfo-urée*,

$$CH^3.C^6H^3(AzH.CS.AzH.C^3H^5)^2.$$

Ce corps fond à 152° et se décompose au-dessus de cette température en donnant de la diallyl-sulfo-urée et de la crésylène-sulfo-urée [E. Lellmann et E. Wurthner, *Ann. Chem.*, 228, 239; *Bull. Soc. Chim.* (2), 45, 907].

Dérivés de substitution. — Ils s'obtiennent de même, par la réduction des dinitrotoluènes substitués correspondants.

La *chlorocrésylène-diamine* 1.2.3.4, dérivée du p-chlorotoluène, est une base très altérable et qui n'a pu être isolée à l'état de pureté [Hönig, *D. chem. G.*, 20, 2417; *Bull. Soc. Chim.*, (2), 49, 719].

La *dichlorocrésylène-diamine*,

$$C^6H(CH^3)_{(1)}(AzH^2)^2_{(2.3)}(Cl^2)_{(4.6)},$$

cristallise en lamelles fusibles à 110°. Sa constitution résulte de ce que l'anhydride acétique la transforme en un dérivé éthénylique, ce qui montre que les deux groupements AzH^2 sont en situation ortho.

La *trichlorocrésylène-diamine*,

$$C^6(CH^3)_{(1)}(AzH^2)^2_{(2.3)}(Cl^3)_{(4.5.6)},$$

dérivée du trichlorotoluène fusible à 41°, fond en se décomposant vers 200°. Elle donne la même réaction que la précédente [E. Seelig, *D. chem. G.*, 18, 420; *Ann. Chem.*, 237, 129; *Bull. Soc. Chim.*, (2), 45, 574].

On obtient la *bromocrésylène-diamine* (1.2.3.5) en traitant par le brome, puis par l'acide nitrique fumant l'o-acétotoluide. On saponifie le groupement acétyle et on réduit le dérivé nitré par l'étain et l'acide chlorhydrique. La base libre fond à 59°; elle se dissout facilement dans l'eau et dans les liquides organiques. Chauffée avec de l'acide formique, elle se convertit en *méthényl-bromocrésylène-diamine* (1 *méthyl-*3 *bromo-*α β-*phéno-*β *pyrazol*),

$$Br {-} C^6 {\textstyle {<} {CH^3 \atop \ }} {\textstyle {AzH \atop Az}} {>} CH$$

qui fond à 187°; ce dernier donne des sels bien cristallisés; par l'action de l'amalgame de sodium, il perd son brome et donne une base fusible à 143° [H. Hübner et R. Schüpphaus, *D. chem. G.*, 17, 775; *Bull. Soc. Chim.*, (2), 43, 532].

CRÉSYLÈNE-DIAMINE, $C^6H^3(CH^3)_{(1)}(AzH^2)^2_{(3.4)}$. — C'est la base que l'on désigne ordinairement sous le nom d'*o-crésylène-diamine* et qui a déjà été décrite sous ce nom dans le Supplément 1. Par suite de la présence de ses deux groupements AzH^2 en situation ortho, elle donne naissance, sous l'action de divers composés, à un grand nombre de produits de condensation que nous indiquerons d'une façon sommaire, en renvoyant pour leur étude aux articles concernant les noyaux dont ils dérivent (tolu-β-pyrazol, tolu-γ-diazine, tolusélénodiazol, etc.); mais auparavant nous dirons quelques mots de ses dérivés immédiats.

L'*acétylcrésylène-diamine*,

$$C^6H^3(CH^3)_{(1)}(AzH^2)_{(3)}(AzH.CO.CH^3)_{(4)},$$

que l'on ne peut obtenir par l'action de l'anhydride ou du chlorure acétique sur la crésylène-diamine, se prépare en réduisant par le fer et l'acide acétique la m-nitro-p-acétotoluide. Ce dérivé, assez soluble dans l'eau bouillante et dans les liquides organiques, fond à 130-131°. Par distillation il perd 1 molécule d'eau en donnant le dérivé éthénylique

$$CH^3 . C^6H^3 \underset{Az}{\overset{AzH}{<}} \gtrless C . CH^3,$$

qui prend aussi naissance par l'action directe de l'anhydride acétique.

Le *chlorhydrate* correspondant à ce dérivé acétylé, traité par l'acide nitreux, se convertit en *acétylazimidotoluène*,

$$CH^3 . C^6H^3 \diamondsuit \overset{Az}{\underset{Az . CO . CH^3}{Az}}$$

Ce corps fond à 130°. L'hydrogène naissant le ramène à l'état de crésylène-diamine; l'acide sulfurique étendu le saponifie à chaud en donnant l'*azimidotoluène* (*tolupyrrodiazol*) [P. Bœss-neck, *D. chem. G.*, **19**, 1757; *Bull. Soc. Chim.*, (2), **47**, 262].

Par l'action d'un excès d'anhydride acétique sur la crésylène-diamine, on obtient un *dérivé diacétylé*, $CH^3 . C^6H^3 (AzH . CO . CH^3)^2$, soluble dans l'eau, fusible à 210°, mais qui par distillation se décompose, de même que le dérivé précédent, en perdant de l'acide acétique.

La *dinitrodiacétyl-o-crésylène-diamine*,

$$CH^3_{(1)} C^6H (Az O^2)^2 (AzH . C^2H^3 O)^2_{(3.4)},$$

s'obtient en versant peu à peu un mélange de diacétylcrésylène-diamine et de nitrate d'urée dans de l'acide nitrique très concentré et bien refroidi, puis en portant le mélange à 40° pendant une demi-heure. Elle cristallise en fines aiguilles blanches et soyeuses, fusibles à 251-252°, insolubles dans l'eau, assez solubles dans l'alcool chaud.

Chauffée avec de l'acide sulfurique, elle perd un groupe acétyle et se convertit en *éthényldinitrocrésylène-amidine*,

$$CH^3 - C^6H (Az O^2)^2 \underset{AzH}{\overset{Az}{<}} \gtrless C - CH^3,$$

qui cristallise en prismes fusibles à 219°, insolubles dans l'eau.

La *mononitrodiacétyl-o-crésylène-diamine*, $CH^3_{(1)} - C^6H^2 (Az O^2) (AzH . C^2H^3 O)^2_{(3.4)}$, s'obtient en ajoutant peu à peu du nitrate de potassium pulvérisé à une dissolution chauffée à 45° de diacétylcrésylène-diamine dans un mélange d'acide acétique cristallisable et d'acide sulfurique concentré. Elle forme des aiguilles jaunâtres, fusibles à 239°, insolubles dans l'eau, assez solubles dans l'acide acétique bouillant.

Par l'action de l'acide sulfurique concentré, à la température de 90°, elle se transforme en éthénylnitrocrésylène-amidine,

$$CH^3 - C^6H^2 (Az O^2) \underset{AzH}{\overset{Az}{<}} \gtrless C - CH^3$$

[Bistrzycki et Ulffers, *D. chem. G.*, **25**, 1991].

La *dipropionylcrésylène-diamine* fond à 133°; le dérivé propénylique correspondant fond à 166°.

Avec un mélange d'anhydride acétique et d'acide cinnamique, on a de même un dérivé disubstitué, $CH^3 . C^6H^3 (AzH . CO . C^8H^7)^2$, fusible à 205-206°, très peu soluble dans les dissolvants usuels [A. Bistrzycki et Ulffers, *D. chem. G.*, **23**, 1876; *Bull. Soc. Chim.*, (3), **5**, 435].

Traitée par le chlorure de benzoyle en solution benzénique, l'o-crésylène-diamine donne un mélange de *dérivés mono-* et *dibenzoylé*, faciles à séparer par l'action des acides étendus qui ne dissolvent que le premier. Celui-ci fond à 193-194° et se décompose à une température plus élevée

en eau et *benzénylcrésylène-amidine* (*α-phényl-m-tolu-β-pyrazol*),

$$CH^3 . C^6H^3 \underset{Az}{\overset{AzH}{<}} \gtrless C - C^6H^5.$$

Le dérivé dibenzoylé fond à 263-264°.

Avec le chlorure de phénacétyle, on a de même un *dérivé monosubstitué* fusible à 195°, et un *dérivé disubstitué* qui fond à 174°.

Le chlorure benzène-sulfonique donne lieu à une substitution dans le groupe AzH²(4) [A. Bistrzycki et G. Cybulski, *D. chem. G.*, **24**, 631; *Bull. Soc. Chim.*, (3), **6**, 696].

La *mononitrodibenzoyl-o-crésylène-diamine*

$$CH^3_{(1)} - C^6H^2 (Az O^2) (AzH . C^7H^5O)^2_{(3.4)},$$

s'obtient en chauffant à 40-45° la dibenzoyldiamine avec un mélange d'acides acétique et nitrique. Elle cristallise en prismes ou en aiguilles jaunâtres, fusibles à 246°, très solubles dans l'eau, peu solubles dans l'alcool, assez solubles dans l'acide acétique chaud. Les réducteurs paraissent sans action sur elle.

Chauffée pendant 6 heures à 120-130° avec un excès de potasse alcoolique, elle se convertit en *nitrocrésylène-benzamidine*,

$$CH^3 - C^6H^2 (Az O^2) \underset{AzH}{\overset{Az}{<}} \gtrless C - C^6H^5,$$

fusible à 222-223° [Bistrzycki et Ulffers, *D. chem. G.*, **25**, 1991].

La crésylène-diamine en solution benzénique est convertie par le chlorure de carbonyle en *crésylène-urée*,

$$CH^3 . C^6H^3 \underset{AzH}{\overset{AzH}{<}} \gtrless CO,$$

corps fusible à 290-292°, soluble dans l'eau et dans l'alcool [A. Hartmann, *D. chem. G.*, **23**, 1046; *Bull. Soc. Chim.*, (3), **4**, 316].

Avec l'éther imidocarbonique $AzH = C (O C^2H^5)^2$, le chlorhydrate de crésylène-diamine donne une *éthoxyméthénylcrésylène-diamine*,

$$C^7H^6 \underset{Az}{\overset{AzH}{<}} \gtrless C (O C^2H^5),$$

fusible à 163°, et qui se dissout dans les acides et dans les alcalis, mais qui est reprécipitée de ces dernières solutions par l'acide carbonique. A 140°, l'acide chlorhydrique lui enlève le radical éthyle, en donnant l'*oxyméthénylcrésylène-diamine*,

$$C^7H^6 \underset{Az}{\overset{AzH}{<}} \gtrless C (OH).$$

Ce corps fond à 216°. On l'obtient également par l'action de l'urée sur la crésylène-diamine, ce qui devrait conduire à la formule tautomère

$$C^7H^6 \underset{AzH}{\overset{AzH}{<}} \gtrless CO$$

[L. Sandmeyer, *D. chem. G.*, **19**, 2650; *Bull. Soc. Chim.*, (2), **47**, 328].

L'o-crésylène-diamine, chauffée vers 200° avec 1 molécule de carbodiphénylimide $C (Az C^6H^5)^2$, donne une combinaison fusible à 161°, que MM. Dahm et Gasiorowski ont désignée sous le nom de *carbocrésylène-diphényltétramine*,

$$CH^3 . C^6H^3 \underset{AzH}{\overset{AzH}{<}} C (AzH . C^6H^5)^2$$

[*D. chem. G.*, **19**, 3057; *Bull. Soc. Chim.*, (2), **47**, 333]. D'après M. Keller, qui a repris cette étude, le corps en question fond à 166-167° et a une constitution tout autre. Il se forme en même temps de l'aniline, d'après l'équation

$$CH^3 . C^6H^3 \underset{AzH^2}{\overset{AzH^2}{<}} + C \underset{Az . C^6H^5}{\overset{Az . C^6H^5}{\lessgtr}}$$

$$= CH^3 . C^6H^3 \underset{AzH}{\overset{AzH}{<}} C = Az C^6H^5 + C^6H^5 . AzH^2.$$

C'est donc la *phénylcrésylène-guanidine*. Le *dérivé acétylé* correspondant fond à 147°, le *dérivé dibenzoylé* à 222° et le *dérivé nitrosé* à 125°. Cette base peut fixer 2 molécules de phénylcarbimide, pour donner la *phénylimidodicarbonylphényl-o-crésylène-guanidine*,

$$CH^3 . C^6H^3 \underset{Az}{\overset{Az}{<}} \overline{\quad\underset{CO}{\overset{CO}{>}} C = Az . C^6H^5\quad} Az . C^6H^5,$$

qui fond à 234°. De même, elle s'unit à une deuxième molécule de carbodiphénylimide en donnant la *diphénylamidométhylène-phényl-o-crésylène-guanidine*,

$$CH^3 . C^6H^3 \underset{Az}{\overset{Az}{<}} \overline{\quad C = Az . C^6H^5\quad} C \underset{AzH . C^6H^5}{\overset{AzH . C^6H^5}{<}}$$

fusible à 199-200°.

Avec la carbodicrésylimide, on obtient de même les homologues supérieurs des bases précédentes [A. Keller, *D. chem. G.*, **24**, 2498; *Bull. Soc. Chim.*, (3), **6**, 995].

L'o-crésylène-diamine, chauffée au bain-marie avec une solution alcoolique de glucose, se transforme en un produit de condensation répondant à la formule $C^7H^6(Az . C^6H^{12}O^5)^2$. Ce corps cristallise en aiguilles incolores, fusibles vers 60° en se décomposant. Il se dissout aisément dans l'eau, moins facilement dans l'alcool et dans l'éther. Avec le chlorure ferrique, il donne une coloration rouge. Dans les mêmes conditions, le sucre de lait ne donne aucun produit cristallisable [O. Hinsberg, *D. chem. G.*, **20**, 495; *Bull. Soc. Chim.*, (2), **48**, 145].

En chauffant l'o-crésylène-diamine avec une solution d'acide phtalaldéhydique, on obtient l'*acide crésylène-amidine-benzényl-o-carbonique* :

$$CH^3 . C^6H^3 \underset{AzH^2}{\overset{AzH^2}{<}} + CHO . C^6H^4 . CO^2H$$

$$= CH^3 . C^6H^3 \underset{AzH}{\overset{Az}{<}} C . C^6H^4 . CO^2H + H^2O + H^2.$$

Ce corps fond à 258°.

De même, avec l'acide opianique,

$$(CH^3O^{12}C^6H^2 \underset{CHO}{\overset{CO^2H}{<}}$$

on obtient le dérivé diméthoxylé correspondant, qui fond en se décomposant à 230-240° [A. Bistrzycki, *D. chem. G.*, **23**, 1042 et **24**, 627; *Bull. Soc. Chim.*, (3), **4**, 315 et **6**, 695].

D'une façon générale, la crésylène-diamine réagit sur tous les corps renfermant les groupements –CO–CO ou C(OH)–C(OH) pour donner des dérivés de la tolu-γ-diazine (toluquinoxaline).

C'est ainsi qu'avec le glyoxal on obtient la toluquinoxaline elle-même,

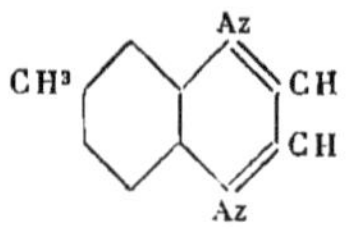

avec l'acide pyruvique, le benzile, la phénan-

thrène-quinone, l'acide oxalique, l'acide dioxytartrique, etc., les dérivés correspondants [O. Hinsberg, *D. chem. G.*, **17**, 1318; *Bull. Soc. Chim.*, (2), **43**, 289; *Ann. Chem.*, **237**, 327; *Bull. Soc. Chim.*, (2), **49**, 652].

De même, une solution alcoolique de crésylène-diamine absorbe le cyanogène en donnant le composé

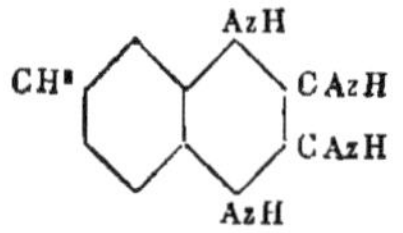

fusible vers 242°. Par l'action de l'acide chlorhydrique à 100°, ce composé perd 1 molécule d'ammoniaque en donnant le dérivé

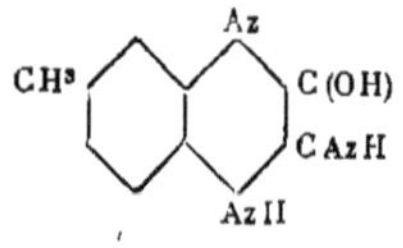

tandis qu'à 150° la même réaction se produit pour les deux groupements C(AzH) et fournit la même *dioxytoluquinoxaline* que donne l'acide oxalique. Au contraire, par l'action de l'eau à 150° sur le produit d'addition avec le cyanogène, on obtient une combinaison isomérique avec le premier dérivé, mais non identique; sa formule est sans doute

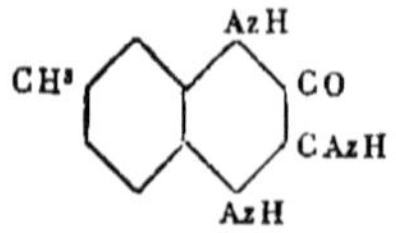

[G.-H. Bladin, *D. chem. G.*, **18**, 666; *Bull. Soc. Chim.*, (2), **42**, 104].

La crésylène-diamine réagit également sur la pyrocatéchine vers 200° pour donner la *méthylphénazine*, fusible à 117° (*toluphéno-γ-diazine*),

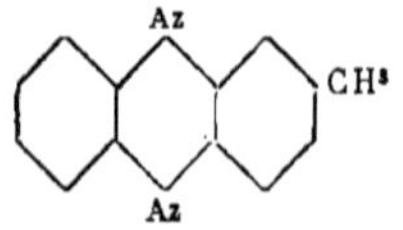

avec perte de 1 molécule d'hydrogène. Il se produit d'abord, à une température moins élevée, une combinaison moléculaire $C^7H^{10}Az^2 . C^6H^6O^2$, fusible à 78° [Merz, *D. chem. G.*, **19**, 725; *Bull. Soc. Chim.*, (2), **47**, 444].

De même, avec la dioxyquinone, on obtient une *méthyldioxyphénazine* qui fond à 265° [R. Nietzki et G. Hasterlik, *D. chem. G.*, **24**, 1337; *Bull. Soc. Chim.*, (3), **6**, 320].

Les acides croconique et leuconique donnent avec la crésylène-diamine les dérivés

$$C^7H^6 \underset{Az}{\overset{Az}{<}} C^5O(OH)^2$$

et

$$C^7H^6 \overset{\displaystyle CO}{\underset{Az - C \quad\; C - Az}{\overset{Az - C \quad\; C - Az}{<}}} C^7H^6.$$

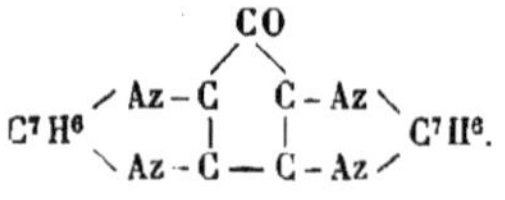

Ce dernier composé fond au-dessus de 300° et peut être sublimé sans décomposition [R. Nietzki et

Th. Benckiser, *D. chem. G.*, **19**, 772; *Bull. Soc. Chim.*, (2), **47**, 265].

L'o-crésylène-diamine réagit à chaud sur l'aldéhyde méthylique en présence d'alcool : il se dépose un précipité cristallin, qui, après lavage à l'alcool et cristallisation dans le benzène, forme de belles lamelles blanches, à éclat adamantin, fusibles à 222°, et répondant à la formule

$$C^{18}H^{20}Az^4.$$

Ce corps est peu soluble dans l'alcool, la ligroïne et le benzène froid.

Il peut être distillé si l'on opère sur de petites quantités de matière. Sa solution chlorhydrique donne avec le chlorure ferrique une coloration rouge foncé.

Le *chlorhydrate*. $C^{18}H^{20}Az^4.2HCl$, forme de fines aiguilles blanches, hygroscopiques, solubles dans l'alcool, insolubles dans l'éther.

Le *sulfate* se présente en belles aiguilles soyeuses, très solubles dans l'eau.

Le *picrate* cristallise en aiguilles jaunes, groupées en mamelons [O. Fischer et H. Wreszinski, *D. chem. G.*, **25**, 2713].

Action de l'acide sélénieux. — Lorsque à une solution aqueuse de crésylène-diamine on ajoute de l'acide sélénieux, il se produit une réaction assez vive et il se forme le corps

$$CH^3 \cdot C^6H^3 \left\langle \begin{matrix} Az \\ Az \end{matrix} \right\rangle Se,$$

le *méthylpiasélénol* (*m-toluselénodiazol*). Ce corps fond à 72-73° et possède une odeur caractéristique. Il donne avec l'acide iodhydrique ioduré un précipité vert. La réaction est extrêmement sensible, et peut être effectuée sur quelques milligrammes de substance, mais elle ne permet pas de caractériser avec certitude l'o-crésylène-diamine, car l'o-phénylène-diamine, par exemple, donne un dérivé analogue, fusible à 76° et présentant les mêmes propriétés.

Si on opère la réaction précédente en présence d'acide chlorhydrique concentré, on obtient un *méthylchloropiasélénol*, $C^7H^5ClAz^2Se$, fusible à 149° [O. Hinsberg, *D. chem. G.*, **22**, 862 et **23**, 1393; *Bull. Soc. Chim.*, (3), **2**, 631 et **5**, 205].

Avec une solution aqueuse d'acide sulfureux ou de bisulfite de sodium concentré, on obtient de même, à 180°, le composé sulfuré correspondant, le *méthylpiasthiol* (*toluthiodiazol*), qui fond à 340° [O. Hinsberg, *D. chem. G.*, **22**, 2896; *Bull. Soc. Chim.*, (3), **3**, 449].

Bromocrésylène-diamine,

$$C^6H^2(CH^3)_{(1)}(AzH^2)^2_{(3.6)}(Br)_{(5)}.$$

— Ce dérivé s'obtient en traitant par le brome une solution de m-nitro-p-toluidine et réduisant par l'étain et l'acide chlorhydrique le dérivé bromonitré. La base, isolée par la potasse de son chlorostannite, qui est peu soluble, est épuisée à l'éther et purifiée par cristallisation. Elle fond à 81-82°.

L'anhydride acétique la convertit en un *dérivé diacétylé*, fusible à 210°, tandis qu'avec l'acide acétique on a le dérivé éthénylique, que l'on obtient aussi en chauffant le produit diacétylé au-dessus de son point de fusion.

On obtient de même un *dérivé dibenzoylé*, fusible à 244°.

Le benzile la convertit en *diphénylbromotoluquinoxaline* [A. Bistrzycki et A. Hartmann, *D. chem. G.*, **23**, 1042 et 1046; *Bull. Soc. Chim.*, (3), **4**, 315].

La bromocrésylène-diamine se combine avec l'acide opianique pour donner un *acide bromocrésylène-amidine-diméthoxybenzényl-o-carbonique*, $C^{17}H^{15}BrAz^2O^4$. Ce dernier cristallise dans l'alcool en aiguilles blanches, groupées en mamelons fusibles à 240° avec décomposition [Bistrzycki, *D. chem. G.*, **24**, 629].

Dérivés alcoylés de l'o-crésylène-diamine. — L'o-crésylène-diamine, chauffée avec de l'iodure de méthyle et de l'alcool méthylique, fournit un *dérivé tétraméthylé*, liquide, volatil dans la vapeur d'eau et qui bout à 225° sous une pression de 717 millimètres. Cette base, inaltérable à l'air, donne avec le chlorure ferrique une coloration d'un rouge intense vers 50°. Traitée en solution acétique par le nitrite de sodium, elle donne un *dérivé nitré*, fusible à 63° [S. Niementowski, *D. chem. G.*, **20**, 1874; *Bull. Soc. Chim.*, (2), **48**, 741].

L'*éthylcrésylène-diamine*,

$$C^6H^3(CH^3)_{(1)}(AzH^2)_{(3)}(AzH \cdot C^2H^5)_{(4)},$$

traitée par l'acide nitreux, se transforme en *éthylazimidotoluène*,

$$CH^3 \cdot C^6H^3 \left\langle \begin{matrix} Az \cdot C^2H^5 \\ Az \end{matrix} \right\rangle Az$$

qui fond à 147° et qui est identique au produit déjà obtenu par l'action de l'iodure d'éthyle et de la soude sur l'azimidotoluène [E. Nœlting et A. Abt, *D. chem. G.*, **20**, 2999; *Bull. Soc. Chim.*, (2), **49**, 507].

On obtient une *éthylène-dicrésylène-diamine*, $C^2H^4(AzH_{(4)}.C^7H^6.AzH^2_{(3)})^2$, en réduisant par l'étain et l'acide chlorhydrique la dinitroéthylène-dicrésyldiamine dérivée de la m-nitro-p-toluidine. Cette base, peu soluble dans l'eau, cristallise dans l'alcool en longues aiguilles incolores, fusibles à 158-159°, mais qui se colorent bientôt en violet [L. Gattermann et H. Hager, *D. chem. G.*, **17**, 778; *Bull. Soc. Chim.*, (2), **43**, 496].

L'o-crésylène-diamine, chauffée en présence d'acétate de sodium avec une solution alcoolique de chlorodinitrobenzène, se convertit en une *dinitrophénylamidocrésylamine*,

$$C^7H^6(AzH^2)AzH \cdot C^6H^3(AzO^2)^2,$$

qui fond à 147°. Ce composé, traité par le nitrite de sodium et l'acide sulfurique étendu, fournit le *dinitrophénylazimidotoluène*,

$$CH^3 \cdot C^6H^3 \left\langle \begin{matrix} Az - C^6H^3(AzO^2)^2 \\ Az \end{matrix} \right\rangle Az$$

corps insoluble dans l'éther, fusible à 186° [O. Ernst, *D. chem. G.*, **23**, 2423].

L'*o-dinitrobenzyl-o-crésylène-diamine*,

$$CH^3_{(1)} \cdot C^6H^3(AzH \cdot CH^2 \cdot C^6H^4 \cdot AzO^2)^2_{(3.4)},$$

s'obtient en chauffant au réfrigérant ascendant 1 molécule de crésylène-diamine en solution alcoolique avec 2 molécules de chlorure d'o-nitrobenzyle; au bout d'une demi-heure, on chasse l'alcool, et on lave le résidu à l'éther, au carbonate de sodium, puis à l'eau; on le fait enfin cristalliser à plusieurs reprises dans le benzène.

Ce dérivé forme des cristaux rouges, fusibles à 129°, solubles dans le benzène, l'alcool et l'acide acétique [E. Lellmann et N. Mayer, *D. chem. G.*, **25**, 3581].

m-DIAMINES. — *Crésylène-diamine* (1.2.4). — Cette base, désignée ordinairement sous le simple nom de *m-crésylène-diamine*, s'obtient on réduisant par l'étain et l'acide chlorhydrique la p-nitro-o-toluidine, fusible à 107° [E. Nœlting et A. Collin, *D. chem. G.*, **17**, 268].

M. Limpricht l'a préparée également en réduisant par le chlorure stanneux l'oxyazotoluidine,

$$C^7H^5(OH)(AzH^2)Az = Az . C^7H^6 . AzH^2,$$

qui se dédouble en crésylène-diamine et oxycrésylène-diamine (diamidocrésol). On peut facilement les séparer l'une de l'autre par l'action de l'acide sulfurique étendu, le sulfate de crésylène-diamine étant peu soluble, tandis que celui de l'oxycrésylène-diamine reste dans les eaux mères [H. Limpricht, *D. chem. G.*, **18**, 1400 ; *Bull. Soc. Chim.*, (2), **45**, 794].

Chauffée avec de l'acétamide, elle fournit le *dérivé diacétylé*, fusible à 223°, déjà décrit dans le Supplément 1 [W. Kelbe, *D. chem. G.*, **16**, 1199]. Ce dérivé diacétylé, dissous à froid dans l'acide nitrique fumant et en présence d'urée, se transforme en un mélange de deux *dérivés nitrés* que l'on peut séparer l'un de l'autre après saponification des groupes acétyle.

La *mononitrocrésylène-diamine* se dissout dans les acides étendus; le *dérivé dinitré* y est insoluble et fond au-dessus de 300°. Traité par l'étain et l'acide chlorhydrique, il donne le *tétramidotoluène* (1.2.3.4.5) [Nietzki et Rösel, *D. chem. G.*, **23**, 3216 ; *Bull. Soc. Chim.*, (3), **5**, 317].

Quand on chauffe la m-crésylène-diamine avec du chlorure de benzoyle, on obtient un *dérivé dibenzoylé*, peu soluble dans l'alcool et fusible à 224°. Traité par l'acide nitrique fumant, il se convertit en un *dérivé mononitré*, fusible à 245°, qui, par la potasse alcoolique, fournit la nitrocrésylène-diamine déjà décrite et fondant à 154°. Par l'action des réducteurs, il donne non pas le dérivé amidé correspondant, mais un composé qui en diffère par les éléments de l'eau et auquel on doit attribuer la formule

$$C^7H^5 - AzH \begin{array}{l} \diagup AzH . CO . C^6H^5 \\ \diagdown Az = \diagup C - C^6H^5 \end{array}$$

Ce corps fond entre 195 et 218° et cristallise avec 1 molécule d'eau, mais il donne des sels se rapportant à cette formule. On doit en conclure que le groupement AzO^2 est en position ortho par rapport à l'un des groupes AzH^2.

La dibenzoylcrésylène-diamine, traitée par le brome en solution acétique, donne un *dérivé bromé* fusible à 214°. La *bromocrésylène-diamine* correspondante fond à 104° [S. Ruhemann, *D. chem. G.*, **14**, 2651 ; *Bull. Soc. Chim.*, (2), **37**, 567].

Lorsque l'on fait bouillir une solution alcoolique de m-crésylène-diamine avec de l'acide oxalique ou de l'oxalate d'éthyle, on obtient un acide *amidocrésyloxamique*,

$$C^7H^6(AzH^2)_{(3)} AzH_{(4)} . CO . CO^2H,$$

fusible à 223°, ainsi que l'éther correspondant. Cet éther, chauffé avec de l'aniline, fournit l'*anilide* correspondante, que l'on obtient aussi par l'action de la phényloxaméthane

$$C^2O^2 \begin{array}{l} \diagup OC^2H^5 \\ \diagdown AzH . C^6H^5 \end{array}$$

sur la m-crésylène-diamine. Avec l'éther chloroxycarbonique, il donne une *uréthane*

$$C^7H^6 \begin{array}{l} \diagup AzH . CO^2C^2H^5_{(3)} \\ \diagdown AzH . CO . CO^2H_{(4)} \end{array}$$

fusible à 168-170°, que l'ammoniaque transforme

en *acide uramidocrésyloxamique*,

$$C^7H^6 \begin{array}{l} \diagup AzH . CO AzH^2_{(3)} \\ \diagdown AzH . CO . CO^2H_{(4)} \end{array}$$

fondant à 168-170°.

L'acide amidocrésyloxamique est sans action sur l'éther oxalique; mais il n'en est pas de même de l'éther correspondant, qui est transformé en *éther crésylène-dioxamique*, fusible à 130°.

L'éther oxalique réagit de même sur l'amidocrésyloxamide, en donnant un *éther amidé* qui fond à 210°.

Avec l'éther chloroxycarbonique, la m-crésylène-diamine fournit un mélange de deux dérivés, l'*amidocrésyluréthane* et la *crésylène-diuréthane*; le premier fond à 90°, le second à 137°.

Dans le premier corps, la substitution a lieu en (4), car, par l'action de l'éther oxalique, il donne un éther mixte, isomérique avec celui décrit plus haut [H. Schiff et A. Vanni, *D. chem. G.*, **24**, 687, 870 et 1315 ; *Bull. Soc. Chim.*, (3), **6**, 318 et 694].

La *nitrocrésyluréthane*,

$$CH^3_{(4)} - C^6H^3 \begin{array}{l} \diagup AzH . CO^2C^2H^5_{(1)} \\ \diagdown AzO^2_{(4)} \end{array}$$

préparée au moyen du chloroformiate d'éthyle et de la nitrotoluidine correspondante, et fusible à 137°, fournit par réduction au moyen du chlorure stanneux en solution chlorhydrique une *amidocrésyluréthane*

$$CH^3_{(4)} - C^6H^3 \begin{array}{l} \diagup AzH . CO^2C^2H^5_{(1)} \\ \diagdown AzH^2_{(4)} \end{array}$$

isomérique avec la précédente et fusible à 95° [Schiff et Vanni, *D. chem. G.*, **24**, 689].

Ce dérivé peut aussi être obtenu en saponifiant par le carbonate de sodium l'*acétamidocrésyluréthane*

$$CH^3_{(1)} - C^6H^3 \begin{array}{l} \diagup AzH . CO^2C^2H^5_{(2)} \\ \diagdown AzH . C^2H^3O_{(4)} \end{array}$$

fusible à 181° et obtenue elle-même par l'action du chloroformiate d'éthyle sur l'acétylcrésylène-diamine correspondante [Schiff, *D. chem. G.*, **25**, 2210].

Chauffée avec de l'acide citrique, la m-crésylène-diamine se convertit en un produit de condensation répondant à la formule

$$\begin{array}{l} CH^2 {—} CO \diagdown \\ \;| \qquad\qquad\quad Az \diagdown \\ C(OH) - CO \diagup \qquad\quad C^7H^6 \\ \;| \qquad\qquad\qquad\qquad\; \diagup \\ CH^2 - CO - AzH \diagup \end{array}$$

Ce corps cristallise dans l'alcool en aiguilles jaunes, insolubles dans l'eau, solubles dans les alcalis à l'ébullition. Il se décompose sans fondre vers 187°.

Avec l'acide aconitique, on a de même le dérivé

$$\begin{array}{l} CH - C(OH) - Az \diagdown \\ \;\| \qquad\qquad\qquad\quad C^7H^6 \\ C {—} C(OH) - Az \diagup \\ \;| \\ CH^2 . CO^2H \end{array}$$

qui fond au-dessus de 295° [A. Schneider, *D. chem. G.*, **21**, 660 ; *Bull. Soc. Chim.*, (2), **1**, 201].

Avec le furfurol et la m-crésylène-diamine en solution alcoolique, on obtient la *difurfurocrésylène-diamine*, $C^7H^6(AzC^3H^4O)^2$. Ce corps cristallise en petites aiguilles rouge-orangé, se décomposant vers 120°. Le *chlorhydrate* correspondant est décomposé par un grand excès d'eau [H. Schiff, *Ann. Chem.*, **201**, 355 ; *Bull. Soc. Chim.*, (2), **35**, 313].

La m-crésylène-diamine, chauffée à 100° avec de l'acétylacétone, se transforme en *amidotri-méthylquinoléine*,

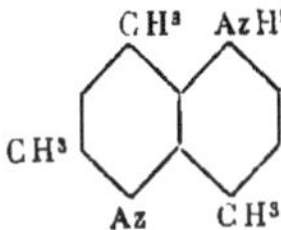

qui fond à 191° [A. Combes, *C. R.*, **108**, 1252].

Par l'action du cyanate de phényle sur une solution éthérée de m–crésylène–diamine, on obtient la *diphénylcrésylène-diurée*,

$$C^6H^5.AzH.CO.AzH.C^7H^6.AzH.CO.AzH.C^6H^5,$$

corps fusible au-dessus de 300°, insoluble dans tous les dissolvants usuels. L'aniline la décompose à chaud en donnant de la carbanilide [B. Kühn, *D. chem. G.*, **18**, 1476; *Bull. Soc. Chim.*, (2), **45**, 811].

Avec l'aldéhyde méthylique, la m-crésylène-diamine fournit un produit de condensation dans lequel la soudure a lieu non par les groupements AzH^2, mais par le noyau, en donnant ainsi un *tétramidodicrésylméthane* [H. Schiff, *D. chem. G.*, **24**, 2127].

En traitant, selon la méthode de M. Sandmeyer, la m-crésylène-diamine par l'azotate de sodium et le chlorure cuivreux, on la convertit en *dichloro-toluène* (1.2.4). Dans cette réaction, le rendement atteint 45 0/0 de la quantité théorique [H. Erdmann, *D. chem. G.*, **24**, 2769].

Dérivés alcoylés. — L'*éthylcrésylène-diamine*, $C^6H^3(CH^3)_{(1)}(AzH^2)_{(3)}(AzH.C^2H^5)_{(4)}$, s'obtient en réduisant par l'étain et l'acide chlorhydrique le dérivé nitré obtenu en partant de l'éthyl-p-toluidine. C'est un liquide jaune, bouillant à 282-283°. Son *chlorhydrate* est très hygroscopique [E. Nœlting et Th. Stricker, *D. chem. G.*, **19**, 546; *Bull. Soc. Chim.*, (2), **47**, 430].

Par l'action du chlorodinitrobenzène

$$C^6H^3(AzO^2)^2_{(1.3)}Cl_{(4)}$$

sur la m-crésylène–diamine en solution alcoolique, on obtient une *dinitrophénylcrésylène-diamine*, qui cristallise en tables rougeâtres, fusibles à 184°, et que l'acide formique transforme en un *dérivé formique*,

$$C^6H^3(AzO^2)^2 AzH.C^7H^6.AzH.CHO$$

[Leymann, *D. chem. G.*; **15** ¹233; *Bull. Soc Chim.*, (2), **38**, 624].

CRÉSYLÈNE-DIAMINE $C^6H^3(CH^3)_{(1)}(AzH^2)^2_{(3.5)}$. — On la prépare en réduisant par l'étain et l'acide chlorhydrique le dinitrotoluène 1.3.5. Elle est liquide et bout à 283-285° [W. Stædel. *Ann. Chem.*, **217**, 200].

Chlorocrésylène-diamine. — En réduisant de même le dérivé nitré du m–nitro-p-chlorotoluène 1 3.4, M. Hönig a obtenu une chlorocrésylène–diamine 1.3.4.5, formant des cristaux fusibles à 111° [*D. chem. G.*, **20**, 2417· *Bull. Soc. Chim.*, (2), **49**, 719].

On connaît également un *dérivé trinitré*, obtenu en chauffant à 100° avec une solution alcoolique d'ammoniaque le dérivé trinitré du dibromotoluène 1.3.5. Ce corps cristallise en prismes jaunes fondant à 222°. Réduit par l'étain et l'acide chlorhydrique, il fournit le pentamidotoluène [Palmer, *D. chem. G.*, **21**, 3501].

Diphénylcrésylène-diamine,

$$C^7H^6(AzH.C^6H^5)^2_{(3.5)}.$$

— Ce composé a été obtenu en chauffant pendant 20 heures, à 220°, de l'orcine avec de l'aniline et un mélange de chlorures de zinc et de calcium.

Elle est insoluble dans les acides étendus et fond à 105°. De même que la diphénylamine, elle se dissout dans l'acide sulfurique concentré, en donnant une solution qui se colore en un bleu intense par l'action des nitrates ou des nitrites.

Le *dérivé diacétylé* correspondant fond à 160°, le *dérivé dibenzoylé* à 190°; le *dérivé dinitrosé* se décompose en fondant à 170°.

Par l'action de l'iodure de méthyle et de la potasse, elle se transforme en diméthyldiphénylcrésylène-diamine, fusible à 124° [A. Zega et R. Buch, *J. prakt. Chem.*, (2), **33**, 538; *Bull. Soc. Chim.*, (2), **46**, 735].

CRÉSYLÈNE-DIAMINE $C^6H^3(CH^3)_{(1)}(AzH^2)^2_{(3.6)}$. — Cette base s'obtient lorsque l'on réduit par l'étain et l'acide chlorhydrique la nitrotoluidine 1.2.6 dérivée du dinitrotoluène liquide.

Le *chlorhydrate* correspondant est peu soluble dans l'acide chlorhydrique concentré; distillé avec de la chaux vive, il donne la base libre qui cristallise dans l'eau en prismes fusibles à 103°,5. Elle donne avec le nitrite de sodium et l'acide sulfurique étendu une coloration jaune, avec le chlorure ferrique une coloration brun foncé [C. Ullmann, *D. chem. G.*, **17**, 1957; *Bull. Soc. Chim.*, (2), **45**, 203].

La *chlorocrésylène–diamine*,

$$C^6H^2(CH^3)_{(1)}(AzH^2)^2_{(2.5)}Cl_{(4)}$$

se produit lorsque l'on traite par le mélange nitrosulfurique l'o–nitro-p-chlorotoluène et que l'on réduit le dérivé dinitré ainsi obtenu. C'est un liquide épais, assez altérable.

Son *chlorhydrate* brunit rapidement à l'air [M. Hönig, *D. chem. G.*, **20**, 2417; *Bull. Soc. Chim.*, (2), **49**, 719].

P-DIAMINE. — À la p-crésylène–diamine 1.2.5 déjà décrite Suppl., **1**, 548, se rattache un *dérivé diméthylé*, que l'on obtient en réduisant par l'étain et l'acide chlorhydrique le chlorhydrate de nitrosodiméthyl-m-toluidine. Cette base, très soluble dans l'eau et dans l'éther, fond à 28° et bout à 270°; son *dérivé acétylé* fond à 158°.

L'alcool méthylique et l'acide chlorhydrique la transforment à 180° en *tétraméthyl-m-crésylène-diamine*, qui bout vers 260°.

Par oxydation, tous ces composés donnent de la toluquinone, ce qui établit leur constitution; de plus, comme le dérivé diméthylé provient de la diméthyl-m-toluidine, on doit le représenter par le schéma

$$C^6H^3(CH^3)_{(1)}(AzH^2)_{(2)}[Az(CH^3)^2]_{(5)}$$

[Wurster et Riedel, *D. chem. G.*, **12**, 1796 et **13**, 126; *Bull. Soc. Chim.*, (2), **34**, 416 et 700].

Éthylcrésylène–diamine,

$$C^6H^3(CH^3)_{(1)}(AzH.C^2H^5)_{(2)}(AzH^2)_{(5)}.$$

— Cette base, obtenue par réduction de la p-nitro-o-éthyltoluidine, bout à 264°. Elle s'altère rapidement à l'air. Son *chlorhydrate* est déliquescent et s'obtient cristallisé par l'action de l'acide chlorhydrique sec sur la base en solution dans l'éther. Il fond à 124° en se décomposant [E. Koch, *Ann. Chem.*, **243**, 307; *Bull. Soc. Chim.*, (3), **1**, 625].   O. Saint-Pierre.

CRÉSYLÉTHYLCÉTONE,

$$CH^3.C^6H^4.CO.C^2H^5.$$

— On ne connaît que le dérivé para (propanoyl-méthyl4-benzène), qui a été obtenu par M. Errera [*Gazz. chim. ital.*, **21**, 94] en distillant un mélange de propionate et de p–toluate de baryum.

Cette acétone bout à 237-239° et ne se combine pas avec le bisulfite de sodium. L'*hydrazone* correspondante est liquide, tandis que son *oxime* cristallise en tables épaisses, fusibles à 86-87°.

Par oxydation avec l'acide nitrique étendu, elle fournit du dinitroéthane et de l'acide nitro-p-toluique, fusible à 187°. Au contraire, l'acide nitrique fumant la convertit en un *dérivé nitré*,

$$CH^3_{(1)} - C^6H^3(AzO^2)_{(2)} - CO_{(4)} - C^2H^5,$$

qui fond à 50-51° et dont la *combinaison phénylhydrazinique* cristallise dans l'alcool en aiguilles orangées, fusibles à 147-149°.

Toutes ces propriétés la différencient nettement d'un composé obtenu par l'action du chlorure de chromyle sur le cymène et que l'on avait d'abord considéré comme la p-crésyléthylcétone, en se fondant sur ce que le cymène était du p-propylméthylbenzène, tandis que M. Widman vient de montrer que le cymène est en réalité un dérivé isopropylique. Le corps ainsi obtenu, qui bout à 220-226° et dont l'hydrazone cristallise et fond à 75° (Errera), à 88° (Miller et Rhode), doit être considéré comme la p-crésylméthylcétone [Errera, *loc. cit.* et *Gazz. chim. ital.*, **19**, 528 et **21**, 76. —W. von Miller et G. Rhode, *D. chem. G.*, **23**, 1075].

CRÉSYLGLYCOCOLLES [Syn. *Acides méthylbenzène-aminoéthyloïques*],

$$C^7H^7 . AzH . CH^2 . CO^2H.$$

— Voyez GLYCOCOLLE, Suppl., **1**, 878.

O-CRÉSYLGLYCOCOLLE. — On le prépare d'après le procédé qui a déjà été indiqué pour le dérivé para, en faisant bouillir avec de l'eau le composé qui se dépose par l'évaporation d'une solution éthérée d'acide monochloracétique (1 molécule) et d'o-toluidine (2 molécules). Lorsqu'il ne se dégage plus d'acide chlorhydrique, la réaction est terminée, et le crésylglycocolle cristallise par refroidissement en longues aiguilles incolores, lancéolées, fusibles à 149-150° (Staats, Ehrlich), ou en lamelles qui fondent à 143° (Cosack).

Il donne un *sel de cuivre* très bien cristallisé et réduit le nitrate d'argent à l'ébullition en formant un miroir métallique. Le perchlorure de fer y détermine à chaud la formation d'un précipité rouge foncé [G. Staats, *D. chem. G.*, **13**, 137; *Bull. Soc. Chim.*, (2), **34**, 697. — A. Ehrlich, *D. chem. G.*, **16**, 204; *Bull. Soc. Chim.*, (2), **40**, 140. — Cosack, *D. chem. G.*, **13**, 1090; *Bull. Soc. Chim.*, (2), **35**, 625].

Soumis à la distillation sèche, l'o-crésylglycocolle se condense en perdant de l'eau et se transforme en *dicrésyl-α γ-dicétopipérazine*,

$$C^7H^7Az \begin{array}{c} < CH^2 - CO > \\ < CO - CH^2 > \end{array} AzC^7H^7,$$

qui fond à 160° [C.-A. Bischoff et A. Nastvogel, *D. chem. G.*, **22**, 1786; *Bull. Soc. Chim.*, (3), **3**, 836].

L'action de l'urée sur le p- et sur l'o-crésylglycocolle a été décrite dans le Supplément **1** aux articles HYDANTOÏNE et TOLUYLHYDANTOÏNE (p. 920 et 1586).

M. Ehrlich a obtenu de même [*loc. cit.*] son *éther éthylique* en partant de l'éther chloracétique. On le sépare de l'excès de ses constituants par distillation dans un courant de vapeur. C'est un liquide incolore, qui bout à 275-278°, à 280-282°,5 suivant MM. Bischoff et Hausdörfer [*D. chem. G.*, **25**, 2275].

Si on prolonge l'action de la chaleur sur le mélange d'o-toluidine et d'éther chloracétique, on obtient la *toluïde* correspondante,

$$CO . AzH . C^7H^7$$
$$|$$
$$CH^2 . AzH . C^7H^7$$

qui cristallise en forme de lames fusibles à 91-92°, insolubles dans l'eau et dans les acides, solubles dans l'alcool et dans l'éther.

Soumise à la distillation sèche, cette toluide se convertit en o-dicrésylurée,

$$C^7H^7 . AzH - CO - AzH . C^7H^7,$$

fusible à 243°.

Traitée en solution benzénique par l'oxychlorure de carbone, elle donne un précipité blanc, renfermant du chlore, qui, chauffé à 170-175°, se convertit en di-o-crésylhydantoïne,

$$\begin{array}{l} CH^3 - Az - C^7H^7 \\ \quad | \qquad\qquad > CO \\ CO - Az - C^7H^7 \end{array}$$

fusible à 273-275° [Bischoff et Hausdörfer, *D. chem. G.*, **25**, 2276].

Dérivés de l'o-crésylglycocolle.

L'*acétyl-o-crésylglycocolle*,

$$CH^3 . C^6H^4 . Az(C^2H^3O) - CH^2 . CO^2H,$$

s'obtient en chauffant dans un appareil à reflux un mélange d'o-crésylglycocolle et d'anhydride acétique. Purifié par dissolution dans le carbonate de sodium, précipitation par l'acide chlorhydrique et cristallisation dans l'alcool, il forme de longues lamelles incolores, fusibles à 210-212°, peu solubles dans l'eau, l'éther froid, le sulfure de carbone, le benzène, la ligroïne, les acides étendus, plus solubles dans l'éther chaud et dans le chloroforme, très solubles dans l'acétone et dans l'acide acétique [Bischoff et Hausdörfer, *D. chem. G.*, **25**, 1276].

En traitant l'o-crésylglycocolle par le chlorure de chloracétyle, MM. P.-W. Abenius et O. Widman ont obtenu le *chloracétyl-o-crésylglycocolle*,

$$CH^3 . C^6H^4 . Az \begin{array}{l} < CH^2 . CO^2H \\ < CO . CH^2Cl \end{array}$$

qui cristallise en tables carrées, fusibles à 116-117°.

Chauffé avec de l'o-toluidine, ce chloracétylcrésylglycocolle fournit la *dicrésyl-α γ-dicétopipérazine* mentionnée plus haut. Sous l'influence de la potasse alcoolique, celle-ci fixe 1 molécule d'eau, en donnant le *crésylamidoacétyl-crésylglycocolle*,

$$C^7H^7Az \begin{array}{l} < CH^2 . CO^2H \\ < CO . CH^2 . AzH . C^7H^7 \end{array}$$

fusible à 129°, qui, en présence de l'alcool et de l'acide chlorhydrique, reproduit la pipérazine. Chauffé avec de l'acide chlorhydrique fumant vers 160°, il se décompose en donnant du chlorure de méthyle, de l'o-crésylglycocolle, de l'o-toluidine et de l'acide carbonique.

Avec la p-toluidine, le chloracétylcrésylglycocolle fournit de même une *o-p-dicrésyldicétopipérazine* isomérique, fusible à 179-180°, et avec l'aniline la *phénylcrésyldicétopipérazine*, qui fond à 165-166°.

Le *glycolyl-o-crésylglycocolle*,

$$CH^3 . C^6H^4Az \begin{array}{l} < CO . CH^2OH \\ < CH^2 . CO^2H \end{array}$$

se prépare en faisant bouillir avec de la soude caustique le dérivé chloracétylé. Après avoir acidulé, on épuise le liquide au chloroforme : celui-ci abandonne par évaporation des cristaux fusibles à 143-144°. Le *sel de potassium* correspondant cristallise avec 1 molécule d'eau, celui de *baryum* avec 7; le *sel d'argent* est anhydre et peu soluble dans l'eau.

Chauffé à 160°, l'acide libre perd 1 molécule d'eau en donnant la *lactone* (ou *olide*),

$$CH^3 . C^6H^4 Az \begin{array}{c} \diagup CO . CH^2 \diagdown \\ \diagdown CH^2 . CO \diagup \end{array} O,$$

fusible à 108-109°; celle-ci reprend 1 molécule d'eau par l'action des alcalis à froid ou des carbonates alcalins à l'ébullition. L'ammoniaque la transforme en glycolylcrésylglycocollamide fusible à 152° [P.-W. Abenius et O. Widman, *D. chem. G.*, **21**, 1663; *Bull. Soc. Chim.*, (2), **50**, 409; *J. prakt. Chem.*, (2), **38**, 296; *Bull. Soc. Chim.*, (3), **1**, 633. — Abenius, *D. chem. G.*, **21**, 1668; *Bull. Soc. Chim.*, (3), **1**, 377; *J. prakt. Chem.*, (2), **40**, 425 et 498; *Bull. Soc. Chim.*, (3), **4**, 52 et 216].

Acide o-crésylimidodiacétique,

$$CH^3 . C^6H^4 . Az (CH^2 . CO^2H)^2.$$

— Ce composé, isomérique avec le glycolylcrésylglycocolle, se produit lorsque l'on chauffe au réfrigérant à reflux, vers 135-140°, du crésylglycocolle avec de l'acide monochloracétique et du carbonate de sodium en solution dans une petite quantité d'eau. Purifié par cristallisation dans l'alcool, il fond entre 158 et 162° en se décomposant.

La toluidine le transforme en un mélange de *mono-* et *ditoluides*, faciles à séparer l'une de l'autre par l'action des alcalis, dans lesquels le première est seule soluble. Ces deux corps fondent vers 148-150°. Le premier de ces dérivés, traité par l'anhydride acétique, fournit non pas une α δ-dicétopipérazine isomérique avec celles dont on a vu plus haut la formation, mais de la *dicrésylurée*, par suite de réactions complexes [C.-A. Bischoff et A. Hausdörfer, *D. chem. G.*, **23**, 1991].

L'o-crésylimido-diacétate d'ammonium,

$$CH^3 . C^6H^4 . Az (CH^2 - CO^2 AzH^4)^2, C^2H^6O,$$

s'obtient en abandonnant à l'évaporation spontanée une solution alcoolique de l'acide préalablement saturée de gaz ammoniac. Il forme des lamelles hexagonales blanches, fusibles avec décomposition à 158-160°, peu solubles dans l'alcool, très solubles dans l'eau.

L'amide, $CH^3 . C^6H^4 . Az (CH^2 - COAzH^2)^2$, s'obtient en évaporant une solution de l'acide dans l'ammoniaque aqueuse et en précipitant le produit par l'ammoniaque concentrée. Elle cristallise dans l'alcool absolu en lamelles brillantes, fusibles à 163-164°, peu solubles dans l'eau froide et dans l'alcool, très solubles dans l'éther, le benzène, le chloroforme, la ligroïne, le sulfure de carbone, les alcalis caustiques ou carbonatés, l'acide acétique, les acides minéraux, l'alcool, l'eau chaude et l'acétone.

L'imide,

$$CH^3 - C^6H^4 - Az \begin{array}{c} \diagup CH^2 - CO \diagdown \\ \diagdown CH^2 - CO \diagup \end{array} AzH,$$

s'obtient en chauffant le sel d'ammonium à 165°. Elle cristallise dans l'alcool bouillant en prismes brillants, fusibles à 145-146°, solubles dans l'acétone, le chloroforme, le benzène, l'acide acétique, l'acide chlorhydrique concentré, peu solubles dans l'eau, la ligroïne et le sulfure de carbone.

M-CRÉSYLGLYCOCOLLE. — Ce composé a été obtenu par M. Ehrlich de la même façon que ses deux isomères, mais il est très difficile à purifier. Son *sel de cuivre* seul a été analysé et répond à la formule $(C^9H^{10}AzO^3)^2Cu, 2H^2O$.

L'éther éthylique se prépare beaucoup plus facilement; il fond à 68° et cristallise dans l'alcool en tables hexagonales, insolubles dans l'eau.

L'ammoniaque réagit à la température ordinaire sur sa solution dans l'alcool absolu et donne l'*amide* correspondante, cristallisée en longues aiguilles en forme de lances [A. Ehrlich, *D. chem. G.*, **15**, 2011; *Bull. Soc. Chim.*, (2), **40**, 155].

P-CRÉSYLGLYCOCOLLE. — C'est le dérivé décrit dans le Supplément **1**. Chauffé vers 200°, il se transforme également en *p-dicrésyldicétopipérazine* fusible à 252-253° [P. Abenius, *loc. cit.*].

L'imide, $(C^7H^7 . AzH . CH^2 . CO)^2 AzH$, s'obtient en chauffant le p-crésylglycocolle à 110-120° et en faisant bouillir le produit ainsi obtenu avec de l'ammoniaque. Elle forme de fines aiguilles incolores, fusibles à 208-210° [Bischoff et Hausdörfer, *D. chem. G.*, **23**, 1997].

La *p-toluide*, $C^7H^7 . AzH . CH^2 . CO . C^7H^7$, fond à 165°.

Le *dérivé acétylé*,

$$C^7H^7 . Az (C^2H^3O) - CH^2 . CO^2H,$$

forme des lamelles incolores, fusibles à 175-176°.

Acide p-crésylimidodiacétique,

$$CH^3 . C^6H^4 . Az (CH^2 - CO^2H)^2.$$

— Cristaux fusibles à 120°.

La *p-toluide*, $C^7H^7 . Az (CH^2 . CO . AzH . C^7H^7)^2$, fond à 213-215°.

La *monamide,*

$$C^7H^7 . Az \begin{array}{c} \diagup CH^2 . CO^2H \\ \diagdown CH^2 . CO AzH^2 \end{array}$$

fond à 222°.

La *mono-p-toluide* fond également à 222°.

Le dérivé

$$C^7H^7 . Az \begin{array}{c} \diagup CH^2 . CO . AzH^2 \\ \diagdown CH^2 . CO . AzH . C^7H^7 \end{array}$$

fond à 209° [Bischoff et Hausdörfer, *D. chem. G.*, **25**, 2280].

Nitro-p-crésylglycocolle. — On a obtenu le dérivé nitré

$$C^6H^3 \begin{array}{c} \diagup CH^3_{(1)} \\ - AzO^2_{(3)} \\ \diagdown AzH . CH^2 . CO^2H_{(4)} \end{array}$$

en chauffant au bain d'huile, vers 130°, la nitrotoluidine avec de l'acide bromacétique. Purifié par cristallisation dans l'alcool, il fond à 189-190°. Il est peu soluble dans l'eau et dans l'éther, facilement soluble dans l'alcool et dans l'acide acétique et donne avec les bases des sels bien cristallisés, généralement colorés en rouge.

Le *sel d'ammonium*, $C^9H^9Az^2O^4 . AzH^4$, cristallise en aiguilles anhydres, très solubles dans l'eau.

Les *sels de baryum* et *de plomb* renferment une demi-molécule d'eau et sont peu solubles dans l'eau froide, facilement solubles à chaud.

L'éther éthylique cristallise en aiguilles jaunes, fusibles à 65° et facilement solubles dans tous les liquides organiques [J. Plöchl, *D. chem. G.*, **19**, 9. — R. Leuckardt et A. Hermann, *D. chem. G.*, **20**, 24; *Bull. Soc. Chim.*, (2), **48**, 446].

Par réduction, le nitrocrésylglycocolle fournit de l'*oxydihydrotoluquinoxaline*,

$$CH^3 - C^6H^2 \begin{array}{c} AzH \\ \diagup \quad \diagdown \\ CH \\ C(OH) \\ Az \end{array}$$

qui, sous l'influence des alcalis caustiques, fixe 1 molécule d'eau, en donnant de l'amidocrésylglycocolle.

Pour les dérivés crésyliques du glycocolle

pour lesquels la substitution a lieu dans le groupement CH³, voyez ACIDE CRÉSYLACÉTIQUE.

O. Saint-Pierre.

CRÉSYLGLYCOLIQUES (ACIDES). — Sous ce nom, il a été décrit plusieurs acides résultant de la substitution d'un radical -C⁶H⁴-CH³ à 1 atome d'hydrogène de l'acide glycolique CH²OH-CO²H; mais on conçoit que cette substitution puisse avoir lieu de deux façons différentes, selon que l'atome d'hydrogène remplacé appartient à l'oxhydryle ou au groupement méthylène.

Dans le premier cas, on aura un composé mixte à la fois acide et éther, CH³.C⁶H⁴.OCH².CO²H, auquel il convient plutôt de conserver le nom d'*acide crésoxacétique* (méthylbenzène-oxyéthanoïque) qui lui a été aussi donné.

Dans la seconde hypothèse, ce sera un acide-alcool, auquel nous laisserons le nom d'*acide crésylglycolique* (méthylbenzène-éthyloloïque),

$$CH^3-C^6H^4-CHOH-CO^2H.$$

Il est évident qu'à chacune de ces formules pourront correspondre trois isomères, comme à tous les dérivés disubstitués du benzène.

ACIDES CRÉSOXACÉTIQUES. — Indépendamment du composé para qui a été décrit (Suppl., **1**, 1586) sous le nom d'*acide toluylglycolique*, on a obtenu récemment les *acides o- et m-crésoxacétiques* au moyen du crésol correspondant et de l'acide monochloracétique en présence d'un excès de soude.

L'*acide ortho* cristallise en lamelles brillantes, fusibles à 151-152°, peu solubles dans l'eau froide.

Le *sel de sodium* correspondant est très soluble dans l'eau.

Le *sel de baryum*, (C⁹H⁹O³)²Ba, 4H²O, fond à 120° dans son eau de cristallisation.

Le *sel de plomb* renferme 1 molécule d'eau.

L'*acide méta*, cristallisé dans l'eau bouillante, forme de petites aiguilles blanches, fusibles à 102°. Son *sel de baryum* renferme 6 molécules d'eau [A. Oglialoro et G. Cannone, *Gazz. chim. ital.*, **18**, 511. — A. Oglialoro et O. Forte, *Gazz. chim. ital.*, **20**, 505].

ACIDES CRÉSYLGLYCOLIQUES. — M. Bornemann a obtenu le *nitrile m-crésylglycolique*,

$$CH^3.C^6H^4.CHOH.CAz,$$

en ajoutant à du cyanure de potassium pulvérisé 1 molécule d'aldéhyde m-toluique en solution dans l'éther chargé d'acide chlorhydrique. Après évaporation de l'éther, il reste une huile incolore, soluble vers 60-70° dans l'acide chlorhydrique concentré et d'où l'ammoniaque aqueuse paraît précipiter l'amide correspondante.

La saponification de ce nitrile s'effectue de la façon suivante : On le chauffe vers 70° avec de l'acide chlorhydrique fumant et on y ajoute ensuite de l'eau chaude, puis l'on fait bouillir jusqu'à complète dissolution. On filtre alors pour séparer les goudrons insolubles qui se sont formés et on épuise le liquide à l'éther. Par évaporation, il reste un sirop difficilement cristallisable; mais l'acide est facilement purifié par transformation en sel de baryum. L'acide libre dissous à chaud dans le benzène en est précipité par la ligroïne. Il forme de petites lamelles brillantes, fusibles à 84°, facilement solubles dans l'eau, l'alcool, l'éther et le chloroforme, peu solubles dans le benzène froid.

Le *sel de baryum* cristallise en mamelons solubles dans l'eau, insolubles dans l'alcool et dans l'éther. Les *sels de cuivre et de zinc* cristallisent dans l'eau chaude; le *sel de plomb* est un précipité amorphe; le *sel d'argent* se décompose brusquement quand on le chauffe avec de l'eau [E. Bornemann, *D. chem. G.*; **17**, 1469; *Bull. Soc. Chim.*, (2), **44**, 290].

L'*acide p-crésylglycolique* a été obtenu dans l'hydrogénation de l'acide p-crésylglyoxylique au moyen de l'amalgame de sodium ou de la poudre de zinc et de l'ammoniaque. Sa préparation donne des rendements théoriques. Il cristallise dans l'eau chaude en grandes tables solubles dans l'alcool, l'éther, le benzène et le chloroforme, très peu solubles dans le pétrole et dans l'eau froide, fusibles à 145-146°.

Les sels alcalins et alcalino-terreux sont très solubles dans l'eau; ceux des métaux lourds forment des précipités amorphes.

Les *sels de sodium* et *de calcium* cristallisent anhydres; les *sels de baryum* et *de potassium* renferment une demi-molécule d'eau.

L'*éther éthylique* cristallise dans l'éther en aiguilles fusibles à 77° [Ad. Claus et K. Kroseberg, *D. chem. G.*, **20**, 2050; *Bull. Soc. Chim.*, (2), **49**, 280]. O. Saint-Pierre.

CRÉSYLGLYOXYLIQUE (ACIDE) [Syn. *Méthylbenzène-éthanonoïque*),

$$CH^3-C^6H^4.CO.CO^2H.$$

— On ne connaît que le dérivé para, qui a été décrit (Suppl., **1**, 1586) sous le nom d'*acide toluylcarbonique*.

Il a été obtenu dans l'oxydation de la crésylméthylcétone au moyen du ferricyanure de potassium en solution alcaline. Il se produit en même temps de l'acide p-toluique, que l'on élimine en distillant le mélange d'acides dans un courant de vapeur. Après cristallisation dans l'éther, il fond à 95-97°.

Le *sel de potassium* cristallise anhydre en lamelles nacrées ; celui *de baryum* contient 8 molécules d'eau.

L'acide crésylglyoxylique donne avec la phénylhydrazine en solution acétique une combinaison cristallisée fusible à 144°.

Chauffé avec de l'acide sulfurique concentré et du benzène renfermant du thiophène, il donne naissance à une matière colorante qui, après addition d'eau, colore le benzène en rouge foncé [K. Buchka et P. Irish, *D. chem. G.*, **20**, 1763 ; *Bull. Soc. Chim.*, (2), **49**, 170].

MM. Claus et Kroseberg ont préparé le même acide d'après le procédé de M. Roser, mais en substituant le chloroxalate d'éthyle à celui d'amyle. Il convient, pour obtenir un bon rendement, de diluer les réactifs dans l'éther et de laisser la réaction s'achever à la lumière solaire sans chauffer.

L'acide crésylglyoxylique ne fond pas sans se décomposer partiellement; déjà à 80° on perçoit l'odeur de l'aldéhyde toluique. Contrairement à ce qu'avait annoncé M. Roser, il se dissout un peu dans l'eau chaude, mais il est presque insoluble à froid. Ces chimistes ont aussi trouvé que le *sel de baryum* cristallise anhydre, tandis que MM. Buchka et Irish lui donnent la formule

$$(C^9H^7O^3)^2Ba, 8H^2O.$$

Le perchlorure de phosphore réagit vivement sur l'acide crésylglyoxylique, mais sans que l'on ait pu isoler de chlorure, le produit se décomposant à la distillation même dans le vide. Toutefois, en traitant la solution benzénique de ce composé par l'ammoniaque sèche, on obtient l'*amide correspondante*, qui fond à 160°.

L'*éther éthylique*, qui est le produit direct de la préparation, bout entre 260 et 270°.

Réduit par l'amalgame de sodium ou la poudre de zinc et l'ammoniaque, l'acide crésylglyoxylique fournit de l'*acide crésylglycolique*, tandis que l'iode et le phosphore le convertissent en *acide crésylacétique* [Ad. Claus et K. Kroseberg, *D. chem. G.*, **20**, 2048; *Bull. Soc. Chim.*, (2). **49**, 280].   O. Saint-Pierre.

CRÉSYLHYDRAZINE. — Voyez Hydrazines, Suppl., **2**.

CRÉSYLHYDROXYLSULFO-URÉE,

$$CH^3_{(1)} - C^6H^4 - AzH_{(3)} - CS - AzH - OH$$

[L. Voltmer, *D. chem. G.*, **24**, 381]. — On prépare ce composé en dissolvant l'o-crésylsénevol dans le quadruple de son poids de chloroforme, et en abandonnant la liqueur au contact d'une solution aqueuse d'hydroxylamine. Le nouveau composé se dépose peu à peu sous la forme de fines aiguilles fusibles à 92°, presque insolubles dans le chloroforme et dans l'eau, solubles dans l'alcool, l'éther et les alcalis. Sa solution alcoolique donne avec le chlorure ferrique une coloration d'un violet foncé.

Ce corps n'est pas stable. Sa solution aqueuse se décompose lentement à la température ordinaire, rapidement à chaud, avec dépôt de soufre et formation d'eau et d'*o-crésylcyanamide*,

$$C^7H^7 - AzH - CAz,$$

lamelles rhombiques fusibles à 77°, très solubles dans l'alcool, l'éther et le chloroforme, solubles dans les acides et dans les alcalis avec transformation en o-crésylurée.

Le *dérivé benzylé*,

$$CH^3 - C^6H^4 - AzH - CS - AzH - OCH^2 - C^6H^3,$$

s'obtient en traitant l'o-crésylsénevol par la benzylhydroxylamine. Il fond à 125°.

CRÉSYLISOBUTYRIQUE (ACIDE) (voyez Suppl., **1**, 1586). — En oxydant par l'acide nitrique (d = 1,12) à 180° l'isobutyliodotoluène, on obtient des cristaux blancs, fusibles à 139°, d'*acide nitrocrésylisobutyrique* (méthyl1-nitro6-benzène-métho3²-propyl3-oïque),

$$CH^3_{(1)} - C^6H^3 <^{CH^2_{(3)} - CH <^{CO^2H}_{CH^3}}_{AzO^2_{(6)}}$$

Il est très soluble dans l'eau chaude, l'alcool et l'éther et se sublime facilement sous la forme d'aiguilles blanches.

Le *sel d'argent*, très soluble dans l'eau chaude et beaucoup moins à froid, est peu stable; séché à 100°, il brunit fortement [J. Effront, *D. chem. G.*, **17**, 2326; *Bull. Soc. Chim.*, (2), **45**, 469].

CRÉSYLISOQUINOLÉINE,

$$C^7H^7\ Az$$

— M. Ruhemann [*D. chem. G.*, **25**, 3975] a obtenu ce composé en réduisant, par l'acide iodhydrique et le phosphore rouge à 170-180°, le dérivé chloré (voyez plus bas).

La β-p-crésylisoquinoléine cristallise en belles aiguilles, blanches et brillantes, fusibles à 78°, très solubles dans la plupart des dissolvants, et difficilement volatiles avec la vapeur d'eau.

L'*iodhydrate* forme de longues aiguilles d'un jaune de soufre, très solubles dans l'alcool, peu solubles dans l'eau.

Le *chlorhydrate* et le *bromhydrate* se présentent en aiguilles blanches; le *chromate* en aiguilles rougeâtres; le *picrate* en aiguilles jaunes; le *chloroplatinate* en aiguilles brunâtres.

Le *dérivé chloré*,

$$C^7H^7\ Az\ Cl$$

s'obtient en chauffant dans un appareil à reflux un mélange d'oxychlorure de phosphore et d'*iso-p-xylidène-phtalimidine* (dihydrocéto-p-crésylisoquinoléine),

$$C^6H^4 <^{CH = C\ .\ C^7H^7}_{CO - AzH}$$

préparée elle-même par l'action de l'ammoniaque sur l'*iso-p-xylidène-phtalide*

$$C^6H^4 <^{CH = C\ .\ C^7H^7}_{CO - O}$$

Ce dérivé chloré cristallise en lamelles blanches, fusibles à 70-71°, très solubles dans l'éther, le chloroforme, le benzène, le sulfure de carbone, moins solubles dans l'alcool.

CRÉSYLMERCAPTAN. — Voyez Thiocrésol.

CRÉSYLMÉTHYLCÉTONE [Syn. *Méthyléthanoyl-benzène*],

$$CH^3 - C^6H^4 - CO - CH^3.$$

m-Crésylméthylcétone. — Elle a été obtenue en chauffant au réfrigérant à reflux du toluène avec du chlorure d'acétyle et une petite quantité de chlorure d'aluminium jusqu'à ce qu'il ne se dégage plus d'acide chlorhydrique. Le produit de la réaction, décomposé par l'eau et débarrassé du toluène, bout entre 218 et 226°; il renferme un peu des dérivés ortho et para. Après rectification, la m-crésylméthylcétone bout à 224-225°.

C'est un liquide incristallisable; sa densité est 0,9891 à 22°. Le permanganate de potassium la transforme en acide m-phtalique; la potasse alcoolique la dédouble en acétate et toluène [J. Essner et E. Gossin, *Bull. Soc. Chim.*, (2), **42**, 95].

D'après MM. K. Buchka et P.-J. Irish, qui l'ont préparée en distillant un mélange de m-toluate et d'acétate de calcium, son point d'ébullition est 218-220° [*D. chem. G.*, **20**, 1766].

p-Crésylméthylcétone. — Ce composé a été obtenu de plusieurs façons différentes :

1° Par l'action de l'anhydride acétique sur le toluène en présence de chlorure d'aluminium à la température de l'ébullition [Michaëlis et Gleichmann, *D. chem. G.*, **15**, 185; *Bull. Soc. Chim.*, (2), **37**, 468].

2° En traitant à froid par le chlorure d'acétyle une solution sulfocarbonique de toluène contenant du chlorure d'aluminium [Claus et Rieder, *D. chem. G.*, **19**, 234; *Bull. Soc. Chim.*, (2), **46**, 841].

3° Dans l'oxydation du cymène par l'acide nitrique étendu (au lieu du prétendu nitrocymène de Fittica) [O. Widman et J. Bladin, *D. chem. G.*, **19**, 587; *Bull. Soc. Chim.*, (2), **47**, 251]

4° Elle se produit aussi en même temps que l'aldéhyde p-méthylhydratropique,

$$CH^3 - C^6H^4 - CH^2 <^{CH^3}_{CHO}$$

dans l'action du chlorure de chromyle sur le cymène [G. Errera, *Gazz. chim. ital.*, **21**, 76].

C'est un liquide incristallisable, d'une odeur rappelant le nitrobenzène, volatil dans la vapeur d'eau. Elle bout à 217° (Michaëlis), 220° (Claus), 222,5-224° (Widman).

Oxydée par l'acide nitrique, elle fournit de l'acide p-toluique, tandis que le ferricyanure de potassium la transforme en acide p-crésylglyoxylique, $C^7H^7.CO.CO^2H$.

Traitée par les acides chlorhydrique ou sulfurique, ou par l'anhydride phosphorique, elle donne des produits de condensation cristallisés.

Elle se combine à l'hydroxylamine en formant une *oxime* qui, cristallisée dans l'éther de pétrole, fond à 88°. Sa combinaison avec la phénylhydrazine forme des prismes incolores, solubles dans l'alcool, très altérables à l'air, et qui fondent à 97°.

Traitée par le brome, elle donne naissance à un *dérivé dibromé*, $C^9H^8Br^2O$, qui fond à 100° et qui peut être distillé sans altération. L'acétate de potassium lui enlève le brome à l'ébullition, ce qui paraît prouver que la substitution a lieu dans un des groupes méthyle.   O. Saint-Pierre

CRÉSYLMÉTHYLSULFONE,

$$CH^3 - C^6H^4 - SO^2 - CH^3.$$

— En vertu des conventions adoptées à l'article NOMENCLATURE CHIMIQUE, ce composé doit prendre le nom de *toluène-sulfone-méthane*. Il sera donc décrit à ce mot.

De même, les autres sulfones renfermant le radical crésyle seront décrites au mot TOLUÈNE.

CRÉSYLNITROMÉTHANE [Syn. *Méthylnitrométhylbenzène*]. — Voyez XYLÈNES.

CRÉSYLOBENZYLAMINES [Syn. *Homobenzhydrylamines, crésylo-phénylo-méthylamines, méthophényl-aminométhane-phényles*],

$$\begin{matrix}CH^3 - C^6H^4\\C^6H^5\end{matrix} > CH.AzH^2$$

[H. Goldschmidt et H. Stöcker, *D. chem. G.*, **24**, 2801].

P-CRÉSYLOBENZYLAMINE. — On la prépare en réduisant par l'amalgame de sodium l'une ou l'autre des deux p-crésylphénylcétoximes en solution alcoolo-acétique. Elle est peu soluble dans l'eau et incristallisable.

Le *chlorhydrate*, $C^{14}H^{15}Az.HCl$, cristallise dans l'eau bouillante en prismes quadratiques fusibles à 252°.

Le *chloroplatinate*,

$$(C^{14}H^{15}Az.HCl)^2PtCl^4, 2H^2O,$$

est un précipité cristallin jaune, peu soluble dans l'eau, plus soluble dans l'alcool; il fond à 119°.

Le *tartrate acide*, $C^{14}H^{15}Az.C^4H^6O^6$, se présente en petites aiguilles blanches, peu solubles, fusibles à 157°.

Le *tartrate neutre*, $(C^{14}H^{15}Az)^2C^4H^6O^6$, forme des aiguilles blanches, microscopiques, fusibles à 72-73°.

Le *dérivé acétylé*, $C^{14}H^{14}Az.C^2H^3O$, se présente en aiguilles blanches, fusibles à 131°.

La *crésylobenzylurée*,

$$(C^7H^7)(C^6H^5)CH-AzH-CO-AzH^2,$$

prend naissance par l'action du cyanate de potassium sur le chlorhydrate de la base précédente. Il cristallise dans l'alcool faible en fines aiguilles fusibles à 158°.

La *crésylobenzylsulfo-urée*,

$$(C^7H^7)(C^6H^5)CH-AzH-CS-AzH^2,$$

s'obtient comme la précédente, au moyen du sulfocyanate de potassium. Elle se présente en aiguilles incolores, fusibles à 100-101°, insolubles dans l'éther.

La *crésylobenzyl-phénylsulfo-urée*,

$$(C^7H^7)(C^6H^5)CH-AzH-CO-AzH.C^6H^5,$$

obtenue au moyen du phénylsénevol et de la crésylobenzylamine, forme de petites aiguilles blanches, qui, après cristallisation dans l'alcool bouillant, fondent à 206°.

O-CRÉSYLOBENZYLAMINE. — On la prépare comme son isomère para. C'est une huile incolore, bouillant à 299°, qui se carbonate rapidement à l'air.

Le *chlorhydrate*, $C^{14}H^{15}Az.HCl$, cristallise en aiguilles blanches, qui brunissent à 220° et qui fondent à 249°; il est assez soluble dans l'eau.

Le *dérivé acétylé*, $C^{14}H^{14}Az.C^2H^3O$, forme de petites aiguilles blanches, fusibles à 124°.

M-CRÉSYLOBENZYLAMINE. — Même préparation que pour les deux isomères précédents. Huile incolore, bouillant à 299° sous 724 millimètres.

Le *chlorhydrate*, $C^{14}H^{15}Az.HCl$, forme de fines aiguilles blanches, assez solubles dans l'eau, qui brunissent à 220° et fondent à 243°.

Le *dérivé acétylé*, $C^{14}H^{14}Az.C^2H^3O$, cristallise dans l'alcool en aiguilles incolores, qui fondent à 97°.

CRÉSYLOXYCINNAMIQUES (ACIDES)
[Syn. *Crésolcinnamiques, benzène-propényl-oïques-2 oxyméthobenzène*],

$$C^6H^5.CH=C(OC^7H^7).CO^2H.$$

— Les trois acides isomériques répondant à cette formule ont été obtenus en faisant réagir l'aldéhyde benzylique sur l'acide crésoxyacétique correspondant en présence d'anhydride acétique.

L'acide *ortho* cristallise dans l'alcool étendu en prismes blancs, fusibles à 167°, presque insolubles dans la ligroïne. Le *sel de baryum* renferme 1 molécule d'eau; son *éther méthylique* fond à 61°; le brome le transforme en un *dérivé* $C^{16}H^{13}Br^6O^3$, fusible à 231°.

L'*acide m-crésyloxycinnamique* fond à 155° et se dissout facilement dans l'alcool et dans l'éther. Par l'ébullition de sa solution aqueuse, le *sel de baryum* est décomposé. L'*éther méthylique*, soumis à l'action du brome, donne simplement le *dérivé d'addition* $C^{16}H^{14}Br^2O^3$, qui fond à 109°.

L'*acide p-crésyloxycinnamique* cristallise en aiguilles blanches, fusibles à 159-160°. Son *sel de baryum* se décompose également par ébullition. L'*éther méthylique* correspondant forme un sirop incristallisable que l'on peut distiller dans le vide; il donne un *dibromure* cristallisé,

$$C^{16}H^{14}Br^2O^3,$$

fusible à 124-125° [A. Oglialoro et O. Forte, *Gazz. chim. ital.*, **20**, 505].

CRÉSYLPHÉNYLCÉTONES [Syn. *Méthophénylméthanone-phényle*],

$$CH^3 - C^6H^4 - CO - C^6H^5.$$

— Les trois isomères possibles ont été obtenus par l'action du benzène sur les chlorures des acides toluiques correspondants en présence de chlorure d'aluminium [Rilliet et Ador, *D. chem. G.*, **12**, 2299]. D'après ces auteurs, c'est le dérivé para qui se forme principalement quand on chauffe le toluène avec du chlorure de benzoyle et du chlorure d'aluminium, en même temps qu'un peu de dérivé méta, tandis que, suivant M. Elbs, le produit principal de cette réaction serait l'o-crésylphénylcétone (80 à 95 0/0 du mélange), le reste étant du dérivé para [K. Elbs, *J. prakt. Chem.*, (2), **35**, 465; *Bull. Soc. Chim.*, (2), **48**, 737].

L'*o-crésylphénylcétone* est une huile incolore, encore liquide à — 18° et qui bout à 306-307°. Maintenue à l'ébullition pendant plusieurs jours, elle fournit de l'anthracène en même temps qu'un peu d'anthraquinone [Rilliet et Ador, *loc. cit.*].

Elle fournit, par l'action de l'hydroxylamine à

froid, une *oxime* $CH^3 - C^6H^4 - C(AzOH) - C^6H^5$, fusible à 105° et donnant un *dérivé acétylé* sirupeux.

En opérant à chaud, on obtient une *oxime* isomérique, fusible à 69° [Smith, *D. chem. G.*, **24**, 4025 ; *Bull. Soc. Chim.*, (3), **8**, 703].

La *m-crésylphénylcétone* se produit aussi en petite quantité dans l'oxydation du m-benzyltoluène. Elle est liquide et bout à 304-306° (314-316° corr.) ; sa densité à 17°,5 est 1,088. L'ébullition prolongée la convertit seulement en anthraquinone.

Par l'oxydation du dinitro-m-benzyltoluène, on a obtenu une *dinitro-m-crésylphénylcétone*, qui cristallise dans l'acide acétique en prismes fusibles à 145° [P. Senff, *Ann. Chem.*, **220**, 225 ; *Bull. Soc. Chim.*, (2), **42**, 520].

La m-crésylphénylcétone fournit une *oxime*, $CH^3 - C^6H^4 - C(AzOH) - C^6H^5$, fusible à 100-101°, qui est vraisemblablement constituée par un mélange de deux dérivés stéréo-isomériques [Goldschmidt et Stöcker, *D. chem. G.*, **24**, 2807].

La *p-crésylphénylcétone* est solide et fond à 50°. Elle bout à 311-312° et est soluble dans la plupart des dissolvants organiques. Elle se transforme facilement dans l'hydrocarbure correspondant, lorsqu'on fait passer sa vapeur sur du zinc en poudre chauffé au rouge (Rilliet et Ador), ou qu'on la chauffe vers 300° avec du sulfhydrate d'ammoniaque et du soufre [C. Willgerodt, *D. chem. G.*, **20**, 2470 ; *Bull. Soc. Chim.*, (2), **49**, 284].

Les oximes de la p-crésylphénylcétone ont été étudiées successivement par MM. Beckmann et Wegerhof [*Ann. Chem.*, **252**, 11], Auwers [*D. chem. G.*, **23**, 399] et Hantzsch [*ibid.*, 2325, 2776, **24**, 51].

Si l'on fait réagir à froid pendant 12 heures une solution alcoolique étendue de p-crésylphénylcétone sur un mélange de chlorhydrate d'hydroxylamine et de soude caustique, on obtient, en précipitant le produit par un acide, un mélange des deux oximes, que l'on peut séparer en les dissolvant dans l'acide acétique et en soumettant cette dissolution à des précipitations fractionnées par l'eau.

L'*α-oxime*, $C^7H^7 - C(AzOH) - C^6H^5$, se précipite dans les premières portions. Elle fond à 153-154°. Chauffée à 140° avec du chlorhydrate d'hydroxylamine, elle se transforme en oxime β.

L'*éther benzylique*,

$$C^6H^5 - C(AzOC^7H^7) - C^7H^7,$$

forme de longs prismes brillants, fusibles à 85°.

Le *dérivé acétylé*,

$$C^6H^5 - C(AzOC^2H^3O) - C^7H^7,$$

cristallise en prismes fusibles à 150°.

La β-*oxime* est plus soluble que son isomère dans la plupart des dissolvants. Elle ne se combine pas à l'acide chlorhydrique et ne se convertit pas en son isomère α.

L'*éther benzylique* cristallise en petits agrégats arrondis, fusibles à 45-47°. Dans des conditions mal déterminées, il se convertit en son isomère α.

Le *dérivé acétylé* forme de fines aiguilles fusibles à 118-122° ; il se transforme très aisément en son isomère α.

Ces deux oximes donnent avec l'isocyanate de phényle des précipités d'aspect différent ; mais si on cherche à les faire cristalliser, on n'obtient que le dérivé correspondant à l'oxime α, qui fond à 150°.   O. Saint-Pierre.

CRÉSYLPROPIONIQUE (ACIDE) [Syn. *Méthylbenzène-propyloïque*],

$$CH^3 . C^6H^4 . CH^2 . CH^2 . CO^2H.$$

— On ne connaît que l'acide *m-crésyl-α-propionique*. Il a été obtenu par M. Effront en chauffant à 180° l'isobutyltoluène avec un excès d'acide azotique (d = 1,15). Il se présente en aiguilles blanches, qu'on purifie par cristallisation dans l'eau, où il est peu soluble à froid. Cet acide fond à 125° et se sublime facilement ; ses vapeurs ont une odeur forte et désagréable.

Le *sel d'argent*, $C^{10}H^{11}O^2Ag$, cristallise très aisément dans l'eau, où il est peu soluble à froid, plus soluble à chaud.

En chauffant à 200° avec de l'acide nitrique (d = 1,25) l'iodo-isobutyltoluène, on obtient de petites aiguilles blanches d'acide *nitrocrésylpropionique*,

$$CH^3_{(1)} . C^6H^3 {<}^{C^2H^4 . CO^2H_{(3)}}_{AzO^2_{(6)}}$$

fusibles entre 130 et 136° [G. Effront, *D. chem. G.*, **17**, 2328 ; *Bull. Soc. Chim.*, (2), **45**, 469].

CRÉSYLPROPYLÈNE [Syn. *Méthyl1-propène4¹-yl4-benzène*],

$$CH^3_{(1)} . C^6H^4 . CH_{(4)} = CH . CH^3.$$

— Ce composé a été obtenu par M. Errera en faisant bouillir avec de la potasse alcoolique le chlorocymène que fournit l'action du chlore sur la vapeur de cymène. Il bout à 192° et est liquide à la température ordinaire ; mais, en présence du chlorure de calcium, il se polymérise et prend la forme solide. Il en est de même quand on le chauffe à 200° avec de l'acide bromhydrique [G. Errera, *Gazz. chim. ital.*, **14**, 277 et 504 ; *Bull. Soc. Chim.*, (2), **44**, 295 et **45**, 674].

CRÉSYLPROPYLIQUE (ALDÉHYDE P-) [Syn. *Méthyl1-benzène-propylal4*],

$$CH^3_{(1)} . C^6H^4 . CH^2 . CH^2 . CHO_{(4)}.$$

— En faisant réagir le chlorure de chromyle sur le cymène pur, préparé par l'action de l'anhydride phosphorique sur le camphre, MM. V. von Richter et G. Schüchner ont obtenu un seul composé différent des aldéhydes cuminiques déjà observées par M. Étard dans cette réaction. C'est l'aldéhyde p-crésylpropylique, qui, isolée au moyen de sa combinaison avec le bisulfite, bout à 222-223°, et reste encore liquide à — 15°. Sa densité à 13° est 0,9941. Elle possède une odeur agréable de menthe poivrée.

L'oxydation par le permanganate la transforme en acide téréphtalique, tandis qu'en la faisant bouillir avec de l'acide nitrique étendu on la convertit en acide toluique. Les alcalis la résinifient par un contact prolongé. Elle donne avec l'acétone, en présence de potasse, un produit de condensation qui a pour formule

$$CH^3 . C^6H^4 - CH^2 - CH^2 - CH = CH - CO - CH^3$$

[V. von Richter et G. Schüchner, *D. chem. G.*, **17**, 1931 ; *Bull. Soc. Chim.*, (2), **44**, 253]

CRÉSYL-β-THIOLÉVULIQUE (ACIDE P-) [Syn. *méthyl1-benzène-4thio3-hexane-one5-oïque*]

$$CH^3 - CO - CH - CH^2 - CH^2 - CO^2H$$
$$|$$
$$S . C^6H^4 . CH^3$$

[Delisle et Schwalm, *D. chem. G.*, **25**, 2983]. — On l'obtient à l'état d'éther par l'action du β-bromolévulate d'éthyle sur le sel sodique du β-thiocrésol. Il fond à 103-104°.

Le *sel de baryum*, $(C^{12}H^{13}SO^3)^2Ba$, cristallise en aiguilles blanches.

Le *dérivé hydrazinique* fond à 120-121°.

L'*éther éthylique* se décompose par la distillation, même dans le vide.

CRÉSYL-β-THIO-α-OXYISOBUTYRIQUE (ACIDE P-) [Syn. *méthyl1-benzène-4thio3-méthyl-2-propanol-2-oïque*],

$$CH^3 - C^6H^4 - S - CH^2 - C(OH)(CH^3) - CO^2H$$

[Delisle et Schwalm, *D. chem. G.*, **25**, 2981]. — On l'obtient en fixant l'acide cyanhydrique sur l'acide p-crésyl-β-thiopropionique (voyez ce mot) et en saponifiant le nitrile ainsi préparé.

Il cristallise en aiguilles soyeuses, fusibles à 101-102°.

Le *sel de calcium*, $(C^{11}H^{13}SO^3)^2Ca$, forme des aiguilles groupées en étoiles.

Le *sel de baryum*, $(C^{11}H^{13}SO^3)^2Ba, H^2O$, se présente en aiguilles blanches.

Le *sel d'argent*, $C^{11}H^{13}SO^3Ag$, est un précipité blanc caséeux.

CRÉSYL-β-THIOPROPIONIQUE (ACIDE P-) [Syn. *Méthyl1-benzène-4thio3-propanoïque*],

$$CH^3 - C^6H^4 - S - CH^2 - CH^2 - CO^2H.$$

[Delisle et Schwalm, *D. chem. G.*, **25**, 2980]. — Obtenu à l'état d'éther, par l'action du β-iodopropionate d'éthyle sur le sel sodique du thio-p-crésol, cet acide cristallise dans l'éther de pétrole bouillant en lamelles brillantes, fusibles à 70-71°.

Le *sel d'argent* cristallise dans l'eau bouillante en larges aiguilles transparentes, peu solubles à froid.

Le *sel de calcium*, $(C^{10}H^{11}SO^2)^2Ca, 3H^2O$, forme de fines aiguilles, peu solubles dans l'eau froide.

Le *sel de baryum*, $(C^{10}H^{11}SO^2)^2Ba, 2H^2O$, se présente en belles lamelles brillantes, peu solubles.

L'*éther éthylique* est une huile jaunâtre, bouillant à 171° sous 12 millimètres.

CRÉSYLXYLYLCÉTONE,

$$CH^3_{(2)} - C^6H^4 - CO_{(1)} - C^6H^3(CH^3)^2_{(2,4)}.$$

— Ce composé prend naissance par l'action du chlorure de l'acide o-toluique sur le m-xylène en présence du chlorure d'aluminium. C'est une huile bouillant à 329-330° sous 728 millimètres.

Chauffée à 120°, en tube scellé, avec de l'hydroxylamine en solution soit acide, soit alcaline, l'o-crésylxylylcétone fournit un mélange d'o-toluylxylide,

$$CH^3_{(2)} - C^6H^4 - CO_{(1)} - AzH - C^6H^3(CH^3)^2_{(2,4)},$$

fusible à 165°, et de xylyl-o-toluide,

$$(CH^3)^2_{(2,4)} C^6H^3 - CO_{(1)} - AzH - C^6H^4 - CH^3_{(2)}$$

[A. W. Smith, *D. chem. G.*, **24**, 4050].

CRISTALLITES (Min. et chim.). — On désigne ordinairement sous ce nom, ou sous celui de *formes naissantes*, des cristaux rudimentaires, à formes singulières, ramifiées et dendritiques; ainsi, par exemple, le chlorure d'ammonium obtenu par voie humide se présente presque toujours sous forme cristallitique. Ne pas confondre les cristallites avec les *microlithes* (voyez ce mot).

CRITIQUE (POINT). — Si l'on comprime un gaz, tel que l'acide carbonique, dans le tube-laboratoire de l'appareil Cailletet (Suppl., **1**, 1120), le volume diminue peu à peu, à mesure que la pression augmente. Si l'expérience se fait à une température inférieure à 31°,9 pour l'acide carbonique, ce gaz se liquéfiera à des pressions de :

35^{mm},4	a une température de 0°
48^{mm},9	— — 13°,1
70^{mm},0	— — 30°

Si la température dépasse 31°,9, les pressions les plus fortes ne permettront pas de produire la liquéfaction.

Pour les autres gaz, l'expérience démontre de même qu'il existe, pour chacun d'eux, une température au-dessus de laquelle la liquéfaction n'est plus possible. Cette température a été désignée par Andrews [*Phil. Trans.*, 1869, **2**, et *Pogg. Ann.*, **5**, 64, 1871], sous le nom de *température critique*.

La pression à laquelle il faut comprimer un gaz qui se trouve à la température critique pour amener sa liquéfaction est la *pression critique*. On dit alors que le corps est à l'*état critique*, ou qu'il se trouve au *point critique*. Le volume qu'il occupe dans ces conditions est son *volume critique*, d'où se déduit aisément la notion de *densité critique*.

Telle est la conception qu'on se fait généralement aujourd'hui d'un corps à l'état critique, à la suite des belles recherches d'Andrews. Mais il convient d'ajouter que ces faits avaient été entrevus, sinon précisés avec la même netteté, bien avant les expériences d'Andrews. Cagniard de la Tour [*Ann. Chim. Phys.*, (2), **21**, 127 et 178, 182] avait déjà remarqué qu'un liquide chauffé en tube scellé sous la pression exercée par sa propre vapeur peut subsister, comme liquide, à des températures bien supérieures à sa température ordinaire d'ébullition, et que, pour chaque liquide chauffé ainsi en tube scellé, il y a une température parfaitement déterminée, à laquelle la surface de séparation entre le liquide et la vapeur disparaît presque subitement, tout le contenu du tube devenant homogène et subsistant comme tel à des températures encore plus élevées.

C'est donc à Cagniard de la Tour que revient l'honneur d'avoir démontré que ce que nous appelons aujourd'hui l'*état critique* constitue une limite supérieure de l'état liquide, tandis qu'Andrews a prouvé, par ses belles expériences, que le *point critique* est la limite inférieure de l'état gazeux, et que le passage de l'un à l'autre de ces deux états s'effectue d'une façon continue. Il sera enfin juste de rappeler que Cagniard de la Tour avait déterminé un certain nombre de constantes critiques; ses résultats sur l'eau diffèrent beaucoup de ceux qu'ont obtenus les expérimentateurs modernes, et c'est peut-être là la cause de l'oubli dans lequel sont tombées ses expériences. La raison en est dans l'attaque des tubes de verre par ce liquide porté aux hautes températures. Mais, pour d'autres corps, plusieurs des observations concordent d'une façon très satisfaisante avec les expériences les plus récentes, ainsi que cela résulte des nombres suivants :

	Temp. cr.	Pression cr.	
Éther.....	188-200°	37-38^{mm}	Cagniard de la Tour.
	194°,4	35^{mm},61	Ramsay et Young.
	197°,0	35^{mm},77	Battelli.
	190°,0	36^{mm},9	Sajotschewaki.

D'autres observateurs ont encore trouvé pour la température critique :

195,5; 191,8; 192,6; 192,6; 195,5; 190 5 196,0.

	Temp. cr.	Pression cr.	
Sulfure de carbone.	275°,0	77^{mm},8	Cagniard de la Tour.
	272°,96	77^{mm},9	Hannay et Hogarth.
	277°,7	78^{mm},1	Hannay.
	271°,8	74^{mm},7	Sajotschewski.
	273°,0	72^{mm},9	Battelli.

Cette concordance est d'autant plus remarquable, que Cagniard de la Tour exécutait avec des moyens tout à fait primitifs des expériences qui présentent de grandes difficultés et qui demandent de nombreuses précautions pour être menées à bien.

Le point critique a encore été l'objet d'une autre définition, non moins importante que la précédente : Au point critique, la densité du liquide et celle de la vapeur sont égales; c'est là la cause de la disparition du ménisque. Cette manière de voir, introduite dans la science par M. Ramsay en 1880, a fait plus tard l'objet de travaux de MM. Jamin et Cailletet [Ramsay, *Proc. Royal. Soc.*, 1880, et *C. R.*, 97, 448. — Jamin, *C. R.*, 96, 1448. — Stoletow, *Physik. Rev.*, 2, 44].

DÉTERMINATION EXPÉRIMENTALE DES CONSTANTES CRITIQUES. — Les constantes critiques que l'on peut avoir à déterminer sont : la température, la pression et le volume ou la densité.

Suivant que l'on se propose de déterminer un ou plusieurs de ces éléments, on peut choisir entre plusieurs procédés.

Méthode de Cagniard de la Tour. — S'il s'agit seulement de fixer la température critique, on peut employer la méthode de Cagniard de la Tour, qui consiste à chauffer les liquides à étudier dans des tubes capillaires scellés à la lampe.

Ce procédé, décrit *Ann. Chim. Phys.*, (2), 21, 130, a été employé depuis par MM. de Heen [*Essai de Physique comparée*, Paris, 1888], Mendelcieff, Ansdell, Ladenburg, et plus récemment par MM. Paulewski, Galitzine et Schmidt.

Voici les détails de l'opération tels qu'ils sont donnés par M. Paulewski [*D. chem. G.*, 15, 461] :

Les tubes dans lesquels on enferme les liquides doivent avoir une longueur de 4 à 6 centimètres et un diamètre de 4 à 5 millimètres ; l'épaisseur des parois doit être de 3/4 à 1 millimètre. Après avoir rempli les tubes au tiers de leur volume, on les étire à la lampe, de façon à les terminer par un tube capillaire à parois épaisses, qu'on recourbe de façon à pouvoir les suspendre au moyen d'un fil métallique dans une enceinte à température constante.

Cette enceinte était formée par trois petites caisses en fer s'emboîtant les unes dans les autres et pourvues chacune d'un couvercle mobile ; deux parois opposées étaient percées d'ouvertures munies de glaces, afin de permettre à l'observateur de voir ce qui se passait au sein de l'appareil. L'espace compris entre ces caisses était rempli d'amiante, pour prévenir les variations brusques de température. Les trois couvercles mobiles étaient percés, dans leur milieu, d'une ouverture circulaire destinée à livrer passage au thermomètre, protégé contre les explosions, dans la caisse intérieure, par une gaine en tôle ; le réservoir du thermomètre et la partie inférieure des tubes remplis de liquide étaient au même niveau. Tout l'appareil était chauffé par un brûleur à gaz de Bunsen.

Dans une même expérience, on opérait sur 2 et même sur 4 tubes capillaires remplis de liquide, et l'on notait le moment de la formation d'un nuage. Ces tubes étaient chauffés ainsi 4 ou 5 fois de suite, de façon à déterminer la température critique par une moyenne de plusieurs observations. Les points fixes du thermomètre étaient en outre l'objet de fréquentes vérifications.

On trouvera aussi une description de ce genre d'appareil, avec figure, dans un mémoire de M. Galitzine [*Wiedemann's Annalen*, 41, 623].

Nadesjdine, qui a cherché à déterminer la densité critique par la méthode des tubes capillaires, recommande d'opérer avec des quantités de liquide telles, que, dans le voisinage du point critique, le ménisque se trouve à peu près dans le milieu des tubes et non pas à leur extrémité supérieure ou inférieure [*Exner's Repert.*, 23, 663].

On ne paraît pas avoir toujours tenu compte de cette observation dans les déterminations récentes faites par la méthode de Cagniard de la Tour ; cette observation, très importante cependant, est justifiée par des expériences de M. Ramsay. Ce savant a trouvé pour températures critiques du sulfure de carbone et du tétrachlorure de carbone :

$$CS^2 \dots\dots\dots \quad 282°,7 \quad et \quad 286°,4$$
$$CCl^4 \dots\dots\dots \quad 283°,3 \quad et \quad 288°,4$$

suivant que les tubes capillaires étaient remplis au-dessus ou au-dessous de la moitié de leur capacité [*Proc. Roy. Soc.*, 30, 328].

D'après M. Schmidt [*Ann. Chem.*, 266, 273], on peut supprimer le bain d'air assez compliqué employé par M. Paulewski, et le remplacer par un simple bain de paraffine, constitué par un verre à précipiter d'une hauteur de 250 millimètres et d'un diamètre de 60 millimètres. Le tube capillaire contenant le liquide à étudier est fixé au thermomètre et plongé en entier dans la paraffine.

Cette méthode, très rapide et très commode, ne peut être employée que jusqu'à 260°. Au-dessus de cette température, la paraffine se colore très vite et perd sa transparence. En outre, il est très difficile de bien régler la température. Des essais avec un bain liquide constitué par un mélange de nitrates de sodium et de potassium ne semblent pas avoir donné de bons résultats.

On se protège contre les dangers d'explosion en plaçant devant l'appareil une glace très épaisse.

De l'ensemble des résultats obtenus par MM. de Heen, Paulewski et Schmidt, il ressort que la détermination de la température critique par la méthode des tubes capillaires donne souvent une valeur un peu plus élevée que les méthodes décrites plus loin. Exemples :

		Temp. crit.
Benzène	Sajotschewski	280°,6
	Young	288°,5
	Schmidt (tube capillaire).	296°,4
Éthylamine	Vincent et Chappuis...	177°,0
	Schmidt (tube capillaire).	185°,2
Alcool méthylique	Hannay	233°,0
	Ramsay et Young...	239°,9
	Nadesjdine	233°,0
	De Heen (tube capillaire).	263°,0
	Schmidt (tube capillaire).	242°,0

Les écarts proviennent très probablement de ce que les observateurs n'ont pas tenu compte de la recommandation de Nadesjdine, mentionnée plus haut, recommandation qui est du reste pleinement justifiée par l'idée qu'on se fait aujourd'hui de l'égalité des densités à l'état liquide et gazeux lorsqu'on atteint le point critique, ainsi que par le haut degré de compressibilité des fluides à l'état critique, dont il sera fait mention plus loin.

Méthode de Nadesjdine. — On doit à Nadesjdine [*Kiewer Univers. Abhandlungen*, 1885 ; *Bull. Acad. Sc. Saint-Pétersbourg*, 30, 327 ; *Beiblätter*, 9, 721] une autre méthode, applicable lorsqu'on a affaire à des corps attaquant le verre. Tel est, par exemple, le cas pour l'eau, qui dans les tubes en verre donne lieu à des phénomènes de décomposition à partir d'une température de 240° [Paulewski, *D. chem. G.*, 15, 462]. Nadesjdine enferme alors le liquide à étudier dans un tube en métal, platiné ou argenté à l'intérieur. Le tube de métal repose en son milieu sur un couteau de balance. Disposé comme un fléau de balance et chauffé à des températures croissantes, dans l'étuve à air, le tube conserve une position inclinée tant qu'il contient encore une petite quantité de liquide ; mais dès que la température critique est atteinte, son contenu devenant homogène, il prend sa position d'équilibre horizontale. Par cette méthode, Nadesjdine a trouvé comme température critique de l'eau 358°,1, alors que les recherches récentes ont donné 368° (Cailletet et Collardeau) et 364° (Battelli). Nadesjdine a pu déterminer de même la température critique du brome : 302°,2.

Il convient de remarquer que la méthode de Nadesjdine tend plutôt à donner une valeur inférieure de la température critique, tandis que c'est le contraire qui a lieu pour les expériences récentes, ainsi qu'on le verra plus loin.

Lorsqu'on veut déterminer en même temps la température et la pression critiques, il faut avoir recours aux procédés en usage pour mesurer les tensions de vapeur des liquides à des températures supérieures à leur point d'ébullition.

Méthode de Sajotschewski. — Une première méthode, qui a été pratiquée par Sajotschewski [*Beiblätter*, 1879, **3**, 741], par Avenarius et Nadesjdine, repose sur le principe schématique suivant : Supposons un tube (fig. 154) fermé à ses deux extrémités, contenant un certain volume de liquide A B, séparé, par une goutte de mercure B C, du reste du tube, rempli d'air sec. Si l'on chauffe la partie A B du tube, la tension de vapeur du liquide

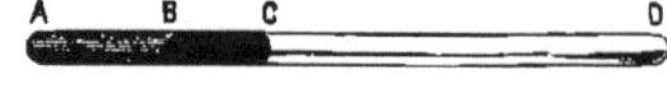

Fig. 154.

refoulera la goutte de mercure en comprimant le volume d'air C D, et, pour une même température, il y aura équilibre entre la force expansive de l'air comprimé et la tension de vapeur du liquide ; les variations du volume C D qui correspondent à des variations de pression, dépendant seulement de la loi de Mariotte, donnent donc toutes les indications nécessaires pour calculer la tension de vapeur d'un liquide à toutes les températures jusqu'au point critique.

La figure 155 donne une idée de la forme donnée par Nadesjdine à ce dispositif [*Exner's Repertor. der Physik*, **23**, 622], au moyen duquel il a effectué une série de déterminations très précises pour l'époque.

Fig. 155. — Appareil de Nadesjdine.

L'appareil servant à la mesure des pressions est donné à une plus grande échelle dans la figure 156.

La branche recourbée B B′ est formée d'un tube barométrique de 2 à 3 millimètres de diamètre ; la partie droite B est divisée en millimètres et a été calibrée pour pouvoir servir à la mesure des volumes critiques ; c'est elle qui doit recevoir le liquide à étudier. Par son extrémité B on la soude au tube manométrique proprement dit A A′, terminé à son extrémité A par un tube de même diamètre que le tube B, cela pour faciliter la soudure des deux tubes. Cette soudure se pratique à l'aide d'un ciment très adhérent (Nadesjdine employait le ciment de M. Mendelejeff). Ce tube A A′, d'une longueur de 80 centimètres environ, de diamètre capillaire, a été préalablement divisé en millimètres, puis calibré, sur la plus grande partie de sa longueur (60 centimètres) ; du côté de l'extrémité A, on a soufflé une douzaine de petits réservoirs *a, a*, entre lesquels la division millimétrique a été maintenue.

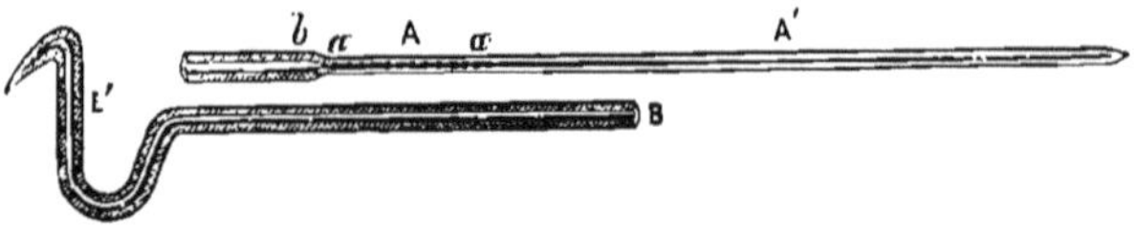

Le reste du dispositif employé par Nadesjdine

Fig. 156. — Tube-laboratoire et tube manométrique.

se comprend aisément par la simple inspection de la figure 155. On y voit, à gauche, l'étuve à air du système Magnus, pareille à celle décrite plus haut à propos des expériences de M. Paulewski; c'est dans cette étuve que se trouve le tube à expérience B, ainsi que le thermomètre N. Puis vient un double écran L qui sépare l'étuve du manomètre, et enfin ce dernier, disposé horizontalement; à cet effet, on voit en M un niveau permettant d'effectuer le réglage horizontal du manomètre.

Nadesjdine a mesuré les températures avec le thermomètre à air ou avec des thermomètres à mercure étalonnés; en outre, pour prévenir les erreurs provenant d'un déplacement du zéro, les thermomètres à mercure étaient d'abord chauffés pendant 7 ou 8 heures à la température la plus élevée à laquelle on devait les employer. Les mesures de pressions étaient corrigées avec les données de M. Amagat [*C. R.*, **99**, 1153] pour ramener les indications du manomètre à air à celles d'un manomètre à mercure.

En outre, Nadesjdine retranche des pressions mesurées un terme correctif dépendant de la tension de vapeur du mercure à la température considérée [*loc. cit.*, 637].

La température et la pression critiques sont déterminées en notant les températures et les pressions au moment où le ménisque disparaît quand on chauffe, et au moment où il se produit un léger trouble opaque par le refroidissement. Voici une série de mesures relatives au formiate d'éthyle, qui donne une idée de la précision de ce genre de mesures :

En chauffant (disparition du ménisque)		En refroidissant (trouble opaque)	
	atm.		atm.
211°,9 et 61,81		211°,4 et 61,58	
211°,8	61,77	210°,5	61,59
211°,8	61,70	211°,4	61,45
211°,7	61,69	211°,5	61,53
		211°,5	61,60
Moyennes. 211°,8	61,74	211°,6	61,65
		Moyennes. 211°,4	61,57

Moyennes des moyennes 211°,6 et 61^{atm},65.

Pour donner des résultats exacts, la méthode de Nadesjdine nécessite la mesure approximative préalable du volume critique par la méthode des tubes capillaires. Il faut, en effet, que la branche B de l'appareil soit remplie par une quantité de liquide telle, qu'au point critique le fluide remplisse toute cette branche [*loc. cit.*, 632]

Appareil de M. Cailletet. — L'emploi de la pompe de M. Cailletet ou d'un dispositif analogue simplifie donc beaucoup la détermination des constantes critiques. C'est certainement l'appareil le plus fréquemment employé. Il a déjà été décrit [Suppl., **1**, 1120]. Nous ne reviendrons donc pas sur cette description; nous indiquerons seulement les précautions employées par MM. Vincent et Chappuis pour le remplissage de l'appareil [*Journ. Phys.*, (2), **5**, 58].

Le liquide ou le gaz que l'on doit comprimer à des températures variables est introduit dans le tube capillaire à parois épaisses, désigné sous le nom de *tube-laboratoire*. S'il s'agit de corps gazeux, stables, tels que l'acide chlorhydrique, le gaz ammoniac, l'acide carbonique, on laisse d'abord ouverte la partie supérieure du tube-laboratoire; on termine cette dernière par une pointe capillaire et on remplit l'appareil en y faisant circuler le gaz à étudier pendant quelques heures. Lorsqu'on s'est assuré de la pureté du gaz qui traverse ainsi le tube-laboratoire, on ferme la partie effilée d'un coup de chalumeau.

Cette méthode n'est plus applicable lorsque les gaz peuvent être décomposés par la chaleur, et alors, quelque soin que l'on prenne au moment de la fermeture, une quantité appréciable de ces gaz est toujours décomposée à la haute température de la fusion du verre, et la présence de ces produits de décomposition peut entraîner des erreurs considérables sur la détermination des constantes critiques.

Dans ce cas, MM. Vincent et Chappuis ont recours au dispositif suivant (fig. 157) :

Le tube-laboratoire L, lavé et séché, et dont la pointe effilée a été fermée à l'avance, est mastiqué par son extrémité inférieure recourbée à un tube $abca'b'$ portant deux robinets à trois voies R et R', disposés de telle sorte que l'on puisse faire le vide dans l'appareil, aussi complètement que possible, avec la trompe de Sprengel, et y laisser ensuite rentrer le gaz pur et sec.

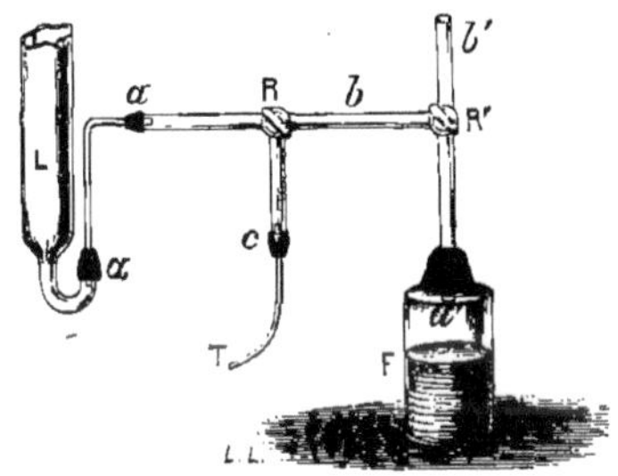

Fig. 157. — Dispositif de MM. Vincent et Chappuis pour remplir le tube-laboratoire.

L'extrémité a du tube est reliée au tube-laboratoire; l'extrémité c est en communication avec la trompe; l'extrémité a' est mastiquée sur l'ouverture d'un petit flacon F, plein à moitié du liquide qu'on veut mettre en expérience.

On commence par ouvrir le robinet R en plein, tandis que le robinet R' est fermé sur la branche b. On fait alors le vide dans le tube-laboratoire. Ce résultat obtenu, on vaporise une partie du liquide contenu dans le flacon F, soit en ouvrant simplement le robinet R' si le liquide est volatil à la température ordinaire, soit en chauffant le flacon F.

La vapeur produite s'échappe par le robinet R' et l'ouverture b', se perd dans l'atmosphère ou est recueillie dans un dissolvant approprié; elle entraîne l'air du flacon et du robinet R', qui sont bientôt purgés; il suffit alors de tourner ce robinet de 90° pour remplir le tube L du gaz d'expérience, après avoir fermé le robinet R sur la trompe.

Cela fait, on remet le robinet R' dans sa position primitive et, après avoir supprimé la jonction avec la trompe, on transporte tout l'appareil sur la cuve à mercure, où le tube à expérience est séparé du tube abducteur par un trait de lime en a. Il ne reste plus qu'à transporter le tube L, dans une coupelle pleine de mercure, sur le bloc de l'appareil Cailletet, où on le met en expérience.

Dans les expériences de MM. Vincent et Chappuis, le tube-laboratoire était chauffé par de l'eau chaude, ou par de la glycérine chauffée, circulant dans un manchon entourant le tube. On maintenait ainsi des températures sensiblement constantes jusqu'à 190°. On élevait d'abord rapidement la température jusqu'à disparition du ménisque, puis on diminuait la vitesse de circulation jusqu'à réapparition du liquide, et, après quelques tâtonnements, on arrivait bientôt à produire les phénomènes de disparition et de réapparition dans un intervalle de température inlé-

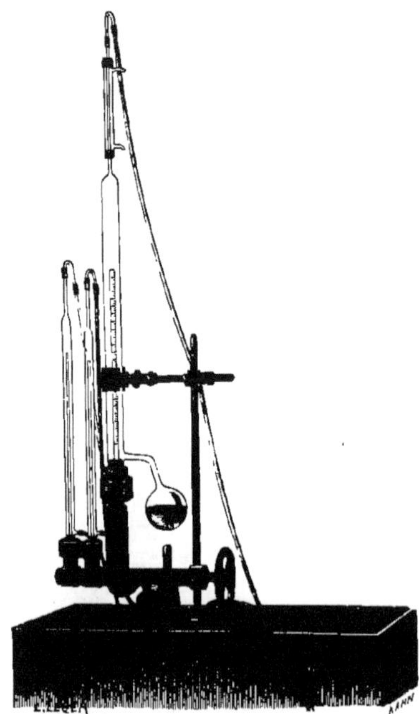

Fig. 158. — Appareil de MM. Ramsay et Young.
Vue générale.

rieur à 1°. La moyenne de ces températures était prise comme température critique.

Méthode de MM. Ramsay et Young. — Ces deux savants, auxquels on doit des études très importantes sur la mesure des constantes critiques, ont opéré avec un appareil relativement simple. Cet appareil [Ramsay et Young, *Phil. Trans. of Roy. Soc.*, **178**. 59] est représente dans son ensemble par la figure 158 empruntée au mémoire original, et dans ses détails par les figures 159 et 160 (communication particulière de M. Young).

L'appareil se compose d'un tube de fer horizontal avec trois branches verticales (fig. 159). La capacité intérieure peut être réduite ou augmentée à volonté, au moyen d'un piston plongeur DC, dont la position se règle à l'aide d'une vis C passant dans un écrou fixé sur le support E.

Le liquide à étudier est introduit dans le tube F, que l'on chauffe au moyen d'une vapeur provenant d'un liquide pur en ébullition dans le ballon H. Cette vapeur circule dans un manchon G qui entoure le tube F; ce manchon est surmonté d'un réfrigérant J, qui n'est absolument nécessaire que lorsqu'on opère avec un liquide a point d'ébullition peu élevé, tels que le sulfure de carbone, l'alcool, le chlorobenzène et le bromobenzène. Pour faire varier la température du liquide bouillant, le ballon H est relié, par l'intermédiaire du manchon et du réfrigérant, à une pompe et à un manomètre.

La pression à l'intérieur de l'appareil est mesurée par un système de deux manomètres à air, maintenus à température constante par un courant d'eau froide, dont la température est donnée par deux thermomètres placés au-dessus des manomètres, ainsi qu'on le voit dans la figure 159.

La manière dont le plongeur et les tubes de verre sont fixés dans l'appareil, de façon à éviter toutes les fuites, est représentée par la figure 160. qui donne une section verticale agrandie des parties A et B de la figure 159. La simple inspection de cette figure montre comment est opérée cette jonction étanche au moyen de joints de cuir, de bouchons de caoutchouc percés et d'une vis de serrage.

Pour introduire dans le tube-laboratoire une certaine quantité de liquide, MM. Ramsay et Young emploient le dispositif suivant (fig. 161) :

Le tube-laboratoire est fixé, au moyen d'un anneau de caoutchouc, dans l'extrémité A d'un tube ABC coudé à angle obtus; l'autre extrémité se termine par un robinet C, précédé d'une boule soufflée B. Dans la boule B on introduit du mercure et une quantité de liquide à étudier plus que suffisante pour remplir le tube-laboratoire. On laisse le robinet C ouvert et l'on chauffe à une température supérieure au point d'ébullition du

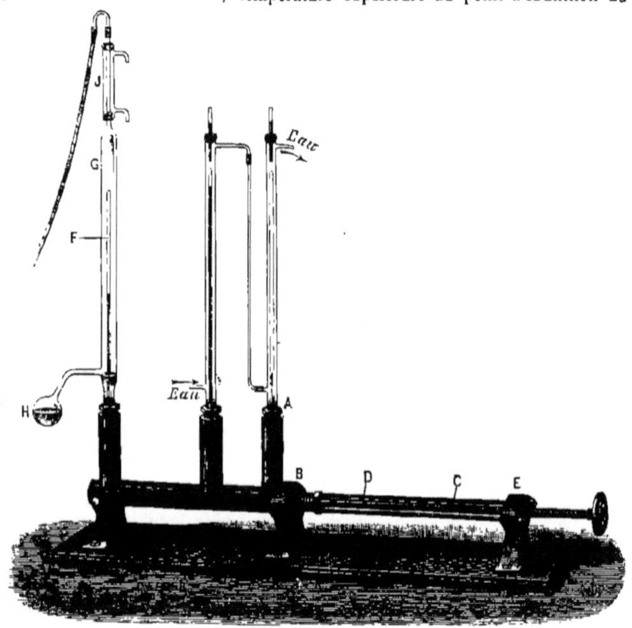

Fig. 159. — Appareil de MM. Ramsay et Young.

liquide à étudier, d'abord le tube-laboratoire,

puis, en même temps, la boule B. Lorsque la vapeur s'échappe librement par le robinet C, on ferme ce dernier et on retourne le tube, de telle façon qu'une partie du liquide s'écoule dans la branche A. On chauffe de nouveau le tube-labo-

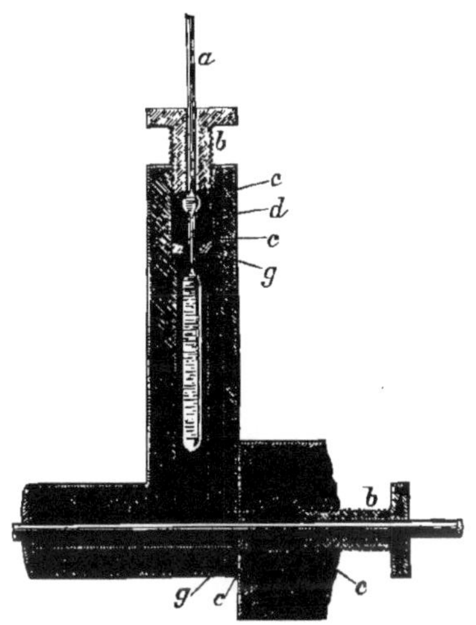

Fig. 160. — Dispositif obturateur.

ratoire à une température supérieure au point d'ébullition de ce liquide.

Celui-ci pénètre dans ce tube et se met à bouillir, entraînant avec lui toutes les bulles d'air adhérentes au verre. Lorsqu'on juge que tout l'air a été expulsé, on refroidit le tube-laboratoire, qui est bientôt rempli par une partie du

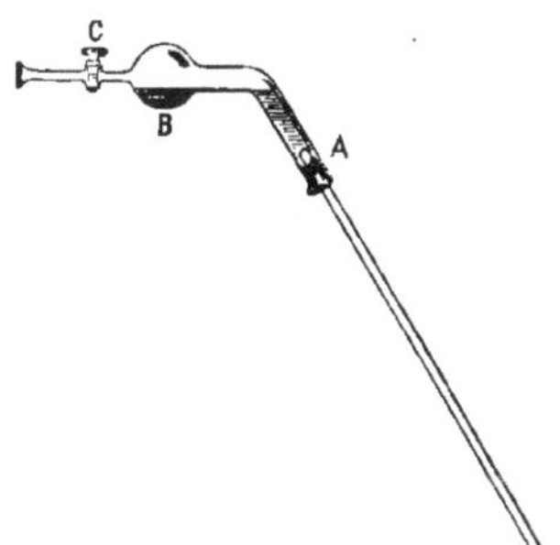

Fig. 161. — Dispositif pour remplir le tube-laboratoire.

liquide rassemblé en A. En imprimant à l'appareil quelques petites secousses, on parvient enfin à faire pénétrer dans ce tube une petite colonne de mercure d'une longueur donnée.

Lorsque tout l'appareil est refroidi, on retire le tube-laboratoire de l'extrémité A dans laquelle il était engagé, on le place dans la vis de serrage et on le chauffe légèrement, de façon à faire apparaître une goutte de mercure à l'ouverture très étroite qui termine ce tube. C'est alors qu'on le plonge dans le mercure placé dans l'appareil de compression, où l'on achève de le fixer solidement au moyen de l'écrou représenté dans la figure 160.

Les pressions indiquées par le manomètre à air étaient corrigées au moyen des tables de M. Amagat.

Le tube-laboratoire était calibré de façon à pouvoir déterminer à toutes les températures le volume du liquide et le volume de la vapeur.

Pour opérer à des températures bien déterminées, MM. Ramsay et Young ont employé diverses vapeurs qu'ils faisaient bouillir sous des pressions variables. Les températures d'ébullition de divers liquides ont été fixées par des expériences préliminaires, de telle sorte que la détermination de la température était ramenée à une lecture de pression [Ramsay et Young, *Chem. Soc. Trans.*, 1885, 640]. Les liquides employés étaient :

Sulfure de carbone	entre	0° et	50°
Alcool éthylique	—	40	79
Chlorobenzène	—	70	132
Bromobenzène	—	120	157
Aniline	—	150	185
Salicylate de méthyle	—	175	224
Bromonaphtalène	—	215	281
Mercure	—	270	359

D'après une publication récente [Young. *Chem. Soc. Trans.*, **55**, 483], la quinoléine donne encore de meilleurs résultats que le salicylate de méthyle.

Les tableaux suivants contiennent les données nécessaires pour déterminer ces températures constantes.

Sulfure de carbone : de 0° à 50°.

t	P	t	P	t	P
—	mm	—	mm	—	mm
0°	127,9	17°	264,65	34°	501,65
1	133,85	18	275,4	35	519,65
2	140,05	19	286,55	36	538,15
3	146,45	20	298,5	37	557,15
4	153,1	21	309,9	38	576,75
5	160,0	22	322,1	39	596,85
6	167,15	23	334,7	40	617,5
7	174,6	24	347,7	41	638,7
8	182,25	25	361,1	42	660,5
9	190,2	26	374,95	43	682,9
10	198,45	27	389,2	44	705,9
11	207,0	28	403,9	45	729,5
12	215,8	29	419,0	46	753,75
13	224,95	30	434,6	47	778,6
14	234,4	31	450,65	48	804,1
15	244,15	32	467,15	49	830,25
16	254,25	33	484,15	50	857,1

Alcool éthylique : de 40° à 79°.

t	P	t	P	t	P
—	mm	—	mm	—	mm
40°	133,7	54°	265,9	68°	497,25
41	140,75	55	278,6	69	518,85
42	148,1	56	291,85	70	541,2
43	155,8	57	305,65	71	564,35
44	163,8	58	319,95	72	588,35
45	172,2	59	334,85	73	613,2
46	181,0	60	350,3	74	638,95
47	190,1	61	366,4	75	665,55
48	199,65	62	383,1	76	693,1
49	209,6	63	400,4	77	721,55
50	220,0	64	418,35	78	751,0
51	230,8	65	437,0	79	781,45
52	242,05	66	456,35	—	—
53	253,8	67	476,45	—	—

Chlorobenzène : de 70° à 132°.

t	P	t	P	t	P
—	mm	—	mm	—	mm
70°	97,9	83°	161,95	96°	256,2
71	101,95	84	168,0	97	265,0
72	106,1	85	174,25	98	274,0
73	110,41	86	181,7	99	283,25
74	114,85	87	187,3	100	292,75
75	119,45	88	194,1	101	302,5
76	124,2	89	201,15	102	312,5
77	129,1	90	208,35	103	322,8
78	134,15	91	215,8	104	333,35
79	139,4	92	223,45	105	344,15
80	144,8	93	231,3	106	355,25
81	150,3	94	239,35	107	366,65
82	156,05	95	247,7	108	378,3

t	P	t	P	t	P
—	mm	—	mm	—	mm
109°	390,25	117°	497,2	125°	626,15
110	402,55	118	512,05	126	643,95
111	415,1	119	527,25	127	662,15
112	427,95	120	542,8	128	680,75
113	441,15	121	558,7	129	699,65
114	454,65	122	575,05	130	718,95
115	468,5	123	591,7	131	736,65
116	482,65	124	608,75	132	756,8

Bromobenzène : de 120° à 157°.

t	P	t	P	t	P
—	mm	—	mm	—	mm
120°	274,9	133°	406,7	146°	583,85
121	283,65	134	418,6	147	599,65
122	292,6	135	430,75	148	615,75
123	301,75	136	443,2	149	632,25
124	311,15	137	455,9	150	649,05
125	320,8	138	468,9	151	666,25
126	330,7	139	482,2	152	683,8
127	340,8	140	495,8	153	701,65
128	351,15	141	509,7	154	719,95
129	361,8	142	523,9	155	738,55
130	372,65	143	538,4	156	757,55
131	383,75	144	553,2	157	776,95
132	395,1	145	568,35	—	—

Aniline : de 150° à 185°.

t	P	t	P	t	P
—	mm	—	mm	—	mm
150°	283,7	162°	409,6	174°	576,1
151	292,8	163	421,8	175	592,05
152	302,15	164	434,3	176	608,35
153	311,75	165	447,1	177	625,05
154	321,6	166	460,2	178	642,05
155	331,7	167	473,6	179	659,45
156	342,05	168	487,25	180	677,15
157	352,65	169	501,25	181	695,3
158	363,5	170	515,6	182	713,75
159	374,6	171	530,2	183	732,65
160	386,0	172	545,2	184	751,9
161	397,65	173	560,45	185	771,5

Salicylate de méthyle : de 175° à 224°.

t	P	t	P	t	P
—	mm	—	mm	—	mm
175°	215,1	192°	349,45	209°	543,8
176	221,65	193	359,05	210	557,5
177	228,3	194	368,85	211	571,45
178	235,15	195	378,9	212	585,7
179	242,15	196	389,15	213	600,25
180	249,35	197	399,6	214	615,05
181	256,7	198	410,3	215	630,15
182	264,2	199	421,2	216	645,55
183	271,9	200	432,35	217	661,25
184	279,75	201	443,75	218	677,25
185	287,8	202	455,35	219	693,6
186	296,0	203	467,25	220	710,1
187	304,45	204	479,35	221	727,05
188	313,05	205	491,7	222	744,35
189	321,85	206	504,35	223	761,9
190	330,85	207	517,25	224	779,85
191	340,05	208	530,4	—	—

Quinoléine : de 180° à 240°.

t	P	t	P	t	P
—	mm	—	mm	—	mm
180°	172,4	201°	311,6	222°	530,8
181	177,6	202	320,0	223	543,7
182	182,9	203	328,6	224	556,9
183	188,3	204	333,7	225	570,3
184	193,9	205	346,4	226	584,0
185	199,6	206	355,5	227	597,9
186	205,5	207	364,9	228	612,1
187	211,5	208	374,5	229	626,6
188	217,6	209	384,2	230	641,3
189	223,9	210	394,2	231	656,3
190	230,4	211	404,3	232	671,6
191	237,0	212	414,7	233	687,2
192	243,7	213	425,3	234	703,1
193	250,6	214	436,1	235	719,3
194	257,6	215	447,1	236	735,7
195	264,8	216	458,4	237	752,5
196	272,2	217	469,9	238	769,5
197	279,7	218	481,6	239	786,9
198	287,4	219	493,5	240	804,6
199	295,3	220	505,7	—	—
200	303,4	221	518,1	—	—

Naphtalène monobromé : de 215° à 281°.

t	P	t	P	t	P
—	mm	—	mm	—	mm
215°	158,85	238°	288,7	261°	498,55
216	163,25	239	295,95	262	509,9
217	167,7	240	303,35	263	521,5
218	172,3	241	310,9	264	533,35
219	176,95	242	318,65	265	545,35
220	181,75	243	326,5	266	557,6
221	186,65	244	334,55	267	570,05
222	191,65	245	342,75	268	582,7
223	196,75	246	351,1	269	595,6
224	202,0	247	359,65	270	608,75
225	207,35	248	368,4	271	622,1
226	212,8	249	377,3	272	635,7
227	218,4	250	386,35	273	649,5
228	224,15	251	395,6	274	663,55
229	230,0	252	405,05	275	677,85
230	235,95	253	414,65	276	692,4
231	242,05	254	424,45	277	707,15
232	248,3	255	434,45	278	722,15
233	254,65	256	444,65	279	737,45
234	261,2	257	455,0	280	752,95
235	267,85	258	465,6	281	769,7
236	274,65	259	476,35	—	—
237	281,6	260	487,35	—	—

Mercure : de 270° à 359°.

t	P	t	P	t	P
—	mm	—	mm	—	mm
270°	123,52	300°	246,81	330°	454,41
271	126,97	301	252,18	331	463,20
272	130,08	302	257,65	332	472,12
273	133,26	303	263,21	333	481,19
274	136,50	304	268,87	334	490,40
275	139,81	305	274,63	335	499,74
276	143,18	306	280,48	336	509,22
277	146,61	307	286,43	337	518,85
278	150,12	308	292,49	338	528,63
279	153,70	309	298,66	339	538,56
280	157,35	310	304,93	340	548,64
281	161,07	311	311,30	341	558,87
282	164,86	312	317,78	342	569,25
283	168,73	313	324,37	343	579,78
284	172,67	314	331,08	344	590,48
285	176,79	315	337,89	345	601,33
286	180,88	316	344,81	346	612,34
287	185,05	317	351,85	347	623,51
288	189,30	318	359,00	348	634,85
289	193,63	319	366,28	349	646,36
290	198,04	320	373,67	350	658,03
291	202,53	321	381,18	351	669,86
292	207,10	322	388,81	352	681,86
293	211,76	323	396,56	353	694,04
294	216,50	324	404,43	354	706,40
295	221,33	325	412,43	355	718,94
296	226,25	326	420,58	356	731,65
297	231,25	327	428,83	357	744,54
298	236,94	328	437,22	358	757,61
299	241,53	329	445,75	359	770,87

Appareil de M. Battelli. — Cet appareil [*Ann. Chim. Phys.*, (6), **25**, 45 ; voir les mémoires détaillés *Mem. dell' Acc. delle Scienze di Torino*, (2), **40, 41, 42**] est construit sur les mêmes principes que les précédents. Il est composé dans ses parties essentielles d'une éprouvette de verre (65 centimètres de longueur, 17 millimètres de diamètre intérieur) à parois épaisses, exactement graduée, qui contient la vapeur en étude ; d'une cuvette où l'on renverse l'éprouvette ; d'une enveloppe qui entoure l'éprouvette, pour la porter aux différentes températures ; d'un manomètre qui sert à produire les pressions et qui peut être mis en communication directe avec l'éprouvette au moyen de la cuvette. L'éprouvette est chauffée au moyen de liquides bouillant sous des pressions connues. Le liquide à étudier est introduit dans l'éprouvette au moyen de petites ampoules de verre d'une forme spéciale. La mesure des pressions se fait au moyen d'un manomètre à air ; les pressions sont produites par un appareil plein d'éther, en relation avec le mercure : en faisant varier la température de l'éther, on fait varier la pression. Voyez la description dans le mémoire original, ainsi que les dispositifs spéciaux pour le sulfure de carbone et pour l'eau [*Ann. Chim. Phys.*, (6), **26**, 396 et 410]. Dans ce dernier cas, M. Battelli a étudié l'eau dans un tube en acier, comme MM. Cailletet et Colardeau et a déduit les constantes critiques de la forme des isothermes. La concordance entre les résultats obtenus par ces expérimentateurs est remarquable :

	C. C.	B.
Température critique...	365°	364°,3
Pression critique.......	200atm,5	194atm,6

Composés attaquant le verre ou le mercure. — Toutes les méthodes décrites jusqu'à présent sont d'un emploi limité : elles ne sont applicables que lorsque les liquides à étudier n'attaquent ni le verre ni le mercure.

Nous avons déjà indiqué comment Nadesjdine avait résolu le problème de la détermination de la température critique en pareil cas (eau et brome). S'il s'agit de déterminer en même temps la pression critique, il faut avoir alors recours à des procédés indirects, propres à chaque cas particulier.

C'est ainsi qu'avec le chlore, qui attaque le mercure, M. Knietsch [*Ann. Chem.*, **259**, 100] a opéré en remplaçant la colonne de mercure destinée à fermer le tube-laboratoire par une colonne d'acide sulfurique concentré. Cependant la méthode n'est pas exempte de tous reproches, car, dans le voisinage de la température critique, le chlore commence à réagir sur l'acide sulfurique concentré, ce qui explique peut-être pourquoi M. Knietsch a trouvé pour valeur de la pression critique 93atm,5, nombre supérieur à celui obtenu par M. Dewar, 83atm,5.

Pour les corps qui attaquent le mercure à une température élevée, M. S. Young a indiqué un procédé très ingénieux [Young, *Chem. Soc. Trans.*, 1885, 911], reposant sur l'emploi des appareils de MM. Ramsay et Young. Il suffit de faire en sorte que la colonne de mercure n'arrive pas dans la partie chauffée du tube-laboratoire ; en d'autres termes, que le mercure reste toujours dans la partie froide de l'appareil. Cette manière d'opérer entraîne une légère modification à la forme donnée au tube-laboratoire, ainsi que la nécessité de quelques corrections pour l'évaluation de la pression. On trouvera tous ces détails dans le mémoire original. L'exactitude de cette méthode, dont M. Young a fait usage pour l'étude du tétrachlorure de carbone, du tétrachlorure d'étain et de l'acide acétique, se trouve vérifiée par la comparaison des résultats qu'elle donne pour la mesure des tensions de vapeur. Pour le tétrachlorure de carbone, par exemple, voici les nombres obtenus par la méthode usuelle et par le procédé en question [*loc. cit.*, 521] :

Tensions de vapeur.

Températures.	Nouvelle méthode.	Méthode usuelle.
190°	9 316mm	9 306mm
200	10 933	10 939
210	12 759	12 759
220	14 792	14 799
230	17 060	17 052

Méthode de MM. Cailletet et Colardeau. — La méthode proposée par ces deux savants a le grand avantage de déterminer les éléments du point critique sans voir le liquide, ce qui permet de l'enfermer dans un tube de métal très résistant, comme l'a fait aussi M. Battelli. Le principe de la méthode est le suivant : Soit un tube de capacité donnée, incomplètement rempli du liquide à étudier, et relié à un manomètre. Portons ce tube à diverses températures croissantes t_1, t_2,

t_3... et mesurons les pressions correspondantes p_1, p_2, p_3... au manomètre, puis traçons la courbe des résultats (fig. 162).

Admettons que le tube contienne assez de liquide pour que celui-ci ne soit pas entièrement vaporisé avant le point critique. La courbe OM est la courbe des tensions de la vapeur saturée jusqu'à la température critique, que nous supposerons correspondre à l'abscisse du point M. Au delà, en MD, c'est la courbe des tensions du fluide

Fig. 162.

qui a remplacé, a partir du point critique, le mélange de liquide et de vapeur que l'on avait auparavant.

Répétons la même expérience avec le même tube, mais avec une quantité de liquide plus grande, insuffisante toutefois pour le remplir complètement par sa dilatation. Jusqu'à la température critique, la courbe des tensions de la vapeur saturée se superposera exactement à la précédente. Mais, à partir de là, la matière renfermée dans le tube n'est plus dans les mêmes conditions : sa masse est plus grande et elle occupe le même volume ; elle a une tension plus forte et la branche de courbe MD, à partir de M, ne se superpose plus à celle obtenue précédemment. En résumé, avec des poids variables d'eau enfermés dans le tube, on a une série de courbes qui coïncident jusqu'en un certain point, et l'abscisse de ce point, d'après ce qui précède, représente la température critique. Au delà, chaque courbe prend une direction particulière, dépendant de la quantité d'eau employée. Quant à l'ordonnée du même point, elle donne la valeur de la pression critique.

Le dispositif expérimental qui permet de réaliser ces conditions est représenté par la figure 163 [Cailletet et Colardeau, *Ann. Chim. Phys.*, (6), **25**, 522].

Le tube T, dans lequel l'eau est enfermée, est en acier (l'eau n'attaque pas l'acier, car on n'a constaté aucun dégagement d'hydrogène, ce que l'on peut attribuer vraisemblablement à la formation sur la paroi interne du tube d'une mince couche protectrice d'oxyde magnétique). Il a environ 15 millimètres de diamètre intérieur et une épaisseur intérieure de 5 millimètres, suffisante pour résister aux pressions de ces expériences. Sa longueur est de 20 centimètres environ.

Cette partie de l'appareil est chauffée directement dans le bain V, constitué par un bain de mercure ou d'un mélange à parties égales de nitrates de sodium et de potassium ; la température de ce bain, constamment agité, est mesurée au moyen d'un thermomètre à air, ou d'un thermomètre à mercure construit pour opérer au delà de 400° (azote comprimé).

La partie inférieure du tube T est reliée par un conduit capillaire d'acier flexible A B C à un autre tube T', également en acier et du même diamètre que T. Enfin, ce tube T' communique lui-même avec un manomètre à hydrogène comprimé M et avec une pompe P permettant de refouler l'eau en T'. Le manomètre qui a servi aux expériences de MM. Cailletet et Colardeau avait été étalonné sur le manomètre à air libre de la tour Eiffel.

La pression de la vapeur dans le tube T est transmise au manomètre par l'intermédiaire de cette eau et d'une colonne de mercure qui occupe tout l'espace DABCE. Un fil de platine isolé S traverse la paroi de T'. Il est relié à une sonnerie électrique H, qui entre en jeu quand le mercure de T' vient à le toucher. Ce dispositif permet de maintenir constante la capacité DF réservée au liquide et à sa vapeur. En effet, si la température

s'élève, la pression augmente et le mercure est refoulé de T vers T'. Dès que le fil de platine S fait fonctionner la sonnerie, on manœuvre lentement le piston à vis R de la pompe hydraulique, de façon à ramener le mercure au même niveau indiqué par l'arrêt de la sonnerie.

En réalité, au lieu d'un seul contact S, il y en a deux sur T'. Le second S', en relation avec une seconde sonnerie H', fonctionne un peu avant le moment où la totalité du mercure contenue en T va être expulsée et où l'eau va être elle-même rejetée à l'extérieur. Cette seconde sonnerie est donc une sonnerie d'alarme.

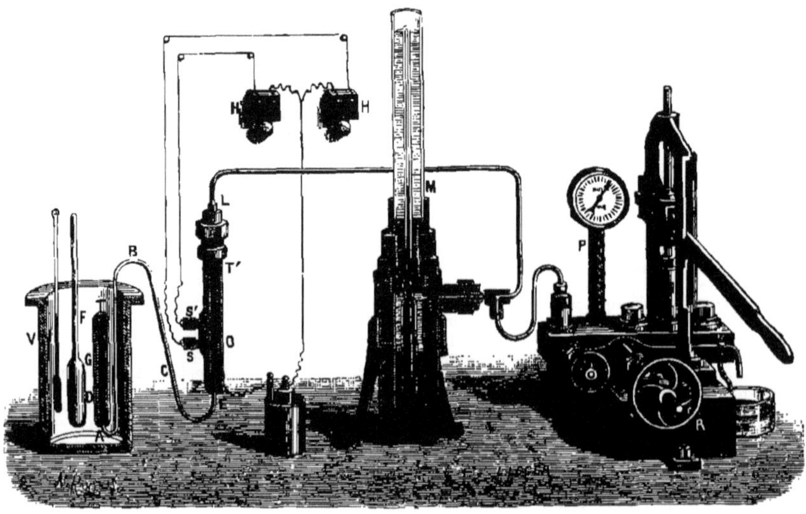

Fig. 163. — Appareil de MM. Cailletet et Colardeau.

Le remplissage de l'appareil demande des précautions spéciales, pour lesquelles nous renvoyons au mémoire détaillé.

Appareils de MM. Wroblewski et Olzewski. — Ces deux savants, auxquels on doit un grand nombre de mesures de constantes critiques aux basses températures, ont opéré en comprimant les gaz dans des appareils refroidis par l'évaporation de liquides très volatils (éthylène liquéfié, air liquéfié).

Ces procédés étant d'un emploi restreint en ce qui concerne la mesure des températures critiques, nous ne pouvons que renvoyer aux mémoires originaux, qui seuls peuvent donner une idée exacte de la difficulté de ce genre d'expériences et de l'habileté des savants qui les ont exécutées. Ces expériences ont été répétées depuis, sur une grande échelle, par M. Dewar.

Bibliographie. — Wroblewski et Olzewski, Liquéfaction de l'oxygène et de l'azote et solidification de l'alcool et du sulfure de carbone, C. R., 96, 1140 et 1225; Mon. f. Chem., 4, 338; Ann. Chim. Phys., (6), 1, 112. — Wroblewski, Température atteinte au moyen de l'oxygène bouillant, solidification de l'azote, C. R., 97, 1553; — Propriétés du méthane liquide, C. R., 99, 136; — Évaporation dans le vide des gaz liquéfiés, emploi du thermomètre à hydrogène aux basses températures, constantes critiques de l'azote, de l'oxygène et de l'oxyde de carbone, Mon. f. Chem., 6, 204; C. R., 100, 979 (voyez sur ce sujet Guillaume, Arch. Sc. ph. nat.); — Propriétés de l'air liquide, Mon. f. Chem., 6, 621; Wiedemann's Ann., N. F., 26, 181; — Densité de l'oxygène liquide, Ann. Chim. Phys., (6), 2, 309; — Densité de l'air liquéfié et de ses parties constituantes, C. R., 102, 1010; — Relations entre l'état liquide et l'état gazeux, Mon. f. Chem., 7, 383; — Compressibilité de l'hydrogène, Mon. f. Chem., 9, 1067. — Olzewski, Températures de solidification de quelques gaz et liquides, Mon. f. Chem., 5, 127; — Densité de l'oxygène liquide, Mon. f. Chem., 5, 124; — Constantes critiques de l'azote, C. R., 99, 133; — Tensions de vapeur et constantes critiques de l'oxyde de carbone, C. R., 99, 706; — Solidification de l'azote, tensions de vapeur de l'oxygène liquide, constantes critiques, C. R., 100, 350; — Liquéfaction et solidification du méthane et du bioxyde d'azote, constantes critiques, C. R., 100, 940; — Sur la production des basses températures, C. R., 101, 283 (voyez aussi Cailletet. Journ. Phys., 4, 293); — Emploi des gaz liquéfiés pour la production des basses températures, Mon. f. Chem., 6, 493; — Solidification et liquéfaction de quelques gaz, Mon. f. Chem., 7, 371; — Point d'ébullition de l'ozone et point de fusion de l'éthylène, Mon. f. Chem., 8, 69. — Dewar, Liquéfaction de l'oxygène, Phil. Mag., (5), 18, 210.

Remarques générales sur la détermination expérimentale du point critique. — La plupart des méthodes décrites pour déterminer le point critique reposent sur le phénomène de la disparition du ménisque de séparation entre le liquide et sa vapeur. Ce phénomène se produit au moment où la densité du liquide devient égale à celle de la vapeur. Mais il est facile de se rendre compte que la disparition du ménisque a lieu à une température un peu inférieure à la température critique théorique : d'où il résulte que les constantes critiques, telles qu'elles sont données par l'expérience (température, pression et volume), doivent être un peu inférieures à leurs valeurs réelles.

Cette observation a été faite par M. Galitzin [*Journ. de Phys.*, (3), **1**, 474 ; *Zeit. physik. Chem.*, **11**,13 7], qui a indiqué en même temps le principe d'un procédé pour déterminer la température critique exacte par la méthode des tubes capillaires. Ce savant a démontré que ce résultat peut être obtenu lorsque la quantité de liquide en expérience dans un de ces tubes capillaires est telle, que la disparition du ménisque se produise au milieu du tube. C'est la confirmation d'une remarque de Nadesjdine, mentionnée plus haut.

D'autre part, on conçoit aussi facilement que la méthode de MM. Cailletet et Colardeau doit conduire à des valeurs des constantes critiques plutôt un peu supérieures à leur valeur réelle : en effet, le point à partir duquel les courbes des tensions de vapeur se mettent à diverger ne peut être qu'un peu au-dessus de la température critique vraie. Consulter aussi sur cette méthode une note de M. Grimaldi [*Rendic. Acc. Lincei*, **1**, 79 ; *Zeit. physik. Chem.*, **9**, 759], qui s'est servi des données de M. Amagat pour déterminer la température critique de l'anhydride carbonique et a trouvé des nombres compris entre 28 et 35°, suivant les données utilisées.

Les écarts souvent constatés entre des observations faites par des expérimentateurs différents doivent être attribués principalement au manque de pureté des corps mis en expérience. Les moindres impuretés ont pour effet de modifier les constantes critiques, et notamment la pression critique, qui peut croître alors d'une manière considérable [Guye, *Ann. Chim. Phys.*, (6), **21**, 233]. La première condition est donc d'opérer sur des corps aussi purs que possible. En ce qui concerne les corps à température critique élevée, il ne faut pas oublier non plus qu'au-dessus de 300° la tension de vapeur du mercure devient appréciable, de sorte que les constantes critiques observées dans tous les appareils fermés par un ménisque de mercure ne sont plus relatives à des corps uniques, mais à des mélanges de ces corps avec de la vapeur de mercure, d'où il résulte que les pressions critiques ainsi observées doivent être un peu trop fortes. Pour se faire une idée de l'influence de cette cause d'erreur, on peut appliquer pour une première approximation les lois des gaz : d'où il résulte qu'avec un corps dont la température critique est voisine du point d'ébullition du mercure et dont la pression critique est de p atmosphères, le mélange devrait contenir environ $\dfrac{1}{p}$ de son volume de vapeur de mercure.

La méthode employée par M. S. Young pour les chlorures d'étain et de carbone, ainsi que pour l'acide acétique, élimine complètement cette dernière cause d'erreur.

Densité critique. — La mesure de la densité critique a été effectuée par plusieurs observateurs, qui se sont contentés de faire la mesure des constantes critiques au moyen des appareils qui viennent d'être décrits, en prenant la précaution d'opérer sur des quantités pesées de substance, dans des tubes gradués et calibrés. On avait été depuis longtemps frappé du désaccord entre les résultats obtenus par des observateurs différents, sans que l'on sût exactement à quoi il fallait attribuer ces écarts. M. Young, se basant sur la forme des isothermes au voisinage du point critique, avait bien signalé (*Phil. Mag.*, 1892, 181) d'une manière générale les difficultés que présente la mesure directe d'une densité critique et avait indiqué une première méthode indirecte. M. Mathias avait même conclu à l'impossibilité de déterminer, directement et avec précision, la densité critique par voie expérimentale [*Journ. Phys.*, 1892].

D'autre part, MM. Cailletet et Mathias avaient indiqué une méthode graphique indirecte pour la détermination de cette constante, méthode sur laquelle nous reviendrons un peu plus loin.

Grâce à une remarque très ingénieuse de M. Gouy [*C. R.*, **115**, 720], ces écarts s'expliquent aujourd'hui par la compressibilité très grande des fluides dans le voisinage du point critique, compressibilité qui devient infinie au point critique. Il en résulte qu'aux températures voisines du point critique, un liquide se comprimera déjà d'une façon notable sous l'action de son propre poids, de telle sorte que la densité critique apparente sera d'autant plus grande que la hauteur du liquide sera elle-même plus grande.

Afin de bien faire ressortir l'influence de cette cause d'erreur, considérons, avec M. Gouy, un vase renfermant du liquide et de la vapeur et porté à la température critique. Les proportions en sont supposées telles que la *pression critique* soit intermédiaire entre celles qui existent en haut et en bas du vase ; cette pression critique existera donc à un certain niveau, que nous appellerons le *niveau critique*. En allant du haut en bas du vase, le volume spécifique V diminue à mesure que la pression p augmente. Désignons par p_c et V_c la pression et le volume critiques. On peut calculer par la formule de M. Sarrau les variations relatives de volume $\dfrac{V - V_c}{V_c}$, les variations de pressions correspondantes $p - p_c$ en millionièmes d'atmosphère pour des tranches de liquide situées à des hauteurs h en millimètres au-dessus ou au-dessous du point critique. Voici ces données, telles qu'elles ont été calculées par M. Gouy pour l'anhydride carbonique :

$\dfrac{V - V_c}{V_c}$	$p - p_c$	h
+ 0,030	—1466,2	+37,38
+ 0,020	— 490,3	+12,50
+ 0,010	— 68,45	+ 1,745
+ 0,005	— 9,006	+ 0,229
+ 0,003	— 1,985	+ 0,0506
+ 0,002	— 0,594	+ 0,0151
+ 0,001	— 0,0756	+ 0,00193
0	0	0 (niveau critique).
— 0,001	+ 0,0758	— 0,00193
— 0,002	+ 0,6173	— 0,0157
— 0,003	+ 2,103	— 0,0536
— 0,005	+ 9,219	— 0,235
— 0,010	+ 83,05	— 2,117
— 0,020	+ 728,87	—18,46
— 0,030	+2645,9	—67,47

Ce tableau montre que, dans un vase de quelques centimètres de hauteur, il peut y avoir entre le haut et le bas une différence de densité de 5 à 6 0/0.

De là résulte que toutes les mesures directes du volume critique peuvent être entachées d'erreur et ne méritent qu'une confiance relative. Nous avons donc jugé inutile de les reproduire dans les tableaux qui suivent. On verra du reste, à propos des procédés indirects, comment cette difficulté peut être tournée.

Dans les tableaux qui suivent se trouvent réunies les températures critiques et les pressions critiques qui ont été l'objet de mesures expérimentales. Ces dernières ont été recueillies jusqu'en 1891 par M. E. Heilborn [*Zeit. physik. Chem.*, **7**, 6]. Le tableau a été mis à jour jusqu'en 1893.

Les observateurs sont désignés par les abréviations suivantes :

Ad. Andrews.	Dr. Drion.	L. Ladenburg.	Sch. Schmidt.
As. Ansdell.	G. Galitzine.	Mend. Mendelejeff.	St. Strauss.
Av. Avenarius.	H. Hannay.	N. Nadesjdine.	V. C. Vincent et Chap-
B. Battelli.	H. H. Hannay et Hogarth.	N. P. Nilson et Petterson.	puis.
C l T. Cagniard de la Tour.	d H. de Heen.	Og. Ogier.	W. Wroblewski.
C. Cailletet.	Il. Ilosway.	O. Olzewski.	vdW. van der Waals.
C. C. Cailletet et Colar-	J. Jouk.	P. Paulewski.	Wf. Wolf.
deau.	Ja. Janssen.	R. Ramsay.	Y. Young.
C. M. Cailletet et Mathias.	Kan. Kannegiesser.	R. Y. Ramsay et Young.	Y. T. Young et Thomas.
D. Dewar.	K. Knietsch.	Sj. Sajotschewski.	

CORPS.	FORMULES.	TEMP^{re} CR.	PRESSION. (en atm.)	OBSERV^{rs}.	RENVOIS.
Oxyde de carbone	CO	— 141,1	35,9	W.	4
		— 139,5	35,5	O.	5
Anhydride carbonique	CO^2	31,1	73,0	Ad.	25
		30,92	77,0	Ad.	26
Eau	H^2O	358,1	—	N.	44
		365,0	200,5	C. C.	
		364,3	194,6	B.	63
Oxyde de méthyle	C^2H^6O	129,6	—	N.	49
Oxyde de méthyle et d'éthyle	C^3H^8O	167,7	—	N.	49
		168,4	46,27	N.	11
		200,0	37 – 38	C l T.	19
		188,0	37,5	C l T.	20
		200,0	—	Wf.	21
		195,5	40,0	R.	31
		190,0	36,9	Sj.	7
		191,8	—	G.	8
Oxyde d'éthyle (éther)	$C^4H^{10}O$	197,0	35,77	B.	40
		194,4	35,61	R. Y.	28
		192,6	—	Av.	51
		195,5	—	St.	45
		190,5	—	Dr.	22
		196,0	—	L.	1
		193,5	—	Sch.	61
Oxyde d'éthyle et de propyle	$C^5H^{12}O$	233,4	—	P.	3
Oxyde d'éthyle et d'allyle	$C^5H^{10}O$	245,0	—	P.	2
Éthanal (aldéhyde éthylique)	C^2H^4O	181,5	—	v d W.	53
Propanone (acétone)	C^3H^6O	232,8	52,2	Sj.	7
		237,5	60,0	Sj.	7
		234,4	—	G.	8
Acide acétique	$C^2H^4O^2$	321,5	—	P.	2
		321,65	57,11	Y.	57
Acide propionique	$C^3H^6O^2$	339,9	—	P.	2
Formiate de méthyle	$C^2H^4O^2$	212,0	61,65	N.	11
		214,0	59,25	Y. T.	58
		230,0	48,7	Sj.	7
Formiate d'éthyle	$C^3H^6O^2$	233,1	49,16	N.	11
		235,3	46,83	Y. T.	56
		238 6	—	P.	3
		260,8	42,7	N.	11
Formiate de propyle	$C^4H^8O^2$	264,85	40,08	Y. T.	56
		260,5	—	d H.	52
Formiate d'isobutyle	$C^5H^{10}O^2$	278,2	38,29	N.	11
Formiate d'amyle	$C^6H^{12}O^2$	302,6	34,12	N.	11
Formiate d'isoamyle	$C^6H^{12}O^2$	304,6	—	P.	3
Acétate de méthyle	$C^3H^6O^2$	229,8	57,6	Sj.	7
		232,9	47,54	N.	11
		233,7	46,29	Y. T.	58
		239,8	—	P.	3
		278,7	—	d H.	52
Acétate d'éthyle	$C^4H^8O^2$	239,8	42,2	Sj.	7
		249,5	39,65	N.	11
		250,1	38,0	Y. T.	56
Acétate de propyle	$C^5H^{10}O^2$	276,3	34,8	N.	11
		282,4	—	P.	3
		264,5	—	d H.	52
Acétate de butyle	$C^6H^{12}O^2$	305,9	—	P.	3
		287,0	—	d H.	52
Acétate d'isobutyle	$C^6H^{12}O^2$	288,3	31,4	N.	11
		295,8	—	P.	3
Propionate de méthyle	$C^4H^8O^2$	255,7	39,88	N.	11
		262,7	—	P.	3
		261,0	—	d H.	52
Propionate d'éthyle	$C^5H^{10}O^2$	257,4	39,52	Y. T	56
		272,4	34,64	N.	11
		280,6	—	P.	3
		279,5	—	d H.	52
Propionate de propyle	$C^6H^{12}O^2$	304,8	—	P.	3
		290,5	—	d H.	52
Propionate d'isobutyle	$C^7H^{14}O^2$	318,7	—	P.	3

CORPS.	FORMULES.	TEMP^TRE CR.	PRESSION. (en atm.)	OBSERV^RS.	RENVOIS.
Butyrate de méthyle	$C^5H^{10}O^2$	278,0	36,02	N.	11
Butyrate d'éthyle	$C^6H^{12}O^2$	292,8	30,24	N.	11
		304,3	—	P.	3
Butyrate de propyle	$C^7H^{14}O^2$	326,6	—	P.	3
Isobutyrate de méthyle	$C^5H^{10}O^2$	273,6	—	P.	3
Isobutyrate d'éthyle	$C^6H^{12}O^2$	280,4	30,13	N.	11
		290,4	—	P.	3
Isobutyrate de propyle	$C^7H^{14}O^2$	316,0	—	P.	3
Oxygène	O^2	— 118,0	50,0	W.	9
		— 118,8	50,8	O.	15
Azote	Az^2	— 146,0	33,0	W.	9
		— 146,5	—	W.	10
		— 146,0	35,0	O.	60
Chlore	Cl^2	141,0	83,9	D.	37
		148,0	—	L.	1
		140,0	93,5	K.	62
Brome	Br^2	302,2	—	N.	47
Acide chlorhydrique	HCl	51,25	86,0	As.	39
		51,50	96,0	V. C.	23
		52,3	86,0	D.	37
Hydrogène sulfuré	H^2S	100,0	88,7	O.	41
		100,2	92,0	D.	37
Hydrogène silicié	H^4Si	— 0,5	100 (env.)	Og.	13
Hydrogène selénié	H^2Se	137,0	91,0	O.	41
Ammoniaque	AzH^3	130,0	115,0	D.	37
		131,0	113,0	V. C.	23
		157–161	—	L.	1
		155,4	78.9	Sj.	7
Anhydride sulfureux	SO^2	157,0	—	Dr.	22
		157,0	—	Sch.	36
		156,0	—	C. M.	18
Trichlorure de phosphore	PCl^3	285,5	—	P.	2
Tétrachlorure de silicium	$SiCl^4$	230,0	—	Mend.	8
Tétrachlorure d'étain	$SnCl^4$	318,7	36,95	Y.	59
Tétrachlorure de germanium	$GeCl^4$	276,9	38,0	N. P.	12
Méthane	CH^4	— 81,8	54,9	O.	16
		— 95,5	50,0	D.	37
Éthane	C^2H^6	35,0	45,2	D.	37
Isopentane	C^5H^{12}	194,8	—	P.	2
Hexane	C^6H^{14}	250,3	—	P.	2
Bi-isobutyle	C^8H^{18}	270,8	—	P.	2
Éthène	C^2H^4	9,2	58,0	v d W.	42
		10,1	51.0	D.	37
		13,0	—	C.	14
Propène	C^3H^6	90,2	—	N.	48
		97,0	—	N.	49
Isobutène	C^4H^4	150,8	—	N.	49
Pentène	C^5H^{10}	201,0	—	P.	2
Isopentène	C^5H^{10}	191,6	33,9	N.	47
Octène (caprylène)	C^8H^{16}	298,6	—	P.	2
Acétylène	C^2H^2	37,05	68,0	As.	29
Bi-allyle	C^6H^{10}	234,4	—	P.	2
Benzène	C^6H^6	280,6	49.5	Sj.	7
		291,5	60,5	H.	31
		288,5	47,9	Y.	34
		296,4	—	Sch.	
Toluène	C^7H^8	320,8	—	P.	2
Alcool méthylique	CH^4O	232,8	72,9	H.	32
		240,0	78,5	R. Y.	54
		233,0	69,73	N.	47
		263,0	—	d H.	52
		241,9	—	Sch.	61
Alcool éthylique	C^2H^6O	234,3	62,1	Sj.	7
		243,1	62,97	R. Y.	27
		234,6	65,0	H. H.	30
		235.5	67,07	H.	32
		258,8	119,0	C I T.	20
		240,6	—	St.	45
		250,0	—	St.	48
		233,7	—	J.	46
		240,6	—	Sch.	61
		251,5	—	d H.	52
		263.7	50,16	R. Y.	55
		261,0	—	d H.	52
Alcool propylique	C^3H^8O	270,5	—	Sch.	61
		254,1–258,0	53,26	N.	48
		254,2	—	N.	49
Alcool isopropylique	C^3H^8O	234,6	53,1	N.	48
		238,0	—	d H.	52
Alcool butylique	$C^4H^{10}O$	287,1	—	P.	2
		270,5	—	d H.	52
Alcool isobutylique	$C^4H^{10}O$	265,0	48,27	N.	48
Triméthylcarbinol	$C^4H^{10}O$	234,9	—	P.	2

CORPS.	FORMULES.	TEMP^re CR.	PRESSION. (en atm.)	OBSERV^re.	RENVOIS.
Alcool isoamylique	$C^8H^{14}O$	306,6	—	P.	2
Alcool allylique	C^3H^6O	271,9	—	N.	48
Formal	$C^3H^8O^2$	223,6	—	P.	2
Acétal	$C^6H^{14}O^2$	254,4	—	P.	2
Valérate de méthyle	$C^6H^{12}O^2$	293,7	31,5	N.	11
		283,5	—	d H.	52
Valérate d'éthyle	$C^7H^{14}O^2$	297,0	—	d H.	52
Crotonate d'éthyle	$C^6H^{10}O^2$	326,0	—	P.	3
Chlorure de méthyle	CH^3Cl	141,5	73,0	V. C:	23
Chlorure d'éthyle	C^2H^5Cl	182,5	54,0	V. C.	23
		182,6	52,6	Sj.	7
		184,0	—	Dr.	22
		189,9	—	D.	50
Chlorure de propyle	C^3H^7Cl	221,0	49,0	V. C.	17
Chlorure d'allyle	C^3H^5Cl	240,7	—	P.	2
Chlorure de méthylène	CH^2Cl^2	245,1	—	N,	47
Chlorure d'éthylène	$C^2H^4Cl^2$	288,4	53,0	N.	11
		283,0	—	P.	2
		289,3	—	N.	47
Chlorure d'éthylidène	$C^2H^4Cl^2$	250,0	50,0	N.	11
		254,5	—	P.	2
Chloroforme	$CHCl^3$	260,0	54,9	Sj.	7
Tétrachlorure de carbone	CCl^4	277,9	58,1	H. H.	30
		282,51	57,57	H.	32
		283,15	44,97	Y.	38
		285,3	—	P.	2
		292,5	—	Av.	
Benzène chloré	C^6H^5Cl	360,7	41,69	Y.	35
Bromure d'éthyle	C^2H^5Br	226,0	—	P.	2
Fluorure de méthyle	CH^3F	44,9	62,0	Col.	33
Benzène fluoré	C^6H^5F	286,55	44,62	Y.	34
Protoxyde d'azote	Az^2O	35,4	75,0	D.	37
		36,4	73,07	Ja.	43
Peroxyde d'azote	$(Az^2O^4)Az^2O^2$	171,2	—	N.	44
Méthylamine	CH^3Az	155,0	72,0	V. C.	23
Diméthylamine	C^2H^7Az	163,0	56,0	V. C.	23
Triméthylamine	C^3H^9Az	160,5	41,0	V. C.	23
Éthylamine	C^2H^7Az	177,0	66,0	V. C.	17
Diéthylamine	$C^4H^{11}Az$	216,0	40,0	V. C.	17
		220,0	38,7	Sj.	7
		222,8	—	Kan.	50
Triéthylamine	$C^6H^{15}Az$	259,0	30,0	V. C.	17
		267,1	—	P.	2
Propylamine	C^3H^9Az	218,0	50,0	V. C.	17
Dipropylamine	$C^6H^{15}Az$	277,0	31,0	V. C.	17
Cyanogène	C^2Az^2	124,0	61,7	D.	37
Oxysulfure de carbone	COS	105,0	—	Il.	24
Thiophène	C^4H^4S	317,3	47,7	P.	58
Sulfure de carbone	CS^2	275,0	77,8	C l T.	20
		272,96	77,9	H. H.	30
		277,68	78,14	H.	32
		271,8	74,7	Sj.	7
		279,6	—	G.	8
		273,5	55,38	D.	40

Les nombres qui suivent les désignations abréviatives des expérimentateurs se rapportent aux sources bibliographiques suivantes :

		tome.	page.	Ann.
1.	D. chem. G.	11	818	(1878).
2.	—	15	2463	(1882).
3.	—	16	2633	(1883).
4.	Wied. Ann.	20	251	(1883).
5.	—	31	66	(1887).
6.	—	41	621-624	(1890).
7.	Beiblätter	3	741	(1879).
8.	Ann. Chem.	119	11	(1861).
9.	Mon. f. Chem.	»	»	(1885).
10.	—	»	»	(1888).
11.	Exner's Repert. d. Phys.	23	639,708	(1887).
12.	Zeit. physik. Chem.	1	38	(1887).
13.	C. R.	88	236	(1876).
14.	—	94	1224	(1882).
15.	—	100	350	(1885).
16.	—	100	940	(1885).
17.	—	103	379	(1886).
18.	—	04	1563	(1887).
19.	Ann. Chim. Phys, (2)	21	121,178	(1821).
20.	— — (2)	22	411	(1821).
21.	— — (3)	49	279	(1857).
22.	— — (3)	56	221	(1859).
23.	Journ. d. Phys., (2)	5	58	(1886).
24.	Bull. Soc. Chim., (2)	37	299	(1882).
25.	Trans. of Roy. Soc.	159	383	(1869).
26.	— —	166	421	(1876).
27.	— —	177	156	(1886).
28.	— —	178	91	(1887).
29.	Proc. of Roy. Soc.	29	209	(1879).
30.	— —	30	178	(1880).
31.	— —	31	194	(1881).
32.	— —	32	294	(1882).
33.	Chem. Soc.	55	110	(1889).
34.	—	55	507	(1889).
35.	—	55	517-520	(1889).
36.	Phil. Mag., (5)	10	149	(1880).
37.	— (5)	18	210	(1884).
38.	— (5)	30	425	(1890).
39.	Chem. News	41	75	(1880).
40.	Mem. della R. Acc. di Torino, (2)	40	»	(1889).
41.	Bull. Acad. Cracovie	»	57	(1890).
	Beibl.	14	896	(1890).
42.	Verel. en Mededeel. d. Kon. Ak. van Wet. Afd. Nat., (2)	15	»	(1880).
	Beibl.	4	704	(1880).
43.	Janssen, Dissert. inaug., Leiden	»	»	(1877).

	tome.	page.	Ann.
Beibl.	2	136	(1878).
44. *Rech. de l'Univ. de Kiew*..	6	32	(1883).
Beibl.	9	721	(1885).
45. *J. Soc. Phys. Chim. russe*.	12	207	(1880).
Beibl.	6	282	(1882).
46. *J. Soc. Phys. Chim. russe*.	13	»	(1881).
Beibl.	6	208	(1882).
47. *J. Soc. Phys. Chim. russe*.	14	157	(1882).
Beibl.	7	678	(1883).
48. *J. Soc. Phys. Chim. russe*.	14	536	(1882).
Beibl.	7	678	(1883).
49. *J. Soc. Phys. Chim. russe*.	15	25	(1883).
Beibl.	7	678	(1883).
50. *J. Soc. Phys. Chim. russe*.	16	304	(1884).
Beibl.	8	808	(1884).
51. *Mélanges de Phys. Acad. imp. Saint-Pétersb.*	10	697	(1877).
Beibl.	8	808	(1884).
52. De Heen, *Recherches touchant la physique comparée et la théorie des liquides*. Paris, 1888. Part. expér., p. 102.			
53. Van der Waals, *Die Kontinuität des gasförmigen und flüssigen Zustandes* (trad. allemande de Roth). Leipzig, 1881, p. 168.			
54. *Trans. of Roy. Soc.*	178	32₁	(1887).
55. — —	180	156	(1889).
56. Communication particuliere.			
57. *Chem. Soc.*	»	908	(1891).
58. *D. chem. G.*	»	»	(»).
59. *Phil. Mag.*	»	156	(1892).
60. *C. R.*	98	914	(1884).
61. *Ann. Chem.*	266	266.	
62. —	259	100.	
63. *Ann. Chim. Phys.*, (6)	26	396,410.	
64. — — (6)	25	522.	

MÉLANGES. — Un certain nombre de mélanges ont été l'objet de mesures à l'état critique. On a même déduit quelques relations approchées, d'après lesquelles la température critique T_c d'un mélange formé des poids g' et g'' de deux corps, dont les températures critiques sont $T_{c'}$ et $T_{c''}$, serait donnée par l'expression (Strauss, Paulewski) :

$$T_c = \frac{g' T_{c'} + g'' T_{c''}}{g' + g''}.$$

Des règles analogues ont été formulées pour les pressions critiques.

Ces règles ne semblent vraies que pour des corps de constitution chimique voisine. Elles ne sont du reste pas compatibles avec l'équation des fluides [Heilborn, *Arch. Sc. ph. nat.* — J.-P. Kuenen, *Zeit. physik. Chem.*, 11, 42]. Nous aurons l'occasion de les analyser plus loin (FLUIDES [ÉQUATION DES]). Nous nous bornons à résumer ici les principales observations faites au sujet des mélanges. A part les expériences de MM. Ansdell, Ramsay et Young, de Wroblewski et de M. Kuenen, toutes les mesures ont été effectuées par la méthode des tubes capillaires.

M. Schmidt a fait un assez grand nombre d'observations d'où nous tirons les séries suivantes, qui se rapportent aux corps les mieux étudiés [*Ann. Chem.*, 266, 266]. On trouvera dans le mémoire original d'autres observations.

MÉLANGE (en poids).		TEMP. CR.
Alcool méthylique.	Éther éthylique.	—
0	100	193,5
22,83	77,17	200,4
45,67	54,33	212,1
52,97	47,03	216,2
100	0	241,9
Alcool éthylique.	Éther éthylique.	
0	100	193,5
15,2	84,8	202,8
27,8	72,2	208,8
52,8	47,2	216,6
72,7	27,3	227,5
83,9	16,1	233,9
96,5	3,5	239,9
100	0	240,6

MÉLANGE (en poids).		TEMP. CR.
Alcool propylique.	Éther éthylique.	—
100	0	270,5
35,16	64,84	224,5
33,79	66,21	221,2
19,55	80,45	211,3
16,37	83,63	203,9
0	100	193,5
Benzène.	Éther éthylique.	
100	0	296,4
47,26	52,74	242,3
36,04	63,96	231,4
28,36	71,64	224,5
14,23	85,77	209,9
0	100	193,5
Éthylamine	Benzène.	
100	0	185,2
32,42	65,58	258,3
0	100	296,4
Diéthylamine.	Benzène.	
100	0	223,0
73,19	26,81	241,8
26,26	73,74	277,4
0	100	296,4
Diéthylamine.	Éther éthylique.	
100	0	222,9
46,44	53,56	208,9
30,49	69,51	203,7
16,57	83,43	200,2
10,03	89,97	196,9
0	100	193,8
Acide propionique.	Éther éthylique.	
100	0	235,8
58,96	41,04	217,2
51,19	48,81	211,9
21,09	78,91	201,9
13,61	86,39	198,4
0	100	193,5
Éther éthylique.	Acétone.	
0	100	234,4
6,6	93,4	230,1
14,1	85,9	227,3
30,7	69,3	218,7
100	0	191,8

Voici, d'après M. Ansdell [*Proc. roy. Soc.*, 1882, 34, 113; *Beiblätter*, 7, 257], les constantes critiques de mélanges d'anhydride carbonique et de gaz chlorhydrique :

Teneur o/o en CO_2.	Température critique.	Pression critique.
100	31,1	—
17,18	47,2	92,21
19,37	45,5	80,52
25,48	45,1	—
42,44	39,5	80,28
45,07	38,0	81,35
74,18	33,5	77,69
82,14	32,4	77,23
0	51,25	—

De la comparaison de ces résultats, M. Ansdell conclut que la formule de M. Paulewski ne donne pas des valeurs exactes des températures critiques des mélanges. M. Ansdell établit aussi par des expériences directes que la présence de traces d'air ne modifie pas les observations au point qu'on puisse attribuer ces écarts à des impuretés.

M. B. Galitzine a déterminé un certain nombre de constantes critiques par la méthode du tube capillaire [*Wiedemann's Annalen*, 44, 620] :

Éther.	190°,5 à 191°,8.
Acétone.	234°,5 (subit une transformation lorsqu'on maintient un certain temps le liquide au point critique)
Sulfure de carbone.	279°,6.

Mélanges.	Temp. cr.
69°,3 acétone + 30°,7 éther	218°,7
93°,4 — + 6°,6 —	230°,1
85°,9 — + 14°,1 —	227°,3

Calculées par la formule de M. Paulewski, ces températures critiques diffèrent au plus de 2°,6.

Mélanges.	Temp. cr.	Calcul.
71°,4 sulf. de carbone + 28°,6 éther	240°,9	254,5
97°,4 — + 2°,6 —	275°,1	277,3
88°,1 — + 11°,9 —	262°,3	269,2

La formule de M. Paulewski donne des écarts atteignant presque 14°. Cela pourrait peut-être provenir de ce que le sulfure de carbone subit un commencement de décomposition [*loc. cit.*, 625].

Pour l'air, Wroblewski a trouvé [*Mon. f. Chem.*, 1885] :

$$t_c = -141°,0, \qquad p_c = 37,8 \text{ à } 41,3 \text{ atm.}$$

MM. Ramsay et Young [*Chem. Soc. Trans.*, **54**, 763] indiquent pour un mélange de 63 molécules d'alcool éthylique et de 37 molécules d'éther éthylique :

$$t_c = +219°,5, \qquad p_c = 51,25 \text{ atm.}$$

Pour des mélanges de chlorure de méthyle et d'anhydride carbonique, M. Kuenen [*Zeit. physik. Chem.*, **11**, 43; *Archives néerlandaises*, **26**, 354, 1892] trouve des nombres qui ne s'accordent pas avec la règle de M. Paulewski :

CH^3Cl	CO^2	Temp. cr.	T. cr. calculée (règle de M. Paulewski).
1	—	143°,0	143°,0
3/4	1/4	123°,0	117°,8
1/2	1/2	97°,1	90°,9
1/4	3/4	85°,4	62°,0
1/9	8/9	46°,0	45°,1
—	1	31°,0	31°,0

PROPRIÉTÉS DES CORPS AU POINT CRITIQUE ET DÉTERMINATIONS INDIRECTES DES CONSTANTES CRITIQUES.

On peut avoir dans certains cas à déterminer des valeurs approchées des constantes critiques. Plusieurs méthodes ont été proposées pour cela.

Les premières déterminations indirectes ont été déduites de la compressibilité des gaz. Par des considérations empruntées à la théorie des fluides (voyez ÉQUATION DES FLUIDES), on peut relier les constantes critiques aux coefficients de l'équation qui représente la compressibilité des gaz. Au moyen de la formule de Clausius et des données expérimentales de M. Amagat, M. Sarrau a pu calculer les constantes critiques de plusieurs gaz : oxygène, azote, méthane, anhydride carbonique, éthylène [*C. R.*, **94**, 639, 718, 845, 1882]. Pour l'oxygène par exemple, qui donne lieu à une très forte extrapolation, M. Sarrau a trouvé comme température critique —105°,4 et comme pression critique 48^{atm},7. Les expériences postérieures de MM. Wroblewski et Olzewski sont venues confirmer ces résultats de la façon la plus heureuse. Le premier de ces savants a trouvé —113° et 50 atmosphères.

Pour les corps liquides à la température ordinaire, on peut déterminer très grossièrement la température critique par une règle très simple indiquée presque en même temps par M. Guldberg [*Zeit. physikal. Chem.*, **5**, 374] et par M. Ph.-A. Guye [*Bull. Soc. Chim.*, (3), **4**, 262] : La température critique est égale approximativement à la température absolue d'ébullition sous la pression de 20 millimètres multipliée par 2, ou à la température absolue d'ébullition sous la pression de 760 millimètres multipliée par 1,55. Par exemple, le chloroforme bout sous la pression de 760 millimètres à 61°; la tempé-

rature critique absolue sera approximativement

$$1,55 (273 + 61) = 518°.$$

L'expérience indique 533. On voit qu'il ne s'agit que d'une approximation très grossière. Cela vient de ce que les facteurs 2,0 et 1,55 oscillent en réalité entre les limites suivantes : 1,7 à 2,3 d'une part, et 1,8 d'autre part.

On doit à MM. Thorpe et Rücker [*Chem. Soc.*, 1884, 135] une autre formule, basée sur la dilatation des liquides. En désignant par V_1 et V_2 les volumes spécifiques d'un liquide à deux températures absolues T_1 et T_2, et par T_c la température critique, on a, d'après ces savants, la relation

$$\frac{V_1}{V_2} = \frac{a T_c - T_2}{a T_c - T_1},$$

dans laquelle a serait une constante unique, la même pour tous les corps, et dont la valeur serait comprise entre 1,995 et 2.

Cette formule, que ses auteurs ont déduite par voie indirecte des théories de M. van der Waals, peut être considérée comme une conséquence directe de l'équation fondamentale des fluides donnée par ce savant, ainsi que l'a montré M. Konowalow [*Zeit. physik. Chem.*, **1**, 39, 1887]. La formule ne serait rigoureuse que pour les petits volumes sous les faibles pressions, et cesserait donc d'être exacte lorsqu'on se rapproche du point d'ébullition. Ces déductions ont cependant été l'objet de discussions qui ne paraissent pas avoir éclairci la question [Grimaldi, Konowalow, *Zeit. physik. Chem.*, **1**, 550; **1**, 430; **2**, 1; **2**, 374].

La détermination indirecte de la température critique d'un liquide peut encore se faire par l'étude des phénomènes capillaires en fonction de la température. L'expérience, d'accord avec la théorie, démontre en effet que, lorsqu'on chauffe un liquide jusqu'au point critique, le ménisque s'aplatit peu à peu, pour disparaître complètement lorsque ce point est atteint. M. R. Schiff, qui a mis cette méthode en pratique [*Ann. Chem.*, **223**, 47; *Gazz. chim. ital.*, **14**], a pu déterminer ainsi, par voie indirecte, quelques températures critiques qui concordent approximativement avec les données expérimentales. Voici quelques chiffres empruntés à ce travail :

	Températ. critiques	
	calculées.	observées.
Acétate de méthyle........	238°	240°
— d'éthyle...........	275	257
Propionate de méthyle.....	281	263
— d'éthyle...........	296	281
— de propyle.........	320	305
Trichlorure de phosphore...	286	295

MM. Bartoli et Stracciati [*Nuovo Cimento*, (3), **16**, 99, 1884], M. Guldberg [*Beiblätter.*, **7**, 350; *Zeit. physik. Chem.*, **5**, 378] et M. Heilborn [*Zeit. physik. Chem.*, **7**, 613, 1891] ont déterminé un certain nombre de températures critiques et de pressions critiques, en se basant sur la théorie des états correspondants de M. van der Waals (voyez, pour l'exposé de cette théorie, FLUIDES [ÉQUATION DES]). Les divers résultats se trouvent consignés dans les tables dressées par M. Heilborn [*Zeit. physik. Chem.*, **7**, 601, 1891]. Pour les métaux, M. Guldberg [*loc. cit.*] s'est servi d'une relation avec la chaleur latente de fusion; il est intéressant d'indiquer quelques-uns de ses résultats, ne fût-ce que comme approximation grossière :

Mercure.............	1000° (aussi 880° et 727°).
Cuivre...............	3900
Or..................	4300
Zinc................	2600
Plomb...............	2000
Antimoine...........	5800
Platine..............	7000

Lorsqu'on a déterminé une température critique approchée, par exemple en multipliant par 2 ou par 1,55 les températures d'ébullition absolues sous les pressions de 20 millimètres et de 760 millimètres, on peut trouver de même une valeur approchée de la pression critique en divisant la température critique par le *coefficient critique*. On désigne sous ce nom le quotient obtenu en divisant la température critique absolue par la pression critique [Ph.-A. Guye, *C. R.*, **110**, 141 et 1128; *Bull. Soc. Chim.*, (3), **3**, 51; *Archives Sc. phys. nat. Genève*, (3), **23**, 197; *Ann. Chim. Phys.*, (6), **21**, 206 et 212]. On peut obtenir une valeur approchée de ce coefficient au moyen de coefficients atomiques spéciaux, qui sont :

pour 1 atome C............................	1,35
1 — H.............................	0,57
1 — O′ (simplement lié)...........	0,87
1 — O″ (doublement lié)...........	1,27
1 — Cl............................	3,27
1 — Br............................	4,83
1 — Az′ (simplement lié)..........	1,60
1 — Az‴ (triplement lié)..........	1,86
1 — P′ (simplement lié)...........	3,01
1 double liaison entre 2 atomes C.....	0,88
1 triple liaison — —	1,03

Exemple : le coefficient critique de l'étnylène $CH^2 = CH^2$ sera :

$$
\begin{aligned}
2\,C &= 2 \times 1,35 = 2,70 \\
4\,H &= 4 \times 0,57 = 2,28 \\
1\ \text{double liaison}... &= 0,88 \\
\hline
&\ 5,86
\end{aligned}
$$

soit en nombre rond 5,9. Les expériences directes donnent pour le rapport $\dfrac{T_c}{P_c}$ des nombres compris entre 5,6 et 4,2.

Pour l'acétate d'éthyle, on calculera de même :

$$
\begin{aligned}
4\,C &......... = 5,40 \\
8\,H &......... = 4,56 \\
1\,O′ &......... = 0,87 \\
1\,O″ &......... = 1,27 \\
\hline
& \ 12,1
\end{aligned}
$$

tandis que l'expérience indique 12,0 à 12,4.

Le mode de calcul du coefficient critique K_c étant connu, on voit qu'il suffira de diviser la température critique absolue T_c par K_c pour avoir une valeur approchée de la pression critique exprimée en atmosphères.

On pourrait sans doute utiliser aussi d'autres propriétés pour le calcul indirect de la température critique.

On sait ainsi que la chaleur latente de vaporisation d'un liquide diminue à mesure que l'on se rapproche de la température critique pour devenir nulle à cette température. Le fait a déjà été observé par M. Hannay, confirmé depuis par les observations indirectes de MM. Ramsay et Young, ainsi que par des expériences directes de MM. Cailletet et Mathias, effectuées avec beaucoup de soin et d'exactitude. On peut donc exprimer la chaleur latente de vaporisation par une fonction décroissante de la température t, et la valeur de t pour laquelle cette expression devient nulle est la température critique.

On sait aussi, par les expériences des mêmes observateurs, que la différence entre le volume de la vapeur saturée émise par un liquide et le volume spécifique de ce dernier décroît à mesure que l'on se rapproche de la température critique pour devenir nulle à cette température; celle-ci est en effet caractérisée par l'égalité des densités de la vapeur et du liquide. Il va de soi que cette propriété pourrait aussi être utilisée pour la détermination indirecte de la température critique.

En ce qui concerne la densité critique, MM. Cailletet et Mathias ont indiqué pour la mesure de cette constante un procédé indirect qui parait être jusqu'à présent le procédé le plus exact de ce genre de mesure.

Méthode du diamètre de MM. Cailletet et Mathias. — Les physiciens qui ont étudié la variation de la densité d'un liquide et de sa vapeur dans le voisinage du point critique, ont conclu à l'existence d'une limite commune pour les deux densités à la température critique (Andrews, Ansdell, Ramsay et Young, Jamin, Cailletet et Mathias, Amagat, Battelli).

Si l'on porte donc en ordonnée les deux sortes de densités d'un corps (liquide et vapeur saturée) et en abscisses les températures, les deux courbes obtenues se raccordent à la température critique. MM. Cailletet et Mathias [*C. R.*, **102**, 1202 et **104**, 1563] ont reconnu que cette courbe jouit d'une propriété remarquable, à savoir que le lieu des milieux des cordes parallèles à l'axe des ordonnées est une droite. En d'autres termes, la moyenne D des densités à l'état de liquide et à l'état de vapeur est une fonction linéaire de la température :

$$D = A + \alpha t$$

(t température centigrade, A et α deux constantes dépendant de la nature du corps) [S. Young et G.-L. Thomas, *Philos. Magazine*, 1892, 507]. En introduisant la valeur de la température critique dans cette formule, on obtient la valeur de la densité critique (Cailletet et Mathias).

Voici, par exemple, une vérification entre plusieurs qui montre que la relation de MM. Cailletet et Mathias se vérifie avec une grande exactitude (Young et Thomas) :

Formiate d'éthyle.

Tempé-ratures	Densités			moyennes calculées
	observées			
	Liquide	Vapeur	Moyenne	
40° c.	0,9447	0,0031	0,4739	0,4739
60	0,9113	0,0060	0,4596	0,4596
80	0,8803	0,0105	0,4454	•0,4453
100	0,8452	0,0171	0,4311	0,4310
120	0,8070	0,0268	0,4169	0,4167
140	0,7638	0,0412	0,4025	0,4023
160	0,7136	0,0623	0,3880	0,3880
180	0,6521	0,0943	0,3732	0,3737
200	0,5658	0,1524	0,3591	0,3594
206	0,5242	0,1862	0,3552	0,3552
212	0,4549	0,2451	0,3500	0,3508
213	0,4328	0,2681	0,3504	0,3501
213,5	0,4157	0,2865	0,3511	0,3497
214 (point crit.)	»	»	»	0,3494

Les densités moyennes calculées par la formule

$$D = 0,5025 - 0,0007155\, t$$

concordent remarquablement avec les densités moyennes observées.

D'une manière générale, cette règle des diamètres est bien vérifiée dans un intervalle de 200° en dessous des températures critiques; elle permet ainsi de calculer des valeurs de la densité critique. Voici les résultats obtenus par MM. Cailletet et Mathias [*loc. cit.*] et Mathias [*C. R.*, **115**, 37], par M. S. Young [*Phil. Magazine*, 1892, 605] et par MM. Young et Thomas [*loc. cit.*] :

Densités critiques (rapportées à la densité de l'eau).

Corps	Formule	Densité critique
Anhydride carbonique...	CO^2	0,45
Protoxyde d'azote.......	Az^2O	0,41
Éthylène.............	C^2H^4	0,21
Anhydride sulfureux....	SO^2	0,52
Benzène.............	C^6H^6	0,3037
Fluorobenzène.........	C^6H^5Fl	0,3543
Chlorobenzène.........	C^6H^5Cl	0,3661
Bromobenzène.........	C^6H^5Br	0,4857
Iodobenzène...........	C^6H^5I	0,5838
Tétrachlorure de carbone.	CCl^4	0,5558
Tétrachlorure d'etain....	$SnCl^4$	0,7423
Éther éthylique........	$(C^2H^5)^2O$	0,2631
Acide acétique..........	$C^2H^4O^2$	0,3514
Alcool méthylique......	CH^4O	0,2784 (Mathias). / 0,2705 (Young).
Alcool éthylique........	C^2H^6O	0,2793 (M.). / 0,2750 (Y.).
Alcool propylique......	C^3H^8O	0,2778 (M.). / 0,2752 (Y.).
Formiate de méthyle....	$C^2H^4O^2$	0,3494
Formiate d'éthyle.......	$C^3H^6O^2$	0,3232
Acétate de methyle.....	$C^3H^6O^2$	0,3255
Acétate d'éthyle........	$C^4H^8O^2$	0,3081
Propionate de methyle..	$C^4H^8O^2$	0,3123
Formiate de propyle....	$C^4H^8O^2$	0,3062

Jusqu'à present les alcools sont les seuls corps qui ne paraissent pas suivre très exactement la loi du diamètre, et c'est pourquoi on trouve une légère différence entre les nombres calculés par M. Mathias et par M. Young [S. Young, *Philos. Magaz.*, 1892, 504].

Quoi qu'il en soit, la mesure de la densité critique par la méthode du diamètre est à l'heure actuelle le seul procédé qui inspire quelque confiance pour la détermination de cette constante, et toutes les déterminations antérieures de densités critiques par des observations directes devront très probablement être corrigées.

DÉTERMINATION DU POIDS MOLÉCULAIRE DES CORPS AU POINT CRITIQUE. — On peut se demander si les corps conservent en général au point critique la grandeur moléculaire qui les caractérise à l'état gazeux, ou si cet état est lié à une condensation des molécules gazeuses en molécules doubles, triples, etc. En s'appuyant sur des considérations qui seront développées à l'article FLUIDES (ÉQUATION DES), on peut démontrer que, dans la très grande majorité des cas, c'est à la première de ces alternatives que correspondent les faits [Guye, *loc. cit.*, et *Ann. Chim. Phys.*, (6), **21**, 206; *Arch. Sc. Phys. nat.*, (3), **23**, 197; *C. R.*, **90**, 141 et 1128]. M. Heilborn a apporté une confirmation à cette interprétation [*Exner's Repert. d. Phys.*; *Ann. Chim. Phys*, (6); *Arch. Sc. Phys. nat.*, (3)]. De là résultent diverses méthodes qui permettent de déterminer le poids moléculaire du corps à l'état critique. Voici ces méthodes, très succinctement exposées :

D'après la première, le poids moléculaire M d'un corps à l'état critique est donné par la formule

$$M = 1,8 \frac{K_c}{R},$$

dans laquelle K_c est le coefficient critique, ou rapport de la température critique absolue T_c à la pression critique P_c exprimée en atmosphères, et R la réfraction spécifique exprimée par la formule

$$\frac{n^2-1}{n^2+2}\,\frac{1}{d}.$$

Voici quelques vérifications expérimentales

Corps	Form.	M	$1,8\frac{K_c}{R}$	K_c	R
Méthane............	CH^4	16,0	15	3,5	0,414
Éthylène............	C^2H^4	28,0	27	5,5	0,361
Acide chlorhydrique.	HCl	36,5	39	4,0	0,183
Anhydride sulfureux.	SO^2	64,0	62	5,4	0,157
Chlorobenzène......	C^6H^5Cl	112,5	102	14,2	0,251

Une seconde méthode repose sur l'emploi des coefficients critiques atomiques relatés plus haut. De la comparaison entre la valeur calculée et la valeur observée du coefficient critique d'une combinaison, on peut conclure à la grandeur moléculaire de celle-ci à l'état critique.

Exemple : Le formiate de propyle, dont la formule centésimale est C^2H^4O, devrait conduire aux valeurs suivantes du coefficient critique :

6,1 · pour la formule	C^2H^4O.
12,1 — —	$C^4H^8O^2$.
24,2 — —	$C^8H^{16}O^4$.

L'expérience indique environ 12,5 ; c'est donc la formule $C^4H^8O^2$ qui représente la grandeur moléculaire de ce composé à l'état critique ; elle est la même qu'à l'état de vapeur.

Ce mode de calcul permet, en particulier, de reconnaître si certains corps sont dissociés au point critique. Ainsi, le chlorure de phosphonium PH^4Cl réalise l'état critique à la température de 50°,5 et sous la pression de 80 atmosphères, d'où l'on déduit $K_c = 4,0$. Le calcul montre que, si le composé est stable, on devrait trouver $K_c = 8,56$; si, au contraire, il est décomposé suivant l'équation

$$PH^4Cl = PH^3 + HCl,$$

on doit trouver $K_c = 4,3$. Au point critique le chlorure de phosphonium est donc décomposé.

Ph.-A. Guye.

CROCÉTINE. — Voyez CROCINE.

CROCINE, $C^{44}H^{70}O^{28}$ [Kayser, *D. chem. G.*, **17**, 2230]. — Glucoside existant dans le safran, dont il constitue le principe colorant. Pour l'obtenir on débarrasse d'abord le safran de son huile à l'aide de l'éther et on l'épuise ensuite avec de l'eau froide ; la solution aqueuse est additionnée de noir animal, et ce dernier, après avoir été lavé et séché, est traité par l'alcool à 90° pour en retirer la crocine. C'est une masse jaune-brunâtre, facilement soluble dans l'eau, peu soluble dans l'alcool absolu, presque insoluble dans l'éther ; elle se dissout dans l'acide sulfurique avec une coloration bleue, qui passe au violet et finalement au brun ; même coloration avec l'acide azotique concentré. Chauffée avec de l'acide chlorhydrique étendu, elle se décompose en un glucose (crocose ?) et en *crocétine* :

$$2\,C^{44}H^{70}O^{28} + 7\,H^2O = C^{34}H^{46}O^9 + 9\,C^6H^{12}O^6$$

Crocétine.   Glucose.

[Fischer, *D. chem. G.*, **21**, 988].

La crocétine est une poudre rouge, facilement soluble dans l'alcool, l'éther et les alcalis étendus ; elle se comporte comme la crocine vis-à-vis des acides sulfurique et azotique [Kayser, *loc. cit.*].

E. Burcker.

CROCONAMIQUE (ACIDE). — Voyez CROCONIQUE.

CROCONIQUE (ACIDE) (voyez Dict., **2**, 1361). — L'acide croconique est le dernier produit d'oxydation qui se forme lorsqu'on laisse exposée à l'air une dissolution alcaline d'hexaoxybenzène, de tétraoxyquinone ou d'acide rhodizonique. La perquinone, $C^6H^{16}O^{14}$, donne également de l'acide croconique par ébullition avec l'eau ou par simple dessiccation à 100°; il se dégage alors une quantité d'acide carbonique équivalant au sixième du carbone total contenu dans la perquinone.

Dans tous les cas, et quel que soit le produit initial que l'on soumet ainsi à l'oxydation, on voit après peu de temps, si l'on opère en présence de potasse et en solution un peu concentrée, apparaître de belles aiguilles jaunes, identiques au croconate de potassium de Gmelin et répondant, après dessiccation, à la formule $C^5O^5K^2$. Le rendement est toujours faible ; on arrive à de meilleurs résultats en partant du diamidotétraoxybenzène.

Préparation. — On fait bouillir pendant une demi-heure 1 partie de chlorhydrate de diamido-tétraoxybenzène avec 60 parties d'eau, 4 parties de carbonate de potassium et 3 parties de peroxyde de manganèse précipité ; on filtre, on acidule légèrement la liqueur par l'acide chlorhydrique et on ajoute du chlorure de baryum. Il se précipite alors des lamelles jaunes de croconate de baryum peu soluble.

Le rendement en *sel de baryum* hydraté,

$$C^5O^5Ba, 3 H^2O,$$

est égal à 80 0/0 du chlorhydrate de diamine, soit à 50 0/0 environ du poids de l'hydroquinone employée à la préparation de ce sel [Nietzki et Benckiser, *D. chem. G.*, **19**, 293].

Gmelin a décrit un *croconate acide de potassium*, $C^{10}HO^{10}K^3, 2H^2O$; MM. Nietzki et Benckiser ont essayé en vain de reproduire ce composé : ils ont obtenu à sa place un *sel anhydre* renfermant C^5HO^5K et facile à distinguer du croconate neutre par sa couleur sombre et ses reflets violacés.

Croconate double de potassium et de sodium, C^5O^5KNa. — Ce sel se forme très aisément lorsqu'on sature l'acide croconique par un mélange de potasse et de soude ; il cristallise en lamelles rhombiques jaunes, devenant rouges par la dessiccation.

L'existence de ce sel double et du croconate monopotassique décrit plus haut confirme la formule généralement admise pour l'acide croconique ; aucune combinaison nettement définie de ce corps n'a pu jusqu'à présent vérifier la formule $C^{10}H^4O^{10}$, proposée autrefois par M. Basarow.

Chauffé avec un excès d'ammoniaque aqueuse, à 100°, l'acide croconique donne un produit noir, à reflets cuivrés, insoluble dans tous les réactifs et répondant sensiblement à la formule $C^5H^3Az^3O^2$. Cette substance, difficile à obtenir pure, paraît être un dérivé de l'acide leuconique (voyez plus loin).

La phénylhydrazine forme avec l'acide croconique une combinaison cristalline, jaune, insoluble dans l'eau, soluble dans l'alcool et fusible seulement au-dessus de 300°. Ce corps est une véritable *hydrazone* ; il renferme

$$C^5O^2(OH)^2 = Az - AzH . C^6H^5$$

et donne avec les bases des sels bimétalliques, ce qui démontre l'existence de deux hydroxyles dans sa molécule.

L'o-crésylène-diamine donne également un composé

$$C^5O(OH)^2 \lessgtr {Az \atop Az} > C^7H^6,$$

qui forme de fines aiguilles vertes, insolubles dans l'eau, solubles en brun dans l'alcool. De même que l'hydrazone précédente, ce corps possède la fonction d'acide bibasique.

Les réactions que donne l'acide croconique sur les o-diamines aromatiques s'effectuent avec une grande facilité, même dès la température ordinaire, en sorte qu'on peut utiliser avec avantage le croconate de potassium à la recherche qualitative des diamines de la série ortho.

L'aniline donne d'abord, avec l'acide croconique, un sel jaune, cristallin, renfermant

$$C^5H^2O^5(C^6H^7Az)^2,$$

puis, si l'on chauffe avec de l'alcool, sur le bain-marie, de fines aiguilles rouges d'une *dianilide*,

$$C^{17}H^{12}Az^2O^3.$$

Ce composé est infusible et insoluble dans tous les dissolvants, sauf l'aniline et les lessives alcalines ; il renferme par conséquent encore les deux hydroxyles à fonction acide de l'acide croconique primitif. Le troisième atome d'oxygène, qui, ainsi que nous le verrons bientôt, est de nature acétonique, comme ceux qui sont enlevés dans la formation de l'anilide, ne semble pas pouvoir être attaqué par un excès d'aniline.

La dianilide croconique se décompose au contact de l'ammoniaque et se transforme en croconamate d'ammonium.

ACIDE CROCONAMIQUE, $C^5H^3AzO^4$. — Le *sel ammoniacal*, préparé comme on vient de le voir, forme de beaux prismes rouges à reflets bleus.

Le *sel de baryum*, peu soluble dans l'eau, est coloré en jaune ; après dessiccation à 100°, il renferme $(C^5H^2AzO^4)^2Ba, 3H^2O$.

Le *sel d'argent* est aussi peu soluble dans l'eau ; il est anhydre à 100°.

Dans tous ces sels, l'acide croconamique paraît être seulement monobasique ; on pourrait, par suite, supposer qu'il ne renferme plus qu'un seul des deux oxhydryles primitifs de l'acide croconique ; il est plus naturel d'admettre que le caractère biacide de ce dernier est simplement affaibli dans l'acide croconamique par la substitution d'un groupe imide à un atome d'oxygène quinonique ; cette hypothèse trouve une vérification dans ce fait qu'il est impossible d'obtenir l'acide croconamique en chauffant le croconate d'ammonium.

D'ailleurs on observe fréquemment, lorsqu'on prépare le croconamate rouge d'ammonium, la production de lamelles jaunes qui, en présence du chlorure de baryum, se changent en un composé $C^5HAzO^4Ba, 4H^2O$, dans lequel on voit l'acide croconamique devenir bibasique [Nietzki et Schmidt, *D. chem. G.*, **21**, 1856].

L'acide croconamique a donc pour constitution probable $C^5O^2(AzH)(OH)^2$.

ACIDE HYDROCROCONIQUE, $C^5H^4O^5$. — M. Nietzki appelle ainsi un corps différent de celui que M. Lerch a déjà désigné sous le même nom, quoique isomérique avec lui.

L'acide hydrocroconique de M. Nietzki se forme par l'action des réducteurs, chlorure stanneux, acide sulfureux ou poudre de zinc, sur l'acide croconique. Le produit se décolore rapidement, et on constate, aussitôt après la réaction, par le dosage des réactifs employés, que chaque molécule d'acide croconique a fixé 2 atomes d'hydrogène, ce qui suffit pour établir la formule du nouveau composé.

Ce corps revient très facilement par oxydation à l'état d'acide croconique ; il y a donc entre l'acide croconique et l'acide hydrocroconique les mêmes relations qu'entre les quinones et les hydroquinones.

Quant à l'acide hydrocroconique de M. Lerch, M. Nietzki lui donne le nom d'*hydrure croconique* : on sait que son sel de potassium s'oxyde aisément à l'air et repasse ainsi à l'état de croconate ; il n'en est pas de même pour le sel de baryum, qui est beaucoup plus stable.

Ce corps, qui semble répondre à la formule $C^{10}H^2O^{10}Ba^2$, $4H^2O$, pourrait être envisagé comme le dérivé barytique d'une sorte de quinhydrone $C^5H^2O^5$. $C^5H^4O^5$; mais cette hypothèse ne paraît pas fondée, car ce produit ne se forme jamais dans l'action de l'acide sulfureux sur l'acide croconique et ne peut pas non plus donner le véritable acide hydrocroconique par une réduction plus avancée : il se forme à sa place une substance incolore qui, par oxydation, reproduit à nouveau l'hydrure croconique.

Il est probable, d'après cela, que l'hydrure croconique et ses dérivés forment une série distincte, à poids moléculaire plus fort (sans doute double) que dans la série des acides croconique et hydrocroconique.

ACIDE THIOCROCONIQUE, $C^5H^2SO^4$. — M. Lerch a décrit sous le nom d'*acide hydrothiocroconique* un corps qui prend naissance lorsqu'on traite le croconate de potassium par l'hydrogène sulfuré, jusqu'à refus, en présence d'un excès d'acide chlorhydrique. Il se précipite du soufre en abondance et le liquide filtré se colore en rouge lorsqu'on le sature par une lessive de potasse; l'alcool sépare alors de la dissolution de longues aiguilles rouges, à reflets verts, que M. Lerch considérait comme le dérivé potassique de l'acide hydrothiocroconique $C^5H^4SO^4$.

M. Nietzki a reconnu que ce corps est un mélange de croconate de potassium et d'un dérivé sulfuré nouveau, l'acide thiocroconique $C^5H^2SO^4$.

Pour séparer ces deux produits, on traite le sel de M. Lerch, en solution fortement acide, par le chlorure de baryum, de manière à précipiter l'acide croconique, puis on ajoute au liquide filtré un excès d'acétate de sodium; il se sépare alors des flocons bruns, qui bientôt prennent une texture cristalline et acquièrent des reflets violacés. Ce produit, à peu près insoluble dans l'acide chlorhydrique lorsqu'il est cristallisé, constitue le *thiocroconate de baryum* $C^5H^4SO^6Ba$, ou mieux C^5SO^4Ba, $2H^2O$.

L'acide thiocroconique a donc pour composition $C^5H^2SO^4$, c'est-à-dire qu'il représente de l'acide croconique dont un atome d'oxygène a été remplacé par un atome de soufre [Nietzki et Benckiser, *loc. cit.*].

ACIDE OXYCROCONIQUE OU LEUCONIQUE, $C^5H^{10}O^{10}$. — Gmelin a observé le premier que l'acide croconique se décolore au contact des réactifs oxydants, tels que l'acide azotique ou le chlore; MM. Will et Lerch ont reconnu que cette transformation, pour être complète, exige l'intervention de 1 atome d'oxygène ou de 2 atomes de chlore; mais ces auteurs décrivent l'acide leuconique comme une substance amorphe et d'aspect gommeux. M. Nietzki a pu obtenir ce corps à l'état cristallin en traitant l'acide croconique pur, en poudre fine, par 6 ou 8 fois son poids d'acide azotique (d = 1,36) refroidi à 0° : il se manifeste un dégagement de bioxyde d'azote; l'acide croconique se dissout et bientôt le liquide laisse déposer une masse d'aiguilles incolores, que l'on purifie par des lavages à l'alcool éthéré, puis à l'éther pur.

L'acide leuconique est extrêmement soluble dans l'eau, d'où il est impossible de le faire cristalliser; il est peu soluble dans l'alcool, moins encore dans l'éther; ses dissolutions possèdent une saveur nettement sucrée.

A 100°, l'acide leuconique perd 1 molécule d'eau, à 160°, il se colore en brun et se décompose sans fondre.

Ce corps n'est pas un acide; les composés obtenus par MM. Will et Lerch en traitant l'acide leuconique par les alcalis caustiques ou carbonatés sont des produits d'altération qui ne reproduisent l'acide leuconique dans aucune circonstance; il se produit d'ailleurs, au moment même où l'on mélange l'acide leuconique avec un alcali, une coloration rouge, passagère, qui indique une transformation du produit.

Les agents réducteurs ramènent l'acide leuconique à l'état d'acide croconique, puis le transforment en acide hydrocroconique; cette réduction s'effectue très aisément par l'acide sulfureux; elle a même lieu, quoique d'une manière incomplète, quand on soumet l'acide leuconique, en solution aqueuse, à une ébullition prolongée.

Ces propriétés rapprochent l'acide leuconique des quinones, et surtout du triquinoyle qui prend naissance dans des conditions toutes semblables aux précédentes, lorsqu'on traite, à froid, la tétraoxyquinone ou les rhodizonates par l'acide azotique; par suite, il semble naturel d'admettre que l'acide leuconique renferme, comme la perquinone, de l'eau de combinaison sans laquelle il ne saurait exister; sa formule, à l'état cristallisé, devient alors C^5O^5, $5H^2O$, expression très voisine de celle qui représente la perquinone

$$C^6O^6, 8H^2O.$$

Comme dans celle-ci, l'eau de combinaison de l'acide leuconique y existe vraisemblablement sous la forme de doubles oxhydryles, de sorte qu'on peut écrire l'acide leuconique hydraté

$$C^5(OH)^{10}.$$

On voit ainsi qu'il possède une fonction multiple d'hydroquinone, ce qui explique la décoloration que subit l'acide croconique quand on l'oxyde.

Le corps cité plus haut, que l'on obtient en traitant l'acide croconique par l'ammoniaque, devient alors vraisemblablement la triimide de l'acide leuconique anhydre $C^5O^2(AzH)^3$.

L'acide leuconique s'unit aisément aux o-diamines aromatiques; il donne en particulier, avec le chlorhydrate de crésylène-diamine

$$(Az, Az, CH^3 = 1,2,4),$$

une azine qui renferme 2 molécules de diamine et qui répond à la formule brute $C^{19}H^{12}Az^4O$. Ce composé cristallise dans le chloroforme en belles aiguilles jaune d'or, fusibles au-dessus de 300°, qui se subliment en partie sans décomposition; il possède une réaction faiblement basique.

La production de cette diazine montre, conformément à la réaction de Hinsberg, que l'acide leuconique supposé anhydre renferme 4 atomes d'oxygène acétonique, nécessairement voisins; le dernier atome d'oxygène possède encore la même fonction, car la phénylhydrazine réagit, à la température de 100°, sur l'azine précédente et la transforme en une *hydrazone* qui cristallise en magnifiques aiguilles rouges, solubles dans l'acide acétique ou dans le chloroforme, et qui renferme $C^{19}H^{12}Az^4 = Az^2H$. C^6H^5.

Ce corps constitue, comme le précédent, une base faible; ses combinaisons avec les acides sont colorées en vert brun [Nietzki et Benckiser, *D chem. G.*, **19**, 772].

Oximes leuconiques. — L'acide leuconique donne avec l'hydroxylamine, déjà à la température ordinaire, une combinaison cristalline qui renferme la *tétroxime* $C^5O(AzOH)^4$ et la *pentoxime* $C^5(AzOH)^5$; les mêmes produits se forment en partant de l'acide croconique, évidemment à la suite d'une oxydation de ce dernier.

Pour préparer les oximes leuconiques, on introduit, par petites portions à la fois, 30 grammes de croconate de potassium dans de l'acide nitrique (d = 1,39) étendu de son volume d'eau. La dissolution d'acide leuconique ainsi obtenue est étendue d'eau jusqu'au volume de 500 centimètres cubes, puis additionnée de 180 grammes de chlorhydrate d'hydroxylamine; on maintient pendant quelques heures à la température de 40-50°, puis on chauffe à 100°, sur le bain-marie, pendant une demi-journée; les oximes se précipitent alors sous la forme d'une poudre jaune de soufre, que l'on sépare et que l'on redissout dans la soude.

L'acide carbonique précipite la pentoxime de cette dissolution, tandis que la tétroxime reste dissoute. On purifie cette substance par de nouvelles dissolutions dans la soude, suivies de précipitations par l'acide carbonique.

La pentoxime leuconique se décompose avec une sorte d'explosion vers 172°, sans fondre; avec la potasse, elle donne un dérivé explosif,

$$C^5 H^3 Az^5 O^5 K^2.$$

La tétroxime, contenue dans les eaux mères ou produit précédent, se sépare par addition d'acide chlorhydrique; si alors on redissout dans le carbonate de sodium et qu'on sursature d'acide carbonique, on voit se précipiter de nouveau un peu de pentoxime qui avait échappé à la première opération; on sépare celle-ci et on ajoute au liquide restant du chlorure de sodium : il se forme alors des aiguilles d'une combinaison sodique paraissant répondre à la formule

$$C^5 O (Az^4 H^2 Na^2 O^4),$$

que l'on purifie par dissolution dans l'eau et précipitation par le sel. Les acides mettent finalement la tétroxime en liberté sous la forme d'un précipité jaune.

La tétroxime leuconique ressemble beaucoup à la pentoxime : elle déflagre comme celle-ci quand on la chauffe vers 160°; un excès d'hydroxylamine la transforme partiellement en pentoxime, ce qui suffit à établir ses relations avec les composés précédents.

Le sel de sodium signalé plus haut est extrêmement soluble dans l'eau, mais précipitable par l'alcool ou par un excès de sel marin.

Dérivé acétylé. — Si l'on chauffe vers 50° la pentoxime leuconique avec un excès d'anhydride acétique, on voit se séparer de petites lamelles blanches, brillantes, qui constituent le *dérivé tétracétylé* $C^5 (Az O H) (Az O C^2 H^3 O)^4, H^2 O$.

Ce corps se dissout assez difficilement dans le benzène chaud, qui l'abandonne sous la forme de belles aiguilles incolores; il se dissout aussi un peu dans le chloroforme, mais les cristaux que l'on obtient alors retiennent du chloroforme combiné.

La molécule d'eau que renferme ce produit, même après plusieurs cristallisations dans le benzène, est vraisemblablement unie à la molécule de l'acétyloxime de la même manière que l'eau de combinaison qui existe dans l'acide leuconique libre; elle ne peut d'ailleurs être chassée sans décomposition complète du produit : l'acétyloxime leuconique se détruit dès la température de 100°.

La tétroxime leuconique libre ne paraît pas donner de combinaison acétylée lorsqu'on la chauffe avec l'anhydride acétique [Nietzki et Benckiser, *D. chem. G.*, **19**, 293. — Nietzki et Rosemann, *D. chem.*, *G.*, **22**, 916].

PENTAMIDOPENTOL (*pentaminocyclopentadiène*), $C^5 (Az H^2)^5$. — Ce corps a été obtenu par réduction de la pentoxime leuconique; le nom de *pentol* lui a été donné par M. Nietzki parce qu'on peut le considérer comme dérivant d'un carbure $C^5 H^6$ analogue jusqu'à un certain point au benzène (benzol) $C^6 H^6$. Pour le préparer, on projette peu à peu la pentoxime encore humide dans du chlorure stanneux dissous dans l'acide chlorhydrique concentré : le liquide prend d'abord une teinte rouge-orangé, puis se décolore complètement. On ajoute alors de nouveau un peu de

chlorure d'étain, en ayant soin que la température ne s'élève jamais au-dessus de 40°.

A cause de l'instabilité des produits, il est bon d'opérer seulement sur 10 ou 15 grammes de pentoxime, ce qui exige 100 à 150 grammes de chlorure d'étain et à peu près le double d'acide chlorhydrique. Quand l'opération a été bien conduite, on voit se séparer du liquide, qui doit être presque incolore, de petites aiguilles blanches, dont la quantité s'accroît encore par addition d'acide chlorhydrique concentré.

Ce corps est une combinaison stanneuse; on le décompose par l'hydrogène sulfuré, en présence d'une très faible quantité d'eau, de manière à éviter les évaporations ultérieures qui détruiraient le produit; enfin, dans le liquide filtré, on fait passer, en maintenant la température aussi basse que possible, un courant de gaz chlorhydrique, qui précipite le *chlorhydrate* d'amine à l'état de lamelles incolores étoilées.

Ce sel renferme $C^5 H (Az H^2)^5 (H Cl)^4, H^2 O$; il est très soluble dans l'eau, peu soluble dans l'acide chlorhydrique concentré; ses dissolutions brunissent rapidement sous l'action de la chaleur; à l'état sec, il se décompose même déjà vers 80°. Les alcalis le détruisent en dégageant de l'ammoniaque.

Quand on ajoute de l'alcool éthéré à ses solutions aqueuses, on le transforme en un autre *sel triacide*, $C^5 H (Az H^2)^5 (H Cl)^3, H^2 O$.

L'acide sulfurique, en présence d'alcool, le change en un *sulfate neutre*

$$(C^5 H^{11} Az^5)^2 (S O^4 H^2)^5, 2 H^2 O,$$

qui cristallise en lamelles brillantes; ce corps est plus stable que le chlorhydrate précédent; il se dissout aisément dans l'eau, difficilement dans l'alcool.

Le *chloroplatinate* cristallise en gros cristaux très altérables qui n'ont pu être analysés.

Le pentaminocyclopentadiène réagit sur les o-diacétones en donnant des azines ou des quinoxalines généralement très instables et insolubles dans tous les réactifs usuels. Le biacétyle, en particulier, donne une combinaison $C^{13} H^{13} Az^5, 0,5 H^2 O$, qui se produit par l'action de 2 molécules de biacétyle sur 1 molécule de pentamine avec élimination de 2 molécules d'eau.

Le croconate de potassium, en solution aqueuse, réagit comme les autres o-quinones, et donne avec le chlorhydrate de pentaminocyclopentadiène un précipité cristallin, de couleur orangée, qui constitue l'azine

$$C^{15} H^7 Az^5 O^6, H^2 O,$$

ou

$$C^5 O (O H)^2 \overset{Az}{\underset{Az}{\Big\langle \; \Big\rangle}} C^5 H (Az H^2) \overset{Az}{\underset{Az}{\Big\langle \; \Big\rangle}} C^5 O (O H)^2, H^2 O$$

Ce corps résulte, ainsi que le montre sa formule développée, de l'action de 2 molécules d'acide croconique sur 1 molécule de pentamine.

Le pentaminocyclopentadiène ne peut être ramené à l'état d'acide croconique ou d'acide leuconique, ni par l'acide nitreux, ni par les alcalis qui le détruisent [Nietzki et Rosemann, *loc. cit.*].

TÉTRAMIDO-OXYPENTÈNE, $C^5 H (O H) (Az H^2)^4$. — Sous l'influence du chlorure d'étain en solution chlorhydrique, la tétroxime leuconique est réduite, comme on vient de le voir pour la pentoxime, et transformée en un sel double de tétramine et d'étain qui est beaucoup plus soluble dans l'eau que le dérivé correspondant de la pentoxime leuconique.

Traité par l'hydrogène sulfuré, puis par le gaz chlorhydrique, ce sel se transforme en *chlor-*

hydrate de tétramine, $C^5H(OH)(AzH^2)^4(HCl)^3$, qui cristallise en petits octaèdres incolores.

L'acide sulfurique et l'alcool transforment ce corps en un *sulfate neutre* moins soluble,

$$C^5H(OH)(AzH^2)^4(SO^4H^2)^2, H^2O ;$$

ce dernier sel cristallise en aiguilles [Nietzki et Rosemann, *loc. cit.*].

CONSTITUTION DE L'ACIDE CROCONIQUE ET DE L'ACIDE LEUCONIQUE. — L'acide leuconique,

$$C^5H^{10}O^{10},$$

ne peut être déshydraté sans décomposition; cependant beaucoup de ses dérivés, par exemple ses oximes et ses azines, se rapportent au corps anhydre C^5O^5, fonctionnant comme pentacétone; l'acide leuconique est donc un hydrate d'acétone comparable à la perquinone, en sorte qu'on peut le représenter par le schéma

$$
\begin{array}{c}
CO \\
CO \quad CO \\
CO \quad CO
\end{array}
\;+\; 5\,H^2O
$$

qui rend compte de toutes ses propriétés connues.

La pentoxime leuconique devient alors

$$
\begin{array}{c}
CAzOH \\
OHAzC \quad CAzOH \\
OHAzC \quad CAzOH
\end{array}
$$

et le pentaminocyclopentadiène

$$
\begin{array}{c}
CH.AzH^2 \\
AzH^2C \quad CAzH^2 \\
AzH^2C \quad CAzH^2
\end{array}
$$

Quant à l'acide croconique, qui se forme par fixation de 2 atomes d'hydrogène sur l'acide leuconique, il représente évidemment l'hydroquinone correspondante

$$
\begin{array}{c}
CO \\
CO \quad COH \\
OHC \quad CO
\end{array}
$$

On voit tout de suite que ce corps doit présenter une fonction d'acide bibasique et une fonction d'o-quinone, ce qui est en effet conforme aux données de l'expérience [Nietzki et Benckiser, *D. chem. G.*, **19**, 308].

Dans la transformation de la perquinone

$$C^6O^6, 8H^2O$$

en acide croconique, il y a donc séparation d'un groupe CO et en même temps soudure des extrémités de la chaîne devenues libres.

L. Maquenne.

CROCOSE (*sucre de safran*), $C^6H^{12}O^6$. — Matière sucrée obtenue par MM. Rochleder et Mayer [*J. prakt. Chem.*, **74**, 1, ainsi que par M. Kayser [*D. chem. G.*, **17**, 2232], dans le dédoublement de la crocine ou de la picrocrocine par l'acide chlorhydrique étendu.

Ces auteurs ont décrit la crocose comme une substance affectant la forme de cristaux rhombiques, d'une saveur franchement sucrée, fortement dextrogyre, mais réduisant à peu près moitié moins de liqueur cupropotassique que la dextrose ordinaire. M. Fischer a obtenu, en traitant la crocose par l'acétate de phénylhydrazine, une quantité notable de phénylglucosazone fusible à 205° : il semble donc que cette matière soit un mélange renfermant une forte proportion de glucose ordinaire [Fischer, *D. chem. G.*, **21**, 938].

CROTONIQUE (ACIDE) (*acide 2-buté-noïque*). — Pour expliquer l'isomérie des deux acides crotoniques, M. Wislicenus [*Ann. Chem.*, **248**, 281] admet que dans l'acide crotonique fusible à 72° les groupements CH^3 et $COOH$ sont placés sur deux sommets contigus du rectangle formé par les quatre hydrogènes éthyléniques; dans l'acide isocrotonique, ils seraient rattachés à deux sommets opposés.

La constitution de ces acides serait représentée par les formules

$$
\begin{array}{cc}
H.C.CH^3 & CH^3.C.H \\
\| & \| \\
H.C.CO^2H & H.C.CO^2H \\
\text{Acide crotonique.} & \text{Acide iso- ou allocrotonique.}
\end{array}
$$

Ces formules montrent qu'il peut exister 4 acides crotoniques monochlorés, et de fait, comme nous le verrons plus loin, on connaît aujourd'hui ces 4 isomères.

État naturel. — D'après MM. Stadelmann et Kulz [*Arch. f. exper. Pathol.*, **17**, 419; **18**, 291; *Zeit. Biol.*, **21**, 140], on trouverait dans l'urine des diabétiques une certaine quantité d'acide crotonique solide.

D'après M. Minkowski [*Arch. f. exper. Pathol.*, **18**, 35], l'acide crotonique n'existerait pas dans cette urine, mais on y rencontrerait de l'acide β-oxybutyrique, et comme ce composé se transforme en acide crotonique sous l'action de l'acide sulfurique étendu, réactif employé par M. Stadelmann, on s'explique facilement pourquoi ce savant a méconnu la présence de l'acide oxybutyrique et n'a pu retrouver que de l'acide crotonique.

Préparation. — L'acide crotonique peut se préparer par l'action de l'acide acétique sur l'acide pyruvique [Homolka, *D. chem. G.*, **18**, 987] :

$$CH^3.CO.CO^2H + CH^3.CO^2H$$
$$= CO^2 + H^2O + CH^3 - CH = CH - CO^2H.$$

On mélange 1 partie d'acide pyruvique avec 4 ou 5 parties d'anhydride acétique et 5 parties d'acétate de sodium bien desséché. Il se produit une vive effervescence, et cependant, pour terminer la réaction, il est nécessaire d'élever rapidement la température à 160-180°. On laisse ensuite refroidir, et l'on épuise par l'éther de pétrole.

On peut encore l'obtenir en chauffant en tubes scellés, à 100°, un mélange de 1 molécule d'acide malonique et de 1 molécule d'acide acétique cristallisable en présence d'un excès de paraldéhyde (4 molécules) [Komnenos, *Ann. Chem.*, **218**, 145].

On observe aussi la formation d'acide crotonique quand on chauffe avec de l'aldéhyde une solution aqueuse de malonate de sodium ou de potassium.

D'après M. Röder [*Ann. Chem.*, **227**, 13], l'acide vinaconique se décompose sous l'action de la chaleur en CO^2 et en un acide crotonique (?) $C^4H^6O^2$, volatil à 180-181° et fusible à 18-19°. Cet acide, qui doit présenter la constitution d'un acide vinylacétique [Fittig, *Ann. Chem.*, **227**, 25], forme des sels bien cristallisés.

Propriétés. — MM. Beilstein et Wiegand [*D. chem. G.*, **18**, 481] ont étudié soigneusement les propriétés de l'acide crotonique solide préparé par distillation de l'acide β-oxybutyrique.

Cette préparation se fait en traitant l'éther acétylacétique par l'amalgame de sodium en présence de la quantité d'eau strictement nécessaire; quand l'hydrogénation est effectuée, on acidule par l'acide sulfurique et l'on distille dans un courant de vapeur d'eau. Le produit distillé est épuisé par l'éther (Wislicenus).

Cet acide forme des sels dont les propriétés sont très différentes de celles que M. Claus avait indiquées.

Ainsi le *sel de calcium*, $(C^4H^5O^2)^2Ca$, forme de beaux cristaux anhydres, très solubles dans l'eau froide, un peu moins solubles dans l'eau chaude.

Le *sel de baryum* cristallise en lamelles anhydres, très solubles dans l'eau.

L'*amide* n'a pu être obtenue qu'à l'état sirupeux ; M. Pinner au contraire dit qu'elle forme des aiguilles fusibles à 149-152° (voyez plus bas).

Action du brome. — Kolbe, en traitant par le brome l'acide crotonique normal et l'acide isocrotonique liquide, a obtenu dans les deux cas le même *acide α-β-dibromobutyrique*, fusible à 87°. Mais il est très probable que l'acide isocrotonique dont il s'était servi, et qu'il avait préparé par l'action du chlorure de phosphore sur l'éther acétylacétique, contenait une certaine quantité d'acide crotonique, car, d'après M. Langbein, le produit d'addition du brome et de l'acide isocrotonique est toujours liquide.

Action du chlore. — En traitant par le chlore à très basse température une solution d'acide crotonique (10 grammes) dans le sulfure de carbone (400 grammes), M. Michael [*Am. Journ.*, **9**, 219] a obtenu un acide α-β-dichlorobutyrique, fusible à 63° et soluble dans l'eau ; avec l'acide isocrotonique, on n'obtient qu'une huile très peu soluble dans l'eau et que l'on n'a pu faire cristalliser, même à basse température (Wislicenus).

Cet acide α-β-dichlorobutyrique se dédouble à froid sous l'action des alcalis en acides α-chlorocrotonique (26 0/0) et allo-α-chlorocrotonique (74 0/0) [Michael, *J. prakt. Chem.*, (2), **46**, 273].

Action de l'ammoniaque [Engel, *C. R.*, **106**, 1677]. — En chauffant l'acide crotonique en tubes scellés, pendant 10 heures, à 100-105°, en présence d'une solution aqueuse d'ammoniaque, on obtient de l'acide amidobutyrique :

$$
\begin{array}{ccc}
CH^3 & CH^3 & CH^3 \\
| & | & | \\
CH & CH^2 & CH.AzH^2 \\
\| \quad + AzH^3 = & | \qquad ou & | \\
CH & CH.AzH^2 & CH^2 \\
| & | & | \\
CO^2H & CO^2H & CO^2H
\end{array}
$$

Il paraît cependant plus probable que c'est la dernière formule qu'il faut attribuer au composé obtenu.

Action de l'acide hypochloreux. — L'acide hypochloreux se fixe sur l'acide crotonique ; mais les résultats obtenus par les divers auteurs qui se sont occupés de cette réaction ne sont nullement concordants. Dans une suite de communications [*Bull. Soc. Chim.*, (2), **41**, 311 ; *D. chem.*, *G.*, **15**, 2586, **16**, 1268], M. Melikoff montre que, par l'action de l'acide hypochloreux en solution aqueuse sur l'acide crotonique ou sur l'acide isocrotonique, on obtient le même acide chloroxybutyrique fusible à 62-63°.

Plus tard [*Bull. Soc. Chim.*, (2), **43**, 115] il montra que cet acide fusible à 62-63° ne se forme que si l'on a employé de l'acide crotonique. Avec l'acide isocrotonique, on obtient un liquide incristallisable contenant deux acides différents.

D'après MM. Erlenmeyer et Müller [*D. chem. G.*, **15**, 49], l'acide crotonique se combine à l'acide hypochloreux en donnant un acide sirupeux ; celui-ci forme deux *sels de calcium* : l'un est amorphe, le second est cristallisé, et de ce dernier on peut retirer un acide fusible à 53-56°.

Action de divers réactifs. — Le sulfure de phosphore réagit énergiquement sur l'acide cro-

tonique ; on obtient ainsi de notables quantités de thiophène [Meyer, *D. chem. G.*, **15**, 217].

L'acide crotonique, chauffé à 130° avec du sulfate d'ammonium ou de potassium, se transforme en un *acide sulfobutyrique* $C^6H^8SO^5$, dont le *sel de baryum* $C^4H^6SO^5Ba, 2H^2O$ est bien cristallisé et insoluble dans l'alcool.

ACIDE ALLOCROTONIQUE. — Pour préparer l'acide allocrotonique pur, on fait un mélange de 3 parties de perchlorure de phosphore et de 5 parties de benzène, puis l'on ajoute peu à peu et en refroidissant 1 partie d'éther acétylacétique [Michael et Schulthess, *J. prakt. Chem.*, (2), **46**, 236]. On chauffe ensuite à 50°. On verse dans 10 parties d'eau et l'on épuise par le benzène. Ce dissolvant est évaporé à basse température et le résidu distillé dans un courant de vapeur d'eau : il passe à la distillation un mélange d'éther chlorocrotonique et d'acide β-chlorallocrotonique. On sature par le carbonate de sodium et l'on distille de nouveau.

Le résidu de la distillation, formé de β-chlorallocrotonate de sodium, est traité par l'amalgame de sodium. On acidule ensuite par l'acide sulfurique et l'on épuise par l'éther. On distille enfin dans le vide et l'on recueille vers 80°, sous une pression de 20 millimètres, un produit acide encore impur et composé d'acide allocrotonique et d'acide crotonique solide.

On dissout ce mélange dans l'alcool absolu et l'on neutralise par une solution alcoolique de soude au 1/10 : le crotonate se dépose ; l'allocrotonate reste en solution et il est facile alors de régénérer l'acide allocrotonique pur. Cet acide, très soluble dans l'éther, bout à 74° sous une pression de 15 millimètres et à 78°,5 sous 20 millimètres.

Le *sel d'argent* peut cristalliser en belles aiguilles brillantes.

L'acide allocrotonique fixe facilement l'acide iodhydrique en donnant de l'acide β-iodobutyrique [Michael et Freer, *J. prakt. Chem.*, (2), **46**, 95].

Il absorbe le chlore en donnant de l'acide α-β-dichlorobutyrique fusible à 62°. Cet acide est décomposé par la soude en un mélange de 18 0/0 d'acide α-chlorocrotonique et de 82 0/0 d'acide allo-α-chlorocrotonique.

DÉRIVÉS MONOCHLORÉS. — D'après la théorie de M. Wislicenus, il peut exister quatre acides crotoniques monochlorés ; deux d'entre eux dérivent de l'acide crotonique solide ou du moins se transforment en cet acide sous l'action de l'amalgame de sodium ; les deux autres, traités par le même réactif, régénèrent l'acide isocrotonique liquide.

Acide α-chlorocrotonique,

$$
\begin{array}{c}
H.C.CH^3 \\
\| \\
Cl.C.CO^2H
\end{array}
$$

[Friedrich, *Ann. Chem.*, **219**, 368]. — Cet acide se prépare le plus aisément au moyen du chloral butylique (voyez Suppl., **1**, 551). Il fond à 99°,2 (Wislicenus), à 97°,5 [Kahlbaum, *D. chem. G.*, **12**, 2335]. 1 gramme de cet acide se dissout à 12°,5 dans $50^{gr},8$ et à 19° dans 39 grammes d'eau.

L'éthylate de sodium ne l'attaque pas, même à 215°. Une lessive aqueuse de potasse le décompose à 200° en donnant du gaz carbonique, de l'acide acétique et un nouvel acide qui semble répondre à la formule $C^4H^6O^3$ (?) [Friedrich, *Ann. Chem.*, **219**, 322].

Acide β-chlorocrotonique,

$$
\begin{array}{c}
Cl.C.CH^3 \\
\| \\
H.C.CO^2H
\end{array}
$$

— Cet acide s'obtient en traitant l'acide tétrolique

par l'acide chlorhydrique (Friedrich). Il fond à 94°,5 et distille mal avec la vapeur d'eau. Il faut à 12°,5 44°,4 d'eau et à 19°, 35 parties d'eau pour dissoudre 1 partie d'acide.

On peut préparer l'acide β-chlorocrotonique par l'action du perchlorure de phosphore sur l'éther acétylacétique [Autenrieth, *Ann. Chem.*, **259**, 358]. On distille le produit de la réaction dans un courant de vapeur d'eau qui entraîne l'acide β-chlorallocrotonique. Le résidu de la distillation est saturé par le carbonate de sodium, puis concentré et additionné de 2 ou 3 volumes d'alcool. On distille ensuite l'alcool, on acidule et l'on extrait l'acide au moyen de l'éther.

L'acide β-chlorocrotonique fusible à 94°,5 se transforme à 180° en acide β-chlorallocrotonique.

L'éthylate de sodium le transforme à 70-80° en acide *éthoxycrotonique*; la potasse aqueuse le décompose en régénérant l'acide tétrolique; avec les lessives alcalines très concentrées, la décomposition est plus profonde : il se forme de l'acétone et un carbonate alcalin.

Acide α-chlorisocrotonique,

$$H.C.CH^3$$
$$\|$$
$$CO^2H.C.Cl$$

[Wislicenus, *D. chem. G.*, **20**, 1008. — Michael et Browne, *J. prakt. Chem.*, (2), **36**, 174; **38**, 1; *Am. Journ.*, **9**, 219 et **9**, 274].

Cet acide a été découvert presque simultanément par MM. Wislicenus et Michael; ce dernier le nomma acide *allo-α-chlorocrotonique* et l'obtint par l'action de la soude alcoolique sur l'acide α-β-dichlorobutyrique. Pour le préparer, M. Wislicenus traite une solution sulfocarbonique d'acide crotonique solide par un courant très rapide de chlore : il se forme ainsi de l'acide α-β-*dichlorobutyrique*. On neutralise par la soude, et l'on ajoute ensuite le double de la quantité de soude déjà employée pour la neutralisation. On laisse reposer pendant quelques heures, puis on acidifie et l'on extrait le nouvel acide par l'éther. Cet acide peut être mélangé d'acide α-chlorocrotonique si l'on n'a pas eu le soin d'éviter tout échauffement dans l'action de la soude ; pour séparer ces deux acides, on les transforme en sels de potassium et l'on traite par l'alcool qui ne dissout que le sel de l'acide α-chlorisocrotonique (Wislicenus).

Cet acide fond à 66,2-66°,5 et se dissout dans l'eau plus facilement que ses trois isomères.

Le *sel de potassium* cristallise en aiguilles anhydres groupées autour d'un centre commun; il est très soluble dans l'eau et se dissout dans 22 parties d'alcool absolu à 16°,5.

Le *sel de sodium* est d'aspect soyeux; il se dissout très aisément dans l'alcool.

Le *sel de baryum* cristallise avec 3,5 molécules d'eau.

Le *sel de plomb*, $(C^4H^4ClO^2)^2Pb, H^2O$, forme des prismes raccourcis ou des octaèdres brillants.

Le *sel de cuivre* cristallise également en prismes bleuâtres peu solubles dans l'eau.

Le *sel d'argent* est amorphe (Michael et Browne).

Acide β-chlorisocrotonique,

$$Cl.C.CH^3$$
$$\|$$
$$CO^2H.C.H$$

— Cet acide fond à 59°,5; il distille facilement avec la vapeur d'eau, et exige pour se dissoudre 79 parties d'eau à 7°.

La potasse alcoolique à 115-120° le transforme en acide *éthoxycrotonique*; la potasse aqueuse le décompose à la même température en acétone et acide tétrolique.

Les acides β-chlorocrotonique et β-chlorisocrotonique fournissent donc sous l'action des alcalis les mêmes produits de décomposition ; M.Friedrich, remarquant de plus que l'acide fusible à 94°,5 se transforme, sous l'action d'une température de 150°, en acide fusible à 59°,5, en avait conclu que ces acides ne présentent qu'un cas d'isomérie physique. Mais M. Autenrieth [*D. chem. G.*, **20**, 1531] a démontré que ces deux acides jouissent de propriétés chimiques toutes différentes, et qu'entre autres le phénylmercaptide de sodium donne avec l'acide chlorisocrotonique fusible à 59°,5 un acide *thiophénylcrotonique* fusible à 176°, tandis qu'avec l'acide chlorocrotonique fusible à 94° il fournit un acide fusible à 158°.

Dérivés monobromés. — Les acides crotoniques monobromés ont été moins bien étudiés que les dérivés monochlorés et leur constitution ne semble pas encore établie avec certitude.

Acide α-bromocrotonique. — Cet acide s'obtient en traitant par la soude faible le produit d'addition de l'acide isocrotonique avec le brome (Langbein).

On peut encore le préparer en traitant par la potasse l'acide dibromobutyrique, que l'on obtient en faisant réagir à 130-140° 2 molécules de brome sur 1 molécule d'acide butyrique [Michael et Norton, *Am. Journ.*, **2**, 11].

L'acide α-bromocrotonique fond à 106°,5 et cristallise dans l'eau bouillante en lamelles nacrées.

Son *sel de potassium* est insoluble dans l'alcool absolu (Erlenmeyer).

Son *sel d'argent* est peu stable ; sa solution aqueuse se décompose même à froid et laisse déposer du bromure d'argent.

Le *sel de baryum*, $(C^4H^4BrO^2)^2Ba, 2H^2O$, forme des cristaux tabulaires.

Acide β-bromocrotonique (Michael et Norton). — En traitant l'acide crotonique solide par le brome, on obtient un acide dibromobutyrique fusible à 87°. Cet acide, traité par la potasse alcoolique, perd HBr et se transforme en acide β-bromocrotonique fusible à 92°.

Le *sel d'argent* est stable et cristallise en aiguilles insolubles dans l'eau froide.

Le *sel de potassium* se dissout assez facilement dans l'alcool absolu.

Les *sels de baryum* $(C^4H^4BrO^2)^2Ba, 3,5H^2O$ et *de calcium* $(C^4H^4BrO^2)^2Ca, 3H^2O$ forment des tables rhombiques très solubles dans l'eau.

Dans une communication postérieure [*J. prakt. Chem.*, (2), **38**, 1], MM. Michael et Pendleton, remarquant que cet acide, chauffé en tubes scellés à 130-140°, se transforme en acide α-bromocrotonique fusible à 106° (voyez plus haut *acide β-chlorisocrotonique*), le considèrent comme l'acide allo-α-bromocrotonique.

Mais nous avons vu que l'acide allo-α-chlorocrotonique est un dérivé de l'acide isocrotonique liquide, car il lui donne naissance sous l'action de l'amalgame de sodium. Si l'acide bromé fusible à 92° était un acide *allo*, il devrait de même régénérer l'acide isocrotonique, ce qui n'a pas lieu; car, suivant MM. Michael et Pendleton eux-mêmes, la réduction des deux acides bromocrotoniques conduit au même acide crotonique solide [A. Michael, *J. prakt. Chem.*, (2), **46**, 266].

L'acide fusible à 92° doit donc être considéré comme l'acide β-bromocrotonique.

Sous l'action du brome, les deux acides crotoniques monobromés donnent le même acide tribromobutyrique, fusible à 115-116°.

Amide crotonique [Pinner, *D. chem. G.*, **17**, 2007]. — L'amide crotonique se rencontre parmi les produits de décomposition spontanée du sel

$$C^3H^6Cl.C \underset{OC^2H^5}{\overset{AzH.HCl}{\lessgtr}}$$

que l'on obtient en faisant passer un courant d'acide chlorhydrique dans un mélange à molécules égales d'alcool et de cyanure d'allyle.

Cette amide cristallise en aiguilles fusibles à 149-152°, solubles dans l'alcool, l'éther et le benzène.

MM. Beilstein et Wiegand [*D. chem. G.*, **18**, 481] n'ont pas réussi à faire cristalliser l'amide crotonique; ils ne l'ont obtenue qu'à l'état sirupeux.

CYANOCROTONATE D'ÉTHYLE. — En traitant l'éther acétylacétique par le chlorhydrate de formamidine et le carbonate de sodium, M. Pinner [*D. chem. G.*, **18**, 2846] a obtenu un corps $C^7H^9AzO^3$, auquel il assigne la constitution

$$CH^3.C(CAz)=CH.COOC^2H^5$$

et qu'il nomme, sans doute par erreur, *éther acétylacétique cyané*; ce composé est le *cyanocrotonate d'éthyle* (méthylnitrile 2 – butène 2 – oate d'éthyle). Pour l'obtenir, on abandonne à lui-même pendant plusieurs semaines un mélange de formamidine, d'éther acétylacétique et d'une solution de carbonate de sodium à 10 0/0. Il se précipite une huile qui se solidifie peu à peu. On la sépare de la solution aqueuse et on la fait cristalliser dans l'éther. On obtient ainsi de belles aiguilles soyeuses, fusibles à 70–71°, insolubles dans l'eau, les alcalis et les acides étendus, mais solubles dans tous les liquides organiques neutres. Ch. Cloëz.

CROTONIQUE (ALDÉHYDE). — L'aldéhyde crotonique peut se préparer en chauffant l'aldol à 140° et recueillant les produits qui passent à cette température.

Une simple rectification donne une notable quantité d'aldéhyde crotonique bouillant à 105° [Newbury, *Am. Journ.*, **5**, 112.]

On peut encore l'obtenir en chauffant en tubes scellés, à 100°, pendant 24 heures, un mélange de 10 volumes d'aldéhyde ordinaire et de 1 volume d'une solution concentrée d'acétate de sodium. On isole le produit par distillation fractionnée [Lieben et Zeisel, *D. chem. G.*, **13**, 2032]. Le rendement peut atteindre 30 0/0 de l'aldéhyde employée [Lieben, *Mon. f. Chem.*, **13**, 517].

On peut encore préparer l'aldéhyde crotonique en chauffant pendant 48 heures à 100° un mélange de 100 grammes d'aldéhyde éthylique bien pure avec $0^{cc},7$ d'une solution de chlorure de zinc renfermant dans 100 centimètres cubes 150 grammes de chlorure [Müller, *Bull. Soc. Chim.*, (3), **6**, 795]; elle se forme aussi dans l'action du carbonate de potassium sur un mélange d'eau et d'aldéhyde pure [Orndoff et Newbury, *Mon. f. Chem.*, **13**, 516]; le rendement peut atteindre 25 0/0 de l'aldéhyde employée.

Chaleur de combustion [Longuinine, *C. R.*, **100**, 65]. — La chaleur dégagée dans la combustion de 1 gramme d'aldéhyde crotonique est de $7747^{cal},37$.

Dans la combustion de 1 molécule en grammes,

$$C^4H^6O \text{ liq.} + 10O \text{ gaz}$$
$$= 4CO^2 \text{ gaz} + 3H^2O \text{ liq.} + 542\,316 \text{ calories.}$$

De ces nombres, on peut conclure que, dans la transformation de $2C^2H^4O$ en 1 molécule d'aldéhyde crotonique avec formation de H^2O, il a été dépensé à peu près 3 calories.

Action des réactifs. — L'aldéhyde crotonique se combine au bisulfite de sodium, et cette combinaison n'est pas détruite par les carbonates alcalins.

L'amalgame de sodium, le zinc et l'acide chlorhydrique ne l'attaquent pas sensiblement; il se forme une très petite quantité de produits résineux et la majeure partie de l'aldéhyde se retrouve inaltérée; mais si l'on ajoute 3 parties de limaille de fer à 1 partie d'aldéhyde dissoute dans 15 parties d'acide acétique à 50 0/0, qu'on laisse le contact se prolonger pendant 8 jours en agitant fréquemment le mélange, et que finalement on chauffe à l'ébullition, il se produit une réduction plus ou moins complète, et le liquide renferme de l'aldéhyde butylique normale, et des alcools butylique et *crotonylique* (voyez ce mot) (Lieben et Zeisel).

Le brome se combine à froid à l'aldéhyde crotonique et fournit le *dibromure*

$$CH^3.CHBr.CHBr.CHO,$$

sous la forme d'une huile lourde non distillable, mais donnant avec le bisulfite de sodium une combinaison cristallisée.

A froid et dans l'obscurité, l'aldéhyde fixe 1 molécule de chlore. Si l'on continue l'action du chlore en opérant à chaud et en pleine lumière, on obtient le *chlorure de dichlorobutyryle*,

$$C^4H^6Cl^2O + Cl^2 = HCl + C^4H^5Cl^3O.$$

Ce composé forme une huile très dense, bouillant à 163-164° sous une pression de 747 millimètres [Zeisel, *Mon. f. Chem.*, **7**, 359].

Traitée par un mélange d'eau et d'acide chlorhydrique (2 parties H^2O, 2 parties HCl), l'aldéhyde crotonique se transforme à la température ordinaire en *aldol* et en ses produits de condensation [Wurtz, *C. R.*, **97**, 1169].

Elle ne se combine pas à froid avec l'acide cyanhydrique [Lobry de Bruyn, *Bull. Soc. Chim.*, (2), **42**, 169] : pour observer une réaction, il faut chauffer à 60-80° pendant un mois environ; le produit brut, traité par l'acide chlorhydrique, donne un *acide propénylglycolique*,

$$CH^3-CH=CH-CHOH-CO^2H.$$

En traitant par le gaz ammoniac une solution refroidie à —20° d'aldéhyde crotonique dans l'éther absolu, on obtient une base oxygénée :

$$2C^4H^6O + 2AzH^3 = C^8H^{16}Az^2O + H^2O$$

[Combes, *C. R.*, **96**, 1862]. Cette base est liquide et passe difficilement à 200° dans le vide. Elle absorbe l'eau en donnant un hydrate soluble dans l'eau, et qui s'unit à l'acide chlorhydrique pour former un sel bien cristallisé. Le chloroplatinate cristallise aisément et est assez soluble dans l'eau.

L'aldéhyde crotonique, dissoute dans 10 parties d'eau et saturée à 0° de gaz sulfureux, se transforme en un *acide oxybutane-disulfonique* [G. Haubner, *Mon. f. Chem.*, **12**, 54] dont le sel de baryum répond à la formule $C^4H^8S^2O^7Ba,3H^2O$. L'acide ne peut être isolé : par concentration de la solution aqueuse il perd SO^2 et donne de l'aldéhyde butylique monosulfonée.

L'*aldoxime crotonique* fond à 119-120° [T. Schindler, *Mon. f. Chem.*, **12**, 410]. Sous l'action de l'anhydride acétique, elle perd H^2O et se transforme en un nitrile identique au produit résultant de l'action du cyanure de potassium sur l'iodure d'allyle.

L'amalgame de sodium transforme l'aldoxime en *crotylamine* bouillant vers 80-85°.

Action physiologique [Albertoni, *Arch. f. exper. Pathol.*, **18**, 218]. — Tandis que le crotonate de sodium est sans effet sur les animaux, l'aldéhyde crotonique au contraire possède une action très énergique et produit une complexité de symptômes qui se rapproche du coma diabétique.

ALDÉHYDE MONOCHLOROCROTONIQUE,

$$CH^3.CH=CCl.CHO.$$

— Cette aldéhyde se prépare en chauffant en tubes scellés, à 75°, pendant plusieurs jours, un mélange d'hydrate d'aldéhyde monochlorée et d'aldéhyde en présence d'une très petite quantité d'acide chlorhydrique fumant [Lieben et Zeisel, *Mon. f. Chem.*, **4**, 531]. C'est un liquide incolore, bouillant à 148-160° et qui ne tarde pas à se colorer au contact de l'air humide.

Le chlore la transforme en *chloral butylique*,

$$CH^3 . CHCl . CCl^2 . CHO.$$

ALDÉHYDE DICHLOROCROTONIQUE [Natterer, *Mon. f. Chem.*, **4**, 539]. — En chauffant pendant 15 heures à 100° l'hydrate d'aldéhyde monochlorée avec une trace d'acide sulfurique, on obtient un liquide bouillant à 86-87° sous 18 millimètres de pression.

Ce liquide, très réfringent, presque insoluble dans l'eau, constitue l'*aldéhyde α-γ-dichlorocrotonique*, $CH^2Cl-CH=CCl-CHO$.

Elle se combine au bisulfite et réduit énergiquement le nitrate d'argent ammoniacal.

Traitée par le fer et l'acide acétique, elle donne des produits de réduction où dominent l'*aldéhyde* et l'*alcool butyliques* et où se trouvent de petites quantités d'alcool crotonylique.

Elle fixe HCl à froid et se transforme en *aldéhyde trichloro-butylique*; traitée par le brome, elle donne l'aldéhyde *α-γ-dichloro-α-β-dibromobutylique*, $CHCl^2-CHBr-CClBr-CHO$ (Natterer).

Elle s'unit au zinc-éthyle avec élévation de température [Natterer, *Mon. f. Chem.*, **5**, 567]. On obtient ainsi un liquide épais, que l'eau décompose avec formation d'hydrate de zinc, et qui, traité par l'acide sulfurique étendu, donne de l'*éthane* et un alcool $C^6H^{10}Cl^2O$ bouillant à 116-118° sous 20 millimètres de pression ·

$$CH^2Cl-CH=CCl . CHO + Zn(C^2H^5)^2$$
$$= CH^2Cl-CH-CCl-CH^2OZnC^2H^5$$
$$\underset{CH^2-CH^3}{\vert\qquad\vert}$$

et

$$CH^2Cl-CH-CCl-CH^2OZnC^2H^5$$
$$\underset{CH^2-CH^2}{\vert\qquad\vert} + 2H^2O$$

$$= Zn(OH)^2 + C^2H^6 + CH^2Cl-CH-CCl-CH^2OH$$
$$\underset{CH^2-CH^2}{\vert\qquad\vert}$$

Ch. Cloëz.

CROTONYLÈNE. — Le nom de *crotonylène* a été jusqu'ici appliqué au moins à deux carbures C^4H^6 isomériques (voyez ÉRYTHRÈNE, Suppl., **2**).

On doit réserver ce nom au *diméthylacétylène* $CH^3.C\equiv C.CH^3$ (butine 2), obtenu par M. Caventou [*C. R.*, **56**, 712] dans l'action de l'éthylate de sodium sur le butylène bromé.

Cet hydrocarbure distille vers 18°; il donne très aisément un *dibromure* bouillant vers 148-158°, mais il se transforme très difficilement en *tétrabromure* [*Bull. Soc. Chim.*, 1863, 162].

Cet hydrocarbure, agité avec de l'acide sulfurique (3 parties $SO^4H^2 + 1$ partie H^2O) à la température ordinaire, se transforme en hexaméthylbenzène; dans la partie liquide du produit on peut constater la présence de l'éthylméthylcétone [Almedingen, *Bull. Soc. Chim.*, (2), **37**, 493].

En traitant par la potasse alcoolique le produit de l'action du perchlorure de phosphore sur l'acétone $CH^3.CO.C^2H^5$, on peut, en modifiant les conditions d'expérience, obtenir soit le crotonylène, soit l'étylacétylène $CH^3.CH^2.C\equiv CH$ [Favorsky, *Bull. Soc. Chim.*, (2), **43**, 112].

Ch. Cloëz.

CROTONYLIQUE (ALCOOL). — L'alcool *crotonylique* ou *crotylique* prend naissance, en même temps que l'alcool butylique, dans l'action de l'hydrogène naissant, développé par l'acide acétique et la limaille de fer, sur l'aldéhyde crotonique (voyez ce mot).

Pour séparer ces alcools l'un de l'autre, on traite par le brome qui n'attaque pas l'alcool butylique, mais qui donne un *bromure*,

$$CH^3 . CHBr . CHBr . CH^2OH.$$

Ce bromure, traité par l'amalgame de sodium, se transforme en une huile bouillant à 117,5-120° qui possède la composition C^4H^8O de l'alcool crotonylique, mais qui renferme encore de l'alcool butylique, attendu qu'elle ne fixe que 88 0/0 de la quantité théorique de brome.

Le bromure d'alcool crotonylique distille sous 50 millimètres de pression à 120-130° en perdant HBr et donnant C^4H^7BrO.

L'eau le saponifie aisément en le transformant en *buténylglycérine*,

$$CH^3 . CHOH . CHOH . CH^2OH.$$

Si dans $5^{gr},7$ de cette glycérine on dissout à chaud $1^{gr},9$ d'iode et qu'on ajoute $0^{gr},3$ de phosphore, en ayant soin d'opérer constamment dans un courant d'acide carbonique, on obtient une huile qui bout à 131-133° et qui possède la composition de l'*iodure de crotonyle* ou *de crotyle* C^4H^7I. Son odeur rappelle celle de l'iodure d'allyle.

On a quelquefois considéré comme *chlorure d'isocrotyle* le composé $(CH^3)^2C=CHCl$, obtenu par l'action de la potasse alcoolique sur le chlorure d'isobutylène; ce corps est plutôt un butylène chloré et sera décrit sous ce nom; de même le *bromure d'isocrotyle* est un butylène bromé.

Ch. Cloëz.

CRUCITE (Min.) (Thomson). — Pseudomorphose de limonite d'après le mispickel, dans un grès silurien des environs de Dublin. Ce nom s'emploie aussi comme synonyme d'*andalousite*.

CRUSOCRÉATININE, $C^5H^8Az^4O$ [A. Gautier, *Bull. Soc. Chim.*, (2), **48**, 18]. — C'est une des leucomaïnes normalement contenues dans la chair de bœuf. Pour l'isoler, on épuise la viande hachée avec de l'eau acidulée par l'acide oxalique; on filtre, on fait bouillir la liqueur, on la filtre de nouveau et on l'évapore à 50° dans le vide. Il reste un résidu visqueux, qu'on reprend par l'alcool à 99°. La solution alcoolique fournit par addition d'éther un précipité qui renferme toute une série d'alcaloïdes que l'on parvient à isoler les uns des autres par l'emploi des dissolvants neutres, et notamment de l'alcool à des degrés divers de concentration.

La crusocréatinine est une des leucomaïnes les moins solubles dans l'alcool à 93 0/0.

Elle cristallise dans l'eau bouillante en cubes émoussés à facettes légèrement obliques. Elle est faiblement alcaline et légèrement amère; elle ne déplace ni le zinc de son acétate, ni l'oxyde mercurique de son nitrate, mais elle précipite à froid l'alumine.

En liqueur concentrée, le chlorure de zinc la précipite sous la forme d'une poudre qui cristallise par dissolution dans l'eau bouillante. L'acétate de cuivre ne la précipite ni à chaud, ni à froid.

Le chlorure mercurique fournit un précipité floconneux, abondant, partiellement soluble à chaud en se dissociant. Le chloromercurate de potassium, l'iodure de potassium ioduré ne la précipitent pas. Le phosphomolybdate de sodium donne un précipité jaune très volumineux.

Le *chlorhydrate* forme des aiguilles enchevêtrées, solubles et non déliquescentes. Le *chloroplatinate* est soluble et formé de pinceaux déliés.

Le *chloraurate* forme des grains cristallins peu solubles ; il se réduit à chaud.

CRYOSCOPIE. — M. Raoult a donné le nom de *cryoscopie* à l'étude des corps dissous, fondée sur l'observation de la température de congélation de leurs solutions.

Les expérimentateurs précédents, Blagden, Dufour, Rudorff [*Pogg. Ann.*, **114**, **116**], M. de Coppet [*Ann. Chim. Phys.* (4), **26**], s'étaient adressés uniquement à l'eau comme dissolvant, aux sels comme matières dissoutes. Or ce cas est justement compliqué par des phénomènes particuliers. M. Raoult a examiné les solutions des corps minéraux et organiques dans l'eau, les acides formique et acétique, le bromure d'éthylène, le benzène, le nitrobenzène, le phénol, le thymol et le naphtalène. Ces recherches l'ont conduit à poser les règles suivantes :

I. Lorsqu'on refroidit une solution étendue assez fortement pour y déterminer un commencement de congélation, la partie qui se solidifie la première est constituée par le dissolvant pur.

II. Tout corps solide, liquide ou gazeux, en se dissolvant dans un composé défini solidifiable, en abaisse le point de solidification.

III. Si un corps liquide est pur, la température reste constante pendant tout le temps de la solidification. S'il est impur, sa température baisse depuis le commencement jusqu'à la fin.

Des règles précédentes il résulte que, de deux échantillons d'un même corps, le plus pur est celui dont la solidification commence à la température la plus élevée. Ainsi se trouve légitimée la méthode de purification des corps par congélations fractionnées.

RELATION ENTRE LE POINT DE CONGÉLATION D'UNE SOLUTION ET LE POIDS MOLÉCULAIRE DU CORPS DISSOUS. — Il résulte encore des expériences de M. Raoult que, pour les solutions peu concentrées, l'abaissement du point de congélation d'un dissolvant déterminé est proportionnel à la quantité de substance dissoute et inversement proportionnel au poids moléculaire de cette substance. Cette loi est d'autant plus exacte que les dissolutions sont plus étendues. Nous allons la préciser par quelques explications et montrer comment elle peut servir à la détermination des poids moléculaires.

Soit C la différence entre le point de congélation d'un dissolvant pur et le point de congélation de ce dissolvant quand on y a dissous P grammes 0/0 d'un autre corps (P *grammes de ce corps dans* 100 *grammes de dissolvant*).

Nous appellerons *coefficient d'abaissement* le rapport $\frac{C}{P}$. M. Raoult, à la suite d'un grand nombre d'observations, a construit des courbes donnant $\frac{C}{P}$ (ordonnées) en fonction de C (abscisses).

C a varié habituellement de 0° à 5° centigrades.

Ces courbes présentent toutes à l'origine une partie curviligne indiquant une diminution exceptionnellement rapide de $\frac{C}{P}$ quand C croît, puis une partie très sensiblement rectiligne.

Si on prolonge cette partie rectiligne jusqu'au point de rencontre avec l'axe des $\frac{C}{P}$, l'ordonnée de ce point $\left(\frac{C}{P}\right)_0$ s'appelle *coefficient d'abaissement à l'origine*.

On appelle *abaissement moléculaire* le produit du coefficient d'abaissement à l'origine par le poids moléculaire M du corps dissous.

LOI DE RAOULT. — *Pour un même dissolvant, les abaissements moléculaires des différents corps se groupent autour d'un nombre très restreint de valeurs* K_1, K_2, ..., *et fréquemment autour d'une seule* :

$$(1) \qquad M = K \left(\frac{P}{C}\right)_0 .$$

Cette loi a été établie par M. Raoult à la suite d'observations très variées. M. de Coppet avait précédemment établi que les sels de même constitution en solutions aqueuses présentent à peu près le même abaissement moléculaire. On trouvera plus loin les valeurs de K pour divers dissolvants.

APPLICATION A LA DÉTERMINATION DES POIDS MOLÉCULAIRES. — Si dans la formule

$$M = K \left(\frac{P}{C}\right)_0$$

on connaît K. en déterminant $\left(\frac{P}{C}\right)_0$ ou aura M.

$\left(\frac{C}{P}\right)_0$ peut se calculer à l'aide de deux observations correspondant à des parties rectilignes de la courbe :

$$\left(\frac{C}{P}\right)_0 = \frac{C'' \frac{C'}{P'} - C' \frac{C''}{P''}}{C'' - C'} .$$

Remarque. — Dans la plupart des cas, une seule observation dans le voisinage de 1 degré d'abaissement suffira.

En substituant cette valeur $\left(\frac{C}{P}\right)_1$ à la valeur $\left(\frac{C}{P}\right)_0$ dans la formule (1), l'erreur commise dans l'évaluation de M est au plus de $\frac{1}{30}$ pour les matières minérales, $\frac{1}{60}$ pour les matières organiques. C'est là un résultat expérimental.

Il est des cas cependant où il est absolument nécessaire de prendre l'abaissement à l'origine ; par exemple, *quand il s'agira d'alcools dissous dans le benzène*.

DÉTERMINATION DE L'ABAISSEMENT C. — *Appareil et marche d'une opération.* — On prendra environ 50 centimètres cubes de dissolvant.

Quant au corps dissous, si sa solubilité (dans le voisinage du point de congélation) le permet, on en prendra une quantité telle que l'abaissement observé C soit voisin de 1°. Si l'on fait C = 1 dans la formule (1), on trouve

$$P = \frac{M}{K} ,$$

c'est-à-dire que dans 100 grammes de dissolvant on mettra $\frac{M}{K}$ grammes du corps à étudier.

Si l'on ne peut réaliser cette concentration, on dissout une quantité telle, que l'abaissement ne soit pas trop faible. Pour les matières organiques, par exemple, on a souvent de très bons résultats, même avec des abaissements de 0°,1 à 0°,2.

Le tout sera placé dans une éprouvette en verre parfaitement nettoyée, ayant, par exemple, 3 centimètres de diamètre intérieur sur 18 de hauteur.

Le thermomètre doit avoir des dimensions correspondant à celles de l'éprouvette. Chaque degré doit être divisé en 20 parties au moins, ce qui permet d'apprécier le $\frac{1}{200}$ de degré.

L'éprouvette en verre A est placée dans une deuxième B, en verre ou en métal, un peu plus large que A. Une bague en caoutchouc forme, à la partie supérieure de A, un rebord sur lequel elle repose sans toucher le fond de B. On peut d'ailleurs, si l'on y tient, la maintenir par un support ordinaire. L'ensemble A B est placé dans une marmite en fonte où se trouve l'eau froide, la glace ou le mélange réfrigérant.

On agitera constamment, surtout quand on arrivera à la fin de l'opération. C'est là une condition essentielle pour réussir. Le meilleur procédé est d'utiliser le thermomètre comme agitateur. A cet effet on serre autour de la tige un fil de platine dont les bouts serviront à supporter une toile de platine enroulée en spirale. La tige du thermomètre passe à frottement dur dans un bouchon fixé au centre d'une roue horizontale mobile à l'aide d'un engrenage quelconque. La roue, en tournant, entraîne le thermomètre et la toile [Raoult, *C.R.*, 1892].

Si toutefois on n'est pas en possession de cet outillage, on ferme l'éprouvette A par un bouchon de caoutchouc percé de trois trous. Celui du milieu maintient le thermomètre ; les deux autres portent deux petits tubes de verre : dans l'un passe un agitateur, simple fil de platine tordu en spirale perpendiculairement à lui-même. On le fera monter et descendre à l'aide de la main.

On commencera par déterminer le point de congélation du dissolvant seul.

Ce dernier, préalablement refroidi à une température surpassant un peu son point de congélation, est placé dans l'éprouvette. L'agitateur est mis en mouvement. Le thermomètre descend progressivement. Quand on arrive au voisinage du point de congélation, la vitesse de refroidissement ne doit pas excéder 1° en cinq minutes. La surfusion se produit toujours. On arrive ainsi à 4 ou 5 dixièmes de degré au-dessous du point de congélation. On fait alors cesser la surfusion en introduisant, à l'aide d'un fil de platine, par le tube traversant le bouchon de l'éprouvette, une trace du dissolvant solide. On a placé à cet effet une petite quantité de dissolvant dans un tube à essai plongeant directement dans le mélange réfrigérant.

Le thermomètre remonte d'abord vite, puis lentement. Il arrive à un maximum, où il doit se tenir pendant une demi-minute au moins. C'est ce maximum qu'on observe avec une lunette et qui est pris pour point de congélation du dissolvant pur. La lunette est utile pour évaluer avec exactitude la dixième partie d'une division. Au bout de quelque temps, le thermomètre baisse.

On recommence toutes ces opérations avec la solution (qu'on peut faire dans l'appareil même en introduisant le corps à dissoudre dans l'éprouvette A et agitant un peu). La différence entre les points de congélation ainsi trouvés pour le dissolvant pur et pour la solution est l'abaissement C du point de congélation.

La glace doit toujours se produire au milieu de la masse sous la forme de paillettes s'agitant dans tous les sens. Si l'agitation est insuffisante ou le refroidissement trop rapide, la glace se produit contre les parois : il faut recommencer.

De plus, le mélange réfrigérant ne doit pas être à une température beaucoup plus basse que le point de congélation à observer (quelques degrés environ).

L'appareil décrit ici est un des plus simples. Il est très suffisant pour le genre de recherches dont il s'agit. On trouvera d'autres dispositifs, indispensables pour établir les lois de la cryoscopie, mais plus compliqués qu'il ne faut pour trouver des poids moléculaires au vingtième près, dans l'*Agenda du Chimiste pour* 1888, dans le mémoire de M. Raoult *Sur les progrès de la*

Cryoscopie (Grenoble), dans celui de M. Eykmann [*Zeit. physik. Chem.*, **4**, (5), 498].

Les dimensions données pour l'appareil le sont à titre de simple renseignement. M. Eykmann, par exemple, a opéré sur 8 centimètres cubes seulement de dissolvant. Mais il faut alors un thermomètre spécial, car la quantité de glace formée doit être négligeable vis-à-vis du reste et il doit cependant s'en former assez pour réchauffer le thermomètre jusqu'au véritable maximum.

Pour les substances qui, comme le naphtalène, se solidifient à haute température, les mesures sont plus délicates. Le thermomètre doit avoir été habitué à la température de l'expérience, et il faut tenir compte de ce que toute la tige n'est pas immergée. De l'eau chaude circulant plus ou moins vite dans un serpentin remplacera le mélange réfrigérant.

Valeur des abaissements moléculaires K. — Les quantités C et P étant données par l'expérience, on peut calculer le poids moléculaire M du corps dissous au moyen de la formule

$$M = K\frac{P}{C},$$

lorsqu'on connaît la valeur de K pour le dissolvant employé. Dans l'acide acétique, le benzène et l'eau, les valeurs de K sont les suivantes, d'après M. Raoult :

Acide acétique. — Pour un abaissement de congélation compris entre 0° et 4°, toutes les courbes $\frac{C}{P}$, C se confondent avec une ligne droite.

Pour presque tous les corps l'abaissement moléculaire est voisin de 39 :

$$K_1 = 39.$$

Il en est ainsi pour les matières organiques, les acides minéraux faibles, l'eau, les acétates des alcaloïdes et des métaux alcalins, les chlorures minéraux anhydres. C'est la valeur normale.

Pour les acides sulfurique et chlorhydrique, l'acétate de magnésium, on a un abaissement moléculaire anormal

$$K_2 = 19,$$

c'est-à-dire sensiblement $\frac{K}{2}$. Ce fait est général.

Quand il y a plusieurs valeurs de K, elles sont des multiples simples les unes des autres. M. Raoult explique les valeurs anormales de K par la polymérisation des corps dissous.

Benzène. — On a deux valeurs de K : une normale

$$K_1 = 49.$$

Elle est produite par les chlorures métalloïdiques, les composés organométalliques, les composés organiques non hydroxylés, tous les phénols, sauf le phénol ordinaire et les alcools. Pour ces derniers il est nécessaire de calculer exactement l'abaissement à l'origine.

Pour tous les acides renfermant le groupe CO.OH,

$$K_2 = 25.$$

Eau. — Les résultats sont, comme nous l'avons dit, plus complexes. Il y a un nombre de valeurs de K plus grand que pour tout autre dissolvant :

$$K_1 = 18,5$$

pour les matières organiques, les bases faibles ou les acides faibles. C'est la valeur normale.

Pour les sels à radicaux monovalents ou bivalents, on appliquera la règle suivante :

L'abaissement moléculaire d'un sel à acide fort ou à base forte dissous dans l'eau est égal à la somme des abaissements moléculaires de ses ions. Ces abaissements sont :

Pour Cl, OH, AzO^3......... 19 univalents.
— SO^4, CrO^4, CO^3...... 9 bivalents.
— H, K, Na, AzH^4....... 18 univalents.
— Ba, Mg, Zn........... 8 bivalents.

Les résultats ainsi calculés s'accordent en général à $\frac{1}{20}$ près avec les résultats observés.

Quant aux sels dont la base et l'acide sont tous deux faibles, les abaissements sont plus petits qu'on ne s'y attendrait. (Voir à la fin de l'article la théorie de M. Arrhenius.)

CHOIX DU DISSOLVANT. — La nature du dissolvant est déterminée par celle du corps à dissoudre.

C'est l'acide acétique qui sera généralement le plus avantageux dans le cas des matières organiques. Dans ce cas le phénol pourra aussi être utilisé : son pouvoir dissolvant est considérable et sa constante élevée permet d'opérer avec de petites quantités du corps à étudier.

Pour obtenir les poids moléculaires des métaux, MM. Tammann, Heycock et Neville ont employé le sodium, le mercure et l'étain. Leurs résultats sont intéressants, mais non encore définitifs [Tammann, *Zeit. physik. Chem*, 1889. — Heycock et Neville, *Chem Soc.* 1889, 157; 1890, 386].

Le tableau ci-après donne les abaissements moléculaires normaux pour un certain nombre de corps, d'après MM. R. (Raoult), Rs. (Ramsay), E. (Eykman), H. N. (Heycock et Neville), T. (Tammann) :

ABAISSEMENTS MOLÉCULAIRES NORMAUX.

Dissolvants.	Abaissements.	
Eau (matières organiques)........		18,5 R.
Bromure d'éthylène..............		119,0 R.
Alcool cétylique.................		59,7 E.
Acétoxime....................		52,9 E.
Acide formique................		29,0 R.
— acétique..................		39,0 R.
— caprique..................		44,7 E.
— laurique..................		44,0
— palmitique................		44,0
— stéarique.................		42,5
Benzène.....................		49,0 R.
Hiphényle...................		79,4 E.
Diphénylméthane..............		65,6 E.
Naphtalène.............	74,0 R.	69,0 E.
Nitrobenzène.................		73,0 R.
Phénol..............	67,5 R.	72,0 E.
P-bromophénol................		98,0 E.
P-crésol....................		69,6 E.
Thymol....................		73,9 E.
Anétbol....................		61,2 E.
Benzophénone...............		87,8 E.
Acide phénylpropionique.........		82,6 E.
P-toluidine............	53,0 R.	51,1 E.
Diphénylamine.........	85,7 R.	88,0 E.
Azobenzène..................		77,6 E.
Bromure stannique..............		278,0 R.
Étain.....................		287,0 H. N.
Mercure....................		425,0 T.
Sodium....................		90,0 T. H. N.
Acide hypoazotique.............		41,0 Rs.

Les abaissements moléculaires normaux donnés par M. Raoult (surtout pour l'eau, le bromure d'éthylène, l'acide acétique, le benzène) ont été confirmés par un grand nombre d'expérimentateurs et ont été universellement employés.

Exceptions. — Elles sont de plusieurs natures :

Les valeurs normales de K cessent de convenir dans certaines circonstances, notamment :

Dans l'eau, pour les acides forts, les bases fortes, les sels.

Dans le benzène, pour les acides vrais (– CO^3H).

Dans l'acide acétique, pour les acides minéraux forts.

Dans ces divers cas, les valeurs normales de K devraient être remplacées, comme nous l'avons dit, par des sous-multiples. En employant la valeur normale, on pourra donc trouver un multiple du poids moléculaire vrai.

Pour écarter cette erreur, on opère avec plusieurs dissolvants et on choisit le plus petit des nombres trouvés.

On peut, comme moyen de contrôle, recourir à des procédés indirects. Par exemple, pour déterminer le poids moléculaire des acides, on peut les faire passer à l'état d'éthers neutres qu'on dissout dans le benzène ou dans l'acide acétique. Des poids moléculaires des éthers on déduit ceux des acides générateurs.

Il arrive quelquefois que l'abaissement du point de congélation est trop petit ; on aurait même observé des élévations. Ce dernier point reste douteux. M. Van 't Hoff a étudié le premier cas. Il se présente fort rarement et seulement quand le dissolvant et le corps dissous sont isomorphes. La première loi de M. Raoult est en défaut, les cristaux séparés par un commencement de cristallisation contiennent les deux substances (thiophène et benzène, m-crésol et phénol, antimoine et étain, β-naphtol et naphtalène) [*Bull. Soc. Chim.*, (3), 5, 932].

Voir aux essais de théorie le cas des solutions très étendues.

CAS OÙ LE CORPS DISSOUS SE COMBINE AU DISSOLVANT. — Cela n'empêche nullement l'application de la méthode sans correction si les liqueurs sont suffisamment étendues.

Soient M le poids moléculaire du corps dissous, M_1 celui du dissolvant, $M + nM_1$ celui de la combinaison.

On sait, d'après les données fondamentales, que toutes les courbes $\frac{C}{P}$, C ont une partie rectiligne.

Il en sera de même de celle relative au corps $M + nM_1$, et, d'après la règle, son ordonnée à l'origine sera $\frac{K}{M + nM_1}$, K étant la constante relative du dissolvant.

Cette droite a donc pour équation

$$(A) \qquad \frac{C}{P} = aC + \frac{K}{M + nM_1}.$$

a étant une constante indépendante de C et de P.

Or, supposons qu'on ait dissous p grammes du corps M dans 100 grammes du dissolvant. Il s'est formé $p\left(1 + n\frac{M_1}{M}\right)$ grammes de combinaison dissous dans $100 - np\frac{M_1}{M}$ grammes de dissolvant. La quantité pour 100 de la combinaison est P_1, avec

$$P_1 = \frac{100\, p\left(1 + n\dfrac{M_1}{M}\right)}{100 - np\dfrac{M_1}{M}}.$$

L'abaissement correspondant observé est C_1.

Les quantités C_1 et P_1 doivent satisfaire à l'équation A. Donc

$$C_1\, \frac{100 - np\dfrac{M_1}{M}}{100\, p\left(1 + n\dfrac{M_1}{M}\right)} = aC_1 + \frac{K}{M + nM_1}$$

ou

$$\frac{C_1}{p}\, M = \left[a(M + nM_1) + \frac{nM_1}{100}\right] C_1 + K.$$

D'où il résulte que la courbe $\frac{C_1}{p}$, C_1 est aussi une droite, que son ordonnée à l'origine est $\frac{K}{M}$ et que, par suite, les calculs faits sans tenir compte de la combinaison donnent le poids moléculaire cherché quand on utilise l'ordonnée à l'origine. Comme précédemment, avec des abaissements suffisamment faibles, on pourra se dispenser de calculer cette ordonnée dans la plupart des cas.

LOI DES MÉLANGES. — ÉQUILIBRES CHIMIQUES. — Lorsque plusieurs corps sans action chimique l'un sur l'autre sont dissous dans un même liquide, chacun agit comme s'il était seul. L'abaissement C du point de congélation est la somme des abaissements partiels que chacun de ces corps produirait isolément à la température de congélation du mélange s'il existait seul, et cela à $\frac{1}{70}$ près.

Pour calculer ces abaissements partiels, il faudra avoir construit les courbes donnant $\frac{C}{P}$ en fonction de C pour chacun des corps susceptibles de se trouver en solution. On cherchera quelle est l'ordonnée correspondant à l'abaissement total C. Cette ordonnée A sera multipliée par la quantité pour 100 du corps existant en solution.

Soit, par exemple, à étudier l'action de 1 molécule-gramme d'acide chlorhydrique sur 1 molécule d'acétate de sodium en présence de 100 grammes d'eau.

L'abaissement total observé C se compose : 1° de l'abaissement dû à l'acide et au sel qui n'ont pas réagi. Soit x la fraction de molécule-gramme d'acide restée inaltérée. Ce premier abaissement est

$$x\,(36,5\,A_1 + 82\,A_2).$$

2° Il y a en outre l'abaissement dû au chlorure de sodium et à l'acide acétique formés, qui est

$$(1 - x)\,(58,5\,A_3 + 60\,A_4),$$

d'où l'équation

$$C = (36,5\,A_1 + 82\,A_2)\,x + (1 - x)\,(58,5\,A_3 + 60\,A_4).$$

Connaissant C et les A, on tire x.

Les résultats ainsi trouvés s'accordent complètement avec ceux découverts par M. Berthelot à l'aide des mesures calorimétriques.

M. Raoult a étudié ainsi le partage des bases et des acides, l'action de l'eau sur les sels doubles, sur l'acide tartrique racémique, etc.

En résumé, la méthode cryoscopique peut donner les poids moléculaires de tous les corps qui ont un dissolvant solidifiable; mais on l'emploie particulièrement pour ceux dont la densité de vapeur ne peut être prise ou ne fournit pas de renseignements très nets (hydrate de chloral, perchlorure de phosphore).

CAS OU LE CORPS N'A PAS DE DISSOLVANT SOLIDIFIABLE. — M. Nernst est arrivé par d'ingénieuses recherches théoriques et expérimentales aux résultats suivants : Soient deux liquides A et B, A se dissolvant peu dans B, et réciproquement. L'addition d'un corps a, soluble en A et pas en B, diminue la solubilité de A dans B. Si on sature B de A, son point de congélation est abaissé; mais si on ajoute a, B dissolvant moins de A que précédemment, la congélation de B saturé de A en présence de a se fera à une température moins basse. Or le relèvement moléculaire du point de congélation est constant pour deux liquides déterminés. C'est ainsi que, pour l'éther et l'eau, on trouve 3,06 expérimentalement. En sorte que si M est le poids moléculaire de a, m le nombre de grammes de a dissous dans 100 grammes d'éther, t le relèvement du point de congélation de l'eau saturée d'éther,

$$M = 3,06\,\frac{m}{t}\cdot$$

Pour le dispositif expérimental, voyez Nernst, *Zeit. physik. Chem.*, **6**, 16.

Enfin la cryoscopie peut être utilisée en vue de fournir des renseignements sur la constitution des corps. L'abaissement moléculaire dépend en effet de la fonction. Nous avons vu l'influence de la basicité pour l'eau, des groupes oxhydryles pour le benzène [Eykmann, *Zeit. physik. Chem.*, 1889, 509.]

Remarque. — Quand la solubilité des corps, faible à froid, est notable à chaud, on remplacera la cryoscopie par l'étude des tensions de vapeur (voyez ÉBULLIOSCOPIE).

ESSAIS DE THÉORIE. — M. Raoult, en calculant l'abaissement produit par la dissolution de 1 molécule d'un corps dans 100 molécules d'un autre corps, était arrivé à des nombres très voisins pour les divers dissolvants. Il en avait conclu que, pour les substances organiques tout au moins, cet abaissement est indépendant de la nature du corps, et toujours voisin de 0°,62. Mais il fit remarquer que l'eau ne satisfait pas à cette règle. Depuis, MM. Eykmann, Heycock et Neville ont signalé d'autres exceptions. M. Raoult pense qu'elles résultent de la polymérisation de certains dissolvants au moment du changement d'état. Quoi qu'il en soit, elles s'opposent à ce que l'on puisse déduire de cette loi empirique la valeur de l'abaissement moléculaire K pour un dissolvant quelconque.

Il n'en est pas de même de la loi suivante, due à M. Van 't Hoff.

S'appuyant sur la loi qu'il admet pour les pressions osmotiques, M. Van 't Hoff est arrivé, en appliquant les principes de la thermodynamique, à montrer que, lorsque la dilution de la solution croît indéfiniment, l'abaissement moléculaire doit tendre vers une limite égale à

$$\frac{0,1976\ T^2}{L},$$

T étant la température absolue de fusion du dissolvant pur, L sa chaleur latente de fusion. Il s'ensuit que la constante normale K serait

$$\frac{0,1976\ T^2}{L}$$

[*Ac. Sc. de Stockholm*, **20**, 1; *Zeit. physik. Chem.*, **1**, 981, etc.].

En réalité, l'expérience montre que, la dilution augmentant indéfiniment, les courbes $\frac{C}{P}$, C remontent très rapidement, surtout pour les dissolutions salines.

Négligeons pour l'instant ces dilutions extrêmes pour ne considérer que la partie rectiligne de la courbe représentant le phénomène normal, supposée prolongée jusqu'à l'axe des ordonnées.

L'accord des nombres calculés par la formule de M. Van 't Hoff avec ceux donnés par l'expérience est très satisfaisant, comme on peut le voir dans le tableau ci-après. Cependant là aussi quelques irrégularités se manifestent. Ces anomalies disparaîtront peut-être à la suite d'études plus approfondies.

Pour quelques corps (bromure d'éthylène, acide hypoazotique), la constante K a été connue avant la chaleur L. On a calculé cette dernière par la formule, et l'expérience a vérifié complètement le nombre trouvé. M. Eykmann a depuis calculé ainsi un certain nombre de chaleurs latentes [*Zeit. physik. Chem.*, **3**, 203] :

Dissolvant.	Abaiss[t] moléculaire		Abaiss[t] et 1-1 mol. dans 100 mol.
—	observé.	calculé.	
Eau....................	18,5 R.	18,7	1,02
Bromure d'éthylène.....	119,0 R.	119,0	0,63
Acide formique........	29,0 R.	27,7	0,63
— acétique..........	39,0 R.	38,6	0,65
Benzène..............	49,0 R.	50,0	0,63
Biphényle	79,4 E.	81,0	0,51
Naphtalène.....74,0 R.	69,0 E.	69,4	0,58 / 0,54
Nitrobenzène..........	73,0 R.	68,6	0,59
Phénol........67,5 R.	72,0 E.	77,0	0,72 / 0,76
Thymol.......92,0 R.	73,9 E.	»	0,61 / 0,49
P-toluidine.... 53,0 R.	51,0 E.	49,0	0,50 / 0,48
Diphénylamine. 85,7 R.	88,0 E.	98,6	0,51 / 0,52
Bromure stannique.....	278,0 R.	251,0	0,64
Étain	287,0 H.N.	354,0	2,43
Sodium	90,0 H.N.	360,0	3,9
Acide hypoazotique.....	41,0 Rs.	42,6	0,46

Il existe donc un accord remarquable entre les nombres calculés par la formule de M. Van 't Hoff et les données de l'expérience. Reste à expliquer les anomalies. Nous avons vu d'abord qu'un même dissolvant peut fournir plusieurs valeurs de K. Parmi celles-ci, une est normale, habituelle, et correspond au nombre de M. Van 't Hoff. Les autres sont des sous-multiples de la valeur normale. Il suffit, pour les expliquer, d'admettre des associations de molécules. Par exemple, si les molécules du corps dissous s'associent deux à deux, l'abaissement moléculaire observé sera moitié de ce qu'il serait normalement, puisque le poids moléculaire du corps existant réellement en solution est le double de ce qu'il devrait être.

Solutions étendues. — Dans certains cas, au contraire, notamment celui des électrolytes en solution aqueuse étendue, les abaissements observés sont trop grands, et cela d'autant plus que les solutions sont plus étendues. M. Arrhenius [*Mém. Ac. Stock.*, 1887 ; *Zeit. physik. Chem.*, **1**, 631 ; **2**, 491 ; **5**, 1] a émis l'hypothèse que les électrolytes en solution aqueuse sont dissociés partiellement en leurs ions, et que la dissociation croît avec la dilution. A l'appui de cette manière de voir, il fait remarquer que les propriétés de ces dissolutions se calculent très bien en faisant la somme de ce qui est relatif à chacun des ions. En admettant la loi de M. Van 't Hoff, on peut même calculer, d'après les abaissements anormaux, le nombre de molécules dissociées et comparer le résultat avec celui que l'on déduit de l'étude des conductibilités électriques des mêmes solutions. L'accord est, en général, satisfaisant.

Les partisans de cette explication font remarquer que les anomalies des solutions aqueuses des électrolytes données par la cryoscopie se retrouvent quand on étudie leurs tensions de vapeur, tandis que les mêmes corps dissous dans l'alcool obéissent aux lois générales des tensions de vapeur. La dissociation augmentant le nombre des êtres chimiques distincts existant dans la solution, les abaissements sont plus grands qu'on ne devrait s'y attendre : de là les anomalies.

Les adversaires de M. Arrhenius, MM. Traube, Pickering, etc., ont opposé à ces considérations le fait que les solutions aqueuses ne sont pas les seules à présenter des anomalies de ce genre. D'après M. Pickering [*D. ch. G.*, **25**, 3434], les courbes fournies par l'étude cryoscopique des solutions benzéniques étendues des non-élec-

trolytes rappellent tout à fait celles que donnent les solutions aqueuses des électrolytes. Les solutions aqueuses de sucre présenteraient des particularités du même genre (voir aussi Raoult, *C. R.*, 1892, 19).

Tous ces faits sont encore l'occasion de controverses nombreuses, et il serait prématuré d'adopter ou de rejeter les théories de M. Arrhenius [Consulter Planck, *Zeit. physik. Chem.*, **1**, 577. — Duhem, *Journal de Physique*, 1887, 1888, etc.]. It. Lespieau.

CRYPHIOLITE (Min.) (Scacchi). — Variété calcifère de waguérite, $PO^4(Mg, Ca)^2Cl$, trouvée au au Vésuve, éruption de 1872.

CRYPTOHALITE (Min.) (Scacchi). — Probablement fluosilicate d'ammonium,

$$2\,AzH^4Fl\,.\,SiFl^4.$$

Petits cristaux dodécaédriques roses, déliquescents, avec sel ammoniac. Éruption de 1872 au Vésuve.

CRYPTOPERTHITE (Min.) (Brügger). — Association pegmatoïde submicroscopique des feldspaths orthose et albite.

CRYPTOPINE, $C^{21}H^{23}AzO^5$ (voyez Dict., **2**, 621). — D'après MM. Brown et W. H. Perkin jun. [*Proc. Chem. Soc.*, 1891, 166 ; *D. chem. G.*, **25**, *Réf.*, 748], la cryptopine, oxydée par le permanganate de potassium en solution alcaline, fournit de l'acide m-hémipinique. En outre, il ne contiendrait pas dans sa molécule d'autres groupements méthoxyle que ceux qui font partie du noyau m-hémipinique.

CRYPTOTILE (Min.) (Sauer). — Silicate d'aluminium hydraté,

$$Si\,O^4AlH \quad ou \quad Al^2O^3\,.\,H^2O\,.\,2\,SiO',$$

en masses fibreuses.

CUBÈBE. — La proportion d'huile essentielle que l'on peut retirer du poivre cubèbe en le distillant avec de l'eau est de 6 à 15 0/0 ; cette essence est formée : 1° par un peu d'un terpène $C^{10}H^{16}$ bouillant à 158-163° ; 2° par un sesquiterpène $C^{15}H^{24}$; 3° par un carbure bouillant à 262-263°, qui ne se combine pas à l'acide chlorhydrique [Oglialoro, *D. chem. G.*, **8**, 1357].

Cubébine, $C^{10}H^{10}O^3$. — Elle se trouve dans la proportion de 0,40 à 2,50 0/0 dans le cubèbe. Elle fond à 125° (Weidel) : à 12°, 100 parties d'alcool absolu en dissolvent 1[r],31 ; la cubébine est soluble aussi dans le chloroforme et dans le benzène. L'acide azotique la transforme en acide oxalique et en acide picrique.

Par l'action du brome sur une solution chloroformique de cubébine, on obtient un composé cristallin $C^{10}H^7Br^3O^3$.

Oxydée par une solution alcoolique bouillante de permanganate de potassium à 3 0/0, elle donne de l'acide carbonique, de l'acide oxalique et de l'acide *pipéronylique*,

$$CH^2 <{}^{O-C}_{O-C}> \overset{CH}{\underset{CH}{\bigcirc}} {}^{C-CO^2H}_{CH}$$

Chauffée à 140° avec de l'anhydride acétique et de l'acétate de sodium, elle perd de l'eau et se convertit en un *anhydride* $C^{20}H^{18}O^5$, qui cristallise dans l'alcool en aiguilles fusibles à 78°. Chauffée avec les acides iodhydrique ou chlorhydrique, elle ne donne ni iodure ni chlorure alcoolique. Fondue avec de la potasse, la cubébine fournit de l'acide carbonique, de l'acide acétique et de l'acide protocatéchique.

On peut conclure que la cubébine est un dérivé méthylénique de la pyrocatéchine ; qu'elle renferme une chaîne latérale contenant C^3H^5O, que l'oxydation transforme en carboxyle ; enfin que cette chaîne latérale occupe, par rapport aux 2 atomes d'oxygène de la méthylène-protocatéchine, la même position que le carboxyle protocatéchique par rapport aux deux hydroxyles de ce dernier corps [Pomeranz, *Bull. Soc. Chim.*, (2), **49**, 231].

Il reste à fixer la nature du chaînon latéral C^3H^5O : or la cubébine, chauffée au bain-marie avec du chlorure de benzoyle, se transforme en un *dérivé monobenzoylé*,

$$C H^2 = O^2 = C^6 H^3 - C^3 H^4 - O - C^7 H^5 O,$$

qui cristallise dans l'alcool en fines aiguilles soyeuses fusibles à 147°,5, facilement solubles dans le benzène ; il résulte de ce fait que la cubébine contient un oxhydryle alcoolique et qu'on peut la représenter par la formule

$$C H^2 \left\langle \begin{matrix} O - C \\ O - C \end{matrix} \right. \bigcirc \begin{matrix} CH \\ C - C^3 H^4 - OH \\ CH \\ CH \end{matrix}$$

L'anhydride auquel elle donne naissance peut être représenté par la formule

$$\left[C H^2 \left\langle \begin{matrix} O - C \\ O - C \end{matrix} \right. \bigcirc \begin{matrix} CH \\ C - C^3 H^4 \\ CH \\ CH \end{matrix} \right]^2 O$$

[Pomeranz, *Bull. Soc. Chim.*, (2), **50**, 431].

Nitrocubébine, $C^{10}H^9(AzO^2)O^3$. — Elle se produit par l'action de l'acide azoteux sur une solution éthérée de cubébine. Elle forme des aiguilles jaunâtres qui se dissolvent dans la potasse avec une coloration violette (Weidel).   E. Burcker.

CUIVRE. — *Poids atomique.* — La décomposition du sulfate de cuivre par la chaleur a conduit M. Baubigny au nombre 63,406 pour le poids atomique du cuivre [*C. R.*, **97**, 906]. D'après la quantité d'argent déplacée par le cuivre, les équivalents de ces métaux sont 107,675 et 31,718, soit pour le poids atomique du cuivre 63,436 [Th. W. Richards, *Am. Journ.*, **10**, 187]. La détermination des équivalents électrolytiques de ces métaux a conduit au rapport Ag : Cu = 1 : 3,4, ce qui donne pour le rapport des poids atomiques 1 : 1,7, rapport qui est aussi celui des poids atomiques du sodium (23) et du potassium (39,1) [W. N. Schaw, *Philos. Mag.*, **23**, 138].

Cuivre réduit. — Le cuivre obtenu en réduisant l'oxyde par l'hydrogène retient toujours des gaz occlus ; c'est pourquoi M. Th. Weyl préfère effectuer cette réduction par la vapeur d'acide formique lorsque le cuivre réduit doit être employé pour les analyses organiques. L'opération terminée, on fait passer un courant de gaz carbonique dans l'appareil durant le refroidissement [Weyl, *D. chem. G.*, **15**, 1139].

Le cuivre déposé de ses solutions par le zinc se présente avec des caractères différents suivant la nature de l'acide du sel. Les sels à acides énergiques fournissent un dépôt pulvérulent brun-marron ou presque noir ; ceux à acides faibles, un dépôt fortement adhérent, d'un jaune laiton ; enfin les sels légèrement alcalins, un dépôt adhérent rouge. En observant le dépôt de cuivre sur le zinc dans une solution d'acétate de cuivre (ou de for-

miate, de picrate, enfin de sulfate cuprammonique), M. A. Destrem a remarqué que la lame de zinc subit d'abord une augmentation de poids, tandis qu'il devrait y avoir diminution, le poids du zinc devant entrer en solution étant supérieur à celui du cuivre déposé ; ce n'est que dans la suite qu'on observe cette diminution de poids ; l'augmentation produite au début doit donc être attribuée à la production d'un alliage, c'est-à-dire à un dépôt de cuivre sans dissolution de zinc [*C. R.*, **106**, 489].

Le cuivre électrolytique fourni par une solution d'azotate de cuivre additionnée d'acide citrique, mais sans excès d'acide azotique, renferme par gramme 0,00938 de carbone et 0,00104 d'hydrogène, 0gr,9688 de cuivre et 0,0191 à 0,0221 d'azote, mais point d'oxydule. C'est un dépôt de couleur claire, facile à pulvériser. Il est beaucoup moins altérable à l'air que celui fourni par l'acétate ; ce dernier dépôt, qui constitue le cuivre *allotropique* de M. Schützenberger, renferme aussi du carbone et de l'hydrogène, mais pas d'azote [Mackintosh, *Chem. News*, **44**, 279].

Propriétés chimiques. — Quoique inaltérable à l'air et sans action sur l'eau et sur l'acide sulfurique étendu, le cuivre se dissout lentement dans cet acide au contact de l'air, et on peut constater dans la solution la présence de peroxyde d'hydrogène ; la formation de celui-ci et du sulfate de cuivre s'explique par l'équation

$$Cu + SO^4 \boxed{H^2 + O^2} = SO^4 Cu + H^2 O^2 ;$$

mais le cuivre décomposant le peroxyde d'hydrogène en limite la production, et le métal continue à se dissoudre sans dégagement d'oxygène. La dissolution du cuivre dans le carbonate ammonique à l'air s'explique d'une manière analogue [Mor. Traube, *D. chem. G.*, **18**, 1887].

L'action du cuivre sur le gaz hydrogène sulfuré *pur* est nulle ; mais il n'en est pas de même en présence de l'air et il se forme alors rapidement un dépôt de sulfure de cuivre. Si l'on introduit 1 ou 2 grammes de cuivre en poudre fine dans une cloche à gaz contenant un mélange de 1/3 d'hydrogène sulfuré et de 2/3 d'oxygène, il noircit instantanément, devient incandescent et détermine alors l'explosion du mélange gazeux. L'expérience peut se faire en plaçant le cuivre au fond d'un tube à essai dans lequel on dirige un courant d'hydrogène sulfuré, et de temps en temps quelques bulles d'oxygène ; il se produit ainsi une série de détonations [V. Merz et W. Weith, *D. chem. G.*, **13**, 722].

Chauffé dans un courant d'anhydride sulfureux, le cuivre donne comme réaction principale :

$$3 Cu + 2 SO^2 = SO^4 Cu + Cu^2 S.$$

Il se forme divers autres produits non définis, entre autres un sublimé formant un enduit blanc [J. Uhl, *D. chem. G.*, **22**, 2152].

Le cuivre se dissout lentement dans une solution concentrée d'acide sulfureux, en donnant du sulfite de cuivre et de l'*acide hydrosulfureux* ; plus tard, il y a production de sulfure de cuivre et de sulfate de cuivre [Causse, *Bull. Soc. Chim.*, (2), **45**, 3].

HYDRURE DE CUIVRE. — D'après M. Berthelot, l'hydrure de cuivre de Wurtz, obtenu par l'action de l'acide hypophosphoreux sur le sulfate de cuivre, n'est pas un composé défini, et ce produit renferme du phosphore, sans doute un phosphate de cuivre très basique [*C. R.*, **89**]. Mais, ainsi que l'a fait remarquer Wurtz à cette occasion, l'existence de l'hydrure de cuivre a été confirmée d'une part par M. Franchimont et par MM. van

Renesse et van der Burg; d'autre part, par sa production dans d'autres circonstances, notamment par l'action de l'hydrosulfite de sodium sur le sulfate de cuivre (Schützenberger), et par l'électrolyse d'une solution étendue de sulfate de de cuivre, dans certaines conditions (Poggendorff).

COMPOSÉS HALOGÉNÉS DU CUIVRE. — On doit à M. J. Thomsen d'une part [*J. prakt. Chem.*, (2), **12**, 271; *Bull. Soc. Chim.*, (2), **26**, 152], à M. Berthelot d'autre part [*Bull. Soc. Chim.*, (2), **34**, 76], des données thermiques sur ces composés. En voici les principales :

	Thomsen.	Berthelot.
$\frac{1}{2}[Cu^2, Cl^2]$ anhydre	$32^{cal}9$	$35^{cal}6$
$\frac{1}{2}[Cu^2O, 2HCl]$	$24,65$	—
$\frac{1}{2}[Cu^2O, 2HCl$ dissous$]$ ...	$7,33$	—
$\frac{1}{2}[Cu^2, Cl^2] + Cl + $ eau...	—	$27,0$
Cu, Cl^2 anhydre	$51,63$	—
Cu, Cl^2 en solution........	$62,71$	—
$\frac{1}{2}[Cu^2, Br^2]$	$24,99$	—
Cu, Br^2 dissous...........	$40,83$	—
$\frac{1}{2}[Cu^2, I^2]$ anhydre.........	$16,27$	—
Cu, I^2 dissous	$10,41$	—

Le chlorure cuivreux se dissout dans l'acide chlorhydrique aqueux, avec un abaissement de température d'autant plus fort que l'acide est plus étendu ; la chaleur absorbée va de $-0^{cal}4$ à $-4^{cal}75$ (Berthelot).

CHLORURE CUIVREUX, Cu^2Cl^2. — Pour le préparer, M. G. Denigès chauffe 1 partie de sulfate de cuivre, dissous avec 2 parties de chlorure de sodium dans 10 parties d'eau, et 1 partie de tournure de cuivre. Après 10 minutes, on verse la solution décolorée dans de l'eau légèrement acidulée d'acide acétique [*C. R.*, **109**, 567].

La densité de vapeur du chlorure cuivreux reste constante même à 1600° et 1700° ; ainsi la molécule Cu^2Cl^2 reste intacte même à ces températures élevées [H. Biltz et V. Meyer, *D. chem. G.*, **22**, 727].

La solubilité du chlorure cuivreux dans l'acide chlorhydrique a été étudiée par M. Le Chatelier [*C. R.*, **98**, 814], et par M. R. Engel [*Bull. Soc. Chim.*, (3), **1**, 693]. Le tableau suivant résume les résultats obtenus par ces savants ; ceux de M. Le Chatelier avaient été exprimés par lui en nombres d'équivalents de cuivre et d'équivalents de chlore total ; M. R. Engel les a ramenés aux rapports entre $0,5 Cu^2Cl^2$ et la richesse en molécules d'acide chlorhydrique contenues dans la solution :

Quantités de chlorure cuivreux dans 10 cm cubes de solution saturée en présence de quantités variables d'acide chlorhydrique :

d'après M. Le Chatelier T = 17°			d'après M. R. Engel T = 0°		
Densité	$\frac{Cu^2Cl^2}{2}$	HCl	Densité	$\frac{Cu^2Cl^2}{2}$	HCl
—	0,475	8,975	—	—	—
1,050	1,4	15,7	1,04	1,5	17,5
—	1,575	18,2	1,065	2,9	26,0
1,080	4,5	34,5	1,132	8,25	44,75
1,135	8,25	47,8	1,261	15,5	68,5
—	11,5	57,0	1,345	33,0	104,0

Une solution saturée à 0° de chlorure cuivreux

et d'acide chlorhydrique abandonne a —40° des cristaux de chlorure cuivreux et non d'un chlorhydrate (Engel).

Le chlorure cuivreux se dissout aussi dans une solution de chlorure cuivrique ; la solution est verte et abandonne bientôt un dépôt d'oxychlorure cuivrique (Berthelot). Le même oxychlorure, ayant la composition de l'atacamite, se produit aussi par l'exposition à l'air des solutions de chlorure cuivreux dans les chlorures d'ammonium, de sodium et de potassium ; avec ces deux derniers chlorures, l'oxychlorure est cristallin [Et. Brun, *Bull. Soc. Chim.*, (3), **2**, 211].

Les solutions de chlorure cuivreux absorbent l'éthylène et d'autres carbures, pour les abandonner de nouveau lorsqu'on leur fait absorber de l'oxyde de carbone : de là une cause d'erreur dans l'analyse des gaz, lorsqu'on cherche à séparer l'oxyde de carbone ; l'absorption observée est inférieure dans ces cas à l'absorption réelle [Hempel, *D. chem G.*, **20**, 2344 et **21**, 898]. D'autre part, le chlorure cuivreux tenant de l'oxyde de carbone en solution en abandonne une partie dans une atmosphère d'hydrogène ou d'azote, dont le volume peut alors être augmenté. La solution ammoniacale retient plus facilement l'oxyde de carbone que la solution chlorhydrique [Drehschmidt, *D. chem. G.*, **20**, 2752; **21**, 2158]. Lorsqu'on fait bouillir une solution chlorhydrique de chlorure cuivreux avec du soufre, il se forme du sulfure et du chlorure cuivriques :

$$Cu^2Cl^2 + S = CuS + CuCl^2$$

[Vortmann et Padberg, *D. chem. G.*, **22**, 2643].

Lorsqu'on traite les sulfures de fer, de cobalt, de zinc, de cadmium, de plomb, de bismuth, d'étain par le chlorure cuivreux, on obtient les chlorures correspondants et du sulfure cuivreux. Le sulfure de mercure donne, avec le chlorure cuivreux, une combinaison double $HgS.CuCl$ [Raschig, *D. chem. G.*, **17**, 697].

Le chlorure cuivreux en solution ammoniacale étendue réagit sur le sulfure ferrico-potassique $Fe^2S^3.K^2S$; les cristaux rouges de ce corps sont convertis en un sulfure ferrico-cuivrique pseudomorphique, ayant la composition de la *chalcopyrite* $Fe^2S^3.Cu^2S$ [R. Schneider, *J. prakt. Chem.*, (2), **38**, 569].

Chauffé en tubes scellés à 100° avec de l'alcool et de l'aniline, le chlorure cuivreux fournit des aiguilles incolores, ayant pour composition

$$Cu^2Cl^2(C^6H^7Az)^2;$$

en employant le chlorhydrate d'aniline, c'est un composé $Cu^2Cl^2(C^6H^7Az.HCl)^2$ qui prend naissance. On obtient des combinaisons analogues avec le *bromure* et avec l'*iodure cuivreux*. Ces composés sont altérables à l'air [A. Saglier, *C. R.*, **106**, 1422].

CHLORURE CUIVRIQUE, $CuCl^2$. — Le chlorure anhydre est soluble dans les alcools. La solution dans l'alcool méthylique est brune ; chauffée à 30°, elle fournit un précipité cristallin vert, renfermant $CuCl^2, 2CH^4O$, qui, lui, est soluble avec une couleur verte [Étard, *C. R.*, **114**, 114].

La courbe de solubilité du chlorure hydraté $CuCl^2, 2H^2O$ est représentée par une ligne droite, et la solubilité à une température t est donnée par la formule $41,4 + 0,105\,t$ [Reicher et Van Deventer, *Z. physik. Chem.*, **5**, 529].

Traité par un grand nombre de sulfures métalliques, le chlorure cuivrique fournit le chlorure correspondant et du sulfure cuivrique. Avec le sulfure stanneux, on obtient du chlorure stannique et du sulfure cuivreux. En général, le chlorure cuivrique en excès réagit sur le sulfure de cuivre pour donner du chlorure cuivreux et du soufre [Raschig, *D. chem. G.*, **17**, 697].

L'acide chlorhydrique diminue la solubilité du chlorure cuivrique jusqu'à une certaine concentration de l'acide; puis, la proportion d'acide augmentant, la solubilité du chlorure augmente également. D'après M. Ditte [*Ann. Chim. Phys.*, (5), **22**, 561], l'addition d'acide chlorhydrique à une solution de chlorure cuivrique en sépare des aiguilles jaunes du *monohydrate* $CuCl^2, H^2O$.

Si l'on fait passer un courant de gaz chlorhydrique à travers une solution concentrée de chlorure cuivrique, celle-ci s'échauffe et abandonne des cristaux du dihydrate lorsqu'on la refroidit. En continuant à faire passer le gaz chlorhydrique, le tout se liquéfie de nouveau pour donner un liquide brun. Celui-ci, exposé à l'air, laisse déposer des cristaux du dihydrate à mesure que l'acide chlorhydrique se dégage. La solution la plus concentrée, obtenue à 21°, correspond à la formule $CuCl^2 . 4HCl, 12H^2O$. Le minimum de solubilité correspond au rapport de $1^{mol},85\ CuCl^2$ pour 8 molécules HCl. Le liquide concentré brun abandonne à 0° des cristaux rouges constituant le *chlorhydrate de chlorure* $CuCl^2 . 2HCl, 5H^2O$ et qui sont très altérables [Sabatier, *Bull. Soc. Chim.*, (2), **50**, 86, 171].

M. R. Engel avait précédemment obtenu un autre chlorhydrate, en aiguilles rouges,

$$CuCl^2 . HCl, 3H^2O,$$

également très altérables, en refroidissant à 0° une solution saturée à 20-25° d'acide chlorhydrique et de chlorure cuivrique. Ce chlorhydrate se produit aussi par l'action du gaz chlorhydrique sur les cristaux verts de $CuCl^2 . 2H^2O$, dont une partie se déshydrate [*Bull. Soc. Chim.*, (2), **50**, 93].

Chlorure cupripotassique. — Les cristaux bleus du sel $CuCl^2 . 2KCl, 2H^2O$ deviennent bruns à 100° (à 92° d'après M. Meyerhoffer). Le sel brun, qui se présente en aiguilles, est le chlorure monopotassique $CuCl^2 . KCl$, qui se produit aussi lorsqu'on chauffe le sel bleu avec du chlorure cuivrique. Ces réactions sont réversibles, car le sel bleu se reproduit lorsqu'on dissout le sel brun [W. Meyerhoffer, *Zeit. physik. Chem.*, **3**, 336. — J. Van 't Hoff, *Chem. News*, **62**, 205].

Chlorure cuprilithique,

$$2(CuCl^2 . LiCl), 5H^2O.$$

— Magma d'aiguilles vertes, se séparant par l'addition d'une solution concentrée de chlorure de lithium à une solution concentrée de chlorure cuivrique. L'eau pure dissocie ce sel, qui se dissout par contre avec une couleur brune dans une solution de chlorure de lithium [Chassevant, *C. R.*, **113**, 646].

OXYCHLORURES DE CUIVRE, $CuCl^2 . CuO, H^2O$ ou $CuCl(OH)$. — Cet oxychlorure, très altérable par l'eau, a été obtenu par M. G. Rousseau en chauffant en tubes scellés, à 150-250°, le chlorure cuivrique cristallisé avec des fragments de marbre. Il se présente en tables hexagonales d'un vert jaunâtre, qu'on isole par l'alcool du chlorure cuivrique restant. Les cristaux se déshydratent à 250° et fondent au-dessus du rouge sombre. Traités par l'eau froide, ils perdent leur transparence et sont convertis en atacamite,

$$ClCu . O . CuOH , 2H^2O.$$

Si, au lieu de traiter l'hydrate $CuCl^2, 2H^2O$ par le marbre, on emploie le même sel additionné d'eau, on *cesse d'obtenir* l'oxychlorure ci-dessus aussitôt que l'on dépasse les rapports $CuCl^2 : 5H^2O$; ce sont alors des cristaux d'atacamite qui se produisent [G. Rousseau, *C. R.*, **110**, 1261].

$CuCl^2 . 3CuO, 4H^2O$ (*atacamite*). — Ce sel se dépose sous la forme d'une poudre d'un gris bleuâtre par l'addition d'ammoniaque à une solution bouillante de chlorure cuivrique [J. Habermann, *Mon. f. Chem.*, **5**, 432]. Il se dépose de la solution du chlorure cuivreux dans le chlorure cuivrique (Berthelot), ainsi que par l'exposition à l'air des solutions du chlorure cuivreux dans les chlorures alcalins [Brun, *loc. cit.*].

L'atacamite n'est pas altérée par l'eau à 150-200°. A 240°, elle noircit complètement en se dissociant en chlorure et oxyde de cuivre [G. Rousseau, *C. R.*, **113**, 191].

BROMURE CUIVREUX, Cu^2Br^2. — Pour le préparer, on fait bouillir 1 partie de sulfate de cuivre dissous dans 10 parties d'eau, en même temps que 4 parties de bromure de sodium, avec 1 partie de cuivre en tournure; puis on précipite la solution par l'eau, additionnée d'un peu d'acide acétique [Denigès, *C. R.*, **109**, 567].

BROMURE CUIVRIQUE, $CuBr^2$. — Il absorbe le gaz ammoniac avec élévation de température, en donnant une poudre bleue renfermant

$$CuBr^2 . 6AzH^3$$

(et non $5AzH^3$, comme l'avait indiqué M. Rammelsberg). Ce bromure ammoniacal est soluble dans une petite quantité d'eau; mais la dilution en précipite une partie du cuivre à l'état d'hydrate cuivrique. Il perd $4AzH^3$ à l'air ou même dans une atmosphère de gaz ammoniac, à 165°, en devenant vert. Le composé vert $CuBr^2 . 2AzH^3$ est stable à 200° et se décompose au-dessus de cette température en donnant du bromure d'ammonium et du bromure cuivreux; l'eau le décompose en donnant un oxybromure. Il se dissout dans le bromure d'ammonium, avec lequel il cristallise en toutes proportions [Th. W. Richards, *D. chem. G.*, **23**, 3790].

Oxybromure,

$$CuBr^2 . 3CuO, 3H^2O \quad \text{ou} \quad BrCu . O . CuOH, H^2O.$$

— Cet oxybromure, qui correspond à l'atacamite, se dépose en petits cristaux d'apparence quadratique lorsqu'on expose à l'air une solution de bromure cuivreux dans le bromure de potassium, ou par l'addition d'eau oxygénée à cette solution. Il se produit aussi quand on chauffe au bain-marie une solution de sulfate de cuivre ammoniacal avec un grand excès de bromure de potassium [Brun, *Bull. Soc. Chim.*, (3), **2**, 211]. MM. J. Dupont et H. Jansen l'ont aussi obtenu en chauffant à 200° l'oxyde de cuivre avec du bromure cuivrique, ou en chauffant à 225°, en tubes scellés, une solution étendue de bromure cuivrique. Dans le premier cas, il se dépose en grains cristallins d'une densité de 4,39; dans le second cas, en lames rhomboïdales modifiées par un biseau b^z et un biseau a^1. Angles $pa^1 = 45°$ et $mm = 95°$ [*Bull. Soc. Chim.*, (3), **9**, 193].

IODURE CUIVREUX. — On obtient l'*iodure cuproso-ammonique* $Cu^2I^2 . 2AzH^4I, H^2O$ en aiguilles blanches, altérables par l'eau, lorsqu'on fait bouillir avec du cuivre une solution de 100 grammes d'iodure d'ammonium dans 200 centimètres cubes d'eau, à laquelle on a ajouté 10 ou 12 grammes d'hydrate de cuivre. Si l'on ne fait pas intervenir le cuivre métallique, on obtient un dérivé de l'iodure cuivrique.

L'iodure cuivreux se dissout dans une solution concentrée d'hyposulfite d'ammonium, et la solution abandonne après quelque temps une poudre cristalline blanche, soluble dans l'eau pure et ayant pour composition

$$Cu^2I^2 . 2AzH^4I . 8S^2O^3(AzH^4)^2.$$

Ce sel, qui cristallise dans le vide en cristaux

plus volumineux, s'obtient aussi lorsqu'on ajoute une solution d'iodure cuivreux dans l'iodure d'ammonium à une solution en excès d'hyposulfite d'ammonium.

Si, au contraire, on ajoute l'hyposulfite à la solution d'iodure cuivreux dans l'iodure d'ammonium, on obtient des aiguilles insolubles dans l'eau, qui les altère peu à peu, et ayant pour composition

$$Cu^2 I^2 . S^2 O^3 (Az H^4)^2 , H^2 O.$$

La solution du premier sel fournit enfin, par l'addition d'iodure cuivreux dissous dans l'iodure d'ammonium, des aiguilles jaunâtres insolubles du sel $4 Cu^2 I^2 . S^2 O^3 Cu^2 . 7 S^2 O^3 (Az H^4)^2 , 4 H^2 O$ [E. Brun, *C. R.*, **114**, 667].

Iodure cuivrique, $Cu I^2$. — On admet généralement que cet iodure ne peut pas exister. Cela n'est vrai, comme l'a montré M. Mor. Traube, que dans les cas de solutions relativement concentrées ; ce corps est au contraire stable lorsqu'on le prépare en solutions très diluées.

Une solution d'iodure de potassium à 0,25 0/0 additionnée d'une solution de sulfate de cuivre à 1 0/0 ne se trouble qu'après 1 heure ; si la dilution de l'iodure de potassium atteint 0,05 0/0, le mélange reste parfaitement limpide après 24 heures et ne bleuit pas l'amidon. Vue sous une épaisseur assez grande, la solution présente une couleur verdâtre ; elle offre les réactions des sels cuivriques. Avec des solutions plus concentrées, on observe bien la séparation d'iode et d'iodure cuivreux, mais le précipité disparaît si l'on ajoute assez d'eau au mélange. La solution étendue est légèrement acide et ne se trouble pas par l'ébullition, mais seulement par la concentration.

On obtient encore une semblable solution en faisant digérer de l'iodure cuivreux avec une solution aqueuse d'iode, dont la couleur brunâtre disparaît peu à peu ; la solution ne bleuit plus l'amidon, si ce n'est après addition d'eau oxygénée et de sulfate ferreux [*D. chem. G.*, **17**, 1064].

Iodure cuivrique ammoniacal. — En ajoutant de la teinture d'iode à 10 0/0 à une solution ammoniacale d'hydrate de cuivre, on voit se former de l'iodure d'azote qui se décompose à l'ébullition, tandis que la liqueur prend une teinte verte, puis laisse déposer des aiguilles vertes d'un *iodure cuproso-cuprique ammoniacal*, $Cu^3 I^4 . Az H^3$, qui se décompose spontanément à l'air en laissant un résidu d'iodure cuivreux. Si l'on ajoute du cuivre au mélange de teinture d'iode et de solution cuprammonique, on obtient l'*iodure cuproso-ammonique* $Cu^2 I^2 . 4 Az H^3$. Le même mélange, sans cuivre métallique, abandonné à lui-même à froid, fournit l'iodure cuprique ammoniacal

$$Cu I^2 . 4 Az H^3.$$

Avec un excès d'iode, on obtient le *tétra-iodure ammoniacal* $Cu I^2 . I^2 . 4 Az H^3$; enfin, en ajoutant encore de l'iode aux eaux mères de ce dernier, on produit l'*hexa-iodure* $Cu I^2 . I^4 . 4 Az H^3$, le plus stable de tous.

En faisant bouillir une solution d'iodure d'ammonium avec de l'hydrate de cuivre, on obtient par le refroidissement des aiguilles noires, altérables à l'air, insolubles dans l'eau et dans l'alcool, ayant pour composition

$$Cu I^2 . 2 Az H^3 . 2 Az H^4 I , 2 H^2 O.$$

Leur solution ammoniacale chaude laisse déposer par le refroidissement l'iodure ammoniacal

$$Cu I^2 . 4 Az H^3 , H^2 O.$$

En employant l'iodure ioduré d'ammonium, on produit le composé un peu plus stable

$$Cu I^2 . I^2 . 4 Az H^3 . 2 Az H^4 I , 6 H^2 O$$

[Saglier, *C. R.*, **102**, 1552 et **104**, 1440].

Fluorure de cuivre, $Cu Fl^2, 2 H^2 O$. — Il se dépose à l'état cristallin lorsqu'on ajoute de l'alcool à une solution de carbonate de cuivre dans l'acide fluorhydrique. La double décomposition entre le fluorure de potassium (33 grammes dans 100 centimètres cubes d'eau) et le sulfate de cuivre ($70^{gr},8$ de sulfate cristallisé dans 200 centimètres cubes d'eau) ne donne pas le fluorure mais l'oxyfluorure $Cu (OH) Fl$:

$$2 KFl + 2 SO^4 Cu + H^2 O$$
$$= Cu (OH) Fl + (SO^4)^2 Cu K^2 + H Fl.$$

Le fluorure de cuivre et l'oxyfluorure absorbent l'ammoniaque pour donner les combinaisons

$$Cu (OH) Fl (Az H^2)^2 (?) \quad et \quad Cu (OH) Fl . (Az H^3)^2.$$

Le produit obtenu avec le fluorure de cuivre est soluble dans l'eau ; l'addition d'alcool à la solution en précipite de l'oxyfluorure de cuivre, tandis que le liquide alcoolique abandonne par l'évaporation une masse bleue qui paraît être l'oxyfluorure ammoniacal [Balbiano, *Gazz. chim. ital.*, **14**, 74].

Fluosilicate de cuivre. — Il cristallise avec $6 H^2 O$ et perd $2 H^2 O$ à 80-90° ; chauffé plus fort, il se décompose d'après l'équation

$$Si Fl^6 Cu , 4 H^2 O$$
$$= Cu (OH) Fl + Si Fl^4 + H Fl + 3 H^2 O.$$

Il absorbe de 43 à 44 0/0 de gaz ammoniac en donnant l'oxyfluorure ammoniacal et de la silice :

$$Si Fl^6 Cu , 4 H^2 O + 7 Az H^3$$
$$= Cu (OH) Fl . 2 Az H^3 + Si O^3 + 5 Az H^4 Fl + H^2 O$$

[Balbiano, *loc. cit.*].

Oxydes de cuivre. — La chaleur de formation de l'oxydule de cuivre est $0,5 (Cu^2, O) = 20^{cal},4$; celle de $Cu , O = 37^{cal},16$ [J. Thomsen, *J. prakt. Chem.*, (2), **12**, 271].

Le cuivre s'oxyde à l'air à 350° sans production préalable d'oxydule, et cette oxydation continue à se produire jusqu'à la température à laquelle la dissociation de l'oxyde CuO atteint une tension de 1/5 d'atmosphère. L'oxydule $Cu^2 O$ s'oxyde plus facilement que le cuivre. A une température élevée, l'oxyde CuO se dissocie en oxygène et oxydule sans production des oxydes intermédiaires $Cu^6 O^4$ ou $Cu^5 O^3$, ainsi que le montre l'étude de la dissociation, qui a lieu sans point d'arrêt. A la température de fusion de l'or, l'oxyde CuO fond et se décompose rapidement en partie ; la portion non décomposée se dissout dans l'oxydule formé et fondu ; la décomposition est alors ralentie [Debray et Joannis, *C. R.*, **99**, 683 et 688].

M. Maumené maintient l'existence des oxydes intermédiaires ; l'oxyde $Cu^5 O^3$ se dissout dans les acides avec une couleur brune et colore le verre fondu en rouge, tandis que, d'après lui, l'oxyde cuivreux $Cu^2 O$ donne un verre incolore [*C. R.*, **99**, 757].

L'oxyde $Cu^3 O^2$, signalé par M. Schützenberger, n'est pas, d'après M. Joannis, un composé défini, mais un mélange de CuO et $Cu^2 O$. En effet, un semblable mélange produit, qu'il soit fondu ou non, le même phénomène thermique lorsqu'on le traite par l'iodure d'ammonium additionné d'acide chlorhydrique, soit $52^{cal},3$ et $52^{cal},66$ (pour la molécule présumée $Cu^3 O^2$). Il doit en être de même pour l'oxyde intermédiaire $Cu^5 O^3$, qui représente un mélange de $Cu^3 O^2$ et de $Cu^2 O$ [*C. R.*, **100**, 999].

La calcination de l'oxyde de cuivre à 1500-2000°, en l'absence de gaz réducteurs, donne une masse fondue rouge-jaunâtre, rayant le verre, ayant une densité de 3-3,81, inattaquable par les acides étendus ou concentrés, à froid ou à chaud, sauf par l'acide fluorhydrique. Ce produit, auquel M. G.-H.-B. Bailey et M. W.-B. Hopkins attribuent la composition Cu^3O, se dissout dans la potasse en fusion avec une couleur bleue. La masse reprise par l'eau laisse des flocons bruns solubles dans les acides; la solution renfermerait les oxydes Cu^3O et Cu^2O [*Chem. Soc.*, **57**, 269].

L'oxyde CuO est réduit à chaud par le magnésium en poudre avec une vive explosion. L'oxydule est réduit de même d'une manière très énergique, mais sans explosion [Cl. Winckler, *D. chem. G.*, **23**, 53].

L'oxyde de cuivre CuO offre dans ses propriétés, suivant les modes de la préparation, des différences qui ne sont pas dues uniquement à l'état d'agrégation. Les différences d'affinités qu'il présente correspondent à des différences dans leur chaleur de formation. L'oxyde préparé par voie humide dégage 18^{cal},22 dans la réaction

$$2\,CuO + 4\,HI = Cu^2I^2 + I^2 + 2\,H^2O,$$

tandis que celui obtenu par la calcination de l'azotate ou du sulfate ne dégage que 16^{cal},22 [Joannis, *C. R.*, **102**, 1161].

Modérément chauffé dans un courant de gaz ammoniac, l'oxyde de cuivre se transforme en une poudre verte, détonant à une température plus élevée et constituant un *azoture de cuivre* [H.-N. Warren, *Chem. News*, **55**, 155].

L'oxyde de cuivre n'est soluble dans l'ammoniaque qu'en présence de sels ammoniacaux. 6 molécules AzH^3 ne dissolvent que des traces d'oxyde de cuivre, tandis que $2\,AzH^3$ en présence de 1 molécule de sulfate d'ammonium suffisent pour dissoudre 1 molécule CuO. Il faut deux fois plus de carbonate ammonique que d'ammoniaque [Maumené, *C. R.*, **95**, 223].

Hydrate cuivrique. — Pour l'obtenir pur, M. D. Tommasi recommande d'en opérer la précipitation à 0° et dans des liqueurs très étendues. Il a étudié l'influence qu'exercent certains sels, ainsi que la soude, sur sa déshydratation. En présence de la soude, la déshydratation s'effectue partiellement à froid (après 48 heures) et cela d'autant plus que la soude est plus étendue. Avec l'eau pure, la déshydratation se manifeste après une semaine. Elle est entravée ou empêchée par la présence de certains sels; le sucre, le sulfate de sodium, le chlorure de calcium l'empêchent même à 100° [*Bull. Soc. Chim.*, (2), **37**, 197].

L'hydrate cuivrique humide peut déplacer une certaine quantité d'alcali de certains sels : chlorure de sodium, bromures de sodium et de potassium, sulfate de sodium; avec le chlorure de sodium, il y a formation d'oxychlorure [D. Tommasi, *C. R.*, **92**, 453].

PEROXYDE DE CUIVRE. — M. Gerh. Krüss a confirmé la formule CuO^2, H^2O de l'hydrate de peroxyde obtenu par le procédé de Thenard; mais il faut un contact prolongé de l'hydrate cuivrique avec le peroxyde d'hydrogène pour arriver à ce degré d'oxydation. En général le produit est accompagné de plus ou moins d'hydrate cuivrique $Cu(OH)^2$. Cet hydrate de peroxyde est un précipité cristallin vert-olive. Il se décompose déjà à 6° quand il est humide; mais il est très stable, même à 170°, quand il est sec; pour le sécher, on le lave à 0° avec de l'alcool, puis avec de l'éther et on le sèche dans le vide [*D. chem. G.*, **17**, 2593].

Suivant M. Th.-B. Osborn [*Am. Journ.*, (3), **32**, 333], l'hydrate de peroxyde exempt d'hydrate cui-

vrique est brun, stable à la température ordinaire et se décompose, quand on le fait bouillir, en oxyde noir de cuivre et oxygène. Il se dissout dans les acides avec formation de peroxyde d'hydrogène.

Le liquide bleu résultant de la dissolution de petites quantités d'oxyde de cuivre dans la potasse concentrée ou en fusion abandonne lentement à 0° un précipité qui est d'abord rose, puis jaune-brun et finalement jaune. C'est évidemment un oxyde supérieur [Gerh. Krüss, *loc. cit.*].

OXYDE Cu^2O^3. — Cet oxyde a été obtenu par M. Walt. Crum, par l'addition de chlorure de chaux et d'un lait de chaux à une solution d'azotate de cuivre. M. Osborn [*loc. cit.*] remplace le lait de chaux par l'eau de chaux ajoutée en excès. Le précipité produit en premier lieu se redissout après quelques minutes et la solution bleue devient verte, puis presque noire. Il se produit ensuite un précipité cramoisi qui dégage bientôt de l'oxygène, même à 0°. Après une semaine, le précipité est devenu plus dense et d'un rose vif. On obtient le même composé en remplaçant la chaux par la baryte ou la strontiane. Le produit renferme un peu de chlore et des quantités variables de terre alcaline; mais il n'a pu être établi si celle-ci est en combinaison avec l'oxyde Cu^2O^3.

SULFURE CUIVREUX, Cu^2S. — Il est réduit lentement mais complètement au rouge par l'hydrogène, plus lentement par l'anhydride carbonique, tandis qu'il reste inaltéré dans l'oxyde de carbone [Hampe, *Chem. Soc.*, **47**, 1441].

On obtient un sulfure double, $4\,Cu^2S\,.\,K^2S$, en lamelles brillantes d'un rouge foncé ou en aiguilles, lorsqu'on arrose le sulfure de cuivre avec une solution concentrée de sulfure de potassium, ou par l'action de cette solution sur le cuivre en présence de l'air [A. Ditte, *C. R.*, **98**, 1429].

SULFURE CUIVRIQUE. — Le cuivre et le soufre divisés se combinent sous l'influence d'une très forte compression. Ce qui prouve que ces éléments se sont combinés, c'est que, sous l'influence de la chaleur, il ne se produit aucun phénomène thermique témoignant d'une combinaison ultérieure [W. Spring, *D. chem. G.*, **16**, 1202].

Le sulfure cuivrique commence à être réduit à 200° par l'hydrogène; à 265° il est converti entièrement en sulfure cuivreux et ce n'est qu'à 600° que commence la réduction à l'état métallique. Chauffé dans un courant de gaz carbonique, il est d'abord converti en Cu^2S avec dégagement de SO^2, puis, à 300-350°, il passe à l'état métallique [Sp. Umfr. Pickering, *Chem. Soc.*, **39**, 401].

Sulfure de cuivre colloïdal. — On obtient une solution de sulfure de cuivre colloïdal en précipitant un sel de cuivre, de préférence en solution ammoniacale, par l'hydrogène sulfuré et lavant le précipité par décantation avec une solution d'hydrogène sulfuré. A mesure que les matières étrangères, acides, sels, etc., sont éliminés, le sulfure passe à l'état soluble et fournit une solution noire ou brune, suivant l'épaisseur du liquide, avec une légère fluorescence verdâtre. Cette solution renferme peut-être un sulfhydrate $Cu(SH)^2$; mais après l'ébullition, qui ne la coagule pas, le rapport du cuivre au soufre est bien 1 : 1. Une solution renfermant 5 grammes CuS par litre se conserve assez bien; plus concentrée, elle se trouble après quelques heures. Une semblable solution laisse par l'évaporation le sulfure sous la forme d'un vernis insoluble.

La solution de sulfure de cuivre colloïdal absorbe environ la moitié du rouge et du bleu de la flamme du gaz, et la totalité du violet.

La solution colloïdale est coagulée par la présence des sels et des acides : suivant leur nature, ces corps doivent offrir une certaine concentration minima au-dessous de laquelle ils ne déterminent pas la coagulation. Ainsi, pour le chlorure de potassium, la solution doit renfermer au moins 1 gramme de sel pour 333 d'eau. Voici à cet égard quelques-uns des résultats obtenus par MM. W. Spring et G. de Bœck. On voit par la comparaison de ces résultats que les sels sont d'autant plus actifs que l'atomicité du métal est plus élevée ; ainsi avec le sulfate d'aluminium il suffit d'une concentration de 1 : 90909 :

Sels.	Concentr. minima.	Sel.	Concentr. minima.
IK	1 : 80	Alun	1 : 31986
SO^4K^2	1 : 117		
$S^2O^3Na^2$	1 : 157	Acides :	
$C^6H^5O^2Na$	1 : 221	acétique... } pas de	
PO^4Na^2H	1 : 252	tartrique.. } coagulation	
NaCl	1 : 400	citrique	1 : 20
AzO^3K	1 : 500	succinique	1 : 100
$(AzO^3)^2Ba$	1 : 2667	oxalique	1 : 162
$BaCl^2$	1 : 3921	sulfurique	1 : 208
SO^4Mg	1 : 6830	chlorhydr	1 : 733

[W. Spring et G. de Bœck, *Bull. Soc. Chim*, (2), **48**, 165]. L'état colloïdal du sulfure de cuivre avait également été signalé par M. L.-T. Wright [*Chem. Soc.*, **43**, 103].

Le sulfure de cuivre précipité renferme plus ou moins d'hydrogène sulfuré suivant les circonstances ; la présence d'acides énergiques diminue cette quantité jusqu'à la rendre nulle.

Le sulfure obtenu en saturant d'hydrogène sulfuré l'hydrate cuivrique délayé dans l'eau renferme 7 CuS . H²S. Préparé à l'aide d'une solution de sulfate de cuivre additionnée d'acide acétique, pour éviter la mise en liberté d'acide sulfurique, le sulfure a pour composition 9 CuS . H²S. Si l'on verse cette solution dans une solution saturée d'hydrogène sulfuré, on obtient une liqueur brune d'où l'addition de sel ammoniac précipite le sulfhydrate 9 CuS . H²S ; si l'on chasse d'abord l'excès d'hydrogène sulfuré par un courant d'hydrogène, le précipité obtenu ensuite renferme 22 CuS . H²S [S. E. Linder et H. Picton, *Proceed. Chem. Soc.*, 1890, 49].

Chalcopyrite, Fe²Cu²S⁴. — Elle a été obtenue en traitant le sulfure ferrico-potassique par le chlorure cuivreux [R. Schneider, *J. prakt. Chem.*, (2), **38**, 569].

OXYSULFURES DE CUIVRE. — Lorsqu'on traite une solution ammoniacale d'oxyde de cuivre par le sulfure cuivrique, il ne se forme pas d'oxysulfure, mais le sulfure cuivrique est amené à l'état de sulfure cuivreux, qui, lui, n'est pas modifié ; en même temps, la moitié du soufre est oxydée à l'état d'acide sulfurique et une partie de l'oxyde Cu O ramenée à l'état d'oxydule. La même réaction principale s'accomplit en solution neutre ou acide. Dans aucun cas il ne se forme d'*oxysulfure*. Il n'y a pas non plus formation d'oxysulfure dans l'action du cuivre sur l'acide sulfurique concentré, mais de sulfure cuivreux, d'abord brun, puis noir, peu oxydable à l'air. Quand tout le cuivre est dissous, l'acide agit sur le sulfure cuivreux pour le convertir en sulfure cuivrique, qui lui-même se dédouble en Cu²S et S ; le soufre ainsi isolé est insoluble dans le sulfure de carbone [Th. Kliche, *Arch. Pharm.*, **228**, 374].

AZOTURE DE CUIVRE. — Poudre verte, explosible, obtenue par l'action du gaz ammoniac sur l'oxyde de cuivre à une température modérée [H. N. Warren, *Chem. News*, **55**, 155].

Gore a envisagé comme l'azoture de cuivre le dépôt brun qui recouvre le cuivre lorsqu'on électrolyse une solution d'un sel ammoniacal en employant une lame de cuivre comme électrode positive. D'après M. Aslanoglou, ce dépôt est un mélange de cuivre et d'oxydule de cuivre, Cu . Cu²O [*Chem. News*, **64**, 313].

PHOSPHURES DE CUIVRE. — La composition du phosphure obtenu par l'action de la vapeur de phosphore sur le cuivre chauffé au rouge varie avec la durée de la réaction. En le prolongeant suffisamment, M. A. Granger a obtenu le phosphure P²Cu⁵, en prismes hexagonaux d'un gris d'acier, durs et cassants, offrant les faces $p, m, b^{1/2}$ avec les angles $pb^{1/2} = 116°,7$; $pm = 90°$; $mm = 120°$. Ce phosphure redevient P²Cu⁶ lorsqu'on le chauffe au rouge blanc dans un gaz inerte ; il ne retient que 9,2 0/0 de phosphore à 1300-1400° [*C. R.*, **113**, 1041].

ARSÉNIURES DE CUIVRE. — M. W. Spring, en soumettant à une forte compression, répétée plusieurs fois, a obtenu les arséniures

$$As^2Cu, \quad As^2Cu^6 \quad et \quad As^2Cu^{12}$$

sous la forme de masses grenues, fragiles, à éclat métallique [*D. chem. G.*, **16**, 325].

SELS OXYGÉNÉS DU CUIVRE.

La chaleur de neutralisation de l'oxyde de cuivre par différents acides a été déterminée par M. J. Thomsen, qui a trouvé les résultats suivants :

$$(CuO , SO^3 Aq) = 18^{cal},8$$
$$(CuO , Az^2O^5 Aq) = 15^{cal},25$$
$$(CuO , 2C^2H^4O^2 Aq) = 13^{cal},2$$

ARSÉNIATES. — Voyez Suppl., **2**, 369.

AZOTATE BASIQUE, $(AzO^3)^2Cu . 3Cu(OH)^2$ ou

$$O \begin{cases} Cu(AzO^3) \\ Cu(OH) \end{cases}$$

— Poudre bleu clair, obtenue par l'addition d'ammoniaque à une solution d'azotate neutre [J. Habermann, *Mon. f. Chem.*, **5**, 432]. M. G. Rousseau l'a obtenu en petites tables d'un bleu verdâtre en chauffant sous pression, à 180°, l'azotate cristallisé $(AzO^3)^2Cu, 3H^2O$ avec des fragments de marbre ; l'azotate à 6H²O donne le même sel basique, mais en cristaux plus volumineux [*C. R.*, **111**, 38]. Cet azotate basique se décompose en oxyde noir amorphe et azotate neutre lorsqu'on le chauffe avec de l'eau vers 160°. Sec, il reste inaltéré à 400° [G. Rousseau et G. Tite, *C. R.*, **113**, 191].

SULFATE DE CUIVRE. — La solubilité de ce sel, envisagée comme le rapport entre la solution et le sel dissous, croît proportionnellement avec l'augmentation de température, mais en offrant trois séries de rapports. Dans la première, de — 2° à + 55° elle est $y = 11,6 + 0,2514\, t$; de 55 à 105°, elle est $y = 26,5 + 0,3700\, t$; enfin de 105 à 190°, on a $y = 460 — 0,0293\, t$. Dans ce dernier cas, la diminution de solubilité tient à la formation de l'hydrate $SO^4Cu, 3H^2O$ qui se sépare en cristaux [A. Étard, *C. R.*, **104**, 1604].

Le sulfate de cuivre (anhydre) se dissout dans l'eau à 0° dans le rapport de 14,92 0/0. Sa solubilité dans une solution de sulfate ammonique est exprimée par la formule

$$m \log y = \log k — \log x,$$

dans laquelle x représente la quantité de sulfate ammonique, y celle du sulfate de cuivre, m et k des constantes égales à 0,438 et 1,2955 [R. Engel, *C. R.*, **102**, 113].

Le sulfate de cuivre sec absorbe à chaud le gaz ammoniac, puis fond au-dessous de 200° et devient noir. A 400°, il commence à se décomposer en devenant incandescent, pour laisser du cuivre presque pur. Le sublimé qui se forme renferme du thionamate d'ammonium et très probablement de l'hydrazine [W.-R. Hodgkinson et C.-C. Trench *Chem. News*, **66**, 223].

L'acide sulfurique diminue la solubilité du sulfate de cuivre, 1 molécule SO^4H^2 immobilisant 12 molécules d'eau [R. Engel, *C. R.*, **104**, 506].

Le sulfate de cuivre anhydre amorphe, et non le sel cristallisé, est soluble dans l'alcool méthylique, mais non dans l'alcool ordinaire [A. Klepl, *J. prakt. Chem.*, (2), **25**, 526].

D'après les observations de M. Lescœur [*C. R.*, **102**, 1466] et de M. W. Müller–Erzbach [*D. chem. G.*, **19**, 2877], il faut admettre trois hydrates offrant chacun une tension de dissociation spéciale, soit $SO^4Cu, 5H^2O$, $3H^2O$ et $1H^2O$.

Le sel $SO^4Cu, 5H^2O$ retient à 180° $1/4 H^2O$ qu'il ne perd qu'à 200°. Le gaz ammoniac en déplace toute l'eau; mais celle-ci ne déplace pas l'ammoniaque du composé $SO^4Cu.5AzH^3$, qui retient $1/4 AzH^3$ à 320° pour ne le perdre qu'à 360°. Traité par le gaz chlorhydrique à froid, le sulfate à $5H^2O$ fixe d'abord $3HCl$, puis donne le composé $SO^4Cu.2H^2O.2HCl$, qui sous l'influence d'un courant d'air devient $SO^4Cu.H^2O, 1/8 HCl$. Si l'on opère à 100°, le produit ne retient finalement que 1,5 0/0 environ d'eau et d'acide chlorhydrique. Ce produit reprend $5H^2O$ dans l'air saturé d'humidité. L'hydrate à $5H^2O$ ainsi régénéré perd $3H^2O$ sur l'acide sulfurique, ce qui n'a pas lieu pour l'hydrate ordinaire. Le sulfate anhydre ainsi séché à 100° reproduit aussi l'hydrate à $5H^2O$; mais cet hydrate ne perd que $2H^2O$ sur l'acide sulfurique, et non $3H^2O$ comme le sel déshydraté par l'acide chlorhydrique [P. Latschinoff, *D. chem. G.*, **22**, Ref., 192].

Un courant de gaz ammoniac dirigé à travers une solution saturée et froide de sulfate de cuivre en précipite le composé $SO^4Cu.H^2O.4AzH^3$. Chauffée à 200°, la solution de ce sel donne de l'oxyde de cuivre presque pur [G. André, *C. R.*, **100**, 1138].

Les cristaux de sulfate de cuivre sont rendus plus efflorescents par la présence d'une trace d'acide libre [Baubigny et Péchard, *C. R.*, **115**, 171].

Sulfates basiques de cuivre :

1° $SO^4Cu.2Cu(OH)^2$. — Petits cristaux verts orthorhombiques (Miers), se déposant lorsqu'on chauffe à 200° une solution de sulfate de cuivre [A. Shenstone, *Chem. Soc.*, **47**, 375]. D'après MM. Merz et Weith et d'après M. A. Steinmann [*D. chem. G.*, **13**, 210 et **15**, 1411], ce sel est un peu moins hydraté et renferme

$$2SO^3.6CuO, 3H^2O$$

(au lieu de $4H^2O$). Enfin le même sel basique, mais avec $5H^2O$, se précipite par l'ébullition prolongée d'une solution neutre de sulfate de cuivre [Sp. Umfr. Pickering, *Chem. News*, **47**, 181].

2° $SO^4Cu.3CuO, 2H^2O$ (*brochantite*). — C'est le précipité bleu clair obtenu dans une solution de sulfate de cuivre par la potasse (1 1/2 KOH pour 2 Cu) ou par l'acétate de sodium. Il ne noircit pas par l'ébullition (Pickering).

Chauffée à 250° avec de l'eau et des fragments de carbonate de magnésium naturel, la brochantite donne de l'oxyde de cuivre pseudomorphique ou cristallisé en prismes allongés [G. Rousseau, *C. R.*, **113**, 191].

3° $2SO^4Cu.5Cu(OH)^2, H^2O$. — Poudre d'un vert bleuâtre, produite par l'addition d'ammoniaque à une solution bouillante de sulfate de cuivre [J. Habermann, *Mon. f. Chem.*, **5**, 432].

Le même sel basique, avec $1H^2O$ en plus (à 100°), a été obtenu par M. G. André en faisant digérer une solution de sulfate cuprammonique avec du cuivre, ou en chauffant à 200° une solution de sulfate d'ammonium avec de l'oxyde de cuivre, ou bien encore par le mélange à volumes égaux de solutions saturées de sulfate de cuivre et de sulfate cuprammonique [*C. R.*, **100**, 1138].

Sulfate basique ammoniacal,

$$SO^4Cu.3CuO.2AzH^3, 5H^2O$$

— Il se dépose lorsqu'on étend d'un peu d'eau une solution de sulfate de cuivre traitée par l'ammoniaque jusqu'à redissolution du précipité. Cette même solution abandonne peu à peu un sel d'un bleu violet, ayant pour composition

$$5SO^3.4CuO.16AzH^3$$

[Pickering, *Chem. Soc.*, **43**, 336].

Sulfate cupropotassique, $(SO^4)^2CuK^2, 6H^2O$. — Ce sel se déshydrate à 100° sans perdre sa couleur et se transforme à 150-200° en une modification presque incolore β; mais il redevient bleu γ à 300-400°, puis fond sans altération. Les trois modifications se distinguent par une différence dans leur chaleur de dissolution :

la modification bleue α	(100°)	dégage	$9^{cal},7$
— — incolore β	(150–200°)	—	6 , 2
— — bleue γ	(300–400°)	—	8 , 4

[Sp. Umfr. Pickering, *Chem. Soc.*, **49**, 1].

SULFITE CUIVREUX, $SO^3(Cu^2), H^2O$. — M. Étard a obtenu ce sel sous deux modifications : l'une blanche en lamelles nacrées, d'une densité de 3,83; l'autre en prismes rouges, d'une densité de 4,46, constituant sans doute un polymère de la première.

La modification incolore s'obtient en faisant passer un courant de gaz sulfureux à travers une solution bouillante d'acétate de cuivre dans l'acide acétique à 8 0/0. Quant à la modification rouge, elle se produit lorsqu'on fait digérer pendant longtemps le sulfite double

$$(SO^3)^2(Cu^2)(AzH^4)^2, 2H^2O$$

ou plutôt $(SO^2)^2(Cu^2)Na^2, 2H^2O$

avec un excès d'acide sulfureux en solution. La modification blanche est du reste convertie en modification rouge par une semblable digestion à l'abri de l'air [A. Étard, *C. R.*, **95**, 36].

SULFITE CUPROSO-CUIVRIQUE,

$$(SO^3)^2(Cu^2)Cu\ 2H^2O, \quad \text{soit} \quad \begin{array}{c} Cu.SO^3 \\ | \qquad\qquad\ Cu, 2H^2O. \\ Cu.SO^3 \end{array}$$

— Ce sel est une poudre cristalline, obtenue par l'action d'un courant de gaz sulfureux sur une solution d'acétate de cuivre chauffée à 65°. La nature du précipité varie du reste avec la température et la durée de l'opération, et le produit offre une couleur allant du jaune brun au violet foncé (Étard). Le sel rouge, qui a été décrit autrefois par Muspratt, se produit aussi lorsqu'on fait passer un courant de gaz sulfureux à travers une solution de sulfate de cuivre en présence de feuilles de cuivre [Sp. B. Newbury, *Am. Journ.*, **14**, 232].

Le sulfite cuproso-cuivrique, chauffé à 180° avec de l'eau et de l'acide sulfureux, se dédouble en acide sulfurique et cuivre métallique. Chauffé à 180° dans un courant de gaz sulfureux, carbonique ou oxyde de carbone, il est converti en un sulfite basique $SO^3Cu.Cu^2O$, soit

$$\begin{array}{c} Cu.SO^3 \\ | \qquad\quad Cu. \\ Cu.\ O \end{array}$$

L'hydrogène sulfuré le transforme en sulfure

$$CuS.Cu^2S.$$

En exposant à l'air le sulfite cuproso-cuivrique arrosé d'une solution de bisulfite de sodium, on le transforme en un sel jaune, de composition complexe, puis, par un excès de bisulfite, en un composé rouge-brun [Étard, *C. R.*, **93**, 725; **94**, 1422, 1475].

Lorsqu'on dirige un courant de gaz sulfureux sur de l'hydrate cuivrique humide, refroidi à 0°, on obtient une solution vert foncé, sans qu'il y ait réduction de l'oxyde cuivrique; mais la solution ne peut être amenée à cristallisation sans que cette réaction se produise pour donner le sulfite cuproso-cuprique rouge. Exposée à l'air, la solution verte se recouvre d'une pellicule jaune et, si l'on y fait passer un courant d'air, elle devient presque noire et donne un précipité d'un jaune d'ocre, qu'on obtient aussi par l'addition de beaucoup d'alcool à la solution verte. Ce précipité est le *sulfite cuivrique basique* $3\,CuO\,.\,2\,SO^2,\ 1,5\,H^2O$ ou sensiblement

$$Cu \begin{cases} SO^3 & Cu\,.\,OH \\ SO^3 - Cu\,.\,OH \end{cases}$$

formule analogue à celle de l'*azurite*, ou carbonate basique. L'ébullition du sulfite basique avec l'eau le décompose en sulfate cuivrique et sulfite cuivreux, qui peut lui-même se dédoubler en oxyde cuivreux et anhydride sulfureux [Spencer B. Newbury, *Am. Journ.*, **14**, 232].

HYPOSULFITE DOUBLE CUPROSO-SODIQUE,

$$S^2O^3(Cu^2)\,S^2O^3Na\,,\,3\,H^2O,$$

soit

$$S^2O^3 \begin{cases} Cu - Cu \\ Na \quad Na \end{cases} S^2O^3\,,\,3\,H^2O.$$

— Prismes microscopiques, obtenus par le mélange à froid de solutions de 1 molécule de sulfate de cuivre et de 2 molécules d'hyposulfite de sodium. Si l'on opère à 40°, la température du mélange s'élève à 50° et il se dépose des cristaux jaune-citron du sel double

$$3\,S^2O^3(Cu^2)\,.\,2\,S^2O^3Na^2\,,\,8\,H^2O.$$

Ce sel est décomposé par l'eau bouillante, d'après l'équation

$$(S^2O^3)^5(Cu^2)^3Na^4\,,\,8\,H^2O$$
$$= 3\,Cu^2S + 2\,S + 2\,SO^4Na^2 + 2\,SO^4H^2 + 2\,SO^2 + 7\,H^2O.$$

Si l'on ajoute à ce sel de l'hyposulfite de sodium, puis de l'alcool, il se sépare une masse cristalline jaunâtre, très soluble dans l'eau, dont la solution donne avec le chlorure de baryum un précipité blanc renfermant $S^2O^3(Cu^2)\,.\,2\,S^2O^3Ba\,,\,7\,H^2O$ [C. Vortmann, *Mon. f. Chem.*, **9**, 165].

PHOSPHATES DE CUIVRE. — Par dissolution de l'oxyde ou du carbonate de cuivre dans le métaphosphate de potassium fondu, on obtient des prismes, probablement anorthiques, d'un bleu verdâtre, du phosphate double $(PO^4)^3Cu^4K$. Avec le pyrophosphate de potassium, on produit le sel PO^4CuK, en prismes bleu clair; ce dernier se forme aussi si l'on emploie l'orthophosphate en excès.

Le métaphosphate de sodium donne des prismes dichroïques du sel $(PO^4)^4Cu^3Na^6$ ou, avec un excès d'oxyde de cuivre, PO^4CuNa [L. Ouvrard, *C. R.*, **111**, 177].

Le *phosphate basique de cuivre* (*libéthénite*) n'est pas décomposé par l'eau à 275° (G. Rousseau).

CARBONATE DE CUIVRE. — Le carbonate basique (*malachite*) $CO^3(CuOH)^2$ se dépose en cristaux verts, recouvrant des croûtes de carbonate neutre, lorsqu'on évapore lentement, au bain-marie, en renouvelant l'eau évaporée, une solution de carbonate de cuivre dans le carbonate ammonique. Les cristaux offrent les caractères physiques et cristallographiques de la malachite [A. de Schulten, *C. R.*, **110**, 202].

Les taches noires qui se forment souvent sur la patine verte des statues de bronze sont sans doute dues à une réduction du carbonate basique sous l'influence des poussières organiques.

On produit en effet une semblable transformation de la malachite ou des mélanges d'hydrate et de carbonate de cuivre par l'action d'agents réducteurs, par exemple l'amalgame de sodium [C. Hassack, *Dingl. Journ.*, **257**, 248].

Ed. Willm.

CUIVRE (ANALYSE). — *Réactions des sels de cuivre.* — Comparant la sensibilité de quelques-unes des réactions qui servent à caractériser le cuivre, M. A. Wagner leur fixe les limites suivantes [*Z. anal. Chem.*, **20**, 349] :

Cyanure jaune	décèle $\frac{1}{200}$ de milligr. dans 1cc de solution.			
Ammoniaque	—	$\frac{1}{10}$	—	—	—
Xanthate de potass.	—	$\frac{2}{1000}$	—	—	—

Une solution ammoniacale de cuivre additionnée de cyanure jaune fournit, après évaporation de l'ammoniaque, un dépôt cristallin jaune de la combinaison ammoniacale, dépôt qui devient rouge après disparition de toute l'ammoniaque [Hausbofer, *Sitz. Münch. Akad*, 1885, **4**, 403].

Le cuivre est précipité intégralement, en solution acétique, par le *nitroso-β-naphtol*; le précipité $(C^{10}H^6O\,.\,AzO)^2Cu$ est insoluble dans les acides, dans l'eau et dans l'alcool, soluble dans le chloroforme et dans l'aniline; la potasse bouillante en sépare l'oxyde de cuivre [G. von Knorre, *D. chem. G.*, **20**, 283].

DOSAGE DU CUIVRE ET SÉPARATION DU CUIVRE (*procédés chimiques*). — La réaction ci-dessus permet de doser le cuivre, même à côté de divers autres métaux (Cd, Mg, Mn, Pb, Hg) qui ne sont pas précipités. Pour cela, on évapore la solution des chlorures ou des sulfates à un petit volume, on neutralise au besoin par l'ammoniaque, on acidule par quelques gouttes d'acide chlorhydrique et l'on ajoute à la solution presque bouillante le nitroso-β-naphtol dissous dans l'acide acétique à 50/100 : on lave le précipité à l'eau froide, on le sèche, on le calcine et l'on pèse le résidu d'oxyde de cuivre [G. de Knorre, *loc. cit.*].

Cuivre et bismuth. — M. J. Loew précipite les hydrates de ces métaux par la soude en présence de glycérine; un excès de soude redissout le précipité, et la solution additionnée ensuite de glucose laisse déposer *à froid* l'hydrate cuivreux, tandis que le bismuth reste dissous [*Z. anal. Chem.*, **22**, 495].

Cuivre et cadmium. — La séparation s'effectue aisément par l'hyposulfite de sodium ou d'ammonium, qui précipite à chaud d'une solution acide étendue tout le cuivre à l'état de sulfure, tandis que le cadmium reste dissous et peut ensuite être précipité par l'hydrogène sulfuré [G. Vortmann, *Mon. f. Chem.*, **1**, 953. — Ad. Carnot, *Bull. Soc. Chim.*, (2), **46**, 813].

Le précipité d'hydrate de cuivre se redissout dans un excès de potasse en présence de la glycérine, ce qui n'a pas lieu pour l'hydrate de cadmium; cette différence peut servir à la séparation de ces métaux [L. Backeland, *Bull. Acad. Belg.*, **10**, 756].

M. Gucci précipite le cuivre par le benzoate d'ammonium; le cadmium reste dissous [*Gazz. chim. ital.*, **15**, 212].

Cuivre et zinc. — Pour effectuer avec sûreté une séparation complète par l'hydrogène sulfuré, il faut opérer sur une solution ne renfermant pas plus de 5 milligrammes de métaux par centimètre cube et additionnée de 1/5 de son volume d'acide chlorhydrique. Le précipité de sulfure de cuivre doit être lavé, d'abord avec une solution d'hydrogène sulfuré additionnée d'acide chlorhydrique, puis avec de l'hydrogène sulfuré seul [G. Berglund, *Z. anal. Chem.*, **22**, 184].

Le cuivre peut aussi être séparé du zinc comme du cadmium par l'hyposulfite de sodium ou d'ammonium. M. Ad. Carnot a fondé du reste sur cette réaction, qui permet de séparer aussi le cuivre du *nickel*, du *cobalt*, du *fer*, du *manganèse*, un procédé général, d'après lequel les métaux restés en dissolution sont précipités par l'hydrogène sulfuré dans des solutions contenant des acides d'énergie décroissante (sulfurique ou chlorhydrique, oxalique, acétique) [*loc. cit.*].

Analyse du laiton. — M. II.-N. Warren dissout l'alliage dans l'acide sulfurique concentré, puis étend d'eau et précipite le cuivre par le magnésium, à 40° environ. Le zinc, qui reste dissous dans ces conditions, est ensuite précipité par le magnésium après addition d'acétate de sodium à la liqueur filtrée. Les métaux sont pesés à l'état métallique [*Chem. News*, **64**, 136].

Dosage volumétrique. — MM. Étard et P. Lebeau ont proposé un procédé fondé sur la réduction du bromure cuivrique à l'état de bromure cuivreux par le bromure stanneux :

$$2\,CuBr^2 + SnBr^2 + n\,HBr$$
$$= SnBr^4 + Cu^2Br^2 + n\,HBr.$$

Lorsqu'on ajoute de l'acide bromhydrique concentré et en excès à un sel de cuivre, il se produit une coloration violette. L'addition de bromure stanneux, en liqueur titrée, décolore cette solution. Le titrage doit se faire rapidement, car la solution décolorée se colore de nouveau au contact de l'air [*C. R.*, **108**, 410].

Dosage et séparation électrolytique. — Le dépôt électrolytique du cuivre en présence d'oxalate ammonique ou potassique ne s'effectue que très lentement à la fin de l'électrolyse ; on accélère le dépôt par l'addition d'acide oxalique. L'électrolyse doit se faire en solution neutre et ce n'est qu'à la fin qu'on doit ajouter de l'acide oxalique. Cette addition peut se faire tout de suite, si la solution ne renferme que très peu de cuivre. L'opération dure ainsi 3 ou 4 heures au lieu de 14. Le courant doit fournir 3 ou 4 centimètres de gaz tonnant à la minute [Al. Classen et H. Schelle, *D. chem. G*, **21**, 3050].

Dosage du cuivre en présence de l'arsenic. — Une solution d'arséniate alcalin additionnée d'ammoniaque n'est pas réduite par le courant. Si elle renferme du cuivre, celui-ci se dépose exempt d'arsenic [Le Roy et Mac Cay, *Chem. Zeit.*, 1890, 509].

Le cuivre se dépose également seul s'il est dissous dans le cyanure de potassium en présence d'arsenic à l'état d'arséniate [Edg. Smith et Lee Frankel, *Am. Journ.*, **12**, 428].

Pour faire l'analyse du cuivre arsénifère, M. Al. Classen préfère isoler l'arsenic par un procédé chimique. On traite l'arséniure par le brome dissous dans l'acide chlorhydrique ; on opère au bain-marie et on renouvelle plusieurs fois la solution de brome ; tout l'arsenic est volatilisé à l'état de bromure. On reprend le résidu par l'acide sulfurique et on électrolyse la solution étendue [*D. chem. G*, **21**, 359].

Cuivre et argent. — L'électrolyse de ces deux métaux, dissous à l'état de cyanures, donne un dépôt d'argent exempt de cuivre, par un courant très faible, ne donnant pas plus de 24 centimètres cubes de gaz tonnant par heure [Edg. Smith et Lee Frankel, *Am. Journ.*, **12**, 104].

Cuivre et plomb. — On électrolyse la solution additionnée d'acide azotique par un courant très faible (0cc,1 gaz tonnant par minute) ; le plomb se dépose au pôle positif à l'état de PbO^2 et le cuivre au pôle négatif ; quand le dépôt a pris une

certaine importance, on renforce le courant (30 fois) et, quand l'électrolyse est terminée, on remplace l'électrolyte par de l'eau sans interrompre le courant ; puis on lave chaque dépôt, on le sèche à 110° et on le pèse [Al. Classen, *D. chem. G.*, **21**, 359].

Cuivre et métaux divers, (Fe, Al, Cr, Zn, Ni, Co). — M. Edg. Smith précipite les métaux par le phosphate disodique et redissout le précipité dans l'acide phosphorique. L'électrolyse de la solution ne provoque que le dépôt du cuivre, avec un courant de 0,15 à 6 centimètres cubes de gaz tonnant par minute [Edg. Smith, *Am. Journ.*, **12**, 329].
Ed. Willm.

CULSAGÉTTE (Min.) — Variété de jefferisite ou chlorite.

CUMÉNACÉTIQUE (ACIDE) [Syn. *Métho-éthyl 1-benzène-éthyloïque 4*],

$$(CH^3)^2\,CH_{(1)} - C^6H^4 - CH^2_{(4)} - CO^2H.$$

— Cet acide a déjà été décrit Dict., **2**, 32, sous le nom d'*acide homocuminique*.

On l'obtient encore en réduisant par l'acide iodhydrique et le phosphore, ou mieux par l'étain et l'acide chlorhydrique à l'ébullition, l'acide cumène-glycolique (voyez plus bas).

Les *sels de calcium* $(C^{11}H^{13}O^2)^2\,Ca, 3H^2O$ et de *baryum* $(C^{11}H^{13}O^2)^2\,Ba, 4H^2O$ sont peu solubles dans l'eau ; celui *de magnésium* s'y dissout aisément et renferme 4 molécules d'eau.

L'*éther méthylique* bout à 255-257° ; l'*éther éthylique* à 264-265° ; l'*amide* cristallise dans le benzène en lamelles octogonales fusibles à 170° et l'*anilide* fond à 104°.

Sous l'influence du brome, il fournit un *dérivé dibromé*,

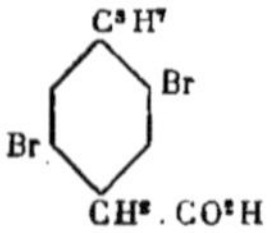

$$\underset{\underset{CH^2 . CO^2H}{}}{\overset{\overset{C^3H^7}{}}{\underset{Br}{\overset{Br}{\bigcirc}}}}$$

insoluble dans l'eau, dont les *sels de baryum* et *de magnésium* contiennent respectivement 5 et 8 molécules d'eau ; son *éther méthylique* bout à 325° et l'*amide* correspondante cristallisée dans la ligroïne en lamelles fusibles à 153°.

Lorsqu'on l'oxyde par le permanganate, on obtient un mélange d'*acides dibromocuminique* et *oxyisopropyl-dibromobenzoïque*,

$$(CH^3)^2C(OH) - C^6H^3Br^2 . CO^2H.$$

L'acide cuménacétique, soumis à l'ébullition avec de l'acide nitrique étendu, fournit de l'acide homotéréphtalique [M. Fileti et G. Basso, *Gazz. chim. ital.*, **21**, 52].

Distillé en présence d'un excès de chaux, il se décompose en donnant du cymène [E. Paterno, *Gazz. chim. ital.*, **13**, 535].

A l'acide cuménacétique se rattachent encore quelques dérivés que nous décrirons ici.

Acide cumène-glycolique,

$$C^3H^7_{(1)} - C^6H^4 - CH(OH)_{(4)} - CO^2H.$$

— Cet acide se prépare en faisant réagir l'acide cyanhydrique sur l'aldéhyde cuminique, et saponifiant le nitrile ainsi formé.

Le cuminol en solution dans l'éther est additionné de cyanure de potassium ; puis au mélange refroidi à 0° on ajoute peu à peu de l'acide chlorhydrique concentré. Après évaporation de l'éther, on distille dans un courant de vapeur d'eau le résidu solide, afin d'éliminer l'excès d'aldéhyde ; on épuise avec une solution de carbonate de sodium et la liqueur filtrée, évaporée à sec, est reprise par une petite quantité d'eau qui laisse à l'état insoluble des produits résineux. Enfin, le sel de sodium, décomposé par l'acide chlorhydrique, fournit l'acide à l'état de pureté.

Il fond à 158°, comme l'avait déjà indiqué M. Raab, et est peu soluble dans l'eau [J. Plöschl, *D. chem. G.*, **14**, 1316; *Bull. Soc. Chim.*, (2), **36**, 679].

Le *sel de calcium*, $(C^{11}H^{13}O^3)^2Ca, 1,5H^2O$, ne perd son eau de cristallisation qu'à 150°; celui *de magnésium* renferme 4 molécules d'eau et est aussi très peu soluble dans l'eau. L'*éther méthylique* fond à 80°; l'*éther éthylique* à 40-41°.

L'*amide* a été obtenue en chauffant ces éthers à 120-130° avec une solution alcoolique d'ammoniaque. Elle cristallise dans le benzène en aiguilles fusibles à 116°.

On connaît également des éthers de l'acide cumène-glycolique, dans lesquels c'est l'oxhydryle alcoolique qui est éthérifié.

L'*acide cumène-chloracétique*,

$$C^3H^7_{(1)}.C^6H^4.CHCl_{(4)}.CO^2H,$$

s'obtient en chauffant à 130° l'acide cumène-glycolique avec de l'acide chlorhydrique fumant. Il cristallise dans le pétrole en prismes obliques fusibles à 82°.

L'*acide cumène-bromacétique* se prepare de même et fond à 94-95°.

L'*acide cumène-méthylglycolique*,

$$C^3H^7.C^6H^4.CH(OCH^3).CO^2H,$$

prend naissance par l'action du méthylate de sodium sur le dérivé chloré. Il fond à 52-53° et donne un *sel de sodium* peu soluble,

$$C^{12}H^{15}O^3Na, 2H^2O.$$

Le *dérivé éthylique* correspondant est un liquide visqueux.

Par l'action de l'anhydride acétique, l'acide cumène-glycolique fournit l'*éther acétique* correspondant, $C^3H^7.C^6H^4.CH(OCOCH^3).CO^2H$; celui-ci cristallise dans l'éther de pétrole en prismes fusibles à 60-61° et renfermant encore 1 molécule d'eau (?).

Acide cumène-glyoxylique,

$$C^3H^7.C^6H^4.CO.CO^2H.$$

— On le prépare en oxydant l'acide cumène-glycolique par une solution étendue de permanganate alcalinisée.

Il se dissout aisément dans l'alcool et dans l'éther, difficilement dans les autres dissolvants et fond à 106°. Le *sel de calcium* renferme 2 molécules d'eau et est facilement soluble, ainsi que ceux *de baryum, de magnésium et de zinc*. L'*éther éthylique* correspondant est liquide et l'*amide* fond à 189°.

Par l'action de l'hydroxylamine, l'acide cumène-glyoxylique fournit une *oxime* qui cristallise en prismes fusibles à 124°, aisément solubles dans l'eau, l'alcool et l'éther [M. Fileti et V. Amoretti, *Gazz. chim. ital.*, **21**, 41].

Cumène-glycocolle,

$$C^3H^7 - C^6H^4 - CH(AzH^2) - CO^2H.$$

— Ce composé a été obtenu par M. Plöchl dans les conditions suivantes :

Lorsque l'on traite la cuminihydramide par l'acide cyanhydrique, elle se transforme en un diimidodinitrile

$$C^9H^{12}.CH\begin{matrix}CAz\\AzH\end{matrix}$$
$$C^9H^{12}.CH\begin{matrix}AzH\\CAz\end{matrix}$$

que l'eau et l'acide chlorhydrique décomposent

en donnant 1 molécule d'aldéhyde cuminique et 2 molécules de cumène-glycocolle. Ce composé, peu soluble dans l'eau froide, se dissout aisément à l'ébullition, mais pas dans l'alcool ni dans l'éther. Il fond à 197° et donne des combinaisons avec les acides comme avec les bases [J. Plöschl, *loc. cit.*].

Le *cumène-phénylglycocolle*,

$$C^3H^7.C^6H^4.CH(AzH.C^6H^5).CO^2H,$$

s'obtient par l'action de l'aniline sur l'acide cumène-chloracétique. Il fond à 145-146° et ne se dissout ni dans l'eau ni dans le chloroforme, mais il est aisément soluble dans l'alcool, l'éther et le benzène [M. Fileti et V. Amoretti, *loc. cit.*].

O. Saint-Pierre.

CUMÉNACRYLIQUE (ACIDE) [Syn. *Méthoéthyll-benzène-propényloïque*4],

$$(CH^3)^2CH_{(1)} - C^6H^4 - CH_{(4)} = CH - CO^2H.$$

— L'acide cuménacrylique a été obtenu par M. Perkin, en faisant réagir l'aldéhyde cuminique sur l'acétate de sodium et l'anhydride acétique à 175°. Dans cette préparation, il se produit en même temps une huile insoluble dans les alcalis et qui cristallise à la longue : c'est la *diacétylhydrocuminoïne* (O. Widman),

$$C^3H^7 - C^6H^4 - CH - O.CO.CH^3$$
$$C^3H^7 - C^6H^4 - CH - O.CO.CH^3$$

fusible à 145-146°.

M. O. Widman a également préparé l'acide cuménacrylique en chauffant vers 160° l'acide cumylidène-malonique (voyez ce mot), qui perd alors 1 molécule d'acide carbonique.

L'acide cuménacrylique cristallise en aiguilles fusibles à 157-158°, facilement solubles dans l'alcool et dans l'acide acétique étendu, très peu solubles dans l'eau, même à l'ébullition.

Le *sel d'ammonium* est une masse asbestoïde peu soluble dans l'eau; celui *de sodium* cristallise mal et est précipité de sa solution aqueuse par le chlorure de sodium.

Le *sel de calcium* cristallise anhydre : chauffé vers 100°, il absorbe l'oxygène de l'air pour donner le sel d'un acide oxycuménacrylique.

Le *sel de strontium*, $(C^{12}H^{13}O^3)^2Sr, 2H^2O$, est peu soluble; ceux des métaux lourds sont insolubles dans l'eau.

Le *chlorure cuménacrylique* forme une masse cristalline fusible vers 25° et facilement décomposable; l'*amide* correspondante, poudre cristalline insoluble dans l'eau, soluble dans l'alcool, fond à 185° et distille presque sans décomposition.

Chauffé vers 200°, l'acide cuménacrylique se décompose en acide carbonique et *isopropylcinnamène*.

L'amalgame de sodium le transforme en acide cumène-propionique.

Chauffé à 100° avec de l'acide acétique saturé de gaz bromhydrique, il en fixe 1 molécule en donnant un acide *cumène-bromopropionique*, fusible à 85-87°. Cet acide est très peu stable; les alcalis caustiques ou carbonatés le détruisent en donnant de l'isopropylcinnamène.

Il fixe de même le brome en vapeur ou en solution sulfocarbonique, en donnant un *dibromure* $C^3H^7.C^6H^4.CHBr.CHBr.CO^2H$ (acide *cumène-dibromopropionique*), fusible à 190° et peu soluble dans le benzène, même à l'ébullition [W.-H. Perkin, *Chem. News*, **36**, 211; *Bull. Soc. Chim.*, (2), **30**, 309].

Dérivés chlorés et bromés. — L'*acide chlorocuménacrylique*,

$$C^3H^7_{(1)} - C^6H^3Cl_{(3)} - CH_{(4)} = CH - CO^2H,$$

a été obtenu en traitant par le chlorure cuivreux et l'acide chlorhydrique une solution de l'acide amidé correspondant additionnée de nitrite de sodium en quantité équivalente. Purifié par cristallisation dans l'acide acétique, il fond à 133-134°.

L'*acide bromocuménacrylique* se prépare de même. Il fond vers 134°. Réduit par l'acide iodhydrique et le phosphore rouge, il donne de l'acide bromocumène-propionique, tandis que l'amalgame de sodium le transforme en acide cumène-propionique [O. Widman, *D. chem. G.*, **23**, 3076; *Bull. Soc. Chim.*, (3), **6**, 58].

Dérivés nitrés. — Par l'action de l'acide nitrique fumant, l'acide cuménacrylique donne un mélange de trois acides : l'acide p-nitrocinnamique, l'acide nitrocuménacrylique

$$(CH^3)^2 CH_{(1)} - C^6 H^3 < {}^{Az O^2_{(3)}}_{CH_{(4)} = CH - CO^2 H}$$

qui fond à 156°, et un acide isomérique fusible à 122°, dont la constitution n'est pas établie[1].

On les sépare facilement en reprenant le mélange par l'alcool ou mieux par le benzène, où l'acide nitrocinnamique est presque insoluble, même à l'ébullition. Par le refroidissement de la solution benzénique, l'acide nitrocuménacrylique se dépose en majeure partie, et l'acide fusible à 128° reste dans les eaux mères [A. Einhorn et W. Hess, *D. chem. G.*, **17**, 2015; *Bull. Soc. Chim.*, (2), **45**, 208. — O. Widman, *D. chem. G.*, **17**, 2283; **19**, 255, 280; *Bull. Soc. Chim.*, (2), **46**, 13, 226 et 228].

L'acide nitrocuménacrylique (1.3.4) se purifie complètement par cristallisation de son sel de baryum; il fond à 156-157°.

Le *sel d'argent* est aussi soluble dans l'eau chaude.

L'acide libre est insoluble dans la ligroïne, peu soluble dans l'eau, facilement soluble dans l'alcool, le benzène, le chloroforme, l'éther et l'acide acétique. L'*éther éthylique* correspondant est liquide.

L'acide nitrocuménacrylique, oxydé à chaud par l'acide chromique en solution acétique ou à froid par le permanganate, donne de l'aldéhyde, puis de l'acide nitrocuminique. Dans le second cas, et surtout si la solution est fortement alcaline, il se produit en outre de l'acide nitro-oxycuminique (oxyisopropyl-nitrobenzoïque),

$$(CH^3)^2 C(OH)_{(1)} . C^6 H^3 < {}^{Az O^2_{(3)}}_{CO^2 H_{(4)}}$$

fusible à 168°.

Chauffé à 100° avec de l'acide acétique saturé de gaz bromhydrique, il absorbe 1 molécule de ce dernier et fournit un acide *nitrocumène-bromopropionique*, très soluble dans les dissolvants usuels, sauf dans le pétrole et dans le sulfure de carbone. Cet acide fond à 127° et se décompose à une température plus élevée; de même l'ébullition de sa solution aqueuse le détruit en donnant de l'isopropyl-nitro-cinnamène. Le carbonate de sodium le transforme à froid en lactone et acide nitrocumène-lactique (voyez ACIDE CUMÈNE-LACTIQUE).

L'acide nitrocuménacrylique fixe de même 1 molécule de brome en donnant un *dibromure* (acide nitrocumène-dibromopropionique) fusible à

171° et cristallisant bien par le refroidissement de sa solution benzénique. Ce dibromure se dissout dans la soude très étendue; par addition d'un excès de lessive de soude concentrée, le sel de sodium cristallise subitement. Les alcalis en excès ne le transforment pas en acide nitrocumène-propiolique,

$$C^3 H^7 . C^6 H^3 < {}^{Az O^2}_{C \equiv C - CO^2 H}$$

mais en un acide *nitrocumène-bromacrylique*,

$$C^3 H^7 . C^6 H^3 < {}^{Az O^2}_{(C^2 H Br) . CO^2 H}$$

qui cristallise difficilement et qui fond vers 70-75°.

Traité à chaud par les alcalis en présence de glucose ou de sucre de lait, cet acide nitrocumène-dibromopropionique donne un précipité d'un beau bleu à reflets cuivrés. C'est le *cumindigo*, déjà obtenu par MM. Einhorn et Hess en traitant l'acide nitrocuminique par l'acétone et la soude d'après le procédé de MM. von Baeyer et Drewsen.

Par réduction au moyen de l'amalgame de sodium, l'acide nitrocuménacrylique se convertit en acide amidocumène-propionique, tandis que le sulfate ferreux transforme seulement le groupement Az O² en Az H² [Einhorn et Hess, O. Widmann, *loc. cit.*].

M. O. Widman a également obtenu le second acide nitrocuménacrylique prevu par la théorie,

$$(CH^3)^2 CH_{(1)} - C^6 H^3 < {}^{Az O^2_{(3)}}_{CH_{(4)} = CH . CO^2 H}$$

mais seulement en appliquant la réaction de Perkin à l'aldéhyde nitrocuminique (1.2.4), cet acide ne se formant pas dans la nitration de l'acide cuménacrylique. Il cristallise dans le benzène en longues aiguilles, fusibles à 141°, très solubles dans l'alcool et dans l'éther.

Ses sels sont généralement peu solubles dans l'eau. Les *sels alcalins*, $C^{12} H^{12} Az O^4 K$ et $C^{12} H^{12} Az O^4 Na', 3 H^2 O$, sont plus solubles dans l'alcool; ceux *de baryum* $(C^{12} H^{12} Az O^4)^2 Ba, 5,5 H^2 O$ et *de calcium* $(C^{12} H^{12} Az O^4)^2 Ca, 3 H^2 O$ sont efflorescents.

L'*éther éthylique* cristallise dans l'alcool en lamelles brillantes, fusibles à 58-59°.

Cet acide nitrocuménacrylique fixe également le brome en donnant un *dibromure* qui cristallise dans le benzène en tables rhomboïdales fusibles à 183-185°.

L'amalgame de sodium et le sulfate ferreux réagissent sur lui comme sur son isomère [O. Widman, *D. chem. G.*, **19**, 413; *Bull. Soc. Chim.*, (2), **47**, 267].

Le troisième *acide nitrocuménacrylique* est l'acide qui reste dans les eaux mères benzéniques de l'acide nitrocuménacrylique 1.3.4. Il fond à 122-123° et se dissout aisément dans l'alcool et dans le benzène.

Par oxydation (permanganate alcalin, acide chromique), il fournit un acide fusible à 156-157°,5 (peut-être l'acide nitrocuminique 1.2.4), de l'acide nitrocuminique 1.3.4 et de l'acide oxyisopropyl-nitrobenzoïque 1.3.4 fusible à 168°. Ces résultats ne concordant avec aucune des formules possibles, il nous paraît plus probable que l'on doit le considérer comme un mélange d'acides nitrocuméniques 1.2.4 et 1.3.4, d'autant plus que M. Widman ne l'a obtenu qu'en très faible quantité (environ 3 0/0 de l'acide cuménacrylique employé), et qu'il n'a décrit aucun sel.

Dérivés amidés. — Les deux acides amidocuménacryliques s'obtiennent en réduisant par le sulfate ferreux une solution ammoniacale des acides nitrés correspondants.

<hr>

[1]. Les résultats que nous donnons ici ne sont pas tels que M. O. Widman les a formulés dans le mémoire indiqué. Mais comme, depuis cette époque, il a montré que le cymène est le p-isopropyltoluène (et non le dérivé propylique comme on l'admettait jusqu'ici) et qu'il n'y a pas dans les dérivés cuminiques de transposition moléculaire à l'intérieur du groupe $C^3 H^7$, nous avons dû, par suite, modifier les résultats de ses recherches précédentes pour les mettre d'accord avec les faits bien établis.

L'acide o-amidocuménacrylique

$$(CH^3)^2 CH_{(1)} - C^6H^3 \overset{AzH^2_{(3)}}{\underset{CH_{(4)}=CH-CO^2H}{<}}$$

purifié par cristallisation dans l'alcool, fond à 165° en se décomposant. Il donne des sels avec les acides minéraux. Le *chlorhydrate*, peu soluble dans l'eau, même à l'ébullition, cristallise avec 3 molécules d'eau, dont il ne perd qu'une seule dans le vide. Il est peu stable, et déjà à 60° perd de l'acide chlorhydrique.

Lorsqu'on le fait bouillir pendant quelques heures avec de l'eau aiguisée d'acide chlorhydrique, on voit se déposer de petites aiguilles qu'on purifie par cristallisation dans l'alcool. Ce composé, fusible à 168-169°, est insoluble dans l'acide chlorhydrique et forme avec les alcalis des combinaisons très peu stables, car l'éther l'enlève à sa solution alcaline et l'acide carbonique l'en précipite. Il diffère de l'acide amidocuménacrylique par les éléments de l'eau et doit être considéré comme le *cumostyrile (isopropylcarbostyrile)*,

$$C^3H^7 \diagdown\diagup OH$$
Az

Chauffé avec de l'anhydride acétique, l'acide amidocuménacrylique se transforme en un *dérivé acétylé* qui fond à 220° en se décomposant.

Traité par l'azotite de potassium et l'acide sulfurique, il fournit l'acide *oxycuménacrylique*,

$$C^3H^7_{(1)} - C^6H^3 \overset{OH_{(3)}}{\underset{CU_{(4)}=CH-CO^2H}{<}}$$

qui fond à 176°. Il est insoluble dans l'eau, très soluble dans l'alcool.

Lorsque l'on réduit par l'amalgame de sodium l'acide amidocuménacrylique (1.3.4), on obtient par addition d'acide chlorhydrique un précipité jaune, soluble dans un excès d'acide, mais insoluble dans l'acide acétique. Séché immédiatement dans du papier, ce composé fond vers 80°; mais bientôt il se transforme en une masse grisâtre qui ne fond plus que vers 130°. Il est alors insoluble dans les bases comme dans les acides et, après cristallisation dans l'alcool ou dans le benzène, fond à 134°. Sa composition est celle de l'*hydrocumostyrile*, $C^{19}H^{15}AzO$: il provient de la décomposition spontanée de l'acide amidocumène-propionique d'abord formé.

L'acide *amidocuménacrylique* (1.2.4) se prépare de même que son isomère. Comme lui, il fond à 165°, mais il est peu soluble dans l'éther et dans le benzène, facilement soluble dans l'alcool bouillant. Les sels qu'il donne avec les bases sont très solubles et cristallisent mal. Au contraire, le *chlorhydrate* et le *chloroplatinate* $(C^{12}H^{15}AzO^2 . HCl)^2 PtCl^4, 2H^2O$ sont peu solubles dans l'eau; le *sulfate* renferme $2^{mol},5$ d'eau.

Le *dérivé acétylé* correspondant fond à 240°; il se dissout peu dans l'alcool. L'anhydride acétique fournit aussi un *dérivé diacétylé* fusible à 235°, encore moins soluble dans l'alcool et dans la ligroïne, mais facilement soluble dans le benzène et difficilement cristallisable.

L'azotite de potassium et l'acide acétique le convertissent en *acide oxycuménacrylique*. Ce composé, très soluble dans l'alcool et peu soluble dans l'eau, fond à 205-206°.

Réduit par l'amalgame de sodium, il fournit l'acide m-amido-cumène-propionique, fusible à 103-105° [O. Widman, *loc. cit.*].

O. Saint-Pierre.

CUMÈNE.

CUMÉNANGÉLIQUE (ACIDE) [Syn. *Méthoéthyl1-benzène-pentényl4¹-oïque4⁵*],

$$(CH^3)^2 CH_{(1)} - C^8H^4 - (C^4H^6)_{(4)} - CO^2H.$$

— On le prépare en chauffant à 180° l'aldéhyde cuminique avec du butyrate de sodium et de l'anhydride butyrique. Il cristallise par le refroidissement de sa solution alcoolique en aiguilles qui fondent à 123°.

Chauffé au bain-marie avec de l'acide acétique saturé de gaz bromhydrique, il fournit l'*acide cumène-bromovalérique*, qui se décompose facilement en donnant de l'isopropylbuténylbenzène, liquide bouillant à 242-243° [W.-H. Perkin, *Chem. Soc.*, **31**, 388; *Chem. News*, **36**, 211; *Bull. Soc. Chim.*, (2), **29**, 34; **30**, 309].

CUMÈNE [Syn. *Méthoéthylbenzène*],

$$C^6H^5 - CH(CH^3)^2$$

(voyez Dict., **1**, 1038; Suppl., **1**, 560). — Sous ce nom, nous décrirons seulement le cumène de l'acide cuminique ou isopropylbenzène, et nous renverrons pour les isomères, autrefois désignés de même, aux articles spéciaux (voyez HÉMELLITHÈNE, MÉSITYLÈNE, PROPYLBENZÈNE, PSEUDOCUMÈNE).

La synthèse du cumène a été réalisée de plusieurs façons différentes, confirmant la formule de M. Jacobsen :

M. Liebermann l'a obtenu dans l'action du zincméthyle sur le chlorure de benzylidène [*D. chem. G.*, **13**, 45].

Il se produit également lorsque l'on fait réagir sur le benzène, en présence du chlorure d'aluminium, le bromure de propyle ou d'isopropyle (Gustavson) ou même le chlorure d'allyle, le méthylchloracétol $(CH^3)^2 CCl^2$, ou le propylène monochloré [Silva, *Bull. Soc. Chim.*, (2), **43**, 417].

Il bout à 152-153°,5. Sa densité à 0° est 0,8776 et à 25°, 0,8577.

Oxydé par le chlorure de chromyle, le cumène fournit, comme produits principaux, de l'aldéhyde hydratropique

$$C^6H^5 - CH \overset{CH^3}{\underset{CHO}{<}}$$

et de l'acétylbenzène [W.-V. Miller et Rohae, *D. chem. G.*, **24**, 1356].

Lorsqu'on le chauffe à l'ébullition avec un mélange d'acides sulfurique et nitrique, on le convertit en acide p-nitrobenzoïque fusible à 238° [Lespieau, *Bull. Soc. Chim.*, (3), **3**, 502].

Dérivé chloré. — En faisant agir le chlore sur le cumène à chaud, on obtient un *dérivé p-chloré*, bouillant avec décomposition partielle à 205-206° sous la pression ordinaire, et sans altération à 125° sous 20 millimètres. Il se forme en même temps des produits chlorés supérieurs [Genvresse, *Bull. Soc. Chim.*, (3), **9**, 219].

Dérivés bromés. — Le brome, réagissant sur le cumène dans l'obscurité, donne naissance à un mélange d'o- et de p-bromocumène, impossibles à séparer par distillation fractionnée, mais que l'oxydation convertit en acides o- et p-bromobenzoïque.

A la lumière solaire, il se fait au contraire un *dérivé dibromé* dans la chaîne latérale, qui se décompose à la distillation, et dont la constitution n'est pas établie [J. Schramm, *Mon. f. Chem.*, **9**, 842; *Bull. Soc. Chim.*, (3), **1**, 205].

L'*o-bromocumène* s'obtient pur par l'action du perbromure de phosphore sur l'o-cuménol. C'est un liquide bouillant à 205-207° sous une pression de 740 millimètres, et volatil dans la vapeur d'eau [Fileti, *Gazz. chim. ital.*, **16**, 113; *Bull. Soc. Chim.*, (2), **48**, 305].

Le *p-bromocumène*, déjà décrit par M. Mensel, se produit avec un rendement bien supérieur si on ajoute lentement la quantité théorique de brome au cumène refroidi à 0° et contenant de 10 à 12 0/0 d'iode [Jacobsen, *D. chem. G.*, **12**, 429]. Traité par le sodium et l'anhydride carbonique, il fournit de l'acide cuminique [Meyer et Müller, *D. chem. G.*, **15**, 496 et 1904].

Iodocumène. — On le prépare en traitant par l'azotite de sodium une solution chlorhydrique d'amidocumène, et en y ajoutant ensuite de l'acide iodhydrique.

C'est un liquide incolore, d'odeur agréable, bouillant à 234°. Il brunit à la lumière. L'oxydation le convertit en acide p-iodobenzoïque [E. Louis, *D. chem. G.*, **16**, 110 ; *Bull. Soc. Chim.*, (2), **40**, 86].

Dérivés sulfonés. — Tandis que, dans l'action de l'acide sulfurique à froid sur le cumène, il se fait principalement le dérivé para, à 100° c'est l'acide décrit par M. Spica qui prédomine. On obtient le même composé si l'on chauffe au bain-marie, avec de l'acide sulfurique, l'acide p-cumène-sulfonique, ou si l'on abandonne pendant long-temps à lui-même le produit brut de la sulfonation à froid.

Cet *acide o-sulfonique* est extrêmement soluble dans l'eau, et cristallise dans le vide sec en aiguilles déliquescentes.

Les *sels de potassium* et *de sodium* sont solubles dans l'eau et dans l'alcool étendu ; celui *de baryum* cristallise avec 3,5 molécules d'eau.

Les *sels de plomb*, $(C^9H^{11}SO^3)^2Pb, 2H^2O,$
de *magnésium*, $(C^9H^{11}SO^3)^2Mg, 8H^2O,$
de *zinc*, $(C^9H^{11}SO^3)^2Zn, 7H^2O,$
et *de cuivre*, $(C^9H^{11}SO^3)^2Cu, 8H^2O,$

sont solubles dans l'eau.

Par l'action du perchlorure de phosphore sur les sels anhydres, on obtient le *chlorure* $C^9H^{11}SO^3Cl$, sous la forme d'une huile jaune, épaisse, soluble dans l'éther, que l'ammoniaque transforme en une *amide* cristallisée, fusible à 127°, soluble dans l'alcool et dans l'éther.

Le mélange d'acide sulfurique et de dichromate de potassium détruit complètement l'acide o-cumène-sulfonique. Avec le permanganate, on obtient de l'acide benzoïque-sulfonique.

Fondu avec du formiate de potassium, il se transforme en acide o-cuminique [Ad. Claus et L. Tonn, *D. chem G.*, **18**, 1239 ; *Bull. Soc. Chim.*, (2), **45**, 815. — Ad. Claus et G.-H. Schulte im Hof, *D. chem. G.*, **19**, 3012 ; *Bull. Soc. Chim.*, (2), **47**, 420]. O. Saint-Pierre.

CUMÈNE-CROTONIQUE (ACIDE) [Syn. *Méthoéthyl1-benzène-bu!ényl4¹-oïque4⁴*],

$$(CH^3)^2CH_{(1)} - C^6H^4 - (C^3H^4)_{(4)} - CO^2H.$$

— Cet acide s'obtient par l'action de l'anhydride propionique et du propionate de sodium sur l'aldéhyde cuminique. On le purifie par cristallisation dans la ligroïne, où il est très soluble à chaud et d'où il se dépose par refroidissement en cristaux fusibles à 90-91°. Il est aussi très soluble dans l'alcool.

Traité par une solution acétique d'acide bromhydrique, il en fixe 1 molécule en donnant un *acide cumène-bromobutyrique* qui fond à 148-150° et qui se décompose à une température plus élevée. Cet acide se détruit, même à froid, au contact des alcalis ou des carbonates alcalins, en donnant de l'*isopropylallylbenzène*,

$$(CH^3)^2CH . C^6H^4 . CH = CH . CH^3,$$

qui bout à 229-230° et ne se solidifie pas à —15° [W.-H. Perkin, *Chem. Soc.*, **31**, 388 ; *Bull. Soc. Chim.*, (2), **29**, 34 ; *Chem. News*, **36**, 211 ; *Bull. Soc. Chim.*, (2), **30**, 309].

O. Saint-Pierre.

CUMÈNE-LACTIQUE (ACIDE) [Syn. *Méthoéthyl1-benzène-propylol4¹-oïque4³*],

$$(CH^3)^2CH_{(1)} - C^6H^4 - CH_{(4)}OH - CH^3 - CO^2H.$$

— Cet acide n'est pas connu à l'état de liberté, mais on en obtient un dérivé nitré, ainsi que la lactone correspondante, en traitant par le carbonate de sodium le produit d'addition de l'acide nitrocuménacrylique (1.3.4) avec l'acide bromhydrique. A froid c'est la *lactone* (ou olide) qui se forme principalement, ainsi qu'un peu d'acide et d'isopropylnitrocinnamène.

Cette olide se précipite sous la forme de petits cristaux, que l'on purifie par cristallisation dans l'alcool. Ils fondent à 73° et se dissolvent facilement dans les liquides organiques usuels, sauf le pétrole. Ils répondent à la formule

$$(CH^3)^2CH_{(1)} - C^6H^3 \begin{matrix} < AzO^2{}_{(3)} \\ < CH_{(4)} - CH^2 - CO \end{matrix} \searrow O \nearrow$$

Chauffée avec une solution acétique d'acide bromhydrique, l'olide reproduit l'acide nitrocumène-bromopropionique ; avec l'ammoniaque aqueuse, elle se transforme en *lactamide*,

$$C^3H^7 - C^6H^3 \begin{matrix} < AzO^2 \\ < CHOH - CH^2 - CO . AzH^2 \end{matrix}$$

que l'on obtient aussi par l'action de l'ammoniaque sur l'acide bromé.

La lactamide cristallise en prismes jaunâtres, fusibles à 150° et presque insolubles dans l'éther et dans le sulfure de carbone.

L'*acide nitrocumène-lactique* se produit surtout lorsque l'on décompose l'acide bromé par le carbonate de sodium à l'ébullition ; on l'obtient encore en faisant bouillir la lactamide avec de l'acide chlorhydrique étendu. Il se dépose par refroidissement et forme des cristaux fusibles à 119-120°, assez solubles dans l'eau chaude et dans les dissolvants organiques, sauf dans la ligroïne et le sulfure de carbone.

Les *sels alcalins* et *alcalino-terreux* sont solubles dans l'eau.

Chauffé à 190° avec de l'acide sulfurique étendu, cet acide perd 1 molécule d'eau en donnant de l'acide nitrocuménacrylique [A. Einhorn et W. Hess, *D. chem. G.*, **17**, 2015 ; *Bull. Soc. Chim.*, (2), **45**, 210]. O. Saint-Pierre.

CUMÈNE-PROPIONIQUE (ACIDE) [Syn. *Méthoéthyl1-benzène-propyloïque4*],

$$C^3H^7{}_{(1)} - C^6H^4 - CH^2{}_{(4)} - CH^2 - CO^2H.$$

— Cet acide a été obtenu par M. Perkin en hydrogénant par l'amalgame de sodium à 2 0/0 l'acide cuménacrylique. Il forme des cristaux fusibles vers 70° [*Chem. Soc.*, **31**, 38 ; *Bull. Soc. Chim.*, (2), **29**, 33].

L'acide de M. Perkin n'est pas absolument pur : il renferme un produit secondaire, très peu soluble dans le pétrole et dans l'alcool, qui paraît infusible et sublimable. En outre, par le refroidissement de la solution dans le pétrole, on voit se déposer un mélange d'aiguilles et de lamelles très difficiles à séparer. Les lamelles seules ont pu être obtenues à l'état de pureté : elles constituent l'acide cumène-propionique qui fond à 75°,5.

On l'obtient seul et plus rapidement en opérant la réduction au moyen de l'acide iodhydrique et du phosphore rouge.

M. O. Widman a encore préparé l'*éther cumène-propionique* en traitant le chlorure de cumyle $C^3H^7 . C^6H^4 . CH^2Cl$ par l'éther acétylacétique sodé, et décomposant par les alcalis l'éther cumylacétylacétique,

$$C^3H^7 - C^6H^4 - CH^2 - CH \begin{matrix} < CO - CH^3 \\ < CO^2 - C^2H^5 \end{matrix}$$

ainsi obtenu.

L'acide cumène-propionique se produit également dans la décomposition par la chaleur de l'acide cumylmalonique,

$$C^3H^7 . C^6H^4 . CH^2 . CH(CO^2H)^2,$$

qui perd 1 molécule d'acide carbonique lorsqu'on le chauffe au-dessus de son point de fusion [O. Widman, *D. chem. G.*, **22**, 2266; *Bull. Soc. Chim.*, (3), **3**, 549].

Oxydé par l'acide nitrique étendu (1 partie d'acide de densité 1,2 et 2 parties d'eau), l'acide cumène-propionique se transforme en acide p-carbohydrocinnamique, fusible à 277-278° [O. Widman, *D. chem. G.*, **22**, 2272].

L'*acide bromocumène-propionique*,

$$C^3H^7{}_{(1)} - C^6H^3 Br_{(3)} - CH^2{}_{(4)} - CH^2 - CO^2H,$$

prend naissance lorsque l'on réduit par l'acide iodhydrique et le phosphore rouge, à la température de l'ébullition, l'acide bromocuménacrylique. Par cristallisation dans la ligroïne, il se présente sous la forme de longues aiguilles, fusibles à 55°,5 et restant longtemps en surfusion [O. Widman, *D. chem. G.*, **23**, 3077; *Bull. Soc. Chim.*, (3), **6**, 58].

Traité par l'acide nitrique fumant à une température comprise entre — 5° et 0°, l'acide cumène-propionique donne un *dérivé nitré*, insoluble dans l'eau, très soluble dans l'alcool et dans le benzène et difficile à purifier. On y parvient en le faisant cristalliser dans l'acide acétique à 50 0/0, d'où il se dépose en cristaux fusibles à 99°. Cet acide nitrocumène-propionique, oxydé par le permanganate en solution alcaline, donne naissance à deux acides, dont l'un, fusible à 167°, est l'acide oxy-isopropyl-nitrobenzoïque,

$$(CH^3)^2 COH - C^6H^3 {<}{Az O^2 \atop CO^2H}$$

L'autre, qui fond à 145°, n'a pu être étudié faute de matière.

L'acide nitrocumène-propionique, réduit en solution ammoniacale par le sulfate ferreux, ou par l'étain et l'acide chlorhydrique, fournit de l'*hydrocumostyrile*, fusible à 134° et identique avec le produit obtenu par l'acide nitrocuménacrylique.

De là on peut conclure la constitution de ce dérivé nitré, qui est exprimée par la formule

$$C^3H^7{}_{(1)} - C^6H^3 {<}{Az O^2{}_{(3)} \atop CH^2{}_{(4)} - CH^2 - CO^2H}$$

L'*acide amidocumène-propionique* se rapportant à l'acide nitré, isomérique avec le précédent, a été obtenu dans l'hydrogénation par l'amalgame de sodium de l'acide nitrocuménacrylique (1.2.4). Il fond à 103-105° et donne un *dérivé acétylé* fusible à 168° [O. Widman, *D. chem. G.*, **17**, 2283; **19**, 413; *Bull. Soc. Chim.*, (2), **47**, 268].   O. Saint-Pierre.

CUMÉNOLS [Syn. *Cumophénols*],

$$C^6H^4 {<}{C^3H^7 \atop OH}$$

— Voyez Suppl., **1**, 565.

L'*o-cuménol*, précédemment décrit par M. Spica, sous le nom de *cuménol liquide*, bout à 213-215° au lieu de 218°. On le différencie facilement de son isomère fusible à 61°, en le transformant par l'acide monochloracétique et la soude en *acide cuménoxyacétique* (*cumène-glycolique*). Le dérivé de l'o-cuménol est incristallisable et ne précipite pas par les chlorure de mercure, d'or et de platine, tandis que le dérivé du p-cuménol fond à 81° et donne des sels insolubles dans ces conditions [P. Spica, *Gaz. chim. ital.*, **10**, 246].

L'o-cuménol s'obtient encore en traitant par l'acide nitreux l'amidocumène (provenant de l'amidocuminate de baryum). Il cristallise très difficilement et fond alors à 15°. Sa densité est 1,01243. Son *éther méthylique* bout à 198-199° et l'*éther éthylique* à 208-209° (d = 0,94438).

Il donne un *dérivé acétylé* bouillant à 228°,7.

Par l'action du perchlorure de phosphore, l'o-cuménol fournit du chlorocumène, que l'on enlève par distillation dans un courant de vapeur, et des *éthers phosphoriques*, que l'on peut distiller dans le vide. Le *phosphate tricuménique* est une huile insoluble dans l'eau, soluble dans l'alcool et dans l'éther, bouillant sans altération à 375-380° sous 280 millimètres. Par ébullition avec la potasse alcoolique, il se transforme en *phosphate acide* $PO^4H(C^9H^{11})^2$, dont le *sel de baryum* cristallise en fines aiguilles très solubles dans l'eau et renfermant 6 molécules d'eau.

L'o-cuménol, en solution acétique refroidie à 0°, donne, avec le brome, un *bromocuménol*

$$C^6H^4(C^3H^7)_{(1)}(OH)_{(2)}Br_{(5)},$$

que l'on purifie en le distillant dans un courant de vapeur. Il fond à 47-49° et bout vers 250° en se décomposant. Son *éther méthylique* bout à 250-251°. À une température plus élevée, le brome donne naissance à un *dérivé dibromé*, volatil dans la vapeur d'eau, encore liquide à — 30° et se décomposant à la distillation. L'*éther méthylique* correspondant bout à 278-280° sans altération.

Le dibromocuménol perd la moitié de son brome quand on le traite par l'acide nitrique fumant, et se transforme en *bromonitrocuménol* $C^6H^2(C^3H^7)_{(1)}(OH)_{(2)}Br_{(3)}(AzO^2)_{(5)}$, fusible à 87-88°.

Le bromocuménol (1.2.5) donne avec l'acide nitrique un *dérivé bromonitré*,

$$C^6H^2(C^3H^7)_{(1)}(OH)_{(2)}(AzO^2)_{(3)}Br_{(5)},$$

qui cristallise dans l'acide acétique étendu en aiguilles jaunes, fusibles à 33°.

Quand on traite par l'acide nitrique le cuménol en solution acétique refroidie à 0°, on obtient deux *dérivés mononitrés* : l'un, volatil dans la vapeur d'eau, est sans doute le dérivé (1.2.3); l'autre, qui se dépose par refroidissement de la solution aqueuse, fond à 86° : c'est le dérivé

$$C^6H^3(C^3H^7)_{(1)}(OH)_{(2)}(AzO^2)_{(5)}.$$

Le brome le convertit en un *dérivé bromonitré* fusible à 87-88°.

L'azotite de sodium transforme le cuménol en *nitrosocuménol* peu stable qui, oxydé par le ferricyanure, fournit le *nitrocuménol* fusible à 86° [H. Fileti, *Gazz. chim. ital.*, **10**, 279 et **16**, 113; *Bull. Soc. Chim.*, (2), **48**, 305].

L'o-cuménol, chauffé vers 150° et additionné peu à peu de sodium dans un courant d'acide carbonique humide, se transforme en un mélange d'*acides cuménol-mono-* et *dicarboniques* (acides cumophénol-carboniques) [M. Fileti, *Gazz. chim. ital.*, **16**, 113; *Bull. Soc. Chim.*, (2), **48**, 305].

Dérivés nitrés et amidés. — Le nitrocumène obtenu autrefois par Cahours et par M. Nicholson est le dérivé para, ainsi que le montre l'étude de la cumidine qui en dérive. Il se décompose quand on le chauffe vers 165-170° et se solidifie vers — 35° en une masse semblable à de la cire. Réduit en solution alcoolique par l'amalgame du sodium, il donne de l'*azocumène*, qui cristallise dans l'alcool bouillant en aiguilles jaunes, fusibles à 107°,5. La poudre de zinc et la potasse alcoolique le transforment d'abord en *hydrazocumène*, qui s'oxyde entièrement à l'air et se convertit en azocumène [V. Pospechoff, *Soc. Chim. russe*, 1886, **1**, 49; *Bull. Soc. Chim.*, (2), **46**, 820].   O. Saint-Pierre.

CUMÉNOXYACÉTIQUE (ACIDE) [Syn. *Méthoéthylbenzène-oxy-éthanoïque*],

$$C^3H^7 - C^6H^4 - O - CH^2 - CO^2H.$$

— Cet acide, isomérique avec l'acide cumène-glycolique et parfois désigné à tort sous ce nom, prend naissance par l'action de l'acide chloracétique sur le cuménol en présence de soude caustique. On a préparé les deux termes correspondant à l'o- et au p-cuménol.

On sépare l'acide formé de l'excès de phénol en épuisant à l'éther la solution additionnée de carbonate d'ammonium. L'acide mis en liberté est ensuite purifié par cristallisation dans l'eau bouillante.

L'*acide o-cumène-oxyacétique* fond à 130-131°. Il donne un *sel de baryum* très soluble; celui *d'argent* cristallise dans l'eau bouillante. Les *sels d'or*, *de mercure* et *de platine* sont solubles dans l'eau, tandis que ceux *de plomb* et *de cuivre* constituent des précipités amorphes.

L'*acide p-cumène-oxyacétique* fond à 86° et donne au contraire des *sels* insolubles *d'or, de mercure* et *de platine* [Spica, *Gazz. chim. ital.*, **10**, 246. — Fileti, *Gazz. chim. ital.*, **16**, 113; *Bull. Soc. Chim.*, (2), **48**, 307].

CUMÉNYLIQUE (GLYCOL) [Syn. *Méthyl1-benzène-diméthylol*2.4], $CH^3_{(1)}.C^6H^3(CH^2OH)^2_{(3-4)}.$ — Ce composé s'obtient en faisant bouillir avec de la lessive de soude le dibromure de pseudo-cumylène, préparé lui-même par l'action du brome à 140° sur le pseudocumène. Il fond à 77°,5 et est facilement soluble dans l'eau et dans l'alcool, beaucoup moins soluble dans l'éther. L'acide sulfurique concentré le colore en rouge.

Sa constitution résulte de ce que l'oxydation par l'acide chromique le transforme en acide β-xylidique, fusible à 325-330° [E. Hjelt et Gadd, *D. chem. G.*, **19**, 867].

CUMIDINES. — En chauffant pendant 8 heures, vers 200°, de l'aniline avec de l'alcool isopropylique et du chlorure de zinc, M. Louis a obtenu une *cumidine* identique à celle qui dérive du p-nitrocumène. C'est une huile incolore, bouillant à 216-218°, peu soluble dans l'eau et miscible à l'alcool et à l'éther (voyez CUMIDINE, *Dict.*, **1**, 1040]. Son *dérivé benzoylé* cristallise dans l'alcool bouillant en lamelles brillantes et fond à 114-115°.

Dans cette réaction il se fait en outre une base secondaire $AzH(C^3H^7)(C^6H^4.C^3H^7)$, bouillant à 245-250°. Elle donne un *sulfate* incristallisable et précipite par l'acide picrique en solution dans l'éther, tandis que le picrate de p-cumidine y est soluble [E. Louis, *D. chem. G.*, **16**, 110; *Bull. Soc. Chim.*, (2), **40**, 86].

La p-cumidine, contrairement aux assertions de M. Louis, donne un *dérivé acétylé* cristallisé et fusible à 102°; on le purifie par cristallisation dans l'eau.

Transformée en chlorure diazoïque et traitée ensuite par le cyanure de cuivre, d'après la réaction de M. Sandmeyer, elle fournit le nitrile de l'acide cuminique. Par l'action du cyanate de potassium, elle donne la *p-isopropylphényl-urée*[1], qui cristallise dans l'eau chaude en fines aiguilles incolores, fusibles à 152°.

Dans la nitration du cumène à froid, il se produit, indépendamment du p-nitrocumène, une certaine quantité du dérivé o-nitré, que l'on peut mettre en évidence en le réduisant par l'étain et l'acide chlorydrique. L'oxalate d'o-cumidine est beaucoup plus soluble que son isomère. On obtient cette même base par distillation de l'acide amido-cuminique avec la chaux sodée. Elle bout à 213,5-

214°,5 sous 732 millimètres et ne se solidifie pas dans un mélange réfrigérant. Le *chlorhydrate* est très soluble dans l'eau; l'*oxalate*

$$(C^9H^{13}Az)^2C^2O^4H^2, H^2O$$

fond à 173°. Elle donne un *dérivé acétylé* fusible à 72°.

L'*o-isopropylphényl-urée* correspondante cristallise dans l'eau en petites aiguilles fusibles à 133-134° [E.-G. Constam et H. Goldschmidt, *D. chem. G.*, **21**, 1157; *Bull. Soc. Chim.*, (3), **1**, 97].

Lorsque l'on fait passer de l'o-cumidine en vapeur sur de l'oxyde de plomb chauffé au rouge, on obtient une quantité notable d'indol (près de 10 0/0 du poids de la cumidine employée). Il se produit en outre de l'aniline, de la toluidine et des gaz contenant de l'éthane, de l'éthylène et du propylène [Fileti, *Gazz. chim. ital.*, **13**, 178; *Bull. Soc. Chim.*, (2), **42**, 190].

O. Saint-Pierre.

CUMIDIQUE (ACIDE) [Syn. *Diméthylbenzène-diméthyloïque*],

$$C^6H^2(CH^3)^2(CO^2H)^2.$$

— En oxydant le durène par l'acide nitrique étendu, M. Jannasch a obtenu, en même temps que de l'acide cumylique $C^{10}H^{12}O^2$, un acide non volatil avec la vapeur d'eau et présentant cette composition [*Zeit. f. Chem.*, **7**, 333; *Bull. Soc. Chim.*, (2), **15**, 275].

Il se forme en réalité un mélange de deux acides isomériques, que l'on peut séparer par la cristallisation de leurs éthers méthyliques dans l'alcool méthylique bouillant [E. Schnapauff, *D. chem. G.*, **19**, 2508; *Bull. Soc. Chim.*, (2), **47**, 326].

On obtient les mêmes produits en effectuant l'oxydation par le permanganate en solution légèrement alcaline (Schnapauff), mais non par l'acide chromique, qui fournit seulement de l'acide cumylique [A. Gismann, *Ann. Chem.*, **216**, 200; *Bull. Soc. Chim.*, (2), **40**, 84].

L'*acide α-cumidique* a été reproduit encore en traitant par l'amalgame de sodium et l'éther chloroxycarbonique une solution de dibromo-m-xylène dans l'éther anhydre, et saponifiant l'éther obtenu. Il se produit en même temps de l'acide xylique, facile à enlever par distillation dans un courant de vapeur.

L'acide libre fond au-dessus de 320° en se sublimant; il est très soluble dans l'eau, assez soluble dans l'alcool chaud. Le *sel de baryum* renferme 1^{mol},5 d'eau et est très soluble. Son *éther méthylique*, qui se dépose en dernier dans l'alcool méthylique, y cristallise par évaporation lente sous la forme de tables fusibles à 76°. Sa constitution, qui résulte de la synthèse précédente, est exprimée par la formule

$$C^6H^2(CH^3)^2_{(1.3)}(CO^2H)^2_{(4.6)}.$$

L'*acide β-cumidique* cristallise dans l'alcool chaud en prismes à 6 pans et se sublime sans fondre à haute température. Son *sel de baryum*, $C^{10}H^6O^4Ba, 2,5H^2O$, cristallise dans l'eau en tables épaisses. L'*éther diméthylique* correspondant fond à 114° et bout à 297° (corr.).

Distillé avec un excès de chaux, l'acide fournit du p-xylène, ce qui lui assigne la constitution

$$C^6H^2(CH^3)^2_{(1.4)}(CO^2H)^2_{(3.6)}$$

[E. Schnapauff, *loc. cit.*].

Acide isocumidique,

$$C^6H^2(CH^3)^2_{(1.3)}(CO^2H)^2_{(4.5)}.$$

— M. Jacobsen l'a obtenu en oxydant par le permanganate de potassium une solution alcaline

---

[1]. Ce composé a été désigné à tort sous le nom de *cumylurée*.

des acides isoduryliques fusibles à 153° ou à 84°,

$$C^6 H^2 (CH^3)^3 CO^2 H \quad (1.3.5.4 \text{ ou } 1.3.4.5).$$

Il fond à 278-280° et donne des *sels de baryum* et *de calcium* très solubles dans l'eau et non cristallisés. Chauffé au-dessus de son point de fusion, il se sublime sans former d'anhydride; en présence des alcalis, il fournit du m-xylène [O. Jacobsen, *D. chem. G.*, **15**, 1857; *Bull. Soc. Chim.*, (2), **39**, 129].　　　　O. Saint-Pierre.

CUMINILE (*bis* (*méthol*[1] - *étho*l - *phényl*4) *éthane-dione*),

$$C^3 H^7{}_{(1)} - C^6 H^4 - CO_{(4)} - CO_{(4)} - C^6 H^4 - C^3 H^7{}_{(1)}$$

— On le prépare en oxydant la cuminoïne, soit par l'action d'un courant de chlore (Boesler), soit, ce qui vaut mieux, par l'acide chromique en solution acétique (O. Widman).

Purifié par cristallisation dans la ligroïne, il se présente sous la forme de prismes jaunâtres, facilement solubles dans les dissolvants organiques, qui fondent à 84° et peuvent être distillés sans décomposition. Chauffé avec les alcalis, il se transforme en acide cuminilique [Boesler, *D. chem. G.*, **14**, 326; *Bull. Soc. Chim.*, (2), **36**, 584].

Lorsque l'on chauffe pendant 6 ou 8 heures, au réfrigérant à reflux, le cuminile en solution dans l'alcool méthylique avec 2 molécules de chlorhydrate d'hydroxylamine et quelques gouttes d'acide chlorhydrique, on le convertit en *cuminildioxime*, fusible à 249°. Ce composé, presque insoluble dans l'alcool, l'éther et le benzène, se dissout facilement dans les alcalis et donne un *dérivé diacétylé* fusible à 127°. Lorsqu'on le chauffe pendant 12 heures à 140° avec de l'alcool absolu, il se transforme en un isomère facilement soluble dans l'alcool et fusible à 227°.

Le dérivé acétylé correspondant n'a pu être obtenu cristallisé [Ed. Hoffmann, *D. chem. G.*, **23**, 2064; *Bull. Soc. Chim.*, (3), **5**, 628].　　　　O. Saint-Pierre.

CUMINILIQUE (ACIDE),

$$\begin{array}{l} C^3 H^7 - C^6 H^4 \\ C^3 H^7 - C^6 H^4 \end{array} C \begin{array}{l} OH \\ CO^2 H \end{array}$$

—.Pour préparer cet acide, M. Boesler recommande le procédé suivant : On évapore une solution aqueuse concentrée de potasse jusqu'à ce qu'il se forme à la surface une croûte cristalline; on y projette alors le cuminile pulvérisé et l'on chauffe le mélange pendant quelque temps. Après refroidissement, la masse est dissoute dans l'eau et l'acide, précipité par l'acide chlorhydrique, est purifié par cristallisation dans l'alcool étendu.

Cet acide fond à 119-120° et donne avec l'acide sulfurique une coloration rouge-orangé.

Le *sel de baryum* est presque insoluble dans l'eau [Boesler, *D. chem. G.*. **14**, 326; *Bull. Soc. Chim.*, (2), **26**, 582].

CUMINIQUE (ALCOOL) [Syn. *Méthoéthylbenzène-méthylol*], $(CH^3)^2 CH - C^6 H^4 - CH^2 OH$ (voyez Dict., **1**, 1045 et Suppl., **1**, 563). —Lorsque l'on fait agir la potasse alcoolique sur l'aldéhyde cuminique en vue d'obtenir l'alcool, on obtient en général de mauvais résultats; par suite de la formation de l'éther cuminique qui se produit facilement en présence des sels minéraux. On obtient au contraire un bon rendement en opérant de la façon suivante : Le cuminal est chauffé pendant 1 heure au réfrigérant à reflux, avec 4 ou 5 fois son volume de potasse alcoolique à 30 0/0; on distille ensuite dans un courant de vapeur la masse étendue d'eau; le produit distillé est épuisé à l'éther et celui-ci est agité avec une solution

de bisulfite pour éliminer le cuminal inattaqué. On lave ensuite la solution éthérée avec du carbonate de sodium, puis avec de l'acide chlorhydrique, on la sèche et on la rectifie.

L'*éther cuminique*, $(C^3 H^7 . C^6 H^4 . CH^2)^2 O$, se prépare en chauffant pendant 10 minutes à 200° l'alcool cuminique avec une goutte d'acide sulfurique étendu; il ne reste plus alors qu'à le rectifier. On l'obtient encore par l'action du chlorure de cumyle sur le dérivé sodé de l'alcool cuminique. Cet éther bout vers 350° en se décomposant partiellement. Il se dédouble alors en donnant de l'aldéhyde cuminique et du cymène :

$$(C^3 H^7 . C^6 H^4 . CH^2)^2 O$$
$$= C^3 H^7 . C^6 H^4 . CHO + C^3 H^7 . C^6 H^4 . CH^3$$

[M. Fileti, *Gazz. chim. ital.*, **14**, 496; *Bull. Soc. Chim.*, (2), **44**, 510].

L'*éther chlorhydrique* ou *chlorure de cumyle*, $C^3 H^7 . C^6 H^4 . CH^2 Cl$, s'obtient aisément en faisant passer un courant de chlore dans la vapeur de cymène porté à l'ébullition.

Le zinc-éthyle le transforme en un hydrocarbure $C^6 H^4 (C^3 H^7)^2$ bouillant à 213° et, par suite, différent du p-dipropylbenzène de M. Körner (obtenu par l'action du sodium sur un mélange de p-dibromobenzène et d'iodure de propyle), lequel bout à 224° [Paterno et Spica, *D. chem. G.*, **10**, 1746].

Le chlorure de cumyle bout à 225-227° en perdant un peu d'acide chlorhydrique. Maintenu pendant longtemps à l'ébullition, et de préférence avec un peu de chlorure de zinc, il se transforme en *di-isopropyldihydro-anthracène*

$$C^3 H^7 - C^6 H^4 \begin{array}{l} CH^2 \\ CH^2 \end{array} C^6 H^4 - C^3 H^7.$$

Le nitrate de plomb le convertit en cuminol, et la potasse alcoolique en un *oxyde mixte d'éthyle et de cumyle*, $C^3 H^7 . C^6 H^4 . CH^2 OC^2 H^5$, liquide bouillant à 227° [Errera, *Gazz. chim. ital.*, **14**, 277; *Bull. Soc. Chim.*, (2), **44**, 295].

M. Raab a préparé le *cyanate de cumyle* par l'action du cyanate d'argent sur le chlorure de cumyle. Ce composé distille sans altération, mais semble se polymériser spontanément en donnant un *cyanurate*.

L'ammoniaque le transforme en *urée* correspondante, et l'aniline en *phénylcumyl-urée*.

Le *cumylsénevol* (*cumylthione-carbonimide*), $C^3 H^7 . C^6 H^4 . CH^2 . CSAz$, s'obtient par l'action du chlorure mercurique sur la combinaison de cumylamine et de sulfure de carbone. Il bout vers 245°, mais en se décomposant [A. Raab, *D. chem. G.*, **8**, 1048 et **10**, 52; *Bull. Soc. Chim.*, (2), **25**, 325 et **28**, 305].　　　　O. Saint-Pierre.

CUMINIQUE (ALDÉHYDE) [Syn. *Cuminal, cuminol, méthoéthyl*4-*benzène-méthylol*],

$$(CH^3)^2 CH_{(1)} - C^6 H^4 - CHO_{(4)}$$

(voyez Dict., **1**, 1045; Suppl., **1**, 563). — On peut préparer l'aldéhyde cuminique en oxydant par le nitrate de plomb le chlorure de cumyle, obtenu lui-même en faisant passer un courant de chlore sec dans le cymène à la température de l'ébullition [Errera, *Gazz. chim. ital.*, **14**, 277; *Bull. Soc. Chim.*, (2), **44**, 295].

Pour les différents composés isomériques avec l'aldéhyde cuminique obtenus par l'action du chlorure de chromyle sur le cymène, voyez l'article CYMÈNE, Suppl., 2.

De même que la plupart des aldéhydes, le cuminal possède la propriété de rendre sa couleur violette à une solution de fuchsine décolorée par l'acide sulfureux [G. Schmidt, *D. chem. G.*. **14**, 1850].

Le cuminal, chauffé avec une solution de cyanure de potassium dans l'alcool étendu, se transforme en *cuminoïne* (voyez ce mot).

Traitée par une solution alcaline de chlorhydrate d'hydroxylamine, l'aldéhyde cuminique se transforme en *cuminaldoxime*, qui bout en se décomposant partiellement. Elle fond à 52° (Westenberger), à 58° (Goldschmidt) et est peu soluble dans l'eau, même à l'ébullition [B. Westenberger, *D. chem. G.*, **16**, 2994; *Bull. Soc. Chim.*, (2), **42**, 445].

Cette cuminaldoxime est transformée par la potasse et l'iodure de méthyle en un *éther méthylique*, liquide incolore, qui bout à 245-246° sous 705 millimètres.

Si l'on fait passer un courant d'acide chlorhydrique sec dans la solution de cuminaldoxime et qu'on reprenne par la soude le chlorhydrate précipité et essoré, on le transforme en un isomère qui, après cristallisation dans l'éther, fond à 112° et est moins soluble dans ce dissolvant que la cuminaldoxime. Cette *isoxime*, traitée par le cyanate de phényle, donne un précipité de petites aiguilles fusibles à 103°, et qui répondent à la formule

$$C^3H^7 - C^6H^4 - CH = AzO - CO \cdot AzH \cdot C^6H^5$$

[H. Goldschmidt, *D. chem. G.*, **23**, 2175].

Réduite par l'amalgame de sodium et l'acide acétique, la cuminaldoxime est transformée en cumylamine [H. Goldschmidt et H. Gessner, *D. chem. G.*, **20**, 2413; *Bull. Soc. Chim.*, (2), **49**, 729].

Par l'action de l'ammoniaque, l'aldéhyde cuminique se convertit en *hydrocuminamide*,

$$(C^{10}H^{12})^3 Az^2,$$

cristallisant difficilement à cause de l'eau qui se forme dans la réaction. Elle fond à 65° et cristallise en aiguilles étoilées, très altérables à l'air humide. L'hydrogène naissant la dédouble en mono- et dicumylamine [C. Uebel, *Ann. Chem.*, **245**, 289; *Bull. Soc. Chim.*, (3), **1**, 759].

PRODUITS DE CONDENSATION DE L'ALDÉHYDE CUMINIQUE AVEC LES BASES. — La *dicumylidène-éthylène-diamine*, $C^2H^4(Az = CH - C^6H^4 - C^3H^7)^2$, se produit par l'action du cuminal sur l'éthylène-diamine. Elle fond à 63-64° et se dissout facilement dans les dissolvants organiques [A. Mason, *D. chem. G.*, **20**, 270; *Bull.Soc. Chim.*, (2), **47**, 804].

La *cumylidène-aniline*,

$$C^6H^5 - Az = CH - C^6H^4 - C^3H^7,$$

obtenue par l'aniline et l'aldéhyde cuminique, est transformée par l'amalgame de sodium en *cumylaniline*, $C^6H^5 - AzH - CH^2 - C^6H^4 - C^3H^7$, qui cristallise dans un mélange d'alcool et d'éther en tables anorthiques fusibles à 41°,5. A basse température l'acide nitreux la convertit en une *nitrosamine*

$$C^6H^5 - Az(AzO) - CH^2 - C^6H^4 - C^3H^7$$

fondant à 34°,5,

La p-toluidine et l'amidophénol fournissent des dérivés analogues; la *cumylidène-p-toluidine* fond à 51°; la *cumyltoluidine* à 36° et son *dérivé nitré* à 67°.

Le *cumylidène-amidophénol* cristallise en prismes verts, fusibles à 183°; le *cumylamidophénol* fond à 107-108° [C. Uebel, *Ann. Chem.*, **245**, 289; *Bull. Soc. Chim.*, (3), **1**, 759].

La *cumylidène-p-amidodiméthylaniline*, obtenue dans les mêmes conditions, fond à 100°; le *dérivé cumylique* à 39° et la *nitrosamine* correspondante à 87° [C. Uebel, *loc. cit.* — G. Nuth, *D. chem. G.*, **18**, 573; *Bull. Soc. Chim.*, (2), **45**, 585].

Avec l'**éthylène-aniline** le cuminal donne un dérivé

$$\begin{array}{l} CH^2 - Az \diagup^{\textstyle C^6H^5} \\ | \qquad\qquad \diagdown CH - C^6H^4 - C^3H^7 \\ CH^2 - Az \diagdown_{\textstyle C^6H^5} \end{array}$$

insoluble dans l'eau, facilement soluble dans l'alcool et dans l'éther et qui fond à 124-125° [F. Moos, *D. chem. G.*, **20**, 732; *Bull. Soc. Chim.*, (2), **48**, 188].

L'aldéhyde cuminique se combine également avec l'amidodiphénylamine, en donnant un composé $C^{23}H^{22}Az^2$, qui cristallise dans l'alcool en prismes bruns, fusibles à 132° [C. Heucke, *Ann. Chem.*, **255**, 188; *Bull. Soc. Chim.*, (3), **4**, 190].

Le dérivé que donne le cuminal avec la phénylhydrazine cristallise en aiguilles qui fondent à 127-129° et qui s'altèrent à la lumière en se colorant en rouge [O. Rudolph, *Ann. Chem.*, **248**, 99; *Bull. Soc. Chim.*, (3), **2**, 176].

En faisant réagir la phénanthrène-quinone sur l'aldéhyde cuminique en présence d'ammoniaque, MM. F. Japp et E. Willcock ont obtenu un corps fusible à 186°, qu'ils désignent sous le nom de *cumylidène-amidophénanthrol*,

$$\begin{array}{l} C^6H^4 - CO - \diagdown \\ | \qquad\quad || \qquad\quad C \cdot C^6H^4 \cdot C^3H^7. \\ C^6H^4 - C - Az \diagup \end{array}$$

Ce composé est peu soluble dans l'alcool et dans la ligroïne, très soluble dans les autres dissolvants organiques, ainsi que dans l'acide sulfurique, auquel il communique une fluorescence verte [F. Japp et E. Willcock, *Chem. Soc.*, **39**, 225; *Bull. Soc. Chim.*, (2), **38**, 522].

Cumylidène-diuréide,

$$C^3H^7 \cdot C^6H^4 \cdot CH(AzH \cdot CO \cdot AzH^2)^2$$

[Biginelli, *D. chem. G.*, **24**, 2964]. — On obtient ce composé en abandonnant à la température ordinaire, pendant deux jours, un mélange d'une solution aqueuse concentrée d'urée, d'aldéhyde cuminique et d'alcool; il se dépose sous la forme d'une poudre cristalline incolore, insoluble dans l'eau, peu soluble dans l'alcool bouillant, qui fond à 175-176° et se décompose à 200°.

Si l'on fait bouillir un mélange d'urée, d'aldéhyde cuminique, d'alcool et d'éther acétylacétique, on voit se déposer de fines aiguilles, fusibles à 161-162° et ayant pour formule $C^{17}H^{22}Az^2O^3$. Ce composé, qui a pris naissance suivant l'équation

$$CH^4Az^2O + C^{10}H^{12}O + C^6H^{10}O^3$$
$$= 2H^2O + C^{17}H^{22}Az^2O^3,$$

se convertit, lorsqu'on cherche à le faire cristalliser dans l'alcool, en octaèdres vitreux, fusibles à 164-165°.

Alcool o-cumylidène-amidobenzylique,

$$C^3H^7 \cdot C^6H^4 \cdot CH = Az \cdot C^6H^4 \cdot CH^2OH$$

[Paal et Laubenheimer, *D. chem. G.*, **25**, 2972]. — Ce composé prend naissance par l'union de l'aldéhyde cuminique et de l'alcool o-amidobenzylique à 100°. Il cristallise dans l'alcool en lamelles blanches, fusibles à 103°, très solubles dans l'alcool, l'éther, l'acétate d'éthyle et le benzène.

ALDÉHYDES NITROCUMINIQUES,

$$C^3H^7_{(1)} - C^6H^3 \diagup^{\textstyle AzO^2_{(2)}}_{\textstyle CHO_{(4)}}$$

— C'est le composé fusible à 54° et qui est décrit dans le Supplément **1**, car si on l'oxyde par l'acide chromique, on obtient en quantité théorique l'acide nitrocuminique fusible à 158° [O. Widman,

D. chem. G., **15**, 2548; *Bull. Soc. Chim.*, (2), **39**, 350].

L'aldéhyde nitrée isomérique (1.3.4) a été obtenue en oxydant avec précaution l'acide nitro-cumène-acrylique par le permanganate de potassium. On dissout l'acide dans le carbonate de sodium, on étend de beaucoup d'eau, et, après avoir ajouté du benzène pour dissoudre l'aldéhyde au fur et à mesure de sa formation et la soustraire à une oxydation ultérieure, on verse peu à peu une solution de permanganate, en refroidissant à 0° et en agitant le mélange. L'aldéhyde est isolée par l'intermédiaire de sa combinaison bisulfitique et distillée dans la vapeur d'eau. C'est un liquide qui cristallise difficilement. Traitée par l'acétone et la soude, elle donne une matière colorante bleue, ressemblant, par ses propriétés physiques et chimiques, à l'indigo (*cumindigo*) [A. Einhorn et Z. Hess, *D. chem. G.*, **17**, 2105; *Bull. Soc. Chim.*, (2), **45**, 209].

O. Saint-Pierre.

CUMINIQUES (ACIDES) [Syn. *méthoéthyl-benzène-méthyloïques*],

$$(CH^3)^2 CH - C^6H^4 - CO^2H.$$

— Voyez Dict., **1**, 1042 et Suppl., **1**, 562.

Il y a quelques années, on ne connaissait encore que l'acide cuminique dérivé de l'essence de cumin ou acide p-isopropylbenzoïque; mais depuis la rédaction du Supplément **1** on a préparé ses deux isomères, ou du moins des dérivés substitués de ces acides.

ACIDE O-CUMINIQUE. — On l'obtient en fondant avec le formiate de sodium l'o-cumène-sulfonate de potassium ou de baryum. Dans cette préparation, le rendement atteint 10 0/0 de la quantité théorique. L'acide o-cuminique est insoluble dans l'eau froide, facilement soluble dans l'alcool, l'éther et l'acide acétique; mais il cristallise d'une façon confuse. Il se sublime facilement et n'est pas volatil dans la vapeur d'eau. Son point de fusion n'a pu être déterminé, car à partir de 200° il se sublime, et la partie non sublimée se décompose avant 300°.

Les *sels alcalins* sont très solubles dans l'eau et même déliquescents. Les *sels de baryum* et *de calcium* cristallisent avec 2 molécules d'eau, et se dissolvent facilement, ainsi que celui *de magnésium* $(C^{10}H^{11}O^2)^2Mg, 5H^2O$. Ceux *de cuivre* $(C^{10}H^{11}O^2)^2Cu.2,5H^2O$ et *de plomb*

$$(C^{10}H^{11}O^2)^2Pb, H^2O$$

sont très peu solubles dans l'eau.

Le *chlorure* est liquide et facilement décomposable.

L'*amide*, très soluble dans l'alcool et dans l'éther, cristallise en aiguilles fusibles à 124°.

L'acide o-cuminique n'est pas attaqué par le mélange d'acide sulfurique et de dichromate de potassium; mais en solution acétique l'acide chromique le brûle complètement avec formation d'eau et d'acide carbonique. Le permanganate de potassium ne le transforme pas comme son isomère en acide oxy-isopropylbenzoïque, mais fournit seulement de l'acide phtalique [Ad. Claus et G.-A. Schulte im Hof, *D. chem. G.*, **19**, 3013; *Bull. Soc. Chim.*, (2), **47**, 420].

ACIDE M-CUMINIQUE. — Cet acide n'est pas connu, mais M. Fileti a obtenu un acide *oxycuminique* correspondant, en chauffant de l'o-cuménol avec du sodium dans un courant d'acide carbonique. Après avoir éliminé l'excès de cuménol en épuisant à l'éther la solution des acides dans le carbonate d'ammonium, on isole l'acide oxycuminique au moyen du chloroforme, qui ne dissout pas un *acide cuménoldicarbonique* produit en même temps.

Cet acide a pour constitution

$$C^6H^3(C^3H^7)_{(1)}(OH)_{(2)}(CO^2H)_{(3)}.$$

Il peut être distillé sans décomposition et cristallisé dans l'eau bouillante en aiguilles incolores fusibles à 71-72° et qui se colorent en violet à la lumière. Additionné de chlorure ferrique, il donne une coloration bleu foncé.

Le *sel de baryum* est très soluble dans l'eau; celui *d'argent* cristallise en fines aiguilles solubles dans l'eau bouillante [Fileti, *Gazz. chim. ital.*, **16**, 113; *Bull. Soc. Chim.*, (2), **48**, 306].

L'*acide isomérique*,

$$C^6H^3(C^3H^7)_{(1)}(OH)_{(4)}(CO^2H)_{(5)},$$

a été obtenu d'abord par MM. Paterno et Mazzara par l'action du sodium et de l'acide carbonique sur le p-cuménol fusible à 61° [*Gaz. chim. ital.*, **8**, 389]. M. Jesurun l'a préparé aussi en fondant avec de la potasse le m-isocyménol,

$$C^6H^3(CH^3)_{(1)}(C^3H^7)_{(3)}(OH)_{(6)}$$

[*D. chem. G.*, **19**, 1413; *Bull. Soc. Chim.*, (2), **46**, 852]. Il fond à 120°,5.

ACIDE P-CUMINIQUE. — Pour préparer l'acide cuminique au moyen du cuminol, M. R. Meyer emploie de préférence, comme agent oxydant, une solution fortement alcaline de permanganate de potassium. Dans ces conditions, le rendement est théorique [R. Meyer, *Ann. Chem.*, **219**, 234; **220**, 1].

On l'a aussi obtenu en faisant passer un courant d'acide carbonique humide dans une solution benzénique de p-bromocumène chauffée au bain-marie en présence de sodium. [R. Meyer et E. Müller, *D. chem. G.*, **15**, 496, 1903; *Bull. Soc. Chim.*, (2), **38**, 313; **39**, 348; *J. prakt. Chem.*, (2), **34**, 91; *Bull. Soc. Chim.*, (2), **46**, 730].

D'après MM. Berthelot et Louguinine, la chaleur de combustion de l'acide cuminique rapportée à 1 molécule (164 grammes) est de 1239^{cal},3 à volume constant et 1237^{cal},7 à pression constante [*Bull. Soc. Chim.*, (2), **48**, 701].

Chauffé vers 250-300° avec du sulfocyanate de potassium, l'acide cuminique se transforme en un mélange de *nitrile cuminique* bouillant à 243-244° sous 733^{mm},8 et de *cuminamide*. Celle-ci, cristallisée dans l'alcool étendu, fond à 152°,5. Elle ne donne pas de combinaison avec les oxydes d'argent ou de cuivre, mais, chauffée avec l'oxyde jaune de mercure, elle fournit un composé

$$\left(C^6H^4 \diagup \begin{matrix} CO\,AzH \\ C^3H^7 \end{matrix}\right)^2 Hg, 1,5H^2O,$$

qui cristallise dans l'alcool aqueux en aiguilles fusibles à 190-191° [Fileti, *Acad. dei Lincei*, 1886, **2**, 93].

La synthèse de la cuminamide a été aussi réalisée par l'action du chlorure d'amidocarbonyle AzH^2COCl sur le cumène en présence de chlorure d'aluminium. Par ébullition avec la potasse, elle est lentement saponifiée en donnant de l'acide cuminique fusible à 117° [L. Gattermann et G. Schmidt, *D. chem. G.*, **20**, 860; *Bull. Soc. Chim.*, (2), **48**, 176].

L'*anilide p-cuminique*,

$$C^3H^7 - C^6H^4 - CO - AzH.C^6H^5,$$

prend naissance par l'action du perchlorure de phosphore sur l'anti-p-isopropylbenzophénone-oxime, $C^3H^7 - C^6H^4 - C(AzOH) - C^6H^5$. Elle cristallise dans l'alcool en longues aiguilles brillantes, fusibles à 159°, très solubles dans l'alcool, moins solubles dans l'éther et dans le benzène [A.-W. Smith, *D. chem. G.*, **24**, 4037].

Acide chlorocuminique,

$$C^6H^3Cl_{(3)}(C^3H^7)_{(1)}(CO^2H)_{(4)}.$$

— On l'a obtenu en oxydant par l'acide nitrique (d = 1,24) le chlorocymène,

$$C^6H^3Cl_{(3)}(CH^3)_{(1)}(C^3H^7)_{(4)},$$

préparé par l'action du perchlorure de phosphore sur le thymol. Cet acide cristallise dans l'alcool étendu en belles aiguilles fusibles à 122-123° et donne un *sel de baryum* très soluble dans l'eau [E. von Gerichten, *D. chem. G.*, **11**. 364; *Bull. Soc. Chim.*, (2), **30**, 550].

Acide bromocuminique,

$$C^6H^3Br_{(2)}(C^3H^7)_{(1)}(CO^2H)_{(4)}.$$

— Il se produit dans les mêmes conditions avec le bromocymène dérivé du thymol. Il fond à 150°. Si on effectue l'oxydation avec de l'acide nitrique plus concentré, on obtient principalement les acides bromotoluique et bromotéréphtalique [Fileti et E. Crosa, *Acad. dei Lincei*, 1886, **2**, 135].

Les mêmes auteurs l'ont également obtenu par l'action directe du brome sur l'acide cuminique.

Le *sel de magnésium* cristallise en aiguilles soyeuses, peu solubles, renfermant 8 molécules d'eau, qu'il ne perd complètement qu'à 160°.

Le *chlorure* et l'*éther méthylique* sont des liquides que l'on ne peut distiller sans décomposition.

L'*amide* cristallise dans le benzène en aiguilles fusibles à 103-104°, solubles dans l'alcool et dans l'éther.

Acides dibromocuminiques. — Les deux acides dibromocuminiques 1.2.3.4 et 1.2.4.5 ont été préparés en traitant par l'acide bromhydrique les dérivés diazoïques correspondants. Le premier forme des prismes rectangulaires d'un jaune rougeâtre, solubles dans l'alcool, l'éther, le benzène, et fond à 128-129°; le second cristallise dans la ligroïne en prismes tricliniques qui fondent à 148-149°; l'oxydation par l'acide nitrique étendu (d = 1,06) le convertit en acide dibromotéréphtalique 1.2.4.5, tandis qu'avec de l'acide plus concentré (d = 1,12) on obtient un acide dibromonitrophtalique. Par l'action de l'acide fumant, ils fournissent un acide dibromonitrocuminique [M. Fileti et F. Crosa, *Gazz. chim. ital.*, **20**, 28].

Ce même acide dibromocuminique (1.2.4.5) se produit encore lorsque l'on oxyde par le permanganate l'acide dibromocuménacétique, en même temps qu'un acide oxy-isopropyldibromobenzoïque qui cristallise dans l'alcool en prismes clinorhombiques fusibles à 214-215° [M. Fileti et G. Basso, *Gazz. chim. ital.*, **20**, 52].

Acides cuminique-sulfoniques. — Lorsque l'on abandonne un mélange à poids égaux d'acide cuminique finement pulvérisé et d'anhydride sulfurique, on obtient un acide cuminique-sulfonique,

$$C^6H^3(C^3H^7)_{(1)}(SO^3H)_{(3)}(CO^2H)_{(4)},$$

que l'on sépare facilement de l'acide cuminique inattaqué insoluble dans l'eau. Il cristallise par évaporation de sa solution aqueuse et fond à 160°.

Le *sel neutre de baryum*, $C^{10}H^{10}SO^5Ba$, H^2O, est peu soluble dans l'eau, même bouillante, et ne perd pas son eau de cristallisation à 130°. Le *sel acide*, $(C^{10}H^{11}SO^5)^2Ba$, est beaucoup plus soluble, surtout à chaud. Il cristallise en grands prismes renfermant $4^{mol},5$ d'eau qu'il perd à 110°.

Le chlorure,

$$C^3H^7-C^6H^3{<}^{SO^2Cl}_{COCl}$$

forme des cristaux très réfringents, fusibles à 55-56° et très solubles dans la ligroïne. Même à l'ébullition, l'eau ne le décompose que très lentement. L'ammoniaque concentrée le transforme au contraire en une *diamide* qui, cristallisée dans l'eau bouillante, forme de belles tables orthorhombiques fusibles à 225°. Cette amide possède des propriétés acides très prononcées : elle se dissout facilement dans la potasse étendue. Chauffée au bain-marie avec de la potasse (d = 1,30) jusqu'à ce qu'il ne se dégage plus d'ammoniaque, elle se transforme en acide *sulfonamide-cuminique,*

$$C^6H^3{-}SO^2AzH^2{\atop}{<}^{C^3H^7}_{CO^2H}$$

Ce composé cristallise dans l'eau bouillante en aiguilles fusibles à 246°. Il est identique avec le produit obtenu par MM. Remsen et Day dans l'oxydation de la β-cymène-sulfonamide [*Am. Journ.*, **5**, 149. — O. Widman, *D. chem. G.*, **22**, 1274].

L'*acide cuminique-sulfonique* isomérique (1.3.4) n'a pas été isolé; mais en oxydant par le permanganate de potassium l'acide cymène-sulfonique,

$$C^6H^3(CH^3)_{(1)}(SO^3H)_{(3)}(C^3H^7)_{(4)},$$

MM. R. Meyer et A. Baur ont obtenu l'acide oxy-isopropylique correspondant,

$$C^6H^3(C^3H^6OH)_{(1)}(SO^3H)_{(3)}(CO^2H)_{(4)},$$

dont le *sel de potassium* cristallise avec 2 molécules d'eau, qu'il perd quand on l'abandonne au-dessus de l'acide sulfurique. Chauffé avec de l'acide chlorhydrique concentré, cet acide perd 1 molécule d'eau en donnant un dérivé propénylique qui décolore immédiatement une solution de brome [*D. chem. G.*, **13**, 1495; *Bull. Soc. Chim.*, (2), **36**, 41].

Acides oxycuminiques. — L'acide oxycuminique,

$$C^6H^3{-}OH_{(3)}{\atop}{<}^{C^3H^7_{(1)}}_{CO^2H_{(4)}}$$

qui avait déjà été obtenu en oxydant le thymol par la potasse en fusion, se produit également si on traite par le permanganate une solution alcaline de thymylsulfate ou de thymylphosphate de potassium. Il fond à 141°.

Dans les mêmes conditions, les dérivés correspondants du carvacrol ne donnent pas l'acide isomérique (1.3.4), mais un acide *oxy-isopropul-salicylique,*

$$C^6H^3{-}OH_{(3)}{\atop}{<}^{C_{(1)}(OH)(CH^3)^2}_{CO^2H_{(4)}}$$

Cet acide fond vers 130-135° en perdant de l'eau pour donner un *acide propénylsalicylique,*

$$C^6H^3{-}OH{\atop}{<}^{C{<}^{CH^2}_{CH^3}}_{CO^2H}$$

que l'on obtient également en chauffant doucement le précédent avec de l'acide chlorhydrique étendu de 3 fois son volume d'eau. Si on le fait bouillir avec de l'acide chlorhydrique fumant, on obtient un polymère de l'acide précédent.

L'acide propénylsalicylique fond à 145-146° et donne avec le chlorure ferrique une coloration d'un violet intense. Il est facilement volatil dans un courant de vapeur d'eau et se dissout dans le sulfure de carbone, tandis que son polymère, qui fond à 219°, ne présente aucune de ces propriétés

[B. Heymann et W. Königs, *D. chem. G.*, **19**, 3304; *Bull. Soc. Chim.*, (2), **48**, 536].

MM. Fileti et Abbona [*Gaz. chim. ital.*, **21**, 399; *D. chem. G.*, **25**, *Ref.*, 117] ont préparé un acide oxycuminique isomérique avec le précédent, et ayant par conséquent pour formule

$$C^6 H^3 (C^3 H^7)_{(1)} (OH)_{(3)} (CO^2 H)_{(4)}.$$

Le *nitrile* correspondant à cet acide se produit par l'action du permanganate de potassium en solution étendue sur le nitrile cuminique, à la température ordinaire; il cristallise dans l'éther de pétrole en lamelles fusibles à 51-52°, solubles dans l'alcool et dans l'éther.

Saponifié, il fournit l'acide, en cristaux fusibles à 155-156°.

L'*amide* cristallise en longues aiguilles, fusibles à 144-145°, très solubles dans l'alcool, insolubles dans l'éther de pétrole. Elle donne avec l'oxyde de mercure un *dérivé* $(C^{10} H^{12} Az O^2)^2 Hg$, fusible à 240°.

Acides nitrocuminiques. — L'acide nitrocuminique,

$$C^6 H^3 \begin{array}{l} \diagup C^3 H^7{}_{(1)} \\ - Az O^2{}_{(3)} \\ \diagdown CO^2 H{}_{(4)} \end{array}$$

fusible à 157-158°, obtenu dans la nitration directe de l'acide cuminique (voyez Dict., **1**, 1043), se produit aussi lorsque l'on oxyde par le dichromate de potassium et l'acide sulfurique le nitrocuminol fondant à 54° [E. Lippmann et W. Strecke, *D. chem. G.*, **12**, 78; *Bull. Soc. Chim.*, (2), **33**, 275. — O. Widman, *D. chem. G.*, **15**, 2548; *Bull. Soc. Chim.*, (2), **39**, 350]. Son *éther méthylique*, obtenu par l'action de l'acide chlorhydrique sur une solution de l'acide dans l'alcool méthylique, cristallise en prismes jaunâtres.

Sous l'influence de la lumière, l'acide nitrocuminique se transforme en une substance rougeâtre, amorphe, peu soluble dans le benzène, mais se dissolvant dans l'alcool, l'éther et les alcalis. Ce n'est pas un acide azoxycuminique, car l'hydrogénation ne le convertit pas en acide azocuminique. La lumière agit de même sur le nitrocuminate d'éthyle et sur le nitrocuminol, mais non sur l'acide nitro-oxycuminique,

$$(CH^3)^2 C (OH)_{(1)} - C^6 H^3 \begin{array}{l} \diagup Az O^2{}_{(2)} \\ \diagdown CO^2 H{}_{(4)} \end{array}$$

[Alexéieff, *Journ. Soc. Chim. russe*, 1885, **1**, 112; *Bull. Soc. Chim.*, (2), **45**, 178].

Lorsque l'on distille le nitrocuminate de baryum avec de la poudre de zinc, ou mieux un mélange de nitrocuminate et d'amidocuminate de baryum (1.2.4) avec de l'hydrate de baryte, il se forme du scatol en quantité assez notable [M. Fileti, *Gazz. chim. ital.*, **13**, 358; *Bull. Soc. Chim.*, (2), **42**, 63].

L'acide nitrocuminique, oxydé par une solution alcaline de permanganate de potassium, se transforme en acide *oxyisopropyl-nitrobenzoïque* (*méthoéthyloll-nitro2-benzène méthyloïque*4).

$$(CH^3)^2 C (OH)_{(1)} - C^6 H^3 \begin{array}{l} \diagup Az O^2{}_{(2)} \\ \diagdown CO^2 H{}_{(4)} \end{array}$$

Cet acide s'obtient aussi, et avec un rendement de 76 0/0, lorsqu'on oxyde de même le nitrocuminol. Il se dissout dans l'eau bouillante, l'alcool et l'éther et cristallise en aiguilles fusibles à 190-191°. On a décrit les sels suivants :

Sel d'ammonium, $C^{10} H^{10} Az O^5 . Az H^4, 2 H^2 O$. — Il est très soluble dans l'eau.

Sel d'argent, $C^{10} H^{10} Az O^5 Ag, 0.5 H^2 O$. — Soluble dans l'eau bouillante, peu soluble à froid, inaltérable à la lumière.

Sel de calcium. — Anhydre, peu soluble, même à l'ébullition.

Sel de baryum, $(C^{10} H^{10} Az O^5)^2 Ba, 6 H^2 O$. — Il se dissout dans 11 parties d'eau froide.

Sel de plomb, $(C^{10} H^{10} Az O^5)^2 Pb, 5 H^2 O$. — Il perd 3 molécules d'eau à 100° et se dissout dans 392 parties d'eau.

Sel de cuivre, $(C^{10} H^{10} Az O^5)^2 Cu . 1,5 H^2 O$. — Il est soluble dans 190 parties d'eau, facilement soluble dans l'alcool.

L'*éther méthylique* fond à 96°.

Chauffé avec de l'anhydride acétique à 100°, l'acide nitro-oxyisopropylbenzoïque se transforme en un *dérivé acétylé*,

$$(CH^3)^2 C (O . C^2 H^3 O) - C^6 H^4 \begin{array}{l} \diagup Az O^2 \\ \diagdown CO^2 H \end{array}$$

que l'on purifie par cristallisation dans un mélange d'alcool et d'éther. Il fond à 131-133° et reste très facilement en surfusion.

Lorsque l'on chauffe avec de l'acide chlorhydrique concentré l'acide oxyisopropyl-nitrobenzoïque, ou qu'on le dissout à froid dans l'acide sulfurique, il perd 1 molécule d'eau et se convertit en acide propényl-nitrobenzoïque,

$$\begin{array}{l} CH^3 \diagdown \\ CH^2 \diagup \end{array} C .. C^6 H^3 \begin{array}{l} \diagup Az O^2 \\ \diagdown CO^2 H \end{array}$$

fusible à 154-155° après cristallisation dans l'eau bouillante. Distillé avec de la chaux, il fournit de l'indol.

Le *sel d'ammonium* est anhydre et très soluble dans l'eau; celui *d'argent*, $C^{10} H^8 Az O^4 Ag$, est beaucoup plus soluble à chaud qu'à froid.

Le *sel de baryum*, $(C^{10} H^8 Az O^4)^2 Ba, 3,5 H^2 O$, se dissout dans 235 parties d'eau froide et celui *de calcium* dans 180 parties d'eau; ce dernier cristallise avec 2 molécules d'eau.

Le *sel de cuivre*, $(C^{10} H^8 Az O^4)^2 Cu, H^2 O$, est insoluble dans l'eau, mais se dissout dans les alcalis. Chauffé doucement au-dessus de 100°, il peut être sublimé, mais en se décomposant partiellement. Il fond à 150° environ.

L'amalgame de sodium transforme l'acide nitro-oxycuminique en l'acide azoïque correspondant,

$$(CH^3)^2 C (OH) - C^6 H^3 \begin{array}{l} \diagup Az \\ \diagdown CO^2 H \end{array} = \begin{array}{l} Az \diagdown \\ CO^2 H \diagup \end{array} C^6 H^3 - C (OH)(CH^3)^2,$$

fusible à une température très élevée en se décomposant. Le *sel de sodium* cristallise en tables rectangulaires rouges, renfermant 10 molécules d'eau qu'il perd à 110°.

Cet acide *oxy-isopropylazobenzoïque* n'est pas altéré par l'acide chlorhydrique concentré, même à l'ébullition [O. Widman, *D. chem. G.*, **15**, 2548 et **16**, 2567; *Bull. Soc. Chim.*, (2), **39**, 350 et **42**, 422].

Acide nitrocuminique (*méthoéthyl1-nitro3-bensène méthyloïque*4),

$$C^6 H^3 \begin{array}{l} \diagup C^3 H^7{}_{(1)} \\ - Az O^2{}_{(3)} \\ \diagdown CO^2 H{}_{(4)} \end{array}$$

— Cet acide a été obtenu par M. O. Widman en oxydant par l'acide chromique ou le permanganate de potassium une solution acétique d'acide nitrocuménacrylique. Purifié par cristallisation dans la ligroïne ou dans l'acide acétique, il forme des prismes clinorhombiques fusibles à 99°.

Une solution alcaline de permanganate de potassium le transforme en un *dérivé oxyisopropylique*, qui cristallise dans l'éther en tables fusibles à 168°. Il n'est pas non plus transformé en dérivé propénylique par l'action de l'acide chlorhydrique à l'ébullition ou de l'acide sulfurique concentré [O. Widman, *D. chem. G.*, **19**, 270; *Bull. Soc. Chim.*, (2), **46**, 229].

Acide dinitrocuminique. — Obtenu par l'action d'un mélange d'acide nitrique fumant et d'acide sulfurique sur l'acide cuminique, ce corps fond à 220° [E. Lippmann et W. Strucke, *loc. cit.*].

Dérivés bromonitrés. — Par l'action de l'acide nitrique fumant sur l'acide bromocuminique 1.2.4, on obtient un mélange de trois acides bromonitrés, que l'on peut séparer par cristallisation fractionnée dans le benzène.

Celui qui se dépose le premier cristallise en petites aiguilles blanches, fusibles à 238-239° : il a pour constitution

$$C^6H^2Br_{(3)}(C^3H^7)_{(1)}(AzO^2)_{(3)}(CO^2H)_{(4)}.$$

L'amalgame de sodium le réduit en donnant l'acide amidocuminique 1.3.4.

Par évaporation des eaux mères benzéniques on obtient un autre acide,

$$C^6H^2Br_{(3)}(C^3H^7)_{(1)}(CO^2H)_{(4)}(AzO^2)_{(5)},$$

qui forme de gros prismes orthorhombiques, fondant à 138-139° et dont les sels sont colorés en jaune. Réduit par l'amalgame de sodium, il fournit le même acide amidocuminique que le précédent ; mais si on le réduit par le sulfate ferreux et que l'on remplace dans le dérivé amidé ainsi obtenu AzH^2 par Br, on obtient par une oxydation ultérieure l'acide dibromo-téréphtalique (1.2.4.5), ce qui fixe sa constitution et par suite celle de l'isomère précédent.

Enfin, le troisième acide, qui est beaucoup plus soluble et qui se forme en faible quantité, doit avoir par exclusion la formule 1.2.4.6. Il fond à 159-160°.

L'acide dibromocuminique 1.2.4.5, fusible à 148°, traité par l'acide nitrique fumant, se transforme en un *dérivé dibromonitré*, qui cristallise dans l'eau en lamelles jaunes, fusibles à 199-200°, facilement solubles dans le benzène et dans l'alcool [M. Fileti et F. Crosa, *Gazz. chim. ital.*, **20**, 28].

Dérivés amidés. — L'acide amidocuminique (1.2.4) fournit un *éther méthylique* fusible à 51-52° et qui, traité par le chlorure de bromacétyle, se transforme en un *dérivé bromacétylé*

$$C^3H^7_{(1)}-C^6H^3 \Big\langle {{AzH-CO-CH^2Br_{(2)}} \atop {CO^2CH^3_{(4)}}}$$

fondant à 106-107°.

Celui-ci, sous l'influence de la potasse alcoolique, se convertit en *dicarboxyméthylcumène-diacidihydropiazine*,

$${{C^3H^7} \atop {CH^3-CO^2}}\Big\rangle C^6H^3{-}Az \Big\langle {{CO-CH^2} \atop {CH^2-CO}} \Big\rangle Az{-}C^6H^3 \Big\langle {{C^3H^7} \atop {CO^2-CH^3}}$$

et en *éther méthylique de l'acide éthylglycolyl-amidocuminique*

$${{C^3H^7} \atop {CH^3-CO^2}}\Big\rangle C^6H^3-Az-CO-CH^2-O-C^2H^5,$$

qui reste dans les eaux mères lorsque l'on fait cristalliser le mélange dans l'alcool. Il fond à 140° et se dissout facilement dans l'alcool, l'éther et le benzène [P.-W. Abenius, *D. chem. G.*, **21**, 1666 ; *J. prakt. Chem.*, (2), **40**, 215 ; *Bull. Soc. Chim.*, (3), **4**, 218].

L'*acide amido-oxyisopropylbenzoïque*,

$$(CH^3)^2C(OH)_{(1)}-C^6H^4 \Big\langle {{AzH^2_{(2)}} \atop {CO^2H_{(4)}}}$$

s'obtient en réduisant par l'ammoniaque et le sulfate ferreux le dérivé nitré correspondant. Il est insoluble dans le benzène, peu soluble dans l'éther, mais se dissout facilement dans l'alcool. Il fond au-dessus de 270°. Chauffé avec de l'acide chlorhydrique, il se convertit en un *dérivé propénylique*, que l'on obtient également en réduisant par le même procédé l'acide nitropropylbenzoïque. L'acide ainsi obtenu, très soluble dans l'alcool, l'éther, le chloroforme et le benzène, fond à 93-94°. Il donne un *chlorhydrate* et un *chloroplatinate* facilement solubles dans l'eau. L'*acétate* fond vers 160°. Traité à froid par l'anhydride acétique, il fournit un acide *acétamido-propénylbenzoïque*

$${{CH^3} \atop {CH^2}}\!\!\nearrow\!\!\!\!\searrow C-C^6H^3 \Big\langle {{AzH-CO-CH} \atop {CO^2H}}$$

que l'on purifie par cristallisation dans l'alcool et qui fond vers 210-212°. Chauffé longtemps avec un excès d'anhydride acétique, il semble fournir un *dérivé diacétylé*.

L'acide amido-oxyisopropylbenzoïque est transformé à froid par l'anhydride acétique en un *dérivé acétylé* répondant à l'une des deux formules

$$(CH^3)^2COH-C^6H^3 \Big\langle {{AzH-CO-CH^3} \atop {CO^2H}},$$

ou

$$(CH^3)^2C(O-CO-CH^3)-C^6H^3 \Big\langle {{AzH^2} \atop {CO^2H}}$$

La première paraît beaucoup plus probable, car l'acide nitro-oxyisopropylbenzoïque est converti très difficilement en éther acétique, tandis que le dérivé précédent se forme à froid avec un vif dégagement de chaleur. Il se dissout peu dans l'alcool, même à l'ébullition, et fond au-dessus de 280°.

Si, au contraire, on chauffe l'acide amido-oxy-cuminique avec de l'anhydride acétique, ou si l'on fait bouillir avec de l'acide chlorhydrique le dérivé acétylé préparé à froid, on obtient un composé qui renferme 1 molécule d'eau de moins et qui est tout différent de son isomère, l'acide acétamidopropénylbenzoïque. C'est l'acide *méthylcoumazonique*, dont la constitution semble être la suivante :

$$\begin{array}{ccccc}
 & CH & & C(CH^3)^2 & \\
CH & & C & & O \\
CO^2H.C & & & & C.CH^3 \\
 & CH & & Az &
\end{array}$$

Cet acide, insoluble dans l'eau, se dissout dans l'acide chlorhydrique et fond à 218°.

L'anhydride propionique et le chlorure de benzoyle transforment de même l'acide amido-oxy-isopropylbenzoïque en *acides éthyl-* et *phényl-coumazonique*, fusibles à 202 et 219° [O. Widman, *D. chem. G.*, **16**, 2567 et 2576 ; *Bull. Soc. Chim.*, (2), **42**, 424 et **43**, 35].

Par l'action du nitrite de sodium et de l'acide acétique à 100°, l'acide oxyisopropyl-amidobenzoïque est transformé en acide *oxyisopropyloxybenzoïque*,

$$(CH^3)^2C(OH)_{(1)}-C^6H^4 \Big\langle {{OH_{(2)}} \atop {CO^2H_{(4)}}}$$

Ce dernier fond à 173° et est très soluble dans l'eau chaude, peu soluble dans l'eau froide. Il donne avec le chlorure ferrique une coloration brun foncé, et n'est pas attaqué par l'acide chlorhydrique à l'ébullition pour donner un dérivé propénylique.

Au contraire, l'acide propénylamidobenzoïque, traité par l'acide nitreux, ne donne lieu qu'à un très faible dégagement d'azote, même à la température de 70° : il se précipite de petits cristaux jaunes, $C^{10}H^8Az^2O^2$, peu solubles dans l'eau et dans l'alcool, solubles dans les bases et dans les acides et qui fondent vers 230° en se décomposant. C'est l'*acide méthylcinnoline-carbonique*,

$$(CH)\underset{CH}{\overset{CH}{\diagdown\diagup}}\underset{C}{\overset{C}{\big|}}\underset{}{\overset{C.CH^3}{\diagdown\diagup}}\underset{Az}{\overset{CH}{}}\ \ CO^2H.C\diagdown Az$$

Il se produit sans doute d'abord un dérivé diazoïque qui, en perdant 1 molécule d'eau, fournit cet acide [O. Widman, *D. chem. G.*, **17**, 722; *Bull. Soc. Chim.*, (2), **44**, 537].

Si l'on traite à une douce chaleur l'acide oxy-isopropylamido-benzoïque par l'éther chloroxy-carbonique, on obtient l'*oxyisopropylcarboxy-phényl-uréthane*,

$$(CH^3)^2 C(OH) - C^6H^3 < \overset{AzH^2}{\underset{CO^2H}{}} + CO < \overset{Cl}{\underset{OC^2H^5}{}}$$

$$= HCl + (CH^3)^2 C(OH) - C^6H^3 < \overset{AzH - CO^2C^2H^5}{\underset{CO^2H}{}}$$

Ce corps, purifié par cristallisation dans l'acide acétique à 50 0/0, fond à 167°.

Si, au contraire, on chauffe l'acide en tube scellé à 130° avec un excès d'éther chloroxycarbonique, l'uréthane primitivement formée se transforme elle-même en éther *dioxy–isopropyl-dicarboxydiphényl–allophanique* [*bis (métho-éthylolméthyloïque–phényl) a b – allophanate d'éthyle*],

$$\begin{matrix}(CH^3)^2 C(OH) \diagdown \\ CO^2H \diagup\end{matrix} C^6H^3 - AzH \diagdown$$
$$ > CO$$
$$\begin{matrix}CO^2H \diagdown \\ (CH^3)^2 C(OH) \diagup\end{matrix} C^6H^3 - Az.CO^2C^2H^5 \diagup$$

en perdant 1 molécule d'alcool pour 2 molécules d'uréthane. Ce composé est presque insoluble dans les dissolvants organiques, à l'exception de l'alcool et du benzène; il fond au-dessus de 300°. L'ébullition avec de l'acide chlorhydrique le saponifie en donnant l'urée correspondante [O. Widman, *D. chem. G.*, **17**, 1303; *Bull. Soc. Chim.*, (2), **44**, 305].

L'*acide amidocuminique*,

$$C^6H^3 \Big\langle \begin{matrix} C^3H^7_{(1)} \\ AzH^2_{(3)} \\ CO^2H_{(4)} \end{matrix}$$

a été préparé en réduisant le dérivé nitré correspondant par l'ammoniaque et le sulfate ferreux. Il cristallise en tables quadratiques, fusibles à 114-115°. L'acide nitreux le transforme en acide oxycuminique (1.3.4), fusible à 94° et identique avec celui que M. Jacobsen a obtenu par fusion du carvacrol avec la potasse.

Le *dérivé oxyisopropylique* qui lui correspond s'obtient également par réduction, au moyen du sulfate ferreux et de l'ammoniaque, de l'acide oxyisopropylnitrobenzoïque (1.3.4). Il fond à 158° et donne un *dérivé acétylé* fusible à 174°. Chauffé avec de l'acide chlorhydrique, il se convertit en un *composé propénylique* fondant à 165° et dont le *dérivé acétylé* fond à 122° [O. Widman, *D. chem. G.*, **19**, 270; *Bull. Soc. Chim.*, (2), **46**, 229].

Acide diamidocuminique. — Cet acide a été obtenu en réduisant l'acide dinitrocuminique fusible à 220° par le sulfhydrate d'ammoniaque, ou mieux par l'étain et l'acide chlorhydrique; il cristallise en lamelles jaunâtres, renfermant 1 molécule d'eau, qui fondent à 192° et qui se dissolvent dans l'eau bouillante, l'alcool, l'éther, les alcalis et les acides.

Le *sel d'argent* $C^{10}H^{13}Az^2O^2Ag, H^2O$, est décomposé par l'eau et peu stable à la lumière.

Le *chlorhydrate*, $C^{10}H^{14}Az^2O^2 . HCl, H^2O$, est peu soluble dans l'acide chlorhydrique, facilement soluble dans l'eau [E. Lippmann, *D. chem. G.*, **15**, 2144; *Bull. Soc. Chim.*, (2), **39**, 349].

Acides bromo–amidocuminiques. — On les obtient en réduisant par le sulfate ferreux une solution ammoniacale des acides bromonitrés correspondants.

L'acide bromo–amidocuminique,

$$C^6H^2(C^3H^7)_{(1)} Br_{(2)} (AzH^2)_{(3)} (CO^2H)_{(4)},$$

cristallise dans l'alcool étendu en prismes hexagonaux, fusibles à 173-174°. Le *dérivé diazoïque* correspondant, préparé au moyen du nitrate d'éthyle, fond en se décomposant vers 120°.

L'*acide isomérique*,

$$C^6H^2(C^3H^7)_{(1)} Br_{(2)} (CO^2H)_{(4)} (AzH^2)_{(5)},$$

forme de longues aiguilles brunes, un peu solubles dans l'eau, beaucoup plus solubles dans l'alcool; il fond à 166-167°. Son *éther* cristallise en prismes orthorhombiques, fusibles à 134° [M. Fileti et F. Crosa, *loc. cit.*].

Acide azocuminique (1.2.4). — On le prépare en réduisant par l'amalgame de sodium une solution alcaline d'acide nitrocuminique. Il cristallise en prismes rouges, fusibles à 280°, difficilement solubles dans les dissolvants usuels. L'acide sulfurique concentré le dissout sans altération. Son *éther méthylique* fond à 166°; l'*éther éthylique* à 104-108°.

Le *chlorure d'azocuminyle*, obtenu par l'action du perchlorure de phosphore, cristallise dans l'éther ou dans le benzène en prismes clinorhombiques rouge–orangé qui fondent à 135°. L'eau et même les alcalis ne le décomposent que très lentement, mais les alcools le convertissent facilement en *éther* et l'ammoniaque en *amide* [P. Alexeieff, *Journ. Soc. Chim. russe*, 1884, **1**, 158; *Bull. Soc. Chim.*, (2), **42**, 321; (3), **3**, 206].

Si, dans la préparation de l'acide azocuminique, on fait agir l'amalgame de sodium jusqu'à décoloration, ou si on emploie la poudre de zinc et la potasse, on obtient un *acide hydrazocuminique*, que l'on peut séparer grâce à sa faible solubilité dans l'alcool. Il est insoluble dans l'éther et, de même que l'acide azocuminique, se dissout dans l'acide nitrique avec une coloration d'un rouge intense, qu'un excès d'eau fait virer au vert [Alexéieff, *loc. cit.* — N. Moltchanowsky, *Journ. Soc. Chim. russe*, 1887, **1**, 295].

O. Saint-Pierre.

CUMINOÏNE,

$$C^3H^7 - C^6H^4 - CH(OH) - CO - C^6H^4 - C^3H^7$$

(voyez Suppl., **1**, ALDÉHYDE CUMINIQUE. — On fait bouillir au réfrigérant à reflux pendant 1 heure et demie 10 grammes d'aldéhyde cuminique avec 10 grammes d'eau, 20 grammes d'alcool et 2 grammes de cyanure de potassium. Par refroidissement, la cuminoïne se dépose; on la purifie par cristallisation dans l'alcool ou dans un mélange d'éther et de ligroïne (M. Boesler).

En ajoutant aux eaux–mères une égale quantité de cyanure de potassium et en faisant bouillir de nouveau, on obtient encore des cristaux de cuminoïne. Le rendement peut ainsi atteindre 52 0/0 de la quantité théorique [E. Hoffmann, *D. chem. G.*, **23**, 2064].

La cuminoïne fond à 98° (M. Boesler), à 101° (O. Widman; E. Hoffmann). Elle se dissout facilement dans l'alcool et dans l'éther, mais non dans l'eau ou dans le pétrole.

Elle réduit à froid la liqueur de Fehling. Sa

solution alcoolique se colore en violet par l'addition de potasse.

Lorsqu'on traite la cuminoïne par un courant de chlore ou qu'on l'oxyde par l'acide chromique, elle se transforme en cuminile; mais dans ce dernier cas il se produit également une petite quantité d'acide quinique fusible à 114°.

Réduite par l'amalgame de sodium jusqu'à ce que la potasse n'y détermine plus de coloration violette, elle laisse déposer des cristaux incolores, peu solubles dans l'alcool, fusibles vers 190°, et qui semblent être une *pinacone*, tandis que les eaux mères renferment de l'*hydrocuminoïne*. La réduction au moyen de l'étain et de l'acide chlorhydrique la convertit au contraire en *désoxycuminoïne*, avec une petite quantité d'*hydrocuminoïne*.

Traitée par l'anhydride acétique, la cuminoïne fournit un *dérivé acétylé*,

$$C^3H^7 . C^6H^4 - CH . OC^2H^3O$$
$$|$$
$$C^3H^7 . C^6H^4 - CO$$

qui cristallise par évaporation de sa solution alcoolique en tables fusibles à 75° [M. Boesler, *D. chem. G.*, **14**, 323; *Bull. Soc. Chim.*, (2), **36**, 581. — O. Widman, *D. chem. G.*, **14**, 609; *Bull. Soc. Chim.*, (2), **36**, 583].

Désoxycuminoïne,

$$C^3H^7 - C^6H^4 - CO - CH^3 - C^6H^4 - C^3H^7.$$

— On la prépare en réduisant par l'étain et l'acide chlorhydrique une solution alcoolique de cuminoïne, jusqu'à ce qu'elle ne donne plus de coloration violette avec la potasse. Le liquide est épuisé à l'éther, et le résidu de l'évaporation de celui-ci purifié par cristallisation dans l'alcool étendu. La désoxycuminoïne forme de fines lamelles, peu solubles dans l'eau, solubles dans l'alcool, l'éther et le benzène [M. Boesler, *loc. cit.*].

Hydrocuminoïne,

$$C^3H^7 - C^6H^4 - CHOH - CHOH - C^6H^4 - C^3H^7$$

(voyez Suppl., **1**, 564). — Dans la préparation de l'acide cuménacrylique par le cuminol, l'anhydride acétique et l'acétate de sodium, M. O. Widman a obtenu, en outre, de la *diacétylhydrocuminoïne* fusible à 145-146° et donnant par saponification l'hydrocuminoïne fondant à 135°. Cette réaction n'a pas été expliquée, car on n'a pas trouvé d'acide cuminique dans les produits secondaires de la réaction, comme cela devrait avoir lieu par suite de la réduction de la cuminoïne d'abord formée. Cette réaction rappelle la formation de la diacétylhydroquinone, observée par M. Sarauw dans l'action de l'anhydride acétique sur la quinone [O. Widman, *D. chem. G.*, **19**, 255; *Bull. Soc. Chim.*, (2), **46**, 226].   O. Saint-Pierre.

CUMINOL. — Voyez ALDÉHYDE CUMINIQUE.

CUMOPHÉNOLCARBONIQUES (ACIDES)
— On a désigné sous ce nom les acides obtenus par l'action du sodium sur l'o-cuménol chauffé à 150°, dans un courant d'acide carbonique humide. Il se produit un mélange d'acides mono- et dicarboniques. On enlève facilement le phénol inattaqué en ajoutant du carbonate d'ammonium et épuisant à l'éther. Les deux acides, précipités de la solution alcaline, sont séparés l'un de l'autre par le chloroforme qui ne dissout que le premier.

Celui-ci étant déjà décrit à l'article ACIDE CUMINIQUE sous le nom d'acide *oxy-m-cuminique*, nous ne parlerons ici que du second.

L'acide *cumophénoldicarbonique*,

$$C^6H^2(C^3H^7)(OH)(CO^2H)^3,$$

est purifié par cristallisation dans l'acide acétique.

Il ne se dissout bien que dans l'alcool, l'éther et l'acide acétique, et fond à 295° en se décomposant.

Avec le chlorure ferrique, il donne une coloration d'un rouge cerise, tandis que l'acide monocarboné précédent produit une coloration d'un bleu intense [M. Fileti, *Gazz. chim. ital.*, **16**, 113; *Bull. Soc. Chim.*, (2), **48**, 306].

CUMYLACÉTYLACÉTIQUE (ACIDE),

$$C^3H^7 - C^6H^4 - CH^2 - CH \begin{cases} CO . CH^3 \\ CO^2H \end{cases}$$

— Cet acide est inconnu à l'état de liberté. Son *éther éthylique*, préparé par l'action du chlorure du cumyle sur l'éther acétylsodacétique, n'a même jamais été obtenu absolument pur. Il bout entre 280 et 300°. Chauffé au bain-marie avec de la potasse en solution concentrée, il se dédouble de deux façons différentes, en donnant à la fois de la cumylacétone et de l'acide cuméne-propionique.

Cumylacétone,

$$C^3H^7 - C^6H^4 - CH^2 - CH^2 - CO - CH^3.$$

— C'est un liquide d'odeur agréable, bouillant entre 260 et 265° sous la pression de 758 millimètres, et que l'hypobromite de sodium n'oxyde pas, même à l'ébullition. Le permanganate la convertit en acide cuminique. Elle donne une *oxime* qui cristallise dans l'éther de pétrole et fond à 56-57° [O. Widman, *D. chem. G.*, **22**, 2270; *Bull. Soc. Chim.*, (3), **3**, 549].

CUMYLAMINE [Syn. *Cymylamine*],

$$C^3H^7 . C^6H^4 . CH^2 . AzH^2.$$

— Cette base a été obtenue en chauffant la cumylurée avec de la potasse. MM. Goldschmidt et A. Gessner la préparent en réduisant par l'amalgame de sodium à 2,5 0/0 une solution alcoolique de cuminaldoxime, à la température de 50°, et en acidifiant au fur et à mesure par l'acide acétique.

Le produit de la réaction étendu d'eau est épuisé à l'éther pour éliminer l'aldoxime inattaquée, puis rendu alcalin et distillé dans un courant de vapeur. Il passe une huile incolore, qui bout à 225-227° sous 724 millimètres.

Elle est presque insoluble dans l'eau et attire l'acide carbonique de l'air, en donnant du *cumylcarbamate de cumylamine*,

$$C^{10}H^{13} . AzH . CO^2 . AzH^3 . C^{10}H^{13},$$

fusible à 97°,5.

Le *chlorhydrate* de la base cristallise dans l'eau ou dans l'alcool en lamelles incolores; le *chloroplatinate* est presque insoluble dans l'eau.

Le *sulfate acide* est facilement soluble dans l'eau et dans l'alcool, de même que le *nitrate*, qui fond à 155-157°.

La cumylamine, additionnée d'anhydride acétique, se transforme en *acétylcumylamine*,

$$C^3H^7 . C^6H^4 . CH^2 . AzH . CO . CH^3,$$

que l'on purifie par cristallisation dans le pétrole bouillant; elle fond à 65°. Le *dérivé benzoylé*, obtenu de même par le chlorure de benzoyle, cristallise dans le benzène et fond à 93°.

L'éther oxalique la transforme en *dicumyloxamide*,

$$CO . AzH . C^{10}H^{13}$$
$$|$$
$$CO . AzH . C^{10}H^{13}$$

fusible à 181-182°.

La cumylamine se combine avec les chlorures diazoïques en donnant des dérivés du type

$$C^{10}H^{13} . AzH . Az^2R,$$

que le cyanate de phényle transforme en urées diazoïques,

$$C^{10}H^{13} - Az - Az^2 R$$
$$|$$
$$CO - AzH - C^6H^5$$

Le produit obtenu avec le chlorure de diazobenzène fond à 50-51°; l'urée diazoïque correspondante, à 101° : par ébullition avec l'acide chlorhydrique, elle donne de la phénylcumylurée. En partant du chlorure de p–diazotoluène, on a de même la p–diazotoluène–cumylamine fusible à 79° et l'urée diazoïque qui fond à 124° [H. Goldschmidt et A. Gessner, *D. chem. G.*, **20**, 2413 et **22**, 928; *Bull. Soc. Chim.*, (2), **49**, 729 et (3), **2**, 515].

Dérivés cumyliques de l'urée. — M. A. Raab a obtenu autrefois la *cumylurée*, en transformant par le cyanate d'argent le chlorure de cumyle en cyanate, et traitant celui-ci par l'ammoniaque [A. Raab, *D. chem. G.*, **8**, 1148 et **10**, 52; *Bull. Soc. Chim.*, (2), **25**, 324 et **28**, 305].

On l'obtient plus simplement par l'action du cyanate de potassium sur le chlorhydrate de cumylamine en solution aqueuse. Elle cristallise dans l'eau bouillante et fond à 135°. Avec le cyanate de phényle, on obtient de même la *phénylcumylurée*, $C^{13}H^{10}.AzH.CO.AzH.C^6H^5$, fusible à 143°,5; la *p-crésylurée* fond à 150°.

La *dicumylurée* symétrique s'obtient par l'action soit du cyanate de cumyle, soit du gaz phosgène sur la cumylamine. Elle fond à 122° (Raab), à 118° (Goldschmidt).

La *cumylsulfo-urée*, $C^{10}H^{13} - AzH - CS - AzH^2$, résulte de l'action du sulfocyanate d'ammonium sur le chlorhydrate de cumylamine et fond entre 100 et 110°. L'acide monochloracétique la transforme en *cumylthiohydantoïne*,

$$C^{10}H^{13}Az = C \begin{array}{c} \nearrow S-CH^2 \\ \searrow AzH \end{array} > CO,$$

dont le *chlorhydrate* fond vers 235° en se décomposant.

Les sénevols transforment la cumylamine en sulfo-urées disubstituées. L'*allylcumylsulfo-urée* fond à 47°; la *phénylcumylsulfo-urée* vers 100°.

La *dicumylsulfo-urée*, que l'on obtient également en traitant la cumylamine par le sulfure de carbone, puis faisant bouillir le produit avec de l'alcool et de la potasse, fond à 127-128° après cristallisation dans le benzène [H. Goldschmidt et A. Gessner, *loc. cit.*].

Dicumylamine. — Cette base s'obtient en même temps que la cumylamine, lorsque l'on réduit par l'hydrogène naissant l'hydrocuminamide. On les sépare facilement l'une de l'autre, la base primaire étant seule volatile dans la vapeur d'eau. La dicumylamine, cristallisée dans l'éther, fond à 168° et bout entre 280 et 300° sous une pression de 100 millimètres. Elle est insoluble dans l'eau, facilement soluble dans l'alcool et dans l'éther. Le *chlorhydrate* est peu soluble dans l'eau froide et le *chloroplatinate* forme de petites aiguilles jaunes. Elle donne un *dérivé nitrosé*, $(C^{10}H^{13})^2Az.AzO$, peu soluble dans l'éther, et qui se dissout facilement dans l'alcool [C. Uebel, *Ann. Chem.*, **245**, 289; *Bull. Soc. Chim.*, (3), **1**, 759].   O. Saint-Pierre.

CUMYLIDÈNE – ACÉTONE (*méthoéthylbuténylone-benzène*),

$$C^3H^7 - C^6H^4 - CH = CH - CO - CH^3.$$

— C'est le produit de condensation de l'aldéhyde cuminique avec l'acétone. Pour la préparer, on dissout dans la lessive de soude très étendue un mélange de cuminal et d'acétone à poids égaux. Il se précipite une huile épaisse, réfringente, bouillant à 180° dans le vide sous 23 millimètres.

Si l'on augmente la proportion d'aldéhyde cuminique, on obtient de même la *dicumylidène-acétone*, $C^{10}H^{12} = CH - CO - CH = C^{10}H^{12}$, qui, cristallisée dans l'alcool chaud, se présente sous la forme de prismes jaunes, fusibles à 106-107° [L. Claisen et A. Ponder, *Ann. Chem.*, **223**, 137; *Bull. Soc. Chim.*, (2), **43**, 138].

CUMYLIDÈNE-MALONIQUE (ACIDE),

$$C^3H^7.C^6H^4.CH = C(CO^2H)^2.$$

— On le prépare en chauffant au bain-marie pendant une dizaine d'heures un mélange de 2 parties de cuminal, 2 parties d'acide malonique et 1 partie d'acide acétique.

Après refroidissement, on sépare les cristaux d'acide malonique de l'huile qui les baigne, on les lave au benzène, et on enlève l'excès de cuminal inattaqué par un épuisement à l'éther, après avoir agité le liquide avec de la lessive de soude. Si on ajoute alors à cette solution alcaline une quantité d'acide chlorhydrique insuffisante pour la saturer, il se précipite un sel acide de sodium peu soluble, que l'on essore et qui, décomposé par un excès d'acide chlorhydrique, fournit l'acide cumylidène-malonique.

L'acide libre est facilement soluble dans l'eau et dans le benzène tièdes, très peu soluble à froid. Il se dissout en grande quantité dans l'alcool et dans l'acide acétique.

Cristallisé dans l'eau ou dans le benzène, il retient 1 molécule de chacun de ces dissolvants et fond alors dans le premier cas à 89-90°, dans le second à 96–97°. La première combinaison est très stable : on peut la faire cristalliser dans le benzène sans lui enlever son eau de cristallisation; il suffit même d'abandonner à l'air humide le composé $C^{13}H^{14}O^4.C^6H^6$, pour qu'il se transforme en $C^{13}H^{14}O^4.H^2O$. Séché longuement vers 90°, l'acide cumylidène-malonique fond à 137° et présente alors la composition $C^{13}H^{14}O^4$.

Lorsqu'on le chauffe au-dessus de son point de fusion, vers 160°, il se décompose en perdant de l'acide carbonique et donne de l'acide *cumène-acrylique*, fusible à 157-158°.

Par l'ébullition de ses solutions aqueuse ou benzénique, il se dédouble en cuminal et acide malonique.

L'amalgame de sodium le réduit en acide *cumylmalonique*,

$$C^6H^4 \begin{array}{c} < C^3H^7 \\ \diagdown CH^2 - CH(CO^2H)^2 \end{array}$$

qui fond à 165° [O. Widman, *D. chem. G.*, **22**, 2266; *Bull. Soc. Chim.*, (3), **3**, 549].
   O. Saint-Pierre.

CUMYLMALONIQUE (ACIDE),

$$C^3H^7 - C^6H^4 - CH^2 - CH(CO^2H)^2.$$

— Cet acide s'obtient en réduisant par l'amalgame de sodium l'acide cumylidène-malonique. On peut le séparer facilement de ce dernier, car il est insoluble dans le benzène, même à l'ébullition; il se dissout très facilement dans l'eau chaude et dans l'alcool, peu dans l'eau froide.

L'*éther* se prépare aussi par l'action du chlorure de cumyle sur l'éther sodomalonique : il bout à 227-229° et donne par saponification le même acide fusible à 165°.

Chauffé au-dessus de son point de fusion, l'acide cumylmalonique se décompose et donne de l'acide cumène-propionique, fusible à 75°,5 [O. Widman. *D. chem. G.*, **22**, 2269; *Bull. Soc. Chim.*, (3), **3**, 549].   O. Saint-Pierre.

CUPRÉINE, $C^{19}H^{22}Az^2O^2$, $2H^2O$. — Cet alcaloïde a été découvert par MM. Paul et Cownley dans le *quinquina cuprea*, variété de quinquina constituée par l'écorce du *Remijia pedunculata*, répandu surtout dans la province de Santander (États-Unis de Colombie)

On sait que les remijias sont botaniquement très voisins des vrais quinquinas ou cinchonas : la présence de la quinine dans les remijias est venue confirmer ce rapprochement, basé tout d'abord sur les caractères botaniques de ces deux genres.

La cupréine est toujours accompagnée de la quinine dans les cupréas, et son histoire est intimement liée à celle de l'homoquinine (voyez ce mot), combinaison équimoléculaire de quinine et de cupréine, découverte en 1881 par MM. Paul et Cownley.

C'est en faisant l'essai classique du sulfate de quinine, extrait des cupréas par l'éther et l'ammoniaque, que ces chimistes constatèrent la formation de cristaux particuliers, se déposant dans l'éther après un repos suffisamment prolongé. Croyant avoir entre les mains une nouvelle base des quinquinas, ils lui donnèrent le nom d'*homoquinine*, car elle présentait la même composition que la quinine.

M. Hesse confirma la formation et le dépôt de cette substance cristalline dans les conditions précitées ; mais, ayant observé que la soude caustique agissait sur ce corps en donnant naissance à de la quinine, il crut, à tort, à la transformation isomérique de l'homoquinine en quinine.

MM. Paul et Cownley démontrèrent, peu de temps après, que la soude caustique dédoublait réellement l'homoquinine en ses deux constituants, la quinine, et un nouvel alcaloïde qu'ils appelèrent *cupréine*, et qui présente la propriété de posséder à la fois les fonctions basique et phénolique.

Préparation. — La cupréine n'est contenue qu'en très petite proportion dans les cupréas : on peut évaluer à 2 millièmes environ la teneur habituelle de ces écorces. Aussi, pour l'obtenir en quantité appréciable, est-il avantageux de préparer d'abord une grande quantité de sulfate de quinine brut en partant des cupréas et par les procédés employés ordinairement dans la fabrication du sulfate de quinine.

Le sulfate basique de cupréine est encore moins soluble que le sulfate de quinine : aussi est-il entraîné pendant la cristallisation de celui-ci. On dissout le sulfate brut dans l'eau acidulée par l'acide sulfurique et on sursature la solution par la soude caustique : les deux bases, quinine et cupréine, sont précipitées à la fois. On agite avec un assez grand volume d'éther : la quinine, très soluble dans ce dissolvant, se dissout seule ; quant à la cupréine, elle reste à l'état de combinaison soluble dans la soude caustique.

Le lavage à l'éther de la solution contenant la cupréine sodique doit être effectué plusieurs fois, afin d'enlever la totalité de la quinine.

La liqueur alcaline est neutralisée exactement par l'acide sulfurique ; le sulfate de cupréine se dépose en presque totalité, en même temps que des matières colorantes et des résines.

On redissout ce sel impur dans l'eau bouillante légèrement acide, on filtre la solution et on laisse cristalliser le sulfate basique de cupréine.

Ce sulfate basique, plus ou moins pur, séché et pesé, est mis en suspension dans l'eau bouillante et transformé en sel neutre par l'addition d'une quantité calculée d'acide sulfurique en solution étendue. La liqueur est concentrée jusqu'à commencement de cristallisation ; on laisse refroidir en troublant la cristallisation par agitation et on obtient ainsi un sable blanc, cristallisé, formé par le sulfate neutre. On l'essore à la trompe, on le lave à l'eau froide et on le laisse sécher à l'air.

Pour isoler la cupréine de ce sel, on peut le dissoudre dans un excès d'acide chlorhydrique dilué et précipiter la base par l'ammoniaque en quantité exactement nécessaire, car un excès de cet alcali tend à redissoudre la cupréine. Mais, par ce procédé, on obtient toujours un mélange de cupréine libre et de sulfate basique très peu soluble.

Il vaut donc mieux, comme le conseille M. Oudemans, transformer le sulfate basique en chlorhydrate neutre, en le chauffant avec 4 fois son poids d'eau et en ajoutant peu à peu de l'acide chlorhydrique jusqu'à ce qu'on ait obtenu une liqueur limpide. On décompose ensuite cette solution par l'addition de chlorure de baryum en quantité calculée pour précipiter exactement l'acide sulfurique du sulfate de cupréine ; on décolore au noir et on filtre. On déplace ensuite la cupréine par de l'ammoniaque diluée, en très léger excès, ajoutée à la liqueur froide. Le précipité caillebotté obtenu est lavé à l'eau froide à l'aide de la trompe, pressé et séché à l'air.

L'alcaloïde ainsi préparé est presque toujours jaunâtre. La meilleure manière de le décolorer consiste à le faire macérer dans un excès d'alcool à 70°, qui dissout, il est vrai, une partie de l'alcaloïde en même temps que la matière colorante. On peut ensuite faire cristalliser la cupréine dans l'alcool bouillant concentré, ou mieux en précipitant l'alcaloïde de sa solution alcoolique par addition d'eau jusqu'à commencement de trouble.

La cupréine qui se sépare ainsi d'une solution alcoolique chaude contient une petite quantité d'eau de cristallisation, environ 1,3 0/0, ce qui correspond à 1/3 de molécule,

$$3(C^{19}H^{22}Az^2O^2), H^2O.$$

La cupréine se dissout assez bien dans l'alcool fort, mais en faible proportion dans l'éther, le sulfure de carbone, le benzène, le chloroforme, l'essence de pétrole. Elle se sépare de sa solution alcoolique en petits cristaux transparents. La solution dans l'éther aqueux laisse déposer des grumeaux cristallins contenant 2 molécules d'eau.

La cupréine séchée à 140° fond à 197° ; à 198° d'après M. Hesse.

La cupréine est une base diacide. Elle donne, comme la quinine, deux séries de sels, des sels basiques et des sels neutres.

Avec quelques acides, comme l'acide sulfurique, elle donne encore une combinaison qui contient une quantité d'acide double de celle que contient le sel neutre. On peut considérer le sel ainsi constitué comme un sel acide.

Les sels basiques sont en général peu solubles dans l'eau, tandis que les sels neutres ou acides s'y dissolvent bien.

Les solutions aqueuses des sels basiques sont colorées en jaune clair, et, ce qui tend à prouver que cette coloration est naturelle, c'est que les mêmes sels basiques, blancs à l'état cristallisé, se dissolvent dans l'alcool et ne colorent en aucune manière ce dissolvant.

Les solutions aqueuses des sels neutres sont incolores, à moins qu'une grande dilution n'amène la formation d'une petite quantité de sel basique par dissociation.

La cupréine est lévogyre. Son pouvoir rotatoire varie un peu suivant la concentration de l'alcool employé et la quantité de matière dissoute. En moyenne, dans l'alcool absolu : $[\alpha]_D = -173°,3$; dans l'alcool à 97° : $[\alpha]_D = -175°,3$.

Chlorhydrate basique,

$$C^{19}H^{22}Az^2O^2 . HCl , H^2O.$$

— Ce sel est formé d'aiguilles incolores. Il se dissout dans $53^p,5$ d'eau à 16°.

Chlorhydrate neutre, $C^{19}H^{22}Az^2O^2.2HCl$. — Ce sel est anhydre ou hydraté à 2 molécules d'eau suivant la température de cristallisation.

Bromhydrate basique,

$$C^{19}H^{22}Az^2O^2.HBr,H^2O.$$

— Aiguilles blanches, solubles dans $122^p,2$ d'eau à 16°.

Bromhydrate neutre, $C^{19}H^{22}Az^2O^2.2HBr$. — Sel cristallisé, anhydre ou avec 2 molécules d'eau.

Iodhydrate basique, $C^{19}H^{22}Az^2O^2.HI$. — Sel anhydre, soluble dans $106^p,6$ d'eau à 16°.

Iodhydrate neutre, $C^{19}H^{22}Az^2O^2.2HI$. — Cristaux mamelonnés, jaune-orangé, contenant 1 molécule d'eau de cristallisation, ou prismes couleur orangé foncé, d'un volume assez considérable, contenant 2 molécules d'eau.

Azotate basique, $C^{19}H^{22}Az^2O^2.AzO^3H,2H^2O$. — Aiguilles blanches ténues. Lorsqu'on refroidit une solution concentrée de ce sel, il se dépose d'abord une masse amorphe jaunâtre, qui se transforme peu à peu en une masse cristalline. Le sel hydraté se dissout dans 86 parties d'eau à 15°.

Azotate neutre, $C^{19}H^{22}Az^2O^2.2AzO^3H,H^2O$. — Beaux cristaux d'une teinte jaune clair, qui, comme le chlorhydrate correspondant, peuvent atteindre un volume considérable. Pour le préparer, on dissout l'alcaloïde dans l'acide azotique étendu, employé en quantité calculée d'après la formule : la base se dissout d'abord, puis bientôt se déposent de petits cristaux que l'on fait cristalliser de nouveau dans l'eau chaude. Ce sel chauffé vers 100° brunit assez rapidement.

Chlorate basique, $C^{19}H^{22}Az^2O^2.ClO^3H$. — Agrégats mamelonnés, formés d'aiguilles blanches, solubles dans 48 parties d'eau à 14°.

Chlorate neutre, $C^{19}H^{22}Az^2O^2.2ClO^3H$. — Sel très soluble, se déposant sous la forme d'une masse gommeuse, présentant seulement après quelques mois un commencement de structure cristalline.

Perchlorate basique,

$$C^{19}H^{22}Az^2O^2.ClO^4H,1,5H^2O.$$

— Petits cristaux blancs hydratés.

Perchlorate neutre,

$$C^{19}H^{22}Az^2O^2.2ClO^4H,2H^2O.$$

— Cristaux fibreux très solubles.

Sulfate basique,

$$(C^{19}H^{22}Az^2O^2)^2SO^4H^2,6H^2O.$$

— Il cristallise assez mal en flocons légers, qui ont une tendance à former, en se desséchant, une masse cohérente et agglutinée. Ce sulfate se dissout peu dans l'alcool; il se dissout dans 813 parties d'eau à 17° et dans 209 parties d'eau à 100°; il est insoluble dans une solution de sulfate de sodium.

Sulfate neutre, $C^{19}H^{22}Az^2O^2.SO^4H^2,2H^2O$. — Cristaux grenus, assez solubles dans l'eau chaude et peu dans l'eau froide : 1 partie du sel se dissout dans $73^p,4$ d'eau à 17°; $[\alpha]_D = -200°,1$, pour une concentration moyenne.

Sulfate acide, $C^{19}H^{22}Az^2O^2.2SO^4H^2,3H^2O$. — Il se forme quand on dissout le sel précédent dans un peu plus que la quantité d'acide sulfurique étendu calculée pour la formule. Aiguilles soyeuses, très solubles dans l'eau, moins solubles dans l'alcool. Un excès d'acide sulfurique paraît diminuer la solubilité.

Formiate basique, $C^{19}H^{22}Az^2O^2.CH^2O^2$. — Aiguilles blanches et fines, peu solubles dans l'eau et anhydres.

Formiate neutre, $C^{19}H^{22}Az^2O^2.2CH^2O^2$. — Sel hydraté, formant une masse gommeuse, qui offre seulement quelques traces de cristallisation.

Acétate basique, $C^{19}H^{22}Az^2O^2.C^2H^4O^2,2H^2O$. — Il prend naissance quand on chauffe la cupréine avec un peu moins d'acide acétique que la quantité nécessaire pour correspondre à la formule.

Aiguilles très déliées, très solubles dans l'eau. Les solutions sont souvent sursaturées.

Acétate neutre, $C^{19}H^{22}Az^2O^2.2C^2H^4O^2$. — Sel hydraté, formant un vernis transparent quand on évapore ses solutions.

Oxalate basique,

$$(C^{19}H^{22}Az^2O^2)^2.C^2H^2O^4,2H^2O.$$

— Masse cristalline blanche, se formant quelquefois difficilement aux dépens de la matière visqueuse et résineuse qui prend d'abord naissance quand on prépare ce sel par double décomposition entre l'oxalate d'ammonium et le chlorhydrate de cupréine.

Oxalate neutre, $C^{19}H^{22}Az^2O^2.C^2H^3O^4$. — Sel hydraté, peu stable, se transformant facilement en oxalate basique.

Tartrate basique,

$$(C^{19}H^{22}Az^2O^2)^2.C^4H^6O^6,2H^2O.$$

— Aiguilles blanches, un peu plus solubles dans l'eau que le tartrate de quinine ou de cinchonidine : 1 partie se dissout dans 571 parties d'eau à 16°.

Tartrate neutre, $C^{19}H^{22}Az^2O^2.C^4H^6O^6$. — Sel peu stable, n'existant probablement qu'en solution.

Tartrate acide, $C^{19}H^{22}Az^2O^2.2C^4H^6O^6,H^2O$. — Il prend naissance quand on chauffe 1 molécule de cupréine avec une solution concentrée de 4 molécules d'acide tartrique. Cette liqueur évaporée à froid donne des cristaux volumineux et incolores, dont la composition correspond à la formule indiquée.

Chloroplatinate neutre,

$$C^{19}H^{22}Az^2O^2.2HCl.PtCl^4,H^2O.$$

— On l'obtient en traitant une solution de chlorhydrate neutre par l'acide chloroplatinique. Petites aiguilles d'un jaune orangé, très peu solubles dans l'eau froide.

Les pouvoirs rotatoires de ces différents sels ont été donnés par M. Oudemans [A. C. Oudemans, *Rec. P.-B.*, **3**, 147].

L'une des propriétés les plus caractéristiques de la cupréine est de posséder une fonction phénolique. En effet, elle se dissout dans les alcalis, se colore par le perchlorure de fer et même donne de véritables combinaisons cristallisables avec les bases minérales ou organiques.

Cupréine potassée, $C^{19}H^{21}Az^2O^2K,8H^2O$. — Cette combinaison, très soluble dans l'eau, cristallise très bien sous la forme de lamelles ou de cristaux aciculaires dans certaines conditions définies par M. Oudemans [*loc. cit.*]. On l'obtient en gelée, soit par évaporation, soit en ajoutant un excès d'hydrate de potasse à une solution d'un sel de cupréine.

Cupréine sodée, $C^{19}H^{21}Az^2O^2Na,6H^2O$. — On l'obtient à l'état de feuillets nacrés en dissolvant à chaud la gelée obtenue par précipitation d'une solution d'un sel de cupréine par un excès d'hydrate de soude; ce sel est excessivement soluble dans l'eau.

Cupréine calcique. — On l'obtient par double décomposition. Elle est peu soluble dans l'eau froide. La solution chaude se prend en gelée par refroidissement.

Cupréine plombique. — Précipité floconneux,

jaune, un peu soluble dans l'eau froide, présentant une réaction alcaline.

Cupréine argentique. — Elle possède les mêmes propriétés générales que la combinaison plombique : elles s'obtiennent toutes deux par double décomposition.

Action de l'anhydride acétique. — La cupréine, traitée par l'anhydride acétique, donne un *dérivé diacétylé*, $C^{19}H^{20}(C^2H^3O)^2Az^2O^2$. Ce corps constitue des cristaux tabulaires, incolores, anhydres, fondant à 88°. En dissolution dans l'eau, ils ont une réaction alcaline. La diacétylcupréine se dissout facilement dans les acides étendus ; les alcalis la saponifient. Elle donne une combinaison avec l'acide chlorhydrique ; ce *chlorhydrate* est cristallisé en tables hexagonales, solubles dans l'eau et dans l'alcool. Avec le chlorure de platine, il donne un précipité jaune, amorphe, peu soluble dans l'eau, qui a pour formule

$$C^{19}H^{20}(C^2H^3O)^2Az^2O^2 . 2HCl . PtCl^4 , 3H^2O.$$

Action de l'acide chlorhydrique concentré. — En tube scellé, à 140°, la cupréine est transformée par l'acide chlorhydrique $(d = 1,125)$ en apoquinine $C^{19}H^{22}Az^2(OH)^2$. Dans cette réaction, il ne se dégage pas de chlorure de méthyle.

Action de l'iodure de méthyle. — L'iodométhylate de cupréine, $C^{19}H^{22}Az^2O^2 . CH^3I$, se produit par l'action d'une quantité calculée d'iodure de méthyle sur la cupréine dissoute dans l'alcool. Il cristallise de sa solution aqueuse en petites aiguilles. Il est très difficilement soluble dans l'eau froide et dans l'alcool, insoluble dans l'éther ; il se dissout bien dans les acides et dans les alcalis. Il n'est pas décomposé par la potasse chaude.

La *méthylcupréine* prend naissance quand on traite par la baryte le sulfate,

$$(C^{19}H^{22}Az^2O^2 . CH^3)^2SO^4,$$

obtenu par double décomposition entre l'iodométhylate de cupréine et le sulfate d'argent. C'est un corps jaune, amorphe, facilement soluble dans l'eau, insoluble dans l'éther.

Le *chlorométhylate*, $C^{19}H^{22}Az^2O^2 . CH^3Cl$, s'obtient aussi par double décomposition entre le chlorure d'argent et l'iodométhylate de cupréine. Il constitue de petites aiguilles. Sa solution aqueuse se colore en brun rouge foncé par l'addition de perchlorure de fer et en brun vert foncé par l'action du chlore et d'un excès d'ammoniaque. Il donne un *chloroplatinate*,

$$C^{19}H^{22}Az^2O^2 . CH^3Cl . HCl . PtCl^4 , 2H^2O,$$

précipité cristallin orangé.

Le *sulfate*, $(C^{19}H^{22}Az^2O^2 . CH^3)^2SO^4$, se présente en petites aiguilles facilement solubles dans l'eau froide.

Le *diiodométhylate de cupréine,*

$$C^{19}H^{22}Az^2O^2(CH^3I)^2 , 5H^2O,$$

se produit par l'action d'un excès d'iodure de méthyle sur la cupréine en solution alcoolique chaude. Il se présente sous la forme de cristaux orangés, feuilletés et soyeux, peu solubles dans l'eau, facilement solubles dans les alcalis et dans les acides. Ce corps fond à 235-237°.

En s'appuyant sur les propriétés phénoliques de la cupréine et sur les rapports de composition que cet alcaloïde présente avec la quinine, leurs formules respectives étant

$$C^{19}H^{22}Az^2O^2 \quad et \quad C^{20}H^{24}Az^2O^2,$$

MM. Grimaux et Arnaud ont réussi à transformer la cupréine en quinine. Cette transformation établit nettement que la cupréine est un corps à fonction mixte, moitié base, moitié phénol, et que la quinine en est l'éther méthylique.

La transformation de la cupréine en quinine se fait facilement par la réaction du chlorure de méthyle sur la cupréine sodée, en chauffant à 100°, en tube scellé, pendant 12 heures, un mélange de 1 molécule de cupréine, 1 atome de sodium et 1 molécule de chlorure de méthyle, le tout dissous dans un excès d'alcool méthylique. On évapore à siccité le produit de la réaction : on reprend par l'eau acidulée d'acide sulfurique, on ajoute un excès de soude et on agite la solution avec de l'éther, qui s'empare de la quinine, tandis que la cupréine reste en dissolution dans la soude. On transforme la quinine en sulfate basique, que l'on purifie par cristallisation. Le rendement est faible, tout au plus 10 à 15 0/0 de la cupréine employée.

On peut remplacer le chlorure de méthyle par l'azotate ; les rendements sont quelquefois un peu meilleurs.

Ces faibles rendements doivent être attribués à ce que ces composés méthyliques ont la propriété de s'unir à l'azote des alcaloïdes pour donner des sels d'ammoniums quaternaires. Aussi la réaction de l'iodure de méthyle en excès sur la cupréine sodée est-elle tout autre : les rendements sont presque théoriques et la cupréine est transformée intégralement en diiodométhylate de quinine. On chauffe à 105°, pendant 12 heures, un mélange de cupréine, de sodium, d'alcool méthylique et d'iodure de méthyle en excès. Le mélange jaunit déjà à froid et brunit en chauffant. A l'ouverture des tubes scellés, on constate une très forte pression, due au dégagement de l'oxyde de méthyle provenant de l'action de l'iodure de méthyle sur l'alcool méthylique. Le contenu des tubes, abandonné à l'évaporation spontanée, fournit une masse cristalline que l'on redissout dans l'eau bouillante en présence du noir animal. La solution filtrée et concentrée donne des cristaux que l'on purifie en les faisant recristalliser dans l'eau, puis dans l'alcool bouillant. Les rendements sont excellents et peuvent atteindre 85 0/0 du rendement théorique.

En chauffant la quinine avec un excès d'iodure de méthyle, on obtient à peu près le même rendement en diiodométhylate de quinine.

En remplaçant le chlorure de méthyle par d'autres chlorures alcooliques, on a pu préparer des bases nouvelles, véritables homologues de la quinine, la *quinéthyline*, $C^{19}H^{21}Az^2O . OC^2H^5$, la *quinopropyline*, $C^{19}H^{21}Az^2O . OC^3H^7$, la *quinisopropyline* et la *quinamyline,*

$$C^{19}H^{21}Az^2O . OC^5H^{11}.$$

Ces alcaloïdes donnent chacun une série de sels cristallisés.

Ces corps nouveaux seront décrits dans un article ultérieur sous la dénomination de QUININES.

D'après ces expériences synthétiques, on peut désormais considérer la quinine comme l'éther méthylique de la cupréine, ce dont les formules suivantes rendent parfaitement compte :

$$C^{19}H^{21}Az^2O . OH ; \quad C^{19}H^{21}Az^2O . OCH^3$$

[Paul et Cownley, *Pharm. Journ.*, (3), **15**, 221 et 401. — Hesse, *Ann. Chem.*, **230**, 57, 63. — A.-C. Oudemans, *Rec. P.-B.*, **9**, 171. — Grimaux et Arnaud, *C. R.*, **112**, 766 et 1364 ; *C. R.*, **114**, 548 et 672].   A. Arnaud.

CUPRÉOL. $C^{20}H^{34}O$. — Les écorces des cupréas (*Remijia pedunculata*) contiennent de 0,002 à 0,005 de cupréol.

Pour le préparer et le purifier, on suit exactement le procédé qui a été décrit à l'article CinCHOL, Suppl., **2**, I, 1147.

Il cristallise en feuillets incolores, à éclat soyeux, devenant mats à l'air sec; il est très soluble dans l'éther et dans l'alcool chauds, peu soluble dans l'alcool froid et dans la ligroïne, insoluble dans l'eau et dans les alcalis. Il fond à 140°, et se volatilise sans décomposition dans une atmosphère d'hydrogène ou d'acide carbonique.

L'analyse conduit à la formule $C^{20}H^{34}O$, qui en fait un isomère du cinchol.

En solution alcoolique, il possède un pouvoir rotatoire gauche : $[\alpha]_D = -37°,5$. Il présente les réactions des cholestérines et contient comme celles-ci 1 molécule d'eau lorsqu'il se sépare cristallisé d'une solution alcoolique.

M. Hesse a préparé l'*éther acétique,*

$$(C^{20}H^{33}O . C^2H^3O),$$

en chauffant le cupréol à 80° avec de l'anhydride acétique. Cet éther, cristallisé en feuillets, fond à 126°, est très soluble dans l'éther, le chloroforme et l'alcool chaud, peu soluble dans l'alcool froid ; il est facilement saponifié par la potasse alcoolique.

L'*éther propionique,* très semblable au précédent, fond à 111° [Hesse, *Ann. Chem.,* **228**, 288].   A. Arnaud.

CUPRODESCLOIZITE (Min.) (Rammelsberg). — Variété de descloizite, renfermant du zinc et du cuivre, $VO^4 . [Pb, Zn, Cu]^2OH$, en rognons noirâtres, subcristallins, de San-Luis-de-Potosi. Densité = 5,856.

CUPROMAGNÉSITE (Min.). — Sulfate mixte de cuivre et de magnésium,

$$SO^4[Cu, Mg], 7H^2O.$$

CURCUMINE. — On peut préparer la curcumine de la manière suivante : On épuise d'abord le curcuma par la ligroïne pour enlever le curcumol, on épuise le résidu par l'éther et, après évaporation de la dissolution éthérée, on fait cristalliser à plusieurs reprises le produit dans l'alcool [Jackson et Menke, *Am. Journ.,* **4**, 77]. On obtient ainsi la curcumine sous la forme de prismes orangés à reflets bleus, fusibles à 178°.

La curcumine, traitée par le mélange chromique, n'a donné à MM. Jackson et Menke que de l'acide carbonique et de l'acide acétique. Oxydée par le permanganate de potassium, elle fournit une petite quantité de vanilline. L'amalgame de sodium la transforme en hydrocurcumine par fixation de 2 atomes d'hydrogène; la poudre de zinc et l'acide acétique ou la poudre de zinc et l'ammoniaque fournissent l'anhydride de l'hydrocurcumine.

Le brome agit en solution sulfocarbonique en donnant un dérivé tétrabromé; en solution acétique, il fournit un dérivé pentabromé.

La formule de la curcumine est probablement exprimée par le schéma

$$C^6H^3(OH)_{(4)}(OCH^3)_{(2)}\left(CH\begin{smallmatrix}<\end{smallmatrix}\begin{matrix}C^6H^5\\CO^2H\end{matrix}\right)_{(1)}$$

Sel de potassium, $C^{14}H^{13}O^4K$. — On le prépare en ajoutant du carbonate de potassium à une dissolution alcoolique bouillante de curcumine et en précipitant la liqueur par l'éther. On obtient des flocons d'un rouge foncé qui, à l'état sec, se présentent sous la forme d'une masse verte, très soluble dans l'eau et dans l'alcool en rouge de sang.

On obtient un *sel neutre,* $C^{14}H^{12}O^4K^2$, en mélangeant des dissolutions alcooliques de curcumine et de potasse caustique. Ce sel est en aiguilles rouges, solubles, dans l'eau, un peu moins solubles dans l'éther.

Éther diéthylique,

$$C^6H^3(OC^2H^5)(OCH^3)\left(CH\begin{smallmatrix}<\end{smallmatrix}\begin{matrix}CO^2C^2H^5\\C^6H^5\end{matrix}\right)$$

— Ce corps se prépare en faisant agir l'iodure d'éthyle sur le sel dipotassique. C'est un corps goudronneux, d'un noir brun, qui, oxydé par le permanganate en liqueur alcaline, fournit de l'acide vanilline-éthylique.

Éther p-bromobenzylique,

$$C^6H^3(OH)(OCH^3)CH\begin{smallmatrix}<\end{smallmatrix}\begin{matrix}C^6H^5\\CO^2-CH^2-C^6H^4Br\end{matrix}$$

— Ce corps se prépare par l'action du bromure de p-bromobenzyle sur le sel monopotassique de la curcumine. Il cristallise dans l'alcool en cristaux d'un jaune clair; fusibles à 76-78°, insolubles dans la ligroïne, peu solubles dans le sulfure de carbone, solubles dans l'éther, le benzène et l'acide acétique cristallisable, insolubles dans le carbonate de potassium et solubles dans la potasse caustique.

Acétylcurcumine,

$$C^6H^3(OCH^3)(OC^2H^3O)\left(CH\begin{smallmatrix}<\end{smallmatrix}\begin{matrix}C^6H^5\\CO^2H\end{matrix}\right)$$

— On fait bouillir pendant 16 heures de la curcumine avec un léger excès d'anhydride acétique et de l'acétate de sodium ; le produit de la réaction est purifié par dissolution dans l'acide acétique cristallisable et précipitation par l'eau. Cette opération, répétée plusieurs fois, ne fournit qu'une masse brune, visqueuse, insoluble dans le sulfure de carbone et dans la ligroïne, peu soluble dans l'éther et dans le benzène, soluble dans l'alcool, la soude caustique et l'acide acétique cristallisable [Jackson et Menke, *Am. Journ.,* **6**, 78].

Diacétylcurcumine,

$$C^6H^3(OCH^3)(OC^2H^3O)\left(CH\begin{smallmatrix}<\end{smallmatrix}\begin{matrix}C^6H^5\\CO^2COCH^3\end{matrix}\right)$$

— Ce corps se prépare comme le précédent; il cristallise dans l'acide acétique en lamelles jaunes rhombiques, fusibles à 154°, moins solubles dans l'alcool que la curcumine. Il résiste à l'eau bouillante et est décomposé lentement par les alcalis.

Tétrabromure de curcumine,

$$C^{14}H^{14}O^4Br^4.$$

— Ce corps se prépare en ajoutant du brome à de la curcumine en suspension dans le sulfure de carbone. C'est une poudre amorphe, fusible à 185° en se décomposant. Elle est insoluble dans l'eau, la ligroïne et le benzène, soluble avec décomposition dans l'alcool et dans l'acide acétique cristallisable, très peu soluble dans l'éther, le chloroforme et le sulfure de carbone.

Curcumine tétrabromée, $C^{14}H^{10}Br^4O^4$. — Ce corps se prépare en ajoutant du brome à une dissolution de curcumine dans l'acide acétique cristallisable. La curcumine tétrabromée est rouge, amorphe et se décompose sans fondre lorsqu'on la chauffe. Par ébullition avec une lessive de potasse caustique, elle est rapidement décomposée et cède la presque totalité de son brome à l'alcali. La tétrabromocurcumine est insoluble dans l'eau, la ligroïne et le benzène, très peu soluble dans l'alcool et dans l'éther, soluble dans l'acide acétique cristallisable.

Dibromure de pentabromocurcumine,

$$C^{14}H^9Br^5O^4Br^2.$$

— On le prépare en ajoutant du brome en excès à une dissolution de curcumine dans l'acide acétique cristallisable.

C'est un corps rouge, amorphe, fusible vers 120°, décomposable par le carbonate de sodium.

Il est insoluble dans l'eau et dans la ligroïne, soluble dans l'alcool, l'éther et l'acide acétique cristallisable, peu soluble dans le benzène [Jackson et Menke, *loc. cit.*].

HYDROCURCUMINE, $C^{14}H^{16}O^4$. — Ce corps prend naissance quand on fait digérer pendant quelques jours de la curcumïne avec de l'alcool aqueux et de l'amalgame de sodium. On précipite la dissolution par l'acide chlorhydrique.

L'hydrocurcumine forme une poudre brunâtre, fusible vers 100°, insoluble dans l'eau, le benzène et la ligroïne, soluble dans l'alcool, l'acide acétique et les alcalis à chaud. Le brome la transforme en tétrabromocurcumine.

On connaît également un *anhydride de l'hydrocurcumine*, $C^{28}H^{30}O^7$, qui prend naissance lorsqu'on fait bouillir pendant quelques heures la curcumine avec du zinc en poudre et de l'acide acétique à 85 0/0. On précipite par l'eau et on purifie le produit en le dissolvant dans l'acide acétique cristallisable et en le précipitant par l'eau.

L'anhydride de l'hydrocurcumine s'obtient encore lorsqu'on fait bouillir l'hydrocurcumine avec de l'acétate de zinc et de l'acide acétique cristallisable.

L'anhydride de l'hydrocurcumine est une poudre d'un blanc sale, fusible vers 120°, insoluble dans l'éther, la ligroïne et le benzène, peu soluble dans le chloroforme, soluble dans l'alcool, l'acide acétique cristallisable et dans une lessive de potasse.

Soumis à l'ébullition avec une lessive de soude caustique, il ne se transforme qu'incomplètement en hydrocurcumine. G. de Bechi.

CURCUMOL. — D'après MM. Jackson et Menke [*Am. Journ.*, 4, 368], en épuisant le curcuma par le sulfure de carbone, on obtient une huile qui se décompose par la distillation sous la pression atmosphérique. En soumettant ce produit à la distillation dans le vide, on obtient un résidu épais, tandis qu'il distille un liquide jaunâtre doué d'une faible odeur aromatique, auquel les auteurs donnent le nom de *turmérol*.

Le turmérol a pour formule $C^{10}H^{28}O$; c'est une huile d'un jaune clair ($d = 0,9016$ à 17°); il bout sans décomposition à 193-198° sous la pression de 60 millimètres.

Il est dextrogyre : $[\alpha]_D = 33°,52$; il se combine au bisulfite de sodium.

Traité par le permanganate de potassium, il fournit de l'acide carbonique, de l'acide acétique, de l'acide téréphtalique et deux acides que les auteurs nomment *turmérique* $C^{11}H^{14}O^3$ et *apoturmérique* $C^{10}H^{12}O^4$ [Jackson et Menke, *Am. Journ.*, 6, 81].

Le turmérol, traité par le trichlorure de phosphore ou par l'acide chlorhydrique à 150°, fournit un *chlorure* $C^{10}H^{27}Cl$, qui est une huile brunâtre, d'odeur agréable, décomposable par la distillation dans la vapeur.

On a préparé également un *éther isobutyrique* du turmérol, $C^{10}H^{27}O.OC^4H^9$, en faisant agir l'iodure d'isobutyle sur le sel sodique du turmérol. Cet éther est liquide et distille sans décomposition dans le vide. G. de Bechi.

CUSPARINE, $C^{19}H^{17}AzO^3$. — Cet alcaloïde a été retiré de l'angusture vraie (*Galipea cusparia*, Rut.) par MM. Kœrner et Böhringer [*Gazz. chim. ital.*, 13, 363; *Bull. Soc. Chim.*, (2), 47, 64].

On le prépare en épuisant l'écorce d'angusture par l'éther; la solution éthérée, additionnée d'acide oxalique ou d'acide sulfurique étendu, fournit un précipité jaune, cristallin, formé par un oxalate acide ou un sulfate neutre. Par cristallisation dans l'alcool bouillant, on obtient de

fines aiguilles d'un jaune verdâtre d'où on peut aisément extraire les bases libres. Si on transforme de nouveau ces dernières en sels, on obtient des substances incolores.

La cusparine fond à 92°. Elle cristallise dans la ligroïne en longues aiguilles mamelonnées. Traité par la potasse, cet alcaloïde se scinde en un acide de la série aromatique et en un nouvel alcaloïde qui cristallise dans l'alcool bouillant en petites aiguilles aplaties, très brillantes, se décomposant sans fondre à 250°.

La *galipéine*, autre base contenue dans la même écorce, peut être retirée des eaux mères de la préparation. On trouve également dans cette écorce une troisième base, qui n'a pas été déterminée et qui fond au-dessus de 180°. A. Béhal.

CUSPIDINE (Min.) (Scacchi). — Probablement oxyfluosilicate de calcium, $Si[O,Fl^2]^4Ca^2$. Cristaux clinorhombiques, rose de chair, trouvés à la Somma. Soluble dans les acides dilués, en laissant un résidu de fluorure de calcium. Difficilement fusible en un verre bulleux. Dureté $= 5-6$. Densité $= 2,86$. Prisme clinorhombique :

$$a : b : c = 0,7243 : 1 : 1,9342 ; \beta = 89°22'$$

CUTOSE. — M. Fremy, examinant en 1859 les propriétés de la cuticule (pellicule épidermique) de Brongniart, lui trouva des propriétés absolument différentes de celles de la cellulose. Cette substance est en effet insoluble dans la solution ammoniacale d'oxyde de cuivre; elle résiste à l'action de l'acide sulfurique concentré et de l'acide chlorhydrique bouillant; elle se dissout lentement à l'ébullition dans les liqueurs alcalines; enfin, chauffée avec de l'acide azotique étendu, elle fournit les mêmes produits que les corps gras, notamment de l'acide subérique. M. Fremy considéra ce produit comme un principe nouveau, auquel il donna d'abord le nom de *cutine*, puis plus tard celui de *cutose* [Fremy, *C. R.*, 48, 669].

Payen pensa que cette cuticule pouvait être formée de cellulose imprégnée de corps gras et d'autres matières étrangères; mais, comme elle conserve ses propriétés après digestion dans l'éther, le benzène, etc., et d'autre part qu'elle se dissout dans les alcalis, cette opinion ne peut être soutenue.

La cutose recouvre et protège les organes aériens des végétaux, feuilles, fleurs, fruits, tiges. Le liège en renferme jusqu'à 40 0/0 de son poids (c'est la substance que Chevreul avait désignée sous le nom de *subérine*). L'épiderme des feuilles notamment est en partie constitué par la cutose. Lorsqu'on fait macérer des feuilles dans l'eau, à une température de 30-35°, le parenchyme s'altère et au bout de quelques jours il est possible de séparer mécaniquement, d'une part les fibres et les vaisseaux qui constituent en quelque sorte la charpente de la feuille, et de l'autre la membrane épidermique. On peut arriver plus rapidement au même résultat en plongeant pendant quelques minutes les feuilles dans de l'acide chlorhydrique bouillant; l'épiderme peut alors être facilement isolé des fibres et des vaisseaux.

L'épiderme, ainsi obtenu, est recouvert à sa surface par une matière résineuse soluble dans l'alcool bouillant. Lorsqu'on l'a débarrassé de cette résine, on reconnaît que cet épiderme est formé de deux membranes soudées l'une à l'autre; celle qui est intérieure et touche au tissu cellulaire est formée par la variété de cellulose non directement soluble dans le réactif ammoniaco-cuivrique, mais qui devient soluble dans ce liquide après l'action de l'acide chlorhydrique : c'est donc de la *paracellulose*. Quant à la membrane extérieure, elle est constituée par de la *cutose*.

Les feuilles de lierre et surtout celles d'agavé peuvent être avantageusement employées pour la préparation de cette substance. L'épiderme de ces feuilles donne de la cutose pure lorsqu'on le soumet aux traitements suivants : On fait agir sur lui d'abord l'alcool bouillant et ensuite l'éther, qui enlèvent les résines et les corps gras ; la substance cellulosique est éliminée, soit au moyen de l'acide sulfurique trihydraté qui n'attaque pas la cutose, soit par le réactif ammoniaco-cuivrique, après ébullition avec de l'acide chlorhydrique très étendu d'eau.

La cutose résiste à l'action des acides sulfurique et chlorhydrique froids ; elle est insoluble dans les dissolutions étendues et froides de potasse, de soude et d'ammoniaque ; les dissolvants neutres n'agissent pas sur elle, mais les agents d'oxydation et les liqueurs alcalines bouillantes l'attaquent.

Sous l'influence de l'acide nitrique, la cutose donne d'abord des corps résineux et ensuite de l'acide subérique. Les dissolutions alcalines et même les dissolutions de carbonates alcalins, à la température de l'ébullition, dissolvent la cutose et la changent en une sorte de savon qui est soluble dans l'eau et insoluble soit dans un excès d'alcali, soit dans les dissolutions salines. La baryte, la strontiane et la chaux agissent d'une manière analogue, mais les savons formés par ces bases sont insolubles dans l'eau.

Sous l'influence des bases, la cutose se dédouble et donne deux acides : l'un solide, l'*acide stéarocutique* ; l'autre liquide, l'*acide oléocutique*. Ce dernier est très soluble dans l'alcool et dans l'éther. L'acide stéarocutique est blanc, fusible à 76°, presque insoluble dans l'alcool et dans l'éther froids, à peine soluble dans l'alcool bouillant et faisant prendre la liqueur en gelée par le refroidissement ; ses véritables dissolvants sont le benzène et l'acide acétique cristallisable ; par l'évaporation de ces liquides, il se dépose en petites aiguilles. La grande différence de solubilité de ces deux acides dans l'alcool et dans l'éther permet de les séparer facilement. On obtient des sels solubles et bien définis de l'acide stéarocutique, en faisant agir sur lui des dissolutions alcooliques et bouillantes d'alcalis caustiques.

Les deux acides engendrés par la cutose jouissent de la propriété de se combiner entre eux sous l'influence de l'alcool bouillant, et forment un acide double qui se dépose par le refroidissement de la liqueur en petits mamelons jaunâtres.

Sous l'influence de la chaleur et même de la lumière, les deux acides de la cutose, employés seuls ou combinés entre eux, peuvent éprouver des modifications profondes dans leurs propriétés : ils perdent leur solubilité dans l'alcool, dans l'éther et même dans les dissolutions alcalines froides ; le point de fusion de l'acide solide, qui était primitivement de 76°, s'élève à 95° ; l'acide liquide devient membraneux ; en un mot, les deux acides de la cutose, une fois modifiés, acquièrent des propriétés nouvelles qui les rapprochent beaucoup de la cutose primitive ; mais, sous l'action des alcalis caustiques à l'ébullition, ils reprennent leurs propriétés primitives.

Ces modifications se produisent à l'abri de l'air, dans des tubes scellés, sans qu'il y ait, par suite, de changements dans la composition de ces produits.

La membrane cutosique peut donc être considérée comme formée par une combinaison de l'acide stéarocutique et de l'acide oléocutique, sous des modifications isomériques qui les rendent insolubles dans l'alcool, dans l'éther et dans

les dissolutions alcalines froides. Il faut ajouter que, dans la cuticule, ces acides sont toujours associés à une notable proportion de chaux et de phosphate de calcium qui peuvent contribuer à leur donner cette résistance aux différents réactifs.

La cutose a pour composition :

$$C = 68,358 ; \quad H = 8,815 ; \quad O = 22,827.$$

Les deux acides qui en dérivent renferment :

Acide stéarocutique		Acide oléocutique	
	calculé pour $C^{28}H^{48}O^4$.		calculé pour $C^{14}H^{26}O^4$.
C 75,55	75,000	C 66,59	66,666
H 10,35	10,714	H 8,19	7,936
O 14,10	14,286	O 25,21	25,398

Les poids moléculaires de ces deux acides ont été déterminés par l'analyse des sels de potassium, de calcium et de baryum.

En négligeant les petites quantités de chaux et de phosphate de calcium contenues dans la cuticule, on peut admettre que la partie organique de la cutose contient les éléments de 5 molécules d'acide oléocutique et de 1 molécule d'acide stéarocutique ; dans cette hypothèse, la théorie conduit aux nombres suivants :

$$C = 68,852 ; \quad H = 8,665 ; \quad O = 22,483.$$

[Fremy et Urbain, *C. R.*, **100**, 19].   Urbain.

CYAMÉLIDE, $(COAzH)^n$. — M. E. Mulder, considérant que la cyamélide se dédouble en donnant de l'acide cyanurique et de l'acide isocyanique, a proposé de la considérer comme un produit d'addition de ces deux substances [*Rec. P.-B.*, **6**, 199].

CYAMIDINES. — La cyanamide et ses produits de substitution réagissent sur l'ammoniaque et sur les amines en donnant des guanidines substituées :

$$R - AzH^2 + CAz - AzH - R$$
$$= R - AzH - C(AzH) - AzH - R'.$$

Les cyanamides réagissent sur les acides amidés, et surtout sur les acides α-amidés, en donnant une réaction analogue :

$$CO^2H - CH - AzH^2 + CAz - AzH - R'$$
$$\overset{|}{\underset{R}{}}$$
$$= CO^2H - CH - AzH - C(AzH) - AzH - R'$$
$$\overset{|}{\underset{R}{}}$$

Ces composés, qui sont plutôt acides que bases, sont susceptibles de perdre 1 molécule d'eau en se transformant en des bases assez énergiques :

$$R - CH \begin{array}{c} AzHR' \\ COOH \\ \diagdown \\ AzH \end{array} \diagup C = AzH$$

$$= H^2O + R - CH \begin{array}{c} CO \longrightarrow AzR' \\ \\ \longrightarrow AzH \end{array} \diagup C = AzH.$$

Les acides α-alcoylamidés fournissent également avec les cyanamides des produits d'addition susceptibles de perdre 1 molécule d'eau en donnant un produit de condensation ; les plus simples de ces composés sont la *créatine* et la *créatinine*.

Modes généraux d'obtention. — 1° Dans l'action de la cyanamide ou des cyanamides substituées sur les acides α-amidés substitués ou non dans le groupe AzH², il se fait, dans certains cas, des acides guanidiques; dans d'autres, il s'en va immédiatement 1 molécule d'eau et une guanide prend naissance.

2° Quand on fait passer un courant de cyanogène gazeux dans une solution alcoolique d'acide m-amidobenzoïque, il se fait un produit d'addition,

$$C^6H^4 \left\langle \begin{array}{l} CO^2H \\ AzH^2 \end{array} \right. \cdot\ 2\,CAz$$

ou

$$C^6H^4 \left\langle \begin{array}{ll} CO^2H & CAz \\ & | \\ AzH \text{———} & C(AzH) \end{array} \right.$$

Cet acide, traité par la potasse concentrée et chaude, se transforme en acide *m-benzoguanidique* (benzoglycocyamine) :

$$C^6H^4 \left\langle \begin{array}{ll} CO^2H & CAz \\ & | \\ AzH \text{———} & C(AzH) \end{array} \right. + H^2O$$

$$= C^6H^4 \left\langle \begin{array}{ll} CO^2H & AzH^2 \\ & | \\ AzH \text{———} & C(AzH) \end{array} \right. + CO.$$

Dans la réaction du cyanogène sur l'acide m-amidobenzoïque, il se fait également un autre produit,

$$C^6H^4 \left\langle \begin{array}{ll} CO^2H & OC^2H^5 \\ & | \\ AzH \text{———} & C(AzH) \end{array} \right.$$

en même temps qu'il se dégage de l'acide cyanhydrique. Ce nouveau produit, traité par l'ammoniaque en tube scellé, donne également de l'acide m-benzoguanidique.

Dans aucun cas, il ne se fait de benzoguanide.

3° Si l'on fait passer un courant de cyanogène dans une solution alcoolique d'acide anthranilique (o-amidobenzoïque), il ne se fait pas de produit d'addition; mais la réaction est la suivante :

$$C^6H^4 \left\langle \begin{array}{l} CO^2H \\ AzH^2 \end{array} \right. + 2\,CAz + C^2H^6O$$

$$= C^6H^4 \left\langle \begin{array}{l} CO \text{—} Az \\ \| \\ AzH \text{-} C \text{-} OC^2H^5 \end{array} \right. + CAzH + H^2O.$$

Si l'on chauffe ce composé avec de l'ammoniaque alcoolique, il se fait une nouvelle réaction :

$$C^6H^4 \left\langle \begin{array}{l} CO \text{—} Az \\ \| \\ AzH \text{-} C \text{-} OC^2H^5 \end{array} \right. + AzH^3$$

$$= C^6H^4 \left\langle \begin{array}{l} CO \text{—} AzH \\ | \\ AzH \text{-} C = AzH \end{array} \right. + C^2H^6O.$$

Il se produit donc de l'o-benzoguanide (o-benzocréatinine) et un peu d'acide guanidique.

En un mot, tandis que, par l'action du cyanogène, les acides o-amidés fournissent des guanides, les acides m-amidés fournissent des acides guanidiques.

La cyanamide donne d'ailleurs les mêmes résultats [P. Griess et Leibius, *Ann. Chem.*, **103**, 332; *Rep. Chim. pure*, **2**, 182. — P. Griess, *Zeit. f. Chem.*, N. F., **1**, 533; *J. prakt. Chem.*, (2), **4**, 296; *Ann. Chem.*, **153**, 22; *Proceed. Roy. Soc.*, **18**, 91; *D. chem. G.*, **1**, 91; **2**, 415; **3**, 703; **8**, 221; **9**, 796; **11**, 1985, 2180; **13**, 977; *Bull. Soc. Chim.*, (2), **9**, 59; **12**, 53, 250; **14**, 448; **22**, 384; **25**, 23; **27**, 132; **35**, 644].

On trouvera la description des acides guanidiques et des guanides connus lors de la publication du Suppl. **1** aux articles GLYCOCYAMINE, GLY-

COCYAMINE, CRÉATINE, CRÉATININE, ALACRÉATINE; voyez aussi BENZOCRÉATINES et BENZOGLYCOCYAMINES, Suppl., **1**, 326.

CYAMIDINES DE LA SÉRIE GRASSE. — M. E. Duvillier s'est livré à un travail d'ensemble sur l'action de la cyanamide sur les acides α-amidés et sur ces mêmes acides substitués dans le groupement AzH² soit par CH³, soit par C²H⁵. Il a conclu que les acides amidés donnent des acides guanidiques (cyamines), les acides méthylamidés des guanides (créatinines), à l'exception des deux premiers termes de la série (créatine et alacréatine de Mulder); les acides éthylamidés ne donnent que des guanides [*C. R.*, **103**, 211; *Bull. Soc. Chim.*, (2), **47**, 401].

Éthylamidoacétocyamidine,

$$\left. \begin{array}{l} CO \text{—} AzH \text{—} \\ | \\ CH^2 \text{-} Az\,C^2H^5 \end{array} \right\rangle C = AzH.$$

— Ce corps a été obtenu par M. Duvillier dans la réaction de l'éthylglycocolle sur la cyanamide. Il forme des lamelles aplaties, anhydres, solubles dans 11,5 fois leur poids d'eau à 35° [Duvillier, *loc. cit.*].

Phénylglycocyamine,

$$\left. \begin{array}{l} C^6H^5 \text{-} AzH \\ CO^2H \text{-} CH^2 \text{-} AzH \end{array} \right\rangle C = AzH.$$

— On obtient ce composé en traitant le glycocolle par la phénylcyanamide. On opère en solution alcoolique en présence d'une trace d'ammoniaque.

Cet acide brunit à 240° et fond à 260° en bouillonnant. Il se dissout difficilement dans l'acide chlorhydrique et ne fournit pas de chloroplatinate [F. Berger, *D. chem. G.*, **13**, 992; *Bull. Soc. Chim.*, (2), **34**, 500].

Méthylamido-α-butyro-cyamidine (créatinine α-butyrique),

$$\left. \begin{array}{l} CO \text{-} AzH \\ | \\ CH^3 \text{-} CH^2 \text{-} CH \text{-} Az\,CH^3 \end{array} \right\rangle C = AzH.$$

— Ce composé s'obtient en laissant réagir une solution aqueuse concentrée de cyanamide et d'acide α-méthylamidobutyrique avec un peu d'ammoniaque [E. Duvillier, *C. R.*, **95**, 456; *Bull. Soc. Chim.*, (2), **39**, 539].

Éthylamido-α-butyrocyamidine. — Ce composé, homologue du précédent, s'obtient d'une manière analogue [E. Duvillier, *C. R.*, **97**, 1486; *Bull. Soc. Chim.*, (2), **42**, 265].

Méthylamido-α-isovalérocyamidine. — On l'obtient au moyen de l'acide α-méthylamido-isovalérique et de la cyanamide [E. Duvillier, *C. R.*, **95**, 456; *Bull. Soc. Chim.*, (2), **39**, 539].

α-Amidocaprocyamine,

$$\left. \begin{array}{ll} CO^2H & AzH^2 \\ | & \\ C^4H^9 \text{-} CH \text{———} & AzH \end{array} \right\rangle C = AzH.$$

— Ce composé s'obtient au moyen de la leucine et de la cyanamide, au bout de plusieurs mois de mélange des solutions aqueuses. Il forme des lamelles, solubles dans 89 parties d'eau à froid, beaucoup moins solubles dans l'alcool. L'ébullition prolongée avec l'acide sulfurique étendu le transforme en *α-amidocaprocyamidine*,

$$\left. \begin{array}{l} CO \text{-} AzH \\ | \\ C^4H^9 \text{-} CH \text{-} AzH \end{array} \right\rangle C = AzH,$$

fines aiguilles très solubles dans l'alcool bouillant, solubles dans 18 parties d'alcool froid [E. Duvillier, *C. R.*, **104**, 1290].

α-Méthylamidocaprocyamidine,

$$\begin{array}{c} CO-AzH \longrightarrow \\ | \qquad\qquad\qquad\; \Big\rangle\, C=AzH. \\ C^4H^9-CH-Az(CH^3) \nearrow \end{array}$$

— Ce composé prend naissance dans l'action de la leucine méthylée sur la cyanamide [E. Duvillier, *C. R.*, **96**, 539].

Éthylamido-α-caprocyamidine. — Ce corps se forme par l'action de l'éthyl-leucine sur la cyanamide [E. Duvillier, *C. R.*, **96**, 1583; *Bull. Soc. Chim.*, (2), **40**, 307].

CYAMIDINES DE LA SÉRIE AROMATIQUE. — *o-Benzoglycocyamidine,*

$$\begin{array}{c} CH \quad CO \\ CH \diagup \underset{C}{\diagup} \diagdown AzH \\ CH \diagdown \underset{C}{\diagdown} \diagup C=AzH \\ CH \quad AzH \end{array}$$

— Ce composé s'obtient : 1° En traitant par l'ammoniaque alcoolique en tube scellé le produit de l'action du cyanogène gazeux sur l'acide anthranilique dissous dans l'alcool;

2° En faisant réagir la cyanamide sur l'acide anthranilique.

C'est une base peu soluble dans l'eau et dans l'alcool bouillant; elle est monacide et donne un *nitrate* caractéristique, peu soluble dans l'eau et dans l'alcool. Son *chloroplatinate*,

$$(C^8H^7Az^3O \cdot HCl)^2PtCl^4,$$

est en petites aiguilles courtes [P. Griess, *chem. G.*, **2**, 415; **13**, 977; *Bull. Soc. Chim.*, (2), **14**, 448; **35**, 644].

α-o-Méthylbenzoglycocyamidine (α-o-benzo-créatinine),

$$\begin{array}{c} CO \\ \diagup \diagdown AzH \\ \diagdown \diagup C=AzH \\ AzCH^3 \end{array}$$

— Cette base prend naissance quand on traite par l'iodure de méthyle une solution méthylique fortement alcaline de benzocréatinine. Elle forme des aiguilles blanches, peu solubles même dans l'eau bouillante. Elle possède un goût amer et fond en donnant un liquide clair qui peut être distillé sans décomposition quand on le chauffe avec précaution.

Son *chlorhydrate*, $C^9H^9Az^3O \cdot HCl, H^2O$, forme des lamelles peu solubles dans l'eau froide.

Son *chloroplatinate*, $(C^9H^9Az^3O \cdot HCl)^2PtCl^4$, se dissout dans l'eau bouillante, d'où il se dépose sous la forme de paillettes hexagonales [Griess, *loc. cit.*].

β-o-Méthylbenzoglycocyamidine (β-o-benzo-créatinine),

$$\begin{array}{c} CO \\ \diagup \diagdown AzCH^3 \\ \diagdown \diagup C=AzH \\ AzH \end{array}$$

Cette base prend naissance si l'on fait réagir la méthylamine au lieu de l'ammoniaque sur le produit de l'action du cyanogène sur l'acide anthranilique dissous dans l'alcool. Elle cristallise en aiguilles blanches légèrement amères. Elle est très soluble dans la potasse et dans l'eau de baryte; l'acide acétique la précipite de ces solutions.

Son *chlorhydrate*, $C^9H^9Az^3O \cdot HCl$, se sépare en petits prismes de sa solution chlorhydrique; l'eau le décompose en mettant la base en liberté, ce qui prouve que ce composé est beaucoup moins basique que son isomère α-substitué.

Le *chloroplatinate*, $(C^9H^9Az^3O \cdot HCl)^2PtCl^4$, forme des feuillets d'un jaune pâle, peu solubles dans l'eau bouillante [P. Griess, *loc. cit.*].

Acide cyanamidoamalique, $C^{13}H^{14}Az^6O^7$. — Ce composé, dont la constitution exacte est inconnue, se forme par le mélange de solutions aqueuses d'acide amalique et de cyanamide. Il forme de petits prismes incolores, insolubles dans l'alcool et dans l'éther, peu solubles dans l'eau froide, assez solubles dans l'eau bouillante. Il se décompose à 90-100°.

Il prend naissance d'après l'équation

$$C^{12}H^{14}Az^4O^8 + CH^2Az^2 = H^2O + C^{13}H^{14}Az^6O^7.$$

Par ébullition avec les alcalis ce composé donne, entre autres produits, de la méthylamine et de l'acide oxalique [R. Andreasch, *Mon. f. Chem.*, **3**, 433; *Bull. Soc. Chim.*, (2), **38**, 412].

Griess range dans la classe des benzoglycocyamines et des benzoglycocyamidines des composés qui, d'après la constitution qu'il leur donne, devraient porter d'autres noms, car leur parenté avec la glycocyamine est bien éloignée. Nous leur conserverons les noms donnés par ce savant :

Imidophénylbenzoglycocyamidine,

$$AzH=C \diagdown^{\diagup AzH-C^6H^4-CO}_{\diagdown AzH-C^6H^4-AzH}$$

— Ce composé est obtenu dans l'action de l'o-phénylène-diamine sur l'acide cyanocarbimido-m-amidobenzoïque, obtenu lui-même dans l'action du cyanogène sur l'acide m-amidobenzoïque.

Il cristallise en lamelles hexagonales, douées de propriétés à la fois acides et basiques.

Carboxylphénylbenzoglycocyamidine,

$$\begin{array}{c} C^6H^4-CO \\ | \qquad\qquad \diagdown Az \\ AzH-C-AzH-C^6H^4-CO^2H \end{array}$$

— Ce produit se forme par l'ébullition de solutions aqueuses de dicyanamidobenzoyle

$$\begin{array}{c} C^6H^4-CO \\ | \qquad\quad \diagdown Az \\ AzH-C-CAz \end{array}$$

et d'acide m-amidobenzoïque. C'est un acide bibasique.

p-Amidophénylbenzoglycocyamidine,

$$\begin{array}{c} C^6H^4-CO \\ | \qquad\qquad \diagdown Az \\ AzH-C-AzH-C^6H^4-AzH^2 \end{array}$$

— Ce corps s'obtient en traitant le *dicyanamidobenzoyle* par la p-phénylène-diamine. Il forme de petites aiguilles peu solubles dans l'eau bouillante, plus solubles dans l'alcool [P. Griess, *D. chem. G.*, **18**, 2410; *Bull. Soc. Chim.*, (2), **46**, 107].

Sulfophénylguanidine (α-amidophénylsulfocyamine, sulfanilocyamine),

$$\begin{array}{c} AzH^2-C-AzH-C^6H^4-SO^3H \\ \| \\ AzH \end{array}$$

— Ce composé est simplement une phénylguanidine sulfonée; c'est à tort que cette terminaison de *cyamine* semble le rapprocher des créatines.

On l'obtient par l'action de la cyanamide sur l'acide sulfanilique, en solution aqueuse légèrement ammoniacale. Il forme de longues et minces lames prismatiques d'aspect nacré [J. Ville, *C. R.*, **104**, 1281; *Bull. Soc. Chim.*, (2), **49**, 41].

L. Bouveault.

CYANACÉTIQUE (ACIDE),

$$CAz . CH^2 . CO^2H$$

(Dict., **1**, 29; Suppl. **1**, 13). — M. Cramer a obtenu cet acide en chauffant à 40° une solution concentrée d'acide β-oximidosuccinique. Cet auteur a même constaté que ce dernier acide se décompose peu à peu à froid, en donnant de l'acide carbonique et de l'acide cyanacétique.

Il admet que, dans cette réaction, il se produit d'abord de l'acide β-oximidopropionique, lequel perd ensuite 1 molécule d'eau pour fournir l'acide cyanacétique :

$$\underset{Az . OH}{\overset{CO^2H . C - CH^2 . CO^2H}{\|}} = CO^2 + \underset{Az . OH}{\overset{HC - CH^2 - CO^2H}{\|}}$$

$$\underset{HO . Az}{\overset{HC - CH^2 - CO^2H}{\|}} = H^2O + CAz . CH^2 . CO^2H.$$

L'acide cyanacétique se forme aussi aux dépens de l'acide α-oximidosuccinique; mais il faut chauffer à une température plus élevée pour déterminer la réaction [Cramer, *D. chem. G.*, **24**, 1207].

Cet acide forme des cristaux bien définis, fondant à 65-66° [L. Henry, *C. R.*, **104**, 1618], à 68° (Cramer), et non à 55° comme l'indique M. van 't Hoff.

Quand on le chauffe par portions de $0^{gr},5$ avec de l'urée (2 grammes), on obtient de l'acide urique [Em. Formanek, *D. chem. G.*, **24**, 3419].

Les aldéhydes se combinent à l'acide cyanacétique pour donner naissance à des acides cyanés :

$$R . CHO + CH^2 {\overset{CAz}{\underset{CO^2H}{<}}}$$

$$= R . CH = C {\overset{CAz}{\underset{CO^2H}{<}}} + H^2O.$$

M. Fiquet, qui a étudié cette réaction, a obtenu ainsi les acides cyanocrotonique, trichlorocyanocrotonique, hexylcyanacrylique, benzylidène-cyanacétique, en faisant réagir les aldéhydes éthylique, trichloréthylique, œnanthylique, benzylique, sur l'acide cyanacétique [*Bull. Soc. Chim.*, (3), **7**, 11 et 767].

M. Fiquet a également fait agir le chlorure de phosphore sur l'acide cyanacétique et a obtenu une série de corps nettement cristallisés [*Bull. Soc. Chim.*, (3), **4**, 102].

Le *cyanacétate d'argent*, que M. Mèves décrit comme un précipité blanc, se décomposant à l'air, peut s'obtenir à l'état cristallisé. Il suffit de le dissoudre dans de l'alcool ammoniacal et d'abandonner la solution sous un dessiccateur, à l'abri de la lumière. Les cristaux sont blancs, brillants, anhydres et noircissent à la lumière [A. Haller, *Expériences inédites*].

Cyanacétate de manganèse. — Beaux cristaux renfermant 2 molécules d'eau [Engel, *Bull. Soc. Chim.*, (2), **44**, 426].

Cyanacétate d'éthyle,

$$CAz - CH^2 - CO^2C^2H^5.$$

— Cet éther, renfermant un radical méthylène CH^2 compris entre le cyanogène et le groupement $CO^2C^2H^5$, présentant beaucoup d'analogie avec le cyanacétylbenzène, $C^6H^5 . CO . CH^2 . CAz$, dans lequel l'hydrogène du groupe CH^2 est facilement

remplaçable par des métaux. Guidé par cette analogie, M. Haller traita cet éther par l'éthylate de sodium et obtint le *dérivé sodé*

$$CHNa {\overset{CAz}{\underset{CO^2C^2H^5}{<}}}$$

sous la forme d'un magma cristallin attirant facilement l'acide carbonique de l'air, et que l'eau décompose en soude caustique et éther cyanacétique. Vers la même époque, M. L. Henry prépara le même dérivé métallique en faisant agir le sodium sur l'éther cyanacétique. Il isola ainsi un produit pulvérulent et hygroscopique [A. Haller, *C. R.*, **104**, 1458 et 1626; *Bull. Soc. Chim.*, (2), **48**, 27. — L. Henry, *C. R.*, **104**, 1618]

L'éther cyanacétique sodé se prête à des synthèses analogues à celles qu'on peut effectuer avec l'éther malonique. Traité par les iodures alcooliques ou par les chlorures d'acides, il fournit toute une série de produits de substitution dont la formation peut se traduire par l'équation suivante :

$$CHNa {\overset{CAz}{\underset{CO^2C^2H^5}{<}}} + RCl$$

$$\rightleftharpoons RCH {\overset{CAz}{\underset{CO^2C^2H^5}{<}}} + NaCl.$$

Dans certains cas, il se produit en même temps un dérivé disubstitué, qui est même parfois le seul produit de la réaction :

$$\overset{\overset{\textstyle CAz}{|}}{HCNa} - CO^2C^2H^5 + \overset{\overset{\textstyle CAz}{|}}{RCH} - CO^2C^2H^5$$

$$= \overset{\overset{\textstyle CAz}{|}}{RCNa} - CO^2C^2H^5 + \overset{\overset{\textstyle CAz}{|}}{CH^2} - CO^2C^2H^5.$$

$$\overset{\overset{\textstyle CAz}{|}}{RCNa} - CO^2C^2H^5 + RCl$$

$$= R^2C {\overset{CAz}{\underset{CO^2C^2H^5}{<}}} + NaCl.$$

Nous décrirons plus loin un certain nombre de ces dérivés.

Quand on traite une solution alcoolique d'éther cyanacétique (30 grammes) par 40 grammes de chlorhydrate d'hydroxylamine et $82^{gr},3$ de carbonate de sodium cristallisé dissous dans l'eau, et qu'on chauffe au bain-marie à 40° la solution étendue d'alcool, on obtient par refroidissement des cristaux d'un blanc de neige, constitués par *l'acide méthénylamidoxime - acéthydroxamique* :

$$CAz . CH^2 . CO^2C^2H^5 + 2 AzH^2 . OH . HCl + CO^3Na^2$$

$$= {\overset{HOAz}{\underset{H^2Az}{>}}} C . CH^2 . CO . AzHOH + 2 NaCl$$

$$+ C^2H^5OH + CO^2$$

[Hjalmar Modeen, *D. chem. G.*, **24**, 3437].

L'éther cyanacétique sodé, traité en solution alcoolique par l'éther monochloracétique, fournit un mélange d'éthers cyanosuccinique et cyanotricarballylique [A. Haller et L. Barthe, *C. R.*, **106**, 1413].

$$CHNa {\overset{CAz}{\underset{CO^2C^2H^5}{<}}} + CH^2Cl . CO^2C^2H^5$$

$$= \overset{\overset{\textstyle CAz}{|}}{CH} {\overset{CAz}{\underset{CO^2C^2H^5}{<}}} + NaCl$$
$$CH^2 - CO^2C^2H^5$$

Éther cyanosuccinique.

$$CAz\cdot CHNa\cdot CO^2C^2H^5 + \begin{array}{l}CH\;{<}^{CAz}_{CO^2C^2H^5}\\[2pt]\ \ |\\ CH^2-CO^2C^2H^5\end{array}$$

$$= CAz\cdot CH^2\cdot CO^2C^2H^5 + \begin{array}{l}CNa\;{<}^{CAz}_{CO^2C^2H^5}\\[2pt]\ \ |\\ CH^2-CO^2C^2H^5\end{array}$$

$$\begin{array}{l}CNa\;{<}^{CAz}_{CO^2C^2H^5}\\[2pt]\ \ |\\ CH^2-CO^2C^2H^5\end{array} + CH^2Cl-CO^2C^2H^5$$

$$= NaCl + \begin{array}{l}CH^2-CO^2C^2H^5\\[2pt]\ \ |\\ C\;{<}^{CAz}_{CO^2C^2H^5}\\[2pt]\ \ |\\ CH^2-CO^2C^2H^5\end{array}$$

Une réaction analogue se produit quand on fait agir l'éther α-monobromopropionique sur l'éther cyanacétique sodé. On obtient de l'éther β-méthylcyanosuccinique et du diméthylcyanotricarballylate d'éthyle symétrique [Barthe, *Thèse de la Fac. des Sc. de Paris*, 1891, 36].

Avec l'éther monobromosuccinique et le sodium–cyanacétate d'éthyle, M. Barthe a obtenu l'α-cyanotricarballylate d'éthyle isomérique avec le composé décrit plus haut [*loc. cit.*, 42].

L'éther cyanacétique sodé, comme son analogue l'éther malonique sodé, jouit de la propriété de se combiner aux éthers des acides non saturés. Avec l'éther fumarique, on obtient l'éther α-cyanotricarballylique (ou éther cyano2-pentanedioïque-méthyloïque3) :

$$\begin{array}{l}CAz\\ |\\ CH^2\\ |\\ CO^2C^2H^5\end{array} + \begin{array}{l}CH\cdot CO^2C^2H^5\\ \|\\ CH\cdot CO^2C^2H^5\end{array} = \begin{array}{l}CH^2\cdot CO^2C^2H^5\\ |\\ CH\cdot CO^2C^2H^5\\ |\\ CH\;{<}^{CO^2C^2H^5}_{CAz}\end{array}$$

Avec l'éther citraconique, il se forme de l'éther α-cyano-β-méthyltricarballylique (ou éther cyano2-méthyle3-pentane-dioïque-méthyloïque3) :

$$CH^3\;{<}^{CAz}_{CO^2C^2H^5} + \begin{array}{l}C\;{<}^{CH^3}_{CO^2C^2H^5}\\ \|\\ CH\cdot CO^2C^2H^5\end{array}$$

$$= \begin{array}{l}CH^2-CO^2C^2H^5\\ |\\ C\;{<}^{CH^3}_{CO^2C^2H^5}\\ |\\ CH\;{<}^{CAz}_{CO^2C^2H^5}\end{array}$$

[P.-Th. Muller, *C. R.*, **114**, 1204].

Broyé avec une solution benzénique ou éthérée d'iode, l'éther cyanacétique sodé fournit, par un traitement approprié, des cristaux nacrés d'un corps répondant à la formule de l'éther *dicyanosuccinique* ou *dicyanomaléique* :

$$2\,CAz\cdot CHNa\cdot CO^2C^2H^5 + I^2$$

$$= 2\,NaI + \begin{array}{l}CH\;{<}^{CAz}_{CO^2C^2H^5}\\ |\\ CH\;{<}^{CO^2C^2H^5}_{CAz}\end{array}$$

ou

$$2\,CAz\cdot CHNa\cdot CO^2C^2H^5 + 2\,I^2$$

$$= 2\,NaI + 2\,IH + \begin{array}{l}C\;{<}^{CAz}_{CO^2C^2H^5}\\ \|\\ C\;{<}^{CO^2C^2H^5}_{CAz}\end{array}$$

[A. Haller, *Expériences inédites*].

Cyanacétate de méthyle, $CAz\cdot CH^2\cdot CO^2CH^3$. — Liquide bouillant à 192-200°. Cet éther se prête

aux mêmes doubles décompositions que son homologue supérieur [Barthe, *Thèse*, p. 20 et suiv.].

ACIDE BROMOCYANACÉTIQUE, $CAz-CHBr-CO^2H$ [Petriew, *J. Soc. chim. russe*, **10**, 160; Beilstein's *Handbuch*, **1**, 974]. — Cet acide prend naissance quand on fait bouillir l'acide dibromacétique avec une solution alcoolique de cyanure de potassium. Il est liquide et est transformé en acide tartronique par la potasse caustique.

L'*éther* a été préparé en traitant l'éther cyanacétique par la quantité théorique de brome. Il se forme un produit visqueux qui, par une série de distillations fractionnées, fournit l'éther sous la forme d'un liquide à odeur piquante.

Quand on étend ce corps d'éther et qu'on le fait agir sur l'éther cyanacétique sodé, on parvient à isoler un éther dicyanosuccinique qui paraît identique à celui mentionné plus haut [A. Haller, *Expériences inédites*].

ACIDE CHLOROCYANACÉTIQUE,

$$CAz-CHCl-CO^2H.$$

— L'éther de cet acide a été obtenu par M. L. Henry en faisant passer un courant de chlore dans de l'éther cyanacétique. C'est un liquide à odeur de chloropicrine, bouillant vers 190° [*C. R.*, **104**, 1621].

DICYANACÉTATE DE MÉTHYLE,

$$(CAz)^2CH-CO^2CH^3$$

[A. Haller, *C. R.*, **111**, 55]. — Cet éther se prépare comme son homologue supérieur (voyez plus loin). Il faut avoir soin d'opérer au sein de l'alcool méthylique.

Il possède des propriétés analogues à celles du dérivé éthylique.

La formation de ce composé est toujours accompagnée de celle d'un autre composé $C^6H^9Az^2O^3$, insoluble dans l'eau et dans l'alcool froids, ainsi que dans l'éther, soluble dans l'alcool bouillant et se déposant en paillettes blanches affectant la forme de losanges.

Sodium-dicyanacétate de méthyle,

$$(CAz)^2CNa-CO^2CH^3.$$

—Cristallisé dans l'eau, ce sel se présente sous la forme de fines aiguilles. Il cristallise dans l'alcool en prismes transparents, qui deviennent opaques dans une atmosphère sèche. Ses solutions donnent, avec les liqueurs cupriques, un précipité cristallin de couleur jaune–brun.

Le *sel d'argent*, $(CAz)^2CAg-CO^2CH^3$, se prépare par double décomposition. Précipité blanc, soluble dans l'eau bouillante, d'où il cristallise en prismes microscopiques.

DICYANACÉTATE D'ÉTHYLE, $(CAz)^2CH-CO^2C^2H^5$ [A. Haller, *loc. cit.*]. — A 22 grammes d'éther cyanacétique on ajoute une solution de 4gr,6 de sodium dans 100 grammes d'alcool absolu et on sature le mélange par le chlorure de cyanogène. Quand le produit est neutre au tournesol, on l'évapore au bain-marie pour chasser l'alcool. Le résidu est repris par l'eau et agité avec de l'éther qui enlève le cyanacétate d'éthyle non entré en réaction. On décante et on concentre la solution aqueuse au bain-marie. Par refroidissement, le liquide se prend en une masse composée d'aiguilles radiées. On essore, pour éliminer les eaux mères colorées, et l'on redissout dans l'eau. La solution, traitée par l'acide sulfurique, ne donne lieu à aucune réaction; mais, si l'on ajoute de l'éther, le liquide se sépare en trois couches bien distinctes. On décante la couche inférieure, qui est aqueuse, et on recueille la couche intermédiaire, qui est constituée par le dérivé dicyanacétique combiné avec de l'éther.

Desséché sur du sulfate de sodium anhydre, puis abandonné sous un dessiccateur, il perd peu à peu son éther de combinaison, jaunit et se transforme en partie en une masse gélatineuse, opaque et insoluble dans l'eau et dans l'éther. L'alcool le dissout à chaud.

La solution aqueuse de l'éther dicyanacétique donne avec les sels d'argent un précipité blanc soluble dans l'eau bouillante; elle possède une réaction fortement acide et se décompose à chaud, en dégageant de l'acide carbonique et de l'acide cyanhydrique.

Cet éther ne distille pas sans décomposition. Même dans le vide, il se décompose quand on le chauffe, en fournissant un liquide rouge, au sein duquel se déposent de petits grains d'un jaune foncé.

L'éther dicyanacétique est un acide très énergique, qui forme avec les bases des sels bien définis.

Le *composé sodique* $(CAz)^3CNa-CO^2C^2H^5$ cristallise dans l'eau en fines aiguilles et dans l'alcool en gros cristaux très solubles dans l'eau et dans l'alcool. Sa solution colore légèrement les persels de fer en rouge.

Le *composé argentique*,

$$(CAz)^3CAg-CO^2C^2H^5,$$

a été obtenu par double décomposition. Il est blanc, insoluble dans l'eau et dans l'alcool froids, soluble dans l'eau et dans l'alcool bouillants. Par refroidissement, il se dépose sous la forme de prismes microscopiques.

Le *composé cuprique*, $(C^6H^5AzO^2)^3Cu$, prend naissance quand on ajoute une solution de sulfate de cuivre au sel sodique. La précipitation n'a pas lieu instantanément. On la provoque par le frottement d'une baguette de verre contre les parois du vase. Précipité jaune–rougeâtre, insoluble dans l'eau froide.

ACIDE ISONITROSOCYANACÉTIQUE,

$$HOAz=C{\Large<}\begin{matrix}CAz\\CO^2H\end{matrix}$$

— Ce corps a été obtenu par MM. Wolff et Gans [*D. chem. G.*, **24**, 1165] en faisant agir un excès de soude sur l'acide furazane-carbonique ; il se produit une transposition moléculaire :

$$\begin{matrix}CH=Az\\ |\\ C=Az\\ |\\ CO^2H\end{matrix}{\Large>}O=C{\Large<}\begin{matrix}CAz\\CO^2H\\AzOH\end{matrix}$$

Cristaux blancs, très solubles dans l'eau, l'alcool, l'éther, peu solubles dans le benzène, la ligroïne, le sulfure de carbone. Séché à l'air libre, l'acide renferme $0^{mol},5$ d'eau de cristallisation, qu'il perd peu à peu dans le vide. L'acide hydraté fond à 103° en dégageant de l'acide carbonique; l'acide anhydre fond à 129°.

La conductibilité électrique de cet acide a été mesurée par MM. Hantzsch et Miolati [*Zeit. physik. Chem.*, **10**, 11].

M. Söderbaum a obtenu le même acide [*D. chem. G.*, **24**, 1215, 1988] comme produit secondaire de la préparation de l'acide dioximidosuccinique, et dans la saponification par le carbonate de sodium ou par la soude des deux acides acétyldioximidosucciniques isomériques. Il attribue à l'acide hydraté le point de fusion 101-102° et à l'acide anhydre le point de fusion 120°.

L'éther isonitrosocyanacétique, traité par 3 molécules de soude étendue (à 7 0/0 environ), et maintenu à la température de 55-60° pendant 2 ou 3 heures, se transforme complètement en acide isonitrosocyanacétique. On n'observe aucun déga-

gement de gaz ammoniac. Il suffit d'acidifier avec de l'acide sulfurique, d'extraire par l'éther et de faire cristalliser.

C'est là un mode de préparation très expéditif de l'acide isonitrosocyanacétique, puisque son éther s'obtient avec d'excellents rendements en partant de l'éther cyanacétique du commerce (P.-T. Muller).

Saponifié par la potasse, l'acide isonitrosocyanacétique se transforme en isonitrosomalonate de potassium.

L'acide isonitrosocyanacétique est bibasique.

Sel de calcium,

$$C{\Large<}\begin{matrix}CAz\\ \|\;\; CO^2\\AzO\,—\end{matrix}{\Large>}Ca,7H^2O$$

— Obtenu en saturant la solution aqueuse et froide de l'acide par le carbonate de calcium, il forme des tables hexagonales et perd 3 molécules d'eau sous le dessiccateur.

Sel diargentique. — Le nitrate d'argent donne avec le sel précédent un précipité cristallisé jaune, qui est le sel neutre d'argent.

Sel monoargentique. — On l'obtient en traitant avec précaution le sel précédent par l'acide nitrique ou bien en ajoutant du nitrate d'argent à la solution de l'acide libre. Longues aiguilles blanches. Ces deux sels détonent quand on les chauffe.

Sel de cuivre,

$$C{\Large<}\begin{matrix}CAz\\ \|\;\; CO^2\\AzO\,—\end{matrix}{\Large>}Cu,4H^2O$$

— Il se forme quand on mélange des solutions de l'acide et d'acétate de cuivre. Tables hexagonales vertes, peu solubles dans l'eau froide, caractéristiques de l'acide.

ÉTHERS ISONITROSOCYANACÉTIQUES,

$$CAz-C(AzOH)-CO^2R$$

[P.-T. Muller, *Thèse de la Fac. des Sciences de Paris*, 1893]. — On ajoute du nitrite d'amyle à de l'éther sodocyanacétique fraîchement préparé, en suspension dans l'alcool anhydre :

$$CAz.CHNa.CO^2R + AzO.OC^5H^{11}$$
$$= CAz-C(AzONa)-CO^2R + C^5H^{11}.OH.$$

On précipite le sel de sodium par l'acide sulfurique, on reprend par l'éther et on fait cristalliser.

Les rendements sont bien meilleurs, presque théoriques, si l'on traite directement l'éther cyanacétique par l'acide azoteux naissant. On fait couler goutte à goutte de l'acide sulfurique étendu dans l'éther cyanacétique mélangé à une solution aqueuse concentrée de nitrite de sodium et maintenue froide pendant toute la durée de l'opération :

$$CAz.CH^2.CO^2R + AzO.OH$$
$$= CAz-C(AzOH)-CO^2R + H^2O.$$

On extrait par l'éther et on fait cristalliser dans l'eau ou dans l'éther.

L'*éther méthylique*, cristallisé dans l'éther, se présente sous la forme de petits cristaux tabulaires, fondant à 119°. Il forme avec l'eau un *hydrate*, $CAz-C(AzOH)-CO^2CH^3,H^2O$, qui perd complètement son eau de cristallisation sous le dessiccateur.

L'*éther éthylique* est constitué par de petits prismes anhydres, fondant à 128-129°.

Ces deux corps sont de véritables acides, qui décomposent les carbonates alcalins et alcalino-terreux.

Dérivés de l'éther éthylique. — Le *sel sodique*, $C^5H^5Az^2O^3Na$, $5H^2O$, forme des prismes jaunes qui perdent leur eau de cristallisation dans le vide.

Le *sel d'argent* est un précipité jaune-brun amorphe, anhydre.

Le *sel de cuivre*, $(C^5H^5Az^2O^3)^2Cu$, $5H^2O$, s'obtient par double décomposition au moyen du sel de sodium; il est vert. En exposant ce sel dans le vide et en le remettant ensuite à l'air libre, on obtient un second hydrate à 2 molécules d'eau.

Le *sel de plomb* est un précipité jaune, répondant à la formule d'un sel de sous-oxyde,

$$(C^5H^5Az^2O^3)^2Pb \cdot C^5H^5Az^2O^3Pb \cdot Pb(OH).$$

Le *sel d'ammonium*, obtenu par l'évaporation d'une solution ammoniacale de l'éther nitrosé, forme des cristaux jaunes, fondant à 145-146°.

L'isonitrosocyanacétate d'éthyle se combine à l'aniline et aux toluidines pour donner des produits d'addition formés de 2 molécules d'éther pour 1 molécule d'amine. Il suffit d'abandonner la solution des deux corps dans l'éther pour obtenir les dérivés cristallisés.

Le composé formé avec l'aniline,

$$C^5H^6Az^2O^3 \cdot C^6H^7Az,$$

donne des cristaux blancs fondant à 91-92°.

Le dérivé obtenu avec l'o-toluidine,

$$C^5H^6Az^2O^3 \cdot C^7H^9Az,$$

fond à 93-94°.

Ces sels sont peu stables; l'eau les décompose en acide et base, à la température ordinaire, ainsi que le démontre l'étude cryoscopique de leurs solutions aqueuses.

L'*éther éthylique*, $C^5H^5Az^2O^3 \cdot C^2H^5$, obtenu en traitant le sel sodique anhydre par l'iodure d'éthyle, est un liquide incolore, bouillant à 125-127° sous une pression de 22-24 millimètres.

Saponifié par la potasse, l'éther isonitrosé fournit l'isonitrosomalonate de potassium décrit par M. Baeyer. L'alcool chlorhydrique le transforme en isonitrosomalonate d'éthyle, liquide huileux déjà préparé par MM. Conrad et Bischoff [*Ann. Chem.*, **209**, 212].

Dérivés de l'éther méthylique. — Le *sel de sodium*, $C^4H^3Az^2O^3Na$, $1,5H^2O$, forme de petits prismes aplatis jaunes, qui perdent leur eau de cristallisation dans le vide.

Le *sel d'argent* est un précipité brun, très peu altérable à la lumière.

Le *sel de baryum*, $(C^4H^3Az^2O^3)^2Ba$, $1,5H^2O$, cristallise en petites paillettes jaunes, qui ne perdent pas leur eau de cristallisation dans le vide et qui se décomposent à 110°.

Le *sel de cuivre*, $(C^4H^3Az^2O^3)^2Cu$, forme des cristaux microscopiques verts; on l'obtient par double décomposition entre le sel sodique et le sulfate de cuivre.

Le *sel de plomb*, $(C^4H^3Az^2O^3)^2Pb \cdot Pb(OH)^2$, se précipite quand on ajoute de l'acétate de plomb à une solution du sel sodique.

L'*éther éthylique*, $C^4H^3Az^2O^3 \cdot C^2H^5$, obtenu par l'action de l'iodure d'éthyle sur le sel d'argent, est un liquide incolore, distillant à 121-124° sous la pression de 21-23 millimètres.

L'*éther benzoïque*, $C^4H^3Az^2O^3 \cdot C^7H^5O$, obtenu par l'action du chlorure de benzoyle sur le sel sodique anhydre, forme de belles paillettes semblables à l'acide benzoïque et fondant à 131-132°.

Saponifié par la potasse, l'isonitrosocyanacétate de méthyle donne, comme son homologue supérieur, l'isonitrosomalonate de potassium.

En le saponifiant par l'alcool méthylique saturé de gaz chlorhydrique, on le transforme en isonitrosomalonate de méthyle.

CYANACÉTAMIDE, $CAz-CH^2-CO \cdot AzH^2$. — Cette amide se forme quand on traite l'éther cyanacétique par l'ammoniaque. Elle cristallise dans l'alcool en aiguilles incolores, fondant à 108° [L. Henry, *loc. cit.*], à 105° (Van 't Hoff). Mise en présence de l'anhydride phosphorique, elle perd 1 molécule d'eau et fournit le nitrile malonique, $CAz-CH^2-CAz$ (L. H.).

Cyanacétamides substituées. — L'éther cyanacétique se combine directement à la température ordinaire avec un certain nombre d'amines. D'autres amines exigent l'intervention de la chaleur pour se combiner [J. Guareschi. *D. chem. G.*, **25**, *Ref.*, 326; **26**, *Ref.*, 92]. Toutes les amides ainsi produites sont solubles dans l'eau froide ou bouillante, et peuvent être obtenues cristallisées. L'éther les dissout difficilement. Le permanganate de potassium les oxyde même à froid en donnant de l'acide cyanhydrique et des acides oxamiques substitués, qu'on peut retirer de la solution alcaline en la traitant par un acide et agitant avec de l'éther :

$$R \cdot AzH \cdot CO \cdot CH^2 \cdot CAz + O^2$$
$$= CAzH + R \cdot AzH \cdot CO \cdot CO^2H.$$

Cyanacétylbenzylamine.

$$CAz \cdot CH^2 \cdot CO \cdot AzH \cdot CH^2 \cdot C^6H^5.$$

— Ce dérivé cristallise en très beaux prismes longs et brillants, fondant à 123-124°. Il distille à 339-340°, en se décomposant partiellement. Oxydé par le permanganate de potassium, il donne de l'acide benzyloxamique, fondant à 128-129°.

Cyanacétylaniline (phénylcyanacétamide)

$$CAz \cdot CH^2 \cdot CO \cdot AzH \cdot C^6H^5.$$

— La combinaison ne s'effectue pas à la température ordinaire; il faut chauffer le mélange d'aniline et d'éther cyanacétique pendant 3 heures entre 160 et 170°. Ce composé cristallise dans l'alcool étendu en lamelles brillantes, fondant à 198,5-200° et se sublimant à une température plus élevée [C. Quenda, *D. chem. G.*, **24**, *Ref.*, 326].

Indépendamment de ce produit, il se forme de la dianilide malonique.

La différence de réaction qui existe entre la benzylamine et l'aniline vis-à-vis de l'éther cyanacétique a été utilisée par M. Guareschi pour séparer ces deux bases l'une de l'autre.

Cyanacétylméthylaniline (méthylphénylcyanacétamide),

$$CAz \cdot CH^2 \cdot CO \cdot Az \left\langle {}^{CH^3}_{C^6H^5} \right.$$

— On l'obtient à 180°; elle cristallise dans l'eau et dans l'alcool en tables fondant à 86-87°. Oxydée, elle donne naissance à l'acide méthylphényloxamique, cristallisant avec 1 molécule d'eau et fondant à 82-83°,5. L'acide anhydre fond à 120°.

Cyanacétyléthylaniline,

$$CAz \cdot CH^2 \cdot CO \cdot Az \left\langle {}^{C^2H^5}_{C^6H^5} \right.$$

— Prismes fondant à 50-51°, fournissant par oxydation l'acide éthylphényloxamique, qui cristallise avec 1 molécule d'eau et fond à 60-60°,5. L'acide anhydre fond à 94-95°.

Cyanacétyldiphénylamine (diphénylcyanacétamide. $CAz \cdot CH^2 \cdot CO \cdot Az(C^6H^5)^2$. — Ce composé ne prend naissance qu'à 220-230° et cristallise dans l'alcool en prismes fondant à 153-154°. Soumis à l'oxydation par le permanganate de potassium, il fournit l'acide diphényloxamique,

$$CO^2H - CO . Az(C^6H^5)^2 , H^2O ,$$

et la diphényloxamide non symétrique, fondant à 169-170°.

Cyanacétylpipéridine,

$$C Az \quad CH^2 . CO . Az C^5 H^{10} .$$

— Gros cristaux analogues au salpêtre et fondant à 88-89°. Oxydé par la quantité théorique de permanganate de potassium, ce composé fournit principalement de l'acide pipéridyloxamique à côté d'un peu d'oxamide. Emploie-t-on un excès de permanganate, on obtient, en opérant à chaud, de l'acide oxalyl-δ-amidovalérianique.

Dicyanacétyléthylène-diamine,

$$AzC - CH^2 - CO - AzH . CH^2$$
$$|$$
$$AzC - CH^2 - CO - AzH . CH^2$$

— Obtenu en traitant l'éther cyanacétique par l'éthylène-diamine, ce composé constitue de longues aiguilles, réunies en houppes fondant à 190-195° et qui, soumises à l'oxydation, se convertissent en acide éthylène-oxamique.

$$CH^2 . AzH . CO . CO^2H$$
$$| \qquad\qquad , 2 H^2O.$$
$$CH^2 . AzH . CO . CO^2H$$

Cet acide cristallise en prismes brillants, qui perdent leur eau de cristallisation à 100°, pour fondre à 202-202°,5.

Dicyanacétylpentaméthylène-diamine,

$$AzC - CH^2 - CO - AzH - CH^2 - CH^2 \searrow$$
$$AzC - CH^2 - CO - AzH - CH^2 - CH^2 \nearrow CH^2.$$

— Ce composé se présente sous la forme de petits prismes blancs, fondant vers 135-136°.

DÉRIVÉS ALCOYLÉS DE L'ÉTHER CYANACÉTIQUE.

Ainsi qu'il a été dit plus haut, l'éther cyanacétique se prête à des substitutions analogues à celles qu'on peut effectuer avec l'éther malonique. Le mode opératoire est le même : A 1 molécule d'éther cyanacétique étendue de son volume d'alcool absolu on ajoute 1 molécule de sodium dissous dans la quantité nécessaire d'alcool anhydre, en ayant soin de refroidir les liquides et d'éviter toute élévation de température. On introduit ensuite l'iodure alcoolique et on chauffe jusqu'à neutralisation, c'est-à-dire jusqu'à ce qu'une portion du liquide étendu d'eau ne présente plus de réaction alcaline. On évapore au bain-marie pour chasser la majeure partie de l'alcool ; le résidu est étendu d'eau et agité avec de l'éther. La solution éthérée donne par évaporation le dérivé cherché. Il suffit de rectifier pour l'obtenir à l'état pur.

Veut-on préparer des dérivés d'autres éthers cyanacétiques, comme ceux de méthyle, de propyle, on aura soin d'opérer au sein des alcools dont ces éthers dérivent. Ainsi, lorsqu'il s'agira d'obtenir les alcoylcyanacétates de méthyle, on dissoudra le sodium dans de l'alcool méthylique et on ajoutera le méthylate à l'éther étendu d'esprit de bois. Cette manière d'opérer est nécessaire pour éviter la formation, dans le cours de l'opération, d'un mélange de différents éthers qu'il est très difficile de séparer par rectification [Purdie, *D. chem. G.*, **20**, 1555. — Th. Peters, *ibid.*, 3318. — A. Haller et A. Held, *Bull. Soc. Chim.*, (2), **49**, 247 · *Ann. Chim. Phys.*, (6), **17**, 226].

ACIDE MÉTHYLCYANACÉTIQUE [Syn. *α-Cyanopropionique*),

$$CH^2 - CH \big\langle {}^{C Az}_{CO^2H}$$

— On connaît un acide cyanopropionique, obtenu par oxydation de la laine au moyen du permanganate de potassium (Suppl., **1**, 1303).

L'*éther* de cet acide,

$$CH^3 . CH \big\langle {}^{C Az}_{CO^2C^2H^5}$$

a été préparé par M. L. Henry en faisant agir l'iodure de méthyle sur l'éther cyanacétique sodé [*C. R.*, **104**, 1618].

M. N. Zelinsky l'a obtenu, en même temps que l'éther diméthylcyanosuccinique symétrique, en faisant agir le cyanure de potassium sur l'éther α-bromopropionique [*D. chem. G.*, **24**, 3162].

C'est un liquide à odeur de nitrile, insoluble dans l'eau et bouillant à 194° (L. Henry), 197-198° (Zelinsky). Sa densité à 24°,5 = 1,0275, à 18° = 1,0118. Refroidi à — 74°, il devient sirupeux. Le sodium se dissout dans cet éther étendu de benzène, avec dégagement d'hydrogène, pour former un dérivé hygroscopique

$$CH^3 . CNa \big\langle {}^{C Az}_{CO^2C^2H^5}$$

Amide méthylcyanacétique ou *α-cyanopropionique,*

$$CH^3 . CH \big\langle {}^{C Az}_{CO AzH^2}$$

— Cette amide se prépare en agitant l'éther méthylcyanacétique avec de l'ammoniaque aqueuse. On évapore sous un dessiccateur. Beaux cristaux incolores, ayant une saveur fraîche, fort solubles dans l'eau et dans l'alcool, insolubles dans l'éther, le chloroforme, le benzène, le sulfure de carbone, fusibles à 81° et bouillant en se décomposant légèrement à 267° sous la pression de 755 millimètres [Paul Henry, *Bull. Acad. royale de Belgique*, (3), **18**, 68].

ÉTHER ÉTHYLCYANACÉTIQUE [Syn. *Éther α-cyanobutyrique*],

$$CH^3 . CH^2 . CH \big\langle {}^{C Az}_{CO^2C^2H^5}$$

— Préparé simultanément par la même voie par MM. L. Henry [*C. R.*, **104**, 1627] et A. Haller [*ibid.*, 1619] à l'état d'éther éthylique, il paraît identique au corps que M. Markownikow a obtenu par l'action du cyanure double de mercure et de potassium à 130° sur l'éther α-bromobutyrique [*Ann. Chem.*, **182**, 330].

Enfin MM. Zelinsky et Bitschichin l'ont également préparé en faisant agir le cyanure de potassium sur l'éther α-bromobutyrique [*D. chem. G.*, **24**, 3400].

L'éther éthylcyanacétique est un liquide dont l'odeur rappelle celle des nitriles. Il possède une saveur piquante, est insoluble dans l'eau, soluble dans l'alcool, l'éther, le chloroforme, le benzène, le sulfure de carbone. Refroidi à — 74°, il devient trouble et épais. Il bout à 205-206° [P. Henry, *loc. cit.*]. Sa densité est 0,9951 à 18°,6 et 1,009 à 0° (M.). L'acide chlorhydrique le décompose à 100° en sel ammoniac, chlorure d'éthyle et acide pyrotartrique.

Amide éthylcyanacétique ou *α-cyanobutyrique.* — Préparée comme son homologue inférieur, cette amide se présente sous la forme de petites lamelles soyeuses, insipides, fusibles à 113°. Elle bout en se décomposant légèrement à 276°, sous la pression de 755 millimètres. Elle est soluble dans l'eau et dans l'alcool, insoluble dans l'éther, le chloroforme et le benzène (L. Henry et P. Henry).

Éther éthylbromocyanacétique,

$$CH^3 . CH^a . CBr \Big\langle {}^{C\,Az}_{CO^2 C^3 H^5} \, ?$$

— Ce corps prend naissance quand on fait bouillir l'éther dibromobutyrique avec une solution aqueuse de cyanure de potassium. On acidule par l'acide chlorhydrique, on évapore et on épuise par l'éther.

Cristaux qui, bouillis avec de la potasse, fournissent un acide $C^5 H^8 O^5$ [Werigo et Eghis, *Soc. chim. russe*, 7, 143; *Beilstein's Handbuch*, 1, 975].

ÉTHER O-PROPYLCYANACÉTIQUE (*α-cyanovalérate d'éthyle*),

$$CH^3 . CH^2 . CH^2 . CH \Big\langle {}^{C\,Az}_{CO^2 C^3 H^5}$$

— Liquide incolore, sans odeur appréciable, d'une saveur piquante, insoluble dans l'eau, soluble dans le sulfure de carbone, fort soluble dans l'alcool, l'éther, le chloroforme et le benzène. Densité à 18°,6 = 0,9822. Refroidi à — 74°, il devient visqueux. Il bout sans décomposition à 221-222°, sous une pression de 763 millimètres [P. Henry, *loc. cit.*].

L'amide,

$$CH^3 . CH^2 . CH^2 . CH \Big\langle {}^{C\,Az}_{CO\,Az\,H^2}$$

se présente sous la forme de lamelles soyeuses, incolores et insipides, fusibles à 118°. Elle bout en se décomposant partiellement à 281°, sous la pression de 755 millimètres. Cette amide est peu soluble à froid dans l'eau, plus soluble à chaud, soluble dans l'alcool, insoluble dans l'éther et dans le chloroforme (P. H.).

ÉTHER ISOPROPYLCYANACÉTIQUE (*α-cyano-isovalérique*),

$$ {}^{CH^3}_{CH^3} \Big\rangle CH . CH \Big\langle {}^{C\,Az}_{CO^2 C^3 H^5}$$

— Cet éther constitue un liquide incolore, sans odeur bien sensible, d'une saveur fortement amère, insoluble dans l'eau, soluble dans le sulfure de carbone, fort soluble dans l'alcool, l'éther, le chloroforme, etc. Sa densité à 18°,6 = 0,9864. Il devient presque solide à — 74°. Il bout sans décomposition à 214° (P. H.).

L'amide correspondante se présente sous la forme de grandes lamelles soyeuses, incolores, insipides. Elle fond à 125° et distille en se décomposant partiellement à 277° sous la pression de 755 millimètres. Cette amide est soluble à chaud dans l'eau et dans l'alcool, insoluble dans l'éther et dans le chloroforme.

ÉTHER ISOBUTYLCYANACÉTIQUE,

$$ {}^{CH^3}_{CH^3} \Big\rangle CH - CH^2 - CH \Big\langle {}^{CO^2 C^3 H^5}_{C\,Az}$$

— Cet éther distille de 220 à 240° (P. H.)

L'amide constitue des lamelles soyeuses, fusibles à 93°. Elle bout en se décomposant partiellement à 275° sous la pression de 755 millimètres. Elle est soluble à chaud dans l'eau et dans l'alcool, insoluble dans l'éther et dans le chloroforme.

ÉTHER ALLYLCYANACÉTIQUE,

$$CH^2 = CH . CH^2 . CH \Big\langle {}^{C\,Az}_{CO^2 C^3 H^5}$$

— Liquide incolore, mais s'altérant rapidement à la lumière, sans odeur, d'une saveur très piquante. Il est insoluble dans l'eau, soluble dans le sulfure de carbone, fort soluble dans l'alcool, l'éther, etc. Sa densité à 18°,6 est égale à 0,9980.

A — 74°, il ne se solidifie pas. Il bout sans décomposition à 223°, sous la pression de 759 millimètres (L. Henry et P. Henry).

L'amide

$$CH^2 = CH . CH^2 . CH \Big\langle {}^{C\,Az}_{CO\,Az\,H^2}$$

exige un temps assez long (plusieurs jours) pour se former. Elle se présente sous la forme de petits cristaux mal définis, peu solubles à froid dans l'eau, plus solubles à chaud et insolubles dans l'éther, le chloroforme, etc. Elle fond en tube scellé à 98° et bout en se décomposant partiellement à 289° sous la pression de 755 millimètres [P. H., *loc. cit.*].

ÉTHER DIPHÉNYLCYANACÉTIQUE,

$$(C^6 H^5)^2 C \Big\langle {}^{C\,Az}_{CO^2 C^2 H^5}$$

— On chauffe pendant 24 heures, à 120-130°, l'éther diphénylchloracétique avec du cyanure de mercure et on épuise la masse par le chloroforme : le liquide fournit par évaporation un produit qui, par cristallisation dans l'alcool, se présente sous la forme de tables colorées en jaune, et qui fondent à 59°. Des essais tentés pour transformer ce corps en acide diphénylmalonique ont toujours fourni soit de l'acide diphénylacétique, soit l'amide de cet acide [H. Bickel, *D. chem. G.*, 22, 1537].

ÉTHER DI-O-NITROBENZYLCYANACÉTIQUE,

$$\left(C^6 H^4 \Big\langle {}^{Az\,O^2}_{C\,H^2} \right)^2 C \Big\langle {}^{C\,Az}_{CO^2 C^3 H^5}$$

— On chauffe au réfrigérant ascendant l'éther cyanacétique sodé en suspension dans l'alcool absolu avec une solution alcolique de chlorure de benzyle o-nitré. Quand le produit de la réaction est neutre au tournesol, on filtre, on décolore au charbon animal et on fait cristalliser.

Cristaux jaunâtres, insolubles dans l'eau et dans les alcalis, solubles dans l'alcool et dans l'éther, brunissant à la lumière [A. Haller, *Expériences inédites*].

ÉTHER BENZYLIDÈNE–CYANACÉTIQUE [Syn. *Éther α-cyanocinnamique*),

$$C^6 H^5 . CH = C \Big\langle {}^{C\,Az}_{CO^2 C^2 H^5}$$

— Cet éther prend naissance quand on fait agir l'aldéhyde benzylique sur l'éther cyanacétique en présence de petites quantités d'éthylate de sodium :

$$C^6 H^5 . CHO + CH^2 \Big\langle {}^{C\,Az}_{CO^2 C^2 H^5}$$

$$= H^2 O + C^6 H^5 . CH = C \Big\langle {}^{C\,Az}_{CO^2 C^2 H^5}$$

Le produit se dépose au bout de peu de temps sous la forme de beaux cristaux. Il se forme en même temps une huile, qui prend aussi naissance quand on chauffe l'aldéhyde benzylique avec de l'acide cyanacétique et de l'anhydride acétique.

L'éther benzylidène-cyanacétique constitue de gros cristaux fondant à 50° et bouillant à 360° en se décomposant. Il ne se combine ni au brome ni à l'hydrogène. L'acide sulfurique et l'acide azotique l'attaquent difficilement. Chauffé à 150° avec de l'acide chlorhydrique concentré, il perd de l'acide carbonique et fournit de l'aldéhyde benzylique. Les alcalis en séparent à froid de l'aldéhyde benzylique.

Une solution alcoolique de méthylamine le transforme en *méthylimide*,

$$(C^{20} H^{18} Az^2 O^2)^2 . Az\,CH^3$$

[Carrick, *J. prakt. Chem.*, (2), 42, 160].

ammoniaque alcoolique le convertit en une combinaison moléculaire d'éther et d'amide,

$$C^{10}H^6AzO^3(C^2H^5).C^{10}H^6AzO(AzH^2),$$

fusible à 168°.

Une solution alcoolique de potasse le dédouble en alcool et acide cyanocinnamique, qui est susceptible de donner naissance à des sels neutres et à des sels acides [Carrick, *J. prakt. Chem.*, (2), **45**, 511].

DÉRIVÉS RÉSULTANT DE LA SUBSTITUTION DE RADICAUX ACIDES A L'HYDROGÈNE DES ACIDES CYANACÉTIQUES.

Ces composés prennent naissance dans les mêmes conditions que les dérivés alcoylés de l'éther cyanacétique. Il convient toutefois de refroidir les solutions et d'étendre le chlorure acide avec de l'éther absolu.

Dans cette réaction, deux cas peuvent se présenter : 1° il ne se produit qu'un dérivé monosubstitué ; 2° il se forme à la fois deux dérivés, mono- et disubstitués. Quel que soit le sens de la réaction, on isole toujours les composés cyanés de la façon suivante : Après avoir fait agir le chlorure acide sur l'éther sodé, on évapore la liqueur au bain-marie ; il se sépare généralement une huile plus ou moins acide. On reprend le tout par le carbonate de sodium et on introduit dans un entonnoir à robinet. Les liqueurs alcalines sont ensuite agitées avec de l'éther, qui dissout l'éther cyanacétique non entré en réaction et le produit disubstitué qui a pu se former. On décante et on sursature la solution aqueuse avec de l'acide sulfurique étendu. L'éther cyané monosubstitué se sépare; on l'enlève avec de l'éther, on décante et on met en contact avec du chlorure de calcium. La liqueur éthérée fournit par distillation ou par simple évaporation le dérivé cherché.

Les éthers cyanacétiques monosubstitués ont en général une fonction acide nettement caractérisée ; ils décomposent les carbonates et formant des sels bien définis.

Les éthers cyanacétiques disubstitués sont insolubles dans les alcalis ; ils ne possèdent plus en effet d'hydrogène susceptible d'être remplacé par du métal et sont, par conséquent, des composés neutres (A. Haller).

Indépendamment de cette méthode générale de préparation, il en existe d'autres, applicables dans certains cas particuliers. Ainsi, toutes les fois qu'on connaît l'éther β-acétonique, comme dans le cas des éthers acétylacétique ou benzoylacétique, il suffit, pour obtenir l'éther cyanacétique correspondant, de traiter les dérivés sodés de ces éthers par le chlorure de cyanogène et de terminer la préparation comme il est dit plus haut (A. Haller; A. Haller et A. Held).

ACÉTYLCYANACÉTATE DE MÉTHYLE,

$$CH^3.CO.CH\big<{}^{C\,Az}_{CO^2CH^3}$$

[A. Haller et A. Held, *Bull. Soc. Chim.*, (2), **49**, 243; *Ann. Chim. Phys.*, (6), **17**, 222].

1° On fait dissoudre 23 grammes de sodium dans 250 grammes d'alcool méthylique anhydre ; on ajoute à cette dissolution 116 grammes (1 mol.) d'acétylacétate de méthyle et l'on fait passer dans le mélange un courant de chlorure de cyanogène, jusqu'à neutralisation complète.

On traite alors par l'eau distillée jusqu'à dissolution complète et on ajoute un excès d'acide sulfurique dilué. Au bout de quelque temps, tout le liquide s'est pris en une masse cristalline blanche qu'on essore. Le liquide filtré est encore épuisé à l'éther, qui lui enlève une certaine quantité de dérivé cyané resté en dissolution. On évapore, on réunit les cristaux et on les purifie par cristallisation dans l'éther.

2° On traite une solution de cyanacétate de méthyle sodé dans de l'alcool méthylique anhydre par le chlorure d'acétyle dissous dans l'éther anhydre.

Cristallisé dans l'éther, ce composé se présente sous la forme de longues aiguilles soyeuses, très solubles dans l'alcool et dans l'éther et insolubles dans l'eau. Il fond à 46°,5 et se solidifie à 43°.

Il se dissout dans les alcalis et dans les carbonates alcalins pour former des sels. Les sels ferriques le colorent en rouge].Lorsqu'on le fait bouillir avec 3 ou 4 fois son poids d'eau distillée dans un appareil à réflux, l'éther disparaît et se décompose en acide carbonique, alcool méthylique, et en un corps qui cristallise en houppes et dont la composition répond à la formule $C^8H^8Az^2O$ [A. Held, *Thèse de la Faculté des Sciences*, Paris, 1888] :

$$2\left(CH^3.CO.CH\big<{}^{C\,Az}_{CO^2CH^3}\right)+2H^2O$$
$$=2CH^4O+2CO^2+H^2O+C^8H^6Az^2O.$$

Ce corps, considéré comme de l'oxyde de mésityle dicyané, se produit aussi quand on fait bouillir l'éther éthylé avec de l'eau.

Sous l'influence de l'ammoniaque concentrée et chaude, l'éther acétylcyanacétique se décompose en carbonate d'ammonium et *amidoacétylcyanacétate de méthyle* [A. Held, *loc. cit.*] :

$$CH^3.CO.CH\big<{}^{C\,Az}_{CO^2CH^3}+AzH^3$$
$$=H^2O+CH^3.\underset{\underset{AzH^2}{|}}{C}=C\big<{}^{C\,Az}_{CO^2CH^3}$$

Sodium-acétylcyanacétate de méthyle,

$$CH^3.CO.CNa\big<{}^{C\,Az}_{CO^2CH^3}$$

— Il cristallise dans l'alcool en houppes soyeuses, blanches, anhydres, solubles dans l'eau et dans l'alcool.

Sel de calcium,

$$\left(CH^3.CO.C\big<{}^{C\,Az}_{CO^2CH^3}\right)^2Ca,6H^2O.$$

— On l'obtient en saturant une solution alcoolique de l'éther par du carbonate de calcium. Beaux cristaux transparents, volumineux, très efflorescents.

Sel de baryum, $(C^6H^6AzO^3)^2Ba,2H^2O.$ — On le prépare comme le sel de calcium. Il cristallise en prismes nacrés et réunis en houppes. Il ne perd son eau de cristallisation qu'à 145° [A. Haller et Held, *loc. cit.*].

Amidoacétylcyanacétate de méthyle,

$$CH^3.C=C\big<{}^{C\,Az}_{CO^2CH^3}$$
$$AzH^2$$

— Il se forme quand on chauffe l'éther acétylcyané avec une solution concentrée d'ammoniaque. Il cristallise dans l'alcool en tables rectangulaires, fusibles à 181°,5 et se solidifiant à 180°. Sous l'influence de la potasse alcoolique, il se dédouble en ammoniaque et en potassium-acétylcyanacétate de méthyle [A. Held, *loc. cit.*].

ACÉTYLCYANACÉTATE D'ÉTHYLE,

$$CH^3 . CO . CH \begin{cases} C\,Az \\ CO^2 C^2 H^5 \end{cases}$$

— Cet éther, appelé improprement par différents auteurs *éther cyanacétylacétique*, a été découvert par MM. Haller et Held. Il peut se préparer :

1° En faisant passer un courant de chlorure de cyanogène sec dans une solution d'éther acétylacétique sodé dans l'alcool absolu [*C. R.*, **95**, 235; *Ann. Chim. Phys.*, (6), **17**, 203];

2° En traitant l'éther cyanacétique sodé par une solution de chlorure d'acétyle dans l'éther anhydre [*C. R.*, **105**, 116; *Ann. Chim. Phys.*, *loc. cit.*];

3° Enfin les mêmes auteurs ont démontré que l'éther cyanacétylacétique,

$$C\,Az . CH^2 . CO . CH^2 . CO^2 C^2 H^5,$$

que M. W. James crut avoir obtenu par double décomposition entre l'éther acétylacétique chloré et le cyanure de potassium [*Chem. Soc.*, 1887, 286], n'est autre chose que l'éther acétylcyanacétique [*C. R.*, **104**, 1627; *Ann. Chim. Phys.*, *loc. cit.*; *Bull. Soc. Chim.*, (2), **47**, 888].

Quel que soit le mode de formation de l'éther acétylcyanacétique, il forme une masse cristalline blanche, d'une odeur fraîche, d'une saveur brûlante et rougissant énergiquement le papier de tournesol. A 26°, il fond en un liquide incolore, limpide, se solidifiant difficilement. On peut, en effet, l'amener jusqu'à une température de 15° au-dessous de 0° sans faire cesser la surfusion. Sa densité à 19° = 1,102.

L'éther acétylcyanacétique est soluble en toutes proportions dans l'alcool, l'éther, le benzène, le sulfure de carbone, le chloroforme. Il est très peu soluble dans l'eau; sa solution aqueuse, additionnée d'une goutte de perchlorure de fer, se colore en un rouge vif.

Chauffé avec de la potasse alcoolique, il se dédouble en alcool, acide carbonique, ammoniaque et acide acétique :

$$CH^3 . CO . CH \begin{cases} C\,Az \\ CO^2 C^2 H^5 \end{cases} + H^2O + 4\,KOH$$

$$= Az\,H^3 + 2\,CH^3 . CO^2 K + C^2 H^6 O + CO^3 K^2.$$

L'acide chlorhydrique détermine à 115-120° le même dédoublement; seulement, au lieu d'alcool, on obtient du chlorure d'éthyle [A. Haller et A. Held, *loc. cit.*].

Quand on abandonne à lui-même un mélange d'acétylcyanacétate d'éthyle et d'acide sulfurique concentré, on obtient au bout de six à huit semaines de l'*acétylmalonamate d'éthyle* :

$$CH^3 . CO . CH \begin{cases} C\,Az \\ CO^2 C^2 H^3 \end{cases} + H^2O$$

$$= CH^3 . CO . CH \begin{cases} CO\,Az\,H^2 \\ CO^2 C^2 H^5 \end{cases}$$

Cette hydratation de la fonction nitrile s'effectue plus facilement et plus rapidement en mélangeant l'éther cyané (15gr,5) avec 9gr,40 de phénol pur et 50 grammes d'acide sulfurique concentré. Opère-t-on, au contraire, en présence de résorcine et d'acide sulfurique, il se forme de la β-méthylombelliférone :

$$C^6 H^4 (OH)^2 + CH^3 . CO . CH \begin{cases} C\,Az \\ CO^2 C^2 H^5 \end{cases} + H^2O$$

$$= C^6 H^3 - O \overline{\qquad\qquad} \atop C(CH^3)=CH . CO \Big] + CO^2$$

$$+ C^2 H^6 O + Az\,H^3.$$

L'acétylcyanacétate de méthyle, traité dans les mêmes conditions par le phénol et l'acide sulfurique, ne s'hydrate pas; mais, en présence de la résorcine, il fournit aussi de petites quantités de méthylombelliférone [A. Held, *C. R.*, **116**, 720].

Quand on fait bouillir l'éther acétylcyanacétique (50 grammes) avec de l'eau (150 à 200 grammes) dans un appareil à reflux, jusqu'à disparition complète des gouttelettes huileuses, on constate qu'il se dégage de l'acide carbonique et que le liquide se prend par le refroidissement en une masse qui, après cristallisation dans l'alcool, se présente en houppes volumineuses, formées de fines aiguilles blanches, longues et soyeuses. Ce corps est à peu près insoluble dans l'eau froide, peu soluble dans l'eau bouillante, à laquelle il communique une réaction acide, insoluble dans l'éther, soluble dans l'alcool et dans les alcalis. Il se dissout facilement dans les acides chlorhydrique et bromhydrique concentrés, d'où il est reprécipité inaltéré par l'eau en excès. En présence de l'alcool, la soude et la potasse lui communiquent une coloration d'un rouge pourpre intense. Chauffé avec précaution, il se sublime sans fondre vers 200°; au-dessus de cette température, il se décompose. L'acide chlorhydrique alcoolique est sans action sur lui à froid.

Ce corps répond à la formule $C^6 H^5 Az^2 O$ et prend naissance suivant les équations :

$$CH^3 . CO . CH \begin{cases} C\,Az \\ CO^2 C^2 H^5 \end{cases} + H^2O$$

$$= C^2 H^6 O + CO^2 + CH^3 . CO . CH^2 . C\,Az ;$$

$$2\,CH^3 . CO . CH^2 . C\,Az$$

$$= H^2O + \begin{matrix} CH . CO . CH^2 . C\,Az \\ \| \\ CH^3 - C - CH^2 . C\,Az \end{matrix}$$

La formule de constitution qu'on a adoptée pour ce corps répond à celle d'un *oxyde de mésityle dicyané*. Ce corps, renfermant un groupe CH^2 compris entre CO et C Az, possède une réaction acide et est soluble dans les alcalis.

Traité par le brome, il fournit un *dérivé bromé* $C^6 H^7 Br Az^2 O$. Cristallisé dans l'alcool bouillant, ce corps se présente sous la forme de cristaux grenus qui ne sont volatils à aucune température et qui se décomposent sans fondre. Ses solutions possèdent une réaction franchement acide; il se dissout dans les alcalis et donne avec la soude une combinaison $C^6 H^6 NaBr Az^2 O$, nettement cristallisée en fines aiguilles nacrées, solubles dans l'eau et dans l'alcool.

Dans la préparation de ce dérivé bromé, on constate qu'il se dégage un peu de bromure de cyanogène. Cette propriété conduit à adopter la formule

$$\begin{matrix} CH . CO . CHBr . C\,Az \\ \| \\ CH^3 - C - CH^2 - C\,Az \end{matrix}$$

La combinaison sodée serait

$$\begin{matrix} CH . CO . CNaBr . C\,Az \\ \| \\ CH^3 - C - CH^2 - C\,Az \end{matrix}$$

[A. Held, *Thèse de la Fac. des Sciences*, Paris, 1888, 53, 57].

Action de l'ammoniaque sur l'éther acétylcyanacétique. — Quand on traite l'éther acétylcyanacétique par une solution aqueuse ou alcoolique d'ammoniaque, on obtient par évaporation lente du liquide des aiguilles soyeuses, blanches, d'aspect nacré, très altérables à l'air humide en se colorant rapidement en vert sale. Les mêmes cristaux se forment quand on fait passer un courant d'ammoniaque sèche dans une solution d'éther cyané dans l'éther absolu. Ils répondent à la formule

$$CH^3 . CO . C (AzH^4) \Big\langle {C\,Az \atop CO^2 C^2 H^5}$$

et représentent le *sel ammoniacal* de l'éther acétylcyanacétique.

La réaction se passe autrement quand on opère à chaud : 50 grammes d'éther cyané, additionnés de 50 grammes d'ammoniaque aqueuse concentrée et de 100 grammes d'eau distillée, puis chauffés dans un appareil à reflux pendant 2 ou 3 heures, donnent du carbonate d'ammonium et des cristaux blancs prismatiques d'*amidoacétyl cyanacétate d'éthyle* :

$$CH^3 . CO . CH \Big\langle {C\,Az \atop CO^2 C^2 H^5} + AzH^3$$

$$= H^2O + CH^3 . \underset{\underset{AzH^2}{|}}{C} = C \Big\langle {C\,Az \atop CO^2 C^2 H^5}$$

Les eaux mères d'où on a séparé l'amide ci-dessus, acidulées par l'acide sulfurique, donnent lieu à un abondant dégagement d'acide carbonique et fournissent en même temps un précipité caillebotté rose, qui cristallise dans l'eau bouillante, tantôt en mamelons volumineux, tantôt en une masse caséeuse, compacte, blanche, dure, d'un aspect fibreux, ressemblant à de la pâte à papier, se pulvérisant difficilement ; lorsque la dessiccation a été rapide, le produit est au contraire léger et poreux. Il est très peu soluble dans l'eau froide et dans l'alcool, insoluble dans l'éther. Il se dissout un peu mieux dans l'alcool bouillant, mais ses solutions s'altèrent rapidement en prenant une coloration rose d'abord, qui vire peu à peu au vert foncé. Les solutions donnent avec les sels ferriques une coloration d'un violet intense, rose en liqueur étendue.

Ce corps présente les caractères d'un acide et répond à la formule $C^7 H^6 Az^2 O^3$.

Son *sel de sodium*, $C^7 H^5 Az^2 O^3 Na , 4H^2O$, s'obtient en saturant exactement à chaud une solution aqueuse de carbonate de sodium par l'acide. Cristaux prismatiques, quelquefois tabulaires, d'assez faible dimension, facilement solubles dans l'eau, à peu près insolubles dans l'alcool concentré, plus solubles dans l'alcool dilué en donnant une solution plus altérable que la solution aqueuse et qui se colore en vert, puis en bleu, au bout de très peu de jours.

Sel de baryum, $(C^7 H^5 Az^2 O^3)^2 Ba , 2H^2O$. — Fines aiguilles groupées en mamelons ou poudre blanche, poreuse, légère, cristalline, assez peu soluble dans l'eau froide, soluble dans l'eau bouillante et dans l'alcool chaud.

Sel d'ammonium, $C^7 H^5 Az^2 O^3 . AzH^4$. — Il se produit par l'action directe de l'ammoniaque concentrée et chaude sur l'éther acétylcyanacétique. Masse cristalline blanche, formée de fines aiguilles enchevêtrées ou de petits cristaux prismatiques, friables, anhydres, très solubles dans l'eau et dans l'alcool, insolubles dans l'éther, très altérables à l'air humide.

Conservé dans des flacons mal bouchés, même après dessiccation parfaite, ce sel ne tarde pas à se colorer en vert et à se décomposer avec dégagement d'ammoniaque. Chauffé avec précaution, il se volatilise sans s'altérer, puis il fond brusquement en se décomposant.

Sel d'argent, $C^7 H^5 Az^2 O^3 Ag$. — Poudre amorphe, qui prend au bout d'un certain temps une structure cristalline bien marquée. De tous les sels de cet acide, le composé argentique est le plus stable.

Sel de cuivre, $(C^7 H^5 Az^2 O^3)^2 Cu , 7H^2O$. —

Fines aiguilles de couleur de bronze, ou quelquefois tables hexagonales de même couleur. Ce sel est assez soluble dans l'eau à la température ordinaire (environ 1/50). Il se déshydrate avec la plus grande facilité quand on le projette dans l'eau bouillante, ou lorsque, l'ayant mis en contact avec de l'eau froide, on chauffe celle-ci progressivement, même au bain-marie. En se déshydratant, ce composé perd sa structure cristalline et sa couleur bronzée pour prendre une teinte violacée et l'aspect amorphe. Il est insoluble dans l'alcool. Bouilli avec de l'alcool concentré, il cède son eau de cristallisation et devient violet noir.

Sel de plomb, $(C^7 H^5 Az^2 O^3)^2 Pb$. — Fines aiguilles anhydres qui, lavées longtemps avec de l'eau, se dissocient pour donner un sel se rapprochant de la formule $(C^7 H^5 Az^2 O^3)^2 Pb . Pb^2 H^2 O^2$.

Éther éthylique, $C^7 H^5 Az^2 O^3 . C^2 H^5$. — Préparé par double décomposition entre le sel d'argent et l'iodure d'éthyle, cet éther cristallise dans l'alcool en cristaux très petits, prismatiques ou tabulaires, isolés, peu solubles dans l'alcool froid, et dont la solution alcoolique s'altère en verdissant rapidement.

Traité par la potasse fondante, l'acide $C^7 H^6 Az^2 O^3$ donne de l'ammoniaque, du carbonate d'ammonium et des vapeurs qui se condensent sous la forme d'un produit huileux fortement coloré en brun, insoluble dans l'eau, soluble dans l'alcool et dans l'éther. Ce produit ne se combine pas à l'acide chlorhydrique.

Chauffé en tube scellé, à 130-140°, avec de l'acide chlorhydrique saturé à 0°, l'acide $C^7 H^6 Az^2 O^3$ se décompose suivant l'équation

$$C^7 H^6 Az^2 O^3 + HCl + 2H^2O$$
$$= C^6 H^7 Az O^3 + AzH^4 Cl + CO^2.$$

Le composé $C^6 H^7 Az O^3$ est un acide qui paraît se combiner avec l'acide chlorhydrique ; aussi sa purification présente-t-elle des difficultés. Le produit brut, après avoir séjourné dans une cloche contenant de la chaux vive, est sublimé dans le vide à 230-235°. On obtient ainsi des croûtes d'un blanc jaunâtre, assez épaisses, qu'on fait cristalliser dans l'alcool. L'acide $C^6 H^7 Az O^3$ se présente sous la forme d'écailles blanches et nacrées, solubles dans l'eau et dans les alcalis. Ces dernières dissolutions se colorent presque instantanément, au contact de l'air, en vert, en rouge, ou en violet foncé.

Les conditions de formation de ces acides, la propriété que possède l'éther acétylacétique de donner naissance à des dérivés dihydropyridiques quand on le traite par de l'aldéhydate d'ammoniaque (Hantzsch), ont fait penser à M. Held que ces composés pourraient avoir une constitution analogue à celle des dérivés de M. Hantzsch.

Il considère donc l'acide $C^7 H^6 Az^2 O^3$ comme un *acide dihydropyridine-cyanocarbonique*

$$C^5 H^6 Az (C\,Az) (CO^2 H),$$

et celui qui en dérive, $C^6 H^7 Az^2 O^3$, comme de l'*acide dihydropyridine-monocarbonique*

$$C^5 H^6 Az . CO^2 H.$$

Les recherches faites pour transformer par oxydation ces deux acides en acides pyridiques n'ont pas abouti.

Action de l'éthylamine sur l'éther acétylcyanacétique. — Quand on chauffe en tube scellé, à la température du bain-marie, 1 molécule d'éther avec 2 molécules d'éthylamine (à 33 0/0), on obtient après refroidissement un liquide séparé en deux couches. A l'ouverture des tubes, la couche supérieure se prend quelquefois en masse. On agite avec de l'éther, on décante, on décolore au charbon et on fait cristalliser.

Le corps obtenu répond à la formule $C^9H^{14}Az^2O^3$ et constitue l'*éthylamidocyanacétate d'éthyle* :

$$C^7H^9AzO^3 + AzH^2 . C^2H^6 = C^9H^{14}Az^2O^3 + H^2O.$$

La solution aqueuse d'où l'on a séparé l'éther amidé ci-dessus, traitée par l'acide sulfurique dilué, donne lieu à un dégagement d'acide carbonique et à la formation d'un précipité caillebotté gris rosé, moins abondant que celui qui se forme dans l'action de l'ammoniaque sur l'éther acétylcyanacétique. On recueille ce précipité et on le lave avec de l'eau glacée. On purifie l'acide en le transformant en sel de baryum, qu'on décompose ensuite par une quantité calculée d'acide sulfurique.

L'acide, cristallise dans l'eau bouillante, se présente sous la forme de flocons composés d'aiguilles microscopiques, solubles dans l'eau et dans l'alcool. Les solutions donnent avec les persels de fer une coloration d'un violet bleu. Il répond à la formule $C^9H^{10}Az^2O^2$ et paraît constituer un acide *éthylhydropyridine-cyanocarbonique,*

$$C^5H^4(C^2H^5)Az(CAz)(CO^2H).$$

Le *sel de baryum*, $(C^9H^9Az^2O^2)^2Ba, 2H^2O$, s'obtient en faisant bouillir une solution de l'acide avec du carbonate de baryum. Il ne perd toute son eau de cristallisation qu'à 150-160°. La solution alcoolique se colore en vert au contact de l'air [Held, *loc. cit.*].

Combinaisons salines de l'acétylcyanacétate d'éthyle. — Ainsi qu'il a déjà été dit, cet éther possède une fonction acide nettement définie. Ses sels sont bien caractérisés et très stables. Sa chaleur de neutralisation par la soude le rend comparable sous ce rapport aux acides formique, oxalique, picrique, tartrique.

Ces combinaisons salines peuvent se préparer soit en dissolvant l'éther cyané dans une solution des bases, soit en faisant agir le même éther sur des carbonates. D'autres enfin prennent naissance par double décomposition [A Haller et A. Held, *loc. cit.*].

Sodium-acétylcyanacétate d'éthyle,

$$CH^3 . CO . CNa < {CAz \atop CO^2C^2H^5}$$

— Longues et fines aiguilles prismatiques, soyeuses, ou houppes cristallines plus ou moins volumineuses, solubles dans l'eau et dans l'alcool.

Chaleur de neutralisation de l'éther modifié :

$$(1 \text{ mol.} = 15 \text{ l.}) + NaOH (1 \text{ mol.} = 10 \text{ l.})$$
$$= + 10^{cal},5;$$

Chaleur de neutralisation de l'éther non modifié,

$$(1 \text{ mol.} = 15 \text{ l.}) + NaOH (1 \text{ mol.} = 10 \text{ l.})$$
$$= + 12^{cal},2;$$

Chaleur de neutralisation de l'éther en solution dans l'alcool à 70° :

$$= + 12°,15$$

A. Haller et A. Guntz, *C. R.*, **106**, 1473].
Potassium-acétylcyanacétate d'éthyle,

$$C^7H^6AzKO^3.$$

— Cristallisé dans l'alcool absolu, ce sel constitue une masse cristalline compacte ou de fines aiguilles groupées en étoiles.

Sel de calcium, $(C^7H^6AzO^3)^2Ca, 3H^2O$. — Sa solution alcoolique le laisse déposer par évapo-

ration lente en cristaux très nets, mais dont l'aspect et la forme varient avec les conditions dans lesquelles s'effectue la cristallisation. La forme la plus habituelle est celle d'une double pyramide hexagonale irrégulière; les deux pyramides sont accolées par leur base et terminées, non par un sommet unique, mais par un dôme curviligne et paraissent être des octaèdres du cinquième système.

La seconde forme est celle d'un prisme rhomboïdal oblique de 105°32' portant sur les angles E des facettes parallèles à la petite diagonale de la base et sur les arêtes G une modification unique g^1, cette dernière n'existant souvent que sur une des arêtes.

Ce sel est assez peu soluble dans l'eau froide; il se dissout facilement dans l'eau bouillante. Les cristaux, exposés pendant quelque temps sur l'acide sulfurique, deviennent opaques et perdent une partie de leur eau de cristallisation. La déshydratation n'est complète qu'à 140°.

Sel de baryum, $(C^7H^6AzO^3)^2Ba, 2H^2O$. — Mamelons blancs, assez volumineux, formés d'aiguilles cristallines très fines, solubles dans l'eau et dans l'alcool.

Sel de plomb, $(C^7H^6AzO^3)^2Pb, 2H^2O$. — Il cristallise dans l'alcool à 60° en cristaux aciculaires, assez semblables à ceux du chlorure de plomb.

Sel d'argent, $C^7H^6AzO^3Ag$. — Précipité blanc caillebotté qui, dissous dans l'eau bouillante, cristallise en fines aiguilles prismatiques.

Éther acétylcyanochloracétique,

$$CH^3 . CO . CCl < {CAz \atop CO^2C^2H^5}$$

— On l'obtient en faisant passer un courant de chlore sec dans une solution benzénique d'éther acétylcyanacétique; on lave le liquide avec une solution étendue de soude caustique, on évapore et on distille dans le vide, en recueillant ce qui passe entre 90 et 105° sous une pression de 20 à 25 millimètres.

Liquide incolore, limpide, d'une odeur extrêmement irritante, insoluble dans les alcalis. Il se décompose spontanément au bout de quelques jours, en dégageant du chlorure de cyanogène et en devenant jaune foncé, puis brun. Il reste finalement une masse résineuse, très visqueuse, brune et très odorante.

Éther bromacétylcyanobromacétique,

$$CH^2Br . CO . CBr < {CAz \atop CO^2C^2H^5}$$

— Ce composé paraît prendre naissance quand on traite une solution chloroformique ou sulfocarbonique d'éther acétylcyanacétique par le brome. On lave au carbonate de sodium et à l'eau et on évapore. Liquide visqueux, semé de cristaux insolubles dans les alcalis [A. Held, *Thèse de la Faculté des Sciences*, Paris, 1888, 6-7].

Amidoacétylcyanacétate d'éthyle,

$$CH^3 . C = C < {CAz \atop CO^2C^2H^5}$$
$$| \atop AzH^2$$

— C'est un des produits de l'action de l'ammoniaque sur l'éther acétylcyanacétique

Cristallisé dans l'alcool, il se présente sous la forme de petits cristaux prismatiques, terminés par des pyramides très aiguës, fusibles à 188°, se solidifiant à 183°, se volatilisant sans décomposition à partir de 200° lorsqu'on le chauffe avec précaution; il est insoluble dans l'éther, l'eau froide et les alcalis. Ses solutions dans l'alcool sont neutres aux réactifs.

Chauffé au bain-marie avec 1 molécule de potasse alcoolique, il se dédouble en ammoniaque et en potassium-acétylcyanacétate d'éthyle [A. Held, *loc. cit.*].

Éthylamidoacétylcyanacétate d'éthyle,

$$CH^3 . \underset{\underset{Az\,H\,.\,C^2H^5}{|}}{C} = C \underset{CO^2C^2H^5}{\overset{C\,Az}{<}}$$

— Ce dérivé se produit dans les mêmes conditions que son homologue inférieur; il suffit de remplacer l'ammoniaque par l'éthylamine. Le produit de la réaction est agité avec de l'éther et la solution éthérée est évaporée. Grandes tables rectangulaires, insolubles dans l'eau, solubles dans l'alcool et dans l'éther et fondant à 67°,5. Ce corps distille dans le vide à 190° en se décomposant partiellement. Soumis à l'action de 1 molécule de potasse alcoolique, il régénère ses composants, éthylamine et éther acétylcyanacétique [A. Held, *loc. cit.*].

ÉTHERS γ-CYANACÉTYLACÉTIQUES,

$$C\,Az . CH^2 . CO . CH^2 . CO^2C^2H^5$$

et

$$C\,Az . CH^2 . CO . CH^2 . CO^2CH^3.$$

— M. W. James crut avoir préparé cet isomère de l'éther acétylcyanacétique en traitant l'éther chloracétique par le cyanure de potassium [*Chem. Soc.*, 1887, 286].

MM. Haller et Held ont démontré que le produit obtenu par ce savant n'est autre chose que l'éther acétylcyanacétique [*Bull. Soc. Chim.*, (2), **47**, 888].

Sous le nom d'éther cyanacétylacétique M. Pinner [*D. chem. G.*, **18**, 2846] a décrit un composé qui a pour constitution

$$CH^3 - C(C\,Az) = CH - CO^2C^2H^5$$

et qui se forme quand on abandonne pendant plusieurs semaines un mélange de chlorhydrate de formamidine, d'éther acétylacétique et de carbonate de sodium en solution à 10 0/0.

Ce composé n'est en réalité autre chose que l'éther β-cyanocrotonique (voyez Suppl. **2**, 1466).

MM. Haller et Held, pour faire la synthèse de l'acide citrique, ont repris l'étude de l'action du cyanure de potassium sur les éthers chloracétylacétiques et bromacétylacétiques.

Éther éthylé, $C\,Az . CH^2 . CO . CH^2 . CO^2C^2H^5$ [A. Haller et A. Held, *Ann. Chim. Phys.*, (6), **22**, juin 1891]. — L'éther monochloracétylacétique, étendu d'éther bien sec, puis additionné de cyanure de potassium pulvérisé et desséché, fournit au bout de quelques heures un dépôt blanc, floconneux, très léger. Au bout de 24 heures, on décante le liquide qui a pris une couleur jaune-orangé et une odeur d'acide cyanhydrique, on y ajoute une nouvelle quantité de cyanure de potassium en poudre et on chauffe le tout dans un appareil à reflux pendant 3 ou 4 heures. Quel que soit l'excès de cyanure de potassium employé, quelle que soit aussi la durée de la réaction, on n'arrive jamais à une transformation complète de l'éther chloré. La liqueur éthérée est filtrée, puis agitée avec une solution de carbonate de sodium, qui dissout l'éther acétyl-α-cyanacétique,

$$CH^3 . CO . CH(C\,Az) . CO^2C^2H^5.$$

Après lavage à l'eau, on dessèche sur du chlorure de calcium et on distille sous pression réduite (40 à 45 millimètres), en recueillant ce qui passe entre 135 et 138°. On obtient ainsi un liquide huileux, incolore, mais jaunissant à l'air et à la lumière au bout de quelques heures. Avec le perchlorure de fer, il donne une coloration jaune sale, un peu brunâtre, mais sans trace de rouge ou de violet.

Il renferme toujours un peu de chlore, provenant de petites quantités d'éther chloracétylacétique qu'il n'a pas été possible d'éliminer par rectification.

Les distillations répétées décomposent cet éther, le taux d'azote allant en diminuant à chaque rectification.

L'action du cyanure de potassium sur l'éther monobromacétylacétique de Duisberg (voyez Suppl. **2**, 46) ne fournit que de l'éther succinyl-succinique sans traces d'éther γ- ou α-cyanacétylacétique [A. Haller et A. Held, *C. R.*, **114**, 400].

L'action du cyanure de potassium sur l'éther monobromacétylacétique de Schönbrodt fournit un mélange d'éthers γ-cyanacétylacétique et α-acétylcyanacétique, qu'on sépare par un traitement au carbonate de sodium [A. Haller et A. Held, *C. R.*, **114**, 452].

Lorsqu'on traite l'éther γ-cyanacétylacétique par de l'alcool chlorhydrique, on obtient, suivant les conditions de l'expérience, de l'éther acétone-dicarbonique ou un chlorhydrate d'éther imidé :

$$C\,Az . CH^2 . CO . CH^2 . CO^2C^2H^5 + HCl + C^2H^5OH$$
$$= C^2H^5 . CO^2 . CH^2 . CO . CH^2 . CO \underset{C^2H^5}{\overset{Az\,H\ HCl}{<}}$$

$$C\,Az . CH^2 . CO . CH^2 . CO^2C^2H^5 + HCl + C^2H^5OH + H^2O$$
$$= C^2H^5 . CO^2 . CH^2 . CO . CH^2 . CO^2C^2H^5 + Az\,H^4Cl.$$

L'éther acétone-dicarbonique obtenu a servi à faire la synthèse de l'acide citrique.

Quand on fait passer un courant d'acide chlorhydrique sec dans une solution alcoolique d'éther γ-cyanacétylacétique, on obtient des produits chlorés qui n'ont pas encore été étudiés.

γ-Cyanacétylacétate de méthyle,

$$C\,Az . CH^2 . CO . CH^2 . CO^2CH^3.$$

— Cet éther se prépare comme son homologue supérieur. Comme pour ce dernier, on obtient, en partant du chloracétylacétate de méthyle, un mélange d'éthers acétylcyanacétiques α et γ, qu'on sépare au moyen du carbonate de sodium.

L'éther γ-cyané est insoluble. On le rectifie et on recueille ce qui passe à 127-128° sous une pression de 20-30 millimètres.

Liquide assez épais, incolore lorsqu'il est fraîchement préparé, se colorant en jaune au bout de quelque temps. Il bout à 215-216° à la pression normale. Il ne cristallise pas, même à quelques degrés au-dessous de 0°, tandis que son isomère α cristallise très facilement.

Le perchlorure de fer le colore faiblement en jaune.

Quand on fait passer un courant d'acide chlorhydrique sec dans une solution de cet éther au sein de l'alcool méthylique absolu, en ayant soin de refroidir au moyen d'un mélange de glace et de sel, on obtient, au bout de quelques heures, une abondante cristallisation de prismes blancs, enchevêtrés, de 3 à 5 millimètres de long. Ces cristaux, lavés avec de l'alcool ou de l'éther, puis desséchés sous une cloche en présence de soude caustique, fondent à 144° en se décomposant. Ils sont solubles dans l'eau et dans l'alcool. Ils répondent à la formule $C^7H^{13}Cl^2Az\,O^4$. Le chlore s'y trouve sous deux états. La moitié est précipitable par l'azotate d'argent, tandis que l'autre moitié n'est pas atteinte par le sel d'argent.

Les propriétés de ce corps et son origine conduisent à la formule de constitution

$$CH^3 . CO^2 . CHCl . CHOH . CH^2 . C \underset{OCH^3}{\overset{Az\,H . HCl}{<}}$$

On sait en effet que l'éther acétylacétique, substance mère des dérivés ci-dessus, se comporte tantôt comme un éther β-acétonique,

$$CH^3.CO.CH^2.CO^2CH^3,$$

tantôt comme un composé hydroxylé non saturé, $CH^3.COH=CH^2-CO^2CH^3$. L'éther γ-cyané qui en dérive devient

$$CAz.CH^2.COH=CH.CO^2CH^3.$$

Mais en même temps la fonction nitrile se trouve transformée en fonction éther imidé, de telle sorte que la réaction totale peut s'écrire

$$CAz.CH^2.COH=CH.CO^2CH^3 + 2HCl + CH^3OH$$
$$= CH^3.CO^2-CHCl.CHOH.CH^2.C\!\!<^{AzH\,.\,HCl}_{OCH^3}$$

Quand on dissout le γ-cyanacétylacétate d'éthyle dans l'alcool méthylique et qu'on sature de gaz chlorhydrique, on obtient un composé mixte éthylométhylique analogue au dérivé diméthylé :

$$CAz.CH^2.COH=CH.CO^2C^2H^5 + 2HCl + CH^3OH$$
$$= C^2H^5.CO^2.CHCl.CHOH.CH^2.C\!\!<^{AzH\,.\,HCl}_{OCH^3}$$

Ce composé cristallise en aiguilles blanches, fondant à 122° en se décomposant.

Soumis à l'ébullition avec de l'alcool étendu d'eau et légèrement acidulé avec de l'acide chlorhydrique, les deux composés diméthylique et méthyléthylique se décomposent lentement en donnant du chlorure d'ammonium et des produits huileux, distillant dans le vide à température assez élevée, renfermant du chlore et dont l'étude n'est pas achevée.

Acétylméthylcyanacétate d'éthyle,

$$CH^3.CO.C\!\!<^{CAz}_{CO^2C^2H^5}\!\!\!\!\!\!\!\!\!\!\!\!\overset{\displaystyle -CH^3}{}$$

[A. Held, *loc. cit.*]. — Cet éther prend naissance quand on sature de chlorure de cyanogène une solution alcoolique d'acétylméthylacétate d'éthyle sodé :

$$CH^3.CO.CNa\!\!<^{CH^3}_{CO^2C^2H^5} + CAzCl$$
$$= NaCl + CH^3.CO.C\!\!<^{CAz}_{CO^2C^2H^5}\!\!\!\!\!\!\!\!\!\!\!\!\overset{\displaystyle -CH^3}{}$$

On lave le produit avec de l'eau distillée, on agite avec de l'éther, on sèche la solution éthérée sur du chlorure de calcium et on rectifie dans le vide en recueillant ce qui passe à 90-91° sous une pression de 20 millimètres.

Liquide incolore, d'une densité de 0,996 à 20°. Exposé à la lumière, il se décompose lentement en se colorant. Il est insoluble dans les alcalis. Bouilli avec la potasse alcoolique, il se décompose en alcool, ammoniaque, acétate, propionate et carbonate de potassium :

$$CH^3.CO.C\!\!<^{CAz}_{CO^2C^2H^5}\!\!\!\!\!\!\!\!\!\!\!\!\overset{\displaystyle -CH^3}{} + H^2O + 4KOH$$
$$= CH^3.CO^2K + CH^3.CH^2.CO^2K + AzH^3$$
$$+ CO^3K^2 + C^2H^5OH.$$

Acétyléthylcyanacétate d'éthyle,

$$CH^3.CO.C\!\!<^{CAz}_{CO^2C^2H^5}\!\!\!\!\!\!\!\!\!\!\!\!\overset{\displaystyle -C^2H^5}{}$$

— Cet éther se prépare comme son homologue inférieur, au moyen de l éther acétyléthylacétique.

Des essais tentés pour obtenir ce composé en faisant agir l'iodure d'éthyle sur le sodium-acétylcyanacétate d'éthyle n'ont donné aucun résultat.

Liquide incolore, d'une odeur éthérée plus douce que celle de l'éther acétylacétique, bouillant à 103-105° sous une pression de 20 à 25 millimètres. Exposé à la lumière, il ne tarde pas à se colorer en brun. Sa densité à 20° = 0,976. Il est soluble dans l'alcool et dans l'éther, insoluble dans l'eau et dans les alcalis.

Chauffé avec de la potasse alcoolique, cet éther se scinde en acétate, butyrate et carbonate de potassium, alcool et ammoniaque :

$$CH^3.CO.C\!\!<^{CAz}_{CO^2C^2H^5}\!\!\!\!\!\!\!\!\!\!\!\!\overset{\displaystyle -C^2H^5}{} + 4KOH + H^2O$$
$$= CH^3.CO^2K + CH^2(C^2H^5).CO^2K + CO^3K^2$$
$$+ AzH^3 + C^2H^6O.$$

ÉTHER PROPIONYLCYANACÉTIQUE,

$$CH^3.CH^2.CO.CH\!\!<^{CAz}_{CO^2C^2H^5}$$

[A. Haller, *C. R.*, **106**, 1083]. — Cet éther prend naissance dans les mêmes conditions que son homologue inférieur, l'éther acétylcyanacétique, par l'action du chlorure de propionyle étendu de 4 à 5 fois son volume d'éther anhydre sur l'éther cyanacétique sodé.

Liquide à odeur rappelant à la fois celles de l'éther acétylcyanacétique et de l'acide propionique.

Il distille à 155-165° sous une pression de 50 millimètres, possède une réaction très acide et colore les sels ferriques en rouge.

Le *sel de calcium*, $(C^6H^{10}AzO^3)^2Ca,2H^2O$, a été préparé en dissolvant du carbonate de calcium dans une solution alcoolique d'éther cyané. Il cristallise en longues aiguilles très solubles dans l'eau et dans l'alcool.

ÉTHER BUTYRYLCYANACÉTIQUE,

$$CH^3.CH^2.CH^2.CO.CH\!\!<^{CAz}_{CO^2C^2H^5}$$

[A. Haller, *loc. cit.*]. — Liquide incolore, distillant à 166-178° sous une pression de 66 millimètres. Il possède une odeur d'acide butyrique et d'éther acétylcyanacétique, est très acide et colore les persels de fer en rouge.

Le *sel de calcium*, $(C^9H^{12}AzO^3)^2Ca,2H^2O$, se forme dans les mêmes conditions que l'homologue inférieur. Il cristallise confusément sous la forme de croûtes solubles dans l'alcool, peu solubles dans l'eau.

Le *sel de baryum*, $(C^9H^{12}AzO^3)^2Ba,3,5H^2O$, forme des cristaux à éclat nacré, réunis en mamelons, solubles dans l'alcool, mais peu solubles dans l'eau.

ÉTHER ISOBUTYRYLCYANACÉTIQUE,

$$^{CH^3}_{CH^3}\!\!>CH.CO.CH\!\!<^{CAz}_{CO^2C^2H^5}$$

(A. Haller). — Cet éther a été préparé suivant la même méthode. C'est un liquide incolore, distillant vers 170° sous une pression de 85 millimètres.

Le *sel de calcium*, $(C^9H^{12}AzO^3)^2Ca,2H^2O$, se présente sous la forme de cristaux très nets, solubles dans l'alcool, peu solubles dans l'eau.

ÉTHER BENZOYLCYANACÉTIQUE,

$$C^6H^5.CO.CH\!\!<^{CAz}_{CO^2C^2H^5}$$

— Pour obtenir ce composé, on dissout $2^{gr},40$ de sodium dans 30 grammes d'alcool absolu et l'on ajoute à la solution refroidie 20 grammes d'éther benzoylacétique. Le mélange est ensuite traité par un courant de chlorure de cyanogène bien sec, jusqu'à ce qu'une portion du produit, étendu d'eau, ne présente plus de réaction alcaline. A ce moment, on filtre ; le liquide filtré est concentré par évaporation et le résidu est repris par une solution de carbonate de sodium et agité avec de l'éther. Celui-ci a pour but d'enlever l'éther benzoylacétique non entré en réaction. La liqueur aqueuse, séparée de l'éther, est sursaturée par l'acide sulfurique, puis de nouveau lavée à l'éther. Les solutions éthérées réunies abandonnent par l'évaporation un liquide huileux rougeâtre, qui finit par cristalliser. On purifie ce produit en le pressant entre des doubles de papier et en le soumettant à de nouvelles cristallisations dans l'alcool [A. Haller, *C. R.*, **101**, 1270].

Cet éther a encore été préparé en faisant agir le chlorure de benzoyle sur l'éther cyanacétique sodé [A. Haller, *C. R.*, **105**, 169].

Cristaux prismatiques, très réfringents, durs, solubles dans l'alcool, l'éther, la ligroïne, la potasse et le carbonate de sodium. Il est insoluble dans l'eau et fond à 40,5-41°. Les solutions alcooliques ont une réaction franchement acide et donnent une coloration rouge avec les persels de fer. Il se combine aux bases pour former des sels.

Une solution alcoolique d'acide chlorhydrique le convertit en éthers acétique et benzoïque, et non en éther benzoylmalonique :

$$C^6H^5.CO.CH < {}^{C\,Az}_{CO^2C^2H^5} + C^2H^6O + HCl + 2H^2O$$

$$= C^6H^5.CO^2C^2H^5 + CH^3.CO^2C^2H^5 + CO^2$$
$$+ Az\,H^4Cl.$$

Bouilli avec de l'eau, il se décompose en alcool, acide carbonique et cyanacétylbenzène [A. Haller, *loc. cit.*] :

$$C^6H^5.CO;CH < {}^{C\,Az}_{CO^2C^2H^5} + H^2O$$

$$= C^6H^5.CO.CH^2.CAz + CO^2 + C^2H^6O.$$

La chaleur de neutralisation de cet éther par la soude est de $+ 11^{cal},6$ et se rapproche de celle des acides formique, oxalique, etc. [A. Haller et A. Guntz, *C. R.*, **106**, 1473].

Le *sel de baryum*, $(C^{12}H^{10}AzO^2)^2Ba,H^2O$, s'obtient en saturant une solution hydroalcoolique de l'éther par l'eau de baryte, filtrant et abandonnant sous un dessiccateur. Cristaux blancs, solubles dans l'alcool, moins solubles dans l'eau et ne se décomposant point par l'ébullition.

Le *sel de calcium*, $(C^{12}H^{10}AzO^3)^2Ca$, se prépare de la même manière. Il est blanc, cristallin, soluble dans l'alcool, peu soluble dans l'eau.

Le *sel de sodium*, $C^{12}H^{10}AzO^3Na,H^2O$, forme des mamelons cristallins et durs, solubles dans l'eau et dans l'alcool.

ÉTHER O-TOLUYLCYANACÉTIQUE,

$$CH^3.C^6H^4.CO.CH < {}^{C\,Az}_{CO^2C^2H^5}$$

[A. Haller *C. R.*, **107**, 104]. — On le prépare comme l'éther benzoylcyanacétique, au moyen de l'éther cyanacétique sodé et du chlorure d'o-toluyle.

Tables ou prismes à base rectangulaire dont les petites arêtes des bases sont modifiées. Il fond à 35°,2 et peut rester longtemps en surfusion. Il est insoluble dans l'eau, soluble dans l'alcool et dans l'éther.

Les solutions donnent avec les persels de fer une coloration rouge. Chauffé en présence d'un excès d'eau, il se décompose nettement en acide carbonique, alcool et cyanacétyl-o-méthylbenzène

(méthyl-propanoylnitrile-benzène) :

$$CH^3.C^6H^4.CO.CH < {}^{C\,Az}_{CO^2C^2H^5} + H^2O$$

$$= CH^3.C^6H^4.CO.CH^2.CAz + C^2H^6O + CO^2.$$

Le *sel de calcium*,

$$(C^{13}H^{12}AzO^3)^2Ca , 4H^2O,$$

prend naissance quand on fait bouillir une solution hydroalcoolique de l'éther avec du carbonate de calcium précipité.

Petites aiguilles blanches, réunies autour d'un centre commun, peu solubles dans l'eau, mais très solubles dans l'alcool.

ÉTHER PHÉNYLOACÉTYLCYANACÉTIQUE,

$$C^6H^5.CH^2.CO.CH < {}^{C\,Az}_{CO^2C^2H^5}$$

[A. Haller, *loc. cit.*]. — Cet isomère de l'éther o-toluique prend naissance quand on traite l'éther cyanacétique sodé par le chlorure de phényloacétyle.

Huile jaunâtre, non distillable sans décomposition et ne se solidifiant pas à — 60°.

Cet éther est insoluble dans l'eau, soluble dans l'éther et dans l'alcool. Les solutions sont colorées en rouge par les sels ferriques.

Chauffé avec un excès d'eau, il se décompose en alcool, acide carbonique et en un corps qui reste en dissolution dans l'eau et qu'on peut en extraire au moyen de l'éther. La solution éthérée l'abandonne sous la forme de cristaux très fusibles, noyés dans une huile dont il est difficile de le séparer.

Ce produit, qui est sans doute la benzyl-cyanométhyl-cétone (butylnitrile–one2–benzène)

$$C^6H^5.CH^2.CO.CH^2.CAz,$$

exposé au contact de l'air pendant quelque temps, fonce en couleur, devient visqueux et en partie insoluble dans les alcalis.

Le *sel de baryum*, $(C^{13}H^{12}AzO^3)^2Ba$, cristallise sous la forme de mamelons blanchâtres, peu solubles dans l'eau, solubles dans l'alcool. Chauffé à 100°, il se décompose partiellement.

Le *sel d'argent*, $C^{13}H^{12}AzO^3Ag$, est un précipité blanc, insoluble dans l'eau.

ÉTHER CINNAMYLCYANACÉTIQUE

$$C^6H^5.CH=CH.CO.CH < {}^{C\,Az}_{CO^2C^2H^5}$$

[A. Haller, *loc. cit.*]. — Il se forme en même temps que l'éther dicinnamylcyanacétique par l'action du chlorure de cinnamyle sur l'éther cyanacétique sodé.

Aiguilles jaunâtres, fondant à 104°, insolubles dans l'eau, peu solubles dans l'alcool ; les solutions possèdent une réaction faiblement acide, décomposent les carbonates alcalins avec dégagement d'acide carbonique, et donnent avec les sels ferriques une coloration rouge.

L'eau bouillante le dédouble en acide carbonique, alcool et en une masse visqueuse rougeâtre et incristallisable.

ÉTHER DICINNAMYLCYANACÉTIQUE,

$$(C^6H^5.CH=CH.CO)^2C < {}^{C\,Az}_{CO^2C^2H^5}$$

— Produit secondaire de la préparation de l'éther cinnamylcyanacétique.

Cristallisé dans l'alcool, il constitue des aiguilles soyeuses de couleur jaunâtre, insolubles dans l'eau, les alcalis et les carbonates alcalins. Il fond à 154°,17 (corr.).

ÉTHER SUCCINYLCYANACÉTIQUE,

$$C^2H^4 \left\langle \begin{array}{l} C = C {<}^{\textstyle CAz}_{\textstyle CO^2C^2H^5} \\[4pt] {>}O \\ CO \end{array} \right.$$

[P.-Th. Muller, *C. R.*, **112**, 1139]. — On l'obtient en faisant bouillir l'éther sodocyanacétique (2 molécules), en suspension dans l'éther anhydre, avec du chlorure de succinyle (1 molécule). On filtre l'éther chaud; le produit se dépose par refroidissement. On le lave au carbonate de sodium froid et on le fait cristalliser dans le benzène ou dans le chloroforme.

Poudre blanche, fondant à 126°, soluble dans l'alcool, insoluble dans le sulfure de carbone et dans l'éther de pétrole, soluble dans l'éthylate de sodium à froid. Dédoublé par l'eau bouillante, il donne de l'acide succinique et de l'éther cyanacétique.

ÉTHER SUCCINYLDICYANACÉTIQUE,

$$C^2H^4 {<}^{\textstyle CO.CH(CAz).CO^2C^2H^5}_{\textstyle CO.CH(CAz).CO^2C^2H^5}$$

ou

$$C^2H^4 \left\langle \begin{array}{l} C {<}^{\textstyle CH(CAz)-CO^2C^2H^5}_{\textstyle CH(CAz)-CO^2C^2H^5} \\[4pt] {>}O \\ CO \end{array} \right.$$

[P.-Th. Muller, *C. R.*, **115**, 953]. — On le trouve dans les résidus de la préparation du corps précédent. On l'isole en le dissolvant dans le carbonate de sodium et précipitant par un acide. On l'obtient directement en traitant à froid 4 molécules d'éther sodocyanacétique par 1 molécule de chlorure de succinyle; il se forme un mélange d'éthers succinylcyanacétique et succinyldicyanacétique que l'on sépare au moyen du carbonate de sodium :

$$C^2H^4.(COCl)^2 + 4\,CHNa(CAz)CO^2C^2H^5$$
$$= 2\,NaCl + C^2H^4 {<}^{\textstyle CO.CNa(CAz).CO^2C^2H^5}_{\textstyle CO.CNa(CAz).CO^2C^2H^5}$$
$$+\, 2CH^2(CAz).CO^2C^2H^5.$$

On précipite la solution du sel sodique par l'acide acétique et on fait recristalliser dans l'alcool bouillant. Fines aiguilles blanches, insolubles dans l'eau, fondant à 136-137°. Il se décompose par l'eau bouillante en acide succinique et éther cyanacétique.

L'éther succinyldicyanacétique est un acide bibasique; son *sel de sodium* cristallise avec 5 molécules d'eau. Ce sel fournit, par double décomposition avec le nitrate d'argent, un précipité blanc qui constitue le *sel diargentique*. Avec le sulfate de cuivre, on obtient un précipité bleu-verdâtre qui est le *sel cuivreux*,

$$C^2H^4[CO.C(CAz).CO^2C^2H^5]^2Cu^2.$$

Bouilli avec la phénylhydrazine en solution alcoolique, l'éther succinyldicyanacétique fournit la succinylphénylhydrazide,

$$C^2H^4(CO.AzH.AzH.C^6H^5)^2,$$

qui avait déjà été obtenue par MM. Freund et Goldschmidt [*D. chem. G.*, **24**, 2462]; cette réaction peut s'interpréter avec la formule dissymétrique comme avec la formule symétrique. L'analogie avec le composé suivant porterait plutôt à admettre la première.

Éther phtalylcyanacétique,

$$C^6H^4 \left\langle \begin{array}{l} C = C {<}^{\textstyle CAz}_{\textstyle CO^2C^2H^5} \\[4pt] {>}O \\ CO \end{array} \right.$$

[P. Th. Muller, *C. R.*, **112**, 1139; **116**, 760]. — On le prépare en traitant 2 molécules d'éther sodocyanacétique par 1 molécule de chlorure de phtalyle. On fait bouillir pendant 1 heure au sein de l'éther anhydre, ou mieux pendant 8 ou 10 minutes au sein du benzène anhydre; on filtre à chaud pour séparer le chlorure de sodium; après évaporation du dissolvant, il reste un produit blanc qu'on purifie en le lavant à l'éther. Ce produit fond irrégulièrement à partir de 140°; il est complètement fondu vers 180-185°. Par des cristallisations fractionnées dans le benzène et dans le chloroforme, on peut en tirer deux corps isomériques possédant des points de fusion nets, 140-141° et 190-192°. Sauf le point de fusion et la différence de solubilité, d'ailleurs assez faible, les deux corps se comportent de la même façon à l'égard de tous les réactifs; dans chaque cas ils ne donnent naissance qu'à un seul composé. Ce sont donc des stéréo-isomères, que l'on peut formuler

$$\begin{array}{cc} CAz{-}C{-}CO^2C^2H^5 & C^2H^5CO^2{-}C{-}CAz \\ \| & \| \\ C & C \\ C^6H^4{<}\;{>}O & C^6H^4{<}\;{>}O \\ CO & CO \end{array}$$

Insoluble dans l'eau froide, l'éther phtalylcyanacétique est décomposé par l'eau bouillante en acide phtalique et éther cyanacétique. L'ammoniaque le transforme à froid en *phtalimide* symétrique; en présence d'une grande quantité d'alcali, on obtient de la *phtalamide* symétrique. Si on le fait bouillir avec de la phénylhydrazine, il se forme une *dihydrazone*,

$$\begin{array}{c} Az.AzH.C^6H^5 \\ \| \\ C^6H^4 {<}^{\textstyle C}_{\textstyle C} {>} C {<}^{\textstyle CAz}_{\textstyle CO^2C^2H^5} \\ \| \\ Az.AzH.C^6H^5 \end{array}$$

fondant à 149°.

Abandonné avec une solution de carbonate de sodium, il se dissout peu à peu, à la température ordinaire, avec dégagement d'acide carbonique; la dissolution met plusieurs semaines à s'effectuer. Si alors on vient à traiter par de l'acide sulfurique ou chlorhydrique étendu, il se précipite un acide répondant à la formule

$$C^6H^4 {<}^{\textstyle CO.CH(CAz).CO^2C^2H^5}_{\textstyle COOH}$$

ou

$$C^6H^4 \left\langle \begin{array}{l} C {<}^{\textstyle OH}_{\textstyle CH(CAz).CO^2C^2H^5} \\[4pt] {>}O \\ CO \end{array} \right.$$

et qu'on peut considérer comme étant l'*acide benzoylcyanacétique o-carboxylé*. Produit blanc fondant à 121-122°. C'est un acide bibasique. Son *sel de sodium* ne cristallise pas. Le *sel diargentique* est une poudre blanche amorphe.

L'éther phtalylcyanacétique s'unit quantitativement aux alcoolates de sodium pour donner les éthers acides du corps précédent :

$$C^6H^4 \left\langle \begin{array}{l} C = C {<}^{\textstyle CAz}_{\textstyle CO^2C^2H^5} \\[4pt] {>}O \;\; + RONa \\ CO \end{array} \right.$$

$$= C^6H^4 {<}^{\textstyle CO.CNa(CAz).CO^2C^2H^5}_{\textstyle COOR}$$

ou

$$C^6H^4 \left\langle \begin{array}{l} C {<}^{\textstyle OR}_{\textstyle CNa(CAz).CO^2C^2H^5} \\[4pt] {>}O \\ CO \end{array} \right.$$

Pour les isoler, il suffit de traiter le sel de sodium par l'acide acétique.

L'*éther méthylé* fond à 64-65° ; son sel d'argent est blanc. L'*éther éthylé* est une huile épaisse, incristallisable ; le sel d'argent est une poudre rose. L'*éther propylé* fond à 69-70° ; le sel d'argent est rougeâtre. L'*éther benzylé* fond à 74°.

Tous ces éthers constituent des acides monobasiques qu'on peut titrer en solution hydroalcoolique, en présence de la phénolphtaléine. Ils donnent avec le perchlorure de fer des précipités rouge-brun, solubles dans l'éther, auquel ils communiquent une belle coloration rouge.

Bouillis avec de l'eau, ces éthers se comportent comme l'éther benzoylcyanacétique et donnent *l'acide o-cyanacétylbenzoïque* :

$$C^6H^4\!<^{CO.CH(CAz).CO^2C^2H^5}_{COOR} + 2H^2O$$

$$= CO^2 + ROH + C^2H^5.OH + C^6H^4\!<^{CO.CH^2.CAz}_{COOH}$$

$$\text{ou}\quad C^6H^4\!\left\langle{}^{C<^{OH}_{CH^2.CAz}}_{CO}\right\rangle O$$

Ce dernier forme de petits cristaux fondant à 136-138°.

Éther phtalyldicyanacétique. — Il se forme en même temps que les acides phtalylcyanacétiques quand on traite à froid 4 molécules d'éther sodocyanacétique en suspension dans le benzène anhydre par 1 molécule de chlorure de phtalyle :

$$4\,CHNa(CAz)CO^2C^2H^5 + C^6H^4\!<^{CCl^2}_{CO}>O$$

$$= C^6H^4\!\left\langle{}^{C<^{CNa(CAz).CO^2C^2H^5}_{CNa(CAz).CO^2C^2H^5}}_{CO}>O\right.$$

$$+ 2\,NaCl + 2\,CH^2(CAz).CO^2C^2H^5.$$

Le sel sodique, insoluble dans le benzène, est précipité par l'acide acétique. Poudre cristalline, fondant à 158-160° (P.-Th. Muller).

DÉRIVÉS AZOÏQUES DES ÉTHERS CYANACÉTIQUES.

Les éthers cyanacétiques fournissent des dérivés azoïques quand on traite leurs produits sodés par les chlorures de diazobenzène et de diazotoluènes. Pour obtenir ces corps, on prépare : 1° une solution aqueuse d'azotite de sodium renfermant exactement 1 molécule de ce sel par litre ; 2° une solution aqueuse de chlorhydrate d'aniline contenant 1 molécule de la base plus 3 molécules d'acide chlorhydrique par litre ; 3° des liqueurs demi-normales de chlorhydrate de p- et d'o-toluidine, c'est-à-dire des solutions renfermant pour 2 litres 1 molécule de toluidine et 3 molécules d'acide chlorhydrique.

À 100 centimètres cubes de la solution de chlorhydrate d'aniline ou à 200 centimètres cubes de celles des toluidines, étendus de glace et d'eau, on ajoute peu à peu, et en maintenant toujours la température à 0°, 100 centimètres cubes de la liqueur d'azotite de sodium. Le chlorure diazoïque ainsi préparé est ensuite additionné de la solution de l'éther cyanosodé obtenue en traitant 11^{gr},3 de cyanacétate d'éthyle étendu de 500 grammes d'alcool absolu par 2^{gr},3 de sodium dissous dans 50 grammes du même alcool. Dans le cas où l'on prépare les éthers méthylés, on prendra 9^{gr},9 de cyanacétate de méthyle dissous dans 30 grammes d'alcool méthylique, qu'on traitera par 2^{gr},3 de sodium dans 50 grammes du même alcool.

L'addition des éthers sodés au chlorure diazoïque provoque la formation d'un corps jaunâtre qui se précipite et qu'on redissout dans la potasse. La solution, d'un jaune plus ou moins foncé, est filtrée, puis sursaturée par l'acide sulfurique étendu. On recueille le précipité et on le lave avec de l'eau distillée. Après lavage et dessiccation, on le dissout dans l'alcool bouillant, on décolore au charbon animal et l'on fait cristalliser.

Les corps ainsi obtenus se présentent généralement sous la forme de fines aiguilles d'un jaune clair, insolubles dans l'eau, peu solubles dans l'alcool froid, solubles dans l'alcool bouillant, le benzène, l'éther et les alcalis caustiques. Les carbonates alcalins les dissolvent également à chaud, mais les solutions se troublent par le refroidissement et laissent déposer des cristaux. La réaction est la suivante :

$$C^6H^5.Az^2Cl + CHNa\!<^{CAz}_{CO^2R}$$

$$= NaCl + C^6H^5.Az^2.CH\!<^{CAz}_{CO^2R}$$

$$\text{ou}\quad C^6H^5.AzH.Az = C\!<^{CAz}_{CO^2R}$$

On peut en effet admettre pour ces composés l'une ou l'autre de ces formules, les travaux de MM. Japp et Klingemann et de M. R. Meyer ayant fait voir qu'il se forme souvent dans ces conditions des hydrazones [A. Haller, *C. R.*, **106**, 1171.

La seconde de ces formules ferait de ces corps des hydrazones des éthers cyanoxaliques,

$$CO\!<^{CAz}_{CO^2R}$$

Pour vérifier cette hypothèse, MM. A. Haller et Brancovici [*C. R.*, **116**, 714] ont essayé de préparer, par action directe de la nitrosométhylaniline sur l'éther cyanacétique sodé ou non sodé, un éther méthylbenzène-azocyanacétique qui fût identique avec un composé obtenu par méthylation directe du benzène-azocyanacétate d'éthyle et qui sera décrit plus loin :

$$Az\!\!<^{C^6H^5}_{CH^3}_{AzO} + CH^2\!<^{CAz}_{CO^2C^2H^5}$$

$$= H^2O + C^6H^5.Az\!<^{CH^3}_{Az=C<^{CA}_{CO^2C^2H^5}}$$

La réaction n'a pas lieu, quelles que soient les conditions dans lesquelles on se place.

Une autre tentative a été faite pour mettre en évidence la fonction hydrazone supposée à ces éthers. M. Miller a montré que certaines hydrazones, et en particulier celle de l'éther acétylacétique, sont susceptibles de se combiner à l'acide cyanhydrique pour donner naissance à des nitriles.

Les éthers benzène-azocyanacétiques mis en présence du formonitrile devront s'y combiner pour donner naissance à des composés de la forme suivante, si réellement ils ont une constitution analogue à celle des hydrazones :

$$C^6H^5.AzH.Az = C\!<^{CAz}_{CO^2R} + CAzH$$

$$= C^6H^5.AzH.AzH.C\!-\!{}^{CAz}_{CO^2C^2H^5}_{CAz}$$

Or cette combinaison ne s'est pas produite. MM. Haller et Brancovici considèrent donc la question de la constitution de ces éthers comme n'étant pas encore tranchée et leur conservent provisoirement le nom d'éthers *benzène–azo-cyanacétiques*.

Benzène-azocyanacétate de méthyle,

$$C^6H^5 . Az^2 . CH \lessdot \begin{matrix} C\,Az \\ C\,O^2C\,H^3 \end{matrix}$$

— Ce corps existe sous deux modifications isomériques pouvant passer de l'une à l'autre dans les conditions suivantes : Quand on prépare l'éther d'après le procédé indiqué plus haut, on obtient un produit fondant entre 128 et 141°. Mais si l'on dissout dans la soude en excès et qu'on sursature par de l'acide sulfurique, on obtient, par dissolution du précipité dans l'alcool méthylique ou dans le benzène bouillant, de petits grains cristallins jaunes fondant à 141° et que nous appellerons le dérivé α.

Quand on dissout ce composé à plusieurs reprises dans l'alcool méthylique bouillant, on obtient finalement des aiguilles jaunes, très minces, ou des lamelles fondant à 115°. Ce même dérivé s'obtient aussi en dissolvant l'éther fondant à 141° dans la soude caustique et en précipitant partiellement la solution au moyen d'un acide. Le précipité jaune, cristallisé dans l'alcool, fournit des cristaux fondant à 115°. Inversement, on peut transformer la modification fondant à 115° en modification α fondant à 141°, en dissolvant dans la soude caustique et en sursaturant par un acide la liqueur alcaline. Le précipité mis à cristalliser dans l'alcool fond à 141°.

Benzène-azométhylcyanacétate de méthyle,

$$C^6H^5 . Az = Az . C - \begin{matrix} C\,Az \\ C\,H^3 \\ C\,O^2C\,H^3 \end{matrix}$$

— Ce corps s'obtient en chauffant un mélange de benzène-azocyanacétate de méthyle et de méthylate de sodium avec de l'iodure de méthyle.

Cristaux jaunes, fondant à 147°.

Benzène-azobenzoylcyanacétate de méthyle.

$$C^6H^5 . Az = Az . C - \begin{matrix} C\,Az \\ C\,O^2C\,H^3 \\ C\,O . C^6H^5 \end{matrix}$$

— Ce composé se forme quand on traite le benzène-azocyanacétate de méthyle sodé par le chlorure de benzoyle. Il cristallise dans le benzène en fines aiguilles blanches, fondant à 147°.

Benzène-azocyanacétate d'éthyle,

$$C^6H^5 . Az^2 . CH \lessdot \begin{matrix} C\,Az \\ C\,O^2C^2H^5 \end{matrix}$$

— M. Krukeberg prépare ce composé en faisant agir le chlorure de diazobenzène sur une solution alcoolique d'un mélange d'éther cyanacétique et d'acétate de sodium. Il obtient ainsi des aiguilles fondant à 106-108°, qui, dissoutes dans la soude caustique et précipitées par la quantité équivalente d'acide sulfurique, donnent des lamelles rhomboïdales fondant à 82°. Il suffit d'ailleurs de chauffer à 130° le dérivé fondant à 106-108° pour le transformer en son isomère.

MM. Haller et Brancovici [*loc. cit.*] ont démontré que le benzène-azocyanacétate d'éthyle préparé d'après leur procédé a un point de fusion qui varie de 102 à 120° suivant la préparation, mais qu'on peut obtenir un produit ayant un point de fusion invariable de 124-125° en dissolvant l'éther brut dans la soude caustique, sursaturant par un acide et faisant cristalliser le précipité dans l'alcool. Ils désignent ce dérivé par la lettre α et le convertissent en son isomère β :

1° En le chauffant pendant plusieurs jours au bain-marie jusqu'à ce qu'il soit liquéfié. Par re-

froidissement, il se produit une masse fondant à 74-75° qui, par cristallisation dans l'alcool, fournit des tables rhomboïdales jaunes fondant à 85°.

2° En chauffant le dérivé α au réfrigérant ascendant avec du xylène.

3° En précipitant incomplètement par un acide une solution alcaline de l'éther α et faisant cristalliser le précipité dans l'alcool.

Modification α. — Aiguilles jaunes, fondant à 124-125°, peu solubles dans le benzène, solubles dans l'alcool, insolubles dans l'éther de pétrole.

Modification β. — Tables rhomboïdales jaunes, fondant à 85°, 10 fois plus solubles dans le benzène que l'isomère α (Krukeberg). Cet auteur convertit ce produit en son isomère fondant à 106-108° par un traitement à l'anhydride acétique.

Le *sel de potassium*, $C^{11}H^{10}Az^3O^2K , 2H^2O$, prend naissance quand on traite une solution alcoolique de l'éther par la quantité théorique de potasse alcoolique (K.). Chauffé avec un excès d'alcali, il ne se décompose pas. Ses solutions donnent avec les sels métalliques des précipités peu solubles et la plupart colorés.

Le *sel de sodium*, $C^{11}H^{10}Az^3O^2Na , 2H^2O$, est une poudre jaune cristalline, soluble dans l'eau et dans l'alcool, et qui perd 1 molécule d'eau de cristallisation dans le vide (H. et Br.).

Benzène-azo-méthylcyanacétate d'éthyle,

$$C^6H^5 . Az = Az . C \lessgtr \begin{matrix} C\,Az \\ C\,O^2C^2H^5 \\ C\,H^3 \end{matrix}$$

— Ce dérivé s'obtient en chauffant le dérivé sodé de l'éther α ou de l'éther β avec de l'iodure de méthyle. Prismes d'un jaune clair, fondant à 57° (H. et Br.).

Benzène-azoéthylcyanacétate d'éthyle,

$$C^6H^5 . Az = Az . C - \begin{matrix} C\,Az \\ C\,O^2C^2H^5 \\ C^2H^5 \end{matrix}$$

— Cristaux rhombiques, fondant à 72° (K.).

Benzène-azobenzoylcyanacétate d'éthyle,

$$C^6H^5 . Az = Az . C - \begin{matrix} C\,Az \\ C\,O^2C^2H^5 \\ C\,O . C^6H^5 \end{matrix}$$

— Aiguilles blanches, fondant à 158° (K.; H. et Br.).

Dérivé dibromé, $C^{11}H^9Br^2Az^3O^2$. — Houppes cristallines et brillantes (K.).

Benzène-azocyanacétamide,

$$C^6H^5 . Az^2 . C \lessdot \begin{matrix} C\,Az \\ C\,O\,Az\,H^2 \end{matrix}$$

— Ce composé prend naissance quand on traite l'éther α ou l'éther β par de l'alcool saturé de gaz ammoniac. Il se présente sous la forme d'aiguilles fondant à 245°, et offre une grande résistance à l'action des alcalis et des acides (K.). Les homologues supérieurs de ces éthers ont été obtenus par la même voie par M. A. Haller [*C. R.*, **106**, 1171].

o-Toluène-azocyanacétate de méthyle,

$$C^6H^4 \lessgtr \begin{matrix} C\,H^3 \\ Az^2 . CH \end{matrix} \lessdot \begin{matrix} C\,Az \\ C\,O^2C\,H^3 \end{matrix}$$

— Aiguilles soyeuses, fondant à 167°,2 (corr.).

p-Toluène-azocyanacétate de méthyle. — Cristaux fondant à 133°,5 (corr.).

o-Toluène-azocyanacétate d'éthyle. — Aiguilles jaunes et soyeuses, fondant à 135°,8 (corr.).

p-Toluène-azocyanacétate d'éthyle. — Même aspect et mêmes propriétés générales que pour le dérivé ortho. Il fond à 74°,4.

Ces différents éthers n'existent jusqu'à présent que sous une seule modification.

Interprétation de la nature de l'isomérie des éthers α et β — Si l'on considère ces éthers comme des hydrazones, l'isomérie est du même genre que celle constatée par MM. Hantzsch et Krafft sur la phénylhydrazone de l'anisylphénylcétone, et par MM. Hantzsch et Overton sur un ensemble d'autres hydrazones [*D, chem. G.*, **24**, 3511; **26**, 9 et 28].

On pourrait alors considérer ces deux éthers α et β comme des stéréo-isomères ayant les formes

$$AzC.C.CO^2R \qquad AzC.C.CO^2R$$

$$C^6H^5{>}Az{-}Az \qquad Az{-}Az{<}C^6H^5$$

Les envisage-t-on, au contraire, comme de véritables dérivés azoïques, on pourrait les représenter par les deux formules :

$$C^6H^5{-}Az \qquad C^6H^5{-}Az$$
$$RCO^2{-}C{-}Az \qquad Az{-}C{-}CO^2R$$
$$CAz \qquad CAz$$

Enfin l'isomérie peut dépendre du groupe cyanacétique lui-même, qui renferme un atome de carbone asymétrique. Il serait, par conséquent, aisé de concevoir d'autres schémas rendant compte des différences qui existent entre les composés α et β.   A. Haller.

CYANACÉTIQUE (ACIDE ISO-),

$$C{=}Az.CH^2.CO^2H$$

[M.-G. Calmels, *C. R.*, **98**, 536]. — Cet isomère de l'acide cyanacétique serait partie constituante du venin des crapauds. On peut l'obtenir synthétiquement en traitant l'acide monobromacétique par le cyanure d'argent, ou en faisant agir le chloroforme sur une solution de glycocolle dans la potasse caustique.

L'acide isocyanacétique ou méthylcarbylaminecarbonique possède une odeur spéciale, vireuse, un goût âcre et nauséabond. Il se volatilise peu à peu dans le vide. A l'air, il se liquéfie et se transforme en glycocolle avec élimination d'acide formique :

$$C{=}Az.CH^2.CO^2H + 2H^2O$$
$$= CO^2H^2 + AzH^2.CH^2.CO^2H.$$

Les solutions de ce sel subissent la même transformation. A l'état sec, le sel de potassium dégage par la chaleur de la méthylcarbylamine. Ce corps est très toxique.   A. Haller.

CYANACÉTONE [Syn. *Butanone3-nitrile*], $CH^3.CO.CH^2.CAz$. — MM. E. Matthews et W. R. Hodgkinson décrivent un composé répondant à cette formule, obtenu en faisant digérer la monochloracétone avec une solution alcoolique étendue de cyanure de potassium.

Cette cyanacétone, qu'ils n'ont pas isolée à l'état de pureté parfaite, bout entre 120 et 125°.

Traitée par l'alcool et l'acide chlorhydrique, elle fournit une huile qui possède toutes les propriétés de l'éther acétylacétique [*D. chem. G.*, **15**, 2679].

M. W. James [*Ann. Chem.*, **231**, 245-248] conteste ces résultats et décrit la cyanacétone, préparée par lui dans les mêmes conditions que ci-dessus, comme une masse brune et sirupeuse, qui se dissout dans l'eau chaude pour se précipiter par refroidissement. Mise en présence de l'alcool chlorhydrique, elle ne fournit point d'éther acétylacétique. Bouillie avec de la potasse, elle ne donne point d'acétone.

Quand on fait agir une solution aqueuse de

cyanure de potassium sur la monochloracétone, on obtient un composé répondant à la même formule que la cyanacétone et que l'on considère comme un polymère $(C^4H^5OAz)^n$ [Glütz, *J. prakt. Chem.*, (2), **1**, 141. — A.-E. Matthews et Hodgkinson, *loc. cit.*].

Un dérivé analogue se produit quand on chauffe l'acétone-sulfonate de potassium avec du cyanure de potassium [Bender, *D. chem. G.*, **4**, 518].

Cette polycyanacétone est soluble dans l'eau, l'alcool et l'éther et se présente sous la forme de cristaux fusibles à 166° [Glütz; Matthews et Hodgkinson]. Le corps isolé par M. Bender est cependant insoluble dans l'alcool et dans l'éther. La potasse caustique en sépare de l'acide cyanhydrique. Il se combine à l'acide iodhydrique pour fournir un composé cristallisable.

M. Hantzsch a repris l'étude de cette cyanacétone. Une solution concentrée de cyanure de potassium, mise en présence de la quantité théorique de chloracétone, réagit si énergiquement, qu'on est obligé d'opérer en petit et d'avoir soin de refroidir. Le produit de la réaction versé dans l'eau se solidifie peu à peu.

Purifié par cristallisation dans l'alcool, ce produit se présente sous la forme d'aiguilles réunies en mamelons, assez solubles dans l'eau chaude et dans l'éther, très solubles dans l'alcool. Il est neutre, sans odeur ni saveur, et fond à 176°. L'auteur le considère comme identique au produit de Glütz [*D. chem. G.*, **23**, 1472].

M. Obrégia a confirmé cette manière de voir en déterminant la composition et le poids moléculaire de la substance. D'après ces recherches, ce produit serait la *cyanacétone dimoléculaire*, c'est-à-dire le β-*méthyloxy-γ-cyanacétylbutyronitrile* (*méthyl3-méthylnitrile4-hexanol3-one5-nitrile1*),

$$CAz \quad CH^3$$
$$CH^3.CO.CH{-}C(OH).CH^2{-}CAz$$

M. Obrégia lui attribue le point de fusion 179-180°.

Soumis à l'action de l'acide sulfurique étendu, il est converti en acide *oxyhydro-isodéhydracétique* ou *lactone oxyhydrocyanomésiténique* (*méthyl3-méthylnitrile4-hexène4-ol3-olide1-5*), cristallisant dans l'eau chaude en aiguilles fondant à 56° :

$$CAz \quad CH^3$$
$$CH^3.C{=}C{-}C(OH).CH^2.CO$$
$$O$$

Cette olide, traitée par le brome, fournit un *dérivé monobromé* fondant à 98-100°, lequel prend également naissance dans le traitement direct de la cyanacétone dimoléculaire par le brome [*D. chem. G.*, **23**, 1816; *Ann. Chem.*, **266**, 324].

En traitant à 0° une solution d'aldéhyde acétyléthylique sodée par le chlorhydrate d'hydroxylamine, MM. Claisen et E. Hori [*D. chem. G.*, **24**, 139] ont obtenu un composé fondant à 174° et paraissant rappeler par ses propriétés le produit de Glütz et celui de MM. Hantzsch et Obrégia. Il est à remarquer toutefois que la formule

$$C^8H^{13}Az^3O^3$$

n'est pas la même.

M. Holtzwart semble avoir préparé la cyanacétone, bien que le produit qu'il a obtenu n'ait pu être soumis à l'analyse. Il obtient ce composé en ajoutant à 10 grammes de cyanure de méthyle dimoléculaire 20 grammes d'acide chlorhydrique à 25 0/0. Le mélange s'échauffe et le tout entre en dissolution. On lave à plusieurs reprises avec de l'éther et on dessèche la solution sur de la chaux vive. On chasse l'éther en faisant passer un courant d'air sec dans le liquide. On obtient ainsi une huile volatile et légèrement colorée en jaune.

Abandonnée pendant quelque temps en vase fermé, cette huile se prend en une masse vitreuse d'un jaune orangé clair, qui se charbonne au-dessus de 230°. Ce produit est insoluble dans l'eau, l'alcool, l'éther, le benzène, la ligroïne, le chloroforme. L'auteur considère cette matière comme un produit de polymérisation de la cyanacétone obtenue primitivement.

La formation de cette dernière est expliquée par la réaction suivante :

$$CH^3 - C(AzH) - CH^2 - CAz + H^2O$$

Cyanure de méthyle dimoléculaire.

$$= CH^3 - CO - CH^2 - CAz + AzH^3.$$

La cyanacétone paraît se former quand on chauffe le β-benzimidobutyronitrile avec de l'acide chlorhydrique [Burns, *J. prakt. Chem.*, **47**, 119] :

$$CH^3 . C\underset{CH^2 . CAz}{\overset{Az . CO . C^6H^5}{\lessgtr}} + 2H^2O$$

$$= CH^3 . CO . CH^2 . CAz + AzH^3 + C^6H^5 . CO^2H.$$

Enfin, la cyanacétone se produit, à l'état de dérivé sodique, quand on fait agir l'éthylate de sodium sur son isomère, l'α-méthylisoxazol :

$$CH^3 - C\underset{\diagdown}{\overset{CH \,—\, CH}{\underset{O}{\diagup}}} Az + C^2H^5ONa$$

$$= C^2H^6O + CH^3 . CO . CHNa . CAz$$

[Claisen, *D. chem. G.*, **25**, 1787].

Cyanacétoxime, $CH^3 - C(AzOH)$ $CH^2 - CAz$ [Burns, *J. prakt. Chem.*, (2), **47**, 121]. — Obtenu en ajoutant du nitrile acétique dimoléculaire à une solution aqueuse de chlorhydrate d'hydroxylamine, ce corps constitue de longues aiguilles fondant à 96°.

Bouilli avec de l'eau, il se transforme en un composé isomérique, cristallisé en longs prismes fondant à 82° et que l'auteur considère comme la méthylisoxasolimide,

$$CH^3 - C = Az - O$$
$$CH^2 . C = AzH$$

La cyanacétoxime fondant à 96° se décompose sous l'influence de l'acide chlorhydrique en chlorhydrate d'hydroxylamine et cyanacétone.

L'isomère fondant à 82° est totalement décomposé dans ces conditions, en donnant du chlorure d'ammonium; mais il se combine à l'acide chlorhydrique pour donner naissance à des aiguilles, $C^4H^6Az^2O . HCl$, solubles dans l'eau et dans l'alcool, et à l'anhydride acétique pour fournir un dérivé acétylé, $C^4H^5Az^2O . COCH^3$, qui cristallise en petits prismes fondant à 169°.

Combinaison hydrazinique, $C^{10}H^{11}Az^3$. — La solution aqueuse étendue de cyanacétone est additionnée d'acétate de phénylhydrazine; on obtient ainsi des aiguilles fondant à 96-97° :

$$CH^3 - CO - CH^2 - CAz + Az^2H^3 . C^6H^5$$

$$= \underset{CH^2 . CAz}{\overset{CH^3 - C = Az^2H . C^6H^5}{|}}$$

Ce produit jaunit au contact de l'air et se décompose au bout de quelques jours [*J. prakt. Chem.*, (2), **39**, 238].

M. Burns a obtenu cette même combinaison fondant à 97° en traitant par la phénylhydrazine le produit de la réaction de l'acide chlorhydrique sur le benzimidobutyronitrile [*J. prakt. Chem.*, (2), **47**, 119].

Enfin elle se forme encore quand on agite ensemble de l'acétonitrile dimoléculaire et de l'acétate de phénylhydrazine *ibid.*, 1321 :

$$\underset{CH^2 . CAz}{\overset{CH^3 . C = AzH}{|}} + C^6H^5 . AzH . AzH^2$$

$$= \underset{CH^2 . CAz}{\overset{CH^3 - C = Az . AzH . C^6H^5}{|}} + AzH^3.$$

A. Haller.

CYANACÉTOPHÉNONE, C^9H^7AzO. — On a donné ce nom à deux dérivés répondant à cette formule C^9H^7AzO. L'un d'eux, obtenu pour la première fois par M. A. Haller, a pour constitution $C^6H^5 . CO . CH^2 . CAz$; c'est le *propylone1¹-nitrile1³-benzène*; il a déjà été décrit sous le nom de *benzoylacétonitrile* (Suppl., 2, 594).

Depuis la publication de cet article, ce dérivé a été l'objet de nouvelles études.

M. S. Salvatori l'a obtenu en chauffant l'oxime de l'acide acétophénone-oxalique, qui se convertit successivement en acide phénylisoxazolcarbonique, puis en cyanacétylbenzène [*Gazz. chim. ital.*, **21**, (2), 268].

M. Obrégia l'a préparé en traitant une solution hydroalcoolique de cyanure de potassium par le bromacétylbenzène. Il se forme en même temps de l'acide cyanhydrique.

Cette acétone, traitée par l'hydroxylamine, ne donne pas d'oxime, mais un produit qui cristallise en feuilles ou en aiguilles fondant à 110-112° et constituant la *phénylimidazolone*,

$$\underset{Az . AzH . CO}{\overset{C^6H^5 . C \,———\, CH^2}{|\qquad\qquad|}}$$

Ce composé, chauffé avec les acides étendus, régénère la cyanacétophénone, en même temps qu'il fournit de la *phénylsynoxazolone*,

$$\underset{Az . O - CO}{\overset{C^6H^5 - C \,———\, CH^2}{|\qquad\qquad|}}$$

Abandonnée avec de l'acide sulfurique concentré, la cyanacétophénone s'hydrate et se convertit en *benzoylacétamide*,

$$C^6H^5 . CO . CH^2 . COAzH^2.$$

Cette amide cristallise dans l'eau en prismes fondant à 111-113°; traitée par l'hydroxylamine, elle se transforme en phénylsynoxazolone [A. Obrégia, *Ann. Chem.*, **266**, 324].

Réduit en solution alcoolique par le sodium, le cyanacétylbenzène est transformé en phényl-propylamine. Dans cette réaction, une partie de la cétone est dédoublée en acides acétique et benzoïque [F. Garelli, *Gazz. chim. ital.*, **22**, 140].

Quand on agite du benzoacétodinitrile avec de l'acétate de phénylhydrazine et qu'on fait cristalliser le produit dans l'alcool, on obtient des aiguilles prismatiques fondant à 121° et que M. Burns [*J. prakt. Chem.*, (2), **47**, 132] considère comme de la *cyanacétophénone-hydrazone* :

$$\underset{CH^2 . CAz}{\overset{C^9H^5 - C = AzH}{|}} + AzH^2 . AzH . C^6H^5$$

$$= \underset{CH^2 . CAz}{\overset{C^9H^5 - C = Az . AzH . C^9H^5}{|}} + AzH^3.$$

M. Obrégia a obtenu un composé du même genre, mais fondant à 134-135°, en faisant agir la phénylhydrazine sur la cyanacétophénone [*Ann. Chem.*, *loc. cit.*].

Le second dérivé, désigné sous le nom de *cyanacétophénone* a été préparé par M. Ahrens et a pour formule de constitution

$$C^6H^4 {< COCH^3_{(4)} \atop CAz_{(4)}}$$

C'est le *méthylnitrile1-éthanoyl4-benzene* (p-acetylcyanobenzène ou méthyl-p-cyanophénylcétone).

Il prend naissance quand on agite le chlorure diazoïque dérivé du p-amidoacétylbenzène avec un mélange de cyanure de potassium et de sulfate de cuivre. Après plusieurs cristallisations dans l'alcool, ce corps se présente sous la forme de fines aiguilles fondant à 60-61°, presque insolubles dans l'eau, solubles dans l'alcool et dans l'éther [*D. chem. G.*, **20**, 2955].

Bouilli avec une solution alcoolique de potasse, il se convertit en acide p-acétylbenzoïque.

L'*oxime*,

$$C^6H^4 {< C {< AzOH \atop CH^3} \atop CAz}$$

cristallise dans l'eau en lamelles blanches fondant à 160°.

Traité par un excès d'hydroxylamine, ce composé ne fournit point de cyanoxime.

A. Haller.

CYANALKINES. — On donne le nom de *cyanalkines* aux composés possédant la même composition que les nitriles, mais ayant un poids moléculaire triple [voyez E. von Meyer, *J. prakt. Chem.*, (2), **39**, 188].

On les obtient à l'aide de deux procédés principaux :

1° Par l'action des métaux alcalins sur les nitriles (Frankland et Kolbe);

2° En faisant réagir les chlorures d'acides sur le cyanate de potassium (S. Cloëz).

La plus importante des cyanalkines grasses, celle qui a été le plus étudiée, est la *cyanéthine*; les travaux de M. E. von Meyer pour établir sa constitution ont démontré qu'elle se rattache à une chaîne fermée hexagonale contenant 2 atomes d'azote, la β-*diazine* (miazine),

dont les premiers dérivés ont été décrits par M. Pinner (voyez article β-DIAZINE).

La *cyanométhine*, la *cyanopropine*, la *cyanobutine*, etc., les *cyanalkines mixtes* qui ont été obtenues au moyen des nitriles et du sodium, dérivent évidemment du même noyau.

Mais la *cyaphénine*, la plus importante des cyanalkines aromatiques, qui se produit par l'action du chlorure de benzoyle sur le cyanate de potassium et par polymérisation du benzonitrile sous une foule d'influences, possède au contraire une formule absolument symétrique :

Elle se rattache à un nouveau noyau que MM. Krafft et von Hansen ont nommé l'*acide tricyanhydrique*, et que l'on peut également appeler ββ'-*triazine* :

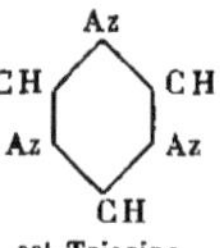

ββ'-Triazine.

On connaît d'ailleurs des cyanalkines de cette constitution appartenant à la série grasse, isomériques par conséquent avec les homologues de la cyanéthine. Il y a grand avantage, croyons-nous, à séparer la description de ces deux séries de composés. Nous allons décrire ici les homologues de la cyanéthine; nous décrirons toutes les *triazines* à l'article CYAPHÉNINE.

CYANALKINES PROPREMENT DITES.

Procédés généraux de préparation et de formation : 1° Les cyanalkines se forment par l'action du potassium sur les nitriles (Frankland et Kolbe).

2° On peut préparer les cyanalkines en traitant par le sodium les nitriles primaires de la formule $R-CH^2-CAz$. L'opération se fait à l'ébullition du nitrile.

Pour la préparation des termes supérieurs de la série, il est bon de maintenir dans l'appareil une pression de 20 centimètres de mercure, afin d'élever la température d'ébullition du nitrile. Le produit est ensuite distillé au bain d'huile pour enlever l'excès de nitrile et le résidu est décomposé par l'eau. Il se forme une huile qui ne tarde pas à cristalliser. On obtient de cette manière les différentes cyanalkines avec un rendement d'environ 50 0/0 du nitrile qui a réagi [E. von Meyer, *J. prakt. Chem.*, (2), **22**, 261; *Bull. Soc. Chim.*, (2), **36**, 322; **37**, 396. — J. Tröger, *J. prakt. Chem.*, (2), **37**, 407; *Bull. Soc. Chim.*, (2), **50**, 295. — E. von Meyer, *J. prakt. Chem.*, (2), **37**, 411; *Bull. Soc. Chim.*, (2), **50**, 294].

On peut même obtenir des cyanalkines mixtes en faisant réagir le sodium sur un mélange de deux nitriles (C. Riess et von Meyer, *J. prakt. Chem.*, (2), **34**, 112].

3° On peut remplacer le sodium par un alcoolate de sodium bien sec; il faut alors chauffer le mélange de nitrile et d'alcoolate, en tube scellé, à une température de 30 à 40° supérieure au point d'ébullition du nitrile. Le reste de la préparation se fait comme dans le procédé précédent [R. Schwarze, *J. prakt. Chem.*, (2), **42**, 1; *Bull. Soc. Chim.*, (3), **5**, 182].

4° Quand on fait réagir à froid le sodium sur un nitrile en solution dans l'éther absolu, il se fait un dérivé sodé bipolymérisé. Ce composé, chauffé avec un nitrile en tube scellé, donne le dérivé sodé d'une cyanalkine. Ce procédé peut être très commode pour obtenir des cyanalkines mixtes. Chauffé tout seul, ce composé se convertit en la cyanalkine correspondant au nitrile employé [E. von Meyer, *J. prakt. Chem.*, (2), **39**, 188; *Bull. Soc. Chim.*, (3), **3**, 14].

Ce procédé est très élégant en théorie, mais en pratique il ne diffère aucunement de celui qui consiste à chauffer le sodium avec un mélange de deux nitriles, sauf peut-être en ce qu'il donne des produits encore plus nombreux. En effet, MM. Hanriot et Bouveault ont montré que le produit brut obtenu en traitant à froid par le sodium les nitriles $R-CH^2-CAz$ en solution dans l'éther absolu est un mélange de cyanure de sodium, du dérivé sodé du nitrile employé $R-CHNa-CAz$ et d'un dérivé sodé bipolymérisé :

$$R-CH^3-C(AzH)-CNa-CAz$$
$$|$$
$$R$$

Quand on fait réagir un semblable mélange sur un autre nitrile à la température de 150° en tube scellé, il se fait une foule de réactions différentes et il est impossible de prévoir d'avance quelle sera la principale.

Cela est si vrai que, quand on fait réagir le produit obtenu au moyen du sodium et du butyronitrile,

$$C^3H^7-C(AzH)-CNa-CAz$$
$$|$$
$$C^3H^5$$

sur le propionitrile, au lieu de la réaction attendue

$$(C^4H^7Az)^3 + C^3H^5Az = C^{11}H^{19}Az^3,$$

il se fait

$$C^4H^7Az + 2(C^3H^5Az) = C^{10}H^{17}Az^3.$$

On obtient une réaction du même genre en faisant réagir sur le benzonitrile le produit sodé polymérisé obtenu à l'aide du propionitrile : il se fait la cyanalkine $(C^6H^5.CAz)^2C^3H^5Az$ [E. von Meyer, *J. prakt. Chem.*, (2), **39**, 188; **40**, 303].

Propriétés et réactions générales des cyanalkines. — Toutes les cyanalkines sont des bases assez fortes, très peu solubles dans l'eau, mais assez solubles cependant pour lui communiquer une réaction alcaline. Elles donnent avec le brome un produit de substitution monobromé. Leur réaction la plus caractéristique est celle qu'elles subissent par l'action de l'acide nitreux à froid, ou quand on les chauffe en tube scellé avec de l'acide chlorhydrique concentré à la température de 180°. Il se forme une nouvelle base, qui diffère de la première par le remplacement de AzH par O :

$$C^{3n}H^{6n-3}Az^3 + H^2O + HCl$$
$$= AzH^4Cl + C^{3n}H^{6n-4}Az^2O$$

[E. von Meyer, *J. prakt. Chem.*, (2), **19**, 484; **22**, 261; *Bull. Soc. Chim.*, (2), **36**, 332].

Constitution des cyanalkines. — Les nouvelles bases qui prennent naissance quand on traite les cyanalkines par les acides à 180° ont servi à établir la constitution de ces dernières. On a reconnu qu'elles sont identiques à certains composés dérivant de la β-diazine (miazine, pyrimidine) que M. Pinner avait préparés en faisant réagir les éthers β-acétoniques sur les amidines :

$$R-C \underset{AzH^2}{\overset{AzH}{<}} \ + \ \underset{CO-OR'''}{\overset{CO}{>}} CH-R' \ (R')$$

$$= R-C \underset{Az \quad C(OH)}{\overset{Az \quad C \ (R')}{<>}} C-R'' + H^2O + R'''OH.$$

Or on sait que les cyanalkines ne diffèrent de leurs oxybases que par le remplacement de O par

AzH; elles ont donc la formule générale

$$R-C \underset{Az}{\overset{Az}{<>}} \underset{C-R'}{\overset{C-AzH^2}{}} C-R'$$

qui en fait des *amido-β-diazines* (amidomiazines, amidopyrimidines).

CYANOMÉTHINE (amidodiméthylmiazine),

$$CH^3-C \underset{Az}{\overset{Az}{<>}} \underset{C-CH^3}{\overset{C-AzH^2}{CH}}$$

— D'après la nomenclature que nous avons exposée à l'article CHAÎNES FERMÉES (Nomenclature des), la *cyanométhine* devrait être nommée *α'-γ-diméthyl-α-amido-β-diazine*. Nous continuerons cependant à lui donner le nom plus habituel de *cyanométhine*. De même, pour les homologues de la cyanométhine et leurs dérivés, nous conserverons, autant qu'il sera possible, les dénominations usuelles.

Modes de formation et préparation. — 1° M. Bayer a le premier obtenu la cyanométhine à l'état de pureté, en traitant l'acétonitrile par le sodium. Il a obtenu ainsi un rendement de 73 0/0, qui n'a pu être reproduit par aucun des savants qui l'ont suivi (voyez Dict., article CYANOMÉTHINE).

Quant au composé sommairement décrit autrefois par Cloëz [*Rép. Chim. pure*, **2**, 186] et obtenu au moyen du chlorure d'acétyle et du cyanate de potassium, il est probable que c'est non pas la cyanométhine, mais son isomère symétrique.

2° On obtient la cyanométhine en chauffant à 140°, en tube scellé, un mélange d'acétonitrile et du produit brut de l'action du sodium sur l'acétonitrile en solution éthérée [R. Holtzwart, *J. prakt. Chem.*, (2), **39**, 245; *Bull. Soc. Chim.*, (3), **3**, 129].

3° On peut préparer la cyanométhine en chauffant l'acétonitrile avec du sodium dans un appareil à reflux préalablement rempli d'acide carbonique sec et disposé de telle manière qu'on puisse y maintenir une pression de 20 centimètres de mercure. On chauffe à 110° pendant 2 heures, puis on distille au bain d'huile jusqu'à 200° pour chasser l'excès d'acétonitrile et on fait cristalliser le résidu d'abord dans l'eau, puis dans l'alcool. On obtient un rendement de 58,5 0/0 de l'acétonitrile employé [P. Keller, *J. prakt. Chem.*, (2), **34**, 363; *Bull. Soc. Chim.*, (2), **45**, 561].

4° Un mélange équimoléculaire d'éthylate de sodium et d'acétonitrile, chauffé à 130-140° pendant 3 ou 4 heures en tube scellé, fournit 35 0/0 de son poids en cyanométhine.

Le méthylate de sodium donne dans les mêmes conditions un rendement de 61 0/0 [R. Schwarze, *J. prakt. Chem.*, (2), **42**, 1; *Bull. Soc. Chim.*, (3), **5**, 183].

Les propriétés de la cyanométhine ont été décrites dans le corps du Dictionnaire, ainsi que les principaux sels qu'elle fournit avec les acides.

Elle donne également avec le nitrate d'argent un précipité cristallisé en rhomboèdres, ayant pour formule $(C^6H^9Az^3)^3Az O^3Ag$; elle fournit des précipités amorphes avec l'acétate de plomb et les chlorures de mercure et de baryum [E. von Meyer, *J. prakt. Chem.*, (2), **27**, 152; *Bull. Soc. Chim.*, (2), **39**, 675].

Periodures de cyanométhine. — Lorsqu'on

ajoute peu à peu de la teinture d'iode à une solution aqueuse de cyanométhine, en agitant convenablement et en évitant toute élévation de température, on voit se séparer de petits cristaux d'un rouge foncé. Ces petits cristaux, qui perdent facilement de l'iode, constituent le *diiodure* $C^6H^9Az^3I^2$; ce sont de petits prismes quadrangulaires, rouges par réflexion et jaunes par transparence. Ils sont insolubles dans l'eau, solubles dans l'alcool et dans l'éther, qui leur enlèvent partiellement leur iode. L'eau bouillante les dédouble en iode et cyanométhine.

Lorsqu'on dissout ces cristaux dans la soude et qu'on sature ensuite avec précaution par l'acide chlorhydrique, on obtient l'*iodhydrate de diiodure*, $C^6H^4Az^3.HI^3$, qui se forme aussi par l'addition de teinture d'iode à l'iodhydrate de cyanométhine. Ce sont des cristaux violets, décomposables par l'eau; ils sont solubles dans la soude et précipitables sans altération par l'acide chlorhydrique.

Cet *iodhydrate de diiodure*, traité par un excès de teinture d'iode, fournit des prismes d'un bleu foncé renfermant probablement $C^6H^9Az^3.HI^5$; il paraît exister également un *tétraiodure* [A. G. Bayer, *D. chem. G.*, **4**, 176; *Bull. Soc. Chim.*, (2), **15**, 204].

Action de l'acide nitreux sur la cyanométhine. — Traitée en solution acétique par l'acide nitreux, la cyanométhine échange AzH^2 contre OH et fournit le corps $C^6H^7Az^2(OH)$. On obtient le même composé, cristallisé en cristaux incolores, fusibles à 194°, en décomposant la cyanométhine par l'acide chlorhydrique en tube scellé, à 180°.

Ce composé est identique avec un produit obtenu par M. Pinner dans l'action de l'acétamidine sur l'éther acétylacétique, la α'-γ *diméthyl-α-oxy-β-diazine*,

$$CH^3-C \quad Az \quad C-OH$$
$$Az \qquad CH$$
$$C$$
$$CH^3$$

(voyez l'article β-DIAZINE).
Cette base fournit un *nitrate*

$$C^6H^5Az^2O.AzO^3H,$$

cristallisé en longues aiguilles solubles dans l'alcool bouillant. L'*oxalate*, le *chloroplatinate* sont très solubles et très bien cristallisés.

Chauffée avec du perchlorure de phosphore, cette base donne de l'oxychlorure et un liquide huileux, $C^6H^7ClAz^2$, volatil avec la vapeur d'eau, soluble dans l'éther, donnant avec l'acide chlorhydrique un sel cristallisé [E. von Meyer, *J. prakt. Chem.*, (2), **27**, 152; *Bull. Soc. Chim.*, (2), **39**, 695. — R. Wollner, *J. prakt. Chem.*, (2), **29**, 131; *Bull. Soc. Chim.*, (2), **43**, 42].

Chlorocyanométhine, $C^6H^8ClAz^3$. — Ce composé se forme par l'action du chlore sur la cyanométhine en solution aqueuse. Il cristallise en longues aiguilles quadrangulaires, renfermant 3 molécules d'eau, qu'elles perdent aisément en devenant opaques. Ces cristaux se séparent quand on ajoute de la potasse à la solution dans laquelle on a fait passer du chlore [A. Bayer, *D. chem. G.*, **4**, 176; *Bull. Soc. Chim.*, (2), **15**, 203].

Quand on fait passer du chlore dans une solution chloroformique de cyanométhine placée dans un appareil à reflux, il se dégage de l'acide chlorhydrique et il se fait un *dichlorure de chlorocyanométhine*, $C^6H^8ClAz^3.Cl^2$. Ce corps perd du chlore quand on l'abandonne dans l'air

sec; par cristallisation dans l'eau, il se transforme en *chlorhydrate de chlorocyanométhine*, $C^6H^8ClAz^3.HCl$.

C'est la réaction qui se passe quand on opère, comme l'a fait M. Bayer, la chloruration en liqueur aqueuse. L'addition d'ammoniaque au chlorhydrate précipite la *chlorocyanométhine* en cristaux blancs [P. Keller, *J. prakt. Chem.*, (2), **31**, 353; *Bull. Soc. Chim* (2), **45**, 561].

La chlorocyanométhine est très peu soluble dans l'eau froide, aisément soluble dans l'alcool, l'éther, le benzène et l'eau bouillante. Elle fond à 165° (Bayer), à 159° (Keller), en émettant des vapeurs d'une odeur caractéristique et désagréable et en se sublimant sans décomposition.

L'amalgame de sodium régénère la cyanométhine, mais la potasse, l'oxyde d'argent, l'iodure de potassium ne peuvent enlever le chlore.

Le *chlorhydrate de chlorocyanométhine* cristallise avec 1 molécule d'eau.

Le *chloroplatinate*, $(C^6H^8ClAz^3.HCl)^2PtCl^4$, cristallise en pyramides orangées, solubles dans l'eau bouillante.

Lorsqu'on traite par l'acide nitreux une solution acétique du chlorure $C^6H^8ClAz^3.Cl^2$, il se colore en bleu foncé et se transforme ensuite en une base oxygénée, $C^6H^7ClAz^2O$, qui se dépose à l'état de nitrate.

Ce nitrate possède une forte odeur de musc; il n'est pas stable à l'air humide (Keller).

Action du brome. — On obtient, en ajoutant une solution alcoolique de brome à la cyanométhine en solution aqueuse, une *bromocyanométhine*, $C^6H^8BrAz^3$, cristallisant dans l'eau avec 1 molécule d'eau qu'elle perd à 100° (A. Bayer).

En versant du brome dans une solution acide de cyanométhine, on voit se former un précipité rouge, qui est un mélange de *bromhydrate de bromocyanométhine* et d'un *polybromure*. On enlève l'excès de brome par l'acide sulfureux et l'on fait cristalliser le bromhydrate [E. von Meyer, *J. prakt. Chem.*, (2), **27**, 152; *Bull. Soc. Chim.*, (2), **30**, 675. — P. Keller, *loc. cit.*].

La *bromocyanométhine*, $C^6H^8BrAz^3$, est en cristaux fusibles à 141-142° (Bayer).

L'acide nitreux la transforme en une base oxygénée, par une réaction parallèle à celle que subissent la cyanométhine et la chlorocyanométhine. Cette base, $C^6H^7BrAz^2O$, fond à 158°; elle se combine avec le nitrate d'argent en donnant le composé $C^6H^7BrAz^2O.AzO^3Ag$ (P. Keller).

Action du cyanate de phényle sur la cyanométhine. — Ces deux corps se combinent en solution benzénique pour donner une *carbanilidocyanométhine* fondant à 225°.

La bromocyanométhine fournit de même la *carbanilidobromocyanométhine* fusible à 170°.

CYANOMÉTHÉTHINE, $C^8H^{13}Az^3$. — Cette base prend naissance en même temps que la cyanéthine quand on traite par le sodium un mélange bouillant de 2 molécules de propionitrile et de 1 molécule d'acétonitrile :

$$2C^3H^5Az + C^2H^3Az = C^8H^{13}Az^3$$

La cyanométhéthine forme des lamelles rhombiques, fondant à 165° et se sublimant à partir de 100°. Cette base est très soluble dans l'alcool, moins soluble dans l'éther et dans le benzène.

Le *chloraurate* cristallise en lamelles jaunes rectangulaires; le *chloroplatinate* forme de petites aiguilles très solubles.

Cette base donne avec le nitrate d'argent ammoniacal une combinaison $2C^8H^{13}Az^3.AzO^3Ag$, cristallisée et insoluble dans l'eau.

Le *dérivé bromé*, $C^8H^{12}BrAz^3$, forme des cristaux fusibles à 155°.

L'acide chlorhydrique concentré, chauffé en tube scellé à 180° avec la cyanométhéthine, la transforme en une base oxygénée fusible à 150°.

La cyanométhéthine ne peut avoir que l'une des constitutions exprimées par les formules

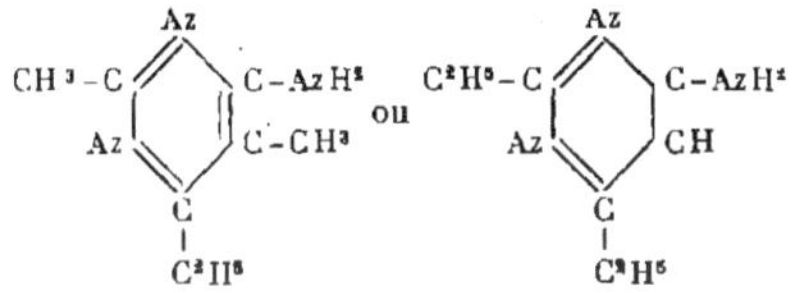

$$
CH^3-C
\begin{array}{c} Az \\ \diagup\diagdown \\ \diagdown\diagup \\ Az \end{array}
\begin{array}{c} C-AzH^2 \\ \\ C-CH^3 \\ \mid \\ C^2H^5 \end{array}
\quad ou \quad
C^2H^5-C
\begin{array}{c} Az \\ \diagup\diagdown \\ \diagdown\diagup \\ Az \end{array}
\begin{array}{c} C-AzH^2 \\ \\ CH \\ \mid \\ C^3H^5 \end{array}
$$

Par suite, la base oxygénée correspondante a l'une des deux formules

$$
\underset{I}{
CH^3-C
\begin{array}{c} Az \\ \diagup\diagdown \\ \diagdown\diagup \\ Az \end{array}
\begin{array}{c} C(OH, \\ \\ C-CH^3 \\ \mid \\ C^3H^5 \end{array}
}
\quad ou \quad
\underset{II}{
C^2H^5-C
\begin{array}{c} Az \\ \diagup\diagdown \\ \diagdown\diagup \\ Az \end{array}
\begin{array}{c} C(OH) \\ \\ CH \\ \mid \\ C^3H^5 \end{array}
}
$$

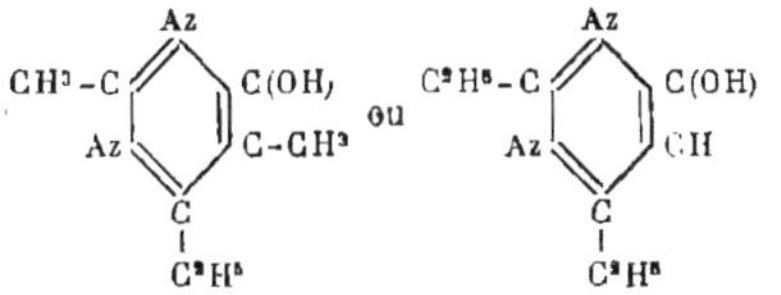

On a fait la synthèse de la base I en traitant l'acétamidine par l'éther propionylpropionique [E. von Meyer, *J. prakt. Chem*, (2), **40**, 303]. Cette base fond à 167°,5 et est par suite différente de la base dérivée de la cyanométhétine. La cyanométhétine est donc l'*α amido-α′γ diéthyl-β diazine* (*amidodiéthylmiazine*) et la base oxygénée qui en dérive l'*α oxy-α′γ diéthyl-β diazine* (*oxydiéthylmiazine*).

CYANÉTHINE. — Cette base a déjà été décrite dans le corps du Dictionnaire et dans le Supplément **1**.

On peut obtenir la cyanéthine avec un bon rendement en chauffant le propionitrile, en tube scellé, avec de l'éthylate de sodium sec [R. Schwarze, *J. prakt. Chem.*, (2), **42**, 1; *Bull. Soc. Chim.*, (3), **5**, 182].

La cyanéthine se présente en cristaux d'apparence clinorhombique; elle fond à 189°. Elle est insoluble dans l'eau et assez soluble dans l'alcool.

Le *chlorhydrate*, $C^9H^{15}Az^3$. HCl, cristallise en prismes volumineux.

La cyanéthine forme avec le nitrate d'argent un composé $(C^9H^{15}Az^3)^2Az O^3 Ag$, qu'on obtient sous la forme d'un précipité cristallin en dissolvant la base dans l'acide nitrique étendu, et ajoutant du nitrate d'argent, puis de l'ammoniaque [E. von Meyer, *J. prakt. Chem.*, (2), **22**, 25; *Bull. Soc. Chim.*, (2), **36**, 332].

Action des iodures alcooliques et des chlorures d'acides. — Le chlorure d'acétyle agit sur la cyanéthine comme sur une base tertiaire et donne un *dérivé* cristallin, fusible à 59° [E. von Meyer, *J. prakt. Chem.*, (2), **19**, 484; **30**, 115; *Bull. Soc. Chim.*, (2), **44**, 414].

Chauffée en tube scellé à 160° avec de l'iodure de méthyle, la cyanéthine fournit la *méthylcyanéthine*, $C^9H^{14}Az^3(CH^3)$, fusible à 74° et bouillant à 257-258°. Cette base est soluble dans l'eau; elle déplace l'ammoniaque et la plupart des métaux.

Dans les mêmes conditions, l'iodure d'éthyle donne l'*éthylcyanéthine*, $C^9H^{14}(C^2H^5)Az^3$, qui fond à 45° et bout à 259-261°.

Action de l'acide azoteux. — Quand on fait agir à froid l'acide nitreux sur la cyanéthine en solution acétique, il se fait une base oxygénée identique à celle qui prend naissance quand on traite la cyanéthine par les acides étendus sous pression. Nous décrirons cette base plus loin sous

le nom d'*oxycyanoconicine*. La réaction est la suivante :

$$C^9H^{13}Az^3 . AzH^2 + AzO^2H$$
$$= Az^2 + H^2O + C^9H^{14}Az^2O.$$

Si l'on opère à chaud, on a une réaction différente : il se produit un *nitrosate d'oxycyanoconicine* :

$$C^9H^{14}Az^2O + 2AzO^2H = 2H^2O + C^9H^{12}Az^4O^3.$$

Ce corps se présente en lamelles brillantes, solubles dans le benzène et fondant à 136°.

Traité en solution alcaline par l'amalgame de sodium, ce nitrosate perd un atome d'azote à l'état d'ammoniaque; le nouveau corps possède une réaction acide et a pour formule $C^9H^{13}Az^3O^2$: il se présente en aiguilles brillantes, fusibles à 205°. Il donne avec le nitrate d'argent ammoniacal un précipité renfermant $C^9H^{12}Az^3O^2Ag$. L'acide iodhydrique fumant le transforme en oxycyanoconicine. L'auteur l'envisage comme un dérivé oximidé, car on peut l'obtenir par l'action du chlorhydrate d'hydroxylamine sur le nitrosate.

Le chlorhydrate de phénylhydrazine, réagissant sur le même nitrosate, donne naissance à une *hydrazone*, cristallisant en prismes jaunes, fusibles au-dessus de 175° et ayant pour composition

$$C^9H^{14}(Az^2H . C^6H^5)Az^2 . OH$$

[E. von Meyer, *J. prakt. Chem.*, (2), **40**, 280; *Bull. Soc. Chim.*, (3), **3**, 133].

Oxycyanoconicine. — Quand on chauffe pendant 5 ou 6 heures en tube scellé, à 180°, la cyanéthine avec de l'acide chlorhydrique ou de l'acide sulfurique étendu, on obtient une nouvelle base qui diffère de la première par le remplacement de AzH par O :

$$C^9H^{15}Az^3 + HCl + H^2O = AzH^4Cl + C^9H^{14}Az^2O$$

M. von Meyer, qui découvrit cette base, remarqua que, d'après sa formule brute, on pouvait la considérer comme la conicine dont 2 atomes d'hydrogène seraient remplacés l'un par C Az et l'autre par O H; c'est pourquoi il lui donna le nom d'*oxycyanoconicine* [E. von Meyer, *J. prakt. Chem.*, (2), **19**, 484; **22**, 261; *Bull. Soc. Chim.*, (2), **36**, 333].

L'oxycyanoconicine est peu soluble dans l'eau froide, très soluble dans l'eau chaude et dans l'alcool; elle est monacide.

Le *chlorhydrate*, $C^9H^{14}Az^2O . HCl$, est une poudre cristalline blanche, donnant un *chloroplatinate*, $(C^9H^{14}Az^2O . HCl)^2PtCl^4$, cristallisé en aiguilles orthorhombiques jaunes, solubles dans l'eau, peu solubles dans l'alcool.

L'oxycyanoconicine donne un *nitrate* et un *oxalate* cristallisés, ainsi qu'un *dérivé argentique*, $C^9H^{13}Az^2OAg$.

Chauffée avec de l'iodure d'éthyle, elle s'y combine en donnant un *iodoéthylate* qui, traité par l'iodure d'argent fournit un *chloroéthylate*, susceptible de donner naissance au *chloroplatinate* $(C^9H^{14}Az^2O . C^9H^5Cl)^2PtCl^4$.

L'oxycyanoconicine est une base tertiaire; elle se combine au chlorure d'acétyle en donnant un *dérivé* cristallisé $C^9H^{14}Az^2O . CH^3COCl$; elle n'est pas attaquée par l'anhydride acétique à 180°.

Le permanganate de potassium la transforme en un mélange d'acides acétique et propionique.

L'iodure de méthyle s'unit à l'oxycyanoconicine à la température de 150° en donnant des cristaux blancs brillants qui constituent l'iodhydrate d'une base méthylée. Cette base elle-même, la *méthyloxycyanoconicine*, fond à 76°,5 et bout à 275-276°. Elle forme un *chloromercurate* $C^9H^{13}(CH^3)Az^2O . HgCl^2,0,5H^2O$ et un *chloro-*

platinate $[C^9H^{13}(CH^3)Az^2O . HCl]^2PtCl^4$, cristallisé en prismes jaunes orthorhombiques.

Éthyloxycyanoconicine. — Elle s'obtient à l'aide de l'iodure d'éthyle et de l'oxycyanoconicine; elle fond à 43° et bout à 267-273°. Elle se comporte comme son homologue inférieur au point de vue des sels doubles.

Éthylène-oxycyanoconicine. — Cette base se produit par l'action du bromure d'éthylène sur l'oxycyanoconicine à 170°. Elle cristallise en aiguilles fusibles à 153°,5, très peu solubles dans l'eau. Son *chloroplatinate*,

$$(C^9H^{13}Az^2O)^2C^2H^4 . 2HCl . PtCl^4,$$

est en prismes clinorhombiques.

Le brome en solution alcaline réagit sur l'oxycyanoconicine en donnant un produit incolore qui se décompose par la distillation en aldéhydes et acides acétique et propionique.

La potasse fondante détruit l'oxycyanoconicine avec formation d'ammoniaque, d'acétate, de propionate et de cyanure de potassium [E. von Meyer, *J. prakt. Chem.*, (2), **26**, 337; *Bull. Soc. Chim.*, (2), **39**, 125].

L'oxycyanoconicine a été trouvée identique avec un corps obtenu en traitant la propianamidine par l'éther propionylpropionique. La réaction est la suivante :

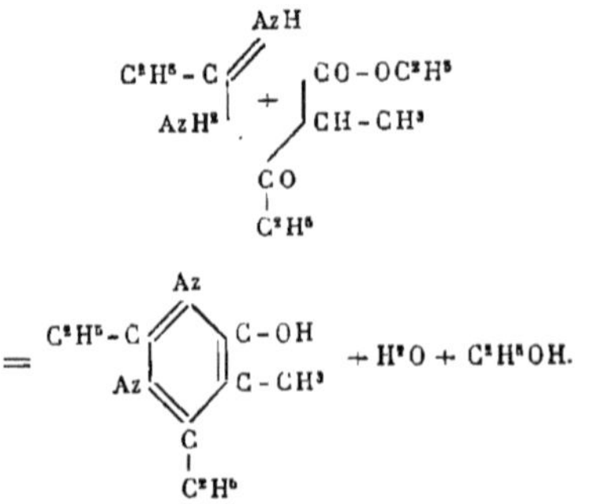

$$C^2H^5-C \genfrac{}{}{0pt}{}{AzH}{AzH^2} + \genfrac{}{}{0pt}{}{CO-OC^2H^5}{CH-CH^3} ; CO ; C^2H^5$$

$$= C^2H^5-C \underset{Az}{\overset{Az}{\bigcirc}} \genfrac{}{}{0pt}{}{C-OH}{C-CH^3} ; C ; C^2H^5 \quad + H^2O + C^2H^5OH.$$

Sa constitution en fait donc ι α *oxy-α'γ diéthyl-β méthyl-β diazine*. Elle a été nommée *méthyl-diéthyloxypyrimidine* par M. Pinner, *méthyl-diéthyloxymiazine* par M. von Meyer [E. von Meyer, *J. prakt. Chem.*, (2), **39**, 156].

Lorsqu'on chauffe l'oxycyanoconicine (oxydié-thylméthyl-β diazine) avec du perchlorure de phosphore, on la transforme en un *dérivé chloré*, $C^9H^{13}ClAz^2$. Cette base chlorée, chauffée avec de l'ammoniaque alcoolique, régénère la cyanéthine :

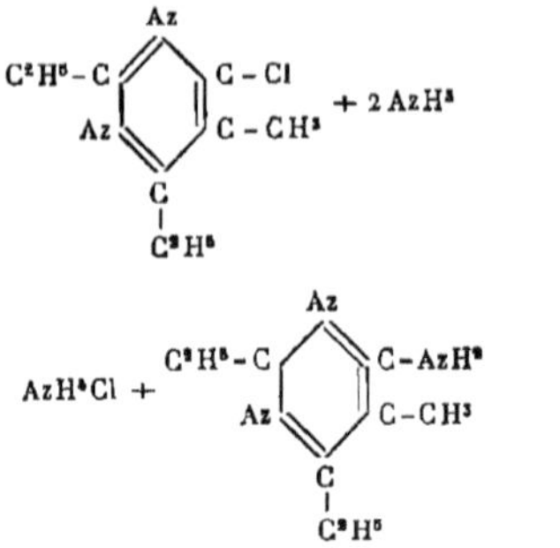

$$C^2H^5-C \underset{Az}{\overset{Az}{\bigcirc}} \genfrac{}{}{0pt}{}{C-Cl}{C-CH^3} ; C ; C^2H^5 \quad + 2AzH^3$$

$$AzH^4Cl + \quad C^2H^5-C \underset{Az}{\overset{Az}{\bigcirc}} \genfrac{}{}{0pt}{}{C-AzH^2}{C-CH^3} ; C ; C^2H^5$$

Cyanoconicine (diéthylméthyl-β diazine, mé-thyl-éthyl-pyrimidine, méthyl-diéthyl-miazine),

$$C^2H^5-C \underset{Az}{\overset{Az}{\bigcirc}} \genfrac{}{}{0pt}{}{CH}{C-CH^3} ; C ; C^2H^5$$

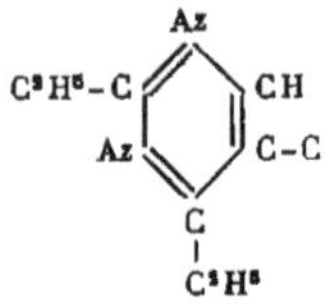

— Cette base prend naissance par réduction de la base chlorée au moyen de l'acide chlorhydrique et du zinc. Elle se dépose à l'état de *chlorozincate*, $(C^9H^{14}Az^2 . HCl)ZnCl^2$.

La cyanoconicine constitue une huile jaunâtre, distillant sans décomposition à 204-205°. Elle est soluble dans l'eau et se sépare de sa solution par la chaleur. Elle présente les mêmes propriétés physiologiques que la conicine.

Sa densité est 0,93. Elle se combine au chlorure mercurique en donnant des aiguilles incolores, $C^9H^{14}Az^2 . HgCl^2 , 0,5 H^2O$, fusibles à 90°.

Elle fixe le chlorure d'acétyle pour donner une combinaison cristallisée et fournit avec l'iodure d'allyle une nouvelle base dont le *chloroplatinate* a pour composition $(C^9H^{14}Az^2 . C^3H^5Cl)^2PtCl^4$ [E. von Meyer, *J. prakt. Chem.*, (2), **22**, 261; **26**, 337; *Bull. Soc. Chim.*, (2), **36**, 332; **39**, 125].

Oxéthylcyanoconicine. — Cette base résulte de l'action de la potasse alcoolique sur la chloro-cyanoconicine. C'est un liquide incolore, bouillant à 229-231°. Son *chloroplatinate* cristallise en octaèdres.

Chauffée à 200-210° avec un excès d'acide chlorhydrique fumant, elle perd C^2H^5Cl et fournit l'oxycyanoconicine.

L'oxéthylcyanoconicine est isomérique avec l'éthyloxycyanoconicine.

Phénylamidocyanoconicine (phénylamido-méthyldiéthylmiazine). Ce composé s'obtient quand on chauffe la chlorocyanoconicine avec de l'aniline à 220°. Il cristallise en fines aiguilles, fusibles à 99°, très solubles dans l'alcool, l'éther, le benzène et le chloroforme.

Cette base fournit un *chlorhydrate* cristallisé en prismes transparents; le *chloroplatinate*,

$$[C^9H^{13}Az^2 . AzH . C^6H^5 . HCl]^2PtCl^4,$$

est un précipité formé de petites aiguilles jaunes très fines [E. von Meyer, *J. prakt. Chem.*, (2), **39**, 262; *Bull. Soc. Chim.*, (3), **3**, 132].

Action du chlore sur la cyanéthine. — Lorsqu'on traite la cyanéthine par le chlore en présence de l'eau, la molécule est entièrement détruite, avec formation de produits liquides irritant fortement les yeux.

En opérant en solution dans le chloroforme sec, on voit le liquide s'échauffer, puis se prendre en une masse formée de lamelles nacrées, fusibles à 110°, qui constituent la *trichlorocyanéthine*,

$$C^9H^{12}Cl^3Az^2.$$

L'acide nitreux transforme cette base, comme il transforme la cyanéthine en oxycyanoconicine, en une base cristallisée en aiguilles fusibles à 132° et ayant pour formule $C^9H^{10}Cl^3Az^2(OH)$. Cette base trichlorée est réduite par l'acide iodhydrique à l'état d'oxycyanoconicine.

Le perchlorure de phosphore donne un produit incolore et huileux, distillable dans la vapeur d'eau, qui paraît être $C^9H^{10}Cl^4Az^2$ [C. Riess; *J. prakt. Chem.*, (2), **30**; *Bull. Soc. Chim.*, (2), **44**, 322].

Action du brome sur la cyanéthine. — On dissout la cyanéthine dans 5 ou 6 fois son poids d'acide sulfurique dilué et on ajoute par petites

portions 2 atomes de brome en chauffant doucement : il se forme un liquide oléagineux, lourd,
qu'on extrait par l'éther. Le liquide aqueux renferme du propionate d'ammonium ; la solution
éthérée abandonne le *bromhydrate de bromocyanéthine*, $C^9H^{14}BrAz^3 \cdot HBr$, en prismes orthorhombiques peu solubles dans l'eau [E. von Meyer,
J. prakt. Chem., (2), **26**, 337; *Bull. Soc. Chim.*,
(2), **39**, 126].

On dissout la cyanéthine dans l'acide bromhydrique et on la traite par son poids de brome ;
il se précipite une huile qui ne tarde pas à cristalliser et qui constitue un *polybromure de
bromhydrate de cyanéthine*; on recueille ce
produit et on le chauffe pendant 4 ou 5 heures à
80-100° en tubes scellés : il se transforme alors
en *bromhydrate de bromocyanéthine*.

La *bromocyanéthine*, $C^9H^{14}BrAz^3$, est en petites aiguilles fusibles à 153°, très solubles dans
l'alcool, l'éther et le chloroforme.

Cette base fournit des sels bien cristallisés,
solubles dans l'eau et dans l'alcool; tels sont le
sulfate, le *nitrate*, le *bromhydrate* et l'*iodhydrate*.

Le *chloroplatinate*, $(C^9H^{14}BrAz^3 \cdot HCl)^2PtCl^4$,
cristallise en petits octaèdres rhombiques; le
chloraurate, $C^9H^{14}BrAz^3 \cdot HCl \cdot AuCl^3$, forme de
longues aiguilles ou des lamelles jaune-citron; le
chloromercurate cristallise dans l'alcool faible en
aiguilles soyeuses.

Méthoxycyanéthine. — On la prépare en faisant réagir le méthylate de sodium sur la bromocyanéthine; elle cristallise en lamelles orthorhombiques, fusibles à 130° et commençant à se
sublimer à 70°.

Le *chloraurate*, $C^9H^{14}(OCH^3)Az^3 \cdot HCl \cdot AuCl^3$,
cristallise en aiguilles brillantes; le *chloroplatinate* forme des cristaux rhomboédriques; le
chloromercurate se présente en prismes quadratiques et le *dérivé argentique* en aiguilles ayant
pour formule $C^9H^{14}Az^3(OCH^3) \cdot AzO^3Ag$.

Traitée par l'acide nitreux, la *méthoxycyanéthine* se transforme en *méthoxy-oxycyaconicine*
$C^9H^{12}Az^2(OCH^3)OH$, cristallisant en prismes très
solubles dans l'eau, l'alcool et l'éther.

Le *chloraurate* forme des lamelles jaunes; la
combinaison argentique est un précipité blanc
cristallin, $C^9H^{12}Az^2(OCH^3)OAg$.

Éthoxycyanéthine, $C^9H^{14}Az^3(OC^2H^5)$. — Cette
base prend naissance au moyen de la bromocyanéthine et de l'éthylate de sodium. Elle forme
des lamelles fusibles à 14°, distillant sans altération au-dessus de 300°. Elle fournit des sels
bien cristallisés, un *dérivé argentique*

$$C^9H^{14}Az^3(OC^2H^5) \cdot AzO^3Ag,$$

un *chloroplatinate* en aiguilles orangées et un
chloraurate en aiguilles jaune-citron. Traitée par
l'acide nitreux en solution acétique, elle donne
la *base oxygénée* $C^9H^{12}Az^2(OC^2H^5)OH$, fusible
à 51° et fournissant un *dérivé argentique*

$$C^9H^{12}Az^2(OC^2H^5)OAg.$$

Quand on chauffe l'éthoxycyanéthine en tube
scellé, à 180°, avec de l'acide chlorhydrique concentré, on obtient une nouvelle base,

$$C^9H^{12}Az^2(OH)^2,$$

cristallisant en aiguilles fusibles à 151°, peu
solubles dans l'eau froide. Cette nouvelle base
fournit avec le nitrate d'argent un *dérivé argentique*.

Bromo-oxycyanoconicine, $C^9H^{12}BrAz^2(OH)$. —
Cette base prend naissance quand on traite la
bromocyanéthine par l'acide chlorhydrique à 180°
en tube scellé. Elle forme des aiguilles soyeuses,
peu solubles dans l'eau et fondant à 171°.

Anilidocyanéthine, $C^9H^{14}Az^2(AzH \cdot C^6H^5)$. — On
obtient cette base en chauffant à 200° en tube
scellé un mélange d'aniline et de bromocyanéthine.
Elle forme des lamelles brillantes, fusibles à 125°,
insolubles dans l'eau, peu solubles dans l'alcool
[C. Riess, *J. prakt. Chem.*, (2), **30**, 145; *Bull.
Soc. Chim.*, (2), **44**, 319].

*Action de la potasse sur la bromocyan-
éthine*. — La potasse décompose la bromocyanéthine avec formation de propionate de
potassium et du sel de potassium d'un acide
bibasique en C^6 que l'auteur a nommé acide *iso-
adipique* et qu'il aurait identifié avec l'acide
diméthylsuccinique de MM. Otto et Beckurts
[E. von Meyer, *J. prakt. Chem.*, (2), **26**, 337,
Bull. Soc. Chim., (2), **39**, 126].

A l'époque où M. von Meyer a fait ce travail, il
ne connaissait pas la constitution de la cyanéthine,
qui est incompatible avec la formation d'un acide
diméthylsuccinique symétrique. Il est fort probable que ces deux acides qui ont semblé identiques sont en réalité différents.

Tribromocyanéthine, $C^9H^{12}Br^3Az^3$. — A une
solution chloroformique de cyanéthine bien refroidie on ajoute la quantité convenable de brome,
puis on chauffe en tube scellé à 100° pendant
10 heures. On obtient de belles lamelles nacrées,
fusibles à 126°, très solubles dans l'alcool, l'éther
et le chloroforme.

Traitée par l'acide nitreux en solution acétique,
la tribromocyanéthine se convertit en *tribromo-
oxycyanoconicine*, $C^9H^{10}Br^3Az^2(OH)$, fusible à
149°.

Action de l'iode sur la cyanéthine. — On dissout 1 partie de cyanéthine dans un excès d'acide
sulfurique dilué et on ajoute $1^p,5$ d'iode, puis
on chauffe au bain-marie en ajoutant goutte à
goutte de l'acide nitrique concentré jusqu'à ce
que tout l'iode ait disparu. On filtre et on précipite par la soude. L'*iodocyanéthine* est en petits
prismes blancs, fusibles avec décomposition à
152°. Son *chloraurate* cristallise en lamelles
orangées.

L'acide nitreux est sans action sur l'iodocyanéthine; mais l'acide nitrique réagit violemment à froid en la transformant en *iodo-oxy-
cyanoconicine* $C^9H^{12}IAz^2(OH)$, fusible à 157°.

Un excès d'acide nitrique transforme cette
dernière en *oxycyanoconicine*; l'acide chlorhydrique à 180° lui fait subir la même transformation [C. Riess, *loc. cit.*].

*Action de l'anhydride phtalique sur la
cyanéthine*. — Quand on fond les deux corps
ensemble, il se produit un corps cristallisé en
aiguilles blanches, fondant à 127-128° et ayant
pour composition $C^9H^{13}Az^2 \cdot Az(CO)^2C^6H^4$ [E. von
Meyer, *J. prakt. Chem.*, (2), **39**, 262; *Bull. Soc.
Chim.*, (3), **3**, 133].

*Action de l'éther chloroxycarbonique sur la
cyanéthine*. — Quand on fait réagir au bain-marie
ces deux substances, on obtient un mélange de
chlorhydrate de cyanéthine et de *carboxéthylcyanéthine* :

$$2 C^9H^{13}Az^2(AzH^2) + Cl \cdot CO^2C^2H^5$$
$$= C^9H^{13}Az^2(AzH^2) \cdot HCl$$
$$+ C^9H^{13}Az^2 - AzH - CO^2C^2H^5.$$

Cette nouvelle base cristallise en aiguilles fusibles à 247°, solubles dans l'eau, l'alcool, l'éther, le
chloroforme et le benzène. Chauffée pendant
longtemps avec de l'eau, elle se dédouble en
alcool, acide carbonique et cyanéthine.

Traitée à froid par le nitrate d'argent, elle
fournit un *dérivé argentique*

$$C^9H^{13}Az^2 \cdot AzAg \cdot CO^2C^2H^5.$$

Le gaz ammoniac transforme la carboxéthylcyanéthine en *carbamidocyanéthine* ou *cyano-carbonylurée*, $C^9H^{13}Az^2$-Az H–C O–Az H² (von Meyer).

L'aniline donne de même la *carbanilido-cyanéthine*, $C^9H^{13}Az^2$–AzH–CO–AzH . C^6H^5, en longues aiguilles soyeuses, fusibles à 184°. Cette base, chauffée dans un courant d'acide chlorhydrique, se dédouble en cyanéthine et en cyanate de phényle.

CYANODIÉTHYLPROPINE, $C^{10}H^{17}Az^3$. — Cette base prend naissance quand on chauffe en tube scellé le propionitrile avec le produit de l'action du sodium sur le cyanure de propyle en solution dans l'éther [E. von Meyer, *J. prakt. Chem.*, (2), **39**, 188. — R. Wacke, *ibid.*, **39**, 245; *Bull. Soc. Chim.*, (3), **3**, 130]. La réaction se passe en réalité comme si l'on faisait réagir le sodium sur un mélange de propionitrile et de butyronitrile :

$$C^4H^7Az + 2 C^3H^5Az = C^{10}H^{17}Az^3.$$

Si c'était le dérivé sodé polymérisé du butyro-nitrile qui eût réagi, elle aurait été

$$(C^4H^7Az)^2 + C^3H^5Az = C^{11}H^{19}Az^3.$$

Cette base fond à 184°. Chauffée avec de l'acide chlorhydrique à 180°, elle donne une base oxy-génée (*oxytriéthylmiazine*), fusible à 144°.

CYANOPROPINE, $C^{12}H^{21}Az^3$. — Cette base se pré-pare en faisant réagir le sodium sur le cyanure de propyle à l'ébullition [E. von Meyer et J. Tröger, *J. prakt. Chem.*, (2), **37**, 396; *Bull. Soc. Chim.*, (2), **50**, 295].

On peut l'obtenir également en chauffant en tube scellé du cyanure de propyle avec le dérivé sodé obtenu dans l'action du sodium à froid sur le butyronitrile en solution dans l'éther [R. Wache, *loc. cit.*].

La cyanopropine (etnyidipropylmiazine) a pour constitution

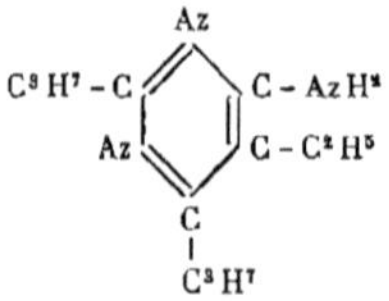

$$C^3H^7-C\underset{\displaystyle\overset{|}{C^3H^7}}{\overbrace{\underset{Az}{}\quad\overset{Az}{}}}\begin{matrix}C-AzH^2\\ C-C^2H^5\end{matrix}$$

C'est donc l α *amido-β éthyl-α'γ dipropyl-β diazine*.

Elle fond à 115° et cristallise en prismes peu solubles dans l'eau, qu'elle rend cependant alcaline.

Son *chloroplatinate* cristallise en prismes fusibles à 97°.

L'acide chlorhydrique à 180° la transforme en une base oxygénée, $C^{12}H^{20}Az^3O$, fusible à 97°,5 et donnant un *dérivé argentique* amorphe,

$$C^{13}H^{19}Az^3OAg.$$

Le brome transforme les sels de cyanopropine en *bromhydrate de bromocyanopropine*. Cette dernière base forme des aiguilles fusibles à 80°. Il se produit en même temps une huile bromée que l'eau paraît convertir en amide diéthylsuccinique symétrique (?) [E. von Meyer et J. Tröger, *loc. cit.*].

CYANODIPHÉNYLÉTHINE, $C^{17}H^{15}Az^3$. — Cette base prend naissance par l'action du sodium ou de l'éthylate de sodium sur un mélange de pro-pionitrile et de benzonitrile; elle fond à 168°.

Elle donne avec l'acide chlorhydrique une base oxygénée, $C^{18}H^{14}Az^2O$, fusible à 250°, qui a été reproduite par la réaction de l'éther méthylbenzoyl-acétique sur la benzamidine. Ces deux bases ont

donc respectivement pour constitution

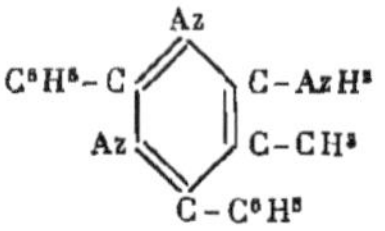

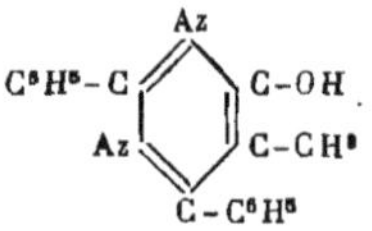

$$C^6H^5-C\underset{Az}{\overset{Az}{\diamond}}\begin{matrix}C-AzH^2\\ C-CH^3\\ C-C^6H^5\end{matrix}\qquad C^6H^5-C\underset{Az}{\overset{Az}{\diamond}}\begin{matrix}C-OH\\ C-CH^3\\ C-C^6H^5\end{matrix}.$$

La première est l'*α amido-β méthyl-α'γ diphényl-β diazine* (amidoéthyldiphénylmiazine) et la se-conde l'*α oxy-β méthyl-α'γ diphényl-β diazine* [E. von Meyer, *J. prakt. Chem.*, (2), **39**, 182 ; **40**, 303.

CYANODIPHÉNYLBENZYLINE, $C^{23}H^{17}Az^3$. — Ce composé, appelé aussi *amidotriphénylmiazine*, résulte de l'action du dérivé sodé polymérisé du cyanure de benzyle sur le benzonitrile. Cette base fond à 175°. Elle se transforme par l'acide chlorhydrique à 180° en *oxytriphénylmiazine*, $C^{23}H^{16}Az^2O$ [R. Wache, *loc. cit.*].

CYANOBENZYLINE, $C^{24}H^{21}Az^3$. — Cette base prend naissance quand on chauffe en tube scellé le dérivé bipolymérisé du cyanure de benzyle avec du cyanure de benzyle, ou le cyanure de benzyle avec de l'éthylate de sodium.

La cyanobenzyline est une base monoacide fusible à 106°.

L'acide chlorhydrique la transforme en une base oxygénée, l'*oxyphényldibenzylmiazine*, $C^{24}H^{20}Az^2O$, fusible à 85° [R. Wache, *loc. cit.*].

L. Bouveault.

CYANAMIDE, CH^2Az^2. — Voyez Dict., **1**, 1052 et Suppl., **1**, 567.

Préparation. — On prépare la cyanamide soit en désulfurant la sulfo-urée par l'oxyde de mercure, soit en traitant l'ammoniaque par le chlorure de cyanogène. Tandis que MM. Cloëz et Cannizzaro recommandaient de faire arriver les deux gaz bien desséchés dans de l'éther anhydre, M. Traube trouve préférable de les recueillir dans l'eau. On précipite ensuite la cyanamide par le plomb ou par l'argent [Traube, *D. chem. G.*, **18**, 573; *Bull. Soc. Chim.*, (2), **45**, 564].

M. Fenton a réussi à transformer l'urée en cyanamide au moyen du sodium [*Chem. Soc.*, **41**, 262]. Il chauffe doucement l'urée sèche avec du sodium : il se fait une vive réaction et il se dégage abondamment de l'hydrogène. Le résidu solide se dissout presque entièrement dans l'eau et contient de la *sodium-cyanamide*. En ajoutant de l'ammoniaque et du nitrate d'argent, on pré-cipite la *cyanamide argentique*, qu'on met en suspension dans l'éther et qu'on décompose par l'hydrogène sulfuré. La solution éthérée aban-donne après évaporation la cyanamide à l'état cristallin.

Le carbonate et le carbamate d'ammonium, traités de même par le sodium, donnent égale-ment de la cyanamide, mais en moindre quantité que l'urée.

Action des réactifs. — Quand on fond la cyanamide avec de la potasse, on obtient du cyanate de potassium [F. Emich, *Mon. f. Chem.*, **10**, 321].

Quand on fait digérer à la température de 120° un mélange d'urée et de cyanamide, il se forme de la *dicyanodiamidine* ou *guanylurée* :

$$AzH^2-CAz + AzH^2-CO-AzH^2$$
$$= AzH^2-C-AzH-CO-AzH^2$$
$$\overset{||}{}$$
$$AzH$$

Cette formule de la dicyanodiamidine s'accorde avec celle de la dicyanodiamide, qui serait

$$AzH^2-C-AzH-CAz$$
$$\overset{||}{}$$
$$AzH$$

[A. Smolka et A. Friedreich, *Mon. f. Chem.*, **10**, 86].

On sait que la cyanamide chauffée à 100° se transforme presque intégralement en dicyanodiamide. On a indiqué dans le Supplément 1 diverses explications de ce phénomène. MM. Smolka et Friedreich ont donné une nouvelle formule de constitution de la dicyanodiamide qui semble appuyée sur des preuves très sérieuses (voyez DICYANODIAMIDE). La réaction peut alors être représentée par le schéma

$$Az\,H^3 - C\,Az + Az\,H^2 - C\,Az = Az\,H^2 - C - Az\,H - C\,Az$$
$$\underset{Az\,H}{\overset{\|}{}}$$

Dans d'autres conditions, la cyanamide est susceptible de se polymériser en donnant une base, la *mélamine*,

$$3\,(Az\,H^2.\,C\,Az) = (C\,Az^2\,H^2)^3.$$

Il y a eu d'importantes discussions au sujet de la constitution de ce composé. Hofmann a étudié la question en produisant des *mélamines substituées* au moyen de cyanamides substituées. Nous indiquerons plus loin les résultats qu'il a obtenus.

La cyanamide se combine aux acides amidés en donnant des combinaisons dont la glycocyamine est le type :

$$Az\,H^2 - C\,Az + Az\,H^2 - C\,H^2 - C\,O^2\,H$$
$$= Az\,H^2 - C - Az\,H - C\,H^2 - C\,O^2\,H$$
$$\underset{Az\,H}{\overset{\|}{}}$$

On a donné aux combinaisons de ce genre, aujourd'hui très nombreuses, le nom générique de *cyamines* et celui de *cyamidines* à leurs produits de déshydratation.

Lorsqu'on chauffe 1 molécule de cyanamide avec 2 molécules d'acide thioglycolique au bain-marie, la cyanamide se dissout; bientôt la masse s'échauffe et ne tarde pas à se solidifier. On la dissout dans l'eau, on neutralise par l'ammoniaque, en évitant un excès de ce réactif, et on abandonne le tout au refroidissement. Il se dépose des cristaux, solubles dans la soude, qui constituent la *sulfhydantoïne* [R. Andreasch, *Mon. f. Chem.*, **1**, 442; *Bull. Soc. Chim.*, (2), **35**, 246].

M. Andreasch trouve là un nouvel argument pour donner à la sulfhydantoïne la formule

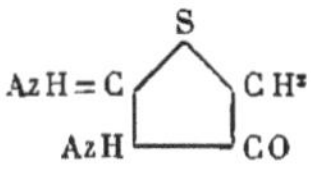

au lieu de la formule

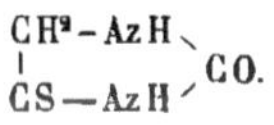

L'équation est la suivante :

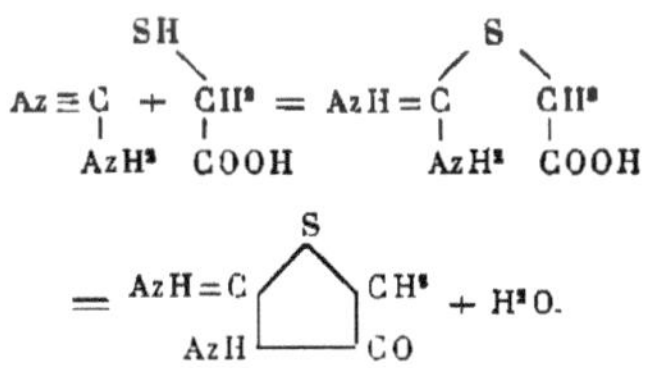

La réaction est parallèle à celle qui se passe pour le glycocolle.

Action de la sodium-cyanamide sur les iso-

cyanates de Wurtz et sur les isosulfocyanates. — On sait que l'isocyanate de potassium réagit aisément sur la cyanamide, en donnant le sel de potassium de l'acide *amidobicyanique* :

$$C\,Az^2\,H^2 + C\,O\,Az\,K = C^2\,H^2\,Az^3\,O\,K.$$

M. Wunderlich a constaté que la cyanamide ne se combine pas avec les éthers isocyaniques et isosulfocyaniques; mais la combinaison a lieu si on emploie la sodium-cyanamide. Il se fait un sel de sodium qui, dans le cas d'un éther isocyanique, a les plus grands rapports avec le sel de sodium de l'acide amidobicyanique. Ces sels de sodium constituent des poudres blanches; ils peuvent aisément être transformés en sels de cuivre cristallisés.

Les combinaisons sodiques de la sulfo-urée cristallisent fort bien.

L'auteur a donné aux combinaisons dont dérivent ces sels de sodium le nom générique de *carbamine-cyamides*. Le composé obtenu avec l'isocyanate de méthyle est la *méthylcarbamine-cyamide*, celui obtenu avec l'isosulfocyanate de méthyle est la *méthylthiocarbamine-cyamide* [A. Wunderlich, *D. chem. G.*, **19**, 448].

L'auteur représente l'acide amidobicyanique par le schéma

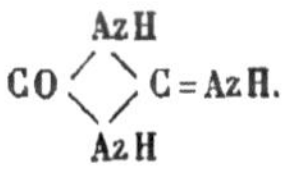

$$C\,O \overset{Az\,H}{\underset{Az\,H}{\diamondsuit}} C = Az\,H.$$

Il s'ensuit que, pour lui, l'*éthylcarbamine-cyamide sodée* est

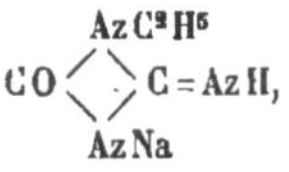

$$C\,O \overset{Az\,C^2\,H^5}{\underset{Az\,Na}{\diamondsuit}} C = Az\,H,$$

et l'*éthylthiocarbamine-cyamide sodée*

$$C\,S \overset{Az\,C^2\,H^5}{\underset{Az\,Na}{\diamondsuit}} C = Az\,H.$$

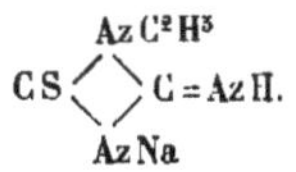

Au lieu d'expliquer la formation du dérivé sodé dans le cas du sénevol par l'équation

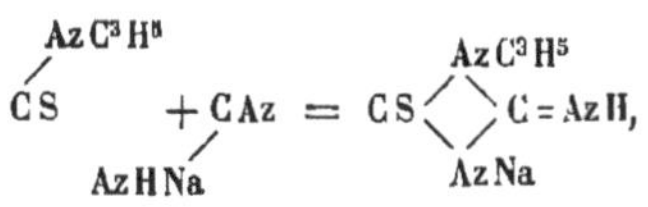

$$C\,S \overset{Az\,C^2\,H^5}{\underset{Az\,H\,Na}{}} + C\,Az = C\,S \overset{Az\,C^2\,H^5}{\underset{Az\,Na}{\diamondsuit}} C = Az\,H,$$

nous préférons de beaucoup écrire cette réaction comme le fait M. O. Hecht [*D. chem. G.*, **24**, 1658] :

$$C^2\,H^5 - Az = C\,S + Az\,H \overset{Na}{\underset{C\,Az}{<}}$$
$$= C^2\,H^5 - Az\,H - C\,S - Az\,Na - C\,Az.$$

Nous croyons même que l'on peut étendre cette hypothèse aux *carbaminocyamides* de M. Wunderlich et écrire

$$C^2\,H^5 - Az = C\,O + Az\,H\,Na - C\,Az$$
$$= C^2\,H^5 - Az\,H - C\,O - Az\,Na - C\,Az.$$

Cette formule fait de ces corps des cyanourées substituées, ce qui permet d'abandonner le nom de *carbamine-cyamide*. Cette constitution a sur celle indiquée par M. Wunderlich l'avantage de faire comprendre pourquoi il peut se faire un sel de sodium stable. L'atome d'hydrogène du groupement Az H devient fortement électropositif, par suite du voisinage des deux groupements électronégatifs CO et CAz.

La sodium-cyanamide se combine à l'isocyanate d'éthyle en donnant le sel de sodium de la *cyanoéthylurée* (éthylcarbamine–cyamide).

La *cyanoéthylurée*, $AzH.C^3H^5-CO-AzH.CAz$, fond à 121°; elle est différente de l'*éthylcyanourée*, $AzH^2-CO-AzC^3H^5-CAz$.

En combinant la sodium-cyanamide aux iso-sulfocyanates de méthyle, d'éthyle, d'allyle et de phényle, M. Wunderlich a obtenu les composés :

$$CH^3-AzH-CS-AzNa-CAz,$$
Sodocyanosulfométhylurée

$$C^2H^5-AzH-CS-AzNa-CAz$$
Sodocyanosulfo-éthylurée.

$$C^3H^5-AzH-CS-AzNa-CAz$$
Sodocyanosulfo-allylurée.

$$C^6H^5-AzH-CS-AzNa-CAz.$$
Sodocyanosulfophénylurée.

Il a fait réagir différents iodures alcooliques sur ces dérivés sodés, qu'il appelait *méthylthiocarbamine-sodiumcyamide*, etc.

Action des iodures alcooliques sur les dérivés sodés des alcoylcyanosulfo-urées. — Si l'on traite par un iodure alcoolique RI le dérivé sodé obtenu au moyen d'un isosulfocyanate $CSAzR'$ et de la sodium-cyanamide, on obtient des cyanosulfo-urées bisubstituées :

$$R'AzH-CS-AzNa-CAz + RI$$
$$= NaI + R'AzH-CS-AzR-CAz.$$

On voit que les deux composés

$$R'AzH-CS-AzR-CAz$$
et
$$RAzH-CS-AzR'-CAz$$

sont isomériques, mais non identiques. M. Wunderlich avait bien observé le fait, mais il n'avait pas pu expliquer l'isomérie d'une manière satisfaisante.

En faisant réagir l'iodure de méthyle sur la sodocyanosulfométhylurée, on obtient la *méthylcyanosulfométhylurée*,

$$CH^3-AzH-CS-AzCH^3-CAz,$$

fusible à 194-195° (Hecht).

L'iodure d'éthyle donne avec le même réactif l'*éthylcyanosulfométhylurée*,

$$CH^3-AzH-CS-AzC^2H^5-CAz$$

(*méthylthiocarbamine-éthylcyamide*), fusible à 106° (Wunderlich).

L'iodure de propyle fournit la *propylcyanosulfométhylurée* (*méthylthiocarbamine-propylcyamide*), fondant à 90° (Hecht).

L'iodure d'allyle produit l'*allylcyanosulfométhylurée* (*méthylthiocarbamine-allylcyamide*), fondant à 77°,5 (H.).

Avec le chlorure de benzyle, on obtient la *benzylcyanosulfométhylurée* (*méthylthiocarbamine-benzylcyamide*), fondant à 173°.

La sodocyanosulfo-éthylurée, traitée par l'iodure de méthyle, fournit la *méthylcyanosulfo-éthylurée* (*éthylthiocarbamine-méthylcyamide*), fusible à 162° (Wunderlich).

Avec l'iodure d'éthyle, elle donne l'*éthylcyanosulfo-éthylurée* (*éthylthiocarbamine-éthylcyamide*), fusible à 98°,2 (Hecht).

Avec l'iodure de propyle, elle produit la *propylcyanosulfo-éthylurée* (*éthylthiocarbamine-propylcyamide*), fusible à 71° (H.).

Avec l'iodure d'allyle, on obtient l'*allylcyanosulfo-éthylurée* (*éthylthiocarbamine-allylcyamide*), fusible à 81° (H.).

Avec le chlorure de benzyle, il se fait la *benzylcyanosulfo-éthylurée* (*éthylthiocarbamine-benzylcyamide*), fusible à 143°,5 (H.).

La sodocyanosulfopropylurée, traitée par l'iodure de méthyle, fournit la *méthylcyanosulfopropylurée* (*propylthiocarbamine-méthylcyamide*), fusible à 115°.

Avec l'iodure d'éthyle, elle donne l'*éthylcyanosulfopropylurée* (*propylthiocarbamine-éthylcyamide*), fusible à 56°.

Avec l'iodure de propyle, elle produit la *propylcyanosulfopropylurée* (*propylthiocarbamine-propylcyamide*), fusible à 56°.

Avec l'iodure d'allyle, il se fait l'*allylcyanosulfopropylurée* (*propylthiocarbamine-allylcyamide*), fusible à 50°.3.

Avec le chlorure de benzyle, on obtient la *benzylcyanosulfopropylurée* (*propylthiocarbamine-benzoylcyamide*), fusible à 113°.

La sodocyanosulfo-allylurée, traitée par l'iodure de méthyle, donne la *méthylcyanosulfo-allylurée* (*allylthiocarbamine-méthylcyamide*), fusible à 110° (Wunderlich).

Par l'iodure d'allyle, elle fournit l'*éthylcyanosulfo-allylurée* (*allylthiocarbamine-éthylcyamide*), fusible à 63°,2 (Hecht).

Par l'iodure de propyle, elle produit la *propylcyanosulfo-allylurée* (*allylthiocarbamine-propylcyamide*), fusible à 57°,3.

Par l'iodure d'allyle, elle donne naissance à l'*allylcyanosulfo-allylurée* (*allylthiocarbamine-allylcyamide*), fusible à 52°,4.

Par le chlorure de benzyle, on obtient la *benzylcyanosulfo-allylurée* (*allylthiocarbamine-benzylamide*), fusible à 116°).

La sodocyanosulfopropylurée, traitée par l'iodure de méthyle, fournit la *méthylcyanosulfophénylurée* (*phénylthiocarbamine-méthylcyamide*), fusible à 145°.

Par l'iodure d'éthyle, elle donne l'*éthylcyanosulfophénylurée* (*phénylthiocarbamine-propylcyamide*), fusible à 144°.

Par l'iodure de propyle, il se fait la *propylcyanosulfophénylurée* (*phénylthiocarbamine-propylcyamide*), fusible à 108°.

Par l'iodure d'allyle, on obtient l'*allylcyanosulfophénylurée* (*phénylthiocarbamine-allylcyamide*), fusible à 100°.

Par l'iodure de benzyle, il se produit la *benzylcyanosulfophénylurée* (*phénylthiocarbamine-benzylcyamide*), fusible à 182° [Hecht, *loc. cit.*].

CYANAMIDES SUBSTITUÉES.

Allylcyanamide, $C^3H^5-AzH-CAz$. — Quand on chauffe au bain-marie un mélange d'allylcyanamide et d'acide thioglycolique, il se fait de l'*allylsulfhydantoïne*, en petites aiguilles peu solubles dans l'eau et dans l'alcool froids, assez solubles dans l'eau chaude :

$$Az \equiv C \underset{C^3H^5-AzH}{|} + \underset{COOH}{\overset{SH}{\underset{|}{CH^2}}} = H^2O + AzH = C \underset{C^3H^5-Az}{\overset{S}{\diagup\diagdown}} \underset{CO}{CH^2}$$

Phénylcyanamide, $C^6H^5-AzH-CAz$. — On peut préparer la phénylcyanamide en traitant l'aniline par le chlorure de cyanogène ; cette méthode donne de mauvais rendements. On en obtient de très bons dans la désulfuration de la phénylsulfo-urée. On dissout celle-ci dans la potasse à 30 0/0 à la température du bain-marie et l'on ajoute la quantité théorique de sous-acétate de plomb en solution concentrée et chaude. Après refroidissement, on filtre et on sature à froid par l'acide acétique. La phénylcyanamide se précipite avec un rendement de 75 à 80 0/0

[P. Berger, *Mon. f. Chem.*, 5, 217; *Bull. Soc. Chim.*, (2), **43**, 42. — A. Hofmann, *D. chem. G.*, **18**, 3220; *Bull. Soc. Chim.*, (2), **46**, 294.]

On purifie la phénylcyanamide par dissolution dans un alcali et précipitation par un acide. A l'état de pureté, elle fond à 47° (Hofmann). Elle donne alors un *hydrate* $2 (C^7 H^6 Az^2)$, $H^2 O$.

La phénylcyanamide fournit un *chloroplatinate* anhydre.

On obtient son *sel d'argent* par l'addition de nitrate d'argent à sa solution alcoolique ou ammoniacale. C'est une poudre cristalline blanche.

Chauffés au bain-marie, les cristaux de phénylcyanamide se liquéfient, perdent leur eau et se transforment au bout d'une heure en une masse de cristaux étoilés, mélangés à une substance amorphe difficilement cristallisable. On obtient finalement des aiguilles blanches, fondant à 185° et constituant la *triphénylisomélamine*,

$$\mathrm{C^6 H^5\!-\!Az} \underset{\mathrm{Az-C^6 H^5}}{\overset{\mathrm{C=AzH}}{\underset{\mathrm{AzH=C}\quad\mathrm{C=AzH}}{\bigcirc}}} \mathrm{Az-C^6 H^5}$$

On obtient également cette substance dans la préparation de la phénylcyanamide au moyen de l'aniline et du bromure de cyanogène et dans la préparation de la même substance par désulfuration de la phénylsulfo–urée. Dans ce dernier cas, elle est accompagnée d'une substance isomérique, la *triphénylmélamine asymétrique*.

On obtient la triphénylmélamine asymétrique à l'état de pureté en désulfurant, sans addition d'alcali, la phénylsulfo–urée en solution dans l'alcool à 95°, au moyen de l'oxyde de mercure fraîchement précipité.

Cette base fond à 217° (pour la constitution de ces divers produits, voir MÉLAMINE) [A. Hofmann, *D. chem. G.*, **18**, 3217; *Bull. Soc. Chim.*, (2), **46**, 94.]

Quand on chauffe un mélange, molécule à molécule, de phénylcyanamide et d'acétamide, on observe un dégagement d'ammoniaque et de carbonate d'ammonium; il se fait en même temps de l'acétanilide et une base cristallisée en aiguilles blanches fondant à 222°. Cette base a pour formule $C^{39} H^{37} Az^{11}$.

Son *chlorhydrate*, cristallisé dans l'alcool, a pour formule $C^{39} H^{37} Az^{11} . 2 H Cl . 3,5 C^2 H^6 O$; il perd à l'air son alcool de cristallisation et fond à 254-256°.

Son *picrate* cristallise en aiguilles jaunes, fusibles à 238-240°.

Le brome en solution acétique produit un *dérivé bromé* cristallisé, $C^{39} H^{31} Br^6 Az^{11}$.

On a trouvé dans les eaux mères de ce corps une seconde base $C^{15} H^{16} Az^6$, fusible à 212°. Son *chlorhydrate*, $C^{15} H^{16} Az^6 . H Cl$, fond à 252° [F. Berger, *Mon. f. Chem.*, 5, 217; *Bull. Soc. Chim.*, (2), **44**, 123].

En solution alcoolique, l'acide thioglycolique réagit à froid sur la phénylcyanamide en donnant la *phénylsulfhydantoïne*, fusible à 178°.

Acides cyanamidés. — En faisant réagir le chlorure de cyanogène sur les acides amidés, on obtient des cyanamides substituées par des résidus acides :

$$C O^2 H_{(1)} - C^6 H^4 - Az H^2_{(3)} + C Az Cl$$
$$= H Cl + C O^2 H_{(1)} - C^6 H^4 - Az H_{(3)} - C Az.$$

On appelle ces composés *acides cyanamidés*; celui dont nous avons donné la formule est l'acide *m-cyanamidobenzoïque*. On le prépare au moyen de l'acide m-amidobenzoïque. Cet acide

commence à se décomposer à 140° et fond en bouillonnant à 200°.

On obtient de même l'acide *p–cyanamidophénylacétique*, qui fond à 134° [J. Traube, *D. chem. G.*, **15**, 2113; *Bull. Soc. Chim.*, (2), **39**, 336.]

Phénolcyanamides. — En traitant par le chlorure de cyanogène les éthers des phénols amidés, on a pu obtenir les cyanamides correspondantes. On a ainsi avec l'o-amidophénéthol :

$$C^6 H^4 \Big\langle {}^{O\,C^2 H^5_{(1)}}_{Az\,H^2_{(2)}} + C Az Cl$$
$$= H Cl + C^6 H^4 \Big\langle {}^{O\,C^2 H^5_{(1)}}_{Az\,H - C Az_{(2)}}$$

L'*o-éthoxyphénylcyanamide*, $C^9 H^{10} Az^2 O$, fond à 94°. Elle donne un *dérivé sodé* cristallisé et un *dérivé argentique* caséeux.

La *p–éthoxyphénylcyanamide*, obtenue au moyen du p-amidophénéthol, fond à 78°.

L. Bouveault.

CYANHYDRIQUE (ACIDE), C Az H. — L'acide cyanhydrique se forme en assez grande quantité quand on dirige dans la flamme renversée d'un bec de Bunsen de l'air mélangé de bioxyde d'azote. L'air pur ou mélangé d'oxygène ne fournit pas d'acide cyanhydrique dans ces conditions [L. Ilosvay de N. Ilosva, *Bull. Soc. Chim.*, (3), **2**, 737].

Sa présence a été constatée dans la fumée de tabac avec un alcaloïde toxique (collidine?) et une série de produits aromatiques non encore étudiés [G. Le Bon et G. Noël, *C. R.*, **90**, 1538].

Il se forme encore dans le passage au travers d'un tube chauffé au rouge des vapeurs de triméthylamine [*Dingl. Journ.*, **237**, 145].

En faisant passer l'étincelle d'une forte bobine de Ruhmkorff dans de l'aniline, on constate que les gaz qui se dégagent renferment de l'acide cyanhydrique (9 0/0), de l'acétylène (21 0/0), de l'hydrogène (65 0/0) et de l'azote (5 0/0) [A. Destrem, *C. R.*, **99**, 138].

En traitant l'acétone ordinaire par le double de son poids d'acide azotique concentré, et en chauffant doucement jusqu'à ce que la réaction commence, on voit se dégager des torrents de bioxyde d'azote; il se forme en même temps des acides formique, acétique, oxalique et cyanhydrique, ce dernier en quantité très appréciable ($0^{gr},78$ à $1^{gr},12$ pour 100 parties d'acétone) [C. Hell et C. Kitrasky, *D. chem. G.*, **24**, 984].

On sait que le carbone et l'azote s'unissent à haute température en présence des oxydes des métaux alcalins et des terres alcalines : en chauffant dans un petit creuset électrique des mélanges de charbon et de baryte, de charbon et de carbonate de potassium, dans une atmosphère d'azote, sous des pressions allant jusqu'à 60 atmosphères, M. W. Hempel a constaté qu'à température égale la quantité d'acide cyanhydrique, ou plutôt de cyanure, augmente avec la pression [*D. chem. G.*, **23**, 3390].

M. J. Dewar [*London R. Soc. Proc.*, **29**, 188] a observé la formation d'acide cyanhydrique dans l'arc électrique, dans les conditions suivantes : Les crayons de charbon, purifiés par traitement au chlore, puis à l'hydrogène à haute température, étaient creusés dans leur longueur pour permettre d'y faire passer des gaz, et actionnés par une forte machine de Siemens. En faisant passer de l'air dans le charbon négatif, à la vitesse de 1 litre à la minute, on obtient des quantités très appréciables d'acide cyanhydrique : la production de ce dernier augmente notablement quand le courant d'air est dirigé dans le charbon positif.

Si on substitue l'hydrogène à l'air dans le charbon positif, on constate la formation d'acétylène.

L'auteur admet qu'au pôle positif l'acétylène et l'azote réagissent l'un sur l'autre de la façon suivante :

$$C^2 H^2 + Az^2 = 3\,C\,Az\,H.$$

Un mode de préparation avantageux de l'acide cyanhydrique pur consiste à faire passer un courant d'hydrogène arsénié sec sur du cyanure de potassium sec légèrement chauffé :

$$As\,H^3 + 3\,K\,C\,Az = 3\,H\,C\,Az + K^3 As$$

[G.-W. Blythe, *Chem. News*, **59**, 228].

Propriétés. — En faisant agir l'acide cyanhydrique sur l'eau oxygénée, on obtient à froid, au bout de quelques heures, un abondant dépôt d'oxamide :

$$2\,H\,C\,Az + 2\,H^2 O^2 = (C\,O\,Az\,H^2)^2 + H^2 O + O.$$

Cette réaction est générale pour les nitriles, qui sont ainsi transformés en amides :

$$R - C\,Az + 2\,H^2 O^2 = R - C\,O\,Az\,H^2 + H^2 O + O^2 ;$$

la transformation est d'autant plus rapide et plus complète que l'amide obtenue est moins soluble.

Le cyanogène agit de même sur l'eau oxygénée et se transforme instantanément et intégralement en oxamide, surtout si la solution aqueuse est rendue légèrement alcaline par quelques gouttes de potasse :

$$C^2 Az^2 + 2\,H^2 O^2 = (C\,O\,Az\,H^2)^2 + O^2$$

[Br. Radziszewski, *D. chem. G.*, **18**, 355].

L'acide cyanhydrique empêche la réduction de l'acide iodique par l'acide formique : même à chaud, la réduction ne se produit que quand la chaleur a chassé tout l'acide cyanhydrique.

D'autre part, l'acide cyanhydrique est sans action sur la réduction de l'acide iodique par l'acide sulfureux. On pourrait expliquer cette différence d'action en admettant, pour les acides formique et cyanhydrique, la formation du composé très instable et non réducteur que représente la formule

$$\begin{array}{c}H \\ HO\end{array}\!\!>\!C = O + \begin{array}{c}C\,Az \\ | \\ H\end{array} = \begin{array}{c}H \\ OH\end{array}\!\!>\!C\!<\!\begin{array}{c}C\,Az \\ OH\end{array}$$

L'acide sulfureux ne peut donner un composé analogue et conserverait ses propriétés réductrices [E. von Meyer, *J. prakt. Chem.*, (2), **36**, 292].

L'acide cyanhydrique aqueux est sans action sur l'acide sélénieux, même à la température de 100°. L'acide anhydre, chauffé sous pression pendant 2 heures environ avec l'acide sélénieux, réagit subitement sur celui-ci en le réduisant en partie.

En chauffant en tube scellé 2 grammes (1 molécule) d'acide sélénieux pulvérisé avec 4 centimètres cubes (6 molécules) d'acide cyanhydrique anhydre et 4-5 centimètres cubes d'anhydride acétique (2-3 molécules), on obtient une solution rouge qui abandonne par évaporation sur la chaux de petites lamelles jaunes. mélangées d'aiguilles, qu'on purifie par cristallisation dans l'acide acétique cristallisable additionné d'anhydride acétique.

Ces cristaux ont une odeur repoussante ; l'eau les décompose en donnant de l'acide cyanhydrique, de l'acide sélénieux et du sélénium. Leur composition paraît répondre à la formule

$$H^2 Se^2 (C\,Az)^2 O ;$$

mais il est plus probable qu'ils constituent le cyanure de sélénium décrit autrefois par M. R. Schneider, et qui serait formé d'après l'équation

$$2\,Se\,O^2 + 8\,C\,Az\,H$$
$$= Se^2 (C\,Az)^2 + 4\,H^2 O + 3\,(C\,Az)^2.$$

Il y a en effet du cyanogène mis en liberté [O. Hinsberg, *Ann. Chem.*, **260**, 40-53].

En faisant agir l'acide chlorhydrique sec sur l'acide cyanhydrique anhydre, M. A. Gautier a obtenu le *chlorhydrate d'acide cyanhydrique* auquel il attribue la formule $C\,Az\,H\,.\,H\,Cl$ (voyez *Dict.*, **1**, 1060), alors que le *bromhydrate* correspondant aurait la composition $2\,C\,Az\,H\,.\,3\,H\,Br$.

MM. L. Claisen et F. Matthews [*Chem. Soc.*, **41**, 264] ont obtenu ce même chlorhydrate en faisant passer un courant de gaz chlorhydrique sec dans de l'acide cyanhydrique dissous dans l'éther acétique, formique ou benzoïque : ils lui attribuent la composition $2\,C\,Az\,H\,.\,3\,H\,Cl$.

Ses propriétés sont celles du chlorhydrate de M. Gautier. Traité par l'alcool, il donne, lui aussi, du chlorure d'ammonium, du formiate d'éthyle et de la formamidine $C\,H\,(Az\,H^2)(Az\,H)$.

En chauffant une solution aqueuse d'acide cyanhydrique avec une quantité d'acide acétique suffisante pour que le mélange ne devienne jamais alcalin et destinée seulement à neutraliser l'ammoniaque qui tend à se former, on obtient, parmi les produits insolubles dans l'eau, un mélange de xanthine $C^5 H^4 Az^4 O^2$ et de méthylxanthine

$$C^6 H^6 Az^4 O^2,$$

qu'on sépare, assez difficilement d'ailleurs, en les transformant en dérivés cupriques :

$$11\,C\,Az\,H + 4\,H^2 O$$
$$= C^5 H^4 Az^4 O^2 + C^6 H^6 Az^4 O^2 + 3\,Az\,H^3$$

[A. Gautier, *Bull. Soc. Chim.*, (2), **41**, 141].

Action de l'acide cyanhydrique sur les aldéhydes. — L'acide cyanhydrique se combine à l'aldéhyde méthylique pour donner le nitrile glycolique $C\,Az - C\,H^2 OH$. On mélange à froid une solution aqueuse d'acide cyanhydrique avec de l'aldéhyde méthylique, puis on évapore doucement au bain-marie : le résidu est repris par l'éther, et desséché sur le chlorure de calcium. Après évaporation de l'éther et dessiccation dans le vide, on obtient un liquide incolore et inodore, ayant une densité de 1,100 à $+12°$, solidifiable dans un mélange d'acide carbonique solide et d'éther, très soluble dans l'eau, l'alcool et l'éther, distillant sans décomposition à 119° sous une pression de 24 millimètres de mercure.

Il s'unit à l'anhydride acétique pour donner le composé $C\,Az - C\,H^2 O\,(C^2 H^3 O)$, bouillant à 177°.

Traité par l'acide chlorhydrique fumant, il donne du chlorure d'ammonium et de l'acide glycolique [L. Henry, *C. R.*, **110**, 759].

En faisant agir une solution à 30-35 0/0 d'acide cyanhydrique sur l'aldéhyde-ammoniaque, M. E. Erlenmeyer [*Ann. Chem.*, **200**, 120] a obtenu de l'amidopropionitrile, de l'imidopropionitrile, de l'hydrocyanaldine et de la p-hydrocyanaldine. L'amidopropionitrile se forme le premier ; il se transforme partiellement en imidopropionitrile et celui-ci s'unit à l'excès d'amidopropionitrile, avec élimination d'ammoniaque, pour donner l'hydrocyanaldine.

D'après M. Lubavine [*Bull. Soc. Chim.*, (2), **37**, 542], l'acide cyanhydrique réagit d'abord sur l'aldéhydate d'ammoniaque pour donner du cyanure d'ammonium qui, s'unissant à l'aldéhyde mise en liberté, produirait le nitrile :

$$C^2 H^4 O + C\,Az\,.\,Az\,H^4 = H^2 O + C^2 H^4 (Az\,H^2)\,C\,Az,$$

En effet, en faisant agir le cyanure d'ammonium sur l'aldéhyde éthylique, puis faisant bouillir avec de l'acide chlorhydrique, il a obtenu l'alanine ; en employant l'aldéhyde amylique, il a obtenu la leucine.

L'acide cyanhydrique agit d'une manière différente sur l'aldol, selon qu'il est anhydre ou étendu d'eau. Dans le premier cas, il ne se produit que l'isodialdane $C^9H^{14}O^3$, qui prend naissance encore, à côté de produits de condensation peu étudiés, par l'action de l'acide sulfurique étendu sur l'aldol. Si l'acide cyanhydrique est en solution aqueuse, il s'unit à l'aldol pour donner un liquide sirupeux, répondant à la composition $2 C^4H^8O^2 . C Az H$ [C.-A. Lobry de Bruyn, *Bull. Soc. Chim.*, (2), **42**, 161].

Quand on fait agir l'acide cyanhydrique sur le chloral, celui-ci se transforme intégralement en acide dichloracétique, sans que l'acide cyanhydrique paraisse entrer en réaction :

$$C Cl^3 . C H O + H^2 O = C H Cl^2 - C O^2 H + H Cl.$$

Pendant le cours de l'opération, il a été constaté que l'acide cyanhydrique n'existait plus à l'état de liberté, et cependant le chloral ne fournit d'acide dichloracétique que sous l'influence de l'acide cyanhydrique, qui se retrouve inaltéré à la fin de l'opération [O. Wallach, *D. chem. G.*, **10**, 2120].

En faisant agir simultanément le chlorhydrate d'aniline et le cyanure de potassium sur une solution d'hydrate de chloral, on forme de la dichloracétanilide, $C H Cl^2 . C O . Az H . C^6 H^5$ [C.-O. Cecch, *D. chem. G.*, **10**, 1265].

Si on ajoute une solution de cyanure de potassium à un mélange d'aldéhyde benzylique et d'aniline en solution alcoolique, on constate qu'il se dégage de l'acide cyanhydrique et qu'il se sépare une huile lourde. Celle-ci, traitée par l'acide chlorhydrique, se prend en une masse cristalline, qu'on purifie par plusieurs cristallisations dans le sulfure de carbone, ou par distillation dans un courant de vapeur d'eau.

On obtient ainsi des cristaux blancs, prismatiques, fusibles à 82°, insolubles dans la soude et dans les acides étendus et froids, et répondant à la formule $C^{14}H^{12}Az^2$, c'est-à-dire un *cyanhydrate de benzanilide*, $C Az H . C^{13}H^{11}Az$.

Ce corps se forme d'après l'équation

$$C^7 H^6 O + C^6 H^7 Az + C Az H$$
$$= H^2 O + C Az H . C^{13}H^{11}Az.$$

Chauffé en tube scellé avec de l'eau a 120°, il se dédouble en acide cyanhydrique et benzanilide [C.-O. Cecch, *D. chem. G.*, **11**, 246].

La méthyléthylacroléine (méthyl2-pentène2-all) se combine à l'acide cyanhydrique anhydre au bout d'un temps assez long, pour fournir la cyanhydrine correspondante :

$$C^2 H^5 - C H = C (C H^3) - C H O + C Az H$$
$$= C^2 H^5 - C H = C (C H^3) - C \underset{\diagdown\, C Az}{\overset{\diagup\, O H}{-}} H$$

Celle-ci est très instable, et il est impossible de l'obtenir pure ; mais son *dérivé acétylé*,

$$C^2 H^5 - C H = C (C H^3) - C H (C Az) (O C^2 H^3 O),$$

obtenu par l'action de l'anhydride acétique sur la cyanhydrine, est un composé stable, distillant à 110-114° sous une pression de 38 millimètres.

La cyanhydrine, traitée par l'acide chlorhydrique concentré à la température ordinaire, donne l'amide de l'acide α-oxy-β-propylidène-butyrique normal (acide méthyl3-hexène3-oïque1),

$$C^2 H^5 - C H = C (C H^3) - C H (O H) - C O Az H^2,$$

cristallisant en tables rhomboïdales, fondant à 100-101° et qui, saponifié par la chaux, donne le sel de calcium bien cristallisé de l'acide α-oxy-β-propylidène-butyrique $(C^7 H^{11}O^3)^2 Ca , 2 H^2 O$ [G. Johanny, *Mon. f. Chem.*, **11**, 399].

Dans quelques cas, l'acide cyanhydrique, agissant sur des combinaisons aldéhydiques ou acétoniques, se comporte comme un agent à la fois oxydant et réducteur.

Si on ajoute à 10 grammes de benzile (diphényléthane-dione) dissous dans 100 centimètres cubes d'alcool $7^{gr},50$ de cyanure de potassium, puis peu à peu, et en agitant, 10 grammes d'acide chlorhydrique, on obtient du benzoate d'éthyle et de l'aldéhyde benzylique :

$$C^6 H^5 - C O - C O - C^6 H^5 + C^2 H^6 O + H C Az$$
$$= C^6 H^5 . C O^2 C^2 H^5 + C^6 H^5 . C H O + H C Az.$$

On arrive au même résultat en chauffant en tube scellé à 200° une solution alcoolique de benzile avec quelques gouttes d'acide cyanhydrique.

La benzoïne (diphényléthanonol), chauffée à 200° avec de l'alcool et un peu d'acide cyanhydrique, fournit de l'aldéhyde benzylique :

$$C^6 H^5 . C H O H . C O . C^6 H^5 + C^2 H^6 O$$
$$= C^6 H^5 . C H \underset{\diagdown\, O H}{\overset{\diagup\, O C^2 H^5}{<}} + C^6 H^5 . C H O ;$$

$$C^6 H^5 . C H \underset{\diagdown\, O H}{\overset{\diagup\, O C^2 H^5}{<}} = C^2 H^6 O + C^6 H^5 . C H O.$$

Il se forme en même temps un peu de benzoate d'éthyle.

La benzoquinone en solution alcoolique, soumise à l'action de l'acide cyanhydrique naissant, donne naissance à de l'hydroquinone, en même temps qu'à un produit huileux paraissant renfermer de l'éthylhydroquinone [A. Michael et G.-M. Palmer, *Am. Journ.*, **7**, 189].

L'aldéhyde cinnamique, dissoute dans l'éther et traitée par le cyanure de potassium et l'acide chlorhydrique, donne le nitrile de l'acide phényl-α-oxycrotonique, $C^6 H^5 - C H = C H - C H (O H) - C Az$, qui, après purification par deux ou trois cristallisations, se présente sous la forme de petits cristaux fondant à 75°, solubles dans l'alcool, le benzène et le chloroforme.

Bouilli avec de l'acide chlorhydrique dilué, il se transforme en acide phényl-α-oxycrotonique,

$$C^6 H^5 - C H = C H - C H \underset{\diagdown\, C O^2 H}{\overset{\diagup\, O H}{<}}$$

[G. Peine, *D. chem. G.*, **17**, 2109].

Caractères, séparation et dosage de l'acide cyanhydrique. — Aux réactions déjà nombreuses et fort sensibles qui permettent de caractériser l'acide cyanhydrique, ajoutons la suivante, indiquée par M. G. Vortmann [*Mon. f. Chem.*, **7**, 416] : A la solution très étendue d'acide cyanhydrique, préalablement neutralisée par un peu de potasse, on ajoute quelques gouttes d'une solution de nitrite de sodium, puis un peu de perchlorure de fer, et de l'acide sulfurique étendu en quantité suffisante pour ramener au jaune clair la solution que le perchlorure de fer et l'azotite de sodium avaient colorée en brun. On fait bouillir, puis, après refroidissement, on précipite par l'ammoniaque ; on filtre pour séparer l'oxyde de fer précipité, et on ajoute une trace de sulfure d'ammonium, qui produit aussitôt une belle coloration violette, qui passe peu à peu au bleu, au vert, puis au jaune.

Cette réaction, basée sur la formation de nitroprussiate, est encore sensible à 1/300 000.

Pour séparer et doser l'acide cyanhydrique en

présence des acides chlorhydrique, sulfocyanique et ferrocyanhydrique, le procédé suivant est recommandé par M. W. Borchers [*D. chem. G.*, **14**, 1587] : On élimine d'abord l'acide ferrocyanhydrique en précipitant le mélange par le sulfate ferrique exempt de chlore. Dans la liqueur filtrée, on précipite les sulfates à l'aide de l'azotate de baryum et, après une nouvelle filtration pour séparer le sulfate de baryum, on précipite les acides chlorhydrique, cyanhydrique et sulfocyanique par le nitrate d'argent en excès.

Les sels d'argent sont recueillis, lavés et introduits dans un excès d'acide azotique (d = 1,37-1,40). Après une ébullition de quelques minutes, on filtre pour séparer le chlorure d'argent, qui seul reste insoluble : la liqueur filtrée renferme alors une quantité d'acide sulfurique correspondant au soufre du sulfocyanate, et une quantité d'argent correspondant au cyanure et au sulfocyanate. Après avoir dosé l'acide sulfurique et calculé la quantité correspondante d'argent, on dose l'argent total de la solution azotique et, par différence, on obtient la quantité d'argent provenant du cyanure, et par suite la quantité d'acide cyanhydrique.

CYANURES.

CYANURE D'ARSENIC, $As(CAz)^3$. — Le cyanure d'arsenic a été obtenu par M. Guenez [*C. R.*, **114**, 1187] en chauffant au bain-marie de l'iodure de cyanogène avec de l'arsenic porphyrisé, tenu en suspension dans du sulfure de carbone bien sec, le tout à l'abri de l'air. L'opération dure environ 30 heures, pendant lesquelles on agite vigoureusement le récipient, aussi fréquemment que possible.

Le produit de la réaction est traité dans un appareil à épuisement par le sulfure de carbone bouillant, qui dissout l'iodure d'arsenic formé et laisse comme résidu une poudre jaune clair, cristalline :

$$2\,As + 3\,CAzI = AsI^3 + As(CAz)^3.$$

Ce produit est très instable et ne peut se conserver que dans un vase scellé rempli d'acide carbonique sec. L'eau le décompose immédiatement en acides cyanhydrique et arsénieux :

$$2\,As(CAz)^3 + 3\,H^2O = 6\,CAzH + As^2O^3.$$

La chaleur le décompose en cyanogène, paracyanogène et arsenic ; l'iode le transforme en iodure de cyanogène et iodure d'arsenic.

Avant M. Guenez, M. G. W. Blythe [*Chem. News*, **57**, 246] avait tenté d'obtenir le cyanure d'arsenic en chauffant le chlorure d'arsenic avec du cyanure de mercure. En soumettant un pareil mélange à la distillation, il obtint un liquide incolore, très volatil, ressemblant beaucoup à l'acide cyanhydrique, mais se décomposant rapidement au contact des traces d'humidité existant dans le récipient, avec dépôt d'une poudre blanche qui n'est autre que de l'acide arsénieux.

Il est possible que le cyanure d'arsenic se soit formé dans cette opération, et qu'on ait retrouvé ses produits de décomposition sous l'influence de l'eau, mais aucun des caractères physiques du produit obtenu par M. Blythe ne correspond à ceux du produit préparé par M. Guenez.

Une autre tentative du même auteur, consistant à faire agir l'acide cyanhydrique sur l'acide arsénieux, ou l'acide arsénieux sur une solution concentrée de cyanure de potassium, n'a donné aucun résultat.

CYANURES DE MERCURE. — CYANURE MERCUREUX, $Hg^2(CAz)^2$. — Ce composé, jusqu'ici inconnu, a été obtenu en faisant agir le cyanure de potassium sur le chromate mercureux :

$$CrO^4Hg^2 + 2\,CAzK = (CAz)^2Hg^2 + CrO^4K^2.$$

C'est une poudre amorphe, vert foncé, qui, sous l'influence d'un excès de cyanure de potassium, se transforme lentement à froid, rapidement à l'ébullition, en mercure métallique et cyanure mercurique :

$$Hg^2(CAz)^2 = (CAz)^2Hg + Hg.$$

Les eaux mères de sa préparation donnent par évaporation une cristallisation du sel double $3\,Hg(CAz)^2 . 2\,CrO^4K^2$ déjà signalé par M. Cailliot [Kastner, *Arch. Pharm.*, **5**, 440. — Richter, *D. chem. G.*, **15**, 1491].

CYANURE MERCURIQUE, $Hg(CAz)^2$. — Le cyanure de mercure sec, chauffé à 320°, ne subit aucune décomposition ; entre 320 et 400° des vapeurs de mercure se dégagent, mais sans qu'il y ait formation même de traces de cyanogène : il se volatilise ainsi les 3/4 du mercure que renfermait le sel primitif ; le dernier quart du mercure reste à l'état de $Hg(C^2Az^2)^4$, combinaison qui ne se dissocie en ses éléments que vers la température d'ébullition du soufre.

Il en est de même du cyanure d'argent, qui, chauffé jusqu'au point où on commence à percevoir l'odeur de cyanogène, est décomposé, il est vrai, mais ne cède à l'acide nitrique étendu que les 3/4 de son argent, le dernier quart restant à l'état de $Ag(CAz)^4$ [E.-J. Maumené, *Bull. Soc. Chim.*, (2), **35**, 597].

M. P.-C. Plugge [*Zeit. anal. Chem.*, **18**, 408] a étudié l'action des acides étendus sur le cyanure de mercure au point de vue de la quantité d'acide cyanhydrique mise en liberté, en employant les mêmes quantités de cyanure et des quantités équivalentes d'acides chlorhydrique, sulfurique, tartrique, oxalique. C'est l'acide chlorhydrique qui produit la décomposition la plus complète, puis vient l'acide oxalique ; les autres acides n'ont que peu ou pas d'action sur le cyanure de mercure. La présence de petites quantités de chlorure de sodium rend presque complète la mise en liberté de l'acide cyanhydrique par l'acide oxalique. Cette réaction permet de caractériser à l'état libre l'acide cyanhydrique provenant de traces de cyanure de mercure.

Combinaisons du cyanure de mercure avec les sels. — 1° *Cyanure de mercure et sels de cuivre.* — Le cyanure de mercure, traité par les sels de cuivre, se comporte d'une façon quelque peu différente de celle des cyanures alcalins. Ceux-ci, en effet, traités par un sel cuivrique quelconque, dégagent la moitié de leur cyanogène et fournissent du cyanure cuivreux.

Le cyanure mercurique, au contraire, traité par des sels cuivriques à oxacides, tels que le sulfate ou l'azotate cuivrique, fournit simplement les sels doubles correspondants, sans dégager de cyanogène. Les composés halogénés du cuivre, de leur côté, donnent avec le cyanure mercurique, à basse température, des sels doubles, tels que

$$2\,Hg(CAz)^2.CuCl^2,6\,H^2O \text{ et } Hg(CAz)^2.CuCl^2,6\,H^2O,$$

dont les solutions ne dégagent du cyanogène qu'à partir de 35° seulement.

Si le mélange se fait à chaud, la décomposition est immédiate ; il se dégage du cyanogène et il se forme du cyanure cuivreux, uni à l'état de sel double au sel mercurique formé.

Si, au lieu de faire agir sur le cyanure de mercure les sels halogénés cuivriques, on emploie les sels cuivreux, il n'y a pas de dégagement de cyanogène : il se forme purement et simplement les sels doubles correspondants : cyanure cuivreux et sel mercurique [R. Varet, *C. R.*, **107**, 1001].

2° Cyanure de mercure et sélénocyanate de potassium. — Le cyanure de mercure en solution concentrée, ajouté à une solution alcoolique de sélénocyanate de potassium, donne aussitôt naissance à un précipité cristallin d'un sel double $Hg(CAz)^2 . KSe(CAz)$, en cristaux prismatiques très petits, peu solubles à froid dans l'eau et dans l'alcool [Cameron et Davy, *Chem. News*, **44**, 63].

3° Cyanure de mercure et nitrate d'argent. — En ajoutant à une solution neutre de cyanure de mercure une solution également neutre de nitrate d'argent, on voit le mélange devenir très acide, probablement par suite de la formation de nitrate acide de mercure. Cette dissolution dissout rapidement à chaud une assez grande quantité de cyanure d'argent, et abandonne par refroidissement des cristaux du sel double

$$Hg Cy^2 . Az O^3 Ag , 2 H^2 O,$$

déjà signalé par Woehler [*Dict.*, **1**, 1111]. On arrive au même résultat en dissolvant directement le cyanure d'argent dans le nitrate mercurique [C.-L. Bloxam, *Chem. News*, **48**, 161]. Si on traite une solution concentrée d'azotate d'argent par de l'ammoniaque jusqu'à redissolution du précipité, qu'on y ajoute ensuite, par petites portions et en agitant, une solution de cyanure de mercure, puis un excès d'ammoniaque, on obtient un précipité cristallin, blanc, répondant à la formule $2 HgO . HgCy^2 . 7 AgCy$, qui détone lorsqu'on le chauffe [Bloxam, *loc. cit.*].

4° Cyanure de mercure et sels de lithium. — En dissolvant à chaud (50-60°) de l'iodure de lithium (15 grammes) dans une solution saturée de cyanure de mercure (25 grammes), évaporant et laissant refroidir, on obtient de grandes lamelles nacrées d'un sel complexe,

$$Hg Cy^2 . 2 Li Cy . Hg I^2 , 7 H^2 O.$$

C'est un corps hygrométrique, très soluble dans l'eau. Chauffé à 100°, il perd $3 H^2 O$; il se décompose sans avoir perdu le reste de son eau, à plus haute température.

Cet iodocyanure, lorsqu'on le chauffe avec précaution, se colore en jaune et dégage de l'eau, en même temps qu'il se forme un sublimé d'iodure mercurique. Si on continue à chauffer, le sel fond; il se sublime abondamment de l'iodure mercurique et du mercure, puis il se dégage du cyanogène et enfin il se sublime de l'iodure mercureux. Pendant toute la durée de la décomposition, il se dégage de la vapeur d'eau. Les acides étendus décomposent ce sel en iodure mercurique et acide cyanhydrique : il reste dans la liqueur du cyanure de mercure et le sel de lithium correspondant à l'acide employé. Quand on le chauffe avec une solution de sulfate de cuivre, il y a dégagement de cyanogène et formation d'un précipité de cyanure cuivreux et d'iodure mercurique, ce qui indique nettement que tout le cyanogène n'est pas combiné au mercure.

En opérant de la même manière avec du bromure de lithium et du cyanure de mercure, on obtient des cristaux répondant à la formule

$$2 Hg Cy^2 . 2 Li Br , 7 H^2 O.$$

Comme les précédents, ils sont hygroscopiques et ne perdent à 100° que $3 H^2 O$. A plus haute température, ce sel ne fournit pas d'abord de sublimé de bromure mercurique; il noircit, dégage de la vapeur d'eau, du mercure et du cyanogène, et par une réaction complexe fournit un peu de bromure mercureux. La décomposition pyrogénée de ce corps est donc bien différente de celle de l'iodocyanure.

De plus, chauffé avec une solution de sulfate de cuivre, il ne laisse pas dégager de cyanogène et il ne donne aucun précipité, ce qui montre que tout le cyanogène est combiné au mercure. Le chlorure de lithium se combine aussi au cyanure de mercure, mais il est impossible de déterminer avec précision la composition du produit, car il est tellement hygroscopique qu'au contact de l'air il se liquéfie en se dissociant en ses composants [R. Varet, *C. R.*, **111**, 526].

Si, au lieu des sels de lithium, on fait agir dans les mêmes conditions les sels de cadmium sur le cyanure de mercure, on obtient les combinaisons suivantes :

1° Avec l'iodure de cadmium,

$$Hg Cy^2 . Cd Cy^2 . Hg I^2 , 7 H^2 O,$$

fines lamelles transparentes, très hygroscopiques, perdant toute leur eau à 110° en se décomposant. Les acides étendus et le sulfate de cuivre le décomposent de la même manière que le sel correspondant de lithium.

2° Avec le bromure de cadmium,

$$2 Hg Cy^2 . Cd Br^2 , 4,5 H^2 O,$$

fines aiguilles peu altérables à l'air, anhydres à 100°, et

$$Hg Cy^2 . Cd Br^2 , 3 H^2 O,$$

petits cristaux grenus, très durs, anhydres à 100°.

3° Avec le chlorure de cadmium,

$$Hg Cy^2 . Cd Cl^2 , 2 H^2 O,$$

petits cristaux grenus, solubles dans l'eau et dans l'ammoniaque, anhydres à 110° [R. Varet, *C. R.*, **111**, 679].

Cyanure de mercure et ammoniaque. — 1° $Hg Cy^2 . 2 Az H^3$. — En faisant dissoudre jusqu'à saturation du cyanure de mercure dans une solution alcoolique d'ammoniaque à une température de 50-60° environ, on obtient, après filtration et refroidissement, un dépôt d'aiguilles prismatiques transparentes, $Hg Cy^2 . 2 Az H^3$. Ce corps est très altérable à l'air : il perd rapidement une partie de son ammoniaque. A 100°, au bout de quelques heures, il ne reste plus que le cyanure de mercure.

2° $Hg Cy^2 . 2 Az H^3 , H^2 O$. — On l'obtient en saturant de cyanure de mercure une solution aqueuse d'ammoniaque, maintenue à la température ordinaire. Après filtration, on refroidit au-dessous de 0° et, au bout de quelques heures, on obtient ce composé sous la forme de longues aiguilles blanches, prismatiques, altérables à l'air, moins cependant que le précédent. Il perd peu à peu son eau et son ammoniaque.

3° $Hg Cy^2 . Az H^3$. — On l'obtient en introduisant dans un flacon à parois épaisses une solution aqueuse d'ammoniaque saturée de cyanure mercurique, avec un excès de ce sel en poudre. On bouche bien et on chauffe vers 40°. Le liquide filtré chaud laisse déposer par refroidissement de petits cristaux transparents, grenus, très durs, altérables à l'air et répondant à la formule ci-dessus.

En opérant la saturation à la température ordinaire, ajoutant un dixième d'ammoniaque et exposant au froid, on obtient de petits cristaux blancs, grenus, très altérables à l'air et renfermant $Hg Cy^2 . Az H^3 , H^2 O$.

En faisant passer un courant d'ammoniaque sèche sur du cyanure de mercure pulvérisé, on n'obtient que le sel $5 Hg Cy^2 . Az H^3$ [R. Varet, *C. R.*, **109**, 903].

Action de l'ammoniaque sur les combinaisons salines du cyanure de mercure. — 1° *Chlorocyanure de mercure et ammoniaque.* — Une solution aqueuse de chlorocyanure de mercure

$Hg^2Cl^2Cy^2$, traitée par l'ammoniaque, donne un précipité blanc de chloramidure de mercure,

$$AzH^2 . HgCl,$$

insoluble dans l'ammoniaque en excès ; le liquide filtré renferme du chlorure d'ammonium et du cyanure de mercure.

Le précipité de chloramidure se redissout dans la liqueur mère ammoniacale, après addition de cyanure de zinc ; par évaporation en présence de potasse caustique, on obtient des cristaux verruqueux $HgCy^2 . ZnCy^2 . HgCl^2 . 4AzH^3$.

Si on fait agir sur le chlorocyanure de mercure sec et pulvérisé de l'alcool ,absolu saturé à froid par l'ammoniaque, on obtient, après agitation et après un contact suffisant, un précipité de $HgCl^2 . 3AzH^3$, et la solution fournit par évaporation des prismes de $HgCy^2 . 2AzH^3$. La combinaison $HgCl^2 . 3AzH^3$ est très instable et se décompose au contact de l'eau ou de l'air humide.

En traitant le chlorocyanure par un courant d'ammoniaque sèche à 70°, on obtient le composé $2Hg^2Cy^2Cl^2 . 3AzH^3$, que l'eau et l'ammoniaque aqueuse décomposent.

2° *Chlorocyanure de mercure et de zinc et ammoniaque.* — Le composé

$$HgCy^2 . ZnCy^2 . HgCl^2, 6H^2O,$$

dissous dans l'eau et traité goutte à goutte par l'ammoniaque, donne un précipité blanc mélangé d'oxyde de zinc et de chloramidure de mercure, soluble dans un excès d'ammoniaque.

L'ammoniaque sèche décompose le chlorocyanure, qui perd $6H^2O$ et fixe $2AzH^3$.

Ce même chlorocyanure, chauffé avec de l'ammoniaque aqueuse, fournit après refroidissement des cristaux de $HgCy^2 . ZnCy^2 . HgCl^2 . 2AzH^3$, que l'eau décompose et qui perdent leur ammoniaque à l'air : ils sont peu solubles à froid dans l'ammoniaque aqueuse ou alcoolique.

3° *Chlorocyanure de mercure et de cuivre et ammoniaque.* — En dissolvant dans l'ammoniaque le sel double $2HgCy^2 . CuCl^2, 6H^2O$, et en évaporant la solution sur la potasse, on obtient des cristaux prismatiques bleus répondant à la formule $2HgCy^2 . CuCl^2 . 4AzH^3$ [R. Varet, *C. R.*, **109**, 941].

En ajoutant à une solution ammoniacale de cyanure de mercure des cristaux de bromure de cuivre ammoniacal, chauffant à 30° jusqu'à dissolution, filtrant et refroidissant, on voit se déposer de petits cristaux bleus, brillants, durs, peu altérables à l'air, $2HgCy^2 . CuBr^2 . 2AzH^3$. Ils sont peu solubles dans l'ammoniaque, sont décomposés par l'eau, mais peuvent être chauffés à 100° sans s'altérer sensiblement.

4° *Cyanure de mercure et sels de cadmium en présence d'ammoniaque.* — Le sel double de cadmium et de mercure dont la préparation est indiquée plus haut, $2HgCy^2 . CdBr^2, 3H^2O$, dissous à chaud sous pression dans l'ammoniaque, donne par refroidissement de sa solution de petits cristaux blancs, $HgCy^2 . CdBr^2 . 2AzH^3, 2H^2O$, peu solubles dans l'ammoniaque, décomposés par l'eau, s'effleurissant à l'air.

Chauffé à 100°, ce sel se déshydrate sans perdre d'ammoniaque.

En opérant de même avec une solution ammoniacale d'iodure de cadmium et de cyanure de mercure, on obtient un sel double très altérable, perdant avec facilité son ammoniaque et qui répond à la formule $HgCy^2 . CdCy^2 . HgI^2 . 2AzH^3$.

Lorsqu'on le chauffe, il dégage de l'ammoniaque et donne un sublimé d'iodure mercurique [R. Varet, *C. R.*, **112**, 535].

CYANURES DE CHROME. — CHROMOCYANURE DE

POTASSIUM, $Cr^2Cy^{12}K^6$, $6H^2O$. — Ce sel a été décrit par Descamps [*C. R.*, **67**, 330], qui l'a obtenu en faisant agir le cyanure de potassium sur l'acétate chromeux à basse température et à l'abri de l'air. Depuis, M. Moissan a décrit sous ce nom un corps cristallisé en longues aiguilles jaunes, anhydres, et qu'il a obtenu :

1° Par l'action d'une solution de cyanure de potassium sur l'acétate chromeux ;

2° Par l'action du cyanure de potassium sur le chlorure chromeux ;

3° En chauffant à 100° du chrome porphyrisé avec du cyanure de potassium en solution concentrée ;

4° En traitant par du cyanure de potassium le carbonate de sous-oxyde de chrome [Moissan, *C. R.*, **93**, 1079].

L'étude de ce composé a été reprise depuis par M. O.-T. Christensen [*J. prakt. Chem.*, (2), **31**, 169], qui est arrivé à conclure que le chromocyanure de M. Moissan n'est autre que du chromicyanure : la couleur des cristaux, toutes les propriétés de ce sel signalées par M. Moissan sont celles du chromicyanure. D'après ce chimiste, en effet, le chromocyanure cristallisé obtenu serait anhydre, alors que tous les composés similaires, ferrocyanures, manganocyanures, renferment de l'eau de cristallisation. D'un autre côté, les résultats d'analyses publiés par M. Moissan, qui en a fait lui-même l'observation, ne concordent pas exactement avec la formule du chromocyanure.

M. Christensen prépare le chromocyanure de la façon suivante, qui est très expéditive : Le dichromate est transformé en chlorure de chrome et celui-ci, réduit [par le zinc à l'état de chlorure chromeux, est précipité, à l'abri de l'air, par l'acétate de sodium.

L'acétate chromeux, lavé à l'eau chargée d'acide carbonique, est introduit dans une solution concentrée de cyanure de potassium pur et placée dans un ballon traversé par un courant d'hydrogène. Le mélange, fortement agité jusqu'à dissolution complète, est alors énergiquement refroidi, puis additionné d'un grand excès de cyanure de potassium ; pendant que celui-ci se dissout par agitation, il se forme un abondant précipité cristallin brun foncé, assez analogue au manganocyanure de potassium et constitué par du chromocyanure de potassium identique à celui de Descamps. Les eaux mères, séparées par filtration de ce précipité et exposées à l'air, fournissent une abondante cristallisation de chromocyanure de potassium.

CHROMICYANURE DE POTASSIUM, $Cr^2Cy^{12}K^6$. — Ce sel s'obtient assez facilement en substituant à la solution d'alun de chrome jadis employée une solution acétique d'oxyde de chrome.

Dans un matras assez spacieux, on introduit 50 grammes de dichromate de potassium pulvérisé, 50 centimètres cubes d'alcool à 95°, puis 200 centimètres cubes d'acide chlorhydrique concentré. La réduction s'effectue rapidement. On chasse les produits volatils et l'excès d'acide chlorhydrique par évaporation au bain-marie, on reprend par l'eau et on précipite par l'ammoniaque.

L'oxyde de chrome, lavé et encore humide, est repris à chaud par l'acide acétique ; on évapore pour chasser l'excès d'acide, on reprend par l'eau et on étend à 250 centimètres cubes. Cette dissolution est ajoutée lentement à une liqueur chaude, presque bouillante, préparée avec 200 grammes de cyanure de potassium à 98 0/0 et 600 à 700 grammes d'eau. On opère à l'abri de l'air, on filtre et on évapore à 600 centimètres cubes. Au bout de 12 heures, on obtient généralement un abondant dépôt de gros cristaux. On décante les eaux mères, on lave les cristaux avec un peu d'eau et on les purifie par cristallisation dans 4 parties d'eau chaude.

100 parties de dichromate de potassium fournissent 90 parties de chromicyanure de potassium.

Le sel pur est coloré en jaune clair; obtenu par évaporation spontanée de ses solutions aqueuses, il forme des cristaux magnifiques

Les premières eaux mères retiennent une quantité de chrome à peu près égale à celle qui a cristallisé, mais sous la forme d'une combinaison qui n'a pu être nettement isolée. Peut-être est-ce une simple modification du chromicyanure qui, comme tant d'autres sels chromiques, existerait sous deux états. La question n'est pas encore résolue [Christensen, *J. prakt. Chem.*, (2), **31**, 163].

Chromicyanure lutéochromique,

$$(Cr^2 \, 12 \, Az \, H^3) \, Cr^2 \, Cy^{12}.$$

— Précipité formé de longues aiguilles jaune-orangé.

CYANURES DE COBALT. — COBALTICYANURES DE PLOMB. — *Cobalticyanure de plomb basique,* $Co^3 Cy^{12} Pb^3 (Pb \, H^2 O^2)^3 , 11 \, H^2 O$. — Ce sel, qui se présente sous la forme de petits cristaux cubiques, d'un jaune pâle, s'obtient en faisant bouillir pendant assez longtemps un mélange de cobalticyanure de plomb et d'acétate de plomb très basique. La solution, filtrée bouillante, laisse déposer par refroidissement des cristaux du sel basique peu soluble.

Cobalticyanure de plomb et de potassium, $Co^3 Cy^{12} Pb \, K^3 , 6 \, H^2 O$. — Cristaux tabulaires, hexagonaux, jaunâtres, solubles dans 7 parties d'eau, obtenus en faisant réagir le cobalticyanure de potassium sur le cobalticyanure de plomb. Ce même sel se forme, en même temps qu'on obtient un sel double de cobalticyanure de plomb et de nitrate de plomb, répondant à la formule

$$Co^3 Cy^{12} Pb^3 . Pb \, Az^2 O^6 , 12 \, H^2 O,$$

lorsqu'on fait bouillir une solution d'azotate de plomb avec du cobalticyanure de potassium :

$$2 Co^3 Cy^{12} K^6 + 6 Pb \, Az^2 O^6$$
$$= Co^2 Cy^{12} Pb^3 . Az^2 O^6 Pb + 10 \, Az \, O^3 K$$
$$+ Co^2 Cy^{12} Pb^3 K^2.$$

Ce *nitrocobalticyanure* cristallise en aiguilles incolores ou en cristaux prismatiques assez solubles dans l'eau [J. Schuler, *Wien. Acad. Ber.*, **79**, 302].

Cobalticyanure lutéocobaltique,

$$(Co^3 . 12 \, Az \, H^3) \, Co^2 \, Cy^{12}.$$

— On l'obtient par double décomposition entre un sel lutéocobaltique et le cobalticyanure de potassium. C'est un précipité cristallin, jaune-brunâtre, composé de prismes aplatis de 1 à 2 millimètres de longueur, anhydres.

Cobalticyanure de roséorhodium,

$$(Rh^2 . 10 \, Az \, H^3 . 2 \, H^2 O) \, Co^2 \, Cy^{12} , 2 \, H^2 O.$$

— En abandonnant pendant quelque temps une solution à 3 0/0 de cobalticyanure de potassium avec une solution faiblement acide d'un sel de roséorhodium, on voit se former peu à peu des cristaux, petits mais bien nets, d'un jaune pâle, peu solubles dans l'eau, qui ne perdent pas d'eau sur l'acide sulfurique, mais qui deviennent anhydres à 100° [J.-M. Jörgensen, *J. prakt. Chem.*, (2), **34**, 394 et **35**, 417].

Cobalticyanure lutéochromique,

$$(Cr^2 . 12 \, Az \, H^3) \, Co^2 \, Cy^{12}.$$

— Obtenu en solution acide, c'est un précipité cristallin, formé de petits prismes jaune foncé;

obtenu en solution ammoniacale, il se présente en belles aiguilles jaune-chamois [Jörgensen, *J. prakt. chem.*, (2), **30**, 1].

CYANURES DE CUIVRE. — COMBINAISONS DU CYANURE DE CUIVRE AVEC LES CYANURES ALCALINS [E. Fleurent, *C. R.*, **113**, 1045 ; **114**, 1060 ; **116**, 190]. — Lorsqu'on ajoute à une solution, récemment préparée et bouillante, de cyanure d'ammonium de l'oxyde de cuivre hydraté, celui-ci se dissout d'abord. Si on filtre après en avoir ajouté un excès, il se dépose après refroidissement tantôt un composé vert, tantôt un composé violet, tous deux cristallisés en belles aiguilles. Malheureusement les rendements sont très faibles, et vu la difficulté de fixer exactement les conditions de formation de chacun de ces deux composés, il a fallu renoncer à poursuivre l'étude de ces corps en employant le cyanure d'ammonium.

L'emploi d'une solution de cyanure de potassium agissant sur une solution ammoniacale de chlorure cuivrique en présence d'un excès de chlorure d'ammonium a donné, au contraire, des résultats constants, toujours identiques, à la condition de se placer dans les mêmes conditions.

Ainsi, en chauffant à 125-130° pendant 3 heures un mélange de 15 grammes de chlorure cuivrique dissous dans l'ammoniaque en excès, de 3 grammes de sel ammoniac et de 22 grammes de cyanure de potassium, le tout occupant un volume d'environ 200 centimètres cubes, on constate qu'au bout de 3 heures le liquide s'est sensiblement décoloré. Si à la solution refroidie on ajoute alors de l'acide acétique étendu jusqu'à formation d'un léger trouble, on la voit déposer après filtration des lamelles hexagonales incolores qui possèdent la composition

$$Cu^3 Cy^2 (Az \, H^4) \, Cy . 3 \, Az \, H^3$$

Ce cyanure double est stable; dissous dans l'ammoniaque, il fournit une liqueur qui se colore en bleu à l'air; il est insoluble dans l'eau froide, peu soluble dans l'eau bouillante. Au-dessus de 100°, il perd de l'ammoniaque, du cyanure d'ammonium qui se sublime, et laisse pour résidu du cyanure cuivreux. Traité par l'acide nitrique ou sulfurique étendu, il donne du cyanure cuivreux et de l'acide cyanhydrique.

Si on modifie les proportions de la façon suivante : 20 grammes de chlorure cuivrique dissous dans l'ammoniaque en excès, 3^{gr},60 de chlorure d'ammonium, 27^{gr},60 de cyanure de potassium en dissolution sous le volume de 350 centimètres cubes, et qu'on chauffe à 140-145° pendant 4 ou 5 heures, on voit par refroidissement se déposer dans les tubes de longues aiguilles bleues, groupées en petites houppes, peu stables, perdant rapidement leur ammoniaque, et répondant à la formule

$$2 Cu^3 Cy^2 . Cy \, Az \, H^4 . 2 \, Az \, H^3 , 3 \, H^2 O,$$

soit un cyanure ammoniaco-dicuivreux-diammoniacal.

Les eaux mères qui baignent ce sel, abandonnées à l'air, perdent leur ammoniaque et laissent déposer de belles lamelles vertes, rectangulaires, très stables, d'un cyanure cuivreux-dicuivrique-diammoniacal :

$$2 Cu \, Cy^2 . Cu^2 Cy^2 . 2 \, Az \, H^3 , 3 \, H^2 O.$$

Ces lamelles sont insolubles dans l'eau, solubles dans l'ammoniaque sans altération. Elles se décomposent au-dessus de 100°. Les acides étendus les décomposent à froid avec dégagement d'acide cyanhydrique et dépôt de cyanure cuivreux.

Lorsque le dépôt des cristaux verts s'est effectué, la liqueur mère est complètement décolorée;

aussitôt après le dépôt de ces cristaux verts, il se produit une cristallisation de grandes paillettes micacées, puis, l'évaporation continuant, des cristaux prismatiques assez volumineux.

Les paillettes sont constituées par un cyanure diammoniaco-cuivreux-diammoniacal,

$$Cu^2Cy^2 . 2Cy(AzH^4) . 2AzH^3 , 4H^2O,$$

insoluble dans l'eau froide, et que l'eau bouillante décompose avec dégagement d'ammoniaque et dépôt de cyanure cuivreux.

Les cristaux prismatiques sont ceux d'un cyanure cuivreux dipotassique, $Cu^2Cy^2 . 2KCy$, insoluble dans l'eau froide, qui le décompose partiellement; à l'ébullition, il donne du cyanure cuivreux et du cyanure de potassium.

L'ammoniaque le dissout en se colorant en bleu, et les acides le décomposent comme les sels doubles précédents.

CYANURES DE FER. — BLEU DE PRUSSE. — Le bleu de Prusse a été obtenu cristallisé par M. W. Gintl [*Chem. Centralbl.*, 1880. 357], en abandonnant à l'évaporation spontanée une solution de bleu de Prusse dans l'acide chlorhydrique concentré; il se produit peu à peu un dépôt cristallin, qui à la lumière réfléchie possède l'éclat métallique et la couleur rouge du cuivre et qui. d'après ses propriétés optiques, serait constitué par des hexaèdres.

Le bleu de Turnbull se comporte de même.

Le bleu de Prusse se dissout à l'ébullition dans l'acide molybdique en donnant une solution d'un bleu intense; cette dissolution n'est pas précipitée par la gélatine, mais elle l'est par les acides minéraux ordinaires; ce précipité lavé à l'alcool se redissout dans l'eau, mais retient un peu d'acide molybdique.

Le molybdate et le tungstate d'ammonium dissolvent facilement le bleu de Prusse.

En décomposant le bleu de Prusse à haute température par l'acide sulfurique concentré, on obtient de l'acide ferrocyanhydrique qui cristallise par refroidissement après filtration sur du coton de verre.

En faisant digérer pendant plusieurs jours du bleu de Prusse avec un mélange à parties égales d'acide sulfurique concentré et d'alcool absolu, on obtient une solution bleue, que l'eau précipite avec formation de bleu de Prusse ordinaire. Un excès d'alcool absolu le précipite de même au bout de 24 heures. L'acide sulfovinique ne dissout pas le bleu de Prusse [E. Guignet, *C. R.*, **108**, 178].

M. E.-J. Reynolds [*Chem. Soc. Journ.*, **51**, 644] a étudié les bleus de Prusse et de Turnbull, qu'il préparait en faisant agir les acides ferro- et ferricyanhydrique sur le perchlorure de fer ou le sulfate ferreux. A l'analyse, il a trouvé que le rapport du fer au carbone était de 1,82/1 pour le bleu de Prusse et de 1,93/1 pour le bleu de Turnbull. Ces résultats, d'accord avec ceux de M. Williamson, tendent à confirmer les deux formules $Cy^{18}Fe^7$ et $Cy^{12}Fe^5$, le premier renfermant $14H^2O$ et le second $12H^2O$. Ces conclusions sont tout opposées à celles de MM. Reindel et Skraup, qui admettent l'identité du bleu de Prusse et du bleu de Turnbull [Suppl., **1**, 592].

Bleu de Prusse soluble. — Le bleu de Prusse soluble ordinaire se prépare en ajoutant à une solution bouillante de ferricyanure de potassium (110 parties) une solution chaude de sulfate ferreux (70 parties). Après 2 heures d'ébullition, on filtre, on lave et on dessèche à 100° dès que les eaux de lavage se colorent. La solution filtrée, additionnée de 70 parties de sulfate ferreux et de 55 parties de cyanure rouge, en fournit une nouvelle quantité. On peut purifier davantage le produit en le lavant à l'alcool à 40 0/0.

Le *bleu pur soluble* s'obtient en ajoutant à une solution saturée d'acide oxalique du bleu de Prusse en excès, en agitant constamment. Après plusieurs heures de contact, on filtre et on précipite soit par l'alcool à 95°, soit par une solution saturée de sulfate de sodium; on lave le précipité à l'alcool faible jusqu'à ce que les eaux de lavage ne dissolvent plus rien.

Par ébullition de la solution oxalique, il se précipite du bleu de Prusse insoluble; à la température ordinaire, cette précipitation a lieu par addition d'acide sulfurique étendu [Ch.-E. Guignet, *C. R.*, **108**, 178].

ACIDE FERROCYANHYDRIQUE. — L'acide ferrocyanhydrique, préparé d'après les indications de M. Posselt, en traitant une solution concentrée de ferrocyanure de potassium par l'acide chlorhydrique, et précipitant par l'éther, n'est pas de l'acide ferrocyanhydrique pur, mais bien une combinaison de cet acide avec l'éther :

$$FeCy^6H^4, 2(C^2H^5)^2O.$$

Cette combinaison s'obtient encore en traitant par l'éther sec et pur de gros cristaux d'acide ferrocyanhydrique anhydre, obtenus par évaporation lente; on voit ces cristaux foisonner comme de la chaux dans l'eau, et l'augmentation de poids qu'ils subissent est de 69,3 0/0. Cette combinaison éthérée abandonne tout son éther en présence de la soude; par une exposition prolongée à l'air, elle se dissocie et laisse finalement de l'acide ferrocyanhydrique pur.

Chauffé à 440° dans la vapeur de soufre, l'acide ferrocyanhydrique ne se transforme pas en cyanure ferreux, d'après l'équation

$$FeCy^6H^4 = FeCy^2 + 4CyH.$$

Il ne perd que 46 0/0 de son poids en acide cyanhydrique, soit 3,5 HCy, et laisse un résidu cristallin de couleur chamois répondant à la composition Fe^2Cy^8H

Le dédoublement peut donc se représenter par l'équation

$$2FeCy^6H^4 = (FeCy^2)^2CAzH + 7CAzH.$$

Ce pentacyanure hydroferreux bleuit à l'air en fixant de l'oxygène et de l'eau.

Le ferrocyanure d'ammonium, chauffé à 440° jusqu'à poids constant, perd 62,4 0/0 de son poids en eau et en cyanure d'ammonium et laisse un résidu insoluble, homogène, qui n'est autre que le sel d'ammonium de l'acide ci-dessus,

$$Fe^2Cy^5AzH^4,$$

qui prend naissance d'après l'équation

$$2[FeCy^6(AzH^4)^4, 3H^2O]$$
$$= Fe^2Cy^5AzH^4 + 6H^2O + 7CAz(AzH^4).$$

A une température plus élevée, le nouveau sel se décompose en carbure de fer, cyanure d'ammonium et azote :

$$Fe^2Cy^5AzH^4 = FeC^2 + Cy(AzH^4) + Az^4.$$

Ce carbure de fer est une poudre noire, dense, parfaitement homogène.

A ces deux sels correspondent encore un cyanure ferrosoferrique $Fe(Cy^5)^3Fe^2$, ainsi que le sel de Staedeler $Fe(Cy)^5FeK$, et les nitroferricyanures $Fe(Cy)^5, Fe(AzO)$.

Tous ces corps diffèrent des ferrocyanures correspondants par $CAzR'$ en moins.

En admettant pour les ferrocyanures la formule

$$Fe \begin{cases} Az=C-C=Az-R'-C=Az-R' \\ Az=C-C=Az-R'-C=Az-R' \end{cases}$$

qui représente un acide tétrabasique non saturé, il est facile de représenter graphiquement la soustraction de $C\,Az\,R$ qui donne naissance aux nouveaux sels de composition $Fe^3\,Cy^6\,R$

$$Fe\overset{\diagup Az = C - C\,Az\,R'\diagdown}{\underset{\diagdown Az = C - C\,Az\,R'\diagup}{|}}C\,Az\,R'$$

[Étard et Bémont, *C. R.*, **99**, 972].

L'acide ferrocyanhydrique, soumis à l'ébullition avec de l'eau, à l'abri de l'air, se décompose rapidement en acide cyanhydrique et en une substance cristallisée, jaune-citron, peu soluble dans l'eau, insoluble dans l'alcool et dans l'éther, répondant à la formule $Fe(C\,Az)^6\,Fe\,H^2, 2\,H^2O$, et qui serait l'acide d'où dérive le sel de Williamson, $Fe\,Cy^6\,Fe\,K^2$.

Le dédoublement peut se représenter par l'équation

$$2\,Fe\,Cy^6\,H^4 + 2\,H^2O$$
$$= Fe\,Cy^6\,Fe\,H^2, 2\,H^2O + 6\,C\,Az\,H.$$

En opérant le dédoublement de l'acide ferrocyanhydrique par l'eau bouillante au contact de l'air, on obtient un produit cristallin bleu répondant à la formule $(Fe\,Cy^2, H^2O)^x$.

En faisant agir l'acide ferrocyanhydrique sur une solution bouillante de chlorure d'ammonium, à l'abri de l'air, on obtient une poudre cristalline jaune de soufre, correspondant à un dérivé ammoniacal moins saturé que le sel de Williamson, $Fe\,Cy^6. Fe(Az\,H^4)\,H, 3\,H^2O$:

$$2\,Fe\,Cy^6\,H^4 + Az\,H^4Cl$$
$$= Fe\,Cy^6(Az\,H^4)\,H\,Fe + 6\,Cy\,H + H\,Cl.$$

En oxydant ce produit à l'air humide, ou plus simplement en faisant la réaction primitive dans une capsule à l'air, on obtient une substance cristalline ayant la couleur du bleu de Prusse, dont la composition est

$$(Fe\,Cy^6)^3(Az\,H^4)^2\,Fe^2, 6\,H^2O.$$

Elle prend naissance d'après l'équation

$$2\,[Fe\,Cy^6\,Fe(Az\,H^4)\,H, 3\,H^2O] + O$$
$$= H^2O + (Fe\,Cy^6)^2(Az\,H^4)^2\,Fe^2 + 6\,H^2O.$$

Chauffé à 440°, ce sel perd $H^2O, Cy\,Az\,H^4$ et laisse un cyanure insoluble $Fe^4\,Cy^{10} = (Fe\,Cy^5)^2\,Fe^2$, signalé plus haut [Étard et Bémont, *C. R.*, **89**, 1024].

Combinaison de l'acide ferrocyanhydrique avec l'alcool. — En faisant passer à froid un courant d'acide chlorhydrique sur une solution d'acide ferrocyanhydrique dans l'alcool absolu jusqu'à saturation, on voit se déposer au bout de peu de temps des cristaux incolores assez instables, auxquels M. Buff [*Ann. Chem.*, **91**, 253] avait attribué la formule

[1] $(C^2H^5)^4\,Fe\,Cy^6 . 2\,C^2H^5Cl, 6\,H^2O.$

Ce corps, dissous dans l'alcool et précipité par l'éther, se transformerait en

[2] $(C^2H^5)^4\,Fe\,Cy^6 , 6\,H^2O,$

qui, par exposition sur la chaux vive, se déshydraterait en donnant le ferrocyanure d'éthyle $(C^2H^5)^4\,Fe\,Cy^6$.

Quelle que soit la conception que l'on se fasse de la constitution de l'acide ferrocyanhydrique, la formation d'un corps complexe répondant à la formule [1] paraît, dès l'abord, tout au moins problématique et sa transformation en ferrocyanure d'éthyle hydraté s'explique difficilement. Ce travail a été repris par M. Freund [*D. chem. G.*, **21**, 931], qui a bien constaté la formation d'un

corps cristallin répondant à la formule

$$C^{18}H^{42}Az^6O^6Fe\,Cl^2,$$

comme celui de M. Buff, mais il admet un groupement tout différent.

On sait, en effet, que les nitriles, en dissolution dans l'alcool absolu et traités par un courant d'acide chlorhydrique, donnent facilement en général des chlorhydrates d'éthers imidés, comme le fait voir l'équation suivante

$$H\,C\,Az + C^2H^5OH + HCl = HC\underset{\diagdown\,O\,C^2H^5}{\overset{\diagup\,Az\,H}{}} + HCl.$$

Il paraît plausible d'admettre que les 6 groupes $C\,Az$ de l'acide ferrocyanhydrique puissent fixer 6 molécules d'alcool dans ces conditions, et de considérer le corps obtenu comme un chlorhydrate d'éther imidé,

$$H^4Fe\,C^6\left\{\underset{\diagdown\,(O\,C^2H^5)^6}{\overset{\diagup\,(Az\,H)^6}{}} + 2\,HCl.\right.$$

Ce qui tend à confirmer cette hypothèse, et exclut l'existence d'une combinaison où entrerait du chlorure d'éthyle, c'est que ce corps, chauffé doucement à 40-50° dans un courant d'air sec, perd tout son chlore à l'état d'acide chlorhydrique.

De plus, quand on le traite par l'ammoniaque, il y a séparation d'alcool et formation d'un sel double, signalé par M. Bunsen :

$$Cy^6Fe(Az\,H^4)^4 . 2\,Az\,H^4Cl.$$

Enfin, M. Freund a constaté que le corps obtenu par M. Buff par dessiccation sur la chaux vive, et qu'il avait pris pour du ferrocyanure d'éthyle, n'est autre chose que de l'acide ferrocyanhydrique provenant de la décomposition spontanée, avec mise en liberté d'acide chlorhydrique et d'alcool, du composé primitivement obtenu.

Par analogie avec le dérivé éthylique, le même auteur a préparé les dérivés méthylique, propylique et amylique.

En faisant agir l'acide chlorhydrique sur le ferrocyanure de potassium en solution alcoolique, on obtient un composé analogue à celui obtenu avec le ferricyanure ; la seule différence est qu'il semble encore moins stable : il se colore très rapidement en bleu. Une remarque singulière à faire cependant, c'est que, traité par l'ammoniaque, il donne toujours du ferrocyanure d'ammonium et non du ferricyanure.

L'analyse du produit ne peut donner à cet égard aucune indication, en raison du peu de différence de composition entre les dérivés ferro- et ferricyanés, ainsi que le montrent les formules

$$H^3Fe\,C^6\underset{\diagdown\,(O\,C^2H^5)^6}{\overset{\diagup\,(Az\,H)^6}{}} + 2\,HCl$$

$$H^4Fe\,C^6\underset{\diagdown\,(O\,C^2H^5)^6}{\overset{\diagup\,(Az\,H^6)}{}} + 2\,HCl.$$

Combinaisons de l'acide ferrocyanhydrique avec les alcaloïdes naturels. — Le ferrocyanure de potassium donne avec les amines tertiaires et avec les alcaloïdes des combinaisons plus ou moins solubles, plus ou moins stables. Une des plus intéressantes est le ferrocyanure de strychnine, qui, complètement insoluble, permet la séparation nette, quantitative, de la strychnine d'avec la brucine.

Selon les conditions dans lesquelles se forment ces sels, leur composition et leurs propriétés varient ; on obtient en effet des sels acides ou neutres, suivant que la précipitation a lieu en solution acide ou neutre ; les formules suivantes rendent compte de la réaction dans ces deux cas :

$$C^{21}H^{22}Az^2O^2 . HCl + K^4FeCy^6 + 3HCl$$
Chlorhydr. de strychnine.

$$= C^{21}H^{23}AzO^2 . H^4FeCy^6 + 4KC,$$
Ferrocyanure acide
de strychnine.

$$4(C^{21}H^{22}Az^2O^2 . HCl) + K^4FeCy^6$$
$$= 4KCl + (C^{21}H^{23}Az^3O^2)^4H^4FeCy^6.$$
Ferrocyanure neutre
de strychnine.

Les ferrocyanures acides s'obtiennent en précipitant, par une solution concentrée récente et sans excès de cyanure jaune, une solution d'alcaloïde dans l'acide chlorhydrique en excès. Le précipité, lavé à l'eau, est desséché sur une plaque poreuse, puis dans le vide au-dessus de l'acide sulfurique.

Ces précipités sont amorphes ou cristallins, incolores ou diversement colorés, et se décomposent en général assez rapidement au contact de l'air humide, en se colorant en bleu.

Ils sont plus ou moins solubles dans l'eau, et leurs solutions aqueuses chauffées se décomposent rapidement avec mise en liberté d'acide ferrocyanhydrique, puis destruction de celui-ci.

Ils ont une réaction très acide, décomposent les carbonates alcalins, et sont décomposés par les alcalis et par l'ammoniaque avec mise en liberté de l'alcaloïde.

Les carbonates alcalins en excès fournissent avec eux le ferrocyanure alcalin neutre correspondant, avec précipitation de l'alcaloïde, dégagement d'acide carbonique et élimination d'eau.

Ils ont été analysés de la manière suivante : Un poids déterminé du sel sec est traité par l'ammoniaque en excès, et le mélange agité avec du chloroforme, qui dissout l'alcaloïde mis en liberté. Par évaporation et dessiccation, on a le poids de l'alcaloïde. La solution aqueuse du ferrocyanure d'ammonium est, de son côté, titrée au permanganate de potassium.

Ferrocyanure acide d'atropine,

$$C^{17}H^{23}AzO^3 . H^4FeCy^6.$$

— Poudre amorphe, incolore, soluble dans l'eau et dans un excès de ferrocyanure de potassium, insoluble dans l'alcool et dans l'éther.

Ferrocyanure acide de quinine,

$$C^{20}H^{24}Az^2O^2 . H^4FeCy^6.$$

— Poudre amorphe, verdâtre, peu soluble dans l'eau et dans le cyanure jaune, insoluble dans l'alcool et dans l'éther.

Ferrocyanure de quinidine,

$$C^{20}H^{24}Az^2O^2 . H^4FeCy^6.$$

— Poudre cristalline, jaunâtre, peu soluble dans l'eau, insoluble dans l'alcool, l'éther et le chloroforme.

Ferrocyanure de cinchonine,

$$C^{19}H^{22}Az^2O . H^4FeCy^6.$$

— Poudre cristalline, jaune-orangé, peu soluble dans l'eau, insoluble dans l'alcool.

Ferrocyanure de cinchonidine,

$$C^{19}H^{22}Az^2O . H^4FeCy^6.$$

— Poudre cristalline, jaune-rougeâtre, peu soluble dans l'eau.

Ferrocyanure de cocaïne,

$$C^{17}H^{21}AzO^4 . H^4FeCy^6$$

— Précipité blanc, amorphe, soluble dans le cya-

nure jaune en excès, peu soluble dans l'eau, insoluble dans l'alcool.

Ferrocyanure de conicine,

$$C^8H^{17}Az . H^4FeCy^6.$$

Précipité blanc, amorphe, insoluble.

Ferrocyanure d'hydrastine,

$$C^{21}H^{21}AzO^6 . H^4FeCy^6.$$

— Précipité blanc, amorphe, peu soluble dans l'eau.

Ferrocyanure de morphine,

$$C^{17}H^{19}AzO^3 . H^4FeCy^6.$$

— Poudre cristalline, assez soluble dans l'eau, bleuissant faiblement à l'air.

Ferrocyanure de pilocarpine,

$$C^{11}H^{16}AzO^2 . H^4FeCy^6.$$

— Précipité blanc, cristallin, soluble dans l'eau.

Ferrocyanure de spartéine,

$$C^{15}H^{26}Az^2 . H^4FeCy^6.$$

— Précipité blanc, cristallin, soluble dans l'eau.

Ferrocyanure de brucine,

$$C^{23}H^{26}Az^2O^4 . H^4FeCy^6.$$

— Il se précipite des solutions acides très concentrées en une poudre cristalline blanche, bleuissant à l'air, très soluble dans l'eau.

Les solutions étendues de ce sel, évaporées lentement à basse température, cristallisent en gros prismes incolores.

Ferrocyanure de strychnine,

$$C^{21}H^{23}Az^2O^2 . H^4FeCy^6$$

— Poudre cristalline blanche, légèrement bleuâtre, insoluble dans l'eau froide et dans l'alcool, décomposée par l'eau bouillante. Exposé à l'air, il se transforme en un ferrocyanure neutre,

$$(C^{21}H^{22}Az^2O^2)^4 . H^4FeCy^6, 4H^2O,$$

qui pourrait bien n'être qu'un mélange de ferrocyanure acide et de strychnine [H. Beckurts, *Arch. Pharm.*, **228**, 347].

Combinaisons de l'acide ferrocyanhydrique avec les amines. — Les ferrocyanures des amines sont en général peu solubles et cristallisables. Cette différence de solubilité, très grande pour certaines d'entre elles, permet de séparer ces amines grâce à l'emploi du ferrocyanure de potassium, comme il permet de séparer certains alcaloïdes les uns des autres.

Leur composition est variable : on ne connaît guère que le ferrocyanure acide d'aniline répondant à la formule $C^6H^5 . AzH^2 . H^4FeCy^6$: les autres répondent en général à la formule

$$R^2 . H^4FeCy^6, nH^2O.$$

Parmi les amines de la série grasse, seules les amines tertiaires fournissent des ferrocyanures peu solubles.

Ferrocyanure d'aniline,

$$(C^6H^5 . AzH^2)H^4FeCy^6,$$

— On l'obtient en évaporant doucement une solution acide d'aniline avec du ferrocyanure de potassium sans excès.

Ce sont des cristaux prismatiques incolores, très solubles dans l'eau, surtout à chaud, et se déposant inaltérés de ses solutions chaudes.

Ferrocyanure de diméthylaniline,

$$[C^6H^5Az(CH^3)^2]^2H^4FeCy^6, 2H^2O.$$

— On l'obtient en ajoutant à des solutions acides, même très étendues, de diméthylaniline une solution de cyanure jaune. Lamelles incolores, à peu près insolubles dans l'eau froide, décomposées par l'eau chaude, solubles dans l'alcool chaud sans décomposition.

Ferrocyanure de nitrosodiméthylaniline,

$$[C^6H^4(AzO).Az(CH^3)^2]^2.H^4FeCy^6,H^2O,$$

— Obtenu par double décomposition entre le sulfate de la base et le cyanure jaune, il forme de petites aiguilles brun-rouge, à reflets bleus.

Ferrocyanure de bromodiméthylaniline,

$$C^6H^4Br.Az(CH^3)^2]^2H^4FeCy^6,2H^2O.$$

— Écailles blanc d'argent, brillantes.

Ferrocyanures d'o- et de m-toluidine,

$$CH^3.C^6H^4.AzH^2]^2.H^4FeCy^6.$$

— Précipités cristallins, blancs, peu solubles dans l'eau et dans l'alcool.

Ferrocyanure de nitrosodiméthyl-m-toluidine,

$$[CH^3.C^6H^3(AzO).Az(CH^3)^2]^2.H^4FeCy^6,H^2O.$$

— Aiguilles violet-brun, solubles dans l'eau.

Ferrocyanure de bromodiméthyl-m-toluidine,

$$[CH^3.C^6H^3Br.Az(CH^3)^2]^2H^4FeCy^6,4H^2O.$$

— Petits cristaux blancs, assez solubles dans l'eau.

Ferrocyanures de diméthyltoluidines o-, p- et m-,

$$[CH^3.C^6H^4.Az(CH^3)^2]^2H^4FeCy^6.$$

— Le premier est anhydre ; le dérivé para renferme H^2O et le dérivé méta $2H^2O$.

Ferrocyanure de diméthyl-α-naphtylamine,

$$[C^{10}H^7Az(CH^3)^2]^2.H^4FeCy^6.$$

— Précipité cristallin, bleuissant rapidement à l'air, peu soluble dans l'eau.

Ferrocyanure de pyridine,

$$(C^5H^5Az)^2H^4FeCy^6,2H^2O.$$

— Prismes biseautés jaune clair, peu solubles dans l'eau.

Ferrocyanure de picoline, $(C^6H^7Az)^2H^4FeCy^6.$
— Ce sel, ainsi que ceux des homologues supérieurs de la picoline, est très soluble, et cristallise difficilement.

Ferrocyanure de triéthylamine,

$$[(C^2H^5)^3Az]^2H^4FeCy^6.$$

— Lamelles incolores, bleuissant à l'air.

Les ammoniums quaternaires des séries grasse et aromatique sont aussi précipités en solution acide par le ferrocyanure de potassium. Les précipités sont en général peu solubles, incolores, et bleuissent assez rapidement au contact de l'air.

Le *ferrocyanure de tétraméthylammonium* a pour formule $[(CH^3)^4Az]^2H^2FeCy^6,2H^2O.$

Les ferrocyanures des amines aromatiques quaternaires ont une composition plus complexe : ainsi le *ferrocyanure de diméthyl-éthyl-phénylammonium* a pour formule

$$[C^6H^5(CH^3)^2(C^2H^5)Az]^3H^5Fe^2Cy^{12},2H^2O$$

[E. Fischer, *Ann. Chem.*, **190**, 184. — C. Wurster et L. Roser, *D. chem. G.*, **12**, 1824. — E. Eisenberg, *Ann. Chem.*, **205**, 265. — Friedländer et Welmans, *D. chem. G.*, **21**, 3123].

Ferrocyanure de baryum. — Quand on traite une solution neutre et chaude de ferrocyanure de baryum par de petites quantités de brome, en agitant jusqu'à décoloration persistante du liquide, on obtient après évaporation des cristaux noirs très solubles, d'un sel répondant à la composition $3BaCy^2.BaBr^2.Fe^2Cy^6,20H^2O$, qui à 70° retiennent encore $2H^2O$ [Rammelsberg, *J. prakt. Chem.*, (2), **39**, 455].

Ferrocyanure de calcium. — MM. H. Kunheim et H. Zimmermann [*Dingl. Journ.*, **252**, 478] emploient le procédé suivant pour extraire des ferrocyanures des résidus d'épuration du gaz d'éclairage. Ces résidus, débarrassés de leur soufre par les moyens connus et privés par lavage de leurs sels ammoniacaux, sont séchés et mélangés intimement avec de la chaux pulvérisée. On chauffe le mélange en l'agitant constamment, à 40°, puis à 100°. Il se dégage de l'ammoniaque, qu'on condense. On épuise alors méthodiquement le résidu pour lui enlever le ferrocyanure de calcium.

On peut épuiser le mélange directement sans le chauffer préalablement, et on obtient alors par évaporation un dépôt cristallin de ferrocyanure de calcium et d'ammonium $FeCy^6Ca(AzH^4)^2$, qui peut servir à la préparation du ferrocyanure de calcium.

Ce dernier, traité en solution concentrée par le chlorure de potassium, donne un sel double, peu soluble, $FeCy^6CaK^2$, qu'on transforme en ferrocyanure de potassium par le carbonate de potassium.

Oxyferrocyanure de cuivre ammoniacal. — Le ferrocyanure de potassium précipite complètement le sulfate de cuivre en solution ammoniacale à l'état de ferrocyanure de cuivre ammoniacal. Ce précipité ocreux, lavé et séché à 100°, constitue une poudre amorphe, onctueuse au toucher ; chauffé à 150°, il perd du cyanogène et de l'ammoniaque, absorbe de l'oxygène et prend une teinte violacée. A 170° la réaction est terminée : le produit se présente alors sous la forme d'une poudre d'un violet métallique très riche qui rappelle certains violets d'aniline.

Chauffé à 200°, ce corps perd encore du cyanogène et de l'ammoniaque et devient d'un beau bleu, très solide, inaltérable comme le violet.

A 240-250° il y a encore départ de cyanogène et d'ammoniaque, et la couleur vire au vert.

Au-dessus de 300°, il ne reste plus qu'un mélange d'oxyde de fer et d'oxyde de cuivre. Ces oxyferrocyanures n'ont pas été analysés [A. Guyard, *Bull. Soc. Chim.*, (2), **31**, 435].

Ferrocyanure d'éthyle. $FeCy^6(C^2H^5)^4.$ — On l'obtient en chauffant pendant 1 heure de l'iodure d'éthyle avec du ferrocyanure d'argent récemment précipité, lavé à l'alcool et non desséché : pendant l'opération, il se dégage une odeur très forte d'isonitrile, et le liquide bleuit. On épuise le produit à l'alcool, on filtre et on évapore dans le vide. Les cristaux obtenus sont purifiés par dissolution et cristallisation dans le chloroforme.

Ce sont des cristaux rhombiques, très solubles dans l'eau, l'alcool, le chloroforme, insolubles dans l'éther et dans le sulfure de carbone. Ils fondent à 212-214° et se décomposent avec dégagement d'éthylcarbylamine. Avec la potasse concentrée et chaude, cette même production de carbylamine a lieu.

Leur solution aqueuse se colore en un violet foncé par le perchlorure de fer, et donne avec le bichlorure de mercure un précipité blanc.

L'acide sulfurique concentré le décompose avec dégagement d'oxyde de carbone et formation de sulfates de fer, d'ammoniaque et d'éthylamine [M. Freund. *D. chem. G.*, **21**, 935].

Ferrocyanure de potassium. — Le ferrocyanure de potassium agit différemment sur les sels métalliques en présence du tartrate d'ammonium ammoniacal, suivant que les oxydes métalliques en question sont solubles dans les sels ammoniacaux en présence d'un excès d'ammoniaque, et par conséquent dans le tartrate d'ammonium ammoniacal, ou insolubles dans les sels ammoniacaux ammoniaqués, mais solubles dans le tartrate en présence d'un excès d'ammoniaque.

Le premier groupe est précipité, et généralement d'une manière très complète, par le ferrocyanure, tandis que les autres ferrocyanures restent dissous à la faveur du tartrate d'ammonium ammoniacal.

Oxydes solubles dans les sels ammoniacaux $+ AzH^3$ et précipités par le ferrocyanure en présence de tartrate d'ammonium ammoniacal.

BaO	précipité blanc.	CoO	précipité jaune.
CaO	— —	FeO	— vert clair, puis blanc, puis s'oxyde en devenant rose, puis blanc.
MgO	— —		
ZnO	— —		
CdO	— —		
NiO	— rose.	MnO	précipité blanc.
CuO	— rouge ou ocreux.	HgO	— —
		Ag^2O	— —

Oxydes insolubles dans les sels ammoniacaux $+ AzH^3$, mais solubles dans le tartrate d'ammonium $+ AzH^3$, non précipités par le ferrocyanure de potassium.

Fe^2O^3	PbO	Bi^2O^3	VaO^2	Ur^2O^3
Mn^2O^3	SnO	Sb^2O^3	Ti^2O^3	Al^2O^3

[A. Guyard, *Bull. Soc. Chim.*, (2), **31**, 436.].

Analyse. — Un procédé rapide de dosage du ferrocyanure de potassium a été indiqué par M. R. Zaloziecki [*D. chem. G.*, **23**, *Ref.*, 596]; il consiste à faire bouillir la solution neutre de ferrocyanure de potassium avec du carbonate de zinc :

$$2FeCy^6K^4 + 4CO^3Zn + 2FeCy^6Zn^2 + 4CO^3K^2.$$

Après ébullition, on filtre et on détermine l'alcalinité due au carbonate de potassium dans le liquide filtré, à l'aide d'une solution acide titrée.

Il est bon de faire passer un courant d'acide carbonique dans la liqueur pendant la digestion avec le carbonate de zinc.

Le dosage du ferrocyanure dans les résidus d'épuration du gaz d'éclairage [O. Knublauch, *Dingl. Journ.*, **273**, 563] présente de grandes difficultés, car les composés ferrocyanés se trouvent disséminés dans un mélange complexe renfermant des sulfocyanates, du soufre, du goudron, etc.

Les solutions aqueuses d'épuisement ne peuvent être titrées exactement au cuivre (Bohlig) ou au permanganate (de Haën).

Le procédé suivant est très pratique et suffisamment exact : On sèche 200 à 250 grammes de la matière à basse température (50-60°) pendant plusieurs heures. On pulvérise finement, on en pèse 10 grammes qu'on traite par 50 centimètres cubes d'une solution de potasse à 10 0/0. On laisse en contact pendant 15 heures en agitant souvent; on porte le volume à 255 centimètres cubes, on agite et on filtre. On prélève 100 centimètres cubes de la liqueur filtrée, qu'on verse dans une solution chaude et acide de perchlorure de fer (60 grammes Fe^2Cl^6, 200 centimètres cubes HCl par litre).

On filtre le précipité de bleu de Prusse et on le lave rapidement; le filtre et le précipité sont alors introduits dans un vase avec 20 centimètres cubes de potasse à 10 0/0; on étend à 250 centimètres cubes et on essaye au nitroprussiate s'il y a des sulfures; s'il n'y en a pas,

on titre directement au sulfate de cuivre après avoir acidulé. S'il y a des sulfures, on les élimine par agitation avec du carbonate de plomb; on filtre, on ajoute de l'acide sulfurique et on titre avec une solution de sulfate de cuivre à 12-13 grammes par litre, dont on a déterminé le titre par rapport à une solution de ferrocyanure pur à 4 grammes par litre

Action de la chaleur sur le ferrocyanure de potassium. — Le ferrocyanure de potassium sec, chauffé dans le vide sur une grille à analyse jusqu'à atteindre la fusion pâteuse, ne dégage aucun gaz; une partie du sel est transformée; il se fait du cyanure de potassium que l'on peut extraire à l'alcool, et du sel de Williamson :

$$2FeCy^6K^4 = FeCy^6K^2Fe + 6KCy.$$

Le sel ferrosopotassique formé, insoluble dans l'eau, est en cristaux ambrés assez volumineux, insolubles dans l'eau, décomposables au rouge en cyanure de potassium, cyanogène et fer tout à fait pur, cristallin :

$$FeCy^6K^2Fe = Fe^2 + 2KCy + 4Cy.$$

La destruction du ferrocyanure par la chaleur s'exprime finalement par la formule

$$FeCy^6K^4 = Fe + 4KCy + 2Cy.$$

Cette formation de fer et de cyanogène n'a été signalée qu'exceptionnellement dans les réactions de chimie industrielle. D'ordinaire on regarde, à tort, le carbone, le carbure de fer et même l'oxyde de fer comme les produits de la calcination du ferrocyanure de potassium [A. Étard et G. Bémont, *C. R.*, **100**, 108].

COMBINAISONS DES FERROCYANURES ALCALINS AVEC LE CHLORURE D'AMMONIUM. — Les sels ammoniacaux, et surtout le chlorure d'ammonium, donnent avec les ferrocyanures de nombreux dérivés. Un seul de ces corps a été autrefois étudié par M. Bunsen : c'est le sel

$$FeCy^6(AzH^4)^4 . 2AzH^4Cl.$$

Le milieu, la température et le temps influent beaucoup sur la composition de ces sels ammoniacaux dissociables.

Une solution de ferrocyanure de potassium, placée dans un tube à brome et tombant goutte à goutte dans une solution bouillante de chlorure ammonique à l'abri de l'air, se transforme comme suit :

$$2FeCy^6K^4 + 6AzH^4Cl$$
$$= FeCy^6K^2Fe + 6Cy(AzH^4) + 6KCl.$$

A ces conditions correspondent des produits simples et stables, notamment le sel de M. Williamson, un des types les plus fréquents de cette série.

Le ferrocyanure de potassium et le chlorure ammonique en solution ne réagissent pas; mais si on mélange les sels solides granulés à la grosseur d'un pois, et qu'on les traite par le double de leur volume d'eau à 25°, en agitant dans un bain à cette température, on obtient un dépôt cristallin blanc, qui, redissous à saturation dans de l'eau à 35-40°, se dépose par refroidissement en gros cristaux brillants, réfringents, jaunâtres, d'un sel double, $FeCy^6(AzH^4)^3K . 2AzH^4Cl$.

Parties égales de ferrocyanure de potassium et de chlorure ammonique, dissous à saturation au bain-marie, laissent déposer un sel jaune pâle, qu'on trouve en gros cristaux rhomboédriques de 81°, isolés, au milieu du chlorure ammonique.

Ces cristaux ont pour formule

$$FeCy^6(AzH^4)KH^2 . 2AzH^4Cl.$$

Le ferrocyanure d'ammonium en dissolution se décompose en donnant, entre autres produits, du cyanure d'ammonium qui empêche le reste du sel de cristalliser. On ne peut avoir ce sel à l'état solide qu'en saturant l'acide ferrocyanhydrique par l'ammoniaque à froid, et précipitant par l'alcool.

Le ferrocyanure d'ammonium ou mieux encore de sodium, traité par le chlorure d'ammonium, donne naissance au sel de Bunsen,

$$Fe\,Cy^6(Az\,H^4)^4 \cdot 2\,Az\,H^4\,Cl,$$

qui se dédouble facilement d'une manière curieuse en cyanure d'ammonium et chlorure ferreux,

$$Fe\,Cy^6(Az\,H^4)^4 \cdot 2\,Az\,H^4\,Cl = Fe\,Cl^3 + 6\,Az\,H^4\,Cy,$$

ce qui montre d'une façon nette que dans le ferrocyanure le fer fonctionne comme ferrosum [A. Étard et G. Bémont, *C. R.*, **100**, 108].

FERROCYANURES VERTS OU GLAUCOFERROCYANURES. — A diverses reprises on a signalé des matières colorées en vert se formant dans certaines préparations ferrocyaniques, mais aucune de ces substances n'avait encore été analysée.

MM. Étard et Bémont [*C. R.*, **100**, 275] ont obtenu des sels cristallins ou cristallisés, verts, insolubles dans tous les réactifs, constituant par leurs propriétés et leurs combinaisons un groupe nouveau et bien caractérisé de sels complexes qu'ils ont appelés *glaucoferrocyanures*.

Ces sels s'obtiennent par l'action prolongée d'une température de 100° sur les solutions aqueuses des sels du type $Fe\,Cy^6R^4 \cdot 2\,Az\,H^4\,Cl$ décrits plus haut, en même temps qu'il se forme des sels doubles ayant pour composition

$$C\,Az\,H \cdot M\,Cl \cdot C\,Az\,(Az\,H^4).$$

En évaporant dans une capsule au bain-marie, pendant 20 jours, une solution de parties égales de chlorure d'ammonium et de ferrocyanure de potassium, on voit se déposer une poudre verte, qui, complètement lavée à l'eau et séchée sur l'anhydride phosphorique, a donné à l'analyse des nombres qui lui assignent la composition $C^{50}\,H^{24}\,Az^{25}\,Fe^6\,K^2\,O$.

Ce sel complexe n'est autre que le sel de Williamson modifié par le milieu; en effet, le glaucoferrocyanure ci-dessus, traité par la potasse bouillante, laisse déposer à l'état d'oxyde de fer de 15,8 à 16,2 0/0 de fer, soit la moitié du fer total (32,2 0/0); tout le reste du fer passe à l'état de ferrocyanure. Cette réaction est bien celle du radical $Fe\,Cy^6\,Fe''$ de Williamson, et le glaucosel renferme 3 de ces groupes ou $C^{18}\,Az^{18}\,Fe^6$. Dans cette même réaction, il se dégage de 6,5 à 6,7 0/0 d'azote à l'état d'ammoniaque, ce qui correspond à $5\,Az\,H^4$. Enfin, on peut doser 1,7 0/0 d'eau dans le sel séché sur l'acide phosphorique. On a donc

$$C^{20}\,H^{24}\,Az^{25}\,Fe^6\,K^2\,O$$
$$= (Fe\,Cy^6\,Fe'')^3\,K^2\,(Az\,H^4)^5\,(C\,Az\,H)^2,\,H^2\,O$$

pour la représentation des groupes contenus dans ce sel, abstraction faite de la façon dont ils sont liés.

Chauffé à 440° dans le vide, le glaucosel perd 25,2 0/0 de son poids (théorie 25,4 0/0) et laisse un résidu couleur chamois, oxydable à l'air, homogène et complètement insoluble. D'après la formule précédente et la perte de poids, ce sel doit se formuler

$$Fe^6\,Cy^{14}\,K^2 = (Fe\,Cy^6\,Fe''^2)^3 \cdot 2\,C\,Az\,K.$$

Celui-ci, traité par l'eau de brome en excès, donne un corps bleu $(Fe\,Cy^6)^3\,Fe^2,\,8\,H^2\,O$.

L'air humide produit le même effet que l'eau de brome.

Le glaucoferrocyanure, traité par l'eau de brome à froid, se transforme en $C^{11}\,Az^{14}\,H^7\,Fe,\,4\,H^2\,O$, ressemblant au bleu de Turnbull.

CARBONYLFERROCYANURES. — *Carbonylferrocyanure de potassium*, $Fe\,(CO)\,Cy^5\,K^3,\,3,5\,H^2\,O$. — En précipitant incomplètement par le chlorure ferrique l'eau mère d'une lessive de prussiate de potassium, obtenue à l'usine des produits chimiques de Croix (Nord), où l'on applique le procédé Ortlieb et Muller pour la fabrication de l'acide cyanhydrique et de ses dérivés [*Bull. Soc. Chim.*, (2), **41**, 449], M. J. Ortlieb trouva qu'après avoir séparé par filtration le précipité de bleu de Prusse une nouvelle addition de chlorure ferrique donnait lieu à un précipité violet.

Ce dernier a été, après lavage, bouilli avec une solution de carbonate de potassium, en quantité insuffisante pour transformer la totalité du précipité. La solution filtrée, légèrement alcalinisée par la potasse, a été, après évaporation en consistance sirupeuse, additionnée d'un excès d'alcool : le précipité obtenu, contenant le ferrocyanure ordinaire, est séparé par filtration et la solution alcoolique évaporée ; le résidu, repris par l'eau, a donné par évaporation spontanée une cristallisation assez abondante d'écailles minces ou de tablettes rectangulaires plus ou moins épaisses.

Ces cristaux sont très solubles dans l'eau (148 parties dans 100 parties d'eau à 18°). Cette solution, neutre au tournesol et à la phtaléine du phénol, donne avec les sels métalliques les réactions suivantes : Chlorure de cadmium, précipité blanc laiteux, se rassemblant à chaud, soluble dans l'acide chlorhydrique ; nitrate de cobalt, précipité couleur fleur de pêcher, devenant bleu à chaud, reprenant sa couleur par refroidissement, insoluble dans l'acide chlorhydrique ; sulfate cuivrique, précipité vert-pomme, insoluble dans l'acide chlorhydrique ; sulfate de fer et d'ammonium, précipité blanc, bleuissant par addition d'acide nitrique ; chlorure manganeux, précipité blanc volumineux, soluble dans l'acide chlorhydrique ; chlorure ferrique, coloration violette, et, après 1 ou 2 jours, précipité violet partiellement soluble dans l'acide chlorhydrique étendu et froid ; molybdate d'ammonium (solution nitrique), précipité jaune-serin ; chlorure d'or, coloration rouge-brun ; nitrate d'urane, précipité jaune, un peu orangé, insoluble dans l'acide acétique, soluble dans une solution d'acétate d'ammonium.

La composition de ce nouveau ferrocyanure répond à la formule

$$(Fe\,K^3\,C^6\,Az^5\,O)^2 + 7\,H^2\,O$$
$$= [Fe\,(CO)\,(C\,Az)^5\,K^3]^2 + 7\,H^2\,O.$$

Chauffé à l'abri de l'air, entre 300–400°, jusqu'à cessation de dégagement gazeux, le nouveau cyanoferrure dégage de l'oxyde de carbone et laisse un résidu de ferrocyanure ordinaire et de cyanure de fer.

La formule $Fe\,CO\,Cy^5\,K^3$ s'interprète en admettant l'existence du radical trivalent, le *carbonylferrocyanogène*.

$$Fe \underset{\diagdown\; Cy^5 \equiv}{\overset{\diagup\; CO}{\mid}}$$

En ajoutant à une solution de ce cyanoferrure de potassium une solution de chlore jusqu'à cessation de coloration violette avec le chlorure ferrique, on obtient un liquide jaune, renfermant du *carbonylferricyanure de potassium*, qui se distingue du ferricyanure ordinaire en ce qu'il donne avec le sulfate ferreux un précipité bleu-violacé, avec le nitrate mercureux un précipité blanc, et avec le nitrate d'argent un précipité marron devenant blanc.

Dans l'action du chlore, il se forme aussi un peu d'acides chlorhydrique et carbonique. L'amalgame de sodium réduit le carbonylferricyanure à l'état de carbonylferrocyanure.

Comparée à l'acide ferrocyanhydrique, la constitution de l'acide carbonylferrocyanhydrique peut se représenter, d'après M. Friedel, par la formule

$$Fe \begin{cases} AzC - C(AzH) - C(AzH) \\ AzC - C(AzH) - C(AzH) \end{cases}$$

Acide ferrocyanhydrique.

$$Fe \begin{cases} AzC - C(AzH) - C(AzH) \\ AzC - CO - C(AzH) \end{cases}$$

Acide carbonylferrocyanhydrique.

L'acide carbonylferrocyanhydrique,

$$Fe\,Cy^5(CO)\,H^3,$$

s'obtient en précipitant le sel de potassium de cet acide par le sulfate de cuivre; le précipité du sel cuivrique est lavé à l'eau chaude, puis décomposé au sein de l'eau par un courant d'hydrogène sulfuré; on filtre et on évapore dans le vide à l'abri de la lumière. On obtient ainsi des cristaux foliacés, incolores, ayant une saveur acide et un arrière-goût astringent.

Sa réaction est nettement acide; il décompose les carbonates alcalins.

Sa solution, soumise à l'ébullition, dégage de l'acide cyanhydrique et laisse déposer un précipité blanc-violacé qui, traité par la potasse, régénère le carbonylferrocyanure avec un peu de carbonylferricyanure.

Carbonylferrocyanure de sodium,

$$Fe\,(CO)\,Cy^5Na^3,6,2\,H^2O.$$

— On l'obtient par la méthode précédemment décrite, en substituant la soude à la potasse.

Il cristallise en aiguilles clinorhombiques, jaune pâle, qui se déshydratent à 100°

Carbonylferrocyanure d'argent

$$Fe\,(CO)\,Cy^5\,Ag^3.$$

— On l'obtient par double décomposition en solution acétique avec un excès de nitrate d'argent; précipité blanc, caséeux, noircissant rapidement, même à l'obscurité; les acides minéraux étendus le dissolvent un peu, avec mise en liberté d'acide cyanhydrique. La chaleur le décompose avec dégagement de cyanogène et d'acide cyanhydrique.

Carbonylferrocyanure d'uranyle,

$$[Fe\,(Co)\,Cy^5]^2(Ur\,O^2)^3,5\,H^2O.$$

— On l'obtient par double décomposition avec le nitrate d'urane : précipité jaune-orangé, gélatineux, qui, séché à 70°, a l'aspect corné et une couleur rouge-rubis; il redevient jaune par pulvérisation.

Carbonylferrocyanure de cobalt. — Précipité lilas qui renferme toujours un peu de potassium; dans le vide sec, il devient bleu foncé; bouilli avec de l'eau, il se colore aussi en bleu foncé et redevient lilas par refroidissement.

Carbonylferrocyanure de cuivre,

$$[Fe\,(CO)\,Cy^5]^2Cu^3.$$

— Précipité gélatineux vert-jaunâtre, devenant brun-noir à 110°.

Carbonylferrocyanure de fer.

$$[Fe\,(CO)\,Cy^5]^2Fe^2.$$

— Précipité violet, obtenu avec le chlorure ferrique en excès. Séché à basse température, il a l'aspect d'une masse conchoïde, brillante, fusible, à reflets brun-rouge; il renferme de 12 à 13 0/0 d'eau. Il se décompose à 100°.

Il se dissout avec une belle coloration violette dans l'acide oxalique. Les solutions aqueuses d'acides acétique, lactique, succinique et tartrique ne le dissolvent pas, mais les sels neutres de ces acides le dissolvent en un liquide incolore ou légèrement jaunâtre ou verdâtre [J.-A. Muller, *C. R.*, **104**, 992; *Ann. Chim. Phys.*, (6), **17**, 93].

Quelque temps après la publication de M. Muller, M. Mahla [*D. chem. G.*, **22**, 111], en traitant par précipitation fractionnée, à l'aide du chlorure ferrique, le liquide d'épuisement des résidus d'épuration des gaz d'éclairage, a obtenu, après la séparation du bleu de Prusse, un précipité violet, paraissant avoir toutes les propriétés de celui obtenu par M. Muller. Comme lui il se dissout, avec dépôt d'oxyde de fer, dans les alcalis, pour donner un cyanoferrure nouveau, dont toutes les réactions et propriétés concordent avec celles signalées par M. Muller. Seulement M. Mahla attribue à ce composé la formule FeK^3Cy^6, qu'il décompose en $K^3 = Cy^3 - Fe - Cy^3 - K$, qui n'est évidemment pas exacte. L'auteur insiste d'ailleurs tout particulièrement sur les méthodes analytiques qu'il a employées et qui, malgré les nombreuses modifications qu'il y a apportées, lui ont fourni toujours des résultats peu satisfaisants, surtout en ce qui concerne le carbone, dont les analyses lui donnaient toujours un excès, qu'il attribuait à la formation de vapeurs nitreuses.

D'autre part, ne se doutant pas de l'introduction dans la molécule d'un atome d'oxygène, il a été forcé, malgré l'excès de carbone trouvé dans ses analyses, d'admettre le groupement $(Cy)^6$, et c'est ainsi qu'il arrive à attribuer à ce nouveau corps la formule $FeCy^6K^3$, au lieu de

$$Fe\,(CO)\,Cy^5K^3,$$

donnée par M. Muller, et qui semble devoir s'appliquer au cyanure de M. Mahla, en raison de l'identité des propriétés physiques et chimiques des deux corps.

FERRICYANURE DE POTASSIUM. — On obtient économiquement le ferricyanure de potassium en traitant le ferrocyanure par le plombate de calcium; celui-ci se prépare en fondant ensemble un mélange de chaux et d'oxyde de plomb; ce dernier passe à l'état de PbO^2 et il se forme du plombate de calcium PbO^4Ca^2

Le plombate de calcium, bouilli avec du carbonate de sodium, donne

$$PbO^4Ca^2 + 2\,CO^3Na$$
$$= 2Na^2O + 2\,CO^3Ca + PbO^2.$$

La bouillie liquide, séparée de la lessive alcaline, et composée de carbonate de calcium et de peroxyde de plomb, est introduite dans une solution de ferrocyanure de potassium; on chauffe en faisant passer un courant d'acide carbonique :

$$2Fe\,Cy^6K^4 + PbO^2 + 2\,CO^3Ca + 2\,CO^2$$
$$= Fe^2Cy^{12}K^6 + CO^3K^2 + CO^3Pb + 2\,CO^3Ca.$$

Par calcination du mélange de carbonates de plomb et de calcium, on régénère le plombate de calcium [G. Kassner, *Chem. Zeit.*, **13**, 1701].

Propriétés. — En chauffant en vase clos à 100-120° de l'iode et du ferricyanure de potassium, on produit de l'iodure de potassium, de l'iodure de cyanogène, du bleu de Prusse et du perferricyanure de potassium.

En substituant le brome à l'iode, la décomposition est plus complète : il ne se forme pas de perferricyanure; en chauffant 40 grammes de brome avec 20 grammes de ferricyanure en solution aqueuse saturée, dans un appareil à reflux, pendant 5 ou 6 heures, on obtient un produit noir qui, après lavage à l'acide chlorhydrique étendu, puis à l'eau froide, et séché sur l'acide sulfurique, a la composition $Fe^3Cy^8, 3H^2O$.

Ce produit a l'apparence d'une poudre noire, peu cristalline; la potasse le transforme en hydrate ferrique, ferro- et ferricyanure.

Il semblerait que les composés cyanogénés du fer deviennent de couleur d'autant plus foncée qu'ils renferment plus de groupes Cy.

Ce corps se dissout lentement dans l'acide chlorhydrique chaud, en donnant un mélange de chlorures ferreux et ferrique.

L'acide sulfurique concentré et froid le transforme en une masse blanche qui, par addition d'eau, donne un précipité bleu. L'acide sulfurique concentré le dissout à chaud, et, après refroidissement, l'eau y produit un précipité bleu.

Le chlore et le brome le transforment à la longue en bleu de Prusse; à l'air cette même transformation s'opère peu à peu :

$$3Fe^3Cy^8 + 6H^2O = Fe^2H^6O^6 + Fe^7Cy^{18} + 6CyH.$$

Chauffé à sec, il dégage du cyanogène; en présence de l'air, il se produit de l'acide cyanhydrique et de l'ammoniaque.

La constitution de ce corps paraît devoir être représentée par la formule

$$Fe'''^3 Fe'''^2 (FeCy^{12})^3$$

[Ed. Reynolds, *Chem. Soc.*, **53**, 767].

Si on fait agir le brome sur le ferricyanure de potassium cristallisé et sec, à une température de 220°, pendant 5 ou 6 heures, on obtient comme avec le ferrocyanure du tribromotricyanogène, qui se transforme facilement en acide cyanurique [Merz et Weith, *D. chem. G.*, **16**, 2890].

En faisant agir la potasse sur une solution de ferricyanure dans l'eau oxygénée, on obtient un dégagement régulier d'oxygène très pur :

$$Fe^2Cy^{12}K^6 + 2KOH + H^2O^2$$
$$= 2FeCy^6K^4 + 2H^2O + O^2.$$

On peut remplacer l'eau oxygénée par le bioxyde de baryum:

$$BaO^2 + [Fe^2Cy^{12}K^6 = (FeCy^6K^3)^2Ba + O^2.$$

Il suffit de pulvériser les deux corps et de les traiter par un peu d'eau : l'alcalinité du bioxyde, qui renferme toujours un peu de baryte, suffit pour amorcer la réaction [G. Kassner, *Chem. Zeit.*, 1889].

L'action oxydante du ferricyanure de potassium en solution alcaline a permis à M. W.-A. Noyes de transformer le mononitro-p-xylène en acide mono-β-nitro-p-toluique [*Am. chem. Journ.*, **10**, 472].

Si on chauffe une solution de ferricyanure avec du cyanure de potassium, on obtient

$$(Fe^2Cy^{12}K^6) + 2CAzK + 2H^2O$$
$$2FeCy^6K^4 + CAzH + AzH^3 + CO^2$$

[Bloxam, *Chem. News*, **48**, 73].

Le ferricyanure de potassium ne donne pas avec l'acétate de plomb de ferricyanure de plomb. Avec l'azotate de plomb, on obtient par cristallisation fractionnée :

1° Le sel $3PbCy^3 . PbAz^2O^6 . FeCy^6, 12H^2O$ (Zépharowicz);

2° Le sel $KCy.Fe^3Cy^6.2(3PbCy^3Fe^2Cy^6, 18H^2O$ (Wyrouboff).

Ferricyanure luteochromique,

$$(Cr^2 . 12AzH^3) Fe^2Cy^{12}.$$

— Fines aiguilles jaune-orangé, légèrement verdâtre; obtenu par double décomposition.

Ferricyanure de tétraméthylammonium,

$$[(CH^3)^4Az]^6 Fe^2Cy^{12} . 6H^2O.$$

— Obtenu par l'action de l'iodure de tétraméthylammonium sur le ferricyanure d'argent en excès. Petits cristaux tabulaires, quadratiques, très solubles dans l'eau, peu solubles dans l'alcool, peu stables.

Ferricyanure d'isodipuridine

$$(C^{10}H^{10}Az^2)^4 Fe^2Cy^{12}H^6, 4H^2O.$$

— Obtenu par double décomposition; aiguilles jaune-brunâtre.

Ferricyanure de diazobenzène,

$$(C^6H^5Az^2)^3 H^3 FeCy^6.$$

— Obtenu par M. Griess, par l'action directe de l'acide ferricyanhydrique sur le diazobenzène.

NITROPRUSSIATES. — *Nitroprussiate de cadmium,* $FeCy^5(AzO)Cd.$ — On l'obtient par double décomposition entre une solution de nitrate de cadmium et une solution concentrée de nitroprussiate de sodium ou de potassium. Précipité amorphe, rouge-brun, insoluble dans l'eau, soluble dans l'acide chlorhydrique concentré avec coloration grenat.

L'acide azotique concentré et bouillant ne l'attaque qu'au bout d'un temps très long.

Les alcalis, l'ammoniaque, l'air et la lumière ne l'altèrent pas. Il se décompose à 290°.

Nitroprussiate de cobalt, $FeCy^5(AzO)Co.$ — On l'obtient comme le précédent, par double décomposition avec le sulfate de cobalt. Précipité cristallin, rose, hydraté, perdant de l'eau à 105° en se colorant en bleu foncé. Par refroidissement, il reprend de l'eau à l'air, et la coloration primitive reparaît. Il se décompose à 170°.

Nitroprussiate de nickel, $FeCy^5(AzO)Ni.$ — On l'obtient comme le sel de cobalt. Précipité gris sale, hydraté, perdant son eau à 105° en devenant vert foncé. Il se décompose peu à peu à l'air [T.-H. Norton, *Am. chem. Journ*, **10**, 222].

Nitroprussiate de sodium. — Ce sel, chauffé à 440° dans la vapeur de soufre, dans un appareil barométrique purgé d'air, se décompose et atteint une limite de dissociation quand il a subi une perte de 30 0/0 de son poids.

Les produits formés sont donnés par la réaction

$$FeCy^5(AzO)Na^2 = FeCy^4Na^2 + AzO + CAz.$$

Le *tétracyanure ferrososodique* est une matière cristalline couleur chamois, à peine altérable au rouge sombre, perdant un peu de cyanogène au rouge vif. Il est insoluble dans l'eau.

C'est le premier terme d'une série nouvelle de produits de condensation des cyanures métalliques; on connaît en effet les types suivants : $FeCy^6R^4$, ferro- et ferricyanures; $FeCy^5R^3$, nitroprussiates; $FeCy^4R^2$, tétracyanures ferrosométalliques [Étard et Bémont, *C. R.*, **99**, 1026].

Nitroprussiate de tétraméthylammonium

$$FeCy^5(AzO)[(CH^3)^4Az]^2, 0,5H^2O.$$

— On prépare du nitroprussiate d'argent avec du nitroprussiate de sodium purifié par plusieurs cristallisations et du nitrate d'argent bien neutre; au précipité bien lavé on ajoute goutte à goutte de l'iodure de tétraméthylammonium en solution concentrée. On agite vivement le mélange pendant l'opération et on filtre rapidement : le liquide filtré, évaporé, fournit de longs cristaux prismatiques, d'un rouge rubis, qui s'effleurissent bientôt à l'air. Séchés à l'air libre, ils renferment $0,5\,H^2O$ de cristallisation, qu'ils perdent à 100°.

Ils sont solubles dans l'eau et dans l'alcool, insolubles dans l'éther.

Nitroprussiate de tétréthylammonium,

$$Fe\,Cy^5(Az\,O)\,[(C^2H^5)^4Az]^2, H^2O.$$

— On le prépare d'une manière analogue; il jouit des mêmes propriétés [O. Bernheimer, *Wien. Acad. Ber.*, **80**, 328].

Constitution des nitroprussiates. — Les nitroprussiates ont été depuis longtemps rapprochés des nitrosulfures au point de vue de leur constitution. Ces analogies avaient déjà été signalées par Playfair [*Ann. Chem.*, **74**, 540] et par Staedeler [*ibid.*, **151**, 24]. Les recherches plus récentes de M. Pavel [*D. chem. G.*, **15**, 2613] tendent à prouver l'existence dans les nitroprussiates d'un groupement $Fe(Az\,O)^2Cy^3$, analogue à celui $Fe(Az\,O)^3S$ qui existe dans les nitrosulfures.

Le nitroprussiate de sodium ayant la composition brute

$$Fe(Az\,O)\,Cy^5Na^2, 2\,H^2O,$$

il y aurait lieu de doubler cette formule, et la constitution de ce corps pourrait alors se représenter par

$$\begin{cases} Fe(Az\,O)^2Cy^3 . 2\,Na\,Cy \\ Fe\,Cy^4 \qquad\quad . 2\,Na\,Cy \end{cases} + 4\,H^2O.$$

Les propriétés des nitroprussiates s'accordent d'ailleurs fort bien avec cette formule. En effet, si on les chauffe avec précaution en vase clos dans une atmosphère d'acide carbonique, ils se scindent en ferrocyanure alcalin, bleu de Prusse, cyanogène et bioxyde d'azote.

Si on fait passer un courant d'hydrogène sulfuré dans une solution de nitroprussiate, il y a mise en liberté d'acide cyanhydrique, formation de bleu de Prusse, de cyanure vert et de soufre. La liqueur bouillie et filtrée laisse déposer des cristaux de ferronitrososulfure de sodium,

$$Fe^4(Az\,O)^7S^3Na, 2\,H^2O.$$

Inversement, on sait que les nitrosulfures traités par le cyanure de mercure se transforment déjà à froid en nitroprussiates; à chaud, il se dégage du cyanure d'ammonium.

La décomposition la plus caractéristique des nitroprussiates a lieu sous l'influence des alcalis, qui les transforment à chaud, et sans dégagement de gaz, en ferrocyanure alcalin, azotite et oxyde de fer. La solution devient d'abord brun noir et renferme dans les parties supérieures du ferricyanure; puis cette coloration noire disparaît et il se sépare de l'oxyde ferreux qui s'oxyde rapidement, en même temps que le liquide prend la coloration jaune du ferrocyanure. Cette décomposition s'explique facilement à l'aide de la formule de constitution mentionnée plus haut : le groupement $Fe(Az\,O)^2Cy^3$ se scinde d'abord en $Fe\,Cy^4$ et $(Az\,O)^2$, de même que dans les nitrosulfures le groupe $Fe(Az\,O)^2S$ se scinde facilement en FeS et $(Az\,O)^2$.

Ce cyanure de fer $Fe\,Cy^4$, en présence de l'alcali et du cyanure alcalin du premier membre de la formule [$Fe(Az\,O)^2Cy^3 . 2\,Na\,Cy$], passe à l'état de ferrocyanure, avec dépôt d'oxyde ferreux, pendant que le second membre, $Fe\,Cy^4 . 2\,Na\,Cy$, oxyde le bioxyde d'azote en solution alcaline et le transforme en acide azoteux.

L'ensemble de ces réactions peut se représenter par la formule

$$6\,Fe^2(Az\,O)^3Cy^{10}Na^4 + 28\,Na\,OH$$

$$= 5\begin{cases} Fe\,Cy^2 . 4\,Na\,Cy \\ Fe\,Cy^2 . 4\,Na\,Cy \end{cases} + 2\,FeO + 12\,Na\,Az\,O^2$$

$$+ 14\,H^2O.$$

Le dosage de l'oxyde de fer ainsi éliminé à l'état d'oxyde a permis de vérifier cette hypothèse.

CYANURES DE MANGANÈSE. — MANGANOCYANURE DE POTASSIUM, $K^6Mn^2Cy^{12}, 6\,H^2O$. — La préparation et les propriétés de ce corps ont été indiquées par MM. Eaton et Fittig, puis par M. Descamps (voyez Dict., **1**, 1108).

M. O. Christensen a modifié le mode de purification, de manière à la rendre plus simple; il opère de la façon suivante :

Dans 100 centimètres cubes d'eau on dissout 40-45 grammes de cyanure de potassium pur, on fait bouillir, on ajoute par petites portions 10 grammes d'acétate manganeux pulvérisé, puis de 15 à 20 grammes de cyanure de potassium en gros morceaux.

La combinaison verte qui se sépare d'abord se redissout peu à peu au bain-marie, et presque aussitôt il se forme un précipité de petits cristaux bleu foncé de manganocyanure peu soluble dans le cyanure de potassium. On étend d'eau chaude pour redissoudre le précipité, on filtre et on laisse refroidir. On obtient ainsi de magnifiques tables quadratiques bleu foncé. L'oxydation du manganocyanure n'a pas lieu aussi rapidement que celle du chromocyanure, en raison de la quantité de cyanure de potassium qui se trouve dans la solution et qui empêche cette oxydation [Christensen, *J. prakt. Chem.*, (2), **31**, 171].

MANGANOCYANURE MANGANOSOPOTASSIQUE,

$$Mn\,Cy^6Mn\,K^2.$$

— Ce sel prend naissance par la décomposition spontanée à l'air de la solution aqueuse de manganocyanure. On l'obtient encore en ajoutant goutte à goutte, et sans excès, un acide minéral à la solution de manganocyanure de potassium (un excès d'acide redissoudrait le sel précipité), ou bien en ajoutant à la solution de celui-ci un sel de manganèse.

Il est insoluble dans l'eau et dans l'alcool, très altérable à l'air humide. Traité par les acides étendus, il dégage de l'acide cyanhydrique; les alcalis caustiques le transforment en manganocyanure avec précipitation d'hydrate manganeux.

Combinaison du manganocyanure de potassium avec le ferrocyanure de potassium. — En faisant digérer à 60° du ferrocyanure de manganèse avec une solution concentrée de cyanure de potassium, on obtient par refroidissement des paillettes cristallines vertes, très altérables à l'air humide, mais se conservant bien dans une solution de cyanure de potassium ou dans l'alcool absolu.

Ce corps est très soluble dans l'eau, mais sa solution se décompose en cyanure de potassium et manganocyanure manganosopotassique.

On peut encore obtenir ce sel en faisant cristalliser ensemble dans le cyanure de potassium le ferrocyanure et le manganocyanure de potassium.

Manganocyanure de potassium et chlorure de potassium, $Mn\,Cy^6K^4 . KCl$. — On l'obtient par cristallisation directe d'un mélange des deux sels en présence de cyanure de potassium. Petits cristaux blancs, altérables à l'air, solubles dans l'eau. L'iodure de potassium donne une combinaison analogue.

Acide manganocyanhydrique, $MnCy^6H^4$. — On l'obtient en décomposant par l'hydrogène sulfuré le manganocyanure de plomb en suspension dans l'eau. La solution aqueuse s'altère assez rapidement à l'air, en donnant de l'acide cyanhydrique et du peroxyde de manganèse. En évaporant rapidement dans le vide, on obtient de petites houppes incolores, peu solubles dans l'alcool, très altérables à l'air.

Manganocyanure de sodium, $MnCy^6Na^4$. — Cristaux d'un bleu foncé, présentant les mêmes caractères que le sel de potassium.

Manganocyanure de baryum, $MnCy^6Ba^2$. — On l'obtient en chauffant légèrement du carbonate, de l'hydrate ou mieux du cyanure de manganèse avec une solution concentrée de cyanure de baryum. Petits cristaux blancs, translucides, ayant les mêmes propriétés que les précédents.

Sa solution aqueuse laisse déposer du manganocyanure de manganèse et de baryum,

$$MnCy^6BaMn.$$

Les *manganocyanures doubles de baryum et de potassium*, $MnCy^6BaK^2$, *de strontium et de calcium*, $Mn^2Cy^{12}Sr^2Ca^2$, se préparent par l'action d'un cyanure alcalin ou alcalino-terreux sur le manganocyanure double de manganèse et de baryum ou de calcium. Ils ont les mêmes propriétés que les manganocyanures alcalins.

Réactions des manganocyanures. — Par double décomposition avec les sels métalliques, on obtient :

Avec les sels de zinc, un précipité violet, stable quand il est sec.

— de cadmium,	—	violet.
— d'aluminium,	—	bleuâtre.
— de cobalt,	—	brun-rougeâtre.
— de plomb,	—	jaune.
— de cuivre,	—	brun-rougeâtre.

[A. Descamps, *Ann. Chim.*, *Phys.*, (5), **24**, 178].

MANGANICYANURE DE POTASSIUM, $Mn^2Cy^{12}K^6$. — MM. Eaton et Fittig ont obtenu ce sel par l'oxydation à l'air du manganocyanure. M. Christensen [*J. prakt. Chem.*, (2), **31**, 165] l'a préparé par l'action directe du cyanure de potassium sur les sels manganiques, tels que l'acétate, et plus particulièrement le phosphate $Mn^3(PO^4)^2$, $2H^2O$. On dissout à chaud 60 grammes de cyanure de potassium pur dans 200 grammes d'eau, on chauffe jusque près de l'ébullition et on y introduit alors 15 grammes de phosphate manganique normal : il se produit un précipité foncé qu'on redissout en ajoutant de 15 à 20 grammes de cyanure de potassium solide ; on filtre à chaud. Par refroidissement le liquide abandonne des cristaux abondants de manganicyanure. Pour le purifier, on le redissout dans de l'eau tenant un peu de cyanure de potassium en solution ; il y a lieu cependant de remarquer que le cyanure agit comme réducteur à chaud en solutions concentrées. Ainsi, en dissolvant le manganicyanure dans une solution à 25 0/0 de cyanure de potassium, on observe à chaud une réduction qui se traduit par la coloration jaune du liquide. Si on étend d'eau, la liqueur reprend la nuance rouge du manganicyanure et il se dépose de l'oxyde de manganèse. A froid, le manganicyanure se dissout sans altération dans le cyanure de potassium et cristallise par évaporation lente.

CYANURES DE PLATINE. — COMBINAISON DU CYANURE DE PLATINE AVEC L'ALCOOL. — Sous le nom de *platinocyanure d'éthyle*, M. von Than [*Ann. Chem.*, **107**, 315] a décrit un corps cristallisé en aiguilles d'un rouge aurore, qu'il avait obtenu en traitant par l'acide chlorhydrique une solution alcoolique de cyanure de platine. Il attribuait à ce corps la formule $(C^2H^5Cy)^2PtCy^2$, $2H^2O$.

M. Freund [*D. chem. G.*, **24**, 937] a repris l'étude de ce corps et a démontré que ce ne peut être un platinocyanure. En effet, on ne peut arriver à isoler de ce corps la combinaison anhydre $(C^2H^5Cy)^2PtCy^2$; après une exposition très prolongée dans le vide sur l'acide sulfurique, on obtient une poudre d'un jaune citron, composée d'un mélange d'acide platinocyanhydrique et du soi-disant platinocyanure d'éthyle non altéré. En chauffant au bain-marie, la décomposition est plus rapide et plus complète ; il ne reste plus au bout de peu de temps que de l'acide platinocyanhydrique.

Cette manière de se comporter ne concorde guère avec l'hypothèse admise par le premier auteur, mais peut s'expliquer en admettant que sur deux des quatre groupes Cy de l'acide platinocyanhydrique sont venues se fixer 2 molécules d'alcool.

Le corps obtenu aurait alors la formule

$$2\left(HC\lessgtr{AzH \atop OC^2H^5}\right)PtCy^2$$

ou

$$2(HCAz)PtC^2\lessgtr{(AzH^2) \atop (OC^2H^5)^2}$$

qui permettrait d'expliquer sa décomposition sous l'influence de l'eau en alcool et acide platinocyanhydrique, et avec l'ammoniaque sèche en alcool et platinocyanure d'ammonium.

La formation de cet éther imidé est d'ailleurs analogue à celle déjà observée avec les ferrocyanures.

PLATINOCYANURES. — PLATINOCYANURE DE MAGNÉSIUM ET DE POTASSIUM,

$$PtCy^4Mg \cdot PtCy^4K^2, 7H^2O.$$

— Ce sel, obtenu accidentellement et une seule fois jusqu'ici (voyez Dict., **1**, 1117), a été reproduit par MM. Richard et Bertrand [*Bull. Soc. Chim.*, (2), **34**, 630].

Ce sont des cristaux prismatiques hexagonaux. incolores, terminés par les faces d'un rhomboèdre de 101°,5.

PLATINOCYANURE DE SAMARIUM,

$$Pt^3Cy^{12}Sm^2, 18H^2O.$$

— On le prépare par double décomposition entre le platinocyanure de baryum et le sulfate de samarium. Il cristallise en prismes jaunes à reflets bleuâtres, atteignant une grande longueur. Sa densité est de 2,744 [T. Cleve, *Bull. Soc. Chim.*, (2), **43**, 165].

PLATINOCYANURE DE BARYUM. — Les cristaux de platinocyanure de baryum, soumis dans le vide à des décharges électriques répétées, deviennent fortement dichroïques. Le même résultat s'obtient sans qu'il soit nécessaire d'employer l'électricité, par une exposition prolongée dans le vide, qui amène la perte d'une certaine quantité d'eau de cristallisation [E. Widmann, *Ann. Phys.*, (2) **9**, 157].

PLATINOCYANURE D'ERBIUM, $Pt^3Cy^{12}Er$, $21H^2O$. — On l'obtient, comme la plupart des platinocyanures, par double décomposition avec le platinocyanure de baryum. Il cristallise en prismes rouges, présentant un reflet violet sur ses faces latérales, et vert métallique sur les bases et sur les pointements [T. Cleve, *C. R.*, **94**, 381].

PLATINOCYANURES DES BASES ORGANIQUES. — Ces sels doubles ont été préparés par double décomposition entre le sulfate de la base et le platinocyanure de baryum [R. Scholz, *Wien. Acad. Ber.*, **82**, 1233].

Platinocyanure d'hydroxylamine,

$$PtCy^2 \cdot 2(AzH^4O \cdot CAz), 2H^2O.$$

— Prismes rouge foncé, déliquescents, à fluorescence bleue, solubles dans l'alcool et dans l'éther. Chauffés à 55°, ils perdent leur eau de cristallisation et deviennent jaunes.

Platinocyanure d'éthylamine,

$$PtCy^2 . 2(AzH^3 . C^2H^5 . CAz).$$

— Cristaux tétragonaux volumineux, hygroscopiques.

Platinocyanure de diéthylamine,

$$PtCy^2 . 2[AzH^2(C^2H^5)^2 . CAz].$$

— Cristaux tricliniques, se décomposant à partir de 165°.

Platinocyanure de triéthylamine,

$$PtCy^2 . 2[AzH(C^2H^5)^3 . CAz].$$

— Cristaux clinorhombiques, fondant à 80°.

Platinocyanure d'aniline,

$$PtCy^2 . 2(AzH^3 . C^6H^5 . CAz).$$

— Petits feuillets d'aspect nacré, tricliniques, solubles dans l'eau. Lorsqu'on les chauffe, ils se colorent en jaune, puis en brun, en perdant de l'aniline.

Platinocyanure de p-toluidine,

$$PtCy^2 . 2(C^7H^7 . AzH^3 . CAz).$$

— Petits cristaux rose pâle, clinorhombiques.

Platinocyanure d'α-naphtylamine,

$$PtCy^2 . 2(C^{10}H^7 . AzH^3 . CAz).$$

— Petits cristaux brillants, d'un gris enfumé, du système rhombique, peu solubles dans l'eau.

Platinocyanure d'ammonium et d'hydroxylamine,

$$PtCy^2 . 2AzH^4Cy . PtCy^2 . 2AzH^4OCy , 7H^2O.$$

— Cristaux prismatiques, jaunes à reflets verts, devenant bruns au bout de quelques semaines.

Platinocyanure de lithium et d'hydroxylamine,

$$PtCy^2 . 2LiCy . PtCy^2 . 2AzH^4OCy , 6H^2O.$$

— Cristaux prismatiques rouge-pourpre avec reflets vert–émeraude, déliquescents.

Séché à 120°, ce sel se colore d'abord en vert olive, puis devient orangé et enfin jaune-soufre. Desséché, exposé à l'air humide, il devient d'abord rouge-cerise, puis brun foncé.

PLATINOCYANURE DE POTASSIUM. — M. T. Wilm, en étudiant le chlorure double d'iridium et d'ammonium provenant de ce que, dans l'industrie, on appelle les résidus de platine, y a trouvé, comme avant lui Wœhler et Mucklé [*Jahresb.*, 1857, 262], de grandes quantités de platine.

Ce sel double, bouilli avec une solution de soude, donne une solution violet foncé, au sein de laquelle se forme un précipité amorphe, gris-jaunâtre, quelquefois bleuâtre, qui, à l'état humide, se dissout à peine dans l'acide chlorhydrique, et qui paraît renfermer, avec un peu de platine, à peu près tout l'iridium.

La solution alcaline filtrée, neutralisée par l'acide chlorhydrique et additionnée de chlorure ammonique, fournit un abondant précipité jaune clair de chloroplatinate d'ammonium.

La séparation de l'iridium et du platine lui paraissant insuffisante par cette méthode, l'auteur a cherché à l'effectuer en passant par les cyanures doubles et, au cours de ses recherches dans cette direction, il a été amené à préparer des quantités notables de platinocyanures potassique et sodico-potassique.

La solution rouge foncé, violacée, obtenue en traitant le chlorure double d'iridium et d'ammonium brut par la soude, digérée pendant quelque temps avec du cyanure de potassium, a laissé déposer une abondante cristallisation de longues aiguilles prismatiques jaune d'or. Ce corps, cristallisé dans l'eau en présence d'un peu de cyanure de potassium, laisse déposer d'abord des cristaux incolores, ou tout au plus vert d'eau, que l'agitation violente avec une baguette de verre transforme rapidement en cristaux jaunes.

Par des cristallisations fractionnées, on arrive à isoler des cristaux légèrement verdâtres d'avec des cristaux jaunes, qui eux-mêmes, après plusieurs cristallisations, deviennent de plus en plus foncés, et finissent par avoir une teinte orangée. Ces colorations diverses sont dues à la production d'une série de platinocyanures sodico-potassiques en proportions variables.

On sait d'ailleurs depuis longtemps, et Quadrat [*Jahresb.*, 1847-48, 482] a été l'un des premiers à en faire l'observation, que le platinocyanure de potassium se présente sous divers aspects, au point de vue de la couleur, de la fluorescence et de la dimension : de petites quantités de soude paraissent provoquer ces changements.

Le platinocyanure de potassium pur peut s'obtenir en partant du chloroplatinate de potassium ou d'ammonium, ou des chlorures de platine. Le meilleur moyen consiste à introduire par petites portions du cyanure de platine dans une solution concentrée et bouillante de cyanure de potassium. On obtient ainsi le sel double en aiguilles brillantes, ayant une fluorescence bleuâtre, tandis que le même sel, obtenu en traitant les chlorures de platine ou les chloroplatinates alcalins par la potasse et par le cyanure de potassium, se présente le plus souvent sous la forme d'aiguilles très longues, isolées, transparentes, avec un reflet vert-jaunâtre ou vert d'eau très prononcé.

On obtient aussi le platinocyanure de potassium sous un troisième aspect, en traitant les eaux mères de ce sel par le sulfate de cuivre, et décomposant par la potasse bouillante le platinocyanure de cuivre ainsi précipité. Il se présente alors sous la forme de longues aiguilles, radiées, transparentes, presque incolores, quelquefois vert de mer.

Le platinocyanure de potassium pur s'effleurit à l'air et perd son eau de cristallisation déjà au-dessous de 120°, en devenant jaune pâle, et jaune vif après refroidissement.

Le sel double de potassium et de sodium, de couleur orangée, ne s'effleurit pas, mais perd aussi son eau à 120° en devenant jaune mat. À cet état, la lumière solaire le colore en jaune paille, puis en brun clair et enfin en brun. Ce sel, déshydraté et insolé, absorbe de l'eau, et, après nouvelle dessiccation à 120°, reprend sa couleur jaune primitive.

Le sel de potassium et le sel sodico-potassique sont d'ailleurs très hygroscopiques une fois desséchés à 120°; au bout de 12 heures d'exposition dans une atmosphère saturée d'eau, ils ont repris leur eau de cristallisation.

Le platinocyanure de potassium cristallisé répond à la formule $PtCy^4K^2, 3H^2O$; le sel double de potassium et de sodium a pour composition

$$PtCy^4K^2 . PtCy^4Na^2 , 6H^2O$$

[T. Wilm, *D. chem. G.*, 18, 950].

Produits d'addition halogénés du platinocyanure de potassium. — En dissolvant dans le cyanure de potassium pur du platinocyanure de potassium obtenu avec un sel de potassium quelconque, et acidulant faiblement la liqueur par l'acide chlorhydrique, on voit se déposer peu à peu à la température ordinaire des cristaux filiformes, très longs, ayant l'apparence, dans le liquide, d'une toile d'araignée et de couleur rouge de cuivre.

On peut les purifier par cristallisation dans l'eau froide. Ils répondent à la formule

$$(PtCy^4K^3, 3H^2O)HCl.$$

On obtient de même et avec la plus grande facilité les produits d'addition du sel avec le chlore et le brome. Il suffit pour cela de faire arriver au-dessus d'une solution de platinocyanure des vapeurs de chlore ou de brome pour voir aussitôt la solution incolore se remplir de superbes cristaux rouge de cuivre.

Il faut éviter un excès de chlore ou de brome et filtrer rapidement pour recueillir le produit, qui est alors très facile à purifier.

Sa composition répond aux formules

$$(PtCy^4K^2, 3H^2O)Cl \quad et \quad (PtCy^4K^3, 3H^2O)Br.$$

Chauffés à 120°, ces corps perdent leur eau de cristallisation et deviennent bleu-verdâtre foncé [Th. Wilm, *D. chem. G.*, **19**, 959].

En continuant ses recherches sur ce sujet, le même auteur avait obtenu des composés cristallisés ayant entre eux beaucoup d'analogie, par l'action sur le platinocyanocyanure de potassium ou sel de Gmelin de l'acide nitrique concentré, de l'eau oxygénée, ou par l'électrolyse de ce sel.

Il attribuait à ces combinaisons les formules

$$(2KCy.PtCy^2, 3H^2O)^3R,$$

R représentant AzO^3H ou AzO^2, et, dans le cas de l'électrolyse,

$$(2KCy.PtCy^2, 3H^2O)^6O.$$

Une étude plus complète de ces corps démontra que cette hypothèse était inexacte ; en effet, tous ces corps renferment du chlore dont la présence n'avait pas été tout d'abord observée et provenant du cyanure de potassium employé. C'était donc le composé

$$(2KCy.PtCy^2, 3H^2O)^3Cl$$

qui se formait toujours dans l'action de l'acide azotique et de l'eau oxygénée sur le sel de Gmelin.

En répétant ces expériences avec des produits rigoureusement purs, exempts de chlore, les résultats obtenus ont été tout différents, et, par l'action de l'acide nitrique, de l'eau oxygénée ou par l'électrolyse, on obtient un seul et même produit répondant à la formule $Pt^4K^7Cy^{16}, 6H^2O$, dont la formation s'explique de la façon suivante :

Sous l'influence des agents oxydants, 1 atome du potassium du sel double s'oxyde et passe à l'état de potasse, ce que confirme d'ailleurs l'alcalinité croissante du liquide soumis à l'électrolyse.

Le cyanogène primitivement uni à cet atome de métal alcalin se fixe sur le cyanure de platine pour donner $PtCy^3$, et le résidu $(KCy.PtCy^3)$ ainsi obtenu se combine aussitôt avec 3 molécules du sel double primitif :

$$2[(KCy)^2.PtCy^2] + O = K^2O + 2KCy.PtCy^3 ;$$

$$3(2KCy.PtCy^2, 3H^2O) + KCy.PtCy^3$$
$$= 3H^2O + (2KCy.PtCy^2)^3KCy.PtCy^3, 6H^2O.$$

Ce cyanure complexe, agissant sur une solution d'iodure de potassium, met de l'iode en liberté et régénère le sel de Gmelin :

$$[(2KCy.PtCy^2)^3.KCy.PtCy^3 + KI$$
$$= I + 4(2KCy.PtCy^2).$$

C'est cette propriété qui avait fait croire à la formation de produits d'addition. En présence de ces résultats, il faut admettre pour le composé chloré $(2KCy.PtCy^2, 3H^2O)^3Cl$ la formule de constitution

$$2(2KCy.PtCy^2)2KCy.PtCy^2Cl, 9H^2O$$

[Th. Wilm, *D. chem. G.*, **21**, 1434].

Quand on traite à froid par l'ammoniaque aqueuse ce dérivé chloré du platinocyanure, il y a décoloration complète et formation d'un dépôt cristallin, grenu, incolore, constitué en majeure partie par des tétraèdres microscopiques. L'addition d'alcool à la solution provoque un nouveau dépôt, semblable au précédent.

Ce précipité cristallin, lavé à l'alcool et séché à l'air, paraît constitué par un mélange de $KCy.PtCy^2.AzH^3$, avec de petites quantités de $PtCy^4.2AzH^3$, ce dernier résultant de l'action ultime de l'ammoniaque sur le sel de Gmelin.

Récemment précipité, ce produit se redissout facilement dans l'eau, mais sa solution ne cristallise plus par évaporation ; il ne se forme que des produits amorphes.

Si, au lieu de faire agir l'ammoniaque à la température ordinaire sur le chloroplatinocyanure, on opère à 50°, on constate un dégagement d'azote ; en même temps la liqueur se décolore, puis se trouble tout à coup et laisse déposer une poudre cristalline blanche, formée de lamelles rhombiques, très brillantes, sans mélange de cristaux étrangers et ayant pour formule

$$PtCy^4.2AzH^3.$$

Le perchloroplatinocyanure de potassium,

$$2KCy.PtCy^2.Cl^2,$$

traité par l'ammoniaque dans les mêmes conditions, donne les mêmes résultats avec un rendement supérieur [Th. Wilm, *D. chem. G.*, **22**, 1542].

CYANURE DE POTASSIUM. — M. H. Warren [*Chem. News*, **62**, 252] recommande le procédé suivant pour la fabrication du cyanure de potassium : On mélange volumes égaux de sulfure de carbone et d'huile de pétrole, on ajoute une certaine quantité d'eau et on fait passer un courant d'ammoniaque jusqu'à ce que tout le sulfure de carbone soit transformé en sulfocarbonate d'ammonium. La solution concentrée de ce sel est séparée par décantation de l'huile de pétrole et portée à l'ébullition pour transformer le sulfocarbonate en sulfocyanate. On fait alors arriver dans la liqueur la quantité nécessaire de potasse et on chauffe pour chasser l'ammoniaque, qui sert à une nouvelle opération. La solution de sulfocyanate de potassium est évaporée à sec et le résidu fondu avec de la litharge. On obtient ainsi du sulfure de plomb et du cyanate de potassium.

On laisse reposer un instant le creuset, puis on décante la masse fondue dans un autre creuset contenant des blocs de charbon. On chauffe jusqu'à ce qu'il ne se dégage plus d'oxyde de carbone et d'acide carbonique et on coule le cyanure de potassium dans des moules.

Un autre procédé, basé sur l'emploi de l'azote extrait de l'air atmosphérique, a été breveté par M. P.-R. de Lambilly en 1892, pour la fabrication des cyanures alcalins et alcalino-terreux.

Il consiste à faire arriver un mélange d'azote et de gaz de l'éclairage préalablement déshydrogéné sur l'oxyde métallique dont on veut obtenir le cyanure, mélangé à du charbon et à de la chaux.

L'azote se retire de l'air en faisant passer celui-ci dans un cylindre rempli de feuilles de cuivre chauffées au rouge. L'azote est recueilli dans un gazomètre. L'oxyde de cuivre ainsi produit sert à surcarburer le gaz d'éclairage par soustraction d'hydrogène ; en même temps le cuivre métallique se trouve régénéré.

Les alcalis sont caustifiés à l'aide de la chaux vive et du charbon à chaud, dans une atmosphère raréfiée. L'acide carbonique se transforme au contact du charbon en oxyde de carbone, qu'on recueille et qui sert au chauffage.

Sur le produit caustifié chauffé au rouge blanc on envoie le mélange d'azote et de gaz déshydrogéné sous une pression de 10 à 15 centimètres de mercure.

On peut faciliter la réaction en ajoutant à la masse de la grenaille de fer, de nickel ou de cobalt.

En faisant passer un courant rapide et prolongé d'hydrogène sulfuré dans une solution ammoniacale de sulfate de cuivre décolorée par le cyanure de potassium, le liquide devient d'abord jaune, puis rouge, et laisse déposer au bout de peu de temps des cristaux rouges ; on les lave à l'eau et on les purifie par cristallisation dans l'alcool.

C'est la *dithioxamide* ou *acide rubéanhydrique* qui se forme ainsi. Ce corps répond à la formule

$$Az\,H^2 - C\,S - C\,S - Az\,H^2.$$

Ses cristaux sont peu solubles dans l'eau, très solubles dans l'alcool, l'éther et le cyanure de potassium chaud.

Par ébullition avec l'acide chlorhydrique ou la potasse étendus, il donne de l'acide oxalique, de l'ammoniaque et de l'hydrogène sulfuré. Il se combine à l'hydroxylamine avec élimination de H^2S, pour donner la diamidoxime ou amidoxime de l'acide oxalique, $(Az\,H^2 - C = Az\,O\,H)^2$ [J. Formanek, *D. chem. G.*, **22**, 2665].

Le cyanure de potassium en solution étendue, traité par l'acide persulfocyanique, se transforme intégralement en sulfocyanate de potassium avec dégagement d'acide cyanhydrique :

$$3\,K\,C\,Az + C^2\,H^2\,Az^2\,S^3 = 3\,K\,C\,Az\,S + 2\,C\,Az\,H$$

[Steiner, *D. chem. G.*, **15**, 1603].

Quand on ajoute peu à peu de l'acide vanadique soluble à une solution bouillante de cyanure de potassium pur, on le voit se dissoudre d'abord en donnant une liqueur incolore, en même temps qu'il se dégage de l'azote et de l'acide carbonique :

$$6\,Va^2O^5 + 2\,K\,C\,Az$$
$$= 5\,Va^2O^4 + Va^2O^5 . K^2O + 2\,C\,O^2 + Az^2.$$

Si le cyanure de potassium se trouve en excès, la réaction suivante se produit

$$5\,Va^2O^5 + 2\,K\,C\,Az$$
$$= 3\,Va^2O^4 + (Va^2O^4)^2\,K^2O + 2\,C\,O^2 + Az^2.$$

Dans les deux cas l'acide vanadique se réduit et le cyanure de potassium est complètement oxydé [A. Ditte, *C. R.*, **103**, 55].

En ajoutant à une solution froide de cyanure de potassium une solution de sulfate ou de nitrate de diazobenzène, on voit se produire un trouble orangé qui, par une agitation énergique, se résout en un dépôt cristallin. Celui-ci est redissous dans l'alcool et la solution alcoolique étendue d'eau jusqu'à formation d'un trouble persistant ; il se dépose alors des cristaux prismatiques brun foncé, fusibles à 69°, répondant à la formule

$$C^6H^5 - Az = Az - C\,Az . H\,C\,Az.$$

L'eau bouillante décompose ce corps avec mise en liberté d'acide cyanhydrique et formation d'un produit huileux rouge que la vapeur d'eau entraîne ; une autre partie du produit se résinifie.

Le p-bromodiazobenzène donne dans les mêmes conditions le corps $C^6H^5BrAz^4$, fondant à 127°, et le diazotoluène l'homologue supérieur $C^9H^8Az^4$ [S. Gabriel, *D. chem. G.*, **12**, 1637].

Quand on soumet à la distillation un mélange de cyanure de potassium et d'acide pyridinemonosulfonique $C^6H^4Az . SO^3H$, on obtient la cyanopyridine $C^6H^4Az . C\,Az$, qui cristallise en aiguilles incolores, fusibles à 48-49° [O. Fischer, *D. chem. G.*, **15**, 62].

CYANURE DE ZINC. — Le cyanure de zinc s'unit au chlorure mercurique pour donner des sels doubles. Lorsqu'on chauffe à 50-60° une solution concentrée de bichlorure de mercure (14 grammes) et qu'on y ajoute du cyanure de zinc (6 grammes), celui-ci se dissout. A la dissolution ainsi obtenue on ajoute une nouvelle quantité de bichlorure, puis un excès de zinc, on agite et on filtre. Par évaporation lente de la liqueur filtrée, il se dépose des cristaux prismatiques volumineux, transparents, répondant à la formule

$$Zn\,Cy^2 . Hg\,Cy^2 . Hg\,Cl^2 , 6\,H^2O.$$

Ils sont très solubles dans l'eau ; à 100°, ils perdent leur eau de cristallisation.

Soumis à l'action de l'ammoniaque gazeuse ou dissous à chaud dans un excès d'ammoniaque aqueuse, ils se transforment en

$$(Zn\,Cy^2 . Hg\,Cy^2 . Hg\,Cl^2)^2\,6\,Az\,H^3,$$

combinaison ammoniacale cristallisée en masses mamelonnées, qui perdent leur ammoniaque à l'air et que l'eau décompose. L'eau ammoniacale les dissout assez facilement à chaud. L'iode donne avec leur solution aqueuse d'abord un précipité de cyanure de zinc, puis un précipité d'iodure mercurique.

La solution ammoniacale du sel triple,

$$Zn\,Cy^2 . Hg\,Cy^2 . Hg\,Cl^2 , 6\,H^2O,$$

traitée par une lame de cuivre, laisse déposer au bout de quelques jours des aiguilles bleues, renfermant du zinc, du cuivre et du mercure.

Le cyanure de zinc, traité par le chlorure cuivrique, fournit du cyanure de cuivre qui ne tarde pas, sous l'influence d'une légère élévation de température, à se transformer en cyanure cuivreux, avec dégagement de cyanogène (voyez CYANOGÈNE).

Le cyanure de zinc ne donne pas de sels doubles avec les chlorures alcalins, alcalino-terreux et métalliques en général, sauf avec le bichlorure de mercure [R. Varet, *C. R.*, **106**, 1080].

Le cyanure de zinc s'unit à l'ammoniaque pour donner le composé $Zn\,Cy^2 . 2\,Az\,H^3, H^2O$. On l'obtient en dissolvant le cyanure dans l'ammoniaque jusqu'à saturation, faisant passer un courant d'ammoniaque dans la liqueur et abandonnant au froid. Ce sont des prismes incolores, perdant de l'eau et de l'ammoniaque à l'air ; l'eau les décompose.

Le sel anhydre $Zn\,Cy^2 . 2\,Az\,H^3$ s'obtient en sursaturant de gaz ammoniac une solution alcoolique ammoniacale de cyanure de zinc. Il est aussi peu stable que le précédent [R. Varet, *C. R.*, **105**, 1070].

CYANURES DES BASES ORGANIQUES. — MM. Ad. Claus et A. Merck [*D. chem. G.*, 16, 2737] ont cherché à préparer les cyanures simples des bases organiques, soit par l'action directe de l'acide cyanhydrique sur l'alcaloïde ou la base, soit par l'action du cyanure de mercure sur l'iodure de la base, soit enfin par l'action du cyanure de baryum sur le sulfate de la base. Cette dernière méthode seule a donné des résultats satisfaisants.

Si l'on traite en effet par une solution aqueuse d'acide cyanhydrique les bases insolubles dans l'eau, telles que l'aniline, la toluidine, la quinine, la cinchonine, la strychnine, etc., elles se dissolvent dans la solution acide, mais il n'y a pas de combinaison, car, si on évapore la dissolution, même à la température ordinaire dans le vide, le résidu est constitué uniquement par la base, l'acide cyanhydrique s'étant évaporé avec l'eau.

De même, si on agite cette solution dans l'acide cyanhydrique aqueux avec de l'éther, celui-ci enlève toute la base à la solution aqueuse et n'y laisse que l'acide cyanhydrique.

Cependant on ne saurait considérer cette dissolution dans l'acide cyanhydrique comme un phénomène purement physique, attendu que ces dissolutions sont capables de fournir des sels doubles avec le cyanure mercurique ; en particulier, l'aniline dissoute dans l'acide cyanhydrique, traitée par le cyanure mercurique, donne un sel double, stable, cristallisant parfaitement dans l'éther et répondant à la composition

$$C^6H^5 . AzH^2 . HCy . HgCy^2.$$

D'autre part, en faisant agir le cyanure de mercure sur les iodhydrates d'amines, on voit se produire une réaction chimique, il est vrai ; mais, au lieu d'un cyanure simple, ce sont des cyanures doubles qu'on obtient.

Si, par exemple, on traite l'iodure de tétraméthylammonium par le cyanure de mercure, on obtient simultanément deux sels doubles ayant la même composition $(CH^3)^4AzI . HgCy^2$, mais dont l'un, très soluble, est blanc ; l'autre, à peu près insoluble, est jaune. Abandonné à lui-même, soumis à une ébullition prolongée ou à une dessiccation trop forte, le sel blanc jaunit peu à peu et devient insoluble ; cette transformation est complète si on le chauffe pendant plusieurs heures à 200°.

On attribue au sel blanc la formule

$$'(CH^3)^4 Az I . HgCy^2.$$

tandis que pour la modification jaune on admet le groupement $(CH^3)^4AzCy . Hg(Cy)I$, en raison de ce que ce dernier, traité par l'acide azotique, laisse aussitôt précipiter la moitié du mercure qu'il renferme sous la forme d'iodure mercurique.

Si, au contraire, on opère par double décomposition entre les sulfates d'amines et le cyanure de baryum, les résultats sont bien plus nets. Il suffit de filtrer pour séparer le précipité de sulfate de baryum, et d'évaporer la solution au bain-marie ou dans le vide. On a ainsi obtenu :

1° Le *cyanure de tétraméthylammonium*, $(CH^3)^4Az(CAz)$, en cristaux incolores, parfaitement purs, solubles dans l'eau et dans l'alcool, insolubles dans l'éther et dans le chloroforme, se volatilisant vers 225-227°.

Traité par le cyanure mercurique, il donne un *sel double*,

$$(CH^3)^4Az . CAz . Hg(CAz)^2,$$

qui fond à 275° et qui, bouilli avec de l'iodure mercurique, fournit le sel jaune mentionné plus haut.

Le *cyanure double de tétraméthylammonium et d'argent*, $(CH^3)^4Az . CAz . CAzAg$, cristallise en beaux prismes incolores, fondant à 208°, très solubles dans l'eau.

Le cyanure de tétraméthylammonium avait été obtenu déjà par C.-M. Thompson [*D. chem. G.*, 16, 2338] en faisant agir l'acide cyanhydrique sur l'oxyde de tétraméthylammonium $(CH^3)^4Az(OH)$ et d'autre part en décomposant par l'hydrogène

sulfuré le cyanure double, $(CH^3)^4AzCy . AgCy$; mais le produit obtenu, quoique cristallisé, n'était pas assez pur pour que l'analyse pût en être faite.

2° Le *cyanure d'éthylcinchonidine*,

$$C^{19}H^{22}Az^2O(C^2H^5)CAz,$$

précipité par l'éther de sa solution alcoolique, se présente sous la forme de longues aiguilles incolores, solubles dans l'eau et dans l'alcool, insolubles dans l'éther et dans le chloroforme, fondant à 140° en se décomposant.

3° Le *cyanure d'éthylquinine*,

$$C^{20}H^{24}Az^2O^2(C^2H^5)CAz,$$

se prépare comme le précédent. Aiguilles blanches, fusibles à 90°, se décomposant au-dessus de 95°.

4° Le *cyanure d'éthylstrychnine*,

$$C^{21}H^{22}Az^2O^2(C^2H^5)CAz,$$

fond à 105°.   A. Held.

CYANILINE. — Dans la préparation de la cyaniline (Dict., 2, 871), il est préférable d'employer une dissolution alcoolique d'aniline fortement étendue d'eau au lieu d'une dissolution d'aniline dans l'alcool pur.

Dans cette préparation, il se forme, à côté de la cyaniline une petite quantité d'un corps rouge insoluble dans l'acide sulfurique étendu, qui est constitué par le sel d'une base cristallisable fusible à 145° et dont la formule n'a pu être établie avec certitude [Senf, *J. prakt. Chem.*, (2), 35, 513].

Il se forme une petite quantité de cyaniline lorsqu'on traite l'éther imido-oxalique

$$\begin{array}{l} C \diagup^{AzH}_{\diagdown OC^2H^5} \\ \mid \\ C \diagup^{OC^2H^5}_{\diagdown AzH} \end{array}$$

par l'aniline.

Propriétés. — La cyaniline, dissoute dans de l'acide acétique à 40-65 0/0 et traitée par l'acide nitreux, fournit de l'oxanilide, de la p-dinitro-oxanilide, de l'α-dinitrophénol et de la phénylcarbylamine.

L'amalgame de sodium transforme la cyaniline en aniline, ammoniaque, acide formique et phénylcarbylamine.

Le brome en dissolution chloroformique froide donne, avec la cyaniline, un corps amorphe instable, ayant pour formule $C^{14}H^{13}Az^4Br^5$; en solution acétique et à chaud, il se forme de la p-dibromocyaniline, $C^{14}H^{12}Az^4Br^2$, fusible à 245°; ce même corps prend naissance par l'action du cyanogène sur la p-bromaniline.

L'iodure de méthyle agit sur la cyaniline comme sur l'aniline en donnant de la diméthylaniline [Senf, *loc. cit.*].

Le chlorhydrate d'hydroxylamine en dissolution alcoolique agit à froid sur la cyaniline en donnant de l'oxalène-diamidoxime,

$$\begin{array}{c} {}^{OHAz}_{AzH^2}\!\diagup\!\diagdown C - C \diagup^{AzOH}_{\diagdown AzH^2} \end{array}$$

À chaud, il se forme en outre de l'oxalène-anilido-oxime-amidooxime,

$$\begin{array}{c} {}^{C^6H^5 - AzH}_{OH - Az}\!\diagup\!\diagdown C - C \diagup^{Az - OH}_{\diagdown AzH^2} \end{array}$$

[Tiemann, *D. chem. G.*, 22, 1936. 2943].
                                          G. de Bechi.

CYANINE [Syn. *Bleu de quinoléine*]. — Le nom de *cyanine* a été donné d'abord à la matière colorante bleue qui prend naissance quand on fait agir l'iodure α amyle sur la quinoléine dérivée de la cinchonine, de la quinine, de la strychnine, etc.

A.-W. Hofmann et M. Williams ont fait voir qu'elle se forme quand on traite l'iodo-isoamylate de lépidine par la potasse (Dict., **1**, 1070).

La cyanine cristallise en prismes clinorhombiques [Arzruni, Traube, *Rec. P.-B.*, **4**, 61].

M. Spalteholtz, après avoir démontré qu'avec l'iodéthylate de quinoléine pure ou avec l'iodéthylate de quinaldine également pure on n'obtient pas de cyanine, prépara une matière colorante bleue en saturant à chaud par la potasse une solution aqueuse d'un mélange de 1 molécule de la première base avec 2 molécules de la seconde. Il considère cette matière colorante comme identique à celle qu'on prépare avec la quinoléine brute et lui assigne la formule

$$C^{23}H^{25}Az^2I, 0,5H^2O$$

[*D. chem. G.*, **16**, 1847].

MM. Hoogewerff et W. A. van Dorp [*Rec. P.-B.*, **2**, 28, 41, 317] montrèrent à leur tour que la quinoléine fournit d'autant moins de cyanine qu'elle est plus pure. La quinoléine synthétique donne naissance à une matière d'un rouge fuchsine, et non à la cyanine. Mais si on la mélange de 1/20 de lépidine et qu'on la soumette à un traitement approprié, on obtient une résine qui se dissout dans l'alcool avec une coloration bleue. Les mêmes auteurs firent voir en outre que la cyanine se produit non seulement quand on fait agir l'iodure d'amyle sur un mélange de quinoléine et de lépidine, mais encore quand on traite ces bases par les chlorures, bromures, iodures de méthyle, d'éthyle, et par le chlorure de benzyle. Lorsqu'on traite le mélange d'iodalcoylates de quinoléine et de lépidine par la potasse, la matière colorante prend probablement naissance suivant l'équation

$$C^9H^7AzRI + C^{10}H^9AzR'I$$
$$= C^{10}H^{13}Az^2RR'I + HI + H^2$$

MM. Hoogewerff et van Dorp réservent provisoirement au radical $C^{10}H^{13}Az^2$ le nom de *cyanine* et considèrent les corps suivants comme en étant des dérivés.

Iodure de diméthylcyanine, $C^{21}H^{19}Az^2I$ [Hoogewerff et van Dorp, *Rec. P.-B.*, **3**, 318]. — On dissout un mélange d'iodométhylate de quinoléine en léger excès et d'iodométhylate de lépidine dans 3 fois son poids d'eau bouillante et on ajoute à la solution une quantité de potasse équivalente à la moitié de l'iode combiné aux bases

$$C^9H^7Az.CH^3I + C^{10}H^9Az.CH^3I$$
$$= C^{21}H^{19}Az^2I + HI + H^2.$$

La résine verdâtre qui se précipite est bouillie avec de l'alcool et la solution abandonnée au refroidissement. Le dépôt, après plusieurs cristallisations dans l'alcool étendu, fournit des aiguilles ou des tables d'un vert foncé, fondant à 291°.

Ce corps est presque insoluble dans l'éther et dans le benzène, peu soluble dans l'eau et dans l'alcool et un peu soluble dans l'acétone et dans le chloroforme. Sa solution aqueuse est d'un rouge bleu. Sa solution alcoolique est bleue par réflexion et violette par transparence. Les acides le dissolvent également et donnent des liqueurs jaunes. La solution aqueuse est décolorée par un courant d'acide carbonique; la coloration reparait quand on chauffe ou qu'on ajoute de l'alcool.

Cette cyanine se dissout également dans l'ammoniaque, où elle cristallise sans avoir subi de décomposition.

Le *chlorure*, $C^{21}H^{19}Az^2Cl$, a été préparé par double décomposition entre l'iodure et le chlorure d'argent : il est vert, est plus soluble dans l'alcool que l'iodure, est un peu soluble dans l'eau et insoluble dans l'éther. L'acide chlorhydrique le précipite de sa solution aqueuse. Il fond à 300° en se décomposant.

Le *chloroplatinate*,

$$(C^{21}H^{19}Az^2Cl)^2PtCl^4, 0,5H^2O,$$

constitue un précipité jaune.

Iodure de triméthylcyanine,

$$C^{22}H^{21}Az^2I, 2H^2O$$

[Hoogewerff et van Dorp, *Rec. P.-B.*, **3**, 342]. — On prépare ce composé en traitant un mélange de 2 molécules d'iodométhylate de p-toluquinoléine et de 1 molécule d'iodométhylate de lépidine par une solution aqueuse de potasse correspondant à la moitié de l'iode combiné aux bases.

Cristallisée dans l'alcool, cette cyanine constitue des aiguilles d'un bleu violet qui perdent leur eau de cristallisation entre 100 et 110° en prenant une couleur d'un jaune verdâtre. Le corps anhydre fond à 275-277°. Il se dissout peu dans l'eau, plus facilement dans l'alcool en donnant une liqueur bleue.

Iodure de diéthylcyanine, $C^{23}H^{23}Az^2I$ [H. et van D., *loc. cit.*]. — Ce composé prend naissance par l'action de la potasse sur un mélange d'iodéthylate de quinoléine et de lépidine (p-méthylquinoléine).

Prismes verts et brillants, fondant à 271-273°.

En substituant dans la préparation ci-dessus les brométhylates aux iodéthylates, on obtient le *bromure de diéthylcyanine*, $C^{23}H^{23}Az^2Br$, qui cristallise dans l'alcool en aiguilles feutrées. Sa solution alcoolique est instable à la lumière et en présence de l'acide carbonique. Il ne fond pas à 290° [*loc. cit.*, **3**, 340].

Iodure de diéthylisocyanine, $C^{23}H^{23}Az^2I$. — Le composé décrit par M. Spalteholtz et auquel il assigne la formule $C^{23}H^{25}Az^2I$ n'est autre chose, d'après MM. Hoogewerff et von Dorp [*Rec. P.-B.*, **3**, 337] que l'iodure de diéthylisocyanine. Ces auteurs l'ont préparé en chauffant 1 partie d'iodéthylate de quinaldine (α-méthylquinoléine), 1ᵖ,9 d'iodéthylate de quinoléine et 25 parties d'alcool avec de la potasse. Après élimination de l'alcool et cristallisation du résidu dans l'alcool dilué, ils ont obtenu des cristaux qui renfermaient probablement 1ᵐᵒˡ,5 d'eau et 1/5 de molécule d'alcool. Desséchés à 120-130°, ils deviennent anhydres et fondent à 150-152°.

Iodure de diamylcyanine,

$$C^{29}H^{35}Az^2I, 1,5H^2O$$

— D'après MM. Hoogewerff et van Dorp, ce que l'on appelle communément *cyanine* n'est autre chose que la matière colorante qu'on obtient en faisant agir la potasse sur une solution d'un mélange de 1 partie d'iodo-isoamylate de lépidine et de 2 parties d'iodo-isoamylate de quinoléine dans 20 parties d'alcool. Cette solution est ensuite précipitée par l'éther, ou bien soumise à l'évaporation; la résine qui reste est ensuite dissoute dans l'acétone.

On peut aussi ajouter à la dissolution a'coolique de l'iode qui détermine la formation d'un précipité $C^{29}H^{35}Az^2I.I^2$, insoluble dans l'alcool. Ce periodure, traité ensuite par la potasse, fournit la cyanine [Hoogewerff et van Dorp, *Rec. P.-B.*, **3**, 352; **2**, 28, 42, 324. — Nedler et Merz, *Zeit. physiol. Chem.*, 1867, 343].

L'iodure de diamylcyanine cristallise en prismes clinorhombiques, d'un vert cantharide, contenant

$1^{mol},5$ d'eau qu'ils perdent sous une cloche à acide sulfurique. Le sel anhydre est hygroscopique, mais perd cette propriété quand on le chauffe à 100-110°. Il fond à 100° et se solidifie à 110-130° sans perdre de son poids (H. et v. D.).

Les solutions alcooliques l'abandonnent en tables. Si l'on refroidit brusquement les dissolutions, on obtient des cristaux d'un jaune de laiton (N. et M.).

Cette cyanine est insoluble dans l'eau et dans l'éther, mais soluble dans l'alcool. Traitée par l'oxyde d'argent, elle fournit une base $C^{29}H^{36}Az^2O$ qui constitue une masse poisseuse d'une couleur de bronze.

Periodure de diamylcyanine, $C^{29}H^{35}Az^2I^3$. — Obtenu comme il a été dit plus haut, ce corps constitue des aiguilles d'un vert foncé, solubles dans l'acétone et peu solubles dans l'alcool. Il fond à 187-189°.

Chlorure, $C^{29}H^{35}Az^2Cl$. — Il se forme par double décomposition entre le chlorure d'argent et l'iodure de diamylcyanine. Il cristallise dans l'eau bouillante en prismes bleus, insolubles dans l'éther, très solubles dans l'alcool (N. et M.).

Chloroplatinate, $C^{29}H^{36}Az^2Cl^2 . PtCl^4$. — Précipité jaune.

Chlorhydrate d'iodure de diamylcyanine, $C^{29}H^{35}Az^2I . 2HCl$. — Houppes incolores, qui perdent à 100° 1 molécule d'eau pour fournir un sel de couleur bronzée, $C^{29}H^{35}Az^2I . HCl$ (N. et M.).

Azotate, $C^{29}H^{35}Az^2 . AzO^3, H^2O$. — Il cristallise dans l'alcool en aiguilles orthorhombiques, brillantes et bronzées. Il est presque insoluble dans l'éther et dans l'eau froide. Il se combine à l'acide chlorhydrique pour former des aiguilles incolores, $C^{29}H^{35}Az^2 . Az . O^3 . 2HCl$, qui deviennent bleues en perdant HCl.

Quand on chauffe une solution alcoolique de ce nitrate avec du sulfhydrate d'ammoniaque, on obtient un nouveau dérivé, $C^{58}H^{68}Az^4S^3O^2$, qui forme des cristaux clinorhombiques d'un jaune rougeâtre. Ce corps est insoluble dans l'eau, soluble dans l'alcool et dans l'éther. Il se combine aux acides en donnant des produits que l'eau dissocie. Son *chloroplatinate*

$$C^{58}H^{68}Az^4S^3 . PtCl^4$$

constitue un precipité d'un jaune orangé (Nadler et Merz).

Sulfate de diamylcyanine, $(C^{29}H^{35}Az^2)^2SO^4$. — Il prend naissance quand on dissout l'iodure dans l'acide sulfurique; il cristallise dans l'eau chaude en aiguilles bleues. **A. Haller.**

CYANIQUE (ACIDE). — M. W. Traube a fait agir l'acide cyanique en vapeurs sur l'alcool benzylique, le lactate d'éthyle, le glycolate d'éthyle, le tartrate d'éthyle et la résorcine. Il a obtenu les dérivés allophaniques correspondants [*D. chem. G.*, **22**, 1572].

MM. L. Gattermann et A. Rossolymo [*D. chem. G.*, **23**, 1190] décrivent en détail une nouvelle méthode qui permet d'obtenir les amides des acides aromatiques carboxylés en faisant réagir des vapeurs d'acide cyanique, obtenues en chauffant de l'acide cyanurique sec, sur les carbures ou sur les éthers phénoliques en présence de chlorure d'aluminium et de gaz chlorhydrique. On réalisait auparavant ces synthèses à l'aide du chlorure d'amidocarbonyle; mais, ce corps se dédoublant par la chaleur en acides cyanique et chlorhydrique, les auteurs ont été amenés, pour simplifier les opérations, à faire usage directement des deux produits de la dissociation. La réaction, effectuée sur le carbure ou l'éther phénolique purs, ou en solution dans le sulfure de carbone, fournit un composé double de l'amide avec le chlorure d'aluminium, que l'on

décompose par l'eau. Cette réaction a été étudiée avec le benzène, le toluène, l'éthylbenzène, le xylène, l'anisol, le phénéthol, le naphtalène, l'acénaphtène et l'éther α-naphtyléthylique.

CYANATE DE POTASSIUM. — M. Bannow a reconnu que le cyanate isomérique, qu'il avait signalé précédemment, est identique au sel ordinaire. D'après ses nouvelles recherches, ce n'est pas le cyanate qui est la substance mère de la dicyanamide argentique; cette observation fait disparaître la seule différence chimique qui distinguait le nouveau composé. Quant à la différence de forme, elle est causée par une faible impureté venant du paracyanogène [*D. chem. G.*, **13**, 2201].

Pour l'action de l'éther chlorocarbonique sur le cyanate de potassium, voyez ACIDE CYANURIQUE.

Préparation [Chichester A. Bell, *Chem. News*, **32**, 99. — A. Cantzler, *Thèse*, Heidelberg, 1891. — Gattermann, *D. chem. G.*, **23**, 1223]. — On mélange intimement 100 grammes de ferrocyanure et 75 grammes de dichromate de potassium finement pulvérisés et séchés séparément. Le mélange est versé par portions de 3 à 5 grammes dans une capsule en fer chauffée fortement sur un bec de gaz, sans cependant atteindre le rouge. La substance noircit et devient incandescente; lorsqu'elle est redevenue sombre, on procède à une nouvelle addition de matière en remuant fréquemment avec une spatule en fer. La masse ne doit pas fondre, mais rester poreuse et friable. Après refroidissement, il faut la broyer et l'épuiser à l'ébullition avec 5 fois son volume d'alcool à 80 0/0. Le cyanate est enfin lavé avec un peu d'éther pour déplacer l'alcool. Le rendement est de 45 0/0 du ferrocyanure employé en sel de premier jet et peut aller à 60 0/0 par l'évaporation de l'alcool qui a servi à l'épuisement.

ÉTHERS CYANIQUES. — 1° *Éthers normaux.* — MM. Mulder et Ponomarew ont continué les expériences de Cloëz en faisant agir le chlorure et le bromure de cyanogène sur l'éthylate de sodium en suspension dans l'éther, mais ils n'ont pas réussi à isoler le cyanate d'éthyle pur. Les produits obtenus laissent toujours déposer, plus ou moins rapidement, des cristaux d'éther cyanurique normal, au sein d'un composé liquide et volatil qui est vraisemblablement l'éther cyanique. M. Mulder indique que le mélange paraît ordinairement renfermer au moins un tiers de cyanurate, le reste étant du cyanate. D'après cet auteur, la proportion de cyanurate peut être déterminée assez exactement par l'eau bromée, qui forme avec ce composé un produit d'addition [Mulder, *D. chem. G.*, **15**, 69; *Rec. P.-B.*, **1**, 41, 191; **2**, 133. — Ponomarew, *D. chem. G.*, **15**, 513].

2° *Éthers non normaux* (ou *isocyaniques*). — *Isocyanate d'allyle.* — Il a été obtenu par M. A. Winther [*Thèse*, Berlin, 1891] en traitant le sulfocyanate d'allyle (20 grammes) par l'oxyde de mercure bien sec (43 grammes) à 155-160°. Ce corps bout entre 90 et 100°, tandis que le produit obtenu par Cahours et Hofmann à l'aide du cyanate de potassium et de l'iodure d'allyle bout à 82°, ou à 87-88° d'après M. Winther qui a répété cette préparation.

L'isocyanate d'allyle réagit sur les amines primaires ou secondaires, les amides, les acides amidés aromatiques en donnant des composés plus ou moins complexes.

Isocyanate de phényle ou *phénylcarbimide.* — Ce corps avait été obtenu par MM. Sell et Zierold en traitant le chlorure de phénylcarbylamine $C^6H^5AzCCl^2$ par l'oxyde d'argent [*D. chem. G.*, **7**, 1230]. M. Pieschel l'a trouvé parmi les produits de la distillation de l'acide dibenzhydroxamique, $Az(C^7H^5O)^2OH$.

Pour le préparer, M. Hentschel dirige un courant de gaz phosgène dans une cornue où il fait fondre de la carbanilide. On peut aussi faire agir le gaz phosgène sur du chlorhydrate d'aniline sec et fondu dans une cornue. Il distille du cyanate pur jusqu'à emploi de tout le sel d'aniline.

M. Eckenroth chauffe un mélange de carbanilide et de carbonate de phényle molécule à molécule ; il se forme de l'isocyanate et du phénol.

M. Hentschel a observé que l'isocyanate brut paraît dissoudre de grandes quantités de gaz chlorhydrique et présente alors la particularité de se solidifier par le repos ; le gaz se dégage par la distillation du produit. Cet auteur pensa qu'il fallait attribuer cette dissolution à des propriétés faiblement basiques. M. Leuckart voit dans le produit distillé brut solidifiable une combinaison de 2 molécules d'isocyanate avec 1 molécule de phosgène, soit $(CO\,Az\,C^6H^5)^2 . COCl^2$; mais M. Hentschel combat cette opinion, car d'après lui les produits bruts ne renferment pas toujours du phosgène ; de plus, il a pu préparer directement le chlorhydrate $C^6H^5\,Az\,CO . HCl$ en dirigeant un courant de gaz chlorhydrique dans l'isocyanate pur : celui-ci s'échauffe et se prend par le refroidissement en une masse cristalline qui fond à 45°. Il fait encore observer que l'isocyanate de phényle se rapproche par là de l'acide isocyanurique qui forme également un chlorhydrate [Eckenroth, *D. chem. G.*, **18**, 516. — Leuckart, *ibid.*, **18**, 873. — Hentschel, *ibid.*, **17**, 1284 et **18**, 1178].

L'isocyanate de phényle peut encore s'obtenir en décomposant par le cuivre un mélange de sulfate de diazobenzène et de cyanate de potassium [Gattermann, *D. chem. G.*, **23**, 1225. — A. Cantzler, *Thèse*, 1891, Heidelberg] : Dans un mélange de 100 grammes d'eau et de 20 grammes d'acide sulfurique concentré, on introduit 10 grammes d'aniline et l'on diazote à 0° avec 7 grammes à 7°,5 de nitrite de sodium. L'opération est terminée lorsque la liqueur bleuit le papier ioduré. Ce liquide est ensuite versé dans un entonnoir à robinet renfermant quelques morceaux de glace ; on y ajoute une solution aqueuse concentrée de 10 grammes de cyanate de potassium, puis on y introduit du cuivre en poudre (obtenu en précipitant une solution de sulfate par du zinc en poudre et lavant le précipité). Il se produit aussitôt un abondant dégagement d'azote. Lorsque celui-ci est terminé, on agite avec du chloroforme, on sèche la solution chloroformique sur du chlorure de calcium, puis on distille au bain-marie. Le résidu partiellement solidifié est distillé et fournit 2°,5 à 2°,8 d'isocyanate pur, passant de 163 à 165°. Dans l'appareil distillatoire, on trouve de la diphénylurée et du phénylcarbamate de phényle,

$$C^6H^5 . Az\,H - CO . O\,C^6H^5.$$

La préparation peut aussi s'effectuer en partant du sulfate de diazobenzène obtenu lui-même d'après le procédé de M. E. Knœvenagel.

À l'aide de cette méthode et en employant les amines correspondantes en quantités équivalentes, M. Cantzler a préparé les *isocyanates d'o-crésyle, de m-crésyle, de p-crésyle, de m-xylyle, de pseudo-cumyle, de p-bromophényle, de p-éthoxyphényle*. Il a de plus étudié les réactions des composés obtenus avec un certain nombre d'alcools, de phénols, etc.

Une *nouvelle détermination* du point d'ébullition de l'isocyanate de phényle a donné, à la pression de 769 millimètres, 166° au lieu de 163°. Une température de 180-200° est sans influence sur lui. Chauffé longtemps au-dessus de 200°, il se transforme graduellement en un liquide épais, visqueux, n'ayant aucune tendance à cristalliser [Hofmann, *D. chem. G.*, **18**, 764].

En faisant réagir l'isocyanate de phényle sur les amines secondaires, M. Gebhardt a obtenu une série d'urées substituées [*D. chem. G.*, **17**, 2092]

L'isocyanate s'unit à l'alcool isopropylique et au phénol pour former des uréthanes ; avec la benzoïne, il fournit la *carbanilidobenzoïne*, cristallisable dans le benzène et fusible à 163°.

L'isatine donne la *carbanilido-isatine*, qui est soluble dans les lessives alcalines chaudes, en absorbant 1 molécule d'eau ; l'acide chlorhydrique précipite de ces solutions l'*acide carbanilido-isatique*, masse blanche cristalline. L'*amide* de cet acide fond à 227°.

L'acide anthranilique réagit sur 2 molécules d'isocyanate : il se dégage de l'acide carbonique et il se forme de l'*o-amidobenzoyldiphénylurée* qui fond à 218°.

Un courant de chlore sec, dirigé dans une solution chloroformique d'isocyanate de phényle, produit un composé dichloré en cristaux instables ; les eaux mères paraissent contenir de l'isocyanate de phényle monochloré. Le brome agit comme le chlore [Gumpert, *J. prakt. Chem.*, (2), **31**, 119 ; **32**, 278].

M. Tesmer a étudié les dérivés que fournissent certains alcools polyatomiques. La glycérine par exemple donne la *glycéride phénylcarbamique*, $C^3H^5(O . CO . Az\,H . C^6H^5)^3$, fusible à 160-180° ; l'érythrite donne l'*érythride phénylcarbamique*, $C^4H^6(O . CO . Az\,H\,C^6H^4)^4$. La mannite, la dulcite, la quinovite fournissent des composés analogues plus ou moins complètement saturés ; il en est de même de la quercite, de la saccharine, de la quercétine et de la flavopurpurine ; on n'en connaît pas avec le sucre de raisin. Il est à remarquer que les composés polyhydroxylés réagissent d'autant plus difficilement qu'ils donnent plus aisément de l'eau à la température d'ébullition de l'isocyanate de phényle, celle-ci réagissant sur lui [*D. chem. G.*, **18**, 968, 2606. — Voyez aussi, pour les dérivés obtenus avec les alcools polyatomiques, Henry Lloyd Snape, *Thèse de Göttingue*, 1888].

L'action de l'isocyanate de phényle sur les composés amidés a été examinée par M. Kühn, qui a obtenu un assez grand nombre d'urées substituées par addition directe avec la benzamide, la propionamide, l'acétamide, l'acétanilide ; la formiamide ne se combine pas. Les acides aromatiques amidés se comportent comme les amides des acides, mais la réaction est plus lente. Par contre, l'acide α-amidopropionique n'a donné que de la diphénylurée. La phénylhydrazine fournit la *diphénylsemicarbazide*,

$$C^6H^5 . Az\,H . CO - Az\,H - Az\,H . C^6H^5.$$

La benzanilide, en tubes scellés, à 180-200°, donne la *benzénylidiphénylamidine* symétrique ; par la formanilide, on obtient la *phénylcarbylamine*. L'acétanilide donne aussi une réaction particulière dans ces conditions. Les diamines produisent des diurées substituées. M. Kühn a employé la crésylène-diamine et la m-phénylènediamine. La benzidine fournit de même la *diphényldiphénylène-diurée* [*D. chem. G.*, **17**, 2880 ; **18**, 1476]. M. Herzberg a opéré avec l'o-crésylène-diamine et l'o-amidophénol [*Thèse de Göttingue*, Leipzig, 1887].

Vis-à-vis des acides, l'isocyanate de phényle agit comme déshydratant quand on opère à une température relativement basse. Il se forme de l'anhydride et de la diphénylurée. Mais si l'on opère à une température plus élevée, l'urée formée réagit sur l'anhydride en donnant naissance à une anilide et à de l'acide carbonique. Cette réaction, étudiée par M. A. Haller sur les acides benzoïque et toluique, lui a permis de préparer les anhydrides correspondants et les benzoyl- et toluyl-anilides. Les deux phases de la réaction peuvent se traduire par les équations :

$$2\,R\,.\,CO^2H + 2\,COAz\,.\,C^6H^5$$
$$= (RCO)^2O + CO(AzH\,.\,C^6H^5)^2 + CO^2,$$

$$(RCO)^2O + CO(AzH\,.\,C^6H^5)^2$$
$$= CO^2 + 2\,R\,.\,CO\,.\,AzH\,.\,C^6H^5.$$

Avec les acides bibasiques, on obtient encore des anhydrides et des phénylimides quand on se sert des acides succinique et o–phtalique, ou même de leurs éthers acides :

$$C^2H^4(CO^2H)^2 + 2\,COAz\,.\,C^6H^5$$
$$= C^2H^4(CO)^2O + CO(AzH\,.\,C^6H^5)^2 + CO^2.$$

$$C^2H^4(CO)^2O + CO(AzH\,.\,C^6H^5)^2$$
$$= C^2H^4(CO)^2Az\,C^6H^5 + AzH^2\,.\,C^6H^5 + CO^2.$$

Dans ces dernières réactions, il se forme en même temps de l'aniline.

Avec d'autres acides bibasiques, comme l'acide camphorique, il se produit aussi de l'anhydride ; mais, en chauffant au-dessus de 150°, on obtient de la diphénylcamphorimide, et à 250° de la phénylcamphorimide :

$$C^8H^{14} \Big\langle {CO \atop CO} \Big\rangle O + CO(AzH\,.\,C^6H^5)^2$$
$$= C^8H^{14}(CO\,.\,AzH\,.\,C^6H^5)^2 + CO^2 ;$$

$$C^8H^{14}(CO\,.\,AzH\,.\,C^6H^5)^2$$
$$= C^8H^{14} \Big\langle {CO \atop CO} \Big\rangle Az\,.\,C^6H^5 + AzH^2\,.\,C^6H^5.$$

Enfin, en faisant agir l'isocyanate de phényle sur les deux camphorates acides de méthyle α et β, M. A. Haller a obtenu des anhydrides-éthers :

$$2\,C^9H^{14} \Big\langle {CO\,.\,OCH^3 \atop CO\,.\,OH} + 2\,Az \Big\langle {CO \atop C^6H^5}$$
$$= C^6H^{14} \Big\langle {CO\,.\,OCH^3 \atop CO} {CH^3O\,.\,CO \atop O} \Big\rangle {CO \atop CO} \Big\rangle C^8H^{14}$$
$$+ CO\,(AzH\,.\,C^6H^5)^2$$

[A. Haller, *C. R.*, **114**, 1326 : **115**, 19 ; **116**, 121].

En présence du chlorure d'aluminium, l'isocyanate de phényle réagit sur les carbures aromatiques. Avec le benzène, il se forme un produit d'addition $C^{13}H^{11}AzO$ fondant à 159°, répondant à une molécule de chaque corps et ayant les propriétés chimiques de l'anilide benzoïque. La réaction se passerait en deux temps : il se formerait d'abord un chlorure capable d'entrer ensuite en réaction d'après les idées de MM. Friedel et Crafts. Tous les vrais homologues du benzène peuvent se comporter d'une manière analogue. Lorsqu'il existe des chaînes latérales, c'est généralement l'atome d'hydrogène dans la position para qui est remplacé par le cyanate, à moins que cet atome ne soit déjà remplacé. La présence de radicaux négatifs paraît empêcher la réaction. Les phénols donnent ainsi facilement des uréthanes [Leuckart, *D. chem. G.*, **18**, 873]. Des réactions de ce genre ont également été étudiées par M. Moritz Schmidt avec les phénols et les éthers phénoliques [*Thèse de Göttingue*, 1886].

L'isocyanate de phényle, chauffé avec son poids de pentasulfure de phosphore finement pulvérisé, pendant plusieurs heures, à 160°, se

transforme en *phénylsénevol*, que l'on trouve, en rectifiant, dans la fraction 222-223°.

L'isocyanate d'éthyle peut aussi éprouver un changement analogue [A. Michael et G. Palmer, *Am. Journ.*, **6**, 257 ; *D. chem. G.*, **18**, *Ref.*, 72].

L'*isocyanate de p-phénylène*, $C^6H^4(Az\,CO)^2$, résulte de l'action du gaz phosgène sur le chlorhydrate de p-phénylène-diamine chauffé à 200-250° au bain de paraffine. La purification s'effectue par sublimation ; le produit se présente en aiguilles incolores, fusibles à 91°, bouillant à 231° sous la pression de 745 millimètres. Densité de vapeur $= 5{,}79$. Les propriétés et les réactions sont analogues à celles de l'isocyanate de phényle. On a obtenu de même l'*isocyanate de m-phénylène* [Gattermann et Wrampelmeyer, *D. chem. G.*, **18**, 2604].

Le *dicyanate de biphénylène*, $(C^6H^4)^2(Az\,CO)^2$, a été préparé par M. Snape en faisant passer du gaz phosgène sur du chlorhydrate de benzidine bien sec, à 230-250°. Il cristallise en longues aiguilles, qui se ramollissent un peu au–dessous de 100° et fondent à 122°. Avec l'alcool, il forme la *biphénylène-diéthyluréthane*.

Le même procédé a encore fourni à M. Snape le *diisocyanate de m-crésylène*,

$$C^6H^3 {\nearrow CH^3_{(1)} \atop \searrow} Az\,CO_{(2)} \atop Az\,CO_{(4)}$$

dont le point de fusion est situé à 94°. Ces produits sont difficiles à obtenir absolument privés d'acide chlorhydrique [Henry Lloyd Snape, *Thèse de Göttingue*, 1888].

L'*isocyanate de p-crésyle*, C^7H^7AzCO, a été décrit par Hofmann, qui le préparait en partant de la p-crésyluréthane ; il bout à 185°. L'emploi du gaz phosgène et du chlorhydrate de toluidine a permis à M. W. Frentzel de former ce composé en passant par un produit d'addition instable, analogue à celui que M. Hentschel avait observé pour l'isocyanate de phényle. Le point de fusion élevé de la p-toluidine et la facilité avec laquelle elle se sublime rendent cette préparation assez difficile [Frentzel, *Thèse de Berlin*, 1888, 15].

L'*isocyanate d'o-crésyle*, C^7H^7AzCO, a été préparé par M. Girard en distillant l'uréthane correspondante avec de l'anhydride phosphorique. C'est un liquide bouillant à 186°. M. Eckenroth avait aussi obtenu ces deux produits en distillant les o- et p-crésylurées avec du carbonate de phényle. Ces éthers ne paraissent pas se transformer en uréthanes aussi facilement que l'isocyanate de phényle [*D. chem. G.*, **18**, 517].

La réaction de l'anhydride phosphorique sur les uréthanes a encore fourni l'*isocyanate de pseudocumyle* ; il faut avoir soin de ne pas opérer sur plus de 20-30 grammes du mélange à la fois. En soumettant le produit brut à la distillation fractionnée, il est possible d'obtenir le composé pur, bouillant à 221°. Le rendement, très faible, ne s'élève qu'à 4-5 0/0 du poids de l'uréthane employée.

L'*isocyanate de xylyle* prend naissance de la même manière en partant de la xylidine (1.3.4) préalablement transformée en carbamate. C'est un liquide bouillant à 205° (Hofmann avait trouvé 200°).

L'uréthane fournie par la xylidine symétrique (1.3.5) dégage beaucoup de chaleur lorsqu'on la mêle avec l'anhydride phosphorique ; le mélange doit être fait par petites portions dans un mortier, puis recouvert d'anhydride phosphorique dans la cornue. L'*isocyanate* correspondant ne se forme qu'en petite quantité et bout à 208°,5 [Frentzel, *loc. cit.*, 18, 20 et 23].

CONSTITUTION DE L'ACIDE CYANIQUE. — On admet généralement pour cet acide une constitution *iso*, c'est-à-dire imidée (CO . AzH) et non hydroxylée. Cependant, d'après Hofmann, il ne serait pas impossible de le regarder comme un composé normal (AzC . OH) [*D. chem. G.*, **18**, 2793].

DICYANATES. — *Diisocyanate de phényle.* — Pour former ce produit de condensation, Hofmann n'avait trouvé d'autre agent de polymérisation que la triéthylphosphine dont il a étudié le mode d'action [*D. chem. G.*, **18**, 764]. M. Snape a constaté que la pyridine, en agissant sur l'isocyanate, provoque la même transformation; mais, d'après M. Frentzel, son action est beaucoup moins énergique que celle de la phosphine et la condensation ne porte jamais sur plus de 50 0/0 du produit primitif. L'alcool ne convertit le dicyanate en diphénylallophanate d'éthyle que très lentement et après une ébullition prolongée, faute de laquelle une partie du dicyanate peut cristalliser inaltérée par refroidissement, tandis que l'allophanate reste en solution [*loc. cit.*, 14].

L'isocyanate de p-crésyle est polymérisé par la triéthylphosphine comme l'isoéther phénylique; cependant l'action est moins énergique et moins complète; il faut employer 3-4 gouttes de base pour 3-4 grammes d'éther. La pyridine n'agit pas. Le *diisocyanate de crésyle* est purifié par cristallisation dans l'éther, où il ne se dissout que difficilement; il forme de belles aiguilles blanches, fusibles à 185°. La substance qui a été fondue développe une forte odeur de cyanate et ne se solidifie plus. L'alcool le dissout aussi et le transforme à la longue en allophanate [Frentzel, *loc. cit.*, 15]. G. Arth.

CYANOGÈNE. — Il se produit du cyanogène, en même temps que du cyanure d'ammonium, du carbonate et du formiate d'ammonium, quand on chauffe la glycérine avec de l'oxalate d'ammonium à une température d'environ 200° [Storch, *D. chem. G.*, **19**, 2456].

On peut préparer le cyanogène en mettant à profit la facilité avec laquelle le cyanure cuivrique perd la moitié de son cyanogène pour se transformer en cyanure cuivreux : il suffit de chauffer au bain d'huile vers 160-170° un mélange sec de cyanure de zinc et de chlorure cuivrique [Varet, *C. R.*, **106**, 1080], ou mieux encore de chauffer au bain-marie une solution de sulfate de cuivre dans laquelle on fait arriver peu à peu une solution concentrée de cyanure de potassium. Le résidu de cyanure cuivreux, après lavage, laisse lui-même dégager son cyanogène quand on le chauffe avec une solution concentrée de perchlorure de fer ou avec un mélange d'acide acétique et de bioxyde de manganèse [G. Jacquemin, *Bull. Soc. Chim.*, (2), **43**, 556].

Le cyanogène liquide bout à 20°,4 sous la pression de 760ᵐᵐ,8. Sa tension de vapeur, mesurée à différentes températures, est de :

Tension en centimètres.	75	180	215	257	307
Températures	—20°,7	0°	5°	10°	15°

La chaleur d'évaporation du cyanogène liquide est de 103ᶜᵃˡ,7 (Chappuis et Rivière, *C. R.*, **104**, 1504].

La densité du cyanogène varie peu avec la température : les déterminations faites entre 100 et 800° varient de 1,76 à 1,82, la densité calculée pour C²Az² étant 1,80.

Si on fait passer une étincelle électrique dans un mélange de cyanogène et d'oxygène, la détonation n'a lieu que si l'étincelle est suffisamment longue. On a cru pendant longtemps que le mélange CAz+O² ne détonait pas quand les gaz étaient parfaitement secs : ce phénomène est absolument indépendant de l'humidité et ne dépend que de la distance qui sépare les extrémités des deux électrodes.

La vitesse de propagation de l'onde explosive pour ce mélange a été déterminée dans un tube d'acier : ici l'humidité joue un rôle retardateur assez sensible, à l'inverse de ce qui se passe pour le mélange CO + O, ainsi que le montre le tableau :

CO + O	Vitesse en mètres par seconde
Gaz séchés sur l'acide phosphorique anhydre.	36
— — sulfurique............	119
Gaz saturés d'eau à 10°.......	175
— — à 35°....................	244
— — à 60°....................	317

CAz + O	Vitesse en mètres par seconde
Gaz séchés sur l'anhydride phosphorique....	813
— l'acide sulfurique...........	811
— la potasse fondue...........	808
Gaz saturés d'eau à 15°....................	752
— — à 25°....................	741

[H. Dixon, *Chem. Soc.*, **49**, 384].

MM. Berthelot et Vieille ont fait détoner le cyanogène avec différents gaz; ils ont mesuré les pressions produites et ont calculé les températures et les chaleurs spécifiques correspondant à ces pressions [*C. R.*, **98**, 545]

NATURE DU MÉLANGE.	PRESSIONS EN ATMOSPHÈRES.		TEMPÉRATURES.	CHALEURS SPÉCIFIQUES.		
CAz + O................	20,96	(combustion complète)	4272–5453°	48,14	à	61,45
CAz + Az + O..........	12,33–17,70	(— —)	2676–3097°	84,76	à	98,14
CAz + Az + O.........	11,78–25,11	(combustion incomplète)	3598–4566°	57,49	à	72,96
CAz + CO + O.........	15,46–21,23	(— —)	»	»		
CAz + Az²O............	22,66	(combustion complète)	3596–4149°	79,70	à	95,3
CAz + Az²O²...........	16,92	(— —)	3580–4350°	80,27	à	97,52
CAz + Az²O²...........	23,34	(combustion incomplète)	»	»		

Le cyanogène pur et sec, dirigé dans un tube de porcelaine chauffé au rouge, ne subit qu'une décomposition lente, très faible : il en est de même lorsqu'il est soumis à une série d'étincelles électriques produites à l'aide des interrupteurs ordinaires. En employant un flux d'étincelles presque continu, à l'aide d'une forte bobine de Ruhmkorff et de l'interrupteur de Marcel Deprès, on obtient une décomposition plus rapide, mais pas explosive. L'arc électrique produit cette décomposition avec explosion, mais à la condition que le gaz soit pur et sec, car la moindre trace d'un composé hydrogéné donne aussitôt naissance à de l'acide cyanhydrique.

La décomposition explosive instantanée du cyanogène n'a jusqu'ici été obtenue qu'en provoquant en un point de la masse gazeuse une élévation très rapide de la température par le choc brusque du fulminate [Berthelot, *Bull. Soc. Chim.*, (2), **39**, 149].

En faisant passer un courant de cyanogène sur du silicium chauffé au rouge blanc, on obtient un *azotocarbure de silicium* SiC²Az, avec dégagement d'azote; avec le platine dans les mêmes conditions, il se forme un *carbure de platine* PtC^2 [Schutzenberger, *Bull. Soc. Chim.*, (2), **35**, 355].

Le cyanogène réagit déjà à la température ordinaire sur le zinc-éthyle, avec production de cyanure de zinc et de propionitrile :

$$2\,(C\,Az)^2 + Zn\,(C^2 H^5)^2 = Zn\,(C\,Az)^2 + 2\,C^2 H^5.C\,Az$$

[Frankland et Graham, *Chem. Soc.*, **37**, 740].

En faisant agir l'hydrogène sulfuré sur un excès de cyanogène en présence d'un peu d'eau ou d'alcool, on obtient la combinaison

$$(C\,Az)^2 . H^2 S = C\,Az - C\,S - Az\,H^2,$$

qui est le composé sulfuré correspondant à la cyanoformamide $C\,Az - C\,O - Az\,H^2$.

Ce corps se présente sous la forme d'aiguilles jaunes, solubles dans l'eau et dans l'alcool, très solubles dans l'éther, stables à l'abri de l'humidité, fondant vers 87-90° en se boursouflant.

Les alcalis étendus le décomposent en acide oxalique, ammoniaque et hydrogène sulfuré; les alcalis concentrés, en sulfure, cyanure et sulfocyanate.

Le nitrate d'argent le décompose avec formation de sulfure d'argent et mise en liberté de cyanogène [R. Anschütz, *Ann. Chem.*, **254**, 262].

Le cyanogène s'unit directement à la phénylhydrazine comme à l'aniline et à la xylidine; la *cyanophénylhydrazine* se présente en petits cristaux incolores, fusibles à 225° et répondant à la composition $[C^6 H^5 Az\,(Az\,H^2) - C\,(Az\,H)]^2$. On peut encore l'obtenir en chauffant la cyananiline avec la phénylhydrazine. Une solution chloroformique de ces deux composés, soumise à une ébullition prolongée, abandonne après évaporation des cristaux soyeux répondant à la formule

$$C^{21} H^{25} Az^9 Cl^3$$
$$= [H\,Cl\,C = (Az^2 H^2 . C^6 H^5 - C^{14} H^{15} Az^6)]\,2\,H\,Cl.$$

La cyanophénylhydrazine réduit la liqueur de Fehling et le nitrate d'argent ammoniacal [A. Senf, *J. prakt. Chem.*, (2), **35**, 513].

Un mélange à volumes égaux de cyanogène et d'hydrogène, dirigé lentement dans un tube chauffé à 500-550°, fournit, par union directe des deux gaz, de l'acide cyanhydrique.

La combinaison est totale quand on opère en tubes scellés à cette température : 1/7 seulement du cyanogène passe à l'état de paracyanogène; à une température supérieure, la décomposition a lieu avec mise en liberté d'azote.

L'acide cyanhydrique pur peut supporter sans décomposition une température de 500-550° en vase clos, pendant 3 ou 4 heures.

Le cyanogène s'unit directement, comme à l'hydrogène, au zinc, au cadmium et au fer, à une température ne dépassant pas 300°; l'union directe avec le plomb et le cuivre n'a lieu qu'à 500°, et cela sans mise en liberté d'azote.

Avec les métaux tels que le zinc, le cadmium et le fer, la proportion du cyanogène fixé, variable avec la surface métallique, peut atteindre et dépasser 50 0/0.

Le cyanogène ne paraît pas s'unir directement à l'argent ni au mercure.

CHLORURE DE CYANOGÈNE. — Quand on fait passer à saturation un courant de chlore dans une solution refroidie à 0° de cyanure de mercure, tout le cyanure ne se transforme pas en bichlorure et chlorure de cyanogène, ainsi que l'exprime la formule

$$Hg\,(C\,Az)^2 + 4\,Cl = Hg\,Cl^2 + 2\,C\,Az\,Cl.$$

Quel que soit l'excès de chlore employé, une forte proportion du cyanure de mercure demeure inattaquée et reste dans la dissolution, probablement à l'état de chlorocyanure.

La solution chauffée ne dégage jamais dans ces conditions qu'une quantité de chlorure de cyanogène inférieure à la moitié de la quantité théorique.

On peut arriver à obtenir la quantité à peu près théorique de chlorure de cyanogène correspondant à un poids déterminé de cyanure de mercure en ajoutant à celui-ci une certaine quantité de chlorure de sodium ou de potassium, qui empêche la formation d'un chlorocyanure résistant à l'action du chlore, par suite de la formation d'un chlorure double de mercure et de sodium ou de potassium.

Les proportions les plus avantageuses sont les suivantes : On fait dissoudre dans 6 litres d'eau distillée 165 grammes de cyanure de mercure et 75 grammes de chlorure de sodium ou 95 grammes de chlorure de potassium, et, dans la solution refroidie à l'aide d'un mélange de glace et de sel, on fait passer un courant de chlore jusqu'à saturation et coloration jaune persistante du liquide. Cette dissolution, chauffée, fournit la quantité sensiblement théorique de chlorure de cyanogène, soit 78 grammes, capables de transformer en chlorure 30 grammes de sodium, dissous à l'état de composé organique sodé. En opérant avec la même quantité de cyanure mercurique et en l'absence de chlorure alcalin, on n'arrive à neutraliser que la moitié à peine de cette quantité de sodium avec le chlorure de cyanogène dégagé.

Quand on fait agir le chlorure de cyanogène sur des composés amidés, dissous dans l'éther en l'absence de sodium, le chlore et le cyanogène se partagent entre 2 molécules du produit, pour donner, d'une part, un chlorhydrate, d'autre part un dérivé cyané ou un dérivé analogue : c'est ainsi que le chlorure de cyanogène agissant sur une solution éthérée froide de phénylhydrazine donne un précipité de chlorhydrate de phénylhydrazine, tandis que la liqueur éthérée surnageante abandonne par évaporation un liquide huileux constitué par l'*anilcyanamide*

$$2\,C^6 H^5 - Az\,H - Az\,H^2 + C\,Az\,Cl$$
$$= C^6 H^5 . Az\,H . Az\,H^2 . H\,Cl + C^6 H^5 - Az\,H - Az\,H - C\,Az$$

Chlorhydrate   Anilcyanamide.
de phénylhydrazine.

Cette dernière est une base très instable, se polymérisant avec la plus grande facilité.

Sa solution chlorhydrique, abandonnée à elle-même, laisse déposer au bout de peu de temps des cristaux de phénylsemicarbazide, à la suite d'une hydratation correspondant à celle qui transforme la cyanamide en urée :

$$C^6 H^5 - Az\,H - Az\,H - C\,Az + H^2 O$$
$$= C^6 H^5 - Az\,H - Az\,H - C\,O\,Az\,H^2.$$

Sous l'influence de l'ammoniaque, elle se polymérise et donne la *dianilcyanodiamide*, dont la constitution paraît être

$$\begin{array}{l} C\,Az \\ | \\ Az \quad Az\,H \cdot C^6 H^5 \\ | \\ C = Az\,H \\ | \\ Az\,H - Az\,H \cdot C^6 H^5 \end{array}$$

[G. Pellizani et D. Tivoli, *Accad. dei Lincei*, 1892, **1**, 152].

De même en faisant agir le chlorure de cyanogène sur une solution éthérée d'o- ou de p-amidophénéthol, on obtient d'une part le chlorhydrate de la base et d'autre part l'o- ou la p-phénéthol-cyanamide,

$$C^6H^4(OC^2H^5)AzH.CAz,$$

susceptibles de fournir diverses combinaisons salines répondant à la composition

$$C^6H^4(OC^2H^5)AzM'.CAz$$

[J. Berlinerblau, *J. prakt. Chem.*, (2), **30**, 97].

Si on fait agir le chlorure de cyanogène sur des composés organiques sodés ou potassés, le chlore se porte sur le métal alcalin, dont le cyanogène vient prendre la place dans la molécule organique.

C'est ainsi que l'éther malonique sodé fournit l'éther cyanomalonique [Haller, *C. R.*, **94**, 869], que l'éther acétylacétique fournit l'éther acétylcyanacétique [Haller et Held, *C. R.*, **95**, 142] et que le pyrrol potassé donne le cyanopyrrol ou tétrolcyanamide $C^4H^4Az-CAz$, qui se condense facilement en donnant la tétrolcyanuramide

$$(C^4H^4Az-CAz)^3$$

[G. L. Ciamician et M. Dennstedt, *D. chem. G.*, **18**, 64].

CHLORURE DE CYANOGÈNE SOLIDE, $(CAz)^3Cl^3$. — En faisant passer un courant de chlore sec dans une solution éthérée d'acide cyanhydrique anhydre, M. Gautier a obtenu le chlorure de cyanogène solide; mais le rendement n'a jamais dépassé 15 0/0 de l'acide cyanhydrique mis en œuvre : le reste passe à l'état de chlorhydrate d'acide cyanhydrique $(HCl.HCAz)$.

Si on substitue à l'éther le chloroforme sec, le rendement en chlorure solide s'élève à 70 0/0; il se forme en même temps un peu de chlorure de cyanogène liquide, de l'acide cyanhydrique et de l'acide chlorhydrique. Le liquide saturé de chlore est abandonné au repos pendant 12 heures, puis soumis à la distillation; après départ du chloroforme, le résidu cristallin de chlorure cyanurique est purifié par cristallisation dans l'éther [P. Claesson, *D. chem. G.*, **18**, Ref., 497].

On obtient encore le chlorure cyanurique en assez grande quantité en faisant agir le perchlorure de phosphore sur le cyanurate d'éthyle [Ponomareff, *D. chem. G.*, **18**, 3261].

Traité par l'acide chlorhydrique aqueux, le chlorure cyanurique ne se transforme pas en acide carbonique et en ammoniaque, ainsi que l'ont prétendu MM. Naumann et Vogt [*D. chem. G.*, **3**, 523] : cette transformation n'a lieu que quand il renferme du chlorhydrate d'acide cyanhydrique [P. Claesson, *loc. cit.*].

Le chlorure de cyanogène Cy^3Cl^3, en agissant sur les alcools, donne des chlorures alcooliques et de l'acide cyanurique; avec le phénol, on obtient du benzène monobromé et de l'acide cyanurique; dans les deux cas, il se produit de petites quantités d'éthers cyanuriques.

Par un contact prolongé avec de l'acide iodhydrique à 60 0/0, le chlorure de cyanogène solide se transforme en iodure de cyanogène Cy^3I^3 [P. Claesson, *loc. cit.*].

En chauffant pendant 8 heures, en tube scellé, à 100°, le chlorure cyanurique avec de l'acétate de sodium sec, on obtient du cyanurate de sodium et du chlorure d'acétyle :

$$(CAz)^3Cl^3 + 3CH^3-CO^2Na$$
$$= (CAzONa)^3 + 3CH^3-COCl.$$

Le formiate de sodium se comporte de même, mais le chlorure acide se décompose :

$$(CAz)^3Cl^3 + 3H.CO^2Na$$
$$= (CAzONa)^3 + 3CO + 3HCl.$$

L'acétate d'argent au contraire n'est pas altéré dans ces conditions.

Le benzoate de sodium se comporte comme l'acétate et fournit 88 0/0 de la quantité théorique de chlorure de benzoyle.

Chauffé pendant plusieurs heures à 100° avec de la benzamide, le chlorure cyanurique fournit de l'acide cyanurique et du benzonitrile ·

$$(CAz)^3Cl^3 + 3C^6H^5-COAzH^2$$
$$= (CAzOH)^3 + 3C^6H^5.CAz + 3HCl$$

[A. Senier, *D. chem. G.*, **19**, 310].

En faisant agir le chlorure cyanurique (1 molécule) sur l'α-naphtylamine (2 molécules) en solution éthérée, on voit se produire un dépôt de chlorhydrate d'α-naphtylamine; la solution éthérée abandonne par évaporation de belles aiguilles incolores, fondant à 149°, de *chlorure-α-naphtylamidocyanurique* :

$$(CAz)^3Cl^2(AzH.C^{10}H^7).$$

Si on verse goutte à goutte une solution éthérée de naphtylamine dans une solution éthérée de chlorure cyanurique, on obtient le *chlorure di-α-naphtylamido-cyanurique*,

$$(CAz)^3Cl(AzH.C^{10}H^7)^2,$$

fusible à 215° et moins soluble dans l'alcool que le précédent.

En faisant agir un excès de naphtylamine à 100° sur les deux composés précédents, on obtient l'*α-trinaphtylmélamine*,

$$(CAz)^3(AzH.C^{10}H^7)^3,$$

qui cristallise de ses solutions chloroformiques en aiguilles fusibles à 223° [H. Fries, *D. chem. G.*, **19**, 242].

On obtient des composés analogues en faisant agir le chlorure cyanurique sur la β-naphtylamine :

Le premier fond à 154°, le second à 178° et le troisième à 209°.

En opérant avec la crésylène-diamine on obtient de même :

1° Le *chlorure toluidyl-cyanurique*,

$$(CAz)^3Cl^2(AzH.C^7H^6.AzH^2),$$

qui se décompose sans fondre;

2° Le *chlorure ditoluidyl-cyanurique*,

$$(CAz)^3Cl(AzH.C^7H^6.AzH^2)^2,$$

se décomposant à 172°;

3° La *toluidylmélamine*,

$$(CAz)^3(AzH.C^7H^6.AzH^2)^3.$$

La phénylhydrazine donne avec le chlorure cyanurique des composés analogues [H. Fries, *D. chem. G.*, **19**, 2055].

BROMURE DE CYANOGÈNE, CAzBr. — M. Mulder [*Rec. P.-B.*, **4**, 151], en étudiant les propriétés physiques du bromure de cyanogène, a trouvé constamment son point de fusion situé à + 52° et attribue à des impuretés les points de fusion variant de + 4 à + 40° précédemment indiqués (voyez Dict., **1**, 1081); il conteste de même l'existence probable de plusieurs bromures de cyanogène isomériques.

Pour le point d'ébullition du bromure de cyanogène, il a trouvé 61°,3 sous la pression de 750 millimètres, soit une différence de 9°,3 seulement entre son point de fusion et son point d'ébullition.

Le bromure de cyanogène (point de fusion 52°), mélangé à du cyanurate d'éthyle (point de fusion 29°), donne un produit d'addition liquide à la température ordinaire, se solidifiant à 8-10° en une masse cristalline et ayant pour composition

$$(C\,Az\,O\,C^3H^5)^3(C\,Az\,Br)^2.$$

Exposé à l'air, il se dissocie peu à peu, par suite de l'évaporation du bromure de cyanogène.

Un autre produit d'addition, également liquide, mais encore moins stable, répond à la formule $(C\,Az\,O\,C^2H^5)^3\,C\,Az\,Br$.

Chauffé avec de l'alcool éthylique en tubes scellés à 80°, le bromure de cyanogène donne de l'acide carbonique, du bromure d'ammonium, de l'uréthane et du bromure d'éthyle :

$$C\,Az\,Br + C^2H^5\,O\,H = Br\,H + C\,Az\,O\,C^3H^5,$$
$$Br\,H + C^2H^5\,O\,H = H^2O + C^2H^5\,Br,$$
$$C\,Az\,O\,C^2H^5 + H^2O = Az\,H^2 - C\,O^2\,C^2H^5,$$
$$C\,Az\,Br + 2\,H^2O = Az\,H^4\,Br + C\,O^2.$$

En outre, le produit de la réaction évaporé abandonne un corps cristallin que l'eau décompose en deux produits nouveaux, l'un cristallisable, soluble dans l'eau, fusible à 121-122°, répondant à la composition $C^8H^{16}Az^2Br^2O^4$, l'autre insoluble dans l'eau, peu soluble dans l'alcool même bouillant, se décomposant sans fondre à 270° et répondant à la formule $C^7H^{14}Az^2O^4$ [E. Mulder, *Rec. P.-B.*, **5**, 65].

Produits de polymérisation du bromure de cyanogène. — Le bromure de cyanogène en présence de l'éther ne se polymérise pas lorsqu'il est pur, même si on le chauffe sous pression. En le chauffant tout seul en tube scellé à 130-135°, on obtient une masse brune amorphe, répondant à la composition $(C\,Az)^n$; en chauffant pendant longtemps à 135°, on obtient une petite quantité d'un polymère incolore, cristallisé, ne fondant pas à 200° et se sublimant un peu au-dessus de cette température.

A la température ordinaire, le bromure de cyanogène se polymérise en présence d'un peu de brome : le produit polymérisé est amorphe, jaunâtre et se décompose au contact de l'eau en brome, acide carbonique et acide cyanurique. Il répondrait à la formule $(C^3Az^3Br^3 . Br\,C\,Az)$ [E. Mulder, *Rec. P.-B.*, **5**, 84].

M. J. Ponomareff a obtenu un polymère du bromure de cyanogène en traitant le cyanure d'argent par le brome en solution éthérée : il attribue sa formation à la présence de l'acide bromhydrique, et a obtenu en effet le même corps en faisant passer un courant d'acide bromhydrique dans une solution éthérée de bromure de cyanogène ; en même temps il se forme un produit huileux, que sa solubilité dans l'eau et dans le chloroforme permet de séparer facilement.

Le brome agissant sur une solution éthérée l'acide cyanhydrique donne naissance au même polymère, en même temps qu'à du bromhydrate l'acide cyanhydrique $H\,Cy . H\,Br$.

L'auteur attribue à ce polymère la formule $C\,Az)^3\,Br^3$; il est cristallin, d'un aspect semblable au chlorure cyanurique, infusible, volatil et est décomposé par l'eau.

Chauffé avec de l'alcool, il donne du bromure l'éthyle et de l'acide cyanurique.

Chauffé avec de l'acide acétique cristallisable à 40-150°, il donne du bromure d'acétyle et de l'acide cyanurique [J. Ponomareff, *D. chem. G.*, **8**, 3261].

IODURE DE CYANOGÈNE. — L'iodure de cyanogène, réagissant sur le zinc-éthyle en solution, fournit du cyanure de zinc et de l'iodure d'éthyle :

$$2\,C\,Az\,I + Zn\,(C^2H^5)^2 = 2\,C^2H^5\,I + Zn\,(C\,Az)^2.$$

A chaud, et au bout de quelque temps, ce mélange fournit de l'éthylcarbylamine.

De même, avec le mercure-éthyle en solution éthérée, à 50°, l'iodure de cyanogène fournit du cyanure de mercure, et à 110° de l'iodure mercurique et de l'éthylcarbylamine.

L'aluminium-éthyle, au contraire, traité par l'iodure de cyanogène, ne donne que de l'iodure d'aluminium et du propionitrile (cyanure d'éthyle) à l'exclusion de carbylamine [G. Calmels, *C. R.*, **99**, 239].

L'iodure de cyanogène, de même que le bromure de cyanogène et les polymères de ce dernier, en agissant sur le méthylate ou l'éthylate de sodium, donnent naissance aux cyanurates d'éthyle et de méthyle [Ponomareff, *Bull. Soc. Chim.*, (2), **41**, 315].

En soumettant le chlorure de cyanogène solide à un contact prolongé avec une solution d'acide iodhydrique à 60 0/0, on obtient de l'iodure de cyanogène polymérisé Cy^3I^3, poudre brun foncé, insoluble dans tous les dissolvants. Cet iodure est déjà décomposé à 125° par l'eau en acide iodhydrique et acide cyanurique.

Soumis à la sublimation, il donne de petites quantités de chloro-iodure de cyanogène, $Cy^3\,Cl\,I^2$.

Entre 200-300°, l'iodure de cyanogène Cy^3I^3 se décompose nettement en iode et paracyanogène [P. Claesson, *D. chem. G.*, **18**, 497].

SULFURES DE CYANOGÈNE. — 1° *Sulfure de cyanogène*, $(C\,Az)^2\,S$. — Ce composé se prépare en versant sur du sulfocyanate d'argent une solution éthérée d'iodure de cyanogène, évaporant à sec et reprenant le résidu par le sulfure de carbone :

$$C\,Az\,S\,Ag + C\,Az\,I = Ag\,I + (C\,Az)^2\,S,$$

ou bien en traitant le cyanure de mercure par le chlorure de soufre.

Il cristallise en tables rhomboïdales, fondant à 60° et se sublimant déjà à partir de 30-40°.

Son odeur rappelle celle de l'iodure de cyanogène. Il est très soluble dans l'eau, l'éther, le sulfure de carbone et surtout dans le chloroforme et dans le benzène.

L'acide sulfurique concentré le dissout sans l'altérer ; l'acide chlorhydrique le décompose facilement.

Avec l'iodure de potassium, il donne un précipité d'iode et avec le cyanure de potassium un dégagement d'acide cyanhydrique.

La potasse alcoolique le transforme en cyanate et sulfocyanate de potassium :

$$(C\,Az)^2\,S + 2\,K\,O\,H = C\,Az\,S\,K + C\,Az\,O\,K + H^2O.$$

L'hydrogène sulfuré, le sulfure de potassium et l'hydrogène naissant le transforment en acide cyanhydrique et acide sulfocyanique.

Sa solution éthérée, traitée par le gaz ammoniac sec, laisse déposer un précipité cristallin d'un produit d'addition $(C\,Az)^2\,S\,(Az\,H^3)^2$, fondant à 94°, soluble dans l'alcool, insoluble dans l'éther, décomposé par l'eau [Linnemann, *Ann. Chem.*, **120**, 36].

2° *Bisulfure et trisulfure de cyanogène.* — Lorsqu'on introduit du cyanure d'argent dans une solution à 1/12 de chlorure de soufre dans le sulfure de carbone, on voit se produire une réaction très vive : au bout de quelque temps de contact, à une température qui ne doit pas être inférieure à 30°, on filtre chaud pour séparer le chlorure d'argent, et le liquide clair abandonne par refroidissement des cristaux blancs, soyeux, très abondants, qu'on essore rapidement. Ils possèdent une odeur pénétrante et se colorent bientôt en jaune.

Ce corps est constitué par un mélange de monosulfure de cyanogène Cy^2S et d'un trisulfure Cy^2S^3 ou Cy^6S^9, qu'on peut séparer par sublimation ménagée : le premier Cy^2S, en effet, se sublime facilement à une température relativement basse, et se condense en tables rhomboïdales jouissant des propriétés indiquées par M. Linnemann pour le monosulfure.

Le résidu non volatil est une poudre cristalline, jaune foncé, insoluble dans le sulfure de carbone.

La transformation du produit primitif, incolore et soluble dans le sulfure de carbone, en la modification insoluble, a lieu brusquement lorsqu'on chauffe. L'auteur admet que, dans cette préparation, il s'est tout d'abord formé du disulfure de cyanogène, qui s'est dédoublé ultérieurement en monosulfure et trisulfure.

Le trisulfure de cyanogène est absolument insoluble dans l'eau, l'alcool, l'éther, le sulfure de carbone et le chloroforme. L'acide chlorhydrique bouillant ne l'attaque pas.

L'acide azotique concentré et l'eau régale le transforment en oxyde de carbone et acide sulfurique.

L'acide sulfurique concentré le dissout sans altération. Chauffé avec du potassium, il donne du sulfure et du sulfocyanate de potassium.

La potasse concentrée et bouillante le décompose : la solution alcaline filtrée, traitée par un acide, laisse déposer un précipité floconneux d'un produit non encore étudié.

Par distillation sèche, il donne du sulfure de carbone, du soufre et une poudre jaune ne renfermant plus de soufre, répondant à la formule C^9Az^{12} et qui, à plus haute température, se décompose en cyanogène et azote. Ce composé C^9Az^{12}, ainsi que l'a démontré M. E. von Meyer [*J. prakt. Chem.*, (2), **32**, 210], n'est autre que l'*amide cyanurique*, car, chauffé à 170-180° avec de l'acide chlorhydrique concentré, il se dédouble en ammoniaque et acide cyanurique [R. Schneider, *J. prakt. Chem.*, (2), **32**, 187]. A. Held.

CYANOTRICHITE (Min.). — Voyez LETTSOMITE, Dict., **2**, 215.

CYANURIQUE (ACIDE). — Cet acide se produit libre lorsque l'on fait agir le chlorure cyanurique $(CyCl)^3$ sur les alcools méthylique, éthylique, amylique et sur le phénol [Claesson, *D. chem. G.*, **18**, *Ref*, 497]. Il se forme en même temps un chlorure alcoolique ou du benzène chloré.

L'acide cyanurique prend également naissance par l'action de l'acide chlorhydrique concentré sur les mellamines simples et substituées. Les amidobases sulfurées $(CAz)^3(SCH^3)^9AzH^2$, etc., obtenues en traitant le sulfocyanurate de méthyle par l'ammoniaque ou par les amines, en fournissent également sous la même influence. La réaction s'effectue par ébullition prolongée ou en tubes scellés. La température nécessaire pour atteindre la décomposition totale varie pour les différents composés [Hofmann, *D. chem. G.*, **18**, 2755].

On obtient encore l'acide cyanurique dans la distillation de quelques uréthanes (celles du bornéol, du menthol et de l'alcool caprylique extrait de l'huile de ricin) [Haller, *C. R.*, **92**, 1513; **94**, 869. — Arth, *C. R.*, **94**, 872; **102**, 977].

M. L. Scholvien a fait voir qu'il s'en produit aussi dans la décomposition de l'acide fulminique en solution éthérée [*J. prakt. Chem.*, (2), **32**, 461].

Préparation. — D'après MM. Merz et Weith [*D. chem. G.*, **16**, 2894], Gattermann et Rosolymo [*ibid.*, **23**, 1192], on commence par préparer le bromure cyanurique $(CyBr)^3$, en chauffant en tubes scellés, pendant 5 heures, à 220°, 1 partie de prussiate rouge avec 6 parties de brome. Après refroidissement, on décante le brome restant aussi complètement que possible, on lave le bromure

solide avec un peu d'eau et on le chauffe avec de l'eau à 120-130°. L'acide cyanurique se trouve cristallisé dans les tubes; pour l'obtenir pur, il suffit de le soumettre à une nouvelle cristallisation.

Synthèse. — On chauffe un mélange intime de 1 gramme d'uréthane avec une égale quantité de biuret. A 130°, il se produit une effervescence due au dégagement de gaz ammoniac et de vapeurs d'alcool. Pour achever la réaction, la température est poussée à 160-170°. Après 1 ou 2 heures, la matière est reprise par l'eau, qui laisse déposer par refroidissement l'acide cyanurique :

$$C^2O^2 . Az^3H^5 + AzH^2 - CO^2C^2H^5$$
$$= C^3O^3Az^3H^3 + C^2H^6O + AzH^3.$$

On peut aussi chauffer le biuret avec du cyanate de potassium récemment préparé. Le mélange intime entre subitement en réaction vers 130° en produisant un fort dégagement d'ammoniaque. La masse solidifiée cède à l'eau bouillante du cyanurate monopotassique, qui cristallise en aiguilles blanches et brillantes

$$C^2O^2Az^3H^5 + COAzK = C^3O^3Az^3H^2K + AzH^3$$

[Bamberger, *D. chem. G.*, **23**, 1856].

En faisant réagir l'urée sur l'hexabromacétone, M. Herzig avait annoncé la formation de deux acides cyanuriques différents entre eux et isomériques avec l'acide ordinaire. Il désignait ces acides par α et β (voyez Supplément, **1**, 602). L'étude de ces composés a été reprise par M. A. Senier, qui a purifié avec soin les produits de la réaction de M. Herzig pour comparer les propriétés des acides obtenus. Le résultat de ces recherches a été de faire disparaître toutes les différences primitivement observées et de démontrer que les acides α et β sont identiques entre eux et avec l'acide ordinaire. Pour l'acide α, M. Herzig avait déjà reconnu qu'il est impossible de le convertir en sel de baryum sans régénérer l'acide ordinaire; ce fait est facile à expliquer si l'on admet que la formation du sel élimine des impuretés qui modifiaient les propriétés de l'acide primitif. Des cristallisations répétées dans l'eau chaude suffisent pour donner peu à peu à l'acide β les propriétés de l'acide ordinaire [*D. chem. G.*, **19**, 1646 et 2022].

CYANURATES MÉTALLIQUES. — *Cyanurate dibarytique*, $C^3Az^3O^3BaH$. — Il cristallise avec 4 molécules d'eau, et non 3, comme l'avait dit Wöhler [Ponomarew, *D. chem. G.*, **18**, 3269].

Cyanurate de cadmium et d'ammonium,

$$(C^3Az^3O^3)^2H^2Cd(AzH^4)^2.$$

— Ce sel se dépose en petits cristaux incolores et anhydres lorsqu'on verse une solution de sulfate de cadmium, additionnée d'un excès d'ammoniaque, dans une solution ammoniacale chaude d'acide cyanurique.

Cyanurate monocobalteux

$$(C^3Az^3O^3)^2H^4Co, 6H^2O.$$

— On le prépare en introduisant du carbonate de cobalt dans une solution tiède d'acide cyanurique, tant qu'il y a effervescence. La liqueur rose, filtrée et abandonnée à la cristallisation, laisse déposer, après quelques jours, des lamelles rouges du sel hydraté, qui perd son eau à 100° en devenant bleu foncé.

Cyanurate de cuivre neutre,

$$(C^3Az^3O^3)^2Cu^3, 1,5H^2O.$$

— Lorsque l'on mélange des solutions assez étendues et froides de sulfate de cuivre et de cyanurate suracide de magnésium, il se produit un abondant précipité vert; les eaux mères laissent ensuite déposer des aiguilles bleu clair, puis de petits cristaux bleu foncé, ces deux derniers corps en fort petite quantité, et enfin de l'acide cyanurique. Le précipité vert est le cyanurate neutre hydraté.

Cyanurate dicuivrique, $C^3 Az^3 O^3 H Cu, 3 H^2 O$.
— Précipité bleu-gris, qui prend naissance par addition de la quantité théorique de sulfate de cuivre à du cyanurate monosodique. La liqueur reste bleue.

Cyanurate de cuivre basique,

$$C^3 Az^3 O^3 (CuOH)^3, 3 H^2 O$$

— On l'obtient en faisant bouillir le sel ammoniacal $(C^3 Az^3 O^3)^2 H^2 Cu (Az H^4)^2$ avec de l'eau jusqu'à ce que le dépôt soit devenu uniformément vert. L'ammoniaque se dégage et la liqueur renferme de l'acide cyanurique qui cristallise. Le même sel se forme si l'on introduit de l'hydrate cuivrique fraîchement précipité dans une solution bouillante d'acide cyanurique.

Cyanurates de cuivre ammoniacaux. — Par le mélange de solutions de cyanurate d'ammonium et de sulfate de cuivre ammoniacal, quel que soit le rapport de ces deux sels, on obtient toujours le composé $(C^3 Az^3 O^3)^2 H^2 Cu (Az H^4)^2$, en cristaux violets fleur de pêcher plus ou moins foncé suivant la rapidité du dépôt. Fait-on bouillir ce premier composé avec de l'ammoniaque étendue, il se dissout, et après quelques jours on obtient une cristallisation de petites aiguilles violettes du sel $(C^3 Az^3 O^3)^2 H Cu (Az H^4)^3$. La liqueur ne renferme plus de cuivre.

L'ammoniaque concentrée versée à froid sur le premier sel violet le convertit en une belle poudre bleu foncé dont la composition est

$$(C^3 Az^3 O^3)^2 Cu (Az H^4)^4.$$

Ce dernier sel est très instable : il perd 1 molécule d'ammoniaque au contact de l'air.

Le composé $(C^3 Az^3 O^3)^2 H^3 (Az H^4) Cu$ n'a pu être préparé.

En faisant bouillir dans une atmosphère ammoniacale du carbonate de cuivre fraîchement précipité avec de l'acide cyanurique dissous, on obtenu un sel répondant à la formule

$$(C^3 Az^3 O^3)^2 H^4 Cu . C^3 Az^3 O^3 H^2 (Az H^4), H^2 O.$$

Cyanurate dicuivrique–diammonié,

$$C^3 Az^3 O^3 H Cu . 2 Az H^3.$$

— Sel violet foncé, obtenu en traitant le cyanurate tricuivrique par l'ammoniaque concentrée. La solution bleu foncé renferme de l'oxyde de cuivre.

Cyanurate suracide de magnésium,

$$(C^3 Az^3 O^3)^2 H^4 Mg . C^3 H^3 Az^3 O^3 , 3 H^2 O.$$

— Obtenu en ajoutant du carbonate de magnésium à une solution bouillante d'acide cyanurique, il cristallise par refroidissement en petites aiguilles incolores.

Cyanurate suracide de manganèse. — Préparé comme le précédent. Masse cristalline confuse, presque incolore, anhydre.

Cyanurate suracide de nickel,

$$(C^3 Az^3 O^3)^2 H^4 Ni . (C^3 H^3 Az^3 O^3)^2 , 8 H^2 O.$$

— Belles lamelles vert tendre, perdant leur eau à 100°. [Pour tous ces sels voyez Claus et Putensen, *J. prakt. Chem.*, (2), **38**, 208.]

Cyanurate triplombique,

$$(C^3 Az^3 O^3)^2 Pb^3 , 2 H^2 O.$$

— On l'obtient en aiguilles soyeuses en précipitant le sel monopotassique par l'azotate de plomb.

Cyanurate monopotassique,

$$C^3 Az^3 O^3 H^2 K, H^2 O.$$

— Petites aiguilles peu solubles.

Cyanurate dipotassique, $C^3 Az^3 O^3 H K^2, H^2 O$.
— Cristaux prismatiques brillants, solubles dans l'eau, obtenus en dissolvant de l'acide cyanurique dans une solution de potasse concentrée et évaporant.

Cyanurate monosodique, $C^3 Az^3 O^3 H^2 Na, H^2 O$.
— Précipité cristallin, semblable au sel de potassium et perdant facilement son eau de cristallisation. Il se produit lorsqu'on dirige un courant d'acide carbonique dans la solution du sel disodique.

Cyanurate disodique, $C^3 Az^3 O^3 H Na^2, H^2 O$. — Il a été obtenu par Hofmann; sa solution aqueuse le laisse déposer par évaporation en prismes brillants [Ponomarew, *loc. cit.*].

Cyanurate dizincique diammonié,

$$C^3 Az^3 O^3 H Zn . 2 Az H^3.$$

— Il se dépose en beaux cristaux brillants après le mélange de solutions ammoniacales chaudes de sulfate de zinc et d'acide cyanurique. Si aux eaux mères de ce sel, qui renferment encore du zinc, on ajoute de nouveau de l'acide cyanurique ammoniacal, on voit apparaître une cristallisation filiforme du sel

$$(C^3 Az^3 O^3)^2 H^2 Zn (Az H^4)^2$$

[Claus et Putensen, *loc. cit.*].

CYANURATES ORGANIQUES [Claus et Putensen, *loc. cit.*, 225].

Cyanurate de tétraméthylammonium,

$$C^3 Az^3 O^3 H^2 . Az (C H^3)^4 , H^2 O.$$

— L'acide cyanurique et l'oxyde de tétraméthylammonium, mélangés en n'importe quelle proportion, fournissent toujours ce sel par évaporation de la dissolution; lorsque la base est en excès, on la retrouve dans les eaux mères. Ce sel cristallise en prismes incolores, brillants et transparents, qui perdent leur eau au-dessus de l'acide sulfurique. La chaleur en dégage de la triméthylamine.

Cyanurate de quinoléine,

$$C^3 H^3 Az^3 O^3 (C^9 H^7 Az)^3.$$

— Lorsqu'on ajoute de la quinoléine à une solution aqueuse d'acide cyanurique, elle se volatilise complètement pendant l'évaporation. Le sel a été obtenu en mélangeant un excès de quinoléine à du cyanurate de sodium, tous deux dissous dans l'alcool faible; il se dépose, dans le vide, en cristaux incolores, facilement combustibles sans résidu, avec une flamme fuligineuse.

Cyanurate de caféine,

$$C^3 Az^3 O^3 H^3 . C^8 H^{10} Az^4 O^2 , 4 H^2 O.$$

— Ce sel cristallise en petits prismes incolores, décomposables par la chaleur, très solubles dans l'eau et dans l'alcool.

Sel acide, $(C^3 Az^3 O^3 H^3)^2 . C^8 H^{10} Az^4 O^2 , 8 H^2 O$.
— Fines lamelles blanches, qui se décomposent par la chaleur sans fondre. Il est facilement soluble dans l'eau et dans l'alcool.

Cyanurate de cinchonine,

$$C^3 Az^3 O^3 H^3 . C^{19} H^{22} Az^2 O , 4 H^2 O.$$

— Petits cristaux brillants, fusibles à 254° avec décomposition, presque insolubles dans l'eau et peu solubles dans l'alcool.

Sel acide, $(C^3Az^3O^3H^3)^2 . C^{19}H^{22}Az^2O$, $10H^2O$.
— Cristaux blancs, fusibles sans décompostion à 286°, plus solubles que le sel précédent.

Cyanurate de narcotine,

$$C^3Az^3O^3H^3 . C^{22}H^{23}AzO^7 , 1,5H^2O.$$

— Belles aiguilles brillantes, très peu solubles dans l'eau, un peu plus solubles dans l'alcool et fondant vers 175°.

Cyanurate de quinine

$$C^3Az^3O^3H^3 . C^{20}H^{24}Az^2O^2 , 9H^2O.$$

—Cristaux blancs, déliés, fusibles avec décomposition à 237°, assez difficilement solubles dans beaucoup d'eau chaude, plus solubles dans l'alcool et brûlant sur la lame de platine avec une flamme éclairante et fuligineuse.

Sel acide, $(C^3Az^3O^3H^3)^2 . C^{20}H^{24}Az^2O^2$, $7H^2O$.
— Poudre cristalline blanche, fusible à 243° en se décomposant, plus soluble dans l'alcool chaud que dans l'eau.

Cyanurate de strychnine,

$$C^3Az^3O^3H^3 . (C^{24}H^{22}Az^2O^2)^1 , H^2O.$$

— Ce sel est en petits cristaux jaunâtres, qui fondent en se décomposant à 287°; il se dissout un peu dans l'eau, mieux dans l'alcool.

Sel acide, $C^3Az^3O^3H^3 . C^{24}H^{22}Az^2O^2 , H^2O$. — Aiguilles blanches, fusibles à 295° avec décomposition, un peu solubles dans l'eau bouillante, plus solubles dans l'alcool.

Tous ces sels d'alcaloïdes ont été préparés en mélangeant des solutions alcooliques des deux éléments en proportions théoriques.

ÉTHERS CYANURIQUES. — 1° ÉTHERS NORMAUX. — On désigne ainsi ceux qui par saponification fournissent de l'acide cyanurique et des alcools. Ces éthers ont surtout été étudiés à nouveau par MM. Hofmann et Ponomarew.

Cyanurate triméthylique, $C^3Az^3(OCH^3)^3$. — Le meilleur procédé de préparation est fondé sur l'emploi du chlorure cyanurique pur, Cy^3Cl^3. On dissout 3 atomes de sodium dans de l'alcool méthylique absolu, on étend le méthylate de 10-15 fois son poids d'alcool méthylique et on ajoute avec précaution, pour éviter une réaction trop vive, 1 molécule de chlorure cyanurique. Après filtration, on évapore à température aussi basse que possible; on reprend par l'éther (non par l'eau) et on filtre. L'opération peut se faire sur 50 grammes de chlorure cyanurique; le rendement est presque théorique.

Le produit absolument pur fond à 135° (au lieu de 132° trouvé auparavant), bout à 265° et distille sans qu'il se forme de notables quantités d'éther *iso*; cependant il s'en forme un peu. Maintenu à l'ébullition, il se transforme complétement en éther *iso*, fusible à 274°. Il cristallise dans le système rhombique, en longs prismes incolores déterminés par M. A. Fock. Cet éther se dissout dans l'acide chlorhydrique concentré et froid; l'ammoniaque le reprécipite inaltéré. Par ébullition avec l'acide chlorhydrique, il fournit du chlorure de méthyle et de l'acide cyanurique. La potasse le saponifie de même, en produisant du cyanurate de potassium et de l'alcool méthylique.

Il se combine au bichlorure de mercure : le composé $C^3Az^3(OCH^3)^3 . HgCl^2$ cristallise dans l'alcool en belles aiguilles soyeuses, difficilement solubles dans l'eau et décomposables par un courant d'ammoniaque dirigé dans leur solution éthérée [Ponomarew, *D. chem. G.*, **15**, 513; **18**, 3264. — Hofmann, *ibid.*, **19**, 2061. — Claesson, *ibid.*, **18**. *Ref.*, 496].

Cyanurate diméthylique, $C^3Az^3(OCH^3)^2OH$. — Il se produit en quantités appréciables dans la préparation du précédent, surtout si l'on em-

ploie du chlorure impur. Ce composé se trouve aussi mélangé avec l'éther triméthylique dans la saponification de celui-ci par une quantité insuffisante d'alcali. Pour l'obtenir facilement, il vaut mieux dissoudre 2 grammes de sodium dans 15 grammes d'alcool méthylique absolu, ajouter 15 grammes d'éther triméthylique et chauffer pendant 1 heure et demie en tubes scellés à 100°. On trouve après refroidissement une masse solide feutrée, formée par les cristaux très fins du sel de sodium,

$$C^3Az^3(OCH^3)^2ONa,$$

que l'on fait cristalliser dans l'alcool méthylique et qu'on décompose par l'acide acétique. On peut aussi le préparer par l'ébullition de l'éther triméthylique avec de l'eau de baryte ou par l'action du méthylate de sodium sur l'éther triméthyl-sulfocyanurique, plus facile à obtenir que l'éther oxygéné correspondant.

L'acide acétique précipite ce composé de son sel de sodium, en petites lamelles hexagonales allongées dont les angles paraissent souvent arrondis. Il cristallise dans l'alcool et dans l'eau; l'éther ne le dissout pas; il est facilement soluble dans l'ammoniaque même étendue; les acides le précipitent inaltéré de cette solution. La solution ammoniacale, évaporée avec du sulfate de cuivre, donne un sel rose correspondant à celui de l'acide cyanurique, mais moins beau. Le sel de sodium et celui d'ammonium dissous fournissent avec l'azotate d'argent un précipité gélatineux qu'on n'a pu étudier.

Cet éther fond entre 160 et 180°, suivant qu'on chauffe plus ou moins rapidement, et se décompose au-dessus de cette température en dégageant des gaz combustibles. Avec les alcalis, il donne de l'alcool méthylique et de l'acide cyanurique. Sous l'action de la chaleur, il se change en éther *iso* plus facilement que l'éther triméthylique; à 165-170°, au bain d'huile, il se ramollit et fond subitement quelques degrés plus haut, puis entre en ébullition avec un dégagement de chaleur considérable; on perçoit en même temps l'odeur du cyanate [Hofmann, *D. chem. G.*, **12**, 2067].

Cyanurate triéthylique, $C^3Az^3(OC^2H^5)^3$. — Il prend naissance par polymérisation du cyanate d'éthyle (Mulder) et s'obtient aussi par l'action du chlorure ou du bromure cyanurique sur l'éthylate de sodium; après l'évaporation de l'alcool, il reste une huile qui se concrète lentement et qu'on lave à l'eau. Il est plus difficile à obtenir pur que l'éther triméthylique, à cause de son point de fusion peu élevé. L'éther triméthylique, bouilli pendant un quart d'heure avec de l'éthylate de sodium, se transforme intégralement en éther triéthylique. L'éther triméthyl-sulfocyanurique se change de même en éther triéthylique et mercaptan méthylique.

Ce cyanurate cristallise en aiguilles fusibles à 29-30° (Hofmann), 29° (Mulder), 28° (Ponomarew); dans une solution aqueuse, M. Mulder a observé la formation d'aiguilles efflorescentes renfermant 12 molécules d'eau. Il bout sans altération à 270° (Hofmann), 275° (Claesson), vers 235° sous la pression de 40-50 millimètres (Mulder). Il est volatil avec la vapeur d'eau. Bouilli pendant longtemps (2 heures) au réfrigérant ascendant, il se convertit en éther *iso* fusible à 95°; cette transformation est facilitée par la présence de composés iodés.

Le cyanurate triéthylique forme aussi un composé double avec le chlorure mercurique; lorsqu'on le chauffe avec une solution étendue de ce sel, il se dissout peu à peu et donne par refroidissement de belles aiguilles soyeuses, peu solubles dans l'eau, l'alcool et l'éther, ayant pour composition $(C^3Az^3)(OC^2H^5)^3 . HgCl^2$. Un courant de gaz ammoniac dirigé dans la solution éthérée de ce sel double reproduit l'éther cyanurique [Ponomarew, *D. chem. G.*, **15**, 513 ; **18**, 3265. — Claesson, *ibid.*, **18**, *Ref.*, 496. — Hofmann, *ibid.*, **19**, 2074. — Mulder, *ibid.*, **15**, 69 ; *Rec. P.-B.*, **1**, 41, 191 ; **2**, 133 ; **3**, 287 ; **4**, 91, 147].

Cyanurate diéthylique (acide diéthylcyanurique), $C^3Az^3(OC^2H^5)^2OH$. — MM. Mulder et Ponomarew l'ont obtenu en traitant l'éther triéthylique par la potasse ou par l'eau de baryte ; après séparation de l'excès de baryte au moyen d'un courant d'acide carbonique, le sel de baryum cristallise en lamelles dans la solution concentrée. Hofmann l'a préparé en évaporant au bain-marie du cyanurate ou du sulfocyanurate de méthyle avec un peu plus d'éthylate de sodium que pour obtenir l'éther triéthylique ; le sel de sodium reste dissous et l'éther acide peut être précipité par l'acide sulfurique étendu ou par l'acide acétique.

Ce composé est soluble dans l'eau, moins soluble dans l'alcool et encore moins dans l'éther. Il cristallise dans l'eau en tables épaisses. Son point de fusion varie entre 160 et 180° (Hofmann) ; il ne fond pas à 200° (Ponomarew). La chaleur le transforme en composé *iso* avec production d'un peu d'éther triéthylique *iso* et de cyanate d'éthyle. Il se dissout facilement dans l'ammoniaque et dans la soude, même à froid ; les acides le repécipitent inaltéré. Par ébullition avec la soude ou les acides, il donne de l'acide cyanurique et de l'alcool. Le *sel d'argent* est gélatineux. Une solution de sulfate de cuivre ammoniacal produit un *sel de cuivre*, rose, plus lourd et moins beau que celui de l'acide cyanurique. D'après Mulder, ce sel ne se forme pas. Le *sel de plomb* est cristallin et soluble dans un excès d'acétate de plomb. Le *sel de baryum* se dissout assez bien dans l'eau, surtout bouillante ; il renferme 3 molécules d'eau de cristallisation, qu'il perd à 120-130°. Lorsque ce sel se forme en solution plus étendue et à la température ordinaire, on obtient un précipité volumineux formé de petites aiguilles à 12 molécules d'eau [Hofmann, *D. chem. G.*, **19**, 2077. — Ponomarew, *ibid.*, **18**, 3266. — Mulder, *Rec. P.-B.*, **4**, 91].

Cyanurate tripropylique, $C^3Az^3(OC^3H^7)^3$. — C'est une huile dense, qui se prend en une masse cristalline à 0°. Cet éther ne distille pas sans décomposition à la pression ordinaire, mais dégage beaucoup de cyanate. Sous la pression de 76 millimètres, il passe à 220° sans décomposition notable. Au réfrigérant ascendant, il donne une matière résineuse avec odeur de cyanate, en se transformant aussi en composé *iso* [Hofmann, *loc. cit.*, 2081].

Cyanurate triamylique, $C^3Az^3(OC^5H^{11})^3$. — La réaction entre le chlorure cyanurique et l'amylate de sodium dégage beaucoup de chaleur et l'huile obtenue ne peut être amenée à cristallisation ; elle ne distille pas sans décomposition (Hofmann). D'après M. Claesson, l'éther obtenu par l'alcool isoamylique est sirupeux et distille avec une faible décomposition au-dessus de 360° [Hofmann, *loc. cit.*, 2082. — Claesson, *D. chem. G.*, **18**, *Ref.*, 497].

Cyanurate triphénylique, $C^3Az^3(OC^6H^5)^3$. — On l'a préparé par l'action du chlorure cyanurique sur le phénol sodé [Hofmann et Olshausen, *D. chem. G.*, **3**, 275]. Le chlorure cyanurique et le phénol sodé réagissent aussi, en dégageant beaucoup de chaleur ; on traite le produit de la réaction par l'eau, puis par la soude pour enlever l'excès de phénol ; le résidu cristallin, lavé à l'eau, se dissout assez bien dans l'acide acétique chaud, difficilement dans l'alcool bouillant. Le cyanurate triphénylique a été obtenu également par polymérisation du cyanate de phényle. Il cristallise en aiguilles soyeuses, feutrées, fusibles à 224°. Très stable, il distille en grande partie inaltéré, avec dégagement d'un peu de cyanate de phényle, et résiste à la saponification par les alcalis et par les acides. Chauffé sous pression à 180° avec de l'acide chlorhydrique, il fournit du phénol et de l'acide cyanurique. La chaleur ne le transforme pas en éther *iso* [Claesson, *loc. cit.* — Hofmann, *loc. cit.*].

COMPOSÉS AMIDÉS. — *Cyanurate diméthylique monoamidé*, $C^3Az^3(OCH^3)^2AzH^2$. — Ce composé avait déjà été indiqué par MM. Hofmann et Olshausen comme un produit secondaire de la réaction du chlorure de cyanogène sur le méthylate de sodium. On l'obtient en abandonnant pendant quelques jours l'éther triméthylique pur avec de l'ammoniaque ; la transformation est totale et l'éther est pur après quelques cristallisations. Il est insoluble dans l'éther froid. Dissous dans l'eau bouillante, il cristallise en lamelles rhombiques, fusibles à 217-220° (on avait trouvé autrefois 212°). Ce corps se décompose par la chaleur.

On obtient un *sel d'argent*,

$$C^3Az^3(OCH^3)^2(AzH^2) . AzO^3Ag,$$

par addition de nitrate d'argent à une solution du composé amidé dans l'acide azotique étendu.

Ce cyanurate se comporte comme une base et se dissout dans l'acide chlorhydrique ; cette solution concentrée fournit avec le chlorure platinique de belles lamelles d'un sel double

$$[C^3Az^3(OCH^3)^2 . AzH^2 . HCl]^2PtCl^4$$

assez soluble dans l'eau, moins soluble dans l'alcool et dans l'éther. Le chlorure d'or fournit dans les mêmes conditions un précipité huileux qui devient bientôt cristallin.

Bouilli avec de l'acide chlorhydrique, le cyanurate amidé donne du chloroforme, de l'ammoniaque et de l'acide cyanurique. La chaleur le transforme en composé *iso*. L'action de l'ammoniaque aqueuse ou alcoolique fournit à 100° un mélange dans lequel se trouvent de la mélamine, de l'amméline et de l'ammélide [Hofmann, *D. chem. G.*, **19**, 2072].

Cyanurate diéthylique monoamidé,

$$C^3Az^3(OC^2H^5)^2(AzH^2)$$

(voyez Suppl., **1**, 602). — Ce corps a été étudié à nouveau par Hofmann [*D. chem. G.*, **19**, 2079]. La *combinaison argentique*,

$$C^3Az^3(OC^2H^5)^2(AzH^2) . AzO^3Ag,$$

s'obtient en précipitant la solution aqueuse de l'éther par le nitrate d'argent ; elle fond à 175-177°. Si l'on précipite la solution azotique de l'éther par le nitrate d'argent, on obtient un précipité devenant bientôt cristallin et fusible vers 100°, qui a pour composition

$$[C^3Az^3(OC^2H^5)^2(AzH^2)]^2 . AzO^3Ag$$

[voyez aussi Mulder, *Rec. P.-B.*, **4**, 91].

Cyanurate monoéthylique diamidé,

$$C^3Az^3(OC^2H^5)(AzH^2)^2$$

(voyez Suppl., **1**, 602). — Le *composé argentique* cristallise en fines aiguilles ; on l'obtient en solution azotique. Si à la solution chlorhydrique de cet éther on ajoute du chlorure platinique et qu'on laisse évaporer en présence d'acide sulfurique, on obtient un sel cristallisé, décomposable par l'eau, $[C^3Az^3(OC^2H^5)(AzH^2)^2 . HCl]^2PtCl^4$ [Hofmann, *loc. cit.*, 2081].

Des acides méthylamidocyanuriques, termes de passage entre la triméthylmélamine et l'acide cyanurique, se forment probablement lorsqu'on fait agir l'acide chlorhydrique sur la triméthylmélamine.

Acide diméthylamidocyanurique

$$C^3 Az^3 (Az H . C H^3)^2 (O H).$$

— Le chlorure cyanurique diméthylamidé,

$$C^3 Az^3 (Az H . C H^3)^2 Cl,$$

obtenu en faisant agir la méthylamine sur le chlorure cyanurique jusqu'à réaction alcaline permanente, échange facilement son chlore contre un oxhydryle après une courte chauffe en solution acide. L'eau produit la même substitution à 200° environ. Le chlorhydrate du nouveau produit est décomposé par l'ammoniaque, qui donne naissance à un précipité blanc, confusément cristallin, très peu soluble dans l'eau même bouillante, à laquelle il communique cependant une réaction faiblement acide. L'acide libre est aussi insoluble dans l'alcool et dans l'éther. Il supporte une température de 150° sans se modifier ; au-dessus, il se charbonne sans fondre.

Ce composé peut former des sels avec les acides et avec les bases. Le *chlorhydrate* et l'*azotate* sont cristallisables et non décomposables par l'eau. Le précipité produit par la soude dans la solution du chlorhydrate se redissout dans un excès de réactif et le *sel de sodium* cristallise, par évaporation de la solution, en prismes bien formés. Le chlorure diméthylamidé, bouilli avec une lessive de soude étendue, fournit directement ce sel. L'acide acétique étendu en précipite l'acide.

Il existe un *chloroplatinate*,

$$(C^5 H^9 Az^5 O . H Cl)^2 Pt Cl^4.$$

L'*éther méthylique*, $C^3 Az^3 (Az H . C H^3)^2 O C H^3$, s'obtient en faisant bouillir le chlorure avec du méthylate de sodium dissous dans l'alcool méthylique. Il est soluble dans l'acide chlorhydrique, d'où il est précipité par l'ammoniaque et par la soude : il cristallise en prismes dans l'eau chaude. La solution chlorhydrique fournit un *sel platinique* assez soluble. Le *chlorure* de cet éther se trouve dans les eaux mères de la préparation du chlorure diméthylamidocyanurique. En évaporant la solution, on l'obtient mélangé avec du chlorhydrate de méthylamine. Purifié par des cristallisations dans l'eau bouillante, ce chlorure cristallise en aiguilles solubles dans l'alcool et dans l'éther, fusibles à 155°, solubles dans l'acide chlorhydrique et dans l'acide azotique ; l'eau ne précipite pas ces dissolutions, qui cristallisent par évaporation ; l'ammoniaque et la soude en séparent la base inaltérée. Les acides bouillants n'enlèvent pas le chlore ; à 200°, l'eau produit de la méthylamine, de l'acide chlorhydrique, de l'acide cyanurique et de l'alcool méthylique [Hofmann, *D. chem. G.*, **18**, 2769].

Anhydride acétylcyanurique,

$$C^3 Az^3 O^3 (C^2 H^3 O)^3.$$

— On ajoute, en refroidissant et par petites portions, du cyanurate d'argent à une solution de chlorure d'acétyle dans 2 volumes d'éther absolu, on chauffe au bain-marie, puis on chasse l'éther. En reprenant par le chloroforme bouillant, on obtient un précipité cristallin, fusible à 170° avec décomposition partielle, insoluble dans l'éther, peu soluble dans le chloroforme, soluble dans l'anhydride acétique.

La chaleur le décompose avec production d'anhydride acétique. Évaporé avec de l'alcool, il laisse une poudre cristalline, probablement un mélange d'acides cyanuriques mono- et diacétylés avec de l'acide cyanurique libre. L'eau chaude le décompose suivant l'équation

$$C^3 Az^3 O^3 (C^2 H^3 O)^3 + 3 H^2 O$$
$$= C^3 Az^3 O^3 H^3 + 3 C^2 H^4 O^2$$

[Ponomarew, *D. chem. G.*, **19**, 3273].

Anhydride benzoylcyanurique,

$$C^3 Az^3 O^3 (C^7 H^5 O)^3$$

— On le prépare en chauffant en tubes scellés, pendant 8-10 heures, à 100°, les quantités théoriques de chlorure de benzoyle et de cyanurate d'argent. Il cristallise dans le chloroforme bouillant en aiguilles incolores. Le point de fusion n'est pas fixe, la chaleur décomposant le produit. L'eau le décompose aussi comme le précédent [Senier, *D. chem. G.*, **19**, 311].

En faisant agir la résorcine sur l'urée (2 parties d'urée et 1 partie de résorcine) dans une cornue où passe un courant d'azote ou de gaz carbonique, MM. Birnbaum et Lurie [*D. chem. G.*, **13**, 1619] ont obtenu à 250° un produit solide, insoluble dans l'alcool, l'éther, le sulfure de carbone, le chloroforme, le benzène et l'éther de pétrole, un peu soluble dans l'acide acétique, d'où il se dépose amorphe par refroidissement. Purifié par dissolution dans l'ammoniaque et précipitation par l'acide chlorhydrique, ce corps forme une poudre brun-olive qui ne fond qu'au-dessus du point d'ébullition du mercure en se charbonnant. Les auteurs attribuent à ce corps, sous réserve, la composition

$$C^3 Az^3 (O . C^6 H^4 . O H)^3$$
$$|$$
$$C^3 Az^3 (O . C^6 H^4 . O H)^3$$

qui en ferait un *bicyanurate de dioxyphénylène*.

2° ÉTHERS NON NORMAUX OU ISOCYANURIQUES. — Ces éthers sont caractérisés par ce fait que, chauffés avec les alcalis, ils ne fournissent pas d'acide cyanurique, mais de l'acide carbonique, de l'ammoniaque et des amines. Un assez grand nombre d'entre eux prennent naissance par l'action de la chaleur sur les éthers normaux correspondants. On sait aussi que ce sont eux que l'on obtient lorsqu'on applique à l'acide cyanurique les procédés ordinaires de l'éthérification. D'après M. Ponomarew, lorsqu'on fait réagir le cyanurate d'argent sur les iodures de méthyle et d'éthyle, c'est l'éther normal qui paraît se former le premier, pour se convertir ensuite en composé *iso*, qui représente la plus grande partie du produit ; on y trouverait en effet un mélange des deux espèces d'éthers, et la quantité d'éther normal serait d'autant plus faible que la température de la réaction aurait été plus élevée ; elle serait plus faible aussi avec les composés méthyliques, dont la transformation en *iso* est plus facile que pour les autres. Cependant Hofmann n'a pu démontrer la présence d'éther normal dans les produits de ces réactions [Ponomarew, *D. chem. G.*, **18**, 3270. — Hofmann, *ibid.*, **19**, 2095].

Les isocyanurates alcooliques se produisent aussi dans l'action de l'eau sur les mélamines imidées [Hofmann, *loc. cit.*, **18**, 2784].

Isocyanurate triméthylique, $C^3 O^3 Az^3 (C H^3)^3$. — On le prépare : 1° en chauffant l'éther normal ; 2° en distillant la méthylacétylurée.

Avec le bichlorure de mercure, il fournit un composé double $(C O)^3 (Az C H^3)^3 . Hg Cl^2$, en longs cristaux prismatiques difficilement solubles. Cette réaction n'est donc pas caractéristique pour l'éther normal, comme le croyait M. Ponomarew, et ne peut servir à séparer les deux isomères [Hofmann, *D. chem. G.*, **14**, 2728 ; **19**, 2092].

Isocyanurate triméthylique chloré,

$$(CO)^3(AzCH^2Cl)^3.$$

— Ce composé a été obtenu en faisant agir le perchlorure de phosphore sur l'isocyanurate triméthylique en tubes scellés, pendant 6-8 heures, à 220-230°. Les cristaux, lavés à l'eau et cristallisés plusieurs fois dans l'alcool, fondent à 184°; ils se dissolvent dans l'éther, l'acide acétique cristallisable, le chloroforme, le benzène et le nitrobenzène; l'eau et la ligroïne n'en prennent que très peu. Il bout sans décomposition bien au-dessus de 300°.

On n'a pas réussi à remplacer le chlore par des radicaux monovalents. Chauffé en tubes scellés avec de l'eau à 100°, il se décompose :

$$(COAz \cdot CH^2Cl)^3 + 3H^2O$$
$$= 3HCl + 3CH^2O + (CAzOH)^3.$$

Avec l'ammoniaque à 100° en tubes scellés, donne du chlorure d'ammonium, de l'acide cyanurique et le chlorhydrate d'une base dont le chloraurate est peu soluble. Avec l'aniline, on n'a obtenu que des produits résineux.

Isocyanurate diméthylique,

$$(CO)^3Az^3H(CH^3)^2.$$

— Cet éther prend naissance : 1° par l'action de la chaleur sur l'éther diméthylique normal, qui se transforme au bain d'huile, à quelques degrés au-dessus de 170°, avec un dégagement de chaleur considérable; on trouve en même temps un peu d'isocyanurate triméthylique; 2° pendant la distillation de la méthylacétylurée; on le sépare de l'éther triméthylique au moyen des alcalis, qui n'enlèvent que peu du composé neutre, puis on transforme en sel d'argent cristallisé; 3° par réaction de l'iodure de méthyle sur le cyanurate d'argent; 4° dans l'oxydation de l'isocyanurate triméthylique par les oxydants énergiques; 5° par la distillation lente de la monométhylurée. Il se dégage beaucoup d'ammoniaque et de méthylamine et il distille un liquide épais qui se solidifie dans le récipient et dans le col de la cornue; on chauffe jusqu'à ce qu'un essai pris dans la cornue se solidifie également. La purification s'effectue par des cristallisations répétées dans l'alcool.

Cet éther fond à 222°. Il cristallise dans l'eau en tablettes minces, clinorhombiques, aplaties suivant la base et allongées dans le sens de la diagonale; les axes optiques sont dans le plan de symétrie.

Les *sels* paraissent en général peu stables. Celui *d'argent*, $C^3Az^3(CH^3)^2O^3Ag$, $1,5H^2O$, est peu soluble et cristallise bien; il se produit facilement par précipitation du sel ammoniacal au moyen de l'azotate d'argent; on peut le faire cristalliser dans l'eau bouillante. Ce sel perd son eau à 120°. Le *sel de cuivre* est violet et cristallisé; par ébullition avec l'eau, il se change en une poudre cristalline verte [Hofmann . *loc. cit.*, **14**, 2728 et **19**, 2069].

Isocyanurate triéthylique, $(CO)^3Az^3(C^2H^5)^3$.
— Il se produit lorsque l'on fait agir l'éthylsulfate de potassium sur le cyanurate de sodium neutre, à 160° [Ponomarew, *D. chem. G.*, **18**, 3270]; dans l'action du cyanurate dipotassique sur l'iodure d'éthyle [*ibid.*]; en chauffant un mélange de cyanate de potassium et d'éther chloroxycarbonique en vase clos à 200° [Wurtz et Henninger, *C. R.*, **100**, 1420].

Isocyanurate diéthylique (acide diéthylisocyanurique) (voyez Dict., **1**, 1127). — Il prend naissance dans l'action des cyanurates alcalins

monométalliques sur l'iodure d'éthyle :

$$2(C^3Az^3O^3KH^2) + 2C^2H^5I$$
$$= C^3Az^3O^3H(C^2H^5)^2 + C^3Az^3O^3H^3 + 2KI.$$

Le *sel de baryum* cristallise avec 1 molécule d'eau; bouilli avec un excès de baryte, il se décompose en acide carbonique, ammoniaque et éthylamine.

Isocyanurate triphénylique. — Hofmann l'a préparé en faisant bouillir la triphénylmélamide avec de l'acide chlorhydrique, et en chauffant à 100° pendant 3 heures un mélange de 1 partie d'acétate de potassium et de 5 parties d'isocyanate de phényle. Le composé, lavé à l'eau et cristallisé dans l'alcool, se présente en belles aiguilles fusibles à 270° (non 264°); il est insoluble dans l'eau, difficilement soluble dans l'alcool froid, plus soluble dans l'alcool chaud et dans l'éther [Hofmann. *D. chem. G.*, **3**, 268; **18**, 765].

M. W. Frentzel a étendu la polymérisation des isocyanates à la préparation de quelques isocyanurates aromatiques. Les composés qu'il a obtenus ainsi sont les suivants :

L'*isocyanurate de p-crésyle*, $(COAzC^7H^7)^3$, obtenu en faisant agir pendant 5 heures au bain-marie 1 partie d'acétate de potassium sec sur 5 parties de l'isocyanate correspondant, cristallise dans l'alcool en belles aiguilles blanches, qui fondent sans décomposition à 265°.

L'acétate de potassium et la triéthylphosphine [Neville et Winter, *D. chem. G.*, **12**, 2324] fournissent avec le cyanate d'o-crésyle un dérivé analogue; la transformation est facile à l'aide du premier réactif, lente et incomplète avec le second qui laisse toujours de l'isocyanate dont il faut se débarrasser en faisant bouillir le produit avec de l'alcool. On convertit ainsi l'isocyanate restant en dicrésylurée peu soluble, après quoi l'isocyanurate cristallise si l'on concentre fortement la solution. La pyridine est sans action.

L'*isocyanurate d'o-crésyle* fond à 168° et forme des cristaux qui au microscope présentent l'aspect d'enveloppes de lettres. Ce composé est bien un cyanurate et non un bicyanate, quoique produit par la triéthylphosphine, car il ne se décompose pas en fondant comme le font les éthers bicyaniques et n'est pas modifié par l'alcool absolu, même après une ébullition de 20 heures. L'ammoniaque alcoolique est également sans action sur lui.

Isocyanurate de pseudocumyle. — Le cyanate de pseudocumyle est transformé lentement en isocyanurate par la triéthylphosphine et par l'acétate de potassium. Le produit cristallise dans l'alcool en larges aiguilles, fusibles à 234° sans décomposition et n'est pas modifié par ébullition avec l'alcool absolu.

L'*isocyanurate de xylyle* (1.3.4) prend naissance sous l'action de l'acétate de potassium, si l'on chauffe le mélange pendant 8 jours. La phosphine ne donne pas de résultat. Les cristaux examinés au microscope ont l'apparence de cubes bien formés; ils fondent à 162° et se dissolvent facilement dans l'alcool, l'éther, le benzène et le chloroforme. L'alcool bouillant ne les altère pas [W. Frentzel, *Thèse de Berlin*, 1888, 17, 18, 21, 23].

APPENDICE AUX ÉTHERS CYANURIQUES. — En chauffant pendant plusieurs jours au bain-marie, et en évitant l'accès de l'air humide, un mélange de cyanate de potassium finement pulvérisé et d'éther chloroxycarbonique, Wurtz et Henninger ont obtenu une série de produits qui peuvent être considérés comme des dérivés cyanuriques. La réaction donne ordinairement naissance à plusieurs composés, que l'on peut séparer par des dissolvants appropriés ; elle dégage en même temps de l'acide carbonique, un peu d'oxyde de carbone et du chlorure d'éthyle.

Cyanurate tricarboxéthylique, $C^{12}H^{15}Az^3O^9$. — Il cristallise en belles lames rhombiques incolores, fusibles à 118-119°, peu solubles dans l'alcool froid et dans l'eau, très solubles dans l'alcool bouillant et dans l'éther, assez solubles dans le chloroforme. A 100° avec de l'eau, ce composé donne de l'acide carbonique et de l'éther cyanurique ·

$$3\left(Az\lessgtr{}^{CO}_{CO\,.\,OC^2H^5}\right) = 3\,CO^2 + \left(Az\lessgtr{}^{CO}_{C^2H^5}\right)^3.$$

Cyanurate éthyldicarboxéthylique,

$$C^3O^3Az^3(C^2H^5)(CO^2C^2H^5)^2.$$

— Il cristallise en formes plus compactes que le précédent et fond à 123°. Distillé, il perd 2 molécules d'acide carbonique et se convertit en éther cyanurique.

Cyanurate diéthylcarboxéthylique,

$$C^3O^3Az^3(C^2H^5)^2(CO^2C^2H^5).$$

— Ce produit cristallise en aiguilles enchevêtrées ou groupées en sphères ; à l'état sec, il forme une masse cotonneuse. Il fond à 107°. Par la chaleur, il perd 1 molécule d'acide carbonique avec formation d'éther cyanurique.

Lorsque dans la séparation de ces produits on emploie de l'éther aqueux, on obtient également de la carboxéthyluréthane [Wurtz et Henninger, *C. R.*, **100**, 1419 ; *Ann. Chim. Phys.*, (6), **7**, 128].

CONSTITUTION DE L'ACIDE CYANURIQUE. — C'est l'étude de cette question qui a motivé les principaux travaux sur les dérivés cyanuriques. On peut en effet concevoir deux formules pour cet acide :

$$\left(C\lessgtr{}^{OH}_{Az}\right)^3\quad ou$$

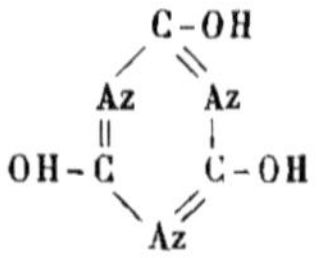

$$\left(C\lessgtr{}^{O}_{AzH}\right)^3\quad ou$$

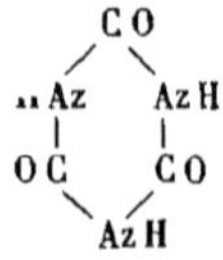

La question serait résolue si l'on pouvait préparer les éthers *normaux* par les procédés ordinaires d'éthérification ; mais le résultat de ces réactions ne se compose jamais que de produits *iso* (sauf dans une communication de M. Ponomarew, qui n'a pas été confirmée depuis). On est donc en présence d'un acide qui ne fournit que des éthers *iso* et qui cependant prend naissance dans la saponification des éthers *normaux*. Quelle que soit la formule adoptée, on est obligé d'admettre une transposition moléculaire.

Les partisans de la structure imidée invoquent principalement à l'appui de leur opinion :

1° La formation de l'acide cyanurique en partant des cyanates et la transformation de l'acide cyanurique en acide cyanique par distillation ;

2° La préparation directe des éthers *iso* ;

3° La production de l'acide cyanurique en partant de l'urée ou des composés dans lesquels il existe un groupe

$$C\lessgtr{}^{O}_{Az}$$

4° La décomposition de l'isocyanurate triméthylique chloré, qui avec l'eau ou l'ammoniaque à 100° donne de l'acide cyanurique ordinaire.

L'opinion contraire, adoptée par A. W. Hofmann, peut s'appuyer :

1° Sur la nature amidée de la mélamine (amide cyanurique), démontrée par de nombreuses expériences et surtout par l'étude de l'éther triméthylsulfocyanurique.

2° Sur l'action comparative du perchlorure de phosphore, qui avec l'acide cyanurique libre donne du chlorure cyanurique et de l'acide chlorhydrique, avec les éthers *normaux* du chlorure cyanurique et un chlorure alcoolique, et avec les éthers *iso* un composé substitué.

3° La production de chlorure cyanurique par l'action du perchlorure de phosphore sur l'acide cyanurique et la régénération de l'acide par l'eau agissant sur ce chlorure sont bien plus faciles à comprendre avec la structure hydroxylée, où il n'y a à faire intervenir qu'un remplacement de OH par Cl, et réciproquement.

Il n'est possible ici que d'indiquer sommairement les principaux éléments de cette discussion, dont on trouvera les détails dans un mémoire dû à A.-W. Hofmann [*D. chem. G.*, **18**, 2791]. Voyez aussi Ponomarew [*ibid.*, 3061], Senier [*ibid.*, **19**, 310], Bamberger [*ibid.*, **23**, 1863], A. Smolka [*Mon. f. Chem.*, **11**, 179-219]. G. Arth.

CYAPHÉNINE. — Nous avons dit à l'article CYANALKINES (voyez ce mot) que l'on connaît deux sortes de polymères triplés des nitriles. Nous avons décrit à ce mot ceux dont la cyanéthine est le type le plus connu ; tous ces composés possèdent une constitution dissymétrique. Au contraire, leurs isomères, dont nous allons nous occuper dans cet article, possèdent une constitution symétrique. Le plus connu d'entre eux est la *cyaphénine*, composé autrefois découvert et décrit par S. Cloëz [*Bull. Soc. Chim.*, (2), **2**, 186], étudié depuis par un très grand nombre de savants. Nous décrirons avec la cyaphénine tous les composés qui lui sont analogues.

La cyaphénine, $(C^6H^5\,.\,CAz)^3$, se produit dans une foule de circonstances par polymérisation du benzonitrile. Elle a pour constitution

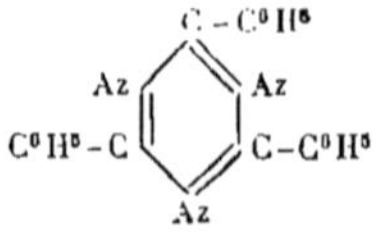

Cette constitution est établie par une très intéressante synthèse de la cyaphénine au moyen du chlorure cyanurique, du bromobenzène et du sodium [P. Klason, *J. prakt. Chem.*, (2), **35**, 82 ; *Bull. Soc. Chim.*, (2), **48**, 351].

La cyaphénine est donc le dérivé triphénylé du corps

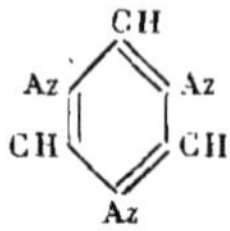

Ce composé est encore inconnu, mais pour pouvoir nommer ses dérivés on l'a appelé *acide tricyanhydrique*, ses dérivés devenant des *tricyanures* [F. Krafft et A. van Hansen, *D. chem. G.*, **22**, 803 ; *Bull. Soc. Chim.*, (3), **3**, 278]. Longtemps avant d'être appelés *tricyanures*, ces dérivés avaient été désignés par M. Weddige sous le nom de *cyanidines* [A. Weddige, *J. prakt. Chem.*, (2), **33**, 76 ; *Bull. Soc. Chim.*, (2), **46**, 527].

Cette dénomination a été également employée plus tard par M. Pinner.

Pour nous, si nous nous reportons aux règles que nous avons posées dans l'article CHAÎNES FERMÉES (NOMENCLATURE), l'acide tricyanhydrique devient la ββ'triazine,

$$
\begin{array}{ccc}
 & Az & \\
CH & \alpha' \quad \alpha & CH \\
Az & \beta' \quad \beta & Az \\
 & \gamma & \\
 & CH &
\end{array}
$$

cnacun des six sommets de l'hexagone étant désigné par une lettre grecque. La cyaphénine sera donc l'*αα'γtriphényl-ββ'triazine*.

Nous désignerons dans le cours de cet article les différents composés au moyen de cette nouvelle nomenclature, mais nous mettrons immédiatement à la suite, entre parenthèses, les différents noms qui leur ont été donnés par les savants qui s'en sont occupés.

Si l'on voulait décrire dans cet article tous les dérivés de la triazine, l'acide cyanurique et la mélamine, qui sont l'un la trioxytriazine, l'autre son dérivé triamidé, devraient y trouver leur place :

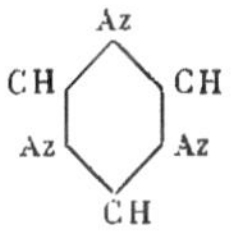

$$
\begin{array}{ccc}
 & Az & \\
CH & & CH \\
Az & & Az \\
 & CH &
\end{array}
\qquad
\begin{array}{ccc}
 & Az & \\
OH\!-\!C & & C\!-\!OH \\
Az & & Az \\
 & C\!-\!OH &
\end{array}
$$

Triazine. 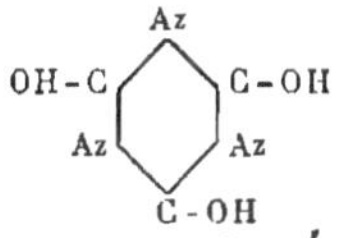   Acide cyanurique.

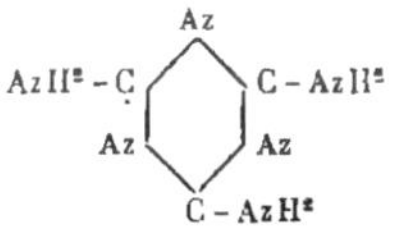

$$
\begin{array}{ccc}
 & Az & \\
AzH^2\!-\!C & & C\!-\!AzH^2 \\
Az & & Az \\
 & C\!-\!AzH^2 &
\end{array}
$$

Mélamine.

Il en serait de même des dérivés intermédiaires : l'ammélide et l'amméline. Mais chacun de ces composés est suffisamment important pour mériter un article à part. Il est d'ailleurs peut-être prématuré de rapprocher des corps qui ont paru jusqu'ici appartenir à des séries si différentes, quoique la synthèse de la cyaphénine par le chlorure cyanurique soit un argument très sérieux pour les rapprocher.

D'ailleurs, on connaît tous les intermédiaires entre les triazines et les composés de la série cyanurique ; on connaît des composés de la forme

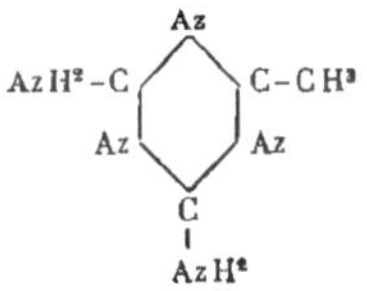

$$
\begin{array}{ccc}
 & Az & \\
AzH^2\!-\!C & & C\!-\!CH^3 \\
Az & & Az \\
 & C &\\
 & | &\\
 & AzH^2 &
\end{array}
$$

Ce qui empêche de rattacher l'acide cyanurique aux triazines, c'est que cet acide n'est pas considéré comme un composé à chaîne fermée véritable. On a couramment de la notion de chaîne fermée une conception à notre avis trop étroite. Nous ferons voir que la stabilité, la grande résistance aux réactifs qui caractérisent les chaînes fermées sont relatives, que tous les intermédiaires existent comme stabilité entre les lactones (ou olides) qui sont des chaînes fermées éminemment faciles à ouvrir, et le benzène ou la pyri-

dine. Bien plus, pour une même chaîne fermée, la stabilité varie avec les substitutions qu'elle a subies : les pyrazols sont des corps extrêmement stables, les pyrazolones se dédoublent assez facilement.

PROCÉDÉS GÉNÉRAUX DE PRÉPARATION DES TRIAZINES. — 1° *Procédé de Cloëz.* — Cloëz a obtenu la cyaphénine en traitant le cyanate de potassium par le chlorure de benzoyle :

$$
3\,(C^6H^5.COCl) + 3\,(COAzK)
$$
$$
= 3\,KCl + 3\,CO^2 + (C^6H^5.CAz)^3.
$$

Ce procédé peut être généralisé ; il l'a lui-même appliqué au chlorure d'acétyle et a obtenu un corps qu'il a appelé *cyanométhine*, mais qui est sans doute la *triméthyl-ββ'triazine*, analogue à la cyaphénine. Comme Cloëz n'a pas décrit le composé qu'il a préparé, on ne peut pas savoir si le corps est isomérique ou identique avec la cyanométhine.

2° *Polymérisation des nitriles par l'acide chlorhydrique sec.* — Ce procédé n'a été jusqu'ici appliqué qu'à des nitriles chlorés [H. Otto, *Ann. Chem.*, **132**, 181; *Bull. Soc. Chim.*, (3), **3**, 293. — A. Weddige et M. Körner, *J. prakt. Chem.*, (2), **31**, 176; *Bull. Soc. Chim.*, (2), **45**, 566].

3° *Action des anhydrides ou des chlorures d'acides sur les amidines aromatiques.* — M. Pinner, qui a découvert cette réaction, s'était d'abord mépris sur son véritable sens. Il avait cru qu'il se formait des diimidines avec départ de 1 molécule d'ammoniaque. Ainsi la benzamidine et l'anhydride acétique fourniraient la dibenzimidine

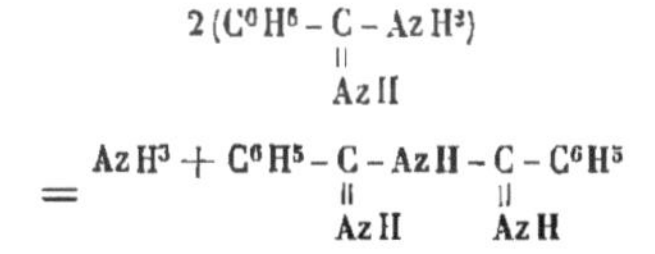

$$
2\,(C^6H^5 - C - AzH^2)
$$
$$
\quad\quad\quad\quad \| \quad\quad
$$
$$
\quad\quad\quad AzH
$$
$$
= AzH^3 + C^6H^5 - C - AzH - C - C^6H^5
$$
$$
\quad\quad\quad\quad\quad \| \quad\quad\quad \|
$$
$$
\quad\quad\quad\quad AzH \quad\quad AzH
$$

MM Eitner et Krafft ont reconnu plus tard que les prétendues diimidines sont des triazines formées suivant le schéma

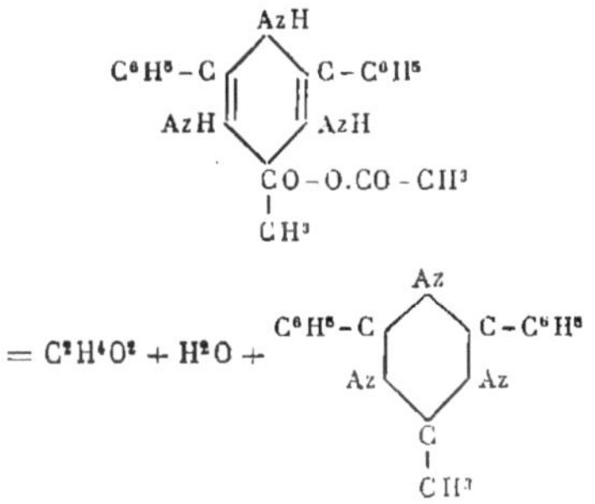

$$
\begin{array}{ccc}
 & AzH & \\
C^6H^5\!-\!C & & C\!-\!C^6H^5 \\
AzH & & AzH \\
 & CO\!-\!O.CO\!-\!CH^3 &\\
 & | &\\
 & CH^3 &
\end{array}
$$

$$
= C^2H^4O^2 + H^2O +
\begin{array}{ccc}
 & Az & \\
C^6H^5\!-\!C & & C\!-\!C^6H^5 \\
Az & & Az \\
 & C &\\
 & | &\\
 & CH^3 &
\end{array}
$$

[A. Pinner et F. Krafft, *D. chem. G.*, **11**, 4; *Bull. Soc. Chim.*, (2), **31**, 136. — *D. chem. G.*, **16**, 1659; **17**, 171, 2004, 2511; **25**, 1404, 1624; *Bull. Soc. Chim.*, (4), **42**, 21; (2), **43**, 253; **44**, 400; **45**, 27; (3), **8**, 1189; **8**, 1193. — P. Eitner et F. Krafft, *D. chem. G.*, **25**, 2263; *Bull. Soc. Chim.*, (3), **8**, 1251].

4° *Combinaison des nitriles avec les chlorures d'acides en présence du chlorure d'aluminium.* — Quand on chauffe un mélange d'un chlorure d'acide et d'un nitrile en présence du chlorure d'aluminium, il se fait une triazine.

Ainsi le chlorure d'acétyle et le benzonitrile donnent naissance au composé

$$C^6H^5-C\diagdown\diagup C-C^6H^5 \qquad (Az\ /\ Az\ /\ C-CH^3)$$

[F. Krafft et A. von Hansen, *D. chem. G.*, **22**, 803; *Bull. Soc. Chim.*, (3), **3**, 278. — F. Krafft et G. Königs, *D. chem. G.*, **23**, 2283].

Le mécanisme de cette singulière réaction a été récemment élucidé par les expériences de MM. P. Eitner et F. Krafft [*D. chem. G.*, **25**, 2263; *Bull. Soc. Chim.*, (3), **8**, 12.0].

Si l'on chauffe à 100° le mélange de benzonitrile, de chlorure de benzoyle et de chlorure d'aluminium, ce mélange ne tarde pas à se solidifier, en donnant une bouillie cristalline d'un jaune vert. Celle-ci, projetée dans l'eau, se transforme presque entièrement en dibenzamide, accompagnée d'une petite quantité de cyaphénine. Si on chauffe à 130-140° ce même mélange avant de le projeter dans l'eau, on obtient la cyaphénine avec un bon rendement.

Le composé cristallisé était donc un produit intermédiaire, qu'on a pu isoler en épuisant par décantation la bouillie cristalline avec du chloroforme bien sec. Il reste des composés alumineux insolubles et la solution chloroformique abandonne par le repos de beaux prismes brillants, très hygroscopiques, très peu solubles dans le chloroforme et dans le sulfure de carbone, plus solubles dans le benzonitrile, à la faveur duquel ils se dissolvent dans le chloroforme.

Ce produit d'addition a pour composition

$$(C^6H^5CAz)^2 . C^6H^5COCl . AlCl^3.$$

Il ne fond pas, mais se décompose à une très haute température. C'est une combinaison moléculaire de chlorure d'aluminium et de chlorure du dérivé benzoylé de l'imidobenzamide :

$$C^6H^5-C\diagdown\diagup CCl-AlCl^2 \qquad (C-C^6H^5\ /\ Az\ /\ CO-C^6H^5\ /\ Az)$$

$$= \underset{Az-CO-C^6H^5\ \ C^6H^5}{C^6H^5-C\ \text{---}\ Az\ \text{===}\ CCl}\ AlCl^3.$$

Les dédoublements de ce composé établissent clairement sa constitution; l'alcool le dédouble en benzoate d'éthyle et imidodibenzamide fusible à 104°

$$\underset{Az-CO-C^6H^5}{C^6H^5-C-Az=CCl-C^6H^5}\ +\ 2C^2H^6O$$

$$= \underset{AzH}{C^6H^5-C-AzH-CO-C^6H^5}$$

$$+\ C^6H^5-CO^2C^2H^5\ +\ C^2H^5Cl.$$

L'eau donne simplement de la dibenzamide :

$$\underset{Az-CO-C^6H^5}{C^6H^5-C-Az=CCl-C^6H^5}\ +\ 3H^2O$$

$$= C^6H^5-CO-AzH-CO-C^6H^5\ +\ C^7H^6O^2$$

$$+\ AzH^4Cl.$$

Nous avons dit que, quand on chauffe ce sel

double, on le transforme en cyaphénine, mais on réussit mieux encore en évaporant en présence du chlorure d'ammonium :

$$C^6H^5-C\diagdown\diagup CO-C^{10}H^5 \qquad (C-C^6H^5\ /\ Az\ /\ Cl\ /\ Az)\ +\ AzH^3$$

$$= H^2O + HCl + \ C^6H^5-C\diagdown\diagup C-C^6H^5 \qquad (C-C^6H^5\ /\ Az\ /\ Az\ /\ Az)$$

On n'a encore pu isoler le produit intermédiaire que donne la réaction du chlorure de benzoyle sur le benzonitrile. Si on remplace le premier par le chlorure d'acétyle, la solution chloroformique abandonne un produit huileux qui, traité par l'eau, fournit, non une diamide, mais le *méthyldiphényltriazonium*, produit ordinaire de la réaction.

5° *Action de l'oxychlorure de carbone sur les amidines aromatiques.* — On opère sur les amidines dissoutes dans le toluène sec.

On obtient ainsi, outre les urées correspondantes, des produits de condensation qui sont des oxytriazines ·

$$COCl^2 + 2R-C\diagdown^{AzH}_{AzH^2}$$

$$= 2HCl + R-C\diagdown^{AzH\ \ AzH^2-C-R}_{AzH\ \text{---}\ CO}\diagup Az$$

$$R-C\diagdown^{AzH\ \ AzH^2-C-R}_{AzH\ \text{---}\ CO}\diagup Az$$

$$= AzH^3 + R-C\diagdown^{Az-C-R}_{Az-C(OH)}\diagup Az$$

[A. Pinner, *D. chem. G.*, **25**, 1414, 1625; *Bull. Soc. Chim.*, (3), **8**, 1189, 1193].

Propriétés générales des triazines. — Les alcalis ont peu d'action sur les triazines, qu'ils n'attaquent qu'à la fusion. Les acides les décomposent au contraire facilement, avec formation d'ammoniaque et des acides correspondant aux nitriles qui leur ont donné naissance.

Quand on les réduit par le zinc et l'acide chlorhydrique, les triazines se transforment en ammoniaque et en une glyoxaline ·

$$C^6H^5-C\diagdown\diagup C-C^6H^5 \qquad (Az\ /\ Az\ /\ Az\ /\ C-C^6H^5)\ +\ 2H^2$$

$$= C^6H^5-C\diagdown\diagup C-C^6H^5 \qquad (AzH\ /\ Az\ /\ C-C^6H^5)\ +\ AzH^3.$$

Cette réaction a été établie pour la cyaphénine, qui a été transformée en lophine; elle semble être générale.

Ainsi, le liquide obtenu par réduction du *cyannotriéthyle* ou *triéthyltriazine* par MM. Otto et

Voigt [*J. prakt. Chem.*, (2), **36**, 78; *Bull. Soc. Chim.*, (2), **49**, 125] et qui a pour composition $C^9H^{16}Az^2$, est sans doute la triéthylglyoxaline :

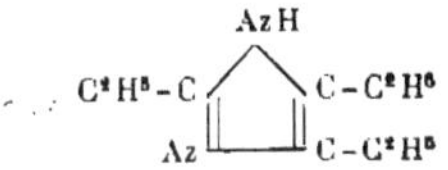

$$AzH$$
$$C^2H^5-C \quad C-C^2H^5$$
$$Az \quad C-C^2H^5$$

TRIAZINES. — La *triazine*, ou *acide tricyanhydrique*, n'est pas connue elle-même, mais on a préparé un grand nombre de ses dérivés de substitution. Nous ne décrirons ici que les dérivés alcoylés de la triazine et leurs produits de substitution.

MÉTHYLTRIAZINE. — Ce produit est inconnu, mais on en a préparé un produit de substitution très complexe, la *diamido-trichlorométhyltriazine* (*diamido-perchlorométhylcyanidine*),

$$Az$$
$$AzH^2-C \quad C-CCl^3$$
$$Az \quad Az$$
$$C-AzH^2$$

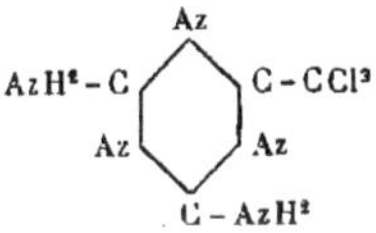

Ce produit prend naissance quand on chauffe à 105-110°, pendant 5 ou 6 heures, la *tri-trichlorométhyl-triazine* (*paratrichloracétonitrile*) avec de l'ammoniaque alcoolique. Il cristallise dans l'alcool en pyramides brillantes ou en prismes hexagonaux ; il fond à 235-236°, est très soluble dans l'alcool chaud, peu soluble à froid, ainsi que dans l'éther et dans le benzène, insoluble dans l'eau.

Son *chlorhydrate*,

$$C^3Az^3(AzH^2)^3CCl^3 \cdot HCl, 2H^2O,$$

se présente en lamelles nacrées ; son *nitrate* et son *sulfate* sont peu solubles dans l'eau ; le *chloroplatinate* est en prismes orangés.

Lorsqu'on traite le chlorhydrate de cette base par un excès d'ammoniaque, il se dégage du chloroforme et il se dépose de petits cristaux nacrés ayant la composition de l'amméline et la constitution

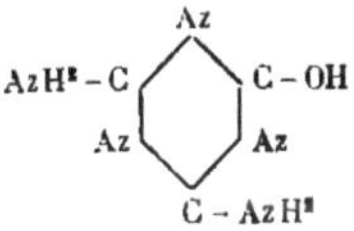

$$Az$$
$$AzH^2-C \quad C-OH$$
$$Az \quad Az$$
$$C-AzH^2$$

Quand on traite la *tri-trichlorométhyltriazine* (paratrichloracétonitrile) par la méthylamine en solution alcoolique dans les mêmes conditions où l'on a opéré avec l'ammoniaque, on obtient la *diméthylamido-trichlorométhyltriazine* (*diméthylamido-perchlorométhylcyanidine*) en petits cristaux incolores, fusibles à 153-155°, solubles dans l'alcool et dans le benzène, peu solubles dans l'eau [A. Weddige, *J. prakt. Chem.*, (2), **33**, 76 ; *Bull. Soc. Chim.*, (2), **46**, 28].

DIMÉTHYLTRIAZINE. — Ce composé n'est également représenté que par des produits de substitution.

Si l'on dissout la *tri-trichlorométhyltriazine* dans l'ammoniaque alcoolique et qu'on évapore à sec au bain-marie, on obtient l'*amido-di-trichlorométhyltriazine* (*amido-di-perchlorométhylcyanidine*) cristallisant en prismes incolores, fusibles à 165-166°, très solubles dans l'alcool, l'éther et le benzène. Ce composé, par ébullition avec la potasse aqueuse, se transforme en chloroforme et ammélide :

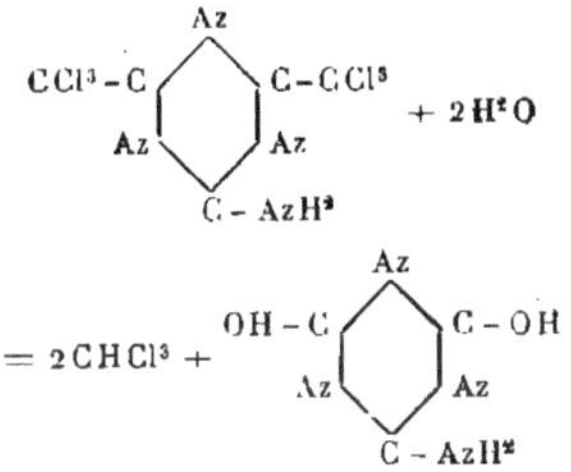

$$Az$$
$$CCl^3-C \quad C-CCl^3 \quad + 2H^2O$$
$$Az \quad Az$$
$$C-AzH^2$$

$$Az$$
$$= 2CHCl^3 + \quad OH-C \quad C-OH$$
$$Az \quad Az$$
$$C-AzH^2$$

Cette réaction montre que ces composés et les composés cyanuriques appartiennent bien réellement au même noyau : ces transformations sont d'ailleurs fréquentes.

Si, au lieu d'ammoniaque alcoolique, on emploie la méthylamine alcoolique, on obtient la *méthylamido-di-trichlorométyltriazine* (*méthylamidodiperchlorométhylcyanidine*),

$$C^3Az^3(AzH \cdot CH^3) (CCl^3)^3,$$

fusible à 115-117°, très soluble dans l'alcool et dans le benzène chauds [A. Weddige, *loc. cit.*].

TRIMÉTHYLTRIAZINE,

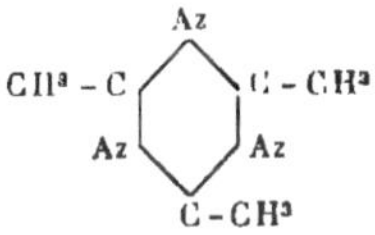

$$Az$$
$$CH^3-C \quad C-CH^3$$
$$Az \quad Az$$
$$C-CH^3$$

— Ce composé a sans doute été obtenu dans l'action du cyanate de potassium sur le chlorure d'acétyle par Cloëz, qui ne l'a d'ailleurs décrit que très sommairement. Ses produits de substitution et leurs dérivés sont beaucoup mieux connus.

Tridichlorométhyltriazine (*dichloracétonitrile polymère*),

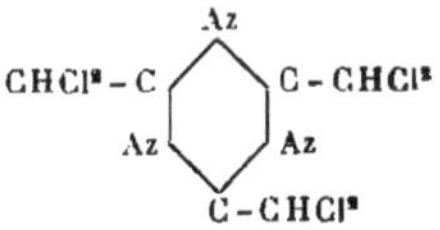

$$Az$$
$$CHCl^2-C \quad C-CHCl^2$$
$$Az \quad Az$$
$$C-CHCl^2$$

— Lorsqu'on traite le dichloracétonitrile par un courant d'acide chlorhydrique sec, ces deux corps s'unissent pour former un produit d'addition cristallisé en longues aiguilles. Chauffé à 130-140° en tube scellé, ce produit se dédouble en régénérant de l'acide chlorhydrique et en donnant un polymère $(CHCl^2-CAz)^3$.

Ce polymère, la *tridichlorométhyltriazine*, se présente en grands prismes à éclat adamantin, fusibles à 69-70°, très solubles dans l'alcool, l'éther, le benzène, peu solubles dans l'eau [A. Weddige et M. Körner, *J. prakt. Chem.*, (2), **31**, 176 ; *Bull. Soc. Chim.*, (2), **45**, 566].

Tri-trichlorométhyltriazine (*paratrichloracétonitrile*). — Ce composé prend naissance quand on traite par le perchlorure de phosphore l'éther triéthylique de l'*acide triazine-tricarbonique* (*éther paracyanocarbonique, éther cyanocarbonique polymère*) [A. Weddige, *J. prakt. Chem*, (2), **28**, 188 ; *Bull. Soc. Chim.*, (2), **42**, 264].

On le prépare en saturant d'acide chlorhydrique sec le trichloracétonitrile, enfermant la solution dans un matras scellé et l'abandonnant à la lumière solaire pendant plusieurs mois. On fait cristalliser le produit dans l'alcool.

La *tri-trichlorométhyltriazine* se présente en

grands prismes incolores, fusibles à 96°, très solubles dans l'alcool, l'éther, le sulfure de carbone, le chloroforme, peu solubles dans l'eau et volatils avec la vapeur d'eau.

L'eau et les acides dilués sont sans action sur ce corps à 150-170°; l'acide chlorhydrique concentré le décompose lentement à 200°, avec formation d'acide carbonique et de chlorure d'ammonium.

La potasse aqueuse est sans action à froid; à chaud, elle détruit le produit, avec formation de chloroforme et d'acide cyanurique :

$$Cl^3C - C \overbrace{}^{Az} C - CCl^3 \quad + 3\,KOH$$

$$= 3\,CHCl^3 + \quad OK - C \overbrace{}^{Az} C - OK$$

La potasse alcoolique produit le même effet à froid. Nous avons déjà décrit l'action sur ce corps de l'ammoniaque et de la méthylamine alcoolique aux diverses températures.

La méthylamine en solution aqueuse transforme à 120° le *paratrichloracétonitrile* en *acide diméthylamidocyanurique*, identique avec le produit obtenu par Hofmann au moyen de la méthylamine et du chlorure cyanurique [A. Weddige, *loc. cit.*].

Tri-tribromométhyltriazine, $C^6Br^9Az^3$. — On la prépare comme le dérivé trichloré, en partant du tribromacetonitrile. Cristaux incolores, fusibles à 129-130° [Buche, *J. prakt. Chem.*, (2), **47**, 304].

ACIDE TRIAZINE-TRICARBONIQUE (*acide paracyanocarbonique* ou *cyanocarbonique polymère*),

$$CO^2H - C \overbrace{}^{Az} C - CO^2H$$

— Cet acide et un assez grand nombre de ses dérivés ont déjà été décrits dans le Supplément **1** (voir CYANOCARBONATES POLYMÉRIQUES, Suppl. **1**, 418); mais on ne connaissait pas alors la constitution de ces deux composés [A. Weddige, *J. prakt. Chem.*, (2), **1**, 79, et **10**, 193; *Bull. Soc. Chim.*, (2), **20**, 351, et **23**, 106].

TRIÉTHYLTRIAZINE (*cyanurate triéthylique*).

$$C^2H^5 - C \overbrace{}^{Az} C - C^2H^5$$

— Ce composé, isomérique avec la cyanéthine $(C^3H^5Az)^3$, prend naissance quand on réduit par le zinc et l'acide acétique son dérivé hexachloré ou *dichloropropionitrile polymérisé* ·

$$(CH^3 - CCl^2 - CAz)^3 + 3\,H^4$$
$$= 6\,HCl + (CH^3 - CH^2 - CAz)^3.$$

Il forme des cristaux prismatiques, fusibles à 29° et distillant à 193-195°. Il est très soluble dans l'éther, l'alcool, le chloroforme, l'éther de pétrole, peu soluble dans l'eau; il exhale une odeur rappelant celle de l'opium; sa solution aqueuse est neutre au papier et présente une

saveur brûlante, analogue à celle du menthol [R. Otto et K. Voigt, *J. prakt. Chem.*, (2), **36**, 78; *Bull. Soc. Chim.*, (2), **49**, 127].

L'acide chlorhydrique sec est absorbé par la triéthyltriazine : il se forme le *chlorhydrate* $(CH^3 - CH^2 - CAz)^3 . HCl$; mais ce sel est décomposé à froid par l'eau en chlorure d'ammonium et acide propionique [R. Otto et F. Tröger, *D. chem. G.*, **23**, 766; *Bull. Soc. Chim.*, (3). **4**, 319].

La triéthyltriazine est un poison assez actif; elle relâche les vaisseaux et agit sur la respiration; son action ressemble à celle de certaines ptomaïnes [Otto et Tröger, *loc. cit.*].

En même temps que la triéthyltriazine, il se fait une autre base, $C^9H^{16}Az^2$, bouillant à 270-272°, qui prend sans doute naissance par réduction de la triazine elle-même, de même que la cyaphénine est réduite en lophine :

$$C^2H^5 - C \overbrace{}^{Az} C - C^2H^5 \quad + H^4$$

$$= C^2H^5 - C \overbrace{}^{AzH} C - C^2H^5 \quad + AzH^3.$$

Cette base, qui serait la *triéthylglyoxaline* ou *triéthyl-β pyrazol*, fond à 110°.

Tri-dichloréthyltriazine (*dichloropropionitrile polymère*),

$$CH^3 - CCl^2 - C \overbrace{}^{Az} C - CCl^2 - CH^3$$

— Ce composé a été obtenu par M. R. Otto dans l'action du chlore sec sur le propionitrile à une douce chaleur; il se fait du dichloropropionitrile $CH^3 - CCl^2 - CAz$ et ce dernier corps est polymérisé à mesure qu'il se forme par l'acide chlorhydrique naissant [R. Otto, *Ann. Chem.*, **116**, 195, et **132**, 181; *Bull. Soc. Chim.*, (3), **3**, 257 et 293]. Le rendement est d'autant meilleur que la chloruration se fait à une plus basse température : à l'ébullition on obtient seulement 25 0/0, à 0° 78 0/0 [H. Beckurts et R. Otto, *D. chem. G.*, **10**, 263 et 2040; *Bull. Soc. Chim.*, (2), **28**, 375, et **30**, 265].

La *tri-dichloréthyltriazine* fournit de beaux cristaux incolores, fusibles à 73-74°, se sublimant avec décomposition partielle et se laissant entraîner par la vapeur d'eau. Ce composé est très soluble dans l'alcool et encore plus dans l'éther.

L'acide chlorhydrique le transforme très aisément en acide α-dichloropropionique [Otto et Voigt, *loc. cit.*]. Son poids moléculaire, pris par la méthode cryoscopique, correspond à la formule $(CH^3 - CCl^2 - CAz)^3$ [R. Otto, *D. chem. G.*, **23**, 836; *Bull. Soc. Chim.*, (3), **4**, 320].

L'acide chlorhydrique dissous dans l'alcool fournit l'*éther* correspondant; l'ammoniaque alcoolique, la dichloropropionamide.

TRI-TRICHLORACÉTYLTRIAZINE (*cyanure de trichloracétyle polymère*),

$$CCl^3 - CO - C \overbrace{}^{Az} C - CO - CCl^3$$

— Quand on fait réagir le bromure de trichloracétyle sur le cyanure d'argent, il se fait le cyanure correspondant au nitrile trichloropyruvique; mais si on opère à 150°, il se fait en outre un polymère en cristaux tabulaires orthorhombiques, fusibles à 140°.

L'acide chlorhydrique fumant réagit sur ce nouveau corps, en le transformant d'abord en un produit assez complexe, $C^9H^8Cl^{10}Az^2O^5$, qui fond à 108-110°, puis enfin en acide trichloropyruvique [P. Hofferichter, *J. prakt. Chem.*, (2), **20**, 195; *Bull. Soc. Chim.*, (2), **35**, 118].

DIPHÉNYLTRIAZINE (*acide diphényltricyanhydrique*),

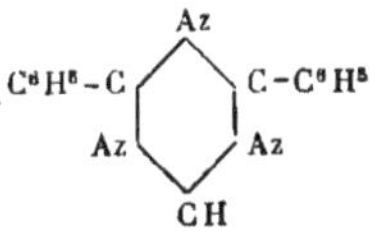

$$C^6H^5-C \diagdown Az \diagup C-C^6H^5 \quad Az \diagdown CH \diagup Az$$

— Cette base prend naissance quand on chauffe vers 190° l'acide *diphényltriazine-carbonique* (*diphényltricyanocarbonique*) que nous décrivons plus loin :

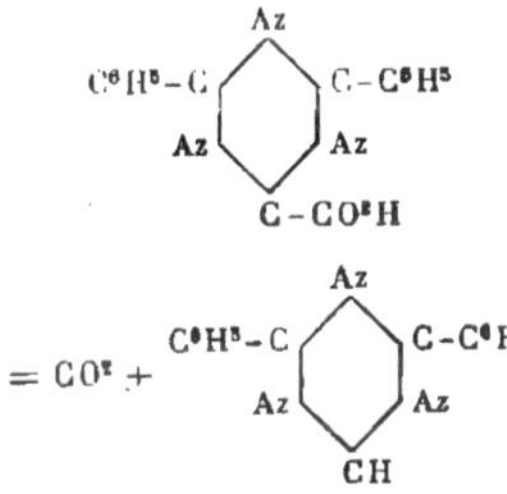

$$C^6H^5-C \diagdown Az \diagup C-C^6H^5 \quad Az \diagdown C-CO^2H \diagup Az$$

$$= CO^2 + \quad C^6H^5-C \diagdown Az \diagup C-C^6H^5 \quad Az \diagdown CH \diagup Az$$

La diphényltriazine bout à 205° sous une pression de 9 millimètres, à 215° sous une pression de 15 millimètres, et se prend en une masse cristalline fondant à 75°. Elle est très soluble dans l'alcool chaud [A. Krafft et G. Kœnigs, *D. chem. G.*, **23**, 2383].

Oxydiphényltriazine (*diphényloxycyanidine*),

$$C^6H^5-C \diagdown Az \diagup C-C^6H^5 \quad Az \diagdown C-OH \diagup Az$$

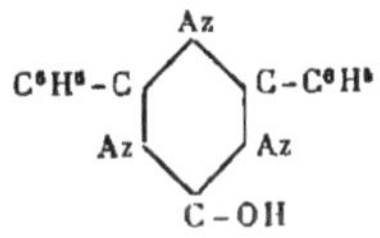

— 1° Ce corps prend naissance quand on fait réagir la benzamidine sur l'éther acétylmalonique. Ce dernier est dédoublé en éther acétylacétique et acide carbonique qui, réagissant à l'état naissant sur la benzamidine, fournit la dibenzamidylurée. Celle-ci se condense en ammoniaque et *oxydiphényltriazine* :

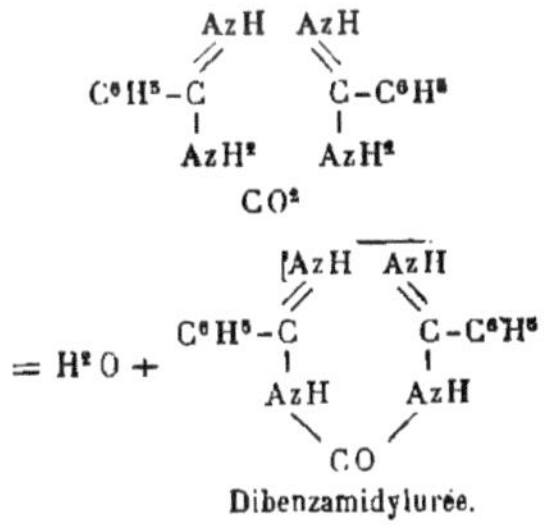

$$C^6H^5-C \diagdown \diagup C-C^6H^5$$

Dibenzamidylurée.

$$= AzH^3 + \quad C^6H^5-C \diagdown Az \diagup C-C^6H^5 \quad \diagdown CO \diagup$$

$$C^6H^5-C \diagdown AzH \diagup C-C^6H^5 \quad \diagdown CO \diagup = C^6H^5-C \diagdown Az \diagup C-C^6H^5 \quad \diagdown C-OH \diagup$$

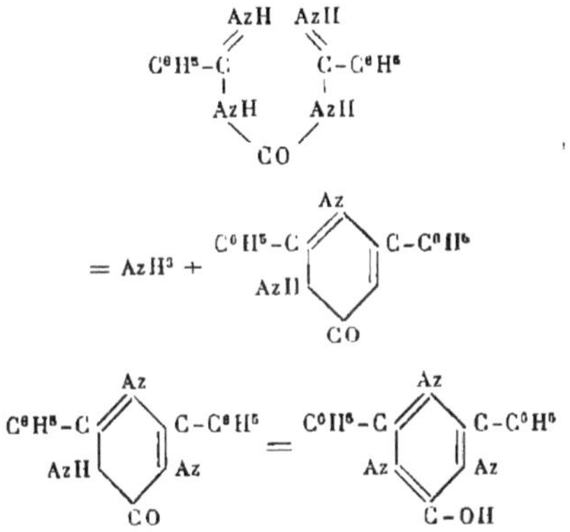

[A. Pinner, *D. chem. G.*, **23**, 165; *Bull. Soc. Chim.*, (3), **4**. 323].

2° On peut obtenir plus simplement l'oxydiphényltriazine en traitant la benzamidine par l'éther chlorocarbonique. Il se fait la benzamidine-uréthane; quand on chauffe cette dernière audessus de son point de fusion, elle se dédouble en méthane, alcool et oxydiphényltriazine.

3° On obtient le même corps par l'action de l'oxychlorure de carbone sur la benzamidine; là comme dans la première préparation la dibenzamidylurée est l'intermédiaire [A. Pinner, *D. chem. G.*, **23**, 2921].

L'oxydiphényltriazine (γ-diphényloxycyanidine) est assez soluble dans la lessive de soude, et l'acide chlorhydrique l'en reprécipite inaltérée. Elle fond à 289°.

MÉTHYLDIPHÉNYLTRIAZINE (*tricyanure méthyldiphénylique*),

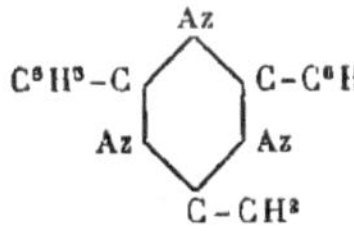

$$C^6H^5-C \diagdown Az \diagup C-C^6H^5 \quad Az \diagdown C-CH^3 \diagup Az$$

— Ce composé prend naissance si, dans un mélange de 5 parties de benzonitrile et de 2 parties de chlorure d'acétyle refroidi à 0°, on introduit 2 parties de chlorure d'aluminium. On chauffe ensuite pendant une demi journée au bain-marie, à 40-50°, et enfin on décompose par l'eau on distille la partie huileuse. 100 grammes de chlorure d'acétyle fournissent 50 grammes du nouveau produit; l'excès de benzonitrile est retrouvé inaltéré.

Ce composé fond à 110° et bout à 227° sous une pression de 15 millimètres; il est très soluble dans l'alcool, peu soluble dans la ligroïne; il possède des propriétés basiques assez faibles.

Le *chlorhydrate*, $C^{16}H^{13}Az^3$.HCl, peut être obtenu quand on sature d'acide chlorhydrique sec la solution benzénique de la base. Ce chlorhydrate, chauffé à 150°, perd son acide chlorhydrique en régénérant la base [F. Krafft et A. von Hansen. *D. chem. G.*, **22**, 803; *Bull. Soc. Chim.*, (3), **3**, 278].

L'oxydation par le permanganate de potassium en solution alcaline transforme la méthyldiphényltriazine en acide diphényltriazine-carbonique.

ACIDE D PHÉNYLTRIAZINE–CARBONIQUE (*diphényltricyanocarbonique*). — Cet acide forme de petits prismes soyeux et brillants, solubles dans l'alcool, qui fondent à 192° en se décomposant en acide carbonique et diphényltriazine [Krafft et Kœnigs, *loc. cit.*].

ÉTHYLDIPHÉNYLTRIAZINE (*tricyanure éthyldi-phénylique*), $C^{17}H^{15}Az^3$. — Ce composé prend naissance quand on fait réagir le chlorure d'aluminium sur un mélange de benzonitrile et de chlorure de propionyle.

Il fond à 67° et bout à 233-234° sous une pression de 15 millimètres.

PROPYLDIPHÉNYLTRIAZINE (*tricyanure propyl-diphénylique*), $C^{18}H^{17}Az^3$. — Ce composé prend naissance dans l'action du chlorure de butyryle sur le benzonitrile en présence du chlorure d'aluminium. Il fond à 78°,5 et bout à 239° sous une pression de 15 millimètres.

Le *chloroplatinate*, qui peut être obtenu en solution alcoolique, est décomposé par l'eau.

HEXYLDIPHÉNYLTRIAZINE (*tricyanure hexyldi-phénylique*), $C^{21}H^{22}Az^3$. — Cette base se forme par l'action du chlorure d'heptoyle sur le benzonitrile en présence du chlorure d'aluminium.

Elle fond à 44° et bout à 265° sous une pression de 15 millimètres.

HEPTYLDIPHÉNYLTRIAZINE (*tricyanure heptyl-diphénylique*), $C^{22}H^{25}Az^3$. — Ce produit prend naissance au moyen du benzonitrile, du chlorure de capryle normal et du chlorure d'aluminium.

Il fond à 28° et bout à 274-275° sous une pression de 15 millimètres.

OCTYLDIPHÉNYLTRIAZINE (*tricyanure octyldi-phénylique*), $C^{23}H^{27}Az^3$. — On obtient cette base en faisant réagir le chlorure de nonyle normal sur le benzonitrile en présence du chlorure d'aluminium.

Elle fond à 43° et bout à 284-285° sous une pression de 15 millimètres.

La même méthode permet également d'obtenir la *nonyldiphényltriazine* (*tricyanure nonyl-diphénylique*), $C^{24}H^{29}Az^3$, qui fond à 38° et bout à 292-294°, sous une pression de 15 millimètres, et la *pentadécyldiphényltriazine* (*tricyanure pentadécyldiphénylique*), $C^{30}H^{41}Az^3$, au moyen du chlorure de palmityle. Cette base est liquide et bout à 327-328°, sous une pression de 13 millimètres.

TRIPHÉNYLTRIAZINE (CYAPHÉNINE), $C^{21}H^{15}Az^3$. — La cyaphénine a été découverte par Cloëz; outre les conditions indiquées par cet auteur, elle prend naissance dans un très grand nombre d'autres, dont plusieurs ont été déjà indiquées Dict., **1**, 1652, et Suppl., **1**, 602.

Le benzonitrile se polymérise en cyaphénine presque chaque fois qu'il se trouve à l'état naissant; de plus, un grand nombre de réactifs le polymérisent.

La triphényltriazine prend naissance :

1° Quand on traite le benzonitrile par le sodium [A. Hofmann, *D. chem. G.*, **1**, 198; *Bull. Soc. Chim.*, (2), **12**, 54].

2° Quand on traite la benzamide par le pentasulfure de phosphore [L. Henry, *D. chem. G.*, **2**, 307; *Bull. Soc. Chim.*, (2), **13**, 143].

3° En traitant le benzonitrile par l'anhydride phosphorique [M. Kollaritz et V. Merz, *D. chem. G.*, **6**, 548; *Bull. Soc. Chim.*, (2), **20**, 385].

4° Par la réaction du chlorure de benzoyle sur la benzamidine [A. Pinner, *D. chem. G.*, **17**, 2004; *Bull. Soc. Chim.*, (2), **44**, 400].

Deux nouvelles manières d'obtenir la cyaphénine montrent ses rapports étroits avec la série cyanurique :

On obtient la cyaphénine en traitant par le sodium un mélange de chlorure cyanurique et de bromobenzène [P. Klason, *J. prakt. Chem.*, (2), **37**, 82; *Bull. Soc. Chim.*, (2), **48**, 350]. On arrive au même résultat en remplaçant le bromo- par l'iodobenzène [F. Krafft, *D. chem. G.*, **22**, 1759; *Bull. Soc. Chim.*, (3), **4**, 56].

Enfin, l'obtention de la cyaphénine au moyen du chlorure de benzoyle et du benzonitrile réa-gissant en présence du chlorure d'aluminium [F. Krafft, *D. chem. G.*, **23**, 2389] a permis d'élucider la constitution du produit de l'action du chlorure d'aluminium sur un mélange d'un nitrile et d'un chlorure d'acide. Nous avons décrit plus haut les composés qui résultent de cette réaction.

Le meilleur procédé de préparation consiste à employer la réaction au chlorure d'aluminium ou à condenser le benzonitrile au moyen de l'acide sulfurique fumant. Si on dissout à froid le benzonitrile dans l'acide sulfurique fumant en évitant toute élévation de température, on perçoit au bout de quelques heures l'odeur de l'acide sulfureux. On verse, au bout de 24 heures, la solution dans 5 ou 6 volumes d'eau; il se forme un abondant précipité, insoluble dans l'eau, l'alcool et l'éther, soluble dans le toluène, dans lequel on le fait cristalliser à chaud [A. Pinner et F. Klein, *D. chem. G.*, **11**, 764; *Bull. Soc. Chim.*, (2), **31**, 420].

La triphényltriazine fond à 231° (Pinner); elle bout sans décomposition à 285° sous une pression de 15 millimètres (Krafft et von Hansen).

Si l'on réduit la cyaphénine par la poudre de zinc ou des copeaux de fer et la potasse, ou bien par la poudre de zinc et l'acide acétique, on la transforme en ammoniaque et en lophine [B. Radziszewski, *D. chem. G.*, **15**, 1493; *Bull. Soc. Chim.*, (2), **38**, 628] :

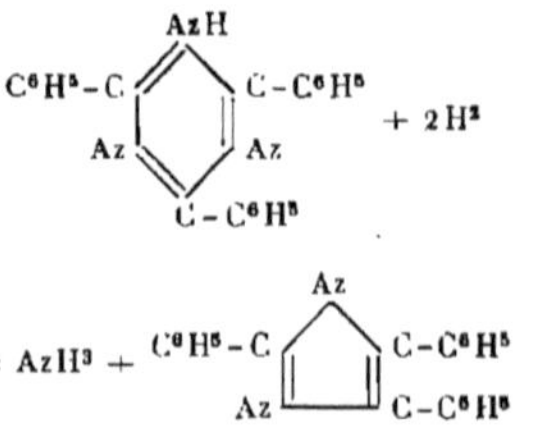

$$C^6H^5-C\diagup_{Az}^{AzH}\diagdown C-C^6H^5 \quad + 2H^2$$

$$= AzH^3 + \quad C^6H^5-C\diagup_{Az}^{Az}\diagdown C-C^6H^5$$

Oxycyaphénine. — Il semble se faire un produit possédant cette constitution quand on fait réagir l'éther salicylique sur la benzamidine. Ce composé a perdu sa fonction phénolique, car il ne se dissout pas dans la potasse [A. Pinner, *D. chem. G*, **23**, 2934 et 3824].

MÉTHYL-DI-P-CRÉSYLTRIAZINE (*tricyanure mé-thyl-di-p-crésylique*). — On traite par le chlorure d'aluminium un mélange de chlorure d'acétyle et de nitrile-p-toluique. On obtient un composé fondant à 159° et bouillant à 245° sous une pression de 15 millimètres.

On obtient le même composé, primitivement décrit sous le nom de *di-p-toluène-imidine*, en traitant l'amidine correspondant à l'acide p-toluique par un mélange d'anhydride acétique et d'acétate de sodium desséché [Glock, *D. chem. G.*, **21**, 2657].

MÉTHYL-DI-β-NAPHTYLTRIAZINE (*méthyl-di-β-naphtylcyanidine*). — En chauffant au réfrigérant ascendant un mélange de chlorhydrate de β-naphtamidine, d'acétate de sodium et d'anhydride acétique, on obtient la méthyl-di-β-naphtyltriazine, primitivement décrite sous le nom de β-*naphtimidine*; elle forme des prismes incolores, fondant à 195°, insolubles dans l'eau, très peu solubles dans l'acide acétique, très solubles dans le benzène chaud [A. Pinner, *D. chem. G.*, **25**, 1437].

MÉTHYLDIFURYLTRIAZINE (*méthyldifurylcyani-dine*). — Quand on chauffe le chlorhydrate de furfuramidine avec de l'anhydride acétique et de l'acétate de sodium desséché, on obtient des aiguilles incolores, fondant à 138°, peu solubles dans l'eau, très solubles dans l'alcool et dans l'acide acétique, et ayant pour formule

$$\begin{array}{c}
\text{C–C}^4\text{H}^3\text{O} \\
\text{Az} \diagup \diagdown \text{Az} \\
\text{C}^4\text{H}^3\text{O–C} \quad \text{C–CH}^3 \\
\text{Az}
\end{array}$$

DIFURYLOXYTRIAZINE (*difuryloxycyanidine*),

$$\begin{array}{c}
\text{C–C}^4\text{H}^3\text{O} \\
\text{Az} \diagup \diagdown \text{Az} \\
\text{C}^4\text{H}^3\text{O–C} \quad \text{C–OH} \\
\text{Az}
\end{array}$$

— Ce composé prend naissance quand on fait réagir l'oxychlorure de carbone sur la furfuramidine en solution dans le toluène. Il forme des prismes fondant au-dessus de 250° [Pinner, *D. chem. G.*, **25**, 1417].

DI-DIPHÉNYLTRIAZINYL-ÉTHANE (*hexacyanure éthylène-tétraphénylique*),

$$\begin{array}{c}
\text{C}^6\text{H}^5\text{–C} \quad \text{Az} \qquad\qquad \text{Az} \quad \text{C–C}^6\text{H}^5 \\
\text{Az} \diagup\diagdown \text{C–CH}^2\text{–CH}^2\text{–C} \diagup\diagdown \text{Az} \\
\text{C}^6\text{H}^5\text{–C} \quad \text{Az} \qquad\qquad \text{Az} \quad \text{C–C}^6\text{H}^5
\end{array}$$

— Ce composé prend naissance quand on traite par le chlorure d'aluminium un mélange de benzonitrile et de chlorure de succinyle. Il fond à 265° [F. Krafft et G. Kœnigs, *D. chem. G.*, **23**, 2388].

L. Bouveault.

CYCLAMINE. — M. Monnet a donné ce nom à une nouvelle matière colorante, que l'on obtient en chauffant la dichlorofluorescéine avec de l'eau et du sulfure de sodium. La thiodichlorofluorescéine obtenue, chauffée avec de l'iode et de l'alcool, fournit un corps dont le sel de sodium constitue la cyclamine : c'est une matière colorante teignant en rouge [*Bull. Soc. Chim.*, (3), **3**, 676].

CYCLAMOSE, $C^{12}H^{22}O^{11}$ (?). — Matière sucrée, extraite des rhizomes du *Cyclamen europæum*. On l'obtient en laissant digérer les tubercules de cyclamen, réduits en pulpe, dans l'alcool à 80°. La solution est ensuite concentrée et additionnée à chaud d'un excès d'alcool, qui précipite le sucre et retient la cyclamine en dissolution. Le sirop ainsi obtenu est traité par la chaux et précipité de nouveau par l'alcool. Après lavage à l'alcool, la combinaison calcique est décomposée, en présence de l'eau, par l'acide carbonique. Finalement on décolore par le noir et on évapore dans le vide.

La cyclamose est lévogyre : $[\alpha]_D = -11°,40$ (invariable avec les changements de température); les acides dilués l'hydratent et la transforment en un autre sucre ou en un mélange de sucres dont le pouvoir rotatoire est égal à — 66°,54 à 15°; ce dernier pouvoir rotatoire diminue rapidement quand on élève la température, ce qui indique nettement la présence de la lévulose dans les produits d'hydratation de la cyclamose [Michaud, *Bull. Soc. Chim.*, (2), **46**, 305]. L'existence de la cyclamose comme espèce chimique définie est loin d'être démontrée; cette substance se rapproche singulièrement, par les quelques caractères ci-dessus décrits, de la lévuline et de la sinistrine.

CYMÈNES, $CH^3\text{–}C^6H^4\text{–}C^3H^7$. — Voyez Dict., **1**. 1127; Suppl., **1**. 603.

On ne connaît que le dérivé propylique normal décrit Suppl., **1**, 607.

Cet hydrocarbure, traité par le brome (2 mol.) en présence de limaille de fer, fournit un *dérivé dibromé* $C^6H^2(CH^3)_{(1)}(C^3H^7)_{(6)}Br^2_{(4.5)}$, qui distille avec la vapeur d'eau et bout à 285°.

Le mélange d'acide nitrique fumant et d'acide sulfurique le convertit en *dibromodinitrocymène*. Ce corps cristallise en aiguilles incolores, fusibles à 148°, peu solubles dans l'alcool.

Le *dérivé diamidé* correspondant forme des aiguilles blanches qui fondent à 126° et se colorent en violet à l'air; il en est de même du *chlorhydrate* : il donne un *chloroplatinate* et un *chlorostannate* bien cristallisés.

Oxydé par l'acide chromique ou par l'acide nitrique, il se transforme en *dibromocymoquinone*, ce qui fixe sa constitution et celle des dérivés précédents. Cette quinone fond à 40° et ne peut être sublimée.

L'*hydroquinone* correspondante cristallise dans l'eau, qui la dissout peu à froid; elle fond à 131° et se sublime sans décomposition [Ad. Claus, *J. prakt. Chem.*, (2), **43**, 563 ; *Bull. Soc. Chim.*, (3), **6**, 756].

M-PROPYLTOLUÈNE. — Voyez Suppl., **1**, 607.

M-ISOPROPYLTOLUÈNE. — Le cymène obtenu par M. Kelbe dans la distillation des huiles légères de résine est bien en réalité le dérivé m-isopropylique. Il a été obtenu synthétiquement par l'action de l'iodure d'isopropyle sur le toluène en présence du chlorure d'aluminium. La portion 171-175° présente toutes les propriétés du m-isocymène. Malgré les transpositions moléculaires que peut déterminer le chlorure d'aluminium, cette synthèse peut être considérée comme concluante, car le groupement propyle est ainsi converti en isopropyle, tandis que la transformation inverse n'a jamais été observée [A. Ziegler et W. Kelbe, *D. chem. G.*, **13**, 1399; *Bull. Soc. Chim.*, (2), **36**, 181].

En outre, lorsque l'on oxyde par le permanganate de potassium l'acide α-cymène-sulfonique, on obtient un acide sulfo-oxycuminique, ce qui montre bien l'existence du groupement $CH(CH^3)^2$ [R. Meyer et H. Boner, *D. chem. G.*, **14**, 2391 ; *Bull. Soc. Chim.*, (2), **37**, 245].

Ce m-isocymène se produit encore dans d'autres conditions. Tandis que le camphre, chauffé avec de l'anhydride phosphorique, fournit abondamment le p-cymène, on obtient avec le persulfure de phosphore un mélange de p- et de m-cymène, et avec le chlorure de zinc il ne se produit plus de p-cymène, mais seulement du m-isocymène mélangé d'autres hydrocarbures (diméthyléthylbenzène, tétraméthylbenzène) [P. Spica, *Gazz. chim. ital.*, **12**, 482 et 543; *Bull. Soc. Chim.*, (2), **40**, 319. — H. Armstrong et A. Miller, *D. chem. G.*, **16**, 2255 ; *Bull. Soc. Chim.*, (2), **42**, 529].

Le m-isocymène bout à 174-176° (Kelbe), à 173,2-174° (Spica). Il reste liquide à — 25°. Son poids spécifique est 0,865 et son indice de réfraction 1,493.

Oxydé par l'acide chromique ou par le permanganate de potassium, il donne de l'acide isophtalique, tandis qu'avec l'acide nitrique étendu on obtient de l'acide m-toluique.

DÉRIVÉS SULFONÉS, BROMÉS ET CHLORÉS. — Par l'action de l'acide sulfurique à chaud, le m-isocymène fournit deux acides sulfonés faciles à séparer l'un de l'autre à l'état de sels de baryum, dont l'un (α) est presque insoluble dans l'eau froide.

L'*acide α-m-isocymène-sulfonique*, obtenu par l'action de l'hydrogène sulfuré sur le sel de plomb, cristallise en lamelles déliquescentes, fusibles à 88-90°. Le *sel de baryum* renferme 1 molécule d'eau, ainsi que celui *de plomb*. Les *sels de potassium*, $C^{10}H^{13}SO^3K, 3H^2O$, *de sodium*, $C^{10}H^{13}SO^3Na, H^2O$, *de cuivre*, $(C^{10}H^{13}SO^3)^2Cu, 2H^2O$, sont solubles dans l'eau. L'*amide* correspondante fond à 73°.

La constitution de cet acide est exprimée par la formule $C^6H^3(CH^3)_{(1)}(C^3H^7)_{(3)}(SO^3H)_{(6)}$, comme le montre l'étude du cymophénol qui en dérive :

Traité par le brome seul, l'acide α-cymène-sulfonique fournit un *dérivé bromosulfoné*,

$$C^{10}H^{12}Br.SO^3H,$$

déliquescent, fusible à 108-109°; le *sel de plomb* correspondant, peu soluble dans l'eau froide, cristallise avec 3 molécules d'eau [W. Kelbe, *Ann. Chem.*, **210**, 1 ; *Bull. Soc. Chim.*, (2), **37**, 572].

Par l'action du brome en solution dans l'acide bromhydrique, il se produit au contraire vers 40° une substitution du brome au groupe SO^3H, avec production de *bromocymène* α :

$$C^{10}H^{13}.SO^3H + Br^2 + H^2O$$
$$= SO^4H^2 + C^{10}H^{13}Br + HBr.$$

Ce bromocymène bout à 233-235° et possède une odeur rappelant celle de la rose. L'acide sulfurique le convertit en un *acide bromosulfonique* qui, réduit par l'amalgame de sodium, reproduit l'acide β-cymène-sulfonique.

Il se dissout dans l'acide nitrique fumant, en donnant un *dérivé bromonitré* fusible à 121°. Avec l'acide étendu, il fournit l'acide bromotoluique

$$C^6H^3(CH^3)_{(1)}(CO^2H)_{(3)}Br_{(6)},$$

ce qui fixe sa constitution et celle de l'acide α-sulfonique.

Dans l'action du brome en solution bromhydrique sur l'acide α-sulfonique, on obtient également l'acide bromosulfonique décrit plus haut. Celui-ci, chauffé avec de l'acide chlorhydrique, fournit un autre *bromocymène* (β), bouillant à 224-225°, que l'acide nitrique fumant convertit en un *dérivé bromodinitré* fusible à 55°. Chauffé avec l'acide nitrique étendu, il donne naissance à un acide fusible à 155° et dont l'identification n'a pas été faite [W. Kelbe. *D. chem. G.*, **15**, 39 ; *Bull. Soc. Chim.*, (2), **37**, 363].

L'action du chlore sur l'acide α-cymène-sulfonique donne des résultats analogues. En chauffant à 40° une solution aqueuse de l'acide saturée de chlore à 0°, on obtient une huile épaisse, à odeur de fenouil, qui cristallise partiellement. Le corps solide qui se dépose, purifié par sublimation, fond à 158°.5. Il est extrêmement stable. L'acide nitrique fumant ne le détruit pas à 180°; le permanganate et le mélange de dichromate et d'acide sulfurique sont aussi sans action sur lui. Chauffé au rouge avec de la chaux ou avec du chromate de plomb, il se sublime en grande partie sans se décomposer. Il semble que ce soit un *tétrachlorocymène*. Il se produit en même temps un *acide trichlorocymène-sulfonique*, qui, traité par le brome vers 60°, se transforme en *trichlorobromocymène*, fusible à 65° [W. Kelbe, *D. chem. G.*, **16**, 617].

On obtient également ce même acide α-sulfonique par l'action de la chlorhydrine sulfurique sur le m-isocymène [P. Spica, *Gazz. chim. ital.*, **12**, 543 ; *Bull. Soc. Chim.*, (2) **40**, 320].

L'*acide β-cymène-sulfonique*, dont le sel de baryum est beaucoup plus soluble, se produit également par l'action de l'acide sulfurique sur l'α-bromocymène (1.3.6) et réduction du dérivé bromosulfoné obtenu. Le *sel de baryum* renferme 8 molécules d'eau, 9 d'après MM. Armstrong et Miller [*D. chem. G.*, **16**, 2748]. On connaît également les *sels de plomb* ($8H^2O$), *de cuivre* ($3,5H^2O$), *de calcium* ($5,5H^2O$), *de sodium* ($3H^2O$).

L'*amide* correspondante fond à 162°.

Traité par le brome, il donne un *dérivé bromosulfoné*, qui cristallise dans l'acide chlorhydrique étendu en grands prismes renfermant 3 molécules d'eau [W. Kelbe, *D. chem. G.*, **17**, 1746 ; *Bull. Soc. Chim.*, (2), **44**, 210].

Lorsque l'on traite le m-isocymène par le brome, en présence de limaille de fer et à l'abri des rayons solaires, on obtient un *dérivé dibromé* 1.3.4.6. C'est une huile incristallisable, bouillant à 281-283°. Traité par un mélange d'acides sulfurique et nitrique (d = 1,52), ce corps fournit un *produit dibromodinitré*, cristallisé en longues aiguilles incolores, fusibles à 140-141° et se sublimant à une température plus élevée.

La *dibromodiamine* correspondante fond à 95°. Oxydée par l'acide chromique ou par le nitrite de sodium et l'acide chlorhydrique, elle se transforme en *dibromocymoquinone*, peu soluble dans l'eau, fusible à 32°.

L'*hydroquinone* correspondante est volatile dans la vapeur d'eau et se sublime aisément; elle fond à 153-154°. De la production de cette quinone se déduit la constitution du dérivé dibromé [Ad. Claus, *J. prakt. Chem.*, (2), **43**, 563 ; *Bull. Soc. Chim.*, (3), **6**, 756].

Dérivés nitrés et amidés. — Le m-isocymène, traité par l'acide nitrique, fournit un *dérivé nitré* qui distille entre 255 et 265° en se décomposant, et que l'acide nitrique étendu transforme en acide nitro-m-toluique fusible à 214°.

En le réduisant par l'étain et l'acide chlorhydrique, on obtient une *cymidine* bouillant à 232-233°. Les sels sont en général bien cristallisés. Le *dérivé acétylé* fond à 118°, et le *dérivé benzoylé* à 165°. Celui-ci, traité par l'acide nitrique fumant, donne un *produit nitré*,

$$C^{10}H^{11}(AzO^2).AzH.C^7H^5O,$$

fusible à 177°, et que l'oxydation convertit en acide benzylamidotoluique. L'anhydride phtalique la transforme de même en une *phtalimide*,

$$C^{10}H^{13}Az(CO)^2C^6H^4,$$

qui fond à 147° et qui donne un dérivé nitré fusible à 167°.

La m-isocymidine, traitée par le chloroforme et la potasse, fournit la *m-isocymylcarbylamine*, bouillant entre 152 et 162°.

La *cymylurée*, obtenue par l'action du cyanate de potassium sur le sulfate de cymidine, cristallise en aiguilles fusibles à 176°, peu solubles dans l'éther.

La *dicymylurée*, $(C^{10}H^{13}.AzH)^2CO$, cristallise dans l'alcool bouillant en aiguilles incolores.

La *cymyluréthane*, $C^{10}H^{13}.AzH.CO^2C^2H^5$, fond à 22°,9 et cristallise en aiguilles solubles dans l'alcool et dans l'éther.

Par l'action du sulfure de carbone, la m-isocymidine donne une *dicymylsulfo-urée* qui, purifiée par cristallisation dans l'alcool bouillant, fond à 160°.

Avec l'éthylsénévol, on a de même l'*éthylcymylsulfo-urée*, qui est liquide et qui, par l'action de l'oxyde de plomb et de l'ammoniaque, se convertit en *éthylcymylguanidine*,

$$C^{10}H^{13}.AzH.C(AzH).AzH.C^2H^5,$$

également incristallisable. Celle-ci donne, avec le

chlorure de benzoyle, un *dérivé tribenzoylé*, cristallisable dans l'alcool bouillant en aiguilles fusibles à 165°.

L'acide sulfurique fumant convertit la cymidine en un *acide sulfonique* très soluble dans l'eau, ainsi que son sel de baryum.

On obtient une *nitrocymidine* en chauffant à 180° avec de l'acide chlorhydrique le dérivé nitré de la nitrocymylphtalimide. C'est un liquide huileux, volatil avec la vapeur d'eau [W. Kelbe et C. Warth, *Ann. Chem.*, **221**, 157 ; *Bull. Soc. Chim.*, (2), **42**, 534].

Trinitro-m-isocymène. — Obtenu en versant le cymène dans un mélange refroidi de 1 partie d'acide nitrique fumant et de 4 parties d'acide sulfurique, puis chauffant pendant quelques heures à 100° lorsque la première réaction est terminée ; ce produit cristallise dans la ligroïne en lamelles jaunâtres, fusibles à 72-73° et très solubles dans l'alcool et dans l'éther [W. Kelbe, *Ann. Chem.*, **210**, 1 ; *Bull. Soc. Chim.*, (2), **37**, 572].

M-ISOCYMÉNOL, $C^6H^3(CH^3)_{(1)}(C^3H^7)_{(3)}(OH)_{(6)}$. — Ce composé a été obtenu en fondant avec la potasse l'acide α-cymène-sulfonique.

Il bout à 231° et reste liquide à — 25°, se dissout peu dans l'eau, mais très facilement dans l'alcool et dans l'éther, et possède l'odeur du thymol. Avec le chlorure ferrique, il donne une faible coloration violette. Le chlorure de benzoyle le transforme en un *éther benzoïque* fusible à 73° [W. Kelbe, *Ann. Chem.*, **210**, 1 ; *Bull. Soc. Chim.*, (2), **37**, 572].

D'après M. Spica [*Gazz. chim. ital.*, **12**, 543 ; *Bull. Soc. Chim.*, (2), **40**, 320], son point d'ébullition serait 227,5-229°,5, et il ne donnerait pas de coloration avec le chlorure ferrique.

L'*éther méthylique* correspondant bout à 217°, l'*éther éthylique* à 224° (Jesurun), à 227,2-229°,2 (Spica).

Additionné de brome en solution dans l'acide brombydrique, le m-isocyménol donne un *dérivé tribromé*, qui cristallise dans l'alcool en lamelles dorées, fusibles à 121-122° en se décomposant. Traité par le sodium et l'acide carbonique, il donne de l'*acide cyménotique* (voyez ce mot).

Par fusion avec la potasse, il fournit de l'*acide cyménol-carbonique*,

$$C^6H^4(C^3H^7)_{(1)}(CO^2H)_{(3)}(OH)_{(4)} :$$

ainsi que de l'acide oxyisophtalique (1.3.4), ce qui fixe sa constitution [A. Jesurun, *D. chem. G.*, **19**, 1413 ; *Bull. Soc. Chim.*, (2), **46**, 852].

P-CYMÈNES.

Jusqu'ici le cymène de Gerhardt et Dumas, que l'on désigne souvent sous le nom impropre de *cymène du camphre* (puisque, selon les conditions, le camphre fournit aussi bien du m-isocymène que du p-cymène), était considéré comme le p-propyltoluène, malgré les rapports étroits qui le relient à la série cuminique dans laquelle le groupement C^3H^7 est incontestablement isopropylique. Cette opinion, fondée sur la différence que M. Jacobsen avait trouvée entre le p-isopropyltoluène (préparé par l'iodure de méthyle, le p-bromocumène et le sodium) et le cymène naturel, et aussi sur l'identité reconnue du p-propyltoluène synthétique avec le cymène, conduisait à des conséquences tellement étranges, que M. Widman a repris tous les travaux de ses devanciers [*D. chem. G.*, **24**, 439 ; *Bull. Soc. Chim.*, (3), **6**, 444]. Il a montré que les propriétés indiquées pour ces hydrocarbures synthétiques sont absolument inexactes, et que le cymène ordinaire est bien en réalité le p-isopropyltoluène. Ces travaux ont d'ailleurs été confirmés par MM. Töhl et Fileti [A. Töhl, *D. chem. G.*, **24**, 439 ; *Bull. Soc. Chim.*, (3), **6**, 444. — M. Fileti, *J. prakt. Chem.*, (2), **44**, 150 ; *Bull. Soc. Chim.*, (3), **8**, 138].

P-CYMÈNE (*propyltoluène normal*). — M. O. Widman a préparé synthétiquement cet hydrocarbure par l'action du sodium sur un mélange de bromure de propyle et de p-bromotoluène en solution dans l'éther absolu. Purifié par distillation, il bout à 183-184° sous 774 millimètres et a pour densité à 15° 0,8682, tandis que son isomère, le cymène naturel, a pour point d'ébullition 175-177° et pour densité 0,8602.

Chauffé au bain-marie avec de l'acide sulfurique concentré, il donne naissance à deux *dérivés sulfonés* : le sel de baryum de l'acide α est peu soluble dans l'eau froide, tandis que le sel de l'acide β reste dans les eaux mères.

Le *p-cymène-α-sulfonate de baryum* cristallise avec 1 molécule d'eau en tables hexagonales brillantes, solubles dans 36 parties d'eau à 18° et dans 30 parties d'alcool absolu à l'ébullition ; il est très hygroscopique et ne perd son eau qu'à 160° et avec lenteur.

Le *sel de potassium*, $C^{10}H^{13}SO^3K,H^2O$, est peu soluble à froid et devient anhydre à 100°.

Le *sel de sodium* est plus soluble ; il contient 5 molécules d'eau, dont il perd 2 molécules quand on l'abandonne au-dessus de l'acide sulfurique, et le reste à 100°.

Le *sel de plomb* cristallise en longues aiguilles peu solubles à froid.

L'*amide* correspondante forme des tables quadratiques, fusibles à 101-102°. Elle est peu soluble à froid dans le benzène, mais s'y dissout aisément à l'ébullition, ainsi que dans l'alcool. Par oxydation au moyen du dichromate de potassium et de l'acide sulfurique, elle fournit l'*acide sulfonamido-p-toluique.*

$$C^6H^3(CH^3)_{(1)}(SO^2AzH^2)_{(3)}(CO^2H)_{(4)},$$

fusible à 267°, ce qui fixe la constitution de l'acide α-sulfoné.

L'*acide β-sulfoné*,

$$C^6H^3(CH^3)_{(1)}(SO^3H)_{(3)}(C^3H^7)_{(4)}.$$

donne un *sel de baryum* très soluble dans l'eau et dans l'alcool et qui cristallise en courtes aiguilles prismatiques. Il renferme 4 molécules d'eau, qu'il perd à 100°, mais non dans le vide.

L'*amide* correspondante cristallise dans le benzène en houppes brillantes, fusibles à 112-113° [O. Widman ; M. Fileti, *loc. cit.*].

Ce cymène donne un *dérivé dibromé*

$$C^6H^2Br^2_{(2,5)}(CH^3)_{(1)}(C^3H^7)_{(4)},$$

liquide et bouillant à 283-284°. Traité par l'acide nitrique fumant, il se transforme en *dibromodinitrocymène* (aiguilles fusibles à 156-157°).

Le *dérivé diamidé* correspondant cristallise en aiguilles blanches qui fondent à 120-121°. Oxydé par l'acide nitreux ou par l'acide chromique, celui-ci se convertit en *dibromocymoquinone* fusible à 30°. Cette réaction établit sa constitution.

L'*hydroquinone* correspondante forme de petites aiguilles incolores, fusibles à 138-139° [Ad. Claus, *J. prakt. Chem.*, (2), **43**, 563 ; *Bull. Soc. Chim.*, (3), **6**, 576].

P-ISOCYMÈNE (cymène du camphre). — Indépendamment des modes de préparation indiqués dans le Dictionnaire et dans le Supplément 1, on a obtenu le p-isocymène en partant d'un grand nombre de produits naturels.

M. Naudin le prépare avantageusement en faisant passer un courant de chlore (1 molécule) dans du térébenthène renfermant 4 0/0 de trichlorure de phosphore et maintenu à 25°. Le produit formé d'abord se décompose par la chaleur en perdant de l'acide chlorhydrique ; on achève de le purifier par distillation sur le sodium. Dans cette préparation, le rendement atteint 75 0/0 [L. Naudin, *Bull. Soc. Chim.*, (2), **37**, 111].

On l'obtient également en chauffant pendant 10 ou 15 heures à 120° le térébenthène avec du sulfate d'éthyle [M. Bruère, *C. R.*, **90**, 1428 ; *Bull. Soc. Chim.*, (2), **36**, 233].

Lorsque l'on essaye de distiller l'éther cuminique ($C^3H^7 . C^6H^4 . CH^2$)^2O, il se décompose partiellement, en donnant de l'aldéhyde cuminique et du cymène : cette transformation est complète à 370° [M. Fileti, *Gazz. chim. ital.*, **14**, 496 ; *Bull. Soc. Chim.*, (2), **44**, 510].

M. Kelbe a trouvé le p–isocymène avec le m-isocymène dans les huiles légères provenant de la distillation de la résine. Quand on convertit le produit brut en acides sulfonés, le sel de baryum correspondant au p-cymène étant plus soluble reste dans les eaux mères [M. Kelbe, *D. chem. G.*, **19**, 1969 ; *Bull. Soc. Chim.*, (2), **47**, 321].

En déshydratant par le bisulfate de potassium le *géranial*, M. Semmler a obtenu un hydrocarbure bouillant à 174-175° et qui paraît identique avec le cymène [*D. chem. G.*, **24**, 201 ; *Bull. Soc. Chim.*, (3), **6**, 591].

Enfin le p-isocymène a été reproduit synthétiquement par l'action de l'iodure de méthyle et du sodium sur le p–bromo–isopropylbenzène synthétique. Le carbure ainsi obtenu bout à 173-176° et possède la même odeur que le cymène naturel, odeur toute différente de celle du p-propyltoluène [O. Widman, *D. chem. G.*, **24**, 439 ; *Bull. Soc. Chim.*, (3), **6**, 444. — A. Tohl, *D. chem. G.*, **24**, 1649 ; *Bull. Soc. Chim.*, (3), **6**, 690].

Le p-cymène, traité à l'ébullition par un courant de chlore sec se transforme en *chlorure de cumyle,*

$$C^6H^4 \Big\langle {C^3H^7 \atop CH^2Cl}$$

qui bout à 225-227° [G. Errera, *Gazz. chim. ital.*, **14**, 277 ; *Bull. Soc. Chim.*, (2), **44**, 295].

Le cymène, abandonné à l'air et à la lumière en présence d'une solution étendue de carbonate de sodium, s'oxyde partiellement, en donnant de l'acide cuminique ; il en est de même dans l'organisme [H. Schulz, *Arch. für exper. Pathol.*, **24**, 360, 447].

Soumis à l'action d'un courant d'anhydride hypoazotique, il fournit de l'acide oxalique, de l'acide p-toluique et un nitrocymène [A. Leeds, *D. chem. G.*, **14**, 484].

D'autre part, l'oxydation par une solution alcaline de permanganate de potassium le convertit en acide téréphtalique et en acide oxyisopropylbenzoïque, identique à celui qui provient de l'acide cuminique [O. Widman et A. Bladin, *D. chem. G.*, **19**, 583 ; *Bull. Soc. Chim.*, (2), **47**, 251].

Le cymène, traité à chaud par l'acide acétique et le chlorure de zinc, puis par l'oxychlorure de phosphore, fournit un acide cymène-carbonique fusible à 62° [H. Frey et M. Horowitz, *J. prakt. Chem.*, (2), **43**, 113 ; *Bull. Soc. Chim.*, (3), **6**, 567].

Tandis que l'essence de térébenthine réduite par l'acide iodhydrique et le phosphore fournit un dérivé tétrahydrogéné, le cymène se décompose dans ces conditions en donnant naissance à un hydrocarbure gazeux et à un mélange de carbures liquides, formés principalement de toluène et d'hexahydrotoluène [P. Orlow, *Journ. Soc. chim. russe*, 1883. **1**, 44 ; *Bull. Soc. Chim.*, (2), **40**, 24].

Action du chlorure de chromyle sur le cymène. — Dans cette action, M. Étard a obtenu deux aldéhydes : l'une, qu'il désigne sous le nom d'*aldéhyde isocuminique*, fond à 80° et bout à 220° ; elle se convertit par oxydation à l'air en un acide isocuminique fusible à 51°

La seconde, l'*aldéhyde térécuminique*, est liquide et bout à 219-220°. Elle s'oxyde à l'air très difficilement, en donnant un *acide térécuminique* fusible à 128-129°. Par fusion avec la potasse, elle fournit de l'acide p-toluique [Étard, *Ann. Chim. Phys.*, (5). **22**, 218-283].

D'après MM. Paterno et Scichilone, il ne se fait pas d'aldéhyde cuminique dans cette réaction, mais une acétone se combinant au bisulfite de sodium et bouillant à 208-211°. Elle ne s'oxyde pas à l'air, mais, sous l'influence de l'acide nitrique, elle donne de l'acide p-toluique [*Gazz. chim. ital.*, **11**, 53].

MM. von Richter et G. Schüchner, qui ont repris cette étude, ont obtenu un seul corps se combinant au bisulfite de sodium, bouillant à 222-223°, et encore liquide à — 15°. Oxydé par le permanganate, ce composé fournit de l'acide téréphtalique, et avec l'acide nitrique de l'acide p-toluique. Ils le considèrent comme l'aldéhyde p-crésylpropylique ; mais cette manière de voir doit être écartée, puisque le cymène renferme le groupement isopropyle [Von Richter et G. Schüchner, *D. chem. G.*, **17**, 1931 ; *Bull. Soc. Chim.*, (2), **44**, 253].

Dans cette même réaction, MM. von Miller et G. Rohde ont montré qu'il se produit bien deux corps isomériques

$$C^6H^4 \Big\langle {CH^3 \atop C^3H^5O}$$

l'un, insoluble dans le bisulfite de sodium, serait une éthyl-p-crésylcétone (?) ; l'autre, qui, séparé de sa combinaison bisulfitique, bout à 222-224°, donne par oxydation un acide

$$C^6H^4 \Big\langle {CH^3 \atop C^3H^5O^2}$$

fusible à 40-41° : ils le considèrent comme l'aldéhyde p-méthylhydroatropique,

$$C^6H^4 \Big\langle {CH^3 \atop CH \big\langle {CH^3 \atop CHO}}$$

[W. von Miller et G. Rohde, *D. chem. G.*, **23**, 1070 ; *Bull. Soc. Chim.*, (3), **5**, 995. — Errera, *Gazz. chim. ital.*, **21**, 76].

DÉRIVÉS SULFONÉS. — Ces dérivés s'obtiennent par l'action de l'acide ou de la chlorhydrine sulfurique sur le cymène, et on les sépare aisément l'un de l'autre en faisant cristalliser dans l'alcool ou dans l'eau les sels de baryum correspondants.

Acide α–cymène-sulfonique,

$$C^6H^3 (CH^3)_{(1)} (SO^3H)_{(2)} (C^3H^7)_{(4)}.$$

— Il fond à 50-51° (Spica). D'après M. Ad. Claus, il cristallise avec $2H^2O$ et fond à 78-79° ou à 220°, selon qu'il est hydraté ou anhydre. Les *sels de baryum* et de *plomb* renferment 3 molécules d'eau [P. Spica, *D. chem. G.*, **14**, 652 ; *Bull. Soc. Chim.*, (2), **36**, 500. — Ad. Claus, *D. chem. G.*, **14**, 2139 ; *Bull. Soc. Chim.*, (2), **37**, 279].

L'amide correspondante, oxydée par l'acide chromique, se transforme en acide sulfonamido-p-toluique, fusible à 267° [L.-B. Hall et J. Remsen, *D. chem. G.*, **12**, 1432 ; *Bull. Soc. Chim.*, (2), **33**, 217].

L'acide libre, traité par le permanganate de potassium, donne de l'acide oxyisopropylbenzoïque–sulfonique, tandis que l'acide nitrique étendu le convertit en acide p-toluique-sulfonique [A. Meyer et A. Baur, *D. chem. G.*, **13**, 1495 ; *Bull. Soc. Chim.*, (2), **36**, 41].

L'acide α–cymène-sulfonique, traité en solution aqueuse par le brome vers 40-50°, donne un *acide bromosulfonique*, en même temps qu'il se dédouble partiellement en bromocymène (1.3.4) et acide sulfurique [W. Kelbe et M. Koschnitzky, *D. chem. G.*, **19**, 1730 ; *Bull. Soc. Chim.*, (2), **47**, 696].

Acide β-cymène-sulfonique,

$$C^6 H^3 (C H^3)_{(1)} (S O^3 H)_{(3)} (C^3 H^7)_{(4)}.$$

— Cet acide se forme en quantité beaucoup plus considérable lorsque l'on opère la sulfonation à 100°. Il fond à 130-131° après dessiccation à 100° et est très soluble dans l'eau, peu soluble dans l'alcool et insoluble dans l'éther.

Les *sels de baryum* et *de plomb* renferment 3 molécules d'eau ; le second est amorphe. Ceux *de potassium*, *de sodium* et *de cuivre* cristallisent avec 1 molécule d'eau.

Le *chlorure* et l'*amide* correspondants sont incristallisables [Ad. Claus, *D. chem. G.*, **14**, 2139 ; *Bull. Soc. Chim.*, (2), **37**, 279].

On connaît également un *acide cymène-disulfonique*, obtenu par l'action de l'acide sulfurique fumant, et dont le *sel de baryum* est très soluble dans l'eau, presque insoluble dans l'alcool froid. Ce sel cristallise avec 1 molécule d'eau [Kraut, *Ann. Chem.*, **192**, 222 ; *Bull. Soc. Chim.*, (2), **32**, 62. — Ad. Claus, *loc. cit.*].

DÉRIVÉS CHLORÉS. — *Chlorocymène* (1.3.4). — Obtenu par l'action du perchlorure de phosphore sur le thymol, il bout à 213-214° sous 735 millimètres.

Dans ce composé, le chlore est fixé très énergiquement au noyau, contrairement aux assertions de M. Carstanjen, et ne peut être enlevé par réduction. Oxydé par l'acide nitrique (d = 1,24), il fournit non de l'acide chloro-isocoumarique (comme il est dit dans le Supplément 1 par suite d'une faute d'impression), mais de l'acide chlorocuminique fusible à 123°, ainsi que les acides chloro-p-toluique et chlorotéréphtalique [M. Fileti et F. Crosa, *Accad. dei Lincei*, 1880, **2**, 98 et 135].

Chauffé au bain-marie avec de la chlorhydrine sulfurique, ce chlorocymène se transforme en *chlorure* d'un *acide chlorocymène-sulfonique*, qui, purifié par cristallisation dans l'alcool, fond à 64° et bout à 197° en se décomposant partiellement. Ce chlorure n'est pas décomposé par l'eau ; mais, par ébullition avec l'alcool, il donne l'éther éthylique correspondant, $C^{10} H^{13} Cl . S O^3 C^2 H^5$, qui fond vers 42-43°. L'acide chlorosulfonique cristallise avec 3 molécules d'eau et fond à 24° ou à 79°, selon qu'il est hydraté ou anhydre. Les *sels de baryum* et *de plomb* renferment tous les deux 3 molécules d'eau [G. Carrara, *Gazz. chim. ital.*, **19**, 169 et 490].

Chlorocymène (1.2.4). — Traité par l'acide nitrique fumant, il donne un *dérivé nitré* possédant l'odeur du musc, et deux *dérivés dinitrés*, l'un liquide qui n'a pas été purifié, l'autre cristallisé en prismes jaunes, fusibles à 109-110° [M. Fileti et F. Crosa, *Gazz. chim. ital.*, **18**, 289 ; *Bull. Soc. Chim.*, (3), **3**, 395].

DÉRIVÉS BROMÉS. — Le bromocymène obtenu par l'action directe du brome sur le cymène et bouillant à 234-235° est le dérivé (1.2.4), comme le montre son oxydation par l'acide nitrique étendu (d = 1,39), qui le convertit en acide bromotoluique, fusible à 204° [M. Fileti et F. Crosa, *Gazz. chim. ital.*, **18**, 298 ; *Bull. Soc. Chim.*, (3), **3**, 397].

Par l'action du brome sur l'acide cymènesulfonique (1.3.4), MM. Kelbe et Koschnitzky ont obtenu également le bromocymène (1.2.4).

Par l'action de la chlorhydrine ou de l'acide sulfurique, ce bromocymène fournit un *dérivé bromosulfoné*, $C^6 H^3 (C H^3)_{(1)} (S O^3 H)_{(3)} (C^3 H^7)_{(4)} Br_{(2)}$, qui cristallise avec 3 molécules d'eau et qui fond à 128-130°. Le *chlorure* correspondant cristallise dans l'éther en gros prismes incolores, fusibles à 81-82° ; l'*amide* fond à 191° (Paterno), à 195° (Claus), à 187°,5 (Kelbe).

Le *sel de potassium* cristallise avec 3 molécules d'eau ; celui *de calcium* avec 8 (avec 6, Claus) ; le *sel de baryum* en renferme 5 et celui *de plomb* 4 [E. Paterno et F. Canzoneri, *Gazz. chim. ital.*, **11**, 124. — W. Kelbe et M. Koschnitzky, *D. chem. G.*, **19**, 1730 ; *Bull. Soc. Chim.*, (2), **47**, 696. — Ad. Claus et A. Christ, *D. chem. G.*, **19**, 2165 ; *Bull. Soc. Chim.*, (2), **46**, 856].

Bromocymène (1.3.4). — On le prépare en traitant le thymol par le perbromure de phosphore, ou en chauffant avec de l'acide sulfurique étendu l'acide bromocymène-sulfonique correspondant obtenu par l'action du brome sur l'acide cymènesulfonique (1.2.4). C'est un liquide incolore, bouillant à 232-233° sous 740mm,9. Oxydé par l'acide nitrique, il donne du bromonitrocymène et les acides bromocuminique et bromonitrotoluique [M. Fileti et F. Crosa, *Accad. dei Lincei*, 1886, 98 et 135. — W. Kelbe et M. Koschnitzky, *loc. cit.*].

Acide bromocymène-sulfonique,

$$C^6 H^3 (C H^3)_{(1)} (S O^3 H)_{(3)} (C^3 H^7)_{(4)} Br_{(5)}.$$

— Il donne un *sel de baryum* peu soluble dans l'eau froide et renfermant 1,5 molécule d'eau ; celui *de potassium* cristallise avec $1 H^2 O$; le *sel de cuivre* forme des aiguilles bleues efflorescentes renfermant $12 H^2 O$.

L'*amide* correspondante cristallise en aiguilles groupées en étoiles et fond à 152° [W. Kelbe et M. Koschnitzky, *loc. cit.*].

Par l'action directe du brome sur le cymène, on obtient aussi un *dérivé dibromé* (1 2.4.5), que l'acide nitrique fumant convertit en *dibromodinitrocymène* fusible à 149°, en dibromodinitrotoluène et en nitrodibromotoluène. L'acide nitrique étendu le transforme en acide dibromotéréphtalique [Ad. Claus, *J. prakt. Chem.*, (2), **37**, 14 ; *Bull. Soc. Chim.*, (2), **49**, 713].

Le *dibromocymène* (1.3.4.6) se produit par l'action du bromure de phosphore sur le bromothymol. C'est un liquide incolore, bouillant à 272° [G. Mazzara, *Gazz. chim. ital.*, **18**, 514].

DÉRIVÉS NITRÉS. — Le dérivé décrit sous le nom de α-*nitrocymène* dans le Supplément 1 est en réalité un mélange de cymène et de méthylcrésylcétone formée par oxydation de l'hydrocarbure [O. Widman et A. Bladin, *D. chem. G.*, **19**, 583, *Bull. Soc. Chim.*, (2), **47**, 251].

Quant au β-nitrocymène que M. von Gerichten avait déjà signalé comme n'étant pas un dérivé nitré, son étude a été reprise récemment, et M. Hollemann [*Rec. P.-B.*, **6**, 60 ; *Bull. Soc. Chim.*, (2), **48**, 376] a montré que sa formule véritable est $C^{13} H^{16} Az^2 O^4$. Traité par la poudre de zinc et l'acide acétique, il fournit un corps exempt d'azote, $C^{18} H^{18} O^2$, que l'on peut reproduire synthétiquement par l'action du chlorure d'aluminium sur un mélange de toluène et de chlorure de succinyle. Sa constitution est donc $(C H^3 . C^6 H^4 . C O . C H^2)^2$ et celle du prétendu β-nitrocymène $(C H^3 . C^6 H^4 . C O . C = Az O H)^2$. D'ailleurs on obtient le même dérivé par l'action de l'acide nitrique sur la p-crésylméthylcétone.

On peut cependant obtenir un véritable nitrocymène. M. Schumow dissout le cymène dans 3 parties d'acide acétique et y verse peu à peu de l'acide nitrique (d = 1,52) en refroidissant avec un mélange de glace et de sel. Le produit précipité par l'eau n'a pas été isolé, mais, réduit en solution alcoolique par l'amalgame de sodium, il fournit un *azocymène* cristallisé en tables rouges fusibles à 86° ; le *dérivé hydrazoïque* correspondant, qui s'obtient en même temps par un excès d'amalgame, s'oxyde rapidement à l'air [G. Schumow, *Journ. Soc. Chim. russe*, 1887, **4**, 118].

Le nitrocymène a été isolé de la façon suivante : On verse goutte à goutte dans le cymène un mélange d'acide nitrique (d = 1,4) et de 1,5 fois son poids d'acide sulfurique en refroidissant, de sorte que la température ne dépasse pas 40° à la fin de la réaction. Après refroidissement complet, le produit qui se dépose quand on projette le mélange dans l'eau, est lavé à la soude et distillé dans un courant de vapeur. Il passe d'abord du cymène et de la crésylméthylcétone, puis du nitrocymène (1.2.4).

Celui-ci est un liquide jaunâtre (d$_{15°}$ = 1,085) qui, par oxydation au moyen d'une solution alcaline de permanganate, donne de l'acide o-nitrooxyisopropylbenzoïque,

$$C(OH)(CH^3)^2 - C^6H^3(AzO^2)_{(3)}(CO^2H)_{(4)}.$$

Réduit par l'étain et l'acide chlorhydrique, il donne de la cumidine [H. G. Söderbaum et O. Widman, *D. chem. G.*, **24**, 2126 ; *Bull. Soc. Chim.*, (2), **50**, 562].

On connaît aussi un *dérivé dinitré*, fusible à 77-78°, obtenu par oxydation du dérivé dinitrosé (voyez plus bas).

Acide nitrosulfonique,

$$C^6H^2(CH^3)_{(1)}(C^3H^7)_{(4)}(AzO^2)_{(3)}(SO^3H)_{(6)}.$$

— Lorsqu'on dissout le cymène dans 3 parties d'acide sulfurique concentré en chauffant au bain-marie, et que l'on ajoute à la couche supérieure d'acide cymène-sulfonique un mélange des acides sulfurique et nitrique, on obtient un acide nitrosulfonique dont le *sel de baryum* est peu soluble dans l'eau froide et renferme 1 molécule d'eau, ainsi que ceux *de calcium* et *de plomb*; celui *de magnésium* cristallise avec $5H^2O$. L'acide libre est déliquescent et déflagre par l'action de la chaleur; l'*amide* fond à 138-139°.

Réduit par l'étain et l'acide chlorhydrique, il donne un *dérivé amidé* cristallisé, dont le *sel de plomb* est rouge et renferme $4H^2O$. Ce dérivé amidé peut être transformé, par la réaction de Sandmeyer, en un acide chlorosulfoné, puis en chlorocymène 1.2.4, ce qui fixe sa constitution.

Dans les eaux mères de l'α-nitrocymène-sulfonate de baryum se trouve un acide isomérique dont le *sel de plomb* renferme $5H^2O$ et celui *de calcium* $9H^2O$ [G. Errera, *Gazz. chim. ital.*, **19**, 533, 21, 65 ; *Bull. Soc. Chim.*, (3), **3**, 394].

DÉRIVÉS BROMONITRÉS. — Le bromocymène (1.3.4) dérivé du thymol est transformé par l'acide nitrique fumant en *nitrobromocymène*,

$$C^6H^2(CH^3)_{(1)}(AzO^2)_{(3)}(C^3H^7)_{(4)}Br_{(6)}.$$

La constitution de ce composé résulte de ce que l'acide nitrique étendu (d = 1,39) le convertit en acide bromonitrotoluique, fusible à 195°.

Il se produit en même temps deux *dinitrobromocymènes* cristallisés; l'un forme des aiguilles fusibles à 125-126° ; l'autre fond vers 94°.

Le bromocymène (1.2.4) fournit de même un *dérivé mononitré* bouillant à 210-211° sous 100 millimètres, et qui se décompose par ébullition à la pression ordinaire, ainsi que deux *dérivés dinitrés*, l'un solide, qui fond à 95-96°, l'autre liquide, qui n'a pas été isolé à l'état de pureté [M. Fileti et E. Crosa, *Gazz. chim. ital.*, **18**, 289 ; *Bull. Soc. Chim.*, (3), **3**, 395].

DÉRIVÉ NITROSÉ. — Le *dinitrosocymène* (1.2.4.5) s'obtient en oxydant par le ferricyanure de potassium une solution alcaline de la dioxime de la thymoquinone. Ce composé est amorphe et se dissout dans l'alcool, l'éther et l'acide acétique en donnant une coloration verte. Il est volatil avec la vapeur d'eau et fond à 72° en un liquide jaune-verdâtre, qui se concrète ensuite et se décompose vers 130°. Oxydé par l'acide nitrique étendu, il donne un *dinitrocymène*, que l'on obtient aussi par oxydation directe de la dioxime [F. Kehrmann et J. Messinger, *D. chem. G.*, **23**, 3557 ; *Bull. Soc. Chim.*, (3), **5**, 902].

CYMIDINE (1.2.4) (*carvacrylamine*). — Cette base a été obtenue par réduction du nitrocymène au moyen de l'étain et de l'acide chlorhydrique. Elle donne des sels bien cristallisés, solubles dans l'eau [H. G. Söderbaum et O. Widman, *D. chem. G.*, **24**, 2126 ; *Bull. Soc. Chim.*, (2), **50**, 562].

Elle se produit également par déshydratation de la *tanacétoxime* par l'acide sulfurique en solution alcoolique à l'ébullition. Cette base bout à 118-121° sous 13 millimètres ; sa densité à 20° est 0,9442.

L'acide nitreux la convertit en carvacrol, ce qui fixe sa constitution [F. W. Semmler, *D. chem. G.*, **25**, 3352].

La *cymidine* (1.3.4) a été préparée par M. O. Widman de la façon suivante : L'aldéhyde cuminique est transformée en dérivé nitré, puis, par l'action du perchlorure de phosphore, en chlorure de nitrocymylène qui, réduit par le zinc et l'acide chlorhydrique, se convertit en cymidine. C'est un liquide incolore, possédant l'odeur du thymol, et distillable dans la vapeur d'eau.

Cette base est peu soluble dans l'eau et sans action sur le tournesol ; le *chlorhydrate* et le *chloroplatinate* sont anhydres ; le *sulfate* cristallise avec 2,5 molécules d'eau et est peu soluble dans l'eau. Le *dérivé acétylé* fond vers 112°. L'acide nitreux le transforme en thymol.

Traité par l'acide sulfurique fumant à 160°, le sulfate de cette base se convertit en un *dérivé sulfoné* dont le *sel de baryum* est extrêmement soluble dans l'eau et dans l'alcool.

L'acide libre cristallise en aiguilles ou en lamelles peu solubles et ne fond pas à 260°.

Le *dérivé diazoïque*

$$C^{10}H^{12} \begin{cases} Az = Az \\ \quad\quad | \\ SO^2 - O \end{cases}$$

traité par l'alcool absolu, fournit l'acide éthylthymolsulfonique,

$$C^{10}H^{12} \begin{cases} OC^2H^5 \\ SO^3H \end{cases}$$

Avec l'acide bromhydrique (d = 1,45), il donne l'acide bromocymène-sulfonique. Réduit à chaud par l'amalgame de sodium, il se transforme en acide cymène-sulfonique [O. Widman, *D. chem. G.*, **15**, 167, **19**, 246 ; *Bull. Soc. Chim.*, (2), **37**, 562].

DIAMIDOCYMÈNE (1.2.4.5). — On l'obtient en réduisant par l'étain et l'acide chlorhydrique le dinitrocymène ou la dioxime de la thymoquinone. C'est une base très facilement oxydable, mais dont les sels sont assez stables.

Le *dérivé diacétylé* est insoluble dans l'eau, peu soluble dans l'alcool et dans l'acide acétique. Il fond à 260° [F. Kehrmann et J. Messinger, *D. chem. G.*, **23**, 3557 ; *Bull. Soc. Chim.*, (3), **5**, 902].

Pour les dérivés hydroxylés du cymène, voyez les articles spéciaux CARVACROL et THYMOL.

O. Saint-Pierre.

CYMÉNOTIQUE (ACIDE) [Syn. *Méthyl1-isopropyl3-benzénol6-méthyloïque5*],

$$C^6 H^2 (C H^3)_{(1)} [C H (C H^3)^2_{(3)}] (C O^2 H)_{(5)} (O H)_{(6)}.$$

— Cet acide, isomérique avec les acides thymotique et carvacrotique, s'obtient par l'action du sodium et de l'acide carbonique sur le m-isocyménol. Il cristallise dans l'eau bouillante en longues aiguilles, très peu solubles à froid, facilement solubles dans l'alcool et fusibles à 147°. Avec le chlorure ferrique, il donne une coloration bleu-violacé. Chauffé en tube scellé avec de l'acide chlorhydrique, il perd 1 molécule d'acide carbonique et régénère le cyménol.

Le *sel de baryum* cristallise avec 4 molécules d'eau. Il se dissout facilement dans l'alcool absolu, moins aisément dans l'alcool étendu et dans l'eau.

Le *sel d'argent* est assez soluble dans l'eau chaude et cristallise en petites aiguilles se décomposant facilement par la chaleur ou à la lumière.

L'*éther méthylique*, obtenu par l'action de l'iodure de méthyle sur le sel d'argent, cristallise dans l'alcool en aiguilles courtes, fusibles à 148° [A. Jesurun, *D. chem. G.*, **19**, 1414; *Bull. Soc. Chim.*, (2), **46**, 352].

CYMYLACÉTIQUE (ACIDE) [Syn. *Méthyl1-isopropyl4-benzène-éthyloïque2*],

$$(C H^3)^2 C H_{(4)} - C^6 H^3 (C H^3)_{(1)} (C H^2 . C O^2 H)_{(2)}.$$

— Cet acide s'obtient en réduisant l'acide cymylglyoxylique par l'acide iodhydrique et le phosphore, ou par le sulfhydrate d'ammoniaque à 250-300°. Dans ce dernier cas, on obtient l'*amide*, qui cristallise dans l'eau chaude en lamelles fusibles à 123°, peu solubles à froid et aisément sublimables.

L'acide libre fond à 70° et présente les mêmes solubilités. Le *sel de sodium* renferme 2 molécules d'eau; celui *de potassium* 1,5; ceux *de baryum* (6 H²O) et *de calcium* (4 H²O) sont déliquescents; le *sel d'argent* est anhydre et peu soluble dans l'eau froide [Ad. Claus, *J. prakt. Chem.*, (2), **42**, 508; *Bull. Soc. Chim.*, (3), **5**, 808].

CYMYLÉTHYLCÉTONE [Syn. *Méthyl1-isopropyl4-benzène-propyl2-one2⁴*],

$$C H^3_{(1)} (C^3 H^7)_{(4)} C^6 H^3 - C O_{(2)} - C^2 H^5.$$

— On la prépare en faisant agir le chlorure de propionyle sur le cymène en présence du chlorure d'aluminium. C'est un liquide insoluble dans l'eau, distillable dans un courant de vapeur et bouillant à 254°. L'*oxime* correspondante n'a pu être obtenue cristallisée.

Réduite par l'amalgame de sodium ou par la poudre de zinc et la potasse, elle se convertit en un *carbinol*, liquide bouillant vers 300°. Oxydée par le permanganate, elle fournit de l'acide cymylglyoxylique et de l'acide méthylisophtalique (1.2.4). Le sulfhydrate d'ammoniaque la réduit à 270° en donnant un propylcymène qui bout à 230° [Ad. Claus, *J. prakt. Chem.*, (2), **43**, 531; *Bull. Soc. Chim.*, (3), **6**, 759].

CYMYLGLYOXYLIQUE (ACIDE) [Syn. *Méthyl1-isopropyl4-benzène-éthylonoïque2*],

$$(C H^3)^2 C H_{(4)} - C^6 H^3 (C H^3)_{(1)} - C O_{(2)} - C O^2 H.$$

— Cet acide s'obtient en oxydant avec précaution par le permanganate de potassium ou par l'acide nitrique la cymylméthylcétone et ses homologues. C'est un liquide peu stable, insoluble dans l'eau, qui perd facilement de l'acide carbonique en donnant un composé qui possède l'odeur de l'aldéhyde benzylique.

Le *sel de calcium* renferme 2 molécules d'eau,

celui *de baryum* une seule; tous deux sont solubles dans l'eau.

Par oxydation, il donne de l'acide méthylisophtalique (1.2.4), ainsi qu'une petite quantité d'un acide *cymène-carbonique*, cristallisé en petites aiguilles qu'on peut sublimer et qui fondent à 69°.

Réduit par l'amalgame de sodium, il fournit de l'acide *cymylglycolique*,

$$C^6 H^3 (C H^3)_{(1)} (C^3 H^7)_{(4)} (C H O H . C O^2 H)_{(2)}.$$

qui cristallise en lamelles peu solubles dans l'eau froide et fusibles à 124°. Les *sels de potassium* et *de sodium* sont anhydres et très solubles dans l'eau. Les *sels de calcium* (2,5 H²O) et *de baryum* (3 H²O) sont aussi très solubles; celui *de cuivre* (8 H²O) se dissout dans l'eau bouillante [A. Claus, *D. chem. G.*, **19**, 232; *Bull. Soc. Chim.*, (2), **46**, 840; *J. prakt. Chem.*, (2), **42**, 508 et **43**, 138 · *Bull. Soc. Chim.*, (3), **5**, 808 et **6**, 566].

CYMYLMÉTHYLCÉTONE [Syn. *Méthyl1-isopropyl4-benzène-éthylone2*],

$$(C H^3)^2 C H_{(4)} - C^6 H^3 (C H^3)_{(1)} (C O - C H^3)_{(2)}.$$

— On l'obtient par l'action du chlorure d'aluminium sur un mélange de cymène et de chlorure d'acétyle. C'est un liquide bouillant à 245-250°. Oxydé à froid par le permanganate de potassium, il se convertit en acide cymylglyoxylique.

L'*oxime* correspondante est incristallisable· l'*hydrazone* fond à 134°.

Réduite par la poudre de zinc et la potasse en solution alcoolique, la cymylméthylcétone se transforme en *cymylméthylcarbinol*, liquide incristallisable, bouillant au-dessus de 300°.

Sa constitution résulte de ce que, par oxydation profonde au moyen du permanganate ou de l'acide nitrique, on obtient de l'acide méthylisophtalique (1.2.4), fusible à 332° [Ad. Claus, *D. chem. G.*, **19**, 232; *J. prakt. Chem.*, (2), **42**, 508; *Bull. Soc. Chim.*, (2), **46**, 840; (3), **5**, 808].

CYMYLPHÉNYLCÉTONE [Syn. *Méthol1-isopropylo4-phényl-méthanone-phényle*],

$$(C H^3)^2 C H_{(4)} - C^6 H^3 (C H^3)_{(1)} - C O_{(2)} - C^6 H^5.$$

— Ce composé s'obtient par l'action du chlorure de benzoyle sur le p-isocymène en présence du chlorure d'aluminium. C'est un liquide jaunâtre, non solidifiable à 0° et qui bout à 223-224° sous 35 millimètres. Chauffé pendant plusieurs jours à l'ébullition, il se transforme en une masse brune résineuse d'où l'on peut isoler de l'anthracène. Lorsqu'on le chauffe au bain-marie avec de l'acide sulfurique concentré, il se dédouble en acides benzoïque et α-cymène-sulfonique.

La cymylphénylcétone donne par réduction le *cymylphénylcarbinol*, liquide huileux presque incolore, bouillant à 327° sous la pression ordinaire [Ad. Claus et K. Elbs, *D. chem. G.*, **18**, 1797; *Bull. Soc. Chim.*, (2), **45**, 837. — Ad. Claus, *D. chem. G.*, **19**, 2879; *Bull. Soc. Chim.*, (2), **48**, 178].

CYMYLPROPYLCÉTONE [Syn. *Méthyl1-isopropyl4-benzène-butyl2-one2⁴*]. — On l'obtient par l'action du chlorure de butyryle et du chlorure d'aluminium sur le cymène.

Elle bout à 265-266° et donne, par réduction, un *carbinol* bouillant vers 300°. Oxydée par le permanganate de potassium, elle fournit de l'acide cymylglyoxylique (1.2.4) [Ad. Claus, *J. prakt. Chem.*, (2), **43**, 531; *Bull. Soc. Chim.*, (3), **6**, 759].

CYPRUSITE (Min.). — Sulfate aluminoferreux, $Al^2 O^3 . 7 FeO . 10 S O^3, 14 H^2 O$. Rhomboédrique.

CYSTÉINE [Syn. *Acide amino2-propane-thiol2-oïque*], $C^3H^7AzSO^2$. — Ce corps représente l'*acide* α-*amidothiolactique*,

$$CH^3 - C(AzH^2)(SH) - CO^2H.$$

Il a été obtenu, en 1884, par M. Baumann, qui le prépara en réduisant, au moyen de l'étain et de l'acide chlorhydrique, la *cystine* des calculs urinaires.

Antérieurement, M. Baumann avait déjà obtenu des dérivés de la cystéine (bromophénylcystéine, phénylcystéine) par la décomposition de l'*acide bromophénylmercapturique*, acide complexe qui est lui-même une cystéine substituée et que M. Jaffé et MM. Baumann et Preusse avaient trouvé presque simultanément dans l'urine de chien après ingestion de benzène bromé. Mais, s'appuyant sur une formule brute, inexacte, de la cystine, MM. Baumann et Preusse avaient considéré ces corps comme des dérivés de la cystine et, après les avoir décrits sous les noms de *phénylcystine*, *bromophénylcystine*, etc., ils avaient finalement attribué à la cystine la formule de constitution ci-dessus, qui est appliquée à la cystéine. Ce n'est que lorsque M. Baumann eut obtenu, par réduction de la cystine des calculs urinaires, le corps nouveau qu'il appela cystéine, que, d'une part, les acides mercapturiques et leurs dérivés se révélèrent, non comme des cystines, mais comme des cystéines substituées, et que, d'autre part, la vraie constitution de la cystine et ses relations avec la cystéine purent être établies.

Préparation. — On dissout la cystine dans l'acide chlorhydrique et on ajoute de l'étain en feuilles. Il ne se dégage que fort peu d'hydrogène sulfuré, et la transformation en cystéine est presque quantitative. Lorsque le dégagement gazeux s'est ralenti, on étend d'eau et on traite par l'hydrogène sulfuré. Le liquide filtré, évaporé à siccité, fournit à l'état cristallisé le chlorhydrate de cystéine. Ce sel, redissous dans l'alcool, est traité par l'ammoniaque jusqu'à neutralisation de la dissolution. La cystéine se précipite en grains très fins d'aspect cristallin, qu'on lave rapidement à l'alcool et que l'on dessèche dans le vide [E. Baumann, *Zeit. physiol. Chem.*, **8**, 299].

Propriétés. — La cystéine est une poudre cristalline blanche, légère et qui se distingue nettement de la cystine par son aspect, par sa solubilité dans l'eau et dans l'acide acétique. Elle est soluble également dans les acides minéraux. Elle dévie à gauche le plan de polarisation, mais beaucoup moins fortement que la cystine.

La cystéine a des propriétés nettement basiques. Elle n'est stable qu'en milieu acide ou à l'état sec. Sa solution aqueuse se conserve dans le vide, mais à l'air elle s'altère et laisse déposer peu à peu des cristaux de cystine, insolubles dans l'eau. Cette transformation en cystine est plus rapide encore en milieu alcalin et elle se fait instantanément lorsque aux dissolutions aqueuses ou acides de la cystéine on ajoute un oxydant faible. L'action du perchlorure de fer surtout est caractéristique. Dans les dissolutions aqueuses de la base, ce sel produit une belle coloration indigo, qui disparaît presque instantanément, en même temps qu'il se dépose de la cystine. Cette coloration est moins prononcée avec le chlorhydrate de cystéine; un excès d'acide chlorhydrique empêche la réaction [E. Baumann, *loc. cit.*]. L'addition d'ammoniaque amène une coloration rouge-violacé, qui devient plus foncée par l'agitation à l'air. D'autres acides sulfurés, comme l'acide thioglycolique, présentent la même réaction [Andreasch, *Maly's Jahresb.*, **14**, 76].

La cystéine est transformée par le cyanure de potassium en un *acide cystéine-uramidique*,

$$C^4H^8Az^2SO^3,$$

difficilement soluble dans l'eau, réaction qui indique que la cystéine n'est point une amide, mais un acide amidé (voyez plus loin) [Baumann, *Zeit. physiol. Chem.*, **8**, 303; *D. chem. G.*, **18**, 260].

La constitution de la cystéine a été élucidée surtout par l'étude des acides mercapturiques et de leurs dérivés immédiats, qui sont des cystéines substituées.

Acide bromophénylmercapturique,

$$C^{11}H^{12}BrAzSO^3.$$

— L'urine des chiens ou des lapins auxquels on a fait ingérer du benzène bromé (on peut en administrer à des chiens robustes de 3 à 5 grammes par jour) est traitée par un vingtième de son volume d'une dissolution d'acétate de plomb ; le liquide filtré, additionné du dixième de son volume d'acide chlorhydrique concentré, est abandonné à lui-même pendant 8 ou 10 jours. L'acide brut qui s'est déposé est cristallisé deux fois dans l'eau bouillante avec addition de noir animal.

Les cristaux obtenus sont redissous dans un peu d'alcool, et la liqueur est versée dans de l'eau chaude. Par le refroidissement, il se dépose de belles aiguilles incolores, longues d'un pouce, fusibles à 152-153°, solubles dans 70 parties d'eau bouillante, presque insolubles dans l'eau froide et dans l'éther, assez solubles dans l'alcool. Ce dernier abandonne l'acide sous la forme de gros prismes incolores, qui exposés à l'air deviennent peu à peu opaques, mais sans changer de composition. Les solutions alcooliques sont lévogyres ; les solutions alcalines, dextrogyres.

L'acide bromophénylmercapturique se dissout à chaud dans l'acide chlorhydrique concentré plus facilement que dans l'eau et se dépose sans altération par le refroidissement ; l'acide sulfurique concentré et chaud le dissout aussi très facilement, puis se colore en bleu ; en même temps il se dégage de l'acide sulfureux. Cette coloration disparaît instantanément si l'on ajoute de l'eau ou de l'alcool au liquide refroidi (réaction du p-bromothiophénol).

L'ébullition avec l'acide chlorhydrique concentré ou avec l'acide sulfurique étendu le dédouble avec addition d'eau en bromophénylcystéine (voyez plus bas) et acide acétique

$$C^{11}H^{12}BrAzSO^3 + H^2O$$
$$= C^9H^{10}BrAzSO^3 + C^2H^4O^2.$$

Les rendements sont presque théoriques. Les alcalis opèrent un dédoublement plus profond, puisque à l'acide acétique s'ajoutent ici les produits de décomposition de la bromophénylcystéine en présence de la soude, c'est-à-dire l'ammoniaque, le p-bromothiophénol et l'acide pyruvique. L'équation devient

$$C^{11}H^{12}BrAzSO^3 + 2H^2O$$
$$= AzH^3 + C^6H^4Br \cdot SH + CH^3 \cdot CO \cdot CO^2H$$
$$+ C^2H^4O^2.$$

Le permanganate de potassium transforme l'acide bromophénylmercapturique en un acide $C^{11}H^{12}BrAzSO^5$, composé cristallisé en gros prismes transparents et qui fournit en présence des alcalis les mêmes produits de dédoublement que l'acide primitif, avec cette différence que le mercaptan substitué (le p-bromothiophénol) est remplacé par l'acide sulfinique correspondant, $C^6H^4Br : SO^2H$.

L'acide bromophénylmercapturique est mono-basique. Ses sels cristallisent facilement.

Le *sel d'ammonium*, $C^{11}H^{11}BrAzSO^3 . AzH^4$, cristallise par évaporation de ses solutions aqueuses en prismes brillants, transparents, solubles dans 34-35 parties d'eau à 15°.

Le *sel de baryum*, $(C^{11}H^{11}BrAzSO^3)^2Ba, 2H^2O$, cristallise en aiguilles soyeuses, un peu feutrées, solubles dans 50 parties d'eau froide et dans 15 parties d'eau chaude [Jaffé, *D. chem. G.*, **12**, 1092. — Baumann et Preusse, *Zeit. physiol. Chem.*, **5**, 309. — Baumann, *D. chem. G.*, **15**, 1734; **18**, 258].

L'acide bromophénylmercapturique ne passe pas dans l'urine à l'état de liberté, mais pro-bablement sous la forme de dérivé conjugué d'un acide analogue à l'acide glycuronique, mais qui est lévogyre. Cet acide conjugué n'est point précipitable par l'acétate de plomb.

La recherche des acides mercapturiques dans l'urine se fait, d'après M. Baumann, de la manière suivante : L'urine (qui présente le caractère d'être fortement lévogyre) est traitée par l'acétate de plomb; le liquide filtré, débarrassé du plomb par l'hydrogène sulfuré, est chauffé pendant 10 minutes, après élimination du gaz sulfhydrique, avec une lessive concentrée de soude et quelques gouttes de liqueur de Fehling. Si l'urine con-tient un acide mercapturique, il se dépose, surtout après addition d'acide sulfurique jusqu'à réaction acide, un précipité jaune, caséeux et floconneux, qui est une combinaison cuivrique du mercaptan correspondant à l'acide mercapturique décomposé. C'est à l'aide de cette réaction que M. Baumann a étudié un grand nombre de substances aroma-tiques au point de vue de la production des acides mercapturiques dans l'organisme [Bau-mann, *Zeit. physiol. Chem.*, **8**, 190].

Tous les dérivés mercapturiques étudiés jusqu'à présent contenaient leur élément halogène dans la position para.

Acide chlorophénylmercapturique. — On l'ob-tient comme le précédent. L'éther l'abandonne en tablettes rhombiques transparentes; l'eau et l'al-cool, sous la forme de paillettes. Il fond à 153-154°. Il se comporte vis-à-vis des réactifs comme le dérivé bromé.

Acide phénylmercapturique, $C^{11}H^{13}AzSO^3$. — On l'obtient en traitant l'acide bromophényl-mercapturique par l'amalgame de sodium. Il est cristallisé en octaèdres ou en tétraèdres brillants, fusibles à 142-143°, difficilement solubles dans l'eau froide, facilement solubles dans l'eau chaude et dans l'alcool. Il se comporte vis-à-vis de la lumière polarisée comme l'acide bromé. Les acides étendus le dédoublent à chaud en acide acétique et en phénylcystéine.

C'est un acide monobasique énergique. Ses sels alcalins et alcalino-terreux sont facilement solu-bles.

Le *sel de baryum* cristallise en aiguilles avec 3 molécules d'eau. Il fond à 140°.

Le *sel d'argent* s'obtient par double décom-position, sous la forme d'un précipité amorphe qui se transforme bientôt en paillettes brillantes [Baumann et Preusse, *Zeit. physiol. Chem.*, **5**, 334].

Bromophénylcystéine, $C^9H^{10}BrAzSO^2$. — On l'obtient à côté de l'acide acétique en faisant bouillir l'acide bromophénylmercapturique avec de l'acide sulfurique au cinquième ou de l'acide chlorhydrique concentré. Le rendement est presque théorique.

La bromophénylcystéine cristallise en aiguilles ou en paillettes brillantes, donnant au toucher, lorsqu'elles sont sèches, une sensation de corps gras. Elle est presque insoluble dans l'eau, l'alcool et l'éther. L'eau bouillante la dissout un peu

plus facilement, et mieux encore l'alcool bouil-lant à 60 0/0. Elle fond à 180-181°, mais com-mence déjà à se décomposer à une température inférieure.

Elle se combine à la fois aux acides forts et aux bases.

L'acide chlorhydrique concentré et l'acide sul-furique de concentration moyenne la dissolvent facilement à chaud et l'abandonnent par le refroi-dissement sous la forme de sels que l'eau dissocie entièrement. Le *chlorhydrate* est en aiguilles épaisses ou en prismes; le *sulfate*, en aiguilles dures, rayonnées.

La bromophénylcystéine se dissout également dans les alcalis fixes et dans l'ammoniaque et elle est précipitée de ces dissolutions par l'acide carbonique. Elle donne avec l'acide sulfurique la même réaction colorée que l'acide bromo-phénylmercapturique (voyez plus haut).

Les alcalis étendus et chauds décomposent la bromophénylcystéine en ammoniaque, bromo-thiophénol et acide pyruvique; l'amalgame de sodium agissant en liqueur alcaline dédouble la base en ammoniaque, thiophénol, acide brom-hydrique et acide lactique de fermentation, réac-tion qui s'explique aisément, puisque M. Wis-licenus a démontré que l'hydrogène naissant transforme l'acide pyruvique en acide éthylidéno-lactique. Chauffée pendant 10 heures avec un excès d'eau de baryte, la bromophénylcystéine subit un dédoublement plus profond et fournit notamment de l'acide carbonique, de l'acide oxalique, de l'acide uvitique, qui sont, d'après M. Böttinger, des produits de décomposition de l'acide pyruvique.

Chauffée avec de l'anhydride acétique, elle se transforme presque quantitativement en *bromo-phénylcystoïne* (voyez plus bas). Si l'anhydride acétique est dissous dans 10 fois son volume de benzène, la bromophénylcystéine est transformée en acide bromophénylmercapturique ·

$$C^9H^{10}BrAzSO^2 + (C^2H^3O)^2O$$
$$= C^{11}H^{13}BrAzSO^3 + C^2H^4O^2$$

Sous l'action du cyanate de potassium, il y a formation d'un acide uramidique,

$$C^{10}H^{11}BrAz^2SO^3,$$

dont les sels sont bien cristallisés [Baumann et Preusse, *loc. cit.*, 317. — E. Baumann, *D. chem. G.*, **18**, 260].

Phénylcystéine, $C^9H^{11}AzSO^2$. — L'acide phé-nylmercapturique, bouilli avec de l'acide sulfu-rique (1 : 8), se dédouble comme l'acide bromé correspondant, mais plus facilement que ce der-nier, et fournit de l'acide acétique et de la phényl-cystéine, qui se dépose par neutralisation de la liqueur acide au moyen de l'ammoniaque.

Le produit, dissous à chaud dans l'ammo-niaque étendue, se dépose, si la solution est rapidement refroidie, en paillettes brillantes qui, au microscope, apparaissent sous la forme de tablettes hexagonales régulières, ressemblant à s'y méprendre aux cristaux de cystine. L'eau bouillante l'abandonne en tablettes hexagonales allongées.

La phénylcystéine se décompose à 160° sans fondre. Elle se dissout difficilement dans l'eau froide, plus facilement dans l'eau chaude. Les acides et les alcalis la dissolvent facilement. Les alcalis en séparent à chaud du thiophénol (phé-nylmercaptan) [Baumann et Preusse, *loc. cit.*, 337].

Bromophénylcystoïne,

$$C^9H^8BrAzSO.$$

— MM. Baumann et Preusse ont obtenu ce corps

en chauffant la bromophénylcystéine à 140° avec de l'anhydride acétique. Le rendement est presque théorique :

$$C^9 H^{10} Br Az S O^2 = H^2 O + C^9 H^9 Br Az S O.$$

Ce corps est très peu soluble dans l'eau, plus soluble dans l'alcool bouillant, qui l'abandonne en aiguilles brillantes, fusibles à 152-153°, presque insolubles dans les acides et dans les alcalis. L'ébullition avec une lessive de soude le décompose en ammoniaque, bromothiophénol et acide pyruvique.

Constitution de la cystéine et de ses dérivés. — Les réactions de dédoublement si nettes de la bromophénylcystéine et de la phénylcystéine sous l'action des alcalis et de l'amalgame de sodium en solution alcaline doivent évidemment faire rapporter la cystéine à l'acide éthylidénolactique, dont elle représente le dérivé α-thioamidé,

$$CH^3 - C(Az H^2)(SH) - CO^2 H.$$

Le groupe $Az H^2$ est bien substitué en position α et non dans le chaînon CH^3, puisque la cystine, dont on dira plus loin les relations étroites avec la cystéine, traitée par l'eau de baryte, abandonne tout son azote sous la forme d'ammoniaque sans trace de méthylamine [Hoppe-Seyler, cité par Baumann et Preusse, *loc. cit.*, 330]. On est donc conduit à admettre pour la phénylcystéine et la bromophénylcystéine les formules

$$CH^3 - C(Az H^2) (S . C^6 H^5) - CO^2 H$$
et
$$CH^3 - C(Az H^2) (S . C^6 H^4 Br) - CO^2 H,$$

qui rendent compte de la production du thiophénol et du bromothiophénol sous l'action des alcalis. La bromophénylcystéine devient par suite

$$CH^3 - C(Az H) (S . C^6 H^4 Br) - CO$$

et son dérivé acétylé, l'acide bromophénylmercapturique,

$$CH^3 - C(Az H . C^2 H^3 O) (S . C^6 H^4 Br) - CO^2 H.$$

Cette formule doit être préférée à celle qui fernit de l'acide bromophénylmercapturique un acide acétonique :

$$CH^3 - C(Az H^2) (S . C^6 H^4 Br) - CH^3 . CO - CO^2 H,$$

puisque cet acide ne se combine pas au cyanate de potassium pour donner un acide uramidique. Au contraire, la bromophénylcystéine, obtenue en partant de l'acide bromophénylmercapturique par départ du groupe acétyle, se combine au cyanate de potassium pour donner des acides uramidiques bien cristallisés. Or on sait que seuls les acides amidés qui contiennent leur groupement $Az H^2$ intact ou modifié par l'introduction d'un groupe alcoylé, sont capables de fournir des acides uramidiques ; au contraire, les composés qui renferment, comme les acides acéturiques et hippuriques, un radical d'acide dans leur groupe $Az H^2$, ne se combinent pas au cyanate de potassium. L'acide bromophénylmercapturique est donc bien l'acide *α-acétamido-α-bromophénylthiolactique*.

Enfin la transformation de la cystéine en cystine sous l'influence des oxydants est analogue à la production des disulfures $R^2 S^2$ aux dépens des mercaptans $R H S$:

$$2 C^3 H^7 Az S O^2 + O$$
Cystéine.

$$= H^2 O + \begin{cases} CH^3 - C(Az H^2) S - CO . OH \\ CH^3 - C(Az H^2) S - CO . OH \end{cases}$$
Cystine.

Cette équation peut être rapprochée de celle que M. Mylius a donnée pour l'amidothiophénol par exemple, que le perchlorure de fer transforme facilement en disulfure $(C^6 H^4 Az H^2)^2 S^2$.

E. Lambling.

CYSTINE, $C^6 H^{12} Az^2 S^2 O^4$ (voyez Suppl., **1**, 609). — Contrairement à l'opinion défendue par M. Stadthagen, l'urine normale renfermerait d'une manière constante, d'après MM. Goldmann et Baumann, de petites quantités de cystine ou d'une substance très voisine, que l'on peut isoler facilement à l'aide du chlorure de benzoyle (voyez plus loin). On la trouve en plus fortes proportions dans l'urine de chien après intoxication par le phosphore [Stadthagen, *Zeit. physiol. Chem.*, **9**, 129. — E. Goldmann et E. Baumann, *ibid.*, **12**, 254].

Propriétés. — La cystine cristallise en tablettes hexagonales ou orthorhombiques. Parfois aussi on observe des formes prismatiques [Niemann, *Arch. f. klin. Med.*, **18**, 259].

L'examen optique à la lumière polarisée montre que les lames hexagonales sont maclées et probablement orthorhombiques pseudo-hexagonales (*observations inédites*).

Les solutions de cystine dévient fortement à gauche le plan de polarisation. La déviation est beaucoup moins forte en solution ammoniacale qu'en solution chlorhydrique, comme le montrent les déterminations suivantes :

$$
\begin{array}{llll}
\text{Dissolution ammoniacale.} & (1\ 0/0) & [\alpha]_j = -142^\circ \\
\quad — \quad \text{dans HCl fort...} & (0{,}84\text{-}2{,}1\ 0/0) & [\alpha]_D = -205^\circ,0 \\
\quad — \quad\quad — \quad \text{faible.} & (2{,}13\ 0/0) & [\alpha]_D = -214^\circ
\end{array}
$$

La cystine ne présente pas le phénomène de la birotation [Külz, *D. chem. G.*, **15**. 1401 ; *Zeit. f. Biol.*, **20**, 8. — Mauthner, *Zeit. physiol. Chem.*, **7**, 225. — Baumann, *ibid.*, **8**, 303].

Chauffée en tube scellé avec de l'eau, la cystine fournit de l'ammoniaque, de l'acide carbonique, de l'hydrogène sulfuré et un acide azoté [Mauthner, *D. chem. G.*, **17**, 293 ; **18**, 451].

Sous l'action des alcalis, le soufre de la cystine se sépare rapidement à l'état de sulfure alcalin ; mais la réaction n'est pas complète, même après une ébullition de plusieurs heures. Dans l'urine, cette séparation du soufre est encore plus lente que dans les solutions de cystine pure [Goldmann et Baumann, *loc. cit.*].

Traitée à chaud par l'eau de baryte, la cystine perd tout son azote sous la forme d'ammoniaque. Il ne se produit pas de méthylamine [Hoppe-Seyler, cité par Baumann et Preusse, *Zeit. physiol. Chem.*, **5**, 329].

Parmi les produits de décomposition de la cystine sous l'action prolongée de l'eau de baryte à chaud, M. Baumann a trouvé, à côté de l'ammoniaque et de l'hydrogène sulfuré, de l'acide oxalique et de l'acide uvitique qui sont des produits de décomposition de l'acide pyruvique. Si l'on rapproche ce fait du mode de décomposition si net de la bromophénylcystéine (voyez CYSTÉINE), on est fondé à admettre que la décomposition de la cystine en présence des alcalis se fait d'après l'équation

$$C^6 H^{12} Az^2 S^2 O^4 + 2 H^2 O$$
Cystine.

$$= 2 C^3 H^4 O^3 + 2 Az H^3 + H^2 S + S.$$
Ac. pyruvique.

La cystine, traitée par l'acide nitreux, fournit de l'acide pyruvique [Dewar et Gamgee, cité par Baumann et Preusse, *loc. cit.*, 329]. Chauffée avec de l'acide nitrique, elle se dissout en se décomposant. Le résidu de l'évaporation est rouge-brun et ne donne aucune coloration spéciale avec l'ammoniaque.

Traitée par l'étain et l'acide chlorhydrique, la cystine se transforme en cystéine (voyez ce mot).

L'acide iodhydrique concentré produit la même action à 135°, mais moins complètement. Au-dessus de 140° tout l'azote se sépare à l'état d'ammoniaque [Baumann, *Zeit. physiol. Chem.*, **8**, 305].

Le cyanate de potassium transforme la cystine en un *acide uramidique*, $C^6H^{14}Az^4S^2O^6$, que l'étain et l'acide chlorhydrique réduisent à l'état d'acide *cystéine-uramidique*. Cette formation d'un acide uramidique indique que la cystine est un acide amidé et non une amide (voyez CYSTÉINE) [Baumann, *Zeit. physiol. Chem.*, **8**, 303; *D. chem. G.*, **18**, 260].

Benzoylcystine. — Lorsqu'on agite une dissolution de cystine dans la soude avec du chlorure de benzoyle, il se forme de la *benzoylcystine*,

$$CH^3 - C(AzH . C^7H^5O)S - CO . OH$$
$$CH^3 - C(AzH . C^7H^5O)S - CO . OH$$

dont le sel de sodium se sépare sous la forme d'un volumineux précipité, cristallisé en paillettes d'un éclat soyeux. Ce sel est soluble dans l'eau, mais presque insoluble dans un excès de soude. Si l'on traite par un acide fort une solution étendue de ce sel, le liquide se prend en une gelée transparente qui constitue l'acide libre, et qui, chauffée ou abandonnée à elle-même, se sépare en flocons plus denses. Le rendement est presque théorique.

La benzoylcystine est un acide énergique. Elle est à peu près insoluble dans l'eau, peu soluble dans l'éther pur, plus soluble dans l'éther alcoolique, et surtout dans l'alcool. Ce dernier l'abandonne sous la forme d'aiguilles fines, réunies en choux-fleurs. Elle fond à 156-158°. L'ébullition avec l'acide chlorhydrique concentré la dédouble en acide benzoïque et cystine. Bouillie avec les alcalis, elle perd son soufre à l'état de sulfure alcalin; mais cette séparation n'est complète qu'au bout de plusieurs heures.

Formule et constitution de la cystine. — On a beaucoup discuté sur la composition de la cystine. La formule $C^3H^6AzSO^2$, primitivement proposée par M. Thaulow et remplacée plus tard par celles de Gmelin ($C^3H^7AzSO^3$) ou celle de MM. Dewar et Gamgee ($C^3H^5AzSO^4$), a été confirmée par les travaux récents de M. Kulz et de M. Baumann; mais les recherches de ce dernier sur la cystéine ont montré que cette formule doit être doublée, la cystéine étant à la cystine ce qu'un mercaptan est au disulfure correspondant (voyez CYSTÉINE). La cystine dérive donc de l'acide α-thiolactique et représente l'*acide dithioamidobilactique* [Kulz, *Maly's Jahresb.*, **16**, 75. — Baumann, *Zeit. physiol. Chem.*, **8**, 299] (voyez en outre CYSTÉINE).

Cystinurie. — Le caractère de substance azotée et sulfurée que présente la cystine révèle dès l'abord son origine albuminoïde. Mais cette substance est-elle le produit d'une régression normale, ou résulte-t-elle d'une déviation dans le phénomène de la désassimilation des matières protéiques? Les expériences si curieuses de M. Jaffé, de MM. Baumann et Preusse sur l'apparition, dans l'urine de chien, des acides mercapturiques, c'est-à-dire de cystéines substituées, après ingestion de benzène chloré, bromé ou iodé, démontrent bien qu'au moins chez le chien la cystine (ou la cystéine) est un produit régulier de la désassimilation, produit de transition qui à l'état normal disparaît à peu près totalement pour aboutir aux éléments sulfurés habituels de l'urine, mais que des causes pathologiques (cystinurie) ou accidentelles (ingestion de certaines substances aroma-

tiques) peuvent préserver de cette destruction. M. Goldmann a d'ailleurs démontré que, chez le chien, la cystéine ingérée ne se retrouve pas dans l'urine à l'état de cystine, mais que les éléments sulfurés habituels (principalement les sulfates) sont éliminés en plus grande quantité [E. Goldmann, *Zeit. physiol. Chem.*, **9**, 260]. Notons cependant que ces résultats ne peuvent pas être appliqués à l'homme, M. Mester ayant montré que l'ingestion de benzène chloré chez l'homme n'est suivie d'aucune élimination sensible d'acide mercapturique [B. Mester, *ibid.*, **14**, 148].

Un grand nombre de théories ont été émises sur la physiologie pathologique de la cystinurie (le lecteur en trouvera un exposé assez complet dans *Berl. klin. Wochenschr.*, 1889, n° 16). L'influence de l'alimentation, et en général les rapports de la cystinurie avec l'ensemble des mutations de matière, ont été étudiés de divers côtés, mais sans résultats bien nets. D'après M. B. Mester et M. H. Léo, l'alimentation, l'exercice musculaire, n'exercent pas d'influence sensible sur l'élimination de la cystine.

Chez le sujet observé par M. Mester, la quantité de cystine excrétée dans les 24 heures s'élevait à peu près à 1 gramme : ce qui représentait à peu près 28 0/0 du soufre total de l'urine. On constate en même temps que la quantité d'acide sulfurique (acide sulfurique des sulfates et des phénylsulfates) est sensiblement diminuée ($1^{gr},3$ au lieu de 2,0-2,5, moyenne habituelle) : ce qui est en accord avec l'observation de M. Goldmann sur les destinées de la cystéine dans l'organisme. La proportion de *soufre non oxydé* ou *soufre neutre* de M. Salkowski (moins la cystine) n'est en général pas modifiée (Leo). L'acide urique n'est pas diminué [B. Mester, *Zeit. physiol Chem.*, **14**, 109. — H. Leo, *Maly's Jahresb.*, **19**, 456].

Les recherches si intéressantes de MM. Baumann et L. von Udransky sur l'apparition constante de diamines dans l'urine et dans les fèces au cours de la cystinurie semblent démontrer la nature infectieuse de cette maladie. Ces bases sont la cadavérine ou pentaméthylène-diamine et la putrescine ou tétraméthylène-diamine (voyez CADAVÉRINE). Ces résultats ont été confirmés par MM. Stadthagen et Brieger [L. von Udransky et Baumann, *Zeit. physiol. Chem.*, **13**, 562. — Stadthagen et Brieger, *Maly's Jahresb.*, **19**, 453]. En dehors de ces cas de cystinurie, la présence de ces diamines dans les fèces n'a jamais pu être constatée, ni à l'état normal, ni à l'état pathologique, sauf en ce qui concerne les déjections des cholériques, où la présence de la cadavérine est infiniment probable. Chez leur cystinurique, MM. Baumann et Udransky ont au contraire trouvé ces ptomaïnes d'une manière constante dans les excréments, même aux jours où elles faisaient presque entièrement défaut dans les urines. Cette concomitance de la diaminurie avec la cystinurie ne saurait donc être considérée comme fortuite, et cette dernière deviendrait dès lors une maladie infectieuse de l'intestin

Cette infection est d'une nature très particulière, remarquablement tenace, puisque la cystinurie a pu être suivie pendant de très longues années. Les microbes habituels de la putréfaction, qui sont, comme l'a montré M. Brieger, des producteurs de cadavérine et de putrescine, ne semblent pas devoir être mis en cause, car l'excrétion des indoxyl- et phénylsulfates par les urines est plutôt diminuée qu'augmentée chez le cystinurique. D'autre part, la production de cystine n'accompagne pas celle des diamines dans l'intestin, car les fèces des cystinuriques ne renferment jamais de cystine. On ne saurait admettre davantage que les diamines produites dans l'intestin jouent un rôle analogue à celui du benzène chloré dans la production des acides mercapturiques et qu'elles préserveraient de l'oxydation ultérieure la cystine formée dans l'organisme en se combinant avec elle (ou avec un corps voisin), cette combinaison se détruisant dans les voies urinaires pour laisser précipiter la cystine. En effet, MM. L. von Udransky et Baumann ont montré que la cystine n'est parfois accompagnée que de traces de ces bases et, d'autre part, en faisant ingérer des diamines (éthylène-diamine, cadavérine et putrescine) à des chiens, ces auteurs n'ont pu provoquer aucune élimination de cystine par les urines.

Mais il est possible que la production des diamines dans l'intestin et leur résorption ultérieure ne soient pas la seule condition qui détermine la cystinurie ou que la relation entre les deux phénomènes soit beaucoup moins directe que ne l'ont supposé MM. L. von Udransky et Baumann dans cette expérience [MM. L. von Udransky et Baumann, Zeit. physiol. Chem., 15, 77].

Les mêmes auteurs ont essayé d'agir sur la cystinurie en diminuant par l'irrigation et le lavage de l'intestin l'intensité des phénomènes putréfactifs, mais sans réussir à abaisser sensiblement la proportion des diamines et de la cystine contenues dans l'urine.

L'administration du salol a donné à M. Mester les mêmes résultats négatifs ; seul le soufre en nature semble amener une diminution sensible dans la production de la cystine. D'autre part, en donnant à un cystinurique du benzène bromé (4 grammes par jour pendant 3 jours) dans l'espoir de substituer à la cystine qui se précipite si aisément, un acide mercapturique facilement soluble, M. Baumann n'a obtenu aucun effet appréciable [Mester, Zeit. physiol. Chem., 14, 147].

Dosage de la cystine. — D'après M. Mester, les divers procédés employés pour le dosage de la cystine sont encore très défectueux. Il ne suffit pas de recueillir le sédiment de cystine et de le peser après l'avoir purifié (par dissolution dans l'ammoniaque, par exemple). Même si l'on a soin d'acidifier l'urine par l'acide acétique, la précipitation de la cystine est incomplète et se fait d'une manière variable. Le procédé de M. Stadthagen, qui consiste à chauffer l'urine avec une solution alcaline d'oxyde de plomb et à doser ensuite le soufre séparé sous la forme de sulfure de plomb, est infidèle, car la séparation du soufre commence aussitôt, mais elle reste très incomplète, même après une ébullition de plusieurs heures.

L'extraction de la cystine à l'état de benzoylcystine est à la vérité un bon procédé pour la recherche de cette substance. Mais M. Baumann reconnaît lui-même qu'il ne fournit guère que 45 0/0 de la cystine introduite dans une urine. Reste le procédé approximatif auquel s'est arrêté M. Mester et qui consiste à doser le soufre oxydé (acide sulfurique des sulfates et phénylsulfates) et le soufre total contenu dans l'urine. La différence entre ces deux résultats représente le soufre non oxydé, c'est-à-dire la cystine et les autres éléments sulfurés non oxydés de l'urine. Or on peut admettre que ces derniers forment en moyenne dans l'urine normale les 17/100 du soufre total. Par différence, on obtient donc finalement le soufre correspondant à la cystine. Ce procédé a permis à M. Mester de suivre assez exactement les variations de la cystine dans l'urine d'un malade, mais il ne donne aucune indication sur le côté le plus intéressant du problème, à savoir les variations relatives de la cystine et des autres éléments sulfurés qui représentent le reste du soufre non oxydé [Mester, loc. cit., 110].   E. Lambling

CYSTOÏNE. — Voyez CYSTÉINE.

FIN DU TOME PREMIER.

PARIS, IMPRIMERIE LAHURE

rue de Fleurus. 9

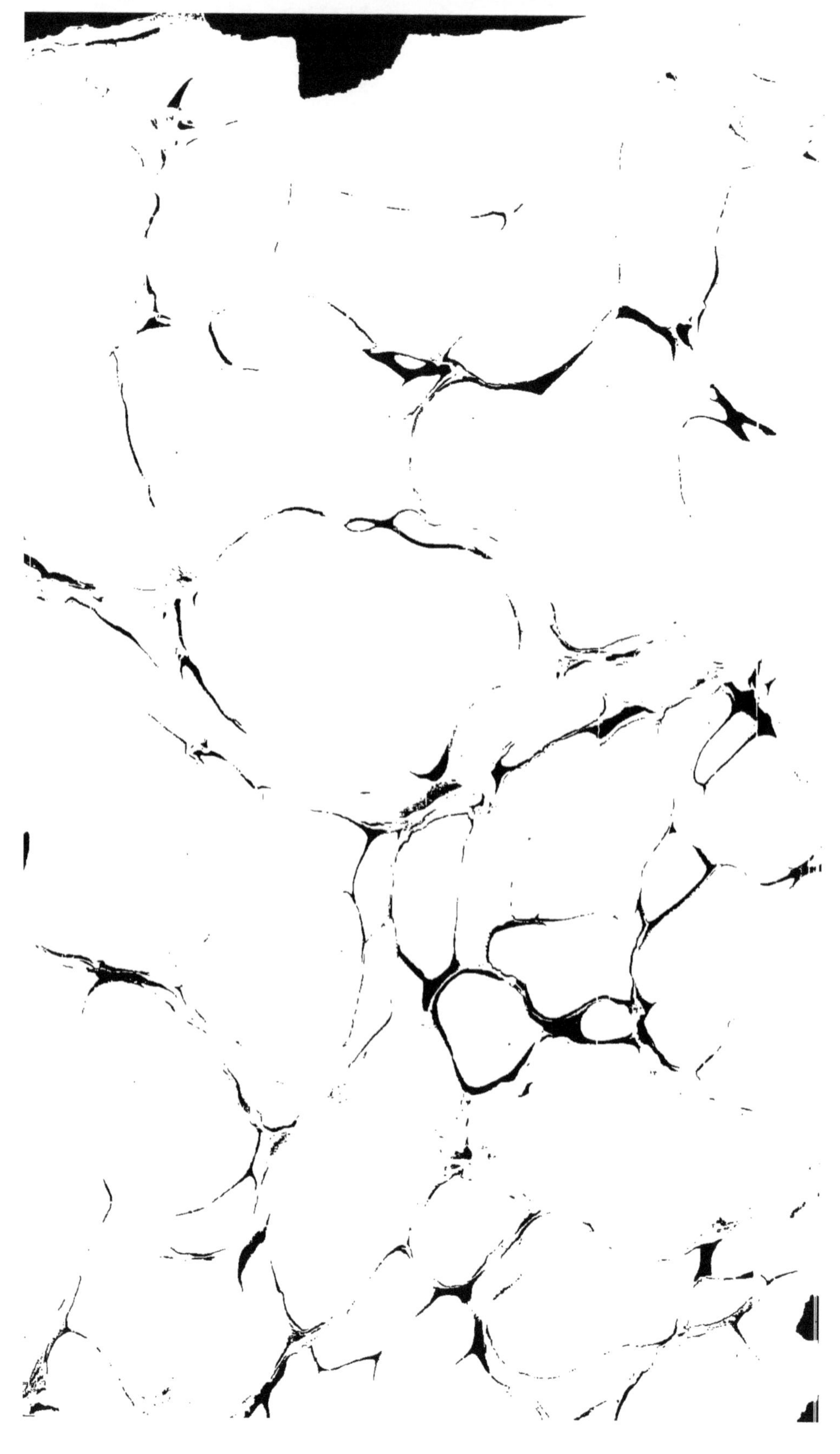

www.ingramcontent.com/pod-product-compliance
Ingram Content Group UK Ltd.
Pitfield, Milton Keynes, MK11 3LW, UK
UKHW022047120726
13694UKWH00001B/21